Frequency Handbook
for
Radio Monitoring
HF

Edition 2015

EACH SIGNAL IS INFORMATION

Dipl.- Ing. Roland Proesch

Frequency Handbook for Radio Monitoring HF

Edition 2015

Frequency List with more then
18000 Frequencies

Bibliografische Information der Deutschen Nationalbibliothek
Die Deutsche Nationalbibliothek verzeichnet diese Publikation in der Deutschen Nationalbibliografie; detaillierte bibliografische Daten sind im Internet über http://dnb.d-nb.de abrufbar.

Email: roland@proesch.net
Production and publishing: Books on Demand GmbH, Norderstedt, Germany
Cover design: Anne Proesch
Printed in Germany

Web page: www.frequencymanager.de

ISBN 9783732242207

Disclaimer:

The information in this book have been collected over years. The main problem is that there are not many open sources to get information about this sensitive field. Although I tried to verify these information from different sources it may be that there are mistakes. Please do not hesitate to contact me if you discover any wrong description.

Content

General

Our software Frequency Manager is meanwhile available since 1994. Very often we heard the question from our customer if it may be possible to have it in printed form.

Here it is!

The amount of information in our electronic database is very huge. We tried to combine them in a way that the book is not exploding in number of pages.

Disclaimer

Please keep in mind that listening to radio transmitter outside the broadcast or amateur radio bands may be forbidden by law.

Table description

Frequency	The frequency in kHz of the transmission.
Mode	This field contains the used mode during transmission. For an explanation to the different modes please refer to our **Technical Handbook for Radio Monitoring HF**
Mode Parameter	This field contains a combination of signal parameter: B: the baudrate of the signal S: the shift in Hz Ch: the number of channels ChS : the frequency distance between channels
Callsign	The callsign of the user. Sometimes you will find the characters ** added to the callsign.This means that the callsign is not according ITU regulations.
User	The user of this frequency
Country	The country of the user

There are several rows in the database which are written in italics and where the background has a grey shade. The location of these stations have been confirmed by a direction finder system.

2207,50	*STANAG 4285*	*B=2400Bd*		*NOR N Stavanger*	*NOR*
2210,00	SSB		3VB	Bizerte R	TUN
2210,00	SSB, RTTY			D army	D
2212,00	PACTOR III	B=100Bd S=200Hz	9Z4DH	Sailmail Chaguaramas	TRD
2215,00	ALE USB	B=125Bd Ch=8 ChS=250Hz		E MOI net	E
2216,00	*ALE USB*	*B=125Bd Ch=8 ChS=250Hz*		*G MIL net*	*G*
2219,00	ALE USB	B=125Bd Ch=8 ChS=250Hz		D CG net	D

Frequency List

0 – 1000 Khz

Frequency	Mode	Mode Parameter	Callsign	User	Country
,05	MSK	S=8Hz		USA N ELF TX Michigan	USA
,05	MSK	S=8Hz		USA N ELF TX Clam Lake , WI	USA
,08	CW , MSK	S=8Hz		USA N ELF TX Michigan	USA
,08	CW , MSK	S=8Hz		USA N ELF TX Clam Lake , WI	USA
,08	CW , MSK	S=2,3Hz		RUS ELF transmitter ZEVS Murmansk	RUS
11,90	CW			Alpha Novosibirsk	RUS
11,90	CW			Alpha Komsomolsk na Amure	RUS
12,64	CW			Alpha Krasnodar	RUS
12,64	CW			Alpha Novosibirsk	RUS
12,64	CW			Alpha Komsomolsk na Amure	RUS
14,88	CW			Alpha Krasnodar	RUS
14,88	CW			Alpha Novosibirsk	RUS
14,88	CW			Alpha Komsomolsk na Amure	RUS
15,10	MSK	B=200Bd S=100Hz		F F Rosnay	F
16,00	MSK	B=200Bd S=100Hz	GBR	G N Rugby	G
16,40	MSK	B=200Bd S=100Hz	JXN	NOR N Novik	NOR
17,20	CW		SAQ	Grimeton R	S
18,10	T600	B=50Bd S=75Hz	RDL	RUS N Moscow	RUS
18,30	MSK	B=200Bd S=100Hz	HWU	F N Le Blanc	F
18,50	MSK	B=200Bd S=100Hz	DHO38	D N Saterland-Ramsloh	D
19,00	CW		GQD	G N Anthorn	G
19,60	MSK	B=200Bd S=100Hz Ch=1	GBZ	G N Anthorn	G
20,20	T600	B=50Bd S=75Hz	RDL	RUS N Moscow	RUS
20,27	MSK	B=200Bd S=100Hz	ICV	I N Tavolara	I
20,50	CW		RAB99	Khabarovsk TS	RUS
20,50	CW		RJH69	Molodeco TS	BLR
20,50	CW		RJH63	Krasnodar TS	RUS
20,50	CW		RJH99	Nizhnij Novgorod TS	RUS
20,50	CW		RJH77	Archangelsk TS	RUS
20,50	CW		RJH66	Bishkek TS	KGZ
20,90	MSK	B=200Bd S=100Hz	HWU	F N Le Blanc	F
21,05	MSK	B=200Bd S=100Hz	HWU	F N Le Blanc	F
21,10	CW		RDL	RUS N Moscow , TX Tashkent	UZB
21,10	MSK	B=50Bd S=50Hz	RDL	RUS N Moscow , TX Taskent	UZB
21,10	CW		RDL	RUS N Moscow , TX Krasnodar	RUS
21,10	MSK	B=200Bd S=100Hz	RDL	RUS N Moscow , TX Krasnodar	RUS
21,70	MSK	B=200Bd S=100Hz	HWU	F N Le Blanc	F
22,10	MSK	B=200Bd S=194Hz			
23,00	CW		RAB99	Khabarovsk TS	RUS
23,00	CW		RJH63	Krasnodar TS	RUS
23,00	CW		RJH69	Molodeco TS	BLR
23,00	CW		RJH99	Nizhnij Novgorod TS	RUS
23,00	CW		RJH77	Archangelsk TS	RUS
23,00	CW		RJH66	Bishkek TS	KGZ
23,40	CW		NPM	Hawaii TS	HWA
23,40	M/S 1,0	B=50Bd S=50Hz	DHO38	D N Ramsloh	D
23,40	*MSK*	*B=200Bd S=100Hz*	*DHO38*	*D N Ramsloh*	*D*
24,00	MSK	B=200Bd S=100Hz	NAA	USA N Cuttler , ME	USA
24,80	CW		NLK	USA N Jim Creek TS	USA
25,00	CW		RJH63	Krasnodar TS	RUS
25,00	CW		RAB99	Khabarovsk TS	RUS
25,00	CW		RJH66	Bishkek TS	KGZ
25,00	CW		RJH69	Molodeco TS	BLR
25,00	CW		RJH90	Nizhnij Novgorod TS	RUS

Frequency	Mode	Mode Parameter	Callsign	User	Country
25,00	CW		RJH66	Bishek TS	KGZ
25,00	CW		RJH77	Archangelsk TS	RUS
25,10	CW		RAB99	Khabarovsk TS	RUS
25,10	CW		RJH63	Krasnodar TS	RUS
25,10	CW		RJH69	Molodeco TS	BEL
25,10	CW		RJH90	Nizhnij Novgorod TS	RUS
25,10	CW		RJH77	Archangelsk TS	RUS
25,10	CW		RJH66	Bishkek TS	KGZ
25,20	MSK	B=200Bd S=100Hz			
25,50	CW		RAB99	Khabarovsk TS	RUS
25,50	CW		RJH63	Krasnodar TS	RUS
25,50	CW		RJH69	Molodeco TS	BLR
25,50	CW		RJH90	Nizhnij Novgorod TS	RUS
25,50	CW		RJH77	Archangelsk TS	RUS
25,50	CW		RJH66	Bishkek TS	KGZ
26,70	M/S 1,0	B=50Bd S=85Hz	TBB	TUR N Ankara	TUR
27,30	M/S 1,0	B=50Bd S=75Hz	RDL	RUS N Moscow	RUS
28,50	CW		NCA	Aguada TS	PTR
29,70	MSK	B=200Bd S=100Hz			
36,00	MSK	B=200Bd S=100Hz	DHO37	D N Ramsloh	D
37,50	MSK	B=200Bd S=100Hz	TFK	ISL N Grindavik	ISL
40,00	CW		JJY	Ootakadoya-yama TS	J
40,40	CW		SRC	S N Varlberg	S
40,40	M/S 1,0	B=200Bd S=100Hz	SRC	S N Varlberg	S
44,10	M/S 1,0	B=50Bd S=85Hz		S N	S
44,20	MSK	B=200Bd S=100Hz		S N	S
45,90	MSK	B=200Bd S=100Hz	NSY	USA N Niscemi , Sicily	I
49,00	*M/S 1,0*	*B=200Bd S=100Hz*	*SXA*	*GRC N Marathon*	*GRC*
50,00	CW		RTZ	Irkutsk TS	RUS
51,90	M/S 1,0	B=100Bd S=100Hz	GYW1	G N Crimond	G
53,40	MSK	B=100Bd S=100Hz Ch=1			
57,40	MSK	B=100Bd S=75Hz	TFK	ISL N Grindavik	ISL
60,00	ASK		MSF	Anthorn TS	G
60,00	ASK		WWVB	Fort Collins TS , CO	USA
60,00	CW		JJY	Mt. Hagane, Kyushu Island	J
62,60	MSK	B=200Bd S=100Hz	FUG	F N La Regine	F
63,85	MSK	B=200Bd S=100Hz	FTA63	F N St. Assise	F
65,80	MSK	B=200Bd S=100Hz	FUE	F N Brest	F
66,70	CW		RBU	Moskow TS	RUS
68,00	BAUDOT	B=50Bd S=85Hz	GYN1	G N Northwood	G
68,50	CW		BPC	CHN time service	CHN
77,50	ASK		DCF77	Mainflingen TS	D
81,00	MSK	B=100Bd S=85Hz		G N Inskip	G
82,80	STANAG 5065	B=75Bd S=85Hz	MKL	G F AMCC Northwood	G
85,70	CW		GYA	G N London	G
100,00	CW			LORAN-C	
100,00	CW			Cape Race , minor Y	USA
100,00	CW			Caribou , master	USA
100,00	CW			Fox Harbour , minor Z	USA
100,00	CW			Nantucket , minor X	USA
100,00	CW			Gesashi , minor Y	J
100,00	CW			Hokkaido , minor W	J
100,00	CW			Kwangju , minor X	KOR
100,00	CW			P`ohang , master	KOR
100,00	CW			George , minor Y	USA
100,00	CW			Port Hardy , minor Z	CAN
100,00	CW			Shoal Cove , minor X	ALS
100,00	CW			Williams Lake , master	CAN
100,00	CW			Aleksandrovsk , master	RUS
100,00	CW			Kuril`sk , minor 2	RUS
100,00	CW			Okhotsk , minor 4	RUS

Frequency	Mode	Mode Parameter	Callsign	User	Country
100,00	CW			Petrapavlovsk , minor 3	RUS
100,00	CW			Ussuriysk , minor 1	RUS
100,00	CW			Narrow Cape , minor X	ALS
100,00	CW			Port Clarence , minor Z	ALS
100,00	CW			Shoal Cove , minor Y	ALS
100,00	CW			Tok Junction , master	ALS
100,00	CW			Bryansk , master	RUS
100,00	CW			Petrozavodsk , minor 1	RUS
100,00	CW			Simferopol , minor 3	RUS
100,00	CW			Solnim , minor 2	RUS
100,00	CW			Syrzan , minor 4	RUS
100,00	CW			Attu , minor X	ALS
100,00	CW			Narrow Cape , minor Z	ALS
100,00	CW			Port Clarence , minor Y	ALS
100,00	CW			S. Paul , master	ALS
100,00	CW			Billimora	IND
100,00	CW			Dhrangadhara	IND
100,00	CW			Verval	IND
100,00	CW			Balsore	IND
100,00	CW			Diamond Harbour	IND
100,00	CW			Patpur	IND
100,00	CW		BPL	Lingtong TS	CHN
116,70	FSK	B=128,14Bd S=120Hz			CHN
122,50	FAX 120/576		CFH	CAN N Halifax	CAN
122,50	BAUDOT	B=50Bd S=85Hz	CFH	CAN N Halifax	CAN
125,00		B=2000Bd		RFID	
129,10	ASCII	B=200Bd S=340Hz	DCF49	EFR Mainflingen	D
134,20		B=2000Bd		RFID	
135,60	ASCII	B=200Bd S=340Hz	HGA22	EFR Lakihegy	HNG
135,75	M/S 1,0	B=100Bd S=85Hz	SXV	GRC N Spata Attikis	GRC
139,00	ASCII	B=200Bd S=340Hz	DCF39	EFR Burg	D
147,30	*BAUDOT*	*B=50Bd S=85Hz*	*DDH47*	*DWD TX Pinneberg*	*D*
200,00	CW		RW166	Irkutsk	RUS
305,00	CW		UMA4	RUS Leningradskaya Base	ANT
335,00	AM		APD		
380,00	CW		UMA4	RUS Leningradskaya Base	ANT
410,00	AM		ZQ	CAN CG ship Wilfred Laurier	CAN
426,00	CW		KSM	Maritime Radio Historical Society	USA
430,00	CW		PKK	Kupang R , Timor	INS
430,00	CW		PKD	Surabaya R , Djawa	INS
430,00	CW		PKP2	Telukbayur R , Sumatera	INS
430,00	CW		PKC4	Panjang R , Sumatera	INS
436,50	CW		FFC	Bordeaux Arcachon	F
438,00	CW		PKD3	Lembar R , Lombok	INS
438,00	CW		PKM	Bitung R , Sulawesi	INS
438,00	CW		PKA	Sabang R , We	INS
440,00	CW		DI2BO	Peine	D
440,00	CW		NMA	Miami M FL	USA
440,04	CW		DI2AG	Dormitz	D
442,50	CW		A4M	Muscat R	OMA
448,00	CW		PKM44	Pantolan R , Sulawesi	INS
448,00	CW		PKP	Dumai R , Sumatera	INS
448,00	CW		PKC	Palembang R , Sumatera	INS
452,00	CW		PKI2	Jakarta R	INS
452,00	CW		PKC5	Pangkal Balam R	INS
452,00	CW		PKC2	Plaju R , Sumatera	INS
456,00	CW		PKR	Semarang R , Djawa	INS
456,00	CW		PKG	Bandjarmasin R , Kalimantan	INS
458,00	CW		PKY5	Merauke R , Irian Jaya	INS
458,00	CW		PKY4	Sorong R , Irian Jaya	INS
462,00	CW		XSZ	Dalian R	CHN

Frequency	Mode	Mode Parameter	Callsign	User	Country
465,00	CW		PKS	Pontianak R , Kalimantan	INS
465,00	CW		PNK	Jayapura R , Irian Jaya	INS
465,00	CW		PKF	Makassar R , Sulawesi	INS
470,00	CW		PKE	Amboina R , Ceram	INS
473,00	CW		RDL	RUS N Moscow	RUS
474,00	CW		PKE5	Ternate R , Maluku	INS
474,00	CW		PKR3	Cilacap R , Jawa	INS
474,00	CW		PKZ2	Cirebon R , Jawa	INS
474,00	CW		PKB	Belawan R , Sumatera	INS
474,00	CW		PKB3	Sibolga R , Sumatera	INS
479,00	CW		SV1AYC	nr Athens	GRC
487,50	CW		PKD5	Benoa R , Bali	INS
490,00	SITOR B	B=100Bd S=170Hz	GNI	Niton R	G
490,00	SITOR B	B=100Bd S=170Hz	TFA	Reykjavik R	ISL
490,00	SITOR B	B=100Bd S=170Hz	GCC	Cullercoats R	G
490,00	SITOR B	B=100Bd S=170Hz		Selia Marina R	I
490,00	SITOR B	B=100Bd S=170Hz	CTV	Monsanto R	POR
490,00	SITOR B	B=100Bd S=170Hz	CTH	POR N Horta	AZR
490,00	SITOR B	B=100Bd S=170Hz	CTQ	Porto Santo R	MDR
490,00	SITOR B	B=100Bd S=170Hz	FRL	La Garde R Toulon	F
490,00	SITOR B	B=100Bd S=170Hz	VFF	CAN CG Iqaluit	CAN
490,00	SITOR B	B=100Bd S=170Hz	CWM27	La Paloma R	URG
490,00	SITOR B	B=100Bd S=170Hz		Chukpyong R	KOR
490,00	SITOR B	B=100Bd S=170Hz		Pyongsan R	KOR
490,00	SITOR B	B=100Bd S=170Hz	XVG	Hai Phong R	VTN
490,00	SITOR B	B=100Bd S=170Hz	FRC	Corsen R	F
490,00	SITOR B	B=100Bd S=170Hz			WW
490,00	SITOR B	B=100Bd S=170Hz		La Maddalena R	I
490,00	SITOR B	B=100Bd S=170Hz		Mondolfo R	I
490,00	*SITOR B*	*B=100Bd S=170Hz*	*DDK*	*DWD TX Pinneberg*	*D*
490,00	SITOR B	B=100Bd S=170Hz		Mondolfo R	I
490,00	SITOR B	B=100Bd S=170Hz		Istanbul R	TUR
490,00	SITOR B	B=100Bd S=170Hz		Izmir R	TUR
490,00	SITOR B	B=100Bd S=170Hz		Antalya R	TUR
490,00	SITOR B	B=100Bd S=170Hz	EAV	Valencia R	E
490,00	SITOR B	B=100Bd S=170Hz		Constanta R	ROU
490,00	SITOR B	B=100Bd S=170Hz	FRC	Corsen R	F
490,00	SITOR B	B=100Bd S=170Hz	TAN	Izmir R	TUR
490,00	SITOR B	B=100Bd S=170Hz	TAF	Samsun R	TUR
500,00	64QAM	B=7900Bd		High speed international NAVTEX planned	WW
500,00	CW		UUO	Kerch R	RUS
500,00	CW		LOK	ARG N Laurie Island , Orcadas	ANT
500,00	CW		PKD5	Benoa R , Bali	INS
500,00	CW		PKE5	Ternate R , Maluku	INS
500,00	CW		XSG	Shanghai R	CHN
500,00	CW		XSZ	Dalian R	CHN
500,00	CW		XSV	Tianjin R	CHN
500,00	CW		PKR3	Cilacap R , Jawa	INS
500,00	CW		PKZ2	Cirebon R , Jawa	INS
500,00	CW		PKI2	Jakarta R	INS
500,00	CW		PKR	Semarang R , Djawa	INS
500,00	CW		PKD	Surabaya R , Djawa	INS
500,00	CW		PKK	Kupang R , Timor	INS
500,00	CW		PKG	Bandjarmasin R , Kalimantan	INS
500,00	CW		PKS	Pontianak R , Kalimantan	INS
500,00	CW		PKD3	Lembar R , Lombok	INS
500,00	CW		PNK	Jayapura R , Irian Jaya	INS
500,00	CW		PKY5	Merauke R , Irian Jaya	INS
500,00	CW		PKY4	Sorong R , Irian Jaya	INS
500,00	CW		PKE	Amboina R , Ceram	INS
500,00	CW		PKM	Bitung R , Sulawesi	INS
500,00	CW		PKF	Makassar R , Sulawesi	INS

Frequency	Mode	Mode Parameter	Callsign	User	Country
500,00	CW		PKM44	Pantolan R , Sulawesi	INS
500,00	CW		PKB	Belawan R , Sumatera	INS
500,00	CW		PKP	Dumai R , Sumatera	INS
500,00	CW		PKC	Palembang R , Sumatera	INS
500,00	CW		PKC5	Pangkal Balam R	INS
500,00	CW		PKC4	Panjang R , Sumatera	INS
500,00	CW		PKC2	Plaju R , Sumatera	INS
500,00	CW		PKA	Sabang R , We	INS
500,00	CW		PKB3	Sibolga R , Sumatera	INS
500,00	CW		PKP2	Telukbayur R , Sumatera	INS
501,00	CW		GI4DPE	Londonderry	UK
505,00	CW		OK0EMW	Breclav	CZE
505,00	CW		DI2BO	Peine	D
505,00	CW		DI2BE	Muensterdorf/Itzehoe	D
505,00	CW		DI2AG	Dormitz	D
505,00	CW		DI2KA	Cuxhaven	D
505,10	CW		SM6BHZ	Gothenburg	S
505,18	CW		DI2AM	Rostock	D
512,00	CW		XSZ	Dalian R	CHN
518,00	SITOR B	B=100Bd S=170Hz	PBK	NCG Ijmuiden	HOL
518,00	SITOR B	B=100Bd S=170Hz	SDJ	Stockholm R , Gislövshammar	S
518,00	SITOR B	B=100Bd S=170Hz	SAH	Bjuröklubb R	S
518,00	SITOR B	B=100Bd S=170Hz	SAA	Gislövshammar R	S
518,00	SITOR B	B=100Bd S=170Hz	SAG	Grimeton R	S
518,00	SITOR B	B=100Bd S=170Hz	LGD	Orlandet R	NOR
518,00	SITOR B	B=100Bd S=170Hz	TFA	Reykjavik R	ISL
518,00	SITOR B	B=100Bd S=170Hz	EAL	Las Palmas R	CNR
518,00	SITOR B	B=100Bd S=170Hz	CTQ	Porto Santo R	MDR
518,00	SITOR B	B=100Bd S=170Hz	CNP	Casablanca R	MRC
518,00	SITOR B	B=100Bd S=170Hz	UJB	Astrakhan R	RUS
518,00	SITOR B	B=100Bd S=170Hz	EAV	Cabo de La Nao R	E
518,00	SITOR B	B=100Bd S=170Hz	VCK	CAN CG Sept Iles R	CAN
518,00	SITOR B	B=100Bd S=170Hz	NMB	USCG Savannah , GA	USA
518,00	SITOR B	B=100Bd S=170Hz	XMJ329	Prescott R , ONT	CAN
518,00	SITOR B	B=100Bd S=170Hz	VCO	CAN CG Sydney	CAN
518,00	SITOR B	B=100Bd S=170Hz	VAR3	Yarmouth R	CAN
518,00	SITOR B	B=100Bd S=170Hz	VON	S. John`s R	CAN
518,00	SITOR B	B=100Bd S=170Hz	XLJ895	CAN CG Thunder Bay , ONT	CAN
518,00	SITOR B	B=100Bd S=170Hz	VFF	CAN CG Iqaluit	CAN
518,00	SITOR B	B=100Bd S=170Hz	VOK	CAN CG Labrador , NFL	CAN
518,00	SITOR B	B=100Bd S=170Hz	OXI	Nuuk R	GRL
518,00	SITOR B	B=100Bd S=170Hz	PJC	Curacao R	ATN
518,00	SITOR B	B=100Bd S=170Hz	L3K	ARG N Ushuaia	ARG
518,00	SITOR B	B=100Bd S=170Hz	L3D	ARG N Rio Gallegos	ARG
518,00	SITOR B	B=100Bd S=170Hz	L3D	ARG N Rio Gallegos	ARG
518,00	SITOR B	B=100Bd S=170Hz	L2W	ARG N Comodoro Rivadavia	ARG
518,00	SITOR B	B=100Bd S=170Hz	L2I	ARG N Bahia Blanca	ARG
518,00	SITOR B	B=100Bd S=170Hz	L2I	ARG N Bahia Blanca	ARG
518,00	SITOR B	B=100Bd S=170Hz	L2P	ARG N Mar del Plata	ARG
518,00	SITOR B	B=100Bd S=170Hz	L2B	ARG N Buenos Aires	ARG
518,00	SITOR B	B=100Bd S=170Hz	V5W	Walvis Bay R	NMB
518,00	SITOR B	B=100Bd S=170Hz	ZSQ	Port Elizabeth R	AFS
518,00	SITOR B	B=100Bd S=170Hz	3BM	Port Louis R	MAU
518,00	SITOR B	B=100Bd S=170Hz	EQM	Bushehr R	IRN
518,00	SITOR B	B=100Bd S=170Hz	EQI	Abbas R	IRN
518,00	SITOR B	B=100Bd S=170Hz	SUZ	Serapeum R	EGY
518,00	SITOR B	B=100Bd S=170Hz	PNK	Jayapura R , Irian Jaya	INS
518,00	SITOR B	B=100Bd S=170Hz	PKE	Amboina R , Ceram	INS
518,00	SITOR B	B=100Bd S=170Hz	PKF	Makassar R , Sulawesi	INS
518,00	SITOR B	B=100Bd S=170Hz	HSA	Bangkok R	THA
518,00	SITOR B	B=100Bd S=170Hz		Puerto Princesa R	PHL
518,00	SITOR B	B=100Bd S=170Hz		Manila R	PHL

Frequency	Mode	Mode Parameter	Callsign	User	Country
518,00	SITOR B	B=100Bd S=170Hz		Davao R	PHL
518,00	SITOR B	B=100Bd S=170Hz	XSI	Sanya R	CHN
518,00	SITOR B	B=100Bd S=170Hz	XSL	Fuzhou R	CHN
518,00	SITOR B	B=100Bd S=170Hz	XVT	Da Nang R	VTN
518,00	SITOR B	B=100Bd S=170Hz	XSV	Tianjin R	CHN
518,00	SITOR B	B=100Bd S=170Hz	9WH21	Sandakan R	MLA
518,00	SITOR B	B=100Bd S=170Hz	9WW21	Miri R	MLA
518,00	SITOR B	B=100Bd S=170Hz	9MG	Penang R	MLA
518,00	SITOR B	B=100Bd S=170Hz	XVG	Hai Phong R	VTN
518,00	SITOR B	B=100Bd S=170Hz		ICRC Kigali	RRW
518,00	SITOR B	B=100Bd S=170Hz		Chukpyong R	KOR
518,00	SITOR B	B=100Bd S=170Hz	XVS	Ho Chi Minh Ville R	VTN
518,00	SITOR B	B=100Bd S=170Hz		Pyongsan R	KOR
518,00	SITOR B	B=100Bd S=170Hz	NOJ	USCG Kodiak	ALS
518,00	SITOR B	B=100Bd S=170Hz	VAJ	Prince Rupert R	CAN
518,00	SITOR B	B=100Bd S=170Hz	NMQ	USCG Long Beach R , CA	USA
518,00	SITOR B	B=100Bd S=170Hz	XLK835	CAN CG Tofino	CAN
518,00	SITOR B	B=100Bd S=170Hz	HCG	Guayaquil R	EQA
518,00	SITOR B	B=100Bd S=170Hz	OBY2	Paita R	PRU
518,00	SITOR B	B=100Bd S=170Hz	OBF4	Mollendo R	PRU
518,00	SITOR B	B=100Bd S=170Hz	CBA	Antofagasta R	CHL
518,00	SITOR B	B=100Bd S=170Hz	CBV	Playa Ancha Zonal R	CHL
518,00	SITOR B	B=100Bd S=170Hz	CBT	CHL N Talcahuano	CHL
518,00	SITOR B	B=100Bd S=170Hz	CBP	Puerto Montt Zonal R	CHL
518,00	SITOR B	B=100Bd S=170Hz	CBP	Puerto Montt Zonal R	CHL
518,00	SITOR B	B=100Bd S=170Hz	CBM	Magallanes Zonal R	CHL
518,00	SITOR B	B=100Bd S=170Hz	CBY	I. de Pascua R (Easter Iland)	CHL
518,00	SITOR B	B=100Bd S=170Hz	CBY	I. de Pascua R (Easter Iland)	CHL
518,00	SITOR B	B=100Bd S=170Hz	LGS	Svalbard R	NOR
518,00	SITOR B	B=100Bd S=170Hz	UHY	Murmansk R	RUS
518,00	SITOR B	B=100Bd S=170Hz			WW
518,00	SITOR B	B=100Bd S=170Hz		Sous CROSS / Soulac	F
518,00	SITOR B	B=100Bd S=170Hz		S. Georges R	BER
518,00	SITOR B	B=100Bd S=170Hz	FRC	Sous CROSS / Corse	F
518,00	SITOR B	B=100Bd S=170Hz	FRL	Sous CROSS / La Garde	F
518,00	SITOR B	B=100Bd S=170Hz		Rosario R	ARG
518,00	SITOR B	B=100Bd S=170Hz	5BA	Cyprus R	CYP
518,00	SITOR B	B=100Bd S=170Hz	9AS	Split R	HRV
518,00	SITOR B	B=100Bd S=170Hz	9HD	Malta R	MLT
518,00	SITOR B	B=100Bd S=170Hz	9VG49	Singapore R	SNG
518,00	SITOR B	B=100Bd S=170Hz	A4M	Muscat R	OMA
518,00	SITOR B	B=100Bd S=170Hz	A9M	Bahrain R	BHR
518,00	SITOR B	B=100Bd S=170Hz	CBA	Antofagasta R	CHL
518,00	SITOR B	B=100Bd S=170Hz	CBM	Magallanes Zonal R	CHL
518,00	SITOR B	B=100Bd S=170Hz	CBP	Puerto Montt R	CHL
518,00	SITOR B	B=100Bd S=170Hz	CBT	CHL N Talcahuano	CHL
518,00	SITOR B	B=100Bd S=170Hz	CBV	Playa Ancha Zonal R	CHL
518,00	SITOR B	B=100Bd S=170Hz	CTH	POR N Horta R	AZR
518,00	SITOR B	B=100Bd S=170Hz	CTV	Monsanto R	POR
518,00	SITOR B	B=100Bd S=170Hz	EAC	Tarifa R	E
518,00	SITOR B	B=100Bd S=170Hz	EAF	Cabo Finisterre R	E
518,00	SITOR B	B=100Bd S=170Hz	EAR	La Coruna R	E
518,00	SITOR B	B=100Bd S=170Hz	ESA	Tallin R	EST
518,00	SITOR B	B=100Bd S=170Hz	FFU	Brest-Le Conquet R	F
518,00	SITOR B	B=100Bd S=170Hz	GCC	Cullercoats R	G
518,00	SITOR B	B=100Bd S=170Hz	GNI	Niton R	G
518,00	SITOR B	B=100Bd S=170Hz	GPK	Portpatrick R	G
518,00	SITOR B	B=100Bd S=170Hz	HZG	Dammam R	ARS
518,00	SITOR B	B=100Bd S=170Hz	HZH	Jeddah R	ARS
518,00	SITOR B	B=100Bd S=170Hz	JGC	Yokohama R	J
518,00	SITOR B	B=100Bd S=170Hz	JNB	Naha R	J
518,00	SITOR B	B=100Bd S=170Hz	JNL	Otura R	J

Frequency	Mode	Mode Parameter	Callsign	User	Country
518,00	SITOR B	B=100Bd S=170Hz	JNR	Moji R	J
518,00	SITOR B	B=100Bd S=170Hz	JNX	Kushiro R	J
518,00	SITOR B	B=100Bd S=170Hz	L2B	ARG N Buenos Aires	ARG
518,00	SITOR B	B=100Bd S=170Hz	L2N	ARG N Bahia Blanca	ARG
518,00	SITOR B	B=100Bd S=170Hz	L2P	ARG N Mar del Plata	ARG
518,00	SITOR B	B=100Bd S=170Hz	L2T	ARG N Mar del Plata	ARG
518,00	SITOR B	B=100Bd S=170Hz	L2W	ARG N Comodoro Rivadavia	ARG
518,00	SITOR B	B=100Bd S=170Hz	L3I	Rio Gallegos R	ARG
518,00	SITOR B	B=100Bd S=170Hz	L3P	ARG N Ushuaia Prefectura	ARG
518,00	SITOR B	B=100Bd S=170Hz	LGP	Bodoe R	NOR
518,00	SITOR B	B=100Bd S=170Hz	LGQ	Rogaland R	NOR
518,00	SITOR B	B=100Bd S=170Hz	LGV	Vardo R	NOR
518,00	SITOR B	B=100Bd S=170Hz	LZW	Varna R	BUL
518,00	SITOR B	B=100Bd S=170Hz	NMA	USCG Miami FL	USA
518,00	SITOR B	B=100Bd S=170Hz	NMC	USCG San Francisco CA	USA
518,00	SITOR B	B=100Bd S=170Hz	NMF	USCG Boston MA	USA
518,00	SITOR B	B=100Bd S=170Hz	NMG	USCG New Orleans LA	USA
518,00	SITOR B	B=100Bd S=170Hz	NMN	USCG Portsmouth VA	USA
518,00	SITOR B	B=100Bd S=170Hz	NMO	USA CG Honolulu	HWA
518,00	SITOR B	B=100Bd S=170Hz	NMQ9	USCG Long Beach	USA
518,00	SITOR B	B=100Bd S=170Hz	NMR	USA CG San Juan	PTR
518,00	SITOR B	B=100Bd S=170Hz	NMW	USCG Astoria OR	USA
518,00	SITOR B	B=100Bd S=170Hz	NOJ	USCG Kodiak ALS	USA
518,00	SITOR B	B=100Bd S=170Hz	OST	Oostende R	BEL
518,00	SITOR B	B=100Bd S=170Hz	PKX	Jakarta R , Jawa	INS
518,00	SITOR B	B=100Bd S=170Hz	SDJ	Stockholm R , Bjuröklubb	S
518,00	SITOR B	B=100Bd S=170Hz	SUH	Alexandria R	EGY
518,00	SITOR B	B=100Bd S=170Hz	SVH	Iraklion Kritis R	GRC
518,00	SITOR B	B=100Bd S=170Hz	SVK	Kerkyra R Korfu	GRC
518,00	SITOR B	B=100Bd S=170Hz	SVL	Limnos R	GRC
518,00	SITOR B	B=100Bd S=170Hz	TAF	Samsun R	TUR
518,00	SITOR B	B=100Bd S=170Hz	TAH	Istanbul R	TUR
518,00	SITOR B	B=100Bd S=170Hz	TAL	Antalya R	TUR
518,00	SITOR B	B=100Bd S=170Hz	ASK	Karachi R	PAK
518,00	SITOR B	B=100Bd S=170Hz	SUK	Kosseir R	EGY
518,00	SITOR B	B=100Bd S=170Hz	TAN	Izmir R	TUR
518,00	SITOR B	B=100Bd S=170Hz	TFA	Reykjavik R	ISL
518,00	SITOR B	B=100Bd S=170Hz	UBE	Petropavlovsk Kamchatskii R	RUS
518,00	SITOR B	B=100Bd S=170Hz	UCT2	Beringovskiy R	RUS
518,00	SITOR B	B=100Bd S=170Hz	UDN	Novorossiysk R	RUS
518,00	SITOR B	B=100Bd S=170Hz	UFO	Kholmsk R	RUS
518,00	SITOR B	B=100Bd S=170Hz	UGE	Arkhangelsk R	RUS
518,00	SITOR B	B=100Bd S=170Hz	UMN	Murmansk R	RUS
518,00	SITOR B	B=100Bd S=170Hz	UPB	Providenya Bukhta R	RUS
518,00	SITOR B	B=100Bd S=170Hz	URL8	Sevastopol R	RUS
518,00	SITOR B	B=100Bd S=170Hz	UTT	Odessa R	UKR
518,00	SITOR B	B=100Bd S=170Hz	UTW	Mariupol R	UKR
518,00	SITOR B	B=100Bd S=170Hz	UUI	Odessa R	UKR
518,00	SITOR B	B=100Bd S=170Hz	UVD	Magadan R	RUS
518,00	SITOR B	B=100Bd S=170Hz	VAR3	Yarmouth R	CAN
518,00	SITOR B	B=100Bd S=170Hz	VCK	Sept Iles R	CAN
518,00	SITOR B	B=100Bd S=170Hz	VCO	CAN CG Sydney	CAN
518,00	SITOR B	B=100Bd S=170Hz	VRX	Hong Kong R	CHN
518,00	SITOR B	B=100Bd S=170Hz	VWB	Bombay R	IND
518,00	SITOR B	B=100Bd S=170Hz	VWM	Madras R	IND
518,00	SITOR B	B=100Bd S=170Hz	XSG	Shanghai R	CHN
518,00	SITOR B	B=100Bd S=170Hz	XSQ	Guangzhou R	CHN
518,00	SITOR B	B=100Bd S=170Hz	XSZ	Dalian R	CHN
518,00	SITOR B	B=100Bd S=170Hz	ZBM	Bermuda Harbour R	BER
518,00	SITOR B	B=100Bd S=170Hz	ZSC	Capetown R	AFS
518,00	SITOR B	B=100Bd S=170Hz	ZSD	Durban R	AFS
518,00	SITOR B	B=100Bd S=170Hz	CWM27	La Paloma R	URG

Frequency	Mode	Mode Parameter	Callsign	User	Country
518,00	SITOR B	B=100Bd S=170Hz	L3K	ARG N Ushuaia	ARG
518,00	SITOR B	B=100Bd S=170Hz		Cabo de la Nao R	E
518,00	*SITOR B*	*B=100Bd S=170Hz*	*DDK*	*DWD TX Pinneberg*	*D*
518,00	SITOR B	B=100Bd S=170Hz	OST	Oostende R	BEL
518,00	SITOR B	B=100Bd S=170Hz	TFA	Reykjavik R	ISL
518,00	SITOR B	B=100Bd S=170Hz	EJK	Valentia R	IRL
518,00	SITOR B	B=100Bd S=170Hz	4XO	Haifa R	ISR
518,00	SITOR B	B=100Bd S=170Hz		Ismaila R	EGY
518,00	SITOR B	B=100Bd S=170Hz		Heraklion R	GRC
518,00	SITOR B	B=100Bd S=170Hz		Niton R	G
518,00	SITOR B	B=100Bd S=170Hz	SDJ	Stockholm R , Grimeton	S
521,50	CW		A4M	Muscat R	OMA
521,50	CW		UDK	Murmansk R	RUS
522,00	CW		XSG	Shanghai R	CHN
522,50	CW		STF	Stefanovikion P	GRC
538,00	CW		RMP	RUS NHQ Kaliningrad	RUS
570,00	CIS 50-250	B=50Bd S=250Hz		RUS N	RUS
583,00	CW		RMP	RUS NHQ Kaliningrad	RUS
652,00	CW		RR	Ventspils P	LVA

1000 – 5000 Khz

Frequency	Mode	Mode Parameter	Callsign	User	Country
1080,00	AM		AR	Buzharovo P	RUS
1359,00	USB		XVG	Hai Phong R	VTN
1500,00	CLOVER 2000	B=500Bd Ch=8 ChS=250Hz	3G1SI		
1607,00	CW			CS Ch 201	R I
1607,50	CW			CS Ch 202	R I
1608,00	CW			CS Ch 203	R I
1608,50	CW			CS Ch 204	R I
1609,00	CW			CS Ch 205	R I
1609,50	CW			CS Ch 206	R I
1610,00	CW			CS Ch 207	R I
1610,50	CW			CS Ch 208	R I
1611,00	CW			CS Ch 209	R I
1611,50	CW			CS Ch 210	R I
1612,00	CW			CS Ch 211	R I
1612,50	CW			CS Ch 212	R I
1613,00	CW			CS Ch 213	R I
1613,50	CW			CS Ch 214	R I
1614,00	CW			CS Ch 215	R I
1614,50	CW			CS Ch 216	R I
1615,00	CW			CS Ch 217	R I
1615,50	USB		SVH	Iraklion Kritis R	GRC
1615,50	CW			CS Ch 218	R I
1616,00	CW			CS Ch 219	R I
1616,50	CW			CS Ch 220	R I
1617,00	CW			CS Ch 221	R I
1617,50	CW			CS Ch 222	R I
1618,00	CW			CS Ch 223	R I
1618,50	SITOR , CW	B=100Bd S=170Hz	SUQ	Ismaila R	EGY
1618,50	CW			CS Ch 224	R I
1619,00	CW			CS Ch 225	R I
1619,50	CW			CS Ch 226	R I
1620,00	CW			CS Ch 227	R I
1620,50	CW			CS Ch 228	R I
1621,00	CW			CS Ch 229	R I

Frequency	Mode	Mode Parameter	Callsign	User	Country
1621,50	USB			Floro R	NOR
1621,50	USB			Rogaland R	NOR
1621,50	USB			Tjome R	NOR
1621,50	USB			Vardo R	NOR
1621,50	CW			CS Ch 230	R I
1621,50	USB			Bodo R	NOR
1622,00	CW			CS Ch 231	R I
1622,50	CW			CS Ch 232	R I
1623,00	CW			CS Ch 233	R I
1623,50	CW			CS Ch 234	R I
1624,00	CW			CS Ch 235	R I
1624,50	USB		OXZ	Lyngby R	DNK
1624,50	CW			CS Ch 236	R I
1635,00	USB			Vardo R via Hammerfest	NOR
1635,00	SSB			CS Ch 241	R I
1636,40	USB		HZH	Jeddah R	ARS
1638,00	USB			Vaasa MRSC	FNL
1638,00	SSB			CS Ch 242	R I
1641,00	SSB			CS Ch 243	R I
1641,00	SSB		OXJ	Torshaven R	FRI
1642,50	SSB			Den Helder CG	HOL
1644,00	USB		EJM	Malin Head R	IRL
1644,00	SSB			CS Ch 244	R I
1644,00	USB		EAL	Las Palmas R	CNR
1647,00	SSB			CS Ch 245	R I
1650,00	USB		TYA	Cotonou R	BEN
1650,00	SSB			CROSS Grez-Niz	F
1650,00	SSB			CROSS Jobourg	F
1650,00	SSB			CROSS Corsen	F
1650,00	SSB			CS Ch 246	R I
1653,00	SSB			CS Ch 247	R I
1656,00	SSB			CS Ch 248	R I
1656,00	USB			Malaga R via Tarfifa	E
1659,00	USB			Bodo R via Andenes	NOR
1659,00	SSB			CS Ch 249	R I
1660,00	USB			MRCC Bremen	D
1660,40	USB		3VZ	Zarzis R	TUN
1662,00	SSB			CS Ch 250	R I
1665,00	USB		LZW	Varna R	BUL
1665,00	USB			Tjome R	NOR
1665,00	SSB			CS Ch 251	R I
1668,00	SSB			CS Ch 252	R I
1671,00	SSB			CS Ch 253	R I
1671,00	SSB			Rogaland R via Farsund	NOR
1672,40	USB		3VS	Sfax R	TUN
1674,00	SSB			CS Ch 254	R I
1674,00	SSB		9GX	Tema R	GHA
1674,00	SSB		SDJ	Stockholm R , Tingstädte	S
1677,00	SSB			CS Ch 255	R I
1677,00	SSB		EJM	Malin Head R	IRL
1677,00	SSB		OFH	Mariehamn R	FNL
1677,00	USB			Bilbao R via Machichaco	E
1680,00	SSB			CS Ch 256	R I
1680,00	SSB			Floro R	NOR
1680,80	CW			RUS BRAS system	RUS
1683,00	SSB			CS Ch 257	R I
1686,00	SSB			CS Ch 258	R I
1687,40	SSB		3VB	Bizerte R	TUN
1689,00	SSB			CS Ch 259	R I
1689,00	SSB		EAL	Las Palmas R	CNR
1692,00	SSB			CS Ch 260	R I
1692,00	SSB			Rogaland R via Vigre	NOR

Frequency	Mode	Mode Parameter	Callsign	User	Country
1695,00	USB			Vardo R via Berlevag	NOR
1695,00	SSB			CS Ch 261	R I
1696,00	USB			CROSS La Garde	F
1696,00	SSB		SVK	Kerkyra R	GRC
1696,40	SSB		3VM	Mahdia R	TUN
1698,00	USB		SXE	Aspropyrgos Attikis R	GRC
1698,00	USB			Peiraias CG R	GRC
1698,00	SSB			CS Ch 262	R I
1698,00	USB			Coruna R via Finisterre	E
1699,40	USB		3VS	Sfax R	TUN
1701,00	SSB			CS Ch 263	R I
1704,00	SSB			CS Ch 264	R I
1704,00	USB			Malaga R via Tarfifa	E
1704,00	USB			Skamlebak R	DNK
1707,00	SSB			CS Ch 265	R I
1707,00	USB			Coruna R	E
1707,70	CW			RUS BRAS system	RUS
1710,00	USB			Bodo R via Sandnessjoen	NOR
1710,00	SSB			CS Ch 266	R I
1710,00	SSB		SDJ	Stockholm R , Grimeton	S
1713,00	USB			Vardo R	NOR
1713,00	SSB			CS Ch 267	R I
1716,00	SSB			CS Ch 268	R I
1719,00	USB			Hailuoto R	FNL
1719,00	SSB			CS Ch 269	R I
1720,40	SSB		4OB	Bar R	MNE
1722,00	SSB			CS Ch 270	R I
1722,00	SSB			Bodo R via Björnöya	NOR
1725,00	SSB			CS Ch 271	R I
1725,00	SSB			Rogaland R via Vigre	NOR
1726,00	SSB		HZH	Jeddah R	ARS
1726,40	SSB		SVH	Iraklion Kritis R	GRC
1728,00	SSB			CS Ch 272	R I
1728,00	SSB			Rogaland R via Bergen	NOR
1731,00	SSB			CS Ch 273	R I
1731,00	SSB			Bodo R via Svalbard	NOR
1734,00	USB		SXE	Aspropyrgos Attikis R	GRC
1734,00	SSB			CS Ch 274	R I
1734,00	USB			Blavand R	DNK
1737,00	SSB			CS Ch 275	R I
1740,00	SSB			CS Ch 276	R I
1741,40	SSB		SVH	Iraklion Kritis R	GRC
1741,40	USB		3VL	Kelibia R	TUN
1743,00	SSB			CS Ch 277	R I
1743,00	SSB			Bodo R via Jan Mayen	NOR
1743,00	USB			Stornoway CG MRCC	G
1746,00	USB		EJK	Valentia R	IRL
1746,00	SSB			CS Ch 278	R I
1749,00	SSB			CS Ch 279	R I
1752,00	SSB			CS Ch 280	R I
1752,00	SSB		EJK	Valentia R	IRL
1755,00	USB			Valencia R via Cabo de la Nao	E
1755,00	SSB			CS Ch 281	R I
1758,00	SSB			CS Ch 282	R I
1758,00	SSB		OXJ	Torshaven R	FRI
1758,00	USB			Skagen R	DNK
1761,00	SSB			CS Ch 283	R I
1764,00	SSB			CS Ch 284	R I
1767,00	USB			Valencia R via Cabo de la Nao	E
1767,00	SSB			CS Ch 285	R I
1767,00	SSB		SVN	Olympia R	GRC
1767,00	USB			Milford Haven CG MRCC	G

Frequency	Mode	Mode Parameter	Callsign	User	Country
1767,00	USB			Bovbjerg R	DNK
1768,40	SSB		3VT	Tunis R	TUN
1770,00	SSB			CS Ch 286	R I
1770,00	SSB			Bodo R	NOR
1770,00	USB			Shetland CG MRCC	G
1770,70	CW			RUS BRAS system	RUS
1771,00	SSB		3VM	Mahdia R	TUN
1773,00	SSB		IPD	Civiatavecchia R	I
1776,00	SSB		IQA	Augusta R	I
1776,00	SSB			CS Ch 288	R I
1779,00	SSB			CS Ch 289	R I
1779,00	SSB		SDJ	Stockholm R , Bjuroklubb	S
1780,40	USB		3VK	Tabarka R	TUN
1782,00	SSB			CS Ch 290	R I
1782,00	SSB			Floro R via Orlandet	NOR
1785,00	SSB			CS Ch 291	R I
1785,00	SSB			Rogaland R via Farsund	NOR
1785,85	CW			RUS BRAS system	RUS
1788,00	SSB			CS Ch 292	R I
1791,00	SSB			CS Ch 293	R I
1792,00	SSB		7TA	Alger R	ALG
1794,00	SSB			CS Ch 294	R I
1797,00	SSB		SDJ	Stockholm R , Gislövshammar	S
1797,07	CW			RUS BRAS system	RUS
1803,00	USB			Bodo R via Andenes	NOR
1806,00	ALE USB	B=125Bd Ch=8 ChS=250Hz		D CG net	D
1806,00	R&S MODEM	B=2400Bd		D CG net	D
1812,10	CW			RUS BRAS system	RUS
1813,00	USB		J2A	Djibouti R	DJI
1824,00	SSB		SVR	Rodos R	GRC
1831,00	CW		OSN41	BEL N Oostende	BEL
1840,00	ROS USB	B=1Bd Ch=144 ChS=15,625Hz		ROS frequency	
1849,00	SSB		SUK	Kosseir R	EGY
1850,00	SSB		TAT	Canakkala R	TUR
1856,00	SSB		HZH	Jeddah R	ARS
1869,00	USB			Yarmouth CG MRCC	G
1875,00	SSB				
1875,00	*STANAG 4285*	*B=2400Bd*		*G MIL Crimond*	*G*
1876,70	ASCII 10 BIT	B=1200Bd S=1000Hz			
1877,00	M/S 1,0	B=75Bd S=850Hz			
1880,00	USB			Falmouth CG MRCC	G
1880,00	USB			Holyhead CG MRCC	G
1883,00	USB			Clyde CG MRCC	G
1883,00	USB			Belfast CG MRCC	G
1888,00	USB		IPD	Civiatavecchia R	I
1892,20	STANAG 4285	B=2400Bd	DHJ58	D N Glücksburg	D
1894,70	STANAG 4285	B=2400Bd	DHJ58	D N Glücksburg	D
1894,70	*STANAG 4285*	*B=2400Bd*	*DHO26*	*D N Rostock*	*D*
1904,00	USB			Peiraias CG R	GRC
1904,00	ALE USB	B=125Bd Ch=8 ChS=250Hz		D CG net	D
1911,00	SSB		7TB	Annaba R	ALG
1911,00	SSB		CND	Agadir R	MRC
1915,00	SSB		DEH50	D CG Cuxhaven	D
1915,00	SSB		DQZ28	D CG Neustadt	D
1919,00	PACTOR III	B=100Bd S=200Hz	FOHXM	Sailmail Manihi Atoll	OCE
1925,00	SSB		IPL	Livorno R	I
1925,00	USB			Hunber CG MRCC	G
1940,00	SSB		9GX	Tema R	GHA

Frequency	Mode	Mode Parameter	Callsign	User	Country
1957,50	SSB			Den Helder Rescue	HOL
2000,00	USB			VOLMET New York R	USA
2000,20	*STANAG 4285*	*B=2400Bd*	*IDR*	*I N Rome*	*I*
2001,00	SSB, RTTY			D army	D
2003,20	STANAG 4285	B=2400Bd			
2009,00	USB		HLU	Ulreung R	KOR
2020,00	USB		VJJ	RFDS Charleville	AUS
2020,00	USB		VJD	RFDS Alice Springs	AUS
2020,00	USB		VNZ	RFDS Pt. Augusta	AUS
2020,00	USB		VJC	RFDS Broken Hill	AUS
2020,00	USB		VJN	RFDS Cairns	AUS
2020,00	USB		VJI	RFDS Mount Isa	AUS
2030,00	SSB, RTTY			D army	D
2035,00	LINK 11	B=2250Bd			
2037,50	SSB		VWP	Port Blair R	ADM
2044,00	USB		HLY	Yeosu R	KOR
2045,00	SSB			ship/shore working frequency	R I
2045,00	SSB		OXJ	Torshaven R	FRI
2047,00	SSB, RTTY			D army	D
2048,00	SSB			ship/ship working frequency	R I
2049,00	SSB			USA AF MARS	
2051,00	SSB			ship/shore working frequency	R I
2053,00	USB				RUS
2054,00	SSB			ship/shore working frequency	R I
2054,00	USB		VAE	Tofino R	CAN
2054,00	USB		VAJ	Prince Rupert R	CAN
2054,00	FAX 120/576		NOJ	USA CG Kodiak	USA
2055,00	STANAG 4285	B=2400Bd	IDN	I N Naples	I
2056,00	USB		VMW	Wiluna M	AUS
2057,00	SSB			ship/shore working frequency	R I
2060,00	SSB			SS Ch 241	R I
2060,00	SSB			SS Ch 268	R I
2060,00	SSB			SS Ch 295	R I
2061,40	BAUDOT	B=75Bd S=850Hz	ARK		
2063,00	SSB			SS Ch 242	R I
2063,00	SSB			SS Ch 269	R I
2064,00	F N FSK	B=50Bd S=850Hz Ch=1	FUB	F N Brest	F
2064,00	*F N FSK*	*B=50Bd S=850Hz Ch=1*	*FUG*	*F N La Regine*	*F*
2065,00	USB		L2A	ARG N Buenos Aires	ARG
2065,00	USB		L2V	ARG N Commodoro Rivadavia	ARG
2065,00	USB		L3J	ARG N Ushuaia Prefectura	ARG
2065,00	USB		L2O	ARG N Mar del Plata	ARG
2066,00	SSB			SS Ch 243	R I
2066,00	SSB			SS Ch 270	R I
2068,00	LINK 11	B=2250Bd			
2069,00	SSB			SS Ch 244	R I
2069,00	SSB			SS Ch 271	R I
2070,00	ALE USB	B=125Bd Ch=8 ChS=250Hz			
2070,40	ALE USB	B=125Bd Ch=8 ChS=250Hz		D CG net	D
2072,00	CW		VTG3	IND N Bombay	IND
2072,00	SSB			SS Ch 245	R I
2072,00	SSB			SS Ch 272	R I
2075,00	SSB			SS Ch 246	R I
2075,00	SSB			SS Ch 273	R I
2078,00	SSB			SS Ch 247	R I
2078,00	SSB			SS Ch 274	R I
2080,00	USB		A3A	Nukualofa R	TON
2081,00	SSB			SS Ch 248	R I

Frequency	Mode	Mode Parameter	Callsign	User	Country
2081,00	SSB			SS Ch 275	R I
2084,00	SSB			SS Ch 249	R I
2084,00	SSB			SS Ch 276	R I
2087,00	SSB			SS Ch 250	R I
2087,00	SSB			SS Ch 277	R I
2089,00	SSB, RTTY			D army	D
2090,00	SSB			SS Ch 251	R I
2090,00	SSB			SS Ch 278	R I
2091,00	CW		HLC	Incheon R	KOR
2091,00	CW		HLK	Kangnung R	KOR
2091,00	CW		HLN	Gunsan R	KOR
2091,00	CW		HLU	Ulreung R	KOR
2093,00	SSB			SS Ch 252	R I
2093,00	SSB			SS Ch 279	R I
2096,00	SSB			SS Ch 253	R I
2096,00	SSB			SS Ch 280	R I
2099,00	SSB			SS Ch 254	R I
2099,00	SSB			SS Ch 281	R I
2101,00	CW			RUS BRAS system	RUS
2102,00	SSB			SS Ch 255	R I
2102,00	SSB			SS Ch 282	R I
2103,00	SSB, RTTY			D army	D
2105,00	SSB			SS Ch 256	R I
2105,00	SSB			SS Ch 283	R I
2108,00	SSB			SS Ch 257	R I
2108,00	SSB			SS Ch 284	R I
2110,00	USB			Cheju MRCC	KOR
2110,00	USB		HLC	Incheon MRCC	KOR
2110,00	USB			Mokpo MRCC	KOR
2110,00	USB			Busan MRCC	KOR
2110,00	USB		HLF	Tonghae MRCC	KOR
2110,00	USB		HLF	Tonghae MRCC	KOR
2111,00	SSB			SS Ch 258	R I
2111,00	SSB			SS Ch 285	R I
2111,00	USB		3DP	Suva R	FJI
2114,00	SSB			SS Ch 259	R I
2114,00	SSB			SS Ch 286	R I
2115,50	*STANAG 4285*	*B=2400Bd*		*G MIL St. Eval*	*G*
2116,00	USB		OYR	Aasiaat R	GRL
2117,00	SSB			SS Ch 260	R I
2117,00	SSB			SS Ch 287	R I
2120,00	SSB			SS Ch 261	R I
2120,00	SSB			SS Ch 288	R I
2121,40	USB		PBC	NLD N Goeree Island	HOL
2122,50	*STANAG 4285*	*B=2400Bd*		*G MIL St. Eval*	*G*
2122,90	PACTOR II	B=200Bd S=200Hz	WXH	Annapolis , MD	USA
2123,00	SSB			SS Ch 262	R I
2123,00	SSB			SS Ch 289	R I
2126,00	SSB			SS Ch 263	R I
2126,00	SSB			SS Ch 290	R I
2126,40	PACTOR II	B=200Bd S=200Hz	WXH	Annapolis , MD	USA
2129,00	USB		OYR	Aasiaat R	GRL
2129,00	SSB			SS Ch 264	R I
2129,00	SSB			SS Ch 291	R I
2130,00	NFM			RUS railroad net	RUS
2132,00	SSB			SS Ch 265	R I
2132,00	SSB			SS Ch 292	R I
2135,00	SSB			SS Ch 266	R I
2135,00	SSB			SS Ch 293	R I
2138,00	SSB			SS Ch 267	R I
2138,00	SSB			SS Ch 294	R I
2139,00	SSB, RTTY			D army	D

Frequency	Mode	Mode Parameter	Callsign	User	Country
2141,00	SSB			USCG rescue operation channel	USA
2141,90	LINK 11	B=2250Bd			
2142,00	SITOR	B=100Bd S=170Hz		SS Ch 201	R I
2142,50	SITOR	B=100Bd S=170Hz		SS Ch 202	R I
2142,50	R&S MODEM	B=2400Bd		D CG	D
2142,50	ALE USB	B=125Bd Ch=8 ChS=250Hz		D CG net	D
2143,00	SITOR	B=100Bd S=170Hz		SS Ch 203	R I
2143,50	SITOR	B=100Bd S=170Hz		SS Ch 204	R I
2144,00	SITOR	B=100Bd S=170Hz		SS Ch 205	R I
2144,50	SITOR	B=100Bd S=170Hz		SS Ch 206	R I
2145,00	SITOR	B=100Bd S=170Hz		SS Ch 207	R I
2145,50	SITOR	B=100Bd S=170Hz		SS Ch 208	R I
2146,00	SITOR	B=100Bd S=170Hz		SS Ch 209	R I
2146,50	SITOR	B=100Bd S=170Hz		SS Ch 210	R I
2147,00	SITOR	B=100Bd S=170Hz		SS Ch 211	R I
2147,50	SITOR	B=100Bd S=170Hz		SS Ch 212	R I
2148,00	SITOR	B=100Bd S=170Hz		SS Ch 213	R I
2148,50	SITOR	B=100Bd S=170Hz		SS Ch 214	R I
2149,00	SITOR	B=100Bd S=170Hz		SS Ch 215	R I
2149,50	SITOR	B=100Bd S=170Hz		SS Ch 216	R I
2150,00	SSB			SS Ch 217	R I
2150,00	NFM			RUS railroad net	RUS
2150,50	SITOR	B=100Bd S=170Hz		SS Ch 218	R I
2151,00	SITOR	B=100Bd S=170Hz		SS Ch 219	R I
2151,50	SITOR	B=100Bd S=170Hz		SS Ch 220	R I
2151,50	ALE USB	B=125Bd Ch=8 ChS=250Hz		D CG net	D
2152,00	SITOR	B=100Bd S=170Hz		SS Ch 221	R I
2152,50	SITOR	B=100Bd S=170Hz		SS Ch 222	R I
2153,00	SITOR	B=100Bd S=170Hz		SS Ch 223	R I
2153,50	SITOR	B=100Bd S=170Hz		SS Ch 224	R I
2154,00	SITOR	B=100Bd S=170Hz		SS Ch 225	R I
2154,50	SITOR	B=100Bd S=170Hz		SS Ch 226	R I
2155,00	SITOR	B=100Bd S=170Hz		SS Ch 227	R I
2155,50	SITOR	B=100Bd S=170Hz		SS Ch 228	R I
2156,00	SITOR	B=100Bd S=170Hz		SS Ch 229	R I
2156,50	SITOR	B=100Bd S=170Hz		SS Ch 230	R I
2157,00	SITOR	B=100Bd S=170Hz		SS Ch 231	R I
2157,00	SSB, RTTY			D army	D
2157,50	SITOR	B=100Bd S=170Hz		SS Ch 232	R I
2158,00	SITOR	B=100Bd S=170Hz		SS Ch 233	R I
2158,50	SITOR	B=100Bd S=170Hz		SS Ch 234	R I
2159,00	SITOR	B=100Bd S=170Hz		SS Ch 235	R I
2159,50	SITOR	B=100Bd S=170Hz		SS Ch 236	R I
2162,00	SSB		ZBP	Pitcairn Island R	PTC
2163,70	4-DPSK	B=250Bd		DGPS Portsmouth	G
2167,00	USB		H4H	Honiara R	SLM
2168,00	USB		YJM	Port Vila R	VUT
2169,00	*STANAG 4285*	*B=2400Bd*		*G MIL Inskip*	*G*
2169,70	*STANAG 4285*	*B=2400Bd*		*G MIL Inskip*	*G*
2174,50	SITOR , CW	B=100Bd S=170Hz	JNN	Shiogama R	J
2174,50	.			Distress/safety frequency	WW
2174,50	SITOR , CW	B=100Bd S=170Hz	VRC	Hong Kong R	CHN
2174,50	SITOR , CW	B=100Bd S=170Hz	JNL	Otura R	J
2174,50	SITOR , CW	B=100Bd S=170Hz	JGD	Kobe R	J
2174,50	SITOR , CW	B=100Bd S=170Hz	JNE	Hiroshima R	J
2174,50	SITOR , CW	B=100Bd S=170Hz	JNJ	Kagoshima R	J
2174,50	SITOR , CW	B=100Bd S=170Hz	JNC	Maizuru R	J
2174,50	SITOR , CW	B=100Bd S=170Hz	JNR	Moji R	J
2174,50	SITOR , CW	B=100Bd S=170Hz	JNT	Nagoya R	J
2174,50	SITOR , CW	B=100Bd S=170Hz	JNV	Niigata R	J

Frequency	Mode	Mode Parameter	Callsign	User	Country
2174,50	SITOR , CW	B=100Bd S=170Hz	JNB	Naha R	J
2174,50	SITOR B	B=100Bd S=170Hz	ZLM	Taupo Maritime R	NZL
2174,50	SITOR , CW	B=100Bd S=170Hz	JGC	Yokohama R	J
2174,50	SITOR , CW	B=100Bd S=170Hz	PKD5	Benoa R , Bali	INS
2174,50	SITOR , CW	B=100Bd S=170Hz	PKZ34	Cigading R , Jawa	INS
2174,50	SITOR , CW	B=100Bd S=170Hz	PKR3	Cilacap R , Jawa	INS
2174,50	SITOR , CW	B=100Bd S=170Hz	PKZ2	Cirebon R , Jawa	INS
2174,50	SITOR , CW	B=100Bd S=170Hz	PKR	Semarang R , Djawa	INS
2174,50	SITOR , CW	B=100Bd S=170Hz	PKD	Surabaya R , Djawa	INS
2174,50	SITOR , CW	B=100Bd S=170Hz	PKN	Balikpapan R , Kalimantan	INS
2174,50	SITOR , CW	B=100Bd S=170Hz	PKS	Pontianak R , Kalimantan	INS
2174,50	SITOR , CW	B=100Bd S=170Hz	PKO	Tarakan R , Kalimantan	INS
2174,50	SITOR , CW	B=100Bd S=170Hz	PKE37	Sanana R , Kep Sula	INS
2174,50	SITOR , CW	B=100Bd S=170Hz	PKD3	Lembar R , Lombok	INS
2174,50	SITOR , CW	B=100Bd S=170Hz	PKY2	Biak R , Irian Jaya	INS
2174,50	SITOR , CW	B=100Bd S=170Hz	PKY23	Fak Fak R	INS
2174,50	SITOR , CW	B=100Bd S=170Hz	PNK	Jayapura R , Irian Jaya	INS
2174,50	SITOR , CW	B=100Bd S=170Hz	PKY3	Manokwari R , Irian Jaya	INS
2174,50	SITOR , CW	B=100Bd S=170Hz	PKY5	Merauke R , Irian Jaya	INS
2174,50	SITOR , CW	B=100Bd S=170Hz	PKY4	Sorong R , Irian Jaya	INS
2174,50	SITOR , CW	B=100Bd S=170Hz	PKM	Bitung R , Sulawesi	INS
2174,50	SITOR , CW	B=100Bd S=170Hz	PKF3	Kendari R	INS
2174,50	SITOR , CW	B=100Bd S=170Hz	PKM44	Pantolan R , Sulawesi	INS
2174,50	SITOR , CW	B=100Bd S=170Hz	PKM25	Tahuna R	INS
2174,50	SITOR , CW	B=100Bd S=170Hz	PKP38	Batu Ampar R	INS
2174,50	SITOR , CW	B=100Bd S=170Hz	PKP	Dumai R , Sumatera	INS
2174,50	SITOR , CW	B=100Bd S=170Hz	PKC4	Panjang R , Sumatera	INS
2174,50	SITOR , CW	B=100Bd S=170Hz	PKJ28	Sei Kolak Kijang R	INS
2174,50	SITOR , CW	B=100Bd S=170Hz	PKB3	Sibolga R , Sumatera	INS
2174,50	SITOR , CW	B=100Bd S=170Hz		Benete R , Sumbawa	INS
2174,50	SITOR , CW	B=100Bd S=170Hz	PKK	Kupang R , Timor	INS
2175,40	USB		SPS	Witowo R	POL
2177,00	USB		TFT	Hornafjördur R	ISL
2177,00	USB			Floro R	NOR
2177,00	USB			Rogaland R	NOR
2177,00	USB			Tjome R	NOR
2177,00	USB			Vardo R	NOR
2177,00	USB			Bodo R	NOR
2177,00	USB		TFX	Siglufjördur R	ISL
2177,00	USB		TFZ	Isafjördur R	ISL
2177,00	DSC	B=100Bd S=170Hz	JNL	Otura R	J
2177,00	DSC	B=100Bd S=170Hz	JGD	Kobe R	J
2177,00	DSC	B=100Bd S=170Hz	JNE	Hiroshima R	J
2177,00	DSC	B=100Bd S=170Hz	JNT	Nagoya R	J
2177,00	DSC	B=100Bd S=170Hz	JNB	Naha R	J
2177,00	USB		TFA	Reykjavik R	ISL
2177,00	USB		TYA	Cotonou R	BEN
2177,00	SSB		TFV	Vestmannaeyar R	ISL
2177,00	DSC	B=100Bd S=170Hz	JNJ	Kagoshima R	J
2177,00	DSC	B=100Bd S=170Hz	JNC	Maizuru R	J
2177,00	DSC	B=100Bd S=170Hz	JNR	Moji R	J
2177,00	DSC	B=100Bd S=170Hz	JNV	Niigata R	J
2177,00	DSC	B=100Bd S=170Hz	JNN	Shiogama R	J
2177,00	SSB		OST	Oostende R	BEL
2177,00	DSC	B=100Bd S=170Hz	PKD5	Benoa R , Bali	INS
2177,00	DSC	B=100Bd S=170Hz	JGC	Yokohama R	J
2177,00	DSC	B=100Bd S=170Hz	PKE5	Ternate R , Maluku	INS
2177,00	DSC	B=100Bd S=170Hz	PKZ34	Cigading R , Jawa	INS
2177,00	DSC	B=100Bd S=170Hz	PKR3	Cilacap R , Jawa	INS
2177,00	DSC	B=100Bd S=170Hz	PKZ2	Cirebon R , Jawa	INS
2177,00	DSC	B=100Bd S=170Hz	PKX	Jakarta R , Jawa	INS
2177,00	DSC	B=100Bd S=170Hz	PKR	Semarang R , Djawa	INS

Frequency	Mode	Mode Parameter	Callsign	User	Country
2177,00	DSC	B=100Bd S=170Hz	PKS	Pontianak R , Kalimantan	INS
2177,00	DSC	B=100Bd S=170Hz	PKO	Tarakan R , Kalimantan	INS
2177,00	DSC	B=100Bd S=170Hz	PKE37	Sanana R , Kep Sula	INS
2177,00	DSC	B=100Bd S=170Hz	PKD3	Lembar R , Lombok	INS
2177,00	DSC	B=100Bd S=170Hz	PKY2	Biak R , Irian Jaya	INS
2177,00	DSC	B=100Bd S=170Hz	PKY23	Fak Fak R	INS
2177,00	DSC	B=100Bd S=170Hz	PNK	Jayapura R , Irian Jaya	INS
2177,00	DSC	B=100Bd S=170Hz	PKY3	Manokwari R , Irian Jaya	INS
2177,00	DSC	B=100Bd S=170Hz	PKY5	Merauke R , Irian Jaya	INS
2177,00	DSC	B=100Bd S=170Hz	PKY4	Sorong R , Irian Jaya	INS
2177,00	DSC	B=100Bd S=170Hz	PKE	Amboina R , Ceram	INS
2177,00	DSC	B=100Bd S=170Hz	PKM	Bitung R , Sulawesi	INS
2177,00	DSC	B=100Bd S=170Hz	PKF3	Kendari R	INS
2177,00	DSC	B=100Bd S=170Hz	PKF	Makassar R , Sulawesi	INS
2177,00	DSC	B=100Bd S=170Hz	PKM44	Pantolan R , Sulawesi	INS
2177,00	DSC	B=100Bd S=170Hz	PKM25	Tahuna R	INS
2177,00	DSC	B=100Bd S=170Hz	PKP38	Batu Ampar R	INS
2177,00	DSC	B=100Bd S=170Hz	PKB	Belawan R , Sumatera	INS
2177,00	DSC	B=100Bd S=170Hz	PKP	Dumai R , Sumatera	INS
2177,00	DSC	B=100Bd S=170Hz	PKP	Dumai R , Sumatera	INS
2177,00	DSC	B=100Bd S=170Hz	PKC4	Panjang R , Sumatera	INS
2177,00	DSC	B=100Bd S=170Hz	PKJ28	Sei Kolak Kijang R	INS
2177,00	DSC	B=100Bd S=170Hz	PKB3	Sibolga R , Sumatera	INS
2177,00	DSC	B=100Bd S=170Hz		Benete R , Sumbawa	INS
2177,00	DSC	B=100Bd S=170Hz	PKK	Kupang R , Timor	INS
2177,00	USB		OXZ	Lyngby R	DNK
2177,50	DSC	B=100Bd S=170Hz	PKN	Balikpapan R , Kalimantan	INS
2182,00	USB			San Juan JRCC	PTR
2182,00	USB			Magadan R	RUS
2182,00	USB		OBC3	Callao MRCC	PRU
2182,00	USB		XFS	Tampico P	MEX
2182,00	USB			Cayewnne MRSC	GUF
2182,00	USB			Cheju MRCC	KOR
2182,00	USB		HLC	Incheon R	KOR
2182,00	USB		HLE	Cheju R	KOR
2182,00	USB		HLC	Incheon MRCC	KOR
2182,00	USB		HSA	Bangkok R	THA
2182,00	USB			Grenada MRSC	GND
2182,00	USB		NMJ	USA CG Juneau	ALS
2182,00	USB		JGD	Kobe R	J
2182,00	USB		JNT	Nagoya R	J
2182,00	USB		JNB	Naha R	J
2182,00	USB		JNN	Shiogama R	J
2182,00	USB		HLK	Kangnung R	KOR
2182,00	USB		HLN	Gunsan R	KOR
2182,00	USB			Mokpo MRCC	KOR
2182,00	SSB			Distress/calling frequency	WW
2182,00	USB			Hodeihdah R	YEM
2182,00	USB		P2M	Port Moresbay R	PNG
2182,00	USB		ZKN	Niue R	NIU
2182,00	USB		OBF4	Mollendo MRSC	PRU
2182,00	USB		XFL	Mazatlan P	MEX
2182,00	USB		HLM	Mogpo R	KOR
2182,00	USB			Busan MRCC	KOR
2182,00	USB			USA CG Kodiak	ALS
2182,00	USB		HLP	Busan R	KOR
2182,00	USB		CWM30	URG SAR net	URG
2182,00	USB		CWC30	La Paloma R	URG
2182,00	USB		XSZ	Dalian R	CHN
2182,00	USB			Chuuk R	FSM
2182,00	USB		PJC	Curacao R	ATN
2182,00	USB		CWS	URG N Montevideo	URG

Frequency	Mode	Mode Parameter	Callsign	User	Country
2182,00	USB		CWF	Punta Carretas R	URG
2182,00	USB		XSP	Shantou R	CHN
2182,00	USB			Pohnpei R	FSM
2182,00	USB			Yap R	FSM
2182,00	USB		6YX	JMC CG Jamaica	JMC
2182,00	USB		OBY2	Paita MRSC	PRU
2182,00	USB		CWC34	Punta del Este R	URG
2182,00	USB		CWC39	Montevideo Trouville R	URG
2182,00	USB		JNJ	Kagoshima R	J
2182,00	USB		JNL	Otura R	J
2182,00	USB		JNE	Hiroshima R	J
2182,00	USB		JNC	Maizuru R	J
2182,00	USB		JNR	Moji R	J
2182,00	USB		JNV	Niigata R	J
2182,00	USB		UFH	Petrapavlovsk-Kamchatskii MRSC	RUS
2182,00	USB		9YL	Trinedad North Post R	TRD
2182,00	USB		UFH	Petrapavlovsk-Kamchatskii R	RUS
2182,00	USB		UFH	Petrapavlovsk-Kamchatskii R	RUS
2182,00	USB		XSL	Fuzhou R	CHN
2182,00	USB			Korror R	PLW
2182,00	USB		H4H	Honiara R	SLM
2182,00	USB		PZN	Paramaribo R	SUR
2182,00	USB		A3A	Nukualofa R	TON
2182,00	USB		FJA	Mahina R	OCE
2182,00	USB		JGC	Yokohama R	J
2182,00	USB		UFL	Vladivostok MRCC	RUS
2182,00	USB			Majuro R	MHL
2182,00	USB		VRC	Hong Kong R	CHN
2182,00	USB		XSV	Tianjin R	CHN
2182,00	USB		NOJ3	USA CG Anchorage , ALS	ALS
2182,00	USB		HLF	Tonghae MRCC	KOR
2182,00	USB		HLU	Ulreung R	KOR
2182,00	USB		HLY	Yeosu R	KOR
2182,00	USB			Yuzhno-Sakhalinsk MRSC	RUS
2182,00	USB			Moule a Chique Lighthouse	LCA
2182,00	USB			Vigie Lighthouse	LCA
2182,00	USB			Saint Vincent and the Grenadines CG Base	VCT
2182,00	USB			Samoa Port Authority	SMA
2182,00	USB			USA CG Cape Hatteras	TUN
2182,00	USB			USA CG Cape Hatteras	USA
2182,00	USB			USA CG Cape May	USA
2182,00	USB			USA CG Charleston	USA
2182,00	USB			USA CG Chincoteague	USA
2182,00	USB			USA CG Fort Macon	USA
2182,00	USB			USA CG Mayport	USA
2182,00	USB			USA CG New Haven	USA
2182,00	USB			USA CG New York	USA
2182,00	USB			USA CG Southwest Harbor	USA
2182,00	USB			USA CG New Orleans JRCC	USA
2182,00	USB			USA CG Honolulu	USA
2182,00	USB			USA CG Astoria	USA
2182,00	USB		XSK	Beihai R	CHN
2187,50	.			DSC distress/safety frequency	WW
2189,50	.			SS DSC calling frequency	WW
2191,00	USB			Sao Miguel R	AZR
2191,00	USB			Madeira R	MDR
2191,00	SSB			SS calling frequency	R I
2191,00	SSB		4OB	Bar R	MNE
2191,20	*STANAG 4285*	*B=2400Bd*		*G MIL Crimond*	*G*
2192,00	USB		9PA	Banana R	ZAI
2196,90	PACTOR II	B=200Bd S=200Hz	WLC	Rogers City R , MI	USA
2199,00	*ALE USB*	*B=125Bd Ch=8*		*G MIL net*	*G*

Frequency	Mode	Mode Parameter	Callsign	User	Country
		ChS=250Hz			
2201,00	USB		VMC	Charleville M	AUS
2204,00	USB		PBC	NLD N Goeree Island	HOL
2204,00	USB		PBB	HOL N Den Helder	HOL
2207,00	USB		E5R	Rarotonga R	CKH
2207,00	USB		ZLM	Taupo Maritime R	NZL
2207,50	*STANAG 4285*	*B=2400Bd*	*JWT*	*NOR N Stavanger*	*NOR*
2207,50	ALE USB	B=125Bd Ch=8 ChS=250Hz		GRC AF net	GRC
2210,00	SSB		3VB	Bizerte R	TUN
2210,00	SSB, RTTY			D army	D
2212,00	PACTOR III	B=100Bd S=200Hz	9Z4DH	Sailmail Chaguaramas	TRD
2215,00	ALE USB	B=125Bd Ch=8 ChS=250Hz		E MOI net	E
2216,00	*ALE USB*	*B=125Bd Ch=8 ChS=250Hz*		*G MIL net*	*G*
2219,00	ALE USB	B=125Bd Ch=8 ChS=250Hz		D CG net	D
2219,50	*WINDRM MOD*	*B=2400Bd Ch=51 ChS=48Hz*		*N London*	*G*
2225,00	USB		OYR	Aasiaat R	GRL
2225,00	CRY2001				E
2226,00	SSB			Aberdeen CG MRCC	G
2226,20	STANAG 4285	B=2400Bd			
2228,00	LINK 11	B=2250Bd			
2230,50	*CIS 12*	*B=1440Bd Ch=12 ChS=200Hz*		*RUS MIL Kaliningrad*	*RUS*
2241,00	*STANAG 4285*	*B=2400Bd*		*NOR N Kiruna*	*NOR*
2242,00	MIL 188-110B SER	B=2400Bd			
2243,00	ALE USB	B=125Bd Ch=8 ChS=250Hz		D CG net	D
2243,50	SSB, RTTY			D army	D
2250,00	*ISR N HYBRID MODEM*	*B=2400Bd*	*4XZ*	*ISR N Haifa*	*ISR*
2250,00	USB		OYR	Aasiaat R	GRL
2250,00	ALE USB	B=125Bd Ch=8 ChS=250Hz		DNK N net	DNK
2256,00	USB		OST	Oostende R	BEL
2259,40	USB		PBC	NLD N Goeree Island	HOL
2259,40	USB		PBB	NLD N Den Helder	HOL
2260,00	USB		VJN	RFDS Cairns	AUS
2261,00	SSB			USCG rescue operation channel	USA
2265,00	USB		OYR	Aasiaat R	GRL
2268,00	SSB, RTTY			D army	D
2270,00	USB		XFS	Tampico P	MEX
2271,70	STANAG 4285	B=2400Bd	IDR	I N Rome	I
2274,50	SSB		IGJ	I N Augusta	I
2278,00	ARQE	B=85,6Bd S=170Hz			
2280,00	USB		VKL	RFDS Port Hedland	AUS
2280,00	USB		VJT	RFDS Carnarvon	AUS
2280,00	USB		VKJ	RFDS Meekathara	AUS
2282,00	SSB		ZAC	Shengjin R	ALB
2282,00	SSB		ZAD	Durres R	ALB
2282,00	SSB		ZAV	Vlore R	ALB
2284,00	USB		HLC	Incheon R	KOR
2285,00	SSB, RTTY			D army	D
2285,60	STANAG 4285	B=2400Bd		I N Rome	I
2286,70	STANAG 4285	B=2400Bd	IDR	I N Rome	I
2289,50	USB		ICS	I N La Spezia	I
2289,50	STANAG 4285	B=2400Bd	ICS	I N La Spezia	I
2295,00	CW		VTP3	IND N Vishakhapatnam	IND
2299,00	USB		HLE	Cheju R	KOR
2304,00	USB		OYR	Aasiaat R	GRL

Frequency	Mode	Mode Parameter	Callsign	User	Country
2310,00	USB				
2311,00	USB			Arklow shipping net	HOL
2319,00	SSB, RTTY			D army	D
2320,00	USB		XFS	Tampico P	MEX
2320,00	SSB			FEMA	USA
2325,00	USB			Arkhangelsk MRSC	RUS
2325,00	*CIS 12*	*B=1440Bd Ch=12 ChS=200Hz*		*RUS MIL Kaliningrad*	*RUS*
2336,00	COQUELET 8	B=13,3Bd S=30Hz			
2336,50	*STANAG 4285*	*B=2400Bd*		*G MIL Akrotiri*	*CYP*
2338,00	SSB, RTTY			D army	D
2341,00	SSB		D4D	Praia de Cabo Verde R	CPV
2341,50	M/S 1,0	B=50Bd S=500Hz			
2350,00	USB		IDR	I N Rome	I
2350,00	USB		IHMM	I N minesweeper MILAZZO	I
2350,00	USB		IATD	I N ship VEGA	I
2350,00	USB		IHMW	I N ship VIAREGGIO	I
2350,00	STANAG 4285	B=2400Bd	IHMW	I N ship VIAREGGIO	I
2350,00	SSB, RTTY			D army	D
2350,50	USB		IDR	I N Rome	I
2350,50	STANAG 4285	B=2400Bd	IDR	I N Rome	I
2352,50	SSB		ASK	Karachi R	PAK
2357,00	USB		HLM	Mogpo R	KOR
2360,00	SSB			FEMA	USA
2370,00	LINK 11	B=2250Bd			
2371,00	SSB			USA Civil air patrol	USA
2374,00	SSB			USA Civil air patrol	USA
2376,00	SSB		OST	Oostende R	BEL
2377,00	SSB			FEMA	USA
2379,70	*STANAG 4285*	*B=2400Bd*	*PBC*	*NLD N Goeree Island*	*HOL*
2382,00	ALE USB	B=125Bd Ch=8 ChS=250Hz			
2387,00	CIS 12	B=1440Bd Ch=12 ChS=200Hz			
2391,00	USB			Dutch inter ship	HOL
2394,00	SSB		7TB	Annaba R	ALG
2398,00	SSB, RTTY			D army	D
2400,00	USB		OYR	Aasiaat R	GRL
2400,00	USB		ZAC	Shengjin R	ALB
2400,00	USB		ZAV	Vlore R	ALB
2401,00	FAX 120/576		LSB	Centro Met Marambi	ATA
2401,00	*STANAG 4285*	*B=2400Bd*		*G MIL Akrotiri*	*CYP*
2415,20	*STANAG 4285*	*B=2400Bd*	*EBA*	*E N Madrid*	*E*
2417,50	SITOR , CW	B=100Bd S=170Hz	JNN	Shiogama R	J
2417,50	SITOR , CW	B=100Bd S=170Hz	JNE	Hiroshima R	J
2417,50	SITOR , CW	B=100Bd S=170Hz	JNL	Otura R	J
2417,50	SITOR , CW	B=100Bd S=170Hz	JNJ	Kagoshima R	J
2417,50	SITOR , CW	B=100Bd S=170Hz	JGD	Kobe R	J
2417,50	SITOR , CW	B=100Bd S=170Hz	JNC	Maizuru R	J
2417,50	SITOR , CW	B=100Bd S=170Hz	JNR	Moji R	J
2417,50	SITOR , CW	B=100Bd S=170Hz	JNT	Nagoya R	J
2417,50	SITOR , CW	B=100Bd S=170Hz	JNV	Niigata R	J
2417,50	SITOR , CW	B=100Bd S=170Hz	JNB	Naha R	J
2417,50	SITOR , CW	B=100Bd S=170Hz	JGC	Yokohama R	J
2420,00	SSB, RTTY			D army	D
2423,20	*STANAG 4285*	*B=2400Bd*		*G MIL Inskip*	*G*
2433,50	*STANAG 4285*	*B=2400Bd*	*DHO26*	*D N Rostock*	*D*
2434,70	STANAG 4285	B=2400Bd	IDN	I N Naples	I
2439,00	SSB		D4D	Praia de Cabo Verde R	CPV
2440,00	CODAN CHIRP	B=80Bd Ch=30 ChS=81Hz		IRL MIL	IRL
2440,00	CODAN	B=2400Bd Ch=16		IRL MIL	IRL

Frequency	Mode	Mode Parameter	Callsign	User	Country
		ChS=112,5Hz			
2440,00	USB			IRL MIL	IRL
2442,50	MIL 188-110B SER	B=2400Bd		POL MIL	POL
2445,00	SSB			FEMA	USA
2446,00	ALE USB	B=125Bd Ch=8 ChS=250Hz		Guardia di Finanza net	I
2450,00	SSB, RTTY			D army	D
2451,50	*ALE USB*	*B=125Bd Ch=8 ChS=250Hz*		*G MIL net*	*G*
2457,70	CW		AQP2	PAK N Karachi	PAK
2458,50	CW		AQP2	PAK N Karachi	PAK
2460,00	USB		HLP	Busan R	KOR
2460,00	SIEMENS CHX200 MODEM	B=250Bd S=170Hz			
2461,00	*STANAG 4285*	*B=2400Bd*	*IDR*	*I N Rome*	*I*
2461,50	SITOR A	B=100Bd S=170Hz		IRL N	IRL
2461,50	SITOR A	B=100Bd S=170Hz	0A**	IRL N Dublin	IRL
2461,50	SITOR A	B=100Bd S=170Hz	44**	IRL N	IRL
2461,50	SITOR A	B=100Bd S=170Hz	81**	IRL N	IRL
2461,50	SITOR A	B=100Bd S=162Hz		IRL N	IRL
2461,50	SITOR A	B=100Bd S=170Hz	78**	IRL N	IRL
2461,50	SITOR A	B=100Bd S=170Hz	49**	IRL N	IRL
2464,00	SSB		UFF	Sukhumi R	GEO
2468,00	SSB, RTTY			D army	D
2470,00	USB		XFL	Mazatlan P	MEX
2474,00	*BAUDOT*	*B=75Bd S=850Hz*	*PBB*	*HOL N Den Helder*	*HOL*
2474,00	SSB, RTTY			D army	D
2484,00	SSB		OST	Oostende R	BEL
2488,50	8181	B=81Bd S=250Hz			
2490,00	SSB, RTTY			D army	D
2500,00	CW		BPM	Xi`an TS	CHN
2500,00	CW		WWV	Fort Collins TS , CO	USA
2500,00	CW		WWVH	Kekaha Kauai TS	HWA
2503,50	ALE USB	B=125Bd Ch=8 ChS=250Hz		D CG net	D
2505,00	R&S MODEM	B=2400Bd		D CG net	D
2505,00	ALE USB	B=125Bd Ch=8 ChS=250Hz		D CG net	D
2507,00	USB		HLN	Gunsan R	KOR
2510,00	*M/S 1,0*	*B=50Bd S=170Hz*	*DHJ59*	*D N Wilhelmshaven*	*D*
2510,00	USB		JWT	NOR N Stavanger	NOR
2512,00	ALE USB	B=125Bd Ch=8 ChS=250Hz		DNK F net	
2513,00	SSB		5AB	Benghazi R	LBY
2514,00	USB		VCG	Riviere au Renard R	CAN
2514,00	USB		VCM	S. Anthony R	CAN
2514,00	USB		VCP	S. Lawrence R	CAN
2514,00	USB		VFF	Iqaluit R	CAN
2514,00	USB		VOJ	Stephenville R	CAN
2514,00	USB		VOK	Labrador R	CAN
2514,00	USB		VON	S. John`s R	CAN
2514,00	USB		VCS	Halifax R	CAN
2521,50	SSB, RTTY			D army	D
2522,00	SSB		C6N	Nassau R	BAH
2522,00	*M/S 1,0*	*B=75Bd S=850Hz*		*G MIL St. Eval*	*G*
2530,00	SSB		KBP	Honolulu R	HWA
2530,00	USB		VCO	Sydney R	CAN
2531,00	ALE USB	B=125Bd Ch=8 ChS=250Hz		DNK AF net	DNK
2533,70	*STANAG 4285*	*B=2400Bd*	*IDR*	*I N Rome*	*I*
2534,00	*STANAG 4285*	*B=2400Bd*	*IDR*	*I N Rome*	*I*
2535,00	STANAG 4285	B=2400Bd			
2535,00	SSB, RTTY			D army	D

Frequency	Mode	Mode Parameter	Callsign	User	Country
2538,00	USB		VCP	S. Lawrence R	CAN
2538,00	USB		VOK	Labrador R	CAN
2538,00	USB		VAR	CAN CG St. John	CAN
2545,00	USB			Fort de France MRCC	MRT
2549,70	STANAG 4285	B=2400Bd	XPQ2	DNK N Aarhus	DNK
2549,70	*STANAG 4285*	*B=2400Bd*	*IDR*	*I N Rome*	*I*
2552,50	SSB			HOL F	
2554,00	ALE USB	B=125Bd Ch=8 ChS=250Hz		LTU MIL net	LTU
2555,00	SSB		8RB	Demerara R	GUY
2558,00	SSB		8RB	Demerara R	GUY
2558,00	USB		VFA	Inuvik R	CAN
2559,00	ALE USB	B=125Bd Ch=8 ChS=250Hz		D CG net	D
2560,00	USB		XFL	Mazatlan P	MEX
2560,70	*STANAG 4285*	*B=2400Bd*		*G MIL Inskip*	*G*
2573,00	USB		PBC	NLD N Goeree Island	HOL
2574,00	BAUDOT	B=75Bd S=720Hz	CFH	CAN N Halifax	CAN
2578,00	USB		XSA2	Nanjing R	CHN
2578,00	SSB, RTTY			D army	D
2579,00	SSB		5RO	Toliara R	MDG
2579,00	SSB		IPB	Bari R	I
2579,20	*STANAG 4285*	*B=2400Bd*	*PBC*	*NLD N Goeree Island*	*HOL*
2580,00	BAUDOT	B=75Bd S=850Hz	OSN	BEL N Oostende	BEL
2582,00	USB			Lisbon R	POR
2582,00	USB		CLT	Habana R	CUB
2582,00	USB		VAR	CAN CG St. John	CAN
2582,00	SSB		C6X2	Marsh Harbour R , Great Abaco Island	BAH
2582,00	USB		VCG	Riviere au Renard R	CAN
2582,00	USB		VCM	S. Anthony R	CAN
2582,00	USB		VCO	Sydney R	CAN
2582,00	USB		VCP	S. Lawrence R	CAN
2582,00	USB		VFF	Iqaluit R	CAN
2582,00	USB		VOJ	Stephenville R	CAN
2582,00	USB		VOK	Labrador R	CAN
2582,00	USB		VON	S. John`s R	CAN
2582,00	USB		ZBR	Bermuda Harbour R	BER
2582,00	USB		VCS	Halifax R	CAN
2583,00	SSB			St. Denis R	REU
2584,80	MIL 188-110B SER	B=2400Bd		S MIL net	S
2585,50	ALE USB	B=125Bd Ch=8 ChS=250Hz		GRC AF net	GRC
2586,00	USB		J2A	Djibouti R	DJI
2586,00	SSB		7TO	Oran R	ALG
2586,00	SSB		CNP	Casablanca R	MRC
2586,00	SSB		TRA	Libreville R	GAB
2586,00	SSB		TUA	Abidjan R	CTI
2586,00	USB			Ronne R	DNK
2587,70	*STANAG 4285*	*B=2400Bd*	*FUO*	*F N Toulon*	*F*
2590,00	SSB		SVN	Olympia R	GRC
2591,20	*STANAG 4285*	*B=2400Bd*	*PBC*	*NLD N Goeree Island*	*HOL*
2593,00	SSB		CND	Agadir R	MRC
2594,00	USB			Cape Town R	AFS
2595,00	SSB		S7Q	Seychelles R	SEY
2598,00	USB			Labrador R	CAN
2600,00	SSB		IQQ	Mazara del Vallo R	I
2600,00	SSB		FFD	Saint Denis R	REU
2601,00	SSB		A7D	Doha R	QAT
2601,00	SSB		D3E	Luanda R	AGL
2601,20	*STANAG 4285*	*B=2400Bd*	*FUG*	*F N La Regine*	*F*
2604,00	SSB		A4M	Muscat R	OMA
2605,00	USB		XSH	Basuo R	CHN

Frequency	Mode	Mode Parameter	Callsign	User	Country
2605,00	USB		XSI	Sanya R	CHN
2606,40	STANAG 4285	B=2400Bd	FUO2	F N Toulon	F
2607,00	USB		A9M	Bahrain R	BHR
2607,00	SSB		A4M	Muscat R	OMA
2607,00	SSB		SVK	Kerkyra R	GRC
2607,00	BAUDOT	B=75Bd S=850Hz	FUO	F N Toulon	F
2608,60	*STANAG 4285*	*B=2400Bd*	*FUO*	*F N Toulon*	*F*
2610,00	SSB		ESA	Tallin R	EST
2610,20	*STANAG 4285*	*B=2400Bd*	*FUO2*	*F N Toulon*	*F*
2613,70	*STANAG 4285*	*B=2400Bd*	*DHO26*	*D N Rostock*	*D*
2613,70	*STANAG 4285*	*B=2400Bd*	*DHJ58*	*D N Glücksburg*	*D*
2615,00	SSB		9AD	Dubrovnik R	HRV
2616,00	USB			Chuuk R	FSM
2616,00	USB			Majuro R	MHL
2618,50	*FAX 120/576*		*GYA*	*G N London TX Inskip*	*G*
2620,00	USB		XSQ	Guangzhou R	CHN
2621,00	SSB, RTTY			D army	D
2622,00	SSB			NASA rocket booster recovery	USA
2623,00	SSB		DHJ59	D N Wilhelmshaven	D
2623,00	STANAG 4285	B=2400Bd	DHJ59	D N Wilhelmshaven	D
2624,00	SSB			USA AF MARS	
2624,00	SSB		IQX	Trieste R	I
2624,00	SSB		SVR	Rodos R	GRC
2625,00	SSB		9HD	Malta R	MLT
2625,50	CW		TBH3	TUR N Golcuk	TUR
2627,00	USB		XSU	Yantai R	CHN
2628,00	SSB		IQA	Augusta R	I
2628,00	FAX 120/576		VMC	Charleville M	AUS
2629,00	SSB		TAN	Izmir R	TUR
2629,00	SSB		TAI	Iskenderun R	TUR
2630,00	*PACTOR III*	*B=200Bd S=200Hz*	*DAO20*	*Kiel Radio*	*D*
2630,00	USB			Arkhangelsk MRSC	RUS
2632,00	SSB		IQH	Napoli R	I
2632,20	*STANAG 4285*	*B=2400Bd*	*DHJ59*	*D N Wilhelmshaven*	*D*
2632,20	*STANAG 4285*	*B=2400Bd*	*DHJ58*	*D N Glücksburg*	*D*
2635,00	SSB			ship/ship working frequency	R23
2635,00	SSB			Floro R via Orlandet	NOR
2638,00	AM		HIA	S. Domingo Piloto	DOM
2638,00	SSB			ship/ship working frequency	R24
2638,70	2FSK	B=300Bd S=850Hz			
2638,70	*STANAG 4285*	*B=2400Bd*	*FUE*	*F N Brest*	*F*
2639,40	USB			Cheju MRCC	KOR
2639,40	USB		HLC	Incheon MRCC	KOR
2639,40	USB			Mokpo MRCC	KOR
2639,40	USB			Busan MRCC	KOR
2639,40	USB		HLF	Tonghae MRCC	KOR
2641,50	SSB, RTTY			D army	D
2642,00	SSB		ICB	Genova R	I
2642,00	SSB		J5M	Bissau R	GNB
2642,00	SSB			Vardo R	NOR
2643,00	SITOR , CW	B=100Bd S=170Hz	A9M	Bahrain R	BHR
2647,20	STANAG 4285	B=2400Bd			
2649,00	SSB		4XA	Elat R	ISR
2649,00	SSB			Floro R	NOR
2649,00	ALE USB	B=125Bd Ch=8 ChS=250Hz		G MIL net	G
2650,00	PACTOR II	B=200Bd S=200Hz	HPPM2	Sailmail Chiriqui	PNR
2650,00	PACTOR	B=200Bd S=170Hz		UNHCR	
2650,00	PACTOR	B=200Bd S=170Hz	HCBG**	UNHCR Ljubliana	
2656,00	USB		A9M	Bahrain R	BHR
2656,00	USB		VJT	RFDS Carnarvon	AUS
2656,00	SSB		4XA	Elat R	ISR

Frequency	Mode	Mode Parameter	Callsign	User	Country
2656,00	USB		IPA	Ancona R	I
2656,00	SSB			Rogaland R via Vigre	NOR
2656,40	PACTOR II	B=200Bd S=200Hz	KZN508	Sailmail Rockhill , SC	USA
2657,00	USB		CTA	Lisbon R CENCOMAR	POR
2657,00	USB			Madeira R	MDR
2657,00	SSB		CTH	POR N Horta R	AZR
2657,00	SSB		CTN	Leixoes R	POR
2657,00	SSB		CTS	Sagres R	POR
2657,00	USB		CTG	POR N Alges	POR
2657,00	SSB, RTTY			D army	D
2658,00	SSB			FEMA	USA
2658,20	*STANAG 4285*	*B=2400Bd*	*DHJ58*	*D N Glücksburg*	*D*
2658,20	*STANAG 4285*	*B=2400Bd*	*DHJ59*	*D N Wilhelmshaven*	*D*
2660,00	USB			Bodo R via Andenes	NOR
2661,40	PACTOR II	B=200Bd S=200Hz	WRD719	Sailmail Palo Alto	USA
2662,00	SSB		YKO	Tartous R	SYR
2663,00	SSB		CNP	Casablanca R	MRC
2663,00	SSB		IPC	Crotone R	I
2667,00	SSB			Rogaland R via Bergen	NOR
2668,00	*CIS 12*	*B=1440Bd Ch=12 ChS=200Hz*		*RUS MIL Moscow*	*RUS*
2669,50	SSB, RTTY			D army	D
2670,00	USB			Falmouth CG MRCC	G
2670,00	USB		NMJ	USA CG Juneau	ALS
2670,00	USB			USA CG Kodiak	ALS
2670,00	SSB		3VT	Tunis R	TUN
2670,00	SSB		TAH		TUR
2670,00	SSB		TAH	Istanbul R	TUR
2670,00	SSB		UNI	Ventspils R	LVA
2670,00	USB		NOJ3	USA CG Anchorage , ALS	ALS
2670,00	USB			USA CG Cape Hatteras	USA
2670,00	USB			USA CG Cape MAy	USA
2670,00	USB			USA CG Charleston	USA
2670,00	USB			USA CG Chincoteague	USA
2670,00	USB			USA CG Fort Macon	USA
2670,00	USB			USA CG Mayport	USA
2670,00	USB			USA CG New Haven	USA
2670,00	USB			USA CG New York	USA
2670,00	USB			USA CG Southwest Harbor	USA
2670,00	USB			USA CG Astoria	USA
2673,00	R&S MODEM	B=2400Bd		D CG net	D
2673,00	ALE USB	B=125Bd Ch=8 ChS=250Hz		D CG net	D
2676,00	SSB			Rogaland R via Farsund	NOR
2677,00	USB			CROSS Corsen	F
2677,00	USB			CROSS Etel	F
2677,00	USB			CROSS Gris-Nez	F
2677,00	USB			CROSS Jobourg	F
2677,00	USB			CROSS La Garde	F
2678,00	SSB			NASA ETR day channel	USA
2678,20	STANAG 4285	B=2400Bd			
2680,00	CW		4XZ	ISR N Haifa	ISR
2680,00	USB		IDC	Cagliari R	I
2681,00	ALE USB	B=125Bd Ch=8 ChS=250Hz		RUS MIL INTEL Moscow	USA
2685,00	SSB		9AS	Split R	HRV
2686,00	USB		HSA	Bangkok R	THA
2690,00	USB		PKC	Palembang R , Sumatera	INS
2690,00	USB		PKC4	Panjang R , Sumatera	INS
2690,00	USB		PKD	Surabaya R , Djawa	INS
2690,00	USB		PKD3	Lembar R , Lombok	INS
2690,00	USB		PKD5	Benoa R , Bali	INS

Frequency	Mode	Mode Parameter	Callsign	User	Country
2690,00	USB		PKE	Amboina R , Ceram	INS
2690,00	USB		PKK	Kupang R , Timor	INS
2690,00	USB		PKM	Bitung R , Sulawesi	INS
2690,00	USB		PKM25	Tahuna R	INS
2690,00	USB		PKN	Balikpapan R , Kalimantan	INS
2690,00	USB		PKP38	Batu Ampar R	INS
2690,00	USB		PKY2	Biak R , Irian Jaya	INS
2690,00	USB		PKZ2	Cirebon R , Jawa	INS
2690,00	USB		PKM44	Pantolan R , Sulawesi	INS
2690,00	USB			Benete R , Sumbawa	INS
2691,00	SSB		7TA	Alger R	ALG
2691,00	SSB		GND	Stonehaven R	G
2693,00	USB			Lisbon R	POR
2693,00	SSB		TAF	Samsun R	TUR
2693,00	SSB		TAL	Antalya R	TUR
2694,00	SSB, RTTY			D army	D
2695,00	USB			Vardo R via Hammerfest	NOR
2695,00	SSB		URL8	Sevastopol R	UKR
2695,00	ALE USB	B=125Bd Ch=8 ChS=250Hz			
2698,00	SSB		GND	Stonehaven R	G
2699,00	*CIS 405-500*	*B=40,5Bd S=500Hz*		*UKR MIL Kiev*	*UKR*
2700,00	USB		5BA	Cyprus R	CYP
2701,40	PACTOR II	B=200Bd S=200Hz	KUZ533	Sailmail Honululu	HWA
2701,50	*CIS 12*	*B=1440Bd Ch=12 ChS=200Hz*		*RUS MIL Sevastopol*	*UKR*
2705,00	MIL 188-110B SER	B=2400Bd		G MIL	G
2705,00	SSB		TNA	Pointe Noir R	COG
2705,00	*ALE USB*	*B=125Bd Ch=8 ChS=250Hz*		*G MIL net*	*G*
2710,00	SSB		9LL	Freetown R	SRL
2711,50	USB		CLT	Habana R	CUB
2713,50	ALE LSB	B=125Bd Ch=8 ChS=250Hz		GRC AF net	GRC
2713,50	ALE USB	B=125Bd Ch=8 ChS=250Hz		GRC AF net	GRC
2718,50	SSB, RTTY			D army	D
2719,00	SSB		7TO	Oran R	ALG
2719,00	SSB		HSP4	Phuket R	THA
2719,00	SSB		IZN	Porto Torres R	I
2720,00	USB		SPS	Witowo R	POL
2720,00	USB		VNJ	Casey Base , AUS	ANT
2720,00	USB			Davis Base , AUS	ANT
2720,00	USB			Macquarie Island , AUS	ANT
2720,00	USB			Mawson Base , AUS	ANT
2720,80	PACTOR II	B=200Bd S=200Hz	WPTG385	Sailmail Corpus Christi , TX	USA
2724,00	USB			Chuuk R	FSM
2724,00	SSB		KUP65	Majuro M	MRL
2724,00	SSB		KUP66	Ponape M	MRL
2724,00	SSB		KUP67	Truk M	MRL
2724,00	USB			Majuro R	MHL
2727,00	SSB, RTTY			D army	D
2730,00	SSB		SVL	Limnos R	GRC
2730,00	SSB		ZAD	Durres R	ALB
2733,00	SSB		SDJ	Stockholm R , Härnösand	S
2735,00	USB		9YL	Trinedad North Post R	TRD
2737,00	CW		REA4	RUS AF HQ Moscow	RUS
2738,00	USB		CBA27	Taltal R	CHL
2738,00	USB		CBP31	Puerto Aguirre R	CHL
2738,00	USB		CBP23	Ancud R	CHL
2738,00	USB		CBP56	Baker R	CHL
2738,00	USB		CBP32	Puerto Chacabuco R	CHL

Frequency	Mode	Mode Parameter	Callsign	User	Country
2738,00	USB		CBP24	Chaiten R	CHL
2738,00	SSB			Port au Prince R	HTI
2738,00	USB		CBA	Antofagasta R	CHL
2738,00	USB		CBA2	Arica R	CHL
2738,00	USB		CBA23	Chanaral R	CHL
2738,00	USB		CBP39	Puerto Cisnes R	CHL
2738,00	USB		CBA24	Huasco R	CHL
2738,00	USB		CBA3	Iquique R	CHL
2738,00	USB		CBA4	Coquimbo R	CHL
2738,00	USB		CBA5	Caldera R	CHL
2738,00	USB		CBF	Isla Juan Fernandez R	CHL
2738,00	USB		CBM	Magallanes Zonal R	CHL
2738,00	USB		CBM2	Faro Cabo Raper R	CHL
2738,00	USB		CBM3	Faro Islotes Evangelistas	CHL
2738,00	USB		CBM4	Faro Islote Fairway	CHL
2738,00	USB		CBM5	Punta Delgada R	CHL
2738,00	USB		CBM71	Faro Punta Dungeness	CHL
2738,00	USB		CBM72	Faro Espiritu Santo R	CHL
2738,00	USB		CBN	Wollaston R	CHL
2738,00	USB		CBP2	Castro R	CHL
2738,00	USB		CBP3	Puerto Aysen R	CHL
2738,00	USB		CBP4	Faro Isla Guafo	CHL
2738,00	USB		CBP70	Faro Punta Corona R	CHL
2738,00	USB		CBS	San Pedro R	CHL
2738,00	USB		CBT	Talcahuano Zonal R	CHL
2738,00	USB		CBT2	Faro Cabo Carranza	CHL
2738,00	USB		CBT21	Constitucion R	CHL
2738,00	USB		CBT3	Faro Isla Mocha	CHL
2738,00	SSB		CBT70	Faro Isla Quiriquina	CHL
2738,00	USB		CBV	Playa Ancha Zonal R	CHL
2738,00	USB		CBV22	San Antonio MRSC	CHL
2738,00	USB		CBX	Bahia Felix R	CHL
2738,00	USB		CBY	I. de Pascua R (Easter Iland)	CHL
2738,00	SSB		CBZ22	CHL Bahis Fildes R	ANT
2738,00	USB		CBT24	Coronel R	CHL
2738,00	USB		CBM21	Puerto Eden R	CHL
2738,00	USB		CBM30	Isla Diego Ramirez R	CHL
2738,00	USB		CBT25	Lebu R	CHL
2738,00	USB		CBT26	Los Vilos R	CHL
2738,00	USB		CBA22	Mejillones R	CHL
2738,00	USB		CBP29	Melinka R	CHL
2738,00	USB			Punta Arenas MRCC	CHL
2738,00	USB		CBP28	Quellon R	CHL
2738,00	USB		CBA21	Tocopilla R	CHL
2738,00	USB		CBM24	Puerto Williams MRSC	CHL
2738,00	USB		CBP	Puerto Montt Zonal R	CHL
2740,00	USB		STP	Port Sudan R	SDN
2741,00	USB			Sao Miguel R	AZR
2744,00	LINK 11	B=2250Bd			
2746,00	USB		HSA	Bangkok R	THA
2748,00	USB		YQI	Constanta R	ROU
2750,00	USB			Sao Miguel R	AZR
2750,00	SSB, RTTY			D army	D
2750,50	SITOR A	B=100Bd S=400Hz			E
2752,00	SSB		9AD	Dubrovnik R	HRV
2752,00	SSB		C5G	Banjul R	GMB
2752,00	SSB		4OB	Bar R	MNE
2753,00	SSB		PFC	HOL N Kooy	HOL
2754,00	SSB				
2755,00	SSB		9LL	Freetown R	SRL
2755,00	SSB		C5G	Banjul R	GMB
2756,00	USB		XFS	Tampico P	MEX

Frequency	Mode	Mode Parameter	Callsign	User	Country
2756,20	*STANAG 4285*	*B=2400Bd*	*EBA*	*E N Madrid*	*E*
2758,00	SSB, RTTY			D army	D
2759,00	PACTOR III	B=100Bd S=200Hz	WQAB964	Sailmail San Diego , CA	USA
2760,00	USB		CLT	Habana R	CUB
2760,00	SSB		TAO	Trabzon R	TUR
2761,00	SSB		OST	Oostende R	BEL
2762,00	SSB			Kinloss Rescue	G
2763,00	USB		CBT4	Valdivia MRSC	CHL
2764,00	SSB			NASA rocket booster recovery	USA
2766,00	*STANAG 4285*	*B=2400Bd*		*G MIL St. Eval*	*G*
2767,50	ALE USB	B=125Bd Ch=8 ChS=250Hz		D CG net	D
2768,00	SSB		A7D	Doha R	QAT
2768,00	SSB		SAE	Tingstäde R	S
2770,00	USB			CIS aero network night	CIS
2771,50	*CIS 12*	*B=1440Bd Ch=12 ChS=200Hz*		*RUS MIL Moscow*	*RUS*
2775,00	SSB		7TA	Alger R	ALG
2776,00	CW		RCV	RUS NHQ Sevastopol	UKR
2780,00	USB			Lisbon R	POR
2780,00	BAUDOT	B=75Bd S=850Hz	FUC	F N Cherbourg	F
2783,00	USB			Cape Town R	AFS
2783,00	SSB		V5W	Walvis Bay R	NMB
2783,00	USB		XSJ	Zhanjiang R	CHN
2784,00	*MIL 188-110B SER*	*B=2400Bd*	*XSS*	*G MIL net*	*G*
2784,00	*ALE USB*	*B=125Bd Ch=8 ChS=250Hz*		*G MIL net*	*G*
2787,00	BAUDOT	B=75Bd S=850Hz	FUE	Brest R	F
2789,00	SSB		IDF	Messina R	I
2789,00	SSB		SAA	Karlskrona R	S
2789,00	BAUDOT	B=75Bd S=850Hz	FUE	F N Brest	F
2789,00	*STANAG 4285*	*B=2400Bd*	*FUE*	*F N Brest*	*F*
2792,00	USB		VJB	RFDS Derby	AUS
2792,00	USB		VJQ	RFDS Kalgoorlie	AUS
2794,20	*STANAG 4285*	*B=2400Bd*	*DHO26*	*D N Rostock*	*D*
2794,20	*STANAG 4285*	*B=2400Bd*	*DHJ58*	*D N Glücksburg*	*D*
2794,40	PACTOR III	B=100Bd S=200Hz	WHV382	Sailmail Friday Habor , WA	USA
2796,50	*MIL 188-110B SER*	*B=2400Bd*		*S N Karlskrona*	*S*
2799,00	SSB		SVH	Iraklion Kritis R	GRC
2800,00	USB			Mauritius MRCC	MAU
2800,40	PACTOR II	B=200Bd S=200Hz	WHV861	Sailmail San Luis Obispo , CA	USA
2804,20	*STANAG 4285*	*B=2400Bd*	*IDR*	*I N Rome*	*I*
2805,00	ALE USB	B=125Bd Ch=8 ChS=250Hz		USA AF net	
2805,00	USB			Taganrog R	RUS
2805,00	USB		XFL	Mazatlan P	MEX
2805,00	4-DPSK	B=250Bd		DGPS Noord Ost Polder	HOL
2805,70	*STANAG 4285*	*B=2400Bd*	*IDR*	*I N Rome*	*I*
2807,80	PACTOR II	B=200Bd S=200Hz	WPUC469	Sailmail South Daytona , FL	USA
2808,00	SSB			USA Customs , DEA	USA
2808,50	ALE USB	B=125Bd Ch=8 ChS=250Hz		USA FBI net	USA
2810,00	USB			Madeira R	MDR
2810,00	LINK 11	B=2250Bd			
2810,00	SSB		OHG	Helsinki MRSC	FNL
2810,00	CW			RUS HFDF net	RUS
2810,00	STANAG 5511	B=2400Bd			
2815,00	*STANAG 4481*	*B=75Bd S=850Hz*		*G MIL St. Eval*	*G*
2816,00	SSB		5AB	Benghazi R	LBY
2818,00	USB		PZN	Paramaribo R	SUR
2819,00	SUI VFT	B=100Bd S=170Hz Ch=2 ChS=1000Hz		SUI AF	SUI

Frequency	Mode	Mode Parameter	Callsign	User	Country
2820,00	SSB		9GX	Tema R	GHA
2820,00	SSB		TAM	Mersin R	TUR
2820,00	SITOR B	B=100Bd S=170Hz	OLO32	Prague	CZE
2820,00	SSB, RTTY			D army	D
2821,00	SSB		HSP5	Phuket R	THA
2824,00	PACTOR	B=100Bd S=200Hz	VZX	Sailmail Darawank	AUS
2826,50	*ALE USB*	*B=125Bd Ch=8 ChS=250Hz*		*POL MIL net*	*POL*
2828,50	PACTOR III	B=100Bd S=200Hz	CEV773	Sailmail Los Lagos	CHL
2829,50	SSB, RTTY			D army	D
2830,00	SSB		SVK	Kerkyra R	GRC
2833,00	CW		4XZ	ISR N Haifa	ISR
2833,20	*STANAG 4285*	*B=2400Bd*	*DHO26*	*D N Rostock*	*D*
2833,20	*STANAG 4285*	*B=2400Bd*	*DHJ59*	*D N Wilhelmshaven*	*D*
2834,00	PACTOR	B=200Bd S=170Hz		UNHCR	
2834,00	4-DPSK	B=250Bd		DGPS	G
2835,00	LINK 11	B=2250Bd			
2836,00	USB		HLK	Kangnung R	KOR
2839,00	SSB		DQZ28	D CG Neustadt	D
2839,00	SSB			Cuxhaven R	D
2839,00	SSB		DEH50	D CG Cuxhaven	D
2842,70	BAUDOT	B=75Bd S=850Hz	RBDECR**	G N CINCFLEET CTF	G
2843,00	USB			Madeira R	MDR
2845,00	BAUDOT	B=75Bd S=850Hz	PBB	HOL N Den Helder	HOL
2845,00	BAUDOT	B=75Bd S=850Hz	PBH	HOL N Den Helder	HOL
2847,00	*STANAG 4285/5066*	*B=2400Bd*	*FUE*	*F N Brest*	*F*
2848,00	WINDRM MOD	B=2400Bd Ch=51 ChS=48Hz			
2848,00	*PACTOR III*	*B=200Bd S=200Hz*	*DAO21*	*Kiel Radio*	*D*
2851,00	SSB			Kinshasa Air	ZAI
2851,00	SSB			Luanda Air	AGL
2851,00	SSB			MWARA AFI	AFI
2851,00	SSB			RDARA 11B	
2851,00	SSB			RDARA 13E	
2851,00	SSB			RDARA 13F	
2851,00	SSB			RDARA 14	
2851,00	SSB			RDARA 2A	
2851,00	SSB			RDARA 3B	
2851,00	SSB			RDARA 3C	
2851,00	SSB			RDARA 9C	
2851,00	USB		BOING SEATTLE	Boing Seattle	USA
2851,00	USB		BOING EVERETT	Boing Seattle	USA
2854,00	SSB			Canarias Air , Las Palmas	CNR
2854,00	SSB			MWARA SAT	SAT
2854,00	SSB			RDARA 10B	
2854,00	SSB			RDARA 3A	
2854,00	SSB			RDARA 3B	
2854,00	SSB			RDARA 6E	
2854,00	SSB			Sal Air	CPV
2856,00	LINK 11	B=2250Bd			
2857,00	SSB			RDARA 13J	
2857,00	SSB			RDARA 2B	
2857,00	SSB			RDARA 2C	
2857,00	SSB			RDARA 6B	
2860,00	SSB			RDARA 10B	
2860,00	SSB			RDARA 12E	
2860,00	SSB			RDARA 12J	
2860,00	SSB			RDARA 13I	
2860,00	SSB			RDARA 1B	

Frequency	Mode	Mode Parameter	Callsign	User	Country
2860,00	SSB			RDARA 3A	
2860,00	SSB			RDARA 3C	
2860,00	SSB			RDARA 9B	
2860,00	SSB			VOLMET AFI	AFI
2860,00	CW		4XZ	ISR N Haifa	ISR
2863,00	SSB			Hongkong VOLMET	HKG
2863,00	SSB			RDARA 13C	
2863,00	SSB			RDARA 13J	
2863,00	SSB			RDARA 13K	
2863,00	SSB			RDARA 2A	
2863,00	SSB			RDARA 2C	
2863,00	SSB			RDARA 7B	
2863,00	SSB			Tokyo VOLMET	J
2863,00	SSB			VOLMET PAC	PAC
2863,00	SSB		KVM70	Honululu VOLMET	HWA
2866,00	SSB			RDARA 10A	
2866,00	SSB			RDARA 2C	
2866,00	SSB			RDARA 3C	
2866,00	SSB			RDARA 4B	
2866,00	SSB			RDARA 6D	
2869,00	SSB			Novosibirsk VOLMET	RUS
2869,00	SSB			ARINC San Francisco , CA	USA
2869,00	SSB			Jekaterinenburg VOLMET	RUS
2869,00	SSB			MWARA CEP	CEP
2869,00	SSB			RDARA 10E	
2869,00	SSB			RDARA 13C	
2869,00	SSB			RDARA 14G	
2869,00	SSB			RDARA 2A	
2869,00	SSB			RDARA 2B	
2869,00	SSB			RDARA 3A	
2869,00	SSB			RDARA 6G	
2869,00	SSB		RQCI	Samara VOLMET	RUS
2869,00	SSB		UBB2	Syktyvka VOLMET	RUS
2869,00	SSB		RVPE	Tyumen VOLMET	RUS
2872,00	SSB			Iceland Air , Reyklavik	ISL
2872,00	SSB			MWARA NAT	NAT
2872,00	SSB			RDARA 13G	
2872,00	SSB			RDARA 3B	
2872,00	SSB			RDARA 6A	
2872,00	SSB			RDARA 6E	
2872,00	*USB*		*EIP*	*Shanwick Air*	*IRL*
2872,00	SSB		VFG	Gander Air	CAN
2875,00	SSB			RDARA 10A	
2875,00	SSB			RDARA 12G	
2875,00	SSB			RDARA 2A	
2875,00	SSB			RDARA 2B	
2875,00	SSB			RDARA 3A	
2875,00	SSB			RDARA 6G	
2878,00	SSB			Brazzaville Air	COG
2878,00	SSB			Kano Air	NIG
2878,00	SSB			Kinshasa Air	ZAI
2878,00	SSB			MWARA AFI	AFI
2878,00	SSB			RDARA 11B	
2878,00	SSB			RDARA 13I	
2878,00	SSB			RDARA 13J	
2878,00	SSB			RDARA 14	
2878,00	SSB			RDARA 3B	
2878,00	SSB			RDARA 3C	
2878,00	HFDL	B=1800Bd	H14**	Krasnoyarsk	RUS
2881,00	SSB			RDARA 1B	
2881,00	SSB			RDARA 2A	
2881,00	SSB			RDARA 2B	

Frequency	Mode	Mode Parameter	Callsign	User	Country
2881,00	SSB			RDARA 3A	
2881,00	SSB			RDARA 6C	
2881,00	SSB			VOLMET SAM	SAM
2882,00	SSB			Kiev Air	UKR
2882,00	SSB			Kishinev Air	MDA
2882,00	SSB			Odessa Air	UKR
2882,00	SSB			Penza Air	RUS
2882,00	SSB			Simferopol Air	UKR
2884,00	SSB			Anadyr Air	RUS
2884,00	SSB			Minsk Air	BLR
2884,00	SSB			RDARA 2C	
2884,00	SSB			RDARA 3B	
2884,00	SSB			RDARA 6D	
2884,00	SSB			Vitebesk Air	BLR
2886,50	*MIL 188-110B*	*B=2400Bd*		*S N Karlskrona*	*S*
2887,00	SSB			ARINC New York , NY	USA
2887,00	SSB			Bogota Air	CLM
2887,00	SSB			Boyeros Air	CUB
2887,00	SSB			Maiquetia Air , Caracas	VEN
2887,00	SSB			MWARA CAR	CAR
2887,00	SSB			Piarco Air	TRD
2887,00	SSB			Port au Prince Air	HTI
2887,00	SSB			RDARA 13I	
2887,00	SSB			RDARA 14C	
2887,00	SSB			RDARA 2A	
2887,00	SSB			RDARA 2B	
2887,00	SSB			RDARA 3A	
2887,00	SSB			RDARA 7E	
2890,00	SSB			RDARA 13J	
2890,00	SSB			RDARA 1B	
2890,00	SSB			RDARA 6G	
2893,00	SSB			Kiev Air	UKR
2893,00	SSB			Kishinev Air	MDA
2893,00	SSB			Lvov Air	UKR
2893,00	SSB			RDARA 10D	
2893,00	SSB			RDARA 12F	
2893,00	SSB			RDARA 2C	
2893,00	SSB			RDARA 3	
2893,00	SSB			RDARA 4B	
2896,00	SSB			RDARA 2A	
2896,00	SSB			RDARA 2B	
2896,00	SSB			RDARA 3A	
2896,00	SSB			RDARA 6G	
2896,00	SSB		UBB2	Syktyvkar Volmet	RUS
2896,00	LINK 11	B=2250Bd			
2899,00	SSB			Iceland Air , Reyklavik	ISL
2899,00	SSB			MWARA NAT	NAT
2899,00	SSB		KEA5	New York Air	USA
2899,00	SSB			RDARA 13H	
2899,00	SSB			RDARA 5D	
2899,00	SSB			RDARA 6G	
2899,00	SSB		CSY	Santa Maria Air	AZR
2899,00	SSB			Shanwick Air	IRL
2899,00	SSB		VFG	Gander Air	CAN
2902,00	HFDL	B=1800Bd	H11**	Albrook	PNR
2902,00	SSB			Jerevan Air	ARM
2902,00	SSB			Minsk Air	BLR
2902,00	SSB			RDARA 12J	
2902,00	SSB			RDARA 2B	
2902,00	SSB			RDARA 2C	
2902,00	SSB			RDARA 3B	
2902,00	SSB			RDARA 6G	

Frequency	Mode	Mode Parameter	Callsign	User	Country
2902,00	SSB			Vitebesk Air	BLR
2905,00	SSB			RDARA 3A	
2905,00	SSB			RDARA 3C	
2905,00	SSB			RDARA 5C	
2905,00	SSB			RDARA 9B	
2905,00	SSB			VOLMET NAT	NAT
2905,00	HFDL	B=1800Bd	H14**	Krasnoyarsk	RUS
2905,00	HFDL	B=1800Bd	H17**	Telde , Gran Canaria	E
2908,00	SSB			RDARA 13M	
2908,00	SSB			RDARA 2B	
2908,00	SSB			RDARA 2C	
2908,00	SSB			RDARA 3B	
2911,00	SSB			RDARA 10A	
2911,00	SSB			RDARA 3A	
2911,00	SSB			RDARA 5B	
2911,00	SSB			RDARA 6G	
2913,80	PACTOR	B=200Bd S=170Hz			
2913,80	PACTOR	B=200Bd S=170Hz		MB	
2914,00	SSB			RDARA 13D	
2914,00	SSB			RDARA 2B	
2914,00	SSB			RDARA 2C	
2914,00	SSB			RDARA 3B	
2917,00	SSB			Irkutsk Air	RUS
2917,00	SSB			RDARA 2A	
2917,00	SSB			RDARA 6E	
2917,00	SSB			RDARA 6G	
2917,00	SSB		UHD	St. Petersburg Air	RUS
2920,00	SSB			RDARA 12C	
2920,00	SSB			RDARA 13J	
2920,00	SSB			RDARA 2B	
2920,00	SSB			RDARA 2C	
2920,00	SSB			RDARA 6B	
2923,00	SSB			Islamabad Air	PAK
2923,00	SSB			Karachi Air	PAK
2923,00	SSB			Lahore Air	PAK
2923,00	SSB			RDARA 3A	
2923,00	SSB			RDARA 6A	
2926,00	SSB			Baku Air	AZE
2926,00	SSB			Jerevan Air	ARM
2926,00	SSB			Mineralnye Vody Air	RUS
2926,00	SSB			RDARA 10C	
2926,00	SSB			RDARA 12J	
2926,00	SSB			RDARA 2A	
2926,00	SSB			RDARA 2C	
2926,00	SSB			RDARA 4A	
2926,00	SSB			RDARA 6F	
2926,00	SSB		SHAPORA	Rostov Air	RUS
2926,00	SSB			Sukhumi Air	GEO
2926,00	SSB			Tbilisi Air	GEO
2929,00	SSB			Aktyubinsk Air	KAZ
2929,00	SSB			RDARA 2B	
2929,00	SSB			RDARA 9B	
2929,00	SSB			Samara Air	RUS
2929,00	SSB			Ufa Air	RUS
2932,00	SSB			Anchorage Air	ALS
2932,00	SSB			Khabarovsk Air	RUS
2932,00	SSB			MWARA NP	NP
2932,00	SSB			RDARA 13K	
2932,00	SSB			RDARA 2A	
2932,00	SSB			RDARA 2C	
2932,00	SSB			RDARA 3A	
2932,00	SSB			Tokyo Air	J

Frequency	Mode	Mode Parameter	Callsign	User	Country
2932,00	SSB		KVM70	Honululu Air	HWA
2935,00	SSB			MWARA SAT	SAT
2935,00	SSB			RDARA 10D	
2935,00	SSB			RDARA 3	
2938,00	SSB			Archangelsk Air	RUS
2938,00	SSB			Murmansk Air	RUS
2938,00	SSB			RDARA 2	
2938,00	SSB			RDARA 6G	
2938,00	SSB		UHD	St. Petersburg Air	RUS
2941,00	SSB			Kiev VOLMET	UKR
2941,00	SSB			Moscow VOLMET	RUS
2941,00	SSB			RDARA 2A	
2941,00	SSB			RDARA 6F	
2941,00	SSB			Riga VOLMET	LVA
2941,00	SSB		RLAP	Rostov VOLMET	RUS
2941,00	SSB		UHD	St. Petersburg VOLMET	RUS
2944,00	SSB			Asuncion Air	PRG
2944,00	SSB			Ezeiza Air	ARG
2944,00	SSB			Lima Air	PRU
2944,00	SSB			MWARA MID	MID
2944,00	SSB			MWARA SAM	SAM
2944,00	SSB			RDARA 10A	
2944,00	SSB			RDARA 10E	
2944,00	SSB			RDARA 14G	
2944,00	SSB			Santa Cruz Air	BOL
2944,00	HFDL	B=1800Bd	H09**	Barrow , AK	ALS
2947,00	HFDL	B=1800Bd	H01**	San Francisco , CA	USA
2947,00	SSB			RDARA 6A	
2947,00	HFDL	B=1800Bd	H02**	Molokai , HI	HWA
2950,00	SSB			RDARA 10F	
2950,00	SSB			RDARA 12A	
2950,00	SSB			RDARA 14A	
2950,00	SSB			RDARA 14D	
2950,00	SSB			RDARA 2	
2950,00	SSB			RDARA 3C	
2950,00	SSB			RDARA 7C	
2950,00	SSB			Sondre Stromfjord Air	GRL
2950,00	SSB			VOLMET CAR	CAR
2953,00	SSB			RDARA 4A	
2953,00	SSB			RDARA 6G	
2956,00	SSB			RDARA 10A	
2956,00	SSB			RDARA 12E	
2956,00	SSB			RDARA 12F	
2956,00	SSB			RDARA 12G	
2956,00	SSB			RDARA 12H	
2956,00	SSB			RDARA 13F	
2956,00	SSB			RDARA 6C	
2956,00	SSB			RDARA 7F	
2956,00	SSB			VOLMET MID	MID
2959,00	SSB			RDARA 3A	
2962,00	SSB			Iceland Air , Reykjavik	ISL
2962,00	SSB			MWARA NAT	NAT
2962,00	SSB		KEA5	New York Air	USA
2962,00	SSB			RDARA 6G	
2962,00	SSB			Shanwick Air	IRL
2962,00	SSB		VFG	Gander Air	CAN
2962,00	USB			Santa Maria Air	AZR
2965,00	SSB		HSD	Bangkok VOLMET	THA
2965,00	SSB			Bombay VOLMET	IND
2965,00	SSB			Calcutta VOLMET	IND
2965,00	SSB			Karachi VOLMET	PAK
2965,00	SSB			RDARA 10C	

Frequency	Mode	Mode Parameter	Callsign	User	Country
2965,00	SSB			RDARA 12F	
2965,00	SSB			RDARA 12J	
2965,00	SSB			RDARA 13H	
2965,00	SSB			RDARA 1E	
2965,00	SSB			RDARA 7B	
2965,00	SSB			AUS VOLMET Brisbane	AUS
2965,00	SSB			VOLMET SEA	SEA
2968,00	SSB			RDARA 3B	
2968,00	SSB			RDARA 5B	
2968,00	SSB			RDARA 6G	
2971,00	SSB			Bodoe Air	NOR
2971,00	SSB			Cambridge Air	CAN
2971,00	SSB			Churchill Air	CAN
2971,00	SSB			Iceland Air , Reykjavik	ISL
2971,00	SSB			Iqaluit Air	CAN
2971,00	SSB			MWARA NAT	NAT
2971,00	SSB			RDARA 13G	
2971,00	SSB			RDARA 5D	
2971,00	SSB			RDARA 6G	
2971,00	SSB			Shanwick Air	IRL
2971,00	SSB		VFG	Gander Air	CAN
2974,00	SSB			Beograd Air	SRB
2974,00	SSB			RDARA 1D	
2974,00	SSB			RDARA 3C	
2974,00	SSB			Sofia Air	BUL
2977,00	SSB			RDARA 13M	
2977,00	SSB			RDARA 1C	
2977,00	SSB			RDARA 6G	
2980,00	SSB			RDARA 12C	
2980,00	SSB			RDARA 1D	
2980,00	SSB			RDARA 3C	
2981,00	SSB		TAR	Zonguldak R	TUR
2983,00	SSB			RDARA 13D	
2983,00	SSB			RDARA 1C	
2983,00	SSB			RDARA 6G	
2983,00	HFDL	B=1800Bd	H13**	Santa Cruz	BOL
2986,00	SSB			RDARA 13N	
2986,00	SSB			RDARA 3C	
2986,00	SSB			RDARA 5A	
2986,00	HFDL	B=1800Bd	H15**	Al Muharraq	BHR
2989,00	SSB			Athene Air	GRC
2989,00	SSB			Iraklion Air	GRC
2989,00	SSB			Kalamata Air	GRC
2989,00	SSB			Khios Air	GRC
2989,00	SSB			Kos Air	GRC
2989,00	SSB			RDARA 1D	
2989,00	SSB			RDARA 6G	
2989,00	SSB			Thessaloniki Air	GRC
2989,00	SSB			Alexandoypolis Air	GRC
2992,00	SSB			Amman Air	JOR
2992,00	SSB			Baghdad Air	IRQ
2992,00	SSB			Bahrain Air	BHR
2992,00	SSB			Beirut Air	LBN
2992,00	SSB			Damascus Air	SYR
2992,00	SSB			Kuwait Air	KWT
2992,00	SSB			MWARA MID	MID
2992,00	SSB			RDARA 10A	
2992,00	SSB			RDARA 10E	
2992,00	SSB			RDARA 13C	
2992,00	HFDL	B=1800Bd	H09**	Barrow , AK	ALS
2995,00	SSB			RDARA 6G	
2998,00	USB			Manila Air	PHL

Frequency	Mode	Mode Parameter	Callsign	User	Country
2998,00	SSB			Agana Air	GUM
2998,00	SSB			MWARA CWP	CWP
2998,00	SSB			RDARA 12E	
2998,00	SSB			RDARA 12F	
2998,00	SSB			RDARA 12G	
2998,00	SSB			RDARA 12H	
2998,00	SSB			RDARA 13F	
2998,00	SSB			RDARA 7D	
2998,00	SSB			Tokyo Air	J
2998,00	SSB			VOLMET EUR	EUR
2998,00	SSB		KVM70	Honululu Air	HWA
2998,00	HFDL	B=1800Bd	H07**	Shannon	IRL
3000,00	ALE USB	B=125Bd Ch=8 ChS=250Hz		LBY GMRA net	LBY
3000,00	*STANAG 4285*	*B=2400Bd*	*JWT*	*NOR N Stavanger*	*NOR*
3001,00	SSB			RDARA 6A	
3001,00	SSB			RDARA 6E	
3004,00	SSB			Irkutsk Air	RUS
3004,00	SSB			Khabarovsk Air	RUS
3004,00	SSB			MWARA NCA	NCA
3004,00	SSB			Novosibirsk Air	RUS
3004,00	SSB			Pyongyang Air	KRE
3004,00	SSB			RDARA 11B	
3004,00	SSB			RDARA 13K	
3004,00	SSB			Ulan Bator Air	MNG
3004,00	USB		BOING EVERETT	Boing Seattle	USA
3004,00	USB		BOING SEATTLE	Boing Seattle	USA
3007,00	SSB			W II	WW
3007,00	SSB			W III	WW
3007,00	HFDL	B=1800Bd	H09**	Barrow , AK	ALS
3010,00	SSB			Belgrade Air	SRB
3010,00	SSB			Berne R	SUI
3010,00	SSB			W I	WW
3010,00	SSB			W IV	WW
3013,00	SSB			W II	WW
3013,00	SSB			W V	WW
3016,00	SSB			Canarias Air , Las Palmas	CNR
3016,00	SSB			Lisboa Air	POR
3016,00	SSB			MWARA EA	EA
3016,00	SSB			MWARA NAT	NAT
3016,00	SSB		KEA5	New York Air	USA
3016,00	SSB			RDARA 13G	
3016,00	SSB			RDARA 9D	
3016,00	SSB		CSY	Santa Maria Air	AZR
3016,00	SSB			Shanwick Air	IRL
3016,00	SSB		VFG	Gander Air	CAN
3016,00	USB			Velikye Air	RUS
3016,00					
3016,00	HFDL	B=1800Bd	H05**	Auckland	NZL
3016,00	HFDL	B=1800Bd	H08**	Johannesburg	AFS
3019,00	SSB			Moscow Air	RUS
3019,00	SSB			MWARA NCA	NCA
3019,00	SSB			RDARA 11B	
3019,00	SSB			RDARA 13K	
3019,00	HFDL	B=1800Bd	H02**	Molokai , HI	HWA
3023,00	USB		VNJ	Casey Base , AUS	ANT
3023,00	USB			AUS Davis Base	ANT
3023,00	USB		LOK	ARG N Laurie Island , Orcadas	ANT
3023,00	USB		CWM30	URG SAR net	URG
3023,00	USB			Macquarie Island , AUS	ANT

Frequency	Mode	Mode Parameter	Callsign	User	Country
3023,00	USB			Mawson Base , AUS	ANT
3023,00	SSB			D N Glücksburg	D
3023,00	SSB			DGzRS Bremen	D
3023,00	SSB			Distress/calling frequency	WW
3023,00	SSB			DNK AF Karup	DNK
3023,00	SSB			HOL AF Valkenburg	HOL
3023,00	SSB			NOR AF Stavanger	NOR
3023,00	SSB		ONY77	BEL AF Koksijde	BEL
3023,00	SSB			Kinloss Rescue	G
3033,00	SSB			Kinloss Rescue	G
3039,00	SSB		DQZ28	D CG Neustadt	D
3042,00	VFT: M/S 1,0	B=50Bd S=170Hz Ch=2 ChS=1000Hz			
3044,00	SUI VFT	B=100Bd S=170Hz Ch=2 ChS=1000Hz		SUI AF	SUI
3047,00	SSB		CFH	CAN F Halifax	CAN
3053,00	LINK 11	B=2250Bd			
3056,00	SSB		DHJ59	D N Wilhelmshaven	D
3059,00	ALE USB	B=125Bd Ch=8 ChS=250Hz		USA AF net	
3063,00	BAUDOT	B=50Bd S=1000Hz	NAV12**		
3065,00	LINK 11	B=2250Bd			
3068,00	ALE USB	B=125Bd Ch=8 ChS=250Hz		USA AF net	
3081,00	SSB		CUW2	USAF Lajes	POR
3086,00	LINK 11	B=2250Bd			
3086,00	ALE USB	B=125Bd Ch=8 ChS=250Hz		G MIL net	G
3088,00	LINK 11	B=2250Bd			
3095,00	SSB			Dharan Air	ARS
3095,00	SSB			Riyadh Air	ARS
3100,00	LINK 11	B=2250Bd			
3102,00	LINK 11	B=2250Bd			
3105,00	ALE USB	B=125Bd Ch=8 ChS=250Hz		ALG F net	ALG
3107,00	SSB		DHM91	D AF Münster	D
3112,00	LINK 11	B=2250Bd			
3113,00	SSB			USA AF Strategic Command	USA
3113,00	ALE USB	B=125Bd Ch=8 ChS=250Hz		USA AF net	
3116,00	ALE USB	B=125Bd Ch=8 ChS=250Hz		ALG F net	ALG
3116,00	SSB			RAF Boulmer	G
3116,00	SSB			RAF Buchan	G
3116,00	SSB			RAF Portreath	G
3116,00	HFDL	B=1800Bd	H03**	Reykjavik	ISL
3116,00	USB		DHJ58	D N Glücksburg	D
3120,00					
3122,00	SSB			USCG Boston , MA	USA
3122,00	SSB			USCG Charleston , SC	USA
3122,00	SSB		DHJ59	D N Wilhelmshaven	D
3125,00	USB		OYR	Aasiaat R	GRL
3125,00	SSB			RAF Boulmer	G
3128,00	USB		PBV	NLD AF Valkenburg	HOL
3134,00	ALE USB	B=125Bd Ch=8 ChS=250Hz		LTU F net	
3137,00	SSB			Göteborg Rescue	S
3137,00	ALE USB	B=125Bd Ch=8 ChS=250Hz		USA AF net	
3141,00	ALE USB	B=125Bd Ch=8 ChS=250Hz		I N net	I
3143,00	SSB		AGA2	USAF Hickham AFB , Honolulu	HWA
3143,00	SSB		DHM91	D AF Münster	D

Frequency	Mode	Mode Parameter	Callsign	User	Country
3146,00	USB		IDR	I N Rome	I
3150,00	SSB		9GX	Tema R	GHA
3151,00	SSB		CJX	CAN F St. John`s	CAN
3152,00	SSB		CKN	CAN F Vancouver	CAN
3152,00	CW		HMA	Pyonyang M	KRE
3155,00	ALE USB	B=125Bd Ch=8 ChS=250Hz			
3158,00	SSB				
3159,00	CW		9MR5	MLA N Johor Baharu	MLA
3159,00	BAUDOT	B=50Bd S=850Hz	9MR5	MLA N Johor Baharu	MLA
3159,40	SITOR B	B=100Bd S=170Hz	OLO32	Prague	CZE
3160,00	ALE USB	B=125Bd Ch=8 ChS=250Hz			
3160,00	MIL 188-110B SER	B=2400Bd			
3161,00	*ALE USB*	*B=125Bd Ch=8 ChS=250Hz*		*G MIL net*	*G*
3162,00	USB			Saint Helena R	SHN
3162,50	CIS 500 FSK BURST	B=500Bd S=1000Hz		RUS N	RUS
3163,50	ALE USB	B=125Bd Ch=8 ChS=250Hz			
3163,50	MIL 188-110B SER	B=2400Bd			
3165,00	USB		9YL	Trinedad North Post R	TRD
3165,00	SSB, RTTY			D army	D
3167,00	CW			RUS N Kaliningrad	RUS
3167,00	CW		R**	RUS N Ustinov	RUS
3167,00	CW		P**	RUS N Kaliningrad	RUS
3170,00	ALE USB	B=125Bd Ch=8 ChS=250Hz			USA
3172,00	CIS ARQ	B=100Bd S=500Hz		RUS PTT	RUS
3175,00	USB		VNJ	Casey Base , AUS	ANT
3175,00	USB			AUS Davis Base	ANT
3175,00	USB			Macquarie Island , AUS	ANT
3175,00	USB			Mawson Base , AUS	ANT
3176,00	USB			AUSTRAVEL safety net	AUS
3177,00	SSB, RTTY			D army	D
3180,00	USB		PKA	Sabang R , We	INS
3180,00	USB		PKB	Belawan R , Sumatera	INS
3180,00	USB		PKB3	Sibolga R , Sumatera	INS
3180,00	USB		PKE5	Ternate R , Maluku	INS
3180,00	USB		PKF3	Kendari R	INS
3180,00	USB		PKG	Bandjarmasin R , Kalimantan	INS
3180,00	USB		PKO	Tarakan R , Kalimantan	INS
3180,00	USB		PKP	Dumai R , Sumatera	INS
3180,00	USB		PKP2	Telukbayur R , Sumatera	INS
3180,00	USB		PKR	Semarang R , Djawa	INS
3180,00	USB		PKR3	Cilacap R , Jawa	INS
3180,00	USB		PKS	Pontanak R , Kalimantan	INS
3180,00	USB		PKY23	Fak Fak R	INS
3180,00	USB		PKY3	Manokwari R , Irian Jaya	INS
3180,00	USB		PKY4	Sorong R , Irian Jaya	INS
3180,00	USB		PKY5	Merauke R , Irian Jaya	INS
3180,00	USB		PKZ2	Cirebon R , Jawa	INS
3180,00	USB		PKZ34	Cigading R , Jawa	INS
3180,00	USB		PNK	Jayapura R , Irian Jaya	INS
3180,00	USB		PKE37	Sanana R , Kep Sula	INS
3180,00	USB		PKJ28	Sei Kolak Kijang R	INS
3180,00	FMCW			Leibniz institute , Juliusruh	D
3181,00	CW		RMP	RUS N HQ Kaliningrad	RUS
3184,00	ALE USB	B=125Bd Ch=8 ChS=250Hz			
3185,00	M/S 1,0	B=43Bd S=500Hz			
3187,00	SSB			NASA rocket booster recovery	USA

Frequency	Mode	Mode Parameter	Callsign	User	Country
3187,00	SSB		AFE70	USAF Cape Caneveral , FL	USA
3188,50	ALE USB	B=125Bd Ch=8 ChS=250Hz		POL net	POL
3188,50	R&S MODEM	B=2400Bd		POL MSW Poznan	POL
3188,50	R&S MODEM	B=2400Bd		POL MSW Warszawa	POL
3191,00	SSB, RTTY			D army	D
3192,00	*CW*		*RMP*	*RUS N Kaliningrad*	*RUS*
3192,20	*STANAG 4285*	*B=2400Bd*	*DHO26*	*D N Rostock*	*D*
3200,00	ALE USB	B=125Bd Ch=8 ChS=250Hz			
3204,00	ALE USB	B=125Bd Ch=8 ChS=250Hz		USA Civil Air Patrol net	USA
3206,00	ALE USB	B=125Bd Ch=8 ChS=250Hz		D CG net	D
3207,00	CW			RUS HFDF net	RUS
3216,50	ALE USB	B=125Bd Ch=8 ChS=250Hz		GRC AF net	GRC
3218,00	ALE USB	B=125Bd Ch=8 ChS=250Hz		E MOI net	E
3221,20	STANAG 4285	B=2400Bd		I N Naples	I
3223,00	LINK 11	B=2250Bd			
3225,00	ALE USB	B=125Bd Ch=8 ChS=250Hz		ALB MIL net	ALB
3226,00	*ALE USB*	*B=125Bd Ch=8 ChS=250Hz*		*G MIL net*	*G*
3226,00	4-DPSK	B=250Bd		DGPS	DNK
3226,00	MIL 188-110B SER	B=2400Bd		G MIL	
3227,00	ALE USB	B=125Bd Ch=8 ChS=250Hz		LTU MIL net	LTU
3228,00	RTTY			USA AF MARS	
3231,00	SSB			USA AF MARS	
3235,50	CW		RFE76	RUS N	RUS
3235,50	CW		RFF78	RUS N	RUS
3236,50	MIL 188-110B SER	B=2400Bd		G MIL	
3236,50	*ALE USB*	*B=125Bd Ch=8 ChS=250Hz*		*G MIL net*	
3238,50	SSB			USN Plead Control Long Beach , OR	USA
3245,00	USB			CIS aero network night	CIS
3245,00	2FSK	B=96Bd S=500Hz			
3247,40	FAX 120/576		ZKLF	Wellington M	NZL
3250,00	CW			HAARP	ALS
3250,00	*ALE USB*	*B=125Bd Ch=8 ChS=250Hz*		*TUN MIL net*	*TUN*
3253,00	FAX 120/576		VFF	CAN CG Iqaluit M	CAN
3253,00	FAX 120/576		VFR	CAN CG Resolute M	CAN
3254,00	ALE USB	B=125Bd Ch=8 ChS=250Hz		ALG F net	ALG
3254,00	ALE USB	B=125Bd Ch=8 ChS=250Hz		LTU MIL net	LTU
3255,00	USB			CIS aero network night	CIS
3255,00	CW		FAV22	F F Mont-Valerien	F
3255,00	SKYOFDM	B=64Bd Ch=28 ChS=86Hz			
3255,00	FSK		P**	RUS N Kaliningrad	RUS
3256,00	CW		P**	RUS N Kaliningrad	RUS
3256,00	SSB, RTTY			D army	D
3256,30	PACTOR II	B=100Bd S=200Hz		FRONET	S
3259,00	ALE USB	B=125Bd Ch=8 ChS=250Hz		POL MSW net	POL
3260,00	SSB		IDR	I N Rome	I
3262,00	CW		RMP	RUS NHQ Kaliningrad	RUS
3264,00	ALE USB	B=125Bd Ch=8 ChS=250Hz		ALG F net	ALG

Frequency	Mode	Mode Parameter	Callsign	User	Country
3265,00	T600	B=50Bd S=250Hz		RUS N	
3266,50	CW			RUS Operational Strategic Command Air Defense net	RUS
3267,50	SSB, RTTY			D army	D
3268,50	*WINDRM MOD*	*B=2400Bd Ch=51 ChS=48Hz*		*N London*	*G*
3269,00	SSB			USA N MARS	USA
3271,00	ALE USB	B=125Bd Ch=8 ChS=250Hz		ALG F net	ALG
3276,00	USB		OYR	Aasiaat R	GRL
3280,00	USB		OYR	Aasiaat R	GRL
3280,00	*MIL 188-110B SER*	*B=2400Bd*		*G MIL St. Eval*	*G*
3282,00	*T600*	*B=50Bd S=200Hz*		*RUS N Kaliningrad*	*RUS*
3282,00	*ALE USB*	*B=125Bd Ch=8 ChS=250Hz*		*F N net*	*F*
3287,50	*STANAG 4285*	*B=2400Bd*		*G MIL Inskip*	*G*
3291,00	CW		P**	RUS N Kaliningrad	RUS
3291,00	ALE USB	B=125Bd Ch=8 ChS=250Hz		DNK AF	DNK
3292,00	SSB			USA AF MARS	
3295,00	CIS 14	B=96Bd S=500Hz			
3296,00	SSB			USA AF MARS	
3298,00	USB			UKR Air Defence net	UKR
3298,50	SSB, RTTY			D army	D
3298,80	ARQE	B=46,15Bd S=170Hz		ARS AF	ARS
3299,00	SSB			USA AF MARS	
3300,00	ALE USB	B=125Bd Ch=8 ChS=250Hz			
3300,00	CIS ARQ	B=100Bd S=500Hz		RUS PTT	RUS
3302,00	ALE USB	B=125Bd Ch=8 ChS=250Hz		LTU MIL net	LTU
3304,00	*ALE USB*	*B=125Bd Ch=8 ChS=250Hz*		*TUN MIL net*	*TUN*
3305,00	ALE USB	B=125Bd Ch=8 ChS=250Hz		NLD MIL net	NLD
3306,20	*M/S 1,0*	*B=75Bd S=250Hz*	*IDR*	*I N Rome*	*I*
3306,20	*STANAG 4285*	*B=2400Bd*	*IDR*	*I N Rome*	*I*
3306,50	*STANAG 4285*	*B=2400Bd*		*I N Naples*	*I*
3307,00	ALE USB	B=125Bd Ch=8 ChS=250Hz			
3308,00	SSB			USA AF MARS	
3310,00	SSB		ESA	Tallin R	EST
3310,00	USB		UTT	Odessa R	UKR
3311,00	SSB			USA AF MARS	
3311,00	SSB, RTTY			D army	D
3314,00	CW			RUS Operational Strategic Command Air Defense net	RUS
3314,00	CW		RAL2	RUS N	RUS
3315,00	SSB			USA AF MARS	
3315,00	CW		RCV	RUS NHQ Sevastopol	UKR
3315,00	ALE USB	B=125Bd Ch=8 ChS=250Hz			
3320,00	CW		REA	RUS AF Moscow	RUS
3322,00	CW			RUS Operational Strategic Command Air Defense net	RUS
3322,70	ALE USB	B=125Bd Ch=8 ChS=250Hz		CHN N net	CHN
3327,00	CW		P**	RUS N Kaliningrad	RUS
3330,00	CW		CHU	Ottawa TS	CAN
3332,00	*M/S 1,0*	*B=75Bd S=850Hz*		*GRC N Athens*	*GRC*
3336,00	ALE USB	B=125Bd Ch=8 ChS=250Hz		ALG SONATRECH net	ALG

Frequency	Mode	Mode Parameter	Callsign	User	Country
3337,00	CW		RJP54	RUS N ship YENISEY	RUS
3337,00	CW		RMGZ	RUS N ship EPRON	I
3338,00	CW		L**	RUS N St. Petersburg	RUS
3340,00	USB			I CG net night	I
3340,00	F1B MORSE		UZC2		UKR
3341,00	SSB			FEMA	USA
3341,00	ALE USB	B=125Bd Ch=8 ChS=250Hz		USA FEMA net	USA
3342,00	SSB		J5M	Bissau R	GNB
3342,00	SSB, RTTY			D army	D
3345,00	SUI VFT	B=100Bd S=170Hz Ch=2 ChS=1000Hz		SUI AF	SUI
3347,00	SSB			USA Army MARS	
3348,00	CW			RUS MIL net	RUS
3348,70	PACTOR	B=200Bd S=170Hz			
3348,70	PACTOR	B=200Bd S=170Hz			
3350,00	CW		RJC60	RUS N	RUS
3353,00	CW		REL5	RUS N ship KOYDA	RUS
3353,00	CW		RMUW	RUS N ship SHAKTER	RUS
3354,00	ALE USB	B=125Bd Ch=8 ChS=250Hz			
3355,00	*8181*	*B=81Bd S=250Hz*		*BLR MIL Minsk*	*BLR*
3360,00	FAX 60/90/576		RPN71	Kiyev M	UKR
3365,00	CW		RAL46	RUS N ship	RUS
3367,20	STANAG 4285	B=2400Bd	DHJ59	D N Wilhelmshaven	D
3368,50	*STANAG 4285*	*B=2400Bd*		*G MIL Inskip*	*G*
3369,00	SSB			USA Customs , DEA	USA
3370,00	SSB			USA AF MARS	
3370,00	*CIS 12*	*B=1440Bd Ch=12 ChS=200Hz*		*Warszawa*	*POL*
3372,00	CW		RJD99	RUS N Severodvinsk	RUS
3375,00	ALE USB	B=125Bd Ch=8 ChS=250Hz		ALG F net	ALG
3375,30	STANAG 4538	B=2400Bd			
3377,00	FAX 90/576		YMA20	Ankara M	TUR
3379,00	SSB			FEMA	USA
3379,00	CW		RCV	RUS NHQ Sevastopol	UKR
3381,50	ALE USB	B=125Bd Ch=8 ChS=250Hz		?LTU F net	
3384,50	*STANAG 4285*	*B=2400Bd*		*G MIL Crimond*	*G*
3387,00	SUI VFT	B=100Bd S=170Hz Ch=2 ChS=1000Hz		SUI AF	SUI
3388,00	SSB			FEMA	USA
3395,50	CW		RCV	RUS NHQ Sevastopol	UKR
3395,50	CW		RCV	RUS NHQ Sevastopol	UKR
3395,50	CW		RIR96	RUS N landing ship AZOV	RUS
3395,50	CW		RFH77	RUS N ship LADNYY	RUS
3401,00	SSB			RDARA 12C	
3401,00	SSB			RDARA 13K	
3401,00	SSB			RDARA 2B	
3401,00	SSB			RDARA 2C	
3401,00	SSB			RDARA 3B	
3401,00	SSB			RDARA 9B	
3404,00	SSB			Baghdad Air	IRQ
3404,00	SSB			Beirut Air	LBN
3404,00	SSB			Damascus Air	SYR
3404,00	SSB			Kuwait Air	KWT
3404,00	SSB			RDARA 10B	
3404,00	SSB			RDARA 3A	
3404,00	SSB			RDARA 3C	
3404,00	SSB			RDARA 9C	
3404,00	SSB			RDARA 9D	
3404,00	SSB			VOLMET AFI	AFI

Frequency	Mode	Mode Parameter	Callsign	User	Country
3404,00	HFDL	B=1800Bd	H05**	Auckland	NZL
3404,00	HFDL	B=1800Bd	H06**	Hat Yai	THA
3407,00	SSB			Aktyubinsk VOLMET	KAZ
3407,00	SSB			Alma Ata VOLMET	KAZ
3407,00	SSB			Baku VOLMET	AZE
3407,00	SSB			Karaganda VOLMET	KAZ
3407,00	SSB			RDARA 12D	
3407,00	SSB			RDARA 14D	
3407,00	SSB			RDARA 2B	
3407,00	SSB			RDARA 2C	
3407,00	SSB			RDARA 3B	
3407,00	SSB			RDARA 7C	
3407,00	SSB		RDFG	Tashkent VOLMET	UZB
3407,00	SSB			Tbilisi VOLMET	GEO
3410,00	SSB			RDARA 11B	
3410,00	SSB			RDARA 13J	
3410,00	SSB			RDARA 1D	
3410,00	SSB			RDARA 3C	
3410,00	HFDL	B=1800Bd	H04**	Riverhead , NY	USA
3413,00	SSB			ARINC Honululu	HWA
3413,00	SSB			MWARA CEP	CEP
3413,00	SSB			RDARA 13C	
3413,00	SSB			RDARA 14A	
3413,00	SSB			RDARA 14E	
3413,00	SSB			RDARA 3B	
3413,00	SSB			RDARA 6G	
3413,00	SSB			VOLMET EUR	EUR
3413,00	*SSB*		*EIP*	*Shannon VOLMET*	*G*
3416,00	SSB			Kaunas Air	LTU
3416,00	SSB			RDARA 1D	
3416,00	SSB			RDARA 2A	
3416,00	SSB			RDARA 2B	
3416,00	SSB			RDARA 3A	
3416,00	SSB			RDARA 6D	
3416,00	SSB			Tallinn Air	EST
3416,00	SSB			Vilnius Air	LTU
3416,40	STANAG 4285	B=2400Bd			
3418,00	USB		VNJ	Casey Base , AUS	ANT
3418,00	USB			AUS Davis Base	ANT
3418,00	USB			Macquarie Island , AUS	ANT
3418,00	USB			Mawson Base , AUS	ANT
3419,00	SSB			Alger Air	ALG
3419,00	SSB			Kano Air	NIG
3419,00	SSB			MWARA AFI	AFI
3419,00	SSB			Niamey Air	NGR
3419,00	SSB			RDARA 10D	
3419,00	SSB			RDARA 12J	
3419,00	SSB			RDARA 13I	
3419,00	SSB			RDARA 3B	
3419,00	SSB			RDARA 3C	
3419,00	SSB			RDARA 9B	
3419,00	SSB			Tamanrasset Air	ALG
3419,00	SSB			Tripoli Air	LBY
3419,00	SSB			Tunis Air	TUN
3422,00	SSB			Jekaterinburg Air	RUS
3422,00	SSB			Omsk Air	RUS
3422,00	SSB			RDARA 2A	
3422,00	SSB			RDARA 2B	
3422,00	SSB			RDARA 3A	
3422,00	SSB			RDARA 6G	
3423,00	CW		KYW4		
3425,00	SSB			Beira Air	MOZ

Frequency	Mode	Mode Parameter	Callsign	User	Country
3425,00	SSB			Johannesburg Air	AFS
3425,00	SSB			Lilongwe Air	MWI
3425,00	SSB			MWARA AFI	AFI
3425,00	SSB			RDARA 10D	
3425,00	SSB			RDARA 13D	
3425,00	SSB			RDARA 3B	
3425,00	SSB			RDARA 3C	
3425,00	SSB			RDARA 9B	
3428,00	SSB			Gomel Air	BLR
3428,00	SSB			Minsk Air	BLR
3428,00	SSB			RDARA 11B	
3428,00	SSB			RDARA 13J	
3428,00	SSB			RDARA 2B	
3428,00	SSB			RDARA 2C	
3428,00	SSB			Vitebesk Air	BLR
3428,00	SSB			USA Customs , DEA	USA
3428,00	HFDL	B=1800Bd	H04**	Riverhead , NY	USA
3431,00	SSB			RDARA 3A	
3431,00	SSB			RDARA 3B	
3431,00	SSB			RDARA 5B	
3431,00	SSB			RDARA 6G	
3434,00	SSB			Ezeiza Air	ARG
3434,00	SSB			Mendoza Air	ARG
3434,00	SSB			RDARA 11B	
3434,00	SSB			RDARA 13G	
3434,00	SSB			RDARA 2A	
3434,00	SSB			RDARA 2C	
3434,00	SSB			RDARA 6F	
3434,00	SSB			Salta Air	ARG
3434,00	HFDL	B=1800Bd	H02**	Molokai , HI	HWA
3437,00	SSB			RDARA 13M	
3437,00	SSB			RDARA 3B	
3437,00	SSB			RDARA 4A	
3437,00	SSB			RDARA 6G	
3440,00	SSB			Aktyubinsk Air	KAZ
3440,00	SSB			Jekaterinburg Air	RUS
3440,00	SSB			Penza Air	RUS
3440,00	SSB			RDARA 12	
3440,00	SSB			RDARA 2A	
3440,00	SSB			RDARA 2C	
3440,00	SSB			RDARA 6F	
3440,00	SSB			Samara Air	RUS
3440,00	SSB			Uralsk Air	KAZ
3440,00	USB			IRL MIL	IRL
3443,00	SSB			Boing Co. , Seatlle , WA	USA
3443,00	SSB			RDARA 11B	
3443,00	SSB			RDARA 13N	
3443,00	SSB			RDARA 3A	
3443,00	SSB			RDARA 3B	
3443,00	SSB			RDARA 4B	
3443,00	SSB			RDARA 6E	
3443,00	USB		BOING SEATTLE	Boing Seattle	USA
3443,00	USB		BOING EVERETT	Boing Seattle	USA
3446,00	SSB			RDARA 10E	
3446,00	SSB			RDARA 13F	
3446,00	SSB			RDARA 14	
3446,00	SSB			RDARA 1D	
3446,00	SSB			RDARA 6G	
3449,00	SSB			Adak Air	ALS
3449,00	SSB			Fairbanks Air	ALS

Frequency	Mode	Mode Parameter	Callsign	User	Country
3449,00	SSB			RDARA 10A	
3449,00	SSB			RDARA 13M	
3449,00	SSB			RDARA 2B	
3449,00	SSB			RDARA 2C	
3449,00	SSB			RDARA 6G	
3450,00	CODAN	B=2400Bd Ch=16 ChS=112,5Hz		IRL F	IRL
3450,00	CODAN CHIRP	B=80Bd Ch=30 ChS=81Hz		IRL F	IRL
3451,50	SITOR	B=100Bd S=170Hz	0A**	IRL N Dublin	IRL
3451,50	SITOR A	B=100Bd S=170Hz		IRL N	IRL
3452,00	SSB			Brisnbane Air	AUS
3452,00	SSB			Canarias Air , Las Palmas	CNR
3452,00	SSB			Dakar Air	SEN
3452,00	SSB			Monrovia Air	LBR
3452,00	SSB			MWARA SAT	SAT
3452,00	SSB			RDARA 14C	
3452,00	SSB			RDARA 3A	
3452,00	SSB			RDARA 5A	
3452,00	SSB			RDARA 5C	
3452,00	SSB			Recife Air	B
3452,00	SSB			Sal Air	CPV
3455,00	USB			New York Air	USA
3455,00	SSB			Boyeros Air	CUB
3455,00	SSB			Managua Air	NCG
3455,00	SSB			Merida Air	MEX
3455,00	SSB			MWARA CAR	CAR
3455,00	SSB			MWARA CWP	CWP
3455,00	SSB			RDARA 13H	
3455,00	SSB			RDARA 2A	
3455,00	SSB			RDARA 2C	
3455,00	SSB			RDARA 7B	
3455,00	SSB			San Andres Air	SAP
3455,00	HFDL	B=1800Bd	H07**	Shannon	IRL
3458,00	SSB			Rainbow R , Tors Cove	CAN
3458,00	SSB			RDARA 10D	
3458,00	SSB			RDARA 13C	
3458,00	SSB			RDARA 13J	
3458,00	SSB			RDARA 13K	
3458,00	SSB			RDARA 1B	
3458,00	SSB			VOLMET SEA	SEA
3461,00	SSB			Perth Air	AUS
3461,00	SSB			RDARA 12E	
3461,00	SSB			RDARA 12F	
3461,00	SSB			RDARA 12G	
3461,00	SSB			RDARA 12H	
3461,00	SSB			RDARA 14	
3461,00	SSB			RDARA 7F	
3461,00	SSB			RDARA 9C	
3461,00	SSB			Sydney Air	AUS
3461,00	SSB			VOLMET NCA	NCA
3464,00	SSB			Northsea Helicopter Esbjerg	DNG
3464,00	SSB			RDARA 12C	
3464,00	SSB			RDARA 13K	
3464,00	SSB			RDARA 1C	
3464,00	SSB			RDARA 6G	
3467,00	SSB			Aden Air	YEM
3467,00	SSB			Ashkabad Air	TKM
3467,00	SSB			Asmara Air	ERT
3467,00	SSB			Mumbai Air	IND
3467,00	SSB			Cairo Air	EGY
3467,00	SSB			Dushanbe Air	TJK

Frequency	Mode	Mode Parameter	Callsign	User	Country
3467,00	SSB			Kabul Air	AFG
3467,00	SSB			Karachi Air	PAK
3467,00	SSB			Khartoum Air	SDN
3467,00	SSB			Lahore Air	PAK
3467,00	SSB			Mogadishu Air	SOM
3467,00	SSB			MWARA AFI	AFI
3467,00	SSB			MWARA MID	MID
3467,00	SSB			MWARA SP	SP
3467,00	SSB			Nadi Air	
3467,00	SSB			New Delhi Air	IND
3467,00	SSB			RDARA 10B	
3467,00	SSB			RDARA 13D	
3467,00	SSB			Samarkand Air	UZB
3467,00	SSB			Tashkent Air	UZB
3467,00	SSB		ETD3	Addis Abbeba Air	ETH
3467,00	HFDL	B=1800Bd	H13**	Santa Cruz	BOL
3470,00	SSB			Calcutta Air	IND
3470,00	SSB			Cocos Island Air	ICO
3470,00	SSB			Colombo Air	CLN
3470,00	SSB			Darwin Air	AUS
3470,00	SSB			Kunming Air	CHN
3470,00	SSB			Madras Air	IND
3470,00	SSB			Male Air	MLD
3470,00	SSB			Medan Air	IND
3470,00	SSB			MWARA SEA	SEA
3470,00	SSB			Perth Air	AUS
3470,00	SSB			RDARA 10A	
3470,00	SSB			RDARA 13G	
3470,00	SSB			RDARA 1C	
3470,00	SSB			Yangon Air	BRM
3470,00	HFDL	B=1800Bd	H06**	Hat Yai	THA
3473,00	SSB			MWARA MID	MID
3473,00	SSB			Northsea Helicopter Amsterdam	HOL
3473,00	SSB			RDARA 10E	
3473,00	SSB			RDARA 13C	
3473,00	SSB			RDARA 1B	
3473,00	SSB			RDARA 6C	
3473,00	SSB			Stavanger Air	NOR
3476,00	SSB			Anatananarivo Air	MDG
3476,00	SSB			Beira Air	MOZ
3476,00	SSB			Cocos Island	ICO
3476,00	SSB			Johannesburg Air	AFS
3476,00	SSB			Mauritius Air , Plaisance	MAU
3476,00	SSB			Moroni Air	COM
3476,00	SSB			MWARA INO	INO
3476,00	SSB			MWARA NAT	NAT
3476,00	SSB			Perth Air	AUS
3476,00	SSB			RDARA 13F	
3476,00	SSB			RDARA 9B	
3476,00	SSB			Reunion Air , Gillot	REU
3476,00	SSB			Seychelles Air , Mahe	SEY
3476,00	SSB		VFG	Gander Air	CAN
3476,00	SSB			Shanwick Air	IRL
3479,00	SSB			Asuncion Air	PRG
3479,00	SSB			Belem Air	B
3479,00	SSB			Brasilia Air	B
3479,00	SSB			Campo Grande Air	B
3479,00	SSB			Darwin Air	AUS
3479,00	SSB			Ezeiza Air	ARG
3479,00	SSB			Iquitos Air	PRU
3479,00	SSB			Maiquetia Air , Caracas	VEN
3479,00	SSB			Montevideo Air	URG

Frequency	Mode	Mode Parameter	Callsign	User	Country
3479,00	SSB			MWARA EUR	EUR
3479,00	SSB			MWARA SAM	SAM
3479,00	SSB			Piarco Air	TRD
3479,00	SSB			Porto Velho Air	B
3479,00	SSB			RDARA 14	
3479,00	SSB			RDARA 6A	
3479,00	SSB			RDARA 6B	
3479,00	SSB			Santa Cruz Air	BOL
3482,00	SSB			RDARA 5D	
3482,00	SSB			RDARA 6G	
3485,00	SSB			MWARA EA	EA
3485,00	SSB			MWARA SEA	SEA
3485,00	SSB		WSY70	New York VOLMET	USA
3485,00	SSB			RDARA 13H	
3485,00	SSB			RDARA 7E	
3485,00	SSB			VOLMET NAT	NAT
3485,00	SSB		VFG	Gander VOLMET	CAN
3488,00	SSB			Heliport Beccles	G
3488,00	SSB			RDARA 10B	
3488,00	SSB			RDARA 12E	
3488,00	SSB			RDARA 12F	
3488,00	SSB			RDARA 12G	
3488,00	SSB			RDARA 12H	
3488,00	SSB			RDARA 14B	
3488,00	SSB			RDARA 14F	
3488,00	SSB			RDARA 1B	
3488,00	SSB			RDARA 5B	
3488,00	SSB			RDARA 6B	
3490,00	SSB		YKM7	Lattakia R	SYR
3491,00	SSB			MWARA EA	EA
3491,00	SSB			RDARA 10C	
3491,00	SSB			RDARA 13E	
3491,00	SSB			RDARA 1E	
3491,00	SSB			RDARA 4A	
3494,00	USB			ARINC Barrow	ALS
3494,00	USB			ARINC Hat Yai	THA
3494,00	USB			ARINC Santa Cruz	BOL
3494,00	USB			ARINC San Francisco , CA	USA
3494,00	SSB			ARINC New York , NY	USA
3494,00	SSB			W II	WW
3494,00	USB		SDJ	Stockholm R	S
3494,00	USB			ARINC Guam	GUM
3497,00	SSB			W II	WW
3497,00	HFDL	B=1800Bd	H09**	Barrow , AK	ALS
3501,00	HARRIS AVS	Ch=24 ChS=112,5Hz			
3502,00	*ISR N HYBRID MODEM*	*B=2400Bd*	*4XZ*	*ISR N Haifa*	*ISR*
3503,50	*ALE USB*	*B=125Bd Ch=8 ChS=250Hz*		*G MIL net*	*G*
3505,00	HARRIS AVS	Ch=24 ChS=112,5Hz			
3505,50	SSB, RTTY			D army	D
3506,00	ALE USB	B=125Bd Ch=8 ChS=250Hz		ALG F net	ALG
3508,00	SITOR B	B=100Bd S=170Hz	OLO32	Prague	CZE
3508,00	*ISR N HYBRID MODEM*	*B=2400Bd*	*4XZ*	*ISR N Haifa*	*ISR*
3513,40	SITOR B	B=100Bd S=170Hz	OLO32	Prague	CZE
3516,30	STANAG 4538	B=2400Bd			
3519,50	SSB, RTTY			D army	D
3520,00	USB			CIS aero network night	CIS

Frequency	Mode	Mode Parameter	Callsign	User	Country
3530,00	CW		UGH3		
3531,00	CW		REA4	RUS AF HQ Moscow	RUS
3532,00	LINK 11	B=2250Bd			
3533,00	ALE USB	B=125Bd Ch=8 ChS=250Hz		E MOI net	E
3545,00	SSB			USA AF MARS	PNR
3545,00	ALE USB	B=125Bd Ch=8 ChS=250Hz		ALG F	ALG
3552,00	*STANAG 4285*	*B=2400Bd*		*G MIL Akrotiri*	*CYP*
3553,70	STANAG 4285	B=2400Bd		TUR N	TUR
3557,50	CW		DK0WCY		D
3570,00	CW			RUS N	RUS
3579,00	CW		DK0WCY	Aurora Beacon	D
3585,00	FAX 120/576		HLL2	Seoul M	KOR
3585,00	FAX 120/576		HLL	Seoul M	KOR
3593,70	CW		D**	Beacon Odessa	UKR
3594,00	ALE USB	B=125Bd Ch=8 ChS=250Hz		ALG F net	ALG
3595,00	ALE USB	B=125Bd Ch=8 ChS=250Hz		D CG net	D
3595,00	USB			CIS aero network night	CIS
3595,00	R&S MODEM	B=2400Bd		D CG net	D
3600,00	CW		OK0EN	Kam. Zehrovice	TCH
3600,00	ROS USB	B=1Bd Ch=144 ChS=15,625Hz		ROS frequency	
3605,00	USB		UUT	Odessa R	UKR
3605,00	ROS USB	B=1Bd Ch=144 ChS=15,625Hz		ROS frequency	
3606,00	ALE USB	B=125Bd Ch=8 ChS=250Hz		ALG F net	ALG
3606,00	MIL 188-110B SER	B=2400Bd	TP21**	ALG F	ALG
3610,00	HARRIS AVS	Ch=24 ChS=112,5Hz			
3610,00	ROS USB	B=1Bd Ch=144 ChS=15,625Hz		ROS frequency	
3613,00	SSB		SVK	Kerkyra R	GRC
3615,00	ROS USB	B=1Bd Ch=144 ChS=15,625Hz		ROS frequency	
3621,00	FAX 120/576		JMH	Tokyo M	J
3624,00	SSB		TMC88	ICRC Paris	F
3624,00	SSB		YKM7	Lattakia R	SYR
3628,00	SSB			Floro R via Orlandet	NOR
3628,80	STANAG 4538	B=2400Bd			
3630,00	SSB		SVR	Rodos R	GRC
3631,00	SSB			Rogaland R via Bergen	NOR
3634,00	SSB		IDR	I N Rome	I
3644,30	STANAG 4538	B=2400Bd			
3645,00	SSB			Floro R	NOR
3648,00	SSB		TAI	Iskenderun R	TUR
3652,00	USB			Vardo R via Hammerfest	NOR
3655,00	USB			CIS aero network night	CIS
3656,00	SSB		4XA	Elat R	ISR
3658,00	CW		V**	RUS N	RUS
3670,00	SSB		9AD	Dubrovnik R	HRV
3673,00	SSB		A7D	Doha R	QAT
3673,00	USB		PBK	NLD CG Texel	HOL
3685,00	CW		SXA	GRC N Piraeus	GRC
3692,00	ALE USB	B=125Bd Ch=8 ChS=250Hz		ALG F net	ALG
3692,00	MIL 188-110B SER	B=2400Bd	BT31**	ALG F	ALG
3692,00	MIL 188-110B SER	B=2400Bd	FS30**	ALG F	ALG
3692,50	CW		RJD56	RUS N	RUS
3699,50	CW		P**	RUS N Kaliningrad	RUS

Frequency	Mode	Mode Parameter	Callsign	User	Country
3715,30	STANAG 4538	B=2400Bd			
3733,00	ALE USB	B=125Bd Ch=8 ChS=250Hz		POL net	POL
3740,00	USB		LZW	Varna R	BUL
3742,00	SSB		A4M	Muscat R	OMA
3742,30	STANAG 4538	B=2400Bd			
3745,00	USB		A9M	Bahrain R	BHR
3745,00	FAX 60/90/576		RIS70	Tbilisi M	GEO
3745,00	SSB		A4M	Muscat R	OMA
3747,00	CW		RAL2	RUS N	RUS
3750,00	SSB		C5G	Banjul R	GMB
3751,50	ALE USB	B=125Bd Ch=8 ChS=250Hz		POL MIL net	POL
3755,00	CW		RTS	RUS N Magadan	RUS
3763,00	SSB		C5G	Banjul R	GMB
3764,00	BAUDOT	B=75Bd S=850Hz	PBB	HOL N Den Helder	HOL
3764,20	BAUDOT	B=75Bd S=850Hz	PBH	HOL N Den Helder	HOL
3765,00	SSB		4XA	Elat R	ISR
3770,00	CW			RUS Operational Strategic Command Air Defense net	RUS
3772,00	CW		P**	RUS N Kaliningrad	RUS
3782,00	*BAUDOT*	*B=75Bd S=850Hz*	*CTP*	*NATO Lisbon*	*POR*
3785,00	ALE USB	B=125Bd Ch=8 ChS=250Hz			
3790,00	USB			ARM MIL net	ARM
3792,00	CW		RFH61	RUS N ship PEREKOP	RUS
3793,00	USB		SVL	Limnos R	GRC
3797,00	CW		RCV	RUS NHQ Sevastopol	UKR
3799,00	CW		EYH66		
3801,50	SSB		DEK23	DRK Berlin	D
3801,50	SSB		DEK30	DRK Quickborn	D
3801,50	SSB		DEK88	DRK	D
3801,50	SITOR A	B=100Bd S=170Hz	DEK23	DRK Berlin	D
3801,50	PACTOR	B=100Bd S=200Hz	DEK88	DRK	D
3801,50	SSB		DEK25	DRK Stuttgart	D
3801,50	SSB		DEK99	DRK	D
3802,00	SSB			USA AF MARS	HOL
3803,00	ALE USB	B=125Bd Ch=8 ChS=250Hz			
3803,00	PACTOR III	B=100Bd S=200Hz	DEK27	DRK Hannover	D
3803,00	PACTOR III	B=100Bd S=200Hz	DEK77	DRK Nienburg	D
3805,00	ALE USB	B=125Bd Ch=8 ChS=250Hz			
3808,50	CW		RJD69	RUS F	RUS
3808,80	CW		FDI22	F AF Narbonne	F
3810,00	CW		HD2IOA	Guayaquil TS	EQA
3810,00	SSB, RTTY			D army	D
3815,00	USB			CIS aero network night	CIS
3820,00	ALE USB	B=125Bd Ch=8 ChS=250Hz		ALG F net	ALG
3820,00	*STANAG 4285*	*B=2400Bd*	*DHO26*	*D N Rostock*	*D*
3820,20	STANAG 4285	B=2400Bd	DHJ58	D N Glücksburg	D
3823,00	CIS 200-1000	B=200Bd S=1000Hz Ch=1		RUS MIL INTEL	RUS
3823,00	SSB, RTTY			D army	D
3825,00	*CIS 46-500*	*B=46Bd S=500Hz*		*UKR MIL Lvov*	*UKR*
3831,00	ALE USB	B=125Bd Ch=8 ChS=250Hz		D CG net	D
3831,00	R&S MODEM	B=2400Bd		D CG net	D
3837,00	CW		P**	RUS N Kaliningrad	RUS
3845,00	ALE USB	B=125Bd Ch=8 ChS=250Hz		D CG net	D
3846,00	*LINK 11 SLEW*	*B=2400Bd*		*Prishtine*	*SRB*

Frequency	Mode	Mode Parameter	Callsign	User	Country
3850,00	SITOR B	B=100Bd S=170Hz	OLO32	Prague	CZE
3850,00	ALE USB	B=125Bd Ch=8 ChS=250Hz		D CG net	D
3850,00	R&S MODEM	B=2400Bd		D CG net	D
3852,00	BAUDOT	B=75Bd S=850Hz	OSN	BEL N Oostende	BEL
3855,00	*FAX 120/288/576*		*DDH3*	*DWD TX Pinneberg*	*D*
3855,70	*STANAG 4285*	*B=2400Bd*	*JWT*	*NOR N Stavanger*	*NOR*
3859,30	STANAG 4538	B=2400Bd			
3862,20	*STANAG 4285*	*B=2400Bd*		*NOR N Oslo*	*NOR*
3863,00	SSB, RTTY			D army	D
3864,00	STANAG 4285	B=2400Bd		NOR N Oslo	NOR
3865,00	*ALE USB*	*B=125Bd Ch=8 ChS=250Hz*		*ISR AF net*	*ISR*
3870,00	BAUDOT	B=75Bd S=850Hz	CTP	POR N Oeiras	POR
3870,00	TMS430 MODEM	B=220Bd S=325Hz			
3870,30	STANAG 4538	B=2400Bd			
3873,00	ALE USB	B=125Bd Ch=8 ChS=250Hz		POL MIL net	POL
3875,00	SSB			USA AF MARS	D
3877,50	CW		RBGR	RUS N ship	RUS
3881,00	CW		FAV22	F F Mont-Valerien	F
3885,00	SSB		FJY4	St.Paul et Amsterdam R	AMS
3888,00	SSB			USA AF MARS	D
3891,00	CW		RJD99	RUS N Severodvinsk	RUS
3893,00	LINK 11	B=2250Bd			
3894,00	*SUI VFT*	*B=100Bd S=170Hz Ch=2 ChS=1000Hz*		*SUI AF Orbe*	*SUI*
3895,00	SSB, RTTY			D army	D
3896,70	BAUDOT	B=75Bd S=850Hz	FUV	F F Djibouti	DJI
3900,00	HFDL	B=1800Bd	H03**	Reykjavik	ISL
3901,40	ALE USB	B=125Bd Ch=8 ChS=250Hz		ALG F net	ALG
3901,40	MIL 188-110B SER	B=2400Bd	CM10**	ALG F	ALG
3903,00	SSB		DHM91	D AF Münster	D
3904,00	TMS430 MODEM	B=220Bd S=325Hz		SUI F	SUI
3914,70	STANAG 4285	B=2400Bd		GRC N Thessaloniki	GRC
3935,00	ALE USB	B=125Bd Ch=8 ChS=250Hz			
3941,00	SSB			D AF Nordholz	D
3947,00	CW			RUS Operational Strategic Command Air Defense net	RUS
3959,00	COQUELET 8	B=13,3Bd S=30Hz			
3959,50	FAX 60/576				
3966,00	SSB			USA AF MARS	GRC
3970,70	*STANAG 4481*	*B=75Bd S=850Hz*		*G F St. Eval*	*G*
3980,00	SSB		TIM	Limon R	CTR
3995,00	SSB		VKS737	AUS 4WD net	AUS
3995,00	USB		VKE237	AUS HF Radio Club	AUS
3996,00	ALE USB	B=125Bd Ch=8 ChS=250Hz			
4000,00	SSB			SS Ch 1	
4000,00	ALE USB	B=125Bd Ch=8 ChS=250Hz		USA VA National Guard net	USA
4001,00	MIL 188-110B SER	B=2400Bd			
4001,00	ALE USB	B=125Bd Ch=8 ChS=250Hz			
4001,50	SSB			USA National Guard	USA
4002,40	SITOR B	B=100Bd S=170Hz	OLO32	Prague	CZE
4003,00	LSB		AAM4TAL	US Army MARS	USA
4003,00	SSB			Ship station	
4005,00	SSB			USN MARS	
4007,00	SSB			USN MARS	
4007,00	CW		RCV	RUS NHQ Sevastopol	UKR

Frequency	Mode	Mode Parameter	Callsign	User	Country
4008,00	SITOR B	B=100Bd S=170Hz	OLO32	Prague	CZE
4009,00	USB		EAL	Las Palmas R , Haria , Lanzarote	CNR
4009,00	USB			Bilbao R via Machichaco	E
4009,00	USB			Coruna R	E
4009,00	USB			Malaga R via Tarfifa	E
4009,00	USB			Valencia R via Cabo de la Nao	E
4009,00	SSB			Ship station	
4010,00	ALE USB	B=125Bd Ch=8 ChS=250Hz		LTU F net	LTU
4010,00	USB		VKJ	RFDS Meekathara	AUS
4010,00	ALE USB	B=125Bd Ch=8 ChS=250Hz		S MIL net	S
4010,00	TMS430 MODEM	B=220Bd S=325Hz		SUI F	SUI
4010,00	USB		VNZ	RFDS Pt. Augusta	AUS
4010,50	CHN 4+4	B=75Bd Ch=8 ChS=300/450Hz		CHN MIL	
4011,00	USB		NNN0ADF	USN MARS	USA
4012,00	SSB			Ship station	
4013,00	ALE LSB	B=125Bd Ch=8 ChS=250Hz		D Red Cross net	D
4014,00	FAX 120/576		ZSJ	AFS N Cape Naval	AFS
4014,00	CW			RUS N calling frequency	
4015,00	PACTOR I	B=200Bd S=200Hz	AEM1HR	USA MARS	
4015,00	PACTOR I	B=100Bd S=170Hz	DEK3110	DRK München mobile	D
4015,00	ALE USB	B=125Bd Ch=8 ChS=250Hz		D Red Cross net	D
4016,50	TMS430 MODEM	B=220Bd S=325Hz		SUI F	SUI
4016,50	PACTOR III	B=100Bd S=200Hz	KKL24	Vashon Island R , WA	USA
4018,00	USB		EAL	Las Palmas R , Fuencaliente , Gran Canaria	CNR
4018,00	USB			Coruna R	E
4018,00	USB			Malaga R via Tarfifa	E
4018,00	USB			Valencia R via Cabo de la Nao	E
4020,00	CW		RDL	RUS N Moscow	RUS
4021,00	SSB			Ship station	
4024,00	SSB			Ship station	
4024,00	*SUI VFT*	*B=100Bd S=170Hz Ch=2 ChS=1000Hz*		*SUI AF Basel*	*SUI*
4025,00	SSB			US Army MARS	
4025,00	ALE USB	B=125Bd Ch=8 ChS=250Hz			
4026,40	SITOR B	B=100Bd S=170Hz	OLO32	Prague	CZE
4029,00	CIS 200-1000	B=200Bd S=1000Hz Ch=1		RUS MIL INTEL Moscow	RUS
4030,00	USB		VKL	RFDS Port Hedland	AUS
4030,00	SSB			Ship station	
4030,00	SSB			US Army MARS	
4030,00	MIL 188-110B SER	B=2400Bd			
4031,00	ALE USB	B=125Bd Ch=8 ChS=250Hz			
4031,00	CW		P**	RUS N Kaliningrad	RUS
4032,00	CIS BAUDOT 1,5 STB	B=200Bd S=500Hz Ch=1		RUS INTEL	RUS
4033,00	STANAG 4285	B=2400Bd	IDR	I N Rome	I
4033,00	STANAG 4285	B=2400Bd	IGDD	I N ship GORGONA	I
4033,00	ALE USB	B=125Bd Ch=8 ChS=250Hz			
4033,00	SSB			Ship station	
4033,00	USB		IABC	I N supply ship VESUVIO	I
4033,00	USB		IHMC	I N minesweeper CROTONE	I
4033,00	USB		IHMV	I N minesweeper VIESTE	I
4033,00	STANAG 4285	B=2400Bd	IHMV	I N minesweeper VIESTE	I
4033,00	STANAG 4285	B=2400Bd	IABC	I N supply ship VESUVIO	I

Frequency	Mode	Mode Parameter	Callsign	User	Country
4033,00	STANAG 4285	B=2400Bd	IHMC	I N minesweeper CROTONE	I
4033,00	USB		IHMW	I N ship VIAREGGIO	I
4035,00	SSB			US Army MARS	
4035,00	SSB			USA National Guard	USA
4035,00	ALE USB	B=125Bd Ch=8 ChS=250Hz			
4036,00	SSB			Ship station	
4039,00	SSB			Ship station	
4040,00	USB		VNJ	Casey Base , AUS	ANT
4040,00	USB			Davis Base , AUS	ANT
4040,00	USB			Macquarie Island , AUS	ANT
4040,00	USB			Mawson Base , AUS	ANT
4040,00	*CRY2001*				*E*
4041,00	CIS BAUDOT 1,5 STB	B=200Bd S=500Hz Ch=1		RUS INTEL	RUS
4042,00	SSB			Ship station	
4043,00	CW		P**	RUS N Kaliningrad	RUS
4043,00	*CIS 12*	*B=1440Bd Ch=12 ChS=200Hz*		*RUS F Moscow*	*RUS*
4045,00	CW			RUS Operational Strategic Command Air Defense net	RUS
4045,00	USB		VJT	RFDS Carnarvon	AUS
4045,00	SSB			Ship station	
4045,00	USB			CIS aero network night	CIS
4045,00	USB			Marine weather Center Lakeland , FL	USA
4046,00	ALE USB	B=125Bd Ch=8 ChS=250Hz		S MIL net	S
4047,50	ALE USB	B=125Bd Ch=8 ChS=250Hz		G MIL net	G
4048,00	SSB			Ship station	
4048,00	CW		RJS	RUS N HQ Vladivostok	RUS
4049,00	CW		RMP	RUS N HQ Kaliningrad	RUS
4050,40	SITOR B	B=100Bd S=170Hz	OLO32	Prague	CZE
4051,00	CW		RAL2	RUS N	RUS
4051,00	CW		P**	RUS N Kaliningrad	RUS
4051,00	SSB			Ship station	
4051,00	CLOVER 2000	B=500Bd Ch=8 ChS=250Hz	RLK7	Arkchangelsk R	RUS
4051,00	CLOVER 2000	B=500Bd Ch=8 ChS=250Hz	UAVR	RUS ship	RUS
4051,00	CLOVER 2000	B=500Bd Ch=8 ChS=250Hz	UBHT	RUS ship	RUS
4051,00	CLOVER 2000	B=500Bd Ch=8 ChS=250Hz	UAVU	RUS ship	RUS
4053,20	STANAG 4285	B=2400Bd	DHJ58	D N Glücksburg	D
4054,00	SSB			Ship station	
4054,00	SSB			USA AF MARS	HWA
4055,00	CW		RCV	RUS N HQ Sevastopol	UKR
4055,00	USB		VJC	RFDS Broken Hill	AUS
4055,20	*STANAG 4285*	*B=2400Bd*	*DHO26*	*D N Rostock*	*D*
4055,20	*STANAG 4285*	*B=2400Bd*	*DHJ59*	*D N Wilhelmshaven*	*D*
4057,00	SSB			Ship station	
4057,00	*STANAG 4285*	*B=2400Bd*	*DHJ59*	*D N Wilhelmshaven*	*D*
4060,00	SSB			Ship station	
4060,40	SITOR B	B=100Bd S=170Hz	OLO32	Prague	CZE
4061,00	SSB			USA AF MARS	ALS
4065,00	SSB			SS Ch 401	
4065,00	ALE USB	B=125Bd Ch=8 ChS=250Hz		ALG F net	ALG
4066,10	USB			Falkland R	FLK
4068,00	SSB			SS Ch 402	
4068,00	LINK 11 SLEW	B=2400Bd			
4068,20	STANAG 4285	B=2400Bd		G N Akrotiri	CYP

Frequency	Mode	Mode Parameter	Callsign	User	Country
4068,50	USB		DHO69	D N Eckernförde	D
4071,00	SSB			SS Ch 403	
4071,50	CW			RUS air defence net	RUS
4074,00	USB			RUS Operational Strategic Command Air Defense net	RUS
4074,00	SSB			SS Ch 404	
4075,00	PACTOR II	B=200Bd S=200Hz	HPPM1	Sailmail Chiriqui	PNR
4077,00	SSB			SS Ch 405	
4078,50	CW		P**	RUS N Kaliningrad	RUS
4079,00	CW		RMP	RUS NHQ Kaliningrad	RUS
4080,00	SSB			SS Ch 406	
4080,00	*HYBRID MODEM*	*B=2400Bd*		*ISR*	
4082,00	USB			RUS Operational Strategic Command Air Defense net	RUS
4083,00	SSB			SS Ch 407	
4086,00	ALE USB	B=125Bd Ch=8 ChS=250Hz		POL F net	
4089,00	SSB			SS Ch 409	
4089,70	ALE USB	B=125Bd Ch=8 ChS=250Hz			
4090,00	PACTOR	B=200Bd S=170Hz		UNHCR	
4090,00	PACTOR	B=200Bd S=170Hz	HCBSNTU **	UNHCR Tusla	BIH
4090,00	PACTOR	B=200Bd S=170Hz	HCHRVZA **	UNHCR Zagreb	HRV
4090,00	PACTOR	B=200Bd S=170Hz	HCSWIGE **	UNHCR Geneva	SUI
4092,00	SSB			SS Ch 410	
4095,00	SSB			SS Ch 411	
4098,00	SSB			SS Ch 412	
4100,00	*M/S 1,0*	*B=75Bd S=200Hz*	*BZL26***	*RUS N Kaliningrad*	*RUS*
4100,20	*STANAG 4285*	*B=2400Bd*	*PBC*	*NLD N Goeree Island*	*HOL*
4101,00	SSB			SS Ch 413	
4103,80	CW			RUS HFDF net	RUS
4104,00	SSB			SS Ch 414	
4105,00	COQUELET 8 FEC	B=26,67Bd S=30Hz		TUN F	TUN
4107,00	SSB			SS Ch 415	
4109,00	CIS OFDM 60	B=2400Bd Ch=60 ChS=44,5Hz			RUS
4110,00	ALE USB	B=125Bd Ch=8 ChS=250Hz		?ROU net	
4110,00	SSB			SS Ch 416	
4113,00	SSB			SS Ch 417	
4115,60	STANAG 4285	B=2400Bd		I F	I
4115,60	USB			I F	I
4116,00	SSB			SS Ch 418	
4118,00	COQUELET 8 FEC	B=26,67Bd S=30Hz		TUN F	TUN
4118,50	CIS 12	B=1440Bd Ch=12 ChS=200Hz			
4119,00	SSB			SS Ch 419	
4122,00	SSB			SS Ch 420	
4123,00	ALE USB	B=125Bd Ch=8 ChS=250Hz			
4125,00	USB		ZBR	Bermuda Harbour R	BER
4125,00	USB		NMF	USA CG Boston , MA	USA
4125,00	USB			Cape Town R	AFS
4125,00	USB		VNJ	Casey Base , AUS	ANT
4125,00	USB			Cap Blanc P	TUN
4125,00	USB			Bethel R	ALS
4125,00	USB			AUS Davis Base	ANT
4125,00	USB		HCY	Ayora R , Santa Cruz	EQA
4125,00	USB			King Salmon R	ALS
4125,00	USB		KWL38	Kodiak R	ALS

Frequency	Mode	Mode Parameter	Callsign	User	Country
4125,00	USB			USA CG Kodiak	ALS
4125,00	USB		JNA	J CG HQ Tokyo	J
4125,00	USB		XFL	Mazatlan P	MEX
4125,00	USB		CWC30	La Paloma R	URG
4125,00	USB		CWS	URG N Montevideo	URG
4125,00	USB		ZLM	Taupo Maritime R	NZL
4125,00	USB			Nome R	ALS
4125,00	USB		CWF	Punta Carretas R	URG
4125,00	USB			Macquarie Island , AUS	ANT
4125,00	USB		CWC34	Punta del Este R	URG
4125,00	USB		CWC39	Montevideo Trouville R	URG
4125,00	USB			Mawson Base , AUS	ANT
4125,00	USB			Yakutat R	ALS
4125,00	SSB			calling frequency	WW
4125,00	SSB			SS Ch 421	
4125,00	USB		P2M	Port Moresbay R	PNG
4125,00	USB		PPR	Rio R	B
4125,00	USB		PZN	Paramaribo R	SUR
4125,00	SSB		V5W	Walvis Bay R	NMB
4125,00	USB		VAE	Tofino R	CAN
4125,00	USB		YJM	Port Vila R	VUT
4125,00	USB		ZKN	Niue R	NIU
4125,00	USB		E5R	Rarotonga R	CKH
4125,00	SSB		D3E	Luanda R	AGL
4125,00	USB		VFF	Iqaluit R	CAN
4125,00	USB		NMN	USA CG Portsmouth , VA	USA
4125,00	USB		A3A	Nukualofa R	TON
4125,00	USB		VRC	Hong Kong R	CHN
4125,00	USB		NMA	USA CG Miami , FL	USA
4125,00	USB		NMG	USA CG New Orleans , LA	USA
4125,00	USB			Anette R	ALS
4125,00	USB			Samoa Port Authority	SMA
4125,00	USB			Borrow R	ALS
4125,00	USB			Cold Bay R	ALS
4125,00	USB			USA CG Honolulu	HWA
4125,00	USB		PKG	Bandjarmasin R , Kalimantan	INS
4125,00	USB			USA CG Point Reyes	USA
4125,00	USB		PKY3	Manokwari R , Irian Jaya	INS
4125,00	USB		PKY%	Biak R , Irian Jaya	INS
4125,00	USB		PKY5	Merauke R , Irian Jaya	INS
4125,00	USB		PKM	Bitung R , Sulawesi	INS
4125,00	USB		PKF3	Kendari R	INS
4125,00	USB		UGC	St. Petersburg R	RUS
4125,00	USB		PKA	Sabang R , We	INS
4128,00	SSB			SS Ch 422	
4131,00	SSB			SS Ch 423	
4132,50	*STANAG 4285*	*B=2400Bd*		*Verona*	*I*
4134,00	USB		L3A	ARG N Comodoro Rivadavia	ARG
4134,00	SSB			SS Ch 424	
4137,00	SSB			SS Ch 425	
4140,00	BUL MFSK	B=240,2Bd Ch=8 ChS=240Hz		BUL diplo	
4141,70	*STANAG 4481*	*B=75Bd S=850Hz*		*G MIL Inskip*	*G*
4141,70	*STANAG 4481*	*B=75Bd S=850Hz*		*G MIL St. Eval*	*G*
4143,00	SSB			SS Ch 427	
4143,00	USB			Berdyansk R	UKR
4143,00	USB		UUO	Kerch R	RUS
4143,60	USB		YJM	Port Vila R	VUT
4143,70	*STANAG 4285*	*B=2400Bd*	*DHO26*	*D N Rostock*	*D*
4145,00	USB			TUR MIL net	TUR
4145,00	STANAG 4285	B=2400Bd		TUR MIL net	TUR
4146,00	USB		SXE	Aspropyrgos Attikis R	GRC

Frequency	Mode	Mode Parameter	Callsign	User	Country
4146,00	USB		VIA	Adelaide R	AUS
4146,00	USB		CBP23	Ancud R	CHL
4146,00	USB		CBT2	Faro Cabo Carranza	CHL
4146,00	USB		CBP24	Chaiten R	CHL
4146,00	USB		CBA23	Chanaral R	CHL
4146,00	USB		CBP39	Puerto Cisnes R	CHL
4146,00	USB		CBT21	Constitucion R	CHL
4146,00	SSB			simplex frequency ship - ship	
4146,00	USB		CBA	Antofagasta R	CHL
4146,00	USB		CBA2	Arica R	CHL
4146,00	USB		CBA3	Iquique R	CHL
4146,00	USB		CBA4	Coquimbo R	CHL
4146,00	USB		CBA5	Caldera R	CHL
4146,00	USB		CBF	Isla Juan Fernandez R	CHL
4146,00	USB		CBM	Magallanes Zonal R	CHL
4146,00	USB		CBM2	Faro Cabo Raper R	CHL
4146,00	USB		CBM3	Faro Islotes Evangelistas	CHL
4146,00	USB		CBM4	Faro Islote Fairway	CHL
4146,00	USB		CBM5	Punta Delgada R	CHL
4146,00	USB		CBM71	Faro Punta Dungeness	CHL
4146,00	USB		CBM72	Faro Espiritu Santo R	CHL
4146,00	USB		CBN	Wollaston R	CHL
4146,00	USB		CBP	Puerto Montt Zonal R	CHL
4146,00	USB		CBP2	Castro R	CHL
4146,00	USB		CBP3	Puerto Aysen R	CHL
4146,00	USB		CBP4	Faro Isla Guafo	CHL
4146,00	USB		CBS	San Pedro R	CHL
4146,00	USB		CBT	Talcahuano Zonal R	CHL
4146,00	USB		CBV	Playa Ancha Zonal R	CHL
4146,00	USB		CBV22	San Antonio MRSC	CHL
4146,00	USB		CBX	Bahia Felix R	CHL
4146,00	USB		CBY	I. de Pascua R (Easter lland)	CHL
4146,00	USB		ZLM	Taupo Maritime R	NZL
4146,00	USB		CBM21	Puerto Eden R	CHL
4146,00	USB		CBA24	Huasco R	CHL
4146,00	USB		CBT3	Faro Isla Mocha R	CHL
4146,00	USB		CBT26	Los Vilos R	CHL
4146,00	USB		CBA22	Mejillones R	CHL
4146,00	USB		CBP29	Melinka R	CHL
4146,00	USB		CBP70	Faro Punta Corona R	CHL
4146,00	USB		CBP28	Quellon R	CHL
4146,00	USB		CBA27	Taltal R	CHL
4146,00	USB		CBA21	Tocopilla R	CHL
4146,00	USB		CBM24	Puerto Williams MRSC	CHL
4146,00	USB		WQCN860	Ocean-Pro R Naples , FL	USA
4147,50	STANAG 4285	B=2400Bd	DHO26	D N Rostock	D
4149,00	USB		VMW	Wiluna M	AUS
4149,00	USB		ZOE	Tristan da Cunha R	TRC
4149,00	USB		E5R	Rarotonga R	CKH
4149,00	SSB			simplex frequency ship - ship	
4149,00	USB		UKW	Kertch R	UKR
4149,00	USB		WPE	Crowly Marine , Jacksonville	USA
4151,00	SSB		DHJ58	D N Glücksburg	D
4151,00	SSB		DHJ59	D N Wilhelmshaven	D
4151,00	STANAG 4285	B=2400Bd	DHJ59	D N Wilhelmshaven	D
4151,00	STANAG 4285	B=2400Bd	DHJ58	D N Glücksburg	D
4152,20	STANAG 4285	B=2400Bd	DHJ59	D N Wilhelmshaven	D
4152,50	J PSK	B=1500Bd		J MIL	J
4153,00	PACTOR III	B=100Bd S=200Hz			
4154,50	SSB		DHJ59	D N Wilhelmshaven	D
4154,50	SSB		DHO26	D N Rostock	D
4155,00	USB		PBC	NLD N Goeree Island	HOL

Frequency	Mode	Mode Parameter	Callsign	User	Country
4155,00	USB		PBB	NLD N Den Helder	HOL
4156,20	STANAG 4285	B=2400Bd			
4157,00	MAHRS	B=2400Bd		D F	D
4159,20	STANAG 4285	B=2400Bd			
4161,00	USB		PBC	NLD N Goeree Island	HOL
4161,00	USB		PBB	NLD N Den Helder	HOL
4162,00	PACTOR II	B=200Bd S=200Hz	VZX	Sailmail Darawank	AUS
4163,20	*STANAG 4285*	*B=2400Bd*		*G F Crimond*	*G*
4166,00	*ALE USB*	*B=125Bd Ch=8 ChS=250Hz*		*G MIL net*	*G*
4168,00	PACTOR III	B=100Bd S=200Hz	ZKN2SM	Sailmail Niue	NIU
4168,50	*ALE USB*	*B=125Bd Ch=8 ChS=250Hz*		*G MIL net*	*G*
4171,50	USB		PBC	NLD N Goeree Island	HOL
4171,50	USB		PBB	NLD N Den Helder	HOL
4172,50	SITOR , CW	B=100Bd S=170Hz		SS Ch 1	
4173,00	SITOR , CW	B=100Bd S=170Hz		SS Ch 2	
4173,50	SITOR , CW	B=100Bd S=170Hz		SS Ch 3	
4174,00	SITOR , CW	B=100Bd S=170Hz		SS Ch 4	
4174,50	SITOR , CW	B=100Bd S=170Hz		SS Ch 5	
4175,00	SITOR , CW	B=100Bd S=170Hz		SS Ch 6	
4175,00	SITOR A		ZLM	Taupo Maritime R	NZL
4175,50	SITOR , CW	B=100Bd S=170Hz		SS Ch 7	
4176,00	SITOR , CW	B=100Bd S=170Hz		SS Ch 8	
4176,50	SITOR , CW	B=100Bd S=170Hz		SS Ch 9	
4177,00	SITOR , CW	B=100Bd S=170Hz		SS Ch 10	
4177,40	SITOR , CW	B=100Bd S=170Hz		Cheju MRCC	KOR
4177,50	SITOR , CW	B=100Bd S=170Hz	HLC	Incheon MRCC	KOR
4177,50	SITOR , CW	B=100Bd S=170Hz		Mokpo MRCC	KOR
4177,50	SITOR , CW	B=100Bd S=170Hz	VRC	Hong Kong R	CHN
4177,50	SITOR , CW	B=100Bd S=170Hz		Busan MRCC	KOR
4177,50	SITOR B	B=100Bd S=170Hz	ZLM	Taupo Maritime R	NZL
4177,50	SITOR , CW	B=100Bd S=170Hz	JNA	J CG HQ Tokyo	J
4177,50	.			Distress/safety frequency	WW
4177,50	SITOR , CW	B=100Bd S=170Hz	HLF	Tonghae MRCC	KOR
4177,50	SITOR , CW	B=100Bd S=170Hz	PKD	Surabaya R , Djawa	INS
4177,50	SITOR , CW	B=100Bd S=170Hz	PNK	Jayapura R , Irian Jaya	INS
4177,50	SITOR , CW	B=100Bd S=170Hz	PKM	Bitung R , Sulawesi	INS
4177,50	SITOR , CW	B=100Bd S=170Hz	PKP	Dumai R , Sumatera	INS
4178,00	SITOR , CW	B=100Bd S=170Hz		SS Ch 12	
4178,50	SITOR , CW	B=100Bd S=170Hz		SS Ch 13	
4179,00	SITOR , CW	B=100Bd S=170Hz		SS Ch 14	
4179,00	CW		REA4	RUS AF HQ Moscow	RUS
4179,50	SITOR , CW	B=100Bd S=170Hz		SS Ch 15	
4180,00	SITOR , CW	B=100Bd S=170Hz		SS Ch 16	
4180,50	SITOR , CW	B=100Bd S=170Hz		SS Ch 17	
4181,00	SITOR , CW	B=100Bd S=170Hz		SS Ch 18	
4181,50	SITOR , CW	B=100Bd S=170Hz		SS Ch 19	
4182,00	CW			SS calling frequency Ch 1	
4182,50	CW			SS calling frequency Ch 2	
4183,00	CW			SS calling frequency Ch 3	
4183,50	CW			SS calling frequency Ch 4	
4184,00	CW			SS calling frequency Ch 5	
4184,50	CW			SS calling frequency Ch 6	
4185,00	CW			SS calling frequency Ch 7	
4185,50	CW			SS calling frequency Ch 8	
4186,00	BAUDOT	B=45,45Bd S=170Hz	OSN	BEL N Oostende	BEL
4186,00	CW			SS calling frequency Ch 9	
4186,50	CW			SS calling frequency Ch 10	
4188,60	STANAG 4285	B=2400Bd	FUG	F N La Regine	F
4191,00	ALE USB	B=125Bd Ch=8		CHN F net	CHN

Frequency	Mode	Mode Parameter	Callsign	User	Country
		ChS=250Hz			
4191,00	MIL 188-110B 39TONE	B=2400Bd Ch=39 ChS=56,25Hz		CHN F net	CHN
4195,00	CW		RGR35	RUS N	RUS
4197,00	CIS 75-250	B=75Bd S=250Hz			
4200,00	CW			RUS HFDF net	RUS
4202,50	.			SS Ch 1	
4203,00	.			SS Ch 2	
4203,20	*STANAG 4285*	*B=2400Bd*	*PBC*	*NLD N Goeree Island*	*HOL*
4203,50	.			SS Ch 3	
4204,00	.			SS Ch 4	
4204,50	.			SS Ch 5	
4205,00	.			SS Ch 6	
4205,50	.			SS Ch 7	
4206,00	.			SS Ch 8	
4206,50	PACTOR III	B=100Bd S=200Hz	FOHXM	Sailmail Manihi Atoll	OCE
4207,00	.			SS Ch 10	
4207,50	DSC	B=100Bd S=170Hz	JNA	J CG HQ Tokyo	J
4207,50	USB		VFF	Iqaluit R	CAN
4207,50	.			DSC distress/safety frequency	WW
4209,50	SITOR B	B=100Bd S=170Hz			WW
4209,50	SITOR B	B=100Bd S=170Hz	TAH	Istanbul R	TUR
4209,50	SITOR B	B=100Bd S=170Hz	XSQ	Guangzhou R	CHN
4210,00	SITOR B	B=100Bd S=170Hz		MSI frequency	WW
4210,00	ALE USB	B=125Bd Ch=8 ChS=250Hz			
4210,50	.			CS Ch 1	
4210,50	SITOR , CW	B=100Bd S=170Hz	A9M	Bahrain R	BHR
4210,50	SITOR , CW	B=100Bd S=170Hz	UFL	Vladivostok R	RUS
4211,00	.			CS Ch 2	
4211,00	SITOR , CW	B=100Bd S=170Hz	JCS	Choshi R	J
4211,50	.			CS Ch 3	
4212,00	.			CS Ch 4	
4212,00	SITOR , CW	B=100Bd S=170Hz	WLC	Rogers City R , MI	USA
4212,00	SITOR , CW	B=100Bd S=170Hz	XSQ	Guangzhou R	CHN
4212,00	SITOR , CW	B=100Bd S=170Hz	UGC	St. Petersburg R	RUS
4212,50	SITOR , CW	B=100Bd S=170Hz		Cheju MRCC	KOR
4212,50	SITOR , CW	B=100Bd S=170Hz	HLC	Incheon MRCC	KOR
4212,50	SITOR , CW	B=100Bd S=170Hz		Mokpo MRCC	KOR
4212,50	SITOR , CW	B=100Bd S=170Hz		Busan MRCC	KOR
4212,50	.			CS Ch 5	
4212,50	SITOR , CW	B=100Bd S=170Hz	WOO	Ocean Gate R , NJ	USA
4212,50	SITOR , CW	B=100Bd S=170Hz	HLF	Tonghae MRCC	KOR
4212,50	SITOR , CW	B=100Bd S=170Hz	XSV	Tianjin R	CHN
4213,00	SITOR , CW	B=100Bd S=170Hz	UFM3	Nevelsk R	RUS
4213,00	.			CS Ch 6	
4213,00	SITOR , CW	B=100Bd S=170Hz	SVO25	Olympia R	GRC
4213,00	PACTOR ,SITOR , CW	B=100Bd S=170Hz	WLO	Mobile R , AL	USA
4213,00	PACTOR III	B=100Bd S=200Hz	LGV24	Vardoe R	NOR
4213,50	.			CS Ch 7	
4214,00	.			CS Ch 8	
4214,50	SITOR , CW	B=100Bd S=170Hz	UDK2	Murmansk R	RUS
4214,50	.			CS Ch 9	
4214,50	SITOR , CW	B=100Bd S=170Hz	SVO26	Olympia R	GRC
4215,00	.			CS Ch 10	
4215,00	SITOR , CW	B=100Bd S=170Hz	XSG	Shanghai R	CHN
4215,50	BAUDOT	B=75Bd S=850Hz	IDR2	I N Rome	I
4215,50	.			CS Ch 12	
4215,50	SITOR , CW	B=100Bd S=170Hz	WOM	Pennsuco R , FL	USA
4216,00	.			CS Ch 13	
4216,00	SITOR , CW	B=100Bd S=170Hz	TAH	Istanbul R	TUR

Frequency	Mode	Mode Parameter	Callsign	User	Country
4216,00	SITOR , CW	B=100Bd S=170Hz	SVO2	Olympic R	GRC
4216,50	SITOR , CW	B=100Bd S=170Hz	JNA	J CG HQ Tokyo	J
4216,50	.			CS Ch 14	
4216,50	SITOR , CW	B=100Bd S=170Hz	WCC	Chatham R , MA	USA
4216,50	SITOR , CW	B=100Bd S=170Hz	XSA2	Nanjing R	CHN
4217,00	PACTOR III	B=100Bd S=200Hz	VZG420_4	Townsville R	AUS
4217,00	.			CS Ch 15	
4217,00	SITOR , CW	B=100Bd S=170Hz	UFH	Petrapavlovsk-Kamchatskii R	RUS
4217,50	.			CS Ch 16	
4218,00	SITOR , CW	B=100Bd S=170Hz	EQI	Abbas R	IRN
4218,00	.			CS Ch 17	
4218,00	SITOR , CW	B=100Bd S=170Hz	4PB	Colombo R	CLN
4218,00	SITOR , CW	B=100Bd S=170Hz	UDB2	Kholmsk R	
4218,50	.			CS Ch 18	
4219,00	SITOR , CW	B=100Bd S=170Hz	XSQ	Guangzhou R	CHN
4219,00	.			CS Ch 19	
4219,00	SITOR , CW	B=100Bd S=170Hz	4PB	Colombo R	CLN
4219,00	SITOR , CW	B=100Bd S=170Hz	9GP23	Tema , Black Star Line	GHA
4219,00	SITOR , CW	B=100Bd S=170Hz	TAH	Istanbul R	TUR
4219,50	DSC	B=100Bd S=170Hz	JNA	J CG HQ Tokyo	J
4219,50	DSC	B=100Bd S=170Hz	PKX	Jakarta R , Jawa	INS
4220,00	SITOR , CW	B=100Bd S=170Hz	UFL	Vladivostok R	RUS
4220,50	CW		C6N	Nassau R	BAH
4221,00	CW		ODR9	Beyrouth R	LBN
4222,00	CW		RMP	RUS NHQ Kaliningrad	RUS
4222,00	CW		UNU3	RUS N CHMS Kaliningrad	RUS
4225,20	*STANAG 4285*	*B=2400Bd*	*IDR*	*I N Rome*	*I*
4225,70	*STANAG 4285*	*B=2400Bd*	*IGJ*	*I N Augusta*	*I*
4226,50	*ALE USB*	*B=125Bd Ch=8 ChS=250Hz*		*G MIL net*	*G*
4228,00	FAX 120/576		CBV	Valpariso R	CHL
4228,20	*STANAG 4285*	*B=2400Bd*	*PBC*	*NLD N Goeree Island*	*HOL*
4231,00	CW		4XZ	ISR N Haifa	ISR
4231,00	J PSK	B=1500Bd		J MIL	J
4232,00	STANAG 4285	B=2400Bd	RFLIE**	F N Fort de France	MRT
4233,00	CW		A4M	Muscat R	OMA
4235,00	FAX 120/576		NMF	USCG Boston , MA	USA
4235,40	ALE USB	B=125Bd Ch=8 ChS=250Hz		USA ShipCom net	USA
4236,00	USB		USI	Kherson R	UKR
4237,00	ALE USB	B=125Bd Ch=8 ChS=250Hz		USA F net	
4238,00	CW		VTP4	IND N Vishakhapatnam	IND
4238,00	CW		PKD	Surabaya R , Djawa	INS
4238,00	CW		PKG	Bandjarmasin R , Kalimantan	INS
4238,00	*ALE USB*	*B=125Bd Ch=8 ChS=250Hz*		*G MIL net*	*G*
4238,40	STANAG 4285	B=2400Bd	FUE	F N Brest	F
4240,00	SSB			USA National Guard	USA
4243,50	*STANAG 4285*	*B=2400Bd*	*DHJ58*	*D N Glücksburg*	*D*
4244,00	*PACTOR III*	*B=200Bd S=200Hz*	*DAO24*	*Kiel Radio*	*D*
4244,00	CW		UTQ	Kiev R	UKR
4244,00	SSB			USA National Guard	USA
4249,00	PACTOR III , CW	B=100Bd S=200Hz	HEB24	Berne R	SUI
4250,00	USB			Mauritius MRCC	MAU
4250,00	SSB			USA National Guard	USA
4250,50	PACTOR II	B=100Bd S=200Hz			
4252,00	PACTOR II	B=200Bd S=200Hz	PWX33	B N Brasilia	B
4254,20	*STANAG 4285*	*B=2400Bd*	*DHJ59*	*D N Wilhelmshaven*	*D*
4255,00	ALE USB	B=125Bd Ch=8 ChS=250Hz		ALG F net	ALG
4255,20	*STANAG 4285*	*B=2400Bd*	*DHJ59*	*D N Wilhelmshaven*	*D*

Frequency	Mode	Mode Parameter	Callsign	User	Country
4258,00	T600	B=50Bd S=200Hz		RUS N Murmansk	RUS
4259,00	CW		XSG	Shanghai R	CHN
4261,00	PACTOR	B=100Bd S=200Hz	ZRK691-1	Melville R	AFS
4261,20	STANAG 4285	B=2400Bd	EBA	E N Madrid	E
4263,20	*STANAG 4285*	*B=2400Bd*		*G F Inskip*	*G*
4265,20	*PACTOR III*	*B=200Bd S=200Hz*	*DAO34*	*Kiel Radio*	*D*
4268,00	CW		VTG4	IND N Bombay	IND
4268,00	PACTOR , CW	B=100Bd S=200Hz	SAP	Marinecom Malmoe	S
4269,50	PACTOR	B=200Bd S=170Hz	SAP	Marinecom Malmoe R	S
4271,00	FAX 120/576		CFH	CAN F Halifax	CAN
4271,00	BAUDOT	B=75Bd S=630Hz	CFH	CAN F Halifax	CAN
4271,00	STANAG 4285	B=2400Bd	FUJ	F N Noumea	NCL
4273,00	SSB			USA Civil air patrol	USA
4273,00	CW		RFH82	RUS N ship POVORINO	RUS
4273,00	CW		RJE65	RUS N HQ Novorossiysk	RUS
4275,00	CW		RGN90	RUS N	RUS
4275,00	CIS 12	B=1440Bd Ch=12 ChS=200Hz			
4277,20	*STANAG 4285*	*B=2400Bd*	*FPI*	*F N St. Assise*	*F*
4280,00	*BAUDOT*	*B=75Bd S=850Hz*	*PBC*	*HOL N Goeree Island*	*HOL*
4280,00	BAUDOT	B=75Bd S=850Hz	PBB	NLD N Den Helder	HOL
4280,00	CIS 500 FSK BURST	B=500Bd S=1000Hz		RUS N	RUS
4281,00	CW		AQK2	PAK N Karachi	PAK
4282,00	CW		CWM	Montevideo Armada R	URG
4283,00	CW		XSV	Tianjin R	CHN
4288,60	STANAG 4285	B=2400Bd	FUG	F N La Regine	F
4290,00	PACTOR IV	B=100Bd S=200Hz	DCA	MRCC Bremen Rescue	D
4290,00	PACTOR IV	B=100Bd S=200Hz	DBAA	SAR vessel ALFRIED KRUPP	D
4290,50	J PSK	B=1500Bd		J MIL	J
4291,00	USB			Bilbao R via Madrid	E
4293,00	PACTOR IV	B=100Bd S=200Hz	DCA	MRCC Bremen Rescue	D
4293,00	PACTOR IV	B=100Bd S=200Hz	DBAA	SAR vessel ALFRIED KRUPP	D
4293,00	PACTOR IV	B=100Bd S=200Hz	DBAJ	SAR vessel HANNES GLOGNER	D
4293,00	PACTOR IV	B=100Bd S=200Hz	DBAM	SAR vessel HERMANN HELMS	D
4293,00	PACTOR IV	B=100Bd S=200Hz	DBAR	SAR vessel HERMANN MARWEDE	D
4294,50	J 16 TONE QPSK	B=1200Bd Ch=16 ChS=100Hz			J
4294,50	J MFSK8	B=100Bd Ch=8 ChS=300Hz			J
4294,90	BAUDOT	B=75Bd S=850Hz	FUE	F N Brest	F
4295,00	BAUDOT	B=75Bd S=850Hz	FUE	F N Brest	F
4295,00	CW		PKF	Makassar R , Sulawesi	INS
4295,00	CW		PKC	Palembang R , Sumatera	INS
4295,00	CW		PKE	Amboina R , Ceram	INS
4295,00	*STANAG 4285*	*B=2400Bd*	*FUE*	*F N Brest*	*F*
4296,00	BAUDOT	B=75Bd S=850Hz	6WW	F N Dakar	SEN
4298,00	FAX 120/576		NOJ	USA CG Kodiak , ALS	ALS
4299,20	STANAG 4285	B=2400Bd		NOR N Bergen	NOR
4302,70	*STANAG 4285*	*B=2400Bd*	*CTP*	*POR N Oeiras*	*POR*
4305,00	SITOR , CW	B=100Bd S=170Hz	XSZ	Dalian R	CHN
4306,00	ALE USB	B=125Bd Ch=8 ChS=250Hz		USA FEMA net	USA
4306,00	*STANAG 4285*	*B=2400Bd*	*CTA*	*POR N Oeiras*	*POR*
4310,20	*STANAG 4285*	*B=2400Bd*	*PBC*	*NLD N Goeree Island*	*HOL*
4314,20	*STANAG 4285*	*B=2400Bd*	*PBC*	*NLD N Goeree Island*	*HOL*
4314,20	*STANAG 4285*	*B=2400Bd*		*G F St. Eval*	*G*
4316,00	FAX 120/576		JJC	Tokyo M	J
4317,90	FAX 120/576		NMG	USA CG New Orleans	USA
4322,00	BAUDOT	B=75Bd S=850Hz	MGJ	G N	G
4322,00	FAX 120/576		CBM	Magallanes Zonal R	CHL
4325,00	CW		R**	RUS N Ustinov	RUS

Frequency	Mode	Mode Parameter	Callsign	User	Country
4325,00	*M/S 1,0*	*B=50Bd S=850Hz*	*FUG*	*F N La Regine*	*F*
4326,80	M/S 1,0	B=50Bd S=850Hz		F N	F
4328,40	STANAG 4285	B=2400Bd	FUE	F N Brest	F
4329,00	RS-ARQ	B=228,5Bd S=170Hz			
4331,00	CW		4XZ	ISR N Haifa	ISR
4332,00	STANAG 4285	B=2400Bd	FUX	F N Le Port	REU
4338,00	*F N FSK*	*B=50Bd S=850Hz Ch=1*	*FUG*	*F N La Regine*	*F*
4340,00	CW			RUS N calling frequency	RUS
4342,20	FSK	B=300,1Bd S=170Hz			
4342,20	STANAG 4285	B=2400Bd	DHJ59	D N Wilhelmshaven	D
4345,00	ALE USB	B=125Bd Ch=8 ChS=250Hz		POL net	POL
4345,70	*STANAG 4285*	*B=2400Bd*	*IDR*	*I N Rome*	*I*
4346,00	FAX 120/576		NMC	USCG San Francisco , CA	USA
4347,50	*ALE USB*	*B=125Bd Ch=8 ChS=250Hz*		*G MIL net*	*G*
4348,00	ALE USB	B=125Bd Ch=8 ChS=250Hz		PAK N net	
4349,00	CW		JCS	Choshi R	J
4349,00	USB		CBT4	Valdivia MRSC	CHL
4349,50	CHN 4+4	B=75Bd Ch=8 ChS=300/450Hz		CHN MIL	
4350,50	CW		KSM	Maritime Radio Historical Society	USA
4351,00	USB		SXE	Aspropyrgos Attikis R	GRC
4351,00	USB			Peiraias CG R	GRC
4351,00	USB			Tiksi MRSC	RUS
4351,00	CW		XSZ	Dalian R	CHN
4351,00	SSB			CS Ch 428	
4354,00	USB		UUT	Odessa R	UKR
4354,00	USB		JNA	J CG HQ Tokyo	J
4354,00	USB		L2A	ARG N Mar del Plata	ARG
4354,00	CW		ZRQ	AFS N Capetown	AFS
4354,00	SSB			CS Ch 429	
4354,00	*ALE USB*	*B=125Bd Ch=8 ChS=250Hz*		*G MIL net*	*G*
4354,00	CLOVER 2000	B=500Bd Ch=8 ChS=250Hz	UAWH	RUS ship	RUS
4355,00	SSB		DHJ58	D N Glücksburg	D
4356,50	USB		DHJ58	D N Glücksburg	D
4356,60	STANAG 4285	B=2400Bd	DHJ58	D N Glücksburg	D
4357,00	SSB			Bodo R via Svalbard	NOR
4357,00	USB		STP	Port Sudan R	SDN
4357,00	USB		SDJ	Stockholm R	S
4357,00	USB		CBV	Valpariso R	CHL
4357,00	USB		CWF	Punta Carretas R	URG
4357,00	DSC	B=100Bd S=170Hz	HLS	Seoul R	KOR
4357,00	SSB			CS Ch 401	
4357,00	SSB		V5W	Walvis Bay R	NMB
4357,00	SSB		ZPA	Asuncion R	PRG
4357,00	USB		PKN	Balikpapan R , Kalimantan	INS
4357,00	USB		PKP	Dumai R , Sumatera	INS
4357,00	USB		UFL	Vladivostok R	RUS
4357,40	USB		PNK	Jayapura R , Irian Jaya	INS
4357,50	ALE USB	B=125Bd Ch=8 ChS=250Hz		D CG net	D
4358,00	CW		HIA	S. Domingo Piloto	DOM
4360,00	USB		EQJ	Chahbahar R	IRN
4360,00	USB		LSD836	Argentina R	ARG
4360,00	SSB			CS Ch 402	
4361,20	STANAG 4285	B=2400Bd			

Frequency	Mode	Mode Parameter	Callsign	User	Country
4361,50	PACTOR II	B=100Bd S=200Hz			
4362,00	ALE USB	B=125Bd Ch=8 ChS=250Hz		Guardi di finanza net	I
4363,00	USB			Cape Town R	AFS
4363,00	CW		USI	Kherson R	UKR
4363,00	USB		VFF	Iqaluit R	CAN
4363,00	SSB			CS Ch 403	
4363,00	USB		3AC	Monaco R	MCO
4363,00	SSB		4PB	Colombo R	CLN
4363,00	USB		VFA	Inuvik R	CAN
4363,00	USB		DP07	DP07 via Monaco R	
4363,60	SSB		4PB	Colombo R	CLN
4363,60	SSB		ETC	Assab R	ETH
4366,00	ALE USB	B=125Bd Ch=8 ChS=250Hz		POL MIL net	POL
4366,00	USB		EQI	Abbas R	IRN
4366,00	USB		CBV	Valpariso R	CHL
4366,00	SSB		EQM	Bushehr R	IRN
4366,00	SSB			CS Ch 404	
4366,00	SSB		A4M	Muscat R	OMA
4366,00	USB		PPR	Rio R	B
4369,00	USB		EQO	Now Shar R	IRN
4369,00	USB			Cape Town R	AFS
4369,00	USB		XSL	Fuzhou R	CHN
4369,00	USB		CBV	Valpariso R	CHL
4369,00	SSB			CS Ch 405	
4369,00	SSB		EQM	Bushehr R	IRN
4369,00	SSB		LYK	Klaipeda Harbour R	LTU
4369,00	USB		WLO	Mobile R , AL	USA
4369,00	USB		XSG	Shanghai R	CHN
4369,00	USB		PPR	Rio R	B
4370,40	SSB		C5G	Banjul R	GMB
4372,00	USB		LSD836	Argentina R	ARG
4372,00	SSB			CS Ch 406	
4372,00	USB		3DP	Suva R	FJI
4372,00	SSB		4PB	Colombo R	CLN
4372,00	USB		5BA	Cyprus R	CYP
4375,00	USB		EQJ	Chahbahar R	IRN
4375,00	USB			Cape Town R	AFS
4375,00	SSB			CS Ch 407	
4375,00	USB		VOK	Labrador R	CAN
4376,50	CW		RAG43	RUS N ship	RUS
4376,50	CW		RMLZ	RUS N ship M. RUDNITSKIY	RUS
4376,50	CW		RJI92	RUS N ship INGURI	RUS
4378,00	USB		EQL	Anzali R	IRN
4378,00	SSB			CS Ch 408	
4378,00	USB		PKE	Amboina R , Ceram	INS
4379,10	USB		XFL	Mazatlan P	MEX
4379,50	USB		PKD	Surabaya R , Djawa	INS
4381,00	USB		OYR	Aasiat R	GRL
4381,00	USB		P2M	Port Moresbay R	PNG
4381,00	USB		XSU	Yantai R	CHN
4381,00	SSB			CS Ch 409	
4381,00	SSB		9GX	Tema R	GHA
4381,00	USB		PPR	Rio R	B
4384,00	USB		EQC	Amirabad R	IRN
4384,00	USB		ZBR	Bermuda Harbour R	BER
4384,00	USB		XST	Qingdao R	CHN
4384,00	USB		LSD836	Argentina R	ARG
4384,00	LINK 11	B=2250Bd			
4384,00	SSB			CS Ch 410	
4384,00	SSB		4PB	Colombo R	CLN

Frequency	Mode	Mode Parameter	Callsign	User	Country
4384,00	SSB		S7Q	Seychelles R	SEY
4384,00	USB		XSQ	Guangzhou R	CHN
4385,30	USB		YJM	Port Vila R	VUT
4387,00	USB		EQC	Amirabad R	IRN
4387,00	USB			San Lorenzo R	EQA
4387,00	USB		HCY	Ayora R , Santa Cruz	EQA
4387,00	USB		LSD836	Argentina R	ARG
4387,00	USB			Cristobal R	EQA
4387,00	USB			Floreana R , Santa Maria	EQA
4387,00	SSB			CS Ch 411	
4387,00	SSB		OSU21	Oostende R	BEL
4387,00	USB		PKA	Sabang R , We	INS
4387,00	USB		PKG	Bandjarmasin R , Kalimantan	INS
4387,00	SSB		TAH	Istanbul R	TUR
4387,00	USB		HCG	Guayaquil R	EQA
4387,00	USB			Seymour R , Baltra	EQA
4387,00	USB			Villamil R , Isabela	EQA
4388,50	SSB		ZJU	Funafuti Island R	TUV
4390,00	USB		UFH	Petrapavlovsk-Kamchatskii R	RUS
4390,00	SSB			CS Ch 412	
4390,00	SSB		UTQ	Kiev R	UKR
4391,00	CW			RUS Operational Strategic Command Air Defense net	RUS
4393,00	USB		A9M	Bahrain R	BHR
4393,00	USB			Lisbon R	POR
4393,00	USB		HCY	Ayora R , Santa Cruz	EQA
4393,00	USB		LSD836	Argentina R	ARG
4393,00	SSB			CS Ch 413	
4393,00	SSB		D4A	S. Vincente de Cabo R	CPV
4393,00	SSB		J5M	Bissau R	GNB
4393,00	SSB		SVO21	Olympia R	GRC
4393,00	SSB		USO6	Izmail R	UKR
4393,00	PACTOR III	B=100Bd S=200Hz	DBBR	SAR vessel THEO FISCHER	D
4394,00	CW		RMP	RUS NHQ Kaliningrad	RUS
4396,00	USB			Saint Helena R	SHN
4396,00	SSB			CS Ch 414	
4396,00	USB		PKF	Makassar R , Sulawesi	INS
4396,00	USB		WLO	Mobile R , AL	USA
4397,00	CW		RGZ58	RUS N	RUS
4397,70	USB		PKF	Makassar R , Sulawesi	INS
4399,00	USB		EQI	Abbas R	IRN
4399,00	USB		YQI	Constanta R	ROU
4399,00	USB			Arkhangelsk MRSC	RUS
4399,00	SSB			CS Ch 415	
4399,00	SSB		SVO22	Olympia R	GRC
4399,00	USB		XSV	Tianjin R	CHN
4399,00	PACTOR III	B=100Bd S=200Hz	LGL24	Floroe R	NOR
4401,70	*STANAG 4285*	*B=2400Bd*	*EBA*	*E N Madrid*	*E*
4402,00	USB		EQL	Anzali R	IRN
4402,00	USB		3BM	Mauritius R	MAU
4402,00	USB		EQN	Khomeini R	IRN
4402,00	SSB			CS Ch 416	
4402,00	USB		PPR	Rio R	B
4402,00	USB		KNN	Marina Del Ray R , CA	USA
4405,00	USB		UFM3	Nevelsk R	RUS
4405,00	USB		LSD836	Argentina R	ARG
4405,00	USB		P2M	Port Moresbay R	PNG
4405,00	SSB			CS Ch 417	
4405,00	SSB		TAH	Istanbul R	TUR
4405,00	USB			CIS aero network night	CIS
4405,00	USB		KLB	Seattle R , WA	USA
4408,00	ALE USB	B=125Bd Ch=8			

Frequency	Mode	Mode Parameter	Callsign	User	Country
		ChS=250Hz			
4408,00	USB		LZW	Varna R	BUL
4408,00	USB		J2A	Djibouti R	DJI
4408,00	USB		SUH	Alexandria R	EGY
4408,00	USB		LSD836	Argentina R	ARG
4408,00	SSB			CS Ch 418	
4408,00	SSB		D4D	Praia de Cabo Verde R	CPV
4408,00	USB		PKF3	Kendari R	INS
4408,00	USB		PKY5	Merauke R , Irian Jaya	INS
4408,00	USB		PKY3	Manokwari R , Irian Jaya	INS
4408,00	USB		PKM	Bitung R , Sulawesi	INS
4410,00	ALE USB	B=125Bd Ch=8 ChS=250Hz			
4411,00	USB		XSR	Haikou R	CHN
4411,00	USB		CBV	Valpariso R	CHL
4411,00	SSB			CS Ch 419	
4411,00	SSB		TUA	Abidjan R	CTI
4411,00	ALE USB	B=125Bd Ch=8 ChS=250Hz		POL MSW net	POL
4414,00	USB		EQI	Abbas R	IRN
4414,00	USB		EQO	Now Shar R	IRN
4414,00	USB		SDJ	Stockholm R	S
4414,00	USB		TAH	Istanbul R	TUR
4414,00	USB		9MG	Penang R	MLA
4414,00	SSB			CS Ch 420	
4416,00	FAX 120/576		VCO	CAN CG Sydney	CAN
4416,00	USB		CBV22	San Antonio MRSC	CHL
4417,00	SSB		V5W	Walvis Bay R	NMB
4417,00	USB			Cape Town R	AFS
4417,00	USB		CBP23	Ancud R	CHL
4417,00	USB		CBT2	Faro Cabo Carranza	CHL
4417,00	USB		CBA23	Chanaral R	CHL
4417,00	USB		9MG	Penang R	MLA
4417,00	USB		CBP39	Puerto Cisnes R	CHL
4417,00	USB		CBT21	Constitucion R	CHL
4417,00	USB		CBT24	Coronel R	CHL
4417,00	USB		CBA24	Huasco R	CHL
4417,00	USB		CBM21	Puerto Eden R	CHL
4417,00	USB		CBT3	Faro Isla Mocha R	CHL
4417,00	USB		CBT26	Los Vilos R	CHL
4417,00	USB		CBA22	Mejillones R	CHL
4417,00	USB		CBP29	Melinka R	CHL
4417,00	USB		CBP70	Faro Punta Corona R	CHL
4417,00	USB		CBP28	Quellon R	CHL
4417,00	USB		CBA27	Taltal R	CHL
4417,00	USB		CBA21	Tocopilla R	CHL
4417,00	USB		CBT4	Valdivia MRSC	CHL
4417,00	USB		CBM24	Puerto Williams MRSC	CHL
4417,00	USB		CBV	Valpariso R	CHL
4417,00	SSB			CS Ch 421	
4417,00	SSB		A4M	Muscat R	OMA
4417,00	USB		CBA	Antofagasta R	CHL
4417,00	USB		CBA2	Arica R	CHL
4417,00	USB		CBA3	Iquique R	CHL
4417,00	USB		CBA4	Coquimbo R	CHL
4417,00	USB		CBA5	Caldera R	CHL
4417,00	USB		CBF	Isla Juan Fernandez R	CHL
4417,00	USB		CBM	Magallanes Zonal R	CHL
4417,00	USB		CBM2	Faro Cabo Raper R	CHL
4417,00	USB		CBM3	Faro Islotes Evangelistas	CHL
4417,00	USB		CBM4	Faro Islote Fairway	CHL
4417,00	USB		CBM5	Punta Delgada R	CHL

Frequency	Mode	Mode Parameter	Callsign	User	Country
4417,00	USB		CBM71	Faro Punta Dungeness	CHL
4417,00	USB		CBM72	Faro Espiritu Santo R	CHL
4417,00	USB		CBN	Wollaston R	CHL
4417,00	USB		CBP	Puerto Montt Zonal R	CHL
4417,00	USB		CBP2	Castro R	CHL
4417,00	USB		CBP3	Puerto Aysen R	CHL
4417,00	USB		CBP4	Faro Isla Guafo	CHL
4417,00	USB		CBS	San Pedro R	CHL
4417,00	USB		CBT	Talcahuano Zonal R	CHL
4417,00	USB		CBX	Bahia Felix R	CHL
4417,00	USB		CBY	I. de Pascua R (Easter Iland)	CHL
4417,00	SSB		CBZ22	CHL Bahis Fildes R	ANT
4417,00	SSB		D3E	Luanda R	AGL
4419,00	CW			RUS MIL	RUS
4419,40	USB		XFL	Mazatlan P	MEX
4419,40	USB		PKI2	Jakarta R	INS
4419,40	USB		PKC5	Pangkal Balam R	INS
4420,00	USB		ESA	Tallin R	EST
4420,00	USB		CNP	Casablanca R	MRC
4420,00	SSB			CS Ch 422	
4420,00	SSB		CKN	CAN F Vancouver	CAN
4420,70	CRY2001				
4421,00	HDR MODEM	B=2400Bd			
4422,50	*STANAG 4285*	*B=2400Bd*	*DHJ58*	*D N Glücksburg*	*D*
4422,50	*STANAG 4285*	*B=2400Bd*	*DHO26*	*D N Rostock*	*D*
4423,00	SSB			CS Ch 423	
4423,00	USB		PKC2	Plaju R , Sumatera	INS
4423,20	*STANAG 4285*	*B=2400Bd*	*DHJ58*	*D N Glücksburg*	*D*
4423,20	*STANAG 4285*	*B=2400Bd*	*DHJ59*	*D N Wilhelmshaven*	*D*
4425,60	USB		PKC5	Pangkal Balam R	INS
4425,60	USB		PKI2	Jakarta R	INS
4426,00	USB		VMC	Charleville M	AUS
4426,00	USB		SDJ	Stockholm R	S
4426,00	USB		HSA	Bangkok R	THA
4426,00	USB		L2A	ARG N Buenos Aires	ARG
4426,00	SSB			CS Ch 424	
4426,00	SSB		SVO23	Olympia R	GRC
4426,00	USB		XSA2	Nanjing R	CHN
4426,00	USB		NMG	USA CG New Orleans , LA	USA
4426,00	USB		NMF	USA CG Boston , MA	USA
4426,00	USB		NMN	Mayen-Mendig P	D
4426,00	USB		NMA	USA CG Miami , FL	USA
4426,00	USB			USA CG Honolulu	HWA
4426,00	USB		NMC	USA CG Pt. Reyes , CA	USA
4427,00	CRY2001				E
4429,00	USB		CBV	Valpariso R	CHL
4429,00	SSB			CS Ch 425	
4429,00	SSB		SVO24	Olympia R	GRC
4432,00	USB			Madeira R	MDR
4432,00	SSB			CS Ch 426	
4432,00	SSB		D4A	S. Vincente de Cabo R	CPV
4433,70	STANAG 4481	B=75Bd S=850Hz	RBDECR**	G N CINCFLEET CTF	G
4434,90	SSB		ODR5	Beyrouth R	LBN
4435,00	USB			Sao Miguel R	AZR
4435,00	USB		CBV	Valpariso R	CHL
4435,00	SSB			CS Ch 427	
4435,00	MIL 188-110B SER	B=2400Bd		TUN	
4439,50	PACTOR II	B=200Bd S=200Hz	WGM	Hollywood , FL	USA
4440,00	*T600*	*B=50Bd S=200Hz*		*RUS N Moscow*	*RUS*
4440,00	CIS 12	B=1440Bd Ch=12 ChS=200Hz			
4440,50	CW		FAV22	F F Mont-Valerien	F

Frequency	Mode	Mode Parameter	Callsign	User	Country
4441,00	*CIS 200-1000*	*B=200Bd S=1000Hz Ch=1*		*RUS MIL INTEL Moscow*	*RUS*
4442,00	ALE USB	B=125Bd Ch=8 ChS=250Hz		Public health net , TX	USA
4442,00	LINK 11	B=2250Bd			
4445,00	SSB		FAL21	F F Lille	F
4445,40	SITOR B	B=100Bd S=170Hz	OLO32	Prague	CZE
4446,00	LINK 11	B=2250Bd	DHJ58	D N Glücksburg	D
4447,00	SSB			USA AF MARS	
4447,00	USB		XVD	Hue R	VTN
4447,00	CW			RUS MIL net	RUS
4449,00	CW			RUS MIL	RUS
4450,00	SSB			USA AF MARS	
4453,00	ALE USB	B=125Bd Ch=8 ChS=250Hz			
4454,00	ALE USB	B=125Bd Ch=8 ChS=250Hz		POL MIL net	POL
4454,00	MIL 188-110B SER	B=2400Bd		POL MIL	POL
4457,00	ALE LSB	B=125Bd Ch=8 ChS=250Hz			
4457,00	ALE USB	B=125Bd Ch=8 ChS=250Hz			
4457,00	STANAG 4197	B=2400Bd			
4458,80	ARQE	B=46,15Bd S=170Hz		ARS AF Riyadh	ARS
4459,00	ALE USB	B=125Bd Ch=8 ChS=250Hz			
4460,00	ALE USB	B=125Bd Ch=8 ChS=250Hz		F N net	F
4462,00	ALE USB	B=125Bd Ch=8 ChS=250Hz		ALB F net	ALB
4462,70	PACTOR II	B=200Bd S=200Hz	WXH	Annapolis , MD	USA
4464,00	CODAR			Biscarosse	F
4465,00	SSB			USN MARS	
4466,00	SSB			USA AF MARS	
4466,00	SSB			USA Civil air patrol	USA
4467,00	CW			RUS MIL	RUS
4468,00	ALE USB	B=125Bd Ch=8 ChS=250Hz			
4469,00	SSB			USA Civil air patrol	USA
4469,00	*LINK 11*	*B=2250Bd*	*DHJ58*	*D N Glücksburg*	*D*
4469,00	LINK 11	B=2250Bd		NOR N Oslo	NOR
4470,00	SSB			USN MARS	
4470,00	CRY2001				E
4471,00	CW			RUS MIL net	RUS
4474,00	MAHRS	B=2400Bd		D F	D
4476,00	CW		P**	RUS N Kaliningrad	RUS
4477,00	ALE USB	B=125Bd Ch=8 ChS=250Hz		USA Civil Air Patrol net	USA
4478,00	CW		REH85	RUS N	F
4480,00	ALE USB	B=125Bd Ch=8 ChS=250Hz		F N net	F
4481,00	FAX 120/576		SVJ4	Athens M	GRC
4482,00	SSB, RTTY			D army	D
4484,50	ARQE	B=85,7Bd S=170Hz			
4488,50	ALE USB	B=125Bd Ch=8 ChS=250Hz			
4488,50	MIL 188-110B SER	B=2400Bd			
4489,40	SITOR B	B=100Bd S=170Hz	OLO32	Prague	CZE
4490,00	ALE USB	B=125Bd Ch=8 ChS=250Hz		USA DA net	USA
4490,00	ALE USB	B=125Bd Ch=8 ChS=250Hz		USA SHARES net	USA

Frequency	Mode	Mode Parameter	Callsign	User	Country
4491,00	SSB			Missile Range Barking Sands	HWA
4492,00	STANAG 4285	B=2400Bd			
4494,00	CW			RUS Operational Strategic Command Air Defense net	RUS
4496,00	CW			RUS air defence net	RUS
4496,40	SITOR B	B=100Bd S=170Hz	OLO32	Prague	CZE
4498,60	J 16 TONE QPSK	B=1200Bd Ch=16 ChS=100Hz			J
4499,00	SSB			USA AF MARS	USA
4500,00	*BAUDOT*	*B=75Bd S=850Hz*	*OSN*	*BEL N Oostende*	*BEL*
4500,00	SSB			USA Customs , DEA	USA
4500,00	SSB			USA AF MARS net	
4501,00	ALE USB	B=125Bd Ch=8 ChS=250Hz			
4502,00	SSB				
4502,20	STANAG 4285	B=2400Bd		TUR N Izmir	TUR
4505,00	ALE USB	B=125Bd Ch=8 ChS=250Hz			
4506,00	SSB			USA Civil air patrol	USA
4507,00	ALE USB	B=125Bd Ch=8 ChS=250Hz			
4509,00	SSB			USA Civil air patrol	USA
4509,70	*STANAG 4285*	*B=2400Bd*	*IDR*	*I N Rome*	*I*
4510,00	SSB			NASA rocket booster recovery	USA
4510,00	ALE USB	B=125Bd Ch=8 ChS=250Hz		G MIL net	G
4510,00	CODAN	B=2400Bd Ch=16 ChS=112,5Hz	36011		
4510,00	CODAN	B=2400Bd Ch=16 ChS=112,5Hz	1986		
4510,20	STANAG 4285	B=2400Bd	IDR	I N Rome	I
4511,00	SUI VFT	B=100Bd S=170Hz Ch=2 ChS=1000Hz		SUI AF	SUI
4514,00	ALE USB	B=125Bd Ch=8 ChS=250Hz		PAK N net	PAK
4515,00	SSB			USN MARS	
4517,00	SSB			USA AF MARS	USA
4517,00	ALE USB	B=125Bd Ch=8 ChS=250Hz			
4517,00	CW		RIT	RUS N HQ Sveromorsk	RUS
4517,40	SITOR B	B=100Bd S=170Hz	OLO32	Prague	CZE
4518,50	BAUDOT	B=50Bd S=400Hz	FDI22	F AF Narbonne	F
4520,00	ALE USB	B=125Bd Ch=8 ChS=250Hz		USA F net	USA
4521,00	USB		RFK99	RUS N	RUS
4522,50	SSB			HOL F	
4523,30	STANAG 4538	B=2400Bd			
4529,00	SSB, RTTY			D army	D
4529,40	PACTOR II	B=200Bd S=200Hz	WXH	Annapolis , MD	USA
4530,00	ALE USB	B=125Bd Ch=8 ChS=250Hz		SUI diplo net	
4530,00	ALE USB	B=125Bd Ch=8 ChS=250Hz		ALB F net	ALB
4537,50	ALE USB	B=125Bd Ch=8 ChS=250Hz		D Police net	D
4538,80	ARQE	B=46,15Bd S=170Hz		ARS AF	ARS
4539,00	CW		4XZ	ISR N Haifa	ISR
4540,00	USB		VNJ	Casey Base , AUS	ANT
4540,00	USB			Davis Base , AUS	ANT
4540,00	USB			Macquarie Island , AUS	ANT
4540,00	USB			Mawson Base , AUS	ANT
4540,00	ALE USB	B=125Bd Ch=8		SNG N net	SNG

Frequency	Mode	Mode Parameter	Callsign	User	Country
		ChS=250Hz			
4540,00	CIS ARQ	B=100Bd S=500Hz	RTW54	RUS PTT	RUS
4542,50	ALE USB	B=125Bd Ch=8 ChS=250Hz			
4544,00	LINK 11	B=2250Bd			
4544,00	CW			RUS HFDF net	RUS
4545,00	ALE USB	B=125Bd Ch=8 ChS=250Hz		SUI diplo net	
4545,00	*MIL 188-110B SER*	*B=2400Bd*		*MFA Berne*	*SUI*
4546,70	USB		DHJ59	D N Wilhelmshaven	D
4546,70	STANAG 4285	B=2400Bd	DHJ59	D N Wilhelmshaven	D
4550,00	ALE USB	B=125Bd Ch=8 ChS=250Hz			
4550,00	ALE USB	B=125Bd Ch=8 ChS=250Hz		ALG F net	ALG
4553,00	ALE USB	B=125Bd Ch=8 ChS=250Hz			
4553,50	ALE USB	B=125Bd Ch=8 ChS=250Hz		D CG net , customs	D
4553,50	R&S MODEM	B=2400Bd		D CG net	D
4553,60	ALE USB	B=125Bd Ch=8 ChS=250Hz		USA diplo net	
4555,00	SSB			USA National Guard	USA
4555,20	SITOR A	B=100Bd S=170Hz			
4556,00	CW		RJD99	RUS N Severodvinsk	RUS
4557,00	SSB			USA AF MARS	
4557,50	ALE USB	B=125Bd Ch=8 ChS=250Hz			
4557,70	CW		D**	RUS N Odessa	UKR
4557,80	CW		S**	RUS N Severomorsk	RUS
4557,90	CW		P**	RUS N Kaliningrad	RUS
4558,00	CW		C**	RUS N Moscow	RUS
4558,10	CW		A**	RUS N	RUS
4558,40	SITOR B	B=100Bd S=170Hz	OLO32	Prague	CZE
4559,00	CW			RUS HFDF net	RUS
4559,50	ALE USB	B=125Bd Ch=8 ChS=250Hz			
4560,00	CIS 14	B=96Bd S=500Hz			
4560,00	SSB			USA AF MARS	
4560,00	SSB		CFH	CAN F Halifax	CAN
4560,00	SSB		CJX	CAN F St. John`s	CAN
4560,00	SITOR , CW	B=100Bd S=170Hz	TAH	Istanbul R	TUR
4560,50	M/S 1,0	B=300Bd S=200Hz			
4560,50	USB				
4561,00	ALE USB	B=125Bd Ch=8 ChS=250Hz		E MOI net	E
4563,20	*STANAG 4285*	*B=2400Bd*		*DNK N Skagen*	*DNK*
4568,00	MIL 188-110B SER	B=2400Bd			
4570,00	CIS ARQ	B=100Bd S=500Hz	RZT76	RUS PTT	RUS
4575,00	SSB			USA AF MARS	
4576,00	SSB, RTTY			D army	D
4576,20	*STANAG 4285*	*B=2400Bd*	*IDN*	*I N Napoli*	*I*
4577,00	SSB			USA AF MARS	
4580,00	CW		RBHV	RUS N ship NARYAN MAR	RUS
4580,00	CW		RMJZ	RUS N ship PELYM	CLN
4580,00	CW		RMB81	RUS N ship ARAGON	RUS
4580,00	CW		RBC89	RUS N ship GS-260	RUS
4580,00	SSB			USA National Guard	USA
4580,50	CW		RBE99	RUS N ship GS-192	RUS
4580,50	CW		RAS82	RUS N ship GS-405	RUS
4580,50	CW		RBHV	RUS N ship NARYAN MAR	RUS
4582,00	CW			Kaliningrad	RUS
4582,00	T600	B=50Bd S=250Hz	RDL	RUS N Moscow	RUS

Frequency	Mode	Mode Parameter	Callsign	User	Country
4582,00	SSB			USA Civil air patrol	USA
4582,00	CIS 200-1000	B=200Bd S=1000Hz Ch=1		RUS INTEL	RUS
4583,00	*BAUDOT*	*B=50Bd S=425Hz*	*DDK2*	*DWD TX Pinneberg*	*D*
4585,00	ALE USB	B=125Bd Ch=8 ChS=250Hz			
4588,00	ALE LSB	B=125Bd Ch=8 ChS=250Hz		D Red Cross net	D
4589,70	PACTOR III	B=100Bd S=200Hz	DEK27	DRK Hannover	D
4590,00	SSB			USA AF MARS	
4590,00	PACTOR II	B=100Bd S=200Hz		FRONET	S
4590,00	*CIS 50-500*	*B=50Bd S=500Hz*		*UKR F Lvov*	*UKR*
4590,00	CHN 4+4	B=75Bd Ch=8 ChS=300/450Hz		CHN MIL	
4593,50	SSB			USA AF MARS	
4595,00	CW		4XZ	ISR N Haifa	ISR
4598,00	CIS 12	B=1440Bd Ch=12 ChS=200Hz			
4602,50	SSB			USA AF MARS	
4603,00	ALE USB	B=125Bd Ch=8 ChS=250Hz		USA FEMA net	USA
4603,00	SSB			FEMA	USA
4605,00	CW		P**	RUS N Kaliningrad	RUS
4606,50	SSB, RTTY			D army	D
4607,00	SSB			USA National Guard	USA
4608,50	SSB			USA National Guard	USA
4610,00	FAX 120/576		GYA	G N London	G
4610,00	SSB			USA National Guard	USA
4616,00	FAX 120/576		BMF	Taipei M	THA
4618,00	ALE USB	B=125Bd Ch=8 ChS=250Hz		D CG net	D
4622,00	LINK 11	B=2250Bd			
4625,00	AM		UVB76	RUS MIL Povarovo	RUS
4625,00	ALE USB	B=125Bd Ch=8 ChS=250Hz		ALG net	ALG
4625,50	PACTOR II	B=200Bd S=200Hz	WGM	Hollywood , FL	USA
4627,00	CW			RUS Operational Strategic Command Air Defense net	RUS
4627,00	SSB			USA Civil air patrol	USA
4627,00	ALE USB	B=125Bd Ch=8 ChS=250Hz		S MIL net	S
4627,00	ALE USB	B=125Bd Ch=8 ChS=250Hz		POL MSW net	POL
4630,00	SSB			USA Civil air patrol	USA
4630,00	ALE USB	B=125Bd Ch=8 ChS=250Hz			
4630,00	CRY2001				E
4632,00	ALE USB	B=125Bd Ch=8 ChS=250Hz		CLM N net	CLM
4632,00	CW			RUS air defence net	RUS
4632,00	CHN 4+4	B=75Bd Ch=8 ChS=300/450Hz		CHN MIL	
4633,00	ALE USB	B=125Bd Ch=8 ChS=250Hz			
4633,00	SSB			USA AF MARS	J
4638,00	SSB			USA AF MARS	J
4640,00	CRY2001				E
4643,20	*STANAG 4285*	*B=2400Bd*	*FUG*	*F N La Regine*	*F*
4645,00	SSB			Tallinn VOMLET	EST
4645,00	BAUDOT	B=400Bd S=850Hz			
4645,00	CHP200 ALE	B=250Bd ChS=170Hz			
4645,00	STANAG 4481	B=150Bd S=850Hz	FUG	F N La Regine	F

Frequency	Mode	Mode Parameter	Callsign	User	Country
4649,00	CHN 4+4	B=75Bd Ch=8 ChS=300/450Hz		CHN MIL	CHN
4650,00	ALE USB	B=125Bd Ch=8 ChS=250Hz			
4650,90	ALE USB	B=125Bd Ch=8 ChS=250Hz			
4651,00	SSB			Antofagasta Air	CHL
4651,00	SSB			Iqaluit Air	CAN
4651,00	SSB			RDARA 10B	
4651,00	SSB			RDARA 10E	
4651,00	SSB			RDARA 13E	
4651,00	SSB			RDARA 13F	
4651,00	SSB			RDARA 1D	
4651,00	SSB			RDARA 6C	
4651,00	SSB			RDARA 6G	
4651,00	SSB			Resolute Bay Air	CAN
4651,00	SSB			Santiago Air	CHL
4651,00	SSB		VFG	Gander Air	CAN
4654,00	SSB			Berne R	SUI
4654,00	SSB			W I	WW
4654,00	SSB			W II	WW
4654,00	HFDL	B=1800Bd	H09**	Barrow , AK	ALS
4657,00	SSB			Anatananarivo Air	MDG
4657,00	SSB			Beira Air	MOZ
4657,00	SSB			Moroni Air	COM
4657,00	SSB			MWARA AFI	AFI
4657,00	SSB			MWARA CEP	CEP
4657,00	SSB			RDARA 13H	
4657,00	SSB			RDARA 2A	
4657,00	SSB			RDARA 2C	
4657,00	SSB			RDARA 3B	
4657,00	SSB			RDARA 6A	
4657,00	SSB			RDARA 6E	
4660,00	SSB			RDARA 10C	
4660,00	SSB			RDARA 13D	
4660,00	SSB			RDARA 13M	
4660,00	SSB			RDARA 2B	
4660,00	SSB			RDARA 2C	
4660,00	SSB			RDARA 9B	
4660,00	HFDL	B=1800Bd	H13**	Santa Cruz	BOL
4663,00	SSB			Khabarovsk VOLMET	RUS
4663,00	SSB			Moscow VOLMET	RUS
4663,00	SSB			Novosibirsk VOLMET	RUS
4663,00	SSB			RDARA 10F	
4663,00	SSB			RDARA 13E	
4663,00	SSB			RDARA 13F	
4663,00	SSB			RDARA 13K	
4663,00	SSB			RDARA 6G	
4663,00	USB		RDFG	Tashkent VOLMET	UZB
4663,00	SSB			VOLMET NCA	NCA
4666,00	SSB			Bodoe Air	NOR
4666,00	SSB			Hopen Air	SVB
4666,00	SSB			MWARA CWP	CWP
4666,00	SSB			RDARA 10D	
4666,00	SSB			RDARA 10B	
4666,00	SSB			RDARA 10E	
4666,00	SSB			RDARA 1C	
4666,00	SSB			Svalbard Air	SVB
4666,00	USB			Tokyo Air	J
4669,00	SSB			Aktyubinsk Air	KAZ
4669,00	SSB			Antofagasta Air	CHL
4669,00	SSB			Aralsk Air	KAZ

Frequency	Mode	Mode Parameter	Callsign	User	Country
4669,00	SSB			Ashkabad Air	TKM
4669,00	SSB			Asuncion Air	PRG
4669,00	SSB			Baltra Air	GPG
4669,00	SSB			Guayaquil Air	EQA
4669,00	SSB			Kyzl-Orda Air	RUS
4669,00	SSB			Lima Air	PRU
4669,00	SSB			Mataveri Air	PAQ
4669,00	SSB			MWARA MID	MID
4669,00	SSB			MWARA SAM	SAM
4669,00	SSB			Puerto Montt Air	CHL
4669,00	SSB			Punta Arenas Air	CHL
4669,00	SSB			Quito Air	EQA
4669,00	SSB			RDARA 10C	
4669,00	SSB			RDARA 10D	
4669,00	SSB			RDARA 6G	
4669,00	SSB			Santa Cruz Air	BOL
4669,00	SSB			Santiago Air	CHL
4669,00	SSB			Tashkent Air	UZB
4669,00	SSB			Uralsk Air	KAZ
4672,00	HFDL	B=1800Bd	H01**	San Francisco , CA	USA
4672,00	SSB			Kotlas Air	
4672,00	SSB			Archangelsk Air	RUS
4672,00	SSB			Murmansk Air	RUS
4672,00	SSB			RDARA 11B	
4672,00	SSB			RDARA 13K	
4672,00	SSB			RDARA 2A	
4672,00	SSB			RDARA 2B	
4672,00	SSB			RDARA 3A	
4672,00	SSB			RDARA 4A	
4672,00	SSB			RDARA 6G	
4672,00	SSB			St . Petersburg Air	RUS
4672,00	SSB			Vologda Air	RUS
4672,00	SSB			Petrozavdosk Air	RUS
4672,00	SSB			Velikiye Luki Air	RUS
4672,50	ALE USB	B=125Bd Ch=8 ChS=250Hz		IRQ MIL net	IRQ
4675,00	SSB			Bodoe Air	NOR
4675,00	SSB			Cambridge Bay Air	CAN
4675,00	SSB			Churchill Air	CAN
4675,00	SSB			Iceland Air , Reykjavik	ISL
4675,00	SSB			Iqaluit Air	CAN
4675,00	SSB			MWARA NAT	NAT
4675,00	SSB			RDARA 13G	
4675,00	SSB			RDARA 6A	
4675,00	SSB			RDARA 6E	
4675,00	SSB			RDARA 9C	
4675,00	SSB			Shanwick Air	IRL
4675,00	SSB		VFG	Gander Air	CAN
4678,00	USB		VNJ	Casey Base , AUS	ANT
4678,00	USB			AUS Davis Base	ANT
4678,00	USB			Macquarie Island , AUS	ANT
4678,00	USB			Mawson Base , AUS	ANT
4678,00	SSB			Melbourne Air	AUS
4678,00	SSB			MWARA NCA	NCA
4678,00	SSB			RDARA 10D	
4678,00	SSB			RDARA 13I	
4678,00	SSB			RDARA 14A	
4678,00	SSB			RDARA 14G	
4678,00	SSB			Sydney Air	AUS
4679,00	HFDL	B=1800Bd	H14**	Krasnoyarsk	RUS
4680,00	CRY2001				E
4681,00	SSB			Ashkabad Air	TKM

Frequency	Mode	Mode Parameter	Callsign	User	Country
4681,00	SSB			Kasatka Air	RUS
4681,00	SSB			RDARA 10B	
4681,00	SSB			RDARA 12E	
4681,00	SSB			RDARA 2B	
4681,00	SSB			RDARA 2C	
4681,00	SSB			RDARA 3B	
4681,00	SSB			Ust Kamchatsk Air	RUS
4681,00	HFDL	B=1800Bd	H08**	Johannesburg	AFS
4684,00	SSB			Perth Air	AUS
4684,00	SSB			RDARA 10E	
4684,00	SSB			RDARA 13J	
4684,00	SSB			RDARA 14B	
4684,00	SSB			RDARA 14C	
4684,00	SSB			RDARA 3A	
4684,00	SSB			RDARA 3C	
4686,00	*STANAG 4285*	*B=2400Bd*		*G F Inskip*	*G*
4687,00	SSB			W I	WW
4687,00	SSB			W II	WW
4687,00	SSB			W III	WW
4687,00	HFDL	B=1800Bd	H02**	Molokai , HI	HWA
4687,00	HFDL	B=1800Bd	H06**	Hat Yai	THA
4687,00	HFDL	B=1800Bd	H09**	Barrow , AK	ALS
4690,00	SSB			RDARA 10B	
4690,00	SSB			RDARA 13M	
4690,00	SSB			RDARA 2A	
4690,00	SSB			RDARA 2B	
4690,00	SSB			RDARA 3A	
4690,00	SSB			RDARA 6G	
4693,00	SSB			RDARA 10B	
4693,00	SSB			RDARA 12C	
4693,00	SSB			RDARA 13I	
4693,00	SSB			RDARA 14D	
4693,00	SSB			RDARA 2B	
4693,00	SSB			RDARA 2C	
4693,00	SSB			RDARA 3	
4696,00	SSB			Aktyubinsk Air	KAZ
4696,00	SSB			Alma Ata Air	KAZ
4696,00	SSB			Buchara Air	UZB
4696,00	SSB			RDARA 10	
4696,00	SSB			RDARA 13J	
4696,00	SSB			RDARA 2	
4696,00	SSB			RDARA 6G	
4696,00	SSB			RDARA 9	
4700,00	ALE USB	B=125Bd Ch=8 ChS=250Hz	OPE**	MOD Warszawa	POL
4700,00	SSB		CFH	CAN F Halifax	CAN
4700,00	ALE USB	B=125Bd Ch=8 ChS=250Hz		AUS MHFCS net	AUS
4703,00	*ALE USB*	*B=125Bd Ch=8 ChS=250Hz*		*G MIL net*	*G*
4703,50	LINK 11 LSB	B=2250Bd			
4706,00	*ALE USB*	*B=125Bd Ch=8 ChS=250Hz*		*G MIL net*	*G*
4707,00	SSB			G AF Natishead	G
4707,00	ALE USB	B=125Bd Ch=8 ChS=250Hz		USA F net	
4710,50	LINK 11	B=2250Bd			
4712,00	USB			Kazan Air	
4712,00	SSB			Jerevan Air	ARM
4712,00	SSB			Kiev Air	UKR
4712,00	SSB			Magadan Air	RUS
4712,00	SSB			Mineralnye Vody Air	RUS

Frequency	Mode	Mode Parameter	Callsign	User	Country
4712,00	SSB			Minsk Air	BLR
4712,00	SSB			Odessa Air	UKR
4712,00	SSB			Omsk Air	RUS
4712,00	SSB			Penza Air	RUS
4712,00	SSB		SHAPORA	Rostov Air	RUS
4712,00	SSB			Simferopol Air	UKR
4712,00	SSB			Sochi Air	RUS
4712,00	SSB			Tbilisi Air	GEO
4712,00	SSB			Uralsk Air	KAZ
4713,00	STANAG 4481	B=75Bd S=850Hz			
4713,00	*SUI VFT*	*B=100Bd S=170Hz Ch=2 ChS=1000Hz*		*SUI AF Berne*	*SUI*
4716,00	ALE USB	B=125Bd Ch=8 ChS=250Hz		I AF net	I
4718,00	SSB			Kinloss Rescue	G
4721,00	ALE USB	B=125Bd Ch=8 ChS=250Hz		USA AF net	
4721,00	SSB		CHR	CAN F Trenton	CAN
4721,00	SSB		DHO23	D AF Landsberg	D
4721,00	SSB		DHO32	D AF Wunstorf	D
4721,00	SSB		DHM91	D AF Münster	D
4721,00	USB		IDR	I N Rome	I
4724,00	USB			USA AF Sigonella	I
4724,00	USB			USA AF Lajes AFB	AZR
4724,00	USB		AGA	USA AF Hickham AFB , Honolulu	HWA
4724,00	USB			USA AF McClellan AFB , Sacramento , CA	USA
4724,00	USB			USA AF Ascension AFB	ASC
4724,00	USB		AFS	USA AF Offutt AFB , Omaha , NE	USA
4724,00	USB		AIE	USA AF Andersen AFB	GUM
4724,00	SSB			USA AF Yokota AFB	J
4724,00	SSB		AKA	USA AF Elmendorf AFB , Anchorage	ALS
4724,00	ALE USB	B=125Bd Ch=8 ChS=250Hz		USA AF net	
4724,00	USB			USA AF Puerto Rico	PTR
4724,00	USB		AFA3	USA AF Andrews AFB , Camp Springs , MD	USA
4726,00	ALE USB	B=125Bd Ch=8 ChS=250Hz		SNG N net	SNG
4728,00	SSB			Aktyubinsk Air	KAZ
4728,00	SSB			Archangelsk Air	RUS
4728,00	SSB			Ashkabad Air	TKM
4728,00	SSB			BEL AF Brussels	BEL
4728,00	SSB			Dushanbe Air	TJK
4728,00	SSB			Irkutsk Air	RUS
4728,00	SSB			Krasnovodsk Air	RUS
4728,00	SSB			Samarkand Air	UZB
4728,00	SSB			Tashkent Air	UZB
4732,00	*STANAG 4481*	*B=75Bd S=850Hz*	*MKL*	*G N Inskip*	*G*
4735,00	SSB			USA Civil air patrol	USA
4739,00	SSB		CFH	CAN F Halifax	CAN
4739,00	SSB		CJX	CAN F St. John`s	CAN
4742,00	SSB			DNK AF Vaerlose	DNK
4745,00	ALE USB	B=125Bd Ch=8 ChS=250Hz		USA AF net	
4745,00	ALE USB	B=125Bd Ch=8 ChS=250Hz		F AF net	F
4745,00	*STANAG 4285*	*B=2400Bd*	*TBB*	*TUR N Ankara*	*TUR*
4746,00	SSB		AFE	USAF MacDill AFB , FL	USA
4746,00	SSB		AFI	USAF McClellan AFB , Sacramento , CA	USA
4746,00	SSB		CUW	USAF Lajes AFB	AZR
4750,00	ALE USB	B=125Bd Ch=8 ChS=250Hz			
4751,00	ALE USB	B=125Bd Ch=8 ChS=250Hz		E Guadia Civil net	E

Frequency	Mode	Mode Parameter	Callsign	User	Country
4752,00	SSB		CFH	CAN F Halifax	CAN
4752,50	ARQE	B=85,7Bd S=170Hz Ch=8 ChS=250Hz			
4754,40	SITOR B	B=100Bd S=170Hz	OLO32	Prague	CZE
4755,00	USB			CIS aero network night	CIS
4757,00	ALE USB	B=125Bd Ch=8 ChS=250Hz		Public health net , TX	USA
4758,00	SSB			USA AF MARS	ALS
4758,00	BAUDOT	B=50Bd S=200Hz			
4765,00	SSB			USA AF MARS	
4766,00	ALE USB	B=125Bd Ch=8 ChS=250Hz			
4770,00	LINK 11	B=2250Bd			
4770,00	ALE USB	B=125Bd Ch=8 ChS=250Hz			
4771,00	ALE USB	B=125Bd Ch=8 ChS=250Hz		ALB F net	ALB
4775,00	SKYOFDM	B=64Bd Ch=28 ChS=86Hz			
4780,00	SSB			USA National Guard	USA
4780,00	SSB			FEMA	USA
4780,00	ALE USB	B=125Bd Ch=8 ChS=250Hz		USA FEMA net	USA
4786,00	ALE USB	B=125Bd Ch=8 ChS=250Hz			
4789,00	MIL 188-110B 39TONE	B=2400Bd Ch=39 ChS=56,25Hz		CHN F	CHN
4792,00	CIS 200-450	B=200Bd S=450Hz			
4792,50	CROWD 36	B=40Bd Ch=32 ChS=40Hz		RUS diplo	
4794,00	SUI VFT	B=50Bd S=170Hz Ch=2 ChS=1000Hz		SUI AF	
4795,00	ALE USB	B=125Bd Ch=8 ChS=250Hz			
4796,00	ALE USB	B=125Bd Ch=8 ChS=250Hz		POL F net	
4803,00	STANAG 4285	B=2400Bd			
4804,00	SSB			USA Civil air patrol	USA
4805,00	PACTOR II	B=200Bd S=200Hz	XJN714	Sailmail Lunenburg , NS	CAN
4807,00	FAX 120/576		LSB	Centro Met Marambi	ATA
4810,00	SSB, RTTY			D army	D
4812,50	CW		RDL	RUS N Moscow	RUS
4814,00	ALE USB	B=125Bd Ch=8 ChS=250Hz			
4815,00	SSB			USA AF MARS	ALS
4815,00	SUI VFT	B=100Bd S=170Hz Ch=2 ChS=1000Hz		SUI AF	SUI
4818,00	CW		RDL	RUS N Moscow	RUS
4823,00	CIS 75-250	B=75Bd S=250Hz		RUS N Moscow	RUS
4824,00	ALE USB	B=125Bd Ch=8 ChS=250Hz		POL MSW net	POL
4828,00	CW		P**	RUS N Kaliningrad	RUS
4829,20	STANAG 4285	B=2400Bd		I N	I
4830,00	*CIS 12*	*B=1440Bd Ch=12 ChS=200Hz*		*RUS MIL Moscow*	*RUS*
4832,00	SSB			USA AF MARS	
4834,00	SSB, RTTY			D army	D
4835,00	USB		DHJ67	D AF Cologne	D
4839,00	ALE USB	B=125Bd Ch=8 ChS=250Hz		POL MSW net	POL
4840,00	POL INTEL FSK	B=100Bd S=740Hz Ch=1		POL INTEL	POL
4841,00	ALE USB	B=125Bd Ch=8		DNK F net	DNK

Frequency	Mode	Mode Parameter	Callsign	User	Country
		ChS=250Hz			
4842,00	SSB			USA AF MARS	
4844,50	CHN 4+4	B=75Bd Ch=8 ChS=300/450Hz		CHN MIL	
4851,00	CW		RIR98	RUS N	RUS
4855,00	SSB		AFE70	USAF Cape Caneveral , FL	USA
4855,00	ALE USB	B=125Bd Ch=8 ChS=250Hz			
4855,00	SSB, RTTY			D army	D
4856,00	CW		FAV22	F F Mont-Valerien	F
4860,00	SSB			USA National Guard	USA
4865,00	LINK 11	B=2250Bd			
4867,00	SSB			USA National Guard	USA
4867,00	BAUDOT	B=200Bd S=710Hz			
4868,50	SSB, RTTY			D army	D
4869,50	MAHRS	B=2400Bd		D F	D
4872,00	RTTY			USA AF MARS	
4879,50	ALE USB	B=125Bd Ch=8 ChS=250Hz		D MOI net	D
4881,00	ALE USB	B=125Bd Ch=8 ChS=250Hz			
4882,00	SSB			USA AF MARS	ALS
4885,00	SSB			USA AF MARS	ALS
4885,00	ALE USB	B=125Bd Ch=8 ChS=250Hz			
4886,00	CW		RMP	RUS NHQ Kaliningrad	RUS
4886,50	ALE USB	B=125Bd Ch=8 ChS=250Hz			
4888,80	PACTOR II	B=100Bd S=200Hz	F21HAA	FRONET	S
4889,60	*WINDRM MOD*	*B=2400Bd Ch=51 ChS=48Hz*		*N London*	*G*
4894,40	SITOR B	B=100Bd S=170Hz	OLO32	Prague	CZE
4896,40	SITOR B	B=100Bd S=170Hz	OLO32	Prague	CZE
4899,00	CW		P**	RUS N Kaliningrad	RUS
4900,00	ALE USB	B=125Bd Ch=8 ChS=250Hz			
4900,00	SSB, RTTY			D army	D
4900,50	ALE USB	B=125Bd Ch=8 ChS=250Hz			
4901,50	ALE USB	B=125Bd Ch=8 ChS=250Hz			
4903,50	CIS OFDM 93	B=2400Bd Ch=93 ChS=31,25Hz		CIS	RUS
4904,00	CW			RUS Operational Strategic Command Air Defense net	RUS
4906,00	SUI VFT	B=100Bd S=170Hz Ch=2 ChS=1000Hz		SUI AF	SUI
4907,00	LINK 11	B=2250Bd			
4908,40	VFT: ARQE	B=46Bd S=170Hz Ch=6 ChS=340Hz		Riyadh	ARS
4910,00	ALE USB	B=125Bd Ch=8 ChS=250Hz			
4910,50	ALE USB	B=125Bd Ch=8 ChS=250Hz		GRC AF net	GRC
4912,00	SSB			USA AF MARS	
4917,40	SITOR B	B=100Bd S=170Hz	OLO32	Prague	CZE
4919,00	ALE USB	B=125Bd Ch=8 ChS=250Hz		ALB F net	ALB
4919,40	PACTOR I	B=100Bd S=200Hz	F42HGE**	FRONET Gotland	S
4920,50	ALE USB	B=125Bd Ch=8 ChS=250Hz		POL MSW net	POL
4920,50	RS PSK	B=2400Bd		POL MSW net	POL
4925,00	ALE USB	B=125Bd Ch=8		GRC MOI net	GRC

Frequency	Mode	Mode Parameter	Callsign	User	Country
		ChS=250Hz			
4926,00	RAC-ARQ	B=266,66Bd S=850Hz		?ex YUG	
4927,00	SSB			USA National Guard	USA
4928,00	CW		8PNX**	CHN F	CHN
4929,00	CHN 4+4	B=75Bd Ch=8 ChS=300/450Hz		CHN MIL	
4929,20	*STANAG 4285*	*B=2400Bd*	*DHJ59*	*D N Wilhelmshaven*	*D*
4931,00	SSB, RTTY			D army	D
4933,40	SITOR B	B=100Bd S=170Hz	OLO32	Prague	CZE
4934,40	ALE USB	B=125Bd Ch=8 ChS=250Hz		POL MSW net	POL
4940,50	CW		RAI62	RUS N	RUS
4940,50	CW		RIQ88	RUS N	RUS
4940,50	CW		RAS92	RUS N	RUS
4940,50	CW		RAI63	RUS N	RUS
4941,00	CIS 200-1000	B=200Bd S=1000Hz Ch=1		RUS MIL INTEL	RUS
4948,00	CW		RGN90	RUS N	RUS
4948,00	CW		RHO62	RUS N	RUS
4948,00	CW		RMP	RUS NHQ Kaliningrad	RUS
4948,00	CIS 12	B=1440Bd Ch=12 ChS=200Hz		RUS N Kaliningrad	RUS
4949,20	STANAG 4285	B=2400Bd	DHJ59	D N Wilhelmshaven	D
4950,00	*LINK 11 ISB*	*B=2250Bd*	*JWT*	*NOR N Stavanger*	*NOR*
4950,00	ALE USB	B=125Bd Ch=8 ChS=250Hz		USA AF net	
4951,00	CW			RUS air defence net	RUS
4951,50	CW			RUS Operational Strategic Command Air Defense net	RUS
4952,00	ALE USB	B=125Bd Ch=8 ChS=250Hz			
4954,10	*CIS 12*	*B=1440Bd Ch=12 ChS=200Hz*		*RUS MIL Samara*	*RUS*
4955,00	BAUDOT	B=75Bd S=300Hz		SRB F net	SRB
4957,40	SITOR B	B=100Bd S=170Hz	OLO32	Prague	CZE
4958,00	SSB, RTTY			D army	D
4959,40	SITOR B	B=100Bd S=170Hz	OLO32	Prague	CZE
4960,00	SSB			USA National Guard	USA
4961,00	CW			RUS Operational Strategic Command Air Defense net	RUS
4963,00	ALE USB	B=125Bd Ch=8 ChS=250Hz		F N net	F
4965,20	STANAG 4285	B=2400Bd		TUR N Izmir	TUR
4966,00	SSB, RTTY			D army	D
4966,40	SITOR B	B=100Bd S=170Hz	OLO32	Prague	CZE
4969,00	SSB			RDARA 10	
4970,00	ALE USB	B=125Bd Ch=8 ChS=250Hz			
4970,00	CIS ARQ	B=100Bd S=500Hz	RFT6	RUS PTT Voronezeh	RUS
4972,10	PACTOR I	B=100Bd S=200Hz	MRF19	G N Cadet station	G
4972,10	PACTOR I	B=100Bd S=200Hz	MBX1CF	G Cadet forces	G
4972,10	PACTOR I	B=100Bd S=200Hz	MCC88C	G Cadet forces	G
4977,00	CW			RUS HFDF net	RUS
4979,00	CW		RMW2	RUS N	RUS
4979,00	CW		RAL2	RUS N	RUS
4979,00	CW		RHQ2	RUS N	RUS
4979,00	ALE USB	B=125Bd Ch=8 ChS=250Hz		IRQ net	IRQ
4980,00	USB		VJJ	RFDS Charleville	AUS
4982,00	ALE USB	B=125Bd Ch=8 ChS=250Hz			
4983,00	T600	B=50Bd S=200Hz		RUS N Sveromorsk	UKR

Frequency	Mode	Mode Parameter	Callsign	User	Country
4988,00	CW			RUS HFDF net	RUS
4991,00	SSB			USA Customs , DEA	USA
4991,00	ALE USB	B=125Bd Ch=8 ChS=250Hz		USA FBI net	USA
4992,00	SSB, RTTY			D army	D
4996,00	*CW*		*RWM*	*Moscow TS*	*RUS*
5000,00	ALE USB	B=125Bd Ch=8 ChS=250Hz			
5000,00	AM		HD2IOA	Guayaquil TS	EQA
5000,00	AM		HLA	Taejon TS	KOR
5000,00	AM		YVTO	Caracas TS	VEN
5000,00	CW		WWV	Fort Collins TS , CO	USA
5000,00	CW		WWVH	Kekaha Kauai TS	HWA
5000,00	CW , AM		BPM	Xi`an TS	CHN
5000,00	CW , AM		BSF	Chung-Li TS	TWN
5000,00	*ISR N HYBRID MODEM*	*B=2400Bd*	*4XZ*	*ISR N Haifa*	*ISR*
5000,00	STANAG 4285	B=2400Bd			

5000 – 10000 Khz

Frequency	Mode	Mode Parameter	Callsign	User	Country
5000,00	ALE USB	B=125Bd Ch=8 ChS=250Hz			
5000,00	AM		HD2IOA	Guayaquil TS	EQA
5000,00	AM		HLA	Taejon TS	KOR
5000,00	AM		YVTO	Caracas TS	VEN
5000,00	CW		WWV	Fort Collins TS , CO	USA
5000,00	CW		WWVH	Kekaha Kauai TS	HWA
5000,00	CW , AM		BPM	Xi`an TS	CHN
5000,00	CW , AM		BSF	Chung-Li TS	TWN
5000,00	*ISR N HYBRID MODEM*	*B=2400Bd*	*4XZ*	*ISR N Haifa*	*ISR*
5000,00	STANAG 4285	B=2400Bd			
5002,00	ALE USB	B=125Bd Ch=8 ChS=250Hz			
5005,00	PACTOR III	B=100Bd S=200Hz	9Z4DH	Sailmail Chaguaramas	TRD
5006,00	CW		RHQ33	RUS N	RUS
5006,00	ALE USB	B=125Bd Ch=8 ChS=250Hz		USA Civil Air Patrol net	USA
5006,00	CW		JG2XA	Experimental station Tokyo	J
5007,00	ALE USB	B=125Bd Ch=8 ChS=250Hz		E MOI net	E
5015,00	CIS ARQ	B=100Bd S=500Hz		RUS PTT	RUS
5017,00	PACTOR II	B=200Bd S=200Hz	WGM	Hollywood , FL	USA
5018,00	CW		RJD23		RUS
5019,00	CW		RJD99	RUS N Severodvinsk	RUS
5019,00	MIL 188-110B 39TONE	B=2400Bd Ch=39 ChS=56,25Hz		CHN MIL	CHN
5019,00	ALE USB	B=125Bd Ch=8 ChS=250Hz			
5019,40	SITOR B	B=100Bd S=170Hz	OLO32	Prague	CZE
5022,00	T600	B=50Bd S=200Hz		RUS N Murmansk	RUS
5022,00	T600	B=50Bd S=250Hz		RUS N Moscow	RUS
5023,50	PACTOR II	B=200Bd S=200Hz	WGM	Hollywood , FL	USA
5024,00	*LINK 11*	*B=2250Bd*		*F MIL La Rochelle*	*F*
5026,00	ALE USB	B=125Bd Ch=8 ChS=250Hz			
5028,00	BAUDOT	B=75Bd S=850Hz			
5028,00	T600	B=50Bd S=250Hz		RUS N Moscow	RUS

Frequency	Mode	Mode Parameter	Callsign	User	Country
5030,00	ALE USB	B=125Bd Ch=8 ChS=250Hz			
5031,00	ALE USB	B=125Bd Ch=8 ChS=250Hz			
5032,50	ALE USB	B=125Bd Ch=8 ChS=250Hz			
5035,00	ALE USB	B=125Bd Ch=8 ChS=250Hz		USA AF net	
5035,00	SSB, RTTY			D army	D
5035,00	*ALE USB*	*B=125Bd Ch=8 ChS=250Hz*		*TUN MIL net*	*TUN*
5036,00	ALE USB	B=125Bd Ch=8 ChS=250Hz		ALG oilfield net	
5037,50	USB			POL MIL net	POL
5040,00	*ISR N HYBRID MODEM*	*B=2400Bd*	*4XZ*	*ISR N Haifa*	*ISR*
5044,50	CIS OFDM 93	B=2400Bd Ch=93 ChS=31,25Hz		CIS	RUS
5045,50	SSB			USA National Guard	USA
5050,00	*STANAG 4285*	*B=2400Bd*	*PBC*	*NLD N Goeree Island*	*HOL*
5050,00	CLOVER 2000	B=500Bd Ch=8 ChS=250Hz	MW152**		
5050,00	CLOVER 2000	B=500Bd Ch=8 ChS=250Hz	MS103**		
5055,00	ALE USB	B=125Bd Ch=8 ChS=250Hz			
5056,00	LINK 11	B=2250Bd			D
5056,00	ALE USB	B=125Bd Ch=8 ChS=250Hz			
5057,50	LINK 11	B=2250Bd			
5058,00	ALE USB	B=125Bd Ch=8 ChS=250Hz		DNK F net	
5058,50	ALE USB	B=125Bd Ch=8 ChS=250Hz		USA FBI net	USA
5058,70	PACTOR II	B=200Bd S=200Hz	WXH	Annapolis , MD	USA
5060,00	ALE USB	B=125Bd Ch=8 ChS=250Hz		EST MIL net	EST
5062,00	CW		LZQ76	BUL N	BUL
5064,00	CW		9MB	MLA N Georgtown , Penang Island	MLA
5065,50	ALE LSB	B=125Bd Ch=8 ChS=250Hz		GRC AF net	GRC
5065,50	ALE USB	B=125Bd Ch=8 ChS=250Hz		GRC AF net	GRC
5065,50	HARRIS AVS	Ch=24 ChS=112,5Hz		GRC AF	GRC
5066,00	CW		RMPV	RUS N ship ALEKSANDR OTRAKOVSKIY	RUS
5066,00	CW		RHI99	RUS N ship ALEXANDER SHABALIN	RUS
5066,70	SITOR A	B=100Bd S=170Hz		EGY E Berne	SUI
5067,00	ALE USB	B=125Bd Ch=8 ChS=250Hz		POL MSW net	POL
5069,50	LINK 11	B=2250Bd			
5071,00	ALE USB	B=125Bd Ch=8 ChS=250Hz			
5071,00	LINK 11	B=2250Bd			I
5075,00	ALE USB	B=125Bd Ch=8 ChS=250Hz		MTN net	MTN
5075,00	ALE USB	B=125Bd Ch=8 ChS=250Hz		ALB F net	ALB
5075,00	MIL 188-110B	B=2400Bd			
5075,50	ALE USB	B=125Bd Ch=8 ChS=250Hz		GRC AF net	GRC
5077,00	USB		LBJ	NOR N Bodoe	NOR
5077,00	USB		LBO	NOR N	NOR

Frequency	Mode	Mode Parameter	Callsign	User	Country
5077,20	STANAG 4285 ARQ	B=2400Bd		NOR N Bergen	NOR
5077,50	TMS430 MODEM	B=220Bd S=325Hz		SUI F	SUI
5077,90	4FSK	B=125Bd Ch=4 ChS=125Hz			
5079,00	CIS BAUDOT 1,5 STB	B=200Bd S=500Hz Ch=1		RUS INTEL	RUS
5080,00	*ALE USB*	*B=125Bd Ch=8 ChS=250Hz*		*G MIL net*	*G*
5080,00	SSB		ZHF33	BAS Signy Base , G	SOK
5080,00	CIS ARQ	B=100Bd S=500Hz		RUS PTT	RUS
5081,50	SSB			USN Plead Control Long Beach , OR	USA
5082,50	CROWD 36	B=40Bd Ch=32 ChS=40Hz		RUS diplo	
5085,00	ALE USB	B=125Bd Ch=8 ChS=250Hz			
5085,00	8181	B=81Bd S=250Hz			
5085,00	SSB			USA Customs , DEA	USA
5085,00	ISR N HYBRID MODEM	B=2400Bd		ISR N	ISR
5085,80	PACTOR II	B=200Bd S=200Hz	VZX	Sailmail Darawank	AUS
5086,00	CW		RGO86	RUS N	RUS
5086,00	CW		RGR70	RUS N	RUS
5086,00	*CW*		*RMP*	*RUS NHQ Kaliningrad*	*RUS*
5087,00	SSB			USA National Guard	USA
5087,00	CIS BAUDOT 1,5 STB	B=200Bd S=500Hz Ch=1		RUS INTEL	RUS
5090,00	8181	B=81Bd S=250Hz			
5090,00	*MIL 188-110B SER*	*B=2400Bd*		*MFA Berne*	*SUI*
5090,00	ALE USB	B=125Bd Ch=8 ChS=250Hz		SUI diplo net	
5090,40	*SITOR B*	*B=100Bd S=170Hz*	*OLO32*	*Prague*	*CZE*
5093,00	CW		RGT77	RUS MIL Moscow , RSVN net	RUS
5094,00	ALE USB	B=125Bd Ch=8 ChS=250Hz			
5097,00	BAUDOT	B=75Bd S=850Hz	CFH	CAN F Halifax	CAN
5098,50	ALE USB	B=125Bd Ch=8 ChS=250Hz			
5099,00	*LINK 11*	*B=2250Bd*		*NOR N Bergen*	*NOR*
5100,00	FAX 120/576		VMC	Charleville M	AUS
5100,00	USB			D N	
5100,00	ALE USB	B=125Bd Ch=8 ChS=250Hz			
5101,00	ALE USB	B=125Bd Ch=8 ChS=250Hz			
5102,00	FAX 60/576				
5102,00	*CIS 200-1000*	*B=200Bd S=1000Hz Ch=1*		*RUS MIL INTEL Moscow*	*RUS*
5102,40	*SITOR B*	*B=100Bd S=170Hz*	*OLO32*	*Prague*	*CZE*
5103,00	ALE USB	B=125Bd Ch=8 ChS=250Hz		?LTV F net	
5104,00	MAHRS	B=2400Bd		D F	
5104,00	CW		RMP	RUS NHQ Kaliningrad	RUS
5110,00	USB		VJN	RFDS Cairns	AUS
5110,00	SSB			USA AF Strategic Command	USA
5110,00	USB		VJI	RFDS Mount Isa	AUS
5111,00	*T600*	*B=50Bd S=250Hz*	*RMP*	*RUS N Kaliningrad*	*RUS*
5111,00	CW		P**	RUS N Kaliningrad	RUS
5115,00	ALE USB	B=125Bd Ch=8 ChS=250Hz		ROU MOI net	
5116,10	2FSK	B=200Bd S=200Hz			
5117,00	ALE USB	B=125Bd Ch=8 ChS=250Hz		ALB F net	ALB

Frequency	Mode	Mode Parameter	Callsign	User	Country
5118,00	CIS 12	B=1440Bd Ch=12 ChS=200Hz			
5119,00	RS PSK	B=2400Bd		POL MSW net	POL
5119,00	ALE USB	B=125Bd Ch=8 ChS=250Hz		SUI diplo net	
5119,00	*ALE USB*	*B=125Bd Ch=8 ChS=250Hz*		*G MIL net*	*G*
5120,00	ALE USB	B=125Bd Ch=8 ChS=250Hz		DNK F net	DNK
5120,00	ALE USB	B=125Bd Ch=8 ChS=250Hz			
5122,00	*LINK 11*	*B=2250Bd*		*F F Nancy*	*F*
5122,30	ALE USB	B=125Bd Ch=8 ChS=250Hz			
5122,50	SSB, RTTY			D army	D
5123,00	CW		FAV22	F F Mont-Valerien	F
5123,00	ALE USB	B=125Bd Ch=8 ChS=250Hz		ISR AF net	ISR
5123,30	TMS430 MODEM	B=220Bd S=325Hz		SUI F	SUI
5125,50	ALE LSB	B=125Bd Ch=8 ChS=250Hz		GRC AF net	GRC
5125,50	HARRIS AVS	Ch=24 ChS=112,5Hz		GRC AF	GRC
5126,00	ALE USB	B=125Bd Ch=8 ChS=250Hz		USA Army net	
5126,00	USB			EGY N	EGY
5126,00	STANAG 4197	B=2400Bd		EGY N	EGY
5127,00	USB			AUSTRAVEL safety net	AUS
5127,00	CIS BAUDOT 1,5 STB	B=200Bd S=500Hz Ch=1		RUS INTEL	RUS
5129,00	CW		RIR98	RUS N repair ship PM-56 Armur Class	RUS
5129,00	ALE USB	B=125Bd Ch=8 ChS=250Hz			
5132,50	ALE USB	B=125Bd Ch=8 ChS=250Hz			
5133,00	ALE USB	B=125Bd Ch=8 ChS=250Hz			
5133,50	ALE USB	B=125Bd Ch=8 ChS=250Hz			
5135,00	CW		RFV99	RUS N	RUS
5135,00	ALE USB	B=125Bd Ch=8 ChS=250Hz		USA Red Cross net	USA
5135,00	USB		VKE237	AUS HF Radio Club	AUS
5139,00	ALE USB	B=125Bd Ch=8 ChS=250Hz		POL MSW net	POL
5140,00	ALE USB	B=125Bd Ch=8 ChS=250Hz			
5140,00	ALE USB	B=125Bd Ch=8 ChS=250Hz		USA Red Cross net	USA
5145,00	USB		VJN	RFDS Cairns	AUS
5145,00	USB			CIS AMS net	
5145,00	USB			Aktobe Air	KAZ
5145,00	USB		AMBA	Samara Air	RUS
5145,00	USB			Mosdok Air	RUS
5145,00	USB		ASKHABA D	Ashkabad Air	TKM
5145,00	USB			Baku Air	AZE
5145,00	USB		AMBARCH IK	Aktyubinsk Air	KAZ
5148,20	MIL 188-110B SER	B=2400Bd			
5150,00	CW		VTK3	IND N Tuticorin	IND
5150,30	PACTOR II	B=100Bd S=200Hz		FRONET	S
5153,60	CW		D**	RUS N Odessa	UKR

Frequency	Mode	Mode Parameter	Callsign	User	Country
5153,80	CW		P**	RUS N Kaliningrad	RUS
5154,00	CW		C**	RUS N Moscow	RUS
5154,00	CW		R**	RUS N Ustinov	RUS
5154,00	CW		S**	RUS N Severomorsk	RUS
5154,10	CW		A**	RUS N	
5154,40	CW		M**	RUS N Magadan	RUS
5155,00	*STANAG 4285*	*B=2400Bd*	*TBB*	*TUR N Ankara*	*TUR*
5156,00	CW		L**	RUS N St. Petersburg	RUS
5158,00	*CIS 50-1000*	*B=50Bd S=1000Hz*	*REA4*	*RUS AF HQ Moscow*	*RUS*
5158,00	ALE USB	B=125Bd Ch=8 ChS=250Hz		USA F MARS	USA
5160,00	SSB			Virgin Blue LDOC	AUS
5160,20	*STANAG 4285*	*B=2400Bd*	*PBC*	*NLD N Goeree Island*	*HOL*
5161,00	CW		RGZ59	RUS N	RUS
5165,00	ALE USB	B=125Bd Ch=8 ChS=250Hz			
5165,00	CIS ARQ	B=100Bd S=500Hz		RUS PTT	RUS
5169,00	CIS 75-250	B=75Bd S=250Hz		RUS N Moscow	RUS
5174,00	*STANAG 4285*	*B=2400Bd*		*G MIL Inskip*	*G*
5176,10	BAUDOT	B=200Bd S=850Hz			
5177,40	SITOR B	B=100Bd S=170Hz	OLO32	Prague	CZE
5178,00	*T600*	*B=50Bd S=250Hz*		*RUS N Murmansk*	*RUS*
5179,00	MFSK20	B=10Bd Ch=20 ChS=40Hz			
5179,50	ALE USB	B=125Bd Ch=8 ChS=250Hz			
5180,00	SSB			NASA tracking ships	USA
5180,00	ALE USB	B=125Bd Ch=8 ChS=250Hz		MRC F net	MRC
5181,80	STANAG 4538	B=2400Bd			
5184,50	ALE USB	B=125Bd Ch=8 ChS=250Hz		POL MSW net	POL
5185,00	CIS ARQ	B=100Bd S=500Hz	RYF2	RUS PTT	RUS
5185,00	CIS ARQ	B=100Bd S=500Hz	RBW	RUS PTT	RUS
5187,00	SSB			NASA tracking ships	USA
5187,50	ALE USB	B=125Bd Ch=8 ChS=250Hz		POL MSW net	POL
5189,40	SITOR B	B=100Bd S=170Hz			
5189,40	SITOR B	B=100Bd S=170Hz	OLO32	Prague	CZE
5190,00	*ALE USB*	*B=125Bd Ch=8 ChS=250Hz*		*ALB MOI net*	*ALB*
5190,00	SSB			NASA ETR day channel	USA
5190,00	RS-ARQ	B=228,5Bd S=170Hz		CZE F	CZE
5191,00	ALE USB	B=125Bd Ch=8 ChS=250Hz			
5192,00	ALE USB	B=125Bd Ch=8 ChS=250Hz		USA emergency net	USA
5195,00	CW		DRA5	Scheggerott	D
5198,00	CW			RUS Operational Strategic Command Air Defense net	RUS
5198,00	SSB		CFH	CAN F Halifax	CAN
5200,00	ALE USB	B=125Bd Ch=8 ChS=250Hz			
5201,00	CW			RUS Operational Strategic Command Air Defense net	RUS
5203,00	STANAG 4197	B=2400Bd			
5203,00	T600	B=50Bd S=500Hz		RUS N Moscow	RUS
5203,50	SSB			USA National Guard	USA
5205,00	USB			Chuuk R	FSM
5205,00	USB			Pohnpei R	FSM
5205,00	USB			Yap R	FSM
5205,00	USB			Korror R	PLW

Frequency	Mode	Mode Parameter	Callsign	User	Country
5205,00	SSB			USA National Guard	USA
5205,00	USB			Majuro R	MHL
5207,00	CW		FAV22	F F Mont-Valerien	F
5208,00	ALE USB	B=125Bd Ch=8 ChS=250Hz		D CG net	D
5209,00	LINK 11 SLEW	B=2400Bd			
5209,00	CIS 200-1000	B=200Bd S=1000Hz Ch=1		RUS MIL INTEL	RUS
5211,00	SSB			FEMA	USA
5212,00	PACTOR II	B=200Bd S=200Hz	V8V2222	Sailmail Brunai Bay	BRU
5212,00	PACTOR III	B=200Bd S=200Hz	RC01	Sailmail Maputo	MOZ
5212,00	ALE USB	B=125Bd Ch=8 ChS=250Hz			
5213,00	CW		P**	RUS N Kaliningrad	RUS
5213,00	CW		RMP	RUS NHQ Kaliningrad	RUS
5213,00	CIS 200-1000	B=200Bd S=1000Hz Ch=1		RUS MIL INTEL	RUS
5215,50	SSB			USA National Guard	USA
5215,70	*STANAG 4285*	*B=2400Bd*		*F N Toulon*	*F*
5216,00	CIS BAUDOT 1,5 STB	B=200Bd S=500Hz Ch=1		RUS INTEL	RUS
5218,70	ARQ-E3	B=100Bd S=400Hz			
5219,00	ALE USB	B=125Bd Ch=8 ChS=250Hz			
5220,00	ALE USB	B=125Bd Ch=8 ChS=250Hz		POL MIL net	POL
5220,00	CIS ARQ	B=100Bd S=500Hz		RUS PTT	RUS
5221,00	ALE USB	B=125Bd Ch=8 ChS=250Hz			
5221,50	CW			RUS Operational Strategic Command Air Defense net	RUS
5222,00	CW		FAV22	F F Mont-Valerien	F
5224,00	CW		RCV	RUS NHQ Sevastopol	UKR
5225,00	CCIR 493-4	B=100Bd S=170Hz			
5225,00	CIS ARQ	B=100Bd S=500Hz	RVR39	RUS PTT	RUS
5227,70	STANAG 4285	B=2400Bd	JXU	NOR N Bodo	NOR
5230,00	ALE USB	B=125Bd Ch=8 ChS=250Hz			
5232,00	CW		RMP	RUS NHQ Kaliningrad	RUS
5235,00	ALE USB	B=125Bd Ch=8 ChS=250Hz		POL MSW net	POL
5235,70	*STANAG 4285*	*B=2400Bd*	*IDN*	*I N Napoli*	*I*
5242,00	T600	B=50Bd S=200Hz		RUS N Moscow	RUS
5243,00	SSB, RTTY			D army	D
5243,50	CHN 4+4	B=75Bd Ch=8 ChS=300/450Hz		CHN MIL	CHN
5244,00	ALE USB	B=125Bd Ch=8 ChS=250Hz			
5249,00	ALE USB	B=125Bd Ch=8 ChS=250Hz			
5249,00	MIL 188-110B SER	B=2400Bd			
5250,00	ALE USB	B=125Bd Ch=8 ChS=250Hz		ALG MIL net	ALG
5250,00	CLOVER 2000	B=500Bd Ch=8 ChS=250Hz			EGY
5250,50	ALE USB	B=125Bd Ch=8 ChS=250Hz		AUT F net	
5251,00	ALE USB	B=125Bd Ch=8 ChS=250Hz		ALB F net	ALB
5251,00	CIS BAUDOT 1,5 STB	B=200Bd S=500Hz Ch=1		RUS INTEL	RUS
5252,50	BAUDOT	B=100Bd S=170Hz		D meteo network	D
5254,00	ALE USB	B=125Bd Ch=8		ALG net	ALG

Frequency	Mode	Mode Parameter	Callsign	User	Country
		ChS=250Hz			
5257,00	ALE USB	B=125Bd Ch=8 ChS=250Hz			
5258,00	ALE USB	B=125Bd Ch=8 ChS=250Hz		D CG net	D
5260,00	ALE USB	B=125Bd Ch=8 ChS=250Hz		ALG F net	ALG
5260,00	ALE USB	B=125Bd Ch=8 ChS=250Hz			
5261,40	SITOR B	B=100Bd S=170Hz	OLO32	Prague	CZE
5261,40	PACTOR I	B=100Bd S=200Hz		FRONET net	S
5261,40	PACTOR I	B=100Bd S=200Hz	F52HAB**	Fronet Vaermland	S
5261,70	*STANAG 4285*	*B=2400Bd*	*DHO26*	*D N Rostock*	*D*
5264,00	ISR VFT	B=75Bd Ch=5		ISR	
5265,00	ALE USB	B=125Bd Ch=8 ChS=250Hz		POL MIL net	POL
5266,00	ALE USB	B=125Bd Ch=8 ChS=250Hz		ALG F net	ALG
5266,00	CW		RMP	RUS N HQ Kaliningrad	RUS
5266,00	CW		RMED	RUS N	RUS
5266,50	PACTOR III	B=100Bd S=200Hz	CEV773	Sailmail Los Lagos	CHL
5266,70	*STANAG 4285*	*B=2400Bd*	*PBC*	*NLD N Goeree Island*	*HOL*
5268,00	*T600*	*B=50Bd S=200Hz*		*RUS N Kaliningrad*	*RUS*
5268,50	*ALE USB*	*B=125Bd Ch=8 ChS=250Hz*		*G MIL net*	*G*
5269,00	ALE USB	B=125Bd Ch=8 ChS=250Hz		ISR AF net	ISR
5270,00	STANAG 4481	B=75Bd S=850Hz			
5270,00	MAHRS	B=2400Bd		D AF	D
5270,00	USB			AUSTRAVEL safety net	AUS
5270,00	ALE USB	B=125Bd Ch=8 ChS=250Hz			
5271,00	USB			Thanh Hoa R	TUN
5273,40	SITOR B	B=100Bd S=170Hz	OLO32	Prague	CZE
5274,00	USB		XVY	Phu Yen R	VTN
5275,00	*STANAG 4481*	*B=75Bd S=850Hz*		*G MIL St. Eval*	*G*
5280,00	ALE USB	B=125Bd Ch=8 ChS=250Hz		ALG F net	ALG
5280,00	HARRIS AVS	Ch=24 ChS=112,5Hz			
5280,00	CW			RUS HFDF net	RUS
5282,00	CIS ARQ	B=100Bd S=500Hz		RUS PTT	RUS
5283,00	*ALE USB*	*B=125Bd Ch=8 ChS=250Hz*		*POL MIL net*	*POL*
5285,00	ALE USB	B=125Bd Ch=8 ChS=250Hz		ALB F net	ALB
5286,00	ALE USB	B=125Bd Ch=8 ChS=250Hz		E MOI net	E
5286,40	SITOR B	B=100Bd S=170Hz	OLO32	Prague	CZE
5287,00	ALE USB	B=125Bd Ch=8 ChS=250Hz		S MIL net	S
5290,00	STANAG 4285	B=2400Bd		SVK MIL	SVK
5290,00	ALE USB	B=125Bd Ch=8 ChS=250Hz			
5290,00	CW		GB3RAL	Rutherford Appleton Laboratories , Oxfordshire	G
5290,00	CW		GB3WES	Cumbria	G
5290,00	CW		GB3ORK	Orkney Isles	G
5292,00	BAUDOT	B=50Bd S=400Hz	FDI22	F AF Narbonne	F
5292,00	SSB, RTTY			D army	D
5294,00	SELCAL CCIR 493-4	B=100Bd S=170Hz			
5294,00	SELCAL CCIR	B=100Bd S=170Hz			

Frequency	Mode	Mode Parameter	Callsign	User	Country
	493-4				
5294,00	SELCAL CCIR 493-4	B=100Bd S=170Hz			
5294,00	SELCAL CCIR 493-4	B=100Bd S=170Hz			
5294,00	ALE USB	B=125Bd Ch=8 ChS=250Hz		LTU mil net	LTU
5294,20	ARQE	B=46,15Bd S=170Hz		ARS AF	ARS
5295,00	*ALE USB*	*B=125Bd Ch=8 ChS=250Hz*		*G MIL net*	*G*
5295,00	ALE USB	B=125Bd Ch=8 ChS=250Hz			
5295,50	ALE USB	B=125Bd Ch=8 ChS=250Hz		POL MIL net	
5296,50	ALE USB	B=125Bd Ch=8 ChS=250Hz			
5297,00	ALE USB	B=125Bd Ch=8 ChS=250Hz			
5300,00	ALE USB	B=125Bd Ch=8 ChS=250Hz		CAN F net	CAN
5300,00	USB		VJB	RFDS Derby	AUS
5300,00	ALE USB	B=125Bd Ch=8 ChS=250Hz			
5300,00	USB		VKL	RFDS Port Hedland	AUS
5300,00	USB		VKJ	RFDS Meekathara	AUS
5300,00	USB		VJQ	RFDS Kalgoorlie	AUS
5300,30	BAUDOT	B=50Bd S=200Hz	CAN6D	Centro Meteorologico Presidente Frei R	CHL
5300,50	CW		RJP24	RUS N	RUS
5305,50	*T600*	*B=50Bd S=250Hz*		*RUS N Kaliningrad*	*RUS*
5306,00	M/S 1.0	B=50Bd S=850Hz			
5310,40	SITOR B	B=100Bd S=170Hz	OLO32	Prague	CZE
5312,00	CW		RCV	RUS NHQ Sevastopol	UKR
5312,20	*STANAG 4285*	*B=2400Bd*		*G MIL Inskip*	*G*
5313,00	CW			RUS air defence net	RUS
5313,50	ALE USB	B=125Bd Ch=8 ChS=250Hz			
5317,50	SSB, RTTY			D army	D
5317,50	ALE USB	B=125Bd Ch=8 ChS=250Hz		POL MSW net	POL
5317,50	R&S MODEM	B=2400Bd		POL MSW Warszawa	POL
5317,50	R&S MODEM	B=2400Bd		POL MSW Bydgoszcz	POL
5318,00	ALE USB	B=125Bd Ch=8 ChS=250Hz		E MOI net	E
5318,00	SSB			ARG F net	ARG
5318,00	ALE USB	B=125Bd Ch=8 ChS=250Hz			
5318,00	*CIS 200-1000*	*B=200Bd S=1000Hz Ch=1*		*RUS MIL INTEL Moscow*	*RUS*
5319,00	ALE USB	B=125Bd Ch=8 ChS=250Hz		E MOI net	E
5320,00	ALE USB	B=125Bd Ch=8 ChS=250Hz			
5320,00	MIL 188-110B 39TONE	B=2400Bd Ch=39 ChS=56,25Hz			
5320,00	*PSK BURST*	*B=2400Bd*		*W Krefeld*	*D*
5320,00	*STANAG 4285*	*B=2400Bd*		*G MIL Akrotiri*	*CYP*
5321,00	ALE USB	B=125Bd Ch=8 ChS=250Hz			
5324,50	ALE USB	B=125Bd Ch=8 ChS=250Hz		IRQ net	IRQ
5325,00	ALE USB	B=125Bd Ch=8 ChS=250Hz			

Frequency	Mode	Mode Parameter	Callsign	User	Country
5325,00	CIS ARQ	B=100Bd S=500Hz	RND79	RUS PTT Moscow	RUS
5327,50	CHN 4+4	B=75Bd Ch=8 ChS=300/450Hz		CHN MIL	
5330,00	ALE USB	B=125Bd Ch=8 ChS=250Hz			
5332,00	ALE USB	B=125Bd Ch=8 ChS=250Hz		POL MSW net	POL
5332,00	M/S 1.0	B=200Bd S=850Hz			
5332,00	*STANAG 4285*	*B=2400Bd*		*TUR N Ankara*	*TUR*
5332,50	SSB, RTTY			D army	D
5333,00	CHN 4+4	B=75Bd Ch=8 ChS=300/450Hz		CHN MIL	
5334,00	ALE USB	B=125Bd Ch=8 ChS=250Hz			
5335,00	ALE USB	B=125Bd Ch=8 ChS=250Hz		ALB F net	ALB
5336,00	ALE USB	B=125Bd Ch=8 ChS=250Hz		?LTU F net	
5336,00	FAX 90/120/576		RBW41	Murmansk M	RUS
5337,00	ALE USB	B=125Bd Ch=8 ChS=250Hz		USA F net	
5338,00	HC-265			ALG AF	ALG
5338,50	VFT: M/S 1,0	B=192Bd S=170Hz Ch=3 ChS=680Hz			
5339,00	*STANAG 4285*	*B=2400Bd*		*G N*	*G*
5339,00	SUI VFT	B=100Bd S=170Hz Ch=2 ChS=1000Hz		SUI AF	SUI
5339,50	*WINDRM MOD*	*B=2400Bd Ch=51 ChS=48Hz*		*N London*	*G*
5340,00	M/S 1,0	B=75Bd S=850Hz	NAR	USN Key West , FL	USA
5340,00	SIEMENS CHX200 MODEM	B=250Bd S=170Hz			
5342,00	SSB, RTTY			D army	D
5343,00	CW		RIT	RUS NHQ Sveromorsk	RUS
5343,00	ALE USB	B=125Bd Ch=8 ChS=250Hz			
5343,00	CW		RHQ33	RUS N ship PRIAZOVYE	RUS
5343,00	CW		RCV	RUS NHQ Sevastopol	UKR
5345,40	SITOR B	B=100Bd S=170Hz	OLO32	Prague	CZE
5346,00	*VFT: FEC-A*	*B=192Bd S=190Hz Ch=3 ChS=680Hz*		*D AF TX Limsdorf*	*D*
5346,00	*VFT: FEC-A*	*B=192Bd S=190Hz Ch=3 ChS=680Hz*		*D AF Kaufbeuren*	*D*
5346,00	*VFT: FEC-A*	*B=192Bd S=190Hz Ch=3 ChS=680Hz*	*DHM91*	*D AF TX Alberslohe*	*D*
5347,50	ALE USB	B=125Bd Ch=8 ChS=250Hz			
5350,00	ALE USB	B=125Bd Ch=8 ChS=250Hz			
5350,00	SSB			NASA launch support aircraft	USA
5350,00	ALE USB	B=125Bd Ch=8 ChS=250Hz		ALB F net	ALB
5352,00	ALE USB	B=125Bd Ch=8 ChS=250Hz		E MOI net	E
5352,00	CIS BAUDOT 50-17	B=50Bd S=170Hz			RUS
5352,00	MIL 188-110B SER	B=2400Bd		E MOI	E
5353,00	M/S 1,0	B=600Bd S=600Hz		AUS N	AUS
5353,00	CIS 200-1000	B=200Bd S=1000Hz Ch=1		RUS MIL INTEL	RUS
5354,40	SITOR B	B=100Bd S=170Hz	OLO32	Prague	CZE
5355,00	MAHRS	B=2400Bd			
5355,00	ALE USB	B=125Bd Ch=8		ALB F net	ALB

Frequency	Mode	Mode Parameter	Callsign	User	Country
		ChS=250Hz			
5357,50	BAUDOT	B=100Bd S=170Hz		D meteo network	D
5358,00	POL INTEL FSK	B=100Bd S=625Hz Ch=1			
5358,50	USB		LBJ	NOR F Bodo	NOR
5360,00	SSB			?D AF Büchel	D
5360,00	USB		VKL	RFDS Port Hedland	AUS
5360,00	USB		VJT	RFDS Carnarvon	AUS
5360,00	USB		VKJ	RFDS Meekathara	AUS
5360,00	USB		VJQ	RFDS Kalgoorlie	AUS
5360,00	SSB, RTTY			D army	D
5362,20	*STANAG 4285*	*B=2400Bd*	*DHO26*	*D N Rostock*	*D*
5365,00	ALE USB	B=125Bd Ch=8 ChS=250Hz			
5365,00	ALE USB	B=125Bd Ch=8 ChS=250Hz		Queensland Deptartment of Community Safety	AUS
5368,00	SSB			ARG F net	ARG
5369,50	CHN 4+4	B=75Bd Ch=8 ChS=300/450Hz		CHN MIL	CHN
5370,00	ALE USB	B=125Bd Ch=8 ChS=250Hz			
5370,00	CIS ARQ	B=100Bd S=500Hz		RUS PTT	RUS
5371,50	ALE USB	B=125Bd Ch=8 ChS=250Hz		USA Civil Air Patrol net	USA
5374,00	ALE USB	B=125Bd Ch=8 ChS=250Hz			
5374,00	ALE USB	B=125Bd Ch=8 ChS=250Hz		S MIL net	S
5376,50	CIS 1280 BD MODEM	B=1280Bd		RUS	
5378,00	SSB			FEMA	USA
5378,00	ALE USB	B=125Bd Ch=8 ChS=250Hz		B N net	B
5379,00	ALE USB	B=125Bd Ch=8 ChS=250Hz		E MOI net	E
5379,00	MIL 188-110B 39TONE	B=2400Bd Ch=39 ChS=56,25Hz			
5379,00	ALE USB	B=125Bd Ch=8 ChS=250Hz		ALB F net	ALB
5379,50	*WINDRM MOD*	*B=2400Bd Ch=51 ChS=48Hz*		*N London*	*G*
5380,00	LINK 11	B=2250Bd			
5380,00	ALE USB	B=125Bd Ch=8 ChS=250Hz		LTU AF net	LTU
5382,00	CW		RJD99	RUS N Severodvinsk	RUS
5384,00	ALE USB	B=125Bd Ch=8 ChS=250Hz		LTU MIL net	LTU
5384,00	ALE USB	B=125Bd Ch=8 ChS=250Hz		POL MIL net	POL
5386,00	SSB, RTTY			D army	D
5387,50	ALE USB	B=125Bd Ch=8 ChS=250Hz		NLD MIL net	HOL
5388,50	ALE USB	B=125Bd Ch=8 ChS=250Hz		USA FBI net	USA
5389,00	ALE USB	B=125Bd Ch=8 ChS=250Hz		TUN MIL net	TUN
5390,00	ALE USB	B=125Bd Ch=8 ChS=250Hz			
5391,00	*ALE USB*	*B=125Bd Ch=8 ChS=250Hz*		*POL MIL net*	*POL*
5391,00	USB		LBJ	NOR N Bodoe	NOR
5392,50	ALE USB	B=125Bd Ch=8 ChS=250Hz			

Frequency	Mode	Mode Parameter	Callsign	User	Country
5396,00	ALE USB	B=125Bd Ch=8 ChS=250Hz			
5397,00	ALE USB	B=125Bd Ch=8 ChS=250Hz			
5398,00	T600	B=50Bd S=200Hz		RUS N Kaliningrad	RUS
5399,00	ALE USB	B=125Bd Ch=8 ChS=250Hz		USA F net	USA
5400,00	USB		VNJ	Casey Base , AUS	ANT
5400,00	USB			AUS Davis Base	ANT
5400,00	USB			Macquarie Island , AUS	ANT
5400,00	USB			Mawson Base , AUS	ANT
5400,00	MIL 188-110B SER	B=2400Bd	DRINI**	ALB F	ALB
5400,00	ALE USB	B=125Bd Ch=8 ChS=250Hz		ALB F net	ALB
5400,70	LINK 11	B=2250Bd		G N Plymouth	G
5401,00	PACTOR	B=200Bd S=200Hz	AE1USA	US Army MARS Heidelberg	D
5401,00	PACTOR	B=200Bd S=200Hz	AEM1WF	USA Army MARS Neidenbach	D
5402,00	SSB			FEMA	USA
5402,00	ALE USB	B=125Bd Ch=8 ChS=250Hz		USA FEMA net	USA
5402,00	CW		FAV22	F F Mont-Valerien	F
5403,00	SSB, RTTY			D army	D
5403,70	ARQE	B=46,15Bd S=170Hz			
5405,00	ALE USB	B=125Bd Ch=8 ChS=250Hz			
5410,00	ALE LSB	B=125Bd Ch=8 ChS=250Hz		ALG gas & oil net Sonatrach	ALG
5410,00	USB		VJD	RFDS Alice Springs	AUS
5410,00	ALE USB	B=125Bd Ch=8 ChS=250Hz		ALB MOI net	ALB
5412,40	SITOR B	B=100Bd S=170Hz	OLO32	Prague	CZE
5412,50	M/S 1,0	B=50Bd S=850Hz	NAR	USA N Saddelbunch Key , FL	USA
5414,00	ALE USB	B=125Bd Ch=8 ChS=250Hz			
5415,50	*M/S 1,0*	*B=43Bd S=500Hz*	*IDR*	*I N Rome*	*I*
5418,00	ALE USB	B=125Bd Ch=8 ChS=250Hz		ISR AF net	AF
5418,00	*SUI VFT*	*B=100Bd S=170Hz Ch=2 ChS=1000Hz*		*SUI AF Frick area*	*SUI*
5419,00	ALE ISB	B=125Bd Ch=8 ChS=125Hz		ARS AF net	
5419,00	SSB, RTTY			D army	D
5420,00	USB			MMR MIL net	MMR
5421,00	ALE USB	B=125Bd Ch=8 ChS=250Hz		G MIL net	G
5423,00	BAUDOT	B=50Bd S=400Hz	FDI22	F AF Narbonne	F
5423,00	CW			RUS HFDF net	RUS
5423,00	CIS 1280 BD MODEM	B=1280Bd		RUS	
5424,00	ALE USB	B=125Bd Ch=8 ChS=250Hz		ALG F net	ALG
5425,00	ALE USB	B=125Bd Ch=8 ChS=250Hz			
5425,00	CODAN CHIRP	B=80Bd Ch=30 ChS=81Hz			
5427,50	*STANAG 4285*	*B=2400Bd*		*NOR N Bergen*	*NOR*
5429,00	CIS 200-1000	B=200Bd S=1000Hz Ch=1		RUS MIL INTEL	RUS
5429,40	SITOR B	B=100Bd S=170Hz	OLO32	Prague	CZE
5431,70	*STANAG 4285*	*B=2400Bd*	*IDR*	*I N Rome*	*I*
5432,50	SSB			USA National Guard	USA
5434,00	ALE USB	B=125Bd Ch=8		USA National Guard net	USA

Frequency	Mode	Mode Parameter	Callsign	User	Country
		ChS=250Hz			
5435,50	ALE USB	B=125Bd Ch=8 ChS=250Hz		AUT F net	
5436,00	ALE USB	B=125Bd Ch=8 ChS=250Hz		POL MSW net	POL
5437,00	BAUDOT	B=50Bd S=400Hz	FDI22	F AF Aix	F
5438,00	*T600*	*B=50Bd S=200Hz*		*RUS N Murmansk*	*RUS*
5440,00	ALE USB	B=125Bd Ch=8 ChS=250Hz		MTN net	MTN
5440,00	CODAN CHIRP	B=80Bd Ch=30 ChS=81Hz			
5440,00	CIS ARQ	B=100Bd S=500Hz	RWD59	RUS PTT Moscow	RUS
5441,00	CW		RCV	RUS NHQ Sevastopol	UKR
5441,00	STANAG 4285	B=2400Bd		G MIL Inskip	G
5442,00	CHN 4+4	B=75Bd Ch=8 ChS=300/450Hz		CHN MIL	
5442,00	SSB, RTTY			D army	D
5443,00	ALE USB	B=125Bd Ch=8 ChS=250Hz		ALG F net	ALG
5443,00	CW		RCB	RUS AF	RUS
5443,00	CW		RIT	RUS N HQ Sveromorsk	RUS
5444,00	ALE USB	B=125Bd Ch=8 ChS=250Hz			
5446,00	ISB: LINK 11	B=1364Bd			USA
5446,50	BAUDOT	B=50Bd S=200Hz	FDI22	F AF Narbonne	F
5446,50	BAUDOT	B=50Bd S=85Hz	FDI22	F AF Aix	F
5447,00	CIS 12	B=1440Bd Ch=12 ChS=200Hz			
5450,00	*SSB*		*MPL2*	*RAF VOLMET Inskip*	*G*
5451,00	SSB			RDARA 10F	
5451,00	SSB			RDARA 11B	
5451,00	SSB			RDARA 12F	
5451,00	SSB			RDARA 12H	
5451,00	SSB			RDARA 13I	
5451,00	SSB			RDARA 13J	
5451,00	HFDL	B=1800Bd	H16**	Agana	GUM
5451,00	USB		BOING EVERETT	Boing Seattle	USA
5451,00	USB		BOING SEATTLE	Boing Seattle	USA
5451,50	SYSTEME 3000	B=2400Bd			
5452,00	CW		USY47		
5453,00	CW		FAV22	F F Mont-Valerien	F
5454,00	SSB			RDARA 10	
5454,00	SSB			RDARA 12E	
5454,00	SSB			RDARA 12F	
5454,00	SSB			RDARA 13F	
5454,00	SSB			RDARA 13J	
5454,00	CIS 12	B=1440Bd Ch=12 ChS=200Hz		RUS diplo	
5455,00	SSB		VKS737	AUS 4WD net	AUS
5455,00	ALE USB	B=125Bd Ch=8 ChS=250Hz		F N net	
5456,00	ALE USB	B=125Bd Ch=8 ChS=250Hz			
5456,00	USB		RMP	RUS NHQ Kaliningrad	RUS
5457,00	SSB			RDARA 10C	
5457,00	SSB			RDARA 13N	
5457,00	ALE USB	B=125Bd Ch=8 ChS=250Hz			
5457,00	*MIL 188-110B SER*	*B=2400Bd*		*S MIL Karlskrona*	*S*
5460,00	SSB			RDARA 10B	
5460,00	SSB			RDARA 10E	

Frequency	Mode	Mode Parameter	Callsign	User	Country
5460,00	SSB			RDARA 12C	
5460,00	SSB			RDARA 13D	
5463,00	SSB			RDARA 11B	
5463,00	SSB			RDARA 13H	
5463,00	SSB			RDARA 13K	
5463,00	SSB			RDARA 13M	
5463,00	HFDL	B=1800Bd	H02**	Molokai , HI	HWA
5463,00	SUI VFT	B=100Bd S=170Hz Ch=2 ChS=1000Hz		SUI AF	
5463,00	POL INTEL FSK	B=100Bd S=740Hz Ch=1		POL INTEL	POL
5464,50	ALE USB	B=125Bd Ch=8 ChS=250Hz		POL F net	
5465,80	CW		R**	RUS N Ustinov	RUS
5466,00	SSB			RDARA 10B	
5466,00	SSB			RDARA 13I	
5466,00	ALE USB	B=125Bd Ch=8 ChS=250Hz		G MIL net	G
5467,00	ALE USB	B=125Bd Ch=8 ChS=250Hz		ALG MIL net	ALG
5469,00	SSB			RDARA 11B	
5469,00	SSB			RDARA 13G	
5469,50	WINDRM	B=2400Bd Ch=51 ChS=48Hz		G MIL	G
5470,00	SYSTEME 3000 BURST	B=2400Bd		Prague	CZE
5470,00	COQUELET 8 FEC	B=100Bd Ch=8 ChS=100Hz		TUN F	TUN
5471,20	FSK , CW	S=850Hz	VL8IPS		
5472,00	SSB			RDARA 10D	
5472,00	SSB			RDARA 10A	
5472,00	SSB			RDARA 13H	
5472,00	*LINK 11*	*B=2250Bd*		*G MIL Upavon*	*G*
5472,00	CHN 4+4	B=75Bd Ch=8 ChS=300/450Hz		CHN MIL	
5473,00	CW		RJD99	RUS N Severodvinsk	RUS
5473,00	SIEMENS CHX200 MODEM	B=250Bd S=170Hz			ALG
5473,40	SITOR B	B=100Bd S=170Hz	OLO32	Prague	CZE
5474,00	LINK 11 SLEW	B=2400Bd			
5474,40	SITOR B	B=100Bd S=170Hz	OLO32	Prague	CZE
5475,00	SSB			RDARA 10D	
5475,00	SSB			RDARA 10A	
5475,00	SSB			RDARA 12E	
5475,00	SSB			RDARA 12F	
5475,00	SSB			RDARA 13G	
5475,50	ASCII	B=75Bd S=500Hz			
5476,00	ALE USB	B=125Bd Ch=8 ChS=250Hz		GRC MOI net	GRC
5477,00	CW			RUS HFDF net	RUS
5478,00	ALE USB	B=125Bd Ch=8 ChS=250Hz			
5480,00	ALE USB	B=125Bd Ch=8 ChS=250Hz		ARS net	ARS
5481,00	SSB			RDARA 10C	
5481,00	SSB			RDARA 10E	
5481,00	SSB			RDARA 12E	
5481,00	SSB			RDARA 12F	
5481,00	SSB			RDARA 12J	
5481,00	SSB			RDARA 13E	
5481,00	SSB			RDARA 14D	
5481,00	SSB			RDARA 14G	
5481,00	SSB			RDARA 2A	

Frequency	Mode	Mode Parameter	Callsign	User	Country
5481,00	SSB			RDARA 2C	
5481,00	SSB			RDARA 4B	
5481,00	SSB			RDARA 6G	
5481,00	SSB			RDARA 7D	
5484,00	SSB			RDARA 10D	
5484,00	SSB			RDARA 10A	
5484,00	SSB			RDARA 12C	
5484,00	SSB			RDARA 12G	
5484,00	SSB			RDARA 13H	
5484,00	SSB			RDARA 1B	
5484,00	SSB			RDARA 3A	
5484,00	SSB			RDARA 3C	
5484,00	SSB			RDARA 6A	
5484,00	SSB			RDARA 9B	
5487,00	SSB			Baku Air	AZE
5487,00	SSB			Jerevan Air	ARM
5487,00	SSB			Mineralnye Vody Air	RUS
5487,00	SSB			RDARA 10C	
5487,00	SSB			RDARA 12E	
5487,00	SSB			RDARA 2C	
5487,00	SSB			RDARA 6G	
5487,00	SSB		SHAPORA	Rostov Air	RUS
5487,00	SSB			Sochi Air	RUS
5487,00	SSB			Sukhumi Air	GEO
5487,00	SSB			Tbilisi Air	GEO
5490,00	SSB			Antigua Air	ATG
5490,00	SSB			RDARA 10D	
5490,00	SSB			RDARA 10A	
5490,00	SSB			RDARA 12C	
5490,00	SSB			RDARA 13C	
5490,00	SSB			RDARA 2A	
5490,00	SSB			RDARA 2B	
5490,00	SSB			RDARA 3A	
5490,00	SSB			RDARA 6D	
5493,00	SSB			Accra Air	GHA
5493,00	SSB			Brazzaville Air	COG
5493,00	SSB			Gabarone Air	BOT
5493,00	SSB			Johannesburg Air	AFS
5493,00	SSB			Kamina Air	ZAI
5493,00	SSB			Kano Air	NIG
5493,00	SSB			Kinshasa Air	ZAI
5493,00	SSB			Kisangani Air	ZAI
5493,00	SSB			Kitona Air	ZAI
5493,00	SSB			Lagos Air	NIG
5493,00	SSB			Luanda Air	AGL
5493,00	SSB			Lusaka Air	ZMB
5493,00	SSB			MWARA AFI	AFI
5493,00	SSB			Niamey Air	NGR
5493,00	SSB			N`djamena Air	TCD
5493,00	SSB			RDARA 3B	
5493,00	SSB			RDARA 6G	
5493,00	SSB			Sao Tome Air	STP
5493,00	CLOVER 2000	B=500Bd Ch=8 ChS=250Hz	KN2**		
5493,00	CLOVER 2000	B=500Bd Ch=8 ChS=250Hz	BLR**		
5496,00	SSB			Anchorage Air	ALS
5496,00	SSB			Inuvik Air	CAN
5496,00	SSB			RDARA 10D	
5496,00	SSB			RDARA 10A	
5496,00	SSB			RDARA 12C	
5496,00	SSB			RDARA 12J	

Frequency	Mode	Mode Parameter	Callsign	User	Country
5496,00	SSB			RDARA 13I	
5496,00	SSB			RDARA 2A	
5496,00	SSB			RDARA 2B	
5496,00	SSB			RDARA 3A	
5496,00	SSB			RDARA 6F	
5496,00	MIL 188-110B SER	B=2400Bd		South Sweden	S
5499,00	SSB			Antananarivo VOLMET	MDG
5499,00	SSB			Brazzaville VOLMET	COG
5499,00	SSB			RDARA 3B	
5499,00	SSB			RDARA 6G	
5499,00	SSB			VOLMET AFI	AFI
5500,00	ALE USB	B=125Bd Ch=8 ChS=250Hz		CLM N net	CLM
5502,00	SSB			RDARA 10C	
5502,00	SSB			RDARA 12C	
5502,00	SSB			RDARA 13M	
5502,00	SSB			RDARA 2A	
5502,00	SSB			RDARA 2B	
5502,00	SSB			RDARA 3A	
5502,00	SSB			RDARA 6B	
5504,00	CW			RUS HFDF net	RUS
5505,00	SSB			RDARA 3B	
5505,00	SSB			RDARA 6G	
5505,00	SSB			VOLMET EUR	EUR
5505,00	SSB		EIP	Shannon VOLMET	IRL
5508,00	HFDL	B=1800Bd	H01**	San Francisco , CA	USA
5508,00	SSB			Bogota Air	CLM
5508,00	SSB			Cucuta Air	CLM
5508,00	SSB			Medellin Air	CLM
5508,00	SSB			RDARA 11B	
5508,00	SSB			RDARA 12F	
5508,00	SSB			RDARA 13N	
5508,00	SSB			RDARA 2B	
5508,00	SSB			RDARA 2C	
5508,00	SSB			RDARA 6F	
5508,00	SSB			RDARA 7	
5508,00	SSB			RDARA 9B	
5511,00	SSB			RDARA 3A	
5511,00	SSB			RDARA 5B	
5511,00	SSB			RDARA 6G	
5512,00	*ISR N HYBRID MODEM*	*B=2400Bd*	*4XZ*	*ISR N Haifa*	*ISR*
5514,00	SSB			RDARA 11B	
5514,00	SSB			RDARA 13C	
5514,00	SSB			RDARA 2C	
5514,00	SSB			RDARA 3B	
5514,00	SSB			RDARA 3C	
5514,00	SSB			RDARA 6E	
5514,00	HFDL	B=1800Bd	H02**	Molokai , HI	HWA
5514,00	CW			RUS MIL net	RUS
5517,00	SSB			Cairo Air	EGY
5517,00	SSB			Tripoli Air	LBY
5517,00	SSB			RDARA 3A	
5517,00	SSB			RDARA 6G	
5517,00	USB			Mogadishu Air	SOM
5520,00	SSB			Boyeros Air	CUB
5520,00	SSB			Cenamer Air , Tegucigalpa	HND
5520,00	SSB			Managua Air	NCG
5520,00	SSB			Merida Air	MEX
5520,00	SSB			MWARA CAR	CAR
5520,00	SSB		KEA5	New York Air	USA
5520,00	SSB			Panama Air	PNR

Frequency	Mode	Mode Parameter	Callsign	User	Country
5520,00	SSB			RDARA 2B	
5520,00	SSB			RDARA 2C	
5520,00	SSB			RDARA 6D	
5520,00	SSB			RDARA 7E	
5522,00	ALE USB	B=125Bd Ch=8 ChS=250Hz			
5523,00	SSB			RDARA 11B	
5523,00	SSB			RDARA 12G	
5523,00	SSB			RDARA 13I	
5523,00	SSB			RDARA 2A	
5523,00	SSB			RDARA 6G	
5523,00	SSB			RDARA 9B	
5523,00	HFDL	B=1800Bd	H04**	Riverhead , NY	USA
5526,00	SSB			Asuncion Air	PRG
5526,00	SSB			AUS HF Network SE region	AUS
5526,00	SSB			Barranquilla Air	CLM
5526,00	SSB			Belem Air	B
5526,00	SSB			Bogota Air	CLM
5526,00	SSB			Brasilia Air	B
5526,00	SSB			Campo Grande Air	B
5526,00	SSB			Cayenne Air	GUF
5526,00	SSB			Ezeiza Air	ARG
5526,00	SSB			Kengtung Air	BRM
5526,00	SSB			La Paz Air	BOL
5526,00	SSB			Leticia Air	CLM
5526,00	SSB			Maiquetia Air , Caracas	VEN
5526,00	SSB			Manaus Air	B
5526,00	SSB			Melbourne Air	AUS
5526,00	SSB			Montevideo Air	URG
5526,00	SSB			MWARA SAM	SAM
5526,00	SSB			Paramaribo Air	SUR
5526,00	SSB			Piarco Air	TRD
5526,00	SSB			Porto Allegro Air	B
5526,00	SSB			Porto Velho Air	B
5526,00	SSB			RDARA 10F	
5526,00	SSB			RDARA 14	
5526,00	SSB			RDARA 2B	
5526,00	SSB			RDARA 2C	
5526,00	SSB			RDARA 3B	
5526,00	SSB			RDARA 5D	
5526,00	SSB			RDARA 6E	
5526,00	SSB			Rio de Janeiro Air	B
5526,00	SSB			Santa Cruz Air	BOL
5526,00	SSB			Sittwe Air	BRM
5526,00	SSB			Sydney Air	AUS
5526,00	SSB			Yangon Air	BRM
5527,00	FAX 120/576		BAF6	Bejing M	CHN
5529,00	SSB			Boyeros Air	CUB
5529,00	SSB			W I	WW
5529,00	SSB			W II	WW
5529,00	HFDL	B=1800Bd	H09**	Barrow , AK	ALS
5530,00	SSB			Cuncan Air	MEX
5530,00	ALE USB	B=125Bd Ch=8 ChS=250Hz			
5532,00	SSB			Belgrade Air	SRB
5532,00	SSB			W I	WW
5532,00	SSB			W V	WW
5535,00	SSB			Lima Air	PRU
5535,00	SSB			W I	WW
5535,00	SSB			W IV	WW
5536,00	CIS 12	B=1440Bd Ch=12 ChS=200Hz			

Frequency	Mode	Mode Parameter	Callsign	User	Country
5538,00	SSB			ARINC New York , NY	USA
5538,00	SSB			ARINC San Francisco , CA	USA
5538,00	SSB			Gulf Air , Manama	BHR
5538,00	SSB			Gulf Air , Muscat	OMA
5538,00	SSB			W II	WW
5538,00	SSB			W V	WW
5538,00	ALE USB	B=125Bd Ch=8 ChS=250Hz			
5538,00	HFDL	B=1800Bd	H09**	Barrow , AK	ALS
5540,00	SSB			RDARA 3B	
5541,00	USB		SDJ	Stockholm R	S
5541,00	SSB			W I	WW
5541,00	SSB			W IV	WW
5541,00	SSB			World Airways Oakland	USA
5541,00	ALE USB	B=125Bd Ch=8 ChS=250Hz			
5542,00	ALE USB	B=125Bd Ch=8 ChS=250Hz		USA F net	
5542,00	*STANAG 4285*	*B=2400Bd*		*G MIL Inskip*	*G*
5544,00	SSB			Boyeros Air	CUB
5544,00	SSB			W II	WW
5544,00	SSB			W V	WW
5544,00	HFDL	B=1800Bd	H09**	Barrow , AK	ALS
5544,00	HFDL	B=1800Bd	H15**	Al Muharraq	BHR
5546,00	ALE USB	B=125Bd Ch=8 ChS=250Hz			
5547,00	SSB			Amritsar Air	IND
5547,00	SSB			ARINC San Francisco , CA	USA
5547,00	SSB			Mumbai Air	IND
5547,00	SSB			Calcutta Air	IND
5547,00	SSB			Hyderabad Air	IND
5547,00	SSB			Madras Air	IND
5547,00	SSB			MWARA CEP	CEP
5547,00	SSB			New Delhi Air	IND
5547,00	SSB			Port Blair Air	ADM
5547,00	SSB			RDARA 13H	
5547,00	SSB			RDARA 13K	
5547,00	SSB			RDARA 2A	
5547,00	SSB			RDARA 4A	
5547,00	SSB			RDARA 6G	
5547,00	SSB			RDARA 7F	
5547,00	SSB		KVM70	Honululu Air	HWA
5547,00	HFDL	B=1800Bd	H07**	Shannon	IRL
5547,00	CHN 4+4	B=75Bd Ch=8 ChS=300/450Hz		CHN MIL	
5550,00	SSB			Boyeros Air	CUB
5550,00	SSB			Cayenne Air	GUF
5550,00	SSB			Cenamer Air , Tegucigalpa	HND
5550,00	SSB			Curacao Air , Willemstad	ATN
5550,00	SSB			Georgtown Air	GUY
5550,00	SSB			Guatemala Air	GTM
5550,00	SSB			Merida Air	MEX
5550,00	SSB			MWARA CAR	CAR
5550,00	SSB		KEA5	New York Air , NY	USA
5550,00	SSB			Panama Air	PNR
5550,00	SSB			Paramaribo Air	SUR
5550,00	SSB			Piarco Air	TRD
5550,00	SSB			RDARA 14G	
5550,00	SSB			RDARA 2B	
5550,00	SSB			RDARA 2C	
5550,00	SSB			RDARA 3B	
5550,00	SSB			RDARA 5D	

Frequency	Mode	Mode Parameter	Callsign	User	Country
5550,00	SSB			RDARA 6C	
5550,00	SSB			RDARA 6E	
5550,00	SSB			San Jose Air	CTR
5550,00	ALE USB	B=125Bd Ch=8 ChS=250Hz		POL F net	
5551,00	*ALE USB*	*B=125Bd Ch=8 ChS=250Hz*		*TUR Disaster and Emergency net*	*TUR*
5552,00	TMS430 MODEM	B=220Bd S=325Hz		SUI F	SUI
5553,00	SSB			RDARA 10B	
5553,00	SSB			RDARA 13C	
5553,00	SSB			RDARA 6G	
5555,00	CHN 4+4	B=75Bd Ch=8 ChS=300/450Hz		CHN MIL	CHN
5555,00	ALE USB	B=125Bd Ch=8 ChS=250Hz			
5555,00	*STANAG 4285*	*B=2400Bd*		*G MIL Akrotiri*	*CYP*
5556,00	SSB			Dushanbe Air	TJK
5556,00	SSB			Jerevan Air	ARM
5556,00	SSB			Karaganda Air	KAZ
5556,00	SSB			Khabarovsk Air	RUS
5556,00	SSB			Kiev Air	UKR
5556,00	SSB			Magadan Air	RUS
5556,00	SSB			Minsk Air	BLR
5556,00	SSB			RDARA 12F	
5556,00	SSB			RDARA 2	
5556,00	SSB			RDARA 3	
5556,00	SSB		SHAPORA	Rostov Air	RUS
5556,00	SSB			Vilnius Air	LTU
5556,00	SSB			Vyborg Air	RUS
5559,00	SSB			Alger Air	ALG
5559,00	SSB			Bechar Air	ALG
5559,00	SSB			Djanet Air	ALG
5559,00	SSB			In Salah Air	ALG
5559,00	SSB			MWARA SP	SP
5559,00	SSB			Oran Air	ALG
5559,00	SSB			RDARA 10E	
5559,00	SSB			RDARA 12G	
5559,00	SSB			RDARA 13J	
5559,00	SSB			RDARA 2A	
5559,00	SSB			RDARA 4A	
5559,00	SSB			RDARA 6G	
5559,00	SSB			Tamanrasset Air	ALG
5559,00	SSB			Tindouf Air	ALG
5560,00	USB		ALFUR	Tyumen Air	RUS
5560,00	USB		BEREZNY	Chanty-Mansijsk Air	RUS
5560,00	USB		BRUSNIC HKA	Noyabrsk Air	RUS
5561,00	CLOVER 2000	B=500Bd Ch=8 ChS=250Hz	WR166		
5562,00	SSB			Boyeros Air	CUB
5562,00	SSB			NOAA Hurricane Center Miami , FL	USA
5562,00	SSB			RDARA 10C	
5562,00	SSB			RDARA 12D	
5562,00	SSB			RDARA 13D	
5562,00	SSB			RDARA 2C	
5562,00	SSB			RDARA 3B	
5562,00	SSB			RDARA 3C	
5562,00	SSB			Santiago de Cuba Air	CUB
5562,00	SSB			Varadero Air	CUB
5565,00	ALE USB	B=125Bd Ch=8 ChS=250Hz			
5565,00	SSB			Bissau Air	GNB
5565,00	SSB			Canarias Air , Las Palmas	CNR

Frequency	Mode	Mode Parameter	Callsign	User	Country
5565,00	SSB			Dakar Air	SEN
5565,00	SSB			Johannesburg Air	AFS
5565,00	SSB			MWARA SAT	SAT
5565,00	SSB			RDARA 10A	
5565,00	SSB			RDARA 6G	
5565,00	SSB			RDARA 9B	
5565,00	SSB			Recife Air	B
5565,00	SSB			Sal Air	CPV
5565,00	USB			Luanda air	AGL
5566,00	ALE USB	B=125Bd Ch=8 ChS=250Hz			
5568,00	SSB			Aldan Air	RUS
5568,00	SSB			Antigua Air	ATG
5568,00	SSB			Olokminsk Air	BLR
5568,00	SSB			RADAR 12	
5568,00	SSB			RDARA 10B	
5568,00	SSB			RDARA 13J	
5568,00	SSB			RDARA 1B	
5568,00	SSB			RDARA 3A	
5568,00	SSB			RDARA 3C	
5568,00	SSB			RDARA 5B	
5568,00	SSB			RDARA 6D	
5568,00	SSB			RDARA 7F	
5568,00	SSB		SHPORA	Rostov Air	RUS
5568,00	USB		YURIST	Vladivostok Air	RUS
5568,00	USB		RIDAN	Makhachkala Air	RUS
5568,00	USB		TJURIK	Krasnodar Air	RUS
5568,00	USB		TRIOL	Elista Air	RUS
5568,00	USB		KAZACOK	Nizhny-Novgorod Air	RUS
5568,00	USB		TOM	Stavropol Air	RUS
5568,00	USB		STAVOK	Vladikavkaz Air	RUS
5568,00	USB		TOSNO	Nalchik Air	RUS
5568,00	USB		SERIOSH KA	Astrakhan Air	S
5568,00	USB		AVROROA	Volgograd Air	RUS
5568,00	USB		ASSISTEN T	Mosdok Air	RUS
5568,00	USB		SHTAT	Sochi Air	RUS
5568,00	USB		UZBEZISC HE	Mineralny Vody Air	RUS
5568,00	USB		ATLANTID A TRI	Maikop Air	RUS
5571,00	SSB			RDARA 11B	
5571,00	SSB			RDARA 13C	
5571,00	SSB			RDARA 6G	
5571,00	SSB			USA Customs , DEA	USA
5574,00	SSB			MWARA CEP	CEP
5574,00	SSB			RDARA 13G	
5574,00	SSB			RDARA 2B	
5574,00	SSB			RDARA 2C	
5574,00	SSB			RDARA 4B	
5574,00	SSB			RDARA 6D	
5574,00	SSB			San Francisco Air , CA	USA
5574,00	SSB		KVM70	Honululu Air	HWA
5575,00	ALE USB	B=125Bd Ch=8 ChS=250Hz			
5577,00	SSB			RDARA 10E	
5577,00	SSB			RDARA 13C	
5577,00	SSB			RDARA 13J	
5577,00	SSB			RDARA 13K	
5577,00	SSB			RDARA 1C	
5577,00	SSB			RDARA 5A	

Frequency	Mode	Mode Parameter	Callsign	User	Country
5577,00	SSB			RDARA 6G	
5577,00	SSB			RDARA 7B	
5580,00	SSB			RDARA 14G	
5580,00	SSB			RDARA 3A	
5580,00	SSB			RDARA 3B	
5580,00	SSB			RDARA 6A	
5580,00	SSB			RDARA 6C	
5580,00	SSB			VOLMET CAR	CAR
5580,00	USB			ARM MIL net	ARM
5581,00	ALE USB	B=125Bd Ch=8 ChS=250Hz		ISR AF net	ISR
5582,00	ALE USB	B=125Bd Ch=8 ChS=250Hz			
5583,00	SSB			Concepcion Air	CHL
5583,00	SSB			Puerto Montt Air	CHL
5583,00	SSB			Punta Arenas Air	CHL
5583,00	SSB			RDARA 10B	
5583,00	SSB			RDARA 12E	
5583,00	SSB			RDARA 12F	
5583,00	SSB			RDARA 12H	
5583,00	SSB			RDARA 13E	
5583,00	SSB			RDARA 13F	
5583,00	SSB			RDARA 1E	
5583,00	SSB			RDARA 5A	
5583,00	SSB			RDARA 5C	
5583,00	SSB			RDARA 6G	
5583,00	SSB			RDARA 7B	
5583,00	SSB			RDARA 9	
5583,00	SSB			Santiago Air	CHL
5583,00	HFDL	B=1800Bd	H05**	Auckland	NZL
5583,00	HFDL	B=1800Bd	H06**	Hat Yai	THA
5586,00	SSB			Aktyubinsk Air	KAZ
5586,00	SSB			Penza Air	RUS
5586,00	SSB			RDARA 10D	
5586,00	SSB			RDARA 2C	
5586,00	SSB			RDARA 3C	
5586,00	SSB			Uralsk Air	KAZ
5589,00	HFDL	B=1800Bd	H11**	Albrook	PNR
5589,00	SSB			RDARA 12C	
5589,00	SSB			VOLMET MID	MID
5589,00	HFDL	B=1800Bd	H17**	Telde , Gran Canaria	E
5592,00	SSB			Auckland Air	NZL
5592,00	SSB			Invervargill Air	NZL
5592,00	SSB			RDARA 6G	
5592,00	SSB			RDARA 7C	
5592,00	SSB			RDARA 9D	
5592,00	SSB			VOLMET NAT	NAT
5595,00	SSB			Baltra Air	GPG
5595,00	SSB			Guayaquil Air	EQA
5595,00	SSB			Quito Air	EQA
5595,00	SSB			RDARA 10C	
5595,00	SSB			RDARA 12E	
5595,00	SSB			RDARA 1C	
5595,00	SSB			RDARA 2B	
5595,00	SSB			RDARA 6B	
5596,00	ALE USB	B=125Bd Ch=8 ChS=250Hz			
5597,00	ALE USB	B=125Bd Ch=8 ChS=250Hz		ROU MOI net	ROU
5597,00	USB			ROU MOI net	ROU
5597,00	ALE USB	B=125Bd Ch=8 ChS=250Hz			

Frequency	Mode	Mode Parameter	Callsign	User	Country
5598,00	SSB			Canarias Air , Las Palmas	CNR
5598,00	SSB			Lisboa Air	POR
5598,00	SSB			Madras Air	IND
5598,00	SSB			MWARA NAT	NAT
5598,00	SSB		KEA5	New York Air	USA
5598,00	SSB			Piarco Air	TRD
5598,00	SSB			RDARA 6G	
5598,00	SSB		CSY	Santa Maria Air	AZR
5598,00	SSB			Shanwick Air	IRL
5598,00	SSB		VFG	Gander Air	CAN
5598,00	ALE USB	B=125Bd Ch=8 ChS=250Hz			
5600,00	ALE USB	B=125Bd Ch=8 ChS=250Hz			
5601,00	SSB			Mumbai Air	IND
5601,00	SSB			Ezeiza VOLMET	ARG
5601,00	SSB			Karachi Air	PAK
5601,00	SSB			Lahore Air	PAK
5601,00	SSB			RDARA 3A	
5601,00	SSB			RDARA 3B	
5601,00	SSB			RDARA 6A	
5601,00	SSB			VOLMET Asuncion	ASC
5601,00	SSB			VOLMET Buenos Aires	ARG
5601,00	SSB			VOLMET SAM	SAM
5602,00	ALE USB	B=125Bd Ch=8 ChS=250Hz		USA F net	
5604,00	CW		NAF	Prince of Wales Island	ALS
5604,00	CW		NAF?	Rorotonga Island , South Cook Island	
5604,00	SSB			Rainbow R , Tors Cove	CAN
5604,00	SSB			RDARA 10	
5604,00	SSB			RDARA 12A	
5604,00	SSB			RDARA 12E	
5604,00	SSB			RDARA 12F	
5604,00	SSB			RDARA 13E	
5604,00	SSB			RDARA 13F	
5604,00	SSB			RDARA 13K	
5604,00	SSB			RDARA 14	
5604,00	SSB			RDARA 2A	
5604,00	SSB			RDARA 2C	
5604,00	SSB			RDARA 4B	
5604,00	SSB			RDARA 6G	
5607,00	SSB			RDARA 2B	
5608,00	ALE USB	B=125Bd Ch=8 ChS=250Hz			
5610,00	SSB			RDARA 6G	
5611,00	ALE USB	B=125Bd Ch=8 ChS=250Hz		ROU MOI net	ROU
5613,00	SSB			RDARA 12C	
5613,00	SSB			RDARA 2B	
5616,00	SSB			Iceland Air , Reykjavik	ISL
5616,00	SSB			MWARA NAT	NAT
5616,00	SSB		KEA5	New York Air	USA
5616,00	SSB			RDARA 6G	
5616,00	SSB		CSY	Santa Maria Air	AZR
5616,00	SSB			Shanwick Air	IRL
5616,00	SSB		VFG	Gander Air	CAN
5618,00	ALE USB	B=125Bd Ch=8 ChS=250Hz			
5619,00	SSB			RDARA 12J	
5619,00	SSB			RDARA 2B	
5621,40	SITOR B	B=100Bd S=170Hz	OLO32	Prague	CZE
5622,00	SSB			Beograd Air	SRB

Frequency	Mode	Mode Parameter	Callsign	User	Country
5622,00	SSB			Bourgas Air	BUL
5622,00	SSB			RDARA 1D	
5622,00	SSB			RDARA 6G	
5622,00	SSB			Sofia Air	BUL
5622,00	SSB		9HA	Luqa Air	MLT
5622,00	HFDL	B=1800Bd	H14**	Krasnoyarsk	RUS
5625,00	SSB			RDARA 10D	
5625,00	SSB			RDARA 3A	
5625,00	SSB			RDARA 5B	
5625,00	SSB			RDARA 6B	
5627,00	ALE USB	B=125Bd Ch=8 ChS=250Hz		ROU F net	ROU
5627,00	MIL 188-110B SER	B=2400Bd		ROU F	ROU
5628,00	SSB			Athens Air	GRC
5628,00	SSB			Ikaria Air	GRC
5628,00	SSB			Milos Air	GRC
5628,00	SSB			Malta Air	MLT
5628,00	SSB			Anchorage Air	ALS
5628,00	SSB			Cold Bay Air	ALS
5628,00	SSB			Khabarovsk Air	RUS
5628,00	SSB			MWARA NP	NP
5628,00	SSB			RDARA 1D	
5628,00	SSB			RDARA 6G	
5628,00	SSB			Tokyo Air	J
5628,00	SSB		KVM70	Honululu Air	HWA
5631,00	SSB			Jakarta Air	INS
5631,00	SSB			Medan Air	INS
5631,00	SSB			Palembang Air	INS
5631,00	SSB			RDARA 10A	
5631,00	SSB			RDARA 6D	
5632,70	ALE USB	B=125Bd Ch=8 ChS=250Hz			
5634,00	USB			Brisbane Air	AUS
5634,00	SSB			Antananarivo Air	MDG
5634,00	SSB			Cocos Island Air	ICO
5634,00	SSB			Johannesburg Air	AFS
5634,00	SSB			Lusaka Air	ZMB
5634,00	SSB			Mauritius Air , Plaisance	MAU
5634,00	SSB			Moroni Air	COM
5634,00	SSB			MWARA INO	INO
5634,00	SSB			Perth Air	AUS
5634,00	SSB			RDARA 6G	
5634,00	SSB			Seychelles Air , Mahe	SEY
5634,00	SSB		5YD	Nairobi Air	KEN
5636,00	ALE USB	B=125Bd Ch=8 ChS=250Hz			
5637,00	SSB			Athene Air	GRC
5637,00	SSB			Cairo Air	EGY
5637,00	SSB			Ikaria Air	GRC
5637,00	SSB			Iraklion Air	GRC
5637,00	SSB			Kalamata Air	GRC
5637,00	SSB			Kavala Air	GRC
5637,00	SSB			Kazantzakis Air	GRC
5637,00	SSB			Kerkyra Air	GRC
5637,00	SSB			Kythira Air	GRC
5637,00	SSB			Leros Air	GRC
5637,00	SSB			Limnos Air	GRC
5637,00	SSB			Preveza Air	GRC
5637,00	SSB			RDARA 1D	
5637,00	SSB			RDARA 3C	
5637,00	SSB			Sitia Air	GRC
5637,00	SSB			Thessaloniki Air	GRC

Frequency	Mode	Mode Parameter	Callsign	User	Country
5637,00	SSB		9HA	Luqa Air	MLT
5640,00	SSB			RDARA 6G	
5640,00	SSB		EIP	Shannon Air	IRL
5640,00	ALE USB	B=125Bd Ch=8 ChS=250Hz			
5643,00	SSB			Auckland Air	NZL
5643,00	SSB			MWARA SP	SP
5643,00	SSB			Nandi Air	FJI
5643,00	SSB			Papeete Air	OCE
5643,00	SSB			RDARA 3C	
5643,00	SSB			Sydney Air	AUS
5643,00	SSB		KVM70	Honululu Air	HWA
5646,00	SSB			MWARA NCA	NCA
5646,00	SSB			RDARA 12G	
5646,00	USB			Jeddah Air	ARS
5649,00	SSB			Iceland Air , Reykjavik	ISL
5649,00	SSB			MWARA NAT	NAT
5649,00	SSB			MWARA SEA	SEA
5649,00	SSB			Shanwick Air	IRL
5649,00	SSB		VFG	Gander Air	CAN
5652,00	SSB			Alger Air	ALG
5652,00	SSB			Brazzaville Air	COG
5652,00	SSB			In Amenas Air	ALG
5652,00	SSB			Kano Air	NIG
5652,00	SSB			MWARA AFI	AFI
5652,00	SSB			MWARA CWP	CWP
5652,00	SSB			Niamey Air	NIG
5652,00	SSB			N`djamena Air	TCD
5652,00	SSB			Ouagadougou Air	BFA
5652,00	SSB			Tamanrasset Air	ALG
5652,00	SSB			Tripoli Air	LBY
5652,00	SSB			Tunis Air	TUN
5652,00	USB			San Francisco Air	USA
5652,00	HFDL	B=1800Bd	H04**	Riverhead , NY	USA
5655,00	SSB			Bangkok Air	THA
5655,00	SSB			Hanoi Air	VTN
5655,00	SSB			Ho Chi Min Ville Air	VTH
5655,00	SSB			Honkong Air	HKG
5655,00	SSB			Kuala Lumpur Air	MLA
5655,00	SSB			Manila Air	PHL
5655,00	SSB			MWARA EA	EA
5655,00	SSB			MWARA SEA	SEA
5655,00	SSB			Singapore Air	SNG
5655,00	SSB			Vientiane Air	LAO
5655,00	HFDL	B=1800Bd	H06**	Hat Yai	THA
5655,50	ALE USB	B=125Bd Ch=8 ChS=250Hz			
5656,00	CCIR 493-4	B=100Bd S=170Hz			
5658,00	SSB			Addis Abbeba Air	ETH
5658,00	SSB			Aden Air	YEM
5658,00	SSB			Ashkabad Air	TKM
5658,00	SSB			Asmara Air	ERT
5658,00	SSB			Bahrain Air	BHR
5658,00	SSB			Bishpek Air	KGZ
5658,00	SSB			Mumbai Air	IND
5658,00	SSB			Bujumbura Air	BDI
5658,00	SSB			Cairo Air	EGY
5658,00	SSB			Dar es Salaam Air	TZA
5658,00	SSB			Djibouti Air	DJI
5658,00	SSB			Dushanbe Air	TJK
5658,00	SSB			Kabul Air	AFG
5658,00	SSB			Karachi Air	PAK

Frequency	Mode	Mode Parameter	Callsign	User	Country
5658,00	SSB			Kathmandu Air	NPL
5658,00	SSB			Khartoum Air	SDN
5658,00	SSB			Lahore Air	PAK
5658,00	SSB			Mogadishu Air	SOM
5658,00	SSB			Muscat Air	OMA
5658,00	SSB			MWARA AFI	AFI
5658,00	SSB			MWARA MID	MID
5658,00	SSB			Nairobi Air	KEN
5658,00	SSB			New Delhi Air	IND
5658,00	SSB			Samarkand Air	UZB
5658,00	SSB			Sanaa Air	YEM
5658,00	SSB			Seychelles Air , Mahe	SEY
5658,00	SSB			Tashkent Air	UZB
5658,00	SSB			Teheran Air	IRN
5658,00	SSB			Tripoli Air	LBY
5658,00	SSB			Urumchi Air	CHN
5658,00	SSB		5YD	Nairobi Air	KEN
5658,00	SSB		DJR	Djibouti Air	DJI
5658,00	SSB		ETD3	Addis Abbeba Air	ETH
5661,00	SSB			Malta Air	MLT
5661,00	SSB			MWARA CWP	CWP
5661,00	SSB			MWARA EUR	EUR
5661,00	SSB			Tripoli Air	LBY
5664,00	SSB			Irkutsk Air	RUS
5664,00	SSB			Khabarovsk Air	RUS
5664,00	SSB			MWARA NCA	NCA
5664,00	SSB			Pyongyang Air	KRE
5664,00	SSB			Ulan Bator Air	MNG
5664,00	SSB			Ulan Ude Air	RUS
5665,00	ALE USB	B=125Bd Ch=8 ChS=250Hz			
5667,00	USB			Tokia Air	J
5667,00	SSB			Aden Air	YEM
5667,00	SSB			Amman Air	JOR
5667,00	SSB			Ankara Air	TUR
5667,00	SSB			Baghdad Air	IRQ
5667,00	SSB			Bahrain Air	BHR
5667,00	SSB			Beirut Air	LBN
5667,00	SSB			Damascus Air	SYR
5667,00	SSB			Kuwait Air	KWT
5667,00	SSB			MWARA MID	MID
5667,00	SSB			Riyan Air	YEM
5667,00	SSB			Teheran Air	IRN
5667,00	SSB		KVM70	Honolulu Air	HWA
5667,70	ALE USB	B=125Bd Ch=8 ChS=250Hz			
5670,00	SSB			Colombo Air	CLN
5670,00	SSB			Lumpur Air	IND
5670,00	SSB			Madras Air	IND
5670,00	SSB			Medan Air	IND
5670,00	SSB			MWARA EA	EA
5673,00	SSB			Beijing VOLMET	CHN
5673,00	SSB			VOLMET SEA	SEA
5673,00	SSB			Guangzhou VOLMET	CHN
5676,00	SSB			VOLMET NCA	NCA
5680,00	USB		LOK	ARG N Laurie Island , Orcadas	ANT
5680,00	USB		CWM30	URG SAR net	URG
5680,00	SSB			DGzRS Bremen	D
5680,00	SSB			NASA launch support ships	USA
5680,00	SSB			Bodoe Rescue	NOR
5680,00	SSB			D N Glücksburg	D
5680,00	SSB			Distress/calling frequency	WW

Frequency	Mode	Mode Parameter	Callsign	User	Country
5680,00	SSB			DNK AF Karup	DNK
5680,00	SSB			DNK AF Rönne	DNK
5680,00	SSB			DNK AF Skagen	DNK
5680,00	SSB			G AF Finningley	G
5680,00	SSB			Gotland Rescue	S
5680,00	SSB			HOL AF Valkenburg	HOL
5680,00	SSB			Ijmuiden Rescue	HOL
5680,00	SSB			Karup Recue	DNK
5680,00	USB			Kinloss Rescue	G
5680,00	SSB			Koksijde Rescue	DNK
5680,00	SSB			Longyear Rescue	SVB
5680,00	SSB			NOR AF Stavanger	NOR
5680,00	SSB			Riga Rescue	LVA
5680,00	SSB			S AF Stockholm	S
5680,00	SSB		ONY77	BEL AF Koksiyde	BEL
5680,00	SSB		SAE	Tingstaedte Air	S
5680,00	ALE USB	B=125Bd Ch=8 ChS=250Hz		USA AF net	
5680,00	SSB		DHJ59	D N Wilhelmshaven	D
5680,40	8181	B=81Bd S=490Hz		CIS MIL	
5684,00	ALE USB	B=125Bd Ch=8 ChS=250Hz		G AF net	
5684,00	SSB			USA AF Strategic Command	USA
5684,00	SSB		CFH	CAN F Halifax	CAN
5684,00	SSB		CJX	CAN F St. John`s	CAN
5684,00	ALE USB	B=125Bd Ch=8 ChS=250Hz		USA AF net	
5684,00	ALE USB	B=125Bd Ch=8 ChS=250Hz		F AF net	F
5685,00	SSB		CWL84	G AF Cranwell	G
5687,00	SSB		DHM91	D AF Münster	D
5687,00	SSB		DHO23	D AF Landsberg	D
5687,00	SSB		DHO60	D AF Hohn	D
5688,00	SSB			AUS AF Darwin	AUS
5688,00	SSB			AUS AF Pearce	AUS
5688,00	SSB			AUS AF Perth	AUS
5688,00	SSB			AUS AF Townsville	AUS
5688,00	SSB		AFE	USAF MacDill AFB , FL	USA
5688,00	SSB		AFL	USAF Loring AFB , Limestone , ME	USA
5690,00	SSB			HOL AF Valkenburg	HOL
5691,00	SSB			D AF Hahn	D
5691,00	SSB			D AF Wunstorf	D
5691,00	SSB		UARJ	Irkutsk VOLMET	RUS
5691,00	SSB			Jakutsk VOLMET	RUS
5691,00	SSB			Khabarovsk VOLMET	RUS
5691,00	SSB			Magadan VOLMET	RUS
5691,00	SSB		DHM91	D AF Münster	D
5692,30	CW		MSF**		
5694,00	SSB		CJX	CAN F St. John`s	CAN
5696,00	SSB			G AF Culdrose	G
5696,00	SSB			USCG New Orleans , LO	USA
5696,00	SSB			USCG Guantanamo Bay	GTB
5696,00	SSB			USCG Kodiak	ALS
5696,00	SSB			USCG Miami , FL	USA
5696,00	SSB			USCG San Francisco , CA	USA
5696,00	SSB			USCG San Juan	PTR
5697,00	SSB		DHJ24	D AF Hohn	D
5697,00	SUI VFT	B=100Bd S=170Hz Ch=2 ChS=1000Hz		SUI AF	SUI
5700,00	SSB			USA AF Strategic Command	USA
5700,00	SSB		IDR	I N Rome	I
5700,00	CLOVER 2000	B=500Bd Ch=8			

Frequency	Mode	Mode Parameter	Callsign	User	Country
		ChS=250Hz			
5700,00	CRY2001				E
5702,00	ALE USB	B=125Bd Ch=8 ChS=250Hz		USA F net	
5702,00	SSB		CJU	CAN F Vancouver	CAN
5702,00	USB			G AF	G
5704,50	SSB		PBV	HOL AF Valkenburg	HOL
5705,00	USB		PBV	NLD AF Valkenburg	HOL
5706,00	VFT: M/S 1,0	B=50Bd S=170Hz Ch=2 ChS=1000Hz			
5707,00	SSB			NZL AF Auckland	NZL
5708,00	ALE USB	B=125Bd Ch=8 ChS=250Hz		USA AF net	
5708,00	SSB			USAF Lajes	POR
5709,00	ALE USB	B=125Bd Ch=8 ChS=250Hz		ROU MIL net	ROU
5711,00	USB			Cape Canaveral AFS , FL	USA
5711,00	TMS430 MODEM	B=220Bd S=325Hz		SUI F	SUI
5711,00	ALE USB	B=125Bd Ch=8 ChS=250Hz		USA SHARES net	USA
5712,00	ALE USB	B=125Bd Ch=8 ChS=250Hz		I AF net	I
5716,50	*M/S 1,0*	*B=50Bd S=850Hz*	*FUO*	*F N Toulon*	*F*
5717,00	SSB		CFH	CAN F Halifax	CAN
5717,00	SSB		CHR	CAN F Trenton	CAN
5717,00	SSB		CJU	CAN F Vancouver	CAN
5717,00	SSB		CJX	CAN F St. John`s	CAN
5717,00	SSB		DHM91	D AF Münster	D
5718,00	SSB			CAN AF Edmonton	CAN
5718,90	ALE USB	B=125Bd Ch=8 ChS=250Hz			
5720,00	HFDL	B=1800Bd	H03**	Reykjavik	ISL
5724,00	ALE USB	B=125Bd Ch=8 ChS=250Hz			
5725,20	SITOR	B=100Bd S=170Hz		?Paris	F
5726,00	LINK 11	B=2250Bd			
5728,50	*SITOR B*	*B=100Bd S=170Hz*	*HBM46*	*SUI MIL Berne*	*SUI*
5730,00	ALE USB	B=125Bd Ch=8 ChS=250Hz			
5732,00	ALE USB	B=125Bd Ch=8 ChS=250Hz		USA COTHEN net	USA
5733,00	PACTOR I	B=100Bd S=170Hz	F63HAA	FRONET	S
5733,00	PACTOR I	B=100Bd S=170Hz	F61HAA	FRONET	S
5733,00	PACTOR I	B=100Bd S=170Hz	F53HAA	FRONET	S
5733,00	PACTOR I	B=100Bd S=170Hz	F66HAA	FRONET	S
5733,00	PACTOR I	B=100Bd S=170Hz	F14HAA	FRONET	S
5733,00	PACTOR I	B=100Bd S=170Hz	F52HAA	FRONET	S
5733,00	PACTOR I	B=100Bd S=170Hz	F48HAA	FRONET	S
5733,00	PACTOR I	B=100Bd S=170Hz	F47HAA	FRONET	S
5733,00	PACTOR I	B=100Bd S=170Hz	F44HAA	FRONET Stockholm	S
5733,50	CW		PWZW	RUS Strategic Command Aerospace Defense	RUS
5734,40	SITOR B	B=100Bd S=170Hz	OLO32	Prague	CZE
5735,00	PACTOR II	B=200Bd S=200Hz	HPPM1	Sailmail Chiriqui	PNR
5736,00	MIL 188-110B APP C	B=2400Bd			
5740,00	PACTOR III	B=100Bd S=200Hz	WQAB964	Sailmail San Diego , CA	USA
5742,00	*VFT: FEC-A*	*B=192Bd S=190Hz Ch=3 ChS=680Hz*		*D AF TX Albeslohe*	*D*
5742,00	*VFT: FEC-A*	*B=192Bd S=190Hz Ch=3 ChS=680Hz*		*D AF TX Kaufbeuren*	*D*
5742,00	ALE USB	B=125Bd Ch=8 ChS=250Hz		ROU diplo net	

Frequency	Mode	Mode Parameter	Callsign	User	Country
5745,00	MFSK32	B=31,25Bd Ch=16 ChS=39,375Hz		VOA Radiogram , TX Edward R. Murrow , NC	USA
5745,00	MFSK8	B=7,8125Bd Ch=32 ChS=9,875Hz		VOA Radiogram , TX Edward R. Murrow , NC	USA
5746,00	CW			RUS NHQ Vladivostok	RUS
5747,00	ALE USB	B=125Bd Ch=8 ChS=250Hz			
5748,60	ALE USB	B=125Bd Ch=8 ChS=250Hz		USA diplo net	
5750,00	USB			GRC CG	GRC
5750,00	ALE USB	B=125Bd Ch=8 ChS=250Hz			
5750,00	CLOVER 2000	B=500Bd Ch=8 ChS=250Hz			EGY
5750,00	STANAG 4285	B=2400Bd		SVK MIL	SVK
5751,00	CLOVER 2000	B=500Bd Ch=8 ChS=250Hz			
5752,00	CW			RUS Operational Strategic Command Air Defense net	RUS
5752,00	ALE USB	B=125Bd Ch=8 ChS=250Hz		SUI diplo net	
5752,00	*MIL 188-110B SER*	*B=2400Bd*		*MFA Berne*	*SUI*
5752,00	MIL 188-110B SER	B=2400Bd		SUI E Berlin	D
5752,50	PACTOR	B=200Bd S=170Hz	HCHRVM E**	UNHCR	HRV
5752,50	PACTOR	B=200Bd S=170Hz	HCHRVZA **	UNHCR Zagreb	HRV
5753,00	ALE USB	B=125Bd Ch=8 ChS=250Hz		IRQ net	IRQ
5753,00	CW		RIT	RUS NHQ Sveromorsk	RUS
5755,00	FAX 120/576		VMW	Wiluna M	AUS
5755,00	SSB, RTTY			D army	D
5757,00	ALE USB	B=125Bd Ch=8 ChS=250Hz		POL MIL net	POL
5758,70	*STANAG 4285*	*B=2400Bd*	*FUO*	*F N Toulon*	*F*
5759,40	SITOR B	B=100Bd S=170Hz	OLO32	Prague	CZE
5762,00	ALE USB	B=125Bd Ch=8 ChS=250Hz			
5763,00	USB			TUR F net	TUR
5763,00	USB			TUR N	TUR
5768,00	ALE USB	B=125Bd Ch=8 ChS=250Hz		SUI diplo net	
5768,00	MIL 188-110B SER	B=2400Bd			
5768,00	*MIL 188-110B SER*	*B=2400Bd*		*MFA Berne*	*SUI*
5770,00	ALE USB	B=125Bd Ch=8 ChS=250Hz			
5770,00	CW		RWI2	RUS MIL	RUS
5771,00	ALE USB	B=125Bd Ch=8 ChS=250Hz		POL MIL net	POL
5773,00	ALE USB	B=125Bd Ch=8 ChS=250Hz			
5773,10	STANAG 4538	B=2400Bd			
5774,00	ALE USB	B=125Bd Ch=8 ChS=250Hz		LTU MIL net	LTU
5774,50	ALE USB	B=125Bd Ch=8 ChS=250Hz			
5776,00	ALE USB	B=125Bd Ch=8 ChS=250Hz		POL MIL net	POL
5777,00	ALE USB	B=125Bd Ch=8 ChS=250Hz		SUI diplo net	
5777,00	ALE USB	B=125Bd Ch=8 ChS=250Hz		LTU MIL net	LTU
5777,00	MIL 188-110B SER	B=2400Bd		SUI E Vienna	AUT

Frequency	Mode	Mode Parameter	Callsign	User	Country
5777,00	*MIL 188-110B SER*	*B=2400Bd*		*MFA Berne*	*SUI*
5777,00	MIL 188-110B SER	B=2400Bd		SUI E Berlin	D
5778,00	ALE USB	B=125Bd Ch=8 ChS=250Hz		E MOI net	E
5778,50	ALE USB	B=125Bd Ch=8 ChS=250Hz		USA AF net	USA
5781,00	ALE USB	B=125Bd Ch=8 ChS=250Hz		USA DEA	USA
5782,00	ALE USB	B=125Bd Ch=8 ChS=250Hz			
5783,50	ALIS	B=228,66Bd S=170Hz			
5785,00	ALE USB	B=125Bd Ch=8 ChS=250Hz		Guardia de Finanza net	I
5785,00	ALE USB	B=125Bd Ch=8 ChS=250Hz		POL F net	
5785,50	CROWD 36	B=40Bd Ch=32 ChS=40Hz		RUS diplo	
5786,00	ALE USB	B=125Bd Ch=8 ChS=250Hz		R&S test net	D
5787,00	BAUDOT	B=200Bd S=500Hz		RUS INTEL	RUS
5787,50	ALE USB	B=125Bd Ch=8 ChS=250Hz		POL MIL net	POL
5787,50	MIL 188-110B SER	B=2400Bd		POL MIL	POL
5788,00	ALE USB	B=125Bd Ch=8 ChS=250Hz		DNK F net	
5788,00	ALE USB	B=125Bd Ch=8 ChS=250Hz			
5788,50	CROWD 36	B=40Bd S=40Hz Ch=32 ChS=40Hz		RUS diplo	
5789,00	ALE USB	B=125Bd Ch=8 ChS=250Hz		EST F net	EST
5789,00	CIS 200-1000	B=200Bd S=1000Hz Ch=1		RUS MIL INTEL	RUS
5790,00	ALE USB	B=125Bd Ch=8 ChS=250Hz			
5792,00	ALE USB	B=125Bd Ch=8 ChS=250Hz		F diplo net	
5792,00	ALE USB	B=125Bd Ch=8 ChS=250Hz		EST F net	EST
5795,00	ALE USB	B=125Bd Ch=8 ChS=250Hz			
5796,80	ALE USB	B=125Bd Ch=8 ChS=250Hz			
5797,00	CW		RAL2	RUS N	RUS
5798,50	ALE USB	B=125Bd Ch=8 ChS=250Hz		HOL MIL net	HOL
5800,00	*CIS 405-500*	*B=40,5Bd S=500Hz*		*UKR MIL Uman*	*UKR*
5800,00	CW			HAARP	ALS
5800,00	*BPSK*	*B=1284Bd*		*Sevastopol*	*UKR*
5800,00	8PSK	B=2400Bd		EGY N	EGY
5800,00	ALE USB	B=125Bd Ch=8 ChS=250Hz			
5802,00	ALE USB	B=125Bd Ch=8 ChS=250Hz		S MIL net	S
5803,00	USB		VFA	Inuvik R	CAN
5803,00	CIS BAUDOT 1,5 STB	B=200Bd S=500Hz Ch=1		RUS INTEL	RUS
5803,40	SITOR B	B=100Bd S=170Hz	OLO32	Prague	CZE
5805,00	CHN MFSK 64TONE	B=37Bd Ch=64 ChS=37Hz			CHN
5805,00	CW		RMP	RUS N HQ Kaliningrad	RUS
5805,00	CW		RJQ86	RUS N	RUS
5805,00	THALES	B=125Bd Ch=8			

Frequency	Mode	Mode Parameter	Callsign	User	Country
	SKYMASTER ALE	ChS=250Hz			
5807,00	FAX 120/576		ZKLF	Wellington M	NZL
5807,00	ALE USB	B=125Bd Ch=8 ChS=250Hz		NIG oilfield net	NIG
5807,40	SITOR B	B=100Bd S=170Hz	OLO32	Prague	CZE
5808,00	ALE USB	B=125Bd Ch=8 ChS=250Hz		S MIL net	S
5808,00	CW		RCB	RUS AF	RUS
5808,00	ALE USB	B=125Bd Ch=8 ChS=250Hz		G MIL net	G
5808,80	PACTOR III	B=100Bd S=200Hz	WPTG385	Sailmail Corpus Christi , TX	USA
5810,00	SSB			NASA ETR night channel	USA
5810,00	ALE USB	B=125Bd Ch=8 ChS=250Hz		TUN F net	TUN
5811,70	PACTOR II	B=100Bd S=200Hz	STAT151**	TUN F	TUN
5815,00	ALE USB	B=125Bd Ch=8 ChS=250Hz			
5815,00	POL INTEL FSK	B=100Bd S=740Hz Ch=1		POL INTEL	POL
5817,00	CW			RUS HFDF net	RUS
5820,00	ALE USB	B=125Bd Ch=8 ChS=250Hz			USA
5820,00	SSB, RTTY			D army	D
5820,00	ALE USB	B=125Bd Ch=8 ChS=250Hz		TUN MIL net	TUN
5821,00	SSB			FEMA	USA
5823,00	ALE USB	B=125Bd Ch=8 ChS=250Hz			
5823,00	CW		RAL2	RUS N	RUS
5825,00	CW			RUS HFDF net	RUS
5826,00	SSB			USA AF Strategic Command	USA
5829,40	SITOR B	B=100Bd S=170Hz	OLO32	Prague	CZE
5829,80	STANAG 4538	B=2400Bd			
5830,00	PACTOR III	B=100Bd S=200Hz	WHV382	Sailmail Friday Habor , WA	USA
5831,00	POL INTEL FSK	B=100Bd S=740Hz Ch=1		POL INTEL	POL
5832,00	ALE USB	B=125Bd Ch=8 ChS=250Hz			
5832,30	BAUDOT	B=100Bd S=170Hz		D WX net	D
5835,00	USB		VNJ	Casey Base , AUS	ANT
5835,00	USB			AUS Davis Base	ANT
5835,00	USB			Macquarie Island , AUS	ANT
5835,00	USB			Mawson Base , AUS	ANT
5836,00	PACTOR II	B=200Bd S=200Hz	KUZ533	Sailmail Honululu	HWA
5836,00	THALES SKYMASTER ALE	B=125Bd Ch=8 ChS=250Hz			
5838,00	*ALE USB*	*B=125Bd Ch=8 ChS=250Hz*		*SVN MIL net*	*SVN*
5838,50	ALE USB	B=125Bd Ch=8 ChS=250Hz		AUT F net	
5839,00	ALE USB	B=125Bd Ch=8 ChS=250Hz			
5840,00	ALE USB	B=125Bd Ch=8 ChS=250Hz		UNJLC net	SDN
5840,00	CW			RUS HFDF net	RUS
5840,50	PACTOR I	B=100Bd S=200Hz	CO99C		
5840,50	PACTOR I	B=100Bd S=200Hz	CO04M		
5841,00	THALES SKYMASTER ALE	B=125Bd Ch=8 ChS=250Hz			
5842,50	BAUDOT	B=50Bd S=500Hz			
5846,50	SITOR B	B=100Bd S=170Hz	HBM46	SUI MIL N Geneva	SUI
5847,00	ALE USB	B=125Bd Ch=8 ChS=250Hz		USA F net	USA

Frequency	Mode	Mode Parameter	Callsign	User	Country
5847,00	SSB, RTTY			D army	D
5847,50	ALE USB	B=125Bd Ch=8 ChS=250Hz		GRC AF net	GRC
5848,00	*STANAG 4285*	*B=2400Bd*		*DNK N Aarhus*	*DNK*
5848,20	*STANAG 4285*	*B=2400Bd*		*S MIL Goeteborg*	*S*
5850,00	LINK 11	B=2250Bd			
5852,00	ALE USB	B=125Bd Ch=8 ChS=250Hz			
5853,00	CIS 50-1000	B=50Bd S=1000Hz			RUS
5853,40	SITOR B	B=100Bd S=170Hz	OLO32	Prague	CZE
5855,00	CW		RCV	RUS NHQ Sevastopol	UKR
5855,00	CIS 12	B=1440Bd Ch=12 ChS=200Hz		MFA Moscow	RUS
5855,00	CIS ARQ	B=100Bd S=500Hz		RUS PTT	RUS
5855,00	RDFT	B=122,5Bd Ch=8 ChS=230Hz		CUB INTEL	CUB
5857,50	FAX 120/576		HLL2	Seoul M	KOR
5857,50	ALE USB	B=125Bd Ch=8 ChS=250Hz		GRC AF net	GRC
5859,00	BAUDOT	B=100Bd S=170Hz		D WX net	D
5859,40	PACTOR II	B=200Bd S=200Hz	WPTG385	Sailmail Corpus Christi , TX	USA
5860,00	ALE USB	B=125Bd Ch=8 ChS=250Hz		USA FAA net	USA
5861,40	PACTOR II	B=200Bd S=200Hz	WHV861	Sailmail San Luis Obispo , CA	USA
5861,70	*CW*		*P***	*RUS N Kaliningrad*	*RUS*
5862,00	*T600*	*B=50Bd S=200Hz*		*RUS N Kaliningrad*	*RUS*
5865,00	ALE USB	B=125Bd Ch=8 ChS=250Hz		E MOI net	E
5869,50	FAX 60/120/288/576		RBV78	Tashket M	UZB
5870,00	PACTOR II	B=200Bd S=200Hz	HPPM2	Sailmail Chiriqui	PNR
5870,70	STANAG 4285	B=2400Bd	IDR	I N Rome	I
5871,00	ALE USB	B=125Bd Ch=8 ChS=250Hz		E MOI net	E
5872,00	ALE USB	B=125Bd Ch=8 ChS=250Hz		POL F net	
5873,00	CW			RUS Operational Strategic Command Air Defense net	RUS
5874,00	CW			RUS MIL	RUS
5876,40	PACTOR II	B=200Bd S=200Hz	KZN508	Sailmail Rockhill , SC	USA
5879,00	*ALE USB*	*B=125Bd Ch=8 ChS=250Hz*		*POL MIL net*	*POL*
5879,00	*MIL 188-110B SER*	*B=2400Bd*		*POL MIL net*	*POL*
5880,00	ISB: LINK 11	B=1364Bd			USA
5880,70	ALE USB	B=125Bd Ch=8 ChS=250Hz			
5881,00	*CW*		*RMP*	*RUS NHQ Kaliningrad*	*RUS*
5881,40	PACTOR III	B=100Bd S=200Hz	WQLI952	Sailmail Watsonville , CA	USA
5881,40	PACTOR II	B=200Bd S=200Hz	WRD719	Sailmail Palo Alto	USA
5884,00	ALE USB	B=125Bd Ch=8 ChS=250Hz		F N net	F
5890,00	*T600*	*B=50Bd S=200Hz*		*RUS N Murmansk*	*RUS*
5891,00	SSB, RTTY			D army	D
5891,00	ALE USB	B=125Bd Ch=8 ChS=250Hz			
5892,00	ALE USB	B=125Bd Ch=8 ChS=250Hz		VEN N net	VEN
5895,00	ALE USB	B=125Bd Ch=8 ChS=250Hz			
5895,00	CIS ARQ	B=100Bd S=500Hz		RUS PTT	RUS
5895,50	CW		LLE	Bergen-Kringkaster R	NOR
5897,40	PACTOR II	B=200Bd S=200Hz	WPUC469	Sailmail South Daytona , FL	USA
5898,00	ALE USB	B=125Bd Ch=8		SVN MIL net	SVN

Frequency	Mode	Mode Parameter	Callsign	User	Country
		ChS=250Hz			
5900,00	*RUS VOCODER*	*B=100Bd S=150Hz*		*RUS MIL Kaliningrad*	*RUS*
5901,00	ALE USB	B=125Bd Ch=8 ChS=250Hz		USA Department of Agriculture net	USA
5909,50	ALE USB	B=125Bd Ch=8 ChS=250Hz		USA COTHEN net	USA
5910,00	ALE USB	B=125Bd Ch=8 ChS=250Hz			
5916,00	CW		RCV	RUS NHQ Sevastopol	UKR
5920,00	CW			RUS air defence net	RUS
5961,00	SSB			FEMA	USA
5961,00	ALE USB	B=125Bd Ch=8 ChS=250Hz		USA FEMA net	USA
5986,00	CIS 12	B=1440Bd Ch=12 ChS=200Hz		Area of Slupsk	POL
6001,00	ALE USB	B=125Bd Ch=8 ChS=250Hz			
6010,00	SSB			USA National Guard	USA
6043,00	CW		RCV	RUS NHQ Sevastopol	UKR
6043,00	CW		RCIV	RUS N ship	RUS
6049,00	SSB			FEMA	USA
6050,00	*STANAG 4285*	*B=2400Bd*	*PBC*	*NLD N Goeree Island*	*HOL*
6059,00	CIS 50-1000	B=50Bd S=1000Hz	REA4	RUS AF HQ Moscow	RUS
6070,00	ALE USB	B=125Bd Ch=8 ChS=250Hz			
6093,00	ALE USB	B=125Bd Ch=8 ChS=250Hz			
6106,00	SSB			FEMA	USA
6108,00	SSB			FEMA	USA
6151,00	SSB			FEMA	USA
6176,00	SSB			FEMA	USA
6200,00	SSB			SS Ch 601	
6200,00	ALE USB	B=125Bd Ch=8 ChS=250Hz			
6203,00	SSB			SS Ch 602	
6205,00	ALE USB	B=125Bd Ch=8 ChS=250Hz		MLT N net	MLT
6205,70	USB		IDR	I N Rome	I
6206,00	SSB			SS Ch 603	
6209,00	SSB			SS Ch 604	
6210,20	STANAG 4285	B=2400Bd	IDN	I N Napoli	I
6212,00	SSB			SS Ch 605	
6213,30	STANAG 4538	B=2400Bd			
6215,00	USB		NMF	USA CG Boston , MA	USA
6215,00	USB			Cape Town R	AFS
6215,00	USB		VNJ	Casey Base , AUS	ANT
6215,00	USB			AUS coast net	AUS
6215,00	USB			AUS Davis Base	ANT
6215,00	USB			USA CG Kodiak	ALS
6215,00	USB		CWC30	La Paloma R	URG
6215,00	USB		CWS	URG N Montevideo	URG
6215,00	USB		HCY	Ayora R , Santa Cruz	EQA
6215,00	USB		CWF	Punta Carretas R	URG
6215,00	USB			Macquarie Island , AUS	ANT
6215,00	USB		ZLM	Taupo Maritime R	NZL
6215,00	USB		CWC34	Punta del Este R	URG
6215,00	USB		CWC39	Montevideo Trouville R	URG
6215,00	USB		HSA	Bangkok R	THA
6215,00	USB		JNA	J CG HQ Tokyo	J
6215,00	USB			Mawson Base , AUS	ANT
6215,00	USB		VFF	Iqaluit R	CAN
6215,00	USB		H4H	Honiara R	SLM
6215,00	USB		NMN	USA CG Portsmouth , VA	USA

Frequency	Mode	Mode Parameter	Callsign	User	Country
6215,00	USB		A3A	Nukualofa R	TON
6215,00	USB		VRC	Hong Kong R	CHN
6215,00	USB		NMA	USA CG Miami , FL	USA
6215,00	USB		NRV	USA CG Guam	GUM
6215,00	USB		3DZ	Suva RCC	FJI
6215,00	USB		PKZ34	Cigading R , Jawa	INS
6215,00	.			SS calling frequency	WW
6215,00	SSB			SS Ch 606	
6215,00	USB		PKA	Sabang R , We	INS
6215,00	USB		PKC	Palembang R , Sumatera	INS
6215,00	USB		PKD	Surabaya R , Djawa	INS
6215,00	USB		PKD3	Lembar R , Lombok	INS
6215,00	USB		PKE5	Ternate R , Maluku	INS
6215,00	USB		PKF3	Kendari R	INS
6215,00	USB		PKK	Kupang R , Timor	INS
6215,00	USB		PKM25	Tahuna R	INS
6215,00	USB			Samoa Port Authority	SMA
6215,00	USB		NMG	USA CG New Orleans , LA	USA
6215,00	USB		PKO	Pertamina Merak R , Jawa	INS
6215,00	USB		PKP	Dumai R , Sumatera	INS
6215,00	USB		PKP38	Batu Ampar R	INS
6215,00	USB		PKR3	Cilacap R , Jawa	INS
6215,00	USB		PKY2	Biak R , Irian Jaya	INS
6215,00	USB		PKY23	Fak Fak R	INS
6215,00	USB		PKY3	Manokwari R , Irian Jaya	INS
6215,00	USB		PKY4	Sorong R , Irian Jaya	INS
6215,00	USB		PKY5	Merauke R , Irian Jaya	INS
6215,00	USB		P2M	Port Moresbay R	PNG
6215,00	USB		PNK	Jayapura R , Irian Jaya	INS
6215,00	USB		3DP	Suva R	FJI
6215,00	USB			USA CG Honolulu	HWA
6215,00	USB		PKG	Bandjarmasin R , Kalimantan	INS
6215,00	USB			USA CG Point Reyes	USA
6215,00	USB		PKE37	Sanana R , Kep Sula	INS
6215,00	USB		PKM	Bitung R , Sulawesi	INS
6215,00	USB		PKM44	Pantolan R , Sulawesi	INS
6215,00	USB		PKJ28	Sei Kolak Kijang R	INS
6215,00	USB			Benete R , Sumbawa	INS
6215,50	USB		PKB	Belawan R , Sumatera	INS
6215,50	USB		PKB3	Sibolga R , Sumatera	INS
6215,50	USB		PKC4	Panjang R , Sumatera	INS
6215,50	USB		PKD5	Benoa R , Bali	INS
6215,50	USB		PKE	Amboina R , Ceram	INS
6215,50	USB		PKF	Makassar R , Sulawesi	INS
6215,50	USB		PKN	Balikpapan R , Kalimantan	INS
6215,50	USB		PKP2	Telukbayur R , Sumatera	INS
6215,50	USB		PKS	Pontanak R , Kalimantan	INS
6215,50	USB		PKX	Jakarta R , Jawa	INS
6215,50	USB		PKZ2	Cirebon R , Jawa	INS
6215,50	SSB		T3C	Tarawa R	KIR
6215,50	USB		YJM	Port Vila R	VUT
6215,50	SSB		ZJU	Funafuti Island R	TUV
6215,50	USB		ZKN	Niue R	NIU
6218,00	SSB			SS Ch 607	
6218,00	ALE USB	B=125Bd Ch=8 ChS=250Hz			
6218,20	*STANAG 4285*	*B=2400Bd*	*IDN*	*I N Naples*	*I*
6218,60	USB		PKX	Jakarta R , Jawa	INS
6218,60	USB		VFA	Inuvik R	CAN
6218,60	USB		YJM	Port Vila R	VUT
6221,00	CLOVER 2000	B=500Bd Ch=8 ChS=250Hz			

Frequency	Mode	Mode Parameter	Callsign	User	Country
6221,00	SSB			SS Ch 608	
6221,00	USB			Marine weather Center Lakeland , FL	USA
6221,00	SSB				
6222,40	PACTOR III	B=100Bd S=200Hz	FOHXM	Sailmail Manihi Atoll	OCE
6223,20	*STANAG 4285*	*B=2400Bd*	*IDR*	*I N Rome*	*I*
6224,00	USB		PKS	Pontanak R , Kalimantan	INS
6224,00	SSB			simplex frequency ship - ship	
6224,00	USB		PKY2	Biak R , Irian Jaya	INS
6224,00	USB		ZLM	Taupo Maritime R	NZL
6224,00	USB		PKE37	Sanana R , Kep Sula	INS
6224,00	USB		XVK	Kien Giang R	VTN
6224,00	USB		WQCN860	Ocean-Pro R Naples , FL	USA
6224,00	ALE USB	B=125Bd Ch=8 ChS=250Hz		ISR AF net	ISR
6227,00	USB		VIA	Adelaide R	AUS
6227,00	USB		XVU	Can Tho R	VTN
6227,00	USB		H4H	Honiara R	SLM
6227,00	USB		PKY4	Sorong R , Irian Jaya	INS
6227,00	USB		PNK	Jayapura R , Irian Jaya	INS
6227,00	SSB			simplex frequency ship - ship	
6227,00	USB		PKY3	Manokwari R , Irian Jaya	INS
6227,00	USB		PKY5	Merauke R , Irian Jaya	INS
6227,00	CW		RIT81	RUS N ship SYZRAN	RUS
6227,60	*STANAG 4285*	*B=2400Bd*	*FUE*	*F N Brest*	*F*
6230,00	USB		VMW	Wiluna M	AUS
6230,00	USB		ZOE	Tristan da Cunha R	TRC
6230,00	SSB			simplex frequency ship - ship	
6230,00	USB		XVR	Vung Tau R	VTN
6234,00	ALE USB	B=125Bd Ch=8 ChS=250Hz		F N net	
6236,00	USB		6YX	JMC CG Jamaica	JMC
6236,20	*STANAG 4481*	*B=75Bd S=850Hz*		*G MIL St. Eval*	*G*
6237,50	USB		PBC	NLD N Goeree Island	HOL
6237,50	USB		PBB	NLD N Den Helder	HOL
6241,50	PACTOR III	B=100Bd S=200Hz	ZKN2SM	Sailmail Niue	NIU
6242,00	USB		PBC	NLD N Goeree Island	HOL
6242,00	USB		PBB	NLD N Den Helder	HOL
6242,20	*STANAG 4285*	*B=2400Bd*	*IDR*	*I N Rome*	*I*
6243,00	ALE USB	B=125Bd Ch=8 ChS=250Hz		USA AF net	
6243,00	CW			RUS HFDF net	RUS
6243,00	*STANAG 4285*	*B=2400Bd*		*G MIL Akrotiri*	*CYP*
6243,50	*M/S 1,0*	*B=200Bd S=850Hz*		*ship North Sea*	
6245,00	*ALE USB*	*B=125Bd Ch=8 ChS=250Hz*		*G MIL net*	*G*
6248,00	ALE USB	B=125Bd Ch=8 ChS=250Hz			
6249,00	PACTOR II FEC	B=100Bd S=200Hz		TUN diplo	
6249,50	J PSK	B=1500Bd		J MIL	J
6249,60	*WINDRM MOD*	*B=2400Bd Ch=51 ChS=48Hz*		*N London*	*G*
6251,00	ALE USB	B=125Bd Ch=8 ChS=250Hz		G MIL DHFCS net	G
6253,00	*ALE USB*	*B=125Bd Ch=8 ChS=250Hz*		*G MIL net*	*G*
6253,50	PACTOR IV	B=100Bd S=200Hz	DCA	MRCC Bremen Rescue	D
6255,00	*LINK 11 ISB*	*B=2250Bd*	*PBB*	*NLD N Den Helder*	*HOL*
6258,00	CW		AQK2	PAK N Karachi	PAK
6262,00	CW		RHC841	RUS N ship EKVATOR	RUS
6262,50	USB		IHCH	I N ship CHIOGGIA	B
6262,50	USB		IHMT	I N ship TERMOLI	I
6262,50	USB		IAME	I N ship MAESTRALE	I
6262,50	STANAG 4285	B=2400Bd	IAME	I N ship MAESTRALE	I

Frequency	Mode	Mode Parameter	Callsign	User	Country
6262,50	STANAG 4285	B=2400Bd	IAOC	I N corvette DANAIDE	I
6262,50	USB		IAOC	I N corvette DANAIDE	I
6262,50	USB		IATD	I N ship VEGA	I
6262,50	STANAG 4285	B=2400Bd	IATD	I N ship VEGA	I
6262,50	STANAG 4285	B=2400Bd	IHMM	I N minesweeper MILAZZO	I
6262,50	USB		IHMM	I N minesweeper MILAZZO	I
6262,50	USB		IHMV	I N minesweeper VIESTE	I
6262,50	STANAG 4285	B=2400Bd	IHMV	I N minesweeper VIESTE	I
6262,50	USB		IHMW	I N ship VIAREGGIO	I
6262,50	STANAG 4285	B=2400Bd	IHMW	I N ship VIAREGGIO	I
6262,50	USB		IDR	I N Rome	I
6262,50	*STANAG 4285*	*B=2400Bd*	*IDR*	*I N Rome*	*I*
6263,00	.			SS Ch 1	
6263,00	CW			RUS HFDF net	RUS
6263,00	ALE USB	B=125Bd Ch=8 ChS=250Hz			
6263,50	.			SS Ch 2	
6264,00	.			SS Ch 3	
6264,50	.			SS Ch 4	
6265,00	.			SS Ch 5	
6265,00	ALE USB	B=125Bd Ch=8 ChS=250Hz		ISR AF net	ISR
6265,50	SITOR A		ZLM	Taupo Maritime R	NZL
6265,50	.			SS Ch 6	
6266,00	.			SS Ch 7	
6266,50	.			SS Ch 8	
6267,00	.			SS Ch 9	
6267,50	.			SS Ch 10	
6268,00	SITOR B	B=100Bd S=170Hz	ZLM	Taupo Maritime R	NZL
6268,00	SITOR , CW	B=100Bd S=170Hz	JNA	J CG HQ Tokyo	J
6268,00	SITOR , CW	B=100Bd S=170Hz	VRC	Hong Kong R	CHN
6268,00	.			Distress/safety frequency	WW
6268,00	SITOR , CW	B=100Bd S=170Hz	PKD	Surabaya R , Djawa	INS
6268,00	SITOR , CW	B=100Bd S=170Hz	PNK	Jayapura R , Irian Jaya	INS
6268,00	SITOR , CW	B=100Bd S=170Hz	PKP	Dumai R , Sumatera	INS
6268,50	.			SS Ch 12	
6268,50	SITOR , CW	B=100Bd S=170Hz	PKM	Bitung R , Sulawesi	INS
6269,00	.			SS Ch 13	
6269,50	.			SS Ch 14	
6270,00	.			SS Ch 15	
6270,50	.			SS Ch 16	
6271,00	.			SS Ch 17	
6271,50	.			SS Ch 18	
6272,00	.			SS Ch 19	
6272,50	.			SS Ch 20	
6272,50	*STANAG 4285*	*B=2400Bd*	*DHO26*	*D N Rostock*	*D*
6272,50	*STANAG 4285*	*B=2400Bd*	*DHJ59*	*D N Wilhelmshaven*	*D*
6273,00	.			SS Ch 21	
6273,50	.			SS Ch 22	
6274,00	.			SS Ch 23	
6274,50	.			SS Ch 24	
6275,00	.			SS Ch 25	
6275,50	.			SS Ch 26	
6276,00	CW			SS calling frequency Ch 1	
6276,00	CW		3XO27	Kamsar R	GUF
6276,50	CW			SS calling frequency Ch 2	
6277,00	CW			SS calling frequency Ch 3	
6277,50	CW			SS calling frequency Ch 4	
6278,00	CW			SS calling frequency Ch 5	
6278,50	CW			SS calling frequency Ch 6	
6279,00	CW			SS calling frequency Ch 7	
6279,50	CW			SS calling frequency Ch 8	

Frequency	Mode	Mode Parameter	Callsign	User	Country
6280,00	BPSK	B=100Bd		RUS MIL	RUS
6280,00	CW			SS calling frequency Ch 9	
6280,50	CW			SS calling frequency Ch 10	
6281,00	.			SS Ch 27	
6281,50	.			SS Ch 28	
6282,00	.			SS Ch 29	
6282,50	.			SS Ch 30	
6283,00	.			SS Ch 31	
6283,50	.			SS Ch 32	
6284,00	.			SS Ch 33	
6284,50	.			SS Ch 34	
6288,20	STANAG 4285	B=2400Bd	IDR	I N Rome	I
6290,00	CW		RME81	RUS N ship BILBINO MB-119	RUS
6295,20	*STANAG 4285*	*B=2400Bd*	*IDR*	*I N Rome*	*I*
6300,00	*ALE USB*	*B=125Bd Ch=8 ChS=250Hz*		*F Airbus net*	*F*
6300,50	.			SS Ch 1	
6301,00	.			SS Ch 2	
6301,50	.			SS Ch 3	
6302,00	.			SS Ch 4	
6302,50	.			SS Ch 5	
6303,00	.			SS Ch 6	
6303,50	.			SS Ch 7	
6304,00	.			SS Ch 8	
6304,50	.			SS Ch 9	
6305,00	PACTOR II	B=200Bd S=200Hz	V8V2222	Sailmail Brunai Bay	BRU
6305,00	ALE USB	B=125Bd Ch=8 ChS=250Hz			
6305,00	.			SS Ch 10	
6305,50	.			SS Ch 11	
6306,00	.			SS Ch 12	
6306,50	.			SS Ch 13	
6307,00	.			SS Ch 14	
6307,50	.			SS Ch 15	
6308,00	.			SS Ch 16	
6308,50	.			SS Ch 17	
6309,00	.			SS Ch 18	
6309,50	.			SS Ch 19	
6310,00	.			SS Ch 20	
6310,00	CW			RUS N calling frequency	RUS
6310,00	*ALE USB*	*B=125Bd Ch=8 ChS=250Hz*		*ALB MOI net*	*ALB*
6310,50	.			SS Ch 21	
6311,00	.			SS Ch 22	
6311,50	.			SS Ch 23	
6312,00	DSC	B=100Bd S=170Hz	JNA	J CG HQ Tokyo	J
6312,00	USB		VFF	Iqaluit R	CAN
6312,00	.			DSC distress/safety frequency	WW
6312,00	ALE USB	B=125Bd Ch=8 ChS=250Hz			
6312,50	.			SS DSC frequency	WW
6313,00	.			SS DSC frequency	WW
6313,50	.			SS DSC frequency	WW
6314,00	.			MSI frequency	WW
6314,00	SITOR B	B=100Bd S=170Hz	NMF	USA CG Boston , MA	USA
6314,50	.			CS Ch 1	
6315,00	SITOR , CW	B=100Bd S=170Hz	UFL	Vladivostok R	RUS
6315,00	.			CS Ch 2	
6315,00	SITOR , CW	B=100Bd S=170Hz	PKM	Bitung R , Sulawesi	INS
6315,50	.			CS Ch 3	
6316,00	SITOR , CW	B=100Bd S=170Hz	PKR	Semarang R , Djawa	INS
6316,00	.			CS Ch 4	

Frequency	Mode	Mode Parameter	Callsign	User	Country
6316,00	SITOR , CW	B=100Bd S=170Hz	WLC	Rogers City R , MI	USA
6316,00	SITOR , CW	B=100Bd S=170Hz	XSQ	Guangzhou R	CHN
6316,00	SITOR , CW	B=100Bd S=170Hz	PKD	Surabaya R , Djawa	INS
6316,20	*STANAG 4285*	*B=2400Bd*	*IDR*	*I N Rome*	*I*
6316,50	.			CS Ch 5	
6316,50	GW PACTOR	B=200Bd S=200Hz			
6317,00	.			CS Ch 6	
6317,00	PACTOR , SITOR , CW	B=100Bd S=170Hz	WLO	Mobile R , AL	USA
6317,00	SITOR , CW	B=100Bd S=170Hz	PNK	Jayapura R , Irian Jaya	INS
6317,00	SITOR , CW	B=100Bd S=170Hz	PKY4	Sorong R , Irian Jaya	INS
6317,50	.			CS Ch 7	
6317,50	SITOR , CW	B=100Bd S=170Hz	JCS	Choshi R	J
6318,00	.			CS Ch 8	
6318,00	SITOR , CW	B=100Bd S=170Hz	KLB	Seattle R	USA
6318,00	STANAG 4285	B=2400Bd	IDR	I N Rome	I
6318,00	SITOR , CW	B=100Bd S=170Hz	PKP	Dumai R , Sumatera	INS
6318,00	SITOR , CW	B=100Bd S=170Hz	PKK	Kupang R , Timor	INS
6318,50	SITOR , CW	B=100Bd S=170Hz	UFL	Vladivostok R	RUS
6318,50	.			CS Ch 9	
6318,50	SITOR , CW	B=100Bd S=170Hz	PKN	Balikpapan R , Kalimantan	INS
6319,00	.			CS Ch 10	
6319,00	ALE USB	B=125Bd Ch=8 ChS=250Hz			
6319,50	.			CS Ch 12	
6320,00	.			CS Ch 13	
6320,50	SITOR , CW	B=100Bd S=170Hz	SVO33	Olympia R	GRC
6320,50	SITOR , CW	B=100Bd S=170Hz	JNA	J CG HQ Tokyo	J
6320,50	.			CS Ch 14	
6321,00	SITOR , CW	B=100Bd S=170Hz	XSA2	Nanjing R	CHN
6321,00	SITOR , CW	B=100Bd S=170Hz	PKR3	Cilacap R , Jawa	INS
6321,00	.			CS Ch 15	
6321,00	SITOR , CW	B=100Bd S=170Hz	PKJ28	Sei Kolak Kijang R	INS
6321,30	STANAG 4538	B=2400Bd			
6321,50	.			CS Ch 16	
6321,50	SITOR , CW	B=100Bd S=170Hz	SVO33	Olympia R	GRC
6321,70	ALE USB	B=125Bd Ch=8 ChS=250Hz			
6322,00	.			CS Ch 17	
6322,50	SITOR , CW	B=100Bd S=170Hz	UDK2	Murmansk R	RUS
6322,50	.			CS Ch 18	
6322,50	SITOR , CW	B=100Bd S=170Hz	VRX23	Hong Kong R	HKG
6323,00	SITOR , CW	B=100Bd S=170Hz	UFM3	Nevelsk R	RUS
6323,00	DSC	B=100Bd S=170Hz	PKZ2	Cirebon R , Jawa	INS
6323,00	.			CS Ch 19	
6323,00	SITOR , CW	B=100Bd S=170Hz	PKP38	Batu Ampar R	INS
6323,50	.			CS Ch 20	
6324,00	PACTOR III	B=100Bd S=200Hz	VZG420_5	Townsville R	AUS
6324,00	.			CS Ch 21	
6324,00	SITOR , CW	B=100Bd S=170Hz	WCC	Chatham R , MA	USA
6324,00	SITOR , CW	B=100Bd S=170Hz	PKF3	Kendari R	INS
6324,00	SITOR , CW	B=100Bd S=170Hz	PKC4	Panjang R , Sumatera	INS
6324,50	.			CS Ch 22	
6325,00	CW		RGZ59	RUS N	RUS
6325,00	SITOR , CW	B=100Bd S=170Hz	PKE5	Ternate R , Maluku	INS
6325,00	DSC	B=100Bd S=170Hz	PKE5	Ternate R , Maluku	INS
6325,00	.			CS Ch 23	
6325,00	SITOR , CW	B=100Bd S=170Hz	PKS	Pontianak R , Kalimantan	INS
6325,00	SITOR , CW	B=100Bd S=170Hz	PKY5	Merauke R , Irian Jaya	INS
6325,00	SITOR , CW	B=100Bd S=170Hz	PKM44	Pantolan R , Sulawesi	INS
6325,50	.			CS Ch 24	
6325,50	SITOR , CW	B=100Bd S=170Hz	SVO3	Olympia R	GRC

Frequency	Mode	Mode Parameter	Callsign	User	Country
6326,00	.			CS Ch 25	
6326,00	SITOR , CW	B=100Bd S=170Hz	XSG	Shanghai R	CHN
6326,50	.			CS Ch 26	
6327,00	.			CS Ch 27	
6327,00	SITOR , CW	B=100Bd S=170Hz	PKY2	Biak R , Irian Jaya	INS
6327,00	SITOR , CW	B=100Bd S=170Hz	PKB3	Sibolga R , Sumatera	INS
6327,50	.			CS Ch 28	
6327,50	SITOR , CW	B=100Bd S=170Hz	UAT	Moscow R	RUS
6327,50	SITOR , CW	B=100Bd S=170Hz	WOM	Pennsuco R , FL	USA
6328,00	.			CS Ch 29	
6328,00	SITOR , CW	B=100Bd S=170Hz	WOO	Ocean Gate R , NJ	USA
6328,50	.			CS Ch 30	
6329,00	SITOR , CW	B=100Bd S=170Hz	XSQ	Guangzhou R	CHN
6329,00	DSC	B=100Bd S=170Hz	PKZ34	Cigading R , Jawa	INS
6329,00	.			CS Ch 31	
6329,00	SITOR , CW	B=100Bd S=170Hz	4PB	Colombo R	CLN
6329,00	SITOR , CW	B=100Bd S=170Hz	PKO	Tarakan R , Kalimantan	INS
6329,00	SITOR , CW	B=100Bd S=170Hz	PKD3	Lembar R , Lombok	INS
6329,00	SITOR , CW	B=100Bd S=170Hz	PKY3	Manokwari R , Irian Jaya	INS
6329,50	.			CS Ch 32	
6330,00	SITOR , CW	B=100Bd S=170Hz	PKD5	Benoa R , Bali	INS
6330,00	.			CS Ch 33	
6330,00	CW			RUS N calling frequency	RUS
6330,00	CW		UNU3	RUS N CHMS Kaliningrad	RUS
6330,00	SITOR , CW	B=100Bd S=170Hz	PKM25	Tahuna R	INS
6330,00	ALE USB	B=125Bd Ch=8 ChS=250Hz		ISR AF net	ISR
6330,50	PACTOR III	B=200Bd S=200Hz	OSY	Sailmail Brugge	BEL
6330,50	.			CS Ch 34	
6331,00	DSC	B=100Bd S=170Hz	JNA	J CG HQ Tokyo	J
6331,00	DSC	B=100Bd S=170Hz	PKD5	Benoa R , Bali	INS
6331,00	DSC	B=100Bd S=170Hz	PKE5	Ternate R , Maluku	INS
6331,00	DSC	B=100Bd S=170Hz	PKZ34	Cigading R , Jawa	INS
6331,00	DSC	B=100Bd S=170Hz	PKR3	Cilacap R , Jawa	INS
6331,00	DSC	B=100Bd S=170Hz	PKZ2	Cirebon R , Jawa	INS
6331,00	DSC	B=100Bd S=170Hz	PKX	Jakarta R , Jawa	INS
6331,00	DSC	B=100Bd S=170Hz	PKS	Pontianak R , Kalimantan	INS
6331,00	DSC	B=100Bd S=170Hz	PKO	Tarakan R , Kalimantan	INS
6331,00	DSC	B=100Bd S=170Hz	PKE37	Sanana R , Kep Sula	INS
6331,00	DSC	B=100Bd S=170Hz	PKD3	Lembar R , Lombok	INS
6331,00	DSC	B=100Bd S=170Hz	PKY2	Biak R , Irian Jaya	INS
6331,00	DSC	B=100Bd S=170Hz	PKY23	Fak Fak R	INS
6331,00	DSC	B=100Bd S=170Hz	PKY3	Manokwari R , Irian Jaya	INS
6331,00	DSC	B=100Bd S=170Hz	PKY5	Merauke R , Irian Jaya	INS
6331,00	DSC	B=100Bd S=170Hz	PKF3	Kendari R	INS
6331,00	DSC	B=100Bd S=170Hz	PKM44	Pantolan R , Sulawesi	INS
6331,00	DSC	B=100Bd S=170Hz	PKM25	Tahuna R	INS
6331,00	DSC	B=100Bd S=170Hz	PKP38	Batu Ampar R	INS
6331,00	DSC	B=100Bd S=170Hz	PKC4	Panjang R , Sumatera	INS
6331,00	DSC	B=100Bd S=170Hz	PKJ28	Sei Kolak Kijang R	INS
6331,00	DSC	B=100Bd S=170Hz	PKB3	Sibolga R , Sumatera	INS
6331,20	*STANAG 4285*	*B=2400Bd*	*IGJ*	*I N Augusta*	*I*
6331,50	SITOR , CW	B=100Bd S=170Hz	UFL	Vladivostok R	RUS
6334,00	SITOR , CW	B=100Bd S=170Hz	WCC	Chatham R , MA	USA
6335,20	*STANAG 4285*	*B=2400Bd*		*G F Inskip*	*G*
6337,00	CW		PKR	Semarang R , Djawa	INS
6337,00	CW		PKG	Bandjarmasin R , Kalimantan	INS
6337,00	CW		PKP	Dumai R , Sumatera	INS
6337,00	CW		PKY4	Sorong R , Irian Jaya	INS
6337,00	ALE USB	B=125Bd Ch=8 ChS=250Hz		USA ShipCom net	USA
6340,50	FAX 120/576		NIK	USCG Boston	USA

Frequency	Mode	Mode Parameter	Callsign	User	Country
6340,50	FAX 120/576		NMF	USCG Boston	USA
6342,00	T600	B=50Bd S=250Hz		RUS N Moscow	RUS
6342,00	CW		LZL3	Bourgas R	BUL
6343,00	CW			RUS Operational Strategic Command Air Defense net	RUS
6343,00	CW		PWZW	RUS Strategic Command Aerospace Defense	RUS
6343,20	*STANAG 4285*	*B=2400Bd*	*IBB*	*NATO Verona*	*I*
6344,00	CW		YJM6	Port Vila R	VUT
6345,00	STANAG 4285	B=2400Bd		F N	F
6345,00	CW		UVM		
6347,50	CW		PKN6	Samarinda R , Kalimantan	INS
6348,00	*STANAG 4285*	*B=2400Bd*	*FUE*	*F N Brest*	*F*
6348,00	ALE USB	B=125Bd Ch=8 ChS=250Hz		ALG F net	ALG
6348,00	*T600*	*B=50Bd S=200Hz*		*RUS N Kaliningrad*	*RUS*
6348,00	BAUDOT	B=150Bd S=850Hz	FUE	F N Brest	F
6351,00	PACTOR III	B=100Bd S=200Hz	WHL26	Saint Augustine R	USA
6355,00	CW		PKB3	Sibolga R , Sumatera	INS
6355,00	CW		PKC4	Panjang R , Sumatera	INS
6355,00	CW		PKP2	Telukbayur R , Sumatera	INS
6355,00	CW		PKS	Pontanak R , Kalimantan	INS
6355,00	CW		PZN2	Paramaribo R	SUR
6357,00	CW		SAA	Karlskrona R	S
6357,00	PACTOR II	B=200Bd S=200Hz	VZX	Sailmail Darawank	AUS
6357,20	*STANAG 4285*	*B=2400Bd*	*PBC*	*NLD N Goeree Island*	*HOL*
6358,50	*PACTOR III , CW*	*B=200Bd S=200Hz*	*DAO26*	*Kiel Radio*	*D*
6358,50	*BAUDOT*	*B=75Bd S=850Hz*	*PBC*	*NLD N Goeree Island*	*HOL*
6358,50	BAUDOT	B=47,3Bd S=1066Hz	PBB	NLD N Den Helder	HOL
6358,50	BAUDOT	B=75Bd S=850Hz	PBB	NLD N Den Helder	HOL
6362,00	*BAUDOT*	*B=75Bd S=850Hz*	*MGJ*	*G N Crimond*	*G*
6362,00	*BAUDOT*	*B=47,3Bd S=1066Hz*	*MGJ*	*G MIL Crimond*	*G*
6363,50	CW		JFG	Shizuokaken Gyogyo R	J
6365,00	BAUDOT	B=50Bd S=850Hz	VTH	IND N Bombay	IND
6365,50	*F N FSK*	*B=50Bd S=850Hz Ch=1*	*FUG*	*F N La Regine*	*F*
6367,00	PACTOR III , CW	B=100Bd S=200Hz	HEB26	Berne R	SUI
6368,50	*LINK 11*	*B=2250Bd*		*POL N Gdansk*	*POL*
6370,00	ALE USB	B=125Bd Ch=8 ChS=250Hz		ALG F net	ALG
6370,00	CW		UTM	Feodosia R	UKR
6370,00	CW		XSD	Yingkou R	CHN
6372,50	SSB		YVM	Puerto Ordaz R	VEN
6374,00	CW			RUS Operational Strategic Command Air Defense net	RUS
6374,00	PACTOR , SITOR	B=100Bd S=200Hz	KHF	Agana R	GUM
6374,00	CW			RUS HFDF net	RUS
6376,00	CW		C6N	Nassau R	BAH
6376,50	SITOR , CW	B=100Bd S=170Hz	PKP	Dumai R , Sumatera	INS
6377,50	CW		USU		RUS
6377,70	*STANAG 4481*	*B=75Bd S=850Hz*		*G F Gibraltar*	*GIB*
6379,00	CW		4XZ	ISR N Haifa	ISR
6380,00	CW		TIM	Limon R	CTR
6382,20	*STANAG 4285*	*B=2400Bd*	*PBC*	*NLD N Goeree Island*	*HOL*
6382,50	PACTOR II	B=200Bd S=200Hz	ZMH302	Xacero, Auckland	NZL
6383,60	BAUDIT 1,5 STB	B=97,5Bd S=1100Hz	OSN	BEL N Oostende	BEL
6385,00	USB		302**	MMR MIL net	MMR
6385,00	USB		202**	MMR Mil net	MMR
6385,00	USB		402**	MMR MIL net	MMR
6385,00	USB		502**	MMR MIL net	MMR

Frequency	Mode	Mode Parameter	Callsign	User	Country
6385,00	USB		602**	MMR MIL net	MMR
6385,00	USB		606**	MMR MIL net NCS	MMR
6385,00	USB		310**	MMR MIL net	MMR
6385,00	USB		311**	MMR MIL net	MMR
6385,00	USB		312**	MMR MIL net	MMR
6385,00	USB		313**	MMR MIL net	MMR
6385,00	USB		314**	MMR MIL net	MMR
6385,00	USB		315**	MMR MIL net	MMR
6385,00	USB		316**	MMR MIL net	MMR
6385,00	USB		317**	MMR MIL net	MMR
6385,00	USB		318**	MMR MIL net	MMR
6385,00	BAUDOT	B=75Bd S=850Hz	FUO	F N Toulon	F
6386,50	CW		VTO3	IND N Vishakapatnam	IND
6390,00	CW		AQP4	PAK N Karachi	PAK
6390,00	*ALE USB*	*B=125Bd Ch=8 ChS=250Hz*		*TUN MIL net*	*TUN*
6391,00	CW		OSN46	BEL N Oostende	BEL
6391,00	CW		AQP	PAK N Karachi	PAK
6391,00	BAUDOT	B=75Bd S=850Hz	CTP	POR N Oeiras	POR
6391,00	ALE USB	B=125Bd Ch=8 ChS=250Hz			
6391,20	*STANAG 4285*	*B=2400Bd*		*Gdansk*	*POL*
6392,00	J MFSK8	B=100Bd Ch=8 ChS=300Hz			
6393,50	BAUDOT	B=50Bd S=170Hz	UDK	Murmansk R	RUS
6398,00	BAUDOT	B=75Bd S=850Hz	CTP	POR N Oeiras	POR
6400,00	CW		UON	Baku R	AZE
6400,00	ALE USB	B=125Bd Ch=8 ChS=250Hz			
6403,00	USB		PKC2	Plaju R , Sumatera	INS
6405,00	USB			CIS aero network day	CIS
6405,20	*STANAG 4285*	*B=2400Bd*		*NOR N Oslo*	*NOR*
6405,20	STANAG 4285	B=2400Bd	JWT	NOR N Stavanger	NOR
6408,00	MFSK	B=10Bd Ch=12 ChS=40Hz		AFS N	AFS
6408,70	*STANAG 4285*	*B=2400Bd*	*IBB*	*NATO Verona*	*I*
6411,00	CW		9LL	Freetown R	SRL
6412,00	ALE USB	B=125Bd Ch=8 ChS=250Hz		B N net	B
6413,00	BAUDOT	B=45,45Bd S=170Hz	OSN	BEL N Oostende	BEL
6413,00	*STANAG 4285*	*B=2400Bd*		*G MIL Crimond*	*G*
6414,50	FAX 120/576		JFW	Fukushima R	J
6414,50	FAX 120/576		JFC	Misaki R	J
6416,00	CW		UTQ	Kiev R	UKR
6416,50	*ALE USB*	*B=125Bd Ch=8 ChS=250Hz*		*G MIL net*	*G*
6416,50	J PSK	B=1500Bd		J MIL	J
6417,20	*STANAG 4285*	*B=2400Bd*	*PBC*	*NLD N Goeree Island*	*HOL*
6418,00	CW		VTP5	IND N Vishakhapatnam	IND
6418,00	BAUDOT	B=75Bd S=850Hz	VTP	IND N Viskakhapatam	IND
6418,50	MI 188-110B SER	B=2400Bd			
6420,00	SITOR	B=100Bd S=170Hz	PWZ33	B N Rio de Janeiro	B
6422,00	ALE USB	B=125Bd Ch=8 ChS=250Hz		MDA police net	MDA
6423,00	CW		LZL3	Bourgas R	BUL
6423,00	CW			RUS HFDF net	RUS
6425,00	*ALE USB*	*B=125Bd Ch=8 ChS=250Hz*		*G MIL net*	*G*
6425,30	STANAG 4538	B=2400Bd			
6427,00	CW		LYK	Klaipeda R	LTU
6428,50	CW		PKE5	Ternate R , Maluku	INS
6428,50	CW		PKM	Bitung R , Sulawesi	INS

Frequency	Mode	Mode Parameter	Callsign	User	Country
6428,50	LINK 11	B=2250Bd			
6429,20	STANAG 4285	B=2400Bd	JWT	NOR N Stavanger	NOR
6430,00	SITOR , CW	B=100Bd S=170Hz	UFH	Petrapavlovsk-Kamchatskii R	RUS
6430,00	CW		URA2	Nikolayev R	UKR
6430,00	CW		ESP	Parnu R.	
6430,50	CW		V**	RUS N Tashkent	RUS
6431,80	STANAG 4538	B=2400Bd			
6431,80	M/S 1,0	B=50Bd S=850Hz		F N	F
6432,00	USB		USI	Kherson R	UKR
6435,50	*PACTOR III , CW*	*B=200Bd S=200Hz*	*DAO36*	*Kiel Radio*	*D*
6436,00	CW		XSG	Shanghai R	CHN
6439,20	*STANAG 4285*	*B=2400Bd*	*PBC*	*NLD N Goeree Island*	*NLD*
6443,00	DGPS SC104	B=300,1Bd S=200Hz			
6444,50	J PSK	B=1500Bd		J MIL	J
6445,50	FAX 90/120/576			Murmansk M	RUS
6445,50	ALE USB	B=125Bd Ch=8 ChS=250Hz			
6449,50	BAUDOT	B=75Bd S=850Hz	PWZ33	B N Rio de Janeiro	B
6450,00	ALE USB	B=125Bd Ch=8 ChS=250Hz		Guardia di Finanza net	I
6450,00	USB			Guardia di Finanza net	I
6450,00	USB			ARM MIL net	ARM
6450,20	SITOR B	B=100Bd S=170Hz	PWZ33	B N Rio de Janeiro	B
6452,00	CIS MFSK 64	B=40Bd Ch=64 ChS=46Hz			RUS
6454,50	ALE USB	B=125Bd Ch=8 ChS=250Hz		F N net	F
6456,00	CW		XSG	Shanghai R	CHN
6456,00	CW		H0E		
6456,00	CW		RCV	RUS NHQ Sevastopol	UKR
6456,00	CW		RQN3	RUS N CHMS Sevastopol	UKR
6456,30	*STANAG 4285*	*B=2400Bd*	*EBA*	*E N Madrid*	*E*
6456,50	CW		PKN2	Balikpapan R , Kalimantan	INS
6461,00	8181	B=40,5Bd S=200Hz		RUS MIL	RUS
6463,50	BAUDOT	B=75Bd S=170Hz	FUM	F N Papeete , Tahiti	OCE
6467,00	CW		VTD	IND N	IND
6467,00	CW		VTG5	IND N Bombay	IND
6469,00	PACTOR , CW	B=100Bd S=200Hz	SAP	Marinecom Malmoe	S
6470,00	CW		UWS3	Kiev R	UKR
6470,00	CW		UYT2	Kiev R	UKR
6470,50	PACTOR	B=200Bd S=170Hz	SAP	Marinecom Malmoe R	S
6471,00	USB		SXA24	GRC N Piraeus	GRC
6471,00	USB			POL MIL	POL
6474,00	CW		KSM	Maritime Radio Historical Society	USA
6475,00	CW		LYK	Klaipeda R	LTU
6475,20	*STANAG 4285*	*B=2400Bd*		*G MIL Akrotiri*	*CYP*
6480,00	ALE USB	B=125Bd Ch=8 ChS=250Hz		ALG F net	ALG
6480,00	CW		TBH3	TUR N Golcuk	TUR
6480,00	SSB			RDARA 14	
6481,00	CW		9MB3	MLA N Georgtown , Penang Island	MLA
6483,00	BAUDOT	B=75Bd S=850Hz	PBB	HOL N Den Helder	HOL
6483,00	BAUDOT	B=50Bd S=850Hz	9MB	MLA N Johore Bahru	MLA
6483,00	BAUDOT	B=50Bd S=850Hz	9MR	MLA N Johor Baharu	MLA
6484,00	CW		LZL3	Bourgas R	BUL
6486,00	ALE USB	B=125Bd Ch=8 ChS=250Hz		USA F net	
6489,00	STANAG 4481	B=50Bd S=850Hz	NSS	USA N Davidsonville , MD	USA
6491,00	CW			RUS Operational Strategic Command Air Defense net	RUS
6491,50	CW		PKD5	Benoa R , Bali	INS
6491,50	CW		PKC	Palembang R , Sumatera	INS

Frequency	Mode	Mode Parameter	Callsign	User	Country
6491,50	CW		PKC3	Jambi R , Sumatera	INS
6491,50	CW		PKZ2	Cirebon R , Jawa	INS
6493,70	*STANAG 4285*	*B=2400Bd*		*Athens*	*GRC*
6496,00	BAUDOT	B=75Bd S=500Hz	CFH	CAN F Halifax	CAN
6496,40	FAX 120/576		CFH	CAN F Halifax	CAN
6498,10	*STANAG 4285*	*B=2400Bd*	*PBC*	*NLD N Goeree Island*	*HOL*
6499,90	CW		PKY5	Merauke R , Irian Jaya	INS
6500,00	ALE LSB	B=125Bd Ch=8 ChS=250Hz		ALG police net	ALG
6500,00	ALE USB	B=125Bd Ch=8 ChS=250Hz		NIG oilfield net	NIG
6501,00	USB		CBV	Valpariso R	CHL
6501,00	USB		XSL	Fuzhou R	CHN
6501,00	USB		PKX	Jakarta R , Jawa	INS
6501,00	USB		NMA	USA CG Miami , FL	USA
6501,00	USB		NMG	USA CG New Orleans , LA	USA
6501,00	USB		NMF	USA CG Boston , MA	USA
6501,00	USB		NMN	USA CG Portsmouth , VA	USA
6501,00	USB			USA CG Point Reyes	USA
6501,00	CW		EQN	Khomeini R	IRN
6501,00	SSB			CS Ch 601	
6501,00	SSB		4PB	Colombo R	CLN
6501,00	SSB		CKN	CAN F Vancouver	CAN
6501,00	USB		PKR3	Cilacap R , Jawa	INS
6501,00	USB		PKY4	Sorong R , Irian Jaya	INS
6501,00	SSB		SVO31	Olympia R	GRC
6501,00	SSB		V5W	Walvis Bay R	NMB
6501,00	USB		VFA	Inuvik R	CAN
6501,00	USB		XSG	Shanghai R	CHN
6501,00	USB			USA CG Honolulu	HWA
6501,00	USB		XSJ	Zhanjiang R	CHN
6501,00	CHN 4+4	B=75Bd Ch=8 ChS=300/450Hz		CHN MIL	
6504,00	USB		LZW	Varna R	BUL
6504,00	USB		UFM3	Nevelsk R	RUS
6504,00	USB		EQJ	Chahbahar R	IRN
6504,00	USB			Lisbon R	POR
6504,00	USB			Cape Town R	AFS
6504,00	USB			San Lorenzo R	EQA
6504,00	USB		HCY	Ayora R , Santa Cruz	EQA
6504,00	USB			Cristobal R	EQA
6504,00	USB			Floreana R , Santa Maria	EQA
6504,00	USB			Seymour R , Baltra	EQA
6504,00	USB			Villamil R , Isabela	EQA
6504,00	SSB			CS Ch 602	
6504,00	USB		3DP	Suva R	FJI
6504,00	SSB		9GX	Tema R	GHA
6504,00	SSB		CFH	CAN F Halifax	CAN
6504,00	USB		PKC4	Panjang R , Sumatera	INS
6504,00	USB		PKD3	Lembar R , Lombok	INS
6504,00	USB		PKG	Bandjarmasin R , Kalimantan	INS
6504,00	USB		PKY5	Merauke R , Irian Jaya	INS
6504,00	USB		HCG	Guayaquil R	EQA
6504,00	SSB		V5W	Walvis Bay R	NMB
6504,00					
6504,00	MHF-50 MODEM	B=54,3Bd Ch=32 ChS=64,5Hz	ZSJ	AFS N Capetown	AFS
6504,00	ALE USB	B=125Bd Ch=8 ChS=250Hz			
6504,50	ALE USB	B=125Bd Ch=8 ChS=250Hz			
6506,40	USB		PKX	Jakarta R , Jawa	INS

Frequency	Mode	Mode Parameter	Callsign	User	Country
6507,00	USB		UDK2	Murmansk R	RUS
6507,00	USB		VMC	Charleville M	AUS
6507,00	USB		EQC	Amirabad R	IRN
6507,00	USB		3BM	Mauritius R	MAU
6507,00	USB		YQI	Constanta R	ROU
6507,00	USB		SDJ	Stockholm R	S
6507,00	CW		USI	Kherson R	UKR
6507,00	USB		VFF	Iqaluit R	CAN
6507,00	USB		HSA	Bangkok R	THA
6507,00	USB		LSD836	Argentina R	ARG
6507,00	USB		ZBR	Bermuda Harbour R	BER
6507,00	USB		UFL	Vladivostok R	RUS
6507,00	SSB		UTQ	Kiev R	UKR
6507,00	USB		XVN	Nhatrang R	VTN
6507,00	SSB			CS Ch 603	
6507,00	USB		5BA	Cyprus R	CYP
6507,00	SSB		SVO32	Olympia R	GRC
6507,00	SSB		TUA	Abidjan R	CTI
6507,00	BAUDOT	B=50Bd S=1000Hz	VTP4	IND N Vishakhapatnam	IND
6507,00	CW		JFH	Hammajima Fishery R	J
6507,00	CW		ZRQ3	AFS N Capetown	AFS
6507,00	BAUDOT	B=50Bd S=850Hz	VTP	IND N Vishakhapatnam	IND
6509,00	ALE USB	B=125Bd Ch=8 ChS=250Hz			
6510,00	USB		EQL	Anzali R	IRN
6510,00	USB		PKE5	Ternate R , Maluku	INS
6510,00	USB		CBV	Valpariso R	CHL
6510,00	USB		P2M	Port Moresbay R	PNG
6510,00	USB		PKY23	Fak Fak R	INS
6510,00	USB		XVS	Ho Chi Minh R	VTN
6510,00	USB		PKD5	Benoa R , Bali	INS
6510,00	SSB			CS Ch 604	
6510,00	USB		PKB3	Sibolga R , Sumatera	INS
6510,00	USB		PKF3	Kendari R	INS
6510,00	USB		PKG	Bandjarmasin R , Kalimantan	INS
6510,00	USB		PKK	Kupang R , Timor	INS
6510,00	USB		PKM25	Tahuna R	INS
6510,00	USB		PKN	Balikpapan R , Kalimantan	INS
6510,00	USB		PKP38	Batu Ampar R	INS
6510,00	SSB		PKR		
6510,00	USB		PNK	Jayapura R , Irian Jaya	INS
6510,00	SSB		TAH	Istanbul R	TUR
6510,00	USB		XSQ	Guangzhou R	CHN
6510,00	USB		PKZ34	Cigading R , Jawa	INS
6510,00	USB		PKY3	Manokwari R , Irian Jaya	INS
6510,00	USB		PKM	Bitung R , Sulawesi	INS
6510,00	USB		PKM44	Pantolan R , Sulawesi	INS
6510,00	USB		A4M	Muscat R	OMA
6510,00	USB		PKJ28	Sei Kolak Kijang R	INS
6510,00	PACTOR III	B=100Bd S=200Hz	DBAT	D SAR vessel HANS HACKMACK	D
6510,00	USB		DBAT	D SAR vessel HANS HACKMACK	D
6510,00	USB		DCA	MRCC Bremen Rescue	D
6510,00	PACTOR III	B=100Bd S=200Hz	DCA	MRCC Bremen Rescue	D
6512,50	USB		PKC5	Pangkal Balam R	INS
6512,60	USB		PKI2	Jakarta R	INS
6513,00	USB		EQO	Now Shar R	IRN
6513,00	USB		STP	Port Sudan R	SDN
6513,00	USB		SDJ	Stockholm R	S
6513,00	DSC	B=100Bd S=170Hz	HLS	Seoul R	KOR
6513,00	USB		VOK	Labrador R	CAN
6513,00	USB		HCY	Ayora R , Santa Cruz	EQA
6513,00	USB		PKO	Tarakan R , Kalimantan	INS

Frequency	Mode	Mode Parameter	Callsign	User	Country
6513,00	CW		EQM	Bushehr R	IRN
6513,00	USB		XVR	Vung Tau R	VTN
6513,00	SSB			CS Ch 605	
6513,00	USB		PKA	Sabang R , We	INS
6513,00	USB		PKP2	Telukbayur R , Sumatera	INS
6513,00	SSB		SUH	Alexandria R	EGY
6513,00	SSB		USO6	Izmail R	UKR
6513,00	SSB		ETC	Assab R	ETH
6513,00	USB		PKS	Pontanak R , Kalimantan	INS
6513,00	USB			Benete R , Sumbawa	INS
6514,50	MIL 188-110B SER	B=2400Bd		POL MIL net	POL
6514,50	ALE USB	B=125Bd Ch=8 ChS=250Hz		POL MIL net	
6515,70	USB		PKB	Belawan R , Sumatera	INS
6516,00	USB		CBV	Valpariso R	CHL
6516,00	SSB			CS Ch 606	
6516,00	SSB		4PB	Colombo R	CLN
6516,00	USB		CBM	Magallanes Zonal R	CHL
6519,00	USB		LSD836	Argentina R	ARG
6519,00	USB		JNA	J CG HQ Tokyo	J
6519,00	USB		UFL	Vladivostok R	RUS
6519,00	USB		OYR	Aasiaat R	GRL
6519,00	SSB			CS Ch 607	
6519,00	USB		WLO	Mobile R , AL	USA
6519,00	ALE USB	B=125Bd Ch=8 ChS=250Hz			
6521,90	USB		CWF	Punta Carretas R	URG
6521,90	USB		PKC5	Pangkal Balam R	INS
6522,00	ALE USB	B=125Bd Ch=8 ChS=250Hz		ALB MOI net	ALB
6522,00	USB		OYR	Aasiat R	GRL
6522,00	USB			Tiksi MRSC	RUS
6522,00	USB		LSD836	Argentina R	ARG
6522,00	USB		UFH	Petrapavlovsk-Kamchatskii R	RUS
6522,00	USB		XVG	Hai Phong R	VTN
6522,00	USB		XSR	Haikou R	CHN
6522,00	SSB			CS Ch 608	
6522,00	USB		UGC	St. Petersburg R	RUS
6522,00	CLOVER 2000	B=500Bd Ch=8 ChS=250Hz	RLK7	Arkchangelsk R	RUS
6522,00	ALE USB	B=125Bd Ch=8 ChS=250Hz		MDA police net	MDA
6524,00	ALE USB	B=125Bd Ch=8 ChS=250Hz			
6525,00	CW		4XZ	ISR N Haifa	ISR
6526,00	SSB			Bridgetown Air	BRB
6526,00	SSB			Jamaica Air , Kingston	JMC
6526,00	SSB			RDARA 12G	
6526,00	SSB			RDARA 14F	
6526,00	SSB			RDARA 2A	
6526,00	SSB			RDARA 2B	
6526,00	SSB			RDARA 3A	
6526,00	SSB			RDARA 4A	
6526,00	SSB			RDARA 6F	
6529,00	SSB			RDARA 3B	
6529,00	SSB			RDARA 6G	
6529,00	ALE USB	B=125Bd Ch=8 ChS=250Hz			
6529,00	HFDL	B=1800Bd	H17**	Telde , Gran Canaria	E
6532,00	SSB			Agana Air	GUM
6532,00	SSB			Barranquilla Air	CLM
6532,00	SSB			Bogota Air	CLM
6532,00	SSB			Carozal Air	CLM

Frequency	Mode	Mode Parameter	Callsign	User	Country
6532,00	SSB			Hongkong Air	HKG
6532,00	SSB			Manila Air	PHL
6532,00	SSB			Medellin Air	CLM
6532,00	SSB			Monteria Air	CLM
6532,00	SSB			MWARA CWP	CWP
6532,00	SSB			Naha Air	J
6532,00	SSB			Port Moresby Air	PNG
6532,00	SSB			RDARA 12F	
6532,00	SSB			RDARA 2A	
6532,00	SSB			RDARA 2B	
6532,00	SSB			RDARA 3A	
6532,00	SSB			RDARA 4A	
6532,00	SSB			San Andres Air	SAP
6532,00	SSB			Seoul Air	KOR
6532,00	SSB			Tokyo Air	J
6532,00	SSB			Valledupar Air	CLM
6532,00	SSB		KVM70	Honululu Air	HWA
6532,00	HFDL	B=1800Bd	H07**	Shannon	IRL
6532,50	ALE USB	B=125Bd Ch=8 ChS=250Hz			
6533,00	SSB			Bangalore Air	IND
6533,00	SSB			Mumbai Air	IND
6533,00	SSB			Calcutta Air	IND
6533,00	SSB			Hyderabad Air	IND
6533,00	SSB			Madras Air	IND
6533,00	SSB			Port Blair Air	ADM
6533,00	SSB			Vishakapatnam Air	IND
6535,00	SSB			Abidjan Air	CTI
6535,00	SSB			Baltra Air	GPG
6535,00	SSB			Bamako Air	MLI
6535,00	SSB			Bissau Air	GNB
6535,00	SSB			Canarias Air , Las Palmas	CNR
6535,00	SSB			Dakar Air	SEN
6535,00	SSB			Freetown Air	SRL
6535,00	SSB			Guayaquil Air	EQA
6535,00	SSB			MWARA SAT	SAT
6535,00	SSB			Quito Air	EQA
6535,00	SSB			RDARA 10D	
6535,00	SSB			RDARA 10A	
6535,00	SSB			RDARA 12C	
6535,00	SSB			RDARA 12J	
6535,00	SSB			RDARA 14B	
6535,00	SSB			RDARA 2C	
6535,00	SSB			RDARA 5D	
6535,00	SSB			RDARA 6G	
6535,00	SSB			RDARA 9C	
6535,00	SSB			Sal Air	CPV
6535,00	HFDL	B=1800Bd	H05**	Auckland	NZL
6535,00	HFDL	B=1800Bd	H06**	Hat Yai	THA
6535,00	USB			Luanda Air	AGL
6536,00	MIL 188-110B SER	B=2400Bd	SAA	Karlskrona R	S
6538,00	SSB			RDARA 11B	
6538,00	SSB			RDARA 3A	
6538,00	SSB			RDARA 3B	
6538,00	SSB			RDARA 9B	
6538,00	SSB			VOLMET AFI	AFI
6541,00	SSB			ARINC New York , NY	USA
6541,00	SSB			RDARA 10C	
6541,00	SSB			RDARA 13C	
6541,00	SSB			RDARA 14C	
6541,00	SSB			RDARA 2C	
6541,00	SSB			RDARA 6G	

Frequency	Mode	Mode Parameter	Callsign	User	Country
6544,00	SSB			RDARA 10D	
6544,00	SSB			RDARA 1C	
6544,00	SSB			RDARA 3A	
6544,00	SSB			RDARA 3B	
6544,00	SSB			RDARA 5A	
6544,00	SSB			RDARA 5C	
6544,00	SSB			RDARA 6C	
6547,00	SSB			RDARA 10B	
6547,00	SSB			RDARA 10E	
6547,00	SSB			RDARA 12E	
6547,00	SSB			RDARA 12J	
6547,00	SSB			RDARA 13F	
6547,00	SSB			RDARA 13K	
6547,00	SSB			RDARA 14A	
6547,00	SSB			RDARA 2A	
6547,00	SSB			RDARA 2C	
6547,00	SSB			RDARA 5D	
6547,00	SSB			RDARA 6G	
6547,00	SSB			RDARA 9B	
6550,00	SSB			Boing Co. , Seatlle , WA	USA
6550,00	SSB			RDARA 11B	
6550,00	SSB			RDARA 13J	
6550,00	SSB			RDARA 1B	
6550,00	SSB			RDARA 3A	
6550,00	SSB			RDARA 3C	
6550,00	SSB			RDARA 5B	
6550,00	SSB			RDARA 6D	
6553,00	SSB			Brisbane Air	AUS
6553,00	SSB			Faleolo Air	SMO
6553,00	SSB			Fuaamotu Air	TON
6553,00	SSB			Funafuti Air	TUV
6553,00	SSB			Honiara Air	SLM
6553,00	SSB			Nandi Air	
6553,00	SSB			Port Headland Air	AUS
6553,00	SSB			Port Vila Air	VUT
6553,00	SSB			RDARA 10	
6553,00	SSB			RDARA 12E	
6553,00	SSB			RDARA 12F	
6553,00	SSB			RDARA 13E	
6553,00	SSB			RDARA 13F	
6553,00	SSB			RDARA 13K	
6553,00	SSB			RDARA 14A	
6553,00	SSB			RDARA 2A	
6553,00	SSB			RDARA 2C	
6553,00	SSB			RDARA 4B	
6553,00	SSB			RDARA 6G	
6553,00	SSB			RDARA 9	
6553,00	SSB			Wallis Air	WAL
6556,00	USB			Brisbane Air	AUS
6556,00	SSB			Calcutta Air	IND
6556,00	SSB			Cocos Island Air	ICO
6556,00	SSB			Colombo Air	CLN
6556,00	SSB			Darwin Air	AUS
6556,00	SSB			Jakarta Air	INS
6556,00	SSB			Kathmandu Air	NPL
6556,00	SSB			Kuala Lumpur Air	MLA
6556,00	SSB			Kunming Air	CHN
6556,00	SSB			Madras Air	IND
6556,00	SSB			Male Air	MLD
6556,00	SSB			MWARA SEA	SEA
6556,00	SSB			Perth Air	AUS
6556,00	SSB			RDARA 10C	

Frequency	Mode	Mode Parameter	Callsign	User	Country
6556,00	SSB			RDARA 13C	
6556,00	SSB			RDARA 3A	
6556,00	SSB			RDARA 3C	
6556,00	SSB			Savannah Air	
6556,00	SSB			Singapore Air	SNG
6556,00	SSB			Ujung Pandang Air	INS
6556,00	SSB			Yangon Air	BRM
6559,00	HFDL	B=1800Bd	H01**	San Francisco , CA	USA
6559,00	SSB			Bangui Air	CAF
6559,00	SSB			Brazzaville Air	COG
6559,00	SSB			Douala Air	CME
6559,00	SSB			Johannesburg Air	AFS
6559,00	SSB			Kinshasa Air	ZAI
6559,00	SSB			Libreville Air	GAB
6559,00	SSB			Luanda Air	AGL
6559,00	SSB			Lumbumbashi Air	ZAI
6559,00	SSB			Malabo Air	GNE
6559,00	SSB			MWARA AFI	AFI
6559,00	SSB			RDARA 11B	
6559,00	SSB			RDARA 13J	
6559,00	SSB			RDARA 14D	
6559,00	SSB			RDARA 2A	
6559,00	SSB			RDARA 6G	
6559,00	SSB			Windhoek Air	NMB
6559,00	HFDL	B=1800Bd	H02**	Molokai , HI	HWA
6560,80	STANAG 4538	B=2400Bd			
6562,00	SSB			Manila Air	PHL
6562,00	SSB			RDARA 10D	
6562,00	SSB			RDARA 13C	
6562,00	SSB			RDARA 2B	
6562,00	SSB			RDARA 2C	
6562,00	SSB			Tokyo Air	J
6562,00	ALE USB	B=125Bd Ch=8 ChS=250Hz			
6565,00	SSB			Perth Air	AUS
6565,00	SSB			RDARA 11B	
6565,00	SSB			RDARA 14E	
6565,00	SSB			RDARA 2A	
6565,00	SSB			RDARA 4	
6565,00	SSB			RDARA 6G	
6565,00	HARRIS AVS	Ch=24 ChS=112,5Hz			
6565,00	HFDL	B=1800Bd	H02**	Molokai , HI	HWA
6565,00	ALE USB	B=125Bd Ch=8 ChS=250Hz			
6568,00	SSB			RDARA 10C	
6568,00	SSB			RDARA 13C	
6568,00	SSB			RDARA 2B	
6568,00	SSB			RDARA 2C	
6568,00	SSB			RDARA 3B	
6568,00	SSB			RDARA 6D	
6568,00	SSB			RDARA 7C	
6571,00	SSB			Irkutsk Air	RUS
6571,00	SSB			MWARA EA	EA
6571,00	SSB			Pyongyang Air	KRE
6571,00	SSB			RDARA 12C	
6571,00	SSB			Shanghai Air	CHN
6571,00	SSB			Ulan Bator Air	MNG
6571,00	SSB			Wuhan Air	CHN
6574,00	SSB			Asmara Air	ERT
6574,00	SSB			Cairo Air	EGY
6574,00	SSB			Khartoum Air	SDN

Frequency	Mode	Mode Parameter	Callsign	User	Country
6574,00	SSB			Mogadishu Air	SOM
6574,00	SSB			MWARA AFI	AFI
6574,00	SSB			RDARA 13I	
6574,00	SSB			RDARA 13M	
6574,00	SSB			RDARA 14D	
6574,00	SSB			RDARA 2A	
6574,00	SSB			RDARA 6G	
6574,00	SSB		ETD3	Addis Abbeba Air	ETH
6577,00	SSB			Barranquilla Air	CLM
6577,00	SSB			Boyeros Air	CUB
6577,00	SSB			Cenamer Air , Tegucigalpa	HND
6577,00	SSB			Maiquetia Air , Caracas	VEN
6577,00	SSB			MWARA CAR	CAR
6577,00	SSB		KEA5	New York Air	USA
6577,00	SSB			Panama Air	PNR
6577,00	SSB			Paramaribo Air	SUR
6577,00	SSB			Piarco Air	TRD
6577,00	SSB			RDARA 13E	
6577,00	SSB			RDARA 2B	
6577,00	SSB			RDARA 2C	
6577,00	SSB			RDARA 3B	
6577,00	SSB			RDARA 4B	
6577,00	SSB			RDARA 6D	
6577,00	SSB			San Andres Air	SAP
6577,00	SSB			San Jose Air	CTR
6577,00	SSB			Santo Domingo Air	DOM
6580,00	SSB			RDARA 10A	
6580,00	SSB			RDARA 13C	
6580,00	SSB			RDARA 13J	
6580,00	SSB			RDARA 13K	
6580,00	SSB			RDARA 14	
6580,00	SSB			RDARA 6G	
6580,00	SSB			RDARA 7E	
6580,00	SSB			RDARA 9C	
6580,00	SSB			VOLMET EUR	EUR
6583,00	SSB			RDARA 2	
6583,00	SSB			RDARA 3	
6583,00	SSB			RDARA 6E	
6586,00	SSB			Abidjan Air	CTI
6586,00	SSB			Accra Air	GHA
6586,00	SSB			Cotonou Air	BEN
6586,00	SSB			Douala Air	CME
6586,00	SSB			Kano Air	NIG
6586,00	SSB			Lagos Air	NIG
6586,00	SSB			Lome Air	TGO
6586,00	SSB			MWARA CAR	CAR
6586,00	SSB		KEA5	New York Air , NY	USA
6586,00	SSB			Niamey Air	NGR
6586,00	SSB			N`djamena Air	TCD
6586,00	SSB			Ouagadougou Air	BFA
6586,00	SSB			RDARA 13G	
6586,00	SSB			RDARA 14C	
6586,00	SSB			RDARA 2C	
6586,00	SSB			RDARA 6G	
6586,00	SSB			RDARA 7	
6586,00	SSB			Sao Tome Air	STP
6588,50	OFDM	B=2400Bd Ch=39 ChS=55Hz			
6589,00	ALE USB	B=125Bd Ch=8 ChS=250Hz			
6589,00	HFDL	B=1800Bd	H11**	Albrook	PNR
6589,00	SSB			Alma Ata Air	KAZ

Frequency	Mode	Mode Parameter	Callsign	User	Country
6589,00	SSB			Conakry Air	GUI
6589,00	SSB			Khabarovsk Air	RUS
6589,00	SSB			Moulmain Air	BRM
6589,00	SSB			RDARA 3	
6589,00	SSB			Sittwe Air	BRM
6589,00	SSB			Tomsk Air	RUS
6589,00	SSB			Yangon Air	BRM
6592,00	SSB			Irkutsk Air	RUS
6592,00	SSB			Jenisej Air	RUS
6592,00	SSB			MWARA NCA	NCA
6592,00	SSB			Novosibirsk Air	RUS
6592,00	SSB			RDARA 12C	
6595,00	SSB			Jakarta Air	INS
6595,00	SSB			Medan Air	INS
6595,00	SSB			Palembang Air	INS
6595,00	SSB			RDARA 1B	
6595,00	SSB			RDARA 3B	
6595,00	SSB			RDARA 3C	
6595,00	SSB			RDARA 5B	
6595,00	SSB			RDARA 6D	
6596,00	HFDL	B=1800Bd	H14**	Krasnoyarsk	RUS
6598,00	SSB			MWARA EUR	EUR
6598,00	SSB			RDARA 10B	
6598,00	SSB			RDARA 12E	
6598,00	SSB			RDARA 13H	
6598,00	SSB			RDARA 4B	
6598,00	SSB			RDARA 6G	
6598,00	SSB			RDARA 9B	
6600,00	ALE USB	B=125Bd Ch=8 ChS=250Hz			
6600,00	MIL 188-110B SER	B=2400Bd			
6601,00	SSB			RDARA 2	
6604,00	SSB		WSY70	New York VOLMET	USA
6604,00	SSB			Perth Air	AUS
6604,00	SSB			RDARA 10A	
6604,00	SSB			RDARA 13N	
6604,00	SSB			RDARA 14B	
6604,00	SSB			RDARA 1D	
6604,00	SSB			RDARA 6G	
6604,00	SSB			RDARA 7C	
6604,00	SSB			VOLMET NAT	NAT
6604,00	USB		VFG	Gander VOLMET	CAN
6607,00	SSB			RDARA 3A	
6607,00	SSB			RDARA 6A	
6607,00	SSB			RDARA 6B	
6607,00	CW		4XZ	ISR N Haifa	ISR
6610,00	USB		VNJ	Casey Base , AUS	ANT
6610,00	USB			AUS Davis Base	ANT
6610,00	USB			Macquarie Island , AUS	ANT
6610,00	USB			Mawson Base , AUS	ANT
6610,00	SSB			Brisbane Air	AUS
6610,00	SSB			RDARA 14F	
6610,00	SSB			RDARA 1D	
6610,00	SSB			RDARA 6G	
6613,00	SSB			RDARA 13G	
6613,00	SSB			RDARA 3A	
6613,00	SSB			RDARA 6A	
6613,00	SSB			RDARA 6B	
6616,00	SSB			Brisbane Air	AUS
6616,00	SSB			RDARA 12G	
6616,00	SSB			RDARA 14E	
6616,00	SSB			RDARA 4A	

Frequency	Mode	Mode Parameter	Callsign	User	Country
6616,00	SSB			RDARA 6G	
6617,00	SSB			Kiev VOLMET	UKR
6617,00	SSB			Moscow VOLMET	RUS
6617,00	SSB			Riga VOLMET	LVA
6617,00	SSB		RLAP	Rostov VOLMET	RUS
6617,00	SSB		UHD	St. Petersburg VOLMET	RUS
6618,00	*ISR N HYBRID MODEM*	*B=2400Bd*	*4XZ*	*ISR N Haifa*	*ISR*
6619,00	SSB			RDARA 3A	
6619,00	SSB			RDARA 6B	
6620,00	SSB			Port Blair Air	ADM
6622,00	SSB			MWARA NAT	NAT
6622,00	SSB			RDARA 12C	
6622,00	SSB			RDARA 13D	
6622,00	SSB			RDARA 6G	
6622,00	SSB			RDARA 7F	
6622,00	SSB			RDARA 9B	
6622,00	SSB			Shanwick Air	IRL
6622,00	SSB		VFG	Gander Air	CAN
6625,00	SSB			MWARA MID	MID
6625,00	SSB			RDARA 3B	
6628,00	SSB			MWARA NAT	NAT
6628,00	SSB		KEA5	New York Air	USA
6628,00	SSB			RDARA 12C	
6628,00	SSB			RDARA 13D	
6628,00	SSB			RDARA 13M	
6628,00	SSB			RDARA 14	
6628,00	SSB			RDARA 6G	
6628,00	SSB			RDARA 7E	
6628,00	USB		CSY	Santa Maria Air	AZR
6628,00	HFDL	B=1800Bd	H13**	Santa Cruz	BOL
6631,00	SSB			MWARA MID	MID
6631,00	SSB			RDARA 3B	
6631,00	SSB			RDARA 6C	
6631,00	SSB			Samara Air	RUS
6631,00	SSB			Samarkand Air	UZB
6631,00	SSB			Tashkent Air	UZB
6631,00	SSB			Tashkent Air	UZB
6631,00	SSB			Uralsk Air	KAZ
6634,00	SSB			RDARA 6G	
6635,00	ALE USB	B=125Bd Ch=8 ChS=250Hz			
6637,00	USB			LDOC Guam	GUM
6637,00	SSB			ARINC Miami , FL	USA
6637,00	SSB			ARINC Cedar Rapids	USA
6637,00	SSB			ARINC Houston , TX	USA
6637,00	SSB			Hongkong R	HKG
6637,00	SSB			W I	WW
6637,00	SSB			W II	WW
6637,00	SSB			W III	WW
6639,00	ALE USB	B=125Bd Ch=8 ChS=250Hz			
6640,00	USB			ARINC Santa Cruz	BOL
6640,00	USB			ARINC Guam	GUM
6640,00	USB			ARINC Hat Yai	THA
6640,00	SSB			ARINC New York , NY	USA
6640,00	SSB			ARINC San Francisco , CA	USA
6640,00	SSB			ARINC Borrow	ALS
6640,00	SSB			W II	WW
6640,00	SSB			W V	WW
6643,00	SSB			Berne R	SUI
6643,00	SSB			W I	WW

Frequency	Mode	Mode Parameter	Callsign	User	Country
6643,00	SSB			W IV	WW
6644,00	ALE USB	B=125Bd Ch=8 ChS=250Hz			
6646,00	SSB			W II	WW
6646,00	SSB			W V	WW
6646,00	HFDL	B=1800Bd	H04**	Riverhead , NY	USA
6646,00	SSB			MAFF London	G
6646,00	HFDL	B=1800Bd	H09**	Barrow , AK	ALS
6647,50	ALE USB	B=125Bd Ch=8 ChS=250Hz			
6649,00	SSB			Antofagasta Air	CHL
6649,00	SSB			Asuncion Air	PRG
6649,00	SSB			Baltra Air	GPG
6649,00	SSB			Bogota Air	CLM
6649,00	SSB			Ezeiza Air	ARG
6649,00	SSB			Guayaquil Air	EQA
6649,00	SSB			Iquitos Air	PRU
6649,00	SSB			La Paz Air	BOL
6649,00	SSB			Lima Air	PRU
6649,00	SSB			Mataveri Air	PAQ
6649,00	SSB			Montevideo Air	URG
6649,00	SSB			MWARA SAM	SAM
6649,00	SSB			Panama Air	PNR
6649,00	SSB			Puerto Montt Air	CHL
6649,00	SSB			Punta Arenas Air	CHL
6649,00	SSB			Quito Air	EQA
6649,00	SSB			RDARA 3A	
6649,00	SSB			RDARA 6G	
6649,00	SSB			Santa Cruz Air	BOL
6649,00	SSB			Santiago Air	CHL
6649,00	USB			Recife Air	B
6652,00	SSB			RDARA 6G	
6652,00	SSB			RDARA 7B	
6652,00	HFDL	B=1800Bd	H04**	Riverhead , NY	USA
6652,00	HFDL	B=1800Bd	H16**	Agana	GUM
6655,00	SSB			Anchorage Air	ALS
6655,00	SSB			Khabarovsk Air	RUS
6655,00	SSB			MWARA NP	NP
6655,00	SSB			RDARA 2B	
6655,00	SSB			RDARA 6E	
6655,00	SSB			Tokyo Air	J
6655,00	SSB		KVM70	Honululu Air	HWA
6655,00	SSB			Chennai Air	IND
6655,00	ALE USB	B=125Bd Ch=8 ChS=250Hz		ARS MOI net	ARS
6655,00	ALE USB	B=125Bd Ch=8 ChS=250Hz			
6658,00	SSB			RDARA 3C	
6658,00	SSB			RDARA 6A	
6661,00	USB			Mumbai Air	IND
6661,00	SSB			MWARA NP	NP
6661,00	SSB			RDARA 2B	
6661,00	SSB			RDARA 6E	
6661,00	HFDL	B=1800Bd	H04**	Riverhead , NY	USA
6664,00	SSB			RDARA 3C	
6664,00	SSB			RDARA 5A	
6664,50	ALE USB	B=125Bd Ch=8 ChS=250Hz			
6666,50	CHN 4+4	B=75Bd Ch=8 ChS=300/450Hz		CHN MIL	CHN
6667,00	SSB			Bangkok Air	THA
6667,00	SSB			Chiang Mai Air	THA

Frequency	Mode	Mode Parameter	Callsign	User	Country
6667,00	SSB			RDARA 1E	
6667,00	SSB			RDARA 2B	
6667,00	SSB			RDARA 6F	
6668,00	ALE USB	B=125Bd Ch=8 ChS=250Hz			
6669,00	ALE USB	B=125Bd Ch=8 ChS=250Hz			
6670,00	SSB			RDARA 3C	
6673,00	SSB			Abidjan Air	CTI
6673,00	SSB			ARINC San Francisco , CA	USA
6673,00	SSB			Bamako Air	MLI
6673,00	SSB			Bangui Air	CAF
6673,00	SSB			Conakry Air	GUI
6673,00	SSB			Dakar Air	SEN
6673,00	SSB			Freetown Air	SRL
6673,00	SSB			Monrovia Air	LBR
6673,00	SSB			MWARA AFI	AFI
6673,00	SSB			MWARA CEP	CEP
6673,00	SSB			NOAA Hurricane Center Miami , FL	USA
6673,00	SSB			Nouadhibou Air	MTN
6673,00	SSB			Nouakchott Air	MTN
6673,00	SSB			Ouagadougou Air	BFA
6673,00	SSB			RDARA 10F	
6673,00	SSB			RDARA 12D	
6673,00	SSB			RDARA 13D	
6673,00	SSB			RDARA 14B	
6673,00	SSB			RDARA 2A	
6673,00	SSB			RDARA 6G	
6673,00	USB			San Francisco Air , CA	USA
6673,00	USB			Norilsk Control	RUS
6673,20	ALE USB	B=125Bd Ch=8 ChS=250Hz			
6676,00	SSB		AXQ429	Australian Volmet	AUS
6676,00	SSB		HSD	Bangkok VOLMET	THA
6676,00	SSB			Mumbai VOLMET	IND
6676,00	SSB			Calcutta VOLMET	IND
6676,00	SSB			Karachi VOLMET	PAK
6676,00	SSB		9VA40	Singapore VOLMET	SNG
6676,00	SSB			AUS VOLMET Brisbane	AUS
6676,00	SSB			VOLMET SEA	SEA
6678,00	USB			UN MINURSO net	AOE
6678,00	CCIR 493-4	B=100Bd S=170Hz		UN MINURSO net	AOE
6678,00	ALE USB	B=125Bd Ch=8 ChS=250Hz		MTN net	MTN
6679,00	ALE USB	B=125Bd Ch=8 ChS=250Hz			
6679,00	USB			Auckland VOLMET	NZL
6679,00	SSB			Hongkong VOLMET	HKG
6679,00	SSB		JIA	Tokyo VOLMET	J
6679,00	SSB			VOLMET PAC	PAC
6679,00	SSB		KVM70	Honolulu VOLMET	HWA
6682,00	SSB			RDARA 6G	
6683,00	SSB			USAF McDill AFB , FL	USA
6685,00	USB			RUS AF net	RUS
6685,00	ALE USB	B=125Bd Ch=8 ChS=250Hz		USA AF net	
6685,00	USB		PRIRODNI J	RUS AF Butulirovka	RUS
6685,00	USB		KORSAR	RUS AF Pskov	RUS
6685,00	USB		KLARNETI ST	RUS AF Migalovo/Tver	RUS
6687,50	ALE USB	B=125Bd Ch=8 ChS=250Hz		F N net	

Frequency	Mode	Mode Parameter	Callsign	User	Country
6688,00	USB			F AF net	
6690,00	USB		DHN66	NATO Geilenkirchen	D
6690,00	ALE USB	B=125Bd Ch=8 ChS=250Hz			
6690,00	MIL 188-110B SER	B=2400Bd			
6691,00	ALE USB	B=125Bd Ch=8 ChS=250Hz		G MIL net	G
6693,00	SSB			CAN AF St. John`s	CAN
6693,00	SSB			CAN AF Trenton	CAN
6693,00	SSB			Jekaterinenburg VOLMET	RUS
6693,00	SSB			Kuybishev Air	RUS
6693,00	SSB			Novosibirsk Air	RUS
6693,00	SSB		RQCI	Samara VOLMET	RUS
6693,00	SSB			Sverdlovsk Air	RUS
6693,00	SSB		UBB2	Syktyvkar VOLMET	RUS
6693,00	SSB		RVPE	Tyumen VOLMET	RUS
6693,00	SSB			Yeniseysk Air	RUS
6693,00	STANAG 4197	B=2400Bd			
6693,00	MIL 188-110B 39TONE	B=2400Bd Ch=39 ChS=56,25Hz			
6694,00	SSB		CFH	CAN F Halifax	CAN
6694,00	SSB		CJU	CAN F Vancouver	CAN
6695,00	ALE USB	B=125Bd Ch=8 ChS=250Hz			
6697,50	ALE USB	B=125Bd Ch=8 ChS=250Hz		SNG N net	SNG
6699,00	STANAG 4481	B=75Bd S=850Hz			
6700,00	USB			Mauritius MRCC	MAU
6700,00	SSB			ARG AF Cordoba	ARG
6700,00	SSB		RYM4	URSI Moscow	RUS
6700,00	SSB		DHM91	D AF Münster	D
6701,00	SSB			Dhahran Air	ARS
6701,00	SSB			Riyadh Air	ARS
6701,00	SSB			Yanbu Air	ARS
6701,00	LINK 11	B=2250Bd			
6702,00	STANAG 4481	B=75Bd S=850Hz			
6705,00	SSB			Berne R	SUI
6705,00	SSB			CAN AF Alert	CAN
6705,00	SSB			CAN AF St. John`s	CAN
6705,00	SSB			CAN AF Trenton	CAN
6705,00	SSB		VXA	CAN F Edmonton	CAN
6705,00	SSB		CHR	CAN F Trenton	CAN
6705,50	*CIS 40,5-200*	*B=40,5Bd S=200Hz*		*UKR F Lvov*	*UKR*
6706,00	*ALE USB*	*B=125Bd Ch=8 ChS=250Hz*		*G MIL net*	*G*
6706,00	CW		RJE65	RUS N HQ Novorossiysk	RUS
6709,00	ALE USB	B=125Bd Ch=8 ChS=250Hz			
6710,00	LSB			GRC net	GRC
6710,00	ALE USB	B=125Bd Ch=8 ChS=250Hz			
6711,20	STANAG 4285	B=2400Bd			
6712,00	USB			USA AF Croughton	G
6712,00	SSB			F AF Paris	F
6712,00	SSB			USA AF Strategic Command	USA
6712,00	SSB		FDE	F AF Villacoublay	F
6712,00	HFDL	B=1800Bd	H03**	Reykjavik	ISL
6712,00	SSB			Puerto Rico	PTR
6712,00	ALE USB	B=125Bd Ch=8 ChS=250Hz		DNK F net	
6715,00	ALE USB	B=125Bd Ch=8 ChS=250Hz		USA AF net	
6715,00	SSB			I AF Rome	I

Frequency	Mode	Mode Parameter	Callsign	User	Country
6715,00	SSB		CHR	CAN F Trenton	CAN
6715,00	SSB		CJU	CAN F Vancouver	CAN
6715,00	SSB		DHM91	D AF Münster	D
6716,00	SSB		CFH	CAN F Halifax	CAN
6716,00	SSB		CJU	CAN F Vancouver	CAN
6717,00	ALE USB	B=125Bd Ch=8 ChS=250Hz		DNK AF net	
6718,00	*LINK 11 ISB*	*B=2250Bd*		*G AF*	*G*
6720,00	FAX 60/90/576		RPN71	Kiyev M	UKR
6721,00	ALE USB	B=125Bd Ch=8 ChS=250Hz		USA AF net	
6721,00	CW		LQA		
6722,00	ALE USB	B=125Bd Ch=8 ChS=250Hz		ROU F net	ROU
6722,00	MIL 188-110B SER	B=2400Bd		ROU F	ROU
6722,50	USB		IABH	I N ship Commandante Fascari	I
6722,50	USB		IAME	I N ship Maestrale	I
6723,00	SSB			NZL AF Auckland	NZL
6723,00	ALE USB	B=125Bd Ch=8 ChS=250Hz			
6724,00	ALE USB	B=125Bd Ch=8 ChS=250Hz		G AF net	
6726,00	SSB		AXF	AUS AF Sydney	AUS
6726,00	STANAG 4481	B=75Bd S=850Hz		USA N Cutler	USA
6727,00	USB		LBJ	NOR N Bodoe	NOR
6727,00	SSB		DHJ59	D N Wilhelmshaven	D
6727,00	SSB		PBV	HOL N Valkenburg	HOL
6729,00	CW			RUS N calling frequency	RUS
6730,00	ALE USB	B=125Bd Ch=8 ChS=250Hz		AUT MIL net	AUT
6730,00	SSB			Aktyubinsk VOLMET	KAZ
6730,00	SSB			Alma Ata VOLMET	KAZ
6730,00	SSB			Baku VOLMET	AZE
6730,00	SSB			Karaganda VOLMET	KAZ
6730,00	SSB		RDFG	Tashkent VOLMET	UZB
6730,00	SSB			Tbilisi VOLMET	GEO
6730,00	SSB		AFI	USAF McClellan AFB , Sacramento , CA	USA
6730,00	SSB		AFL	USAF Loring AFB , Limestone , ME	USA
6730,00	SSB		DHJ59	D N Wilhelmshaven	D
6730,00	ALE USB	B=125Bd Ch=8 ChS=250Hz			
6730,00	USB		DHJ78	D N Nordholz	D
6730,00	SSB		DHM91	D AF Münster	D
6731,70	SIEMENS CHX200 MODEM	B=250Bd S=200Hz			
6732,00	*STANAG 4481*	*B=75Bd S=850Hz*		*S Norway*	*NOR*
6733,00	*ALE USB*	*B=125Bd Ch=8 ChS=250Hz*		*G MIL net*	*G*
6733,00	USB		IDR	I N Rome	I
6733,00	USB			G AF TASCOMM	G
6736,00	SSB		CFH	CAN F Halifax	CAN
6737,00	SSB			E AF Madrid	E
6737,00	SSB			E AF Sevilla	E
6738,00	ALE USB	B=125Bd Ch=8 ChS=250Hz		ALG F net	ALG
6739,00	USB			USA AF Yokota AFB	J
6739,00	USB			USA AF Sigonella	I
6739,00	USB			USA AF McClellan AFB , Sacramento , CA	USA
6739,00	USB			USA AF Puerto Rico	PTR
6739,00	USB		AFS	USA AF Offutt AFB , Omaha , NE	USA
6739,00	SSB			USA AF Ascension AFB	ASC
6739,00	SSB		AFE	USA AF MacDill AFB , FL	USA
6739,00	SSB		AGA	USA AF Hickham AFB , Honolulu	HWA

Frequency	Mode	Mode Parameter	Callsign	User	Country
6739,00	SSB		AIE	USA AF Andersen AFB	GUM
6739,00	SSB		AIE	USA AF Andrews AFB , Camp Springs , MD	USA
6739,00	SSB		AKA	USA AF Elmendorf AFB , Anchorage	ALS
6739,00	SSB			USA AF Lajes	AZR
6739,00	ALE USB	B=125Bd Ch=8 ChS=250Hz			
6739,00	SSB			Puerto Rico	PTR
6741,50	SSB			RAF Buchan	G
6742,00	SSB			RAF Boulmer	G
6742,00	SSB			RAF Buchan	G
6742,00	SSB			RAF Neatishead	G
6745,00	SSB		CHR	CAN F Trenton	CAN
6745,00	ALE USB	B=125Bd Ch=8 ChS=250Hz		POL MSW net	POL
6745,00	ALE USB	B=125Bd Ch=8 ChS=250Hz		F AF net	F
6746,00	SSB			CAN AF Trenton	CAN
6746,00	SSB		CFH	CAN F Halifax	CAN
6746,00	SSB		CJX	CAN F St. John`s	CAN
6748,00	ALE USB	B=125Bd Ch=8 ChS=250Hz		I AF net	I
6750,00	ALE USB	B=125Bd Ch=8 ChS=250Hz			
6750,00	SSB		AFE	USAF MacDill AFB , FL	USA
6750,00	SSB		AFE83	USAF Ascension AB	ASC
6750,00	SSB		CUW	POR AF Lajes AFB	AZR
6750,00	CODAN CHIRP	B=80Bd Ch=30 ChS=81Hz			
6750,00	CODAN	B=2400Bd Ch=16 ChS=112,5Hz			
6751,00	USB			Cape Canaveral AFS , FL	USA
6751,00	SSB		CFH	CAN F Halifax	CAN
6751,00	ALE USB	B=125Bd Ch=8 ChS=250Hz			
6751,00	SSB		DHM91	D AF Münster	D
6751,00	MIL 188-110B 39TONE	B=2400Bd Ch=39 ChS=56,25Hz			
6751,50	*LINK 11 CLEW*	*B=2250Bd*		*NOR N near Oslo*	*NOR*
6753,00	SSB			Belawan Air	INS
6753,00	SSB			CAN AF Vancouver	CAN
6753,00	SSB		VXA	CAN F Edmonton	CAN
6754,00	SSB		CHR	CAN F Trenton	CAN
6754,00	SSB		CJU	CAN F Vancouver	CAN
6754,00	SSB		CJX	CAN F St. John`s	CAN
6755,00	CHN DATALINK	B=2400Bd Ch=30 ChS=75Hz		CHN N	CHN
6756,70	SITOR A	B=100Bd S=170Hz		EGY E Alger	ALG
6757,00	SSB			USA AF Strategic Command	USA
6758,40	*ALE USB*	*B=125Bd Ch=8 ChS=250Hz*		*TUN MIL net*	*TUN*
6759,00	*STANAG 4481*	*B=75Bd S=850Hz*		*G N Inskip*	*G*
6761,00	SSB			USA AF Strategic Command	USA
6761,00	ALE USB	B=125Bd Ch=8 ChS=250Hz		USA AF net	
6761,80	ALE USB	B=125Bd Ch=8 ChS=250Hz			
6764,20	*STANAG 4285*	*B=2400Bd*	*DHJ59*	*D N Wilhelmshaven*	*D*
6765,00	ALE USB	B=125Bd Ch=8 ChS=250Hz			
6765,00	SSB			USA AF MARS net	
6765,00	ALE USB	B=125Bd Ch=8 ChS=250Hz		USA SHARES net	USA
6765,20	*STANAG 4285*	*B=2400Bd*	*DHJ59*	*D N Wilhelmshaven*	*D*

Frequency	Mode	Mode Parameter	Callsign	User	Country
6766,00	SSB			USA National Guard	USA
6766,00	ALE USB	B=125Bd Ch=8 ChS=250Hz			
6767,00	ALE USB	B=125Bd Ch=8 ChS=250Hz			USA
6767,00	CW		RCC	Petropavlovsk R	RUS
6767,50	ALE USB	B=125Bd Ch=8 ChS=250Hz			
6768,00	ALE USB	B=125Bd Ch=8 ChS=250Hz			USA
6768,50	*CIS 1280 BD*	*B=1280Bd*		*UKR MIL Kiev*	*UKR*
6770,00	ALE USB	B=125Bd Ch=8 ChS=250Hz		F	F
6770,00	CODAN CHIRP	B=80Bd Ch=30 ChS=81Hz		MFA Cairo	EGY
6770,00	CODAN	B=2400Bd Ch=16 ChS=112,5Hz		MFA Cairo	EGY
6770,00	RS PSK	B=2400Bd			
6771,00	ALE USB	B=125Bd Ch=8 ChS=250Hz		ALB F net	ALB
6771,30	ALE USB	B=125Bd Ch=8 ChS=250Hz			
6771,70	SITOR A	B=100Bd S=170Hz		MFA Cairo	EGY
6771,70	SITOR A	B=100Bd S=170Hz		MFA Cairo	EGY
6771,80	STANAG 4538	B=2400Bd			
6772,00	ALE USB	B=125Bd Ch=8 ChS=250Hz			
6772,50	*LINK 11*	*B=2250Bd*		*G AF Upavon*	*G*
6773,00	ALE USB	B=125Bd Ch=8 ChS=250Hz			
6774,20	ALE USB	B=125Bd Ch=8 ChS=250Hz			
6775,00	ALE USB	B=125Bd Ch=8 ChS=250Hz			
6775,50	ALE USB	B=125Bd Ch=8 ChS=250Hz		POL MIL net	POL
6776,00	ALE USB	B=125Bd Ch=8 ChS=250Hz			
6776,70	2FSK	B=300Bd S=850Hz			
6777,00	CIS 1280 BD MODEM	B=1280Bd		RUS F	RUS
6777,20	STANAG 4285	B=2400Bd	DHJ59	D N Wilhelmshaven	D
6777,20	SSB		DHJ59	D N Wilhelmshaven	D
6777,50	ALE LSB	B=125Bd Ch=8 ChS=250Hz		GRC AF net	GRC
6778,00	ALE USB	B=125Bd Ch=8 ChS=250Hz			
6779,00	SSB		DHJ59	D N Wilhelmshaven	D
6779,00	RFSM8000	B=2400Bd			
6781,00	*STANAG 4285*	*B=2400Bd*		*G F Inskip*	*G*
6781,00	ALE USB	B=125Bd Ch=8 ChS=250Hz		F N net	F
6781,00	ALE USB	B=125Bd Ch=8 ChS=250Hz		F N net	F
6781,00	*STANAG 4285*	*B=2400Bd*		*G MIL St. Eval*	*G*
6781,20	*STANAG 4285*	*B=2400Bd*	*FUE*	*F N Brest*	*F*
6781,20	*STANAG 4285*	*B=2400Bd*		*G F Crimond*	*G*
6785,00	CODAN	B=2400Bd Ch=16 ChS=112,5Hz		MFA Cairo	EGY
6785,00	*CODAN*	*B=2400Bd Ch=16 ChS=112,5Hz*		*N UK, Thurso area*	*UK*
6785,00	CODAN CHIRP	B=80Bd Ch=30 ChS=81Hz		MFA Cairo	EGY

Frequency	Mode	Mode Parameter	Callsign	User	Country
6786,00	*STANAG 4285*	*B=2400Bd*		*G F Crimond*	*G*
6786,00	BAUDOT	B=50Bd S=500Hz	NT9P**		RUS
6786,70		B=100Bd S=170Hz		MFA Cairo	EGY
6786,70	SITOR A	B=100Bd S=170Hz		MFA Cairo	EGY
6787,00	CIS 200-1000	B=200Bd S=1000Hz Ch=1		RUS MIL INTEL	RUS
6788,00	CODAN	B=2400Bd Ch=16 ChS=112,5Hz		EGY E Rome	I
6788,00	SSB, RTTY			D army	D
6788,00	CODAN	B=2400Bd Ch=16 ChS=112,5Hz		MFA Cairo	EGY
6788,00	CODAN CHIRP	B=80Bd Ch=30 ChS=81Hz		MFA Cairo	EGY
6789,50	ALE USB	B=125Bd Ch=8 ChS=250Hz			
6789,70	SITOR A	B=100Bd S=162Hz		EGY E Rome	I
6790,00	ALE USB	B=125Bd Ch=8 ChS=250Hz		ALG oilfield net	ALG
6790,00	CODAN	B=2400Bd Ch=16 ChS=112,5Hz		MFA Cairo	EGY
6790,00	CODAN 8580 SELCALL	B=2400Bd Ch=30 ChS=81Hz			
6790,00	CODAN 8580 SELCALL	B=2400Bd Ch=30 ChS=81Hz			
6790,00	CODAN 8580 SELCALL	B=2400Bd Ch=30 ChS=81Hz			
6790,00	CODAN 8580 SELCALL	B=2400Bd Ch=30 ChS=81Hz			
6790,00	MIL 188-110B SER	B=2400Bd		G MIL	G
6790,00	CODAN CHIRP	B=80Bd Ch=30 ChS=81Hz		MFA Cairo	EGY
6790,00	USB		VKE237	AUS HF Radio Club	AUS
6791,00	LINK 11	B=2250Bd			
6791,00	MFSK	B=10Bd Ch=12 ChS=40Hz			
6791,00	CIS 200-1000	B=200Bd S=1000Hz Ch=1		RUS MIL INTEL	RUS
6791,00	CIS MFSK 20	B=20Bd Ch=20 ChS=40Hz		RUS INTEL	RUS
6791,00	CIS BAUDOT 1,5 STB	B=200Bd S=500Hz Ch=1		RUS INTEL	RUS
6791,70	SITOR A	B=100Bd S=170Hz		EGY E	
6791,70	SITOR A	B=100Bd S=170Hz		MFA Cairo	EGY
6794,00	CIS 200-1000	B=200Bd S=1000Hz Ch=1		RUS MIL INTEL	RUS
6795,00	*T600*	*B=50Bd S=500Hz*		*RUS N Kaliningrad*	*RUS*
6795,00	*ALE USB*	*B=125Bd Ch=8 ChS=250Hz*		*TUR Disaster and Emergency net*	*TUR*
6795,00	CIS ARQ	B=100Bd S=500Hz	RXZ32	RUS PTT	RUS
6796,00	USB		VKS737	AUS 4WD net	AUS
6797,00	MIL 188-110B SER	B=2400Bd		ROU STAR net	ROU
6800,00	ALE USB	B=125Bd Ch=8 ChS=250Hz		ROU MOI net	ROU
6800,00	CHN 4+4	B=75Bd Ch=8 ChS=300/450Hz		CHN MIL	
6800,00	ALE USB	B=125Bd Ch=8 ChS=250Hz		USA SHARES net	USA
6801,50	REVS	B=86,2Bd S=250Hz			
6801,50	ALE USB	B=125Bd Ch=8 ChS=250Hz		CAN F net	CAN
6803,00	ALE USB	B=125Bd Ch=8 ChS=250Hz		AT&T net	USA
6803,10	ALE USB	B=125Bd Ch=8 ChS=250Hz			USA

Frequency	Mode	Mode Parameter	Callsign	User	Country
6805,00	*STANAG 4285*	*B=2400Bd*		*G MIL Akrotiri*	*CYP*
6806,00	ALE USB	B=125Bd Ch=8 ChS=250Hz		ALG F net	ALG
6806,00	ALE USB	B=125Bd Ch=8 ChS=250Hz		USA Civil Air Patrol net	USA
6807,00	*FSK*			*UKR MIL Lvov*	*UKR*
6807,00	CIS BAUDOT 50-17	B=50Bd S=170Hz			RUS
6807,00	ALE USB	B=125Bd Ch=8 ChS=250Hz		ROU diplo net	ROU
6809,00	SSB			FEMA	USA
6809,00	SSB		WGY952	FEMA San Juan	USA
6809,00	SSB		WGY962	FEMA	USA
6810,00	CW			RUS HFDF net	RUS
6812,00	SSB		AFE	USAF MacDill AFB , FL	USA
6812,00	CW			RUS HFDF net	RUS
6812,00	ALE USB	B=125Bd Ch=8 ChS=250Hz			
6813,50	MAHRS	B=2400Bd			
6813,80	ARQE	B=46,15Bd S=170Hz		ARS AF	ARS
6815,00	ALE USB	B=125Bd Ch=8 ChS=250Hz			
6818,00					
6819,50	MAHRS	B=2400Bd			
6819,80	STANAG 4538	B=2400Bd			
6820,00	ALE USB	B=125Bd Ch=8 ChS=250Hz		ROU diplo net	
6820,00	CW			MFA Bucharest	ROU
6820,00	SSB			USAF Vandenberg AFB	USA
6820,00	USB			CIS aero network day	CIS
6820,00	ALE USB	B=125Bd Ch=8 ChS=250Hz		USA AF net	
6821,00	ALE USB	B=125Bd Ch=8 ChS=250Hz		LTU MIL net	LTU
6821,50	CW		PWZW	RUS Strategic Command Aerospace Defense	RUS
6822,40	SITOR B	B=100Bd S=170Hz	OLO32	Prague	CZE
6823,00	CIS MFSK 20	B=20Bd Ch=20 ChS=40Hz		RUS INTEL	RUS
6823,50	CW			RUS air defence net	RUS
6825,00	USB		VKJ	RFDS Meekathara	AUS
6825,00	CW		FAV22	F F Mont Valerien	F
6825,00	SSB			US Army MARS	
6825,00	ALE USB	B=125Bd Ch=8 ChS=250Hz			
6825,00	CW			RUS HFDF net	RUS
6826,00	SSB			USA AF Strategic Command	USA
6826,00	USB			LBY net	LBY
6827,00	CW		RIT	RUS NHQ Sveromorsk	RUS
6828,00	ASCII ARQ	B=100,17Bd S=500Hz		?RUS F	
6828,00	CIS BAUDOT 1,5 STB	B=200Bd S=500Hz Ch=1		RUS INTEL	RUS
6828,00	ALE USB	B=125Bd Ch=8 ChS=250Hz		ALB MOI net	ALB
6829,00	ALE USB	B=125Bd Ch=8 ChS=250Hz			
6829,50	IRN N QPSK ADAPTIVE	B=468Bd		IRN N	
6830,00	MHF-50 MODEM	B=54,3Bd Ch=32 ChS=64,5Hz		AFS N	AFS
6830,00	CIS ARQ	B=100Bd S=500Hz		RUS PTT Moscow	RUS

Frequency	Mode	Mode Parameter	Callsign	User	Country
6830,60	CIS 1280 BD MODEM	B=1280Bd		RUS F	RUS
6831,00	ALE USB	B=125Bd Ch=8 ChS=250Hz			
6832,00	CW		RMP	RUS NHQ Kaliningrad	RUS
6832,00	CW		RFK99	RUS N	RUS
6832,00	CW		RBES	RUS N ship SLIVA	RUS
6832,00	CW		RIB80	RUS N	RUS
6833,00	CIS 1280 BD MODEM	B=1280Bd		RUS F	RUS
6834,00	FAX 120/576		GYA	G N Northwood	G
6835,00	ALE USB	B=125Bd Ch=8 ChS=250Hz		ROU MIL net	ROU
6835,00	MIL 188-110B SER	B=2400Bd		ROU MIL net	ROU
6835,00	BAUDOT	B=200,33Bd S=500Hz			RUS
6836,00	CW		RMW46	RUS MIL	RUS
6837,00	CW		K4MT**		
6837,00	CW		NT9P**		RUS
6837,00	BAUDOT	B=50Bd S=500Hz			
6838,00	CIS BAUDOT 50-17	B=50Bd S=170Hz			RUS
6838,00	*ALE USB*	*B=125Bd Ch=8 ChS=250Hz*		*MLT N net*	*MLT*
6838,50	ALE USB	B=125Bd Ch=8 ChS=250Hz		HOL MIL net	HOL
6839,00	PACTOR	B=200Bd S=170Hz		USN MARS	
6839,00	CIS BAUDOT	B=186,87Bd S=500Hz			RUS
6840,00	ALE USB	B=125Bd Ch=8 ChS=250Hz			
6841,00	CIS 1280 BD MODEM	B=1280Bd		RUS F	RUS
6841,00	*CIS 200-1000*	*B=200Bd S=1000Hz Ch=1*		*RUS MIL INTEL Moscow*	*RUS*
6841,00	ALE USB	B=125Bd Ch=8 ChS=250Hz		USA F net	
6841,60	PACTOR III	B=100Bd S=200Hz		Praha	CZE
6842,00	*ALE USB*	*B=125Bd Ch=8 ChS=250Hz*		*POL MIL net*	*POL*
6842,00	USB			POL MIL net	POL
6842,00	CIS 200-1000	B=200Bd S=1000Hz Ch=1		RUS MIL INTEL	RUS
6842,70	*MIL 188-110B SER*	*B=2400Bd*		*S N Karlskrona*	*S*
6844,40	SITOR B	B=100Bd S=170Hz	OLO32	Prague	CZE
6844,50	ALE USB	B=125Bd Ch=8 ChS=250Hz			
6845,00	USB		VJJ	RFDS Charleville	AUS
6845,00	CW		F**	RUS N Vladivostok	RUS
6845,00	CIS 1280 BD MODEM	B=1280Bd		RUS F	RUS
6846,00	USB		DHJ42	D AF Landsberg	D
6846,00	CIS 200-1000	B=200Bd S=1000Hz Ch=1		RUS MIL INTEL	RUS
6848,00	ALE USB	B=125Bd Ch=8 ChS=250Hz		CHL N net	CHL
6848,40	SITOR B	B=100Bd S=170Hz	OLO32	Prague	CZE
6850,00	USB		VNJ	Casey Base , AUS	ANT
6850,00	USB			AUS Davis Base	ANT
6850,00	USB			Macquarie Island , AUS	ANT
6850,00	USB			Mawson Base , AUS	ANT
6850,00	ALE USB	B=125Bd Ch=8 ChS=250Hz			

Frequency	Mode	Mode Parameter	Callsign	User	Country
6851,00	CW		PRV	Preveza P	GRC
6851,00	ALE USB	B=125Bd Ch=8 ChS=250Hz			
6852,00	ALE USB	B=125Bd Ch=8 ChS=250Hz		Saudi Arabia net	ARS
6855,00	ALE USB	B=125Bd Ch=8 ChS=250Hz			
6855,00	MAHRS	B=2400Bd			
6856,00	BAUDOT	B=200Bd S=850Hz		RUS INTEL	RUS
6856,00	*PSK*	*B=2400Bd*		*POL MIL*	*POL*
6856,90	PACTOR II	B=200Bd S=200Hz	WXH	Annapolis , MD	USA
6857,00	SSB			MOD Moscow	RUS
6857,00	CIS 12	B=1440Bd Ch=12 ChS=200Hz			
6858,00	ALE USB	B=125Bd Ch=8 ChS=250Hz		USA Red Cross net	USA
6860,00	MIL 188-110B SER	B=2400Bd			
6860,00	ALE USB	B=125Bd Ch=8 ChS=250Hz		MDA police net	MDA
6860,00	USB			AUSTRAVEL safety net	AUS
6860,00	CW		RMW56	RUS MIL	RUS
6861,00	ALE USB	B=125Bd Ch=8 ChS=250Hz		CHL DC net	CHL
6862,00	BAUDOT	B=75Bd S=850Hz	OSN	BEL N Oostende	BEL
6864,00	ALE USB	B=125Bd Ch=8 ChS=250Hz			
6865,00	ALE USB	B=125Bd Ch=8 ChS=250Hz		G MIL net	G
6865,00	*ALE USB*	*B=125Bd Ch=8 ChS=250Hz*		*G MIL net*	*G*
6865,00	CIS ARQ	B=100Bd S=500Hz		RUS PTT	RUS
6865,00	ALE USB	B=125Bd Ch=8 ChS=250Hz			
6866,00	ALE USB	B=125Bd Ch=8 ChS=250Hz			
6866,00	CIS 50-500	B=50Bd S=500Hz		RUS	RUS
6867,00	ALE USB	B=125Bd Ch=8 ChS=250Hz			
6867,00	*CIS 200-1000*	*B=200Bd S=1000Hz Ch=1*		*RUS MIL INTEL Kaliningrad*	*RUS*
6867,00	SSB, RTTY			D army	D
6868,00	ALE USB	B=125Bd Ch=8 ChS=250Hz		ISR AF net	ISR
6868,00	ALE USB	B=125Bd Ch=8 ChS=250Hz		UI net	
6869,00	CODAN	B=2400Bd Ch=16 ChS=112,5Hz			
6870,00	ALE USB	B=125Bd Ch=8 ChS=250Hz		ROU MOI net	
6870,00	CIS 12	B=1440Bd Ch=12 ChS=200Hz			
6870,00	ALE USB	B=125Bd Ch=8 ChS=250Hz		VEN MIL net	VEN
6870,00	BPSK	B=1200Bd			
6870,50	CHN 4+4	B=75Bd Ch=8 ChS=300/450Hz		CHN MIL	CHN
6873,00	*ALE USB*	*B=125Bd Ch=8 ChS=250Hz*		*POL MIL net*	
6873,00	*MIL 188-110B SER*	*B=2400Bd*		*POL MIL net*	*POL*
6873,00	CW		RMP	RUS NHQ Kaliningrad	RUS
6873,00	*ALE USB*	*B=125Bd Ch=8 ChS=250Hz*		*POL MIL net*	*POL*
6873,00	*USB*			*POL MIL net*	*POL*

Frequency	Mode	Mode Parameter	Callsign	User	Country
6873,50	*ALE USB*	*B=125Bd Ch=8 ChS=250Hz*		*G MIL net*	*G*
6874,00	ALE USB	B=125Bd Ch=8 ChS=250Hz		E MOI net	E
6874,00	CW			RUS HFDF net	RUS
6875,00	ALE USB	B=125Bd Ch=8 ChS=250Hz			
6875,00	USB			G F SCC net	G
6875,00	USB		SDJ	Stockholm R	S
6877,00	*T600*	*B=50Bd S=250Hz*		*RUS N Murmansk*	*RUS*
6877,00	CW		RCB	RUS AF	RUS
6877,00	CW		RIT	RUS N HQ Sveromorsk	RUS
6878,00	CIS 75-250	B=75Bd S=250Hz		RUS N Moscow	RUS
6879,00	ALE USB	B=125Bd Ch=8 ChS=250Hz		F N net	F
6880,00	SSB			USN MARS	
6880,00	ALE USB	B=125Bd Ch=8 ChS=250Hz		MDA police net	MDA
6880,00	USB		VKJ	RFDS Meekathara	AUS
6880,00	CODAN	B=2400Bd Ch=16 ChS=112,5Hz			
6880,00	USB			UN MONUSCO net	UGA
6881,00	USB			RUS F	RUS
6881,50	ALE USB	B=125Bd Ch=8 ChS=250Hz			
6881,70	PACTOR	B=200Bd S=170Hz		USN MARS	
6883,00	IRN QPSK	B=207Bd		IRN N	IRN
6884,00	ALE USB	B=125Bd Ch=8 ChS=250Hz		LBY net	LBY
6885,00	CHN 4+4	B=75Bd Ch=8 ChS=300/450Hz		CHN MIL	CHN
6886,00	SSB			USA AF Strategic Command	USA
6887,50	CROWD 36	B=40Bd S=40Hz Ch=32 ChS=40Hz		RUS diplo	
6887,50	*CIS 12*	*B=1440Bd Ch=12 ChS=200Hz*		*RUS N Kaliningrad*	*RUS*
6889,70	SITOR A	B=100Bd S=170Hz		MFA Cairo	EGY
6890,00	ALE USB	B=125Bd Ch=8 ChS=250Hz		D MOI net	D
6890,00	USB		VJT	RFDS Carnarvon	AUS
6890,00	USB		VNZ	RFDS Pt. Augusta	AUS
6892,50	MAHRS	B=2400Bd			
6893,00	STANAG 4529	B=1200Bd			
6893,00	ALE USB	B=125Bd Ch=8 ChS=250Hz		ALB MIL net	ALB
6893,20	*STANAG 4285*	*B=2400Bd*	*PBC*	*NLD N Goeree Island*	*HOL*
6894,20	*STANAG 4285*	*B=2400Bd*	*PBC*	*NLD N Goeree Island*	*HOL*
6895,00	USB			CIS aero network day	CIS
6895,00	ALE USB	B=125Bd Ch=8 ChS=250Hz			
6895,20	BAUDOT	B=75Bd S=850Hz	PBB	NLD N Den Helder	HOL
6895,40	SITOR B	B=100Bd S=170Hz	OLO32	Prague	CZE
6897,00	ALE USB	B=125Bd Ch=8 ChS=250Hz		F N net	F
6897,70	PACTOR I	B=100Bd S=200Hz	CIMEL1**		
6897,70	PACTOR I	B=100Bd S=200Hz	CIMEL2**		
6897,70	PACTOR I	B=100Bd S=200Hz			
6897,80	PACTOR II	B=100Bd S=200Hz		MRC meteo	MRC
6898,00	ALE USB	B=125Bd Ch=8 ChS=250Hz		POL MIL net	POL
6899,00	ALE USB	B=125Bd Ch=8 ChS=250Hz			
6900,00					

Frequency	Mode	Mode Parameter	Callsign	User	Country
6900,00	ALE USB	B=125Bd Ch=8 ChS=250Hz		F diplo net	
6900,00	ALE USB	B=125Bd Ch=8 ChS=250Hz		MTN net	MTN
6900,00	*CIS 12*	*B=1440Bd Ch=12 ChS=200Hz*		*Moscow*	*RUS*
6902,50	ALE USB	B=125Bd Ch=8 ChS=250Hz			
6902,50	ALE USB	B=125Bd Ch=8 ChS=250Hz		USA diplo net	
6903,20	*STANAG 4285*	*B=2400Bd*		*G MIL St. Eval*	*G*
6903,50	*STANAG 4285*	*B=2400Bd*		*G MIL Crimond*	*G*
6904,00	ALE USB	B=125Bd Ch=8 ChS=250Hz		ISR AF net	ISR
6904,00	ALE USB	B=125Bd Ch=8 ChS=250Hz		USA net	
6905,00	USB		VNJ	Casey Base , AUS	ANT
6905,00	USB			AUS Davis Base	ANT
6905,00	USB			Macquarie Island , AUS	ANT
6905,00	USB			Mawson Base , AUS	ANT
6905,00	CW		RQO61	RUS MIL	RUS
6906,00	ALE USB	B=125Bd Ch=8 ChS=250Hz			
6908,00	8181	B=81Bd S=250Hz			
6908,50	ALE USB	B=125Bd Ch=8 ChS=250Hz		USA Defence Logistic Agency net	USA
6908,50	CHN 4+4	B=75Bd Ch=8 ChS=300/450Hz		CHN MIL	CHN
6909,00	ALE USB	B=125Bd Ch=8 ChS=250Hz		SVN MIL net	SVN
6910,00	USB		AEM1WF	USA MARS	
6910,00	USB		AEM1AD	USA Army MARS	D
6910,00	PACTOR I	B=100Bd S=200Hz	AEM1AD	USA Army MARS	D
6910,00	PACTOR I	B=100Bd S=200Hz	AEM1WF	USA Army MARS	
6910,50	SSB			USA National Guard	USA
6911,00	ALE USB	B=125Bd Ch=8 ChS=250Hz			
6911,40	SITOR B	B=100Bd S=170Hz			
6911,40	SITOR B	B=100Bd S=170Hz	OLO32	Prague	CZE
6911,50	ALE USB	B=125Bd Ch=8 ChS=250Hz		USA F net	USA
6912,00	CW		RBIZ	RUS N Repair Ship PM-138 Amur Class	RUS
6912,00	ALE USB	B=125Bd Ch=8 ChS=250Hz			
6915,00	ALE USB	B=125Bd Ch=8 ChS=250Hz			
6915,10	FAX 120/576		VCO	CAN CG Sydney	CAN
6917,00	FAX 120/576		CZW	Ice Patrol	CAN
6917,00	*STANAG 4481*	*B=300Bd S=850Hz*		*N Italy*	*I*
6917,50	CW		L**	RUS N St. Petersburg	RUS
6917,50	CW		P**	RUS N Kaliningrad	RUS
6918,00	CIS 75-250	B=75Bd S=250Hz			RUS
6918,00	ALE USB	B=125Bd Ch=8 ChS=250Hz			
6920,00	USB		VJC	RFDS Broken Hill	AUS
6920,00	ALE USB	B=125Bd Ch=8 ChS=250Hz		ROU MOI net	ROU
6921,00	ALE USB	B=125Bd Ch=8 ChS=250Hz		ALG F net	ALG
6922,00	ALE USB	B=125Bd Ch=8 ChS=250Hz			
6923,00	CW		RGK37	RUS N	RUS
6923,00	CW		RGL93	RUS N	RUS

Frequency	Mode	Mode Parameter	Callsign	User	Country
6924,00	ALE USB	B=125Bd Ch=8 ChS=250Hz			
6925,00	ALE USB	B=125Bd Ch=8 ChS=250Hz		ALG N net	ALG
6929,00	ALE USB	B=125Bd Ch=8 ChS=250Hz		?LTV F net	
6929,50	ALE USB	B=125Bd Ch=8 ChS=250Hz			
6930,70	ALE USB	B=125Bd Ch=8 ChS=250Hz			
6931,00	ISR N HYBRID MODEM	B=2400Bd		ISR N	ISR
6933,00	ALE USB	B=125Bd Ch=8 ChS=250Hz		ISR AF net	ISR
6934,00	CW			RUS HFDF net	RUS
6934,70	*STANAG 4285*	*B=2400Bd*	*IGJ*	*I N Augusta*	*I*
6935,00	CW			RUS Operational Strategic Command Air Defense net	RUS
6935,00	*CIS 100-500*	*B=100Bd S=500Hz*		*Area west Kaliningrad*	
6935,00	*CIS 14*	*B=96Bd S=500Hz*		*Riga*	
6935,00	ALE USB	B=125Bd Ch=8 ChS=250Hz		?CHN diplo net	
6936,00	CW		P**	RUS N Kaliningrad	RUS
6936,00	CW		RMP	RUS NHQ Kaliningrad	RUS
6937,00	ALE USB	B=125Bd Ch=8 ChS=250Hz			
6937,00	*M/S 1,0*	*B=75Bd S=200Hz*		*Area of Bobolice*	*POL*
6938,00	ALE USB	B=125Bd Ch=8 ChS=250Hz		ALB net	ALB
6942,50	ALE USB	B=125Bd Ch=8 ChS=250Hz			
6942,50	MIL 188-110B SER	B=2400Bd			
6944,00	*STANAG 4481*	*B=75Bd S=850Hz*		*I N Sicilia*	*I*
6945,00	USB			CIS aero network day	CIS
6945,00	USB		VJB	RFDS Derby	AUS
6946,40	SITOR B	B=100Bd S=170Hz	OLO32	Prague	CZE
6948,00	SYSTEME 3000	B=2400Bd		F	F
6948,00	ALE USB	B=125Bd Ch=8 ChS=250Hz		S MIL net	S
6949,00	CLOVER 2000	B=500Bd Ch=8 ChS=250Hz			
6950,00	CIS 12	B=1440Bd Ch=12 ChS=200Hz			
6950,00	ALE USB	B=125Bd Ch=8 ChS=250Hz			
6950,00	USB		VJD	RFDS Alice Springs	AUS
6950,00	CIS 200-1000	B=200Bd S=1000Hz Ch=1		RUS MIL INTEL	RUS
6950,00	CI 100-500	B=100Bd S=500Hz		RUS MIL Moscow	RUS
6950,50	MAHRS	B=2400Bd		D AF	D
6951,50	CW			RUS HFDF net	RUS
6952,00	ALE USB	B=125Bd Ch=8 ChS=250Hz		IRQ net	IRQ
6953,00	CODAN CHIRP	B=80Bd Ch=30 ChS=81Hz			
6953,00	PACTOR I	B=100Bd S=170Hz	F63HAA	FRONET	S
6953,00	PACTOR I	B=100Bd S=170Hz	F61HAA	FRONET	S
6953,00	PACTOR I	B=100Bd S=170Hz	F53HAA	FRONET	S
6953,00	PACTOR I	B=100Bd S=170Hz	F66HAA	FRONET	S
6953,00	PACTOR I	B=100Bd S=170Hz	F14HAA	FRONET	S
6953,00	PACTOR I	B=100Bd S=170Hz	F52HAA	FRONET	S
6953,00	PACTOR I	B=100Bd S=170Hz	F48HAA	FRONET	S
6953,00	PACTOR I	B=100Bd S=170Hz	F47HAA	FRONET	S

Frequency	Mode	Mode Parameter	Callsign	User	Country
6953,70	ALE USB	B=125Bd Ch=8 ChS=250Hz			
6955,00	ALE USB	B=125Bd Ch=8 ChS=250Hz		E MOI net	E
6957,00	PACTOR III	B=100Bd S=200Hz		DRK Hamburg	D
6957,00	PACTOR III	B=100Bd S=200Hz		DRK Bremen	D
6957,00	PACTOR III	B=100Bd S=200Hz	DEK3210	DRK München water rescue mobile	D
6957,00	PACTOR III	B=100Bd S=200Hz	DEK25	DRK Stuttgart	D
6957,00	PACTOR III	B=100Bd S=200Hz	DEK24	DRK Münster	D
6957,00	PACTOR III	B=100Bd S=200Hz	DEK38	DRK Potsdam	D
6957,00	PACTOR III	B=100Bd S=200Hz	DEK40	DRK Dresden	D
6957,00	PACTOR III	B=100Bd S=200Hz	DEK41	DRK Halle	D
6957,00	PACTOR III	B=100Bd S=200Hz	DEK2310	DRK	D
6957,00	ALE USB	B=125Bd Ch=8 ChS=250Hz		POL MSW net	POL
6957,00	ALE LSB	B=125Bd Ch=8 ChS=250Hz		D Red Cross net	D
6957,00	PACTOR III	B=100Bd S=200Hz	DEK2810	DRK Fritzlar	D
6957,00	PACTOR III	B=100Bd S=200Hz	DEK8810	DRK	D
6958,30	PACTOR II	B=100Bd S=200Hz		FRONET	S
6960,00	CW		P8K**		
6960,00	USB		VKL	RFDS Port Hedland	AUS
6961,00	ALE USB	B=125Bd Ch=8 ChS=250Hz		CAN MIL net	CAN
6962,00	T600	B=50Bd S=200Hz		RUS N Murmansk	RUS
6962,50	USB		DHJ83	D AF Cologne	D
6962,50	MIL 188-110B SER	B=2400Bd	DHJ83	D AF Cologne	D
6964,00	LINK 11	B=2250Bd		F AF	F
6965,00	USB		VJN	RFDS Cairns	AUS
6965,00	USB		VJJ	RFDS Charleville	AUS
6965,00	USB		VJI	RFDS Mount Isa	AUS
6966,00	ALE USB	B=125Bd Ch=8 ChS=250Hz		?ALG net	ALG
6967,50	USB			I CG net day	I
6967,50	USB		ICI03	I CG Fiumicino	I
6967,50	USB		ICI02	I CG Genova	I
6967,50	USB		ICI08	I CG Ravenna	I
6967,50	USB		ICI13	I CG Cagliari	I
6967,50	USB		ICI03	I CG Fiumicino	I
6967,50	USB		ICI07	I CG Ancona	I
6967,50	USB		ICI11	I CG Catania	I
6968,00	SSB			USN MARS	
6968,00	CW			RUS MIL net	RUS
6972,00	BAUDOT	B=50Bd S=500Hz		Moscow	RUS
6973,00	ALE USB	B=125Bd Ch=8 ChS=250Hz		SUI diplo net	
6973,00	CW			RUS HFDF net	RUS
6973,00	SSB, RTTY			D army	D
6974,00	*ALE USB*	*B=125Bd Ch=8 ChS=250Hz*		*POL MIL net*	*POL*
6974,00	*MIL 188-110B SER*	*B=2400Bd*		*POL MIL net*	*POL*
6974,00	ALE USB	B=125Bd Ch=8 ChS=250Hz			
6974,00	CHN OFDM 30TONE	B=1800Bd Ch=30 ChS=75Hz		CHN MIL	CHN
6978,00	CW		REA4	RUS AF HQ Moscow	RUS
6979,00	*CIS 200-1000*	*B=200Bd S=1000Hz Ch=1*		*RUS MIL INTEL Minsk*	*BLR*
6980,00	ALE USB	B=125Bd Ch=8 ChS=250Hz		CAN F net	CAN
6980,00	*4FSK*	*B=100Bd S=500Hz Ch=4 ChS=500Hz*		*Minsk*	
6981,00	ALE USB	B=125Bd Ch=8			USA

Frequency	Mode	Mode Parameter	Callsign	User	Country
		ChS=250Hz			
6981,00	CW			RUS MIL net	RUS
6982,00	*CW*		*4XZ*	*ISR N Haifa*	*ISR*
6982,00	ARQE	B=184,5Bd S=400Hz	RFFXL**	F F Naqoura	LBN
6983,00	ALE USB	B=125Bd Ch=8 ChS=250Hz		GEO network	GEO
6984,00	CIS 200-1000	B=200Bd S=1000Hz Ch=1		RUS MIL INTEL	RUS
6985,00	ALE USB	B=125Bd Ch=8 ChS=250Hz		USA F net	USA
6986,00	ALE USB	B=125Bd Ch=8 ChS=250Hz			
6986,40	SITOR B	B=100Bd S=170Hz	OLO32	Prague	CZE
6987,00	PACTOR III	B=100Bd S=200Hz	RSV25		RUS
6987,40	SITOR B	B=100Bd S=170Hz	OLO32	Prague	CZE
6988,00	CW			RUS MIL net	RUS
6989,00	CW		RAL2	RUS N	RUS
6989,00	CIS BAUDOT 1,5 STB	B=200Bd S=500Hz Ch=1		RUS INTEL	RUS
6989,00	CW		RHQ2	RUS N AF	RUS
6989,00	CW		RGH2	RUS N AF	RUS
6989,00	CW		RMW2	RUS N AF	RUS
6990,00	ALE USB	B=125Bd Ch=8 ChS=250Hz			
6990,00	CW		HAARP**	HAARP site Gakona	ALS
6990,00	ALE USB	B=125Bd Ch=8 ChS=250Hz		SVN MIL net	SVN
6990,50	ALE USB	B=125Bd Ch=8 ChS=250Hz		AUT F net	AUT
6991,00	LINK 11	B=2250Bd			
6991,00	STANAG 4481	B=75Bd S=850Hz	FUE	F N Brest	F
6992,00	THALES SKYMASTER ALE	B=125Bd Ch=8 ChS=250Hz			
6992,00	ALE USB	B=125Bd Ch=8 ChS=250Hz		G MIL net	G
6992,00	BAUDOT	B=50Bd S=500Hz			
6992,00	SSB			USA National Guard	USA
6992,50	PACTOR	B=200Bd S=170Hz		ICRC Geneva	SUI
6992,50	PACTOR	B=200Bd S=170Hz		ICRC Zagreb	HRV
6992,50	USB		MRV	G MIL cadets	G
6994,00	ALE USB	B=125Bd Ch=8 ChS=250Hz		POL MSW net	POL
6994,50	PR	B=300Bd S=170Hz	GLOBUS**		RUS
6994,50	PR	B=300Bd S=170Hz	STAVKA**		RUS
6995,00	ALE USB	B=125Bd Ch=8 ChS=250Hz			
6995,00	SSB			USA AF MARS	ALS
6996,00	ALE USB	B=125Bd Ch=8 ChS=250Hz			
6998,00	SSB		DEK30	DRK Mainz	D
6998,00	ALE USB	B=125Bd Ch=8 ChS=250Hz			
6998,00	SSB		DEK23	DRK Berlin	D
6998,00	SSB		DEK25	DRK Stuttgart	D
6998,00	SSB		DEK88	DRK	D
6998,50	PACTOR	B=100Bd S=200Hz	DEK88	DRK	D
6998,50	PACTOR	B=100Bd S=200Hz	DEK30	DRK Mainz	D
6998,50	PACTOR	B=100Bd S=200Hz	DEK25	DRK Stuttgart	D
6998,50	PACTOR	B=100Bd S=200Hz	DEK20	DRK	D
6999,00	SSB			USA MARS	
6999,00	MFSK16	B=62,5Bd S=15,625Hz Ch=16			

Frequency	Mode	Mode Parameter	Callsign	User	Country
7000,00	ALE USB	B=125Bd Ch=8 ChS=250Hz		I Carabinieri net	I
7000,00	CLOVER 2000	B=500Bd Ch=8 ChS=250Hz	2711**		
7000,00	*STANAG 4285*	*B=2400Bd*	*FUV*	*F N Djibouti*	*DJI*
7000,00	ALE USB	B=125Bd Ch=8 ChS=250Hz		LBY GMRA net	LBY
7000,00	ALE LSB	B=125Bd Ch=8 ChS=250Hz			
7000,00	ALE USB	B=125Bd Ch=8 ChS=250Hz		USA F net	
7000,00	CLOVER 2000	B=500Bd Ch=8 ChS=250Hz	TI1ME		
7000,00	CLOVER 2000	B=500Bd Ch=8 ChS=250Hz	SP1FT		
7000,00	ISR N HYBRID MODEM	B=2400Bd		ISR N	ISR
7000,00	CW		D**	Beacon Odessa	UKR
7010,00	ALE USB	B=125Bd Ch=8 ChS=250Hz		GEO network	GEO
7011,00	*CIS 12*	*B=1440Bd Ch=12 ChS=200Hz*		*RUS MIL Moscow*	*RUS*
7018,00	*CIS 50-1000*	*B=50Bd S=1000Hz*	*REA4*	*RUS AF HQ Moscow*	*RUS*
7018,00	CW		RIW	RUS NSHQ Moscow	RUS
7019,00	CW		RAL2	RUS N	RUS
7030,00	*CIS 12*	*B=1440Bd Ch=12 ChS=200Hz*		*Minsk*	*BLR*
7038,50	CW		O**	RUS N	
7038,80	CW		P**	RUS N Kaliningrad	RUS
7038,90	CW		S**	RUS N Severomorsk	RUS
7039,00	CW		D**	RUS N Odessa	UKR
7039,00	CW		C**	RUS N Moscow	RUS
7039,10	CW		A**	RUS N	
7039,20	CW		F**	RUS N Vladivostok	RUS
7039,30	CW		K**	RUS N Petropavlovsk Kamchatskiy	RUS
7039,40	CW		M**	RUS N Magadan	RUS
7040,20	ROS USB	B=1Bd Ch=144 ChS=15,625Hz		ROS frequency	USA
7050,00	ROS USB	B=1Bd Ch=144 ChS=15,625Hz		ROS frequency	
7054,00	*T600*	*B=50Bd S=200Hz*		*RUS N Novgorod*	*RUS*
7054,50	ROS USB	B=1Bd Ch=144 ChS=15,625Hz		ROS frequency	
7057,20	ROS USB	B=1Bd Ch=144 ChS=15,625Hz		ROS frequency	
7064,50	CW		H**		RUS
7071,00	ALE USB	B=125Bd Ch=8 ChS=250Hz			
7086,00	LSB			Weather & Cocktail net caribbean	
7107,00	ALE USB	B=125Bd Ch=8 ChS=250Hz			
7116,00	ALE USB	B=125Bd Ch=8 ChS=250Hz			
7117,00	LINK 11 SLEW	B=2400Bd			
7122,00	*CIS 75-250*	*B=75Bd S=250Hz*		*RUS MIL Smolensk*	*RUS*
7160,00	*ISR N HYBRID MODEM*	*B=2400Bd*	*4XZ*	*ISR N Haifa*	*ISR*
7160,00	ALE USB	B=125Bd Ch=8 ChS=250Hz			
7165,00	ALE USB	B=125Bd Ch=8 ChS=250Hz			
7196,00	CW			RUS MIL net	RUS
7197,00	*ALE USB*	*B=125Bd Ch=8*		*TUR Disaster and Emergency net*	*TUR*

Frequency	Mode	Mode Parameter	Callsign	User	Country
		ChS=250Hz			
7200,00	ALE USB	B=125Bd Ch=8 ChS=250Hz		USA F net	
7200,00	ALE LSB	B=125Bd Ch=8 ChS=250Hz			
7280,00	CW			RUS MIL net	RUS
7302,00	SSB			USA AF MARS	
7305,00	FAX 120/576		JMH2	Tokyo M	J
7305,00	SSB			USA AF MARS	PNR
7307,00	*STANAG 4285*	*B=2400Bd*		*NOR N Stavanger*	*NOR*
7312,00	SSB			USA AF MARS	HWA
7313,00	SSB			US Army MARS	
7313,50	SSB			USA AF MARS	
7315,00	SSB			USA AF MARS	HWA
7317,00	ALE USB	B=125Bd Ch=8 ChS=250Hz		USA AF net	USA
7317,00	ALE USB	B=125Bd Ch=8 ChS=250Hz		USA ShipCom net	USA
7319,00	*CIS 50-1000*	*B=50Bd S=500Hz*	*REA4*	*RUS AF HQ Moscow*	*RUS*
7324,00	SSB			USA AF MARS	
7327,50	PACTOR II	B=200Bd S=200Hz	WGM	Hollywood , FL	USA
7329,00	SSB			USA AF MARS	
7331,00	SSB			USA AF MARS	ALS
7335,00	CW , SSB		CHU	Ottawa TS	CAN
7346,00	ALE USB	B=125Bd Ch=8 ChS=250Hz			USA
7348,00	ALE USB	B=125Bd Ch=8 ChS=250Hz		USA FEMA net	USA
7348,00	SSB			FEMA	USA
7349,00	CCIR 493-4	B=100Bd S=170Hz		Net control	
7350,00	ALE USB	B=125Bd Ch=8 ChS=250Hz			
7351,40	PACTOR II	B=200Bd S=200Hz	WXH	Annapolis , MD	USA
7353,00	*CIS 50-1000*	*B=50Bd S=1000Hz*	*REA4*	*RUS AF Moscow*	*RUS*
7353,00	SSB, RTTY			D army	D
7357,00	SSB			USA AF MARS	
7358,00	SSB			US Army MARS	
7360,00	SSB			USA AF MARS	GUM
7360,00	ALE USB	B=125Bd Ch=8 ChS=250Hz			
7360,00	*STANAG 4285*	*B=2400Bd*		*G F Inskip*	*G*
7361,00	SSB			USA National Guard	USA
7361,50	ALE USB	B=125Bd Ch=8 ChS=250Hz			
7361,50	ALE USB	B=125Bd Ch=8 ChS=250Hz			
7363,50	SSB			USN MARS	
7365,00	ALE USB	B=125Bd Ch=8 ChS=250Hz			
7366,00	CIS 12	B=1440Bd Ch=12 ChS=200Hz		RUS diplo	
7368,50	SSB			USN MARS	
7371,00	POL INTEL FSK	B=100Bd S=625Hz Ch=1		POL INTEL	POL
7372,50	USB			USA MARS	USA
7373,00	T600	B=50Bd S=200Hz		RUS N Sevastopol	UKR
7375,00	ALE USB	B=125Bd Ch=8 ChS=250Hz			
7377,00	ALE USB	B=125Bd Ch=8 ChS=250Hz			
7378,00	CW		FDE2	F AF Tours	F
7380,00	PACTOR III	B=100Bd S=200Hz	WQAB964	Sailmail San Diego , CA	USA
7383,00	ALE USB	B=125Bd Ch=8		E MOI net	E

Frequency	Mode	Mode Parameter	Callsign	User	Country
		ChS=250Hz			
7391,40	PACTOR II	B=200Bd S=200Hz	WXH	Annapolis , MD	USA
7391,50	SSB			USN MARS	
7393,00	ALE USB	B=125Bd Ch=8 ChS=250Hz		USA Department of Agriculture net	USA
7395,00	FAX 120/576		HSW64	Bangkok M	THA
7401,00	ALE USB	B=125Bd Ch=8 ChS=250Hz		D CG net	D
7405,00	PACTOR III	B=100Bd S=200Hz	9Z4DH	Sailmail Chaguaramas	TRD
7405,20	*STANAG 4285*	*B=2400Bd*		*G N Akrotiri*	*CYP*
7407,00	SSB			USA AF MARS	J
7407,00	POL INTEL FSK	B=100Bd S=625Hz Ch=1			
7408,00	ALE USB	B=125Bd Ch=8 ChS=250Hz			
7412,50	ALE LSB	B=125Bd Ch=8 ChS=250Hz		GRC AF net	GRC
7416,00	CW		RDL	RUS N Moscow	RUS
7420,00	ALE USB	B=125Bd Ch=8 ChS=250Hz		ALB MOI net	ALB
7421,50	ALE USB	B=125Bd Ch=8 ChS=250Hz		GRC AF net	GRC
7425,00	BAUDOT	B=50Bd S=500Hz			
7426,40	SITOR B	B=100Bd S=170Hz	OLO32	Prague	CZE
7427,00	CIS BAUDOT 50-17	B=50Bd S=170Hz			RUS
7428,00	SSB			FEMA	USA
7430,00	*CIS 100-500*	*B=100Bd S=500Hz*		*RUS MIL West Riga*	*LVA*
7433,50	FAX 120/576		HLL2	Seoul M	KOR
7438,00	ALE USB	B=125Bd Ch=8 ChS=250Hz		S MIL net	S
7440,00	4FSK	B=100Bd Ch=4 ChS=500Hz			
7440,00	ALE LSB	B=125Bd Ch=8 ChS=250Hz			
7441,00	CIS BAUDOT 1,5 STB	B=200Bd S=500Hz Ch=1		RUS INTEL	RUS
7448,80	STANAG 4538	B=2400Bd			
7450,00	*CIS 100-1000*	*B=100Bd S=1000Hz*		*Moscow*	*RUS*
7450,00	ALE USB	B=125Bd Ch=8 ChS=250Hz		SVN MIL net	SVN
7452,70	MIL 188-110B APP C	B=2400Bd		S MIL	S
7457,00	RTTY			USA AF MARS	D
7457,00	SSB			USA AF MARS	
7457,00	USB		AFA2AJ	USA AF MARS	USA
7457,00	ALE USB	B=125Bd Ch=8 ChS=250Hz			
7460,00	MIL 188-110B SER	B=2400Bd			
7461,50	ALE USB	B=125Bd Ch=8 ChS=250Hz			
7461,50	MIL 188-110B SER	B=2400Bd			
7465,00	USB		VJJ	RFDS Charleville	AUS
7465,00	CIS 100-500 BAUDOT	B=100Bd S=500Hz		RIS diplo	RUS
7467,00	CW		RIT	RUS NHQ Sveromorsk	RUS
7472,00	CIS 12	B=1440Bd Ch=12 ChS=200Hz		RUS diplo	
7475,00	SSB			USA AF Strategic Command	USA
7475,00	ALE USB	B=125Bd Ch=8 ChS=250Hz		USA FAA	USA
7475,00	ALE USB	B=125Bd Ch=8		MDA police net	MDA

Frequency	Mode	Mode Parameter	Callsign	User	Country
		ChS=250Hz			
7476,40	SITOR B	B=100Bd S=170Hz	OLO32	Prague	CZE
7477,00	*CIS 200-1000*	*B=200Bd S=1000Hz Ch=1*		*RUS MIL INTEL Moscow*	*RUS*
7477,50	*STANAG 4481*	*B=75Bd S=850Hz*		*Croughton*	*G*
7480,00	ALE USB	B=125Bd Ch=8 ChS=250Hz		USA Red Cross net	USA
7485,00	ALE USB	B=125Bd Ch=8 ChS=250Hz		ROU MOI net	ROU
7486,20	FSK2	B=300Bd S=850Hz			
7490,00	STANAG 4285	B=2400Bd		SVK MIL	SVK
7493,50	SSB			USN MARS	
7494,00	ALE USB	B=125Bd Ch=8 ChS=250Hz			
7495,00	FAX 60/90/288/576		RDK23	Tbilisi M	GEO
7496,00	ALE USB	B=125Bd Ch=8 ChS=250Hz			
7497,20	*STANAG 4285*	*B=2400Bd*	*DHJ58*	*D N Glücksburg*	*D*
7497,20	STANAG 4285	B=2400Bd Ch=1	DHJ59	D N TX Neuharlingersiel	D
7499,00	*MAHRS*	*B=2400Bd*		*DNK MIL Aarhus*	*DNK*
7502,40	SITOR B	B=100Bd S=170Hz	OLO32	Prague	CZE
7504,00	POL INTEL FSK	B=100Bd S=740Hz Ch=1		POL INTEL	POL
7505,00	ALE USB	B=125Bd Ch=8 ChS=250Hz			
7506,00	SSB, RTTY			D army	D
7507,00	ALE USB	B=125Bd Ch=8 ChS=250Hz			
7508,00	FAX 120/576		ZSJ	AFS N Cape Naval	AFS
7508,00	BAUDOT	B=75Bd S=170Hz	ZSJ	AFS N Capetown	AFS
7510,00	ALE USB	B=125Bd Ch=8 ChS=250Hz		ROU MOI net	
7510,00	ALE USB	B=125Bd Ch=8 ChS=250Hz		S National Home Guard net	S
7510,00	*CIS 100-500*	*B=100Bd S=500Hz*		*RUS MIL Moscow*	*RUS*
7512,00	ALE USB	B=125Bd Ch=8 ChS=250Hz		I AF net	I
7512,00	ALE USB	B=125Bd Ch=8 ChS=250Hz		Rhode & Schwarz testfrequency	
7512,00	ALE USB	B=125Bd Ch=8 ChS=250Hz		E MOI net	E
7513,50	ALE LSB	B=125Bd Ch=8 ChS=250Hz		GRC AF net	GRC
7516,00	ALE USB	B=125Bd Ch=8 ChS=250Hz		VEN F net	VEN
7518,00	MIL 188-110B SER	B=2400Bd		CZR E Budapest	UNG
7521,00	CW		RGT77	RUS AF Moscow	RUS
7521,30	PACTOR I	B=100Bd S=200Hz	F22HLS**	FRONET	S
7525,00	SSB			NASA launch tracking net	USA
7525,00	*ALE USB*	*B=125Bd Ch=8 ChS=250Hz*		*MTN net*	*MTN*
7527,00	ALE USB	B=125Bd Ch=8 ChS=250Hz		E MOI net	E
7527,00	ALE USB	B=125Bd Ch=8 ChS=250Hz		USA customs net	USA
7527,00	SSB			USA AF MARS	
7527,00	SSB			USN MARS	
7527,00	SSB			USA Customs , DEA	USA
7527,00	ALE USB	B=125Bd Ch=8 ChS=250Hz		USA COTHEN net	USA
7531,00	PANTHER-H	B=2400Bd			
7535,00	FAX 120/576		VMW	Wiluna M	AUS
7535,00	MIL 188-110B SER	B=2400Bd	RS001**	ALB MOI	MDA

Frequency	Mode	Mode Parameter	Callsign	User	Country
7535,00	MIL 188-110B SER	B=2400Bd	CS001**	ALB MOI	MDA
7535,00	MIL 188-110B SER	B=2400Bd	RS006**	ALB MOI	MDA
7535,00	MIL 188-110B SER	B=2400Bd			
7535,00	*ALE USB*	*B=125Bd Ch=8 ChS=250Hz*		*ALB net*	*ALB*
7535,00	*ALE USB*	*B=125Bd Ch=8 ChS=250Hz*		*G MIL net*	*G*
7536,80	STANAG 4538	B=2400Bd			
7540,00	SSB			USA AF MARS	
7540,00	MIL 188-110B SER	B=2400Bd			
7540,00	ALE USB	B=125Bd Ch=8 ChS=250Hz			
7543,00	BUL MFSK	B=240Bd Ch=8 ChS=240Hz			
7543,80	MAHRS	B=2400Bd		D MIL	D
7545,00	SSB			US Army MARS	
7545,00	SSB			USA AF MARS	
7545,00	SSB				AFS
7545,00	USB			CIS aero network day	CIS
7547,00	ALE USB	B=125Bd Ch=8 ChS=250Hz			
7550,00	ALE USB	B=125Bd Ch=8 ChS=250Hz			
7554,70	*STANAG 4285*	*B=2400Bd*	*FUG*	*F N La Regine*	*FF*
7555,00	ALE USB	B=125Bd Ch=8 ChS=250Hz			
7556,20	STANAG 4285	B=2400Bd		F N Toulon	F
7565,00	USB		VJN	RFDS Cairns	AUS
7566,00	ALE USB	B=125Bd Ch=8 ChS=250Hz			
7566,00	CW		RCV	RUS N HQ Sevastopol	UKR
7570,00	ALE USB	B=125Bd Ch=8 ChS=250Hz			
7571,00	ALE USB	B=125Bd Ch=8 ChS=250Hz		ALB net	ALB
7581,00	ALE USB	B=125Bd Ch=8 ChS=250Hz		G MIL net	G
7582,00	FAX 120/576		NKW	USA N Diego Garcia	DGA
7582,00	ALE USB	B=125Bd Ch=8 ChS=250Hz			
7583,00	*MIL 188-110B SER*	*B=2400Bd*		*S MIL Karlskrona*	*S*
7584,00	ALE USB	B=125Bd Ch=8 ChS=250Hz		E MOI net	E
7584,00	PACTOR IV	B=100Bd S=200Hz		AUT Red Cross	AUT
7585,50	PACTOR II	B=100Bd S=200Hz	OEH91	AUT Red Cross Voralberg	AUT
7585,50	PACTOR II	B=100Bd S=200Hz	OEH20	AUT Red Cross Vienna	AUT
7585,70	ARQ-E3	B=192Bd S=400Hz	RFFVIT**	F F Dzaoudzi	MYT
7588,50	ALE USB	B=125Bd Ch=8 ChS=250Hz			
7593,40	SITOR B	B=100Bd S=170Hz	OLO32	Prague	CZE
7594,50	ALE USB	B=125Bd Ch=8 ChS=250Hz		AUT MIL net	
7595,00	SUI VFT	B=50Bd S=170Hz Ch=2 ChS=1000Hz		SUI AF	SUI
7595,00	LINK 11	B=2250Bd			
7595,00	ARQE	B=184,5Bd S=400Hz	RFXCC**	F F Faviers	F
7595,00	ALE USB	B=125Bd Ch=8 ChS=250Hz			
7595,80	BAUDOT	B=50Bd S=170Hz		I Carabinieri Rome	I
7597,00	ALE USB	B=125Bd Ch=8 ChS=250Hz		D MOI net	D
7597,00	CLOVER 2000	B=500Bd Ch=8			

Frequency	Mode	Mode Parameter	Callsign	User	Country
		ChS=250Hz			
7597,00	STANAG 4481	B=75Bd S=850Hz	NPG	USA N Dixon , CA	USA
7597,00	ALE USB	B=125Bd Ch=8 ChS=250Hz			
7599,00	ALE USB	B=125Bd Ch=8 ChS=250Hz		POL F	
7599,00	CHN 4+4	B=75Bd Ch=8 ChS=300/450Hz		CHN MIL	
7599,00	POL INTEL FSK	B=100Bd S=740Hz Ch=1		POL INTEL	POL
7600,00	ALE USB	B=125Bd Ch=8 ChS=250Hz		CAN F net	CAN
7600,00	AM		HD2IOA	Guayaquil TS	EQA
7600,00	ALE USB	B=128Bd Ch=8 ChS=250Hz			
7601,60	ALE USB	B=125Bd Ch=8 ChS=250Hz			
7602,00	ALE USB	B=125Bd Ch=8 ChS=250Hz		USA Civil Air Patrol net	USA
7603,50	*SITOR B*	*B=100Bd S=170Hz*	*HBM46*	*SUI MIL N Geneva*	*SUI*
7604,00	ALE USB	B=125Bd Ch=8 ChS=250Hz			
7605,00	ALE USB	B=125Bd Ch=8 ChS=250Hz		F N net	
7605,00	CIS 50-500	B=50Bd S=500Hz		RUS MIL Moscow	RUS
7607,00	CIS BAUDOT 50-17	B=50Bd S=170Hz			RUS
7608,00	ALE USB	B=125Bd Ch=8 ChS=250Hz		POL MIL net	POL
7608,00					
7610,00	ALE USB	B=125Bd Ch=8 ChS=250Hz			
7610,00	CIS 100-500	B=100Bd S=500Hz		RUS MIL	RUS
7611,00	ALE USB	B=125Bd Ch=8 ChS=250Hz		USA FAA	USA
7612,50	ALE USB	B=125Bd Ch=8 ChS=250Hz			
7617,00	MIL 188-110B 39TONE	B=2400Bd Ch=39 ChS=56,25Hz			
7617,00	*ALE USB*	*B=125Bd Ch=8 ChS=250Hz*		*TUR Disaster and Emergency net*	*TUR*
7618,40	SITOR B	B=100Bd S=170Hz	OLO32	Prague	CZE
7620,00	SSB			USA Civil air patrol	USA
7620,00	CODAN CHIRP	B=80Bd Ch=30 ChS=81Hz			
7620,00	ALE USB	B=125Bd Ch=8 ChS=250Hz			
7622,00	ALE USB	B=125Bd Ch=8 ChS=250Hz		MDA police net	MDA
7622,50	ALE USB	B=125Bd Ch=8 ChS=250Hz			
7622,80	STANAG 4538	B=2400Bd			
7624,00	ALE USB	B=125Bd Ch=8 ChS=250Hz			
7624,00	CIS 200-1000	B=200Bd S=1000Hz Ch=1		RUS MIL INTEL	RUS
7625,00	*CIS 100-500*	*B=100Bd S=500Hz*		*RUS N Kaliningrad*	*RUS*
7625,00	CIS ARQ	B=100Bd S=500Hz		RUS PTT	RUS
7628,00	USB			F MARPAT net	F
7629,00	ALE USB	B=125Bd Ch=8 ChS=250Hz			
7630,00	*CIS ARQ*	*B=100Bd S=500Hz*	*RDP5*	*RUS PTT Kaliningrad*	*RUS*
7630,00	USB			F	
7630,00	STANAG 4197	B=2400Bd		USA N	

Frequency	Mode	Mode Parameter	Callsign	User	Country
7632,00	ALE USB	B=125Bd Ch=8 ChS=250Hz		USA AF net	
7632,00	SSB			USA AF MARS	
7632,00	CW		RJS	RUS N HQ Vladivostok	RUS
7633,50	SSB			USA AF MARS	AZR
7635,00	CIS ARQ	B=100Bd S=500Hz		RUS PTT	RUS
7640,00	SYSTEME 3000	B=2400Bd		F	F
7641,00	ALE USB	B=125Bd Ch=8 ChS=250Hz		POL MIL net	POL
7642,00	ALE USB	B=125Bd Ch=8 ChS=250Hz		USA SHARES net	USA
7644,20	ARQ-E3	B=100Bd S=400Hz	RFVI**	F F Le Port	REU
7646,00	*BAUDOT*	*B=50Bd S=425Hz*	*DDH7*	*DWD TX Pinneberg*	*D*
7647,50	ALE USB	B=125Bd Ch=8 ChS=250Hz			
7648,00	CIS 200-1000	B=200Bd S=1000Hz Ch=1		RUS MIL INTEL	RUS
7648,00	STANAG 4538	B=2400Bd			
7648,50	CIS 12	B=1440Bd Ch=12 ChS=200Hz		CIS diplo	
7650,00	CHN 4+4	B=75Bd Ch=8 ChS=300/450Hz		CHN MIL	CHN
7650,00	ALE USB	B=125Bd Ch=8 ChS=250Hz		USA F	USA
7650,00	*ALE USB*	*B=125Bd Ch=8 ChS=250Hz*		*F Airbus net*	*F*
7650,00	CIS 100-500	B=100Bd S=500Hz		RUS MIL	RUS
7651,00	ALE USB	B=125Bd Ch=8 ChS=250Hz		ISR AF net	ISR
7651,50	ALE USB	B=125Bd Ch=8 ChS=250Hz			
7652,00	USB			AUSTRAVEL safety net	AUS
7655,00	ALE USB	B=125Bd Ch=8 ChS=250Hz		ROU MOI net	ROU
7655,00	MIL 188-110B SER	B=2400Bd		ROU MOI net	ROU
7655,00	ALE USB	B=125Bd Ch=8 ChS=250Hz		ISR AF net	ISR
7656,40	SITOR B	B=100Bd S=170Hz	OLO32	Prague	CZE
7657,00	*T600*	*B=50Bd S=250Hz*		*RUS N Murmansk*	*RUS*
7657,00	ALE USB	B=125Bd Ch=8 ChS=250Hz			
7657,00	CIS BAUDOT 50-17	B=50Bd S=170Hz			RUS
7657,00	CW		RDL	RUS N Moscow	RUS
7659,50	BAUDOT	B=200Bd S=850Hz			
7661,00	MIL 188-110B SER	B=2400Bd		SUI F Suva Reka	SRB
7661,00	ALE USB	B=125Bd Ch=8 ChS=250Hz		SUI F net	
7665,00	ALE LSB	B=125Bd Ch=8 ChS=250Hz			
7665,00	ALE USB	B=125Bd Ch=8 ChS=250Hz		USA Civil Air Patrol net	USA
7665,00	CW		RIW	RUS N HQ Moscow	RUS
7666,00	CIS 12	B=1440Bd Ch=12 ChS=200Hz		CIS diplo	
7668,00	ALE USB	B=125Bd Ch=8 ChS=250Hz		F diplo net	
7668,00	ALE USB	B=125Bd Ch=8 ChS=250Hz			
7671,50	ALE USB	B=125Bd Ch=8 ChS=250Hz			
7673,00	*ALE USB*	*B=125Bd Ch=8 ChS=250Hz*		*SUI diplo net*	*SUI*

Frequency	Mode	Mode Parameter	Callsign	User	Country
7676,00	SSB			NASA launch support aircraft	USA
7676,00	CIS 12	B=1440Bd Ch=12 ChS=200Hz		RUS N Vladivostok	RUS
7676,00	ALE USB	B=125Bd Ch=8 ChS=250Hz			
7683,00	ALE USB	B=125Bd Ch=8 ChS=250Hz		SUI diplo net	
7683,00	MIL 188-110B SER	B=2400Bd		SUI E Alger	ALG
7683,00	*MIL 188-110B SER*	*B=2400Bd*		*MFA Berne*	*SUI*
7685,00	CIS 12	B=1440Bd Ch=12 ChS=200Hz		RUS MIL Kosovo	
7686,00	ALE USB	B=125Bd Ch=8 ChS=250Hz			
7692,00	ALE USB	B=125Bd S=250Hz Ch=8			
7692,00	MIL 188-110B SER	B=2400Bd			
7695,00	CIS ARQ	B=100Bd S=500Hz		RUS PTT	RUS
7696,00	CW		RJF94	RUS F	RUS
7697,00	BAUDOT	B=50Bd S=500Hz			
7697,00	CW			RUS HFDF net	RUS
7697,00	ALE USB	B=125Bd Ch=8 ChS=250Hz		AT&T net	USA
7697,00	ALE USB	B=125Bd Ch=8 ChS=250Hz		USA Red Cross net	USA
7697,10	ALE USB	B=125Bd Ch=8 ChS=250Hz			USA
7698,00	SYSTEME 3000	B=2400Bd			
7698,00	SIEMENS CHX200 MODEM	B=250Bd S=170Hz			
7700,00	ALE USB	B=125Bd Ch=8 ChS=250Hz			
7700,00	CIS 12	B=1440Bd Ch=12 ChS=200Hz		RUS diplo	
7701,00	ALE USB	B=125Bd Ch=8 ChS=250Hz			
7701,00	MIL 188-110B SER	B=2400Bd			
7701,80	STANAG 4538	B=2400Bd			
7704,00	ALE USB	B=125Bd Ch=8 ChS=250Hz		USA F net	
7705,00	ALE USB	B=125Bd Ch=8 ChS=250Hz			
7708,00	ALE USB	B=125Bd Ch=8 ChS=250Hz			GAB
7709,00	ALE USB	B=125Bd Ch=8 ChS=250Hz			
7710,00	FAX 120/576		VFF	CAN CG Iqaluit M	CAN
7710,00	FAX 120/576		VFR	CAN CG Resolute M	CAN
7710,00	ALE USB	B=125Bd Ch=8 ChS=250Hz		S National Home Guard net	S
7710,00	ALE USB	B=125Bd Ch=8 ChS=250Hz		ARS MIL net	ARS
7710,00	CLOVER 2000	B=500Bd Ch=8 ChS=250Hz			
7711,00	STANAG 4481	B=50Bd S=850Hz		USA MIL	
7713,00	CW		EHY66	TJK MIL	TJK
7713,00	*STANAG 4285*	*B=2400Bd*		*S MIL*	*S*
7713,20	*STANAG 4285*	*B=2400Bd*		*TUR MIL Ankara*	*TUR*
7714,00	CIS 12	B=1440Bd Ch=12 ChS=200Hz		RUS diplo	
7718,50	ALE USB	B=125Bd Ch=8 ChS=250Hz			
7720,00	MIL 188-110B SER	B=2400Bd		SUI E Berlin	D
7720,00	ALE USB	B=125Bd Ch=8		SUI diplo net	

Frequency	Mode	Mode Parameter	Callsign	User	Country
		ChS=250Hz			
7720,00	MIL 188-110B SER	B=2400Bd		SUI E Paris	F
7720,00	MIL 188-110B SER	B=2400Bd		SUI C Munich	D
7720,00	MIL 188-110B SER	B=2400Bd		SUI E Belgrade	YUG
7720,00	ALE USB	B=125Bd Ch=8 ChS=250Hz			
7720,00	MIL 188-110B SER	B=2400Bd		SUI E Madrid	E
7721,00	SSB, RTTY			D army	D
7721,00	CIS 200-1000	B=200Bd S=1000Hz Ch=1		RUS MIL INTEL	RUS
7724,70	SITOR A	B=100Bd S=170Hz		MFA Cairo	EGY
7725,00	*MIL 188-110B SER*	*B=2400Bd*	*HBD20*	*MFA Berne*	*SUI*
7725,00	MIL 188-110B SER	B=2400Bd		SUI E Rome	I
7725,00	ALE USB	B=125Bd Ch=8 ChS=250Hz		SUI diplo net	
7725,00	MIL 188-110B SER	B=2400Bd		SUI E London	G
7725,00	MIL 188-110B SER	B=2400Bd		SUI E Paris	F
7725,00	ALE USB	B=125Bd Ch=8 ChS=250Hz			
7725,00	MIL 188-110B SER	B=2400Bd		SUI E Budapest	HNG
7725,00	MIL 188-110B SER	B=2400Bd		SUI E Moscow	RUS
7726,40	SITOR B	B=100Bd S=170Hz	OLO32	Prague	CZE
7728,00	ALE USB	B=125Bd Ch=8 ChS=250Hz		ALG AF net	ALG
7729,00	ALE USB	B=125Bd Ch=8 ChS=250Hz			
7730,00	CODAN	B=2400Bd Ch=16 ChS=112,5Hz		MFA Cairo	EGY
7732,00	*ALE USB*	*B=125Bd Ch=8 ChS=250Hz*		*ALB MOI net*	*ALB*
7732,00	*MIL 188-110B SER*	*B=2400Bd*	*CS004A***	*ALB MOI Tirana*	*ALB*
7732,00	MIL 188-110B SER	B=2400Bd	BS008C1**		
7733,00	CHN OFDM 30TONE	B=1800Bd Ch=30 ChS=60Hz		CHN N	CHN
7734,00	ALE USB	B=125Bd Ch=8 ChS=250Hz			
7736,00	CLOVER 2000	B=500Bd Ch=8 ChS=250Hz			
7739,00	CHN OFDM 30TONE	B=1800Bd Ch=30 ChS=75Hz		CHN MIL	CHN
7739,00	ALE USB	B=125Bd Ch=8 ChS=250Hz		ALG oilfield net	ALG
7740,00	8181	B=81Bd S=200Hz			
7740,00	ALE USB	B=125Bd Ch=8 ChS=250Hz		MRC net	MRC
7744,00	*ALE USB*	*B=125Bd Ch=8 ChS=250Hz*		*ALB MOI net*	*ALB*
7744,50	8181	B=40,5Bd S=500Hz			RUS
7745,00	STANAG 4285	B=2400Bd	TBB	TUR N Ankara	TUR
7745,00	ALE USB	B=125Bd Ch=8 ChS=250Hz			
7745,00	CODAN CHIRP	B=80Bd Ch=30 ChS=81Hz		MFA Cairo	EGY
7745,00	CODAN	B=2400Bd Ch=16 ChS=112,5Hz		MFA Cairo	EGY
7745,00	CODAN	B=2400Bd Ch=16 ChS=112,5Hz		EGY E Rabat	MRC
7745,00	CODAN CHIRP	B=80Bd Ch=30 ChS=81Hz		EGY E Rabat	MRC
7746,40	SITOR B	B=100Bd S=170Hz			
7746,40	SITOR B	B=100Bd S=170Hz	OLO32	Prague	CZE
7746,70	SITOR A	B=100Bd S=170Hz		MFA Cairo	EGY

Frequency	Mode	Mode Parameter	Callsign	User	Country
7746,70	SITOR A	B=100Bd S=162Hz		EGY E Rabat	MRC
7748,70	SITOR A	B=100Bd S=170Hz		EGY E	
7752,00	ALE USB	B=125Bd Ch=8 ChS=250Hz			
7753,00	ALE USB	B=125Bd Ch=8 ChS=250Hz		?MRC F	MRC
7753,50	ALE USB	B=125Bd Ch=8 ChS=250Hz			
7754,00	ALE USB	B=125Bd Ch=8 ChS=250Hz		CHN MIL net	CHN
7755,00	CIS 12	B=1440Bd Ch=12 ChS=200Hz			
7755,00	CODAN	B=2400Bd Ch=16 ChS=112,5Hz		EGY E Rome	I
7755,00	ALE USB	B=125Bd Ch=8 ChS=250Hz		ALB F net	ALB
7756,70	SITOR A	B=100Bd S=170Hz		EGY E Berne	SUI
7758,00	ALE USB	B=125Bd Ch=8 ChS=250Hz			
7758,50	MIL 188-110B SER	B=2400Bd			
7758,50	MIL 188-110B 39TONE	B=2400Bd Ch=39 ChS=56,25Hz			
7759,00	ALE USB	B=125Bd Ch=8 ChS=250Hz		NIG oil/gas net	NIG
7760,00	ALE USB	B=125Bd Ch=8 ChS=250Hz		ALB MOI net	ALB
7760,00	CIS 12	B=1440Bd Ch=12 ChS=200Hz			
7763,00	QPSK	B=1200Bd			
7765,00	ALE USB	B=125Bd Ch=8 ChS=250Hz		ROU MOI net	ROU
7765,00	SSB			NASA rocket booster recovery	USA
7765,00	CODAN CHIRP	B=80Bd Ch=30 ChS=81Hz		MFA Cairo	EGY
7765,00	CODAN CHIRP	B=80Bd Ch=30 ChS=81Hz		EGY E Paris	F
7765,00	CODAN	B=2400Bd Ch=16 ChS=112,5Hz		EGY E Paris	F
7765,00	PACTOR I	B=100Bd S=170Hz	F43HBG	FRONET	S
7765,00	PACTOR I	B=100Bd S=170Hz	F53HGP	Fronet	S
7766,00	ALE USB	B=125Bd Ch=8 ChS=250Hz			
7766,30	PACTOR I	B=100Bd S=170Hz	F43HOB	FRONET	S
7766,30	PACTOR I	B=100Bd S=170Hz	F61HOC	FRONET	S
7766,70	SITOR	B=100Bd S=170Hz		EGY E Paris	F
7767,00	CHN N MIL 188-110 MOD	B=2400Bd		CHN N	CHN
7770,00	ALE USB	B=125Bd Ch=8 ChS=250Hz			
7770,00	THALES SKYMASTER ALE	B=125Bd Ch=8 ChS=250Hz			
7772,00	ALE USB	B=125Bd Ch=8 ChS=250Hz		NIG oilnet	NIG
7772,00	POL INTEL FSK	B=100Bd S=740Hz Ch=1		POL INTEL	POL
7775,00	SSB		ZHF33	BAS Signy Base , G	SOK
7777,00	ALE USB	B=125Bd Ch=8 ChS=250Hz			
7778,00	LINK 11	B=2250Bd			
7778,00	SSB			USA Customs , DEA	USA
7778,00	PACTOR I	B=100Bd S=170Hz	LM5TR		NOR
7778,00	PACTOR I	B=100Bd S=170Hz	LA5RIA		NOR
7778,50	ALE USB	B=125Bd Ch=8 ChS=250Hz		USA FBI net	USA

Frequency	Mode	Mode Parameter	Callsign	User	Country
7779,75	ALE USB	B=125Bd Ch=8 ChS=250Hz			
7780,00	ALE USB	B=125Bd Ch=8 ChS=250Hz		?ISR AF	ISR
7780,30	*MIL 188-110B SER*	*B=2400Bd*		*S N Karlskrona*	*S*
7783,00	CIS 200-1000	B=200Bd S=1000Hz Ch=1		RUS MIL INTEL	RUS
7783,00	ALE LSB	B=125Bd Ch=8 ChS=250Hz			
7784,00	CIS 12	B=1440Bd Ch=12 ChS=200Hz		RUS diplo	
7785,00	CODAN	B=2400Bd Ch=16 ChS=112,5Hz		MFA Cairo	EGY
7785,20	M/S 1,0	B=202Bd S=484Hz		Moscow	RUS
7786,00	SITOR	B=100Bd S=170Hz		MFA Cairo	EGY
7788,00	CHN 4+4	B=75Bd Ch=8 ChS=300/450Hz		CHN MIL	CHN
7789,50	*WINDRM MOD*	*B=2400Bd Ch=51 ChS=48Hz*		*N London*	*G*
7789,70	M/S 1,0	B=75Bd S=850Hz		G MIL Inskip	G
7790,00	BAUDOT	B=50Bd S=500Hz	NT9P**		RUS
7792,00	ALE USB	B=125Bd Ch=8 ChS=250Hz		ALB F net	ALB
7793,00	ALE USB	B=125Bd Ch=8 ChS=250Hz		ALG N net	ALG
7793,00	SIEMENS CHX200 MODEM	B=250Bd S=170Hz			
7793,00	ALE USB	B=125Bd Ch=8 ChS=250Hz		ALG gas & oil net Sonatrach	ALG
7793,50	FAX 120/576		JMH	Tokyo M	J
7795,00	CODAN	B=2400Bd Ch=16 ChS=112,5Hz		EGY E Paris	F
7796,70	SITOR A	B=100Bd S=170Hz		MFA Cairo	EGY
7800,00	ALE USB	B=125Bd Ch=8 ChS=250Hz			
7801,00	CW		RCV	RUS NHQ Sevastopol	UKR
7801,00	ALE USB	B=125Bd Ch=8 ChS=250Hz			
7802,50	ALE USB	B=125Bd Ch=8 ChS=250Hz			
7803,00	*ARQE*	*B=184,5Bd S=400Hz Ch=1*	*RFFXCC***	*F F Paris*	*F*
7803,00	ALE USB	B=125Bd Ch=8 ChS=250Hz		ALB F net	ALB
7804,00	CHN N MIL 188-110 MOD	B=2400Bd		CHN N	CHN
7805,00	ALE USB	B=125Bd Ch=8 ChS=250Hz		MFA Cairo	EGY
7808,00	CW			RUS Operational Strategic Command Air Defense net	RUS
7809,00	ALE USB	B=125Bd Ch=8 ChS=250Hz			
7809,00	MIL 188-110B SER	B=2400Bd		IRQ Border Guard net	IRQ
7809,00	ALE USB	B=125Bd Ch=8 ChS=250Hz		IRQ Border Guard net	IRQ
7810,00	*ALE USB*	*B=125Bd Ch=8 ChS=250Hz*		*TUR Disaster and Emergency net*	*TUR*
7810,00	*CIS OFDM 45*	*B=2400Bd Ch=45 ChS=62,5Hz*		*MFA Moscow*	*RUS*
7811,00	*CIS 50-1000*	*B=50Bd S=1000Hz*	*REA4*	*RUS AF HQ Moscow*	*RUS*
7811,60	ALE USB	B=125Bd Ch=8 ChS=250Hz			
7812,70	*MIL 188-110B SER*	*B=2400Bd*		*S MIL*	*S*
7813,00	ALE USB	B=125Bd Ch=8		?MRC F	MRC

Frequency	Mode	Mode Parameter	Callsign	User	Country
		ChS=250Hz			
7815,00	MAHRS	B=2400Bd		D AF	D
7815,00	CODAN	B=2400Bd Ch=16 ChS=112,5Hz		EGY E London	G
7815,00	CODAN CHIRP	B=80Bd Ch=30 ChS=81Hz		EGY E London	G
7815,00	ALE USB	B=125Bd Ch=8 ChS=250Hz			
7815,00	CODAN CHIRP	B=80Bd Ch=30 ChS=81Hz		MFA Cairo	EGY
7815,00	CODAN	B=2400Bd Ch=16 ChS=112,5Hz		MFA Cairo	EGY
7816,70	SITOR A	B=100Bd S=170Hz		MFA Cairo	EGY
7816,70	SITOR A	B=100Bd S=170Hz		EGY E London	G
7817,00	THALES SKYMASTER ALE	B=125Bd Ch=8 ChS=250Hz			
7817,00	ALE USB	B=125Bd Ch=8 ChS=250Hz			
7818,00	ALE USB	B=125Bd Ch=8 ChS=250Hz			
7820,00	ALE USB	B=125Bd Ch=8 ChS=250Hz		ROU diplo net	ROU
7822,00	PACTOR II	B=200Bd S=200Hz	XJN714	Sailmail Lunenburg , NS	CAN
7823,00	CIS 4FSK	B=150Bd Ch=4 ChS=4000Hz			
7823,80	MAHRS	B=2400Bd		D F	D
7824,70	ALE USB	B=125Bd Ch=8 ChS=250Hz			
7826,00	ALE USB	B=125Bd Ch=8 ChS=250Hz			
7827,00	CW		RGT77	RUS F Moscow	RUS
7830,00	ALE USB	B=125Bd Ch=8 ChS=250Hz		ARS MOI net	ARS
7830,00	CHN 4+4	B=75Bd Ch=8 ChS=300/450Hz		CHN MIL	
7831,00	RTTY			USA AF MARS	
7832,00	ALE USB	B=125Bd Ch=8 ChS=250Hz			
7832,08	CIS 1280 BD MODEM	B=1280Bd		RUS F Minsk	RUS
7833,00	ALE USB	B=125Bd Ch=8 ChS=250Hz		F AF net	F
7835,80	PACTOR I	B=100Bd S=170Hz	F44HAA	FRONET Stockholm	S
7837,00	M/S 1,0	B=75Bd S=150Hz			
7837,75	ALE USB	B=125Bd Ch=8 ChS=250Hz			
7839,00	ALE USB	B=125Bd Ch=8 ChS=250Hz		USA F net	
7839,50	CHN 4+4	B=75Bd Ch=8 ChS=300/450Hz		CHN MIL	
7840,00	ALE USB	B=125Bd Ch=8 ChS=250Hz			
7840,00	ALE USB	B=125Bd Ch=8 ChS=250Hz		USA AF net	
7840,00	BAUDOT	B=200Bd S=850Hz			
7843,20	STANAG 4285	B=2400Bd	EBA	E N Madrid	E
7844,00	CW		FAV22	F F Mont-Valerien	F
7846,00	*LINK 11 ISB*	*B=2250Bd*	*PBC*	*NLD N Goeree Island*	*HOL*
7849,00	ALE USB	B=125Bd Ch=8 ChS=250Hz		VEN F net	VEN
7850,00	USB			Grenada MRSC	GND
7850,00	USB			Saint Vincent and the Grenadines CG Base	VCT
7850,00	CW , SSB		CHU	Ottawa TS	CAN

Frequency	Mode	Mode Parameter	Callsign	User	Country
7852,00	ALE USB	B=125Bd Ch=8 ChS=250Hz		CHN N net	CHN
7852,00	BAUDOT	B=50Bd S=500Hz			
7852,40	ALE USB	B=125Bd Ch=8 ChS=250Hz		CHN N net	CHN
7853,00	CW			RUS MIL net	RUS
7857,00	*ISR N HYBRID MODEM*	*B=2400Bd*	*4XZ*	*ISR N Haifa*	*ISR*
7858,00	CIS 12	B=1440Bd Ch=12 ChS=200Hz		RUS diplo	
7859,00	ALE USB	B=125Bd Ch=8 ChS=250Hz			
7859,00	USB		DHO78	D AF Kalkar	D
7859,00	MIL 188-110B SER	B=2400Bd	DHO78	D AF Kalkar	D
7860,00	ALE USB	B=125Bd Ch=8 ChS=250Hz		G MIL net	G
7860,00	ALE USB	B=125Bd Ch=8 ChS=250Hz		ARS MOI net	ARS
7860,00	CIS 3000	B=3000Bd			
7860,00	CIS 68TONE	B=71,43Bd Ch=68 ChS=47Hz		MFA Moscow	RUS
7861,00	CW		RHW2	RUS N	RUS
7861,00	CW		RAL2	RUS N	RUS
7861,00	CW		RFH2	RUS N	RUS
7861,00	CW		RDU2	RUS N	RUS
7861,00	CW		RBL71	CIS F	CIS
7861,50	SSB, RTTY			D army	D
7862,00	ALE USB	B=125Bd Ch=8 ChS=250Hz		ARS MOI net	ARS
7862,50	SSB			USA AF MARS	
7863,00	CHN DATALINK	B=2400Bd Ch=30 ChS=75Hz		CHN N	CHN
7864,40	PACTOR I	B=100Bd S=200Hz	F18HBL**	FRONET Kalmar	S
7864,40	PACTOR I	B=100Bd S=200Hz	F18HAA**	FRONET	S
7865,00	ISR VFT	B=75Bd Ch=5		ISR	
7866,00	ALE USB	B=125Bd Ch=8 ChS=250Hz			
7867,00	ALE USB	B=125Bd Ch=8 ChS=250Hz			
7869,00	CIS 200-1000	B=200Bd S=1000Hz Ch=1		RUS MIL INTEL	RUS
7870,00	USB			CIS aero network day	CIS
7870,00	*MAZIELKA*	*B=1Bd Ch=6*		*MFA Moscow*	*RUS*
7871,20	FSK , CW	S=850Hz	VL8IPS		
7871,40	SITOR B	B=100Bd S=170Hz	OLO32	Prague	CZE
7872,00	MIL 188-110B SER	B=2400Bd		POL F	POL
7872,00	MIL 188-110B SER	B=2400Bd		POL F	POL
7872,00	USB			POL F	POL
7872,00	ALE USB	B=125Bd Ch=8 ChS=250Hz		POL MSW net	POL
7880,00	*FAX 120/288/576*		*DDK3*	*DWD TX Pinneberg*	*D*
7880,00	ALE USB	B=125Bd Ch=8 ChS=250Hz			
7880,00	CLOVER 2000	B=500Bd Ch=8 ChS=250Hz			EGY
7885,00	ALE USB	B=125Bd Ch=8 ChS=250Hz		?CHN diplo	
7885,00	MIL 188-110B SER	B=2400Bd		?CHN diplo	
7887,30	*CIS 75-1000*	*B=75Bd S=1000Hz*		*RUS MIL St. Petersburg*	*RUS*
7889,00	ALE USB	B=125Bd Ch=8 ChS=250Hz		IRQ MOI net	IRQ
7890,00	ALE USB	B=125Bd Ch=8 ChS=250Hz		MDA police net	MDA

Frequency	Mode	Mode Parameter	Callsign	User	Country
7890,00	MIL 188-110B SER	B=2400Bd		I F	I
7890,00	MIL 188-110B SER	B=2400Bd	RS003**	ALB MOI	MDA
7890,00	MIL 188-110B SER	B=2400Bd	RS004**	ALB MOI	MDA
7890,00	MIL 188-110B SER	B=2400Bd	RS005**	ALB MOI	MDA
7890,00	MIL 188-110B SER	B=2400Bd	CS001**	ALB MOI	MDA
7892,00	*ALE USB*	*B=125Bd Ch=8 ChS=250Hz*		*TUR Disaster and Emergency net*	*TUR*
7895,70	ARQ-E3	B=100Bd S=400Hz	RFGW**	MFA Paris	F
7896,00	ALE USB	B=125Bd Ch=8 ChS=250Hz		F N net	F
7896,00	CHN 4+4	B=75Bd Ch=8 ChS=300/450Hz		CHN MIL	
7898,00	ALE LSB	B=125Bd Ch=8 ChS=250Hz		German Red Cross net	D
7899,00	MIL 188-110B SER	B=2400Bd			
7899,00	ALE USB	B=125Bd Ch=8 ChS=250Hz			
7899,00	USB		VKE237	AUS HF Radio Club	AUS
7900,00	ALE USB	B=125Bd Ch=8 ChS=250Hz			
7902,00	OOK				
7903,00	USB		XVB	Ben Thuy R	VTN
7903,00	USB		XVA	Ca Mau R	VTN
7903,00	USB			Cap Blanc P	TUN
7903,00	USB		XVU	Can Tho R	VTN
7903,00	USB		XVC	Cua Ong R	VTN
7903,00	USB		XVT	Da Nang R	VTN
7903,00	USB		XVG	Hai Phong R	VTN
7903,00	USB		XVS	Ho Chi Minh R	VTN
7903,00	USB		XVQ	Hon Gai R	VTN
7903,00	USB		XVD	Hue R	VTN
7903,00	USB		XVM	Mong Cai R	VTN
7903,00	USB		XVK	Kien Giang R	VTN
7903,00	USB		XVN	Nhatrang R	VTN
7903,00	USB			Phan Rang R	VTN
7903,00	USB		XVP	Phan Thiet R	VTN
7903,00	USB		XVY	Phu Yen R	VTN
7903,00	USB		XVI	Quy Nhon R	VTN
7903,00	USB			Thanh Hoa R	TUN
7903,00	USB		XVR	Vung Tau R	VTN
7903,50	ALE USB	B=125Bd Ch=8 ChS=250Hz		USA FBI net	USA
7905,00	ALE USB	B=125Bd Ch=8 ChS=250Hz		ROU F net	ROU
7905,00	MIL 188-110B SER	B=2400Bd		ROU F	ROU
7905,00	ALE USB	B=125Bd Ch=8 ChS=250Hz			
7906,40	PACTOR II	B=100Bd S=200Hz		UNHCR net	
7906,80	FAX 90/576			Murmansk M	RUS
7907,00	*STANAG 4285*	*B=2400Bd*		*G MIL St. Eval*	*G*
7912,00	USB			Phan Rang R	VTN
7913,50	RTTY			USA AF MARS	
7914,00	CW			RUS Operational Strategic Command Air Defense net	RUS
7915,00	USB		XVB	Ben Thuy R	VTN
7915,00	ALE USB	B=125Bd Ch=8 ChS=250Hz			
7916,40	SITOR B	B=100Bd S=170Hz	OLO32	Prague	CZE
7917,00	ALE USB	B=125Bd Ch=8 ChS=250Hz		ALB net	ALB
7919,50	*WINDRM MOD*	*B=2400Bd Ch=51 ChS=48Hz*		*Akrotiri*	*CYP*
7919,60	*WINDRM MOD*	*B=2400Bd Ch=51*		*N London*	*G*

Frequency	Mode	Mode Parameter	Callsign	User	Country
		ChS=48Hz			
7919,80	STANAG 4538	B=2400Bd			
7920,00	*STANAG 4285*	*B=2400Bd*		*G MIL St. Eval*	*G*
7920,00	CIS 12	B=1440Bd Ch=12 ChS=200Hz			
7920,00	*STANAG 4285*	*B=2400Bd*		*G MIL Akrotiri*	*CYP*
7922,50	USB		VNJ	Casey Base , AUS	ANT
7922,50	USB			AUS Davis Base	ANT
7922,50	USB			Macquarie Island , AUS	ANT
7922,50	USB			Mawson Base , AUS	ANT
7926,00	ALE USB	B=125Bd Ch=8 ChS=250Hz			
7926,00	CIS OFDM 45	B=2400Bd Ch=45 ChS=62,5Hz		RUS	RUS
7927,00	USB		XVS	Ho Chi Minh R	VTN
7927,00	USB		XVI	Quy Nhon R	VTN
7927,00	CIS SELCALL	B=150Bd S=250Hz Ch=4 ChS=1000Hz		CIS	RUS
7927,00	CIS 12	B=1440Bd Ch=12 ChS=200Hz		CIS	CIS
7930,00	SSB			USA AF MARS	ALS
7931,00	ALE USB	B=125Bd Ch=8 ChS=250Hz			
7932,00	ALE USB	B=125Bd Ch=8 ChS=250Hz			
7932,00	CW			RUS MIL net	RUS
7932,00	CW			RUS MIL net	RUS
7932,00	ALE USB	B=125Bd Ch=8 ChS=250Hz		USA Red Cross net	USA
7935,00	ALE USB	B=125Bd Ch=8 ChS=250Hz		USA AF net	USA
7935,00	ALE USB	B=125Bd Ch=8 ChS=250Hz		USA Red Cross net	USA
7937,00	*STANAG 4285*	*B=2400Bd*		*G MIL Crimond*	*G*
7938,00	MIL 188-110B SER	B=2400Bd	CS001**	ALB MOI	MDA
7938,00	MIL 188-110B SER	B=2400Bd	RS006**	ALB MOI	MDA
7938,00	ALE USB	B=125Bd Ch=8 ChS=250Hz		ALB MOI net	ALB
7939,00	ALE USB	B=125Bd Ch=8 ChS=250Hz			
7940,00	ALE USB	B=125Bd Ch=8 ChS=250Hz		MTN net	MTN
7940,00	CHN DATALINK	B=2400Bd Ch=30 ChS=75Hz		CHN N	CHN
7941,40	PACTOR II	B=200Bd S=200Hz	WPTG385	Sailmail Corpus Christi , TX	USA
7942,00	USB		XVP	Phan Thiet R	VTN
7944,00	TMS430 MODEM	B=220Bd S=325Hz		SUI F	SUI
7947,00	NOKIA MSG TERMINAL	B=301,1Bd S=760Hz			
7948,00	USB			Cap Blanc P	TUN
7949,50	CW		FDI22	F AF Narbonne	F
7950,00	ALE USB	B=125Bd Ch=8 ChS=250Hz			
7954,00	USB		XVR	Vung Tau R	VTN
7955,00	ALE LSB	B=125Bd Ch=8 ChS=250Hz		I	
7956,00	ALE USB	B=125Bd Ch=8 ChS=250Hz		SVN MIL net	SVN
7957,40	PACTOR II	B=200Bd S=200Hz	KUZ533	Sailmail Honululu	HWA
7957,40	PACTOR III	B=100Bd S=200Hz	RC01	Sailmail Maputo	MOZ
7958,00	STANAG 4285	B=2400Bd		I F	I
7959,00	CW		REA4	RUS AF HQ Moscow	RUS
7959,00	CIS 50-1000	B=50Bd S=1000Hz	REA4	RUS AF HQ Moscow	RUS

Frequency	Mode	Mode Parameter	Callsign	User	Country
7960,00	USB			Thanh Hoa R	TUN
7960,00	ALE USB	B=125Bd Ch=8 ChS=250Hz		?BEL F net	
7961,00	ALE USB	B=125Bd Ch=8 ChS=250Hz		UK F	G
7961,40	PACTOR II	B=200Bd S=200Hz	KZN508	Sailmail Rockhill , SC	USA
7962,00	PACTOR III	B=100Bd S=200Hz	V8V2222	Sailmail Brunai Bay	BRU
7963,00	USB		XVI	Quy Nhon R	VTN
7963,00	ALE USB	B=125Bd Ch=8 ChS=250Hz			
7965,00	ALE USB	B=125Bd Ch=8 ChS=250Hz		ROU MOI net	ROU
7965,00	ALE USB	B=125Bd Ch=8 ChS=250Hz		ISR AF net	ISR
7965,00	ALE USB	B=125Bd Ch=8 ChS=250Hz		MDA police net	MDA
7966,00	ALE USB	B=125Bd Ch=8 ChS=250Hz		?MRC F	MRC
7966,00	USB		XVY	Phu Yen R	VTN
7967,00	ALE USB	B=125Bd Ch=8 ChS=250Hz			
7967,50	SSB, RTTY			D army	D
7968,00	ALE USB	B=125Bd Ch=8 ChS=250Hz			
7969,00	USB		XVA	Ca Mau R	VTN
7969,00	ALE USB	B=125Bd Ch=8 ChS=250Hz		ALG Oilfield net	ALG
7969,00	CW			RUS air defence	RUS
7969,00	CW			RUS MIL net	RUS
7971,40	PACTOR II	B=200Bd S=200Hz	WRD719	Sailmail Palo Alto	USA
7971,40	PACTOR III	B=100Bd S=200Hz	WQLI952	Sailmail Watsonville , CA	USA
7972,00	USB		XVT	Da Nang R	VTN
7972,50	BAUDOT	B=50Bd S=500Hz			
7974,00	ALE USB	B=125Bd Ch=8 ChS=250Hz			
7975,00	USB		XVN	Nhatrang R	VTN
7975,00	ALE USB	B=125Bd Ch=8 ChS=250Hz		CAN F net	CAN
7975,00	MIL 188-110B SER	B=2400Bd		MDA police net	MDA
7975,00	ALE USB	B=125Bd Ch=8 ChS=250Hz		MDA police net	MDA
7977,00	LINK 11	B=2250Bd			
7977,00	ALE USB	B=125Bd Ch=8 ChS=250Hz		ALB MOI net	ALB
7978,00	USB		XVK	Kien Giang R	VTN
7978,00	ALE USB	B=125Bd Ch=8 ChS=250Hz		?LTV F	
7979,50	ALE USB	B=125Bd Ch=8 ChS=250Hz			
7980,00	ALE USB	B=125Bd Ch=8 ChS=250Hz		NIG oilnet	NIG
7980,00	ALE USB	B=125Bd Ch=8 ChS=250Hz		F N net	F
7981,00	USB		XVU	Can Tho R	VTN
7981,00	8PSK	B=400Bd			
7981,00	ALE USB	B=125Bd Ch=8 ChS=250Hz		S MIL net	S
7981,40	PACTOR II	B=200Bd S=200Hz	KZN508	Sailmail Rockhill , SC	USA
7983,40	SITOR B	B=100Bd S=170Hz	OLO32	Prague	CZE
7984,00	IRN QPSK	B=468Bd		IRN N	IR
7985,00	CIS 1280 BD MODEM	B=1280Bd		RUS F	RUS
7985,90	PACTOR I	B=100Bd S=200Hz	HUB**		

Frequency	Mode	Mode Parameter	Callsign	User	Country
7986,00	CHN 4+4	B=75Bd Ch=8 ChS=300/450Hz		CHN MIL	
7990,00	USB		XVP	Phan Thiet R	VTN
7990,00	ALE USB	B=125Bd Ch=8 ChS=250Hz			
7990,00	BR 6028	B=75Bd S=170Hz Ch=7 ChS=340Hz			
7991,00	ALE USB	B=125Bd Ch=8 ChS=250Hz			
7992,00	CIS 200-1000	B=200Bd S=1000Hz Ch=1		RUS MIL INTEL	RUS
7993,00	ALE USB	B=125Bd Ch=8 ChS=250Hz		TWN N net	TWN
7993,50	PACTOR I	B=200Bd S=200Hz	NN3MDU	USA N MARS net	USA
7994,00	CW			RUS Operational Strategic Command Air Defense net	RUS
7994,00	CW			RUS air defence net	RUS
7994,00	ALE USB	B=125Bd Ch=8 ChS=250Hz			
7995,00	SYSTEME 3000	B=2400Bd S=500Hz		F F	F
7995,00	PACTOR III	B=100Bd S=200Hz	WHV382	Sailmail Friday Habor , WA	USA
7996,00	USB		XVN	Nhatrang R	VTN
7997,00	ALE USB	B=125Bd Ch=8 ChS=250Hz		POL MSW net	POL
7998,00	T600	B=50Bd S=1000Hz		RUS AF	
7998,00	ALE USB	B=125Bd Ch=8 ChS=250Hz			
7998,90	*CIS 50-1000*	*B=50Bd S=1000Hz*		*RUS MIL Moscow*	*RUS*
7999,00	USB		XVB	Ben Thuy R	VTN
7999,00	USB		XVA	Ca Mau R	VTN
8000,00	ALE USB	B=125Bd Ch=8 ChS=250Hz		USA F net	
8000,00	ALE USB	B=125Bd Ch=8 ChS=250Hz		F N net	
8001,00	CCIR 493-4	B=100Bd S=170Hz			
8002,00	CIS 12	B=1440Bd Ch=12 ChS=200Hz		RUS diplo	
8004,40	SITOR B	B=100Bd S=170Hz	OLO32	Prague	CZE
8004,50	*T600*	*B=50Bd S=200Hz*		*RUS N Kaliningrad*	*RUS*
8005,00	ALE USB	B=125Bd Ch=8 ChS=250Hz		ROU net	
8005,00	STANAG 4285	B=2400Bd		G MIL Inskip	G
8005,40	SITOR B	B=100Bd S=170Hz	OLO32	Prague	CZE
8005,80	T600	B=50Bd S=200Hz		RUS N Murmansk	RUS
8006,00	*T600*	*B=50Bd S=200Hz*		*RUS N Kaliningrad*	*RUS*
8006,00	CW		JG2XA	Experimental station Tokyo	J
8007,00	CLOVER 2000	B=500Bd Ch=8 ChS=250Hz			
8007,00	ALE USB	B=125Bd Ch=8 ChS=250Hz		?NLD F	ERI
8008,00	*CIS 12*	*B=1440Bd Ch=12 ChS=200Hz*		*Moscow*	*RUS*
8009,00	ALE USB	B=125Bd Ch=8 ChS=250Hz		CHN net	
8009,40	PACTOR II	B=200Bd S=200Hz	WPUC469	Sailmail South Daytona , FL	USA
8010,00	CHN 4FSK	B=100Bd Ch=4 ChS=500Hz			
8010,00	ALE USB	B=125Bd Ch=8 ChS=250Hz		ROU MOI net	ROU
8010,00	MIL 188-110B SER	B=2400Bd	BUCURES TI2**	ROU MOI Bucharest	ROU
8010,00	MIL 188-110B SER	B=2400Bd	SIBIU**	ROU MOI Sibiu	ROU

Frequency	Mode	Mode Parameter	Callsign	User	Country
8010,00	MIL 188-110B SER	B=2400Bd	MARAMU RES**	ROU MOI Maramures	ROU
8010,00	MIL 188-110B SER	B=2400Bd	PRAHOVA **	ROU MOI Prahova	ROU
8010,00	CHN 4FSK	B=100Bd Ch=4 ChS=500Hz			
8010,00	ALE USB	B=125Bd Ch=8 ChS=250Hz		DNK F net	
8011,00	ALE USB	B=125Bd Ch=8 ChS=250Hz			
8011,50	ALE USB	B=125Bd Ch=8 ChS=250Hz		POL MIL net	POL
8012,00	ALE USB	B=125Bd Ch=8 ChS=250Hz		USA Civil Air Patrol net	USA
8012,60	SITOR A	B=100Bd S=170Hz			
8012,60	SITOR A	B=100Bd S=170Hz			
8014,00	CW		RFK76	RUS N	RUS
8014,00	CW		RHQ33	RUS N ship PRIAZOVYE	RUS
8014,00	PACTOR I	B=200Bd S=170Hz	COYO**		VEN
8014,00	PACTOR I	B=200Bd S=170Hz	CUWA**		VEN
8014,00	PACTOR I	B=200Bd S=170Hz	JAL**		VEN
8014,00	PACTOR I	B=200Bd S=170Hz	VEN**		VEN
8014,00	PACTOR I	B=200Bd S=170Hz	COSH**		VEN
8014,00	PACTOR I	B=200Bd S=170Hz	IBPUS**		VEN
8015,00	CW			RUS Operational Strategic Command Air Defense net	RUS
8015,00	ALE USB	B=125Bd Ch=8 ChS=250Hz		ROU diplo net	
8016,00	ALE USB	B=125Bd Ch=8 ChS=250Hz			
8016,40	SITOR B	B=100Bd S=170Hz	OLO32	Prague	CZE
8016,50	CIS OFDM 45	B=2400Bd Ch=45 ChS=62,5Hz		RUS	RUS
8018,00	ALE USB	B=125Bd Ch=8 ChS=250Hz			
8018,00	*CIS 75-200*	*B=75Bd S=200Hz*		*RUS N Kaliningrad*	*RUS*
8018,00	SYSTEME 3000	B=2400Bd			
8019,50	ALE USB	B=125Bd Ch=8 ChS=250Hz		AUT F net	
8020,00	ALE USB	B=125Bd Ch=8 ChS=250Hz		ROU MOI net	ROU
8020,00	ALE USB	B=125Bd Ch=8 ChS=250Hz		I AF net	I
8020,00	ALE USB	B=125Bd Ch=8 ChS=250Hz		AUT F net	
8020,00	CW		RLT96	RUS	
8020,40	PACTOR II	B=200Bd S=200Hz	WHV861	Sailmail San Luis Obispo , CA	USA
8021,00	MIL 188-110B 39TONE	B=2400Bd Ch=39 ChS=56,25Hz		MOD Vienna	AUT
8021,70	SITOR A	B=100Bd S=170Hz		MFA Cairo	EGY
8021,70	SITOR B	B=100Bd S=170Hz		MFA Cairo	EGY
8022,00	ALE USB	B=125Bd Ch=8 ChS=250Hz		ROU diplo net	
8022,00	USB		VKS737	AUS 4WD net	AUS
8022,00	CODAN	B=2400Bd Ch=16 ChS=112,5Hz		MFA Cairo	EGY
8022,00	CODAN CHIRP	B=80Bd Ch=30 ChS=81Hz		MFA Cairo	EGY
8022,00	STANAG 4481	B=75Bd S=850Hz			
8022,00	ALE USB	B=125Bd Ch=8 ChS=250Hz		E MOI net	E
8023,00	ALE USB	B=125Bd Ch=8 ChS=250Hz		USA Department of Health net	USA

Frequency	Mode	Mode Parameter	Callsign	User	Country
8023,00	ALE USB	B=125Bd Ch=8 ChS=250Hz			
8023,70	SITOR A	B=100Bd S=170Hz		MFA Cairo	EGY
8025,00	ALE USB	B=125Bd Ch=8 ChS=250Hz		E MOI net	E
8025,00	ALE USB	B=125Bd Ch=8 ChS=250Hz			
8026,00	ALE LSB	B=125Bd Ch=8 ChS=250Hz		Public health net , TX	USA
8029,00	CW		TRL5**	RUS AF	RUS
8029,50	ALE USB	B=125Bd Ch=8 ChS=250Hz		USA F net	
8030,00	ALE USB	B=125Bd Ch=8 ChS=250Hz		ROU MOI net	
8030,00	LINK 11	B=2250Bd			
8030,00	CLOVER 2000	B=500Bd Ch=8 ChS=250Hz			
8031,00	ARQE	B=184,6Bd S=400Hz	RFFXL**	F F Naquora	LBN
8031,00	PACTOR	B=200Bd S=170Hz		UNHCR	
8031,00	PACTOR	B=200Bd S=170Hz		UNHCR Geneva	SUI
8031,00	LINK 11	B=2250Bd			
8031,00	ALE USB	B=125Bd Ch=8 ChS=250Hz		B N net	B
8033,00	ALE USB	B=125Bd Ch=8 ChS=250Hz		ROU diplo net	
8034,00					
8034,00	ALE USB	B=125Bd Ch=8 ChS=250Hz		POL F	
8034,00	USB			RUS	
8035,00	ALE USB	B=125Bd Ch=8 ChS=250Hz			
8036,00	CIS 200-1000	B=200Bd S=1000Hz Ch=1		RUS MIL INTEL	RUS
8037,00	BAUDOT	B=200,5Bd S=495Hz			
8038,00	USB			G AF VOLMET St. Eval	G
8038,00	ALE USB	B=125Bd Ch=8 ChS=250Hz		D	
8038,50	SSB			USA National Guard	USA
8040,00	*FAX 120/576*		*GYA*	*G N London*	*G*
8041,00	BR 6028	B=50Bd S=170Hz Ch=8 ChS=340Hz			
8042,00	ALE USB	B=125Bd Ch=8 ChS=250Hz			
8043,00	ALE USB	B=125Bd Ch=8 ChS=250Hz			
8043,00	*IRN QPSK*	*B=207Bd*		*IRN N*	*IRN*
8044,00	ALE USB	B=125Bd Ch=8 ChS=250Hz		ROU diplo net	
8045,00	ALE USB	B=125Bd Ch=8 ChS=250Hz			
8046,00	ALE USB	B=125Bd Ch=8 ChS=250Hz			
8046,00	PACTOR II	B=200Bd S=200Hz	WXH	Annapolis , MD	USA
8047,00	ALE USB	B=125Bd Ch=8 ChS=250Hz		USA National Guard net	USA
8047,00	CROWD 36	B=40Bd Ch=32 ChS=40Hz		MFA Moscow	RUS
8048,00	ALE USB	B=125Bd Ch=8 ChS=250Hz		?G F	
8048,00	CW		RCV	RUS NHQ Sevastopol	UKR
8048,00	CW		RQN3	RUS N CHMS Sevastopol	UKR
8048,00	*T600*	*B=50Bd S=200Hz*		*RUS N Kaliningrad*	*RUS*

Frequency	Mode	Mode Parameter	Callsign	User	Country
8049,00	ALE USB	B=125Bd Ch=8 ChS=250Hz			
8049,00	MIL 188-110B 39TONE	B=2400Bd Ch=39 ChS=56,25Hz			
8050,00	ALE USB	B=125Bd Ch=8 ChS=250Hz			
8050,00	ALE USB	B=125Bd Ch=8 ChS=250Hz		USA FEMA net	USA
8050,00	*STANAG 4285*	*B=2400Bd*		*TUR F Ankara*	*TUR*
8052,20	STANAG 4285	B=2400Bd		TUR F Ankara	TUR
8053,00	ALE USB	B=125Bd Ch=8 ChS=250Hz			
8053,00	CODAN	B=2400Bd Ch=16 ChS=112,5Hz			
8054,50	MFSK	B=40Bd Ch=60 ChS=40Hz			
8055,50	PACTOR II	B=200Bd S=200Hz	WGM	Hollywood , FL	USA
8056,00	ALE USB	B=125Bd Ch=8 ChS=250Hz		USA Defence Logistc Agency	USA
8056,00	SSB			USA National Guard	USA
8056,00	SIEMENS CHX200 MODEM	B=250Bd S=170Hz			
8056,00	ALE USB	B=125Bd Ch=8 ChS=250Hz		USA F net	
8056,00	SYSTEME 3000	B=2400Bd		F F	F
8056,50	ALE USB	B=125Bd Ch=8 ChS=250Hz			
8056,70	SITOR A	B=100Bd S=170Hz		MFA Cairo	EGY
8057,00	ALE USB	B=125Bd Ch=8 ChS=250Hz		PAK N net	
8058,00	MIL 188-110B SER	B=2400Bd		MFA Bucharest	ROU
8058,00	ALE USB	B=125Bd Ch=8 ChS=250Hz		ROU diplo net	
8058,00	CHN MFSK 64TONE	B=37Bd Ch=64 ChS=37Hz		CHN F	CHN
8058,00	BAUDOT	B=50Bd S=500Hz	NT9P**		RUS
8058,70	ALE USB	B=125Bd Ch=8 ChS=250Hz		USA DOS net	USA
8060,00	ALE USB	B=125Bd Ch=8 ChS=250Hz		VEN F net	VEN
8060,00	ALE USB	B=125Bd Ch=8 ChS=250Hz		ALB net	ALB
8061,00	ALE USB	B=125Bd Ch=8 ChS=250Hz		USA AF net	USA
8062,00	BPSK	B=500Bd			
8063,00	CIS 1280	B=1280Bd			
8063,00	ALE USB	B=125Bd Ch=8 ChS=250Hz		ISR AF net	ISR
8063,20	CIS 12	B=1440Bd Ch=12 ChS=200Hz			
8063,40	SITOR B	B=100Bd S=170Hz	OLO32	Prague	CZE
8064,00	ALE USB	B=125Bd Ch=8 ChS=250Hz			
8065,00	CIS 200-1000	B=200Bd S=1000Hz Ch=1		RUS MIL INTEL	RUS
8065,00	CODAN CHIRP	B=80Bd Ch=30 ChS=81Hz		MFA Cairo	EGY
8065,00	CODAN	B=2400Bd Ch=16 ChS=112,5Hz		MFA Cairo	EGY
8066,10	FSK	B=75Bd S=125Hz			
8066,70	SITOR A	B=100Bd S=170Hz		MFA Cairo	EGY
8067,00	ALE USB	B=125Bd Ch=8 ChS=250Hz		USA AF net	USA
8067,20	CROWD 36	B=40Bd Ch=32		RUS diplo	

Frequency	Mode	Mode Parameter	Callsign	User	Country
		ChS=40Hz			
8067,20	CIS OFDM 60	B=2400Bd Ch=60 ChS=44,5Hz		RUS diplo	RUS
8067,50	ALE USB	B=125Bd Ch=8 ChS=250Hz			
8068,00	*CROWD 36*	*B=40Bd Ch=32 ChS=40Hz*		*RUS MIL Moscow*	*RUS*
8068,20	T600	B=50Bd S=250Hz		RUS F	
8069,00	ALE USB	B=125Bd Ch=8 ChS=250Hz			
8070,00	MAHRS	B=2400Bd		D F	D
8071,00	ALE USB	B=125Bd Ch=8 ChS=250Hz		ROU diplo net	
8072,00	ALE USB	B=125Bd Ch=8 ChS=250Hz		ROU diplo net	
8072,00	ALE USB	B=125Bd Ch=8 ChS=250Hz			
8072,40	SITOR B	B=100Bd S=200Hz			
8072,40	SITOR B	B=100Bd S=170Hz	OLO32	Prague	CZE
8074,80	STANAG 4538	B=2400Bd			
8075,00	MIL 188-110B SER	B=2400Bd			
8075,00	ALE USB	B=125Bd Ch=8 ChS=250Hz		ALB F net	
8077,50	ALE USB	B=125Bd Ch=8 ChS=250Hz			
8078,70	SITOR A	B=100Bd S=170Hz		EGY E Washington	USA
8079,00	*CIS 100-500*	*B=100Bd S=500Hz*		*RUS N Archangelsk*	*RUS*
8079,00	CIS ARQ	B=100Bd S=500Hz		RUS PTT	RUS
8080,00	ALE USB	B=125Bd Ch=8 ChS=250Hz			
8081,00	LINK 11	B=2250Bd			
8081,90	PACTOR II	B=200Bd S=200Hz	WXH	Annapolis , MD	USA
8082,00	*STANAG 4285*	*B=2400Bd*		*G F Penkale Sands*	*G*
8082,00	ALE USB	B=125Bd Ch=8 ChS=250Hz		Queensland Deptartment of Community Safety	AUS
8082,00	CIS 200-1000	B=200Bd S=1000Hz Ch=1		RUS MIL INTEL	RUS
8083,00	ALE USB	B=125Bd Ch=8 ChS=250Hz			
8085,00	FAX 120/576		GYA	G N London	G
8086,00	ALE USB	B=125Bd Ch=8 ChS=250Hz		NIG oilfield net	NIG
8086,90	ALE USB	B=125Bd Ch=8 ChS=250Hz		USA ShipCom net	USA
8087,00	ALE USB	B=125Bd Ch=8 ChS=250Hz		LBY ENI & NOC net	LBY
8087,20	2FSK	B=100Bd S=170Hz		Naples	I
8088,00	CODAN	B=2400Bd Ch=16 ChS=112,5Hz		EGY E Rabat	MRC
8089,00	ALE USB	B=125Bd Ch=8 ChS=250Hz		Rou diplo net	
8089,00	*STANAG 4285*	*B=2400Bd*		*G MIL Akrotiri*	*CYP*
8089,00	CIS MFSK 64	B=40Bd Ch=64 ChS=46Hz		MFA Moscow	RUS
8089,70	SITOR A	B=100Bd S=170Hz		EGY E Rabat	MRC
8090,00	USB			RUS AF	RUS
8091,00	M/S 1,0	B=211Bd S=500Hz		Moscow	RUS
8092,00	ALE USB	B=125Bd Ch=8 ChS=250Hz		USA army net	D
8092,00	*ALE USB*	*B=125Bd Ch=8 ChS=250Hz*		*TUR Disaster and Emergency net*	*TUR*
8092,50	ALE USB	B=125Bd Ch=8 ChS=250Hz			

Frequency	Mode	Mode Parameter	Callsign	User	Country
8095,00	USB			CIS aero network day	CIS
8096,00	CIS 200-1000	B=200Bd S=1000Hz Ch=1		RUS MIL INTEL	RUS
8096,00	CW		CLP1	MFA Habana	CUB
8096,00	*ALE USB*	*B=125Bd Ch=8 ChS=250Hz*		*G MIL net*	*G*
8098,00	CIS 50-500	B=50Bd S=500Hz		RUS MIL	RUS
8099,00	ALE USB	B=125Bd Ch=8 ChS=250Hz			
8100,00	USB			Mauritius MRCC	MAU
8100,00	ALE USB	B=125Bd Ch=8 ChS=250Hz		?ISR AF net	ISR
8101,00	USB		XVG	Hai Phong R	VTN
8101,00	SSB			CS , SS Ch 1	
8101,50	ALE USB	B=125Bd Ch=8 ChS=250Hz			
8101,50	CIS OFDM	Ch=47 ChS=40Hz		MFA Moscow	RUS
8101,70	SITOR A	B=100Bd S=170Hz		MFA Cairo	EGY
8102,00	POL INTEL FSK	B=100Bd S=740Hz Ch=1		POL INTEL	POL
8104,00	USB		XVS	Ho Chi Minh R	VTN
8104,00	SSB			CS , SS Ch 2	
8104,00	USB			Marine weather Center Lakeland , FL	USA
8104,00	CIS 68TONE	B=50Bd Ch=68 ChS=47Hz		RUS diplo	RUS
8105,00	CIS 100-1000	B=100Bd S=1000Hz			RUS
8105,00	FAX 120/576		SVJ4	Athens M	GRC
8105,00	ALE USB	B=125Bd Ch=8 ChS=250Hz		?ROU F net	
8105,00	MIL 188-110B SER	B=2400Bd		?ROU F net	
8105,00	ARQE	B=184,5Bd S=400Hz	RFFX**	F F Versailles	F
8105,00	SSB, RTTY			D army	D
8105,00	CIS 68TONE	B=50Bd Ch=68 ChS=47Hz		RUS diplo	RUS
8105,50	*CROWD 36*	*B=40Bd Ch=32 ChS=40Hz*		*MFA Moscow*	*RUS*
8106,00	CW		FAV22	F F Mont-Valerien	F
8107,00	FAX 120/576		SVJ4	Athene M	GRC
8107,00	*ALE USB*	*B=125Bd Ch=8 ChS=250Hz*		*G MIL net*	*G*
8107,00	SSB			CS , SS Ch 3	
8107,00	CW			RUS HFDF net	RUS
8107,00	MIL 188-110B APP C	B=2400Bd			
8108,00	*CIS 75-250*	*B=75Bd S=250Hz*		*RUS MIL Moscow*	*RUS*
8108,00	CW		RGT77	RUS MIL Moscow , RSVN net	RUS
8108,50	*ALE USB*	*B=125Bd Ch=8 ChS=250Hz*		*G MIL net*	*G*
8110,00	USB		VNJ	Casey Base , AUS	ANT
8110,00	USB			AUS Davis Base	ANT
8110,00	USB			Macquarie Island , AUS	ANT
8110,00	USB			Mawson Base , AUS	ANT
8110,00	SSB			CS , SS Ch 4	
8110,00	SSB		CFH	CAN F Halifax	CAN
8110,00	CIS BAUDOT 1,5 STB	B=200Bd S=500Hz Ch=1		RUS INTEL	RUS
8111,00	CIS 20	B=75Bd Ch=20 ChS=120Hz		RUS diplo	
8111,00	*ALE USB*	*B=125Bd Ch=8 ChS=250Hz*		*G MIL net*	*G*
8111,20	STANAG 4285	B=2400Bd	DHJ58	D N Glücksburg	D

Frequency	Mode	Mode Parameter	Callsign	User	Country
8112,00	CW		W	RUS AF marker	RUS
8113,00	USB		VMW	Wiluna M	AUS
8113,00	SSB			CS , SS Ch 5	
8114,00	ALE USB	B=125Bd Ch=8 ChS=250Hz			
8115,00	ALE USB	B=125Bd Ch=8 ChS=250Hz		Latvian KFOR net	
8116,00	SSB			CS , SS Ch 6	
8118,00	ALE USB	B=125Bd Ch=8 ChS=250Hz		AUT F net	
8118,00	BAUDOT	B=200Bd S=500Hz		RUS INTEL	RUS
8119,00	SSB			CS , SS Ch 7	
8120,00	CW		RCH84	RUS N	RUS
8120,00	CW		RJF94	RUS N Moscow	RUS
8122,00	SSB			CS , SS Ch 8	
8122,00	PACTOR III	B=100Bd S=200Hz			
8123,00	CIS 200-1000	B=200Bd S=1000Hz Ch=1		RUS MIL INTEL	RUS
8123,00	CIS 200-1000	B=200Bd S=1000Hz Ch=1		RUS MIL INTEL	RUS
8123,20	STANAG 4285	B=2400Bd	IDR	I N Rome	I
8123,20	*STANAG 4285*	*B=2400Bd*	*IDN*	*I N Naples*	*I*
8123,20	*STANAG 4285*	*B=2400Bd*	*NSS*	*NATO HQ Naples*	*I*
8125,00	USB		XVT	Da Nang R	VTN
8125,00	ALE USB	B=125Bd Ch=8 ChS=250Hz		PEMEX net	MEX
8125,00	*ALE USB*	*B=125Bd Ch=8 ChS=250Hz*		*G MIL net*	*G*
8125,00	SSB			CS , SS Ch 9	
8125,00	ALE USB	B=125Bd Ch=8 ChS=250Hz		USA FAA	USA
8125,50	CROWD 36	B=40Bd Ch=32 ChS=40Hz		RUS diplo	
8126,40	*ALE USB*	*B=125Bd Ch=8 ChS=250Hz*		*G MIL net*	*G*
8127,00	T600	B=50Bd S=250Hz		RUS N Moscow	RUS
8127,00	*STANAG 4285*	*B=2400Bd*		*G Mil St. Eval*	*G*
8128,00	SSB			CS , SS Ch 10	
8129,50	CIS 75-125	B=75Bd S=125Hz			RUS
8129,50	CIS OFDM 45	B=2400Bd Ch=45 ChS=62,5Hz		RUS	RUS
8130,00	ALE USB	B=125Bd Ch=8 ChS=250Hz		ALG net	ALG
8131,00	USB		XVT	Da Nang R	VTN
8131,00	SSB			CS , SS Ch 11	
8132,00	ALE USB	B=125Bd Ch=8 ChS=250Hz		D CG net	D
8132,00	R&S MODEM	B=2400Bd		D CG net	D
8133,00	USB		BENEDET TO**	I F	I
8133,00	USB		CESARE**	I F	I
8133,00	ALE ISB	B=125Bd Ch=8 ChS=125Hz		ARS AF net	ARS
8134,00	USB		ZAV3	Vlore R	ALB
8134,00	SSB			CS , SS Ch 12	
8135,60	PACTOR III	B=200Bd S=850Hz			
8136,00	CW		RDL	RUS N Moscow	RUS
8136,00	T600	B=50Bd S=200Hz	RDL	RUS N Murmansk	RUS
8137,00	USB		XVR	Vung Tau R	VTN
8137,00	SSB			CS , SS Ch 13	
8137,00	USB			Marine weather Center Lakeland , FL	USA
8138,00	ALE USB	B=125Bd Ch=8 ChS=250Hz		G MIL net	G

Frequency	Mode	Mode Parameter	Callsign	User	Country
8138,50	PACTOR III	B=100Bd S=200Hz	YQI4	Constanta R	ROU
8139,00	ALE USB	B=125Bd Ch=8 ChS=250Hz		LTU F net	
8139,00	ALE USB	B=125Bd Ch=8 ChS=250Hz			USA
8139,20	STANAG 4285	B=2400Bd	IDR	I N Rome	I
8140,00	USB		XVT	Da Nang R	VTN
8140,00	SSB			Virgin Blue LDOC	AUS
8140,00	FAX 120/576		BMF	Taipei M	THA
8140,00	SSB			CS , SS Ch 14	
8141,50	ALE USB	B=125Bd Ch=8 ChS=250Hz			
8142,00	MIL 188-110B SER	B=2400Bd			
8143,00	USB		XVC	Cua Ong R	VTN
8143,00	SSB			CS , SS Ch 15	
8143,00	*CIS 4FSK*	*B=100Bd Ch=4 ChS=500Hz*		*RUS MIL Archangelsk*	*RUS*
8143,00	ALE USB	B=125Bd Ch=8 ChS=250Hz		PAK N net	
8143,00	R&S MODEM	B=2400Bd		PAK N	PAK
8143,50	CW		FAV22	F F Mont-Valerien	F
8144,00	MIL 188-110A	B=2400Bd		AUS MIL North West Cape	AUS
8145,00	ALE USB	B=125Bd Ch=8 ChS=250Hz			
8146,00	ASCII ARQ	B=100,1Bd S=500Hz			
8146,00	USB		XVN	Nhatrang R	VTN
8146,00	SSB			CS , SS Ch 16	IRL
8146,50	LINK 11 SLEW	B=2400Bd			
8148,50	CW		FAV22	F F Mont-Valerien	F
8149,00	USB		XVD	Hue R	VTN
8149,00	SSB			CS , SS Ch 17	
8149,20	*STANAG 4285*	*B=2400Bd*	*IGJ*	*I N Augusta*	*I*
8150,00	*ALE USB*	*B=125Bd Ch=8 ChS=250Hz*		*TUR Disaster and Emergency net*	*TUR*
8151,00	ALE USB	B=125Bd Ch=8 ChS=250Hz		E MOI net	E
8152,00	ALE USB	B=125Bd Ch=8 ChS=250Hz		S MIL net	S
8152,00	SSB			CS , SS Ch 18	
8152,00	ALE USB	B=125Bd Ch=8 ChS=250Hz		?ALG MOI	ALG
8152,20	*STANAG 4285*	*B=2400Bd*	*IDR*	*I N Rome*	*I*
8155,00	USB		XVM	Mong Cai R	VTN
8155,00	SSB			CS , SS Ch 19	
8155,00	ALE USB	B=125Bd Ch=8 ChS=250Hz			
8156,00	USB			BAH MIL net	BAH
8156,20	*STANAG 4285*	*B=2400Bd*	*IDR*	*I N Rome*	*I*
8158,00	USB		XVK	Kien Giang R	VTN
8158,00					
8158,00	SSB			CS , SS Ch 20	
8161,00	USB		XVY	Phu Yen R	VTN
8161,00	SSB			CS , SS Ch 21	
8162,00	ALE USB	B=125Bd Ch=8 ChS=250Hz			
8163,40	SITOR B	B=100Bd S=170Hz	OLO32	Prague	CZE
8163,40	SITOR B	B=100Bd S=170Hz			
8164,00	SSB			CS , SS Ch 22	
8165,00	ALE USB	B=125Bd Ch=8 ChS=250Hz		R&S test net	
8165,00	USB		VNZ	RFDS Pt. Augusta	AUS
8165,00	ALE USB	B=125Bd Ch=8		?LVA F	

Frequency	Mode	Mode Parameter	Callsign	User	Country
		ChS=250Hz			
8167,00	USB		XVN	Nhatrang R	VTN
8167,00	SSB			CS , SS Ch 23	
8170,00	USB		XVU	Can Tho R	VTN
8170,00	ALE USB	B=125Bd Ch=8 ChS=250Hz			
8170,00	SSB			CS , SS Ch 24	
8170,20	*STANAG 4285*	*B=2400Bd*		*NOR N Bergen*	*NOR*
8170,20	*STANAG 4285*	*B=2400Bd*	*JWT*	*NOR N Stavanger*	*NOR*
8171,00	ALE USB	B=125Bd Ch=8 ChS=250Hz			
8171,50	ALE USB	B=125Bd Ch=8 ChS=250Hz		USA MIL net	USA
8172,00	CIS BAUDOT 1,5 STB	B=200Bd S=500Hz Ch=1		RUS INTEL	RUS
8172,00	ALE LSB	B=125Bd Ch=8 ChS=250Hz		ARS	ARS
8173,00	USB		XVQ	Hon Gai R	VTN
8173,00	SSB			CS , SS Ch 25	
8176,00	USB		VMC	Charleville M	AUS
8176,00	USB		XVT	Da Nang R	VTN
8176,00	SSB		VMC	Charleville M	AUS
8176,00	SSB			CS , SS Ch 26	
8176,40	*SITOR B*	*B=100Bd S=170Hz*	*OLO32*	*Prague*	*CZE*
8177,00	SSB			USA AF MARS	J
8177,00	BAUDOT	B=200,33Bd S=500Hz			RUS
8178,00	SSB			USA AF MARS	J
8179,00	SSB			CS , SS Ch 27	
8179,00	CROWD 36	B=40Bd S=40Hz Ch=32 ChS=40Hz		RUS diplo	
8180,00	ALE USB	B=125Bd Ch=8 ChS=250Hz		TUN F net	TUN
8180,00	SSB			USA National Guard	USA
8180,00	CHN 16TONE PSK	B=75Bd Ch=16		CHN F	CHN
8180,00	*STANAG 4285*	*B=2400Bd*		*G MIL St. Eval*	*G*
8180,00	CIS 14	B=96Bd S=500Hz			
8180,00	CIS 4FSK	B=100Bd Ch=4 ChS=500Hz			
8181,00	CCIR 493-4	B=100Bd S=170Hz			
8181,00	CCIR 493-4	B=100Bd S=170Hz			
8181,00	ALE USB	B=125Bd Ch=8 ChS=250Hz		VEN F net	VEN
8181,00	CCIR 493-4	B=100Bd S=170Hz			
8181,00	CCIR 493-4	B=100Bd S=170Hz			
8181,00	CCIR 493-4	B=100Bd S=170Hz			
8181,00	CCIR 493-4	B=100Bd S=170Hz			
8181,00	CCIR 493-4	B=100Bd S=170Hz			
8181,00	CCIR 493-4	B=100Bd S=170Hz			
8181,00	CCIR 493-4	B=100Bd S=170Hz			
8181,50	ALE USB	B=125Bd Ch=8 ChS=250Hz		USA National Guard net	USA
8182,00	SSB			CS , SS Ch 28	
8182,00	*ALE USB*	*B=125Bd Ch=8 ChS=250Hz*		*G MIL net*	*G*
8183,50	PACTOR III	B=100Bd S=200Hz	KKL28	Vashon Island R , WA	USA
8184,00	ALE USB	B=125Bd Ch=8 ChS=250Hz			
8185,00	PACTOR II	B=200Bd S=200Hz	HPPM1	Sailmail Chiriqui	PNR
8185,00	SSB			CS , SS Ch 29	
8185,50	ALE USB	B=125Bd Ch=8 ChS=250Hz			
8186,00	ARCOTEL	B=1800Bd		D F	

Frequency	Mode	Mode Parameter	Callsign	User	Country
	FARCOS				
8186,70	PACTOR	B=200Bd S=170Hz			
8186,70	PACTOR II	B=200Bd S=170Hz			
8186,70	SITOR A	B=100Bd S=170Hz		MFA Cairo	EGY
8187,00	CIS 200-1000	B=200Bd S=1000Hz Ch=1		RUS MIL INTEL	RUS
8188,00	SSB			CS , SS Ch 30	
8188,50	PACTOR III	B=100Bd S=200Hz	HPPM3	Sailmail Panama	PNR
8189,00	ALE USB	B=125Bd Ch=8 ChS=250Hz		ALG MIL net	ALG
8190,00	CIS ARQ	B=100Bd S=500Hz		RUS PTT	RUS
8190,00	ALE ISB	B=125Bd Ch=8 ChS=250Hz		ARS AF net	ARS
8190,00	ALE LSB	B=125Bd Ch=8 ChS=250Hz		ARS	ARS
8191,00	SSB			CS , SS Ch 31	
8191,00	*CIS 50-1000*	*B=50Bd S=1000Hz*	*REA4*	*RUS AF HQ Moscow*	*RUS*
8191,50	CW		9MB	MLA N Johour Baharu	MLA
8191,50	CW		REA4	RUS AF HQ Moscow	RUS
8192,00	BAUDOT	B=50Bd S=850Hz	9MR	MLA N Johour Baharu	MLA
8193,00	ALE USB	B=125Bd Ch=8 ChS=250Hz			
8193,00	*CIS 200-1000*	*B=200Bd S=1000Hz Ch=1*		*RUS MIL INTEL Moscow*	*RUS*
8195,00	ALE USB	B=125Bd Ch=8 ChS=250Hz		ROU MOI net	ROU
8195,00	MIL 188-110B SER	B=2400Bd		ROU MOI Bucharest	ROU
8195,00	SSB			SS Ch 801	
8198,00	SSB			SS Ch 802	
8200,00	ALE USB	B=125Bd Ch=8 ChS=250Hz		LBY net	LBY
8201,00	SSB			SS Ch 803	
8201,00	ALE USB	B=125Bd Ch=8 ChS=250Hz			
8204,00	SSB			SS Ch 804	
8204,30	*BAUDOT*	*B=75Bd S=850Hz*		*IRN N HQ Bandar Abbas*	*IRN*
8205,00	ALE USB	B=125Bd Ch=8 ChS=250Hz			
8207,00	SSB			SS Ch 805	
8207,00	*ALE USB*	*B=125Bd Ch=8 ChS=250Hz*		*MLT N net*	*MLT*
8210,00	SSB			SS Ch 806	
8210,00	ALE USB	B=125Bd Ch=8 ChS=250Hz			
8211,00	USB		LBJ	NOR N Bodoe	NOR
8213,00	SSB			SS Ch 807	
8216,00	SSB			SS Ch 808	
8218,00	MIL 188-110B 39TONE	B=2400Bd Ch=39 ChS=56,25Hz			
8219,00	SSB			SS Ch 809	
8222,00	SSB			SS Ch 810	
8223,50	SYSTEME 3000	B=2400Bd			
8225,00	SSB			SS Ch 811	
8228,00	SSB			SS Ch 812	
8230,00	ALE USB	B=125Bd Ch=8 ChS=250Hz			
8231,00	SSB			SS Ch 813	
8232,00	ALE USB	B=125Bd Ch=8 ChS=250Hz			
8234,00	SSB			SS Ch 814	
8234,00	*ALE USB*	*B=125Bd Ch=8 ChS=250Hz*		*ISR AF net*	*ISR*
8235,00	SSB				

Frequency	Mode	Mode Parameter	Callsign	User	Country
8237,00	SSB			SS Ch 815	
8240,00	SSB			SS Ch 816	
8243,00	SSB			SS Ch 817	
8244,50	MAHRS	B=2400Bd		D F	
8246,00	SSB			SS Ch 818	
8249,00	SSB			SS Ch 819	
8250,00	PACTOR	B=100Bd S=200Hz	ZRK691-2	Melville R	AFS
8252,00	SSB			SS Ch 820	
8253,00	ALE USB	B=125Bd Ch=8 ChS=250Hz			
8255,00	SSB			SS Ch 821	
8258,00	MIL 188-110B 39TONE	B=2400Bd Ch=39 ChS=56,25Hz		MRC F	MRC
8258,00	LSB			MRC F	MRC
8258,00	SSB			SS Ch 822	
8260,00	USB			RUS MIL	
8260,00	CIS 12	B=1440Bd Ch=12 ChS=200Hz		RUS MIL	
8261,00	SSB			SS Ch 823	
8264,00	SSB			SS Ch 824	
8267,00	SSB			SS Ch 825	
8270,00	MIL 188-110B 39TONE	B=2400Bd Ch=39 ChS=56,25Hz			
8270,00	SSB			SS Ch 826	
8270,00	CLOVER 2000	B=500Bd Ch=8 ChS=250Hz	UAVR	RUS ship	RUS
8270,00	CLOVER 2000	B=500Bd Ch=8 ChS=250Hz	RLK7	Arkchangelsk R	RUS
8270,00	CLOVER 2000	B=500Bd Ch=8 ChS=250Hz	UAVT	RUS ship	RUS
8273,00	SSB			SS Ch 827	
8275,00	ALE USB	B=125Bd Ch=8 ChS=250Hz			
8276,00	SSB			SS Ch 828	
8276,00	*ALE USB*	*B=125Bd Ch=8 ChS=250Hz*		*F F Paris*	*F*
8276,00	*ALE USB*	*B=125Bd Ch=8 ChS=250Hz*		*F F Toulon*	*F*
8276,00	*USB*			*F F Toulon*	*F*
8276,00	*USB*			*F F Paris*	*F*
8279,00	SSB			SS Ch 829	
8282,00	SSB			SS Ch 830	
8282,00	PACTOR I	B=100Bd S=170Hz	ARL4	PAK N Karachi	PAK
8282,00	ALE USB	B=125Bd Ch=8 ChS=250Hz		PAK N net	
8285,00	CLOVER 2000	B=500Bd Ch=8 ChS=250Hz			
8285,00	SSB			SS Ch 831	
8287,70	ALE USB	B=125Bd Ch=8 ChS=250Hz			
8288,00	SSB			SS Ch 832	
8288,00	CLOVER 2000	B=500Bd Ch=8 ChS=250Hz			
8289,40	PACTOR III	B=100Bd S=200Hz	FOHXM	Sailmail Manihi Atoll	OCE
8291,00	USB		PKD5	Benoa R , Bali	INS
8291,00	USB		FFD	Saint Denis R	REU
8291,00	USB			Cape Town R	AFS
8291,00	USB		PKX	Jakarta R , Jawa	INS
8291,00	USB		PKE5	Ternate R , Maluku	INS
8291,00	USB		CWS	URG N Montevideo	URG
8291,00	USB		HCY	Ayora R , Santa Cruz	EQA
8291,00	USB		ZLM	Taupo Maritime R	NZL
8291,00	USB		NMF	USA CG Boston , MA	USA

Frequency	Mode	Mode Parameter	Callsign	User	Country
8291,00	USB		CWF	Punta Carretas R	URG
8291,00	USB		JNA	J CG HQ Tokyo	J
8291,00	USB			AUS coast net	AUS
8291,00	USB		VFF	Iqaluit R	CAN
8291,00	USB		NMN	USA CG Portsmouth , VA	USA
8291,00	USB		VRC	Hong Kong R	CHN
8291,00	USB		PKY4	Sorong R , Irian Jaya	INS
8291,00	USB		NMA	USA CG Miami , FL	USA
8291,00	USB		NMG	USA CG New Orleans , LA	USA
8291,00	USB		PKG	Bandjarmasin R , Kalimantan	INS
8291,00	USB			USA CG Honolulu	HWA
8291,00	USB		PKO	Tarakan R , Kalimantan	INS
8291,00	USB			USA CG Point Reyes	USA
8291,00	USB		PKR	Semarang R , Djawa	INS
8291,00	USB		PNK	Jayapura R , Irian Jaya	INS
8291,00	USB		P2M	Port Moresbay R	PNG
8291,00	USB		PKY3	Manokwari R , Irian Jaya	INS
8291,00	USB		PKM	Bitung R , Sulawesi	INS
8291,00	SSB			Distress/calling frequency	
8291,00	SSB			CS Ch 833	
8291,00	SSB			SS Ch 833	
8291,00	USB		PKF3	Kendari R	INS
8291,00	USB		PKM44	Pantolan R , Sulawesi	INS
8291,00	USB		PKP38	Batu Ampar R	INS
8291,00	USB		PKC4	Panjang R , Sumatera	INS
8291,00	USB		PKA	Sabang R , We	INS
8291,00	USB			Benete R , Sumbawa	INS
8291,00	USB		PKK	Kupang R , Timor	INS
8291,00	USB		FJA	Mahina R	OCE
8291,00	USB		PKB	Belawan R , Sumatera	INS
8292,00	ALE USB	B=125Bd Ch=8 ChS=250Hz		PEMEX net	MEX
8294,00	USB		ZOE	Tristan da Cunha R	TRC
8294,00	USB		VIA	Adelaide R	AUS
8294,00	USB		L2A	ARG N Buenos Aires	ARG
8294,00	USB		XVT	Da Nang R	VTN
8294,00	USB		XVG	Hai Phong R	VTN
8294,00	USB		XVS	Ho Chi Minh R	VTN
8294,00	SSB			simplex frequency ship - ship	
8294,00	NECODE SELCALL	B=100Bd S=170Hz			USA
8294,00	USB		WQCN860	Ocean-Pro R Naples , FL	USA
8294,00	USB		VAX498	South Bound II R Burlington , ONT	CAN
8297,00	SSB			simplex frequency ship - ship	
8297,00	USB		ZLM	Taupo Maritime R	NZL
8300,00	BAUDOT	B=75Bd S=850Hz	6WW	F N Dakar	SEN
8300,00	STANAG 4285	B=2400Bd	6WW	F N Dakar	SEN
8300,00	PSK 63	B=63Bd Ch=2 ChS=400Hz			
8302,00	*STANAG 4285*	*B=2400Bd*		*G F Crimond*	*G*
8302,00	FAX 120/576		BAF36	Beijing M	CHN
8304,00	SSB		IGJ	I N Augusta	I
8308,50	PACTOR III	B=100Bd S=200Hz	ZKN2SM	Sailmail Niue	NIU
8310,00	ALE USB	B=125Bd Ch=8 ChS=250Hz		B N net	B
8310,00	CIS 12	B=1440Bd Ch=12 ChS=200Hz		CIS diplo	
8312,00	ALE USB	B=125Bd Ch=8 ChS=250Hz		D CG net	D
8312,50	J PSK	B=1500Bd		J MIL	J
8315,00	*LINK 11 ISB*	*B=2250Bd*		*I F Leece*	*I*
8317,00	*ALE USB*	*B=125Bd Ch=8 ChS=250Hz*		*G MIL net*	*G*

Frequency	Mode	Mode Parameter	Callsign	User	Country
8317,50	PACTOR III	B=100Bd S=200Hz			
8318,00	ALE USB	B=125Bd Ch=8 ChS=250Hz			
8320,00	ALE USB	B=125Bd Ch=8 ChS=250Hz			
8321,00	USB		PBC	NLD N Goeree Island	HOL
8321,00	USB		PBB	NLD N Den Helder	HOL
8321,00	ALE USB	B=125Bd Ch=8 ChS=250Hz		G	
8322,00	*STANAG 4285*	*B=2400Bd*		*NOR N Bergen*	*NOR*
8322,00	LINK 11 ISB	B=2250Bd			
8322,00	ALE USB	B=125Bd Ch=8 ChS=250Hz			
8324,00	USB		PBB	NLD N Den Helder	HOL
8324,00	USB		PBC	NLD N Goeree Island	HOL
8328,00	LINK 11 CLEW	B=2250Bd			
8328,00	ALE USB	B=125Bd Ch=8 ChS=250Hz		F N net	
8328,60	STANAG 4285	B=2400Bd			
8333,00	PACTOR III	B=200Bd S=850Hz			
8333,20	*STANAG 4481*	*B=75Bd S=850Hz*		*G F St. Eval*	*G*
8333,50	STANAG 4285	B=2400Bd	DHJ59	D N Wilhelmshaven	D
8333,50	USB		DHJ59	D N Wilhelmshaven	D
8334,00	ALE USB	B=125Bd Ch=8 ChS=250Hz		?MRC F	MRC
8335,00	ALE USB	B=125Bd Ch=8 ChS=250Hz			
8335,50	SSB		DHJ59	G N Wilhelmshaven	D
8337,50	USB		PBB	NLD N Den Helder	NLD
8337,50	USB		PBC	NLD N Goeree Island	NLD
8337,50	BAUDOT	B=75Bd S=850Hz	PBH	NLD N Den Helder	NLD
8338,00	*CIS 12*	*B=1440Bd Ch=12 ChS=200Hz*		*RUS N ship*	
8340,00	MIL 188-110B SER	B=2400Bd		MEX MIL	MEX
8340,00	ALE LSB	B=125Bd Ch=8 ChS=250Hz			
8340,00	ALE USB	B=125Bd Ch=8 ChS=250Hz		F N net	
8341,70	ALE USB	B=125Bd Ch=8 ChS=250Hz			
8342,00	BAUDOT	B=150Bd S=850Hz	FUJ	F N Noumea	NCL
8344,50	CW		UDYY	RUS cargo ship IGARKA	RUS
8344,50	CW		UHVA	RUS cargo ship AVALON	RUS
8344,50	CW		UHZK	RUS ship VOSTOK3	UKR
8345,00	CW		RGR77	RUS N ship BURYA	RUS
8345,00	CW		RFH77	RUS N ship Ladnyy	RUS
8345,00	CW		RMRV	RUS N ship Smolnyy	RUS
8345,00	CW		RME	RUS N	RUS
8345,00	CW		RHI99	RUS N ship Alexander Shabalin	RUS
8345,00	CW		RFH61	RUS N ship Perekop	RUS
8345,00	CW		RAL65	RUS N ship Kama	RUS
8345,00	CW		RIR96	RUS N ship AZOV	RUS
8345,00	CW		RHL80	RUS N ship KALININGRAD	RUS
8345,00	CW		RKO81	RUS N ship Lena	RUS
8345,00	CW		RHC84	RUS N ship Ekvator	RUS
8345,00	CW		RMMA	RUS N ship VIKTOR LEONOV	RUS
8345,00	CW		RMGB	RUS N ship IMAN	RUS
8345,00	CW		RLD69	RUS N ship GEORGY POBEDONOSETS BDK 45	RUS
8345,00	CW		RJQ84	RUS N ship Vikhr	RUS
8345,00	CW		RHO62	RUS N ship ADMIRAL VLADIMIRSKIY	RUS
8345,00	CW		RAL48	RUS N ship NIKOLEI CHIKER	RUS
8345,00	CW		RCIV	RUS N landing ship SARATOV	RUS

Frequency	Mode	Mode Parameter	Callsign	User	Country
8345,00	CW		RJT22	RUS CG Moscow	RUS
8345,00	CW		RGR35	RUS N destroyer VICE ADMIRAL KULAKOV	RUS
8345,00	CW		RJP98	RUS N	RUS
8348,00	CW		RHO62	RUS N ship ADMIRAL VLADIMIRSKIY	RUS
8350,00	ALE USB	B=125Bd Ch=8 ChS=250Hz		IRQ MIL net	IRQ
8350,00	PACTOR III	B=100Bd S=200Hz			
8353,00	ALE USB	B=125Bd Ch=8 ChS=250Hz		PAK N net	
8364,00	USB			NATO F	
8366,00	CW			SS calling frequency Ch 1	
8366,50	CW			SS calling frequency Ch 2	
8367,00	CW			SS calling frequency Ch 3	
8367,50	CW			SS calling frequency Ch 4	
8368,00	CW			SS calling frequency Ch 5	
8368,50	CW			SS calling frequency Ch 6	
8369,00	CW			SS calling frequency Ch 7	
8369,50	CW			SS calling frequency Ch 8	
8370,00	CW			SS calling frequency Ch 9	
8370,50	CW			SS calling frequency Ch 10	
8376,50	SITOR B	B=100Bd S=170Hz	ZLM	Taupo Maritime R	NZL
8376,50	SITOR , CW	B=100Bd S=170Hz	JNA	J CG HQ Tokyo	J
8376,50	SITOR , CW	B=100Bd S=170Hz	VRC	Hong Kong R	CHN
8376,50	SITOR , CW	B=100Bd S=170Hz	PKR3	Cilacap R , Jawa	INS
8376,50	SITOR , CW	B=100Bd S=170Hz	PKR	Semarang R , Djawa	INS
8376,50	SITOR , CW	B=100Bd S=170Hz	PKD	Surabaya R , Djawa	INS
8376,50	SITOR , CW	B=100Bd S=170Hz	PKN	Balikpapan R , Kalimantan	INS
8376,50	SITOR , CW	B=100Bd S=170Hz	PNK	Jayapura R , Irian Jaya	INS
8376,50	SITOR , CW	B=100Bd S=170Hz	PKY4	Sorong R , Irian Jaya	INS
8376,50	SITOR , CW	B=100Bd S=170Hz	PKM	Bitung R , Sulawesi	INS
8376,50	.			Distress/safety frequency	WW
8376,50	SITOR , CW	B=100Bd S=170Hz	PKK	Kupang R , Timor	INS
8376,50	PSK 63	B=63Bd			
8377,00	.			SS Ch 2	
8377,50	.			SS Ch 3	
8378,00	.			SS Ch 4	
8378,50	.			SS Ch 5	
8379,00	SITOR A		ZLM	Taupo Maritime R	NZL
8379,00	.			SS Ch 6	
8379,50	.			SS Ch 7	
8380,00	.			SS Ch 8	
8380,50	.			SS Ch 9	
8381,00	.			SS Ch 10	
8381,20	*STANAG 4285*	*B=2400Bd*	*EBA*	*E N Madrid*	*E*
8381,50	.			SS Ch 11	
8382,00	.			SS Ch 12	
8382,50	.			SS Ch 13	
8383,00	.			SS Ch 14	
8383,00	ALE USB	B=125Bd Ch=8 ChS=250Hz			
8383,50	.			SS Ch 15	
8384,00	.			SS Ch 16	
8384,50	.			SS Ch 17	
8385,00	.			SS Ch 18	
8385,00	USB			TUR MIL net	TUR
8385,00	STANAG 4285	B=2400Bd		TUR MIL net	TUR
8385,50	.			SS Ch 19	
8386,00	.			SS Ch 20	
8386,00	ALE USB	B=125Bd Ch=8 ChS=250Hz		SNG N net	SNG
8386,50	.			SS Ch 21	

Frequency	Mode	Mode Parameter	Callsign	User	Country
8387,00	.			SS Ch 22	
8387,50	.			SS Ch 23	
8388,00	.			SS Ch 24	
8388,50	.			SS Ch 25	
8389,00	.			SS Ch 26	
8389,50	.			SS Ch 27	
8390,00	.			SS Ch 28	
8390,50	.			SS Ch 29	
8391,00	.			SS Ch 30	
8391,50	.			SS Ch 31	
8392,00	.			SS Ch 32	
8392,50	.			SS Ch 33	
8393,00	.			SS Ch 34	
8393,50	.			SS Ch 35	
8394,00	.			SS Ch 36	
8394,50	.			SS Ch 37	
8395,00	.			SS Ch 38	
8395,50	.			SS Ch 39	
8396,00	.			SS Ch 40	
8396,00	CW		UON	Baku R	AZE
8396,50	.			SS Ch 1	
8397,00	.			SS Ch 2	
8397,50	.			SS Ch 3	
8397,70	MIL 188-110B SER	B=2400Bd	HWK**	S N Karlskrona	S
8398,00	.			SS Ch 4	
8398,50	.			SS Ch 5	
8399,00	PACTOR II	B=200Bd S=200Hz	V8V2222	Sailmail Brunai Bay	BRU
8399,00	.			SS Ch 6	
8399,50	.			SS Ch 7	
8400,00	CHN N MIL 188-110 MOD	B=2400Bd		CHN N	CHN
8400,00	.			SS Ch 8	
8400,50	.			SS Ch 9	
8401,00	SITOR A	B=100Bd S=170Hz		ROU oilrig net	ROU
8401,00	.			SS Ch 10	
8401,20	ALE USB	B=125Bd Ch=8 ChS=250Hz		POL F	
8401,50	.			SS Ch 11	
8402,00	.			SS Ch 12	
8402,50	.			SS Ch 13	
8403,00	.			SS Ch 14	
8403,50	.			SS Ch 15	
8404,00	.			SS Ch 16	
8404,50	.			SS Ch 17	
8405,00	.			SS Ch 18	
8405,20	STANAG 4529	B=1200Bd			
8405,50	.			SS Ch 19	
8406,00	.			SS Ch 20	
8406,50	.			SS Ch 21	
8407,00	.			SS Ch 22	
8407,50	.			SS Ch 23	
8408,00	.			SS Ch 24	
8408,00	USB		IALS	I N ship ALISEO F574	E
8408,20	*STANAG 4285*	*B=2400Bd*	*PBC*	*NLD N Goeree Island*	*HOL*
8408,30	STANAG 4529	B=1200Bd			
8408,50	.			SS Ch 25	
8409,00	.			SS Ch 26	
8409,50	.			SS Ch 27	
8410,00	.			SS Ch 28	
8410,00	CW			RUS N calling frequency	RUS
8410,50	.			SS Ch 29	
8411,00	.			SS Ch 30	

Frequency	Mode	Mode Parameter	Callsign	User	Country
8411,50	.			SS Ch 31	
8412,00	.			SS Ch 32	
8412,50	.			SS Ch 33	
8413,00	.			SS Ch 34	
8413,00	ALE USB	B=125Bd Ch=8 ChS=250Hz			
8413,50	.			SS Ch 35	
8414,00	.			SS Ch 36	
8414,50	DSC	B=100Bd S=170Hz	JNA	J CG HQ Tokyo	J
8414,50	USB		VFF	Iqaluit R	CAN
8414,50	.			DSC distress/safety frequency	WW
8415,00	.			SS DSC frequency	WW
8415,00	ALE USB	B=125Bd Ch=8 ChS=250Hz		?GRC N	GRC
8415,50	.			SS DSC frequency	WW
8416,00					
8416,50	SITOR B	B=100Bd S=170Hz	VFF	CAN CG Iqaluit	CAN
8416,50	.			MSI frequency	WW
8416,50	SITOR B	B=100Bd S=170Hz	UAT	Moscow R	RUS
8416,50	SITOR B	B=100Bd S=170Hz	SUZ	Serapeum R	EGY
8416,50	SITOR B	B=100Bd S=170Hz	NMO	USA CG Honolulu	HWA
8416,50	SITOR B	B=100Bd S=170Hz	NMC	USCG San Francisco , CA	USA
8416,50	SITOR B	B=100Bd S=170Hz	NMF	USA CG Boston , MA	USA
8417,00	SITOR A	B=100Bd S=170Hz	PKN2	Balikpapan R , Kalimantan	INS
8417,00	.			CS Ch 2	
8417,00	SITOR , CW	B=100Bd S=170Hz	PKP	Dumai R , Sumatera	INS
8417,00	SITOR , CW	B=100Bd S=170Hz	PKK	Kupang R , Timor	INS
8417,50	SITOR , CW	B=100Bd S=170Hz	SUK	Kosseir R	EGY
8417,50	.			CS Ch 3	
8417,50	SITOR , CW	B=100Bd S=170Hz	XSV	Tianjing R	CHN
8418,00	.			CS Ch 4	
8418,00	SITOR , CW	B=100Bd S=170Hz	WLC	Rogers City R , MI	USA
8418,00	SITOR , CW	B=100Bd S=170Hz	PKD	Surabaya R , Djawa	INS
8418,00	PACTOR III	B=100Bd S=200Hz	VZG420_1	Townsville R	AUS
8418,50	.			CS Ch 5	
8419,00	.			CS Ch 6	
8419,00	PACTOR , SITOR , CW	B=100Bd S=170Hz	WLO	Mobile R , AL	USA
8419,50	SITOR , CW	B=100Bd S=170Hz	JNA	J CG HQ Tokyo	J
8419,50	SITOR , CW	B=100Bd S=170Hz	PKR	Semarang R , Djawa	INS
8419,50	.			CS Ch 7	
8419,50	SITOR , CW	B=100Bd S=170Hz	4PB	Colombo R	CLN
8420,00	SITOR , CW	B=100Bd S=170Hz	PKR3	Cilacap R , Jawa	INS
8420,00	.			CS Ch 8	
8420,00	SITOR , CW	B=100Bd S=170Hz	PKJ28	Sei Kolak Kijang R	INS
8420,50	.			CS Ch 9	
8421,00	.			CS Ch 10	
8421,00	PACTOR , SITOR , CW	B=100Bd S=170Hz	WLO	Mobile R , AL	USA
8421,50	.			CS Ch 11	
8421,50	SITOR , CW	B=100Bd S=170Hz	JCS	Choshi R	J
8421,50	SITOR , CW	B=100Bd S=170Hz	VRX38	Hong Kong R	HKG
8421,50	SITOR , CW	B=100Bd S=170Hz	SVO49	Olympia R	GRC
8422,00	PACTOR III	B=200Bd S=200Hz	OSY	Sailmail Brugge	BEL
8422,00	PACTOR IV	B=100Bd S=200Hz			
8422,00	SITOR , CW	B=100Bd S=170Hz	EQI	Abbas R	IRN
8422,00	SITOR , CW	B=100Bd S=170Hz	PKE37	Sanana R , Kep Sula	INS
8422,00	SITOR , CW	B=100Bd S=170Hz	PKY23	Fak Fak R	INS
8422,00	SITOR , CW	B=100Bd S=170Hz	PKY5	Merauke R , Irian Jaya	INS
8422,00	SITOR , CW	B=100Bd S=170Hz	PKF3	Kendari R	INS
8422,00	.			CS Ch 12	
8422,00	SITOR , CW	B=100Bd S=170Hz	PKP38	Batu Ampar R	INS

Frequency	Mode	Mode Parameter	Callsign	User	Country
8422,50	.			CS Ch 13	
8423,00	SITOR , CW	B=100Bd S=170Hz	UFL	Vladivostok R	RUS
8423,00	SITOR , CW	B=100Bd S=170Hz	PKM	Bitung R , Sulawesi	INS
8423,00	.			CS Ch 14	
8423,00	SITOR , CW	B=100Bd S=170Hz	SVO491	Olympia R	GRC
8423,50	.			CS Ch 15	
8423,50	PACTOR , SITOR , CW	B=100Bd S=170Hz	WLO	Mobile R , AL	USA
8424,00	SITOR , CW	B=100Bd S=170Hz	UDK2	Murmansk R	RUS
8424,00	SITOR , CW	B=100Bd S=170Hz	SVO4	Olympia R	GRC
8424,00	.			CS Ch 16	
8424,00	SITOR , CW	B=100Bd S=170Hz	WCC	Chatham R , MA	USA
8424,50	.			CS Ch 17	
8424,50	SITOR , CW	B=100Bd S=170Hz	VRX34	Hong Kong R	HKG
8425,00	SITOR , CW	B=100Bd S=170Hz	PKY3	Manokwari R , Irian Jaya	INS
8425,00	.			CS Ch 18	
8425,00	SITOR , CW	B=100Bd S=170Hz	PKM25	Tahuna R	INS
8425,00	SITOR , CW	B=100Bd S=170Hz	PKC4	Panjang R , Sumatera	INS
8425,50	.			CS Ch 19	
8425,50	SITOR , CW	B=100Bd S=170Hz	XSG	Shanghai R	CHN
8426,00	SITOR , CW	B=100Bd S=170Hz	PKY2	Biak R , Irian Jaya	INS
8426,00	.			CS Ch 20	
8426,00	SITOR , CW	B=100Bd S=170Hz	PKB3	Sibolga R , Sumatera	INS
8426,00	SITOR A , CW	B=100Bd S=170Hz	UIW	Kaliningrad R	RUS
8426,50	.			CS Ch 21	
8427,00	SITOR , CW	B=100Bd S=170Hz	PKN	Balikpapan R , Kalimantan	INS
8427,00	.			CS Ch 22	
8427,50	SITOR , CW	B=100Bd S=170Hz	A9M	Bahrain R	BHR
8427,50	.			CS Ch 23	
8428,00	USB		XSX	Keelung R	TWN
8428,00	.			CS Ch 24	
8428,50	SITOR , CW	B=100Bd S=170Hz	UFM3	Nevelsk R	RUS
8428,50	.			CS Ch 25	
8429,00	SITOR , CW	B=100Bd S=170Hz	XSQ	Guangzhou R	CHN
8429,00	DSC	B=100Bd S=170Hz	PKZ2	Cirebon R , Jawa	INS
8429,00	SITOR , CW	B=100Bd S=170Hz	PKS	Pontianak R , Kalimantan	INS
8429,00	.			CS Ch 26	
8429,00	SITOR , CW	B=100Bd S=170Hz	PKM44	Pantolan R , Sulawesi	INS
8429,50	.			CS Ch 27	
8430,00	.			CS Ch 28	
8430,00	SITOR , CW	B=100Bd S=170Hz	XSG	Shanghai R	CHN
8430,50	.			CS Ch 29	
8431,00	SITOR , CW	B=100Bd S=170Hz	XSQ	Guangzhou R	CHN
8431,00	DSC	B=100Bd S=170Hz	PKZ34	Cigading R , Jawa	INS
8431,00	SITOR , CW	B=100Bd S=170Hz	PKD3	Lembar R , Lombok	INS
8431,00	.			CS Ch 30	
8431,00	SITOR , CW	B=100Bd S=170Hz	4PB	Colombo R	CLN
8431,00	SITOR , CW	B=100Bd S=170Hz	TAH	Istanbul R	TUR
8431,00	SITOR , CW	B=100Bd S=170Hz	XSQ	Guangzhou R	CHN
8431,50	.			CS Ch 31	
8431,50	SITOR , CW	B=100Bd S=170Hz	UAT	Moscow R	RUS
8432,00	.			CS Ch 32	
8432,50	.			CS Ch 33	
8432,50	SITOR , CW	B=100Bd S=170Hz	WOM	Pennsuco R , FL	USA
8433,00	SITOR , CW	B=100Bd S=170Hz	PKD5	Benoa R , Bali	INS
8433,00	.			CS Ch 34	
8433,00	SITOR , CW	B=100Bd S=170Hz	WOO	Ocean Gate R , NJ	USA
8433,00	SITOR A	B=100Bd S=170Hz	KSM	Maritime Radio Historical Society Bolinas , CA	USA
8433,00	SITOR A	B=100Bd S=170Hz	KSM	Maritime Radio Historical Society Bolinas , CA	USA
8433,50	.			CS Ch 35	

Frequency	Mode	Mode Parameter	Callsign	User	Country
8434,00	.			CS Ch 36	
8434,00	SITOR , CW	B=100Bd S=170Hz	TAH	Istanbul R	TUR
8434,50	.			CS Ch 37	
8435,00	.			CS Ch 38	
8435,00	SITOR , CW	B=100Bd S=170Hz	4PB	Colombo R	CLN
8435,00	SITOR , CW	B=100Bd S=170Hz	XSQ	Guangzhou R	CHN
8435,50	.			CS Ch 39	
8436,00	T600	B=50Bd S=250Hz		RUS N	RUS
8436,00	.			CS Ch 40	
8436,00	SITOR , CW	B=100Bd S=170Hz	9GP23	Tema , Black Star Line	GHA
8436,00	SITOR , CW	B=100Bd S=170Hz	XSG	Shanghai R	CHN
8436,50	DSC	B=100Bd S=170Hz	JNA	J CG HQ Tokyo	J
8436,50	DSC	B=100Bd S=170Hz	PKX	Jakarta R , Jawa	INS
8436,50	DSC	B=100Bd S=170Hz	PKR	Semarang R , Djawa	INS
8436,50	DSC	B=100Bd S=170Hz	PKN	Balikpapan R , Kalimantan	INS
8436,50	DSC	B=100Bd S=170Hz	PNK	Jayapura R , Irian Jaya	INS
8436,50	DSC	B=100Bd S=170Hz	PKY4	Sorong R , Irian Jaya	INS
8436,50	DSC	B=100Bd S=170Hz	PKE	Amboina R , Ceram	INS
8436,50	DSC	B=100Bd S=170Hz	PKM	Bitung R , Sulawesi	INS
8436,50	DSC	B=100Bd S=170Hz	PKF	Makassar R , Sulawesi	INS
8436,50	DSC	B=100Bd S=170Hz	PKB	Belawan R , Sumatera	INS
8436,50	DSC	B=100Bd S=170Hz	PKP	Dumai R , Sumatera	INS
8436,50	DSC	B=100Bd S=170Hz	PKK	Kupang R , Timor	INS
8437,00	SITOR , CW	B=100Bd S=170Hz	UFL	Vladivostok R	RUS
8437,00	CW		PKC	Palembang R , Sumatera	INS
8438,50	CW		KSM	Maritime Radio Historical Society	USA
8439,00	*BAUDOT*	*B=75Bd S=850Hz*	*PBC*	*HOL N Goeree Island*	*HOL*
8439,00	*BAUDOT*	*B=75Bd S=850Hz*	*PBB*	*NLD N Den Helder*	*HOL*
8440,00	ALE USB	B=125Bd Ch=8 ChS=250Hz			
8440,00	CIS 12	B=1440Bd Ch=12 ChS=200Hz			
8441,00	CW		C5G	Banjul R	GMB
8441,00	CW		C6N	Nassau R	BAH
8441,00	CW		XYR7	Rangoon R	BRM
8442,00	PACTOR II	B=200Bd S=200Hz	VZX	Sailmail Darawank	AUS
8442,50	CW		TCR	Tophane Kulesi R	TUR
8443,20	FAX 120/576		RBW	Murmansk M	RUS
8445,00	CW		A4M	Muscat R	OMA
8445,00	*PACTOR III , CW*	*B=100Bd S=200Hz*	*HEB28*	*Berne R*	*SUI*
8445,00	CW		PKK	Kupang R , Timor	INS
8445,00	CW		PKN6	Samarinda R , Kalimantan	INS
8445,00	CW		PKR3	Cilacap R , Jawa	INS
8447,50	CW		ROD9		
8449,00	MAHRS	B=2400Bd			
8449,00	CW		8RB	Demerara R	GUY
8449,00	CW		TJC6	Douala R	CME
8450,00	USB		6YX	JMC CG Jamaica	JMC
8450,00	CW		SAA	Karlskrona R	S
8451,00	STANAG 4285	B=2400Bd	FUO	F N Toulon	F
8453,00	*STANAG 4285*	*B=2400Bd*	*FUO*	*F N Toulon*	*F*
8453,00	*STANAG 4285*	*B=2400Bd*	*FUG8*	*F N Saissac*	*F*
8453,00	BAUDOT	B=75Bd S=850Hz	RFFMEA**	F N La Regine	F
8453,00	BAUDOT	B=75Bd S=850Hz	FUG	F N La Regine	F
8453,00	BAUDOT	B=75Bd S=850Hz	FUO	F N Toulon	F
8453,00	CW		TNA8	Pointe Noir R	COG
8453,00	SSB		YVM	Puerto Ordaz R	VEN
8453,00	*STANAG 4285*	*B=2400Bd*	*FUG*	*F N La Regine*	*F*
8453,00	STANAG 4285	B=2400Bd	FUG8	F N Saissac	F
8453,00	BAUDOT	B=75Bd S=850Hz	FUG	F F N La Regine	F
8457,00	CW		PKG	Bandjarmasin R , Kalimantan	INS
8457,00	CW		PKP	Dumai R , Sumatera	INS

Frequency	Mode	Mode Parameter	Callsign	User	Country
8457,00	CW		PKY5	Merauke R , Irian Jaya	INS
8457,80	FAX 1207576		VFA	Inuvik M	CAN
8458,00	BAUDOT	B=75Bd S=850Hz	OSN	BEL N Oostende	BEL
8458,20	*STANAG 4285*	*B=2400Bd*	*OSN*	*BEL N Brügge*	*BEL*
8459,00	FAX 120/576		NOJ		USA
8461,00	CW		PKD	Surabaya R , Djawa	INS
8461,00	CW		FJA8	Mahina R	OCE
8461,00	CW		PKR	Semarang R , Djawa	INS
8461,00	CW		PKY4	Sorong R , Irian Jaya	INS
8462,00	*BAUDOT*	*B=50Bd S=850Hz*	*9MR*	*MLA N Johor Baharu*	*MLA*
8463,00	CW		JOU	Nagasaki R	J
8463,20	*STANAG 4285*	*B=2400Bd*	*EBA*	*E N Madrid*	*E*
8463,20	*STANAG 4285*	*B=2400Bd*	*FUG*	*F N La Regine*	*F*
8464,00	CW		TUA4	Abidjan R	CTI
8467,00	GTOR	B=200Bd S=200Hz	ERMBEL	B N Belem Brasil	B
8467,00	GTOR	B=200Bd S=200Hz	NPABOC	B N Patrol Ship P-62 BOCAINA	B
8467,50	FAX 120/576		JJC	Tokyo M	J
8469,00	CW		D4D	Praia de Cabo Verde R	CPV
8471,00	CW		ZRQ	AFS N Capetown	AFS
8472,00	CW		LZL4	Bourgas R	BUL
8473,00	BAUDOT	B=45,45Bd S=170Hz	WLO	Mobile R , AL	USA
8473,00	SITOR A	B=100Bd S=170Hz	WLO	Mobile R , AL	USA
8473,00	CW		LYK	Klaipeda R	LTU
8473,00	CW		PKE	Amboina R , Ceram	INS
8473,00	CW		PKS	Pontanak R , Kalimantan	INS
8473,50	STANAG 4285	B=2400Bd	FUX	F N Le Port	REU
8475,00	CW		UWA3	Kiev R	UKR
8475,50	BAUDOT	B=75Bd S=850Hz	FUX	F N Le Port	REU
8476,20	*STANAG 4285*	*B=2400Bd*	*DHJ59*	*D N Wilhelmshaven*	*D*
8476,20	*STANAG 4285*	*B=2400Bd*	*DHO26*	*D N Rostock*	*D*
8478,00	CW		TIM	Limon R	CTR
8478,50	STANAG 4285	B=2400Bd	FUF	F N Fort de France	MRT
8479,00	BAUDOT	B=75Bd S=850Hz	OSN	BEL N Oostende	BEL
8479,00	CW		JCU	Choshi R	J
8480,00	CW		TIM	Limon R	CTR
8480,00	CW		XUK2	Kompong Som Ville R	CBG
8483,00	*PACTOR III , CW*	*B=200Bd S=200Hz*	*HEB38*	*Berne R*	*SUI*
8484,00	CW		HLG	Seoul R	KOR
8484,00	CHN OFDM 30TONE	B=1800Bd Ch=30 ChS=75Hz		CHN MIL	CHN
8485,00	*PACTOR III , CW*	*B=100Bd S=200Hz*	*HEB38*	*Berne R*	*SUI*
8486,00	PACTOR III	B=100Bd S=200Hz	XSF28	Lianyungang R	CHN
8488,00	PACTOR II	B=200Bd S=200Hz	ZMH302	Xacero, Auckland	NZL
8488,00	STANAG 4285	B=2400Bd	CTA	POR N Lisbon	POR
8490,00	CW		AQP5	PAK N Karachi	PAK
8491,50	BAUDOT	B=50Bd S=850Hz	VTH	IND N Bombay	IND
8492,00	*STANAG 4285*	*B=2400Bd*	*EBA*	*E N Madrid*	*E*
8492,20	STANAG 4285	B=2400Bd	FUG	F N La Regine	F
8494,60	CW		F**	RUS N Vladivostok	RUS
8494,70	CW		D**	RUS N Odessa	UKR
8494,80	CW		P**	RUS N Kaliningrad	RUS
8494,80	CW		C**	RUS N Moscow	RUS
8495,00	CW		S**	RUS N Severomorsk	RUS
8495,00	CW		Q**		
8495,10	CW		A**	RUS N	
8495,40	CW		M**	RUS N Magadan	RUS
8497,80	CW		L**	RUS N St. Petersburg	RUS
8498,00	CIS 12	B=1440Bd Ch=12 ChS=200Hz			
8500,00	BAUDOT	B=50Bd S=1150Hz	RBSL**	IND N Bombay	IND
8500,00	BAUDOT	B=50Bd S=400Hz	VTH	IND N Bombay	IND

Frequency	Mode	Mode Parameter	Callsign	User	Country
8500,00	ALE USB	B=125Bd Ch=8 ChS=250Hz		VEN N net	
8500,00	MIL 188-110B SER	B=2400Bd		VEN N	
8502,00	CW		XSG	Shanghai R	CHN
8503,90	FAX 120/576		NMG	USCG New Orleans , LA	USA
8505,50	OFDM				
8505,70	*STANAG 4285*	*B=2400Bd*	*PBC*	*NLD N Den Helder*	*HOL*
8507,50	CW		UBB4	Kaliningard R.	RUS
8508,00	T600	B=50Bd S=250Hz	RDL	RUS N Moscow	RUS
8511,90	*PACTOR III*	*B=200Bd S=200Hz*	*DAO28*	*Kiel Radio*	*D*
8512,20	*STANAG 4285*	*B=2400Bd*	*PBC*	*NLD N Goeree Island*	*HOL*
8512,50	CW		VHI	AUS N Darwin	AUS
8513,50	ALE USB	B=125Bd Ch=8 ChS=250Hz			
8514,00	ALE USB	B=125Bd Ch=8 ChS=250Hz			
8518,00	CW		ELC	Monrovia R	LBR
8518,80	F N FSK	B=50Bd S=850Hz Ch=1		F N	F
8523,40	CW		JOR	Nagasaki R	J
8524,20	*STANAG 4285*	*B=2400Bd*	*PBC*	*NLD N Goeree Island*	*HOL*
8525,00	CIS 12	B=1440Bd Ch=12 ChS=200Hz		CIS diplo	
8526,00	ALE USB	B=125Bd Ch=8 ChS=250Hz			
8528,00	CHN OFDM 30TONE	B=1500Bd Ch=30 ChS=60Hz		CHN	CHN
8530,00	CW		UJE	Nizhnij Novgorod	RUS
8532,00	*ALE USB*	*B=125Bd Ch=8 ChS=250Hz*		*G MIL net*	*G*
8536,00	CW		RCB	Mineralnye Vody Air	RUS
8536,00	CW		RJC38	RUS F	RUS
8536,00	CW		RJC48	RUS F	RUS
8536,00	CW		RJF94	RUS F	RUS
8536,00	CW		RCH84		
8539,00	CW		VRX35	Hong Kong R	HKG
8542,00	CW		PKX	Jakarta R , Jawa	INS
8542,20	*STANAG 4285*	*B=2400Bd*	*FUO*	*F N Toulon*	*F*
8543,00	CW		VRX37	Hong Kong R	HKG
8550,00	SITOR , CW	B=100Bd S=170Hz	UFH	Petrapavlovsk-Kamchatskii R	RUS
8550,00	BAUDOT	B=75Bd S=850Hz	PBB	NLD N Den Helder	HOL
8551,00	J MFSK8	B=100Bd Ch=8 ChS=300Hz			
8551,50	BAUDOT	B=75Bd S=850Hz	CTP	POR N Oeiras	POR
8562,00	CW		UYT2	Kiev R	UKR
8563,00	*STANAG 4285*	*B=2400Bd*	*FUG*	*F N La Regine*	*FF*
8565,00	ALE USB	B=125Bd Ch=8 ChS=250Hz			
8565,00	*F N FSK*	*B=50Bd S=850Hz Ch=1*	*FUG*	*F N La Regine*	*F*
8566,00	CW		ZSJ4	AFS N Capetown	AFS
8568,00	STANAG 4285	B=2400Bd	FUV	F N Djibouti	DJI
8568,00	CHN DATALINK	B=2400Bd Ch=30 ChS=75Hz		CHN N	CHN
8568,30	BAUDOT	B=75Bd S=850Hz	FUV	F N Djibouti	DJI
8570,00	CW		UWS3	Kiev R	UKR
8570,00	PACTOR I	B=100Bd S=200Hz		B N net	B
8571,00	CW		UWS	Kiev R	UKR
8580,00	MHF-50 MODEM	B=54,3Bd Ch=32 ChS=64,5Hz	ZSJ	AFS N Capetown	AFS
8582,20	SITOR B	B=100Bd S=170Hz	PWZ33	B N Rio de Janeiro	B
8584,00	CW		VRX36	Hong Kong R	HKG
8584,50	PACTOR	B=200Bd S=170Hz	SAP	Marinecom Malmoe R	S

Frequency	Mode	Mode Parameter	Callsign	User	Country
8585,00	CW		RDL	RUS N Moscow	RUS
8585,00	SITOR , CW	B=100Bd S=170Hz	UFL	Vladivostok R	RUS
8585,00	T600	B=50Bd S=1000Hz	RDL	RUS N Moscow	RUS
8585,00	ALE USB	B=125Bd Ch=8 ChS=250Hz			
8586,80	STANAG 4538	B=2400Bd			
8587,00	IRN BPSK	B=207Bd		IRN	
8587,50	J PSK	B=1500Bd		J MIL	J
8588,00	CW		4WD	Hodeidah R	YEM
8590,00	SITOR , CW	B=100Bd S=170Hz	UFL	Vladivostok R	RUS
8590,00	CW		FUE	F N Brest	F
8590,00	CW		VTK	IND N Tuticorin	IND
8592,50	*ALE USB*	*B=125Bd Ch=8 ChS=250Hz*		*G MIL net*	*G*
8600,00	CW		ELH	Harbel R	LBR
8600,00	CW		XSV	Tianjin R	CHN
8600,00	ALE USB	B=125Bd Ch=8 ChS=250Hz		MRC F net	MRC
8602,50	CROWD 36	B=40Bd Ch=32 ChS=40Hz		RUS diplo	
8604,00	MHF-50 MODEM	B=54,3Bd Ch=32 ChS=64,5Hz	ZSJ	AFS N Capetown	AFS
8606,00	CW		ZRQ4	AFS N Capetown	AFS
8610,00	STANAG 4285	B=2400Bd	TBA	TUR N Ankara	TUR
8612,00	*CIS 12*	*B=1440Bd Ch=12 ChS=200Hz*		*RUS N Kalingrad*	*RUS*
8612,20	*STANAG 4285*	*B=2400Bd*		*G MIL Crimond*	*G*
8616,50	CW		URK9		
8617,00	SSB			Bangalore Air	IND
8617,00	SSB			Mumbai Air	IND
8617,00	SSB			Car Air	ADM
8617,00	SSB			Hyderabad Air	IND
8617,00	SSB			Madras Air	IND
8617,00	SSB			Port Blair Air	ADM
8618,20	*STANAG 4285*	*B=2400Bd*		*NOR N Trondheim*	*NOR*
8619,00	CW		VRX32	Hong Kong R	HKG
8622,00	SSB			USA National Guard	USA
8622,00	ALE USB	B=125Bd Ch=8 ChS=250Hz			
8623,00	*CIS 12*	*B=1440Bd Ch=12 ChS=200Hz*		*RUS MIL Moscow*	*RUS*
8623,00	*CIS 12 ARQ*	*B=120Bd Ch=12 ChS=200Hz*		*RUS MIL Moscow*	*RUS*
8623,50	*LINK 11*	*B=2250Bd*		*S N Karlskrona*	*S*
8625,00	STANAG 4285	B=2400Bd	FUM	F N Papeete , Tahiti	OCE
8626,00	CW		PKI2	Jakarta R	INS
8626,00	CW		PKC5	Pangkal Balam R	INS
8626,00	CW		PKC2	Plaju R , Sumatera	INS
8629,00	CW		XSD	Yingkou R	CHN
8630,00	CW		URA2	Nikolayev R	UKR
8632,50	*STANAG 4285*	*B=2400Bd*	*FUO*	*F N Toulon*	*F*
8634,00	CW		VTG6	IND N Bombay	IND
8635,00	CW		UTQ7	Kiev R	UKR
8636,00	CW		HLW	Seoul R	KOR
8638,50	*PACTOR III*	*B=200Bd S=200Hz*	*DAO38*	*Kiel Radio*	*D*
8638,50	PACTOR II	B=100Bd S=200Hz			
8642,00	CW		CTV	Monsanto R	POR
8642,00	CW		HIA	S. Domingo Piloto	DOM
8642,00	VFT:BAUDOT 1 STB	B=75Bd S=340Hz	MGJ	G N	G
8646,00	CW		VTP6	IND N Vishakhapatnam	IND
8646,00	*T600*	*B=50Bd S=250Hz*		*RUS N Moscow*	*RUS*
8646,00	*ALE USB*	*B=125Bd Ch=8*		*TUR Disaster and Emergency net*	*TUR*

Frequency	Mode	Mode Parameter	Callsign	User	Country
		ChS=250Hz			
8646,00	STANAG 4285	B=2400Bd	FUJ	F N Noumea	NCL
8647,00	CW		VTP	IND N Vishakaptnam	IND
8651,50	PACTOR III	B=100Bd S=200Hz	LSD836	Argentina R	ARG
8652,50	CW		PZN3	Paramaribo R	SUR
8653,60	CW		JCS	Choshi R	J
8656,00	T600	B=50Bd S=200Hz		RUS N Smolensk	RUS
8656,00	*ALE USB*	*B=125Bd Ch=8 ChS=250Hz*		*TUR Disaster and Emergency net*	
8657,00	CW		UTQ	Kiev R	UKR
8657,00	CW		UTQ	Kiev R	UKR
8657,00	CW		UAI	RUS	
8658,00	FAX 120/576		JFW	Fukushima R	J
8658,00	FAX 120/576		JFC	Misaki R	J
8658,50	PACTOR IV	B=100Bd S=200Hz	DCA	MRCC Bremen Rescue	D
8658,50	PACTOR IV	B=100Bd S=200Hz	DBAS	SAR vessel BREMEN	D
8658,50	PACTOR IV	B=100Bd S=200Hz	DBAD	SAR vessel ARKONA	D
8665,00	CW		XSG	Shanghai R	CHN
8665,00	ALE USB	B=125Bd Ch=8 ChS=250Hz			
8672,00	ALE USB	B=125Bd Ch=8 ChS=250Hz			
8672,20	*STANAG 4285*	*B=2400Bd*		*G F Inskip*	*G*
8673,00	*T600*	*B=50Bd S=500Hz*		*RUS N Sevastopol*	*RUS*
8676,00	CLOVER 2000	B=500Bd Ch=8 ChS=250Hz			
8677,00	FAX 120/576		CBV	Valpariso R	CHL
8677,20	*STANAG 4285*	*B=2400Bd*		*E N Madrid*	*E*
8680,00	CW		XUK2	Kompong Som Ville R	CBG
8682,00	FAX 120/576		NMC	USCG San Francisco , CA	USA
8684,00	CW		RCV	RUS NHQ Sevastopol	UKR
8684,00	CW		LZL4	Bourgas R	BUL
8686,00	CW		PKM44	Pantolan R , Sulawesi	INS
8686,00	CW		JCT	Choshi R	J
8686,00	CW		PKA	Sabang R , We	INS
8686,00	CW		PKB	Belawan R , Sumatera	INS
8686,00	CW		PKF	Makassar R , Sulawesi	INS
8686,00	CW		PKM9	Donggala R , Sulawesi	INS
8686,00	PACTOR III	B=100Bd S=200Hz	WHL28	Saint Augustine R	USA
8692,00	CIS 500 FSK BURST	B=500Bd S=1000Hz		RUS N	RUS
8694,00	CW		PKP2	Telukbayur R , Sumatera	INS
8694,00	CW		D3E52	Luanda R	AGL
8694,00	CW		PKM	Bitung R , Sulawesi	INS
8694,00	CW		PNK	Jayapura R , Irian Jaya	INS
8694,00	SITOR , CW	B=100Bd S=170Hz	XSZ	Dalian R	CHN
8696,00	FAX 120/576		CBM	Magallanes Zonal R	CHL
8696,00	CW		9GX	Tema R	GHA
8697,00	*STANAG 4285*	*B=2400Bd*	*CTA*	*POR N Lisbon*	*POR*
8698,20	*STANAG 4285*	*B=2400Bd*	*CTA*	*POR N Lisbon*	*POR*
8698,20	*STANAG 4285*	*B=2400Bd*		*NOR N Stavanger*	*NOR*
8701,00	*STANAG 4285 LSB*	*B=2400Bd*	*CTA08*	*POR N Lisbon*	*F*
8701,00	CW		LYK	Klaipeda R	LTU
8702,00	CW		ODR3	Beyrouth R	LBN
8702,00	SSB		3XO28	Kamsar R	GUF
8703,00	CW		9GP23	Tema , Black Star Line	GHA
8703,00	CW		LYK	Klaipeda R	LTU
8703,00	JAPAN QPSK	B=1500Bd			J
8703,50	J PSK	B=1500Bd		J MIL	J
8705,40	CW		PKY2	Biak R , Irian Jaya	INS
8706,00	CW		3CA7	Banapa R	GUI

Frequency	Mode	Mode Parameter	Callsign	User	Country
8706,40	USB		USI	Kherson R	UKR
8707,00	USB		JNA	J CG HQ Tokyo	J
8707,00	USB		CBV	Valpariso R	CHL
8707,00	SSB			CS Ch 834	
8707,00	USB		UUT	Odessa R	UKR
8707,00	STANAG 4285	B=2400Bd		F MIL	F
8708,50	M/S 1,0	B=50Bd S=850Hz			
8708,50	M/S 1,0	B=100Bd S=850Hz			
8710,00	USB		SXE	Aspropyrgos Attikis R	GRC
8710,00	USB			Peiraias CG R	GRC
8710,00	USB		HSA	Bangkok R	THA
8710,00	USB		JNA	J CG HQ Tokyo	J
8710,00	USB		L3A	ARG N Comodoro Rivadavia	ARG
8710,00	CW		9LL	Freetown R	SRL
8710,00	SSB			CS Ch 835	
8710,00	ALE USB	B=125Bd Ch=8 ChS=250Hz		USA F net	
8713,00	USB		L2A	ARG N Mar del Plata	ARG
8713,00	USB		CBV	Valpariso R	CHL
8713,00	SSB			CS Ch 836	
8714,00	ALE USB	B=125Bd Ch=8 ChS=250Hz			
8715,20	STANAG 4285	B=2400Bd		I N	
8715,50	MCPSK	Ch=7 ChS=300Hz			
8716,00	USB		SVO41	Olympic R	GRC
8716,00	USB		XSZ	Dalian R	CHN
8716,00	SSB			CS Ch 837	
8716,00	PACTOR III	B=100Bd S=200Hz	DZO38	Manila R	PHL
8716,00	WINDRM	B=2400Bd Ch=51 ChS=48Hz	C001		
8718,00	CW		TJC7	Douala R	CME
8719,00	USB		A9M	Bahrain R	BHR
8719,00	USB		V5W	Walvis Bay R	NMB
8719,00	USB		SDJ	Stockholm R	S
8719,00	USB		9MG	Penang R	MLA
8719,00	USB		CBV	Valpariso R	CHL
8719,00	SSB			Sevastopol R	
8719,00	SSB			CS Ch 801	
8722,00	*ALE USB*	*B=125Bd Ch=8 ChS=250Hz*		*G MIL net*	*G*
8722,00	USB			Lisbon R	POR
8722,00	CW		TRA8	Libreville R	GAB
8722,00	SSB			CS Ch 802	
8722,00	SSB		4PB	Colombo R	CLN
8722,00	SSB		D4A	S. Vincente de Cabo R	CPV
8722,00	SSB		J5M	Bissau R	GNB
8722,00	SSB		SVO42	Olympia R	GRC
8723,50	FAX 120/576		GYA	G N London	G
8725,00	USB			Cape Town R	AFS
8725,00	USB		SDJ	Stockholm R	S
8725,00	USB		HLS	Seoul R	KOR
8725,00	SSB			CS Ch 803	
8725,00	USB		P2M	Port Moresbay R	PNG
8725,00	ALE USB	B=125Bd Ch=8 ChS=250Hz		ALB F net	ALB
8728,00	USB			Bilbao R via Madrid	E
8728,00	USB		LSD836	Argentina R	ARG
8728,00	SSB			CS Ch 804	
8728,00	USB		3AC	Monaco R	MCO
8728,00	SSB		9LL	Freetown R	SRL
8728,00	USB		DP07	DP07 via Monaco R	
8731,00	USB		EQJ	Chahbahar R	IRN

Frequency	Mode	Mode Parameter	Callsign	User	Country
8731,00	USB			Cape Town R	AFS
8731,00	USB			San Lorenzo R	EQA
8731,00	USB		HCY	Ayora R , Santa Cruz	EQA
8731,00	USB			Cristobal R	EQA
8731,00	USB		UFL	Vladivostok R	RUS
8731,00	USB			Floreana R , Santa Maria	EQA
8731,00	USB			Seymour R , Baltra	EQA
8731,00	USB			Villamil R , Isabela	EQA
8731,00	USB		KLB	Seattle R , WA	USA
8731,00	SSB			CS Ch 805	
8731,00	USB		UAT	Moscow R	RUS
8731,00	USB		HCG	Guayaquil R	EQA
8731,00	USB		P2M	Port Moresbay R	PNG
8731,30	SSB		ETC	Assab R	ETH
8732,00	ALE USB	B=125Bd Ch=8 ChS=250Hz			
8734,00	USB		A9M	Bahrain R	BHR
8734,00	CW		USI	Kherson R	UKR
8734,00	USB		HSA	Bangkok R	THA
8734,00	USB		LSD836	Argentina R	ARG
8734,00	SSB			CS Ch 806	
8734,00	SSB		SVO43	Olympia R	GRC
8737,00	USB			Saint Helena R	SHN
8737,00	USB		CBV	Valpariso R	CHL
8737,00	SSB			CS Ch 807	
8737,00	USB		5BA	Cyprus R	CYP
8740,00	USB		YQI	Constanta R	ROU
8740,00	USB			Cape Town R	AFS
8740,00	USB		YKM7	Lattakia R	SYR
8740,00	USB		HCY	Ayora R , Santa Cruz	EQA
8740,00	USB		LSD836	Argentina R	ARG
8740,00	SSB			CS Ch 808	
8740,00	SSB		4PB	Colombo R	CLN
8740,00	SSB		SVO44	Olympia R	GRC
8740,00	USB		ZSC	Capetown R	AFS
8743,00	USB		CBV	Valpariso R	CHL
8743,00	USB		HSW	Bangkok M	THA
8743,00	SSB			CS Ch 809	
8743,00	SSB		SVO45	Olympia R	GRC
8746,00	USB		A9M	Bahrain R	BHR
8746,00	USB		LZW	Varna R	BUL
8746,00	USB		EQO	Now Shar R	IRN
8746,00	USB		9WH	Kota Kinabalu R	MLA
8746,00	USB		PKM44	Pantolan R , Sulawesi	INS
8746,00	SSB			CS Ch 810	
8746,00	USB		3DP	Suva R	FJI
8746,00	SSB		CFH	CAN F Halifax	CAN
8746,00	SSB		EQM	Bushehr R	IRN
8746,00	USB		PKB	Belawan R , Sumatera	INS
8746,00	USB		PKF3	Kendari R	INS
8746,00	SSB		TAH	Istanbul R	TUR
8746,00	PACTOR III	B=100Bd S=200Hz	LGL28	Floroe R	NOR
8746,80	USB		PKN	Balikpapan R , Kalimantan	INS
8749,00	USB		LSD836	Argentina R	ARG
8749,00	USB		OYR	Aasiaat R	GRL
8749,00	SSB			CS Ch 811	
8749,00	SSB		TAH	Istanbul R	TUR
8750,00	ALE USB	B=125Bd Ch=8 ChS=250Hz			
8752,00	USB		VFF	Iqaluit R	CAN
8752,00	SSB			CS Ch 812	
8753,00	USB		PKX	Jakarta R , Jawa	INS

Frequency	Mode	Mode Parameter	Callsign	User	Country
8755,00	USB		9WH	Kota Kinabalu R	MLA
8755,00	USB		XVT	Da Nang R	VTN
8755,00	USB		CBV	Valpariso R	CHL
8755,00	USB		XSL	Fuzhou R	CHN
8755,00	USB		XSV	Tianjin R	CHN
8755,00	SSB			CS Ch 813	
8755,00	SSB		D4A	S. Vincente de Cabo R	CPV
8755,00	SSB		J5M	Bissau R	GNB
8758,00	SSB			Liepaja R	LVA
8758,00	USB		LSD836	Argentina R	ARG
8758,00	USB		HSA	Bangkok R	THA
8758,00	SSB		SVO46	Olympic R	GRC
8758,00	USB			Benete R , Sumbawa	INS
8758,00	SSB			CS Ch 814	
8759,00	IRN N QPSK ADAPTIVE	B=468Bd		IRN N	
8759,20	USB		PKI2	Jakarta R	INS
8759,20	USB		PKC2	Plaju R , Sumatera	INS
8759,20	SSB		ZJU	Funafuti Island R	TUV
8759,50	PACTOR II	B=100Bd S=200Hz			
8761,00	USB		ESA	Tallin R	EST
8761,00	USB		OSU41	Oostende R	BEL
8761,00	USB		CBV	Valpariso R	CHL
8761,00	USB		XVN	Nhatrang R	VTN
8761,00	SSB			CS Ch 815	
8761,00	PACTOR IV	B=100Bd S=200Hz	DCA	MRCC Bremen Rescue	D
8761,00	PACTOR IV	B=100Bd S=200Hz	DBAQ	SAR vessel VORMANN LEISS	D
8761,00	PACTOR III	B=100Bd S=200Hz	DBAA	SAR vessel ALFRIED KRUPP	D
8761,00	PACTOR III	B=100Bd S=200Hz	DBAR	SAR vessel HERMANN MARWEDE	D
8763,00	*LINK 11 ISB*	*B=2250Bd*		*UK MIL E London*	*G*
8764,00	USB		UIW	Kaliningrad R	RUS
8764,00	USB		XSU	Yantai R	CHN
8764,00	USB		NMN	USA CG Portsmouth , VA	USA
8764,00	USB		NMA	USA CG Miami , FL	USA
8764,00	USB		NMF	USA CG Boston , MA	USA
8764,00	USB		NMG	USA CG New Orleans , LA	USA
8764,00	USB		NMC	USA CG Pt. Reynes , CA	USA
8764,00	USB		PKP38	Batu Ampar R	INS
8764,00	USB		XSA2	Nanjing R	CHN
8764,00	USB		XSR	Haikou R	CHN
8764,00	SSB			CS Ch 816	
8764,00	USB		PKE5	Ternate R , Maluku	INS
8764,00	USB		PKG	Bandjarmasin R , Kalimantan	INS
8764,00	USB		PKP	Dumai R , Sumatera	INS
8764,00	USB			USA CG Honolulu	HWA
8765,00	ALE USB	B=125Bd Ch=8 ChS=250Hz		POL F net	
8765,00	MIL 188-110B SER	B=2400Bd	MORTON25**	POL MIL	POL
8765,00	MIL 188-110B SER	B=2400Bd	IGIELIT37**	POL MIL	POL
8767,00	USB		EQO	Now Shar R	IRN
8767,00	USB		STP	Port Sudan R	SDN
8767,00	USB		SUH	Alexandria R	EGY
8767,00	USB		ZBR	Bermuda Harbour R	BER
8767,00	USB		CBV	Valpariso R	CHL
8767,00	SSB			CS Ch 817	
8767,20	USB		9WW	Kuching R	MLA
8770,00	USB		LZW	Varna R	BUL
8770,00	USB		STP	Port Sudan R	SDN
8770,00	USB		9MG	Penang R	MLA
8770,00	SSB			CS Ch 818	

Frequency	Mode	Mode Parameter	Callsign	User	Country
8770,00	SSB		S7Q	Seychelles R	SEY
8770,00	USB		XSG	Shanghai R	CHN
8770,00	USB		YJM	Port Vila R	VUT
8770,00	SSB		TJC	Douala R	CME
8773,00	USB		UDK2	Murmansk R	RUS
8773,00	USB		CBT25	Lebu R	CHL
8773,00	SSB			CS Ch 819	
8773,00	SSB		CKN	CAN F Vancouver	CAN
8773,00	USB		PPR	Rio R	B
8773,00	SSB		SVN47	Olympia R	GRC
8776,00	USB		EQC	Amirabad R	IRN
8776,00	USB		LSD836	Argentina R	ARG
8776,00	SSB		EQN	Khomeini R	IRN
8776,00	SSB			CS Ch 820	
8776,00	SSB		D4D	Praia de Cabo verde	CPV
8776,00	SSB		SVO48	Olympia R	GRC
8776,00	CLOVER 2000	B=500Bd Ch=8 ChS=250Hz	RLK7	Archangelsk R	RUS
8777,50	PACTOR II	B=100Bd S=200Hz			
8779,00	USB		OBC3	Callao MRCC	PRU
8779,00	USB		PKD5	Benoa R , Bali	INS
8779,00	USB			Cape Town R	AFS
8779,00	USB		OBF4	Mollendo MRSC	PRU
8779,00	USB		9WH	Kota Kinabalu R	MLA
8779,00	USB		PKE5	Ternate R , Maluku	INS
8779,00	USB		OBY2	Paita MRSC	PRU
8779,00	USB		9MG	Penang R	MLA
8779,00	USB		LSD836	Argentina R	ARG
8779,00	USB		UFH	Petrapavlovsk-Kamchatskii R	RUS
8779,00	USB		CBV	Valpariso R	CHL
8779,00	USB		PKR	Semarang R , Djawa	INS
8779,00	USB		PKO	Tarakan R , Kalimantan	INS
8779,00	USB		PNK	Jayapura R , Irian Jaya	INS
8779,00	USB		PKY3	Manokwari R , Irian Jaya	INS
8779,00	USB		PKM	Bitung R , Sulawesi	INS
8779,00	USB		PKF3	Kendari R	INS
8779,00	USB		PKM44	Pantolan R , Sulawesi	INS
8779,00	USB		PKP38	Batu Ampar R	INS
8779,00	USB		PKC4	Panjang R , Sumatera	INS
8779,00	USB		PKA	Sabang R , We	INS
8779,00	USB			Benete R , Sumbawa	INS
8779,00	USB		PKK	Kupang R , Timor	INS
8779,00	SSB			CS Ch 821	
8779,00	SSB		4PB	Colombo R	CLN
8779,00	USB		9WW	Kuching R	MLA
8779,00	SSB		A4M	Muscat R	OMA
8779,00	SSB		A7D	Doha R	QAT
8779,00	USB		CBM	Magallanes Zonal R	CHL
8779,00	SSB		D3E	Luanda R	AGL
8779,00	USB		PPR	Rio R	B
8779,00	USB		E5R	Rarotonga R	CKH
8780,00	*ISR N HYBRID MODEM*	*B=2400Bd*	*4XZ*	*ISR N Haifa*	*ISR*
8780,90	USB		XFL	Mazatlan P	MEX
8782,00	USB		EQJ	Chahbahar R	IRN
8782,00	SSB			CS Ch 822	
8782,00	USB		PPR	Rio R	B
8782,00	SSB		UTQ7	Kiev R	UKR
8782,00	USB		XSQ	Guangzhou R	CHN
8785,00	USB		YQI	Constanta R	ROU
8785,00	USB		XVG	Hai Phong R	VTN
8785,00	SSB			CS Ch 823	

Frequency	Mode	Mode Parameter	Callsign	User	Country
8785,00	USB		KNN	Marina Del Ray R , CA	USA
8785,00	USB			Sakai Gyo Gyo fishery station	J
8787,00	T600	B=50Bd S=200Hz		RUS N	RUS
8788,00	USB		EQL	Anzali R	IRN
8788,00	SSB			CS Ch 824	
8788,00	SSB		A4M	Muscat R	OMA
8788,00	USB		WLO	Mobile R , AL	USA
8791,00	USB		EQC	Amirabad R	IRN
8791,00	USB		SDJ	Stockholm R	S
8791,00	USB		XSG	Shanghai R	CHN
8791,00	SSB			CS Ch 825	
8791,00	SSB		9GX	Tema R	GHA
8791,00	USB		E5R	Rarotonga R	CKH
8791,00	USB		UUT	Odessa R	UKR
8792,00	*CIS 12*	*B=1440Bd Ch=12 ChS=200Hz*		*near Stockholm*	*S*
8794,00	USB		XST	Qingdao R	CHN
8794,00	SSB			CS Ch 826	
8794,00	USB		PKA	Sabang R , We	INS
8794,00	USB		PKD5	Benoa R , Bali	INS
8794,00	USB		PKE	Amboina R , Ceram	INS
8794,00	USB		PKK	Kupang R , Timor	INS
8794,00	SSB		VFA	Inuvik R	CAN
8796,40	USB		XFL	Mazatlan P	MEX
8796,40	USB		PKD	Surabaya R , Djawa	INS
8797,00	USB		J2A	Djibouti R	DJI
8797,00	USB		HLS	Seoul R	KOR
8797,00	CW		EQN	Khomeini R	IRN
8797,00	SSB			CS Ch 827	
8797,00	*ALE USB*	*B=125Bd Ch=8 ChS=250Hz*		*ISR AF net*	*ISR*
8798,00	USB		SDJ	Stockholm R	S
8800,00	USB		CND	Agadir R	MRC
8800,00	USB		3BM	Mauritius R	MAU
8800,00	PACTOR	B=100Bd S=200Hz	LGB28	Rogaland R	NOR
8800,00	USB		PKO	Tarakan R , Kalimantan	INS
8800,00	USB		PKY3	Manokwari R , Irian Jaya	INS
8800,00	SSB			CS Ch 828	
8800,00	SSB		CNP	Casablanca R	MRC
8800,00	USB		PKR	Semarang R , Djawa	INS
8800,00	USB		PKY4	Sorong R , Irian Jaya	INS
8800,00	USB		PNK	Jayapura R , Irian Jaya	INS
8800,00	USB		PPR	Rio R	B
8800,00	SSB		TJC	Douala R	CME
8800,00	USB		DHJ58	D N Glücksburg	D
8800,50	ALE USB	B=125Bd Ch=8 ChS=250Hz			
8801,00	ALE USB	B=125Bd Ch=8 ChS=250Hz		CHN net	CHN
8802,60	SSB		ODR7	Beyrouth R	LBN
8803,00	USB		EQI	Abbas R	IRN
8803,00	CW		EQM	Bushehr R	IRN
8803,00	SSB			CS Ch 829	
8803,00	SSB		ZPB	Asuncion R	PRG
8804,80	SSB		C5G	Banjul R	GMB
8805,00	ALE USB	B=125Bd Ch=8 ChS=250Hz		POL MIL net	
8806,00	USB		EQL	Anzali R	IRN
8806,00	USB		UFM3	Nevelsk R	RUS
8806,00	USB		XVR	Vung Tau R	VTN
8806,00	USB			Benete R , Sumbawa	INS
8806,00	SSB			CS Ch 830	

Frequency	Mode	Mode Parameter	Callsign	User	Country
8806,00	USB		PKC4	Panjang R , Sumatera	INS
8806,00	USB		PKM	Bitung R , Sulawesi	INS
8806,00	USB		PPR	Rio R	B
8806,00	USB		WLO	Mobile R , AL	USA
8806,00	USB		XSG	Shanghai R	CHN
8807,50	CHN 4+4	B=75Bd Ch=8 ChS=300/450Hz		CHN MIL	CHN
8808,00	*CIS 50-1000*	*B=50Bd S=1000Hz*		*UKR F*	*UKR*
8808,80	USB		PKM	Bitung R , Sulawesi	INS
8808,80	USB		PKC	Palembang R , Sumatera	INS
8809,00	USB		EQI	Abbas R	IRN
8809,00	USB		9MG	Penang R	MLA
8809,00	SSB			CS Ch 831	
8809,00	SSB		GNI	Niton R	G
8809,00	SSB		TAH	Istanbul R	TUR
8812,00	USB		LZW	Varna R	BUL
8812,00	DSC	B=100Bd S=170Hz	HLS	Seoul R	KOR
8812,00	USB		CWF	Punta Carretas R	URG
8812,00	USB		UFL	Vladivostok R	RUS
8812,00	USB		XVS	Ho Chi Minh R	VTN
8812,00	SSB			CS Ch 832	
8812,00	SSB		TAH	Istanbul R	TUR
8812,00	OFDM	B=2400Bd Ch=49 ChS=55Hz			
8814,00	CLOVER 2000	B=500Bd Ch=8 ChS=250Hz			
8815,40	*BAUDOT*	*B=75Bd S=850Hz*		*IRN N HQ Bandar Abbas*	*IRN*
8816,00	CW		RJC38	RUS N AF	RUS
8816,00	CW		52411**	RUS AF plane AN-26	RUS
8816,00	CW		52416**	RUS N AF plane AN-26	RUS
8816,00	CW		RJF94	RUS N AF	RUS
8816,00	SSB			RDARA 12C	
8816,00	SSB			RDARA 13J	
8816,00	SSB			RDARA 14A	
8816,00	SSB			RDARA 4A	
8816,00	SSB			RDARA 6G	
8816,00	CW			RUS N AF net	RUS
8816,00	CW		26910**	RUS N AF plane	
8816,00	CW		10710**	RUS N AF plane	RUS
8816,00	CW		42322**	RUS N AF plane	RUS
8816,00	CW		10492**	RUS N AF plane AN-12	RUS
8816,00	CW		52860**	RUS N AF plane	RUS
8816,00	CW		RCB	RUS AF	RUS
8816,00	CW		10712**	RUS N AF plane AN-12	RUS
8818,00	SSB			Aktyubinsk VOLMET	KAZ
8818,00	SSB			Alma Ata VOLMET	KAZ
8818,00	SSB			Baku VOLMET	AZE
8818,00	SSB			Karaganda VOLMET	KAZ
8818,00	SSB			Rainbow R , Tors Cove	CAN
8818,00	SSB		RDFG	Tashkent VOLMET	UZB
8818,00	SSB			Tbilisi VOLMET	GEO
8819,00	SSB			RDARA 10	
8819,00	SSB			RDARA 13C	
8819,00	SSB			RDARA 2B	
8819,00	SSB			RDARA 2C	
8819,00	SSB			RDARA 9B	
8819,00	USB			Tashkent VOLMET	UZB
8820,00	ALE USB	B=125Bd Ch=8 ChS=250Hz			EGY
8821,00	ALE USB	B=125Bd Ch=8 ChS=250Hz			
8822,00	SSB			Perth Air	AUS

Frequency	Mode	Mode Parameter	Callsign	User	Country
8822,00	SSB			Port Hedland Air	AUS
8822,00	SSB			RDARA 11B	
8822,00	SSB			RDARA 13G	
8822,00	SSB			RDARA 14	
8822,00	SSB			RDARA 2A	
8822,00	SSB			RDARA 3B	
8822,00	SSB			RDARA 5A	
8822,00	SSB			RDARA 5C	
8822,00	USB			Norilsk Control	RUS
8822,00	USB		BOING SEATTLE	Boing Seattle	USA
8822,00	USB		BOING EVERETT	Boing Seattle	USA
8825,00	ALE USB	B=125Bd Ch=8 ChS=250Hz		VEN N net	VEN
8825,00	SSB			Lisboa Air	POR
8825,00	SSB			MWARA NAT	NAT
8825,00	SSB		KEA5	New York Air	USA
8825,00	SSB			Paramaribo Air	SUR
8825,00	SSB			Piarco Air	TRD
8825,00	SSB			RDARA 13H	
8825,00	SSB			RDARA 14F	
8825,00	SSB			RDARA 6G	
8825,00	SSB		CSY	Santa Maria Air	AZR
8825,00	SSB			Shanwick Air	IRL
8825,00	SSB		VFG	Gander Air	CAN
8825,00	HFDL	B=1800Bd	H06**	Hat Yai	THA
8828,00	SSB			Auckland VOLMET	NZL
8828,00	SSB			Hongkong VOLMET	HKG
8828,00	SSB			RDARA 13N	
8828,00	SSB			RDARA 1D	
8828,00	SSB		JIA	Tokyo VOLMET	J
8828,00	SSB			VOLMET PAC	PAC
8828,00	SSB		KVM70	Honululu VOLMET	HWA
8831,00	SSB			MWARA NAT	NAT
8831,00	SSB			RDARA 13F	
8831,00	SSB			RDARA 14F	
8831,00	SSB			RDARA 6G	
8831,00	SSB		VFG	Gander Air	CAN
8831,00	HFDL	B=1800Bd	H04**	Riverhead , NY	USA
8834,00	SSB			RDARA 10	
8834,00	SSB			RDARA 13C	
8834,00	SSB			RDARA 2B	
8834,00	SSB			RDARA 2C	
8834,00	SSB			RDARA 6C	
8834,00	SSB			RDARA 7C	
8834,00	ALE USB	B=125Bd Ch=8 ChS=250Hz			
8834,00	HFDL	B=1800Bd	H08**	Johannesburg	AFS
8837,00	SSB			Madang Air	PNG
8837,00	SSB			Port Moresby Air	PNG
8837,00	SSB			RDARA 10B	
8837,00	SSB			RDARA 13M	
8837,00	SSB			RDARA 3A	
8837,00	SSB			RDARA 3C	
8837,00	SSB			RDARA 4A	
8837,00	SSB			RDARA 9B	
8839,00	STANAG 4197	B=2400Bd		EGY N	EGY
8839,00	USB			EGY N net	EGY
8840,00	SSB			Bodoe Air	NOR
8840,00	SSB			Jan Mayen Air	JMY
8840,00	SSB			RDARA 1C	

Frequency	Mode	Mode Parameter	Callsign	User	Country
8840,00	SSB			RDARA 6	
8840,00	SSB			Svalbard Air	SVB
8843,00	SSB			Alice Springs Air	AUS
8843,00	SSB			Darwin Air	AUS
8843,00	SSB			MWARA CEP	CEP
8843,00	SSB			RDARA 10E	
8843,00	SSB			RDARA 13C	
8843,00	SSB			RDARA 13J	
8843,00	SSB			RDARA 13K	
8843,00	SSB			RDARA 14D	
8843,00	SSB			RDARA 5D	
8843,00	SSB			RDARA 6G	
8843,00	SSB			San Francisco Air , CA	USA
8843,00	SSB		KVM70	Honululu Air	HWA
8843,00	HFDL	B=1800Bd	H07**	Shannon	IRL
8846,00	SSB			Aitutaki Air	
8846,00	SSB			Boyeros Air	CUB
8846,00	SSB			Faleolo Air	SMO
8846,00	SSB			Fuaamotu Air	TON
8846,00	SSB			Funafuti Air	TUV
8846,00	SSB			Honiara Air	SLM
8846,00	SSB			Kingston Air	JMC
8846,00	SSB			MWARA CAR	CAR
8846,00	SSB			Nadi Air	FJI
8846,00	SSB			Nauru Air	NRU
8846,00	SSB		KEA5	New York Air	USA
8846,00	SSB			Pago Pago Air	SMA
8846,00	SSB			Port Vila Air	VUT
8846,00	SSB			RDARA 2	
8846,00	SSB			RDARA 3	
8846,00	SSB			RDARA 7F	
8846,00	SSB			RDARA 9	
8846,00	SSB			San Andres Air	SAP
8846,00	SSB			Wallis Air	WAL
8847,00	ALE USB	B=125Bd Ch=8 ChS=250Hz			
8847,00	USB		KORSAR	RUS AF Pskov	RUS
8849,00	SSB			Brazil Central Air	B
8849,00	SSB			RDARA 13K	
8849,00	SSB			VOLMET SEA	SEA
8849,00	USB			Honkong VOLMET	CHN
8850,00	ALE USB	B=125Bd Ch=8 ChS=250Hz			
8852,00	SSB			RDARA 12E	
8852,00	SSB			RDARA 3B	
8852,00	SSB			RDARA 3C	
8852,00	SSB			RDARA 9	
8852,00	SSB			VOLMET AFI	AFI
8852,00	ALE USB	B=125Bd Ch=8 ChS=250Hz			
8852,00	ALE USB	B=125Bd Ch=8 ChS=250Hz		ISR AF net	
8852,00	MIL 188-110B SER	B=2400Bd		ISR AF net	
8855,00	SSB			Asuncion Air	PRG
8855,00	SSB			Barranquilla Air	CLM
8855,00	SSB			Belem Air	B
8855,00	SSB			Bogota Air	CLM
8855,00	SSB			Brasilis Air	B
8855,00	SSB			Campo Grande Air	B
8855,00	SSB			Cayenne Air	GUF
8855,00	SSB			Ezeiza Air	ARG
8855,00	SSB			Georgtown Air	GUY

Frequency	Mode	Mode Parameter	Callsign	User	Country
8855,00	SSB			Guayaramerin Air	BOL
8855,00	SSB			Iquitos Air	PRU
8855,00	SSB			Johannesburg Air	AFS
8855,00	SSB			La Paz Air	BOL
8855,00	SSB			Leticia Air	CLM
8855,00	SSB			Lima Air	PRU
8855,00	SSB			Maiquetia Air , Caracas	VEN
8855,00	SSB			Manaus Air	B
8855,00	SSB			Montevideo Air	URG
8855,00	SSB			MWARA SAM	SAM
8855,00	SSB			Paramaribo Air	SUR
8855,00	SSB			Piarco Air	TRD
8855,00	SSB			Porte Alegre Air	B
8855,00	SSB			Porto Velho Air	B
8855,00	SSB			RDARA 10A	
8855,00	SSB			RDARA 14	
8855,00	SSB			RDARA 2	
8855,00	SSB			Recife Air	B
8855,00	SSB			Rio de Janeiro Air	B
8855,00	SSB			Santa Cruz Air	BOL
8857,00	ALE USB	B=125Bd Ch=8 ChS=250Hz			
8858,00	SSB			RDARA 10D	
8858,00	SSB			RDARA 13E	
8858,00	SSB			RDARA 13F	
8858,00	SSB			RDARA 14D	
8858,00	SSB			RDARA 4A	
8858,00	SSB			RDARA 6G	
8858,00	ALE USB	B=125Bd Ch=8 ChS=250Hz		?ISR AF net	ISR
8859,00	ALE USB	B=125Bd Ch=8 ChS=250Hz			
8861,00	SSB			Abidjan Air	CTI
8861,00	SSB			BA London	G
8861,00	SSB			Bamako Air	MLI
8861,00	SSB			Banjul Air	GMB
8861,00	SSB			Belem Air	B
8861,00	SSB			Bissau Air	GNB
8861,00	SSB			Calcutta Air	IND
8861,00	SSB			Canarias Air , Las Palmas	AZR
8861,00	SSB			Casablanca Air	MRC
8861,00	SSB			Conakry Air	GUI
8861,00	SSB			Dakar Air	SEN
8861,00	SSB			Freetown Air	SRL
8861,00	SSB			Irkutsk VOLMET	RUS
8861,00	SSB			Jakutsk VOLMET	RUS
8861,00	SSB			Johannesburg Air	AFS
8861,00	SSB			Khabarovsk VOLMET	RUS
8861,00	SSB			Lagos Air	NIG
8861,00	SSB			Leticia Air	
8861,00	SSB			Magadan VOLMET	RUS
8861,00	SSB			Manaus Air	B
8861,00	SSB			Monrovia Air	LBR
8861,00	SSB			MWARA SAT	SAT
8861,00	SSB			Nouakchott Air	MTN
8861,00	SSB			Paramaribo Air	SUR
8861,00	SSB			Port Blair Air	ADM
8861,00	SSB			Port Moresby Air	PNG
8861,00	SSB			RDARA 3A	
8861,00	SSB			RDARA 3B	
8861,00	SSB			RDARA 6E	
8861,00	SSB			RDARA 9B	

Frequency	Mode	Mode Parameter	Callsign	User	Country
8861,00	SSB			Recife Air	B
8861,00	SSB			Sal Air	CPV
8861,00	SSB			Salvador Air	B
8861,00	SSB			Windhoek Air	NMB
8861,00	SSB		6VU	Dakar Air	SEN
8864,00	SSB			Iceland Air , Reykjavik	ISL
8864,00	SSB			MWARA NAT	NAT
8864,00	SSB		KEA5	New York Air	USA
8864,00	SSB			RDARA 13F	
8864,00	SSB			RDARA 2B	
8864,00	SSB			RDARA 6B	
8864,00	SSB			RDARA 6F	
8864,00	SSB			RDARA 7E	
8864,00	SSB		CSY	Santa Maria Air	AZR
8864,00	SSB			Shanwick Air	IRL
8864,00	SSB		VFG	Gander Air	CAN
8867,00	SSB			San Francisco Air	USA
8867,00	SSB			Pascua Air , Easter Island	CHL
8867,00	SSB			Auckland Air	NZL
8867,00	SSB			Brisbane Air	AUS
8867,00	SSB			Mataveri Air	PAQ
8867,00	SSB			MWARA SP	SP
8867,00	USB			Nadi Air	FJI
8867,00	SSB			Papeete Air	OCE
8867,00	SSB			Perth Air	AUS
8867,00	SSB			RDARA 10C	
8867,00	SSB			RDARA 13D	
8867,00	SSB			RDARA 13M	
8867,00	SSB			RDARA 6G	
8867,00	SSB			Sydney Air	AUS
8867,00	SSB		KVM70	Honululu Air	HWA
8867,00	ALE USB	B=125Bd Ch=8 ChS=250Hz		USA F net	
8870,00	CLOVER 2000	B=500Bd Ch=8 ChS=250Hz			
8870,00	SSB			RDARA 14	
8870,00	SSB			RDARA 5	
8870,00	SSB			RDARA 6G	
8870,00	SSB			VOLMET NAT	NAT
8870,00	STANAG 4197	B=2400Bd			
8873,00	SSB			Bangui Air	CAF
8873,00	SSB			Bata Air	GNE
8873,00	SSB			Brazzaville Air	COG
8873,00	SSB			Douala Air	CME
8873,00	SSB			Franceville Air	GAB
8873,00	SSB			Garoua Air	CME
8873,00	SSB			Kano Air	NIG
8873,00	SSB			Libreville Air	GAB
8873,00	SSB			Malabo Air	GNE
8873,00	SSB			Niamey Air	NGR
8873,00	SSB			N`djamena Air	TCD
8873,00	SSB			RDARA 12E	
8873,00	SSB			RDARA 12F	
8873,00	SSB			RDARA 13I	
8873,00	SSB			RDARA 4	
8873,00	SSB			RDARA 6G	
8873,00	SSB			RDARA 9C	
8873,00	SSB			RDARA 9D	
8875,00	ALE USB	B=125Bd Ch=8 ChS=250Hz		MRC F net	MRC
8875,00	ALE USB	B=125Bd Ch=8 ChS=250Hz			

Frequency	Mode	Mode Parameter	Callsign	User	Country
8876,00	SSB			Adelaide Air	AUS
8876,00	SSB			Melbourne Air	AUS
8876,00	SSB			NOAA Hurricane Center Kansas City , KS	USA
8876,00	SSB			NOAA Hurricane Center Miami , FL	USA
8876,00	SSB			Port Headland Air	AUS
8876,00	SSB			RDARA 10A	
8876,00	SSB			RDARA 12D	
8876,00	SSB			RDARA 14G	
8876,00	SSB			RDARA 2A	
8876,00	SSB			Sydney Air	AUS
8877,00	ALE USB	B=125Bd Ch=8 ChS=250Hz			
8879,00	SSB			Brisbane Air	AUS
8879,00	SSB			Beira Air	MOZ
8879,00	SSB			Mumbai Air	IND
8879,00	SSB			Bujumbura Air	BDI
8879,00	SSB			Cocos Island Air	ICO
8879,00	SSB			Colombo Air	CLN
8879,00	SSB			Dar es Salaam Air	TZA
8879,00	SSB			Harare Air	ZWE
8879,00	SSB			Iceland Air , Reykjavik	ISL
8879,00	SSB			Kigali Air	RRW
8879,00	SSB			Lilongwe Air	MWI
8879,00	SSB			Lumbumbashi Air	ZAI
8879,00	SSB			Lusaka Air	ZMB
8879,00	SSB			Mauritius Air , Plaisance	MAU
8879,00	SSB			Moroni Air	COM
8879,00	SSB			MWARA INO	INO
8879,00	SSB			MWARA NAT	NAT
8879,00	SSB			Perth Air	AUS
8879,00	SSB			RDARA 3B	
8879,00	SSB			Reunion Air	REU
8879,00	SSB			Seychelles Air , Mahe	SEY
8879,00	SSB			Shanwick Air	IRL
8879,00	SSB		5YD	Nairobi Air	KEN
8879,00	SSB		VFG	Gander Air	CAN
8879,00	USB			Mumbai Air	IND
8880,00	ALE USB	B=125Bd Ch=8 ChS=250Hz			EGY
8882,00	SSB			RDARA 2C	
8882,00	SSB			RDARA 6D	
8885,00	SSB			RDARA 11B	
8885,00	SSB			RDARA 13G	
8885,00	SSB			RDARA 14C	
8885,00	SSB			RDARA 5	
8885,00	SSB			RDARA 6B	
8885,00	HFDL	B=1800Bd	H04**	Riverhead , NY	USA
8885,00	HFDL	B=1800Bd	H15**	Al Muharraq	BHR
8886,00	HFDL	B=1800Bd	H14**	Krasnoyarsk	RUS
8888,00	SSB			Jekaterinenburg VOLMET	RUS
8888,00	SSB			Johannesburg Air	AFS
8888,00	SSB			Kinshasa Air	ZAI
8888,00	SSB			Luanda Air	AGL
8888,00	SSB			Lumbumbashi Air	ZAI
8888,00	SSB			Novosibirsk VOLMET	RUS
8888,00	SSB			RDARA 2	
8888,00	SSB			RDARA 6G	
8888,00	SSB			RDARA 7	
8888,00	SSB		RQCI	Samara VOLMET	RUS
8888,00	SSB		UBB2	Syktyvkar VOLMET	RUS
8888,00	SSB		RVPE	Tyumen VOLMET	RUS
8888,00	SSB			Windhoek Air	NMB

Frequency	Mode	Mode Parameter	Callsign	User	Country
8888,00	SSB		5YD	Nairobi Air	KEN
8890,00	ALE USB	B=125Bd Ch=8 ChS=250Hz			
8891,00	SSB			Baffin Air	CAN
8891,00	SSB			Bodoe Air	NOR
8891,00	SSB			Brisbane Air	AUS
8891,00	SSB			Cambridge Bay Air	CAN
8891,00	SSB			Churchill Air	CAN
8891,00	SSB			Iceland Air , Reykjavik	ISL
8891,00	SSB			Iqaluit Air	CAN
8891,00	SSB			Montreal Air	CAN
8891,00	SSB			MWARA NAT	NAT
8891,00	SSB			RDARA 14E	
8891,00	SSB			RDARA 6A	
8891,00	SSB			Shanwick Air	IRL
8891,00	SSB		VFG	Gander Air	CAN
8894,00	USB			Nouakchott Air	MTN
8894,00	SSB			Adrar Air	ALG
8894,00	SSB			Alger Air	ALG
8894,00	SSB			Bechar Air	ALG
8894,00	SSB			Biskra Air	ALG
8894,00	SSB			Brazzaville Air	COG
8894,00	SSB			Djanet Air	ALG
8894,00	SSB			El Golea Air	ALG
8894,00	SSB			Hassi Messaoud Air	ALG
8894,00	SSB			In Amenas Air	ALG
8894,00	SSB			In Salah Air	ALG
8894,00	SSB			Kano Air	NIG
8894,00	SSB			MWARA AFI	AFI
8894,00	SSB			Niamey Air	NGR
8894,00	SSB			Ouargla AIr	ALG
8894,00	SSB			RDARA 12F	
8894,00	SSB			RDARA 14A	
8894,00	SSB			RDARA 3C	
8894,00	SSB			Tamanrasset Air	ALG
8894,00	SSB			Timimoun Air	ALG
8894,00	SSB			Tripoli Air	LBY
8894,00	SSB			Tunis Air	ALG
8894,00	FSK	B=150Bd S=500Hz			
8894,20	PACTOR I	B=100Bd S=200Hz			
8895,00	ALE LSB	B=125Bd Ch=8 ChS=250Hz		TWN N net	TWN
8895,00	CW		W**	RUS AF net	RUS
8896,50	SSB			Chachapoyas Air	PRU
8896,50	SSB			Chiclayo Air	PRU
8896,50	SSB			Iquitos Air	PRU
8896,50	SSB			Lima Air	PRU
8896,50	SSB			N`djamena Air	TCD
8896,50	SSB			Pucallpa Air	PRU
8896,50	SSB			Talara Air	PRU
8896,50	SSB			Tarapoto Air	PRU
8896,50	SSB			Trujillo Air	PRU
8896,50	SSB			Yurimaguas Air	PRU
8897,00	SSB			Bejing Air	CHN
8897,00	SSB			Irkutsk Air	RUS
8897,00	SSB			Kunming Air	CHN
8897,00	SSB			MWARA EA	EA
8897,00	SSB			Pyongyang Air	KRE
8897,00	SSB			Shanghai Air	CHN
8897,00	SSB			Ulan Bator Air	MNG
8897,00	SSB			Urumchi Air	CHN
8900,00	SSB			Perth Air	AUS

Frequency	Mode	Mode Parameter	Callsign	User	Country
8900,00	SSB			RDARA 10D	
8900,00	SSB			RDARA 13G	
8900,00	SSB			RDARA 14B	
8900,00	SSB			RDARA 3A	
8902,00	ALE USB	B=125Bd Ch=8 ChS=250Hz			
8903,00	SSB			Accra Air	GHA
8903,00	SSB			Agana Air	GUM
8903,00	SSB			Bangui Air	CAF
8903,00	SSB			Bissau Air	GNB
8903,00	SSB			Brazzaville Air	COG
8903,00	SSB			Bujumbura Air	BDI
8903,00	SSB			Douala Air	CME
8903,00	SSB			Entebbe Air	UGD
8903,00	SSB			Goma Air	
8903,00	SSB			Harare Air	ZWE
8903,00	SSB			Hongkong Air	HKG
8903,00	SSB			Johannesburg Air	AFS
8903,00	SSB			Kano Air	
8903,00	SSB			Kigali Air	RRW
8903,00	SSB			Kinshasa Air	ZAI
8903,00	SSB			Kisangani Air	
8903,00	SSB			Lagos Air	NIG
8903,00	SSB			Libreville Air	GAB
8903,00	SSB			Luanda Air	AGL
8903,00	SSB			Lubumbashi Air	ZAI
8903,00	SSB			Lusaka Air	ZMB
8903,00	SSB			Malabo Air	GNE
8903,00	SSB			Manila Air	PHL
8903,00	SSB			MWARA AFI	AFI
8903,00	SSB			MWARA CWP	CWP
8903,00	SSB			Naha Air	J
8903,00	SSB			Niamey Air	NIG
8903,00	SSB			N`djamena Air	TCD
8903,00	SSB			Port Moresby Air	PNG
8903,00	SSB			RDARA 10B	
8903,00	SSB			RDARA 13M	
8903,00	SSB			Sao Tome AIr	STP
8903,00	SSB			Tokyo Air	J
8903,00	SSB		5NK	Kano Air	NIG
8903,00	SSB		KVM70	Honululu Air	HWA
8906,00	SSB			MWARA NAT	NAT
8906,00	SSB		KEA5	New York Air	USA
8906,00	SSB			RDARA 13H	
8906,00	SSB			RDARA 6A	
8906,00	SSB			RDARA 6E	
8906,00	SSB			RDARA 7B	
8906,00	SSB			RDARA 9B	
8906,00	SSB		CSY	Santa Maria Air	AZR
8906,00	SSB			Shanwick Air	IRL
8906,00	SSB		CUW	POR AF Lajes AFB	AZR
8906,00	SSB			Canarias Air , Las Palmas	CNR
8906,00	SSB		VFG	Gander Air	CAN
8909,00	USB			RUS AF	
8909,00	CW			RUS AF	RUS
8909,00	SSB			RDARA 2A	
8909,00	SSB			RDARA 6E	
8911,00	8PSK	B=1800Bd			
8912,00	SSB			RDARA 11B	
8912,00	SSB			RDARA 13D	
8912,00	SSB			RDARA 14C	
8912,00	SSB			RDARA 5B	

Frequency	Mode	Mode Parameter	Callsign	User	Country
8912,00	SSB			RDARA 6G	
8912,00	SSB			USA Customs , DEA	USA
8912,00	HFDL	B=1800Bd	H02**	Molokai , HI	HWA
8912,00	HFDL	B=1800Bd	H04**	Riverhead , NY	USA
8912,00	ALE USB	B=125Bd Ch=8 ChS=250Hz			
8912,00	ALE USB	B=125Bd Ch=8 ChS=250Hz		USA COTHEN net	USA
8913,00	SSB			Kinshasa Air	ZAI
8913,00	SSB			Kisangani Air	ZAI
8913,00	SSB			Kitona Air	ZAI
8913,00	SSB			Lubumbashi Air	ZAI
8915,00	SSB			San Francisco Air	USA
8915,00	SSB			RDARA 3C	
8915,00	SSB			RDARA 5A	
8917,00	*FSK*	*B=150Bd S=550Hz*		*RUS AF North Minsk*	*BLR*
8917,00	*FSK*	*B=150Bd S=550Hz*		*RUS AF*	
8918,00	SSB			Aden Air	YEM
8918,00	SSB			Amman Air	JOR
8918,00	SSB			Ankara Air	TUR
8918,00	SSB			Baghdad Air	IRQ
8918,00	SSB			Bahrain Air	BHR
8918,00	SSB			Baku Air	AZE
8918,00	SSB			Barranquilla Air	CLM
8918,00	SSB			Beirut Air	LBN
8918,00	SSB			Bogota Air	CLM
8918,00	SSB			Boyeros Air	CUB
8918,00	SSB			Cayenne Air	GUF
8918,00	SSB			Cenamer Air , Tegucigalpa	HND
8918,00	SSB			Curacao Air , Willemstad	ATN
8918,00	SSB			Damascus Air	SYR
8918,00	SSB			Georgtown Air	GUY
8918,00	SSB			Guatemala City Air	GTM
8918,00	SSB			Jerevan Air	ARM
8918,00	SSB			Kingston Air	JMC
8918,00	SSB			Kuwait Air	KWT
8918,00	SSB			Maiquetia Air , Caracas	VEN
8918,00	SSB			Merida Air	MEX
8918,00	SSB			MWARA CAR	CAR
8918,00	SSB			MWARA MID	MID
8918,00	SSB		KEA5	New York Air	USA
8918,00	SSB			Odessa Air	UKR
8918,00	SSB			Panama Air	PNR
8918,00	SSB			Paramaribo Air	SUR
8918,00	SSB			Piarco Air	TRD
8918,00	SSB			Port au Prince Air	HTI
8918,00	SSB			RDARA 6C	
8918,00	SSB			Riyan Air	YEM
8918,00	SSB			San Andres Air	SAP
8918,00	SSB			San Jose Air	CTR
8918,00	SSB			Sanaa Air	YEM
8918,00	SSB			Santo Domingo Air	DOM
8918,00	SSB			Tbilisi Air	GEO
8918,00	SSB			Teheran Air	IRN
8919,00	USB		BOING EVERETT	Boing Seattle	USA
8919,00	USB		BOING SEATTLE	Boing Seattle	USA
8921,00	SSB			Hongkong R	HKG
8921,00	SSB			W I	WW
8921,00	SSB			W III	WW
8921,00	HFDL	B=1800Bd	H05**	Auckland	NZL

Frequency	Mode	Mode Parameter	Callsign	User	Country
8924,00	SSB			Brussels Air	BEL
8924,00	SSB			W I	WW
8924,00	SSB			W IV	WW
8927,00	HFDL	B=1800Bd	H01**	San Francisco , CA	USA
8927,00	SSB			W II	WW
8927,00	SSB			W V	WW
8927,00	HFDL	B=1800Bd	H09**	Barrow , AK	ALS
8927,00	HFDL	B=1800Bd	H16**	Agana	GUM
8930,00	ALE USB	B=125Bd Ch=8 ChS=250Hz			
8930,00	*USB*		*SDJ*	*Stockholm R*	*S*
8930,00	SSB			W I	WW
8930,00	SSB			W III	WW
8933,00	USB			ARINC San Francisco , CA	USA
8933,00	USB			ARINC Santa Cruz	BOL
8933,00	USB			ARINC Hat Yai	THA
8933,00	USB			ARINC Guam	GUM
8933,00	USB			ARINC Barrow	ALS
8933,00	SSB			ARINC New York , NY	USA
8933,00	SSB			W II	WW
8933,00	SSB			W V	WW
8935,00	ALE USB	B=125Bd Ch=8 ChS=250Hz		USA MIL net	USA
8936,00	SSB			Berne R	SUI
8936,00	SSB			W I	WW
8936,00	SSB			W II	WW
8936,00	HFDL	B=1800Bd	H02**	Molokai , HI	HWA
8936,00	HFDL	B=1800Bd	H09**	Barrow , AK	ALS
8938,00	USB		VNJ	Casey Base , AUS	ANT
8938,00	USB			AUS Davis Base	ANT
8938,00	USB			Macquarie Island , AUS	ANT
8938,00	USB			Mawson Base , AUS	ANT
8938,50	SSB			Barranquilla Air	CLM
8938,50	SSB			Bogota Air	CLM
8938,50	SSB			San Andres Air	SAP
8939,00	SSB			Kiev VOLMET	UKR
8939,00	SSB			Moscow VOLMET	RUS
8939,00	SSB			RDARA 10B	
8939,00	SSB			RDARA 13C	
8939,00	SSB			RDARA 2A	
8939,00	SSB			RDARA 2C	
8939,00	SSB			RDARA 6F	
8939,00	SSB			Riga VOLMET	LVA
8939,00	SSB		RLAP	Rostov VOLMET	RUS
8939,00	SSB		UHD	St. Petersburg VOLMET	RUS
8939,00	ALE USB	B=125Bd Ch=8 ChS=250Hz		MTN net	MTN
8941,70	SITOR	B=100Bd S=170Hz		?Kano	NIG
8941,70	SITOR	B=100Bd S=170Hz		?Lagos	NIG
8942,00	SSB			Bangkok Air	THA
8942,00	SSB			Hanoi Air	VTN
8942,00	SSB			Ho Chi Min Ville Air	VTN
8942,00	SSB			Hongkong Air	HKG
8942,00	SSB			Kuala Lumpur Air	MLA
8942,00	SSB			Kunming Air	CHN
8942,00	SSB			Manila Air	PHL
8942,00	SSB			MWARA SEA	SEA
8942,00	SSB			RDARA 3A	
8942,00	SSB			Singapore Air	SNG
8942,00	SSB			Tokyo Air	J
8942,00	SSB			Vientiane Air	LAO
8942,00	HFDL	B=1800Bd	H07**	Shannon	IRL

Frequency	Mode	Mode Parameter	Callsign	User	Country
8942,00	ALE USB	B=125Bd Ch=8 ChS=250Hz		MRC MOI net	MRC
8945,00	SSB			Carribean Bridgetown	BRB
8945,00	SSB			RDARA 10F	
8945,00	SSB			RDARA 13K	
8945,00	SSB			RDARA 14E	
8945,00	SSB			Salvador Air	B
8945,00	SSB			Sondre Stromfjord Air	GRL
8945,00	SSB			VOLMET MID	MID
8948,00	SSB			RDARA 12C	
8948,00	SSB			RDARA 6A	
8948,00	HFDL	B=1800Bd	H17**	Telde , Gran Canaria	E
8950,00	ALE USB	B=125Bd Ch=8 ChS=250Hz		USA F net	
8950,00	*ALE USB*	*B=125Bd Ch=8 ChS=250Hz*		*TUR Disaster and Emergency net*	*TUR*
8950,50	ALE USB	B=125Bd Ch=8 ChS=250Hz		USA F net	
8951,00	SSB			San Francisco Air , CA	USA
8951,00	SSB			Aktyubinsk Air	KAZ
8951,00	SSB			Alma Ata Air	KAZ
8951,00	SSB			Aralsk Air	KAZ
8951,00	SSB			Ashkabad Air	TKM
8951,00	SSB			Bishpek Air	KGZ
8951,00	SSB			Dushanbe Air	TJK
8951,00	SSB			Kyzl-Orda Air	RUS
8951,00	SSB			MWARA MID	MID
8951,00	SSB			Tashkent Air	UZB
8951,00	SSB			Uralsk Air	KAZ
8951,00	USB			Tokyo Air	J
8952,00	ALE USB	B=125Bd Ch=8 ChS=250Hz		USA AF net	
8954,00	SSB			RDARA 10E	
8954,00	SSB			RDARA 12J	
8954,00	SSB			RDARA 14B	
8954,00	SSB			RDARA 3	
8957,00	SSB			Bolivia Air	BOL
8957,00	SSB			RDARA 12C	
8957,00	SSB			RDARA 13D	
8957,00	SSB			RDARA 14G	
8957,00	SSB			RDARA 3B	
8957,00	SSB			RDARA 6D	
8957,00	SSB			VOLMET EUR	EUR
8957,00	SSB		EIP	Shannon VOLMET	IRL
8957,00	*DBPSK*	*B=1280Bd*		*Asgabat*	*TKM*
8957,00	HFDL	B=1800Bd	H13**	Santa Cruz	BOL
8958,00	CIS 1280	B=1280Bd		CIS	
8960,00	SSB			RDARA 6G	
8960,00	SSB			RDARA 7F	
8964,00	SSB		AFE	USAF MacDill AFB , FL	USA
8964,00	SSB		AGA	USAF Hickham AFB , Honolulu	HWA
8964,00	SSB		CUW	POR AF Lajes AFB	AZR
8964,00	*CODAN*	*B=2400Bd Ch=16 ChS=112,5Hz*		*IRN net*	*IRN*
8964,00	*ALE USB*	*B=125Bd Ch=8 ChS=250Hz*		*IRN net*	*IRN*
8964,00	*CODAN CHIRP*	*B=80Bd Ch=30 ChS=81Hz*		*IRN net*	*IRN*
8965,00	ALE USB	B=125Bd Ch=8 ChS=250Hz		USA AF net	
8965,00	USB		BALIZA	ROU AF net	ROU
8965,00	SSB		DHM91	D AF Münster	D
8967,00	SSB			ARS AF Khamis Mushayt	ARS

Frequency	Mode	Mode Parameter	Callsign	User	Country
8967,00	SSB			Belgrade Air	SRB
8967,00	SSB			Seychelles Air , Mahe	SEY
8967,00	SSB		AFE83	USAF Ascension AB	ASC
8967,00	SSB		AHF4	USAF Albrook	PNZ
8967,00	SSB		CUW	POR AF Lajes AFB	AZR
8968,00	MIL 188-110A SER	B=2400Bd		USA MIL net	USA
8968,00	ALE USB	B=125Bd Ch=8 ChS=250Hz		USA AF net	
8968,00	NOKIA MSG TERMINAL	B=301,1Bd S=760Hz			
8968,00	SSB			Puerto Rico	PTR
8968,00	MIL 188-110A SER	B=2400Bd Ch=1	NSY	USA N Niscemi , Sicily	I
8970,00	SSB		PBV	HOL AF Valkenburg	HOL
8971,00	USB		PBV	NLD AF Valkenburg	HOL
8971,00	*LINK 11*	*B=2250Bd*		*NOR N North of Trondheim*	*NOR*
8972,00	SSB		AFE70	USAF Cape Caneveral , FL	USA
8972,00	ALE USB	B=125Bd Ch=8 ChS=250Hz			
8973,00	SSB			POR AF Lajes AFB	AZR
8974,00	ALE USB	B=125Bd Ch=8 ChS=250Hz			
8974,00	SSB			NZL AF Ohakea	NZL
8974,00	SSB		ZKX	NZL AF Auckland	NZL
8974,00	USB			UKR AF net	UKR
8975,00	ALE USB	B=125Bd Ch=8 ChS=250Hz		TWN net	
8975,00	SSB			AFS AF Watelkloof	AFS
8975,00	SSB			AUS AF Brisbane	AUS
8975,00	SSB			AUS AF Canberra	AUS
8975,00	SSB			AUS AF Darwin	AUS
8975,00	SSB			AUS AF Edinburgh	AUS
8975,00	SSB			AUS AF Perth	AUS
8975,00	SSB			AUS AF Sydney	AUS
8975,00	SSB			AUS AF Townsville	AUS
8977,00	HFDL	B=1800Bd	H03**	Reykjavik	ISL
8980,00	ALE USB	B=125Bd Ch=8 ChS=250Hz		USA CG net	USA
8980,00	SSB			NASA Cape R	USA
8980,00	ALE USB	B=125Bd Ch=8 ChS=250Hz		ALG net	ALG
8981,50	MFSK	B=20Bd S=30Hz			
8984,00	ALE USB	B=125Bd Ch=8 ChS=250Hz			
8984,00	SSB			Nouadhibou Air	MTN
8984,00	SSB			Nouakchott Air	MTN
8984,00	SSB			USCG Boston , MA	USA
8984,00	SSB			USCG Charleston ,SC	USA
8984,00	SSB			USCG Guatanamo Bay	GTB
8984,00	SSB			USCG Kodiak	ALS
8984,00	SSB			USCG Miami , FL	USA
8984,00	SSB			USCG New Orleans ,	USA
8984,00	SSB			USCG San Francisco , CA	USA
8984,00	SSB		ZKX	NZL AF Auckland	NZL
8985,00	SSB		DHM91	D AF Münster	D
8986,00	ALE USB	B=125Bd Ch=8 ChS=250Hz		F DGA net	F
8988,00	*STANAG 4481*	*B=75Bd S=850Hz*	*MKL*	*G N Inskip*	*G*
8989,00	*ALE USB*	*B=125Bd Ch=8 ChS=250Hz*			*POR*
8989,00	SSB			BEL AF Brussels	BEL
8989,00	SSB			BEL AF Melsbroek	BEL
8989,00	SSB			BEL AF Rouveroy	BEL
8989,00	SSB			CAN AF Edmonton	CAN

Frequency	Mode	Mode Parameter	Callsign	User	Country
8989,00	SSB			USAF McDill AFB , FL	USA
8989,00	SSB		AFI	USAF McClellan AFB , Sacramento , CA	USA
8989,00	SSB		AFL	USAF Loring AFB , Limestone , ME	USA
8989,00	SSB		AKA	USAF Elmendorf AFB , Anchorage	ALS
8989,00	SSB		CHR	CAN F Trenton	CAN
8989,00	SSB		CUW	USAF Lajes	AZR
8989,00	SSB		ONY77	BEL AF Koksijde	BEL
8989,00	USB			Jeddah Air	ARS
8990,00	ALE USB	B=125Bd Ch=8 ChS=250Hz		ALG police net	ALG
8992,00	USB			USA AF Sigonella	I
8992,00	USB			USA AF Lajes AFB	AZR
8992,00	USB		AGA	USA AF Hickham AFB , Honolulu	HWA
8992,00	USB			USA AF McClellan AFB , Sacramento , CA	USA
8992,00	USB			USA AF Puerto Rico	PTR
8992,00	USB			USA AF Ascension AFB	ASC
8992,00	USB			USA AF Diego Garcia	DGA
8992,00	SSB			USA AF Croughton	G
8992,00	SSB		AFA3	USA AF Andrews AFB , Camp Springs , MD	USA
8992,00	SSB		AFS	USA AF Offutt AFB , Omaha , NE	USA
8992,00	SSB		AIE	USA AF Andersen AFB	GUM
8992,00	SSB		AIF80	USA AF Yokota AB	J
8992,00	SSB		AKA	USA AF Elmendorf AFB , Anchorage	ALS
8992,00	SSB			NZL AF Auckland	NZL
8992,00	SSB			NZL AF Ohakea	NZL
8992,00	SSB			NZL AF Whenuapai	NZL
8992,00	SSB			USA AF McDill AFB , FL	USA
8992,00	ALE USB	B=125Bd Ch=8 ChS=250Hz		USA AF net	
8992,00	SSB			Puerto Rico	PTR
8993,00	ALE USB	B=125Bd Ch=8 ChS=250Hz			
8995,00	ALE USB	B=125Bd Ch=8 ChS=250Hz			
8995,00	CIS 12	B=1440Bd Ch=12 ChS=200Hz			
8995,00	CIS 12	B=1440Bd Ch=12 ChS=200Hz			
8999,50	ALE 3G	B=2400Bd			
9000,00	ALE USB	B=125Bd Ch=8 ChS=250Hz		POL MIL net	POL
9004,00	ALE USB	B=125Bd Ch=8 ChS=250Hz			
9005,00	ALE USB	B=125Bd Ch=8 ChS=250Hz			
9006,00	SSB			CAN AF North Bay	CAN
9006,00	SSB			CAN AF Vancouver	CAN
9006,00	SSB		CJX	CAN F St. John`s	CAN
9007,00	STANAG 4481	B=75Bd S=850Hz	NAU	USA N San Juan	PTR
9010,00	ALE USB	B=125Bd Ch=8 ChS=250Hz			
9010,00	*ALE USB*	*B=125Bd Ch=8 ChS=250Hz*		*G MIL net*	*G*
9011,00	SSB			NOAA Hurricane Center Miami , FL	USA
9013,00	ALE USB	B=125Bd Ch=8 ChS=250Hz			
9014,00	SSB			USAF Cannon AFB , NM	USA
9014,00	SSB			USAF Scott AFB , IL	USA
9014,00	SSB		AFE	USAF MacDill AFB , FL	USA
9014,00	SSB		AFI2	USAF McClellan AFB , Sacramento , CA	USA
9014,00	SSB		AFL	USAF Loring AFB , Limestone , ME	USA
9014,00	USB			E AF	E
9016,50	SSB		ZKX	NZL AF Auckland	NZL

Frequency	Mode	Mode Parameter	Callsign	User	Country
9017,00	SSB			USA AF Strategic Command	USA
9017,00	SSB		AFI	USAF McClellan AFB , Sacramento , CA	USA
9017,00	ISR N HYBRID MODEM	B=2400Bd	4XZ	ISR N Haifa	ISR
9018,00	SSB		AFE	USAF MacDill AFB , FL	USA
9018,30	MIL 188-110B	B=2400Bd		IRQ N net	IRQ
9018,30	ALE USB	B=125Bd Ch=8 ChS=250Hz			
9019,00	*ALE USB*	*B=125Bd Ch=8 ChS=250Hz*		*G MIL net*	*G*
9020,00	SSB			USAF Scott AFB , IL	USA
9020,00	SSB		AFE	USAF MacDill AFB , FL	USA
9020,00	SSB		AGA	USAF Hickham AFB , Honolulu	HWA
9022,00	LINK 11	B=2250Bd			
9022,00	SSB			NASA launch support aircraft	USA
9022,00	SSB			RAF Bampton	G
9022,00	SSB			RAF Buchan	G
9022,00	*ALE USB*	*B=125Bd Ch=8 ChS=250Hz*		*G MIL net*	*G*
9023,00	SSB			USAF Duluth AFB	USA
9023,00	SSB			USAF Hancock AFB	USA
9023,00	SSB			USAF Lajes	USA
9023,00	SSB			USAF Luke AFB	USA
9023,00	SSB			USAF Malmstrom AFB	USA
9023,00	SSB			USAF McChord AFB	USA
9023,00	SSB			USAF Tyndall AFB	USA
9023,00	SSB		AIE	USAF Andersen AFB	GUM
9023,00	SSB		CHR	CAN F Trenton	CAN
9024,00	CIS OFDM 60	B=2400Bd Ch=60 ChS=44,5Hz		RUS diplo Moscow	RUS
9024,00	SSB		UHD	St. Petersburg Air	RUS
9024,00	SSB			Murmansk Air	RUS
9024,00	SSB			Arkchangelsk Air	RUS
9024,00	SSB			Petrozavodsk Air	RUS
9024,00	SSB			Vologda Air	RUS
9024,00	SSB			Velikiye Luki Air	RUS
9025,00	USB			TUR F net	TUR
9025,00	ALE USB	B=125Bd Ch=8 ChS=250Hz		USA AF net	
9025,00	CW		LQA		
9025,00	SSB		DHM91	D AF Münster	D
9027,00	SSB			USA AF Strategic Command	USA
9027,00	SSB		CFH	CAN F Halifax	CAN
9028,00	*ALE USB*	*B=125Bd Ch=8 ChS=250Hz*		*G MIL net*	*G*
9030,00	ISR N HYBRID MODEM	B=2400Bd		ISR N	ISR
9031,00	USB			G AF TASCOMM	G
9031,00	*ALE USB*	*B=125Bd Ch=8 ChS=250Hz*		*G MIL net*	*G*
9032,00	SSB		ZKX	NZL AF Auckland	NZL
9035,00	SSB			DNK AF Vaerlose	DNK
9035,00	USB			UN MONUSCO net	UGA
9036,50	ALE USB	B=125Bd Ch=8 ChS=250Hz			
9037,00	ALE USB	B=125Bd Ch=8 ChS=250Hz		GRC AF net	GRC
9037,00	ALE USB	B=125Bd Ch=8 ChS=250Hz			
9038,00	STANAG 4285	B=2400Bd			
9038,00	ALE USB	B=125Bd Ch=8 ChS=250Hz			
9040,00	SSB			Virgin Blue LDOC	AUS

Frequency	Mode	Mode Parameter	Callsign	User	Country
9040,00	CODAN CHIRP	B=80Bd Ch=30 ChS=81Hz			
9041,00	BAUDOT	B=100Bd S=826Hz	5YE	Nairobi M	KEN
9041,00	M/S 1,0	B=75Bd S=250Hz		CIS	CIS
9041,00	RUS DBPSK 16FSK	B=1866Bd Ch=16 ChS=175Hz		RUS INTEL	RUS
9043,00	USB			Cape Canaveral AFS , FL	USA
9043,00	ALE USB	B=125Bd Ch=8 ChS=250Hz			
9043,00	SSB			NASA launch support aircraft	USA
9043,00	SSB		AFE70	USA AF Cape Caneveral , FL	USA
9044,00	*T600*	*B=50Bd S=200Hz*		*RUS N Smolensk*	*RUS*
9044,00	ALE USB	B=125Bd Ch=8 ChS=250Hz		USA F net	
9044,00	CW		RMW32	RUS N	RUS
9044,00	CW		RMW56	RUS N	RUS
9044,00	CLOVER 2000	B=500Bd Ch=8 ChS=250Hz			
9045,00	FAX 120/576		5YE	Nairobi M	KEN
9045,00	ALE USB	B=125Bd Ch=8 ChS=250Hz			
9045,00	CODAN CHIRP	B=80Bd Ch=30 ChS=81Hz		MFA Cairo	EGY
9045,00	CODAN	B=2400Bd Ch=16 ChS=112,5Hz		MFA Cairo	EGY
9046,00	M/S 1,0	B=75Bd S=250Hz		CIS	CIS
9046,00	*ALE USB*	*B=125Bd Ch=8 ChS=250Hz*		*IRN net*	*IRN*
9046,20	PACTOR	B=200Bd S=170Hz			
9047,00	ALE USB	B=125Bd Ch=8 ChS=250Hz		USA Civil Air Patrol net	USA
9047,00	SSB			USA AF MARS	ALS
9048,50	PACTOR I	B=100Bd S=200Hz		USA AF MARS	USA
9050,00	MIL 188-110B SER	B=2400Bd		?CHN	
9050,00	*ALE USB*	*B=125Bd Ch=8 ChS=250Hz*		*F Airbus net*	*F*
9050,00	DPRK ARQ	B=600Bd S=600Hz		KRE diplo	
9050,00	ALE USB	B=125Bd Ch=8 ChS=250Hz			
9051,00	8181	B=81Bd S=250Hz			
9051,50	M/S 1,0	B=600Bd S=340Hz		AUS N	AUS
9052,00	ALE USB	B=125Bd Ch=8 ChS=250Hz		F diplo net	
9052,70	VISEL	B=120,96Bd S=300Hz			
9053,00	STANAG 4285	B=2400Bd			
9053,00	*M/S 1,0*	*B=75Bd S=250Hz*		*RUS F Moscow*	*RUS*
9054,00	CIS 68TONE	B=50Bd Ch=68 ChS=47Hz			
9055,00	CODAN	B=2400Bd Ch=16 ChS=112,5Hz		MFA Cairo	EGY
9055,00	CW			RUS HFDF net	RUS
9056,00	MIL 188-110B SER	B=2400Bd			
9056,70	SITOR A	B=100Bd S=170Hz		MFA Cairo	EGY
9057,00	ALE USB	B=125Bd Ch=8 ChS=250Hz		USA AF net	
9057,00	SSB			USA AF Strategic Command	USA
9057,00	SSB		AIE	USAF Andersen AFB	GUM
9057,00	ALE USB	B=125Bd Ch=8 ChS=250Hz		G MIL net	G
9057,00	ALE USB	B=125Bd Ch=8 ChS=250Hz		USA SHARES net	USA
9057,70	SITOR A	B=100Bd S=170Hz		EGY E Washington	USA

Frequency	Mode	Mode Parameter	Callsign	User	Country
9058,70	SITOR A	B=100Bd S=170Hz		MFA Cairo	EGY
9060,00	LINK 11	B=2250Bd			
9060,00	ALE USB	B=125Bd Ch=8 ChS=250Hz			
9060,00	CODAN CHIRP	B=80Bd Ch=30 ChS=81Hz		MFA Cairo	EGY
9060,00	CODAN	B=2400Bd Ch=16 ChS=112,5Hz		MFA Cairo	EGY
9060,00	*CIS 12*	*B=1440Bd Ch=12 ChS=200Hz*		*RUS N ship*	*RUS*
9063,00	RDFT	B=122,5Bd Ch=8 ChS=230Hz		CUB INTEL	CUB
9063,00	*CIS 200-1000*	*B=200Bd S=1000Hz Ch=1*		*RUS MIL INTEL Moscow*	*RUS*
9064,00	ALE USB	B=125Bd Ch=8 ChS=250Hz			USA
9064,00	ALE USB	B=125Bd Ch=8 ChS=250Hz		USA SHARES net	USA
9065,00	USB				
9065,00	*CIS 100-500*	*B=100Bd S=500Hz*		*RUS MIL Novosibirsk*	*RUS*
9065,00	CIS ARQ	B=100Bd S=500Hz		RUS PTT	RUS
9065,00	ALE USB	B=125Bd Ch=8 ChS=250Hz			
9065,00	MIL 188-110B SER	B=2400Bd			
9066,00	CODAN	B=2400Bd Ch=16 ChS=112,5Hz		MFA Cairo	EGY
9066,00	CODAN CHIRP	B=80Bd Ch=30 ChS=81Hz		MFA Cairo	EGY
9067,00	BAUDOT	B=100Bd S=500Hz			
9067,00	CIS 200-1000	B=200Bd S=1000Hz Ch=1		RUS MIL INTEL	RUS
9067,70	SITOR A	B=100Bd S=162Hz		MFA Cairo	EGY
9068,00	CW		RDL	RUS N Moscow	RUS
9068,50	ALE USB	B=125Bd Ch=8 ChS=250Hz		POL MIL net	
9069,00	ALE USB	B=125Bd Ch=8 ChS=250Hz		POL MIL net	POL
9070,00	ALE USB	B=125Bd Ch=8 ChS=250Hz			
9070,50	ALE USB	B=125Bd Ch=8 ChS=250Hz			
9072,00	8181	B=40,5Bd S=200Hz		RUS F	RUS
9072,00	CHN DATALINK 2400 BD	B=2400Bd			CHN
9073,00	ALE USB	B=125Bd Ch=8 ChS=250Hz			
9074,00	SIEMENS CHX200 MODEM	B=250Bd S=170Hz			
9074,20	*CIS 100-1000*	*B=100Bd S=1000Hz*		*CIS F Kaliningrad*	*RUS*
9074,50	M/S 1,0	B=75Bd S=850Hz			
9075,00	*CIS 4FSK*	*B=100Bd Ch=4 ChS=500Hz*		*RUS MIL Kaliningrad*	*RUS*
9075,00	CIS 3000	B=3000Bd			RUS
9076,70	ARQ-E3	B=192Bd S=400Hz		F F	
9077,50	CIS OFDM 45	B=2400Bd Ch=45 ChS=62,5Hz		RUS	RUS
9078,70	MIL 188-110B SER	B=2400Bd	HWK**	S N Karlskrona	S
9079,80	ARQ-E3	B=100Bd S=400Hz	RFQP**	F N Djibouti	DJI
9080,00	ALE USB	B=125Bd Ch=8 ChS=250Hz		ALG diplo net	
9080,00	CODAN	B=2400Bd Ch=16 ChS=112,5Hz		MFA Alger	ALG
9081,40	SITOR B	B=100Bd S=170Hz			

Frequency	Mode	Mode Parameter	Callsign	User	Country
9081,40	SITOR B	B=100Bd S=170Hz	OLO32	Prague	CZE
9081,50	CROWD 36	B=40Bd S=40Hz Ch=32 ChS=40Hz		RUS diplo	
9082,00	BUL MFSK8	B=240,23Bd Ch=8 ChS=240Hz		BUL diplo	
9082,00	CIS BAUDOT 50-17	B=50Bd S=170Hz			RUS
9082,00	ALE USB	B=125Bd Ch=8 ChS=250Hz		USA Civil Air Patrol net	USA
9083,00	ALE USB	B=125Bd Ch=8 ChS=250Hz		USA AF net	
9083,00	ALE USB	B=125Bd Ch=8 ChS=250Hz		ROU diplo net	
9084,00	SYSTEME 3000	B=2400Bd		F F	
9084,70	ARQE	B=46,15Bd S=170Hz			
9085,00	ALE USB	B=125Bd Ch=8 ChS=250Hz		ROU diplo net	
9085,00	M/S 1,0	B=75Bd S=850Hz		USA MIL Dixon	USA
9086,00	BR 6028	B=75Bd S=170Hz Ch=7 ChS=340Hz			
9086,00	ALE USB	B=125Bd Ch=8 ChS=250Hz			
9086,70	SIEMENS CHX200 MODEM	B=250Bd S=200Hz			
9087,00	CIS 200-1000	B=200Bd S=1000Hz Ch=1		RUS MIL INTEL	RUS
9087,70	VFT:ARQE	B=46,15Bd S=170Hz Ch=6 ChS=340Hz		ASECNA N`djamena	TCH
9088,00	CW			RUS HFDF net	RUS
9089,00	CIS 200-1000	B=200Bd S=1000Hz Ch=1		RUS MIL INTEL	RUS
9089,00	CIS 200-1000	B=200Bd S=1000Hz Ch=1		RUS MIL INTEL	RUS
9089,00	ALE USB	B=125Bd Ch=8 ChS=250Hz		CHL DC net	CHL
9089,50	CROWD 36	B=40Bd S=40Hz Ch=32 ChS=40Hz		RUS diplo	
9090,00	ALE USB	B=125Bd Ch=8 ChS=250Hz		POL F net	
9090,70	MIL 188-110B SER	B=2400Bd	HWK**	S N Karlskrona	S
9091,00	CW			RUS Operational Strategic Command Air Defense net	RUS
9093,00	ALE USB	B=125Bd Ch=8 ChS=250Hz			
9093,00	CODAN	B=2400Bd Ch=16 ChS=112,5Hz		MFA Cairo	EGY
9093,00	CODAN CHIRP	B=80Bd Ch=30 ChS=81Hz		MFA Cairo	EGY
9093,50	*STANAG 4285*	*B=2400Bd*	*FUO*	*F N Toulon*	*F*
9093,60	ALE USB	B=125Bd Ch=8 ChS=250Hz		F N net	
9095,70	*STANAG 4285*	*B=2400Bd*	*FUO*	*F N Toulon*	*F*
9097,00	ALE USB	B=125Bd Ch=8 ChS=250Hz			
9098,00	SSB, RTTY			D army	D
9098,70	*STANAG 4285*	*B=2400Bd*	*FUG*	*F N La Regine*	*F*
9100,00	ALE USB	B=125Bd Ch=8 ChS=250Hz		USA F net	USA
9100,60	STANAG 4481	B=150Bd S=850Hz	FUG	F N La Regine	F
9103,70	FAX 120/576		NIK	USCG Boston , MA	USA
9104,00	FSK	B=50Bd S=200Hz			
9105,00	ALE USB	B=125Bd Ch=8			

Frequency	Mode	Mode Parameter	Callsign	User	Country
		ChS=250Hz			
9105,50	CROWD 36	B=40Bd Ch=32 ChS=40Hz		RUS diplo	
9106,00	ALE USB	B=125Bd Ch=8 ChS=250Hz		USA National Telecommunication Coordination net	USA
9106,00	ALE USB	B=125Bd Ch=8 ChS=250Hz		USA customs	USA
9106,00	CIS 500-1000	B=500Bd S=1000Hz		RUS N	RUS
9106,00	ALE USB	B=125Bd Ch=8 ChS=250Hz		USA SHARES net	USA
9106,00	ALE USB	B=125Bd Ch=8 ChS=250Hz		USA COTHEN net	USA
9110,00	FAX 120/576		NMF	USCG Boston	USA
9110,00	*IRN N PSK*	*B=207Bd*		*IRN N*	*IRN*
9112,00	ALE USB	B=125Bd Ch=8 ChS=250Hz		ROU diplo net	
9112,00	MIL 188-110B SER	B=2400Bd		MFA Bucharest	ROU
9112,00	MIL 188-110B SER	B=2400Bd		ROU E Tel Aviv	ISR
9112,00	STANAG 4481	B=50Bd S=850Hz	NPM	USA N Lualualei	HWA
9114,00	ALE USB	B=125Bd Ch=8 ChS=250Hz		USA FAA	USA
9114,70	ARQ-E3	B=100Bd S=400Hz		F F	
9115,00	RFSM8000	B=2400Bd			
9117,00	ALE USB	B=125Bd Ch=8 ChS=250Hz			B
9117,00	ALE USB	B=125Bd Ch=8 ChS=250Hz		ALG diplo net	
9117,00	ALE USB	B=125Bd Ch=8 ChS=250Hz		ROU diplo net	
9117,00	ALE USB	B=125Bd Ch=8 ChS=250Hz		B N net	B
9117,00	CIS BAUDOT 1,5 STB	B=200Bd S=500Hz Ch=1		RUS INTEL	RUS
9118,00	ALE USB	B=125Bd Ch=8 ChS=250Hz			
9118,50	CROWD 36	B=40Bd S=40Hz Ch=32 ChS=40Hz		RUS diplo	
9119,00	CIS 4FSK	B=150Bd Ch=4 ChS=4000Hz			
9119,00	ALE USB	B=125Bd Ch=8 ChS=250Hz		ROU MOI net	
9119,50	ALE USB	B=125Bd Ch=8 ChS=250Hz		USA NG	USA
9119,50	CROWD 36	B=40Bd S=40Hz Ch=32 ChS=40Hz		RUS diplo	
9120,00	MIL 188-110B SER	B=2400Bd		CHN diplo	
9120,00	ALE USB	B=125Bd Ch=8 ChS=250Hz		MTN net	MTN
9120,30	ALE USB	B=125Bd Ch=8 ChS=250Hz			
9121,00	ALE USB	B=125Bd Ch=8 ChS=250Hz		?LVA F	
9121,00	ALE USB	B=125Bd Ch=8 ChS=250Hz		USA Defence Logistic Agency	USA
9123,00	*ALE USB*	*B=125Bd Ch=8 ChS=250Hz*		*ROU diplo net*	*ROU*
9123,20	CIS 12	B=1440Bd Ch=12 ChS=200Hz			
9124,00	ALE USB	B=125Bd Ch=8 ChS=250Hz			
9127,00	8PSK	B=1800Bd			
9127,00	ALE USB	B=125Bd Ch=8 ChS=250Hz			

Frequency	Mode	Mode Parameter	Callsign	User	Country
9127,00	CIS BAUDOT 50-17	B=50Bd S=170Hz			RUS
9127,50	ALE USB	B=125Bd Ch=8 ChS=250Hz			
9128,00	ALE USB	B=125Bd Ch=8 ChS=250Hz		ROU diplo net	ROU
9130,00	CODAN	B=2400Bd Ch=16 ChS=112,5Hz		MFA Cairo	EGY
9130,00	ALE USB	B=125Bd Ch=8 ChS=250Hz		ROU MOI net	ROU
9130,00	*CIS 100-500*	*B=100Bd S=500Hz*		*Moscow*	*RUS*
9130,00	*CIS 50-500*	*B=50Bd S=500Hz*		*RUS MIL Moscow*	*RUS*
9130,20	*ARQ-M2*	*B=100Bd S=500Hz*		*Moscow*	*RUS*
9130,70	*STANAG 4285*	*B=2400Bd*	*DHJ58*	*D N Glücksburg*	*D*
9132,00	SSB			NASA launch support aircraft	USA
9132,00	*SYSTEME 3000*	*B=2400Bd*		*F MIL Vannes*	*F*
9135,00	*ALE USB*	*B=125Bd Ch=8 ChS=250Hz*		*TUR Disaster and Emergency net*	*TUR*
9136,00	CIS 200-1000	B=200Bd S=1000Hz Ch=1		RUS MIL INTEL	RUS
9137,00	ALE USB	B=125Bd Ch=8 ChS=250Hz			
9140,00	*M/S 1,0*	*B=100Bd S=495Hz*		*RUS MIL St. Petersburg*	*RUS*
9140,00	ALE USB	B=125Bd Ch=8 ChS=250Hz			
9140,00	*CIS 4FSK*	*B=100Bd Ch=4 ChS=500Hz*		*RUS MIL Moscow*	*RUS*
9140,00	CIS ARQ	B=100Bd S=500Hz		RUS PTT	RUS
9140,00	*CIS 100-500*	*B=100Bd S=500Hz*		*RUS MIL St. Petersburg*	*RUS*
9141,70	MIL 188-110B	B=2400Bd			
9142,00	CW			RUS HFDF net	RUS
9143,00	ALE USB	B=125Bd Ch=8 ChS=250Hz		USA F	
9145,00	ALE USB	B=125Bd Ch=8 ChS=250Hz			
9145,00	CW		RIW	RUS NSHQ Moscow	RUS
9145,00	CW		RKV95	RUS N	RUS
9146,00	ALE USB	B=125Bd Ch=8 ChS=250Hz			
9146,60	MIL 188-110B SER	B=2400Bd		E N	E
9146,60	USB			E N	E
9147,00	BR 6028	B=46,15Bd S=170Hz Ch=4 ChS=340Hz		ARS F Jeddah	ARS
9147,00	ALE USB	B=125Bd Ch=8 ChS=250Hz			
9150,00	ALE USB	B=125Bd Ch=8 ChS=250Hz			
9150,00	RDFT	B=122,5Bd Ch=8 ChS=230Hz		CUB INTEL	CUB
9151,00	CIS OFDM 35	B=2800Bd Ch=35 ChS=50Hz		RUS diplo	RUS
9151,00	ALE USB	B=125Bd Ch=8 ChS=250Hz		F net	F
9151,00	CROWD 36	B=40Bd Ch=32 ChS=40Hz		RUS diplo	
9152,70	SITOR A	B=100Bd S=170Hz		EGY E Belgrade	YUG
9153,00	*CIS OFDM 60*	*B=2400Bd Ch=60 ChS=44,5Hz*		*MFA Moscow*	*RUS*
9153,00	CIS BAUDOT 1,5 STB	B=200Bd S=500Hz Ch=1		RUS INTEL	RUS
9157,00	CLOVER 2000	B=500Bd Ch=8 ChS=250Hz			
9159,00	MIL 188-110B SER	B=2400Bd		AUS MIL	AUS

Frequency	Mode	Mode Parameter	Callsign	User	Country
9159,00	ALE USB	B=125Bd Ch=8 ChS=250Hz		CHN net	CHN
9160,00	*CIS 100-500*	*B=100Bd S=500Hz*		*E Moscow*	*RUS*
9160,00	CW			RUS HFDF net	RUS
9160,00	CIS ARQ	B=100Bd S=500Hz		RUS PTT	RUS
9160,00	ALE USB	B=125Bd Ch=8 ChS=250Hz		ARS MIL net	ARS
9162,50	CROWD 36	B=40Bd S=40Hz Ch=32 ChS=40Hz		RUS diplo	
9164,00	*CIS 200-1000*	*B=200Bd S=1000Hz Ch=1*		*RUS MIL INTEL Kaliningrad*	*RUS*
9164,00	BAUDOT	B=200Bd S=1000Hz		RUS INTEL	RUS
9165,00	FAX 120/576		HLL2	Seoul M	KOR
9166,00	MIL 188-110B SER	B=2400Bd		SUI E Alger	ALG
9166,00	ALE USB	B=125Bd Ch=8 ChS=250Hz		SUI diplo net	
9166,00	*MIL 188-110B SER*	*B=2400Bd*		*MFA Berne*	*SUI*
9166,40	SITOR B	B=100Bd S=170Hz			
9166,40	PACTOR II	B=200Bd S=170Hz	MB1NAI**	ICRC MB Nairobi	KEN
9166,40	PACTOR II	B=200Bd S=170Hz		ICRC Geneva	SUI
9166,40	SITOR B	B=100Bd S=170Hz	OLO32	Prague	CZE
9167,00	*RUS HYBRID MODEM MFSK-PSK*	*B=40Bd Ch=16*		*Moscow*	*RUS*
9167,00	*RUS HYBRID MODEM PSK-PSK*	*B=125Bd Ch=2 ChS=250Hz*		*Moscow*	*RUS*
9169,00	ALE LSB	B=125Bd Ch=8 ChS=250Hz		TWN N net	TWN
9170,00	ALE USB	B=125Bd Ch=8 ChS=250Hz			
9172,50	MIL 188-110B SER	B=2400Bd			
9173,00	ALE USB	B=125Bd Ch=8 ChS=250Hz			
9175,00	MIL 188-110B	B=2400Bd			ALG
9176,00	ALE USB	B=125Bd Ch=8 ChS=250Hz		LBY ENI & NOC net	LBY
9176,00	ALE USB	B=125Bd Ch=8 ChS=250Hz			
9177,00	ALE USB	B=125Bd Ch=8 ChS=250Hz			
9178,00	ALE USB	B=125Bd Ch=8 ChS=250Hz		E MOI net	E
9178,00	CIS 200-1000	B=200Bd S=1000Hz Ch=1		RUS MIL INTEL	RUS
9178,60	ALE USB	B=125Bd Ch=8 ChS=250Hz			
9180,00	ALE USB	B=125Bd Ch=8 ChS=250Hz			
9181,40	PACTOR II	B=200Bd S=200Hz	WXH	Annapolis , MD	USA
9182,00	ALE USB	B=125Bd Ch=8 ChS=250Hz		CHN net	
9182,30	CIS BAUDOT 50-17	B=50Bd S=170Hz			RUS
9183,00	CIS 200-1000	B=200Bd S=1000Hz Ch=1		RUS MIL INTEL	RUS
9183,00	ALE USB	B=125Bd Ch=8 ChS=250Hz			
9183,50	ALE USB	B=125Bd Ch=8 ChS=250Hz		USA FBI net	USA
9184,00	ALE USB	B=125Bd Ch=8 ChS=250Hz		E MOI net	E
9185,00	MIL 188-110B SER	B=2400Bd		SUI E Vienna	AUT
9185,00	MIL 188-110B SER	B=2400Bd		SUI E Belgrade	SRB

Frequency	Mode	Mode Parameter	Callsign	User	Country
9185,00	MIL 188-110B SER	B=2400Bd		SUI E Belgrade	SRB
9185,00	*MIL 188-110B SER*	*B=2400Bd*		*MFA Berne*	*SUI*
9185,00	ALE USB	B=125Bd Ch=8 ChS=250Hz		SUI diplo net	
9185,00	MIL 188-110B SER	B=2400Bd		SUI E Rome	I
9185,00	MIL 188-110B SER	B=2400Bd		SUI E Paris	F
9185,00	MIL 188-110B SER	B=2400Bd		SUI E Madrid	E
9185,00	ALE USB	B=125Bd Ch=8 ChS=250Hz			
9185,00	*MIL 188-110B SER*	*B=2400Bd*		*SUI E Warszawa*	*POL*
9185,00	MIL 188-110B SER	B=2400Bd		SUI E Budapest	HNG
9186,00	CIS BAUDOT 1,5 STB	B=200Bd S=500Hz Ch=1		RUS INTEL	RUS
9186,40	SITOR B	B=100Bd S=170Hz	OLO32	Prague	CZE
9187,00	ALE USB	B=125Bd Ch=8 ChS=250Hz		SUI F net	
9187,00	CIS 200-1000	B=200Bd S=1000Hz Ch=1		RUS MIL INTEL	RUS
9187,00	*MIL 188-110B SER*	*B=2400Bd*		*MFA Berne*	*SUI*
9187,00	MIL 188-110B SER	B=2400Bd		SUI F	
9187,00	CIS BAUDOT 50-17	B=50Bd S=170Hz			RUS
9187,00	SSB, RTTY			D army	D
9189,00	ALE USB	B=125Bd Ch=8 ChS=250Hz		POL MIL net	POL
9190,00	ALE USB	B=125Bd Ch=8 ChS=250Hz		VEN F net	VEN
9193,00	CIS 100-1000	B=100Bd S=1000Hz		RUS	
9198,00	ALE USB	B=125Bd Ch=8 ChS=250Hz		CHL N	CHL
9199,00	ALE ISB	B=125Bd Ch=8 ChS=125Hz		ARS AF net	ARS
9200,00	ALE USB	B=125Bd Ch=8 ChS=250Hz			
9200,00	ISB: LINK 11	B=1364Bd			
9201,00	BAUDOT	B=50Bd S=500Hz	NT9P**		RUS
9202,00	*ISB: LINK 11*	*B=2250Bd*	*FUO*	*F N Toulon*	*F*
9202,00	*LINK 11*	*B=2250Bd*	*FUO*	*F N Toulon*	*F*
9206,00	*CIS 12*	*B=1440Bd Ch=12 ChS=200Hz*		*Moscow*	*RUS*
9206,00	BAUDOT	B=50Bd S=500Hz	NT9P**		RUS
9206,40	SITOR B	B=100Bd S=170Hz	OLO32	Prague	CZE
9211,50	PACTOR I	B=100Bd S=170Hz Ch=1		ALG MOI	ALG
9212,00	ALE USB	B=125Bd Ch=8 ChS=250Hz		F	F
9213,00	CW		FAV22	F F Mont-Valerien	F
9213,00	CIS OFDM 60	B=2400Bd Ch=60 ChS=44,5Hz			RUS
9219,00	*ALE USB*	*B=125Bd Ch=8 ChS=250Hz*		*ISR AF net*	*ISR*
9219,00	CHN 4+4	B=75Bd Ch=8 ChS=300/450Hz		CHN MIL	
9220,00	SSB			USA AF Strategic Command	USA
9221,00	ALE USB	B=125Bd Ch=8 ChS=250Hz			
9222,00	CW			RUS Operational Strategic Command Air Defense net	RUS
9224,00	ALE USB	B=125Bd Ch=8 ChS=250Hz		USA MARS net	
9224,00	SSB			USA AF MARS	ALS
9224,00	*T600*	*B=50Bd S=200Hz*		*RUS N Murmansk*	*RUS*

Frequency	Mode	Mode Parameter	Callsign	User	Country
9226,75	ALE USB	B=125Bd Ch=8 ChS=250Hz			
9227,00	CIS 4FSK	B=150Bd Ch=4 ChS=4000Hz			
9227,00	ALE USB	B=125Bd Ch=8 ChS=250Hz		?ISR AF net	ISR
9228,00	ALE USB	B=125Bd Ch=8 ChS=250Hz		POL MIL net	
9228,00	SSB		5AH	Benina Air	LBY
9228,00	SSB		9HA	Luqa Air	MLT
9228,00	CW			RUS HFDF net	RUS
9228,00	SSB, RTTY			D army	D
9229,00	ALE USB	B=125Bd Ch=8 ChS=250Hz		USA F net	
9229,00	MIL 188-110B SER	B=2400Bd		S MIL	S
9230,00	ALE USB	B=125Bd Ch=8 ChS=250Hz			
9230,00	*CIS 100-500*	*B=100Bd S=500Hz*		*RUS MIL Krasnodar*	*RUS*
9232,00	ALE USB	B=125Bd Ch=8 ChS=250Hz			
9232,00	ALE USB	B=125Bd Ch=8 ChS=250Hz		POL MIL net	POL
9234,00	CIS 200-1000	B=200Bd S=1000Hz Ch=1		RUS MIL INTEL	RUS
9234,00	ALE USB	B=125Bd Ch=8 ChS=250Hz			
9235,00	MAZIELKA	B=1Bd Ch=6			
9235,90	PACTOR II	B=200Bd S=200Hz	WXH	Annapolis , MD	USA
9237,00	CIS OFDM 45	B=2400Bd Ch=45 ChS=62,5Hz			RUS
9238,00	SSB			USA Customs , DEA	USA
9240,00	*ALE USB*	*B=125Bd Ch=8 ChS=250Hz*		*TUR Disaster and Emergency net*	*TUR*
9240,00	PSK220F	B=220Bd			CUB
9240,00	*CIS 4FSK*	*B=100Bd Ch=4 ChS=500Hz*		*Moscow*	*RUS*
9240,00	RDFT	B=122,5Bd Ch=8 ChS=230Hz		CUB INTEL	CUB
9240,30	*CIS 100-1000*	*B=100Bd S=1000Hz*		*Moscow*	*RUS*
9240,50	CROWD 36	B=40Bd S=40Hz Ch=32 ChS=40Hz		RUS diplo	
9244,00	CIS 200-1000	B=200Bd S=1000Hz Ch=1		RUS MIL INTEL	RUS
9247,00	ALE USB	B=125Bd Ch=8 ChS=250Hz		IRQ net	IRQ
9248,00	ALE USB	B=125Bd Ch=8 ChS=250Hz		ISR AF net	ISR
9248,50	*CIS 12*	*B=1440Bd Ch=12 ChS=200Hz*		*RUS N Sevastopol*	*RUS*
9249,20	ARQE	B=46,15Bd S=170Hz			
9249,60	*WINDRM MOD*	*B=2400Bd Ch=51 ChS=48Hz*		*N London*	*G*
9250,00					
9250,00	ALE USB	B=125Bd Ch=8 ChS=250Hz		LBY GMRA net	LBY
9251,00	CIS 200-1000	B=200Bd S=1000Hz Ch=1		RUS MIL INTEL	RUS
9252,00	MFSK20	B=20Bd Ch=20 ChS=40Hz		RUS intelligence	
9252,00	ISR VFT	B=75Bd Ch=5		ISR	
9255,00	CLOVER 2000	B=500Bd Ch=8 ChS=250Hz			

Frequency	Mode	Mode Parameter	Callsign	User	Country
9255,00	GTOR	B=200Bd S=200Hz			B
9257,00	CIS 200-1000	B=200Bd S=1000Hz Ch=1		RUS MIL INTEL	RUS
9259,00	ALE USB	B=125Bd Ch=8 ChS=250Hz			
9259,00	STANAG 4285 ARQ	B=2400Bd	RFGW**	MFA Paris	F
9259,80	*CIS 100-1000*	*B=100Bd S=1000Hz*		*RUS*	
9260,00	ALE USB	B=125Bd Ch=8 ChS=250Hz		DNK F net	
9260,00	MIL 188-110B SER	B=2400Bd			
9262,00	CIS BAUDOT 50-17	B=50Bd S=500Hz			RUS
9265,00	ALE USB	B=125Bd Ch=8 ChS=250Hz		PEMEX net	MEX
9265,00	CIS 200-1000	B=200Bd S=1000Hz Ch=1		RUS MIL INTEL	RUS
9268,00	ALE USB	B=125Bd Ch=8 ChS=250Hz			
9270,00	ALE USB	B=125Bd Ch=8 ChS=250Hz		USA Department of Agriculture net	USA
9270,00	*CIS 100-1000*	*B=100Bd S=1000Hz*		*RUS F Moscow*	*RUS*
9271,00	*ARQE*	*B=184,5Bd S=400Hz*	*RFGW***	*MFA Paris*	*F*
9273,00	CHN OFDM 30TONE	B=1800Bd Ch=30 ChS=60Hz		CHM MIL	CHN
9276,00	CIS MFSK 64	B=40Bd Ch=64 ChS=46Hz		RUS E	
9277,20	CIS 12	B=1440Bd Ch=12 ChS=200Hz			
9280,00	CIS 12	B=1440Bd Ch=12 ChS=200Hz		CIS diplo	
9285,00	ALE USB	B=125Bd Ch=8 ChS=250Hz		MRC MOI	MRC
9286,00	ALE USB	B=125Bd Ch=8 ChS=250Hz			
9288,00	MIL 188-110B SER	B=2400Bd		MFA Prague	CZE
9292,00	ALE USB	B=125Bd Ch=8 ChS=250Hz		CAN F net	CAN
9293,00	ALE USB	B=125Bd Ch=8 ChS=250Hz		ISR AF net	ISR
9294,60	PACTOR II	B=100Bd S=200Hz		FRONET	S
9295,00	ALE USB	B=125Bd Ch=8 ChS=250Hz		USA National Guard net	USA
9296,00	BAUDOT	B=50Bd S=500Hz	NT9P**		RUS
9299,00	STANAG 4197	B=2400Bd			EGY
9300,00	ALE USB	B=125Bd Ch=8 ChS=250Hz		POL F net	
9300,00	CIS 4FSK	B=150Bd Ch=4 ChS=4000Hz			RUS
9300,00	CHN 4+4	B=75Bd Ch=8 ChS=300/450Hz		CHN	
9300,00	ALE USB	B=125Bd Ch=8 ChS=250Hz		Queensland Deptartment of Community Safety	AUS
9300,00	CIS 200-500 BAUDOT	B=200Bd S=500Hz		RIS diplo	RUS
9300,00	CIS 50-500 BAUDOT	B=50Bd S=500Hz		RIS diplo	RUS
9303,00	ALE USB	B=125Bd Ch=8 ChS=250Hz		GEO net	GEO
9304,00	8181	B=81Bd S=250Hz			
9304,90	*CIS 50-500*	*B=50Bd S=500Hz*		*RUS F Moscow*	*RUS*

Frequency	Mode	Mode Parameter	Callsign	User	Country
9305,00	ALE USB	B=125Bd Ch=8 ChS=250Hz			
9306,00	ALE USB	B=125Bd Ch=8 ChS=250Hz		B N net	B
9307,00	MIL 188-110B SER	B=2400Bd			
9308,00	ALE USB	B=125Bd Ch=8 ChS=250Hz		SUI diplo net	
9308,00	MIL 188-110B SER	B=2400Bd		SUI E Budapest	HNG
9308,00	MIL 188-110B SER	B=2400Bd		SUI E Sofia	BUL
9308,00	ALE USB	B=125Bd Ch=8 ChS=250Hz		ISR AF net	ISR
9310,00	MIL 188-110B SER	B=2400Bd		CHN diplo	
9315,00	ALE USB	B=125Bd Ch=8 ChS=250Hz		ALG oil/gas fields	ALG
9316,00	ALE USB	B=125Bd Ch=8 ChS=250Hz		ALB net	ALB
9316,00	MIL 188-110B SER	B=2400Bd		ALB net	ALB
9316,00	CW			RUS HFDF net	RUS
9322,00	TMS430 MODEM	B=220Bd S=325Hz		SUI F	SUI
9325,00	ALE USB	B=125Bd Ch=8 ChS=250Hz		ROU diplo net	
9328,00	BAUDOT	B=200Bd S=500Hz		RUS INTEL	
9330,00	RDFT	B=122,5Bd Ch=8 ChS=230Hz		CUB INTEL	CUB
9339,00	POL INTEL FSK	B=100Bd S=625Hz Ch=1			
9345,00	ALE USB	B=125Bd Ch=8 ChS=250Hz		TUN MIL net	CLM
9346,00	T600	B=50Bd S=250Hz	RDL	RUS N Moscow	RUS
9346,00	CW		RDL	RUS N Moscow	RUS
9350,00	CW			RUS HFDF net	RUS
9353,70	MIL 188-110B APP C	B=2400Bd		S MIL	S
9356,00	MFSK20	B=20Bd Ch=20 ChS=40Hz		RUS intelligence	
9357,00	SSB			USA National Guard	USA
9358,00	BAUDOT	B=50Bd S=350Hz	8WD26	MFA New Delhi	IND
9358,00	ALE USB	B=125Bd Ch=8 ChS=250Hz			
9358,00	CW			RUS HFDF net	RUS
9360,00	*8181*	*B=40,5Bd S=500Hz*		*RUS MIL Moscow*	*RUS*
9360,00	PACTOR II	B=200Bd S=200Hz	WGM	Hollywood , FL	USA
9362,00	BAUDOT	B=75Bd S=850Hz	FUG	F N La Regine	F
9370,00	POL INTEL FSK	B=100Bd S=740Hz Ch=1		POL INTEL	POL
9371,00	ALE USB	B=125Bd Ch=8 ChS=250Hz			
9373,00	CW		RMP	RUS NHQ Kaliningrad	RUS
9375,00	ALE USB	B=125Bd Ch=8 ChS=250Hz		F N net	
9380,00	ARQE	B=184,6Bd S=400Hz			
9380,00	CIS BAUDOT 50-17	B=50Bd S=170Hz			RUS
9380,00	USB		VKE237	AUS HF Radio Club	AUS
9384,00	LSB		OL1B	CZR diplo	
9384,00	PACTOR III	B=100Bd S=200Hz	OL1B	CZR diplo	
9385,40	SITOR B	B=100Bd S=170Hz	OLO32	Prague	CZE
9386,40	SITOR B	B=100Bd S=170Hz	OLO32	Prague	CZE
9389,00	ALE USB	B=125Bd Ch=8 ChS=250Hz		POL F net	
9390,00	*ISR N HYBRID MODEM*	*B=2400Bd*	*4XZ*	*ISR N Haifa*	*ISR*

Frequency	Mode	Mode Parameter	Callsign	User	Country
9390,00					
9390,00	ALE USB	B=125Bd Ch=8 ChS=250Hz		POL F net	
9393,00	ARCOTEL FARCOS	B=1800Bd			
9395,00	CIS 75-200	B=75Bd S=200Hz		CIS ship frequency	
9396,00	CW		RHQ33	RUS N	RUS
9414,00	SSB			USA AF MARS	D
9414,50	ALE USB	B=125Bd Ch=8 ChS=250Hz		Public health net , TX	USA
9422,00	CIS OFDM 60	B=2400Bd Ch=60 ChS=44,6Hz		RUS diplo	RUS
9422,00	USB			RUS diplo	RUS
9423,50	ALE USB	B=125Bd Ch=8 ChS=250Hz			
9427,00	ALE USB	B=125Bd Ch=8 ChS=250Hz			
9431,00	POL INTEL FSK	B=100Bd S=625Hz Ch=1		POL INTEL	POL
9438,00	ALE USB	B=125Bd Ch=8 ChS=250Hz		ALG F net	ALG
9440,00	ALE USB	B=125Bd Ch=8 ChS=250Hz			
9441,00	ALE USB	B=125Bd Ch=8 ChS=250Hz		AUT MIL net	AUT
9448,00	*T600*	*B=50Bd S=200Hz*		*RUS N Moscow*	*RUS*
9450,00	PSK 125	B=125Bd	KBC	KBC Trucker Radio	USA
9452,00	*ALE USB*	*B=125Bd Ch=8 ChS=250Hz*		*F N net*	*F*
9459,00	FAX 120/576		ZKLF	Wellington M	NZL
9462,00	ALE USB	B=125Bd Ch=8 ChS=250Hz		USA FEMA net	USA
9462,00	SSB			FEMA	USA
9471,00	CIS OFDM 45	B=2400Bd Ch=45 ChS=62,5Hz		RUS diplo	RUS
9473,00	ALE USB	B=125Bd Ch=8 ChS=250Hz		B N net	B
9495,00	BR 6028	B=75Bd S=170Hz			
9500,00	*CIS 12*	*B=1440Bd Ch=12 ChS=200Hz*		*Moscow*	*RUS*
9500,00	ALE USB	B=125Bd Ch=8 ChS=250Hz			
9550,00	CW		D6T		
9565,00	ALE USB	B=125Bd Ch=8 ChS=250Hz			
9684,00	*CIS 12*	*B=1440Bd Ch=12 ChS=200Hz*		*RUS F Kaliningrad*	*RUS*
9689,00	*CIS 12*	*B=1440Bd Ch=12 ChS=200Hz*		*RUS MIL Moscow*	*RUS*
9700,00	*CIS 12*	*B=1440Bd Ch=12 ChS=200Hz*		*MFA Moscow*	*RUS*
9719,00	USB		SDJ	Stockholm R	S
9733,00	*CIS 12*	*B=1440Bd Ch=12 ChS=200Hz*		*RUS F Moscow*	*RUS*
9735,00	ALE USB	B=125Bd Ch=8 ChS=250Hz		POL MIL net	POL
9770,00	VS: PANTHER-H	B=2400Bd			
9802,00	SSB			USA Customs , DEA	USA
9830,00	STANAG 4481	B=50Bd S=850Hz		USA N	
9870,00	STANAG 4529	B=1200Bd			
9901,00	CHN 4+4	B=75Bd Ch=8 ChS=300/450Hz	VSF92		
9904,50	*M/S 1,0*	*B=75Bd S=850Hz*		*I N Rome*	*I*

Frequency	Mode	Mode Parameter	Callsign	User	Country
9906,00	*STANAG 4285*	*B=2400Bd*	*FUG*	*F N La Regine*	*F*
9906,00	ALE USB	B=125Bd Ch=8 ChS=250Hz		VEN F net	VEN
9910,60	STANAG 4285	B=2400Bd	FUJ	F N Noumea	NCL
9910,60	ALE USB	B=125Bd Ch=8 ChS=250Hz			
9917,00	ALE USB	B=125Bd Ch=8 ChS=250Hz			
9921,50	ALE USB	B=125Bd Ch=8 ChS=250Hz			
9922,50	ALE USB	B=125Bd Ch=8 ChS=250Hz			
9929,00	*CIS 75-250*	*B=75Bd S=250Hz*		*RUS MIL Moscow*	*RUS*
9931,00	ALE USB	B=125Bd Ch=8 ChS=250Hz		ALG AF net	ALG
9931,50	ALE USB	B=125Bd Ch=8 ChS=250Hz		ROU diplo net	
9932,00	SSB		AGA	USAF Hickham AFB , Honolulu	HWA
9932,00	SSB		AIE	USAF Andersen AFB	GUM
9933,00	CW		RAL2	RUS N	RUS
9935,00	*CIS 50-500*	*B=50Bd S=500Hz*		*Moscow*	*RUS*
9940,00	USB		VNJ	Casey Base , AUS	ANT
9940,00	USB			AUS Davis Base	ANT
9940,00	USB			Macquarie Island , AUS	ANT
9940,00	USB			Mawson Base , AUS	ANT
9944,00	*CIS 200-1000*	*B=200Bd S=1000Hz Ch=1*		*RUS MIL INTEL Moscow*	*RUS*
9949,50	*CIS OFDM 45*	*B=2400Bd Ch=45 ChS=62,5Hz*		*MFA Moscow*	*RUS*
9949,50	*CROWD 36*	*B=40Bd Ch=32 ChS=40Hz*		*MFA Moscow*	*RUS*
9950,00	CIS 4FSK	B=150Bd Ch=4 ChS=4000Hz		Moscow	RUS
9951,00	FAX 90/576		LSB	Centro Met Marambi	ATA
9956,00	CIS MFSK 64	B=40Bd Ch=64 ChS=46Hz		MFA Moscow	RUS
9958,00	ALE USB	B=125Bd Ch=8 ChS=250Hz			
9967,70	SITOR A	B=100Bd S=170Hz		?MOI Lagos	NIG
9970,00	FAX 120/576		JMH3	Tokyo M	J
9970,00	STANAG 4285	B=2400Bd		G MIL Crimond	G
9971,00	ALE USB	B=125Bd Ch=8 ChS=250Hz		POL MIL net	POL
9971,00	USB			POL MIL net	POL
9982,50	FAX 120/576		KVM70	Honululu M	HWA
9986,40	SITOR B	B=100Bd S=170Hz	OLO32	Prague	CZE
9986,50	*CIS 75-200*	*B=75Bd S=200Hz*		*RUS N Murmansk*	*RUS*
9988,00	CIS 12	B=1440Bd Ch=12 ChS=200Hz			
9991,00	*CIS 12*	*B=1440Bd Ch=12 ChS=200Hz*			*CHN*
9992,00	M/S 1,0	B=75Bd S=250Hz			
9996,00	*CW*		*RWM*	*Moscow TS*	*RUS*
10000,00	USB		PPE	Rio De Janeiro TS	B
10000,00	AM		WWV	Fort Collins TS , CO	USA
10000,00	AM		WWVH	Kekaha Kauai TS	HWA
10000,00	CW , AM		BPM	Xi`an TS	CHN
10000,00	8PSK	B=1800Bd			
10000,00	CIS 12	B=1440Bd Ch=12 ChS=200Hz		RUS MIL	RUS
10000,00	F N FSK	B=50Bd S=850Hz Ch=1	FUG	F N La Regine	

10000 – 15000 Khz

Frequency	Mode	Mode Parameter	Callsign	User	Country
10000,00	USB		PPE	Rio De Janeiro TS	B
10000,00	AM		WWV	Fort Collins TS , CO	USA
10000,00	AM		WWVH	Kekaha Kauai TS	HWA
10000,00	CW , AM		BPM	Xi`an TS	CHN
10000,00	8PSK	B=1800Bd			
10000,00	CIS 12	B=1440Bd Ch=12 ChS=200Hz		RUS MIL	RUS
10000,00	F N FSK	B=50Bd S=850Hz Ch=1	FUG	F N La Regine	F
10006,00	SSB			RDARA 10	
10006,00	SSB			RDARA 13G	
10006,00	SSB			RDARA 6A	
10009,00	SSB			RDARA 13K	
10009,00	SSB			RDARA 2B	
10009,00	SSB			RDARA 2C	
10009,00	SSB			RDARA 7B	
10009,00	SSB			RDARA 9B	
10010,00	ALE USB	B=125Bd Ch=8 ChS=250Hz			
10011,70	M/S 1,0	B=50Bd S=850Hz			
10012,00	SSB			RDARA 10	
10012,00	SSB			RDARA 13J	
10012,00	SSB			RDARA 5	
10014,50	ALE USB	B=125Bd Ch=8 ChS=250Hz			
10015,00	SSB			RDARA 12D	
10015,00	SSB			RDARA 2	
10015,00	SSB			RDARA 6C	
10015,00	ALE USB	B=125Bd Ch=8 ChS=250Hz		MTN net	MTN
10018,00	SSB			Alma Ata Air	KAZ
10018,00	SSB			Ashkabad Air	TKM
10018,00	SSB			Mumbai Air	IND
10018,00	SSB			Dushanbe AIr	TJK
10018,00	SSB			Kabul Air	AFG
10018,00	SSB			Karachi Air	PAK
10018,00	SSB			Kathmandu Air	NPL
10018,00	SSB			Kuwait Air	KWT
10018,00	SSB			Lahore Air	PAK
10018,00	SSB			Muscat Air	OMA
10018,00	SSB			MWARA MID	MID
10018,00	SSB			RDARA 13J	
10018,00	SSB			RDARA 13K	
10018,00	SSB			RDARA 6G	
10018,00	SSB			RDARA 9	
10018,00	SSB			Samarkand Air	UZB
10018,00	SSB			Seychelles Air , Mahe	SEY
10018,00	SSB			Tashkent Air	UZB
10018,00	SSB			Teheran Air	IRN
10018,00	SSB			Urumchi Air	CHN
10018,00	ALE USB	B=125Bd Ch=8 ChS=250Hz			
10021,00	SSB			RDARA 12C	
10021,00	SSB			RDARA 13G	
10021,00	SSB			RDARA 6B	
10021,00	USB			Bucarest Air	ROU
10024,00	SSB			Cenamer Air	CHL
10024,00	SSB			Pascua Air	CHL

Frequency	Mode	Mode Parameter	Callsign	User	Country
10024,00	SSB			Antofagasta Air	CHL
10024,00	SSB			Arica Air	CHL
10024,00	SSB			Asuncion Air	PRG
10024,00	SSB			Baltra Air	GPG
10024,00	SSB			Bogota Air	CLM
10024,00	SSB			Cordoba Air	ARG
10024,00	SSB			Ezeiza Air	ARG
10024,00	SSB			Guayaquil Air	EQA
10024,00	SSB			Iquitos Air	PRU
10024,00	SSB			La Paz Air	BOL
10024,00	SSB			Lima Air	PRU
10024,00	SSB			Mataveri Air	PAQ
10024,00	SSB			Mendoza Air	ARG
10024,00	SSB			MWARA SAM	SAM
10024,00	SSB			Punta Arenas Air	CHL
10024,00	SSB			Purerto Montt Air	CHL
10024,00	SSB			Quito Air	EQA
10024,00	SSB			RDARA 2B	
10024,00	SSB			RDARA 2C	
10024,00	SSB			RDARA 3B	
10024,00	SSB			RDARA 9B	
10024,00	SSB			Salta Air	ARG
10024,00	SSB			Santa Cruz Air	BOL
10024,00	SSB			Santiago Air	CHL
10027,00	SSB			W I	WW
10027,00	SSB			W II	WW
10027,00	HFDL	B=1800Bd	H04**	Riverhead , NY	USA
10027,00	HFDL	B=1800Bd	H09**	Barrow , AK	ALS
10027,00	USB			LDOC Iberia	E
10030,00	SSB			W I	WW
10030,00	SSB			W IV	WW
10033,00	SSB			ARINC Honolulu	HWA
10033,00	SSB			Gulf Air , Muscat	OMA
10033,00	SSB			Mima Air	USA
10033,00	SSB			W II	WW
10033,00	SSB			W V	WW
10033,00	ALE USB	B=125Bd Ch=8 ChS=250Hz			
10036,00	SSB			RDARA 13G	
10036,00	SSB			RDARA 13H	
10036,00	SSB			RDARA 1E	
10036,00	SSB			RDARA 6E	
10039,00	SSB			RDARA 12C	
10039,00	SSB			RDARA 3B	
10039,00	SSB			RDARA 3C	
10039,00	SSB			RDARA 4A	
10039,00	SSB			RDARA 9B	
10042,00	SSB			MWARA EA	EA
10042,00	SSB			RDARA 10F	
10042,00	SSB			RDARA 13C	
10042,00	SSB			RDARA 13J	
10042,00	SSB			RDARA 13K	
10042,00	SSB			RDARA 9C	
10042,00	SSB			Sondre Stromfjord Air	GRL
10045,00	SSB			RDARA 11B	
10045,00	SSB			RDARA 13H	
10045,00	SSB			RDARA 14	
10045,00	SSB			RDARA 2	
10045,00	SSB			RDARA 3A	
10045,00	USB		BOING SEATTLE	Boing Seattle	USA
10045,00	USB		BOING	Boing Seattle	USA

Frequency	Mode	Mode Parameter	Callsign	User	Country
			EVERETT		
10048,00	SSB			Anchorage Air	ALS
10048,00	SSB			Cold Bay Air	ALS
10048,00	SSB			Khabarovsk Air	RUS
10048,00	SSB			MWARA NP	NP
10048,00	SSB			RDARA 13A	
10048,00	SSB			RDARA 13B	
10048,00	SSB			RDARA 2A	
10048,00	SSB			RDARA 5D	
10048,00	SSB			San Francisco Air , CA	USA
10048,00	SSB			Tokyo Air	J
10048,00	SSB		KVM70	Honululu Air	HWA
10050,00	CHN 16TONE PSK	B=75Bd Ch=16		CHN MIL	CHN
10051,00	SSB		WSY70	New York VOLMET	USA
10051,00	SSB			RDARA 13I	
10051,00	SSB			RDARA 6A	
10051,00	SSB			RDARA 6E	
10051,00	SSB			VOLMET NAT	NAT
10051,00	SSB		VFG	Gander VOLMET	CAN
10051,50	CODAN	B=2400Bd Ch=16 ChS=112,5Hz		MFA Cairo	EGY
10051,70	SITOR A	B=100Bd S=170Hz		MFA Cairo	EGY
10054,00	SSB			RDARA 12	
10054,00	SSB			RDARA 2A	
10054,00	SSB			RDARA 2C	
10054,00	SSB			RDARA 6G	
10057,00	SSB			Brazzaville VOLMET	COG
10057,00	SSB			MWARA CEP	CEP
10057,00	SSB			RDARA 3A	
10057,00	SSB			VOLMET AFI	AFI
10060,00	SSB			Belem Air	B
10060,00	SSB			RDARA 13K	
10060,00	SSB			RDARA 1D	
10060,00	SSB			RDARA 6F	
10060,00	SSB			Recife Air	B
10060,00	SSB			Sao Paulo Air	B
10063,00	HFDL	B=1800Bd	H11**	Albrook	PNR
10063,00	SSB			RDARA 12E	
10063,00	SSB			RDARA 4B	
10063,00	SSB			RDARA 6G	
10066,00	SSB			Bangkok Air	THA
10066,00	SSB			Mumbai Air	IND
10066,00	SSB			Calcutta Air	IND
10066,00	SSB			Cocos Island Air	ICO
10066,00	SSB			Colombo Air	CLN
10066,00	SSB			Guangzhou Air	CHN
10066,00	SSB			Jakarta Air	INS
10066,00	SSB			Kathmandu Air	NPL
10066,00	SSB			Kuala Lumpur Air	MLA
10066,00	SSB			Kunmig Air	CHN
10066,00	SSB			Madras Air	IND
10066,00	SSB			Male Air	MLD
10066,00	SSB			Manila Air	PHL
10066,00	SSB			MWARA SEA	SEA
10066,00	SSB			RDARA 10A	
10066,00	SSB			RDARA 13M	
10066,00	SSB			RDARA 1B	
10066,00	SSB			Singapore Air	SNG
10066,00	SSB			Yangon Air	BRM
10066,00	HFDL	B=1800Bd	H06**	Hat Yai	THA
10069,00	SSB			Berne R	SUI
10069,00	SSB			W I	WW

Frequency	Mode	Mode Parameter	Callsign	User	Country
10069,00	SSB			W IV	WW
10072,00	SSB			W I	WW
10072,00	SSB			W III	WW
10072,00	USB			LDOC Korean Air , Seoul	KOR
10072,00	USB			LDOC Air India , Mumbai	IND
10074,00	ALE USB	B=125Bd Ch=8 ChS=250Hz			
10075,00	SSB			ARINC Houston , FL	USA
10075,00	SSB			W II	WW
10075,00	SSB			W V	WW
10075,00	HFDL	B=1800Bd	H15**	Al Muharraq	BHR
10078,00	SSB			W I	WW
10078,00	SSB			W III	WW
10081,00	HFDL	B=1800Bd	H01**	San Francisco , CA	USA
10081,00	SSB			Alger Air	ALG
10081,00	SSB			MWARA CWP	CWP
10081,00	SSB			RDARA 13F	
10081,00	SSB			RDARA 4A	
10081,00	SSB			RDARA 6A	
10081,00	SSB			RDARA 7C	
10081,00	SSB			Tamanrasset Air	ALG
10081,00	HFDL	B=1800Bd	H02**	Molokai , HI	HWA
10081,00	HFDL	B=1800Bd	H07**	Shannon	IRL
10084,00	SSB			MWARA EUR	EUR
10084,00	SSB			MWARA SP	SP
10084,00	SSB			RDARA 13D	
10084,00	SSB			RDARA 6E	
10084,00	SSB		9HA	Luqa Air	MLT
10084,00	HFDL	B=1800Bd	H05**	Auckland	NZL
10085,50	ALE USB	B=125Bd Ch=8 ChS=250Hz			
10087,00	SSB			RDARA 14	
10087,00	SSB			RDARA 3	
10087,00	SSB			VOLMET SAM	SAM
10087,00	HFDL	B=1800Bd	H14**	Krasnoyarsk	RUS
10090,00	SSB			Khabarovsk VOLMET	RUS
10090,00	SSB			Moscow VOLMET	RUS
10090,00	SSB			Novosibirsk VOLMET	RUS
10090,00	SSB			RDARA 12E	
10090,00	SSB			RDARA 12F	
10090,00	SSB		RDFG	Tashkent VOLMET	UZB
10090,00	SSB			VOLMET NCA	NCA
10093,00	SSB			Hongkong R	HKG
10093,00	SSB			RDARA 11B	
10093,00	SSB			RDARA 13N	
10093,00	SSB			RDARA 5B	
10093,00	SSB			RDARA 6B	
10093,00	HFDL	B=1800Bd	H09**	Barrow , AK	ALS
10096,00	SSB			Asuncion Air	PRG
10096,00	SSB			Belem Air	B
10096,00	SSB			Bogota Air	CLM
10096,00	SSB			Brasilia Air	B
10096,00	SSB			Campo Grande Air	B
10096,00	SSB			Curitiba Air	B
10096,00	SSB			Ezeiza Air	ARG
10096,00	SSB			Georgtown Air	GUY
10096,00	SSB			La Paz Air	BOL
10096,00	SSB			Leticia Air	CLM
10096,00	SSB			Maiquetia Air , Caracas	VEN
10096,00	SSB			Manaus Air	B
10096,00	SSB			Montevideo Air	URG
10096,00	SSB			MWARA NCA	NCA

Frequency	Mode	Mode Parameter	Callsign	User	Country
10096,00	SSB			MWARA SAM	SAM
10096,00	SSB			Paramaribo Air	SUR
10096,00	SSB			Piarco Air	ARG
10096,00	SSB			Porto Alegre Air	B
10096,00	SSB			Porto Velho Air	B
10096,00	SSB			RDARA 7D	
10096,00	SSB			Recife Air	B
10096,00	SSB			Salvador Air	B
10096,00	SSB			Santa Cruz Air	BOL
10100,80	*BAUDOT*	*B=50Bd S=425Hz*	*DDK9*	*DWD TX Pinneberg*	*D*
10100,80	*BAUDOT*	*B=50Bd S=850Hz*	*DDK9*	*DWD TX Pinneberg*	*D*
10103,00	*CIS 12*	*B=1440Bd Ch=12 ChS=200Hz*		*RUS MIL E Kazan*	*RUS*
10107,00	ALE USB	B=125Bd Ch=8 ChS=250Hz		USA AF net	
10110,00	ALE LSB	B=125Bd Ch=8 ChS=250Hz			AFG
10110,20	*STANAG 4285*	*B=2400Bd*		*G MIL Akrotiri*	*CYP*
10113,00	ALE USB	B=125Bd Ch=8 ChS=250Hz		TUN F net	TUN
10114,00	ALE USB	B=125Bd Ch=8 ChS=250Hz		ALG net	ALG
10114,70	CIS 14	B=96Bd S=1000Hz		PTT Moscow	RUS
10114,70	PACTOR II	B=100Bd S=200Hz	STAT151	TUN F	TUN
10114,80	*CIS 100-1000*	*B=100Bd S=1000Hz*		*RUS MIL Moscow*	*RUS*
10115,00	ALE USB	B=125Bd Ch=8 ChS=250Hz		VEN F nez	VEN
10115,00	*4FSK*	*B=100Bd Ch=4 ChS=500Hz*		*RUS MIL Moscow*	*RUS*
10117,00	FAX 120/576		BAF4	Bejing M	CHN
10118,00	MFSK20	B=20Bd Ch=20 ChS=40Hz		RUS intelligence	
10118,00	M/S 1,0	B=50Bd S=250Hz			
10119,00	ALE USB	B=125Bd Ch=8 ChS=250Hz			
10120,00	SSB, RTTY			D army	D
10121,00	*CIS 12*	*B=1440Bd Ch=12 ChS=200Hz*		*RUS MIL Moscow*	*RUS*
10125,00	ALE USB	B=125Bd Ch=8 ChS=250Hz		ALG diplo net	
10125,00	ALE USB	B=125Bd Ch=8 ChS=250Hz		LBY net	LBY
10125,00	ALE USB	B=125Bd Ch=8 ChS=250Hz			
10125,00	POL INTEL FSK	B=100Bd S=625Hz Ch=1			
10126,00	CW			RUS HFDF net	RUS
10130,00	M/S 1,0	B=50Bd S=850Hz	NSS	USA N Davidsonville , MD	USA
10130,00	THALES SKYMASTER ALE	B=125Bd Ch=8 ChS=250Hz			
10130,00	FAX 90/576		RBW48	Murmansk M	RUS
10132,00	SYSTEME 3000	B=2400Bd		F F	
10134,00	ALE USB	B=125Bd Ch=8 ChS=250Hz		USA F net	
10139,00	SSB			USA AF MARS	D
10140,00	SSB			USA AF MARS	ALS
10141,00	ROS USB	B=1Bd Ch=144 ChS=15,625Hz		ROS frequency	USA
10144,00	CW		DK0WCY	Aurora Beacon	D
10144,00	ROS USB	B=1Bd Ch=144 ChS=15,625Hz		ROS frequency	USA
10145,00	SIEMENS CHX200	B=250Bd S=170Hz			

Frequency	Mode	Mode Parameter	Callsign	User	Country
	MODEM				
10146,00	CW		HB9TC	Ticino B	SUI
10147,00	ROS USB	B=1Bd Ch=144 ChS=15,625Hz		ROS frequency	USA
10150,00	PACTOR III	B=100Bd S=200Hz	9Z4DH	Sailmail Chaguaramas	TRD
10151,00	ALE LSB	B=125Bd Ch=8 ChS=250Hz		CHL N net	CHL
10151,00	CIS VFT: M/S 1.0	B=50Bd S=150Hz Ch=6 ChS=500Hz		RUS	RUS
10151,50	ALE USB	B=125Bd Ch=8 ChS=250Hz			
10155,00	STANAG 4285	B=2400Bd		I N Rome	I
10155,00	ALE USB	B=125Bd Ch=8 ChS=250Hz			USA
10156,00	ISR N HYBRID MODEM	B=2400Bd	4XZ	ISR N Haifa	ISR
10157,00	ALE USB	B=125Bd Ch=8 ChS=250Hz		AUT F net	
10158,00	USB			AUSTRAVEL safety net	AUS
10158,00	CIS 200-1000	B=200Bd S=1000Hz Ch=1		RUS MIL INTEL	RUS
10160,00	*ALE USB*	*B=125Bd Ch=8 ChS=250Hz*		*TUR Disaster and Emergency net*	*TUR*
10160,00	BUL MFSK8	B=240,23Bd Ch=8 ChS=240Hz		BUL diplo	
10161,00	CIS OFDM 45	B=2400Bd Ch=45 ChS=62,5Hz		RUS diplo	RUS
10161,40	PACTOR I	B=100Bd S=200Hz		FRONET	S
10161,40	PACTOR I	B=100Bd S=200Hz	F53HUM**	Fronet	S
10161,40	PACTOR I	B=100Bd S=200Hz	F48HAA**	FRONET	S
10161,40	PACTOR I	B=100Bd S=200Hz	F63HBA**	FRONET	S
10161,40	PACTOR I	B=100Bd S=200Hz	F48HLZ**	FRONET	S
10161,40	PACTOR I	B=100Bd S=200Hz	F21HTO**	FRONET	S
10161,40	PACTOR I	B=100Bd S=200Hz	F42HRW**	FRONET	S
10162,00	ALE USB	B=125Bd Ch=8 ChS=250Hz		USA Civil Air Patrol net	USA
10162,50	CROWD 36	B=40Bd S=40Hz Ch=32 ChS=40Hz		RUS diplo	
10162,80	PACTOR I	B=100Bd S=200Hz	F31HAA**	FRONET	S
10162,80	PACTOR I	B=100Bd S=200Hz	F34HUW**	FRONET	S
10162,80	PACTOR I	B=100Bd S=200Hz	F11HAA**	FRONET	S
10162,80	PACTOR I	B=100Bd S=200Hz	F63HBA**	FRONET	S
10162,80	PACTOR I	B=100Bd S=200Hz	F14HOC**	FRONET	S
10163,00	CHN DATALINK	B=2400Bd Ch=30 ChS=75Hz		CHN N	CHN
10164,00	CIS 75-200	B=75Bd S=200Hz			RUS
10164,00	*T600*	*B=50Bd S=200Hz*		*CIS F Moscow*	*RUS*
10165,00	BAUDOT	B=200,3Bd S=500Hz		Moscow	RUS
10167,00	LINK11	B=2250Bd			
10167,00	CW		K4MT**	RUS MIL	RUS
10167,00	BAUDOT	B=50Bd S=500Hz	K4MT**	RUS MIL	RUS
10167,50	SLEW				
10167,70	SITOR A	B=100Bd S=170Hz		MFA Cairo	EGY
10170,00	*VFT: CIS 100-1440*	*B=100Bd S=1440Hz Ch=3 ChS=480Hz*		*Moscow*	*RUS*
10171,00	CODAN	B=2400Bd Ch=16 ChS=112,5Hz			
10171,00	CODAN CHIRP	B=80Bd Ch=30 ChS=81Hz		MFA Cairo	EGY
10172,00	CIS BAUDOT 1,5 STB	B=200Bd S=500Hz Ch=1		RUS INTEL	RUS

Frequency	Mode	Mode Parameter	Callsign	User	Country
10172,00	BAUDOT	B=100Bd S=500Hz			
10172,00	ALE USB	B=125Bd Ch=8 ChS=250Hz		USA ShipCom net	USA
10172,70	SITOR A	B=100Bd S=170Hz		MFA Cairo	EGY
10173,00	ALE USB	B=125Bd Ch=8 ChS=250Hz			
10174,00	MIL 188-110B SER	B=2400Bd		CZE E	
10175,00	*ALE USB*	*B=125Bd Ch=8 ChS=250Hz*		*TUR Disaster and Emergency net*	*TUR*
10176,00	CROWD 36	B=40Bd Ch=32 ChS=40Hz		RUS diplo	
10176,00	ALE USB	B=125Bd Ch=8 ChS=250Hz		TUN F net	TUN
10177,00	ALE USB	B=125Bd Ch=8 ChS=250Hz			
10177,70	SITOR A	B=100Bd S=170Hz		MFA Cairo	EGY
10177,70	PACTOR II	B=100Bd S=200Hz		TUN Agences des Sanitaries	TUN
10179,60	SIEMENS CHX200 MODEM	B=250Bd S=200Hz			
10180,00	USB		VKS737	AUS 4WD net	AUS
10180,00	ALE USB	B=125Bd Ch=8 ChS=250Hz		ROU diplo net	
10180,00	MIL 188-110B SER	B=2400Bd		ROU diplo net	
10180,00	CODAN	B=2400Bd Ch=16 ChS=112,5Hz		EGY E Paris	F
10180,00	CODAN CHIRP	B=80Bd Ch=30 ChS=81Hz		EGY E Paris	F
10180,00	HC-265				
10180,00	ALE USB	B=125Bd Ch=8 ChS=250Hz		ALG MIL net	ALG
10180,00	ALE LSB	B=125Bd Ch=8 ChS=250Hz		TWN N net	TWN
10181,00	ALE USB	B=125Bd Ch=8 ChS=250Hz		USA AF net	
10181,70	SITOR A	B=100Bd S=170Hz		EGY E Paris	F
10181,70	SITOR A	B=100Bd S=170Hz		EGY E Habana	CUB
10182,00	MIL 188-110B SER	B=2400Bd		E MOI Madrid	E
10182,00	MIL 188-110B SER	B=2400Bd	TZSH**	Guardia Civil Huelva	E
10182,00	MIL 188-110B SER	B=2400Bd	TZSE**	Guardia Civil Melilla	E
10182,00	MIL 188-110B SER	B=2400Bd	TZSL**	Guardia Civil Algeciras	E
10182,00	MIL 188-110B SER	B=2400Bd	TZSU**	Guardia Civil Ceuta	E
10182,00	ALE USB	B=125Bd Ch=8 ChS=250Hz		E MOI net	E
10186,10	*ALE USB*	*B=125Bd Ch=8 ChS=250Hz*		*F MIL net*	*F*
10186,20	*STANAG 4285*	*B=2400Bd*		*F N Saissac*	*F*
10190,00	ALE USB	B=125Bd Ch=8 ChS=250Hz		SUI diplo net	
10190,00	MIL 188-110B SER	B=2400Bd		SUI E Roma	I
10190,00	MIL 188-110B SER	B=2400Bd		SUI E Madrid	E
10190,00	MIL 188-110B SER	B=2400Bd		SUI E Sofia	BUL
10190,50	ALE 3G	B=2400Bd		I MIL	I
10190,70	STANAG 4285	B=2400Bd	DHJ59	D N Wilhelmshaven	D
10190,70	USB		DHJ59	D N Wilhelmshaven	D
10190,70	STANAG 4285	B=2400Bd		D N ships	D
10192,50	SSB		DHJ59	D N Wilhelmshaven	D
10193,00	CIS 200-1000	B=200Bd S=1000Hz Ch=1		RUS MIL INTEL	RUS
10194,00	ALE USB	B=125Bd Ch=8 ChS=250Hz		USA FEMA net	USA
10194,00	SSB			FEMA	USA
10194,00	SSB		WGY914	FEMA Thomasville , GA	USA
10194,00	SSB		WGY9410		USA

Frequency	Mode	Mode Parameter	Callsign	User	Country
10194,50	ALE USB	B=125Bd Ch=8 ChS=250Hz		B N net	B
10195,20	*STANAG 4285*	*B=2400Bd*	*DHJ58*	*D N Glücksburg*	*D*
10197,00	ALE LSB	B=125Bd Ch=8 ChS=250Hz		CHL N net	CHL
10197,00	SSB		DHJ59	D N Wilhelmshaven	D
10199,50	2FSK	B=96Bd S=2000Hz			RUS
10200,00	*ALE USB*	*B=125Bd Ch=8 ChS=250Hz*		*F Airbus net*	*F*
10201,00	CW		RCV	RUS NHQ Sevastopol	UKR
10201,00	*STANAG 4285*	*B=2400Bd*		*G MIL St. Eval*	*G*
10202,00	ALE USB	B=125Bd Ch=8 ChS=250Hz		Public health net , TX	USA
10202,00	CW			RUS HFDF net	RUS
10203,00	USB			AUSTRAVEL safety net	AUS
10203,00	CW		RJS	RUS N HQ Vladivostok	RUS
10204,00	SSB, RTTY			D army	D
10206,00	MIL 188-110B 39TONE	B=2400Bd Ch=39 ChS=56,25Hz			
10206,00	PACTOR III	B=100Bd S=200Hz	WQAB964	Sailmail San Diego , CA	USA
10206,20	SSB		DHJ58	D N Glücksburg	D
10206,20	STANAG 4285	B=2400Bd	DHJ58	D N Glücksburg	D
10207,00	ARCOTEL MAHRS	B=2400Bd			
10212,00	ALE USB	B=125Bd Ch=8 ChS=250Hz			
10212,00	STANAG 4285	B=2400Bd			
10212,00	*MIL 188-110B SER*	*B=2400Bd*		*AUS MIL*	*AUS*
10212,40	SITOR B	B=100Bd S=170Hz	OLO32	Prague	CZE
10214,00	CIS 200-1000	B=200Bd S=1000Hz Ch=1		RUS MIL INTEL	RUS
10216,00	ALE USB	B=125Bd Ch=8 ChS=250Hz		ISR AF net	ISR
10219,70	SITOR A	B=100Bd S=170Hz		MFA Cairo	EGY
10220,00	CODAN	B=2400Bd Ch=16 ChS=112,5Hz		MFA Cairo	EGY
10220,00	CODAN CHIRP	B=80Bd Ch=30 ChS=81Hz		MFA Cairo	EGY
10222,00	CODAN	B=2400Bd Ch=16 ChS=112,5Hz			
10223,70	SITOR A	B=100Bd S=170Hz		MFA Cairo	EGY
10225,00	ALE USB	B=125Bd Ch=8 ChS=250Hz		G MIL net	G
10226,00	USB			TUR N	TUR
10226,00	ALE USB	B=125Bd Ch=8 ChS=250Hz			
10226,00	ALCATEL 801A	B=100Bd Ch=8 ChS=100Hz			
10230,00	ALE USB	B=125Bd Ch=8 ChS=250Hz			
10232,00	T600	B=50Bd S=250Hz		RUS N Moscow	RUS
10235,00	ALE USB	B=125Bd Ch=8 ChS=250Hz			
10235,00	*LINK 11*	*B=2250Bd*		*I MIL Verona*	*I*
10235,00					
10235,50	CROWD 36	B=40Bd Ch=32 ChS=40Hz		RUS diplo	
10236,00	*T600*	*B=50Bd S=200Hz*		*RUS N Sevastopol*	*UKR*
10237,00	CIS 1280 BD	B=1280Bd			
10238,00	ALE USB	B=125Bd Ch=8 ChS=250Hz		SUI diplo net	
10238,00	MIL 188-110B SER	B=2400Bd		SUI E Vienna	AUT
10238,00	MIL 188-110B SER	B=2400Bd		MFS Berne	SUI
10240,00	ALE USB	B=125Bd Ch=8			

Frequency	Mode	Mode Parameter	Callsign	User	Country
		ChS=250Hz			
10240,00	ARQE	B=46,15Bd S=170Hz		ARS AF Riyadh	ARS
10242,00	ALE USB	B=125Bd Ch=8 ChS=250Hz		USA COTHEN net	USA
10242,00	SSB			USA Customs , DEA	USA
10243,00	*RUS HYBRID MODEM MFSK-PSK*	*B=40Bd Ch=16*		*Moscow*	*RUS*
10243,00	*RUS HYBRID MODEM PSK-PSK*	*B=125Bd Ch=2 ChS=250Hz*		*Moscow*	*RUS*
10244,00	ALE USB	B=125Bd Ch=8 ChS=250Hz		ALG oil/gas net	
10246,10	*CIS 75-250*	*B=75Bd S=250Hz*		*RUS F Moscow*	*RUS*
10247,00	CIS 12	B=1440Bd Ch=12 ChS=200Hz		RUS	RUS
10250,00	ALE USB	B=125Bd Ch=8 ChS=250Hz			EGY
10250,00	CLOVER 2000	B=500Bd Ch=8 ChS=250Hz			
10251,00	T600	B=50Bd S=200Hz		RUS N Murmansk	RUS
10251,00	CIS MFSK 11	B=125Bd Ch=11 ChS=250Hz		Moscow	RUS
10259,00	STANAG 4285	B=2400Bd		MFA Paris	F
10260,00	LINK 11	B=2250Bd		G MIL Plymouth	G
10263,00	CW		RAL2	RUS N	RUS
10263,00	RUS DBPSK 16FSK	B=1866Bd Ch=16 ChS=175Hz		RUS INTEL	RUS
10264,20	*STANAG 4285*	*B=2400Bd*		*F N Brest*	*F*
10264,30	CIS 50-500	B=50Bd S=500Hz			
10266,00	CIS 200-1000	B=200Bd S=1000Hz Ch=1		RUS MIL INTEL	RUS
10267,00	SSB			USA AF MARS	
10269,00	*STANAG 4285*	*B=2400Bd*	*FUE*	*F N Brest*	*F*
10270,00	CLOVER 2000	B=500Bd Ch=8 ChS=250Hz	BA1MAKO	Bamako	MLI
10270,00	SSB			USA AF MARS	
10270,00	ALE USB	B=125Bd Ch=8 ChS=250Hz			
10270,00	CLOVER 2000	B=500Bd Ch=8 ChS=250Hz	KI1DAL	Kidal	MLI
10271,00	ALE LSB	B=125Bd Ch=8 ChS=250Hz		D Red Cross net	D
10272,50	*DPRK ARQ*	*B=600Bd S=600Hz*		*KRE E Stockholm*	*S*
10273,00	ALE USB	B=125Bd Ch=8 ChS=250Hz		AUT MIL net	AUT
10273,00	SSB			USA AF MARS	
10275,00	ALE LSB	B=125Bd Ch=8 ChS=250Hz		ALG oil/gas field	ALG
10280,00	*T600*	*B=50Bd S=250Hz*		*RUS N Kaliningrad*	*RUS*
10281,70	ALE USB	B=125Bd Ch=8 ChS=250Hz			
10282,00	ALE LSB	B=125Bd Ch=8 ChS=250Hz			
10282,20	BR 6028	B=75Bd S=170Hz Ch=7 ChS=340Hz			
10283,00	PACTOR	B=200Bd S=170Hz		ICRC net	
10284,00	*CIS 75-200*	*B=75Bd S=200Hz*		*RUS F Moscow*	*RUS*
10284,00	PACTOR II	B=100Bd S=200Hz		ICRC Pristina	SER
10285,00	ALE USB	B=125Bd Ch=8 ChS=250Hz		Oil/gas facility	
10286,00	*STANAG 4481*	*B=75Bd S=850Hz*		*USA AF Crougthon*	*G*
10291,50	ALE USB	B=125Bd Ch=8		CAN CFARS net	CAN

Frequency	Mode	Mode Parameter	Callsign	User	Country
		ChS=250Hz			
10292,00	CW		RIR98	RUS N repair ship PM-56 Armur Class	RUS
10292,20	ALE USB	B=125Bd Ch=8 ChS=250Hz			
10296,00	*STANAG 4285*	*B=2400Bd*	*JWT*	*NOR N Stavanger*	*NOR*
10299,00	BR 6028	B=75Bd S=170Hz Ch=7 ChS=340Hz			
10299,00	ALE LSB	B=125Bd Ch=8 ChS=250Hz			
10300,00	MIL 188-110B SER	B=2400Bd	CENTR5**	MFA Bucharest	ROU
10300,00	MIL 188-110B SER	B=2400Bd		ROU E Damascus	SYR
10300,00	*ALE USB*	*B=125Bd Ch=8 ChS=250Hz*		*ROU diplo net*	
10300,00	*MIL 188-110B SER*	*B=2400Bd*	*CENTR6***	*MFA Bucharest*	*ROU*
10302,00	MIL 188-110B SER	B=2400Bd			
10305,00	SSB			NASA space missile tactical net	USA
10307,50	SSB, RTTY			D army	D
10308,00	CIS 12	B=1440Bd Ch=12 ChS=200Hz		RUS N	RUS
10309,00	CW		RHQ33	RUS N	RUS
10309,00	CW		RJH41	RUS N	RUS
10310,00	*CIS 50-500*	*B=50Bd S=500Hz*		*RUS MIL Kazan area*	*RUS*
10310,00	PACTOR III	B=100Bd S=200Hz	OL1A		
10310,60	*ALE USB*	*B=125Bd Ch=8 ChS=250Hz*		*F N net*	*F*
10311,00	ALE USB	B=125Bd Ch=8 ChS=250Hz		TUN MIL net	TUN
10311,00	MIL 188-110B 39TONE	B=2400Bd Ch=39 ChS=56,25Hz		TUN MIL	TUN
10312,00	CIS BAUDOT 50-17	B=50Bd S=170Hz			RUS
10312,00	CIS BAUDOT 50-17	B=50Bd S=170Hz			RUS
10313,50	ALE USB	B=125Bd Ch=8 ChS=250Hz			
10315,00	*BAUDOT*	*B=50Bd S=500Hz*		*Moscow*	*RUS*
10315,00	ALE USB	B=125Bd Ch=8 ChS=250Hz		rou diplo net	
10315,00	PACTOR III	B=100Bd S=200Hz	WHV382	Sailmail Friday Habor , WA	USA
10316,00	USB		DHN66	NATO Geilenkirchen	D
10317,00	*STANAG 4481*	*B=75Bd S=850Hz*		*G MIL Crimond*	*G*
10318,00	STANAG 4481	B=75Bd S=850Hz			
10318,00	RUS HYBRID MODEM MFSK-PSK	B=40Bd Ch=16 ChS=40Hz		Moscow	RUS
10320,00	PACTOR II	B=200Bd S=200Hz	WHV861	Sailmail San Luis Obispo , CA	USA
10320,50	*WINDRM MOD*	*B=2400Bd Ch=51 ChS=48Hz*		*Akrotiri*	*CYP*
10323,00	PACTOR II	B=200Bd S=200Hz	V8V2222	Sailmail Brunai Bay	BRU
10323,00	MIL 188-110B SER	B=2400Bd		CHN	CHN
10324,00	ALE USB	B=125Bd Ch=8 ChS=250Hz			
10325,00	PACTOR II	B=200Bd S=200Hz	KUZ533	Sailmail Honululu	HWA
10326,00	*ALE USB*	*B=125Bd Ch=8 ChS=250Hz*		*IRN net*	*IRN*
10326,00	*CODAN CHIRP*	*B=125Bd Ch=8 ChS=250Hz*		*IRN net*	*IRN*
10326,00	*CODAN*	*B=2400Bd Ch=16 ChS=112,5Hz*		*IRN net*	*IRN*
10327,00	MFSK20	B=20Bd Ch=20 ChS=40Hz		RUS intelligence	
10329,00	PACTOR II	B=200Bd S=200Hz	HPPM2	Sailmail Chiriqui	PNR
10330,00	*CIS 200-1000*	*B=200Bd*		*RUS MIL INTEL Moscow*	*RUS*

Frequency	Mode	Mode Parameter	Callsign	User	Country
		S=1000Hz Ch=1			
10331,00	PACTOR II	B=200Bd S=200Hz	KZN508	Sailmail Rockhill , SC	USA
10335,00	PACTOR III	B=200Bd S=200Hz	RC01	Sailmail Maputo	MOZ
10335,00	ALE USB	B=125Bd Ch=8 ChS=250Hz		?diplo net	
10336,00	CW			RUS Operational Strategic Command Air Defense net	RUS
10338,00	CW		RIW	RUS NSHQ Moscow	RUS
10338,00	ALE USB	B=125Bd Ch=8 ChS=250Hz		ROU diplo net	
10340,00	ALE USB	B=125Bd Ch=8 ChS=250Hz		ALG MOI net	ALG
10340,00	ALE USB	B=125Bd Ch=8 ChS=250Hz			
10341,00	*ISR N HYBRID MODEM*	*B=2400Bd*	*4XZ*	*ISR N Haifa*	*ISR*
10341,50	ALE USB	B=125Bd Ch=8 ChS=250Hz			
10343,00	PACTOR II	B=200Bd S=200Hz	WRD719	Sailmail Palo Alto	USA
10343,00	PACTOR III	B=100Bd S=200Hz	WQLI952	Sailmail Watsonville , CA	USA
10344,00	SSB			USA AF Strategic Command	USA
10344,00	ALE USB	B=125Bd Ch=8 ChS=250Hz			
10344,00	*ALE USB*	*B=125Bd Ch=8 ChS=250Hz*		*ROU diplo net*	
10344,50	MIL 188-110B SER	B=2400Bd		G F	G
10344,50	*ALE USB*	*B=125Bd Ch=8 ChS=250Hz*		*G MIL net*	*G*
10344,50	MIL 188-110B SER	B=2400Bd			
10344,50	ALE USB	B=125Bd Ch=8 ChS=250Hz		ISR AF net	ISR
10345,00	ALE USB	B=125Bd Ch=8 ChS=250Hz		ARS net	ARS
10345,00	RDFT	B=122,5Bd Ch=8 ChS=230Hz		CUB INTEL	CUB
10345,20	PACTOR II	B=100Bd S=200Hz Ch=1			CLM
10347,00	ALE USB	B=125Bd Ch=8 ChS=250Hz		SUI diplo net	
10350,00	MIL 188-110B SER	B=2400Bd		MFA Bucharest	ROU
10350,00	ALE USB	B=125Bd Ch=8 ChS=250Hz			
10351,00	*ALE USB*	*B=125Bd Ch=8 ChS=250Hz*		*G MIL net*	*G*
10352,00	ALE USB	B=125Bd Ch=8 ChS=250Hz		ROU diplo net	
10352,00	MIL 188-110B SER	B=2400Bd		MFA Bucharest	ROU
10352,00	MIL 188-110B SER	B=2400Bd		ROU E Vienna	AUT
10352,20	STANAG 4285	B=2400Bd		E MIL Madrid	E
10355,00	*STANAG 4285*	*B=2400Bd*		*G MIL Akrotiri*	*CYP*
10355,80	M/S 1.0	B=75Bd S=600Hz		Area of Oulu	FIN
10356,00	CIS 12	B=1440Bd Ch=12 ChS=200Hz		CIS diplo	CIS
10359,00	SYSTEME 3000	B=2400Bd		F F	
10359,00	POL INTEL FSK	B=100Bd S=740Hz Ch=1		POL INTEL	POL
10360,00	MIL 188-110B SER	B=2400Bd			
10360,00	ALE USB	B=125Bd Ch=8 ChS=250Hz			
10360,00	CODAN CHIRP	B=80Bd Ch=30 ChS=81Hz			
10361,00	CIS OFDM 45	B=2400Bd Ch=45 ChS=62,5Hz			RUS

Frequency	Mode	Mode Parameter	Callsign	User	Country
10361,40	PACTOR II	B=200Bd S=200Hz	WPTG385	Sailmail Corpus Christi , TX	USA
10365,00	CW		3T5		
10366,00	ALE USB	B=125Bd Ch=8 ChS=250Hz		ARS	ARS
10366,40	PACTOR II	B=200Bd S=200Hz	WPUC469	Sailmail South Daytona , FL	USA
10368,00	MIL 188-110B SER	B=2400Bd		AUS F	AUS
10369,00	*2CH PSK*	*Ch=2*		*S London*	*G*
10370,00	ALE USB	B=125Bd Ch=8 ChS=250Hz		POL F net	
10372,00	*T600*	*B=50Bd S=250Hz*		*RUS N Moscow*	*RUS*
10373,00	STANAG 4285	B=2400Bd			
10375,00	ALE USB	B=125Bd Ch=8 ChS=250Hz		ALG diplo net	
10375,00	ALE USB	B=125Bd Ch=8 ChS=250Hz		LBY net	LBY
10375,00	ALE USB	B=125Bd Ch=8 ChS=250Hz		ROU MOI net	
10377,00	CW		RGT77	RUS MIL Moscow , RSVN net	RUS
10378,00	CIS 200-1000	B=200Bd S=1000Hz Ch=1		RUS MIL INTEL	RUS
10380,00	CCIR 493-4	B=100Bd S=170Hz			
10380,00	*CIS 100-500*	*B=100Bd S=500Hz*		*RUS N Murmansk*	*RUS*
10380,00	ALE USB	B=125Bd Ch=8 ChS=250Hz		?ROU net	
10386,00	CIS 200-1000	B=200Bd S=1000Hz Ch=1		RUS MIL INTEL	RUS
10388,00	CIS 200-1000	B=200Bd S=1000Hz Ch=1		RUS MIL INTEL	RUS
10388,00	*CIS 75-200*	*B=75Bd S=200Hz*		*RUS MIL Moscow*	*RUS*
10388,00	CIS 12	B=1440Bd Ch=12 ChS=200Hz		CIS diplo	CIS
10388,00	CIS 200-1000	B=200Bd S=1000Hz Ch=1		RUS MIL INTEL	RUS
10390,00	CIS 300-500	B=300Bd S=500Hz			
10390,00	ALE USB	B=125Bd Ch=8 ChS=250Hz			
10390,00	CODAN CHIRP	B=80Bd Ch=30 ChS=81Hz	20111**		
10390,00	CODAN	B=2400Bd Ch=16 ChS=112,5Hz			
10390,00	CODAN CHIRP	B=80Bd Ch=30 ChS=81Hz	487173**		
10394,00	CIS 100-1000	B=100Bd S=1000Hz		RUS S Moscow	RUS
10396,00	ALE USB	B=125Bd Ch=8 ChS=250Hz			
10397,00	ALE USB	B=125Bd Ch=8 ChS=250Hz		USA F net	
10399,00	ALE USB	B=125Bd Ch=8 ChS=250Hz			
10400,00	ALE USB	B=125Bd Ch=8 ChS=250Hz		Rockwell Collins net	USA
10401,00	*CIS 12*	*B=1440Bd Ch=12 ChS=200Hz*		*RUS N Kaliningrad*	*RUS*
10403,00	SSB		RQFZA**	MOD Brussel	BEL
10404,00	USB			LBY GMMRA net	LBY
10404,00	GN2130 MODEM	B=2400Bd Ch=48		GMMRA Tripoli	LBY
10404,00	ALE USB	B=125Bd Ch=8 ChS=250Hz		LBY GMMRA net	LBY
10404,60	SITOR , CW	B=100Bd S=170Hz	WPC	Middleton R	USA
10405,70	PACTOR II FEC	B=100Bd S=200Hz			
10408,00	*CIS 50-1000*	*B=50Bd S=1000Hz*	*REA4*	*RUS N AF Smolensk*	*RUS*
10408,00	ALE USB	B=125Bd Ch=8		USA F net	

Frequency	Mode	Mode Parameter	Callsign	User	Country
		ChS=250Hz			
10408,00	*CIS 100-250*	*B=100Bd S=250Hz*		*RUS MIL Moscow*	*RUS*
10409,00	ALE USB	B=125Bd Ch=8 ChS=250Hz			
10410,00	*STANAG 4285*	*B=2400Bd*		*G F St. Eval*	*G*
10410,00	SSB, RTTY			D army	D
10411,00	STANAG 4197	B=2400Bd			
10411,00	*ALE USB*	*B=125Bd Ch=8 ChS=250Hz*		*CHN net*	*CHN*
10412,60	SYSTEME 3000	B=2400Bd			
10416,00	MFSK20	B=20Bd Ch=20 ChS=40Hz		RUS intelligence	
10422,00	CODAN	B=2400Bd Ch=16 ChS=112,5Hz			
10423,70	SITOR A	B=100Bd S=170Hz		MFA Cairo	EGY
10425,00	CW		RAL2	RUS N	RUS
10426,50	BAUDOT	B=50Bd S=400Hz	FDI	F AF Aix	F
10428,00	ALE USB	B=125Bd Ch=8 ChS=250Hz		CHN net	CHN
10430,00	ALE USB	B=125Bd Ch=8 ChS=250Hz			
10430,00	SSB		AGA	USAF Hickham AFB , Honolulu	HWA
10430,00	SSB		AIE	USAF Andersen AFB	GUM
10430,00	STANAG 4481	B=75Bd S=850Hz	NPG	USA N Dixon , CA	USA
10432,00	CIS 12	B=1440Bd Ch=12 ChS=200Hz			
10432,00	CIS OFDM 93	B=2400Bd Ch=93 ChS=31,25Hz			RUS
10435,80	CW			RUS HFDF net	RUS
10436,00	CW			RUS HFDF net	RUS
10438,00	MIL 188-110B SER	B=2400Bd		CZE E	
10438,00	CW		RIW	RUS NSHQ Moscow	RUS
10438,00	CIS MFSK 20	B=20Bd Ch=20 ChS=40Hz		RUS INTEL	RUS
10442,50	CIS 50-1000	B=50Bd S=1000Hz	REA4	RUS AF HQ Moscow	RUS
10443,50	*CIS 50-1000*	*B=50Bd S=1000Hz*		*RUS MIL Moscow*	*RUS*
10444,00	ALE USB	B=125Bd Ch=8 ChS=250Hz			
10444,00	*CIS 75-250*	*B=75Bd S=250Hz*		*RUS MIL Moscow*	*RUS*
10447,00	CW		PWZW	RUS Strategic Command Aerospace Defense	RUS
10449,00	*ALE USB*	*B=125Bd Ch=8 ChS=250Hz*		*CHN net*	*CHN*
10449,00	*CHN DATALINK*	*B=2400Bd Ch=30 ChS=75Hz*		*Kunming*	*CHN*
10449,40	SITOR B	B=100Bd S=170Hz	OLO32	Prague	CZE
10450,00	ALE USB	B=125Bd Ch=8 ChS=250Hz		USA CAP net	USA
10450,00	PACTOR II	B=200Bd S=200Hz	HPPM1	Sailmail Chiriqui	PNR
10450,00	ALE USB	B=125Bd Ch=8 ChS=250Hz		ROU diplo net	
10450,00	USB			UN MONUSCO net	UGA
10450,00	USB			UN MONUSCO net	UGA
10452,00	ALE USB	B=125Bd Ch=8 ChS=250Hz		ROU diplo net	
10452,00	MIL 188-110B SER	B=2400Bd		ROU E Tripoli	LBY
10452,00	MIL 188-110B SER	B=2400Bd		MFA Bucharest	ROU
10452,00	SSB			USA AF Strategic Command	USA
10452,00	*CIS 100-200*	*B=100Bd S=200Hz*		*RUS N Murmansk*	*RUS*
10452,00	*T600*	*B=50Bd S=200Hz*		*RUS N Murmansk*	*RUS*
10456,00	CW			RUS HFDF net	RUS
10456,00	8181	B=81Bd S=250Hz			
10457,00	STANAG 4197	B=2400Bd		EGY N net	

Frequency	Mode	Mode Parameter	Callsign	User	Country
10458,00	*ALE USB*	*B=125Bd Ch=8 ChS=250Hz*		*G MIL net*	*G*
10461,00	ALE USB	B=125Bd Ch=8 ChS=250Hz		ROU diplo net	
10467,00	CIS BAUDOT 1,5 STB	B=200Bd S=500Hz Ch=1		RUS INTEL	RUS
10467,50	*PSK BURSTS*	*B=2400Bd*		*Paris*	*F*
10467,70	*STANAG 4285*	*B=2400Bd*	*FUE*	*F N Brest*	*F*
10467,70	ARQ-E3	B=200Bd S=400Hz	RFPTC**	F F N`djamena	TCD
10470,00	ALE USB	B=125Bd Ch=8 ChS=250Hz			
10470,00	COQUELET 100	B=100Bd Ch=8 ChS=100Hz			
10471,00	CIS MFSK 68	B=50Bd Ch=68 ChS=47Hz			RUS
10472,00	ALE USB	B=125Bd Ch=8 ChS=250Hz		POL F net	
10475,00	*CIS 100-500*	*B=100Bd S=500Hz*		*RUS MIL E Samara*	*RUS*
10475,00	CIS ARQ	B=100Bd S=500Hz		RUS PTT	RUS
10476,20	PACTOR II	B=200Bd S=200Hz	VZX	Sailmail Darawank	AUS
10477,00	ALE USB	B=125Bd Ch=8 ChS=250Hz		CHN MIL	
10478,00	*CIS 100-500*	*B=100Bd S=500Hz*		*GEO MIL Tbilisi*	*GEO*
10482,00	ALE USB	B=125Bd Ch=8 ChS=250Hz		ROU diplo net	
10484,00	STANAG 4285	B=2400Bd		I E Alger	ALG
10486,00	ALE USB	B=125Bd Ch=8 ChS=250Hz		ROU diplo net	
10492,00	CW		RFH61	RUS N	RUS
10492,00	*M/S 1,0*	*B=75Bd S=170Hz*		*G MIL St. Eval*	*G*
10493,00	ALE USB	B=125Bd Ch=8 ChS=250Hz		USA FEMA net	USA
10493,00	SSB			FEMA	USA
10493,00	SSB		KNY57	NCS Hagerstown , MD	USA
10493,00	SSB		KNY72	NCS Alington , VA	USA
10493,00	SSB		KNY90	NCS Conyers , GA	USA
10493,00	SSB		WGY9012	FEMA	USA
10493,00	SSB		WGY9016	FEMA	USA
10493,00	SSB		WGY906	FEMA Denton , TX	USA
10493,00	SSB		WGY908	FEMA Denver , CO	USA
10493,00	SSB		WGY910	FEMA	USA
10493,00	SSB		WGY911	FEMA Maynard , MA	USA
10493,00	SSB		WGY912	FEMA Berryville , VA	USA
10493,00	SSB		WGY950	FEMA	USA
10493,00	SSB		WGY955	FEMA Springfield , IL	USA
10493,00	SSB		WGY986	FEMA	USA
10498,00	CIS 12	B=1440Bd Ch=12 ChS=200Hz			
10498,00	SYSTEME 3000	B=2400Bd		F F	F
10498,00	ARQE	B=184,5Bd S=400Hz		F MIL	
10499,15	CIS MFSK 1+12	Ch=12			RUS
10499,50	CLOVER 2000	B=500Bd Ch=8 ChS=250Hz			
10500,00	ALE USB	B=125Bd Ch=8 ChS=250Hz			
10500,00	CIS 50-500	B=50Bd S=500Hz	RAZ2	RUS MIL	RUS
10500,40	SITOR B	B=100Bd S=170Hz	OLO32	Prague	CZE
10501,50	ALE USB	B=125Bd Ch=8 ChS=250Hz		ROU diplo net	
10504,00	ALE USB	B=125Bd Ch=8 ChS=250Hz		USA CAP net	USA
10505,00	ALE USB	B=125Bd Ch=8		CHL net	CHL

Frequency	Mode	Mode Parameter	Callsign	User	Country
		ChS=250Hz			
10509,60	ALE USB	B=125Bd Ch=8 ChS=250Hz		F N net	F
10512,00	PACTOR II FEC	B=100Bd S=200Hz	ARL	PAK N Karachi	PAK
10512,00	CW		AQP2		
10512,00	*FSK*	*B=40,7Bd S=250Hz*		*RUS MIL Moscow*	*RUS*
10512,00	ALE USB	B=125Bd Ch=8 ChS=250Hz		PAK N net	
10513,00	*CIS 12*	*B=1440Bd Ch=12 ChS=200Hz*		*RUS MIL E Samara*	*RUS*
10518,00	ALE USB	B=125Bd Ch=8 ChS=250Hz			
10519,00	ALE USB	B=125Bd Ch=8 ChS=250Hz		ALG AF net	ALG
10521,00	ALE USB	B=125Bd Ch=8 ChS=250Hz			
10522,00	PACTOR III	B=100Bd S=200Hz	RC01	Sailmail Maputo	MOZ
10523,00	PACTOR II	B=200Bd S=200Hz	XJN714	Sailmail Lunenburg , NS	CAN
10523,00	CIS 75-250	B=75Bd S=250Hz		CIS F	CIS
10524,60	ALE USB	B=125Bd Ch=8 ChS=250Hz		CHN net	CHN
10525,00	STANAG 4285	B=2400Bd		G MIL	G
10526,00	ALE USB	B=125Bd Ch=8 ChS=250Hz			
10527,00	LINK 11 ISB	B=2250Bd			
10527,00	*ALE USB*	*B=125Bd Ch=8 ChS=250Hz*		*Wuhan area*	*CHN*
10527,00	*MIL 188-110B SER*	*B=2400Bd Ch=39 ChS=56,25Hz*		*Wuhan area*	*CHN*
10528,00	ALE USB	B=125Bd Ch=8 ChS=250Hz		ALG AF net	ALG
10535,00	CROWD 36	B=40Bd S=40Hz Ch=32 ChS=40Hz		RUS diplo	
10535,00	*T600*	*B=50Bd S=250Hz*		*RUS N Moscow*	*RUS*
10535,00	CW			RUS HFDF net	RUS
10535,00	*T600*	*B=50Bd S=200Hz*		*RUS N Moscow*	*RUS*
10536,00	BAUDOT	B=75Bd S=850Hz	CFH	CAN N Halifax	CAN
10536,00	FAX 120/576		CFH	CAN F Halifax	CAN
10540,00	*T600*	*B=75Bd S=200Hz*		*RUS F Moscow*	*RUS*
10540,00	CW		RJD52	RUS N HQ Astrakhan	RUS
10540,00	CW		RAA	RUS N HQ Moscow	RUS
10540,00	CW		RIT	RUS N HQ Sveromorsk	RUS
10540,00	CW		RIW	RUS N HQ Moscow	RUS
10542,00	ALE USB	B=125Bd Ch=8 ChS=250Hz		USA Civil Air Patrol net	USA
10543,00	CW		RCV	RUS NHQ Sevastopol	UKR
10544,00	ALE USB	B=125Bd Ch=8 ChS=250Hz			
10544,20	CIS 16 TONE	B=2400Bd Ch=16 ChS=150Hz		MFA Moscow	RUS
10548,00	CIS 200-1000	B=200Bd S=1000Hz Ch=1		RUS MIL INTEL	RUS
10550,00	ALE USB	B=125Bd Ch=8 ChS=250Hz		USA Civil Air Patrol net	USA
10551,00	CHN 4+4	B=75Bd Ch=8 ChS=300/450Hz		CHN MIL	
10552,00	ALE USB	B=125Bd Ch=8 ChS=250Hz		ALG AF net	ALG
10555,00	FAX 120/576		VMW	Wiluna M	AUS
10556,00	CIS 200-1000	B=200Bd S=1000Hz Ch=1		RUS MIL INTEL	RUS
10557,00	ALE USB	B=125Bd Ch=8 ChS=250Hz		USA Civil Air Patrol net	USA

Frequency	Mode	Mode Parameter	Callsign	User	Country
10557,20	STANAG 4285	B=2400Bd	DHJ59	D N Wilhelmshaven	D
10559,20	*STANAG 4285*	*B=2400Bd*	*DHO26*	*D N Rostock*	*D*
10559,50	STANAG 4285	B=2400Bd	DHJ59	D N Wilhelmshaven	D
10566,00	ALE USB	B=125Bd Ch=8 ChS=250Hz		DNK F net	
10573,00	ALE USB	B=125Bd Ch=8 ChS=250Hz		CZE diplo net	
10573,00	CLOVER 2000	B=500Bd Ch=8 ChS=250Hz			
10575,00	PACTOR I	B=100Bd S=170Hz			SDN
10575,00	*ALE USB*	*B=125Bd Ch=8 ChS=250Hz*		*G MIL net*	*G*
10576,00	SSB			USA AF MARS	
10576,00	CIS 200-1000	B=200Bd S=1000Hz Ch=1		RUS MIL INTEL	RUS
10577,00	ALE USB	B=125Bd Ch=8 ChS=250Hz			
10577,50	PACTOR III	B=100Bd S=200Hz		USA F MARS	USA
10580,20	MIL 188-110B APP C	B=2400Bd			
10580,50	CROWD 36	B=40Bd S=40Hz Ch=32 ChS=40Hz		RUS diplo	
10583,00	ALE USB	B=125Bd Ch=8 ChS=250Hz		ALG MIL net	AG
10584,00	*CIS 12*	*B=1440Bd Ch=12 ChS=200Hz*		*RUS MIL Moscow*	*RUS*
10584,00	*CIS 12*	*B=1440Bd Ch=12 ChS=200Hz*		*RUS MIL Moscow*	*RUS*
10584,00	ALE USB	B=125Bd Ch=8 ChS=250Hz			
10588,00	ALE USB	B=125Bd Ch=8 ChS=250Hz		USA FEMA net	USA
10590,00	ALE USB	B=125Bd Ch=8 ChS=250Hz		MRC MOI net	MRC
10592,00	*MAZIELKA*	*B=1Bd Ch=6*		*MFA Moscow*	*RUS*
10593,00	CHP200 ALE	B=250Bd ChS=170Hz			
10595,00	*CIS 100-500*	*B=100Bd S=500Hz*		*RUS MIL Moscow*	*RUS*
10595,00	ALE USB	B=125Bd Ch=8 ChS=250Hz		ARS net	ARS
10595,00	CIS ARQ	B=100Bd S=500Hz	RKD48	RUS PTT	RUS
10596,00	T600	B=50Bd S=500Hz			
10596,00	ALE USB	B=125Bd Ch=8 ChS=250Hz			
10600,00	MIL 188-110B SER	B=2400Bd			
10600,00	ALE USB	B=125Bd Ch=8 ChS=250Hz		VEN N net	VEN
10600,00	*ALE USB*	*B=125Bd Ch=8 ChS=250Hz*		*F Airbus net*	
10600,00	ALE USB	B=125Bd Ch=8 ChS=250Hz		LBY GMRA net	LBY
10600,00	CLOVER 2000	B=500Bd Ch=8 ChS=250Hz	BASE21**		
10600,00	CLOVER 2000	B=500Bd Ch=8 ChS=250Hz	ELSAL001 **		
10602,50	ALE USB	B=125Bd Ch=8 ChS=250Hz			
10603,00	CHN OFDM 30TONE	B=1800Bd Ch=30 ChS=60Hz		CHN	CHN
10604,00	*4FSK*	*B=75Bd Ch=4 ChS=340Hz*		*Sverogorsk*	*RUS*
10608,00	ALE USB	B=125Bd Ch=8 ChS=250Hz		CLM N	CLM
10611,50	SSB			Lagos Air	NIG

Frequency	Mode	Mode Parameter	Callsign	User	Country
10611,50	SSB			Sokoto Air	NIG
10611,50	SSB			Yola Air	NIG
10614,00	*CIS 12*	*B=1440Bd Ch=12 ChS=200Hz*		*RUS MIL Krasnoyarsk*	*RUS*
10618,00	ALE USB	B=125Bd Ch=8 ChS=250Hz			
10619,00	ALE USB	B=125Bd Ch=8 ChS=250Hz		ALG oilfield	ALG
10620,00	PACTOR III	B=100Bd S=200Hz	CEV773	Sailmail Los Lagos	CHL
10622,00	DPRK ARQ	B=600Bd S=600Hz		KRE diplo	
10623,00	PACTOR III	B=100Bd S=200Hz	CEV773	Sailmail Los Lagos	CHL
10626,00	ARQE	B=184Bd S=400Hz	RFFXL**	F F Naquora	LN
10627,00	ALE USB	B=125Bd Ch=8 ChS=250Hz		Queensland Deptartment of Community Safety	AUS
10627,00	ALE USB	B=125Bd Ch=8 ChS=250Hz			
10633,00	MIL 188-110B 39TONE	B=2400Bd Ch=39 ChS=56,25Hz		CHN F	CHN
10635,00	ALE USB	B=125Bd Ch=8 ChS=250Hz		?ROU net	
10638,00	ALE USB	B=125Bd Ch=8 ChS=250Hz		GRC MIL net	GRC
10638,00	CIS 12	B=1440Bd Ch=12 ChS=200Hz		MFA Moscow	RUS
10640,00	ALE USB	B=125Bd Ch=8 ChS=250Hz		?ROU net	
10645,00	ALE USB	B=125Bd Ch=8 ChS=250Hz		?ROU net	
10648,00	CIS OFDM 45	B=2400Bd Ch=45 ChS=62,5Hz			RUS
10648,50	MIL 188-110B SER	B=2400Bd			
10650,00	2FSK BURST	B=100Bd S=1000Hz			
10652,00	CHN N MIL 188-110 MOD	B=2400Bd		CHN N	CHN
10652,00	MIL 188-110B SER	B=2400Bd			
10656,00	CIS 12	B=1440Bd Ch=12 ChS=200Hz		RUS diplo	
10656,50	CIS OFDM 93	B=2400Bd Ch=93 ChS=31,25Hz		CIS	RUS
10656,60	STANAG 4285	B=2400Bd			
10658,00	*ALE USB*	*B=125Bd Ch=8 ChS=250Hz*		*TUR Disaster and Emergency net*	*TUR*
10662,00	*CIS 12*	*B=1440Bd Ch=12 ChS=200Hz*		*RUS MIL Moscow*	*RUS*
10670,50	ALE USB	B=125Bd Ch=8 ChS=250Hz			
10672,00	CIS 100-500	B=100Bd S=500Hz		RUS MIL	RUS
10673,00	*CIS OFDM 60*	*B=2400Bd Ch=60 ChS=44,5Hz*		*Moscow*	*RUS*
10673,70	BR 6028 ARQE	B=46,15Bd S=170Hz Ch=8 ChS=340Hz			
10675,00	CIS 12	B=1440Bd Ch=12 ChS=200Hz			
10676,00	CW		RJD52	Astrakhan R	RUS
10677,00	ALE USB	B=125Bd Ch=8 ChS=250Hz			
10678,70	ARQ-E3	B=200Bd S=400Hz			
10682,50	SYSTEME 3000	B=2400Bd		F F	F
10687,00	CIS 200-1000	B=200Bd S=1000Hz Ch=1		RUS MIL INTEL	RUS
10691,50	ALE USB	B=125Bd Ch=8 ChS=250Hz		USA army	

Frequency	Mode	Mode Parameter	Callsign	User	Country
10692,00	ALE USB	B=125Bd Ch=8 ChS=250Hz		LBY AF net	LBY
10694,00	ALE USB	B=125Bd Ch=8 ChS=250Hz			
10700,00	ALE USB	B=125Bd Ch=8 ChS=250Hz			
10700,00	*T600*	*B=50Bd S=200Hz*		*RUS MIL Moscow*	*RUS*
10704,80	*CIS 100-1000*	*B=100Bd S=1000Hz*		*RUS MIL Novosibirsk*	*RUS*
10705,20	CIS 14	B=96Bd S=1000Hz			
10706,00	PACTOR III	B=100Bd S=200Hz	OL1B	CZR diplo	
10706,00	LSB		OL1B	CZR diplo	
10712,00	*T600*	*B=50Bd S=200Hz*		*RUS N Moscow*	*RUS*
10713,00	ALE USB	B=125Bd Ch=8 ChS=250Hz		POL MIL net	POL
10713,00	ALE USB	B=125Bd Ch=8 ChS=250Hz		CHN MIL net	CHN
10715,00	MIL 188-110B SER	B=2400Bd	BXT78	CHN diplo	
10715,00	ALE USB	B=125Bd Ch=8 ChS=250Hz		?CHN diplo net	
10717,00	*CIS 12*	*B=1440Bd Ch=12 ChS=200Hz*		*RUS MIL Moscow*	*RUS*
10717,00	PR	B=300Bd S=200Hz	RRSPTA		POR
10717,00	PR	B=300Bd S=200Hz	RRSRCE		POR
10720,20	STANAG 4285	B=2400Bd		D N	D
10722,00	*IRN N PSK*	*B=207Bd*		*IRN N*	*IRN*
10722,00	MFSK16 burst	B=75Bd Ch=16 ChS=124,5Hz			
10723,00	IRN N QPSK ADAPTIVE	B=468Bd		IRN N	IRN
10724,00	IRN N QPSK ADAPTIVE	B=468Bd Ch=1		IRN N	
10726,00	*CIS 12*	*B=1440Bd Ch=12 ChS=200Hz*		*Moscow*	*RUS*
10726,00	*T600*	*B=50Bd S=250Hz*		*RUS N Moscow*	*RUS*
10728,00	CIS OFDM 93	B=2400Bd Ch=93 ChS=31,25Hz			RUS
10728,00	ALE USB	B=125Bd Ch=8 ChS=250Hz			
10728,00	POL INTEL FSK	B=100Bd S=625Hz Ch=1		POL INTEL	POL
10733,20	STANAG 4285	B=2400Bd			
10733,60	ALE USB	B=125Bd Ch=8 ChS=250Hz		USA diplo net	
10735,00	CIS 50-1000	B=50Bd S=1000Hz	REA4	RUS AF HQ Moscow	RUS
10736,00	CIS 12	B=1440Bd Ch=12 ChS=200Hz		CIS diplo	CIS
10739,20	*STANAG 4285*	*B=2400Bd*	*IDR*	*I N Rome*	*I*
10740,00	*STANAG 4285*	*B=2400Bd*		*G MIL St. Eval*	*G*
10746,40	ALE USB	B=125Bd Ch=8 ChS=250Hz		FIN diplo net	FIN
10760,00	STANAG 4285	B=2400Bd	H6L**	F E Alger	ALG
10762,00	*T600*	*B=50Bd S=200Hz*		*RUS N Kaliningrad*	*RUS*
10765,00	STANAG 4285	B=2400Bd	OVC	DNK N Groennedal	GRL
10767,00	CROWD 36	B=40Bd Ch=32 ChS=40Hz		RUS diplo	
10767,00	CIS OFDM 60	B=2400Bd Ch=60 ChS=44,5Hz			RUS
10767,00	BAUDOT	B=200Bd S=500Hz		RUS INTEL	RUS
10767,00	CIS BAUDOT 1,5 STB	B=200Bd S=500Hz Ch=1		RUS INTEL	RUS
10771,50	CIS 12	B=1440Bd Ch=12 ChS=200Hz		CIS diplo	CIS

Frequency	Mode	Mode Parameter	Callsign	User	Country
10785,00	ALE USB	B=125Bd Ch=8 ChS=250Hz		ALG F net	ALG
10786,80	ALE USB	B=125Bd Ch=8 ChS=250Hz			
10787,00	CIS MFSK 20	B=10Bd Ch=20 ChS=40Hz		RUS INTEL	RUS
10788,00	ALE USB	B=125Bd Ch=8 ChS=250Hz			
10794,00	CIS 150BD SELCALL	B=150Bd S=200Hz			
10794,00	CIS 12	B=1440Bd Ch=12 ChS=200Hz			
10796,00	CW		RJD52	RUS N HQ Astrakhan	RUS
10796,00	CW		RAA	RUS N HQ Moscow	RUS
10796,00	CW		RIT	RUS N HQ Sveromorsk	RUS
10797,50	ALE USB	B=125Bd Ch=8 ChS=250Hz		USA National Guard net	USA
10803,50	*CIS 12*	*B=1440Bd Ch=12 ChS=200Hz*		*RUS MIL Moscow*	*RUS*
10809,50	VFT: M/S 1,0	B=75Bd S=75Hz Ch=4			
10812,40	ARQ-M2	B=200Bd S=400Hz			
10814,00	CW			RUS HFDF net	RUS
10814,70	MIL 188-110B SER	B=2400Bd			
10818,00	ALE USB	B=125Bd Ch=8 ChS=250Hz		USA F net	USA
10822,00	CW		C**	RUS N Moscow	RUS
10824,90	PACTOR	B=200Bd S=200Hz	PACMZG**		
10824,90	PACTOR	B=200Bd S=200Hz	PACPPD**		
10825,00	ALE USB	B=125Bd Ch=8 ChS=250Hz		F diplo net	
10825,50	PACTOR I	B=100Bd S=200Hz	PAKMKNB**	MSF	
10826,35	M/S 1,0	B=300Bd S=300Hz		AUS F	AUS
10828,00	CIS BAUDOT 1,5 STB	B=200Bd S=500Hz Ch=1		RUS INTEL	RUS
10829,00	ALE USB	B=125Bd Ch=8 ChS=250Hz			
10831,00	USB			EGY N	EGY
10831,00	STANAG 4197	B=2400Bd		EGY N	EGY
10832,00	M/S 1,0	B=50Bd S=850Hz			
10833,00	CHN 4+4	B=75Bd Ch=8 ChS=300/450Hz		CHN MIL	
10835,00	*MIL 188-110B SER*	*B=2400Bd*		*G MIL Upavon*	*G*
10839,00	ALE USB	B=125Bd Ch=8 ChS=250Hz			
10848,50	ALE 3G	B=2400Bd		AUS N	
10850,00	*ALE USB*	*B=125Bd Ch=8 ChS=250Hz*		*F Airbus net*	*F*
10850,00	MI 188-110B SER	B=2400Bd			
10851,70	STANAG 4285	B=2400Bd	IHMW	I N ship VIAREGGIO	I
10851,70	USB		IHMW	I N ship VIAREGGIO	I
10851,70	STANAG 4285	B=2400Bd	IDR	I N Rome	I
10851,70	USB		IDR	I N Rome	I
10854,00	LINK 11 ISB	B=2250Bd			
10860,00	*ALE USB*	*B=125Bd Ch=8 ChS=250Hz*		*G MIL net*	*G*
10861,70	SIEMENS CHX200 MODEM	B=250Bd S=200Hz			
10863,00	CHN 4+4	B=75Bd Ch=8 ChS=300/450Hz		CHN MIL	CHN
10865,00	ALE USB	B=125Bd Ch=8		?CHN diplo net	

Frequency	Mode	Mode Parameter	Callsign	User	Country
		ChS=250Hz			
10865,00	MIL 188-110B SER	B=2400Bd	BXT78	CHN E	
10865,00	MIL 188-110B SER	B=2400Bd	BDA21	CHN E	
10865,00	*CIS 300-500*	*B=300Bd S=500Hz*		*UKR MIL near Rovno*	*UKR*
10869,70	ARQ-E3	B=100Bd S=400Hz	RFVI**	F F Le Port	REU
10871,50	CW		U**		RUS
10871,70	CW		D**	RUS N Odessa	UKR
10871,80	CW		P**	RUS N Kaliningrad	RUS
10871,90	CW		S**	RUS N Severomorsk	RUS
10872,00	CW		C**	RUS N Moscow	RUS
10872,10	CW		A**	RUS N	
10872,20	CW		F**	RUS N Vladivostok	RUS
10872,30	CW		K**	RUS N	RUS
10872,40	CW		M**	RUS N Magadan	RUS
10873,00	*CIS 12*	*B=1440Bd Ch=12 ChS=200Hz*		*RUS N Sveromorsk*	*UKR*
10873,50	ALE USB	B=125Bd Ch=8 ChS=250Hz		AUT F net	
10873,50	MIL 188-110B 39TONE	B=2400Bd Ch=39 ChS=56,25Hz	OEY41	AUT F	
10873,50	MIL 188-110B 39TONE	B=2400Bd Ch=39 ChS=56,25Hz	OEY52	AUT F	
10873,90		*B=200Bd S=900Hz*		*Moscow*	*RUS*
10875,00	ALE USB	B=125Bd Ch=8 ChS=250Hz		AUT MOD net	AUT
10876,00	M/S 1,0	B=200,1Bd S=1000Hz			
10880,00	MIL 188-110B SER	B=2400Bd		CHN diplo	
10883,00	ALE USB	B=125Bd Ch=8 ChS=250Hz			
10884,00	STANAG 4197	B=2400Bd		EGY N	EGY
10884,00	USB			EGY N	EGY
10885,00	*CIS 12*	*B=1440Bd Ch=12 ChS=200Hz*		*RUS N Murmansk*	*RUS*
10887,00	ALE USB	B=125Bd Ch=8 ChS=250Hz			
10893,50	*ALE USB*	*B=125Bd Ch=8 ChS=250Hz*		*G MIL net*	*G*
10893,50	MIL 188-110B SER	B=2400Bd			
10895,00	LINK 11	B=2250Bd			
10895,00	STANAG 4481	B=75Bd S=850Hz		US N Isabella	PTR
10898,00	CIS 68TONE	B=50Bd Ch=68 ChS=47Hz		RUS INTEL Moscow	RUS
10899,00	ALE USB	B=125Bd Ch=8 ChS=250Hz		USA FEMA net	USA
10900,00	*VFT: CIS 100-1440*	*B=100Bd S=1440Hz Ch=3 ChS=480Hz*		*Novosibirsk*	*RUS*
10900,00	ALE USB	B=125Bd Ch=8 ChS=250Hz		MRC MOI net	MRC
10913,50	ALE USB	B=125Bd Ch=8 ChS=250Hz		USA FBI net	USA
10913,50	USB			USA FBI net	USA
10914,00	CHN N MIL 188-110 MOD	B=2400Bd		CHN N	CHN
10914,50	ALE USB	B=125Bd Ch=8 ChS=250Hz		B N net	B
10916,00	CIS 12	B=1440Bd Ch=12 ChS=200Hz		RUS N Sevastopol	RUS
10919,50	CHN 4+4	B=75Bd Ch=8 ChS=300/450Hz		CHN MIL	CHN
10920,00	ALE USB	B=125Bd Ch=8 ChS=250Hz		CAN F net	CAN

Frequency	Mode	Mode Parameter	Callsign	User	Country
10922,00	*CIS 12*	*B=1440Bd Ch=12 ChS=200Hz*		*RUS MIL Kaliningrad*	*RUS*
10922,00	*CIS 12*	*B=1440Bd Ch=12 ChS=200Hz*		*RUS MIL Moscow*	*RUS*
10923,50	MAHRS	B=2400Bd		D AF	D
10923,50	ALE USB	B=125Bd Ch=8 ChS=250Hz			
10925,50	CIS OFDM 93	B=2400Bd Ch=93 ChS=31,25Hz		CIS	RUS
10933,00	CW		RGT77	RUS MIL Moscow , RSVN net	RUS
10934,00	*MIL 188-110C SER*	*B=2400Bd*		*SW London*	*G*
10935,70	MIL 188-110B SER	B=2400Bd		S MIL	S
10941,00	CIS 1280 BD MODEM	B=1280Bd		RUS F	RUS
10942,10	MIL 188-110B SER	B=2400Bd			
10943,00	CIS MFSK 20	B=20Bd Ch=20 ChS=40Hz		RUS INTEL	RUS
10943,20	*STANAG 4285*	*B=2400Bd*	*CFH*	*CAN N Halifax*	*CAN*
10945,00	*BAUDOT*	*B=75Bd S=850Hz*	*CFH*	*CAN F Halifax*	*CAN*
10946,00	USB		CAPITOLE	F AF Taverny	F
10948,00	CW			RUS HFDF net	RUS
10952,00	ALE USB	B=125Bd Ch=8 ChS=250Hz		SUI diplo net	
10952,00	*MIL 188-110B SER*	*B=2400Bd*		*MFA Berne*	*SUI*
10952,00	MIL 188-110B SER	B=2400Bd		SUI E Alger	ALG
10952,20	*STANAG 4285*	*B=2400Bd*	*FUO*	*F N Toulon*	*F*
10953,00	CHN 4+4	B=75Bd Ch=8 ChS=300/450Hz		CHN MIL	
10955,00	ALE USB	B=125Bd Ch=8 ChS=250Hz			
10956,00	MFSK20	B=20Bd Ch=20 ChS=40Hz		RUS intelligence	
10958,00	*ALE USB*	*B=125Bd Ch=8 ChS=250Hz*		*SUI F net*	*SUI*
10958,00	MIL 188-110B SER	B=2400Bd		SUI F Suva Reka	SRB
10958,00	MIL 188-110B SER	B=2400Bd		SUI F Banja Luka	BIH
10962,00	ALE USB	B=125Bd Ch=8 ChS=250Hz		PAK N net	
10963,20	*STANAG 4285*	*B=2400Bd Ch=1*		*DNK N Aashus*	*DNK*
10965,00	ALE USB	B=125Bd Ch=8 ChS=250Hz		F AF net	F
10967,00	ALE USB	B=125Bd Ch=8 ChS=250Hz			
10967,00	MIL 188-110B SER	B=2400Bd			
10982,00	PACTOR II	B=200Bd S=200Hz	WHV861	Sailmail San Luis Obispo , CA	USA
10983,50	*ALE USB*	*B=125Bd Ch=8 ChS=250Hz*		*G MIL net*	*G*
10984,00	*CIS 12*	*B=1440Bd Ch=12 ChS=200Hz*		*RUS MIL Sevastopol*	*UKR*
10985,00	*CW*			*RUS N Kaliningrad*	*RUS*
10990,00	J 16 TONE QPSK	B=1200Bd Ch=16 ChS=100Hz			
10993,00	USB		AEM2AA	US Army MARS station in Europe	
10995,00	ALE USB	B=125Bd Ch=8 ChS=250Hz		ALG diplo net	
10998,00	ALE USB	B=125Bd Ch=8 ChS=250Hz			
10999,00	STANAG 4539 ARQ	B=2400Bd			
11000,00	ALE USB	B=125Bd Ch=8 ChS=250Hz			
11000,00	CW		RIW	RUS NSHQ Moscow	RUS

Frequency	Mode	Mode Parameter	Callsign	User	Country
11001,70	PACTOR I	B=100Bd S=170Hz	EURI	ALG customs	ALG
11004,00	*CIS 75-250*	*B=75Bd S=250Hz*		*RUS MIL Moscow*	*RUS*
11004,00	*CIS 12*	*B=1440Bd Ch=12 ChS=200Hz*		*RUS MIL Moscow*	*RUS*
11005,70	*STANAG 4285*	*B=2400Bd*		*NOR N Oslo*	*N*
11006,00	*STANAG 4285*	*B=2400Bd*		*NOR N Bergen*	*NOR*
11010,00	BR 6028	B=75Bd S=170Hz	ZLO	NZL N Irirangi	NZL
11010,00	SSB, RTTY			D army	D
11010,00	ALE USB	B=125Bd Ch=8 ChS=250Hz		B N net	B
11010,00	MIL 188-110B	B=2400Bd			
11012,00	*CIS 12*	*B=1440Bd Ch=12 ChS=200Hz*		*RUS MIL Moscow*	*RUS*
11012,00	RUS DBPSK 16FSK	B=1866Bd Ch=16 ChS=175Hz		RUS INTEL	RUS
11013,50	*WINDRM MOD*	*B=2400Bd Ch=51 ChS=48Hz*		*Akrotiri*	*CYP*
11015,00	*STANAG 4285*	*B=2400Bd*		*G F Crimond*	*G*
11015,50	CROWD 36	B=40Bd Ch=32 ChS=40Hz		RUS diplo	
11020,00	STANAG 4285	B=2400Bd		TUR F	TUR
11020,00	*CIS 12*	*B=1440Bd Ch=12 ChS=200Hz*		*RUS N St. Petersburg*	*RUS*
11021,00	MIL 188-110B SER	B=2400Bd		USA CG	USA
11022,00	CODAN	B=2400Bd Ch=16 ChS=112,5Hz			
11025,00	BAUDOT	B=100Bd S=500Hz	RKV23		RUS
11025,00	FSK ARQ	B=100Bd S=500Hz			
11025,00	CIS ARQ	B=100Bd S=500Hz	RKV23	RUS PTT Tyumen	RUS
11025,00	ALE USB	B=125Bd Ch=8 ChS=250Hz		ARS MOI net	ARS
11026,00	HC-265				
11026,70	SITOR A	B=100Bd S=170Hz		MFA Cairo	EGY
11029,00	*CIS MFSK 64*	*B=40Bd Ch=64 ChS=46Hz*		*MFA Moscow*	*RUS*
11030,00	FAX 120/576		VMC	Charleville M	AUS
11030,25	ALE USB	B=125Bd Ch=8 ChS=250Hz		CHN net	CHN
11030,50	*ALE USB*	*B=125Bd Ch=8 ChS=250Hz*		*AUT MIL net*	*AUT*
11032,00	CIS BAUDOT 1,5 STB	B=100Bd S=500Hz Ch=1			
11033,00	ALE USB	B=125Bd Ch=8 ChS=250Hz			
11033,00	CODAN	B=2400Bd Ch=16 ChS=112,5Hz		MFA Cairo	EGY
11033,00	CODAN CHIRP	B=80Bd Ch=30 ChS=81Hz		MFA Cairo	EGY
11033,00	CODAN	B=2400Bd Ch=16 ChS=112,5Hz		EGY E Rome	I
11034,00	STANAG 4285	B=2400Bd		I F Tripoli	LBY
11034,70	SITOR A	B=100Bd S=170Hz		MFA Cairo	EGY
11036,00	*CIS 200-1000*	*B=200Bd S=1000Hz Ch=1*		*RUS MIL INTEL Moscow*	*RUS*
11037,70	2FSK	B=300Bd S=850Hz			
11039,00	*BAUDOT*	*B=50Bd S=425Hz*	*DDH9*	*DWD TX Pinneberg*	*D*
11041,00	CW			RUS HFDF net	RUS
11042,00	ALE USB	B=125Bd Ch=8 ChS=250Hz			
11042,20	STANAG 4285	B=2400Bd	PBC	NLD N Goeree Island	HOL
11043,00	ALE USB	B=125Bd Ch=8 ChS=250Hz			
11043,20	*STANAG 4285*	*B=2400Bd*	*IDR*	*I N Rome*	*I*

Frequency	Mode	Mode Parameter	Callsign	User	Country
11044,00	CIS 200-1000	B=200Bd S=1000Hz Ch=1		RUS MIL INTEL Moscow	RUS
11047,50	ALE USB	B=125Bd Ch=8 ChS=250Hz		USA F net	
11050,00	CODAN	B=2400Bd Ch=16 ChS=112,5Hz		MFA Cairo	EGY
11050,00	CODAN CHIRP	B=80Bd Ch=30 ChS=81Hz		MFA Cairo	EGY
11050,20	MIL 188-110B SER	B=2400Bd		S MIL	S
11051,00	USB			UNOSOM	SOM
11051,70	SITOR A	B=100Bd S=170Hz		MFA Cairo	EGY
11052,00	CIS 200-1000	B=200Bd S=1000Hz Ch=1		RUS MIL INTEL	RUS
11055,00	CIS BAUDOT 50-17	B=50Bd S=500Hz			RUS
11055,00	ALE USB	B=125Bd Ch=8 ChS=250Hz		USA N net	USA
11055,50	CODAN CHIRP	B=80Bd Ch=30 ChS=81Hz		MFA Cairo	EGY
11055,50	CODAN	B=2400Bd Ch=16 ChS=112,5Hz		MFA Cairo	EGY
11056,20	2FSK	B=100Bd S=170Hz		Naples	I
11056,70	SITOR A	B=100Bd S=170Hz		MFA Cairo	EGY
11057,00	ASCII ARQ	B=100,1Bd S=500Hz			
11059,00	ALE USB	B=125Bd Ch=8 ChS=250Hz			
11064,00	CW		RIT	RUS NHQ Sveromorsk	RUS
11064,00	SSB, RTTY			D army	D
11064,00	*CIS 12*	*B=1440Bd Ch=12 ChS=200Hz*		*RUS N Murmansk*	*RUS*
11064,90	MIL 188-110B APP C	B=2400Bd			
11065,00	*CIS 50-500*	*B=50Bd S=500Hz*		*Moscow*	*RUS*
11073,00	SSB			USA Customs , DEA	USA
11073,00	CW			RUS HFDF net	RUS
11073,50	*4FSK*	*B=52Bd Ch=4 ChS=250Hz*		*Tallinn*	*EST*
11073,50	ALE USB	B=125Bd Ch=8 ChS=250Hz		USA FBI net	USA
11074,70	*BAUDOT*	*B=50Bd S=250Hz*			*RUS*
11076,00	ALE USB	B=125Bd Ch=8 ChS=250Hz			
11076,00	BAUDOT	B=200Bd S=1000Hz		RUS INTEL	RUS
11078,00	ALE USB	B=125Bd Ch=8 ChS=250Hz		SNG N net	SNG
11078,50	CROWD 36	B=40Bd S=40Hz Ch=32 ChS=40Hz		RUS diplo	
11080,00	*CIS 50-500*	*B=50Bd S=500Hz*		*Moscow*	*RUS*
11082,00	CW			RUS HFDF net	RUS
11082,00	CIS OFDM 45	B=2400Bd Ch=45 ChS=62,5Hz			RUS
11082,00	CIS BAUDOT 50-17	B=50Bd S=170Hz			RUS
11083,00	BAUDOT	B=50Bd S=170Hz			
11083,00	*RUS HYBRID MODEM MFSK-PSK*	*B=40Bd Ch=16*		*Moscow*	*RUS*
11083,00	*RUS HYBRID MODEM PSK-PSK*	*B=125Bd Ch=2 ChS=250Hz*		*Moscow*	*RUS*
11086,50	FAX 120/576		GYA	G N London	G
11087,00	STANAG 4197	B=2400Bd			
11088,00	*T600*	*B=50Bd S=200Hz*		*RUS N Sevastopol*	*UKR*

Frequency	Mode	Mode Parameter	Callsign	User	Country
11090,00	FAX 120/576		KVM70	Honululu M	HWA
11095,00	CIS BAUDOT 1,5 STB	B=200Bd S=500Hz Ch=1		RUS INTEL	RUS
11096,00	CW			RUS air defence net	RUS
11096,00	*STANAG 4285*	*B=2400Bd*		*G MIL Akrotiri*	*CYP*
11098,50	SSB			USA AF MARS	
11098,50	ALE USB	B=125Bd Ch=8 ChS=250Hz		USA AF MARS	USA
11100,00	ALE USB	B=125Bd Ch=8 ChS=250Hz			
11101,00	*CIS 50-100*	*B=50Bd S=100Hz*		*RUS F Moscow*	*RUS*
11102,00	CW		RDL	RUS N Moscow	RUS
11104,00	ALE USB	B=125Bd Ch=8 ChS=250Hz			
11104,00	SSB			NASA launch support ships	USA
11104,00	SSB		AFE70	USAF Cape Caneveral , FL	USA
11107,00	ALE USB	B=125Bd Ch=8 ChS=250Hz		USA F net	IRQ
11108,00	ALE USB	B=125Bd Ch=8 ChS=250Hz		CHN net	CHN
11108,00	ALE USB	B=125Bd Ch=8 ChS=250Hz		USA FEMA net	USA
11108,00	ALE USB	B=125Bd Ch=8 ChS=250Hz		USA SHARES net	USA
11110,00	SSB			USA AF Strategic Command	USA
11110,00	STANAG 4285	B=2400Bd		MOD Rome	I
11110,00	ALE USB	B=125Bd Ch=8 ChS=250Hz		F N net	
11111,00	ALE USB	B=125Bd Ch=8 ChS=250Hz		TUN F net	TUN
11114,00	ALE USB	B=125Bd Ch=8 ChS=250Hz			
11115,00	CW		RIT	RUS NHQ Sveromorsk	RUS
11115,00	CHP200 ALE	B=250Bd S=170Hz			
11116,00	*T600*	*B=50Bd S=200Hz*		*RUS N Moscow*	*RUS*
11116,20	CIS 16 TONE	B=2400Bd Ch=16 ChS=150Hz		RUS E	
11118,00	SSB		AEA	USAF Heidelberg	D
11120,00	T600	B=50Bd S=250Hz		RUS N	RUS
11121,00	SSB			USA AF MARS	
11122,00	CIS 200-1000	B=200Bd S=1000Hz Ch=1		RUS MIL INTEL	RUS
11123,00	CHN 4+4	B=75Bd Ch=8 ChS=300/450Hz		CHN MIL	
11123,00	CIS OFDM 45	B=2400Bd Ch=45 ChS=62,5Hz			
11123,00	CIS BAUDOT 1,5 STB	B=200Bd S=500Hz Ch=1		RUS INTEL	RUS
11125,00	ALE USB	B=125Bd Ch=8 ChS=250Hz			
11125,00	*MAZIELKA*	*B=1Bd Ch=6*		*MFA Moscow*	*RUS*
11126,00	CIS BAUDOT 1,5 STB	B=200Bd S=500Hz Ch=1		RUS INTEL	RUS
11128,00	ALE USB	B=125Bd Ch=8 ChS=250Hz			
11129,00	*CIS 12*	*B=1440Bd Ch=12 ChS=200Hz*		*RUS MIL N*	*RUS*
11130,00	ALE USB	B=125Bd Ch=8 ChS=250Hz		?MRC F	MRC
11132,00	SSB			Virgin Blue LDOC	AUS
11132,50	ALE USB	B=125Bd Ch=8 ChS=250Hz		CAN F net	CAN
11133,00	ALE USB	B=125Bd Ch=8		IRN net	IRN

Frequency	Mode	Mode Parameter	Callsign	User	Country
		ChS=250Hz			
11134,00	ALE USB	B=125Bd Ch=8 ChS=250Hz			
11135,00	CLOVER200	Ch=4	BASE31	GANOB net	EGY
11135,00	CLOVER200	Ch=4	HALAEB1	Haifa P	ISR
11135,00	MIL 188-110B SER	B=2400Bd	BXM73	CHN diplo	
11135,00	ALE USB	B=125Bd Ch=8 ChS=250Hz			
11135,50	ALE USB	B=125Bd Ch=8 ChS=250Hz			
11136,00	USB			EGY	
11136,00	STANAG 4197	B=2400Bd		EGY	
11136,00	MI 188-110B SER	B=2400Bd			
11138,00	ARQE	B=46,15Bd S=170Hz			
11138,00	ALE LSB	B=125Bd Ch=8 ChS=250Hz			
11139,00	T600	B=50Bd S=250Hz		RUS N	
11140,00	CLOVER 2000	B=500Bd Ch=8 ChS=250Hz	SA1NA	Sana	MLI
11140,00	CLOVER 2000	B=500Bd Ch=8 ChS=250Hz	POB**		
11146,00	*CIS 12*	*B=1440Bd Ch=12 ChS=200Hz*		*RUS MIL Moscow*	*RUS*
11147,00	ALE USB	B=125Bd Ch=8 ChS=250Hz			
11149,00	*STANAG 4285*	*B=2400Bd*		*G MIL Akrotiri*	*CYP*
11150,00	CCIR 493-4	B=100Bd S=170Hz			
11150,00	CLOVER 2000	B=500Bd Ch=8 ChS=250Hz	EM1NO	ALG oil net	ALG
11150,00	CCIR 493-4	B=100Bd S=170Hz			
11150,00	CCIR 493-4	B=100Bd S=170Hz			
11152,00	ALE USB	B=125Bd Ch=8 ChS=250Hz			
11153,00	*ISR N HYBRID MODEM*	*B=2400Bd*	*4XZ*	*ISR N Haifa*	*ISR*
11153,00	CIS 200-1000	B=200Bd S=1000Hz Ch=1		RUS MIL INTEL	RUS
11154,50	MIL 188-110B SER	B=2400Bd		USA CG	USA
11155,00	CW		RIT	RUS NHQ Sveromorsk	RUS
11155,00	CW		RIT	RUS NHQ Sveromorsk	RUS
11155,00	CW		RJP58	RUS F	RUS
11156,00	CW		RIW	RUS NSHQ Moscow	RUS
11156,00	ALE USB	B=125Bd Ch=8 ChS=250Hz		ALG MIL net	ALG
11157,00	CIS 12	B=1440Bd Ch=12 ChS=200Hz			
11157,75	ALE USB	B=125Bd Ch=8 ChS=250Hz			
11158,00	ALE USB	B=125Bd Ch=8 ChS=250Hz			
11159,00	*STANAG 4481*	*B=75Bd S=850Hz*	*NSY*	*USA N Niscemy*	*I*
11161,00	ALE USB	B=125Bd Ch=8 ChS=250Hz			
11162,00	ALE USB	B=125Bd Ch=8 ChS=250Hz			
11163,00	ALE USB	B=125Bd Ch=8 ChS=250Hz		ALG AF net	ALG
11164,00	CIS 200-1000	B=200Bd S=1000Hz Ch=1		RUS MIL INTEL	RUS
11165,00	DPRK ARQ	B=600Bd S=600Hz		KRE diplo	
11165,00	SSB			Kiev Air	UKR
11165,00	PACTOR I	B=100Bd S=170Hz	LM5TR		NOR

Frequency	Mode	Mode Parameter	Callsign	User	Country
11168,60	ALE USB	B=125Bd Ch=8 ChS=250Hz		USA diplo net	USA
11171,00	ALE USB	B=125Bd Ch=8 ChS=250Hz		ALG MIL net	ALG
11173,00	STANAG 4285	B=2400Bd	RFGW**	MFA Paris	F
11174,00	PACTOR III	B=100Bd S=200Hz	V8V2222	Sailmail Brunai Bay	BRU
11175,00	SSB			USA AF Croughton	G
11175,00	SSB			USA AF Puerto Rico	PTR
11175,00	USB			USA AF Sigonella	I
11175,00	SSB			USA AF Diego Garcia	DGA
11175,00	SSB		AFA	USA AF Andrews AFB , Camp Springs , MD	USA
11175,00	SSB			USA AF Ascension AFB	ASC
11175,00	SSB		AFI	USA AF McClellan AFB , Sacramento , CA	USA
11175,00	SSB		AFS	USA AF Offutt AFB , Omaha , NE	USA
11175,00	SSB		AGA	USA AF Hickham AFB , Honolulu	HWA
11175,00	SSB		AIE	USA AF Andersen AFB	GUM
11175,00	SSB		AIF80	USA AF Yokota AB	J
11175,00	SSB		AKA	USA AF Elmendorf AFB , Anchorage	ALS
11175,00	SSB		CUW	USA AF Lajes	AZR
11175,00	TE-204 MODEM	B=150Bd S=880Hz Ch=4 ChS=440Hz			
11175,00	USB		AIF80	USA AF Yokota AB	J
11175,00	*BUL MFSK*	*B=240Bd Ch=8 ChS=240Hz*		*MFA Sofia*	*BUL*
11177,00	LINK 11	B=2250Bd			
11178,00	USB		PBV	NLD AF Valkenburg	HOL
11178,00	ALE USB	B=125Bd Ch=8 ChS=250Hz		G AF	
11178,00	USB			POL AF net	POL
11178,00	*PSK*	*B=8000Bd*		*Niscemi*	*I*
11179,00	SSB		AFE	USAF MacDill AFB , FL	USA
11179,00	SSB		AFL	USAF Loring AFB , Limestone , ME	USA
11179,00	SSB		AGA	USAF Hickham AFB , Honolulu	HWA
11179,00	SSB		AIE	USAF Andersen AFB	GUM
11179,00	SSB		DHM91	D AF Münster	D
11180,00	ALE USB	B=125Bd Ch=8 ChS=250Hz			
11181,00	ALE USB	B=125Bd Ch=8 ChS=250Hz		USA AF net	
11183,00	STANAG 4197	B=2400Bd			
11184,00	HFDL	B=1800Bd	H03**	Reykjavik	ISL
11187,00	SSB		DHM91	D AF Münster	D
11192,00	SSB			CAN AF Goose Bay	CAN
11193,00	USB			RUS AF net	RUS
11194,00	SSB			Lockheed Corp. Los Angeles , CA	USA
11196,00	ALE USB	B=125Bd Ch=8 ChS=250Hz			
11196,00	ALE USB	B=125Bd Ch=8 ChS=250Hz		USA COTHEN net	USA
11199,00	ALE USB	B=125Bd Ch=8 ChS=250Hz		USA AF NIPR net	USA
11202,00	ALE USB	B=125Bd Ch=8 ChS=250Hz			
11205,00	STANAG 4197	B=2400Bd			
11205,00	USB				
11208,00	ALE USB	B=125Bd Ch=8 ChS=250Hz		G MIL net	G
11209,00	ALE USB	B=125Bd Ch=8 ChS=250Hz		USA AF net	USA
11211,00	STANAG 4285	B=2400Bd			
11211,00	ALE USB	B=125Bd Ch=8 ChS=250Hz			
11213,00	*STANAG 4481*	*B=75Bd S=850Hz*	*MKL*	*G N Inskip*	*G*

Frequency	Mode	Mode Parameter	Callsign	User	Country
11214,00	SSB		CHR	CAN F Trenton	CAN
11214,00	SSB		VXA	CAN F Edmonton	CAN
11215,00	SSB			USN Keflavik	ISL
11215,00	ALE USB	B=125Bd Ch=8 ChS=250Hz			MTN
11217,00	ALE USB	B=125Bd Ch=8 ChS=250Hz		USA MIL	
11217,00	USB		DHM91	D AF Münster	D
11217,00	ALE USB	B=125Bd Ch=8 ChS=250Hz		G MIL net	G
11217,00	ALE USB	B=125Bd Ch=8 ChS=250Hz		USA SHARES net	USA
11217,60	ALE USB	B=125Bd Ch=8 ChS=250Hz		USA diplo net	
11218,50	DPRK ARQ	B=600Bd S=600Hz		KRE diplo	
11220,00	ALE USB	B=125Bd Ch=8 ChS=250Hz			
11220,00	SSB			USA AF Strategic Command	USA
11220,00	TE-204 MODEM	B=150Bd S=880Hz Ch=4 ChS=440Hz		USA AF	USA
11223,00	HARRIS MODEM	Ch=39 ChS=62Hz			
11226,00	ALE USB	B=125Bd Ch=8 ChS=250Hz		USA AF net	
11226,00	SSB			Boyeros Air	CUB
11226,00	SSB		AIE	USAF Andersen AFB	GUM
11226,00	SSB		CMI	CUBANA Habana	CUB
11226,00	SSB		CUW	POR AF Lajes AFB	AZR
11226,00	ALE USB	B=125Bd Ch=8 ChS=250Hz		AUS MIL net	AUS
11232,00	SSB		CFH	CAN F Halifax	CAN
11232,00	SSB		CHR	CAN F Trenton	CAN
11232,00	SSB		VXA	CAN F Edmonton	CAN
11232,00	SSB			CAN AF Alert	CAN
11232,00	SSB			CAN AF Chatham Island	CAN
11232,00	SSB			CAN AF Edmonton	CAN
11232,00	SSB			CAN AF St. John`s	CAN
11232,00	SSB			CAN AF Sydney	CAN
11232,00	SSB		CHR	CAN AF Trenton	CAN
11232,00	SSB			CAN AF Vancouver	CAN
11235,00	*ALE USB*	*B=125Bd Ch=8 ChS=250Hz*		*I AF net*	*I*
11236,00	SSB		AIE	USAF Andersen AFB	GUM
11238,00	*ALE USB*	*B=125Bd Ch=8 ChS=250Hz*		*G MIL net*	*G*
11239,00	SSB		AFI	USAF McClellan AFB , Sacramento , CA	USA
11239,00	SSB		AGA	USAF Hickham AFB , Honolulu	HWA
11239,00	STANAG 4197	B=2400Bd		EGY N	EGY
11240,00	CLOVER 2000	B=500Bd Ch=8 ChS=250Hz			
11240,00	ALE USB	B=125Bd Ch=8 ChS=250Hz			
11240,50	SSB		CHR	CAN F Trenton	CAN
11244,00	SSB		AKA	USAF Elmendorf AFB , Anchorage	ALS
11246,00	SSB			DNK AF Karup	DNK
11246,00	SSB			DNK AF Nuuk	GRL
11246,00	SSB			DNK AF Thule	GRL
11246,00	SSB			USAF Scott AFB , IL	USA
11246,00	SSB		AFE	USAF MacDill AFB , FL	USA
11246,00	SSB		AFI	USAF McClellan AFB , Sacramento , CA	USA
11246,00	SSB		AGA	USAF Hickham AFB , Honolulu	HWA
11246,00	SSB		OWD	DNK AF Vaerlose	DNK
11246,00	*ALE USB*	*B=125Bd Ch=8 ChS=250Hz*		*ISR AF net*	

Frequency	Mode	Mode Parameter	Callsign	User	Country
11246,00	ALE USB	B=125Bd Ch=8 ChS=250Hz			
11247,00	SSB			G AF Akrotiri	CYP
11247,00	SSB			G AF Gibraltar	GIB
11248,50	DPRK ARQ	B=600Bd S=600Hz		KRE diplo	
11249,00	SSB		CFH	CAN F Halifax	CAN
11249,00	SSB		CJU	CAN F Vancouver	CAN
11250,00	ALE USB	B=125Bd Ch=8 ChS=250Hz		UNJLC net	SDN
11250,00	ALE USB	B=125Bd Ch=8 ChS=250Hz		USA AF net	
11252,00	SSB			NASA launch support ships	USA
11253,00	*USB*		*MVU*	*G AF VOLMET Inskip*	*G*
11261,00	ALE LSB	B=125Bd Ch=8 ChS=250Hz		TWN N Net	TWN
11263,00	USB			RUS AF net	RUS
11265,00	SSB		CHR	CAN F Trenton	CAN
11265,00	SSB		DHM91	D AF Münster	D
11266,40	STANAG 4481	B=75Bd S=850Hz			
11270,00	SSB		DHN66	NATO Geilenkirchen	D
11271,00	SSB		CHR	CAN F Trenton	CAN
11273,00	CHN DATALINK	B=2400Bd Ch=30 ChS=75Hz		CHN N	CHN
11279,00	USB		VFG	Gander Air	CAN
11279,00	SSB			Aktyubinsk VOLMET	KAZ
11279,00	SSB			Alma Ata VOLMET	KAZ
11279,00	SSB			Baku VOLMET	AZE
11279,00	SSB			Bodoe Air	NOR
11279,00	SSB			Cambridge Bay Air	CAN
11279,00	SSB			Iceland Air , Reykjavik	ISL
11279,00	SSB			Iqaluit Air	CAN
11279,00	SSB			Karaganda VOLMET	KAZ
11279,00	SSB			MWARA NAT	NAT
11279,00	SSB			RDARA 2B	
11279,00	SSB			RDARA 6F	
11279,00	SSB			RDARA 9C	
11279,00	SSB			Tbilisi VOLMET	GEO
11282,00	SSB			MWARA CEP	CEP
11282,00	SSB			RDARA 13H	
11282,00	SSB			RDARA 4A	
11282,00	SSB			RDARA 6G	
11282,00	SSB			San Francisco Air , CA	USA
11282,00	SSB		KVM70	Honululu Air	HWA
11285,00	SSB			Singapore Air	SNG
11285,00	SSB			RDARA 2A	
11285,00	SSB			RDARA 3B	
11285,00	SSB			RDARA 7	
11285,00	USB			Colombo Air	CLN
11285,00	USB			Kuala Lumpur Air	MLA
11288,00	SSB			RDARA 11B	
11288,00	SSB			RDARA 5A	
11288,00	SSB			RDARA 6G	
11288,00	SSB			USA Customs , DEA	USA
11288,00	HFDL	B=1800Bd	H16**	Agana	GUM
11288,00	USB		BOING EVERETT	Boing Seattle	USA
11288,00	USB		BOING SEATTLE	Boing Seattle	USA
11291,00	SSB			Bissau Air	GNB
11291,00	SSB			Canarias Air , Las Palmas	CNR
11291,00	SSB			Dakar Air	SEN
11291,00	SSB			MWARA SAT	SAT
11291,00	SSB			Paramaribo Air	SUR

Frequency	Mode	Mode Parameter	Callsign	User	Country
11291,00	SSB			RDARA 3B	
11291,00	SSB			RDARA 3C	
11291,00	SSB			Recife Air	B
11291,00	SSB			Sal Air	CPV
11291,00	SSB			Canarias Air , Las Palmas	CNR
11294,00	SSB			RDARA 2A	
11294,00	SSB			RDARA 6G	
11294,00	SSB			RDARA 7C	
11297,00	SSB			Kiev VOLMET	UKR
11297,00	SSB			Moscow VOLMET	RUS
11297,00	SSB			RDARA 12F	
11297,00	SSB			RDARA 2	
11297,00	SSB			Riga VOLMET	LVA
11297,00	SSB		RLAP	Rostov VOLMET	RUS
11297,00	SSB		UHD	ST. Petersburg VOLMET	RUS
11300,00	SSB		KEA5	New York Air	USA
11300,00	SSB			Benghazi Air	
11300,00	PACTOR I	B=100Bd S=200Hz		ALG customs	ALG
11300,00	SSB			Aden Air	YEM
11300,00	SSB			Asmara Air	ERT
11300,00	SSB			Blantyre Air	MWI
11300,00	SSB			Mumbai Air	IND
11300,00	SSB			Bujumbura Air	BDI
11300,00	SSB			Cairo Air	EGY
11300,00	SSB			Cocos Island Air	ICO
11300,00	SSB			Dar es Salaam Air	TZA
11300,00	SSB			Entebbe Air	UGA
11300,00	SSB			Juba Air	SDN
11300,00	SSB			Khartoum Air	SDN
11300,00	SSB			Kigali Air	RRW
11300,00	SSB			Mogadishu Air	SOM
11300,00	SSB			Moroni Air	COM
11300,00	SSB			MWARA AFI	AFI
11300,00	SSB			Port Sudan Air	SDN
11300,00	SSB			RDARA 13H	
11300,00	SSB			RDARA 6G	
11300,00	SSB			Sanaa Air	YEM
11300,00	SSB			Seychelles Air , Mahe	SEY
11300,00	SSB			Tripoli Air	LBY
11300,00	SSB		5YD	Nairobi Air	KEN
11300,00	SSB		DJR	Djibouti Air	DJI
11300,00	SSB		ETD3	Addis Abbeba Air	ETH
11303,00	SSB			RDARA 13E	
11303,00	SSB			RDARA 3C	
11306,00	HFDL	B=1800Bd	H16**	Agana	GUM
11306,00	SSB			Lima Air	PRU
11306,00	SSB			RDARA 11B	
11306,00	SSB			RDARA 6G	
11306,00	SSB			RDARA 7E	
11306,00	USB		BOING SEATTLE	Boing Seattle	USA
11306,00	USB		BOING EVERETT	Boing Seattle	USA
11309,00	SSB			MWARA NAT	NAT
11309,00	SSB		KEA5	New York Air	USA
11309,00	SSB			RDARA 3A	
11309,00	SSB			RDARA 6D	
11309,00	SSB		CSY	Santa Maria Air	AZR
11312,00	SSB			RDARA 5	
11312,00	SSB			RDARA 9C	
11312,00	HFDL	B=1800Bd	H02**	Molokai , HI	HWA
11312,00	HFDL	B=1800Bd	H15**	Al Muharraq	BHR

Frequency	Mode	Mode Parameter	Callsign	User	Country
11315,00	SSB			RDARA 6G	
11315,00	SSB			VOLMET CAR	CAR
11315,00	HFDL	B=1800Bd	H04**	Riverhead , NY	USA
11318,00	SSB		CPMB	Santa Cruz Air	BOL
11318,00	SSB			Jekaterinenburg VOLMET	RUS
11318,00	SSB			Novosibirsk VOLMET	RUS
11318,00	SSB			RDARA 13D	
11318,00	SSB			RDARA 3	
11318,00	SSB			RDARA 4A	
11318,00	SSB		RQCI	Samara VOLMET	RUS
11318,00	SSB		UBB2	Syktyvkar VOLMET	RUS
11318,00	SSB		RVPE	Tyumen VOLMET	RUS
11318,00	HFDL	B=1800Bd	H13**	Santa Cruz	BOL
11321,00	SSB			RDARA 13F	
11321,00	SSB			RDARA 6A	
11324,00	SSB			RDARA 12C	
11324,00	SSB			RDARA 3A	
11324,00	SSB			RDARA 3C	
11324,00	SSB			RDARA 4B	
11327,00	HFDL	B=1800Bd	H01**	San Francisco , CA	USA
11327,00	SSB			MWARA SP	SP
11327,00	SSB			RDARA 13C	
11327,00	SSB			RDARA 3B	
11327,00	SSB			RDARA 5	
11327,00	HFDL	B=1800Bd	H05**	Auckland	NZL
11330,00	SSB		KEA5	New York Air	USA
11330,00	SSB			Anchorage Air	ALS
11330,00	SSB			MWARA AFI	AFI
11330,00	SSB			MWARA NP	NP
11330,00	SSB			RDARA 13F	
11330,00	SSB			RDARA 3A	
11330,00	SSB			Tokyo Air	J
11330,00	SSB			Tripoli Air	LBY
11330,00	SSB		KVM70	Honululu Air	HWA
11333,00	SSB			Baku Air	AZE
11333,00	SSB			Gomel Air	BLR
11333,00	SSB			Jerevan Air	ARM
11333,00	SSB			RDARA 10	
11333,00	SSB			RDARA 2B	
11333,00	SSB			RDARA 2C	
11333,00	CODAN	B=2400Bd Ch=16 ChS=112,5Hz		MFA Cairo	EGY
11333,00	CODAN CHIRP	B=80Bd Ch=30 ChS=81Hz		MFA Cairo	EGY
11334,00	ALE USB	B=125Bd Ch=8 ChS=250Hz			
11336,00	SSB			MWARA NAT	NAT
11336,00	SSB			RDARA 3	
11336,00	SSB			Shanwick Air	IRL
11336,00	SSB		VFG	Gander Air	CAN
11339,00	SSB			Fuaamotu Air	TON
11339,00	SSB			Honiara Air	SLM
11339,00	SSB			Nandi Air	FJI
11339,00	SSB			RDARA 13K	
11339,00	SSB			RDARA 2B	
11339,00	SSB			RDARA 6B	
11339,00	SSB			RDARA 9	
11340,00	ALE USB	B=125Bd Ch=8 ChS=250Hz		MTN net	MTN
11342,00	USB			ARINC Barrow	ALS
11342,00	USB			ARINC Guam	GUM
11342,00	USB			ARINC Santa Cruz	BOL

Frequency	Mode	Mode Parameter	Callsign	User	Country
11342,00	SSB			ARINC New York , NY	USA
11342,00	SSB			ARINC San Francisco , CA	USA
11342,00	USB			ARINC Hat Yai	THA
11342,00	SSB			W II	WW
11342,00	SSB			W III	WW
11345,00	SSB			W I	WW
11345,00	SSB			W IV	WW
11345,00	USB		SDJ	Stockholm R	S
11348,00	SSB			W II	WW
11348,00	SSB			W V	WW
11348,00	HFDL	B=1800Bd	H02**	Molokai , HI	HWA
11348,00	HFDL	B=1800Bd	H17**	Telde , Gran Canaria	E
11350,00	CCIR 493-4	B=100Bd S=170Hz			
11350,00	CCIR 493-4	B=100Bd S=170Hz			
11350,00	PACTOR I	B=100Bd S=170Hz			SDN
11350,00	ALE USB	B=125Bd Ch=8 ChS=250Hz			
11350,00	CLOVER 2000	B=500Bd Ch=8 ChS=250Hz	31**		EGY
11350,00	CLOVER 2000	B=500Bd Ch=8 ChS=250Hz	1**		
11350,00	CLOVER 2000	B=500Bd Ch=8 ChS=250Hz	ABORAMA 1	GANOB	EGY
11350,00	CLOVER 2000	B=500Bd Ch=8 ChS=250Hz	BASE31	GANOB net	EGY
11351,00	SSB			Belgrade Air	SRB
11351,00	SSB			W I	WW
11351,00	SSB			W III	WW
11353,00	ALE USB	B=125Bd Ch=8 ChS=250Hz		IRN net	IRN
11354,00	SSB			Gulf Air , Manama	BHR
11354,00	SSB			W II	WW
11354,00	SSB			W V	WW
11354,00	USB		PRIBOY	RUS AF Moscow	RUS
11354,00	*USB WITH FULL CARRIER*			*Moscow Air*	*RUS*
11354,00	HFDL	B=1800Bd	H04**	Riverhead , NY	USA
11354,00	HFDL	B=1800Bd	H09**	Barrow , AK	ALS
11355,00	CODAN CHIRP	B=80Bd Ch=30 ChS=81Hz		MFA Cairo	EGY
11355,00	CODAN	B=2400Bd Ch=16 ChS=112,5Hz		MFA Cairo	EGY
11356,70	SITOR A	B=100Bd S=170Hz		MFA Cairo	EGY
11357,00	SSB			RDARA 10A	
11357,00	SSB			RDARA 6A	
11357,00	SSB			RDARA 6E	
11360,00	USB		DAVLENIE	RUS AF Taganrog	RUS
11360,00	USB			RUS AF net	RUS
11360,00	SSB			Asuncion Air	PRG
11360,00	SSB			Ezeiza Air	ARG
11360,00	SSB			MWARA SAM	SAM
11360,00	SSB			Quito Air	EQA
11360,00	SSB			RDARA 14	
11360,00	SSB			RDARA 2	
11360,00	SSB			RDARA 3	
11360,00	USB		KORSAR	RUS AF Pskov	RUS
11360,00	USB		KADRIL	RUS AF Ryazan	RUS
11360,00	USB		BUNTAR	RUS AF Orenburg	RUS
11360,00	USB		PROSELO K	RUS AF Bryansk	RUS
11360,00	USB		KLARNETI ST	RUS AF Migalovo/Tver	RUS
11363,00	SSB			RDARA 10A	

Frequency	Mode	Mode Parameter	Callsign	User	Country
11363,00	SSB			RDARA 6E	
11366,00	SSB			RDARA 13K	
11366,00	SSB			RDARA 1C	
11366,00	SSB			RDARA 6B	
11366,00	SSB			RDARA 6F	
11369,00	SSB			RDARA 13G	
11369,00	SSB			RDARA 6G	
11370,00	USB			RUS AF	
11372,00	SSB			RDARA 2C	
11372,00	SSB			RDARA 3B	
11372,00	SSB			RDARA 6D	
11375,00	SSB			MWARA MID	MID
11375,00	SSB			RDARA 10A	
11375,00	SSB			RDARA 13C	
11378,00	SSB			RDARA 13M	
11378,00	SSB			RDARA 3C	
11378,00	SSB			VOLMET EUR	EUR
11381,00	SSB			RDARA 12E	
11381,00	SSB			RDARA 12J	
11381,00	SSB			RDARA 6	
11383,00	ALE USB	B=125Bd Ch=8 ChS=250Hz			
11384,00	SSB			Bourgas Air	BUL
11384,00	SSB			Honululu Air	HWA
11384,00	SSB			MWARA CWP	CWP
11384,00	SSB			RDARA 12J	
11384,00	SSB			RDARA 1D	
11384,00	SSB			Sofia Air	BUL
11384,00	HFDL	B=1800Bd	H07**	Shannon	IRL
11387,00	SSB		AXQ421	Australian Volmet	AUS
11387,00	SSB		HSD	Bangkok VOLMET	THA
11387,00	SSB			Bombay VOLMET	IND
11387,00	SSB			Calcutta VOLMET	IND
11387,00	SSB			Karachi VOLMET	PAK
11387,00	SSB			MWARA CAR	CAR
11387,00	SSB			Singapore VOLMET	SNG
11387,00	SSB			AUS VOLMET Brisbane	AUS
11387,00	SSB			VOLMET SEA	SEA
11387,00	HFDL	B=1800Bd	H04**	Riverhead , NY	USA
11390,00	SSB			Moscow Air	RUS
11390,00	SSB			RDARA 10	
11390,00	SSB			RDARA 2	
11393,00	SSB			RDARA 12E	
11393,00	SSB			RDARA 9B	
11393,00	SSB			VOLMET MID	MID
11395,00	DQPSK	B=1280Bd		Kharkiv area	UKR
11396,00	SSB			Bali Air	INS
11396,00	SSB			Bangkok Air	THA
11396,00	SSB			Boyeros Air	CUB
11396,00	SSB			Cenamer Air , Tegucigalpa	HND
11396,00	SSB			Cocos Island Air	ICO
11396,00	SSB			Colombo Air	CLN
11396,00	SSB			Guatemala City Air	GTM
11396,00	SSB			Ho Chi Min Ville Air	VTN
11396,00	SSB			Hongkong Air	HKG
11396,00	SSB			Jakarta Air	INS
11396,00	SSB			Kingston AIr	JMC
11396,00	SSB			Kuala Lumpur Air	MLA
11396,00	SSB			Managua Air	NCG
11396,00	SSB			Manila Air	PHL
11396,00	SSB			Merida Air	MEX
11396,00	SSB			MWARA CAR	CAR

Frequency	Mode	Mode Parameter	Callsign	User	Country
11396,00	SSB			MWARA EA	EA
11396,00	SSB			MWARA SEA	SEA
11396,00	SSB		KEA5	New York Air	USA
11396,00	SSB			Panama Air	PNR
11396,00	SSB			Piarco Air	TRD
11396,00	SSB			San Andres Air	SAP
11396,00	SSB			San Jose Air	CTR
11396,00	SSB			Singapore Air	SNG
11396,00	SSB			Ujung Pandang Air	INS
11400,50	ALE USB	B=125Bd Ch=8 ChS=250Hz		AUT MIL net	
11402,00	ALE USB	B=125Bd Ch=8 ChS=250Hz		USA Civil Air Patrol net	USA
11402,00	CHN 4+4	B=75Bd Ch=8 ChS=300/450Hz		CHN MIL	
11403,00	ALE USB	B=125Bd Ch=8 ChS=250Hz			
11404,50	ALE USB	B=125Bd Ch=8 ChS=250Hz			
11405,00	CLOVER 2000	B=500Bd Ch=8 ChS=250Hz			
11405,00	CODAN CHIRP	B=80Bd Ch=30 ChS=81Hz		MFA Cairo	EGY
11405,00	CODAN	B=2400Bd Ch=16 ChS=112,5Hz		MFA Cairo	EGY
11406,00	CIS OFDM 93	B=2400Bd Ch=93 ChS=31,25Hz		CIS	RUS
11407,00	ALE USB	B=125Bd Ch=8 ChS=250Hz			
11407,00	CIS 12	B=1440Bd Ch=12 ChS=200Hz			
11407,00	SSB			NASA rocket booster recovery	USA
11407,00	SSB			USA AF MARS	D
11408,00	CW		REA4	RUS AF HQ Moscow	RUS
11408,00	SSB			USA AF Strategic Command	USA
11409,00	CIS 50-1000	B=50Bd S=1000Hz	REA4	RUS AF HQ Moscow	RUS
11409,00	M/S 1,0	B=75Bd S=100Hz			
11409,00	CIS MFSK 20	B=20Bd Ch=20 ChS=40Hz		RUS INTEL	RUS
11409,70	SITOR A	B=100Bd S=170Hz		MFA Cairo	EGY
11410,00	ALE USB	B=125Bd Ch=8 ChS=250Hz			
11412,00	ALE USB	B=125Bd Ch=8 ChS=250Hz			
11413,50	PACTOR I	B=200Bd S=200Hz		MFA Praha	CZE
11415,00	BAUDOT	B=50Bd S=500Hz		RUS	
11415,00	*ALE USB*	*B=125Bd Ch=8 ChS=250Hz*		*ROU diplo net*	*ROU*
11415,50	CROWD 36	B=40Bd Ch=32 ChS=40Hz		CIS diplo	
11418,00	CW		RMP	RUS NHQ Kaliningrad	RUS
11418,50	ALE USB	B=125Bd Ch=8 ChS=250Hz		AUT F net	
11421,00	ALE USB	B=125Bd Ch=8 ChS=250Hz		ROU diplo net	
11421,70	ARQ-E3	B=192Bd S=400Hz		F F	
11423,00	CIS 4FSK	B=150Bd Ch=4 ChS=4000Hz			
11424,00	CHN 4+4	B=75Bd Ch=8 ChS=300/450Hz		CHN MIL	
11425,00	ALE USB	B=125Bd Ch=8 ChS=250Hz		ROU net	
11425,00	CODAN	B=2400Bd Ch=16		EGY E Paris	F

Frequency	Mode	Mode Parameter	Callsign	User	Country
		ChS=112,5Hz			
11425,00	CODAN CHIRP	B=80Bd Ch=30 ChS=81Hz		EGY E Paris	F
11426,00	ALE USB	B=125Bd Ch=8 ChS=250Hz		ALG MIL net	ALG
11427,50	ALE USB	B=125Bd Ch=8 ChS=250Hz		ALG diplo net	
11428,00	ALE USB	B=125Bd Ch=8 ChS=250Hz			
11429,00	ALE USB	B=125Bd Ch=8 ChS=250Hz		CHL N net	CHL
11430,00	ALE USB	B=125Bd Ch=8 ChS=250Hz			
11430,00	ALE USB	B=125Bd Ch=8 ChS=250Hz		MTN net	MTN
11430,00	MIL 188-110B 39TONE	B=2400Bd Ch=39 ChS=56,25Hz			
11430,00	CODAN	B=2400Bd Ch=16 ChS=112,5Hz			
11431,00	CIS 200-1000	B=200Bd S=1000Hz Ch=1		RUS MIL INTEL	RUS
11434,00	ALE USB	B=125Bd Ch=8 ChS=250Hz		I AF net	I
11434,70	ALE USB	B=125Bd Ch=8 ChS=250Hz		CHN net	CHN
11435,00	CLOVER 2000	B=500Bd Ch=8 ChS=250Hz	CE1NTRE		
11435,00	ALE USB	B=125Bd Ch=8 ChS=250Hz		Queensland Deptartment of Community Safety	AUS
11437,70	PACTOR I	B=100Bd S=170Hz	EURI	ALG customs	ALG
11437,90	PACTOR	B=200Bd S=170Hz	EURI	ALG customs	ALG
11438,50	*DPRK ARQ*	*B=600Bd S=600Hz*	*RDB5*	*KRE E Moscow*	*RUS*
11439,00	CHN 4+4	B=75Bd Ch=8 ChS=300/450Hz		CHN MIL	
11439,00	PR	B=1247Bd S=1240Hz	FKO368		
11439,50	ALE USB	B=125Bd Ch=8 ChS=250Hz		USA F net	USA
11440,00	*ALE USB*	*B=125Bd Ch=8 ChS=250Hz*		*ROU diplo net*	*ROU*
11441,00	CIS 200-1000	B=200Bd S=1000Hz Ch=1		RUS MIL INTEL Moscow	RUS
11442,50	M/S 1,0	B=300Bd S=300Hz		AUS F	AUS
11443,50	DPRK FSK	B=600Bd S=600Hz		KRE E	
11443,50	DPRK ARQ	B=600Bd S=600Hz		KRE diplo	
11444,00	MIL 188-110B 39TONE	B=2400Bd Ch=39 ChS=56,25Hz		AUS MIL	AUS
11444,70	SITOR A	B=100Bd S=170Hz		MFA Cairo	EGY
11445,00	*CIS 200-1000*	*B=200Bd S=1000Hz Ch=1*		*RUS MIL INTEL Moscow*	*RUS*
11445,00	ALE USB	B=125Bd Ch=8 ChS=250Hz		CHN net	CHN
11446,00	MIL 188-110B SER	B=2400Bd		S MIL	S
11446,50	DPRK ARQ	B=600Bd S=600Hz		KRE diplo	
11448,50	DPRK ARQ	B=600Bd S=600Hz		KRE diplo	
11450,00	2FSK	B=1200Bd S=1200Hz		I MIL	I
11450,00	*ALE USB*	*B=125Bd Ch=8 ChS=250Hz*		*ROU diplo net*	*ROU*
11450,00	CIS MFSK 68	B=50Bd Ch=68 ChS=47Hz		RUS diplo	RUS
11451,00	CIS OFDM 112	B=3360Bd Ch=112 ChS=25,6Hz		RUS diplo	RUS
11451,00	ALE USB	B=125Bd Ch=8		CHL N net	

Frequency	Mode	Mode Parameter	Callsign	User	Country
		ChS=250Hz			
11452,00	ALE USB	B=125Bd Ch=8 ChS=250Hz			
11454,50	CROWD 36	B=40Bd S=40Hz Ch=32 ChS=40Hz		RUS diplo	
11455,00	ALE USB	B=125Bd Ch=8 ChS=250Hz		ALG MOI net	ALG
11455,00	ALE USB	B=125Bd Ch=8 ChS=250Hz		CLM N	CLM
11455,00	ALE USB	B=125Bd Ch=8 ChS=250Hz		B N net	B
11455,20	*STANAG 4285*	*B=2400Bd*		*NOR N Oslo*	*NOR*
11456,00	USB		XVT	Da Nang R	VTN
11456,00	USB		XVG	Hai Phong R	VTN
11456,00	USB		XVS	Ho Chi Minh R	VTN
11458,00	*ALE USB*	*B=125Bd Ch=8 ChS=250Hz*		*ROU diplo net*	*ROU*
11458,50	DPRK ARQ	B=600Bd S=600Hz		KRE diplo	
11460,00	ALE USB	B=125Bd Ch=8 ChS=250Hz			
11460,00	ALE 3G	B=2400Bd			
11462,00	RDFT	B=122,5Bd Ch=8 ChS=230Hz		CUB INTEL	CUB
11466,00	ALE USB	B=125Bd Ch=8 ChS=250Hz			
11466,00	CIS 200-1000	B=200Bd S=1000Hz Ch=1		RUS MIL INTEL	RUS
11466,00	*CIS MFSK 64*	*B=40Bd Ch=64 ChS=46Hz*		*MFA Moscow*	*RUS*
11467,00	CIS 200-1000	B=200Bd S=1000Hz Ch=1		RUS MIL INTEL	RUS
11468,00	T600	B=50Bd S=100Hz		RUS N Murmansk	RUS
11468,00	T600	B=50Bd S=250Hz	RDL	RUS N Kaliningrad	RUS
11470,00	BAUDOT	B=50Bd S=500Hz			
11470,00	ALE USB	B=125Bd Ch=8 ChS=250Hz			
11470,00	*STANAG 4285*	*B=2400Bd*		*G MIL St. Eval*	*G*
11470,00	MIL 188-110B SER	B=2400Bd			
11472,00	ALE USB	B=125Bd Ch=8 ChS=250Hz			
11472,00	CIS BAUDOT 50-17	B=50Bd S=170Hz			RUS
11472,60	ALE USB	B=125Bd Ch=8 ChS=250Hz		USA diplo net	
11475,00	ALE USB	B=125Bd Ch=8 ChS=250Hz		ALG diplo	
11478,50	DPRK ARQ	B=600Bd S=600Hz		KRE diplo	
11478,50	DPRK ARQ	B=600Bd S=600Hz		KRE diplo	
11480,00	MIL 188-110B SER	B=2400Bd		ALB F	ALB
11480,00	USB				ALB
11480,00	ALE USB	B=125Bd Ch=8 ChS=250Hz		ALB	
11482,00	CW		FAV22	F F Mont-Valerien	F
11483,00	SYSTEME 3000	B=2400Bd		F F	F
11483,00	STANAG 4285	B=2400Bd	RFGW**	MFA Paris	F
11483,00	CIS 200-1000	B=200Bd S=1000Hz Ch=1		RUS MIL INTEL	RUS
11483,50	DPRK ARQ	B=600Bd S=600Hz		KRE diplo	
11484,00	CW			RUS HFDF net	RUS
11486,00	ALE USB	B=125Bd Ch=8 ChS=250Hz		B N net	B
11487,00	USB		VKE237	AUS HF Radio Club	AUS
11488,00	ALE LSB	B=125Bd Ch=8		Public health net , TX	USA

Frequency	Mode	Mode Parameter	Callsign	User	Country
		ChS=250Hz			
11489,00	CIS 200-1000	B=200Bd S=1000Hz Ch=1		RUS MIL INTEL	RUS
11489,00	CIS 200-1000	B=200Bd S=1000Hz Ch=1		RUS MIL INTEL	RUS
11489,00	ALE USB	B=125Bd Ch=8 ChS=250Hz		?MRC MOI	MRC
11490,00	USB		VNJ	Casey Base , AUS	ANT
11490,00	USB			AUS Davis Base	ANT
11490,00	USB			Macquarie Island , AUS	ANT
11490,00	USB			Mawson Base , AUS	ANT
11490,00	TADIRAN AUTOCALL				
11490,00	*CIS 50-500*	*B=50Bd S=500Hz*		*Moscow*	*RUS*
11491,00	ALE USB	B=125Bd Ch=8 ChS=250Hz		USA FBI net	USA
11491,70	ALE USB	B=125Bd Ch=8 ChS=250Hz			
11492,00	ALE USB	B=125Bd Ch=8 ChS=250Hz			
11492,00	CIS BAUDOT 50-17	B=50Bd S=170Hz			RUS
11494,00	ALE USB	B=125Bd Ch=8 ChS=250Hz		USA Department of Agriculture	USA
11494,00	SSB			USA Customs , DEA	USA
11494,00	ALE USB	B=125Bd Ch=8 ChS=250Hz		ROU diplo net	
11494,00	ALE USB	B=125Bd Ch=8 ChS=250Hz		USA COTHEN net	USA
11498,00	ALE USB	B=125Bd Ch=8 ChS=250Hz		B N net	B
11499,50	ALE USB	B=125Bd Ch=8 ChS=250Hz			
11500,00	*CIS 100-500*	*B=100Bd S=500Hz*		*RUS N Murmansk*	*RUS*
11500,00	*CIS 100-500*	*B=100Bd S=500Hz*		*RUS N Moscow*	*RUS*
11500,00	ALE USB	B=125Bd Ch=8 ChS=250Hz		TUR Red Cross net	TUR
11500,00	CIS ARQ	B=100Bd S=500Hz		RUS PTT	RUS
11500,00	PACTOR III	B=100Bd S=200Hz		MFA Praha	CZE
11505,00	SITOR B	B=100Bd S=170Hz	PWZ33	B N Rio de Janeiro	B
11506,00	ALE USB	B=125Bd Ch=8 ChS=250Hz		POL MIL net	
11507,00	MIL 188-110B SER	B=2400Bd		CZR E Kiev	UKR
11507,00	CIS BAUDOT 1,5 STB	B=200Bd S=500Hz Ch=1		RUS INTEL	RUS
11507,00	ALE USB	B=125Bd Ch=8 ChS=250Hz			
11507,00	*CIS BAUDOT 1,5 STB*	*B=200Bd S=500Hz Ch=1*		*RUS INTEL Samara*	*RUS*
11508,50	ALE USB	B=125Bd Ch=8 ChS=250Hz			
11510,00	ALE USB	B=125Bd Ch=8 ChS=250Hz			
11516,00	ALE USB	B=125Bd Ch=8 ChS=250Hz			
11517,50	ALE USB	B=125Bd Ch=8 ChS=250Hz			
11521,00	ARQ-E3	B=192Bd S=400Hz	RFVITT**	F F Dzaoudzi	MYT
11523,00	*STANAG 4285*	*B=2400Bd*		*G F St. Eval*	*G*
11524,00	*T600*	*B=50Bd S=200Hz*		*RUS N Moscow*	*RUS*
11524,00	T600	B=50Bd S=100Hz		RUS N Murmansk	RUS
11525,88	CROWD 36	B=40Bd S=40Hz Ch=32 ChS=40Hz		RUS diplo	

Frequency	Mode	Mode Parameter	Callsign	User	Country
11530,00	ALE USB	B=125Bd Ch=8 ChS=250Hz		F diplo net	
11530,00	ALE USB	B=125Bd Ch=8 ChS=250Hz		B N net	B
11532,00	RUS DBPSK 16FSK	B=1866Bd Ch=16 ChS=175Hz		RUS INTEL	RUS
11534,00	T600	B=50Bd S=200Hz		RUS N	RUS
11536,00	*RUS DBPSK 16FSK*	*B=1866Bd Ch=16 ChS=175Hz*		*RUS INTEL*	*RUS*
11538,20	STANAG 4285	B=2400Bd	DHJ58	D N Glücksburg	D
11540,00	ALE USB	B=125Bd Ch=8 ChS=250Hz		F N net	
11543,60	ALE USB	B=125Bd Ch=8 ChS=250Hz		F N net	F
11547,00	ALE USB	B=125Bd Ch=8 ChS=250Hz		USA AF net	USA
11550,00	ALE USB	B=125Bd Ch=8 ChS=250Hz		ROU diplo net	
11550,00	*ALE USB*	*B=125Bd Ch=8 ChS=250Hz*		*F Airbus net*	*F*
11550,00	ALE USB	B=125Bd Ch=8 ChS=250Hz		G MIL net	G
11557,00	ALE USB	B=125Bd Ch=8 ChS=250Hz		ROU diplo net	
11573,00	MIL 188-110B SER	B=2400Bd		ROU E	
11574,00	SYSTEME 3000	B=2400Bd		F F	
11574,00	CW		FAV22	F F Mont-Valerien	F
11575,00	OFDM				
11576,50	ALE USB	B=125Bd Ch=8 ChS=250Hz		USA Defence Logistic Agency	USA
11602,00	ALE USB	B=125Bd Ch=8 ChS=250Hz			
11612,00	SSB		VKS737	AUS 4WD net	AUS
11621,00	SSB			NASA rocket booster recovery	USA
11625,00	ALE USB	B=125Bd Ch=8 ChS=250Hz		VEN AF net	VEN
11626,00	ALE USB	B=125Bd Ch=8 ChS=250Hz			
11627,00	MFSK20	B=20Bd Ch=20 ChS=40Hz		RUS intelligence	
11630,00	ALE USB	B=125Bd Ch=8 ChS=250Hz		USA F net	USA
11635,00	RDFT	B=122,5Bd Ch=8 ChS=230Hz		CUB INTEL	CUB
11635,00	RDFT	B=122,5Bd Ch=8 ChS=230Hz		CUB INTEL	CUB
11637,00	ALE USB	B=125Bd Ch=8 ChS=250Hz		USA FAA	USA
11638,00	*BAUDOT*	*B=50Bd S=425Hz*	*DDK7*	*DWD TX Pinneberg*	*D*
11688,00	CW		RCV	RUS NHQ Sevastopol	UKR
11703,00	*CIS 12*	*B=1440Bd Ch=12 ChS=200Hz*		*RUS F S Smolensk*	*RUS*
11703,00	*CIS 12*	*B=1440Bd Ch=12 ChS=200Hz*		*RUS MIL Velikye Luki*	*RUS*
11717,00	*CIS 12*	*B=1440Bd Ch=12 ChS=200Hz*		*RUS MIL Moscow*	*RUS*
11721,00	SSB			FEMA	USA
11727,00	*CIS 12*	*B=1440Bd Ch=12 ChS=200Hz*		*RUS MIL Moscow*	*RUS*
11760,00	*CIS 50-1000*	*B=50Bd S=1000Hz*	*REA4*	*RUS AF HQ Moscow*	*RUS*
11773,60	ALE USB	B=125Bd Ch=8 ChS=250Hz			
11801,00	SSB			FEMA	USA
11846,00	ALE USB	B=125Bd Ch=8			

Frequency	Mode	Mode Parameter	Callsign	User	Country
		ChS=250Hz			
11848,00	*CIS 50-1000*	*B=50Bd S=1000Hz*		*RUS MIL Moscow*	*RUS*
11892,00	T600	B=50Bd S=200Hz		RUS N	
11957,00	SSB			FEMA	USA
11962,00	PACTOR II	B=100Bd S=200Hz		PAK N	
11975,00	SSB			USA Civil air patrol	USA
11986,70	*STANAG 4481*	*B=75Bd S=850Hz*		*G F St. Eval*	*G*
11994,00	SSB			FEMA	USA
12009,00	SSB			FEMA	USA
12015,00	STANAG 4481	B=50Bd S=850Hz	NAU	USA N San Juan	PTR
12016,00	M/S 1,0	B=75Bd S=850Hz	NAR	USA N Key West , FL	USA
12022,00	ALE USB	B=125Bd Ch=8 ChS=250Hz			
12022,00	ALE USB	B=125Bd Ch=8 ChS=250Hz		TWN N net	TWN
12024,00	*CHN DATALINK*	*B=2400Bd Ch=30 ChS=75Hz*		*Wuming area*	*CHN*
12025,70	*BAUDOT*	*B=50Bd S=250Hz*			*RUS*
12043,00	STANAG 4285	B=2400Bd		G F St. Eval	G
12044,00	*CIS 12*	*B=1440Bd Ch=12 ChS=200Hz*		*RUS MIL Smolensk*	*RUS*
12056,00	CIS 12	B=1440Bd Ch=12 ChS=200Hz			
12056,00	CW		RIW	RUS N HQ Moscow	RUS
12057,50	*ALE USB*	*B=125Bd Ch=8 ChS=250Hz*		*G MIL net*	*G*
12058,50	ALE USB	B=125Bd Ch=8 ChS=250Hz			
12060,00	MIL 188-110B SER	B=2400Bd			
12062,00	CW		K4MT**		
12062,00	CW		NT9P**		RUS
12062,00	BAUDOT	B=50Bd S=500Hz			
12068,50	ALE USB	B=125Bd Ch=8 ChS=250Hz		USA Defence Logistic Agency	USA
12070,00	ALE USB	B=125Bd Ch=8 ChS=250Hz		USA ACE	
12070,00	ALE USB	B=125Bd Ch=8 ChS=250Hz		B SIVAM net	B
12076,00	ALE USB	B=125Bd Ch=8 ChS=250Hz		USA National Guard	USA
12078,50	*STANAG 4285*	*B=2400Bd*		*G MIL Crimond*	*G*
12081,00	ALE USB	B=125Bd Ch=8 ChS=250Hz		USA Civil Air Patrol net	USA
12081,00	CIS 3000	B=3000Bd		RUS diplo	RUS
12083,00	CIS 200-1000	B=200Bd S=1000Hz Ch=1		RUS MIL INTEL	RUS
12083,00	CIS 200-1000	B=200Bd S=1000Hz Ch=1		RUS MIL INTEL	RUS
12090,00	*ALE USB*	*B=125Bd Ch=8 ChS=250Hz*		*F Airbus net*	*F*
12102,00	RUS HYBRID MODEM MFSK-PSK	B=40Bd Ch=16 ChS=40Hz		Moscow	RUS
12104,00	*CIS 75-200*	*B=75Bd S=200Hz*		*RUS MIL Moscow*	*RUS*
12105,00	CIS 68TONE	B=50Bd Ch=68 ChS=47Hz		RUS diplo	RUS
12105,00	*CIS MFSK 64*	*B=40Bd Ch=64 ChS=46Hz*		*MFA Moscow*	*RUS*
12107,00	*CIS MFSK 11*	*B=125Bd Ch=11 ChS=250Hz*		*Moscow*	*RUS*
12107,50	*DPRK ARQ*	*B=600Bd S=600Hz*		*KRE E Berlin*	*D*
12108,50	*DPRK ARQ*	*B=600Bd S=600Hz*		*KRE E Berlin*	*D*
12116,00	ALE USB	B=125Bd Ch=8		POL MIL net	POL

Frequency	Mode	Mode Parameter	Callsign	User	Country
		ChS=250Hz			
12117,00	ALE USB	B=125Bd Ch=8 ChS=250Hz		CHN MIL net	CHN
12117,00	MIL 188-110b 39TONE	B=2400Bd Ch=39 ChS=56,25Hz		CHN MIL	CHN
12118,00	MFSK20	B=20Bd Ch=20 ChS=40Hz		RUS intelligence	
12118,50	*DPRK ARQ*	*B=600Bd S=600Hz*		*KRE E Stockholm*	*S*
12118,50	ALE USB	B=125Bd Ch=8 ChS=250Hz			
12120,00	STANAG 4481	B=50Bd S=850Hz	NAU	USA N San Juan	PTR
12123,50	DPRK ARQ	B=600Bd S=600Hz			
12127,00	CIS 75-250	B=75Bd S=250Hz			
12128,40	PACTOR II	B=200Bd S=200Hz	WXH	Annapolis , MD	USA
12129,00	ALE USB	B=125Bd Ch=8 ChS=250Hz		USA F net	USA
12129,00	SSB			FEMA	USA
12130,00	*VFT: CIS 100-1440*	*B=100Bd S=1440Hz Ch=3 ChS=480Hz*		*Moscow*	*RUS*
12132,00	ALE USB	B=125Bd Ch=8 ChS=250Hz		B N net	B
12132,50	ALE USB	B=125Bd Ch=8 ChS=250Hz		F N net	
12134,00	ALE USB	B=125Bd Ch=8 ChS=250Hz			
12135,00	BAUDOOT 1,5 STB	B=50Bd S=500Hz	K4MT**		
12136,00	CW		RDL	RUS N Moscow	RUS
12136,70	ARQ-E3	B=200Bd S=400Hz		F F Paris	F
12140,00	PACTOR II	B=100Bd S=200Hz	STAT25**	TUN MIL	TUN
12140,00	PACTOR II	B=100Bd S=200Hz	STAT152**	TUN MIL	TUN
12140,00	ALE USB	B=125Bd Ch=8 ChS=250Hz		TUN MIL net	TUN
12140,00	CIS ARQ	B=100Bd S=500Hz		RUS PTT	RUS
12141,00	ALE USB	B=125Bd Ch=8 ChS=250Hz		ARS MOI net	ARS
12142,00	ALE USB	B=125Bd Ch=8 ChS=250Hz		G MIL net	G
12142,00	*STANAG 4285*	*B=2400Bd*		*G MIL St Eval*	*G*
12143,00	CIS OFDM 60	B=2400Bd Ch=60 ChS=44,5Hz		RUS	RUS
12144,60	ALE USB	B=125Bd Ch=8 ChS=250Hz		F N net	F
12144,70	STANAG 4285	B=2400Bd	FUJ	F N Noumea	NCL
12148,20	USB		VNJ	Casey Base , AUS	ANT
12148,20	USB			AUS Davis Base	ANT
12148,20	USB			Macquarie Island , AUS	ANT
12148,20	USB			Mawson Base , AUS	ANT
12150,00	*ALE USB*	*B=125Bd Ch=8 ChS=250Hz*		*ROU diplo net*	*ROU*
12151,00	ALE USB	B=125Bd Ch=8 ChS=250Hz		ALG Mil net	ALG
12151,00	CIS OFDM 128	B=2666Bd Ch=128 ChS=23,5Hz		RUS diplo	RUS
12152,00	*STANAG 4285*	*B=2400Bd*		*G MIL Akrotiri*	*CYP*
12155,00	CIS 4FSK	B=150Bd Ch=4 ChS=4000Hz			
12156,00	MFSK20	B=20Bd Ch=20 ChS=40Hz		RUS intelligence	
12158,00	MIL 188-110B SER	B=2400Bd		TUR UEKAE	TUR
12158,00	CIS 200-1000	B=200Bd S=1000Hz Ch=1		RUS MIL INTEL	RUS

Frequency	Mode	Mode Parameter	Callsign	User	Country
12158,00	CIS 200-1000	B=200Bd S=1000Hz Ch=1		RUS MIL INTEL	RUS
12160,00	PACTOR I	B=100Bd S=200Hz			
12160,00	ALE USB	B=125Bd Ch=8 ChS=250Hz		?MRC F	MRC
12160,50	BAUDOT	B=50Bd S=170Hz	8WB2	IND E Kabul	AFG
12162,00	*RUS HYBRID MODEM MFSK-PSK*	*B=40Bd Ch=16*		*Moscow*	*RUS*
12162,00	*RUS HYBRID MODEM PSK-PSK*	*B=125Bd Ch=2 ChS=250Hz*		*Moscow*	*RUS*
12164,00	ALE USB	B=125Bd Ch=8 ChS=250Hz		POL F net	
12164,00	CIS OFDM 45	B=2400Bd Ch=45 ChS=62,5Hz		RUS diplo	RUS
12165,00	*LINK 11 ISB*	*B=2250Bd*	*PBB*	*NLD N Den Helder*	*HOL*
12165,00	*CIS ARQ*	*B=100Bd S=500Hz*		*N Smolensk*	*RUS*
12166,00	*CIS 12*	*B=1440Bd Ch=12 ChS=200Hz*		*RUS MIL Moscow*	*RUS*
12166,00	CIS 200-1000	B=200Bd S=1000Hz Ch=1		RUS MIL INTEL	RUS
12167,00	ALE LSB	B=125Bd Ch=8 ChS=250Hz		Public health net , TX	USA
12167,00	2FSK	B=300Bd S=200Hz			
12168,00	CIS MFSK 20	B=20Bd Ch=20 ChS=40Hz		RUS INTEL	RUS
12170,00	ALE USB	B=125Bd Ch=8 ChS=250Hz		F diplo net	
12176,00	CIS 200-1000	B=200Bd S=1000Hz Ch=1		RUS MIL INTEL	RUS
12177,00	ALG AF BELL-103 MODEM	B=300Bd S=200Hz		ALG AF	ALG
12178,00	STANAG 4285	B=2400Bd	DHJ59	D N Wilhelmshaven	D
12178,00	SSB		DHJ59	D N Wilhelmshaven	D
12178,00	CIS 200-1000	B=200Bd S=1000Hz Ch=1		RUS MIL INTEL	RUS
12179,00	CIS 200-1000	B=200Bd S=1000Hz Ch=1		RUS MIL INTEL	RUS
12179,00	ALE USB	B=125Bd Ch=8 ChS=250Hz		CZE diplo net	
12180,00	RDFT	B=122,5Bd Ch=8 ChS=230Hz		CUB INTEL	CUB
12181,00	ALE USB	B=125Bd Ch=8 ChS=250Hz		Guardia di Finanza net	I
12182,00	*STANAG 4481*	*B=75Bd S=850Hz*		*G MIL St. Eval*	*G*
12184,00	ALE USB	B=125Bd Ch=8 ChS=250Hz		POL MIL net	
12184,00	*CIS 50-500*	*B=50Bd S=500Hz*		*RUS MIL Moscow*	*RUS*
12184,00	CIS 200-1000	B=200Bd S=1000Hz Ch=1		RUS MIL INTEL	RUS
12185,00	PACTOR II	B=200Bd S=200Hz	WGM	Hollywood , FL	USA
12185,50	CIS BAUDOT 50-17	B=50Bd S=170Hz			RUS
12186,00	M/S 1,0	B=200Bd S=1000Hz			
12188,50	PACTOR III	B=100Bd S=200Hz	AAN3DCA	USA MARS Station, Potomac Heights , MD	USA
12188,50	PACTOR III	B=100Bd S=200Hz	AAN4TYS	USA MARS	USA
12188,50	PACTOR III	B=100Bd S=200Hz	AAN5TNC	USA MARS	USA
12190,00	ALE USB	B=125Bd Ch=8 ChS=250Hz			
12190,00	*STANAG 4285*	*B=2400Bd*		*S MIL*	*S*
12191,00	CIS 200-1000	B=200Bd S=1000Hz Ch=1		RUS MIL INTEL	RUS
12191,00	CIS 200-1000	B=200Bd		RUS MIL INTEL	RUS

Frequency	Mode	Mode Parameter	Callsign	User	Country
		S=1000Hz Ch=1			
12194,00	CIS 200-1000	B=200Bd S=1000Hz Ch=1		RUS MIL INTEL	RUS
12194,00	*ISR N HYBRID MODEM*	*B=2400Bd*	*4XZ*	*ISR N Haifa*	*ISR*
12196,00	ALE USB	B=125Bd Ch=8 ChS=250Hz			
12196,00	CIS 200-1000	B=200Bd S=1000Hz Ch=1		RUS MIL INTEL	RUS
12197,00	*ALE USB*	*B=125Bd Ch=8 ChS=250Hz*		*ALG MI net*	*ALG*
12197,00	PACTOR II	B=200Bd S=200Hz	WGM	Hollywood , FL	USA
12197,00	ALE USB	B=125Bd Ch=8 ChS=250Hz		POL F net	
12197,00	USB		VKE237	AUS HF Radio Club	AUS
12198,00	CIS 200-1000	B=200Bd S=1000Hz Ch=1		RUS MIL INTEL	RUS
12198,40	PACTOR II	B=200Bd S=200Hz	WXH	Annapolis , MD	USA
12200,00	ALE USB	B=125Bd Ch=8 ChS=250Hz		SUI diplo net	
12200,00	USB			EGY N	EGY
12200,30	MIL 188-110B SER	B=2400Bd			
12202,20	*STANAG 4285*	*B=2400Bd*		*G MIL Inskip*	*G*
12204,00	ALE USB	B=125Bd Ch=8 ChS=250Hz		SNG N net	SNG
12204,00	*CIS OFDM 60*	*B=2400Bd Ch=60 ChS=44,5Hz*		*MFA Moscow*	*RUS*
12205,50	*DPRK ARQ*	*B=600Bd S=600Hz*		*KRE E Vilnius*	*LTU*
12205,50	*DPRK ARQ*	*B=1200Bd S=600Hz*		*KRE E Moscow*	*RUS*
12206,00	CIS 200-1000	B=200Bd S=1000Hz Ch=1		RUS MIL INTEL	RUS
12206,88	CROWD 36	B=40Bd S=40Hz Ch=32 ChS=40Hz		RUS diplo	
12207,00	MIL 188-110B SER	B=2400Bd		CZE E	
12207,00	CIS 200-1000	B=200Bd S=1000Hz Ch=1		RUS MIL INTEL	RUS
12207,00	ALE USB	B=125Bd Ch=8 ChS=250Hz		B N net	B
12208,50	*DPRK ARQ*	*B=600Bd S=600Hz*		*KRE E Prague*	*CZE*
12209,00	*CIS 200-1000*	*B=200Bd S=1000Hz Ch=1*		*RUS MIL INTEL Moscow*	*RUS*
12209,00	*ALE USB*	*B=125Bd Ch=8 ChS=250Hz*		*TUR Disaster and Emergency net*	*TUR*
12210,00	ALE USB	B=125Bd Ch=8 ChS=250Hz			
12210,00	CIS 50-500	B=50Bd S=500Hz	RWB5	CIS MIL	RUS
12211,00	CIS 200-1000	B=200Bd S=1000Hz Ch=1		RUS MIL INTEL	RUS
12212,00	CIS BAUDOT 50-17	B=50Bd S=170Hz			RUS
12213,00	CIS 200-1000	B=200Bd S=1000Hz Ch=1		RUS MIL INTEL	RUS
12213,00	ALE USB	B=125Bd Ch=8 ChS=250Hz		ROU diplo net	ROU
12214,00	*RUS DBPSK 16FSK*	*B=1866Bd Ch=16 ChS=175Hz*		*RUS INTEL*	*RUS*
12214,00	DBPSK	B=62,5Bd		RUS	RUS
12215,00	*CROWD 36*	*B=40Bd Ch=32 ChS=40Hz*		*MFA Moscow*	*RUS*
12215,00	BUL MFSK	B=240Bd Ch=8 ChS=240Hz		MFA Sofia	BUL
12215,00	*CIS 4FSK*	*B=150Bd Ch=4 ChS=4000Hz*		*Kaliningard*	*RUS*

Frequency	Mode	Mode Parameter	Callsign	User	Country
12216,00	MIL 188-110B SER	B=2400Bd			
12216,00	ALE USB	B=125Bd Ch=8 ChS=250Hz		?MRC F	MRC
12216,00	SSB			FEMA	USA
12216,00	ALE USB	B=125Bd Ch=8 ChS=250Hz		USA FEMA net	USA
12216,00	ALE USB	B=125Bd Ch=8 ChS=250Hz		DNK F net	
12216,75	ASCII	B=75Bd S=500Hz	DOR**	MFA Sofia	BUL
12218,00	ALE USB	B=125Bd Ch=8 ChS=250Hz		USA Civial Air Patrol net	USA
12219,00	DPRK ARQ	B=600Bd S=600Hz			
12219,00	SSB			FEMA	USA
12220,00	*BUL MFSK*	*B=240Bd Ch=8 ChS=240Hz*		*MFA Sofia*	*BUL*
12220,00	*RFSM8000*	*B=2400Bd*		*MFA Sofia*	*BUL*
12221,00	CIS 200-1000	B=200Bd S=1000Hz Ch=1		RUS MIL INTEL	RUS
12221,70	SITOR A	B=100Bd S=170Hz		MFA Cairo	EGY
12222,00	SSB			USA Customs , DEA	USA
12222,00	RUS DBPSK 16FSK	B=1866Bd Ch=16 ChS=175Hz		RUS INTEL	RUS
12222,00	ALE USB	B=125Bd Ch=8 ChS=250Hz		USA COTHEN net	USA
12222,70	SITOR A	B=100Bd S=170Hz		MFA Cairo	EGY
12223,00	*CROWD 36*	*B=40Bd Ch=32 ChS=40Hz*		*MFA Moscow*	*RUS*
12224,00	*MAZIELKA*	*B=1Bd Ch=6*		*MFA Moscow*	*RUS*
12225,00	ALE USB	B=125Bd Ch=8 ChS=250Hz			
12225,00	CODAN	B=2400Bd Ch=16 ChS=112,5Hz		EGY E Moscow	RUS
12226,00	RFSM8000	B=2400Bd		MFA Sofia	BUL
12226,00	BUL MFSK	B=240,23Bd Ch=8 ChS=240Hz		MFA Sofia	BUL
12226,00	CIS 200-1000	B=200Bd S=1000Hz Ch=1		RUS MIL INTEL	RUS
12226,70	SITOR A	B=100Bd S=170Hz		MFA Cairo	EGY
12227,00	BAUDOT	B=50Bd S=500Hz			
12227,00	BAUDOT	B=50Bd S=500Hz			
12228,00	*ISR N HYBRID MODEM*	*B=2400Bd*	*4XZ*	*ISR N Haifa*	*ISR*
12230,00	SSB			SS Ch 1201	
12230,00	*ALE USB*	*B=125Bd Ch=8 ChS=250Hz*		*G MIL net*	*G*
12230,00	*CIS 50-500*	*B=50Bd S=500Hz*		*RUS MIL Ekaterinburg*	*RUS*
12232,00	CIS BAUDOT 50-17	B=50Bd S=170Hz			RUS
12233,00	SSB			SS Ch 1202	
12236,00	SSB			SS Ch 1203	
12239,00	SSB			SS Ch 1204	
12242,00	SSB			SS Ch 1205	
12245,00	SSB			SS Ch 1206	
12248,00	SSB			SS Ch 1207	
12248,50	DPRK ARQ	B=600Bd S=600Hz		KRE E	
12251,00	*ALE USB*	*B=125Bd Ch=8 ChS=250Hz*		*ISR AF net*	*ISR*
12251,00	CIS 50-1000	B=50Bd S=1000Hz	REA4	RUS AF HQ Moscow	RUS
12251,00	SSB			SS Ch 1208	
12254,00	SSB			SS Ch 1209	
12256,00	PACTOR	B=100Bd S=200Hz	ZRK691-3	Melville R	AFS
12257,00	SSB			SS Ch 1210	
12258,50	DPRK ARQ	B=600Bd S=600Hz		KRE E	

Frequency	Mode	Mode Parameter	Callsign	User	Country
12260,00	SSB			SS Ch 1211	
12260,00	USB			UN MONUSCO net	UGA
12260,00	USB		RCRE	RUS N ship	RUS
12263,00	SSB			SS Ch 1212	
12264,00	SSB				
12266,00	SSB			SS Ch 1213	
12269,00	SSB			SS Ch 1214	
12272,00	SSB			SS Ch 1215	
12275,00	SSB			SS Ch 1216	
12278,00	SSB			SS Ch 1217	
12281,00	SSB			SS Ch 1218	
12284,00	SSB			SS Ch 1219	
12287,00	SSB			SS Ch 1220	
12290,00	USB			Cape Town R	AFS
12290,00	USB			Bilbao R via Madrid	E
12290,00	USB		CWS	URG N Montevideo	URG
12290,00	USB		NMF	USA CG Boston , MA	USA
12290,00	USB		NRV	USA CG Guam	GUM
12290,00	USB		CWF	Punta Carretas R	URG
12290,00	USB		ZLM	Taupo Maritime R	NZL
12290,00	USB		HCY	Ayora R , Santa Cruz	EQA
12290,00	USB		JNA	J CG HQ Tokyo	J
12290,00	USB		VFF	Iqaluit R	CAN
12290,00	USB		NMN	USA CG Portsmouth , VA	USA
12290,00	USB		VRC	Hong Kong R	CHN
12290,00	USB		NMA	USA CG Miami , FL	USA
12290,00	USB		NMG	USA CG New Orleans , LA	USA
12290,00	USB			USA CG Honolulu	HWA
12290,00	USB			USA CG Point Reyes	USA
12290,00	USB		PNK	Jayapura R , Irian Jaya	INS
12290,00	USB		PKM	Bitung R , Sulawesi	INS
12290,00	SSB			SS Ch 1221	
12290,00	USB		P2M	Port Moresbay R	PNG
12293,00	SSB			SS Ch 1222	
12296,00	SSB			SS Ch 1223	
12297,00	ALE USB	B=125Bd Ch=8 ChS=250Hz			
12299,00	SSB			SS Ch 1224	
12302,00	SSB			SS Ch 1225	
12303,20	STANAG 4285	B=2400Bd	IDN	I N Napoli	I
12305,00	SSB			SS Ch 1226	
12308,00	SSB			SS Ch 1227	
12311,00	SSB			SS Ch 1228	
12311,00	ALE USB	B=125Bd Ch=8 ChS=250Hz		F AF net	F
12313,20	STANAG 4285	B=2400Bd	IDN	I N Naples	I
12314,00	SSB			SS Ch 1229	
12315,00	*CIS 50-1000*	*B=50Bd S=1000Hz*	*REA4*	*RUS AF HQ Moscow*	*RUS*
12315,00	ALE USB	B=125Bd Ch=8 ChS=250Hz			
12317,00	SSB			SS Ch 1230	
12320,00	SSB			SS Ch 1231	
12323,00	SSB			SS Ch 1232	
12323,50	LINEA	B=109,5Bd S=400Hz		EQA F	EQA
12326,00	SSB			SS Ch 1233	
12329,00	SSB			SS Ch 1234	
12331,10	BAUDOT	B=75Bd S=850Hz			
12332,00	CLOVER 2000	B=500Bd Ch=8 ChS=250Hz	UAWH	RUS ship	
12332,00	*ALE USB*	*B=125Bd Ch=8 ChS=250Hz*		*G MIL net*	*G*

Frequency	Mode	Mode Parameter	Callsign	User	Country
12332,00	SSB			SS Ch 1235	
12332,00	CLOVER 2000	B=500Bd Ch=8 ChS=250Hz	RLK7	Archangelsk R	
12332,00	CLOVER 2000	B=500Bd Ch=8 ChS=250Hz	UAWF	RUS ship	RUS
12332,00	CLOVER 2000	B=500Bd Ch=8 ChS=250Hz	UFBY	RUS hsip	RUS
12333,00	*ALE USB*	*B=125Bd Ch=8 ChS=250Hz*		*G MIL net*	*G*
12333,10	*BAUDOT*	*B=75Bd S=850Hz*		*Port Said*	*EGY*
12333,40	*BAUDOT*	*B=75Bd S=850Hz*		*IRN N HQ Bandar Abbas*	*IRN*
12335,00	SSB			SS Ch 1236	
12338,00	SSB			SS Ch 1237	
12341,00	SSB			SS Ch 1238	
12344,00	SSB			SS Ch 1239	
12347,00	SSB			SS Ch 1240	
12348,00	ALE USB	B=125Bd Ch=8 ChS=250Hz			
12350,00	SSB			SS Ch 1241	
12350,00	USB			Marine weather Center Lakeland , FL	USA
12353,00	USB		L2A	ARG N Buenos Aires	ARG
12353,00	USB		L2A	ARG N Mar del Plata	ARG
12353,00	USB		XVQ	Hon Gai R	VTN
12353,00	SSB			simplex frequency ship - ship	
12353,00	USB		WQCN860	Ocean-Pro R Naples , FL	USA
12356,00	USB		XVG	Hai Phong R	VTN
12356,00	SSB			simplex frequency ship - ship	
12356,00	USB		ZLM	Taupo Maritime R	NZL
12356,00	ALE USB	B=125Bd Ch=8 ChS=250Hz			
12359,00	USB			Cape Town R	AFS
12359,00	USB		CBV	Valpariso R	CHL
12359,00	USB		XVT	Da Nang R	VTN
12359,00	USB		XVS	Ho Chi Minh R	VTN
12359,00	USB		PNK	Jayapura R , Irian Jaya	INS
12359,00	USB		PKM	Bitung R , Sulawesi	INS
12359,00	SSB			simplex frequency ship - ship	
12359,00	USB		CBM	Magallanes Zonal R	CHL
12359,00	USB		VAX498	South Bound II R Burlington , ONT	CAN
12362,00	USB		VMW	Wiluna M	AUS
12362,00	SSB			simplex frequency ship - ship	
12365,00	USB		VMC	Charleville M	AUS
12365,00	USB		XVT	Da Nang R	VTN
12365,00	SSB			simplex frequency ship - ship	
12365,00	USB		VMW	Wiluna R	AUS
12368,20	STANAG 4285	B=2400Bd			
12370,00	ALE USB	B=125Bd Ch=8 ChS=250Hz			
12370,00	CW		RFX56	RUS N destroyer ADMIRAL PANTELEYEV	RUS
12370,00	ALE USB	B=125Bd Ch=8 ChS=250Hz		B N net	B
12370,00	CLOVER 2000	B=500Bd Ch=8 ChS=250Hz	CE1NTRE		
12370,00	CLOVER 2000	B=500Bd Ch=8 ChS=250Hz	3G1SI		
12372,00	*RS-ARQ*	*B=228,5Bd S=170Hz*		*Stockholm*	*S*
12373,50	PACTOR III	B=100Bd S=200Hz	ZKN2SM	Sailmail Niue	NIU
12374,00	*CIS 12*	*B=1440Bd Ch=12 ChS=200Hz*		*RUS N ship*	
12375,50	USB		PBB	NLD N Den Helder	HOL
12375,50	USB		PBC	NLD N Goeree Island	HOL
12382,00	*STANAG 4285*	*B=2400Bd*	*IDR*	*I N Rome*	*I*

Frequency	Mode	Mode Parameter	Callsign	User	Country
12384,50	J MFSK8	B=100Bd Ch=8 ChS=300Hz		J N Ichihara	J
12390,00	FAX 120/576		GYA	G N Northwood	G
12394,00	*STANAG 4285*	*B=2400Bd*		*G MIL St. Eval*	*G*
12398,00	CIS 12	B=1440Bd Ch=12 ChS=200Hz	RIT	RUS NHQ Sveromorsk	RUS
12398,00	CIS 12	B=1440Bd Ch=12 ChS=200Hz	RLD69	RUS N ship GEORGY POBEDONOSETS BDK 45	RUS
12400,00	ALE USB	B=125Bd Ch=8 ChS=250Hz			
12400,00	STANAG 4285	B=2400Bd	EBBO	E N ship CENTINELA P-7	E
12407,20	*STANAG 4285*	*B=2400Bd*		*Athens*	*GRC*
12408,00	PACTOR III	B=100Bd S=200Hz	XSF23	Lianyungang R	CHN
12412,50	FAX 120/576		NOJ	USCG Kodiak	ALS
12414,00	*CIS 12*	*B=1440Bd Ch=12 ChS=200Hz*		*RUS N*	*RUS*
12415,00	ALE USB	B=125Bd Ch=8 ChS=250Hz			
12415,00	SSB		DHJ59	D N Wilhelmshaven	D
12415,70	*STANAG 4481*	*B=75Bd S=850Hz*		*G MIL St. Eval*	*G*
12424,00	ALE USB	B=125Bd Ch=8 ChS=250Hz			
12428,50	DPRK ARQ	B=600Bd S=600Hz		KRE diplo	
12430,00	ALE USB	B=125Bd Ch=8 ChS=250Hz			
12431,00	ALE USB	B=125Bd Ch=8 ChS=250Hz		B N net	B
12431,00	ALE USB	B=125Bd Ch=8 ChS=250Hz		Guardia di Finanza net	I
12435,00	FMCW			Formby station	GRC
12437,00	ALE USB	B=125Bd Ch=8 ChS=250Hz		B N net	B
12450,00	FMCW			Formby station	GRC
12464,00	CW		REO	RUS N	RUS
12464,00	CW		RFF78	RUS N	RUS
12464,00	CW		RFK76	RUS N	RUS
12464,00	CW		RGN90	RUS N	RUS
12464,00	CW		RGR78	RUS N	RUS
12464,00	CW		RHM81	RUS N	RUS
12464,00	CW		RHO62	RUS N	RUS
12464,00	CW		RHV42	RUS N ship YAMAL	RUS
12464,00	CW		RIP90	RUS N	RUS
12464,00	CW		RIR96	RUS N ship AZOV	RUS
12464,00	CW		RIR98	RUS N	RUS
12464,00	CW		RAL65	RUS N ship	RUS
12464,00	CW		RHY73	RUS N	RUS
12464,00	CW		RKO81	RUS N ship Lena	RUS
12464,00	CW		RBES	RUS N ship SLIVA	RUS
12464,00	CW		RCIV	RUS N ship SARATOV	RUS
12464,00	CW		RMRV	RUS N ship SMOLNYY	RUS
12464,00	CW		RLX92	RUS N ship YAMAL	RUS
12464,00	CW		RHN85	RUS N ship MINSK	RUS
12464,00	CW		RMC99	RUS N ship Yevgeniy Khvorov	RUS
12464,00	CW		RMMA	RUS N ship VIKTOR LEONOV	RUS
12464,00	CW		RCQ47	RUS Nship	RUS
12464,00	CW		RLD69	RUS N ship GEORGY POBEDONOSETS BDK 45	RUS
12464,00	CW		RHI99	RUS N ship ALEXANDER SHABALIN	RUS
12464,00	CW		RFV99	RUS N	RUS
12464,00	CW		RFE70	RUS N	RUS
12464,00	CW		RMGB	RUS N ship NIKOLAY FILCHENKOV	RUS
12464,00	CW		RGR70	RUS N	RUS
12464,00	CW		RMGB	RUS N ship IMAN	RUS

Frequency	Mode	Mode Parameter	Callsign	User	Country
12464,00	CW		RHC86	RUS N	RUS
12464,00	CW		RFH70	RUS N ship SMETLIVYY	RUS
12464,00	CW		RJD31	RUS N	RUS
12464,00	CW		RMWT	RUS N ship GIGROMETR	RUS
12464,00	CW		RKH80	RUS N	RUS
12464,00	CW		RBIZ	RUS N repair ship PM-138 Amur Class	RUS
12464,00	CW		RKB91	RUS N ship KOLA	RUS
12464,00	CW		RCRE	RUS N ship	RUS
12464,00	CW		RAL48	RUS N ship Nikolai Chiker	RUS
12465,00	FMCW			Formby station	GRC
12477,00	.			SS Ch 1	
12477,50	.			SS Ch 2	
12478,00	.			SS Ch 3	
12478,50	.			SS Ch 4	
12479,00	.			SS Ch 5	
12479,50	SITOR A		ZLM	Taupo Maritime R	NZL
12479,50	.			SS Ch 6	
12480,00	.			SS Ch 7	
12480,50	.			SS Ch 8	
12481,00	.			SS Ch 9	
12481,50	.			SS Ch 10	
12482,00	.			SS Ch 11	
12482,50	.			SS Ch 12	
12483,00	.			SS Ch 13	
12483,50	.			SS Ch 14	
12484,00	.			SS Ch 15	
12484,50	.			SS Ch 16	
12485,00	.			SS Ch 17	
12485,50	.			SS Ch 18	
12486,00	.			SS Ch 19	
12486,50	.			SS Ch 20	
12487,00	.			SS Ch 21	
12487,50	.			SS Ch 22	
12488,00	.			SS Ch 23	
12488,50	.			SS Ch 24	
12489,00	.			SS Ch 25	
12489,50	.			SS Ch 26	
12490,00	.			SS Ch 27	
12490,50	.			SS Ch 28	
12491,00	.			SS Ch 29	
12491,50	.			SS Ch 30	
12492,00	.			SS Ch 31	
12492,50	.			SS Ch 32	
12493,00	.			SS Ch 33	
12493,50	.			SS Ch 34	
12494,00	.			SS Ch 35	
12494,50	.			SS Ch 36	
12495,00	.			SS Ch 37	
12495,50	.			SS Ch 38	
12496,00	.			SS Ch 39	
12496,50	.			SS Ch 40	
12497,00	.			SS Ch 41	
12497,00	CODAN	B=2400Bd Ch=16 ChS=112,5Hz		IRN net	IRN
12497,00	CODAN CHIRP	B=80Bd Ch=30 ChS=81Hz		IRN net	IRN
12497,00	*ALE USB*	*B=125Bd Ch=8 ChS=250Hz*		*IRN net*	*IRN*
12497,50	.			SS Ch 42	
12498,00	.			SS Ch 43	
12498,50	.			SS Ch 44	
12499,00	.			SS Ch 45	

Frequency	Mode	Mode Parameter	Callsign	User	Country
12499,50	.			SS Ch 46	
12500,00	.			SS Ch 47	
12500,50	.			SS Ch 48	
12501,00	.			SS Ch 49	
12501,50	.			SS Ch 50	
12502,00	.			SS Ch 51	
12502,50	.			SS Ch 52	
12503,00	.			SS Ch 53	
12503,50	.			SS Ch 54	
12504,00	.			SS Ch 55	
12504,50	.			SS Ch 56	
12505,00	.			SS Ch 57	
12505,50	.			SS Ch 58	
12506,00	.			SS Ch 59	
12506,50	.			SS Ch 60	
12507,00	.			SS Ch 61	
12507,50	.			SS Ch 62	
12508,00	.			SS Ch 63	
12508,50	.			SS Ch 64	
12509,00	.			SS Ch 65	
12509,50	.			SS Ch 66	
12510,00	.			SS Ch 67	
12510,50	.			SS Ch 68	
12511,00	.			SS Ch 69	
12511,50	.			SS Ch 70	
12512,00	.			SS Ch 71	
12512,50	.			SS Ch 72	
12513,00	.			SS Ch 73	
12513,50	.			SS Ch 74	
12514,00	.			SS Ch 75	
12514,50	.			SS Ch 76	
12515,00	.			SS Ch 77	
12515,50	.			SS Ch 78	
12516,00	.			SS Ch 79	
12516,50	.			SS Ch 80	
12517,00	.			SS Ch 81	
12517,50	.			SS Ch 82	
12518,00	.			SS Ch 83	
12518,50	*DPRK ARQ*	*B=600Bd S=600Hz*		*KRE E Moscow*	*RUS*
12518,50	.			SS Ch 84	
12518,50	*DPRK ARQ*	*B=1200Bd S=600Hz*		*KRE E Moscow*	*RUS*
12519,00	.			SS Ch 85	
12519,50	.			SS Ch 86	
12520,00	SITOR , CW	B=100Bd S=170Hz	JNA	J CG HQ Tokyo	J
12520,00	SITOR , CW	B=100Bd S=170Hz	VRC	Hong Kong R	CHN
12520,00	SITOR B	B=100Bd S=170Hz	ZLM	Taupo Maritime R	NZL
12520,00	SITOR , CW	B=100Bd S=170Hz	PKD	Surabaya R , Djawa	INS
12520,00	SITOR , CW	B=100Bd S=170Hz	PNK	Jayapura R , Irian Jaya	INS
12520,00	SITOR , CW	B=100Bd S=170Hz	PKM	Bitung R , Sulawesi	INS
12520,00	SITOR , CW	B=100Bd S=170Hz	PKP	Dumai R , Sumatera	INS
12520,00	.			Distress/safety frequency	WW
12520,50	.			SS Ch 88	
12521,00	CW		RHQ33	RUS N	RUS
12521,00	CW		VTP	IND N Vishakaptnam	IND
12521,00	.			SS Ch 89	
12521,50	.			SS Ch 90	
12522,00	.			SS Ch 91	
12522,50	.			SS Ch 92	
12523,00	.			SS Ch 93	
12523,50	.			SS Ch 94	
12524,00	.			SS Ch 95	

Frequency	Mode	Mode Parameter	Callsign	User	Country
12524,50	.			SS Ch 96	
12525,00	.			SS Ch 97	
12525,50	.			SS Ch 98	
12526,00	.			SS Ch 99	
12526,50	.			SS Ch 100	
12527,00	.			SS Ch 101	
12527,50	.			SS Ch 102	
12528,00	.			SS Ch 103	
12528,50	MIL 188-110B 39TONE	B=2400Bd Ch=39 ChS=56,25Hz		VEN N	VEN
12528,50	.			SS Ch 104	
12529,00	.			SS Ch 105	
12529,50	.			SS Ch 106	
12530,00	.			SS Ch 107	
12530,00	CIS 12	B=1440Bd Ch=12 ChS=200Hz		RUS N ship	
12530,50	.			SS Ch 108	
12531,00	.			SS Ch 109	
12531,50	.			SS Ch 110	
12532,00	.			SS Ch 111	
12532,50	.			SS Ch 112	
12533,00	.			SS Ch 113	
12533,50	.			SS Ch 114	
12534,00	.			SS Ch 115	
12534,50	.			SS Ch 116	
12534,50	*DPRK ARQ*	*B=1200Bd S=600Hz*		*KRE E Moscow*	*RUS*
12535,00	.			SS Ch 117	
12535,50	.			SS Ch 118	
12536,00	.			SS Ch 119	
12536,50	.			SS Ch 120	
12537,00	.			SS Ch 121	
12537,50	.			SS Ch 122	
12538,00	.			SS Ch 123	
12538,50	.			SS Ch 124	
12539,00	.			SS Ch 125	
12539,50	.			SS Ch 126	
12540,00	.			SS Ch 127	
12540,50	.			SS Ch 128	
12541,00	.			SS Ch 129	
12541,50	.			SS Ch 130	
12542,00	.			SS Ch 131	
12542,50	.			SS Ch 132	
12543,00	.			SS Ch 133	
12543,50	.			SS Ch 134	
12544,00	.			SS Ch 135	
12544,50	.			SS Ch 136	
12545,00	.			SS Ch 137	
12545,50	.			SS Ch 138	
12546,00	.			SS Ch 139	
12546,00	ALE USB	B=125Bd Ch=8 ChS=250Hz		VEN N	VEN
12546,50	.			SS Ch 140	
12547,00	.			SS Ch 141	
12547,50	.			SS Ch 142	
12548,00	.			SS Ch 143	
12548,50	.			SS Ch 144	
12549,00	.			SS Ch 145	
12549,50	.			SS Ch 146	
12550,00	CW			SS calling frequency Ch 1	
12550,50	CW			SS calling frequency Ch 2	
12551,00	CW			SS calling frequency Ch 3	

Frequency	Mode	Mode Parameter	Callsign	User	Country
12551,50	CW			SS calling frequency Ch 4	
12552,00	CW			SS calling frequency Ch 5	
12552,50	CW			SS calling frequency Ch 6	
12553,00	CW			SS calling frequency Ch 7	
12553,50	CW			SS calling frequency Ch 8	
12554,00	CW			SS calling frequency Ch 9	
12554,50	CW			SS calling frequency Ch 10	
12555,00	.			SS Ch 147	
12555,50	.			SS Ch 148	
12556,00	.			SS Ch 149	
12556,50	.			SS Ch 150	
12557,00	.			SS Ch 151	
12557,50	.			SS Ch 152	
12558,00	.			SS Ch 153	
12558,50	.			SS Ch 154	
12558,50	*DPRK ARQ*	*B=600Bd S=600Hz*		*KRE E Moscow*	*RUS*
12559,00	.			SS Ch 155	
12559,50	.			SS Ch 156	
12560,00	.			SS Ch 1	
12560,00	ALE USB	B=125Bd Ch=8 ChS=250Hz			
12560,50	.			SS Ch 2	
12561,00	.			SS Ch 3	
12561,50	.			SS Ch 4	
12562,00	.			SS Ch 5	
12562,50	.			SS Ch 6	
12563,00	.			SS Ch 7	
12563,50	.			SS Ch 8	
12564,00	*ALE USB*	*B=125Bd Ch=8 ChS=250Hz*		*ROU MIL net*	*ROU*
12564,00	.			SS Ch 9	
12564,50	.			SS Ch 10	
12565,00	.			SS Ch 11	
12565,50	.			SS Ch 12	
12566,00	.			SS Ch 13	
12566,50	.			SS Ch 14	
12567,00	.			SS Ch 15	
12567,50	.			SS Ch 16	
12568,00	.			SS Ch 17	
12568,20	*STANAG 4285*	*B=2400Bd*	*PBC*	*NLD N Goeree Island*	*HOL*
12568,50	.			SS Ch 18	
12569,00	.			SS Ch 19	
12569,50	.			SS Ch 20	
12570,00	.			SS Ch 21	
12570,50	.			SS Ch 22	
12571,00	.			SS Ch 23	
12571,50	.			SS Ch 24	
12572,00	.			SS Ch 25	
12572,50	.			SS Ch 26	
12573,00	.			SS Ch 27	
12573,50	.			SS Ch 28	
12574,00	.			SS Ch 29	
12574,50	.			SS Ch 30	
12575,00	.			SS Ch 31	
12575,50	.			SS Ch 32	
12576,00	.			SS Ch 33	
12576,00	PACTOR III	B=100Bd S=200Hz	FOHXM	Sailmail Manihi Atoll	OCE
12576,50	.			SS Ch 34	
12577,00	DSC	B=100Bd S=170Hz	JNA	J CG HQ Tokyo	J
12577,00	USB		VFF	Iqaluit R	CAN
12577,00	.			DSC distress/safety frequency	WW
12577,00	*GMDSS*	*B=100Bd S=170Hz*			*I*

Frequency	Mode	Mode Parameter	Callsign	User	Country
12577,50	.			SS DSC frequency	WW
12578,00	.			SS DSC frequency	WW
12578,00	CW			RUS N calling frequency	RUS
12578,50	.			SS DSC frequency	WW
12579,00	.			CS Ch 1	
12579,00	SITOR B	B=100Bd S=170Hz	UFZ	Vladivostok R	RUS
12579,00	SITOR-B	B=100Bd S=170Hz	LSD836	Argentina R	ARG
12579,00	SITOR B	B=100Bd S=170Hz	NMF	USA CG Boston , MA	USA
12579,00	SITOR B	B=100Bd S=170Hz	NMO	USA CG Honolulu	HWA
12579,00	SITOR B	B=100Bd S=170Hz	NRV	USA CG Guam	GUM
12579,50	.			CS Ch 2	
12580,00	SITOR , CW	B=100Bd S=170Hz	PKD	Surabaya R , Djawa	INS
12580,00	SITOR , CW	B=100Bd S=170Hz	PKP	Dumai R , Sumatera	INS
12580,00	.			CS Ch 3	
12580,00	SITOR B	B=100Bd S=170Hz			ARG
12580,50	PACTOR III	B=200Bd S=200Hz	OSY	Sailmail Brugge	BEL
12580,50	.			CS Ch 4	
12581,00	.			CS Ch 5	
12581,00	SITOR , CW	B=100Bd S=170Hz	JCS	Choshi R	J
12581,50	SITOR , CW	B=100Bd S=170Hz	XSV	Tianjin R	CHN
12581,50	.			CS Ch 6	
12581,50	PACTOR , SITOR , CW	B=100Bd S=170Hz	WLO	Mobile R , AL	USA
12582,00	SITOR , CW	B=100Bd S=170Hz	PKM	Bitung R , Sulawesi	INS
12582,00	.			CS Ch 7	
12582,50	SITOR A		SUP	Port Said R	EGY
12582,50	.			CS Ch 8	
12583,00	.			CS Ch 9	
12583,50	.			CS Ch 10	
12584,00	.			CS Ch 11	
12584,50	.			CS Ch 12	
12584,50	PACTOR , SITOR , CW	B=100Bd S=170Hz	WLO	Mobile R , AL	USA
12585,00	.			CS Ch 13	
12585,50	.			CS Ch 14	
12585,50	SITOR , CW	B=100Bd S=170Hz	VRX63	Hong Kong R	HKG
12586,00	SITOR , CW	B=100Bd S=170Hz	UFM3	Nevelsk R	RUS
12586,00	.			CS Ch 15	
12586,00	SITOR , CW	B=100Bd S=170Hz	4PB	Colombo R	CLN
12586,00	SITOR , CW	B=100Bd S=170Hz	UDK2	Murmansk R	RUS
12586,50	.			CS Ch 16	
12587,00	.			CS Ch 17	
12587,50	.			CS Ch 18	
12587,50	SITOR , CW	B=100Bd S=170Hz	SVS5	Olympia R	GRC
12587,50	SITOR , CW	B=100Bd S=170Hz	SVO	Olympia R	GRC
12587,50	ALE USB	B=125Bd Ch=8 ChS=250Hz			
12588,00	SITOR , CW	B=100Bd S=170Hz	PNK	Jayapura R , Irian Jaya	INS
12588,00	.			CS Ch 19	
12588,50	.			CS Ch 20	
12589,00	.			CS Ch 21	
12589,00	ALE USB	B=125Bd Ch=8 ChS=250Hz		B N net	B
12589,50	.			CS Ch 22	
12589,50	SITOR , CW	B=100Bd S=170Hz	WCC	Chatham R , MA	USA
12590,00	SITOR , CW	B=100Bd S=170Hz	JNA	J CG HQ Tokyo	J
12590,00	*T600*	*B=50Bd S=200Hz*		*RUS N Moscow*	*RUS*
12590,00	.			CS Ch 23	
12590,50	.			CS Ch 24	
12590,50	SITOR , CW	B=100Bd S=170Hz	KLB	Seattle R	USA
12590,50	SITOR , CW	B=100Bd S=170Hz	SVO58	Olympia R	GRC
12591,00	.			CS Ch 25	

Frequency	Mode	Mode Parameter	Callsign	User	Country
12591,00	SITOR , CW	B=100Bd S=170Hz	VRX64	Hong Kong R	HKG
12591,50	SITOR , CW	B=100Bd S=170Hz	UFL	Vladivostok R	RUS
12591,50	.			CS Ch 26	
12592,00	*T600*	*B=50Bd S=200Hz*		*RUS N Moscow*	*RUS*
12592,00	.			CS Ch 27	
12592,00	*T600*	*B=50Bd S=200Hz*		*RUS MIL Kazan*	*RUS*
12592,50	.			CS Ch 28	
12593,00	.			CS Ch 29	
12593,50	.			CS Ch 30	
12594,00	.			CS Ch 31	
12594,00	CW		4XZ	ISR N Haifa	ISR
12594,50	SITOR , CW	B=100Bd S=170Hz	A9M	Bahrain R	BHR
12594,50	.			CS Ch 32	
12595,00	.			CS Ch 33	
12595,50	.			CS Ch 34	
12596,00	.			CS Ch 35	
12596,00	SITOR B	B=100Bd S=170Hz	RLK7	Arkchangelsk R	RUS
12596,50	.			CS Ch 36	
12597,00	.			CS Ch 37	
12597,50	.			CS Ch 38	
12598,00	.			CS Ch 39	
12598,00	SITOR , CW	B=100Bd S=170Hz	WCC	Chatham R , MA	USA
12598,50	.			CS Ch 40	
12599,00	.			CS Ch 41	
12599,50	.			CS Ch 42	
12599,50	SITOR , CW	B=100Bd S=170Hz	UAT	Moscow R	RUS
12600,00	.			CS Ch 43	
12600,50	.			CS Ch 44	
12601,00	.			CS Ch 45	
12601,50	.			CS Ch 46	
12602,00	.			CS Ch 47	
12602,50	.			CS Ch 48	
12603,00	.			CS Ch 49	
12603,50	.			CS Ch 50	
12603,50	SITOR , CW	B=100Bd S=170Hz	SVO5	Olympia R	GRC
12604,00	.			CS Ch 51	
12604,50	.			CS Ch 52	
12605,00	.			CS Ch 53	
12605,50	.			CS Ch 54	
12606,00	.			CS Ch 55	
12606,00	SITOR , CW	B=100Bd S=170Hz	UIW	Kaliningrad R	RUS
12606,50	.			CS Ch 56	
12607,00	.			CS Ch 57	
12607,50	SITOR , CW	B=100Bd S=170Hz	UFL	Vladivostok R	RUS
12607,50	.			CS Ch 58	
12608,00	.			CS Ch 59	
12608,50	.			CS Ch 60	
12609,00	.			CS Ch 61	
12609,00	SITOR , CW	B=100Bd S=170Hz	4PB	Colombo R	CLN
12609,50	.			CS Ch 62	
12610,00	SITOR , CW	B=100Bd S=170Hz	XSA2	Nanjing R	CHN
12610,00	.			CS Ch 63	
12610,00	*T600*	*B=50Bd S=200Hz*		*RUS N Murmansk*	*RUS*
12610,50	.			CS Ch 64	
12611,00	.			CS Ch 65	
12611,50	.			CS Ch 66	
12612,00	.			CS Ch 67	
12612,50	.			CS Ch 68	
12613,00	.			CS Ch 69	
12613,00	SITOR , CW	B=100Bd S=170Hz	XSQ	Guangzhou R	CHN
12613,50	.			CS Ch 70	
12614,00	.			CS Ch 71	

Frequency	Mode	Mode Parameter	Callsign	User	Country
12614,50	.			CS Ch 72	
12615,00	.			CS Ch 73	
12615,50	.			CS Ch 74	
12616,00	.			CS Ch 75	
12616,50	.			CS Ch 76	
12617,00	.			CS Ch 77	
12617,50	.			CS Ch 78	
12618,00	.			CS Ch 79	
12618,50	.			CS Ch 80	
12619,00	SITOR , CW	B=100Bd S=170Hz	EQI	Abbas R	IRN
12619,00	.			CS Ch 81	
12619,50	.			CS Ch 82	
12620,00	.			CS Ch 83	
12620,00	PACTOR III	B=100Bd S=200Hz	VZG420_2	Townsville R	AUS
12620,50	.			CS Ch 84	
12621,50	.			CS Ch 86	
12621,50	SITOR , CW	B=100Bd S=170Hz	VZG420	Townsville R	AUS
12622,00	.			CS Ch 87	
12622,50	.			CS Ch 88	
12622,50	SITOR , CW	B=100Bd S=170Hz	XSQ	Guangzhou R	CHN
12623,00	.			CS Ch 89	
12623,50	.			CS Ch 90	
12624,00	.			CS Ch 91	
12624,50	.			CS Ch 92	
12624,50	SITOR , CW	B=100Bd S=170Hz	WCC	Chatham R , MA	USA
12625,00	.			CS Ch 93	
12625,50	.			CS Ch 94	
12626,00	.			CS Ch 95	
12626,50	.			CS Ch 96	
12627,00	.			CS Ch 97	
12627,50	.			CS Ch 98	
12628,00	.			CS Ch 99	
12628,50	.			CS Ch 100	
12629,00	SITOR , CW	B=100Bd S=170Hz	VJS	Perth R	AUS
12629,00	SITOR , CW	B=100Bd S=170Hz	TAH	Istanbul R	TUR
12629,00	.			CS Ch 101	
12629,50	.			CS Ch 102	
12630,00	.			CS Ch 103	
12630,00	POL INTEL FSK	B=100Bd S=740Hz Ch=1		POL INTEL	POL
12630,50	.			CS Ch 104	
12631,00	.			CS Ch 105	
12631,00	SITOR , CW	B=100Bd S=170Hz	WOM	Pennsuco R , FL	USA
12631,00	*T600*	*B=50Bd S=200Hz*		*RUS N Kaliningrad*	*RUS*
12631,00	SITOR A	B=100Bd S=170Hz	KSM	Maritime Radio Historical Society Bolinas , CA	USA
12631,00	BAUDOT	B=50Bd S=425Hz	KSM	Maritime Radio Historical Society Bolinas , CA	USA
12631,50	.			CS Ch 106	
12632,00	.			CS Ch 107	
12632,00	SITOR , CW	B=100Bd S=170Hz	WOO	Ocean Gate R , NJ	USA
12632,50	.			CS Ch 108	
12633,00	.			CS Ch 109	
12633,50	.			CS Ch 110	
12634,00	.			CS Ch 111	
12634,50	.			CS Ch 112	
12634,50	SITOR , CW	B=100Bd S=170Hz	TAH	Istanbul R	TUR
12635,00	.			CS Ch 113	
12635,50	.			CS Ch 114	
12636,00	.			CS Ch 115	
12636,50	.			CS Ch 116	
12637,00	.			CS Ch 117	

Frequency	Mode	Mode Parameter	Callsign	User	Country
12637,50	.			CS Ch 118	
12637,50	SITOR , CW	B=100Bd S=170Hz	XSG	Shanghai R	CHN
12638,00	.			CS Ch 119	
12638,50	.			CS Ch 120	
12639,00	.			CS Ch 121	
12639,50	.			CS Ch 122	
12640,00	.			CS Ch 123	
12640,50	.			CS Ch 124	
12641,00	PACTOR , SITOR	B=100Bd S=170Hz	SAB	Göteborg R	S
12641,00	.			CS Ch 125	
12641,50	.			CS Ch 126	
12642,00	.			CS Ch 127	
12642,50	.			CS Ch 128	
12643,00	.			CS Ch 129	
12643,50	.			CS Ch 130	
12644,00	.			CS Ch 131	
12644,50	.			CS Ch 132	
12645,00	.			CS Ch 133	
12645,50	.			CS Ch 134	
12645,50	SITOR , CW	B=100Bd S=170Hz	XSQ	Guangzhou R	CHN
12646,00	.			CS Ch 135	
12646,50	.			CS Ch 136	
12647,00	.			CS Ch 137	
12647,50	.			CS Ch 138	
12648,00	.			CS Ch 139	
12648,50	.			CS Ch 140	
12648,50	SITOR , CW	B=100Bd S=170Hz	XSQ	Guangzhou R	CHN
12649,00	.			CS Ch 141	
12649,50	.			CS Ch 142	
12649,50	SITOR , CW	B=100Bd S=170Hz	XSG	Shanghai R	CHN
12650,00	.			CS Ch 143	
12650,50	.			CS Ch 144	
12651,00	.			CS Ch 145	
12651,50	.			CS Ch 146	
12652,00	.			CS Ch 147	
12652,50	.			CS Ch 148	
12653,00	.			CS Ch 149	
12653,50	.			CS Ch 150	
12654,00	.			CS Ch 151	
12654,00	SITOR , CW	B=100Bd S=170Hz	TAH	Istanbul R	TUR
12654,50	.			CS Ch 152	
12655,00	.			CS Ch 153	
12655,50	.			CS Ch 154	
12656,00	.			CS Ch 155	
12656,50	.			CS Ch 156	
12656,50	SITOR , CW	B=100Bd S=170Hz	9GP23	Tema , Black Star Line	GHA
12657,00	DSC	B=100Bd S=170Hz	JNA	J CG HQ Tokyo	J
12657,00	DSC	B=100Bd S=170Hz	PKX	Jakarta R , Jawa	INS
12657,00	DSC	B=100Bd S=170Hz	PNK	Jayapura R , Irian Jaya	INS
12657,00	DSC	B=100Bd S=170Hz	PKE	Amboina R , Ceram	INS
12657,00	DSC	B=100Bd S=170Hz	PKM	Bitung R , Sulawesi	INS
12657,00	DSC	B=100Bd S=170Hz	PKF	Makassar R , Sulawesi	INS
12657,00	DSC	B=100Bd S=170Hz	PKB	Belawan R , Sumatera	INS
12657,00	DSC	B=100Bd S=170Hz	PKP	Dumai R , Sumatera	INS
12657,50	SITOR , CW	B=100Bd S=170Hz	UFL	Vladivostok R	RUS
12658,20	STANAG 4285	B=2400Bd	EBA	E N Madrid	E
12661,20	*STANAG 4285*	*B=2400Bd*	*DHJ59*	*D N Wilhelmshaven*	*D*
12661,60	ALE USB	B=125Bd Ch=8 ChS=250Hz			
12663,00	*ALE USB*	*B=125Bd Ch=8 ChS=250Hz*		*G MIL net*	*G*
12664,00	*STANAG 4285*	*B=2400Bd*	*FUO*	*F N Toulon*	*F*

Frequency	Mode	Mode Parameter	Callsign	User	Country
12664,50	STANAG 4285	B=2400Bd	FUM	F N Papeete , Tahiti	OCE
12665,00	FAX 120/576		PWZ33	B N Rio de Janeiro	B
12666,50	STANAG 4285	B=2400Bd	FUO	N Toulon	F
12666,50	*BAUDOT*	*B=150Bd S=850Hz*	*FUG*	*F N La Regine*	*F*
12666,50	STANAG 4285	B=2400Bd	FUG8	F N La Regine	F
12666,70	BAUDOT	B=75Bd S=850Hz	FUO	F N Toulon	F
12666,70	*STANAG 4285*	*B=2400Bd*	*FUG12*	*F N La Regine*	*F*
12671,80	ALE USB	B=125Bd Ch=8 ChS=250Hz		CHN net	CHN
12673,50	CW		JOU	Nagasaki R	J
12675,00	CW		SAA	Karlskrona R	S
12675,50	CW		A4M	Muscat R	OMA
12678,00	CW		YJM3	Port Vila R	VUT
12680,00	PACTOR II	B=200Bd S=200Hz	VZX	Sailmail Darawank	AUS
12681,00	USB			B N net	B
12682,50	CW		ODR4	Beyrouth R	LBN
12682,50	CW		PKE	Amboina R , Ceram	INS
12682,50	CW		PKF	Makassar R , Sulawesi	INS
12682,50	CW		PKP	Dumai R , Sumatera	INS
12682,50	CW		PNK	Jayapura R , Irian Jaya	INS
12682,50	CW		TNA12	Pointe Noir R	COG
12685,50	*PACTOR III*	*B=100Bd S=200Hz*	*HEB23*	*Berne R*	*SUI*
12689,00	STANAG 4285	B=2400Bd	FUX	F N Le Port	REU
12689,00	CW		LZL5	Bourgas R	BUL
12689,00	PACTOR III	B=100Bd S=200Hz	RC01	Sailmail Maputo	MOZ
12690,00	CW		PKG	Bandjarmasin R , Kalimantan	INS
12691,20	STANAG 4285	B=2400Bd	FUX	F F Le Port	REU
12692,00	CW		RAA	RUS N HQ Moscow	RUS
12693,50	MIL 188-110B SER	B=2400Bd			
12694,00	CW		ZRH	AFS N Capetown	AFS
12694,00	PACTOR III	B=100Bd S=200Hz	RC01	Sailmail Maputo	MOZ
12695,50	CW		UWS3	Kiev R	UKR
12700,00	CW		D4D	Praia de Cabo Verde R	CPV
12701,00	*F N FSK*	*B=50Bd S=850Hz Ch=1*	*FUG*	*F N La Regine*	*F*
12701,00	STANAG 4285	B=2400Bd			
12703,00	CW		LYK	Klaipeda R	LTU
12704,50	CW		PKD	Surabaya R , Djawa	INS
12704,50	STANAG 4285	B=2400Bd	CTA	POR N Lisbon	POR
12704,50	CW		JFX	Kagoshima R	J
12704,50	CW		PKM	Bitung R , Sulawesi	INS
12705,50	STANAG 4285 LSB	B=2400Bd	CTA12	POR N Lisbon	F
12708,50	PACTOR II	B=200Bd S=200Hz	ZMH302	Xacero, Auckland	NZL
12709,00	CW		8RB	Demerara R	GUY
12709,00	CW		ELC	Monrovia R	LBR
12711,00	PACTOR I	B=100Bd S=200Hz	PWZ33	B N Rio de Janeiro	B
12715,00	CW		UTQ	Kiev R	UKR
12720,00	CW		RIW	RUS NSHQ Moscow	RUS
12720,00	CW		RJF94	RUS N AF HQ Moscow	RUS
12725,00	ALE USB	B=125Bd Ch=8 ChS=250Hz		B N net	B
12730,00	*F N FSK*	*B=50Bd S=850Hz Ch=1*	*FUG*	*F N La Regine*	*F*
12731,20	PACTOR I FEC	B=100Bd S=200Hz	PWN33	B N Natal	B
12731,80	M/S 1,0	B=50Bd S=850Hz		F N	F
12736,00	*ALE USB*	*B=125Bd Ch=8 ChS=250Hz*		*G MIL net*	*G*
12736,00	CIS 50-1000	B=50Bd S=1000Hz	REA4	RUS AF HQ Moscow	RUS
12739,00	CIS 50-1000	B=50Bd S=1000Hz	REA4	RUS AF HQ Moscow	RUS
12741,00	*T600*	*B=50Bd S=200Hz*	*RDL*	*RUS N Murmansk*	*RUS*
12745,00	FAX 60/120/576		JJC	Tokyo M	J

Frequency	Mode	Mode Parameter	Callsign	User	Country
12750,00	USB		6YX	JMC CG Jamaica	JMC
12750,00	FAX 120/576		NMF	USCG Boston , MA	USA
12752,00	CW		C6N	Nassau R	BAH
12752,00	CW		RIF4	RUS N CHMS Severomorsk	RUS
12752,00	*CIS 12*	*B=1440Bd Ch=12 ChS=200Hz*		*RUS N ship*	
12753,00	CW		RIT	RUS NHQ Sveromorsk	RUS
12763,50	*PACTOR III*	*B=200Bd S=200Hz*	*DAO23*	*Kiel Radio*	*D*
12766,50	MIL 188-110B SER	B=2400Bd			
12770,00	BAUDOT	B=100Bd S=500Hz	RGE31		RUS
12770,00	*CIS 100-500 BURST*	*B=100Bd S=500Hz*		*Moscow*	*RUS*
12770,00	CIS ARQ	B=100Bd S=500Hz	RGE31	RUS PTT	RUS
12780,00	CW		D3E61	Luanda R	AGL
12781,50	CW		9MB5	MLA N Georgtown , Penang Island	MLA
12783,00	*STANAG 4285*	*B=2400Bd*		*G F St. Eval*	*G*
12783,50	BAUDOT	B=50Bd S=850Hz	9MR	MLA N Penang	MLA
12784,20	*STANAG 4285*	*B=2400Bd*	*PBC*	*NLD N Goeree Island*	*HOL*
12786,00	FAX 120/576		NMC	USCG San Francisco , CA	USA
12789,90	FAX 120/576		NMG	USA CG New Orleans , LA	USA
12800,00	MIL 188-110B SER	B=2400Bd		EGY N	EGY
12800,00	USB			EGY N	EGY
12807,80	CW		GYD8	G N London	G
12808,50	USB		USI	Kherson R	UKR
12808,50	CW		VTG7	IND N Bombay	IND
12811,20	*STANAG 4285*	*B=2400Bd*	*CFH*	*CAN N Halifax*	*CAN*
12825,00	SITOR , CW	B=100Bd S=170Hz	UFH	Petrapavlovsk-Kamchatskii R	RUS
12829,00	FAX 120/576		UTQ	Kiev R	UKR
12830,00	*DPRK ARQ*	*B=1200Bd S=600Hz*		*KRE E Moscow*	*RUS*
12832,00	*T600*	*B=50Bd S=250Hz*	*RDL*	*RUS N Moscow*	*RUS*
12832,50	*PACTOR III*	*B=200Bd S=200Hz*	*DAO33*	*Kiel Radio*	*D*
12840,00	CW		VTP7	IND N Vishakhapatnam	IND
12840,50	*BAUDOT*	*B=75Bd S=850Hz*	*PBB*	*NLD N Den Helder*	*HOL*
12840,50	*BAUDOT*	*B=75Bd S=850Hz*	*PBC*	*HOL N Goeree Island*	*HOL*
12843,00	CW		HLO	Seoul R	KOR
12843,00	CW		RWO		RUS
12844,00	ALE USB	B=125Bd Ch=8 ChS=250Hz			
12847,20	*STANAG 4285*	*B=2400Bd*	*CFH*	*CAN N Halifax*	*CAN*
12848,50	*DPRK ARQ*	*B=600Bd S=600Hz*		*KRE E Stockholm*	*S*
12848,50	*DPRK ARQ*	*B=600Bd S=600Hz*		*KRE E Moscow*	*RUS*
12848,50	*DPRK ARQ*	*B=1200Bd S=600Hz*		*KRE E Moscow*	*RUS*
12851,00	CW		ZSJ5	AFS N Capetown	AFS
12855,00	STANAG 4285	B=2400Bd	6WW	F N Dakar	SEN
12855,70	CW		4WD	Hodeidah R	YEM
12856,00	CW		XSG	Shanghai R	CHN
12857,00	STANAG 4285	B=2400Bd	6WW	F N Dakar	SEN
12867,00	CW		VAI	CAN CG Vancouver	CAN
12867,00	CW		XYR8	Rangoon R	BRM
12867,00	ALE LSB	B=125Bd Ch=8 ChS=250Hz			
12869,00	CW		WNU55	Slidell R	USA
12874,00	*STANAG 4285*	*B=2400Bd*	*FUG*	*F N La Regine*	*F*
12877,50	BAUDOT	B=50Bd S=170Hz	UGK5	Kaliningrad R	RUS
12883,50	*STANAG 4285*	*B=2400Bd*	*FUO*	*F N Toulon*	*F*
12885,00	SSB		3XO29	Kamsar R	GUF
12895,00	CW		LYK	Klaipeda R	LTU
12903,00	BAUDOT	B=50Bd S=1000Hz	VTH	IND N Mumbai	IND
12903,00	BAUDOT	B=50Bd S=730Hz	RBSL**	IND N Bombay	IND
12905,20	*STANAG 4285*	*B=2400Bd*		*G F Inskip*	*G*

Frequency	Mode	Mode Parameter	Callsign	User	Country
12911,20	STANAG 4285	B=2400Bd	CFH	CAN N Halifax	CAN
12912,00	CW		PKR	Semarang R , Djawa	INS
12916,50	CW		HLF	Seoul R	KOR
12919,00	CHN MFSK 64TONE	B=37Bd Ch=64 ChS=37Hz		CHN F	CHN
12923,00	CW		HLW2	Seoul R	KOR
12923,50	J MFSK8	B=100Bd Ch=8 ChS=300Hz		J N Ichihara	J
12924,00	J MFSK8	B=100Bd Ch=8 ChS=300Hz		J N	J
12930,80	*STANAG 4285*	*B=2400Bd*	*EBA*	*E N Madrid*	*E*
12932,60	STANAG 4285	B=2400Bd	EBA	E N Madrid	E
12934,40	PACTOR II	B=200Bd S=200Hz	WXH	Annapolis , MD	USA
12935,00	CW		HLG	Seoul R	KOR
12938,50	MIL 188-110B SER	B=2400Bd			
12942,00	MIL 188-110B SER	B=2400Bd			AUS
12948,00	*CIS 12*	*B=1440Bd Ch=12 ChS=200Hz*		*MFA Moscow*	*RUS*
12954,00	ALE USB	B=125Bd Ch=8 ChS=250Hz		CHN net	CHN
12958,20	*STANAG 4285*	*B=2400Bd*	*PBC*	*NLD N Goeree Island*	*HOL*
12958,70	*STANAG 4481*	*B=75Bd S=850Hz*		*G F Inskip*	*G*
12965,00	BAUDOT	B=50Bd S=170Hz	USO5	Izmail R	UKR
12969,00	CW		XSV	Tianjin R	CHN
12970,50	CW		PKB	Belawan R , Sumatera	INS
12970,50	CW		PKX	Jakarta R , Jawa	INS
12970,50	CW		PKY4	Sorong R , Irian Jaya	INS
12973,00	ALE USB	B=125Bd Ch=8 ChS=250Hz			
12980,00	CW		PKI2	Jakarta R	INS
12980,00	CW		PKC2	Plaju R , Sumatera	INS
12981,00	CW		DG		
12982,00	MHF-50 MODEM	B=54,3Bd Ch=32 ChS=64,5Hz	ZSJ	AFS N Capetown	AFS
12982,20	STANAG 4285	B=2400Bd	CFH	CAN N Halifax	CAN
12984,00	CW		4XZ	ISR N Haifa	ISR
12989,50	CHN 4+4	B=75Bd Ch=8 ChS=300/450Hz		CHN MIL	
12993,00	CW		KSM	Maritime Radio Historical Society Bolinas , CA	USA
12995,00	CW		9GP23	Tema , Black Star Line	GHA
13000,00	ALE USB	B=125Bd Ch=8 ChS=250Hz			
13006,00	PACTOR , CW	B=100Bd S=200Hz	SAP	Marinecom Malmoe	S
13007,50	PACTOR	B=200Bd S=170Hz	SAP	Marinecom Malmoe R	S
13011,00	CW		AQP6	PAK N Karachi	PAK
13015,00	M/S 1,0	B=75Bd S=250Hz			
13017,50	*PACTOR III , CW*	*B=100Bd S=200Hz*	*HEB43*	*Berne R*	*SUI*
13020,00	CW		VRX60	Hongkong R	HKG
13021,00	CW			RUS HFDF net	RUS
13023,00	CW		D3E62	Luanda R	AGL
13024,00	*PACTOR III , CW*	*B=100Bd S=200Hz*	*HEB33*	*Berne R*	*SUI*
13024,50	PACTOR III	B=100Bd S=200Hz	WHL23	Saint Augustine R	USA
13031,00	CW		VRN60	Hong Kong R	HKG
13031,00	CW		VRX62	Hongkong R	HKG
13031,20	STANAG 4285	B=2400Bd	FUF	F N Fort de France	MRT
13032,00	T600	B=50Bd S=200Hz	RDL	RUS N Moscow	RUS
13033,50	PACTOR III	B=100Bd S=200Hz	WHL23	Saint Augustine R	USA
13042,00	CW		RCV	RUS NHQ Sevastopol	UKR
13042,50	STANAG 4285	B=2400Bd	FUF	F N Fort de France	MRT
13042,50	STANAG 4285	B=2400Bd	FUV	F N Djibouti	DJI
13042,50	CW		9LL	Freetown R	SRL
13042,50	CW		C5G	Banjul R	GMB

Frequency	Mode	Mode Parameter	Callsign	User	Country
13042,50	CW		FUV	F N Djibouti	DJI
13042,50	BAUDOT	B=150Bd S=850Hz	FUV	F N Djibouti	DJI
13044,00	CW		VRX61	Hong Kong R	HKG
13046,00	CW		PZN4	Paramaribo R	SUR
13050,00	BAUDOT	B=50Bd S=170Hz	UDK2	Murmansk R	RUS
13054,00	CIS OFDM 93	B=2400Bd Ch=93 ChS=31,25Hz		CIS	RUS
13055,00	CW		UTQ7	Kiev R	UKR
13057,60	*STANAG 4285*	*B=2400Bd*	*EBA*	*E N Madrid*	*E*
13066,00	CW			RUS HFDF net	RUS
13067,00	PACTOR II FEC	B=100Bd S=200Hz	ARL	PAK N Karachi	PAK
13067,00	ALE USB	B=125Bd Ch=8 ChS=250Hz		PAK N net	
13073,20	STANAG 4285	B=2400Bd	EBA	E N Madrid	E
13074,00	FAX 120/576		JFC	Misaki R	J
13077,00	USB		V5W	Walvis Bay R	NMB
13077,00	USB			Bilbao R via Madrid	E
13077,00	USB		VFF	Iqaluit R	CAN
13077,00	USB		XSL	Fuzhou R	CHN
13077,00	USB		UFL	Vladivostok R	RUS
13077,00	USB		XSU	Yantai R	CHN
13077,00	USB		XVS	Ho Chi Minh R	VTN
13077,00	USB		XSA2	Nanjing R	CHN
13077,00	USB		XSZ	Dalian R	CHN
13077,00	SSB			CS Ch 1201	
13077,00	USB		UAT	Moscow R	RUS
13078,00	CW		ROD9		
13078,50	PACTOR III	B=100Bd S=200Hz	DZO33	Manila R	PHL
13080,00	USB		CBV	Valpariso R	CHL
13080,00	SSB			CS Ch 1202	
13080,00	USB		3DP	Suva R	FJI
13080,00	SSB		SVN51	Olympia R	GRC
13083,00	USB			Lisbon R	POR
13083,00	USB		SDJ	Stockholm R	S
13083,00	USB		XVS	Ho Chi Minh R	VTN
13083,00	USB		KNN	Marina Del Ray R , CA	USA
13083,00	SSB			CS Ch 1203	
13083,00	SSB		D4A	S. Vincente de Cabo R	CPV
13083,00	SSB		J5M	Bissau R	GNB
13086,00	USB		HSA	Bangkok R	THA
13086,00	SSB			CS Ch 1204	
13087,50	CW		HIA	S. Domingo Piloto	DOM
13089,00	USB		YKM7	Lattakia R	SYR
13089,00	CW		USI	Kherson R	UKR
13089,00	USB		LSD836	Argentina R	ARG
13089,00	USB		NMG	USA CG New Orleans , LA	USA
13089,00	USB		NMN	USA CG Portsmouth , VA	USA
13089,00	USB		NMA	USA CG Miami , FL	USA
13089,00	USB		NMG	USA CG New Orleans , LA	USA
13089,00	USB		NMN	Mayen-Mendig P	D
13089,00	USB			USA CG Honolulu	HWA
13089,00	SSB		TUA	Abidjan R	CTI
13089,00	SSB			CS Ch 1205	
13089,00	SSB		LYK	Klaipeda Harbour R	LTU
13089,00	USB		NMC	USA CG Pt. Reynes , CA	USA
13092,00	USB		XSV	Tianjin R	CHN
13092,00	USB		XVG	Hai Phong R	VTN
13092,00	SSB		EKA	Yerevan R	ARM
13092,00	SSB			CS Ch 1206	
13095,00	USB		EQI	Abbas R	IRN
13095,00	USB			San Lorenzo R	EQA
13095,00	USB		HCY	Ayora R , Santa Cruz	EQA

Frequency	Mode	Mode Parameter	Callsign	User	Country
13095,00	USB			Cristobal R	EQA
13095,00	USB			Floreana R , Santa Maria	EQA
13095,00	USB			Seymour R , Baltra	EQA
13095,00	USB			Villamil R , Isabela	EQA
13095,00	SSB			CS Ch 1207	
13095,00	SSB		D4A	S. Vincente de Cabo R	CPV
13095,00	SSB		OSU51	Oostende R	BEL
13095,00	SSB		SVO52	Olympia R	GRC
13095,00	USB		HCG	Guayaquil R	EQA
13095,50	SITOR , CW	B=100Bd S=170Hz	SVF5	Olympia R	GRC
13097,60	STANAG 4285	B=2400Bd	DHJ58	D N Glücksburg	D
13097,60	SSB		DHJ58	D N Glücksburg	D
13098,00	SSB			CS Ch 1208	
13098,00	USB		5BA	Cyprus R	CYP
13098,00	USB		UIW	Kaliningrad R	RUS
13100,00	CW		TIM	Limon R	CTR
13101,00	USB		ESA	Tallin R	EST
13101,00	USB		A9M	Bahrain R	BHR
13101,00	USB			Cape Town R	AFS
13101,00	USB		HCY	Ayora R , Santa Cruz	EQA
13101,00	USB		PPR	Rio R	B
13101,00	USB		KLB	Seattle R , WA	USA
13101,00	CW		TRA	Libreville R	GAB
13101,00	SSB			CS Ch 1209	
13101,00	MIL 188-110B SER	B=2400Bd		B N net	B
13101,00	ALE USB	B=125Bd Ch=8 ChS=250Hz		B N net	B
13104,00	USB		J2A	Djibouti R	DJI
13104,00	USB		YQI	Constanta R	ROU
13104,00	USB		CWF	Punta Carretas R	URG
13104,00	USB		CBV	Valpariso R	CHL
13104,00	USB		PKM	Bitung R , Sulawesi	INS
13104,00	SSB			CS Ch 1210	
13104,00	USB		PKE	Amboina R , Ceram	INS
13107,00	USB		PPR	Rio R	B
13107,00	USB		9MG	Penang R	MLA
13107,00	USB		XST	Qingdao R	CHN
13107,00	SSB			CS Ch 1211	
13107,00	USB		XSQ	Guangzhou R	CHN
13110,00	USB		3BM	Mauritius R	MAU
13110,00	SSB			CS Ch 1212	
13110,00	USB		PKG	Bandjarmasin R , Kalimantan	INS
13110,00	SSB		SVO53	Olympia R	GRC
13110,00	USB		WLO	Mobile R , AL	USA
13113,00	USB		EQJ	Chahbahar R	IRN
13113,00	USB		HLS	Seoul R	KOR
13113,00	SSB			CS Ch 1213	
13116,00	USB		EQI	Abbas R	IRN
13116,00	USB		PPR	Rio R	B
13116,00	USB		XVN	Nhatrang R	VTN
13116,00	SSB			CS Ch 1214	
13116,00	SSB		CKN	CAN F Vancouver	CAN
13116,00	USB		VFA	Inuvik R	CAN
13118,00	ALE USB	B=125Bd Ch=8 ChS=250Hz		MLT N net	MLT
13119,00	USB		A9M	Bahrain R	BHR
13119,00	USB		SDJ	Stockholm R	S
13119,00	SSB			CS Ch 1215	
13119,00	SSB		S7Q	Seychelles R	SEY
13119,40	SSB		ZJU	Funafuti Island R	TUV
13122,00	USB		SUH	Alexandria R	EGY
13122,00	USB		EQJ	Chahbahar R	IRN

Frequency	Mode	Mode Parameter	Callsign	User	Country
13122,00	SSB			CS Ch 1216	
13125,00	USB		LZW	Varna R	BUL
13125,00	USB			Saint Helena R	SHN
13125,00	USB		OYR	Aasiaat R	GRL
13125,00	SSB			CS Ch 1217	
13125,00	SSB		UTQ7	Kiev R	UKR
13125,00	*CIS 12*	*B=1440Bd Ch=12 ChS=200Hz*		*RUS N Sveromorsk*	*UKR*
13128,00	USB		EQC	Amirabad R	IRN
13128,00	USB		CBV	Valpariso R	CHL
13128,00	SSB			CS Ch 1218	
13128,00	SSB		D4D	Praia de Cabo Verde R	CPV
13128,00	SSB		TAH	Istanbul R	TUR
13128,70	USB		PKX	Jakarta R , Jawa	INS
13131,00	USB		LZW	Varna R	BUL
13131,00	USB		UFM3	Nevelsk R	RUS
13131,00	USB		SDJ	Stockholm R	S
13131,00	USB		PPR	Rio R	B
13131,00	USB		UUT	Odessa R	UKR
13131,00	SSB			CS Ch 1219	
13131,00	ALE USB	B=125Bd Ch=8 ChS=250Hz			
13134,00	USB		EQI	Abbas R	IRN
13134,00	USB		STP	Port Sudan R	SDN
13134,00	USB		ZBR	Bermuda Harbour R	BER
13134,00	SSB		EQM	Bushehr R	IRN
13134,00	SSB			CS Ch 1220	
13134,00	SSB		SVO54	Olympia R	GRC
13134,90	USB		PKD	Surabaya R , Djawa	INS
13135,20	STANAG 4285	B=2400Bd			
13137,00	USB		PPR	Rio R	B
13137,00	USB		9MG	Penang R	MLA
13137,00	USB		UFH	Petrapavlovsk-Kamchatskii R	RUS
13137,00	SSB			CS Ch 1221	
13137,00	SSB		4PB	Colombo R	CLN
13137,00	SSB		A7D	Doha R	QAT
13140,00	USB		SUP	Port Said R	EGY
13140,00	USB		L3A	ARG N Comodoro Rivadavia	ARG
13140,00	SSB		EQN	Khomeini R	IRN
13140,00	SSB			CS Ch 1222	
13140,00	SSB		TAH	Istanbul R	TUR
13140,00	USB		E5R	Rarotonga R	CKH
13142,00	USB		XVN	Nhatrang R	VTN
13143,00	SSB			CS Ch 1223	
13143,00	SSB		CNP	Casablanca R	MRC
13146,00	USB			Cape Town R	AFS
13146,00	USB		CBV	Valpariso R	CHL
13146,00	USB		XVG	Hai Phong R	VTN
13146,00	SSB			CS Ch 1224	
13146,00	USB		3AC	Monaco R	MCO
13146,00	SSB		4PB	Colombo R	CLN
13146,00	SSB		9GX	Tema R	GHA
13147,30	SSB		ODR8	Beyrouth R	LBN
13149,00	USB		UDK2	Murmansk R	RUS
13149,00	USB		P2M	Port Moresbay R	PNG
13149,00	SSB			CS Ch 1225	
13149,00	USB		XSQ	Guangzhou R	CHN
13152,00	USB		SDJ	Stockholm R	S
13152,00	USB		9WH	Kota Kinabalu R	MLA
13152,00	USB		9MG	Penang R	MLA
13152,00	USB		CBV	Valpariso R	CHL
13152,00	USB		9WW	Kuching R	MLA

Frequency	Mode	Mode Parameter	Callsign	User	Country
13152,00	CW		EQM	Bushehr R	IRN
13152,00	SSB			CS Ch 1226	
13152,00	USB		WLO	Mobile R , AL	USA
13153,40	ALE USB	B=125Bd Ch=8 ChS=250Hz		USA ShipCom net	USA
13155,00	SSB			CS Ch 1227	
13155,00	SSB		TJC	Douala R	CME
13158,00	USB		PPR	Rio R	B
13158,00	USB		CBV	Valpariso R	CHL
13158,00	USB		XVS	Ho Chi Minh R	VTN
13158,00	SSB			CS Ch 1228	
13158,00	SSB		UTQ7	Kiev R	UKR
13160,00	CHN 4+4	B=75Bd Ch=8 ChS=300/450Hz		CHN MIL	CHN
13161,00	SITOR , CW	B=100Bd S=170Hz			
13161,00	USB		LSD836	Argentina R	ARG
13161,00	USB		HLS	Seoul R	KOR
13161,00	SSB			CS Ch 1229	
13161,00	SSB		CFH	CAN F Halifax	CAN
13162,50	PACTOR II	B=100Bd S=200Hz			
13162,80	USB		XFL	Mazatlan P	MEX
13164,00	SSB		UTQ	Kiev R	UKR
13164,00	SSB			CS Ch 1230	
13166,00		B=75Bd S=975Hz			
13167,00	USB		XVG	Hai Phong R	VTN
13167,00	SSB			CS Ch 1231	
13167,00	SSB		EQN	Khomeini R	IRN
13167,00	SSB		ZPC	Asuncion R	PRG
13170,00	USB		LSD836	Argentina R	ARG
13170,00	SSB			CS Ch 1232	
13170,00	SSB		SVO55	Olympia R	GRC
13173,00	USB		SXE	Aspropyrgos Attikis R	GRC
13173,00	USB			Peiraias CG R	GRC
13173,00	USB		JNA	J CG HQ Tokyo	J
13173,00	USB		PPR	Rio R	B
13173,00	USB		UFL	Vladivostok R	RUS
13173,00	USB		XVG	Hai Phong R	VTN
13173,00	SSB			CS Ch 1233	
13173,00	SSB		TAH	Istanbul R	TUR
13174,50	PACTOR III	B=100Bd S=200Hz	KKL23	Vashon Island R , WA	USA
13175,20	USB		XFL	Mazatlan P	MEX
13176,00	DSC	B=100Bd S=170Hz	HLS	Seoul R	KOR
13176,00	USB		A4M	Muscat R	OMA
13176,00	USB		XSG	Shanghai R	CHN
13176,00	SSB			CS Ch 1234	
13179,00	CLOVER 2000	B=500Bd Ch=8 ChS=250Hz	UAWH	RUS ship	
13179,00	USB		JNA	J CG HQ Tokyo	J
13179,00	*CLOVER 2000*	*B=500Bd Ch=8 ChS=250Hz*	*RLK7*	*Archangelsk R*	*RUS*
13179,00	USB		LSD836	Argentina R	ARG
13179,00	USB		HSA	Bangkok R	THA
13179,00	SSB			CS Ch 1235	
13179,00	ALE USB	B=125Bd Ch=8 ChS=250Hz		G MIL net	G
13182,00	SSB			CS Ch 1236	
13182,00	USB		XSQ	Guangzhou R	CHN
13185,00	USB		XVG	Hai Phong R	VTN
13185,00	SSB			CS Ch 1237	
13188,00	USB		CBV	Valpariso R	CHL
13188,00	SSB			CS Ch 1238	
13188,00	USB		XSG	Shanghai R	CHN

Frequency	Mode	Mode Parameter	Callsign	User	Country
13188,00	MIL 188-110B SER	B=2400Bd			
13191,00	USB		LZW	Varna R	BUL
13191,00	USB		XVG	Hai Phong R	VTN
13191,00	SSB			CS Ch 1239	
13191,00	SSB		TAH	Istanbul R	TUR
13194,00	USB		LSD836	Argentina R	ARG
13194,00	USB		XSQ	Guangzhou R	CHN
13194,00	SSB			CS Ch 1240	
13197,00	ALE USB	B=125Bd Ch=8 ChS=250Hz		CHN net	
13197,00	SSB			CS Ch 1241	
13197,00	USB		UUT	Odessa R	UKR
13197,00	DPRK ARQ	B=600Bd S=600Hz		KRE E	
13200,00	USB			USA AF Croughton	G
13200,00	USB			USA AF Sigonella	I
13200,00	USB			USA AF Lajes AFB	AZR
13200,00	USB		AGA	USA AF Hickham AFB , Honolulu	HWA
13200,00	USB			USA AF McClellan AFB , Sacramento , CA	USA
13200,00	USB			USA AF Puerto Rico	PTR
13200,00	USB		AFS	USA AF Offutt AFB , Omaha , NE	USA
13200,00	SSB		AGA	USA AF Hickham AFB , Honolulu	HWA
13200,00	SSB		AIE	USA AF Andersen AFB	GUM
13200,00	SSB		AIF80	USA AF Yokota AB	J
13200,00	SSB		AKA	USA AF Elmendorf AFB , Anchorage	ALS
13200,00	SSB			Puerto Rico	PTR
13200,00	SSB		AFS	USA AF AWS Offutt AFB , Omaha , NE	USA
13201,00	SSB			USAF Trandheim AFB	NOR
13201,00	SSB		AFE	USAF MacDill AFB , FL	USA
13201,00	SSB		AFL	USAF Loring AFB , Limestone , ME	USA
13201,00	SSB		CUW	USAF Lajes	AZR
13203,00	ALE USB	B=125Bd Ch=8 ChS=250Hz			
13203,00	SSB		DHM91	D AF Münster	D
13204,00	SSB		AFE	USAF MacDill AFB , FL	USA
13205,00	SSB			Hongkong R	HKG
13205,00	SSB			USA AF Strategic Command	USA
13205,00	SSB		HEE60	Berne Air	SUI
13206,00	SSB		CHR	CAN F Trenton	CAN
13209,00	ALE USB	B=125Bd Ch=8 ChS=250Hz		USA AF net	
13210,00	SSB		AFE	USAF MacDill AFB , FL	USA
13210,00	SSB		AFI	USAF McClellan AFB , Sacramento , CA	USA
13214,00	SSB		AFL	USAF Loring AFB , Limestone , ME	USA
13215,00	ALE USB	B=125Bd Ch=8 ChS=250Hz		USA AF net	
13216,80	FAX 120/576		KVM70	Honululu M	HWA
13217,00	ALE USB	B=125Bd Ch=8 ChS=250Hz		USA AF net	USA
13220,00	ALE USB	B=125Bd Ch=8 ChS=250Hz		I AF net	I
13221,00	ALE USB	B=125Bd Ch=8 ChS=250Hz		USA CG net	USA
13224,00	ALE USB	B=125Bd Ch=8 ChS=250Hz		B N net	B
13224,00	CIS 75-1000	B=75Bd S=1000Hz			
13227,00	SSB			NASA launch support aircraft	USA
13231,00	SSB			CAN AF Trenton	CAN
13232,00	ALE USB	B=125Bd Ch=8 ChS=250Hz			
13232,00	MIL 188-110B 39TONE	B=2400Bd Ch=39 ChS=56,25Hz			
13233,00	USB		DHM91	D AF Münster	D
13241,00	SSB			USAF Strategic Command	USA

Frequency	Mode	Mode Parameter	Callsign	User	Country
13242,00	ALE USB	B=125Bd Ch=8 ChS=250Hz			
13242,00	ALE USB	B=125Bd Ch=8 ChS=250Hz		USA SHARES net	USA
13244,00	SSB		AFE	USAF MacDill AFB , FL	USA
13244,00	SSB		AFE83	USAF Ascension AB	ASC
13244,00	SSB		AFL	USAF Loring AFB , Limestone , ME	USA
13244,00	SSB		CUW	POR AF Lajes AFB	AZR
13247,00	SSB		AKA	USAF Elmendorf AFB , Anchorage	ALS
13248,00	SSB		DHM91	D AF Münster	D
13254,00	SSB		CFH	CAN F Halifax	CAN
13254,00	SSB		CJX	CAN F St. John`s	CAN
13254,00	SSB		NKW	USN Diego Garcia	DGA
13254,00	SSB		VXA	CAN F Edmonton	CAN
13257,00	SSB		CHR	CAN F Trenton	CAN
13257,00	SSB		CJX	CAN F St. John`s	CAN
13257,00	SSB		VXA	CAN F Edmonton	CAN
13257,90	CW		S**	RUS N Severomorsk	RUS
13258,00	CW		C**	RUS N Moscow	RUS
13258,40	CW		M**	RUS N Magadan	RUS
13260,00	SSB			Carribean Bridgetown	BRB
13260,00	CLOVER 2000	B=500Bd Ch=8 ChS=250Hz	3G1SI		
13261,00	SSB			Brisbane Air	AUS
13261,00	SSB			Auckland Air	NZL
13261,00	SSB			Brazzaville VOLMET	COG
13261,00	SSB			Nandi Air	FJI
13261,00	SSB			Papeete Air	OCE
13261,00	SSB			VOLMET AFI	AFI
13261,00	SSB		KVM70	Honolulu Air	HWA
13261,00	USB			Tahiti Air	OCE
13264,00	SSB			RDARA 14	
13264,00	SSB			VOLMET EUR	EUR
13264,00	SSB		EIP	Shannon VOLMET	IRL
13267,00	SSB			Irkutsk VOLMET	RUS
13267,00	SSB			Jakutsk VOLMET	RUS
13267,00	SSB			Khabarovsk VOLMET	RUS
13267,00	SSB			Magadan VOLMET	RUS
13267,00	SSB			NOAA Hurricane Center Miami , FL	USA
13267,00	SSB			RDARA 13H	
13267,00	SSB			RDARA 3	
13270,00	SSB			RDARA 6G	
13270,00	SSB			VOLMET NAT	NAT
13270,00	USB		VFG	Gander VOLMET	CAN
13270,00	SSB		WSY70	New York VOLMET	USA
13270,00	HFDL	B=1800Bd	H06**	Hat Yai	THA
13270,00	*ALE USB*	*B=125Bd Ch=8 ChS=250Hz*		*TUR Disaster and Emergency net*	*TUR*
13272,00	ALE USB	B=125Bd Ch=8 ChS=250Hz			
13273,00	SSB			Alger Air	ALG
13273,00	SSB			Dakar Air	SEN
13273,00	SSB			MWARA AFI	AFI
13273,00	SSB			Nandi Air	FJI
13273,00	SSB			Niamey Air	NGR
13276,00	HFDL	B=1800Bd	H01**	San Francisco , CA	USA
13276,00	HFDL	B=1800Bd	H02**	Molokai , HI	HWA
13276,00	SSB			RDARA 6G	
13276,00	SSB			VOLMET NAT	NAT
13276,00	HFDL	B=1800Bd	H04**	Riverhead , NY	USA
13279,00	SSB			Khabarovsk VOLMET	RUS
13279,00	SSB			Moscow VOLMET	RUS

Frequency	Mode	Mode Parameter	Callsign	User	Country
13279,00	SSB			Novosibirsk VOLMET	RUS
13279,00	SSB		RDFG	Tashkent VOLMET	UZB
13279,00	SSB			VOLMET NCA	NCA
13279,00	SSB			VOLMET SAM	SAM
13282,00	SSB			Auckland VOLMET	NZL
13282,00	SSB			Honkong VOLMET	HKG
13282,00	SSB		JIA	Tokyo VOLMET	J
13282,00	SSB			VOLMET PAC	PAC
13282,00	SSB		KVM70	Honolulu VOLMET	HWA
13285,00	SSB			Bejing VOLMET	CHN
13285,00	SSB			Rainbow R , Tors Cove	CAN
13285,00	SSB			RDARA 10	
13285,00	SSB			VOLMET SEA	SEA
13288,00	SSB			Aden Air	YEM
13288,00	SSB			Alma Ata Air	KAZ
13288,00	SSB			Bahrain Air	BHR
13288,00	SSB			Mumbai Air	IND
13288,00	SSB			Cairo Air	EGY
13288,00	SSB			Dushanbe Air	TJK
13288,00	SSB			Kabul Air	AFG
13288,00	SSB			Karachi Air	PAK
13288,00	SSB			Khartoum Air	SDN
13288,00	SSB			Kigali Air	RRW
13288,00	SSB			Male Air	MLD
13288,00	SSB			MWARA AFI	AFI
13288,00	SSB			MWARA EUR	EUR
13288,00	SSB			MWARA MID	MID
13288,00	SSB			Tashkent Air	UZB
13288,00	SSB			Teheran Air	IRN
13288,00	SSB		ETD3	Addis Abbeba Air	ETH
13291,00	SSB			Iceland Air , Reykjavik	ISL
13291,00	SSB			MWARA NAT	NAT
13291,00	SSB		KEA5	New York Air	USA
13291,00	SSB			RDARA 6	
13291,00	SSB		CSY	Santa Maria Air	AZR
13291,00	SSB			Shanwick Air	IRL
13291,00	SSB		VFG	Gander Air	CAN
13294,00	SSB			Accra Air	GHA
13294,00	SSB			Brazzavile Air	COG
13294,00	SSB			Bujumbura Air	BDI
13294,00	SSB			Johannesburg Air	AFS
13294,00	SSB			Kano Air	NIG
13294,00	SSB			Kinshasa Air	ZAI
13294,00	SSB			Luanda Air	AGL
13294,00	SSB			MWARA AFI	AFI
13294,00	SSB			Niamey Air	NGR
13294,00	SSB			N`djamena Air	TCD
13294,00	SSB			Yaounde Air	CME
13296,50	PACTOR III	B=100Bd S=200Hz	SE1CR**		
13296,50	PACTOR III	B=100Bd S=200Hz	BA1NJ**	Banjul	GMB
13296,50	PACTOR III	B=100Bd S=200Hz	PA1RI**	Paris	F
13296,50	PACTOR III	B=100Bd S=200Hz	AB1UJ**	Abuja	NIG
13296,50	PACTOR III	B=100Bd S=200Hz	MA1ES**		
13296,50	PACTOR III	B=100Bd S=200Hz	NO1UA**	Nouakchott	MTN
13297,00	SSB			Bogota Air	CLM
13297,00	SSB			Boyeros Air	CUB
13297,00	SSB			Cenamer Air , Tegucigalpa	HND
13297,00	SSB			Maiquetia Air , Caracas	VEN
13297,00	SSB			MWARA CAR	CAR
13297,00	SSB			MWARA EA	EA
13297,00	SSB			MWARA SAM	SAM
13297,00	SSB		KEA5	New York Air	USA

Frequency	Mode	Mode Parameter	Callsign	User	Country
13297,00	SSB			Oiarco Air	TRD
13297,00	SSB			Santa Cruz Air	BOL
13300,00	SSB			Agana Air	GUM
13300,00	SSB			Anchorage Air	ALS
13300,00	SSB			Auckland Air	NZL
13300,00	SSB			Hongkong Air	HKG
13300,00	SSB			Khabarovsk Air	RUS
13300,00	SSB			Manila Air	PHL
13300,00	SSB			Mataveri Air	PAQ
13300,00	SSB			MWARA CEP	CEP
13300,00	SSB			MWARA CWP	CWP
13300,00	SSB			MWARA NP	NP
13300,00	SSB			MWARA SP	SP
13300,00	SSB			Naha Air	J
13300,00	SSB			Nandi Air	FJI
13300,00	SSB			Papeete Air	OCE
13300,00	SSB			Port Moresby Air	PNG
13300,00	SSB			RDARA 4	
13300,00	SSB			San Francisco Air , CA	USA
13300,00	SSB			Santiago Air	CHL
13300,00	SSB		KVM70	Honululu Air	HWA
13303,00	SSB			MWARA EA	EA
13303,00	SSB			MWARA NCA	NCA
13303,00	HFDL	B=1800Bd	H17**	Telde , Gran Canaria	E
13304,00	*USB*			*LDOC El Al Tel Aviv*	*ISR*
13306,00	SSB			Mumbai Air	IND
13306,00	SSB			Bujumbara Air	BDI
13306,00	SSB			Canarias Air , Las Palmas	CNR
13306,00	SSB			Cocos Island Air	ICO
13306,00	SSB			Colombo Air	CLN
13306,00	SSB			Dar es Salaam Air	TZA
13306,00	SSB			Iceland Air , Reykjavik	ISL
13306,00	SSB			Johannesburg Air	AFS
13306,00	SSB			Male Air	MLD
13306,00	SSB			Mauritiua Air , Plaisance	MAU
13306,00	SSB			MWARA INO	INO
13306,00	SSB			MWARA NAT	NAT
13306,00	SSB		KEA5	New York Air	USA
13306,00	SSB			Reunion Air , Gillot	REU
13306,00	SSB		CSY	Santa Maria Air	AZR
13306,00	SSB			Seychelles Air , Mahe	SEY
13306,00	SSB			Shanwick Air	IRL
13306,00	SSB		5YD	Nairobi Air	KEN
13306,00	SSB		VFG	Gander Air	CAN
13306,00	USB		BOING EVERETT	Boing Seattle	USA
13306,00	USB		BOING SEATTLE	Boing Seattle	USA
13309,00	SSB			Bangkok Air	THA
13309,00	SSB			Hongkong Air	HKG
13309,00	SSB			Jakarta Air	INS
13309,00	SSB			Manila Air	PHL
13309,00	SSB			MWARA EA	EA
13309,00	SSB			MWARA SEA	SEA
13309,00	SSB			RDARA 13C	
13309,00	SSB			RDARA 13K	
13309,00	SSB			Singapore Air	SNG
13312,00	HFDL	B=1800Bd	H16**	Agana	GUM
13312,00	HFDL	B=1800Bd	H02**	Molokai , HI	HWA
13312,00	SSB			Amman Air	JOR
13312,00	SSB			Bahrain Air	BHR
13312,00	SSB			Jerevan Air	ARM

Frequency	Mode	Mode Parameter	Callsign	User	Country
13312,00	SSB			MWARA MID	MID
13312,00	SSB			RDARA 11B	
13312,00	SSB			Teheran Air	IRN
13312,00	SSB			USA Customs	USA
13312,00	SSB			USA Customs , DEA	USA
13312,00	USB		BOING SEATTLE	Boing Seattle	USA
13312,00	USB		BOING EVERETT	Boing Seattle	USA
13312,00	ALE USB	B=125Bd Ch=8 ChS=250Hz		USA COTHEN net	USA
13314,00	CW		RCN	Serdtsekamen Air	RUS
13314,00	CW		UGN	Mineralnye Vody Air	RUS
13315,00	SSB			Canarias Air , Las Palmas	CNR
13315,00	SSB			Dakar Air	SEN
13315,00	SSB			Johannesburg Air	AFS
13315,00	SSB			MWARA NCA	NCA
13315,00	SSB			MWARA SAT	SAT
13315,00	SSB			Recife Air	B
13315,00	HFDL	B=1800Bd	H13**	Santa Cruz	BOL
13318,00	SSB			Calcutta Air	IND
13318,00	SSB			Cocos Island Air	ICO
13318,00	SSB			Colombo Air	CLN
13318,00	SSB			Jakarta Air	INS
13318,00	SSB			Kuala Lumpur Air	MLA
13318,00	SSB			Kunming Air	CHN
13318,00	SSB			Madras Air	IND
13318,00	SSB			Male Air	MLD
13318,00	SSB			MWARA SEA	SEA
13318,00	SSB			RDARA 13	
13318,00	SSB			Singapore Air	SNG
13318,00	SSB			Yangon Air	BRM
13321,00	SSB			RDARA 2	
13321,00	SSB			RDARA 3	
13321,00	HFDL	B=1800Bd	H08**	Johannesburg	AFS
13321,00	HFDL	B=1800Bd	H14**	Krasnoyarsk	RUS
13324,00	ALE USB	B=125Bd Ch=8 ChS=250Hz			
13324,00	HFDL	B=1800Bd	H02**	Molokai , HI	HWA
13324,00	SSB			W I	WW
13324,00	SSB			W III	WW
13327,00	SSB			Gulf Air Muscat	OMA
13327,00	SSB			W I	WW
13327,00	SSB			W IV	WW
13330,00	SSB		5YD	Nairobi Air	KEN
13330,00	SSB			ARINC New York , NY	USA
13330,00	SSB			ARINC San Juan	PTR
13330,00	SSB			South African Airways , Sal	CPV
13330,00	SSB			Universal R , Houston , FL	USA
13330,00	SSB			W II	WW
13330,00	SSB			W V	WW
13330,00	SSB			Zambia Airways	ZMB
13330,00	USB			Kenya Air	KEN
13333,00	SSB			Hongkong R	HKG
13333,00	SSB			W I	WW
13333,00	SSB			W III	WW
13336,00	SSB			Belgrade Air	SRB
13336,00	SSB			W I	WW
13336,00	SSB			W IV	WW
13339,00	SSB			W II	WW
13339,00	SSB			W V	WW
13342,00	USB		SDJ	Stockholm R	S

Frequency	Mode	Mode Parameter	Callsign	User	Country
13342,00	SSB			W I	WW
13342,00	SSB			W III	WW
13345,00	SSB			W I	WW
13345,00	SSB			W IV	WW
13348,00	USB			ARINC Santa Cruz	BOL
13348,00	USB			ARINC New York	USA
13348,00	USB			ARINC Borrow	ALS
13348,00	USB			ARINC Guam	GUM
13348,00	USB			ARINC Hat Yai	THA
13348,00	SSB			ARINC San Francisco , CA	USA
13348,00	SSB			W II	WW
13348,00	SSB			W V	WW
13348,00	ALE USB	B=125Bd Ch=8 ChS=250Hz			
13351,00	SSB			W I	WW
13351,00	SSB			W III	WW
13351,00	HFDL	B=1800Bd	H05**	Auckland	NZL
13354,00	SSB			RDARA 5	
13354,00	SSB			RDARA 7	
13354,00	SSB			San Francisco Air , CA	USA
13354,00	SSB		KVM70	Honululu Air	HWA
13354,00	HFDL	B=1800Bd	H15**	Al Muharraq	BHR
13357,00	SSB			Canarias Air , Las Palmas	CNR
13357,00	SSB			Dakar Air	SEN
13357,00	SSB			MWARA SAT	SAT
13357,00	SSB			RDARA 2	
13357,00	SSB			Recife Air	B
13357,00	SSB			Sal Air	CPV
13362,00	CIS 1280 BD MODEM	B=1280Bd		RUS F	RUS
13366,00	CIS 75-250	B=75Bd S=250Hz		RUS MIL	
13368,00	CIS MFSK 20	B=20Bd Ch=20 ChS=40Hz		RUS INTEL	RUS
13368,00	CIS 200-1000	B=200Bd S=1000Hz Ch=1		RUS MIL INTEL	RUS
13370,00	*STANAG 4285*	*B=2400Bd*		*G F Inskip*	*G*
13373,00	CIS OFDM 45	B=2400Bd Ch=45 ChS=62,5Hz		RUS diplo	
13375,00	ALE USB	B=125Bd Ch=8 ChS=250Hz			
13376,00	*CIS BAUDOT 1,5 STB*	*B=200Bd S=500Hz Ch=1*		*RUS INTEL Moscow*	*RUS*
13376,00	RUS HYBRID MODEM MFSK-PSK	B=40Bd Ch=16 ChS=40Hz		Moscow	RUS
13377,00	ALE USB	B=2400Bd		ALG MIL net	ALG
13381,00	CIS 200-1000	B=200Bd S=1000Hz Ch=1		RUS MIL INTEL	RUS
13381,00	RUS DBPSK 16FSK	B=1866Bd Ch=16 ChS=175Hz		RUS INTEL	RUS
13383,00	CIS BAUDOT 1,5 STB	B=200Bd S=500Hz Ch=1		RUS INTEL	RUS
13388,00	CIS 200-1000	B=200Bd S=1000Hz Ch=1		RUS MIL INTEL	RUS
13390,00	CIS BAUDOT 50-17	B=50Bd S=500Hz			RUS
13393,00	ALE USB	B=125Bd Ch=8 ChS=250Hz		ALG AF net	ALG
13395,00	FMCW			Llandulas station	GRC
13395,00	CIS 200-1000	B=200Bd S=1000Hz Ch=1		RUS MIT INTEL	RUS
13396,00	BUL MFSK	B=240Bd Ch=8 ChS=240Hz		MFA Sofia	BUL

Frequency	Mode	Mode Parameter	Callsign	User	Country
13396,20	CIS 200-1000	B=200Bd S=1000Hz Ch=1		RUS MIL INTEL	RUS
13397,00	CIS 100-500	B=100Bd S=500Hz		RUS	RUS
13400,00	ALE USB	B=125Bd Ch=8 ChS=250Hz			
13404,00	CW			RUS MIL net	RUS
13406,00	CIS 200-1000	B=200Bd S=1000Hz Ch=1		RUS MIL INTEL	RUS
13406,40	*SITOR B*	*B=100Bd S=170Hz*	*OLO32*	*Prague*	*CZE*
13408,00	ARQE	B=46,15Bd S=170Hz			
13410,00	STANAG 4285	B=2400Bd	FUF	F N Fort de France	MRT
13411,60	*STANAG 4285*	*B=2400Bd*	*FUE*	*F N Brest*	*F*
13414,00	*ALE USB*	*B=125Bd Ch=8 ChS=250Hz*		*ROU diplo net*	*ROU*
13415,00	ALE USB	B=125Bd Ch=8 ChS=250Hz			
13416,00	USB		XVS	Ho Chi Minh R	VTN
13416,00	ALE USB	B=125Bd Ch=8 ChS=250Hz		Bren Ferren Corp	USA
13418,00	BAUDOT	B=50Bd S=500Hz			
13423,50	*ALE USB*	*B=125Bd Ch=8 ChS=250Hz*		*G MIL net*	*G*
13426,00	PACTOR II	B=200Bd S=200Hz	V8V2222	Sailmail Brunai Bay	BRU
13426,00	CW			RUS HFDF net	RUS
13428,20	CIS BAUDOT 1,5 STB	B=200Bd S=500Hz Ch=1		RUS INTEL	RUS
13428,70	ARQE	B=46,15Bd S=170Hz			
13428,90	ARQE	B=46,15Bd S=170Hz		ARS AF	ARS
13429,00	CIS 200-1000	B=200Bd S=1000Hz Ch=1		RUS MIL INTEL	RUS
13430,00	*STANAG 4285*	*B=2400Bd*		*G MIL Akrotiri*	*CYP*
13430,00	ALE USB	B=125Bd Ch=8 ChS=250Hz			
13430,00	FMCW			Llandulas station	GRC
13433,00	ALE USB	B=125Bd Ch=8 ChS=250Hz			
13435,00	CW			RUS HFDF net	RUS
13435,00	RDFT	B=122,5Bd Ch=8 ChS=230Hz		CUB INTEL	CUB
13436,00	CW			RUS HFDF net	RUS
13436,00	CIS 200-1000	B=200Bd S=1000Hz Ch=1		RUS MIL INTEL	RUS
13438,60	ALE USB	B=125Bd Ch=8 ChS=250Hz			
13440,00	CHN 4+4	B=75Bd Ch=8 ChS=300/450Hz		CHN MIL	
13440,00	MIL 188-110B SER	B=2400Bd			
13441,75	ASCII	B=75Bd S=500Hz	DOR**	MFA Sofia	BUL
13442,00	ALE USB	B=125Bd Ch=8 ChS=250Hz			
13442,00	STANAG 4285	B=2400Bd		G MIL	
13443,00	*CW*			*RUS N Moscow*	*RUS*
13444,20	ARQ-E3	B=100Bd S=400Hz		F N Djibouti	DJI
13445,00	CODAN	B=2400Bd Ch=16 ChS=112,5Hz			
13445,00	ALE USB	B=125Bd Ch=8 ChS=250Hz			
13446,00	ALE USB	B=125Bd Ch=8 ChS=250Hz		USA FEMA net	USA
13446,00	SSB			FEMA	USA

Frequency	Mode	Mode Parameter	Callsign	User	Country
13448,50	*DPRK ARQ*	*B=600Bd S=600Hz*		*KRE E Moscow*	*RUS*
13449,20	CIS 200-1000	B=200Bd S=1000Hz Ch=1		RUS MIL INTEL	RUS
13452,00	MIL 188-110B SER	B=2400Bd		SUI E Moscow	RUS
13452,00	ALE USB	B=125Bd Ch=8 ChS=250Hz		SUI diplo net	
13456,20	8181	B=81Bd S=250Hz			
13457,00	ALE USB	B=125Bd Ch=8 ChS=250Hz		SUI diplo net	
13457,00	MIL 188-110B SER	B=2400Bd		SUI E Budapest	HNG
13457,00	MIL 188-110B SER	B=2400Bd		SUI E Madrid	E
13457,00	*MIL 188-110B SER*	*B=2400Bd*		*MFA Berne*	*SUI*
13457,00	MIL 188-110B SER	B=2400Bd		SUI E Rome	I
13457,00	MIL 188-110B SER	B=2400Bd		SUI E Tel Aviv	ISR
13457,00	*MIL 188-110B SER*	*B=2400Bd*		*SUI E Moscow*	*RUS*
13457,00	MIL 188-110B SER	B=2400Bd		SUI E Stockholm	S
13457,00	ALE USB	B=125Bd Ch=8 ChS=250Hz		USA FAA	USA
13457,50	CROWD 36	B=40Bd Ch=32 ChS=40Hz		RUS diplo	
13458,00	BR 6028	B=75Bd S=170Hz Ch=7 ChS=340Hz			
13460,00	MIL 188-110B SER	B=2400Bd	CENTR6**	MFA Bucharest	ROU
13460,00	MIL 188-110B SER	B=2400Bd		ROU E Tripoli	LBY
13464,00	ALE USB	B=125Bd Ch=8 ChS=250Hz			
13465,00	FMCW			Llandulas station	GRC
13466,00	BAUDOT	B=50Bd S=500Hz		RUS	RUS
13468,00	ALE USB	B=125Bd Ch=8 ChS=250Hz		ROU diplo	
13468,00	RUS HYBRID MODEM MFSK-PSK	B=40Bd Ch=16 ChS=40Hz		Moscow	RUS
13469,00	CW		RJE56	RUS N	RUS
13473,00	*STANAG 4285*	*B=2400Bd*		*G MIL St. Eval*	*G*
13474,00	SYSTEME 3000	B=2400Bd			
13475,00	ALE USB	B=125Bd Ch=8 ChS=250Hz		VEN N	VEN
13477,00	2FSK	B=1200Bd S=1200Hz			
13479,00	*CIS 50-500*	*B=50Bd S=500Hz*		*RUS N Kaliningrad*	*RUS*
13479,00	CW		REA4	RUS AF HQ Moscow	RUS
13479,00	*CIS 50-1000*	*B=50Bd S=1000Hz*	*REA4*	*RUS AF HQ Moscow*	*RUS*
13479,00	*CIS 200-1000*	*B=200Bd S=1000Hz Ch=1*		*RUS MIL INTEL Moscow*	*RUS*
13479,00	*CIS 150-800*	*B=150Bd S=800Hz*		*RUS N Kaliningrad*	*RUS*
13483,00	ALE USB	B=125Bd Ch=8 ChS=250Hz		SUI diplo net	SUI
13483,00	MIL 188-110B SER	B=2400Bd		MFA Berne	SUI
13484,00	CIS 4FSK	B=150Bd Ch=4 ChS=4000Hz			
13484,00	*CIS 4FSK*	*B=150Bd Ch=4 ChS=4000Hz*		*Moscow*	*RUS*
13484,50	CIS 200-1000	B=200Bd S=1000Hz Ch=1		RUS MIL INTEL	RUS
13485,00	ALE USB	B=125Bd Ch=8 ChS=250Hz		POL F net	
13486,00	*RUS HYBRID MODEM MFSK-PSK*	*B=40Bd Ch=16*		*Moscow*	*RUS*
13486,00	*RUS HYBRID MODEM PSK-PSK*	*B=125Bd Ch=2 ChS=250Hz*		*Moscow*	*RUS*
13486,90	SITOR A , F7B	B=100Bd S=400Hz		DNK diplo	

Frequency	Mode	Mode Parameter	Callsign	User	Country
13488,00	PACTOR II	B=100Bd S=200Hz	VCT	Tors Cove R	CAN
13488,00	ALE USB	B=125Bd Ch=8 ChS=250Hz		Public health net , TX	USA
13490,00	ALE USB	B=125Bd Ch=8 ChS=250Hz			
13490,00	CIS BAUDOT 50-17	B=50Bd S=500Hz			RUS
13492,00	CIS BAUDOT 50-17	B=50Bd S=170Hz			RUS
13494,00	CW		S**	RUS N Severomorsk	RUS
13496,00	WINDRM MOD	B=2400Bd Ch=51 ChS=48Hz			
13498,00	SSB			USA AF MARS	
13499,00	ALE USB	B=125Bd Ch=8 ChS=250Hz			
13500,00	ALE USB	B=125Bd Ch=8 ChS=250Hz		VEN N net	VEN
13500,00	CROWD 36	B=40Bd Ch=32 ChS=40Hz		CIS diplo	
13500,00	FMCW			Poseidon System Limnos Island	GRC
13500,00	FMCW			Poseidon System Limnos Island	GRC
13501,00	MIL 188-110B SER	B=2400Bd	SAA	Karlskrona R	S
13503,60	ALE USB	B=125Bd Ch=8 ChS=250Hz		USA diplo net	
13506,00	CIS 200-1000	B=200Bd S=1000Hz Ch=1		RUS MIL INTEL	RUS
13508,00	BR6028	B=75Bd S=170Hz Ch=8 ChS=340Hz			
13509,00	CIS MFSK 20	B=20Bd Ch=20 ChS=40Hz		RUS INTEL	RUS
13510,00	FAX 120/576		CFH	CAN F Halifax	CAN
13510,00	BAUDOT	B=75Bd S=720Hz	CFH	CAN F Halifax	CAN
13510,00	CODAN	B=2400Bd Ch=16 ChS=112,5Hz		MFA Cairo	EGY
13513,00	MIL 188-110B SER	B=2400Bd	SAA	Karlskrona R	S
13513,80	PACTOR II	B=200Bd S=200Hz	VZX	Sailmail Darawank	AUS
13514,00	*ISR N HYBRID MODEM*	*B=2400Bd*	*4XZ*	*ISR N Haifa*	*ISR*
13515,00	ALE USB	B=125Bd Ch=8 ChS=250Hz		USA AF net	
13518,00	CIS 3000	B=3000Bd		Moscow	RUS
13518,50	*DPRK ARQ*	*B=600Bd S=600Hz*		*KRE E Moscow*	*RUS*
13518,50	*DPRK ARQ*	*B=600Bd S=600Hz*		*KRE E Paris*	*F*
13520,00	*MIL 188-110B SER*	*B=2400Bd*		*G MIL Inskip*	*G*
13522,00	CODAN	B=2400Bd Ch=16 ChS=112,5Hz		MFA Cairo	EGY
13522,00	CIS 75-250	B=75Bd S=250Hz		RUS MIL	
13526,70	SITOR A	B=100Bd S=170Hz		EGY E Tripoli	LBY
13527,50	CW		D**	RUS N Odessa	UKR
13527,80	CW		P**	RUS N Kaliningrad	RUS
13528,00	CW		S**	RUS N Severomorsk	RUS
13528,00	CW		C**	RUS N Moscow	RUS
13528,00	CW		F**	RUS N Vladivostok	RUS
13528,10	CW		A**	RUS N	
13528,30	CW		K**	RUS N	RUS
13528,40	CW		M**	RUS N Magadan	RUS
13532,00	*CIS 200-1000*	*B=200Bd S=1000Hz Ch=1*		*RUS MIL INTEL Moscow*	*RUS*
13532,00	DPRK ARQ	B=600Bd S=600Hz		KRE diplo	
13534,00	CIS 75-250	B=75Bd S=250Hz		RUS MIL	
13538,00	FAX 120/576		ZSJ	AFS N Cape Naval	AFS
13538,00	BAUDOT	B=75Bd S=170Hz	ZSJ	AFS N Capetown	AFS
13538,00	CIS MFSK14	B=7,8Bd Ch=14		RUS INTEL	RUS

Frequency	Mode	Mode Parameter	Callsign	User	Country
		ChS=15Hz			
13539,00	CIS 12	B=1440Bd Ch=12 ChS=200Hz			
13540,00	*CIS 12*	*B=1440Bd Ch=12 ChS=200Hz*		*MFA Moscow*	*RUS*
13543,00	CIS 200-1000	B=200Bd S=1000Hz Ch=1		RUS MIL INTEL	RUS
13545,00	BUL MFSK8	B=240,23Bd Ch=8 ChS=240Hz		BUL diplo	
13545,00	*ALE USB*	*B=125Bd Ch=8 ChS=250Hz*		*IRL MIL*	*IRL*
13548,00	PACTOR III	B=100Bd S=200Hz	9Z4DH	Sailmail Chaguaramas	TRD
13550,50	FAX 120/576		ZKLF	Wellington M	NZL
13552,00	RFSM8000	B=2400Bd		BUL diplo	BUL
13552,00	ALE USB	B=125Bd Ch=8 ChS=250Hz		G MIL NET	G
13557,00	*RUS HYBRID MODEM MFSK-PSK*	*B=40Bd Ch=16*		*Moscow*	*RUS*
13560,00	CW	B=2000Bd		RFID	
13560,00	WINDRM	B=2400Bd Ch=51 ChS=48Hz		G MIL	G
13564,90	4FSK	B=195,24Bd Ch=4 ChS=195Hz			
13570,00	FAX 120/576		HLL2	Seoul M	KOR
13572,50	ARQE	B=184,5Bd S=400Hz	RFFX**	F F Versailles	F
13573,00	CIS 68TONE	B=50Bd Ch=68 ChS=47Hz		RUS diplo	RUS
13575,00	*POL MIL FSK*	*B=100Bd S=775Hz*		*POL MIL Warszawa*	*POL*
13580,00	CW		RDL	RUS N Moscow	RUS
13580,00	ALE USB	B=125Bd Ch=8 ChS=250Hz		PAK N net	PAK
13580,50	ALE USB	B=125Bd Ch=8 ChS=250Hz		AUT F net	
13582,00	*WINDRM MOD*	*B=2400Bd Ch=51 ChS=48Hz*		*G MIL*	*G*
13585,00	ALE USB	B=125Bd Ch=8 ChS=250Hz			
13585,00	PACTOR II	B=200Bd S=200Hz	WGM	Hollywood , FL	USA
13590,00	M/S 1,0	B=75Bd S=850Hz		USA N Isabela	PTR
13593,70	ARQ-E3	B=192Bd S=400Hz	RFFA**	MOD Paris	F
13597,00	FAX 120/576		JMH4	Tokyo M	J
13600,00	OOK				
13614,00	SSB			USA AF MARS	J
13630,00	ALE USB	B=125Bd Ch=8 ChS=250Hz		USA FAA	USA
13633,00	SSB			FEMA	USA
13636,00	CW		C**	RUS N Moscow	RUS
13636,00	CW		F**	RUS N Vladivostok	RUS
13636,00	CW		S**	RUS N Severomorsk	RUS
13636,00	CW		RJS	RUS N HQ Vladivostok	RUS
13668,50	DPRK ARQ	B=600Bd S=600Hz		KRE diplo	
13676,70	STANAG 4481	B=75Bd S=850Hz			
13712,00	ALE USB	B=125Bd Ch=8 ChS=250Hz		Queensland Deptartment of Community Safety	AUS
13722,50	SSB			USA National Guard	USA
13744,00	SSB			FEMA	USA
13780,00	SSB			FEMA	USA
13783,00	SSB			FEMA	USA
13802,00	SSB, RTTY			D army	D
13839,70	ARQ-M2 342	B=200Bd S=400Hz	RFFA**	MOD Paris	F
13841,20	*ARQ-E3*	*B=192Bd S=400Hz*		*F MIL N`djamena*	*TCD*

Frequency	Mode	Mode Parameter	Callsign	User	Country
13846,70	ARQ-E3	B=100Bd S=400Hz	RFVI**	F F Le Port	REU
13847,00	DPRK ARQ	B=600Bd S=600Hz		KRE E	
13848,50	*DPRK ARQ*	*B=600Bd S=600Hz*		*KRE E Moscow*	*RUS*
13849,20	*8PSK*	*B=3000Bd*		*RUS MIL Moscow*	*RUS*
13854,70	BAUDOT	B=50Bd S=170Hz	BYN1		
13854,70	BAUDOT	B=50Bd S=170Hz	BQR3		
13856,70	ARQ-E3	B=100Bd S=400Hz		F N frigate NEVOSE	
13861,50	PACTOR III	B=100Bd S=200Hz	CEV773	Sailmail Los Lagos	CHL
13865,00	PACTOR II	B=200Bd S=200Hz	WGM	Hollywood , FL	USA
13870,00	ALE USB	B=125Bd Ch=8 ChS=250Hz		ROU diplo net	ROU
13873,00	MAHRS	B=2400Bd		D F	
13874,00	PACTOR III	B=100Bd S=200Hz	WQAB964	Sailmail San Diego , CA	USA
13874,60	MI 188-110B SER	B=2400Bd			
13874,70	SITOR A	B=100Bd S=170Hz		MFA Cairo	EGY
13875,00	*MAZIELKA*	*B=1Bd Ch=6*		*MFA Moscow*	*RUS*
13875,00	PACTOR III	B=100Bd S=200Hz	CEV773	Sailmail Los Lagos	CHL
13876,70	SITOR A	B=100Bd S=170Hz		EGY E Belgrade	SER
13877,00	ALE USB	B=125Bd Ch=8 ChS=250Hz		G MIL net	G
13878,00	SSB			NASA launch support aircraft	USA
13880,00	PACTOR II	B=200Bd S=200Hz	HPPM1	Sailmail Chiriqui	PNR
13880,00	ALE USB	B=125Bd Ch=8 ChS=250Hz			
13880,00	*CIS 75-250*	*B=75Bd S=250Hz*		*RUS MIL Moscow*	*RUS*
13880,00	*STANAG 4285*	*B=2400Bd*		*G MIL Akrotiri*	*CYP*
13882,50	*BAUDOT*	*B=50Bd S=850Hz*	*DDK8*	*DWD TX Pinneberg*	*D*
13882,50	*FAX 120/288/576*		*DDK6*	*DWD TX Pinneberg*	*D*
13883,00	*ALE USB*	*B=125Bd Ch=8 ChS=250Hz*		*ROU diplo net*	*ROU*
13884,00	CIS MFSK14	B=7,8Bd Ch=14 ChS=15Hz		RUS INTEL	RUS
13885,50	ALE USB	B=125Bd Ch=8 ChS=250Hz		F diplo	
13886,70	*ARQ-E3*	*B=192Bd S=400Hz*		*MFA Paris*	*F*
13890,00	CIS 4FSK	B=150Bd Ch=4 ChS=4000Hz			RUS
13894,00	ALE USB	B=125Bd Ch=8 ChS=250Hz		USA FEMA net	USA
13897,00	ALE USB	B=125Bd Ch=8 ChS=250Hz		USA AF net	USA
13900,00	ALE USB	B=125Bd Ch=8 ChS=250Hz		?MOI	MRC
13900,00	VFT: CIS 100-1440	B=100Bd S=1440Hz Ch=3 ChS=480Hz		RUS	RUS
13900,00	FAX 120/576		BMF	Taipei M	THA
13906,40	PACTOR III	B=200Bd S=200Hz	WPTG385	Sailmail Corpus Christi , TX	USA
13907,00	SSB			USAF Strategic Command	USA
13907,00	SSB			USA Customs , DEA	USA
13907,00	ALE USB	B=125Bd Ch=8 ChS=250Hz		USA COTHEN net	USA
13909,20	PACTOR I	B=100Bd S=200Hz			
13909,20	PACTOR I	B=100Bd S=200Hz	PACMRGF		
13909,50	CIS 100-2000	B=100Bd S=2000Hz Ch=1			RUS
13910,00	USB			AUSTRAVEL safety net	AUS
13913,00	ALE USB	B=125Bd Ch=8 ChS=250Hz			
13913,00	SKYOFDM	B=64Bd Ch=28 ChS=86Hz			
13914,00	SYSTEME 3000	B=2400Bd			F
13915,00	*CIS 50-500*	*B=50Bd S=500Hz*		*RUS N Kaliningrad*	*RUS*

Frequency	Mode	Mode Parameter	Callsign	User	Country
13915,00	CIS ARQ	B=100Bd S=500Hz			RUS
13915,00	PACTOR II	B=200Bd S=200Hz	WHV861	Sailmail San Luis Obispo , CA	USA
13915,00	*CIS 100-500 BURST*	*B=100Bd S=500Hz*		*Jekaterinenburg*	*RUS*
13915,00	CIS ARQ	B=100Bd S=500Hz	UMN3	RUS PTT Serpukhov	RUS
13917,20	*STANAG 4285*	*B=2400Bd*	*DHO26*	*D N Rostock*	*D*
13920,00	FAX 120/576		VMC	Charleville M	AUS
13921,00	ALE USB	B=125Bd Ch=8 ChS=250Hz		USA AF net	USA
13921,40	PACTOR II	B=200Bd S=200Hz	WPUC469	Sailmail South Daytona , FL	USA
13922,20	*STANAG 4285*	*B=2400Bd*	*PBC*	*NLD N Goeree Island*	*HOL*
13926,40	PACTOR II	B=200Bd S=200Hz	WPTG385	Sailmail Corpus Christi , TX	USA
13927,00	USB		AFA2CM	USA AF MARS , NY	USA
13927,00	USB		AFA1QW	USA AF MARS	USA
13927,00	USB		AFA6PF	USA AF MARS Los Angeles , CA	USA
13927,00	USB		AFA1WP	USA AF MARS	USA
13927,00	USB		AFA1RE	USA AF MARS, ME	USA
13927,00	USB		AFA3HS	USA AF MARS Kansas City , KS	USA
13927,00	USB		AFA2MH	USA AF MARS , GA	USA
13927,00	USB		AFA2HS	USA AF MARS Florida	USA
13927,00	SSB			USA AF MARS	
13927,00	USB		AFA5QW	USA AF MARS Greenwood , IN	USA
13927,00	USB		AFA1RT	USA AF MARS New Hampshire	USA
13928,50	DPRK ARQ	B=600Bd S=600Hz			
13929,00	*DPRK ARQ*	*B=1200Bd S=600Hz*		*KRE E Moscow*	*RUS*
13930,00	PACTOR II	B=200Bd S=200Hz	KUZ533	Sailmail Honululu	HWA
13930,00	PACTOR III	B=100Bd S=200Hz	RC01	Sailmail Maputo	MOZ
13937,00	PACTOR II	B=200Bd S=200Hz	XJN714	Sailmail Lunenburg , NS	CAN
13940,00	PACTOR III	B=100Bd S=200Hz	WHV382	Sailmail Friday Habor , WA	USA
13940,50	M/S 1,0	B=50Bd S=85Hz		F AF	F
13944,00	8181	B=81Bd S=250Hz			
13944,00	*CIS 12*	*B=1440Bd Ch=12 ChS=200Hz*		*RUS F St. Petersburg*	*RUS*
13945,00	CW		FDI22	F AF Narbonne	F
13945,00	ALE USB	B=125Bd Ch=8 ChS=250Hz		TUN F net	TUN
13946,00	PACTOR II	B=200Bd S=200Hz	WHV861	Sailmail San Luis Obispo , CA	USA
13948,00	CIS 68TONE	B=50Bd Ch=68 ChS=47Hz		RUS diplo	RUS
13950,00	BUL MFSK	B=240Bd Ch=8 ChS=240Hz		MFA Sofia	BUL
13951,00	MIL 188-110B SER	B=2400Bd		SUI E Alger	ALG
13951,00	ALE USB	B=125Bd Ch=8 ChS=250Hz		SUI diplo net	
13951,00	*MIL 188-110B SER*	*B=2400Bd*		*MFA Berne*	*SUI*
13955,00	*MIL 188-110B SER*	*B=2400Bd*		*MFA Berne*	*SUI*
13955,00	MIL 188-110B SER	B=2400Bd		SUI E Kiev	UKR
13955,00	ALE USB	B=125Bd Ch=8 ChS=250Hz		SUI diplo net	
13955,00	MIL 188-110B SER	B=2400Bd		SUI E Ankara	TUR
13955,00	ALE USB	B=125Bd Ch=8 ChS=250Hz		SUI F net	
13956,00	CROWD 36	B=40Bd S=40Hz Ch=32 ChS=40Hz		RUS diplo	
13956,00	SITOR A	B=100Bd S=170Hz	HDY**	MFA Tunis	TUN
13956,30	M/S 1,0	B=75Bd S=200Hz			
13956,60	SITOR B	B=100Bd S=170Hz	U57**		MRC
13956,60	SITOR B	B=100Bd S=170Hz	MX2**		MRC
13956,60	SITOR B	B=100Bd S=170Hz			
13957,00	SITOR B	B=100Bd S=170Hz			
13958,00	ALE USB	B=125Bd Ch=8 ChS=250Hz		SUI MIL Berne	SUI

Frequency	Mode	Mode Parameter	Callsign	User	Country
13958,00	*MIL 188-110B SER*	*B=2400Bd*		*SUI MIL Banja Luca*	*BHI*
13958,00	*CIS MFSK 64*	*B=40Bd Ch=64 ChS=46Hz*		*MFA Moscow*	*RUS*
13965,00	PACTOR III	B=100Bd S=200Hz			
13966,40	PACTOR I	B=100Bd S=200Hz	RC1DUS**	ICRC Dushanbe	TJK
13966,40	PACTOR I	B=100Bd S=200Hz	RC1GVA**	ICRC Geneva	SUI
13966,40	PACTOR I	B=100Bd S=200Hz	RC1BAK**	ICRC Baku	AZE
13966,40	PACTOR I	B=100Bd S=200Hz	RC2PES**	ICRC Peshawar	PAK
13966,40	PACTOR I	B=100Bd S=200Hz	RC1TAC**	ICRC Tashkent	UZB
13966,40	PACTOR I	B=100Bd S=200Hz	RC1TBI**	ICRC Tbilissi	GEO
13966,40	PACTOR I	B=100Bd S=200Hz	RC1GVA**	ICRC Geneva	SUI
13966,40	PACTOR I	B=100Bd S=200Hz	RC1BEY**	ICRC Beyrouth	LBN
13966,40	PACTOR I	B=100Bd S=200Hz	RC1CAI**	ICRC Cairo	EGY
13966,40	PACTOR I	B=100Bd S=200Hz	RC1AMM**	ICRC Amman	JOR
13967,00	ALE USB	B=125Bd Ch=8 ChS=250Hz		SUI diplo net	
13970,00	USB			F yacht net	
13971,00	PACTOR II	B=200Bd S=200Hz	WRD719	Sailmail Palo Alto	USA
13971,00	PACTOR III	B=100Bd S=200Hz	WQLI952	Sailmail Watsonville , CA	USA
13972,00	ALE USB	B=125Bd Ch=8 ChS=250Hz		B AF net	B
13972,00	CIS OFDM 45	B=2400Bd Ch=45 ChS=62,5Hz			RUS
13972,00	CIS OFDM 93	B=2400Bd Ch=93 ChS=31,25Hz			RUS
13973,00	CW		RAL2	RUS N	RUS
13973,00	PACTOR II	B=200Bd S=170Hz	RC2KAB**	ICRC Kabul	AFG
13973,00	PACTOR II	B=200Bd S=170Hz	RC2MAZ**	ICRC Mostar	BIH
13975,00	CW		RAL2	RUS N	RUS
13975,00	CW		RDU2	RUS N	RUS
13975,00	CW		RBL71	CIS N	CIS
13975,00	CW		RHW2	RUS N	RUS
13976,00	ALE USB	B=125Bd Ch=8 ChS=250Hz		SUI diplo net	
13976,00	*MIL 188-110B SER*	*B=2400Bd*		*MFA Berne*	*SUI*
13976,00	MIL 188-110B SER	B=2400Bd		SUI E Teheran	IRN
13977,00	SSB			USA AF MARS	
13977,50	*STANAG 4285*	*B=2400Bd Ch=1*	*HWN*	*F N Paris*	*F*
13977,70	*ARQ-E3*	*B=192Bd S=400Hz*	*RFGW***	*MFA Paris*	*F*
13978,00	ALE USB	B=125Bd Ch=8 ChS=250Hz		B AF net	B
13979,00	T600	B=50Bd S=500Hz		RUS N	
13979,20	*ARQ-E3*	*B=192Bd S=400Hz*	*P6Z***	*MFA Paris*	*F*
13980,00	PACTOR II	B=200Bd S=200Hz	HPPM2	Sailmail Chiriqui	PNR
13980,00	CODAN	B=2400Bd Ch=16 ChS=112,5Hz		EGY E Prague	CZE
13980,00	CODAN CHIRP	B=80Bd Ch=30 ChS=81Hz		EGY E Prague	CZE
13982,00	STANAG 4285	B=2400Bd			
13982,00	MHF-50 MODEM	B=54,3Bd Ch=32 ChS=64,5Hz			AFS
13984,00	ALE USB	B=125Bd Ch=8 ChS=250Hz		ALG MIL net	ALG
13984,00	PACTOR IV	B=100Bd S=200Hz			
13985,00	CW		RAL2	RUS N	RUS
13985,00	BAUDOT	B=50Bd S=500Hz		Moscow	RUS
13985,00	SSB			USA AF MARS	ALS
13985,00	*8181*	*B=40,5Bd S=500Hz Ch=1*		*RUS N Moscow*	*RUS*
13985,00	CIS 50-17	B=50Bd S=500Hz			
13986,00	PACTOR III	B=100Bd S=200Hz	WQLI952	Sailmail Watsonville , CA	USA
13986,00	PACTOR II	B=200Bd S=200Hz	WRD719	Sailmail Palo Alto	USA

Frequency	Mode	Mode Parameter	Callsign	User	Country
13986,70	ARQ-E3	B=192Bd S=400Hz		F	
13987,00	CIS BAUDOT 50-17	B=50Bd S=170Hz			RUS
13988,50	FAX 120/576		JMH	Tokyo M	J
13988,50	*4FSK*	*B=100Bd Ch=4 ChS=500Hz*		*RUS MIL Moscow*	*RUS*
13989,30	*CIS 100-1000*	*B=100Bd S=1000Hz*		*RUS MIL Moscow*	*RUS*
13989,80	*CIS 100-1000*	*B=100Bd S=1000Hz*		*RUS MIL Moscow*	*RUS*
13990,00	ALE USB	B=125Bd Ch=8 ChS=250Hz		SUI diplo net	
13990,00	*MIL 188-110B SER*	*B=2400Bd*		*MFA Berne*	*SUI*
13990,00	MIL 188-110B SER	B=2400Bd		SUI C Stuttgart	D
13990,00	MIL 188-110B SER	B=2400Bd		SUI E Washington	USA
13990,00	MIL 188-110B SER	B=2400Bd		SUI E Ottawa	CAN
13990,30	*CIS 100-1000*	*B=100Bd S=1000Hz*		*RUS MIL Moscow*	*RUS*
13992,00	PACTOR III	B=100Bd S=200Hz	RC01	Sailmail Maputo	MOZ
13993,00	SSB			USA AF MARS	D
13993,00	USB		AFA2FC	USA AF MARS	USA
13994,30	*CIS 100-1000*	*B=100Bd S=1000Hz*		*RUS MIL Moscow*	*RUS*
13994,80	*CIS 100-1000*	*B=100Bd S=1000Hz*		*RUS MIL Novosibirsk*	*RUS*
13996,00	ALE USB	B=125Bd Ch=8 ChS=250Hz		F N net	F
13996,00	SSB			USA AF MARS	
13996,20	*CIS 100-1000*	*B=100Bd S=1000Hz*		*RUS MIL Vladiwostok*	*RUS*
13998,00	PACTOR II	B=200Bd S=200Hz	KZN508	Sailmail Rockhill , SC	USA
13998,00	PACTOR II	B=100Bd S=200Hz		IFRC net	
14000,00	ALE USB	B=125Bd Ch=8 ChS=250Hz			
14001,90	FAX 120/576		NIK	USCG Boston , MA	USA
14008,00	*T600*	*B=50Bd S=250Hz*		*RUS N Moscow*	*RUS*
14024,00	*CIS 12*	*B=1440Bd Ch=12 ChS=200Hz*		*MFA Moscow*	*RUS*
14024,00	*CIS 12*	*B=1440Bd Ch=12 ChS=200Hz*		*RUS MIL Kaliningrad*	*RUS*
14038,50	*DPRK ARQ*	*B=600Bd S=600Hz*		*KRE E Tripoli*	*LBY*
14038,50	DPRK FSK	B=600Bd S=600Hz		KRE E Tripoli	LBY
14060,00	ALE USB	B=125Bd Ch=8 ChS=250Hz		ISR AF net	ISR
14081,00	*CIS 12*	*B=1440Bd Ch=12 ChS=200Hz*		*RUS F Moscow*	*RUS*
14100,00	CW		CS3B		
14100,00	CW				
14100,00	CW		4U1UN/B	UN New York	USA
14100,00	CW		4X6TU	Tel Aviv	ISR
14100,00	CW		CT3B	Funchal	MDR
14100,00	CW		KH6O/B	Honolulu	HWA
14100,00	CW		OH2B	Espoo	FNL
14100,00	CW		W6WX/B	Stanford , CA	USA
14100,00	CW		YV5B	Caracas	VEN
14102,00	ROS USB	B=16Bd Ch=144 ChS=15,625Hz		ROS frequency	
14106,00	ROS USB	B=16Bd Ch=144 ChS=15,625Hz		ROS frequency	
14109,00	ROS USB	B=1Bd Ch=144 ChS=15,625Hz		ROS frequency	
14116,00	*T600*	*B=50Bd S=250Hz*		*RUS N Moscow*	*RUS*
14145,00	USB			Mawson Base , AUS	ANT

Frequency	Mode	Mode Parameter	Callsign	User	Country
14159,00	ALE LSB	B=125Bd Ch=8 ChS=250Hz		CHL N net	CHL
14160,00	CIS 75-250	B=75Bd S=250Hz		RUS MIL	RUS
14192,00	T600	B=50Bd S=500Hz		RUS N Kaliningrad	RUS
14240,00	*CIS 12*	*B=1440Bd Ch=12 ChS=200Hz*		*Moscow*	*RUS*
14248,50	DPRK FSK	B=600Bd S=600Hz		KRE E Moscow	RUS
14259,00	CIS OFDM 60	B=2400Bd Ch=60 ChS=44,5Hz		RUS diplo	RUS
14268,00	CIS 200-1000	B=200Bd S=1000Hz Ch=1		RUS MIL INTEL	RUS
14291,00	PSK4A	B=2400Bd		CHN MIL	CHN
14297,00	USB			European maritime mobile net	
14303,00	USB			UK maritime mobile net	
14318,50	DPRK ARQ	B=600Bd S=600Hz		KRE E	
14321,50	ALE USB	B=125Bd Ch=8 ChS=250Hz			
14333,00	*T600*	*B=50Bd S=200Hz*		*RUS N Kaliningrad*	*RUS*
14342,00	M/S 1,0	B=75Bd S=250Hz			
14343,00	CHN N MIL 188-110 MOD	B=2400Bd		CHN N	CHN
14350,00	MIL 188-110B SER	B=2400Bd		MFA Bucharest	ROU
14350,00	HFDVL73	B=2160Bd Ch=73 ChS=37,5Hz		University Las Palmas de Gran Canaria	E
14350,50	SSB			USA National Guard	USA
14351,00	MIL 188-110B SER	B=2400Bd			
14352,00	ALE USB	B=125Bd Ch=8 ChS=250Hz		CHN N net	CHN
14352,00	CHN DATALINK	B=2400Bd Ch=30 ChS=75Hz		CHN N	CHN
14353,00	ALE USB	B=125Bd Ch=8 ChS=250Hz			
14353,00	CIS 200-1000	B=200Bd S=1000Hz Ch=1		RUS MIL INTEL	RUS
14354,00	*STANAG 4285*	*B=2400Bd*		*G MIL St. Eval*	*G*
14354,60	SIEMENS CHX200 MODEM	B=250Bd S=170Hz			
14355,70	*STANAG 4481*	*B=75Bd S=850Hz*		*G MIL St. Eval*	*G*
14356,00	*STANAG 4285*	*B=2400Bd*		*G MIL St. Eval*	*G*
14357,00	ALE USB	B=125Bd Ch=8 ChS=250Hz		USA Civil Air Patrol net	USA
14358,00	CIS 50-500	B=50Bd S=500Hz		RUS	RUS
14360,00	ALE USB	B=125Bd Ch=8 ChS=250Hz			
14360,00	ALE USB	B=125Bd Ch=8 ChS=250Hz		AT&T net	USA
14361,00	ALE USB	B=125Bd Ch=8 ChS=250Hz		ROU diplo net	
14362,00	CLOVER 2000	B=500Bd Ch=8 ChS=250Hz		?CZR diplo	
14365,30	PACTOR	B=200Bd S=170Hz			
14365,30	PACTOR	B=200Bd S=170Hz			POR
14366,90	FAX 120/576		BAF8	Bejing M	CHN
14367,20	PACTOR II	B=200Bd			
14367,60	*STANAG 4285*	*B=2400Bd*	*PBC*	*NLD N Goeree Island*	*HOL*
14368,00	CIS 200-1000	B=200Bd S=1000Hz Ch=1		RUS MIL INTEL	RUS
14368,00	ALE USB	B=125Bd Ch=8 ChS=250Hz			
14368,00	CIS 200-1000	B=200Bd S=1000Hz Ch=1		RUS MIL INTEL	RUS
14369,50	BR 6028	B=75Bd S=170Hz Ch=7 ChS=340Hz			

Frequency	Mode	Mode Parameter	Callsign	User	Country
14369,60	*STANAG 4285*	*B=2400Bd*		*NOR N Kristiansand*	*NOR*
14372,50	SSB			USA AF MARS	D
14373,00	CIS 200-1000	B=200Bd S=1000Hz Ch=1		RUS MIL INTEL	RUS
14373,50	*DPRK ARQ*	*B=1200Bd S=600Hz*		*KRE E Moscow*	*RUS*
14374,60	*DPRK ARQ*	*B=600Bd S=600Hz*		*KRE E Moscow*	*RUS*
14375,00	RDFT	B=122,5Bd Ch=8 ChS=230Hz		CUB INTEL	CUB
14376,00	CW			RUS MIL net	RUS
14376,20	*STANAG 4285*	*B=2400Bd Ch=1*	*IDN*	*I N Napoli*	*I*
14376,20	STANAG 4285	B=2400Bd		G MIL Akrotiri	CYP
14377,00	*CIS 4FSK*	*B=150Bd Ch=4 ChS=4000Hz*			*KAZ*
14378,00	*BUL MFSK*	*B=240,2Bd Ch=8 ChS=240Hz*		*MFA Sofia*	*BUL*
14378,60	ALE USB	B=125Bd Ch=8 ChS=250Hz			
14378,60	STANAG 4197	B=2400Bd			
14379,00	CIS 200-1000	B=200Bd S=1000Hz Ch=1		RUS MIL INTEL	RUS
14379,00	CIS 200-1000	B=200Bd S=1000Hz Ch=1		RUS MIL INTEL	RUS
14379,90	PACTOR III	B=100Bd S=200Hz			
14380,00	CIS 100-500 Baudot	B=100Bd S=500Hz		RUS	RUS
14380,00	ALE USB	B=125Bd Ch=8 ChS=250Hz		CHN MIL net	CHN
14380,00	MIL 188-110A SER	B=2400Bd		CHN MIL net	CHN
14385,00	ALE USB	B=125Bd Ch=8 ChS=250Hz			
14385,00	ALE USB	B=125Bd Ch=8 ChS=250Hz		AUS MIL net	AUS
14386,00	PACTOR III	B=100Bd S=200Hz	OLZ83	CZE E	
14388,00	SIEMENS CHX200 MODEM	B=250Bd S=170Hz			
14388,00	CODAN	B=2400Bd Ch=16 ChS=112,5Hz		EGY E	
14388,00	CODAN CHIRP	B=80Bd Ch=30 ChS=81Hz		EGY E	
14389,70	SITOR A	B=100Bd S=170Hz		EGY E	
14390,00	CIS OFDM 73TONE	B=2190Bd Ch=73 ChS=37,5Hz		RUS diplo	RUS
14390,50	SSB			USA AF MARS	D
14391,50	SSB			USN MARS	
14391,50	SSB		NNN0ADV	USN MARS O`Brannon	USA
14391,50	SSB		NNN0NCJ	USN MARS USCGC Eagle	USA
14392,00	CIS 12	B=1440Bd Ch=12 ChS=200Hz			
14395,00	ALE USB	B=125Bd Ch=8 ChS=250Hz			
14396,00	*CIS 100-200*	*B=100Bd S=200Hz*		*RUS MIL N Moscow*	*RUS*
14396,00	ALE USB	B=125Bd Ch=8 ChS=250Hz		USA SHARES net	USA
14397,00	CHN DATALINK	B=2400Bd Ch=30 ChS=75Hz		CHN MIL	CHN
14397,00	ALE USB	B=125Bd Ch=8 ChS=250Hz		CHN MIL net	CHN
14398,00	*RUS HYBRID MODEM MFSK-PSK*	*B=40Bd Ch=16*		*Moscow*	*RUS*
14400,00	ALE USB	B=125Bd Ch=8 ChS=250Hz		POL MIL net	
14400,00	ALE USB	B=125Bd Ch=8		CZR diplo net	

Frequency	Mode	Mode Parameter	Callsign	User	Country
		ChS=250Hz			
14401,00	ALE USB	B=125Bd Ch=8 ChS=250Hz			
14401,50	ALE USB	B=125Bd Ch=8 ChS=250Hz		AUT F net	
14401,50	MIL 188-110B 39TONE	B=2400Bd Ch=39 ChS=56,25Hz	OEY71	AA Salzburg	AUT
14401,50	MIL 188-110B 39TONE	B=2400Bd Ch=39 ChS=56,25Hz	OEY51	AUT F	CYP
14402,00	SSB			USA AF MARS	
14402,00	SSB			USA Army MARS Western Sahara	
14402,00	*STANAG 4285*	*B=2400Bd*		*G MIL St. Eval*	*G*
14403,00	ALE USB	B=125Bd Ch=8 ChS=250Hz		AUT MOD net	AUT
14403,00	*STANAG 4285*	*B=2400Bd*		*G MIL Akrotiri*	*CYP*
14403,00	M/S 1,0	B=75Bd S=250Hz		Moscow	RUS
14405,00	ALE USB	B=125Bd Ch=8 ChS=250Hz			
14405,00	SSB			USA AF MARS	
14405,20	2FSK	B=300Bd S=850Hz			
14406,00	ALE USB	B=125Bd Ch=8 ChS=250Hz		MFA Bucharest	ROU
14406,00	MIL 188-110A SER	B=2400Bd Ch=1		MFA Bucharest	ROU
14406,00	*STANAG 4285*	*B=2400Bd*		*G F St. Eval*	*G*
14406,00	*CIS 200-1000*	*B=200Bd S=1000Hz Ch=1*		*RUS MIL INTEL Moscow*	*RUS*
14408,00	SSB			USA AF MARS	
14409,00	CIS 200-1000	B=200Bd S=1000Hz Ch=1		RUS MIL INTEL	RUS
14411,00	CW		RDL	RUS N Moscow	RUS
14411,00	*T600*	*B=50Bd S=250Hz*		*RUS N Moscow*	*RUS*
14411,00	*T600*	*B=50Bd S=200Hz*		*RUS N Smolensk*	*RUS*
14411,00	SSB			USA AF MARS	
14415,00	USB		VNJ	Casey Base , AUS	ANT
14415,00	USB			AUS Davis Base	ANT
14415,00	USB			Macquarie Island , AUS	ANT
14415,00	USB			Mawson Base , AUS	ANT
14415,70	STANAG 4285	B=2400Bd	IGJ	I N Augusta	I
14416,00	CIS 50-500	B=50Bd S=500Hz		RUS	RUS
14416,20	CIS 50-500	B=50Bd S=500Hz			
14417,00	DPRK ARQ	B=600Bd S=600Hz		KRE E	
14418,70	*STANAG 4285*	*B=2400Bd*	*IDN*	*I N Naples*	*I*
14420,00	MIL 188-110B SER	B=2400Bd		?CHN	
14420,00	ALE LSB	B=125Bd Ch=8 ChS=250Hz		TWN N net	TWN
14422,50	ALE USB	B=125Bd Ch=8 ChS=250Hz			
14426,00	CIS 200-1000	B=200Bd S=1000Hz Ch=1		RUS MIL INTEL	RUS
14428,00	*CIS 75-200*	*B=75Bd S=200Hz*		*RUS MIL Moscow*	*RUS*
14428,10	*CIS 12*	*B=1440Bd Ch=12 ChS=200Hz*		*Moscow*	*RUS*
14428,50	DPRK ARQ	B=600Bd S=600Hz		KRE diplo	
14430,00	CLOVER 2000	B=500Bd Ch=8 ChS=250Hz	3G1SI		
14430,00	CLOVER 2000	B=500Bd Ch=8 ChS=250Hz	CE1NTRE		
14431,00	ALE USB	B=125Bd Ch=8 ChS=250Hz			
14433,00	CROWD 36	B=40Bd Ch=32 ChS=40Hz		CIS diplo	
14433,00	ALE USB	B=125Bd Ch=8 ChS=250Hz			

Frequency	Mode	Mode Parameter	Callsign	User	Country
14436,00	ALE USB	B=125Bd Ch=8 ChS=250Hz		CHN MIL net	CHN
14436,20	PACTOR II	B=200Bd S=200Hz	VZX	Sailmail Darawank	AUS
14436,20	PACTOR III	B=100Bd S=200Hz	XJN714	Sailmail Lunenburg , NSC	CAN
14438,00	BUL MFSK	B=240Bd Ch=8 ChS=240Hz		BUL E	
14438,50	*CIS 50-1000*	*B=50Bd S=1000Hz*		*RUS MIL Kaliningrad*	*RUS*
14438,50	ALE USB	B=125Bd Ch=8 ChS=250Hz		AUT F net	
14441,50	ALE USB	B=125Bd Ch=8 ChS=250Hz			USA
14441,70	SITOR A	B=100Bd S=170Hz		EGY E Madrid	E
14442,50	*DPRK ARQ*	*B=600Bd S=600Hz*		*KRE E Warszawa*	*POL*
14442,50	*DPRK ARQ*	*B=1200Bd S=600Hz*		*KRE E Moscow*	*RUS*
14443,00	ALE USB	B=125Bd Ch=8 ChS=250Hz			
14444,00	CODAN CHIRP	B=80Bd Ch=30 ChS=81Hz		MFA Cairo	EGY
14444,00	*STANAG 4285*	*B=2400Bd*		*G F St. Eval*	*G*
14444,00	CODAN	B=2400Bd Ch=16 ChS=112,5Hz		MFA Cairo	EGY
14444,00	*STANAG 4285*	*B=2400Bd*		*G MIL Akrotiri*	*CYP*
14444,00	PSK4A	B=2400Bd		CHN MIL	CHN
14446,40	SITOR B	B=100Bd S=170Hz	OLO32	Prague	CZE
14446,70	SITOR A	B=100Bd S=170Hz		MFA Cairo	EGY
14447,00	*MAZIELKA*	*B=1Bd Ch=6*		*MFA Moscow*	*RUS*
14449,00	ALE USB	B=125Bd Ch=8 ChS=250Hz			
14450,00	2FSK	B=300Bd S=500Hz		SE Warszawa	POL
14450,00	SSB			USA National Guard	USA
14450,00	SSB			FEMA	USA
14451,00	CW		RHQ33	RUS N	RUS
14452,50	SSB		CIW650	CAN F	CAN
14452,50	SSB		CIW681	CAN F	CAN
14452,50	SSB		CIW677	CAN F	CAN
14453,00	*ALE USB*	*B=125Bd Ch=8 ChS=250Hz*		*ISR AF net*	*ISR*
14454,00	ALE USB	B=125Bd Ch=8 ChS=250Hz		CHN N net	CHN
14454,00	CHN DATALINK	B=2400Bd Ch=30 ChS=75Hz		CHN N	CHN
14454,00	USB			CHN N net	CHN
14455,00	MIL 188-110B	B=2400Bd		G MIL St. Eval	G
14455,00	*ALE USB*	*B=125Bd Ch=8 ChS=250Hz*		*G MIL net*	*G*
14456,00	CW		RAL65	RUS N ship	RUS
14458,40	ALE USB	B=125Bd Ch=8 ChS=250Hz		CAN CFARS net	CAN
14458,50	ALE USB	B=125Bd Ch=8 ChS=250Hz			
14458,50	ALE USB	B=125Bd Ch=8 ChS=250Hz		USA FBI net	USA
14460,00	*STANAG 4285*	*B=2400Bd*		*G MIL Akrotiri*	*CYP*
14461,00	CIS 200-1000	B=200Bd S=1000Hz Ch=1		RUS MIL INTEL	RUS
14462,00	*STANAG 4285*	*B=2400Bd*		*AUS MHFCS Darwin*	*AUS*
14463,00	ALE USB	B=125Bd Ch=8 ChS=250Hz		ALG F net	ALG
14463,50	MIL 188-110B SER	B=2400Bd	NNN0AAG	USA N MARS	USA
14463,50				USA MARS net	USA
14463,50	MIL 188-110B SER	B=2400Bd	NNN0KIR	USA N MARS	USA
14464,40	SITOR B	B=100Bd S=170Hz			

Frequency	Mode	Mode Parameter	Callsign	User	Country
14466,50	ALE USB	B=125Bd Ch=8 ChS=250Hz		ALG Sonatrach net	ALG
14467,30	*BAUDOT*	*B=50Bd S=425Hz*	*DDH8*	*DWD TX Pinneberg*	*D*
14470,50	ALE USB	B=125Bd Ch=8 ChS=250Hz		ROU diplo net	
14473,00	BAUDOT	B=50Bd S=500Hz		RUS	
14473,00	CIS 200-1000	B=200Bd S=1000Hz Ch=1		RUS MIL INTEL	RUS
14474,00	ALE USB	B=125Bd Ch=8 ChS=250Hz		G MIL net	
14475,00	CROWD 36	B=40Bd Ch=32 ChS=40Hz		MFA Moscow	RUS
14478,00	ALE USB	B=125Bd Ch=8 ChS=250Hz		INS net	INS
14478,00	ALE USB	B=125Bd Ch=8 ChS=250Hz			
14480,00	MIL 188-110B SER	B=2400Bd		CZE E	
14483,00	BAUDOT	B=200,33Bd S=500Hz		MFA Moscow	RUS
14483,00	BAUDOT	B=50Bd S=500Hz		MFA Moscow	RUS
14483,50	ALE USB	B=125Bd Ch=8 ChS=250Hz		USA MIL net	USA
14484,00	USB		AAA9USA	USA F MARS	
14484,00	USB		AAR3MC	USA F MARS	USA
14484,00	ALE USB	B=125Bd Ch=8 ChS=250Hz		CHN N net	CHN
14485,50	*ALE USB*	*B=125Bd Ch=8 ChS=250Hz*		*G MIL net*	*G*
14486,00	STANAG 4285	B=2400Bd	P6Z**	MFA Paris	F
14486,00	CHN MFSK 8TONE	B=100Bd Ch=8 ChS=250Hz		CHN	CHN
14490,00	ALE USB	B=125Bd Ch=8 ChS=250Hz		CZR diplo net	
14490,00	CIS OFDM 45	B=2400Bd Ch=45 ChS=62,5Hz		MFA Moscow	RUS
14493,00	CIS 200-1000	B=200Bd S=1000Hz Ch=1		RUS MIL INTEL	RUS
14493,00	SSB			USA Customs , DEA	USA
14493,50	ALE USB	B=125Bd Ch=8 ChS=250Hz		USA FBI net	USA
14493,50	USB			USA FBI net	USA
14494,00	*STANAG 4285*	*B=2400Bd*		*G MIL St. Eval*	*G*
14494,00	CIS 200-1000	B=200Bd S=1000Hz Ch=1		RUS MIL INTEL	RUS
14498,50	DPRK ARQ	B=600Bd S=600Hz		KRE diplo	
14500,00	*CIS 100-500*	*B=100Bd S=500Hz*		*RUS MIL Moscow*	*RUS*
14504,00	*CIS 50-500*	*B=50Bd S=500Hz*		*RUS MIL Moscow*	*RUS*
14508,00	CIS 12	B=1440Bd Ch=12 ChS=200Hz		RUS F	RUS
14508,00	*CIS 75-250*	*B=75Bd S=250Hz*		*RUS MIL Moscow*	*RUS*
14508,00	*CODAN*	*B=2400Bd Ch=16 ChS=112,5Hz*		*IRN net Teheran*	*IRN*
14508,00	*ALE USB*	*B=125Bd Ch=8 ChS=250Hz*		*IRN net*	*IRN*
14508,00	*CODAN CHIRP*	*B=80Bd Ch=30 ChS=81Hz*		*IRN net*	*IRN*
14508,50	*ALE USB*	*B=125Bd Ch=8 ChS=250Hz*		*G MIL net*	*G*
14510,00	STANAG 4285	B=2400Bd		G MIL	G
14512,70	*STANAG 4481*	*B=75Bd S=850Hz*		*G F Inskip*	*G*
14518,00	USB		KH**	UN forces	LBN
14518,00	USB		LS**	UN forces	LBN
14519,00	M/S 1,0	B=200Bd		CIS	

Frequency	Mode	Mode Parameter	Callsign	User	Country
		S=1000Hz			
14520,00	SSB			USA AF MARS	
14520,00	AUS ISB MODEM	B=600Bd S=345Hz		AUS MIL	AUS
14521,00	*CIS BAUDOT 1,5 STB*	*B=200Bd S=500Hz Ch=1*		*RUS INTEL Moscow*	*RUS*
14522,00	CODAN	B=2400Bd Ch=16 ChS=112,5Hz		MFA Cairo	EGY
14523,00	CIS 200-1000	B=200Bd S=1000Hz Ch=1		RUS MIL INTEL	RUS
14523,00	ALE USB	B=125Bd Ch=8 ChS=250Hz			USA
14528,50	*DPRK ARQ*	*B=1200Bd S=600Hz*		*KRE E Moscow*	*RUS*
14532,50	ALE USB	B=125Bd Ch=8 ChS=250Hz		USA FBI net	USA
14535,00	ALE USB	B=125Bd Ch=8 ChS=250Hz			
14537,40	*STANAG 4481*	*B=75Bd S=850Hz*		*G MIL St. Eval*	*G*
14538,00	*CIS 200-1000*	*B=200Bd S=1000Hz Ch=1*		*RUS MIL INTEL Moscow*	*RUS*
14538,00	CIS MFSK14	B=7,8Bd Ch=14 ChS=15Hz		RUS INTEL	RUS
14539,00	CIS 200-1000	B=200Bd S=1000Hz Ch=1		RUS MIL INTEL	RUS
14539,90	PACTOR III	B=100Bd S=200Hz			
14540,00	*CIS 75-500*	*B=75Bd S=500Hz*		*Moscow*	*RUS*
14546,00	MAHRS	B=2400Bd		I MIL Verona	I
14550,00	ALE USB	B=125Bd Ch=8 ChS=250Hz		ALG net	AL
14550,00	MIL 188-110B	B=2400Bd		VEN N net	VEN
14550,00	*ALE USB*	*B=125Bd Ch=8 ChS=250Hz*		*F Airbus net*	*F*
14550,00	ALE USB	B=125Bd Ch=8 ChS=250Hz		MRC F net	MRC
14550,00	MIL 188-110B SER	B=2400Bd		MRC MIL	MRC
14551,00	CIS BAUDOT 1,5 STB	B=200Bd S=500Hz Ch=1		RUS INTEL	RUS
14551,70	STANAG 4481	B=75Bd S=850Hz			
14556,00	*CW*		*RIW*	*RUS NSHQ Moscow*	*RUS*
14556,00	CW		RAA	RUS N	RUS
14556,00	*CW*		*RDL*	*RUS N Moscow*	*RUS*
14556,40	SITOR B	B=100Bd S=170Hz	OLO32	Prague	CZE
14557,00	CIS 100-1000	B=100Bd S=1000Hz			
14557,00	CIS OFDM 60	B=2400Bd Ch=60 ChS=44,5Hz		RUS diplo	RUS
14560,00	ALE USB	B=125Bd Ch=8 ChS=250Hz			
14562,00	CIS 50-500	B=50Bd S=500Hz		RUS	RUS
14564,00	CIS 75-250	B=75Bd S=250Hz		RUS MIL	
14565,00	*CIS 75-250*	*B=75Bd S=250Hz*		*RUS MIL W Samara*	*RUS*
14566,40	SITOR B	B=100Bd S=170Hz	OLO32	Prague	CZE
14569,00	CIS 200-1000	B=200Bd S=1000Hz Ch=1		RUS MIL INTEL	RUS
14569,00	CIS 200-1000	B=200Bd S=1000Hz Ch=1		RUS MIL INTEL	RUS
14569,50	*CIS 100-2000*	*B=100Bd S=2000Hz Ch=1*		*RUS MIL Vladivostok*	*RUS*
14570,00	*CIS VFT: M/S 1.0*	*B=100Bd S=100Hz Ch=6 ChS=470Hz*		*near Kazan*	*RUS*
14571,00	CW		FAV22	F F Mont-Valerien	F
14575,00	CIS 12	B=120Bd Ch=12 ChS=200Hz			RUS

Frequency	Mode	Mode Parameter	Callsign	User	Country
14580,00	ALE USB	B=125Bd Ch=8 ChS=250Hz			
14581,00	*T600*	*B=50Bd S=200Hz*		*RUS N Moscow*	*RUS*
14581,10	*T600*	*B=50Bd S=200Hz*		*RUS N Smolensk*	*RUS*
14582,00	ALE USB	B=125Bd Ch=8 ChS=250Hz		B N net	B
14582,00	STANAG 4285	B=2400Bd			
14582,00	ALE USB	B=125Bd Ch=8 ChS=250Hz		USA COTHEN net	USA
14587,00	CW		RAA	RUS N HQ Moscow	RUS
14588,00	PACTOR III	B=100Bd S=200Hz	RC01	Sailmail Maputo	MOZ
14589,50	CROWD 36	B=40Bd Ch=32 ChS=40Hz		RUS diplo	
14593,00	CIS 200-1000	B=200Bd S=1000Hz Ch=1		RUS MIL INTEL	RUS
14600,00	*CIS 12*	*B=1440Bd Ch=12 ChS=200Hz*		*RUS MIL Vladivostok*	*RUS*
14600,00	*CIS 12*	*B=1440Bd Ch=12 ChS=200Hz*		*RUS N Simferopol*	*UKR*
14600,00	ALE USB	B=125Bd Ch=8 ChS=250Hz		POL MIL net	
14604,00	ALE USB	B=125Bd Ch=8 ChS=250Hz			
14606,00	USB		AFA6PF	USA MARS Los Angeles , CA	USA
14606,00	SSB			USA AF MARS	AZR
14609,00	CIS MFSK 20	B=20Bd Ch=20 ChS=40Hz		RUS INTEL	RUS
14609,50	ALE USB	B=125Bd Ch=8 ChS=250Hz		AUT MIL net	AUT
14610,00	ALE USB	B=125Bd Ch=8 ChS=250Hz		MRC net	MRC
14615,00	CODAN	B=2400Bd Ch=16 ChS=112,5Hz		MFA Cairo	EGY
14615,00	CODAN CHIRP	B=80Bd Ch=30 ChS=81Hz		MFA Cairo	EGY
14616,00	MAHRS	B=2400Bd			
14616,70	SITOR A	B=100Bd S=170Hz		MFA Cairo	EGY
14620,00	CODAN CHIRP	B=80Bd Ch=30 ChS=81Hz		MFA Cairo	EGY
14620,00	CODAN	B=2400Bd Ch=16 ChS=112,5Hz		MFA Cairo	EGY
14621,70	SITOR A	B=100Bd S=170Hz		MFA Cairo	EGY
14627,40	*STANAG 4285*	*B=2400Bd*	*CTA*	*POR N Lisbon*	*POR*
14628,00	CODAN	B=2400Bd Ch=16 ChS=112,5Hz		MFA Cairo	EGY
14628,00	CIS 75-250	B=75Bd S=250Hz			
14628,00	CIS 200-1000	B=200Bd S=1000Hz Ch=1		RUS MIL INTEL	RUS
14629,70	SITOR A	B=100Bd S=170Hz		MFA Cairo	EGY
14630,50	*DPRK ARQ*	*B=600Bd S=600Hz*		*KRE E Rome*	*I*
14631,00	STANAG 4285	B=2400Bd	CTA	POR N Lisbon	POR
14631,00	STANAG 4285	B=2400Bd	CTA	POR N Lisbon	POR
14633,00	MAHRS	B=2400Bd		D F	D
14639,00	CIS 200-1000	B=200Bd S=1000Hz Ch=1		RUS MIL INTEL	RUS
14640,00	CODAN	B=2400Bd Ch=16 ChS=112,5Hz		MFA Cairo	EGY
14640,00	CODAN CHIRP	B=80Bd Ch=30 ChS=81Hz		MFA Cairo	EGY
14640,50	CROWD 36	B=40Bd Ch=32 ChS=40Hz			
14640,50	CIS OFDM 60	B=2400Bd Ch=60 ChS=44,5Hz			RUS

Frequency	Mode	Mode Parameter	Callsign	User	Country
14641,00	CIS OFDM 112	B=3360Bd Ch=112 ChS=25,6Hz		RUS diplo	RUS
14641,70	SITOR A	B=100Bd S=170Hz		MFA Cairo	EGY
14643,00	ALE USB	B=125Bd Ch=8 ChS=250Hz		USA AF Andrews AFB	USA
14643,00	CIS OFDM 60	B=2400Bd Ch=60 ChS=44,5Hz		RUS diplo	RUS
14646,00	ALE USB	B=125Bd Ch=8 ChS=250Hz		USA AF net	USA
14649,00	ALE USB	B=125Bd Ch=8 ChS=250Hz		USA AF net	USA
14650,00	ALE USB	B=125Bd Ch=8 ChS=250Hz			
14650,00	MIL 188-110B SER	B=2400Bd	HEW**		
14650,00	MAZIELKA	B=1Bd Ch=6			
14650,00	MAZIELKA	B=1Bd Ch=6			
14653,00	ALE USB	B=125Bd Ch=8 ChS=250Hz		USA National Guard net	USA
14653,00	SSB			USA National Guard	USA
14654,50	ALE USB	B=125Bd Ch=8 ChS=250Hz			
14656,00	CROWD 36	B=40Bd Ch=32 ChS=40Hz		CIS diplo	
14658,00	M/S 1,0	B=75Bd S=200Hz		SNG N Singapore	SNG
14661,00	ALE USB	B=125Bd Ch=8 ChS=250Hz		FIN diplo net	FIN
14662,00	USB		VKE237	AUS HF Radio Club	AUS
14663,00	CIS MFSK14	B=7,8Bd Ch=14 ChS=15Hz		RUS INTEL	RUS
14664,00	T600	B=50Bd S=200Hz	RDL	RUS N Moscow	RUS
14664,00	CW		RDL	RUS N Moscow	RUS
14666,00	CODAN CHIRP	B=80Bd Ch=30 ChS=81Hz		EGY E	
14666,00	SSB			US Army MARS	
14667,70	SITOR A	B=100Bd S=170Hz		MFA Cairo	EGY
14670,00	CW , SSB		CHU	Ottawa TS	CAN
14671,00	ALE USB	B=125Bd Ch=8 ChS=250Hz		F diplo net	
14673,00	CIS 200-1000	B=200Bd S=1000Hz Ch=1		RUS MIL INTEL	RUS
14680,00	MIL 188-110B SER	B=2400Bd	CENTR1**	MFA Bucharest	ROU
14682,50	PACTOR II	B=100Bd S=200Hz			
14683,00	CODAN	B=2400Bd Ch=16 ChS=112,5Hz		MFA Cairo	EGY
14683,00	CODAN CHIRP	B=80Bd Ch=30 ChS=81Hz		MFA Cairo	EGY
14683,70	SITOR A	B=100Bd S=170Hz		MFA Cairo	EGY
14689,00	ALE USB	B=125Bd Ch=8 ChS=250Hz		ROU MFA net	
14690,00	MIL 188-110B SER	B=2400Bd			
14696,70	ALE USB	B=125Bd Ch=8 ChS=250Hz		POL MIL net	POL
14698,00	ALE USB	B=125Bd Ch=8 ChS=250Hz			
14699,00	*CIS 75-250*	*B=75Bd S=250Hz*		*RUS N Sveromorsk*	*UKR*
14700,00	ALE USB	B=125Bd Ch=8 ChS=250Hz		POL MIL net	POL
14700,00	ALE USB	B=125Bd Ch=8 ChS=250Hz		TUN F net	TUN
14701,70	PACTOR II	B=100Bd S=200Hz	STAT154**		
14702,00	OOK				
14704,00	T600	B=50Bd S=250Hz		RUS N Moscow	RUS
14705,00	ALE USB	B=125Bd Ch=8		B N net	B

Frequency	Mode	Mode Parameter	Callsign	User	Country
		ChS=250Hz			
14708,20	*STANAG 4285*	*B=2400Bd*		*AUS MHFCS Darwin*	*AUS*
14710,00	SKYOFDM	B=64Bd Ch=22 ChS=86Hz		MFA Helsinki	FIN
14710,00	ALE USB	B=125Bd Ch=8 ChS=250Hz		FIN diplo net	FIN
14710,00	USB			GRC net	GRC
14711,00	IRN N QPSK ADAPTIVE	B=468Bd		IRN N	IRN
14711,00	IRN N QPSK ADAPTIVE	B=468Bd		IRN N	IRN
14711,00	IRN N QPSK ADAPTIVE	B=468Bd		IRN N	IRN
14716,00	CW			RUS HFDF net	RUS
14716,50	ALE USB	B=125Bd Ch=8 ChS=250Hz		F N net	
14718,30	ARQ-E3	B=100Bd S=400Hz	RFHI**	F N Noumea	NCL
14719,00	CIS BAUDOT 1,5 STB	B=200Bd S=500Hz Ch=1		RUS INTEL	RUS
14719,50	M/S 1,0	B=75Bd S=850Hz			
14720,00	*DPRK ARQ*	*B=1200Bd S=600Hz*		*KRE E Habana*	*CUB*
14722,20	*STANAG 4285*	*B=2400Bd*	*FUG*	*F N La Regine*	*F*
14726,00	CIS 200-1000	B=200Bd S=1000Hz Ch=1		RUS MIL INTEL	RUS
14726,50	MIL 188-110B	B=2400Bd			
14731,00	ALE USB	B=125Bd Ch=8 ChS=250Hz			
14737,50	ALE USB	B=125Bd Ch=8 ChS=250Hz			
14738,00	CIS MFSK14	B=7,8Bd Ch=14 ChS=15Hz		RUS INTEL	RUS
14740,00	*STANAG 4285*	*B=2400Bd*		*G MIL St. Eval*	*G*
14741,50	*DPRK ARQ*	*B=600Bd S=600Hz*		*MFA Pyongyang*	*KRE*
14742,70	SITOR A	B=100Bd S=170Hz		MFA Cairo	EGY
14745,00	ALE USB	B=125Bd Ch=8 ChS=250Hz		Queensland Deptartment of Community Safety	AUS
14747,50	*STANAG 4481*	*B=75Bd S=850Hz*	*CFH*	*CAN N Halifax*	*CAN*
14749,20	STANAG 4285	B=2400Bd			
14750,20	STANAG 4285	B=2400Bd	DHJ59	D N Wilhelmshaven	D
14753,00	POL INTEL FSK	B=100Bd S=625Hz Ch=1		POL INTEL	POL
14754,50	MIL 188-110B SER	B=2400Bd		S MIL	S
14757,00	ALE USB	B=125Bd Ch=8 ChS=250Hz		SNG N net	SNG
14761,50	ALE USB	B=125Bd Ch=8 ChS=250Hz			
14762,00	STANAG 4481	B=75Bd S=850Hz			
14762,00	MIL 188-110B SER	B=2400Bd			
14763,00	CIS 200-1000	B=200Bd S=1000Hz Ch=1		RUS MIL INTEL	RUS
14764,00	BAUDOT	B=200Bd S=500Hz		RUS INTEL	RUS
14771,00	SSB			USN MARS	
14774,00	RUS HYBRID MODEM MFSK-PSK	B=40Bd Ch=16 ChS=40Hz		Moscow	RUS
14776,00	ALE USB	B=125Bd Ch=8 ChS=250Hz		USA FEMA net	USA
14776,00	SSB			FEMA	USA
14780,00	BAUDOT	B=50Bd S=500Hz		Ministry of railway Moscow	RUS
14780,00	ALE USB	B=125Bd Ch=8 ChS=250Hz		B N net	B
14780,00	T600	B=50Bd S=500Hz		RUS N	

Frequency	Mode	Mode Parameter	Callsign	User	Country
14782,00	CHN N MIL 188-110 MOD	B=2400Bd		CHN N	CHN
14785,60	PACTOR III	B=100Bd S=200Hz		MSF Geneva	SUI
14785,60	PACTOR III	B=100Bd S=200Hz	PACMEAB **	MSF	
14786,00	RFSM8000	B=2400Bd		BUL diplo	BUL
14790,00	ALE LSB	B=125Bd Ch=8 ChS=250Hz		VEN N net	VEN
14792,00	SSB			NOAA Hurricane Center Miami , FL	USA
14794,00	CIS 12	B=1440Bd Ch=12 ChS=200Hz		CIS MIL	RUS
14796,00	RFSM8000	B=2400Bd		BUL diplo	BUL
14800,00	ALE USB	B=125Bd Ch=8 ChS=250Hz		F N net	
14805,00	CIS 200-1000	B=200Bd S=1000Hz Ch=1		RUS MIL INTEL	RUS
14807,50	ALE 3G	B=2400Bd			
14808,00	CIS 12	B=1440Bd Ch=12 ChS=200Hz			
14808,50	PACTOR III	B=100Bd S=200Hz	AB1UJ**	Abuja	NIG
14808,50	PACTOR III	B=100Bd S=200Hz	BA1NJ	Banjul	GMB
14808,50	PACTOR III	B=100Bd S=200Hz	MA1ES**		
14808,50	PACTOR III	B=100Bd S=200Hz	NO1UA**	Nouakchott	MTN
14808,50	PACTOR III	B=100Bd S=200Hz	PA1RI**	Paris	F
14808,50	PACTOR III	B=100Bd S=200Hz	SE1CR**		
14811,00	*CIS MFSK 64*	*B=40Bd Ch=64 ChS=46Hz*		*MFA Moscow*	*RUS*
14812,00	ALE USB	B=125Bd Ch=8 ChS=250Hz		SLO MFA net	
14815,00	ALE USB	B=125Bd Ch=8 ChS=250Hz			
14818,50	SSB			USN MARS	
14823,00	CHN MIL 188-110B	B=2400Bd		chn	CHN
14824,00	ALE USB	B=125Bd Ch=8 ChS=250Hz		POL	
14826,00	CIS 200-1000	B=200Bd S=1000Hz Ch=1		RUS MIL INTEL	RUS
14828,60	HFDVL73	B=2160Bd Ch=73 ChS=37,5Hz		University Las Palmas de Gran Canaria	E
14829,00	SSB			USA AF MARS	J
14829,00	CIS BAUDOT 1,5 STB	B=200Bd S=500Hz Ch=1		RUS INTEL	RUS
14830,00	*T600*	*B=50Bd S=500Hz*		*RUS N Vladivostok*	*RUS*
14830,00	BAUDOT	B=50Bd S=500Hz			
14832,00	SSB			USA AF MARS	
14832,00	CIS BAUDOT 50-17	B=50Bd S=170Hz			RUS
14836,00	ALE USB	B=125Bd Ch=8 ChS=250Hz		USA FEMA net	USA
14836,00	SSB			FEMA	USA
14841,00	CW		RGT77	RUS F Moscow	RUS
14844,00	*T600*	*B=50Bd S=250Hz*		*RUS N Moscow*	*RUS*
14847,40	MARCONI SYSTEM	Ch=25			
14848,00	ALE USB	B=125Bd Ch=8 ChS=250Hz		?TUR F net	TUR
14848,00	CLOVER 2000	B=500Bd Ch=8 ChS=250Hz			
14849,00	ALE USB	B=125Bd Ch=8 ChS=250Hz		POL F net	
14849,50	*CIS 100-2000*	*B=100Bd S=2000Hz Ch=1*		*RUS MIL Yekaterinenburg*	*RUS*

Frequency	Mode	Mode Parameter	Callsign	User	Country
14850,00	PACTOR II FEC	B=100Bd S=200Hz	ARL	PAK N Karachi	PAK
14850,00	*CIS VFT: M/S 1.0*	*B=100Bd S=100Hz Ch=6 ChS=470Hz*		*near Novosibirsk*	*RUS*
14850,00	ALE USB	B=125Bd Ch=8 ChS=250Hz		PAK N net	
14850,00	*DPRK ARQ*	*B=1200Bd S=600Hz*		*KRE E Warszawa*	*POL*
14851,00	ALE USB	B=125Bd Ch=8 ChS=250Hz		POL MIL net	POL
14851,80	PACTOR II FEC	B=100Bd S=200Hz		PAK N Karachi	PAK
14856,00	SITOR A	B=100Bd S=170Hz		US Army MARS	
14858,50	*DPRK ARQ*	*B=600Bd S=600Hz*		*KRE E Moscow*	*RUS*
14862,00	CIS 75-500	B=75Bd S=500Hz			
14865,00	USB			AUSTRAVEL safety net	AUS
14877,00	SSB			USA AF MARS	
14879,50	*DPRK ARQ*	*B=600Bd S=600Hz*		*KRE E Moscow*	*RUS*
14880,00	DPRK ARQ	B=600Bd S=600Hz		KRE diplo	
14885,00	SSB			FEMA	USA
14886,00	STANAG 4285	B=2400Bd			DNK
14886,40	PACTOR II	B=200Bd S=200Hz	WXH	Annapolis , MD	USA
14889,40	STANAG 4481	B=75Bd S=850Hz			
14890,00	*STANAG 4285*	*B=2400Bd*		*G MIL St. Eval*	*G*
14892,00	MIL 188-110B SER	B=2400Bd		CZE E Rabat	MRC
14896,00	CW		RHQ33	RUS N	RUS
14896,00	CIS 75-200	B=75Bd S=200Hz		RUS N	RUS
14896,20	MIL 188-110B SER	B=2400Bd		S MIL	S
14899,00	SSB			FEMA	USA
14900,00	ALE USB	B=125Bd Ch=8 ChS=250Hz		POL MIL net	POL
14901,20	*STANAG 4285*	*B=2400Bd*		*G F Akrotiri*	*CYP*
14906,50	*STANAG 4538*	*B=2400Bd*		*Sarajewo*	*BIH*
14907,00	*USB*			*Moscow*	*RUS*
14907,00	*CIS OFDM 45*	*B=2400Bd Ch=45 ChS=62,5Hz*		*Moscow*	*RUS*
14908,00	SSB			FEMA	USA
14908,00	CODAN	B=2400Bd Ch=16 ChS=112,5Hz		MFA Cairo	EGY
14908,00	CODAN CHIRP	B=80Bd Ch=30 ChS=81Hz		MFA Cairo	EGY
14909,70	SITOR A	B=100Bd S=170Hz		MFA Cairo	EGY
14912,00	ALE LSB	B=125Bd Ch=8 ChS=250Hz		VEN N net	VEN
14913,00	ALE USB	B=125Bd Ch=8 ChS=250Hz			
14913,00	CIS 200-1000	B=200Bd S=1000Hz Ch=1		RUS MIL INTEL	RUS
14914,00	ALE USB	B=125Bd Ch=8 ChS=250Hz		USA Civil Air Patrol net	
14917,20	CIS 200-1000	B=200Bd S=1000Hz Ch=1		RUS MIL INTEL	RUS
14918,00	*4FSK*	*B=100Bd Ch=4 ChS=500Hz*		*Moscow*	*RUS*
14919,00	CIS 200-1000	B=200Bd S=1000Hz Ch=1		RUS MIL INTEL Moscow	RUS
14922,00	CODAN CHIRP	B=80Bd Ch=30 ChS=81Hz		MFA Cairo	EGY
14922,00	CODAN	B=2400Bd Ch=16 ChS=112,5Hz		MFA Cairo	EGY
14922,00	CODAN	B=2400Bd Ch=16 ChS=112,5Hz		EGY E	
14922,00	*CODAN*	*B=2400Bd Ch=16 ChS=112,5Hz*		*EGY E Alger*	*ALG*
14924,00	STANAG 4285	B=2400Bd	FUM	F N Papeete , Tahiti	OCE

Frequency	Mode	Mode Parameter	Callsign	User	Country
14924,00	ALE USB	B=125Bd Ch=8 ChS=250Hz		F N net	
14925,00	SKYOFDM	B=64Bd Ch=28 ChS=86Hz			
14925,00	ALE USB	B=125Bd Ch=8 ChS=250Hz		FIN diplo net	FIN
14927,00	CIS OFDM 45	B=2400Bd Ch=45 ChS=62,5Hz			RUS
14934,30	SITOR A	B=100Bd S=170Hz		USA N MARS	USA
14934,50	SSB			USA N MARS	
14935,00	ALE USB	B=125Bd Ch=8 ChS=250Hz			
14939,00	CIS 200-1000	B=200Bd S=1000Hz Ch=1		RUS MIL INTEL	RUS
14950,00	*STANAG 4285*	*B=2400Bd*		*G MIL St. Eval*	*G*
14955,00	SSB			USAF Strategic Command	USA
14955,00	CIS 75-250	B=75Bd S=250Hz		RUS MIL	RUS
14963,00	ALE USB	B=125Bd Ch=8 ChS=250Hz			
14964,00	ARQE	B=184,5Bd S=400Hz	RFFAB**	F F Paris	F
14969,00	CIS OFDM	B=3360Bd Ch=112 ChS=32Hz			
14970,00	*MAZIELKA*	*B=1Bd Ch=6*		*MFA Moscow*	*RUS*
14970,00	*STANAG 4285*	*B=2400Bd*		*G MIL St. Eval*	*G*
14973,50	ALE USB	B=125Bd Ch=8 ChS=250Hz			
14975,00	CW		RAL2	RUS N	RUS
14977,00	USB		VKS737	AUS 4WD net	AUS
14977,50	ALE USB	B=125Bd Ch=8 ChS=250Hz		AUT F net	
14982,00	RFSM8000	B=2400Bd		BUL diplo	BUL
14982,50	FAX 60/90/120/288/576		RBV76	Tashkent M	UZB
14983,00	*CIS MFSK 11*	*B=125Bd Ch=11 ChS=250Hz*		*Moscow*	*RUS*
14987,00	PACTOR II	B=200Bd S=200Hz	V8V2222	Sailmail Brunai Bay	BRU
14987,00	ALE USB	B=125Bd Ch=8 ChS=250Hz		CHN net	CHN
14990,00	FAX 60/288/576			Tbilisi M	GEO
14996,00	*CW*		*RWM*	*Moscow TS*	*RUS*
14998,00	MHF-50 MODEM	B=54,3Bd Ch=32 ChS=64,5Hz		AFS N	AFS
15000,00	ALE USB	B=125Bd Ch=8 ChS=250Hz		USA NG net	USA
15000,00	AM		WWV	Fort Collins TS , CO	USA
15000,00	AM		WWVH	Kekaha Kauai TS	HWA
15000,00	ALE USB	B=125Bd Ch=8 ChS=250Hz		TUN F Net	

15000 – 20000 Khz

Frequency	Mode	Mode Parameter	Callsign	User	Country
15000,00	ALE USB	B=125Bd Ch=8 ChS=250Hz		USA NG net	USA
15000,00	AM		WWV	Fort Collins TS , CO	USA
15000,00	AM		WWVH	Kekaha Kauai TS	HWA
15000,00	ALE USB	B=125Bd Ch=8 ChS=250Hz		TUN F Net	
15004,60	SIEMENS CHX200	B=250Bd S=170Hz			

Frequency	Mode	Mode Parameter	Callsign	User	Country
	MODEM				
15016,00	USB			USA AF Croughton	G
15016,00	USB			USA AF Sigonella	I
15016,00	USB			USA AF Lajes AFB	AZR
15016,00	USB		AGA	USA AF Hickham AFB , Honolulu	HWA
15016,00	USB			USA AF Puerto Rico	PTR
15016,00	USB		AFS	USA AF Offutt AFB , Omaha , NE	USA
15016,00	USB		AIE	USA AF Andersen AFB	GUM
15016,00	ALE USB	B=125Bd Ch=8 ChS=250Hz		USA AF net	
15016,00	SSB			USA AF Mac Dill AFB , FL	USA
15016,00	SSB			USA AF MacClellan AFB , Sacramento , CA	USA
15016,00	SSB		AFE83	USA AF Ascension AB	ASC
15016,00	SSB		AKA	USA AF Elmendorf AFB , Anchorage	ALS
15016,00	USB		AFA	USA AF Andrews AFB , Camp Springs , MD	USA
15016,00	USB		AIF80	USA AF Yokota AB	J
15022,40	M/S 1,0	B=50Bd S=850Hz		USA N Puerto Rico	PTR
15025,00	HFDL	B=1800Bd	H03**	Reykjavik	ISL
15026,00	SSB			I AF Rome	I
15031,00	SSB		AFI	USAF McClellan AFB , Sacramento , CA	USA
15031,00	SSB		CHR	CAN F Trenton	CAN
15034,00	SSB		VXA	CAN F Edmonton	CAN
15035,00	SSB			CAN AF Vancouver	CAN
15035,00	SSB		CHR	CAN F Trenton	CAN
15035,00	SSB		CJX	CAN F St. John`s	CAN
15040,00	ALE USB	B=125Bd Ch=8 ChS=250Hz		G MIL net	G
15042,00	ALE USB	B=125Bd Ch=8 ChS=250Hz		I AF net	I
15043,00	ALE USB	B=125Bd Ch=8 ChS=250Hz		USA AF net	
15043,00	*ALE USB*	*B=125Bd Ch=8 ChS=250Hz*		*Task Force Vortex Camp Bondsteel*	
15044,00	SSB			USAF Strategic Command	USA
15044,00	SSB		ZKX	NZL AF Auckland	NZL
15045,00	SSB		HEE70	Berne Air	SUI
15048,00	SSB		AFE	USAF MacDill AFB , FL	USA
15048,00	SSB		AFI	USAF McClellan AFB , Sacramento , CA	USA
15053,00	SSB		ZKX	NZL AF Auckland	NZL
15058,00	ALE USB	B=125Bd Ch=8 ChS=250Hz			
15073,00	SSB		DHM91	D AF Münster	D
15080,00	NOKIA MSG TERMINAL	B=301,1Bd S=760Hz			
15091,00	ALE USB	B=125Bd Ch=8 ChS=250Hz		USA AF net	USA
15094,00	ALE USB	B=125Bd Ch=8 ChS=250Hz		USA SHARES net	USA
15168,00	CW		RBEG	RUS N	RUS
15168,00	CW		RBEG	RUS N	RUS
15355,00	MIL 188-110B SER	B=2400Bd		?CZE	
15377,00	*STANAG 4285*	*B=2400Bd*		*G MIL St. Eval*	*G*
15464,00	SSB			FEMA	USA
15496,00	*STANAG 4285*	*B=2400Bd*		*G F St. Eval*	*G*
15509,00	SSB			FEMA	USA
15513,50	RTTY			USA AF MARS	
15520,00	CIS 50-125	B=50Bd S=125Hz		RUS N	RUS
15520,12	T600	B=50Bd S=200Hz		RUS N Murmansk	RUS
15532,00	*CIS 12*	*B=1440Bd Ch=12 ChS=200Hz*		*RUS F Moscow*	*RUS*
15532,00	SSB			FEMA	USA
15586,00	CW		RCV	RUS NHQ Sevastopol	UKR
15586,00	CW		RMP	RUS N HQ Kaliningrad	RUS

Frequency	Mode	Mode Parameter	Callsign	User	Country
15601,50	*STANAG 4481*	*B=50Bd S=850Hz*	*NPN*	*USA N Guam*	*GUM*
15602,00	ALE USB	B=125Bd Ch=8 ChS=250Hz		USA Civil Air Patrol net	USA
15615,00	FAX 120/576		VMW	Wiluna M	AUS
15626,00	CIS 4FSK	B=150Bd Ch=4 ChS=4000Hz		Kazan area	RUS
15632,00	POL INTEL FSK	B=100Bd S=625Hz Ch=1			
15632,00	FSK	B=50Bd S=300Hz			
15635,00	ALE USB	B=125Bd Ch=8 ChS=250Hz		TUN F net	TUN
15658,00	ALE USB	B=125Bd Ch=8 ChS=250Hz		USA FEMA net	USA
15661,00	ALE LSB	B=125Bd Ch=8 ChS=250Hz		Public health net , TX	USA
15667,00	CIS 200-1000	B=200Bd S=1000Hz Ch=1		RUS MIL INTEL	RUS
15669,00	BAUDOT	B=50Bd S=400Hz	FDI22	F AF Narbonne	F
15670,00	MFSK32	B=31,25Bd Ch=16 ChS=39,375Hz		VOA Radiogram , TX Edward R. Murrow , NC	USA
15670,00	MFSK8	B=7,8125Bd Ch=32 ChS=9,875Hz		VOA Radiogram , TX Edward R. Murrow , NC	USA
15675,00	ALE USB	B=125Bd Ch=8 ChS=250Hz		USA AF net	USA
15700,00	ALE USB	B=125Bd Ch=8 ChS=250Hz		POL MIL net	POL
15708,00	ALE USB	B=125Bd Ch=8 ChS=250Hz		USA FEM net	USA
15708,00	SSB			FEMA	USA
15712,00	SSB			USA AF MARS	ALS
15734,00	SSB			USAF Strategic Command	USA
15737,50	BAUDOT	B=50Bd S=500Hz		Ministry of railway Baku	AZE
15745,00	*STANAG 4285*	*B=2400Bd*			*AUS*
15759,00	TADIRAN FSK	B=125Bd S=300Hz			
15774,00	*CIS 12*	*B=1440Bd Ch=12 ChS=200Hz*		*RUS F Moscow*	*RUS*
15778,00	T600	B=50Bd S=100Hz		RUS N	RUS
15778,00	*T600*	*B=50Bd S=200Hz*		*RUS N Sevastopol*	*UKR*
15803,00	*STANAG 4285*	*B=2400Bd*		*G MIL Akrotiri*	*CYP*
15803,50	SSB			USA AF MARS	
15805,00	ALE LSB	B=125Bd Ch=8 ChS=250Hz		CHL N net	CHL
15805,50	SSB			USA AF MARS	
15806,00	ALE USB	B=125Bd Ch=8 ChS=250Hz			
15807,00	RTTY			USA AF MARS	
15807,00	ALE USB	B=125Bd Ch=8 ChS=250Hz			
15812,00	STANAG 4285	B=2400Bd		G MIL Akrotiri	CYP
15814,00	CIS MFSK14	B=7,8Bd Ch=14 ChS=15Hz		RUS INTEL	RUS
15817,00	CIS BAUDOT 1,5 STB	B=200Bd S=500Hz Ch=1		RUS INTEL	RUS
15818,20	STANAG 4285	B=2400Bd	CFH	CAN N Halifax	CAN
15820,00	*DPRK ARQ*	*B=1200Bd S=600Hz*		*KRE E Moscow*	*RUS*
15824,70	*STANAG 4481*	*B=75Bd S=850Hz*		*G MIL St. Eval*	*G*
15825,00	ALE USB	B=125Bd Ch=8 ChS=250Hz			
15827,00	CIS 200-1000	B=200Bd S=1000Hz Ch=1		RUS MIL INTEL	RUS
15831,00	CIS 200-1000	B=200Bd S=1000Hz Ch=1		RUS MIL INTEL	RUS

Frequency	Mode	Mode Parameter	Callsign	User	Country
15834,00	ALE USB	B=125Bd Ch=8 ChS=250Hz		ALG AF net	ALG
15838,00	CIS 200-1000	B=200Bd S=1000Hz Ch=1		RUS MIL INTEL	RUS
15840,00	ALE USB	B=125Bd Ch=8 ChS=250Hz		USA FEMA	USA
15841,50	PACTOR	B=200Bd S=170Hz			
15841,50	PACTOR II	B=200Bd S=170Hz			
15841,50	PACTOR III	B=100Bd S=200Hz	BA1NJ	Banjul	GMB
15841,50	PACTOR III	B=100Bd S=200Hz	SE1CR**		
15841,50	PACTOR III	B=100Bd S=200Hz	PA1RI**	Paris	F
15841,50	PACTOR III	B=100Bd S=200Hz	NO1UA**	Nouakchott	MTN
15841,50	PACTOR III	B=100Bd S=200Hz	MA1ES**		
15841,50	PACTOR III	B=100Bd S=200Hz	AB1UJ**	Abuja	NIG
15845,00	USB		VNJ	Casey Base , AUS	ANT
15845,00	USB			AUS Davis Base	ANT
15845,00	USB			Macquarie Island , AUS	ANT
15845,00	USB			Mawson Base , AUS	ANT
15848,50	*DPRK ARQ*	*B=600Bd S=600Hz*		*KRE E Berne*	*SUI*
15851,00	ALE USB	B=125Bd Ch=8 ChS=250Hz		USA FAA net	USA
15858,50	*DPRK ARQ*	*B=600Bd S=600Hz*		*KRE E Tripoli*	*LBY*
15863,00	*CROWD 36*	*B=40Bd Ch=32 ChS=40Hz*		*MFA Moscow*	*RUS*
15863,00	*CIS OFDM 60*	*B=2400Bd Ch=60 ChS=44,5Hz*		*MFA Moscow*	*RUS*
15864,00	*CODAN CHIRP*	*B=80Bd Ch=30 ChS=81Hz*		*IRN net*	*IRN*
15864,00	*CODAN*	*B=2400Bd Ch=16 ChS=112,5Hz*		*IRN net*	*IRN*
15864,00	ALE USB	B=125Bd Ch=8 ChS=250Hz		IRN net	IRN
15866,00	*CROWD 36*	*B=40Bd Ch=32 ChS=40Hz*		*MFA Moscow*	*RUS*
15867,00	ALE USB	B=125Bd Ch=8 ChS=250Hz		USA customs	USA
15867,00	SSB			USA Customs , DEA	USA
15867,00	ALE USB	B=125Bd Ch=8 ChS=250Hz		USA COTHEN net	USA
15868,00	CIS 200-1000	B=200Bd S=1000Hz Ch=1		RUS MIL INTEL	RUS
15870,00	*BAUDOT*	*B=50Bd S=500Hz*		*Moscow*	*RUS*
15872,00	MIL 188-110B	B=2400Bd			
15873,00	STANAG 4285	B=2400Bd	RFGW**	MFA Paris	F
15874,00	CIS 200-1000	B=200Bd S=1000Hz Ch=1		RUS MIL INTEL	RUS
15877,50	ALE USB	B=125Bd Ch=8 ChS=250Hz		B N net	B
15878,50	DPRK ARQ	B=600Bd S=600Hz		KRE diplo	
15880,50	ALE USB	B=125Bd Ch=8 ChS=250Hz		POL MSW net	POL
15884,00	CIS MFSK14	B=7,8Bd Ch=14 ChS=15Hz		RUS INTEL	RUS
15888,00	ALE USB	B=125Bd Ch=8 ChS=250Hz		SUI diplo net	
15890,00	ALE USB	B=125Bd Ch=8 ChS=250Hz		ROU diplo net	
15893,00	ALE USB	B=125Bd Ch=8 ChS=250Hz		SUI F net	
15900,00	ALE USB	B=125Bd Ch=8 ChS=250Hz		ROU diplo net	
15904,00	*CIS 75-250*	*B=75Bd S=250Hz*		*RUS MIL Kazan*	*RUS*
15905,00	SSB		ST01**		

Frequency	Mode	Mode Parameter	Callsign	User	Country
15905,00	SSB		ST10**		
15905,00	POL INTEL FSK	B=100Bd S=625Hz Ch=1		POL INTEL	POL
15909,00	ALE USB	B=125Bd Ch=8 ChS=250Hz		LVA F net	
15913,00	CIS MFSK14	B=7,8Bd Ch=14 ChS=15Hz		RUS INTEL	RUS
15915,00	POL INTEL FSK	B=100Bd S=625Hz Ch=1		POL INTEL	POL
15915,00	POL INTEL FSK	B=100Bd S=740Hz Ch=1		POL INTEL	POL
15917,00	BAUDOT	B=50Bd S=170Hz	8WB1	IND E Belgrade	SER
15917,50	BAUDOT	B=50Bd S=250Hz	8WD4	MFA New Delhi	IND
15918,20	*STANAG 4285*	*B=2400Bd*	*CFH*	*CAN N Halifax*	*CAN*
15920,00	BAUDOT	B=75Bd S=850Hz	CFH	CAN F Halifax	CAN
15921,00	ALE USB	B=125Bd Ch=8 ChS=250Hz		F diplo net	
15929,00	SSB		DHJ59	D N Wilhelmshaven	D
15932,00	ALE USB	B=125Bd Ch=8 ChS=250Hz		B N net	B
15937,00	BR 6028	B=75Bd S=170Hz Ch=7 ChS=340Hz	ZLO29	NZL N Irirangi	NZL
15938,00	STANAG 4285	B=2400Bd		G MIL St. Eval	G
15946,00	CIS 200-1000	B=200Bd S=1000Hz Ch=1		RUS MIL INTEL	RUS
15951,00	CIS 200-1000	B=200Bd S=1000Hz Ch=1		RUS MIL INTEL	RUS
15953,00	SSB			USA Customs , DEA	USA
15953,50	ALE USB	B=125Bd Ch=8 ChS=250Hz		USA FBI net	USA
15959,00	STANAG 4481	B=75Bd S=850Hz	NSS	USA N Davidsonville , MD	USA
15962,00	USB			Canberra Control	AUS
15964,00	SSB			USA Customs , DEA	USA
15972,00	USB		VKE237	AUS HF Radio Club	AUS
15975,50	ALE USB	B=125Bd Ch=8 ChS=250Hz			
15983,70	SIEMENS CHX200 MODEM	B=250Bd S=200Hz			
15984,00	CIS 12	B=1440Bd Ch=12 ChS=200Hz			
15986,00	CHN OFDM 30TONE	B=1800Bd Ch=30 ChS=60Hz		CHN MIL	CHN
15987,00	CIS 200-1000	B=200Bd S=1000Hz Ch=1		RUS MIL INTEL	RUS
15988,00	*BAUDOT*	*B=50Bd S=425Hz*	*DDK7*	*DWD TX Pinneberg*	*D*
15992,50	USB		CAPITOLE	F AF Taverny	F
16000,00	CLOVER 2000	B=500Bd Ch=8 ChS=250Hz	CE1NTRE		
16000,00	ALE LSB	B=125Bd Ch=8 ChS=250Hz			
16000,50	*DPRK ARQ*	*B=600Bd S=600Hz*		*KRE E Moscow*	*RUS*
16001,00	ALE USB	B=125Bd Ch=8 ChS=250Hz		POL MIL net	POL
16003,50	PACTOR I	B=100Bd S=170Hz	DA5ST	PAK police Dafur	SDN
16003,50	PACTOR I	B=100Bd S=170Hz	VD5ST	PAK	
16003,50	PACTOR I	B=100Bd S=170Hz	VD5ST		PAK
16005,00	POL INTEL FSK	B=100Bd S=625Hz Ch=1			
16006,50	*DPRK ARQ*	*B=600Bd S=600Hz*		*KRE E Moscow*	*RUS*
16006,50	*DPRK ARQ*	*B=600Bd S=600Hz*		*KRE E Conakry*	*GUI*
16009,70	SITOR A	B=100Bd S=170Hz		MFA Cairo	EGY
16010,50	*DPRK ARQ*	*B=1200Bd S=600Hz*		*KRE E Moscow*	*RUS*

Frequency	Mode	Mode Parameter	Callsign	User	Country
16010,50	ALE USB	B=125Bd Ch=8 ChS=250Hz		AUS MIL net	AUS
16010,50	ALE USB	B=125Bd Ch=8 ChS=250Hz		POL MIL net	POL
16014,20	ARQ-E3	B=100Bd S=400Hz	RFVI**	F F Le Port , "controle de voie"	REU
16015,00	ALE USB	B=125Bd Ch=8 ChS=250Hz			
16018,50	DPRK ARQ	B=600Bd S=600Hz		MFA Pyongyang	KRE
16020,00	VFT: CIS 100-1440	B=100Bd S=1440Hz Ch=3 ChS=480Hz			RUS
16023,00	BAUDOT	B=50Bd S=500Hz			
16023,00	CHN 4+4	B=75Bd Ch=8 ChS=300/450Hz		CHN MIL	CHN
16025,00	CODAN CHIRP	B=80Bd Ch=30 ChS=81Hz		MFA Cairo	EGY
16025,00	CODAN	B=2400Bd Ch=16 ChS=112,5Hz		MFA Cairo	EGY
16025,00	FAX 120/576		BAF9	Bejing M	CHN
16028,00	CODAN CHIRP	B=80Bd Ch=30 ChS=81Hz		MFA Cairo	EGY
16028,00	CODAN	B=2400Bd Ch=16 ChS=112,5Hz		MFA Cairo	EGY
16032,00	*ISR N HYBRID MODEM*	*B=2400Bd*	*4XZ*	*ISR N Haifa*	*ISR*
16034,00	CIS 200-1000	B=200Bd S=1000Hz Ch=1		RUS MIL INTEL	RUS
16035,00	FAX 120/576		9VF252	KYODO Singapore	SNG
16039,50	ALE USB	B=125Bd Ch=8 ChS=250Hz		USA MARS net	USA
16045,00	FMCW			University of Hamburg	D
16045,50	*CROWD 36*	*B=40Bd Ch=32 ChS=40Hz*		*MFA Moscow*	*RUS*
16045,50	*CIS OFDM 45*	*B=2400Bd Ch=45 ChS=62,5Hz*		*MFA Moscow*	*RUS*
16050,00	*STANAG 4285*	*B=2400Bd*		*F N Djibouti*	*DJI*
16052,00	ARQE	B=184,7Bd S=850Hz			
16053,70	SITOR A	B=100Bd S=170Hz		MFA Cairo	EGY
16055,00	CODAN	B=2400Bd Ch=16 ChS=112,5Hz		MFA Cairo	EGY
16056,70	SITOR A	B=100Bd S=170Hz		MFA Cairo	EGY
16060,00	CODAN	B=2400Bd Ch=16 ChS=112,5Hz		MFA Cairo	EGY
16061,70	SITOR A	B=100Bd S=170Hz		MFA Cairo	EGY
16065,80	ALE USB	B=125Bd Ch=8 ChS=250Hz			
16066,00	CODAN	B=2400Bd Ch=16 ChS=112,5Hz		EGY E Alger	ALG
16066,00	*CODAN*	*B=2400Bd Ch=16 ChS=112,5Hz*		*MFA Cairo*	*EGY*
16066,00	CIS 75-500	B=75Bd S=500Hz			RUS
16067,70	SITOR A	B=100Bd S=170Hz		MFA Cairo	EGY
16067,70	SITOR A	B=100Bd S=170Hz		EGY E Alger	ALG
16074,00	CIS 12	B=1440Bd Ch=12 ChS=200Hz			
16074,00	CIS 75-500	B=75Bd S=500Hz		RUS MIL Moscow	RUS
16076,00	USB		CYRANO	F AF	F
16077,00	ALE USB	B=125Bd Ch=8 ChS=250Hz		USA ACE net	USA
16077,70	ARQ-E3	B=192Bd S=400Hz	RFFA**	MOD Paris	F
16078,50	ALE USB	B=125Bd Ch=8 ChS=250Hz		USA Defence Logistic Agency net	
16078,60	STANAG 4197	B=2400Bd			

Frequency	Mode	Mode Parameter	Callsign	User	Country
16080,00	ALE USB	B=125Bd Ch=8 ChS=250Hz			
16083,00	CIS 4FSK	B=150Bd Ch=4 ChS=4000Hz			RUS
16088,00	CIS 200-1000	B=200Bd S=1000Hz Ch=1		RUS MIL INTEL	RUS
16090,00	ALE USB	B=125Bd Ch=8 ChS=250Hz			
16092,50	CODAN	B=2400Bd Ch=16 ChS=112,5Hz		MFA Cairo	EGY
16094,00	ALE USB	B=125Bd Ch=8 ChS=250Hz		SUI diplo net	
16094,00	MIL 188-110B SER	B=2400Bd		SUI E Ankara	TUR
16094,00	CIS 200-1000	B=200Bd S=1000Hz Ch=1		RUS MIL INTEL	RUS
16100,00	IRN QPSK	B=468Bd		IRN N	IRN
16105,00	ALE USB	B=125Bd Ch=8 ChS=250Hz		POL MIL net	
16106,00	ALE USB	B=125Bd Ch=8 ChS=250Hz			
16106,20	*STANAG 4285*	*B=2400Bd*		*G MIL Akrotiri*	*CYP*
16107,00	CIS BAUDOT 1,5 STB	B=200Bd S=500Hz Ch=1		RUS INTEL	RUS
16107,70	*STANAG 4285*	*B=2400Bd*		*G MIL Akrotiri*	*CYP*
16109,70	SITOR A	B=100Bd S=170Hz		MFA Cairo	EGY
16111,00	CIS 200-1000	B=200Bd S=1000Hz Ch=1		RUS MIL INTEL	RUS
16112,00	*T600*	*B=50Bd S=250Hz*		*RUS N Moscow*	*RUS*
16112,00	CW		RJS	RUS NHQ Vladivostok	RUS
16113,00	CIS 200-1000	B=200Bd S=1000Hz Ch=1		RUS MIL INTEL	RUS
16114,00	CIS MFSK14	B=7,8Bd Ch=14 ChS=15Hz		RUS INTEL	RUS
16115,00	ALE USB	B=125Bd Ch=8 ChS=250Hz			
16116,00	MAZIELKA	B=1Bd Ch=6			
16116,50	ALE USB	B=125Bd Ch=8 ChS=250Hz		AUT F net	
16117,50	ALE USB	B=125Bd Ch=8 ChS=250Hz			USA
16118,00	CIS 200-1000	B=200Bd S=1000Hz Ch=1		RUS MIL INTEL	RUS
16119,00	CIS 200-1000	B=200Bd S=1000Hz Ch=1		RUS MIL INTEL	RUS
16120,00	*DPRK ARQ*	*B=600Bd S=600Hz*		*KRE E Geneva*	*SUI*
16120,00	ALE USB	B=125Bd Ch=8 ChS=250Hz		AUT F net	
16121,00	BR6028	B=75Bd S=170Hz Ch=8 ChS=340Hz			
16122,20	*STANAG 4285*	*B=2400Bd*	*CFH*	*CAN N Halifax*	*CAN*
16122,30	*M/S 1,0*	*B=50Bd S=850Hz*	*NSS*	*USA N Davidsonville , MD*	*USA*
16123,00	T600	B=50Bd S=250Hz	RDL	RUS N Moscow	RUS
16123,00	CIS OFDM 45	B=2400Bd Ch=45 ChS=62,5Hz		RUS	RUS
16123,00	*STANAG 4285*	*B=2400Bd*	*NSS*	*USA N Davidsonville , MD*	*USA*
16124,00	MIL 188-110B 39TONE	B=2400Bd Ch=39 ChS=56,25Hz		SUI E Cairo	EGY
16124,00	MIL 188-110B SER	B=2400Bd		SUI E Amman	JOR
16124,00	*MIL 188-110B SER*	*B=2400Bd*		*MFA Berne*	*SUI*
16124,00	ALE USB	B=125Bd Ch=8 ChS=250Hz		SUI diplo net	
16124,00	MIL 188-110B SER	B=2400Bd	HBD44	SUI E Stockholm	S
16124,00	*CIS OFDM 45*	*B=2400Bd Ch=45 ChS=62,5Hz*		*Moscow*	*RUS*

Frequency	Mode	Mode Parameter	Callsign	User	Country
16124,00	MIL 188-110B SER	B=2400Bd		SUI E Tel Aviv	ISR
16124,00	MIL 188-110B SER	B=2400Bd		SUI E Rome	I
16124,00	MIL 188-110B SER	B=2400Bd		SUI E Moscow	RUS
16124,00	MIL 188-110B SER	B=2400Bd		SUI E London	G
16124,00	MIL 188-110B SER	B=2400Bd		SUI E Berlin	D
16125,00	ALE USB	B=125Bd Ch=8 ChS=250Hz		TUN F net	TUN
16126,00	*STANAG 4285*	*B=2400Bd*		*G MIL Akrotiri*	*CYP*
16126,00	CIS BAUDOT 1,5 STB	B=200Bd S=500Hz Ch=1		RUS INTEL	RUS
16126,70	PACTOR II	B=100Bd S=200Hz	STAT16**	TUN F	TUN
16126,70	PACTOR II	B=100Bd S=200Hz	STAT151**	TUN F	TUN
16126,70	PACTOR II	B=100Bd S=200Hz	STAT11**	TUN F	TUN
16127,50	PACTOR III	B=100Bd S=200Hz		EQA N	EQA
16129,00	SSB		DHJ58	D N Glücksburg	D
16129,00	SSB		DHJ59	D N Wilhelmshaven	D
16130,00	ALE USB	B=125Bd Ch=8 ChS=250Hz		SUI diplo net	
16130,00	MIL 188-110B SER	B=2400Bd		SUI E Ottawa	CAN
16130,00	*MIL 188-110B SER*	*B=2400Bd*		*MFA Berne*	*SUI*
16131,70	SITOR A	B=100Bd S=170Hz		MFA Cairo	EGY
16133,00	ALE USB	B=125Bd Ch=8 ChS=250Hz		SUI diplo net	
16133,00	*MIL 188-110B SER*	*B=2400Bd*		*MFA Berne*	
16135,00	FAX 120/576		KVM70	Honululu M	HWA
16136,00	CODAN CHIRP	B=80Bd Ch=30 ChS=81Hz		MFA Cairo	EGY
16136,00	CODAN	B=2400Bd Ch=16 ChS=112,5Hz		MFA Cairo	EGY
16137,70	SITOR A	B=100Bd S=170Hz		MFA Cairo	EGY
16140,00	CODAN	B=2400Bd Ch=16 ChS=112,5Hz		EGY E Luanda	
16144,50	ALE USB	B=125Bd Ch=8 ChS=250Hz		USA AF net	
16145,00	*MIL 188-110B SER*	*B=2400Bd*		*G MIL Akrotiri*	*CYP*
16148,00	ALE USB	B=125Bd Ch=8 ChS=250Hz			
16148,50	ALE USB	B=125Bd Ch=8 ChS=250Hz		CHN net	
16149,20	*ARQ-E3*	*B=191Bd S=400Hz*	*RFGW***	*MFA Paris*	*F*
16150,00	ALE USB	B=125Bd Ch=8 ChS=250Hz			
16151,00	CIS 200-1000	B=200Bd S=1000Hz Ch=1		RUS MIL INTEL	RUS
16153,00	*CIS OFDM 128*	*B=2666Bd Ch=128 ChS=23,5Hz*		*Moscow*	*RUS*
16155,00	FAX 120/576		GYA	G N London	G
16156,50	*CROWD 36*	*B=40Bd Ch=32 ChS=40Hz*		*MFA Moscow*	*RUS*
16156,70	SITOR A	B=100Bd S=170Hz		EGY E Madrid	E
16156,88	CROWD 36	B=40Bd S=40Hz Ch=32 ChS=40Hz		RUS diplo	
16159,00	CIS BAUDOT 1,5 STB	B=200Bd S=500Hz Ch=1		RUS INTEL	RUS
16161,00	*CODAN*	*B=2400Bd Ch=16 ChS=112,5Hz*		*IRN net*	*IRN*
16161,00	*CODAN CHIRP*	*B=80Bd Ch=30 ChS=81Hz*		*IRN net*	*IRN*
16161,00	ALE USB	B=125Bd Ch=8 ChS=250Hz		IRN net	IRN
16164,50	*WINDRM MOD*	*B=2400Bd Ch=51 ChS=48Hz*		*G MIL Akrotiri*	*CYP*
16166,00	*CROWD 36*	*B=40Bd Ch=32*		*MFA Moscow*	*RUS*

Frequency	Mode	Mode Parameter	Callsign	User	Country
		ChS=40Hz			
16167,00	CIS MFSK14	B=7,8Bd Ch=14 ChS=15Hz		RUS INTEL	RUS
16168,00	CIS 200-1000	B=200Bd S=1000Hz Ch=1		RUS MIL INTEL	RUS
16168,00	CIS OFDM 45	B=2400Bd Ch=45 ChS=62,5Hz		MFA Moscow	RUS
16168,00	CROWD 36	B=40Bd Ch=32 ChS=40Hz		MFA Moscow	RUS
16175,00	OFDM				
16175,00	*VFT: CIS 100-1440*	*B=100Bd S=1440Hz Ch=3 ChS=480Hz*		*near Samara*	*RUS*
16175,00	VFT: CIS 100-1440	B=100Bd S=1440Hz Ch=3 ChS=480Hz		Moscow	RUS
16175,00	CIS VFT: M/S 1,0	B=100Bd S=100Hz Ch=6 ChS=470Hz			
16175,60	SITOR A	B=100Bd S=170Hz		USA N MARS	USA
16176,70	SITOR A	B=100Bd S=170Hz		MFA Cairo	EGY
16182,00	CIS BAUDOT 50-17	B=50Bd S=170Hz			RUS
16185,00	CIS 68TONE	B=50Bd Ch=68 ChS=47Hz			RUS
16186,00	CIS 200-1000	B=200Bd S=1000Hz Ch=1		RUS MIL INTEL	RUS
16186,40	PACTOR II	B=200Bd S=200Hz	WXH	Annapolis , MD	USA
16188,00	*STANAG 4285*	*B=2400Bd*		*G MIL St. Eval*	*G*
16189,00	CIS 200-1000	B=200Bd S=1000Hz Ch=1		RUS MIL INTEL	RUS
16190,00	*CIS OFDM 128*	*B=2666Bd Ch=128 ChS=23,5Hz*		*Moscow*	*RUS*
16191,70	SITOR A	B=100Bd S=170Hz		MFA Cairo	EGY
16193,50	STANAG 4285	B=2400Bd		G MIL Akrotiri	CYP
16200,00	*T600*	*B=50Bd S=200Hz*		*RUS N Moscow*	*RUS*
16201,00	ALE USB	B=125Bd Ch=8 ChS=250Hz		USA FEMA net	USA
16201,00	SSB			FEMA	USA
16204,00	CIS 50-1000	B=50Bd S=2220Hz	REA4	RUS AF HQ Moscow	RUS
16207,00	*T600*	*B=50Bd S=200Hz*		*RUS N Murmansk*	*RUS*
16211,00	CIS 200-1000	B=200Bd S=1000Hz Ch=1		RUS MIL INTEL	RUS
16212,00	CROWD 36	B=40Bd Ch=32 ChS=40Hz		MFA Moscow	RUS
16213,70	BUL ASCII	B=75Bd S=500Hz		MFA Sofia	BUL
16215,00	CODAN	B=2400Bd Ch=16 ChS=112,5Hz		EGY E	
16215,00	CODAN CHIRP	B=80Bd Ch=30 ChS=81Hz		EGY E	
16216,00	USB			MOD Rome	I
16216,70	SITOR A	B=100Bd S=170Hz		EGY E	
16218,50	DPRK ARQ	B=600Bd S=600Hz		KRE diplo	
16223,00	*MAZIELKA*	*B=1Bd Ch=6*		*MFA Moscow*	*RUS*
16223,00	CW		RGT77	RUS MIL Moscow , RSVN net	RUS
16223,00	CIS 200-1000	B=200Bd S=1000Hz Ch=1		RUS MIL INTEL	RUS
16224,00	ALE USB	B=125Bd Ch=8 ChS=250Hz		SUI diplo net	
16224,00	MIL 188-110B SER	B=2400Bd		SUI E Teheran	IRN
16224,00	*MIL 188-110B SER*	*B=2400Bd*		*MFA Berne*	*SUI*
16225,00	CODAN	B=2400Bd Ch=16 ChS=112,5Hz		MFA Cairo	EGY
16225,00	CODAN CHIRP	B=80Bd Ch=30		MFA Cairo	EGY

Frequency	Mode	Mode Parameter	Callsign	User	Country
		ChS=81Hz			
16227,00	CIS 200-1000	B=200Bd S=1000Hz Ch=1		RUS MIL INTEL	RUS
16230,00	CODAN	B=2400Bd Ch=16 ChS=112,5Hz		MFA Cairo	EGY
16230,00	CODAN CHIRP	B=80Bd Ch=30 ChS=81Hz		MFA Cairo	EGY
16231,00	CIS 200-1000	B=200Bd S=1000Hz Ch=1		RUS MIL INTEL	RUS
16231,70	SITOR A	B=100Bd S=170Hz		MFA Cairo	EGY
16232,00	ALE USB	B=125Bd Ch=8 ChS=250Hz			
16234,00	ALE USB	B=125Bd Ch=8 ChS=250Hz		SUI diplo net	
16234,00	MIL 188-110B SER	B=2400Bd		SUI E New Delhi	IND
16234,00	*MIL 188-110B SER*	*B=2400Bd*		*MFA Berne*	*SUI*
16234,00	*T600*	*B=50Bd S=500Hz*		*RUS N Smolensk*	*RUS*
16234,00	*T600*	*B=50Bd S=200Hz*		*RUS N Moscow*	*RUS*
16234,00	T600	B=50Bd S=200Hz		RUS N	RUS
16235,00	ALE USB	B=125Bd Ch=8 ChS=250Hz		ROU diplo net	
16235,00	CIS 50-500	B=50Bd S=500Hz			
16235,00	CODAN	B=2400Bd Ch=16 ChS=112,5Hz		MFA Cairo	EGY
16240,00	ALE USB	B=125Bd Ch=8 ChS=250Hz			
16240,00	CODAN	B=2400Bd Ch=16 ChS=112,5Hz		MFA Cairo	EGY
16240,00	CODAN CHIRP	B=80Bd Ch=30 ChS=81Hz		MFA Cairo	
16240,00					
16242,00	DPRK ARQ	B=600Bd S=600Hz		KRE diplo	
16244,00	CROWD 36	B=40Bd Ch=32 ChS=40Hz		MFA Moscow	RUS
16244,00	CIS OFDM 45	B=2400Bd Ch=45 ChS=62,5Hz		MFA Moscow	RUS
16246,00	CIS 200-1000	B=200Bd S=1000Hz Ch=1		RUS MIL INTEL Moscow	RUS
16249,00	CIS BAUDOT 1,5 STB	B=200Bd S=500Hz Ch=1		RUS INTEL	RUS
16252,50	ALE USB	B=125Bd Ch=8 ChS=250Hz		AUT F net	
16252,50	MIL 188-110B 39TONE	B=2400Bd Ch=39 ChS=56,25Hz			
16260,00	STANAG 4285 ARQ	B=2400Bd	RFGW**	MFA Paris	F
16260,00	FEC 100	B=192Bd S=400Hz	P6Z**	MFA Paris	F
16260,00	STANAG 4285	B=2400Bd	RFGW**	MFA Paris	F
16261,70	ARQ-E3	B=192Bd S=400Hz	RFTJD**	CENTRANS Libreville	GAB
16264,00	CIS 50-1000	B=50Bd S=1800Hz	REA4	RUS AF HQ Moscow	RUS
16266,50	QPSK	B=1200Bd			RUS
16268,50	STANAG 4481	B=75Bd S=850Hz	NPG	USN Dixon	USA
16269,00	*CIS 12*	*B=1440Bd Ch=12 ChS=200Hz*	*RCV*	*RUS NHQ Sevastopol*	*UKR*
16270,00	ALE USB	B=125Bd Ch=8 ChS=250Hz		CZE diplo net	
16271,50	CIS 12	B=1440Bd Ch=12 ChS=200Hz		RUS N ship	
16271,70	SITOR A	B=100Bd S=170Hz		EGY E Prague	
16273,00	USB			MSF net	
16273,00	PACTOR III	B=100Bd S=200Hz	PACKMNKB**	MSF	
16274,60	PACTOR III	B=100Bd S=200Hz		MSF	

Frequency	Mode	Mode Parameter	Callsign	User	Country
16276,00	*MAZIELKA*	*B=1Bd Ch=6*		*MFA Moscow*	*RUS*
16277,00	ALE USB	B=125Bd Ch=8 ChS=250Hz		USA AF net	
16277,20	M/S 1,0	B=50Bd S=850Hz	FUG	F N La Regine	F
16278,50	*CIS OFDM BURST*	*Ch=45*		*Moscow*	*RUS*
16280,20	ARQ-M2 342	B=200Bd S=400Hz	RFQP**	F F Djibouti , "controle de voie"	DJI
16283,50	ALE USB	B=125Bd Ch=8 ChS=250Hz		USA diplo net	USA
16285,00	ALE USB	B=125Bd Ch=8 ChS=250Hz		TUN F net	TUN
16286,70	ALE USB	B=125Bd Ch=8 ChS=250Hz		TUN F net	TUN
16286,70	PACTOR I	B=100Bd S=170Hz	STAT154**	TUN	TUN
16289,00	CIS 200-1000	B=200Bd S=1000Hz Ch=1		RUS MIL INTEL	RUS
16300,50	STANAG 4285	B=2400Bd Ch=1		NOR N Oslo	NOR
16301,00	RUS HYBRID MODEM MFSK-PSK	B=40Bd Ch=16 ChS=40Hz		Moscow	RUS
16305,70	ARQ-M2	B=200Bd S=400Hz	RFPTC**	F F N`djamena	TCD
16306,00	*CIS 200-1000*	*B=200Bd S=1000Hz Ch=1*		*RUS MIL INTEL Moscow*	*RUS*
16307,20	*ARQ-E3*	*B=192Bd S=400Hz*		*F MIL N Djamena*	*TCH*
16310,00	CIS 200-1000	B=200Bd S=1000Hz Ch=1		RUS MIL INTEL Moscow	RUS
16311,00	*CIS 200-1000*	*B=200Bd S=1000Hz Ch=1*		*RUS MIL INTEL Moscow*	*RUS*
16314,00	CIS MFSK14	B=7,8Bd Ch=14 ChS=15Hz		RUS INTEL	RUS
16314,00	CIS MFSK 20	B=10Bd Ch=20 ChS=40Hz		RUS INTEL	RUS
16314,00	CIS 200-1000	B=200Bd S=1000Hz Ch=1		RUS MIL INTEL	RUS
16314,00	CIS 200-1000	B=200Bd S=1000Hz Ch=1		RUS MIL INTEL	RUS
16316,00	*T600*	*B=50Bd S=200Hz*		*RUS N Kaliningrad*	*RUS*
16317,00	CODAN CHIRP	B=80Bd Ch=30 ChS=81Hz		MFA Cairo	EGY
16317,00	CODAN	B=2400Bd Ch=16 ChS=112,5Hz		MFA Cairo	EGY
16318,00	*CODAN*	*B=2400Bd Ch=16 ChS=112,5Hz*		*MFA Cairo*	*EGY*
16318,70	SITOR A	B=100Bd S=170Hz		MFA Cairo	EGY
16319,00	CIS 4FSK	B=150Bd Ch=4 ChS=4000Hz			
16320,00	ALE USB	B=125Bd Ch=8 ChS=250Hz		F diplo net	
16321,00	ALE USB	B=125Bd Ch=8 ChS=250Hz		Rou diplo net	
16324,00	CIS 200-1000	B=200Bd S=1000Hz Ch=1		RUS MIL INTEL	RUS
16324,00	CIS 200-1000	B=200Bd S=1000Hz Ch=1		RUS MIL INTEL	RUS
16325,00	ALE USB	B=125Bd Ch=8 ChS=250Hz		?CHN diplo net	
16325,00	MIL 188-110B SER	B=2400Bd		?CHN diplo net	
16325,00	DPRK ARQ	B=600Bd S=600Hz		KRE E	
16328,00	CIS 200-1000	B=200Bd S=1000Hz Ch=1		RUS MIL INTEL	RUS
16329,00	CIS 200-1000	B=200Bd S=1000Hz Ch=1		RUS MIL INTEL	RUS
16331,40	CW		M**	RUS N Magadan	RUS
16331,70	*CW*		*D***	*RUS N Odessa*	*UKR*
16331,80	CW		P**	RUS N Kaliningrad	RUS

Frequency	Mode	Mode Parameter	Callsign	User	Country
16331,90	CW		S**	RUS N Severomorsk	RUS
16332,00	CW		C**	RUS N Moscow	RUS
16332,10	CW		A**	RUS N	
16332,30	CW		K**	RUS N Petropavlovsk	RUS
16332,90	CW		M**	RUS N Magadan	RUS
16333,00	ALE USB	B=125Bd Ch=8 ChS=250Hz		B N net	B
16333,20	*STANAG 4285*	*B=2400Bd*	*PBC*	*NLD N Goeree Island*	*HOL*
16334,00	CIS 200-1000	B=200Bd S=1000Hz Ch=1		RUS MIL INTEL	RUS
16334,00	CW		3SA	CHN F	CHN
16335,00	ALE USB	B=125Bd Ch=8 ChS=250Hz		ALG diplo net	
16336,00	CIS 200-1000	B=200Bd S=1000Hz Ch=1		RUS MIL INTEL	RUS
16338,50	ALE USB	B=125Bd Ch=8 ChS=250Hz			
16338,50	*CIS 12*	*B=1440Bd Ch=12 ChS=200Hz*		*RUS MIL Moscow*	*RUS*
16340,00	CODAN	B=2400Bd Ch=16 ChS=112,5Hz		MFA Cairo	EGY
16340,00	COQUELET 100 LSB	B=100Bd Ch=16 ChS=112,5Hz		MFA Alger	ALG
16340,10	FAX 120/576		ZKLF	Wellington M	NZL
16341,00	CIS 200-1000	B=200Bd S=1000Hz Ch=1		RUS MIL INTEL	RUS
16342,00	CLOVER 2000	B=500Bd Ch=8 ChS=250Hz			
16342,00	*STANAG 4285*	*B=2400Bd*		*G F Akrotiri*	*CYP*
16343,00	*CIS BAUDOT 1,5 STB*	*B=200Bd S=500Hz Ch=1*		*RUS INTEL Moscow*	*RUS*
16345,00	ALE USB	B=125Bd Ch=8 ChS=250Hz		B N net	B
16345,00	ALE USB	B=125Bd Ch=8 ChS=250Hz		ROU diplo net	
16345,50	*CROWD 36*	*B=40Bd Ch=32 ChS=40Hz*		*MFA Moscow*	*RUS*
16346,70	SITOR A	B=100Bd S=170Hz		MFA Cairo	EGY
16348,00	ALE USB	B=125Bd Ch=8 ChS=250Hz		USA FAA net	USA
16348,00	CIS 200-1000	B=200Bd S=1000Hz Ch=1		RUS MIL INTEL	RUS
16348,50	*DPRK ARQ*	*B=600Bd S=600Hz*		*KRE E Tripoli*	*LBY*
16350,00	MIL 188-110B	B=2400Bd		G	
16350,00	*ALE USB*	*B=125Bd Ch=8 ChS=250Hz*		*G MIL Net*	*G*
16351,00	CIS 200-1000	B=200Bd S=1000Hz Ch=1		RUS MIL INTEL	RUS
16351,70	ARQ-E3	B=192Bd S=400Hz	RFFA**	MOD Paris , " controle de voie "	F
16355,00	ALE USB	B=125Bd Ch=8 ChS=250Hz			
16357,00	*STANAG 4285*	*B=2400Bd*		*G MIL Akrotiri*	*CYP*
16357,70	*2FSK*	*B=300Bd S=850Hz*		*Akrotiri*	*CYP*
16358,60	ALE USB	B=125Bd Ch=8 ChS=250Hz		USA diplo net	
16360,00	ALE USB	B=125Bd Ch=8 ChS=250Hz			
16360,00	SSB			SS Ch 1601	
16363,00	SSB			SS Ch 1602	
16366,00	SSB			SS Ch 1603	
16366,00	SSB			SS Ch 1603	
16368,00	T600	B=50Bd S=100Hz			
16368,20	*STANAG 4285*	*B=2400Bd*	*IDR*	*I N Rome*	*I*

Frequency	Mode	Mode Parameter	Callsign	User	Country
16369,00	SSB			SS Ch 1604	
16370,00	PACTOR	B=100Bd S=200Hz	ZRK691-4	Melville R	AFS
16372,00	SSB			SS Ch 1605	
16373,00	BAUDOT	B=50Bd S=400Hz	8WB4	IND E Teheran	IRN
16374,70	STANAG 4285	B=2400Bd			
16375,00	SSB			SS Ch 1606	
16378,00	SSB			SS Ch 1607	
16381,00	SSB			SS Ch 1608	
16382,00	ALE USB	B=125Bd Ch=8 ChS=250Hz			
16384,00	SSB			SS Ch 1609	
16387,00	SSB			SS Ch 1610	
16388,00	POL INTEL FSK	B=100Bd S=740Hz Ch=1		POL INTEL	POL
16390,00	SSB			SS Ch 1611	
16393,00	SSB			SS Ch 1612	
16394,50	STANAG 4285	B=2400Bd			
16396,00	SSB			SS Ch 1613	
16399,00	SSB			SS Ch 1614	
16400,00	USB			EGY N net	EGY
16400,00	STANAG 4197	B=2400Bd		EGY N	EGY
16400,00	EGY N MODEM	B=2400Bd		EGY N	EGY
16401,50	M/S 1,0	B=100Bd S=600Hz			
16402,00	ALE USB	B=125Bd Ch=8 ChS=250Hz		MLT N net	MLT
16402,00	*ALE USB*	*B=125Bd Ch=8 ChS=250Hz*		*G MIL net*	*G*
16402,00	SSB			SS Ch 1615	
16405,00	SSB			SS Ch 1616	
16408,00	ALE USB	B=125Bd Ch=8 ChS=250Hz		B N net	
16408,00	SSB			SS Ch 1617	
16410,00	STANAG 4285	B=2400Bd		G F	G
16411,00	ALE USB	B=125Bd Ch=8 ChS=250Hz		G MIL net	G
16411,00	SSB			SS Ch 1618	
16414,00	SSB			SS Ch 1619	
16416,40	LINEA	B=109,5Bd S=400Hz		EQA F	EQA
16417,00	SSB			SS Ch 1620	
16418,00	BAUDOT	B=50Bd S=170Hz	8WD2	MFA New Delhi	IND
16420,00	USB			Cape Town R	AFS
16420,00	USB		CWS	URG N Montevideo	URG
16420,00	USB		NMF	USA CG Boston , MA	USA
16420,00	USB		CWF	Punta Carretas R	URG
16420,00	USB		ZLM	Taupo Maritime R	NZL
16420,00	USB		HCY	Ayora R , Santa Cruz	EQA
16420,00	USB		JNA	J CG HQ Tokyo	J
16420,00	USB		VFF	Iqaluit R	CAN
16420,00	USB		NMN	USA CG Portsmouth , VA	USA
16420,00	USB		VRC	Hong Kong R	CHN
16420,00	USB		NMA	USA CG Miami , FL	USA
16420,00	USB		NMG	USA CG New Orleans , LA	USA
16420,00	USB			USA CG Honolulu	HWA
16420,00	USB			USA CG Point Reyes	USA
16420,00	USB		PNK	Jayapura R , Irian Jaya	INS
16420,00	USB		PKM	Bitung R , Sulawesi	INS
16420,00	SSB			SS Ch 1621	
16423,00	SSB			SS Ch 1622	
16424,00	MIL 188-110B SER	B=2400Bd		SUI diplo net	
16424,00	ALE USB	B=125Bd Ch=8 ChS=250Hz		SUI diplo net	
16426,00	SSB			SS Ch 1623	

Frequency	Mode	Mode Parameter	Callsign	User	Country
16429,00	SSB			SS Ch 1624	
16430,00	SSB			FEMA	USA
16432,00	SSB			SS Ch 1625	
16433,40	*STANAG 4285*	*B=2400Bd*		*DNK MIL Aarhus*	*DNK*
16434,00	ALE USB	B=125Bd Ch=8 ChS=250Hz			
16435,00	SSB			SS Ch 1626	
16437,00	CLOVER 2000	B=500Bd Ch=8 ChS=250Hz	BU1KAVU M	Bukavum	MLI
16437,60	STANAG 4285	B=2400Bd	FUG	F N La Regine	F
16438,00	SSB			SS Ch 1627	
16441,00	SSB			SS Ch 1628	
16444,00	SSB			SS Ch 1629	
16447,00	SSB			SS Ch 1630	
16448,20	STANAG 4285	B=2400Bd	IDN	I N Napoli	I
16450,00	SSB			SS Ch 1631	
16450,00	STANAG 4285	B=2400Bd	IDN21	I N Naples	I
16450,00	*DPRK ARQ*	*B=1200Bd S=600Hz*		*KRE E Moscow*	*RUS*
16452,00	SSB			USA AF MARS	
16453,00	SSB			SS Ch 1632	
16456,00	SSB			SS Ch 1633	
16459,00	SSB			SS Ch 1634	
16462,00	SSB			SS Ch 1635	
16465,00	SSB			SS Ch 1636	
16468,00	SSB			SS Ch 1637	
16471,00	SSB			SS Ch 1638	
16473,60	*STANAG 4285*	*B=2400Bd*	*DHO26*	*D N Rostock*	*D*
16473,70	*STANAG 4285*	*B=2400Bd*	*DHJ59*	*D N Wilhelmshaven*	*D*
16474,00	ALE USB	B=125Bd Ch=8 ChS=250Hz		SUI diplo net	
16474,00	SSB			SS Ch 1639	
16477,00	SSB			SS Ch 1640	
16478,00	THALES SKYMASTER ALE	B=125Bd Ch=8 ChS=250Hz			
16480,00	SSB			SS Ch 1641	
16483,00	SSB			SS Ch 1642	
16486,00	SSB			SS Ch 1643	
16487,00	*STANAG 4285*	*B=2400Bd*	*JWT*	*NOR N Stavanger*	*NOR*
16489,00	SSB			SS Ch 1644	
16490,00	ALE USB	B=125Bd Ch=8 ChS=250Hz		ALG police net	ALG
16492,00	SSB			SS Ch 1645	
16495,00	SSB			SS Ch 1646	
16498,00	SSB			SS Ch 1647	
16500,00	CHN DATALINK	B=2400Bd Ch=30 ChS=75Hz		CHN N	CHN
16501,00	SSB			SS Ch 1648	
16504,00	SSB			SS Ch 1649	
16506,00	CHN 4+4	B=75Bd Ch=8 ChS=300/450Hz		CHN MIL	CHN
16507,00	SSB			SS Ch 1650	
16510,00	STANAG 4197	B=2400Bd			
16510,00	SSB			SS Ch 1651	
16513,00	SSB			SS Ch 1652	
16513,00	*STANAG 4285*	*B=2400Bd*		*NOR N Oslo*	*NOR*
16516,00	SSB			SS Ch 1653	
16519,00	SSB			SS Ch 1654	
16522,00	SSB			SS Ch 1655	
16522,00	STANAG 4481	B=600Bd S=600Hz		AUS MIL	AUS
16525,00	SSB			SS Ch 1656	
16525,50	ALE USB	B=125Bd Ch=8 ChS=250Hz		AUT MIL net	AUT

Frequency	Mode	Mode Parameter	Callsign	User	Country
16528,00	USB		VMW	Wiluna M	AUS
16528,00	USB		L2A	ARG N Buenos Aires	ARG
16528,00	USB		L3A	ARG N Comodoro Rivadavia	ARG
16528,00	USB		L2A	ARG N Mar del Plata	ARG
16528,00	SSB			simplex frequency ship - ship	
16528,00	USB		WQCN860	Ocean-Pro R Naples , FL	USA
16531,00	SSB			simplex frequency ship - ship	
16531,00	USB		ZLM	Taupo Maritime R	NZL
16531,00	USB		VAX498	South Bound II R Burlington , ONT	CAN
16534,00	SSB			simplex frequency ship - ship	
16537,00	SSB			Liepaja R	LVA
16537,00	USB		CBV	Valpariso R	CHL
16537,00	USB		PNK	Jayapura R , Irian Jaya	INS
16537,00	USB		PKM	Bitung R , Sulawesi	INS
16537,00	SSB			simplex frequency ship - ship	
16540,00	SSB			simplex frequency ship - ship	
16543,00	SSB			simplex frequency ship - ship	
16543,00	USB			F sailor net	
16544,00	ALE USB	B=125Bd Ch=8 ChS=250Hz		CLM N net	CLM
16546,00	USB		VMC	Charleville M	AUS
16546,00	SSB			simplex frequency ship - ship	
16550,20	STANAG 4285	B=2400Bd			
16553,00	*ALE USB*	*B=125Bd Ch=8 ChS=250Hz*		*G MIL net*	*G*
16553,20	*STANAG 4481*	*B=100Bd S=850Hz*		*GRC MIL Crete*	*GRC*
16553,50	*J MFSK8*	*B=100Bd Ch=8 ChS=300Hz*		*J N Ichihara*	*J*
16555,00	ALE USB	B=125Bd Ch=8 ChS=250Hz		POL MIL net	POL
16555,00	*MIL 188-110B SER*	*B=2400Bd*		*POL MIL*	*AFG*
16560,70	*STANAG 4481*	*B=75Bd S=850Hz*		*G F Inskip*	*G*
16563,50	PACTOR III	B=100Bd S=200Hz	ZKN2SM	Sailmail Niue	NIU
16576,00	USB		PBB	NLD N Den Helder	HOL
16576,00	USB		PBC	NLD N Goeree Island	HOL
16586,00	CHN 4+4	B=75Bd Ch=8 ChS=300/450Hz		CHN MIL	
16588,00	*STANAG 4285*	*B=2400Bd*		*G MIL Akrotiri*	*CYP*
16590,00	PACTOR III	B=100Bd S=200Hz			
16592,00	SSB		3XO	Kamsar R	GUF
16603,00	CIS 12	B=1440Bd Ch=12 ChS=200Hz	RLD69	RUS N ship GEORGY POBEDONOSETS BDK 45	RUS
16603,00	CIS 12	B=1440Bd Ch=12 ChS=200Hz	RIT	RUS NHQ Sveromorsk	RUS
16606,00	*STANAG 4285*	*B=2400Bd*		*Gdansk*	*POL*
16606,00	*MIL 188-110B SER*	*B=2400Bd*		*G N ship near Tallinn*	*EST*
16606,00	*MIL 188-110B SER*	*B=2400Bd*		*G F St. Eval*	*G*
16606,00	*ALE USB*	*B=125Bd Ch=8 ChS=250Hz*		*G MIL net*	*G*
16607,00	ALE USB	B=125Bd Ch=8 ChS=250Hz		B N net	B
16608,50	.			CS Ch 6	WW
16611,00	CIS 12	B=1440Bd Ch=12 ChS=200Hz			
16615,00	CIS 12	B=1440Bd Ch=12 ChS=200Hz	RLD69	RUS N ship GEORGY POBEDONOSETS BDK 45	RUS
16615,00	CIS 12	B=1440Bd Ch=12 ChS=200Hz	RIT	RUS NHQ Sveromorsk	RUS
16626,00	ALE USB	B=125Bd Ch=8 ChS=250Hz		IRN net	IRN
16626,00	*CODAN*	*B=2400Bd Ch=16 ChS=112,5Hz*		*IRN net*	*IRN*
16626,00	*CODAN CHIRP*	*B=80Bd Ch=30*		*IRN net*	*IRN*

Frequency	Mode	Mode Parameter	Callsign	User	Country
		ChS=81Hz			
16626,00	ALE USB	B=125Bd Ch=8 ChS=250Hz			
16629,20	ARQ-E3	B=192Bd S=400Hz		F MIL Ndjamena	TCD
16663,00	*STANAG 4285*	*B=2400Bd*		*NOR N Bergen*	*NOR*
16668,50	DPRK ARQ	B=600Bd S=600Hz		KRE diplo	
16683,50	.			SS Ch 1	
16684,00	.			SS Ch 2	
16684,50	PACTOR III	B=200Bd S=200Hz	OSY	Sailmail Brugge	BEL
16684,50	.			SS Ch 3	
16685,00	.			SS Ch 4	
16685,50	.			SS Ch 5	
16686,00	SITOR A		ZLM	Taupo Maritime R	NZL
16686,00	.			SS Ch 6	
16686,50	.			SS Ch 7	
16687,00	.			SS Ch 8	
16687,50	.			SS Ch 9	
16688,00	.			SS Ch 10	
16688,50	.			SS Ch 11	
16689,00	.			SS Ch 12	
16689,50	.			SS Ch 13	
16690,00	.			SS Ch 14	
16690,50	.			SS Ch 15	
16691,00	.			SS Ch 16	
16691,50	.			SS Ch 17	
16692,00	.			SS Ch 18	
16692,50	.			SS Ch 19	
16693,00	.			SS Ch 20	
16693,50	.			SS Ch 21	
16694,00	.			SS Ch 22	
16694,50	.			SS Ch 23	
16695,00	SITOR , CW	B=100Bd S=170Hz	JNA	J CG HQ Tokyo	J
16695,00	SITOR , CW	B=100Bd S=170Hz	VRC	Hong Kong R	CHN
16695,00	SITOR B	B=100Bd S=170Hz	ZLM	Taupo Maritime R	NZL
16695,00	SITOR , CW	B=100Bd S=170Hz	PKD	Surabaya R , Djawa	INS
16695,00	SITOR , CW	B=100Bd S=170Hz	PNK	Jayapura R , Irian Jaya	INS
16695,00	SITOR , CW	B=100Bd S=170Hz	PKM	Bitung R , Sulawesi	INS
16695,00	SITOR , CW	B=100Bd S=170Hz	PKP	Dumai R , Sumatera	INS
16695,00	.			Distress/safety frequency	WW
16695,50	.			SS Ch 25	
16696,00	.			SS Ch 26	
16696,50	.			SS Ch 27	
16697,00	.			SS Ch 28	
16697,50	.			SS Ch 29	
16698,00	.			SS Ch 30	
16698,50	.			SS Ch 31	
16699,00	.			SS Ch 32	
16699,50	.			SS Ch 33	
16700,00	.			SS Ch 34	
16700,50	.			SS Ch 35	
16701,00	.			SS Ch 36	
16701,50	.			SS Ch 37	
16702,00	.			SS Ch 38	
16702,50	.			SS Ch 39	
16703,00	.			SS Ch 40	
16703,50	.			SS Ch 41	
16704,00	.			SS Ch 42	
16704,50	.			SS Ch 43	
16705,00	.			SS Ch 44	
16705,50	.			SS Ch 45	
16706,00	.				
16706,00	.			SS Ch 46	

Frequency	Mode	Mode Parameter	Callsign	User	Country
16706,50	.			SS Ch 47	
16707,00	.			SS Ch 48	
16707,50	.			SS Ch 49	
16708,00	.			SS Ch 50	
16708,50	.			SS Ch 51	
16709,00	.			SS Ch 52	
16709,50	.			SS Ch 53	
16710,00	ALE USB	B=125Bd Ch=8 ChS=250Hz			
16710,00	.			SS Ch 54	
16710,50	.			SS Ch 55	
16711,00	.			SS Ch 56	
16711,50	.			SS Ch 57	
16712,00	.			SS Ch 58	
16712,50	.			SS Ch 59	
16713,00	.			SS Ch 60	
16713,50	.			SS Ch 61	
16714,00	.			SS Ch 62	
16714,50	.			SS Ch 63	
16715,00	.			SS Ch 64	
16715,50	.			SS Ch 65	
16716,00	ALE LSB	B=125Bd Ch=8 ChS=250Hz			
16716,00	.			SS Ch 66	
16716,00	*MIL 188-110B SER*	*B=2400Bd*		*MRC MIL Beni Ansar*	*MRC*
16716,50	.			SS Ch 67	
16717,00	.			SS Ch 68	
16717,50	.			SS Ch 69	
16718,00	.			SS Ch 70	
16718,50	.			SS Ch 71	
16719,00	.			SS Ch 72	
16719,50	.			SS Ch 73	
16720,00	.			SS Ch 74	
16720,50	.			SS Ch 75	
16721,00	.			SS Ch 76	
16721,50	.			SS Ch 77	
16722,00	.			SS Ch 78	
16722,50	.			SS Ch 79	
16723,00	.			SS Ch 80	
16723,50	.			SS Ch 81	
16724,00	.			SS Ch 82	
16724,00	ALE USB	B=125Bd Ch=8 ChS=250Hz		CHN net	CHN
16724,50	.			SS Ch 83	
16725,00	.			SS Ch 84	
16725,50	.			SS Ch 85	
16726,00	.			SS Ch 86	
16726,50	.			SS Ch 87	
16727,00	.			SS Ch 88	
16727,50	.			SS Ch 89	
16728,00	.			SS Ch 90	
16728,00	CW			RUS N calling frequency	RUS
16728,50	.			SS Ch 91	
16729,00	.			SS Ch 92	
16729,50	.			SS Ch 93	
16730,00	.			SS Ch 94	
16730,50	.			SS Ch 95	
16731,00	.			SS Ch 96	
16731,50	.			SS Ch 97	
16732,00	.			SS Ch 98	
16732,50	.			SS Ch 99	
16733,00	.			SS Ch 100	

Frequency	Mode	Mode Parameter	Callsign	User	Country
16733,50	.			SS Ch 101	
16734,00	CW			SS calling frequency Ch 1	
16734,50	CW			SS calling frequency Ch 2	
16735,00	CW			SS calling frequency Ch 3	
16735,50	CW			SS calling frequency Ch 4	
16736,00	CW			SS calling frequency Ch 5	
16736,50	CW			SS calling frequency Ch 6	
16737,00	CW			SS calling frequency Ch 7	
16737,50	CW			SS calling frequency Ch 8	
16738,00	CW			SS calling frequency Ch 9	
16738,50	CW			SS calling frequency Ch 10	
16739,00	.			SS Ch 102	
16739,00	CHN 4+4	B=75Bd Ch=8 ChS=300/450Hz		CHN MIL	
16739,50	.			SS Ch 103	
16740,00	.			SS Ch 104	
16740,50	.			SS Ch 105	
16741,00	.			SS Ch 106	
16741,50	.			SS Ch 107	
16742,00	.			SS Ch 108	
16742,50	.			SS Ch 109	
16743,00	.			SS Ch 110	
16743,50	.			SS Ch 111	
16744,00	.			SS Ch 112	
16744,50	.			SS Ch 113	
16745,00	.			SS Ch 114	
16745,50	.			SS Ch 115	
16746,00	.			SS Ch 116	
16746,50	.			SS Ch 117	
16747,00	.			SS Ch 118	
16747,50	.			SS Ch 119	
16748,00	.			SS Ch 120	
16748,20	STANAG 4285	B=2400Bd			
16748,50	.			SS Ch 121	
16749,00	.			SS Ch 122	
16749,50	.			SS Ch 123	
16750,00	.			SS Ch 124	
16750,50	.			SS Ch 125	
16751,00	.			SS Ch 126	
16751,50	.			SS Ch 127	
16752,00	.			SS Ch 128	
16752,50	.			SS Ch 129	
16753,00	.			SS Ch 130	
16753,50	.			SS Ch 131	
16754,00	.			SS Ch 132	
16754,50	.			SS Ch 133	
16755,00	.			SS Ch 134	
16755,50	.			SS Ch 135	
16756,00	.			SS Ch 136	
16756,50	.			SS Ch 137	
16757,00	.			SS Ch 138	
16757,50	.			SS Ch 139	
16758,00	.			SS Ch 140	
16758,50	.			SS Ch 141	
16759,00	.			SS Ch 142	
16759,50	.			SS Ch 143	
16760,00	.			SS Ch 144	
16760,50	.			SS Ch 145	
16761,00	.			SS Ch 146	
16761,50	.			SS Ch 147	
16762,00	.			SS Ch 148	
16762,50	.			SS Ch 149	

Frequency	Mode	Mode Parameter	Callsign	User	Country
16763,00	.			SS Ch 150	
16763,50	.			SS Ch 151	
16764,00	ALE USB	B=125Bd Ch=8 ChS=250Hz		F net	F
16764,00	.			SS Ch 152	
16764,50	.			SS Ch 153	
16765,00	.			SS Ch 154	
16765,50	.			SS Ch 155	
16766,00	.			SS Ch 156	
16766,50	.			SS Ch 157	
16767,00	.			SS Ch 158	
16767,50	.			SS Ch 159	
16768,00	.			SS Ch 160	
16768,50	.			SS Ch 161	
16769,00	.			SS Ch 162	
16769,50	.			SS Ch 163	
16770,00	.			SS Ch 164	
16770,50	.			SS Ch 165	
16771,00	.			SS Ch 166	
16771,50	.			SS Ch 167	
16772,00	.			SS Ch 168	
16772,50	.			SS Ch 169	
16773,00	.			SS Ch 170	
16773,50	.			SS Ch 171	
16774,00	.			SS Ch 172	
16774,50	.			SS Ch 173	
16775,00	.			SS Ch 174	
16775,50	.			SS Ch 175	
16776,00	.			SS Ch 176	
16776,50	.			SS Ch 177	
16777,00	.			SS Ch 178	
16777,50	.			SS Ch 179	
16778,00	.			SS Ch 180	
16778,50	.			SS Ch 181	
16779,00	.			SS Ch 182	
16779,50	.			SS Ch 183	
16780,00	.			SS Ch 184	
16780,50	.			SS Ch 185	
16781,00	.			SS Ch 186	
16781,50	.			SS Ch 187	
16782,00	.			SS Ch 188	
16782,50	.			SS Ch 189	
16783,00	.			SS Ch 190	
16783,50	.			SS Ch 191	
16784,00	.			SS Ch 192	
16784,50	.			SS Ch 193	
16785,00	.			SS Ch 1	
16785,50	PACTOR III	B=100Bd S=200Hz	FOHXM	Sailmail Manihi Atoll	OCE
16785,50	.			SS Ch 2	
16786,00	PACTOR II	B=200Bd S=200Hz	V8V2222	Sailmail Brunai Bay	BRU
16786,00	.			SS Ch 3	
16786,50	.			SS Ch 4	
16787,00	.			SS Ch 5	
16787,50	.			SS Ch 6	
16788,00	.			SS Ch 7	
16788,50	.			SS Ch 8	
16789,00	.			SS Ch 9	
16789,50	*MIL 188-110B 39TONE*	*B=2400Bd Ch=39 ChS=56,25Hz*		*MRC MIL Marakesch*	*MRC*
16789,50	.			SS Ch 10	
16790,00	.			SS Ch 11	
16790,50	.			SS Ch 12	

Frequency	Mode	Mode Parameter	Callsign	User	Country
16791,00	.			SS Ch 13	
16791,50	.			SS Ch 14	
16792,00	.			SS Ch 15	
16792,50	.			SS Ch 16	
16793,00	.			SS Ch 17	
16793,50	.			SS Ch 18	
16794,00	.			SS Ch 19	
16794,50	.			SS Ch 20	
16795,00	.			SS Ch 21	
16795,50	.			SS Ch 22	
16796,00	.			SS Ch 23	
16796,50	.			SS Ch 24	
16797,00	.			SS Ch 25	
16797,50	.			SS Ch 26	
16798,00	.			SS Ch 27	
16798,50	.			SS Ch 28	
16799,00	.			SS Ch 29	
16799,50	.			SS Ch 30	
16800,00	.			SS Ch 31	
16800,50	.			SS Ch 32	
16801,00	.			SS Ch 33	
16801,50	.			SS Ch 34	
16802,00	ALE USB	B=125Bd Ch=8 ChS=250Hz			
16802,00	.			SS Ch 35	
16802,50	.			SS Ch 36	
16803,00	.			SS Ch 37	
16803,50	.			SS Ch 38	
16804,00	.			SS Ch 39	
16804,00	CW		NAF	Cape Prince of Wales	ALS
16804,50	DSC	B=100Bd S=170Hz	JNA	J CG HQ Tokyo	J
16804,50	USB		VFF	Iqaluit R	CAN
16804,50	.			DSC distress/safety frequency	WW
16805,00	.			SS DSC frequency	
16806,00	.			SS DSC frequency	
16806,50	.			MSI frequency	
16806,50	SITOR B	B=100Bd S=170Hz	NRV	USA CG Guam	GUM
16806,50	SITOR B	B=100Bd S=170Hz	NMC	USCG San Francisco , CA	USA
16806,50	SITOR B	B=100Bd S=170Hz	NMF	USA CG Boston , MA	USA
16807,00	.			CS Ch 1	
16807,50	.			CS Ch 2	
16808,00	SITOR , CW	B=100Bd S=170Hz	UFM3	Nevelsk R	RUS
16808,00	SITOR , CW	B=100Bd S=170Hz	XSV	Tianjin R	CHN
16808,00	T600	B=50Bd S=200Hz		RUS N Murmansk	RUS
16808,00	T600	B=50Bd S=500Hz		RUS N	RUS
16808,00	*T600*	*B=50Bd S=200Hz*		*RUS N Moscow*	*RUS*
16808,00	.			CS Ch 3	
16808,00	T600	B=50Bd S=200Hz		RUS N Smolensk	RUS
16808,50	.			CS Ch 4	
16808,50	SITOR-B	B=100Bd S=170Hz	L2C	ARG N Buenos Aires	ARG
16809,00	.			CS Ch 5	
16809,00	PACTOR , SITOR , CW	B=100Bd S=170Hz	WLO	Mobile R , AL	USA
16809,50	.			CS Ch 6	
16809,70	SITOR B	B=100Bd S=170Hz	LOL	ARG N Buenos Aires	ARG
16810,00	.			CS Ch 7	
16810,00	SITOR , CW	B=100Bd S=170Hz	JCS	Choshi R	J
16810,00	SITOR , CW	B=100Bd S=170Hz	PKD	Surabaya R , Djawa	INS
16810,50	.			CS Ch 8	
16811,00	.			CS Ch 9	
16811,50	SITOR , CW	B=100Bd S=170Hz	A9M	Bahrain R	BHR
16811,50	.			CS Ch 10	

Frequency	Mode	Mode Parameter	Callsign	User	Country
16812,00	SITOR , CW	B=100Bd S=170Hz	JNA	J CG HQ Tokyo	J
16812,00	SITOR , CW	B=100Bd S=170Hz	PNK	Jayapura R , Irian Jaya	INS
16812,00	.			CS Ch 11	
16812,50	.			CS Ch 12	
16813,00	.			CS Ch 13	
16813,00	SITOR , CW	B=100Bd S=170Hz	UAT	Moscow R	RUS
16813,50	.			CS Ch 14	
16814,00	SITOR , CW	B=100Bd S=170Hz	PKP	Dumai R , Sumatera	INS
16814,00	PACTOR , SITOR , CW	B=100Bd S=170Hz	WLO	Mobile R , AL	USA
16814,00	.			CS Ch 15	
16814,50	.			CS Ch 16	
16815,00	SITOR , CW	B=100Bd S=170Hz	SVO614	Olympia R	GRC
16815,00	.			CS Ch 17	
16815,50	.			CS Ch 18	
16816,00	.			CS Ch 19	
16816,50	.			CS Ch 20	
16817,00	.			CS Ch 21	
16817,00	SITOR , CW	B=100Bd S=170Hz	WCC	Chatham R , MA	USA
16817,50	.			CS Ch 22	
16818,00	SITOR , CW	B=100Bd S=170Hz	SVO615	Olympia R	GRC
16818,00	.			CS Ch 23	
16818,00	SITOR , CW	B=100Bd S=170Hz	SVT6	Olympia R	GRC
16818,50	.			CS Ch 25	
16819,00	.			CS Ch 26	
16819,50	.			CS Ch 27	
16820,00	.			CS Ch 28	
16820,50	.			CS Ch 29	
16821,00	SITOR , CW	B=100Bd S=170Hz	PKM	Bitung R , Sulawesi	INS
16821,00	.			CS Ch 30	
16821,00	SITOR , CW	B=100Bd S=170Hz	VRX83	Hong Kong R	HKG
16821,50	.			CS Ch 31	
16822,00	.			CS Ch 32	
16822,50	SITOR , CW	B=100Bd S=170Hz	UDK2	Murmansk R	RUS
16822,50	.			CS Ch 33	
16823,00	.			CS Ch 34	
16823,50	.			CS Ch 35	
16824,00	.			CS Ch 36	
16824,50	GW PACTOR	B=200Bd S=200Hz	VJS	Perth R	AUS
16824,50	.			CS Ch 37	
16825,00	.			CS Ch 38	
16825,50	.			CS Ch 39	
16826,00	.			CS Ch 40	
16826,50	.			CS Ch 41	
16827,00	.			CS Ch 42	
16827,50	.			CS Ch 43	
16828,00	.			CS Ch 44	
16828,50	.			CS Ch 45	
16829,00	.			CS Ch 46	
16829,50	.			CS Ch 47	
16830,00	.			CS Ch 48	
16830,50	.			CS Ch 49	
16830,50	*SITOR , CW*	*B=100Bd S=170Hz*	*SVO6*	*Olympia R*	*GRC*
16831,00	.			CS Ch 50	
16831,00	SITOR , CW	B=100Bd S=170Hz	VRX84	Hong Kong R	HKG
16831,50	.			CS Ch 51	
16832,00	.			CS Ch 52	
16832,50	.			CS Ch 53	
16833,00	.			CS Ch 54	
16833,50	.			CS Ch 55	
16833,50	SITOR , CW	B=100Bd S=170Hz	UIT		
16833,50	SITOR , CW	B=100Bd S=170Hz	UIW	Kaliningrad R	RUS

Frequency	Mode	Mode Parameter	Callsign	User	Country
16834,00	.			CS Ch 56	
16834,50	.			CS Ch 57	
16835,00	.			CS Ch 58	
16835,50	.			CS Ch 59	
16836,00	SITOR , CW	B=100Bd S=170Hz	UFL	Vladivostok R	RUS
16836,00	.			CS Ch 60	
16836,50	.			CS Ch 61	
16836,60	ALE USB	B=125Bd Ch=8 ChS=250Hz		USA diplo net	
16837,00	.			CS Ch 62	
16837,50	.			CS Ch 63	
16837,50	ALE USB	B=125Bd Ch=8 ChS=250Hz		B N net	B
16838,00	.			CS Ch 64	
16838,50	.			CS Ch 65	
16839,00	.			CS Ch 66	
16839,50	.			CS Ch 67	
16840,00	.			CS Ch 68	
16840,50	.			CS Ch 69	
16841,00	.			CS Ch 70	
16841,50	.			CS Ch 71	
16842,00	PACTOR I	B=200Bd S=170Hz	PWZ33	B N Rio de Janeiro	B
16842,00	.			CS Ch 72	
16842,50	.			CS Ch 73	
16843,00	.			CS Ch 74	
16843,50	.			CS Ch 75	
16844,00	.			CS Ch 76	
16844,50	.			CS Ch 77	
16845,00	.			CS Ch 78	
16845,50	.			CS Ch 79	
16846,00	.			CS Ch 80	
16846,50	.			CS Ch 81	
16847,00	.			CS Ch 82	
16847,50	.			CS Ch 83	
16848,00	.			CS Ch 84	
16848,50	.			CS Ch 85	
16849,00	.			CS Ch 86	
16849,50	.			CS Ch 87	
16850,00	*DPRK ARQ*	*B=600Bd S=600Hz*		*KRE E Moscow*	*RUS*
16850,50	.			CS Ch 89	
16851,00	.			CS Ch 90	
16851,50	.			CS Ch 91	
16852,00	.			CS Ch 92	
16852,50	.			CS Ch 93	
16853,00	.			CS Ch 94	
16853,50	.			CS Ch 95	
16854,00	SITOR , CW	B=100Bd S=170Hz	XSQ	Guangzhou R	CHN
16854,00	.			CS Ch 96	
16854,50	.			CS Ch 97	
16855,00	.			CS Ch 98	
16855,50	.			CS Ch 99	
16856,00	*T600*	*B=50Bd S=1000Hz*		*RUS AF Kaliningrad*	*RUS*
16856,00	.			CS Ch 100	
16856,50	.			CS Ch 101	
16857,00	.			CS Ch 102	
16857,50	.			CS Ch 103	
16858,00	.			CS Ch 104	
16858,50	.			CS Ch 105	
16859,00	.			CS Ch 106	
16859,50	.			CS Ch 107	
16860,00	.			CS Ch 108	
16860,50	.			CS Ch 109	

Frequency	Mode	Mode Parameter	Callsign	User	Country
16861,00	.			CS Ch 110	
16861,50	.			CS Ch 111	
16861,70	CW		PKD	Surabaya R , Djawa	INS
16861,70	CW		PKB	Belawan R , Sumatera	INS
16861,70	CW		PKX	Jakarta R , Jawa	INS
16862,00	.			CS Ch 112	
16862,50	.			CS Ch 113	
16863,00	.			CS Ch 114	
16863,50	.			CS Ch 115	
16864,00	.			CS Ch 116	
16864,50	.			CS Ch 117	
16865,00	.			CS Ch 118	
16865,50	.			CS Ch 119	
16866,00	.			CS Ch 120	
16866,00	CW		LZL5	Bourgas R	BUL
16866,50	.			CS Ch 121	
16867,00	.			CS Ch 122	
16867,50	.			CS Ch 123	
16868,00	.			CS Ch 124	
16868,50	.			CS Ch 125	
16869,00	.			CS Ch 126	
16869,50	.			CS Ch 127	
16870,00	.			CS Ch 128	
16870,50	.			CS Ch 129	
16871,00	.			CS Ch 130	
16871,50	.			CS Ch 131	
16872,00	.			CS Ch 132	
16872,50	.			CS Ch 133	
16873,00	.			CS Ch 134	
16873,00	CW		TIM	Limon R	CTR
16873,50	.			CS Ch 135	
16874,00	.			CS Ch 136	
16874,50	.			CS Ch 137	
16875,00	.			CS Ch 138	
16875,50	.			CS Ch 139	
16876,00	.			CS Ch 140	
16876,50	.			CS Ch 141	
16877,00	.			CS Ch 142	
16877,50	.			CS Ch 143	
16878,00	.			CS Ch 144	
16878,50	DPRK ARQ	B=600Bd S=600Hz		KRE E	
16878,50	.			CS Ch 145	
16879,00	.			CS Ch 146	
16879,50	.			CS Ch 147	
16880,00	.			CS Ch 148	
16880,00	SITOR , CW	B=100Bd S=170Hz	XSQ	Guangzhou R	CHN
16880,50	.			CS Ch 149	
16881,00	.			CS Ch 150	
16881,50	.			CS Ch 151	
16882,00	.			CS Ch 152	
16882,50	.			CS Ch 153	
16883,00	.			CS Ch 154	
16883,50	.			CS Ch 155	
16884,00	.			CS Ch 156	
16884,50	.			CS Ch 157	
16885,00	.			CS Ch 158	
16885,50	.			CS Ch 159	
16886,00	.			CS Ch 160	
16886,00	SITOR , CW	B=100Bd S=170Hz	TAH	Istanbul R	TUR
16886,50	.			CS Ch 161	
16887,00	.			CS Ch 162	
16887,50	.			CS Ch 163	

Frequency	Mode	Mode Parameter	Callsign	User	Country
16888,00	.			CS Ch 164	
16888,50	.			CS Ch 165	
16889,00	.			CS Ch 166	
16889,50	.			CS Ch 167	
16890,00	.			CS Ch 168	
16890,50	.			CS Ch 169	
16891,00	.			CS Ch 170	
16891,50	.			CS Ch 171	
16892,00	.			CS Ch 172	
16892,00	SITOR , CW	B=100Bd S=170Hz	XSG	Shanghai R	CHN
16892,50	.			CS Ch 173	
16893,00	.			CS Ch 174	
16893,50	.			CS Ch 175	
16894,00	.			CS Ch 176	
16894,50	.			CS Ch 177	
16895,00	.			CS Ch 178	
16895,50	.			CS Ch 179	
16896,00	.			CS Ch 180	
16896,50	.			CS Ch 181	
16897,00	.			CS Ch 182	
16897,50	.			CS Ch 183	
16898,00	.			CS Ch 184	
16898,00	SITOR , CW	B=100Bd S=170Hz	XSG	Shanghai R	CHN
16898,50	.			CS Ch 185	
16899,00	.			CS Ch 186	
16899,50	.			CS Ch 187	
16900,00	.			CS Ch 188	
16900,50	.			CS Ch 189	
16901,00	PACTOR III	B=100Bd S=200Hz	VZG420_3	Townsville R	AUS
16901,00	.			CS Ch 190	
16901,00	PACTOR III	B=100Bd S=200Hz	VZG420		AUS
16901,50	.			CS Ch 191	
16902,00	.			CS Ch 192	
16902,00	CW		9GP23	Tema , Black Star Line	GHA
16902,50	.			CS Ch 193	
16902,50	SITOR , CW	B=100Bd S=170Hz	9GP23	Tema , Black Star Line	GHA
16903,00	DSC	B=100Bd S=170Hz	JNA	J CG HQ Tokyo	J
16903,00	DSC	B=100Bd S=170Hz	PKX	Jakarta R , Jawa	INS
16903,50	SITOR , CW	B=100Bd S=170Hz	UFL	Vladivostok R	RUS
16904,00	FAX 120/576			Hong Kong M	HKG
16905,00	STANAG 4285	B=2400Bd	FUV	F N Djibouti	DJI
16907,50	FAX 120/576		JFC	Misaki R	J
16907,50	FAX 120/576		JFW	Fukushima R	J
16907,50	FAX 60/120		JFA	Chuo Fisheries	J
16908,00	PACTOR II	B=200Bd S=200Hz	VZX	Sailmail Darawank	AUS
16910,00	CW		HLJ	Seoul R	KOR
16912,00	*PACTOR III , CW*	*B=100Bd S=200Hz*	*HEB27*	*Berne R*	*SUI*
16912,00	T600	B=50Bd S=200Hz	RDL	RUS N Murmansk	RUS
16913,20	STANAG 4285	B=2400Bd	FUX	F N Le Port	REU
16914,00	CW		KSM	Maritime Radio Historical Society	USA
16915,00	BAUDOT	B=75Bd S=850Hz	FUX	F N Le Port	REU
16920,00	CW		UVQ9		
16922,00	BAUDOT	B=47,3Bd S=1066Hz	RBSL**	IND N Bombay	IND
16930,00	CW		OSN416	BEL N Oostende	BEL
16934,00	ALE USB	B=125Bd Ch=8 ChS=250Hz			
16938,00	CW		VTG8	IND N Bombay	IND
16944,00	CW		LZL6	Bourgas R	BUL
16947,60	CW		8RB	Demerara R	GUY
16947,80	CW		TUA6	Abidjan R	CTI
16949,00	DPRK ARQ	B=600Bd S=600Hz			

Frequency	Mode	Mode Parameter	Callsign	User	Country
16950,00	CW		9MB6	MLA N Georgtown , Penang Island	MLA
16951,50	STANAG 4285	B=2400Bd	RFLIE**	COMIL Pointe a Pitre	MRT
16951,50	BAUDOT	B=75Bd S=850Hz	6WW	F N Dakar	SEN
16951,50	STANAG 4285	B=2400Bd	6WW	F N Dakar	SEN
16953,00	*STANAG 4285*	*B=2400Bd*		*AUS MHFCS North West Cape*	*AUS*
16953,00	*STANAG 4285*	*B=2400Bd*		*AUS MHFCS Darwin*	*AUS*
16954,50	PACTOR II	B=200Bd S=200Hz	ZMH302	Xacero, Auckland	NZL
16956,00	CW		PZN5	Paramaribo R	SUR
16957,80	STANAG 4285	B=2400Bd	FUJ	F N Noumea	NCL
16958,50	*CIS 12*	*B=1440Bd Ch=12 ChS=200Hz*		*Area of Smolensk*	*RUS*
16961,50	STANAG 4285	B=2400Bd	FUF	F N Fort de France	MRT
16962,40	M/S 1,0	B=50Bd S=930Hz			
16966,00	*M/S 1,0*	*B=50Bd S=850Hz Ch=1*	*FUG*	*F N La Regine*	*F*
16966,00	CW		ZRQ	AFS N Silvermine	AFS
16968,80	M/S 1,0	B=50Bd S=850Hz		F N	F
16971,00	FAX 60/120/576		JJC	Tokyo M	J
16976,00	PACTOR I FEC	B=100Bd S=200Hz	PWZ33	B N Rio de Janeiro	B
16976,00	BAUDOT	B=75Bd S=850Hz		B N	B
16977,00	CW		JFM	Muroto R	J
16978,00	FAX 120/576		PWZ33	B N Rio de Janeiro	B
16978,40	*PACTOR III*	*B=200Bd S=200Hz*	*DAO27*	*Kiel Radio*	*D*
16979,00	FAX 120/576		PWZ	B N Rio de Janeiro	B
16982,00	MIL 188-110B SER	B=2400Bd	PWZ33	B N Rio de Janeiro	B
16983,00	CW		ELC	Monrovia R	LBR
16984,00	PACTOR I	B=200Bd S=170Hz	PWZ33	B N Rio de Janeiro	B
16986,00	*BAUDOT*	*B=75Bd S=850Hz*	*CTP*	*POR N Lisbon*	*POR*
16987,00	CW		VRX81	Hong Kong R	HKG
16988,00	PACTOR III	B=100Bd S=200Hz	XSF27	Lianyungang R	CHN
16990,00	CW		HLO	Seoul R	KOR
17010,00	ALE USB	B=125Bd Ch=8 ChS=250Hz		B N net	B
17014,00	CW		UTM	Feodosia R	UKR
17015,00	CW		UTQ	Kiev R	UKR
17015,70	CW		S**	RUS N Severomorsk	RUS
17016,00	CW		C**	RUS N Moscow	RUS
17018,00	PACTOR III	B=100Bd S=200Hz	LSD836	Argentina R	ARG
17020,00	T600	B=50Bd S=200Hz		RUS N Murmansk	RUS
17020,00	*BAUDOT*	*B=50Bd S=170Hz*	*UDK2*	*Murmansk R*	*RUS*
17021,20	STANAG 4285	B=2400Bd Ch=1	JWT	NOR N Stavanger	NOR
17024,50	*CIS 12*	*B=1440Bd Ch=12 ChS=200Hz*		*Moscow*	*RUS*
17025,00	CW		RVD/RFA		RUS
17029,00	*STANAG 4285*	*B=2400Bd*		*G MIL Crimond*	*G*
17040,00	*PACTOR III , CW*	*B=100Bd S=200Hz*	*HEB37*	*Berne R*	*SUI*
17040,80	CW		FJA26	Mahina R	OCE
17045,00	SITOR , CW	B=100Bd S=170Hz	UFH	Petrapavlovsk-Kamchatskii R	RUS
17048,00	*PACTOR III*	*B=200Bd S=200Hz*	*DAO37*	*Kiel Radio*	*D*
17055,00	ALE USB	B=125Bd Ch=8 ChS=250Hz		POL MIL net	POL
17063,50	*STANAG 4285*	*B=2400Bd*	*FUG*	*F N La Regine*	*F*
17064,00	*STANAG 4285*	*B=2400Bd*	*6WW*	*F N Dakar*	*SEN*
17069,00	FAX 60/120/576		JJC	Tokyo M	J
17074,40	CW		PNK	Jayapura R , Irian Jaya	INS
17082,20	*STANAG 4285*	*B=2400Bd*	*CFH*	*CAN N Halifax*	*CAN*
17093,60	PACTOR III	B=100Bd S=200Hz	WHL27	Saint Augustine R	USA
17096,00	CW		VRX80	Hongkong R	HKG
17103,00	PACTOR III	B=100Bd S=200Hz	9Z4DH	Sailmail Chaguaramas	TRD
17103,20	CW		XSG	Shanghai R	CHN
17106,00	*M/S 1,0*	*B=50Bd S=850Hz*	*6WW*	*F N Dakar*	*SEN*
17106,70	STANAG 4285	B=2400Bd	FUF	F N Fort de France	MRT

Frequency	Mode	Mode Parameter	Callsign	User	Country
17115,00	CW		LZS32	Burgas R	BUL
17116,00	*STANAG 4285*	*B=2400Bd*		*AUS MIL Darwin*	*AUS*
17117,00	*MIL 188-110B SER*	*B=2400Bd*		*AUS MHFCS Darwin*	*AUS*
17121,00	*STANAG 4285*	*B=2400Bd*	*FUG*	*F N La Regine*	*F*
17125,20	*STANAG 4285*	*B=2400Bd*		*AUS MHFCS North West Cape*	*AUS*
17129,00	STANAG 4285	B=2400Bd	CTW7	POR N Lisbon	POR
17130,00	CW		HLW	Seoul R	KOR
17130,00	*STANAG 4285*	*B=2400Bd*		*G F St. Eval*	*G*
17132,00	CW		ZSJ6	AFS N Capetown	AFS
17134,00	CW		LYK	Klaipeda R	LTU
17135,00	SSB		SAA	Karlskrona R	S
17135,00	CW		UTQ7	Kiev R	UKR
17137,00	ALE USB	B=125Bd Ch=8 ChS=250Hz			
17146,00	CW		ELC	Monrovia R	LBR
17146,40	FAX 120/576		NMG	USA CG New Orleans , LA	USA
17146,40	FAX 120/576		CBV	Valpariso R	CHL
17149,00	CW		TIM	Limon R	CTR
17150,00	*DPRK ARQ*	*B=600Bd S=600Hz*		*DPRK E Moscow*	*RUS*
17151,20	FAX 120/576		NMC	USCG San Francisco , CA	USA
17156,00	ALE USB	B=125Bd Ch=8 ChS=250Hz		IRN net	IRN
17165,60	CW		3CA6	Banapa R	GUI
17175,20	CW		9LL	Freetown R	SRL
17180,00	*STANAG 4285*	*B=2400Bd*	*FUG*	*F N La Regine*	*F*
17182,00	CW		LZL6	Bourgas R	BUL
17184,80	CW		PKA	Sabang R , We	INS
17184,80	CW		PKE	Amboina R , Ceram	INS
17184,80	CW		PKP	Dumai R , Sumatera	INS
17185,00	CCIR 493-4	B=100Bd S=170Hz			
17189,60	CW		D3E71	Luanda R	AGL
17189,60	CW		XYR9	Rangoon R	BRM
17192,00	CW		VRN80	Hong Kong R	HKG
17198,00	ALE USB	B=125Bd Ch=8 ChS=250Hz			
17198,50	PACTOR III	B=100Bd S=200Hz	DZO37	Manila R	PHL
17201,00	*CIS MFSK 64*	*B=40Bd Ch=64 ChS=46Hz*		*MFA Moscow*	*RUS*
17201,70	*STANAG 4285*	*B=2400Bd*		*G F Akrotiri*	*CYP*
17204,00	STANAG 4481	B=75Bd S=850Hz			
17206,00	*PACTOR III , CW*	*B=100Bd S=200Hz*	*HEB47*	*Berne R*	*SUI*
17223,40	CW		A4M	Muscat R	OMA
17225,00	CODAN CHIRP	B=80Bd Ch=30 ChS=81Hz		MFA Cairo	EGY
17225,00	CODAN	B=2400Bd Ch=16 ChS=112,5Hz		MFA Cairo	EGY
17225,00	SSB		SAA	Karlskrona R	S
17225,00	SSB		SAA	Karlskrona R	S
17229,90	CLOVER	Ch=4			
17231,00	PACTOR , CW	B=100Bd S=200Hz	SAP	Marinecom Malmoe	S
17231,00	CW		JFC	Misaki R	J
17232,50	PACTOR	B=200Bd S=170Hz	SAP	Marinecom Malmoe R	S
17233,50	*STANAG 4285*	*B=2400Bd*		*AUS MHFCS Darwin*	*AUS*
17235,00	2FSK	B=300Bd S=300Hz			
17237,00	CW		TJC9	Douala R	CME
17237,70	*STANAG 4285*	*B=2400Bd*	*EBA*	*E N Madrid*	*E*
17240,00	ALE USB	B=125Bd Ch=8 ChS=250Hz		?CHN diplo net	
17242,00	USB		LSD836	Argentina R	ARG
17242,00	MHF-50 MODEM	B=54,3Bd Ch=32 ChS=64,5Hz		AFS N	AFS
17242,00	SSB			CS Ch 1601	
17242,00	SSB		LYK	Klaipeda Harbour R	LTU

Frequency	Mode	Mode Parameter	Callsign	User	Country
17242,00	SSB		S7Q	Seychelles R	SEY
17243,50	DPRK ARQ	B=600Bd S=600Hz		KRE diplo	
17245,00	SSB			CS Ch 1602	
17248,00	USB		OYR	Aasiaat R	GRL
17248,00	SSB			CS Ch 1603	
17248,00	SSB		4BA62	Cyprus R	CYP
17248,00	USB		5BA	Cyprus R	CYP
17251,00	SSB			CS Ch 1604	
17251,00	SSB		SVO61	Olympia R	GRC
17251,50	SSB		ZJU	Funafuti Island R	TUV
17254,00	USB		EQO	Now Shar R	IRN
17254,00	USB		SDJ	Stockholm R	S
17254,00	SSB			CS Ch 1605	
17254,00	SSB		EQM	Bushehr R	IRN
17255,00	ALE USB	B=125Bd Ch=8 ChS=250Hz			
17257,00	USB		PPR	Rio R	B
17257,00	SSB			CS Ch 1606	
17257,00	SSB		TAH	Istanbul R	TUR
17257,00	USB		UAT	Moscow R	RUS
17260,00	USB		EQC	Amirabad R	IRN
17260,00	USB		UFL	Vladivostok R	RUS
17260,00	SSB			CS Ch 1607	
17260,00	USB		WLO	Mobile R , AL	USA
17263,00	USB			Cape Town R	AFS
17263,00	USB		SDJ	Stockholm R	S
17263,00	SSB			CS Ch 1608	
17266,00	SSB			CS Ch 1609	
17266,00	SSB		SVO62	Olympia R	GRC
17269,00	USB		SUH	Alexandria R	EGY
17269,00	USB		CWF	Punta Carretas R	URG
17269,00	USB		PNK	Jayapura R , Irian Jaya	INS
17269,00	USB		PKM	Bitung R , Sulawesi	INS
17269,00	SSB			CS Ch 1610	
17272,00	USB		9WH	Kota Kinabalu R	MLA
17272,00	USB		9MG	Penang R	MLA
17272,00	SSB			CS Ch 1611	
17272,00	USB		PPR	Rio R	B
17272,00	SSB		TAH	Istanbul R	TUR
17275,00	USB		UDK2	Murmansk R	RUS
17275,00	SSB			CS Ch 1612	
17278,00	USB		EQI	Abbas R	IRN
17278,00	CW		EQN	Khomeini R	IRN
17278,00	SSB			CS Ch 1613	
17278,00	SSB		OSU63	Oostende R	BEL
17278,00	USB		PPR	Rio R	B
17281,00	USB		SDJ	Stockholm R	S
17281,00	SSB			CS Ch 1614	
17281,00	USB		XSQ	Guangzhou R	CHN
17284,00	USB		EQI	Abbas R	IRN
17284,00	USB			Lisbon R	POR
17284,00	SSB			CS Ch 1615	
17284,00	SSB		D4A	S. Vincente de Cabo R	CPV
17284,00	SSB		J5M	Bissau R	GNB
17287,00	USB		KNN	Marina Del Ray R , CA	USA
17287,00	USB		XSQ	Guangzhou R	CHN
17287,00	SSB			CS Ch 1616	
17287,00	SSB		EQN	Khomeini R	IRN
17288,40	ALE USB	B=125Bd Ch=8 ChS=250Hz		USA ShipCom net	USA
17290,00	USB		EQI	Abbas R	IRN
17290,00	SSB			CS Ch 1617	

Frequency	Mode	Mode Parameter	Callsign	User	Country
17290,00	SSB		SVO63	Olympia R	GRC
17293,00	USB		A9M	Bahrain R	BHR
17293,00	USB		ZBR	Bermuda Harbour R	BER
17293,00	SSB			CS Ch 1618	
17293,00	SSB		TAH	Istanbul R	TUR
17296,00	USB		3BM	Mauritius R	MAU
17296,00	SSB			CS Ch 1619	
17299,00	SSB			CS Ch 1620	
17302,00	USB		LSD836	Argentina R	ARG
17302,00	USB		9MG	Penang R	MLA
17302,00	SSB			CS Ch 1621	
17302,00	SSB		4PB	Colombo R	CLN
17302,00	SSB		A7D	Doha R	QAT
17302,00	USB		PPR	Rio R	B
17305,00	USB		SVO64	Olympia R	GRC
17305,00	USB		YQI	Constanta R	ROU
17305,00	SSB			CS Ch 1622	
17305,00	SSB		9GX	Tema R	GHA
17308,00	SSB			CS Ch 1623	
17308,00	SSB		D4D	Praia de Cabo Verde R	CPV
17308,00	SSB		UTQ7	Kiev R	UKR
17308,00	SSB		ZPD	Asuncion R	PRG
17311,00	USB		KLB	Seattle R , WA	USA
17311,00	SSB			CS Ch 1624	
17311,00	USB		UIW	Kaliningrad R	RUS
17314,00	USB		EQJ	Chahbahar R	IRN
17314,00	USB		NMN	USA CG Portsmouth , VA	USA
17314,00	USB		NMG	USA CG New Orleans , LA	USA
17314,00	USB		NMA	USA CG Miami , FL	USA
17314,00	USB		NMF	USA CG Boston , MA	USA
17314,00	USB			USA CG Honolulu	HWA
17314,00	USB			USA CG Point Reyes	USA
17314,00	SSB			CS Ch 1625	
17314,00	SSB		SVO65	Olympia R	GRC
17317,00	SSB			CS Ch 1626	
17317,00	SSB		SVO66	Olympia R	GRC
17320,00	DPRK ARQ	B=1200Bd S=600Hz		DPRK E Moscow	RUS
17320,00	SSB			CS Ch 1627	
17323,00	USB		UFM3	Nevelsk R	RUS
17323,00	SSB			CS Ch 1628	
17326,00	USB		EQJ	Chahbahar R	IRN
17326,00	USB		STP	Port Sudan R	SDN
17326,00	SSB			CS Ch 1629	
17326,00	SSB		SVO67	Olympia R	GRC
17329,00	SSB			CS Ch 1630	
17332,00	USB		LZW	Varna R	BUL
17332,00	USB		CBV	Valpariso R	CHL
17332,00	USB		XSU	Yantai R	CHN
17332,00	SSB			CS Ch 1631	
17335,00	SSB			CS Ch 1632	
17338,00	USB			Cape Town R	AFS
17338,00	SSB			CS Ch 1633	
17338,20	STANAG 4285	B=2400Bd			
17341,00	USB		HLS	Seoul R	KOR
17341,00	SSB		TUA	Abidjan R	CTI
17341,00	SSB			CS Ch 1634	
17341,00	USB		SVO68	Olympia R	GRC
17344,00	USB		YKM7	Lattakia R	SYR
17344,00	SSB			CS Ch 1635	
17344,00	SSB		D4A	S. Vincente de Cabo R	CPV
17344,00	SSB		J5M	Bissau R	GNB

Frequency	Mode	Mode Parameter	Callsign	User	Country
17344,00	SSB		LZW		
17347,00	SSB			CS Ch 1636	
17350,00	USB		HLS	Seoul R	KOR
17350,00	SSB			CS Ch 1637	
17353,00	SSB			CS Ch 1638	
17353,00	SSB		CNP	Casablanca R	MRC
17356,00	SSB			CS Ch 1639	
17359,00	USB		ESA	Tallin R	EST
17359,00	USB		CBV	Valpariso R	CHL
17359,00	SSB			CS Ch 1640	
17359,00	SSB		SVO69	Olympia R	GRC
17361,00	*CODAN CHIRP*	*B=80Bd Ch=30 ChS=81Hz*		*IRN net*	*IRN*
17361,00	*ALE USB*	*B=125Bd Ch=8 ChS=250Hz*		*IRN net*	*IRN*
17361,00	*CODAN*	*B=2400Bd Ch=16 ChS=112,5Hz*		*IRN net*	*IRN*
17362,00	USB		SDJ	Stockholm R	S
17362,00	SSB			CS Ch 1641	
17362,00	USB		WLO	Mobile R , AL	USA
17365,00	SSB			CS Ch 1642	
17368,00	SSB			CS Ch 1643	
17371,00	SSB			CS Ch 1644	
17374,00	USB		LSD836	Argentina R	ARG
17374,00	USB		A4M	Muscat R	OMA
17374,00	SSB			CS Ch 1645	
17375,00	IRN N QPSK ADAPTIVE	B=468Bd		IRN N	
17377,00	USB		XVG	Hai Phong R	VTN
17377,00	SSB			CS Ch 1646	
17380,00	IRN N PSK	B=936Bd		IRN	IRN
17380,00	SSB			CS Ch 1647	
17383,00	SSB			CS Ch 1648	
17386,00	SSB			CS Ch 1649	
17386,00	SSB		LZW		
17386,00	USB		PPR	Rio R	B
17388,50	CHN 4+4	B=75Bd Ch=8 ChS=300/450Hz		CHN MIL Red Sea	
17389,00	USB		SVO611	Olympia R	GRC
17389,00	SSB			CS Ch 1650	
17392,00	USB		XSV	Tianjin R	CHN
17392,00	SSB			CS Ch 1651	
17395,00	USB		JNA	J CG HQ Tokyo	J
17395,00	SSB			CS Ch 1652	
17398,00	USB		XSQ	Guangzhou R	CHN
17398,00	SSB			CS Ch 1653	
17400,00	*STANAG 4285*	*B=2400Bd Ch=1*		*G F Akrotiri*	*CYP*
17401,00	USB		JNA	J CG HQ Tokyo	J
17401,00	SSB			CS Ch 1654	
17404,00	USB		SXE	Aspropyrgos Attikis R	GRC
17404,00	USB		SVO612	Olympia R	GRC
17404,00	USB			Peiraias CG R	GRC
17404,00	USB		CBV	Valpariso R	CHL
17404,00	USB		UUT	Odessa R	UKR
17404,00	SSB			CS Ch 1655	
17405,00	*STANAG 4285*	*B=2400Bd Ch=1*		*G MIL St. Eval*	*G*
17407,00	USB		XSG	Shanghai R	CHN
17407,00	SSB			CS Ch 1656	
17411,00	ALE USB	B=125Bd Ch=8 ChS=250Hz		CHL disaster control net	CHL
17411,00	M/S 1,0	B=200Bd S=1000Hz		CIS	CIS
17412,00	ALE USB	B=125Bd Ch=8		USA Civil Air Patrol net	USA

Frequency	Mode	Mode Parameter	Callsign	User	Country
		ChS=250Hz			
17413,50	DPRK FSK	B=600Bd S=600Hz		DPRK diplo	
17415,00	*STANAG 4285*	*B=2400Bd*		*G MIL Akrotiri*	*CYP*
17415,00	ALE USB	B=125Bd Ch=8 ChS=250Hz		USA CAP	USA
17415,20	*MIL 188-110B SER*	*B=2400Bd*		*S MIL Stockholm*	*S*
17417,70	MIL 188-110B SER	B=2400Bd		S MIL	S
17418,00	ALE USB	B=125Bd Ch=8 ChS=250Hz		FIN diplo net	FIN
17418,00	SKYOFDM	B=64Bd Ch=22 ChS=86Hz		MFA Helsinki	FIN
17419,00	ALE USB	B=125Bd Ch=8 ChS=250Hz			
17420,50	STANAG 4285	B=2400Bd Ch=1		I MIL attache net	I
17421,00	SSB			I F Rome	I
17422,30	SITOR A	B=100Bd S=170Hz	ERMBRA* *		
17423,00	*CIS 50-500*	*B=50Bd S=500Hz*		*RUS MIL Moscow*	*RUS*
17426,00	ALE USB	B=125Bd Ch=8 ChS=250Hz		CHL DC net	CHL
17429,00	CIS 200-1000	B=200Bd S=1000Hz Ch=1		RUS MIL INTEL	RUS
17430,00	FAX 120/576		9VF235	KYODO Singapore M	SNG
17430,00	CIS MFSK 11	B=125Bd Ch=11 ChS=250Hz			RUS
17432,00	*STANAG 4285*	*B=2400Bd*		*G MIL Akrotiri*	*CYP*
17440,00	SSB			Virgin Blue LDOC	AUS
17441,60	BAUDOT	B=100Bd S=400Hz	5YE	Nairobi M	KEN
17445,60	FAX 120/576		5YE	Nairobi M	KEN
17446,00	CIS 200-1000	B=200Bd S=1000Hz Ch=1		RUS MIL INTEL	RUS
17446,00	ALE USB	B=125Bd Ch=8 ChS=250Hz		CHL DC net	CHL
17448,00	CIS 200-1000	B=200Bd S=1000Hz Ch=1		RUS MIL INTEL	RUS
17450,00	ALE USB	B=125Bd Ch=8 ChS=250Hz			
17450,00	ALE USB	B=125Bd Ch=8 ChS=250Hz			
17450,00				CAN Meteor Orbit Radar	CAN
17451,50	ALE USB	B=125Bd Ch=8 ChS=250Hz		AUT F net	
17454,00	ALE USB	B=125Bd Ch=8 ChS=250Hz		CHL DC net	CHL
17455,00	CODAN	B=2400Bd Ch=16 ChS=112,5Hz			
17456,00	CIS BAUDOT 1,5 STB	B=200Bd S=500Hz Ch=1		RUS INTEL	RUS
17458,20	*MIL 188-110B SER*	*B=2400Bd*		*W Stockholm*	*S*
17458,50	ALE USB	B=125Bd Ch=8 ChS=250Hz		USA Defence Logistic Agency net	USA
17460,00	ALE USB	B=125Bd Ch=8 ChS=250Hz		FIN diplo net	FIN
17460,00	*T600*	*B=50Bd S=250Hz Ch=1*		*RUS N Moscow*	*RUS*
17462,00	CIS MFSK14	B=7,8Bd Ch=14 ChS=15Hz		RUS INTEL	RUS
17463,00	USB			AUSTRAVEL safety net	AUS
17463,88	CROWD 36	B=40Bd S=40Hz Ch=32 ChS=40Hz		RUS diplo	
17468,00	CW		RIW	RUS NSHQ Moscow	RUS
17468,00	*STANAG 4285*	*B=2400Bd*		*G MIL St. Eval*	*G*
17469,50	*CROWD 36*	*B=40Bd Ch=32*		*MFA Moscow*	*RUS*

Frequency	Mode	Mode Parameter	Callsign	User	Country
		ChS=40Hz			
17469,50	*CIS OFDM 60*	*B=2400Bd Ch=60 ChS=44,5Hz*		*MFA Moscow*	*RUS*
17474,00	MIL 188-110B SER	B=2400Bd	YPM34	ROU E	
17476,00	CIS 200-1000	B=200Bd S=1000Hz Ch=1		RUS MIL INTEL	RUS
17477,00	ALE USB	B=125Bd Ch=8 ChS=250Hz		F diplo net	
17478,50	ALE USB	B=125Bd Ch=8 ChS=250Hz		USA NG net	USA
17479,00	*ALE USB*	*B=125Bd Ch=8 ChS=250Hz*		*ROU diplo net*	*ROU*
17480,00	USB			AUS Davis Base	ANT
17480,00	USB			Macquarie Island , AUS	ANT
17480,00	USB			Mawson Base , AUS	ANT
17486,00	ALE USB	B=125Bd Ch=8 ChS=250Hz			
17487,00	ALE USB	B=125Bd Ch=8 ChS=250Hz			
17487,00	SSB			USA AF MARS	
17487,00	ALE USB	B=125Bd Ch=8 ChS=250Hz		USA SHARES net	USA
17488,00	ALE USB	B=125Bd Ch=8 ChS=250Hz			
17489,00	ALE USB	B=125Bd Ch=8 ChS=250Hz			
17494,00	CIS 200-1000	B=200Bd S=1000Hz Ch=1		RUS MIL INTEL	RUS
17501,50	ALE USB	B=125Bd Ch=8 ChS=250Hz		USA NG net	USA
17511,00	SSB, RTTY			D army	D
17519,00	ALE USB	B=125Bd Ch=8 ChS=250Hz		USA FEMA net	USA
17519,00	SSB			FEMA	USA
17537,00	CIS 50-500	B=50Bd S=500Hz		Moscow	RUS
17544,00	SSB		DHJ59	D N Wilhelmshaven	D
17550,80	ARQ-E3	B=192Bd S=410Hz	RFTJ**	F F Dakar , "controle de voie"	SEN
17562,00	STANAG 4285	B=2400Bd	CTA	POR N Lisbon	POR
17601,00	SSB			USA Customs , DEA	USA
17649,00	SSB			FEMA	USA
17670,00	SSB			USA AF MARS	
17675,00	SSB			USAF Andrews AFB , MD	USA
17675,00	SSB		AKA	USAF Elmendorf AFB , Anchorage	ALS
17680,00	ALE USB	B=125Bd Ch=8 ChS=250Hz		G MIL net	G
17685,00	*STANAG 4285*	*B=2400Bd*		*G F Akrotiri*	*CYP*
17685,00	*STANAG 4285*	*B=2400Bd*		*G MIL St. Eval*	*G*
17793,70	M/S 1,0	B=50Bd S=850Hz		USA N Puerto Rico	PTR
17860,00	MFSK8	B=7,8125Bd Ch=32 ChS=9,875Hz		VOA Radiogram , TX Edward R. Murrow , NC	USA
17860,00	MFSK32	B=31,25Bd Ch=16 ChS=39,375Hz		VOA Radiogram	USA
17901,00	HFDL	B=1800Bd	H11**	Albrook	PNR
17901,00	SSB			RDARA 12	
17904,00	SSB			Agana Air	GUM
17904,00	SSB			Anchorage Air	ALS
17904,00	SSB			Auckland Air	NZL
17904,00	SSB			MWARA CEP	CEP
17904,00	SSB			MWARA CWP	CWP
17904,00	SSB			MWARA NP	NP
17904,00	SSB			MWARA SP	SP
17904,00	SSB			Nandi Air	FJI
17904,00	SSB			Papeete Air	OCE

Frequency	Mode	Mode Parameter	Callsign	User	Country
17904,00	SSB			RDARA 4	
17904,00	SSB			San Francisco Air , CA	USA
17904,00	SSB			Sydney Air	AUS
17904,00	SSB			Tokyo Air	J
17904,00	SSB		KVM70	Honululu Air	HWA
17907,00	SSB			Cocos Island Air	ICO
17907,00	SSB			Darwin Air	AUS
17907,00	SSB			Ezeiza Air	ARG
17907,00	SSB			Merida Air	MEX
17907,00	SSB			MWARA CAR	CAR
17907,00	SSB			MWARA EA	EA
17907,00	SSB			MWARA SAM	SAM
17907,00	SSB			MWARA SEA	SEA
17907,00	SSB		KEA5	New York Air	USA
17907,00	SSB			Perth Air	AUS
17910,00	SSB			Carribean Bridgetown	BRB
17910,00	SSB			Rainbow R , Tors Cove	CAN
17910,00	SSB			RDARA 10	
17910,00	SSB			RDARA 3	
17912,00	HFDL	B=1800Bd	H14**	Krasnoyarsk	RUS
17913,00	SSB			RDARA 13	
17913,00	SSB			RDARA 6G	
17916,00	SSB			Belgrade Air	SRB
17916,00	USB		SDJ	Stockholm R	S
17916,00	SSB			W I	WW
17916,00	SSB			W III	WW
17916,00	HFDL	B=1800Bd	H05**	Auckland	NZL
17916,00	HFDL	B=1800Bd	H13**	Santa Cruz	BOL
17919,00	HFDL	B=1800Bd	H16**	Agana	GUM
17919,00	HFDL	B=1800Bd	H01**	San Francisco , CA	USA
17919,00	HFDL	B=1800Bd	H02**	Molokai , HI	HWA
17919,00	HFDL	B=1800Bd	H04**	Riverhead , NY	USA
17919,00	SSB			Aerolines Argentinas Ezeiza	ARG
17919,00	SSB			W II	WW
17919,00	SSB			W IV	WW
17919,00	HFDL	B=1800Bd	H09**	Barrow , AK	ALS
17922,00	SSB			W I	WW
17922,00	SSB			W III	WW
17925,00	USB			ARINC Barrow	ALS
17925,00	USB			ARINC Guam	GUM
17925,00	USB			ARINC Hat Yai	THA
17925,00	SSB			ARINC New York , NY	USA
17925,00	SSB			ARINC San Francisco , CA	USA
17925,00	USB			ARINC Santa Cruz	BOL
17925,00	SSB			W V	WW
17928,00	SSB			W II	WW
17928,00	SSB			W III	WW
17928,00	SSB			W IV	WW
17928,00	HFDL	B=1800Bd	H06**	Hat Yai	THA
17928,00	HFDL	B=1800Bd	H17**	Telde , Gran Canaria	E
17931,00	SSB			Berne R	SUI
17931,00	SSB			W I	WW
17931,00	SSB			W V	WW
17934,00	HFDL	B=1800Bd	H02**	Molokai , HI	HWA
17934,00	HFDL	B=1800Bd	H04**	Riverhead , NY	USA
17934,00	SSB			W II	WW
17934,00	SSB			W III	WW
17934,00	HFDL	B=1800Bd	H09**	Barrow , AK	ALS
17937,00	SSB			W IV	WW
17937,00	SSB			W V	WW
17938,20	STANAG 4285	B=2400Bd	EBA	E N Madrid	E
17940,00	SSB			Hongkong R	HKG

Frequency	Mode	Mode Parameter	Callsign	User	Country
17940,00	SSB			Universal R , Houston , FL	USA
17940,00	SSB			W II	WW
17940,00	SSB			W III	WW
17943,00	SSB			RDARA 6	
17946,00	SSB			Canarias Air , Las Palmas	CNR
17946,00	SSB			Iceland Air , Reykjavik	ISL
17946,00	SSB			MWARA NAT	NAT
17946,00	SSB		KEA5	New York Air	USA
17946,00	SSB			RDARA 14	
17946,00	SSB			Shanwick Air	IRL
17946,00	SSB		VFG	Gander Air	CAN
17949,00	SSB			RDARA 5	
17952,00	HFDL	B=1800Bd	H04**	Riverhead , NY	USA
17952,00	SSB			RDARA 3	
17955,00	SSB			Abidjan Air	CTI
17955,00	SSB			Canarias Air , Las Palmas	CNR
17955,00	SSB			Dakar Air	SEN
17955,00	SSB			Johannesburg Air	AFS
17955,00	SSB			MWARA SAT	SAT
17955,00	SSB			RDARA 6B	
17955,00	SSB			Sal Air	CPV
17958,00	SSB			MWARA NCA	NCA
17961,00	SSB			Cocos Island Air	ICO
17961,00	SSB			MWARA AFI	AFI
17961,00	SSB			MWARA EUR	EUR
17961,00	SSB			MWARA INO	INO
17961,00	SSB			MWARA MID	MID
17961,00	SSB			Perth Air	AUS
17964,00	SSB			Boing Co. , Seatlle , WA	USA
17964,00	SSB			Lockheed Corp. Los Angeles , CA	USA
17964,00	SSB			McDonnell Douglas , St. Louis , MO	USA
17964,00	SSB			RDARA 11B	
17964,00	SSB			RDARA 2	
17964,00	USB		BOING EVERETT	Boing Seattle	USA
17964,00	USB		BOING SEATTLE	Boing Seattle	USA
17967,00	SSB			RDARA 13A	
17967,00	SSB			RDARA 13B	
17967,00	SSB			RDARA 13E	
17967,00	SSB			RDARA 13F	
17967,00	SSB			RDARA 5	
17967,00	HFDL	B=1800Bd	H15**	Al Muharraq	BHR
17970,00	ALE USB	B=125Bd Ch=8 ChS=250Hz			
17971,00	*STANAG 4285*	*B=2400Bd*		*G MIL Akrotiri*	*CYP*
17972,00	SSB			USA Customs , DEA	USA
17973,00	MFSK16	B=2400Bd Ch=16 ChS=125Hz			
17973,00	SSB		DHM91	D AF Münster	D
17973,00	ALE USB	B=125Bd Ch=8 ChS=250Hz		USA AF NIPR net	USA
17976,00	ALE USB	B=125Bd Ch=8 ChS=250Hz		USA AF net	
17976,00	MIL 188-110B SER	B=2400Bd			
17976,00	SSB			Puerto Rico	PTR
17982,00	ALE USB	B=125Bd Ch=8 ChS=250Hz		B F net	B
17985,00	HFDL	B=1800Bd	H03**	Reykjavik	ISL
17988,00	ALE USB	B=125Bd Ch=8 ChS=250Hz		USA N net	
17988,50	*STANAG 4481*	*B=75Bd S=850Hz*		*G MIL Gibraltar*	*GIB*
17990,00	SSB			I AF Rome	I

Frequency	Mode	Mode Parameter	Callsign	User	Country
17991,00	SSB		DHM91	D AF Münster	D
17992,00	SSB			USAF Strategic Command	USA
17993,50	SSB		AIE	USAF Andersen AFB	GUM
17994,00	MIL 188-110B SER	B=2400Bd			
17994,00	SSB		CHR	CAN F Trenton	CAN
17994,00	SSB		DHJ59	D N Wilhelmshaven	D
17995,00	SSB			CAN AF St. John`s	CAN
17995,00	SSB		VXA	CAN F Edmonton	CAN
18000,00	ALE USB	B=125Bd Ch=8 ChS=250Hz		USA AF net	
18002,00	SSB			USAF Ascension	ASC
18002,00	SSB			USAF Elmendorf	ALS
18002,00	SSB			USAF McDill AFB , FL	USA
18002,00	SSB			USAF Scott AFB , IL	USA
18002,00	SSB		AFI	USAF McClellan AFB , Sacramento , CA	USA
18002,00	SSB		AFL	USAF Loring AFB , Limestone , ME	USA
18002,00	SSB		AGA	USAF Hickham AFB , Honolulu	HWA
18002,00	SSB		AIE	USAF Andersen AFB	GUM
18003,00	ALE USB	B=125Bd Ch=8 ChS=250Hz		USA AF net	
18005,00	SSB		AIE	USAF Andersen AFB	GUM
18005,10	M/S 1,0	B=75Bd S=850Hz			
18009,00	LINK 11	B=2250Bd		F AF	F
18009,00	SSB			NASA launch support ships	USA
18009,00	SSB		NWC	USN Exmouth WA	USA
18011,00	CW		RKN	? RUS N	RUS
18012,00	USB		FDE	F AF Villacoublay	F
18012,00	STANAG 4285	B=2400Bd	FUF	F N Fort de France	MRT
18012,00	SSB			CAN AF Edmonton	ALS
18012,00	SSB		CHR	CAN F Trenton	CAN
18012,00	SSB		ZKS	NZL AF Rorotanga	CKH
18012,00	SSB		ZKX	NZL AF Auckland	NZL
18012,00	SSB		DHM91	D AF Münster	D
18019,00	SSB			USAF Ascension	ASC
18019,00	SSB		AFE	USAF MacDill AFB , FL	USA
18019,00	SSB		AGA	USAF Hickham AFB , Honolulu	HWA
18021,00	ALE USB	B=125Bd Ch=8 ChS=250Hz		USA Government HF net	USA
18023,00	SSB		HEE81	Berne Air	SUI
18027,00	SSB		CFH	CAN F Halifax	CAN
18027,00	SSB		VXA	CAN F Edmonton	CAN
18030,00	USB		KORSAR	RUS AF	RUS
18030,00	USB		KLARNETI ST	RUS AF Migalovo/Tver	RUS
18033,50	DPRK FSK	B=600Bd S=600Hz		DPRK diplo	
18034,00	CW		VTK	IND N Tuticorin	IND
18040,00	ALE USB	B=125Bd Ch=8 ChS=250Hz		F N net	
18040,00	STANAG 4285	B=2400Bd	FUJ	F N Noumea	NCL
18042,00	PACTOR	B=200Bd S=170Hz	PACMZG* *	MSF	
18042,00	ALE USB	B=125Bd Ch=8 ChS=250Hz		F N net	
18046,00	SSB			USAF Strategic Command	USA
18047,00	STANAG 4481	B=75Bd S=850Hz			
18048,00	CIS 50-500	B=50Bd S=500Hz		RUS	RUS
18049,70	SITOR A	B=100Bd S=170Hz		EGY E Conakry	GUI
18053,50	STANAG 4285	B=2400Bd		I MIL Attaché net	
18055,00	CODAN CHIRP	B=80Bd Ch=30 ChS=81Hz		MFA Cairo	EGY
18055,00	CODAN	B=2400Bd Ch=16 ChS=112,5Hz		MGA Cairo	EGY
18056,00	RUS DBPSK	B=1866Bd Ch=16		RUS INTEL	RUS

Frequency	Mode	Mode Parameter	Callsign	User	Country
	16FSK	ChS=175Hz			
18060,00	FAX 120/576		VMW	Wiluna M	AUS
18060,50	*WINDRM MOD*	*B=2400Bd Ch=51 ChS=48Hz*		*Akrotiri*	*CYP*
18063,00	PACTOR I	B=100Bd S=200Hz	RC1KAB**	ICRC Kaboul	AFG
18063,00	PACTOR I	B=100Bd S=200Hz	MB1TBI**	ICRC MB Tiblisi	GEO
18066,00	PACTOR III	B=100Bd S=200Hz		MSF	
18067,75	CW		IK6BAK/B	M Felcino	I
18102,00	CW		IK1PCB	Bordighera	I
18107,00	*T600*	*B=50Bd S=100Hz*	*RDL*	*RUS N Moscow*	*RUS*
18107,00	*CIS 50-250*	*B=50Bd S=200Hz*		*RUS N Moscow*	*RUS*
18110,00	CW		4U1UN	New York	USA
18110,00	CW		4X6TU	Tel Aviv	ISR
18110,00	CW		CS3B	Madeira	
18110,00	CW		DL0AGS	Kassel	D
18110,00	CW		NKW	USN Giega Garcia	DGA
18110,00	CW		OH2B	Espoo	FNL
18110,00	CW		YV5B	Caracas	VEN
18140,00	PSK4A	B=2400Bd		CHN MIL	CHN
18155,00	SSB			USA AF MARS	
18158,50	DPRK FSK	B=600Bd S=600Hz		MFA Pyongyang	KRE
18170,00	ALE USB	B=125Bd Ch=8 ChS=250Hz			
18170,00	*STANAG 4285*	*B=2400Bd Ch=1*	*JWT*	*NOR N Stavanger*	*NOR*
18171,00	ALE USB	B=125Bd Ch=8 ChS=250Hz		USA FBI net	USA
18172,00	PACTOR III	B=100Bd S=200Hz	9Z4DH	Sailmail Chaguaramas	TRD
18172,00	PACTOR II	B=200Bd S=200Hz	WGM	Hollywood , FL	USA
18180,00	STANAG 4285	B=2400Bd			
18183,50	CROWD 36	B=40Bd Ch=32 ChS=40Hz			
18184,00	CIS 200-1000	B=200Bd S=1000Hz Ch=1		RUS MIL INTEL	RUS
18185,00	BR 6028	B=75Bd S=170Hz Ch=7 ChS=340Hz	ZLO29	NZL N Irirangi	NZL
18191,70	WINDRM MOD	B=2400Bd Ch=51 ChS=48Hz			
18192,00	WINDRM MOD	B=2400Bd Ch=51 ChS=48Hz			
18194,00	CIS BAUDOT 1,5 STB	B=200Bd S=500Hz Ch=1		RUS INTEL	RUS
18200,00	EGY QPSK	B=2400Bd		EGY	
18203,70	SITOR A	B=100Bd S=170Hz		MFA Cairo	EGY
18204,00	ALE USB	B=125Bd Ch=8 ChS=250Hz		ALG diplo net	
18204,30	ALE USB	B=125Bd Ch=8 ChS=250Hz		MLT N net	MLT
18206,00	CIS BAUDOT 1,5 STB	B=200Bd S=500Hz Ch=1		RUS INTEL	RUS
18210,00	ALE USB	B=125Bd Ch=8 ChS=250Hz		G MIL net	G
18213,00	CIS MFSK14	B=7,8Bd Ch=14 ChS=15Hz		RUS INTEL	RUS
18215,00	CIS 3000	B=3000Bd		RUS diplo	RUS
18215,00	CIS 68TONE	B=50Bd Ch=68 ChS=47Hz		RUS diplo	RUS
18215,00	CODAN	B=2400Bd Ch=16 ChS=112,5Hz			
18217,00	*MIL 188-110B SER*	*B=2400Bd*		*NW Stockholm*	*S*
18218,00	MIL 188-110B SER	B=2400Bd		B MIL net	B
18218,00	ALE USB	B=125Bd Ch=8 ChS=250Hz		B MIL net	B
18219,00	ALE USB	B=125Bd Ch=8		B N net	B

Frequency	Mode	Mode Parameter	Callsign	User	Country
		ChS=250Hz			
18220,00	FAX 120/576		JMH5	Tokyo M	J
18223,00	GTOR	B=200Bd S=200Hz			
18223,50	ALE USB	B=125Bd Ch=8 ChS=250Hz		AUT F net	
18224,00	PACTOR , SITOR	B=100Bd S=170Hz	WNU	Globw Wireless Slidell	USA
18230,00	STANAG 4285	B=2400Bd		G MIL	
18230,00	ALE USB	B=125Bd Ch=8 ChS=250Hz		SUI diplo net	
18231,00	*USB*			*I MIL Rome*	*I*
18231,00	*FSK*	*B=1200Bd S=1200Hz*		*I MIL Rome*	*I*
18234,00	PACTOR II	B=200Bd S=200Hz	XJN714	Sailmail Lunenburg , NS	CAN
18236,90	FAX 120/576		BAF33	Bejing M	CHN
18237,80	BAUDOT	B=75Bd S=170Hz	ZSC	Capetown R	AFS
18238,00	FAX 120/576		ZSJ	AFS N Capetown Naval	AFS
18240,00	PACTOR II	B=200Bd S=200Hz	HPPM1	Sailmail Chiriqui	PNR
18248,60	ALE USB	B=125Bd Ch=8 ChS=250Hz		USA diplo net	
18252,50	*STANAG 4285*	*B=2400Bd*	*JWT*	*NOR N Stavanger*	*NOR*
18253,00	CIS 200-1000	B=200Bd S=1000Hz Ch=1		RUS MIL INTEL	RUS
18255,70	PACTOR II	B=100Bd S=200Hz	SA1QC		
18255,70	PACTOR II	B=100Bd S=200Hz	AB2BC		
18261,00	FAX 120/288/576		GYA	G N Northwood	G
18264,00	PACTOR II	B=200Bd S=200Hz	KUZ533	Sailmail Honululu	HWA
18264,00	PACTOR III	B=100Bd S=200Hz	RC01	Sailmail Maputo	MOZ
18264,00	RUS DBPSK 16FSK	B=1866Bd Ch=16 ChS=175Hz		RUS INTEL	RUS
18264,00	ALE USB	B=125Bd Ch=8 ChS=250Hz		IRN net	IRN
18264,00	*CODAN CHIRP*	*B=80Bd Ch=30 ChS=81Hz*		*IRN net*	*IRN*
18264,00	*CODAN*	*B=2400Bd Ch=16 ChS=112,5Hz*		*IRN net*	*IRN*
18265,00	CIS 2CH QPSK	B=125Bd Ch=2 ChS=100Hz		RUS INTEL	RUS
18267,00	ALE LSB	B=125Bd Ch=8 ChS=250Hz		Public health net , TX	USA
18270,00	ALE USB	B=125Bd Ch=8 ChS=250Hz		CZR diplo net	
18270,00	MIL 188-110B SER	B=2400Bd		CZE E Brasilia	B
18270,00	MIL 188-110B SER	B=2400Bd		MFA Prague	CZE
18270,50	SITOR , CW	B=100Bd S=170Hz	WPC	Pin Oak R	USA
18273,00	CW		RJD97	RUS N ship	RUS
18276,00	CROWD 36	B=40Bd Ch=32 ChS=40Hz		MFA Moscow	RUS
18276,00	CIS OFDM 45	B=2400Bd Ch=45 ChS=62,5Hz		MFA Moscow	RUS
18276,00	*ALE USB*	*B=125Bd Ch=8 ChS=250Hz*		*SUI diplo net*	
18276,00	MIL 188-110B SER	B=2400Bd		SUI E New Delhi	IND
18276,00	*MIL 188-110B SER*	*B=2400Bd*		*MFA Berne*	*SUI*
18276,00	MIL 188-110B SER	B=2400Bd		SUI E Washington	USA
18277,00	PACTOR III	B=100Bd S=200Hz	WHV382	Sailmail Friday Habor , WA	USA
18279,20	STANAG 4285	B=2400Bd	OVK	DNK N Aarhus	DNK
18281,00	*MIL 188-110B SER*	*B=2400Bd*		*MFA Berne*	*SUI*
18281,00	MIL 188-110B SER	B=2400Bd		SUI E Ankara	TUR
18281,00	ALE USB	B=125Bd Ch=8 ChS=250Hz		SUI diplo net	
18296,00	PACTOR II	B=200Bd S=200Hz	WHV861	Sailmail San Luis Obispo , CA	USA
18300,00	ALE USB	B=125Bd Ch=8 ChS=250Hz		CZE diplo net	CZE

Frequency	Mode	Mode Parameter	Callsign	User	Country
18305,00	ALE USB	B=125Bd Ch=8 ChS=250Hz			
18305,50	ALE USB	B=125Bd Ch=8 ChS=250Hz		G MIL net	G
18311,60	STANAG 4285	B=2400Bd	RFGW**	MFA Paris	F
18315,00	CODAN	B=2400Bd Ch=16 ChS=112,5Hz		EGY E Islamabad	PAK
18315,00	CODAN CHIRP	B=80Bd Ch=30 ChS=81Hz		EGY E Islamabad	PAK
18315,20	MIL 188-110B SER	B=2400Bd		S MIL	S
18315,20	*STANAG 4285*	*B=2400Bd*	*6WW*	*F N Dakar*	*SEN*
18315,70	SITOR A	B=100Bd S=170Hz		EGY E	
18320,00	CIS 100-1000	B=100Bd S=1000Hz			RUS
18320,00	PACTOR III	B=100Bd S=200Hz		MFA Prague	CZE
18320,00	PACTOR III	B=100Bd S=200Hz		CZE E Islamabad	PAK
18320,00	ALE USB	B=125Bd Ch=8 ChS=250Hz		TUN F net	TUN
18320,00	ALE USB	B=125Bd Ch=8 ChS=250Hz		CZE diplo net	
18325,00	ALE USB	B=125Bd Ch=8 ChS=250Hz		F N net	
18326,00	ALE USB	B=125Bd Ch=8 ChS=250Hz			
18326,70	SITOR A	B=100Bd S=170Hz		MFA Cairo	EGY
18328,00	CW		RHO62	RUS N ship ADMIRAL VLADIMIRSKIY	RUS
18336,00	ALE USB	B=125Bd Ch=8 ChS=250Hz			
18345,00	*CIS OFDM 60*	*B=2400Bd Ch=60 ChS=44,5Hz*		*MFA Moscow*	*RUS*
18347,00	CIS 200-1000	B=200Bd S=1000Hz Ch=1		RUS MIL INTEL	RUS
18351,00	CIS BAUDOT 1,5 STB	B=200Bd S=500Hz Ch=1		RUS INTEL	RUS
18351,70	SITOR A	B=100Bd S=170Hz		EGY E	
18352,00	CHN 4+4	B=75Bd Ch=8 ChS=300/450Hz		CHN MIL	
18352,00	ALE USB	B=125Bd Ch=8 ChS=250Hz		ROU diplo net	
18359,50	CIS 100-2000	B=100Bd S=2000Hz Ch=1		RUS MIL	RUS
18365,20	*STANAG 4285*	*B=2400Bd*	*6WW*	*F N Dakar*	*SEN*
18367,50	ALE USB	B=125Bd Ch=8 ChS=250Hz		USA AF net	USA
18368,00	CIS 200-1000	B=200Bd S=1000Hz Ch=1		RUS MIL INTEL Moscow	RUS
18370,50	ALE USB	B=125Bd Ch=8 ChS=250Hz		USA AF net	USA
18373,50	ALE USB	B=125Bd Ch=8 ChS=250Hz		USA AF net	USA
18376,40	PACTOR II	B=200Bd S=200Hz	WPTG385	Sailmail Corpus Christi , TX	USA
18376,50	ALE USB	B=125Bd Ch=8 ChS=250Hz		USA AF net	USA
18377,00	CODAN	B=2400Bd Ch=16 ChS=112,5Hz		MFA Cairo	EGY
18378,70	SITOR A	B=100Bd S=170Hz		MFA Cairo	EGY
18379,00	CLOVER 2000	B=500Bd Ch=8 ChS=250Hz	631OT**		
18381,40	PACTOR II	B=200Bd S=200Hz	WPUC469	Sailmail South Daytona , FL	USA
18390,00	ALE USB	B=125Bd Ch=8 ChS=250Hz		SUI diplo net	
18390,00	PACTOR III	B=100Bd S=200Hz	WQAB964	Sailmail San Diego , CA	USA
18390,00	STANAG 4285	B=2400Bd			
18395,00	CIS 200-1000	B=200Bd		RUS MIL INTEL	RUS

Frequency	Mode	Mode Parameter	Callsign	User	Country
		S=1000Hz Ch=1			
18396,00	ALE USB	B=125Bd Ch=8 ChS=250Hz		F diplo net	
18399,70	PACTOR III	B=100Bd S=200Hz			
18401,00	STANAG 4285	B=2400Bd		G MIL Akrotiri	CYP
18403,00	ALE USB	B=125Bd Ch=8 ChS=250Hz		SUI diplo net	
18403,00	MIL 188-110B SER	B=2400Bd		SUI E New Delhi	IND
18403,00	*MIL 188-110B SER*	*B=2400Bd*		*MFA Berne*	*SUI*
18403,50	ALE USB	B=125Bd Ch=8 ChS=250Hz		G MIL net	G
18405,00	*ALE USB*	*B=125Bd Ch=8 ChS=250Hz*		*G MIL net*	*G*
18405,00	ALE USB	B=125Bd Ch=8 ChS=250Hz			
18405,20	STANAG 4285	B=2400Bd		G MIL Akrotiri	CYP
18407,00	STANAG 4197	B=2400Bd			
18407,00	ALE USB	B=125Bd Ch=8 ChS=250Hz		G MIL net	G
18410,00	CHP200 ALE	B=250Bd ChS=170Hz			
18411,20	*STANAG 4285*	*B=2400Bd*	*6WW*	*F N Dakar*	*SEN*
18413,50	DPRK FSK	B=600Bd S=600Hz		DPRK diplo	
18423,40	MIL 188-110B SER	B=2400Bd		S N Karlskrona	S
18429,00	CIS 200-1000	B=200Bd S=1000Hz Ch=1		RUS MIL INTEL	RUS
18440,00	PACTOR II	B=200Bd S=200Hz	HPPM1	Sailmail Chiriqui	PNR
18440,50	DPRK ARQ	B=600Bd S=600Hz		KRE diplo	
18441,00	MIL 188-110B SER	B=2400Bd			
18441,20	FAX 120/576		JMJ5	Tokyo M	J
18449,20	*ARQ-E3*	*B=192Bd S=400Hz*		*F MIL N`djamena*	*TCD*
18451,50	LINEA	B=109,5Bd S=400Hz		EQA F	EQA
18452,00	*CROWD 36*	*B=40Bd Ch=32 ChS=40Hz*		*RUS E Cairo*	*EGY*
18457,00	STANAG 4285	B=2400Bd		UK Mil Akrotiri	CYP
18463,00	BAUDOT	B=50Bd S=170Hz	8WA46	IND E Hanoi	VTN
18469,00	CIS 200-1000	B=200Bd S=1000Hz Ch=1		RUS MIL INTEL	RUS
18470,00	ALE USB	B=125Bd Ch=8 ChS=250Hz			
18471,00	CIS 200-1000	B=200Bd S=1000Hz Ch=1		RUS MIL INTEL	RUS
18476,00	CIS 200-1000	B=200Bd S=1000Hz Ch=1		RUS MIL INTEL	RUS
18476,40	PACTOR II	B=200Bd S=200Hz	WXH	Annapolis , MD	USA
18480,00	ALE USB	B=125Bd Ch=8 ChS=250Hz	OLZ69	?CZE E Cairo	EGY
18480,00	CLOVER 2000	B=500Bd Ch=8 ChS=250Hz	OLZ69	?CZE E Cairo	EGY
18480,00	CW		RHB55	RUS N	RUS
18483,00	CROWD 36	B=40Bd Ch=32 ChS=40Hz		MFA Moscow	RUS
18483,00	CIS OFDM 45	B=2400Bd Ch=45 ChS=62,5Hz		MFA Moscow	RUS
18493,50	*STANAG 4285*	*B=2400Bd*		*G MIL Akrotiri*	*CYP*
18493,70	*STANAG 4285*	*B=2400Bd*		*F MIL Djibouti*	*DJI*
18500,00	ALE USB	B=125Bd Ch=8 ChS=250Hz			
18502,00	*OQPSK*	*B=2400Bd*		*G MIL Akrotiri*	*CYP*
18507,00	PACTOR I	B=100Bd S=170Hz			SDN
18509,00	CIS 200-1000	B=200Bd S=1000Hz Ch=1		RUS MIL INTEL	RUS

Frequency	Mode	Mode Parameter	Callsign	User	Country
18509,00	*ALE USB*	*B=125Bd Ch=8 ChS=250Hz*		*G MIL net*	*G*
18513,00	ALE USB	B=125Bd Ch=8 ChS=250Hz		USA Civil Air Patrol net	USA
18516,00	ALE USB	B=125Bd Ch=8 ChS=250Hz		USA Civil Air Patrol net	USA
18521,00	CIS 200-1000	B=200Bd S=1000Hz Ch=1		RUS MIL INTEL	RUS
18531,50	*STANAG 4285*	*B=2400Bd*		*G MIL Akrotiri*	*CYP*
18533,00	*STANAG 4285*	*B=2400Bd*		*G MIL Akrotiri*	*CYP*
18536,00	*STANAG 4285*	*B=2400Bd*		*G MIL Akrotiri*	*CYP*
18537,70	2FSK	B=300Bd S=850Hz			
18545,00	MIL 188-110B SER	B=2400Bd			
18550,00	ALE USB	B=125Bd Ch=8 ChS=250Hz		ALG police net	ALG
18551,00	MIL 188-110B SER	B=2400Bd			
18552,00	*OQPSK*	*B=2400Bd*		*G MIL Akrotiri*	*CYP*
18553,00	*CIS OFDM 45*	*B=2400Bd Ch=45 ChS=62,5Hz*		*MFA Moscow*	*RUS*
18553,00	CIS 200-1000	B=200Bd S=1000Hz Ch=1		RUS MIL INTEL	RUS
18558,50	FAX 120/576		BM	Taipei M	THA
18560,00	FAX 120/576		BMF	Taipei M	THA
18562,00	CHN 4+4	B=75Bd Ch=8 ChS=300/450Hz	NLPV**	CHN MIL	
18562,00	FSK	B=50Bd S=500Hz			CUB
18567,00	ALE USB	B=125Bd Ch=8 ChS=250Hz		?CHN diplo net	
18571,40	SITOR B	B=100Bd S=170Hz	OLO32	Prague	CZE
18577,40	PACTOR II	B=200Bd S=200Hz	WXH	Annapolis , MD	USA
18578,00	ALE USB	B=125Bd Ch=8 ChS=250Hz		F N net	
18578,00	STANAG 4285	B=2400Bd	FUJ	F N Noumea	NCL
18581,00	ALE USB	B=125Bd Ch=8 ChS=250Hz		SUI diplo net	SUI
18581,00	*MIL 188-110B SER*	*B=2400Bd*		*MFA Berne*	*SUI*
18581,00	MIL 188-110B SER	B=2400Bd		SUI E New Dehlhi	IND
18587,00	ALE USB	B=125Bd Ch=8 ChS=250Hz			
18587,00	SKYOFDM	B=64Bd Ch=22 ChS=86Hz			
18594,00	PACTOR II	B=200Bd S=200Hz	VZX	Sailmail Darawank	AUS
18594,00	ALE USB	B=125Bd Ch=8 ChS=250Hz		USA COTHEN net	USA
18594,00	SSB			USAF Strategic Command	USA
18594,00	SSB			USA Customs , DEA	USA
18594,00	ALE USB	B=125Bd Ch=8 ChS=250Hz		USA COTHEN net	USA
18598,00	ALE USB	B=125Bd Ch=8 ChS=250Hz			
18598,40	STANAG 4285	B=2400Bd	FUJ	F N Noumea	NCL
18610,00	PACTOR II	B=200Bd S=200Hz	HPPM2	Sailmail Chiriqui	PNR
18617,20	*STANAG 4285*	*B=2400Bd*	*PBC*	*NLD N Goeree Island*	*HOL*
18618,00	PACTOR II	B=200Bd S=200Hz	KZN508	Sailmail Rockhill , SC	USA
18618,00	PACTOR IV	B=100Bd S=200Hz	KZN508	Sailmail node Rock Hill , SC	USA
18620,00	PACTOR III	B=100Bd S=200Hz			
18624,00	PACTOR III	B=100Bd S=200Hz	WQLI952	Sailmail Watsonville , CA	USA
18624,00	PACTOR II	B=200Bd S=200Hz	WRD719	Sailmail Palo Alto	USA
18630,00	PACTOR II	B=200Bd S=200Hz	KZN508	Sailmail Rockhill , SC	USA
18630,00	PACTOR III	B=100Bd S=200Hz	RC01	Sailmail Maputo	MOZ
18633,00	*STANAG 4285*	*B=2400Bd*		*G MIL Akrotiri*	*CYP*
18634,00	ALE LSB	B=125Bd Ch=8 ChS=250Hz		CHL N net	CHL

Frequency	Mode	Mode Parameter	Callsign	User	Country
18635,00	ALE USB	B=125Bd Ch=8 ChS=250Hz		ALG Diplo net	
18651,00	CIS 200-1000	B=200Bd S=1000Hz Ch=1		RUS MIL INTEL	RUS
18658,00	CIS 68TONE	B=50Bd Ch=68 ChS=47Hz		RUS diplo	RUS
18665,00	ALE USB	B=125Bd Ch=8 ChS=250Hz		PAK N net	
18666,00	ALE USB	B=125Bd Ch=8 ChS=250Hz			
18666,00	ALE USB	B=125Bd Ch=8 ChS=250Hz		USA FBI net	USA
18673,00	ALE USB	B=125Bd Ch=8 ChS=250Hz		Queensland Deptartment of Community Safety	AUS
18691,70	FSK	B=1200Bd S=1200Hz			
18702,50	MIL 188-110B SER	B=2400Bd		S N Karlskrona	S
18716,70	SITOR A	B=100Bd S=170Hz		MFA Cairo	EGY
18735,00	AUS MIL ISB MODEM	B=300Bd S=345Hz		AUS MIL	AUS
18736,00	CIS 200-1000	B=200Bd S=1000Hz Ch=1		RUS MIL INTEL Moscow	RUS
18740,00	CIS ARQ	B=100Bd S=500Hz		RUS PTT	RUS
18744,00	SSB			FEMA	USA
18754,00	CIS 200-1000	B=200Bd S=1000Hz Ch=1		RUS MIL INTEL	RUS
18765,00	ALE USB	B=125Bd Ch=8 ChS=250Hz			
18780,00	SSB			SS Ch 1801	
18783,00	SSB			SS Ch 1802	
18786,00	SSB			SS Ch 1803	
18789,00	SSB			SS Ch 1804	
18792,00	SSB			SS Ch 1805	
18795,00	SSB			SS Ch 1806	
18798,00	SSB			SS Ch 1807	
18801,00	SSB			SS Ch 1808	
18804,00	SSB			SS Ch 1809	
18807,00	SSB			SS Ch 1810	
18810,00	SSB			SS Ch 1811	
18813,00	SSB			SS Ch 1812	
18816,00	SSB			SS Ch 1813	
18819,00	SSB			SS Ch 1814	
18822,00	SSB			SS Ch 1815	
18825,00	SSB			simplex frequency ship - ship	
18828,00	SSB			simplex frequency ship - ship	
18831,00	SSB			simplex frequency ship - ship	
18834,00	T600	B=50Bd S=500Hz			
18834,00	USB		XVS	Ho Chi Minh R	VTN
18834,00	SSB			simplex frequency ship - ship	
18836,00	ALE USB	B=125Bd Ch=8 ChS=250Hz			
18837,00	SSB			simplex frequency ship - ship	
18840,00	*ALE USB*	*B=125Bd Ch=8 ChS=250Hz*		*G MIL net*	*G*
18840,00	USB		WQCN860	Ocean-Pro R Naples , FL	USA
18840,00	SSB			simplex frequency ship - ship	
18843,00	USB		XVG	Hai Phong R	VTN
18843,00	SSB			simplex frequency ship - ship	
18847,00	*STANAG 4285*	*B=2400Bd*		*AUS MHFCS North West Cape*	*AUS*
18848,00	CLOVER 2000	B=500Bd Ch=8 ChS=250Hz			
18850,00	ALE USB	B=125Bd Ch=8 ChS=250Hz		CHN net	CHN

Frequency	Mode	Mode Parameter	Callsign	User	Country
18856,50	PACTOR III	B=100Bd S=200Hz	ZKN2SM	Sailmail Niue	NIU
18864,20	STANAG 4285	B=2400Bd			
18870,50	.			SS Ch 1	
18871,00	.			SS Ch 2	
18871,50	.			SS Ch 3	
18871,70	CW		D**	RUS N Odessa	UKR
18872,00	.			SS Ch 4	
18872,00	T600	B=50Bd S=200Hz		RUS N	
18872,00	CIS 12	B=1440Bd Ch=12 ChS=200Hz		RUS N	
18872,00	CIS 75-200	B=75Bd S=200Hz		RUS N	
18872,50	.			SS Ch 5	
18873,00	.			SS Ch 6	
18873,50	.			SS Ch 7	
18874,00	.			SS Ch 8	
18874,50	.			SS Ch 9	
18875,00	.			SS Ch 10	
18875,50	.			SS Ch 11	
18876,00	.			SS Ch 12	
18876,50	.			SS Ch 13	
18877,00	.			SS Ch 14	
18877,50	.			SS Ch 15	
18878,00	.			SS Ch 16	
18878,50	.			SS Ch 17	
18879,00	.			SS Ch 18	
18879,50	.			SS Ch 19	
18880,00	.			SS Ch 20	
18880,00	*STANAG 4285*	*B=2400Bd*		*TUR N Ankara*	*TUR*
18880,50	.			SS Ch 21	
18881,00	.			SS Ch 22	
18881,50	.			SS Ch 23	
18882,00	.			SS Ch 24	
18882,50	.			SS Ch 25	
18883,00	.			SS Ch 26	
18883,50	.			SS Ch 27	
18884,00	.			SS Ch 28	
18884,50	.			SS Ch 29	
18885,00	.			SS Ch 30	
18885,50	.			SS Ch 31	
18886,00	.			SS Ch 32	
18886,50	.			SS Ch 33	
18887,00	.			SS Ch 34	
18887,50	.			SS Ch 35	
18888,00	.			SS Ch 36	
18888,50	.			SS Ch 37	
18889,00	.			SS Ch 38	
18889,50	.			SS Ch 39	
18890,00	.			SS Ch 40	
18890,50	.			SS Ch 41	
18891,00	.			SS Ch 42	
18891,50	.			SS Ch 43	
18892,00	.			SS Ch 44	
18892,50	.			SS Ch 45	
18893,00	PACTOR II	B=200Bd S=200Hz	V8V2222	Sailmail Brunai Bay	BRU
18893,00	.			SS Ch 1	
18893,50	.			SS Ch 2	
18894,00	.			SS Ch 3	
18894,50	.			SS Ch 4	
18895,00	.			SS Ch 5	
18895,50	.			SS Ch 6	
18896,00	.			SS Ch 7	
18896,50	.			SS Ch 8	

Frequency	Mode	Mode Parameter	Callsign	User	Country
18897,00	.			SS Ch 9	
18897,50	.			SS Ch 10	
18898,00	.			SS Ch 11	
18898,50	.			SS DSC frequency	WW
18899,00	.			SS DSC frequency	WW
18899,50	.			SS DSC frequency	WW
18910,00	PACTOR II	B=200Bd S=200Hz	WGM	Hollywood , FL	USA
18935,00	SSB			MOI Alger	ALG
18938,00	PACTOR III	B=100Bd S=200Hz	NCS355	USA SHARES Aurora , CO	USA
18938,00	PACTOR III	B=100Bd S=200Hz	NCS362	USA SHARES Spanaway , WA	USA
18944,60	ALE USB	B=125Bd Ch=8 ChS=250Hz		USA diplo net	
18948,00	CIS 200-1000	B=200Bd S=1000Hz Ch=1		RUS MIL INTEL	RUS
18954,00	ALE USB	B=125Bd Ch=8 ChS=250Hz		SNG N net	SNG
18954,00	USB			SNG N net	SNG
18956,00	2FSK	B=96Bd S=500Hz		SNG N RSS Resolution	SNG
18965,00	STANAG 4285	B=2400Bd	FUM	F N Papeete , Tahiti	OCE
18976,00	CW		A4I	Muscat	OMA
18980,00	CW		7CB	INS N Belawan	INS
18981,00	CHN 4+4	B=75Bd Ch=8 ChS=300/450Hz		CHN MIL	CHN
18985,00	STANAG 4285	B=2400Bd	FUM	F N Papeete , Tahiti	OCE
19000,00	PACTOR I	B=100Bd S=170Hz			
19021,00	STANAG 4285	B=2400Bd			
19023,00	ALE USB	B=125Bd Ch=8 ChS=250Hz			
19037,50	MIL 188-110B SER	B=2400Bd		AUS F	AUS
19043,00	ALE USB	B=125Bd Ch=8 ChS=250Hz			
19047,00	RUS DBPSK 16FSK	B=1866Bd Ch=16 ChS=175Hz		RUS INTEL	RUS
19051,50	BAUDOT	B=75Bd S=850Hz			
19051,70	SITOR A	B=100Bd S=170Hz		MFA Cairo	EGY
19055,00	*CODAN*	*B=2400Bd Ch=16 ChS=112,5Hz*		*MFA Cairo*	*EGY*
19056,00	CIS 75-500	B=75Bd S=500Hz		RUS	RUS
19056,00	CIS 12	B=1440Bd Ch=12 ChS=200Hz		RUS MIL Yekaterinenburg	RUS
19056,00	CIS 12	B=1440Bd Ch=12 ChS=200Hz		RUS MIL	RUS
19061,00	THALES TRC1752 MODEM	B=2400Bd			
19066,00	PSK-FSK	B=800Bd			
19071,70	STANAG 4481	B=75Bd S=850Hz			
19073,50	ALE USB	B=125Bd Ch=8 ChS=250Hz		AUS MHFCS net	AUS
19077,00	ALE USB	B=125Bd Ch=8 ChS=250Hz			
19079,50	ALE USB	B=125Bd Ch=8 ChS=250Hz		USA NG net	USA
19080,00	MIL 188-110B SER	B=2400Bd			
19085,00	ALE USB	B=125Bd Ch=8 ChS=250Hz			
19100,00	*DPRK ARQ*	*B=600Bd S=600Hz*		*KRE E Moscow*	*RUS*
19117,00	CIS 2CH QPSK	B=125Bd Ch=2 ChS=100Hz		RUS INTEL	RUS
19117,00	RUS DBPSK 16FSK	B=1866Bd Ch=16 ChS=175Hz		RUS INTEL	RUS
19119,00	BAUDOT	B=50Bd S=500Hz			
19120,00	ALE USB	B=125Bd Ch=8 ChS=250Hz			

Frequency	Mode	Mode Parameter	Callsign	User	Country
19123,00	OFDM				
19131,00	SSB			USA Customs , DEA	USA
19139,00	CIS 200-1000	B=200Bd S=1000Hz Ch=1		RUS MIL INTEL	RUS
19160,00	CIS 50-500	B=50Bd S=500Hz		Moscow	RUS
19162,00	PSK-FSK	B=800Bd			
19176,00	ALE USB	B=125Bd Ch=8 ChS=250Hz			
19177,00	ALE USB	B=125Bd Ch=8 ChS=250Hz		TWN N net	TWN
19177,00	MIL 188-110A SER	B=2400Bd		TWN N net	TWN
19182,00	ALE USB	B=125Bd Ch=8 ChS=250Hz		F diplo net	
19190,00	PACTOR II	B=100Bd S=200Hz			
19191,00	*CODAN*	*B=2400Bd Ch=16 ChS=112,5Hz*		*IRN net*	*IRN*
19191,00	*CODAN CHIRP*	*B=80Bd Ch=30 ChS=81Hz*		*IRN net*	*IRN*
19191,00	ALE USB	B=125Bd Ch=8 ChS=250Hz		IRN net	IRN
19200,00	ALE USB	B=125Bd Ch=8 ChS=250Hz		VEN N net	VEN
19200,00	*CROWD 36*	*B=40Bd Ch=32 ChS=40Hz*		*MFA Moscow*	*RUS*
19200,00	SSB			USA AF MARS	ALS
19200,00	ALE USB	B=125Bd Ch=8 ChS=250Hz		ALG AF net	ALG
19201,00	*CW*		*RCV*	*RUS NHQ Sevastopol*	*UKR*
19203,00	ALE USB	B=125Bd Ch=8 ChS=250Hz		F N net	
19210,00	*T600*	*B=50Bd S=200Hz*		*RUS N Moscow*	*RUS*
19215,00	ALE USB	B=125Bd Ch=8 ChS=250Hz		F N net	
19220,00	STANAG 4285	B=2400Bd			
19225,50	SSB				
19227,00	PACTOR I	B=100Bd S=200Hz			
19230,88	CROWD 36	B=40Bd S=40Hz Ch=32 ChS=40Hz		RUS diplo	
19231,70	SITOR A	B=100Bd S=170Hz		EGY E Alger	ALG
19233,00	ALE USB	B=125Bd Ch=8 ChS=250Hz			
19241,50	*PACTOR III*	*B=100Bd S=200Hz*	*DRA65*	*Max Planck Institute Leipzig*	*D*
19241,50	PACTOR III	B=100Bd S=200Hz	9SD56	Max Planck field unit Congo	COG
19246,70	SITOR A	B=100Bd S=170Hz Ch=1		MFA Cairo	EGY
19248,50	ALE USB	B=125Bd Ch=8 ChS=250Hz			
19255,00	USB		VNJ	Casey Base , AUS	ANT
19255,00	USB			AUS Davis Base	ANT
19255,00	USB			Macquarie Island , AUS	ANT
19255,00	USB			Mawson Base , AUS	ANT
19256,00	*T600*	*B=50Bd S=200Hz*		*RUS N Murmansk*	*RUS*
19282,00	PACTOR	B=200Bd S=200Hz	PACLUDA **	MSF	
19303,00	SSB			NASA launch support ships	USA
19304,00	CW		RIT	RUS NHQ Sveromorsk	RUS
19305,00	CIS OFDM 45	B=2400Bd Ch=45 ChS=62,5Hz		RUS	RUS
19305,00	*OFDM*	*Ch=45 ChS=65Hz*			
19309,00	ALE USB	B=125Bd Ch=8 ChS=250Hz			
19309,60	PACTOR	B=200Bd S=170Hz		UNHCR net	
19313,00	CIS 200-1000	B=200Bd		RUS MIL INTEL	RUS

Frequency	Mode	Mode Parameter	Callsign	User	Country
		S=1000Hz Ch=1			
19323,00	ALE USB	B=125Bd Ch=8 ChS=250Hz		CZR diplo net	
19323,00	MIL 188-110B SER	B=2400Bd	OLZ	MFA Prague	CZE
19340,00	ALE USB	B=125Bd Ch=8 ChS=250Hz		AUT F net	AUT
19344,50	ALE USB	B=125Bd Ch=8 ChS=250Hz		USA FBI net	USA
19346,70	PACTOR I	B=100Bd S=170Hz	AB2BC		
19346,70	PACTOR I	B=100Bd S=170Hz	MK6UT		
19350,00	*STANAG 4285*	*B=2400Bd*		*G MIL Ascension*	*ASC*
19359,70	SITOR A	B=100Bd S=162Hz		MFA Cairo	EGY
19363,00	ALE USB	B=125Bd Ch=8 ChS=250Hz		F diplo net	
19388,50	CROWD 36	B=40Bd Ch=32 ChS=40Hz			
19400,00	USB			EGY N	EGY
19419,50	DPRK FSK	B=600Bd S=600Hz		DPRK diplo	
19436,70	PACTOR II	B=100Bd S=200Hz	AB2CB		
19436,70	PACTOR II	B=100Bd S=200Hz	MK6UT		
19445,00	ALE USB	B=125Bd Ch=8 ChS=250Hz			
19450,00	CW		VTK		
19464,00	ALE USB	B=125Bd Ch=8 ChS=250Hz			
19497,00	ALE USB	B=125Bd Ch=8 ChS=250Hz		USA AF net	USA
19500,00	ALE USB	B=125Bd Ch=8 ChS=250Hz		USA AF net	USA
19502,00	PACTOR I	B=100Bd S=170Hz			SDN
19503,00	ALE USB	B=125Bd Ch=8 ChS=250Hz		ROU net	
19503,00	MIL 188-110B SER	B=2400Bd	BYR**	ROU E	
19503,00	MIL 188-110B SER	B=2400Bd	CENTR7**	Ceuta P	CEU
19507,00	CIS 12	B=1440Bd Ch=12 ChS=200Hz			RUS
19509,00	STANAG 4285	B=2400Bd		UK Mil Akrotiri	CYP
19510,00	*STANAG 4285*	*B=2400Bd*	*6WW*	*F N Dakar*	*SEN*
19521,88	CROWD 36	B=40Bd S=40Hz Ch=32 ChS=40Hz		RUS diplo	
19528,20	*STANAG 4285*	*B=2400Bd*		*G MIL Crimond*	
19530,00	STANAG 4285	B=2400Bd		UK Mil Akrotiri	CYP
19543,00	CCIR 493-4	B=100Bd S=170Hz			AUS
19550,00	MIL 188-110B SER	B=2400Bd		MFA Bucharest	ROU
19552,88	CROWD 36	B=40Bd S=40Hz Ch=32 ChS=40Hz		RUS diplo	
19554,00	ALE USB	B=125Bd Ch=8 ChS=250Hz			
19571,70	SITOR A	B=100Bd S=170Hz		MFA Cairo	EGY
19600,00	ALE USB	B=125Bd Ch=8 ChS=250Hz		UNJLC Sudan net	SDN
19602,00	ALE USB	B=125Bd Ch=8 ChS=250Hz		ISR AF net	ISR
19612,00	SSB			USA AF MARS	
19615,00	SSB			USA AF MARS	
19619,60	WINDRM MOD	B=2400Bd Ch=51 ChS=48Hz		Akrotiri	CYP
19636,00	ALE USB	B=125Bd Ch=8 ChS=250Hz		F diplo net	
19637,00	8181	B=40,5Bd S=500Hz		CIS MIL	
19637,00	CIS OFDM 60	B=2400Bd Ch=60 ChS=44,5Hz		RUS	RUS
19660,00	M/S 1,0	B=600Bd S=850Hz		AUS MIL	AUS

Frequency	Mode	Mode Parameter	Callsign	User	Country
19680,50	.			MSI Frequency	WW
19681,00	.			CS Ch 1	WW
19681,50	.			CS Ch 2	WW
19682,00	.			CS Ch 3	WW
19682,50	.			CS Ch 4	WW
19683,00	.			CS Ch 5	WW
19683,50	.			CS Ch 6	WW
19683,50	SITOR , CW	B=100Bd S=170Hz	RRR32		
19684,00	.			CS Ch 7	WW
19684,50	SITOR , CW	B=100Bd S=170Hz	JNA	J CG HQ Tokyo	J
19684,50	.			CS Ch 8	WW
19685,00	.			CS Ch 9	WW
19685,50	.			CS Ch 10	WW
19685,50	PACTOR , SITOR , CW	B=100Bd S=170Hz	WLO	Mobile R , AL	USA
19686,00	.			CS Ch 11	WW
19686,50	.			CS Ch 12	WW
19687,00	.			CS Ch 13	WW
19687,50	.			CS Ch 14	WW
19688,00	.			CS Ch 15	WW
19688,00	*T600*	*B=50Bd S=200Hz*		*RUS N Murmansk*	*RUS*
19688,50	.			CS Ch 16	WW
19689,00	.			CS Ch 17	WW
19689,50	.			CS Ch 18	WW
19690,00	.			CS Ch 19	WW
19690,50	.			CS Ch 20	WW
19691,00	.			CS Ch 21	WW
19691,50	.			CS Ch 22	WW
19692,00	.			CS Ch 23	WW
19692,50	.			CS Ch 24	WW
19693,00	.			CS Ch 25	WW
19693,50	.			CS Ch 26	WW
19694,00	.			CS Ch 27	WW
19694,50	.			CS Ch 28	WW
19695,00	.			CS Ch 28	WW
19695,50	.			CS Ch 30	WW
19696,00	ALE USB	B=125Bd Ch=8 ChS=250Hz		USA FEMA net	USA
19696,00	.			CS Ch 31	WW
19696,50	.			CS Ch 32	WW
19697,00	.			CS Ch 33	WW
19697,50	.			CS Ch 34	WW
19698,00	.			CS Ch 35	WW
19698,50	.			CS Ch 36	WW
19699,00	.			CS Ch 37	WW
19699,50	.			CS Ch 38	WW
19700,00	.			CS Ch 39	WW
19700,50	.			CS Ch 40	WW
19701,00	.			CS Ch 41	WW
19701,50	.			CS Ch 42	WW
19702,00	.			CS Ch 43	WW
19702,50	.			CS Ch 44	WW
19703,00	.			CS Ch 45	WW
19703,50	DSC	B=100Bd S=170Hz	JNA	J CG HQ Tokyo	J
19707,00	PACTOR I FEC	B=100Bd S=200Hz	PWZ33	B N Rio de Janeiro	B
19708,00	MIL 188-110B SER	B=2400Bd		AUS MIL	AUS
19709,00	ALE USB	B=125Bd Ch=8 ChS=250Hz		B N net	B
19714,20	*STANAG 4285*	*B=2400Bd*	*IDR*	*I N Rome*	*I*
19720,00	CW		URK9	Kerch R	UKR
19739,40	*STANAG 4285*	*B=2400Bd*	*CTP*	*POR N Lisbon*	*POR*
19741,60	HFDVL73	B=2160Bd Ch=73		University Las Palmas de Gran Canaria	E

Frequency	Mode	Mode Parameter	Callsign	User	Country
		ChS=37,5Hz			
19743,40	*STANAG 4285 LSB*	*B=2400Bd*	*CTA16*	*POR N Lisbon*	*POR*
19748,00	CW		UTQ	Kiev R	UKR
19755,00	SSB			CS Ch 1801	
19756,40	ALE USB	B=125Bd Ch=8 ChS=250Hz		USA ShipCom net	USA
19757,00	SSB			FEMA	USA
19758,00	SSB			CS Ch 1802	
19761,00	SSB			CS Ch 1803	
19764,00	USB		SDJ	Stockholm R	S
19764,00	USB		JNA	J CG HQ Tokyo	J
19764,00	USB		UFL	Vladivostok R	RUS
19764,00	SSB			CS Ch 1804	
19767,00	USB		JNA	J CG HQ Tokyo	J
19767,00	SSB			CS Ch 1805	
19770,00	USB		XSQ	Guangzhou R	CHN
19770,00	SSB			CS Ch 1806	
19773,00	USB		LSD836	Argentina R	ARG
19773,00	SSB			CS Ch 1807	
19773,00	USB		WLO	Mobile R , AL	USA
19776,00	SSB			CS Ch 1808	
19779,00	USB		SVO613	Olympia R	GRC
19779,00	SSB			CS Ch 1809	
19782,00	SSB			CS Ch 1810	
19782,00	SSB		LZW		
19783,00	CW		AQP	PAK N Karachi	PAK
19785,00	USB		SXE	Aspropyrgos Attikis R	GRC
19785,00	USB			Peiraias CG R	GRC
19785,00	SSB			CS Ch 1811	
19788,00	USB		LSD836	Argentina R	ARG
19788,00	SSB			CS Ch 1812	
19791,00	USB		SDJ	Stockholm R	S
19791,00	SSB			CS Ch 1813	
19794,00	USB		XSQ	Guangzhou R	CHN
19794,00	SSB			CS Ch 1814	
19797,00	USB		LSD836	Argentina R	ARG
19797,00	SSB			CS Ch 1815	
19798,50	CIS OFDM 112	B=3360Bd Ch=112 ChS=32Hz		RUS	RUS
19800,00	EGY QPSK	B=2400Bd		EGY	
19800,00	STANAG 4197	B=2400Bd		EGY	EGY
19800,00	USB			EGY	
19814,00	ALE USB	B=125Bd Ch=8 ChS=250Hz		USA Civil Air Patrol net	USA
19858,00	BAUDOT	B=75Bd S=500Hz		?RUS diplo	RUS
19880,00	PACTOR II FEC	B=100Bd S=200Hz	AQP	PAK N Karachi	PAK
19889,70	PACTOR II FEC	B=100Bd S=200Hz	AQP	PAK N Karachi	PAK
19892,00	*STANAG 4285*	*B=2400Bd*		*G MIL Akrotiri*	*CYP*
19917,00	CW		RIW	RUS NSHQ Moscow	RUS
19921,00	RUS DBPSK 16FSK	B=1866Bd Ch=16 ChS=175Hz		RUS INTEL	RUS
19922,00	CIS 2CH QPSK	B=125Bd Ch=2 ChS=100Hz		RUS INTEL	RUS
19927,00	CIS 200-1000	B=200Bd S=1000Hz Ch=1		RUS MIL INTEL	RUS
19936,00	*T600*	*B=50Bd S=200Hz*		*RUS N Moscow*	*RUS*
19937,00	SSB			USA AF MARS	
19945,00	ALE USB	B=125Bd Ch=8 ChS=250Hz		ALG diplo net	
19968,00	STANAG 4538	B=2400Bd			
19969,00	ALE USB	B=125Bd Ch=8 ChS=250Hz		USA FEMA net	USA

Frequency	Mode	Mode Parameter	Callsign	User	Country
19969,00	SSB			FEMA	USA
19980,00	*STANAG 4285*	*B=2400Bd*		*TUR MIL Ankara*	*TUR*
19993,00	SSB			MSV SAR operational frequency	WW
20000,00	AM		WWV	Fort Collins TS , CO	USA

20000 – 30000 Khz

Frequency	Mode	Mode Parameter	Callsign	User	Country
20001,70	*ARQ-E3*	*B=100Bd S=400Hz*		*F MIL Djibouti*	*DJI*
20006,50	DPRK FSK	B=600Bd S=600Hz		DPRK diplo	
20016,70	SITOR B	B=100Bd S=170Hz		MFA Cairo	EGY
20019,00	MIL 188-110B SER	B=2400Bd		?CZE	
20027,00	SSB			FEMA	USA
20027,00	RUS DBPSK 16FSK	B=1866Bd Ch=16 ChS=175Hz		RUS INTEL	RUS
20028,00	ALE USB	B=125Bd Ch=8 ChS=250Hz		POL F net	
20031,00	ALE USB	B=125Bd Ch=8 ChS=250Hz		USA AF net	
20036,70	SITOR A	B=100Bd S=170Hz		EGY E Dakar	SEN
20047,60	CW		D**	RUS N Odessa	UKR
20047,90	CW		S**	RUS N Arkhangelsk	RUS
20048,00	CW		C**	RUS N Moscow	RUS
20050,00	CODAN	B=2400Bd Ch=16 ChS=112,5Hz		MFA Cairo	EGY
20050,00	CODAN	B=2400Bd Ch=16 ChS=112,5Hz		EGY E Bamako	MLI
20050,00	CODAN CHIRP	B=80Bd Ch=30 ChS=81Hz		MFA Cairo	EGY
20055,00	ALE USB	B=125Bd Ch=8 ChS=250Hz		F diplo net	
20055,00	CODAN CHIRP	B=80Bd Ch=30 ChS=81Hz		MFA Cairo	EGY
20055,00	CODAN	B=2400Bd Ch=16 ChS=112,5Hz		MFA Cairo	EGY
20056,70	SITOR A	B=100Bd S=170Hz		MFA Cairo	EGY
20063,00	SSB			FEMA	USA
20064,00	ALE USB	B=125Bd Ch=8 ChS=250Hz		B N net	B
20070,00	SSB, RTTY			D army	D
20090,50	STANAG 4481	B=75Bd S=850Hz			
20096,00	T600	B=50Bd S=200Hz	RDL	RUS N	RUS
20100,00	*QPSK*	*B=1200Bd Ch=1*		*Area of Yekaterinenburg*	*RUS*
20107,00	ALE USB	B=125Bd Ch=8 ChS=250Hz			
20107,00	PACTOR III	B=100Bd S=200Hz		MSF Geneva	SUI
20107,00	PACTOR III	B=100Bd S=200Hz	PACMCIB**	MSF	
20107,00	PACTOR III	B=100Bd S=200Hz	PACMZGB**	MSF Zagreb	HRV
20107,00	PACTOR III	B=100Bd S=200Hz	PACMKBP**	MSF Brussels	BEL
20107,00	ALE USB	B=125Bd Ch=8 ChS=250Hz		USA SHARES net	USA
20110,00	STANAG 4285	B=2400Bd		DNK N Aarhus	DNK
20124,00	ALE USB	B=125Bd Ch=8 ChS=250Hz		FIN diplo net	FIN
20124,00	SKYOFDM	B=64Bd Ch=22 ChS=86Hz		MFA Helsinki	FIN
20126,70	SITOR A	B=100Bd S=170Hz		MFA Cairo	EGY
20128,50	QPSK	Ch=20 ChS=110Hz		?YUG diplo	YUG

Frequency	Mode	Mode Parameter	Callsign	User	Country
20149,00	PACTOR II FEC	B=100Bd S=200Hz	AQP	PAK N Karachi	PAK
20154,00	ALE USB	B=125Bd Ch=8 ChS=250Hz			
20160,00	SSB			Virgin Blue LDOC	AUS
20165,70	SITOR A	B=100Bd S=170Hz		MFA cairo	EGY
20186,00	ALE USB	B=125Bd Ch=8 ChS=250Hz		FIN diplo net	FIN
20186,00	SKYOFDM	B=64Bd Ch=22 ChS=86Hz		MFA Helsinki	FIN
20186,00	SSB			NASA launch tracking net	USA
20186,00	SSB			NASA Cape R , FL	USA
20187,50	SSB		AFE83	USAF Ascension AB	ASC
20188,50	SSB			USA AF MARS	
20192,00	SSB		AFE70	USAF Cape Caneveral , FL	USA
20192,00	SSB		AFE83	USAF Ascension AB	ASC
20192,00	SSB		AFE86	USAF Cedar Grove	ATG
20196,20	STANAG 4285	B=2400Bd			
20198,00	SSB			NASA audio retransmission	USA
20198,20	*STANAG 4285*	*B=2400Bd*		*G MIL Akrotiri*	*CYP*
20200,00	STANAG 4285	B=2400Bd		G MIL Crimond	G
20200,20	*STANAG 4285*	*B=2400Bd*	*6WW*	*F N Dakar*	*SEN*
20200,50	CW			RUS HFDF net	RUS
20216,00	ALE USB	B=125Bd Ch=8 ChS=250Hz		LVA F net	
20216,00	CIS 200-1000	B=200Bd S=1000Hz Ch=1		RUS MIL INTEL	RUS
20229,50	CIS 100-2000	B=100Bd S=2000Hz Ch=1		RUS	
20254,50	*STANAG 4285*	*B=2400Bd Ch=1*	*JWT*	*NOR N Stavanger*	*NOR*
20258,00	ALE USB	B=125Bd Ch=8 ChS=250Hz		F N net	
20266,00	ALE USB	B=125Bd Ch=8 ChS=250Hz		ISR AF net	ISR
20268,00	CW		RDL	RUS N Moscow	RUS
20268,00	*CIS 50-250*	*B=50Bd S=200Hz*		*RUS N Moscow*	*RUS*
20280,00	*MIL 188-110B SER*	*B=2400Bd Ch=1*		*AUS MIL*	*AUS*
20287,00	STANAG 4285	B=2400Bd		G MIL Akrotiri	CYP
20300,00	EGY QPSK	B=2400Bd		EGY	
20300,00	STANAG 4197	B=2400Bd		EGY N	EGY
20302,00	FAX 120/576				
20318,00	ALE USB	B=125Bd Ch=8 ChS=250Hz		AUT F net	
20320,00	USB			AUT F Golan Heigths	SYR
20320,00	ALE USB	B=125Bd Ch=8 ChS=250Hz		AUT F Golan Heigths	SYR
20325,00	ALE USB	B=125Bd Ch=8 ChS=250Hz		F N net	
20325,00	STANAG 4285	B=2400Bd	FUJ	F N Noumea	NCL
20328,50	*ALE USB*	*B=125Bd Ch=8 ChS=250Hz*		*G MIL net*	*G*
20331,00	DPRK ARQ	B=600Bd S=600Hz		KRE E	
20336,00	MAZIELKA	B=1Bd Ch=6		RUS diplo	RUS
20340,00	ALE USB	B=125Bd Ch=8 ChS=250Hz		ALG diplo net	
20350,00	SSB		ORD20	PTT Brussels	BEL
20366,00	ALE USB	B=125Bd Ch=8 ChS=250Hz		CHN net	CHN
20366,00	*STANAG 4285*	*B=2400Bd*		*AUS MHFCS Darwin*	*AUS*
20373,00	PACTOR II	B=200Bd S=200Hz	V8V2222	Sailmail Brunai Bay	BRU
20373,00	CIS 200-1000	B=200Bd S=1000Hz Ch=1		RUS MIL INTEL	RUS
20374,00	CIS BAUDOT 1,5 STB	B=200Bd S=500Hz Ch=1		RUS INTEL	RUS

Frequency	Mode	Mode Parameter	Callsign	User	Country
20382,00	CHN 4+4	B=75Bd Ch=8 ChS=300/450Hz		CHN MIL	
20386,70	SIEMENS CHX200 MODEM	B=250Bd S=170Hz			
20423,50	*ALE USB*	*B=125Bd Ch=8 ChS=250Hz*		*G MIL net*	*G*
20424,50	ALE USB	B=125Bd Ch=8 ChS=250Hz		G MIL net	G
20428,00	CIS 200-1000	B=200Bd S=1000Hz Ch=1		RUS MIL INTEL	RUS
20438,00	ALE USB	B=125Bd Ch=8 ChS=250Hz			
20452,00	ALE USB	B=125Bd Ch=8 ChS=250Hz		ALG diplo net	
20461,00	RUS DBPSK 16FSK	B=1866Bd Ch=16 ChS=175Hz		RUS INTEL	RUS
20469,00	FAX 120/576		VMC	Charleville M	AUS
20500,00	ALE USB	B=125Bd Ch=8 ChS=250Hz			
20502,00	ALE USB	B=125Bd Ch=8 ChS=250Hz		ROU diplo net	
20507,20	PACTOR II	B=200Bd S=200Hz			IRN
20510,00	ALE USB	B=125Bd Ch=8 ChS=250Hz			
20513,00	CIS MFSK14	B=7,8Bd Ch=14 ChS=15Hz		RUS INTEL	RUS
20520,00	ALE USB	B=125Bd Ch=8 ChS=250Hz			
20520,00	STANAG 4197	B=2400Bd			
20528,00	PACTOR III	B=100Bd S=200Hz	9Z4DH	Sailmail Chaguaramas	TRD
20533,00	ALE USB	B=125Bd Ch=8 ChS=250Hz		MFA Bucharest	ROU
20535,00	ALE USB	B=125Bd Ch=8 ChS=250Hz		B N net	B
20535,70	PACTOR II	B=200Bd S=200Hz		MSF	
20536,00	STANAG 4538	B=2400Bd			
20536,00	*T600*	*B=50Bd S=200Hz*	*RCV*	*RUS N Sevastopol*	*UKR*
20540,00	*STANAG 4285*	*B=2400Bd*		*G MIL Akrotiri*	*CYP*
20550,00	ALE USB	B=125Bd Ch=8 ChS=250Hz		?CHN diplo net	
20553,20	STANAG 4285	B=2400Bd		G MIL Cyprus	CYP
20555,50	IRN N PSK	B=963Bd		IRN N	IRN
20558,50	DPRK FSK	B=600Bd S=600Hz		DPRK diplo	
20562,00	CIS BAUDOT 1,5 STB	B=200Bd S=500Hz Ch=1		RUS INTEL	RUS
20563,00	SSB		AEM3USA	USN MARS Dhahran	ARS
20564,00	CIS 200-1000	B=200Bd S=1000Hz Ch=1		RUS MIL INTEL	RUS
20565,00	CIS BAUDOT 1,5 STB	B=200Bd S=500Hz Ch=1		RUS INTEL	RUS
20574,00	CIS 200-1000	B=200Bd S=1000Hz Ch=1		RUS MIL INTEL	RUS
20575,00	ALE USB	B=125Bd Ch=8 ChS=250Hz			
20584,50	DPRK FSK	B=600Bd S=600Hz		DPRK diplo	
20596,00	ALE USB	B=125Bd Ch=8 ChS=250Hz		?LVA F net	
20597,00	ALE USB	B=125Bd Ch=8 ChS=250Hz		USA AF net	USA
20605,00	*MIL 188-110B SER*	*B=2400Bd*		*MFA Berne*	*SUI*
20605,00	ALE USB	B=125Bd Ch=8 ChS=250Hz		SUI diplo net	
20613,00	ALE USB	B=125Bd Ch=8 ChS=250Hz		SUI diplo net	

Frequency	Mode	Mode Parameter	Callsign	User	Country
20616,00	ALE USB	B=125Bd Ch=8 ChS=250Hz		F diplo net	
20631,00	ALE USB	B=125Bd Ch=8 ChS=250Hz		USA AF net	
20631,00	SSB			USAF Strategic Command	USA
20631,00	SSB			USA Customs , DEA	USA
20636,00	ALE USB	B=125Bd Ch=8 ChS=250Hz		CHN N net	CHN
20637,00	CIS 200-1000	B=200Bd S=1000Hz Ch=1		RUS MIL INTEL	RUS
20638,00	ALE 3G	B=2400Bd			
20647,00	CW				
20647,00	STANAG 4481	B=75Bd S=850Hz			
20659,00	ALE USB	B=125Bd Ch=8 ChS=250Hz		USA ACE net	USA
20662,00	ALE LSB	B=125Bd Ch=8 ChS=250Hz		Public health net , TX	USA
20670,00	CIS OFDM 112	B=3360Bd Ch=112 ChS=32Hz		RUS diplo	RUS
20681,88	CROWD 36	B=40Bd S=40Hz Ch=32 ChS=40Hz		RUS diplo	
20692,00	ALE USB	B=125Bd Ch=8 ChS=250Hz		POL F net	
20719,00	CIS 200-1000	B=200Bd S=1000Hz Ch=1		RUS MIL INTEL Moscow	RUS
20725,00	ALE USB	B=125Bd Ch=8 ChS=250Hz			
20726,00	RUS DBPSK 16FSK	B=1866Bd Ch=16 ChS=175Hz		RUS INTEL	RUS
20737,00	SSB			USA AF MARS	
20740,00	SSB			USA AF MARS	
20755,50	PACTOR I	B=100Bd S=200Hz	GVAMB1**	ICRC Geneva	SUI
20759,00	ALE USB	B=125Bd Ch=8 ChS=250Hz			
20763,00	SSB			USA AF MARS	
20764,00	BAUDOT	B=75Bd S=450Hz		RUS diplo Habana	CUB
20797,00	ALE USB	B=125Bd Ch=8 ChS=250Hz		F diplo net	
20801,00	8181	B=81Bd S=250Hz			
20807,00	SSB			USA AF MARS	J
20808,00	LINK 11	B=2250Bd			
20809,00	ALE USB	B=125Bd Ch=8 ChS=250Hz		S diplo net	
20810,50	ALE USB	B=125Bd Ch=8 ChS=250Hz		USA diplo net	USA
20815,00	PACTOR II	B=100Bd S=200Hz	IFRCGVA**	IFRC Geneva	SUI
20841,00	BAUDOT	B=75Bd S=500Hz		RUS diplo Habana	CUB
20841,00	CIS OFDM 45	B=2400Bd Ch=45 ChS=62,5Hz		RUS diplo Habana	CUB
20860,00	ALE USB	B=125Bd Ch=8 ChS=250Hz		USA AF net	USA
20870,00	SSB			USA AF MARS	
20881,00	RUS DBPSK 16FSK	B=1866Bd Ch=16 ChS=175Hz		RUS INTEL	RUS
20890,00	ALE USB	B=125Bd Ch=8 ChS=250Hz			
20890,00	SSB			USA Customs , DEA	USA
20890,00	ALE USB	B=125Bd Ch=8 ChS=250Hz		USA COTHEN net	USA
20894,00	CIS 200-1000	B=200Bd S=1000Hz Ch=1		RUS MIL INTEL	RUS
20906,00	ALE USB	B=125Bd Ch=8 ChS=250Hz		USA National Guard net	USA

Frequency	Mode	Mode Parameter	Callsign	User	Country
20906,00	SSB			USA National Guard	USA
20907,50	ALE USB	B=125Bd Ch=8 ChS=250Hz		USA Defence Logistic Agency net	USA
20908,00	ALE USB	B=125Bd Ch=8 ChS=250Hz		FIN diplo net	
20908,20	*ALE USB*	*B=125Bd Ch=8 ChS=250Hz*		*Kunhing area*	*MMR*
20908,20	*MIL 188-110B SER*	*B=2400Bd*		*Kunhing area*	*MMR*
20918,00	*STANAG 4285*	*B=2400Bd*		*G MIL Ascension*	*SHN*
20944,00	CIS 200-1000	B=200Bd S=1000Hz Ch=1		RUS MIL INTEL	RUS
20946,00	PACTOR III	B=100Bd S=200Hz	STCIP		
20947,50	PACTOR III	B=100Bd S=200Hz			
20947,50	PACTOR III	B=100Bd S=200Hz			
20953,00	STANAG 4285	B=2400Bd		G MIL Crimond	G
20958,00	CIS 200-1000	B=200Bd S=1000Hz Ch=1		RUS MIL INTEL	RUS
20963,50	*MIL 188-110B SER*	*B=2400Bd*		*G MIL net*	*G*
20963,50	*ALE USB*	*B=125Bd Ch=8 ChS=250Hz*		*G MIL net*	*G*
20971,50	STANAG 4285	B=2400Bd		G MIL Akrotiri	CYP
20973,00	CIS 200-1000	B=200Bd S=1000Hz Ch=1		RUS MIL INTEL	RUS
20981,00	STANAG 4285	B=2400Bd		G MIL Akrotiri	CYP
20982,00	ALE USB	B=125Bd Ch=8 ChS=250Hz		G MIL net	G
20982,00	CHN 4+4	B=75Bd Ch=8 ChS=300/450Hz		CHN MIL	
20987,00	*STANAG 4285*	*B=2400Bd*		*G MIL Akrotiri*	*CYP*
20990,00	ALE USB	B=125Bd Ch=8 ChS=250Hz		FIN diplo net	FIN
20991,00	SSB			USA AF MARS	GUM
20991,70	CW		D**	RUS N Odessa	UKR
20991,70	CW		S**	RUS N Severomorsk	RUS
20991,80	CW		P**	RUS N Kaliningrad	RUS
20992,00	CW		C**	RUS N Moscow	RUS
20992,00	SSB			USA AF MARS	
20994,00	SSB			USA AF MARS	
20994,00	SSB		AEM3USA	US Army MARS Dhahran	ARS
20994,00	PACTOR III	B=100Bd S=200Hz	AAR4TC	USA Army MARS	USA
20994,00	PACTOR III	B=100Bd S=200Hz	AEM1WF	USA Army MARS	USA
20995,50	BAUDOT	B=75Bd S=850Hz	PBB	NLD N Den Helder	HOL
20996,00	*BPSK*	*B=1200Bd*		*Moscow*	*RUS*
21001,50	YAHKTA	B=100Bd S=150Hz		Jekaterinenburg	RUS
21002,20	PACTOR I	B=100Bd S=170Hz			SDN
21034,00	CHN 4+4	B=75Bd Ch=8 ChS=300/450Hz		CHN MIL	CHN
21135,20	ALE USB	B=125Bd Ch=8 ChS=250Hz			
21135,40	ALE USB	B=125Bd Ch=8 ChS=250Hz		Arabic net	
21150,00	CW		W6WX	San Jose , CA	USA
21150,00	CW		YV5B	Caracas	VEN
21150,00	CW		5Z4B	Kilifi	CYP
21150,00	CW		CS3B	Madeira	E
21150,00	CW		4X6TU	Tel aviv	ISR
21212,10	ROS USB	B=1Bd Ch=144 ChS=15,625Hz		ROS frequency	
21232,50	DPRK FSK	B=600Bd S=600Hz		DPRK diplo	
21330,00	ALE USB	B=125Bd Ch=8 ChS=250Hz		ROU diplo net	ROU
21365,00	CHN 4+4	B=75Bd Ch=8 ChS=300/450Hz		CHN MIL	

Frequency	Mode	Mode Parameter	Callsign	User	Country
21378,50	DPRK FSK	B=600Bd S=600Hz		DPRK diplo	
21438,00	CW		RCV	RUS NHQ Sevastopol	UKR
21764,00	T600	B=50Bd S=200Hz		RUS N	RUS
21859,00	RUS DBPSK 16FSK	B=1866Bd Ch=16 ChS=175Hz		RUS INTEL	RUS
21863,25	ALE USB	B=125Bd Ch=8 ChS=250Hz		USA Civil Air Patrol net	USA
21866,00	PACTOR II	B=200Bd S=200Hz	XJN714	Sailmail Lunenburg , NS	CAN
21866,00	SSB			FEMA	USA
21866,50	ALE USB	B=125Bd Ch=8 ChS=250Hz		USA FEMA	USA
21867,00	ALE USB	B=125Bd Ch=8 ChS=250Hz			
21918,00	RUS DBPSK 16FSK	B=1866Bd Ch=16 ChS=175Hz		RUS INTEL	RUS
21919,00	SSB			FEMA	USA
21925,00	SSB			Universal R , Houston , FL	USA
21928,00	HFDL	B=1800Bd	H02**	Molokai , HI	HWA
21928,00	HFDL	B=1800Bd	H09**	Barrow , AK	ALS
21931,00	HFDL	B=1800Bd	H04**	Riverhead , NY	USA
21931,00	SSB			Boing Co. , Seatlle , WA	USA
21931,00	USB		BOING EVERETT	Boing Seattle	USA
21931,00	USB		BOING SEATTLE	Boing Seattle	USA
21934,00	HFDL	B=1800Bd	H01**	San Francisco , CA	USA
21934,00	HFDL	B=1800Bd	H04**	Riverhead , NY	USA
21937,00	HFDL	B=1800Bd	H02**	Molokai , HI	HWA
21937,00	SSB			NOAA Hurricane Center Miami , FL	USA
21937,00	HFDL	B=1800Bd	H09**	Barrow , AK	ALS
21940,00	HFDL	B=1800Bd	H11**	Albrook	PNR
21940,00	SSB			Belgrade Air	SRB
21940,00	SSB			W I	WW
21943,00	SSB			Gulf Air , Manama	BHR
21943,00	SSB			W V	WW
21946,00	SSB			ARINC Houston , FL	USA
21946,00	SSB			W I	WW
21946,00	HFDL	B=1800Bd	H13**	Santa Cruz	BOL
21949,00	HFDL	B=1800Bd	H05**	Auckland	NZL
21949,00	HFDL	B=1800Bd	H06**	Hat Yai	THA
21949,00	SSB			W III	WW
21949,00	HFDL	B=1800Bd	H08**	Johannesburg	AFS
21952,00	SSB			W I	WW
21955,00	SSB			W IV	WW
21955,00	HFDL	B=1800Bd	H17**	Telde , Gran Canaria	E
21958,00	SSB			W I	WW
21961,00	SSB			W V	WW
21964,00	USB			ARINC Guam	GUM
21964,00	USB			ARINC Hat Yai	THA
21964,00	USB			ARINC Barrow	ALS
21964,00	SSB			ARINC New York , NY	USA
21964,00	SSB			ARINC San Francisco , CA	USA
21964,00	USB			ARINC Santa Cruz	BOL
21964,00	SSB			W II	WW
21967,00	SSB			W I	WW
21970,00	SSB			Hongkong R	HKG
21970,00	SSB			W III	WW
21973,00	SSB			W I	WW
21973,00	HFDL	B=1800Bd	H13**	Santa Cruz	BOL
21976,00	SSB			W IV	WW
21979,00	SSB			W I	WW
21982,00	SSB			Seychelles Air , Mahe	SEY
21982,00	SSB			W V	WW

Frequency	Mode	Mode Parameter	Callsign	User	Country
21982,00	HFDL	B=1800Bd	H15**	Al Muharraq	BHR
21985,00	SSB			San Francisco Air	USA
21985,00	SSB			W II	WW
21988,00	SSB			Berne R	SUI
21988,00	SSB			W I	WW
21988,00	HFDL	B=1800Bd	H13**	Santa Cruz	BOL
21990,00	HFDL	B=1800Bd	H14**	Krasnoyarsk	RUS
21991,00	SSB			W IV	WW
21994,00	SSB			W V	WW
21997,00	SSB			W I	WW
21997,00	HFDL	B=1800Bd	H13**	Santa Cruz	BOL
22000,00	SITOR B	B=100Bd S=170Hz	SVO	Olympia R	GRC
22000,00	SSB			SS Ch 2201	
22003,00	SSB			SS Ch 2202	
22006,00	SSB			SS Ch 2203	
22009,00	SSB			SS Ch 2204	
22012,00	SSB			SS Ch 2205	
22015,00	ALE USB	B=125Bd Ch=8 ChS=250Hz		Queensland Deptartment of Community Safety	AUS
22015,00	SSB			SS Ch 2206	
22018,00	SSB			SS Ch 2207	
22021,00	SSB			SS Ch 2208	
22024,00	SSB			SS Ch 2209	
22027,00	SSB			SS Ch 2210	
22030,00	SSB			SS Ch 2211	
22033,00	SSB			SS Ch 2212	
22036,00	SSB			SS Ch 2213	
22039,00	SSB			SS Ch 2214	
22042,00	SSB			SS Ch 2215	
22045,00	SSB			SS Ch 2216	
22046,50	BPSK	B=1200Bd			RUS
22048,00	SSB			SS Ch 2217	
22051,00	SSB			SS Ch 2218	
22052,00	YAHKTA	B=100Bd S=150Hz		RUS MIL	RUS
22053,20	STANAG 4285	B=2400Bd			
22054,00	SSB			SS Ch 2219	
22057,00	SSB			SS Ch 2220	
22060,00	SSB			SS Ch 2221	
22063,00	SSB			SS Ch 2222	
22063,00	STANAG 4197	B=2400Bd		USA MIL	USA
22066,00	SSB			SS Ch 2223	
22069,00	SSB			SS Ch 2224	
22072,00	SSB			SS Ch 2225	
22074,00	ALE USB	B=125Bd Ch=8 ChS=250Hz			
22075,00	SSB			SS Ch 2226	
22078,00	SSB			SS Ch 2227	
22081,00	SSB			SS Ch 2228	
22084,00	SSB			SS Ch 2229	
22087,00	SSB			SS Ch 2230	
22090,00	SSB			SS Ch 2231	
22093,00	SSB			SS Ch 2232	
22096,00	SSB			SS Ch 2233	
22099,00	SSB			SS Ch 2234	
22100,00	STANAG 4197	B=2400Bd		EGY N	EGY
22100,00	USB			EGY N	EGY
22102,00	SSB			SS Ch 2235	
22105,00	SSB			SS Ch 2236	
22108,00	SSB			SS Ch 2237	
22111,00	SSB			SS Ch 2238	
22114,00	SSB			SS Ch 2239	
22117,00	SSB			SS Ch 2240	

Frequency	Mode	Mode Parameter	Callsign	User	Country
22120,00	SSB			SS Ch 2241	
22123,00	SSB			SS Ch 2242	
22126,00	SSB			SS Ch 2243	
22129,00	SSB			SS Ch 2244	
22132,00	SSB			SS Ch 2245	
22135,00	SSB			SS Ch 2246	
22138,00	SSB			SS Ch 2247	
22141,00	SSB			SS Ch 2248	
22144,00	SSB			SS Ch 2249	
22147,00	SSB			SS Ch 2250	
22150,00	SSB			SS Ch 2251	
22153,00	SSB			SS Ch 2252	
22156,00	SSB			SS Ch 2253	
22159,00	SSB			simplex frequency ship - ship	
22162,00	SSB			simplex frequency ship - ship	
22165,00	SSB			simplex frequency ship - ship	
22168,00	ALE USB	B=125Bd Ch=8 ChS=250Hz		B N NET	B
22168,00	SSB			simplex frequency ship - ship	
22171,00	SSB			simplex frequency ship - ship	
22174,00	SSB			simplex frequency ship - ship	
22177,00	SSB			simplex frequency ship - ship	
22177,00	ALE USB	B=125Bd Ch=8 ChS=250Hz		G MIL net	G
22180,50	STANAG 4285	B=2400Bd			
22200,00	STANAG 4285	B=2400Bd		G MIL Akrotiri	CYP
22210,00	STANAG 4285	B=2400Bd	CTA	POR N Lisbon	POR
22212,00	PACTOR III	B=100Bd S=200Hz	RC01	Sailmail Maputo	MOZ
22228,00	BAUDOT	B=75Bd S=850Hz	PBB	NLD N Den Helder	HOL
22238,50	SSB		DHJ59	D N Wilhelmshaven	D
22260,00	CHN 4+4	B=75Bd Ch=8 ChS=300/450Hz		CHN ship antarctic	
22277,00	ALE USB	B=125Bd Ch=8 ChS=250Hz			
22279,50	CW			SS calling frequency Ch 1	
22280,00	CW			SS calling frequency Ch 2	
22280,50	CW			SS calling frequency Ch 3	
22281,00	CW			SS calling frequency Ch 4	
22281,50	CW			SS calling frequency Ch 5	
22282,00	CW			SS calling frequency Ch 6	
22282,50	CW			SS calling frequency Ch 7	
22283,00	CW			SS calling frequency Ch 8	
22283,50	CW			SS calling frequency Ch 9	
22284,00	CW			SS calling frequency Ch 10	
22284,50	.			SS Ch 1	
22285,00	MHF-50 MODEM	B=54,3Bd Ch=32 ChS=64,5Hz		AFS N	AFS
22285,00	.			SS Ch 2	
22285,50	.			SS Ch 3	
22286,00	.			SS Ch 4	
22286,50	.			SS Ch 5	
22287,00	.			SS Ch 6	
22287,50	.			SS Ch 7	
22288,00	.			SS Ch 8	
22288,50	.			SS Ch 9	
22289,00	.			SS Ch 10	
22289,50	.			SS Ch 11	
22290,00	.			SS Ch 12	
22290,50	.			SS Ch 13	
22291,00	.			SS Ch 14	
22291,50	.			SS Ch 15	
22292,00	.			SS Ch 16	

Frequency	Mode	Mode Parameter	Callsign	User	Country
22292,50	.			SS Ch 17	
22293,00	.			SS Ch 18	
22293,50	.			SS Ch 19	
22294,00	.			SS Ch 20	
22294,50	.			SS Ch 21	
22295,00	CW		44*		
22295,00	.			SS Ch 22	
22295,50	.			SS Ch 23	
22296,00	.			SS Ch 24	
22296,50	.			SS Ch 25	
22297,00	.			SS Ch 26	
22297,50	.			SS Ch 27	
22298,00	.			SS Ch 28	
22298,50	.			SS Ch 29	
22299,00	.			SS Ch 30	
22299,50	.			SS Ch 31	
22300,00	.			SS Ch 32	
22300,50	.			SS Ch 33	
22301,00	.			SS Ch 34	
22301,50	.			SS Ch 35	
22302,00	.			SS Ch 36	
22302,50	.			SS Ch 37	
22303,00	.			SS Ch 38	
22303,50	.			SS Ch 39	
22304,00	.			SS Ch 40	
22304,50	.			SS Ch 41	
22305,00	.			SS Ch 42	
22305,50	.			SS Ch 43	
22306,00	.			SS Ch 44	
22306,50	.			SS Ch 45	
22307,00	.			SS Ch 46	
22307,50	.			SS Ch 47	
22308,00	.			SS Ch 48	
22308,50	.			SS Ch 49	
22309,00	.			SS Ch 50	
22309,50	.			SS Ch 51	
22310,00	.			SS Ch 52	
22310,50	.			SS Ch 53	
22311,00	.			SS Ch 54	
22311,50	.			SS Ch 55	
22312,00	.			SS Ch 56	
22312,50	.			SS Ch 57	
22313,00	.			SS Ch 58	
22313,50	.			SS Ch 59	
22314,00	.			SS Ch 60	
22314,50	.			SS Ch 61	
22315,00	.			SS Ch 62	
22315,50	.			SS Ch 63	
22316,00	.			SS Ch 64	
22316,50	.			SS Ch 65	
22317,00	.			SS Ch 66	
22317,50	.			SS Ch 67	
22317,70	STANAG 4285	B=2400Bd			
22318,00	.			SS Ch 68	
22318,50	.			SS Ch 69	
22319,00	.			SS Ch 70	
22319,50	.			SS Ch 71	
22320,00	.			SS Ch 72	
22320,50	.			SS Ch 73	
22321,00	.			SS Ch 74	
22321,50	.			SS Ch 75	
22322,00	.			SS Ch 76	

Frequency	Mode	Mode Parameter	Callsign	User	Country
22322,50	.			SS Ch 77	
22323,00	.			SS Ch 78	
22323,50	.			SS Ch 79	
22324,00	.			SS Ch 80	
22324,50	.			SS Ch 81	
22325,00	.			SS Ch 82	
22325,50	.			SS Ch 83	
22326,00	.			SS Ch 84	
22326,50	.			SS Ch 85	
22327,00	.			SS Ch 86	
22327,50	.			SS Ch 87	
22328,00	.			SS Ch 88	
22328,50	.			SS Ch 89	
22329,00	.			SS Ch 90	
22329,50	.			SS Ch 91	
22330,00	.			SS Ch 92	
22330,50	.			SS Ch 93	
22330,50	CW		D3E81	Luanda R	AGL
22331,00	.			SS Ch 94	
22331,50	.			SS Ch 95	
22332,00	FAX 120/576			Honolulu M	HWA
22332,00	.			SS Ch 96	
22332,50	.			SS Ch 97	
22333,00	.			SS Ch 98	
22333,50	.			SS Ch 99	
22334,00	.			SS Ch 100	
22334,50	.			SS Ch 101	
22335,00	.			SS Ch 102	
22335,50	.			SS Ch 103	
22336,00	.			SS Ch 104	
22336,00	CW		TIM	Limon R	CTR
22336,50	.			SS Ch 105	
22337,00	.			SS Ch 106	
22337,50	.			SS Ch 107	
22338,00	.			SS Ch 108	
22338,50	.			SS Ch 109	
22339,00	.			SS Ch 110	
22339,50	.			SS Ch 111	
22340,00	.			SS Ch 112	
22340,00	CW		LZL7	Bourgas R	BUL
22340,50	.			SS Ch 113	
22341,00	.			SS Ch 114	
22341,50	.			SS Ch 115	
22342,00	.			SS Ch 116	
22342,50	.			SS Ch 117	
22343,00	.			SS Ch 118	
22343,50	.			SS Ch 119	
22344,00	.			SS Ch 120	
22344,50	.			SS Ch 121	
22345,00	.			SS Ch 122	
22345,50	.			SS Ch 123	
22346,00	.			SS Ch 124	
22346,50	.			SS Ch 125	
22347,00	.			SS Ch 126	
22347,50	.			SS Ch 127	
22348,00	.			SS Ch 128	
22348,50	.			SS Ch 129	
22349,00	.			SS Ch 130	
22349,50	.			SS Ch 131	
22350,00	.			SS Ch 132	
22350,50	.			SS Ch 133	
22351,00	.			SS Ch 134	

Frequency	Mode	Mode Parameter	Callsign	User	Country
22351,50	.			SS Ch 135	
22352,00	PACTOR II	B=200Bd S=200Hz	V8V2222	Sailmail Brunai Bay	BRU
22352,00	.			SS Ch 1	
22352,50	.			SS Ch 2	
22353,00	.			SS Ch 3	
22353,50	.			SS Ch 4	
22354,00	.			SS Ch 5	
22354,50	.			SS Ch 6	
22355,00	.			SS Ch 7	
22355,50	.			SS Ch 8	
22356,00	ALE USB	B=125Bd Ch=8 ChS=250Hz			
22356,00	.			SS Ch 9	
22356,50	.			SS Ch 10	
22357,00	.			SS Ch 11	
22357,50	.			SS Ch 12	
22358,00	.			SS Ch 13	
22358,50	.			SS Ch 14	
22359,00	.			SS Ch 15	
22359,50	.			SS Ch 16	
22360,00	.			SS Ch 17	
22360,50	.			SS Ch 18	
22361,00	.			SS Ch 19	
22361,50	.			SS Ch 20	
22362,00	.			SS Ch 21	
22362,50	.			SS Ch 22	
22363,00	.			SS Ch 23	
22363,50	.			SS Ch 24	
22364,00	.			SS Ch 25	
22364,50	.			SS Ch 26	
22365,00	.			SS Ch 27	
22365,50	.			SS Ch 28	
22366,00	.			SS Ch 29	
22366,50	.			SS Ch 30	
22367,00	.			SS Ch 31	
22367,50	.			SS Ch 32	
22368,00	.			SS Ch 33	
22368,50	.			SS Ch 34	
22369,00	.			SS Ch 35	
22369,50	.			SS Ch 36	
22370,00	.			SS Ch 37	
22370,50	.			SS Ch 38	
22371,00	.			SS Ch 39	
22371,50	.			SS Ch 40	
22372,00	ALE USB	B=125Bd Ch=8 ChS=250Hz		MLT MIL net	MLT
22372,00	.			SS Ch 41	
22372,50	.			SS Ch 42	
22373,00	.			SS Ch 43	
22373,50	.			SS Ch 44	
22374,00	.			SS Ch 45	
22374,50	.			SS DSC frequency	WW
22375,00	.			SS DSC frequency	WW
22375,00	CW		XYR24	Rangoon R	BRM
22375,50	.			SS DSC frequency	WW
22376,00	.			MSI Frequency	
22376,00	.			SS DSC frequency	WW
22376,00	SITOR B	B=100Bd S=170Hz	NRV	USA CG Guam	GUM
22376,00	SITOR B	B=100Bd S=170Hz	NMO	USA CG Honolulu	HWA
22376,50	.			CS Ch 1	
22377,00	.			CS Ch 2	
22377,00					

Frequency	Mode	Mode Parameter	Callsign	User	Country
22377,50	.			CS Ch 3	
22378,00	.			CS Ch 4	
22378,00	CW		VTG9	IND N Bombay	IND
22378,00	SITOR , CW	B=100Bd S=170Hz	9GX	Tema R	GHA
22378,50	.			CS Ch 5	
22379,00	.			CS Ch 6	
22379,00	SITOR , CW	B=100Bd S=170Hz	VRX93	Hong Kong R	HKG
22379,50	.			CS Ch 7	
22379,50	SITOR , CW	B=100Bd S=170Hz	JCS	Choshi R	J
22380,00	.			CS Ch 8	
22380,50	.			CS Ch 9	
22381,00	.			CS Ch 10	
22381,50	.			CS Ch 11	
22382,00	.			CS Ch 12	
22382,00	SITOR , CW	B=100Bd S=170Hz	HLG	Seoul R	KOR
22382,50	.			CS Ch 13	
22383,00	.			CS Ch 14	
22383,50	.			CS Ch 15	
22383,50	PACTOR , SITOR , CW	B=100Bd S=170Hz	WLO	Mobile R , AL	USA
22384,00	.			CS Ch 16	
22384,50	.			CS Ch 17	
22384,50	SITOR , CW	B=100Bd S=170Hz	SVO79	Olympia R	GRC
22385,00	.			CS Ch 18	
22385,50	.			CS Ch 19	
22386,00	.			CS Ch 20	
22386,50	.			CS Ch 21	
22387,00	.			CS Ch 22	
22387,50	.			CS Ch 23	
22387,50	*SITOR , CW*	*B=100Bd S=170Hz*	*SVO7*	*Olympia R*	*GRC*
22388,00	.			CS Ch 24	
22388,50	.			CS Ch 25	
22389,00	.			CS Ch 26	
22389,50	.			CS Ch 27	
22390,00	.			CS Ch 28	
22390,50	.			CS Ch 29	
22391,00	.			CS Ch 30	
22391,50	.			CS Ch 31	
22392,00	CIS 50-250	B=50Bd S=200Hz	RDL	RUS N Moscow	RUS
22392,00	.			CS Ch 32	
22392,50	.			CS Ch 33	
22393,00	.			CS Ch 34	
22393,50	.			CS Ch 35	
22394,00	.			CS Ch 36	
22394,50	.			CS Ch 37	
22395,00	.			CS Ch 38	
22395,50	.			CS Ch 39	
22396,00	.			CS Ch 40	
22396,50	.			CS Ch 41	
22397,00	.			CS Ch 42	
22397,50	.			CS Ch 43	
22398,00	.			CS Ch 44	
22398,50	.			CS Ch 45	
22399,00	SITOR , CW	B=100Bd S=170Hz	A9M	Bahrain R	BHR
22399,00	.			CS Ch 46	
22399,50	.			CS Ch 47	
22400,00	.			CS Ch 48	
22400,50	.			CS Ch 49	
22400,50	SITOR , CW	B=100Bd S=170Hz	SVO791	Olympia R	GRC
22401,00	.			CS Ch 50	
22401,50	.			CS Ch 51	
22402,00	.			CS Ch 52	

Frequency	Mode	Mode Parameter	Callsign	User	Country
22402,50	.			CS Ch 53	
22403,00	.			CS Ch 54	
22403,50	.			CS Ch 55	
22404,00	.			CS Ch 56	
22404,50	.			CS Ch 57	
22405,00	.			CS Ch 58	
22405,50	.			CS Ch 59	
22406,00	.			CS Ch 60	
22406,50	.			CS Ch 61	
22407,00	.			CS Ch 62	
22407,50	.			CS Ch 63	
22407,50	SITOR , CW	B=100Bd S=170Hz	UAT	Moscow R	RUS
22408,00	.			CS Ch 64	
22408,50	SITOR , CW	B=100Bd S=170Hz	UFL	Vladivostok R	RUS
22408,50	.			CS Ch 65	
22409,00	.			CS Ch 66	
22409,50	.			CS Ch 67	
22410,00	.			CS Ch 68	
22410,50	.			CS Ch 69	
22411,00	.			CS Ch 70	
22411,50	.			CS Ch 71	
22412,00	SITOR , CW	B=100Bd S=170Hz	JNA	J CG HQ Tokyo	J
22412,00	.			CS Ch 72	
22412,50	.			CS Ch 73	
22413,00	T600	B=50Bd S=200Hz		RUS N	RUS
22413,00	*T600*	*B=50Bd S=1000Hz*		*RUS AF Moscow*	*RUS*
22413,00	.			CS Ch 74	
22413,50	.			CS Ch 75	
22414,00	.			CS Ch 76	
22414,50	.			CS Ch 77	
22415,00	.			CS Ch 78	
22415,50	.			CS Ch 79	
22416,00	.			CS Ch 80	
22416,50	.			CS Ch 81	
22417,00	.			CS Ch 82	
22417,50	.			CS Ch 83	
22418,00	.			CS Ch 84	
22418,50	.			CS Ch 85	
22419,00	.			CS Ch 86	
22419,50	.			CS Ch 87	
22420,00	.			CS Ch 88	
22420,50	.			CS Ch 89	
22421,00	.			CS Ch 90	
22421,50	.			CS Ch 91	
22422,00	.			CS Ch 92	
22422,50	.			CS Ch 93	
22423,00	.			CS Ch 94	
22423,50	.			CS Ch 95	
22424,00	.			CS Ch 96	
22424,50	.			CS Ch 97	
22425,00	.			CS Ch 98	
22425,50	.			CS Ch 99	
22425,50	SITOR , CW	B=100Bd S=170Hz	WOM	Pennsuco R , FL	USA
22426,00	.			CS Ch 100	
22426,50	.			CS Ch 101	
22427,00	.			CS Ch 102	
22427,50	.			CS Ch 103	
22428,00	.			CS Ch 104	
22428,00	SITOR , CW	B=100Bd S=170Hz	XSG	Shanghai R	CHN
22428,50	.			CS Ch 105	
22429,00	.			CS Ch 106	
22429,00	SITOR , CW	B=100Bd S=170Hz	XSG	Shanghai R	CHN

Frequency	Mode	Mode Parameter	Callsign	User	Country
22429,50	.			CS Ch 107	
22430,00	.			CS Ch 108	
22430,50	.			CS Ch 109	
22431,00	.			CS Ch 110	
22431,00	CW		PKX	Jakarta R , Jawa	INS
22431,50	.			CS Ch 111	
22432,00	.			CS Ch 112	
22432,50	.			CS Ch 113	
22433,00	.			CS Ch 114	
22433,50	.			CS Ch 115	
22434,00	.			CS Ch 116	
22434,00	SITOR , CW	B=100Bd S=170Hz	XSG	Shanghai R	CHN
22434,50	.			CS Ch 117	
22435,00	.			CS Ch 118	
22435,50	.			CS Ch 119	
22436,00	.			CS Ch 120	
22436,50	.			CS Ch 121	
22437,00	.			CS Ch 122	
22437,50	.			CS Ch 123	
22438,00	.			CS Ch 124	
22438,50	.			CS Ch 125	
22439,00	.			CS Ch 126	
22439,50	.			CS Ch 127	
22440,00	.			CS Ch 128	
22440,50	.			CS Ch 129	
22441,00	.			CS Ch 130	
22441,50	.			CS Ch 131	
22442,00	.			CS Ch 132	
22442,50	.			CS Ch 133	
22443,00	.			CS Ch 134	
22443,50	.			CS Ch 135	
22443,50	SITOR , CW	B=100Bd S=170Hz	9GP23	Tema , Black Star Line	GHA
22444,00	DSC	B=100Bd S=170Hz	JNA	J CG HQ Tokyo	J
22444,00	DSC	B=100Bd S=170Hz	PKX	Jakarta R , Jawa	INS
22444,50	SITOR , CW	B=100Bd S=170Hz	UFL	Vladivostok R	RUS
22445,50	CW		KSM	Maritime Radio Historical Society	USA
22447,00	*STANAG 4285*	*B=2400Bd*	*FUV*	*F N Djibouti*	*DJI*
22447,00	BAUDOT	B=75Bd S=850Hz	FUV	F N Djibouti	DJI
22449,00	*ISB: M/S 1,0*	*B=50Bd S=350Hz*		*AUS MIL*	*MIL*
22449,00	AUS ISB MODEM	B=600Bd S=345Hz		AUS MIL	AUS
22456,00	USB		PPR	Rio R	B
22461,00	STANAG 4285	B=2400Bd	FUJ	F N Noumea	NCL
22471,00	*STANAG 4481*	*B=50Bd S=850Hz*	*NKW*	*USA N Diego Garcia*	*DGA*
22473,50	MIL 188-110B SER	B=2400Bd	PWZ33	B N Rio de Janeiro	B
22475,50	PACTOR-FEC	B=200Bd S=170Hz	PWZ33	B N Rio de Janeiro	B
22475,50	BAUDOT	B=75Bd S=850Hz	PWZ33	B N Rio de Janeiro	B
22476,00	*PACTOR III , CW*	*B=100Bd S=200Hz*	*DAO22*	*Kiel Radio*	*D*
22527,00	FAX 120/576		NMC	USCG San Francisco , CA	USA
22537,00	BAUDOT	B=75Bd S=850Hz	FUF	F F Fort de France	REU
22542,00	FAX 60/120/576		JJC	Tokyo M	J
22544,60	STANAG 4285	B=2400Bd	FUM	F N Papeete , Tahiti	OCE
22559,60	FAX 120/576		JFW	Fukushima R	J
22560,00	FAX 120/576		JFC	Misaki R	J
22566,50	CW		UTQ	Kiev R	UKR
22567,50	PACTOR III	B=100Bd S=200Hz	DZO25	Manila R	PHL
22571,00	*ALE USB*	*B=125Bd Ch=8 ChS=250Hz*		*G MIL net*	*G*
22571,00	*MIL 188-110B SER*	*B=2400Bd*		*G MIL net*	*G*
22586,40	PACTOR II	B=200Bd S=200Hz	WXH	Annapolis , MD	USA
22597,00	CW		SAA	Karlskrona R	S
22605,50	*PACTOR III , CW*	*B=100Bd S=200Hz*	*DAO32*	*Kiel Radio*	*D*
22611,50	CW		HLF	Seoul R	KOR

Frequency	Mode	Mode Parameter	Callsign	User	Country
22620,00	MIL 188-110B SER	B=2400Bd			
22628,50	CW		VTG9	IND N Bombay	IND
22637,00	PACTOR , CW	B=100Bd S=200Hz	SAP	Marinecom Malmoe	S
22638,50	PACTOR	B=200Bd S=170Hz	SAP	Marinecom Malmoe R	S
22643,00	PACTOR II	B=200Bd S=200Hz	HPPM2	Sailmail Chiriqui	PNR
22649,00	PACTOR II	B=200Bd S=200Hz	VZX	Sailmail Darawank	AUS
22683,00	*STANAG 4285*	*B=2400Bd*	*EBA*	*E N Madrid*	*E*
22694,00	CW		9GP23	Tema , Black Star Line	GHA
22696,00	SSB			CS Ch 2201	
22698,30	USB		PKX	Jakarta R , Jawa	INS
22699,00	USB		UFL	Vladivostok R	RUS
22699,00	SSB			CS Ch 2202	
22699,00	SSB		CFH	CAN F Halifax	CAN
22702,00	USB		EQI	Abbas R	IRN
22702,00	USB		SDJ	Stockholm R	S
22702,00	USB		OYR	Aasiaat R	GRL
22702,00	SSB			CS Ch 2203	
22702,00	SSB		LZW		
22705,00	USB		LSD836	Argentina R	ARG
22705,00	SSB			CS Ch 2204	
22708,00	SSB		EQM	Bushehr R	IRN
22708,00	SSB			CS Ch 2205	
22711,00	USB		A9M	Bahrain R	BHR
22711,00	SSB			CS Ch 2206	
22714,00	USB			Lisbon R	POR
22714,00	SSB			CS Ch 2207	
22714,00	SSB		D4A	S. Vincente de Cabo R	CPV
22714,00	USB		UAT	Moscow R	RUS
22717,00	USB		L2A	ARG N Buenos Aires	ARG
22717,00	USB		L2A	ARG N Mar del Plata	ARG
22717,00	USB		LZW		
22717,00	SSB			CS Ch 2208	
22720,00	DSC	B=100Bd S=170Hz	HLS	Seoul R	KOR
22720,00	SSB			CS Ch 2209	
22720,00	SSB		SVO71	Olympia R	GRC
22723,00	SSB			CS Ch 2210	
22723,00	SSB		SVO72	Olympia R	GRC
22726,00	USB		SDJ	Stockholm R	S
22726,00	SSB			CS Ch 2211	
22729,00	SSB			CS Ch 2212	
22732,00	USB		SDJ	Stockholm R	S
22732,00	SSB			CS Ch 2213	
22735,00	USB		EQN	Khomeini R	IRN
22735,00	USB		KNN	Marina Del Ray R , CA	USA
22735,00	SSB			CS Ch 2214	
22735,00	SSB		TAH	Istanbul R	TUR
22735,00	USB		XSQ	Guangzhou R	CHN
22738,00	SSB			CS Ch 2215	
22739,40	ALE USB	B=125Bd Ch=8 ChS=250Hz		USA ShipCom net	USA
22741,00	SSB			CS Ch 2216	
22744,00	USB		EQJ	Chahbahar R	IRN
22744,00	SSB			CS Ch 2217	
22744,00	SSB		SVO73	Olympia R	GRC
22747,00	SSB			CS Ch 2218	
22750,00	SSB			CS Ch 2219	
22750,00	SSB		SVO74	Olympia R	GRC
22752,00	PACTOR	B=100Bd S=200Hz	ZRK691-5	Melville R	AFS
22753,00	USB		XSQ	Guangzhou R	CHN
22753,00	SSB			CS Ch 2220	
22753,00	CHN 4+4	B=75Bd Ch=8 ChS=300/450Hz		CHN N	CHN

Frequency	Mode	Mode Parameter	Callsign	User	Country
22756,00	USB		LSD836	Argentina R	ARG
22756,00	USB		CBV	Valpariso R	CHL
22756,00	SSB			CS Ch 2221	
22756,00	SSB		4PB	Colombo R	CLN
22758,60	STANAG 4285	B=2400Bd			
22759,00	SSB			CS Ch 2222	
22759,00	SSB		D4A	S. Vincente de Cabo R	CPV
22762,00	SSB			CS Ch 2223	
22762,00	SSB		TAH	Istanbul R	TUR
22765,00	SSB			CS Ch 2224	
22765,00	SSB		SVO75	Olympia R	GRC
22768,00	USB		CBV	Valpariso R	CHL
22768,00	CW		TUA	Abidjan R	CTI
22768,00	SSB			CS Ch 2225	
22769,00	ALE USB	B=125Bd Ch=8 ChS=250Hz			
22771,00	USB		SUH	Alexandria R	EGY
22771,00	SSB			CS Ch 2226	
22773,00	STANAG 4285	B=2400Bd			
22774,00	SSB			CS Ch 2227	
22777,00	USB		SDJ	Stockholm R	S
22777,00	SSB			CS Ch 2228	
22780,00	USB		HSA	Bangkok R	THA
22780,00	SSB			CS Ch 2229	
22783,00	USB		SDJ	Stockholm R	S
22783,00	SSB			CS Ch 2230	
22783,00	SSB		TAH	Istanbul R	TUR
22786,00	SSB			CS Ch 2231	
22786,00	SSB		CKN	CAN F Vancouver	CAN
22786,00	SSB		SVO76	Olympia R	GRC
22789,00	SSB			CS Ch 2232	
22790,00	STANAG 4285	B=2400Bd		G MIL Akrotiri	CYP
22792,00	USB		YQI	Constanta R	ROU
22792,00	SSB			CS Ch 2233	
22792,00	SSB		SVO77	Olympia R	GRC
22795,00	SSB			CS Ch 2234	
22798,00	USB		EQI	Abbas R	IRN
22798,00	SSB			CS Ch 2235	
22801,00	SSB			CS Ch 2236	
22804,00	SSB			CS Ch 2237	
22804,00	USB		WLO	Mobile R , AL	USA
22806,00	*STANAG 4285*	*B=2400Bd*		*G MIL St. Eval*	*G*
22807,00	USB		SVO78	Olympia R	GRC
22807,00	SSB			CS Ch 2238	
22807,00	USB		PPR	Rio R	B
22810,00	USB		EQC	Amirabad R	IRN
22810,00	SSB			CS Ch 2239	
22813,00	USB		CBV	Valpariso R	CHL
22813,00	SSB			CS Ch 2240	
22816,00	SSB			CS Ch 2241	
22819,00	QPSK	B=166,7Bd Ch=4	WLO	Mobile R , AL	USA
22819,00	SSB			CS Ch 2242	
22822,00	USB		LZW	Varna R	BUL
22822,00	USB		JNA	J CG HQ Tokyo	J
22822,00	SSB			CS Ch 2243	
22822,00	USB		PPR	Rio R	B
22825,00	USB		JNA	J CG HQ Tokyo	J
22825,00	SSB			CS Ch 2244	
22828,00	SSB			CS Ch 2245	
22831,00	SSB			CS Ch 2246	
22834,00	SSB			CS Ch 2247	
22837,00	SSB			CS Ch 2248	

Frequency	Mode	Mode Parameter	Callsign	User	Country
22840,00	SSB			CS Ch 2249	
22843,00	SSB			CS Ch 2250	
22843,00	USB		PPR	Rio R	B
22846,00	SSB			CS Ch 2251	
22846,00	USB		PPR	Rio R	B
22849,00	SSB			CS Ch 2252	
22852,00	USB		SXE	Aspropyrgos Attikis R	GRC
22852,00	USB			Peiraias CG R	GRC
22852,00	SSB			CS Ch 2253	
22857,70	ARQ-E3	B=192Bd S=400Hz	FUX	F N Le Port	REU
22860,00	ALE USB	B=125Bd Ch=8 ChS=250Hz		MRC MIL net	MRC
22864,00	*T600*	*B=50Bd S=200Hz*		*RUS N Moscow*	*RUS*
22868,40	PACTOR II	B=200Bd S=200Hz	WXH	Annapolis , MD	USA
22876,00	PACTOR II	B=200Bd S=200Hz	WGM	Hollywood , FL	USA
22881,40	PACTOR II	B=200Bd S=200Hz	WPTG385	Sailmail Corpus Christi , TX	USA
22888,00	PACTOR II	B=200Bd S=200Hz	WGM	Hollywood , FL	USA
22895,20	PACTOR I	B=100Bd S=200Hz	PACMSJB	MSF	
22895,20	PACTOR I	B=100Bd S=200Hz		MSF Geneva	SUI
22906,00	*STANAG 4481*	*B=75Bd S=850Hz*	*NKW*	*USA N Diego Garcia*	*DGA*
22910,00	*STANAG 4481*	*B=75Bd S=850Hz*	*NKW*	*USA N Diego Garcia*	*DGA*
22917,40	PACTOR III	B=100Bd S=200Hz	WQLI952	Sailmail Watsonville , CA	USA
22918,50	STANAG 4285	B=2400Bd	CFH	CAN N Halifax	CAN
22940,00	ALE USB	B=125Bd Ch=8 ChS=250Hz			
22941,20	*STANAG 4285*	*B=2400Bd*		*G MIL Akrotiri*	*CYP*
22947,00	SSB			USA AF MARS	
22950,00	SSB			USA AF MARS	
22961,40	PACTOR II	B=200Bd S=200Hz	WPUC469	Sailmail South Daytona , FL	USA
22964,00	CODAN CHIRP	B=80Bd Ch=30 ChS=81Hz		MFA Cairo	EGY
22964,00	CODAN	B=2400Bd Ch=16 ChS=112,5Hz		MFA Cairo	EGY
22965,70	SITOR A			MFA Cairo	EGY
22982,40	ALE USB	B=125Bd Ch=8 ChS=250Hz			
22983,00	SSB			FEMA	USA
22984,00	CIS 200-1000	B=200Bd S=1000Hz Ch=1		RUS INTEL Moscow	RUS
22990,00	ALE USB	B=125Bd Ch=8 ChS=250Hz		SUI diplo net	
23005,00	ALE USB	B=125Bd Ch=8 ChS=250Hz		SUI diplo net	
23005,00	MIL 188-110B SER	B=2400Bd		MFA Berne	SUI
23006,00	ALE USB	B=125Bd Ch=8 ChS=250Hz		USA Civil Air Patrol net	USA
23028,00	SSB			FEMA	USA
23030,00	ALE USB	B=125Bd Ch=8 ChS=250Hz		F diplo net	
23030,00	CW		44*		
23030,00	MIL 188-110B SER	B=2400Bd		MFA Berne	SUI
23030,00	ALE USB	B=125Bd Ch=8 ChS=250Hz		SUI diplo net	
23035,00	SSB		AFE70	USAF Cape Caneveral , FL	USA
23035,00	SSB		AFE83	USAF Ascension AB	ASC
23035,00	SSB		AFE86	USAF Cedar Grove	ATG
23050,00	PACTOR II	B=200Bd S=200Hz	HPPM1	Sailmail Chiriqui	PNR
23060,00	PACTOR III	B=100Bd S=200Hz	WQAB964	Sailmail San Diego , CA	USA
23115,00	CODAN	B=2400Bd Ch=16 ChS=112,5Hz		MFA Cairo	EGY
23115,00	CODAN CHIRP	B=80Bd Ch=30 ChS=81Hz		MFA Cairo	EGY
23116,70	SITOR A	B=100Bd S=170Hz		MFA Cairo	EGY

Frequency	Mode	Mode Parameter	Callsign	User	Country
23120,00	CIS 75-1000	B=75Bd S=1000Hz		RUS	RUS
23170,00	CIS 200-1000	B=200Bd S=1000Hz Ch=1		RUS MIL INTEL	RUS
23177,00	STANAG 4285	B=2400Bd			
23197,00	MIL 188-110B SER	B=2400Bd		AUS MIL North West Cape	AUS
23210,00	USB		SDJ	Stockholm R	S
23214,00	SSB			USA Customs , DEA	USA
23215,00	SSB		DHM91	D AF Münster	D
23220,00	SSB			USAF Strategic Command	USA
23227,00	SSB			USAF Ascension	ASC
23227,00	SSB			USAF Diego Garcia	DGA
23238,00	STANAG 4481	B=75Bd S=850Hz	MKL	G N Northwood	G
23250,00	SSB			CAN AF Trenton	CAN
23255,00	SSB		DHM91	D AF Münster	D
23275,00	SSB			BEL AF Brussels	BEL
23290,00	MIL 188-110B 16TONE	B=2400Bd Ch=16 ChS=112,5Hz			
23318,00	SSB		DHM91	D AF Münster	D
23337,00	ALE USB	B=125Bd Ch=8 ChS=250Hz		USA AF net	
23341,00	SSB		DHM91	D AF Münster	D
23345,00	SSB		DHM91	D AF Münster	D
23357,00	SSB			USAF Strategic Command	USA
23390,00	SSB			FEMA	USA
23405,00	STANAG 4285	B=2400Bd		G MIL Ascension	
23428,00	ALE USB	B=125Bd Ch=8 ChS=250Hz			
23433,00	ALE LSB	B=125Bd Ch=8 ChS=250Hz		Public health net , TX	USA
23451,00	SSB			FEMA	USA
23452,00	T600	B=50Bd S=200Hz		RUS N	RUS
23490,00	*STANAG 4285*	*B=2400Bd*		*G MIL Akrotiri*	*CYP*
23500,00	ALE USB	B=125Bd Ch=8 ChS=250Hz		CHN net	
23500,00	CHN HYBRID MODEM 8FSK-PSK	B=2400Bd		CHN	
23514,00	STANAG 4538	B=2400Bd		I MIL	I
23523,00	FAX 120/576		JMH6	Tokyo M	J
23526,00	ALE USB	B=125Bd Ch=8 ChS=250Hz			
23550,00	SSB			FEMA	USA
23572,00	SSB, RTTY			D army	D
23589,00	MIL 188-110B SER	B=2400Bd			
23744,00	SSB		DHJ59	D N Wilhelmshaven	D
23814,00	SSB			FEMA	USA
23863,50	RTTY			USA AF MARS	
23865,00	SSB			USA AF MARS	
23869,70	SITOR A	B=100Bd S=170Hz		MFA Cairo	EGY
24008,00	SSB			FEMA	USA
24019,00	SSB			USA AF MARS	
24127,50	DPRK FSK	B=600Bd S=600Hz		DPRK diplo	
24210,00	AUS	B=600Bd S=345Hz		AUS MIL	AUS
24268,00	ALE USB	B=125Bd Ch=8 ChS=250Hz			
24274,00	SSB		AFI	USAF McClellan AFB , Sacramento , CA	USA
24282,00	SSB			FEMA	USA
24450,00	ALE USB	B=125Bd Ch=8 ChS=250Hz		USA CG net	USA
24526,00	ALE USB	B=125Bd Ch=8 ChS=250Hz		USA FEMA net	USA
24526,00	SSB			FEMA	USA
24563,50	USB			SRL mission Tabda	SOM

Frequency	Mode	Mode Parameter	Callsign	User	Country
24575,50	PACTOR II	B=200Bd S=200Hz	WGM	Hollywood , FL	USA
24586,40	PACTOR II	B=200Bd S=200Hz	WXH	Annapolis , MD	USA
24615,00	PACTOR II	B=200Bd S=200Hz	WGM	Hollywood , FL	USA
24655,00	ALE USB	B=125Bd Ch=8 ChS=250Hz		G MIL net	G
24688,40	PACTOR II	B=200Bd S=200Hz	WXH	Annapolis , MD	USA
24819,00	SSB			FEMA	USA
24838,50	ALE USB	B=125Bd Ch=8 ChS=250Hz		USA COTHEN net	USA
24860,00	ALE USB	B=125Bd Ch=8 ChS=250Hz		USA AF net	USA
24883,60	ALE USB	B=125Bd Ch=8 ChS=250Hz		USA diplo net	
25000,00	CW			MIKES Otaniemi TS	FIN
25055,00	ALE USB	B=125Bd Ch=8 ChS=250Hz		F diplo net	
25070,00	SSB			SS Ch 2501	
25073,00	SSB			SS Ch 2502	
25076,00	SSB			SS Ch 2503	
25079,00	SSB			SS Ch 2504	
25082,00	SSB			SS Ch 2505	
25085,00	SSB			SS Ch 2506	
25088,00	SSB			SS Ch 2507	
25091,00	SSB			SS Ch 2508	
25094,00	SSB			SS Ch 2509	
25097,00	SSB			SS Ch 2510	
25100,00	SSB			simplex frequency ship - ship	
25103,00	SSB			simplex frequency ship - ship	
25106,00	SSB			simplex frequency ship - ship	
25109,00	SSB			simplex frequency ship - ship	
25112,00	SSB			simplex frequency ship - ship	
25115,00	SSB			simplex frequency ship - ship	
25118,00	SSB			simplex frequency ship - ship	
25120,00	ALE USB	B=125Bd Ch=8 ChS=250Hz			
25171,50	.			SS calling frequency Ch A	
25172,00	.			SS calling frequency Ch C	
25172,50	.			SS calling frequency Ch B	
25173,00	.			SS Ch 1	
25173,50	.			SS Ch 2	
25174,00	.			SS Ch 3	
25174,50	.			SS Ch 4	
25175,00	.			SS Ch 5	
25175,50	.			SS Ch 6	
25176,00	.			SS Ch 7	
25176,50	.			SS Ch 8	
25177,00	.			SS Ch 9	
25177,50	.			SS Ch 10	
25178,00	.			SS Ch 11	
25178,50	.			SS Ch 12	
25179,00	.			SS Ch 13	
25179,50	.			SS Ch 14	
25180,00	.			SS Ch 15	
25180,50	.			SS Ch 16	
25181,00	.			SS Ch 17	
25181,50	.			SS Ch 18	
25182,00	.			SS Ch 19	
25182,50	.			SS Ch 20	
25183,00	.			SS Ch 21	
25183,50	.			SS Ch 22	
25184,00	.			SS Ch 23	
25184,50	.			SS Ch 24	

Frequency	Mode	Mode Parameter	Callsign	User	Country
25185,00	.			SS Ch 25	
25185,50	.			SS Ch 26	
25186,00	.			SS Ch 27	
25186,50	.			SS Ch 28	
25187,00	.			SS Ch 29	
25187,50	.			SS Ch 30	
25188,00	.			SS Ch 31	
25188,50	.			SS Ch 32	
25189,00	.			SS Ch 33	
25189,50	.			SS Ch 34	
25190,00	.			SS Ch 35	
25190,50	.			SS Ch 36	
25191,00	.			SS Ch 37	
25191,50	.			SS Ch 38	
25192,00	.			SS Ch 39	
25192,50	.			SS Ch 40	
25193,00	.			SS Ch 1	
25193,50	.			SS Ch 2	
25194,00	.			SS Ch 3	
25194,50	.			SS Ch 4	
25195,00	.			SS Ch 5	
25195,50	.			SS Ch 6	
25196,00	.			SS Ch 7	
25196,50	.			SS Ch 8	
25197,00	.			SS Ch 9	
25197,50	.			SS Ch 10	
25198,00	.			SS Ch 11	
25198,50	.			SS Ch 12	
25199,00	.			SS Ch 13	
25199,50	.			SS Ch 14	
25200,00	.			SS Ch 15	
25200,50	.			SS Ch 16	
25201,00	.			SS Ch 17	
25201,50	.			SS Ch 18	
25202,00	.			SS Ch 19	
25202,50	.			SS Ch 20	
25203,00	.			SS Ch 21	
25203,50	.			SS Ch 22	
25204,00	.			SS Ch 23	
25204,50	.			SS Ch 24	
25205,00	.			SS Ch 25	
25205,50	.			SS Ch 26	
25206,00	.			SS Ch 27	
25206,50	.			SS Ch 28	
25207,00	.			SS Ch 29	
25207,50	.			SS Ch 30	
25208,00	.			SS Ch 31	
25208,50	.			SS DSC frequency	WW
25209,00	.			SS DSC frequency	WW
25209,50	.			SS DSC frequency	WW
25244,00	ALE USB	B=125Bd Ch=8 ChS=250Hz		SUI diplo net	
25301,00	ALE USB	B=125Bd Ch=8 ChS=250Hz		F diplo net	
25350,00	ALE USB	B=125Bd Ch=8 ChS=250Hz		USA MIL net	USA
25350,00	SSB			USA Customs , DEA	USA
25350,00	ALE USB	B=125Bd Ch=8 ChS=250Hz		USA	
25354,00	ALE USB	B=125Bd Ch=8 ChS=250Hz		USA civial air patrol net	USA
25359,00	THALES	B=125Bd Ch=8		ALG AF	ALG

Frequency	Mode	Mode Parameter	Callsign	User	Country
	SKYMASTER ALE	ChS=250Hz			
25472,00	CIS 100-2000	B=100Bd S=2000Hz Ch=1			
25500,00	SSB		HEO55	Berne Air	SUI
25571,00	ALE USB	B=125Bd Ch=8 ChS=250Hz		ISR AF net	ISR
25715,00	SSB			CAN AF Halifax	CAN
26094,00	CW		5OW		
26100,50	.			MSI frequency	WW
26100,50	.			MSI Frequency	
26101,00	.			CS Ch1	
26101,50	.			CS Ch2	
26102,00	.			CS Ch3	
26102,50	.			CS Ch4	
26103,00	.			CS Ch5	
26103,50	.			CS Ch6	
26104,00	.			CS Ch7	
26104,50	.			CS Ch8	
26105,00	.			CS Ch9	
26105,50	PACTOR , SITOR , CW	B=100Bd S=170Hz	WLO	Mobile R , AL	USA
26105,50	.			CS Ch10	
26106,00	.			CS Ch11	
26106,50	.			CS Ch12	
26107,00	.			CS Ch13	
26107,50	.			CS Ch14	
26108,00	.			CS Ch15	
26108,50	.			CS Ch16	
26109,00	.			CS Ch17	
26109,50	.			CS Ch18	
26110,00	.			CS Ch19	
26110,50	.			CS Ch20	
26111,00	.			CS Ch21	
26111,50	.			CS Ch22	
26112,00	.			CS Ch23	
26112,50	.			CS Ch24	
26113,00	.			CS Ch25	
26113,50	.			CS Ch26	
26114,00	.			CS Ch27	
26114,50	.			CS Ch28	
26115,00	.			CS Ch29	
26115,50	.			CS Ch30	
26116,00	.			CS Ch31	
26116,50	.			CS Ch32	
26117,00	.			CS Ch33	
26117,50	.			CS Ch34	
26118,00	.			CS Ch35	
26118,50	.			CS Ch36	
26119,00	.			CS Ch37	
26119,50	.			CS Ch38	
26120,00	.			CS Ch39	
26120,50	.			CS Ch40	
26143,00	SITOR , CW	B=100Bd S=170Hz	WCC	Chatham R , MA	USA
26145,00	SSB			CS Ch 2501	
26148,00	SSB			CS Ch 2502	
26151,00	USB		LZW	Varna R	BUL
26151,00	SSB			CS Ch 2503	
26154,00	SSB			CS Ch 2504	
26157,00	SSB			CS Ch 2505	
26160,00	USB		SDJ	Stockholm R	S
26160,00	SSB			CS Ch 2506	
26163,00	USB		SXE	Aspropyrgos Attikis R	GRC

Frequency	Mode	Mode Parameter	Callsign	User	Country
26163,00	USB		SVO81	Olympia R	GRC
26163,00	SSB			CS Ch 2507	
26166,00	USB		SVO82	Olympia R	GRC
26166,00	SSB			CS Ch 2508	
26169,00	USB		SDJ	Stockholm R	S
26169,00	SSB			CS Ch 2509	
26172,00	SSB			CS Ch 2510	
26180,00	ALE USB	B=125Bd Ch=8 ChS=250Hz			
26217,00	SSB			USA Civil air patrol	USA
26620,00	SSB			USA Civil air patrol	USA
26700,00	SSB, RTTY			D army	D
26812,00	ALE USB	B=125Bd Ch=8 ChS=250Hz		USA SHARES net	USA
26830,00	ALE USB	B=125Bd Ch=8 ChS=250Hz		FIN diplo net	FIN
26965,00	AM , FM			CB Ch 1	
26975,00	AM , FM			CB Ch 2	
26985,00	AM , FM			CB Ch 3	
27005,00	AM , FM			CB Ch 4	
27015,00	AM , FM			CB Ch 5	
27025,00	AM , FM			CB Ch 6	
27035,00	AM , FM			CB Ch 7	
27055,00	AM , FM			CB Ch 8	
27065,00	AM , FM			CB Ch 9	
27075,00	AM , FM			CB Ch 10	
27085,00	AM , FM			CB Ch 11	
27095,00	CW			ETCS Eurobalise RX frequency	
27105,00	AM , FM			CB Ch 12	
27115,00	AM , FM			CB Ch 13	
27125,00	AM , FM			CB Ch 14	
27135,00	AM , FM			CB Ch 15	
27155,00	AM , FM			CB Ch 16	
27165,00	AM , FM			CB Ch 17	
27175,00	AM , FM			CB Ch 18	
27185,00	AM , FM			CB Ch 19	
27205,00	AM , FM			CB Ch 20	
27215,00	AM , FM			CB Ch 21	
27225,00	AM , FM			CB Ch 22	
27235,00	AM , FM			CB Ch 23	
27245,00	AM , FM			CB Ch 24	
27255,00	AM , FM			CB Ch 25	
27265,00	AM , FM			CB Ch 26	
27275,00	AM , FM			CB Ch 27	
27285,00	AM , FM			CB Ch 28	
27295,00	AM , FM			CB Ch 29	
27305,00	AM , FM			CB Ch 30	
27315,00	AM , FM			CB Ch 31	
27325,00	AM , FM			CB Ch 32	
27335,00	AM , FM			CB Ch 33	
27345,00	AM , FM			CB Ch 34	
27355,00	AM , FM			CB Ch 35	
27365,00	AM , FM			CB Ch 36	
27375,00	AM , FM			CB Ch 37	
27385,00	AM , FM			CB Ch 38	
27395,00	AM , FM			CB Ch 39	
27404,00	AM , FM			CB Ch 40	
27560,00	ALE USB	B=125Bd Ch=8 ChS=250Hz		USA CG net	USA
27590,00	T600	B=50Bd S=200Hz		RUS N	RUS
27650,00	FMCW			University of Hamburg	D
27736,00	SSB			USA AF MARS	GUM

Frequency	Mode	Mode Parameter	Callsign	User	Country
27829,00	SSB			USA AF MARS	GUM
27870,00	ALE USB	B=125Bd Ch=8 ChS=250Hz		USA AF net	
27870,00	SSB			USA Customs , DEA	USA
27877,00	SSB			USA AF MARS	
27978,50	SSB			USA AF MARS	
27985,00	SSB			USA AF MARS	
27991,00	SSB			USA AF MARS	
28300,00	ROS USB	B=1Bd Ch=144 ChS=15,625Hz		ROS frequency	
28406,50	YAHKTA	B=100Bd S=150Hz			
29290,00	DSTAR	B=4800Bd		DSTAR Hamburg	D
29850,00	FMCW			University of Hamburg	D
29850,00				CAN Meteor Orbit Radar	CAN
29894,00	ALE USB	B=125Bd Ch=8 ChS=250Hz		USA CAP net	USA

ALE Idents sorted by Frequency

Frequency	ALE Ident	User	Country
1806,0	ZLST	D CG Leitstelle Cuxhaven	D
1806,0	ZEMD	D CG ship Emden	D
1806,0	ZBOR	D CG ship	D
1806,0	ZHID	D CG ship Hiddensee	D
1806,0	ZRUE	D CG ship Ruegen	D
1806,0	ZHOH	D CG ship Hohwacht	D
1806,0	ZHEL	D CG ship Helgoland	D
1806,0	ZKNI	D CG ship Kniepsand	D
1904,0	LEZSEE	D CG Cuxhaven	D
1904,0	BP26	D CG ship Eschwege	D
2070,0	JPNET		
2070,0	JPQ		
2070,0	ALJ		
2070,4	WSPAN	D CG Cuxhaven	D
2070,4	BP24	D CG ship Bad Bramstedt	D
2070,4	BP26	D CG ship Eschwege	D
2070,4	BP23	D CG ship Bad D³ben	D
2070,4	BP25	D CG ship Bayreuth	D
2070,4	BPLEZS	D CG Cuxhaven	D
2070,4	BP21	D CG ship Bredstedt	D
2070,4	BP22	D CG ship Neustrelitz	D
2142,5	ZBOR	D CG ship	D
2142,5	ZKNI	D CG ship Kniepsand	D
2142,5	ZPRI	D CG ship Priwall	D
2142,5	ZLST	D CG Leitstelle Cuxhaven	D
2142,5	ZHOH	D CG ship Hohwacht	D
2142,5	ZHEL	D CG ship Helgoland	D
2151,5	LEZSEE	D CG Cuxhaven	D
2151,5	BP26	D CG ship Eschwege	D
2199,0	XJF	G MIL	G
2199,0	XSS	G MIL	G
2207,5	RCLS1	GRC AF	GRC
2207,5	CHFEDR	GRC AF	GRC
2215,0	TWBA2	E MOI Barcelona	E
2215,0	TXX2	E MOI Madrid	E
2216,0	XSS	G MIL	G
2216,0	XGM	G MIL	G
2216,0	XJJ	G MIL	G
2216,0	XCT	G MIL	G
2219,0	BP26	D CG ship Eschwege	D
2219,0	LEZSEE	D CG Cuxhaven	D
2243,0	LEZSEE	D CG Cuxhaven	D
2243,0	BP26	D CG ship Eschwege	D
2250,0	OWE	DNK AF Karup	DNK
2250,0	OWF	DNK AF Skrydstrup	DNK
2250,0	OWC	DNK AF	DNK
2250,0	OWD	DNK AF Vaerloese	DNK
2250,0	OWK	DNK AF Vedbaek	DNK
2382,0	PIR023		
2382,0	TOP022		
2382,0	MAP024		
2446,0	OLTRAMON TI	Guardia di Finanza vessel Oltramonti G.5	I
2446,0	CAGLIARI	Guardia di Finanza Cagliari	I
2451,5	XSS	G MIL	G
2503,5	LEZSEE	D CG Cuxhaven	D
2505,0	BPL	D CG Cuxhaven	D
2505,0	BP21	D CG ship Bredstedt	D
2505,0	LEZSEE	D CG Cuxhaven	D
2505,0	BP26	D CG ship Eschwege	D
2531,0	OWF	DNK AF Skyrdstrup	DNK
2531,0	OWK	DNK AF Vedbaek	DNK
2559,0	LEZSEE	D CG Cuxhaven	D
2559,0	BP26	D CG ship Eschwege	D
2585,5	RCLS1	GRC AF	GRC
2585,5	CHFEDR	GRC AF	GRC

Frequency	ALE Ident	User	Country
2651,0	206102		
2673,0	ZBOR	D CG ship	D
2673,0	ZSHO	D CG ship Schleswig-Holstein	D
2673,0	ZRUE	D CG ship Ruegen	D
2673,0	ZEMD	D CG ship Emden	D
2673,0	ZHEL	D CG ship Helgoland	D
2673,0	ZLST	D CG Leitstelle Cuxhaven	D
2673,0	ZPRI	D CG ship Priwall	D
2695,0	OPQ		
2695,0	OP1		
2705,0	XCT	G MIL	G
2705,0	XJH	G MIL	G
2705,0	XEX	G MIL	G
2705,0	XJD	G MIL	G
2705,0	XSS	G MIL	G
2713,5	4SHWT	GRC AF	GRC
2713,5	3SHET	GRC AF	GRC
2713,5	7SHET	GRC AF	GRC
2713,5	5SHET	GRC AF	GRC
2713,5	140SHP	GRC AF 140th EW Tactical Intelligence Combat Group Larissa	GRC
2713,5	ZEBRA	GRC AF	
2713,5	2SHET	GRC AF	GRC
2713,5	4SHER	GRC AF	GRC
2767,5	BP26	D CG ship Eschwege	D
2767,5	LEZSEE	D CG Cuxhaven	D
2784,0	XSS	G MIL	G
2784,0	XJK	G MIL	G
2784,0	XKD	G MIL	G
2784,0	XKP	G MIL	G
2784,0	XGW	G MIL	G
2805,0	ICZ	USA AF Sigonella	I
2826,5	LA7	POL MIL	POL
2826,5	IZ3	POL MIL	POL
2826,5	GA7	POL MIL	POL
2826,5	LI9	POL MIL	POL
2826,5	MI3	POL MIL	POL
3000,0	ALMARG	Al Marj	LBY
3000,0	4102		
3000,0	BENGHAZI	LBY AF Bengasi	LBY
3000,0	DER	Derna	LBY
3000,0	HQ1	Tripoli	LBY
3059,0	PLA	USA AF Lajes	AZR
3059,0	ICZ	USA AF Sigonella	I
3068,0	JNR	USA AF Salinas	PTR
3068,0	ADWNPR	USA AF Andrew AFB NIPR	USA
3068,0	CRONPR	USA AF Croughton NIPR	G
3086,0	XSS	G MIL	G
3086,0	XSA	G MIL	G
3105,0	VR52	ALG F	ALG
3105,0	VR50	ALG F	ALG
3109,0	CHARLY46	I AF Pisa San Giusto	I
3113,0	ADWSPR	USA AF Andrews SIPR	USA
3113,0	OFFSPR	USA AF Offutt SIPR	USA
3113,0	JNRSPR	USA AF Salinas SIPR	PTR
3116,0	BJ55	ALG F	ALG
3116,0	BJ45	ALG F	ALG
3116,0	BJ47	ALG F	ALG
3116,0	FS50	ALG F	ALG
3116,0	BJ51	ALG F	ALG
3116,0	BJ53	ALG F	ALG
3116,0	BJ50	ALG F	ALG
3116,0	BJ43	ALG F	ALG
3134,0	AF2B	?LTU F	
3134,0	KO7V	LTU F	
3137,0	JNR	USA AF Salinas	PTR

Frequency	ALE Ident	User	Country
3137,0	PLA	USA AF Lajes	AZR
3137,0	ADW	USA AF Andrews	USA
3137,0	190007	USA AF	
3137,0	CRO	USA AF Croughton	G
3137,0	JDG	USA AF Diega Garcia	DGA
3137,0	ICZ	USA AF Sigonella	I
3137,0	280	USA AF	
3141,0	CAGLIARI	Guardia di Finanza Cagliari	I
3141,0	OLTRAMON TI	Guardia di Finanza vessel Oltramonti G.5	I
3141,0	NAPOLI	Guardia di Finanza Napoli	I
3141,0	GENOVA	Guardia di Finanza Genova	I
3141,0	MESSINA	Messina	I
3155,0	1116		
3155,0	2417		
3155,0	1104		
3155,0	1301		
3155,0	1312		
3155,0	1319		
3155,0	2512		
3155,0	1307		
3155,0	1313		
3155,0	2203		
3155,0	1317		
3155,0	1314		
3155,0	1106		
3155,0	1323		
3155,0	2518		
3155,0	1306		
3155,0	1115		
3155,0	1325		
3155,0	1311		
3155,0	2211		
3155,0	1108		
3155,0	1304		
3155,0	1101		
3155,0	1102		
3155,0	1103		
3155,0	1321		
3155,0	2413		
3155,0	2201		
3155,0	1315		
3156,0	206102		
3157,0	ABA	MLT N	MLT
3157,0	ABA..	MLT N	MLT
3160,0	KKJ		
3160,0	501		
3161,0	XGH	G MIL	G
3161,0	XJV	G MIL	G
3161,0	XSS	G MIL	G
3163,5	505B@@		
3163,5	508B@@		
3188,5	WARSZAW A3	POL MSW Warszawa	POL
3188,5	POZNAN	POL MSW Poznan	POL
3188,5	BYDGOSZC Z	POL MSW Bydgoszcz	POL
3200,0	K3R		
3200,0	E6E		
3200,0	K8R		
3200,0	K0F		
3200,0	NET1		
3200,0	K1R		
3200,0	K2R		
3204,0	0004IACAP	USA CAP Iowa	USA
3204,0	0020NHCA P	USA CAP New Hamsphire	USA
3206,0	WSPAN	D CG Cuxhaven	D
3216,5	140SHP	GRC AF 140th EW Tactical Intelligence Combat Group Larissa	GRC
3216,5	CHFEDR		
3216,5	2SHET	GRC AF	GRC
3216,5	IVRG1		
3218,0	TXX2	E MOI Madrid	E
3218,0	TWVPR	E MOI	E
3218,0	TWCG2	E MOI	E
3225,0	DIAMANTI	ALB F	ALB
3225,0	DRI	ALB F Drini	ALB
3226,0	XBA	G MIL	G
3226,0	XJD	G MIL	G
3226,0	XJK	G MIL	G
3226,0	XJJ	G MIL	G
3226,0	XKD	G MIL	G
3226,0	XJR	G MIL	G
3226,0	XGJ	G MIL	G
3226,0	XKW	G MIL	G
3226,0	XNT	G MIL	G
3226,0	XJH	G MIL	G
3226,0	XSD	G MIL	G
3226,0	XPK	G MIL	G
3226,0	XDD	G MIL	G
3226,0	XSS	G MIL	G
3227,0	C2A	LTU MIL	LTU
3227,0	B1C	LTU MIL	LTU
3227,0	XSS	G MIL	G
3228,0	130		
3235,0	PT30		
3236,5	XJH	G MIL	G
3236,5	XSS	G MIL	G
3241,0	RHP	ARS AF	ARS
3241,0	RHI..	ARS AF	ARS
3250,0	CY40	TUN MIL	TUN
3250,0	CY48	TUN MIL	TUN
3250,0	CY53	TUN MIL	TUN
3250,0	CY60	TUN MIL	TUN
3250,0	PT40	TUN MIL	TUN
3250,0	CY52	TUN MIL	TUN
3254,0	SZ02	ALG F	ALG
3254,0	VH01	ALG F	ALG
3254,0	FS01	ALG F	ALG
3254,0	GS01	ALG F	ALG
3254,0	HQNET	LTU MIL	LTU
3254,0	B1M	LTU MIL	LTU
3254,0	R1K	LTU MIL	LTU
3254,0	SZ01	ALG F	ALG
3259,0	MOBILE2	POL MSW	POL
3259,0	WARSZAW A1	POL MSW Warszawa	POL
3259,0	BYDGOSZC Z	POL MSW Bydgoszcz	POL
3259,0	WARSZAW A3	POL MSW Warszawa	POL
3264,0	GS52	ALG F	ALG
3264,0	GS48	ALG F	ALG
3271,0	FS50	ALG F	ALG
3271,0	BJ53	ALG F	ALG
3271,0	BJ49	ALG F	ALG
3271,0	BJ40	ALG F	ALG
3271,0	BJ51	ALG F	ALG
3271,0	BJ47	ALG F	ALG
3276,5	TRYNY	USA NG Troy , NY	USA
3282,0	5EHUBT	F N	F
3282,0	RES1	F N	F
3291,0	OWK	DNK AF Vedbaek	DNK
3291,0	OWI	DNK AF Aalborg	DNK
3291,0	OWF	DNK AF Skrydstrup	DNK
3291,0	OWE	DNK AF Karup	DNK
3300,0	AAI	ARS AF	ARS
3300,0	AAP	ARS AF	ARS
3300,0	AAU	ARS AF	ARS
3300,0	RHP	ARS AF	ARS

Frequency	ALE Ident	User	Country
3300,0	BJ30		
3300,0	RHI	ARS AF	ARS
3300,0	RM30		
3302,0	B1M	LTU MIL	LTU
3302,0	R1K	LTU MIL	LTU
3302,0	HQNET	LTU MIL	LTU
3304,0	CY40	TUN MIL	TUN
3304,0	CY53	TUN MIL	TUN
3304,0	CY52	TUN MIL	TUN
3304,0	CY48	TUN MIL	TUN
3305,0	A05	NLD Mil	NLD
3305,0	A03	NLD Mil	NLD
3314,0	VORTOC	Camp Bondsteel Kosovo	
3315,0	5MT	MRC MOI	MRC
3322,7	MOP	CHN N	
3322,7	OC1	CHN N	CHN
3322,7	L01	CHN N	
3326,0	PT20		
3326,0	RB23 ..		
3336,0	SP1OZ2	ALG SONATRECH pumping station 1	ALG
3336,0	PT20		
3336,0	SP2OZ2	ALG SONATRECH pumping station 2	ALG
3336,0	SP3OZ2	ALG SONATRECH pumping station 3	ALG
3341,0	WGY9940	Kentucky State EOC, Frankfort KY	USA
3341,0	FC1FEM	USA FEMA Maynard , MA	USA
3345,0	MVNHF424	USA ACE	
3345,0	1	USA ACE	USA
3354,0	WA6	POL MIL Walbrzych	POL
3354,0	AM6	POL MIL	POL
3365,0	NAP		
3375,0	OG700M	ALG MIL	ALG
3375,0	AF720M1	ALG F	ALG
3379,0	1302		
3381,5	A25	?LVA F	
3400,0	T1Z185		
3423,5	BGD	SLO E Baghdad	IRQ
3503,5	XSS	G MIL	G
3506,0	GS53	ALG F	ALG
3506,0	FS40	ALG F	ALG
3523,0	5050		
3530,0	5820		
3530,0	5810		
3533,0	TWLA	E MOI	E
3533,0	TZSA	E MOI Almeria	E
3533,0	TWLV	E MOI Vitoria	E
3533,0	TYME	E MOI Madrid	E
3538,0	J03	USA CG HH-60J #6003 CGAS Clearwater	USA
3545,0	VR40	ALG F	ALG
3545,0	FL45		
3545,0	PT50		
3545,0	VR53	ALG F	ALG
3545,0	FL50		
3558,0	2011		
3587,0	TZSU2	E MOI Ceuta	
3587,0	TYME1	E MOI Madrid	E
3590,0	BADR	PAK N Frigate BADR F184	
3590,0	BAD		
3594,0	WA30	ALG F	ALG
3594,0	WA35	ALG F	ALG
3594,0	QC30	ALG F	ALG
3594,0	BT35	ALG F	ALG
3594,0	BT34	ALG F	ALG
3594,0	BK30	ALG F	ALG
3594,0	BT30	ALG F	ALG
3594,0	FS30	ALG F	ALG
3595,0	ZBOR	D CG ship Borkum	D
3595,0	ZHID	D CG ship Hiddensee	D
3595,0	ZSHO	D CG ship Schleswig-Holstein	D
3595,0	ZPRI	D CG ship Priwall	D
3595,0	ZKNI	D CG ship Kniepsand	D
3595,0	ZLST	D CG Leitstelle Cuxhaven	D
3595,0	ZHEL	D CG ship Helgoland	D
3595,0	ZRUE	D CG ship Ruegen	D
3595,0	ZHOH	D CG ship Hohwacht	D
3595,0	ZEMD	D CG ship Emden	D
3606,0	QM21	ALG F	ALG
3606,0	QM20	ALG F	ALG
3606,0	JE23	ALG F	ALG
3606,0	JE21	ALG F	ALG
3606,0	TP21	TUN MIL	TUN
3606,0	TP23	TUN MIL	TUN
3606,0	XT20	ALG F	ALG
3606,0	FS20	ALG F	ALG
3606,0	BK20	ALG F	ALG
3606,0	TP20	TUN MIL	TUN
3653,0	PT30		
3666,0	RDI..		
3675,0	13011		
3675,0	13142		
3680,0	1601		
3686,0	1325		
3686,0	13221		
3686,0	1307		
3692,0	WA30	ALG F	ALG
3692,0	BT31	ALG F	ALG
3692,0	FS30	ALG F	ALG
3692,0	BT34	ALG F	ALG
3692,0	QC30	ALG F	ALG
3692,0	QC31	ALG F	ALG
3692,0	WA35	ALG F	ALG
3713,0	CO120B		
3733,0	KRAKOW	POL MSW Krakow	POL
3733,0	WARSZAW A3	POL MSW Warszawa	POL
3735,0	1324		
3735,0	24181		
3735,0	1309		
3735,0	240	USA AF	
3735,0	13081		
3735,0	1307		
3735,0	1311		
3735,0	13221		
3751,5	IZ3		
3751,5	MI3		
3751,5	LA7		
3751,5	OS7		
3751,5	LI9		
3785,0	BR2	B N Brasilia	B
3800,0	FUZZY		
3800,0	T1Z185		
3801,5	049112	D Red Cross	D
3803,0	RX1		
3803,0	DV9		
3803,0	VC6		
3805,0	1106		
3805,0	2214		
3805,0	110		
3805,0	1118		
3805,0	1319		
3805,0	13252		
3805,0	13142		
3805,0	131		
3805,0	1302		
3805,0	13262		

Frequency	ALE Ident	User	Country
3805,0	24151		
3805,0	2404		
3805,0	1316		
3805,0	1011		
3805,0	1317		
3805,0	2401		
3805,0	13051		
3805,0	1001		
3805,0	24081		
3805,0	1306		
3805,0	13132		
3805,0	1102		
3805,0	1105		
3805,0	2405		
3805,0	2403		
3805,0	1002		
3805,0	1311		
3805,0	13011		
3805,0	13141		
3805,0	13181		
3805,0	2411		MRC
3805,0	13151		
3805,0	1324		
3805,0	2213		
3805,0	1119		
3805,0	1116		
3805,0	1113		
3805,0	1112		
3805,0	111	E MOI	E
3805,0	1108		
3805,0	13081		
3805,0	1313		
3805,0	2415		
3805,0	1115		
3805,0	132		
3805,0	13263		
3805,0	1304		
3805,0	1312		
3805,0	13221		
3805,0	11143		
3805,0	2002		
3805,0	241		
3805,0	13012		
3805,0	1103		
3805,0	1314		
3805,0	1104		
3818,0	049112	D Red Cross	D
3820,0	FS30	ALG F	ALG
3820,0	WA30	ALG F	ALG
3823,5	BGD	SLO E Baghdad	IRQ
3825,0	206102		
3825,0	3421	Konya	TUR
3830,0	2411		MRC
3830,0	2002		
3831,0	BPLEZS	D CG Cuxhaven	D
3831,0	ZPRI	D CG ship Priwall	D
3831,0	ZLST	D CG Leitstelle Cuxhaven	D
3831,0	BMEK	D CG ship	D
3831,0	BP26	D CG ship Eschwege	D
3831,0	BP24	D CG ship Bad Bramstedt	D
3831,0	ZRUE	D CG ship Ruegen	D
3831,0	ZSHO	D CG ship Schleswig-Holstein	D
3831,0	ZHID	D CG ship Hiddensee	D
3831,0	BSEA	D CG ship	D
3831,0	ZBOR	D CG ship Borkum	D
3831,0	ZHOH	D CG ship Hohwacht	D
3831,0	ZEMD	D CG ship Emden	D
3831,0	BSFA	D CG ship	D
3831,0	ZHEL	D CG ship Helgoland	D

Frequency	ALE Ident	User	Country
3845,0	WSPAN	D CG Cuxhaven	D
3848,0	1303		
3848,0	1316		
3850,0	MUNCHEN	MOI Muenchen	D
3850,0	BERLIN	MOI Berlin	D
3850,0	BP25	D CG ship Bayreuth	D
3850,0	BP26	D CG ship Eschwege	D
3850,0	LEZSEE	D CG Cuxhaven	D
3865,0	AAA	ISR AF	ISR
3865,0	BB3	ISR AF	
3865,0	BB2	ISR AF	ISR
3870,0	206102		
3870,0	43402	Istanbul	TUR
3873,0	MM8	POL MIL	POL
3873,0	WE5	POL MIL	POL
3873,0	MO1	POL MIL	POL
3873,0	HE4	POL MIL	POL
3873,0	MI6	Milforg EOC , NH	USA
3873,0	AN3	POL MIL	POL
3873,0	MA6	POL MIL	POL
3873,0	BU9	POL MIL	POL
3886,0	1117		
3886,0	1116		
3895,0	0000210302		
3898,0	PT01		
3901,4	JB13	ALG F	ALG
3901,4	CM10	ALG MIL	ALG
3901,4	FS10	ALG F	ALG
3901,4	JB10	ALG F	ALG
3901,4	JB15	ALG F	ALG
3901,4	JB20	ALG F	ALG
3901,4	JB16	ALG F	ALG
3901,4	BK10	ALG F	ALG
3925,0	J03	USA CG HH-60J #6003 CGAS Clearwater	USA
3935,0	686		
3935,0	204		
3935,0	216		
3935,0	244		
3935,0	571		
3996,0	GRFTOC		
4000,0	RLD	USA NG Richland , VA	USA
4000,0	PUL	USA NG Pulaski , VA	USA
4000,0	HAM	USA NG Hampton , VA	USA
4001,0	RED		
4001,0	YEL	NCS	
4001,0	BRO		
4001,0	GRE		
4010,0	DU	S MIL	S
4010,0	RUKBAT	LTU F Rukla	LTU
4010,0	PANBAT	LTU F Panevezys	LTU
4010,0	ALYBAT	LTU F Alytus	LTU
4010,0	XL12		
4010,0	XL10		
4010,0	UZ	S MIL	S
4010,0	XV10		
4010,0	TAUBAT	LTU F Taurage	CHL
4010,0	DIA		
4010,0	RM10		
4010,0	XL18		
4010,0	MALI	ALB F Mali	ALB
4010,0	RM1		
4010,0	MAL		
4010,0	BORA	ALB F Bora	ALB
4010,0	DRI	ALB F Drini	ALB
4013,0	049112	D Red Cross	D
4013,0	049119	D Red Cross	D
4013,0	049117	D Red Cross Hannover	D
4013,0	049235	D Red Cross München	D

Frequency	ALE Ident	User	Country
4013,0	049111	D Red Cross	D
4025,0	VL1		
4030,0	1571		
4030,0	5820		
4030,0	1301		
4031,0	STATION3		
4031,0	S1T		
4031,0	STATION5		
4031,0	MJ		
4031,0	VL		
4031,0	AM		
4033,0	CS004A	ALB MOI Tirana	ALB
4033,0	RS0014D		
4035,0	YG53		ALG
4035,0	YG68		ALG
4035,0	CY40	TUN MIL	TUN
4035,0	CY51	TUN MIL	TUN
4035,0	YG40		ALG
4039,0	XL18		
4039,0	PT10		
4040,0	1103		
4046,0	31V1	S MIL	S
4046,0	48V2	S MIL	S
4046,0	17V2	S MIL	S
4046,0	48V1	S MIL	S
4051,0	437807		
4065,0	TP21	TUN MIL	TUN
4086,0	LCR154	POL MIL Warszawa	POL
4086,0	SPI324	POL MIL	POL
4089,7	BOT		
4089,7	NAVYNA		
4089,7	S701		
4089,7	P30		
4089,7	AOT		
4094,0	BBM		
4110,0	PNMB2		ROU
4110,0	BRL		ROU
4113,0	2010		
4123,0	RAC		
4123,0	PAE		
4123,0	T1Z185		
4123,0	FUZZY		
4166,0	XSS	G MIL	G
4166,0	XHZ	G MIL	G
4168,5	XKD	G MIL	G
4168,5	XJD	G MIL	G
4168,5	XPK	G MIL	G
4168,5	XBA	G MIL	G
4168,5	XAE	G MIL	G
4168,5	XHZ	G MIL	G
4168,5	XSS	G MIL	G
4174,0	LNGKNF		
4210,0	U4		
4210,0	C9		
4226,5	XSS	G MIL	G
4237,0	P2Z10	USA F 10th Mountain Div Combat Aviation Brig	IRQ
4237,0	T10CAB	USA F 10th Mountain Div Combat Aviation Brig	IRQ
4237,0	T1Z10	USA F 10th Mountain Div Combat Aviation Brig 1-10A	IRQ
4238,0	XSS	G MIL	G
4239,5	XSS	G MIL	G
4239,5	XJJ	G MIL	G
4255,0	BJ53	ALG F	ALG
4255,0	FS50	ALG F	ALG
4306,0	FC6FEM	USA FEMA Denton , TX	USA
4345,0	IZ3	POL	POL

Frequency	ALE Ident	User	Country
4345,0	MI3	POL	POL
4345,0	GA7	POL	POL
4345,0	OS7	POL	POL
4347,5	XSS	G MIL	G
4354,0	XSS	G MIL	G
4357,5	WSPAN	D CG Cuxhaven	D
4357,5	W03	D CG ship	D
4357,5	BP26	D CG ship Eschwege	D
4362,0	ROMA	Guardia di Finanza Roma	I
4362,0	VIBOVALEN TIA	Guardia di Finanza Vibovalentia	I
4362,0	CAGLIARI	Guardia di Finanza Cagliari	I
4362,0	PALERMO	Guardia di Finanza Palermo	I
4362,0	DIBARTOL O	Guardia die Finanza vessel Di Bartolo G.3	I
4373,9	MTX		
4383,0	ABA..	MLT N	MLT
4408,0	T5W		
4408,0	3TJ		
4408,0	P7L		
4408,0	3VY		
4408,0	LHH		
4408,0	W47		
4411,0	BYDGOSZC Z	POL MSW Bydgoszcz	POL
4419,0	FUZZY ZY		
4419,0	T1Z185		
4420,0	GS10	ALG F	ALG
4451,0	LNGKNF		
4453,0	CLC22-32		
4453,0	CRC2		
4454,0	PASAT41T OC17WB	POL MIL	POL
4454,0	FORMANTT OC17WB	POL MIL	POL
4457,0	AAP	ARS AF	ARS
4457,0	RHP	ARS AF	ARS
4457,0	RHI	ARS AF	ARS
4457,0	RHU	ARS AF	ARS
4457,0	RHN	ARS AF Riyadh	ARS
4457,0	AAU	ARS AF	ARS
4457,0	AAN	ARS AF	ARS
4457,0	AAI	ARS AF	ARS
4458,0	206102	Ankara	TUR
4458,0	2013	Adana	TUR
4458,0	43402	Istanbul	TUR
4459,0	OC00		
4459,0	OG00		
4460,0	24181		
4460,0	SLM	F N	F
4460,0	ARS	F N	F
4460,0	BEL01D	F N	F
4460,0	2002		
4460,0	24081		
4460,0	2407		MRC
4462,0	BORA	ALB F Bora	ALB
4462,0	DRINI	ALB F Drini	ALB
4468,0	J01	USA CG HH-60J #6001 CGAS Elizabeth City	USA
4468,0	V3X		
4468,0	K23		
4472,0	BERLIN	MOI Berlin	D
4472,0	MUNICH	MOI Munich	D
4477,0	034MERCA P	USA CAP Middle East Region	USA
4477,0	0112GACA P	USA CAP Georgia	USA
4477,0	0042NHCA P	USA CAP New Hampshire	USA

Frequency	ALE Ident	User	Country
4477,0	201SERCA P	USA CAP South East Region	USA
4477,0	036		
4477,0	060PCRCA P	USA CAP Pacific Coast Region	USA
4477,0	0314MICAP	USA CAP Michigan	USA
4477,0	100SWRCA P	USA CAP South West Region	USA
4477,0	0011ARCAP	USA CAP Arkansas	USA
4480,0	FUO01D	F N Toulon	F
4480,0	FDR01P	F N	F
4480,0	CDG01D	F N ship CHARLES DE GAULLE	F
4486,0	CY56	TUN MIL	TUN
4486,0	CY60	TUN MIL	TUN
4486,0	CY43	TUN MIL	TUN
4486,0	CY52	TUN MIL	TUN
4486,0	PT40	TUN MIL	TUN
4488,5	A01		
4488,5	A06		
4488,5	A07		
4488,5	A04		
4490,0	USDAERF1	USA DA	USA
4490,0	BAT		
4490,0	EK9		
4490,0	USDAEOC2	USA DA	USA
4490,0	2KL		
4490,0	USDAHQ1	USA DA Washington	USA
4490,0	KMN93	USA DOS	USA
4490,0	KFW652	USA DOS	USA
4490,0	GEF		
4490,0	KGD825	USA DOS	USA
4501,0	CONDOR9F OX		
4501,0	AMBER20F OX		
4505,0	AB0	MLT N	MLT
4505,0	VH3		
4505,0	KF3		
4505,0	FS3		
4505,0	ZT3		
4505,0	MDN		
4505,0	YA53		
4505,0	JP52		
4505,0	JP64		
4505,0	YA54		
4505,0	JP60		
4505,0	YA45		
4505,0	HN42		
4505,0	JP50		
4505,0	YA51		
4505,0	YA4		
4505,0	JP57		
4505,0	JP56		
4505,0	XSS	G MIL	G
4507,0	082		
4507,0	035		
4510,0	XSS	G MIL	G
4514,0	MOAWIN	PAK N ship Moawin	PAK
4514,0	BABUR	PAK N Frigate Babur	
4514,0	KW	PAK N Karachi	PAK
4517,0	61D6BNCM D		
4517,0	61A6BNCM D		
4520,0	TZB159	USA F Ft. Bragg , NC	USA
4530,0	GKY		
4530,0	MALI	ALB F Mali	ALB
4530,0		MFA Berne	SUI
4530,0	DIAMANTI	ALB F	ALB
4530,0	DRINI	ALB F Drini	ALB
4537,5	BPLEZS	D CG Cuxhaven	D
4537,5	WSPAN	D CG Oldenburg	D

Frequency	ALE Ident	User	Country
4537,5	W03	D CG ship	D
4537,5	BERLIN	MOI Berlin	D
4537,5	MUNCHEN	MOI Muenchen	D
4537,5	NDSW03	D patrol ship W03	D
4537,5	LEZSEE	D CG Cuxhaven	D
4537,5	BP26	D CG ship Eschwege	D
4537,5	NDSWSPO L	D MOI Oldenburg	D
4540,0	TF1	SNG N	SNG
4540,0	TF2	SNG N	SNG
4542,5	DELTA03R S1006		
4542,5	TUMOR02R S1006		
4542,5	KAMAR20R S1006		
4542,5	RADAR90R S		
4542,5	KULON02R S100		
4542,5	RADAR90R S1006		
4545,0		MFA Berne	SUI
4545,0		SUI E Berlin	D
4550,0	DM02	ALG F	ALG
4550,0	ACIE07		
4550,0	ACIE01		
4550,0	SZ01	ALG F	ALG
4550,0	SZ04	ALG F	ALG
4550,0	DJ01	ALG F	ALG
4553,0	KO7V		
4553,0	AF7M		
4553,5	ZKNI	D CG ship Kniepsand	D
4553,5	ZSHO	D CG ship Schleswig-Holstein	D
4553,5	BMEK	D CG	D
4553,5	ZLST	D CG Leitstelle Cuxhaven	D
4553,5	BPLEZS	D CG Cuxhaven	D
4553,5	ZPRI	D CG ship Priwall	D
4553,5	ZHOH	D CG ship Hohwacht	D
4553,5	ZRUE	D CG ship Ruegen	D
4553,6	ZHEL	D CG ship Helgoland	D
4553,6	ZHOH	D CG ship Hohwacht	D
4553,6	ZLST	D CG Leitstelle Cuxhaven	D
4553,6	ZRUE	D CG ship Ruegen	D
4553,6	ZHID	D CG ship Hiddensee	D
4553,6	ZSHO	D CG ship Schleswig-Holstein	D
4553,6	ZBOR	D CG ship	D
4553,6	ZEMD	D CG ship Emden	D
4555,0	5800		
4555,0	5810		
4557,5	ISOF3SOF3		IRQ
4557,5	DEWANAS OF		IRQ
4559,5	HAM		
4561,0	TXX2	E MOI Madrid	E
4561,0	TXXJ2	E MOI	E
4561,0	TWVA2	E MOI	E
4570,0	PT50		
4570,0	FL50		
4570,0	PT5		
4584,8	049	D Red Cross	D
4585,0	ISOFBS		
4585,0	CTCISOFB S		
4588,0	049231	D Red Cross	D
4588,0	049118	D Red Cross Wiesbaden	D
4594,0	TWCG2	E MOI	E
4603,0	FC8FEM004	USA FEMA	USA

Frequency	ALE Ident	User	Country
4603,0	FR1FEM	USA FEMA	USA
4603,0	FC1FEM	USA FEMA Maynard , MA	USA
4603,0	FR7FEM	USA FEMA Kansas City , MO	USA
4603,0	FR4FEM	USA FEMA	USA
4603,0	FR3FEM	USA FEMA Philadelphia , PA	USA
4603,0	CA0FEM00 1	USA FEMA	USA
4603,0	FC6FEM	USA FEMA Denton , TX	USA
4603,0	FR2FEM	USA FEMA New York , NY	USA
4603,0	FC4FEM	USA FEMA Thomasville , GA	USA
4603,0	FC8FEM	USA FEMA Denver , CO	USA
4614,5	DWA	COTHEN	USA
4614,5	UHC	COTHEN	USA
4617,0	DFGT		
4617,0	CVG8D		
4618,0	BP26	D CG ship Eschwege	D
4618,0	BP25	D CG ship Bayreuth	D
4618,0	BP24	D CG ship Bad Bramstedt	D
4618,0	ZLST	D CG Leitstelle Cuxhaven	D
4618,0	BP21	D CG ship Bredstedt	D
4618,0	BPLEZS	D CG Cuxhaven	D
4618,0	BP23	D CG ship Bad Döben	D
4618,0	WSPAN	D CG Cuxhaven	D
4625,0	RV16N		ALG
4625,0	AL11N		ALG
4625,0	YA11N		ALG
4625,0	SB11N		ALG
4625,0	QV16N		ALG
4625,0	LF15N		ALG
4625,0	NX11N		ALG
4625,0	IQ11N		ALG
4625,0	AL12N		ALG
4625,0	RV11N		ALG
4625,0	EJ11N		ALG
4627,0	48V1	S MIL	S
4627,0	31V3	S MIL	S
4627,0	BYDGOSZC Z	POL MSW Bydgoszcz	POL
4627,0	WARSZAW A1	POL MSW Warszawa	POL
4627,0	MOBILE2	POL MSW	POL
4630,0	ANTARCTO		
4630,0	ASSADCTO		
4630,0	333		
4630,0	0250GACA P	USA CAP Georgia	USA
4630,0	VQ01	POL MIL	POL
4632,0	INDEPEN3	CLM N	CLM
4632,0	ATLANTICO	CLM F	CLM
4633,0	0004SCCAP	USA CAP South Carolina	USA
4633,0	0145VACAP	USA CAP Virginia	USA
4633,0	043MERCA P	USA CAP Middle Eastern Region	USA
4633,0	0040WVCA P	USA CAP West Virginia	USA
4640,0	1003		
4640,0	1002 ..		
4640,0	1005 ..		
4650,0	RS0016D	ALB MOI	ALB
4650,0	CS004A	ALB MOI Tirana	ALB
4650,9	1919		
4650,9	1912		
4670,7	BGD	SLO E Baghdad	IRQ
4672,5	RAM5SOF1	IRQ ISOF Ramadi	IRQ
4672,5	ISOF2SOF2	IRQ ISOF	IRQ
4672,5	KUT	IRQ ISOF Al Kut	IRQ
4672,5	ISOF1SOF1	IRQ ISOF	IRQ
4672,5	BABSOF1	IRQ ISOF Babil	POL
4672,5	KUTSOF2	IRQ ISOF Al Kut	IRQ
4694,5	103001		
4694,5	143001		
4700,0	OPERACYN	MOD Warszawa	POL
4700,0	2KZGLOBO CICA	POL F Lobocica	
4700,0	1KZSDACA	POL MIL	
4700,0	SANRIV	AUS MIL Riverina	AUS
4700,0	SDBREZA	POL MIL	
4700,0	1KZDJANK OVIC	POL F Jankovic	
4703,0	XSS	G MIL	G
4706,0	TAZ	G MIL	G
4706,0	UKE304	G AF E3D Sentry AWACS	G
4706,0	TB		
4706,0	BTM		
4706,0	XSS	G MIL	G
4707,0	T01147	USA F	
4709,0	T1Z185		
4709,0	FUZZY		
4709,0	FUZZY ZY		
4709,0	T1Z		
4716,0	CHARLY46	I AF Pisa San Giusto	I
4716,0	47	I AF C-130J MM62182 46-47	I
4716,0	61	I AF C-130J MM62195 46-61	I
4717,5	KP35		
4717,5	PT30		
4717,5	CN35		
4717,5	CN30		
4721,0	E20	USA AF	USA
4721,0	E30005	USA AF	USA
4721,0	ADW	USA AF Andrews	USA
4721,0	JDG	USA AF Diego Garcia	DGA
4721,0	JNR	USA AF Salinas	PTR
4721,0	PLA	USA AF Lajes	AZR
4721,0	OFF	USA AF Offutt	USA
4721,0	MCC	USA AF McClellan	USA
4721,0	R004		
4721,0	190007	USA AF	
4721,0	IKF	USA AF Keflavik	ISL
4721,0	GBL		
4721,0	CRO	USA AF Croughton	G
4721,0	HIK	USA AF Hickham	HWA
4721,0	HAW	USA AF Ascension	ASC
4721,0	GUA	USA AF Guam	GUM
4721,0	MPA	USA AF Mt. Pleasant	FLK
4721,0	ICZ	USA AF Sigonella	I
4721,0	JTY	USA AF Yokota	J
4726,0	071	SNG N ship RSS Tenacious	SNG
4726,0	CN3	SNG N Changi	SNG
4727,0	BTM		
4745,0	ICZNPR	USA AF Sigonella NIPR	I
4745,0	CRONPR	USA AF Croughton NIPR	G
4745,0	MOBE3F	F AF Avrord	F
4745,0	202E3F	F AF Boing E3 Sentry	F
4745,0	HAW	USA AF Ascension	ASC
4745,0	ADWNPR	USA AF Andrew AFB NIPR	USA
4745,0	ICZ	USA AF Sigonella	I
4745,0	JNR	USA AF Salinas	PTR
4745,0	MCCNPR	USA AF McClellan NIPR	USA

Frequency	ALE Ident	User	Country
4750,0	3411	Kocaeli	TUR
4751,0	TZSH	E MOI Huelva	E
4751,0	TWVO1	E MOI	E
4751,0	TWLC	E MOI Santander	E
4751,0	TWCC2	E MOI	E
4751,0	TZSO	E MOI Cordoba	E
4751,0	TWLL	E MOI La Rioja	E
4751,0	TWLV	E MOI Vitoria	E
4751,0	TXXX	E MOI Madrid	E
4754,0	699		
4765,0	WWLNNN		
4765,0	EBCNNN		
4765,0	AAT3BF	USA F Delaware	USA
4766,0	EH31		
4766,0	0051		
4766,0	0041		
4766,0	0005		
4766,0	0047		
4766,0	HN32		
4766,0	GW32		
4770,0	MT1		
4770,0	TN1		
4771,0	DRINI	ALB F Drini	ALB
4771,0	MALI	ALB F Mali	ALB
4771,0	DIAMANTI	ALB F	ALB
4780,0	FC8FEM002	USA FEMA	USA
4780,0	LEN		
4780,0	BT2		
4780,0	BR1	B N Brasilia	B
4786,0	BA		
4786,0	VJ		
4795,0	035		
4795,0	082		
4796,0	G03		
4796,0	G04		
4796,0	G05		
4796,0	G02		
4803,0	206102	Ankara	TUR
4814,0	TLA		
4814,0	AHO		
4814,0	BOJ		
4815,0	Z2K..		
4824,0	WARSZAW A2	POL MSW Warszawa	POL
4824,0	BYDGOSZC Z	POL MSW Bydgoszcz	POL
4824,0	WARSZAW A1	POL MSW Warszawa	POL
4824,0	MOBILE2	POL MOI	POL
4839,0	WARSZAW A1	POL MSW Warszawa	POL
4839,0	POZNAN	POL MSW Poznan	POL
4841,0	OWK	DNK AF Vedbaek	DNK
4841,0	OWE	DNK AF Karup	DNK
4841,0	OWD	DNK AF Vaerloese	DNK
4841,0	OWF	DNK AF Skrydstrup	DNK
4841,0	OWP	DNK AF	
4841,0	OWI	DNK AF Aalborg	DNK
4851,5	VORTOC	Camp Bondsteel Kosovo	
4855,0	3011	Adana	TUR
4855,0	3161	Bursa	TUR
4855,0	3031	Afyonkarahisar	TUR
4855,0	3061	Ankara	TUR
4855,0	3062	Ankara	TUR
4855,0	11143		TUR
4855,0	3551	Samsun	TUR
4855,0	3211	Diyarbakir	TUR
4855,0	3251	Erzurum	TUR
4855,0	3341	Istanbul	TUR
4855,0	3351	Izmir	TUR
4855,0	3421	Konya	TUR

Frequency	ALE Ident	User	Country
4855,0	3541	Sakarya	TUR
4870,0	VORTOC	Camp Bondsteel Kosovo	
4879,5	BERLIN	MOI Berlin	D
4879,5	MUNCHEN	MOI Muenchen	D
4881,0	ALA		
4881,0	OSR		
4885,0	MDL		
4885,0	439		
4886,5	DUST		
4900,0	AUT		
4900,0	RFP		
4900,0	IZVOR		
4900,0	888		
4900,0	555		
4900,0	JCI	ARS AF	ARS
4900,0	AUTAF		
4900,0	JCP	ARS AF	ARS
4900,0	ACO		
4900,0	COD		
4900,0	AUTOGR		
4900,5	1919		
4900,5	7264		
4900,5	1474		
4901,5	DET1		
4901,5	DET2		
4910,0	RFP		
4910,0	SOLIN		
4910,0	JCP	ARS AF	ARS
4910,0	LOBO		
4910,0	RIO		
4910,5	4SHET	GRC AF	GRC
4910,5	7SHET	GRC AF	GRC
4910,5	2SHET	GRC AF	GRC
4910,5	140SHP	GRC AF 140th EW Tactical Intelligence Combat Group Larissa	GRC
4910,5	ZEBRA	GRC AF	GRC
4910,5	5SHET	GRC AF	GRC
4910,5	3SHET	GRC AF	GRC
4919,0	DRINI	ALB F Drini	ALB
4919,0	DIAMANTI	ALB F	ALB
4919,0	BORA	ALB F Bora	ALB
4920,5	KRAKOW	POL MSW Krakow	POL
4920,5	WARSZAW A3	POL MSW Warszawa	POL
4920,5	POZNAN	POL MSW Poznan	POL
4920,5	BYDGOSZC Z	POL MSW Bydgoszcz	POL
4923,5	6701		
4925,0	0000210188	GRC MOI	GRC
4925,0	0000210501	GRC MOI	GRC
4925,0	0000210503	GRC MOI	GRC
4934,4	WARSZAW A2	MOI Warszawa	POL
4934,4	POZNAN	POL MSW Poznan	POL
4950,0	ADWSCR	USA AF Andrews SCR	USA
4952,0	035		
4952,0	093		
4963,0	FUO01D	F N Toulon	F
4963,0	CDG	F N ship CHARLES DE GAULLE	F
4970,0	OMEGA70R S1702P		
4970,0	OMEGA30R S1702P		
4970,0	5830		
4970,0	5860		
4970,0	581		
4970,0	5882		
4970,0	5870		
4970,0	580		
4970,0	LEN		

Frequency	ALE Ident	User	Country
4970,0	2114		
4970,0	OMEGA50R S1702P		
4970,0	OMEGA20R S1702P		
4970,0	5880		
4970,0	C100		
4970,0	BT2		
4970,0	BR2	B N Brasilia	B
4970,0	5820		
4970,0	C700		
4970,0	C250		
4970,0	C450		
4979,0	TALLIL	Tallil	IRQ
4979,0	BASRAH	Basrah	IRQ
4979,0	ALKUT	Alkut	IRQ
4982,0	OY00		
4982,0	OC00		
4985,0	ATFOPS		
5000,0	BR001A		
5000,0	ADB	USA AF	
5002,0	7264		
5002,0	1919		
5006,0	RIC	USA Civil Air Patrol Richmond	USA
5006,0	0112GACA P	USA CAP Georgia	USA
5007,0	TZSG1	E MOI Granada	E
5007,0	TXXX1	E MOI Madrid	E
5007,0	TYMR1	E MOI Ciudad Real	E
5007,0	TZSH1	E MOI Huelva	E
5007,0	TWLA5	E MOI	E
5007,0	TXX1	E MOI Madrid	E
5007,0	TXX2	E MOI Madrid	E
5007,0	TYBB2	E MOI Palma de Mallorca	E
5007,0	TWBE1	E MOI Teruel	E
5015,0	2	USA ACE	USA
5019,0	HFB		
5022,0	BERLIN	MOI Berlin	D
5022,0	MUNCHEN	MOI Muenchen	D
5026,0	5050		
5026,0	103		
5026,0	400001	MTN net	MTN
5026,0	400003	MTN net	MTN
5030,0	8PPLOT		
5030,0	PLNET		
5030,0	7BOW		
5031,0	DA08		
5031,0	DA07		
5031,0	DA01		
5032,5	C01		
5032,5	C08		
5032,5	C02		
5032,5	C03		
5032,5	C05		
5032,5	C07		
5035,0	ADA	USA AF	
5035,0	102		
5035,0	206		
5035,0	10250		
5035,0	AAA	USA AF	
5035,0	AAB	USA AF	
5035,0	CY40	TUN MIL	TUN
5035,0	CY51	TUN MIL	TUN
5035,0	43402 ..	Istanbul	TUR
5035,0	206102	Ankara	TUR
5035,0	9850		TUR
5035,0	CY6	TUN MIL	TUN
5035,0	CY45	TUN MIL	TUN
5035,0	123466		TUR
5035,0	KF3		

Frequency	ALE Ident	User	Country
5035,0	AAF	USA AF	
5035,0	CY56	TUN MIL	TUN
5035,0	AAG	USA AF	
5035,0	AAI	USA AF	
5035,0	AAD	USA AF	
5035,0	CY48	TUN MIL	TUN
5035,0	CY47	TUN MIL	TUN
5035,0	CY43	TUN MIL	TUN
5035,0	AAC	USA AF	
5035,0	ADB	USA AF	
5036,0	OHT30P	Ohanet oilfield	ALG
5036,0	GASSI30P	Gassi El Adem oilfield	ALG
5036,0	INAS30P	In Amenas oilfield	ALG
5055,0	IU50		
5055,0	IU56		
5055,0	FN50		
5056,0	OPR027		
5056,0	DED025		
5056,0	EBO030		
5056,0	IBA029		
5056,0	KOS021		
5056,0	DUD026		
5056,0	TAN028		
5058,0	50	DNK F	
5058,0	68	DNK F	
5058,5	QT1	USA FBI Quantico , VA	USA
5058,5	BA1	USA FBI Baltimore , MD	USA
5060,0	KUPERJAN OVIYJP	EST F Kuperjanoviy	EST
5060,0	YSP	EST F	EST
5065,0	FL45		
5065,0	FS20	ALG F	ALG
5065,0	BK20	ALG F	
5065,0	PT50		
5065,0	2101	I Carabinieri	I
5065,0	2009	I Carabinieri	I
5065,0	2112	I Carabinieri	I
5065,0	FL50		
5065,1	FL56		
5067,0	MOBILE2	POL MOI	POL
5067,0	PODSIECA	POL MSW Podsieca	POL
5070,0	WA01		
5071,0	203		
5071,0	201		
5073,0	2204		
5073,0	2214		
5075,0	MALI	ALB F Mali	ALB
5075,0	BORA	ALB F Bora	ALB
5075,0	VK523		
5075,0	HA40		
5075,0	QX23		
5075,0	DRINI	ALB F Drini	ALB
5075,0	DIAMANTI	ALB F	ALB
5075,0	TD23		
5075,0	PT2		
5075,0	400006	MTN net	MTN
5075,0	400001	MTN net	MTN
5075,0	400003	MTN net	MTN
5075,5	5SHET	GRC AF	GRC
5075,5	2SHET	GRC AF	GRC
5075,5	140SHP	GRC AF 140th EW Tactical Intelligence Combat Group Larissa	GRC
5075,5	ZEBRA	GRC AF	GRC
5075,5	10SHET	GRC AF	GRC
5075,5	7SHET	GRC AF	GRC
5075,5	4SHET	GRC AF	GRC
5080,0	XSS	G MIL	G
5083,0	13251		
5083,0	1312		

Frequency	ALE Ident	User	Country
5083,0	1309		
5083,0	1324		
5083,0	1311		
5083,0	1325		
5085,0	BK01		
5085,0	1115		
5085,0	1317		
5085,0	131		
5085,0	FS01	ALG F	ALG
5089,0	KRAKOW		
5090,0		MFA Berne	SUI
5090,0	ND23		
5090,0	UN20		
5090,0	RN20		
5094,0	CY40	TUN MIL	TUN
5094,0	CY52	TUN MIL	TUN
5098,5	C02		
5100,0	ZUU		
5100,0	LONDRE		
5100,0	TEPIB		
5100,0	DEA		
5100,0	ALA		
5100,0	BRO		
5101,0	T1Z185185		
5101,0	ATFOPS		
5101,0	T1Z185		
5101,0	F3Z158		
5101,0	FUZZY		
5101,0	FUZZY ZY		
5101,0	FUZ		
5101,0	T1Z106	USA F	
5103,0	A25	?LVA F	
5103,0	LIELVA	?LVA F	
5103,0	PAMATS	?LVA F	
5105,0	TD20		
5108,5	134001		
5108,5	103001		
5115,0	MOB2MSS		
5115,0	BU5	ROU MOI Bucharest	ROU
5115,0	OKRNMSS		
5115,0	CY51	TUN MIL	TUN
5115,0	CY52	TUN MIL	TUN
5115,0	CY40	TUN MIL	TUN
5115,0	PNM	ROU MOI Piatra Neamet	ROU
5115,0	CY47	TUN MIL	TUN
5115,0	MIR	ROU MOI Miercurea Ciuc	ROU
5115,0	DEV	ROU MOI Deva	ROU
5115,0	RAM	ROU MOI Ramnicu Valcea	ROU
5115,0	SLA	ROU MOI Slatina	ROU
5115,0	TMU	ROU MOI	ROU
5115,0	BU2	ROU MOI Bucharest	ROU
5117,0	MALI	ALB F Mali	ALB
5117,0	DIAMANTI	ALB F	ALB
5117,0	DRINI	ALB F Drini	ALB
5119,0	WARSZAW A3	POL MSW Warszawa	POL
5119,0		MFA Berne	SUI
5119,0	KRAKOW	POL MSW Krakow	POL
5119,0	HSP	G F Hanslope	G
5119,0	POZNAN	POL MSW Poznan	POL
5119,0	BYDGOSZC Z	POL MSW Bydgoszcz	POL
5120,0	OWD	DNK AF Vaerloese	DNK
5120,0	OWK	DNK AF Vedbaek	DNK
5120,0	OWE	DNK AF Karup	DNK
5120,0	8555		
5120,0	280	USA AF	
5120,0	OWU	DNK AF	DNK
5120,0	106001		
5120,0	OWP	DNK AF	DNK
5120,0	OWC	DNK AF	DNK
5120,0	OWF	DNK AF Skrydstrup	DNK
5120,0	OWI	DNK AF Aalborg	DNK
5120,0	2201		
5120,0	2501		
5120,0	XA30		
5120,0	RM30		
5120,0	165001		
5122,3	10SHET	GRC AF	
5122,3	4SHET	GRC AF	GRC
5122,3	7SHET	GRC AF	GRC
5122,3	140SHP	GRC AF 140th EW Tactical Intelligence Combat Group Larissa	GRC
5122,3	3SHET	GRC AF	GRC
5122,3	ZEBRA	GRC AF	
5122,3	2SHET	GRC AF	GRC
5122,3	5SHET	GRC AF	GRC
5123,0	TS1	ISR AF	ISR
5123,0	BB3	ISR AF	
5123,0	BB2	ISR AF	ISR
5123,0	AA1	ISR AF	ISR
5123,0	AAA	ISR AF	ISR
5124,4	0062		
5125,0	RDP	ARS AF	ARS
5125,5	CHFEDR	GRC AF	GRC
5125,5	LGSM1	GRC AF	GRC
5125,5	140SHP	GRC AF 140th EW Tactical Intelligence Combat Group Larissa	GRC
5125,5	5SHER	GRC AF	GRC
5126,0	3501	Nevsehir	TUR
5126,0	CLS	USA army	
5126,0	CLX123	USA army	
5127,0	967		
5129,0	BB1	ISR AF	
5132,0	2010	Adana	TUR
5132,0	1020	Adiyaman	TUR
5132,0	1030	Afyonkarahisar	TUR
5132,0	1040	Agri	TUR
5132,0	1070	Antalya	TUR
5132,0	1080	Artvin	TUR
5132,0	1090	Aydin	TUR
5132,0	2020	Adiyaman	TUR
5132,0	2040	Agri	TUR
5132,0	3771	Yalova	TUR
5132,0	4012	Adana	TUR
5132,0	2050		
5133,0	K36		
5133,0	H06		
5133,0	K45		
5133,5	200		
5133,5	HNET		
5133,5	SZPAK04		
5133,5	437843		
5133,5	437807		
5133,5	200101		
5133,5	9200		
5133,5	SZPAK04 ..		
5133,5	H06		
5133,5	H09		
5133,5	H05		
5135,0	SEM005	USA NY State Emergency , Newark , NY	USA
5135,0	VA78CTSS CP		USA
5135,0	MA1NC	Manchester EOC , NH	USA
5135,0	NA1SH	Nashua EOC , NH	USA
5135,0	SEMO03		
5135,0	SEMO05		

Frequency	ALE Ident	User	Country
5135,0	SEMOHQ		
5135,0	SEM003	USA NY State Emergency , Glen Falls , NY	USA
5135,0	CO1NC	Concord EOC , NH	USA
5135,0	SEMIHU		
5135,0	SEMO01		
5136,0	206		
5140,0	FQ10		
5140,0	FQ13		
5145,0	VQ01	POL MIL	POL
5145,0	WA01		
5145,0	RM		
5150,0	777777		
5151,0	10D		
5158,0	AAR9WI		
5165,0	SZ30		
5165,0	SZ36		
5165,0	SZ35		
5169,0	S00	MFA Stockholm	S
5175,0	TD20		
5178,0	MADINAH	ARS MOI Madinah	ARS
5178,0	ALJOUF	ARS MOI Al Jouf	ARS
5179,5	IKZ040		
5179,5	MAP024		
5179,5	RIPPER		
5179,5	TOP022		
5179,5	OLI021		
5179,5	BEDOUIN		
5179,5	ZAT025		
5179,5	PIR023		
5179,5	GREYWOL F		
5179,5	RCTCMD7		
5179,5	KSM042		
5179,5	STEADFAS T		
5180,0	GS51	ALG F	ALG
5180,0	GS52	ALG F	ALG
5180,0	GS48	ALG F	ALG
5180,0	GS55	ALG F	ALG
5180,0	GS58	ALG F	ALG
5180,0	GS47	ALG F	ALG
5180,0	FS40	ALG F	ALG
5180,0	GS43	ALG F	ALG
5180,0	GS40	ALG F	ALG
5180,0	GS56	ALG F	ALG
5184,5	POZNAN	POL MSW Poznan	POL
5184,5	BYDGOSZC Z	POL MSW Bydgoszcz	POL
5187,5	BYDGOSZC Z	POL MSW Bydgoszcz	POL
5187,5	MOBILE2	POL MOI	POL
5187,5	WARSZAW A3	POL MSW Warszawa	POL
5190,0	CS001	ALB MOI	ALB
5190,0	RS005	ALB MOI	ALB
5191,0	P8P		
5191,0	WHW		
5191,0	COND		
5191,0	8J8		
5191,0	K4K		
5191,0	FXF		
5192,0	MI1LF	Milforg EOC , NH	USA
5192,0	MA1NC	Manchester EOC , NH	USA
5192,0	NA1SH	Nashua EOC , NH	USA
5192,0	KE1EN	Keene EOC , NH	USA
5193,0	INCHONMC MD3		
5200,0	BT2		
5200,0	LEN		
5200,0	10HQ		
5204,6	7901		
5204,6	6869		
5204,6	6701 1		
5204,6	6701		
5208,0	LEZSEE	D CG Cuxhaven	D
5208,0	BP26	D CG ship Eschwege	D
5212,0	CS002	ALB MOI	ALB
5212,0	RS0011	ALB MOI	ALB
5219,0	T42		
5219,0	T43		
5220,0	LEWENTAL	POL MIL	POL
5220,0	STYGMAT	POL MIL	POL
5220,0	LCR152	POL MIL Warszawa	POL
5220,0	TEKLA35	POL MIL	
5220,0	KADUCEUS Z	POL MIL	POL
5220,0	KOY	POL MIL	
5220,0	CUKIERNIA	POL MIL	IRQ
5221,0	291		
5221,0	290		
5223,0	PT10		
5223,0	XL19		
5223,0	XL18		
5230,0	GUNTAC		
5235,0	BYDGOSZC Z	POL MSW Bydgoszcz	POL
5235,0	MOBILE2	POL MOI	POL
5235,0	WARSZAW A1	POL MSW Warszawa	POL
5235,0	WARSZAW A2	POL MSW Warszawa	POL
5242,0	206102	Ankara	TUR
5242,0	2010		
5244,0	2N2		
5244,0	1A1		
5244,0	3T3		
5244,0	AAA	ISR AF	ISR
5249,0	GOP		
5250,0	HADIKA	ALG MIL	ALG
5250,0	GHARB2		EGY
5250,0	HQ2		EGY
5250,0	UHC	COTHEN	USA
5250,0	5820		
5250,0	DWA	COTHEN	USA
5250,5	OEY52	AUT MIL Vienna	AUT
5250,5	OEY41	AUT MIL	
5251,0	DRINI	ALB F Drini	ALB
5251,0	BORA	ALB F Bora	ALB
5251,0	DIAMANTI	ALB F	ALB
5254,0	321		
5254,0	BM03		
5254,0	BM02		
5254,0	BM01		
5257,0	107		
5258,0	S44	S E	
5258,0	1114		
5258,0	BP23	D CG ship Bad D³ben	D
5258,0	BP26	D CG ship Eschwege	D
5258,0	BP25	D CG ship Bayreuth	D
5258,0	J51		
5258,0	C4		
5258,0	S33	S E	
5258,0	X34		
5258,0	BP21	D CG ship Bredstedt	D
5258,0	BPLEZS	D CG Cuxhaven	D
5258,0	S41	S E	
5258,0	J62		
5258,0	O74		
5258,0	MUNCHEN	MOI Muenchen	D
5258,0	BERLIN	MOI Berlin	D
5258,0	BP24	D CG ship Bad Bramstedt	D
5258,0	S31	S E Alger	ALG

Frequency	ALE Ident	User	Country
5258,0	S32	S E Kuwait	KUW
5260,0	DELTA03R S1006		
5260,0	MAKON02R S1006		
5260,0	TUMOR02R S1006		
5260,0	ASKAR16R S1006		
5260,0	BURON22R S1006		
5260,0	AC01	ALG F	ALG
5260,0	MURODO02 RS1006		
5260,0	FS01	ALG F	ALG
5260,0	KP01	ALG F	ALG
5260,0	RADAR90R S1006		
5260,0	KAMAR20R S1006		
5265,0	WA8	POL MIL	POL
5265,0	NG8	POL MIL	POL
5266,0	VR53	ALG F	ALG
5266,0	VR41	ALG F	ALG
5266,0	VR40	ALG F	ALG
5268,0	3261	Eskisehir	TUR
5268,0	2015	Adana	TUR
5268,0	4015	Adana	TUR
5268,0	4017	Adana	TUR
5268,0	123466		TUR
5268,0	2012	Adana	TUR
5268,0	2010	Adana	TUR
5268,0	2061	Ankara	TUR
5268,0	9817	Düzoe	TUR
5268,0	CNC	ALG MIL Cheraga	ALG
5268,0	4340	Istanbul	TUR
5268,0	1020	Adiyaman	TUR
5268,0	4012	Adana	TUR
5268,0	2013	Adana	TUR
5268,0	2011	Adana	TUR
5268,0	2014	Adana	TUR
5268,5	XSS	G MIL	G
5268,5	XJV	G MIL	G
5269,0	TS2	ISR AF	ISR
5269,0	AAA	ISR AF	ISR
5269,0	TSM	ISR AF	ISR
5269,0	TS1	ISR AF	ISR
5269,0	TSB	ISR AF	ISR
5269,0	TSL	ISR AF	ISR
5269,0	TSR	ISR AF	ISR
5269,0	TSN	ISR AF	ISR
5270,0	9066		
5270,0	TUMOR02R S1006		
5270,0	VORTOC	Camp Bondsteel Kosovo	
5270,0	RADAR90R S		
5270,0	KULON02R S100		
5270,0	9001		
5270,5	DELTA03R S1006		
5275,0	AKALN1	PEMEX	MEX
5279,0	BBM		
5280,0	GS59	ALG F	ALG
5280,0	GS43	ALG F	ALG
5280,0	GS53	ALG F	ALG
5280,0	GS55	ALG F	ALG
5280,0	GS51	ALG F	ALG
5280,0	GS47	ALG F	ALG
5280,0	GS50	ALG F	ALG
5280,0	GS52	ALG F	ALG

Frequency	ALE Ident	User	Country
5280,0	GS40	ALG F	ALG
5280,0	DA00	ALG F	ALG
5280,0	GS56	ALG F	ALG
5280,0	FS40	ALG F	ALG
5280,0	GS48	ALG F	ALG
5283,0	KO2	POL MIL	POL
5283,0	KL3	POL MIL	POL
5283,0	TA9	POL MIL	MIL
5283,0	KU7	POL MIL Poznan	POL
5283,0	PA5	POL MIL Wroclaw	POL
5283,0	BE9	POL MIL	POL
5283,0	IG6	POL MIL	POL
5285,0	DIAMANTI	ALB F	ALB
5285,0	SHQIPONJ A	ALB F	ALB
5285,0	MALI	ALB F Mali	ALB
5285,0	DRINI	ALB F Drini	ALB
5285,0	BORA	ALB F Bora	ALB
5286,0	TWBA	E MOI Barcelona	E
5286,0	TXX2	E MOI Madrid	E
5286,0	TYMR2	E MOI Cudad Real	E
5286,0	TYMT2	E MOI Toledo	E
5286,0	TWCO2	E MOI	E
5286,0	TYME2	E MOI Madrid	E
5286,0	TWVZ2	E MOI	E
5286,0	TZSU2	E MOI Ceuta	
5287,0	32V1	S MIL	S
5287,0	31V2	S MIL	S
5287,0	33W1	S MIL	S
5287,0	31V3	S MIL	S
5287,0	51V3	S MIL	S
5287,0	48V1	S MIL	S
5287,0	43V2	S MIL	S
5289,0	3561	Siirt	TUR
5290,0	LEN		
5290,0	BT2		
5292,0	7264		
5294,0	C2A	LTU MIL	LTU
5294,0	C1A	LTU MIL	LTU
5294,0	B1C	LTU MIL	LTU
5295,0	QX58		
5295,0	XKD	G MIL	G
5295,0	XJH	G MIL	G
5295,0	BK20	ALG F	
5295,0	XRW	G MIL	G
5295,0	XGP	G MIL	G
5295,0	XGG	G MIL	G
5295,0	XAE	G MIL	G
5295,0	QX40		
5295,0	XPK	G MIL	G
5295,0	QX49		
5295,0	FS20	ALG F	ALG
5295,0	XSS	G MIL	G
5295,0	XJJ	G MIL	G
5295,0	XGM	G MIL	G
5295,0	XJD	G MIL	G
5295,0	XJF	G MIL	G
5295,0	XBA	G MIL	G
5295,0	TP20	TUN MIL	TUN
5295,0	JE20		
5295,0	QM21		
5295,0	XDB	G MIL	G
5295,0	TP23	TUN MIL	TUN
5295,0	QM25		
5295,0	QM20		
5295,5	NI9	POL MIL	POL
5295,5	TR3	POL MIL	POL
5296,5	MEDOPS	USA AF	
5296,5	VENT11		
5297,0	ALKUT		IRQ
5297,0	BASRAH	Basrah	IRQ
5297,0	TALLIL		IRQ

Frequency	ALE Ident	User	Country
5297,0	MEDOPS	USA AF	
5297,0	JUNKER11		
5297,0	JUNKER13		
5300,0	CIP123	CAN F	CAN
5300,0	555		
5300,0	555555		
5300,0	CIP30	CAN F	CAN
5300,0	CIP46	CAN F	CAN
5300,0	CY50	TUN MIL	TUN
5300,0	CY47	TUN MIL	TUN
5300,0	CY40	TUN MIL	TUN
5300,0	CY52	TUN MIL	TUN
5300,0	CY49	TUN MIL	TUN
5300,0	CY51	TUN MIL	TUN
5300,0	CIP40	CAN F	CAN
5306,5	C4M		
5311,3	BGD	SLO E Baghdad	IRQ
5311,3	NAS	USA CG Cutter ESCANABA WMEC907 USA CG Cutter ESCANABA WMEC907	USA
5313,5	ATTCNYRB ASE180		
5313,5	ATTHIGHP ORT204		
5317,5	WARSZAW A3	POL MSW Warszawa	POL
5317,5	BYDGOSZC Z	POL MSW Bydgoszcz	POL
5318,0	TWBE2	E MOI Teruel	E
5318,0	TWBG1	E MOI Girona	E
5318,0	917		
5318,0	2525		
5318,0	171		
5318,0	TYMV2	E MOI Cuenca	E
5319,0	TYME2	E MOI Madrid	E
5319,0	TWVL2	E MOI Leon	E
5319,0	TWVA	E MOI Avila	E
5319,0	TXX2	E MOI Madrid	E
5319,0	TWBA2	E MOI Barcelona	E
5319,0	TWBG1	E MOI Girona	E
5320,0	FR5RA1		
5320,0	XG5RA		
5321,0	11043		
5321,0	1102		
5321,0	1104		
5321,0	11143		
5321,0	1113		
5321,0	1103		
5321,0	1114		
5321,0	11041		
5324,5	A11		
5325,0	SAS		
5325,0	B24		
5325,0	MAX		
5325,0	BRR		
5325,0	FTT		
5325,0	F1L		
5325,0	SG1		
5325,0	DMC		
5325,0	BR3		
5325,0	5SJ		
5325,0	ZAL	ROU MOI Zalau	ROU
5327,5	3	USA ACE	USA
5330,0	RBK		
5330,0	V1S0000EK COPER	LTU AF Air Space Control Center	LTU
5330,0	K6C0000GB MRM2		
5330,0	SVK		
5332,0	BYDGOSZC	POL MSW Bydgoszcz	POL

Frequency	ALE Ident	User	Country
	Z		
5332,0	MOBILE1	POL MOI	POL
5332,0	WARSZAW A1	POL MSW Warszawa	POL
5334,0	093		
5335,0	BT2		
5335,0	DRINI	ALB F Drini	ALB
5335,0	217		
5335,0	093		
5335,0	LEN		
5335,0	BORA	ALB F Bora	ALB
5335,0	035		
5336,0	AF7Q	?LTU F	
5336,0	KA6U	?LTU F	
5336,0	HG6Q	?LTU F	
5336,0	AF2B	?LTU F	
5337,0	R23625	USA F	
5337,0	T2Z147	USA F	
5337,0	T2Z159	USA F	
5343,0	M1K		
5343,0	JPQ		
5343,0	TE3L		
5343,0	KL3R		
5347,5	A10		
5347,5	A11		
5350,0	DRINI	ALB F Drini	ALB
5350,0	SHQIPONJ A	ALB F	ALB
5350,0	YA40		
5350,0	YA52		
5352,0	TWVO2	E MOI	E
5352,0	TWVO1	E MOI	E
5352,0	TWLC	E MOI	E
5352,0	TXX2	E MOI Madrid	E
5352,0	TWCO2	E MOI	E
5355,0	147		
5355,0	DIAMANTI	ALB F	ALB
5355,0	DRINI	ALB F Drini	ALB
5355,0	1801		
5355,0	BORA	ALB F Bora	ALB
5359,0	XL21		
5359,0	CB10		
5359,0	XL19		
5359,0	XL18		
5359,0	XL13		
5359,0	PT1		
5365,0	OY00		
5365,0	OG00		
5365,0	OW00		
5370,0	S4S000OG BMRM1		
5370,0	9001		
5370,0	V1S000OEK COPER	LTU AF Air Space Control Center	LTU
5370,0	1001		
5371,5	FM1FEM	USA FEMA Region 1 , MA	USA
5371,5	050NHQCA P	USA CAP National Headquater West Atlanta , GA	USA
5371,5	0045RICAP	USA CAP Rhode Island	USA
5374,0	YA	S MIL	S
5374,0	BU7		
5374,0	TA	S MIL	S
5374,0	WY9		
5374,0	GA5		
5374,0	RA	S MIL	S
5374,0	DE9		
5374,0	PA8		
5378,0	GWPWBL	B N Training Frigate U-27 Brasil	N
5378,0	GWPWF33	B N Fortaleza	N

Frequency	ALE Ident	User	Country
5379,0	TWLL	E MOI La Rioja	E
5379,0	DIAMANTI	ALB F	ALB
5379,0	TYVC2	E MOI Castellon	E
5379,0	SUAQ		
5379,0	SKIJ		
5379,0	111	E MOI Madrid	E
5379,0	RCJD		
5379,0	TWLG	E MOI	E
5379,0	TWC		
5379,0	TWLC	E MOI Santander	E
5379,0	DRINI	ALB F Drini	ALB
5379,0	SHQIPONJ A	ALB F	ALB
5379,0	BORA	ALB F Bora	ALB
5379,0	1RK		
5380,0	D8T000OG MRM1	LTU AF Air Defence Batallion	LTU
5380,0	V1S000OEK COPER	LTU AF Air Space Control Center	LTU
5380,0	W5W000OE KCOPER	LTU AF	LTU
5380,0	S4S000OG BMRM1	LTU AF Air Defence Batallion	LTU
5384,0	AN3	POL MIL	POL
5384,0	AR6	POL MIL	POL
5384,0	KA2	POL MIL	POL
5384,0	MA6	POL MIL	POL
5384,0	MI6	POL Mil	POL
5384,0	HQNET	LTU MIL	LTU
5384,0	HE4	POL MIL	POL
5384,0	MO1	POL MIL	POL
5384,0	B1M	LTU MIL	LTU
5384,0	R1K	LTU MIL	LTU
5384,0	BU9	POL MIL	POL
5387,5	BRIGNET01	NLD MIL	HOL
5387,5	BRIGNET04	NLD MIL	HOL
5389,0	CY49	TUN MIL	TUN
5389,0	CY40	TUN MIL	TUN
5390,0	DATA08		
5391,0	RI9	POL MIL	POL
5391,0	OL1	POL MIL	POL
5391,0	PI3	POL MIL	POL
5391,0	UWZ123	POL MIL	POL
5391,0	RIE039	POL MIL	POL
5391,0	DA9	POL MIL	POL
5391,0	WI8	POL MIL	POL
5391,0	MC1	POL F East Stargard	POL
5392,5	VERITABLE II06		
5392,5	VERITABLE IINCS		
5392,5	VERITABLE II01		
5396,0	NGTROOP CMD		
5397,0	1919		
5399,0	TZB159	USA F Ft. Bragg , NC	USA
5400,0	DRINI	ALB F Drini	ALB
5400,0	MALI	ALB F Mali	ALB
5400,0	DIAMANTI	ALB F	ALB
5400,0	BORA	ALB F Bora	ALB
5402,0	211		
5402,0	FR7FEM	USA FEMA Kansas City , MO	USA
5405,0	RHP	ARS AF	ARS
5405,0	JCP	ARS AF	ARS
5405,0	RFP		
5405,0	RHI	ARS AF	ARS
5405,0	AAN		
5405,0	AAP	ARS AF	ARS
5405,0	AAI		
5405,0	RHN	ARS AF Riyadh	ARS
5405,0	RHI..	ARS AF	ARS
5410,0	3127		
5410,0	4050		
5410,0	CS003	ALB MOI	ALB
5410,0	GASSI13O	Gassi Touil oilfield	ALG
5410,0	RNOUSLR1	Rhourde Nouss oilfield	ALG
5410,0	MEDER3OP	Medera field	ALG
5410,0	HAMRAGPL	Haoud el Hamra field	ALG
5410,0	OHT3OP	Ohanet oilfield	ALG
5410,0	INAS	In Amenas oilfield	ALG
5410,0	4245		
5410,0	5880		
5410,0	SP3OZ2	ALG SONATRECH pumping station 3	ALG
5410,0	5070		
5410,0	5060		
5410,0	5830		
5410,0	5850		
5410,0	5840		
5410,0	5800		
5410,0	UN22		ALG
5410,0	HA20		ALG
5410,0	5810		
5410,0	5870		
5410,0	CDNG	Centre National Dispatching Gas	ALG
5410,0	UN21JR		
5410,0	4216		
5410,0	3404		
5410,0	4011		
5410,0	5820		
5410,0	4203		
5410,0	4204		
5410,0	QC21		
5410,0	RS0016	ALB MOI	ALB
5410,0	4237		
5414,0	VK47		
5414,0	VK49		
5414,0	YG57		
5414,0	YG59		
5414,0	VK56		
5414,0	VK54		
5414,0	YG50		
5414,0	YG48		
5418,0	DD1	ISR AF	ISR
5418,0	AAA	ISR AF	ISR
5418,0	RAM	ISR AF	ISR
5419,0	RAI	ARS AF	ARS
5419,0	T1Z185		
5419,0	FUZZY		
5419,0	JAI	ARS AF Jeddah	ARS
5419,1	FUZZY		
5420,0	PT20		
5420,0	TD23		
5424,0	BJ50	ALG F	ALG
5424,0	BJ60	ALG F	ALG
5424,0	BJ40	ALG F	ALG
5424,0	BJ51	ALG F	ALG
5424,0	BJ43	ALG F	ALG
5425,0	AKA		
5425,0	DR@		
5425,0	ZB@		
5425,0	CP@		
5434,0	SLKNY		
5434,0	ALBNY		
5434,0	TRYNY	USA NG Troy , NY	USA
5435,0	11143		
5435,0	1104		
5435,0	1103		
5435,0	1113		
5435,0	11043		
5435,5	OEY71	AUT MIL Golan Heights	SYR

Frequency	ALE Ident	User	Country
5435,5	OEY51	AUT MIL Vienna	AUT
5436,0	WARSZAW A3	POL MSW Warszawa	POL
5436,0	MOBILE2	POL MSW	POL
5436,0	WARSZAW A1	POL MSW Warszawa	POL
5436,0	BYDGOSZC Z	POL MSW Bydgoszcz	POL
5436,0	PODSIECA	POL MSW Podsieca	POL
5437,0	BA1	USA FBI Baltimore , MD	USA
5437,5	005	USA CG HC-130J #2005	USA
5440,0	400002	MTN net	MTN
5440,0	400001	MTN net	MTN
5440,0	400006	MTN net	MTN
5440,0	400007	MTN net	MTN
5440,0	400003	MTN net	MTN
5440,0	400009	MTN net	MTN
5440,0	400010	MTN net	MTN
5440,0	400014	MTN net	MTN
5440,0	400004	MTN net	MTN
5443,0	VR46	ALG F	ALG
5443,0	VR52	ALG F	ALG
5443,0	VR48	ALG F	ALG
5443,0	VR56	ALG F	ALG
5443,0	VR53	ALG F	ALG
5443,0	VR47	ALG F	ALG
5443,0	VR50	ALG F	ALG
5443,0	VR43	ALG F	ALG
5444,0	IGF		
5444,0	12D		
5456,0	437815		
5456,0	DRAGOTI		
5456,0	PESHTANI		
5456,0	6320		
5456,0	437804		
5457,0	DOW		
5457,0	RWL		
5457,0	BOW		
5457,0	JW		
5457,0	BZ2		
5464,0	XL13		
5464,0	PT1..		
5464,0	XL18		
5464,0	PT10		
5466,0	XFY	G MIL	G
5466,0	XSS	G MIL	G
5467,0	ESA	ALG MIL	ALG
5467,0	CM2	ALG MIL	ALG
5470,0	1103		
5476,0	0000210501	GRC MOI	GRC
5476,0	0000210188	GRC MOI	GRC
5478,0	9206		
5480,0	ARAR		
5480,0	RIYADH	ARS MOI Riyadh	ARS
5480,0	ALJOUF	ARS MOI Al Jouf	ARS
5480,0	MAKKAH	ARS MOI Makkah	ARS
5480,0	MADINAH	ARS MOI Madinah	ARS
5500,0	COLOPS	USA F	
5500,0	MEDOPS	USA AF	
5500,0	INDEPEN3	CLM N	CLM
5500,0	TALOPS	USA F	
5515,3	1114		
5522,0	GUNTAC		
5529,0	1501		
5529,0	1577		
5530,0	BT2		
5530,0	LEN		
5538,0	12D		
5538,0	IGF		
5541,0	4SY		

Frequency	ALE Ident	User	Country
5541,0	6YB		
5542,0	T1Z10	USA F 10th Mountain Div Combat Aviation Brig 1-10A	IRQ
5542,0	T10CAB	USA F 10th Mountain Div Combat Aviation Brig	IRQ
5542,0	P2Z10	USA F 10th Mountain Div Combat Aviation Brig	IRQ
5546,0	AFB		
5546,0	AFK		
5550,0	PD2	POL MIL	POL
5550,0	BXPJANKO VIC	POL MIL	POL
5550,0	OPERACYJ NY	MOD Warszawa	POL
5550,0	CMD	POL MIL	POL
5550,0	PL2	POL MIL	
5550,0	TOC	POL MIL	
5550,0	PL3	POL MIL	POL
5551,0	3061	Ankara	TUR
5551,0	3421	Konya	TUR
5551,0	3062	Ankara	TUR
5551,0	3161	Bursa	TUR
5551,0	3211	Diyarbakir	TUR
5551,0	8161	Bursa	TUR
5551,0	3031	Afyonkarahisar	TUR
5551,0	3011	Adana	TUR
5551,0	3251	Erzurum	TUR
5551,0	3341	Istanbul	TUR
5551,0	3551	Samsun	TUR
5551,0	9817	Düzoe	TUR
5551,0	8211	Diyarbakir	TUR
5551,0	3351	Izmir	TUR
5551,0	3541	Sakarya	TUR
5555,0	571		
5555,0	334		
5555,0	244		
5555,0	288		
5555,0	514		
5565,0	204		
5565,0	686		
5565,0	571		
5565,0	244		
5566,0	LD1		
5566,0	BGO		
5575,0	1919		
5575,0	7446		
5575,0	7264		
5575,0	1474		
5581,0	BB2	ISR AF	ISR
5581,0	AA1	ISR AF	ISR
5581,0	BB3	ISR AF	
5582,0	10D		
5582,0	IGF		
5582,0	12D		
5596,0	IAF		
5596,0	HAY		
5597,0	IGF		
5597,0	12D		
5597,0	DROB11	ROU MOI Drobeta	ROU
5597,0	TULB11	ROU MOI Tulcea	ROU
5598,0	116		
5598,0	107		
5598,0	119		
5598,0	172		
5598,0	106		
5598,0	117		
5602,0	T1Z149	USA F	
5602,0	T2Z159	USA F	
5602,0	T1Z131	USA F	
5608,0	ALKUT		IRQ

Frequency	ALE Ident	User	Country
5608,0	BASRAH	Basrah	IRQ
5608,1	MEDOPS	USA AF	
5611,0	CON	ROU MOI Constanta	ROU
5611,0	COV		
5614,3	DEL		
5618,0	1474		
5618,0	1919		
5632,7	L08	CHN N	CHN
5632,7	OC1	CHN N	CHN
5632,7	MOP	CHN N	CHN
5632,7	L02	CHN N	CHN
5636,0	8021	Adiyaman	TUR
5636,0	1919		TUR
5636,0	1474	Mardin	TUR
5655,5	ISOF3SOF3		IRQ
5655,5	TIT		IRQ
5655,5	THIQARSO F3		IRQ
5655,5	MIN		IRQ
5655,5	CTC		IRQ
5655,5	MOL		IRQ
5667,7	1919		
5667,7	1474		
5667,7	1501		
5667,7	7446		
5684,0	ADWNPR	USA AF Andrew AFB NIPR	USA
5684,0	OFFNPR	USA AF Offutt NIPR	USA
5684,0	MCCNPR	USA AF McClellan NIPR	USA
5684,0	ZH102	G AF	
5684,0	CRO	USA AF Croughton	G
5684,0	GXW	G AF	
5684,0	MOBE3F	F AF	F
5684,0	202E3F	F AF Boing E3 Sentry	F
5684,0	MST		
5684,0	TB		
5684,0	ICZNPR	USA AF Sigonella NIPR	I
5687,0	TB		
5691,0	ALXB9		
5700,0	555555		
5702,0	CRO	USA AF Croughton	G
5702,0	PLASPR	USA AF Lajes SIPR	AZR
5702,0	ICZSPR	USA AF Sigonella SIPRNET	I
5702,0	HAW	USA AF Ascension	ASC
5702,0	JNR	USA AF Salinas	PTR
5702,0	CROSPR	USA AF Croughton SIPR	G
5702,0	ADWSPR	USA AF Andrews SIPR	USA
5702,0	OFFSPR	USA AF Offutt SIPR	USA
5702,0	HAWSPR	USA AF Ascension SIPR	ASC
5702,0	ICZ	USA AF Sigonella	I
5702,0	JNRSPR	USA AF Salinas SIPR	PTR
5702,0	JTYSPR	USA AF Yokota SIPR	J
5702,0	JDG	USA AF Diego Garcia	DGA
5702,0	MCCSPR	USA AF McClellan SIPR	USA
5702,0	JDGSPR	USA AF Diega Garcia SIPR	DGA
5707,0	1103		
5708,0	OFF	USA AF Offutt	USA
5708,0	GBL		
5708,0	MCC	USA AF McClellan	USA
5708,0	R004		
5708,0	190007	USA AF	
5708,0	250104	USA AF	
5708,0	DA08		
5708,0	DA01		
5708,0	DQ50		

Frequency	ALE Ident	User	Country
5708,0	CRO	USA AF Croughton	G
5708,0	290	USA AF	
5708,0	170035	USA AF	
5708,0	WG56		
5708,0	JDG	USA AF Diego Garcia	DGA
5708,0	MPA	USA AF Mt. Pleasant	
5708,0	491947	USA AF	
5708,0	230602	USA AF	
5708,0	JNR	USA AF Salinas	PTR
5708,0	PLA	USA AF Lajes	AZR
5708,0	ADW	USA AF Andrews	USA
5708,0	IKF	USA AF Keflavik	ISL
5708,0	ICZ	USA AF Sigonella	I
5709,0	B99		
5711,0	AAT3BF	USA F Delaware	USA
5711,0	KNY70	USA NTCN Herndorn , VAUSA F Delaware	USA
5712,0	47	I AF C-130J MM62182 46-47	I
5712,0	CHARLY46	I AF Pisa San Giusto	I
5712,0	40	I AF C-130J MM62175 46-40	I
5718,9	1919		
5724,0	IGF		
5725,0	231901		
5730,0	RADOHIMA		
5730,0	8811	Düzce	
5730,0	KASTRATI		
5732,0	DEN	COTHEN	USA
5732,0	703	COTHEN	USA
5732,0	702	COTHEN	USA
5732,0	A10	COTHEN	USA
5732,0	720	USA CG HC-130H #1720, CGAS Clearwater	USA
5732,0	718	USA CG HC-130H #1718, CGAS Sacramento	USA
5732,0	A65	CBP UH-60 # 80-23465	USA
5732,0	EST	CBP AMOC Eastern Region Communication Node	USA
5732,0	D46	CBP P-3 AEW&C #N146CS , Jacksonville AMB, FL	USA
5732,0	DWA	COTHEN	USA
5732,0	501	COTHEN	USA
5732,0	A44	CBP UH-60 #79-23344	USA
5732,0	719	USA CG HC-130H #1719, CGAS Clearwater	USA
5732,0	707	COTHEN	USA
5732,0	I00	CBP CESSNA 550 #N1200N	USA
5732,0	502	COTHEN	USA
5732,0	500	COTHEN	USA
5732,0	F35	COTHEN	USA
5732,0	LNW	COTHEN	USA
5732,0	FFS	COTHEN	USA
5732,0	CBE	COTHEN	USA
5732,0	D49	CBP P-3 AEW&C #N149CS , Corpus Christi AMB, TX	USA
5732,0	A50	CBP UH-60 # 79-23350	USA
5732,0	A39	CBP AB139 #N139HS	USA
5732,0	I34	CBP CESSNA 550 #N2734K	USA
5732,0	I43	CBP BEECH 65-A90 #N43SA	USA
5732,0	712	USA CG HC-130H	USA

Frequency	ALE Ident	User	Country
		#1712 , CGAS Kodiak	
5732,0	PAC	USA CG CAMSPAC Point Reyes, CA	USA
5732,0	712	USA CG HC-130H #1712 , CGAS Kodiak	USA
5732,0	LNT	USA CG CAMSLANT Chesapeake, VA	USA
5732,0	LNT	USA customs	USA
5732,0	MEMPRI	COTHEN Remote TX Memphis, TN	USA
5732,0	N01	USA CG HC-144A #2301	USA
5732,0	N04	USA CG HC-144A #2304	USA
5732,0	VGSPRI	COTHEN	USA
5732,0	OPB	OPBAT Service Center, Nassau, Bahamas	USA
5732,0	K80	COTHEN	USA
5732,0	ROS	COTHEN	USA
5732,0	T07	CBP BEECH A200 #N6507B	USA
5732,0	T74	CBP BEECH A200 #N7074G	USA
5732,0	TSC	COTHEN	USA
5732,0	UHC	COTHEN	USA
5732,0	VAI	COTHEN	USA
5732,0	VES	COTHEN	USA
5732,0	OKOPRI	COTHEN Remote TX, Oklahoma City , OK	USA
5732,0	J29	USA CG HH-60J #6029 CGAS Kodiak	USA
5732,0	503	USA customs	USA
5732,0	CS9	USA customs	USA
5732,0	J19	USA CG HH-60J #6019 CGAS Clearwater	USA
5732,0	CS1	USA customs	USA
5732,0	D31	USA customs	USA
5732,0	PR1	USA customs San Juan	PTR
5732,0	J24	USA CG HH-60J #6024 CGAS Kodiak	USA
5732,0	KRV	COTHEN	USA
5732,0	J26	USA CG HH-60J #6026	USA
5732,0	K84	COTHEN	USA
5732,0	J30	USA CG HH-60J #6030 CGAS Elizabeth City	USA
5732,0	J36	USA CG MH-60J #6036 CGAS Elizabeth City	USA
5732,0	K10	USA CG MH-65C #6510	USA
5732,0	K16	USA CG MH-65C #6516	USA
5732,0	K55	USA CG MH-65C # 6555	USA
5732,0	K57	USA CG MH-65C # 6557	USA
5732,0	LUVPRI	COTHEN	USA
5732,0	J25	USA CG HH-60J #6025	USA
5732,0	J08	USA CG HH-60J #6008 CGAS Astoria	USA
5732,0	J01	USA CG HH-60J #6001 CGAS Elizabeth City	USA
5732,0	J12	USA CG HH-60J #6012 CGAS Kodiak	USA
5732,0	WST	CBP AMOC Western Region Communication Node	USA

Frequency	ALE Ident	User	Country
5732,0	LNE		
5732,0	N11	USA CG HC-144A #2311	USA
5732,0	I54	CBP CESSNA 550 #N1254X , Miami	USA
5732,0	J16	USA CG HH-60J #6016 CGAS Clearwater	USA
5732,0	I97	CBP CESSNA 550 #N797CW	USA
5732,0	OMNI		
5732,0	JI4	USA COTHEN	USA
5732,0	O3X	COTHEN	USA
5732,0	NO5	COTHEN	USA
5732,0	HNC	USA CG HARRIET LANE (WMEC 903)	USA
5732,0	HKW	USA CG Confidence WMEC-619	USA
5732,0	RPK	USA CG ship ELM WLB-204	USA
5732,0	Z14	USA CG Sector St. Petersburg	USA
5732,0	J18	USA CG HH-60J #6018 CGAS Clearwater	USA
5735,0	500		
5740,5	437807		
5740,5	437		
5740,5	437802		
5742,0	ORW	ROU E	
5742,0	CENTR8	MFA Bucharest	ROU
5747,0	203E3F	F AF Boing E3 Sentry	F
5747,0	MOBE3F	F AF	F
5748,5	KWT91		
5748,5	KWT93	USA DOS	
5748,5	KWT55	USA DOS	
5748,6	WNG740	USA DOS	USA
5750,0	CAB		
5750,0	JDP	ARS AF	ARS
5750,0	HQ2		EGY
5750,0	GHARB3		EGY
5750,0	MEDOPS	USA AF	
5750,0	RGP		
5750,0	JDI	ARS AF	ARS
5750,0	JDI..	ARS AF	ARS
5752,0	2052	I Carabinieri	I
5752,0	DQ50		
5752,0	WG52		
5752,0	2009	I Carabinieri	I
5752,0		SUI E Berlin	D
5752,0	GS59	ALG F	ALG
5752,0	GS56	ALG F	ALG
5752,0		MFA Berne	SUI
5757,0	TAJGA69	POL MIL	POL
5757,0	NOGAT61	POL MIL	POL
5757,0	A01	POL MIL	POL
5757,0	ARACHIT79	POL MIL	POL
5757,0	17E		
5757,0	O4L		
5757,0	B01	POL MIL	POL
5762,0	035		
5762,0	5GS		
5762,0	SBR		
5762,0	082		
5768,0		MFA Berne	SUI
5770,0	CN35		
5770,0	ACIE07		
5770,0	R14		
5770,0	R15		
5770,0	ACI		
5770,0	ACIE01		
5770,0	ACIE25		
5770,0	ACIE04		

Frequency	ALE Ident	User	Country
5770,0	5203		
5770,0	PT30		
5770,0	RGI		
5770,0	ACIE19		
5770,0	ACIE12		
5770,0	R13		
5770,0	ACIE16		
5770,0	OW00		
5770,0	OP00		
5770,0	OG00		
5770,0	OC00		
5770,0	KP33		
5770,0	KP35		
5771,0	TABUN82	POL MIL	POL
5771,0	RELIKT24	POL MIL	POL
5773,0	1318		
5773,0	1305		
5774,0	C1A	LTU MIL	LTU
5774,0	C2A	LTU MIL	LTU
5774,5	1004		
5774,5	1005		
5776,0	BOMA40		
5776,0	PIORKO20	POL MIL	POL
5776,0	MUZA35		
5776,0	ALBERT31		
5776,0	WETTER22		
5777,0		MFA Berne	SUI
5777,0	R3K	LTU MIL	LTU
5777,0	B2M	LTU MIL	LTU
5777,0	R1K	LTU MIL	LTU
5777,0	B1M	LTU MIL	LTU
5777,0	HQNET	LTU MIL	LTU
5777,0		SUI E Berlin	D
5777,0		SUI E Vienna	AUT
5778,0	TWVS1	E MOI Salamanca	E
5778,0	TXCL2	E MOI Lugo	E
5778,0	TWLV2	E MOI Viscaya	E
5778,0	TXX1	E MOI Madrid	E
5778,0	1JY		
5778,5	KYAASF	USA AF Frankfort , KY	USA
5780,0	OG700M	ALG MIL	ALG
5781,0	PNR400	USA DEA Bahamas	
5781,0	820103		
5781,0	823099		
5781,0	810509		
5781,0	810599		
5781,0	820513		
5781,0	820306		
5782,0	055		
5784,0	0000210588		
5784,0	0000210302		
5784,0	0000210888		
5785,0	SANNA	Guardia di Finanza vessel Sanna G.117	I
5785,0	PRACTOCA 01	Guardia di Finanza Practica di Mare	I
5785,0	MAZZAI	Guardia di Finanza vessel Mazzei G.1	I
5785,0	GRECO	Guardia di Finanza vessel Brigadiere Greco G.8	I
5785,0	OLTRAMON TI	Guardia di Finanza vessel Oltramonti G.5	I
5785,0	UMS017	POL MIL	
5785,0	HIM022	POL MIL	
5785,0	TARANTO	Guardia di Finanza	I
5785,0	VACCARO	Guardia di Finanza vessel Vaccaro G.2	I
5785,0	MESSINA	Guardia di Finanza Messina	I
5785,0	PALERMO	Guardia die Fianaza Palermo	I
5785,0	DIBARTOL	Guardia die Finanza	I

Frequency	ALE Ident	User	Country
	O	vessel Di Bartolo G.3	
5785,0	CINUS	Guardia di Finanza training vessel G.9	I
5785,0	URSO	Guardia di Finanza vessel Urso G.121	I
5785,0	ROMA	Guardia di Finanza Rome	I
5785,0	IAU025	POL MIL	
5785,0	QUT024	POL MIL	
5785,0	VIBOVALEN TIA	Guardia di Finanza	I
5785,0	SAGITTARI O	Guardia di Finanza	I
5785,0	ALBERTI	Guardia di Finanza vessel Alberti G.92	I
5785,0	CAPPELLE TTI	Guardia di Finanza vessel Cappelletti G.94	I
5785,0	CAGLIARI	Guardia di Finanza Cagliari	I
5785,0	INZERILLI		
5786,0	STATION3		
5786,0	SOPHOCLE A		
5786,0	NOMADE8		
5786,0	MOLENE		
5786,0	STATION5		
5787,5	FORMANT6 6	POL MIL	POL
5787,5	6KP	POL MIL	POL
5787,5	POWISLE86	POL MIL	POL
5787,5	PASAT41	POL MIL	POL
5787,5	PA1	POL MIL	POL
5788,0	28	DNK F	
5788,0	69	DNK F	
5788,0	OG00		
5788,0	OW00		
5788,0	50	DNK F	
5788,0	45	DNK F	
5788,0	68	DNK F	
5789,0	KUPERJAN OVIYJP	EST F Kuperjanoviy	EST
5789,0	KE	EST F	EST
5789,0	PARNUYJP	EST F Põrnu	EST
5789,0	YSP	EST F	EST
5790,0	PT01		
5790,0	DQ10		
5790,0	HB3C		
5790,0	RM		
5790,0	NI21		
5790,0	EH22		
5792,0	22154		
5792,0	1322		
5792,0	RABAT	F E Rabat	MRC
5792,0	1106		
5792,0	2213		
5792,0	1316		
5792,0	2215		
5792,0	220		
5792,0	1108		
5792,0	1102		
5792,0	2416		
5792,0	CER	MFA Paris	F
5792,0	2406		
5792,0	2411		MRC
5792,0	1315		
5792,0	1116		
5792,0	1302		
5792,0	13132		
5792,0	2414		
5792,0	1313		
5792,0	13262		
5792,0	13081		

Frequency	ALE Ident	User	Country
5792,0	CONAKRY	F E Conakry	GUI
5792,0	2203		
5792,0	1314		
5792,0	1325		
5792,0	1324		
5792,0	13141		
5792,0	2415		
5792,0	2401		
5792,0	1321		
5792,0	13221		
5792,0	YSP	EST F	EST
5792,0	PARNUYJP	EST F Põrnu	EST
5792,0	10111		
5792,0	1317		
5793,0	XSS	G MIL	G
5795,0	WG52		
5795,0	DQ50		
5796,8	ISOF3SOF3	IRQ ISOF	IRQ
5796,8	HHC3SOF1	IRQ ISOF	IRQ
5796,8	CTC3	IRQ ISOF	IRQ
5798,5	O05	HOL MIL	HOL
5798,5	O02	HOL MIL	HOL
5798,5	O04	HOL MIL	HOL
5798,5	O10	HOL MIL	HOL
5800,0	B15		
5800,0	PARNUYJP	EST F Parnu	EST
5800,0	YVL		
5800,0	B12		
5800,0	B17		
5800,0	CCIENCS		
5800,0	CCIE07		
5800,0	OPER	MOD Warszawa	POL
5800,0	CCIE08		
5800,0	CHM723	CAN F Halifax	CAN
5800,0	KUPERJAN OVIYJP	EST F Kuperjanoviy	EST
5800,0	CHM721	CAN F Glace Bay	CAN
5800,0	CHM728	CAN F St. Johns	CAN
5800,0	B14		
5800,0	C01		
5800,0	CLO	CAN F	CAN
5800,0	CHM721CT	CAN F Charlottetown	CAN
5800,0	CHM	CAN F	CAN
5800,0	BXPJANKO VIC	POL MIL	POL
5802,0	YB	S MIL	S
5802,0	ZB	S MIL	S
5802,0	SB	S MIL	S
5802,0	YZT	S MIL	S
5802,0	YF	S MIL	S
5802,0	RA	S MIL	S
5802,0	TA	S MIL	S
5802,0	YA	S MIL	S
5802,0	99V3	S MIL	S
5802,0	SZA	S MIL	S
5802,0	SWI	S MIL	S
5802,0	BA	S MIL	S
5803,0	1316		
5807,0	BENIN	NIG oilfield Benin	NIG
5807,0	LOKOJA	NIG oilfield Lokoja	NIG
5807,0	SARKINPA	NIG NNPC Sarkin Pawa	NIG
5807,0	ACOVE	NIG oilfield Atlas Cove	NIG
5807,0	ABAJI	NIG oilfield Abaji	NIG
5807,0	AUCHI	NIG oilfield Auchi	NIG
5808,0	SZA	S MIL	S
5808,0	YI9	S MIL	S
5808,0	RI2	S MIL	S
5808,0	QI1	S MIL	S
5808,0	QF	ALG MOI	ALG
5808,0	SI3	S MIL	S
5808,0	YF	S MIL	S

Frequency	ALE Ident	User	Country
5810,0	STAT151	TUN F	TUN
5810,0	T42		
5810,0	T43		
5815,0	5820		
5815,0	5880		
5815,0	WG52		
5815,0	WG50		
5817,0	1501		
5818,5	842		
5818,5	S101		
5820,0	2011		
5820,0	1313		
5820,0	CY45	TUN MIL	TUN
5820,0	CY43	TUN MIL	TUN
5820,0	2002 2		
5820,0	3D		
5820,0	2212		
5820,0	CY52	TUN MIL	TUN
5820,0	CY48	TUN MIL	TUN
5820,0	4D		
5820,0	1316		
5820,0	CY40	TUN MIL	TUN
5820,0	CY47	TUN MIL	TUN
5820,0	KEY798		USA
5820,0	1303		
5820,0	CY60	TUN MIL	TUN
5820,0	PT40	TUN MIL	TUN
5820,0	10D		
5823,0	1313		
5823,0	2215		
5823,0	13141		
5823,0	1113		
5823,0	1118		
5823,0	2002		
5823,0	1317		
5823,0	2513		
5823,0	11043		
5823,0	11021		
5823,0	1324		
5823,0	2414		
5823,0	10111		
5823,0	1316		
5823,0	2213		
5823,0	1114		
5823,0	2406		
5823,0	1309		
5823,0	22054		
5823,0	2411		MRC
5823,0	1325		
5823,0	2525		
5823,0	2212		
5823,0	13133		
5823,0	2011		
5823,0	22111		
5823,0	1109		
5823,0	13263		
5823,0	1304		
5823,0	9001		
5823,0	1311		
5823,0	2205		
5823,0	LTL		
5823,0	2401		
5823,0	1314		
5823,0	1108		
5823,0	13181		
5823,0	13012		
5823,0	13262		
5823,0	1119		
5823,0	13252		
5823,0	13142		
5823,0	13221		
5823,0	13121		

Frequency	ALE Ident	User	Country
5823,0	13011		
5823,0	1302		
5823,0	1303		
5823,0	22011		
5823,0	24181		
5823,0	1116		
5823,0	2524		
5823,0	2417		
5823,0	123456		TUR
5823,0	13122		
5823,0	2204		
5823,0	1301		
5823,0	11143		
5823,0	2519		
5823,0	1102		
5823,0	2404		
5823,0	2409		
5823,0	110		I
5823,0	2416		
5823,0	24151		
5823,0	1322		
5823,0	13132		
5823,0	2405		
5823,0	24081		
5823,0	1315		
5823,0	13081		
5832,0	VXDAG		
5832,0	DSDAG		
5833,0	13263		
5833,0	2416		
5833,0	1313		
5838,0	AAG2	SVN MIL	SVN
5838,0	P51		
5838,0	S32	S E Kuwait	KUW
5838,0	AAD9	SVN MIL	SVN
5838,0	O73		
5838,0	C4		
5838,0	AAV5	SVN MIL	SVN
5838,0	AAC3	SVN MIL Ljublana	SVN
5838,0	J63		
5838,0	J51		
5838,0	X34		
5838,0	AAM6	SVN MIL	SVN
5838,0	AAL4	SVN MIL	SVN
5838,0	S44	S E	
5838,0	AAK1	SVN MIL	SVN
5838,0	AAK8	SVN MIL	SVN
5838,0	R33		
5838,0	J64		
5838,0	S41	S E	
5838,0	AAN7	SVN MIL	SVN
5838,0	S31	S E Alger	ALG
5838,5	OEY41	AUT MIL	
5838,5	OEY62	AUT MIL AUCON/KFOR Suva Reka	
5838,5	OEY80	AUT MIL Villach	AUT
5838,5	OEY52	AUT MIL Vienna	AUT
5839,0	ALEDAY		
5839,0	MOB1		
5839,0	BASE		
5840,0	PORTSUDA N	UNJLC Port Sudan	SDN
5840,0	NYALA3	UNJLC Nyala	SDN
5840,0	DMAZIN	UNJLC Ed Damazin	SDN
5847,0	TXX2	E MOI Madrid	E
5847,0	TWVP2	E MOI	E
5847,0	ARC61NG	USA F North Little Rock , AR	USA
5850,0	TN2		ROU
5850,0	RO2		ROU
5850,0	DRO	ROU MOI Drobeta	ROU

Frequency	ALE Ident	User	Country
5850,0	P1Z131		
5850,0	BU4C4	ROU MOI Bucharest	ROU
5851,5	DUST		
5851,5			
5852,0	PRI	G F Pristina	
5852,0	KUW	G F Kuwait	KUW
5852,0	ASI	G F Ascension	ASC
5854,0	2002		
5860,0	FAAZMA	FAA Miami	USA
5860,0	PZ12N		
5860,0	FAADCA	FAA Washington	USA
5860,0	PZ11N		
5860,0	FAANY	FAA New York	USA
5860,0	FAAZDC	FAA Washington	USA
5860,0	FAAZMP	FAA Minneapolis	USA
5860,0	FAAZID	FAA Indianapolis	USA
5860,0	T12N		USA
5860,0	T42N		
5860,0	FAAZFW	FAA Fort Worth	USA
5860,0	FAAZBW	FAA Boston	USA
5865,0	TWVO2	E MOI	E
5865,0	TWVA2	E MOI	E
5865,0	TWVE2	E MOI	E
5865,0	TYMV2	E MOI Cuenca	E
5865,0	TYMB2	E MOI	E
5865,0	TWVP2	E MOI	E
5865,0	TYMG2	E MOI Guadalajara	E
5865,0	TXX2	E MOI Madrid	E
5865,0	TYMA2	E MOI Avila	E
5865,0	TYMR2	E MOI Ciudad Real	E
5865,0	TYMC2	E MOI Caceres	E
5865,0	TWVO	E MOI	E
5865,0	TWVB2	E MOI	E
5871,0	TYVC2	E MOI Castellon	E
5871,0	TWVS1	E MOI Salamanca	E
5871,0	TWCC2	E MOI	E
5871,0	TZSA	E MOI Almeria	E
5871,0	TWLV	E MOI Vitoria	E
5871,0	TZSH	E MOI Huelva	E
5871,0	TZSM	E MOI Melilla	E
5871,0	TZSJ	E MOI	E
5871,0	TWVO2	E MOI	E
5871,0	TWLC	E MOI	E
5871,0	TWLN	E MOI	E
5871,0	TXX1	E MOI Madrid	E
5871,0	TWVO1	E MOI	E
5871,0	TZSG	E MOI Granada	E
5871,0	TZSE	E MOI Melilla	E
5871,0	TYME	E MOI Madrid	E
5871,0	TZSS	E MOI Sevilla	E
5871,0	TXXX	E MOI Madrid	E
5871,0	TZSO	E MOI Cordoba	E
5872,0	G07	POL MIL	POL
5872,0	DYKTAT01	POL MIL	POL
5874,0	1307		
5879,0	LA7		
5879,0	OS7		
5879,0	GA7		
5879,0	MI3		
5879,0	LI9		
5879,0	IZ3		
5880,0	500		
5880,7	082		
5880,7	035		
5880,7	093		
5884,0	CDG01D	F N ship CHARLES DE GAULLE	F
5884,0	FUO01D	F N Toulon	F
5885,0	082		
5885,0	035		
5890,0	FL50		
5891,0	GEF		

Frequency	ALE Ident	User	Country
5891,0	EK9		
5892,0	TWVS2	E MOI Salamanca	E
5892,0	TWBE2	E MOI	E
5892,0	CUFAN1	VEN F	VEN
5892,0	TXX2	E MOI Madrid	E
5892,0	DESTAFAC 23	VEN National Guard	VEN
5892,0	CGGN	VEN National Guard	VEN
5892,0	CUFAN3	VEN F	VEN
5892,0	TYMC2	E MOI Caceres	E
5893,5	141001		
5893,5	103001		
5894,0	SZPAK04		
5895,0	ASSADNET 01		ETH
5895,0	ANTARNET 01		
5895,0	100		
5898,0	AAC3	SVN MIL Ljublana	SVN
5901,0	KNR43	USA DA	USA
5901,0	USDAHQ1	USA DA Washington	USA
5909,5	ABQSEC	COTHEN	USA
5909,5	WST	CBP AMOC Western Region Communication Node	USA
5909,5	K55	USA CG MH-65C # 6555	USA
5909,5	K16	USA CG MH-65C #6516	USA
5909,5	I97	CBP CESSNA 550 #N797CW	USA
5909,5	DEN	COTHEN	USA
5909,5	VGSPRI	COTHEN	USA
5909,5	I54	CBP CESSNA 550 #N1254X , Miami	USA
5909,5	K84	COTHEN	USA
5909,5	005	USA CG HC-130J #2005	USA
5909,5	A44	CBP UH-60 #79-23344	USA
5909,5	J26	USA CG HH-60J #6026	USA
5909,5	DWA	COTHEN	USA
5909,5	N04	USA CG HC-144A #2304	USA
5909,5	ABQPRI	COTHEN	USA
5909,5	A65	CBP UH-60 # 80-23465	USA
5909,5	J30	USA CG HH-60J #6030 CGAS Elizabeth City	USA
5909,5	T74	CBP BEECH A200 #N7074G	USA
5909,5	D45	CBP P-3 AEW&C #N145CS , Jacksonville AMB, FL	USA
5909,5	D48	CBP P-3 AEW&C #N148CS , Corpus Christi AMB, TX	USA
5909,5	N03	USA CG HC-144A #2303	USA
5909,5	VAI	COTHEN	USA
5909,5	UHC	COTHEN	USA
5909,5	K80	COTHEN	USA
5909,5	MEMPRI	COTHEN Remote TX Memphis, TN	USA
5909,5	OKOPRI	COTHEN Remote TX, Oklahoma City , OK	USA
5909,5	D46	CBP P-3 AEW&C #N146CS , Jacksonville AMB, FL	USA
5909,5	LUVPRI	COTHEN	USA
5909,5	KRV	COTHEN	USA
5910,0	LSM		

Frequency	ALE Ident	User	Country
5910,0	KDY		
5910,0	SJY		
5910,0	XIE		
5944,0	SNB813	POL MIL Waszawa	POL
5961,0	FC8FEM	USA FEMA Denver , CO	USA
6001,0	1474		
6001,0	1919		
6020,0	6	USA ACE	USA
6070,0	5CIN2D		
6070,0	5CIN1D		
6093,0	KRH54		
6200,0	BS008CB	ALB MIL	ALB
6200,0	CS003A	ALB MOI	ALB
6205,0	ABA	MLT N	MLT
6205,0	ABA..	MLT N	MLT
6205,0	OBC		
6205,0	F58		
6209,0	PT30		
6210,0	147		
6218,0	M2S		
6218,0	M1K		
6218,0	JPQ		
6218,0	M3B		
6218,0	M0A		
6224,0	BB2	ISR AF	ISR
6224,0	BB3	ISR AF	ISR
6224,0	AA1	ISR AF	ISR
6224,0	AAA	ISR AF	ISR
6224,0	DD2	ISR AF	ISR
6234,6	OMFUX	F N Le Port	REU
6243,0	AAD	USA AF	
6243,0	XHZ	G MIL	G
6243,0	XJF	G MIL	G
6243,0	XAX	G MIL	G
6243,0	XCA	G MIL	G
6243,0	XDB	G MIL	G
6243,0	AAA	USA AF	
6243,0	ADA	USA AF	
6243,0	XSS	G MIL	G
6243,0	ADB	USA AF	
6243,0	AAI	USA AF	
6243,0	AAF	USA AF	
6243,0	AAB	USA AF	
6243,0	AAC	USA AF	
6243,0	AAG	USA AF	
6245,0	XSS	G MIL	G
6247,0	MOD		
6248,0	1550		
6248,0	9595		
6248,0	1474		
6251,0	XCF	G MIL	G
6251,0	XJJ	G MIL	G
6251,0	XDD	G MIL	G
6251,0	XJK	G MIL	G
6251,0	XSS	G MIL	G
6253,0	XSS	G MIL	G
6263,0	F1L		
6265,0	AA1	ISR AF	ISR
6265,0	BB2	ISR AF	ISR
6265,0	BB3	ISR AF	
6280,0	5820		
6280,0	5880		
6280,0	1410		
6300,0	PAR		
6300,0	GLT		
6300,0	ALM	Al Madinah	
6300,0	MTX		
6301,0	FL47		
6301,0	FL50		
6305,0	GS1		
6305,0	MB1HB1		

Frequency	ALE Ident	User	Country
6305,0	70011		
6305,0	70400		
6305,0	MB1		
6310,0	RS009D	ALB MOI	ALB
6310,0	RS004D	ALB MOI	ALB
6310,0	CS004	ALB MOI Tirana	ALB
6310,0	RS0016D	ALB MOI	ALB
6310,0	CS004A	ALB MOI Tirana	ALB
6310,0	RS008D	ALB MOI	ALB
6310,0	RS002D	ALB MOI	ALB
6312,0	AAN		
6312,0	APNETOS		
6312,0	APN		
6312,0	AANETOS		
6319,0	TIKISO		
6321,7	DARKSIDE MAIN		
6321,7	SAIPANMAI N		
6321,7	RIPPERMAI N		
6330,0	BB3	ISR AF	
6330,0	BB2	ISR AF	ISR
6330,0	BB1	ISR AF	ISR
6330,0	AAA	ISR AF	ISR
6330,0	AA7	ISR AF	ISR
6348,0	VR50	ALG F	ALG
6348,0	RM40	ALG F	ALG
6348,0	VR48	ALG F	ALG
6370,0	BJ40	ALG F	ALG
6370,0	BJ51	ALG F	ALG
6390,0	PT43	TUN MIL	TUN
6390,0	PT40	TUN MIL	TUN
6390,0	1919		
6390,0	CY48	TUN MIL	TUN
6390,0	CY53	TUN MIL	TUN
6390,0	CY56	TUN MIL	TUN
6390,0	CY55	TUN MIL	TUN
6390,0	CY43	TUN MIL	TUN
6391,0	AFK		
6391,0	AFB		
6391,0	AFT		
6391,0	IAF		
6391,0	HAY		
6391,0	AFA		
6400,0	OPERACYJ NY	MOD Warszawa	POL
6400,0	BXPJANKO VIC	POL MIL	POL
6400,0	T1Z227	USA F	USA
6412,0	GWPWZ33	B N Rio de Janeiro	B
6412,0	GWPPFZ	B N ship	B
6416,5	XJK	G MIL	G
6416,5	XJJ	G MIL	G
6416,5	XPK	G MIL	G
6416,5	XHZ	G MIL	G
6416,5	XGE	G MIL	G
6416,5	XEN	G MIL	G
6416,5	XGM	G MIL	G
6416,5	XJD	G MIL	G
6416,5	13O		
6416,5	XCP	G MIL	G
6416,5	XBA	G MIL	G
6416,5	XKD	G MIL	G
6416,5	XSS	G MIL	G
6422,0	CS002	ALB MOI	ALB
6422,0	RS008	ALB MOI	ALB
6425,0	XSS	G MIL	G
6445,5	4701		
6445,5	6101		
6445,5	8101		
6445,5	6701		

Frequency	ALE Ident	User	Country
6445,6	6701		
6450,0	ROMA	Guardia di Finanza Roma	I
6450,0	NAPOLI	Guardia di Finanza Napoli	I
6450,0	LIPPI	Guardia di Finanza vessel Lippi G.100	I
6450,0	PARTIPILO	Guardia di Fianaza vessel G.113	I
6450,0	LAMPEDUS A	Guardia di Finanza Lampedusa	I
6450,0	MESSINA	Guardia di Finanza Messina	I
6450,0	VIBOVALEN TIA	Guardia di Finanza Vibovalentia	I
6450,0	OLTRAMON TI	Guardia di Finanza vessel Oltramonti G.5	I
6450,0	LASPINA	Guardia di Finanza vessel La Spina G.122	I
6454,5	1TA6FF	F N	F
6454,5	1TLOFF	F N	F
6480,0	BJ56	ALG F	ALG
6480,0	BJ49	ALG F	ALG
6480,0	FS50	ALG F	ALG
6480,0	BJ53	ALG F	ALG
6480,0	BJ50	ALG F	ALG
6480,0	BJ47	ALG F	ALG
6480,0	BJ46	ALG F	ALG
6480,0	BJ45	ALG F	ALG
6480,0	BJ43	ALG F	ALG
6480,0	BJ40	ALG F	ALG
6480,0	BJ51	ALG F	ALG
6482,0	MOD		
6485,0	4D		
6486,0	T10CAB	USA F 10th Mountain Div Combat Aviation Brig	IRQ
6486,0	P1Z10	USA F 10th Mountain Div Combat Aviation Brig	IRQ
6486,0	T1Z10	USA F 10th Mountain Div Combat Aviation Brig 1-10A	IRQ
6500,0	1313		
6500,0	JOS	NIG oilfield Jos	NIG
6500,0	KANO	NIG oilfield Kano	NIG
6500,0	AUCHI	NIG oilfield Auchi	NIG
6500,0	13061		
6502,5	437807		
6504,0	AA9	ISR AF	ISR
6504,0	DD3		
6504,0	197		
6504,5	DB2	IRQ Border Guard HQ region 2	IRQ
6504,5	ANB		
6509,0	DBE		
6509,0	DB5	IRQ Border Guard HQ region 5	IRQ
6514,5	SUDANIT42	POL MIL	POL
6514,5	WATFORD8 7	POL MIL	POL
6514,5	MORTON25	POL MIL Warszawa	POL
6514,5	LCR152	POL MIL Warszawa	POL
6514,5	IGIELIT37	POL MIL	POL
6514,5	MO4	POL MIL	POL
6514,5	GAGOL35	POL MIL	
6514,5	PONIEC38	POL MIL	
6514,5	LCR153	POL MIL Warszawa	POL
6514,5	REZERWA5	POL MIL	POL
6514,5	DUH		
6514,5	DYA		
6514,5	DB1	IRQ Border Guard HQ region 1	IRQ

Frequency	ALE Ident	User	Country
6514,5	LUKA31	POL MIL	
6514,5	WADLEZ32	POL MIL	
6519,0	DB4	IRQ Border Guard HQ region 4	IRQ
6519,0	DBENET		
6519,0	DB2	IRQ Border Guard HQ region 2	IRQ
6519,0	DBE		
6519,0	DYA2		
6519,0	DB5	IRQ Border Guard HQ region 5	IRQ
6519,0	HAJ		
6522,0	EOVQ6065 ALE		
6522,0	CS001	ALB MOI	ALB
6522,0	0011		
6522,0	0061		
6522,0	RS006	ALB MOI	ALB
6522,0	RS004	ALB MOI	ALB
6522,0	UTN6065AL E		
6522,0	RS005	ALB MOI	ALB
6524,0	6801		
6524,0	6101		
6524,0	4101		
6524,0	8401		
6524,0	4701		
6524,0	8101		
6524,0	6701		
6524,0	6869		
6524,0	6901		
6524,2	7901		
6524,2	6869		
6524,2	6701		
6529,0	DBE		
6529,0	DB1	IRQ Border Guard HQ region 1	IRQ
6530,0	101		
6530,0	147		
6530,6	IPU..		
6532,5	BGD	POL MIL	POL
6532,5	MOT	POL MIL	POL
6562,0	S33	S E	
6562,0	S31	S E Alger	ALG
6562,0	KANBASE		
6562,0	J51		
6562,0	O74		
6562,0	J62		
6562,0	C4		
6562,0	P51		
6562,0	J61		
6562,0	X34		
6562,0	S41	S E	
6562,0	P53		
6565,0	GERMANIO		
6565,0	ORO		
6565,0	288		
6565,0	244		
6583,0	8001		
6583,0	21001		
6583,0	5001		
6583,0	9011		
6583,0	9067		
6583,0	9066		
6583,0	9001		
6583,0	7001		
6589,0	F27		
6589,0	LO7	IRQ Border Guard region 3	IRQ
6589,0	LO8	IRQ Border Guard	IRQ
6589,0	DB3	IRQ Border Guard HQ region 3	IRQ
6589,0	NIK		
6589,0	DB2	IRQ Border Guard HQ region 2	IRQ
6589,0	QAM		
6589,0	ANB		
6600,0	GOM		
6600,0	IOR		
6600,0	MTX		
6600,0	GAM		
6605,0	SMN		
6606,0	9001		
6621,0	IPU		
6629,0	DUH		
6629,0	0001		
6630,0	9428		
6631,0	AAA	ISR AF	ISR
6631,0	AA2	ISR AF	ISR
6631,0	AA3	ISR AF	ISR
6631,0	K35		
6631,0	AA1	ISR AF	ISR
6635,0	411412		
6635,0	411413		
6635,0	411		
6635,0	411411		
6639,0	DB4	IRQ Border Guard HQ region 4	IRQ
6639,0	DBE		
6644,0	AKR		
6647,5	BGD		
6647,5	MES		
6647,5	ANB		
6655,0	110		
6655,0	116		
6655,0	UMALHATA T	ARS MOI Umalhatat	ARS
6655,0	118		
6655,0	95A		
6655,0	125		
6655,0	ALBATHA	ARS MOI	ARS
6655,0	ALSOHMA	ARS MOI	ARS
6655,0	103		
6655,0	90		
6655,0	SHBETA	ARS MOI	ARS
6655,0	169		
6655,0	ALKHAIRAN	ARS MOI	ARS
6655,0	DAMMAN	ARS MOI Damman	ARS
6655,0	ERDA	ARS MOI	ARS
6655,0	THABALOT	ARS MOI	ARS
6655,0	OMALZOM OL	ARS MOI	ARS
6655,0	OMMELEH	ARS MOI Ommeleh	ARS
6655,0	163		
6655,0	113		
6655,0	171		
6655,0	SHEBA	ARS MOI	ARS
6664,5	682		
6664,5	MAY1		
6664,5	DB41		IRQ
6664,5	344		
6664,5	225		
6668,0	762		
6668,0	225		
6668,0	639		
6668,0	205		
6668,0	682		
6668,0	344		
6669,0	DBE		
6669,0	DB4	IRQ Border Guard HQ region 4	IRQ
6673,2	AST	CHN N	
6673,2	L08	CHN N	
6673,2	L07	CHN N	
6673,2	L06	CHN N	

Frequency	ALE Ident	User	Country
6673,2	L05	CHN N	
6673,2	L04	CHN N	
6673,2	L03	CHN N	
6673,2	L01	CHN N	
6673,2	MOP	CHN N	
6674,0	526		
6678,0	400010	MTN net	MTN
6678,0	400014	MTN net	MTN
6678,0	400007	MTN net	MTN
6678,0	400006	MTN net	MTN
6678,0	400005	MTN net	MTN
6678,0	400003	MTN net	MTN
6678,0	400001	MTN net	MTN
6678,0	400009	MTN net	MTN
6678,0	400002	MTN net	MTN
6679,0	MAY1		
6679,0	F42		
6685,0	80		
6685,0	07		
6685,0	TB		
6690,0	109		
6690,0	119		
6690,0	3232		
6691,0	XSS	G MIL	G
6691,0	UKE302	G AF E3D Sentry AWACS	G
6695,0	BR2	B N Brasilia	B
6695,0	LEN		
6695,0	BT2		
6695,0	SHA2		
6695,0	BRT		
6697,5	DL4	SNG N	SNG
6697,5	085	SNG N ship RSS Justice	SNG
6703,0	XSS	G MIL	G
6706,0	XSA	G MIL	G
6706,0	UKE303	G AF E3D Sentry AWACS	G
6706,0	UKE301	G AF E3D Sentry AWACS	G
6706,0	XSS	G MIL	G
6706,0	UKE306	G AF E3D Sentry AWACS	G
6706,0	UKE302	G AF E3D Sentry AWACS	G
6709,0	KABBAS		
6709,0	CANIBAL		
6710,0	GLT		
6710,0	VFX		
6710,0	EQO		
6710,0	LEL		
6712,0	68	DNK F	
6712,0	50	DNK F	
6715,0	CRO	USA AF Croughton	G
6715,0	PLASPR	USA AF Lajes SIPR	AZR
6715,0	HAWSPR	USA AF Ascension SIPR	ASC
6715,0	ADWSPR	USA AF Andrews SIPR	USA
6715,0	ICZSPR	USA AF Sigonella SIPRNET	I
6715,0	ADW	USA AF Andrews	USA
6715,0	ICZ	USA AF Sigonella	I
6715,0	E30005	USA AF	USA
6715,0	JNRSPR	USA AF Salinas SIPR	PTR
6715,0	MCCSPR	USA AF McClellan SIPR	
6715,0	AEDSPR	USA AF Elmendorf	ALS
6715,0	PLA	USA AF Lajes	AZR
6715,0	JNR	USA AF Salinas	PTR
6715,0	JTYSPR	USA AF Yokota SIPR	J
6715,0	MCCSRU	USA AF McClellan	
6715,0	OFFSPR	USA AF Offutt SIPR	USA

Frequency	ALE Ident	User	Country
6715,0	CROSPR	USA AF Croughton SIPR	G
6715,0	JDGSPR	USA AF Diega Garcia SIPR	DGA
6717,0	STANORD	DNK AF Station Nord	GRL
6717,0	FOTAB	DNK AF Thule	GRL
6721,0	190015	USA AF	USA
6721,0	190007	USA AF	
6721,0	170035	USA AF	USA
6721,0	PLA	USA AF Lajes	AZR
6721,0	160025	USA AF	USA
6721,0	WRL	USA AF Robins	USA
6721,0	R004		
6721,0	IKF	USA AF Keflavik	ISL
6721,0	JDG	USA AF Diega Garcia	DGA
6721,0	JNR	USA AF Salinas	PTR
6721,0	GBL		
6721,0	MCC	USA AF McClellan	USA
6721,0	ADW	USA AF Andrews	USA
6721,0	491947	USA AF	
6721,0	ICZ	USA AF Sigonella	I
6721,0	MPA	USA AF Mt. Pleasant	USA
6721,0	CRO	USA AF Croughton	G
6722,0	1101		
6722,0	1102		
6722,0	6950		
6722,0	1107		
6723,0	CN6	ALG MIL	ALG
6723,0	207		
6724,0	GXW	G AF	
6724,0	CRO	USA AF Croughton	G
6724,0	ZH102	G AF	
6728,0	CO120B		
6730,0	OEY50	AUT MIL	AUT
6730,0	DEVOR02R S202		
6730,0	ASF31	AUT MIL	AUT
6730,0	KULON01R S202		
6730,0	RADAR90R S202		
6733,0	XSS	G MIL	G
6736,0	107		
6736,0	219		
6736,0	AAA	ISR AF	ISR
6738,0	LAG	ALG F	ALG
6738,0	CM4	ALG MIL Ouargla	ALG
6739,0	SHA		
6739,0	BRT		
6739,0	HUA		
6743,0	NAI		
6745,0	WARSZAW A2	POL MSW Warszawa	POL
6745,0	MOBE3F	F AF	F
6745,0	203E3F	F AF Boing E3 Sentry	F
6748,0	60	I AF C-130J MM62194 46-60	I
6748,0	9850		TUR
6748,0	CHARLY46	I AF Pisa San Giusto	I
6748,0	61	I AF C-130J MM62195 46-61	I
6748,0	377		
6748,0	3771	Yalova	TUR
6748,0	206102	Ankara	TUR
6748,0	3261	Eskisehir	TUR
6748,0	123466		TUR
6748,5	CHARLY46	I AF Pisa San Giusto	I
6750,0	411413		
6750,0	411411		
6751,0	GS30	ALG F	ALG
6751,0	VQ34	POL MIL	POL
6751,0	UN40		
6751,0	VQ35	POL MIL	POL

Frequency	ALE Ident	User	Country
6751,0	DJ30		
6751,0	VQ31	POL MIL	POL
6751,0	GS01	ALG F	ALG
6751,0	UN30		
6751,0	DJ34		
6758,4	CY52	TUN MIL	TUN
6758,4	CY5	TUN MIL	TUN
6758,4	CY56	TUN MIL	TUN
6758,4	CY53	TUN MIL	TUN
6758,4	CY50	TUN MIL	TUN
6758,4	CY48	TUN MIL	TUN
6758,4	PT4		
6758,4	CY4..		
6758,4	CY43	TUN MIL	TUN
6758,4	CY40	TUN MIL	TUN
6758,4	CY52 ..		
6758,4	CY46	TUN MIL	TUN
6758,4	CY47	TUN MIL	TUN
6758,4	CY60	TUN MIL	TUN
6758,4	PT40	TUN MIL	TUN
6758,4	CY51	TUN MIL	TUN
6761,8	MAE	MFA Alger	ALG
6761,8	TNS	ALG E Tunis	TUN
6765,0	COF	ALG F	ALG
6765,0	BU4	ROU MOI Bucharest	ROU
6765,0	CM3	ALG MIL Bechar	ALG
6766,0	RLD	USA NG Richland , VA	USA
6766,0	VAB		
6766,0	PUL	USA NG Pulaski , VA	USA
6766,0	GTC		
6766,0	DNV		
6766,0	HAM		
6767,0	NSFHQ1		USA
6767,5	AELT2		
6767,5	AECC		
6768,0	WHSKY111		USA
6768,0	DEEPSOUT H		USA
6770,0	MOLENE		F
6770,0	TIMB4	?ROU	
6770,0	NOMADE2		
6770,0	STATION3		
6770,0	NOMADE1		
6770,0	DJIBOUTI		DJI
6770,0	RSMUNICH	Rhode & Schwarz Munich	D
6770,0	SPACEMAN		
6770,0	ANTANANA RIVO		
6770,0	DJIBOUTI		DJI
6770,0	BISB4	ROU MOI Bistrita	ROU
6770,0	STATION5		
6771,0	SHQIPONJ A	ALB F	ALB
6771,0	DRINI	ALB F Drini	ALB
6771,0	AT0		
6771,0	TE0		
6771,3	LKMKOV02 1D1120		
6771,3	1PBR021D1 120		
6772,0	F16POR		
6772,0	F15CTS		
6773,0	OKC	LTU MIL	LTU
6773,0	UVA	LTU MIL	LTU
6773,0	OY00		
6773,0	OC00		
6773,0	SRM	LTU MIL	LTU
6773,0	OW00		
6773,0	JAK		
6773,0	FU1		
6773,0	LUU		

Frequency	ALE Ident	User	Country
6774,2	2SHET	GRC AF	GRC
6774,2	3SHET	GRC AF	GRC
6774,2	4SHET	GRC AF	GRC
6774,2	ZEBRA	GRC AF	
6774,2	10SHET	GRC AF	
6774,2	5SHET	GRC AF	GRC
6774,2	7SHET	GRC AF	GRC
6774,2	140SHP	GRC AF 140th EW Tactical Intelligence Combat Group Larissa	GRC
6775,0	CALGON		
6775,0	UL63		
6775,0	UL58		
6775,0	BVM	G MIL	
6775,0	SPU		
6775,0	BVA	G MIL	
6775,0	DHE		
6775,0	GRE		
6775,0	BRO		
6775,0	TURIN		
6775,0	ANTERNET 01		
6775,0	ASSADN		
6775,0	SIAMESE		
6775,0	PUR		
6775,0	ANTARNET 01		
6775,0	ASSADNET 01		ETH
6775,0	ASSADNE W11		
6775,5	RIE039	POL MIL	
6775,5	CSL075	POL MIL	
6775,9	5001		
6776,0	TOP022		
6776,0	KSM042		
6776,0	MAP24		
6776,0	OLI		
6776,0	ZAT025		
6776,0	OLI024		
6776,0	OLI021		
6777,5	2SHER	GRC AF	GRC
6777,5	140SHP	GRC AF 140th EW Tactical Intelligence Combat Group Larissa	GRC
6777,5	5SHET	GRC AF	GRC
6777,5	7SHE	GRC AF	GRC
6777,5	10SHET	GRC AF	GRC
6778,0	3261	Eskisehir	TUR
6778,0	9817	Düzoe	TUR
6778,0	4017	Adana	TUR
6778,0	2010	Adana	TUR
6778,0	123466		TUR
6778,0	2012	Adana	TUR
6778,0	2011	Adana	TUR
6778,0	9850		TUR
6778,0	4012	Adana	TUR
6778,0	2013	Adana	TUR
6778,0	4015	Adana	TUR
6778,0	2017	Adana	TUR
6778,0	3771	Yalova	TUR
6778,0	2015	Adana	TUR
6778,0	2014	Adana	TUR
6778,0	206102	Ankara	TUR
6778,0	43402	Istanbul	TUR
6780,0	123456		TUR
6780,0	Z2K		
6783,0	XSS	G MIL	G
6785,0	MVNHF424	USA ACE	USA
6785,0	7	USA ACE	USA
6789,0	1601		
6789,4	9200		
6789,4	437805		

Frequency	ALE Ident	User	Country
6789,4	437843		
6789,5	437815		
6790,0	INAS30P	In Amenas oilfield	ALG
6792,0	0000210302		
6792,0	2525		
6792,0	0000210401		
6792,9	BASE		
6795,0	9850		TUR
6795,0	143001		TUR
6795,0	103001		TUR
6795,0	8211	Diyarbakir	TUR
6795,0	3011	Adana	TUR
6795,0	8061	Ankara	TUR
6795,0	8161	Bursa	TUR
6795,0	9817	Düzoe	TUR
6795,0	120001		TUR
6795,0	106001		TUR
6795,0	3651	Van	TUR
6795,0	43402	Istanbul	TUR
6795,0	165001		TUR
6795,0	181001		TUR
6795,0	3261	Eskisehir	TUR
6795,0	8251	Erzurum	TUR
6795,0	8341	Istanbul	TUR
6795,0	206102	Ankara	TUR
6795,0	DRINI	ALB F Drini	ALB
6795,0	DIAMANTI	ALB F	ALB
6795,0	162001		TUR
6795,0	3041	Agri	TUR
6795,0	3062	Ankara	TUR
6795,0	3161	Bursa	TUR
6795,0	3211	Diyarbakir	TUR
6795,0	3251	Erzurum	TUR
6795,0	3341	Istanbul	TUR
6795,0	3351	Izmir	TUR
6795,0	3421	Konya	TUR
6795,0	123456		TUR
6795,0	3551	Samsun	TUR
6795,0	3031	Afyonkarahisar	TUR
6795,0	8671	Zonguldak	TUR
6795,0	8431	Kütahya	TUR
6795,0	8811	Düzce	TUR
6795,0	3441	Malatya	TUR
6795,0	3561	Siirt	TUR
6795,0	130001		TUR
6795,0	154001		
6795,0	3771	Yalova	TUR
6795,0	3541	Sakarya	TUR
6795,0	3061	Ankara	TUR
6796,0	TWBG1	E MOI Girona	E
6796,0	TWV		
6797,0	IMD		
6799,0	135		
6800,0	555555		
6800,0	1203		
6800,0	222		
6800,0	777777		
6800,0	DRJ		
6800,0	DEVB5	ROU MOI Deva	ROU
6800,0	222222		
6801,0	8811	Düzce	
6801,0	8815		
6801,5	CHM7232	CAN F	CAN
6803,0	ATTCLEVB ASE182	AT&T Cleveland , OH	USA
6803,0	ATTCHGOP ORT190	AT&T Chicago , IL	USA
6806,0	XA10	ALG F	ALG
6806,0	0230NECAP	USA CAP	
6806,0	JB16	ALG F	ALG
6806,0	JB15	ALG F	ALG
6806,0	JB13	ALG F	ALG

Frequency	ALE Ident	User	Country
6806,0	FS10	ALG F	ALG
6807,0	CENTR2	MFA Bucharest	ROU
6807,0	UMC	ROU E	
6810,0	437802		
6812,0	632		
6812,0	1001		
6812,0	1014		
6812,0	2013	Adana	TUR
6812,0	2014		
6812,0	2005		
6812,0	9200		
6812,0	437805		
6812,0	2001		
6812,0	200		
6812,0	1013		
6812,0	1009		
6815,0	E5Z	LTU F	
6815,0	RCI	ARS AF	ARS
6815,0	B5Z	LTU MIL	
6815,0	D5Z	LTU F	
6815,0	C5Z	LTU F	
6815,0	R5Z	LTU F	
6815,0	A5Z	LTU F	
6820,0	9009		
6820,0	SADAF50R S1702P		
6820,0	ZOW	ROU E	
6820,0	SADAF23R S1702P		
6820,0	OMEGA50R S1702P		
6820,0	KOW	ROU E	
6820,0	AAB	USA AF	
6820,0	SADAF51R S1702P		
6820,0	AAC	USA AF	
6820,0	AAD	USA AF	
6820,0	AAF	USA AF	
6820,0	AAG	USA AF	
6820,0	AAI	USA AF	
6820,0	ADA	USA AF	
6820,0	ADB	USA AF	
6820,0	AAA	USA AF	
6820,0	CENTR3	MFA Bucharest	ROU
6820,0	CENTR6	MFA Bucharest	ROU
6820,0	9428		
6821,0	R8K	LTU MIL	LTU
6821,0	7264		
6821,0	R6K	LTU MIL	LTU
6821,0	R1K	LTU MIL	LTU
6821,0	I1B	LTU MIL	LTU
6821,0	7417		
6821,0	Z1B	LTU MIL	LTU
6821,0	R3K	LTU MIL	LTU
6821,0	R2K	LTU MIL	LTU
6821,0	HQNET	LTU MIL	LTU
6821,0	R5K	LTU MIL	LTU
6821,0	B2M	LTU MIL	LTU
6821,0	TDB	LTU MIL	LTU
6821,0	B1M	LTU MIL	LTU
6825,0	Z8SA	LTU F	
6825,0	E5Z	LTU F	
6825,0	C5Z	LTU F	
6825,0	R5Z	LTU F	
6825,0	A5Z	LTU F	
6825,0	TAUBATGE LVIL	LTU F	
6825,0	ARTBATGE LVIL	LTU F	
6825,0	SY6Q	LTU F	
6825,0	D5Z	LTU F	
6825,0	MPB1GELVI	LTU F	

Frequency	ALE Ident	User	Country
	L		
6828,0	RS0013D	ALB MOI	ALB
6828,0	CS004A	ALB MOI Tirana	ALB
6829,0	OMEGA70V J1702P		
6831,0	162001		
6831,0	143001		
6831,0	206102	Ankara	TUR
6831,0	141001		
6831,0	103001		
6831,0	134001		
6835,0	I3BP		
6835,0	P1GH		
6838,0	AB3	MLT N	MLT
6838,0	ABA..	MLT N	MLT
6838,0	ABA	MLT N	MLT
6838,0	AB1	MLT N	MLT
6838,0	AB2	MLT N	MLT
6838,5	O01	HOL MIL	HOL
6840,0	P4B		
6840,0	A4B		
6840,0	V4B		
6840,0	R4B		
6840,0	T4B		
6840,0	803		
6840,0	G4V	POL F Gdansk	POL
6841,0	P2Z211	USA F Utah Army National Guard 2-211 GSAB	IRQ
6841,0	R4618	USA F	
6841,0	TC7101	USA F	
6841,0	T2Z3ME	USA F	
6842,0	LCR154	POL MIL Warszawa	POL
6842,0	SOG933	POL MIL	POL
6843,0	ECO		
6844,5	D02		
6844,5	D12		
6845,0	CYP	G F Akrotiri	CYP
6845,0	ASI	G F Ascension	ASC
6845,0	KUW	G F Kuwait	KUW
6845,0	HFP		
6845,0	LUA	G F Luanda	ANG
6845,0	LAG	G F Lagos	NIG
6845,0	CS002	ALB MOI	ALB
6845,0	AMM	G E Amman	SYR
6845,0	RS0011	ALB MOI	ALB
6848,0	CA2		
6848,0	BUR		
6848,0	TAC		
6848,0	APM		
6848,0	CAS		
6848,0	TACHLA		
6848,0	4P0		
6848,0	HLA		
6848,0	OFM		
6848,0	ZB@		
6848,0	CP@		
6848,0	DR@		
6848,0	CCC		
6848,0	ASI	G F Ascension	ASC
6850,0	7BSJ		
6850,0	SVK		
6850,0	7BWQ		
6850,0	A00		
6850,0	7BSD		
6850,0	RBK		
6850,0	KANBASE		
6850,0	JALBASE		
6851,0	NIK1		
6851,0	MKR		
6852,0	DAMMAN	ARS MOI Damman	ARS
6852,0	ASIR	ARS MOI Asir	ARS
6852,0	MAKKAH	ARS MOI Makkah	ARS
6852,0	RIYADH	ARS MOI Riyadh	ARS
6852,0	MADINAH	ARS MOI Madinah	ARS
6852,0	ALJOUF	ARS MOI Al Jouf	ARS
6852,0	ARAR	ARS MOI Arar	ARS
6855,0	BT2		
6855,0	LEN		
6858,0	KNNP491H Q	USA Red Cross HQ , Washington DC	USA
6860,0	719	USA CG HC-130H #1719, CGAS Clearwater	USA
6860,0	RS006	ALB MOI	ALB
6860,0	711		
6860,0	711711		
6860,0	711715		
6860,0	CS001	ALB MOI	ALB
6860,0	RS0017	ALB MOI	ALB
6861,0	ECO15	Disaster Control Arica y Parinacota	CHL
6861,0	ECO12	Disaster Control Magellan region	CHL
6861,0	ECO01	Disaster Control Tarapaca region	CHL
6861,0	ECO10	Disaster Control Los Lagos region	CHL
6861,0	ECO06	Disaster Control Libertador region	CHL
6861,0	ECO05	Disaster Control Valparasiso region	CHL
6861,0	ECO03	Disaster Control Atacama region	CHL
6861,0	ECO02	Disaster Control Antofagasta region	CHL
6864,0	FAB3		
6864,0	FAB2		
6865,0	FIERZA		
6865,0	XSS	G MIL	G
6865,0	CS003	ALB MOI	ALB
6865,0	RS0014	ALB MOI	ALB
6865,0	BU2C2	ROU MOI Bucharest	ROU
6865,0	DEVC2	ROU MOI Deva	ROU
6865,0	BOTB2	ROU MOI Botosani	ROU
6865,0	DROB2	ROU MOI Drobeta	ROU
6865,0	KASTRATI		
6865,0	MARKAJ		
6865,0	RADOHIMA		
6865,0	300		
6865,0	500		
6866,0	437815		
6867,0	A04		
6867,0	D09		
6868,0	AAA	ISR AF	ISR
6868,0	KXO		
6870,0	VORTOC	Camp Bondsteel Kosovo	
6870,0	PON	INS	INS
6870,0	PEJATEN	INS	INS
6870,0	GORONTAL O	INS	INS
6870,0	ZALB6	ROU MOI Zalau	ROU
6870,0	BACB6	ROU MOI Bacau	ROU
6870,0	ORAB6	ROU MOI Oradea	ROU
6870,0	PALEMBAN G	INS	INS
6870,0	JAMBI	INS	INS
6870,0	CUFAN3	VEN F	VEN
6871,0	3561	Siirt	TUR
6873,0	4N7R		
6873,0	VVAU		
6873,0	YVBZ		
6873,0	ZG3	POL MIL	POL
6873,0	AM6	POL MIL	POL

Frequency	ALE Ident	User	Country
6873,0	WA6	POL MIL Walbrzych	POL
6873,0	ZN5	POL MIL	POL
6873,0	AL1	POL MIL	POL
6873,0	MA9	POL MIL	POL
6873,0	ZA4	POL MIL	POL
6873,0	PGID		
6873,0	RZ9	POL MIL Rzeszow	POL
6873,5	XCT	G MIL	G
6873,5	XSS	G MIL Inskip	G
6873,5	XGV	G MIL	G
6874,0	TWLV	E MOI Vitoria	E
6874,0	TXXX	E MOI Madrid	E
6874,0	TXX2	E MOI Madrid	E
6874,0	TXX1	E MOI Madrid	E
6875,0	3001		
6877,0	ECO02	Disaster Control Antofagasta region	CHL
6879,0	FUO01D	F N Toulon	F
6879,0	CDG01D	F N ship CHARLES DE GAULLE	F
6880,0	RS0017	ALB MOI	ALB
6880,0	RS0013	ALB MOI	ALB
6880,0	RS0012	ALB MOI	ALB
6880,0	RS0014	ALB MOI	ALB
6880,0	RS0016	ALB MOI	ALB
6880,0	CS003	ALB MOI	ALB
6881,5	7417		
6881,5	1601		
6881,5	7005		
6881,5	7446		
6881,5	1602		
6881,5	1525		
6881,5	1919		
6881,5	7004		
6881,5	1050		
6881,5	1474		
6881,5	1557		
6881,5	4400		
6881,5	1912		
6884,0	HQ1	Tripoli	LBY
6885,0	3232		
6890,0	MUNCHEN	MOI Muenchen	D
6890,0	SHSYLT	D police ship SYLT	D
6890,0	SHFALSHFT	D police ship FALSHOEFT	D
6890,0	MOB1MSS		
6890,0	BERLIN	MOI Berlin	D
6890,0	SHTABK		D
6890,0	SHLIST	D water police List	D
6890,0	S1B		
6890,0	OKROKANMSS		
6890,0	SHKIEL	D water police Kiel	D
6890,0	SHHELGD	D police ship HELGOLAND	D
6893,0	DIAMANTI	ALB F	ALB
6893,0	DRINI	ALB F Drini	ALB
6895,0	1LY		
6896,0	5611		
6897,0	CDG01D	F N ship CHARLES DE GAULLE	F
6897,0	FUO01D	F N Toulon	F
6898,0	BYDGOSZCZ	POL MSW Bydgoszcz	POL
6898,0	E	USA AF	USA
6899,0	P1G		
6899,0	S1B		
6900,0	6141		
6900,0	400014	MTN net	MTN
6900,0	400001	MTN net	MTN
6900,0	LECAIRE	F E Cairo	EGY
6900,0	MOB1MSS		
6900,0	OKROKANMSS		
6900,0	888888		
6900,0	CER11	MFA Paris	F
6900,0	BUJUMBURA	F E Bujumbura	BUR
6900,0	CER41	MFA Paris	F
6900,0	ADDISABEBA	F E Addis Abeba	ETH
6900,0	KHARTOUM	F E Khartoum	SDN
6900,0	AMMAN	F E Amman	SYR
6900,0	RABAT	F E Rabat	MRC
6900,0	555555		
6900,0	400010	MTN net	MTN
6900,0	400009	MTN net	MTN
6900,0	400007	MTN net	MTN
6900,0	400006	MTN net	MTN
6900,0	400005	MTN net	MTN
6900,0	400003	MTN net	MTN
6900,0	400002	MTN net	MTN
6902,5	1535		
6902,5	1557		
6902,5	3008		
6902,5	6053		
6902,5	6302		
6902,5	154		
6902,5	4006		
6902,5	5000		
6902,5	20101		
6902,5	1144		
6902,5	3029		
6902,5	1919		
6902,5	2505		
6902,5	1474		
6902,5	5502		
6902,5	3002		
6902,5	4040		
6902,5	6011		
6902,5	4066		
6902,5	8010		
6902,5	7004		
6902,5	1533		
6902,5	6050		
6902,5	0011		
6902,5	1912		
6902,5	1706		
6902,5	1585		
6902,5	4400		
6902,5	4022		
6902,5	20103		
6902,5	8205		
6902,5	8040		
6902,5	5112		
6902,5	8855		
6902,5	1597		
6902,5	8012		
6902,5	7012		
6902,5	7002		
6902,5	5566		
6902,5	1529		
6902,5	5533		
6902,5	1410		
6902,5	5305		
6902,5	5500		
6902,5	5111		
6902,5	1581		
6902,5	5001		
6902,5	7018		
6902,5	8895		
6902,5	1401		
6902,5	7003		

Frequency	ALE Ident	User	Country
6902,5	1305		
6902,5	9912		
6902,5	1875		
6902,5	1101		
6902,5	1330		
6902,5	0022		
6902,5	0001		
6902,5	1464		
6902,5	4800		
6902,5	1548		
6902,5	1142		
6902,5	73111		
6902,5	1519		
6902,5	7010		
6902,5	5522		
6902,5	0111		
6902,5	2221		
6902,5	1537		
6902,5	2209		
6902,5	KWM24	USA DOS	
6902,5	212		
6902,5	1587		
6902,5	1542		
6902,5	1506		
6902,5	4024		
6902,5	1050		
6902,5	50403		
6902,5	1543		
6902,5	0222		
6902,5	1545		
6902,5	3028		
6902,5	1556		
6902,5	5201		
6902,5	5166		
6902,5	1580		
6902,5	1592		
6902,5	1561		
6902,6	WNG740	USA DOS	USA
6902,6	4066		
6902,6	7264		
6904,0	KWT91	Kuwait	KWT
6904,0	DD2	ISR AF	ISR
6904,0	BB3	ISR AF	ISR
6905,0	2011	I Carabinieri	I
6905,0	2004	I Carabinieri	I
6905,0	2009	I Carabinieri	I
6905,0	2052	I Carabinieri	I
6906,0	4001		
6909,0	AAC3	SVN MIL Ljublana	SVN
6911,0	DUST		
6911,0	BUZ	ROU MOI Bucharest	
6911,5	DUST		
6911,5	JKAASF	USA Army NG aviation Support Facility Jacksonville	USA
6911,5	L18		
6912,0	LSM		
6912,0	XIE		
6912,0	SJY		
6912,0	KDY		
6915,0	TN2		ROU
6915,0	CNPC3		ROU
6915,0	JE2		ROU
6915,0	RO2		ROU
6915,0	BU3C3	ROU MOI Bucharest	ROU
6918,0	IGF		
6918,0	MN6		
6918,0	10V		
6920,0	BSVB7	ROU MOI Brasov	ROU
6920,0	SGHB4	ROU MOI Spintu-Gheorge	ROU
6921,0	2011	Adana	TUR

Frequency	ALE Ident	User	Country
6921,0	AA3	ISR AF	ISR
6921,0	43402 02	Istanbul	TUR
6921,0	2015	Adana	TUR
6921,0	123466		TUR
6921,0	3261	Eskisehir	TUR
6921,0	1020	Adiyaman	TUR
6921,0	CM3	ALG MIL Bechar	ALG
6921,0	TSM	?ISR AF	ISR
6921,0	206102	Ankara	TUR
6921,0	DD1	ISR AF	ISR
6921,0	2013	Adana	TUR
6921,0	2012	Adana	TUR
6921,0	4017	Adana	TUR
6921,0	2010	Adana	TUR
6921,0	CM5	ALG MIL	ALG
6921,0	4015	Adana	TUR
6921,0	2014	Adana	TUR
6921,0	3771	Yalova	TUR
6921,0	CM2	ALG MIL	ALG
6921,0	COF	ALG F	ALG
6921,0	OEB	ALG MIL	ALG
6921,0	BB1	ISR AF	ISR
6921,0	AAA	ISR AF	ISR
6921,0	CM1	ALG MIL	ALG
6921,0	9850		TUR
6924,0	RCP	ARS AF	ARS
6924,0	656		
6924,0	OD710M	ALG MIL	ALG
6924,0	OG700M	ALG MIL	ALG
6924,0	RCU		
6924,0	NAP		
6924,0	NAU		
6925,0	ORAN2A	ALG N Oran	ALG
6925,0	ORAN	ALG N Oran	ALG
6925,0	RS903A	ALG N ship Rais Korfu	
6926,0	2004	I Carabinieri	I
6926,0	2011	I Carabinieri	I
6926,0	XSS	G MIL	G
6926,0	2047	I Carabinieri	I
6926,0	2009	I Carabinieri	I
6926,0	2052	I Carabinieri	I
6929,0	A25	?LVA F	
6929,0	PAMAS	?LTV F	
6929,0	LIELVA	?LVA F	
6929,5	A13		
6929,5	A14		
6930,7	GOD		
6933,0	AA1	ISR AF	ISR
6933,0	AAA	ISR AF	ISR
6935,0	SANACOM ANDBASE		
6935,0	BC7		
6935,0	TZSH	E MOI Huelva	E
6935,0	DV9		
6935,0	VC6		
6935,0	CI0		
6935,0	GF7		
6935,0	ZV1		
6935,0	LI2		
6935,0	ZT201A	?CHN diplo	
6935,0	TWLC	E MOI Santander	E
6935,0	MB2		
6935,0	YT316A	?CHN diplo	
6935,0	QA4		
6937,0	4111		
6937,0	4272		
6937,0	4171		
6938,0	DRINI	ALB F Drini	ALB
6938,0	DIAMANTI	ALB F	ALB
6940,0	264203		
6942,5	ANCS		
6942,5	A03		

Frequency	ALE Ident	User	Country
6942,5	C06		
6942,5	B03		
6942,5	A05		
6942,5	A16		
6942,5	A06		
6942,5	A04		
6945,0	31D		
6945,0	KARIM2		ALG
6945,0	AMM	G E Amman	SYR
6945,0	BOTB2	ROU MOI Botosani	ROU
6945,0	BOTCOT	?ROU	ROU
6945,0	CCIE08		
6945,0	CCIE07		
6945,0	B12		
6945,0	P11		
6945,0	LAG	G F Lagos	NIG
6945,0	KUW	G F Kuwait	KUW
6945,0	LUA	G F Luanda	ANG
6945,0	R12		
6945,0	R42		
6945,0	31A		
6945,0	ASI	G F Ascension	ASC
6945,0	CYP	G F Akrotiri	CYP
6945,0	BRLB2	?ROU	ROU
6948,0	17V2	S MIL	S
6948,0	41V4	S MIL	S
6948,0	31V3	S MIL	S
6950,0	SHA		
6950,0	BT2		
6950,0	SVK		
6950,0	RBK		
6950,0	OKROKAN MSS		
6950,0	CPT		
6950,0	LEN		
6950,0	MOB1MSS		
6952,0	ALDULUIYA H	Al Duluiyah	IRQ
6952,0	ALQURNAH	Al Qurnah	IRQ
6952,0	ALSHAFI	Al Shafi	IRQ
6952,0	ALDAYR	Al Dayr	IRQ
6952,0	ALHUAYR	Al Huayr	IRQ
6952,0	NASHWA	Al Nashwa	IRQ
6952,0	ALM	Al Madinah	
6952,0	BASRAH	Basrah	IRQ
6952,0	UMMQASIR	Umm Qasir	IRQ
6952,0	ATALHA	Al Talhah	IRQ
6952,0	ZUBAYR	Az Zubayr	IRQ
6952,0	ABUALKHA SIB	Abu Al Khasib	IRQ
6953,7	049117	D Red Cross Hannover	D
6954,0	049231	D Red Cross	D
6955,0	TYMV2	E MOI Cuenca	E
6955,0	TWVP2	E MOI	E
6955,0	TXX2	E MOI Madrid	E
6955,0	TWVZ2	E MOI	E
6955,0	TYME2	E MOI Madrid	E
6955,0	TWVS2	E MOI Salamanca	E
6955,0	TWBG1	E MOI Girona	E
6955,0	TWVL2	E MOI Leon	E
6955,0	TZSG	E MOI Granada	E
6955,0	TWCO2	E MOI	E
6957,0	049112	D Red Cross	D
6957,0	WARSZAW A1	POL MSW Warszawa	POL
6957,0	WARSZAW A2	POL MSW Warszawa	POL
6957,0	BYDGOSZC Z	POL MSW Bydgoszcz	POL
6957,0	POZNAN	POL MSW Poznan	POL
6957,0	049122	D Red Cross	D

Frequency	ALE Ident	User	Country
6957,0	049119	D Red Cross	D
6957,0	049118	D Red Cross Wiesbaden	D
6957,0	049133	D Red Cross Schwerin	D
6957,0	55@	Düsseldorf area	D
6957,0	049224	D Red Cross	D
6957,0	049235	D Red Cross München	D
6957,0	049223	D Red Cross	D
6957,0	049117	D Red Cross Hannover	D
6957,0	049114	D Red Cross Düsseldorf	D
6957,0	049116	D Red Cross	D
6957,0	049231	D Red Cross	D
6957,0	049136	D Red Cross Erfurt	D
6961,0	CIW681	CAN MIL	CAN
6961,0	CFARS	CAN MIL	CAN
6961,5	66		
6966,0	C13		
6966,0	KARIM3		
6966,0	K43		
6966,0	K87		
6966,0	O13		
6966,0	O43		
6966,0	K13		
6966,0	K23		
6973,0		MFA Berne	SUI
6974,0	BU9	POL MIL	POL
6974,0	ML2	POL MIL	POL
6974,0	MI6	POL MIL	POL
6974,0	KA2	POL MIL	POL
6974,0	HE4	POL MIL	POL
6974,0	HB9	POL MIL	POL
6974,0	BZWE		
6974,0	BZW		
6974,0	MO1	POL MIL	POL
6974,0	AN3	POL MIL	POL
6974,0	WE5	POL MIL	POL
6974,0	MC1	POL MIL	POL
6974,0	MA6	POL MIL	POL
6974,0	AR6	POL MIL	POL
6980,0	CIP30	CAN F	CAN
6980,0	S00	MFA Stockholm	S
6980,0	CIP46	CAN F	CAN
6980,0	CIP40	CAN F	CAN
6980,0	AAA	ISR AF	ISR
6980,0	S17	S E Kiev	UKR
6980,0	S16	S C St. Petersburg	RUS
6980,0	CIP123	CAN F	CAN
6981,0	204DVA		USA
6981,0	673DVA		USA
6983,0	ZVIGENI		GEO
6983,0	GS2		GEO
6983,0	RAINDI		GEO
6983,0	GV1		GEO
6983,0	LASER2		GEO
6985,0	TZB159	USA F Ft. Bragg , NC	USA
6985,0	101AVGRD	USA F	USA
6985,0	USAPC1010	USA F	USA
6985,0	K		
6985,0	L4Z101	USA F	USA
6985,0	TIDNG		USA
6985,0	Z6HSAC		USA
6985,0	USAIS1012	USA F	USA
6985,0	K4FSAC		USA
6986,0	MX48		
6986,0	MX51		
6986,0	MX46		
6986,0	FN47		
6986,0	FN40		
6986,0	MX53		
6986,0	MX40		

Frequency	ALE Ident	User	Country
6990,0	AAC3	SVN MIL Ljublana	SVN
6990,0	ZBP		
6990,0	ATENA66		
6990,0	DIAKON55		
6990,0	ABEL60		
6990,0	INDIA77		
6990,0	PLEBAN70		
6990,5	OEY20	AUT MOD Vienna	AUT
6990,5	OEY80	AUT MIL Villach	AUT
6990,5	OEY62	AUT MIL AUCON/KFOR Suva Reka	
6990,5	OEY41	AUT MIL	
6990,5	NETZ2	AUT F	AUT
6990,5	OEY52	AUT MIL Vienna	AUT
6992,0	XSS	G MIL	G
6992,0	XMA	G MIL	G
6992,0	XDH	G MIL	G
6992,0	XFE	G MIL	G
6994,0	BYDGOSZCZ	POL MSW Bydgoszcz	POL
6994,0	POZNAN	POL MSW Poznan	POL
6994,0	MOBILE1	POL MOI	POL
6994,0	MOBILE2	POL MOI	POL
6994,0	WARSZAWA1	POL MSW Warszawa	POL
6994,0	WARSZAWA2	POL MSW Warszawa	POL
6995,0	AAA		
6995,0	AAD	USA AF	
6996,0	BA		
6996,0	YM		
6996,0	BM		
6998,0	GEF		
6998,0	EK9		
7000,0	MEDOPS	USA AF	
7000,0	2214		
7000,0	FUZ		
7000,0	DEFAULT		
7000,0	DEF	USA AF	
7000,0	FAB3		
7000,0	3000	I Carabinieri	I
7000,0	2052	I Carabinieri	I
7000,0	2054	I Carabinieri	I
7000,0	MED		
7000,0	2053	I Carabinieri	I
7000,0	2047	I Carabinieri	I
7000,0	T1Z185185		
7000,0	NALUT	GMRA	LBY
7000,0	DARAG	GMRA	LBY
7000,0	205		
7000,0	206		
7000,0	260		
7000,0	2062		
7000,0	2089	I Carabinieri	I
7000,0	2084	I Carabinieri	I
7000,0	2049	I Carabinieri	I
7000,0	2000	I Carabinieri	I
7000,0	HQ3	GMRA Tripoli	LBY
7000,0	FAB2		
7000,0	SHDTOC		
7000,0	GUNTOC		
7000,0	T28CAB	USA F	
7000,0	T1Z150	USA F	
7000,0	T1Z130	USA F	
7000,0	T3Z158	USA F	
7000,0	LNGKNF		
7000,0	HQ6	GMRA Tripoli	LBY
7000,0	MIZDA	GMRA	LBY
7000,0	ZAWIA	GMRA	LBY
7000,0	T1Z		
7000,0	FUZZY		

Frequency	ALE Ident	User	Country
7000,0	T1Z185		
7010,0	GV1		GEO
7010,0	RS008	ALB MOI	ALB
7010,0	RAINDI		GEO
7010,0	GS2		GEO
7010,0	RS0011	ALB MOI	ALB
7010,0	CS002	ALB MOI	ALB
7010,0	SAIRME		GEO
7010,0	CS0	ALB MOI	ALB
7010,0	ZVIGENI		GEO
7010,0	RS0010	ALB MOI	ALB
7040,5	F4BXW1		
7045,0	1009		
7045,0	2005		
7049,5	F4BXW		
7049,5	F4BXW1		
7061,0	3313		
7071,0	5CIN1D		
7071,0	5CIN2D		
7090,0	4001		
7092,0	2012	Adana	TUR
7102,0	F4BXW		
7102,0	PJ5KJ6VW KJ6VW		
7107,0	437805		
7107,0	437806		
7107,0	437815		
7107,0	437817		
7111,9	ATFOPS		
7111,9	UDAIRI	USA MIL Camp Buehring	KWT
7115,0	Z11	USA CG Sector Jacksonville	
7116,0	KAMAR98		
7141,0	7803		
7160,0	BR3		
7160,0	KDD		
7160,0	SAS		
7160,0	R1B		
7160,0	FIL		
7160,0	DMC		
7160,0	OAA		
7160,0	MDK		
7160,0	SG1		
7160,0	JRB		
7160,0	FTT		
7160,0	P1B		
7160,0	BRR		
7160,0	SFS		
7160,0	B24		
7160,0	5SJ		
7160,0	F1L		
7160,0	GREMIABC		
7160,0	ZAL	ROU MOI Zalau	ROU
7160,0	SIM		
7160,0	WR3		
7160,0	VB4		
7165,0	735		
7165,0	450		
7165,0	722		
7165,0	580		
7165,0	630		
7165,0	768		
7197,0	8161	Bursa	TUR
7197,0	3421	Konya	TUR
7197,0	3031	Afyonkarahisar	TUR
7197,0	3061	Ankara	TUR
7197,0	9850		TUR
7197,0	3651	Van	TUR
7197,0	9857		TUR
7197,0	123456		TUR
7197,0	8541	Sakarya	TUR

Frequency	ALE Ident	User	Country
7197,0	4061	Ankara	TUR
7197,0	3771	Yalova	TUR
7197,0	3015	Adana	TUR
7197,0	3551	Samsun	TUR
7197,0	3161	Bursa	TUR
7197,0	3251	Erzurum	TUR
7197,0	3261	Eskisehir	TUR
7197,0	3351	Izmir	TUR
7197,0	8551	Samsun	TUR
7200,0	T1Z10	USA F 10th Mountain Div Combat Aviation Brig 1-10A	IRQ
7200,0	T10CAB	USA F 10th Mountain Div Combat Aviation Brig	IRQ
7200,0	P2Z10	USA F 10th Mountain Div Combat Aviation Brig	IRQ
7200,0	T66CAV	USA F	IRQ
7200,0	R00083	USA AF	IRQ
7200,0	R26474	USA AF	IRQ
7200,0	R26458	USA AF	IRQ
7200,0	R26275	USA AF	IRQ
7200,0	3070		
7200,0	R26268	USA AF	IRQ
7200,0	R05464	USA AF	IRQ
7200,0	R26270	USA AF	IRQ
7200,0	R26266	USA AF	IRQ
7200,0	T3Z10	USA F	IRQ
7200,0	1002		
7200,0	1006		
7200,0	3060		
7200,0	2060		
7257,0	J26	USA CG HH-60J #6026	USA
7257,0	J25	USA CG HH-60J #6025	USA
7317,0	016ANP	USA ShipCom Annapolis , MD	USA
7317,0	STFADW	USA AF Andrews AFB	USA
7317,0	015ANP	USA ShipCom Annapolis , MD	USA
7326,0	5050		
7335,0	1308		
7335,0	2002		
7335,0	2204		
7346,0	USSWAN7J 2MEBIN		
7346,0	USSKEKVI2 MEBIB		
7348,0	FC8FEM004	USA FEMA	USA
7348,0	FC4FEM	USA FEMA Thomasville , GA	USA
7348,0	FC0FEM	USA FEMA Bothell , WA	USA
7348,0	FR1FEM	USA FEMA	USA
7348,0	FR7FEM	USA FEMA Kansas City , MO	USA
7348,0	WV3	USA FEMA West Virginia	USA
7348,0	FR5FEM	USA FEMA Oakland , CA	USA
7348,0	FR3FEM	USA FEMA Philadelphia , PA	USA
7348,0	FR4FEM	USA FEMA	USA
7348,0	FC6FEM	USA FEMA Denton , TX	USA
7348,0	FC0FEM008	USA FEMA	USA
7348,0	FC1FEM	USA FEMA Maynard , MA	USA
7348,0	FC8FEM	USA FEMA Denver , CO	USA
7350,0	HQ4		EGY
7355,0	3771	Yalova	TUR
7357,0	4066		
7360,0	14FH		
7360,0	HFB1		
7361,5	TZB159	USA F Ft. Bragg , NC	USA
7361,5	DUST		
7361,5	950DVA		USA
7361,5	L18		
7365,0	TN2		ROU
7365,0	RO2		ROU
7365,0	JE2		ROU
7375,0	UKB		
7376,0	4024		
7377,0	109		
7377,0	112		
7380,0	500		
7383,0	TYME1	E MOI Madrid	E
7383,0	TWVV2	E MOI Valladolid	E
7383,0	TWVL2	E MOI Leon	E
7383,0	TWBG2	E MOI Girona	E
7383,0	TWBE2	E MOI Teruel	E
7383,0	TWVS2	E MOI Salamanca	E
7383,0	TXX2	E MOI Madrid	E
7390,0	AAA	ISR AF	ISR
7401,0	ZLST	D CG Leitstelle Cuxhaven	D
7401,0	ZBOR	D CG ship	D
7401,0	ZKNI	D CG ship Kniepsand	D
7401,0	ZHEL	D CG ship Helgoland	D
7408,0	103		
7408,0	101		
7410,0	OPERATIV ADPC	Protezione Civile Rome	I
7410,0	ZY01RM90		
7410,0	BK01RM90		
7410,0	HA01RM90		
7412,5	7SHET	GRC AF	GRC
7412,5	ZEBRA	GRC AF	GRC
7412,5	4SHET	GRC AF	GRC
7412,5	10SHET	GRC AF	GRC
7412,5	3SHET	GRC AF	GRC
7412,5	5SHET	GRC AF	GRC
7412,5	2SHET	GRC AF	GRC
7412,5	140SHP	GRC AF 140th EW Tactical Intelligence Combat Group Larissa	GRC
7420,0	RS0013D	ALB MOI	ALB
7420,0	BS008C1	ALB MIL	ALB
7420,0	CS002A	ALB MOI	ALB
7420,0	RS004D	ALB MOI	ALB
7421,5	CHFEDR	GRC AF	GRC
7421,5	LGSM1	GRC AF	GRC
7421,5	140SHP	GRC AF 140th EW Tactical Intelligence Combat Group Larissa	GRC
7423,0	101		
7428,0	FC1FEM002	USA FEMA	USA
7428,0	FC0FEM002	USA FEMA	USA
7438,0	31V3	S MIL	S
7438,0	33W1	S MIL	S
7438,0	32W4	S MIL	S
7440,0	9850		TUR
7440,0	3261	Eskisehir	TUR
7440,0	4017	Adana	TUR
7450,0	AAC3	SVN MIL Ljublana	SVN
7450,0	AKALN1	PEMEX	MEX
7455,0	CS004A	ALB MOI Tirana	ALB
7457,0	ZRT		
7457,0	KRO		
7457,0	EXO		
7460,0	2409		
7460,0	2407		MRC

Frequency	ALE Ident	User	Country
7461,5	GKM1PBR0 27		
7461,5	GKMZOK02 7		
7461,5	GKM2PBR0 27		
7461,5	GKMVING0 27		
7461,5	LKMZOK02 7		
7461,5	GKMSHAB0 27		
7475,0	CS003B	ALB MOI	ALB
7475,0	FFAZDC	FAA Washington	USA
7475,0	FFAZOB	FAA Cleveland	USA
7475,0	RS0013	ALB MOI	ALB
7475,0	RS005B	ALB MOI	ALB
7475,0	FFAZBW	FAA Boston	USA
7475,0	RS0017	ALB MOI	ALB
7475,0	FFAZMA	FAA Miami	USA
7477,0	SEMOHQ		
7485,0	SMA	ROU MOI Satu Mare	ROU
7485,0	BU4	ROU MOI Bucharest	ROU
7485,0	SGH	ROU MOI Spintu-Gheorge	ROU
7485,0	SLO	ROU MOI Slobotia	ROU
7485,0	GUI	ROU MOI Giurgiu	GUM
7485,0	RES	ROU MOI Resita	ROU
7485,0	MIR	ROU MOI Miercurea Ciuc	ROU
7485,0	BUZ2	ROU MOI Bucharest	ROU
7485,0	BMA	ROU MOI Baia-Mare	ROU
7485,0	BU3	ROU MOI Bucharest	ROU
7494,0	BAS	?TUR F	TUR
7495,0	3201		
7496,0	HSP	G F Hanslope	G
7496,0	CYP	G F Akrotiri	CYP
7500,0	2052	Guardia di Finanza	I
7500,0	2004	Guardia di Finanza	I
7500,0	2047	I Carabinieri	I
7500,0	2011	I Carabinieri	I
7500,0	MEDOPS	USA AF	
7500,0	FUZZYX		
7500,0	2009	I Carabinieri	I
7500,0	LNGKNF		
7500,0	T1Z		
7500,0	T1Z185		
7500,0	CINI	Guardia di Finanza training vessel Giorgio Cini	I
7500,0	DIBARTOL O	Guardia die Finanza vessel Di Bartolo G.3	I
7500,0	222222		
7500,0	777777		
7500,0	SHDTOC		
7500,0	AVALLONE	Guardia di Finanza vessel Avallone G.4	I
7500,0	BR2	B N Brasilia	B
7500,0	FUZZY		
7500,0	LEN		
7505,0	EMIR		
7505,0	ELIVEA		
7507,0	CODRU27A S		
7507,0	LACRAMIA S		
7507,0	VOLUNTAA S		
7507,0	LEC		
7510,0	TN@	S National Home Guard	S
7510,0	RN@	S National Home Guard	S

Frequency	ALE Ident	User	Country
7510,0	VNC	S National Home Guard	S
7510,0	VNB	S National Home Guard	S
7510,0	VNA	S National Home Guard	S
7510,0	VND	S National Home Guard	S
7512,0	TYBB2	E MOI	E
7512,0	NOMADE2		
7512,0	NOMADE1		
7512,0	TXXX	E MOI Madrid	E
7512,0	TXX1	E MOI Madrid	E
7512,0	TWVP1	E MOI Palencia	E
7512,0	TZSL5	E MOI Algeciras	E
7512,0	MOLENE		
7512,0	SOPHOCLE A		
7512,0	TZSS	E MOI Sevilla	E
7512,0	4000	I AF	I
7512,0	61	I AF C-130J MM62195 46-61	I
7513,5	2SHET	GRC AF	GRC
7513,5	10SHET	GRC AF	GRC
7513,5	CHFEDR	GRC AF	GRC
7513,5	3SHET	GRC AF	GRC
7513,5	7SHET	GRC AF	GRC
7513,5	5SHET	GRC AF	GRC
7513,5	4SHET	GRC AF	GRC
7513,5	ZEBRA	GRC AF	GRC
7513,5	140SHP	GRC AF 140th EW Tactical Intelligence Combat Group Larissa	GRC
7513,5	DBLS1	GRC AF	GRC
7513,5	RCLS1	GRC AF	GRC
7513,5	LOIL1	GRC AF	GRC
7516,0	CLC22M	VEN F	VEN
7516,0	SCLC222M	VEN F	VEN
7524,0	RGP		
7525,0	400002	MTN net	MTN
7525,0	400001	MTN net	MTN
7525,0	400003	MTN net	MTN
7525,0	400014	MTN net	MTN
7525,0	400005	MTN net	MTN
7525,0	400009	MTN net	MTN
7525,0	400007	MTN net	MTN
7525,0	400004	MTN net	MTN
7525,0	400006	MTN net	MTN
7525,0	400010	MTN net	MTN
7527,0	F40	COTHEN	USA
7527,0	FTMPRI	COTHEN	USA
7527,0	I96	CBP CESSNA 550 #N26496	USA
7527,0	I43	CBP BEECH 65-A90 #N43SA	USA
7527,0	F35	COTHEN	USA
7527,0	K55	USA CG MH-65C # 6555	USA
7527,0	F33	COTHEN	USA
7527,0	HIC	COTHEN	USA
7527,0	HKW	COTHEN	USA
7527,0	I63	CBP CESSNA 550 #N2663Y	USA
7527,0	HSD	COTHEN	USA
7527,0	ICE	USA customs	USA
7527,0	K30	USA CG MH-65C # 6530	USA
7527,0	K43	COTHEN	USA
7527,0	K02	COTHEN	USA
7527,0	I34	CBP CESSNA 550 #N2734K	USA
7527,0	K75	COTHEN	USA
7527,0	I21	CBP CESSNA 550	USA

Frequency	ALE Ident	User	Country
		#N26621	
7527,0	I1L	CBP CESSNA 550 #N6001L	USA
7527,0	I31	CBP CESSNA 550 #N2531K	USA
7527,0	K78	COTHEN	USA
7527,0	K68	COTHEN	USA
7527,0	702	USA customs	USA
7527,0	I54	CBP CESSNA 550 #N1254X , Miami	USA
7527,0	I01	CBP CESSNA 550 #N37201	USA
7527,0	I3L	CBP CESSNA 550 #N6763L	USA
7527,0	K72	COTHEN	USA
7527,0	I52	CBP CESSNA 550 #N752CC	USA
7527,0	I08	CBP CESSNA 550 #N5408G	USA
7527,0	I53	CBP CESSNA 550 #N753CC	USA
7527,0	7Z	COTHEN	USA
7527,0	D23	CBP P-3B ""Slick"" #N423SK , Corpus Christi AMB, TX	USA
7527,0	J34	USA CG MH-60J #6034 CGAS Cape Cod	USA
7527,0	D48	CBP P-3 AEW&C #N148CS , Corpus Christi AMB, TX	USA
7527,0	703	COTHEN	USA
7527,0	005	USA CG HC-130J #2005	USA
7527,0	D46	CBP P-3 AEW&C #N146CS , Jacksonville AMB, FL	USA
7527,0	CNT	CBP AMOC Central Regional Communications Node	USA
7527,0	A39	CBP AB139 #N139HS	USA
7527,0	D49	CBP P-3 AEW&C #N149CS , Corpus Christi AMB, TX	USA
7527,0	CPDST	COTHEN	USA
7527,0	TYMR2	E MOI Ciudad Real	E
7527,0	D14	CBP P-3A "Slick" #N18314 , Corpus Christi AMB, TX	USA
7527,0	D07	CBP BOMBARDIER Q400 #N807MR	USA
7527,0	A48	CBP UH-60 # 86-24548	USA
7527,0	D06	CBP BOMBARDIER Q400 #N806MR	USA
7527,0	D05	CBP BOMBARDIER Q400 #N805MR	USA
7527,0	CRB	CBP AMOC Caribbean Regional Communications Node	USA
7527,0	D01	CBP BOMBARDIER Q400 #N801MR, Miami AMB, Homestead JARB, FL	USA
7527,0	720	USA CG HC-130H #1720, CGAS Clearwater	USA
7527,0	501	COTHEN	USA
7527,0	J31	USA CG HH-60J #6031 ATC Mobile	USA
7527,0	ATLPRI	USA F Warm Springs , CA	USA
7527,0	F31	COTHEN	USA
7527,0	F29	COTHEN	USA

Frequency	ALE Ident	User	Country
7527,0	EST	CBP AMOC Eastern Region Communication Node	USA
7527,0	J43	USA CG MH-60J #6043	USA
7527,0	J42	USA CG MH-60J #6042 CGAS Elizabeth City	USA
7527,0	D42	USA customs	USA
7527,0	J18	USA CG HH-60J #6018 CGAS Clearwater	USA
7527,0	DWA	COTHEN	USA
7527,0	FTMPRI	USA F Sarasota , FL	USA
7527,0	J24	USA CG HH-60J #6024 CGAS Kodiak	USA
7527,0	DEN	COTHEN	USA
7527,0	J23	USA CG HH-60J #6023 ATC Mobile	USA
7527,0	J21	USA CG HH-60J #6021 CGAS Kodiak	USA
7527,0	TYVL2	E MOI Castellon	E
7527,0	TYMV2	E MOI Cuenca	E
7527,0	TWBE2	E MOI Teruel	E
7527,0	CDRPRI	COTHEN Remote TX (South) , Cedar Rapids	USA
7527,0	J03	USA CG HH-60J #6003 CGAS Clearwater	USA
7527,0	I97	CBP CESSNA 550 #N797CW	USA
7527,0	VES	COTHEN	USA
7527,0	N11	USA CG HC-144A #2311	USA
7527,0	Z15	USA CG Sector San Juan	
7527,0	712	USA CG HC-130H #1712 , CGAS Kodiak	USA
7527,0	SAR		
7527,0	TWVS2	E MOI Salamanca	E
7527,0	TWBA2	E MOI Barcelona	E
7527,0	CS1	USA customs	USA
7527,0	TWBG2	E MOI Girona	E
7527,0	CS3	USA customs	USA
7527,0	TWVZ2	E MOI	E
7527,0	CBE	USA CG Cutter TAHOMA WMEC908	USA
7527,0	Z14	USA CG Sector St. Petersburg	USA
7527,0	Z15	USA CG Sector San Juan	USA
7527,0	YWL	COTHEN	USA
7527,0	500	COTHEN	USA
7527,0	WST	CBP AMOC Western Region Communication Node	USA
7527,0	VGSPRI	COTHEN	USA
7527,0	TWCR2		
7527,0	M49	CBP BEECH A200 #N1549, Miami AMB, FL	USA
7527,0	ATLPRI	COTHEN	USA
7527,0	ABQSEC	COTHEN	USA
7527,0	A65	CBP UH-60 # 80-23465	USA
7527,0	TWVP1	E MOI Palencia	E
7527,0	A50	CBP UH-60 # 79-23350	USA
7527,0	TXX2	E MOI Madrid	E
7527,0	TWVO2	E MOI	E
7527,0	LNE		
7527,0	TWCO2	E MOI	E
7527,0	Z13	USA CG Sector Key	USA

Frequency	ALE Ident	User	Country
		West	
7527,0	ZVE	COTHEN	USA
7527,0	IKL	USA CG Cutter Tampa WMEC902	USA
7527,0	IIW	USA CG Cutter Willow WLB202	USA
7527,0	718	USA CG HC-130H #1718, CGAS Sacramento	USA
7527,0	N15	USA CG	USA
7527,0	M70	USA customs	USA
7527,0	J13	USA customs	USA
7527,0	CS9	USA customs	USA
7527,0	TWVB2	E MOI	E
7527,0	KCMPRI	COTHEN	USA
7527,0	J01	USA CG HH-60J #6001 CGAS Elizabeth City	USA
7527,0	N08	USA CG HC-144A #2308	USA
7527,0	N07	USA CG HC-144A #2307	USA
7527,0	N04	USA CG HC-144A #2304	USA
7527,0	N03	USA CG HC-144A #2303	USA
7527,0	N01	USA CG HC-144A #2301	USA
7527,0	ABQPRI	COTHEN	USA
7527,0	MEMPRI	COTHEN Remote TX Memphis, TN	USA
7527,0	LUVPRI	COTHEN	USA
7527,0	LNW	COTHEN	USA
7527,0	OKOPRI	COTHEN Remote TX, Oklahoma City , OK	USA
7527,0	KRV	COTHEN	USA
7527,0	PAC	USA CG CAMSPAC Point Reyes, CA	USA
7527,0	K85	COTHEN	USA
7527,0	K84	COTHEN	USA
7527,0	707	COTHEN	USA
7527,0	712	USA CG HC-130H #1712 , CGAS Kodiak	USA
7527,0	J17	USA CG HH-60J #6017 CGAS Clearwater	USA
7527,0	J12	USA CG HH-60J #6012 CGAS Kodiak	USA
7527,0	J11	USA CG HH-60J #6011 ATC Mobile	USA
7527,0	J09	USA CG MH-60J #6009 CGAS Elizabeth City	USA
7527,0	J08	USA CG HH-60J #6008 CGAS Astoria	USA
7527,0	TYMA2	E MOI Avila	E
7527,0	LNT	USA CG CAMSLANT Chesapeake, VA	USA
7527,0	T91	CBP PIPER PA-42-720R #N9091 J, Jacksonville, FL AMB	USA
7527,0	T85	CBP PIPER PA-42-720R #N9085U , Ja cksonville, FL AMB	USA
7527,0	VAI	COTHEN	USA
7527,0	T07	CBP BEECH A200 #N6507B	USA
7527,0	T74	CBP BEECH A200 #N7074G	USA
7527,0	T42	CBP PIPER PA-42-720R #N91 42B	USA
7527,0	NAS	USA CG Cutter	USA

Frequency	ALE Ident	User	Country
		ESCANABA WMEC907 USA CG Cutter ESCANABA WMEC907	
7527,0	SARPRI	COTHEN	USA
7527,0	T9F	CBP BEECH A200 #N6509F	USA
7527,0	TSC	CBP Orlando, FL	USA
7527,0	UHC	COTHEN	USA
7527,0	RSHPRI	COTHEN	USA
7527,0	ROS	COTHEN	USA
7527,0	QSP	USA CG ship VIGOROUS WMEC627	USA
7527,0	T72	CBP BEECH C-12C #N72472	USA
7532,0	0000210588		
7532,0	0000210302		
7535,0	CS0001B	ALB MOI	ALB
7535,0	XSS	G MIL	G
7535,0	RS0016B	ALB MOI	ALB
7535,0	XDG	G MIL	G
7535,0	PT1		
7535,0	XJK	G MIL	G
7535,0	CS001	ALB MOI	ALB
7535,0	RS002	ALB MOI	ALB
7535,0	RS004	ALB MOI	ALB
7535,0	RS006	ALB MOI	ALB
7535,0	PT10		
7545,0	5FZAFA		
7546,0	NAJRANMO B22		
7547,0	X8G		
7547,0	T7C		
7547,0	R07		
7547,0	R73		
7547,0	T7B		
7547,0	R71		
7549,0	2013	Adana	TUR
7550,0	2053		
7550,0	2054		
7555,0	MB1		
7555,0	GS1		
7566,0	TABUKBAS E	Tabuk	ARS
7570,0	203		
7570,0	223		
7570,0	4001		
7571,0	DIAMANTI	ALB F	ALB
7571,0	DRINI	ALB F Drini	ALB
7581,0	XSS	G MIL	G
7582,0	PA10		
7582,0	TB10		
7582,0	TA10		
7582,0	PB10		
7584,0	TTX2	E MOI	E
7584,0	TYME2	E MOI Madrid	E
7584,0	TXXX2	E MOI Ciudad Real	E
7584,0	TYMA5	E MOI Avila	E
7588,5	PR015		
7588,5	PR017		
7588,5	PR011		
7588,5	PR013		
7588,5	OPS08		
7588,5	OPS16		
7588,5	OPS17		
7588,5	PR016		
7588,5	PR012		
7594,5	OEY61	AUT MIL AUSBATT/UNDOF Camp Faour	SYR
7594,5	OEY80	AUT MIL Villach	AUT

Frequency	ALE Ident	User	Country
7595,0	CM3	ALG MIL Bechar	ALG
7596,0	EK9		
7596,0	EK9W?8		
7597,0	BASE8		
7597,0	ZULUBASE		
7597,0	BASE6		
7597,0	BASE9		
7597,0	BASE1		
7597,0	BASE0		
7597,0	BERLIN	MOI Berlin	D
7597,0	MUNCHEN	MOI Muenchen	D
7598,0	0062		
7598,0	0052		
7598,0	0146		
7598,0	0011		
7599,0	OPERACYJ NYPKW	MOD Warszawa	POL
7599,0	1KZDJANK OVIC	POL F Jankovic	
7599,0	1KZSDKAC ANIK	POL F Kacanik	
7599,0	2KZGLOBO CICA	POL F Lobocica	
7600,0	3232		
7600,0	CIP123	CAN F	CAN
7600,0	CIP40	CAN F	CAN
7600,0	CIP46	CAN F	CAN
7600,0	CIP30	CAN F	CAN
7600,0	38HQ		
7601,5	437802		
7601,6	RIPPERFW D		
7601,6	SPARE2		
7601,6	LAVAMAIN		
7601,6	COCHIWST RCTCMD		
7601,6	DARKSIDE MAIN		
7601,6	3BN6MARM AIN		
7601,6	LUNKINMAI N		
7601,6	HIWSTRCT C		
7601,6	RIPPERMAI N		
7601,6	SAIPANMAI N		
7602,0	046NHQCA P	USA CAP Dir Ops, HQ	USA
7602,0	0004IACAP	USA CAP Iowa	USA
7602,0	0034ILCAP	USA CAP Illinois	USA
7602,0	034MERCA P	USA CAP Middle East Region	USA
7602,0	0025CTCAP	USA CAP Connecticut	USA
7602,0	0020NHCA P	USA CAP New Hamsphire	USA
7602,0	0016MECA P	USA CAP Maine	USA
7602,0	202SERCA P	USA CAP South East Region	USA
7602,0	0034MERC AP	USA CAP Middle Eastern Region	USA
7602,0	0112GACA P	USA CAP Georgia	USA
7602,0	0314MICAP	USA CAP Michigan	USA
7602,0	AVS	USA CAP HQ Maxwell , AL	USA
7602,0	0021CTCAP	USA CAP Connecticut	USA
7602,0	001NHQCA P	USA CAP National HQ	USA
7602,0	201SERCA P	USA CAP South East Region	USA

Frequency	ALE Ident	User	Country
7602,0	100SWRCA P	USA CAP South West Region	USA
7604,0	XS0		
7604,0	XS3		
7606,0	1001		
7606,0	9428		
7608,0	VQ3	POL MIL	POL
7608,0	VQ7	POL MIL	POL
7608,0	VQ4	POL MIL	POL
7608,0	VQ5	POL MIL	POL
7608,0	VQ1	POL MIL	POL
7608,0	VQ8	POL MIL	POL
7608,0	VQ2	POL MIL	POL
7608,0	VQ6	POL MIL	POL
7610,0	13252		
7610,0	1311		
7610,0	1307		
7610,0	1308		
7610,0	1325		
7610,0	1306		
7611,0	FAAZDC	FAA Washington	USA
7611,0	FAAZMA	FAA Miami	USA
7611,0	FAAZBW	FAA Boston	USA
7611,0	FAAZID	FAA Indianapolis	USA
7611,0	FAAZOB	FAA Cleveland	USA
7612,5	RIPPER		
7612,5	LD3		
7612,5	STEADFAS T		
7617,0	3721	Batman	TUR
7617,0	8241	Erzincan	TUR
7617,0	8611	Trabzon	TUR
7617,0	3161	Bursa	TUR
7617,0	3101	Balikesir	TUR
7617,0	3651	Van	TUR
7617,0	3131	Bitlis	TUR
7617,0	8211	Diyarbakir	TUR
7617,0	3041	Agri	TUR
7617,0	3051	Amasya	TUR
7617,0	3091	Aydin	TUR
7617,0	3761	Igdir	TUR
7617,0	8021	Adiyaman	TUR
7617,0	207101	Antalya	TUR
7617,0	8301	Hakkari	TUR
7617,0	8601	Tokat	TUR
7617,0	3061	Ankara	TUR
7617,0	3062	Ankara	TUR
7617,0	3411	Kocaeli	TUR
7617,0	8031	Afyonkarahisar	TUR
7617,0	3441	Malatya	TUR
7617,0	8111	Bilecik	TUR
7617,0	3241	Erzurum	TUR
7617,0	8141	Bolu	TUR
7617,0	3481	Mugla	TUR
7617,0	8171	Canakkale	TUR
7617,0	3111	Bilecik	USA
7617,0	QND		
7617,0	3431	Kutahya	TUR
7617,0	3451	Manisa	TUR
7617,0	353013		TUR
7617,0	366013		TUR
7617,0	325018		TUR
7617,0	43401	Istanbul	TUR
7617,0	3371	Kastamonu	TUR
7617,0	3641	Usak	TUR
7617,0	380013		TUR
7617,0	8321	Isparta	TUR
7617,0	206102	Ankara	TUR
7617,0	3801	Osmaniye	TUR
7617,0	354013		TUR
7617,0	3341	Istanbul	TUR
7617,0	377013		TUR

Frequency	ALE Ident	User	Country
7617,0	376018		TUR
7617,0	375013		TUR
7617,0	3151	Burdur	TUR
7617,0	3561	Siirt	TUR
7617,0	334013		TUR
7617,0	8061	Ankara	TUR
7617,0	3261	Eskisehir	TUR
7617,0	8551	Samsun	TUR
7617,0	9850		TUR
7617,0	3351	Izmir	TUR
7617,0	3071	Antalya	TUR
7617,0	369018		TUR
7617,0	332018		TUR
7617,0	8161	Bursa	TUR
7617,0	8181	Cankiri	TUR
7617,0	8651	Van	TUR
7617,0	3751	Ardahan	TUR
7617,0	8131	Bitlis	TUR
7617,0	3541	Sakarya	TUR
7617,0	8761	Igdir	TUR
7617,0	8481	Mugla	TUR
7617,0	123456		TUR
7617,0	123466		TUR
7617,0	3251	Erzurum	TUR
7617,0	3321	Isparta	TUR
7617,0	3121	Bingöl	TUR
7617,0	3421	Konya	TUR
7617,0	3771	Yalova	TUR
7617,0	3211	Diyarbakir	TUR
7620,0	006666		
7620,0	000001		
7622,0	RS005A	ALB MOI	ALB
7622,0	CS002A	ALB MOI	ALB
7622,0	RS0011	ALB MOI	ALB
7622,0	CS002	ALB MOI	ALB
7622,5	ZEO		
7622,5	CHH		
7622,5	PAR		
7624,0	PAR		
7624,0	HBM46	SUI MIL	SUI
7624,0	CHH		
7624,0	RBK		
7624,0	SVK		
7624,0	ZEO		
7629,0	SVK		
7629,0	RBK		
7630,0	435	ISR AF	ISR
7630,0	522	ISR AF	ISR
7630,0	CCC	ISR AF	ISR
7630,0	SSS	ISR AF	ISR
7630,0	EEE	ISR AF	ISR
7630,0	C83	ISR AF	ISR
7630,0	DD1	ISR AF	ISR
7632,0	230602	USA AF	
7632,0	HAW	USA AF Ascension	ASC
7632,0	PLA	USA AF Lajes	AZR
7632,0	280	USA AF	
7632,0	JNR	USA AF Salinas	PTR
7641,0	ASKAR64	POL MIL AFG	AFG
7641,0	IGIELIT37	POL MIL	POL
7641,0	MORTON25	POL MIL Warszawa	POL
7641,0	WATFORD8 7	POL MIL	POL
7642,0	WWLNNN		
7642,0	AAT3BF	USA F Delaware	USA
7647,5	GBA		
7647,5	NA1		
7650,0	PAR		
7650,0	T2Z238	USA F Shelbyville , IN	USA
7650,0	T1Z137	USA NG 1-137 AVN Akron-Canton Regional Airport , OH	USA
7650,0	AIR		
7650,0	SAK		
7650,0	LAB		
7651,0	BB3	ISR AF	
7651,0	AAA	ISR AF	ISR
7651,0	AA1	ISR AF	ISR
7651,0	BB2	ISR AF	ISR
7651,0	Y67	ISR AF	ISR
7651,5	KZO021D01 10		
7651,5	GS021D011 0		
7655,0	CAL	ROU MOI Calarasi	ROU
7655,0	TIM	ROU MOI Timisoara	ROU
7655,0	SIB	ROU MOI Sibiu	ROU
7655,0	AAA	ISR AF	ISR
7655,0	FOC	ROU MOI Focosani	ROU
7655,0	BU4	ROU MOI Bucharest	ROU
7655,0	IAS	ROU MOI Iasi	ROU
7655,0	PIT	ROU MOI Pitesti	ROU
7656,0	0021CTCAP	USA CAP Connecticut	USA
7656,0	0016MECA P	USA CAP Maine	USA
7657,0	BSI		
7657,0	SMN		
7660,0	BERKEL57		
7660,0	2916A		
7660,0	DIAKON55		
7660,0	ATENA66		
7660,0	CET		
7660,0	MAR		
7660,0	ABEL60		
7661,0		MOD Berne	SUI
7665,0	0011DCCA P	USA CAP Washington DC	USA
7665,0	043MERCA P	USA CAP Middle Eastern Region	USA
7665,0	0204SCCAP	USA CAP South Carolina	USA
7665,0	034MERCA P	USA CAP Middle East Region	USA
7665,0	CR97		
7665,0	AU42		
7665,0	NM21		
7668,0	436808		
7668,0	CER42	MFA Paris	F
7668,0	437802		
7668,0	437815		
7668,0	437805		
7668,0	9200		
7668,0	AMMAN	F E Amman	SYR
7673,0		MFA Berne	SUI
7673,0	MB1		
7673,0	GS1		
7675,0	7601		
7676,0	294		
7676,0	290		
7683,0		MFA Berne	SUI
7683,0	AN300A		
7683,0	UDO		
7686,0	ZGRUPNET 1		
7690,0	JAP	ARS AF	ARS
7690,0	JAN	ARS AF	ARS
7692,0	1808		
7692,0	U3J		
7692,0	BD5		
7692,0	C8V		
7692,0	B3A		
7692,0	KC2		
7692,0	CH8		
7692,0	R5A		
7692,5	W7J		

Frequency	ALE Ident	User	Country
7692,5	I02		
7692,5	I06		
7692,5	J8M		
7695,0	1234		
7697,0	ATTHIGHMOBL203	AT&T	USA
7697,0	290		
7697,0	ATTMIAMIPORT207	AT&T Miami , FL	USA
7697,0	291		
7698,0	MGE		
7698,0	911		
7698,0	911914		
7698,0	LSL		
7698,0	LG3		
7698,0	8811	Düzce	
7698,0	LD3		
7698,0	911911		
7700,0	WHITEEAGLE		
7700,0	CENTRALQQ		
7700,0	SADAF29RS1702P		
7700,0	CENTRAL		
7700,0	OMEGA40RS1702P		
7700,0	1234		
7700,0	OMEGA50RS1702P		
7700,0	OMEGA70RS1702P		
7700,0	555555		
7700,0	LEON4		
7700,0	KOYOTBASE		
7701,0	92		
7701,0	11		
7701,0	55		
7701,0	72		
7701,0	77		
7701,0	07		
7704,0	R05434	USA F	
7704,0	T1Z82	USA F	
7704,0	P1Z82	USA F	
7704,0	T3Z25	USA F	
7704,0	T2Z25	USA F	
7705,0	YG46		
7705,0	VK42		
7705,0	RM40		
7705,0	HA40		
7705,0	YG49		
7705,0	YG60		
7705,0	YG47		
7705,0	YG40		
7705,0	YG55		
7705,0	YG56		
7705,0	YG52		
7705,0	QF40		
7705,0	YG59		
7705,0	YG53		
7705,0	YG51		
7705,0	YG43		
7705,0	YG50		
7705,0	YG57		
7705,0	YG48		
7705,0	VK72		
7705,0	VK40		
7705,0	VK52		
7705,0	LEN		
7705,0	YG67		
7705,0	BR2	B N Brasilia	B
7705,0	BR1	B N Brasilia	B
7705,0	VK49		
7705,0	VK47		
7705,0	123		
7705,0	VK44		
7705,0	VK51		
7708,0	PCOWENDO		GAB
7708,0	CC11		GAB
7708,0	CC13		GAB
7708,0	MBOUNGOU		GAB
7708,0	MILOLE		GAB
7708,0	MOANDA		GAB
7709,0	CHW		NIG
7709,0	SUL3	NIG oilfield Suleja	NIG
7710,0	ASIR	ARS MOI Asir	ARS
7710,0	VNC	S National Home Guard	S
7710,0	RIYADH	ARS MOI Riyadh	ARS
7710,0	SL		
7710,0	RL		
7710,0	DAMMAM	ARS MOI Damman	ARS
7710,0	ARAR		
7710,0	SHEBAMOB8		
7710,0	ERDAAIRBASE		
7710,0	VNB	S National Home Guard	S
7710,0	SHEBAMOB5	ARS MOI Sheba mobil	ARS
7710,0	TN@	S National Home Guard	S
7710,0	VNA	S National Home Guard	S
7710,0	RN@	S National Home Guard	S
7710,0	860		
7710,0	BADARBOAT		
7710,0	VND	S National Home Guard	S
7710,0	JIZZAN		
7710,0	ALJOUF	ARS MOI Al Jouf	ARS
7710,0	MAKKAH	ARS MOI Makkah	ARS
7710,0	MADINAH	ARS MOI Madinah	ARS
7710,0	JUABIL	ARS MOI Juabil	ARS
7716,0	CM2	ALG MIL	ALG
7716,0	COF	ALG MIL	ALG
7718,5	OFF	USA AF Offutt	USA
7718,5	21A06		
7719,0	427		
7720,0	S41	S E	
7720,0		MFA Berne	SUI
7720,0	8PD		
7720,0		SUI C Munich	D
7720,0	UL62		
7720,0		SUI E Belgrade	SRB
7720,0		SUI E Paris	F
7720,0	UL58		
7720,0	UL52		
7720,0	S03OPS		
7720,0	8PA		
7720,0		SUI E Berlin	D
7720,0		SUI E Madrid	E
7725,0		SUI E Budapest	HNG
7725,0	BT2		
7725,0	LEN		
7725,0	BR2	B N Brasilia	B
7725,0	BR1	B N Brasilia	B
7725,0		SUI E Berlin	D
7725,0		MFA Berne	SUI
7725,0	PTL		

Frequency	ALE Ident	User	Country
7725,0		SUI E Paris	F
7725,0		SUI E London	G
7725,0		SUI E Rome	I
7725,0		SUI E Moscow	RUS
7728,0	CM5	ALG MIL	ALG
7728,0	COF	ALG F	ALG
7729,0	437805		
7729,0	9200		
7732,0	CS004A	ALB MOI Tirana	ALB
7732,0	BS008C1	ALB MOI	ALB
7732,0	RS0011D	ALB MOI	ALB
7732,0	RS0013D	ALB MOI	ALB
7732,0	RS0017D		
7734,0	111801		
7739,0	4216		
7739,0	4011	Adana	TUR
7739,0	SP1OZ2	ALG SONATRECH pumping station 1	ALG
7739,0	4203		
7739,0	SP3OZ2	ALG SONATRECH pumping station 3	ALG
7739,0	4026		
7739,0	RNOUSLR1	Rhourde Nouss oilfield	ALG
7739,0	GASSI30P	Gassi El Adem oilfield	ALG
7740,0	LECAIRE	F E Cairo	EGY
7740,0	CER41	MFA Paris	F
7740,0	AMMAN	F E Amman	SYR
7740,0	DG	?MRC MOI	MRC
7740,0	DEPM	?MRC MOI	MRC
7740,0	AR1	B N	B
7740,0	PR1	B N Parana	B
7740,0	DEPT	?MRC MOI	MRC
7740,0	RABAT	F E Rabat	MRC
7740,0	CER11	MFA Paris	F
7740,0	RS1	B N Rio Grande do Sul	B
7740,0	CI30LP90		
7740,0	HJ30LP90		
7742,0	9001		
7742,0	1001		
7744,0	RS002A	ALB MOI	ALB
7744,0	CS002	ALB MOI	ALB
7744,0	RS0016A	ALB MOI	ALB
7744,0	RS0016D	ALB MOI	ALB
7744,0	CS002A	ALB MOI	ALB
7744,0	CS004A	ALB MOI Tirana	ALB
7745,0	RFI		
7745,0	JCI	ARS AF	ARS
7747,0	123121		
7747,0	123103		
7750,0	AKALN1	PEMEX	MEX
7752,0	UN50		
7752,0	BK54		
7753,0	5554	MRC F	MRC
7753,0	3333	MRC F	MRC
7753,0	5553	MRC F	MRC
7753,0	5552	MRC F	MRC
7753,0	5551	MRC F	MRC
7753,0	2222	MRC F	MRC
7753,0	0000	?MRC F	MRC
7753,0	2221	MRC F	MRC
7753,5	3306		
7754,0	CM3	ALG MIL Bechar	ALG
7754,0	224	CHN MIL	CHN
7754,0	TF2		
7754,0	226	CHN MIL	CHN
7754,0	REG		
7754,0	TDF	ALG MIL Tindouf	ALG
7755,0	CS001A	ALB MOI	ALB
7755,0	RS0017B		
7755,0	CS001	ALB MOI	ALB
7755,0	RS0011A	ALB MOI	ALB
7755,0	CS001B	ALB MOI	ALB

Frequency	ALE Ident	User	Country
7755,0	RS006	ALB MOI	ALB
7758,0	9633		
7759,0	KANO	NIG oilfield Kano	NIG
7759,0	203		
7759,0	BENIN	NIG oilfield Benin	NIG
7759,0	MINNNA	NIG oilfield Minna	NIG
7759,0	ALCOVE	NIG oilfield Alcove	NIG
7759,0	ILORIN	NIG oilfield Ilorin	NIG
7759,0	SULEJA	NIG oilfield Suleja	NIG
7759,0	AUCHI	NIG oilfield Auchi	NIG
7759,0	ABAJI	NIG oilfield Abaji	NIG
7759,0	POR	NIG oilfield	NIG
7759,0	GUSAU	NIG oilfield Gusau	NIG
7759,0	JOS	NIG oilfield Jos	NIG
7759,0	KADUNA	NIG oilfield Kaduna	NIG
7759,0	LOKOJA	NIG oilfield Lokoja	NIG
7759,0	IBADAN		
7759,0	10N4		
7759,0	SARKINPA	NIG NNPC Sarkin Pawa	NIG
7759,0	202		
7760,0	CS004A	ALB MOI Tirana	ALB
7760,0	RS0013B	ALB MOI	ALB
7765,0	RESB1	ROU MOI Resita	ROU
7765,0	BMAB1	ROU MOI Baia-Mare	ROU
7765,0	RAP		
7766,0	SANACOM ANDBASE		
7770,0	2524		
7770,0	2525		
7770,0	2526		
7772,0	IBA		
7772,0	JOS	NIG oilfield Jos	NIG
7772,0	SARKINPA	NIG NNPC Sarkin Pawa	NIG
7777,0	O11		
7777,0	C01		
7779,8	1002		
7780,0	DD1	ISR AF	ISR
7780,0	BR2	B N Brasilia	B
7780,0	435	ISR AF	ISR
7780,0	LEN		
7780,0	TS3	ISR AF	ISR
7780,0	428	ISR AF	ISR
7780,0	420	ISR AF	ISR
7780,0	522	ISR AF	ISR
7781,0	AAA	ISR AF	ISR
7783,0	1002		
7783,0	LCR154	POL MIL Warszawa	POL
7783,0	SOG933	POL MIL	POL
7784,0	211		
7787,0	BSK	ALG MIL	ALG
7787,0	CM4	ALG MIL Ouargla	ALG
7791,5	106001		
7791,5	134001		
7792,0	BORA	ALB F Bora	ALB
7792,0	DRINI	ALB F Drini	ALB
7792,0	DIAMANTI	ALB F	ALB
7792,0	MALI	ALB F Mali	ALB
7793,0	4203		
7793,0	RS903A	ALG N ship RAIS KORFU	ALG
7793,0	ORAN	ALG N Oran	ALG
7793,0	SP3OZ2	ALG SONATRECH pumping station 3	ALG
7793,0	4011		
7793,0	20001		
7793,0	ORAN2A	ALG N Oran	ALG
7793,0	4204		
7800,0	682		
7800,0	2211	?MRC F	MRC
7800,0	762		

Frequency	ALE Ident	User	Country
7800,0	38HQ		
7800,8	8401		
7801,0	6869		
7801,0	634844		
7801,0	6301		
7801,0	7901		
7801,0	6901		
7801,0	8601	Tokat	TUR
7801,0	6101		
7801,0	4101		
7801,0	623565		
7801,0	8101		
7801,0	6701		
7801,0	6201		
7801,0	7201		
7801,0	8401		
7801,0	6801		
7802,5	1210		
7802,5	2009	I Carabinieri	I
7802,5	6362		
7802,5	2001		
7803,0	CS001A	ALB MOI	ALB
7803,0	RS0011A	ALB MOI	ALB
7805,0	MI1LF	Milforg EOC , NH	USA
7805,0	CL1AR	Clarendon EOC , NH	USA
7805,0	BE1RL	Berlin EOC , NH	USA
7805,0	330		
7805,0	WPFJ625	Concord EOC , NH	USA
7805,0	HI1LL	Hillsborough EOC , NH	USA
7805,0	MA1NC	Manchester EOC , NH	USA
7805,0	NA1SH	Nashua EOC , NH	USA
7806,0	2087	I Carabinieri	I
7806,0	2101	I Carabinieri	I
7806,0	2085	I Carabinieri	I
7806,0	2102	I Carabinieri	I
7806,0	2089	I Carabinieri	I
7806,0	2011	I Carabinieri	I
7809,0	DB3	IRQ Border Guard HQ region 3	IRQ
7809,0	LO7	IRQ Border Guard region 3	IRQ
7810,0	2012	Adana	TUR
7810,0	2015	Adana	TUR
7810,0	2014	Adana	TUR
7810,0	206102	Ankara	TUR
7810,0	4017	Adana	TUR
7811,6	DBE		
7811,6	DB5	IRQ Border Guard HQ region 5	IRQ
7813,0	S41	S E	
7813,0	P53		
7813,0	P51		
7813,0	O74		
7813,0	C3		
7813,0	P52		
7813,0	J51		
7813,0	GF5	?MRC F	MRC
7813,0	C4		
7813,0	X34		
7813,0	S32	S E Kuwait	KUW
7813,0	O73		
7813,0	J63		
7813,0	S31	S E Alger	ALG
7813,0	S33	S E	
7813,0	J61		
7814,3	O5		
7814,3	C3		
7815,0	ALLCALL		
7815,0	P23		
7815,0	C17		
7815,0	137		

Frequency	ALE Ident	User	Country
7817,0	TI 59	?G F	
7818,0	ALR	Alrar oilfield	ALG
7818,0	HR	Hassi R'Mel oilfield	ALG
7820,0	BLJ		
7820,0	CENTR5	MFA Bucharest	ROU
7824,7	1BD		
7824,7	IGF		
7824,7	1DV		
7824,7	2BD		
7826,0	1113		
7826,0	3Y7		
7830,0	RIYADH	ARS MOI Riyadh	ARS
7830,0	JUABIL	ARS MOI Juabil	ARS
7830,0	DAMMAM	ARS MOI Damman	ARS
7830,0	WADEEAM OB4	ARS MOI Wadeea mobile	ARS
7830,0	UMALHATA T	ARS MOI Umalhatat	ARS
7830,0	THABALOT AIRBASE	ARS MOI Za'abalutin	ARS
7830,0	SHEBA	ARS MOI	ARS
7830,0	SHBETA	ARS MOI Shabeetah	ARS
7830,0	MANJOR	ARS MOI	ARS
7830,0	JAZEERA	ARS MOI Al Jazeera	ARS
7830,0	ERDAAIRB A	ARS MOI Ardah	ARS
7830,0	ERDA	ARS MOI Ardah	ARS
7830,0	DAMMAN	ARS MOI Damman	ARS
7830,0	ALKHAIRAN	ARS MOI Al Khiran	ARS
7830,0	ALBATHAAI RBA	ARS MOI Al Bataha	ARS
7830,0	ALSOHMA	ARS MOI Al Sohma	ARS
7832,0	AAA	ISR AF	ISR
7833,0	MOBE3F	F AF Avord	F
7833,0	CENTR4	MFA Bucharest	ROU
7833,0	CENTR2	MFA Bucharest	ROU
7833,0	202E3F	F AF Boing E3 Sentry	F
7836,0	SH9		
7837,8	DAI		
7839,0	T2Z25	USA F	
7839,0	T1Z108	USA F	
7839,0	T1Z82	USA F	
7839,0	T3Z25	USA F	
7839,0	P2Z10	USA F 10th Mountain Div Combat Aviation Brig	IRQ
7839,0	R00089	USA F	
7839,0	T2Z147	USA F	
7839,0	T1Z10	USA F 10th Mountain Div Combat Aviation Brig 1-10A	IRQ
7839,0	T10CAB	USA F 10th Mountain Div Combat Aviation Brig	IRQ
7840,0	F4R		
7840,0	ALS		
7840,0	NL8		
7849,0	SCLC222M	VEN F	VEN
7849,0	CGGN	VEN National Guard	VEN
7849,0	MIRA1	VEN N	VEN
7849,0	CLC22M	VEN F	VEN
7852,0	L07	CHN N	
7852,0	L01	CHN N	
7852,0	AST	CHN N	
7852,0	L03	CHN N	
7852,0	L05	CHN N	
7852,0	L02	CHN N	
7852,0	MOP	CHN N	
7852,4	L03	CHN N	
7852,4	AST	CHN N	
7852,4	L01	CHN N	
7852,4	L04	CHN N	
7852,4	L06	CHN N	

Frequency	ALE Ident	User	Country
7852,4	L11	CHN N	
7852,4	L09	CHN N	
7852,4	L12	CHN N	
7852,4	L08	CHN N	
7852,4	L05	CHN N	
7852,4	MOP	CHN N	
7852,4	L10	CHN N	
7852,4	L07	CHN N	
7859,0	SUL		
7859,0	DB1	IRQ Border Guard HQ region 1	IRQ
7860,0	SHEBAM		
7860,0	BAD		
7860,0	ALBATHAAIRBASE	ARS MOI Al Bataha	ARS
7860,0	BADARBOAT		
7860,0	DAMMAM	ARS MOI Damman	ARS
7860,0	XSS	G MIL	G
7860,0	RIYADH	ARS MOI Riyadh	ARS
7860,0	ERDAAIRBASE		
7860,0	K90		
7860,0	ALBATHAMOB3	ARS MOI Al Bataha	ARS
7860,0	JUABIL	ARS MOI Juabil	ARS
7860,0	ALBATHAMOB1	ARS MOI Al Bataha	ARS
7860,0	K02		
7860,0	A97		
7862,0	SHARORAMOB23	ARS MOI	ARS
7862,0	SHARORA	ARS MOI	ARS
7862,0	BETRA	ARS MOI	ARS
7862,0	MOHAWELAH	ARS MOI Mohawelah	ARS
7862,0	OMMELEH	ARS MOI Ommeleh	ARS
7862,0	MOHAWELAHMOB1	ARS MOI Mohawelah mobile	ARS
7862,0	NAJRAN	ARS MOI Najran	ARS
7862,0	OMGHARIB	ARS MOI	ARS
7862,0	ALKHOREMOB2	ARS MOI	ARS
7862,0	ALKHARKHIR	ARS MOI Al Kharkhayr	ARS
7862,0	NAJ		
7862,0	WADEEA	ARS MOI Wadeea	ARS
7862,0	NAJRANMOB21		
7866,0	FAB2		
7866,0	FAB3		
7868,0	4017	Adana	TUR
7868,0	1112	Bilecik	TUR
7868,0	9081	Aydin	TUR
7870,0	43402 02	Istanbul	TUR
7870,0	3771	Yalova	TUR
7872,0	TALBOT56	POL MIL	POL
7872,0	LCR152	POL MIL Warszawa	POL
7872,0	KADUCEUSZ	POL MIL	POL
7872,0	CUKIERNIA	POL MIL	IRQ
7872,0	ASKAR99	POL MIL	POL
7872,0	LEWENTAL	POL MIL	POL
7872,0	BAWARIA	POL MIL	POL
7872,0	ABRYNA	POL MIL	POL
7872,0	KR1085800		
7872,0	GLINA	POL MIL	POL
7872,0	RYZA	POL MIL	POL
7872,0	STYGMAT	POL MIL	POL
7875,0	281		
7880,0	SV9		
7880,0	HQ3		EGY
7880,0	GANOB11		EGY

Frequency	ALE Ident	User	Country
7880,0	GANOB5		EGY
7880,0	GANOB1		EGY
7885,0	YT316A	?CHN diplo	
7885,0	ZT201A	?CHN diplo	
7885,0	174	?CHN diplo	
7885,0	123	?CHN diplo	
7885,0	110	?CHN diplo	
7889,0	L06		
7889,0	DBE		
7889,0	DB5	IRQ Border Guard HQ region 5	IRQ
7890,0	RS005	ALB MOI	ALB
7890,0	ABEL70		
7890,0	PLE		
7890,0	PLEBAN70		
7890,0	ELE		
7890,0	RS006	ALB MOI	ALB
7890,0	ROTA90		
7890,0	BALIK7		
7890,0	RS004	ALB MOI	ALB
7890,0	K11		
7890,0	CS001	ALB MOI	ALB
7890,0	RS002	ALB MOI	ALB
7890,0	KORA16		
7892,0	3491	Mus	TUR
7892,0	8041	Agri	TUR
7892,0	3361	Kars	TUR
7892,0	11730		
7892,0	3061	Ankara	TUR
7892,0	3561	Siirt	TUR
7892,0	3041	Agri	TUR
7892,0	3191	Corum	TUR
7892,0	8491	Mus	TUR
7892,0	328013		TUR
7892,0	355013	Samsun	TUR
7892,0	3021	Adiyaman	TUR
7892,0	3651	Van	TUR
7892,0	8751	Ardahan	TUR
7892,0	8361	Hakkari	TUR
7892,0	3062	Ankara	TUR
7892,0	3761	Igdir	TUR
7892,0	8061	Ankara	TUR
7892,0	3131	Bitlis	TUR
7892,0	8761	Igdir	TUR
7892,0	8191	Corum	TUR
7892,0	3751	Ardahan	TUR
7896,0	BEL01D	F N	F
7896,0	NJF		
7896,0	PNETP	F N	F
7896,0	ARS01D	F N	F
7896,0	TLN400	F N	F
7896,0	SLM01D	F N	F
7896,0	DG401P	F N	F
7896,0	DG501D	F N	F
7896,0	DCN01D	F N	F
7898,0	049133	D Red Cross Schwerin	D
7898,0	049112	D Red Cross	D
7899,0	BGD	SLO E Baghdad	IRQ
7899,0	NEN		
7900,0	BOD90		
7900,0	MR		
7900,0	MQ		
7900,0	K3A		
7900,0	YCC		
7900,0	VL		
7900,0	692		
7900,0	614		
7905,0	239		
7905,0	544		
7915,0	LT9		
7915,0	UKJ		
7917,0	DIAMANTI	ALB F	ALB

Frequency	ALE Ident	User	Country
7917,0	DRINI	ALB F Drini	ALB
7926,0	BS109B		
7926,0	BS110A		
7929,7	131		
7930,0	SHO		ETH
7930,0	AN1		ETH
7930,0	DM1		ETH
7930,0	ADS		ETH
7930,0	OMO		ETH
7930,0	TYA		ETH
7930,0	KLA		ETH
7931,0	DM1		
7931,0	TYA		
7931,0	ADS		
7932,0	SITFA		
7935,0	CM5	ALG MIL	ALG
7935,0	OPS	ALG F	ALG
7935,0	STFADW	USA AF Andrews AFB	USA
7935,0	DAVISM	USA AF Davis Monthan AFB , AZ	USA
7935,0	MSN3	G MIL	
7935,0	COF	ALG F	ALG
7935,0	CM2	ALG MIL	ALG
7938,0	CS001A	ALB MOI	ALB
7938,0	RS0014B	ALB MOI	ALB
7938,0	RS0011A	ALB MOI	ALB
7938,0	RS006	ALB MOI	ALB
7938,0	RS0016B	ALB MOI	ALB
7938,0	CS001B	ALB MOI	ALB
7938,0	RS0013B	ALB MOI	ALB
7938,0	CS0	ALB MOI	ALB
7938,0	RS0	ALB MOI	ALB
7938,0	RS004	ALB MOI	ALB
7938,0	RS0012B	ALB MOI	ALB
7938,0	CS001	ALB MOI	ALB
7938,0	RS005	ALB MOI	ALB
7939,0	CS0	ALB MOI	ALB
7939,0	JYC		
7940,0	400003	MTN net	MTN
7940,0	400004	MTN net	MTN
7940,0	400002	MTN net	MTN
7940,0	400014	MTN net	MTN
7946,0	5050		
7949,0	IBADAN		
7950,0	CCS		
7950,0	500		
7950,0	981		
7950,0	RDP	ARS AF	ARS
7950,0	DAP	ARS AF	ARS
7951,7	2033	I Carabinieri	I
7951,7	3000	I Carabinieri	I
7954,0	TUD	TUN F	TUN
7956,0	AAC3	SVN MIL Ljublana	SVN
7960,0	HBBN	?BEL F net	
7960,0	BX1T	?BEL F net	
7960,0	CK2V	?BEL F net	
7960,0	EA4R	?BEL F net	
7960,0	OKROKAN MSS		
7960,0	MOB2MSS		
7961,0	437805		
7961,0	9200		
7961,0	437802		
7962,0	2052	I Carabinieri	I
7962,0	2004	I Carabinieri	I
7963,0	KHM		
7963,0	UN		
7965,0	RS0016A	ALB MOI	ALB
7965,0	RS0016	ALB MOI	ALB
7965,0	CS002B	ALB MOI	ALB
7965,0	RS0014A	ALB MOI	ALB
7965,0	RS004A	ALB MOI	ALB

Frequency	ALE Ident	User	Country
7965,0	SIBB13	ROU MOI Sibiu	ROU
7965,0	CS003B	ALB MOI	ALB
7965,0	RS002B	ALB MOI	ALB
7965,0	RS0011	ALB MOI	ALB
7965,0	AAA	ISR AF	ISR
7965,0	RS0	ALB MOI	ALB
7965,0	RS008	ALB MOI	ALB
7965,0	CS002	ALB MOI	ALB
7965,0	IASB13	ROU MOI Iasi	ROU
7965,0	Y20		
7965,0	K28		
7965,0	TSM		
7965,0	Y37		
7965,0	K27		
7966,0	2221	MRC F	MRC
7966,0	2222		
7967,0	LSM		
7967,0	KDY		
7967,0	1802		
7967,0	SJY		
7967,0	XIE		
7967,0	123456		TUR
7967,0	1801		
7968,0	FK6		
7968,0	LJ9		
7968,0	QJQ		
7968,0	FJJ		
7968,0	Q R		
7968,0	WWY		
7969,0	ADL		ALG
7969,0	AMV		ALG
7969,0	HR	Hassi R'Mel oilfield	ALG
7969,0	INA	In Amenas oilfield	ALG
7969,0	OHT	Ohanet oilfield	ALG
7969,0	ALGFLG		ALG
7969,0	TFT	Tin Fouye Tabankort oilfield	ALG
7969,0	TCP		ALG
7969,0	ALG		ALG
7969,0	ALGDBV		ALG
7969,0	HMD	Hamda oilfield	ALG
7969,0	ALR	Alrar oilfield	ALG
7973,7	S16	S C St. Petersburg	RUD
7974,0	102		
7974,0	104		
7975,0	RS0	ALB MOI	ALB
7975,0	RS0013	ALB MOI	ALB
7975,0	CIP40	CAN F	CAN
7975,0	RS0017	ALB MOI	ALB
7975,0	CS0	ALB MOI	ALB
7975,0	CS003	ALB MOI	ALB
7975,0	CIP46	CAN F	CAN
7975,0	CIP30	CAN F	CAN
7975,0	RDI		
7975,0	CIP123	CAN F	CAN
7976,0	RDN		
7976,0	RDI		
7977,0	CS003	ALB MOI	ALB
7977,0	RS0017	ALB MOI	ALB
7978,0	LIELVA	?LVA F	
7978,0	A25	?LVA F	
7978,0	SIRDS	?LVA F	
7978,0	PAMATS	?LVA F	
7979,5	04F		
7980,0	DG401D	F N ship De Grasse	F
7980,0	IBADAN		
7980,0	TLN400	F N Toulon	F
7980,0	AQ101D	F N ship Aquitane	F
7980,0	IBA		
7980,0	IZOM	NIG NNPC Izom	NIG
7981,0	RI2	S MIL	S
7981,0	YI9	S MIL	S

Frequency	ALE Ident	User	Country
7990,0	JCU	ARS AF	ARS
7990,0	RFU		
7990,0	JCI	ARS AF	ARS
7990,0	JCP	ARS AF	ARS
7992,0	KUW	G F Kuwait	KUW
7993,0	ACACIA	TWN N	TWN
7993,0	ABLAZE	TWN N	TWN
7993,0	ARTIST	TWN N	TWN
7993,0	ASLANT	TWN N	TWN
7993,5	143001		
7994,0	ALFA1ALE		
7994,0	CHARLIEAL E		
7997,0	WARSZAW A3	MOI Warszawa	POL
7997,0	POZNAN	POL MSW Poznan	POL
7997,0	BYDGOSZC Z	POL MSW Bydgoszcz	POL
7998,0	9850		TUR
8000,0	2602	I Carabinieri	
8000,0	204		
8000,0	308		
8000,0	DEF	USA AF	
8000,0	FGNE5ALE DIA	E N special forces	E
8000,0	2214	I Carabinieri	
8000,0	FUZZY		
8000,0	2046	I Carabinieri	
8000,0	FUZ		
8000,0	DEFAULT		
8000,0	T1Z185		
8000,0	2062	I Carabinieri	
8000,0	T1Z		
8000,0	2084	I Carabinieri	I
8000,0	2033	I Carabinieri	I
8000,0	3000	I Carabinieri	I
8000,0	TC1		
8000,0	P2Z		
8000,0	2047	I Carabinieri	I
8000,0	290		
8000,0	SHE	ALB F Mosul	IRQ
8000,0	1100		I
8000,0	FGNE4ALE DIA	E N special forces	E
8000,0	2009	I Carabinieri	I
8000,0	T2Z3MED	USA F	
8000,0	203		
8000,0	224		
8000,0	0811	I Carabinieri	I
8000,0	260		
8000,0	206		
8000,0	2053	I Carabinieri	I
8000,0	2054	I Carabinieri	I
8000,0	2056		
8000,0	LESKOVIKU	ALB F	
8000,0	250		
8000,0	0200		I
8000,0	R57		
8000,0	2039		
8000,0	NOMAD		
8000,0	TAJMED		
8005,0	DQ01		
8005,0	BRL	?Braila	ROU
8005,0	GW01		
8005,0	ES01		
8005,0	BU3	ROU MOI Bucharest	ROU
8005,0	MDN		
8007,0	CCOY	NLD F May Mine	ERI
8007,0	LOGBASE	NLD F Dekemhare	ERI
8007,0	ZULUBA		
8007,0	BASE8		
8007,0	BASE5		

Frequency	ALE Ident	User	Country
8007,0	BASE4		
8007,0	BASE9		
8007,0	BASE0		
8007,0	BASE1		
8009,0	L11	CHN	
8010,0	BU2	ROU MOI Bucharest	ROU
8010,0	RAM	ROU MOI	ROU
8010,0	GAL	ROU MOI Galati	ROU
8010,0	28	DNK F	
8010,0	MARMOL1		
8010,0	GIU	ROU MOI Giurgui	ROU
8010,0	45	DNK F	
8010,0	PNM	ROU MOI Piatra Neamet	ROU
8010,0	TMU	ROU MOI	ROU
8010,0	W24		
8010,0	TAR	ROU MOI Targoviste	ROU
8010,0	DRO	ROU MOI Drobeta	ROU
8010,0	DEV	ROU MOI Deva	ROU
8010,0	50	DNK F	
8010,0	BSV	ROU MOI Brasov	ROU
8010,0	TUL	ROU MOI Tuleca	ROU
8010,0	MARMOL		
8010,0	PLS	ROU MOI Ploesti	ROU
8011,0	DEV	ROU MOI Deva	ROU
8011,0	BU1	ROU MOI Bucharest	ROU
8011,5	BOLTON0T OC17WB	POL MIL	POL
8011,5	PASAT41T OC17WB	POL MIL	POL
8012,0	0042NHCA P	USA CAP New Hampshire	USA
8012,0	0004WICAP	USA CAP Wisconsin	USA
8012,0	0112GACA P	USA CAP Georgia	USA
8012,0	0001ARCAP	USA CAP Arkansas	USA
8012,0	201SERCA P	USA CAP South East Region	USA
8012,0	AVS	USA CAP HQ Maxwell , AL	USA
8012,0	100SWRCA P	USA CAP South West Region	USA
8012,0	0018NHCA P	USA CAP New Hamshire	USA
8012,0	033NHQCA P	USA CAP Dir Ops, HQ	USA
8012,0	034MERCA P	USA CAP Middle East Region	USA
8012,0	0904ALCAP	USA CAP Alabama	USA
8012,0	100NCRCA P	USA CAP North Central Region	USA
8012,0	0016MECA P	USA CAP Maine	USA
8015,0	YPM27	ROU E Tunis	TUN
8015,0	CENTR6	MFA Bucharest	ROU
8016,0	SUCB1		
8016,0	CRA	ROU MOI Craiova	ROU
8018,0	AAA		
8018,0	4101		
8018,0	2001		
8018,0	4301		
8019,5	57	I AF C-130J MM62191 46-57	I
8019,5	OEY41	AUT MIL	
8019,5	CHARLY46	I AF Pisa San Giusto	I
8019,5	OEY52	AUT MIL Vienna	AUT
8020,0	RAMB4	ROU MOI Ramnicu Valcea	ROU
8020,0	49	I AF C-130J MM62184 46-49	I
8020,0	OEY41	AUT MIL	
8020,0	OEY81	AUT F Golan Heights	SYR
8020,0	56	I AF C-130J MM62190	I

Frequency	ALE Ident	User	Country
		46-56	
8020,0	2527		
8020,0	BISB4	ROU MOI Bistrita	ROU
8020,0	2525		
8020,0	252		
8020,0	47	I AF C-130J MM62182 46-47	I
8020,0	GALB4	ROU MOI	ROU
8020,0	61	I AF C-130J MM62195 46-61	I
8020,0	PLSB4	ROU MOI Ploesti	ROU
8020,0	SMAB4	ROU MOI Satu Mare	ROU
8020,0	HNG2		
8020,0	53	I AF C-130J MM62187 46-53	I
8020,0	CHARLY46	I AF Pisa San Giusto	I
8022,0	CENTR4	MFA Bucharest	ROU
8022,0	TWBH6	E MOI	E
8022,0	CAM	ROU E	
8023,0	HF1		
8023,0	001CDCNH Q		
8023,0	087CDCS51	Department of Health HQ Richmond , VA	USA
8023,0	006CDCNH Q		
8023,0	FQ43		
8023,0	HF2		
8023,0	FQ53		
8025,0	IAS	ROU MOI Iasi	ROU
8025,0	ZPO	ROU E Bratislava	
8025,0	62	I AF C-130J MM62196 46-62	I
8025,0	CENTR2	MFA Bucharest	ROU
8025,0	BOT	ROU MOI Botosani	ROU
8025,0	TXX5	E MOI Madrid	E
8029,5	LNGKNFKN F		
8029,5	VIPR60		
8029,5	VIPR61		
8029,5	2Z4CP2	USA F	
8029,5	4Z4CP1	USA AF	
8029,5	3Z4CP2	USA AF	
8029,5	LNGKNF		
8030,0	ZALB6	ROU MOI Zalau	ROU
8030,0	BACB6	ROU MOI Bacau	ROU
8030,0	ORAB6	ROU MOI Oradea	ROU
8033,0	MOG	ROU E Athens	GRC
8033,0	CENTR5	MFA Bucharest	ROU
8034,0	SZMARAGD	POL MIL	
8034,0	NOGACJA	POL MIL	
8035,0	376		
8035,0	360		
8038,0	2009	I Carabinieri	I
8038,0	2010	I Carabinieri	I
8038,0	2004	I Carabinieri	I
8038,0	BP26	D CG ship Eschwege	D
8038,0	LEZSEE	D CG Cuxhaven	D
8038,0	2013	I Carabinieri	I
8038,0	2052	I Carabinieri	I
8041,0	9428		
8042,0	CA2		
8042,0	BUR		
8043,0	RFI		
8043,0	JCI	ARS AF	ARS
8044,0	YPM37	ROU E	
8044,0	CENTR3	MFA Bucharest	ROU
8045,0	2000	I Carabinieri	I
8045,0	2033	I Carabinieri	I
8045,0	9009		
8045,0	RFP2		
8045,0	JCI	ARS AF	ARS
8045,0	RFI		

Frequency	ALE Ident	User	Country
8045,0	2003	I Carabinieri	I
8045,0	3000	I Carabinieri	I
8045,0	JAI	ARS AF Jeddah	ARS
8045,0	JCP	ARS AF	ARS
8045,0	RAU		
8045,0	JAU		
8045,0	4001		
8045,0	9428		
8045,0	RAI	ARS AF	ARS
8045,0	9001		
8045,0	ABBAS		
8045,0	JCU	ARS AF	ARS
8045,0	RFU		
8045,0	RFP		
8046,0	OMQC		
8046,0	KANO	NIG oilfield Kano	NIG
8047,0	SORNGB	USA NG	USA
8047,0	JONNGB	USA NG	USA
8047,0	TTNNGB	USA NG	USA
8047,0	TO40NN	USA NG	USA
8047,0	JMONGB	USA NG	USA
8047,0	CECOM	USA NG Ft. Monmouth , NJ	USA
8047,0	NYC	USA NG	USA
8047,0	SPRINGFIE LD	oil field	ALG
8047,0	WDENGB	USA NG Wilmington , DE	USA
8047,0	C080ON	USA NG	USA
8047,0	HQ1NGB	USA NG Arlington , VA	USA
8047,0	HQ3NGB	USA NG Arlington , VA	USA
8047,0	ECONGB	USA NG Englewood , CO	USA
8047,0	HQ703N	USA NG Readiness Center Arlington , VA	USA
8047,0	M080TN	USA NG	USA
8047,0	G040AN	USA NG	USA
8047,0	LATNGB	USA NG	USA
8047,0	K040YN	USA NG Frankfort , KY	USA
8048,0	1001		
8048,0	9381		
8048,0	PRE	?G F	
8049,0	723		
8049,0	684		
8049,0	336		
8050,0	CLM		
8050,0	CLC41		
8050,0	DKB		
8050,0	CLM 41		
8050,0	CS001	ALB MOI	ALB
8050,0	CIP		
8050,0	VDD		
8050,0	CIS202		
8050,0	B07		
8050,0	CS001A	ALB MOI	ALB
8050,0	FC8FEM002	USA FEMA	USA
8050,0	EBOLA		
8050,0	CS001B	ALB MOI	ALB
8050,0	RS006	ALB MOI	ALB
8051,0	9009		
8051,0	9428		
8051,0	9001		
8051,0	1001		
8053,0	679		
8053,0	557		
8053,0	229		
8054,0	9001		
8054,0	1001		
8054,0	9428		
8055,5	3Z2OPS		

Frequency	ALE Ident	User	Country
8056,0	T5Z158	USA F	
8056,0	T2Z159	USA F	
8056,0	T3Z158	USA F	
8056,0	R23553	USA F	
8056,0	CLX123	USA army	
8056,0	CLS	USA army	
8056,0	MEDOPS	USA AF	IRQ
8056,0	JUNKER17	USA AF	IRQ
8056,0	JUNKER10	USA AF	IRQ
8056,0	TALLIL		IRQ
8056,0	T1Z131	USA F	
8056,0	ALKUT	Alkut	IRQ
8056,0	R23		
8056,0	T36	USA F	
8056,0	R24418	USA F	
8056,0	BASRAH	Basrah	IRQ
8056,5	165001		
8056,5	181001		
8056,5	154001		
8056,5	141001		
8056,5	106001		
8056,5	162001		
8056,5	206102	Ankara	TUR
8056,5	143001		
8056,5	103001		
8056,5	120001		
8057,0	BASRAH	Basrah	IRQ
8057,0	9001		
8057,0	1001		
8057,0	9213		
8057,0	9009		
8057,0	9428		
8057,0	NVR	PAK N	PAK
8057,0	BARBUR	PAK N ship Barbur	PAK
8057,0	NATHIAGAL I	PAK N TX Nathia Gali	PAK
8057,0	JUNKER13		
8057,0	JUNKER11		
8057,0	TALLIL		IRQ
8057,0	TARIQ	PAK N ship Tariq	PAK
8057,0	ALKUT		IRQ
8057,0	MEDOPS	USA AF	
8058,0	ISH		
8058,0	CENTR4	MFA Bucharest	ROU
8058,0	ZPO	ROU E	
8058,7	KWY	USA DOS	
8058,7	KVX53	USA DOS	
8058,7	KWT92	USA DOS	
8058,7	KWY90	USA DOS	USA
8058,7	KWT50	USA DOS	
8058,7	KWT97	USA DOS	
8058,7	KXV44	USA DOS	
8058,7	KWX92	USA DOS	
8058,7	KWT51	USA DOS	
8058,7	KXV45	USA DOS	
8058,7	KWT91		
8058,7	KWT93	USA DOS	
8058,7	KWX90	USA DOS	
8058,7	KBR29	USA E Tbilisi	GEO
8058,7	KBF95	USA E Baku	AZE
8058,7	KWS78	USA DOS	
8058,7	KWX57	USA DOS	
8058,7	KWS93	USA DOS	
8058,7	KWV71	USA DOS	
8058,7	KWM24	USA DOS	USA
8058,7	KWS92	USA DOS	
8058,7	KWX56	USA DOS	
8058,7	KWT55	USA DOS	
8058,7	KEA32		
8060,0	9009		
8060,0	9432		
8060,0	CLC23M	VEN F	VEN

Frequency	ALE Ident	User	Country
8060,0	SCLC222M	VEN F	VEN
8060,0	CLC22M	VEN F	VEN
8060,0	1001		
8060,0	CRC2M	VEN F	VEN
8060,0	LU1		
8060,0	CS003A	ALB MOI	ALB
8060,0	9428		
8060,0	RS0014	ALB MOI	ALB
8060,0	9001		
8060,0	CS003	ALB MOI	ALB
8060,0	RS002B	ALB MOI	ALB
8060,0	CS003B	ALB MOI	ALB
8060,0	CGGN	VEN National Guard	VEN
8060,0	RS0012	ALB MOI	ALB
8060,0	CUFAN1	VEN F	VEN
8060,0	RS0017	ALB MOI	ALB
8060,0	RS008B	ALB MOI	ALB
8060,0	CORE7	VEN F	VEN
8060,0	LO3		
8060,0	LU6		
8060,0	RS0011B	ALB MOI	ALB
8060,0	CRC5M	VEN F	VEN
8060,0	CUFAN3	VEN F	VEN
8061,0	ORN		
8061,0	HD1FAE	USA AF Quito	EQA
8061,0	DJANETCO LAS1		ALG
8061,0	COLASCOL AS1		ALG
8061,0	JUR		
8061,0	STFADW	USA AF Andrews AFB	USA
8063,0	AAA	ISR AF	ISR
8063,0	1001		
8064,0	MSN1		
8066,0	9009		
8066,0	9428		
8067,0	DAVISM	USA AF Davis Monthan AFB , AZ	USA
8067,0	STFADW	USA AF Andrews AFB	USA
8067,5	437805		
8067,5	437815		
8067,5	437806		
8067,5	9200		
8069,0	1001		
8069,0	9428		
8071,0	ZWP	ROU E	
8071,0	CENTR2	MFA Bucharest	ROU
8072,0	CENTR7	MFA Bucharest	ROU
8072,0	9001		
8072,0	5CIN1D		
8072,0	5CIN2D		
8075,0	DRINI	ALB F Drini	ALB
8075,0	MALI	ALB F Mali	ALB
8075,0	DIAMANTI	ALB F	ALB
8077,5	RHV42BVE 02		
8077,5	RHV42BVE 14		
8077,5	RHV42BVE NET		
8077,5	RHV42BVE 08		
8077,5	RHV42BVE 03		
8080,0	UL58		
8080,0	UL61		
8080,0	DA01		
8080,0	UL40		
8080,0	UL52		
8080,0	DA08		
8080,0	DQ40		
8081,0	0061		
8081,0	0011		

Frequency	ALE Ident	User	Country
8082,0	BVA	G MIL	
8082,0	SPU	G MIL	
8082,0	GRE		
8082,0	PUR	G MIL	
8082,0	DHE	G F Dhekelia	CYP
8082,0	BVM	G MIL	
8082,0	BRO	G MIL	
8083,0	204		
8083,0	334		
8083,0	571		
8083,0	288		
8083,0	514		
8083,0	244		
8083,0	686		
8083,0	587		
8086,0	165		
8086,0	151		
8086,0	WARRI	NIG NNPC Warri Delta	NIG
8086,0	SARKINPA	NIG NNPC Sarkin Pawa	NIG
8086,0	161		
8086,0	LOKOJA	NIG oilfield Lokoja	NIG
8086,0	YOLA	NIG oilfield Yola	NIG
8086,0	JOS	NIG oilfield Jos	NIG
8086,0	OMQC		
8086,0	GUSAU	NIG oilfield Gusau	NIG
8086,0	BENIN	NIG oilfield Benin	NIG
8086,0	KANO	NIG oilfield Kano	NIG
8086,9	016ANP	USA ShipCom Annapolis , CA	USA
8086,9	NYC	USA	USA
8086,9	015ANP	USA ShipCom Annapolis , MD	USA
8087,0	487009		
8089,0	CENTR5	MFA Bucharest	ROU
8089,0	SQA	ROU E	
8092,0	123456		TUR
8092,0	3341	Istanbul	TUR
8092,0	3651	Van	TUR
8092,0	8211	Diyarbakir	TUR
8092,0	8061	Ankara	TUR
8092,0	3061	Ankara	TUR
8092,0	9850		TUR
8092,0	8251	Erzurum	TUR
8092,0	8031	Afyonkarahisar	TUR
8092,0	8551	Samsun	TUR
8092,0	3551	Samsun	TUR
8092,0	3011	Adana	TUR
8092,0	3421	Konya	TUR
8092,5	RHVBDE03		
8092,5	RHVBDE09		
8092,5	RHVBDE10		
8095,0	DEFAULT		
8096,0	XSS	G MIL	G
8096,0	XKD	G MIL	G
8099,0	292		
8099,0	291		
8099,0	294		
8099,0	290		
8100,0	HQ3		EGY
8100,0	GANOB11		EGY
8100,0	TS3	ISR AF	ISR
8100,0	AA1	ISR AF	ISR
8100,0	GANOB5		EGY
8100,0	DD1	ISR AF	ISR
8101,5	UDA		
8101,5	ATFOPS		
8101,5	UDAIRI	USA MIL Camp Buehring	KWT
8101,5	T2Z211	USA F	
8107,0	XGM	G MIL	G
8107,0	XGK	G MIL	G

Frequency	ALE Ident	User	Country
8107,0	XJK	G MIL	G
8107,0	XSS	G MIL	G
8107,0	XAE	G MIL	G
8107,0	XHK	G MIL	G
8108,5	XGP	G MIL	G
8108,5	XSS	G MIL	G
8108,5	XBE	G MIL	G
8108,5	XJT	G MIL	G
8108,5	XJV	G MIL	G
8111,0	XLG	G MIL	G
8111,0	XGF	G MIL	G
8114,0	UDR		
8114,0	QZO		
8114,0	XRG		
8114,0	YDM		
8115,0	KA33		
8115,0	OZOLS	?LVA F	
8115,0	A25	?LVA F	
8118,0	OEY41	AUT MIL	
8118,0	OEY80	AUT MIL Villach	AUT
8118,0	OEY62	AUT MIL AUCON/KFOR Suva Reka	
8118,0	OEY52	AUT MIL Vienna	AUT
8120,0	125		
8120,0	101		
8122,0	SAN		
8122,0	SANNWC	AUS MIL North West Cape	AUS
8122,0	SANDAR	AUS MIL Darwin	AUS
8125,0	FAAZMA	FAA Miami	USA
8125,0	XSS	G MIL	G
8125,0	AKALJ1	PEMEX	MEX
8125,0	FAAZNY	FAA New York	USA
8125,0	KDM52	FAA Memphis, TN	USA
8125,0	WHX45	FAA Burlington, MA	USA
8125,0	FAAZBW	FAA Boston	USA
8125,0	KJK79	FAA Hilliard, FL	USA
8125,0	KJK82	FAA Jamaica, NY	USA
8125,0	KCP63	FAA Longmont, CO	USA
8125,0	KIT88	FAA Martinsburg, WV	USA
8125,0	FAAZDC	FAA Washington	USA
8126,3	OKITOR		
8126,4	XDB	G MIL	G
8126,4	XKB	G MIL	G
8126,4	XFY	G MIL	G
8126,4	XAX	G MIL	G
8126,4	XSS	G MIL	G
8129,0	L06		
8129,0	A50		
8130,0	C95		
8130,0	BS008C1	ALB MIL	ALB
8130,0	CS004A	ALB MOI Tirana	ALB
8130,0	K33	USA CG MH-65C # 6533	USA
8130,0	KARIM3		
8130,0	RS0	ALB MOI	ALB
8130,0	C13		
8132,0	MUNCHEN	MOI Muenchen	D
8132,0	BP22	D CG ship Neustrelitz	D
8132,0	BP25	D CG ship Bayreuth	D
8132,0	BP24	D CG ship Bad Bramstedt	D
8132,0	BP26	D CG ship Eschwege	D
8132,0	BERLIN	MOI Berlin	D
8132,0	BP23	D CG ship Bad Dueben	D
8132,0	BPLEZS	D CG Cuxhaven	D
8132,0	BP21	D CG ship Bredstedt	D
8133,0	JAI	ARS AF Jeddah	ARS
8133,0	AAI	ARS AF	ARS
8133,0	RHN	ARS AF Riyadh	ARS

Frequency	ALE Ident	User	Country
8133,0	RAI	ARS AF	ARS
8138,0	XSS	G MIL	G
8138,0	XJK	G MIL	G
8139,0	D12	LTU F	
8139,0	H3	LTU F	
8139,0	D32	LTU F	
8139,0	C12	LTU F	
8139,0	Z6HSAC		USA
8139,9	PH51		
8140,0	9001		
8140,0	9428		
8140,0	1001		
8141,5	104		
8142,8	213		
8143,0	SHAHJAHA N	PAK N Frigate Shah Jahan F185	PAK
8143,0	NASR	PAK N ship Nasr	PAK
8143,0	SHUJAAT	PAK N Missile boat Shujaat	PAK
8143,0	147		
8143,0	HURMAT	PAK N sub Hurmat	PAK
8143,0	TSULTAN	PAK N Frigate Tippu Sultan F186	PAK
8143,0	MOAWIN	PAK N ship Moawin	PAK
8143,0	ASLAT1	PAK N Frigate Aslat F254	PAK
8143,0	AHSAN	PAK N TX Ahsan	PAK
8143,0	BABUR	PAK N Frigate Babur F182	PAK
8143,0	BADR	PAK N Frigate BADR F184	PAK
8143,0	TARIQ	PAK N Frigate TARIQ F181	PAK
8143,0	KW	PAK N TX Karachi	PAK
8143,0	233		
8143,0	NRS	PAK N TX Islamabad	PAK
8145,0	1AT		
8145,0	372		
8145,0	206		
8145,0	253		
8145,0	257		
8145,0	271		
8145,0	CABJMP		
8150,0	5046	Agri	TUR
8150,0	2016	Adana	TUR
8150,0	4015	Adana	TUR
8150,0	4012	Adana	TUR
8151,0	TZSS	E MOI Sevilla	E
8151,0	TXXX	E MOI Madrid	E
8151,0	TWLN	E MOI Pamplona	E
8151,0	TWLC	E MOI Santander	E
8151,0	TWVP1	E MOI Palencia	E
8151,0	TYBB2	E MOI	E
8151,0	TZSH	E MOI Huelva	E
8151,0	TZSO	E MOI Cordoba	E
8151,0	TZSM	E MOI Melilla	E
8151,0	TWVO1	E MOI	E
8152,0	LSM		
8152,0	32W3	S MIL	S
8152,0	QF2	ALG MOI	ALG
8152,0	QF20	ALG MOI	ALG
8152,0	XIE		
8152,0	QF23	ALG MOI	ALG
8152,0	QF28	ALG MOI	ALG
8152,0	33W1	S MIL	S
8152,0	SJY		
8152,0	KDY		
8162,0	093		
8162,0	100		
8162,0	082		
8162,0	035		
8165,0	STATION5		

Frequency	ALE Ident	User	Country
8165,0	STATION3		
8165,0	MOLENE		
8165,0	142		
8165,0	RSMUNICH	Rhode & Schwarz Munich	D
8165,0	A25	?LVA F	
8165,0	NOMADE1		
8165,0	EAGLE		
8165,0	SPACEMAN		
8165,0	GALVA	?LVA F	
8165,0	OZOLS	?LVA F	
8170,0	ADB	USA AF	
8170,0	AAA	USA AF	
8170,0	AAF	USA AF	
8170,0	AAB	USA AF	
8170,0	AAG	USA AF	
8170,0	ADA	USA AF	
8171,0	4001		
8171,5	T1Z159	USA F Ft. Bragg , NC	USA
8172,0	RCN	ARS AF	ARS
8172,0	NAN		
8180,0	4001		
8180,0	STAT154	TUN F	TUN
8180,0	2234		
8180,0	2221		
8180,0	304		
8180,0	975		
8180,0	1804		
8180,0	849		
8180,0	STAT152	TUN F	TUN
8180,0	TUD	TUN F	TUN
8180,0	21001		
8180,0	9001		
8180,0	0001		
8180,0	SFAMN		
8180,0	5001		
8180,0	8001		
8180,0	9011		
8180,0	STAT24	TUN F	TUN
8180,0	9066		
8180,0	STAT21	TUN F	TUN
8180,0	3001		
8180,0	9067		
8180,0	6001		
8181,0	CGGN	VEN National Guard	VEN
8181,0	CUFAN3	VEN F	VEN
8181,0	SCLC222M	VEN F	VEN
8181,0	DESTAFAC 23	VEN National Guard	VEN
8181,0	CLC22M	VEN F	VEN
8181,5	KFMHNG	USA NG Otis ANGB , MA	USA
8181,5	JFHQME	USA F Camp Keyes Augusta , ME	USA
8181,5	T1126	USA NG 10th AV Reg Rhode Island	USA
8182,0	XPG	G MIL	G
8182,0	XSS	G MIL	G
8182,0	XKD	G MIL	G
8182,0	XGX	G MIL	G
8182,0	XPZ	G MIL	G
8182,0	XJJ	G MIL	G
8182,0	XJK	G MIL	G
8184,0	576		
8184,0	673		
8184,0	256		
8184,0	333		
8184,0	113		
8184,0	567		
8185,5	CLIENT		
8189,0	DQ01	ALG MIL	ALG
8189,0	ES01	ALG MIL	ALG

Frequency	ALE Ident	User	Country
8190,0	INZUCHHI	Guardia di Finanza vessel Inzucchi G.118	I
8190,0	GENOVA	Guardia di Finanza Genova	I
8190,0	LAMALFA	Guardia di Finanza vessel La Malfa G.88	I
8190,0	MESSINA	Guardia de Finanza Messina	I
8190,0	AAP	ARS AF	ARS
8190,0	PALERMO	Guardia di Finanza Palermo	I
8190,0	RHP	ARS AF	ARS
8190,0	OTTONELLI	Guardia di Finanza vessel Ottonelli G.78	I
8190,0	BARLETTA	Guardia di Finanza vessel Barletta G.79	I
8190,0	BARBARISI	Guardia di Finanza	I
8190,0	CAGLIARI	Guardia di Finanza Cagliari	I
8190,0	GAETA	Guardia di Finanza	I
8190,0	LOMBARDI	Guardia di Finanza vessel Lombardi G.101	I
8190,0	GARZONE	Guardia di Finanza vessel Garzone G.99	I
8190,0	ROSATI	Guardia di Finanza vessel Rosati G.89	I
8190,0	TREZZA	Guardia di Finanza vessel Trezza G.103	I
8190,0	DIBARTOL O	Guardia die Finanza vessel Di Bartolo G.3	I
8190,0	PULEO	Guardia di Finanza vessel Puleo G.114	I
8190,0	MONTESPE RONE	Guardia Di Finanza vessel Monte Sperone P.01	I
8190,0	CAPPELLE TTI	Guardia di Finanza vessel Cappelletti G.94	I
8190,0	LASPINA	Guardia di Finanza vessel La Spina G.122	I
8190,0	PARTIPILO	Guardia di Fianaza ship G.113	I
8190,0	TARANTO	Guardia di Finanza	I
8190,0	OLTRAMON TI	Guardia di Finanza vessel Oltramonti G.5	I
8190,0	RHI	ARS AF	ARS
8190,0	AVALLONE	Guardia di Finanza vessel Avallone G.4	I
8190,0	DAMATO	Guardia di Finanza vessel D'Amato G.96	I
8190,0	FUSCO	Guardia di Finanza vessel Fusco G.125	I
8190,0	NAPOLI	Guardia di Finanza	I
8190,0	PRATICA01	Guardia di Finanza	I
8190,0	AAI	ARS AF	ARS
8193,0	203		
8194,0	215		
8194,0	211		
8195,0	BU2	ROU MOI Bucharest	ROU
8195,0	SIB	ROU MOI Sibiu	ROU
8195,0	CRS	ROU MOI	ROU
8195,0	AKA		
8195,0	BU4	ROU MOI Bucharest	ROU
8195,0	BOT	ROU MOI Botosani	ROU
8195,0	CON	ROU MOI Constanta	ROU
8195,0	BU3	ROU MOI Bucharest	ROU
8200,0	ALMARG	Al Marj	LBY
8200,0	KKT		
8200,0	DERNA	Derna	LBY
8200,0	HQ1	Tripoli	LBY
8201,0	580		
8201,0	722		
8201,0	450		

Frequency	ALE Ident	User	Country
8205,0	OBC		
8207,0	ABA	MLT N	MLT
8207,0	AB1	MLT N	MLT
8207,0	AB2	MLT N	MLT
8207,0	AB3	MLT N	MLT
8207,0	ABA..	MLT N	MLT
8207,0	3204		
8207,0	3201		
8210,0	GS1		
8210,0	MB1		
8230,0	MCH		
8230,0	KTR		
8231,0	147		
8232,0	8401		
8232,0	752		
8232,2	6801		
8232,2	6869		
8232,2	6701		
8232,2	7901		
8234,0	K20		
8234,0	M64		
8234,0	AAA	ISR AF	ISR
8234,0	AA2	ISR AF	ISR
8234,0	K35		
8234,0	AA1	ISR AF	ISR
8234,0	AA3	ISR AF	ISR
8235,0	9001		
8235,0	1001		
8235,0	1234		
8252,0	A98		
8253,0	LEXICAS		
8253,0	CODRU27A S		
8275,0	DHN		
8275,0	131		
8276,0	10DGAD	F F	F
8276,0	5EHUBT	F F	F
8276,0	11DLFU	F F	F
8276,0	5ESATO	F F	F
8276,0	03PGAD	F F	F
8276,0	5EALFU	F F	F
8276,0	11DGAD	F F	F
8287,7	7803		
8287,7	7801		
8291,0	AKALN1	PEMEX	MEX
8310,0	GWPWBL	B N Training Frigate U-27 Brasil	B
8312,0	BPLEZS	D CG Cuxhaven	D
8312,0	BP23	D CG ship Bad Döben	D
8317,0	XSS	G MIL	G
8318,0	T1Z185		
8318,0	FUZZY		
8318,0	NOMAD		
8318,0	T2Z224	USA F	
8318,0	T1Z171		
8318,0	KALMED		
8318,0	ALZMED		
8318,0	TAJMED		
8320,0	AKALN1	PEMEX	MEX
8320,0	123		
8320,0	110		
8321,0	XSS	G MIL	G
8334,0	2221	MRC F	MRC
8334,0	3333	MRC F	MRC
8334,0	2222	MRC F	MRC
8334,0	5552	MRC F	MRC
8334,0	0000	?MRC F	MRC
8335,0	101		
8335,0	100		
8340,0	TT64		
8340,0	3561	Siirt	TUR
8340,0	OMFUX	F N Le Port	REU

Frequency	ALE Ident	User	Country
8340,0	BNAR2		
8340,0	2OMFUJ	F N Noumea	NCL
8341,0	AAA	ISR AF	ISR
8341,6	BGD	SLO E Baghdad	IRQ
8341,7	KCT		
8341,7	KRB		
8350,0	KARBALAIS OF1	IRQ ISOF Karbala	IRQ
8350,0	ISOF1SOF1	IRQ ISOF	IRQ
8355,0	208		
8379,0	L06		
8383,0	682		
8383,0	762		
8383,0	768		
8383,0	225		
8383,0	205		
8383,0	344		
8386,0	CN3	SNG N	SNG
8386,0	071	SNG N ship RSS Tenacious	SNG
8401,2	1KZSDKAC ANIK	POL F Kacanik	
8401,2	1KZDJANK OVIC	POL F Jankovic	
8401,2	OPERACYJ NYPKW	MOD Warszawa	POL
8401,2	SDBREZA	POL MIL	
8401,2	2KZGLOBO CICA	POL F Lobocica	
8401,2	L5WRAC	POL MIL	
8412,5	134001		
8412,5	154001		
8412,5	106001		
8413,0	310		
8413,0	380		
8413,0	375		
8413,0	305		
8413,0	555		
8413,0	360		
8413,0	550		
8415,0	HWK		
8415,0	KNM		
8423,5	MEDOPS	USA AF	
8423,5	LNGKNF		
8440,0	SADAF29R S704PR		
8440,0	OMEGA50R S		
8453,0	NRS	PAK N TX Islamabad	PAK
8457,0	33333		
8500,0	DHN		
8500,0	2214		
8500,0	PR1		
8513,5	KAMAR98R S1006		
8513,5	DELTA03R S1006		
8513,5	ASKAR16R S..		
8513,5	OMEGA70R S1006		
8513,5	ASKAR16R S1006		
8514,0	LAR		
8526,0	AAA	ISR AF	ISR
8527,5	VORTOC	Camp Bondsteel Kosovo	
8532,0	XSS	G MIL	G
8532,0	XAE	G MIL	G
8532,5	XJD	G MIL	G
8532,5	XPK	G MIL	G
8532,5	XBA	G MIL	G
8532,5	XGM	G MIL	G
8532,5	XJK	G MIL	G
8532,5	XDG	G MIL	G
8532,5	XSS	G MIL	G
8553,0	653		
8557,5	653391		
8565,0	HZB		
8565,0	HJ30LP90		ALG
8565,0	LP30LP90		ALG
8565,0	RK30LP90		ALG
8565,0	FU30LP90		ALG
8565,0	RK3		ALG
8592,5	XEX	G MIL	G
8592,5	XSS	G MIL St. Eval	G
8600,0	1325		
8600,0	13111		MRC
8600,0	2407		MRC
8600,0	111		
8600,0	2411		MRC
8622,0	BB1	ISR AF	
8646,0	8341	Istanbul	TUR
8656,0	3421	Konya	TUR
8656,0	8031	Afyonkarahisar	TUR
8656,0	35401	Sakarya	TUR
8656,0	3801	Osmaniye	TUR
8656,0	3341	Istanbul	TUR
8656,0	3551	Samsun	TUR
8656,0	3261	Eskisehir	USA
8656,0	83401	Istanbul	TUR
8656,0	3811	Düzce	TUR
8656,0	123456		TUR
8656,0	3031	Afyonkarahisar	TUR
8656,0	3061	Ankara	TUR
8656,0	8251	Erzurum	TUR
8656,0	3561	Siirt	TUR
8656,0	43402	Istanbul	TUR
8656,0	8211	Diyarbakir	TUR
8656,0	8061	Ankara	TUR
8656,0	3771	Yalova	TUR
8656,0	8341	Istanbul	TUR
8656,0	3351	Izmir	TUR
8656,0	3062	Ankara	TUR
8656,0	3251	Erzurum	TUR
8665,0	4945		TUR
8672,0	PKNT		
8672,0	IJBN		
8710,0	R23694		
8710,0	TC1111	USA F	IRQ
8710,0	TC1		
8714,0	R23307		
8714,0	TC1111	USA F	IRQ
8714,0	TC2		
8714,0	TC2135		
8714,0	R23492		
8714,0	T45MED	USA F	IRQ
8722,0	XSS	G MIL	G
8725,0	DIAMANTI	ALB F	ALB
8725,0	SHQIPONJ A	ALB F	ALB
8725,0	MALI	ALB F Mali	ALB
8725,0	DRINI	ALB F Drini	ALB
8732,0	TM003		
8750,0	AFG		
8750,0	ABUDHAD		
8765,0	WATFORD8 7	POL MIL	POL
8765,0	MORTON25	POL MIL Warszawa	POL
8765,0	IGIELIT37	POL MIL	POL
8765,0	S1B		
8765,0	ASKAR64	POL MIL AFG	AFG
8765,0	P1G		
8785,0	L06		
8792,0	9009		

Frequency	ALE Ident	User	Country
8797,0	S40	S E	
8797,0	AA7	ISR AF	ISR
8797,0	DD4	ISR AF	ISR
8797,0	DD2	ISR AF	ISR
8797,0	AAA	ISR AF	ISR
8797,0	S17	S E Kiev	UKR
8797,0	DD1	ISR AF	ISR
8797,0	A509		
8797,0	S15	S E	
8797,0	BB3	ISR AF	ISR
8797,0	A506		
8797,0	BB1	ISR AF	ISR
8797,0	BB2	ISR AF	ISR
8797,0	AA1	ISR AF	ISR
8797,0	S30	S E	
8800,5	S1B		
8800,5	P1G		
8801,0	L02	CHN N	CHN
8801,0	A92	CHN	CHN
8805,0	WATFORD8 7	POL MIL	POL
8805,0	MORTON25	POL MIL Warszawa	POL
8805,0	IGIELIT37	POL MIL	
8805,0	ASKAR64	POL MIL AFG	AFG
8805,0	SUDANIT42	POL MIL	
8809,0	XSS	G MIL	G
8820,0	9001		
8820,0	1001		
8820,0	GHARB2		EGY
8820,0	HQ2		EGY
8821,0	AAA	ISR AF	ISR
8825,0	DCCOP	VEN N	VEN
8825,0	PC13	VEN N	VEN
8834,0	SARBR		
8847,0	S30	S E	
8847,0	S40	S E	
8847,0	AA1	ISR AF	ISR
8847,0	AB8	MLT N	MLT
8850,0	DR32		
8850,0	TSCP	USA MIL	
8852,0	TSM		
8852,0	Y32		
8857,0	LSL		
8858,0	TS3	ISR AF	ISR
8858,0	DD1	ISR AF	ISR
8859,0	CLN42		
8859,0	LD2		
8859,0	CLC32-33		
8859,0	LD2		
8859,0	CRC		
8867,0	R22978		
8867,0	T1Z108	USA F	
8867,0	R23761		
8867,0	T1Z149	USA F	
8867,0	T2Z135	USA F	
8871,0	110		I
8871,0	1104		
8871,0	1101		
8875,0	J62		
8875,0	S3ALE3		
8875,0	S33	S E	
8875,0	C3		
8875,0	H4		
8875,0	E4		
8875,0	S401		
8875,0	P51		
8875,0	L601ALE1		
8875,0	ZS1	?MRC F	MRC
8875,0	S32	S E Kuwait	KUW
8875,0	O5		
8875,0	O71		
8875,0	S44	S E	

Frequency	ALE Ident	User	Country
8875,0	P53		
8875,0	O73		
8875,0	F3		
8875,0	S41	S E	
8875,0	J63		
8875,0	O74		
8875,0	GS52	ALG F	ALG
8875,0	LA5ALE1		
8875,0	Q2ALE1		
8875,0	CD		
8875,0	P52		
8875,0	S31	S E Alger	ALG
8875,0	S3ALE3		
8875,0	C4		
8875,0	X34		
8875,0	P5ALE1		
8875,0	P3		
8875,0	J61		
8875,0	Z2	?MRC F	MRC
8875,0	J51		
8876,0	3561	Siirt	TUR
8877,0	AA9	ISR AF	ISR
8877,0	DD3		
8880,0	HQ3		EGY
8880,0	GANOB11		EGY
8880,0	GANOB16		EGY
8890,0	BASECARD ENA		
8890,0	BRAVO34C A		
8895,0	AFFECT	TWN N	TWN
8895,0	ACCEPT	TWN N	TWN
8895,0	ABJECT	TWN N	TWN
8895,0	APPLEF	TWN N	TWN
8912,0	K61	COTHEN	USA
8912,0	I97	CBP CESSNA 550 #N797CW	USA
8912,0	TRK	COTHEN	USA
8912,0	CPDST	COTHEN	USA
8912,0	J18	USA CG HH-60J #6018 CGAS Clearwater	USA
8912,0	J19	USA CG HH-60J #6019 CGAS Clearwater	USA
8912,0	TRC	USA customs	USA
8912,0	719	USA CG HC-130H #1719, CGAS Clearwater	USA
8912,0	T6P	CBP BEECH A200 #N7166P	USA
8912,0	I54	CBP CESSNA 550 #N1254X , Miami	USA
8912,0	I96	CBP CESSNA 550 #N26496	USA
8912,0	T9A	CBP PIPER PA-42-720R #N9279A, Ja cksonville, FL AMB	USA
8912,0	714	USA CG HC-130H #1714, CGAS Barbers Point	USA
8912,0	07Z	COTHEN	USA
8912,0	TSC	CBP Orlando, FL	USA
8912,0	ABQSEC	COTHEN	USA
8912,0	N01	USA CG HC-144A #2301	USA
8912,0	I57	CBP CESSNA 550 #1257B	USA
8912,0	005	USA CG HC-130J #2005	USA
8912,0	PR1PRI		
8912,0	T91	CBP PIPER PA-42-720R #N9091	USA

Frequency	ALE Ident	User	Country
		J, Jacksonville, FL AMB	
8912,0	Z15	USA CG Sector San Juan	
8912,0	J22	USA CG HH-60J #6022 CGAS Astoria	USA
8912,0	I01	CBP CESSNA 550 #N37201	USA
8912,0	Z13	USA CG Sector Key West	USA
8912,0	I08	CBP CESSNA 550 #N5408G	USA
8912,0	Z12	USA CG Sector Miami	USA
8912,0	Z06	USA CG Sector Delaware	USA
8912,0	J24	USA CG HH-60J #6024 CGAS Kodiak	USA
8912,0	Z03	USA CG Southeast New England	USA
8912,0	004	USA CG HC-130J #2004	USA
8912,0	I43	CBP BEECH 65-A90 #N43SA	USA
8912,0	LUVPRI	COTHEN	USA
8912,0	712	USA CG HC-130H #1712 , CGAS Kodiak	USA
8912,0	J23	USA CG HH-60J #6023 ATC Mobile	USA
8912,0	WST	CBP AMOC Western Region Communication Node	USA
8912,0	SAR		
8912,0	500	COTHEN	USA
8912,0	PAC	USA CG CAMSPAC Point Reyes, CA	USA
8912,0	700	COTHEN	USA
8912,0	I3L	CBP CESSNA 550 #N6763L	USA
8912,0	J25	USA CG HH-60J #6025	USA
8912,0	LNW	COTHEN	USA
8912,0	OMNI		
8912,0	J30	USA CG HH-60J #6030 CGAS Elizabeth City	USA
8912,0	718	USA CG HC-130H #1718, CGAS Sacramento	USA
8912,0	I34	CBP CESSNA 550 #N2734K	USA
8912,0	F35	COTHEN	USA
8912,0	720	USA CG HC-130H #1720, CGAS Clearwater	USA
8912,0	UHC	COTHEN	USA
8912,0	VAI	COTHEN	USA
8912,0	J21	USA CG HH-60J #6021 CGAS Kodiak	USA
8912,0	N04	USA CG HC-144A #2304	USA
8912,0	D31	CBP P-3B "Slick" #N431SK , Jacksonville AMB, FL	USA
8912,0	EST	CBP AMOC Eastern Region Communication Node	USA
8912,0	I53	CBP CESSNA 550 #N753CC	USA
8912,0	F29	COTHEN	USA
8912,0	F31	COTHEN	USA
8912,0	CDRPRI	COTHEN Remote TX	USA
8912,0	F33	COTHEN	USA
8912,0	CBE	USA CG Cutter TAHOMA WMEC908	USA
8912,0	F40	COTHEN	USA
8912,0	F41	COTHEN	USA
8912,0	I52	CBP CESSNA 550 #N752CC	USA
8912,0	HIC	COTHEN	USA
8912,0	HKW	COTHEN	USA
8912,0	J32	USA CG HH-60J #6032 CGAS Cape Cod	USA
8912,0	VGSPRI	COTHEN	USA
8912,0	MEMPRI	COTHEN Remote TX Memphis, TN	USA
8912,0	D48	CBP P-3 AEW&C #N148CS , Corpus Christi AMB, TX	USA
8912,0	Z14	USA CG Sector St. Petersburg	USA
8912,0	I00	CBP CESSNA 550 #N1200N	USA
8912,0	LNT	USA CG CAMSLANT Chesapeake, VA	USA
8912,0	K08	COTHEN	USA
8912,0	A70	CBP UH-60 # 82-23670	USA
8912,0	CS3	USA customs	USA
8912,0	D45	CBP P-3 AEW&C #N145CS , Jacksonville AMB, FL	USA
8912,0	NAS	USA CG Cutter ESCANABA WMEC907 USA CG Cutter ESCANABA WMEC907	USA
8912,0	N08	USA CG HC-144A #2308	USA
8912,0	J12	USA CG HH-60J #6012 CGAS Kodiak	USA
8912,0	K80	COTHEN	USA
8912,0	QSP	COTHEN	USA
8912,0	D41	CBP P-3B ""Slick"" #N741SK , Jacksonville AMB, FL	USA
8912,0	7Z	COTHEN	USA
8912,0	I62	USA customs	USA
8912,0	T58	COTHEN	USA
8912,0	RKI	COTHEN	USA
8912,0	J42	USA CG MH-60J #6042 CGAS Elizabeth City	USA
8912,0	KCMPRI	COTHEN	USA
8912,0	K55	USA CG MH-65C # 6555	USA
8912,0	K72	COTHEN	USA
8912,0	KRV	COTHEN	USA
8912,0	A65	CBP UH-60 # 80-23465	USA
8912,0	KVQ	COTHEN	USA
8912,0	N07	USA CG HC-144A #2307	USA
8912,0	J16	USA CG HH-60J #6016 CGAS Clearwater	USA
8912,0	707	COTHEN	USA
8912,0	ABQPRI	COTHEN	USA
8912,0	P03	COTHEN Remote TX CGAS Elizabeth City	USA
8912,0	OPB	OPBAT Service Center, Nassau, Bahamas	USA
8912,0	OMNI	COTHEN	USA
8912,0	K84	COTHEN	USA
8912,0	D47	CBP P-3 AEW&C #N147CS ,	USA

Frequency	ALE Ident	User	Country
		Jacksonville AMB, FL	
8912,0	K11	COTHEN	USA
8912,0	CS9	USA customs	USA
8912,0	J17	USA CG HH-60J #6017 CGAS Clearwater	USA
8912,0	K94	USA CG MH-65C # 6594	USA
8912,0	D06	CBP BOMBARDIER Q400 #N806MR	USA
8912,0	A48	CBP UH-60 # 86-24548	USA
8912,0	D05	CBP BOMBARDIER Q400 #N805MR	USA
8912,0	J31	USA CG HH-60J #6031 ATC Mobile	USA
8912,0	K53	COTHEN	USA
8912,0	M51	CBP BEECH A200 #N1551, Miami AMB, FL	USA
8912,0	PR1	USA customs San Juan	PTR
8912,0	J13	USA customs	USA
8912,0	J33	USA CG MH-60J #6033 CGAS Clearwater	USA
8912,0	D46	CBP P-3 AEW&C #N146CS , Jacksonville AMB, FL	USA
8912,0	705	COTHEN	USA
8912,0	K58	USA CG MH-65C # 6558	USA
8912,0	DEN	COTHEN	USA
8912,0	712	USA CG HC-130H #1712 , CGAS Kodiak	USA
8912,0	Z29	USA CG Sector San Diego	USA
8912,0	D01	CBP BOMBARDIER Q400 #N801MR, Miami AMB, Homestead JARB, FL	USA
8912,0	N05	USA CG HC-144A #2305	USA
8912,0	SKA	USA CG Sitka , AK	USA
8912,0	PNR400		
8912,0	ZVE	COTHEN	USA
8912,0	703	COTHEN	USA
8912,0	K68	COTHEN	USA
8912,0	LGV	COTHEN	USA
8912,0	DWA	COTHEN	USA
8912,0	501	COTHEN	USA
8912,0	T07	CBP BEECH A200 #N6507B	USA
8912,0	D14	CBP P-3A "Slick" #N18314 , Corpus Christi AMB, TX	USA
8912,0	PNR		
8912,0	D07	CBP BOMBARDIER Q400 #N807MR	USA
8912,0	S07	COTHEN	USA
8912,0	J11	USA CG HH-60J #6011 ATC Mobile	USA
8912,0	RPM	COTHEN	USA
8912,0	D49	CBP P-3 AEW&C #N149CS , Corpus Christi AMB, TX	USA
8912,0	ROS	COTHEN	USA
8912,0	L07	COTHEN	USA
8912,0	A10	COTHEN	USA
8930,0	CS004A	ALB MOI Tirana	ALB
8935,0	R24004	USA UH-60A Blackhawk Camp Bondsteel	
8935,0	6950		

Frequency	ALE Ident	User	Country
8935,0	TSCP		
8935,0	R26006		
8939,0	400010	MTN net	MTN
8939,0	400006	MTN net	MTN
8939,0	400003	MTN net	MTN
8939,0	400001	MTN net	MTN
8939,0	400007	MTN net	MTN
8939,0	400014	MTN net	MTN
8939,0	400009	MTN net	MTN
8942,0	Q2R	MRC MOI	MRC
8942,0	4AA	MRC MOI	MRC
8942,0	5FI	MRC MOI	MRC
8942,0	7UD	MRC MOI	MRC
8942,0	P4N	MRC MOI	MRC
8950,0	8671	Zonguldak	TUR
8950,0	8211	Yalova	TUR
8950,0	3241	Erzurum	TUR
8950,0	8021	Adiyaman	TUR
8950,0	3631	Sanliurfa	TUR
8950,0	3441	Malatya	TUR
8950,0	3011	Adana	TUR
8950,0	3061	Ankara	TUR
8950,0	3261	Eskisehir	TUR
8950,0	3771	Yalova	TUR
8950,0	3101	Balikesir	TUR
8950,0	3551	Samsun	TUR
8950,0	8061	Ankara	TUR
8950,0	3181	Cankiri	TUR
8950,0	3161	Bursa	TUR
8950,0	3031	Afyonkarahisar	TUR
8950,0	3062	Ankara	TUR
8950,0	3211	Diyarbakir	TUR
8950,0	841	Kocaeli	TUR
8950,0	3341	Istanbul	TUR
8950,0	3351	Izmir	TUR
8950,0	3251	Erzurum	TUR
8950,0	206102	Ankara	TUR
8950,0	3541	Sakarya	TUR
8950,0	8341	Istanbul	TUR
8950,0	3421	Konya	TUR
8950,0	8031	Afyonkarahisar	TUR
8950,0	3811	Düzce	TUR
8950,0	8241	Erzincan	TUR
8950,0	8111	Bilecik	TUR
8950,0	T1Z82	USA F	
8950,0	R05	USA F	USA
8950,0	3051	Amasya	TUR
8950,0	3111	Bilecik	USA
8950,0	8171	Canakkale	TUR
8950,0	3731	Sirnak	TUR
8950,0	3301	Hakkari	TUR
8950,0	3641	Usak	TUR
8950,0	3751	Ardahan	TUR
8950,0	8321	Isparta	TUR
8950,0	8131	Bitlis	TUR
8950,0	8761	Igdir	TUR
8950,0	8751	Ardahan	TUR
8950,0	3741	Bartin	TUR
8950,0	3601	Tokat	TUR
8950,0	8231	Elazig	TUR
8950,0	8091	Aydin	TUR
8950,0	8361	Kars	TUR
8950,0	3721	Batman	TUR
8950,0	3491	Mus	TUR
8950,0	T2Z25	USA F	
8950,0	8651	Van	TUR
8950,0	123456		TUR
8950,0	ZPT		
8950,0	VRA		
8950,0	MUS		
8950,0	KXO		
8950,0	3621	Tunceli	TUR

Frequency	ALE Ident	User	Country
8950,0	8151	Burdur	TUR
8950,0	8611	Trabzon	TUR
8950,0	3041	Agri	TUR
8950,0	38S	USA F	USA
8950,0	8561	Siirt	TUR
8950,5	P2Z10	USA F 10th Mountain Div Combat Aviation Brig	IRQ
8950,5	T10CAB	USA F 10th Mountain Div Combat Aviation Brig	IRQ
8950,5	T1Z10	USA F 10th Mountain Div Combat Aviation Brig 1-10A	IRQ
8952,0	ICZSPR	USA AF Sigonella SIPRNET	I
8964,0	20002		
8964,0	5601	Teheran	IRN
8965,0	OFFNPR	USA AF Offutt NIPR	USA
8965,0	JNRNPR	USA AF Salinas NIPR	PTR
8965,0	ADW	USA AF Andrews	USA
8965,0	ICZ	USA AF Sigonella	I
8965,0	HIKNPR	USA AF Hickham NIPR	HWA
8965,0	MCCNPR	USA AF McClellan NIPR	USA
8965,0	CRO	USA AF Croughton	G
8965,0	ICZNPR	USA AF Sigonella NIPR	I
8965,0	CRONPR	USA AF Croughton NIPR	G
8965,0	ADWNPR	USA AF Andrew AFB NIPR	USA
8968,0	GUASPR	USA AF Guam SIPR	GUM
8968,0	ADWSPR	USA AF Andrews SIPR	USA
8968,0	JTYSPR	USA AF Yokota SIPR	J
8968,0	AEDSPR	USA AF Elmendorf	ALS
8968,0	JDGSPR	USA AF Diega Garcia SIPR	DGA
8968,0	CROSPR	USA AF Croughton SIPR	G
8968,0	JNRSPR	USA AF Salinas SIPR	PTR
8968,0	IKFSPR	USA AF Keflavik SIPRNET	ISL
8968,0	PLASPR	USA AF Lajes SIPR	AZR
8968,0	ICZ	USA AF Sigonella	I
8968,0	MCCSPR	USA AF McClellan SIPR	
8968,0	ICZSPR	USA AF Sigonella SIPRNET	I
8968,0	OFFSPR	USA AF Offutt SIPR	USA
8968,0	HAWSPR	USA AF Ascension SIPR	ASC
8972,0	055		
8974,0	ESTACION		
8975,0	TAIPEI2		TWN
8975,0	KAOHSIUN G		TWN
8979,0	5001		
8980,0	LP30LP90		ALG
8980,0	FU30LP90		ALG
8980,0	NZ30LP90		ALG
8980,0	NMG	USA CG Miami , FL	USA
8980,0	HJ30LP90		ALG
8980,0	DQ30LP90		ALG
8980,0	NOJ	USA CG Kodiak	USA
8984,0	HN32		
8986,0	TOULTECH	F DGA Toulouse	F
8986,0	EVISTRES	F DGA Istres	F
8989,0	TACTICA		
8989,0	123		
8989,0	14810		

Frequency	ALE Ident	User	Country
8990,0	BNAR1	VEN N	VEN
8990,0	OU1RG	ALG MOI Ouargla	ALG
8990,0	T5L1	VEN N	VEN
8990,0	BE1CH	ALG MOI Bechar	ALG
8990,0	T611	VEN N	VEN
8990,0	OU1LA	ALG MOI Ouargla	ALG
8990,0	DP1FA	ALG police Djelfa	ALG
8990,0	BI1SK	ALG police Biskra	ALG
8990,0	1XV7	VEN N	VEN
8990,0	SP1FM	ALG MOI	ALG
8990,0	ME1NA	ALG police El Meneba	ALG
8992,0	ADW	USA AF Andrews	USA
8993,0	BOE		
8993,0	AAA	ISR AF	ISR
8993,0	BXY		
8995,0	CCC		
8995,0	FFF		
9000,0	2214		
9000,0	RZ9		
9000,0	ZW6		
9000,0	EK7		
9000,0	KA1		
9000,0	JE7		
9000,0	CZ1		
9000,0	KI9		
9004,0	111801		
9004,0	1808		
9005,0	TSCP	USA AF Camp Bondsteel	
9005,0	R23722	USA AF	
9005,0	R26160	USA AF	
9010,0	CANIBAL		
9010,0	DHB		
9010,0	JO5		
9010,0	2BP		
9010,0	JAC		
9010,0	SCORPIUS	B AF	B
9010,0	4BP		
9010,0	XG5RA		
9010,0	CRUCERO1 0		
9010,0	FR5RA2		
9010,0	2BO		
9010,0	WB6		
9010,0	5BP		
9010,0	T2		
9010,0	XSS	G MIL	G
9010,0	6BP		
9010,0	LBH		
9013,0	AF6		
9017,0	STAT33	TUN F	TUN
9017,0	SBZ		
9018,0	P305		
9018,0	ACT		
9018,0	P309		
9018,0	P312		
9018,0	NAV		
9018,0	XSS	G MIL	G
9018,3	P305	IRQ N ship	IRQ
9018,3	P309	IRQ N ship	IRQ
9018,3	NAVY1	IRQ N HQ	IRQ
9018,3	P312	IRQ N ship	IRQ
9019,0	260205		
9019,0	UKE301	G AF E3D Sentry AWACS	G
9019,0	UKE307	G AF E3D Sentry AWACS	G
9019,0	UKE306	G AF E3D Sentry AWACS	G
9019,0	MEF		
9019,0	XSA	G MIL	G
9019,0	UKE303	G AF E3D Sentry	G

Frequency	ALE Ident	User	Country
		AWACS	
9019,0	XSS	G MIL	G
9020,5	XSS	G MIL	G
9020,6	XSS	G MIL	G
9022,0	ESTACION		
9022,0	XSS	G MIL	G
9022,0	AVION		
9022,0	XSS	G MIL Akrotiri	CYP
9023,6	XSS	G MIL	G
9025,0	250104	USA AF	
9025,0	190006	USA AF	
9025,0	PLA	USA AF Lajes	AZR
9025,0	GTL	USA AF Thule	GRL
9025,0	IKF	USA AF Keflavik	ISL
9025,0	OFF	USA AF Offutt	USA
9025,0	ICZ	USA AF Sigonella	I
9025,0	D96		
9025,0	MED		
9025,0	NMH	USA CG Alexandria , VA	USA
9025,0	NMH3	USA CG	USA
9025,0	MPA	USA AF Mt. Pleasant	USA
9025,0	KWY	USA DOS	
9025,0	GFTEST		
9025,0	270042	USA AF	
9025,0	R740		
9025,0	MEF		
9025,0	JNR	USA AF Salinas	PTR
9025,0	MCC	USA AF McClellan	USA
9025,0	KWP95	USA DOS	
9025,0	SUN2		
9025,0	KWE41	USA E Addis Abeba	ETH
9025,0	190007	USA AF	
9025,0	AED	USA AF Elmendorf	ALS
9025,0	170029		
9025,0	160017		
9025,0	URANO	MEX F	MEX
9025,0	Z6HSAC		USA
9025,0	JTY	USA AF Yokota	J
9025,0	GUA	USA AF Guam	GUM
9025,0	PLUTON	MEX F	MEX
9025,0	UKE307	G AF E3D Sentry AWACS	G
9025,0	ACUARO	MEX F	MEX
9025,0	960007	USA AF	
9025,0	591498	USA AF	USA
9025,0	ADW	USA AF Andrews	USA
9025,0	E31407	USA AF	USA
9025,0	SQ9		
9025,0	JUPITER	MEX F	MEX
9025,0	UKE305	G AF E3D Sentry AWACS	G
9025,0	JDG	USA AF Diego Garcia	DGA
9025,0	CRO	USA AF Croughton	G
9025,0	HAW	USA AF Ascension	ASC
9025,0	221109		
9025,0	GBL		
9025,0	HIK	USA AF Hickham	HWA
9025,0	R004		
9026,6	CRO	USA AF Croughton	G
9028,0	XSS	G MIL	G
9031,0	XSS	G MIL	G
9034,0	RUF		
9034,0	120		
9036,5	T1Z131	USA F	USA
9036,5	T2Z224	USA F	USA
9036,5	T5Z158	USA F	
9036,5	T3Z126	USA F	USA
9036,5	WRM		
9037,0	LIQUIC		
9037,0	VIQUEQ		
9037,0	OEKUSI		

Frequency	ALE Ident	User	Country
9037,0	T2Z224	USA F	
9037,0	JOK		
9037,0	140SHP	GRC AF 140th EW Tactical Intelligence Combat Group Larissa	GRC
9037,0	5SHET	GRC AF	GRC
9038,0	TSCP		
9043,0	L06		
9043,0	A98		
9043,0	D09		
9043,0	A04		
9044,0	ATFOPS		
9044,0	UDAIRI	USA MIL Camp Buehring	KWT
9044,0	T3Z126	USA F	
9044,0	AN300A		
9044,0	OR200A		
9044,0	R24	USA F	USA
9045,0	3771	Yalova	TUR
9045,0	4015	Adana	TUR
9045,0	2017	Adana	TUR
9045,0	2012	Adana	TUR
9045,0	1009		TUR
9045,0	1020	Adiyaman	TUR
9045,0	43402	Istanbul	TUR
9045,0	5010	Adana	TUR
9045,0	3261	Eskisehir	TUR
9045,0	2016	Adana	TUR
9045,0	206102	Ankara	TUR
9045,0	2005		TUR
9045,0	5026	Adiyaman	TUR
9045,0	1014	Adana	TUR
9045,0	5046	Agri	TUR
9045,0	2011	Adana	TUR
9045,0	2015	Adana	TUR
9045,0	9817	Düzoe	TUR
9045,0	2010	Adana	TUR
9045,0	4017	Adana	TUR
9045,0	2013	Adana	TUR
9045,0	2014	Adana	TUR
9046,0	5602	Teheran	IRN
9046,0	5601	Teheran	IRN
9047,0	100NERCA P	USA CAP North Eastern Region	USA
9047,0	0775NVCAP	USA CAP Nevada	USA
9047,0	0004IACAP	USA CAP Iowa	USA
9047,0	0040WVCA P	USA CAP West Virginia	USA
9047,0	0303WACA P	USA CAP Washington	USA
9047,0	0042NHCA P	USA CAP New Hampshire	USA
9047,0	060PCRCA P	USA CAP Pacific Coast Region	USA
9047,0	0034MERC AP	USA CAP Middle Eastern Region	USA
9047,0	0043MERC AP	USA CAP MIddle Eastern Region	USA
9047,0	AVS	USA CAP HQ Maxwell , AL	USA
9047,0	0314MICAP	USA CAP Michigan	USA
9047,0	0004WICAP	USA CAP Wisconsin	USA
9047,0	0011ARCAP	USA CAP Arkansas	USA
9047,0	0018NHCA P	USA CAP New Hamshire	USA
9047,0	054NHQCA P	USA CAP Maxwell AFB , AL	USA
9047,0	0101NCRC AP	USA CAP North Central Region	USA
9047,0	094ALCAP	USA CAP Alabama	USA
9047,0	0112GACA P	USA CAP Georgia	USA
9047,0	004RMRCA	USA CAP Rocky	USA

Frequency	ALE Ident	User	Country
	P	Mountain Region	
9047,0	0100SWRC AP	USA CAP South Western Region	USA
9050,0	ZT201A	?CHN diplo	
9050,0	LAB		
9050,0	YT351A	?CHN diplo	
9050,0	176	?CHN diplo	
9050,0	CID	VEN F	VEN
9050,0	124		
9050,0			
9050,0	115		
9050,0	TOU	Airbus Toulouse	F
9050,0	125		
9050,0	PAR	Airbus Paris	F
9050,0	116		
9052,0	CGGN	VEN National Guard	VEN
9052,0	MIRA1	VEN N	VEN
9052,0	CONAKRY	F E Conakry	GUI
9052,0	RABAT	F E Rabat	MRC
9052,0	CER11	MFA Paris	F
9052,0	CER41	MFA Paris	F
9055,0	QZ		
9056,0	EZ		
9057,0	ICZ	USA AF Sigonella	I
9057,0	XSS	G MIL	G
9057,0	AA1	ISR AF	ISR
9057,0	HAW	USA AF Ascension	ASC
9057,0	AAA	ISR AF	ISR
9060,0	2BO		
9060,0	BOE		
9060,0	029		
9060,0	038		
9064,0	OPMHQ2		USA
9064,0	NSFHQ1		USA
9065,0	186CDR		
9065,0	186ACMD		
9068,5	LCR154	POL MIL Warszawa	POL
9068,5	SPI324	POL MIL	POL
9068,5	LCR155	POL MIL Warszawa	POL
9069,0	SPI324	POL MIL	POL
9069,0	SPT424	POL MIL	B
9069,0	SNB813	POL MIL Waszawa	POL
9069,0	SNB	POL MIL	POL
9069,0	LCR154	POL MIL Warszawa	POL
9069,7	8401		
9069,9	6801		
9069,9	6869		
9069,9	6701		
9069,9	7901		
9070,0	CM4	ALG MIL Ouargla	ALG
9070,0	3501	Nevsehir	TUR
9070,0	123456		TUR
9070,0	LAG		
9070,0	6301	Hakkari	
9070,0	6869		
9070,0	6701	Karaman	
9070,0	7901		
9070,0	1571	Sinop	
9070,0	2501	Nevsehir	
9070,0	586		
9070,0	6801	Osmaniye	
9070,0	2271	Gaziantep	
9070,0	055		
9070,5	61S1		
9070,5	61S2		
9070,5	36ME		
9071,5	GR2		
9072,0	1327		
9073,0	6CIN1D		
9073,0	6CIN2D		
9073,0	5CIN1D		
9073,0	5CIN2D		

Frequency	ALE Ident	User	Country
9080,0	TNS	ALG E Tunis	TUN
9080,0	RAMPAGE9 9		
9080,0	MAE	MFA Alger	ALG
9080,0	FOX		
9080,0	IRONMAN4 5		
9081,5	BROOK		
9082,0	043MERCA P	USA CAP Middle Eastern Region	USA
9083,0	AAI	USA AF	
9083,0	AAG	USA AF	
9083,0	CENTR2	MFA Bucharest	ROU
9083,0	AAD	USA AF	
9083,0	AAC	USA AF	
9083,0	ADA	USA AF	
9083,0	AAA	USA AF	
9083,0	YPM37	ROU E	MRC
9083,0	AAF	USA AF	
9083,0	AAB	USA AF	
9083,0	ADB	USA AF	
9083,0	CENTR6	MFA Bucharest	ROU
9084,0	ECO01	Disaster Control Tarapaca region	CHL
9085,0	RBK		
9085,0	SVK		
9085,0	0018	Arma dei Carabinieri	I
9085,0	1000	Arma dei Carabinieri Rome	I
9085,0	1508	Arma dei Carabinieri	I
9085,0	110		I
9085,0	1221	Arma dei Carabinieri	I
9085,0	3SA		
9085,0	0802	Arma dei Carabinieri	I
9085,0	ATA		
9085,0	0811	Arma dei Carabinieri	I
9085,0	CENTR3	MFA Bucharest	ROU
9085,0	YPM37	ROU E	
9085,0	0200	Arma dei Carabinieri	I
9086,0	R3		
9086,0	RHU	ARS AF	ARS
9086,0	AAP	ARS AF	ARS
9086,0	RHP	ARS AF	ARS
9086,0	RHI	ARS AF	ARS
9086,0	C3		
9086,0	AIA		
9086,0	AAI		
9086,0	AAU		
9089,0	ECO06	Disaster Control Libertador region	CHL
9089,0	ECO10	Disaster Control Los Lagos region	CHL
9089,0	ECO03	Disaster Control Atacama region	CHL
9089,0	ECO01	Disaster Control Tarapaca region	CHL
9089,0	ECO02	Disaster Control Antofagasta region	CHL
9089,0	ECO15	Disaster Control Arica y Parinacota	CHL
9089,0	ECO05	Disaster Control Valparasiso region	CHL
9090,0	LCR154	POL MIL Warszawa	POL
9090,0	SOG933	POL MIL	POL
9090,0	EPA		
9093,0	ADB	USA AF	
9093,0	AAA		
9093,0	ADA	USA AF	
9093,0	AAF	USA AF	
9093,0	AAG	USA AF	
9093,0	AAB		
9093,0	208		
9093,6	1TM652	F N Minesweeper	F

Frequency	ALE Ident	User	Country
		Cuphue	
9093,6	2TLFUO	F N Toulon	F
9097,0	TX1		
9100,0	KHLN	Montana Army NG Helena , MT	USA
9105,0	9071		
9106,0	CM4	ALG MIL Ouargla	ALG
9106,0	KNY70	USA NTCN Herndorn , VAUSA F Delaware	USA
9106,0	PR1	VEN N	VEN
9114,0	FAAZMA	FAA Miami	USA
9114,0	FAAZDC	FAA Wahington	USA
9114,0	FAAZOB	FAA Cleveland	USA
9114,0	FAAZBW	FAA Boston	USA
9114,0	FAAZMP	FAA Minneapolis	USA
9116,0	BBM		
9117,0	REI		
9117,0	REU		
9117,0	DJP		
9117,0	CENTR1	MFA Bucharest	ROU
9117,0	JDI	ARS AF	ARS
9117,0	MAE	MFA Alger	ALG
9117,0	PE1	B N Pernambuco	B
9117,0	BA1	USA FBI Baltimore , MD	USA
9117,0	BR1	B N Brasilia	B
9117,0	RCU		
9117,0	RCP	ARS AF	ARS
9117,0	RCI	ARS AF	ARS
9118,0	GFTEST		
9118,0	SUN2		
9118,0	100		
9119,0	BA1	USA FBI Baltimore , MD	USA
9119,0	CENTR6	MFA Bucharest	ROU
9119,0	CENTR1	MFA Bucharest	ROU
9119,0	YPM	ROU E	
9119,5	VAGUARD	USA NG	USA
9119,5	STN	USA NG	USA
9120,0	400001	MTN net	MTN
9120,0	400003	MTN net	MTN
9120,0	BGD	SLO E Baghdad	IRQ
9120,0	BA1	USA FBI Baltimore , MD	USA
9120,0	PE1	B N Pernambuco	B
9120,0	400009	MTN net	MTN
9120,0	400014	MTN net	MTN
9120,0	400002	MTN net	MTN
9120,0	400007	MTN net	MTN
9120,0	1234		
9120,0	NEN		
9120,0	400006	MTN net	MTN
9120,3	DEA		
9120,3	COM		
9120,3	BGD	SLO E Baghdad	IRQ
9120,3	VI1		
9121,0	LIELVA	?LVA F	
9121,0	PAMATS	?LVA F	
9121,0	A25	?LVA F	
9121,5	R479		
9121,5	VORTOC	Camp Bondsteel Kosovo	
9122,5	8	USA ACE	
9123,0	CENTR2	MFA Bucharest	ROU
9123,0	AQW	ROU E	
9123,0	ZMF	ROU E	
9124,0	DUST		
9124,0	101AVGRD	USA F	USA
9124,0	L4Z101	USA F	USA
9127,0	OLI027		
9127,0	MAP024		
9127,5	RIE039		

Frequency	ALE Ident	User	Country
9127,5	MIX026		
9127,5	RAT		
9127,5	CSL		
9127,5	CSL075		
9127,5	WIE028		
9127,5	ODM036		
9127,5	AKT037		
9127,5	RAT038		
9127,5	POL		
9128,0	CENTR6	MFA Bucharest	ROU
9128,0	OKC	ROU E	
9131,0	U770315		
9135,0	ANTARNET 01		ETH
9135,0	206102	Ankara	TUR
9135,0	ASSADNET		ETH
9135,0	9850		TUR
9135,0	3771	Yalova	TUR
9135,0	3261	Eskisehir	TUR
9135,0	9817	Düzoe	TUR
9135,0	43402	Istanbul	TUR
9135,0	123		
9137,0	GS1		
9137,0	AAA	ISR AF	ISR
9137,0	MB1		
9140,0	CABJMP		
9143,0	MASTERB		
9143,0	AAT3BFMA RS	USA F Delaware	USA
9143,0	MASTERA		
9143,0	CLI		
9145,0	CLS	USA army	
9145,0	BARAZA		
9145,0	CHOCOPE		
9145,0	CLX123	USA army	
9145,0	L26418		
9146,0	CLI		
9147,0	JDP	ARS AF	ARS
9147,0	RGI		
9147,0	JDN	ARS AF	ARS
9147,0	RGP		
9147,0	JDI	ARS AF	ARS
9148,0	6712		
9148,0	6710		
9150,0	4001		
9150,0	GANOB16		EGY
9150,0	101		
9150,0	HQ4		EGY
9150,0	GANOB14		EGY
9150,0	S1B		
9150,0	GANOB1		EGY
9150,0	P1G		
9150,0	HQ3		EGY
9150,0	GANOB8		EGY
9151,0	ESTACION	F MIL	F
9151,0	AVION	F MIL	F
9158,5	M03		
9158,5	M13		
9158,5	M08		
9159,0	132	CHN	CHN
9159,0	131	CHN	CHN
9160,0	JCP	ARS AF	ARS
9160,0	RFP	ARS AF	ARS
9160,0	JCI	ARS AF	ARS
9160,0	RFI	ARS AF	ARS
9165,0	3561	Siirt	TUR
9166,0		SUI E Alger	ALG
9166,0		SUI E Kiev	UKR
9166,0		MFA Berne	SUI
9169,0	ASTYRE	TWN N	TWN
9169,0	ABLAZE	TWN N	TWN
9169,0	2003	I Carabinieri	I

Frequency	ALE Ident	User	Country
9169,0	2007		
9170,0	1208		
9173,0	RGI		
9173,0	JDI	ARS AF	ARS
9176,0	MEL	Western Libyan Gas Project Mellitah	LBY
9176,0	RFI	ARS AF	ARS
9176,0	WAF	Wetsren Libyan Gas Project Wafa Field	LBY
9176,0	RGI	ARS AF	ARS
9176,0	SAB	Western Libyan Gas Project oil platform Sabratha	LBY
9176,0	JDP	ARS AF	ARS
9176,0	JCI	ARS AF	ARS
9176,0	RGP	ARS AF	ARS
9177,0	O94		
9177,0	?K9		
9177,0	440		
9177,0	S?R		
9177,7	JCP	ARS AF	ARS
9178,0	TWBA	E MOI	E
9178,0	111	E MOI	E
9178,6	PR016		
9178,6	PR015		
9178,6	PR013		
9178,6	PR010		
9180,0	134001		
9180,0	206102	Ankara	TUR
9180,0	TZ58		
9180,0	165001		
9180,0	106001		
9180,0	141001		
9180,0	181001		
9180,0	154001		
9180,0	PA40		
9180,0	TZ50		
9180,0	143001		
9182,0	L11	CHN	
9182,0	A86	CHN	
9183,0	RAP		
9183,0	FAB3		
9183,0	FAB2		
9183,0	JAP	ARS AF	ARS
9184,0	111	E MOI	E
9184,0	TWLN	E MOI	E
9184,0	TWLC	E MOI	E
9184,0	TZSH	E MOI Huelva	E
9185,0		SUI E Madrid	E
9185,0		SUI E Rome	I
9185,0		SUI E Vienna	AUT
9185,0		SUI E Paris	F
9185,0		MFA Berne	SUI
9185,0	TD500A		
9185,0		SUI E Budapest	HNG
9185,0		SUI E Warszawa	POL
9185,0		SUI E Belgrade	SRB
9185,0	OR200A		
9187,0		MOD Berne	SUI
9189,0	OPERACYJ NY	MOD Warszawa	POL
9189,0	BXPJANKO VIC	POL MIL	POL
9190,0	DHD	VEN N	VEN
9190,0	64B	VEN N	VEN
9190,0	TALOPS	USA F	
9190,0	PR1	VEN N	VEN
9190,0	BNA	VEN N Amario	VEN
9190,0	MEDOPS	USA AF	
9190,0	CGA	VEN N	VEN
9190,0	DHN	VEN N	VEN
9190,0	OD7		

Frequency	ALE Ident	User	Country
9195,0	711		
9195,8	RAN		
9195,8	JAP	ARS AF	ARS
9195,8	RAI	ARS AF	ARS
9196,0	156..		
9196,0	110		I
9196,0	156		
9196,0	151		
9196,0	158		
9196,0	157		
9196,2	CRP		
9197,9	HLA	CHL N	CHL
9198,0	23R	CHL N	CHL
9198,0	FON		
9198,0	HLA	CHL N	CHL
9198,0	GRZ		
9198,0	TAC	CHL N	CHL
9198,0	4P0		
9198,0	CAS	CHL N	CHL
9198,0	1FG		
9198,0	ASI	G F Ascension	ASC
9198,0	23F		
9198,0	GBR		
9198,0	CA2		
9198,0	0R0		
9198,0	FSS		
9198,0	FGT		
9198,0	BVG		
9198,0	CCC	ISR AF	ISR
9198,0	FR3FEM	USA FEMA Philadelphia , PA	USA
9198,5	5KM		
9199,0	RAI	ARS AF	ARS
9199,0	GR2		
9199,0	RAP		
9199,0	GRUCHOT MAL64		
9199,0	JAI	ARS AF Jeddah	ARS
9199,0	JAP	ARS AF	ARS
9199,0	JAN	ARS AF	ARS
9199,0	TU1		
9199,0	TURYSTYM AL64		
9199,0	TUR		
9199,3	P7H		
9199,4	P7H		
9199,4	FGT		
9199,5	FGT		
9199,6	FGT		
9199,9	11143		
9199,9	1311		
9199,9	2416		
9199,9	2405		
9199,9	2011		
9200,0	22123		
9200,0	207		
9200,0	24151 51		
9200,0	1308		
9200,0	1306		
9200,0	2525		
9200,0	2408		
9200,0	22054		
9200,0	2002XE		
9200,0	11162		
9200,0	13241		
9200,0	13081		
9200,0	131		
9200,0	BAB		
9200,0	SHE	ALB F Mosul	IRQ
9200,0	LESKOVIKU	ALB F	
9200,0	1118		
9200,0	220		

Frequency	ALE Ident	User	Country
9200,0	2406		
9200,0	1102		
9200,0	13181 81		
9200,0	RAP		
9200,0	1106		
9200,0	2011	MRC F	MRC
9200,0	2521	MRC F	MRC
9200,0	2527	MRC F	MRC
9200,0	244	MRC F	MRC
9200,0	11143		
9200,0	13142		
9200,0	2001		
9200,0	1316		
9200,0	2215		
9200,0	071	SNG N ship RSS Tenacious	SNG
9200,0	13121		
9200,0	11043		
9200,0	2411		MRC
9200,0	2407		MRC
9200,0	2416		
9200,0	2514		
9200,0	13132		
9200,0	2401		
9200,0	13012		
9200,0	110		I
9200,0	2205		
9200,0	24081		
9200,0	1309		
9200,0	1302		
9200,0	13111		MRC
9200,0	201		
9200,0	2204		
9200,0	241		
9200,0	2202		
9200,0	2203		
9200,0	13251		
9200,0	22111		
9200,0	13141		
9200,0	13263		
9200,0	13011		
9200,0	2211		
9200,0	1108		
9200,0	1326		
9200,0	2418		
9200,0	200		
9200,0	1321		
9200,0	1307		
9200,0	1111		
9200,0	1109		
9200,0	2524		
9200,0	1313		
9200,0	2002		
9200,0	1115		
9200,0	2403		
9200,0	1314		
9200,0	1113		
9200,0	13051		
9200,0	1319		
9200,0	13181		
9200,0	13122		
9200,0	22011		
9200,0	2413		
9200,0	1325		
9200,0	24151		
9200,0	2201		
9200,0	1311		
9200,0	22023	?MRC F	MRC
9200,0	2417		
9200,0	123456		TUR
9200,0	1114		
9200,0	2513		

Frequency	ALE Ident	User	Country
9200,0	11021		
9200,0	1318		
9200,0	2526		
9200,0	1104		
9200,0	221		
9200,0	1324		
9200,0	1105		
9200,0	2213		
9200,0	2517		
9200,0	2419		
9200,0	24181		
9200,0	1119		
9200,0	98		
9200,0	1301		
9200,0	2651		
9200,0	11062		
9200,0	2404		
9200,0	1103		
9200,0	2214		
9200,0	1322		
9200,0	1027		
9200,0	22154		
9200,0	252		
9200,0	251		
9200,0	1323		
9200,0	13221 21		
9200,0	2407 7		
9200,0	13252		
9200,0	1312		
9200,0	2512		
9200,0	CN3	SNG N	SNG
9200,0	1116		
9200,0	2405		
9200,0	99		
9200,0	11121		
9200,0	2414		
9200,0	13071		
9200,0	100		
9200,0	87		
9200,0	240		
9200,0	13262		
9200,0	1303		
9200,0	1305		
9200,0	2528		
9200,0	FGT		
9200,1	2417		
9200,1	13252		
9200,8	13132		
9201,0	2002		
9201,0	2401		
9201,0	2514		
9201,0	2413		
9201,1	2512		
9201,1	2527	MRC F	MRC
9201,1	2525		
9201,2	22154		
9201,2	2215		
9201,2	2011		
9201,2	2408		
9201,2	2405		
9201,2	1324		
9201,2	2414		
9201,2	2521	MRC F	MRC
9201,2	2513		
9201,2	2401		
9201,3	1322		
9201,3	1308		
9201,3	2405		
9201,3	1317		
9201,3	1314		
9201,3	2011		
9201,3	13141		

Frequency	ALE Ident	User	Country
9201,3	1106		
9201,3	2002		
9201,3	24081		
9201,3	2403		
9201,3	2525		
9201,3	2204		
9201,4	201		
9201,4	2418		
9201,4	1104		
9201,4	2415		
9201,4	13012		
9201,4	2002		
9201,4	1322		
9201,4	2203		
9201,4	13251		
9201,4	2407		MRC
9201,4	2411		MRC
9201,4	2417		
9201,4	2011		
9201,4	2525		
9201,4	1326		
9201,5	110		I
9201,5	1311		
9201,5	1113		
9201,5	1103		
9201,5	2011		
9201,5	1313		
9201,5	2414		
9201,5	24181		
9201,5	2211		
9201,5	2215		
9201,5	2405		
9201,5	1324		
9201,6	2011		
9201,6	13122		
9201,6	2201		
9201,6	2415		
9201,6	11162		
9201,6	201		
9201,7	2011		
9201,7	1326		
9201,7	2521	MRC F	MRC
9201,7	13012		
9201,7	24151		
9201,8	2413		
9201,8	2011		
9201,8	2521	MRC F	MRC
9201,9	2002		
9201,9	2011		
9202,0	1111		
9202,0	RAP		
9202,0	7601		
9202,0	2401		
9202,2	13142		
9202,4	1109		
9202,4	13141		
9202,5	2214		
9204,0	915		
9205,0	221808		
9210,0	RDI		
9212,0	MOLENE		
9212,0	RSMUNICH	Rhode & Schwarz Munich	D
9212,0	SPACEMAN		
9212,0	STATION1		
9212,0	STATION2		
9212,0	STATION3		
9212,0	NOMADE1		
9212,0	EAGLE		
9215,0	0000210588		
9216,0	374		
9219,0	AA1	ISR AF	ISR

Frequency	ALE Ident	User	Country
9219,0	BB1	ISR AF	POL
9219,0	BB2	ISR AF	ISR
9219,0	S40	S E	
9219,0	A506	ISR AF	ISR
9219,0	AAA	ISR AF	ISR
9219,0	S17	S E Kiev	UKR
9219,0	S15	S E	
9219,0	S30	S E	
9219,0	AA17KP		
9219,0	Y30		
9219,0	BB3	ISR AF	
9221,0	BLJ		
9224,0	WWLNNN		
9224,0	WWL		
9224,0	OARNNN	USA MARS	
9226,7	411		
9226,8	131		
9227,0	DD2	ISR AF	ISR
9227,0	522	ISR AF	ISR
9227,0	428	ISR AF	ISR
9227,0	AA1	ISR AF	ISR
9227,0	BB1	ISR AF	ISR
9227,0	TSR	ISR AF	ISR
9227,0	RAM	ISR AF	ISR
9227,0	CENTR4	MFA Bucharest	ROU
9227,0	YPM	ROU E	
9227,0	RAP		
9227,0	CENTR6	MFA Bucharest	ROU
9227,0	YPM31	ROU E	
9228,0	LCR155	POL MIL Warszawa	POL
9228,0	SNE927	POL MIL	POL
9228,0	SOG933	POL MIL	POL
9229,0	T2Z25	USA F	
9229,0	T3Z25	USA F	
9229,0	T1Z82	USA F	
9230,0	1001		
9230,0	120		
9230,0	0000210401		
9230,0	0000210402		
9230,0	0000210488		
9230,0	0000210588		
9230,0	0000210001		
9230,0	0000210501	GRC MOI	GRC
9230,0	0000210302		
9232,0	DUBOWO5 9	POL MIL	POL
9232,0	0001		
9232,0	CEDAR67	POL MIL	POL
9232,0	TAMURA40	POL MIL	POL
9232,0	TAJGA69	POL MIL	POL
9232,0	AAD	USA AF	
9232,0	AAA		
9232,0	PIRUET23	POL MIL	POL
9234,0	JMA		
9234,0	PA01		
9234,0	RK01		
9240,0	3421	Konya	TUR
9240,0	8591	Tekirdag	TUR
9240,0	3741	Bartin	TUR
9240,0	3261	Eskisehir	TUR
9240,0	8341	Istanbul	TUR
9240,0	3561	Siirt	TUR
9240,0	8481	Mugla	TUR
9240,0	3451	Manisa	TUR
9240,0	3011	Adana	TUR
9240,0	8671	Zonguldak	TUR
9240,0	3511	Nigde	TUR
9240,0	3621	Tunceli	TUR
9240,0	3371	Kastamonu	TUR
9240,0	3161	Bursa	TUR
9240,0	8551	Samsun	TUR
9240,0	8411	Kocaeli	TUR

Frequency	ALE Ident	User	Country
9240,0	8091	Aydin	TUR
9240,0	8351	Izmir	TUR
9240,0	3211	Diyarbakir	TUR
9240,0	3062	Ankara	TUR
9240,0	8761	Igdir	TUR
9240,0	3641	Usak	TUR
9240,0	3151	Burdur	TUR
9240,0	3191	Corum	TUR
9240,0	3671	Zonguldak	TUR
9240,0	3031	Afyonkarahisar	TUR
9240,0	3651	Van	TUR
9240,0	3541	Sakarya	TUR
9240,0	8321	Isparta	TUR
9240,0	43401	Istanbul	TUR
9240,0	8431	Kütahya	TUR
9240,0	3481	Mugla	TUR
9240,0	8111	Bilecik	TUR
9240,0	8181	Cankiri	TUR
9240,0	3141	Bolu	TUR
9240,0	3101	Balikesir	TUR
9240,0	3181	Cankiri	TUR
9240,0	3811	Düzce	TUR
9240,0	8511	Nigde	TUR
9240,0	8151	Burdur	TUR
9240,0	8141	Bolu	TUR
9240,0	3111	Bilecik	TUR
9240,0	3771	Yalova	TUR
9240,0	3321	Isparta	TUR
9240,0	43402	Istanbul	TUR
9240,0	206102	Ankara	TUR
9240,0	9817	Düzoe	TUR
9240,0	3591	Tekirdag	TUR
9240,0	8601	Tokat	TUR
9240,0	3351	Izmir	TUR
9240,0	3061	Ankara	TUR
9240,0	3341	Istanbul	TUR
9240,0	8251	Erzurum	TUR
9240,0	3411	Kocaeli	TUR
9240,0	123466		TUR
9240,0	3251	Erzurum	TUR
9240,0	8261	Eskisehir	TUR
9240,0	123456		TUR
9240,0	8061	Ankara	TUR
9240,0	8161	Bursa	TUR
9240,0	9850		TUR
9240,0	8211	Diyarbakir	TUR
9240,0	3551	Samsun	TUR
9240,0	8031	Afyonkarahisar	TUR
9241,0	1001		TUR
9245,0	1001		TUR
9245,0	2005		TUR
9248,0	BB2	ISR AF	ISR
9248,0	522	ISR AF	ISR
9250,0	HQ3	GMRA Tripoli	LBY
9250,0	GHARB2	LBY GMRA	LBY
9257,0	172		
9257,0	COF	ALG MIL	ALG
9257,0	243		
9259,0	NAU		
9259,0	RCU		
9259,0	CGE	VEN F Caracas	VEN
9260,0	50	DNK F	
9260,0	2155	Burdur	TUR
9260,0	2188		
9260,0	68	DNK F	
9260,0	28	DNK F	
9260,0	DK1	DNK F	
9260,0	123456		TUR
9260,0	2152	Burdur	TUR
9264,0	636		
9264,0	160		
9264,0	787		

Frequency	ALE Ident	User	Country
9265,0	AAA	ISR AF	ISR
9265,0	AKALN2	PEMEX	MEX
9265,0	DD1	ISR AF	ISR
9265,0	XSA	G MIL	G
9268,0	HER		
9281,0	CTF		
9281,0	HBB		
9284,0	JAI	ARS AF Jeddah	ARS
9284,0	JAN	ARS AF	ARS
9285,0	Q2R	MRC MOI	MRC
9285,0	U3Z	MRC MOI	MRC
9285,0	7FD	MRC MOI	MRC
9285,0	5FI	MRC MOI	MRC
9285,0	5BJ	MRC MOI	MRC
9286,0	UKB		
9288,0	CM2	ALG MIL	ALG
9292,0	CIP40	CAN F	CAN
9292,0	CIP46	CAN F	CAN
9292,0	CIP123	CAN F	CAN
9292,0	CIP30	CAN F	CAN
9292,5	S1B		
9292,5	P1G		
9293,0	AAA	ISR AF	ISR
9293,0	TSM	ISR AF	ISR
9293,0	AA3	ISR AF	ISR
9293,0	RDI		
9293,0	AA1	ISR AF	ISR
9294,0	636		
9295,0	SLKNY	USA NG Saranac Lake , NY	USA
9295,0	ITHNY	USA NG Ithaca , NY	
9295,0	TZC		
9295,0	CPSNY	USA NG NY	USA
9295,0	MVLNY	USA NG Morrisonville , NY	USA
9295,0	TRYNY	USA NG Troy , NY	USA
9295,0	221		
9295,0	RO1671		
9295,0	TWVA5		
9295,0	TZB159	USA F Ft. Bragg , NC	USA
9295,0	STINY	USA NG Staten Island , NY	USA
9295,0	TWLV5		
9295,0	RCHNY	USA NG Rochester , NY	USA
9300,0	LCR154	POL MIL Warszawa	POL
9300,0	SPI324	POL MIL	POL
9300,0	BB1	ISR AF	ISR
9300,0	SPT424	POL MIL	
9303,0	GS6		
9303,0	SIS		
9303,0	MB9		
9305,0	3BT		
9305,0	GS1		
9305,0	MB1		
9308,0		SUI F	
9309,9	MYK		
9315,0	HAMRA	Haoud el Hamra field	ALG
9315,0	INA	In Amenas oilfield	ALG
9315,0	S1B		
9315,0	ALR	Alrar oilfield	ALG
9315,0	P1G		
9322,0	101		
9325,0	UMC	ROU diplo	
9325,0	CENTR3	MFA Bucharest	ROU
9333,5	2IC		
9345,0	CYR	TUN MIL	TUN
9358,0	REA		
9371,0	3333	MRC F	MRC
9371,0	2222	MRC F	MRC
9375,0	HQ1	Tripoli	LBY
9375,0	1234		

Frequency	ALE Ident	User	Country
9389,0	SPI324	POL MIL	POL
9389,0	LCR154	POL MIL Warszawa	POL
9390,0	SPT424	POL MIL	
9390,0	SNB		
9414,5	WGY9470	USA FEMA	USA
9414,5	573FEM	USA FEMA WGY9573	USA
9414,5	WGY9030	USA FEMA	USA
9423,0	AA1	ISR AF	ISR
9423,0	AA3	ISR AF	ISR
9423,0	K35		
9423,0	AA2	ISR AF	ISR
9423,5	MOB		
9423,5	202		
9423,5	MOBE3F	F AF	F
9423,5	203		
9423,5	202E3F	F AF Boing E3 Sentry	
9427,0	OMQC		
9427,0	LOKOJA	NIG oilfield Lokoja	NIG
9427,0	YOLA		
9438,0	CM1	ALG MIL	ALG
9438,0	CM4	ALG MIL Ouargla	ALG
9438,0	OPS	ALG F	ALG
9438,0	COF	ALG F	ALG
9438,0	CM3	ALG MIL Bechar	ALG
9438,0	CM5	ALG MIL	ALG
9438,0	CM6	ALG MIL	ALG
9440,0	2017	Adana	
9440,0	201		
9440,0	3261	Eskisehir	
9440,0	43402	Istanbul	TUR
9441,0	OEY	AUT MOD Vienna	AUT
9441,0	OEY52	AUT MIL Vienna	AUT
9452,0	RES	F N	F
9452,0	5EHUBT	F N	F
9457,5	1002		
9457,5	123456		TUR
9462,0	MS4FEM	USA FEMA Pearl , MS	USA
9462,0	FC8FEM	USA FEMA Denver , CO	USA
9462,0	AL4FEM	USA FEMA Clanton , AL	USA
9462,0	FC4FEM	USA FEMA Thomasville , GA	USA
9462,0	TN4FEM	USA FEMA Nashville , TN	USA
9462,0	FC6FEM	USA FEMA Denton , TX	USA
9462,0	FC1FEM	USA FEMA Maynard , MA	USA
9462,0	ME1FEM	USA FEMA Augusta , ME	USA
9462,0	FR4FEM	USA FEMA	USA
9462,0	FC0FEM	USA FEMA Bothell , WA	USA
9462,0	FC6FEM	USA FEMA Denton , TX	USA
9462,0	FC8FEM	USA FEMA Denver , CO	USA
9462,0	NC4FEM	USA FEMA Raleigh , NC	USA
9473,0	GWPWBL	B N Training Frigate U-27 Brasil	B
9500,0	C53		
9500,0	KXO		
9500,0	C51		
9524,0	RA8		
9524,0	MI6		
9524,0	MC1	POL F East Stargard	POL
9524,0	IK0		
9524,0	DA9	POL MIL	POL
9524,0	RIE039		
9524,0	SA5		
9524,0	UWZ	POL MIL	POL

Frequency	ALE Ident	User	Country
9524,0	RI9	POL MIL	POL
9524,0	MIX		
9524,0	UWZ123	POL MIL	POL
9524,0	WY0		
9524,0	OL1	POL MIL	POL
9565,0	SLO		
9620,0	ALFA3GPL US		
9620,0	BET		
9735,0	ZBB8ALE	POL MIL	POL
9735,0	SDZBB2AL E	POL MIL	POL
9790,0	47	I AF C-130J MM62182 46-47	I
9790,0	54	I AF C-130J MM62188 46-54	
9790,0	84		
9790,0	44	I AF C-130J MM62179 46-44	I
9790,0	4000		
9790,0	86	I AF C-27J MM62222 46-86	I
9790,0	CHA		
9790,1	CHA		
9803,0	243		
9803,0	212		
9822,0	CENTR6	MFA Bucharest	ROU
9822,0	YPM	ROU E	
9822,0	CHA		
9826,0	JCM		
9826,0	DOW		
9889,7	4111		
9889,7	131		
9906,0	SCLC514	VEN F	VEN
9906,0	CLC51	VEN F	VEN
9906,0	SCLC501	VEN F	VEN
9906,0	SCLC521	VEN F	VEN
9906,0	PCRC5	VEN F	VEN
9910,6	TMISTRAL		
9910,6	1TCTSN	F N	F
9915,8	8401		
9916,0	6701		
9917,0	3111	Bilecik	
9917,0	3117		
9921,0	217		
9921,0	233		
9921,5	439		
9921,5	MDL		
9922,5	1MG2		
9922,5	1MG1		
9931,0	BFS	ALG MIL	ALG
9931,0	CM2	ALG MIL	ALG
9931,0	COF	ALG MIL	ALG
9931,0	01	ALG MIL	ALG
9931,0	CM4	ALG MIL Ouargla	ALG
9931,0	CNC	ALG MIL Cheraga	ALG
9931,0	ESA	ALG MIL	ALG
9931,0	CM3	ALG MIL Bechar	ALG
9931,0	ESC	USA AF	USA
9931,0	ZEN	ALG MIL	ALG
9931,5	CENTR3	MFA Bucharest	ROU
9931,5	YPM23	ROU E	
9948,0	1001		
9950,0	5203		
9958,0	AAA		
9958,0	MSN1		
9971,0	OFI		
9971,0	REL		
9971,0	B01	POL MIL	POL
9971,0	SOFA57		
9971,0	OFICER21		
9971,0	POL		

Frequency	ALE Ident	User	Country
9971,0	B02		
9971,0	RELIKT24		
9971,0	SOF		
9971,0	SRR		
9971,0	ARACHIT69	POL MIL	POL
9971,0	TAJGA69	POL MIL	POL
9971,0	GRANT96	POL MIL	POL
9971,0	B03		
9971,0	POLO86		
9974,0	VQ4	POL MIL	POL
9974,0	VQ7	POL MIL	POL
9974,0	VQ5	POL MIL	POL
9974,0	VQ6	POL MIL	POL
9974,0	VQ3	POL MIL	POL
9974,0	VQ1	POL MIL	POL
10000,0	TUD	TUN F	TUN
10000,0	STAT22	TUN F	TUN
10000,0	ADB	USA AF	
10004,0	AA1	ISR AF	ISR
10004,0	AAA	ISR AF	ISR
10010,0	ADB	USA AF	
10010,0	AAC	USA AF	
10010,0	AAA	USA AF	
10010,0	AAD	USA AF	
10010,0	ADA	USA AF	
10010,0	AAB	USA AF	
10010,0	AAI	USA AF	
10010,0	AAG	USA AF	
10010,0	AAF	USA AF	
10014,5	KPA		
10015,0	400006	MTN net	MTN
10015,0	400001	MTN net	MTN
10015,0	400010	MTN net	MTN
10015,0	400003	MTN net	MTN
10015,0	400004	MTN net	MTN
10015,0	400014	MTN net	MTN
10015,0	400007	MTN net	MTN
10018,0	SUN2		
10018,0	GFTEST		
10021,0	197		
10033,0	913001	National Gendamerie	MRT
10033,0	101		
10033,0	1012		
10033,0	909009	National Gendamerie	MRT
10033,0	1001		
10033,0	911009	National Gendamerie	MRT
10033,0	100		
10033,0	1008		
10033,0	907001	National Gendamerie	MRT
10033,0	911001	National Gendamerie	MRT
10034,4	912001		
10035,0	M48		
10041,0	185		
10041,0	187		
10044,0	1BE		
10044,0	3DV		
10045,0	1580		
10045,0	154		
10045,2	H45		
10046,8	AA5	ISR AF	ISR
10046,8	SS1		
10046,8	HH9		
10051,0	144		
10051,0	148		
10060,0	00		
10060,0	17		
10065,9	177		
10065,9	173		
10071,0	146		
10071,0	145		
10071,0	147		
10074,0	5CIN2D		
10074,0	5CIN1D		
10075,0	151832		
10085,5	T2Z147	USA F	
10085,5	ERBIL		
10091,0	147		
10091,0	146		
10096,8	HH9		
10103,0	SQA	ROU E	
10103,0	CENTR4	MFA Bucharest	ROU
10104,0	142		
10107,0	4Z4CP2	USA AF	
10107,0	2Z4CP2	USA AF	
10107,0	L05		
10107,0	L04	CHN N	
10107,0	4Z4CP1	USA AF	
10107,0	A98		
10107,0	3Z4CP2	USA AF	
10109,9	662		
10110,0	GEF		
10110,0	IOMMAZ	IOM Mazar-i-Sharif	AFG
10112,1	EK9		
10113,0	TU1	TUN F	TUN
10113,0	STAT151	TUN F	TUN
10113,0	TUD	TUN F	TUN
10113,0	TU2	TUN F	TUN
10113,0	STA	TUN F	TUN
10113,0	STAT154	TUN F	TUN
10113,0	TU3	TUN F	TUN
10113,0	STAT5	TUN F	TUN
10114,0	ALG2		ALG
10114,0	DEPL		
10114,0	ORAN1	ALG N Oran	ALG
10114,0	ORAN2	ALG N Oran	ALG
10114,0	ALG1		ALG
10115,0	1005		
10115,0	PCRC5	VEN F	VEN
10115,0	CLC51	VEN F	VEN
10115,0	200		
10115,0	SCLC513	VEN F	VEN
10115,0	2005		
10115,0	2014		
10115,0	1006		
10116,7	5001		
10116,7	500		
10116,8	6001		
10119,0	1111		
10119,0	7601		
10119,0	614		
10120,0	SQA	ROU E	
10120,0	5013	Adana	TUR
10120,0	4001		
10120,0	9066		
10120,0	9058		
10120,0	8036		
10120,0	21001		
10120,0	6001		
10120,0	8001		
10120,0	0021		
10120,0	5001		
10120,0	21001 01		
10120,0	5012	Adana	TUR
10120,0	9001		
10120,0	7001		
10120,0	9067		
10120,0	3024		
10120,0	0001		
10120,0	3001		
10121,2	0001		
10121,2	9067		
10121,3	4001		
10121,3	7001		
10121,4	21001		

Frequency	ALE Ident	User	Country
10121,5	9066		
10122,0	514		
10122,0	924		
10122,0	577		
10122,0	875		
10122,0	901		
10125,0	MOB26		
10125,0	T1Z82	USA F	
10125,0	R00303	USA F	
10125,0	TRP	ALG E Tripoli	LBY
10125,0	JAGBOB		LBY
10125,0	AGDABIA		LBY
10125,0	R05443	USA F	USA
10125,0	MOBILE	POL MOI	POL
10125,0	MOBILE20	POL MOI	POL
10125,0	TUBRUK	Tobruk	LBY
10125,0	MSAAD		LBY
10125,0	MOBILE21	POL MOI	POL
10125,0	MOBILE26	POL MOI	POL
10125,0	MOB		
10125,0	ALM	Al Madinah	ALG
10125,0	T3Z25	USA F	
10125,0	ALMARG	Al Marj	LBY
10125,0	MOBILE8	POL MOI	POL
10125,0	MAE	MFA Alger	ALG
10125,0	BENGHAZI	LBY AF Bengasi	LBY
10125,0	MOBILE18	POL MOI	POL
10125,0	MOBILE31	POL MOI	POL
10125,0	HQ1	Tripoli	LBY
10125,0	DERNA	Derna	LBY
10125,0	BAIDA		LBY
10126,0	164		
10126,0	211		
10126,0	242		
10130,0	DL5		
10130,0	71		
10134,0	CM3	ALG MIL Bechar	ALG
10134,0	CM1	ALG MIL	ALG
10134,0	COF	ALG MIL	ALG
10134,0	CM4	ALG MIL Ouargla	ALG
10134,0	T45MED	USA F	IRQ
10134,0	TC1111	USA F	IRQ
10135,0	ECO01	Disaster Control Tarapaca region	CHL
10135,0	135		
10135,0	RCP	ARS AF	ARS
10135,0	ECO		
10135,7	634		
10136,5	G4BTN		
10136,5	F4BXW1		
10136,5	HFN		
10136,5	F4BXW		
10138,0	CM2	ALG MIL	ALG
10141,0	CM3	ALG MIL Bechar	ALG
10141,0	BLD	ALG MIL	ALG
10141,0	CNC	ALG MIL Cheraga	ALG
10141,0	TDF	ALG MIL Tindouf	ALG
10143,0	104		
10145,4	F4BXW1		
10145,5	F4B		
10145,5	KB3JAJ		
10145,5	MOB		
10145,5	VK4KY		
10145,5	F4BXW1		
10145,5	F4BXW		
10145,5	GPR		
10145,5	G4BTN		
10145,5	HFN		
10145,5	M1DFO		
10145,6	M1DFO		
10146,0	CM4	ALG MIL Ouargla	ALG
10146,8	KB3JAJ		

Frequency	ALE Ident	User	Country
10147,2	M1DFO		
10148,0	OR0		
10150,0	YPM34	ROU E	
10150,0	S00	MFA Stockholm	S
10150,0	S78	S E Tunis	TUN
10150,0	CENTR4	MFA Bucharest	ROU
10150,0	PARNUYJP	EST F Põrnu	EST
10150,0	YSP	EST F	EST
10150,0	UNR		
10150,0	IS1	G F Islamabad	PAK
10150,0	MOB		
10151,5	V3A		
10151,5	T2Z238	USA F Shelbyville , IN	USA
10151,5	29CDRMASTER		
10151,5	BDETOCMASTER		
10151,5	V3B		
10155,0	HFE		
10155,0	RDM		
10155,0	CHPNSC140M		
10156,0	SHU		
10156,0	SILA95		
10156,4	OEY80	AUT MIL Villach	AUT
10156,5	OEY	AUT MOD Vienna	AUT
10156,5	OEY61	AUT MIL AUSBATT/UNDOF Camp Faour	SYR
10156,5	OEY80	AUT MIL Villach	AUT
10157,0	OEY71	AUT MIL Golan Heights	SYR
10157,0	OEY51	AUT MIL Vienna	AUT
10157,0	OEY	AUT MOD Vienna	AUT
10157,0	OEY61	AUT MIL AUSBATT/UNDOF Camp Faour	SYR
10157,5	SILA95		
10158,0	183		
10159,0	FIT		
10159,0	MOL		
10159,0	THIRDBS1		
10159,0	SED		
10159,0	RAI	ARS AF	ARS
10159,0	IS1	G F Islamabad	PAK
10159,0	CTC		
10159,0	THIRDB		
10159,9	201		
10159,9	J50		
10159,9	102		
10159,9	401		
10159,9	2010		
10160,0	2016	Adana	TUR
10160,0	4017	Adana	TUR
10160,0	1020	Adiyaman	TUR
10160,0	9817	Düzoe	TUR
10160,0	3013	Adana	TUR
10160,0	2013	Adana	TUR
10160,0	2013	Adana	TUR
10160,0	5090	Aydin	TUR
10160,0	4012	Adana	TUR
10160,0	2017	Adana	TUR
10160,0	3771	Yalova	TUR
10160,0	2014	Adana	TUR
10160,0	5046	Agri	TUR
10160,0	CXD		
10160,0	WUD		
10160,0	KGT		
10160,0	43402	Istanbul	TUR
10160,0	2010	Adana	TUR
10160,0	5026	Adiyaman	TUR
10160,0	102		
10160,0	4015	Adana	TUR

Frequency	ALE Ident	User	Country
10160,0	5010	Adana	TUR
10160,0	3261	Eskisehir	TUR
10160,0	206102	Ankara	TUR
10160,0	2012	Adana	TUR
10160,0	SBT		
10160,0	9850		TUR
10160,0	3010	Adana	TUR
10160,1	MOL		
10162,0	042RMRCA P	USA CAP Rocky Mountains Region	USA
10162,0	101NERCA P	USA CAP North Easzern Region	USA
10162,0	0034MERC AP	USA CAP Middle Eastern Region	USA
10162,0	0202SERCA P	USA CAP South Eastern Region	USA
10162,0	004NERCA P	USA CAP North Eastern Region	USA
10162,0	043MERCA P	USA CAP Middle Eastern Region	USA
10162,0	034MERCA P	USA CAP Middle East Region	USA
10162,0	100SWRCA P	USA CAP South West Region	USA
10162,0	210SERCA P	USA CAP Connecticut	USA
10162,0	0021CTCAP	USA CAP Connecticut	USA
10162,0	0314MICAP	USA CAP Michigan	USA
10165,0	3261	Eskisehir	TUR
10165,0	43402	Istanbul	TUR
10165,0	123466		TUR
10165,0	CONDORF OXTROT21		
10165,0	RE2		
10165,0	CONDORF OX..		
10165,0	LIMA06		
10165,0	GEK		
10165,0	9817	Düzoe	TUR
10165,0	RAMPAG		
10165,0	WHITEEAG LE99		
10165,0	RAP		
10165,0	PARROTFO XTROT06		
10165,0	IRO		
10165,0	206		
10165,0	RA7		
10165,0	GEKONFOX TROT06		
10165,0	PARROTFO XTSZT06		
10165,0	PARROTFO XTRO		
10165,0	PAR	Airbus Paris	F
10165,0	PARROT		
10165,0	GF6		
10165,0	RAM	ROU MOI	ROU
10165,0	3771	Yalova	TUR
10165,0	RAMPAGE9 9		
10165,0	AMB		
10165,0	RAPTOR31		
10165,0	AMBER9		
10165,0	TANGO99		
10165,0	PARROTDE LTA06		
10165,0	PARROTEC HO66		
10165,0	9850		TUR
10165,0	IRONMAN4 5		
10165,0	GEKONDEL		

Frequency	ALE Ident	User	Country
	TA06		
10165,0	AMBER9ER 9		
10165,0	102		
10165,0	WHI		
10165,0	LIM		
10165,0	AMBER99		
10165,0	FOX		
10165,0	FOXECHO0 6		
10166,6	AMBER99		
10167,0	821		
10172,0	010MDR	USA ShipCom	USA
10172,0	ANPOPS	USA ShipCom Annapolis , MD	ETH
10172,0	101BUR	USA ShipCom Burbank , CA	USA
10172,0	016ANP	USA ShipCom Annapolis , MD	USA
10172,0	015ANP	USA ShipCom Annapolis , MD	USA
10173,0	142		
10173,0	MB1		
10173,0	134		
10173,0	GS1		
10175,0	3301	Hakkari	TUR
10175,0	43402	Istanbul	TUR
10175,0	3211	Diyarbakir	TUR
10175,0	3341	Istanbul	TUR
10175,0	8031	Afyonkarahisar	TUR
10175,0	8011	Adana	TUR
10175,0	9817	Düzoe	TUR
10175,0	123466		TUR
10175,0	3241	Erzurum	TUR
10175,0	3011	Adana	TUR
10175,0	3091	Aydin	TUR
10175,0	3561	Siirt	TUR
10175,0	8061	Ankara	TUR
10175,0	3421	Konya	TUR
10175,0	8261	Eskisehir	TUR
10175,0	3321	Isparta	TUR
10175,0	8111	Bilecik	TUR
10175,0	3671	Zonguldak	TUR
10175,0	3511	Nigde	TUR
10175,0	8651	Van	TUR
10175,0	3601	Tokat	TUR
10175,0	3371	Kastamonu	TUR
10175,0	3191	Corum	TUR
10175,0	8131	Bitlis	TUR
10175,0	8411	Kocaeli	TUR
10175,0	3311	Hatay	TUR
10175,0	3141	Bolu	TUR
10175,0	8601	Tokat	TUR
10175,0	3071	Antalya	TUR
10175,0	3101	Balikesir	TUR
10175,0	3151	Burdur	TUR
10175,0	123456		TUR
10175,0	8141	Bolu	TUR
10175,0	3451	Manisa	TUR
10175,0	3491	Mus	TUR
10175,0	8231	Elazig	TUR
10175,0	8161	Bursa	TUR
10175,0	8191	Corum	TUR
10175,0	8721	Batman	TUR
10175,0	3591	Tekirdag	TUR
10175,0	43401	Istanbul	TUR
10175,0	8211	Diyarbakir	TUR
10175,0	3061	Ankara	TUR
10175,0	3171	Canakkale	TUR
10175,0	3631	Sanliurfa	TUR
10175,0	8551	Samsun	TUR
10175,0	3411	Kocaeli	TUR

Frequency	ALE Ident	User	Country
10175,0	8251	Erzurum	TUR
10175,0	8151	Burdur	TUR
10175,0	8441	Malatya	TUR
10175,0	8091	Aydin	TUR
10175,0	3721	Batman	TUR
10175,0	3811	Düzce	TUR
10175,0	8241	Erzincan	TUR
10175,0	8181	Cankiri	TUR
10175,0	3771	Yalova	TUR
10175,0	3181	Cankiri	TUR
10175,0	8751	Ardahan	TUR
10175,0	8591	Tekirdag	TUR
10175,0	3761	Igdir	TUR
10175,0	8511	Nigde	TUR
10175,0	8077	Antalya	TUR
10175,0	3041	Agri	TUR
10175,0	8321	Isparta	TUR
10175,0	3481	Mugla	TUR
10175,0	3651	Van	TUR
10175,0	3161	Bursa	TUR
10175,0	8341	Istanbul	TUR
10175,0	3031	Afyonkarahisar	TUR
10175,0	3741	Bartin	TUR
10175,0	3641	Usak	TUR
10175,0	8481	Mugla	TUR
10175,0	9850		TUR
10175,0	8101	Balikesir	TUR
10175,0	3731	Sirnak	TUR
10175,0	3062	Ankara	TUR
10175,0	3261	Eskisehir	TUR
10175,0	8361	Hakkari	TUR
10175,0	3021	Adiyaman	TUR
10175,0	206102	Ankara	TUR
10175,0	3251	Erzurum	TUR
10175,0	8034	Afyonkarahisar	TUR
10175,0	3551	Samsun	TUR
10175,0	3131	Bitlis	TUR
10175,0	3541	Sakarya	TUR
10176,0	STAT14	TUN F	TUN
10176,0	STAT23	TUN F	TUN
10176,0	TUD	TUN F	TUN
10176,0	STAT5	TUN F	TUN
10176,0	SUD	TUN F	TUN
10176,0	STAT13	TUN F	TUN
10176,0	STAT15	TUN F	TUN
10176,0	155		
10176,0	ECO02	Disaster Control Antofagasta region	CHL
10176,0	ECO05	Disaster Control Valparasiso region	CHL
10176,0	STAT151	TUN F	TUN
10176,0	ECO06	Disaster Control Libertador region	CHL
10176,0	ECO10	Disaster Control Los Lagos region	CHL
10176,0	ECO15	Disaster Control Arica y Parinacota	CHL
10176,0	ECO03	Disaster Control Atacama region	CHL
10176,0	ECO01	Disaster Control Tarapaca region	CHL
10176,0	153		
10176,0	STA	TUN F	TUN
10176,5	3061	Ankara	TUR
10176,5	3541	Sakarya	TUR
10176,5	3161	Bursa	TUR
10176,5	123456		TUR
10176,5	3061	Ankara	TUR
10176,5	3211	Diyarbakir	TUR
10176,5	8551	Samsun	TUR
10177,0	AGHAST	TWN	TWN
10177,0	ACCESS	TWN	TWN

Frequency	ALE Ident	User	Country
10177,0	ABJECT	TWN	TWN
10177,0	APP		
10177,6	STAT22	TUN F	TUN
10180,0	CM3	ALG MIL Bechar	ALG
10180,0	CM4	ALG MIL Ouargla	ALG
10180,0	AMBUSH	TWN N	TWN
10180,0	COF	ALG MIL	ALG
10180,0	1808		
10180,0	CM1	ALG MIL	ALG
10180,0	ABJECT	TWN N	TWN
10181,0	PLASPR	USA AF Lajes SIPR	AZR
10182,0	286		
10182,0	TOP022		
10182,0	3ZB202	POL MIL	
10182,0	JAG		
10182,0	240	USA AF	
10182,0	ZAT025		
10182,0	7NO		
10182,0	124		
10182,0	OLI021		
10182,0	TXXX	E MOI Madrid	E
10182,0	193		
10182,0	248		
10182,0	111	E MOI Madrid	E
10182,0	TZSL	E MOI Algeciras	E
10182,0	TZSE	E MOI Melilla	E
10182,0	TZSH	E MOI Huelva	E
10182,0	TZSU	E MOI Ceuta	E
10182,0	TYME	E MOI Madrid	E
10182,0	TWLA	E MOI Vitoria	E
10185,0	J62		
10185,0	S33	S E	
10185,0	S44	S E	
10185,0	J61		
10185,0	O73		
10185,0	S41	S E	
10185,0	C4		
10185,0	P52		
10185,0	C3		
10186,1	RES	F MIL	F
10187,0	ECO06	Disaster Control Libertador region	CHL
10189,9	DKS		
10189,9	F7N		
10190,0		SUI E Paris	F
10190,0	CM0	ALG MIL	ALG
10190,0		SUI E Rome	I
10190,0		MFA Berne	SUI
10190,0		SUI E Madrid	E
10190,0		SUI E Sofia	BUL
10190,0		SUI E Stockholm	S
10190,0	CNC	ALG MIL Cheraga	ALG
10193,0	ECO06	Disaster Control Libertador region	CHL
10193,0	ECO01	Disaster Control Tarapaca region	CHL
10194,0	FR5FEM	USA FEMA Oakland , CA	USA
10194,0	FC0FEM	USA FEMA Bothell , WA	USA
10194,0	NJ2FEM		
10194,0	CAOFEM00 1	USA FEMA San Juan	PTR
10194,0	FR3FEM	USA FEMA Philadelphia , PA	USA
10194,0	FC0FEM	USA FEMA Bothell , WA	USA
10194,0	FR9FEM001	USA FEMA	USA
10194,0	706		
10194,0	FR2FEM	USA FEMA New York , NY	USA
10194,0	FC0FEM	USA FEMA Bothell , WA	USA

Frequency	ALE Ident	User	Country
10194,0	FC1FEM	USA FEMA Maynard , MA	USA
10194,0	FR9FEM	USA FEMA	USA
10194,0	KY4		
10194,0	FC6FEM	USA FEMA Denton , TX	USA
10194,0	FR7FEM	USA FEMA Kansas City , MO	USA
10194,0	FR1FEM	USA FEMA	USA
10194,0	FC8FEM	USA FEMA Denver , CO	USA
10194,0	FR4FEM	USA FEMA	USA
10194,0	FC0FEM	USA FEMA Bothell , WA	USA
10194,0	FC1FEM	USA FEMA Maynard , MA	USA
10194,0	FC4FEM	USA FEMA Thomasville , GA	USA
10195,0	?		
10195,0	L91C		
10195,0	FR1FEM	USA FEMA	USA
10195,0	FC1FEM	USA FEMA Maynard , MA	USA
10195,0	FC4FEM	USA FEMA Thomasville , GA	USA
10195,1	FC4FEM	USA FEMA Thomasville , GA	USA
10195,4	FR1FEM	USA FEMA	USA
10195,5	FC4FEM	USA FEMA Thomasville , GA	USA
10195,6	FR3FEM	USA FEMA Philadelphia , PA	USA
10195,6	FC4FEM	USA FEMA Thomasville , GA	USA
10195,6	FC6FEM	USA FEMA Denton , TX	USA
10195,7	FR3FEM	USA FEMA Philadelphia , PA	USA
10195,8	FC6FEM	USA FEMA Denton , TX	USA
10197,0	319		
10197,0	583		
10200,0	107		
10200,0	RCF		
10200,0	TOU	Airbus Toulouse	F
10200,0	CA		
10200,0	PAR	Paris	F
10200,1	TOU	Airbus Toulouse	F
10200,1	PAR	Airbus Paris	F
10201,0	CCC	ISR AF	ISR
10201,0	FON		
10201,0	FSS		
10201,0	23D		
10201,0	GBR		
10201,0	TAC	CHL N	CHL
10201,0	HLA	CHL N	CHL
10201,0	23F		
10201,0	C53		
10201,0	4P0		
10201,0	GRZ		
10201,0	ASI	G F Ascension	ASC
10201,0	FGT		
10201,0	BUR		
10201,0	C51		
10201,0	CAS	CHL N	CHL
10201,0	CA2		
10201,5	CEC		
10201,7	107		
10202,0	WGY9030	USA FEMA	USA
10202,0	011CDCNH Q		
10202,0	A40CBP		USA
10202,8	CRP		

Frequency	ALE Ident	User	Country
10204,0	246		
10204,0	284		
10204,0	277		
10206,0	742		
10206,0	529		
10206,0	531		
10206,0	135		
10206,0	132		
10206,0	932		
10206,0	434		
10207,0	L05		
10207,0	LO4	IRQ Border Guard	IRQ
10207,0	193		
10207,0	L04	CHN N	
10207,0	191		
10207,0	A98		
10207,0	L06		
10208,7	A98		
10211,0	154		
10211,0	CNDG		
10211,0	SP13OP	oil field	ALG
10211,0	RNOUSLR1	Rhourde Nouss oilfield	ALG
10211,0	MEDER3OP	Medera field	ALG
10211,0	INAS3OP	In Amenas oilfield	ALG
10211,0	DEBDEB30 P	Rhourde Debdebra oilfield	ALG
10211,9	147		
10212,0	107		
10212,0	AUSCON1		
10212,0	816		
10212,0	307		
10212,0	134		
10212,0	147		
10212,0	296		
10212,0	101		
10212,9	281		
10213,0	281		
10213,0	284		
10215,0	BENGHAZI	LBY AF Bengasi	LBY
10215,0	1001		
10215,0	TUBRUK	Tobruk	LBY
10215,0	ALMARG	Al Marj	LBY
10215,0	HQ1	Tripoli	LBY
10216,0	AA1	ISR AF	ISR
10216,0	AAA	ISR AF	ISR
10217,0	OPERATIV ADPC	Protezione Civile Rome	I
10222,0	113		
10224,0	TZSC5		
10224,0	TWV		
10224,0	TXX		
10224,0	TWLV5		
10224,0	ECO01	Disaster Control Tarapaca region	CHL
10225,0	XSS	G MIL	G
10226,0	XU30		
10226,0	CS30		
10227,0	D00		
10227,0	345		
10227,0	D234		
10227,0	003		
10230,0	RRS1		
10233,0	531		
10233,7	411		
10233,7	131		
10233,7	4111		
10235,0	AASF		
10235,0	1AVNGR		
10235,0	HQ3		EGY
10235,0	GANOB16		EGY
10235,8	4111		
10236,0	618		

Frequency	ALE Ident	User	Country
10236,0	269		
10238,0		MFA Berne	SUI
10238,0	BMLV2	AUT MOD Vienna	AUT
10238,0		SUI E Vienna	AUT
10238,0		SUI E Sofia	BUL
10238,0	AAI		
10238,0	AAP	ARS AF	ARS
10238,0	RHP	ARS AF	ARS
10240,0	SPARTANR MR60		
10240,0	RHP	ARS AF	ARS
10240,0	AAP	ARS AF	ARS
10242,0	MUD		
10242,0	500	COTHEN	USA
10242,0	712	USA CG HC-130H #1712 , CGAS Kodiak	USA
10242,0	LNW	COTHEN	IRQ
10242,0	L08		
10242,0	P16	COTHEN Remote TX CGAS Miami	USA
10242,0	N11	USA CG HC-144A #2311	USA
10242,0	J19	USA CG HH-60J #6019 CGAS Clearwater	USA
10242,0	OMNI		
10242,0	D45	CBP P-3 AEW&C #N145CS , Jacksonville AMB, FL	USA
10242,0	T97	CBP PILATUS PC-12/45 #N497PC, Be llingham AMB , WA	USA
10242,0	T9A	CBP PIPER PA-42-720R #N9279A, Ja cksonville, FL AMB	USA
10242,0	TSC	CBP Orlando, FL	USA
10242,0	UHC	COTHEN	USA
10242,0	D06	CBP BOMBARDIER Q400 #N806MR	USA
10242,0	VAI	COTHEN	USA
10242,0	D07	CBP BOMBARDIER Q400 #N807MR	USA
10242,0	D14	CBP P-3A "Slick" #N18314 , Corpus Christi AMB, TX	USA
10242,0	D23	CBP P-3B ""Slick"" #N423SK , Corpus Christi AMB, TX	USA
10242,0	CRB	CBP AMOC Caribbean Regional Communications Node	USA
10242,0	VGSPRI	COTHEN	USA
10242,0	L05		
10242,0	D46	CBP P-3 AEW&C #N146CS , Jacksonville AMB, FL	USA
10242,0	D47	CBP P-3 AEW&C #N147CS , Jacksonville AMB, FL	USA
10242,0	D48	CBP P-3 AEW&C #N148CS , Corpus Christi AMB, TX	USA
10242,0	D49	CBP P-3 AEW&C #N149CS , Corpus Christi AMB, TX	USA
10242,0	D95	CBP P-3A ""Slick"" #N16295 , Corpus Christi AMB, TX	USA
10242,0	DEN	COTHEN	USA
10242,0	EST	CBP AMOC Eastern Region Communication Node	USA
10242,0	WST	CBP AMOC Western Region	USA

Frequency	ALE Ident	User	Country
		Communication Node	
10242,0	YWL	COTHEN	USA
10242,0	Z13	USA CG Sector Key West	USA
10242,0	D31	CBP P-3B "Slick" #N431SK , Jacksonville AMB, FL	USA
10242,0	OKOPRI	COTHEN Remote TX, Oklahoma City , OK	USA
10242,0	CSK	COTHEN	USA
10242,0	D01	CBP BOMBARDIER Q400 #N801MR, Miami AMB, Homestead JARB, FL	USA
10242,0	LUVPRI	COTHEN	USA
10242,0	MAG	COTHEN	USA
10242,0	MEMPRI	COTHEN Remote TX Memphis, TN	USA
10242,0	N01	USA CG HC-144A #2301	USA
10242,0	N04	USA CG HC-144A #2304	USA
10242,0	N05	USA CG HC-144A #2305	USA
10242,0	N07	USA CG HC-144A #2307	USA
10242,0	N08	USA CG HC-144A #2308	USA
10242,0	T72	CBP BEECH C-12C #N72472	USA
10242,0	NAS	USA CG Cutter ESCANABA WMEC907 USA CG Cutter ESCANABA WMEC907	USA
10242,0	T16	CBP PIPER PA-42-720R #N9116Q	USA
10242,0	OPB	OPBAT Service Center, Nassau, Bahamas	USA
10242,0	PAC	USA CG CAMSPAC Point Reyes, CA	USA
10242,0	PR1PRI	COTHEN	USA
10242,0	QSP	COTHEN	USA
10242,0	RKN	COTHEN	USA
10242,0	RLT	COTHEN	USA
10242,0	ROS	COTHEN	USA
10242,0	RUF	COTHEN	USA
10242,0	SKA	USA CG Sitka , AK	USA
10242,0	CS6	COTHEN Remote Kansas City, MO	USA
10242,0	N09	USA CG HC-144A #2309	USA
10242,0	J17	USA CG HH-60J #6017 CGAS Clearwater	USA
10242,0	F04	COTHEN	USA
10242,0	I54	CBP CESSNA 550 #N1254X , Miami	USA
10242,0	I55	CBP CESSNA 550 #N1255K , Miami	USA
10242,0	I63	CBP CESSNA 550 #N2663Y	USA
10242,0	I76	CBP CESSNA 550 #N6776T , San Diego	USA
10242,0	I96	CBP CESSNA 550 #N26496	USA
10242,0	501	COTHEN	USA
10242,0	I97	CBP CESSNA 550 #N797CW	USA
10242,0	ICB	COTHEN	USA
10242,0	T93	CBP CESSNA T210M #N65093, San Diego	USA

Frequency	ALE Ident	User	Country
		AMB	
10242,0	I4J	CBP CESSNA 550 #N5314J	USA
10242,0	J12	USA CG HH-60J #6012 CGAS Kodiak	USA
10242,0	I43	CBP BEECH 65-A90 #N43SA	USA
10242,0	711	COTHEN	USA
10242,0	707	COTHEN	USA
10242,0	J27	USA CG HH-60J #6027	
10242,0	J22	USA CG HH-60J #6022 CGAS Astoria	
10242,0	Z15	USA CG Sector San Juan	
10242,0	J35	USA CG MH-60J #6035 CGAS Kodiak	USA
10242,0	D08		
10242,0	PCR		
10242,0	N07	USA CG HC-144A #2307	USA
10242,0	F35	COTHEN	
10242,0	J08	USA CG HH-60J #6008 CGAS Astoria	USA
10242,0	HIC	COTHEN	USA
10242,0	S07	COTHEN	USA
10242,0	CS9	USA customs	USA
10242,0	D41	CBP P-3B ""Slick"" #N741SK , Jacksonville AMB, FL	USA
10242,0	J13	USA customs	USA
10242,0	M49	CBP BEECH A200 #N1549, Miami AMB, FL	USA
10242,0	TSC	USA customs	USA
10242,0	PR1	USA customs San Juan	PTR
10242,0	TP6		
10242,0	F31	COTHEN	USA
10242,0	F33	COTHEN	USA
10242,0	I52	CBP CESSNA 550 #N752CC	USA
10242,0	F41	COTHEN	USA
10242,0	F29	COTHEN	USA
10242,0	I00	CBP CESSNA 550 #N1200N	USA
10242,0	I01	CBP CESSNA 550 #N37201	USA
10242,0	I08	CBP CESSNA 550 #N5408G	USA
10242,0	I1L	CBP CESSNA 550 #N6001L	USA
10242,0	I21	CBP CESSNA 550 #N26622	USA
10242,0	I34	CBP CESSNA 550 #N2734K	USA
10242,0	I3L	CBP CESSNA 550 #N6763L	USA
10242,0	Z15	USA CG Sector San Juan	USA
10242,0	703	COTHEN	USA
10242,0	ZVE	COTHEN	USA
10242,0	F40	COTHEN	USA
10242,0	CBE	USA CG Cutter TAHOMA WMEC908	USA
10242,0	K30	USA CG MH-65C # 6530	USA
10242,0	183		
10242,0	ABQ		
10242,0	J21	USA CG HH-60J #6021 CGAS Kodiak	
10242,0	001		
10242,0	662		
10242,0	711		

Frequency	ALE Ident	User	Country
10242,0	ABQSEC	COTHEN	USA
10242,0	716	USA CG HC-130H #1716, CGAS Sacramento	USA
10242,0	J24	USA CG HH-60J #6024 CGAS Kodiak	USA
10242,0	LNT	USA CG CAMSLANT Chesapeake, VA	USA
10242,0	CDRPRI	COTHEN Remote TX (South) , Cedar Rapids	USA
10242,0	J25	USA CG HH-60J #6025	USA
10242,0	J34	USA CG MH-60J #6034 CGAS Cape Cod	USA
10242,0	T16	CBP PIPER PA-42-720R #N9116Q	
10242,0	719	USA CG HC-130H #1719, CGAS Clearwater	USA
10242,0	N02	USA CG HC-144A #2302	USA
10242,0	ABQPRI	COTHEN	USA
10242,0	J04	USA CG MH-60T #6004	USA
10242,0	J38	USA CG MH-60J #6038 CGAS Clearwater	USA
10242,0	C02	COTHEN	USA
10242,0	7Z	COTHEN	USA
10242,0	720	USA CG HC-130H #1720, CGAS Clearwater	USA
10242,0	005	USA CG HC-130J #2005	USA
10242,0	RDC		
10242,0	LNT	USA customs	USA
10242,0	N10	USA CG HC-144A #2310	USA
10242,0	503	USA customs	USA
10242,0	N09	USA CG HC-144A #2309	USA
10242,0	QSP		
10242,0	K76		
10242,0	790	USA CG HC-130H #1790, CGAS Sacramento	USA
10242,0	L07		
10242,0	A39	CBP AB139 #N139HS	USA
10242,0	A47	CBP UH-60 # 82-23747	USA
10242,0	J18	USA CG HH-60J #6018 CGAS Clearwater	USA
10242,0	J19	USA CG HH-60J #6019 CGAS Clearwater	USA
10242,0	A48	CBP UH-60 # 86-24548	USA
10242,0	A50	CBP UH-60 # 79-23350	USA
10242,0	720	USA CG HC-130H #1720, CGAS Clearwater	USA
10242,0	T07	CBP BEECH A200 #N6507B	USA
10242,0	PAC		
10242,0	708		
10242,0	KCMPRI	COTHEN	USA
10242,0	K84	COTHEN	USA
10242,0	132		
10242,0	D31	?MRC F	MRC
10242,0	CNT	CBP AMOC Central	USA

Frequency	ALE Ident	User	Country
		Regional Communications Node	
10242,0	RKN		
10242,0	K78	COTHEN	USA
10242,0	K68	COTHEN	USA
10242,0	K94	USA CG MH-65C # 6594	USA
10242,0	002		
10242,0	A82	CBP UH-60 # 78-22982	
10242,0	L06	COTHEN	USA
10242,0	CPDST	COTHEN	USA
10242,0	712	USA CG HC-130H #1712 , CGAS Kodiak	USA
10242,0	700	COTHEN	USA
10242,0	K61	COTHEN	USA
10242,0	L08	COTHEN	USA
10242,0	KRV	COTHEN	USA
10242,0	L05	COTHEN	USA
10242,0	SAR		
10242,0	RUF		
10242,0	RSH		
10242,1	PCR		
10243,2	Z29	USA CG Sector San Diego	
10243,4	07Z		
10243,4	LNT	USA customs	USA
10243,5	503	USA customs	USA
10243,5	LNT	USA customs	USA
10243,6	LNT	USA customs	USA
10243,6	RUF		
10243,8	RUF		
10243,9	Z29	USA CG Sector San Diego	
10244,0	ECO02	Disaster Control Antofagasta region	CHL
10244,0	HR	Hassi R'Mel oilfield	ALG
10244,0	OHT	Ohanet oilfield	ALG
10244,0	ECO06	Disaster Control Libertador region	CHL
10244,0	ALR	Alrar oilfield	ALG
10244,0	HMD	Hamda oilfield	ALG
10244,0	TFT	Tin Fouye Tabankort oilfield	ALG
10245,0	R18		
10245,0	178		
10245,0	177		
10245,0	R17		
10245,0	R13		
10245,0	R09		
10245,1	R09		
10245,5	ECO		
10248,0	321		
10250,0	GHARB4		EGY
10250,0	HQ3		EGY
10250,0	GANOB16		EGY
10250,0	5203		
10250,0	HQ2		EGY
10250,0	GHARB3		EGY
10252,0	2214		
10253,0	209		
10255,3	867		
10255,4	875		
10260,0	228		
10260,0	121		
10264,5	6TH		
10264,5	8JP		
10269,0	317		
10269,0	108		
10269,2	049122	D Red Cross	D
10269,3	049	D Red Cross	D
10270,0	306001		
10271,0	049235	D Red Cross München	D
10271,0	049224	D Red Cross	D
10271,0	049118	D Red Cross Wiesbaden	D
10271,0	049111	D Red Cross	D
10271,0	049223	D Red Cross	D
10271,0	049122	D Red Cross	D
10272,0	DESTAFAC 23	VEN National Guard	VEN
10272,0	CLC22M	VEN F	VEN
10272,0	SP328		
10272,0	VAR	VEN National Guard Vargas	VEN
10272,0	SCLC222M	VEN F	VEN
10272,5	MUNCHEN	MOI Muenchen	D
10272,5	049112	D Red Cross	D
10272,5	BERLIN	MOI Berlin	D
10273,0	OEY52	AUT MIL Vienna	AUT
10273,0	OEY41	AUT MIL	
10273,0	OEY	AUT MOD Vienna	AUT
10273,5	OEY	AUT MOD Vienna	AUT
10275,0	OHT3OP	Ohanet oilfield	ALG
10275,0	GASSI3OP	Gassi El Adem oilfield	ALG
10275,0	PQ		ALG
10275,0	INAS3OP	In Amenas oilfield	ALG
10275,0	RNOUSLR1	Rhourde Nouss oilfield	ALG
10275,0	MEDER3OP	Medera field	ALG
10281,4	221		
10281,7	22D		
10282,0	RFP		
10282,0	JCN	ARS AF	ARS
10282,0	JCI	ARS AF	ARS
10282,0	JCP	ARS AF	ARS
10285,0	RNOUSLR1	Rhourde Nouss oilfield	ALG
10285,0	DEBDEB30 P	Rhourde Debdebra oilfield	ALG
10285,0	OHT30P	Ohanet oilfield	ALG
10285,0	INAS30P	In Amenas oilfield	ALG
10285,0	HEHGPL	Haoud El Hamra oil field	ALG
10285,0	SP130P	oil field	ALG
10286,4	6712		
10291,0	166		
10291,0	168		
10291,5	CFARS	CAN MIL	CAN
10291,5	CIW634	CAN MIL	CAN
10292,2	TOK		
10292,2	VIKTOR		
10295,0	2120	I Carabinieri	I
10295,0	2013	I Carabinieri	I
10295,0	2052	I Carabinieri	I
10295,0	2078	I Carabinieri	I
10295,0	2049	I Carabinieri	I
10295,0	2047	I Carabinieri	I
10295,0	2053	I Carabinieri	I
10295,0	2033	I Carabinieri	I
10295,0	2011	I Carabinieri	I
10295,0	2075	I Carabinieri	I
10295,0	2000	I Carabinieri	I
10295,0	2004	I Carabinieri	I
10295,0	5705		
10295,0	2116	I Carabinieri	I
10295,0	3000	I Carabinieri	I
10295,0	2054	I Carabinieri	I
10295,0	2084	I Carabinieri	I
10295,0	2010	I Carabinieri	I
10295,0	2009	I Carabinieri	I
10295,0	5003		
10295,0	5001		
10296,0	542		
10296,0	551		
10296,0	698		
10296,0	134		

Frequency	ALE Ident	User	Country
10296,0	208		
10296,0	133		
10296,0	121		
10296,0	255		
10296,0	J23	USA CG HH-60J #6023 ATC Mobile	
10299,0	RFN		
10299,0	JCI	ARS AF	ARS
10299,0	RFI		
10300,0	AQW	ROU E	
10300,0	CENTR6	MFA Bucharest	ROU
10300,0	CENTR3	MFA Bucharest	ROU
10300,0	MOL1		
10300,0	MO2	POL MIL	POL
10300,0	MOL		
10301,0	176	?CHN diplo	
10301,0	177		
10301,0	178		
10302,0	IS2..		
10302,0	J23	USA CG HH-60J #6023 ATC Mobile	
10302,0	SED		
10302,0	CTB		
10302,0	FIT		
10302,0	742		
10302,0	IS2		
10302,0	CTC		
10302,0	FIT1		
10302,0	MOL		
10302,0	IS1	G F Islamabad	PAK
10302,0	DYA		
10302,0	UNR		
10302,0	AL1	POL MIL	POL
10302,0	932		
10302,0	STU		
10306,0	653391		
10308,9	283		
10309,0	283		
10309,0	181		
10309,0	170SGC		
10309,0	202		
10309,0	132		
10309,0	295		
10309,0	271		
10309,0	170		
10310,6	08DGAP	F N	F
10310,6	CTSN	F N Toulon	F
10310,6	05DGAP	F N	F
10310,6	1TM652	F N Minesweeper Cuphue	F
10310,6	1TLFUO	F N Toulon	F
10310,6	07D		F
10310,6	RES1		F
10310,6	RES		
10310,6	PIPADY	F N HF Lab @ Centre d'Útudes de Pipady	F
10310,6	1PR91	F N aircraft carrier Charles de Gaulle	F
10310,6	1PS601	F N submarine Rubis	F
10310,6	5EHUBT	F N	F
10311,0	627		
10311,0	TK01		
10311,0	288		
10311,0	ND01		
10311,0	282		
10311,0	AC01		
10311,0	182		
10311,0	103		
10311,0	110		I
10311,0	126		
10313,5	RHV42BVE 14		

Frequency	ALE Ident	User	Country
10313,5	RHV42BVE 08		
10313,5	RHV42BVE 03		
10313,5	RHV42BVE 02		
10313,5	RHV42BVE NET		
10315,0	CEN		
10315,0	ZMF	ROU E	
10315,0	CENTR2	MFA Bucharest	ROU
10316,5	CENTR2	MFA Bucharest	ROU
10316,7	CENTR2	MFA Bucharest	ROU
10317,0	269		
10317,0	848		
10320,0	213		
10320,0	214		
10321,0	151		
10321,0	158		
10321,0	154		
10324,0	AGHAST		
10324,2	0061		
10324,2	0052		
10324,2	0062		
10324,2	0164		
10324,5	0190		
10325,0	4001		
10325,5	0190		
10325,8	0164		
10326,0	20002		
10326,0	20001		
10326,0	5601	Teheran	IRN
10326,0	20004		
10326,3	0190		
10329,8	RCI	ARS AF	ARS
10329,8	RCL		
10329,8	NAL		
10331,0	157		
10331,0	156		
10331,0	158		
10331,0	154		
10331,0	214		
10332,0	850		
10333,0	NAU		
10333,0	RCP	ARS AF	ARS
10333,0	RCN	ARS AF	ARS
10333,0	RCU		
10333,0	NAP		
10333,0	RCI	ARS AF	ARS
10333,0	NAI		
10333,1	NAU		
10335,0	986		
10335,0	912		
10335,0	947		
10335,0	BRA	MFA Bratislava	SVK
10338,0	CENTR3	MFA Bucharest	ROU
10338,0	HOL	ROU E	
10338,0		ROU E Vienna	AUT
10338,0	CENTR2	MFA Bucharest	ROU
10338,1	CENTR3	MFA Bucharest	ROU
10340,0	ME1NA	ALG MOI	ALG
10340,0	IL1LI	ALG MOI Illizi	ALG
10340,0	BI1SK	ALG MOI	ALG
10341,0	929		
10341,0	654		
10341,4	6711		
10341,4	156		
10341,4	6712		
10341,4	671		
10341,4	6710		
10341,5	6712		
10341,5	6710		

Frequency	ALE Ident	User	Country
10341,8	JCN	ARS AF	ARS
10344,0	AQW	ROU E	
10344,0	CENTR6	MFA Bucharest	ROU
10344,5	T44		
10344,5	AAA	ISR AF	ISR
10344,5	XPK	G MIL	G
10344,5	XDX	G MIL	G
10344,5	XDV	G MIL	G
10344,5	XJJ	G MIL	G
10344,5	XBX	G MIL	G
10344,5	XLE	G MIL	G
10344,5	XSS	G MIL	G
10344,5	XEX	G MIL	G
10344,5	XJK	G MIL	G
10344,5	XFE	G MIL	G
10345,0	RFI	ARS AF	ARS
10345,0	RFP	ARS AF	ARS
10345,0	JCP	ARS AF	ARS
10345,0	JCN	ARS AF	ARS
10345,0	JCI	ARS AF	ARS
10346,0	XJM	G MIL	G
10346,0	XSS	G MIL	G
10347,0		SUI E New Delhi	IND
10347,0		MFA Berne	SUI
10347,4	JCP	ARS AF	ARS
10347,6	XSS	G MIL	G
10348,6	XSS	G MIL	G
10349,0	161		
10349,0	185		
10350,0	100		
10351,0	XRW	G MIL	G
10351,0	XGP	G MIL	G
10351,0	XSS	G MIL	G
10352,0	CENTR2	MFA Bucharest	ROU
10352,0	TSM		
10352,0	ZPO	ROU E	
10352,6	XSS	G MIL	G
10354,0	XSS	G MIL	G
10354,0	CENTR2	MFA Bucharest	ROU
10360,0	XSS	G MIL	G
10360,0	AAI	USA AF	
10360,0	AAB	USA AF	
10360,0	AAG	USA AF	
10360,0	XJV	G MIL	G
10360,0	AAA	USA AF	
10360,0	XGP	G MIL	G
10360,0	AAF	USA AF	
10360,0	AAD	USA AF	
10360,0	ADB	USA AF	
10360,0	AAC	USA AF	
10360,0	101		
10360,0	XAX	G MIL	G
10360,0	102		
10360,0	ADA	USA AF	
10362,0	983		
10362,0	393		
10362,0	406		
10362,0	198	?CHN diplo	
10362,8	JAN	ARS AF	ARS
10366,0	JAI	ARS AF Jeddah	ARS
10366,0	RAP		
10366,0	168		
10366,0	RAI	ARS AF	ARS
10366,0	JAP	ARS AF	ARS
10366,0	167		
10367,6	RAP		
10368,0	723		
10370,0	LL324		
10370,0	SPT424	POL MIL	
10370,0	?2T813		
10370,0	LCR154	POL MIL Warszawa	POL
10370,0	SPI324	POL MIL	POL

Frequency	ALE Ident	User	Country
10370,0	SNB813	POL MIL Waszawa	POL
10370,0	LCR		
10370,0	SNB	POL MIL	POL
10371,0	542		
10371,0	551		
10371,4	SPI324	POL MIL	POL
10375,0	DRO	ROU MOI Drobeta	ROU
10375,0	BU3	ROU MOI Bucharest	ROU
10375,0	IAS	ROU MOI Iasi	ROU
10375,0	GAL	ROU MOI Galati	ROU
10375,0	BU5	ROU MOI Bucharest	ROU
10375,0	TJI	ROU MOI Tirgu Jiu	ROU
10375,0	BIS	ROU MOI Bistrita	ROU
10375,0	SGH	ROU MOI Spintu-Gheorge	ROU
10375,0	TAR	ROU MOI Targoviste	ROU
10375,0	BOT	ROU MOI Botosani	ROU
10375,0	CAL	ROU MOI Calarasi	ROU
10375,0	SLO	ROU MOI Slobotia	ROU
10375,0	SMA	ROU MOI Satu Mare	ROU
10375,0	CRA	ROU MOI Craiova	ROU
10375,0	BUZ	ROU MOI Buzau	ROU
10375,0	CNP	ROU MOI Cluj Napoca	ROU
10375,0	TAR	ROU MOI Targoviste	ROU
10375,0	RBT	ALG E Rabat	MRC
10375,0	TNS	ALG E Tunis	TUN
10375,0	ZWARA	Zwara	LBY
10375,0	HQ3	Tripoli	LBY
10375,0	ARA	ROU MOI Arad	ROU
10375,0	BU1	ROU MOI Bucharest	ROU
10375,0	BMA	ROU MOI Baia-Mare	ROU
10375,0	RAM		
10375,0	MAE	MFA Alger	ALG
10375,0	BU4	ROU MOI Bucharest	ROU
10375,0	1PY		
10375,0	SLA	ROU MOI Slatina	ROU
10375,0	ZAL	ROU MOI Zalau	ROU
10375,0	ALB	ROU MOI Alba Iulia	ROU
10375,0	GIU	ROU MOI Giurgiu	ROU
10375,0	CON	ROU MOI Constanta	ROU
10375,0	TUL	ROU MOI Tulcea	ROU
10375,0	BSV	ROU MOI Brasov	ROU
10375,0	BU2	ROU MOI Bucharest	ROU
10375,0	DEV	ROU MOI Deva	ROU
10375,0	SLOB5	ROU MOI Slobotia	ROU
10375,0	FOC	ROU MOI Focosani	ROU
10380,0	FDR		
10380,0	BISB4	ROU MOI Bistrita	ROU
10380,0	HQ3		EGY
10380,0	2	USA ACE	USA
10380,0	TMUB4	ROU MOI	ROU
10380,0	JAP	ARS AF	ARS
10380,0	GANOB16		EGY
10380,0	TIMB4	?ROU	
10380,0	FUO01D	F N Toulon	F
10380,8	RAN		
10383,0	EZ		
10383,0	954		
10383,0	QZ		
10384,0	JAN	ARS AF	ARS
10384,0	JAP	ARS AF	ARS
10384,0	JAI	ARS AF Jeddah	ARS
10384,0	RAI	ARS AF	ARS
10384,0	RAP		
10385,0	131		
10386,0	577		
10386,0	901		
10389,0	139		
10389,0	147		
10389,9	1113		
10390,0	1317		
10390,0	13122		

Frequency	ALE Ident	User	Country
10390,0	IGF		
10390,0	2407		
10390,0	1106		
10390,0	22111		
10390,0	13164		
10390,0	22123		
10390,0	1GQ		
10390,0	1112		
10390,0	2214		
10390,0	2205		
10390,0	2206		
10390,0	2215		
10390,0	2408		
10390,0	1304		
10390,0	13241		
10390,0	11064		
10390,0	2403		
10390,0	13051		
10390,0	2213		
10390,0	2401		
10390,0	24151		
10390,0	1316		
10390,0	13141		
10390,0	2517		
10390,0	2402		
10390,0	13071		
10390,0	2204		
10390,0	11143		
10390,0	13121		
10390,0	2411		
10390,0	2011		
10390,0	2416		
10390,0	P20		
10390,0	241		
10390,0	2202	MRC F	MRC
10390,0	252		
10390,0	13081		
10390,0	11062		
10390,0	221		
10390,0	2522		
10390,0	1104		
10390,0	1102		
10390,0	2524		
10390,0	2415		
10390,0	1301		
10390,0	2002		
10390,0	2001		
10390,0	2409		
10390,0	2512		
10390,0	2203	MRC F	MRC
10390,0	1001		
10390,0	22023	?MRC F	MRC
10390,0	13181		
10390,0	11043		
10390,0	11032		
10390,0	11132		
10390,0	20111		
10390,0	22032		
10390,0	13012		
10390,0	11164		
10390,0	2419		
10390,0	25141		
10390,0	251		
10390,0	13211		
10390,0	2211 1		
10390,0	130		
10390,0	13011		
10390,0	1314		
10390,0	22054		
10390,0	2412		
10390,0	13142		
10390,0	13132		

Frequency	ALE Ident	User	Country
10390,0	24181		
10390,0	2406		
10390,0	1101		
10390,0	1315		
10390,0	2211		
10390,0	2417		
10390,0	1308		
10390,0	1302		
10390,0	1324		
10390,0	2405		
10390,0	11021		
10390,0	2513		
10390,0	11121		
10390,0	1307		
10390,0	13263		
10390,0	1321		
10390,0	2521	MRC F	MRC
10390,0	13262 62		
10390,0	240	USA AF	
10390,0	131		
10390,0	1326		
10390,0	2404		
10390,0	13221		
10390,0	1114		
10390,0	24081		
10390,0	2212		
10390,0	13262		
10390,0	13251		
10390,0	1116		
10390,0	1115		
10390,0	2528		
10390,0	2413		
10390,0	1323		
10390,0	2011 LPM		
10390,0	1118		
10390,0	1108		
10390,0	1103		
10390,0	13252		
10390,0	111	E MOI	E
10390,0	1113		
10390,0	201		
10390,0	13133		
10390,0	1311		
10390,0	220		
10390,0	2526		
10390,0	22154		
10390,0	2514		
10390,0	22011		
10390,0	2414		
10390,0	1105		
10390,0	123456		TUR
10390,0	2201		
10390,0	1322		
10390,0	2527	MRC F	MRC
10390,0	1325		
10390,0	2418		
10390,0	2002 AJC		
10390,0	1312		
10390,0	1119		
10390,0	1109		
10390,1	252		
10390,1	2011		
10390,4	13251		
10391,2	2011		
10391,2	1119		
10391,2	2414		
10391,2	2002		
10391,3	2411		MRC
10391,3	2011		
10391,3	24081		
10391,4	1313		
10391,4	2011		

Frequency	ALE Ident	User	Country
10391,4	2415		
10391,4	1304		
10391,4	1307		
10391,4	2002		
10391,4	201		
10391,5	2011		
10391,5	1303		
10391,5	2215		
10391,6	1316		
10391,6	13121		
10391,6	2011		
10391,7	2011		
10391,7	24151		
10391,7	2417		
10391,8	22123		
10392,0	335		
10392,0	745		
10392,0	766		
10392,0	704		
10392,0	315		
10392,0	PRI	G F Pristina	
10392,0	HSP	G F Hanslope	G
10392,0	487		
10392,0	CYP	G F Akrotiri	CYP
10392,0	218		
10392,0	780		
10395,0	813		
10395,0	531		
10395,0	295		
10395,0	683		
10396,0	CRC		
10396,0	CGE	VEN F Caracas	VEN
10397,0	A98		
10397,0	T2Z224	USA F	
10397,0	L05		
10397,0	L06		
10398,0	RAP		
10398,0	781		
10398,0	442		
10398,0	267		
10398,0	255		
10398,5	MNCS		
10399,0	306001		
10399,0	A98		
10400,0	134		
10400,0	CID	Rockwell Collins Cedar Rapids	USA
10400,0	DT1	Rockwell Collins	USA
10402,0	RDI		
10402,0	DAI		
10402,0	DAP		
10402,0	RDP	ARS AF	ARS
10403,0	RDI		
10404,0	MOBILE21	POL MOI	POL
10404,0	MOBILE18	POL MOI	POL
10404,0	521		
10404,0	MOB		
10404,0	HQ1	Tripoli	LBY
10404,0	MSAAD		LBY
10404,0	TUBRUK	Tobruk	LBY
10404,0	MOBILE31	POL MOI	POL
10404,0	MOBILE26	POL MSW	POL
10404,1	MOBILE	POL MOI	POL
10404,1	699		
10405,6	HQ1	Tripoli	LBY
10407,0	215		
10407,0	741		
10407,0	301		
10408,0	ATFOPS		
10408,0	MOB		
10408,0	R24622		
10408,0	T3Z	USA F	

Frequency	ALE Ident	User	Country
10408,0	UDAIRI	USA MIL Camp Buehring	KWT
10408,0	ATF		
10408,1	ATFOPS		
10408,1	MOB		
10408,5	896		
10409,0	TAB		
10409,0	SHZ		
10409,0	MEH		
10409,0	TH1		
10409,5	UDAIRI	USA MIL Camp Buehring	KWT
10411,0	627	CHN	CHN
10411,0	430	CHN	CHN
10416,0	771		
10416,0	986		
10416,0	574		
10420,0	5203		
10420,0	8220		
10420,0	XSS	G MIL	G
10421,0	126		
10421,0	125		
10421,0	123		
10422,0	586		
10428,0	684	Fangcheng	CHN
10428,0	998	CHN	CHN
10428,0	992	Kunming	CHN
10430,0	BI1		
10430,0	BI1SK SK		
10430,0	TG1		
10430,0	CY1	TUN MIL	TUN
10430,0	OU1RG	ALG MOI Ouargla	ALG
10430,0	BI1SK	ALG MOI	ALG
10430,0	HF1		
10431,0	151		
10431,0	110		I
10437,0	636		
10437,0	P22		
10437,0	673		
10437,0	832		
10440,0	529		
10440,0	674		
10441,5	374		
10442,0	XSS	G MIL	G
10442,0	XEN	G MIL	G
10443,4	XSS	G MIL	G
10443,5	XSS	G MIL	G
10443,6	XSS	G MIL	G
10443,7	XSS	G MIL	G
10444,0	TRUENO		
10444,0	DILUVIO		
10444,0	PLATA		
10444,0	APACHE		
10444,0	DELTA9		
10444,0	DELTA6		
10444,0	COBRE		
10444,0	ARBOL		
10444,0	CAMALEON		
10444,0	ORO1		
10447,0	122		
10447,0	CENTR6	MFA Bucharest	ROU
10447,0	MOG	ROU E Athens	GRC
10449,0	412	Bose	CHN
10449,0	992	Kunming	CHN
10449,0	340	CHN	CHN
10449,0	463	CHN	CHN
10450,0		ROU E Stockholm	S
10450,0	0044MOCA P	USA CAP	USA
10450,0	0050NDCA P	USA CAP	USA
10450,0	CENTR4	MFA Bucharest	ROU

Frequency	ALE Ident	User	Country
10451,0	157		
10452,0		ROU E Tripoli	LBY
10452,0	BYR	?ROU E	
10452,0	CENTR6	MFA Bucharest	ROU
10456,0	112		
10456,6	159		
10458,0	SIL		
10458,0	183		
10458,0	XFY	G MIL	G
10458,0	SHU		
10458,0	606		
10458,0	986		
10458,0	SILA95		
10458,0	754		
10458,0	XSS	G MIL	G
10458,0	XJT	G MIL	G
10458,0	XCV	G MIL	G
10458,0	947		
10458,0	694		
10460,0	SILA95		
10461,0	YPM37	ROU E	
10461,0	CENTR3	MFA Bucharest	ROU
10461,0	SILA95		
10462,0	FNN	AUS MIL North West Cape	AUS
10462,0	FND	AUS MIL Darwin	AUS
10462,0	FNT	AUS MIL Townsville	AUS
10462,0	FNR	AUS MIL Riverina	AUS
10464,8	JDN	ARS AF	ARS
10464,8	RGN		
10464,8	RGI		
10466,0	157		
10466,0	154		
10466,7	MLA		
10467,0	172		
10467,0	243		
10467,0	651		
10467,0	636		
10467,0	212		
10467,1	243		
10467,1	172		
10468,0	JDP	ARS AF	ARS
10468,0	RGP		
10468,7	283		
10468,8	283		
10470,0	RV10		
10470,0	MB1		
10470,0	SN1		
10472,0	3ZB202	POL MIL	
10472,0	203		
10472,0	202		
10472,0	JDP	ARS AF	ARS
10472,0	LCR154	POL MIL Warszawa	POL
10473,6	203		
10475,0	4001		
10475,0	5301		
10477,0	L04	CHN N ship	
10477,0	L05	CHN N ship	
10477,0	A98	CHN N	CHN
10477,0	250	CHN MIL	
10477,0	255	CHN MIL	
10477,0	L06	CHN N ship	
10478,2	184		
10478,5	184		
10482,0	251		
10482,0	882		
10482,0	YPM	ROU E	
10482,0	CENTR4	MFA Bucharest	ROU
10482,0	YPM31	ROU E	
10482,0	CENTR6	MFA Bucharest	ROU
10482,0	L05		
10485,0	L47		

Frequency	ALE Ident	User	Country
10485,0	L49		
10485,0	D12	LTU F	
10486,0	ZOW	ROU E	
10486,0	CENTR6	MFA Bucharest	ROU
10486,0	AND21	ROU E	
10491,0	816		
10491,0	435	ISR AF	ISR
10493,0	FC8FEM	USA FEMA Denver , CO	USA
10495,5	WMP		
10495,5	ALE		
10495,5	WDC		
10495,5	MTR		
10497,0	584		
10497,0	554		
10497,0	974		
10497,0	450		
10497,0	890		
10500,0	3024		
10500,0	KALKAN		
10500,0	JYLDYZ		
10500,0	ARBALET		
10500,0	0001		
10500,0	3072		
10501,5	YPM	ROU E	
10501,5	CENTR3	MFA Bucharest	ROU
10504,0	004GLRCA P	USA CAP Great Lake	USA
10504,0	0171MICAP	USA CAP	USA
10504,0	0034ILCAP	USA CAP Illinois	USA
10504,0	1500WICAP	USA CAP	USA
10505,0	PUERTOAY SEN		CHL
10505,0	2919A		
10505,0	2622B		
10505,0	VALPARAIS O		CHL
10505,0	TALCA		CHL
10505,0	SERENA		CHL
10505,0	SANANTON IO		CHL
10505,0	OVALLE		CHL
10505,0	NUEVAVID A		CHL
10505,0	IQUEQUE		CHL
10505,0	COYHAIQU E2		CHL
10505,0	COYHAIQU E		CHL
10505,0	COCHRAN E		CHL
10505,0	ANTOFAGA STA		CHL
10505,0	2916A		
10505,0	CMC		CHL
10505,0	SANTIAGO		CHL
10505,0	CHILECHIC O		CHL
10505,0	BIOBIO		CHL
10505,0	ARICA		CHL
10505,0	COPIAPO		CHL
10506,7	3535		
10509,6	CTSN	F N Toulon	F
10509,6	PIPADY	F N HF Lab @ Centre d'Útudes de Pipady	F
10515,4	242		
10515,7	242		
10517,0	1111		
10517,0	7601		
10518,0	656		
10518,0	FNS	AUS MIL	AUS
10518,4	7601		
10519,0	CM5	ALG MIL	ALG

Frequency	ALE Ident	User	Country
10519,0	OEB	ALG MIL	ALG
10521,0	CENTUR		
10524,6	L02	CHN N	CHN
10524,6	A92	CHN	CHN
10525,0	U697484		
10525,0	U770315		
10526,0	BAR		
10526,0	NEN		
10526,0	BGB		
10527,0	L05		
10527,0	765	CHN	CHN
10527,0	857	CHN	CHN
10527,0	A98	CHN	CHN
10527,0	881	CHN	CHN
10527,0	426	CHN	CHN
10527,0	LO4	IRQ Border Guard	IRQ
10527,0	L06		
10527,0	506	CHN	CHN
10527,0	649	CHN Wuhan area	CHN
10528,0	291		
10528,0	CM4	ALG MIL Ouargla	ALG
10528,0	MNA	ALG MIL	ALG
10530,0	TD500A		
10530,0	AN300A		
10530,0	983		
10530,0	406		
10530,0	280	USA AF	
10532,0	214		
10532,0	213		
10533,0	832		
10533,0	636		
10533,0	273		
10533,0	248		
10534,0	135		
10540,8	JCN	ARS AF	ARS
10541,0	194		
10542,0	004RMRCA P	USA CAP Rocky Mountain Region	USA
10544,0	RDP	ARS AF	ARS
10544,0	RFP		
10544,0	JDN	ARS AF	ARS
10544,0	JDI	ARS AF	ARS
10544,0	JDP	ARS AF	ARS
10544,0	HMG		
10544,0	JCP	ARS AF	ARS
10544,0	BLD	ALG MIL	
10544,0	TDF	ALG MIL Tindouf	ALG
10545,0	0360FLCAP	USA CAP Florida	USA
10548,0	776		
10548,0	761		
10550,0	3000NMCA P	USA CAP New Mexico	USA
10550,0	0716LACAP	USA CAP Louisana	USA
10550,0	0011OKCA P	USA CAP Oklahoma	USA
10551,0	259		
10551,0	444		
10551,0	590		
10551,0	698		
10551,0	614		
10551,0	741		
10551,0	870		
10552,0	ZEN	ALG MIL	ALG
10552,0	CM2	ALG MIL	ALG
10552,0	ESC	ALG MIL	ALG
10552,0	COF	ALG MIL	ALG
10552,0	CM4	ALG MIL Ouargla	ALG
10552,0	ESA	ALG MIL	ALG
10554,0	211		
10554,0	214		
10554,0	213		
10557,0	0020CTCAP	USA CAP Connecticut	USA

Frequency	ALE Ident	User	Country
10557,0	214		
10557,0	0016MECA P	USA CAP Maine	USA
10557,0	0716LACAP	USA CAP Louisana	USA
10557,0	100NERCA P	USA CAP North Eastern Region	USA
10557,0	0010PACAP	USA CAP Pennsylvania	USA
10557,0	0042NHCA P	USA CAP New Hampshire	USA
10557,0	2525NYCAP		
10557,0	0525NYCAP	USA CAO New York	USA
10557,0	0021CTCAP	USA CAP Connecticut	USA
10557,0	0010NYCAP	USA CAP New York	USA
10558,0	FM6FEM	USA FEMA	USA
10558,0	CLC44		
10560,5	8TH		
10560,5	CLB		
10561,0	157		
10561,0	155		
10564,0	U697457		
10571,0	164		
10571,0	162	?CHN diplo	
10573,0	OLZ76	CZR E Moscow	RUS
10573,0	OLZ88	MFA Prague	CZR
10575,0	XKD	G MIL	G
10575,0	XBX	G MIL	G
10575,0	5301		
10575,0	XSS	G MIL	G
10575,0	XDX	G MIL	G
10576,3	XGE	G MIL	G
10577,0	SY3		
10577,0	193		
10577,0	191		
10577,0	A14		
10577,0	D50		
10581,0	S12	S E Bogota	CLM
10581,0	S93	S E Habana	CUB
10581,0	S94	S E Guatemala City	
10581,0	S92	S E Managua	NCG
10581,0	S84	S E Washington	USA
10581,0	S86	S E Mexico City	MEX
10583,0	745		
10583,0	HBB	ALG MIL	ALG
10583,0	BFK	ALG MIL	ALG
10583,0	761		
10583,0	GQG	ALG MIL	ALG
10583,0	CM1	ALG MIL	ALG
10583,0	CM4	ALG MIL Ouargla	ALG
10583,0	CM2	ALG MIL	ALG
10584,0	PSO112		
10584,0	GS1120		
10584,0	CEI1120		
10585,0	555		
10585,0	111	E MOI	E
10585,0	11111	AUT F	
10586,8	11111	AUT F	
10587,0	S00	MFA Stockholm	S
10588,0	FR3FEM	USA FEMA Philadelphia , PA	USA
10588,0	FR7FEM	USA FEMA Kansas City , MO	USA
10588,0	NH1FEM	USA Homeland Security & Emergency Management	USA
10588,0	RI1FEM	Rhode Island Emergency Management Agency Cranston	USA
10588,0	DE3FEM	Delaware Emergency Management Agency Smyrna , DE	USA
10588,0	PA3FEM	Pennsylvannia	USA

Frequency	ALE Ident	User	Country
		Emergency Management Agency	
10588,0	555		
10588,0	FCOFEM	USA FEMA Bothell , WA	USA
10588,0	NY2FEM	New York State Emergency Management Office Albany	USA
10588,0	FC8004	USA FEMA	USA
10588,0	FR5FEM006	USA FEMA	USA
10588,0	FY2FEM		
10588,0	FCOFEM004	USA FEMA	USA
10588,0	FR2FEM	USA FEMA New York , NY	USA
10588,0	FR5FEM	USA FEMA Oakland , CA	USA
10588,0	MO7	POL MIL	POL
10588,0	MS4		
10588,0	FC4FEM	USA FEMA Thomasville , GA	USA
10588,0	FC1FEM	USA FEMA Maynard , MA	USA
10588,0	FR1FEM	USA FEMA	USA
10588,0	FC8FEM	USA FEMA Denver , CO	USA
10588,0	FC8FEM004	USA FEMA	USA
10588,0	FR4FEM	USA FEMA	USA
10588,0	NC4		
10588,0	FC6FEM	USA FEMA Denton , TX	USA
10589,5	FC4FEM	USA FEMA Thomasville , GA	USA
10589,6	FC4FEM	USA FEMA Thomasville , GA	USA
10589,6	FC6FEM	USA FEMA Denton , TX	USA
10589,6	FC1FEM	USA FEMA Maynard , MA	USA
10589,6	FR3FEM	USA FEMA Philadelphia , PA	USA
10590,0	7UD	MRC MOI	MRC
10590,0	5FI	MRC MOI	MRC
10590,0	3VD	MRC MOI	MRC
10590,0	4AA	MRC MOI	MRC
10594,8	OG700M	ALG MIL	ALG
10594,9	AF720M1	ALG F	ALG
10595,0	ALMATEEF MOB6		ARS
10595,0	MOHAWEL AH	ARS MOI Mohawelah	ARS
10595,0	9857		
10595,0	WDCATEEF MOB6		ARS
10595,0	ALMATEEF MOB10		ARS
10595,7	AF720M1	ALG F	ALG
10596,0	6402		TUR
10596,0	5111		TUR
10596,0	1505		TUR
10596,0	731		TUR
10596,0	8205		TUR
10596,0	0212		TUR
10596,0	6554		TUR
10596,0	1548		TUR
10596,0	1030	Afyonkarahisar	TUR
10596,0	4400		TUR
10596,0	1556		TUR
10596,0	1050		TUR
10596,0	5040		TUR
10596,0	1080	Artvin	TUR
10596,0	1144		TUR
10596,0	1002		TUR

Frequency	ALE Ident	User	Country
10596,0	1603		TUR
10596,0	8207		TUR
10596,0	1706		TUR
10596,0	1524		TUR
10596,0	6013		TUR
10596,0	7010		TUR
10596,0	5000		TUR
10596,0	6404		TUR
10596,0	1912		TUR
10596,0	5500		TUR
10596,0	8201		TUR
10596,0	1434		TUR
10596,0	4066		TUR
10596,0	2211		TUR
10596,0	5522		TUR
10596,0	1305		TUR
10596,0	4022		TUR
10596,0	5502		TUR
10596,0	6322		TUR
10596,0	3002		TUR
10596,0	8111	Bilecik	TUR
10596,0	5400		TUR
10596,0	5315		TUR
10596,0	6404		TUR
10596,0	2223		TUR
10596,0	1142		TUR
10596,0	8040		TUR
10596,0	6552		TUR
10596,0	7756		TUR
10596,0	1643		TUR
10596,0	1122		TUR
10596,0	5523		TUR
10596,0	1602		TUR
10596,0	1542		TUR
10596,0	2214		TUR
10600,0	MIRA1	VEN N	VEN
10600,0	FALCON	VEN Naval Base Falcon	VEN
10600,0	CGA	VEN N	VEN
10600,0	CLC23M	VEN F	VEN
10600,0	34RGT04M		
10600,0	DESTAFAC 23	VEN National Guard	VEN
10600,0	CRC2M	VEN F	VEN
10600,0	CUFAN1	VEN F	VEN
10600,0	HQ2		EGY
10600,0	ARMARIO	VEN Naval Base Armario	VEN
10600,0	VAR	VEN CG Vargas	VEN
10600,0	GHARB1		EGY
10600,0	HQ1	LBY GMRA Tripoli	LBY
10600,0	TOU	Airbus Toulouse	F
10600,0	CUF	VEN F	VEN
10600,0	GHARB4		EGY
10600,0	CGRAM	VEN N	VEN
10600,0	GHARB3		EGY
10600,0	CLC22M	VEN F	VEN
10600,0	LAB	VEN F	VEN
10600,0	COR7	VEN National Guard	VEN
10600,0	00		
10600,0	3RABRIAC O		
10600,0	CORE7	VEN F	VEN
10600,0	CUFAN2	VEN F	VEN
10600,0	SCLC222M	VEN F	VEN
10600,0	SCLM348M	VEN F	VEN
10600,0	CGGN	VEN National Guard	VEN
10600,0	TOPATER		
10600,0	CID	VEN F	VEN
10600,0	PAR	Airbus Paris	F
10600,5	CRO	USA AF Croughton	G
10600,5	GS1		

Frequency	ALE Ident	User	Country
10602,5	763		
10602,5	924		
10603,0	284		
10603,0	281		
10604,0	314		
10604,0	264		
10608,0	RADGENA	CLM N	CLM
10608,0	ATLANTICO	CLM N	CLM
10608,0	INDEPEN3	CLM N	CLM
10608,0	MARQUEZ	CLM N	CLM
10608,0	ESPADA	CLM N	CLM
10617,0	LO4	IRQ Border Guard	IRQ
10617,0	401		
10617,0	L06		
10617,0	L04	CHN N	
10617,0	A98		
10617,0	L05		
10617,0	301		
10617,0	406		
10618,0	055		
10618,6	A98		
10619,0	ALR	Alrar oilfield	ALG
10619,0	HR	Hassi R'Mel oilfield	ALG
10627,0	055		
10629,9	102		
10629,9	10250		
10630,0	206102	Ankara	TUR
10630,0	3261	Eskisehir	TUR
10630,0	3771	Yalova	TUR
10630,0	5810		
10630,0	9817	Düzoe	TUR
10630,0	9850		TUR
10630,0	10120		
10631,3	5810		
10631,4	10250		
10631,5	326		
10631,9	10250		
10632,0	113		
10633,0	113		
10633,0	115		
10633,0	106		
10633,0	110		I
10634,0	9912		
10635,0	BACB6	ROU MOI Bacau	ROU
10635,0	ZALB6	ROU MOI Zalau	ROU
10635,0	ORAB6	ROU MOI Oradea	ROU
10637,0	R09		
10638,0	GEF		
10638,0	555		
10638,0	EK9		
10639,7	121		
10640,0	TJIB1		ROU
10640,0	CRAB1		ROU
10640,0	CONB1		ROU
10642,0	AAA	ISR AF	ISR
10642,0	AA2	ISR AF	ISR
10642,0	AA3	ISR AF	ISR
10642,0	K35		
10642,0	AA1	ISR AF	ISR
10645,0	CALB5		ROU
10645,0	SLOB5	ROU MOI Slobotia	ROU
10645,0	DEVB5	ROU MOI Deva	ROU
10645,0	FOCB5	ROU MOI Focosani	ROU
10646,8	T5L		
10648,0	102		
10648,0	106		
10648,0	143001		
10648,0	154001		
10648,0	103001		
10648,0	206102	Ankara	TUR
10648,0	141001		
10648,0	162002		

Frequency	ALE Ident	User	Country
10648,0	134001		
10648,0	106001		
10648,0	162001		
10648,0	181001		
10648,0	T5L		
10648,0	120001		
10649,4	181001		
10650,0	133		
10650,0	CGA	VEN N	VEN
10650,0	BE11	VEN N ship	VEN
10651,0	144		
10651,0	148		
10656,7	ABL		
10657,9	201		
10657,9	102		
10657,9	501		
10657,9	401		
10657,9	2010		
10658,0	2013	Adana	TUR
10658,0	1020	Adiyaman	TUR
10658,0	2014	Adana	TUR
10658,0	2010		
10658,0	CGA	VEN N	VEN
10658,0	2011		
10658,0	2016	Adana	TUR
10658,0	2015	Adana	TUR
10658,0	3010		
10658,0	2040		
10658,0	2030		
10658,0	1090	Aydin	TUR
10658,0	1030	Afyonkarahisar	TUR
10658,0	1060		
10658,0	102		
10658,0	9817	Düzoe	TUR
10658,0	9850		TUR
10658,0	4012	Adana	TUR
10658,0	4015	Adana	TUR
10658,0	201		
10658,0	123466		TUR
10658,0	5010	Adana	
10658,0	2016	Adana	TUR
10658,0	4017	Adana	TUR
10658,0	401		
10658,0	2012	Adana	TUR
10658,0	3261	Eskisehir	TUR
10658,0	206102	Ankara	TUR
10658,0	3771	Yalova	TUR
10658,0	3013	Adana	TUR
10659,7	3261	Eskisehir	
10661,0	314		
10661,0	101		
10662,0	109		
10662,0	103		
10665,0	103		
10665,0	315		
10665,0	108		
10665,0	101		
10667,0	101		
10668,0	166		
10670,5	DUST		
10670,5			
10673,8	AAN		
10673,8	AAI	USA AF	
10673,8	RHN	ARS AF Riyadh	ARS
10674,0	653391		
10675,5	RHN	ARS AF Riyadh	ARS
10676,9	573		
10677,0	AAI	USA AF	
10677,0	AAP	ARS AF	ARS
10677,0	RGP		
10677,0	JDI	ARS AF	ARS
10677,0	RGN		

Frequency	ALE Ident	User	Country
10677,0	RHU	ARS AF	ARS
10677,0	RGI		
10677,0	RHN2PP		
10677,0	RHP	ARS AF	ARS
10677,0	RHI	ARS AF	ARS
10677,0	RHN	ARS AF Riyadh	ARS
10677,0	AAU		
10677,5	650049		
10678,4	RHP	ARS AF	ARS
10678,6	RHP	ARS AF	ARS
10678,7	RHP	ARS AF	ARS
10680,0	345		
10680,0	601		
10680,0	894		
10680,0	475		
10680,0	611		
10680,0	R27		
10680,0	R26		
10680,0	316		
10680,0	981		
10680,0	901		
10680,0	824		
10680,0	R27019		
10680,0	431		
10680,0	750		
10680,0	812		
10680,0	223		
10683,0	457		
10685,0	L06		
10685,0	A98		
10687,0	184		
10687,0	183		
10687,0	187		
10687,5	919		
10687,9	333		
10687,9	919		
10689,0	487		
10689,0	547		
10689,0	745		
10689,0	539		
10689,0	766		
10691,0	148		
10691,0	146		
10691,5	831367	USA army	
10691,5	PNR400		
10691,5	HAF	USA army	
10691,5	CLX123	USA army	
10691,5	CLS	USA army	
10692,0	FMP		
10692,0	514		
10692,0	COU		
10692,0	JUFRA	LBY AF Al-Jufra	LBY
10692,0	TAZIRBU	LBY AF Tazerbu	LBY
10692,0	BENGHAZI	LBY AF Bengasi	LBY
10692,0	TRIPOLI	LBY AF Tripoli	LBY
10692,5	R47		
10692,5	R479		
10692,5	VORTOC	Camp Bondsteel Kosovo	
10692,5	VORTOC	Camp Bondsteel Kosovo	
10692,5	R004		
10692,5	R722		
10692,5	R160		
10692,5	R079		
10693,8	R004		
10694,0	81R		
10694,0	811		
10700,0	C53		
10700,0	C51		
10700,0	911916		
10700,0	911911		

Frequency	ALE Ident	User	Country
10701,2	C53		
10704,0	206		
10707,0	196		
10707,0	256		
10713,0	985		CHN
10713,0	224		
10713,0	SNB	POL MIL	POL
10713,0	LCR		
10713,0	769		CHN
10713,0	SPI324	POL MIL	POL
10713,0	LCR154	POL MIL Warszawa	POL
10713,0	SPT424	POL MIL	
10714,5	SPI324	POL MIL	POL
10714,9	SPI324	POL MIL	POL
10715,0	124	?CHN diplo	
10715,0	116	?CHN diplo	
10716,0	COF	ALG MIL	ALG
10716,0	CM1	ALG MIL	ALG
10716,0	CM4	ALG MIL Ouargla	ALG
10719,0	601		
10719,0	674		
10719,0	431		
10719,0	611		
10719,0	437		
10719,0	529		
10719,0	334		
10721,0	152		
10721,0	212		
10721,1	BS105B		
10721,5	BS105B		
10721,6	BS105B		
10721,8	BS105B		
10722,0	220		
10722,0	219		
10726,0	CM1	ALG MIL	ALG
10726,0	HBB		
10726,0	CTF		
10728,0	Z25		
10728,0	C17		
10728,0	C06		
10730,0	GIUB8	ROU MOI Giurgiu	ROU
10730,0	VASB8		ROU
10733,6	KWA	USA DOS	
10733,6	CAIRO	USA E Cairo	EGY
10733,6	KWR96	USA DOS	
10733,6	KWV45	USA DOS	
10733,6	KWT50	USA DOS	
10733,6	KWX93	USA DOS	
10733,6	KBF95	USA E Baku	AZE
10733,6	KWP96	USA DOS	
10733,6	KWI56A	USA DOS	
10733,6	KWS78	USA DOS	
10733,6	KWP97	USA DOS	
10733,6	KVX	USA DOS	
10733,6	KWT93	USA DOS	
10733,6	KWS96	USA DOS	
10733,6	KWS97	USA DOS	
10733,6	KWA43	USA DOS	
10733,6	WNG767	USA DOS	
10733,6	KWT910S	USA DOS	
10733,6	KWP95	USA DOS	
10733,6	KWFD22	USA E	ETH
10733,6	KWX90	USA DOS	
10733,6	KWE41	USA E Addis Abeba	ETH
10733,6	WNG740	USA DOS	USA
10733,6	KWT91		
10733,6	KWY50	USA DOS	
10733,6	KWB	USA DOS	
10733,6	KWS	USA DOS	
10733,6	KWP980S	USA DOS	
10733,6	KWS92	USA DOS	
10733,6	KWX	USA DOS	

Frequency	ALE Ident	User	Country
10733,6	KWV	USA DOS	
10733,6	KWR86	USA DOS	
10733,6	KWX57	USA DOS	
10733,6	KWT92	USA DOS	
10733,6	KWT55	USA DOS	PAK
10733,6	KWA37	USA DOS	
10733,6	KVX53	USA DOS	
10733,6	KWR	USA DOS	
10733,6	KWT	USA DOS	
10733,6	KXV	USA DOS	
10733,6	KVX56OS	USA DOS	
10733,6	KWS94	USA DOS	
10733,6	KWT94	USA DOS	
10733,6	KVX53OS1	USA DOS	
10733,6	KVX54	USA DOS	
10733,6	KWS94	USA DOS	
10736,9	A98		
10736,9	L05		
10737,0	L05		
10737,0	A98		
10737,0	L04	CHN N	
10737,0	L06		
10737,0	LO4	IRQ Border Guard	IRQ
10740,0	4001		
10743,0	FG6		
10744,8	RGN		
10744,8	RGI		
10746,4	HKI2	MFA Helsinki	FIN
10746,4	RIA	FIN E Riyad	ARS
10747,0	71		
10747,0	CN5		
10748,0	JDI	ARS AF	ARS
10748,0	JDP	ARS	ARS
10748,0	RGP		
10748,0	RGI		
10754,0	133		
10760,0	MOSCRIP		
10760,0	VIEQUES		
10760,0	BAHAMAS		
10765,0	SPO		
10766,0	152		
10766,0	154		
10770,0	651		
10770,0	248		
10770,0	636		
10770,0	673		
10770,0	601		
10770,0	273		
10771,4	793		
10771,7	793		
10773,0	183		
10773,0	509		
10773,0	259		
10773,0	698		
10775,0	4001		
10775,0	5301		
10782,0	611		
10782,0	431		
10782,0	750		
10782,0	437		
10784,0	R17		
10784,0	R18		
10784,0	R13		
10785,0	CM6	ALG MIL	ALG
10785,0	CM5	ALG MIL	ALG
10785,0	CM1	ALG MIL	ALG
10785,0	COF	ALG F	ALG
10786,8	COF	ALG F	ALG
10786,8	BA4		
10786,8	CM3	ALG MIL Bechar	ALG
10786,8	OPS	ALG F	ALG
10788,0	BS001A	ALB MIL	ALB
10788,0	BS102B	ALB MIL	ALB
10790,0	122		
10794,0	670		
10794,0	684		
10794,0	201		
10794,0	986		
10794,6	OG700M	ALG MIL	ALG
10794,7	OG700M	ALG MIL	ALG
10794,8	OG700M	ALG MIL	ALG
10797,5	KBNWNG	USA NG Boone , IA	USA
10803,0	TER		
10803,0	PIZ		
10803,0	TRE		
10803,0	VIC		
10806,0	154		
10806,0	217		
10810,8	125		
10813,2	L28		
10817,0	147		
10817,0	139		
10818,0	842		
10818,0	4THPLT		
10818,0	DUST		
10818,0	TZB159	USA F Ft. Bragg , NC	USA
10818,0	3RDPLT		
10821,0	R26329		
10821,0	BROOK		
10822,0	BA1	USA FBI Baltimore , MD	USA
10822,0	SH9		
10824,0	5XG550		
10824,0	5XG55005		
10824,0	832		
10825,0	RABAT	F E Rabat	MRC
10825,0	CER11	MFA Paris	F
10825,0	KHARTOU M	F E Khartoum	SDN
10825,0	LECAIRE	F E Cairo	EGY
10825,0	ADDISABE BA	F E Addis Abeba	ETH
10825,0	SANAA	F E Sanaa	YEM
10825,0	AMMAN	F E Amman	SYR
10825,0	CONAKRY	F E Conakry	GUI
10829,0	260		
10829,0	262		
10833,0	166		
10833,0	286		
10833,0	580		
10833,0	293		
10833,0	723		
10833,0	321		
10833,0	405		
10833,0	643		
10833,0	319		
10839,0	5DQ		
10839,0	6LK		
10839,0	06C		
10839,0	5DIV		
10842,0	844		
10842,0	380		
10844,0	223		
10846,0	161		
10846,0	108		
10850,0	PAR	B N	B
10851,0	160		
10853,9	627		
10854,0	422		
10854,0	637		
10854,0	627		
10855,0	1010		
10856,0	103		
10858,0	101		

Frequency	ALE Ident	User	Country
10858,0	103		
10858,0	107		
10860,0	106		
10860,0	XSS	G MIL	G
10860,0	653391		
10863,0	433		
10863,0	183		
10865,0	YT362A	?CHN diplo	
10865,0	ZT201A	?CHN diplo	
10865,0	124	?CHN diplo	
10865,0	116	?CHN diplo	
10865,0	162	?CHN diplo	
10865,0	176	?CHN diplo	
10873,5	OEY	AUT MOD Vienna	AUT
10873,5	OEY41	AUT MIL	
10873,5	OEY52	AUT MIL Vienna	AUT
10875,0	BMLV2	AUT MOD Vienna	AUT
10875,0	OYT		
10875,0	147		
10875,0	LDF		
10875,0	139		
10878,0	583		
10878,0	LO4	IRQ Border Guard	IRQ
10878,0	L04	CHN N	
10878,0	L06		
10878,0	319		
10878,0	548		
10878,0	A98		
10878,0	615		
10878,0	L05		
10879,0	178		
10883,0	JAI	ARS AF Jeddah	ARS
10883,0	RAI	ARS AF	ARS
10887,0	BMLV1	AUT MOD Vienna	AUT
10887,0	11111	AUT F	
10887,0	5203 3		
10887,0	172		
10887,0	5203		
10888,5	5203		
10890,0	3232		
10891,0	243		
10893,0	UMC	ROU diplo	
10893,0	CENTR6	MFA Bucharest	ROU
10893,5	XRW	G MIL	G
10893,5	XNT	G MIL	G
10893,5	XBX	G MIL	G
10893,5	XJM	G MIL	G
10893,5	XGP	G MIL	G
10893,5	XHK	G MIL	G
10893,5	XKD	G MIL	G
10893,5	XDX	G MIL	G
10893,5	XJT	G MIL	G
10893,5	XPK	G MIL	G
10893,5	XGX	G MIL	G
10893,5	XLD	G MIL	G
10893,5	XSS	G MIL	G
10893,5	XJK	G MIL	G
10895,0	XJH	G MIL	G
10895,1	XJH	G MIL	G
10895,1	XGX	G MIL	G
10895,3	XJH	G MIL	G
10896,0	107		
10896,0	183		
10896,0	694		
10899,0	FC1FEM002	USA FEMA Maynard , MA	USA
10899,0	NIJ		
10899,0	FC6FEM002	USA FEMA Denton , TX	USA
10899,0	FC8FEM002	USA FEMA	USA
10899,0	FC0FEM002	USA FEMA	USA
10900,0	5MT	MRC MOI	MRC
10900,0	SM4		
10900,0	5FI	MRC MOI	MRC
10900,0	PO6		
10900,0	KENITRAALE	MRC MOI Kenitra	MRC
10900,0	CASAALE	MRC MOI Casa	MRC
10900,0	MEKNESALE	MRC MOI Meknes	MRC
10900,0	MEKNESFIX	MRC MOI Meknes	MRC
10900,0	4QX	MRC MOI	MRC
10900,0	7UD	MRC MOI	MRC
10900,0	3VD	MRC MOI	MRC
10900,0	KENITRAFIX	MRC MOI Kenitra	MRC
10900,0	ZN9		
10900,5	FC1FEM002	USA FEMA	USA
10900,6	FC1FEM002	USA FEMA	USA
10905,0	1010		
10905,0	169		
10905,0	740		
10914,5	GWPWN33	B N Natal	B
10914,5	GWPWIN	B N Frigate F-44 Independencia	B
10914,5	NEBRSL	B N ship	B
10914,5	FTEROI	B N	B
10914,5	ERMBEL	B N Belem	B
10914,5	GWPWZ33	B N Rio de Janeiro	B
10914,5	GWPWFN	B N Corvette V-33 FRONTIN	B
10914,5	NDDCEA	B N	B
10914,5	GWPWJC	B N	B
10914,5	NDCCMM	B N	B
10914,5	GWPWDV	B N ship	B
10915,5	GWPWF33	B N Fortaleza	B
10916,1	GWPWFN	B N Corvette V-33 FRONTIN	B
10918,0	193		
10918,0	191		
10919,0	561		
10923,5	T01		
10923,5	G02		
10926,0	619		
10928,0	LO4	IRQ Border Guard	IRQ
10928,0	L04	CHN N	
10928,0	L06		
10928,0	L05		
10928,0	A98		
10940,0	141		
10944,0	218		
10944,0	242		
10944,0	154		
10950,0	5301		
10952,0		MFA Berne	SUI
10952,0	XSS	G MIL	G
10952,0		SUI E Ankara	TUR
10953,2	09N		
10954,9	1328		
10955,0	BG2		
10955,0	ZULUGEORGIA		
10956,0	742		
10956,0	132		
10956,0	529		
10956,0	615		
10956,0	932		
10957,9	EWK		
10958,0	3?C		
10958,0	2ID		
10958,0	DI3		
10958,0	46Z		
10958,0	LPR		
10958,0	4NY		

Frequency	ALE Ident	User	Country
10958,0	HFH		
10958,0	QWE		
10958,0	BZ7		
10958,0	8GB		
10958,0	3AS		
10958,0	FFU		
10958,0	VMI		
10958,0	J2Z		
10958,0	6NR		
10958,0	C		
10958,0	?M4		
10958,0	IO?		
10958,0	Q6H		
10958,0	L3E		
10958,0	PHW		
10958,0	S9T		
10958,0	ZET		
10962,0	MUNSIF	PAK N Minehunter MUNSIF M166	PAK
10962,0	1740		
10962,0	BADR	PAK N Frigate BADR F184	PAK
10962,0	1728		
10962,0	TIPPUSULT AN	PAK N Frigate Tippu Sultan F186	PAK
10962,0	1723		
10962,0	NRS	PAK N TX Islamabad	PAK
10962,0	BABUR	PAK N Frigate Babur F182	PAK
10962,0	1741		
10962,0	NATHIAGAL I	PAK N TX Nathia Gali	PAK
10962,0	KW	PAK N TX Karachi	PAK
10965,0	202E3F	F AF Boing E3 Sentry	
10965,0	MOBE3F	F AF Taverny	F
10965,0	203E3F	F AF Boing E3 Sentry	F
10966,6	MOBE3F	F AF	F
10967,0	85Z		
10967,0	VG2		
10967,0	QRT		
10967,0	FMD		
10967,0	U1Z		
10967,0	7QI		
10967,0	NA		
10967,0	5IG		
10967,0	AT9		
10967,0	52Z		
10967,0	O38		
10967,0	VRJ		
10967,0	4FD		
10967,0	YAN		
10967,0	7NN		
10967,0	JKQ		
10967,0	QH		
10967,0	KE7		
10967,0	QVZ		
10967,0	8CJ		
10967,0	OYM		
10967,0	ZTH		
10967,0	HP		
10967,0	5C5		
10967,0	OEF		
10967,0	0B		
10968,0	607		
10968,5	X59		
10970,0	NAP		
10977,0	D84		
10983,5	XSS	G MIL	G
10983,5	XSS	G MIL	G
10983,5	? T		
10983,5	JKQ		
10984,0	124		

Frequency	ALE Ident	User	Country
10984,0	274		
10984,0	240	USA AF	
10985,1	XSS	G MIL	G
10995,0	MAE	MFA Alger	ALG
10995,0	TNS	ALG E Tunis	TUN
10995,0	670		
10995,0	RBT	ALG E Rabat	MRC
10995,0	183		
10995,0	TRP	ALG E Tripoli	LBY
10997,7	840		
10997,7	240	USA AF	
10997,7	8401		
10997,9	6869		
10997,9	6801		
10998,0	624449		
10998,0	680		
10998,0	7901		
10998,0	6801		
10998,0	6869		
10998,0	670		
10998,0	6W0		
10998,0	6701		
10998,0	4101		
10998,0	6301		
10998,0	8101		
10998,0	800537		
10998,0	624831		
10998,0	6701 1		
10998,0	240	USA AF	
10998,0	7201		
10998,0	790		
10998,0	6101		
10998,8	6801		
10999,1	6701		
10999,2	6801		
10999,2	7901		
10999,2	8401		
10999,3	7901		
10999,3	6801		
10999,3	8401		
10999,3	6701		
10999,4	670		
10999,4	7901		
10999,4	6869		
10999,4	6801		
10999,4	6701		
10999,5	6801		
10999,5	7901		
10999,5	6701		
10999,6	6701		
10999,6	6801		
10999,6	7901		
10999,7	7901		
10999,7	6801		
10999,7	6701		
11000,0	DEF	USA AF	
11000,0	P1T		
11000,0	C53		
11000,0	SA3		
11000,0	BS001A	ALB MIL	ALB
11000,0	C51		
11000,0	BS102A		
11000,0	SA2		
11000,0	SA1		
11000,0	R1M		
11001,0	135		
11001,0	373		
11001,0	812		
11001,4	C53		
11001,5	C53		
11001,6	C51		
11001,6	C53		

Frequency	ALE Ident	User	Country
11002,9	206		
11003,0	206		
11003,0	20619O		
11004,0	291		
11006,7	7010		
11006,8	7010		
11007,0	1203		
11008,0	CO120B		
11010,0	CVJULI	B N ship	B
11010,0	I9I		
11010,0	ERMRIO	B N Rio	B
11010,0	ERMSAL	B N Salvador	B
11010,0	ERMRGD	B N Rio Grande	B
11010,0	NEBRSL	B N ship	B
11010,0	FINDEP	B N ship	B
11010,0	GWPWJC	B N	B
11010,0	FDEFEN	B N ship	B
11010,0	GWPWIN	B N Frigate F-44 Independencia	B
11010,0	ERMBEL	B N Belem	B
11010,0	GWPWFN	B N Corvette V-33 FRONTIN	B
11010,0	GWPWF33	B N Fortaleza	B
11010,0	COF	ALG AF	ALG
11010,0	01	ALG MIL	ALG
11010,0	GWPWZ33	B N Rio de Janeiro	B
11010,5	M13		
11010,5	M01		
11010,5	M03		
11010,5	M08		
11021,0	1115		
11023,9	118		
11024,0	622		
11024,2	118		
11024,9	ALJOUF	ARS MOI Al Jouf	ARS
11025,0	DAMMAM	ARS MOI Damman	ARS
11025,0	ALJOUF	ARS MOI Al Jouf	ARS
11025,0	RIYADH	ARS MOI Riyadh	ARS
11025,0	ARAR		
11026,2	ALJOUF	ARS MOI Al Jouf	ARS
11026,3	ARAR		
11026,4	ALJOUF	ARS MOI Al Jouf	ARS
11026,5	ALJOUF	ARS MOI Al Jouf	ARS
11026,5	ARAR		
11026,6	ALJOUF	ARS MOI Al Jouf	ARS
11029,0	5203		
11030,0	BS1		
11030,3	A98	CHN	CHN
11030,3	L03	CHN N	CHN
11030,4	5203		
11030,4	OEY62	AUT MIL AUCON/KFOR Suva Reka	
11030,5	OEY	AUT MOD Vienna	AUT
11032,1	OEY62	AUT MIL AUCON/KFOR Suva Reka	
11033,0	110		
11033,0	113		
11034,0	912		
11034,0	947		
11034,0	771		
11042,0	R1M		
11042,0	P1T		
11043,0	NAY		
11043,0	AOT		
11045,0	187		
11045,0	DL7		
11045,0	183		
11047,5	TC1111	USA F	IRQ
11047,5	TC3Z25	USA F	IRQ
11047,5	R24396	USA F	IRQ
11047,5	T45MED	USA F	IRQ
11050,0	3RABRIAC O		
11050,0	TOPATER		
11052,3	125		
11052,4	125		
11052,8	125		
11054,7	274		
11055,0	CLR1MAILC ECMD1	USA N Camp Pendleton , CA	USA
11055,0	821		
11055,0	BRIDGELC ECMD1	USA N Camp Pendleton , CA	USA
11056,0	182		
11056,0	183		
11056,6	145		
11056,7	145		
11056,9	145		
11059,0	S3HQ32		
11059,0	25TRANS		
11059,0	538ORD		
11059,0	19TSCG3		
11061,0	561		
11062,0	246		
11062,0	284		
11062,0	277		
11062,0	F?D		
11062,0	114		
11063,0	1161		
11064,0	142		
11070,0	134		
11070,0	848		
11070,0	812		
11070,0	319		
11070,0	618		
11070,0	284		
11070,0	269		
11070,0	142		
11070,0	724		
11070,9	RAMPAGE9 9		
11071,0	GEKONFOX TROT		
11071,0	212		
11071,0	243		
11071,0	269		
11071,0	848		
11071,0	AMBER99		
11071,0	RAMPAGE9 9		
11071,0	UET		
11071,0	GEKONDEL TA06		
11071,0	PARROTFO XTROT06		
11071,0	GEKONFOX TROT06		
11071,0	LIMA06		
11071,0	PARROTIN DIA06		
11071,0	CONDORF OXTROT21		
11071,0	PARROTEC HO66		
11071,0	RAPTOR31		
11071,0	TANGO99		
11071,0	RAPTOR31 H0U		
11071,0	172		
11071,0	TF6		
11071,0	PARROT06		
11071,0	PARROTDE LTA06		

Frequency	ALE Ident	User	Country
11071,0	AMB		
11071,0	KARTELDE LTA11		
11071,0	RAP		
11071,0	FOXINDIA6 6		
11071,0	TANGOFOX TROT99		
11071,0	FOX		
11071,0	PARROTFO X		
11071,0	TANOXTRO T99		
11071,0	PARFOXTR OT06		
11071,0	KARTELIND IA41		
11071,0	FOXDELTA 06		
11071,0	FOXFOXTR OT06		
11071,0	REZ		
11071,0	TANGOFOX TROT06		
11071,0	FOXECHO0 6		
11071,0	IRONMAN4 5		
11071,0	PAR	Airbus Paris	F
11071,0	WHI		
11071,0	TAN		
11071,0	GEK		
11071,0	RAM	ROU MOI	ROU
11071,0	KAR		
11072,1	PARROTFO XTROT06		
11072,1	IRONMAN4 5		
11072,2	PARROTFO XTROT06		
11072,2	TANGOFOX TROT06		
11072,3	AMBER99		
11072,4	PARROTIN DIA06		
11072,4	RAMPAGE9 9		
11072,4	LIMA06		
11072,4	TANGOFOX TROT06		
11072,4	PARROTFO XTROT06		
11072,5	GEKONDEL TA06		
11072,5	PARROTFO XTROT06		
11072,5	PARROTIN DIA06		
11072,5	RAPTOR31		
11072,5	FOXECHO0 6		
11072,6	PARROTFO XTROT06		
11072,6	AMBER99		
11072,6	TANGOFOX TROT06		
11072,6	RAMPAGE9 9		
11072,6	FOXECHO0 6 V2		
11072,6	FOX66		
11072,7	PARROTFO XTROT06		
11072,7	AMBER99		

Frequency	ALE Ident	User	Country
11072,7	PARROTFO XTRO		
11072,7	TANGOFOX TROT06		
11072,7	FOXECHO0 6		
11072,7	FOXDELTA 06		
11072,8	PARROTIN DIA06		
11072,8	PARROTFO XTROT06		
11073,0	KARTELIND IA41		
11074,0	183		
11074,0	185		
11074,0	187		
11076,0	CID		
11078,0	70400		
11078,0	CN3	SNG N	SNG
11078,0	99		
11078,0	071	SNG N ship RSS Tenacious	SNG
11078,0	207		
11079,0	529		
11079,0	662		
11079,0	132		
11080,0	P1G		
11080,0	507		
11080,0	S1B		
11081,0	151		
11081,0	150		
11081,4	S1B		
11081,5	163		
11081,5	S1B		
11081,7	166		
11083,3	242		
11083,4	128		
11083,6	242		
11083,6	176	?CHN diplo	
11083,6	128		
11083,8	176	?CHN diplo	
11083,8	128		
11083,9	1519		
11086,6	654		
11088,0	531		
11088,0	434		
11088,0	316		
11089,7	157		
11091,0	182		
11091,0	P1G		
11091,0	103		
11091,0	507		
11091,0	282		
11091,0	110		I
11091,0	288		
11091,0	126		
11091,3	136		
11091,8	136		
11092,4	148		
11093,8	162	?CHN diplo	
11095,5	142		
11095,6	142		
11095,7	142		
11096,0	151		
11096,0	182		
11096,0	110		I
11096,0	153		
11096,0	152		
11097,0	561		
11097,7	AAT3BF	USA F Delaware	USA
11098,5	9BNAFA	USA AF	USA
11098,5	AAT3BF	USA F Delaware	USA

Frequency	ALE Ident	User	Country
11098,5	9DUAFA	USA AF	USA
11098,5	AYUNNN		
11098,5	WWLNNN		
11099,9	AAT3BF	USA F Delaware	USA
11100,0	TOPATER		
11100,0	MOBILE4	POL MOI	POL
11100,0	3RABRIAC O		
11100,0	OBARI		
11100,0	COPIAPO		
11100,0	AAT3BF	USA F Delaware	USA
11101,0	161		
11101,0	168		
11101,0	164		
11101,6	HQ4		
11103,4	121		
11103,6	121		
11103,8	121		
11104,0	LOGBAS		
11104,0	JSV		
11104,6	153		
11104,7	153		
11104,8	153		
11105,0	ZT201A	?CHN diplo	
11105,0	AAA		
11105,0	176	?CHN diplo	
11105,0	124	?CHN diplo	
11105,0	147	?CHN diplo	
11106,0	GEF		
11106,0	EK9		
11107,3	EK9		
11107,5	EK9		
11107,6	EK9		
11107,7	EK9		
11108,0	152		
11108,0	FC0FEM008	USA FEMA	USA
11108,0	A92	CHN	CHN
11108,0	FC8FEM	USA FEMA Denver , CO	USA
11108,0	L02	CHN N	CHN
11109,5	FC8FEM	USA FEMA Denver , CO	USA
11109,6	FC0FEM008	USA FEMA	USA
11110,0	TUD	TUN F	TUN
11110,0	STAT23	TUN F	TUN
11110,0	GS1		
11110,0	3BT		
11110,0	STAT22	TUN F	TUN
11110,5	141		
11110,6	141		
11110,7	141		
11111,0	TUD	TUN F	TUN
11111,0	STAT21	TUN F	TUN
11111,0	J47		
11111,0	F2		
11111,0	STA	TUN F	TUN
11111,1	D12	LTU F	
11111,1	L15		
11111,1	1ZY		
11111,1	L49		
11112,0	251		
11114,0	ESC	ALG MIL	ALG
11114,0	COF	ALG AF	ALG
11114,0	BSF	ALG MIL	ALG
11114,0	CM2	ALG MIL	ALG
11114,0	CM1	ALG MIL	ALG
11114,0	ZEN	ALG MIL	ALG
11114,0	ESA	ALG MIL	ALG
11114,0	MG600B		
11114,0	OR200A		
11114,0	CM4	ALG MIL Ouargla	ALG
11115,0	9817	Düzoe	TUR

Frequency	ALE Ident	User	Country
11115,0	3771	Yalova	TUR
11115,0	PIZ		
11115,0	123466		TUR
11115,0	43402	Istanbul	TUR
11115,0	9850		TUR
11115,0	771		
11115,0	3261	Eskisehir	TUR
11115,0	TRE		
11115,0	206102	Ankara	TUR
11115,0	183		
11115,0	986		
11115,0	TER		
11115,0	10140		
11115,0	206102	Ankara	TUR
11116,4	206201		
11118,6	124		
11118,7	124		
11118,8	124		
11118,9	124		
11119,1	124		
11119,7	158		
11121,0	959		
11123,0	204		ALG
11124,0	215		
11124,0	213		
11124,0	807		
11125,0	183		
11125,0	188		
11125,0	CNC	ALG MIL Cheraga	ALG
11125,0	CM3	ALG MIL Bechar	ALG
11127,6	133		
11127,7	133		
11128,0	L05		
11128,0	L04	CHN N	
11128,0	A98		
11128,0	M01		
11128,0	A76		
11128,0	L06		
11129,6	IR4		
11129,7	L06		
11129,7	A98		
11130,0	CD		
11130,0	S3		
11130,0	C4		
11130,0	S41	S E	
11130,0	S33	S E	
11130,0	JP1		
11130,0	E4		
11130,0	Z2	?MRC F	MRC
11130,0	ZS1		
11130,0	P51		
11130,0	S31	S E Alger	ALG
11130,0	O71		
11130,0	P52		
11130,0	G22		
11130,0	GS52	ALG F	ALG
11130,0	Z3		
11130,0	GS5		
11130,0	O1	?MRC F	MRC
11130,0	2	?MRC F	MRC
11130,0	LAG		
11130,0	J61		
11130,0	X34		
11130,0	CM4	ALG MIL Ouargla	ALG
11130,0	E45		
11130,0	C3		
11130,0	G2		
11130,0	O72		
11130,0	O73		
11130,0	J62		
11130,0	J63		
11130,0	J5		

Frequency	ALE Ident	User	Country
11130,0	Y1		
11130,0	O2	?MRC F	MRC
11130,0	Y3	?MRC F	MRC
11130,0	X2		
11130,0	K1	?MRC F	MRC
11130,0	T4		
11131,4	IR4		
11131,4	C4		
11131,5	J61		
11131,5	C4		
11131,6	Q2		
11131,6	IR4		
11131,6	P52		
11131,6	P51		
11131,7	O73		
11131,7	S41	S E	
11131,8	S41	S E	
11131,8	C3		
11132,5	CHM723L	CAN F	CAN
11132,5	CHM7232	CAN F	CAN
11134,0	DWMAIN		
11134,0	DWFWD		
11135,0	DPX01D		
11135,0	FUO01D	F N Toulon	F
11135,5	AAS		
11136,0	785		
11136,0	661		
11136,8	T5L		
11138,0	JCN	ARS AF	ARS
11138,0	RFN		
11138,0	RFP		
11139,1	135		
11139,5	135		
11139,6	135		
11140,7	145		
11141,4	163		
11141,5	163		
11141,7	163		
11141,8	163		
11142,1	163		
11144,7	INCHONMC MD3		
11144,7	DEHLIMAC MD3		
11144,7	INCHONMC M		
11144,7	DEHLIFWC MD3		
11144,7	INCHON		
11144,7	DEHLIMAC M		
11144,7	GER		
11144,7	HANSOMA CMD3		
11144,7	HAN		
11144,7	GERONXJQ CMD3		
11144,7	DEH		
11144,7	INC		
11145,0	269		
11145,0	724		
11145,0	FNR	AUS MIL Riverina	AUS
11145,0	FNN	AUS MIL North West Cape	AUS
11145,0	FNT	AUS MIL Townsville	AUS
11145,0	848		
11145,0	FND	AUS MIL Darwin	AUS
11145,0	INCHONMC MD3		
11145,1	GERONXJQ CMD3		
11145,2	GERONXJQ CMD3		

Frequency	ALE Ident	User	Country
11145,4	GERONXJQ CMD3		
11145,6	GERONXJQ CMD3ONX		
11145,6	GERONXJQ CMD3		
11145,7	GERONXJQ CMD3		
11146,0	188		
11146,0	187		
11146,0	GERONXJQ CMD3		
11146,0	INCHONMC MD3		
11146,2	DEHLIMAC MD3		
11146,2	INCHONMC MD3		
11146,2	GERONXJQ CMD3		
11146,3	INCHONMC MD3		
11146,3	GERONX		
11146,3	INCHONMC M		
11146,3	DEHLIMAC MD3		
11146,4	DEHLIMAC MD3		
11146,5	GERONXJQ CMD3		
11146,6	GERONXJQ CMD3		
11147,0	201		
11147,0	200		
11147,0	221		
11148,0	711		
11150,0	181		
11151,0	893		
11151,0	772		
11151,0	370		
11151,0	546		
11151,0	392		
11152,0	1111		
11152,0	1114		
11152,0	49343		
11152,0	49336		
11152,0	1112		
11152,5	148		
11155,6	155		
11156,0	CM4	ALG MIL Ouargla	ALG
11156,0	14D2DV14N ET 2DV		
11156,0	BLD	ALG MIL	ALG
11156,0	14D2DV14N ET		
11156,0	53DV14NET		
11156,0	HMG	ALG MIL	ALG
11156,0	14D2DV14N		
11156,0	53DV14NET		
11156,0	14D2DV14N ET SEQ		
11156,0	DEH		
11156,0	50D		
11156,0	52DV14NET		
11156,0	CM3	ALG MIL Bechar	ALG
11156,0	1112		
11156,0	14D		
11156,0	52D		
11156,0	53D		
11156,0	51DV14NET		
11156,0	51D		
11156,0	14D2DV14N		

Frequency	ALE Ident	User	Country
	ET 14N		
11157,0	901		
11157,0	CM5	ALG MIL	ALG
11157,0	620		
11157,0	ESH		
11157,0	750		
11157,0	ANB		
11157,0	577		
11157,0	343		
11157,3	14D2DV14N ET		
11157,4	14D2DV14N ET		
11157,4	51DV14NET		
11157,5	51DV14NET		
11157,5	14D2DV14N ET		
11157,6	14D2DV14N ET		
11157,8	AAN		
11157,8	AAL		
11157,8	RHL	ARS AF	ARS
11157,8	RHI	ARS AF	ARS
11157,8	AAI		
11157,8	RHN	ARS AF Riyadh	ARS
11161,0	AAI		
11161,0	AAP	ARS AF	ARS
11161,0	RHI	ARS AF	ARS
11161,0	RHP	ARS AF	ARS
11161,0	RHN	ARS AF Riyadh	ARS
11161,3	184		
11161,5	184		
11161,6	184		
11161,8	184		
11161,9	8555		
11162,0	1301		
11162,0	1501		
11162,0	3101	Balikesir	TUR
11162,0	2201		
11162,0	3771	Yalova	TUR
11162,0	8555		
11162,0	3071		
11162,0	2501		
11162,0	DEH		
11162,0	3001		
11162,0	3701		
11162,0	BS1		
11162,0	2271		
11162,0	1571		
11162,0	3501	Nevsehir	TUR
11162,0	1101		
11162,0	2601		
11162,0	855		
11162,2	184		
11163,0	CM4	ALG MIL Ouargla	ALG
11163,0	O1	ALG AF	ALG
11163,0	CM2	ALG AF Oran	ALG
11163,0	COF	ALG AF Cheraga	ALG
11163,0	CM3	ALG MIL Bechar	ALG
11163,2	2201		
11165,0	FNR	AUS MIL Riverina	AUS
11165,0	FND	AUS MIL Darwin	AUS
11165,0	FNN	AUS MIL North West Cape	AUS
11165,0	FNT	AUS MIL Townsville	AUS
11166,0	103		
11166,0	321		
11166,0	857		
11166,0	613		
11166,7	186		
11168,0	216		
11168,6	KWS92	USA DOS	

Frequency	ALE Ident	User	Country
11168,6	KBF95	USA E Baku	AZE
11168,6	KWQ36	USA DOS	
11168,6	KWA54	USA DOS	
11168,6	KWA43	USA DOS	
11168,6	KXV45	USA DOS	
11168,6	DEH		
11168,6	KWT91		
11168,6	KWT93	USA DOS	
11168,6	KWR	USA DOS	
11168,6	KWQ	USA DOS	
11168,6	WNG740	USA DOS	USA
11168,6	KVX56OS	USA DOS	
11168,6	KWP95	USA DOS	
11168,6	KVX53	USA DOS	
11168,6	KRH54		
11168,6	KWX57	USA DOS	
11168,6	KWS78	USA DOS	
11168,6	KWP08	USA DOS	
11168,6	KWP97	USA DOS	
11168,6	KBF70		
11168,6	KXV	USA DOS	
11168,6	KWT49	USA DOS	
11168,6	KWS91	USA DOS	
11168,6	KDC39		
11168,6	KWX90	USA DOS	
11168,6	KVX	USA DOS	
11168,6	KWB57	USA DOS	
11168,6	1101		
11168,6	KWB48	USA DOS	PAK
11168,6	KWE41	USA E Addis Abeba	ETH
11168,6	KSI84		
11168,6	WNG767	USA DOS	USA
11168,6	KWS96	USA DOS	
11168,6	KWX	USA DOS	
11168,7	HBLZDRD1		
11168,7	HFJ		
11168,7	KWX57	USA DOS	
11169,0	967		
11169,8	WNG740	USA DOS	USA
11170,0	5203		
11170,1	KWX57	USA DOS	
11170,1	KWS92	USA DOS	
11170,1	KWQ36	USA DOS	
11170,2	KWX57	USA DOS	
11170,2	KWS92	USA DOS	
11170,3	KWX57	USA DOS	
11170,3	KWX90	USA DOS	
11170,4	KWX90	USA DOS	
11171,0	ESH	ALG MIL	ALG
11171,0	OSB	ALG MIL	ALG
11171,0	CM5	ALG MIL	ALG
11171,2	5203		
11171,5	5203		
11171,5	186		
11172,0	1115		
11173,0	188		
11173,0	184		
11173,0	187		
11173,2	A98		
11173,3	146		
11173,7	157		
11175,0	221110		
11175,0	L06		
11175,0	500		
11175,0	523507		
11175,0	580		
11175,0	A98		
11176,2	146		
11178,0	CRO	USA AF Croughton	G
11178,0	ZH102	G AF	
11178,0	CBH	G AF	
11178,0	GXW	G AF	

Frequency	ALE Ident	User	Country
11180,0	1AFC04		
11180,0	3AFC06		
11180,0	4AFC07		
11180,0	1AFC07		
11180,0	2AFC05		
11180,0	4AFC08		
11180,0	2AFC02		
11180,3	164		
11180,6	164		
11180,8	164		
11181,0	HAW	USA AF Ascension	ASC
11181,0	NCH		
11181,0	PLA	USA AF Lajes	AZR
11181,0	HIKSPR	USA AF Hickham SIPR	
11181,0	ICZSPR	USA AF Sigonella SIPRNET	I
11181,0	E30		
11181,0	OFFSHS	USA AF Offutt	
11181,0	ICZ	USA AF Sigonella	I
11181,0	IKF	USA AF Keflavik	ISL
11181,0	HAWSPR	USA AF Ascension SIPR	ASC
11181,0	PLASPR	USA AF Lajes SIPR	AZR
11181,0	JDGSPR	USA AF Diega Garcia SIPR	DGA
11181,0	JDG	USA AF Diega Garcia	DGA
11181,0	GUASPR	USA AF Guam SIPR	GUM
11181,0	JNR	USA AF Salinas	PTR
11181,0	CRO	USA AF Croughton	G
11181,0	JTYSPR	USA AF Yokota SIPR	J
11181,0	JTY	USA AF Yokota	J
11181,0	OFFSPR	USA AF Offutt SIPR	USA
11181,0	JNRSPR	USA AF Salinas SIPR	PTR
11181,0	MPE		
11181,0	AEDSPR	USA AF Elmendorf	ALS
11181,0	ADWSPR	USA AF Andrews SIPR	USA
11181,0	FNX	AUS MIL	AUS
11181,0	OFF	USA AF Offutt	USA
11181,0	MCCSPR	USA AF McClellan SIPR	
11181,0	CROSPR	USA AF Croughton SIPR	G
11181,0	DL0005DAT	USA AF AWACS E-3B	USA
11181,0	CROSPR	USA AF Croughton SIPR	G
11181,0	GUA	USA AF Guam	GUM
11181,5	122		
11182,3	PLASPR	USA AF Lajes SIPR	AZR
11182,5	OFFSPR	USA AF Offutt SIPR	USA
11182,5	OFF	USA AF Offutt	USA
11182,5	PLASPR	USA AF Lajes SIPR	AZR
11182,6	PLASPR	USA AF Lajes SIPR	AZR
11182,7	PLASPR	USA AF Lajes SIPR	AZR
11189,0	141		
11189,0	144		
11196,0	CBE	USA CG Cutter TAHOMA WMEC908	USA
11196,0	CG1	COTHEN	USA
11196,0	709	COTHEN	USA
11196,0	NOJ	USA CG Kodiak	USA
11196,0	A82	CBP UH-60 # 78-22982	USA
11196,0	790	USA CG HC-130H #1790, CGAS Sacramento	USA
11196,0	J14	USA CG MH-60J #6014 CGAS Elizabeth City	USA
11196,0	ABQSEC	COTHEN	USA
11196,0	SKA	USA CG Sitka , AK	USA
11196,0	SEV		

Frequency	ALE Ident	User	Country
11196,0	K33	USA CG MH-65C # 6533	USA
11196,0	MSX		
11196,0	K61	COTHEN	USA
11196,0	712	USA CG HC-130H #1712 , CGAS Kodiak	USA
11196,3	126		
11196,4	126		
11196,6	126		
11196,7	126		
11196,9	126		
11197,5	RUF		
11197,6	RUF		
11197,6	J40	USA CG HH-60J #6040 CGAS Clearwater	
11197,7	RUF		
11199,0	ADWNPR	USA AF Andrew AFB NIPR	USA
11199,0	OFFNPR	USA AF Offutt NIPR	USA
11199,6	146		
11199,7	132		
11201,0	165		
11201,0	163		
11201,0	164		
11201,0	162	?CHN diplo	
11202,0	ATEF		
11202,0	MALEK		
11202,0	VIO		
11202,0	BADIS		
11202,0	MIM		
11205,0	205		
11206,0	213		
11206,0	216		
11208,0	XSS	G MIL	G
11209,0	TANGO		
11209,0	GS1		
11209,4	XSS	G MIL	G
11209,5	XSS	G MIL	G
11209,6	XSS	G MIL	G
11209,7	XSS	G MIL	G
11211,0	DIAL4		
11211,0	TZ40		
11211,0	TZ53		
11211,0	BAUCAU		
11211,0	PJWCAU		
11211,0	AINARO		
11211,0	LIQUICA		
11211,0	MONATUT O		
11211,0	AILEU		
11211,0	SECURITY		
11211,0	JOC		
11211,0	VIQUEQUE		
11211,0	HQUNMOG		
11211,3	XSS	G MIL	G
11211,5	134		
11211,6	134		
11211,7	134		
11211,8	134		
11212,5	147		
11212,6	147		
11212,7	147		
11212,8	147		
11215,0	400009	MTN net	MTN
11215,0	400002	MTN net	MTN
11215,0	NDB	MTN net	MTN
11215,0	400004	MTN net	MTN
11215,0	400001	MTN net	MTN
11215,0	400007	MTN net	MTN
11215,0	400003	MTN net	MTN
11215,0	400014	MTN net	MTN

Frequency	ALE Ident	User	Country
11215,5	176	?CHN diplo	
11216,4	400001	MTN net	MTN
11216,4	NDB		
11216,6	400001	MTN net	MTN
11216,9	XSS	G MIL	G
11217,0	CROSPR	USA AF Croughton SIPR	G
11217,0	AAT3BFMA RS	USA F Delaware	USA
11217,0	PXJNNN		
11217,0	WE3		
11217,0	ST1		
11217,0	XSA	G MIL	G
11217,0	XSS	G MIL	G
11217,0	UKE306	G AF E3D Sentry AWACS	G
11217,0	UKE307	G AF E3D Sentry AWACS	G
11217,0	UKE303	G AF E3D Sentry AWACS	G
11217,0	UKE301	G AF E3D Sentry AWACS	G
11218,3	XSS	G MIL	G
11218,4	XSS	G MIL	G
11218,5	UKE301	G AF E3D Sentry AWACS	G
11218,5	XSS	G MIL	G
11218,6	XSS	G MIL	G
11218,6	UKE301	G AF E3D Sentry AWACS	G
11218,7	XSS	G MIL	G
11219,0	XSS	G MIL	G
11219,3	XSS	G MIL	G
11220,0	AA0009		
11220,0	AA000A		
11220,0	938		
11220,0	1206		
11221,0	174	?CHN diplo	
11221,0	176	?CHN diplo	
11221,0	172		
11223,0	211		
11223,0	XSS	G MIL	G
11223,0	214		
11223,0	213		
11224,0	181		
11224,0	185		
11224,0	188		
11224,0	182		
11224,0	186		
11224,3	XSS	G MIL	G
11224,3	143		
11224,4	XSS	G MIL	G
11224,5	XSS	G MIL	G
11224,5	143		
11224,6	143		
11224,6	XSS	G MIL	G
11224,7	XSS	G MIL	G
11224,7	143		
11224,8	XSS	G MIL	G
11225,9	CRO	USA AF Croughton	G
11226,0	213		
11226,0	210		
11226,0	AUAA30000 5	AUS AF E-7A Wedgetail A30-005	AUS
11226,0	AUAA30000 6	AUS AF E-7A Wedgetail A30-006	AUS
11226,0	190007	USA AF	
11226,0	R004		
11226,0	GBL		
11226,0	260003		
11226,0	100		
11226,0	AUAA30000 1	AUS AF E-7A Wedgetail A30-001	AUS

Frequency	ALE Ident	User	Country
11226,0	LUE19	USA AF	
11226,0	270048		
11226,0	MEF		
11226,0	AKR		
11226,0	270042	USA AF	
11226,0	JTY	USA AF Yokota	J
11226,0	HIK	USA AF Hickham	HWA
11226,0	1A9019		
11226,0	FND	AUS MIL Darwin	AUS
11226,0	FNN	AUS MIL North West Cape	AUS
11226,0	160018		
11226,0	280206		
11226,0	HAW	USA AF Ascension	ASC
11226,0	FNX	AUS MIL	AUS
11226,0	AUAA30000 4	AUS AF E-7A Wedgetail A30-004	AUS
11226,0	190019	USA AF	
11226,0	AUAA30000 3	AUS AF E-7A Wedgetail A30-003	AUS
11226,0	580130		
11226,0	SANDAR	AUS MIL Darwin	AUS
11226,0	SANNWC	AUS MIL North West Cape	AUS
11226,0	SANTVL	AUS MILTownsville	AUS
11226,0	AUAA30000 2	AUS AF E-7A Wedgetail A30-002	AUS
11226,0	180211		
11226,0	FNR	AUS MIL Riverina	AUS
11226,0	240	USA AF	
11226,0	GTL	USA AF Thule	GRL
11226,0	SWK1		
11226,0	CRO	USA AF Croughton	G
11226,0	AF7	USA AF	
11226,0	AED	USA AF Elmendorf	ALS
11226,0	ADW	USA AF Andrews	USA
11226,0	150009		
11226,0	512669	USA AF	
11226,0	GUA	USA AF Guam	GUM
11226,0	221191	USA AF	USA
11226,0	15005	USA AF	
11226,0	ICZ	USA AF Sigonella	I
11226,0	IKF	USA AF Keflavik	ISL
11226,0	MPA	USA AF Mt. Pleasant	USA
11226,0	MCC	USA AF McClellan	USA
11226,0	591479	USA AF	
11226,0	E30356		
11226,0	JNR	USA AF Salinas	PTR
11226,0	OFF	USA AF Offutt	USA
11226,0	PLA	USA AF Lajes	AZR
11226,0	WRL	USA AF Robins	USA
11226,0	E30003		
11226,0	VP1		
11226,0	HLKQ		
11226,0	HLK		
11226,0	JDG	USA AF Diego Garcia	DGA
11226,0	440192		
11226,0	DEF	USA AF	
11226,0	160017		
11226,0	CRO..		
11226,2	CRO	USA AF Croughton	G
11226,6	181		
11226,7	181		
11226,7	131		
11227,4	GMER		
11227,4	CRO	USA AF Croughton	G
11227,4	PLA	USA AF Lajes	AZR
11227,5	CRO	USA AF Croughton	G
11227,5	571487		
11227,5	GUA	USA AF Guam	GUM
11227,5	PLA	USA AF Lajes	AZR
11227,5	HAW	USA AF Ascension	ASC

Frequency	ALE Ident	User	Country
11227,5	160018		
11227,5	GMER		
11227,6	ICZ	USA AF Sigonella	I
11227,6	160018		
11227,6	GMER		
11227,6	GUA	USA AF Guam	GUM
11227,6	500347		
11227,6	571487		
11227,6	PLA	USA AF Lajes	AZR
11227,6	CRO	USA AF Croughton	G
11227,7	170038		
11227,7	OFF	USA AF Offutt	USA
11227,7	ICZ	USA AF Sigonella	I
11227,7	CRO	USA AF Croughton	G
11227,7	GUA	USA AF Guam	GUM
11227,7	500347		
11227,8	176	?CHN diplo	
11227,8	571487		
11227,9	ICZ	USA AF Sigonella	I
11234,9	166		
11235,0	86	I AF C-27J MM62222 46-86	I
11235,0	60	I AF C-130J MM62194 46-60	I
11235,0	CHARLY46	I AF Pisa San Giusto	I
11235,0	58	I AF C-130J MM62192 46-58	I
11235,0	44	I AF C-130J MM62179 46-44	I
11235,0	62	I AF C-130J MM62196 46-62	I
11235,0	48	I AF C-130J MM62183 46-48	I
11235,0	54	I AF C-130J MM62188 46-54	I
11235,0	57	I AF C-130J MM62191 46-57	I
11235,0	40	I AF C-130J MM62175 46-40	I
11235,0	61	I AF C-130J MM62195 46-61	I
11235,0	47	I AF C-130J MM62182 46-47	I
11235,0	53	I AF C-130J MM62187 46-53	I
11235,0	82	I AF C-27J MM62218 46-82	i
11235,0	RUP		
11235,0	4000		
11235,0	51	I AF C-130J MM62186 46-51	I
11236,5	4000		
11236,6	88		
11236,6	53	I AF C-130J MM62187 46-53	I
11238,0	HPT	G MIL	G
11238,0	XSS	G MIL	G
11239,4	175		
11239,5	175		
11239,7	175		
11240,0	6202		
11240,0	6217		
11241,0	143		
11241,0	XSS	G MIL	G
11241,0	145		
11241,0	146		
11243,2	156		
11245,0	188		
11245,0	181		
11245,6	173		
11246,0	131		
11246,0	MB9		
11246,0	AA1	ISR AF	ISR

Frequency	ALE Ident	User	Country
11246,0	M64	ISR AF	ISR
11246,0	M72	ISR AF	ISR
11246,0	AAA	ISR AF	ISR
11246,0	GS6		
11246,0	K27		
11246,0	86	I AF C-27J MM62222 46-86	I
11246,0	134		
11246,0	T11	CBP BEECH A200 #N311MP	
11246,0	CHA		
11246,0	SIS		
11246,0	K35		
11246,0	AA2	ISR AF	ISR
11246,0	AA3	ISR AF	ISR
11250,0	AF5	USA AF	
11250,0	AED	USA AF Elmendorf	ALS
11250,0	170036	USA AF	
11250,0	ICZ	USA AF Sigonella	I
11253,5	125		
11253,7	5500		
11255,0	4024		
11255,0	5434		
11255,0	1651		
11255,0	CHA		
11255,0	9191		
11255,0	7001		
11255,0	5500		
11255,0	165		
11255,0	2700		
11255,0	86	I AF C-27J MM62222 46-86	I
11255,3	182		
11256,3	2700		
11256,4	2700		
11256,5	1656		
11256,5	5500		
11256,7	500		
11256,8	21001		
11256,8	210		
11257,0	218		
11257,0	214		
11258,6	210		
11260,0	21001		
11260,0	6001		
11260,0	8001		
11260,0	9066		
11260,0	9001		
11260,0	4001		
11260,0	9067		
11260,0	3001		
11260,0	8028		
11260,0	7001		
11260,0	0021		
11260,0	5001		
11260,0	5012	Adana	TUR
11260,0	0061		
11260,0	3023		
11260,0	0001		
11260,0	3024		
11260,0	3052		
11260,0	8034		
11260,0	5013	Adana	TUR
11261,0	AKXJUA	TWN N	TWN
11261,0	ACTUAL	TWN N	TWN
11261,0	ADDUCE	TWN N	TWN
11261,0	ASTYRE	TWN N	TWN
11261,0	ABLAZE	TWN N	TWN
11261,0	AVENGE	TWN N	TWN
11261,0	ATTEND	TWN N	TWN
11261,0	AFFORD	TWN N	TWN
11261,0	ABJECT	TWN N	TWN

Frequency	ALE Ident	User	Country
11261,2	4001		
11261,2	600		
11261,3	7001		
11261,3	21001		
11261,3	9066		
11261,4	0001		
11261,4	9066		
11261,4	4001		
11261,4	5001		
11261,5	6001		
11261,5	3031		
11261,5	8026		
11261,6	4001		
11262,0	203		
11263,4	SAT1NETDA		
11263,6	SAT1NETDATO		
11263,6	SAT		
11270,0	3232		
11273,5	132		
11274,3	132		
11274,5	132		
11274,6	132		
11274,7	132		
11274,8	132		
11275,0	183		
11275,0	185		
11275,0	187		
11276,7	AA5	ISR AF	ISR
11276,7	BE1		
11276,7	HH9		
11276,8	HH9		
11276,8	LL3		
11278,0	217		
11281,4	176	?CHN diplo	
11281,7	176	?CHN diplo	
11282,6	166		
11286,5	125		
11286,7	126		
11287,6	157		
11287,7	157		
11292,6	136		
11292,7	136		
11293,5	142		
11293,6	142		
11293,7	142		
11293,8	142		
11293,9	142		
11294,6	162	?CHN diplo	
11294,7	162	?CHN diplo	
11295,0	1546		
11295,0	154		
11295,0	155		
11296,0	177		
11296,0	176	?CHN diplo	
11296,0	175		
11296,0	1BE		
11296,0	2B3		
11296,0	3DV		
11296,0	173		
11296,8	174	?CHN diplo	
11301,0	148		
11301,0	145		
11301,0	146		
11301,3	2BE		
11301,5	2BE		
11301,8	2BE		
11307,7	B23		
11315,0	2005		
11315,0	200		
11315,9	2014		

Frequency	ALE Ident	User	Country
11316,4	1005		
11316,7	1005		
11316,7	1006		
11321,0	146		
11321,0	148		
11326,8	HH9		
11326,8	SS1		
11326,8	AA5	ISR AF	ISR
11326,8	BE1		
11334,0	DD2	ISR AF	ISR
11336,0	148		
11336,0	147		
11340,0	400011	MTN net	MTN
11340,0	400002	MTN net	MTN
11340,0	400009	MTN net	MTN
11340,0	400001	MTN net	MTN
11340,0	400008	MTN net	MTN
11340,0	400006	MTN net	MTN
11340,0	400012	MTN net	MTN
11341,0	167		
11341,0	164		
11341,3	400001	MTN net	MTN
11342,0	70400		
11350,0	GANOB13		EGY
11350,0	GANOB3		EGY
11350,0	GANOB6		EGY
11350,0	HQ3		EGY
11350,0	GANOB1		EGY
11350,0	GANOB10		EGY
11383,0	AFQ		
11383,0	AFH		
11383,0	AFT		
11383,0	ALI		
11383,0	AFK		
11383,0	IAF		
11383,0	ACY		
11383,0	AFB		
11383,4	AFQ		
11384,1	AFH		
11384,6	AFQ		
11387,0	123		
11395,0	440301		
11396,5	440301		
11400,5	ALI		
11400,5	AFH		
11400,5	OEY52	AUT MIL Vienna	AUT
11400,5	OEY41	AUT MIL	AUT
11400,5	OEY	AUT MOD Vienna	AUT
11400,5	OEY80	AUT MIL Villach	AUT
11401,0	MOT	POL MIL	POL
11401,0	BGD	SLO E Baghdad	IRQ
11401,0	NEN		
11402,0	AVS	USA CAP HQ Maxwell, AL	USA
11402,0	0021CTCAP	USA CAP Connecticut	USA
11402,0	043MERCAP	USA CAP Middle Eastern Region	USA
11402,0	0034MERCAP	USA CAP Middle Eastern Region	USA
11402,0	RIC	USA Civil Air Patrol Richmond	USA
11402,0	004RMRCAP	USA CAP Rocky Mountain Region	USA
11402,0	044TNCAP	USA CAP	USA
11402,4	145		
11402,5	145		
11402,6	145		
11402,7	145		
11403,0	001		
11403,0	006		
11404,5	100		
11404,5	600		

Frequency	ALE Ident	User	Country
11404,5	400		
11404,5	500		
11406,0	133		
11407,0	PC30LP90		ALG
11407,0	FU30LP90		ALG
11407,0	AP30LP90		
11407,0	WR30LP90		
11407,0	CI30LP90		
11407,0	ASSADNET		ETH
11407,0	ANTARNET 01		ETH
11407,0	HJ30LP90		ALG
11407,0	NH3		ALG
11407,0	NH30LP90		ALG
11409,0	255		
11409,0	409		
11410,0	TUA		
11410,0	BAA		
11410,0	BUR		
11412,0	L06		
11412,0	142		
11412,0	200		
11412,0	2002		
11412,0	2001		
11412,0	191		
11412,0	1009		
11412,0	2005		
11412,0	193		
11412,2	102		
11413,1	2009	I Carabinieri	I
11413,2	191		
11413,4	128		
11413,5	128		
11413,6	1005		
11413,6	A98		
11413,6	L06		
11413,7	128		
11413,8	128		
11413,8	1005		
11413,9	1006		
11414,0	242		
11414,1	2005		
11415,0	CM3	ALG MIL Bechar	ALG
11415,0	REG		
11415,0		B N Submarine S-32 Timbira	B
11415,0	TDF4II		
11415,0	ZB40HM90		
11415,0	CENTR6	MFA Bucharest	ROU
11415,0	BLD	ALG MIL	ALG
11415,0	CNC	ALG MIL Cheraga	ALG
11415,0	NF40HM90		
11415,0	ZD40HM90		
11415,0	YPM	ROU E	
11415,0	HJ40HM90		
11418,5	OEY80	AUT MIL Villach	AUT
11418,5	OEY71	AUT MIL Golan Heights	SYR
11418,5	OEY	AUT MOD Vienna	AUT
11418,5	OEY20	AUT MOD Vienna	AUT
11418,5	OEY61	AUT MIL AUSBATT/UNDOF Camp Faour	SYR
11418,5	OEY51	AUT MIL Vienna	AUT
11419,6	951		
11419,7	951		
11420,1	OEY61	AUT MIL AUSBATT/UNDOF Camp Faour	SYR
11420,1	OEY20	AUT MOD Vienna	AUT
11420,4	OEY20	AUT MOD Vienna	AUT
11421,0	YPM	ROU E	

Frequency	ALE Ident	User	Country
11421,0	521		
11421,0	723		
11421,0	787		
11423,0	BU3	ROU MOI Bucharest	ROU
11423,0	TRE		
11423,0	SAPPERBD ECOMA		
11423,0	BUS		
11423,0	BE2		
11423,0	BET		
11424,0	435	ISR AF	ISR
11424,0	816		
11424,0	TWVA5		
11424,0	307		
11424,0	296		
11424,0	TWVB5		
11424,0	101		
11424,4	BU3	ROU MOI Bucharest	ROU
11424,6	BU3	ROU MOI Bucharest	ROU
11425,0	ZUP	ROU E	
11425,0	5301		
11426,0	LAG	ALG MIL	ALG
11426,0	CM4	ALG MIL Ouargla	ALG
11426,0	DJT		
11426,0	782	ALG MIL	ALG
11426,0	BSK	ALG MIL	ALG
11426,0	ORG	ALG MIL	ALG
11426,0	MNA	ALG MIL	ALG
11426,5	WWLNNN		
11426,5	OEY	AUT MOD Vienna	AUT
11426,5	3PBAFA		
11426,5	AAT3BF	USA F Delaware	USA
11426,5	KGD34		
11426,5	AFH		
11426,5	3BF		
11427,5	TNS	ALG E Tunis	TUN
11427,5	RBT	ALG E Rabat	MRC
11427,5	MAE	MFA Alger	ALG
11427,5	TRP	ALG E Tripoli	LBY
11428,0	5QI		
11428,0	PARIS	MFA Paris	F
11428,0	TECHNIQU E		
11428,0	7EU		
11428,0	4VW		
11428,0	7DD		
11428,1	AAT3BF	USA F Delaware	USA
11429,0	FGT		
11429,0	FON		
11429,0	CA2		
11429,0	GRZ		
11429,0	P7H		
11429,0	TAC	CHL N	CHL
11429,0	BVG		
11429,0	0R0		
11429,0	LIO	CHL N	CHL
11429,0	CAS	CHL N	CHL
11429,0	HLA	CHL N	CHL
11429,0	4P0		
11429,0	GBR		
11429,0	FSS		
11429,0	ASI	G F Ascension	ASC
11429,0	23F		
11429,0	CCC	ISR AF	ISR
11430,0	0001		
11430,0	TWLRESEA U		
11430,0	3085		
11430,0	ALPHARES EAU		
11430,0	400001	MTN net	MTN
11430,0	400002	MTN net	MTN

Frequency	ALE Ident	User	Country
11430,0	400007	MTN net	MTN
11430,0	NDB		
11430,0	400014	MTN net	MTN
11430,0	23012012		
11430,0	400012	MTN net	MTN
11430,0	400003	MTN net	MTN
11430,0	400006	MTN net	MTN
11430,2	FGT		
11430,3	GBR		
11430,4	FGT		
11430,4	GBRJL4		
11430,4	GBR		
11430,5	GBR		
11430,7	GBR		
11430,9	GBR		
11431,0	BUR		
11431,4	P7H		
11433,8	FIQ	CHL N	CHL
11434,7	A92	CHN	CHN
11434,7	L02	CHN N	CHN
11435,0	400707		
11435,0	487009		
11435,5	4000		
11435,6	53	I AF C-130J MM62187 46-53	I
11435,6	88		
11435,7	FFA	CHL N net	CHL
11436,0	1111		
11436,0	CENTR2	MFA Bucharest	ROU
11436,0	7601		
11436,0	PHG		
11436,0	?		
11439,5	P4Z3	USA F	USA
11439,5	TZB159	USA F Ft. Bragg , NC	USA
11440,0	HUAMACH UCO		
11440,0	2DABRI		
11440,0	RANCAGUA		
11440,0	2DABRIAC O		
11440,0	FQS	ROU E	
11440,0	CENTR6	MFA Bucharest	ROU
11440,0	1ERABRIAC O		
11442,0	956		
11442,0	373		
11445,0	S00	MFA Stockholm	S
11445,0	S97	S E Abidjan	IVO
11445,0	572		CHN
11445,0	329		CHN
11445,0	AAP	ARS AF	ARS
11450,0	CENTR3	MFA Bucharest	ROU
11450,0	HOL	ROU E	
11450,0	CENTR6	MFA Bucharest	ROU
11450,1	CENTR3	MFA Bucharest	ROU
11451,0	998		
11451,0	CHPNSC14 0M		
11451,0	PPZ		
11451,0	CAS	CHL N	CHL
11452,0	PE1	B N Pernambuco	B
11452,0	BA1	USA FBI Baltimore , MD	USA
11454,0	ASI	G F Ascension	ASC
11454,0	686		
11454,0	24E		
11454,0	932		
11454,0	CA2		
11454,0	BUR		
11454,0	FGT		
11454,0	954		
11454,0	TAC	CHL N	CHL

Frequency	ALE Ident	User	Country
11454,7	T1		
11455,0	ANTIOUQUI A3	CLM N	CLM
11455,0	AL1GE	ALG MOI Alger	ALG
11455,0	SP1FM	ALG MOI	ALG
11455,0	OU1RG	ALG MOI Ouargla	ALG
11455,0	TA1MA	ALG MOI Tamanrasset	ALG
11455,0	DJ1AN	ALG MOI Djanet	ALG
11455,0	HM1DB	ALG MOI Hamra	ALG
11457,0	CENTR6	MFA Bucharest	ROU
11458,0	MOG	ROU E Athens	GRC
11458,0	CENTR6	MFA Bucharest	ROU
11460,0	LES		
11460,0	BABINA	ALB F	
11460,0	LESKOVIKU	ALB F	
11460,0	TARABOSH I	ALB F	
11460,0	SHEBENIK U	ALB F Mosul	IRQ
11461,5	OEY	AUT MOD Vienna	AUT
11461,5	OEY80	AUT MIL Villach	AUT
11463,0	345		
11466,0	HR	Hassi R'Mel oilfield	ALG
11466,0	832		
11466,0	055		
11466,0	HAMRA	Haoud el Hamra field	ALG
11466,0	ALR	Alrar oilfield	ALG
11466,0	INA	In Amenas oilfield	ALG
11466,0	651		
11466,0	728		
11466,0	OHT	Ohanet oilfield	ALG
11466,0	545		
11466,0	673		
11470,0	SN1		
11472,0	L05		
11472,0	L04	CHN N	
11472,0	L06		
11472,0	A98		
11472,0	A66		
11472,0	M13		
11475,0	LCR154	POL MIL Warszawa	POL
11475,0	134		
11475,0	211		
11475,0	166		
11475,0	NKT	ALG E Nouakchott	MTN
11475,0	BKO	ALG E Bamako	MLI
11475,0	MAE	MFA Alger	ALG
11475,0	TRP	ALG E Tripoli	LBY
11475,0	RBT	ALG E Rabat	MRC
11475,0	ETD165		
11475,0	055		
11475,0	NMY	ALG E Niamey	NIG
11475,0	TNS	ALG E Tunis	TUN
11478,0	760		
11478,0	263		
11478,0	901		
11478,0	894		
11480,0	SHEBENIK U	ALB F Mosul	IRQ
11480,0	RANUA CAGUA		
11480,0	PISAGUA		
11480,0	LESKOVIKU	ALB F	
11480,0	TARABOSH I	ALB F	
11480,0	BABINA	ALB F	
11480,0	3RABRIAC O		
11480,0	RANCAGUA		
11480,0	TOPATER		
11480,0	2DABRIAC O		

Frequency	ALE Ident	User	Country
11480,0	HUAMACH UCO		
11480,0	LECAIRE	F E Cairo	EGY
11481,0	816		
11481,0	683		
11481,0	875		
11481,0	KMX		
11481,0	531		
11481,0	GWPWR4	B N	B
11481,0	GWPWR44	B N	B
11481,0	135		
11481,0	160		
11481,0	577		
11481,0	637		
11481,0	GWPWZ33	B N Rio de Janeiro	B
11481,0	813		
11481,0	901		
11481,0	GWPWFN	B N Corvette V-33 FRONTIN	B
11482,5	885		
11482,7	8G3		
11482,7	229		
11484,0	521		
11484,0	542		
11484,0	551		
11484,0	698		
11489,0	DEPT	?MRC MOI	MRC
11490,0	947		
11490,0	0000210488		
11490,0	0000210402		
11490,0	0000210888		
11490,0	694		
11490,0	0000210588		
11490,0	23D		
11490,0	0000210302		
11490,0	986		
11490,0	TAC	CHL N	CHL
11491,5	711		
11491,7	NOMADE1		
11491,7	NOMADE2		
11492,0	6142		
11492,0	6141		
11492,0	6140		
11492,0	6137		
11492,0	6138		
11494,0	J12	USA CG HH-60J #6012 CGAS Kodiak	USA
11494,0	MUD		
11494,0	Z14	USA CG Sector St. Petersburg	USA
11494,0	Z13	USA CG Sector Key West	USA
11494,0	J11	USA CG HH-60J #6011 ATC Mobile	USA
11494,0	J08	USA CG HH-60J #6008 CGAS Astoria	USA
11494,0	716	USA CG HC-130H #1716, CGAS Sacramento	USA
11494,0	001		
11494,0	LNW	COTHEN	USA
11494,0	RDC		
11494,0	YWL	COTHEN	USA
11494,0	KRV	COTHEN	USA
11494,0	Z29	USA CG Sector San Diego	
11494,0	N07	USA CG HC-144A #2307	USA
11494,0	005	USA CG HC-130J #2005	USA
11494,0	720	USA CG HC-130H #1720, CGAS Clearwater	USA
11494,0	YPM31	ROU E	
11494,0	712	USA CG HC-130H #1712 , CGAS Kodiak	USA
11494,0	ZVE	COTHEN	USA
11494,0	719	USA CG HC-130H #1719, CGAS Clearwater	USA
11494,0	N06	USA CG HC-144A #2306	USA
11494,0	A50	CBP UH-60 # 79-23350	USA
11494,0	KCMPRI	COTHEN	USA
11494,0	K84	COTHEN	USA
11494,0	N04	USA CG HC-144A #2304	USA
11494,0	LNT	USA CG CAMSLANT Chesapeake, VA	USA
11494,0	700	COTHEN	USA
11494,0	501	COTHEN	USA
11494,0	LUVPRI	COTHEN	USA
11494,0	MAG	COTHEN	USA
11494,0	MEMPRI	COTHEN Remote TX Memphis, TN	USA
11494,0	A47	CBP UH-60 # 82-23747	USA
11494,0	N01	USA CG HC-144A #2301	USA
11494,0	N05	USA CG HC-144A #2305	USA
11494,0	OPB	OPBAT Service Center, Nassau, Bahamas	USA
11494,0	712	USA CG HC-130H #1712 , CGAS Kodiak	USA
11494,0	N11	USA CG HC-144A #2311	USA
11494,0	J17	USA CG HH-60J #6017 CGAS Clearwater	USA
11494,0	PAC	USA CG CAMSPAC Point Reyes, CA	USA
11494,0	707	COTHEN	USA
11494,0	N10	USA CG HC-144A #2310	USA
11494,0	LNT	USA customs	USA
11494,0	J19	USA CG HH-60J #6019 CGAS Clearwater	USA
11494,0	503	USA customs	USA
11494,0	714	USA CG HC-130H #1714, CGAS Barbers Point	USA
11494,0	P02	COTHEN Remote TX CGAS Clearwater	USA
11494,0	OMNI		
11494,0	002		
11494,0	TSC	USA customs	USA
11494,0	I4J	CBP CESSNA 550 #N5314J	USA
11494,0	PAC		
11494,0	708		
11494,0	OKOPRI	COTHEN Remote TX, Oklahoma City , OK	USA
11494,0	N09	USA CG HC-144A #2309	USA
11494,0	705	COTHEN	USA
11494,0	N08	USA CG HC-144A #2308	USA
11494,0	P07	COTHEN Remote TX	USA
11494,0	VGSPRI	COTHEN	USA
11494,0	PCR		
11494,0	J29	USA CG HH-60J #6029 CGAS Kodiak	USA
11494,0	J27	USA CG HH-60J	USA

Frequency	ALE Ident	User	Country
		#6027	
11494,0	J26	USA CG HH-60J #6026	USA
11494,0	UHC	COTHEN	USA
11494,0	J25	USA CG HH-60J #6025	USA
11494,0	F33	COTHEN	USA
11494,0	VAI	COTHEN	USA
11494,0	K53		
11494,0	VES	COTHEN	USA
11494,0	D48	CBP P-3 AEW&C #N148CS , Corpus Christi AMB, TX	USA
11494,0	F31	COTHEN	USA
11494,0	D46	CBP P-3 AEW&C #N146CS , Jacksonville AMB, FL	USA
11494,0	F29	COTHEN	USA
11494,0	D45	CBP P-3 AEW&C #N145CS , Jacksonville AMB, FL	USA
11494,0	F40	COTHEN	USA
11494,0	F41	COTHEN	USA
11494,0	HIC	COTHEN	USA
11494,0	D41	CBP P-3B ""Slick"" #N741SK , Jacksonville AMB, FL	USA
11494,0	I54	CBP CESSNA 550 #N1254X , Miami	USA
11494,0	D14	CBP P-3A "Slick" #N18314 , Corpus Christi AMB, TX	USA
11494,0	D06	CBP BOMBARDIER Q400 #N806MR	USA
11494,0	I00	CBP CESSNA 550 #N1200N	USA
11494,0	I08	CBP CESSNA 550 #N5408G	USA
11494,0	F35	COTHEN	
11494,0	RUF		
11494,0	D47	CBP P-3 AEW&C #N147CS , Jacksonville AMB, FL	USA
11494,0	K80	COTHEN	USA
11494,0	D07	CBP BOMBARDIER Q400 #N807MR	USA
11494,0	SKA	USA CG Sitka , AK	USA
11494,0	ROS	COTHEN	USA
11494,0	T07	CBP BEECH A200 #N6507B	USA
11494,0	K62	USA CG MH-65D #6562	USA
11494,0	OFR	USA CG Cutter CUSHING WPB-1321	USA
11494,0	K30	USA CG MH-65C # 6530	USA
11494,0	RLT	COTHEN	USA
11494,0	T16	CBP PIPER PA-42-720R #N9116Q	USA
11494,0	J40	USA CG HH-60J #6040 CGAS Clearwater	
11494,0	T91	CBP PIPER PA-42-720R #N9091 J, Jacksonville, FL AMB	USA
11494,0	UCG	COTHEN	USA
11494,0	D49	CBP P-3 AEW&C #N149CS , Corpus Christi AMB, TX	USA
11494,0	NAS	USA CG Cutter ESCANABA WMEC907 USA CG Cutter	USA

Frequency	ALE Ident	User	Country
		ESCANABA WMEC907	
11494,0	K82	COTHEN	USA
11494,0	QSP	USA CG cutter VIGOROUS WMEC627	USA
11494,0	T6P	CBP BEECH A200 #N7166P	USA
11494,0	DEN	COTHEN	USA
11494,0	DLMOPSTE ST2	COTHEN	USA
11494,0	PR1	COTHEN Remote TX Islote	PR
11494,0	T91	CBP PIPER PA-42-720R #N9091 J, Jacksonville, FL AMB	USA
11494,0	T97	CBP PILATUS PC-12/45 #N497PC, Be llingham AMB , WA	USA
11494,0	J34	USA CG MH-60J #6034 CGAS Cape Cod	USA
11494,0	TSC	CBP Orlando, FL	USA
11494,0	J31	USA CG HH-60J #6031 ATC Mobile	USA
11494,0	EST	CBP AMOC Eastern Region Communication Node	USA
11494,0	JOR	COTHEN	USA
11494,0	I43	CBP BEECH 65-A90 #N43SA	USA
11494,0	I31	CBP CESSNA 550 #N2531K	USA
11494,0	CNT	CBP AMOC Central Regional Communications Node	USA
11494,0	I63	CBP CESSNA 550 #N2663Y	USA
11494,0	I55	CBP CESSNA 550 #N1255K , Miami	USA
11494,0	L08		
11494,0	Z13	USA CG Sector Key West	
11494,0	WST	CBP AMOC Western Region Communication Node	USA
11494,0	500	COTHEN	USA
11494,0	I3L	CBP CESSNA 550 #N6763L	USA
11494,0	CBE	USA CG Cutter TAHOMA WMEC908	USA
11494,0	CDRPRI	COTHEN Remote TX (South) , Cedar Rapids	USA
11494,0	I34	CBP CESSNA 550 #N2734K	USA
11494,0	SAR		
11494,0	D31	CBP P-3B "Slick" #N431SK , Jacksonville AMB, FL	USA
11494,0	I52	CBP CESSNA 550 #N752CC	USA
11494,0	CRB	CBP AMOC Caribbean Regional Communications Node	USA
11494,0	I1L	CBP CESSNA 550 #N6001L	USA
11494,0	J23	USA CG HH-60J #6023 ATC Mobile	USA
11494,0	CSK	COTHEN	USA
11494,0	J03	USA CG HH-60J #6003 CGAS Clearwater	USA
11494,0	A82	CBP UH-60 # 78-	

Frequency	ALE Ident	User	Country
		22982	
11494,0	711		
11494,0	I21	CBP CESSNA 550 #N26623	USA
11494,0	I96	CBP CESSNA 550 #N26496	USA
11494,0	CPDST	COTHEN	USA
11494,0	J22	USA CG HH-60J #6022 CGAS Astoria	
11494,0	I97	CBP CESSNA 550 #N797CW	USA
11494,0	L07		
11494,0	J19	USA CG HH-60J #6019 CGAS Clearwater	USA
11494,0	P16	COTHEN Remote TX CGAS Miami	USA
11494,0	J39	USA CG MH-60J #6039 CGAS Clearwater	
11494,1	708		
11495,0	0000001275		
11495,2	T11	CBP BEECH A200 #N311MP	
11495,4	RUF		
11495,5	LNT	USA customs	USA
11495,5	711		
11495,5	T1A		
11495,6	N10	USA CG HC-144A #2310	USA
11495,6	503	USA customs	USA
11495,6	N02	USA CG HC-144A #2302	USA
11495,6	N09	USA CG HC-144A #2309	USA
11495,6	F04		
11495,6	LNT	USA customs	USA
11495,6	RUF		
11495,7	RUF		
11496,1	RUF		
11498,0	GWPWGH	B N Frigate F-46 Greenhalgh	B
11498,0	GWPWDV	B N ship	B
11498,0	GWPWZ33	B N Rio de Janeiro	B
11498,0	GWPWF33	B N Fortaleza	B
11498,0	GWPWFZ	B N Corvette V-30 INHAUMA	B
11498,0	GWPWN33	B N Natal	B
11498,5	GWPWN33	B N Natal	B
11499,5	BASE0		
11499,5	BASE1		
11499,5	BASE5		
11499,9	201		
11499,9	102		
11499,9	2010		
11500,0	102		
11500,0	5010	Adana	TUR
11500,0	5026	Adiyaman	TUR
11500,0	201		
11500,0	2015	Adana	TUR
11500,0	9850		TUR
11500,0	4012	Adana	TUR
11500,0	123466		TUR
11500,0	3771	Yalova	TUR
11500,0	3261	Eskisehir	
11500,0	4015	Adana	TUR
11500,0	2016	Adana	TUR
11500,0	1020	Adiyaman	TUR
11500,0	2010		
11500,0	2BO		
11500,0	206102	Ankara	TUR
11500,0	9817	Düzoe	TUR
11500,0	3013	Adana	TUR

Frequency	ALE Ident	User	Country
11500,0	4017	Adana	TUR
11500,0	2012	Adana	TUR
11500,0	206102	Ankara	
11500,7	GWPWN33	B N Natal	B
11501,8	206201		
11502,0	SHT		
11502,0	NA1		
11502,0	GBA		
11502,0	REF		
11506,0	LCR		
11506,0	LCR154	POL MIL Warszawa	POL
11506,0	SNB813	POL MIL Waszawa	POL
11506,0	154		
11506,0	T04		
11506,0	SPI324	POL MIL Kosovo	
11506,0	151		
11506,0	G02		
11506,0	SPT424	POL MIL	
11506,0	T01		
11506,0	SNB	POL MIL	POL
11507,0	MDL		
11507,0	439		
11507,2	SPI324	POL MIL	POL
11507,4	SPI324	POL MIL	POL
11507,5	SPI324	POL MIL	POL
11507,6	LCR154	POL MIL Warszawa	POL
11507,6	SPI324	POL MIL	POL
11507,7	LCR154	POL MIL Warszawa	POL
11507,8	LCR154	POL MIL Warszawa	POL
11508,0	LCR154	POL MIL Warszawa	POL
11508,1	SPI324	POL MIL	POL
11508,5	61S2		
11508,5	36ME		
11510,0	TARABOSH I	ALB F	ROU
11510,0	LESKOVIKU	ALB F	
11510,0	BABINA	ALB F	
11510,0	SHEBENIK U	ALB F Mosul	IRQ
11516,0	439		
11516,0	MDL		
11517,5	21C		
11517,5	61S2		
11517,5	61S1		
11519,0	212		
11519,0	243		
11520,0	557		
11520,0	225		
11523,0	PRI	G F Pristina	
11523,0	IS1	G F Islamabad	PAK
11529,0	5203		
11530,0	BR2	B N Brasilia	B
11530,0	CER11	MFA Paris	F
11530,0	RABAT	F E Rabat	MRC
11530,0	MS1	B N Mato Grosso do Sol	B
11533,0	CENTR2	MFA Bucharest	ROU
11540,0	2OMFUM	F N Papeete	NCL
11540,0	OMFUF	F N Fort de France	MRT
11540,1	OMFUF	F N Fort de France	MRT
11540,8	OMFUF	F N Fort de France	MRT
11541,5	OMFUF	F N Fort de France	MRT
11543,6	1TLFUE	F N Brest	F
11543,6	1TL601	F N	F
11545,0	11111	AUT F	
11545,0	555		
11547,0	JTA	USA AF	USA
11547,0	STFADW	USA AF Andrews AFB	USA
11547,0	DAVISM	USA AF Davis Monthan AFB , AZ	USA
11550,0	TOU	Airbus Toulouse	F
11550,0	CENTR8	MFA Bucharest	ROU

Frequency	ALE Ident	User	Country
11550,0	101AVTOC	USA F	USA
11550,0	CID		
11550,0	E3D		
11550,0	SCSIL		
11550,0	XSS	G MIL	G
11550,0	T159		
11550,0	PAR	Paris	F
11551,4	PAR	Airbus Paris	F
11551,5	333		
11551,7	TOU	Airbus Toulouse	F
11556,0	698		
11556,0	0000001275		
11556,0	870		
11557,0	YPM	ROU E	
11558,6	110		I
11561,0	214		
11561,0	154		
11561,0	158		
11572,4	896		
11572,6	896		
11583,0	296		
11583,0	768		
11586,0	915		
11586,0	655		
11587,0	XSS	G MIL	G
11589,0	201		
11589,0	GRUCHOT MAL64		
11589,0	GRU		
11589,0	GR2		
11589,0	TURYSTYM AL64		
11589,0	TUR		
11589,0	TU1		
11589,0	5203		
11593,6	793		
11601,0	383		
11601,0	255		
11602,0	A14		
11602,0	D50		
11605,7	573		
11610,0	852		
11610,0	312		
11614,0	VQ6	POL MIL	POL
11614,0	VQ1	POL MIL	POL
11614,0	114		
11614,0	VQ3	POL MIL	POL
11620,0	2DABRIAC O		
11620,0	RANCAGUA		
11625,0	CDDA	VEN AF El Liberator Airbase	VEN
11625,0	MONTECA NO	VEN AF Montecano	VEN
11626,0	COF	ALG F	ALG
11626,0	CM3	ALG MIL Bechar	ALG
11630,0	RV10		
11630,0	TZB159	USA F Ft. Bragg , NC	USA
11630,0	SN1		
11633,1	ATFOPS		
11633,1	UDAIRI	USA MIL Camp Buehring	KWT
11637,0	FAAZFW	FAA Dallas	USA
11637,0	FAAZBW	FAA Boston	USA
11637,0	FAAZMA	FAA Miami	USA
11637,0	FAAZMP	FAA Minneapolis	USA
11637,0	FAAZJX	FAA Jacksonville	USA
11637,0	FAAZOB	FAA Cleveland	USA
11637,0	FAAZID	FAA Indianapolis	USA
11637,0	FAAZDC	FAA Washington	USA
11637,0	FAADCA	FAA Washington	USA
11641,6	CENTR3	MFA Bucharest	ROU

Frequency	ALE Ident	User	Country
11642,0	IS1	G F Islamabad	PAK
11642,0	ASI	G F Ascension	ASC
11642,0	PRI	G F Pristina	
11642,0	KUW	G F Kuwait	KUW
11642,0	CYP	G F Akrotiri	CYP
11655,0	CM1	ALG MIL	ALG
11655,0	CM4	ALG MIL Ouargla	ALG
11655,0	CM3	ALG MIL Bechar	ALG
11655,0	COF	ALG MIL	ALG
11656,6	CM1	ALG MIL	ALG
11656,6	COF	ALG MIL	ALG
11659,0	CM1	ALG MIL	ALG
11659,0	CTF		
11659,0	HBB		
11660,2	CTF		
11660,5	CTF		
11680,4	CENTR6	MFA Bucharest	ROU
11681,7	CENTR6	MFA Bucharest	ROU
11693,5	9	USA ACE	USA
11696,0	TRYNY	USA NG Troy , NY	USA
11773,6	KWY50	USA DOS	
11790,0	745		
11790,0	766		
11800,0	C53		
11800,0	C51		
11846,0	M72		
11846,0	AAA	ISR AF	ISR
11846,0	AA1	ISR AF	ISR
11881,6	HOP		
12010,0	106001		
12016,4	106001		
12022,0	ABJECT	TWN N	TWN
12022,0	G02		
12022,0	AIRGUN	TWN N	TWN
12022,0	T01		
12053,0	CM3	ALG MIL Bechar	ALG
12057,5	XAX	G MIL	G
12057,5	XSS	G MIL	G
12057,7	CM4	ALG MIL Ouargla	ALG
12058,5	S001		
12058,5	842		
12058,5	CEMAINT		
12065,0	2407		MRC
12065,0	251		
12065,0	2002		
12065,0	2011		
12065,0	1326		
12065,0	2405		
12065,0	1116		
12065,0	13252		
12065,0	13051		
12065,0	13132		
12065,0	24081		
12065,0	2401		
12065,0	13133		
12066,0	2518		
12066,2	2416		
12066,3	1114		
12066,3	2211		
12066,3	2512		
12066,3	2002		
12066,3	2214		
12066,4	2002		
12066,4	1102		
12066,4	2215		
12066,5	13121		
12066,5	1103		
12066,5	2011		
12066,5	1105		
12066,5	2405		
12066,5	1315		
12066,6	2415		

Frequency	ALE Ident	User	Country
12066,6	123456		TUR
12066,7	2416		
12066,8	2404		
12066,8	13262		
12066,9	2205		
12068,5	CLS	USA army	
12068,5	CLX123	USA army	
12070,0	MVD1	USA ACE Vicksburg , MS	USA
12070,0	10	USA ACE	USA
12070,0	RDVIL		B
12070,0	RDITA		B
12076,0	K1QSAC		USA
12076,0	KRAPNG	USA NG Rapid City , SD	USA
12081,0	0001ARCAP	USA CAP Arkansas	USA
12081,0	AVS	USA CAP HQ Maxwell , AL	USA
12081,0	0201SERCAP	USA CAP South Eastern Region	USA
12081,0	0901ALCAP	USA CAP Alabama	USA
12081,0	0100SWRCAP	USA CAP South Western Region	USA
12081,0	0101NCRCAP	USA CAP North Central Region	USA
12090,0	PAR	Paris	F
12090,0	LAB		
12098,8	GBR		
12101,0	3561	Siirt	TUR
12101,0	S00	MFA Stockholm	S
12102,4	FGT		
12102,7	BUR		
12103,0	ASI	G F Ascension	ASC
12103,0	CCC	ISR AF	ISR
12103,0	1FG		
12104,5	GBR		
12104,6	GBR		
12104,7	GBR		
12104,8	GBR		
12110,0	5010	Adana	TUR
12110,0	4015	Adana	TUR
12110,0	401		
12110,0	4012	Adana	TUR
12110,0	201		
12110,0	4017	Adana	TUR
12110,0	4012	Adana	TUR
12110,0	1020	Adiyaman	TUR
12110,0	2013	Adana	TUR
12111,5	401		
12115,0	RHP	ARS AF	ARS
12115,0	AAP	ARS AF	ARS
12116,0	LCR154	POL MIL Warszawa	POL
12116,0	SOG933	POL MIL	POL
12117,0	995	CHN MIL	CHN
12117,0	314	CHN MIL	CHN
12118,5	C05		
12118,5	C02		
12122,0	11	USA ACE	USA
12129,0	FC1FEM002	USA FEMA	USA
12129,0	FC6FEM002	USA FEMA	USA
12129,0	TZB159	USA F Ft. Bragg , NC	USA
12129,0	FC8FEM002	USA FEMA	USA
12129,0	FC0FEM002	USA FEMA	USA
12130,4	FC1FEM002	USA FEMA	USA
12130,6	FC1FEM002	USA FEMA	USA
12130,7	FC1FEM002	USA FEMA	USA
12134,0	0000005555		
12135,1	RAM	ROU MOI	ROU
12140,0	TUD	TUN F	TUN
12140,0	STAT152	TUN F	TUN
12140,0	STAT23	TUN F	TUN
12140,0	STAT25	TUN F	TUN

Frequency	ALE Ident	User	Country
12141,0	MADINAH	ARS MOI Madinah	ARS
12141,0	OMALZOMOL	ARS MOI	ARS
12141,0	ARAR		
12141,0	ALJOUF	ARS MOI Al Jouf	ARS
12141,6	STAT25	TUN F	TUN
12142,0	XPS	G MIL	G
12142,0	XSS	G MIL	G
12142,0	UKE303	G AF E3D Sentry AWACS	G
12142,0	XRW	G MIL	G
12142,0	XGP	G MIL	G
12142,4	ARAR		
12142,6	ALJOUF	ARS MOI Al Jouf	ARS
12143,5	XSS	G MIL	G
12143,6	XSS	G MIL	G
12143,7	XSS	G MIL	G
12144,0	CYP	G F Akrotiri	CYP
12144,0	PRI	G F Pristina	
12144,6	FREGATES	F N	F
12144,6	AVISOS	F N	F
12145,7	XSS	G MIL	G
12146,1	XSS	G MIL	G
12146,3	XSS	G MIL	G
12146,4	XSS	G MIL	G
12146,5	OEY62	AUT MIL AUCON/KFOR Suva Reka	
12147,5	OEY	AUT MOD Vienna	AUT
12149,1	OEY62	AUT MIL AUCON/KFOR Suva Reka	
12150,0	CENTR3	MFA Bucharest	ROU
12150,0	KPF	ROU E	
12151,0	CM4	ALG MIL Ouargla	ALG
12151,0	COF	ALG MIL Cheraga	ALG
12151,0	CM3	ALG MIL Bechar	ALG
12151,0	CM1	ALG MIL Blida	ALG
12160,0	KB2		
12160,0	C3		
12160,0	101		
12160,0	L601ALE1		
12160,0	ZS1		
12160,0	GS52	ALG F	ALG
12160,0	P51		
12160,0	J61		
12160,0	100		
12160,0	CD		
12160,0	X34		
12160,0	DP2		
12160,0	O74		
12160,0	E4		
12160,0	C4		
12160,0	P53		
12160,0	S3ALE3		
12160,0	K2	?MRC F	MRC
12160,0	IR4		
12160,0	SG4		
12161,4	J62		
12161,5	IR4		
12161,5	N4		
12161,5	P52		
12161,5	S33	S E	
12161,6	ZS1		
12161,6	S33	S E	
12161,7	S41	S E	
12164,0	LCR155	POL MIL Warszawa	POL
12164,0	011CDCNHQ		
12164,0	3ZB202	POL MIL	
12170,0	NIAMEY	F E Niamey	
12170,0	TRIPOLI	F E Tripoli	LBY

Frequency	ALE Ident	User	Country
12170,0	LECAIRE	F E Cairo	EGY
12170,0	BALTAZAR	MFA Paris	F
12170,0	RABAT	F E Rabat	MRC
12170,0	SANAA	F E Sanaa	YEM
12170,0	ADDISABE BA	F E Addis Abeba	ETH
12170,0	CER41	MFA Paris	F
12170,0	NEWDELHI	F E New Delhi	IND
12170,0	BEYROUTH	F E Beyrouth	LBN
12170,0	ABUJA	F E Ajuba	NIG
12170,0	AMMAN	F E Amman	SYR
12170,0	CER42	MFA Paris	F
12172,0	TWLV5		
12172,0	TZC		
12175,0	1000	Guardia de Financa Rome	I
12175,0	0017	Guardia de Financa	I
12177,0	P1G		
12177,0	S1B		
12177,6	S1B		
12178,3	204		ALG
12178,5	S1B		
12179,0	OLZ76	CZR E Moscow	RUS
12183,8	ASK		
12183,8	MORTON25	POL MIL Warszawa	POL
12183,8	IGIELIT37	POL MIL	POL
12184,0	GAGOL35	POL MIL	
12184,0	LCR152	POL MIL Warszawa	POL
12184,0	MORTON25	POL MIL Warszawa	POL
12184,0	SUDANIT42	POL MIL	
12184,0	LUKA31	POL MIL	
12184,0	WADLEZ32	POL MIL	
12184,0	WATFORD8 7	POL MIL	POL
12185,3	SUDANIT42	POL MIL	
12185,3	MORTON25	POL MIL Warszawa	POL
12185,3	WATFORD8 7	POL MIL	POL
12185,4	SU2		
12185,4	SUDANIT42	POL MIL	
12185,4	MORTON25	POL MIL Warszawa	POL
12185,6	SUDANIT42	POL MIL	
12185,6	ASKAR64	POL MIL AFG	AFG
12186,1	RDI		
12188,5	OMFUX	F N Le Port	REU
12190,0	AHQ		
12194,2	BS105B		
12194,6	BS1		
12196,0	ANCOPS		
12196,0	BETOPS		
12196,0	SCLC501	VEN F	VEN
12196,0	CLC51	VEN F	VEN
12197,0	CM5	ALG MIL	ALG
12197,0	SPF219	POL MIL	POL
12197,0	LCR154	POL MIL Warszawa	POL
12197,0	CM3	ALG MIL Bechar	ALG
12197,0	COF	ALG MIL	ALG
12197,0	CM4	ALG MIL Ouargla	ALG
12198,5	CM3	ALG MIL Bechar	ALG
12198,7	CM1	ALG MIL	ALG
12199,0	AVION	F N	F
12199,5	860		
12199,5	896		
12199,8	860		
12200,0		MFA Berne	SUI
12201,0	710		
12204,0	CN3	SNG N	SNG
12204,0	071	SNG N ship RSS Tenacious	SNG
12208,0	OLZ69	CZR E Cairo	EGY
12208,0	OLZ88	MFA Prague	CZR
12209,0	3062	Ankara	TUR

Frequency	ALE Ident	User	Country
12209,0	8601	Tokat	TUR
12209,0	RCP	ARS AF	ARS
12209,0	3241	Erzurum	TUR
12209,0	8481	Mugla	TUR
12209,0	3311		TUR
12209,0	8251		TUR
12209,0	8551	Samsun	TUR
12209,0	123456		TUR
12209,0	8561		TUR
12209,0	275		
12209,0	3131	Bitlis	TUR
12209,0	8411	Kocaeli	TUR
12209,0	8231	Elazig	TUR
12209,0	8141	Bolu	TUR
12209,0	8361		TUR
12209,0	3621	Tunceli	TUR
12209,0	8761		TUR
12209,0	3771	Yalova	TUR
12209,0	3511	Nigde	TUR
12209,0	3561	Siirt	TUR
12209,0	3781	Karabük	TUR
12209,0	3181	Cankiri	TUR
12209,0	270		
12209,0	3111	Bilecik	TUR
12209,0	3321	Isparta	TUR
12209,0	3641	Usak	TUR
12209,0	8171		TUR
12209,0	RCI	ARS AF	ARS
12209,0	3021	Adiyaman	TUR
12209,0	8631		TUR
12209,0	8211	Diyarbakir	TUR
12210,0	312		
12210,8	123456		TUR
12213,0	MOG	ROU E Athens	GRC
12213,0	682		
12213,0	894		
12213,0	CENTR6	MFA Bucharest	ROU
12216,0	45	DNK F	
12216,0	CAOFEM00 1	USA FEMA San Juan	PR
12216,0	FC4FEM	USA FEMA Thomasville , GA	USA
12216,0	FC8FEM004	USA FEMA	USA
12216,0	50	DNK F	
12216,0	FR5FEM	USA FEMA Oakland , CA	USA
12216,0	FR4FEM	USA FEMA	USA
12216,0	D31	?MRC F	MRC
12216,0	FC0FEM008	USA FEMA	USA
12216,0	FC0FEM	USA FEMA Bothell , WA	USA
12216,0	FR7FEM	USA FEMA Kansas City , MO	USA
12216,0	FC6FEM	USA FEMA Denton , TX	USA
12216,0	FR3FEM	USA FEMA Philadelphia , PA	USA
12216,0	FC4FEM004	USA FEMA	USA
12216,0	FC1FEM	USA FEMA Maynard , MA	USA
12217,5	FC4FEM	USA FEMA Thomasville , GA	USA
12217,6	FR3FEM	USA FEMA Philadelphia , PA	USA
12217,6	FC1FEM	USA FEMA Maynard , MA	USA
12217,6	FC8FEM	USA FEMA Denver , CO	USA
12217,6	FR1FEM	USA FEMA	USA
12217,7	FR3FEM	USA FEMA Philadelphia , PA	USA
12218,0	0042NHCA P	USA CAP New Hampshire	USA

Frequency	ALE Ident	User	Country
12218,0	0041MECA P	USA CAP Maine	USA
12218,0	0010VTCAP	USA CAP Vermont	USA
12222,0	T6A	CBP Beech 300 #N561A	USA
12222,0	T5U	CBP Beech 200 #N505U	USA
12222,0	QSP	COTHEN	USA
12222,0	YWL	USA CG Cutter THETIS	USA
12222,0	RLT	COTHEN	USA
12222,0	J27	USA CG HH-60J #6027	USA
12222,0	I08	CBP CESSNA 550 #N5408G	USA
12222,0	J04	USA CG MH-60T #6004	USA
12222,0	K10	USA CG MH-65C #6510	USA
12222,0	J07	USA CG MH-60T #6007	USA
12222,0	A73CBP	CBP UH-60 #08-27173	USA
12222,0	83B	USA CG Response Boat Medium 45683	USA
12222,0	ZVE	COTHEN	USA
12222,0	I37	CBP CESSNA 550 #N6637G	USA
12222,0	VGSPRI	COTHEN	USA
12222,0	ABQSEC	COTHEN	USA
12222,0	WST	CBP AMOC Western Region Communication Node	USA
12222,0	VAI	COTHEN	USA
12222,0	A44	CBP UH-60 #79-23344	USA
12222,0	Z13	USA CG Sector Key West	USA
12222,0	D23	CBP P-3B "Slick" #N423SK , Corpus Christi AMB, T	USA
12222,0	004	USA CG HC-130J #2004	USA
12222,0	CDRPRI	COTHEN Remote TX (South) , Cedar Rapids	USA
12222,0	J45	USA CG HC-130J #6045	USA
12222,0	UHC	COTHEN	USA
12222,0	718	USA CG HC-130H #1718, CGAS Sacramento	USA
12222,0	TSC	CBP Orlando, FL	USA
12222,0	J09	USA CG MH-60J #6009 CGAS Elizabeth City	USA
12222,0	CNT	CBP AMOC Central Regional Communications Node	USA
12222,0	T16	CBP PIPER PA-42-720R #N9116Q	USA
12222,0	002	USA CG HC-130J #2002	USA
12222,0	T10	CBP Beech 300C #N610A	USA
12222,0	Z15	USA CG Sector San Juan	USA
12222,0	RSH	COTHEN remote TX Concord , NC	USA
12222,0	721	USA CG HC-130H #1721	USA
12222,0	HKW	USA CG Cutter Confidence	USA
12222,0	I34	CBP CESSNA 550	USA

Frequency	ALE Ident	User	Country
		#N2734K	
12222,0	I96	CBP CESSNA 550 #N26496	USA
12222,0	720	USA CG HC-130H #1720, CGAS Clearwater	USA
12222,0	KCMPRI	COTHEN	USA
12222,0	HIC	COTHEN	USA
12222,0	KRV	COTHEN	USA
12222,0	I1L	CBP CESSNA 550 #N6001L	USA
12222,0	LNT	USA CG CAMSLANT Chesapeake, VA	USA
12222,0	A65	CBP UH-60 # 80-23465	USA
12222,0	I21	CBP CESSNA 550 #N26624	USA
12222,0	N10	USA CG HC-144A #2310	USA
12222,0	LUVPRI	COTHEN	USA
12222,0	I3L	CBP CESSNA 550 #N6763L	USA
12222,0	I43	CBP BEECH 65-A90 #N43SA	USA
12222,0	PAC	USA CG CAMSPAC Point Reyes, CA	USA
12222,0	MEMPRI	COTHEN Remote TX Memphis, TN	USA
12222,0	I54	CBP CESSNA 550 #N1254X , Miami	USA
12222,0	I55	CBP CESSNA 550 #N1255K , Miami	USA
12222,0	N01	USA CG HC-144A #2301	USA
12222,0	LNW	COTHEN	USA
12222,0	D47	CBP P-3 AEW&C #N147CS , Jacksonville AMB, FL	USA
12222,0	CWX	COTHEN	USA
12222,0	D14	CBP P-3A "Slick" #N18314 , Corpus Christi AMB, TX	USA
12222,0	D31	CBP P-3B "Slick" #N431SK , Jacksonville AMB, FL	USA
12222,0	CSK	COTHEN	USA
12222,0	LNT	USA customs	USA
12222,0	PCR		
12222,0	D45	CBP P-3 AEW&C #N145CS , Jacksonville AMB, FL	USA
12222,0	K80	COTHEN	USA
12222,0	005	USA CG HC-130J #2005	USA
12222,0	I52	CBP CESSNA 550 #N752CC	USA
12222,0	D48	CBP P-3 AEW&C #N148CS , Corpus Christi AMB, TX	USA
12222,0	A39	CBP AB139 #N139HS	USA
12222,0	D70	CBP P-3A "Slick" #N16370 , Corpus Christi AMB,	USA
12222,0	DEN	COTHEN	USA
12222,0	J26	USA CG HH-60J #6026	USA
12222,0	J32	USA CG HH-60J #6032 CGAS Cape Cod	USA
12222,0	J34	USA CG MH-60J #6034 CGAS Cape Cod	USA
12222,0	J40	USA CG HH-60J #6040 CGAS	USA

Frequency	ALE Ident	User	Country
		Clearwater	
12222,0	D46	CBP P-3 AEW&C #N146CS , Jacksonville AMB, FL	USA
12222,0	N07	USA CG HC-144A #2307	USA
12222,0	K62	USA CG MH-65D #6562	USA
12222,0	79B		USA
12222,0	CPDST	COTHEN	USA
12222,0	I97	CBP CESSNA 550 #N797CW	USA
12222,0	VGS	COTHEN Remote TX Logandale , NV	USA
12222,0	RNO	COTHEN Remote TX Simpson , NV	USA
12222,0	PR1	COTHEN Remote TX Islote , PR	PTR
12222,0	J21	USA CG HH-60J #6021 CGAS Kodiak	USA
12222,0	J08	USA CG HH-60J #6008 CGAS Astoria	USA
12222,0	N08	USA CG HC-144A #2308	USA
12222,0	D69	CBP P-3B "Slick" #N769SK , Jacksonville AMB, FL	USA
12222,0	J17	USA CG HH-60J #6017 CGAS Clearwater	USA
12222,0	OKD		USA
12222,0	N04	USA CG HC-144A #2304	USA
12222,0	N03	USA CG HC-144A #2303	USA
12222,0	P26	COTHEN	USA
12222,0	M04	USA CBP boat	USA
12222,0	N09	USA CG HC-144A #2309	USA
12222,0	LKF		USA
12222,0	NLP		USA
12222,0	KCM	COTHEN Remote TX Raleigh , NC	USA
12222,0	N05	USA CG HC-144A #2305	USA
12222,0	OKOPRI	COTHEN Remote TX, Oklahoma City , OK	USA
12222,0	N11	USA CG HC-144A #2311	USA
12222,0	J19	USA CG HH-60J #6019 CGAS Clearwater	USA
12222,0	N02	USA CG HC-144A #2302	USA
12223,4	LNT	USA customs	USA
12223,9	LNT	USA customs	USA
12225,0	SY11		
12225,0	NYALA2	UNJLC Nyala	SDN
12225,0	ZB40HM90		
12225,0	LU40HM90		
12225,0	MQ11		
12225,0	MADANI		
12225,0	GIR		
12225,0	BABANU	UNJLC Al Babanusa	SDN
12225,0	OBIED		
12225,0	BABANUSA	UNJLC Al Babanusa	SDN
12226,0	S78	S E Tunis	TUN
12226,0	S00	MFA Stockholm	S
12229,6	645		
12229,7	333		
12229,9	XSS	G MIL	G
12230,0	XPK	G MIL	G
12230,0	XSS	G MIL	G
12230,0	XDZ	G MIL	G

Frequency	ALE Ident	User	Country
12230,0	XND	G MIL	G
12230,0	XGM	G MIL	G
12230,0	XFC	G MIL	G
12230,0	XKU	G MIL	G
12230,0	XDB	G MIL	G
12230,0	XJJ	G MIL	G
12230,0	XBP	G MIL	G
12230,0	XJK	G MIL	G
12230,0	XAE	G MIL	G
12230,1	XSS	G MIL	G
12230,4	XSS	G MIL	G
12231,5	XSS	G MIL	G
12231,5	XJJ	G MIL	G
12231,6	XFE	G MIL	G
12231,6	XJK	G MIL	G
12231,6	XSS	G MIL	G
12231,6	XJJ	G MIL	G
12231,6	XBA	G MIL	G
12231,7	XFE	G MIL	G
12231,7	XJK	G MIL	G
12231,7	XBX	G MIL	G
12231,8	XFE	G MIL	G
12251,0	T11	CBP BEECH A200 #N311MP	
12251,0	AA2	ISR AF	ISR
12251,0	K35		
12251,0	AA1	ISR AF	ISR
12251,0	AA3	ISR AF	ISR
12251,0	AAA	ISR AF	ISR
12267,0		USA ACE	USA
12272,5	191		
12297,0	055		
12310,9	MOBE3F	F AF	F
12311,0	MOBE3F	F AF	F
12311,0	202E3F	F AF Boing E3 Sentry	F
12312,4	MOBE3F	F AF	F
12312,5	MOBE3F	F AF	F
12312,6	204E3F	F AF Boing E3 Sentry	F
12312,6	MOB		
12312,6	MOBE3F	F AF	F
12312,7	MOBE3F	F AF	F
12314,9	AB1	MLT N	MLT
12315,0	NMB		
12315,0	AB2	MLT N	MLT
12315,0	ABA	MLT N	MLT
12315,0	3204		
12315,0	AB200	MLT N	MLT
12315,0	3201		
12316,5	ABA	MLT N	MLT
12316,6	ABA	MLT N	MLT
12316,8	ABA	MLT N	MLT
12331,0	XEX	G MIL	G
12331,0	XSS	G MIL	G
12332,0	XSS	G MIL	G
12332,0	XEX	G MIL	G
12333,0	XFY	G MIL	G
12333,0	XSS	G MIL	G
12333,0	XJV	G MIL	G
12333,5	XSS	G MIL	G
12333,6	XSS	G MIL	G
12333,6	XJH	G MIL	G
12334,1	XSS	G MIL	G
12348,0	BYF		
12348,0	YQJ		
12348,0	28X		
12348,0	LH4		
12353,0	FI2		
12353,0	102		
12353,8	102		
12354,6	102		
12354,6	FI1		
12354,7	102		

Frequency	ALE Ident	User	Country
12354,8	102		
12356,0	6C8TOCBDE		
12356,0	LKTOCBDE		
12365,0	FI1		
12365,0	FI2		
12370,0	ERMBEL	B N Belem	B
12370,0	GWPWFZ	B N Corvette V-30 INHAUMA	B
12370,0	ERMNAT	B N Natal	B
12370,0	GWPWF33	B N Fortaleza	B
12370,0	ER1MR		
12370,0	NEBRSL	B N ship	B
12370,0	NA1ES		
12370,0	GWPWDE	B N Frigate F-41 DEFENSORA	B
12371,3	HBLZDRD1		
12371,3	HFJ		
12383,0	XSS	G MIL	G
12384,7	XBA	G MIL	G
12400,0	1AFC07		
12400,0	2AFC02		
12400,0	1AFC04		
12400,0	2AFC05		
12400,0	3AFC06		
12400,0	4AFC07		
12400,0	4AFC08		
12415,0	78		
12415,0	TF2		
12424,0	DL0001DAT	USA AF AWACS E-3B	
12430,0	SMIRESEAU		
12430,0	PRTRESEAU		
12431,0	LOMBARDI	Guardia di Finanza vessel Lombardi G.101	I
12431,0	VIBOVALENTIA	Guardia di Finanza	I
12431,0	DEROSA	Guardia di Finanza vessel Salvatore De Rosa G.126	I
12431,0	ALBERTI	Guardia di Finanza	I
12431,0	GWPWN33	B N Natal	B
12431,0	DEBARTOLO	Guardia di Finanza	I
12431,0	BARLETTA	Guardia di Finanza vessel Barletta G.79	I
12431,0	SALONE	Guardia di Finanza vessel Salone G.123	I
12431,0	ROMA	Guardia di Finanza	I
12431,0	MAZZEI	Guardia di Finanza vessel Mazzei G.1	I
12431,0	CASOTTI	Guardia di Finanza vessel Maresciallo Casotti G.208	I
12431,0	CAGLIARI	Guardia di Finanza Cagliari	I
12431,0	GWPWR44	B N	B
12431,0	LETITZIA	Guardia di Finanza	I
12431,0	TARANTO	Guardia di Finanza vessel Cavatorto G.124	I
12431,0	NAPOLI	Guardia di Finanza Napoli	I
12431,0	ROSATI	Guardia di Finanza vessel Rosati G.89	I
12431,0	CAVATORTO	Guardia di Finanza vessel Cavatorto G.124	I
12431,0	GWPWSB	B N ship ALMIRANTE SEBOIA G25	B
12431,0	MESSINA	Guardia di Finanza	I
12431,0	BARBARISI	Guardia di Finanza	I

Frequency	ALE Ident	User	Country
		vessel Barbarisi G.6	
12431,0	PALERMO	Guardia Di Finanza Palermo	I
12431,0	ZOCCOLA	Guardia di Finanza	I
12431,0	VERDECCHIA	Guardia di Finanza vessel Finanziere Pertoldi G.216	I
12431,0	VACCARO	Guardia di Finanza vessel Vaccaro G.2	I
12431,0	ROCCA	Guardia di Finanza vessel Finanziere Rocca G.214	I
12431,0	PRATICA01	Guardia di Finanza vessel Salone G.123	I
12431,0	OTTONELLI	Guardia di Finanza vessel Ottonelli G.78	I
12431,0	OLTRAMONTI	Guardia di Finanza vessel Oltramonti G.5	I
12431,0	BALLALI	Guardia di Finanza vessel Ballali G.105	I
12431,0	MAZZARELLA	Guardia di Finanza vessel Mazzarella G.111	I
12431,0	URSO	Guardia di Finanza vessel Urso G.121	I
12431,0	MONTESPERONE	Guardia Di Finanza vessel Monte Sperone P.01	I
12431,0	CINUS	Guardia di Finanza training vessel G.9	I
12431,0	DENARO	Guardia di Finanza vessel Denaro P.03	I
12437,0	ERMBEL	B N Belem	B
12437,0	GWPWF33	B N Fortaleza	B
12437,0	NDDCEA	B N	B
12437,0	GWPWDE	B N Frigate F-41 DEFENSORA	B
12437,0	ERMSAL	B N Salvador	B
12437,0	GWPWFZ	B N Corvette V-30 INHAUMA	B
12437,0	NTGMTA	B N	B
12446,8	AA5	ISR AF	ISR
12466,7	MO1	POL MIL	POL
12497,0	20001		
12497,0	20002		
12497,0	5601	Teheran	IRN
12497,0	20004		
12500,0	3232		
12501,0	UDA		
12501,0	ATFOPS		
12501,0	UDAIRI	USA MIL Camp Buehring	KWT
12516,8	6QA		
12527,0	L06		
12536,0	148		
12542,7	1EW		
12546,0	BE11	VEN N ship	VEN
12546,0	CGA	VEN N	VEN
12560,0	107		
12561,6	107		
12564,0	ZPO	ROU E Kiev	UKR
12564,0	CENTR6	MFA Bucharest	ROU
12587,5	BURON22RS1006		
12587,5	MURODO02RS1006		
12587,5	DELTA03RS..		
12587,5	KAMAR20RS1006		
12587,5	RADAR90RS1006		
12587,5	TUMOR02RS1006		

Frequency	ALE Ident	User	Country
12588,9	KAMAR20R S1006		
12589,0	GWPWIN	B N Frigate F-44 Independencia	B
12589,0	GWPWF33	B N Fortaleza	N
12589,0	DELTA03R S100TA0		
12589,1	DELTA03R S1006		
12620,3	131		
12620,6	4111		
12625,6	156		
12661,6	CAA		
12661,6	UNI		
12661,6	LEO		
12661,6	MAR		
12663,0	XSS	G MIL	G
12663,0	XPK	G MIL	G
12663,0	XJK	G MIL	G
12664,0	XSS	G MIL	G
12664,2	XSS	G MIL	G
12664,4	XJK	G MIL	G
12664,5	XSS	G MIL	G
12664,5	XBA	G MIL	G
12664,6	XSS	G MIL	G
12664,8	XSS	G MIL	G
12664,8	XGX	G MIL	G
12665,0	203		
12665,0	XSS	G MIL	G
12668,3	XSS	G MIL	G
12668,4	XSS	G MIL	G
12668,6	XSS	G MIL	G
12671,8	A92		
12671,8	L03	CHN N	
12672,0	SANTVL	AUS MILTownsville	AUS
12672,0	SANNWC	AUS MIL North West Cape	AUS
12672,0	SAN		
12672,0	AAF	USA AF	
12705,8	T5L		
12725,0	GWPWDE	B N Frigate F-41 DEFENSORA	B
12725,0	GWPWF33	B N Fortaleza	B
12725,0	GWPWFZ	B N Corvette V-30 INHAUMA	B
12725,0	BE1		
12736,0	XSS	G MIL	G
12737,2	XSS	G MIL	G
12737,4	XSS	G MIL	G
12737,5	XSS	G MIL	G
12737,6	XSS	G MIL	G
12737,8	XSS	G MIL	G
12753,9	XFE	G MIL	G
12761,0	154		
12761,0	158		
12769,5	0011		
12809,6	141		
12811,4	A98		
12817,5	124		
12817,9	3F7		
12826,6	133		
12840,2	163		
12840,3	135		
12842,6	163		
12844,0	AAD	USA AF	
12844,0	AAF	USA AF	
12844,0	AAG	USA AF	
12844,0	AAI	USA AF	
12844,0	AAA	USA AF	
12844,0	ADA	USA AF	
12844,0	AAB	USA AF	
12844,0	ADB	USA AF	

Frequency	ALE Ident	User	Country
12844,0	AAC	USA AF	
12854,5	155		
12854,8	155		
12863,7	411		
12867,0	4111		
12867,0	4252		
12875,4	146		
12876,0	BADR	PAK N Frigate BADR F184	
12876,5	KW	PAK N TX Karachi	PAK
12880,2	164		
12880,8	122		
12895,0	P1G		
12895,0	S1B		
12895,7	126		
12895,9	126		
12896,0	S1B		
12896,5	P1G		
12896,7	P1G		
12897,3	S1B		
12907,0	J12	USA CG HH-60J #6012 CGAS Kodiak	USA
12938,6	175		
12947,0	1111		
12954,0	A92		
12954,0	L02	CHN N	
12973,0	CRONPR	USA AF Croughton SIPR	G
12973,3	132		
12973,4	132		
12973,6	132		
12973,7	132		
12986,6	157		
12992,3	142		
12992,4	142		
12992,7	142		
12993,7	162	?CHN diplo	
13101,0	GWPWBL	B N Training Frigate U-27 Brasil	B
13101,0	ERMRIO	B N Rio	B
13101,0	GWPWF33	B N Fortaleza	B
13101,0	GWPWFZ	B N Corvette V-30 INHAUMA	B
13101,0	GWPWDE	B N Frigate F-41 DEFENSORA	B
13118,0	AB2	MLT N	MLT
13118,0	ABA	MLT N	MLT
13118,0	AB3	MLT N	MLT
13118,0	AB1	MLT N	MLT
13149,0	KUW	G F Kuwait	KUW
13149,0	HSP	G F Hanslope	G
13149,0	PRI	G F Pristina	
13149,0	CYP	G F Akrotiri	CYP
13150,0	L06		
13153,4	POBOY	USA	USA
13153,4	NYC	USA	USA
13153,4	ANPOPS	USA ShipCom Annapolis , MD	USA
13153,4	015ANP	USA ShipCom Annapolis , MD	USA
13153,4	016ANP	USA ShipCom Annapolis , MD	USA
13179,0	XSS	G MIL	G
13197,0	A86	CHN	
13197,0	L11	CHN	
13203,0	AAPRIVV		
13215,0	HIK	USA AF Hickham	HWA
13215,0	AF5	USA AF	
13215,0	IKF	USA AF Keflavik	ISL
13215,0	JTY	USA AF Yokota	J
13215,0	MCC	USA AF McClellan	USA
13215,0	HAW	USA AF Ascension	ASC
13215,0	JNR	USA AF Salinas	PTR

Frequency	ALE Ident	User	Country
13215,0	GUA	USA AF Guam	GUM
13215,0	270042	USA AF	
13215,0	ADW	USA AF Andrews	USA
13215,0	OFF	USA AF Offutt	USA
13215,0	AED	USA AF Elmendorf	ALS
13215,0	GBL		
13215,0	JDG	USA AF Diega Garcia	DGA
13215,0	MPA	USA AF Mt. Pleasant	USA
13215,0	ICZ	USA AF Sigonella	I
13215,0	R004		
13215,0	NEW		
13215,0	190007	USA AF	
13215,0	PLA	USA AF Lajes	AZR
13215,0	CRO	USA AF Croughton	G
13217,0	HD1FAE	USA AF Quito	EQA
13217,0	OPERATIV ADPC	Protezione Civile Rome	I
13217,0	JTA	USA AF	USA
13217,0	STFADW	USA AF Andrews AFB	USA
13220,0	CHARLY46	I AF Pisa San Giusto	I
13220,0	53	I AF C-130J MM62187 46-53	I
13221,0	CBE	USA CG Cutter TAHOMA WMEC908	USA
13224,0	INDIAVICT OR		
13232,0	IN01		
13232,0	VR01		
13242,0	DL0002DAT	USA AF AWACS E-3B	
13242,0	MCCNPR	USA AF McClellan NIPR	USA
13242,0	OFFNPR	USA AF Offutt NIPR	USA
13242,0	ICZNPR	USA AF Sigonella NIPR	I
13242,0	ADWNPR	USA AF Andrew AFB NIPR	USA
13270,0	3651	Van	TUR
13270,0	3561	Siirt	TUR
13270,0	8761	Igdir	TUR
13270,0	3131	Bitlis	TUR
13270,0	8041	Agri	TUR
13272,0	H02		
13272,0	G06		
13272,0	M02		
13272,0	W16		
13272,0	B02		
13312,0	D46	CBP P-3 AEW&C #N146CS , Jacksonville AMB, FL	USA
13312,0	005	USA CG HC-130J #2005	USA
13312,0	I34	CBP CESSNA 550 #N2734K	USA
13312,0	N05	USA CG HC-144A #2305	USA
13312,0	J01	USA CG HH-60J #6001 CGAS Elizabeth City	USA
13312,0	D45	CBP P-3 AEW&C #N145CS , Jacksonville AMB, FL	USA
13312,0	D31	CBP P-3B "Slick" #N431SK , Jacksonville AMB, FL	USA
13312,0	N08	USA CG HC-144A #2308	USA
13312,0	D47	CBP P-3 AEW&C #N147CS , Jacksonville AMB, FL	USA
13312,0	N04	USA CG HC-144A #2304	USA
13312,0	N07	USA CG HC-144A #2307	USA
13312,0	I21	CBP CESSNA 550	USA

Frequency	ALE Ident	User	Country
		#N26625	
13312,0	K79	COTHEN	USA
13312,0	G2A	COTHEN	USA
13312,0	HIC	COTHEN	USA
13312,0	KRV	COTHEN	USA
13312,0	A65	CBP UH-60 # 80-23465	USA
13312,0	I96	CBP CESSNA 550 #N26496	USA
13312,0	I1L	CBP CESSNA 550 #N6001L	USA
13312,0	LNT	USA CG CAMSLANT Chesapeake, VA	USA
13312,0	J27	USA CG HH-60J #6027	USA
13312,0	A39	CBP AB139 #N139HS	USA
13312,0	DEN	COTHEN	USA
13312,0	N01	USA CG HC-144A #2301	USA
13312,0	KCMPRI	COTHEN	USA
13312,0	A47	CBP UH-60 # 82-23747	USA
13312,0	K33	USA CG MH-65C # 6533	USA
13312,0	D48	CBP P-3 AEW&C #N148CS , Corpus Christi AMB, TX	USA
13312,0	I3L	CBP CESSNA 550 #N6763L	USA
13312,0	I43	CBP BEECH 65-A90 #N43SA	USA
13312,0	I52	CBP CESSNA 550 #N752CC	USA
13312,0	MEMPRI	COTHEN Remote TX Memphis, TN	USA
13312,0	I54	CBP CESSNA 550 #N1254X , Miami	USA
13312,0	LNW	COTHEN	USA
13312,0	VAI	COTHEN	USA
13312,0	T16	CBP PIPER PA-42-720R #N9116Q	USA
13312,0	CPDST	COTHEN	USA
13312,0	CNT	CBP AMOC Central Regional Communications Node	USA
13312,0	QSP	COTHEN	USA
13312,0	OKOPRI	COTHEN Remote TX, Oklahoma City , OK	USA
13312,0	CDRPRI	COTHEN Remote TX (South) , Cedar Rapids	USA
13312,0	TSC	CBP Orlando, FL	USA
13312,0	VGSPRI	COTHEN	USA
13312,0	ABQSEC	COTHEN	USA
13312,0	WST	CBP AMOC Western Region Communication Node	USA
13312,0	Z15	USA CG Sector San Juan	USA
13312,0	ZVE	COTHEN	USA
13312,0	ZWU	COTHEN	USA
13312,0	UHC	COTHEN	USA
13314,0	U697457		
13324,0	CM3	ALG MIL Bechar	ALG
13324,0	CNC	ALG MIL Cheraga	ALG
13324,0	TF2		
13348,0	055		
13367,0	AA1	ISR AF	ISR
13367,0	K35		
13367,0	AAA	ISR AF	ISR
13367,0	AA3	ISR AF	ISR
13367,0	AA2	ISR AF	ISR
13369,0	CM4	ALG MIL Ouargla	ALG
13375,0	AAA		

Frequency	ALE Ident	User	Country
13377,0	CNC	ALG MIL Cheraga	ALG
13377,0	CM3	ALG MIL Bechar	ALG
13393,0	01	ALG AF	ALG
13393,0	COF	ALG AF	ALG
13400,0	104		
13400,0	101		
13406,0	7601		
13414,0	CENTR3	MFA Bucharest	ROU
13414,0	HOL	ROU E	
13415,0	ALPHARES EAU		
13415,0	NBORESEA U		
13415,0	ECFRESEA U		
13415,0	TWLRESEA U		
13416,0	MBL2	MaxiMog II	USA
13423,5	XSS	G MIL	G
13430,0	RCP	ARS AF	ARS
13430,0	NCP		
13433,0	C01		
13433,0	O21		
13433,0	RIA	FIN E Riyadh	
13433,0	NAI		
13435,0	OWI	DNK AF Aalborg	DNK
13435,0	OWF	DNK AF Skrydstrup	DNK
13435,0	OWG	DNK AF Grazzanise	I
13438,6	A14		
13438,6	D50		
13442,0	055		
13445,0	LKTOCBDE		
13445,0	6C8TOCBD E		
13446,0	FC0FEM008	USA FEMA	USA
13446,0	FC1FEM	USA FEMA Maynard , MA	USA
13446,0	FC6FEM	USA FEMA Denton , TX	USA
13446,0	FC4FEM	USA FEMA Thomasville , GA	USA
13452,0		MFA Berne	SUI
13452,0		SUI E Sofia	BUL
13457,0		SUI E Budapest	HNG
13457,0		SUI E Rome	I
13457,0		SUI E Cairo	EGY
13457,0		SUI E Madrid	E
13457,0	FAAZMA	FAA Miami	USA
13457,0		SUI E Berlin	D
13457,0		SUI E Tel Aviv	ISR
13457,0		MFA Berne	SUI
13457,0	FAAZOB	FAA Cleveland	USA
13457,0		SUI E Stockholm	S
13457,0	FAAZLA	FAA Los Angeles	USA
13457,0	FAAZDC	FAA Washington	USA
13464,0	CGE	VEN F Caracas	VEN
13468,0	UMC	ROU diplo	
13468,0	CENTR3	MFA Bucharest	ROU
13475,0	CDDA	VEN M	VEN
13475,0	PTOORDAZ	VEN M	VEN
13475,0	GURI	VEN N	VEN
13475,0	PTOFIJO	VEN M	VEN
13475,0	MARACAY	VEN M	VEN
13475,0	MONTECA	VEN M	VEN
13485,0	IGIELIT37	POL MIL	POL
13485,0	MORTON25	POL MIL Warszawa	POL
13485,0	ASKAR64	POL MIL AFG	AFG
13485,0	SUDANIT42	POL MIL	POL
13485,0	WATFORD8 7	POL MIL	POL
13499,0	2414		
13499,0	2408		
13499,0	24151		
13499,0	240	USA AF	
13499,0	13251		
13499,0	1309		
13499,0	1307		
13499,0	2406		
13499,0	1311		
13499,0	1322		
13499,0	2402		
13500,0	SABUESO		
13500,0	GC11	VEN CG	VEN
13500,0	CGA	VEN N	VEN
13500,0	CODORNIZ		
13500,0	T81	VEN N	VEN
13500,0	BNF	VEN N Falcon	VEN
13500,0	61B	VEN N	VEN
13500,0	PR2	VEN N ship	VEN
13500,0	JNP		
13500,0	BNG	VEN N Base Guiterrez	VEN
13503,6	KBF95	USA E Baku	AZE
13503,6	KRC82		
13503,6	KRC81		
13503,6	KWP95	USA DOS	
13503,6	KMN95		
13503,6	KWL27	USA DOS	
13503,6	KVX50	USA DOS	
13503,6	KWA54	USA DOS	
13503,6	KVX45	USA DOS	
13503,6	KWT93	USA DOS	
13503,6	KWT91		
13503,6	KWS96	USA DOS	
13503,6	KWR86	USA DOS	
13503,6	KWX57	USA DOS	
13503,6	KWS94	USA DOS	
13503,6	KWS95	USA DOS	
13503,6	KVX53	USA DOS	
13503,6	KWS92	USA DOS	
13503,6	KBR29	USA E Tbilisi	GEO
13508,0	CENTR7	MFA Bucharest	ROU
13508,0	ZMF	ROU E	
13515,0	ADA	USA AF	
13515,0	ADB	USA AF	
13515,0	AAF	USA AF	
13515,0	AAG	USA AF	
13515,0	AAB	USA AF	
13521,0	636		
13530,0	RADGENA	CLM N	CLM
13530,0	907		
13530,0	COVENAS	CLM N	CLM
13530,0	TUMACO	CLM N	CLM
13530,0	197		
13545,0	COMCENAL E1		
13545,0	CIARAALE1		
13552,0	XSS	G MIL	G
13568,0	LAT		
13568,0	BANDEIRA NTES		
13568,0	LRF		
13580,0	ASLAT1	PAK N Frigate ASLAT F254	PAK
13580,0	BADR	PAK N Frigate BADR F184	PAK
13580,5	OEY51	AUT MIL Vienna	AUT
13580,5	OEY71	AUT MIL Golan Heights	SYR
13585,0	L06		
13585,0	A97		
13630,0	FAAZMA	FAA Miami	USA
13630,0	FAAZOB	FAA Cleveland	USA
13630,0	FAAZDC	FAA Washington	USA
13870,0	CENTR3	MFA Bucharest	ROU
13870,0	LAS	ROU E	ROU

Frequency	ALE Ident	User	Country
13875,0	133		
13880,0	100		
13880,0	105		
13880,0	108		
13880,0	102		
13883,0	ACG	ROU E	ALG
13883,0	CENTR4	MFA Bucharest	ROU
13885,5	RABAT	F E Rabat	MRC
13885,5	CER	MFA Paris	F
13887,0	984		
13894,0	FC0FEM002	USA FEMA	USA
13894,0	FC1FEM002	USA FEMA	USA
13894,0	FC8FEM002	USA FEMA	USA
13897,0	DAVISM	USA AF Davis Monthan AFB , AZ	USA
13897,0	SOTOAB	USA AF Soto Cano AFB	HND
13897,0	STFADW	USA AF Andrews AFB	USA
13900,0	DEPT	?MRC MOI	MRC
13907,0	I52	CBP CESSNA 550 #N752CC	USA
13907,0	J40	USA CG MH-60T #6040	USA
13907,0	TSC	CBP Orlando, FL	USA
13907,0	K94	USA CG MH-65C # 6594	USA
13907,0	J24	USA CG HH-60J #6024 CGAS Kodiak	USA
13907,0	K08	COTHEN	USA
13907,0	CDRPRI	COTHEN Remote TX (South) , Cedar Rapids	USA
13907,0	K62	USA CG MH-65D #6562	USA
13907,0	MEMPRI	COTHEN Remote TX Memphis, TN	USA
13907,0	D49	CBP P-3 AEW&C #N149CS , Corpus Christi AMB, TX	USA
13907,0	I63	CBP CESSNA 550 #N2663Y	USA
13907,0	I53	CBP CESSNA 550 #N753CC	USA
13907,0	HKW	USA CG Cutter CONFIDENCE	USA
13907,0	I54	CBP CESSNA 550 #N1254X , Miami	USA
13907,0	CPDST	COTHEN	USA
13907,0	OBP	Service Center Nassau	USA
13907,0	D42	CBP P-3 AEW&C #N142CS , Corpus Christi AMB, TX	USA
13907,0	005	USA CG HC-130J #2005	USA
13907,0	Z13	USA CG Sector Key West	USA
13907,0	J11	USA CG HH-60J #6011 ATC Mobile	USA
13907,0	N04	USA CG HC-144A #2304	USA
13907,0	D45	CBP P-3 AEW&C #N145CS , Jacksonville AMB, FL	USA
13907,0	ZVE	COTHEN	USA
13907,0	CBE	USA CG Cutter TAHOMA WMEC908	USA
13907,0	N05	USA CG HC-144A #2305	USA
13907,0	714	USA CG HC-130H #1714, CGAS Barbers Point	USA
13907,0	712	USA CG HC-130H #1712 , CGAS Kodiak	USA
13907,0	D41	CBP P-3B "Slick" #N741SK , Jacksonville AMB, FL	USA
13907,0	D31	CBP P-3B "Slick" #N431SK , Jacksonville AMB, FL	USA
13907,0	J16	USA CG HH-60J #6016 CGAS Clearwater	USA
13907,0	D14	CBP P-3A "Slick" #N18314 , Corpus Christi AMB, TX	USA
13907,0	501	COTHEN	USA
13907,0	D06	CBP BOMBARDIER Q400 #N806MR	USA
13907,0	N09	USA CG HC-144A #2309	USA
13907,0	D48	CBP P-3 AEW&C #N148CS , Corpus Christi AMB, TX	USA
13907,0	719	USA CG HC-130H #1719, CGAS Clearwater	USA
13907,0	LKF		USA
13907,0	N14	USA CG HC-144A #2314	USA
13907,0	UHC	COTHEN	USA
13907,0	DEN	COTHEN	USA
13907,0	VAI	COTHEN	USA
13907,0	I43	CBP BEECH 65-A90 #N43SA	USA
13907,0	J08	USA CG MH-60T #6008	USA
13907,0	I96	CBP CESSNA 550 #N26496	USA
13907,0	D46	CBP P-3 AEW&C #N146CS , Jacksonville AMB, FL	USA
13907,0	D47	CBP P-3 AEW&C #N147CS , Jacksonville AMB, FL	USA
13907,0	N08	USA CG HC-144A #2308	USA
13907,0	ABQSEC	COTHEN	USA
13907,0	OKOPRI	COTHEN Remote TX, Oklahoma City , OK	USA
13907,0	WST	CBP AMOC Western Region Communication Node	USA
13907,0	ADD	COTHEN	USA
13907,0	A47	CBP UH-60 # 82-23747	USA
13907,0	07Z	USA CG District 7 Miami , FL	USA
13907,0	T9A	CBP PIPER PA-42-720R #N9279A, Ja cksonville, FL AMB	USA
13907,0	K59	USA CG MH-65C # 6559	USA
13907,0	LNT	USA CG CAMSLANT Chesapeake, VA	USA
13907,0	A48	CBP UH-60 # 86-24548	USA
13907,0	J32	USA CG HH-60J #6032 CGAS Cape Cod	USA
13907,0	J37	USA CG MH-60T #6037	USA
13907,0	N07	USA CG HC-144A #2307	USA
13907,0	720	USA CG HC-130H #1720, CGAS Clearwater	USA
13907,0	712	USA CG HC-130H #1712 , CGAS Kodiak	USA

Frequency	ALE Ident	User	Country
13907,0	I34	CBP CESSNA 550 #N2734K	USA
13907,0	N09	USA CG HC-144A #2309	USA
13907,0	N06	USA CG HC-144A #2306	USA
13907,0	J36	USA CG MH-60J #6036 CGAS Elizabeth City	USA
13907,0	I08	CBP CESSNA 550 #N5408G	USA
13907,0	N11	USA CG HC-144A #2311	USA
13907,0	T72	CBP BEECH C-12C #N72472	USA
13907,0	LNT	USA customs	USA
13907,0	TSC	USA customs	USA
13907,0	N01	USA CG HC-144A #2301	USA
13907,0	J43	USA CG MH-60J #6043	USA
13907,0	PCR	COTHEN	USA
13907,0	NAS	USA CG Cutter ESCANABA WMEC907 USA CG Cutter ESCANABA WMEC907	USA
13907,0	I31	CBP CESSNA 550 #N2531K	USA
13907,0	700	COTHEN	USA
13907,0	T91	CBP PIPER PA-42-720R #N9091 J, Jacksonville, FL AMB	USA
13907,0	RLT	COTHEN	USA
13907,0	I1L	CBP CESSNA 550 #N6001L	USA
13907,0	QSP	COTHEN	USA
13907,0	LUVPRI	COTHEN	USA
13907,0	FTMPRI	COTHEN	USA
13907,0	CRB	CBP AMOC Caribbean Regional Communications Node	USA
13907,0	KCMPRI	COTHEN	USA
13907,0	CNT	CBP AMOC Central Regional Communications Node	USA
13907,0	F33	COTHEN	USA
13907,0	F31	COTHEN	USA
13907,0	SKA	USA CG Sitka , AK	USA
13907,0	K84	COTHEN	USA
13907,0	I3L	CBP CESSNA 550 #N6763L	USA
13907,0	F29	COTHEN	USA
13907,0	A82	CBP UH-60 # 78-22982	USA
13907,0	F40	COTHEN	USA
13907,0	EST	CBP AMOC Eastern Region Communication Node	USA
13907,0	S07	COTHEN	USA
13907,0	MAG	COTHEN	USA
13907,0	PAC	USA CG CAMSPAC Point Reyes, CA	USA
13907,0	A65	CBP UH-60 # 80-23465	USA
13907,0	ROS	COTHEN	USA
13907,0	K72	COTHEN	USA
13907,0	L05	COTHEN	USA
13907,0	T07	CBP BEECH A200 #N6507B	USA
13907,0	004	USA CG HC-130J #2004	USA

Frequency	ALE Ident	User	Country
13907,0	J17	USA CG HH-60J #6017 CGAS Clearwater	USA
13907,0	D23	CBP P-3B "Slick" #N423SK , Corpus Christi AMB, T	USA
13907,0	K78	COTHEN	USA
13907,0	I00	CBP CESSNA 550 #N1200N	USA
13907,0	HIC	COTHEN	USA
13907,0	KRV	COTHEN	USA
13907,0	K66	COTHEN	USA
13913,0	O11		
13913,0	C01		
13921,0	JTA	USA AF	USA
13921,0	HD1FAE	USA AF Quito	EQA
13921,0	STFADW	USA AF Andrews AFB	USA
13926,0	8077		
13945,0	STAT154	TUN F	TUN
13945,0	STAT2	TUN F	TUN
13945,0	TUD	TUN F	TUN
13951,0		SUI E Alger	ALG
13951,0		MFA Berne	SUI
13955,0		SUI E Kiev	UKR
13955,0		MFA Berne	SUI
13955,0		SUI E Ankara	TUR
13955,0		SUI F Suva Reka	
13967,0		MFA Berne	SUI
13968,0	A25	?LVA F	
13968,0	OZO	?LVA F	
13972,0	AAA	ISR AF	ISR
13972,0	SA4	B AF	B
13972,0	SCORPIUS	B AF	B
13976,0		MFA Berne	SUI
13978,0	RDSGC	B AF	B
13984,0	CNC	ALG MIL Cheraga	ALG
13984,0	CM3	ALG MIL Bechar	ALG
13990,0		MFA Berne	SUI
13996,0	1TLOFF	F N	F
13996,0	1TA6FF	F N	F
14000,0	MOCHUEL O	Colombian telephone net	
14000,0	1901	Colombian telephone net	
14000,0	1010		
14029,2	STAT22	TUN F	TUN
14037,0	706		
14060,0	AA1	ISR AF	ISR
14060,0	AAA	ISR AF	ISR
14104,0	L06		
14321,5	PAPA		
14321,5	MIKE1		
14322,0	BKM1		
14322,0	ICOGUZ		
14340,0	636		
14340,0	426		
14350,5	S39	S E	
14350,5	S49	S E Riyadh	ARS
14352,0	TR5	ROU diplo	
14352,0	CENTR5	MFA Bucharest	ROU
14352,0	RMZ	ROU diplo	
14352,0	ANK	CZE E Ankara	TUR
14352,0	873	CHN N	CHN
14352,0	537	CHN N	CHN
14352,0	BRA	MFA Bratislava	SVK
14353,0	AFH		
14353,0	ACY		
14353,0	ALI		
14353,0	AFQ		
14353,0	AFB		
14353,0	IAF		
14353,5	S00	MFA Stockholm	S

Frequency	ALE Ident	User	Country
14353,5	S94	S E Guatemala City	
14355,0	2700		
14357,0	101NERCA P	USA CAP North Eastern Region	USA
14357,0	101NCRCA P	USA CAP North Central Region	USA
14357,0	AVS	USA CAP HQ Maxwell , AL	USA
14357,0	004NERCA P	USA CAP North Eastern Region	USA
14357,0	0314MICAP	USA CAP Michigan	USA
14360,0	VHSE		
14360,0	ATTATLAB AS171	AT&T Atlanta , GA	USA
14360,0	ATTMIAMIP ORT207	AT&T Miami , FL	USA
14360,0	GXHI		
14361,0	CENTR1	MFA Bucharest	ROU
14361,0	LAS	ROU E	
14362,0	OLZ88	MFA Prague	CZR
14362,0	OLZ76	CZR E Moscow	RUS
14364,0	L06		
14368,0	306001		
14378,5	CA1		
14378,5	CE1		
14378,5	CC1		
14380,0	2170605	CHN MIL	CHN
14380,0	1180615	CHN MIL	CHN
14380,0	1536		
14380,0	23232	CHN MIL	CHN
14380,0	3232	CHN MIL	CHN
14380,0	1200524	CHN MIL	CHN
14380,0	111	CHN MIL	CHN
14380,0	1150522	CHN MIL	CHN
14380,0	2170528	CHN MIL	CHN
14380,0	1260536	CHN MIL	CHN
14380,0	2070721	CHN MIL	CHN
14380,0	1230620	CHN MIL	CHN
14380,0	2280624	CHN MIL	CHN
14380,0	2130541	CHN MIL	CHN
14380,0	1230546	CHN MIL	CHN
14380,0	1290538	CHN MIL	CHN
14380,0	2150713	CHN MIL	CHN
14380,0	2170551	CHN MIL	CHN
14380,0	1300523	CHN MIL	CHN
14380,0	125	CHN MIL	CHN
14380,0	153	CHN MIL	CHN
14380,0	1072		
14380,0	1110554	CHN MIL	CHN
14380,0	1220512	CHN MIL	CHN
14380,0	233	CHN MIL	CHN
14380,0	2320721	CHN MIL	CHN
14380,0	130	CHN MIL	CHN
14380,0	1120521	CHN MIL	CHN
14380,0	213	CHN MIL	CHN
14380,0	2320723	CHN MIL	CHN
14380,0	122	CHN MIL	CHN
14380,0	1300526	CHN MIL	CHN
14380,0	228	CHN MIL	CHN
14380,0	119	CHN MIL	CHN
14380,0	1190554	CHN MIL	CHN
14380,0	232	CHN MIL	CHN
14380,0	207	CHN MIL	CHN
14380,0	217	CHN MIL	CHN
14380,0	115	CHN MIL	CHN
14380,0	120	CHN MIL	CHN
14380,0	112	CHN MIL	CHN
14380,0	1230551	CHN MIL	CHN
14380,0	1150602	CHN MIL	CHN
14380,0	1200604	CHN MIL	CHN
14380,0	1190512	CHN MIL	CHN
14380,0	1608		

Frequency	ALE Ident	User	Country
14380,0	105001	CHN MIL	CHN
14380,0	129	CHN MIL	CHN
14385,0	SANTVL	AUS MIL Townsville	CHL
14385,0	528		
14385,0	409		
14385,0	129		
14385,0	764		
14385,0	117		
14385,0	707		
14385,0	AUCAN000 1	AUS AF	AUS
14385,0	SANDAR	AUS MIL Darwin	AUS
14385,0	SANRIV	AUS MIL Riverina	AUS
14394,0	76		
14395,0	MOD		
14395,0	AHQ		
14397,0	374	CHN MIL	CHN
14397,0	866	CHN MIL	CHN
14397,0	362	CHN MIL	CHN
14400,0	SPT424	POL MIL	B
14400,0	SPI324	POL MIL	POL
14400,0	LCR154	POL MIL Warszawa	POL
14400,0	OLZ55	CZR E	
14400,0	OLZ69	CZR E Cairo	EGY
14400,0	SNB813	POL MIL Waszawa	POL
14401,0	BMLV1	AUT MOD Vienna	AUT
14401,0	306001		
14401,5	OEY61	AUT MIL AUSBATT/UNDOF Camp Faour	SYR
14401,5	OEY51	AUT MIL Vienna	AUT
14401,5	OEY71	AUT MIL Golan Heights	SYR
14403,0	11111	AUT F	AUT
14403,0	BMLV1	AUT MOD Vienna	AUT
14404,0	S86	S E Mexico City	MEX
14404,0	S00	MFA Stockholm	S
14404,0	S91	S E Lima	PRU
14404,0	S72	S E Kinshasa	ZAI
14405,0	151802		
14406,0	FOL	ROU E	ROU
14406,0	CENTR3	MFA Bucharest	ROU
14420,0	ABJECT	TWN N	TWN
14420,0	AFFECT	TWN N	TWN
14422,0	586		
14422,0	614		
14422,0	825		
14422,0	MAE	MFA Alger	ALG
14422,0	TRP	ALG E Tripoli	LBY
14422,0	GAO	ALG E Garouna	CME
14422,0	BKO	ALG E Bamako	MLI
14422,0	NKT	ALG E Nouakchott	MTN
14422,0	RBT	ALG E Rabat	MRC
14422,0	055		
14422,5	LONGSWS PREGCMD		
14422,5	LONGSTRR EGCMD2		
14422,5	LSTREETR EGCMD2		
14431,0	TXZ4		
14431,0	YW5		
14433,0	C01		
14436,0	687		CHN
14436,0	581		CHN
14436,0	712	USA CG HC-130H #1712 , CGAS Kodiak	USA
14436,0	341		CHN
14436,0	153		CHN
14437,0	R09		
14438,5	OEY80	AUT MIL Villach	AUT
14438,5	OEY51	AUT MIL Vienna	AUT
14438,5	OEY71	AUT MIL Golan	SYR

Frequency	ALE Ident	User	Country
		Heights	
14439,0	473		
14441,5	673DVA		USA
14443,0	TDF	ALG MIL Tindouf	ALG
14443,0	CM3	ALG MIL Bechar	ALG
14443,0	CNC	ALG MIL Cheraga	ALG
14445,0	586		
14446,0	DLI		
14449,0	103009		
14453,0	AAA	ISR AF	ISR
14453,0	K35		
14453,0	AA3	ISR AF	ISR
14453,0	AA2	ISR AF	ISR
14453,0	AA1	ISR AF	ISR
14453,0	T11	CBP BEECH A200 #N311MP	
14454,0	629	CHN N	CHN
14454,0	982	CHN N	CHN
14454,0	639	CHN N	CHN
14455,0	XSS	G MIL	G
14455,0	5810		
14455,0	3232		
14455,0	1111		
14455,0	7601		
14458,0	TF2		
14458,5	QUANTICO	USA FBI Quantico , VA	USA
14458,5	BF1	USA FBI Buffalo , NY	USA
14458,5	LAP21		USA
14463,0	OPS	ALG F	ALG
14463,0	CM1	ALG MIL	ALG
14463,0	CM4	ALG MIL Ouargla	ALG
14463,0	CM6	ALG MIL	ALG
14463,0	COF	ALG F	ALG
14466,5	ALG		ALG
14470,5	YPM25	ROU E	
14470,5	CENTR2	MFA Bucharest	ROU
14470,5	VRO	ROU E	
14474,0	DKL	G F Dhekelia	CYP
14474,0	P176		MLT
14475,0	CM1	ALG MIL	ALG
14478,0	PALEMBAN G	INS	INS
14478,0	KENDAR	INS	INS
14478,0	YOGYA	INS	INS
14478,0	TERNATE	INS	INS
14478,0	SURABAYA	INS	INS
14478,0	PONTIANA K	INS	INS
14478,0	PEKANBAR U	INS	INS
14478,0	PEJATEN	INS	INS
14478,0	151802		
14478,0	LAMPUNG	INS	INS
14478,0	BABEL	INS	INS
14478,0	BANTEN	INS	INS
14478,0	BENGKULU	INS	INS
14478,0	DKI	INS	INS
14478,0	JAMBI	INS	INS
14478,0	KUPANG	INS	INS
14478,0	KEPRI	INS	INS
14478,0	PALANGKA RAYA	INS	INS
14478,0	MAKASAR	INS	INS
14478,0	MAMUJU	INS	INS
14478,0	MANADO	INS	INS
14478,0	MANOKWA RI	INS	INS
14478,0	MEDAN	INS	INS
14478,0	PADANG	INS	INS
14478,0	BANDUNG	INS	INS
14478,0	AMBON	INS	INS

Frequency	ALE Ident	User	Country
14483,5	TZB159	USA F Ft. Bragg , NC	USA
14483,5	B04MEAFR C	USA NG Reserve Center Brunswick , Maine	USA
14484,0	491	CHN N	CHN
14484,0	690	CHN N	CHN
14485,5	XJK	G MIL	G
14485,5	XSS	G MIL	G
14485,5	XEN	G MIL	G
14490,0	OLZ65	CZR E	
14490,0	OLZ88	MFA Prague	CZR
14508,0	20002		
14508,0	20001		
14508,0	5601	Teheran	IRN
14508,5	XSS	G MIL	G
14508,5	XKD	G MIL	G
14510,0	XSS	G MIL	G
14512,0	L06		
14514,0	399		
14523,0	K1QSAC		USA
14535,0	616		
14535,0	055		
14535,0	614		
14535,0	825		
14544,0	984		
14550,0	G6ALE1		
14550,0	C4		
14550,0	S401		
14550,0	T401ALE1		
14550,0	O74		
14550,0	C3		
14550,0	C3A		
14550,0	A2		
14550,0	S3ALE1		
14550,0	O81		
14550,0	Q2		
14550,0	L6		
14550,0	S3		
14550,0	O73		
14550,0	BE11	VEN N ship	VEN
14550,0	O5		
14550,0	S401ALE1		
14550,0	M3		
14550,0	G401		
14550,0	P53		
14550,0	CGA	VEN N	VEN
14550,0	GS52	ALG F	ALG
14550,0	P2		ALG
14550,0	O2		ALG
14550,0	204		ALG
14550,0	U7		ALG
14550,0	PAR		
14550,0	ZS1		
14550,0	KENITRAAL E2	MRC MOI Kenitra	MRC
14550,0	J62		
14550,0	FORD		
14550,0	S41	S E	
14550,0	P51		
14550,0	P52		
14550,0	S32	S E Kuwait	KUW
14550,0	CD		
14550,0	E4		
14550,0	R3		
14550,0	A4ALE1		
14550,0	S31	S E Alger	ALG
14550,0	IR4		
14550,0	O71		
14550,0	G2		
14550,0	GUM		
14550,0	LAB		
14550,0	J51		

Frequency	ALE Ident	User	Country
14550,0	S33	S E	
14550,0	R31		
14550,0	O72		
14550,0	E45		
14550,0	J61		
14550,0	P3		
14560,0	ZT201A	?CHN diplo	
14572,0	5364		
14572,0	455002		
14580,0	CYP	G F Akrotiri	CYP
14580,0	KUW	G F Kuwait	KUW
14580,0	ASI	G F Ascension	ASC
14580,0	DKL	G F Dhekelia	CYP
14580,0	PRI	G F Pristina	
14582,0	I55	CBP CESSNA 550 #N1255K , Miami	USA
14582,0	I54	CBP CESSNA 550 #N1254X , Miami	USA
14582,0	I52	CBP CESSNA 550 #N752CC	USA
14582,0	D14	CBP P-3A "Slick" #N18314 , Corpus Christi AMB, TX	USA
14582,0	D31	CBP P-3B "Slick" #N431SK , Jacksonville AMB, FL	USA
14582,0	I96	CBP CESSNA 550 #N26496	USA
14582,0	D46	CBP P-3 AEW&C #N146CS , Jacksonville AMB, FL	USA
14582,0	D47	CBP P-3 AEW&C #N147CS , Jacksonville AMB, FL	USA
14582,0	I43	CBP BEECH 65-A90 #N43SA	USA
14582,0	I3L	CBP CESSNA 550 #N6763L	USA
14582,0	J24	USA CG HH-60J #6024 CGAS Kodiak	USA
14582,0	D48	CBP P-3 AEW&C #N148CS , Corpus Christi AMB, TX	USA
14582,0	D45	CBP P-3 AEW&C #N145CS , Jacksonville AMB, FL	USA
14582,0	Z03	USA CG Southeast New England	USA
14582,0	WST	CBP AMOC Western Region Communication Node	USA
14582,0	J17	USA CG HH-60J #6017 CGAS Clearwater	USA
14582,0	YCQ		
14582,0	005	USA CG HC-130J #2005	USA
14582,0	CPDST	COTHEN	USA
14582,0	RKN		
14582,0	D95	CBP P-3A ""Slick"" #N16295 , Corpus Christi AMB, TX	USA
14582,0	BR1	B N Brasilia	B
14582,0	N11	USA CG HC-144A #2311	USA
14582,0	ABQSEC	COTHEN	USA
14582,0	VAI	COTHEN	USA
14582,0	002		
14582,0	UHC	COTHEN	USA
14582,0	J12	USA CG HH-60J #6012 CGAS Kodiak	USA
14582,0	PR1	COTHEN	USA
14582,0	I34	CBP CESSNA 550 #N2734K	USA

Frequency	ALE Ident	User	Country
14582,0	N01	USA CG HC-144A #2301	USA
14582,0	J27	USA CG HH-60J #6027	USA
14582,0	UCG	COTHEN	USA
14582,0	ZVE	COTHEN	USA
14582,0	TSC	CBP Orlando, FL	USA
14582,0	FTMPRI	COTHEN	USA
14582,0	QSP	COTHEN	USA
14582,0	MEMPRI	COTHEN Remote TX Memphis, TN	USA
14582,0	N05	USA CG HC-144A #2305	USA
14582,0	MS1	B N Mato Grosso do Sol	B
14582,0	N07	USA CG HC-144A #2307	USA
14582,0	N08	USA CG HC-144A #2308	USA
14582,0	N09	USA CG HC-144A #2309	USA
14582,0	P08	COTHEN Remote TX	USA
14582,0	QS1	B N	B
14582,0	K78	COTHEN	USA
14582,0	K33	USA CG MH-65C # 6533	USA
14582,0	A48	CBP UH-60 # 86-24548	USA
14582,0	A65	CBP UH-60 # 80-23465	USA
14582,0	Z12	USA CG Sector Miami	USA
14582,0	N04	USA CG HC-144A #2304	USA
14582,0	A47	CBP UH-60 # 82-23747	USA
14582,0	HIC	COTHEN	USA
14582,0	PAC	USA CG CAMSPAC Point Reyes, CA	USA
14582,0	LNT	USA CG CAMSLANT Chesapeake, VA	USA
14582,0	A82	CBP UH-60 # 78-22982	USA
14582,0	I1L	CBP CESSNA 550 #N6001L	USA
14582,0	CDRPRI	COTHEN Remote TX (South) , Cedar Rapids	USA
14582,0	DEN	COTHEN	USA
14582,0	KCMPRI	COTHEN	USA
14582,0	KRV	COTHEN	USA
14594,0	L06		
14595,0	984		
14595,0	965		
14600,0	SPN423	POL MIL	POL
14600,0	SPI324	POL MIL	POL
14604,0	SHEBENIK U		
14604,0	LESKOVIKU	ALB F	
14609,5	OEY80	AUT MIL Villach	AUT
14609,5	OEY61	AUT MIL AUSBATT/UNDOF Camp Faour	SYR
14610,0	ABARESEA U		MRC
14610,0	SMIRESEA U		MRC
14643,0	STFADW	USA AF Andrews AFB	USA
14646,0	JTA	USA AF	USA
14649,0	DAVISM	USA AF Davis Monthan AFB , AZ	USA
14649,0	SOTOAB	USA AF Soto Cano AFB	HND
14649,0	JTA	USA AF	USA
14649,0	HD1FAE	USA AF Quito	EQA

Frequency	ALE Ident	User	Country
14650,0	WES		
14650,0	HEW		
14650,0	TES		
14653,0	NYC02NG	USA NG New York	USA
14653,0	V020IN	USA NGVirgin Islands	USA
14653,0	HONNGB	USA NG	USA
14653,0	GUMNGB	USA NG	USA
14654,5	NORTHSTA R2		
14654,5	PR013		
14661,0	HKI2	MFA Helsinki	FIN
14661,0	NAI	FIN E Nairobi	KEN
14661,0	RIA	FIN E Riyadh	ARS
14661,0	ANK	FIN E Ankara	TUR
14661,0	HKI	MFA Helsinki	FIN
14669,0	U697457		
14671,0	RABAT	F E Rabat	MRC
14671,0	LECAIRE	F E Cairo	EGY
14671,0	CER11	MFA Paris	F
14671,0	BEYROUTH	F E Beyrouth	LBN
14671,0	CER41	MFA Paris	F
14671,0	AMMAN	F E Amman	SYR
14671,0	ADDISABE BA	F E Addis Abeba	ETH
14689,0	ZOW	ROU E	
14689,0	CENTR6	MFA Bucharest	ROU
14696,7	SUDANIT42	POL MIL	POL
14696,7	IGIELIT37	POL MIL	POL
14698,0	703		
14698,0	1122		
14698,0	416		
14698,0	101		
14698,0	1361		
14698,0	705		
14698,0	704		
14698,0	503		
14698,0	702		
14698,0	605		
14698,0	604		
14698,0	701		
14698,0	203		
14698,0	504		
14700,0	TU3	TUN F	TUN
14700,0	STAT154	TUN F	TUN
14700,0	SUDANIT42	POL MIL	
14700,0	MORTON25	POL MIL Warszawa	POL
14710,0	NAI	FIN E Nairobi	KEN
14710,0	HKI1	MFA Helsinki	FIN
14710,0	HKI2	MFA Helsinki	FIN
14710,0	RIA	FIN E Riyadh	ARS
14717,0	1111		
14731,0	055		
14737,5	COCHIWST RCTCMD		
14737,5	RIPPERMAI N		
14737,5	SPARE2		
14737,5	LUNKINMAI N		
14745,0	472101		AUS
14745,0	471501		AUS
14745,0	468001		AUS
14746,0	PAMATS	?LVA F	
14746,0	LIELVA	?LVA F	
14746,0	A25	?LVA F	
14757,0	071	SNG N ship RSS Tenacious	SNG
14757,0	CN3	SNG N	SNG
14761,5	SKYWAT	USA AF Soto Cano AB	HND
14776,0	FR4FEM	USA FEMA	USA
14776,0	FC1FEM	USA FEMA Maynard , MA	USA

Frequency	ALE Ident	User	Country
14776,0	FC6FEM	USA FEMA Denton , TX	USA
14776,0	FCSFEM20 08	USA FEMA	USA
14776,0	FC8FEM	USA FEMA Denver , CO	USA
14776,0	WY8FEM	USA FEMA	USA
14776,0	CA9FEM	USA FEMA	USA
14776,0	SC2	USA FEMA	USA
14776,0	NV9FEM	USA FEMA	USA
14776,0	FC4FEM	USA FEMA Thomasville , GA	USA
14776,0	FCSFEM40 10	USA FEMA	USA
14776,0	FR1	USA FEMA	USA
14776,0	FR2FEM	USA FEMA New York , NY	USA
14776,0	FR8FEM	USA FEMA	USA
14776,0	NY2	USA FEMA	USA
14776,0	DC3	USA FEMA	USA
14776,0	PA3	USA FEMA	USA
14776,0	WV3FEM	USA FEMA	USA
14780,0	GWPWDE	B N Frigate F-41 DEFENSORA	B
14780,0	ERMRIO	B N Rio	B
14780,0	ERMNAT	B N Natal	B
14780,0	ERMBEL	B N Belem	B
14780,0	NDDCEA	B N	B
14780,0	NTGMTA	B N	B
14780,0	2QB	B N	B
14780,0	GWPWF33	B N Fortaleza	B
14780,0	ERMRGD	B N Rio Grande	B
14780,0	FINDEP	B N ship	B
14780,0	OMFUX	F N Le Port	REU
14780,0	FUJ	F N Noumea	NCL
14780,0	A99		
14780,0	A96		
14780,0	GWPWBS	B N	B
14780,0	GWPWIN	B N Frigate F-44 Independencia	B
14780,0	GWPWZ33	B N Rio de Janeiro	B
14790,0	AA1	VEN N Caracas	VEN
14790,0	AA6	VEN N ship Simon Bolivar	VEN
14800,0	OMFUX	F N Le Port	REU
14812,0	BRA	MFA Bratislava	SVK
14812,0	KAH	SLO E Cairo	EGY
14812,0	ETD165		
14812,0	LCR154	POL MIL Warszawa	POL
14812,0	BGD	SLO E Baghdad	IRQ
14814,0	CYP	G F Akrotiri	CYP
14814,0	PRI	G F Pristina	
14814,0	HSP	G F Hanslope	G
14814,0	KUW	G F Kuwait	KUW
14814,0	ASI	G F Ascension	ASC
14814,0	DKL	G F Dhekelia	CYP
14814,0	IS1	G F Islamabad	PAK
14815,0	CYP	G F Akrotiri	CYP
14815,0	PRI	G F Pristina	
14815,0	HSP	G F Hanslope	G
14822,5	S1B..		
14822,5	P1G		
14824,0	BAWARIA	POL MIL	POL
14824,0	RYZA	POL MIL	POL
14824,0	LACHTA	POL MIL	POL
14824,0	LCR152	POL MIL Warszawa	POL
14824,0	CUKIERNIA	POL MIL	IRQ
14836,0	FC0FEM002	USA FEMA	USA
14836,0	FC8FEM002	USA FEMA Denver , CO	USA
14836,0	FC1FEM002	USA FEMA	USA
14841,0	LAG	G F Lagos	NIG
14841,0	LUA	G F Luanda	ANG

Frequency	ALE Ident	User	Country
14841,0	KUW	G F Kuwait	KUW
14841,0	AMM	G E Amman	SYR
14841,0	ASI	G F Ascension	ASC
14841,0	CYP	G F Akrotiri	CYP
14848,0	BAZ	?TUR F	TUR
14848,0	BAQ	?TUR F	TUR
14848,0	BASAPP	?TUR F	TUR
14848,0	BAS	?TUR F	TUR
14848,0	BASE4	?TUR F	TUR
14849,0	GAGOL35	POL MIL	
14849,0	LCR152	POL MIL Warszawa	POL
14849,0	WADLEZ32	POL MIL	
14851,0	MORTON25	POL MIL Warszawa	POL
14851,0	ASKAR64	POL MIL AFG	AFG
14851,0	IGIELIT37	POL MIL	POL
14900,0	SPT424	POL MIL	B
14900,0	SNB813	POL MIL Waszawa	POL
14900,0	LCR154	POL MIL Warszawa	POL
14900,0	SPI324	POL MIL	POL
14912,0	AA1	VEN N Caracas	VEN
14912,0	AA6	VEN N ship Simon Bolivar	VEN
14913,0	055		
14914,0	0040MERCAP	USA CAP Mid Eastern Region	USA
14914,0	004NERCAP	USA CAP North Eastern Region	USA
14925,0	ANK	FIN E Ankara	TUR
14925,0	NAI	FIN E Nairobi	KEN
14925,0	RIA	FIN E Riyadh	ARS
14925,0	C01		
14925,0	HKI1	MFA Helsinki	FIN
14930,0	5203		
14934,0	L06		
14935,0	BF1		
14963,0	C01		
14968,0	XSS	G MIL	G
14973,5	2		
14973,5	0		
14977,5	OEY71	AUT MIL Golan Heights	SYR
14977,5	OEY51	AUT MIL Vienna	AUT
14987,0	A92		
14987,0	L02	CHN N	
15000,0	B04	USA NG Reserve Center Brunswick , Maine	USA
15000,0	BJ80		
15040,0	XSS	G MIL	G
15042,0	CHARLIE46	I AF	I
15042,0	57	I AF C-130J MM62191 46-57	I
15042,0	47	I AF C-130J MM62182 46-47	I
15043,0	GBL		
15043,0	CRO	USA AF Croughton	G
15043,0	HAW	USA AF Ascension	ASC
15043,0	MPA	USA AF Mt. Pleasant	USA
15043,0	JNR	USA AF Salinas	PTR
15043,0	CEF	USA AF	
15043,0	190007	USA AF	
15043,0	ADW	USA AF Andrews	USA
15043,0	GTL	USA AF Thule	GRL
15043,0	AKR		
15043,0	ICZ	USA AF Sigonella	I
15043,0	PLA	USA AF Lajes	AZR
15043,0	JDG	USA AF Diega Garcia	DGA
15043,0	IKF	USA AF Keflavik	ISL
15043,0	AF9	USA AF	USA
15043,0	MCC	USA AF McClellan	USA
15043,0	NEW		
15043,0	OFF	USA AF Offutt	USA
15043,0	RIC	USA Civil Air Patrol	USA

Frequency	ALE Ident	User	Country
		Richmond	
15043,0	AED	USA AF Elmendorf	ALS
15043,0	JTY	USA AF Yokota	J
15043,0	VORTOC	Camp Bondsteel Kosovo	
15058,0	2DV14NET		
15058,0	53DV14NET		
15058,0	52DV14NET		
15058,0	14D2DV14NET		
15069,0	AFQ		
15069,0	AFB		
15091,0	MCCSPR	USA AF McClellan SIPR	USA
15091,0	OFFSPR	USA AF Offutt SIPR	USA
15091,0	DL0005DAT	USA AF AWACS E-3B	USA
15091,0	JTYSPR	USA AF Yokota SIPR	J
15091,0	PLASPR	USA AF Lajes SIPR	AZR
15091,0	AEDSPR	USA AF Elmendorf	ALS
15091,0	ICZSPR	USA AF Sigonella SIPRNET	I
15091,0	CROSPR	USA AF Croughton SIPR	G
15091,0	ADWSPR	USA AF Andrews SIPR	USA
15091,0	HIKSPR	USA AF Hickham SIPR	HWA
15091,0	JDGSPR	USA AF Diega Garcia SIPR	DGA
15091,0	JNRSPR	USA AF Salinas SIPR	PTR
15091,0	HAWSPR	USA AF Ascension SIPR	ASC
15091,0	GUASPR	USA AF Guam SIPR	GUM
15602,0	060PCRCAP	USA CAP Pacific Coast Region	USA
15602,0	1000SWRCAP	USA CAP Soth West Region	USA
15602,0	004NERCAP	USA CAP North Eastern Region	USA
15603,0	LAG	G F Lagos	NIG
15603,0	AMM	G F Amman	SYR
15603,0	ASI	G F Ascension	ASC
15603,0	KUW	G F Kuwait	KUW
15603,0	LUA	G F Luanda	ANG
15603,0	CYP	G F Akrotiri	CYP
15658,0	494FEMAUX	USA FEMA WGY9494	USA
15675,0	STFADW	USA AF Andrews AFB	USA
15675,0	SITFAA	USA AF	USA
15675,0	BRA	MFA Bratislava	SVK
15700,0	SNB813	POL MIL Waszawa	POL
15700,0	SPT424	POL MIL	
15708,0	FR1FEM	USA FEMA	USA
15708,0	FC6FEM	USA FEMA Denton , TX	USA
15800,0	APK		
15805,0	FIQ	CHL N	CHL
15805,0	FTE	CHL N	CHL
15805,0	FST	CHL N	CHL
15805,0	FAG	CHL N	CHL
15805,0	FPM2	CHL N	CHL
15805,0	FPM	CHL N	CHL
15805,0	FFE	CHL N net	CHL
15805,0	FFA	CHL N net	CHL
15806,0	006		
15806,0	004	USA CG HC-130J #2004	USA
15806,0	001		
15807,0	44444		
15807,0	11111		
15820,0	OWF	DNK AF Skrydstrup	DNK
15820,0	S82	S E Maputo	MOZ
15820,0	017		

Frequency	ALE Ident	User	Country
15820,0	OWG	DNK AF Grazzanise	I
15820,0	OWI	DNK AF Aalborg	DNK
15820,0	001		
15820,0	OWE	DNK AF Karup	DNK
15824,0	L06		
15825,0	0529		
15825,0	8112		TUR
15825,0	8111	Bilecik	TUR
15829,0	S00	MFA Stockholm	S
15829,0	S53	S E Amman	JOR
15834,0	CM4	ALG MIL Ouargla	ALG
15834,0	CNC	ALG MIL Cheraga	ALG
15834,0	CM1	ALG AF Blida	ALG
15840,0	FEC8FEM0 02	USA FEMA Denver	USA
15851,0	FAAZLA	FAA Los Angeles	USA
15851,0	FAAZFW	FAA Dallas	USA
15851,0	FAAZDC	FAA Washington	USA
15851,0	FAAZMP	FAA Minneapolis	USA
15851,0	FAAZBW	FAA Boston	USA
15851,0	FAAZOB	FAA Cleveland	USA
15851,0	FAAZMA	FAA Miami	USA
15851,0	FAAZID	FAA Indianapolis	USA
15860,0	S00	MFA Stockholm	S
15860,0	S61	S E New Delhi	IND
15860,0	S97	S E Abidjan	IVO
15860,0	S70	S E Addis Abbeba	ETH
15864,0	5601	Teheran	IRN
15864,0	20002		
15867,0	712	USA CG HC-130H #1712 , CGAS Kodiak	USA
15867,0	719	USA CG HC-130H #1719, CGAS Clearwater	USA
15867,0	Z13	USA CG Sector Key West	USA
15867,0	N05	USA CG HC-144A #2305	USA
15867,0	DTS	COTHEN	USA
15867,0	DEN	COTHEN	USA
15867,0	D14	CBP P-3A "Slick" #N18314 , Corpus Christi AMB, TX	USA
15867,0	CSK	COTHEN	USA
15867,0	720	USA CG HC-130H #1720, CGAS Clearwater	USA
15867,0	K11	COTHEN	USA
15867,0	J12	USA CG HH-60J #6012 CGAS Kodiak	USA
15867,0	PAC	USA CG CAMSPAC Point Reyes, CA	USA
15867,0	WST	CBP AMOC Western Region Communication Node	USA
15867,0	N04	USA CG HC-144A #2304	USA
15867,0	YCQ		
15867,0	CBE	USA CG Cutter TAHOMA WMEC908	USA
15867,0	J17	USA CG HH-60J #6017 CGAS Clearwater	USA
15867,0	ABQSEC	COTHEN	USA
15867,0	NAS	USA CG Cutter ESCANABA WMEC907 USA CG Cutter ESCANABA WMEC907	USA
15867,0	O2E	COTHEN	USA
15867,0	D48	CBP P-3 AEW&C #N148CS , Corpus Christi AMB, TX	USA

Frequency	ALE Ident	User	Country
15867,0	J36	USA CG MH-60J #6036 CGAS Elizabeth City	USA
15867,0	UHC	COTHEN	USA
15867,0	J08	USA CG HH-60J #6008 CGAS Astoria	USA
15867,0	D23	CBP P-3B ""Slick"" #N423SK , Corpus Christi AMB, TX	USA
15867,0	I1L	CBP CESSNA 550 #N6001L	USA
15867,0	D06	CBP BOMBARDIER Q400 #N806MR	USA
15867,0	I3L	CBP CESSNA 550 #N6763L	USA
15867,0	K78	COTHEN	USA
15867,0	720	USA CG HC-130H #1720, CGAS Clearwater	USA
15867,0	K84	COTHEN	USA
15867,0	KCMPRI	COTHEN	USA
15867,0	KRV	COTHEN	USA
15867,0	I34	CBP CESSNA 550 #N2734K	USA
15867,0	I21	CBP CESSNA 550 #N26626	USA
15867,0	A65	CBP UH-60 # 80-23465	USA
15867,0	Z29	USA CG Sector San Diego	USA
15867,0	LNT	USA CG CAMSLANT Chesapeake, VA	USA
15867,0	711	COTHEN	USA
15867,0	7Z	COTHEN	USA
15867,0	CPDST	COTHEN	USA
15867,0	I08	CBP CESSNA 550 #N5408G	USA
15867,0	ZVE	COTHEN	USA
15867,0	MEMPRI	COTHEN Remote TX Memphis, TN	USA
15867,0	N01	USA CG HC-144A #2301	USA
15867,0	I00	CBP CESSNA 550 #N1200N	USA
15867,0	HIC	COTHEN	USA
15867,0	N03	USA CG HC-144A #2303	USA
15867,0	FTMPRI	COTHEN	USA
15867,0	D95	CBP P-3A ""Slick"" #N16295 , Corpus Christi AMB, TX	USA
15867,0	L06	COTHEN	USA
15867,0	I57	CBP CESSNA 550 #1257B	USA
15867,0	T11	CBP BEECH A200 #N311MP	USA
15867,0	N11	USA CG HC-144A #2311	USA
15867,0	I52	CBP CESSNA 550 #N752CC	USA
15867,0	500	COTHEN	USA
15867,0	A47	CBP UH-60 # 82-23747	USA
15867,0	VAI	COTHEN	USA
15867,0	OKOPRI	COTHEN Remote TX, Oklahoma City , OK	USA
15867,0	J24	USA CG HH-60J #6024 CGAS Kodiak	USA
15867,0	J37	USA CG MH-60J #6037 CGAS Elizabeth City	
15867,0	T72	CBP BEECH C-12C #N72472	USA
15867,0	VGSPRI	COTHEN	USA

Frequency	ALE Ident	User	Country
15867,0	D31	CBP P-3B "Slick" #N431SK , Jacksonville AMB, FL	USA
15867,0	VES	COTHEN	USA
15867,0	TSC	CBP Orlando, FL	USA
15867,0	I55	CBP CESSNA 550 #N1255K , Miami	USA
15867,0	D42	CBP P-3 AEW&C #N142CS , Corpus Christi AMB, TX	USA
15867,0	D45	CBP P-3 AEW&C #N145CS , Jacksonville AMB, FL	USA
15867,0	D46	CBP P-3 AEW&C #N146CS , Jacksonville AMB, FL	USA
15867,0	D47	CBP P-3 AEW&C #N147CS , Jacksonville AMB, FL	USA
15867,0	004	USA CG HC-130J #2004	USA
15867,0	I54	CBP CESSNA 550 #N1254X , Miami	USA
15867,0	J21	USA CG HH-60J #6021 CGAS Kodiak	USA
15867,0	I53	CBP CESSNA 550 #N753CC	USA
15867,0	J18	USA CG HH-60J #6018 CGAS Clearwater	USA
15867,0	QSP	COTHEN	USA
15867,0	CDRPRI	COTHEN Remote TX (South) , Cedar Rapids	USA
15867,0	501	COTHEN	USA
15867,0	RLT	COTHEN	USA
15867,0	S07	COTHEN	USA
15867,0	SKA	USA CG Sitka , AK	USA
15867,0	LNT		
15867,0	D42		
15867,0	I43	CBP BEECH 65-A90 #N43SA	USA
15867,0	I63	CBP CESSNA 550 #N2663Y	USA
15867,0	T07	CBP BEECH A200 #N6507B	USA
15867,0	J25	USA CG HH-60J #6025	USA
15867,0	502	USA customs	USA
15877,0	CYP	G F Akrotiri	CYP
15877,0	LAG	G F Lagos	NIG
15877,0	KUW	G F Kuwait	KUW
15877,0	ASI	G F Ascension	ASC
15877,0	AMM	G E Amman	SYR
15877,0	LUA	G F Luanda	ANG
15877,5	BR1	B N Brasilia	B
15877,5	PR1	B N Brasilia	B
15880,0	RYZA	POL MIL	POL
15880,5	IGIELIT14	POL MIL	POL
15880,5	LCR152	POL MIL Warszawa	POL
15880,5	CUK	POL MIL	IRQ
15880,5	LEWENTAL	POL MIL	POL
15880,5	TALBOT56	POL MIL	POL
15880,5	GLINA	POL MIL	POL
15880,5	GAZOCIAG	POL MOI Gazociag	POL
15880,5	CUKIERNIA	POL MIL	IRQ
15880,5	ABRYNA	POL MIL	POL
15888,0		MFA Berne	SUI
15890,0	CENTR7	MFA Bucharest	ROU
15890,0	CUV654	ROU E Lisboa	POR
15893,0		MOD Berne	SUI
15893,0		SUI F Suva Reka	
15900,0	LAS	ROU E	
15900,0	CENTR1	MFA Bucharest	ROU

Frequency	ALE Ident	User	Country
15909,0	OZOLS	?LVA F	
15909,0	A25	?LVA F	
15921,0	CER41	MFA Paris	F
15921,0	AMMAN	F E Amman	SYR
15921,0	LECAIRE	F E Cairo	EGY
15921,0	BEYROUTH	F E Beyrouth	LBN
15932,0	GWPWF33	B N Fortaleza	B
15932,0	GWPWFZ	B N Corvette V-30 INHAUMA	B
15932,0	GWPWDE	B N Frigate F-41 DEFENSORA	B
15932,0	ERMNAT	B N Natal	B
15932,0	NEBRSL	B N ship	B
15932,0	ERMRGD	B N Rio Grande	B
15940,0	AA3	ISR AF	ISR
15940,0	AA1	ISR AF	ISR
15940,0	AA2	ISR AF	ISR
15940,0	K35		
15940,0	T11	CBP BEECH A200 #N311MP	
15940,0	AAA	ISR AF	ISR
15965,0	1040		
15975,5	BNOPS230 0FAB		
15975,5	ABTRY2300 FAB		
16000,0	AFFECT		
16000,0	APPLEF		
16001,0	LCR152	POL MIL Warszawa	POL
16001,0	WADLEZ32	POL MIL	
16001,0	GAGOL35	POL MIL	
16010,5	ASKAR64	POL MIL AFG	AFG
16010,5	WATFORD8 7	POL MIL	POL
16010,5	SUDANIT42	POL MIL	
16010,5	FNN	AUS MIL North West Cape	AUS
16010,5	MORTON25	POL MIL Warszawa	POL
16010,5	IGIELIT37	POL MIL	POL
16015,0	COYHAIQU E		CHL
16015,0	COCHRAN E		CHL
16015,0	BIOBIO		CHL
16015,0	CMC		CHL
16015,0	COPIAPO		CHL
16015,0	ARICA		CHL
16015,0	ANTOFAGA STA		CHL
16015,0	SANTIAGO		CHL
16015,0	CHILECHIC O		CHL
16015,0	SANANTON IO		CHL
16015,0	COYHAIQU E2		CHL
16015,0	IQUEQUE		CHL
16015,0	NUEVAVID A		CHL
16015,0	OVALLE		CHL
16015,0	PUERTOAY SEN		CHL
16015,0	SERENA		CHL
16015,0	TALCA		CHL
16015,0	VALPARAIS O		CHL
16023,5	ALBNY		
16023,5	SLKNY		
16023,5	TRYNY	USA NG Troy , NY	USA
16039,5	NNOOSN	USA MARS	USA
16039,5	AAR8GI	USA MARS	USA
16065,8	MARTE1		
16065,8	LOBO		

Frequency	ALE Ident	User	Country
16065,8	MARTE@		
16065,8	FLECHA1		
16077,0	MVD1	USA ACE Vicksburg , MS	USA
16077,0	LRC1	USA ACE Chicago , IL	USA
16077,0	LRN1	USA ACE Nashville , TN	USA
16077,0	LRD1	USA ACE	USA
16077,0	12	USA ACE	USA
16078,5	CLX123	USA army	
16078,5	CLS	USA army	
16080,0	166ARTO3B DENET		
16080,0	168ARTA3B DENET		
16080,0	244COTAC		
16080,0	HQCOTAC		
16080,0	243COTAC		
16090,0	TTD		
16090,0	MHE		
16090,0	ALN		
16090,0	CNU		
16090,0	EDK		
16090,0	IRK		
16090,0	LXV		
16090,0	JES		
16094,0		MFA Berne	SUI
16105,0	ASKAR64	POL MIL AFG	AFG
16105,0	MORTON25	POL MIL Warszawa	POL
16106,0	976		
16106,0	822		
16112,0	1001		
16112,0	913002		
16112,0	1004		
16112,0	1010		
16112,0	1012		
16115,0	MSN2		
16115,0	MSN3		
16115,0	AAAC32		
16116,5	OEY51	AUT MIL Vienna	AUT
16116,5	OEY71	AUT MIL Golan Heights	SYR
16117,5	Z6HSAC		USA
16117,5	Q2LSAC		USA
16117,5	FFMEFG		USA
16117,5	K4FSAC		USA
16120,0	STA3	AUT F	AUT
16120,0	STA7	AUT F	AUT
16120,0	BMLV1	AUT MOD Vienna	AUT
16120,0	12222	AUT F	
16120,0	11111	AUT F	
16124,0		SUI E Cairo	EGY
16124,0		SUI E Moscow	RUS
16124,0		SUI E Rome	I
16124,0		MFA Berne	SUI
16124,0		SUI E Stockholm	S
16124,0		SUI E Berlin	D
16124,0		SUI E London	G
16124,0		SUI E Tel Aviv	ISR
16125,0	STAT154	TUN F	TUN
16125,0	STAT151	TUN F	TUN
16125,0	TU4	TUN F	TUN
16125,0	TU5	TUN F	TUN
16125,0	STAT155	TUN F	TUN
16125,0	STAT11	TUN F	TUN
16130,0		MFA Berne	SUI
16132,0	XSS	G MIL	G
16133,0		MFA Berne	SUI
16144,5	SKYWAT	USA AF Soto Cano AB	HND
16148,5	A86	CHN	
16148,5	L11	CHN	

Frequency	ALE Ident	User	Country
16150,0	YT316A	?CHN diplo	
16150,0	ZNG		
16150,0	ZT201A	?CHN diplo	
16161,0	5601	Teheran	IRN
16161,0	20001		
16161,0	20004		
16161,0	20002		
16180,0	MAE	MFA Alger	ALG
16201,0	FC0FEM008	USA FEMA	USA
16201,0	FC0FEM	USA FEMA Bothell , WA	USA
16224,0		SUI E Teheran	IRN
16224,0		MFA Berne	SUI
16232,0	540		
16232,0	623		
16234,0		SUI E Teheran	IRN
16235,0	CENTR2	MFA Bucharest	ROU
16235,0	VRO	ROU E	
16240,0	22011		
16240,0	1315		
16240,0	2204		
16240,0	1113		
16240,0	1326		
16240,0	1316		
16240,0	11021		
16240,0	1302		
16240,0	1321		
16240,0	1324		
16240,0	1306		
16240,0	2411		MRC
16240,0	2519		
16240,0	1116		
16240,0	13181		
16240,0	2418		
16240,0	11143		
16240,0	1307		
16240,0	1318		
16240,0	2524		
16240,0	1101		
16240,0	1104		
16240,0	2402		
16240,0	1001		
16240,0	1313		
16240,0	1312		
16240,0	1311		
16240,0	1309		
16240,0	1308		
16240,0	1305		
16240,0	2415		
16240,0	1304		
16240,0	13061		
16240,0	1106		
16240,0	2201		
16240,0	2409		
16240,0	2408		
16240,0	2407		
16240,0	2406		
16240,0	2405		
16240,0	2404		
16240,0	13021		
16240,0	2401		
16240,0	2001		
16240,0	1112		
16240,0	1108		
16240,0	2011		
16240,0	13252		
16240,0	11062		
16240,0	13142		
16240,0	13012		
16240,0	22054		
16240,0	1109		
16240,0	13262		

Frequency	ALE Ident	User	Country
16240,0	1115		
16240,0	1002		
16240,0	1325		
16240,0	1011		
16240,0	1317		
16240,0	2215		
16240,0	1111		
16240,0	1105		
16240,0	2211		
16240,0	2514		
16240,0	2513		
16240,0	2521 1		
16240,0	2517		
16240,0	2403		
16240,0	13111		
16240,0	2002		
16240,0	2521	MRC F	MRC
16240,0	1323		
16240,0	13263		
16240,0	2214		
16240,0	1117		
16240,0	11121		
16240,0	1303		
16240,0	2203		
16240,0	2413		
16240,0	1322		
16240,0	1319		
16240,0	13132		
16240,0	13011		
16240,0	1103		
16240,0	2417		
16240,0	1119		
16240,0	11162		
16240,0	24151		
16240,0	1102		
16240,0	1301		
16240,0	13122		
16240,0	24181		
16240,0	13121		
16240,0	13151		
16240,0	13133		
16240,0	13221		
16240,0	2414		
16240,0	24081		
16240,0	13051		
16240,0	13251		
16240,0	1314		
16240,0	11043		
16240,0	123456		TUR
16240,0	2205		
16240,0	13141		
16240,0	2419		
16240,0	22154		
16240,0	13081		
16240,0	22111		
16240,0	1114		
16240,0	2213		
16240,0	1118		
16252,5	OEY20	AUT MOD Vienna	
16252,5	OEY61	AUT MIL AUSBATT/UNDOF Camp Faour	SYR
16252,5	OEY51	AUT MIL Vienna	AUT
16252,5	OEY71	AUT MIL Golan Heights	SYR
16263,0	04017		
16263,0	04009		
16263,0	05023		
16263,0	04008		
16270,0	OLZ65	CZE E	
16270,0	OLZ76	CZE E Moscow	RUS
16270,0	OLZ88	MFA Prague	CZE

Frequency	ALE Ident	User	Country
16273,8	OKITOR		
16277,0	AAI	USA AF	
16277,0	AAA	USA AF	
16277,0	ADB	USA AF	
16277,0	ADA	USA AF	
16277,0	AAG	USA AF	
16277,0	AAF	USA AF	
16277,0	AAD	USA AF	
16277,0	AAC	USA AF	
16277,0	AAB	USA AF	
16283,5	KWP95	USA DOS	
16283,5	KMN94	USA DOS , Ft Lauderdale , FL	USA
16283,5	KWX87	USA DOS	
16283,5	KWX58	USA DOS	
16283,5	KWP97	USA DOS	
16283,5	KXV45	USA DOS	
16283,5	KJA86	USA DOS	
16283,5	KWY94	USA E	USA
16283,5	WNG751	USA DOS	USA
16283,5	KWS94	USA DOS	
16283,5	KWS78	USA DOS	USA
16283,5	KWR86	USA DOS	USA
16283,5	KTR67	USA E	AZE
16283,5	KWX57	USA DOS	USA
16283,5	KLU52		
16283,5	KWA54	USA DOS	
16283,5	KWT93	USA DOS	
16283,5	KWK95	USA DOS	USA
16283,5	KWV71	USA E Ankara	PAK
16283,5	KWS95	USA DOS	
16283,5	KWX59	USA DOS	
16283,5	KWS92	USA DOS	
16283,5	KBR29	USA E Tbilisi	GEO
16283,5	KBF95	USA E Baku	AZE
16283,5	KWT91		
16283,5	KWK96	USA DOS	USA
16283,5	KWK98	USA DOS	USA
16283,6	KSN21		
16283,6	KEN22		
16283,6	WNG740	USA DOS	USA
16285,0	TU4	TUN F	TUN
16285,0	STAT151	TUN F	TUN
16285,0	STAT13	TUN F	TUN
16285,0	TUD	TUN F	TUN
16285,0	STAT12	TUN F	TUN
16285,0	STAT15	TUN F	TUN
16285,0	STAT14	TUN F	TUN
16285,0	STAT11	TUN F	TUN
16285,0	STAT5	TUN F	TUN
16285,0	STAT154	TUN F	TUN
16286,7	STAT16	TUN F	TUN
16286,7	STAT12	TUN F	TUN
16320,0	LECAIRE	F E Cairo	EGY
16320,0	CER41	MFA Paris	F
16320,0	AMMAN	F E Amman	SYR
16321,0	FOL	ROU E	
16321,0	CENTR3	MFA Bucharest	ROU
16325,0	YT316A	?CHN diplo	
16325,0	ZT201A	?CHN diplo	
16326,0	13	USA ACE	USA
16327,0	ZPO	ROU E	
16333,0	0004TXCAP	USA CAP Teaxas	
16333,0	MS1	B N Mato Grosso do Sol	B
16333,0	0049ARCAP	USA CAP Arkansas	USA
16333,0	RS1	B N	B
16333,0	BR1	B N Brasilia	B
16335,0	NKT	ALG E Nouakchott	MTN
16335,0	MAE	MFA Alger	ALG
16335,0	BKO	ALG E Bamako	MLI
16338,5	STANGB		

Frequency	ALE Ident	User	Country
16338,5	RDUNGB		
16341,0	A98		
16341,0	L05		
16345,0	OCP	ROU E	
16345,0	MS1	B N Mato Grosso do Sol	B
16345,0	SP1	B N	B
16345,0	NZS	B N	B
16345,0	CENTR6	MFA Bucharest	ROU
16345,0	RS1	B N	B
16348,0	FAAZDC	FAA Washington	USA
16350,0	XSS	G MIL	G
16355,0	SARRJ		
16355,0	SARMN		
16358,0	14	USA ACE	USA
16358,0	455		
16360,0	AHQ		
16360,0	CSB		
16360,0	KAM		
16382,0		USA ACE	USA
16402,0	XJK	G MIL	G
16402,0	A2A		
16402,0	AB2	MLT N	MLT
16402,0	AB3	MLT N	MLT
16402,0	ABA	MLT N	MLT
16408,0	ERMSAL	B N Salvador	B
16408,0	GWPWF33	B N Fortaleza	B
16408,0	FLIBER	B N ship	B
16408,0	GWPWB0	B N	B
16411,0	XSA	G MIL	G
16424,0		MFA Berne	SUI
16457,0	L06		
16474,0		MFA Berne	SUI
16490,0	SP1FS	ALG MOI	ALG
16490,0	TI1NZ	ALG MOI Tizi Ouzo	ALG
16490,0	TG1RT	ALG MOI Touggourt	ALG
16490,0	IN1SA	ALG MOI In Salah	ALG
16490,0	ME1N1	ALG MOI El Menabha	ALG
16490,0	DJ1AN	ALG MOI Djanet	ALG
16490,0	TA1MA	ALG MOI Tamanrasset	ALG
16490,0	SR1PF	ALG MOI	ALG
16490,0	BP1FA	ALG MOI	ALG
16490,0	BI1SK	ALG MOI Biskra	ALG
16490,0	IN1GU	ALG MOI Guezzam	ALG
16490,0	HM1DB	ALG MOI Hamra	ALG
16490,0	SD1TA	ALG MOI Siada	ALG
16490,0	SP1FM	ALG MOI	ALG
16490,0	OU3RG	ALG MOI Ouargla	ALG
16490,0	IL1LI	ALG MOI Illizi	ALG
16490,0	ME1NA	ALG MOI El Menabha	ALG
16490,0	DE1BD	ALG MOI	ALG
16490,0	GM1RB	ALG police	ALG
16490,0	OU1RG	ALG MOI Ouargla	ALG
16490,0	AK2ID	ALG MOI Akaoudji	ALG
16490,0	TA1LE	ALG MOI Tlemcen	ALG
16490,0	AL1GE	ALG MOI Alger	ALG
16525,5	OEY20	AUT MOD Vienna	AUT
16525,5	OEY61	AUT MIL AUSBATT/UNDOF Camp Faour	SYR
16544,0	MARQUEZ	CLM N	CLM
16544,0	RADGENA	CLM N	CLM
16553,0	XSS	G MIL	G
16555,0	ASKAR64	POL MIL AFG	AFG
16555,0	MORTON25	POL MIL Warszawa	POL
16606,0	XSS	G MIL St. Eval	G
16606,0	XKD	G MIL	G
16606,0	XGV	G MIL	G
16606,0	XKP	G MIL	G
16606,0	XGX	G MIL	G
16607,0	BTLCMC1	B F	B

Frequency	ALE Ident	User	Country
16607,0	ERMNAT	B N Natal	B
16626,0	5601	Teheran	IRN
16626,0	20002		
16626,0	TWLRESEAU		
16626,0	SDVRESEAU		
16626,0	ALPHARESEAU		
16626,0	20001		
16626,0	20004		
16640,0	DKL	G F Dhekelia	CYP
16640,0	CYP	G F Akrotiri	CYP
16640,0	KUW	G F Kuwait	KUW
16710,0	A66		
16710,0	M13		
16710,0	L06		
16710,0	A76		
16710,0	M02		
16716,0	CGA2	VEN N	VEN
16716,0	T632	VEN N	VEN
16724,0	A92		
16724,0	L02	CHN N	
16730,0	AA2	ISR AF	ISR
16730,0	AAA	ISR AF	ISR
16730,0	AA1	ISR AF	ISR
16730,0	AA3	ISR AF	ISR
16730,0	K35		
16730,0	T11	CBP BEECH A200 #N311MP	
16764,0	SDVRESEAU		F
16764,0	TWLRESEAU		F
16764,0	NBORESEAU		F
16764,0	ALPHARESEAU		F
16802,0	TWLRESEAU		
16802,0	ALPHARESEAU		
16802,0	EFCRESEAU		
16802,0	SDVRESEAU		
16837,5	ERMNAT	B N Natal	B
16902,5	XSS	G MIL	G
16922,1	SANDAR	AUS MIL Darwin	AUS
16922,1	SANNWC	AUS MIL North West Cape	AUS
16924,0	PRI	G F Pristina	
16934,0	KUW	G F Kuwait	KUW
16934,0	HSP	G F Hanslope	G
17010,0	GWPWF33	B N Fortaleza	B
17010,0	NDCCMM	B N	B
17010,0	FRADEM	B N	B
17010,0	GWPWMM	B N Tank Landin Ship G-28 Mattoso Maia	B
17010,0	GWPWN33	B N Natal	B
17010,0	ERMBEL	B N Belem	B
17010,0	NDDCEA	B N	B
17010,0	GWPWIN	B N Frigate F-44 Independencia	B
17055,0	SUDANIT42	POL MIL	POL
17055,0	MORTON25	POL MIL Warszawa	POL
17055,0	WATFORD87	POL MIL	POL
17055,0	IGIELIT37	POL MIL	POL
17055,0	ASKAR64	POL MIL AFG	AFG
17137,0	MOD		
17137,0	AHQ		
17137,0	KAM		

Frequency	ALE Ident	User	Country
17137,0	ADW	USA AF Andrews	USA
17171,0	L06		
17198,0	055		
17240,0	116	?CHN diplo	
17255,0	ESH		
17255,0	CM5	ALG MIL	ALG
17288,4	ANPOPS	USA ShipCom Annapolis , MD	ETH
17288,4	010MDR	USA ShipCom	USA
17288,4	015ANP	USA ShipCom Annapolis , MD	USA
17288,4	016ANP	USA ShipCom Annapolis , MD	USA
17361,0	20001		
17361,0	5601	Teheran	IRN
17361,0	20002		
17361,0	20004		
17361,0	5602	Teheran	IRN
17411,0	ECO02	Disaster Control Antofagasta region	CHL
17411,0	ISLADEPAS CUA		
17411,0	ECO05	Disaster Control Valparasiso region	CHL
17411,0	ECO06	Disaster Control Libertador region	CHL
17411,0	JFE		CHL
17412,0	078NVCAP	USA CAP Nevada	USA
17412,0	100SWRCA P	USA CAP South West Region	USA
17412,0	101NCRCA P	USA CAP North Central Region	USA
17412,0	0032WVCA P	USA CAP West Virgina	USA
17412,0	0016MECA P	USA CAP Maine	USA
17412,0	043MERCA P	USA CAP Middle Eastern Region	USA
17412,0	0004WICAP	USA CAP Wisconsin	USA
17412,0	0100NDCA P	USA CAP North Dakota	USA
17412,0	0303WACA P	USA CAP Washington	USA
17412,0	100NCRCA P	USA CAP North Central Region	USA
17415,0	0360FLCAP	USA CAP Florida	USA
17415,0	S00	MFA Stockholm	S
17415,0	S31	S E Alger	ALG
17418,0	ANK	FIN E Ankara	TUR
17418,0	NAI	FIN E Nairobi	KEN
17419,0	JYZM		
17419,0	NXAU		
17419,0	HKI1	MFA Helsinki	FIN
17419,0	RIA	FIN E Riyadh	ARS
17426,0	ISLADEPAS CUA		
17426,0	ECO05	Disaster Control Valparasiso region	CHL
17426,0	ECO07	Disaster Control Maule region	CHL
17426,0	ECO02	Disaster Control Antofagasta region	CHL
17427,0	S61	S E New Delhi	IND
17430,0	ZPO	ROU E	
17430,0	KPF	ROU E	
17430,3	191		
17435,0	2002		
17435,0	2517		
17435,0	2011		
17435,0	1302		
17435,0	1101		
17435,0	1315		
17435,0	11162		

Frequency	ALE Ident	User	Country
17435,0	1304		
17435,0	1111		
17435,0	2011 LKU		
17446,0	ECO02	Disaster Control Antofagasta region	CHL
17446,0	ECO09	Disaster Control La Araucania region	CHL
17446,0	ECO07	Disaster Control Maule region	CHL
17446,0	ECO05	Disaster Control Valparasiso region	CHL
17446,0	ECO11	Disaster Control Aysen del Gen. Carlos Ibanez reg	CHL
17446,0	ECO04	Disaster Control Coquimbo region	CHL
17450,0	ECO05	Disaster Control Valparasiso region	CHL
17450,0	LAB		
17450,0	ECO01	Disaster Control Tarapaca region	CHL
17450,0	CID		
17450,0	ECO07	Disaster Control Maule region	CHL
17450,0	SYASIX		
17450,0	SYCSIX		
17451,5	OEY51	AUT MIL Vienna	AUT
17451,5	OEY71	AUT MIL Golan Heights	SYR
17453,6	8401		
17454,0	ECO04	Disaster Control Coquimbo region	CHL
17454,0	ECO05	Disaster Control Valparasiso region	CHL
17454,0	ECO07	Disaster Control Maule region	CHL
17458,5	CLS	USA Army Ft Campbell , KY	USA
17460,0	HKI2	MFA Helsinki	FIN
17460,0	ANK	FIN E Ankara	TUR
17460,0	NAI		
17460,0	RIA	FIN E Riyadh	ARS
17463,0	9912		
17477,0	CER11	MFA Paris	F
17477,0	LECAIRE	F E Cairo	EGY
17477,0	CER41	MFA Paris	F
17477,0	RABAT	F E Rabat	MRC
17478,5	B04MEAFR C	USA NG Reserve Center Brunswick , Maine	USA
17478,5	F040LN	USA NG	USA
17478,5	HQ705N	USA NG	USA
17479,0	ACG	ROU E	
17479,0	CENTR4	MFA Bucharest	ROU
17486,0	ISL		
17486,0	ASH06		
17487,0	RIC	USA Civil Air Patrol Richmond	USA
17487,0	ISL	Islamabad	PAK
17487,0	ASH06	?Ashkabad	
17487,0	FL4FEM	USA FEMA Tallahassee , FL	USA
17488,0	T4Z123	USA F	
17488,0	4Z123		
17489,0	NADERJ		
17489,0	CS30		
17489,0	NADER1J		
17489,0	XU30		
17490,0	KUW	G F Kuwait	KUW
17490,0	HSB	G F Hanslope	G
17490,0	NADERJ		
17490,0	PRI	G F Pristina	
17490,0	ASI	G F Ascension	ASC

Frequency	ALE Ident	User	Country
17490,0	CYP	G F Akrotiri	CYP
17490,0	LUA	G F Luanda	ANG
17490,0	ZIED3		
17500,0	C4M		
17501,5	F040LN	USA NG	USA
17501,5	HQ708N	USA NG	USA
17511,0	L05		
17519,0	IL05FEM00 2	Illenois State EOC, Springfield IL	USA
17519,0	FC8FEM	USA FEMA Denver , CO	USA
17680,0	XSS	G MIL	G
17970,0	151802		
17973,0	CRONPR	USA AF Croughton NIPR	G
17973,0	PLANPR	USA AF Lajes NIPR	AZR
17973,0	MCCNPR	USA AF McClellan NIPR	USA
17973,0	ADWNPR	USA AF Andrew AFB NIPR	USA
17973,0	JNRNPR	USA AF Salinas NIPR	PTR
17973,0	GUANPR	USA AF Guam NIPR	GUM
17973,0	JTYNPR	USA AF Yokota NIPR	J
17973,0	OFFNPR	USA AF Offutt NIPR	USA
17973,0	ICZNPR	USA AF Sigonella NIPR	I
17973,0	HAWNPR	USA AF Ascension NIPR	ASC
17976,0	JDGSPR	USA AF Diega Garcia SIPR	DGA
17976,0	JNR	USA AF Salinas	PTR
17976,0	AEDSPR	USA AF Elmendorf	ALS
17976,0	HAW	USA AF Ascension	ASC
17976,0	JTYSPR	USA AF Yokota SIPR	J
17976,0	ADWSPR	USA AF Andrews SIPR	USA
17976,0	JNRSPR	USA AF Salinas SIPR	PTR
17976,0	CROSPR	USA AF Croughton SIPR	G
17976,0	PLASPR	USA AF Lajes SIPR	AZR
17976,0	OFFSPR	USA AF Offutt SIPR	USA
17976,0	HAWSPR	USA AF Ascension SIPR	ASC
17976,0	MOBD21DA T	USA AF	USA
17976,0	DL0005DAT	USA AF AWACS E-3B	USA
17976,0	ICZSPR	USA AF Sigonella SIPRNET	I
17976,0	IKFSPR	USA AF Keflavik SIPRNET	ISL
17976,0	JDG	USA AF Diega Garcia	DGA
17976,0	GUASPR	USA AF Guam SIPR	GUM
17982,0	CAPATAZ	B AF	B
17982,0	SCORPIUS	B AF	B
17982,0	TAMOIO	B N	B
17982,0	CERRADO	B AF	B
17982,0	ORUNGAN	B AF	B
17982,0	SARRF	B rescue center Recife	B
17982,0	HERMES	B AF Brasilia	B
17982,0	SA4	B AF	B
17988,0	NMA	USA CG Miami , FL	USA
17988,0	CG1	COTHEN	USA
17988,0	NMC	USA N Point Reyes , CA	USA
17988,0	NOJ	USA CG Kodiak	USA
18003,0	JNR	USA AF Salinas	PTR
18003,0	HAW	USA AF Ascension	ASC
18003,0	NMH3		USA
18003,0	SWK1		
18003,0	170045	USA AF	USA
18003,0	JDG	USA AF Diega Garcia	DGA
18003,0	GUA	USA AF Guam	GUM
18003,0	OFFCGT	USA AF Offutt	USA

Frequency	ALE Ident	User	Country
18003,0	NMH1		USA
18003,0	E31408	USA AF E-3B Sentry	USA
18003,0	JTY	USA AF Yokota	J
18003,0	KWX96	USA DOS	
18003,0	GBL		
18003,0	MCC	USA AF McClellan	USA
18003,0	190007	USA AF	
18003,0	AC3		
18003,0	IKF	USA AF Keflavik	ISL
18003,0	NW1	USA CG HC-144A #2301	USA
18003,0	ADW	USA AF Andrews	USA
18003,0	OGN	USA AF	USA
18003,0	OFF	USA AF Offutt	USA
18003,0	HKDS	USA AF KC10 85-0031	USA
18003,0	AED	USA AF Elmendorf	ALS
18003,0	HIK	USA AF Hickham	HWA
18003,0	210193	USA AF C-17 #01-0193	USA
18003,0	CRO	USA AF Croughton	G
18003,0	KWA22	USA DOS	
18003,0	160023	USA AF	USA
18003,0	PLA	USA AF Lajes	AZR
18003,0	160020	USA AF	USA
18003,0	AKR		
18003,0	ICZ	USA AF Sigonella	I
18003,0	MPA	USA AF Mt. Pleasant	USA
18021,0	CNU	USA Government	USA
18021,0	EDK	USA Government	USA
18021,0	GHM	USA Government	USA
18021,0	JES	USA Government	USA
18021,0	GWO	USA Government	USA
18021,0	HYR	USA Government	USA
18021,0	VSF	USA Government	USA
18021,0	RHV	USA Government	USA
18021,0	BRX	USA Government	USA
18021,0	RRL	USA Government	USA
18040,0	2OMFUJ	F N Noumea	NCL
18040,0	2OMFUX	F N St. Denis	REU
18170,0	ISL		
18170,0	ASH06		
18204,0	GAO	ALG E Garouna	CME
18204,3	ABA	MLT N	MLT
18204,3	AB2	MLT N	MLT
18218,0	40011	B MIL	B
18218,0	00011	B MIL	B
18218,0	PE1	B N Pernambuco	B
18219,0	PE1	B N Pernambuco	B
18219,0	CM31	ALG MIL	ALG
18219,0	BE1		
18219,0	CE1		
18219,0	BR1	B N Brasilia	B
18219,0	CG1		
18223,5	OEY20	AUT MOD Vienna	AUT
18223,5	OEY80	AUT MIL Villach	AUT
18223,5	OEY	AUT MOD Vienna	AUT
18223,5	OEY61	AUT MIL AUSBATT/UNDOF Camp Faour	SYR
18223,5	OEY51	AUT MIL Vienna	AUT
18225,0	BMLV	AUT MOD Vienna	AUT
18225,0	AUSCON	AUT F	CYP
18225,0	AUSBATT	AUT F Golan Heigths	LBN
18230,0	O5A		
18230,0		MFA Berne	SUI
18240,0	5434		
18248,6	KEN22		
18248,6	KWA22	USA DOS	
18248,6	KWX96	USA DOS	
18248,6	EUR2		
18248,6	KWP95	USA DOS	

Frequency	ALE Ident	User	Country
18248,6	KWR92	USA DOS	
18248,6	KWL92	USA DOS	
18248,6	KWF28	USA DOS	
18248,6	KWR98	USA DOS	
18248,6	KWL94	USA DOS	
18248,6	KWA54	USA DOS	
18248,6	KWL90	USA DOS	
18248,6	KVX45	USA DOS	
18248,6	IR01		
18248,6	KWX94	USA DOS	
18248,6	IR05		
18264,0	20002		
18264,0	5601	Teheran	IRN
18264,0	0802		
18264,0	20001		
18264,0	20004		
18270,0	OLZ88	MFA Prague	CZE
18270,0	OLZ84	CZE E	
18276,0		MFA Berne	SUI
18277,0	ASI	G F Ascension	ASC
18277,0	PRI	G F Pristina	
18277,0	LUA	G F Luanda	ANG
18277,0	AMM	G E Amman	SYR
18277,0	KUW	G F Kuwait	KUW
18277,0	CYP	G F Akrotiri	CYP
18277,0	LAG	G F Lagos	NIG
18281,0		MFA Berne	SUI
18300,0	OLZ88	MFA Prague	CZR
18305,0	MSN3		
18305,0	MSN1		
18305,5	XJK	G MIL	G
18305,5	XSS	G MIL	G
18320,0	U3E		
18320,0	J2Y		
18320,0	POY		
18320,0	OLZ88	MFA Prague	CZE
18320,0	STA	TUN F	TUN
18320,0	286		
18320,0	YNE		
18320,0	B3V		
18320,0	DQE		
18320,0	LGM		
18320,0	DU3		
18320,0	FNE	AUS MIL	AUS
18320,0	78U		
18320,0	BRA	MFA Bratislava	SVK
18320,0	OLZ56	CZE E	
18320,0	HKC		
18320,0	AOW		
18320,0	9M7		
18320,0	OLZ78	CZR E Beijing	CHN
18320,0	IOZ		
18320,0	D8R		
18320,0	STAT23	TUN F	TUN
18320,0	1MG		
18320,0	GZ8		
18320,0	XH5	G MIL	G
18320,0	8AY		
18320,0	8ZE		
18320,0	15N		
18320,0	STAT22	TUN F	TUN
18325,0	OMFUX	F N Le Port	REU
18325,0	OMFUJ	F N Fort de France	MRT
18326,0	BLP		
18326,0	DKL	G F Dhekelia	CYP
18336,0	055		
18352,0	CENTR8	MFA Bucharest	ROU
18352,0	OKC	ROU E	
18367,5	JTA	USA AF	USA
18367,5	SITFAA	USA AF	USA
18367,5	HD1FAE	USA AF Quito	EQA
18367,5	SOTOAB	USA AF Soto Cano	HND

Frequency	ALE Ident	User	Country
		AFB	
18367,5	DAVISM	USA AF Davis Monthan AFB , AZ	USA
18370,5	SOTOAB	USA AF Soto Cano AFB	HND
18370,5	DAVISM	USA AF Davis Monthan AFB , AZ	USA
18370,5	HD1FAE	USA AF Quito	EQA
18373,5	SOTOAB	USA AF Soto Cano AFB	HND
18373,5	STFPR	USA AF	
18373,5	DAVISM	USA AF Davis Monthan AFB , AZ	USA
18376,5	SOTOAB	USA AF Soto Cano AFB	HND
18376,5	DAVISM	USA AF Davis Monthan AFB , AZ	USA
18390,0		MFA Berne	SUI
18396,0	RABAT	F E Rabat	MRC
18396,0	CER11	MFA Paris	F
18396,0	ADDISABE BA	F E Addis Abeba	ETH
18396,0	CER41	MFA Paris	F
18403,0		MFA Berne	SUI
18403,5	XSS	G MIL	G
18405,0	XBX	G MIL	G
18405,0	A2		
18405,0	PCGOLF		
18405,0	A1		
18405,0	XSS	G MIL	G
18405,0	A3		
18407,0	XSS	G MIL	G
18470,0	VKF		
18480,0	OLZ69	CZR E Cairo	EGY
18500,0	MAN		
18500,0	KKT		
18509,0	XSS	G MIL	G
18513,0	0034ILCAP	USA CAP Illinois	USA
18516,0	042RMRCA P	USA CAP Rocky Mountains Region	USA
18516,0	0090MTCA P	USA CAP Montana	USA
18550,0	DJ1AN	ALG MOI Djanet	ALG
18550,0	IL3LI	ALG police Illizi	ALG
18550,0	GH1AR	ALG police	ALG
18550,0	AL1GE	ALG police Alger	ALG
18550,0	ME1NI	ALG police Alger	ALG
18550,0	DJ3AN	ALG MOI Djanet	ALG
18550,0	DP1FA	ALG police Djelfa	ALG
18550,0	BI1SK	ALG police	ALG
18550,0	OU2RG	ALG MOI Ouargla	ALG
18550,0	ME1NA	ALG police	ALG
18550,0	HA1OU	ALG police	ALG
18550,0	OU3RG	ALG MOI Ouargla	ALG
18550,0	TG1RT	ALG police Touggourt	ALG
18550,0	OU1RG	ALG MOI Ouargla	ALG
18550,0	GM1RB	ALG police	ALG
18550,0	IL1LI	ALG police Illizi	ALG
18567,0	198	?CHN diplo	
18567,0	116	?CHN diplo	
18578,0	2OMFUX	F N St. Denis	REU
18578,0	2OMFUJ	F N Noumea	NCL
18581,0		MFA Berne	SUI
18581,0		SUI E New Delhi	IND
18587,0	RIA	FIN E Riyadh	ARS
18587,0	HKI1	MFA Helsinki	FIN
18594,0	N04	USA CG HC-144A #2304	USA
18594,0	D46	CBP P-3 AEW&C #N146CS , Jacksonville AMB, FL	USA
18594,0	707	COTHEN	USA
18594,0	711	COTHEN	USA

Frequency	ALE Ident	User	Country
18594,0	D45	CBP P-3 AEW&C #N145CS , Jacksonville AMB, FL	USA
18594,0	D48	CBP P-3 AEW&C #N148CS , Corpus Christi AMB, TX	USA
18594,0	D49	CBP P-3 AEW&C #N149CS , Corpus Christi AMB, TX	USA
18594,0	N05	USA CG HC-144A #2305	USA
18594,0	T07	CBP BEECH A200 #N6507B	USA
18594,0	I3L	CBP CESSNA 550 #N6763L	USA
18594,0	I96	CBP CESSNA 550 #N26496	USA
18594,0	I34	CBP CESSNA 550 #N2734K	USA
18594,0	I63	CBP CESSNA 550 #N2663Y	USA
18594,0	N01	USA CG HC-144A #2301	USA
18594,0	PAC		
18594,0	J43	USA CG MH-60J #6043	USA
18594,0	D06	CBP BOMBARDIER Q400 #N806MR	USA
18594,0	RLT	COTHEN	USA
18594,0	PAC	USA CG CAMSPAC Point Reyes, CA	USA
18594,0	J23	USA CG HH-60J #6023 ATC Mobile	
18594,0	QSP	COTHEN	USA
18594,0	I52	CBP CESSNA 550 #N752CC	USA
18594,0	I49	CBP CESSNA 550 #N12549	USA
18594,0	I43	CBP BEECH 65-A90 #N43SA	USA
18594,0	719	USA CG HC-130H #1719, CGAS Clearwater	USA
18594,0	D31	CBP P-3B "Slick" #N431SK , Jacksonville AMB, FL	USA
18594,0	DEN	COTHEN	USA
18594,0	CRB	CBP AMOC Caribbean Regional Communications Node	USA
18594,0	S07	COTHEN	USA
18594,0	A50	CBP UH-60 # 79-23350	USA
18594,0	N07	USA CG HC-144A #2307	USA
18594,0	J17	USA CG HH-60J #6017 CGAS Clearwater	USA
18594,0	712	USA CG HC-130H #1712 , CGAS Kodiak	USA
18594,0	J03	USA CG HH-60J #6003 CGAS Clearwater	USA
18594,0	I1L	CBP CESSNA 550 #N6001L	USA
18594,0	N08	USA CG HC-144A #2308	USA
18594,0	I00	CBP CESSNA 550 #N1200N	USA
18594,0	N09	USA CG HC-144A #2309	USA
18594,0	I08	CBP CESSNA 550 #N5408G	USA
18594,0	D14	CBP P-3A "Slick" #N18314 , Corpus Christi AMB, TX	USA
18594,0	500	COTHEN	USA
18594,0	HIC	COTHEN	USA
18594,0	714	USA CG HC-130H #1714, CGAS Barbers Point	USA
18594,0	N09	USA CG HC-144A #2309	USA
18594,0	KRV	COTHEN	USA
18594,0	J21	USA CG HH-60J #6021 CGAS Kodiak	USA
18594,0	T91	CBP PIPER PA-42-720R #N9091 J, Jacksonville, FL AMB	USA
18594,0	VAI	COTHEN	USA
18594,0	KCMPRI	COTHEN	USA
18594,0	714	USA CG HC-130H #1714, CGAS Barbers Point	USA
18594,0	N06	USA CG HC-144A #2306	USA
18594,0	LNT	USA CG CAMSLANT Chesapeake, VA	USA
18594,0	501	COTHEN	USA
18594,0	K84	COTHEN	USA
18594,0	720	USA CG HC-130H #1720, CGAS Clearwater	USA
18594,0	UHC	COTHEN	USA
18594,0	J23	USA CG HH-60J #6023 ATC Mobile	USA
18594,0	CDRPRI	COTHEN Remote TX	USA
18594,0	J22	USA CG HH-60J #6022 CGAS Astoria	USA
18594,0	D42		
18594,0	J19	USA CG HH-60J #6019 CGAS Clearwater	USA
18594,0	CBE	USA CG Cutter TAHOMA WMEC908	USA
18594,0	D41	CBP P-3B ""Slick"" #N741SK , Jacksonville AMB, FL	USA
18594,0	D95	USA customs	USA
18594,0	J18	USA CG HH-60J #6018 CGAS Clearwater	USA
18594,0	CS9	USA customs	USA
18594,0	J02		
18594,0	T16	CBP PIPER PA-42-720R #N9116Q	USA
18594,0	LNT	USA customs	USA
18594,0	J24	USA CG HH-60J #6024 CGAS Kodiak	USA
18594,0	ABQSEC	COTHEN	USA
18594,0	720	USA CG HC-130H #1720, CGAS Clearwater	USA
18594,0	M70	USA customs	USA
18594,0	J19	USA CG HH-60J #6019 CGAS Clearwater	USA
18594,0	PR1	USA customs San Juan	PTR
18594,0	N11	USA CG HC-144A #2311	USA
18598,0	BRA	MFA Bratislava	SVK
18605,0	OLZ84	CZR E	
18634,0	FPM	CHL N	CHL
18635,0	ADZ	ALG E Addis Abbeba	ETH
18635,0	BKO	ALG E Bamako	MLI
18635,0	MAE	MFA Alger	ALG
18665,0	NRS	PAK N TX Islamabad	PAK

Frequency	ALE Ident	User	Country
18665,0	BABUR	PAK N frigate Babur	PAK
18665,0	TIPPUSULT AN	PAK N ship Tippu Sultan	PAK
18665,0	MUJAHID	PAK N minehunter MUJAHID	PAK
18665,0	KW	PAK N Karachi	PAK
18666,0	BF1	USA FBI Buffalo , NY	USA
18673,0	473201		
18673,0	472501		
18686,0	S61	S E New Delhi	IND
18765,0	24191		
18765,0	1317		
18765,0	2002		
18765,0	1307		
18765,0	2403		
18765,0	2406		
18765,0	13251		
18765,0	13221		
18765,0	1102		
18765,0	11143		
18765,0	11162		
18765,0	2411		MRC
18765,0	1305		
18765,0	1115		
18765,0	1316		
18765,0	2204		
18765,0	10111		
18765,0	2011		
18765,0	1104		
18765,0	22154		
18770,0	191		
18836,0	055		
18840,0	XSS	G MIL	G
18840,0	XKD	G MIL	G
18850,0	A92		
18850,0	L03	CHN N	
18850,0	A98		
18850,0	L05		
18945,0	S97	S E Abidjan	IVO
18945,0	S00	MFA Stockholm	S
18954,0	208	SNG N ship RSS Resolution	SNG
18954,0	CN3	SNG N Changi Base	SNG
18954,0	71		
18974,0	ASI	G F Ascension	ASC
19023,0	1542		
19023,0	1415		
19023,0	1410		
19023,0	1570		
19023,0	1413		
19030,0	3232		
19043,0	055		
19062,0	193		
19062,0	L06		
19073,5	SANNWC	AUS MIL North West Cape	AUS
19073,5	SANRIV	AUS MIL Riverina	AUS
19077,0	1501		
19077,0	1591		
19077,0	1410		
19077,0	1577		
19077,0	1541		
19079,5	DRKHSTOE MMERGEN	USA NG	USA
19079,5	DRKHSZ2D EMERGE	USA NG	USA
19085,0	XU30		
19085,0	CS30		
19110,0	1	USA ACE	USA
19120,0	CM3	ALG MIL Bechar	ALG
19120,0	CNC	ALG MIL Cheraga	ALG
19154,0	2700		

Frequency	ALE Ident	User	Country
19182,0	CER42	MFA Paris	F
19182,0	AMMAN	F E Amman	SYR
19191,0	20001		
19191,0	20004		
19191,0	5602	Teheran	IRN
19191,0	5601	Teheran	IRN
19191,0	20002		
19200,0	CM3	ALG MIL Bechar	ALG
19200,0	T81	VEN N	VEN
19200,0	BNF	VEN N Falcon	VEN
19200,0	BNA	VEN N Amario	VEN
19200,0	HMG	ALG AF	ALG
19200,0	DHN	VEN N	VEN
19200,0	BNG	VEN N Base Guiterrez	VEN
19200,0	CGA	VEN N	VEN
19200,0	64B	VEN N	VEN
19200,0	BO11	VEN N	ROU
19203,0	2OMFUJ	F N Noumea	NCL
19203,0	OMFUX	F N Le Port	REU
19215,0	OMFUF	F N Fort de France	MRT
19215,0	2OMFUM	F N Papeete	NCL
19217,9	S31	S E Alger	ALG
19217,9	S00	MFA Stockholm	S
19233,0	TECHNIQU E		
19233,0	PARIS	MFA Paris	F
19248,5	NORTHSTA R2		
19306,0	055		
19309,0	055		
19323,0	OLZ88	MFA Prague	CZR
19323,0	OLZ78	CZR E Beijing	CHN
19340,0	BMLV1	AUT MOD Vienna	AUT
19363,0	LECAIRE	F E Cairo	EGY
19363,0	CER41	MFA Paris	F
19423,5	S61	S E New Delhi	IND
19423,5	S17	S E Kiev	UKR
19423,5	S63	S E Tokyo	J
19423,5	S60	S E Islamabad	PAK
19423,5	S00	MFA Stockholm	S
19445,0	FAB2		
19445,0	FAB3		
19464,0	ASI	G F Ascension	ASC
19464,0	KUW	G F Kuwait	KUW
19487,0	MOD		
19489,9	08014		
19490,0	04003		
19490,0	08018		
19497,0	DAVISM	USA AF Davis Monthan AFB , AZ	USA
19497,0	SOTOAB	USA AF Soto Cano AFB	HND
19500,0	SOTOAB	USA AF Soto Cano AFB	HND
19500,0	DAVISM	USA AF Davis Monthan AFB , AZ	USA
19503,0	CENTR7	MFA Bucharest	ROU
19503,0	BYR	?ROU E	
19554,0	055		
19554,0	172		
19600,0	MADANI	UNJLC Wad Madani	SDN
19600,0	SHENDI	UNJLC Shendi	SDN
19600,0	DMAZIN	UNJLC Ed Damazin	SDN
19600,0	BABANUSA	UNJLC Al Babanusa	SDN
19600,0	GADAREF	UNJLC Gadaref	SDN
19602,0	AAA	ISR AF	ISR
19602,0	AA1	ISR AF	ISR
19602,0	AA2	ISR AF	ISR
19602,0	AA3	ISR AF	ISR
19636,0	RABAT	F E Rabat	MRC
19636,0	CER11	MFA Paris	F
19696,0	FC4FEM	USA FEMA	USA

Frequency	ALE Ident	User	Country
		Thomasville , GA	
19696,0	FR7FEM	USA FEMA Kansas City , MO	USA
19696,0	FC0FEM	USA FEMA Bothell , WA	USA
19709,0	ERMRIO	B N Rio	B
19709,0	ERMNAT	B N Natal	B
19709,0	ERMBEL	B N Belem	B
19722,0	L06		
19756,4	015ANP	USA ShipCom Annapolis , MD	USA
19756,4	NYC	USA	USA
19756,4	016ANP	USA ShipCom Annapolis , MD	USA
19756,4	010MDR	USA ShipCom	USA
19814,0	004NERCA P	USA CAP North Eastern Region	USA
19814,0	00314MICA P	USA CAP Michigan	USA
19814,0	201SERCA P	USA CAP South East Region	USA
19850,0	L05		
19933,0	AHQ		
19945,0	BKO	ALG E Bamako	MLI
19945,0	MAE	MFA Alger	ALG
19945,0	ADZ	ALG E Addis Abbeba	ETH
19969,0	FR5FEM	USA FEMA Oakland , CA	USA
19969,0	FC0FEM008	USA FEMA	USA
19969,0	CAOFEM00 1	USA FEMA San Juan	PTR
19969,0	FR3FEM	USA FEMA Philadelphia , PA	USA
19969,0	FC1FEM	USA FEMA Maynard , MA	USA
19969,0	FM1FEM	USA FEMA Region 1 , MA	USA
19969,0	FR1FEM	USA FEMA Maynard , MA	USA
19969,0	FC8FEM004	USA FEMA	USA
19969,0	6Y8M5	USA	USA
19969,0	FCSFEM1	USA FEMA	USA
19969,0	FC4FEM	USA FEMA Thomasville , GA	USA
19969,0	FC6F3M	USA FEMA Denton , TX	USA
19969,0	ST2FEM	USA FEMA	USA
19977,0	KUW	G F Kuwait	KUW
19977,0	PRI	G F Pristina	
19977,0	HSP	G F Hanslope	G
20010,0	S61	S E New Delhi	IND
20010,0	S00	MFA Stockholm	S
20010,0	S47	S E Beirut	LBN
20025,0	1010		
20025,0	101		
20027,0	FC8FEM002	USA FEMA	USA
20027,0	SANDAR	AUS MIL Darwin	AUS
20027,0	SANNWC	AUS MIL North West Cape	AUS
20027,0	FC1FEM002	USA FEMA	USA
20027,0	FC0FEM002	USA FEMA	USA
20028,0	3ZB202	POL MIL	
20028,0	LCR154	POL MIL Warszawa	POL
20055,0	LECAIRE	F E Cairo	EGY
20064,0	ERMRGD	B N Rio Grande	B
20064,0	ERMBEL	B N Belem	B
20107,0	055		
20124,0	HKI3	MFA Helsinki	FIN
20124,0	NAI	FIN E Nairobi	KEN
20124,0	HKI2	MFA Helsinki	FIN
20124,0	RIA	FIN E Riyadh	ARS
20154,0	MSN3		
20154,0	MSN1		

Frequency	ALE Ident	User	Country
20186,0	ANK	FIN E Ankara	TUR
20186,0	ITL		
20186,0	NAI	FIN E Nairobi	KEN
20186,0	ABO		
20186,0	HKI1	MFA Helsinki	FIN
20186,0	RIA	FIN E Riyadh	ARS
20216,0	A25	?LVA F	
20216,0	ZEME	?LVA F	
20216,0	OZOLS	?LVA F	
20266,0	616		
20266,0	614		
20318,0	OEY71	AUT MIL Golan Heights	SYR
20318,0	OEY	AUT MOD Vienna	AUT
20318,0	OEY51	AUT MIL Vienna	AUT
20325,0	2OMFUJ	F N Noumea	NCL
20325,0	OMFUX	F N St. Denis	REU
20328,5	XSS	G MIL St. Eval	G
20340,0	BKO	ALG E Bamako	MLI
20340,0	ADZ	ALG E Addis Abbeba	ETH
20340,0	MAE	MFA Alger	ALG
20340,0	NKT	ALG E Nouakchott	MTN
20340,0	L05		
20366,0	L02	CHN N	CHN
20366,0	A92	CHN	CHN
20423,5	XSS	G MIL	G
20424,5	XSS	G MIL	G
20424,5	XGK	G MIL	G
20438,0	055		
20452,0	RBT	ALG E Rabat	MRC
20452,0	MAE	MFA Alger	ALG
20452,0	BKO	ALG E Bamako	MLI
20500,0	YGN		
20500,0	KKT		
20500,0	APK		
20500,0	PAY		
20500,0	MAN		
20502,0	YPM20	ROU E	
20502,0	CENTR5	MFA Bucharest	ROU
20510,0	HKI2	MFA Helsinki	FIN
20510,0	RIA	FIN E Riyadh	ARS
20520,0	NOMADCM D		
20520,0	NOMAD2C MD		
20533,0	CENTR4	MFA Bucharest	ROU
20533,0	ACG	ROU E	
20535,0	BR1	B N Brasilia	B
20535,0	PE1	B N Pernambuco	B
20535,0	PA1	B N	B
20550,0	7C1		
20550,0	ZT201A	?CHN diplo	
20550,0	YT315A	?CHN diplo	
20550,0	JVA		
20550,0	4T3		
20575,0	DET		
20584,0	S32	S E Kuwait	KUW
20596,0	A25	?LVA F	
20596,0	PAMATS	?LVA F	
20596,0	LIELVA	?LVA F	
20597,0	SITFAA	USA AF	USA
20602,0	HSP	G F Hanslope	G
20602,0	PRI	G F Pristina	
20602,0	ASI	G F Ascension	ASC
20605,0		MFA Berne	SUI
20605,0		SUI E Washington	USA
20613,0		MFA Berne	SUI
20616,0	LECAIRE	F E Cairo	EGY
20616,0	KHARTOU M	F E Khartoum	SDN
20616,0	CER41	MFA Paris	F
20631,0	OFFNPR	USA AF Offutt NIPR	USA

Frequency	ALE Ident	User	Country
20631,0	18B		
20631,0	AED	USA AF Elmendorf	ALS
20631,0	HAW	USA AF Ascension	ASC
20631,0	JDG	USA AF Diego Garcia	DGA
20631,0	ICZNPR	USA AF Sigonella NIPR	I
20631,0	MPA	USA AF Mt. Pleasant	USA
20631,0	GUA	USA AF Guam	GUM
20631,0	MCNSIL		
20631,0	CED	USA AF Westover , MA	USA
20631,0	DL0003DAT	USA AF AWACS E-3B	
20631,0	ADWNPR	USA AF Andrew AFB NIPR	USA
20631,0	CRNSIL		
20636,0	D54	CHN N	CHN
20636,0	N40	CHN N	CHN
20659,0	15	USA ACE	USA
20659,0	MVD1	USA ACE Vicksburg , MS	USA
20662,0	VAI	COTHEN	USA
20662,0	719	USA CG HC-130H #1719, CGAS Clearwater	USA
20662,0	RLT	COTHEN	USA
20662,0	QSP	COTHEN	USA
20662,0	D45	CBP P-3 AEW&C #N145CS , Jacksonville AMB, FL	USA
20692,0	SPF219		
20692,0	LCR154	POL MIL Warszawa	POL
20698,0	S00	MFA Stockholm	S
20698,0	S53	S E Amman	JOR
20740,0	3PBAFA		
20759,0	055		
20797,0	RABAT	F E Rabat	MRC
20797,0	CER11	MFA Paris	F
20809,0	S00	MFA Stockholm	S
20809,0	S31	S E Alger	ALG
20810,5	KWA54	USA DOS	
20810,5	KWP95	USA DOS	
20810,5	KMN94	USA DOS , Ft Lauderdale , FL	USA
20810,5	KWK95	USA DOS	USA
20810,5	KWK96	USA DOS	USA
20810,5	KEH34		
20810,5	KWX94	USA DOS	
20810,5	KCA30	USA E Yerevan	ARM
20810,5	KMN94OS		
20810,5	KWR92	USA DOS	
20810,5	KWX95	USA DOS	
20810,5	KWS92	USA DOS	
20810,5	KWX57	USA DOS	
20810,5	KWM21OS	USA DOS	
20810,5	KWS93	USA DOS	
20810,5	KWS91	USA DOS	
20810,5	KWR95	USA DOS	
20810,5	KWL92	USA DOS	
20810,5	KXV45	USA DOS	
20810,5	KWR98	USA DOS	
20810,5	KWM24	USA DOS	
20810,6	KEN22		
20860,0	DAVISM	USA AF Davis Monthan AFB , AZ	USA
20860,0	SOTOAB	USA AF Soto Cano AFB	HND
20890,0	D45	CBP P-3 AEW&C #N145CS , Jacksonville AMB, FL	USA
20890,0	UHC	COTHEN	USA
20890,0	D47	CBP P-3 AEW&C #N147CS , Jacksonville AMB, FL	USA

Frequency	ALE Ident	User	Country
20890,0	D46	CBP P-3 AEW&C #N146CS , Jacksonville AMB, FL	USA
20890,0	ABQSEC	COTHEN	USA
20890,0	D42	CBP P-3 AEW&C #N142CS , Corpus Christi AMB, TX	USA
20890,0	K10	USA CG MH-65C #6510	USA
20890,0	CSK	COTHEN	USA
20890,0	D31	CBP P-3B "Slick" #N431SK , Jacksonville AMB, FL	USA
20890,0	J18	USA CG HH-60J #6018 CGAS Clearwater	USA
20890,0	DEN	COTHEN	USA
20890,0	D14	CBP P-3A "Slick" #N18314 , Corpus Christi AMB, TX	USA
20890,0	D06	CBP BOMBARDIER Q400 #N806MR	USA
20890,0	VAI	COTHEN	USA
20890,0	J21	USA CG HH-60J #6021 CGAS Kodiak	USA
20890,0	LNT	USA CG CAMSLANT Chesapeake, VA	USA
20890,0	J37	USA CG MH-60J #6037 CGAS Elizabeth City	USA
20890,0	YWL	USA CG Cutter THETIS	USA
20890,0	I52	CBP CESSNA 550 #N752CC	USA
20890,0	T91	CBP PIPER PA-42-720R #N9091 J, Jacksonville, FL AMB	USA
20890,0	SKA	USA CG Sitka , AK	USA
20890,0	PAC	USA CG CAMSPAC Point Reyes, CA	USA
20890,0	I43	CBP BEECH 65-A90 #N43SA	USA
20890,0	T9A	CBP PIPER PA-42-720R #N9279A, Ja cksonville, FL AMB	USA
20890,0	712	USA CG HC-130H #1712 , CGAS Kodiak	USA
20890,0	Z32	USA CG Sector Honolulu	USA
20890,0	I34	CBP CESSNA 550 #N2734K	USA
20890,0	J23	USA CG HH-60J #6023 ATC Mobile	USA
20890,0	TSC	CBP Orlando, FL	USA
20890,0	R15P		
20890,0	A65	CBP UH-60 # 80-23465	USA
20890,0	LNT	USA customs	USA
20890,0	HKW	USA CG Cutter Confidence WMEC-619	USA
20890,0	J40	USA CG MH-60T #6040	USA
20890,0	J34	USA CG MH-60J #6034 CGAS Cape Cod	USA
20890,0	C30	USACE Anchorage	USA
20890,0	R64		
20890,0	R10		
20890,0	PR1	USA customs San Juan	PTR
20890,0	J12	USA CG HH-60J #6012 CGAS Kodiak	USA

Frequency	ALE Ident	User	Country
20890,0	K75	COTHEN	USA
20890,0	K84	COTHEN	USA
20890,0	J08	USA CG HH-60J #6008 CGAS Astoria	USA
20890,0	720	USA CG HC-130H #1720, CGAS Clearwater	USA
20890,0	MEM	COTHEN Remote TX Memphis, TN	USA
20890,0	PAC		
20890,0	J01	USA CG HH-60J #6001 CGAS Elizabeth City	USA
20890,0	BGN	USA CG	USA
20890,0	ROS	COTHEN	USA
20890,0	719	USA CG HC-130H #1719, CGAS Clearwater	USA
20890,0	I96	CBP CESSNA 550 #N26496	USA
20890,0	RSHPRI	COTHEN	USA
20890,0	J27	USA CG HH-60J #6027	USA
20890,0	K52	USA CG MH-65D #6552 2355	USA
20890,0	J17	USA CG HH-60J #6017 CGAS Clearwater	USA
20890,0	F33	COTHEN	USA
20890,0	J24	USA CG HH-60J #6024 CGAS Kodiak	USA
20890,0	718	USA CG HC-130H #1718, CGAS Sacramento	USA
20890,0	LUVPRI	COTHEN	USA
20890,0	500	COTHEN	USA
20890,0	F40	COTHEN	USA
20890,0	ZVE	COTHEN	USA
20890,0	DCV		
20890,0	T10	CBP Beech 300C #N610A	USA
20890,0	F35	COTHEN	USA
20890,0	J42	USA CG MH-60J #6042 CGAS Elizabeth City	USA
20890,0	A73CBP	CBP UH-60 #08-27173	USA
20890,0	N06	USA CG HC-144A #2306	USA
20890,0	N05	USA CG HC-144A #2305	USA
20890,0	F31	COTHEN	USA
20890,0	K15	USA CG MH-65C #6515	USA
20890,0	LKF		USA
20890,0	Z15	USA CG Sector San Juan	USA
20890,0	501	COTHEN	USA
20890,0	J43	USA CG MH-60J #6043	USA
20890,0	I00	CBP CESSNA 550 #N1200N	USA
20890,0	N09	USA CG HC-144A #2309	USA
20890,0	T74	CBP BEECH A200 #N7074G	USA
20890,0	T07	CBP BEECH A200 #N6507B	USA
20890,0	NAS	USA CG Cutter ESCANABA WMEC907 USA CG Cutter ESCANABA WMEC907	USA

Frequency	ALE Ident	User	Country
20890,0	I08	CBP CESSNA 550 #N5408G	USA
20906,0	RNONGB	USA NG Reno , NV	USA
20906,0	HQ3NGB	USA NG Arlington , VA	USA
20908,0	RIA	FIN E Riyad	ARS
20917,0	S72	S E Kinshasa	ZAI
20917,0	S00	MFA Stockholm	S
20942,0	S00	MFA Stockholm	S
20942,0	S97	S E Abidjan	IVO
20942,0	S31	S E Alger	ALG
20958,0	S94	S E Guatemala City	
20958,0	S93	S E Havana	CUB
20958,0	S92	S E Managua	NCG
20958,0	S65	S E Seoul	KOR
20958,0	S61	S E New Delhi	IND
20958,0	S84	S E Washington	USA
20963,5	XSS	G MIL	G
20982,0	XSS	G MIL	G
20985,0	S88	S E Buenos Aires	ARG
20990,0	BRA	MFA Bratislava	SVK
20990,0	ANK	FIN E Ankara	TUR
20990,0	BGD	SLO E Baghdad	IRQ
20990,0	HKI3	MFA Helsinki	FIN
21135,2	DV10		
21135,2	IGF		
21135,2	MOD		
21135,2	2BN		
21135,2	10V		
21135,2	2DV		
21135,2	5DV		
21135,4	5305		
21135,4	5500		
21135,4	6013		
21135,4	5513		
21135,4	20101		
21135,4	3002		
21135,4	1542		
21135,4	5502		
21135,4	4923		
21135,4	4920		
21135,4	1857		
21135,4	5522		
21135,4	1410		
21135,4	8042		
21135,4	6554		
21135,4	1550		
21135,4	1144		
21135,4	4130		
21135,4	1507		
21135,4	1305		
21135,4	4022		
21135,4	1544		
21135,4	50403		
21135,4	4024		
21135,4	1545		
21135,4	4040		
21135,4	1548		
21135,4	1005		
21135,4	1524		
21135,4	1537		
21135,4	73111		
21135,4	1529		
21135,4	1530		
21135,4	2209		
21135,4	6602		
21135,4	6041		
21330,0	8EH67	ROU E	
21330,0	CENTR4	MFA Bucharest	ROU
21863,3	100SWRCAP	USA CAP South West Region	USA
21863,3	0148KYCAP	USA CAP Kentucky	USA

Frequency	ALE Ident	User	Country
21863,3	004NERCA P	USA CAP North Eastern Region	USA
21863,3	042RMRCA P	USA CAP Rocky Mountains Region	USA
21863,3	AVS	USA CAP HQ Maxwell , AL	USA
21863,3	201SERCA P	USA CAP South East Region	USA
21863,3	0021CTCAP	USA CAP Connecticut	USA
21863,3	0314MICAP	USA CAP Michigan	USA
21863,3	0004IACAP	USA CAP Iowa	USA
21863,3	0004WVCA P	USA CAP West Virginia	USA
21863,3	034MERCA P	USA CAP Middle East Region	USA
21863,3	001NHQCA P	USA CAP National HQ	USA
21866,0	NW1		
21866,0	FR3FEM	USA FEMA Philadelphia , PA	USA
21866,5	FR2FEM	USA FEMA New York , NY	USA
21866,5	FR7FEM	USA FEMA Kansas City , MO	USA
21866,5	FR9FEM001	USA FEMA	USA
21866,5	FC8FEM	USA FEMA Denver , CO	USA
21866,5	FR3FEM	USA FEMA Philadelphia , PA	USA
21866,5	FR1FEM	USA FEMA	USA
21866,5	FC4FEM	USA FEMA Thomasville , GA	USA
21866,5	FR5FEM	USA FEMA Oakland , CA	USA
21866,5	CAOFEM00 1	USA FEMA San Juan	PTR
21867,0	ASI	G F Ascension	ASC
21867,0	PRI	G F Pristina	
22015,0	472101		AUS
22015,0	468001		AUS
22015,0	471501		AUS
22074,0	2204		
22074,0	2001		
22168,0	BTLCMC1	B N	B
22168,0	ERMBEL	B N Belem	B
22177,0	XSS	G MIL	G
22277,0	055		
22356,0	1001		
22356,0	50001		
22356,0	500		
22356,0	1003		
22356,0	1002		
22356,0	100		
22356,0	50003		
22372,0	ABA	MLT N	MLT
22372,0	AB1	MLT N	MLT
22391,0	KUW	G F Kuwait	KUW
22571,0	XEX	G MIL	G
22571,0	XSS	G MIL	G
22739,4	NYC	USA	USA
22769,0	055		
22860,0	L6	MRC MIL	MRC
22860,0	GUERCIFA LE1	MRC MIL Guercif	MRC
22927,0	S97	S E Abidjan	IVO
22927,0	S00	MFA Stockholm	S
22990,0		MFA Berne	SUI
23006,0	004NERCA P	USA CAP North Eastern Region	USA
23006,0	044RMRCA P	USA CAP Rocky Mountain Region	USA
23006,0	034MERCA P	USA CAP Middle East Region	USA

Frequency	ALE Ident	User	Country
23006,0	201SERCA P	USA CAP South East Region	USA
23006,0	0148KYCAP	USA CAP Kentucky	USA
23006,0	100SWRCA P	USA CAP South West Region	USA
23006,0	0314MICAP	USA CAP Michigan	USA
23006,0	AVS	USA CAP HQ Maxwell , AL	USA
23006,0	0004WICAP	USA CAP Wisconsin	USA
23030,0	TECHNIQU E		
23030,0	PARIS	MFA Paris	F
23214,0	719	USA CG HC-130H #1719, CGAS Clearwater	USA
23214,0	RLT	COTHEN	USA
23214,0	F29	COTHEN	USA
23214,0	D49	CBP P-3 AEW&C #N149CS , Corpus Christi AMB, TX	USA
23214,0	CS9	USA customs	USA
23214,0	D06	CBP BOMBARDIER Q400 #N806MR	USA
23214,0	720	USA CG HC-130H #1720, CGAS Clearwater	USA
23214,0	D42	CBP P-3 AEW&C #N142CS , Corpus Christi AMB, TX	USA
23214,0	I08	CBP CESSNA 550 #N5408G	USA
23214,0	J21	USA CG HH-60J #6021 CGAS Kodiak	USA
23214,0	MAG	COTHEN	USA
23214,0	PR1	USA customs San Juan	PTR
23214,0	F33	COTHEN	USA
23214,0	712	USA CG HC-130H #1712 , CGAS Kodiak	USA
23214,0	T91	CBP PIPER PA-42-720R #N9091 J, Jacksonville, FL AMB	USA
23214,0	K15	USA CG MH-65C #6515	USA
23214,0	501	COTHEN	USA
23214,0	T07	CBP BEECH A200 #N6507B	USA
23214,0	D42		
23214,0	500	COTHEN	USA
23214,0	D14	CBP P-3A "Slick" #N18314 , Corpus Christi AMB, TX	USA
23214,0	720	USA CG HC-130H #1720, CGAS Clearwater	USA
23214,0	F40	COTHEN	USA
23214,0	D49	CBP P-3 AEW&C #N149CS , Corpus Christi AMB, TX	USA
23214,0	K84	COTHEN	USA
23337,0	MPA	USA AF Mt. Pleasant	FLK
23337,0	HAW	USA AF Ascension	ASC
23337,0	OFF	USA AF Offutt	USA
23337,0	MCC	USA AF McClellan	USA
23337,0	ADW	USA AF Andrews	USA
23337,0	ICZ	USA AF Sigonella	I
23337,0	JDG	USA AF Diega Garcia	DGA
23337,0	CROPDS	USA AF Croughton	G
23337,0	CRO	USA AF Croughton	G
23337,0	AF5	USA AF	USA
23337,0	WRL	USA AF Robins	USA
23337,0	KWS93	USA DOS	
23337,0	KWX57	USA DOS	

Frequency	ALE Ident	User	Country
23337,0	AED	USA AF Elmendorf	ALS
23337,0	HIK	USA AF Hickham	HWA
23337,0	GBL		
23337,0	PLA	USA AF Lajes	AZR
23337,0	JNR	USA AF Salinas	PTR
23428,0	055		
23500,0	L06		
23500,0	A97		
23526,0	S93	S E Habana	CUB
23526,0	S84	S E Washington	USA
23546,0	S73	S E Lagos	NIG
23584,0	S00	MFA Stockholm	S
23584,0	S32	S E Kuwait	KUW
23584,0	S53	S E Amman	JOR
23591,0	S88	S E Buenos Aires	ARG
23822,0	HSP	G F Hanslope	G
23822,0	CYP	G F Akrotiri	CYP
24268,0	KUW	G F Kuwait	KUW
24268,0	DKL	G F Dhekelia	CYP
24268,0	PRI	G F Pristina	
24450,0	J02	USA CG HH-60J #6001 CGAS Elizabeth City	USA
24450,0	OPB	OPBAT Service Center, Nassau, Bahamas	USA
24526,0	FR5FEM	USA FEMA Oakland , CA	USA
24526,0	CAOFEM001	USA FEMA	USA
24526,0	FCOFEM	USA FEMA Bothell , WA	USA
24526,0	FR3FEM	USA FEMA Philadelphia , PA	USA
24526,0	FR1FEM	USA FEMA	USA
24526,0	FR7FEM	USA FEMA Kansas City , MO	USA
24526,0	FC4FEM	USA FEMA Thomasville , GA	USA
24526,0	FC8FEM	USA FEMA Denver , CO	USA
24526,0	FR2FEM	USA FEMA New York , NY	USA
24526,0	FC6FEM	USA FEMA Denton , TX	USA
24838,5	OPB	OPBAT Service Center, Nassau, Bahamas	USA
24838,5	PAC	COTHEN Remote TX CGAS Clearwater	USA
24838,5	J02	USA CG HH-60J #6001 CGAS Elizabeth City	USA
24838,5	709	COTHEN	USA
24838,5	K68	COTHEN	USA
24838,5	LNT		USA
24860,0	DAVISM	USA AF Davis Monthan AFB , AZ	USA
24860,0	SOTOAB	USA AF Soto Cano AFB	HND
25055,0	CER41	MFA Paris	F
25055,0	LECAIRE	F E Cairo	EGY
25120,0	KQ		
25120,0	OQ		
25120,0	03U		
25120,0	B301		
25120,0	KENITRAALE2	MRC MOI Kenitra	MRC
25120,0	03F		
25120,0	05C		
25120,0	050		
25120,0	02		
25120,0	01		

Frequency	ALE Ident	User	Country
25120,0	OUF		
25120,0	WZH		
25120,0	GLO		
25120,0	DPZ		
25120,0	OUD		
25186,0	KUW	G F Kuwait	KUW
25222,0	S00	MFA Stockholm	S
25244,0		MFA Berne	SUI
25301,0	BUJUMBURA	F E Bujumbura	BUR
25301,0	LECAIRE	F E Cairo	EGY
25301,0	KHARTOUM	F E Khartoum	SDN
25301,0	RABAT	F E Rabat	MRC
25301,0	CER11	MFA Paris	F
25350,0	T07	CBP BEECH A200 #N6507B	USA
25350,0	500	COTHEN	USA
25350,0	720	USA CG HC-130H #1720, CGAS Clearwater	USA
25350,0	T97	CBP PILATUS PC-12/45 #N497PC, Bellingham AMB , WA	USA
25350,0	D42		
25350,0	D14	CBP P-3A "Slick" #N18314 , Corpus Christi AMB, TX	USA
25350,0	719	USA CG HC-130H #1719, CGAS Clearwater	USA
25350,0	I00	CBP CESSNA 550 #N1200N	USA
25350,0	K84	COTHEN	USA
25350,0	I08	CBP CESSNA 550 #N5408G	USA
25350,0	SYRNY	USA NG Syracuse , NY	USA
25350,0	D06	CBP BOMBARDIER Q400 #N806MR	USA
25350,0	CPSNY	USA NG NY	USA
25350,0	STINY	USA NG Staten Island , NY	USA
25350,0	LATNY	USA NG	USA
25350,0	712	USA CG HC-130H #1712 , CGAS Kodiak	USA
25350,0	MCLNY	USA NG NY	USA
25350,0	D49	CBP P-3 AEW&C #N149CS , Corpus Christi AMB, TX	USA
25350,0	BUFNY	USA NG Buffalo , NY	USA
25350,0	TRYNY	USA NG Troy , NY	USA
25350,0	SLKNY	USA NG Saranac Lake , NY	USA
25350,0	703		USA
25354,0	043MERCAP	USA CAP Middle Eastern Region	USA
25571,0	055	ISR AF	ISR
26221,0	S92	S E Managua	NCG
26221,0	S47	S E Beirut	LBN
26221,0	S61	S E New Delhi	LBN
26660,0	S47	S E Beirut	LBN
26830,0	ANK	Ankara	TUR
26830,0	HKI3	MFA Helsinki	FIN
27560,0	OPB	OPBAT Service Center, Nassau, Bahamas	USA
27560,0	J02	USA CG HH-60J #6001 CGAS Elizabeth City	USA
27870,0	ICZ	USA AF Sigonella	I
27870,0	PLASPR	USA AF Lajes SIPR	AZR
27870,0	JDGSPR	USA AF Diega Garcia SIPR	DGA

Frequency	ALE Ident	User	Country
27870,0	OFFSPR	USA AF Offutt SIPR	USA
27870,0	ADWSPR	USA AF Andrews SIPR	USA
27870,0	HAWSPR	USA AF Ascension SIPR	ASC
27870,0	CROSPR	USA AF Croughton SIPR	G
27870,0	JNRSPR	USA AF Salinas SIPR	PTR
27870,0	OFF	USA AF Offutt	USA
27870,0	GUASPR	USA AF Guam SIPR	GUM
27870,0	JDG	USA AF Diega Garcia	DGA
29894,0	AVS	USA CAP HQ Maxwell , AL	USA
29894,0	201SERCAP	USA CAP South East Region	USA
29894,0	004NERCAP	USA CAP North Eastern Region	USA
29940,0	S61	S E New Delhi	IND

Tables

Allocation of International Call Signs

Call Sign Series	Allocation
AAA - ALZ	United States of America
AMA - AOZ	Spain
APA - ASZ	Pakistan
ATA - AWZ	India
AXA - AXZ	Australia
AYA - AZZ	Argentinia
A2A - A2Z	Botswana
A3A - A3Z	Tonga
A4A - A4Z	Oman
A5A - A5Z	Bhutan
A6A - A6Z	United Arab Emirates
A7A - A7Z	Qatar
A8A - A8Z	Liberia
A9A - A9Z	Bahrain
BAA - BZZ	China
CAA - CEZ	Chile
CFA - CKZ	Canada
CLA - CMZ	Cuba
CNA - CNZ	Morocco
COA - COZ	Cuba
CPA - CPZ	Bolivia
CQA - CUZ	Portugal
CVA - CXZ	Uruguay
CYA - CZZ	Canada
C2A - C2Z	Nauru
C3A - C3Z	Andorra
C4A - C4Z	Cyprus
C5A - C5Z	Gambia
C6A - C6Z	Bahamas
C7A - C7Z	World Meteorological Organization
C8A - C9Z	Mocambique
DAA - DRZ	Germany
DSA - DTZ	Republic of Korea
DUA - DZZ	Philippines
D2A - D3Z	Angola
D4A - D4Z	Cape Verde
D5A - D5Z	Liberia
D6A - D6Z	Comoros
D7A - D9Z	Republic of Korea
EAA - EHZ	Spain

Call Sign Series	Allocation
EIA - EJZ	Ireland
EKA - EKZ	Armenia
ELA - ELZ	Liberia
EMA - EOZ	Ukraine
EPA - EQZ	Iran
ERA - ESZ	Moldova
ETA - ETZ	Ethopia
EUA - EWZ	Byelorussian Soviet Socialist Republic
EXA - EXZ	Kyrgyz Republic
EYA - EYZ	Tajikistan
EZA - EZZ	Turkmenistan
E2A - E2Z	Thailand
E3A - E3Z	Eritrea
FAA - FZZ	France
GAA - GZZ	Great Britain and Northern Ireland
HAA - HAZ	Hungary
HBA - HBZ	Switzerland
HCA - HDZ	Ecuador
HEA - HEZ	Switzerland
HFA - HFZ	Poland
HGA - HGZ	Hungary
HHA - HHZ	Haiti
HIA - HIZ	Dominican Republic
HJA - HKZ	Columbia
HLA - HLZ	Republic of Korea
HMA - HMZ	Democratic People's Republic of Korea
HNA - HNZ	Iraq
HOA - HPZ	Panama
HQA - HRZ	Honduras
HSA - HSZ	Thailand
HTA - HTZ	El Salvador
HVA - HVZ	Vatican City
HWA - HYZ	France
HZA - HZZ	Saudi Arabia
H2A - H2Z	Cyprus
H3A - H3Z	Panama
H4A - H4Z	Solomon Island
H6A - H7Z	Nicaragua

Call Sign Series	Allocation
H8A - H9Z	Panama
IAA - IZZ	Italy
JAA - JSZ	Japan
JTA - JVZ	Mongolian People's Republic
JWA - JXZ	Norway
JYA - JYZ	Jordan
JZA - JZZ	Indonesia
J2A - J2Z	Djibouti
J3A - J3Z	Grenada
J4A - J4Z	Greece
J5A - J5Z	Guinea - Bissau
J6A - J6Z	Saint Lucia
J7A - J7Z	Dominica
J8A - J8Z	St. Vincent and the Grenadines
KAA - KZZ	United States of America
LAA - LNZ	Norway
LOA - LWZ	Argentina
LXA - LXZ	Luxembourg
LYA - LYZ	Union of Soviet Socialist Republics
LZA - LZZ	Bulgaria
L2A - L9Z	Argentina
MAA - MZZ	Great Britain and Northern Ireland
NAA - NZZ	United States of America
OAA - OAZ	Peru
ODA - ODZ	Lebanon
OEA - OEZ	Austria
OFA - OJZ	Finland
OKA - OLZ	Czech Republic
OMA - OMZ	Slovak Republic
ONA - OTZ	Belgium
OUA - OZZ	Denmark
PAA - PIZ	Netherland
PJA - PJZ	Netherland Antilles
PKA - POZ	Indonesia
PPA - PYZ	Brazil
PZA - PZZ	Suriname
P2A - P2Z	Papua New Guinea
P3A - P3Z	Cyprus
P4A - P4Z	Aruba
P5A - P9Z	Democratic People's Republic of Korea
QAA - QZZ	Service abbreviations
RAA - RZZ	Union of Soviet Socialist Republics

Call Sign Series	Allocation
SAA - SMZ	Sweden
SNA - SRZ	Poland
SSA - SSZ	Egypt
SVA - SZZ	Greece
S2A - S3Z	Bangladesh
S6A - S6Z	Singapore
S7A - S7Z	Seychelles
S9A - S9Z	Sao Tome and Principe
TAA - TCZ	Turkey
TDA - TDZ	Guatemala
TEA - TEZ	Costa Rica
TFA - TFZ	Iceland
TGA - TGZ	Guatemala
THA - THZ	France
TIA - TIZ	Costa Rica
TJA - TJZ	Cameroon
TKA - TKZ	France
TLA - TLZ	Central African Republic
TMA - TMZ	France
TNA - TNZ	Congo
TOA -TQZ	France
TRA - TRZ	Gabon
TSA - TSZ	Tunisia
TTA - TTZ	Chad
TUA - TUZ	Ivory Coast
TVA - TVZ	France
TYA - TYZ	Benin
TZA - TZZ	Mali
T2A - T2Z	Tuvula
T3A - T3Z	Kiribati
T4A - T4Z	Cuba
T5A - T5Z	Somalia
T6A - T6Z	Afghanistan
T7A - T7Z	San Marino
T9A - T9Z	Bosnia and Herzegovina
UAA - UIZ	Union of Soviet Socialist Republics
UJA - UMZ	Uzbekistan
UNA - UQZ	Kazakhstan
UUA - UZZ	Ukraine
URA - UTZ	Ukrainian Soviet Socialist Republics
UUA - UZZ	Union of Soviet Socialist Republics
VAA - VGZ	Canada
VHA - VNZ	Australia
VOA - VOZ	Canada

Call Sign Series	Allocation
VPA - VSZ	Great Britain and Northern Ireland
VTA - VWZ	India
VXA - VYZ	Canada
VZA - VZZ	Australia
V2A - V2Z	Antigua and Barbuda
V3A - V3Z	Belize
V4A - V4Z	St. Christopher and Nevis
V5A - V5Z	Namibia
V6A - V6Z	Micronesia
V7A - V7Z	Marshall Islands
V8A - V8Z	Brunei
WAA - WZZ	United States of America
XAA - XIZ	Mexico
XJA - XOZ	Canada
XPA - XPZ	Denmark
XQA - XRZ	Chile
XSA - XSZ	China
XTA - XTZ	Burkina Faso
XUA - XUZ	Kampuchea
XVA - XVZ	Viet Nam
XWA - XWZ	Laos
XXA - XXZ	Portugal
XYA - XZZ	Myanmar
YAA - YAZ	Afghanistan
YBA - YHZ	Indonesia
YIA - YIZ	Iraq
YJA - YJZ	New Hebrides
YKA - YKZ	Syria
YLA - YLZ	Union of Soviet Socialist Republics
YMA - YMZ	Turkey
YNA - YNZ	Nicaragua
YOA - YRZ	Romania
YSA - YSZ	El Salvador
YTA - YUZ	Yugoslavia
YVA - YYZ	Venezuela
YZA - YZZ	Yugoslavia
Y2A - Y9Z	Germany
ZAA - ZAZ	Albania
ZBA - ZJZ	Great Britain and Northern Ireland
ZKA - ZMZ	New Zealand
ZNA - ZOZ	Great Britain and Northern Ireland
ZPA - ZPZ	Paraguay

Call Sign Series	Allocation
ZQA - ZQZ	Great Britain and Northern Ireland
ZRA - ZUZ	South Africa
ZVA - ZZZ	Brazil
Z2A - Z2Z	Zimbabwe
Z3A - Z3Z	Macedonia
2AA - 2ZZ	Great Britain and Northern Ireland
3AA - 3AZ	Monaco
3BA - 3BZ	Mauritius
3CA - 3CZ	Equatorial Guinea
3DA - 3DM	Swaziland
3DN - 3DZ	Fiji
3EA - 3FZ	Panama
3GA - 3GZ	Chile
3HA - 3UZ	China
3VA - 3VZ	Tunisia
3WA - 3WZ	Viet Nam
3XA - 3XZ	Guinea
3YA - 3YZ	Norway
3ZA - 3ZZ	Poland
4AA - 4CA	Mexico
4DA - 4IZ	Philippines
4JA - 4JZ	Union of Soviet Socialist Republics
4LA - 4LZ	Georgia
4MA - 4MZ	Venezuela
4NA - 4OZ	Yugoslavia
4PA - 4SZ	Sri Lanka
4TA - 4TZ	Peru
4UA - 4UZ	United Nations Organization
4VA - 4VZ	Haiti
4WA - 4WZ	Yemen
4XA - 4XZ	Israel
4YA - 4YZ	International Civil Aviation Org.
4ZA - 4ZZ	Israel
5AA - 5AZ	Libya
5BA - 5BZ	Cyprus
5CA - 5GZ	Morocco
5HA - 5IZ	Tanzania
5JA - 5KZ	Colombia
5LA - 5MZ	Liberia
5NA - 5OZ	Nigeria
5PA - 5QZ	Denmark
5RA - 5SZ	Madagascar
5TA - 5TZ	Mauretania

Call Sign Series	Allocation
5UA - 5UZ	Niger
5VA - 5VZ	Togo
5WA - 5WZ	Western Samoa
5XA - 5XZ	Uganda
5YA - 5YZ	Kenya
6AA - 6BZ	Egypt
6CA - 6CZ	Syria
6DA - 6JZ	Mexico
6KA - 6NZ	Republic of Korea
6OA - 6OZ	Somalia
6PA - 6SZ	Pakistan
6TA - 6UZ	Sudan
6VA - 6WZ	Senegal
6XA - 6XZ	Madagascar
6YA - 6YZ	Jamaica
6ZA - 6ZZ	Liberia
7AA - 7IZ	Indonesia
7JA - 7NZ	Japan
7OA - 7OZ	Yemen
7PA - 7PZ	Lesotho
7QA - 7QZ	Malawi
7RA - 7RZ	Algeria
7SA - 7SZ	Sweden
7TA - 7YZ	Algeria
7ZA - 7ZZ	Saudi Arabia

Call Sign Series	Allocation
8AA - 8IZ	Indonesia
8JA - 8NZ	Japan
8OA - 8OZ	Botswana
8PA - 8PZ	Barbados
8QA - 8QZ	Maldives
8RA - 8RZ	Guyana
8SA - 8SZ	Sweden
8TA - 8YZ	India
8ZA - 8ZZ	Saudi Arabia
9BA - 9DZ	Iran
9EA - 9FZ	Ethiopia
9GA - 9GZ	Ghana
9HA - 9HZ	Malta
9IA - 9JZ	Zambia
9KA - 9KZ	Kuwait
9LA - 9LZ	Sierra Leone
9MA - 9MZ	Malaysia
9NA - 9NZ	Nepal
9OA -9TZ	Zaire
9UA - 9UZ	Burundi
9VA - 9VZ	Rwanda
9YA - 9ZZ	Trinidad and Tobago

Table 1: International callsigns

Alphabetical List of Country Codes

ABBR.	Country
ADM	Andaman and Nicobar Island
AFG	Afghanistan
AFS	South Africa
AGL	Angola
AIA	Anguilla
ALB	Albania
ALG	Algeria
ALS	Alaska
AMS	Amsterdam and Saint Paul
AND	Andorra
ANG	Anguilla
ANO	Annoban
ANT	Antarctica
ARG	Argentina
ARM	Armenia
ARS	Saudi Arabia
ARU	Aruba
ASC	Ascension Island
ATG	Antigua
ATN	Neth. Antilles
ATW	St. Maarten
AUS	Australia
AUT	Austria
AVE	Aves Island
AZE	Azerbaidzhan
AZR	Azores
B	Brazil
BAH	Bahamas
BAL	Balleny Island
BAN	Banaba
BDI	Burundi
BEL	Belgium
BEN	Benin
BER	Bermuda
BFA	Burkina Faso
BGD	Bangladesh
BHG	Bosnia / Herzegovina
BHR	Bahrain
BHU	Bhutan
BIO	British Indian Ocean Territory
BLR	Belarus
BLZ	Belize
BOL	Bolivia
BOT	Botswana
BOV	Bouvet Island

ABBR.	Country
BRB	Barbados
BRM	Myanmar (Burma)
BRU	Brunei
BTN	Bhutan
BUL	Bulgaria
CAB	Cabinda
CAE	Canton and Enderbury Island
CAF	Central African Republic
CAN	Canada
CAR	Caroline Island (Palau)
CBG	Cambodia
CEU	Ceuta
CHL	Chile
CHN	China
CHR	Christmas Island
CKH	Cook Island
CKN	Manihiki Island
CLM	Columbia
CLN	Sri Lanka
CLP	Clipperton
CME	Cameroon
CNR	Canary Island
COG	Congo
COM	Comoro
CPV	Cape Verde
CRO	Crozet Archipelago
CTI	Ivory Coast
CTR	Costa Rica
CUB	Cuba
CVA	Vatican City
CYM	Cayman Island
CYP	Cyprus
CZR	Czech Rep.
D	Germany
DAI	Daito Island
DES	Desventurados Island
DGA	Diego Garcia
DJI	Djibouti
DMA	Dominica
DNK	Denmark
DOM	Dominican Republic
E	Spain
EGY	Egypt
EQA	Ecuador
ERT	Eritrea

ABBR.	Country
EST	Estonia
ETH	Ethiopia
F	France
FJI	Fiji
FLK	Falkland Island
FNL	Finland
FRI	Faroe Island
FSM	Micronesia
G	United Kingdom
GAB	Gabon
GDL	Guadeloupe
GEO	Georgia
GHA	Ghana
GIB	Gibraltar
GMB	Gambia
GNB	Guinea Bissau
GNE	Equatorial Guinea
GPG	Galapagos Island
GRC	Greece
GRD	Grenada
GRL	Greenland
GTM	Guatemala
GUF	French Guinea
GUF	Guiana
GUI	Guinea
GUM	Guam
GUY	Guyana
HKG	Hong Kong
HMD	Heard and McDonald Island
HND	Honduras
HNG	Hungary
HRV	Croatia
HTI	Haiti
HWA	Hawaii
HWL	Howland Island
I	Italy
ICO	Cocos Island
IND	India
INS	Indonesia
IRL	Ireland
IRN	Iran
IRQ	Iraq
ISL	Iceland
ISR	Israel
ISZ	Neutral Zone IRQ - ARS
IWA	Bonin and Volcano Island
J	Japan

ABBR.	Country
JAR	Jarvis Island
JMC	Jamaica
JMY	Jan Mayen Island
JON	Johnston Island
JOR	Jordan
JUF	Juan Fernandez Island
KAL	Kaliningrad
KAZ	Kazakhstan
KEN	Kenya
KER	Kerguelen Island
KGZ	Kyrgyzstan
KIR	Kiribati
KOR	Korea Republic
KRE	Korea PDR
KWT	Kuwait
LAO	Laos
LBN	Lebanon
LBR	Liberia
LBY	Libya
LCA	St.Lucia
LIE	Lichtenstein
LSO	Lesotho
LTU	Lithuania
LUX	Luxembourg
LVA	Latvia (Lettland)
MAC	Macau
MAU	Mauritius
MCO	Monaco
MCS	Marcus Island
MDA	Moldova
MDG	Madagascar
MDN	Macedonia
MDR	Madeira
MDW	Midway Island
MEL	Melilla
MEX	Mexico
MLA	Malaysia
MLD	Maldives
MLE	Sabah, Sarawak (Malaysia)
MLI	Mali
MLT	Malta
MNG	Mongolia
MOZ	Mozambique
MRA	Marianas (Northern)
MRC	Morocco
MRL	Marshall Islands
MRN	Marion Island

ABBR.	Country
MRQ	Marquesas Island
MRT	Martinique
MSR	Montserrat
MTN	Mauretania
MWI	Malawi
MYT	Mayotte
NAK	Nachitschewan
NAV	Navassa Island
NCG	Nicaragua
NCL	New Caledonia
NGR	Niger
NIG	Nigeria
NIU	Niue Island
NLD	Netherlands
NMB	Namibia
NOK	Norfolk Island
NOR	Norway
NPL	Nepal
NRU	Nauru
NZL	New Zealand
OCE	French Polynesia
OMA	Oman
PAK	Pakistan
PAQ	Easter Island
PEI	Prince Edward Island
PHL	Philippines
PHX	Phoenix Islands
PLM	Palmyra Island
PLW	Palau
PNG	Papua New Guinea
PNR	Panama
PNZ	Panama Canal Zone
POL	Poland
POR	Portugal
PRG	Paraguay
PRU	Peru
PRV	Paresce Vela Island
PTC	Pitcairn Island
PTI	Peter 1st Island
PTR	Puerto Rico
QAT	Qatar
REU	Reunion
ROU	Romania
RRW	Rwanda
RUS	Russia
S	Sweden
SAP	San Andres and Providencia Isl.

ABBR.	Country
SCN	St.Kitts & Nevis
SCO	Scott Island
SDN	Sudan
SEN	Senegal
SER	Serbia
SEY	Seychelles
SGA	St. Georgia Island
SHN	St. Helena
SLM	Solomon Island
SLO	Slovakia
SLV	El Salvador
SMA	American Samoa
SMO	Western Samoa
SMR	San Marino
SNG	Singapore
SOK	S. Orkney Island
SOM	Somalia
SPM	St. Pierre & Miquelon
SPR	Sprathly Island
SRL	Sierra Leone
SSI	S. Sandwich Island
STB	St. Barthelemy Island
STP	Sao Tome and Principe Island
SUI	Switzerland
SUR	Surinam
SVN	Slovenia
SWN	Swan Islands
SWZ	Swaziland
SYR	Syria
TCA	Turks & Caicos
TCD	Chad
TCH	Czech & Slovak Rep.
TGO	Togo
THA	Thailand
TJK	Tadzhikistan
TKL	Tokelau Islands
TKM	Turkmenistan
TOB	Toubouai Island
TON	Tonga
TRC	Tristan da Cunha
TRD	Trinidad and Tobago
TRI	Trinidada & Martim Vaz Island
TUN	Tunisia
TUR	Turkey
TUV	Tuvalu
TWN	Taiwan
TZA	Tanzania

ABBR.	Country
UAE	United Arab Emirates
UGA	Uganda
UKR	Ukraine
URG	Uruguay
USA	USA
UZB	Uzbekistan
VCT	St. Vincent & Grenadines
VEN	Venezuela
VIR	Virgin Island (USA)
VRG	Virgin Island (Br.)
VTN	Viet Nam
VUT	Vanuatu
WAB	Walvis Bay
WAK	Wake Island
WAL	Wallis & Futuna
YEM	Yemen
YUG	Yugoslavia
ZAI	Zaire
ZMB	Zambia
ZWE	Zimbabwe

Table 2: Country codes

Selective Calling

SITOR is synchronous system which is transmitting information in data bursts from an information sending station (ISS) to an information receiving station (IRS). For detailed information please refer to the **Technical Handbook for Radio Monitoring HF.**

This mode of operation is used in different services like amateur radio, fixed service (diplomatic aso.) and the maritime mobile service.

For establishing communication it is possible to use a selective call specially in the case of automatic operation like usage of a mailbox in amateur radio or traffic between a ship station and a coast station.
The selective call is detected by the called station and responding will follow up immediately.
This call signal should be unique for every station and can also used as an identification in radio monitoring.
The fixed service is choosing the selective call from the 26 letters of the alphabet.
In amateur radio service the 4 letter selective call group are built from the first and the last three letters of the callsign, i.e. DL0KF =DLKF, WA6TZG = WTZG or I3IY = IIIY.

In the maritime mobile service the selective call is used for establishing communication and for re-phasing in an interrupted circuit by noise or fading.

The selective call is converted from the cost station identification number into a four letter group by the following translation table according to the relevant CCIR Recommendations :

Number	1	2	3	4	5	6	7	8	9	0
Letter	X	Q	K	M	P	C	Y	F	S	V

Table 3: Translation of a four digit SELCALL number

You will find the selective callsign for most coast station ready translated in our database system.

In case of ship station a larger number of identification numbers is necessary. For translation of a 5 digit number into a 4 letter selective call the following translation table is used:

First Digit		1	2	3	4	5	6	7	8	9	0
Second Digit	1	X	X	X	B	B	B	X	X	X	B
	2	Q	Q	Q	U	U	U	Q	Q	Q	U
	3	K	K	K	E	E	E	K	K	K	E
	4	M	M	M	O	O	O	M	M	M	O
	5	P	P	P	I	I	I	P	P	P	I
	6	C	C	C	R	R	R	C	C	C	R
	7	Y	Y	Y	Z	Z	Z	Y	Y	Y	Z
	8	F	F	F	D	D	D	F	F	F	D
	9	S	S	S	A	A	A	S	S	S	A
	0	V	V	V	T	T	T	V	V	V	T
Third Digit	1	B	X	X	B	X	X	B	B	X	X
	2	U	Q	Q	U	Q	Q	U	U	Q	Q
	3	E	K	K	E	K	K	E	E	K	K
	4	O	M	M	O	M	M	O	O	M	M
	5	I	P	P	I	P	P	I	I	P	P
	6	R	C	C	R	C	C	R	R	C	C
	7	Z	Y	Y	Z	Y	Y	Z	Z	Y	Y
	8	D	F	F	D	F	F	D	D	F	F
	9	A	S	S	A	S	S	A	A	S	S
	0	T	V	V	T	T	V	V	T	T	V
Fourth Digit	1	X	B	X	X	B	X	B	X	B	X
	2	Q	U	Q	Q	U	Q	U	Q	U	Q
	3	K	E	K	K	E	K	E	K	E	K
	4	M	O	M	M	O	M	O	M	O	M
	5	P	I	P	P	I	P	I	P	I	P
	6	C	R	C	C	R	C	R	C	R	C
	7	Y	Z	Y	Y	Z	Y	Z	Y	Z	Y
	8	F	D	F	F	D	F	D	F	D	F
	9	S	A	S	S	A	S	A	S	A	S
	0	V	T	V	V	T	V	T	V	T	V
Fifth Digit	1	X	X	B	X	X	B	X	B	B	X
	2	Q	Q	U	Q	Q	U	Q	U	U	Q
	3	K	K	E	K	K	E	K	E	E	K
	4	M	M	O	M	M	O	M	O	O	M
	5	P	P	I	P	P	I	P	I	I	P
	6	C	C	R	C	C	R	C	R	R	C
	7	Y	Y	Z	Y	Y	Z	Y	Z	Z	Y
	8	F	F	D	F	F	D	F	D	D	F
	9	S	S	A	S	S	A	S	A	A	S
	0	V	V	T	V	V	T	V	T	T	V

Table 4: Translation of a five digit SELCALL number

The following table gives an overview of the number blocks assigned to different countries:

Numbers		Allocated to
0100-0109	0110-0119	Argentine Republic
0120-0129		Peru
0140-0149		Bolivia (Plurinational State of)
0150-0159		Tanzania (United Republic of)
0170-0179		Fiji (Republic of)
0180-0189		Cyprus (Republic of)
0200-0209		Slovenia (Republic of)
0210-0219		Bangladesh (People's Republic of)
0220-0229		Cabo Verde (Republic of)
0270-0279		Algeria (People's Democratic Republic of)
0330-0339		Australia
0370-0379		Benin (Republic of)
0400-0409		Namibia (Republic of)
0480-0489		Belgium
0560-0569	0570-0579	Romania
0580-0589		Canada
0620-0629		Gabonese Republic
0690-0699		Czech Republic
0700-0709	0710-0719	Brazil (Federative Republic of)
0770-0779		Colombia (Republic of)
0810-0819		Bulgaria (Republic of)
0830-0839	0840-0849	Denmark
0850-0859	0860-0869	-
0870-0879	0880-0889	-
0890-0899		-
0990-0999	1000-1009	Spain
1010-1019	1020-1029	-
1030-1039	1040-1049	-
1050-1059	1060-1069	-
1070-1079	1080-1089	-
1090-1099	1100-1109	United States of America
1110-1119	1120-1129	-
1130-1139	1140-1149	-
1150-1159	1160-1169	-
1280-1289		Tunisia
1380-1389		Democratic People's Republic of Korea

Numbers		Allocated to
1480-1489	1490-1499	Hong Kong (Special Administrative Region of China)
1590-1599	1600-1609	Finland
1630-1639	1640-1649	France
1650-1659	1660-1669	-
1780-1789		Greece
1820-1829	1830-1839	Chile
1840-1849	1850-1859	-
1860-1869	1870-1879	-
1880-1889		-
1920-1929		Ghana
1950-1959		Ethiopia (Federal Democratic Republic of)
1980-1989		Ireland
2010-2019	2020-2029	China (People's Republic of)
2030-2039	2040-2049	-
2050-2059		-
2070-2079	2080-2089	Italy
2090-2099	2100-2109	-
2130-2139	2140-2149	Iraq (Republic of)
2180-2189		Kuwait (State of)
2200-2209	2210-2219	Indonesia (Republic of)
2220-2229	2230-2239	-
2280-2289		Libya
2300-2309	2310-2319	India (Republic of)
2320-2329	2330-2339	-
2360-2369	2370-2379	Japan
2380-2389	2390-2399	-
2400-2409		-
2450-2459		Morocco (Kingdom of)
2480-2489		Malta
2500-2509		Monaco (Principality of)
2510-2519		Cuba
2520-2529		Mauritania (Islamic Republic of)
2550-2559	2560-2569	Norway
2570-2579	2580-2589	-
2590-2599		-
2700-2709		Mauritius (Republic of)

Numbers		Allocated to
2740-2749		Iceland
2770-2779		Netherlands (Kingdom of the)
2780-2789		Croatia (Republic of)
2790-2799		Kenya (Republic of)
2830-2839	2840-2849	Germany (Federal Republic of)
2890-2899		Panama (Republic of)
2930-2939	2940-2949	Poland (Republic of)
2950-2959		Sweden
3170-3179		Maldives (Republic of)
3200-3209	3210-3219	United Kingdom of Great Britain and Northern Ireland
3220-3229	3230-3239	-
3240-3249	3250-3259	-
3260-3269		-
3400-3409		Korea (Republic of)
3450-3459		Israel (State of)
3500-3509		Switzerland (Confederation of)
3560-3569	3570-3579	Portugal
3620-3629	3630-3639	Azerbaijan (Republic of)
3640-3649		Georgia
3650-3659	3660-3669	Ukraine
3670-3679	3680-3689	-
3690-3699		-
3700-3709	3710-3719	Russian Federation
3720-3729	3730-3739	-
3740-3749	3750-3759	-
3760-3769		-
3800-3809	3810-3819	Malaysia
3830-3839		Thailand
3850-3859		Montenegro
3870-3879		Uruguay (Eastern Republic of)
3910-3919		Venezuela (Bolivarian Republic of)
3950-3959		Sudan (Republic of the)
3970-3979		South Sudan (Republic of)
4010-4019	4020-4029	New Zealand
4050-4059	4060-4069	Pakistan (Islamic Republic of)
4150-4159		Philippines (Republic of the)

Numbers		Allocated to
4330-4339	4340-4349	South Africa (Republic of)
4360-4369	4370-4379	Turkey
4380-4389	4390-4399	-
4400-4409	4410-4419	Russian Federation
4420-4429	4430-4439	-
4440-4449	4450-4459	-
4460-4469	4470-4479	-
4480-4489	4490-4499	-
4500-4509		Kazakhstan (Republic of)
4510-4519		Turkmenistan
4520-4529		Belarus (Republic of)
4600-4609	4610-4619	Germany (Federal Republic of)
4620-4629		Singapore (Republic of)
4630-4639		United Kingdom of Great Britain and Northern Ireland
4640-4649		Sierra Leone
4650-4659		Bahrain (Kingdom of)
4660-4669		Seychelles (Republic of)
4670-4679		Slovak Republic
4680-4689		Djibouti (Republic of)
4690-4699		Qatar (State of)
4700-4709		Bosnia and Herzegovina
4710-4719		United Arab Emirates
4740-4749	4750-4759	Ecuador
4800-4809		Democratic Republic of the Congo
4810-4819		Yemen (Republic of)
4820-4829		Egypt (Arab Republic of)
4830-4839		Saudi Arabia (Kingdom of)
4860-4869		Suriname (Republic of)
4900-4909	4910-4919	Mexico
4920-4929	4930-4939	-
4950-4959		Lithuania (Republic of)
4980-4989	4990-4999	Syrian Arab Republic
5010-5019		Oman (Sultanate of)
5100-5109		Senegal (Republic of)
5250-5259		Venezuela (Bolivarian Republic of)
5300-5309		Iran (Islamic Republic of)

Numbers	Allocated to
5490-5499	Brunei Darussalam
5670-5679	Estonia (Republic of)
5770-5779	Mozambique (Republic of)
5890-5899	Sri Lanka (Democratic Socialist Republic of)
6060-6069	Latvia (Republic of)
6200-6209	Jordan (Hashemite Kingdom of)
7800-7809	Egypt (Arab Republic of)

Table 5: Coast station identification numbers by blocks and countries

Allocation of Maritime Identification Digits

The following table shows the maritime identification digits in relation to the country allocation.

MID	Allocated to
201	Albania (Republic of)
202	Andorra (Principality of)
203	Austria
204	Azores
205	Belgium
206	Belarus (Republic of)
207	Bulgaria (Republic of)
208	Vatican City State
209, 210	Cyprus (Republic of)
211	Germany (Federal Republic of)
212	Cyprus (Republic of)
213	Georgia
214	Moldova (Republic of)
215	Malta
218	Germany (Federal Republic of)
219, 220	Denmark
224, 225	Spain
226, 227, 228	France
230	Finland
231	Faroe Islands
232, 233, 234, 235	United Kingdom of Great Britain and Northern Ireland
236	Gibraltar
237	Greece
238	Croatia (Republic of)
239, 240	Greece
242	Morocco (Kingdom of)
243	Hungary (Republic of)
244, 245, 246	Netherlands (Kingdom of the)
247	Italy
248, 249	Malta
250	Ireland
251	Iceland
252	Liechtenstein (Principality of)
253	Luxembourg
254	Monaco (Principality of)
255	Madeira
256	Malta
257, 258, 259	Norway
261	Poland (Republic of)
263	Portugal
264	Romania
265, 266	Sweden
267	Slovak Republic

MID	Allocated to
268	San Marino (Republic of)
269	Switzerland (Confederation of)
270	Czech Republic
271	Turkey
272	Ukraine
273	Russian Federation
274	The Former Yugoslav Republic of Macedonia
275	Latvia (Republic of)
276	Estonia (Republic of)
277	Lithuania (Republic of)
278	Slovenia (Republic of)
279	Serbia and Montenegro
301	Anguilla
303	Alaska (State of)
304	Antigua and Barbuda
306	Netherlands Antilles
307	Aruba
308, 309	Bahamas (Commonwealth of the)
310	Bermuda
311	Bahamas (Commonwealth of the)
312	Belize
314	Barbados
316	Canada
319	Cayman Islands
321	Costa Rica
323	Cuba
325	Dominica (Commonwealth of)
327	Dominican Republic
329	Guadeloupe (French Department of)
330	Grenada
331	Greenland
332	Guatemala (Republic of)
334	Honduras (Republic of)
336	Haiti (Republic of)
338	United States of America
339	Jamaica
341	Saint Kitts and Nevis
343	Saint Lucia
345	Mexico
347	Martinique (French Department of)
348	Montserrat
350	Nicaragua
351, 352, 353, 354	Panama (Republic of)
355,356, 357	-
358	Puerto Rico
359	El Salvador (Republic of)
361	Saint Pierre and Miquelon (Territorial Collectivity of)
362	Trinidad and Tobago

MID	Allocated to
364	Turks and Caicos Islands
366, 367, 368, 369	United States of America
375, 376, 377	Saint Vincent and the Grenadines
378	British Virgin Islands
379	United States Virgin Islands
401	Afghanistan
403	Saudi Arabia (Kingdom of)
405	Bangladesh (People's Republic of)
408	Bahrain (Kingdom of)
410	Bhutan (Kingdom of)
412, 413	China (People's Republic of)
416	Taiwan (Province of China)
417	Sri Lanka (Democratic Socialist Republic of)
419	India (Republic of)
422	Iran (Islamic Republic of)
423	Azerbaijani Republic
425	Iraq (Republic of)
428	Israel (State of)
431, 432	Japan
434	Turkmenistan
436	Kazakhstan (Republic of)
437	Uzbekistan (Republic of)
438	Jordan (Hashemite Kingdom of)
440, 441	Korea (Republic of)
443	Palestinian Authority (based on Resolution 99 of PP-98)
445	Democratic People's Republic of Korea
447	Kuwait (State of)
450	Lebanon
455	Maldives (Republic of)
457	Mongolia
459	Nepal
461	Oman (Sultanate of)
463	Pakistan (Islamic Republic of)
466	Qatar (State of)
468	Syrian Arab Republic
470	United Arab Emirates
473, 475	Yemen (Republic of)
477	Hongkong (Special Administrative Region of China)
501	Adelie Land
503	Australia
506	Myanmar (Union of)
508	Brunei Darussalam
510	Micronesia (Federated States of)
511	Palau (Republic of)
512	New Zealand
514, 515	Cambodia (Kingdom of)
516	Christmas Island (Indian Ocean)

MID	Allocated to
518	Cook Islands
520	Fiji (Republic of)
523	Cocos (Keeling) Islands
525	Indonesia (Republic of)
529	Kiribati (Republic of)
531	Lao People's Democratic Republic
533	Malaysia
536	Northern Mariana Islands (Commonwealth of the)
538	Marshall Islands (Republic of the)
540	New Caledonia
542	Niue
544	Nauru (Republic of)
546	French Polynesia
548	Philippines (Republic of the)
553	Papua New Guinea
555	Pitcairn Island
557	Solomon Islands
559	American Samoa
561	Samoa (Independent State of)
563, 564	Singapore (Republic of)
567	Thailand
570	Tonga (Kingdom of)
572	Tuvalu
574	Viet Nam (Socialist Republic of)
576	Vanuatu (Republic of)
578	Wallis and Futuna Islands
601	South Africa (Republic of)
603	Angola (Republic of)
605	Algeria (People's Democratic Republic of)
607	Saint Paul and Amsterdam Islands
608	Ascension Island
609	Burundi (Republic of)
610	Benin (Republic of)
611	Botswana (Republic of)
612	Central African Republic
613	Cameroon (Republic of)
615	Congo (Republic of the)
616	Comoros (Union of the)
617	Cape Verde (Republic of)
618	Crozet Archipelago
619	Côte d'Ivoire (Republic of)
621	Djibouti (Republic of)
622	Egypt (Arab Republic of)
624	Ethiopia (Federal Democratic Republic of)
625	Eritrea
626	Gabonese Republic
627	Ghana
629	Gambia (Republic of the)

MID	Allocated to
630	Guinea-Bissau (Republic of)
631	Equatorial Guinea (Republic of)
632	Guinea (Republic of)
633	Burkina Faso
634	Kenya (Republic of)
635	Kerguelen Islands
636, 637	Liberia (Republic of)
642	Socialist People's Libyan Arab Jamahiriya
644	Lesotho (Kingdom of)
645	Mauritius (Republic of)
647	Madagascar (Republic of)
649	Mali (Republic of)
650	Mozambique (Republic of)
654	Mauritania (Islamic Republic of)
655	Malawi
656	Niger (Republic of the)
657	Nigeria (Federal Republic of)
659	Namibia (Republic of)
660	Reunion (French Department of)
661	Rwandese Republic
662	Sudan (Republic of the)
663	Senegal (Republic of)
664	Seychelles (Republic of)
665	Saint Helena
666	Somali Democratic Republic
667	Sierra Leone
668	Sao Tome and Principe (Democratic Republic of)
669	Swaziland (Kingdom of)
670	Chad (Republic of)
671	Togolese Republic
672	Tunisia
674	Tanzania (United Republic of)
675	Uganda (Republic of)
676	Democratic Republic of the Congo
677	Tanzania (United Republic of)
678	Zambia (Republic of)
679	Zimbabwe (Republic of)
701	Argentine Republic
710	Brazil (Federative Republic of)
720	Bolivia (Republic of)
725	Chile
730	Colombia (Republic of)
735	Ecuador
740	Falkland Islands (Malvinas)
745	Guiana (French Department of)
750	Guyana
755	Paraguay (Republic of)
760	Peru

MID	Allocated to
765	Suriname (Republic of)
770	Uruguay (Eastern Republic of)
775	Venezuela (Bolivarian Republic of)

Table 6: Allocation of MID's

Abbreviations

Abbreviation	Description
2G	Second Generation
3G	Third Generation
AA	Anadolu Ajansi
AB	Airbase
ACARS	Aircraft Communications Addressing and Reporting System
ACB	Auto Correlation Bit
ACF	Auto Correlation Frequency
ACS	Automatic Channel Selection
AEROFLOT	Russian Airlines
AFB	Air Force Base
AFC	Area Forcast Centre
AFI	MWARA Africa
AFTN	Aeronautical Fixed Telecommunication Network
AGRCRM	Austrian German Red Cross Relief Organisation
AL	Alabama
ALE	Automatic Link Establishment
ALIS	Automatic Link Setup
AM	Amplitude Modulation
AMS	Aeronautical Mobile Service
AMTOR	Amateur Microprocessor Teleprinting Over Radio
ANSA	Agenzia Nazionale Stampa Associata
AP	Associated Press
APA	Austrian Press Agency
AR	Arkansas
ARQ	Synchronous transmission and automatic repetition teleprinter system
ARQ 6-70	6 character blocks simplex ARQ teleprinter system
ARQ 6-90/98	6 character blocks simplex ARQ teleprinter system
ARQ-E3	Single channel ARQ ITA 3 teleprinter system
ARQ-M2	Multiplex ARQ teleprinter system with 2 channels according CCIR 342-2
ARQ-M2 242	Multiplex ARQ teleprinter system with 2 channels according CCIR 242-2
ARQ-M4	Multiplex ARQ teleprinter system with 4 channels according CCIR 342-2
ARQ-M4 242	Multiplex ARQ teleprinter system with 4 channels according CCIR 242-2
ARQE	Single channel ARQ teleprinter system
ARQN	Single channel ARQ teleprinting system without bit inversion
ARQS	SIEMENS simplex ARQ teleprinter system
ASECNA	Agence pour la Securite de la Navigation Aerienne en Afrique et a Madagascar
ASYNC	Asynchronous
ATU	Arabic Telecommunication Union
ATU-A	Arabic ATU alphabet
ATU-80	Arabic ATU alphabet
AUTOSPEC	Automatic Single Path Error Correcting teleprinter system
AWS	Air Weather Service
AZ	Arizona
BA	British Army
BAS	British Antarctic Survey
BC	Broadcast
BCH	Bose-Chaudhuri-Hocquenghem

Abbreviation	Description
BD	Baud
BER	Bit Error Rate
BFBS	British Forces Broadcasting Service
BIPM	Bureau International des Poids et des Mesures
BK	Break In
BPS	Bit Per Second
BRASS	Broadcast And Ship-Shore
BSKSA	Broadcasting Service Kingdom of Saudi Arabia
BTA	Bulgarska Telegrafitscheka Agentzia
BW0…5	Burst Waveform 0…5
BSYNC	Block Synchronous
C4FM	Constant Envelope 4-Level Frequency Modulation
CA	California
CALM	CODAN Advanced Link Management
CAP	Civil Air Patrol
CAR	MWARA Caribbean
CCIR	Committee Consultative International Radio
CCITT	Committee Consultative International Telegraph and Telephone
CDMA	Code Division Multiple Access
CEP	MWARA Central East Pacific
CFARS	Canadian Forces Affiliated Radio System
CG	Coast Guard
CH	Channel
CIR	Channel Impulse Response
CIRM	Centro Internatzionale Radio Medico
CNA	Central News Agency
CO	Colorado
CPFSK	Continuous Phase Frequency Shift Keying
CPM	Continuous Phase Modulation
CPSK	Coherent Phase Shift Keying
CQ	General call to all stations
CQPSK	Compatible Differential Offset Quadrature Phase Shift Keying
CROSS	Centre Regional Operationnel de Surveillance et de Sauvetage
CRC	Cyclic Redundancy Check
CRS	Compagnie Republicaine de Securite
CS	Coast Station
CT	Connecticut
CW	Continuous Wave = Morse
CWP	MWARA Central West Pacific
DC	District of Columbia
DE	Delaware
DEA	Drug Enforcement Agency
DE MPSK	Differentially Encoded Coherent MPSK
DGPT	Directorate General of Posts and Telecommunicatios
DIPLO	Direction des Services d ` Information et de Presse
DMPSK	Differential MPSK (no carrier recovery)
DMSK	Differential MSK
DPR	Democratic People´s Republic
DSB	Double Side Band

Abbreviation	Description
DSC	Digital Selective Calling
DSP	Digital Signal Processing
DSSS	Direct Sequence Spread Spectrum
DTG	Date Time Group
DTRE	Direction des Telecommunications des Reseaux Exterieurs
DTS	Droit de Tirage Special
DUP-ARQ	Hungarian simplex ARQ teleprinter system
DW	Deutsche Welle
DYN	Diarios Y Noticas
E	Embassy
E	East
EA	MWARA East Asia
EAM	Emergency Action Message
ECC	Error Correcting Code
EPM	Electronic Protective Measures
ETR	Electronic Tracking Radar
EUR	MWARA Europe
F	Feeder
F	Forces
FARCOS	Fast Adaptive HF Radio Communication System
FAX	Facsimile
FEC	Forward Error Correction
FEC 100	One way traffic FEC teleprinter system
FECS	SIEMENS simplex FEC teleprinter system
FER	Frame Error Rate
FFSK	Fast Frequency Shift Keying
FIR	Finite Impulse Response
FL	Florida
FM	Frequency Modulation
FQPSK	Feher-patented Quadrature Phase Shift Keying
FRC	French Red Cross
FSK	Frequency Shift Keying
G	Gonio
GA	Georgia
GC	Guardia Civil
GMDSS	Global Maritime Distress and Safety System
GMSK	Gaussian MSK
GMT	Greenwich Mean Time
GPS	Global Positioning System
H	Hour
HAB	Hamburger Abendblatt
HC-ARQ	Haegelin Cryptos simplex teleprinter system
HDL	High rate Data Link
HF	High Frequency
HNG-FEC	Hungarian FEC teleprinter system
IA	Iowa
IAT	International Atomic Time
ICAO	International Civil Aviation Organization
ICI	Inter Carrier Interference

Abbreviation	Description
ICRC	International Committee of Red Cross
ID	Idaho
ID	Identification
IFL	International Frequency List
IFRB	International Frequency Registration Board
IIR	Infinite Impulse Response
IL	Illinois
IMO	International Maritime Organization
IN	Indiana
INA	Iraqi News Agency
INO	MWARA Indian Ocean
INTERPOL	Organisation Internationale de la Police Criminelle
IOC	Index of Cooperation
IRNA	Islamic Republic News Agency
ISB	Independent Side Band
ISD	Inverted Scanning Direction
ISI	Inter Symbol Interference
ITA	International Telegraph Alphabet
ITU	International Telecommunication Union
JANA	Jamahiriyah News Agency
KC	Kilocycles
KCNA	Korean Central News Agency
KUP	Kwacha Unita Press
KY	Kentucky
KYODO	Kyodo Tsushin
LA	Louisana
LDL	Low latency Data Link
LORAN	Longe Range Navigation System
LPC	Linear Predictive Coding
LPM	Lines per Minute
LSB	Lower Side Band
M	Meteo
MA	Massachussetts
MAFOR	Marine Forecast
MAHRS	Multiple Adaptive HF Radio System
MAP	Magreb Arab Press
MARS	Military Affiliated Radio System
MASK	M-ary Amplitude Shift Keying
MC	Megacycles
MCPSK	Multi Channel PSK
MD	Maryland
ME	Maine
MENA	Middle East News Agency
MFA	Ministry for Foreign Affairs
MI	Michigan
MID	MWARA Middle East
MIL-STD	Military Standard
MMS	Maritime Mobile Service
MN	Minnesota

Abbreviation	Description
MO	Missouri
MOD	Ministry of Defence
MOI	Ministry of Interior
MPSK	M-ary Phase-Shift Keying
M QAM	M-point QAM
MS	Mississippi
MSA	Maritime Safety Agency
MSF	Medicines sans frontiers
MSG	Message
MSI	Maritime Safety Information
MSK	Minimum Shift Keying
MT	Montana
Multi-h FM	Multi-index; correlative; duobinary FM
MUX	Multiplex
MWARA	Major World Air Route
N	Navy
N	North
NASA	North American Space Agency
NAT	MWARA North Atlantic
NATO	North Atlantic Treaty Organization
NAVTEX	Navigational Telex system
NBDPT	Narrow Band Direct Printing Telegraphy
NBFM	Narrow Band Frequency Modulation
NC	North Carolina
NCA	MWARA North Central Asia
ND	North Dakota
NDB	Non Directional Beacon
NE	Nebraska
NI	Norfolk Island
NJ	New Jersey
NOAA	National Oceanic and Atmospheric Administration
NP	MWARA North Pacific
NR	Number
NV	Nevada
NX	News
NY	New York
OFDM	Orthogonal Frequency Division Multiplexing
OH	Ohio
OK	Oklahoma
OOK	On Off Keying
OR	Oregon
OR	Off Route flight communication
OSI	Open System Interconnection
OTHR	Over The Horizon Radar
P	Phare
PA	Pennsylvania
PACTOR	Combination of Packet Radio and SITOR
PANA	Pan African News Agency
PAP	Polska Agencja Prasowa

Abbreviation	Description
PETRA	Jordan News Agency
PIAB	Presse - und Informationsdienst der Bundesregierung
PIX	Press Picture
PLO	Palestine Liberation Organization
POL-ARQ	Polish ARQ teleprinter system
PPP	Point to Point Protocol
PR	Packet Radio
PTT	Post, Telegraph and Telephone Administration
R	Radio
RAF	Royal Air Force
RAN	Royal Australian Navy
RC	Red Cross
RDARA	Regional and Domestic Air Route
RF	Radio Frequency
RFDS	Royal Flying Doctor Service
RFE	Radio Free Europe
RN	Royal Navy
RNZAF	Royal New Zealand Airforce
RNZN	Royal New Zealand Navy
ROMPRES	Agentia Romana de Presa
ROU-FEC	Romanian FEC teleprinter system
RS-ARQ	Rhode & Schwarz simplex ARQ teleprinter system
RTT	Regie des Telegraphes et des Telephones
RTTY	Radio Teletype
RX	Receiver
RY	Test loop ryryryry...
RYI	Test loop ryiryiryi...
S	South
SAAM	Russian Arctic and Antarctic Institute
SABS	Saudi Arabian Broadcasting Service
SALINI	Salini Costruttori
SAM	MWARA South America
SANA	Syrian Arab News Agency
SAR	Search and Rescue
SAT	MWARA South Atlantic
SAUDIA	Saudi Arabian Airlines
SC	South Carolina
SD	South Dakota
SEA	MWARA South East Asia
SFSK	Sinusoidal FSK
SITOR	Simplex Teleprinting over Radio
SITOR A	Simplex Teleprinting over Radio Mode ARQ
SITOR B	Simplex Teleprinting over Radio Mode FEC
SKH	Schweizerische Katastrophenhilfe
SM QAM	Superimposed M-point QAM
SOS	Distress Signal
SP	MWARA South Pacific
SPREAD	FEC teleprinter system with 10 bit BAUER code
SQPSK	Staggered QPSK

Abbreviation	Description
SRK	Schweizer Rotes Kreuz
SS	Ship Station
SSB	Single Side Band
STANAG	Standardization Agreement (by NATO)
SUNA	Sudan News Agency
SW-ARQ	Adaptive Swedish simplex ARQ teleprinter system
SWL	Shortwave Listener
SYNC	Synchronous
TAAF	Terres Australes et Antarctiques Francaises
TANJUG	Telegrafska Agencija Nova Jugoslavija
TAP	Tunis Afrique Presse
TCM	Trellis Code Modulation
TDM	Time Division Multiplex
TFC	Traffic
TFM	Tamed Frequency Modulation
tlgr	Telegram
TS	Time signal station
TSI OQPSK	Two-Symbol Interval OQPSK
TTY	Teletype
TV	Television
TWINPLEX	Four frequency ARQ teleprinter system
TX	Transmitter
TX	Texas
txt	Text
UI	Unidentified
UNHCR	United Nation
UNID	Unidentified
UNIFIL	United Nations Interim Forces in Lebanon
UNO	United Nation Organization
USAF	United States Airforce
USARP	United State Antarctic Research Program
USCG	United State Coast Guard
USMILGP	United State Military Group
USN	United State Navy
USNG	United State National Guard
UT	Utah
UT, UTC	Universal Time Coordinated
VA	Virginia
VAFI	Africa VOLMET Area
VCAR	Caribbean VOLMET Area
VEUR	European VOLMET Area
VFT	Voice Frequency Telegraphy
VMID	Middle East VOLMET Area
VNA	Viet Nam News Agency
VNAT	North Atlantic VOLMET Area
VNCA	North Central Asia VOLMET Area
VOA	Voice of America
VOLMET	Meteorological information for aircraft in flight
VPAC	Pacific VOLMET Area

Abbreviation	Description
VSAM	South America VOLMET Area
VSEA	South East Asia VOLMET Area
W	West
W I	World wide allotment area I (RDARA 1, 2, 3)
W II	World wide allotment area II (RDARA 10, 11, 12A, 12B, 12C, 12D)
W III	World wide allotment area III (RDARA 6, 8, 9, 14)
W IV	World wide allotment area IV (RDARA 12E, 12F, 12G, 12H, 12J, 13)
W V	World wide allotment area V (RDARA 4, 5, 7)
WA	Washington
WARC	World Administrative Radio Conference
WEFAX	Weather FAX
WI	Wisconsin
WMC	World Meteorological Centre
WMO	World Meteorological Organization
WPM	Words per Minute
WV	West Virginia
WW	World Wide
WX	Weather
WY	Wyoming
XINHUA	New China News Agency
YONHAP	Hapdong News Agency
Z	Universal Time Coordinated

Lightning Source UK Ltd.
Milton Keynes UK
UKHW030645070223
416609UK00013B/2894

9 783732 242207

Das Buch

In *Das Schlangennest* wird Sarah Jensen, der Shooting-Star der Londoner Finanzwelt, vom Geheimdienst, Abteilung »Organisierte Kriminalität«, für einen gefährlichen Undercover-Job in der Börsen-Szene angeheuert: Als sie ihre hochdotierte Stelle als Devisenhändlerin in der als »Nest of Vipers« bekannten Bank antritt, weiß sie nur, daß die Bank aufgrund der auffällig hohen Gewinne illegaler Geschäfte verdächtigt wird. Bald stößt sie auf Unstimmigkeiten, die auf Mafia-Kontakte schließen lassen. Und dann ist da auch noch Sarahs neuer Vorgesetzter, der undurchsichtige Dante Scarpirato, der immer stärker von ihr fasziniert ist – und das nicht nur wegen ihrer unbestreitbaren Erfolge im Börsengeschäft …

Die Drachenhöhle: Seit acht Jahren lebt die ehemalige Agentin Eva Cunningham in einem selbstauferlegten Exil in Vietnam, als ein langersehnter Anruf sie nach London zurückbringt. Für den britischen Geheimdienst soll sie den Lockvogel spielen, um den nur scheinbar seriösen Geschäftsmann Robie Frazer aus der Reserve zu locken. Frazer soll nämlich in den illegalen Handel mit Atomwaffen verstrickt sein. Eva scheint die perfekte Agentin für diesen Auftrag zu sein, denn sie hat noch eine alte Rechnung mit Frazer offen. Ihr zur Seite steht ihre Freundin Cassie, eine erfolgreiche Bankerin. Schneller als ihnen lieb ist, befinden sich die beiden Frauen in einem gnadenlosen Wettlauf mit der Zeit, der sie von den Minen in Vietnam bis an die Börse in Vancouver führt …

Die Autorin

Die Engländerin Linda Davies, Jahrgang 1963, arbeitete nach ihrem wirtschaftswissenschaftlichen Studium als Brokerin an der Wall Street in New York und als Devisenhändlerin für verschiedene Anlageinstitute, bevor sie sich 1992 aus dem Börsengeschäft zurückzog, um sich ganz dem Schreiben zu widmen. Bereits mit ihrem Debütroman *Das Schlangennest* landete sie einen großen Erfolg. Heute lebt Linda Davies mit ihrem Mann in Peru und arbeitet dort an ihrem nächsten Buch.

LINDA DAVIES

DAS SCHLANGENNEST
DIE DRACHENHÖHLE

Zwei Romane in einem Band

WILHELM HEYNE VERLAG
MÜNCHEN

HEYNE ALLGEMEINE REIHE
Band-Nr. 01/13092

Umwelthinweis:
Dieses Buch wurde auf
chlor- und säurefreiem Papier gedruckt.

Taschenbuchausgabe 2/2000

Printed in Germany 2000
Quellennachweis: s. Anhang
Umschlagillustration: Colin Thomas
Umschlaggestaltung: Nele Schütz Design, München
Druck und Bindung: Elsnerdruck, Berlin

ISBN: 3-453-16064-9

http://www.heyne.de

DAS SCHLANGENNEST

Meinen Eltern, Glyn und Grethe,
für ihre Liebe und Unterstützung

Prolog

Sie ist goldrichtig.«

»Was macht Sie da so sicher?«

»Sie hat die perfekte Tarnung. Niemand würde sie verdächtigen. Sie ist intelligent, diskret und ehrgeizig. Es wäre genau die richtige Herausforderung für sie. Außerdem ist sie idealistisch. Sie würde sogar das Gesetz brechen, wenn sie es für nötig hält. Wahrscheinlich würde es ihr auch noch Spaß machen.«

»Was veranlaßt Sie zu dieser Annahme?« fragte Bartrop interessiert.

»Sie hat etwas Rebellisches an sich.«

Bartrop runzelte die Stirn. »Eine eher zweischneidige Eigenschaft, finden Sie nicht? Vergessen Sie nicht, daß wir kein Risiko eingehen dürfen. Wenn nur das Geringste an die Presse gelangt ...«

»Das wird nicht passieren«, beschwichtigte ihn Barrington. »Sie steht auf unserer Seite. Außerdem habe ich sie genauestens unter die Lupe genommen. Sie kann Geheimnisse für sich behalten. Sie redet zwar gerne, wie jede Frau, aber nicht über wichtige Dinge.«

»Sie mögen sie, nicht wahr?«

»Es ist schwer, sie nicht zu mögen.«

»Ist Ihnen klar, daß das Ganze unter Umständen sehr unangenehm für sie werden könnte? Wenn etwas schiefgeht, werden wir gezwungen sein, sie fallenzulassen.«

»Sollte ich ihr das nicht lieber sagen?«

Du wirst ihr nur sagen, was ich für richtig halte, dachte Bartrop und antwortete: »Machen Sie ihr klar, daß sie sich nicht erwischen lassen darf. Und daß sie notfalls auf sich allein gestellt ist. Ich frage mich nur, ob sie stark genug wäre, wenn es sein muß. Ich will nicht, daß sie verrückt spielt und zur Polizei rennt.« Barrington dachte einen Augenblick nach und sagte dann: »Sie wird es schaffen.«

»Außerdem könnte sie sich selbst schaden, wenn sie auspackt«, sagte Bartrop langsam und nachdenklich.

Der Leiter des Rauschgiftdezernats im MI6 und der Präsident der Bank of England tauschten ein zuversichtliches Lächeln aus. Keiner von beiden ahnte, daß Sarah Jensen sehr wohl zu einer Kurzschlußhandlung fähig war, wenn man ihr Unrecht tat, und daß sie wie Samson die Säulen zum Einsturz bringen würde, wenn man sie fallenließ.

1

Mit siebenundzwanzig Jahren führte Sarah Jensen ein mehr oder weniger normales Leben, wenn auch auf einem ungewöhnlichen Level. Immerhin war sie eine der erfolgreichsten Devisenhändlerinnen in der City of London und bewohnte zusammen mit ihrem Bruder und ihrem Freund ein großes Haus in Chelsea. Sie war charmant, sah gut aus, wurde geliebt und hatte Geld. Trotzdem war sie nie ohne Angst. Das Leben, das sie sich so sorgsam aufgebaut hatte, empfand sie als etwas Zerbrechliches. Es konnte innerhalb weniger Sekunden in Stücke fallen – genauso wie ihre Kindheit in New Orleans damals an jenem sonnigen Nachmittag, als ihre Eltern bei einem grausigen Zusammenstoß von Fleisch und Metall ums Leben gekommen waren. Danach hatte sie die Angst nie mehr verlassen. Sie saß tief, verbarg sich hinter Ablenkungsmanövern, Verweigerungen und Lügen, ließ aber niemals locker. Sie warf ihre Schatten auf alles, was sie tat, auf das unbekümmerte Jonglieren mit Hunderten Millionen Pfund an ihrem Schreibtisch, auf die vielen sorglosen Affären oder jetzt auf die feste Beziehung zu ihrem Freund Eddie, auf ihren Whisky und ihr unbändiges Lachen und sogar auf ihre ungezügelte Lust, jeden Augenblick zu genießen. Die Zerbrechlichkeit ihres Lebens aber war zugleich eine Stärke. Sie machte ihr Leben aufregend. Und solange sie es schaffte, die widersprüchlichen Elemente ihrer Persönlichkeit zusammenzuhalten, war sie sicher.

Manchmal fragte sie sich, ob es niemandem auffiel, ob keiner sie durchschaute. Doch da waren höchstens Jacob und Mosami, ihre beiden besten Freunde – vielleicht ahnten sie etwas von der dunklen Seite, den vagen Umrissen der Angst, aber sie sprachen sie nie darauf an und stellten nur selten das Bild in Frage, das Sarah der Welt von sich zeigte.

Sie lächelte und schreckte aus ihrem Tagtraum auf. Dann warf sie einen Blick auf den Monitor, griff nach dem Hörer und ließ sich eine Transaktion bestätigen, um ihre Position glattzustellen. Das Ganze dauerte dreißig Sekunden und brachte eine halbe Million Pfund.

Das Geld raste durch die Leitungen. Seine Herkunft wurde durch unzählige elektronische Transfers verschleiert, mit denen Geld verschoben, versteckt und in handliche Brocken aufgeteilt wurde, die dann als dicke Bündel abgehoben und irgendwo anders wieder eingezahlt werden sollten, um jede Spur zu verwischen. Antonio Fieri ging niemals ein Risiko ein. Deshalb war er fast bis zur Spitze der Mafia aufgestiegen, ohne je ein Verfahren, geschweige denn eine Verurteilung durchstehen zu müssen.

Fieri war ein untersetzter Mann Ende Fünfzig, dessen ehemals drahtige Figur im Lauf der Jahre unter einer Fettschicht verschwunden war. Sein Gesicht war beinahe flach, mit Ausnahme der Stubsnase und der erstaunlich vollen Lippen. Jeden Monat ließ er sich das dünne graue Haar beim Friseur schwarz färben. Die dunkelbraunen runden Augen waren stets auf der Hut, obwohl sie meistens Humor und eine gewisse Zufriedenheit ausstrahlten.

Er war der Schatzmeister der Mafia und verantwortlich für die Geldwäsche aus illegalen Einnahmen, vor allem aus dem Drogengeschäft. Er erfand neue, relativ saubere Methoden, um die Gelder wieder in den legalen Kreislauf der Wirtschaft einzuschleusen. Fieri scheute vor Gewalt nicht zurück und legte dabei ebensowenig Skrupel an den Tag wie bei seinen klinischen Operationen an den Finanzmärkten. Doch seine große Leidenschaft war das reine Geschäft, Geld zu mehr Geld zu machen, indem er es legal arbeiten ließ, und von all seinen Einfällen war dieser, sein letzter Trick, unübertroffen.

Er legte den Telefonhörer auf. Seine dicken Finger hinterließen feuchte Spuren auf dem Kunststoff. Dann rechnete er im Kopf zusammen, welchen Gewinn er gerade gemacht hatte, und ein zufriedenes Lächeln huschte über sein Gesicht. Sieben Millionen Dollar in drei Stunden. Leicht verdientes Geld. Saubere Arbeit. Um vieles sauberer als Erpressung, Wucher, Drogen oder Mord. Bloß Stimmen am Telefon, Zahlen auf einem Monitor und ein paar Notizen auf einem Zettel. Und schnell. In wenigen Sekunden jagte das Geld einmal um die ganze Welt.

Fieri grinste. Sein Mund sah aus wie der Schlitz einer Halloween-Maske, als er sich vorstellte, wie Dollar, Pfund, Deutsche Mark und Yen durch die Lüfte sausten. Umgerechnet vierhundert Millionen Dollar. Wie weit würden sie reichen, ordentlich ausgelegt, in einer langen Reihe aus Zehnern? Von Rom bis New York? Er lachte, stand auf und tappte schwerfällig zum Kühlschrank in einer Ecke seines Büros. Vierhundert Millionen in zehn Monaten. Er schenkte sich ein Glas Champagner ein und sprach einen Toast auf das leicht verdiente Geld.

Hätte Fieri geahnt, wohin seine Geldspur ihn noch führen sollte, wäre ihm der Champagner im Mund bitter geworden.

Im stickigen Büro einer Handelsbank in der City hatte ein junger Devisenhändler gerade den Telefonhörer aufgelegt. Fast hätte er einen Freudenschrei ausgestoßen. Weitere drei Millionen für das Nummernkonto. Und ein Viertel davon sein Anteil. Es wird allmählich ein Problem, dachte er und lachte in sich hinein, soviel Geld auszugeben, ohne daß es auffällt.

Ein weiterer Container mit Kokain war sichergestellt worden. Fünfzig Kilo in den Plateausohlen einer Ladung italienischer Schuhe versteckt. Die Lieferung war von den Zollbehörden Ihrer Majestät und dem MI6 entdeckt und bis zu einem Lagerhaus im Industriegebiet in den East Midlands verfolgt worden. Fahrer und Empfangskomitee waren verhaftet, die Ware beschlagnahmt und zur Verbrennung bestimmt. Die Drogenhändler wurden noch verhört. Fiona Duncan, die Leiterin der Zollbehörde, rasselte die Einzelheiten am Telefon runter. James Bartrop vom MI6 hörte ihr gelassen zu.

Der Fang bedeutete nicht mehr als ein Tropfen auf dem heißen Stein. Der Strom von Drogen, die ins Land kamen, war nicht aufzuhalten, und auch dieser Ring würde bald durch eine andere Organisation ersetzt werden. Ein dauerhafter Erfolg ließ sich nur erzielen, wenn man den Drogenhandel an der Quelle bekämpfte, und das war eine von Bartrops Hauptforderungen. Seit es mit dem FBI, der amerikanischen Drogenbehörde DEA sowie britischen und amerikanischen Zollbehörden zusammenarbeitete, spielte das MI6 eine deutlich größere Rolle auf diesem Parkett.

Der größte Teil der Drogen, die illegal ins Königreich gelangten, wurde von einer unheiligen Allianz zwischen den südamerikanischen Drogenbaronen und der italienischen Mafia kontrolliert, die die Interessen der Südamerikaner in Europa vertrat. James Bartrop mußte es gelingen, einen V-Mann in diese Organisation zu schleusen, wenn er die illegale Einfuhr von Drogen nach Großbritannien empfindlich stören wollte. Die neueste Lieferung, so seine Vermutung, ging ebenfalls auf das Konto der südamerikanischen Barone und der Mafia. Es war möglich, aber wohl eher unwahrscheinlich, daß die verhafteten Drogenhändler das bei ihrer Vernehmung bestätigen würden. Bartrop wußte aus Erfahrung, daß jeder von ihnen schweigen konnte wie ein Grab. Vielleicht versuchten sie ihre Haftstrafe zu mildern, indem sie die Namen von Dealern und Pushern preisgaben, die das nächste Glied in der Kette bildeten, aber ihre Hintermänner würden sie nicht verraten. Ein schneller und brutaler Tod wäre die sichere Belohnung gewesen.

Die Exekutionskommandos der Mafia und der kolumbianischen Drogenbarone gingen nicht nur unbarmherzig gegen Mitglieder rivalisierender Banden vor, sondern brachten auch die eigenen Leute um, wenn sie zu einer Bedrohung für die Organisation wurden. Die Anerkennung eines kolumbianischen Drogenbarons zu gewinnen scheint eine eher zweifelhafte Auszeichnung, doch gerade deshalb war Antonio Fieri, der es an Skrupellosigkeit und Brutalität mit jedem seiner südamerikanischen Geschäftspartner hätte aufnehmen können, besonders stolz darauf.

Zehn Jahre zuvor war Bartrop als damaliger Leiter der MI6-Außenstelle in Rom zum erstenmal auf Antonio Fieri aufmerksam geworden. Fieri wurde verdächtigt, die Stellung eines Leutnants innerhalb der sizilianischen Mafia zu bekleiden und Politiker bestochen zu haben, um mafiaeigenen Unternehmen einträgliche Bauaufträge zu sichern. Dummerweise hatte man ihm nie etwas beweisen können. Es war bei den üblichen Verdächtigungen geblieben, denn Fieri war es stets gelungen, die diversen Behörden, die sich an seine Fersen hefteten, in die Irre zu führen.

Bartrop hatte während seiner Karriere beim MI6 – der »Firma«, wie sie von Mitarbeitern oder den »Freunden«, wie sie von eingeweihten Outsidern genannt wurde – Fieri stets im Auge behalten. Jetzt war er Leiter der Drogenabteilung im MI6 und Fieri Geheimdienstberichten zufolge einer der wichtigsten Drahtzieher des Drogenhandels der Mafia. Wenn Bartrop die Möglichkeit gehabt hätte, sich auf etwas so Simples wie ein einziges Ziel zu konzentrieren, hätte er sich Fieri ausgesucht.

Bartrop stand von seinem Schreibtisch auf, trat an das Fenster seines Büros und schaute auf die schmutzige Themse, die vor ihm dahinfloß. Zwei Schlepper kreuzten ihre Wege. Bartrop beobachtete, wie sich die Männer an Deck zuwinkten. Es wirkte wie ein Stummfilm. Er konnte sich die Geräusche und Gerüche des Flusses nur vorstellen, denn außer den Bildern drang nichts durch die dicken Glasscheiben. Sie waren auf Sonderbefehl des Verteidigungsministeriums eingebaut worden – kugel- und abhörsicher.

Bartrop blinzelte, als die Sonne vom Wasser reflektiert wurde. Es war ein herrlicher Junitag. Er stand reglos da, die Handflächen gegen das Glas gepreßt, und starrte hinaus.

Sein Körper bildete eine hagere Silhouette vor den sonnenüberfluteten Scheiben; zuviel überschüssige Energie, um Fett anzusetzen. Der elegant geschnittene dunkle Anzug unterstrich diesen Eindruck noch. Auf den ersten Blick wirkte er wie ein Mann von Mitte Zwanzig; nur sein Gesicht verriet, daß er doppelt so alt war. Die Haut war grau vom vielen Rauchen, und um Augen und Mund hatten sich feine Falten eingegraben.

Im allgemeinen wirkte sein Gesicht ungewöhnlich lebhaft, forschend und ausdrucksstark, doch es konnte auch starr, kalt und verschlossen sein. Bartrop war ein geborener Schauspieler, wahrscheinlich eine Folge seiner eigenen inneren Widersprüche. Zugleich vereinigte er in sich die Gabe zur ruhigen Reflexion mit der Fähigkeit zur blitzschnellen Analyse. Diese Kombination ergab einen glänzenden Verstand, der seinen steilen Aufstieg innerhalb der Firma begünstigt hatte. Nicht wenige trauten ihm zu, es bis ganz nach oben zu schaffen.

Von den meisten Mitarbeitern wurde er respektiert, aber es gab auch Kritiker, die ihn für eine Spur zu clever hielten. Er wußte von diesen Vorbehalten, tat sie aber mit einem geringschätzigen Lächeln ab. Von Selbstkritik hielt Bartrop nicht sonderlich viel.

Er wandte sich vom Fenster ab, ging zum Schreibtisch und bat seine Sekretärin Moira, den stellvertretenden Leiter des CNC in sein Büro zu bestellen. Wenig später betrat Miles Forshaw den Raum und nahm gegenüber von Bartrop Platz, der ihm von dem Kokainfang erzählte und von seiner Vermutung, daß die Ladung Teil einer von Fieri eingefädelten Operation war.

»Wir werden uns eine andere Möglichkeit ausdenken müssen, an Fieri ranzukommen. Das Netz weiter auslegen … Wenn wir ihm keine Drogengeschäfte nachweisen können, müssen wir eben was anderes finden, um ihn festzunageln.« Bartrop hob die Hand, als Forshaw etwas sagen wollte. »Ich weiß, wir sind bereits dabei, aber ich möchte, daß wir unsere Anstrengungen verdoppeln.« Er hielt inne und zündete sich eine Zigarette an. Forshaw ergriff die günstige Gelegenheit.

»Gestern abend ist noch eine Nachricht reingekommen.« Er rieb sich das Kinn und fuhr in dem gemessenen und bedächtigen Tonfall fort, der den ungeduldigen Bartrop stets auf die Palme brachte. »Ein Bericht der italienischen Außenstelle. Sie kennen doch den Finanzier Giuseppe Calvadoro, gegen den wir schon länger ermitteln?« Bartrop nickte schweigend. »Tja, unsere Jungs in Italien haben da ein höchst interessantes Gespräch abgehört. Es ist ihnen gelungen, gestern ein paar als Gärtner getarnte Mittelsmänner in sein Haus zu schmuggeln, die einen halben Tag lang seine Telefonanschlüsse anzapfen konnten. Kurz vor der üblichen Kontrolle haben sie die Wanzen wieder entfernt.«

Bartrop lachte. Calvadoro war ein bedeutendes Mitglied der Mailänder Gesellschaft, ein angesehener und respektierter Mann, der über jeden Verdacht erhaben schien. Der ideale Broker für einen Mafiaboß. Bartrop hatte zwar keine Hinweise darauf, daß Calvadoro für die Mafia arbeitete, doch wer immer seine Kunden sein mochten, sie hatten offensichtlich etwas zu verbergen. Zweimal am Tag stellte ein Sicherheitsunternehmen das Haus auf den Kopf und durchsuchte sogar seine Post, für den Fall, daß sich in irgendeinem dikken gepolsterten Briefumschlag eine Wanze verbarg.

»Wie auch immer«, fuhr Forshaw fort. »Calvadoro hat ein paar höchst interessante Anrufe erhalten und selbst welche getätigt. Der erste kam von jemandem, der sich nicht zu erkennen gab. Er riet Calvadoro, Dollar zu verkaufen und Pfund Sterling zu kaufen. Sechshundert Millionen Dollar, aufgeteilt in Posten von jeweils fünfundzwanzig Millionen. Calvadoro hat daraufhin bei drei verschiedenen Brokern hier in London angerufen und jedem Aufträge für zweihundert Millionen erteilt, die sie in Teilbeträgen von fünfundzwanzig zwischen den üblichen Konten splitten sollten.«

Bartrop lehnte sich zurück und nahm einen tiefen Zug von seiner Zigarette, während er darauf wartete, daß sein Stellvertreter endlich auf den Punkt kam. Forshaw beugte sich vor, ohne dabei den kerzengeraden Rücken zu krümmen. »Mauro, der Leiter des römischen Büros, meint, die Stimme des anonymen Anrufers erkannt zu haben.« Er machte eine Pause, um die Spannung auf die Spitze zu treiben. »Er glaubt, es sei Fieri.« Bartrop hob eine Augenbraue, Zeichen eines diskreten Interesses, eine Geste, die Forshaw immer wieder vergeblich nachzuahmen suchte.

»Ich lasse die Stimme gerade analysieren. Das interessante daran ist, daß der Betreffende auf jeden Fall vermeiden wollte, daß der Umfang seines Deals bekannt wird. Natürlich könnte es sein, daß er im Auftrag von vierundzwanzig verschiedenen Kunden handelt, aber das wage ich zu bezweifeln. Wahrscheinlicher ist, daß es um irgendwelche zwielichtigen Geschäfte geht. Auf dem Devisenmarkt würde ein Geschäft von sechshundert Millionen unweigerlich auffallen – fünfundzwanzig Millionen dagegen kaum. Später lassen sich dann keinerlei Verbindungen zwischen den einzelnen Fünfundzwanzig-Millionen-Deals mehr herstellen.«

Bartrop stieß den Rauch aus. »Um wieviel Uhr war das?«

Forshaw lächelte. »Sie liegen ganz richtig. Etwa eine halbe Stunde bevor die Bank of England den Leitzins um einen Punkt gesenkt hat.«

»Das heißt, daß wir eine undichte Stelle in den Zentralbanken haben, wenn nicht sogar in der Old Lady?«

»Sieht ganz danach aus.« Forshaw stützte das Kinn in die Hand. Er sah nachdenklich aus. »Möglicherweise ist Antonio Fieri unser Insiderdealer.«

Beide lächelten. Bartrops Blick wanderte ins Leere, als er eine Zeitlang schweigend dagesessen hatte. Dann wandte er sich wieder Forshaw zu.

»Es ist höchst unwahrscheinlich, daß sich die undichte Stelle in der Old Lady befindet. Geheiminformationen über Zinssenkungen sind nur ganz hohen Tieren bekannt. Barrington, den Präsidenten der Zentralbank, kenne ich seit Jahren. Er mag ein Dummkopf sein, aber er ist ganz gewiß kein Krimineller.«

Die Sprechanlage in Moiras Büro summte. Bartrops Stimme hallte durch den Raum. »Bitte, verbinden Sie mich mit dem Präsidenten der Zentralbank, Moira.«

Der Präsident der Zentralbank hatte soeben das Büro verlassen und war auf dem Weg zu seinem allmonatlichen Treffen mit dem Finanzminister. Seine Sekretärin holte ihn in der Kuppelhalle ein. »Mr. Governor, gut, daß ich Sie noch erwischt habe«, sagte sie atemlos. »James Bartrop ist am Telefon. Er sagt, es sei dringend.«

Anthony Barrington blieb einen Augenblick stehen und runzelte die Stirn, als er den Namen hörte. Dann machte er widerwillig kehrt und ging gemessenen Schrittes in sein Büro zurück. Beamte der Zentralbank hatten es niemals eilig. Die Old Lady an der Threadneedle Street war eine Oase der Ruhe inmitten des lauten und hektischen Betriebs in der City. Durch die Flure zu hetzen war hier verpönt. Das überließ man den amerikanischen Investitionsbankern in ihren Glaspalästen und Marmortürmen.

Barrington schloß die Tür seines Büros, setzte sich an den Schreibtisch und wartete, daß seine Sekretärin das Gespräch durchstellte.

2

Um sieben Uhr desselben Abends bog Bartrops schwarzer Rover in den Innenhof der Bank of England ein. Der Chef des Rauschgiftdezernats verschwand hinter einer Tür, die ins Bankgebäude führte, gefolgt von seinem Leibwächter Munro, der gleichzeitig als Fahrer fungierte. Die beiden nahmen den Lift zu den Privaträumen des Zentralbankpräsidenten.

Barrington wartete in seinem Büro und fragte sich, was das Ganze sollte. Wenigstens kam man jetzt zu ihm. Noch am Morgen war er irritiert gewesen, als sein Gesprächspartner vorgeschlagen hatte, er, Barrington, solle ihn im Century House treffen, dem Hauptquartier des MI6 im Südosten von London. Kam denn nicht jeder normale Mensch in die Bank? Warum dann nicht auch der Leiter des MI6? Für wen zum Teufel hielt sich dieser Bartrop?

Die Klingel unterbrach Barringtons Gedanken. Er ging zur Tür und blickte durch den Spion. In einigem Abstand sah er Bartrop und neben ihm einen weiteren Mann. Der Leibwächter, dachte Barrington, während er die Tür öffnete und Bartrop herzlich begrüßte. Barrington hielt die Tür auf und warf dem Leibwächter einen fragenden Blick zu. Der nickte ernst und erklärte, er werde draußen warten. Der Präsident der Zentralbank führte Bartrop in den Besprechungsraum und war froh, daß er selbst eine solche Bewachung nicht nötig hatte.

Barrington bot ihm einen Drink an, und beide Männer nahmen in schweren Polstersesseln Platz. Barrington war entspannt. Er streckte die langen Beine aus, sein rechter Arm hing schlaff über der Sessellehne. In der linken Hand hielt er seinen zweiten Gin Tonic an diesem Tag. Er war zehn Jahre älter als Bartrop, und man sah es ihm an. Das dünne Haar war grau. Die vielen üppigen Abendessen und der Wein hatten Spuren um die Hüften und am Kinn hinterlassen. Doch anders als Bartrop hatte er keinerlei Falten, und sein Gesicht spiegelte satte Zufriedenheit wider. Die Augen lächelten freundlich. Er erwartete vom Leben keine Überraschungen mehr. Bartrop beobachtete ihn und empfand einen Hauch von Verachtung. Er selbst saß mit angezogenen Beinen in dem tiefen Polstermöbel und nippte an seinem Whisky, während Barrington artig Konversation pflegte. Nach einer Weile mußte seine Ungeduld spürbar sein, denn Barrington verstummte.

Bartrop leerte sein Glas und beugte sich ein wenig vor. »Governor, ich würde gerne von Ihnen hören, wie Sie verfahren sind, als Sie gestern die Leitzinsen um einen Punkt gesenkt haben.«

»Ganz einfach«, antwortete Barrington und stand auf, um die Gläser nachzufüllen. »Wir wollten der Wirtschaft etwas Schwung verleihen. Im Moment haben wir die Inflation ganz gut im Griff. Natürlich werden wir sie weiterhin im Auge behalten, aber im Augenblick stellt sie kein Problem dar. Es sprach nichts dagegen. Der Finanzminister und ich hatten sowieso vorgehabt, die Leitzinsen um einen Punkt zu senken, sobald sich eine günstige Gelegenheit bietet. Gestern nachmittag waren die Finanzmärkte stabil, und so haben wir die Gelegenheit beim Schopf ergriffen.«

»Wer wußte von der bevorstehenden Zinssenkung?«

Barrington hielt einen Augenblick inne. »Alle wichtigen Zentralbanken, mit Ausnahme der Japaner, die noch schliefen.« Barrington reichte Bartrop sein Glas. »Warum wollen Sie das wissen?«

Bartrop entging nicht das irritierte Flackern in Barringtons Augen. Verständlich. Die Frage war höchst unangenehm, vor allem, wenn sie von einem Geheimdienstler kam. Bartrop war stolz auf seinen Instinkt. Ja, Barrington war irritiert, nichts weiter, dessen war er sicher. Wie dem auch sei: Barrington hätte viel zu verlieren und wenig zu gewinnen, falls er Insiderwissen weitergab. Wegen seiner erfolgreichen Karriere als Handelsbanker, die sein ohnehin beträchtliches Vermögen noch vermehrt hatte, kam Geld als mögliches Motiv nicht in Frage. Was blieb dann noch übrig? Bartrop lächelte leicht. Barrington war kein subversives Element. Die Geheimdienstberichte vor seiner Ernennung zum Präsidenten der Zentralbank waren einwandfrei. Auch wenn die undichte Stelle tatsächlich in der Old Lady liegen sollte, wußte Bartrop mit Sicherheit, daß es nicht Barrington war. Er nahm einen Schluck Whisky und erzählte dem Präsidenten von Antonio Fieri und seinen zwielichtigen Geschäften am Devisenmarkt.

Auch Barrington war der Meinung, daß Fieris Geschäftsgebaren verdächtig war. Außerdem wußte er selbst Neuigkeiten zu berichten, die Bartrops Verdacht erhärteten. Vor etwa einer Woche hatte er einen Anruf von Jonathan Gilbey erhalten, dem Leiter der Steuerberatungsfirma Dawson Lane – Gilbey hatte ihm berichtet, ein junger Mitarbeiter seines Büros habe den Verdacht geäußert, daß in der Devisenhandelsabteilung für Eigenmittel einer großen amerikanischen Bank in der City möglicherweise etwas faul war. Die Devisenhandelsabteilung für Eigenmittel, erklärte Barrington, sei die Abteilung, in der die Bank einen bestimmten Anteil ihres eigenen Kapitals Devisenhändlern überließ, die damit »Positionen aufbauten«, praktisch also an den internationalen Devisenmärkten spekulierten. Dies unterschied sich von den gewöhnlichen Aktivitäten der Banken an der Börse, wo sie nur im Auftrag ihrer Kunden auftraten – Versicherungen, Rentenkassen, Industrieunternehmen oder sogar anderen Banken – und nach deren Anweisungen mit Devisen handelten. Der Devisenhandel mit Eigenmitteln war um einiges riskanter für die Bank, aber auch um vieles lukrativer.

Nachdem er diese Erläuterungen beendet hatte, fuhr Barrington mit seiner Geschichte fort. Der Angestellte von Dawson Lane gehörte einem Team an, das eine Rechnungsprüfung bei der Inter-Continental Bank, also der ICB, durchführte. Ihm war aufgefallen, daß die Gewinne der Devisenhandelsabteilung in letzter Zeit verdächtig hoch ausfielen.

Als Barrington den Leiter der Börsenaufsichtsbehörde bei der Bank, Marcus Aylyard, bat, die monatlichen Gewinn- und Verlustzahlen der Devisenhandelsabteilung der ICB vom letzten Jahr zu überprüfen, wurde deutlich, daß der junge Angestellte mit seinem Verdacht gar nicht so unrecht hatte. Aylyard entdeckte ein bestimmtes Muster. Jedesmal nach Interventionen der Zentralbanken an den Devisenmärkten oder nach anderen geheimen Aktivitäten, etwa Veränderungen von Leitzinsen, waren beträchtliche Gewinne erzielt worden. Bis zu einem gewissen Punkt war das normal. Interventionen oder Veränderungen von Leitzinsen sind Ursache und zugleich Folge der Schwankungen an den Devisenmärkten. In unstabilen Phasen fahren die Spekulanten an den Devisenmärkten die größten Gewinne, aber auch die größten Verluste ein. Doch es waren der Umfang, die Zuverlässigkeit und die so plötzlich einsetzenden Gewinne der ICB, die Anlaß zur Besorgnis gaben. All das deutete nämlich darauf hin, daß irgend jemand in der ICB mit Insiderwissen Gewinne erzielte. Wenn das zutraf, konnten diese Informationen nur von höchster Stelle stammen. Darin waren sich Bartrop und Barrington einig. Es sah ganz danach aus, als gäbe es irgendwo im Herzen des Finanzsystems eine undichte Stelle, deren Spur offensichtlich zu einem der ranghöchsten Mitglieder der italienischen Mafia und einer renommierten Bank der City führte.

Barrington war beunruhigt. Schwierigkeiten auf dieser Ebene konnte er sich schlecht leisten. Bartrop dagegen spürte einen regelrechten Adrenalinstoß: Das war die beste Nachricht, die er seit Wochen erhalten hatte. Er stand auf und reichte seinem Gastgeber die Hand. »Ich muß gehen, Governor. Ich wäre Ihnen dankbar, wenn Sie die ICB-Sache noch ein paar Tage ruhen lassen könnten. Ich habe eine Idee, wie wir unsere gemeinsamen Sorgen loswerden könnten. Ich rufe Sie morgen oder übermorgen an.«

Barrington geleitete Bartrop zur Tür und verabschiedete sich von ihm. Danach ließ er sich wieder in seinen Sessel fallen und starrte nachdenklich auf die Skyline der City. Er wußte nicht so recht, was er von Bartrop halten sollte. Der Mann hatte zwar Charme, und seine Gedankensprünge waren gelegentlich ganz amüsant, aber jedes Treffen mit ihm war auch irgendwie verwirrend und beunruhigend. Jedesmal hatte Barrington das Gefühl, daß Bartrop etwas im Schilde führte. Was genau, konnte er nicht sagen, doch deshalb war seine Ahnung nicht weniger stark. Nach dem heutigen Abend fragte sich Barrington einmal mehr, was für eine Rolle Bartrop ihm zugedacht hatte. Bartrops Vorstellungskraft war gewaltig und auch seine Gabe, Menschen zu manipulieren. Trotz seiner bedeutenden Stellung war Barrington von Natur aus kein zynischer Mensch, doch bei James Bartrop war er extrem auf der Hut.

Was war das für eine Idee, die Bartrop erwähnt hatte? Wahrscheinlich ein genialer Einfall, der zugleich illegal war und seines stillschweigenden Einverständnisses bedurfte. Nun, er würde soweit wie möglich kooperieren. Es war nicht klug, sich mit dem MI6 anzulegen, und außerdem hatten sie gemeinsame Interessen, jedenfalls hoffte er das. Hätte er so etwas wie Weitblick gehabt, hätte er allerdings einen ganz anderen Weg eingeschlagen als den, den ihm Bartrop jetzt vorschlug.

Sie trafen sich am nächsten Abend um halb zwölf in der Wohnung des Governors wieder, nachdem dieser von einem offiziellen Abendessen zurückgekehrt war. Bartrop sprach ganz offen, anscheinend ohne Hintergedanken.

»Was unser gemeinsames Problem angeht, Governor, hätte ich einen Vorschlag, der uns beiden weiterhelfen könnte.«

Barrington forderte ihn mit einer Handbewegung auf, Platz zu nehmen, und wartete.

»Sieht ganz danach aus, als gäbe es eine Verbindung zwischen Fieri, hinter dem ich seit längerem her bin, und der ICB, die in Ihren Verantwortungbereich fällt. Unabhängig davon, ob diese Verbindung tatsächlich besteht oder nicht, müssen Sie ja wohl ohnehin eine Untersuchung einleiten, was die ICB angeht.« Barrington nickte zustimmend.

»Aus Erfahrung weiß ich, daß sich die meisten Beweise in Luft auflösen, sobald ein Team von außen eine Untersuchung einleitet.«

»Ja, das kommt vor«, gab Barrington zu. »Meistens klappt es nur, wenn man die Täter sozusagen auf frischer Tat ertappt. Dann hat man sicheres Beweismaterial, um eine Verurteilung zu garantieren. Ansonsten, wenn eine Untersuchung erst einmal angelaufen ist, können Indizien unglaublich schnell verschwinden.« Barrington ging nun etwas ausführlicher auf das Thema ein, weil er meinte, bei seinem Gegenüber ein gewisses Verständnis für die Probleme der Zentralbank bei der Überwachung der City zu entdecken. »Dann ist da noch die Sache mit den unsichtbaren Opfern der Betrüger. Weder Unternehmen noch Privatpersonen geben gerne zu, daß sie betrogen worden sind. Sie stecken lieber die Verluste ein, als die Sache publik zu machen und zuzugeben, daß sie ihr Gesicht verloren haben. Deshalb ist es gelegentlich sehr schwer, sie zu überreden, mit den Behörden zusammenzuarbeiten.«

»Ja, das kann ich mir vorstellen«, antwortete Bartrop und kam wieder auf sein eigentliches Anliegen zurück. »Wäre es dann nicht das beste, wenn wir mit einem Kollegen zusammenarbeiten würden, um die Betrüger auf frischer Tat zu ertappen, statt sie abzuschrecken?« Er hielt inne und beobachtete Barringtons Reaktion.

»Sie meinen mit einem V-Mann?« fragte Barrington scharf.

Bartrop lächelte. »Ja, genau das meine ich. Und da wir in der Firma keine ausgebildeten Devisenhändler haben, hätte ich gerne, daß Sie mir potentielle Kandidaten vorschlagen.« Wieder machte er eine Pause, damit sein Gesprächspartner die Tragweite seiner Worte begriff. Barrington legte den Kopf auf die Seite und lehnte sich zurück. Er war skeptisch, aber nicht abgeneigt. Bartrop fuhr fort. »Es müßte jemand sein, der sich im Geschäft sehr gut auskennt. Er muß neugierig sein, aber vor allem vertrauenswürdig und diskret.«

Barrington brach in Gelächter aus. »Nun, erstens ist das eine äußerst seltene Kombination. Devisenhändler sind die geschwätzigsten und unzuverlässigsten Menschen, die ich kenne. Lügen gehört zu ihrem Job, und sie sind alles andere als diskret. Und zweitens, auch wenn ich den richtigen Spion für Sie fände, wie wollen Sie ihn in die ICB einschleusen?«

Bartrop sah starr vor sich hin. Barringtons Einwände waren unangebracht, also ignorierte er sie am besten.

»Erstens ...«, sagte er mit einem Anflug von Spott, als

wollte er Barrington eine Lektion erteilen, »... bin ich sicher, daß Sie mit Ihren Verbindungen einen geeigneten Mitarbeiter ausfindig machen können. Und zweitens scheinen die Devisenhändler die Banken zu wechseln wie andere Leute ihre Hemden. Es dürfte also nicht schwer sein, jemanden in die ICB zu schleusen.«

Zu seinem Bedauern konnte Barrington nicht widersprechen. »Und warum suchen wir uns nicht lieber jemanden, der bereits in der Bank arbeitet?«

»Tja, das würde sich geradezu anbieten, nicht wahr, aber leider wissen wir nicht, wem wir trauen können. Es ist einfach sicherer, wenn wir jemanden von außen einschleusen, meinen Sie nicht?«

Na klar meine ich das auch, verdammt noch mal, dachte Barrington, dem die eigentliche Bedeutung des Vorschlags keineswegs entgangen war. Er fragte sich nur, warum Bartrop sich einbildete, ohne jeden Grund so penetrant sein zu müssen. Er beschloß, ihrem Treffen seine Autorität aufzustempeln und es zu einem schnellen Abschluß zu bringen.

»Ich werde darüber nachdenken, Bartrop«, sagte er und stand auf. »Sie hören von mir.«

»Ich bin Ihnen sehr dankbar, Governor. Vielleicht können Sie ein Lunch oder ein Abendessen mit den Kandidaten organisieren, die für uns in Frage kämen, damit wir sie unter die Lupe nehmen können ... Ich bin sicher, daß Ihnen etwas einfallen wird, damit sie keinen Verdacht schöpfen.« Bartrop sah auf die Uhr. Es war Mitternacht. Auch er erhob sich.

Barrington schwieg einen Augenblick. »Und wenn wir unseren Spion gefunden haben« – er wußte, daß Bartrop sich über den Ausdruck ärgern würde –, »wie gehen wir dann vor? Wie sieht die weitere Prozedur aus?«

»Das hängt ganz davon ab, was es für ein Mensch ist.« Bartrop zögerte, als dächte er über etwas nach. »Eigentlich bin ich froh, daß Sie das ansprechen. Wollen Sie die Sache selbst in die Hand nehmen? Oder wollen Sie lieber einen Mittelsmann zwischenschalten?«

Barrington fragte sich, ob Bartrop ihn mit diesem Jargon bewußt auf die Palme bringen wollte. »Einen Mittelsmann?«

»Ihren Stellvertreter oder diesen Präsidenten der Börsenaufsichtsbehörde, wie hieß er noch, Aylyard?«

»Warum sollte ich jemand anders einschalten wollen?«

Bartrop zuckte die Achseln. »Das ist so üblich ... falls irgend etwas schiefgeht.«

»Was sollte denn schiefgehen? Wollen Sie damit sagen, daß Sie jetzt schon Ärger voraussehen?«

Bartrop lachte. »Nein, keineswegs. Es ist einfach nur so üblich. Wir sind keine Hellseher. Und falls wirklich etwas schiefgeht, wären Sie gedeckt. Jemand anders müßte den Hut nehmen, verstehen Sie.«

Barrington trat einen Schritt auf Bartrop zu. »Eines möchte ich ganz deutlich machen, Bartrop. Sollte auch nur die geringste Möglichkeit bestehen, daß etwas schiefgehen kann, dann begraben wir das Ganze lieber, und zwar auf der Stelle. Ich finde schon einen anderen Weg, die ICB unter die Lupe zu nehmen.«

»Wie gesagt, ich kann zwar nicht hellsehen, Governor«, antwortete Bartrop gelassen, »aber meines Erachtens gibt es keinerlei Anzeichen dafür, daß etwas schiefgehen könnte. Ich hätte es Ihnen nicht vorgeschlagen, wenn ich nicht davon überzeugt wäre, daß wir die Situation fest im Griff haben.«

»Und Sie werden sie weiterhin im Griff behalten? Sie werden dafür sorgen, daß nichts schiefgeht?«

Bartrop verbarg seine wachsende Ungeduld hinter einer höflichen Maske.

»Das ist mein Job, Governor. Ich werde mein möglichstes tun.«

Barrington lächelte. »Na, dann ist ja alles in Ordnung. Sie tun Ihre Arbeit und ich die meine. Und was meinen Stellvertreter anbelangt, in Fachkreisen munkelt man, daß er seinem Job nicht gewachsen ist, aber das bleibt unter uns. Ein Leichtgewicht, verstehen Sie? Ich selbst bin mir über seine Standfestigkeit nicht so sicher. Und Aylyard hat nicht die *gravitas*. Fachlich ist er sehr gut, aber er hat Probleme im Umgang mit Menschen.«

Bartrop wandte sich zur Tür. »Gut, Governor. Dann überlasse ich die Sache Ihnen.«

Die beiden Männer verabschiedeten sich.

Bartrop nahm den Lift zum Hof, gefolgt von Munro, der dann vorging, um die Tür des Rovers zu öffnen. Bartrop stieg ein, und Munro raste durch die menschenleeren Straßen der City. Bartrop sah nachdenklich aus dem Fenster. Beim Stand der Dinge wäre es zwar eine Frage der Höflichkeit gewesen, den Security Service MI5 über sein Vorhaben zu informieren, doch es schien ihm klüger, etwaigen Komplikationen aus dem Weg zu gehen. Je weniger Leute davon wußten, um so besser. Er mußte Fieri um jeden Preis kriegen … und außerdem war es keine Angelegenheit des MI5, ja, eigentlich nicht mal des MI6. Es betraf die City, die dem Präsidenten der Zentralbank unterlag. Wenn dabei Kenntnisse heraussspringen sollten, die den MI6 betrafen, so war es reiner Zufall, beschloß Bartrop und lächelte seinem Spiegelbild in der kugelsicheren Glasscheibe zu.

3

Als das Telefon läutete, lag Sarah Jensen im Bett, eng an ihren Freund Eddie gekuschelt, der morgen zu einer neuen Expedition aufbrach und seine letzten Tage in London genießen wollte. Sie streckte den nackten Arm aus und griff nach dem Hörer. Es war ihr Kollege David. Er wirkte nervös.

»Sarah, es ist halb neun. Du bist jetzt schon eine Stunde zu spät dran, und Carter hat bereits zweimal nach dir gefragt. Er ist ziemlich geladen, gegen seine sonstige Art …«

Sarah lachte. »Und was hast du ihm gesagt?«

»Daß du heute morgen zum Arzt müßtest.«

»Das war klug. Vor neun macht keine Praxis auf. Eine halbe Stunde für den Arztbesuch und dreiviertel Stunde von Chelsea zur City. Ich bin spätestens um viertel nach zehn im Büro.« Noch ehe er etwas sagen konnte, hatte sie den Hörer aufgelegt und wandte sich wieder Eddie zu. Um zehn löste sie sich schließlich von Eddie und schlüpfte aus dem Bett. Er beobachtete, wie sie durch das Zimmer ging. Sie war groß, etwa eins achtzig, schlank, muskulös und hatte eine umwerfende Figur. Ihre Bewegungen waren langsam; sie schien ihre Nacktheit zu genießen. Sie duschte ausgiebig, ihr langes, braunes Haar zu einem Knoten geschlungen, den sie außer Reichweite des Wasserstrahls mit einer Hand zusammenhielt. Als sie aus der Dusche kam, einen dünnen Baumwollkimono überwarf, durchs Schlafzimmer ging und auf die Dachterrasse trat, hinterließ sie lauter kleine Pfützen. Im Juni fand sie es hier mit den duftenden leuchtenden Rosen, den zwei Meter hohen Palmen, den Gardenien und Geranien am schönsten.

Einen Augenblick blieb sie draußen stehen, bis die warme Luft ihre feuchte Haut getrocknet hatte, und ging dann wieder hinein, um aus ihrem Schrank ein violettes Leinenkleid und ein Paar dunkelblaue Schuhe zu angeln. Schließlich warf sie ihre Handtasche über die Schulter, küßte Eddie, lächelte ihm zu und verließ das Haus. An der King's Road nahm sie ein Taxi und saß um elf Uhr an ihrem Schreibtisch bei Finlays.

Keine fünf Minuten später erschien John Carter, der Direktor von Finlays und Sarahs früherer Freund, in ihrem Büro. »Ist alles in Ordnung?« fragte er freundlich.

»O ja«, antwortete Sarah und lächelte. »Nur die übliche Vorsorgeuntersuchung. Du weißt schon.«

Carter errötete leicht. David Reed, der neben Sarah saß, fing plötzlich heftig an zu husten, worauf ihm Sarah einen bösen Blick zuwarf.

»Ich wollte dich fragen, ob du Lust hättest, morgen mit ein paar Kunden Mittag zu essen? Sie würden gerne einen erfahrenen Devisenhändler dabei haben«, fügte er hinzu, ohne auf David zu achten.

Sarah schaute in ihrem Terminkalender nach. »Mittwoch den zehnten.« Dann sah sie auf und sagte: »Ja, ist mir recht, John.«

Carter kehrte in sein Büro zurück und rief Barrington an.

»Wollte dir bloß schnell mitteilen, daß das Mittagessen morgen in Ordnung geht.«

»Sehr gut. Ach übrigens, habt ihr eine Personalakte von Miss Jensen?«

»Ja, natürlich. Ich lasse sie dir heute noch zufaxen.«

»Schick sie mir lieber per Kurier, wenn es dir nichts ausmacht«, sagte Barrington.

»Wie du willst«, antwortete Carter und fragte sich zum x-tenmal, was das alles zu bedeuten hatte.

Es hatte vor zehn Tagen begonnen, als Carters Sekretärin auf ihre unnachahmliche Art, mit der sie zu verstehen gab, daß sie, Kate Jenkins, sich von nichts und niemandem beeindrucken ließ, erklärt hatte, der Präsident der Bank of England sei am Apparat. Als Carter sich das Gespräch durchstellen ließ, fragte er sich, ob der Anruf beruflicher oder privater Natur war. Er kannte Barrington seit fast zwanzig Jahren. Sie waren Nachbarn und Freunde. Seit Carters Scheidung lud Barringtons Frau Irene ihn am Wochenende häufig zum Essen ein.

Doch diesmal hatte Barrington ein geschäftliches Anliegen. Nach den üblichen Begrüßungsfloskeln brachte er das Gespräch auf den Devisenmarkt und erkundigte sich schließlich nach den Devisenhändlern, die bei ihm arbeiteten. Carter hatte geantwortet, daß er nur eine Frau in seiner Abteilung für wirklich überragend halte, und Sarah Jensens Namen fallengelassen. Darauf hatte Barrington ihn regelrecht ausgequetscht. Was für ein Mensch Sarah sei? Wie es mit ihren fachlichen Qualitäten aussehe? Und schließlich, ob sie zusammen zu Mittag essen könnten? Als Erklärung hatte er nur gesagt, er habe Lust, sich mit Leuten auszutauschen, die im Devisenhandel an vorderster Front stünden.

Carter hatte dem Anruf nicht viel Bedeutung zugemessen. Er hielt das Ganze für den Versuch des Governors, seinen Elfenbeinturm zu verlassen. Wahrscheinlich hatte er die Gesellschaft anderer Zentralbanker satt, von denen die meisten sowieso sterbenslangweilig waren, und wollte sich etwas in den Niederungen der Welt umsehen. Und wer war dazu besser geeignet als Devisenhändler? Jedenfalls würde der Governor angenehm überrascht sein, wenn er Sarah Jensen traf.

Carter hatte das Ganze vergessen und war im ersten Moment erstaunt, als der Governor an diesem Morgen anrief und erklärte, bei ihm sei ein Termin frei geworden. Zufälligerweise habe der Präsident der rumänischen Zentralbank ein Treffen abgesagt, was wohl mit internen Schwierigkeiten zu tun habe. Ob sie nicht morgen mittag zusammen essen wollten, und vielleicht könnte Carter diese Devisenhändlerin mit dazu bitten, wie sei noch ihr Name, Jensen?

Neugierig, wie er war, hatte Carter alles in die Wege geleitet. Wahrscheinlich will er ihr eine Stellung anbieten, dachte er, während er Sarahs Akte durchblätterte. Dann übergab er sie der Sekretärin, damit diese sie per Fahrradkurier zur Zentralbank schickte – mit der Anweisung, sie nur dem Governor persönlich auszuhändigen.

Vergebliche Liebesmühe, dachte Carter. Die Bank of England konnte ihr nicht die Hälfte von dem zahlen, was sie bei Finlays verdiente. Seit sie vor vier Jahren bei ihnen angefangen hatte, versuchte die Konkurrenz regelmäßig, sie abzuwerben, doch ohne Erfolg. Weder Carter noch der Leiter der Devisenhandelsabteilung, Jamie Rawlinson, dachten daran, sie gehen zu lassen. Auf alle Fälle würden sie zahlen, was nötig war, um sie zu behalten.

Sarah war zweifellos die beste in ihrer Generation. Sie hatte ein instinktives Gefühl für Marktentwicklungen und scheute auch nicht davor zurück, Risiken einzugehen. Sie war stolz auf ihre Erfolge, und wenn sie verlor, nahm sie es nicht so tragisch wie die meisten ihrer Kollegen. Carter wußte, daß sie sehr ehrgeizig war, besessen geradezu, aber für Politik hatte sie nichts übrig. Anders als ihre Kollegen, die dem Arbeitgeber, dem sie gerade dienten, ständig ihre Loyalität bezeugen mußten, machte Sarah keinen Hehl daraus, daß sie nur arbeitete, um sich auch weiterhin ihren Lebensstandard leisten zu können. Das einzige, was sie wirklich interessierte, war, Berge zu besteigen und fremde Länder zu bereisen, entweder mit ihrem Bruder oder jetzt auch mit ihrem neuen Freund. Wie war noch sein Name … ach ja, Eddie, dachte Carter wehmütig.

Er saß in seinem ruhigen Büro und überließ sich dem Ansturm der Gedanken, die ihn fast täglich überfielen, ohne daß er sich dagegen wehren konnte. Zuerst hatte er noch versucht, sie mit vernünftigen Argumenten zu vertreiben. Es war nur allzu verständlich, daß Sarah mit einem Mann ihres Alters zusammensein wollte. Von Anfang an hatte er das Gefühl gehabt, daß sie ohnehin nur aus Mitleid mit ihm ins Bett gegangen war. Damals ließ seine Frau sich gerade von ihm scheiden. Sie sehe ihn ohnehin nie, klagte sie. Wenn er nicht im Büro war, dann auf einem der vielen langweiligen Arbeitsessen mit einem Kunden, an denen sie schon lange nicht mehr teilnahm. Carter hatte begonnen, sein Paradepferd Sarah Jensen zu den Arbeitsessen mitzunehmen. Die Kunden liebten Sarah. Und es dauerte nicht lange, bis auch er es tat und ihr sein Herz ausschüttete. Mit Sarah konnte er über persönliche ebenso wie berufliche Aspekte des Lebens reden. Obendrein war sie attraktiv, ja unwiderstehlich.

Sechs Monate hatte ihre Affäre gedauert. Sie hatte ihm

Selbstvertrauen und seinen Glauben an das Leben wiedergegeben. Er hatte sie heiraten wollen, es ihr aber nie gesagt, obwohl sie es sicherlich gespürt hatte. Denn sie gab ihm liebevoll zu verstehen, daß sie nicht die Richtige für ihn sei. Vom Alter und den ständigen Angriffen seiner Frau aller Eitelkeit beraubt, wußte er, daß Sarah eigentlich hatte sagen wollen, daß er nicht der Richtige für sie war. Also ließ er sie schweren Herzens gehen.

Sie blieben auch privat in Kontakt, und einmal im Monat gingen sie zusammen essen. Er konnte sich nicht verkneifen, sie nach ihren neuen Freunden zu fragen. Eine Weile hatte es keine gegeben, doch dann hatte sie Eddie kennengelernt, einen Freund ihres Bruders Alex. Das war vor einem Jahr gewesen. Carter glaubte, daß er sich mit seinem Schicksal, so gut es ging, abgefunden hatte.

Während John Carter über seine Beziehung zu Sarah nachdachte, war ihre Personalakte auf dem Weg zu Anthony Barrington.

Eine Stunde später, nachdem der Umschlag die Sicherheitskontrollen passiert hatte und geröntgt worden war, landete er auf dem Schreibtisch des Zentralbankpräsidenten. Barrington öffnete ihn und nahm die Akte heraus.

Sarah Louise Jensen, britische Staatsbürgerin, 1966 in New Orleans geboren. Sie hatte die Mädchenschule in Hampstead und das College in Trinity Cambridge besucht und im Hauptfach Mathematik studiert. Sie interessierte sich für Jazz, las gerne, fuhr Ski und war eine begeisterte Bergsteigerin. Nach Abschluß des Studiums war sie ein Jahr lang durch die Vereinigten Staaten gereist, bevor sie bei Finlays anfing.

Als nächstes überflog Barrington die internen Berichte der Devisenhandelsabteilung von Finlays. Der erste bewertete ihre professionellen Fähigkeiten. Außergewöhnliche Leistungen. Hervorragende Fachkenntnisse und anhaltende Effektivität. Kühl, professionell. Sechs Millionen Pfund Gewinn für ihre Abteilung im letzten Jahr. Weniger zuverlässig bei der Einhaltung von Arbeitsstunden. Erwartet vielleicht aufgrund ihrer Effektivität besondere Privilegien. Spricht man sie auf ihre unregelmäßigen Arbeitszeiten an, gibt sie lächelnd alles zu. Barrington mußte lachen, als er einen handschriftlichen Eintrag am Rande las: »Wenigstens ist sie ehrlich.«

Dann folgten eine Reihe von verwaltungstechnischen Daten. Barrington überflog Bankkonten, Hypothekenbriefe, Krankenversicherung. An einer Zahl blieb er jedoch hängen – Einkommen im letzten Jahr: vierhunderttausend Pfund, ein Grundgehalt von hunderttausend und weitere dreihunderttausend als Prämien. Sogar nach dem ohnehin hohen Standard der City war das eine astronomische Summe. Sie mußte eine der bestbezahlten Devisenhändlerinnen der City sein.

Zweifellos war Sarah Jensen, was die beruflichen Qualifikationen anging, für den Job mehr als geeignet. Die Frage war, ob sie auch die psychologischen Fähigkeiten zu einer Spionin hatte. Das konnte man natürlich erst nach einem persönlichen Gespräch sagen. Nach welchen Eigenschaften er suchen sollte, war Barrington nicht ganz klar. Er wußte nur, daß er dem Treffen mit Sarah voller Spannung entgegensah.

Er wollte ihre Akte schon wieder in den Umschlag stekken und in den Safe legen, als ihm ein weiteres Detail auffiel. Als ihre nächsten Verwandten wurden ihr Bruder und ihre Tante genannt. Seltsam, dachte er, sie war doch erst siebenundzwanzig. Ihre Eltern konnten ja wohl noch nicht tot sein. Gab es irgendwo einen weißen Fleck? Merkwürdig. Er rief seine Sekretärin an und ließ sich mit Carter verbinden.

Fünf Minuten später hatte Carter ihm die Sache erklärt. Es gab keinen weißen Fleck. Sarahs Eltern waren bei einem Verkehrsunfall in New Orleans ums Leben gekommen, als sie acht Jahre alt war. »Das muß ein absoluter Schock für sie gewesen sein, in dem Alter«, sagte Barrington.

Carter schwieg, Erinnerungen und offene Fragen gingen ihm durch den Kopf. Nichts als Vermutungen, dachte er und zerstreute seine Bedenken. Schließlich sagte er nur: »Ich glaube, daß sie es auf ihre Art verarbeitet hat.« Barrington legte erleichtert auf. Für ihn war Sarah Jensen weiterhin die optimale Kandidatin für den Job.

4

Sarah Jensen fluchte leise vor sich hin. Warum mußte die Börse jedesmal, wenn sie früher nach Hause wollte, plötzlich verrückt spielen? Sie starrte auf die Zahlenkolonnen auf ihrem Bildschirm, die sich unter ihrem Blick noch hektischer zu verändern schienen. Erneut fluchend, schaltete sie den Computer aus, und nach einem kurzen Aufblicken verdunkelte sich der Monitor seufzend. David Reed sah überrascht auf, als sie ihre Sachen zusammenpackte und in die Handtasche stopfte.

»Du kannst unmöglich schon gehen, Sarah. Es ist erst zwei. Der Markt ist alles andere als ruhig.« Er tat so, als wäre er sauer auf sie, das übliche Spielchen. In Wahrheit liebte er ihre Aufsässigkeit und sie seine Komplizenschaft.

»Natürlich kann ich«, entgegnete sie. »Der Markt hat mir die Laune verdorben, und wenn ich schlechte Laune habe, verliere ich Geld. Das weißt du doch.« Sie zuckte resigniert die Achseln. »Also ist es besser, wenn ich hier verschwinde.« Ihr unbewegtes Gesicht verlor die Fassung, und sie wandte sich schnell ab. »Wenn jemand für mich anruft, sag' einfach, ich rufe morgen zurück.«

David lehnte sich, überwältigt von ihrer Logik, zurück. »Vergiß nicht, daß du morgen mit Carter zum Mittagessen verabredet bist«, rief er ihr nach. Aus Erfahrung wußte er, daß ihre »schlechte Laune«, wie sie sie nannte, Tage dauern konnte.

Waitrose auf der King's Road war voll von Müttern mit Babys, alten Rentnern und den schmuddligen Straßenkünstlern, die sich nur so schäbig kleideten, um andere Leute zu deprimieren. Jedenfalls glaubte Sarah das. Diese Klientel war völlig anders als die, die sie angetroffen hätte, wenn sie wie die anderen Lohnsklaven, die zwischen neun und fünf oder wie sie zwischen sieben und fünf arbeiten mußten, eingekauft hätte. Jedenfalls waren ihr die Massen, die um halb drei einkauften, lieber. Nach sechs ging man das Risiko ein, von einer Horde wildgewordener Nadelstreifenanzüge umgerannt zu werden, die ihren Frust an den Einkaufswägen abließen.

Sie blieb an der Fleischtheke stehen und prüfte die in Plastik verschweißten Steaks, indem sie die Packungen hin- und herdrehte und zusah, wie schnell das Blut in die verschiedenen Richtungen rann. Schließlich entschied sie sich für die saftigste Packung, ein dickes, dunkelrotes, blutiges Filetsteak. Aus dem Gemüsefach nahm sie Kartoffeln, Tomaten, ein paar Brokkolistrunke und eine Handvoll roter und grüner Salatblätter.

Sie schob den Wagen zum Kühlfach und packte Schlagsahne, Crème fraîche und ein Dutzend Eier von freilaufenden Hühnern ein. Als sie bezahlt hatte, ging es weiter zum *Chelsea Farmer's Market,* gleich um die Ecke der King's Road.

Erst kaufte sie bei *Neal's Yard,* dem Bioladen, eine Pakkung Vanilleschoten und betrat dann, gebückt wegen des niedrigen Eingangs, den Weinladen. Es war nicht viel mehr als ein besserer Schuppen, aber er verfügte über eine gute Auswahl und freundliches, wenn auch nicht immer fachlich qualifiziertes Personal. Sie nahm sich Zeit und suchte drei Flaschen Rotwein und zwei Flaschen Champagner aus. Beladen mit Tüten und Taschen, machte sie sich schließlich auf den Heimweg.

Alex und Eddie saßen im Schneidersitz auf dem Boden, eine ausgebreitete Landkarte vor sich, als Sarah die Wohnung betrat. Sie waren derart vertieft, daß sie sie gar nicht bemerkten. Sarah sagte nichts und beobachtete sie. Ihr Bruder Alex war mittlerweile sechsundzwanzig, doch für sie würde er immer der unschuldige kleine Junge bleiben, klug, aber kein bißchen zynisch. Er war von Natur aus fröhlich. Der Tod der Eltern, als er sechs war, hatte ihn weniger getroffen als sie. Er hatte Trauer empfunden, hatte sie vermißt, sich allein gefühlt und Angst gehabt, doch war alles im Rahmen normaler menschlicher Gefühle geblieben. Außerdem hatte er seine Schwester und seine englische Tante, die für ihn sorgten. Sie trösteten ihn, und bald war er wieder ein glücklicher und normaler Junge. Seine ganze Energie widmete er fortan der Natur und vor allem dem Bergsteigen, von dem er beinahe besessen war. Wie Sarah war er in Cambridge eingeschrieben, doch da er die meiste Zeit mit Bergsteigen verbrachte, war sein Examen nicht sonderlich gut. Ihn störte es nicht. Solange er Zeit und Geld hatte, um irgendwelche Gipfel zu erklimmen, war er zufrieden. An Zeit mangelte es ihm nicht, und Geld hatte Sarah. Neun Monate im Jahr widmete er voll und ganz seiner Leidenschaft, und die restlichen drei wohnte er bei Sarah. Es war genau das Leben, das er sich wünschte, und Sarah war froh darüber. Vor einem Jahr hatte er beim Klettern in den Alpen einen neunundzwanzigjährigen Australier kennengelernt, Eddie, mit dem er sich zusammentat. Später stellte Alex ihn seiner Schwester vor. Eddie und Sarah freundeten sich an. Vier Monate später waren sie ein Liebespaar.

Wie Alex war Eddie hochgewachsen und schmal und besaß die kräftige, aber unauffällige Gestalt eines Bergsteigers. Eddie drehte Dokumentarfilme für das australische Fernsehen, und zwischen den Drehs ging er bergsteigen. Wie fast alle von Sarahs Männern hatte er dunkles Haar. Doch im Gegensatz zu den meisten seiner Vorgänger war er liebevoll und zärtlich. Er hatte einen scharfen, fast beißenden Sinn für Humor, was allerdings mehr mit seinem Intellekt und seiner Nationalität als mit Bosheit zu tun hatte. Negative oder unangenehme Gefühle waren ihm fremd. Das einzig Traurige an unserer Beziehung ist, daß wir uns wegen seiner vielen Reisen kaum sehen, dachte Sarah, als sie auf ihn zuging. Ihre Abschiede waren jedesmal wie ein Alptraum. Sie vermißte ihn sehr und machte sich ständig Sorgen, daß ihm unterwegs etwas zustoßen könnte.

Die beiden Männer lächelten, als sie schließlich aufsahen und sie bemerkten. Eddie griff nach ihrer Hand und zog sie zu sich herab, um sie zu küssen.

»Hast du es doch geschafft, dich aus dem Staub zu machen?«

Sie lachte und setzte sich zu ihnen. Die Taschen hatte sie einfach fallen gelassen, so daß Schlagsahne und Weinflaschen nun herausrollten.

»Zeigt mir noch mal, wohin es diesmal geht.«

Alex deutete auf eine Route durch den Himalaja.

»Man kann davon ausgehen, daß wir ungefähr sechs Wochen in den Bergen bleiben. Anschließend wollen wir die Landschaft um Katmandu erkunden und dann etwa noch einen Monat durch den Dschungel wandern.«

»So ungefähr«, nickte Eddie.

Sarah legte die Arme um sie und drückte beide an sich. »Was soll ich bloß drei Monate ohne euch machen?« Sie klang fröhlich, doch Alex und vor allem Eddie wußten, daß sie traurig war. Sie hatten es oft genug erlebt. Hinter ihrer zuversichtlichen Maske verbarg sich eine unglaubliche Verletzbarkeit. Sarah jedoch tat ihr Bestes, um sich zu verstellen. Sie hätte ihre Enttäuschung vor ihnen niemals eingestanden, obwohl doch alle darum wußten. Alex verjagte den Gedanken daran. Er machte ihm angst und verwirrte ihn. Das war schon immer so gewesen. Sie war seine große Schwester und hatte ihn nie im Stich gelassen. Sie hatte stark zu sein, doch manchmal wirkte sie so unsicher und verletzlich, daß er Angst hatte, sie allein zu lassen. Seit sie Eddie kannte, ging es ihr besser. Sie war ruhiger, und zum erstenmal seit Jahren, vielleicht zum erstenmal überhaupt, hatte Alex das Gefühl, daß sie glücklich war und sich sicher fühlte. Er sah sie an. Nein, nicht sicher. Er fragte sich, ob sie sich jemals sicher fühlen würde. Ob sie jemals loslassen könnte. Er beobachtete, wie sie mit Eddie lachte. Glücklich war sie zumindest, daran gab es keinen Zweifel.

»Komm doch einfach mit«, sagte Alex spontan.

»Ja, warum nicht?« ermunterte sie Eddie.

Sarah lächelte und brachte die Einkaufstüten in die Küche. Diesmal nicht, dachte sie, als sie die Sachen wegräumte. Aber bald, sehr bald, versprach sie sich selbst.

Der Wecker klingelte um sechs. Sarah stellte ihn aus und schmiegte sich wieder an Eddie. Er drückte sie an sich und verbarg sein Gesicht in ihrem Haar, küßte ihren Hals, das

Gesicht und die Augen. Nach einer Weile löste er sich langsam von ihr und strich ihr sanft das Haar aus dem Gesicht.

»Ich hab' es ernst gemeint letzte Nacht. Du könntest mit uns kommen. Wir könnten irgendeinen Ort ausmachen, wo wir uns treffen. Du weißt, wir würden uns riesig freuen, wenn du mitkommst.«

Sarah lächelte in sein ernstes Gesicht. »Ja, ich weiß, aber jetzt noch nicht. Wenn ich mit dir gehe und Geschmack an der Freiheit finde, könnte ich nie wieder zu meiner Arbeit zurückkehren.«

»Wäre das so schlimm?«

»Ich bin noch nicht soweit«, sagte sie einfach.

Wieder zog Eddie sie an sich und küßte sie. Er wußte, daß er sie nicht überreden konnte. Sie würde sagen, daß es am Geld lag. Sie müßte nur noch ein oder zwei Jahre arbeiten, dann hätte sie genug, um aufzuhören. Aber er fühlte, daß mehr dahintersteckte, und hatte den Verdacht, daß sie sich trotz all ihrer Aufsässigkeit nach einem ganz normalen Leben sehnte, nach einer festen Routine und den Terminzwängen, gegen die sie angeblich zu Felde zog. Wahrscheinlich war es die Sehnsucht eines Kindes nach Geborgenheit und Normalität. In Anbetracht dessen, was er über sie wußte, schien das eine unvollständige, aber einleuchtende und zutreffende Erklärung.

Um neun brachen sie auf. Sarah stand an der Tür und sah dem Taxi nach. Ihr einziger Halt war verschwunden. Sie drehte sich um und ging wieder ins Haus. Dann nahm sie eine lange heiße Dusche.

Sie waren erst gegen fünf ins Bett gekommen. Nach den Filetsteaks und Unmengen *crème brulée* hatten sie noch Wein getrunken, sich unterhalten, gelacht und Backgammon gespielt. Sarah und Eddie hatten wahrscheinlich nicht länger geschlafen als eine halbe Stunde.

Sie wankte aus der Dusche, kraftlos vor Erschöpfung und widerstreitenden Gefühlen. Beim Abtrocknen blickte sie in den Spiegel. Ihre Augen waren leer und leblos. Lange Zeit starrte sie sich an, dann lächelte sie leicht und wandte sich ab.

Jetzt waren sie weg. Sie würden wiederkommen. Daran mußte sie fest glauben. Doch ihre Abwesenheit hatte auch etwas mit Unsicherheit zu tun, und genau das war es, was ihr auf den Magen schlug, sie mit Angst erfüllte und perverserweise gleichzeitig eine heimliche Sehnsucht erfüllte. Obwohl sie ständig auf der Flucht vor der Unsicherheit war, brauchte sie diese auch und war von dem unbewußten Verlangen getrieben, sie zu beherrschen. Sie brachte sie mehr als alles andere aus der Fassung, dennoch suchte sie sie und ließ sich immer wieder auf sie ein.

Sarah wühlte in ihrem Kleiderschrank und überlegte, was sie anziehen sollte. Sie erinnerte sich an das Arbeitsessen und entschied sich für ein elegantes, aber dezentes schwarzes Leinenkleid. Passend zu meiner Laune, dachte sie. Das Schwarz ließ ihr ohnehin farbloses Gesicht noch bleicher wirken. Sie ging ins Bad, legte Rouge auf, schminkte sich die Lippen und tupfte etwas Make-up unter die Augen, um die dunklen Ringe zu verbergen. Wenn sie genug Kaffee trank, könnte es ihr gelingen, sie zu täuschen.

Anthony Barrington unterhielt sich mit John Carter in einem der privaten Eßzimmer bei Finlays, als Sarah Jensen eintrat. Er beobachtete, wie sie auf sie zukam. Sie war etwa eins achtzig groß, mit Schuhen eins fünfundachtzig. Ihr Gang war federnd und selbstbewußt. Sie sah aus wie eine stolze Amazone, obwohl sie offenbar versuchte, ihren Charme zu verstecken. Ihre Kleidung war düster, beinahe so, als sei sie unterwegs zu einer Beerdigung. Mit dem nach hinten gekämmten Haar hätte sie streng, ja fast bedrohlich wirken müssen, doch Barrington empfand es nicht so.

Das liegt vor allem an ihrem Gesicht, dachte er. Besser gesagt, an den Augen und dem Mund, der geschwungenen Linie des Kiefers, den Wangenknochen und Augenbrauen. Das ganze Gesicht strahlte atemberaubende Sinnlichkeit aus. Die Strenge der Frisur und des Kleides dienten einzig und allein der Tarnung. Doch als sie näherkam und vor ihm stehenblieb, bemerkte er überrascht ein Netz von Linien um ihre Augen, feine Linien, noch keine Fältchen, aber ungewöhnlich für eine Frau ihres Alters. Als sie ihm die Hand gab und lächelte, verzogen sie sich nach oben. Es war ein mutiges, stolzes Gesicht. Ihre Augen sprühten Funken. Sie schüttelte ihm die Hand und begrüßte ihn mit tiefer, klarer Stimme. Für den Bruchteil einer Sekunde wirkte das schöne Gesicht leer, ohne irgendeine Gefühlsregung. Dann kehrte die Wärme zurück. Als Barrington ihr die Hand drückte und in die lächelnden Augen schaute, beschlich ihn das Gefühl, daß sie nicht das geringste Interesse an diesem Treffen hatte.

Aus den Augenwinkeln sah Barrington, daß Carter ihn anstarrte. Er wandte seine Aufmerksamkeit wieder dem alten Freund zu, der irgendwas zu ihm gesagt haben mußte und auf eine Reaktion wartete. Er beschloß, ehrlich zu sein.

»Tut mir leid, alter Knabe. Darauf war ich nicht vorbereitet. Du hast mich nicht vorgewarnt.«

Carter warf Sarah einen raschen Blick zu. Es war nicht das erste Mal, daß so etwas passierte. »Es ist meine eigene Schuld«, sagte er lächelnd zu Barrington und wandte sich wieder Sarah zu. »Ich kann es nur allzugut verstehen.«

Sarah lächelte höflich wie über einen abgedroschenen Witz.

»Einen Drink?« fragte Carter und ging auf Sarah zu.

»Eine Bloody Mary bitte.« Sie lächelte sanft. Er nickte leicht und warf Barrington einen fragenden Blick zu, der sich anschloß. Dann beschäftigte er sich mit den Drinks. Samstag morgens Bloody Marys. Das war lange her. Er mixte die Drinks. Für Barrington und ihn die übliche Menge, für Sarah mit ihrem unempfindlichen Gaumen eine ordentliche Portion Tabasco. Er lächelte in sich hinein und wandte sich wieder seinem Besuch zu. Barrington beobachtete Sarah. Sie nippte nicht, sie trank. Sie stand neben ihm und schaute aus dem Fenster über das Meer von Dächern. Sie befanden sich im obersten Stock des Finlays Building, einem modernen Hochhaus, und direkt unter ihnen lagen die alten Gebäude der City, die Bank of England eingeschlossen.

»Toller Ausblick«, nickte Barrington anerkennend. »Einer der schönsten in der City.«

»Nicht wahr? Ich stehe gerne hier und schaue aus dem

Fenster. Die Häuser sehen von dieser Höhe so anders aus, beinahe verletzlich. Kein Lärm, keine Sicherheitsbeamte, nur die nackten Dächer.« Plötzlich grinste sie. »Wenn ich eine Bank ausrauben wollte, würde ich durchs Dach kommen.«

Beide Männer brachen in schallendes Gelächter aus.

»Danke für den Tip«, sagte der Governor. »Wenn jemand auf die Idee kommt, durchs Dach zu steigen, wissen wir, wer es war.«

»Mach dir keine falschen Hoffnungen, Barrington. Du würdest Sarah nie auf die Schliche kommen«, sagte Carter. Wieder lachten die beiden. Sarah sah lächelnd aus dem Fenster und zündete sich eine Zigarette an.

Der Butler erschien an der Tür und gab Carter ein diskretes Zeichen.

»Danke, Fred. Fangen Sie an«, sagte Carter und bat Sarah und Barrington zu Tisch. Er selbst setzte sich an den Kopf und ließ Barrington rechts und Sarah links von ihm Platz nehmen. Fred brachte eine Salatplatte mit Hühnerleber.

»Sie waren also in Cambridge«, sagte Barrington und begann zu essen. Sarah nickte und spürte einen Anflug von Müdigkeit und Langeweile, während sie mechanisch antwortete: »Ja, von 1985 bis 1988. Ich habe Mathematik studiert.«

»Und das beste Examen ihres Jahrgangs hingelegt«, fügte Carter hinzu.

»Genau wie wir«, lachte Barrington.

Sarah lächelte höflich.

»Hauptfach Mathematik?« fragte Barrington weiter.

»Ja, aber ich habe auch ein paar Seminare in Philosophie belegt.«

»Was für eine Mischung!«

»Eine wunderbare Kombination«, erwiderte Sarah. »Herz und Kopf.«

»Und jetzt die City?« Barrington beugte sich über den Tisch und hob die Augenbrauen.

»Ja. Nicht unbedingt eine logische Konsequenz, nicht wahr?«

Die beiden Männer schwiegen und warteten darauf, daß

sie weitersprach. Doch sie zuckte nur die Achseln: »Liegt das nicht auf der Hand?«

Barrington wirkte ein wenig verlegen. Er hustete. »Doch, aber jetzt mal abgesehen vom Geld – gibt es nicht noch einen anderen Grund? Macht Ihnen der Devisenhandel keinen Spaß?«

Sarah lachte höflich. »Doch, könnte man sagen. Aber diesen Ausdruck würde ich eher fürs Bergsteigen, Skifahren oder Lesen benutzen. Der Devisenhandel interessiert mich. Ich mag das Glücksspiel, und seltsamerweise sind die Devisenmärkte ebenfalls eine Mischung aus Herz und Kopf, Logik und Gefühl. Am Schwarzen Mittwoch oder in der Nacht des Putsches gegen Gorbatschow spielten Gefühle eine ebenso wichtige Rolle wie die Logik. Das Gespür für den Markt, die Psychologie, der Versuch, die Börse oder zumindest andere Broker zu manipulieren, ja, das ist faszinierend. Es ist wirklich wie ein Spiel.«

Barrington schwieg. Carter beobachtete, wie er Sarah musterte. Dann tauchte er wieder aus seiner Gedankenverlorenheit auf. »Ein Spiel? Aber mit ernsten Folgen!«

»Oh, das habe ich nie bestritten. Man gewinnt oder verliert riesige Vermögen. Zig Millionen, Milliarden. Man kann Wirtschaftsprogramme zu Fall bringen, Politiker stürzen ...«

»Sie tun so, als ginge Sie das alles nichts an«, erwiderte der Governor leicht irritiert.

»Tut es auch nicht«, antwortete Sarah. »Jedenfalls nicht mich als Devisenhändlerin. Mein Job besteht darin, Geld für mein Unternehmen zu verdienen. So einfach ist das. Als Mensch lassen mich die Politik, die Wirtschaft und die Menschen, die dabei zugrunde gehen, natürlich nicht kalt, aber so ist das in diesem Beruf. Mir könnte es genauso ergehen. Wenn ich mehrmals hintereinander auf die Nase falle und dabei ein paar Millionen Pfund verliere, würde John nicht zögern, mich zu feuern, und er hätte recht.«

»Trotzdem scheint Ihnen diese Aussicht nicht viel auszumachen«, sagte Barrington.

»Warum soll ich mir jetzt darüber den Kopf zerbrechen?« entgegnete Sarah.

Plötzlich mischte sich Carter ein. »Soweit ich sehen kann, ist Sarah die beste Devisenhändlerin der City. Sie muß sich bestimmt keine Sorgen um ihren Arbeitsplatz machen.«

Barrington lehnte sich zurück. »Ist sie wirklich so gut?« fragte er lächelnd.

»In der Tat«, bestätigte Carter.

Verschiedene Gänge wurden serviert und abgeräumt. Schließlich brachte Fred den Nachtisch, Mousse au Chocolat. Sarah machte sich genüßlich darüber her – zu Barringtons Vergnügen.

»Ich war überrascht, von John zu erfahren, daß Sie in New Orleans geboren sind«, sagte er an Sarah gewandt. Entsetzt bemerkte er, wie sie bei der Erwähnung der Stadt leicht zusammenzuckte, als er sich erinnerte, daß ihre Eltern dort umgekommen waren. Barrington verfluchte sich innerlich. Wie konnte er nur so gefühllos sein? Doch ihr Gesicht erholte sich fast augenblicklich, und einen Moment lang fragte er sich, ob er es sich vielleicht nur eingebildet hatte. Sie lächelte.

»Meine Mutter stammte aus New Orleans. Ihre französischen Vorfahren waren aus Nova Scotia ausgewandert. Sie war wunderschön, dunkler als ich, mit schwarzem Haar und dunkelbraunen Augen. Sie war auch kleiner und zierlicher … Mein Vater lernte sie kennen, als er Urlaub in New Orleans machte. Er hat die Stadt nie wieder verlassen.« Sarah breitete die Arme aus. »Ja, so war's.« Dann starrte sie auf den Tisch, griff nach ihrem Weinglas und trank.

»Ah, das ist also die Erklärung«, sagte Barrington, emsig darauf bedacht, die Stimmung zu lockern.

Sarah hob fragend die Augenbrauen.

»Ihre Hautfarbe«, sagte Barrington, unheilvoll wie Poirot.

»Die Cajuns, die ersten französischen und spanischen Siedler«, erklärte Sarah, »vermischten sich mit Italienern und wahrscheinlich auch mit Schwarzen. Deshalb sind wir dunkler als die normalen Franzosen.« Sie lächelte, als sei ihr gerade etwas eingefallen. Zum erstenmal leuchtete ihr ganzes Gesicht auf, und zum erstenmal entdeckte Barrington die Intensität in ihren Augen.

Das Mittagessen war beendet. Barrington nickte Carter zu und drückte Sarah die Hand. Sie lächelte und verabschiedete sich. Befriedigt merkte er, daß sie leicht verwirrt war. Sie gab sich auch keinerlei Mühe, es zu verbergen. Offensichtlich war ihr klar, daß sie sozusagen auf dem Präsentierteller saß und daß es keinen Zweck hatte, ihn nach dem wahren Grund des Treffens zu fragen. Sie strahlte Geduld aus, als wüßte sie, daß sie früher oder später ohnehin erfahren würde, was sie wissen wollte. So war es immer.

Eine außergewöhnliche Frau, dachte er auf dem Rückweg zur Bank. Als er in seinem ruhigen Büro saß, rief er Bartrop an.

»Ich glaube, ich habe Ihren Spion gefunden.«

Bartrop ignorierte den spöttischen Unterton. »Dann erzählen Sie mal. Wie ist er?«

»Es ist eine sie. Klug, charmant und gutaussehend. Sehr seriös und anscheinend die beste Devisenhändlerin der City.«

»Klingt vielversprechend. Wie heißt sie?«

»Sarah Jensen.«

»Ist das ihr ganzer Name?«

Bartrop hörte das Rascheln von Blättern. »Sarah Louise Jensen.«

»Ich gehe davon aus, daß sie die britische Staatsangehörigkeit besitzt.«

»Ja, aber ihre Mutter war Amerikanerin, und ihr …«

»Ihre Mutter ist tot?« unterbrach Bartrop.

»Ja, und ihr Vater ebenfalls. Beide kamen bei einem Verkehrsunfall ums Leben, als sie acht war.«

Nachdem er eine ganze Reihe von Fragen gestellt hatte, sagte Bartrop schließlich: »Ziemlich ungewöhnlich, nicht wahr? In New Orleans geboren, Waisenkind, von der Tante erzogen, mit Cajun-Blut in den Adern. Hört sich an, als wäre das Desaster vorprogrammiert, Governor.«

»Schon möglich, aber Sie haben sie noch nicht gesehen, Bartrop. Sie ist genauso normal und natürlich wie jeder andere. So wie man sich Menschen eben wünscht.«

»Tja, wenn Sie das sagen, Governor, werden Sie wohl

recht haben. Wir müssen ihr allerdings noch etwas auf den Zahn fühlen. Exotische Frauen versprechen oft mehr, als sie halten können.«

»Dann überprüfen Sie sie. Ich schicke Ihnen die Personalakte. Vielleicht hilft sie Ihnen.«

»Danke, Governor. Das wird uns die Arbeit enorm erleichtern.« Zufrieden über diesen kleinen Seitenhieb, legte Bartrop den Hörer auf.

5

Bartrop rief den Governor am folgenden Abend zurück.

»Sind Sie sich immer noch so sicher über Sarah Jensen?«

»Ja, gestern war ich es, und heute bin ich es immer noch. Oder haben Ihre Spione mittlerweile eine Leiche in ihrem Keller gefunden?«

»Nein. Wir haben sie routinemäßig überprüft. Es liegt nichts vor. Alles ganz normal. Sie arbeitet hart und scheint auch hoch zu pokern. Ist nicht gerade eine Abstinenzlerin, aber Alkohol scheint kein Problem zu sein. In Cambridge hatte sie eine Menge Liebhaber, doch seit einiger Zeit läßt sie es ruhiger angehen. Wußten Sie, daß sie eine Weile mit Carter liiert war?«

»Natürlich wußte ich das«, log Barrington. »Und wenn schon!«

»Da haben Sie recht. Nun, im großen und ganzen scheint sie uns geeignet.«

»Was meinen Sie mit ›geeignet‹? Sie ist die ideale Kandidatin!«

»Na gut. Sie ist perfekt. Wir können weitermachen. Sind Sie jetzt zufrieden?«

»Ja.«

»Ich meine, Sie persönlich.«

»Schauen Sie, Bartrop. Darüber haben wir bereits gesprochen. Ich habe ihre Zusicherung. Und nachdem ich Sarah gesehen habe, kann ich Ihnen versichern, daß Marcus Aylyard oder irgendein anderer der Sache nicht gewachsen wäre. Sie ist mehr als kühl. Ich glaube kaum, daß Aylyard sie beeindrucken könnte. Das wichtigste ist, ihr zu imponieren, ihr Vertrauen zu gewinnen, damit sie tut, was wir wollen. Habe ich recht?«

»Völlig.«

»Also brauchen wir keinen Mittelsmann. Ich werde die Sache selbst in die Hand nehmen.«

»Gut. Das freut mich, Governor. Jetzt müssen wir uns nur noch Gedanken über Miss Jensens Indoktrination machen.«

Barrington zuckte zusammen. Was für ein häßliches Wort, Indoktrination.

Bartrop fuhr fort. »Das allerwichtigste ist, daß sie nur teilweise eingeweiht wird. Wir müssen uns eine gute Geschichte ausdenken, damit sie anbeißt. Aber nichts, was unsere Interessen im Hinblick auf Fieri in Gefahr bringen könnte. Davon sollte sie nichts erfahren, unter keinen Umständen. Sie muß lediglich wissen, daß es um betrügerische Geldgeschäfte in der City geht. Wenn wir sie später doch einweihen müssen, können wir die Verbindung immer noch herstellen. Lassen Sie uns erst mal abwarten, ob sie anbeißt. Dann sehen wir, wie gut und zuverlässig sie ist, und können immer noch entscheiden.«

»Klingt vernünftig«, gestand der Governor.

»Also, viel Glück«, sagte Bartrop, und beide legten auf.

Der Governor griff in die oberste Tischschublade, zog eine Flasche Whisky heraus und nahm einen kräftigen Schluck. Dann wählte er Carters Nummer. Er würde Sarah gerne morgen früh, so gegen neun, in seinem Büro sprechen. Ob das möglich sei?

Das Telefon läutete, als Sarah die Tür aufschloß. Sie ließ es klingeln. Die einzigen Menschen, mit denen sie gerne gesprochen hätte, waren weit von jedem Telefon entfernt, irgendwo in einem unerreichbaren Land.

John Carter sprach auf ihren Anrufbeantworter. Ob sie ihn bitte zurückrufen könnte? Es sei dringend. Sarah stolperte erschöpft durch die Wohnung. Es war halb sechs. Was immer es war, es hatte bestimmt Zeit bis morgen.

Sie hob eine Flasche Whisky vom Boden auf und nahm sie mit ins Schlafzimmer. Das zerwühlte Bett sah düster und leer aus. Sarah fischte ein Video von Cagney und Lacey aus dem Stapel und schob die Kassette in den Recorder. Das fröhliche Thema der Filmmusik erklang. Dann zog sie sich aus, schlüpfte in einen alten Pyjama und setzte sich auf das Bett. Gerade wollte sie sich einen großzügigen Whisky genehmigen, als das Telefon erneut klingelte. Gereizt nahm sie den Hörer ab und sagte: »Hallo!« Schon wieder John Carter. Er entschuldigte sich. Er wolle sie nicht stören, aber es sei dringend.

»Schon gut«, sagte Sarah und drehte Cagney mitten im Satz den Ton ab.

»Du hast müde gewirkt gestern beim Mittagessen.«

»Oh, das tut mir leid. War ich so langweilig?« Carter lachte. »Nein, überhaupt nicht. Der Governor war begeistert.«

»Tatsächlich? Wie schön.« Da die stummen Bilder sie ablenkten, schaltete Sarah den Recorder ganz aus. »Übrigens wollte ich dich noch fragen, warum du mich eigentlich dabeihaben wolltest? Das Ganze kam mir etwas komisch vor.«

»Allerdings. Aber es war nicht meine Idee, sondern seine. Er hat mir erzählt, daß er sich mit einem Devisenhändler unterhalten wollte. Da habe ich dich vorgeschlagen.« Er hielt einen Augenblick inne. »Und jetzt will er, daß du ihn in der Zentralbank aufsuchst.«

Sarah war belustigt. »Was soll das Theater, John?«

»Ich weiß es wirklich nicht. Vielleicht will er dir eine Stellung anbieten.«

»Du willst mir doch nicht weismachen, das der Präsident der Bank of England seine Zeit mit Personalfragen vertrödelt.«

»Wohl kaum. Ich kann nur weitergeben, was er mir gesagt hat, Sarah. Er hat mich angerufen und erklärt, daß er dich morgen um neun gern in seinem Büro sehen würde.«

»Na schön, dann treffen wir uns dort.«

»Nein, nein!« sagte Carter. »Du triffst ihn allein.«

Neun Uhr. Die U-Bahn-Station platzte aus allen Nähten. Die verschiedenen Linien aus dem Norden und der Mitte Londons trafen sich hier und spuckten eine Flut von mürrischen Gesichtern auf die Straße. Mit der *Financial Times* oder der *Sun* in der Hand, als seien es Pässe, drängten sich die Massen an den Theken von *Birleys,* um Muffins und Cappuccino zu kaufen und die Lifts von unzähligen Finanzunternehmen mit dem Duft nach Frühstück zu erfüllen.

Sarah verließ die U-Bahn-Station und ging etwa zehn Schritte die Threadneedle Street entlang. Die Sonne spiegelte sich in den hohen weißen Häusern und blendete sie. Auf den steinernen Treppenstufen klapperten ihre hohen Absätze. Sie lächelte dem großen Mann mit dem schwarzen Hut und der rosa Dreivierteljacke am Eingang zur Bank of England zu. Das leuchtende Rosa wurde Houblon Pink genannt, erinnerte sie sich, nach Sir John Houblon, dem ersten Präsidenten der Bank, die 1694 durch einen Parlamentsbeschluß gegründet worden war. Es war die Farbe, die er für die Uniformen seines Personals bestimmt hatte und die seitdem von sämtlichen Türstehern und auch den Parlour Stewards, den Butlern, getragen wurden. Vor Jahren, als sie ihren Job in der City antrat, hatte Sarah an einer Führung durch die Bank teilgenommen. Gesehen hatte sie damals nicht viel. Die interessantesten Räume waren für Besucher nicht zugänglich. Jetzt spürte sie einen heimlichen Schauer der Erregung bei der Vorstellung, gleich das Arbeitszimmer des Governors kennenzulernen.

Sarah lächelte dem Türsteher zu und ging durch die große gewölbte Eingangshalle, deren Boden mit Mosaiken von Münzen aus allen Zeiten geschmückt war. Sie trat zur Information, nannte ihren Namen und erklärte, daß sie einen Termin beim Präsidenten habe.

Der Pförtner lächelte. Er war bereits informiert worden. Er griff zum Hörer, wählte eine Nummer, wartete einen Augenblick und meldete dann, Miss Jensen sei unterwegs. Anschließend nickte er einem Türsteher zu, der sich Sarah zuwandte und höflich: »Nach Ihnen, Madam« murmelte. Er führte sie zu den Parlours, dem größten und imposantesten Bereich der Bank, wo die Büros des Präsidenten, seines Vize und der Direktoren untergebracht sind.

Aus einer perversen Angewohnheit heraus versuchte sie, sich den Weg zu merken, doch sie verlor sich bald im Echo ihrer auf den Mosaiken widerhallenden Schuhe, den großen Gemälden an den Wänden, den hohen Decken, dem Stuck und den dumpfen Geräuschen, die durch die verschlossenen Türen drangen.

Der Türsteher blieb vor einer eichenholzgetäfelten Tür stehen und klopfte respektvoll. Ein Sekretär öffnete die Tür, der Türsteher führte Sarah hinein und verkündete feierlich ihren Namen. Dann zog er sich zurück. Höflich lächelnd, geleitete der Sekretär Sarah zum Arbeitszimmer des Zentralbankpräsidenten.

Barrington stand mit dem Rücken zur Tür und schaute aus dem Fenster in den Innenhof des Gebäudes. Die Hände im Rücken verschränkt, schien er über das von Ruhe und Ordnung erfüllte Bild nachzudenken, das sich vor seinen Augen auftat. Die Büros der höheren Bankbeamten gruppierten sich um den Innenhof. Sie waren stolz, nur sich selbst zu sehen und nicht die Außenwelt. Es war wie ein Symbol für ihre olympische Objektivität. Der Tumult, der aus der U-Bahn-Station und den schmuddeligen Geschäften dort hervordrang, schien weit entfernt. Hier herrschte eine zivilisierte Atmosphäre, vornehm wie der Mann, der in diesem Büro residierte.

Der Governor drehte sich um, lächelte breit und kam Sarah mit ausgestreckter Hand entgegen. »Wie geht es Ihnen, Sarah? Ich freue mich, Sie wiederzusehen.« Er deutete auf einen Sessel, der unter dem Ölbild einer berühmten Seeschlacht stand. »Bitte nehmen Sie doch Platz.« Er setzte sich ihr gegenüber und sah sie eine Weile schweigend an. Wie am Tag zuvor hatte Sarah das Gefühl, begutachtet zu werden.

»Zuallererst möchte ich mich bedanken, daß Sie so kurzfristig kommen konnten.« Er hielt inne, schlug elegant die Beine übereinander und beugte sich etwas vor. Sie wartete, daß er fortfuhr. Einen Moment lang blitzte ein zuversichtliches Lächeln auf seinen Lippen auf, während er seine Kräfte sammelte und dann entschlossen weitersprach. »Sarah, was ich jetzt mit Ihnen besprechen werde, dürfen Sie auf keinen Fall irgend jemandem erzählen. Wenn Sie sich nicht in der Lage sehen, Stillschweigen zu bewahren, sagen Sie es mir jetzt, dann würde ich lieber gar nicht erst damit anfangen.« Sein Lächeln erstarb, und er sah ihr gespannt in die Augen.

Sarah schwieg einen Moment und versuchte ihre brennende Neugier zu verbergen. Dann antwortete sie im gleichen zurückhaltenden Ton: »Natürlich, Governor. Was immer Sie mir sagen, ich werde es höchst vertraulich behandeln.«

Ohne seine Augen von den ihren abzuwenden, fuhr Barrington fort.

»Wie Sie wissen, hat es in den letzten Jahren eine Unzahl von Skandalen in der City gegeben, die alles andere als gut für ihren Ruf waren.«

Sarah nickte. Sie erinnerte sich an die Guinness-Affäre, Blue Arrow, Barlow Clowes, Maxwell, BCCI und ein paar kleinere Fälle. Die BCCI, die Bank of Credit and Commerce International, war in einen für die Zentralbank Englands besonders peinlichen Skandal verwickelt gewesen, nämlich in den größten Betrug in der Geschichte des Bankwesens. Die Bank of England war in ihrer Funktion als oberste Bankenaufsichtsbehörde scharf kritisiert worden wegen der Art, wie sie den vielfachen Milliardenbetrug und die spätere Schließung der Bank gehandhabt hatte.

Der Governor runzelte die Stirn. »Im Parlament wächst der Druck, ein Anti-City-Gesetz zu erlassen, was uns noch weiter schwächen und das Problem keineswegs aus der Welt schaffen würde.«

Sarah konnte seine Sorgen verstehen. Die City haßte es, sich von Außenstehenden, die sie für Ignoranten hielt, etwas vorschreiben zu lassen. Hier setzte man auf Selbstkontrolle.

»Ich gebe offen zu, daß das bestehende System nicht überall so funktioniert, wie es sollte. Ich will nur an die vielen Gerichtsverfahren erinnern, die nach Jahren eingestellt werden müssen und zig Millionen Pfund verschlingen ...« Der Governor starrte einen unsichtbaren Feind an. »Das ist lächerlich und höchst peinlich.«

Sarah dachte an Guinness und Blue Arrow. Der Guinness-Fall war typisch für die willkürliche Handhabung und Anwendung der Gesetze. Die Verfahren gegen einige Beschuldigte waren aus unersichtlichen Gründen eingestellt worden, während andere wiederum hohe Gefängnisstrafen erhalten hatten. Kein Mensch verstand, warum, vor allem die Betroffenen nicht. Blue Arrow war besonders peinlich für die Interne Ermittlungskommission gewesen, die sich mit der Einhaltung der Insiderregeln beschäftigt. Das Verfahren hatte zwei Jahre gedauert und siebenunddreißig Millionen Pfund an Steuergeldern verschlungen. Die Anklageschrift war lang und kompliziert, und die wenigen Verurteilungen wurden im Berufungsverfahren wieder aufgehoben.

Obwohl man den früheren Bankpräsidenten weder für das Verhalten der IEK noch für die lasche Prozeßführung verantwortlich machen konnte, geriet er als oberster Verantwortlicher der City ins Kreuzfeuer der Kritik.

Als Barrington in Sarahs Blick Zeichen von Verständnis und Solidarität las, wurde er selbstbewußter. »Natürlich hat es in der City schon immer Betrügereien gegeben, aber es gab auch eine Zeit, in der es möglich war, gewisse Dinge taktvoll zu regeln. Man benachrichtigte den Präsidenten über Unregelmäßigkeiten, er sprach mit den Betreffenden unter vier Augen, und diese gaben diskret ihren Rücktritt bekannt. Diese Regelung war gar nicht dumm. Die City sorgte sozusagen selbst für Ordnung. Man bereinigte diese Fälle unter sich, ohne den Ruf der City in Mitleidenschaft zu ziehen. Es war tatsächlich so etwas wie freiwillige Selbstkontrolle. Und viel effektiver, als in aller Öffentlichkeit schmutzige Wäsche zu waschen. Meinen Sie nicht?«

»Es hat sein Gutes«, nickte Sarah, »jedenfalls, solange die selbsternannten Kontrolleure nicht korrupt sind.«

Der Governor warf ihr einen scharfen Blick zu. »Irgend jemand muß ja wohl Gott spielen.«

»Ich dachte, dafür seien die Gerichte zuständig.«

»Im Idealfall ja«, erwiderte Barrington leicht irritiert. »Was ich sagen wollte, ist, daß es einige, zugegeben wenige, Fälle gibt, bei denen dieses System nicht funktioniert.« Sarah widersprach nicht und wartete, daß er fortfuhr.

»Wir können uns einfach keine größeren Skandale mehr leisten, verstehen Sie? Verbrechen wird es immer geben, wir aber müssen nach anderen Wegen suchen, um damit fertig zu werden. Wir dürfen uns nicht nur auf das Kontrollsystem der IEK beschränken. Natürlich wird sie weiterhin eine wichtige Rolle spielen, vor allem in fortgeschrittenen Fällen. Nach der Veröffentlichung des Bingham-Reports haben wir eine neue Ermittlungsbehörde aufgebaut, die äußerst hilfreich ist. Trotzdem ist es häufig so, daß das gesamte Beweismaterial verschwindet, sobald eine Untersuchung in Gang gesetzt wird.«

Sarah nickte. »Sie wollen sagen – und bitte korrigieren Sie mich, falls ich etwas falsch verstanden habe –, daß manche Verbrechen einfach unerkannt bleiben und daß man sozusagen unbemerkt vor Ort operieren und die Schuldigen auf frischer Tat ertappen muß, wenn man verhindern will, daß das Beweismaterial verschwindet.«

»Genau«, sagte Barrington mit einem triumphierenden Lächeln und beugte sich über den Tisch. »Und bei diesem Problem möchte ich Sie um Ihre Mithilfe bitten.«

Sarah fühlte, wie ihr Herz vor Spannung schneller schlug. Die Erschöpfung der letzten Tage war vergessen. Sie richtete sich auf und hörte Barringtons Ausführungen aufmerksam zu.

»Die Inter-Continental Bank ist Ihnen bestimmt ein Begriff.«

»Wem nicht?«

Der Governor lächelte. »Ja, sie genießt einen ausgezeichneten Ruf, nicht wahr? Intelligent, höchst erfolgreich, extravagant, Sie wissen ja – aber da ist noch etwas anderes.« Er kniff die blauen Augen zusammen. »Es betrifft die Devisenhandelsabteilung. Ihre Handelsbilanzen sind einfach zu gut, um echt zu sein. Es gibt da allerlei Gerüchte.« Er machte eine Pause und warf ihr einen forschenden Blick zu. »Sie suchen einen neuen Devisenhändler. Ich glaube, daß Sie für den Job die richtige wären. Das heißt, wenn Sie überhaupt Interesse haben …«

Barrington lächelte. Sarah rührte sich nicht. Ihre Beine waren um die des Stuhls geschlungen, die Hände verkrampft. Ihr Blick schweifte über Barringtons Kopf hinweg aus dem Fenster in den Innenhof. Sie spürte einen Anflug von Erregung. Schon immer hatte sie für die ICB arbeiten wollen. Diese Bank im Lebenslauf vorweisen zu können, war die beste Empfehlung. Wenn man in der ICB überlebte, schaffte man es überall. Sie war eine Topadresse in der City, hart und brutal, aber mit den besten Gehältern. Blutgeld, dachte Sarah und schenkte Barrington ein Lächeln.

»Natürlich würde ich den Job sehr gern übernehmen. Aber zuerst sollten Sie mir sagen, was ich dafür tun muß.«

»Nun, zuerst müssen Sie ihn bekommen. Ich werde dafür sorgen, daß noch heute ein Abwerber bei Ihnen anruft und Sie zu einem Vorstellungsgespräch einlädt. Mit Ihrem Lebenslauf müßten Sie einen starken Eindruck hinterlassen. Wenn Sie den Job bekommen, wovon ich überzeugt bin, brauchen Sie nur die Augen offenzuhalten. Sie tun Ihre Arbeit wie gewöhnlich und spitzen die Ohren, falls Ihnen etwas verdächtig vorkommt. Alles, was Ihnen auf irgendeine Weise seltsam erscheint, berichten Sie mir. Falls sich herausstellen sollte, daß die Bank gegen bestehende Gesetze verstößt, werde ich mich darum kümmern.«

»Und was wollen Sie unternehmen?«

»Ganz einfach. Ich werde sie wissen lassen, daß ich sie vor Gericht bringe, wenn die Betreffenden nicht zurücktreten und aus der City verschwinden. Und wenn sie vernünftig sind, werden sie mein Angebot annehmen, meinen Sie nicht?«

»Vermutlich, vorausgesetzt, sie sind schuldig, und wir können es beweisen.«

»Vergessen Sie nicht: Wenn es nach meinem Plan geht, wird es nie zu einem Gerichtsverfahren kommen. Wir suchen also nicht nach verwertbaren Beweisen, die vor Gericht standhalten müssen, es genügt, wenn Sie mich davon überzeugen können, daß ein Verbrechen begangen wird. Alle Indizien weisen darauf hin, daß es in der ICB nicht mit rechten Dingen zugeht. Sie sollen herausfinden, wer welche Verbrechen begeht.«

»Klingt ja alles ganz einfach«, entgegnete Sarah.

Der Governor lachte. »Verzeihen Sie. Ich bin sicher, daß es alles andere als leicht sein wird, aber ich bin überzeugt, wenn Sie vorsichtig an die Sache rangehen, werden Sie bald auf etwas stoßen. Natürlich ist es für uns beide eine Art Experiment, sozusagen Neuland. Wir müssen uns behutsam vortasten und auf alles gefaßt sein.«

Sarah lehnte sich zurück und schwieg eine Weile. »Gibt es denn für diese Art von Arbeit keine ausgebildeten Experten? Ich habe mit so was überhaupt keine Erfahrung.«

»Das ist es ja«, antwortete Barrington. »Wir können keine Profis einsetzen. Die Meute würde sofort Lunte wittern. Was wir brauchen, ist einen erfahrenen Devisenhändler, der vor Ort alles beobachten kann. Jemand, der sich bestens auskennt und weiß, was normal und was verdächtig ist. Jemand, der nicht auffällt.« Er beugte sich vor.

»Wir haben uns natürlich umgesehen, Sarah. Sie bringen die besten Voraussetzungen.«

»Wir? Wer ist wir?« fragte sie scharf.

Barrington fluchte innerlich. Er lächelte und sagte: »John Carter natürlich. Er hat Sie mir vorgeschlagen.«

»Ach so, John, natürlich. Er weiß also von der ganzen Sache, wie?«

»Nun, nein. Nicht alles. Nur einen Teil. Ich würde Sie aber bitten, nicht mit ihm darüber zu reden. Dasselbe habe ich ihm gesagt. Er fühlt sich bestimmt hintergangen, wenn Sie ihn darauf ansprechen.«

»Ja, sicher«, sagte Sarah leicht gereizt. »Wenn Sie mich darum bitten, alles geheimzuhalten, werde ich es natürlich tun.« Dann runzelte sie die Stirn und fragte: »Sagen Sie mir, wie sind Sie der ICB auf die Schliche gekommen, und warum diese ungewöhnliche Art der Ermittlung?«

Barrington unterdrückte das Bedürfnis, tief aufzuseufzen. Sie war wirklich hartnäckig.

»Ein Revisor hat Verdacht geschöpft und es seinem Vorgesetzten gemeldet. Der ist zu mir gekommen.« Barrington berichtete ausführlich über den Fall und lächelte schließlich, wie um Vertrauen zu schaffen. »Wir mußten also überlegen, wie wir am besten vorgehen sollten. Ich habe mir die Sache einige Wochen durch den Kopf gehen lassen und mich dann für dieses Experiment entschieden. Wir mußten zuerst die richtige Person finden, und da stießen wir auf John Carter und Sie.«

Sarah entspannte sich und dachte nach.

Der Governor wartete. Schließlich sagte sie: »Die Sache hat ihren Reiz. Ich bin nicht abgeneigt, an Ihrem Experiment teilzunehmen, aber zuerst würde ich gerne wissen, wer die Verdächtigen sind und was man ihnen genau vorwirft.«

Barrington lächelte. Er war entzückt. »Wie gesagt, die Bilanzen der Devisenhandelsabteilung sind um einiges zu gut ausgefallen. Erinnern Sie sich?« Sarah nickte.

»Tja, diese Gewinne setzten mit der Ankunft eines gewissen Dante Scarpirato ein. Ich halte ihn entweder für ein Genie oder für einen ausgefuchsten Verbrecher.«

»Und wie geht er bei seinen Verbrechen vor?« Barrington lächelte und zuckte die Achseln. »Tja, da liegt das Problem. Wie soll man die Gedanken von Verbrechern lesen? Ich habe nicht die geringste Ahnung, wie er vorgeht. Und wenn ich bloße Vermutungen von mir gebe, könnte ich Sie womöglich in die Irre leiten und auf die falsche Spur bringen …«

»Wunderbar. Mit anderen Worten, Sie stellen mir einen Freibrief für die Entwicklung von kriminellen Energien aus.« Barrington sah entsetzt auf.

»Keine Sorge«, beschwichtigte ihn Sarah. »Es war nur ein Scherz.« Dann fuhr sie fort. »Dieser Dante Scarpirato. Kennen Sie ihn?«

»Ich habe ihn einmal getroffen«, erklärte Barrington fast widerwillig. »Er ist ein überheblicher Kerl, arrogant und aalglatt, die Sorte, die im *Annabel's* oder in *Mark's Club* verkehrt. Immer sonnengebräunt. Er soll rücksichtslos sein und benimmt sich, als hätte er nur Feinde auf der Welt. Er kann es sich leisten, weil er soviel Geld verdient. Mit anderen Worten, angenehm ist er nicht.« Barrington hielt inne und musterte Sarah. »Obwohl ich mir habe sagen lassen, daß er ein Frauenheld ist.«

Sarah lachte. »Machen Sie sich meinetwegen keine Sorgen, Governor. Ich kann sehr gut auf mich aufpassen.«

»Oh, das glaube ich gern.« Er wollte gerade aufstehen, als ihm noch etwas einfiel und er sich wieder hinsetzte. Sarah meinte, einen Ausdruck des Unbehagens in seinem Gesicht zu erkennen.

»Ach ja. Da gibt es noch etwas, das ich Ihnen sagen muß. Vielleicht überlegen Sie es sich danach doch noch anders. Ich würde es verstehen. Sie müssen nur ehrlich sein.«

Sarah legte den Kopf auf die Seite und sah ihn schweigend an.

»Sie müssen die Operation auf eigenes Risiko durchführen. Möglicherweise sind Dinge dabei, die nicht ganz koscher sind – Sie verstehen –, wenn Sie an bestimmte Informationen rankommen müssen. Soweit ich sehen kann, haben Sie freie Hand. Die Informationen sind für uns sehr wichtig. Ich will gar nicht wissen, wie Sie vorgehen wollen, wenn Sie den Job annehmen, oder was Sie im einzelnen tun würden. Das liegt ganz bei Ihnen, aber wenn man Sie schnappt, werden Sie auf sich allein gestellt sein. Auf meine Unterstützung können Sie nicht bauen. Deshalb sollten Sie sich auf keinen Fall erwischen lassen.« Barrington war ein wenig rot geworden, aber kaum sichtbar für jemanden, der ihn nur flüchtig kannte. Er spielte seine Rolle sehr gut. Seine Fähigkeit, Vertrauen einzuflößen, war ungebrochen.

Hart an der Grenze zum Illegalen. Und aufpassen, daß man nicht erwischt wurde. Ist das nicht typisch für das Leben in der City oder auch anderswo? dachte Sarah. Doch diese Gedanken behielt sie lieber für sich, da sie dem Governor bestimmt nicht gefallen hätten. Sie schwieg und dachte ernsthaft darüber nach, was er ihr erklärt hatte. Nach einer Weile antwortete sie: »Wie bereits gesagt, Governor, machen Sie sich meinetwegen keine Sorgen. Ich kann sehr gut auf mich aufpassen. Und ich kenne die Spielregeln – solange sie nicht mittendrin geändert werden.«

Barrington vermochte nicht zu sagen, warum er diese beiläufige Äußerung wie eine Drohung empfand, obwohl sie ganz harmlos klang. Vielleicht lasse ich mich zu sehr von Bartrops Pessimismus anstecken, dachte er. Deshalb kommt mir alles so verdächtig vor.

»Nun, das war's, denke ich.« Der Governor überlegte einen Augenblick und sagte dann: »Ach ja, die Akte.« Er holte aus seiner Schublade eine Mappe mit der Aufschrift ICB und reichte sie Sarah. »Sehen Sie sich diese Unterlagen genau an.

Sie enthalten einige Jahresbilanzen, Zeitungsartikel und einen vertraulichen Bericht unserer Bankenaufsicht über die Bilanzen der ICB-Devisenhandelsabteilung. Sie werden sehen, daß die Gewinne im letzten Jahr, seit Dante Scarpirato die Bühne betrat, sprunghaft angestiegen sind.« Dann erhob er sich; das Treffen war beendet. »Ich wünsche Ihnen viel Glück bei der ICB. Lassen Sie mich bitte wissen, wie es Ihnen ergangen ist.« Er kritzelte etwas auf einem Zettel. »Hier meine Durchwahl in der Bank und meine Privatnummer, falls etwas sehr dringend ist.« Er gab Sarah den Zettel, schüttelte ihr die Hand und verabschiedete sich.

Sarah ging durch die hallenden Gänge und trat in den Lärm der Straße hinaus. Irgend etwas an der ganzen Sache gefiel ihr nicht. Sie wurde das Gefühl nicht los, daß der Governor ihr etwas verheimlichte. Wahrscheinlich war es sein Verdacht über die Art des Betruges, dachte sie. Wenn er nur vage Vermutungen hatte, war es wirklich besser, sie für sich zu behalten, um sie nicht in die Irre zu führen. Sonst könnte sie einem Phantom hinterherlaufen und falsche Schlüsse ziehen.

Die Aussicht auf die neue Arbeit vertrieb Zweifel und Sorgen. Der Governor hatte ihren schwachen Punkt erwischt. Sie liebte Spannung und Geheimnisse. Alles, was zwielichtig und tabu war, zog sie magisch an. In vielerlei Hinsicht hätte der Governor keinen besseren Kandidaten für den Job finden können.

Sarah hätte höflich ablehnen und wieder an ihren alten Arbeitsplatz bei Finlays zurückkehren können, doch sie zog es vor, das Angebot des Governors anzunehmen. Eine Entscheidung, die ihr Leben und das einiger anderer unwiderruflich verändern sollte.

6

Sarah sah auf die Uhr. Es war zehn. Die Hauptverkehrsstraße war jetzt ruhiger. Obwohl die meisten Leute bereits an ihren Arbeitsplätzen saßen, wirkte sie immer noch hektisch und betriebsam. Threadneedle Street, Prince's Street, Cornhill, King William Street, Queen Victoria Street und Poultry führten alle zur Old Lady, der Zentralbank, die funktional und geographisch das Herz der City bildete. Jedesmal, wenn Sarah durch diese verstopften Straßen ging, durch die meistens ein scharfer Wind pfiff, breitete sich ein Gefühl von Erregung in ihr aus. Ihre Schritte beschleunigten sich, und sie sah sich genauer um als sonst. Heute hatte sie mehr denn je das Gefühl, im Mittelpunkt des Geschehens zu stehen. Gefühle, die früher eher auf irgendwelchen vagen Hirngespinsten beruht hatten, gründeten nun auf einer Tatsache: Der Mann, der über die City herrschte, hatte Kontakt zu ihr aufgenommen. Jetzt arbeitete sie für den Governor. Nur insgeheim natürlich, aber das war Sarah egal. Sie hatte den Governor getroffen und war sich mit ihm einig geworden; nur das zählte.

Sie ging die Threadneedle Street entlang, bog in die Old Broad Street ein und stand nach ein paar hundert Metern vor dem Finlays Building. Sie zeigte den Sicherheitskräften ihren Ausweis und fuhr in einem gespiegelten Lift zur Abteilung für Devisenhandel. Dort steckte sie ihren Ausweis in den Automaten, und die Tür zu einem überfüllten Großraumbüro ging auf. Es sah aus wie in einem Ramschladen für Computer und High-Tech-Zubehör.

Das erste, was dem Eintretenden auffiel, war der Lärm. Dann das Chaos. Dreihundert Broker, Verkäufer und Assistenten hockten hier wie Batteriehühner aufeinander. Sie saßen oder standen um die im ganzen Raum verstreuten Tische. Manche dösten nur vor sich hin, um urplötzlich aufzuspringen, zum Hörer zu greifen und wie wild zu gestikulieren, bevor sie wieder apathisch auf den Stuhl sanken. Sarah stürzte sich in das Durcheinander. Es gab nur wenige Wegweiser, hier eine Flagge, dort ein Pornokalender, nichts Persönlicheres, nichts Angenehmes, keine Pflanzen, keine bequemen Sessel oder teuren Teppiche. Nur aufgetürmte Monitore, die sich zusammen mit Kaffeetassen, mobilen Telefonen und Taschenrechnern auf den überfüllten Tischen drängten. Zahllose Dokumente, Jahresberichte und Wertpapierprospekte waren auf gefährlich schwankende und um Platz konkurrierende Stapel gehäuft. Den Fußboden hatte man um ein paar Zentimeter nach oben versetzt, um die vielen Kilometer Kabel unterzubringen, die Hunderte von Terminals mit Strom speisten. Die Decke war heruntergezogen worden, um Raum für die scheußliche Klimaanlage zu schaffen, die das Heer von Maschinen und die hitzigen Gemüter der Broker kühlte. Dazwischen hockten die Angestellten dichtgedrängt in klaustrophobischer Enge.

Sarah bahnte sich einen Weg durch die lauten Begrüßungssprüche. »He Sarah, was hast du denn heute noch vor?« Sie hatte sich für den Governor eleganter als sonst gekleidet. Sie mußte lachen. Den Brokern entging aber auch gar nichts. Bloß hatten sie sich diesmal um ein paar Stunden geirrt. Als scharfsichtige Beobachter der Modeszene konnten sie aus dem Schnitt eines Rocks oder der Länge eines Kleids eine ganze Lebensgeschichte lesen.

Sarah wachte eifersüchtig über ihr Privatleben, was ihre Kollegen nur noch mehr zu Spekulationen anstachelte. Hin und wieder warf sie ihnen ein Häppchen hin, um sie bei Laune zu halten, doch sie waren gute Menschenkenner und ließen sich nicht so leicht täuschen. Sie war schwer zu fassen. Ihre Kollegen verstanden sie zwar nicht unbedingt, gaben aber nie auf, es zu versuchen.

Sarah versteckte sich hinter einem Lächeln, setzte sich an ihren Platz und schaltete die Monitore ein, die Brücke zu jener großen elektronischen Welt, wo Zahlen und ihre Verschiebungen Geschichten erzählen. Die Geräte erwachten ächzend zum Leben und setzten sich dann hektisch in Bewegung. Das flackernde Grün warf ein kränkliches Licht auf die bleichen Gesichter, die selten genug die Sonne zu sehen bekamen. Sarah las die Schlagzeilen, die über ihren Bloomberg-Bildschirm flimmerten:

> Chicago bremst Einfuhr europäischer Pflanzenöle.
> Boxen-Wortgefecht zwischen Eubank und Bonn.
> Wiesenthal verurteilt Gleichgültigkeit gegenüber Jugoslawien-Konflikt.

Immer dasselbe. Nichts Neues.

Um halb drei brüllte David Reed Sarah, die nur einen halben Meter von ihm entfernt saß, ins Ohr: »Sarah Jensen. Ein Kopfjäger für dich. Auf Leitung eins.« Mehrere Blicke wandten sich ihr zu, und eine Gruppe von Brokern lachte und spitzte die Ohren.

»Kümmert euch um euren eigenen Mist«, sagte Sarah wütend. Sie drückte auf den Knopf.

»Hallo.«

»Sarah. Ich bin's, Sue Banks.«

»Hallo Sue.« Sarah lachte in den Hörer. Die Devisenhändler kannten natürlich alle Abwerber und auch die Pseudonyme, die sie sich in ihrem vergeblichen Versuch ausdachten, Vertraulichkeit zu wahren. Die Tarnnamen aufzudecken war ein beliebtes Spiel. Sarah bekam fast jede Woche einen Anruf von einer Agentur, die versuchte, sie abzuwerben, und jedesmal machten sich die Broker einen Riesenspaß daraus. Deshalb versuchten sie auch heute, das Gespräch mitzubekommen, aber nur mit einem Ohr. Sie kannten die Zeremonie, glaubten sie. Sarah konzentrierte sich auf Sues Stimme.

Sue Banks hatte Placements Unlimited gegründet, wahrscheinlich die erfolgreichste Vermittlungsagentur in der City. Sie war groß, blond und sprühte vor Selbstbewußtsein und Charme. Die beiden Frauen hatten sich vor drei Jahren kennengelernt, als Sue versucht hatte, Sarah von Finlays abzuwerben. Sie mochten sich auf Anhieb und empfanden Respekt und Bewunderung füreinander.

»Sarah, ich weiß, daß du nicht von Finlays weg willst,

aber hör' dir erst mal an, was ich zu sagen habe.« Noch bevor Sarah antworten konnte, fuhr Sue fort. »Ich will nicht um den Brei herumreden, also erspare ich mir die Formalitäten und komme gleich zur Sache. Es geht um die Devisenhandelsabteilung der ICB. Ein dicker Fisch. Wie du weißt, bezahlen sie die besten Gehälter in der City. Du kannst deinen Preis selbst bestimmen. Außerdem hast du einen Tapetenwechsel dringend nötig. Bist schon vier Jahre bei Finlays; da fängt man an zu rosten.«

Sarah brach in Gelächter aus. »Sue, ich brauche keine guten Ratschläge. Aber verrate mir trotzdem noch mehr.«

»Eigentlich war es das schon. Der einzige Haken, soweit ich sehen kann, ist der Leiter der Abteilung.«

»Du meinst, mein zukünftiger Boß?«

»Das kommt ganz auf dich an. Dante Scarpirato. Ein interessanter Typ, aber ein bißchen unheimlich ...« Sarah hörte Stimmen im Hintergrund und stellte sich vor, wie Sues Sekretärin mit einem Stapel Papiere hereinkam. »Tut mir leid, Sarah. Ich muß Schluß machen. Wäre dir sieben Uhr morgen abend recht, um mit Scarpirato zu reden?«

Sarah lächelte und sagte: »Ja, ich denke, das kann ich schaffen.«

Um sechs Uhr abends war Sarah wieder zu Hause. Sie verriegelte die Tür hinter sich und ging ins Schlafzimmer, um ihr Kleid auszuziehen und in einen alten Bademantel zu schlüpfen, dessen Gürtel sie lose um die Taille schlang. Dann nahm sie im Badezimmer ihre Kontaktlinsen raus und setzte eine verschmierte Brille auf, deren Gläser sie zuvor am Bademantel saubergewischt hatte. Barfuß ging sie ins Wohnzimmer, schenkte sich einen Whisky ein, füllte das Glas bis zum Rand mit Wasser und ließ sich auf das Sofa fallen. Auf dem holzgeschnitzten marokkanischen Tisch, den sie vor ein paar Jahren aus Marrakesch mitgebracht hatte, klingelte das Telefon. Sie schaltete den Anrufbeantworter ein und drehte die Lautstärke herunter; keine Störungen, keine verführerischen Stimmen, die ihren Gedankenfluß unterbrachen.

Die schwere Aktentasche lag auf dem Boden neben dem

Sofa. Sarah schloß sie auf und nahm die ICB-Akte heraus. Sie war ziemlich dick mit unzähligen Ausschnitten aus Zeitungen und Zeitschriften, zwei Jahresberichten von 1991 und 1992 und dem vertraulichen Gutachten der Bank of England.

Sarah blätterte die Jahresberichte durch, doch wie sie sich bereits gedacht hatte, verrieten sie ihr nichts, was sie nicht ohnehin schon wußte. Die ICB war eine Investmentbank mit Sitz in den USA, die Filialen in den zehn wichtigsten Finanzmetropolen der Welt unterhielt. Wie alle internationalen Banken engagierte sie sich in den typischen Bereichen Corporate Finance, Fondmanagement und Privatkunden. Alle brachten gute Gewinne ein, die ICB aber war vor allem wegen ihrer Handelsgeschäfte bekannt.

Die ICB war eine der größten Kapitalhändler auf der Welt. Wertpapiere, Devisen und eine atemberaubende Palette von Ablegern – Tauschgeschäfte, Optionen und ähnliches. Das Unternehmen beschäftigte weltweit viertausend Mitarbeiter, siebenhundert allein in London. Sarah ließ die Jahresberichte zu Boden fallen. Was sie interessierte, war das geheime Gutachten der Bank of England. Hier befanden sich Informationen, die niemals in einem öffentlichen Dokument auftauchen würden.

Die Statistiken der ICB in dem Bericht klangen tatsächlich verdächtig. 1992 beliefen sich die Nettogewinne der Bank auf etwa dreihundert Millionen Pfund. Die Devisenhandelsabteilung für Eigenmittel mit Dante Scarpirato als Chef und drei weiteren Mitarbeitern hatte mit einem Grundkapital von achtundzwanzig Millionen Pfund fünfundvierzig Millionen erwirtschaftet. Das war eine Sensation.

Sarah, die sich in der Finanzwelt bestens auskannte, war verblüfft. Finlays Devisenhandelsabteilung mit fünf Mitarbeitern hatte 1992 mit einem Grundkapital von fünfzehn Millionen Pfund achtzehn Millionen erwirtschaftet, und das war schon sehr beeindruckend.

Zudem fiel auf, daß die Gewinne der ICB-Devisenhandelsabteilung zweifellos in direkter Verbindung mit Dante Scarpirato standen. 1991, ein Jahr bevor Dante Scarpirato seinen Posten antrat, hatten die Gewinne noch neun Millionen

Pfund betragen. 1992, also nachdem Scarpirato die Abteilung übernommen hatte, waren sie auf fünfundvierzig Millionen hochgeschnellt. Barrington hatte recht. Scarpirato war entweder ein Genie oder ein Gauner.

Um neun hatte Sarah ihre Lektüre beendet. Mit steifem Nacken stand sie auf, sammelte die auf dem Boden verstreuten Blätter ein, steckte sie in eine Plastiktasche und verschloß sie in einem Schrank. Dann ging sie in die Küche und studierte eingehend den Inhalt ihres Kühlschranks. Ein paar Reste vom Abendessen mit Alex und Eddie waren noch da. Sie überlegte. Noch vor drei Tagen waren sie alle zusammengewesen. Plötzlich überfiel sie ein Gefühl beklemmender Leere.

Sie holte tief Luft und beruhigte sich; dann nahm sie ein paar Tomaten, Zwiebeln und etwas Knoblauch aus dem Kühlschrank. Mit einem scharfen Messer machte sie sich über die Zwiebeln und den Knoblauch her und verlor sich dann für einen Augenblick in der Betrachtung der Kräuter und Gewürze, die im Regal über ihrem Kopf standen. Eine halbe Stunde später saß sie mit einem vollen Teller Pasta und einer köstlichen Tomatensauce vor dem Fernseher.

Schon als Kind hatte sie kochen gelernt. Alles war besser als die kargen, improvisierten Mahlzeiten ihrer Tante. Bei dem Gedanken an Isla mußte Sarah lachen. Mittlerweile lehrte sie an einer Uni in den Staaten und wohnte auf dem Campus, wo jemand anders für sie kochte. Vielleicht hatte sie jetzt etwas mehr auf den Rippen, falls sie überhaupt je ans Essen dachte.

Sarah schüttelte den Kopf, als wollte sie die Erinnerungen vertreiben, und schaltete den Fernseher ein. Dort verabschiedete sich gerade Nicholas Witchell vom Fernsehpublikum. Sie schaltete auf ITV um. Sie wollte die Zehn-Uhr-Nachrichten abwarten und sich von der sonoren Stimme Trevor MacDonalds erzählen lassen, was es Neues auf der Welt gab. Doch wie immer war alles beim alten. Dann rief sie in der ICB-Filiale von Tokio an und fragte nach den letzten Quotierungen. Auch in Japan gab es nichts Neues. Der Typ am anderen Ende legte auf und versprach, sie anzurufen, falls sich etwas änderte.

Vor Müdigkeit gähnend, ging sie ins Badezimmer. Die vielen Zeitungsartikel über die ICB hatten ihre Spuren hinterlassen. Sie schrubbte sich die Hände sorgfältig mit Vanilleseife, warf ein paar Spritzer kaltes Wasser ins Gesicht und verteilte dann die neueste Wundercreme darauf. Schließlich ging sie ins Schlafzimmer, ließ den Bademantel zu Boden gleiten, stellte ihren Wecker und schlüpfte ins Bett, um von Alex und Eddie zu träumen.

Gegen sechs wachte sie auf, durchstöberte ihre Garderobe und zog sich den dritten aufeinanderfolgenden Tag sorgfältig an. Diesmal entschied sie sich für ein nüchternes dunkelblaues Leinenkostüm mit goldenen Knöpfen und eine weiße Bluse. Perfekt für ein Vorstellungsgespräch, obwohl der Rock bis abends um sieben völlig zerknittert sein würde.

Die Geschäftsräume der ICB befanden sich auf der Lower Thames Street in einem modernen Hochhaus, das sich finster neben dem Fluß erhob. Seine Fenster schimmerten feindselig. Die Inneneinrichtung war sehr modern. In der Mitte des Gebäudes befand sich eine Art Atrium, das vollkommen leer war, bis auf den Empfangsschalter, zwei Sofas und eine Reihe von häßlichen Metallskulpturen. Sarah hatte das Gefühl, sie starrten sie an, als sie die Halle betrat. Ein unfreundlicher Pförtner erklärte ihr den Weg in den dritten Stock.

Dante Scarpirato trug einen dunklen Anzug und saß in einem dunklen Büro auf einer verlassenen Büroetage der Devisenabteilung. Als sie das Zimmer betrat, erhob er sich. Er stand kerzengerade und reglos, mit fest in den Boden gestemmten Beinen, in der Haltung eines Gebieters. Er war groß, schlank und hatte wahrscheinlich Idealgewicht. Der Anzug war ebenso makellos sauber wie die weißen Manschetten, die aus den Ärmeln hervorlugten, und die schwarzen, glänzend polierten Schuhe. Scarpirato zeigte im Gegensatz zu den meisten Devisenhändlern nach einem zwölfstündigen Arbeitstag keinerlei Anzeichen von Erschöpfung oder äußerlicher Vernachlässigung. Alles an ihm wirkte einstudiert und beherrscht. Er kam auf sie zu und gab ihr die Hand. Er ist genauso groß wie ich, schoß es Sarah durch den Kopf. Ihre Blicke trafen sich auf gleicher Höhe.

»Bitte, nehmen Sie Platz.«

Sarah setzte sich ihm gegenüber. Er beobachtete sie, ohne zu lächeln, unergründlich. Nach einem langen verwirrenden Schweigen fragte er: »Also, warum wollen Sie für die ICB arbeiten?« Er wandte sich den Zahlenkolonnen auf seinen Bildschirmen zu, so daß Sarah seinem Profil antworten mußte. Gelegentlich gab er einen Befehl ein oder rief ein neues Bild auf. Er schien sie vergessen zu haben und stellte nur hin und wieder notgedrungen eine Frage; die übliche Prozedur.

Sarah kannte diese Technik: Gleichgültigkeit vortäuschen, dem anderen das Gefühl eines Bittstellers geben, ihn zwingen, um Aufmerksamkeit zu kämpfen. Es war der übliche Egotrip, langweilig und vorhersehbar. Von diesem Mann hatte sie mehr erwartet, obwohl sie zugeben mußte, daß er seine Rolle ausgezeichnet spielte, denn sie wünschte sich tatsächlich, daß er sie anschaute. Nach fünf Minuten fühlte sie sich unbehaglich, und nach zehn Minuten war sie es leid.

»Entschuldigen Sie die Frage, aber mit wem unterhalten Sie sich eigentlich, mit mir oder dem Bildschirm?«

Scarpirato drehte sich um und sah ihr zum erstenmal in die Augen.

»Wie wichtig ist Ihnen Geld?« Die Frage brachte Sarah aus der Fassung. Zum einen, weil er ihrer Provokation einfach ausgewichen war, und zweitens, weil er eine Frage gestellt hatte, die in der City niemals direkt angesprochen wurde, obwohl es ihr Lebensinhalt war.

Nur Dummköpfe schufteten in der City aus einem anderen Grund als Geld. Doch alle verschleierten ihre wahren Motive hinter Ausflüchten wie Herausforderung, Spannung oder Erfahrung, was durchaus zutraf, aber eben nur nebensächlich war. Offen über Geld zu sprechen war ein Tabu. Die Frage war fast obszön.

Sarah nahm sich Zeit. Sie studierte Scarpiratos Gesicht, bevor sie antwortete. Es war nicht unbedingt schön, aber sehr ausdrucksstark. Er hatte sonnengebräunte Haut und einen Dreitagebart. Über der hohen, gewölbten Stirn wellte sich dichtes schwarzes Haar. Im Zwielicht schimmerten seine Lippen beinahe bläulich. Die Nase war lang und gerade, doch es waren vor allem seine Augen, die sie fesselten.

Der Körper, der ihr gegenüber auf der anderen Seite des Tisches saß, wirkte steif und leblos. Alle Kraft konzentrierte sich in den Augen, so daß man den Eindruck gewann, er würde sterben, wenn er sie schloß. Sie waren groß, rund und von einem leuchtenden Dunkelbraun. Die leicht gewölbte Iris schien das ganze Auge auszufüllen, bis das Weiße nur noch ein schmaler, schimmernder Kreis war. Es waren verächtliche Augen, gelangweilt und müde, die jetzt plötzlich wie im Wahn aufblitzten, aber so kurz, daß Sarah sich fragte, ob sie es wirklich gesehen hatte. Sie wandte ihren Blick ab und konzentrierte sich auf ihre Antwort. Es hatte keinen Zweck, sich hinter einem gebrochenen Tabu zu verstecken.

»Geld ist mein wichtigstes Motiv.«

Ein kaum merkliches Lächeln huschte über seine Lippen. Es war die einzige Reaktion, die er ihr schenkte.

»Gut. Denn es ist wirklich der einzige Grund für diesen Job.«

Nicht ganz, dachte Sarah.

»Ich muß jetzt gehen«, erklärte Scarpirato und erhob sich.

Sarah sah auf die Uhr. Halb acht. Es war das kürzeste Vorstellungsgespräch, das sie jemals gehabt hatte.

Scarpirato begleitete sie zum Aufzug. Er ging neben ihr; Schultern und Köpfe waren auf gleicher Höhe. Als er auf den Knopf drückte, sah Sarah sein Handgelenk. Es war schmal, fast wie das einer Frau, abgesehen von der schwarzen Behaarung. Sein Handrücken war knochig, die Finger fein und lang. Der Aufzug kam. Sarah fuhr allein hinunter.

7

Auf der Lower Thames Street wartete sie lange vergeblich auf ein Taxi. Nach zehn Minuten ging sie die Suffolk Lane entlang zur Cannon Street, um dort ihr Glück zu versuchen. Es war Freitagabend. Alle Wagen waren besetzt, fuhren die Angestellten der City nach Hause oder brachten sie zu Bars, Kinos, Theater und Restaurants am West End. Schließlich entdeckte sie einen Wagen, der frei war, und winkte heftig. Erleichtert sprang sie hinein.

»In die South Audley Street, bitte. Mayfair.« Sie lehnte sich zurück, schloß die Augen und döste vor sich hin.

Nachdem das Taxi sie abgesetzt hatte, lief Sarah noch ein Stück durch die Abendsonne, die Wärme der letzten Strahlen im Gesicht. Sie liebte diese Gegend, die versteckten Straßen, die protzigen Antiquitätenhandlungen, die eindrucksvollen Häuser und die Abgeschiedenheit hinter den dicken Vorhängen. Nach Feierabend war es hier ruhig. Die Büroangestellten waren nach Hause gefahren oder in die Bars am Piccadilly, und für die eleganten, mit kostbarem Schmuck behängten Damen war es noch zu früh. Sie verließen erst gegen neun ihre Häuser, um in teuren Limousinen, die innerhalb von Sekunden vorfuhren, zu verschwinden.

Sarah blieb vor dem Fenster einer Feinkosthandlung stehen und beobachtete die Reihen von Salamiwürsten, die wie Eiszapfen von der Decke hingen. Dem satten Duft nach frisch gemahlenem Kaffee konnte sie nicht widerstehen. Unmengen von italienischen Spezialitäten. Sie kaufte zwei Packungen Baci, eine köstliche Pralinenkreation aus Perugia und ein Pfund glänzende Kaffeebohnen. Schließlich bog sie in die Mount Street und einige hundert Meter weiter in die Hay's Mews ein. Vor einer der früheren Stallungen, die zu Wohnhäusern umgebaut waren, blieb sie stehen und klingelte. Die makellos weißen Wände waren von Kletterrosen überwuchert. Plötzlich hatte sie einen Augenblick das Gefühl, beobachtet zu werden. Dann aber ging die Tür auf, und Sarahs beste Freundin, Mosami Matsumoto, eine Devisenhändlerin, die bei Yamaichi arbeitete, stand barfüßig, strahlend und in ein weißes Leinentuch gewickelt im Eingang. Sarah kannte Mosami vom College in Cambridge, wo sie zusammen studiert hatten. Beide waren attraktiv, intelligent und extrovertiert, was sie jedoch nicht vor einer latenten Einsamkeit inmitten des turbulenten Collegelebens schützte, die sie schließlich einander nahebrachte. Jede erkannte in der anderen eine ruhige Entschlossenheit, eine Besonderheit und vor allem den Wunsch zu flüchten. Mosami versuchte, einem konventionellen Eheleben in Tokio zu entkommen, dem üblichen Schicksal, das sie in der japanischen Gesellschaft erwartete, auch wenn sie in Cambridge studiert hatte. Der Universitätsbesuch war nur als Intermezzo gedacht, bestenfalls als Heilmittel gegen das Verlangen nach Freiheit, als handelte es sich um einen Fall von Tuberkulose. Sarah dagegen hatte, oberflächlich betrachtet, weder ein besonderes Schicksal noch eine Vergangenheit, denen sie zu entfliehen versuchte. Trotzdem glaubte Mosami auch in ihr die typischen Anzeichen einer Gejagten zu entdecken: einen starken Ehrgeiz, eine gewisse Rastlosigkeit, die Bereitschaft zum Risiko und einen Hang zur Selbstzerstörung – vorausgesetzt, der entstehende Schaden brachte einen Fortschritt. Beide flüchteten sie sich in ein Übermaß an Arbeit, Männern und hin und wieder Reisen, hatten ihre Exzesse auch schon bis zum Äußersten getrieben und waren einfach verschwunden oder hatten sich zu Hause vergraben, um manchmal erst nach Wochen wieder aufzutauchen. Jetzt, fünf Jahre später, nachdem sie beide sich in der City eine Karriere aufgebaut hatten, schien es ruhiger um sie geworden zu sein, aber vielleicht war das auch nur eine Illusion. Wenn sie heute nicht mehr so stürmisch wirkten wie vorher, dann eher aus Erschöpfung, Langeweile oder weil es nichts Neues mehr zu entdecken gab. Doch die Bereitschaft zum Risiko war immer noch vorhanden, und so beobachteten sie sich gegenseitig und suchten nach Anzeichen für ein Wiederaufflammen. Jeden Tag telefonierten sie miteinander, und mindestens einmal in der Woche trafen sie sich. An diesem Wochenende hatten sie sich etwas Besonderes einfallen lassen: Sie wollten zwei Tage zusammen verbringen, gut essen und trinken und Einkäufe machen.

Sie umarmten sich, und Sarah drückte Mosami ihre Mitbringsel in die Hand. »Hier, du Leckermäulchen.«

Sofort riß Mosami eine Packung Baci auf.

»Toll. Meine Lieblingsküßchen!« Sie hielt Sarah die Pakkung hin. »Hier, nimm auch. Du siehst wieder mal ganz schön abgemagert aus.«

»Mein Gott! Wieso ist eigentlich jeder so sehr um mein Gewicht besorgt?«

Mosami warf ihr einen drohenden Blick zu. »Das weißt du ganz genau. Also sei still und iß!«

Lachend gingen sie in die Küche, wo Mosami eine Flasche Wein aufmachte.

»Was gibt's Neues?« fragte sie und reichte Sarah ein Glas. Sarah nippte und ging voraus ins Wohnzimmer. Mosami folgte ihr mit ihrem Glas und der Flasche.

»Na ja, es ist schon etwas komisch jetzt, wo Alex und Eddie weg sind.« Sarah zuckte die Achseln. »Man muß sich erst wieder dran gewöhnen. Manchmal frage ich mich, warum ich mir das antue. Vielleicht sollte ich mir nächstes Mal einen Buchhalter schnappen, um sicherzugehen.«

»Sicher?« lachte Mosami. »Was soll das? Wahrscheinlich hättest du ihn schon nach fünf Minuten satt. Das weißt du doch ganz genau.«

»Ja, wahrscheinlich. Was soll's ...«

»Ich weiß es, Süße. Aber nimm es nicht so schwer. Wir machen uns ein gemütliches Wochenende ohne Männer. Ich habe mir jede Menge ausgedacht für uns beide.«

Sarah lächelte. »Du bist ein Engel.«

»Ich weiß. Und sonst?« wechselte Mosami das Thema.

Sarah zögerte einen Augenblick und antwortete dann: »Na ja ... ich denke daran, die Stelle zu wechseln.« Sie wartete Mosamis Reaktion ab.

»Warum?«

»Vier Jahre. Zeit für einen Tapetenwechsel; du weißt schon.«

»Ist das der einzige Grund?«

»Ist doch ein prima Grund, oder?«

Und ob, dachte Mosami und füllte die Gläser nach.

Das Wochenende verging in einem Rausch von Genußsucht. Am Sonntagabend kehrte Sarah in ihre Wohnung zurück. Sie ging durch die stillen Räume und setzte sich dann neben den Anrufbeantworter, in der Hoffnung, eine Nachricht von Alex und Eddie auf dem Band zu finden. Doch sie hatten sich nicht gemeldet. Auch sonst gab es nichts Interessantes, bis auf eine Nachricht von Sue Banks, die um Rückruf bat.

Sarah warf einen Blick in ihr Adreßbuch und wählte Sues Nummer.

»Sue, ich bin's, Sarah.«

»Ah, Sarah. Wie geht's dir?«

»Ganz gut, habe ein schönes Wochenende hinter mir. Und dir?«

»Mir graut es vor Montag.«

»Ja, ich weiß. Nicht nur dir.«

»Hör mal, das mit der ICB.«

»Hm.«

»Was heißt ›hm‹?«

»Na ja. Das heißt, daß ich es vermasselt habe. Ich glaube nicht, daß was draus wird.«

»Und warum nicht?«

»Ich war eine halbe Stunde bei Dante Scarpirato, und dann hat er mich praktisch vor die Tür gesetzt.«

Sue lachte. »Sieh mal, Sarah, wenn er dich nicht gemocht hätte, wärst du nach fünf Minuten draußen gewesen. Er weiß schon, was er tut. Außerdem traut er mir. Er weiß genau, was du kannst. Er wollte nur sehen, ob du ihm gefällst. Und so ist es«, fügte sie triumphierend hinzu.

»Seltsame Art, es zu zeigen«, murmelte Sarah.

»Komm schon, spiel jetzt nicht die Beleidigte. Du kannst doch nicht erwarten, daß jeder vor dir auf die Knie fällt!«

»Tue ich auch gar ...«

Sue Banks fiel ihr ins Wort. »Paß auf, Dante Scarpirato hat mich vorhin angerufen. Er ist jetzt zu Hause und möchte, daß du ihn anrufst und einen Termin ausmachst, um die übrigen Mitarbeiter seines Teams kennenzulernen.«

»Ist das nicht ziemlich ungewöhnlich?« fragte Sarah. »Ich meine, daß ich ihn direkt kontaktieren soll. Bißchen informell.«

»Komm schon, Sarah. Du brauchst doch keinen Babysitter.«

Sarah lachte. »Nein, wahrscheinlich nicht. Hast du seine Nummer?«

Sue diktierte sie ihr. Sarah verabschiedete sich und wählte Dantes Nummer. Die ersten Zahlen standen für Chelsea; sie waren also Nachbarn.

»Dante? Sarah Jensen am Apparat.«

»Guten Abend, Sarah.«

Am Telefon klang seine Stimme rauh und abgehackt, noch abweisender, als wenn man ihm gegenüber saß, und leicht spöttisch. Sarah ignorierte es und wartete, während sie ihre Nägel begutachtete.

»Können Sie morgen abend gegen halb sieben in meinem Büro sein?«

»Ja, das geht.«

»Dann bis morgen.« Damit legte er auf.

Die Kürze der Unterhaltung verwirrte sie. Es lag eine gewisse Kälte darin, eine Mißachtung aller Regeln der Konvention. Viele Devisenhändler benahmen sich so, aber bei Scarpirato war der Grund nicht Unhöflichkeit oder Mangel an Gesprächsstoff. Offensichtlich hatte er einfach keine Lust, seine Zeit mit Formalitäten zu verplempern.

Lustlos ließ Sarah den folgenden Tag verstreichen und wartete darauf, daß es sechs wurde und sie endlich gehen konnte. Als es schließlich soweit war, verließ sie eilig ihren Arbeitsplatz und machte sich auf den Weg zur ICB.

Dasselbe dunkle Büro, derselbe tadellose Anzug. Als sie den Raum betrat, kam Scarpirato langsam auf sie zu und gab ihr die Hand. Er sah ihr in die Augen und lächelte leicht. Sein Lächeln war weder höflich noch drückte es ein Willkommen aus, sondern es hatte etwas, das sie nicht identifizieren konnte. Sie wandte den Blick ab. Außer ihm waren noch zwei weitere Personen anwesend, die auf gepolsterten Stühlen an einem Tisch saßen. Scarpirato nickte ihnen zu.

»Darf ich vorstellen: Sarah Jensen, Matthew Arnott und Simon Wilson.«

Wilson sprang auf, lächelte und drückte ihr herzlich die Hand. Arnott erhob sich widerwillig halb vom Stuhl, reichte ihr kurz die Hand und setzte sich wieder, ohne sie eines Blickes zu würdigen. Scarpirato nahm den Stuhl hinter seinem Schreibtisch und stellte ihn zwischen die beiden, die bereitwillig zur Seite rückten. Als sie so neben ihm saßen und ihn ansahen, als warteten sie auf ein Stichwort, kamen sie ihr vor wie zwei Schuljungen. Sarah setzte sich auf den freien Platz gegenüber und stellte ihre Tasche ab. Sie lehnte sich zurück, knöpfte ihre Jacke auf, holte eine Packung Zigaretten heraus und zündete sich eine an. »Macht es ihnen was aus?« fragte sie lächelnd.

Scarpirato schüttelte den Kopf und reichte ihr einen Aschenbecher.

»Ich werde mir auch eine genehmigen«, sagte Arnott und ging seine eigenen Zigaretten holen. Er steckte sich auch eine an, und dicke Rauchschwaden begannen durchs Zimmer zu schweben.

Sarah zog an ihrer Zigarette und beobachtete die beiden Männer. Arnott sah aus wie ein Dressman auf den Hochglanzseiten von GQ. Ein gutaussehender Amerikaner Ende Zwanzig, mit markantem Profil, blauen Augen und glattem braunen, perfekt geföhntem Haar. Auch sein Akzent war etwas geglättet, wie Sarah auffiel. Die näselnde Aussprache von New Jersey hatte eine Bostoner Färbung angenommen, schimmerte aber gelegentlich noch durch. Er hätte eine natürliche, allenfalls dezent überhebliche Ausstrahlung gehabt, wären nicht seine Augen und der Mund gewesen. Der Blick war hart und zynisch, und jede Regung seines Gesichts schien geprägt von Verachtung für den Rest der Welt. Nicht gerade der sympathischste Mensch, den Sarah sich vorstellen konnte. Und bestimmt keiner, der sie einstellen würde.

Simon Wilson dagegen war genau das Gegenteil; er wirkte nett und unkompliziert. Er war jünger, höchstens vierundzwanzig, und arbeitete offensichtlich noch nicht lange in der City, denn er war noch nicht von der üblichen Selbstgefälligkeit angesteckt worden, die Sarah bei den meisten Kollegen beobachtet hatte. Wilson war blond, hatte ein paar Sommersprossen und trug im Unterschied zu den beiden anderen einen zerknitterten Anzug von der Stange. Als ihre Blicke sich trafen lächelte er. Sarah erwiderte sein Lächeln und schaute zu Scarpirato, in Erwartung, daß er etwas sagen würde. Er aber beobachtete sie nur und machte nicht die geringsten Anstalten, ein Gespräch zu beginnen. Schließlich wandte er sich halb zu Arnott um. Die beiden wechselten einen Blick, dann beugte sich Arnott vor und fragte: »Wie schätzen Sie den Kurs des Dollars ein?«

Sarah lachte leicht amüsiert.

»Kommt ganz darauf an. Meinen Sie in den nächsten fünf Minuten, vierundzwanzig Stunden, einer Woche oder einem Jahr?«

»In den nächsten fünf Minuten.«

»Keine Ahnung«, lächelte Sarah. »Als ich um fünf nach sechs zum letztenmal auf den Monitor geschaut habe, stand er bei 1.4930,40 gegenüber dem Pfund. Ich weiß nicht, was sich in den letzten fünfundvierzig Minuten alles getan hat. Außerdem ist es nicht meine Gewohnheit, blind irgendwelche Preise zu nennen. Aber ich würde sagen, daß der Dollar sich leicht erholt haben dürfte.«

Arnott nahm einen kleinen, fünf mal zehn Zentimeter großen Reuters Pager aus der Tasche, der vierundzwanzig Stunden am Tag die wichtigsten Börsennotierungen und Nachrichten brachte. Er tippte einen Befehl ein und sah auf das winzige Display.

»1.4910,20. Sieht aus, als wäre er gestiegen«, brummte er. »Warum verlassen Sie Finlays eigentlich?«

»Wer sagt, daß ich Finlays verlasse?«

»Schließlich sind Sie hier, oder etwa nicht?«

»Ich bin hier, damit Sie etwas mehr über mich und ich etwas mehr über Sie erfahre.«

Arnott starrte Sarah an. Unbeeindruckt erwiderte sie seinen Blick. Eine spannungsgeladene Stille breitete sich aus. Wilson fragte sie freundlich: »Sie arbeiten mit David Reed zusammen, nicht wahr?«

»Ja, ich sitze neben ihm. Kennen Sie ihn?«

»Wir spielen zusammen Fußball. Oder versuchen es zumindest. Die meiste Zeit ist er verletzt.«

»Deshalb also trägt er ständig irgendwas in Gips.«

»Muß ja schrecklich für Sie sein«, sagte Arnott.

Sarah starrte ihn verärgert an. Als sie ihre Augen wieder abwandte, traf ihr Blick den von Scarpirato, der eine Zigarre aus seiner Anzugtasche genommen hatte und sie nun methodisch anzündete. Ohne den Blick von ihr zu nehmen, lehnte er sich zurück und beobachtete sie mit leicht belustigter, unbeteiligter Miene durch den Rauch hindurch. Sarah sah wütend woanders hin. Offensichtlich diente sie ihnen hier als Unterhaltungsobjekt. Einen anderen Grund für dieses Treffen konnte sie nicht erkennen. Wilson mochte sie, Arnott nicht. Was Scarpirato empfand, wußte sie nicht, und im Augenblick war es ihr auch egal. Sie warf einen Blick auf die Uhr und sagte dann gelassen: »Meine Herren, das ist zwar alles sehr amüsant hier, aber leider habe ich in einer Viertelstunde eine Verabredung. Wenn Sie also gestatten ...«

Scarpiratos leichtes Grinsen wich einer vorübergehenden Verblüffung. Er beugte sich über den Tisch. »Natürlich. Tut mir leid, daß wir Sie nicht eher zu diesem Treffen einladen konnten.«

Er erhob sich, um sie hinauszubegleiten. Arnott sagte keinen Ton, während Wilson ihr bis zur Tür folgte.

»Auf Wiedersehen. War nett, Sie kennenzulernen.« Er gab ihr die Hand.

Sarah lächelte. »Sie auch.« Schweigend ging sie mit Scarpirato den Gang entlang zum Aufzug. Als die Aufzugstüren aufgingen, verabschiedete er sich.

»Danke, daß Sie gekommen sind. Sie hören von uns.« Er lächelte leicht, wandte sich ab und war schon wieder auf dem Weg ins Büro, als sich die Türen des Aufzugs schlossen.

»Arschlöcher!« murmelte Sarah.

8

Sarah trat auf die Lower Thames Street, wartete, bis sich eine Lücke im dichten Verkehr auftat, und lief dann über die Straße. Auf dem Weg zur Cannon Street trat sie an der Ecke Bush Lane in eine Telefonzelle, nahm den Hörer ab und tippte eine Nummer ein. Sie hörte es ein paarmal tuten, dann antwortete eine leicht zittrige Stimme.

Fünf Minuten später legte Jacob Goldsmith, Sarahs ältester Freund oder, besser gesagt, Mentor, lächelnd den Hörer auf, hob seine Katze auf den Schoß und streichelte das weiche schwarze Fell des Tieres.

»Wurde auch Zeit, daß sie uns wieder mal besucht, nicht wahr?« Ruby schnurrte und schloß die Augen, um sich genüßlich streicheln zu lassen, riß sie jedoch empört auf, als er sie wieder absetzte. Ihr Schwanz schlug erregt hin und her, während sie beobachtete, wie der alte Mann seine Schuhe anzog, Schlüsselbund und Brieftasche vom Tisch nahm und die Tür leise hinter sich zuzog. Die drei Sicherheitsschlösser der in der Tür verborgenen Metallverstärkung schnappten ein. Vorsichtig überquerte er die Straße und steuerte, den Kopf voller Rezepte, auf den Supermarkt in der Golders Green Road zu.

Jacob Goldsmith war dreiundsiebzig Jahre alt und verfügte über die Weisheit eines erfüllten Lebens. Er war charmant und liebevoll zu Menschen, die er mochte, und dazu zählte vor allem Sarah. Jacob war schon immer freundlich und sanft gewesen, das Alter aber hatte ihm eine Zärtlichkeit und Leichtigkeit im Umgang mit Menschen verliehen, die alle in seiner Umgebung ansteckten. Der Begriff »nett« paßte hier nicht, denn Jacob war mehr als das. Außerdem war er dafür viel zu aufmerksam und intelligent. Auch eine gewisse Lust zur Rebellion blitzte gelegentlich in seinem Blick auf. Sowohl körperlich als auch geistig war er noch äußerst fit. Wenn er sich anläßlich eines Treffens mit seinen früheren Kollegen besonders in Schale warf, hätte man ihn ohne weiteres für einen Sechzigjährigen halten können. Doch das kam selten vor, immerhin hatte er sich schon vor zwanzig Jahren zur Ruhe gesetzt. Jetzt führte er ein anderes Leben. Vor dreiundzwanzig Jahren, kurz vor seinem Rückzug aus dem aktiven Berufsleben, war er vom East End nach Golders Green gezogen. Seine Nachbarin war Sarahs Tante Isla, die damals eine Professur für Chemie an der Universität von London innehatte.

Ein Jahr später waren die achtjährige Sarah und ihr Bruder Alex aus Amerika gekommen, um nach dem Unfalltod ihrer Eltern bei Isla, der Schwester ihres Vaters, zu leben. Obwohl beide sehr an ihr hingen, hatte die Geborgenheit der Kindheit ein abruptes Ende gefunden, und Isla war es nicht gelungen, die Lücke zu füllen, die ihre Eltern hinterlassen hatten.

Sie war eine wunderbare Frau, ihrer Zeit um vieles voraus, und stellte ein vortreffliches Vorbild für Sarah dar. Allerdings war sie eine miserable Hausfrau und von ihren Forschungen manchmal derart besessen, daß sie tagelang in einem verstaubten Laborraum unter dem Dachboden verbringen konnte und die Kinder sich selbst überließ. Die Essenszeiten kamen und gingen, ohne daß sie es merkte. Jacob als leidenschaftlicher Hobbygärtner hielt sich ständig in seinem Garten auf und bekam vieles mit. Bald verbrachten Sarah und Alex die meiste Zeit bei ihm. Seine Frau war zehn Jahre zuvor gestorben; er selbst hatte keine Kinder. So verschmolzen sie zu einer glücklichen Familie, und wenig später kochte er regelmäßig für die Kinder. Isla verließ sich mehr und mehr auf ihn, und schließlich ergab sich eine unabgesprochene Arbeitsteilung. Isla half den Kindern bei ihren Hausaufgaben und unterrichtete sie in ihren Lieblingsfächern – Sarah in Mathematik, Alex in Geologie –, und Jacob sorgte für ihr leibliches Wohl und kümmerte sich in ihrer Freizeit um sie.

Er schien einen grenzenlosen Vorrat an Geschichten zu haben, angefangen bei seiner Zeit als Angehöriger der Royal Dragoons im Zweiten Weltkrieg über die vielen Reisen nach

Kriegsende bis hin zu seiner Londoner Karriere als Hersteller von Tresoren und später als deren Knacker.

Vor allem Sarah war fasziniert von diesem Aspekt in Jacobs Leben. Er wiederum genoß das Interesse, das sie ihm entgegenbrachte, und sparte seine kühnsten Geschichten allein für sie auf. Nach langem Drängen brachte er ihr bei, wie man Türen aufbricht und Safes knackt. Mit neun Jahren konnte Sarah das Haus ihrer Tante betreten, ohne einen Schlüssel zu benutzen, oder aus purem Spaß an der Freude Islas und Jacobs Wandschränke knacken. Immer wenn Jacob seinen Safe öffnete, was nur alle paar Monate der Fall war, fand er eine Sammlung von Zettelchen, die Sarah ihm dort hinterlegt hatte.

Ihre ungewöhnliche Erziehung, die unterschiedlichen Einflüsse und der frühe Verlust der Eltern zwangen Sarah und Alex eine seltsame Moral auf. Sie entwickelten starke persönliche Bindungen zu Jacob und Isla und hatten Verständnis für vieles, was andere bestenfalls als Vergehen bezeichneten. Jacobs kleine Einbrüche waren für sie völlig in Ordnung. Seinen Opfern geschah nichts, denn den Schaden trugen die Versicherungen, und obendrein war er ein guter Mensch. Er kümmerte sich um sie, liebte sie, unterhielt sie und half ihnen, ihre Persönlichkeit frei von allen Zwängen der Konvention zu entfalten.

Jacobs Reisen während des Krieges und die drei Jahre, die er durch die Welt bummelte, bevor er sich wieder im East End niederließ, nährten Alex' Hang zum Abenteuer. Sarahs Liebe zu Jacob, die auch dann anhielt, als sie erfuhr, daß andere ihn einen gewöhnlichen Kriminellen nannten, förderten schon im frühen Alter ein differenziertes moralisches Bewußtsein in ihr, das einzelne Handlungen nicht notwendigerweise als richtig oder falsch klassifizierte. Dennoch wuchs sie mit einem leidenschaftlichen und hochempfindlichen Sinn für Moral und Gerechtigkeit auf.

Jacob wurde nie gefaßt und kam nie auch nur in die Nähe eines Gefängnisses, doch als Kind hatte Sarah stets Angst, ihn zu verlieren. Erst als er seinen zweiten Beruf endgültig an den Nagel hing und ihr hoch und heilig versprach, nie wieder damit anzufangen, flauten diese Ängste ab. Auf alle Fälle wuchs sie in der Überzeugung auf, daß es ungerecht wäre, wenn man ihn ins Gefängnis steckte.

Obwohl Isla etwas distanzierter war, hatte auch sie einen starken Einfluß auf die beiden Kinder. So war ihre einzige weibliche Bezugsperson, eine unabhängige, erfolgreiche Karrierefrau. Kein Wunder, daß sie beide keine gewöhnlichen rollenspezifischen Klischees in ihrem Leben entwickelten. Alex, aufgezogen von Tante und Schwester, respektierte und liebte die Frauen, und Sarah ließ sich durch ihr Geschlecht weder in ihrem Talent noch in ihrem Ehrgeiz einschränken. Sie wuchs in tiefer Verunsicherung über die Beständigkeit der Liebe auf, zweifelte jedoch nie an ihren eigenen Fähigkeiten.

Ihr ausgeprägtes Selbstvertrauen half ihr, die Schule und später das Mathematikstudium in Cambridge mit jeweils hervorragendem Abschluß zu absolvieren. Sie hatte immer schon Mathematikerin werden wollen, doch als sie während ihres Studiums in Cambridge ein paar Vorträge von Handelsbanken besuchte, die verzweifelt nach guten Mathematikabsolventen Ausschau hielten, war Sarah begeistert. Die abgehobene Welt der reinen Mathematik verlor plötzlich ihren Reiz. Nachdem sie die Sache mit Isla und Jacob ausgiebig besprochen hatte, entschied sie sich für eine Karriere in der City. Dort würde sie wenigstens Kontakt zu Menschen haben. Außerdem warteten in der City nicht nur eine Menge Herausforderungen auf sie, sondern auch Geld. Damit würde sie sich die Freiheit und Sicherheit, nach denen sie sich so unbändig sehnte, erkaufen können.

So wurde aus Sarah eine Bankerin und aus Alex ein Bergsteiger. Sie sorgte für ihn, solange er sich noch keinen Namen gemacht hatte. Er träumte davon, eines Tages Dokumentarfilme zu drehen und seiner Schwester alles zurückzahlen zu können. Wenn sie ihren Job an den Nagel hing, vielleicht in zehn Jahren, wollte er sie mit auf seine Expeditionen nehmen. Sie hatten sich alles gemeinsam ausgedacht und waren in den letzten vier Jahren ihrem Ziel ein gutes Stück näher gekommen.

Als Sarah und Alex erwachsen waren und Isla sich nicht länger für sie verantwortlich fühlte, hatte sie eine Gastprofessur an der Universität von Berkeley in Kalifornien angenommen. Mittlerweile war sie schon zwei Jahre dort. Das Haus in London hatte sie vermietet. Sarah kratzte ihre sämtlichen Ersparnisse zusammen, nahm eine riesige Hypothek auf und kaufte eine Wohnung am Carlyle Square. Alex wohnte bei ihr. Vor drei Monaten war endlich auch die Parterrewohnung unter ihnen frei geworden. Die alte Frau, die dort wohnte, hatte ihre Unabhängigkeit aufgegeben und war zu ihrem Sohn und seiner Frau nach Schottland gezogen.

Sarah hatte sofort zugeschlagen. Auf die Parterrewohnung hatte sie schon lange ein Auge geworfen. Isla oder Jacob könnten sie brauchen oder Alex als Abstellkammer für seine umfangreiche Ausrüstung. Und wenn Eddie bei ihnen blieb, würden sie ohnehin mehr Platz benötigen. Sie hatte eine weitere Hypothek aufgenommen, ihre gerade wieder aufgefrischten Ersparnisse erneut geplündert und die Wohnung für hundertsechzigtausend Pfund erstanden. Im Alter von siebenundzwanzig besaß sie also ein Haus in Chelsea im Wert von achthunderttausend Pfund, belastet mit einer Hypothek von vierhunderttausend Pfund, die dank eines gutbezahlten, aber unsicheren Jobs abgetragen wurde.

Noch vor zwei Jahren hätte sie keine finanzielle Unsicherheit ertragen können, doch die Wunden der Kindheit wurden allmählich vom Erfolg der erwachsenen Sarah übertüncht. Sie war zwar nicht zufrieden, wollte sich aber keine Sorgen machen und redete sich ein, daß sie mit ihrem unsicheren Job ihre Abenteuerlust befriedigen mußte. Noch ein paar erfolgreiche Jahre in der City und die Hypotheken wären abgezahlt. Dann würde sie endlich anfangen, Geld zum Durchbrennen zu sparen, wie sie es nannte.

Sie war intelligent, erfolgreich, beliebt und schön, aber niemals unbekümmert. Ihr Leben war in vieler Hinsicht so gut, wie sie es sich nur wünschen konnte, doch wenn sie darüber nachdachte, was selten genug vorkam, befiel sie die Angst, daß ihr augenblicklicher Friede nur vorübergehend sein könnte.

Jacob fürchtete, daß Sarah einen Hang zur Selbstzerstörung hatte, und beobachtete sie aufmerksam. Er kannte ihre finanzielle Lage, und abgesehen davon, daß sie ihm gelegentlich Sorgen machte, war er nicht besonders beunruhigt. An ihrem achtzehnten Geburtstag hatte er ihr einen alten Ring mit Rubinen und Diamanten geschenkt. Nach dem Zwischenexamen kamen die passenden Ohrringe dazu. Für eine andere Gelegenheit – er wußte noch nicht, welche – hatte er sich eine mit Rubinen und Diamanten besetzte Kette aufgespart, die er in seinem Schlafzimmer versteckt hielt. Mit dem Erlös aus deren Verkauf hätte sie ihre Hyphothek auf einen Schlag tilgen können. Das war in England zwar nicht leicht, aber er kannte entsprechende Kreise, die ein besonderes Stück zu schätzen wußten und nicht unbedingt auf einem Herkunftszeugnis bestanden.

Er hatte Sarah nie etwas von der Kette erzählt: Sie wäre böse gewesen, daß er kein Vertrauen zu ihr gehabt hatte. Das stimmte natürlich nicht. Er wußte, daß sie es schaffen würde. Sie würde ihren Job behalten und die Schulden abbezahlen. Er wollte ihr nur eventuelle Unannehmlichkeiten ersparen, und außerdem war es ein gutes Gefühl zu wissen, daß es die Juwelen gab. Sie waren eine wunderbare Lebensversicherung.

Sarah lief rasch in Richtung Bank Station. Einen Augenblick lang überlegte sie, ob sie noch schnell nach Hause fahren sollte, um sich umzuziehen, kam dann aber zu dem Schluß, daß es reine Zeitverschwendung wäre. Außerdem gefiel sie Jacob in hübschen Kleidern. Wenn sie nach Hause fuhr, würde sie Leggings und Turnschuhen nicht widerstehen können. Also beschloß sie, direkt zu Jacob zu fahren und es sich gemütlich zu machen, während er kochte. Am Bahnhof kaufte sie den *Evening Standard* und tauchte in der Menschenmenge unter, die zur Northern Line strebte. Nach zehn Minuten, als das Gedränge auf dem Bahnsteig unerträglich wurde, kam endlich der Zug. Sarah bahnte sich einen Weg durch die Massen, erkämpfte sich einen Sitzplatz und vertiefte sich in ihre Zeitung.

Nach vierzigminütiger Fahrt stieg sie in Golders Green aus, machte einen kleinen Umweg durch die Golders Green Road und kaufte zwei Flaschen Rotwein. Jacob trank selten Weißwein. Von ihm hatte sie ihre Vorliebe für Rotwein. Jahre bevor sie anfing, teure Restaurants zu besuchen, war sie bereits eine Expertin, was Weine anging.

Die Plastiktüte mit den Flaschen hin- und herschwingend, lief sie den Hügel wieder runter, an der U-Bahn-Station vorbei und bog dann von der lärmenden Hauptstraße in die ruhige Rotherwick Road ein. Zwei- bis dreistöckige rote Backsteinhäuser säumten die Straße, abgeschirmt von gut gepflegten Gärten voll blühender Rosen.

Jacobs Garten war besonders schön. Seit sie ihn kannte, investierte er all seine Liebe und Zeit in diesen Garten. Am liebsten mochte er Rosen. Er züchtete wilde Teerosen, edle Kopenhagener und vor allem rote Alexanderrosen, die wunderbar dufteten. Aber er hatte noch viele andere. Als sie klein war, hatte er ihr alle Namen beigebracht, doch mittlerweile hatte sie die meisten wieder vergessen.

Sarah drückte das Tor auf, das einen quietschenden Ton von sich gab. Jacob weigerte sich, es zu ölen, weil es eine Art Frühwarnsystem darstellte. Das Quietschen zog Ruby an, die um die Ecke kam und sich an Sarahs Beine schmiegte. Mit einer Hand hob Sarah sie hoch, und mit der anderen klingelte sie, wobei die Flaschen leise gegen den bronzenen Türgriff schlugen.

Es dauerte nicht lang, und Jacob öffnete strahlend die Tür.

»Wie geht's, mein Kleines?« Er umarmte sie, ohne Rücksicht auf Ruby zu nehmen, die zwischen ihnen eingequetscht wurde. Dann küßte er Sarah auf die Wangen und warf einen neugierigen Blick in die Plastiktüte. »Was hast du mir mitgebracht? Was Feines, will ich hoffen.« Er griff in die Tasche und inspizierte die Flaschen.

Jetzt strahlte er noch mehr. »Nicht schlecht. Schön, daß du was von Weinen verstehst.«

Sarah lachte. »Das einzige, wovon ich was verstehe und so weiter …« Sie setzte Ruby zärtlich auf den Fußboden und folgte Jacob in die Küche. Er nahm zwei große Gläser aus einem Eichenschrank und entkorkte den Wein. Fast die Hälfte der Flasche paßte in die beiden Gläser. Sarah hatte Jacobs Gewohnheit angenommen, ihren Weinkonsum nach Gläsern zu bemessen.

»Ich bin fast fertig. Du kannst dir mittlerweile ›Coronation Street‹ ansehen und mir dann erzählen, was passiert. Ich ruf' dich, wenn ich fertig bin.«

Sarah ging mit ihrem Weinglas ins Wohnzimmer und setzte sich vor den Fernseher. »Coronation Street« war schon halb zu Ende. Sie nippte an ihrem Wein, schaltete ein paarmal hin und her und blätterte schließlich in einer alten Ausgabe des *Spectator*.

Nach zwanzig Minuten steckte Jacob den Kopf durch die Tür und fragte: »Was ist passiert?«

»Wie?« gab Sarah zurück.

»›Coronation Street.‹ Wie ist es weitergegangen?« Sarah lachte. »Ach, tut mir leid, Jacob. Ich hab' nicht aufgepaßt.«

»Was soll das heißen, aufgepaßt? Man muß doch nicht aufpassen, um ›Coronation Street‹ zu verstehen.« Er warf ihr einen scharfen Blick quer durchs Zimmer zu. »Na ja, dann komm essen.«

Sarah folgte ihm lammfromm in die Küche. Sie setzte sich hin und wartete, bis er ihr eine riesige Portion *poule au pot* vorgesetzt hatte.

»Iß ordentlich, Sarah. Du bestehst sowieso nur aus Haut und Knochen, wie üblich.«

»Nicht mal das«, pflichtete Sarah ihm bei und beugte sich hungrig über ihren Teller. Jacob stocherte in seinem Essen herum, musterte Sarah eine Weile scharf und fragte dann: »Also, wo brennt's?«

Sarah schluckte, legte ihre Gabel hin und antwortete: »Was meinst du?«

»Na, was glaubst du, was ich meine?« fragte Jacob ungeduldig. »Ich will wissen, was los ist. Was liegt dir auf der Seele?«

Sarah schwieg und nahm einen Schluck Wein. »Hör zu, Jacob, ich kann dir nicht immer alles erzählen. Und außerdem glaube ich nicht, daß es dich etwas angeht.« Doch als sie sah, wie Tränen in seine Augen stiegen, hätte sie sich die Zunge abbeißen können.

»Tut mir leid, Jacob. Ich hab's nicht so gemeint. Es ist nur, daß ich etwas nervös bin, seit Alex und Eddie fort sind. Hab' in letzter Zeit nicht gut geschlafen.«

Jacob nahm einen großen Schluck. »Schon gut, Kleines. Mach' dir keine Sorgen.« Er schwieg einen Augenblick lang. »Aber es ist etwas anderes, nicht wahr, was dich nervös macht? Ich kenne dich. Du bist ziemlich durcheinander.«

Sarah musterte Jacobs besorgtes Gesicht. »Dir kann man aber auch gar nichts verheimlichen, was?«

Jacob lehnte sich mit einem erleichterten Seufzer zurück und wartete.

»Na ja, ich kann's dir ruhig sagen. Warum nicht? Ich bin in eine ziemlich merkwürdige Situation geraten.« Sie machte eine Pause. »Es ist nichts Schlimmes, nur etwas merkwürdig.«

Jacob mußte ihr alles Stück für Stück aus der Nase ziehen, Carter, Barrington und Scarpirato.

»So sieht es aus«, sagte sie schließlich. »Ich will diesen Job unbedingt haben. Scarpiratos Job und Barringtons Job. Aber ich hab' ein komisches Gefühl. Bei Finlays ist es mir gutgegangen. Und mit Eddie bin ich viel ruhiger geworden.«

»Aber du kannst es auch nicht lassen, nicht wahr?«

»Nein, kann ich nicht.«

»Was hast du also vor?«

Sarah lächelte. »Wenn er mir den Job anbietet, nehme ich ihn.«

Jacob grinste über den Tisch hinweg. »Hört sich so an, als würden wir noch viel Spaß kriegen.«

»Ich kenne diesen Blick, Jacob Goldsmith. Was hast du vor?«

»Warten wir erst einmal ab. Wenn du den Job kriegst, sehen wir weiter.«

9

Zwei Tage lang hörte Sarah weder von Sue Banks noch von Dante Scarpirato. Am ersten Tag war sie beinahe erleichtert, konnte sie doch nun ihr Leben so weiterführen wie bisher. Am zweiten Tag fing sie an, sich den Kopf zu zerbrechen. Vielleicht hatte jemand anders den Job bekommen. Plötzlich wurde ihr klar, wie sehnlich sie ihn haben wollte. Am dritten Tag war sie überzeugt, daß es ihr egal war, ob sie die Stelle nun bekam oder nicht. Natürlich rief an dem Tag Sue Banks an.

Es war halb neun am Mittwochabend; Sarah war im Fitneßstudio gewesen und hatte zum Ausgleich eine in Zeitungspapier eingepackte Portion heiße Chips von Johnny's Fish Bar am World's End gekauft. Mit fettigen Fingern griff sie zum Hörer und sagte in ihrem unfreundlichsten Ton: »Hallo!«

»Oh, entschuldige«, entgegnete Sue und lachte.

»Tut mir leid, Sue«, entschuldigte sich Sarah und würgte eine Handvoll Chips herunter. »Ich bin gerade beim Essen.«

»Soll ich später noch mal anrufen?«

»Nein, nein. Solange das Kauen dir nichts ausmacht.«

»Gott, wie gräßlich. Spaß beiseite, Sarah. Gerade hat Scarpirato angerufen. Er würde dich gerne morgen treffen, wenn es geht.«

»So, so.« Sarah hielt einen Chip hoch und lächelte.

»Zuerst würde ich gerne noch was wissen.« Sie steckte den Chip in den Mund und kaute genüßlich darauf rum.

»Also hör mal …«, sagte Sue ungeduldig. »Willst du den Job nun oder nicht?«

Sarah ging nicht auf die Frage ein. »Wie viele Vorstellungsgespräche hat er schon geführt?«

»Außer dir noch acht weitere«, antwortete Sue. »Zwei fehlen noch.«

Sarah schwieg erneut.

»Sarah, willst du den Job oder nicht? Du klingst etwas unsicher.«

Sarah lächelte in sich hinein. »Dann wollen wir sehen, was Mr. Scarpirato diesmal zu sagen hat. Du kannst ihm ausrichten, daß ich morgen um halb sieben bei ihm bin.«

»Ja, Ma'am.«

Um zwanzig nach sechs saßen Dante Scarpirato, Matthew Arnott und Simon Wilson in Dantes Büro und unterhielten sich über den letzten Kandidaten, mit dem sie ein Vorstellungsgespräch geführt hatten. Einen neunundzwanzigjährigen Amerikaner und engen Freund von Arnott, mit dem er auf der Brown University gewesen war.

»Also, ich finde ihn ziemlich gut.« Arnott warf Scarpirato einen kurzen Blick zu. »Er ist ein ausgezeichneter Devisenhändler, und er würde zu uns passen.« Er zögerte in dem Schweigen, das folgte, und setzte dann lahm hinzu: »Na ja, meine Stimme hat er jedenfalls.«

Scarpirato zog an seiner Zigarre, warf Arnott einen verächtlichen Blick zu und sagte: »Der Mann ist ein Idiot. Du hast manchmal einfach kein Gespür, Arnott.«

Arnott lief rot an. Simon Wilson senkte den Blick und starrte auf seine Schuhe. Arnott zündete sich eine Zigarette an, hielt sie zwischen Daumen und Zeigefinger und zeigte in Scarpiratos Richtung. »Wen favorisierst du denn?«

Scarpirato stieß eine Rauchwolke aus. »Darüber wollte ich ja gerade mit euch reden, wenn du dich einen Moment lang beruhigen könntest.«

Als Arnott antworten wollte, wurden sie von einer Sekretärin unterbrochen, die in der Tür stand und fragte: »Sarah Jensen wartet unten. Soll ich sie abholen?«

»Ja, bitte. Aber bringen Sie sie ins Büro nebenan, und bitten Sie sie, sich noch ein paar Minuten zu gedulden. Ich rufe sie dann.«

Die Sekretärin machte sich auf den Weg nach unten. Kurz darauf kam sie mit Sarah wieder und führte sie ins Nebenzimmer.

Sarah nahm in der Nähe des Schreibtisches Platz, schlug

den *Evening Standard* auf und gab vor zu lesen, während sie auf die Unterhaltung nebenan horchte. Leider hörte man nur ein schwaches Murmeln. Sie gab auf und konzentrierte sich auf die Zeitung, denn genauso zwecklos war es, die Bewegungen der Männer zu beobachten, um daraus irgendwelche Schlüsse zu ziehen. Die Jalousien an den Glaswänden und Glastüren waren herabgelassen. Es waren nur Umrisse zu erkennen.

Von dem anderen Büro aus sah man viel besser. Scarpirato beobachtete Sarah, während er mit seinen beiden Mitarbeitern sprach. Er hörte ihnen zwar zu, wandte jedoch den Blick nicht von ihr ab. Arnott lehnte sich zurück und hob in einer Geste gespielter Gleichgültigkeit beide Arme über den Kopf. Dann zündete er sich noch eine Marlboro an.

»Können wir das nicht auf morgen verschieben?«

»Nein, ich will, daß wir jetzt darüber sprechen.« Scarpiratos Blick ruhte noch immer auf Sarahs Profil.

»Warum? Wir haben es doch nicht eilig. Außerdem gibt es noch einen Kandidaten. Wir brauchen nichts zu überstürzen.«

Scarpirato starrte Sarah an. Dann erklärte er sehr ruhig: »Ich schlage vor, daß sie den Job bekommt.«

»Um Gottes willen, Dante! Du weißt doch genau, was dabei rauskommen wird. Sie ist eine arrogante Zicke. Sie wird kommen und gehen, wann es ihr paßt, und zwischendurch ihre gesellschaftlichen Verpflichtungen erledigen. Jede Wette, bei ihr kommt das Vergnügen zuerst und dann die Arbeit. So was bringt nur Unruhe.«

Scarpirato nahm den Blick von Sarah und musterte Arnott. »Wieviel hast du letztes Jahr für uns verdient?«

Arnott sah verärgert auf. »Wieso fragst du nicht nach diesem Jahr? Du weißt doch, daß ich dieses Jahr mit ein paar Millionen im Plus bin.«

»Letztes Jahr warst du mit ein paar Millionen im Minus, während Sarah Jensen für Finlays sechs Millionen erwirtschaftet hat. Wir kennen ihren Ruf. Möglich, daß sie sich lieber vergnügt als arbeitet, aber in einer Stunde macht sie mehr Umsatz als du in einer Woche.« Scarpirato lächelte Arnott zu. »Meine Entscheidung steht fest. McPherson hat vor zwei Wochen aufgehört, und wir brauchen Ersatz. Wir können noch Monate suchen und werden niemand besseren als sie finden.«

Niemand besseraussehenden, dachte Arnott bitter.

»Also bring' sie rein, und dann verschwindet, alle beide.«

Vor Wut kochend, verließ Arnott, gefolgt von dem schweigenden Simon Wilson, das Zimmer. Er begrüßte Sarah mit einem verzerrten Lächeln.

»Sie sollen reinkommen!« Er deutete mit dem Kopf auf die Bürotür, nahm das Jackett von der Rückenlehne seines Stuhls und verließ den Raum. Wilson sagte erst »Hallo«, dann »Wiedersehen« und trottete hinter Arnott her.

Scarpirato saß auf seinem Stuhl und paffte eine Zigarre. Er musterte Sarah eingehend, als sie das Büro betrat, und bat sie, Platz zu nehmen. Sein bohrender Blick war ihr unangenehm. Er lächelte leicht. Ein Hauch von Trotz blitzte in Sarahs Augen auf, als sie seinen Blick erwiderte, worauf Scarpiratos Lächeln sich zu vertiefen schien. Sie wollte schon anfangen, in ihrer Tasche nach einer Zigarette zu kramen, den Blick von ihm wenden, weil er zuviel verraten könnte, aber dann nahm sie sich zusammen und hielt stand. Schweigend saßen sie einander gegenüber. Keiner wollte als erster sprechen oder als erster den Blick abwenden. Schließlich beugte er sich vor, und plötzlich war die Intensität verschwunden. Er war wie verwandelt, als er jetzt in der Pose des zukünftigen Bosses ernst und sachlich erklärte: »Nun ja, Sarah. Wir sind alle der Meinung, daß Sie eine Bereicherung für unser Team wären.« Sarah hätte um ein Haar losgelacht, als sie an Arnotts Gesichtsausdruck dachte.

»Willkommen also bei der ICB.«

Scarpirato zweifelte nicht daran, daß sie den Job annehmen würde und fuhr, ohne ein zustimmendes Nicken abzuwarten, fort:

»Ich möchte, daß Sie sobald wie möglich anfangen. Wann können Sie?«

Sarah blinzelte verständnislos und wandte den Blick ab. Er hatte bewußt langsam gesprochen, um seinen Worten mehr Wirkung zu verleihen. Die Wortwahl an sich war nichts Ungewöhnliches, aber bei ihm … Sie studierte sein Gesicht. Wieder lächelte er leicht. Sie hatte fast das Gefühl, als wolle er sie bewußt auf die Folter spannen. Als sich ihre Blicke schließlich trafen, lächelte auch sie und erklärte: »Ich verlange fünfhunderttausend garantierte Pfund für das erste Jahr und fange am Montag an.«

Scarpirato beugte sich vor und runzelte die Stirn. »Eine halbe Million? Das ist etwas mehr, als ich gedacht hatte.«

»Die Entscheidung liegt bei Ihnen.«

»Na gut, Sarah. Aber ich hoffe, Sie wissen, was Sie tun, wenn Sie Ihren Preis derart hochschrauben. Damit stehen Sie unter Erfolgsdruck.«

Für dich wäre es besser, wenn ich keinen Erfolg hätte, dachte sie. Scarpirato stand auf und ging um seinen Schreibtisch herum. Vor ihrem Stuhl blieb er stehen. Sie erhob sich und stand ihm gegenüber. Er war beunruhigend nahe. Sarah bückte sich, hob ihre Tasche auf und trat einen Schritt zurück. Sie fühlte seine Blicke auf sich, als sie sich zur Tür wandte.

»Eine Frage noch«, sagte sie, als beide das Büro verließen. »Matthew Arnott scheint mich nicht gerade zu mögen. Ich kann mir nicht vorstellen, daß er mich dabeihaben will.«

Scarpirato lachte. »Machen Sie sich seinetwegen keine Sorgen. Er ist ein komischer Kerl, aber ein begnadeter Broker. Er bringt uns eine Menge Geld und meint, er hätte das Recht, den großen Macker zu spielen. Sie kennen ja diese Art von Männern.«

Sarah lächelte traurig. »O ja, nur allzugut.«

Sie durchquerten die ruhige, fast menschenleere Devisenabteilung und gingen auf den Lift zu. Dort blieb er stehen und wandte sich ihr zu.

»Morgen früh werde ich die Verträge aufsetzen lassen.« Sarah nickte. »Schicken Sie sie bitte an meine Privatadresse. Ich werde drauf warten, bevor ich zu Finlays fahre.«

Scarpirato griff in seine Jackentasche und zog einen Füller und ein kleines Notizheft heraus. Er blätterte bis zum Adressenteil und schrieb sich Sarahs Anschrift auf. Sie sah ihm zu. Dann steckte er beides wieder in die Jackentasche und lächelte.

»Dann bis Montag«, sagte er.

»Bis Montag.«

Er warf ihr einen fragenden Blick zu, als hätte etwas in ihrer Stimme ihn überrascht; dann wandte er sich ab und ging. Sarah sah, wie er sich in dem Durcheinander von Tischen und Stühlen verlor. Der Lift kam. Sie fuhr allein nach unten. Der Schweiß floß ihr den Rücken herunter.

An der Idol Lane stieg sie in ein Taxi. Sie versank im Sitz und zündete sich eine Zigarette an. Den Job hatte sie. Noch vor zwei Stunden hatte sie nicht weiter gedacht als bis zu diesem Augenblick. Jetzt fragte sie sich, auf was sie sich da eigentlich eingelassen hatte.

Am nächsten Morgen wartete sie zu Hause auf die Verträge. Um zehn kam der Fahrradkurier und brachte ihr zwei Kopien. Sie unterschrieb eine, händigte sie dem Kurier wieder aus und behielt eine für sich. Dann lief sie zum Telefon und rief Anthony Barrington an. Er sei in einer Besprechung, erklärte seine Sekretärin. Sie hinterließ ihm die Botschaft, dringend zurückzurufen. Zehn Minuten später klingelte das Telefon.

»Danke, daß Sie anrufen, Governor. Eine gute Nachricht. Ich habe den Job. Montag fange ich an.«

»Wunderbar, Sarah. Eine sehr gute Nachricht. Wirklich. Meine Hochachtung!« Er machte eine theatralische Pause und fuhr dann mit spöttischem Unterton fort: »Ich hoffe, daß Sie sie nicht allzu stark geschröpft haben. Es wird eine Weile dauern, und wir wollen doch nicht, daß Sie Ihren Kredit schon vorher verspielen.«

Beide lachten. Sie wußten, daß sie ihre Sache gutmachen würde.

Das Risiko lag allein darin, daß sie enttarnt wurde, bevor sie genügend Beweismaterial gesammelt hatte. Vorausgesetzt natürlich, daß Scarpirato sich tatsächlich etwas zuschulden hatte kommen lassen. Dann würde man sie bestenfalls feuern. Fünfunddreißig Millionen Pfund waren es wert, mit allen Mitteln verteidigt zu werden.

Der Governor legte auf und ließ sich von seiner Sekretärin mit Bartrop verbinden. Sekunden später hatte er ihn in der Leitung.

»Governor.«

»Sie hat die Stelle, Bartrop.«

»Großartig. Damit sind wir einen gewaltigen Schritt weiter.« Er hielt inne. Barrington konnte fast hören, wie sein Gehirn arbeitete.

»Jetzt müssen wir das Ganze stabilisieren«, erklärte Bartrop dann.

Barrington runzelte die Stirn. Schon wieder Rätselraten. »Stabilisieren?«

»Ja, finanziell. Wir müssen ihr Geld anbieten, Cash natürlich, für ihre Spesen.«

»Spesen? Was für Spesen?«

»Keine Ahnung. Aber das ist nicht der Punkt.« Barrington wartete auf eine Erklärung.

»Wir müssen sie einbinden, rein symbolisch natürlich. Auch das ist so üblich. Es macht die Sache glaubwürdiger. Dann nimmt sie sie ernster.«

»Ja, klingt einleuchtend. Wieviel?«

»Ein paar tausend Pfund.«

»Peanuts für eine Frau wie sie.«

»Das ist völlig egal. Man darf ihnen auch nicht zuviel geben, sonst schöpfen sie Verdacht. Nur soviel, wie nötig ist. Meine Abteilung zahlt. Ich schicke Ihnen das Geld in einer halben Stunde mit einem Kurier. Machen Sie einen Termin mit ihr aus. Je eher, um so besser, das hat Stil!«

»Na gut, dann warte ich auf Ihre Sendung. Mal sehen, wie sie darauf reagiert.«

Sarah betrat Finlays mit gemischten Gefühlen. Sie würde kündigen. Am besten brachte sie das so schnell wie möglich hinter sich. Sie marschierte an ihrem Schreibtisch vorbei direkt in Jamie Rawlinsons Büro. Die meisten Chefs hatten außer ihrem Schreibtisch in der Devisenabteilung noch ein privates Büro. Großraumbüros sind Gerüchteküchen und bieten keinerlei Privatsphäre; deshalb sind zusätzliche Privaträume unerläßlich.

»Guten Morgen, Jamie. Hast du zehn Minuten Zeit für mich?«

Er redete auf sie ein, um sie zum Bleiben zu bewegen, und versuchte vergeblich, Carter zu erreichen, der sich für einen Tag in Paris befand. Doch Sarah blieb hart. Es wurde Zeit, weiterzuziehen. Sie kehrte an ihren Schreibtisch zurück, um ihre persönlichen Gegenstände einzupacken. Sie beeilte sich, denn sie fühlte sich sofort ausgestoßen, unerwünscht. Jetzt gehörte sie zur Konkurrenz, und das Geschäft war viel zu wichtig, als daß man sie weiter hier herumlungern ließ. Ihre persönlichen Sachen würden ihr durch einen Kurier nachgeschickt werden. Alle wichtigen Geschäftsunterlagen hatte sie schon ein paar Tage zuvor fotokopiert. Sie nahm ihre Tasche und durchquerte das Großraumbüro. Auf dem Weg hörte sie David Reed rufen: »Sarah, Telefon. Es ist dringend. Er will nicht sagen, wer er ist.«

Sarah fluchte in sich hinein. Sie wollte das Gebäude so schnell wie möglich verlassen. Sie machte kehrt und ging zu ihrem Schreibtisch zurück. Hektisch griff sie nach dem Hörer und drückte auf den Verbindungsknopf.

»Hallo.«

»Ach Sarah. Gut, daß Sie da sind. Anthony am Apparat.« Sarah zog die Stirn kraus. Die Stimme kam ihr bekannt vor, aber der Name verwirrte sie.

»Ach Sie sind's, Go …«

Er fiel ihr ins Wort. »Ja, ich bin's. Entschuldigen Sie, aber ich bin etwas in Eile. Könnten Sie in mein Büro kommen? Sagen wir in einer halben Stunde?«

»Ja, das geht.«

»Dann bis gleich.« Er legte auf.

Sarah griff erneut nach ihrer Tasche und verließ das Finlays-Gebäude zum letztenmal. Sie hatte ein unangenehmes Gefühl. Nach vier Jahren aufzuhören war nicht einfach. Sie spürte, wie sich eine vertraute Unsicherheit in ihr ausbreitete. Dazu kam der seltsame Anruf des Governors, der sich nicht zu erkennen geben wollte. Böse Erinnerungen wurden in ihr wach. Sie hatte mal eine Affäre mit einem verheirateten Mann gehabt, der nicht wollte, daß sie ihn beim Namen nannte, wenn sie telefonierten, und sich auch nie am Apparat vorstellte. Sie hatte seine Verschwiegenheit immer für sinnlose Paranoia gehalten, die sie ihm übelnahm, weil sie ihn für einen doppelten Verräter hielt. Nach drei Monaten ließ sie ihn sitzen und schwor, sich nie wieder auf eine derartige Beziehung einzulassen.

Sie vertrieb die unerfreulichen Gedanken aus ihrem Kopf, doch das unbehagliche Gefühl wollte nicht vergehen. Sie trat in die Old Broad Street hinaus, die in der heißen Julisonne schmorte. Die Zentralbank lag nur zwei Minuten entfernt, sie hatte aber noch eine halbe Stunde Zeit. Sie ging bis Finsbury Circus und machte einen Spaziergang durch den Park, um ihre Unrast abzuschütteln. Was hatte der dringende Anruf zu bedeuten? Was wollte er von ihr? War das Ganze etwa abgeblasen worden?

Plötzlich hatte sie das Gefühl, daß eine Welle von Angst sie zu überrollen drohte. Sie hatte bei Finlays gekündigt. Das war nicht rückgängig zu machen. Von sich aus hätte sie das nie getan. Und auch die Stellung bei ICB hätte sie nicht angenommen, wäre da nicht der Governor mit seinem besonderen Auftrag gewesen. Vielleicht hatte er es sich jetzt plötzlich anders überlegt. Vielleicht war er zu dem Schluß gekommen, daß sie doch nicht die Richtige war. Panik breitete sich in ihr aus. Vielleicht hatte er etwas herausgefunden.

Sie setzte sich auf eine Bank und kramte in ihrer Handtasche nach Zigaretten. Sie zündete sich eine an und zog den Rauch tief in die Lungen. Das Nikotin strömte in ihre Adern. Hastig rauchte sie die Zigarette bis zum Filter.

Dann mußte sie lachen. Allmählich wurde sie selbst paranoid. Mit dem Absatz drückte sie die Zigarette aus, stand auf, murmelte: »Ihr könnt mich mal« und machte sich auf den Weg in die Threadneedle Street zur Bank of England.

»Sarah! Vielen Dank, daß Sie gekommen sind. Tut mir leid, daß ich Sie schon wieder so kurzfristig herbitten mußte. Na ja, jedenfalls bin ich Ihnen sehr dankbar, daß Sie sich die Zeit genommen haben.«

Er griff in die Schublade seines Schreibtisches und holte einen Umschlag heraus, den er Sarah über den Tisch zuschob. Sie rührte ihn nicht an.

»Das ist für Sie. Sie hatten bestimmt Ausgaben und werden etwas Geld gebrauchen können.«

»Das ist wirklich nicht nötig, Governor.«

»Ich bitte Sie. Man weiß nie, wann man es brauchen kann. Das gehört zu unserem Coup dazu. Nehmen Sie es an, bitte.«

Sarah zuckte die Achseln. Sie nahm den Umschlag, steckte ihn ungeöffnet in die Tasche und sah den Governor an. Er lächelte gütig wie ein Vater, der gerade Taschengeld verteilt hat. Nur empfand Sarah es ganz anders.

Barrington warf einen Blick auf die Uhr und stand auf. Er streckte ihr die Hand entgegen. »Auf Wiedersehen Sarah, und viel Glück. Jetzt sind Sie auf sich allein gestellt. Natürlich haben Sie meine volle Unterstützung bei allem, was Sie tun, aber ich muß im Hintergrund bleiben. Ich bin da, aber so gut wie unsichtbar, zu Ihrer eigenen Sicherheit, verstehen Sie? Sonst wäre es ein bißchen auffällig. Wenn Sie Fragen haben, rufen Sie an.«

Das breite Lächeln war dasselbe, aber es strahlte nicht mehr dieselbe Wärme aus. Sie spürte eine gewisse Kühle, als würde sie ins Abseits geschoben. So war das also. Na schön. Sie konnte die Logik dahinter verstehen. Sie konnte sogar genauso sein. Schließlich schlug sie in seine Hand ein.

»Auf Wiedersehen, Governor.«

Erst als sie zu Hause war, warf sie einen Blick in den Umschlag, den sie mit einem Brieföffner geöffnet hatte: dreitausend Pfund. Sie steckte die Scheine zurück und schloß ihn in ihrer Schreibtischschublade ein. Dreitausend Pfund. Ausgaben wofür? Sie stand auf und trat ins Schlafzimmer, um sich umzuziehen und anschließend joggen zu gehen.

10

James Bartrop saß in seinem Büro im Century House, einem zwanzigstöckigen, schmuddligen Turm in der Westminster Road 100 im Südosten von London, vor sich einen extra starken Espresso. Es war ein für die sechziger Jahre typisches Gebäude: grau, düster, gesichtslos und ebenso unbeliebt wie alle, die darin arbeiteten. Nur die Gitter, die die ersten acht Stockwerke vor Bomben schützten, unterschieden es von anderen seiner Art.

Das MI6 sollte bald in ein neues Gebäude nach Vauxhall ziehen, südlich der Themse, weniger als eine halbe Luftmeile vom Parlament entfernt. Der Bau hatte zweihundertvierzig Millionen Pfund verschlungen, und sein selbstherrlicher Achtziger-Jahre-Stil stand in krassem Gegensatz zum Century House. Die Presse hatte die neue Zentrale überspitzt »Turm von Babylon« getauft und dem Ganzen damit einen leicht lächerlichen Anstrich gegeben. Das Gebäude war so konzipiert, daß es, statt mit seiner Umgebung zu verschmelzen, sich deutlich davon abhob und mit jedem Stützpfeiler, Turm oder grüngetönten Fenster seine Einzigartigkeit zur Schau trug. Nicht gerade passend für das MI6 oder den Secret Intelligent Service, wie es offiziell genannt wurde. Aber da das Parlament sich so gut wie entschlossen hatte, die Existenz des SIS gesetzlich anzuerkennen, spielte das keine große Rolle mehr. Das neue Gebäude schien jedenfalls auf schamlose Art jedem auch nur beiläufig informierten Passanten diese Tatsache ins Gesicht zu schreien.

Der Umzug des SIS war für 1994 vorgesehen. Anfänglich war Bartrop nicht besonders begeistert gewesen. Das Vulgäre an dem Gebäude, das vor seinen Augen entstand, hatte ihn zunächst irritiert, doch dann hatte er sich damit abgefunden. Jetzt freute er sich regelrecht darauf, in dem hochmodern ausgerüsteten Turm mit seinem spektakulären Ausblick nach allen Seiten zu arbeiten, obwohl er sich nicht sonderlich viel aus seiner Umgebung machte. Er neigte zur Askese und verließ sich mehr auf seine inneren Bedürfnisse, wenn er sich überhaupt ein Wohlgefühl gestattete. Er war glücklich, oder vielmehr, er funktionierte gut, wenn er ein klares Ziel vor Augen hatte, das seinem Leben Halt verlieh und seine Gedanken formte.

So aber gab er sich seiner Umwelt nicht zu erkennen. Rein oberflächlich gesehen war er ebenso hedonistisch wie jeder andere Junggeselle von fünfundvierzig, der in den Genuß einer Erbschaft kommt. Er liebte gutes Essen und gute Weine. Unter der Woche wohnte er in einem großen Haus am Chelsea Square. Am Wochenende nahm er gewöhnlich die zweieinhalb Stunden Fahrt zu seinem Sommerhaus in Gloucestershire auf sich oder flog nach Südfrankreich oder auch in die Alpen, je nach Saison und selten allein. Abgesehen von seinem seltsamen Beruf, führte er ein ganz normales Leben, wenn auch mit nicht ganz so normalen Leuten.

Seine Affären dauerten nie lange, aber das war ihm egal, denn es gab immer Ersatz. Daß er allmählich in die Jahre kam, schränkte seine Auswahl nur wenig ein; immerhin war er nicht nur wohlhabend, sondern auch sehr attraktiv: groß, sportlich, mit einem markanten Gesicht, lockigem braunen Haar und blauen, kaum getrübten Augen. Spöttische, belustigte Augen, zumindest auf den ersten Blick. Seinen ureigenen Zynismus behielt er nach Möglichkeit für sich.

Entscheidend zu seiner Anziehungskraft trug ein eher psychologischer Aspekt bei, denn seine nahezu klassische Unnahbarkeit, verstärkt durch eine gewisse berufsbedingte Verschlossenheit, stellte eine Herausforderung für Frauen oder, besser gesagt, für bestimmte Frauen dar: die ehrgeizigen oder auch die, die nicht besonders gut auf sich aufpaßten, und davon gab es genug …

Bartrop führte ein Leben, um das viele ihn beneidet hätten, und er genoß es, soweit er konnte. Das einzige Problem war, daß er damit nicht sehr weit kam. Sein Leben war ein Spiel, eine Art Ablenkung, genau wie sein Beruf. Letzterer aber hatte zumindest einen gewissen Wert, und daran klammerte er sich. Er war alles andere als ein Weltverbesserer. Das wäre gefährlich und mit seinem Job unvereinbar gewesen, aber er hatte Ziele und war bereit, ihnen ein vermeintlich stabiles und geborgenes Familienleben zu opfern. So sah die Philosophie aus, die er sich selbst zurechtgezimmert hatte. Und sie schien sich auch gut in die Tat umsetzen zu lassen.

Gelegentlich vermittelte ihm seine Arbeit sogar eine wohltuende geistige Befriedigung. An diesem Morgen, als er über Sarah Jensen nachdachte, durchlebte er einen solchen seltenen und erregenden Glücksmoment. So fühlte er sich manchmal zu Anfang einer Affäre, doch in der Regel wurde dieses Gefühl unweigerlich durch die Gewißheit über die weniger angenehmen Seiten getrübt, die folgen würden: Ungeduld, Enttäuschung und Verbitterung auf seiten der Frau und bei ihm die resignierte Feststellung, daß wieder mal eine Beziehung in die Brüche gegangen war. Bei beruflichen Operationen wie dieser mit Sarah Jensen jedoch war alles offen. Diese Ersatzbeziehung mußte trotz ihrer Distanziertheit nicht zwangsweise mit Tränen enden. Und das würde sie auch nicht, wenn man behutsam vorging und ein bißchen Glück hatte oder zumindest keine ausgesprochene Pechsträhne. Die ganze Operation war heikel, das mußte er eingestehen, zumindest vor sich selbst, aber wie er Barrington versichert hatte, durchaus zu handhaben.

Am Anfang war er Sarah gegenüber skeptisch gewesen. Er traute schönen Frauen nicht über den Weg. Die vielen Verehrer und ihr ausschweifendes Leben ließen nicht gerade auf eine stabile Persönlichkeit schließen. Andererseits schien sie ungeachtet ihrer tragischen Kindheit ziemlich charakterfest zu sein. Außerdem konnte ihr gutes Aussehen dabei helfen, an die Hintermänner ranzukommen.

Bartrop stellte sich vor, wie sie wohl aussah. Er würde sie natürlich nie persönlich treffen, denn er existierte für sie nicht – und wenn doch, dann nur in einer Nebenrolle, die nichts mit ihrem Geheimauftrag zu tun hatte. Bartrop lächelte in sich hinein. Dann rief er seinen Stellvertreter Miles Forshaw an.

»Ich hätte gern ein paar Fotos von Sarah Jensen. Können Sie das veranlassen?«

Die Skulpturen im Atrium der ICB bereiteten Sarah an ihrem ersten Arbeitstag einen kühlen Empfang. Ihre Absätze hallten auf dem grauen Marmorboden des Foyers wider. In den Spiegelwänden des Aufzugs sah sie ihr angespanntes Gesicht. Um halb acht an diesem Montagmorgen platzte die Devisenabteilung bereits aus allen Nähten. Ein Meer versteinerter Gesichter beobachtete ihren Einzug. Erst als sie sich an den leeren Schreibtisch zwischen Arnott und Wilson gesetzt hatte, atmete sie erleichtert auf.

Wilson lächelte ihr zu: »Guten Morgen. Willkommen an Bord.«

Sarah erwiderte sein Lächeln: »Guten Morgen. Danke schön.«

Links von ihr blickte Arnott widerwillig auf: »Ja, herzlich willkommen.«

Noch ehe sie antworten konnte, hatte er sich wieder abgewandt und starrte auf seine Bildschirme. Erst als Scarpirato wenig später aus seinem Büro auf sie zukam, sah Arnott wieder von seinen Monitoren auf. Scarpirato warf Sarah einen kurzen Blick zu.

»Teamsitzung«, verkündete er. Er ist der Boß, Tonfall und Haltung sind typisch, dachte Sarah, als sie beobachtete, wie er rasch auf einen Konferenzraum am Ende der Devisenabteilung zusteuerte. Arnott, Wilson und Sarah standen auf und folgten ihm.

Im Gegensatz zur Devisenabteilung, die hauptsächlich von ungesund grünem Neonlicht erhellt wurde, flutete im Konferenzraum Tageslicht durch ein Fenster, das auf die Themse hinausging. Wenn man sich den Hals verrenkte, konnte man sogar die Tower Bridge sehen. Sarah ließ sich Zeit und genoß den Ausblick. Die anderen setzten sich an einen großen Tisch mit schwarzer, zerschrammter Oberfläche. Arnott und Wilson nippten an dampfenden Cappuccinos. Schließlich wandte sich Sarah gutgelaunt vom Fenster ab und nahm gegenüber von Scarpirato Platz.

Arnott und Wilson analysierten die Marktentwicklung der letzten Woche und legten ihre Strategie für die kommenden Wochen in sämtlichen Einzelheiten fest. Sarah fragte sich, ob sie immer so dick auftrugen. Als Wilson seinen Vortrag beendet hatte, wandte er sich Sarah zu. Scarpirato starrte auf den Fluß und schwieg. Falls er vorgehabt hat, mich in die Bredouille zu bringen, indem er die anderen vor mir reden läßt, hat er sich getäuscht, dachte Sarah. Sie lehnte sich zurück und erklärte ihren neuen Mitarbeitern lächelnd: »Ich halte nicht besonders viel von Elfenbeintürmen. Ich handle lieber nach Instinkt.« Es war eine Bemerkung, die offensichtlich von Scarpirato selbst hätte stammen können, denn er quittierte sie mit einem unterdrückten Glucksen.

»Dann lassen Sie Ihren Instinkten freien Lauf. Sie können sie heute noch unter Beweis stellen. Wir geben Ihnen ein Limit von zweihundert Millionen Dollar.«

Sarah verbarg ihre Überraschung hinter einem nonchalanten Lächeln. Sie hatte mit fünfzig Millionen für den Anfang gerechnet. Mit zweihundert Millionen konnte sie ihnen allen das Genick brechen. Scarpirato stellte ihr also eine unglaublich einladende Falle; das war's. Sachlich fuhr er fort: »Halten Sie sich an das Altbewährte, nichts Exotisches für den Anfang. Wenn Sie irgendwas anders machen oder Ihr Limit überschreiten wollen, kommen Sie zu mir.«

Sarah nickte.

»Sie handeln auf eigene Verantwortung, aber halten Sie Matthew auf dem laufenden.«

Seine Worte glichen einem langsamen Stakkato. »Ich werde Ihre Entscheidungen gelegentlich umstoßen wie die der anderen auch, aber die meiste Zeit sind Sie auf sich gestellt.« Er lächelte wohlwollend. »Ich möchte, daß die Menschen um mich herum auf eigene Verantwortung handeln, damit sie etwas von ihren Erfolgen haben, allerdings ebenso die Konsequenzen für ihre Fehler selbst tragen.« Scarpirato wünschte ihr viel Glück, dann verabschiedete er sich mit einem Nicken und verschwand in der Enklave seines Büros.

Sarah lächelte immer noch, als sie sich wieder an ihren Schreibtisch setzte. Die ICB machte ihrem Ruf alle Ehre. Hier konnte man gar nicht genug die Allüren einer Primadonna an den Tag legen. Arroganz wurde nicht nur toleriert, sondern sogar belohnt. Sie hatte nicht damit gerechnet, daß man ihr so schnell und auf so ungewöhnliche Weise auf den Zahn fühlen würde. Ihr Limit bei Finlays hatte ebenfalls zweihundert Millionen betragen, aber dort hatte sie zu den Spitzenkräften gehört und sich vier Jahre lang bewährt. Sie war zwar mit einem hervorragenden Zeugnis zur ICB gekommen, aber ein Risiko stellte sie trotzdem dar. Eine Maxime im Devisenhandel lautete: Man ist immer nur so gut wie der letzte Deal, den man gemacht hat. Es gehörte nun mal zu diesem Job, daß man sich täglich neu bewähren mußte und ständig unter Hochdruck stand. Es war klar, daß Scarpirato dieses Wagnis bewußt eingegangen war. Und sie hatte es mit ihrer spöttischen Selbstsicherheit geradezu provoziert.

Sarah strich sich nachdenklich über das Kinn. Es war nicht gut, im Devisenhandel Entscheidungen zu treffen, die auf persönlichen Gefühlen basierten. Einmal zu viel und man ist erledigt. Aber wahrscheinlich war das sonst nicht Scarpiratos Art, sagte sich Sarah. Auch Wilson war sichtlich überrascht gewesen über ihr Limit, das mit Sicherheit höher war als seines. Aber er hatte nicht eifersüchtig reagiert. Arnotts Gesicht dagegen hatte sich zu einem boshaften Grinsen verzogen. Offensichtlich rieb er sich schon die Hände in der schadenfrohen Gewißheit, daß sie kläglich versagen würde. Sarah schenkte ihm ein zuckersüßes Lächeln und griff nach seiner Marlboro-Packung.

Ihre Zigarette genießend, dachte sie über Scarpiratos Geschäftspolitik nach. Einerseits war er ein distanzierter Topbroker, der sich das Recht vorbehielt, sein eigenes Spiel zu spielen, andererseits aber seinen Mitarbeitern völlige Eigenständigkeit innerhalb ungewöhnlich hoher Limits ließ. Boß eines Treibhauses, in dem Geld gezüchtet wurde. Der siebte Himmel also für alle, die Talent und keine Skrupel hatten. Sarah drückte ihre Zigarette in einem großen Kristallaschenbecher mit dem Logo der ICB aus und griff zum Telefonhörer. Zeit, mit ihren Informanten zu sprechen und sich nach den Befinden des Marktes zu erkundigen.

Sarah tauschte sich täglich mit einer Gemeinde von zehn weiteren Devisenhändlern aus, die schon seit vier Jahren Geschäfte miteinander machten. Alle hatten schon im Zickzackkurs die City abgegrast und waren von einer Bank zur anderen gewechselt, während sie langsam, aber sicher die Karriereleiter emporkletterten. Das einzige, was sich veränderte, waren Gehälter, Umgebung und Limits.

Sarah studierte die Telefonanlage auf ihrem Schreibtisch mit den über zwanzig Direktleitungen zu Devisenhandelsabteilungen anderer Banken. Sie brauchte nur auf einen Knopf zu drücken, um direkt verbunden zu werden. Das System arbeitete fast wie eine Sprechanlage. Am anderen Ende der Leitung leuchtete die Nummer des Anrufers auf. Erst nach dreimaligem Aufleuchten fing das Telefon an zu klingeln. Das sollte den Lärm in den Devisenhandelsabteilungen in Grenzen halten. Es galt als äußerst unprofessionell, den Hörer erst aufzunehmen, wenn es bereits klingelte, deshalb hatten die Broker ihre drei oder vier Monitore und ihre Anlage stets im Blick.

Sarah drückte auf einen Knopf mit der Aufschrift BdP, Banque de Paris, wo einer ihrer Lieblingskollegen arbeitete.

Fünfzig Meter entfernt, auf der Lower Thames Street, sah Johnny McDermott, ein temperamentvoller irischer Devisenhändler der BdP, das Lämpchen der ICB an seiner Anlage aufleuchten. Grinsend drückte er auf den Knopf.

»Soll ich mal raten? Sarah Jensen.«

»Morgen, Johnny.«

»Du arbeitest jetzt also mit Matthew Arnott zusammen.« Johnnys Stimme klang provozierend.

»Ja.«

»Ein Arschloch.« Johnny klang schadenfroh.

»Hm.«

»Und mit Dante Scarpirato?«

»Ja.«

»Ein Oberarschloch.«

Sarah unterdrückte ein Lachen. »Hm. Und der dritte ist Simon Wilson.«

»Das ist ein netter Kerl.«

»Hm. Danke, Johnny.«

»Gern geschehen, Sarah. Hallo, ihr Arschlöcher!«

Jetzt brach Sarah in Gelächter aus. »Verdammt noch mal

Johnny, nimm dich zusammen.« Beide wußten, daß Scarpirato und wahrscheinlich auch sein Spezi Arnott sich die Tonbänder ihrer ersten Arbeitstage anhören würden, nur so aus Spaß und vielleicht auch, um dezent in ihrem Privatleben herumzuschnüffeln. In den Devisenhandelsabteilungen wurden alle Gespräche aufgezeichnet, um eventuelle Streitigkeiten zwischen Brokern zu vermeiden und auch zum Zweck der Kontrolle. Der automatische Zugang zu den Aufzeichnungen war ein Privileg, das von der Chefetage häufig mißbraucht wurde.

»Also, Johnny. Was gibt's Neues?« fragte Sarah und unterdrückte das Lachen.

Nach einer Stunde hatte Sarah mit all ihren zehn Kontaktleuten gesprochen, die mit dem üblichen Schwall von Lügen, versehentlich ausgeplauderten Wahrheiten und gelegentlich ehrlichen Einschätzungen ihre Vermutung bestätigten, daß die Börse zumindest für heute lustlos bleiben würde.

Theoretisch pflegte jeder Broker seine Kollegen aus anderen Banken als Konkurrenten zu betrachten, und gnadenlos versuchte einer den anderen reinzulegen. Um so angenehmer die Überraschung und um so größer das Mißtrauen, wenn es dann mal anders kam. Aber es gehörte einfach dazu und wurde nicht selten als Sport angesehen. Sarah kannte und akzeptierte dieses ungeschriebene Gesetz vorbehaltlos. Doch die Konkurrenz mit den Brokern anderer Institutionen war nichts im Vergleich zu dem, was offenbar innerhalb der ICB selbst los war. Arnott war von Anfang an auf Konfrontationskurs gegangen. Immerhin fing sie ihren neuen Job wenigstens ohne Illusionen an.

Daß Arnott darauf brannte, sie scheitern zu sehen, spürte Sarah wohl, und Scarpirato schien ihr auf seine wohlüberlegte Art auch nicht viel besser. Er hatte ihr ein viel zu hohes Limit vor die Nase gehalten, nur um ihr zu zeigen, was für ein Großmaul sie war. Nun, Arnott und Scarpirato würden sich schwarz ärgern: Sie hatte nicht vor, nur zum Spaß zu dealen. Sollten sie ruhig denken, daß das hohe Limit sie eingeschüchtert hatte, und über sie spotten, weil sie nichts gewagt hatte. Auch das gehörte mit zum Spiel.

Doch die Tatsache, daß sie ziemlich schwere Geschütze auffuhren, war nicht von der Hand zu weisen. Offensichtlich gehörte es zur Politik des Hauses. Sarah hatte davon gehört und trotzdem das Gefühl, daß man es auf sie abgesehen hatte. Aber warum? Bei diesem Gedanken mußte sie lachen. Die City wimmelte nur so von Verschwörertheorien. Sie hätte nie gedacht, daß eines Tages auch sie davon gepackt würde.

Der Tag verlief ruhig. Um halb sechs bereitete sich Sarah auf den Feierabend vor. Arnott, der die meiste Zeit in Scarpiratos Büro verbracht hatte, kam in dem Moment vorbei, als sie ihre Monitore ausschaltete und ihre Tasche unter dem Tisch hervorkramte.

»Irgendwas erreicht?« Er wußte genau, daß sie nichts unternommen hatte, und sie war aufgefordert worden, ihn über alle Transaktionen auf dem laufenden zu halten. Sarah grinste von einem Ohr zum anderen. »Nichts!« Sie warf sich ihre Tasche über die Schulter und verabschiedete sich fröhlich. Unterwegs winkte sie Simon Wilson zu und mischte sich dann in die Menge, die wie jeden Nachmittag zur Rush-hour auf die Straße drängte. Es war zwar nicht klug, das Büro vor dem Chef zu verlassen, aber sie mußte von Anfang an die richtigen Maßstäbe setzen. Mit raschen, trotzigen Schritten marschierte sie zum Aufzug und quetschte sich gerade noch durch die fast schon geschlossenen Türen des Lifts.

Arnott sah ihr einen Augenblick nach, stand auf und ging in Scarpiratos Büro. Die beiden Männer wechselten ein paar Worte, dann steckte Arnott den Kopf aus der Tür und rief Simon Wilson herein. Wilson schob verstohlen die *Racing Post* unter einen Stapel Papiere auf seinem Schreibtisch und gesellte sich zu seinen Kollegen. Scarpirato räkelte sich in seinem Sessel, in der Hand die zweite Zigarre an diesem Tag. Arnott war dabei, sich eine Marlboro anzustecken. Wilson, ein passionierter Marathonläufer, rümpfte die Nase. Berufsrisiko. Arnott und er standen da wie zwei eifrige Vasallen. Scarpirato lächelte. »Nun?«

Arnott zog nachdenklich an seiner Zigarette und sagte: »Wenn du mich fragst, eine ziemliche Primadonna.«

»Na ja. Bei dem Ruf kann sie sich das ja wohl auch leisten«, entgegnete Simon Wilson.

»Ja, und uns läßt sie es spüren. Oder vielleicht nicht?« erwiderte Arnott verächtlich. »Den ganzen Tag keinen Strich tun, aber Punkt halb sechs Feierabend machen.«

Scarpirato verschränkte die Arme hinter den Kopf und starrte einen Augenblick an die Decke. Sein Blick glitt an der Wand herunter und blieb bei Arnott hängen. »Hast du denn heute was unternommen?« fragte er beiläufig.

»Ja, ich hab' ein paar Dollar-Pfund-Geschäfte gemacht.« Wilson versuchte, sein Grinsen zu verbergen.

Scarpirato beugte sich ein wenig vor und hob die Augenbrauen: »Und wieviel hast du verdient?«

Arnotts Kinn zitterte leicht, als er kleinlaut die Schultern hochzog und gestand: »Gar nichts, ich hab' fünfzig Riesen verloren.«

»Dann halt lieber den Mund«, sagte Scarpirato gelassen. »Erspar' uns weitere Verluste, und geh' nach Hause.«

Kochend vor Wut verließ Arnott das Büro. Wilson folgte ihm, unfähig, sein Lachen zu unterdrücken. Außer Scarpiratos Hörweite drehte Arnott sich schließlich um und schnauzte Wilson an: »Was ist daran so komisch? Nur weil du heute keine Verluste hattest! Für wen hältst du dich eigentlich, du Arschloch?«

Wilson konnte nicht aufhören zu lachen. »Geh' nach Hause, und kotz' dich bei deinem Hund aus. Du hast Sarah Jensen am Hals, ob du willst oder nicht.« Ein Schwall von Flüchen folgte ihm bis zu den Aufzügen.

An der Cannon Street stieg Sarah in ein Taxi. Sie döste vor sich hin und wachte erst auf, als der Wagen mit quietschenden Bremsen auf der King's Road, Ecke Carlyle Square zum Stehen kam. Sie bezahlte den Fahrer, stieg aus und ging quer über den Platz. Die unscheinbare, schäbig gekleidete Frau, die ihr entgegenkam, als sie sich dem Haus näherte, nahm sie gar nicht wahr. Sie schloß die Tür auf, ging nach oben, schenkte sich einen Whisky ein und ließ sich aufs Bett fallen. Draußen machte die Frau kehrt und ging in Richtung Sloane

Square. In ihrer Einkaufstasche verbarg sich eine Kamera. Innerhalb weniger Sekunden hatte sie zwölf Fotos von Sarah Jensen geschossen, die sofort entwickelt und James Bartrop ausgehändigt wurden.

Am nächsten Morgen erschien Sarah voller Tatendrang bei der ICB. Sie hatte Glück, denn die Flaute an der Börse schien sich zu verflüchtigen. Die Geschäfte kamen allerdings nur schleppend in Gang, zu schleppend, fand Sarah. Wie üblich telefonierte sie mit ihren Verbindungsleuten. Seit zwei Tagen tat sich nichts; die Broker waren gelangweilt. Das war gefährlich, hatte aber auch sein Gutes. Heute würde es nicht viel brauchen, damit sie anbissen und auf bloße Gerüchte reagierten. Sarah mußte als erste am Drücker sein, den Braten vor den anderen riechen. Sie rief ein paar ihrer besten Quellen an. Jetzt, wo die europäische Währungsschlange praktisch zusammengebrochen war, reagierten die Devisenmärkte viel explosiver und waren anfälliger für Gerüchte.

Um halb elf, als sich immer noch keine Veränderung abzeichnete, hatte sie plötzlich eine Eingebung. Manfred Arbingen, ein alter Bekannter aus Cambridge, der mittlerweile als Journalist bei einer überregionalen Frankfurter Tageszeitung arbeitete, hatte angerufen, um sich nach ihrem Befinden zu erkundigen.

»Hab' gerade bei Finlays angerufen. Sie waren ziemlich kurz angebunden und sagten nur, du hättest zur ICB gewechselt. Es klang wie ein Fluch.« Er lachte. »Dein neuer Arbeitgeber scheint nicht gerade beliebt in der City, was?«

»Nein, aber dafür hat man andere Vorteile. Außerdem nehmen wir schließlich nicht an einem Beliebtheitswettbewerb teil, oder?«

»Das stimmt allerdings! Banker sind fast genauso unbeliebt wie Journalisten.«

»Wir sind eben Ausgestoßene«, lachte Sarah.

»Ausgestoßene!« fluchte Manfred. »Hör bloß auf damit! Ich arbeite gerade an einer Wirtschaftsstory und hab' fast alle Mitglieder der Deutschen Bundesbank abgegrast, aber keiner hat mir auch nur den kleinsten Wink gegeben. Dabei bin ich alles andere als gierig. Ich wäre mit einem kleinen Häppchen schon zufrieden gewesen, aber von wegen. Sie haben mich eiskalt abblitzen lassen.«

Er schimpfte weiter. Doch Sarah hörte ihm schon gar nicht mehr zu. Sie dachte nach. Irgendwann verstummte Manfred; offenbar war ihm die Puste ausgegangen. »Sarah? Bist du noch da?«

»Tut mir leid, Manfred. Der Boß war gerade in der Nähe. Hat mich etwas abgelenkt.«

»Wie heißt er?«

»Da bin ich ja beruhigt, daß du auf einen Mann tippst, Manfred. Deutschland ist also noch nicht von der Welle politischer Korrektheit erfaßt worden?!«

»Schon gut, schon gut«, unterbrach er sie. »Ich bitte gnädigst um Verzeihung! Aber trotzdem würde ich gerne wissen, wie er heißt.«

»Dante Scarpirato. Italiener.«

»Ach, dieser Spinner! Der ist ja völlig übergeschnappt. Ein Bekannter von mir hat vor ein paar Jahren mit ihm zusammengearbeitet. Dann bist du jetzt aber dick im Geschäft, was?«

Doch Sarah hörte nicht mehr zu, in Gedanken bereits ganz woanders. Sie verabschiedete sich und rief Johnny McDermont in der BdP an.

»Johnny, wo liegt bei dir Dollar/Mark bei einhundert in der Kasse?«

Ausformuliert bedeutet dies: »Wie steht der Dollar-Mark-Wechselkurs für eine Transaktion von einhundert Millionen Dollar, die binnen zwei Tagen erfüllt werden soll?« Daß sie direkt aufs Geschäft zu sprechen kam, hätte in Bankerkreisen normalerweise als unhöflich gegolten, war aber unter Devisenhändlern absolut nichts Ungewöhnliches. Devisenhändler waren schizophrene Wesen, die sich einmal eine halbe Stunde über völlig belangloses Zeug unterhalten konnten und ein anderes Mal direkt auf den Punkt kamen.

»1.7745,55«, antwortete McDermott wie aus der Pistole geschossen und meinte damit, daß er D-Mark zu einem Kurs von 1.7745 DM für den Dollar verkaufte – also 1.7745 DM hinlegte und dafür einen Dollar bekam – und zu einem Kurs von 1.7755 kaufte – also einen Dollar hinlegte und dafür 1.7755 DM verlangte. Die Differenz, der sogenannte »Spread«, betrug in diesem Fall zehn »Ticks« und stellte den Gewinn dar, den man mit Kauf und Verkauf erzielte. McDermott war ein sogenannter Market Maker, der Währungen kaufte und verkaufte. Er war gezwungen, ständig Ankaufs- oder Verkaufspreise zu quotieren, ohne zu wissen, was der andere Broker vorhatte. Dieser Handel mit verbundenen Augen war eines der Elemente, die dem Beruf seine Tücke, aber auch seine Würze gaben. Sarah als Händlerin von bankeigenen Devisen war kein Market Maker in Währungen. Sie kaufte und verkaufte, was sie wollte und wann sie wollte. Sie hing nie von der Gnade anderer Broker ab wie McDermott; dafür war ihr Risiko aber um einiges höher als seins. Er kaufte und verkaufte den ganzen Tag Devisen, hielt aber selten eine Position. Sarah dagegen hielt Positionen tagelang, manchmal auch wochenlang, kaufte oder verkaufte riesige Mengen an Devisen.

»An dich einhundert«, sagte Sarah, was bedeutete, daß sie für einhundert Millionen Dollar D-Mark kaufen wollte.

»Okay, abgemacht. Von dir einhundert Dollar/Mark zu 1.7745,00«, wiederholte McDermott.

»Abgemacht«, sagte Sarah.

Der Ton ihres Gespräches und die Sprache, die sie benutzten, klangen denkbar unspektakulär. Aber dieser Eindruck täuschte, denn jedes Wort war sorgfältig gewählt und hatte eine bestimmte, genau festgelegte Bedeutung. Ein kleiner Versprecher oder ein Mißverständnis konnte Hunderttausende von Pfund kosten; deshalb war äußerste Konzentration unabdingbar.

Sarah beendete das Gespräch und machte sich an die Nachbereitung der Transaktion. Zunächst füllte sie einen Händlerschein in ihrem »Buch« aus, in das sämtliche Transaktionen, die sie vornahm, eingetragen wurden. Auf diesem Schein waren alle Einzelheiten des Geschäfts vermerkt: Währung, Menge, Kurs, Geschäftspartner, Abwicklungmodus, Zahlungsformalitäten und Datum. Dann riß sie den oberen rosafarbenen Teil des Scheins ab, steckte ihn in den Schlitz einer Maschine, die ihn mit Datum und Zeit versah, und warf ihn in die Ablage der Abwicklung. Fünf Minuten später wurde er von der Abwicklungsabteilung abgeholt, die sich darum kümmern würde, daß binnen zwei Tagen einhundert Millionen Dollar auf dem entsprechenden Konto der BdP eingingen. Gleichzeitig sorgten ihre Geschäftspartner bei der BdP dafür, daß innerhalb von achtundvierzig Stunden 177 450 000 DM auf dem Konto der ICB landeten.

Sarah besaß nun eine ziemlich große Position an D-Mark. Sie hatte sie in dem Glauben erworben, daß die D-Mark gegenüber dem Dollar steigen würde. Wenn ihre Vermutung sich bewahrheitete, würde sie ihre Position verkaufen, also die D-Mark wieder in Dollars umwandeln, und den Gewinn einstreichen, der schon bei geringen Kursschwankungen beträchtlich sein konnte. Als sie den Vorgang beendet hatte, informierte sie Arnott über die Transaktion.

»Gibt es einen besonderen Grund?« fragte Arnott spöttisch.

Sarah lächelte und tätschelte ihren Bauch. Weibliche Intuition. Nichts, was er verstehen konnte.

Die nächsten zwei Stunden starrte sie auf ihren Bildschirm und hoffte, daß der Kurs der D-Mark stieg, doch nichts passierte. Hartnäckig blieb er bei 1.7745,55 hängen.

Sarah hoffte, daß sich nach dem Mittagessen etwas tun würde. Wilson warf ihr einen prüfenden Blick zu. Es war klar, daß sie sich nicht von der Stelle rühren würde. »Ich gehe rüber zu *Birley's*«, sagte er plötzlich. Scarpirato hatte vor einer halben Stunde zusammen mit Arnott das Gebäude verlassen, so daß Sarah allein zurückblieb. Nach zehn Minuten kam Wilson mit zwei Tüten wieder. Eine stellte er Sarah auf den Tisch.

»Eins mit Avocado, eins mit Krebsfleisch und dazu Orangensaft.« Er grinste breit. »Sie sehen aus, als würden Sie was von gesundem Essen verstehen!«

Sarah lächelte entzückt, riß die Silberfolie auf und biß hinein. »Haben Sie eine Ahnung!« Sie bückte sich, um ihr Portemonnaie aus der Handtasche zu fischen, doch Wilson winkte ab. Eigentlich war es üblich, neue Mitarbeiter zu einem richtigen Lunch einzuladen. Zumindest war es ihm so ergangen, als er vor einem Jahr hier angefangen hatte. Ein Sandwich von Birley's war das mindeste, und das war schon beschämend genug.

Er sah ihr beim Essen zu. In Null Komma nichts hatte sie alles verdrückt.

»Sie haben also was gekauft?«

Sarah nickte und nippte an ihrem Orangensaft.

»Einen Riesenhaufen D-Mark, wie ich sehe?«

Wieder nickte Sarah. Wilson legte den Kopf auf die Seite und sah sie neugierig an. Sie lachte. »Schon gut. Also, ich glaube, daß die Inflation in Deutschland geringer sein wird, als die Zahlen vermuten lassen. Vielleicht schlägt sich das heute nachmittag an der Börse nieder.«

»Wieso?«

»Na ja. Morgen früh werden die Zahlen bekanntgegeben, und wie ich höre, laufen die Bundesbanker schon seit Tagen mit Pokerfaces durch die Gegend.«

»Nicht schlecht kombiniert!« lachte Wilson.

Sarah grinste. »Jedenfalls glaube ich, daß es einen Versuch wert ist. Mit etwas Glück zieht die D-Mark heute nachmittag an, und dann verkaufe ich.«

»Warum heute nachmittag, wenn die Daten erst morgen bekanntgegeben werden?«

»Ist doch oft so, daß die Börse schon vor Bekanntgabe der Inflationsraten reagiert. Es gibt immer wieder jemand, der den Braten schon vorher riecht. Kleine Indiskretionen sozusagen.«

Wilson beobachtete sie eine Weile verstohlen, dann wandte er sich seinem Bildschirm zu, griff zum Hörer und kaufte für zehn Millionen Dollar 17.775.000 DM, zu einem Kurs von 1.7755 also. Er legte den Hörer wieder auf und lächelte sie an. »Ich hab' auch so ein Gefühl.« Beide lachten, als Scarpirato und Arnott vom Mittagessen zurückkehrten.

Um halb drei, gerade als Sarah anfing, nervös zu werden, begann die D-Mark gegenüber dem Dollar an Boden zu gewinnen. Jeder Hundertstel Pfennig, den sie gegenüber dem Dollar stieg, verschaffte Sarah einen nominellen Gewinn von 5636 Dollar. Wenn sie also ihre Position in dem Augenblick verkaufte, die D-Mark demnach wieder in Dollar tauschte, würde sie 100.005.636 Dollar erhalten. Da sie hundert Millionen Dollar hatte zahlen müssen, wäre die Differenz – 5636 Dollar – ihr Gewinn.

Nach fünf Minuten stand der Kurs bei 1.7700,10 und zehn Minuten später bei 1.7650,60. In drei Stunden war der Kurs des Dollars gegenüber der D-Mark um 85 Ticks gefallen. Sie saß jetzt auf einem Gewinn von fast einer halben Million Dollar – auf 481.314 Dollar, um genau zu sein. Sie spürte, wie Wilson sie nervös beobachtete. Es juckte ihn in den Fingern, zu verkaufen und seinen Gewinn einzukassieren, aber eine innere Stimme riet ihm, solange wie möglich dranzubleiben und zu sehen, was Sarah tat.

Sarah wartete, den Blick stur auf ihren Bildschirm gerichtet. Das Adrenalin schoß durch ihre Adern, während die Minuten verstrichen. Um halb vier schließlich, bei einem Kurs von 1.7640,50, verkaufte sie und strich einen Gewinn von 538.242 Dollar ein. Sekunden danach folgte Wilson ihrem Beispiel und nahm 59.490 Dollar mit.

Sarah informierte Arnott, der alles aufmerksam verfolgt hatte. »Gut gemacht«, sagte er mit verzerrtem Lächeln.

Sarah war nach Feiern zumute. Sie beschloß, Mosami bei Yamaichi anzurufen. Eine ihrer Kollegen kam ans Telefon.

»Ich würde gern mit Mosami Matsumoto sprechen, bitte«, sagte Sarah und wartete, daß ihre Freundin ein Gespräch auf der anderen Leitung beendete. Arnott, der neben ihr saß, spitzte neugierig die Ohren. Mosami Matsumoto. Der Name kam ihm bekannt vor. Dann fiel es ihm ein. Sie war eine Bekannte seiner Freundin. Die Welt war klein.

Mosami meldete sich. »Hallo, Darling. Tut mir leid, ich hatte noch einen Kunden in der Leitung.«

Sarah lachte. »Ja, ja. Ich auch. Hör mal, wie wär's mit einem Drink heut abend?«

»Ja, gern. Ich hab' nichts vor.« Sie schwieg einen Augenblick und fragte dann: »Gibt es einen besonderen Anlaß?«

Sarah lachte. »Ein bißchen tratschen, ein bißchen feiern. Genügt das?«

»Und ob!« antwortete Mosami mißtrauisch.

Um halb sechs schaltete Sarah alle Monitore ab und packte ihre Sachen zusammen. Sie hatte das Gefühl, daß Scarpirato sie durch seine Jalousien beobachtete, als sie sich nach ihrer Handtasche bückte. Arnott war wieder den ganzen Tag in seinem Büro ein und aus gegangen. Er konnte Scarpirato ihren Deal nicht verschwiegen haben. Jeder andere Boß wäre gekommen und hätte ihr gratuliert, sie zumindest zu einem Drink eingeladen. Aber Scarpirato blieb einfach ungerührt in seinem Büro hinter seinen Jalousien hocken. Na, sie würde jedenfalls nicht auf sein Lob warten. Sie warf sich die Handtasche über die Schulter und machte sich auf den Weg.

11

Trotz ihres Volltreffers verließ Sarah das Gebäude leicht frustriert. Sie fragte sich, wie sie an Scarpirato herankommen und rauskriegen könnte, ob in dem Laden was faul war. Wenn die Börse lustlos ist, halten Broker gerne ein Schwätzchen und breiten die letzten fünf Jahre ihres Lebens in allen peinlichen Einzelheiten vor dem anderen aus. Die meisten können von Natur aus nichts für sich behalten. Scarpirato dagegen sagte kaum ein Wort. Nie blieb er stehen, um zu plaudern. Sogar wenn es ums Geschäft ging, war er kurz angebunden. Arnott schien der einzige, der mehr als einen Satz aus ihm herausbringen konnte. Wie Scarpirato wohl mit Freunden und Freundinnen war, fragte sich Sarah. Ob er jemals entspannt sein konnte? Sie winkte einem Taxi und fuhr Richtung Mayfair.

»Also, was gibt es für Neuigkeiten? Und was feiern wir?« fragte Mosami, während sie ins Wohnzimmer voranging.

Sarah setzte sich auf das breite cremefarbene Sofa, streifte die Schuhe ab und streckte die Beine aus. »Ich habe einen neuen Job. Bin jetzt bei der ICB.«

Mosami pfiff anerkennend durch die Zähne. Sie griff nach einer Packung Silk Cut, die auf dem Couchtisch lag, und zündete sich eine an.

»Ich hoffe, sie zahlen ordentlich.«

Sarah zuckte die Achseln. »Es geht.«

»Komm, mach mir nichts vor. Man geht allerhöchstens wegen des Geldes zur ICB.«

Sarah mußte lächeln. Auch sie steckte sich eine Zigarette an.

Mosami runzelte die Stirn. »Und?«

»Du hast deine Frage schon beantwortet. Warum würde jemand zur ICB gehen, wenn nicht des Geldes wegen?«

»Und wie ist es? Sind sie wirklich so schrecklich wie ihr Ruf?«

»Schlimmer!« lachte Sarah. »Mein Boß ist ziemlich distanziert, ein undurchsichtiger Italiener. Aber erträglich. Sein Vize dagegen ist ein richtiges Arschloch. Matthew Arnott.« Sarah sprach den Namen voller Ekel aus. »Ein eingebildeter Ami. Macht kein Hehl daraus, daß er mich nicht ausstehen kann. Wahrscheinlich sucht er verzweifelt nach einem Vorwand, mich zu feuern, bevor ich beweisen kann, daß ich besser bin als er.«

»Ich kenne ihn. Hab' ihn ein paarmal getroffen. Nicht gerade mein Typ«, erklärte Mosami.

Sarah zog die Beine an und setzte sich auf. »Woher kennst du ihn denn?«

Mosami lächelte. Jetzt war Sarah die Neugierige. »Ich kenne seine Freundin. Wir gehen ins gleiche Fitneßstudio. Carla Vitale. Italienerin. Sehr hübsch und ziemlich wild.« Sie lachte. »Im Vergleich zu ihr sind wir die reinsten Nonnen.«

Sarah hob eine Augenbraue. »Ich weiß nicht, wie's bei dir aussieht, aber ich führ' zur Zeit wirklich ein Klosterleben.«

»Kommt Zeit, kommt Rat, Darling.«

»Na ja«, lachte Sarah und fuhr fort: »Aber wenn sie wirklich so heißblütig ist, was macht sie dann mit Matthew Arnott?«

Mosami warf ihr einen bedeutsamen Blick zu und beugte sich vor. »Ich glaube, Carla steht auf schöne Kleider, große Wohnungen, Reisen und so was. Wir haben uns mal auf einer Party bei ihr zu Hause fürchterlich betrunken. Ich habe sie gefragt, was sie an Arnott fände. Jedesmal, wenn ich sie sehe, streiten sie sich und sind nie glücklich ... Na ja, Carla hat nur gelacht und erklärt: ›Er ist ein richtiger Goldesel.‹«

Zufrieden lächelnd, lehnte sich Mosami wieder zurück. Sarah wirkte überrascht.« ICB zahlt zwar gut, aber ich glaube kaum, daß er mehr als eine Viertelmillion, allerhöchstens dreihunderttausend im Jahr verdient.«

»Ja, das ist komisch. Für eine Luxusfrau wie Carla ist das nicht gerade viel. Er muß geerbtes Vermögen haben. Jedenfalls hat er ein riesiges Haus in Holland Park, das mindestens eine Million gekostet hat. Das hat er sich bestimmt nicht von seinem Gehalt bei ICB geleistet.«

»Bestimmt nicht«, sagte Sarah. Gedankenverloren spielte sie mit ihrem Ring. Dann sah sie auf. »Genug von Matthew Arnott. Wie wär's mit was zu trinken?«

Mosami ging in die Küche und kehrte mit einer Flasche Wein zurück. Sie schenkte zwei Gläser ein. Schnell trank Sarah ihres aus und schaute dann auf die Uhr. »Ich muß weiter, Mosami, tut mir leid. Ich muß noch soviel erledigen.«

Mosami warf ihr einen raschen, ungläubigen Blick zu, sagte aber nichts. Als sie Sarah bis zur Tür gebracht und mit einem Kuß verabschiedet hatte, kehrte sie ins Wohnzimmer zurück. Sie nippte nachdenklich an ihrem Glas. Liebeskummer, dachte sie. Eddie ist nicht da, und dann die Bemerkung mit der Nonne. Sie nörgelt einfach zuviel.

Sarah verließ Hay's Mews und ging die Charles Street entlang bis Berkeley Square. Von einer Telefonzelle aus rief sie Jacob an. Das Telefon läutete und läutete. Sie stellte sich vor, wie Jacob schwerfällig ein Buch beiseite legte und gemächlich zum Telefon schlenderte. Seine Bewegungen waren in den letzten Jahren wesentlich langsamer geworden. Endlich nahm er den Hörer ab.

»Hallo, Jacob. Kann ich vorbeikommen? Ich glaube, ich hab' was.«

Sarah nahm ein Taxi und war eine halbe Stunde später in der Rotherwick Road.

Jacob ließ sie herein, bot ihr einen Platz an und setzte Teewasser auf. Er würde ihr Wein anbieten, wenn sie zum Abendessen blieb. Sie trank ohnehin zuviel. Schließlich kam er mit dem Tee und ein paar Plätzchen wieder.

»Ich koche gerade Eintopf. Du kannst mitessen, wenn du willst. Aber nimm erst mal das hier.«

Sarah lächelte und griff nach der Tasse. Jacob setzte sich in einen Sessel ihr gegenüber. »Nun, Kleines. Was gibt's Neues?«

Sarah nahm einen Schluck Tee und stellte die Tasse auf dem kleinen Tisch neben dem Sofa ab. »Nicht viel, aber es ist schon etwas seltsam.« Sie erzählte ihm von Arnott und Carlas Bemerkung über den Goldesel. »Außerdem verbringt er die meiste Zeit in Scarpiratos Büro. Es würde mich nicht wundern, wenn die beiden unter einer Decke steckten.« Sie nahm noch einen Schluck Tee und sah Jacob erwartungsvoll an. Er lächelte.

»Ja, das ist in der Tat komisch.« Er machte eine Pause und grinste verschwörerisch. »Trotzdem glaube ich, daß du die Sache nicht richtig angehst.«

»Was meinst du damit?« fragte Sarah verunsichert.

»Ich finde, daß du andere Methoden anwenden solltest.« Sarah wartete auf eine Erklärung.

»Eine Wanze, Kleines, das meine ich.« Sarah hob die Augenbrauen. »Hab' schon daran gedacht, es aber dann wieder verworfen, weil es mir zu weit hergeholt scheint.«

»Zu weit hergeholt? Glaub' doch das nicht! Das ist gängige Praxis, vor allem in der City. Industriespionage, Finanzspionage. Big Business. Ich hab' da einen Kumpel, der ...«

Sarahs schallendes Gelächter brachte Jacob zum Schweigen. »Das kann ich mir vorstellen!«

»Nun«, erklärte Jacob verärgert, »soll ich mich mit ihm in Verbindung setzen oder nicht?«

Sarah nippte an ihrem Tee und starrte nachdenklich in die Tasse. »Ich weiß nicht so recht, was der Governor dazu sagen würde.«

»Was glaubst du denn, was er sagen würde?«

»Keine Ahnung. Er war ziemlich zugeknöpft, was die Methoden angeht. Ich soll diskret vorgehen. Ja, stimmt ... Er hat gesagt, daß ich auf mich allein gestellt sei. Und daß er sich nicht für meine Methoden, sondern nur für meine Resultate interessiere. Er sagte, daß ich flexibel sein und je nach Stand der Dinge reagieren müsse.«

»Was hat er sonst gesagt?«

Sarah zuckte die Achseln. »Daß die Beweise, die er brauche, nicht so stichhaltig sein müßten wie vor Gericht. Es würden Indizien für ein Verbrechen genügen. Aber er hat mir nicht gesagt, wie ich an solche Indizien rankommen soll, außer indem ich die Augen aufhalte und die Ohren spitze. Ich nehme an, daß Abhören nichts weiter ist als eine effizientere Form des Ohrenspitzens.«

Jacob nickte. Sarah fuhr fort. »Das einzige, wo er ziemlich präzise war, ist, daß ich mich nicht erwischen lassen solle. Daß er mir nicht zu Hilfe kommen könne.«

»Was hat er damit wohl gemeint?«

»Wahrscheinlich, daß ich mich in einer gesetzesfreien Grauzone befinde.«

Das jedoch, wurde ihr nun bewußt, gehörte nicht zu den Kompetenzen des Präsidenten der Zentralbank, aber vielleicht erforderten besondere Umstände ja besondere Regelungen. Sie hatte ohnehin vermutet, daß die staatlichen Organe nicht immer legal vorgingen. Deshalb hatte sie sich auch nicht gesorgt oder Angst gehabt, als sie den Auftrag angenommen hatte. Sie mußte nur aufpassen, daß man sie nicht zu fassen bekam.

»Ach ja. Er hat mir dreitausend Pfund gegeben. Angeblich für Spesen.«

»Hat er gesagt, für welche Art von Spesen?«

»Nein. Nur, daß ich schon noch Verwendung dafür haben würde.«

»Also …«

Sarah lächelte. »Vielleicht solltest du doch Kontakt zu deinem Kumpel aufnehmen.«

Innerhalb einer Stunde hatte sie die Rolle einer passiven Beobachterin abgelegt und die einer … nun ja, welche genau sie angenommen hatte, wußte sie nicht, aber ihr war klar, daß sie eine Grenze überschritten hatte. Sie hinterfragte nicht groß, ob dieser Schritt klug war, sondern beschloß, einfach ihrer Neugier zu folgen. Soweit sie es übersehen konnte, hatte sie sich bisher keiner Gefahr ausgesetzt. Das komische Gefühl, das sie bei der ganzen Sache hatte, war sicher nur die Angst vor dem Ungewissen. Und dieses Gefühl kannte sie schließlich, also hatte sie auch keinen Grund zur Sorge.

12

Giancarlo Catania hatte feuchte Hände. Er wischte seine Rechte rasch an der Hose ab, ehe er sie Fieri zum Abschied reichte. Trotzdem hatte er das Gefühl, daß die unauffällige Bewegung bemerkt worden war. Zudem war es praktisch unmöglich, in der arktischen Kälte von Fieris Büro die klebrige Wärme seiner Hände zu verbergen.

Das Gefühl der Demütigung war genauso beklemmend wie das der Angst. Eine heftige Wut packte ihn, in die er sich, wie immer, sofort hineinsteigerte.

Sein Fahrer und sein Leibwächter waren willkommene Blitzableiter. Sie lehnten an seinem Dienstwagen und rauchten in aller Seelenruhe eine Zigarette. Was sie wohl machen würden, wenn in diesem Moment ein Attentat auf ihn verübt würde, explodierte er. Nicht viel, dachten beide und tauschten ein verstohlenes Grinsen aus.

In Italien stand eigentlich nur dem Präsidenten der Zentralbank ein Leibwächter zu, doch mittlerweile ging kein Banker, der etwas auf sich hielt, mehr ohne seine Sicherheitskräfte auf die Straße. Sie bedeuteten einerseits Schutz und galten zugleich als Statussymbol. Doch es war ein dubioser Status, von dem Catania sich schon lange nicht mehr beeindrucken ließ. Und was den angeblichen Schutz anging, so war ihm klar, daß ihn nicht mal eine Legion hätte schützen können, wenn man es tatsächlich auf ihn abgesehen hatte. Daher war es ihm auch egal, ob er die Loyalität der vier Männer besaß, die ihm abwechselnd zur Seite standen. Er benutzte sie lieber als eine Art Ventil für seine Wutanfälle.

Als er seinem Ärger Luft gemacht hatte, ließ er sich erleichtert auf den Rücksitz seines Lancia fallen. Der Wagen raste durch die Via Appia Antica in den Außenbezirken von Rom und reihte sich dann in den dichten Verkehr der Via di Porta San Sebastiano ein. Catania sah nervös auf die Uhr. Viertel vor neun. Vielleicht würde er es noch rechtzeitig nach Hause schaffen, bevor die Kinder ins Bett mußten. Warum spurte der dumme Chauffeur nicht? Er öffnete die Scheibe, die ihn von dem Fahrer trennte, und befahl ihm herrisch, aufs Gaspedal zu treten. Paolo sah besorgt in den Rückspiegel. Irgend etwas stimmte nicht mit seinem Chef. In Catanias Gesicht spiegelte sich nicht nur Wut, sondern auch Angst.

Paolo überholte einen roten Fiat auf der Innenspur und hörte den anderen Fahrer erbost hupen. Zum hundertstenmal fragte er sich, wie die nette Signora bloß so ein Arschloch hatte heiraten können.

Catania saß mit hochgezogenen Schultern auf dem Rücksitz, zündete sich eine Zigarette an und dachte an das Gespräch, das er gerade mit Antonio Fieri geführt hatte. Fieri war sehr ungehalten, mißtrauisch und fordernd gewesen. Schlimmer als sonst. Offensichtlich hatte er Probleme. Aber hatte nicht jeder Probleme? Anscheinend wurde gegen die halbe Regierung und viele bedeutende Persönlichkeiten aus der Wirtschaft und Finanzwelt ermittelt. Es war wie zur Zeit der Inquisition. Catanias Magen krampfte sich schmerzhaft zusammen. War er vielleicht der nächste?

Alle waren besorgt, auch diejenigen, die sich nichts zuschulden hatten kommen lassen. Letzte Woche erst hatte Senator Amalfi Selbstmord begangen. Sein Ressort war mit irgendeinem Bauskandal in Verbindung gebracht worden. Niemand, der ihn kannte, hatte auch nur eine Sekunde lang an seine Schuld geglaubt. Trotzdem hatte er die Schmach nicht ertragen. Amalfi hatte sich mit seinem eigenen Jagdgewehr erschossen. Catania schaute durch die getönten Scheiben seines Wagens. Daß ihm jetzt Fieri die Hölle heiß machte, war das letzte, was er gebrauchen konnte.

Er hatte gehofft, in einer Stunde fertig zu sein, rechtzeitig, um einen gemütlichen Abend mit seiner Frau und den Kindern zu verbringen. Fieri aber hatte ihn über zwei Stunden festgehalten und ihn über das Treffen der europäischen Finanzminister und Notenbankpräsidenten nächste Woche in Frankfurt regelrecht ausgequetscht. Catania konnte ihm nicht viel sagen. Er hatte ihn gebeten, sich bis nach dem Treffen zu gedulden, dann würde er ihm Näheres berichten können. Doch Fieri hatte nicht lockergelassen. Er wollte wissen, warum das Treffen so kurzfristig anberaumt worden war. Eigentlich hätten Finanzminister und Notenbankpräsidenten erst in zwei Wochen in London zusammenkommen sollen. Wozu also dieses zusätzliche Treffen in Frankfurt?

Catania versuchte so gut wie möglich seine Ungeduld zu verbergen und beteuerte immer wieder, daß er den Grund nicht kenne. Die Deutschen hatten durchblicken lassen, daß sie auf dem Treffen eine Erklärung abgeben würden. Niemand war begeistert gewesen, aber alle hatten zugesagt. Die Bundesbank vor den Kopf zu stoßen konnte sich keiner leisten.

Catania versuchte, das Ganze herunterzuspielen, aber Fieris aufdringliche Fragen und seine schlechte Laune machten ihn nervös. Hatte Fieri etwa Verdacht geschöpft? Catania stieß nervös eine Rauchwolke aus. Nein, unmöglich. Eine undichte Stelle konnte es nicht geben. Das wäre ja so, als schlachtete man das Huhn, das goldene Eier legt. Bei dieser Vorstellung lief Catania ein kalter Schauer über den Rücken. Er starrte aus dem Wagen, um ihn zu vertreiben.

Mit einem heftigen Ruck kam die schwarze Limousine vor seiner Wohnung in der Via di San Eusebio neben dem Pantheon im Herzen der römischen Altstadt zum Stehen. Wortlos stieg er aus dem Lancia, nahm zwei Stufen auf einmal auf der Treppe, die zur oberen Wohnung führte, und klingelte. Das Hausmädchen ließ ihn herein. Er hörte Donatella lachen; sie spielte mit den Kindern im Wohnzimmer. Zum Teufel mit Fieri. Je älter er wurde, um so unerträglicher wurden seine Launen. Das war wohl der Grund für sein Verhalten. Er konnte nichts ahnen. Beruhigt durch diese einfache und doch plausible Erklärung betrat Catania das Wohnzimmer, wo seine Frau ihn zärtlich begrüßte.

Sie spielten noch ein wenig mit den Kindern, dann brachte Donatella sie ins Bett. In der kurzen Zeit, in der er allein war, packte ihn die Angst aufs neue. Er ging ins Arbeitszimmer, setzte sich an den Schreibtisch und starrte gedankenverloren aus dem Fenster in die hereinbrechende Dämmerung. Die Untätigkeit zermürbte ihn. Hastig griff er zum Hörer, blätterte in seinem Adreßbuch und rief den Präsidenten der Bank of England in seiner Privatwohnung an. In London war es acht Uhr. Vielleicht konnte er ihn noch vor dem Abendessen erreichen.

Barrington, der sich auf einen seiner wenigen freien Abende ohne offizielle Verpflichtungen gefreut hatte, wollte sich gerade mit seiner Frau zu Tisch setzen, als das Telefon klingelte. Er verzog das Gesicht und nahm widerwillig ab. Welcher Idiot rief ihn denn um diese Uhrzeit an? Wahrscheinlich einer dieser Schwachköpfe vom Finanzministerium, die schon um sechs zu Abend aßen, weil sie nichts zu tun hatten. Er war überrascht, als er den starken italienischen Akzent vernahm.

Seine Ungeduld kaum verhehlend, lauschte er Catanias schlechtem Englisch. Als dieser endlich auf den Punkt kam, hatte sich Barringtons Ärger in herablassende Überheblichkeit verwandelt, was ihm ohnehin mehr lag.

»Natürlich weiß ich, daß zwei Treffen in zwei aufeinanderfolgenden Wochen ziemlich ärgerlich sind, mein lieber Kollege. Ich verstehe Sie durchaus. Wir haben alle viel zu tun, aber da ich keine Ahnung habe, worum es bei dem Treffen in Frankfurt geht, kann ich nicht sagen, ob das Ganze nicht Zeit hätte, bis wir uns turnusgemäß in London sehen.« Er lachte, als würde er ein Geheimnis unter dem Deckmantel eines besonders feinen Humors preisgeben. »Ich kann nur sagen, daß die Deutschen ein Treffen bloß dann anberaumen, wenn sie einen triftigen Grund dazu haben. Alles, was sie tun, hat Hand und Fuß, wissen Sie. Sie werden die Angelegenheit, welche auch immer, gründlich bedacht und uns erst dann darüber in Kenntnis gesetzt haben, wenn sie überzeugt sind, daß es zu unserem eigenen Wohl ist.«

Barrington war nicht überrascht, daß Catania den Witz nicht verstand. Er hatte Catania schon immer für einen ziemlich humorlosen, mürrischen Kerl gehalten und sich gewundert, wie er es zum Präsidenten der italienischen Zentralbank gebracht hatte. Langer Atem und Bauernschläue, vermutete er. Er vergaß den aufdringlichen Italiener und kehrte ins Eßzimmer zurück, wo seine Frau auf ihn wartete. Währenddessen saß Catania reglos in seinem Arbeitszimmer. Barringtons humorige Bemerkung, die der Engländer für so originell gehalten hatte, war tatsächlich wie ein Schwert in Catanias furchtsames Herz gedrungen. Er hörte, wie seine Frau nach ihm rief. Fluchend stand er auf. Wenn er die Nerven verlor, würde er leichte Beute von Intrigen werden. Es konnte nichts passiert sein. Denn wenn etwas passiert wäre, dessen war er sicher, würde er nicht hier sitzen.

Sarah war ziemlich aufgeregt, als sie am nächsten Morgen erwachte. Es würde sicher großen Spaß machen, Matthew Arnott ein wenig auszuspionieren. Um fünf vor halb acht nahm sie ihren Platz neben dem seinem ein. Aus den Augenwinkeln beobachtete sie ihn aufmerksam. Sie dachte über sein Haus in Holland Park nach und über Mosamis Äußerung über eine Erbschaft. Doch das war wenig wahrscheinlich. Menschen, die Vermögen hatten, schlugen sich nicht in Investmentbanken herum. Vielleicht schnupperten sie mal rein, aber nur diejenigen blieben länger als ein paar Jahre, die sich selbst ein Vermögen aufbauen wollten. Arnott mußte um die Dreißig sein und war wahrscheinlich seit ungefähr acht Jahren im Geschäft. Im übrigen benahm er sich nicht wie der Sohn reicher Eltern. Er war viel zu gierig und unsicher. Sarah war überzeugt, daß er alles, was er besaß, selbst verdient hatte. Möglicherweise auf illegale Art.

Irgendwas führte er im Schilde. Sein selbstgefälliges Grinsen und seine Abneigung ihr gegenüber waren deutliche Warnsignale gewesen. Sie war ein Neuling, eine mögliche Bedrohung für den, der etwas zu verbergen hatte. Aber warum hatte man sie dann eingestellt? Wenn Scarpirato und er in illegale Machenschaften verstrickt waren, warum gingen sie dann das Risiko ein, eine neue Kraft einzustellen? Warum hatten sie Simon Wilson eingestellt – vorausgesetzt, er war nicht mit von der Partie?

Sarah lehnte sich zurück, zündete sich eine Zigarette an und sah zu, wie der Rauch zur Decke stieg. Vielleicht hatten sie eine Außenstehende eingestellt, um sich zu tarnen. Es gab immer einen gewissen Druck von oben, das Personal aufzustocken, wenn eine Abteilung gute Gewinne machte. Falls Scarpirato und Arnott einen Coup planten, hätten sie sich verdächtig gemacht, wenn sie niemanden mehr hätten einstellen wollen. Sie lachte in sich hinein. Vielleicht war sie nicht die einzige, die Hintergedanken hatte.

Sie fragte sich, ob Jacob bereits mit seinem Kumpel gesprochen hatte. Ihr Blick streifte Arnott, der gelangweilt neben ihr saß. Die Wanzen würden sicherlich Klarheit bringen. War Scarpiratos und Arnotts Heimlichtuerei nur eine Pose, oder steckte wirklich was dahinter?

Scarpirato machte früh, schon gegen vier, Feierabend. Wenig später verließ auch Sarah das Büro. Der Tag war ruhig verlaufen. Sie hatte nur eine kleine Transaktion getätigt, fünfzehntausend Pfund verdient und dann Schluß gemacht. Wilson und Arnott hatten beide geringe Beträge verloren. Wilson blieb gelassen; Verluste schienen seiner guten Laune gewöhnlich nichts anzuhaben. Arnott dagegen kochte vor Wut. Eigentlich hatte Sarah ihn in ein Gespräch verwickeln wollen, um ein wenig mehr über seine Vergangenheit zu erfahren. Doch das mußte warten.

Das Taxi setzte Sarah an der King's Road ab. Am Kiosk kaufte sie den *Evening Standard* wegen der City-Nachrichten und des Horoskops. Sie hätte die Zeitung schon in der City kaufen und im Taxi lesen können, doch sie hatte lieber die überfüllten Straßen beobachtet und vor sich hingeträumt. Sie kramte in ihrer Börse nach dreißig Pence und schlüpfte dann zwischen roten Doppeldeckerbussen und selbstmörderischen Fahrradboten hindurch über die Straße zum Carlyle Square.

Der Verkehrslärm verebbte, und Sarah konnte das Schreien der Kinder hören, die im Park spielten. Sie beobachtete, wie sie durchs Gebüsch und zwischen den Bäumen hin- und herliefen. Sarah liebte den Park. Er war eine grüne Zuflucht. Ideal, um sich im Sommer zu sonnen. Er wurde gut gepflegt und war das ganze Jahr über voller bunter Farben. Sie warf einen Blick durch das Gittertor und sah ihre Nachbarin Mrs. Jardine, die fast von den Kindern überrannt wurde.

Sarah winkte und begrüßte sie durch den Lärm. Mrs. Jardine erwiderte den Gruß mit einem gequälten Lächeln. Die

Mütter aus der Umgebung ließen ihre Kinder nie unbeaufsichtigt spielen, und heute war Mrs. Jardine an der Reihe. Manchmal löste Sarah sie ab, aber heute fühlte sie sich nicht danach. Die Atmosphäre bei der Arbeit hatte Nerven gekostet, und jetzt brauchte sie erst einmal Ruhe. Sie überquerte die Straße und blieb vor ihrem Haus stehen. Der Anblick hob jedesmal ihre Stimmung.

Es war ein großes, weiträumiges Haus mit vier Stockwerken und einer eleganten Fassade aus hellbraunem Gestein. Zusammen mit dem Parterre verfügte es über vier Schlafzimmer. Sarahs Zimmer, das auf eine Dachterrasse hinausging, war etwa dreißig Quadratmeter groß. Alex' Raum mit Blick auf die hinteren Gärten war noch größer. Er ähnelte einem Trödelladen für Bergseile, Steigeisen, zusammengefaltete Zelte und all dem Krimskrams, den ein Profi zum Bergsteigen so braucht. Ein weiteres Schlafzimmer hatte Sarah in ein Arbeitszimmer umgewandelt. Die Wände waren bis zur Decke mit Büchern vollgestopft, ihre über alles mögliche, seine über das Bersteigen und die Berge. Das vierte im Parterre war das Gästezimmer.

Das Wohnzimmer nahm den ganzen ersten Stock ein. Das Licht kam von vier großen Schiebefenstern mit Blick auf den Platz und zwei kleineren, die nach hinten auf einen kleinen Zierbalkon hinausgingen. Geranien und Bartnelken blühten dort. Die Zimmerwände waren bernsteinfarben gestrichen, und auf dem dunklen Holzboden lagen alte Perser. Die Decke war hoch. Sarah hatte das Gefühl, daß sie in diesem Raum atmen konnte.

Eine exquisite Sammlung von Bildern und Fotos hing an den Wänden: Porträts von afghanischen Kämpfern neben einer schottischen Berglandschaft, eine nepalesische Sherpa neben Detailaufnahmen der afrikanischen Steppe am Kilimandscharo, Bergketten, die Sarah in- und auswendig kannte. Eine symbolische Landkarte der Gegenden, die Alex bereist hatte.

Die Bilderflut setzte sich bis zur Küche und zum Bad fort. Hier gab es Großaufnahmen von chinesischen Bergen, deren Gipfel sich wie Dolche in den Himmel bohrten. Es war unglaublich, daß es sie wirklich geben sollte. Wenn Sarah in der Badewanne lag, hatte sie einen direkten Blick auf die Bilder und stellte sich immer vor, sie wäre dort.

Heute war das Haus ausnahmsweise mal richtig sauber. Barbara, die Putzfrau, hatte es mit einem ihrer seltenen Besuche beehrt. Sarah genoß die Ordnung, indem sie sich im Flur ihrer hochhackigen Schuhe entledigte und Hemd und Kostüm aufs Bett warf. Dann kramte sie in einem alten Eichenholzschrank und schlüpfte in weite Shorts und ein T-Shirt. Ihre Laufschuhe mit den dicken geriffelten Sohlen fand sie zum Lüften auf der Terrasse.

Sie machte fünf Minuten Streckübungen, um warm zu werden. Ihre Achillessehnen schmerzten nach mehreren Tagen Ruhe. Schließlich rannte sie mit dem Hausschlüssel in der rechten Hand die überfüllte King's Road entlang bis zur Old Church Street, wo sie nach links abbog, Richtung Themse. Die Rush-hour war voll im Gang, und die Luft stank nach Auspuffgasen. Sarah achtete nicht auf die langsamen Autoschlangen, sondern schaute auf den Fluß. Am Cadogan Pier legte gerade vorsichtig ein Flußboot an und ließ eine Handvoll Touristen aussteigen, bevor es zum Chelsea Harbour, eine halbe Meile westlich, weitertuckerte. Manchmal fuhr sie von Swan Lane in der City mit dem Boot nach Hause. Es dauerte zwar viel länger, aber es war auch eine angenehme Abwechslung und bot einen wunderbaren Ausblick, vor allem auf die Houses of Parliament.

Sie kam ein wenig ins Schwitzen, als sie die Albert Bridge überquerte und in den Battersea Park einbog. Die Sonnenanbeter packten gerade ihre Siebensachen ein und machten einer Flut von Joggern Platz, die von allen Seiten gleichzeitig auftauchten. Sarah lief rasch und überholte einige langsamere Läufer, blieb aber auf dem Rasen. Ihr Hausarzt hielt nichts von Jogging, er hatte viel zu viele schmerzende Knie behandelt, aber Sarah ließ sich nicht beirren. Es machte ihr Spaß, weil sie dabei all ihre Sorgen vergessen konnte. Daß man sich außerdem fit hielt, war bloß ein willkommener Nebeneffekt.

Sie lief einmal um den Park, sprintete auf den letzten hundert Metern und ging anschließend keuchend über die

Brücke zurück. Im Westen ragte das Kraftwerk an der Lots Road wie der Traum eines Schöpfers von Abenteuerparks auf, nur daß es Wirklichkeit war. Feine weiße Rauchringe hingen darüber fast als Beweis für das Leben darin. Sarah stellte sich immer ein Durcheinander von feinen Rädchen und glühendem Kupferdraht vor, obwohl sie sogar einmal einen Blick ins Innere riskiert und nur Reihen von riesigen radiatorähnlichen Ungetümen zu Gesicht bekommen hatte.

Von außen sah es besser aus als von innen, keine Frage. Das traf auch für das stillgelegte Zwillingskraftwerk am Ende des Battersea Park zu, das tatsächlich zu einem Erlebnispark hatte umfunktioniert werden sollen. Zu Sarahs Erleichterung hatte der Bauträger Ende der achtziger Jahre bankrott gemacht, und das Kraftwerk war wieder in seinem Dornröschenschlaf versunken.

Inzwischen war sie wieder zu Atem gekommen. Sie bog in die Old Church Street und dann in die King's Road ein, wo sie einer Prozession von Bankern begegnete, die in ihren gestärkten Hemden schwitzten und schwere Aktentaschen schleppten. Die Hälfte der City schien in dieser Gegend zu wohnen. Sie entdeckte ein Pärchen, das sie kannte, und tauchte rasch im Carlyle Square unter. Jedesmal, wenn man aus dem Haus ging, lief man Bekannten in die Arme. Anonym zu bleiben war so gut wie unmöglich. Es war zum Verrücktwerden.

Jemand hatte auf den Anrufbeantworter gesprochen, während sie weg gewesen war. Pierluigi di Rivana, ein früherer Kollege von Finlays. Er rief wegen eines Abendessens an, zu dem sie sich vor einer Woche verabredet hatten. Er würde sie um neun abholen kommen. Prima. So blieb ihr noch ein wenig Zeit zum Ausruhen. Obwohl sie Alex und Eddie schrecklich vermißte, gab es Zeiten, in denen sie das Alleinsein genoß.

Sie duschte ausgiebig, wusch sich das Haar und legte sich aufs Bett. Die Fenster standen auf; eine leichte kühle Brise drang durch die Musselinvorhänge. Sie las ein paar Seiten in einem Taschenbuch, döste bis neun und schlüpfte dann rasch in ein weißblaugestreiftes Baumwollkleid und dunkelblaue Sandalen. Schließlich kämmte sie ihr Haar und tupfte etwas Parfum auf die Haut. Um Viertel nach neun, wie immer zu spät, stand Pierluigi vor der Tür.

»Ciao, Sarah. Wie geht's?«

Sarah küßte ihn auf beide Wangen. »Ciao, Pierluigi. Ganz gut. Und dir?«

»Oh, prächtig. Hab' viel zu tun.« Er warf ihr einen scharfen Blick zu. »Und bin schrecklich neugierig.«

Sarah lächelte. »Bitte, keine Fragen!«

Sie gingen zu *Scalini's* auf der Walton Street. Das Lokal war rammelvoll und laut. Nicht gerade angenehm nach einem hektischen Tag in der Devisenabteilung, aber wie alle Italiener liebte Pierluigi den Rummel. Da sie ihm gerade schon einen Korb gegeben hatte, würde es wenig Sinn haben, ein geräumiges und ruhigeres Restaurant vorzuschlagen. Pierluigi führte sie zu einem Tisch, an dem bereits acht weitere Italiener saßen. Zwei Plätze waren noch frei. Sarah kannte alle bis auf einen. Nach der obligatorischen Begrüßungszeremonie, die eine Ewigkeit dauerte, wandte sie sich dem Unbekannten zu, der ruhig dasaß und das Ganze amüsiert lächelnd beobachtet hatte. Pierluigi stellte sie vor.

»Sarah Jensen, Marco Scarpirato.«

Sie reichten sich die Hand, und Sarah nahm auf dem Stuhl neben ihm Platz.

Pierluigi saß ihr gegenüber und beobachtete sie. Sarah ignorierte ihn und wandte sich Marco zu. Er war etwas kleiner als sein Bruder und jünger. Das lächelnde Gesicht war voll und faltenlos, Stimme und Haltung entspannt. Er trug einfache Jeans und ein T-Shirt, das den kleinen Bauchansatz kaum verbarg. Kein Mensch wäre auf die Idee gekommen, daß er und Dante Brüder waren.

»Woher kennen Sie Pierluigi?«

»Von Finlays. Wir waren Kollegen.«

»Sind Sie es nicht mehr?«

»Nein. Ich habe Finlays vor ein paar Tagen verlassen.«

»Aha. Und wo sind Sie jetzt?«

»ICB«, sagte Sarah obenhin. Einen Augenblick lang schien Marco nicht zu reagieren. Sein Gesicht war völlig ausdruckslos, doch dann blitzte plötzlich Zorn in seinen Augen auf, bis er zu der früheren gelassenen Höflichkeit zurückkehrte.

»Mein Bruder arbeitet auch da. Er heißt Dante.«

»Er ist mein Boß«, lachte Sarah. »Die Welt ist klein, nicht wahr?«

»Sie Arme!«

»Wieso?«

»Na ja. Er ist ein Genie, aber unausstehlich. Sie wissen doch.«

Sarah gab sich überrascht. »Nein. Ich weiß gar nichts.«

Plötzlich verschwand die Heiterkeit, und Marco wirkte tatsächlich zornig. »Kommen Sie. Mein Bruder ist ein As, das weiß jeder. Aber niemand mag ihn.«

Sarah begann, sich unwohl zu fühlen. »Das kann ich von mir nicht behaupten. Er ist vielleicht ein wenig zugeknöpft, aber nicht unsympathisch. Und ganz bestimmt nicht unausstehlich.«

Marco schenkte ihr ein breites Grinsen, seine Augen aber blieben ernst. »Sie kennen ihn nicht.«

Sarah fühlte sich plötzlich noch unbehaglicher. Zwei Brüder, die sich nicht mochten und offenbar nicht miteinander konnten. Das war nichts Neues. Aber Marco schien sich tatsächlich Mühe zu geben, seine Gefühle zu unterdrücken. Daß es ihm letztlich nicht gelang, bestärkte Sarah in ihrer Vermutung, daß sie besonders tief gingen. Sie fragte sich, was Dante seinem jüngeren Bruder wohl angetan haben mochte.

Sie zuckte die Achseln. »Wie auch immer. Ich habe genug von der City für heute. Reden wir von was anderem.« Sie sah, wie Marco sich entspannte. »Sie arbeiten anscheinend nicht dort.«

Er lachte. »Nein, Gott sei Dank. Vor drei Jahren habe ich es versucht, aber es war nichts für mich. Zum Glück habe ich es schnell gemerkt. Jetzt studiere ich Kunst.«

»Das ist aber doch ganz was anderes! Wieso ausgerechnet Kunst? Gibt es einen Maler in Ihrer Familie?«

»Eigentlich nicht«, antwortete er ein wenig unbehaglich. »Es interessiert mich, das ist alles. Mein Vater war Banker. Als seine beiden Söhne in seine Fußstapfen traten, war er entzückt.« Er zuckte die Achseln. »Dante hatte Erfolg, ich war ein Versager. Dazwischen gibt es nichts, oder?«

»Nein. Nicht in der City. Dort tendiert man dazu, alles zu polarisieren.«

Marco wandte den Kopf und schien sie zum erstenmal richtig anzusehen. »Was haben Sie eigentlich in der City verloren?«

Sarah lachte. »Gute Frage. Ich bin mir nicht sicher. Wahrscheinlich ist es bloß eine Art Zeitvertreib.«

Marco lächelte und schien aufzutauen. »Klingt nicht besonders überzeugend.«

»Was für ein schreckliches Wort! Für uns Banker ist Überzeugung ungeheuer wichtig. Sind Sie von diesem Geschäft, von jenem Unternehmen auch wirklich überzeugt?« Sarah ahmte die Sprüche nach, die in der City tausendmal am Tag fielen. Marco lachte.

»Aber sagen Sie Ihrem Bruder lieber nichts davon.«

Das Lachen brach ab. »Warum sollte ich?« entgegnete er gereizt, und erneut spürte Sarah, daß sich etwas in ihm verkrampfte. Sie zuckte die Achseln.

»Dann ist ja alles klar.« Sarah lächelte und wandte sich ihrem anderen Tischnachbarn zu.

Um halb eins, als sie schon im Sitzen einzuschlafen drohte, kam endlich die Rechnung. Sie bezahlten, und alle standen auf. Als sie sich verabschiedet hatten, gingen Sarah und Pierluigi zum Wagen.

»So. Bist du jetzt zufrieden? Du wolltest Marco Scarpirato doch unbedingt kennenlernen oder etwa nicht? Du hast bekommen, was du wolltest.«

Sarah wunderte sich über Pierluigis harten Ton. Sie warf ihm einen ärgerlichen Blick zu. Ein überempfindlicher Mann am Abend war mehr als genug.

»Ich wollte gar nichts, Pierluigi. Ich war nur neugierig, mehr nicht.«

»Neugierig? Ich bin auch neugierig.« Während der Fahrt herrschte gespanntes Schweigen. Schließlich bog er am Carlyle Square ab und blieb vor Sarahs Haus stehen. Er brachte sie bis zur Haustür, küßte sie zum Abschied auf die Wange und zögerte dann. Sein Ärger war einer gewissen Unbeholfenheit gewichen.

»Versteh doch, Sarah. Ich will nur wissen, was läuft. Zuerst rufst du mich an und fragst, ob ich Dante Scarpirato kenne. Ich sage dir, nur vom Namen her. Aber seinen Bruder Marco kenne ich. Bring' ihn mit zum Abendessen, antwortest du.« Er sah sie streng an und sagte dann theatralisch, wie es sich für einen echten Italiener gehört: »Ich weiß nicht, was du vorhast, aber was immer es ist, laß dich auf keinen Fall mit Dante Scarpirato ein. Hast du mich verstanden?«

Sarah lachte überrascht. »Wieso sagst du das? Was sollte ich mit Dante Scarpirato anfangen? Ich habe einen wunderbaren Freund, den ich liebe. Und auch sonst würde ich mich nie mit Scarpirato einlassen.«

Pierluigi blieb ungerührt. »Du bist sein Typ«, entgegnete er langsam und unheilvoll. Sarah stemmte die Hände in die Hüften.

»Na, wunderbar. Und ich werde wohl gar nicht erst gefragt, was?«

Pierluigi mußte lachen als er ihren kämpferischen Blick sah. »Schon gut, schon gut.« Doch als er sich abwandte, sagte er: »Aber sie haben ihm alle nachgegeben, früher oder später.« Er drehte sich noch mal um und umfing sie mit einem Blick, wie sie da auf den Treppenstufen stand. »Ruf mich nächste Woche an, ja?«

Sarah trat ins Haus und grübelte über Pierluigis Worte nach. Sie war so damit beschäftigt gewesen, sich zu verteidigen, daß sie die wichtigste Frage vergessen hatte. Was war so schlimm an Dante Scarpirato? Warum hatte Pierluigi sie derart eindringlich gewarnt? War er etwa eifersüchtig? Nein, es steckte mehr dahinter. Mit einem unguten Gefühl zog sie sich aus und ging ins Bett. Die Vorstellung von Scarpirato im dunklen Anzug in seinem dunklen Büro ging ihr nicht aus dem Kopf. Die Gespräche mit Marco und Pierluigi hatten ihr Vertrauen in ihn nicht gerade gefestigt. Im Gegenteil, sie war beunruhigt. Sie hatte Wirtschaftskriminalität immer für beinahe sauber, schmerzlos und angstfrei gehalten. Aber Dante Scarpirato umgab eine Aura von drohender Gefahr.

13

Sie haben ja mächtig Eindruck auf meinen armen Bruder gemacht.« Dante Scarpirato beugte sich über Sarah, die, den Kopf in die Hände gestützt, am Tisch saß und auf ihre Monitore starrte. »Es ist nicht fair, sich ausgerechnet jemand wie ihn auszusuchen, wissen Sie.«

Sarah drehte sich um und sah ihm direkt ins Gesicht. »Wen sollte ich mir denn sonst aussuchen?«

Für den Bruchteil einer Sekunde blitzten Scarpiratos Augen auf. Doch ehe er antworten konnte, stand plötzlich Arnott hinter ihm. »Morgen, Dante.« Er wirkte noch überheblicher als sonst.

Scarpirato ignorierte ihn und ging in den Konferenzraum vor. Arnott und Sarah folgten ihm und auch Wilson, der gerade noch rechtzeitig gekommen war. Zum erstenmal gab ihnen Scarpirato genaue Anweisungen für den Tag. Sie sollten Pfund Sterling kaufen. Er hatte das Gefühl, daß das Pfund unterbewertet war. In Großbritannien, erklärte er, sei die Wirtschaft dabei, sich zu erholen. Da aber der Aufschwung so lange auf sich hatte warten lassen und schon so häufig fälschlicherweise propagiert worden war, traute der Markt den Politikern nicht, die behaupteten, daß es diesmal tatsächlich aufwärtsging.

Scarpirato war der Meinung, daß alle Mitglieder der G7, der Gruppe der sieben wichtigsten Industrienationen, zu denen Großbritannien, die USA, Japan, Deutschland, Frankreich, Italien und Kanada zählten, in dieser Einschätzung übereinstimmten. Die Wahrscheinlichkeit, daß sie gemeinsam eine Aktion zur Stärkung des Britischen Pfunds starten würden, schien ihm groß. Die Frage war nur, wann. Er glaubte, bald.

Sarah hörte sich seine Ausführungen interessiert an. Im großen und ganzen stimmte sie seiner Analyse zu. Die einzige Unsicherheit war der Zeitpunkt. Schließlich erklärte Scarpirato, er sei der Meinung, daß sie eine Position von etwa dreihundert Millionen Pfund aufbauen sollten. Innerhalb einer Woche könnten sie dann zuschlagen.

Er wies sie an, Sterling Futures mit einer Woche Laufzeit gegen Dollar zu kaufen. Das bedeutete, daß sie heute an die Börse gehen und sich verpflichten würden, in sieben Tagen eine bestimmte Summe von Pfund Sterling mit Dollar zu bezahlen, und zwar zu dem Kurs, den der Markt heute dem Pfund in einer Woche prognostizierte.

Scarpiratos Team spekulierte also damit, daß in der Zwischenzeit Sterling gegenüber dem Dollar an Boden gewinnen würde, so daß sie das, was sie in einer Woche erhalten würden, sofort wieder verkaufen konnten. Auf diese Weise hätten sie mehr als genug, um die Dollar zu bezahlen, die sie für ihr Geschäft brauchten. Die Differenz wäre ihr Reingewinn.

Es war so, als verpflichtete man sich, in einer Woche drei Äpfel gegen drei Orangen einzutauschen, um, nachdem man die Äpfel erhalten hat, festzustellen, daß man jetzt für drei Äpfel vier Orangen bekam. Nur waren es in diesem Fall nicht Äpfel oder Orangen. Wenn Scarpirato richtig lag, würden sie Millionen gewinnen.

An jeden hundert Millionen Pfund, die sie zum Handeln einsetzten, war die Bank nur mit zehn Millionen Eigenkapital beteiligt. Der Rest bestand aus Bürgschaften. Mit geborgtem Geld zu spekulieren, war normalerweise ein riskantes Unternehmen, aber wenn sie den Markt richtig interpretierten, würden riesige Gewinne dabei herausspringen. Darin lag für sie die Anziehungskraft von Kapitalanlagen mit geliehenem Kapital, denn die Bank würde nur einen Bruchteil des Einsatzes aufbringen, jedoch den gesamten Gewinn kassieren.

Mit einer Position von dreihundert Millionen Pfund bedeutete nach Scarpiratos Einschätzung die kleinste Bewegung in die richtige Richtung einen Gewinn in Millionenhöhe. Genausogut aber konnten sie Millionen verlieren und alle Reserven einbüßen. Wenn sie also mit einer Summe von dreihundert Millionen handelten, die mit einem Eigenkapital von dreißig Millionen gedeckt war, konnten sie theoretisch, wenn der Markt nicht mitspielte, sämtliche dreißig Millionen verlieren. Außerdem genügte es nicht unbedingt, nur den richtigen Riecher zu haben. Es kam auch auf perfektes Timing an.

Scarpirato spekulierte darauf, daß das Pfund innerhalb einer Woche gegenüber dem Dollar steigen würde. Diese Vermutung war äußerst präzise und verlangte ein genaues Timing. Obendrein widersprach sie der vorherrschenden Stimmung auf dem Markt. Man mußte verdammt einsatzfreudig oder seiner Sache sehr sicher sein, wenn man ein derartiges Risiko einging. Scarpirato konnte sich nicht auf Fakten, sondern nur auf Mutmaßungen stützen, und Sarah fragte sich, woher seine Sicherheit stammte.

Die beiden folgenden Tage verbrachte das Team damit, seine Position aufzubauen. Das allein war schon ein heikles Unterfangen. Die Market Makers, von denen sie kauften, hatten gute Nasen. Sollten sie Verdacht schöpfen, daß die ICB eine größere Position an Pfund aufbaute, würden sie den Kurs, zu dem sie Pfund Sterling gegen Dollar tauschten, erhöhen. Bei einer Position von dreihundert Millionen Pfund bedeutete das unter Umständen einen fünfstelligen Gewinnverlust. Sarah, Arnott und Wilson mußten daher äußerst behutsam vorgehen und ihre Position langsam aufbauen, mit Deals, die jeweils zehn Millionen Pfund nicht überstiegen. Am Freitagnachmittag hatten sie die Position zusammen, ohne den Verdacht anderer Devisenhändler erregt zu haben.

Gegen fünf Uhr kam Scarpirato, der den ganzen Tag in seinem Büro verbracht hatte, an ihren Schreibtischen vorbei.

»Wie läuft's?« fragte er Arnott.

»Prima«, antwortete dieser und drehte sich zu Scarpirato um. »Wir haben alles beisammen, ohne daß jemand was gemerkt hat. Und sehr gute Kurse bekommen.«

Scarpirato lächelte zufrieden. »Gut. Und keiner hat den Braten gerochen? Gutgemacht. Ihr kennt meine Devise: Geheimhaltung ist alles.«

Sarah wandte den Kopf, um Scarpirato anzusehen. Er warf ihr einen kurzen Blick zu, wandte sich ab und kehrte wieder in sein Büro zurück. Sarah sah ihm nach. Plötzlich stand sie auf und folgte ihm. Sie klopfte an der mit Jalousien verhängten Glastür und trat ein, ohne auf ein Zeichen zu warten. Scarpirato wollte sich gerade an seinen Schreibtisch setzen. Er sah überrascht auf, als Sarah sich kurzerhand einen Stuhl griff und ihm gegenüber Platz nahm. Er hob die Augenbrauen, musterte sie kühl und wartete auf eine Erklärung. Ein leicht triumphierender Ausdruck lag auf seinem Gesicht, als koste er das Gefühl aus, daß sie seiner Anziehungskraft nicht hatte widerstehen können. Sarah ignorierte ihn. Sie lehnte sich zurück, warf ihm einen neugierigen Blick zu und fragte: »Mich würde interessieren, wie Sie auf die Idee mit den Pfund Sterling gekommen sind.«

Sie lauerte nach irgendeiner Regung in seinem Gesicht. Die Reaktion kam sofort, fast wie auf Knopfdruck. Das leichte Lächeln verschwand von seinen Lippen, und seine Augen verengten sich dermaßen, daß das Weiße kaum noch zu sehen war, nur ein dunkles Leuchten. Ungläubig und fasziniert zugleich konnte Sarah ihren Blick nicht von seinem Gesicht abwenden. Die dunklen Augen und der strenge Mund offenbarten hemmungslose, unbändige Wut und Verachtung. Auch wenn es im Devisenhandel oft emotionsgeladen zuging, hatte Sarah solche Gefühle nie zuvor so offen dargestellt gesehen. Sie betrachtete ihn eine Weile, ohne daß sich sein Ausdruck veränderte. Es war dieselbe bewußte Mißachtung von Konventionen, die ihr schon vorher in seiner Verschlossenheit, in seinem Blick aufgefallen war. Damals war es Verlangen gewesen, jetzt Feindseligkeit. Beide gleich heftig, gleich intim. Sarah blickte in die dunklen, zornigen Augen. Seine Antwort kam stockend, wie unter Schmerzen.

»Ich dachte, ich hätte mich gestern morgen deutlich genug ausgedrückt. Wenn Sie mich nicht verstanden haben, warum haben Sie dann die letzten anderthalb Tage meine Anweisungen so strikt befolgt?«

Wäre sein Blick nicht so finster gewesen, hätte Sarah laut losgelacht. Der spöttische Tonfall war keine sehr einfallsreiche Waffe, aber irgendwie verfehlte er nicht seine Wirkung. Sie verkniff sich eine Antwort und musterte ihn. War seine Reaktion Ausdruck einer latenten Unsicherheit, die ihn zwang, alles abzuwürgen, was seine Autorität in Frage stellen konnte? Oder hatte er nur auf diese eine Frage so sensibel reagiert? Jedenfalls war sein Verhalten entlarvend für einen Mann, der sich einen so selbstbewußten Anstrich gab und gegen bissige Bemerkungen hätte abgehärtet sein müssen, selbst wenn er etwas zu verbergen hatte.

Sarah zuckte die Achseln. »Vielleicht habe ich nicht alles mitgekriegt. Sie haben uns erklärt, warum Ihrer Meinung nach das Pfund steigen wird. Ich war derselben Ansicht. Aber warum ausgerechnet jetzt?« Sie schlug die Beine übereinander, beugte sich vor und fragte leise: »Gab es irgendwelche Indizien, oder haben Sie einfach nur auf Risiko gesetzt?«

Wieder blitzten seine Augen wütend auf. Sarah sah sich in ihrem Eindruck bestätigt, daß Scarpirato seine Handlungen stets sorgfältig abwog und sich von der Vernunft leiten ließ. Risiko, Glücksspiel – das gehörte dem Reich der Instinkte an. Den unbekümmerten Charme, den das Risiko für viele Broker hat, verabscheute er. Die dunklen Augen musterten sie ein paar Sekunden. Dann blinzelten sie, wie um die Feindseligkeit zu verbannen, und öffneten sich wieder.

»Ich lese Zeitungen, und zwar zwischen den Zeilen. Ich sehe mir die Fernsehauftritte der Finanzminister an. Man kann ihren Bewegungen und wie sie miteinander umgehen, viel entnehmen. Und ich halte immer die Ohren auf.«

Scarpirato lehnte sich zurück und verschränkte die Hände hinter dem Kopf. Er beobachtete sie, ohne ein Wort zu sagen, dann beugte er sich über den Tisch und blickte ihr in die Augen.

»Zufrieden?«

Sarah erhob sich, ging zur Tür und lehnte sich gegen den Rahmen. Es war eine konventionelle Antwort, und sie war nicht zufrieden. Sie lächelte und antwortete: »Nicht besonders originell, aber einleuchtend.« Als sie sich umdrehte und das Büro verließ, spürte sie, wie seine Augen sie von hinten durchbohrten.

Es war halb fünf. Im Büro gab es nichts mehr zu tun. Da sie ein volles Programm für den Abend hatte, schaltete sie die Monitore aus, griff nach ihrer Handtasche und ging.

Als sie nach Hause kam, saß Jacob in der Küche vor einer Tasse Tee. Er hatte eigene Schlüssel und kam gelegentlich vorbei, um irgendwo Hand anzulegen, Bilder aufzuhängen, eine Lieferung entgegenzunehmen, auf den Gasableser zu warten und manchmal auch nur, um zu sehen, wie es Sarah ging.

»Jacob!« Grinsend beugte sie sich über ihn, um ihm einen Kuß auf die Wangen zu geben. »Was für eine nette Überraschung.«

»Ich bin nur kurz vorbeigekommen, um dir was zu sagen. Werd' auch nicht lange bleiben. Es ist Freitagabend – da hast du doch bestimmt was vor, oder?«

Sarah nahm eine Tasse und griff nach der Teekanne, die auf dem Tisch stand. »Nein, ich bin zu müde, um ehrlich zu sein. Bleib' doch zum Abendessen. Wird Zeit, daß ich dich auch mal einlade.«

Er lachte. »Wenn du meinst.«

Sarah lächelte. »Ja, das meine ich. Was wolltest du mir denn eigentlich sagen?«

»Ach, das hat Zeit. Du mußt geschafft sein, immerhin bist du seit sechs Uhr morgens auf den Beinen. Willst du dich nicht vorher ein bißchen hinlegen? In der Zwischenzeit koche ich uns was Schönes und rufe dich dann.«

»Mir geht's prima, Jacob. Sag' mir endlich, was los ist. Ich sterbe vor Neugier.«

Er nahm einen langen Schluck Tee und ließ sie noch ein wenig schmoren.

»Tja, ich habe heute meinen Kumpel getroffen. Wegen der Wanzen.« Er warf Sarah einen triumphierenden Blick zu. »Er sagt, er kann es einrichten. Aber dazu braucht er noch ein paar Informationen.«

Sarah grinste. »Großartig. Schieß los!«

Am späten Abend, als Jacob nach Hause gefahren war, rief sie Mosami an.

»Hallo. Ich bin's, Sarah. Ich muß dich etwas fragen. Kann ich nochmal kurz vorbeischauen?«

»Na klar. Ich bin da.« Mosami legte auf und zog die Stirn

kraus. Sarah benahm sich in letzter Zeit sehr merkwürdig. Hoffentlich war alles in Ordnung.

Sarah trat auf den Carlyle Square und stieg in ihren Wagen, einen silbergrauen BMW CSL, Baujahr 1973. Ein holmenloses Coupé, das zwar für den Straßenverkehr gedacht war, sich aber auch für Rennen eignete. Wo immer möglich, bestand die Karosserie aus Aluminium; das machte sie leichter. Er hatte einen Dreilitermotor und brachte es auf eine Höchstgeschwindigkeit von hundertvierzig Meilen pro Stunde. Von diesem Modell waren nur fünfhundert Stück mit Rechtssteuerung produziert worden. Es besaß die von Liebhabern so hochgepriesenen Schalensitze und war ein begehrtes Sammlerobjekt. Sarah hatte ihren Wagen vor zwei Jahren gekauft, um zu feiern, daß sie wieder ein Jahr in der City überlebt hatte. Er war ihr ganzer Stolz.

Sie fuhr um den Carlyle Square herum, bog in die Old Church Street und danach in die Fulham Road ein und fuhr in Richtung Mayfair. Fünfzehn Minuten später war sie in Hay's Mews. Mosami hörte den Wagen und machte ihr die Tür auf. Sie trug einen Kimono und passende Hosen dazu. Das lange Haar fiel in schwarzen Strähnen über die gelbe Seide.

Sie küßten sich. Mosami deutete auf ihre Aufmachung. »Ich hoffe, es stört dich nicht. Ich hatte es mir gerade gemütlich gemacht, als du anriefst. Freitag abend, ich bin völlig erledigt.« Sie grinste. »Ich war im Bett und habe mir das Dschungelbuchvideo reingezogen.«

Sarah lachte. »Klingt wunderbar.«

»Ist es auch.« Mosami ging in die Küche vor. »Hast du Lust auf einen Kamillentee?«

»O ja.«

Mosami ließ Wasser in den Kessel laufen. »Also, was ist los?« Sarah antwortete dem Rücken ihrer Freundin. »Was soll schon los sein?«

»Jetzt hör' auf, Sarah«, entgegnete Mosami. »Du kannst mir doch nichts vormachen. In letzter Zeit bist du ganz schön komisch. Von einem Tag auf den anderen wechselst du den Job und machst aus der ganzen Geschichte ein Riesengeheimnis. Alles nicht besonders dramatisch, aber ich kenne dich.«

Sarah starrte auf den Kessel. Das Wasser kochte. Mosami holte eine Teekanne aus dem Schrank und legte zwei Teebeutel hinein. Dann goß sie das kochende Wasser in die Kanne, stellte sie zusammen mit zwei Tassen auf ein Holztablett und ging damit ins Wohnzimmer. Sie setzte sich aufs Sofa und schenkte den Tee ein. Sarah nippte vorsichtig; der aufsteigende Dampf wärmte ihr Gesicht, als sie die Tasse an die Lippen hielt.

Schließlich stellte sie sie auf den Holztisch und sah ihre Freundin an.

»Na ja. Ich gebe zu, daß alles etwas seltsam ist. Ich weiß nicht, wie ich anfangen soll.« Sie seufzte und nahm einen weiteren Schluck Tee. Ihr Blick wanderte durch den Raum, als suchte sie eine Inspiration.

»Wie bereits gesagt, ich muß dich was fragen. Ich brauche deine Hilfe, aber ich kann dir nicht sagen, warum. Jedenfalls nicht im Detail.«

Mosami hatte die ganze Zeit Sarahs Augen und Lippen beobachtet. Sarah hob die Augenbrauen, als wartete sie auf eine Antwort. Doch Mosami zuckte nur die Achseln. Sie spürte Sarahs Verlegenheit, empfand sie selbst.

Als Sarah plötzlich weitersprach, riß sie Mosami aus ihren Gedanken.

»Es geht um Carla Vitale. Ich muß in ihre Wohnung.« Mosami sagte eine Weile nichts. Sie betrachtete ein Bild an der Wand gegenüber mit vielen unterschiedlichen Blautönen. Dann wandte sie sich wieder ihrer Freundin zu.

»Was ist das für ein Spiel, Sarah?«

Sarah zuckte die Achseln. »Ich kann's dir nicht sagen, so gern ich es würde. Ich bin selbst nicht sicher. Deshalb muß ich mir Gewißheit verschaffen, verstehst du? Es hängt mit Matthew Arnott zusammen. Ich vermute, daß er gegen Gesetze verstößt. Und ich glaube, daß Carla davon weiß.«

Mosami legte den Kopf auf die Seite. »Und deshalb willst du in ihre Wohnung? Mein Gott, Sarah. Ich hoffe, du weißt, was du tust.« Mosami griff nach den Zigaretten, die auf dem

Tisch lagen. Sie bot Sarah eine an. Eine Weile rauchten beide, ohne etwas zu sagen, bis Mosami schließlich das Schweigen brach.

»Du willst es mir nicht sagen, und ich will es nicht wissen. Lassen wir es dabei.« Sie lächelte. »Natürlich werde ich dir helfen.«

Als Sarah wieder zu Hause war, rief sie Jacob in Golders Green an.

»Jacob? Ich bin's. Ich komme gerade von Mosami. Sie wird mir helfen. Du kannst deinem Kumpel also sagen, daß wir freie Hand haben.«

Jacob legte auf und wählte eine Nummer in East London. Eine freundliche ältere Stimme antwortete. Jacob faßte sich kurz.

»Wir haben Zugang zu allen drei Zielen.«

»Na prima. Dann komm morgen vorbei, sagen wir gegen drei. Bis dahin habe ich alles zusammen.«

Samstag morgen. Sarah hatte den Wecker in einen anderen Raum verbannt. Sie wollte nicht von seinem ständigen Tikken und hinterhältigen Summen gestört werden. Sie wachte erst gegen zehn Uhr auf und blieb noch fünf Minuten liegen, in der herrlichen Gewißheit, überhaupt nicht aufstehen zu müssen, wenn sie nicht wollte. Die Sonne drang durch die Musselinvorhänge und wärmte das Zimmer. Der Tag versprach heiß zu werden.

Schließlich stand sie gemächlich auf, warf ihren baumwollenen Morgenmantel um und ging ins Wohnzimmer. Vor dem CD-Regal bückte sie sich und suchte Ella Fitzgeralds *Greatest Hits* aus. »Mac the Knife« ertönte, als sie auf dem Weg in die Küche war, um sich einen Cappuccino zu machen.

Fünf Minuten später trug sie die schaumgekrönte Tasse, eine geschälte Orange, eine Kiwi und eine bis zum Rand gefüllte Schale mit Kellogg's Crunchy Nut Corn-flakes, kleingeschnittenen Bananen und Vollmilch ins Schlafzimmer. Sie stellte das Tablett vorsichtig aufs Bett und kroch wieder unter die Decke. Dann griff sie nach dem Taschenbuch, das auf dem Fußboden lag. Es war ein Roman von einer ihrer Lieblingsautorinnen, ein großartiges Buch. Auf dem Umschlag war eine Frau abgebildet, die eine Frucht von einem Baum pflückte. Welche Heiterkeit sie ausstrahlte! Sarah frühstückte gemütlich, las in ihrem Buch und ließ die Zeit vergehen.

Sie hatte keine Pläne für den Tag. Pierluigi hatte sie eingeladen, mit ihm und ein paar Freunden zu Abend zu essen, doch es stand noch nicht fest, ob sie mitgehen würde. Seit Alex und Eddie weg waren, wußte sie nicht so recht, ob sie Gesellschaft haben wollte oder nicht. Manchmal genoß sie die Ruhe, und manchmal fürchtete sie sich davor. Dann wieder empfand sie nur Apathie. Es war immer wieder dasselbe Muster; sie kannte es. Aber wie aus dem Teufelskreis herausfinden? Früher oder später würde sie explodieren und sich dann am eigenen Schopf aus ihrer Verzweiflung herausziehen. Anschließend ging es ein wenig besser, und sie hatte eine Weile Ruhe, eine kurze, aber süße Erleichterung.

Um vier Uhr rief Jacob an. Sarah war gerade vom Jogging zurückgekommen.

»Hallo, Kleines. Bist du zu Hause? Kann ich vorbeikommen? Ich hab' was für dich.«

Sarah grinste. »Ich bin da.«

Eine Stunde später stand er vor der Tür. Er hatte eine Plastiktasche unter dem Arm und folgte Sarah direkt in die Küche. Er setzte sich an den Tisch und sah ihr beim Teekochen zu. Sie öffnete einen Schrank, wo mehr als zehn Blechdosen und Packungen mit den verschiedensten Teesorten standen, und mischte in ihrer Lieblingskanne je ein Teil Jasmin, Earl Grey und Gunpowder. Die Kanne war ein Geschenk von Jacob. Sarah nahm zwei dazu passende Tassen, goß das kochende Wasser auf die Teemischung und setzte sich mit einem erwartungsvollen Lächeln zu ihm an den Tisch. Er griff nach der Plastiktasche, die er neben seinem Stuhl abgestellt hatte. Sie steckte sich eine Zigarette an. Jacob legte die Tüte auf den Tisch und holte drei Steckadapter und eine Telefonbuchse für einen Mehrzweckanschluß heraus.

Sarah betrachtete sie neugierig. Dann sah sie mit leuchtenden Augen zu Jacob auf. Beide grinsten.

»Sehen sie nicht großartig aus?« fragte Jacob.

»Toll. Haargenau wie normale Adapter. Muß man sie nur austauschen und fertig?«

»Mehr oder weniger. Sie reagieren auf Stimmen und nehmen alles auf, sogar Geräusche aus den umliegenden Räumen. Der eingebaute Sender hat eine Reichweite von etwa einer Meile. Ein Empfänger nimmt alles auf einem Digitalgerät auf.« Jacob holte zwei kleine, etwa zwölf Zentimeter lange, acht Zentimeter hohe und fünf Zentimeter breite Taperecorder aus der Tasche. »Die hier arbeiten mit Spezialkassetten, die zwölf Stunden laufen. Ich hab' dir zwanzig Stück mitgebracht. Damit müßtest du vorerst auskommen.« Er drückte auf die *Record-* und *Play*-Tasten. »Siehst du, sie funktionieren wie ganz gewöhnliche Taperecorder.«

»Du bist wirklich erstaunlich, Jacob.«

Der alte Mann lachte, und seine Augen leuchteten genau wie Sarahs.

»Du sagst, du kommst in Carlas Wohnung rein?«

»Ich denke schon.«

Jacob nickte. »Ich habe die Entfernung gemessen. Es ist weniger als eine Meile. Sie haben das perfekte Objekt gewählt«, sagte er im Ton eines Maklers. Sarah mußte lachen. Dann fuhr er mit seiner normalen Stimme fort. »Ich muß nur noch die Empfänger installieren. Ist es dir recht, wenn ich sie auf dem Dach aufstelle?«

Sarah nickte. »Na klar. Wo du willst.«

»Auf dem Dach sind sie am besten aufgehoben«, erklärte Jacob. »Der Empfang ist besser.« Er trank seinen Tee aus, stellte die Tasse in die Spüle und setzte sich wieder, kerzengerade und sehr ernst.

»Die Empfänger für die Wanzen, die du am Arbeitsplatz anbringen willst, sind bei meinem Kumpel installiert. Er wohnt in Whitechapel im zehnten Stock eines Hochhauses. Genau richtig, um die Gespräche in der ICB abzuhören. Keine Meile entfernt.«

Er zögerte, sah Sarah an und setzte hinzu: »Es besteht allerdings das Risiko, daß er sich die Tapes anhört. Er ist neugierig wie sonstwas, aber vertrauenswürdig. Er würde kein Sterbenswörtchen verraten.«

Sarah lächelte. »Wenn du ihm vertraust, ist alles in Ordnung, Jacob.«

Jacob atmete erleichtert auf. »Dachte ich mir. Wie gesagt, er ist ein guter Kerl, ein alter Kumpel von mir. Er und ich haben ...«

Sarah mußte lachen. »Einer von der alten Schule. Eine bessere Empfehlung gibt es nicht.«

Jacob tat, als sei er pikiert. »Du bist manchmal einfach unmöglich! Ich weiß überhaupt nicht, wie ich es mit dir aushalte.«

Sarah drückte sanft seinen Arm. »Tut mir leid. Ich konnte nicht widerstehen.«

Jacob fuhr fort. »Wie auch immer. Er wird den Empfang von ICB regeln. Um das andere mußt du dich selbst kümmern. Du hast zwei Empfänger und zwei Taperecorder, einen für die Wanze in der Wohnung und einen für die Telefonwanze. Beide sind für Carlas Wohnung bestimmt. Und hier ist noch ein tragbarer Minirecorder. Im übrigen ist es kein Problem, an weitere Geräte ranzukommen. Laß es mich also wissen, wenn du für Arnotts und – wie heißt der andere noch? – Scarpiratos Wohnung noch welche brauchst.«

»Mach' ich, Jacob«, antwortete Sarah lächelnd. »Aber bevor ich's vergesse – was schulde ich dir?«

»Ich habe einen Sonderpreis bekommen«, grinste Jacob. »Normalerweise hätte alles acht Riesen gekostet, aber ich habe bloß vier bezahlt.«

Sarah schluckte. »Mein Gott, sind die Dinger teuer. Aber gutgemacht«, setzte sie schnell hinzu. »Guter Deal.« Sie ging zum Schreibtisch und holte den Briefumschlag, den Barrington ihr gegeben hatte. »Hier hast du drei. Den Rest kann ich dir am Montag geben. Meinst du, das ist deinem Kumpel recht?«

Jacob nickte. Er hatte das Geld bereits für sie vorgestreckt.

Wenig später verließ er Sarah, und sie rief Mosami an.

»Mosami? Hallo, Süße, ich bin's, Sarah. Hör mal, wie wär's morgen mit einem Besuch bei Carla?«

Carla Vitale wohnte am Onslow Square, etwa eine halbe Meile von Sarahs Haus entfernt, in einer Penthousewohnung mit drei Schlafzimmern, die nach Westen sahen. Mosami war auf Partys in der Wohnung gewesen und einmal auch allein zum Kaffee nach einem Einkaufsbummel in der Fulham Road. Sie rief Carla an, sagte, daß sie um fünf bei einer Freundin zum Tee eingeladen sei, und fragte, ob sie später auf einen Drink vorbeikommen könne. Es klang völlig harmlos. Offensichtlich fand Carla das auch, denn sie hatte sofort zugestimmt. Und so stand Mosami jetzt mit einem Adapter und einer Doppeltelefondose in der Handtasche vor Carlas Tür und fragte sich, was zum Teufel sie da eigentlich tat.

»Mosami, Darling, komm rein.« Carla stand in ein Badetuch gewickelt da. »Entschuldige, heute ist hier alles etwas chaotisch. Ich hab' gerade eine Massage hinter mir und bin von Kopf bis Fuß eingeölt. Ich dusche nur schnell und wasch' mir die Haare.« Sie lachte und zog Mosami in die Wohnung. »Nimm dir was zu trinken. Im Kühlschrank gibt es Weißwein, wenn du willst. Ich bin in einer Minute wieder da.« Dann verschwand sie im Schlafzimmer und ließ Mosami allein.

Mosami ging in die Küche, suchte nach einem Korkenzieher und fand ihn schließlich. Dann schenkte sie sich ein Glas Wein ein und kehrte ins Wohnzimmer zurück. Sie stellte das Glas auf einen Tisch und sah sich nach einer geeigneten Steckdose um. Es dauerte nicht lange, bis sie entdeckte, wonach sie gesucht hatte. Sie bückte sich, tauschte den Adapter aus, an dem eine Lampe, das Fernsehen und der Videorecorder angeschlossen waren, und steckte den von Carla in ihre Handtasche. Nachdem sie den Reißverschluß ihrer Handtasche zugezogen hatte, setzte sie sich wieder an ihren Platz und griff nach dem Glas. In dem Augenblick kam Carla herein. Jetzt mußte sie nur noch irgendwie ans Telefon ran. Ihre Chance kam eine halbe Stunde später. Sie warf einen Blick auf die Uhr und setzte sich kerzengerade auf. »Mist! Ich hatte ganz vergessen, daß ich in zehn Minuten in Hampstead sein muß. Meinst du, ich könnte mal kurz telefonieren?«

Carla lächelte. »Na klar. Nimm den Apparat im Schlafzimmer, wenn du willst.« Sie zeigte auf die Tür. Mosami lächelte, griff schuldbewußt nach ihrer Handtasche und ging in Carlas Schlafzimmer.

Die Telefonbuchse befand sich hinter dem Bett. Mosami legte sich auf die Erde und tauschte die Buchsen aus. Wo zuvor eine einfache gewesen war, steckte jetzt eine mit Mehrzweckanschluß. Doch das Ganze war gut hinter dem Bett versteckt, und es gab keinen Grund, warum Carla dort nachsehen oder sich etwas dabei denken sollte, falls sie es zufällig merken würde.

Plötzlich sprang Mosami auf – sie hörte Stimmen. Hastig verließ sie das Zimmer und traf in der Diele auf Arnott, der sich umdrehte, als er Schritte hörte. »Mosami, wie nett! Was machst du denn hier?« Der Sarkasmus in seiner Stimme war nicht zu überhören.

»Keine Angst. Ich werde dir deinen gemütlichen Abend mit Carla schon nicht vermiesen. Bin nur auf einen Drink vorbeigekommen.« Sie sah ihn verdrießlich an. »Aber dann fiel mir ein, daß ich vor zwei Minuten in Hampstead hätte sein sollen.« Sie küßte Carla zum Abschied auf beide Wangen. »Danke für den Wein. Tut mir leid, daß ich so schnell wieder weg muß. Ciao, Matthew.« Noch ehe einer von beiden ihre erhitzten Wangen bemerken konnte, war sie verschwunden.

»Verdammt noch mal, Sarah, ich glaub' nicht, daß ich für so was geschaffen bin«, schimpfte Mosami. Mittlerweile war sie wieder zu Hause und hatte sich ins Heiligtum ihres Bettes geflüchtet, um zu telefonieren.

»Oh, Mosami, es tut mir so leid. Ich hätte dich nicht darum bitten dürfen.«

»Ach was. Ich war genauso scharf drauf wie du. Es klang alles so harmlos, als wäre es ein Kinderstreich. Aber als es so weit war, hätte ich doch fast kalte Füße bekommen. Ich hab' ein ziemlich schlechtes Gewissen.«

»Ich weiß. Ich auch.«

»Na ja. Schließlich dient es einem guten Zweck.«

Wollen wir's hoffen, dachte Sarah.

Gegen zehn Uhr abends fuhr Sarah mit dem Wagen in die City. Die Straßen waren menschenleer. In den Fenstern der meisten Hochhäuser brannte Licht, aber nur aus Sicherheitsgründen.

Während des Wirtschaftsbooms in den Achtzigern hatten noch ganze Heerscharen von Brokern und Anwälten das Wochenende in ihren Büros durchgemacht, aber das war heute eher die Ausnahme. Das Leben war weniger lukrativ und etwas zivilisierter geworden. Gelegentlich kamen am Sonntag noch einzelne Broker in die Büros, um mit den Börsen in Fernost, die gerade eröffneten, Geschäfte zu machen. Sarah mußte also damit rechnen, daß in der Devisenhandelsabteilung jemand auftauchen konnte. Doch das war eher unwahrscheinlich, und außerdem mußte sie ja nur ganz kurz an Arnotts Schreibtisch und in Scarpiratos Büro. Was eigentlich kein allzu großes Problem sein dürfte.

Sie parkte den Wagen direkt vor der Einfahrt zur Tiefgarage unter dem ICB-Gebäude. Dann ging sie zum Hauptportal und drückte auf die Klingel in der Marmorfassade. Ihr Herz schlug schneller; sie spürte, wie das Adrenalin durch ihre Adern schoß. Der Sicherheitsbeamte kam an die Tür. Sarah zeigte ihm ihren Ausweis. Der Beamte blinzelte durch das dicke Glas. Dann öffnete er die Tür und ließ sie herein. Sie kannte die Prozedur und folgte ihm zur Rezeption, wo sie sich in die Besucherliste eintrug.

»Ist das Ihr Wagen da draußen?«

»Ja.«

Er mußte ihn auf seinem Kontrollmonitor gesehen haben.

»Zu dem würde ich auch nicht nein sagen. Toller Schlitten!«

»Ja. Mein ganzer Stolz.« Sarah grinste.

»Sie wissen, daß man dort nicht parken darf, oder?«

Sarah lächelte ihn an. »Ja, aber ich brauche nicht lang, Ehrenwort. Zehn Minuten?«

»Na schön.« Er rief ihr nach: »Haben Sie denn nicht mal am Sonntag Ruhe?« Sarah drehte sich um und zog die Schultern hoch. »Leider nicht. Ich muß schnell einen Deal mit Tokio abwickeln, dann habe ich frei.«

Er grinste zurück, da er nicht so recht wußte, was er mit der Antwort anfangen sollte, und sah ihr nach, als sie zu den Aufzügen eilte. Ihre hohen Absätze klapperten rhythmisch auf dem polierten Boden.

Ein Aufzug wartete mit offenen Türen. Sarah stieg ein und fuhr in die Devisenabteilung. Sie steckte ihren Ausweis in den Automat, und die schweren Glastüren glitten auf. Das Büro wirkte verlassen. Nur wenige Lampen brannten, und an manchen Stellen war es stockdunkel.

Geräuschlos ging sie unter den vielen Uhren, die von der Decke hingen, durch den langen Raum. Vor ihrem Schreibtisch blieb sie stehen. Dann setzte sie sich und holte einen der Adapter aus ihrer Handtasche. Sie fuhr mit dem Stuhl rückwärts und bückte sich, um einen Blick unter den Tisch zu werfen. Kabelsalat und jede Menge verschiedener Zwei- und Dreifachstecker. Sie zog zwei Anschlüsse raus, steckte sie in ihren Adapter und diesen in die Steckdose. Dann richtete sie sich auf, holte den zweiten Adapter aus ihrer Tasche, sah sich um und ging in Scarpiratos Büro. Es war völlig dunkel, und ihre Augen brauchten einige Sekunden, um sich anzupassen. Sie trat hinter den Schreibtisch und untersuchte die Wand. In einer Ecke gab es einen Doppelstecker mit je einem Anschluß für eine Lampe und einen Computer. Sarah steckte die Lampe in ihren Adapter um und diesen in die Steckdose. Einen Augenblick blieb sie stehen und betrachtete ihr Werk. Dann kehrte sie zu ihrem Schreibtisch zurück. Sie griff nach ihrer Handtasche, sah sich rasch um und wollte gerade gehen, als ihr vor Schreck fast das Herz stehenblieb. Matthew Arnott und Karl Heinz Kessler, der Leiter der ICB, kamen auf sie zu und starrten sie überrascht an. Sarah lächelte und hoffte, daß man ihr den Schock nicht ansah.

Arnott ignorierte ihr Lächeln und musterte sie mißtrauisch: »Was machen Sie denn hier?«

Sarah überlegte blitzschnell und öffnete dann die Schublade ihres Schreibtischs. Sie riß ein paar Schlüssel ab, die sie in weiser Voraussicht mit Tesafilm darunter festgeklebt hatte, falls sie sich irgendwann wieder einmal zu Hause aussperren sollte. Es war ihr lieber, nicht bei sich selbst einzubrechen, wenn es sich vermeiden ließ. Sie winkte ihnen mit den Schlüsseln zu.

»Hab' mich ausgesperrt.« Sie lachte über sich selbst. »Ziemlich blöd, nicht wahr?«

»Kann man wohl sagen.«

Kessler sah sie schweigend an, und Sarah wandte sich ihm zu. »Wir kennen uns noch nicht. Ich bin Sarah Jensen, die neue Devisenhändlerin.«

Kessler streckte ihr die Hand entgegen. »Ja, ich habe schon von Ihnen gehört.« Sein Lächeln wirkte kalt. Sarah wandte sich ab und musterte Arnotts feindseliges Gesicht, als erwartete sie eine Erklärung von ihm. Er schwieg ein paar Sekunden und fauchte sie dann ungehalten an: »Karl Heinz hat einen größeren Deal mit Tokio vor und hat mich gebeten, ihm dabei zu helfen.«

Sarah nickte und lächelte Kessler zu. »Na dann viel Glück. Ich bin jetzt wieder weg. Wiedersehen.«

Die beiden Männer beobachteten, wie sie durch die Abteilung ging und hinter den Sicherheitstüren verschwand. Kessler blickte Arnott an und fragte: »Nimmst du ihr das etwa ab?«

Arnott kratzte sich am Kinn. »Na, hör mal! Ist uns doch allen schon passiert. Ich hab' meine Ersatzschlüssel auch hier. Du bist zu mißtrauisch.«

Kessler sah Arnott finster an. »Behalt sie trotzdem im Auge.«

Sarah fuhr mit dem Aufzug hinunter, meldete sich beim Pförtner ab und wünschte ihm gute Nacht. Dann ging sie zu ihrem Wagen, stieg ein und steckte sich mit zittriger Hand eine Zigarette an.

14

Montag, erster Juli. Die Finanzminister und Notenbankpräsidenten der Gruppe der sieben wichtigsten Industrienationen saßen auf gepolsterten Lederstühlen um einen ovalen Mahagonitisch im obersten Stockwerk des protzigen Bundesbankgebäudes in Frankfurt. Es war ein hoher Raum mit einer holzgetäfelten Decke und zwei farbigen, abstrakten Wandteppichen von Max Ernst an den Wänden. Fünfzig Meter unter ihnen, in den unterirdischen Tresoren der Bundesbank, lagerte eine Menge Papiergeld, doch kaum Gold. Die deutsche Bundesbank unterscheidet sich von allen anderen wichtigen Zentralbanken der Welt, da sie als einzige ihre Goldreserven nicht im eigenen Haus lagert. Etwa achtzig Tonnen Gold, nur wenig über zwei Prozent des Gesamtkapitals, sind in Frankfurt deponiert. Der Rest lagert in den Stahlkammern anderer Zentralbanken, etwa der Federal Reserve Bank in New York, der Bank of England oder auch der Banque de France. Die zahlreichen Sicherheitsbeamten in der Bundesbank dienen nur dazu, das Personal zu schützen und die Geldreserven zu bewachen. An diesem Tag wurden sie von diversen Leibwächtern zum Schutz der Männer unterstützt, die sich im dreizehnten Stock versammelt hatten.

Auf dem Tisch standen schwere Aschenbecher und Erfrischungsgetränke. Die erfahrenen Banker und Politiker, die sich hier versammelt hatten, warteten. Anthony Barrington saß neben seinem Amtskollegen von der Banque de France, Jean-Claude de la Barobisière. Sie waren alte Freunde und unterhielten sich angeregt, um ihre Nervosität zu verdrängen.

Wenig später bat Herr Müller, der Präsident der deutschen Bundesbank, die Versammelten um ihre Aufmerksamkeit. In seinem Gesicht spiegelte sich Entschlossenheit.

Die Vertreter Frankreichs, Großbritanniens, Japans, Kanadas und der Vereinigten Staaten waren aufs äußerste gespannt, ließen sich aber nichts anmerken. Nach einer Woche Rätselraten wollten sie endlich erfahren, warum man diese zusätzliche Versammlung einberufen hatte. Der italienische Zentralbankpräsident Giancarlo Catania verfluchte insgeheim das überall ausgewiesene Rauchverbot; er brauchte unbedingt eine Zigarette. Die bösen Vorahnungen, die ihn plagten, seit Fieri ihn vor zwei Tagen in die Mangel genommen hatte, verstärkten sich beim Anblick von Müllers Gesicht.

Der hochgewachsene Deutsche, der angeblich über einen außergewöhnlichen IQ verfügte, stützte sich mit beiden Händen auf den Mahagonitisch. Er ließ den Blick wie ein Falke auf der Jagd über die Versammelten schweifen und schob kampflustig das Kinn vor.

Als er seine Inspektion beendet hatte, dankte er den Anwesenden für ihr Kommen und drückte seine Hoffnung aus, daß sie nicht allzu viele Unannehmlichkeiten gehabt hätten. Leider sei das Treffen dringend notwendig gewesen. Er seufzte tief, als plagten ihn große Probleme, und seine Stimme schien um eine Oktave zu fallen.

»Wir alle wissen, wie zerstörerisch Gerüchte am Finanzmarkt sein können.« Die Versammelten nickten ernst. »Nun, mir ist eine äußerst heikle Sache zu Ohren gekommen.« Er spreizte die Hände auf dem Tisch und studierte einen Augenblick lang seine Fingernägel.

»Sie alle kennen den britischen Banker Richard Zender, der auf den internationalen Devisenmärkten eine bedeutende Rolle spielt. Nun, es gibt ein paar Journalisten, die sich für besonders klug halten. Sie wissen zwei Dinge oder, besser gesagt, meinen sie zu wissen: Erstens, daß Zender äußerst erfolgreich auf den Devisenmärkten agiert und zweitens, daß er enge Beziehungen zu bestimmten Finanzministern und Zentralbankpräsidenten unterhält, darunter auch mir. Die Journalisten, die für eine britische Zeitung schreiben, bringen diese beiden Tatsachen in einen gewissen Zusammenhang. Noch haben sie nichts veröffentlicht, aber das kann sich sehr bald ändern. Soweit ich weiß, behaupten sie nicht nur, daß diese engen Beziehungen verdächtig sind, sondern auch, daß Zender direkt davon profitiert.« Müller hielt inne und betrachtete die dreizehn Gesichter, die ihn schweigend und gespannt beobachteten. »Ich brauche nicht auszuführen, was damit gemeint ist.« Er zögerte erneut und lächelte dann unerwartet. »Natürlich weiß ich, daß alles an den Haaren herbeigezogen ist. Die Journalisten sind nur auf der Suche nach irgendeiner Sensation. Ich habe das Ganze bereits mit unserem britischen Kollegen Barrington besprochen, und wir sind beide der Meinung, daß wir etwas zurückhaltender sein sollten. Ich will damit nur sagen, daß wir vorsichtig sein, unsere Beziehungen zu Zender möglicherweise etwas abkühlen lassen müssen. Das letzte, was wir gebrauchen können, ist ein Skandal, auch wenn sämtliche Vorwürfe – dessen ich mir absolut sicher bin – aus der Luft gegriffen sind.« Die Versammelten nickten zustimmend. Man sah ihnen die Erleichterung an. Müller fuhr fort: »Andererseits ist Zender natürlich ein äußerst brauchbarer Mann. Ein Menschenfreund, der mehr als hundert Millionen für Wohltätigkeitszwecke gespendet hat. Wir wollen keinesfalls, daß irgendwelche Zeitungsberichte ihn in Verlegenheit bringen. Er hat sich nicht das mindeste zuschulden kommen lassen. Daß der Mann ein Genie ist, kann man ihm schließlich nicht vorwerfen.« Er zuckte die Achseln. »Aber Sie wissen ja, daß Journalisten eine von Neid geplagte Spezies sind, vor allem die britischen. Jetzt haben sie es auf Zender abgesehen. Wir müssen daher diskret sein, um weder ihm noch uns zu schaden.« Er lehnte sich zurück und lächelte zuversichtlich. »Das ist eigentlich alles, was ich zu diesem Thema sagen möchte. Da wir aber nun einmal alle da sind, könnten wir uns auch noch anderen sinnvollen Dingen widmen.«

Die Sitzung endete eine halbe Stunde später mit einer wichtigen Entscheidung. Die Finanzminister und Notenbankpräsidenten waren zu dem Schluß gekommen, daß das Britische Pfund unterbewertet war. Die britische Wirtschaft erholte sich, doch die Märkte reagierten ihrer Meinung nach viel zu zurückhaltend. Müller hielt es für angebracht, den Märkten einen kleinen Stoß in die richtige Richtung zu geben. So beschloß die G7, dem Pfund durch eine begrenzte Intervention auf die Sprünge zu helfen.

Alle hatten der Entscheidung zugestimmt. Vor allem Barrington war zufrieden, daß man der Währung seines Landes unter die Arme griff. Niemand hatte Einwände geäußert oder sich auf eine Diskussion einlassen wollen. Viel mehr sorgte man sich über einen etwaigen Finanzskandal und fragte sich, ob womöglich doch etwas dran war und wer darin verwickelt sein könnte oder ob es wirklich nur ein Hirngespinst von Journalisten war, wie Müller behauptet hatte. Diejenigen, die Zender persönlich kannten – und das waren sechs der anwesenden Herren –, fragten sich, ob sie in letzter Zeit möglicherweise etwas zu indiskret gewesen waren. Das Problem lag darin, daß Journalisten einem das Wort im Mund verdrehen konnten. Die kleinste Sache wurde aufgebauscht und konnte verheerende Konsequenzen haben – ganze Karrieren und langgehegte Ambitionen waren auf diese Weise schon mit einem Schlag zerstört worden. So beobachtete einer verstohlen den anderen und hoffte, daß, falls es wirklich Probleme gab, sie den Kollegen betrafen.

Schließlich ging die Sitzung zu Ende. Die Finanzminister und Zentralbankpräsidenten verließen den Konferenzraum und fuhren mit dem Aufzug ins Erdgeschoß. Vor dem Gebäude warteten die gepanzerten Limousinen mit laufendem Motor und verpesteten die Luft. Die Herren stiegen ein und lächelten hinter getönten Scheiben für die Presse.

Anthony Barrington blieb im Konferenzraum im dreizehnten Stock zurück und wartete zusammen mit Müller, bis alle anderen gegangen waren. Als sie endlich allein waren, setzte sich Müller zu ihm.

»Glauben Sie, daß sie es geschluckt haben?«

Barrington lächelte. »O ja. Ich bin sicher. Das Pfund Sterling ist in der Tat unterbewertet. Daran gibt es keinen Zweifel.«

»Na schön. Am besten starten wir die Intervention nach dem Mittagessen. Das gibt unserem Maulwurf, falls er existiert, genügend Zeit. Was meinen Sie?«

»Ja, das müßte reichen. Und wenn er existiert, dann werden wir ihn jetzt schnappen.«

»Na schön. Das ist Ihre Sache. Aber was wird aus dem armen Zender? Jetzt wird alle Welt denken, daß er etwas im Schilde führt, und ihn meiden wie die Pest.«

Barrington lächelte. »Wie gesagt, wahrscheinlich führt er tatsächlich etwas im Schilde. Nicht daß ich irgendwelche Beweise hätte oder sie gern haben würde. Aber er ist einfach zu mächtig geworden und mischt sich zu sehr in die Politik ein. Leider hält ihn jedermann für einen Gott und hört auf ihn. Er braucht nur den Mund aufzumachen und schon geraten die Märkte in helle Aufregung.« Barrington schüttelte den Kopf. »Nein. Zender ist zu mächtig geworden und hat auf unsere Kosten viel zuviel Geld verdient. Ich kann nicht behaupten, daß ich traurig wäre, wenn man ihm eine Zeitlang die kalte Schulter zeigt.« Barrington erhob sich. »Trotzdem muß ich mich für Ihre Hilfe bedanken.«

Müller winkte ab. »Es ist doch unser aller Problem, nicht wahr? Irgendwas muß getan werden.«

»Sie sagen es. Darf ich mal kurz telefonieren? Diese Leitungen sind doch sicher, oder?« fragte Barrington und nickte in Richtung der Telefone auf dem Konferenztisch.

»Aber natürlich«, antwortete Müller, leicht pikiert. »Bitte, tun Sie sich keinen Zwang an. Ich verabschiede mich schon jetzt von Ihnen, Governor.«

Die beiden Männer reichten sich die Hände. Barrington sah Müller nach, der eine Wendeltreppe zu seinem Büro im zehnten Stock hinabstieg. Als er allein war, rief er James Bartrop in London an.

»Alles läuft wie geplant. Wir haben die Vögel gefüttert, hoffe ich. Heute nachmittag gehen wir an die Börse.«

»Sehr gut. Hoffen wir, daß Ihre Sarah die Augen offen hält.«

Giancarlo Catania beobachtete, wie der italienische Finanzminister mit seinem französischen Kollegen zum Mittagessen fuhr. Er winkte zum Abschied und stieg dann in seine eigene Limousine. Im Schutz der getönten Scheiben hockte er auf dem Rücksitz wie ein in die Enge getriebenes Tier.

Fünf Minuten später fuhr sein Wagen in die Einfahrt eines

häßlichen Hotelgebäudes, und Catania schritt würdevoll, wie es von einem Mann seiner Stellung erwartet wurde, durch die Empfangshalle. Den Türstehern, die aufsprangen, um ihn einzulassen, kam er vor wie der unbeschwerteste Mensch der Welt.

Auf der Suche nach einer Telefonzelle spähte er durch das marmorverkleidete Foyer. Nach Müllers Äußerungen traute er nicht mal dem Apparat in seinem Zimmer. Andererseits war es unwahrscheinlich, daß alle Telefonzellen im Foyer, über zwanzig an der Zahl, überwacht wurden. Wie auch immer, er mußte das Risiko eingehen. Fieris fette Hände kreisten bestimmt schon wie Geier über dem Hörer und warteten auf seinen Anruf. Er würde wie üblich keine Namen nennen und sich so kurz wie möglich fassen, nur so lange reden, wie er brauchte, um Fieri die notwendigen Informationen zukommen zu lassen und ihm zu versichern, daß alles in Ordnung war. Er trat in die Zelle und wählte Fieris Privatnummer.

Fieri saß allein in seinem eiskalten Arbeitszimmer. Er war äußerst gereizt. Nicht mal der gestohlene Matisse an der holzgetäfelten Wand konnte ihn heute aufheitern. Das Telefon schrillte, und er griff hastig nach dem Hörer. Aufmerksam lauschte er den Worten am anderen Ende der Leitung. Als er schließlich selbst sprach, klang seine Stimme schroffer als sonst, aber auch erleichtert.

»Sie berichten mir genaueres, wenn Sie wieder da sind, verstanden?« Das war ein Befehl, keine Bitte.

Catania stimmte zu und hing auf. Er dachte nicht daran, Fieri Bericht zu erstatten. Jedenfalls konnte er ihm nichts von dem Verdacht erzählen, den Müller geäußert hatte. Das Gerücht über Zender tangierte ihn nicht direkt. Gott sei Dank hatte er ihn nie kennengelernt. In dieser Hinsicht besaß er ein reines Gewissen. Trotzdem hatte er während der Sitzung das ungute Gefühl gehabt, daß Zender nur eine Art Lockvogel oder eine verschlüsselte Warnung war. Deshalb würde er sie auch als solche verstehen, selbst wenn er nicht viel tun konnte. Aussteigen war einfach nicht drin. Er konnte unmöglich lächeln und sagen: »Tut mir leid, aber ich glaube, ich mache nicht mehr mit.« Keine der beiden Seiten würde das zulassen. Und wenn er das Argument anführte, daß die Operation zu heiß geworden sei, würde man ihn als ersten bezichtigen, falls alles aufflog. Er war das schwächste Glied in der Kette, das Sicherheitsrisiko. Es blieb ihm gar nichts anderes übrig, als weiterzumachen wie bisher und so zu tun, als wäre alles in Ordnung. Seine einzige Chance lag darin, abzuwarten und sich einen Plan auszudenken, mit dem er alle hinters Licht führen könnte. Das war nicht unmöglich. Doch zuerst mußte er noch einen zweiten anonymen Anruf hinter sich bringen.

Drei Minuten später betrat er sein Hotelzimmer und rief zu Hause an. Völlig unbekümmert, zärtlich und liebevoll unterhielt er sich mit seiner Frau. Er werde jetzt nach Hause kommen, sagte er. Zum Abendessen sei er da. Er saß auf dem Bett und lächelte in den Spiegel an der Wand. Sollte Herr Müller ruhig mithören.

Fieri legte seinen fetten Zeigefinger auf die Gabel und starrte, eine Eingebung erhoffend, auf den Matisse. Catania hatte ganz normal geklungen. Das Treffen war harmlos gewesen und nur einberufen worden, um dem Britischen Pfund unter die Arme zu greifen. Aber warum die ganze Geheimniskrämerei? Das war seltsam. Sonst wurden alle Treffen der G7 im voraus angekündigt, und die Presse wußte Bescheid. Minister und Banker standen normalerweise gern im Scheinwerferlicht, um zu zeigen, wie sie im Dienst der Wirtschaft die halbe Welt umkreisten. Dieses Treffen aber war vollkommen geheimgehalten worden, und er würde seine Hand dafür ins Feuer legen, daß auch nach dem Treffen die Presse nicht informiert wurde.

Fieri wußte nicht, ob er mißtrauisch sein sollte oder nicht. Es hatte ein G7-Treffen stattgefunden, aber abgesehen von der Geheimhaltung war alles ganz normal verlaufen. Zwar gab es keinen Grund zur Annahme, daß Catania in irgendeiner Weise aufgefallen war, aber auszuschließen war es auch nicht: ein falsches Wort, ein ungewollter Versprecher oder gar bewußter Verrat – so was passierte, auch wenn es undenkbar schien.

Er war alles andere als glücklich. Der Verdacht ließ sich durch logisches Denken allein nicht ausräumen. Erneut führte er sich vor Augen, daß er allen Grund hatte, mißtrauisch zu sein. Er konnte nicht zulassen, daß Catania entlarvt wurde – das würde ihm und der Organisation einen irreparablen Schaden zufügen.

Er beschloß, Catania nicht aus den Augen zu lassen. Doch in der Zwischenzeit hatte er Besseres zu tun. Die Gier verjagte seinen vagen Verdacht. Er schaltete den Reuter-Bildschirm ein und rief seinen Broker Calvadoro an.

»Giuseppe? Ja, ich bin's ... Mir geht's gut, und dir? ... Gut. Ich möchte Pfund Sterling kaufen. Genau, Cable. Oh, ich weiß nicht, sagen wir fünfhundert Millionen. Ja, sofort. Aber splitte die Summe. Ja, zehn Konten. Und ruf mich an, sobald du sie zusammen hast ... Ja, ich bin hier.« Fieri legte auf und starrte gedankenverloren auf den Bildschirm, versunken im unwiderstehlichen Traum vom Geld.

Antonio Fieri war Carla Vitale um fünf Minuten voraus. Während er mit seinem Broker telefonierte, saß sie auf ihrem Sofa und rauchte eine Zigarette nach der anderen.

Als schließlich das Telefon in ihrer Wohnung läutete, zuckte sie vor Schreck zusammen. Sie nahm den Hörer ab, meldete sich und lauschte mit konzentriert gerunzelter Stirn. Dann verabschiedete sie sich abrupt, legte auf und wählte eine Nummer.

Die Devisenhändler bei ICB lungerten untätig herum und warteten. Seit zwei Tagen hielten sie ihre Position. Heute war der dritte, und noch gab es nicht den geringsten Hinweis darauf, daß das Pfund an Wert gewinnen würde. Wenn nicht bald etwas passierte, würden Zweifel aufkommen und ihre Zuversicht untergraben. Dann gab es drei Möglichkeiten. Entweder verloren sie das Vertrauen in die Position und stießen sie ab, oder sie versuchten sich selbst und den Markt davon zu überzeugen, daß sie recht hatten, indem sie die Position aufstockten, oder sie hielten sie tatenlos und wurden von Stunde zu Stunde nervöser.

Sie alle wußten, wie zermürbend es sein konnte, wenn die

Zuversicht schwand – das schlimmste Gefühl für jeden Broker. Es vermochte eine vollkommene Lähmung oder hektische und unvorsichtige Betriebsamkeit auszulösen, die nur selten gut ausging. Daher versuchte jeder auf seine Art, die Zweifel in Grenzen zu halten. Dante Scarpirato trug eine Maske der Gleichgültigkeit und rauchte eine Zigarette nach der anderen, ohne sein Büro zu verlassen.

Matthew Arnott saß lustlos an seinem Schreibtisch und spielte mit dem Telefonkabel. Dabei zitterte er so heftig, daß sein tragbares Telefon ihm aus der Hand zu fallen drohte. Simon Wilson hörte nicht auf zu reden. Sarah Jensen starrte auf ihre Monitore. Seit sie an diesem Morgen zur Arbeit gekommen war, hatte sie bemerkt, daß Arnott den Blick nicht von ihr nahm. Er verfolgte jede ihrer Bewegungen mit Argusaugen und runzelte die Stirn, als versuchte er, sie zu durchschauen. Sarah beobachtete es in den Spiegelbildern ihrer Monitore. Sie war wütend, ließ sich aber nichts anmerken, sondern starrte unentwegt auf die flackernden Zahlenkolonnen. Keiner von beiden erwähnte den Zusammenstoß von gestern nacht, ein heikles Thema, das man besser ausklammerte. Und beide wunderten sich über das Schweigen des anderen.

Um fünf nach zwölf leuchtete ein Lämpchen auf der Telefonanlage auf. Drei Hände schossen auf den Knopf zu. Sarah erreichte ihn als erste. Die Stimme am anderen Ende der Leitung war weiblich und klang hoch und gereizt, mit starkem italienischen Akzent. Die Worte sprudelten nur so aus ihr heraus, als sie nach Matthew Arnott fragte. Sarah drückte auf den Knopf und wandte sich Arnott zu, der einen halben Meter von ihr entfernt saß.

»Für Sie.«

Er nahm den Hörer ab und drückte auf den Knopf. Dann sagte er zwei Worte, »ja« und »okay«, legte sofort wieder auf, zog seine Jacke an und stand auf.

Plötzlich hallte Scarpiratos Stimme durch den Raum, und Arnott blieb wie angewurzelt stehen.

»He, wo willst du hin? Falls du es vergessen hast, wir haben eine Position von dreihundert Millionen im Rennen. Keiner geht zum Lunch, bevor ich es erlaube.«

Arnott warf ihm einen bösen Blick zu. »Wer hat was von Lunch gesagt?«

Scarpirato kam wütend aus seinem Büro und sagte: »Du bist doch sonst nicht so zivilisiert und läufst mit Jackett rum, es sei denn, es geht zum Essen.«

»Na ja, dann habe ich mich eben verändert und trage es jetzt auch im Büro«, antwortete Arnott bissig. »Ich gehe nicht zum Essen, sondern zur Toilette. Zufrieden?« Damit ließ er Scarpirato einfach stehen, der ihm finster nachblickte.

»Blöde Entschuldigung«, brummte er. »Natürlich wollte er essen gehen. Er trägt nie ein Jackett im Büro.«

Sarah stand auf und ging zur Kaffeemaschine, die sich am anderen Ende der Devisenabteilung befand. Sie vertiefte sich in die Mitteilungen der Geschäftsleitung auf dem Schwarzen Brett links von der Maschine, um der Spannung zu entfliehen. Gerade als sie an ihren Schreibtisch zurückkehren wollte, sah sie, wie Arnott durch die Sicherheitstüren kam. Er machte einen Umweg durch den angrenzenden Konferenzraum. Auf dem Weg zu ihrem Schreibtisch ging sie an der Tür vorbei und sah, daß er am Konferenztisch saß und telefonierte. Sarah setzte sich mit einer Tasse Kaffee an ihren Schreibtisch und nippte an dem heißen Getränk.

Währenddessen rief Arnott vier verschiedene Broker an. Bei jedem kaufte er hundert Millionen Pfund gegen Dollar. Er sprach mit leiser Stimme, seine Lippen berührten fast die Muschel, damit niemand ihn hören konnte.

Drei Minuten später beobachtete Sarah, wie er aus dem Konferenzraum trat und direkt in Scarpiratos Büro marschierte. Vielleicht will er ein Hühnchen mit ihm rupfen, dachte sie. Er war nicht der Typ, der sich in aller Öffentlichkeit fertigmachen ließ. Sarah beobachtete das Büro und erwartete, laute Stimmen aus dem Raum dringen zu hören. Doch nichts passierte. Arnott und Scarpirato unterhielten sich eindringlich mit gesenkten Köpfen. Schließlich kehrte Arnott an seinen Schreibtisch zurück. Scarpirato folgte ihm auf den Fersen, als ginge er zu einem Showdown. Er stützte sich auf den Tisch zwischen Arnott und Sarah und beugte sich vor. Wilson saß ihm gegenüber und zupfte nervös an seiner Krawatte.

»Ich möchte unsere Position aufstocken. Kauft weitere zweihundertfünfzig Millionen Pfund Kasse. Sarah und Arnott jeweils hundert und du, Simon, die restlichen fünfzig. Fangt sofort an«, Sarah lehnte sich zurück und kreuzte die Arme über der Brust.

»Wollen Sie uns auch mitteilen, warum, oder führen wir hier nur Ihre Befehle aus?« Sie haßte Anweisungen und wurde schließlich nicht dafür bezahlt, stur Befehle entgegenzunehmen. Außerdem wollte sie ihn auf die Palme bringen, wie sie sich ehrlich eingestehen mußte.

Scarpirato herrschte sie mit ungewohnter Härte an: »Tun Sie, was ich Ihnen gesagt habe, Miss Jensen. Ihre Erklärung hatten Sie schon, und außerdem bin ich Ihnen keine Rechenschaft schuldig.«

»Natürlich nicht, Dante.« Sie lächelte. »Ich werde alles sofort veranlassen. Kümmern Sie sich nicht um mich. Gehen Sie nur, und rauchen Sie noch eine Zigarre.« Bevor er antworten konnte, hatte sie schon den Hörer in der Hand und eine Pariser Bank an der Strippe. »Wo steht dein Pfund/Dollar in der Kasse, Johnny?«

»1.4555,65«, antwortete er, wie aus der Pistole geschossen. »An dich einhundert Pfund für fünfundsechzig.«

»Einverstanden.«

»Alles klar.«

Nachdem sie den Deal perfekt gemacht hatte, füllte sie den Händlerschein aus, stempelte ihn ab und warf ihn in die Ablage der Abwicklung. Dann stand sie mit finsterer Miene auf, nahm ihre Tasche und verkündete, daß sie essen ging und daß irgend jemand anders ihren Platz übernehmen sollte. Sie erwartete wütenden Protest von Arnott. Statt dessen stieß sie auf samtweiche Zustimmung. »Gut«, sagte er, »ich kümmer' mich drum.« Na bitte, das ist doch ein Anfang, dachte Sarah auf dem Weg zum *Pig and Poke* und einer halben Flasche Taittinger.

15

Als Sarah eine Stunde später mit champagnererhitzten Wangen vom Lunch in die Devisenabteilung zurückkehrte, hörte sie, wie ihr Name gerufen wurde.

»Auf Leitung zwei«, schrie Simon Wilson, während sie an ihren Schreibtisch eilte. »Irgendein Deutscher.«

Sarah warf ihm einen Blick zu und drückte auf den Verbindungsknopf am Telefon. Es war Manfred Arbingen. Er kam direkt auf den Punkt.

»He, hast du gewußt, daß heute ein G7-Treffen stattgefunden hat?«

Sarah lachte. »Nein. Komisch. Das nächste sollte doch erst in zwei Wochen sein.«

»Mehr als komisch. Es wird streng geheimgehalten. Ich hab's auch bloß erfahren, weil ich einen Freund von der Bundesbank zum Essen abholen wollte. Auf dem Weg dorthin wurde ich von einer Kolonne schwarzer Limousinen förmlich überrollt. Sechs große Staatskarossen mit getönten Scheiben, du weißt schon. Ich hatte keine Ahnung, wer drin saß, aber als ich die Sicherheitsbeamten in der Bank fragte, haben sie geflüstert, es seien die Finanzminister und Notenbankpräsidenten. G7, also.«

»Worum ging's denn?«

Arbingen lachte. »Was glaubst du?«

»Keine Ahnung. Politische Fragen können es nicht gewesen sein. Die hätten sie auf dem Treffen in zwei Wochen besprechen können. Wahrscheinlich um irgendeine Intervention.« Sarah hielt inne und überlegte. »Aber dazu muß man keine geheime Sitzung einberufen. Das hätten sie auch am Telefon erledigen können, es sei denn, es handelt sich um etwas sehr Wichtiges und Umstrittenes. Aber das halte ich für unwahrscheinlich. Die Währungen sind im Augenblick alle ziemlich stabil.«

»Stimmt«, pflichtete Arbingen bei.

»Dasselbe gilt für die Leitzinsen. Ich wüßte nicht, was sich da großartig verändern könnte.«

»Ich kann mir auch keinen Reim darauf machen. Wir werden abwarten müssen. Früher oder später wird es ja wohl rauskommen.«

Sarah dankte Arbingen für seine Information und legte nachdenklich auf. Früher oder später war auf dem glatten Börsenparkett kein Trost. Man mußte alles sofort wissen, um stets einen Vorsprung vor den anderen zu haben. Sarahs Gedanken rasten.

Sie stand auf und ging zur Kaffeemaschine. Die kleine Nische neben dem Atrium war hell und abgeschieden; dorthin verzog man sich, um ein Schwätzchen zu halten oder in Ruhe nachdenken zu können. Devisenhändler sind in der Regel krankhaft neugierige Menschen, die genau wissen, wenn ein Kollege etwas ausbrütet, und sich alle Mühe geben, ihm sein Geheimnis zu entlocken. Aber Sarah dachte nicht daran, den anderen auch nur andeutungsweise zu verraten, was ihr durch den Kopf ging; deshalb suchte sie die Abgeschiedenheit. Es war schlichtweg unmöglich, in Ruhe nachzudenken, wenn man ständig von mindestens zwei Augenpaaren beobachtet wurde.

Lange Zeit starrte sie auf die Kaffeemaschine, bevor sie die Kombination 146 drückte. Kaffee mit Sahne, mittelstark, mit einem Stück Zucker. Die Maschine blubberte vor sich hin, spuckte einen Plastikbecher aus und füllte ihn bis zum Rand mit einer dampfenden Flüssigkeit.

Sarah nippte vorsichtig an ihrem Kaffee, während sie nachdenklich die Topfpflanzen im Atrium betrachtete. Letzten Donnerstag hatte Scarpirato Futures mit einer Woche Laufzeit gekauft, Dollar gegen Pfund, eine plausible, aber trotzdem äußerst riskante Spekulation, überlegte sie. Und vier Tage danach fand eine geheime Sitzung der Finanzminister statt. Also würde der Kurs des Pfunds Sterling jetzt zweifellos steigen. Ein merkwürdiger Zufall, grinste sie.

Jedes Kind wußte, daß im Handel mit Insiderwissen die größten Gewinne in der City lockten. Es war also durchaus möglich, daß Scarpiratos Riesenprofite darauf zurückzuführen waren. Allerdings ließ sich diese Art von Betrug auch am schwersten nachweisen. Den Informationsfluß zurückzuverfolgen war, als versuche man, Quecksilber zu greifen.

Sarah griff in Tasche ihrer Bluse und zog eine Schachtel Marlboro heraus. Nachdenklich zündete sie sich eine Zigarette an. Wenn Scarpirato mit Insiderwissen aus der G7 handelte, mußte sein Informant ein verdammt hohes Tier sein. Die Währungspolitik der G7 war schließlich eines der bestgehüteten Geheimnisse der Welt. Um zu vermeiden, daß auch nur ein Hauch davon an die Öffentlichkeit gelangt, wurden die meisten Entscheidungen der Finanzminister, Notenbankpräsidenten und Staatschefs ja nicht einmal schriftlich festgehalten, sondern direkt an die Handelsabteilungen der Zentralbanken weitergegeben. Doch Sarah hielt es für unwahrscheinlich, daß die undichte Stelle in den ausführenden Abteilungen lag. Die Beamten erhielten ihre Anweisungen buchstäblich in letzter Sekunde. Sie hatten viel weniger Zeit, die Informationen Dritten zukommen zu lassen, als ihre Vorgesetzten, die Minister und Notenbankpräsidenten. Außerdem wurden die Beamten sorgfältig überwacht; selbst ihre Telefone wurden abgehört. Die kleinste Indiskretion käme unweigerlich ans Tageslicht. Sarah war fast sicher, daß die undichte Stelle nur ganz oben zu suchen war.

Wütend zog sie an ihrer Zigarette. Wenn sie recht hatte, war ein hoher Politiker oder Notenbankpräsident an einer milliardenschweren Verschwörung beteiligt. Die Folgen waren unvorstellbar. Wenn ein finanzstarker Devisenhändler direkte Informationen aus der G7 bekam und ungehindert am Geldmarkt operieren konnte, war es so, als hätte er den Schlüssel zu den Goldreserven von Fort Knox.

Die Aussicht auf die Konsequenzen, die sich daraus ergaben, traf sie wie ein Schlag. Wenn eine derartige Verschwörung tatsächlich existierte, würden die Beteiligten diesen Vorteil natürlich nicht kampflos aufgeben. Mit einer abrupten Bewegung ließ sie den Stummel in den Kaffeebecher fallen und warf ihn in den Mülleimer. Dann schloß sie sich in der Toilette ein, setzte sich auf den Klodeckel und überließ sich, das Kinn in die Hände gestemmt, ihren Gedanken. Nach zehn Minuten kroch die Kälte des Marmorbodens durch die dünnen Ledersohlen ihrer Schuhe, und sie begann in der Kühle der Klimaanlage zu frösteln. Sie spürte die Anspannung in der Magengegend.

Sarah wußte, daß ihre Entscheidung bereits getroffen war, auch wenn sie im Geiste noch alle möglichen Alternativen durchging und so tat, als bliebe ihr noch die Wahl.

Schließlich stand sie auf, rieb sich die Arme und versuchte sich einzureden, daß die Phantasie mit ihr durchging. Es wäre nicht das erste Mal. Trotzdem mußte sie ihrem Verdacht nachgehen, bis dieser sich als richtig oder falsch erwies. Über die Auswirkungen würde sie sich erst Gedanken machen, wenn es soweit war.

Auf dem Weg zu ihrem Schreibtisch wunderte sie sich über sich selbst, daß sie keine Angst, sondern nur unbändige Erregung empfand. Sie mußte an Alex denken. Mit diesen Worten hatte er das Gefühl beschrieben, das ihn immer überkam, wenn er eine glatte Felswand bestieg, die Hunderte von Metern tief abfiel. Er hatte behauptet, daß der Mut mit der Größe der Herausforderung wuchs. Sarah lachte in sich hinein. Alex hätte den Vergleich auf seine sanfte Art bestimmt lächerlich gefunden. Jedesmal, wenn er einen Felsen bestieg und sich nur mit Fingern und Zehen an der glatten Wand festkrallte, riskierte er sein Leben. Was aber konnte sicherer sein, als in der City von London vor seinem Monitor zu sitzen?

Sarah setzte sich auf ihren Platz und sagte: »Ich glaube, ich möchte mich ebenfalls an diesem Spielchen beteiligen.«

Arnott zuckte zusammen und richtete sich auf. Wilson grinste, als hätte sie einen Witz gemacht. Sarah lächelte grimmig. Sie konnte das Geld gut gebrauchen. Zwar durfte sie kein Risiko eingehen, aber sie war sicher, daß jetzt kaum eine Gefahr bestand. Das Ganze war eine todsichere Sache.

Sie hatte beschlossen, selbst einzusteigen und eine Kasse-Position aufzubauen. Ihr Eigenkapital betrug zweihunderttausend Pfund Sterling. Sie konnte also mit einer Position von maximal drei Millionen Pfund handeln. Die Differenz würde aus Bürgschaften gedeckt werden. Wenn ihre Position an Wert verlor, konnte sie sie so lange halten, bis die Verluste zweihunderttausend Pfund erreichten. Dann mußte sie sie aufgeben und mit ihren Ersparnissen die Verluste decken. Doch Sarah hatte das sichere Gefühl, daß es keine Verluste geben würde. Ihr Kapital war sicher angelegt. Sie rief Johnny McDermott an. Normalerweise nahm McDermott, der nur im Auftrag großer Geldinstitute handelte, keine Bestellungen für persönliche Konten an, aber bei Sarah machte er eine Ausnahme.

McDermott hatte seine Karriere mit Geschäften für persönliche Konten begonnen, und Sarah war eine seiner Kundinnen gewesen. Nachdem er die Bank gewechselt hatte und anfing, Devisenhandel im großen Stil zu betreiben, hatte er sich von den meisten seiner früheren Privatkunden getrennt, nicht aber von Sarah. Die Compliance-Abteilungen ihrer jeweiligen Banken beobachteten diese Verbindung mit gemischten Gefühlen – sie galt als leicht inzestuös. Aber sie fanden sich damit ab und akzeptierten Sarahs und Johnnys Begründung, daß sie sich gut verstanden und gerne Geschäfte miteinander machten; außerdem waren beide *big hitters*, die für ihre jeweiligen Arbeitgeber hohe Gewinne einfuhren. Sie konnten sich daher manches erlauben.

Wenn an der Börse nichts los war, alberten sie manchmal stundenlang am Telefon rum, doch wenn es die Situation verlangte, konnten sie genausogut ohne Umschweife zum Punkt kommen.

»Wo steht dein Cable in der Kasse, Johnny?«

»1.4560,70.«

»An dich drei Sterling für siebzig, PK.«

»Abgemacht. Aber ist das nicht ein bißchen riskant?«

»Mach' dir keine Sorgen, Johnny. Ich weiß schon, was ich tue.«

»Na, hoffentlich.«

Es war der größte Privatdeal, den Sarah jemals getätigt hatte. Sie hatte zwar schon öfter so hoch gehandelt, aber mit fremdem Geld war es etwas anderes. Dann war es ein Geschäft wie jedes andere, eine Reihe von Zahlen auf dem Bildschirm, die sich in die eine oder andere Richtung bewegten. Man war gespannt, und es tat auch weh, wenn Positionen verlorengingen, aber es blieb schließlich das Geld anderer, das auf dem Spiel stand.

Sarah füllte ihren Händlerschein aus, ließ ihn abstempeln, warf ihn in die Ablage der Abwicklung und steckte sich eine Zigarette an. Sie empfand die angenehm kribblige Erregung eines Glücksspielers. Wenn sie falsch lag, wäre ihr Kapital mit einem Schlag verloren und damit auch ihre ganze mühsam erkämpfte Sicherheit. Doch wenn sie recht behielt, würde sie Hunderttausende von Dollar Gewinn machen. Sollte ihre Ahnung bestätigt werden, war es zwar noch kein Beweis dafür, daß Scarpirato mit Insiderwissen handelte, aber der Verdacht hätte sich zweifellos erhärtet. Sie lehnte sich zurück, sah zur Decke auf und stieß eine Rauchwolke aus. Arnott beobachtete ihre Bewegungen mit argwöhnischen Blicken.

Wenige Minuten nachdem Sarah ihren Deal abgeschlossen hatte, fingen sämtliche Zentralbanken der G7 gleichzeitig an, Dollar zu verkaufen und Pfund Sterling zu kaufen. Die Nachricht verbreitete sich wie ein Lauffeuer an allen internationalen Devisenmärkten. Irgendwo kaufte jemand Pfund Sterling, und zwar Unmengen. Zuerst reagierten die großen Banken und Devisenhändler und deckten sich ein, dann folgten auch kleinere Anleger dem Trend.

Um Viertel nach zwei, zehn Minuten nachdem Sarah ihren Deal abgeschlossen hatte, begann das Pfund Sterling zu steigen. Sarah beobachtete die flimmernden Zahlensäulen, die nach ihrem ungewöhnlichen Mittagessen schneller als sonst zu tanzen schienen. Sie rieb sich die Augen und spürte, wie ihre Muskeln sich vor lauter Nervosität verspannten. Das Pfund Sterling stieg langsam, aber stetig, Minute um Minute. Sie konzentrierte sich auf die Entwicklung und verbannte rücksichtslos alle anderen Gedanken aus ihrem Kopf. Sie beobachtete den Markt, sie redete mit ihm, sie spürte hautnah, wie er in Wallung geriet. Für jeden Tick – ein Hundertstel Cent –, den das Pfund stieg, wuchs ihr Gewinn um dreihundert Dollar. Und der der Bank um etwa fünfzigtausend Dollar.

Die Broker starrten wie gebannt auf die Monitore und warteten. Dante Scarpirato kam aus seinem Allerheiligsten und setzte sich neben Arnott, um von dort aus das Geschehen an den Bildschirmen zu verfolgen. Seine Gesichtsmuskeln zuckten mit jedem kleinen Anstieg des Pfunds. Um drei hatte das Pfund dreiviertel Cent gegenüber dem Dollar gewonnen. Damit saß die Bank bereits auf einem Gewinn von vier Millionen Dollar. Alle Feindseligkeiten waren vergessen, als sie sich aufgeregt vor dem Monitor drängten. Noch war es zu früh, um die Position glattzustellen und den Gewinn einzukassieren, das war klar. Der Trend beschleunigte sich, und das Pfund stieg nun in großen Sprüngen.

Um zwanzig nach drei hatte es einen ganzen Cent gegenüber dem Dollar gewonnen. Kein Experte, mit dem sie sprachen, konnte sich diese Entwicklung erklären. Es waren keine neuen Inflationsdaten bekanntgegeben worden, aber irgendwo kaufte jemand immer noch Pfund im großen Stil. Es gab nur noch eine Parole – Sterling kaufen –, und die breitete sich in rasender Geschwindigkeit aus. Überall kursierten Gerüchte. Sarah interessierte sich nur dafür, was die Zentralbanken unternahmen. Die, so hieß es, kauften, angeführt von der Deutschen Bundesbank, Sterling. Genau wie sie erwartet hatte. Sie wandte sich zu Arnott und Scarpirato um. In ihren Gesichtern spiegelte sich Triumph. Sie war also nicht die einzige, die nicht überrascht war.

Doch je dringlicher die Zahlenkolonnen auf dem Monitor ihren Verdacht erhärteten, um so mehr wuchsen Angst und Erregung in ihr.

Um halb vier hatte das Pfund dem Dollar gegenüber eineinviertel Cent gutgemacht. Sarahs eigener Gewinn betrug 37 500 Dollar. Eine beachtliche Summe für einen Privatdeal, aber unbedeutend, wenn man sie mit dem Profit der Bank verglich. Sarah überschlug ihn im Kopf: fast sieben Millionen Dollar.

Sie warf einen Blick auf Arnott und Wilson. Beide platzten fast vor Erregung. Der Gewinn war riesig, fast astronomisch. Es wäre verrückt, noch weiter zu warten. Nichts auf der Welt war so unbeständig und unberechenbar wie die Devisenmärkte. Wenn der Premier in diesem Augenblick einen Herzanfall erlitt, konnte das Pfund ins Bodenlose abstürzen. Alles mögliche konnte passieren, und daraus ergab sich nur ein Schluß: Sie mußten verkaufen, ihre Position glattstellen und die Gewinne mitnehmen, und zwar jetzt.

Sarah hielt sich die Ohren zu, so laut ging es jetzt zu, und versuchte sich zu konzentrieren. Schließlich entschied sie, vorläufig weiter am Ball zu bleiben.

Scarpirato zog an seiner Zigarre und starrte wie gebannt auf die Monitore. Es schien, als versuchte er allein mit seinem Willen, den Markt zu beeinflussen. Wilson und Arnott, die immer nervöser wurden, drängten ihn, die Position glattzustellen und den Gewinn einzustreichen. Mit einer Handbewegung winkte er ab, wie ein Herrscher, der ungeduldig die Bitten seiner Untertanen beiseite schiebt. Sarah, die die Szene beobachtet hatte, schwieg.

Um vier Uhr beschloß sie, daß es Zeit war, zu verkaufen. Sie rief McDermott an.

»Johnny, wo ist dein Cable jetzt?«

»Fünfundneunzig null fünf.«

1.4695,1, 4705, also, überlegte Sarah. Kurzerhand verkaufte sie ihren Posten. Innerhalb von zwei Stunden war sie um vierzigtausend Dollar reicher geworden. Zum erstenmal kostete sie das Bewußtsein aus, schmutziges Geld verdient zu haben. Ein bißchen klebrig fühlte es sich an, irgendwie irreal. Es war, als hätte sie eine Hemmschwelle überschritten. Doch sie verjagte ihre Skrupel. Immerhin war es ein Verbrechen im Namen des Gesetzes. Alte Erinnerungen stiegen plötzlich in ihr auf, doch davon wollte sie jetzt nichts wissen.

Scarpirato beobachtete, wie sie ihre Position glattstellte. Dann gab auch er nach. Er wies Arnott, Wilson und Sarah an, die Futures und die Kasse-Position zu verkaufen. Wie Klapperschlangen sprangen sie auf und griffen nach ihren Telefonhörern. Nach zwei Minuten war die Transaktion beendet, die Position glattgestellt. Und sie hatten einen Gewinn von 6,8 Millionen Dollar eingestrichen.

Sie füllten die Händlerscheine aus und lehnten sich schließlich erschöpft zurück, ein euphorisches Grinsen auf ihren Gesichtern. Sarah ließ sich von ihrer Stimmung anstecken. Es war ein beinahe sinnliches Gefühl. Sie waren trunken vor Lust. Endlich schalteten sie die Monitore aus und gingen zu *Corney & Barrow* in der Old Broad Street, um zu feiern.

Auch in der Via Appia Antica wurde gefeiert. Antonio Fieri knallte den Hörer auf die Gabel. Soeben hatte er sechs Millionen Dollar verdient. Er lehnte sich zurück, faltete die Hände über dem dicken Bauch und rief nach seinem Privatsekretär. Mauro war in Sekunden zur Stelle, nahm die Anweisungen entgegen und flitzte davon. Nach zwei Minuten kam er mit Signora Fieri, einer Flasche Champagner und zwei Gläsern wieder.

Fieri schenkte ein. Er und seine Frau prosteten sich lächelnd zu. Seit einunddreißig Jahren waren sie glücklich und treu verheiratet. Antonio hatte genügend Laster, die ihn bei Laune hielten. Untreue war etwas, das er niemals tolerieren würde. Außerdem pflegten Geliebte nur Scherereien zu machen. Sie waren viel zu fordernd und ausnahmslos indiskret. Ein Luxus, den weder er noch seine Männer sich erlauben konnten.

Sarah saß an einem kleinen Ecktisch im *Corney & Barrow* und spielte mit dem Stiel ihres Champagnerglases. Arnott und Wilson waren schon lange gegangen. Sie drehte das Glas hin und her und sah zu, wie die Bläschen aufstiegen. Sie spürte, daß Scarpirato sie beobachtete. Plötzlich hob sie den Blick und sah ihm direkt in die Augen. Keiner wandte den Blick ab, keiner wollte als erster nachgeben. Es war das alte Spiel. Sarah dachte über den Mann nach, der vor ihr saß. Er sah nicht besonders gut aus, und charmant war er auch nicht gerade. Er besaß keinen Funken Humor und war absolut rücksichtslos. Das einzige, was für ihn sprach, waren seine Intelligenz und seine ausgewählt geschmackvolle Kleidung; das mußte Sarah zugeben. Nicht daß sie sich viel daraus gemacht hätte, im Gegenteil, sie hatte Vorurteile gegenüber Männern, die zuviel Wert auf Kleidung legten, vor allem, wenn sie obendrein auch noch gut aussahen. Trotzdem hatte Scarpirato etwas, das sie unwiderstehlich anzog. Vielleicht lag es an ihr, vielleicht hatte sie die Spannung selbst erzeugt mit ihrer Neigung zu Experimenten, ihrer Vorliebe für immer wieder neue Herausforderungen. Sie empfand ihre eigene Risikobereitschaft als erregend. Die Eigenschaften der anderen Partei waren dabei nicht wichtig, es sei denn, sie waren völlig inakzeptabel. Warum sie von solchen Typen angezogen wurde, wußte sie nicht und wollte es auch gar nicht wissen. Sie hatte geglaubt, daß sie nach der Affäre mit John Carter und dann mit Eddie darüber hinweg, endlich erwachsen geworden sei. Doch jetzt saß sie da und starrte Dante an, alle Sinne angespannt, und plötzlich gewannen die alten Zwänge wieder die Oberhand und verdunkelten alles – bis auf das Verlangen nach ihm. Schließlich sprach er.

»Würden Sie mit mir zu Abend essen?«

Ihr Blick wanderte zur Uhr. Halb zehn. Zusammen mit Arnott und Wilson hatten sie vier Flaschen getrunken, und sie hatte sich keineswegs zurückgehalten. Ja, sie sollte etwas essen. Fast hätte sie gelacht, als sie, wie um sich zu rechtfertigen, antwortete: »Ja, sehr gern.«

Er stand auf, warf vier Fünfzigpfundscheine auf den Tisch, nahm sie sanft an der Schulter und führte sie aus der Bar.

Zwanzig Minuten später saßen sie im *L'Incontro* auf der Pimlico Road. Sie schob das Essen auf ihrem Teller hin und her und fragte: »Kriegen Sie eigentlich immer alles, was Sie wollen?«

Er lachte. »Nicht alles, aber das, worauf es ankommt.«

»Und Sie sind immer sicher? Ich meine, haben Sie nie Angst, daß Sie auch mal den kürzeren ziehen könnten?«

Seine Züge verhärteten sich, doch sein Blick blieb belustigt, als wolle er sie sanft, aber erbarmungslos provozieren. »Das hängt von Ihnen ab. Was denken Sie?«

»Ich denke«, antwortete Sarah und wich einer direkten Antwort aus, »daß Sie brutal sind und Ihre Gefühle nach Belieben an- und abstellen können.«

Er lachte wieder. »Ja, und das mögen die Leute nicht. Warum eigentlich?«

Sarah verzog das Gesicht. »Weil man nie weiß, woran man bei Ihnen ist. Man wird immer daran erinnert, wie unwichtig man ist, daß man keine Spuren hinterläßt.«

Er beugte sich vor. »Und ist das meine Schuld?«

Seine Arroganz war ungebrochen. Doch in seinen dunklen Augen lag Begierde – wie Risse in seiner selbstsicheren Fassade. Und das war genug. Sarah strich über ihre nackten Schenkel; sie zitterte vor Erregung. Sie spürte, wie sie die Kontrolle über sich selbst verlor. Ihr Magen war wie zugeknöpft; nicht einen Bissen brachte sie mehr herunter. Schließlich löste sie den Blick von ihm und versuchte sich auf die Pärchen an den Nebentischen zu konzentrieren, zu verstehen, was sie sagten. Doch ihre Gedanken kreisten nur um ihm.

Er beobachtete sie und bat um die Rechnung. Schließlich warteten sie auf der Straße auf ein Taxi. Mehrere fuhren an ihnen vorbei, ohne daß sie die Wagen anhielten. Dann winkte er einen herbei.

Sarahs Hüfte preßte sich gegen die Autotür. Sie warf einen Blick auf Dante und sah dann aus dem Fenster, verwirrt. Er betrachtete sie lächelnd.

Sein Haus war dunkel, auch nachdem er das Licht eingeschaltet hatte. Ein Geruch, den sie nicht identifizieren konnte, lag in der Luft, streng und unangenehm. Vielleicht Zigarrenrauch, Cognac und noch etwas anderes; sie wußte es nicht. Er deutete auf ein Sofa, und sie setzte sich. Sie hatte das Gefühl, als müßte sie den Atem anhalten. Ihr ganzer Körper war angespannt, als hielte sie sich mit aller Macht zurück oder wäre extrem auf der Hut.

Schließlich verschwand Scarpirato in der Küche und kehrte mit zwei Wodkas zurück. Die Gläser waren vor Kälte beschlagen, auf der Oberfläche schwammen Eiswürfel. Er stellte sie auf den Tisch und setzte sich neben sie. Sie hob den Wodka, ihre Finger klebten an dem eisigen Glas fest. Sarah nahm einen großen Schluck. Die Flüssigkeit brannte in ihrer Kehle.

Sie kramte in ihrer Handtasche nach Zigaretten, zog eine aus der Packung und steckte sie in den Mund. Auf dem

Tisch stand ein Feuerzeug. Er gab ihr Feuer. Sie rauchte die Zigarette fast in einem Atemzug aus, holte kaum Luft, so nervös inhalierte sie. Schließlich drückte sie sie aus und sah ihn an.

Urplötzlich war er über ihr, sein Mund verschmolz mit ihrem, er umfaßte ihre Schultern und zog sie an sich. Mit bebenden Händen nestelte er an ihrem Kleid. Eng umschlungen, zitternd, erhoben sie sich. Er führte sie rückwärts durch den Raum, die Halle, die Treppe hinauf. Sie spürte eine Tür im Rücken, die sich wie von selbst öffnete. Noch ein paar Schritte, und sie fiel rücklings auf ein weiches Bett. Ohne sie loszulassen, stürzte er mit ihr und auf sie. Sie legte sich zurück. Er zerrte an ihrem Rock und zerriß den Stoff, bevor er sie mit den Lippen berührte, ihren Geschmack kostete, sie mit zärtlichen Küssen überschüttete und schließlich mit einer Leidenschaft, die sie völlig überwältigte, in sie eindrang. Was sie aber am meisten bewegte, ja, schockierte, waren seine Worte. Worte, die von unglaublicher Verletzbarkeit und Sehnsucht zeugten. Seine Maske war gefallen, die ganze Leere dahinter kam plötzlich zum Vorschein. Sie hatte Sehnsucht in anderen Gesichtern gesehen, aber niemals so, nie solch ein schamloses, verzweifeltes Verlangen. Sie hielt sein Gesicht in ihren Händen und antwortete ihm, sagte ihm, was er hören wollte. Und er lächelte im Dunkeln bei ihren Worten. Triumphierend und furchtsam.

16

Anthony Barrington saß in seinem Büro; das morgendliche Sonnenlicht drang durch das offene Fenster und überflutete den Raum. Die Stille wurde nur vom schweren Ticken seiner Großvateruhr unterbrochen, die in einer Ecke neben der Tür stand. Barrington saß über einer Rede, die er am kommenden Montag bei der Direktorenversammlung halten sollte, als das Telefon klingelte. Er las den Satz noch zu Ende und griff widerwillig zum Hörer.

»James Bartrop«, meldete seine Sekretärin.

»Geht in Ordnung, stellen Sie durch«, antwortete er. Bartrop kam sofort auf den Punkt.

»Ich habe heute morgen mit meinem Schweizer Bekannten gesprochen. Konto 5375 x200 hat wieder zugeschlagen. Zwanzig Minuten nach dem Treffen der G7 hat es fünfzig Millionen Pfund Sterling gekauft und sie später mit einem satten Profit wieder verkauft.«

Barrington zuckte die Achseln. »Fünfzig Millionen Pfund sind ein Trinkgeld für die Mafia. Dafür machen die keinen Finger krumm.«

»Wir reden hier nur von einem Konto. Nach dem, was wir wissen, könnten zehn weitere Konten darin verwickelt sein.«

»Das ist natürlich möglich.«

»Was ist mit Ihrer Sarah? Hat sie schon was rausgekriegt?«

»Lassen Sie ihr Zeit. Sie ist erst zwei Wochen bei der ICB«, sagte Barrington gereizt.

Bartrop blieb hartnäckig. »Sie war gestern den ganzen Tag dort. Wenn bei der ICB was im argen liegt, wovon ich im übrigen immer noch überzeugt bin, dann müßte sie mittlerweile etwas beobachtet oder zumindest einen Verdacht haben.«

»Ich bin sicher, daß sie sich bei mir gemeldet hätte, wenn sie einen Verdacht hätte. Wir müssen uns gedulden, Bartrop.«

Sarah saß lustlos am Schreibtisch. Dieser Arbeitstag glich einem Alptraum. Schon der Kater allein hätte ihr jede Konzentration geraubt. Zu allem Überfluß aber wurde heute nicht gearbeitet, denn man ruhte sich auf den gestrigen Lorbeeren aus. Wilson las die *Sporting Life*, Arnott genehmigte sich einen vierstündigen Lunch, und Scarpirato verbrachte den ganzen Tag in Konferenzen oder außer Haus. Er würdigte sie keines Blikkes. Nur einmal, als er an ihr vorbeigehen mußte, hatte er sie kurz mit verschwörerischer Miene angesehen; das war alles.

Sarah ging ins Fitneßstudio und machte eine Stunde Aerobic, worauf ein Teil ihrer Energie zurückkehrte. Dann schwamm sie ein paar Runden und lockerte ihre verkrampften Muskeln. Sauna, Whirlpool und Dampfbad. Am Schluß ließ sie sich eine Massage geben. Emma, die Masseuse, war höflich und redete nicht viel. Als Sarah in die Devisenhandelsabteilung zurückkam, war es bereits halb fünf. Scarpirato war schon gegangen. Wilson machte sich gerade auf den Weg nach Hause, und Arnott unterhielt sich betrunken am Telefon. Sarah winkte ihren Kollegen zu, machte erleichtert kehrt und verließ den Raum.

Eine halbe Stunde später war sie zu Hause. Die Stille in der Wohnung war beunruhigend. Sie hatte den ganzen Tag über keine Minute Ruhe gehabt, ein Gewirr von Stimmen, zusammen mit einem Durcheinander aus Schuldgefühlen, Erregung, Gewissensbissen und Angst hatte in ihrem Kopf geherrscht. In der Bank konnte sie das Chaos nicht analysieren, das Scarpirato in ihr hinterlassen hatte. Sie setzte sich ans Fenster, sah hinaus und hatte zum erstenmal seit Jahren wieder das Gefühl, die Kontrolle verloren zu haben. Sämtliche Warnlichter leuchteten, waren schon gestern nacht aufgeleuchtet, doch sie hatte sie einfach ignoriert.

Es war ein Schock. Als sie mit Scarpirato in der Bar gesessen hatte, war es ihr vorgekommen, als falle die Entscheidung ohne ihr Zutun. Plötzlich stand alles fest. Sarah konnte sich nicht erinnern, daß irgend etwas ihr Verhalten beeinflußt hätte, kein Blick, keine Geste. Die Lust auf ihn war plötzlich da, unerbittlich, unwiderstehlich. Sie wandte sich vom Fenster ab und suchte nach der Whiskyflasche.

Der Anrufbeantworter blinkte wütend, als sie an ihm vorbeiging. Sie hatte ihn schon am Morgen ignoriert, als sie durchs Haus geeilt war, um sich zu duschen, umzuziehen und zehn Minuten später wieder loszulaufen. Jetzt blieb sie stehen, ließ sich aufs Sofa fallen und starrte das Telefon an. Dann drückte sie auf die Wiedergabetaste. Das Band spulte zurück, blieb stehen und spielte die Messages ab.

Jacob hatte viermal versucht, sie zu erreichen, und jedesmal klang er eindringlicher, das letzte Mal fast schon flehend. Sarah steckte sich eine Zigarette an und wählte seine Nummer. Als er den Hörer abnahm, keuchte er, als sei er zum Telefon gerannt.

»Hast du meine Nachrichten nicht erhalten?«

»Doch, Jacob, alle vier. Deshalb rufe ich an.«

»Ich hab' dich einmal morgens und zweimal nachmittags im Büro angerufen und viermal auf dein Band gesprochen.« Seine Stimme klang besorgt, vorwurfsvoll und erregt zugleich.

»Typisch. Man hat mir nichts gesagt. Es war sowieso ein seltsamer Tag im Büro.«

»Darauf wette ich«, sagte Jacob scharf. »Hör mal, ich glaube, daß du rüberkommen solltest. Ich habe wichtige Neuigkeiten für dich.«

Sarah fühlte die zunehmende Erregung. Sie richtete sich auf. Plötzlich waren Müdigkeit und Mattheit wie weggeblasen. »Bin schon unterwegs.«

»Essen wir zusammen?«

Sarah spürte ihren leeren Magen. Seit vierundzwanzig Stunden hatte sie nichts Richtiges mehr gegessen. »Ja, gerne.«

»Übrigens ich hab' gestern die Kassetten deines DAT-Recorders ausgewechselt. Ich hatte mir schon gedacht, daß du nicht dazu kommen würdest.«

»Danke. Es stimmt, ich bin nicht dazu gekommen. Bis gleich also.« Sie legte auf, ging in ihr Zimmer und schlüpfte in Jeans und T-Shirt. Dann griff sie nach Handtasche und Hausschlüsseln und wollte schon aus der Tür treten, als sie einen hellen Umschlag auf dem Boden entdeckte, eine Rechnung, die sie zuvor ignoriert hatte, und darunter ein buntes Dreieck. Sie schob den Umschlag beiseite und hob die Postkarte auf.

Sie zeigte ein Gebirge, gefährlich hoch, graue, dunstverhangene Granitfelsen vor einem kobaltfarbenen Himmel. Sarah drehte die Karte um. Es war der Kangschung-Gletscher, die erste Etappe auf Alex' und Eddies Weg durch den Himalaja. Wahrscheinlich würden sie gerade am Fuß des Berges zelten, wenn die Postkarte in London eintraf, schrieb Eddie. Sarah drehte sie wieder um und sah sich das Bild an. Es war so schlicht und schön. Plötzlich verkrampfte sich ihr Magen vor Schuldgefühlen.

Sie knallte die Tür hinter sich zu, stieg in ihren BMW, der nur wenige Meter vom Haus entfernt parkte, steckte die Schlüssel in den Anlasser und raste davon. Eine halbe Stunde später war sie in der Rotherwick Road.

Jacob begrüßte sie an der Tür. Er wirkte nervös. Er führte sie ins Arbeitszimmer, wo der DAT-Recorder auf einem alten Schreibtisch aus Rosenholz lag.

»Willst du eine Tasse Tee, Kleines?« Er musterte sie und runzelte besorgt die Stirn. Sarah war sich ihrer Blässe und der leichten blauen Spuren auf ihren Lippen bewußt, die wie Tintenflecke aussahen.

»Hm, ja bitte.«

Jacob verschwand in der Küche. Sarah starrte auf den Kassettenrecorder und wandte sich dann gezwungenermaßen Ruby zu, die durchs Fenster gekommen war und sich an ihren Beinen rieb. Sie hob die Katze auf, setzte sich in einen überdimensionalen Armsessel mit blumengemusterten Polstern und streichelte das weiche schwarze Fell. Bald schnurrte Ruby vor Freude, zog die Krallen ein und bearbeitete Sarahs Schoß mit ihren Pfoten.

Nach einer Zeit, die ihr wie eine Ewigkeit vorkam, kehrte Jacob mit der Teekanne, zwei Tassen, Zuckerdose und Milchkanne auf einem silbernen Tablett wieder, alles aus feinstem Porzellan. Vorsichtig stellte er es auf den Tisch neben den Kassettenrecorder und goß langsam und feierlich den Tee in die Tassen. Sie erinnerte sich flüchtig an ein längst vergessenes Ritual aus ihrer Kindheit, als Alex und sie jeden Nachmittag nach der Schule zum Tee zu Jacob gekommen waren.

Sie erzählte ihm von der Postkarte. Eine Zeitlang unterhielten sie sich über Alex und Eddie und rätselten, wo sie nun waren. Jedes Wort nagte an ihrem Gewissen. Schließlich stellten beide ihre Tassen beiseite und wandten sich der Maschine zu.

»Mein Kumpel hat die Bänder von gestern und vorgestern geschickt. Jede Menge Information. Das meiste ist irrelevant. Ich hab' mir nur die wichtigen Stellen notiert und dir die Stellen aufgeschrieben.«

Sarah lächelte. Sie hatte vergessen, wie tüchtig und systematisch Jacob war.

Jacob nickte und schaute auf das Gerät. »Das hier stammt von der Wanze bei Carla, Sonntagabend. Prima Empfang.« Er grinste und drückte auf einen Knopf. Es war Arnotts Stimme.

»Du meinst, sie treffen sich schon morgen wieder?« Man hörte leise Geräusche von Messern und Gabeln, als säßen sie bei Tisch.

»Mm«, antwortete Carla mit vollem Mund.

»Eigenartig, daß nirgendwo darüber berichtet wurde.« Arnott hielt inne. »Bist du sicher, daß er nicht gesagt hat, warum?«

»Hör zu, Matthew!« antwortete Carla, sichtlich gereizt.

»Zum hundertsten Mal. Am Freitag hat er angerufen und gesagt, die Deutschen hätten für Montag ein Treffen anberaumt. Man hätte nicht erklärt, warum. Dieser Herr Müller – oder wie immer er heißt – hätte gesagt, daß er am Telefon nicht darüber sprechen wollte, er aber unbedingt an dem Treffen teilnehmen sollte. Das war alles, Wort für Wort, und mehr weiß ich nicht. Kapiert?«

Einen Augenblick lang herrschte Stille. Man hörte nur das Besteck. Dann sagte Arnott mit vollem Mund: »Na ja. Du mußt doch zugeben, daß es irgendwie komisch klingt. Sonst werden die Treffen lange im voraus angekündigt, es sei denn, es handelt sich um eine dringende Angelegenheit, eine

Katastrophe oder so was.« Erneut folgte eine Pause, dann fuhr Arnott fort: »Und wie war er? Klang er besorgt oder was?« Ein kurzes, verächtliches Lachen von Carla war die Antwort.

»Er klang wie immer. Als haßte er mich. Was hast du denn erwartet?«

Die Frage hing in der Luft. Sarah stellte sich vor, daß Arnott wie üblich die Achseln zuckte. Ein ziemlich langes Schweigen folgte, bis er antwortete. »Eher so was wie Haßliebe.« Seine Stimme schwankte zwischen Spott und Eifersucht. »Ich bin nur ein bißchen beunruhigt, sonst nichts. Ich hoffe, daß es nichts mit uns zu tun hat.« Seine Stimme klang nachdenklich und unsicher. Sarah spürte die Spannung, sogar über das Tonband. Carlas Stimme klang plötzlich mißtrauisch.

»Was meinst du?«

Wieder Stille. Dann antwortete Arnott bedächtig, als wählte er jedes Wort mit äußerster Vorsicht. »Nun, ich hoffe, daß niemand ihn im Verdacht hat, sonst würde die Spur geradewegs zu uns führen, meinst du nicht?«

Kühl entgegnete Carla: »Er wird schon dichthalten! Sonst käme alles ans Licht, das mit ihm und mir, und seine Frau würde sich scheiden lassen. Das ist das einzige, wovor er Angst hat.« Ihre Stimme wurde noch verächtlicher. »Und von uns wird keiner quatschen, also, was regst du dich so auf?«

»Du regst dich auf!« Carlas wütender Protest wurde von Arnott im Keim erstickt. »Ich will keinen Streit, aber in letzter Zeit sind einige seltsame Dinge passiert.«

»Was zum Beispiel?«

Arnott zögerte, vielleicht fürchtete er, wieder ausgelacht zu werden. »Na ja, da ist diese Sarah Jensen, die vor ein paar Wochen bei uns angefangen hat. Sie ist verdammt gerissen. Ich hab' das Gefühl, daß sie mich ständig beobachtet. Irgendwas stimmt nicht mit ihr.«

»Du meinst also, daß sie dich in zwei Wochen durchschaut und diesen Herrn Müller angerufen hat? Mach' dich doch nicht lächerlich.«

Man hörte ein unbehagliches Hüsteln von Arnott, und dann war es wieder still. Schließlich sagte er: »Ich muß noch kurz ins Büro. Bis später.«

Jacob schaltete das Gerät aus und sah Sarah an. Beide hoben die Augenbrauen in komplizenhaftem Einverständnis, bevor Jacob die Kassette vorspulte.

»Das hier war gestern gegen zwölf«, erklärte er und drückte dann auf Wiedergabe.

Sie hörten ein kurzes »Hallo«. Eine Stimme fragte nach Carla. Danach sagte sie etwas auf italienisch, sehr schnell und sehr kurz. Jacob sah Sarah verwirrt an.

»Ich dachte, es könnte wichtig sein. Du hast doch in Perugia oder sonstwo Italienisch gelernt.«

Sarah nickte. »Ja, als ich zwanzig war, aber einiges weiß ich noch.«

Sie lauschte der gereizten männlichen Stimme auf dem Band. Dann wandte sie sich Jacob zu.

»Ja, es ist wichtig. Unser Italiener weist Carla an, Pfund Sterling gegen Dollar zu kaufen, und zwar so rasch wie möglich.«

Sie sahen sich schweigend an, dann spulte Jacob zur nächsten Stelle vor. Es war Carla, die bei der ICB anrief. Sarah sprang verlegen auf, als sie ihre eigene Stimme erkannte und hörte, wie sie Carla an Arnott weitergab. Carla sprach nur einen Satz. »Ich muß mit dir reden, Arnott.« Arnott sagte okay und legte auf. Zwei Minuten später wählte Carla erneut. Diesmal nahm jemand den Hörer beim ersten Klingeln ab. Wer immer es war, er sagte kein Wort. Sie konnten nur Carlas Anweisungen hören. Kauft Sterling, sagte sie, sofort.

»Das war um sieben nach zwölf«, erklärte Jacob. »Um Viertel nach zwölf hat Scarpiratos Wanze ein Gespräch zwischen ihm und Arnott aufgenommen.« Er drückte auf die Wiedergabetaste. Arnott erklärte, daß er der Meinung sei, sie sollten ihre Sterling-Position noch weiter ausbauen. Scarpirato fragte ihn, ob er sicher sei. Todsicher, antwortete Arnott.

Das letzte Gespräch auf der Kassette hatte am selben Abend um halb zehn stattgefunden. Arnott und Carla feierten. Man hörte lautes Lachen und das Klirren von Gläsern.

Sie hätten einen Gewinn von fünf Millionen Dollar gemacht, verkündete Arnott. Eineinviertel für jeden, lachte Carla fröhlich.

Jacob schaltete den Kassettenrecorder aus und wandte sich Sarah zu.

»Tja, das war's. Wir wollten Heringe angeln und haben einen Hai am Haken.«

Sarah nickte. Eine Zeitlang schwiegen sie. Sarahs Blick streifte durch den Raum und blieb an Jacob hängen.

»Ich muß das Ganze noch verdauen«, sagte sie und lachte sichtlich nervös. »Was machen wir jetzt bloß mit unserem Hai?«

Jacob sah sie an und zuckte die Achseln. Er holte eine Flasche Whisky und zwei kleine Gläser aus dem Schrank, füllte sie bis zum Rand und reichte Sarah eines. Schweigend nahmen sie einen Schluck, und dann sagte Sarah: »Tja, eins paßt zum anderen. Gestern habe ich gegen zwölf einen Anruf für Arnott entgegengenommen. Das muß Carla gewesen sein. Arnott sagte kein Wort, zog sein Jackett an und stand auf. Es gab einen kleinen Wortwechsel. Scarpirato wollte wissen, wohin er ging. Arnott antwortete, zur Toilette. Scarpirato hielt ihm vor, dazu bräuchte er kein Jackett. Devisenhändler arbeiten in Hemdsärmeln, weißt du. Ich wette, daß er in der Jackentasche sein Handy hatte. Das ist die einzige Möglichkeit, Insiderwissen entgegenzunehmen, denn alle Gespräche über die ICB-Leitungen werden aufgezeichnet. Seltsam, daß Scarpirato ihn so angemacht hat, aber vielleicht hatte Arnott meinetwegen besondere Vorkehrungen getroffen. Vielleicht ist er, bevor ich eingestellt wurde, einfach mit dem Handy in der Hand zur Toilette gegangen oder hat Anrufe sogar über die ICB-Leitung entgegengenommen. Wie auch immer, Arnott verschwand mit seinem Handy in der Toilette. Gemäß den Aufzeichnungen hat Carla um diese Zeit jemanden angerufen und ihm geraten, Pfund Sterling zu kaufen. Wahrscheinlich war es Arnott. Dann habe ich gesehen, wie Arnott in den Konferenzraum ging und telefonierte. Offenbar war es jemand, von dem ich nichts wissen sollte. Wahrscheinlich hat er einen illegalen Deal für sich, Carla, Scarpirato und jemand viertes gemacht, denn aus dem Gespräch vorher kann man entnehmen, daß der Gewinn durch vier geteilt wird. Dann besprachen sich Arnott und Scarpirato in dessen Büro. Arnott sagte, er solle Pfund Sterling kaufen. Anschließend kamen beide in die Devisenabteilung, und Scarpirato hat uns angewiesen, unsere Sterling-Positionen aufzustocken.«

Sie hielt inne und lachte kurz auf. »Nach dem Mittagessen rief mein alter Freund Arbingen an und erzählte mir von dem geheimen G7-Treffen in der Bundesbank. Eine Viertelstunde später wurde das Gespräch auf italienisch aufgenommen. Klarer könnte es nicht sein, oder?« Sarah schaute auf ihre Hände. »Was für eine geniale Masche! Handel mit Insiderwissen auf höchstem Niveau, wo es unvorstellbar ist. Um meine Hypothese zu testen, habe ich eine eigene Position von drei Millionen Pfund Sterling aufgebaut. Ich brauchte mich bloß zurückzulehnen und abzuwarten, und natürlich ging das Pfund hoch. Als ich verkaufte, hatte ich einen Gewinn von siebenunddreißigtausendfünfhundert Dollar gemacht. Die Bank konnte sechs Komma acht Millionen absahnen, Scarpirato und seine Spezis weitere fünf Millionen.« Sie nahm einen kräftigen Schluck Whisky. »Ich hatte es geahnt, ich war mittendrin, aber es ist schwer zu begreifen. Ich kann's immer noch nicht richtig fassen.«

Jacob betrachtete sie nachdenklich.

»Mir geht es nicht anders. Aber das Geld ist da. Das ist der Beweis, den du brauchst. Und du selbst hast beinahe vierzig Riesen daran verdient. Das zumindest sollte dich aufheitern.« Er grinste. »Nicht übel, was? Na, wenigstens etwas hast du von mir gelernt.«

Sie lachte. »So gut wie du werde ich nie sein, Jacob.«

Das Lachen vertrieb ihre Sorgen für eine kurze Zeit. Jacob schenkte nach.

»Wir kennen also die Empfänger des Insiderwissens, abgesehen von dem mysteriösen vierten Mann. Aber wer ist ihr Informant?«

Sarah stellte ihr Glas ab.

»Es könnte der italienische Finanzminister oder der Präsident der italienischen Zentralbank sein. Vielleicht auch jemand, der in ihrem Auftrag handelt. Möglich, daß die undichte Stelle bei den Japanern oder Franzosen liegt und ihr Mittelsmann ein Italiener ist, aber das bezweifle ich. Wenn ich wetten müßte, würde ich auf den italienischen Finanzminister oder den Präsidenten der italienischen Zentralbank tippen.«

»Wir sollten uns Fernsehsendungen aus Italien besorgen und die Stimmen vergleichen.« Er hielt inne und fuhr dann grinsend fort. »Ich kenne da jemanden in Mailand. Ich werde ihn bitten, Nachrichtensendungen oder so was auf Video aufzunehmen. Mal sehen, ob wir jemanden wiedererkennen.«

Sarah schüttelte den Kopf und lächelte. »Wer immer es ist, Carla hatte eine Affäre mit ihm. Es hat den Anschein, als würde sie ihn erpressen. Meinst du nicht auch?«

»Und ob. Das stinkt nach Erpressung.«

»Er gibt ihr also den Tip, sie benachrichtigt Arnott und dieser Scarpirato. Dann bauen sie ihre Position auf und kassieren mal eben einen Gewinn von fünf Millionen Dollar.« Sarah runzelte die Stirn. »Anschließend teilen sie ihre Beute durch vier. Carla, Arnott, Scarpirato, aber wer ist der Vierte im Bunde?«

Jacob zuckte die Achseln. »Weiß der Teufel.«

Sarah war fasziniert. »Wahrscheinlich ist er der Kopf des Unternehmens und sieht zu, daß er eine reine Weste behält. Das müssen wir rauskriegen und ein paar stichhaltige Beweise gegen Scarpirato sammeln. Außerdem müssen wir wissen, wer dieser mysteriöse Italiener ist. Die Beweise, die wir bislang haben, reichen nicht aus. Unsere ganze Theorie beruht auf Vermutungen. Ich kann nicht beweisen, daß tatsächlich Insiderwissen im Spiel war oder daß Dante Scarpirato darin verwickelt ist. Was wir haben, ist nicht eindeutig genug, aber ein guter Anfang. Morgen schreibe ich einen Bericht und rufe Barrington an. Heute nacht will ich erst mal drüber schlafen.«

Jacob nickte. Er sah, wie Sarah sich in ihre eigene Welt zurückzog. Sie saß vollkommen still da und schaute aus dem Fenster. Sie betrachtete die Rosen draußen. Die letzte Nacht mit Scarpirato war ein Fehler gewesen. So weit durfte es nicht noch einmal kommen. Sie wußte, daß es zerstörerisch wäre, sich weiter auf ihn einzulassen. Und sie wußte, daß er an ihrer Stelle nicht die geringsten Skrupel hätte, sie ans Messer zu liefern. Er würde es kaltlächelnd tun.

Jacob schaltete den Kassettenrecorder aus und ging in die Küche. Sarah folgte ihm. Das Abendessen war fertig. Beide setzten sich wie unter Schock an den Küchentisch. Um die Bedeutung dessen herunterzuspielen, was sie entdeckt hatten, erzählte Jacob von alten Zeiten und seinen Abenteuern. Sarah lachte und war froh über die Ablenkung. Bevor sie ging, fragte sie, ob er ihr noch eine Wanze besorgen könnte. Er warf ihr einen langen mißtrauischen Blick zu und nickte dann. Erschöpft fuhr Sarah nach Hause und ging um zehn ins Bett.

17

Mittwoch morgen, halb acht. Sarah balancierte ihren Cappuccino und einen Toast in einer kleinen weißen Papiertüte durch die Devisenabteilung. Sie schwankte ein wenig, und die Flüssigkeit schwappte über den Deckel der Styroportasse. Sie setzte sich an ihren Schreibtisch, holte den Cappuccino und den in Wachspapier eingepackten Toast aus der Tüte und begann zu essen. Es war ein heiliges Morgenritual, das man in Ruhe genießen mußte.

Sekunden später setzte sich Matthew Arnott neben sie. Sie nickte ihm zu und wandte sich wieder ihrem Toast und der mit Butter beschmierten *Financial Times* zu. Sie wollte ihn nicht ansehen. Sie wollte nicht mal, daß er ihr in die Augen schaute, weil sie befürchtete, ihr Blick könnte verraten, was sie über ihn wußte. Dann kam Simon Wilson, gesprächig wie immer, fast noch euphorisch über die Gewinne, die sie am Montag gemacht hatten. Sarah aß ihren Toast auf und steckte sich eine Zigarette an.

»Mann, geht's mir heut schlecht!« brummte Wilson. »War gestern noch bis vier im *Ministry of Sounds*.«

»Wohl zuviel gefeiert, was?« sagte Arnott.

Wilson nickte. »Du etwa nicht?«

Arnott verzog das Gesicht. »Doch, aber ich habe eine andere Art zu feiern.«

Sarah hätte um ein Haar ihre Zigarette verschluckt. »Was denn für eine?« fragte sie herausfordernd.

Arnott sah sie an. Sie hielt seinem Blick stand, in der Hoffnung, daß ihre Augen nur Verachtung zu erkennen gaben.

»Ich hatte dran gedacht, übers Wochenende nach Positano zu fliegen. Mit meiner Freundin.«

Sarah zuckte die Achseln. »Positano im Juli. Nicht gerade originell. Viel zu voll. Mai bis Juni ist viel besser, fand ich immer.«

Wilson mußte kichern. Arnott schaltete seine Bildschirme ein und murmelte: »Was seid ihr doch für Spaßvögel!«

Positano, dachte Sarah. Was will er dort mit Carla? Vielleicht den Vierten in Bund treffen?

An dem Tag war sie sehr vorsichtig und beobachtete ihn nur, wenn sie sicher war, daß er es nicht merkte. Doch sie war enttäuscht. Ein derart perfektes Verbrechen paßte nicht zu einem mittelmäßigen Typen wie ihm. Scarpirato zumindest hatte Format. Und was war mit dem vierten Mann, dem vermeintlichen Kopf des Ganzen? Wie sah er wohl aus? Sarah ließ ihre Blicke schweifen und dachte nach. Sie versuchte, sich ein psychologisches Bild von ihm zu machen, doch es gelang ihr nicht. Das Gesicht in ihrer Vorstellung blieb ausdruckslos.

Es fiel ihr schwer, sich zu konzentrieren. Gedankenverloren starrte sie auf ihre Bildschirme. Niemand in der Devisenabteilung arbeitete richtig. Das war kaum verwunderlich. Die Erschöpfung und Ernüchterung nach der großen Euphorie hatten sich eingestellt. Um vier machte Sarah Feierabend.

Sie fuhr direkt nach Hause, zog sich um und fing an, ihren Bericht für Barrington zu tippen. Zuerst fiel es ihr schwer, ihre Entdeckung in Worte zu fassen. Doch dann gewann sie durch das Schreiben eine gewisse Distanz, als wäre sie eine Journalistin, die einen Artikel verfaßt.

Sie war gerade fertig, als das Telefon läutete. Es war Dante.

»Ich muß dich sehen.« Seine Stimme war eine rauhe Liebkosung. Sarah begann zu schwitzen. Es war halb sechs, die Sonne stand immer noch hoch am Himmel, und die Hitze drang durch ihre Jeans. Eine Weile sagte sie nichts, dann antwortete sie mechanisch: »Gut, dann komme ich vorbei.«

Sie stieg in den BMW, ließ ihn an und legte eine Soulkassette in den Recorder ein. Der dumpfe Rhythmus durchpulste ihren Köper, während sie Gas gab und wie ferngesteuert die King's Road Richtung Wellington Square fuhr.

Scarpirato öffnete ihr mit einem breiten Lächeln die Tür und trat einen Schritt zurück, um sie hereinzulassen. Sie ging durch den Flur. Keiner von beiden sagte ein Wort. Er führte sie durch das Haus auf eine Dachterrasse. Dann brachte er zwei Weingläser und stellte sie auf einen kleinen

Holztisch. Sarah setzte sich auf die Bank ihm gegenüber und führte das Glas an die Lippen. Während sie trank, nahm sie den Blick nicht von seinen Augen.

Er trug Bluejeans und ein kurzärmeliges weißes Hemd. Zum erstenmal sah sie ihn ohne Anzug. Sie starrte auf das dichte schwarze Haar an seinen Unterarmen und auf die sonnengebräunte Haut darunter. Sie streckte den Arm aus und umfaßte sein Handgelenk.

Ihre Unterhaltung war sprunghaft und zusammenhangslos. Nach einer Weile nahm er ihre Hand. Keiner von beiden konnte warten. Er führte sie durch das Haus ins Schlafzimmer. Hinter den geschlossenen Vorhängen war es kühl. Er zerrte am Gürtel ihrer Jeans und streifte sie über ihre Hüften. Leidenschaftlich küßte er sie und warf sie aufs Bett.

Darunter trug sie nichts. Eine Weile sah er sie nur an, wie sie unter ihm lag, dann beugte er sich über sie und begann, seine Hände verschränkt mit ihren, Sarahs Gesicht mit Küssen zu bedecken.

Sie lag nackt auf dem Bett, nur halb von einem Laken bedeckt. Die kühle Morgenluft vermischte sich mit den sanften Sonnenstrahlen, und als sie durch die dicken Vorhänge drang, wachte Sarah auf. Es war Viertel vor sechs. Seit über einer Stunde war es hell, und die Vögel sangen in den Bäumen unten am Platz. Eine Zeitlang lag sie reglos im Bett wie das Opfer eines schweren Unfalls, das versucht, den Schaden abzuschätzen, bevor es sich bewegt. Die explosive Befriedigung der letzten Nacht war einer schmerzlichen Leere gewichen. Die einzige Lösung, die in Frage kam, das wußte Sarah, würde das Verlangen nur noch steigern. Trost bei der Quelle der Verzweiflung zu suchen war ein aussichtsloses Unterfangen und wurde dennoch immer wieder praktiziert.

Als sie so neben Scarpirato in dem riesigen Bett lag, konnte Sarah mit ruhiger Gelassenheit über ihre Lage nachdenken. Sie wußte genau, wie sinnlos und zerstörerisch eine Beziehung mit einem derartigen Mann sein würde. Doch sie wußte auch, daß jeder Versuch, sie abzubrechen, genauso sinnlos war. Der Bruch war unvermeidlich und würde bald kommen, sie fühlte es. So lange wollte sie warten. Sie befreite sich von dem verdammten Zwang, ihn verlassen zu müssen, und entledigte sich so eines Teils ihrer Gewissensbisse.

Sarah fragte sich, warum Dante bloß eine solche Wirkung auf sie ausübte. Er war nicht der erste gefährliche, zerstörerische Mann, mit dem sie geschlafen hatte. Als sie die Beziehung mit John Carter einging, dem ersten anständigen Mann in ihrem Leben, dachte sie, daß die Zeit der gefährlichen Liebschaften nun endlich vorbei sei. Und als sie Eddie schließlich traf, war sie sicher. Aber dann war Scarpirato aufgetaucht, ein Rückfall und einer der schwersten, die sie erlebt hatte. Vielleicht würde er ihr letztes Experiment werden, eine Art Katharsis. Sie klammerte sich an diese Hoffnung. Ja, eine Katharsis. Er benutzte sie für seine eigenen egoistischen Ziele, aber sie würde auch welche haben. Er war natürlich auch ihre Beute, wenngleich in ganz anderer Hinsicht. Von diesem Gedanken getröstet, schlüpfte sie leise aus dem Bett, zog sich an und verließ das Haus.

Gegen halb eins brachte Sarah ihren Bericht zu Barrington. Dieser war mit einigen Bankern aus Deutschland zum Mittagessen verabredet. Sie saßen in seinem Büro neben der hohen alten Großvateruhr, die leise und feierlich tickte. Er habe nur zehn Minuten Zeit, erklärte er.

»Ich habe da ein paar sehr interessante Entdeckungen gemacht. Sie stehen in meinem Bericht. Außerdem habe ich Ihnen diese Kassette mitgebracht.« Sie händigte ihm die Kassette aus, die Jacob zusammengeschnitten hatte. »Es sind keine gerichtstauglichen Beweise, aber sie belegen deutlich, daß hier ein Verbrechen begangen wird, und zwar auf höchster Ebene.«

Barringtons Augen weiteten sich in unverhohlener Überraschung, als sie ihm Bericht erstattete. Die Falle, die er mit Müllers Hilfe gelegt hatte, war also zugeschnappt. Doch das sagte er Sarah nicht. Als sie fertig war, verengten sich seine Augen wieder. Er betrachtete sie forschend und versuchte, in der sich ausbreitenden Stille zu überlegen, wie es weitergehen sollte.

Zum erstenmal verspürte er einen Anflug von Unbehagen, zerstreute seine bösen Vorahnungen jedoch rasch wieder. Sie kamen höchst ungelegen. Er hatte Sarah selbst ausgesucht und sie vorgeschlagen, und sie hatte in kürzester Zeit erstaunliche Resultate geliefert. Das waren Tatsachen; nur sie zählten. Mit ihren Fähigkeiten, Wanzen anzubringen, hatte sie ihn überrascht; das war alles. Jetzt wußte er, woran er war. Alles würde gut ausgehen. Er hatte ihr den Rahmen vorgegeben, und sie hatte ihre Fähigkeiten unter Beweis gestellt und seine Erwartungen weit übertroffen. So mußte er es sehen, nicht daß er sie unterschätzt hatte. Er lächelte ihr über den Schreibtisch hinweg zu.

»Das ist allerhand, Sarah. Mein Kompliment. Was Sie rausgefunden haben, ist höchst beunruhigend, aber Sie haben Ihre Sache großartig gemacht.« Auf ihre Methoden ging er mit keinem Wort ein. Sarah hatte das Gefühl, daß er das Thema bewußt mied.

»Ich werde Ihren Bericht sorgfältig lesen, mir die Kassette anhören und mich dann bei Ihnen melden. In der Zwischenzeit machen Sie einfach so weiter.« Er warf einen Blick auf die alte Uhr. Sarah erhob sich.

»Um die Bänder abzuhören, brauchen Sie einen sogenannten digitalen Taperecorder«, erklärte sie. »Aber ich bin sicher, daß Sie in der Bank so was haben.«

Barrington sah sie für den Bruchteil einer Sekunde länger als nötig an. Ihr Gesicht war völlig arglos; trotzdem konnte er das Gefühl nicht abschütteln, daß sie sich über ihn lustig machte. Sie verabschiedeten sich per Handschlag. Er brachte sie zur Tür und sah ihr nach, als sie den Korridor entlangging, dann schloß er sich in seinem Büro ein.

Er hatte gemischte Gefühle, war erregt, beunruhigt und mißtrauisch zugleich. Er haßte böse Überraschungen. Sie brachten ihn aus der Ruhe. Jetzt mußte er zusehen, wie er sie zu seinem eigenen Vorteil ausnutzen konnte.

Um Viertel vor eins kam seine Sekretärin Ethel, um ihm zu sagen, daß die deutschen Banker angekommen seien. Barrington ging durch den Empfangsraum zum Speisesaal. Er setzte sein strahlendstes Lächeln auf und öffnete die Tür.

Der perfekte Gastgeber, hochgewachsen, ruhig und selbstbewußt, aber einer, dessen Gedanken immer wieder von den Gesprächen mit seinen Gästen abschweiften und zu der Kassette und Sarah Jensen zurückkehrten.

Es war ein kurzes Mittagessen. Um halb drei verabschiedete sich Barrington von seinen Gästen und eilte zurück in sein Büro. Er bat Ethel, einen digitalen Taperecorder aufzutreiben und ihn in der nächsten halben Stunde nicht zu stören. Zehn Minuten später klopfte sie leise an seine Tür, trat mit einem DAT-Recorder ein und zog sich schweigend wieder zurück.

Hastig legte Barrington die Kassette in das Gerät, lehnte sich zurück und lauschte. Sarah hatte ihm erklärt, daß sie alle relevanten Informationen auf eine Kassette zusammengeschnitten hatte. Natürlich war Jacob derjenige gewesen, der sich die Arbeit gemacht hatte, doch das hatte Sarah nicht erwähnt. Sie hatte das Gefühl, daß Barrington nicht einverstanden gewesen wäre, und außerdem wollte sie, daß Jacob inkognito blieb, falls irgend etwas schiefging.

In der nächsten Viertelstunde hörte sich Barrington die Aufnahmen an. Gelegentlich spulte er zurück und wiederholte die Passagen, in denen sich Arnott und Carla belasteten. Dann schaltete er das Gerät aus und las Sarahs Bericht. Er war geneigt, ihr zuzustimmen. Obwohl Scarpirato nicht direkt erwähnt wurde, sah es ganz danach aus, als sei er einer der vier Verschwörer. Doch brauchte er stichhaltigere Beweise, wenn er gegen den Italiener etwas unternehmen wollte. Miss Jensen sollte ihre Nachforschungen fortsetzen, bis sie neue Erkenntnisse hatte und wußte, wer der vierte Mann war. Über die Sprechanlage bat der Governor seine Sekretärin, ihn mit James Bartrop zu verbinden. Doch Bartrop war nicht aufzutreiben. Barrington fluchte in sich hinein. Er brannte darauf, seine Neuigkeiten loszuwerden.

Erst gegen zehn Uhr abends rief Bartrop zurück. Barrington war in seiner Penthousewohnung über der Bank und genoß mit seiner Frau Irene einen ruhigen Abend zu zweit.

»Tut mir leid, daß es so lang gedauert hat, Governor. Kleine Auslandsreise. Bin gerade erst zurückgekommen.«

»Macht nichts. Ich hatte Sie angerufen, weil unsere Sarah ein paar höchst interessante Dinge herausgefunden hat. Scheint, daß wir richtig lagen. Irgendwas ist faul, genau da, wo wir es vermutet haben. Ich habe ihren Bericht. Außerdem hat sie einiges an Beweismaterial, das vor Gericht zwar nicht standhalten würde, aber doch sehr aufschlußreich zu sein scheint.«

Bartrop spürte, wie sich sein Puls beschleunigte. »Was für Beweismaterial? Wie ist sie darangekommen?«

Barrington zögerte einen Augenblick. »Telefongespräche, Unterhaltungen. Sie hat sie mitgeschnitten.«

Bartrops Augen weiteten sich. Einen Augenblick lang war er still. Dann sagte er auf seine beiläufige, ruhige Art: »Voller Tatendrang, die Kleine, wie?«

»Sieht so aus, ja.«

»Sie haben ihr das nahegelegt?« Es war mehr eine Feststellung als eine Frage.

»Sehr vage. Ich habe ihr lediglich einen Rahmen vorgegeben. Entschieden hat sie selbst.«

»Sie bewegt sich wie ein Fisch im Wasser, finden Sie nicht?«

»Hm.«

»Haben Sie eine Ahnung, wie sie an die Hardware gekommen ist?«

»Ich bitte Sie, Bartrop. Danach habe ich sie nicht gefragt. Je weniger ich weiß, um so besser, das ist doch wohl klar.«

Bartrop runzelte die Stirn. »Wollen Sie, daß ich jemanden vorbeischicke, um das Material abzuholen? Ich würde es mir gerne sofort ansehen.«

Barrington hatte einen Moment das Gefühl, er müßte etwas sehr Persönliches, Wertvolles aus der Hand geben. »Ja, natürlich. Aber ich schicke es Ihnen mit einem meiner Leute. Wo sind Sie?«

Verwundert notierte Barrington sich die Anschrift. Chelsea Square. Die meisten Häuser dort kosteten über eine Million Pfund. Er hätte nie gedacht, daß Bartrop so viel Geld hatte.

Bartrop wartete. Es war völlig still im Haus, bis auf das rhythmische Schnurren Trouts, die auf seinem Schoß döste.

Er saß an seinem Schreibtisch im Arbeitszimmer vor einem Glas ausgezeichnetem und sehr altem Whisky. Gelegentlich konnte er die leisen Stimmen seiner Bewacher hören, die sich unten im Garten unterhielten. Seit achtzehn Monaten hatte er Leibwächter. Es war ein unwillkommener Einschnitt in seinem Leben gewesen, aber unumgänglich nach einer längeren und ziemlich gefährlichen Undercover-Operation in Kolumbien, wo er sich mit dem Medellin-Kartell angelegt hatte. Die Chancen, daß er auf ihrer Todesliste stand, waren groß. Keiner konnte es mit Sicherheit sagen, doch die Firma wollte kein Risiko eingehen. Deshalb wurde er jetzt rund um die Uhr beschützt, egal, wo er war. Diese Männer hatten ein langes Gedächtnis, aber er auch ...

Nach einer halben Stunde hörte er, wie ein Wagen vor dem Haus bremste, und dann klingelte es an seiner Tür. Er stellte die Katze auf den Boden und ging die Treppen hinunter zum Flur, um durch den Spion zu blicken. Es war Munro mit einem Paket in der Hand. Er öffnete.

»Von der Bank of England, Sir«, sagte er.

Bartrop nickte, nahm das Päckchen und kehrte in sein Arbeitszimmer zurück. Er setzte sich wieder an den Schreibtisch, öffnete das Päckchen, zog den Bericht heraus und las.

Danach hörte er sich die Kassette an. Seine Gedanken wanderten zu Fieri. Er war sicher, daß er auf der richtigen Spur war, daß Sarah Jensen auf der richtigen Spur war, auch wenn sie nichts ahnte. Er lächelte zufrieden. Es war ein guter Start. Jetzt stand eindeutig fest, daß es eine Verschwörung gab. Der unbekannte vierte Mann war möglicherweise tatsächlich Fieri. Und wenn ja, dann hatte der Spaß gerade erst begonnen.

Er rief Barrington an.

»Das Material ist großartig. Mit dieser Frau haben wir einen Volltreffer gelandet, wie man so sagt. Bitten Sie sie, wie bisher weiterzumachen, aber sehr vorsichtig zu sein. Wir müssen rauskriegen, wer der vierte Mann ist. Der dritte scheint mir Scarpirato zu sein, aber auch das wissen wir nicht mit Sicherheit. Über den vierten hat sie noch nichts rausbekommen, oder?«

»Nein.«

»Wenn sich die Gelegenheit ergibt, versuchen Sie in Erfahrung zu bringen, woher sie die Wanzen hat. Ich weiß, daß sie sehr empfindlich ist, aber vielleicht läßt sich da doch was machen. Möglicherweise kommt sie sogar von selbst darauf zu sprechen.«

»Ich werd's versuchen«, brummte Barrington.

Ich hätte doch auf einem Mittelsmann beharren sollen, dachte Bartrop. Wenn nicht sein Stellvertreter, dann doch wenigstens jemand, der gewillt gewesen wäre, sich die Hände etwas schmutziger zu machen als Barrington. Doch Bartrop wußte, daß es dafür jetzt zu spät war.

»Übrigens, da fällt mir noch etwas ein«, sagte Bartrop. »Heute ist Donnerstag. Das Ganze hat sich am Montag abgespielt. Warum hat es so lange gedauert, bis wir das Material hatten?«

»Ich selbst habe es heute morgen erhalten. Was sie damit gemacht hat, kann ich Ihnen nicht sagen. Zudem wäre es angesichts der Ergebnisse etwas undankbar gewesen, wenn ich ihr das vorgeworfen hätte.«

»Es ist kein Vorwurf, Governor. Reine Neugier.«

Während Bartrop ihren Bericht las, nahm Sarah etwa fünf Minuten von ihm entfernt bei geöffnetem Fenster ein warmes Bad. Die warme Brise, die hereinströmte, wirbelte wohlriechenden Dampf auf. Sie hatte eine halbe Flasche Badeöl in die Wanne gekippt, um sich so richtig zu entspannen. Jetzt duftete das ganze Badezimmer nach Lavendel und Geranien. Neben der Badewanne brannte eine Kerze, deren Flamme in der leichten Brise flackerte und flüchtige Schatten an die Wand warf.

Sie versuchte, ihre Gedanken zu vertreiben. Ihre dreifache Rolle als Angestellte, Geheimagentin und Geliebte setzte ihr allmählich zu. Eine mußte sie unbedingt aufgeben. Sarah fragte sich, wie lange sie alledem noch gewachsen wäre.

Die Affäre mit Scarpirato hatte ihren ganzen Plan durcheinandergebracht. Jetzt konnte sie nur noch auf Ereignisse reagieren. Angespannt saß sie im Halbdunkel in der warmen

Badewanne und beobachtete die Schatten der flackernden Kerze.

Sie warf einen Blick auf ihre wasserdichte Swatch. Es war elf, und sie war hundemüde. Sie stieg aus der Wanne, trocknete sich hastig ab und kroch noch halbnaß ins Bett. Dann stöpselte sie ihr Telefon aus. Den ganzen Tag hatte sie kein Wort mit Scarpirato gewechselt. Sie hatte nicht vor, ihn anzurufen, und obwohl sie spürte, daß er es auch nicht tun würde, beschloß sie, der Erwartung ein Ende zu setzen, zumindest für heute nacht.

18

Sarah wachte deprimiert auf. Böse Ahnungen überfielen sie. Sie schleppte sich zur Arbeit. Am späten Vormittag rief Jacob an. Seine leicht besorgte Stimme verstärkte ihre Unruhe. Er wollte sie nach der Arbeit treffen. Ob er vorbeikommen könne? Ja, natürlich, erklärte Sarah. Nachdenklich starrte sie auf ihre Monitore und konnte keinen Trend entdecken. Plötzlich hörte sie Scarpiratos Stimme über sich. Sie sah auf; er stand dicht neben ihr. Er sprach mit Arnott über eine Position. Ein paar kurze Anweisungen, dann wandte er sich wieder ab. Für den Bruchteil einer Sekunde sah er ihr in die Augen. In seinem Blick lag unterdrücktes Verlangen und ein Triumph, der sie auf seltsame Art ausschloß. Er ging wieder in sein Büro und steckte sich eine Zigarre an. Sie konzentrierte sich auf ihre Bildschirme und brach sämtliche eigenen Regeln, indem sie ein paar Geschäfte abwickelte, nur um sich zu zerstreuen.

Gedankenlose Deals brachten meistens Verluste ein. Als Sarah den Tag mit dreißigtausend Miesen abschloß, war sie fast erleichtert angesichts der Entwicklung, die voraussehbar gewesen war. Sie beichtete einem hämisch grinsenden Arnott ihre Verluste und ging nach Hause.

Der dröhnende Verkehr auf der Lower Thames Street bildete einen nicht enden wollenden Strom. Sarah überquerte schließlich zwischen zwei Schwerlastzügen die Straße und lief dann weiter bis Cheapside, wo sie ein Taxi nahm.

Als sie nach Hause kam, wartete Jacob bereits auf sie. Er war mit seinem Schlüssel ins Haus gelangt. Sein Gesicht verzog sich zu einem Lächeln, als er sie sah, doch die Falten um seine Augen verrieten seine Sorgen. Sie kochte Tee und redete mit Jacob über allerlei Belanglosigkeiten. Nach einer Weile verstummte er, als wartete er, daß sich eine natürliche Pause in ihrer Unterhaltung ergab.

Er fuhr sich mit beiden Händen durch sein dichtes graues Haar. Sarah saß da und schwieg. Jacob errötete ein wenig.

»Hab' ein paar Neuigkeiten auf Band. Dieser Scarpirato scheint eine Freundin zu haben. Er muß letzte Nacht bei ihr verbracht haben, soweit ich sehen kann. Und dieses Wochenende fliegt er mit ihr nach Südfrankreich.« Jacob machte eine vage Handbewegung. »Natürlich weiß ich nicht, ob es wichtig ist. Ich meinte nur, daß du es wissen solltest.« Dann sprach er rasch weiter, so daß sie nicht darauf zu antworten brauchte. »Übrigens habe ich mir alle Kassetten von Carla angehört, aber nichts Interessantes gefunden.«

Er saß nachdenklich da und sah, wie sie auf ihre Schuhe starrte. Ohne ihn anzusehen, stand sie auf, trat zu einer Reihe Flaschen auf einem Tisch und schenkte ihnen zwei doppelte Whisky ein. Wortlos reichte sie ihm ein Glas und trat ans Fenster, wo sie mit dem Rücken zu ihm stehenblieb und nach draußen blickte.

Sie stürzte den Whisky herunter. Er brannte in der Kehle, und sie suchte Trost in diesem Gefühl. Reglos stand sie da und ließ die Minuten verstreichen.

Es war zwecklos, durch eine rationale Analyse ihrer Empfindungen einen Ausweg aus dem Schmerz, der Erniedrigung und dem Gefühl von Verrat zu finden. Der Verrat machte ihr am meisten zu schaffen. Er erfüllte sie mit Wut und Ekel. Sie hatte gedacht, daß sie die Verräterin sei, aber Scarpiratos Verrat machte ihr Verbrechen gegenüber Eddie nur noch schlimmer. Daß alles umsonst gewesen sein sollte … Sie stand am Fenster, eine Hand umklammerte das Glas, die andere hing schlaff herunter.

Vor ihr leuchtete der Park im abendlichen Sonnenlicht. Mrs. Jardine war unten und paßte auf ihre Kinder auf, die Nachlaufen spielten. Die Szene breitete sich vor ihr aus. Sie betrachtete sie, sehr weit weg, und hatte das Gefühl, vor einem Fernseher zu sitzen.

Jacob stand auf, trat zu ihr und legte ihr sanft den Arm um die Schulter.

»Ich muß jetzt los. Will noch ein paar alte Freunde treffen. Ich ruf' dich morgen an. Okay?«

Sarah legte ihre Hand auf die seine. »Wiedersehen, Jacob. Viel Spaß heute abend.« Sie wartete, bis er hinausgegangen war, und wandte sich wieder der Betrachtung des Carlyle Square zu. Jacob ließ die Tür ins Schloß schnappen, dann war es vollkommen still.

Am Montagmorgen um Punkt halb acht eilte Sarah durch die Sicherheitstüren der ICB-Devisenabteilung und ging zu ihrem Schreibtisch. Wie üblich blickten alle auf, doch an diesem Morgen wurden die bewundernden Blicke nicht mit einem strahlenden Lächeln oder freundlichen »Guten Morgen« belohnt. Zielstrebig ging sie auf ihren Schreibtisch zu, setzte sich neben Arnott und nickte leicht. Er sah sie aus den Augenwinkeln an. Obwohl er nicht gerade einfühlsam war, entging ihm die Veränderung in ihrem Verhalten nicht. Er versuchte, sie in ein Gespräch zu verwickeln.

»Und, wie geht's heute morgen?«

Sarah warf ihm einen kurzen Blick zu, und einen Augenblick lang war er wie gelähmt vor Staunen. Er hatte das Gefühl, daß sie ihre Maske für den Bruchteil einer Sekunde abgelegt hatte. Wäre das, was dahinter sichtbar wurde, nur Leere gewesen, hätte es ihn nicht so entsetzt. Statt dessen sah er reine und unverhohlene Gleichgültigkeit. Rasch wandte er sich wieder seinen Bildschirmen zu. Sie schaltete ihren Computer an und tippte Befehle ein, als wäre nichts geschehen.

Kurz darauf tauchte Scarpirato auf und rief sie zur allmorgendlichen Besprechung. Arnott trödelte herum und holte sich erst mal einen Kaffee. Sarah stand auf und ging auf den Konferenzraum zu. Scarpirato ließ ihr den Vortritt. Als er sich ihr gegenüber an den Tisch setzte, trafen sich ihre Blicke. Er fuhr sichtlich zusammen. In ihren Augen blitzte Verachtung. Ungläubig starrte er ihr ins Gesicht, blinzelte und wandte sich dann abrupt ab. Als er sie Sekunden später wieder ansah, war ihr Gesicht teilnahmslos. Arnott trat mit seinem Kaffee ein und löste die Spannung. Wilson drängelte sich hinter ihm. Beide setzten sich an den Tisch. Arnott angelte sich eine Zigarette aus Sarahs Packung und grinste ihr ein Dankeschön zu. Sie zwang sich zu einem Lächeln.

Scarpirato räusperte sich und erklärte ihnen in seiner üblichen abgehackten Art seine Strategie für den Rest der Woche. Sarah hörte schweigend zu. Minuten später war die Sitzung zu Ende. Sarah setzte sich an ihren Schreibtisch, griff zum Hörer und machte sich an die Arbeit.

An diesem Tag rührte sie sich nicht von ihrem Platz. Zum Lunch brachte Wilson ihr ein Sandwich von *Birley's* mit. Es lag den ganzen Nachmittag verloren auf dem Schreibtisch und wurde von Stunde zu Stunde trockener.

Ihre Konzentration war ungebrochen. Sie arbeitete ohne Pause, klapperte alle Börsen ab, baute Positionen auf und stieß sie mit ein paar tausend Pfund Profit wieder ab, um dann wieder ganz von vorn anzufangen. Nach acht Stunden hatte sie sechzigtausend Pfund Gewinn gemacht. Sie informierte Arnott und ging nach Hause. Im Taxi spürte sie grimmige Befriedigung und erste Anzeichen von Erleichterung. Zwar hatte sie ihr Gleichgewicht noch lange nicht wiedergefunden, aber zumindest war sie auf dem richtigen Weg.

Das Telefon klingelte, als sie durch die Tür trat. Sie eilte mechanisch zum Apparat. Es war Scarpirato. Unerwartet, unwillkommen. Ihre Finger schlossen sich um den Hörer, und nach einer Pause fragte sie: »Was willst du?«

Er lachte auf eine Art, die ihr wie einstudiert vorkam, als sollte es die Intimität eines gemeinsamen Witzes beschwören, den gespielten Ärger über die Launen einer Geliebten. Um ein Haar hätte sie wütend den Hörer auf die Gabel geknallt.

»Ich will bloß wissen, was mit dir los ist. Warum hast du mich heute morgen so angesehen? Was habe ich dir getan?« Er war die Unschuld in Person.

Sarah atmete langsam und tief durch. Sie konnte ihm nichts vorwerfen. Wie hätte sie von seinem Treuebruch erfahren sollen? Seine Lügen waren derart unverschämt und seine offensichtliche Gewissenlosigkeit so widerlich, daß man ihnen nichts entgegensetzen konnte. Es hatte einfach keinen Zweck, einem Lügner und Psychopathen Paroli zu bieten, der auch noch an seine eigenen Phantasien glaubte. Zum erstenmal wurde Sarah die wahre Natur dieses Mannes deutlich bewußt, und sie spürte einen Riß, den Bruch, den sie gesucht hatte. Eine Welle der Erleichterung spülte über sie hinweg.

»Ich möchte, daß du vorbeikommst. Ich muß dich sehen, damit diese Dummheiten ein Ende haben.«

Seine Neckerei implizierte, daß nichts im argen liegen konnte. Er brauchte sie nur zärtlich in die Arme zu nehmen und alles wäre wieder gut. Sarah lachte. Jetzt konnte er ihr nicht mehr schaden. Sie glaubte, nur noch Neugier für ihn zu empfinden. Er war verrückt. Wenn sie sich das bewußtmachen und verinnerlichen konnte, wäre alles viel leichter. Sie legte auf und griff nach den Wagenschlüsseln.

Um sieben Uhr abends war die Devisenhandelsabteilung so gut wie menschenleer. Matthew Arnott wollte gerade gehen, als das Telefon klingelte. Ärgerlich nahm er den Hörer ab.

»Arnott?«

»Ja.«

»Karl Heinz. Könntest du noch kurz in mein Büro kommen?«

Matthew Arnott ging durch die Devisenabteilung zum Treppenhaus und stieg die vier Stockwerke zum siebten Stock hoch, wo Karl Heinz Kessler, der Präsident der ICB, sein Büro hatte.

Kessler war allein, seine Sekretärin hatte bereits Feierabend. Einen Augenblick blieb Arnott vor dem Büro stehen, bis Kessler ihn bemerkte und hereinwinkte. Arnott setzte sich an Kesslers Glastisch.

Kessler grinste. »Unser Freund hat mir die guten Nachrichten erzählt. Ein hübscher Gewinn.« Doch dann verschwand sein Lächeln abrupt. »Trotzdem müssen wir äußerst vorsichtig sein.«

Er griff in die unterste Schublade des Schreibtisches und nahm eine Aktentasche heraus. Sie enthielt etwas, das wie ein kleines Transistorradio mit Antenne aussah.

»Das hier ist eine Vorsichtsmaßnahme für dich. Damit kann man Wanzen aufspüren. Check deine und Carlas Wohnung durch und auch die Devisenabteilung.«

Arnott nahm das Gerät in die Hand. »Warum? Gibt es etwa Ärger?«

Kessler lachte. »Nein, nein. Es ist nur eine einfache Vorsichtsmaßnahme. Die Sicherheitsbeauftragten der Bank selbst haben uns nahegelegt, die wichtigsten Büros und Konferenzräume in regelmäßigen Abständen nach Wanzen zu durchsuchen. Sie haben mir das Ding gegeben. Ich hab' mir gedacht, daß es auch für unsere Zwecke brauchbar sein könnte.«

»Wie funktioniert es?«

»Ganz einfach. Es registriert alle möglichen Signale auf einem Breitbandempfänger. Es ist wie ein Radio, nur viel stärker. Du schaltest es an, gehst damit durchs Zimmer, am besten mit Kopfhörern, und drehst an diesem Knopf. Wenn du irgendwelche Töne empfängst, kannst du sicher sein, daß sie von einer Wanze stammen. Siehst du die kleinen Leuchtdioden hier? Die blinken, sobald du in die Nähe einer Wanze kommst. Je stärker sie blinken, um so näher bist du dran. Unglaublich, was?«

Arnott nickte. Aus irgendwelchen Gründen konnte er Kesslers Begeisterung nicht teilen.

»Scheint ja ganz einfach zu sein. Ich werd's versuchen.«

Kessler nickte. »Übrigens, was ist mit Sarah Jensen?«

Arnott zuckte die Achseln. »Immer noch dieselbe dumme Zicke.«

Kessler lachte.

»Zerbrich dir ihretwegen nicht den Kopf.«

Arnott nahm den Wanzendetektor mit an seinen Schreibtisch. Er war ein wenig verunsichert und fragte sich, ob mehr dahintersteckte als nur eine einfache Vorsichtsmaßnahme. Hatte Kessler etwas Besonderes im Sinn, oder war es nur seine deutsche Gründlichkeit?

Er schaltete das Gerät an, setzte die Kopfhörer auf und drehte an dem Knopf. Er kam sich ziemlich lächerlich dabei vor. Plötzlich blitzten die Leuchtdioden an, nicht eine, sondern die ganze Reihe.

»Scheiße!« murmelte er. Als er seine eigene Stimme im

Kopfhörer hörte, gefror ihm das Blut in den Adern. Er spürte, wie ihn Panik erfaßte. Ganz in der Nähe war eine Wanze. Nach kurzer Zeit hatte er sie aufgespürt. Sie befand sich in dem Adapter. Er zog ihn mit zittrigen Händen aus der Steckdose und steckte ihn in seine Aktentasche. Die nächste halbe Stunde saß er wie gelähmt an seinem Schreibtisch. Er hätte Kessler anrufen müssen, konnte sich aber nicht dazu überwinden, die Nummer zu wählen. In seinem Kopf herrschte völliges Durcheinander. Schließlich stand er mechanisch auf, verließ die Bank und stieg in der Lower Thames Street in ein Taxi.

Eine halbe Stunde später kam er in Carlas Wohnung an. An seinem Gesicht sah sie sofort, daß irgendwas nicht stimmte. Er klang wütend und ängstlich.

»In meinem Schreibtisch war eine Wanze versteckt. Kessler hat mir einen Wanzendetektor gegeben und gesagt, es sei eine Vorsichtsmaßnahme. Als ich ihn testen wollte, habe ich das hier gefunden.« Er zog den präparierten Adapter aus der Aktentasche.

Carla wurde kreidebleich. »Hast du es ihm gesagt?«

»Verdammte Scheiße. Nein, noch nicht.«

Carla starrte ihn schockiert an. »Was willst du jetzt tun?«

Arnott sah sie voller Panik an. »Ich weiß es nicht.« Dann holte er den Detektor aus dem Koffer und fing an, damit in der Wohnung umherzugehen. Sie brauchten nur drei Minuten, um festzustellen, daß auch in Carlas Wohnung eine Wanze versteckt war.

Angst und Wut spiegelten sich in seinen Augen, als er leise sagte: »Und jetzt möchte ich erfahren, wer in den letzten Monaten alles in dieser Wohnung gewesen ist.«

Carla fuhr herum, die Arme in die Hüften gestemmt, und schrie: »Herrgott noch mal, wie soll ich mich daran erinnern?«

Arnott ging auf sie zu und warf sie auf das Sofa, das hinter ihr stand.

»Dann werden wir Schritt für Schritt vorgehen. Fangen wir von hinten an.« Er setzte sich ihr gegenüber. »Und keine Lügen, verstanden!«

Sie starrte ihn böse an. »Maria, die Putzfrau, meine Freundin Angelica, mein Freund Mauro, Mosami, eine andere Freundin. Eine Cousine von …«

»Halt«, unterbrach sie Arnott. »Mosami wer?«

»Mosami Matsumoto. Du hast sie selbst getroffen. Du glaubst doch nicht, daß …«

»Sie ist mit Sarah Jensen befreundet. Ich habe mitgekriegt, wie sie vor ein paar Tagen telefoniert haben.« Arnott packte sie am Arm, zerrte sie hoch und schrie in ihr Gesicht: »Es ist diese verdammte Sarah Jensen! Sie hat die Wanze im Büro angebracht, und Mosami hat deine Wohnung angezapft. Mein Gott, Carla.«

Er ließ sie los und fuhr sich mit den Händen durchs Haar.

Carla holte eine Flasche Whisky und zwei Gläser von einem Tisch am anderen Ende des Raumes. Sie füllte sie halb mit Whisky und halb mit Wasser, reichte Arnott ein Glas und setzte sich neben ihn aufs Sofa. Eine Zeitlang tranken beide schweigend. Dann schenkte Carla nach. »Weshalb eigentlich? Weshalb sollten Sarah und Mosami uns abhören wollen?«

Arnotts Wut kam zurück. Er versuchte sich zu beherrschen, und seine Worte kamen langsam und verzerrt. »Wie zum Teufel soll ich das wissen!«

»Was willst du tun?« Carlas schrille Stimme machte ihn allmählich wahnsinnig. Wieder packte er sie am Arm und zwang sie aufzustehen. »Die beiden fragen. Was sonst!« Er stand auf und suchte im Telefonbuch nach Sarahs Anschrift.

Der Mercedes bog in den Carlyle Square ein. Arnott fuhr links ran, zerrte Carla aus dem Wagen und hämmerte heftig gegen Sarahs Wohnungstür. Nach zehn Minuten gab er auf. Es blieb ihm nichts anderes übrig, als bis morgen zu warten. Er würde sich die Schlampe im Büro vorknöpfen.

»Wo wohnt diese Mosami?« fragte er Carla.

»Hay's Mews«, antwortete sie leise. Arnott bog in die King's Road ein und fuhr Richtung Mayfair. Zehn Minuten später kam sein Wagen mit quietschenden Reifen vor Mosamis Haus zum Stehen und unterbrach die nächtliche Stille.

Er stieg aus und knallte die Tür derart heftig zu, daß der ganze Wagen schwankte. Dann ging er um ihn herum und zerrte Carla vom Beifahrersitz. Er schleppte sie zu Mosamis Tür, hielt sie mit der einen Hand fest und hämmerte mit der anderen an die Tür. Zweifellos tat der Alkohol nun seine Wirkung.

Mosami saß in der kühlen Wohnung auf dem Sofa, las ein Buch und hörte dazu Mahlers zehnte Symphonie. Sie schreckte auf, als sie das heftige Poltern hörte. Rasch stand sie auf, ging zur Tür und sah durch den Spion. Arnott, dunkelrot vor Wut, hämmerte gegen ihre Tür und brüllte, daß sie ihn endlich reinlassen solle. Und Carla stand daneben, offensichtlich betrunken. Ihr Magen krampfte sich zusammen. Eine Weile rührte sie sich nicht von der Stelle. Arnott hörte nicht auf, gegen die Tür zu schlagen und zu schreien. Sich zu verstecken, hatte keinen Sinn. Er konnte die Musik hören. Er wußte, daß sie da war und würde sie sowieso früher oder später erwischen, wenn er es drauf anlegte. Besser früher. Außerdem würde er nie beweisen können, daß sie es gewesen war. Sie würde ganz cool bleiben und alles leugnen. Darauf verstand sie sich. Schließlich nahm sie ihren Mut zusammen, riß die Tür weit auf und funkelte Arnott wütend an.

»Bist du eigentlich von allen guten Geistern verlassen?«

Arnott stieß sie ins Innere des Hauses. Sie schrie auf. Er folgte ihr ins Wohnzimmer und stieß sie aufs Sofa. Er baute sich vor ihr auf und bombardierte sie mit Fragen. Carla stand im Hintergrund an eine Wand gelehnt.

»Du weißt genau, warum wir hier sind«, begann er ruhig mit einem drohenden Unterton.

Mosami sah ihn überrascht an. »Ich habe keine Ahnung. Ihr kommt hier einfach reingepoltert, Carla betrunken und du völlig außer dir. Ich kann nur hoffen, daß du eine gute Erklärung dafür hast.«

Gefaßt antwortete er: »Ja, die haben wir. Du, Sarah und die Wanzen. Ihr steckt unter einer Decke, und ich will wissen, was das Ganze soll.«

Mosami lachte. »Arnott, du haust dir einfach viel zuviel Koks rein. Du drehst allmählich durch.«

Arnott starrte sie einige Sekunden an, stand langsam auf und beugte sich über sie. Er packte sie am Arm und zwang sie aufzustehen. Dann ließ er sie los, ballte die Hand zur Faust und schlug ihr ins Gesicht. Sie fiel zu Boden. Er hob sie auf und schlug sie erneut nieder. Carla stand mit ausdruckslosem Gesicht daneben. Arnott machte eine Pause, wiederholte seine Fragen und schlug dann erneut zu.

Nach einer halben Stunde spuckte sie Blut in ein Taschentuch und begann zu reden. »Es war Sarahs Idee ... Sie hatte Angst ... Sie glaubte, du seist neidisch auf sie und würdest alles tun, damit sie gefeuert wird ... Sie wollte sich schützen ... Etwas über dich rausfinden, was sie dir anhängen konnte ... Und das hoffte sie, über Carla zu erreichen.«

Obwohl Arnott vor Wut nicht klar denken konnte, hielt er inne, als er das hörte.

»Also das ist es, Neid?«

Mosami nickte.

»Ihr beide seid die einzigen, die davon wissen? Es hat nichts mit der Polizei zu tun?«

Mosami rang nach Luft. »Polizei? Nein. Keiner weiß davon. Nur Sarah und ich.«

Arnott packte sie am Arm und drehte ihn um. »Dann sorg dafür, daß es so bleibt.«

Mosami schaute ihnen nach, als sie das Haus verließen, und fiel wieder aufs Sofa.

Arnott und Carla stiegen in den Wagen und fuhren davon. Arnott hatte ein Gefühl von grimmiger Genugtuung. Er hatte die ganze Zeit recht gehabt. Er hatte dieser Zicke von Jensen vom ersten Tag an nicht über den Weg getraut. Sie war viel zu gerissen. Und außerdem krankhaft neidisch. Jetzt würde sie ihre gerechte Strafe bekommen. Er lachte bei dem Gedanken. Noch war nichts verloren. Er hatte die Situation unter Kontrolle, konnte den Schaden in Grenzen halten. Was er über Sarah und Mosami wußte, durfte nicht nach außen dringen. Es gab keinen Grund, irgend jemand anders einzuweihen. Sarah und Mosami würden den Mund halten, wenn sie nicht ganz blöd waren. Dafür würde er sorgen.

Er fuhr Carla zum Onslow Square, brachte sie ins Bett,

schaltete den Anrufbeantworter auf dem Nachttisch ein und hämmerte ihr ein, mit niemandem außer ihm zu reden. Dann machte er sich erschöpft auf den Weg zu seinem eigenen Haus in Holland Park.

Allmählich klang seine Wut ab, und er spürte, wie sich sein Magen vor Angst verkrampfte. Er legte sich aufs Bett und starrte an die Decke. Kurz vor Sonnenaufgang schlief er schließlich ein.

19

Die Dämmerung war angebrochen. Sarah lag in Scarpiratos Bett. Der Schein einer Straßenlaterne drang durch den Schlitz zwischen den Vorhängen; es war das einzige Licht. Nur vage Umrisse waren zu erkennen. Sarah konnte sich in der Dunkelheit verstecken, Fragen stellen und auf die Antworten warten, ohne Angst haben zu müssen, daß ihre Augen mehr über sie verraten würden, als durch ihre Anwesenheit ohnehin schon verraten war. Und wenn sie selbst den Grund dafür nicht verstand, konnte er es erst recht nicht.

Sie redeten. Sie hatten stundenlang geredet. Mit Worten und Fragen hatte sie ihn auf Distanz gehalten. Er umfaßte ihr Gesicht mit beiden Händen.

»Sarah, mein Liebling, sag mir, was los ist. Was hast du?«

Sie wandte das Gesicht in der Dunkelheit ab. »Ich habe nichts, Dante, ich will nur ein paar Dinge verstehen können, nichts weiter.«

Er lachte leise. »Was gibt es da zu verstehen? Ich liebe dich, ich brauche dich.« Er hielt inne, um sie zu küssen. »Ganz einfach.«

Sarah wich seinem Blick aus und versuchte, ihre Tränen zu unterdrücken. »So einfach ist das nicht, Dante.«

Er zuckte die Achseln. Sie spürte die Bewegung.

»Du sprichst von Konventionen, nicht wahr?« Er lachte, als sei es ein Spaß, doch Sarah entging sein verächtlicher Unterton nicht. »Ich hatte mehr von dir erwartet. Du bist doch keine Nonne, oder? Warum solltest du mich jeden Tag sehen wollen? In diesen wenigen Stunden sind wir intensiver zusammen als andere in einer Woche. Eine Stunde mit dir ist alles, was ich brauche.«

Sarah lächelte trotz ihres Schmerzes. »O Dante, glaubst du wirklich alles, was du sagst? Hier und jetzt hast du recht, aber in ein paar Stunden nicht mehr. Du hältst dich für stark und hart, aber in Wirklichkeit bist du bloß romantisch. In der wirklichen Welt bastelst du dir deine eigene Tragödie, deinen Schmerz und dein Verderben zurecht. Und jedesmal stirbt ein kleiner Teil von dir, stimmt's? Löscht ein Stück von deiner Fähigkeit, Gefühle zu haben. Deshalb muß der Schmerz von Mal zu Mal größer sein. Dir macht es nichts aus. Du hast es so gewollt, aber was ist mit deinen Opfern?«

Eine Weile schwiegen sie. Dann brach Scarpirato die Stille.

»Woher weißt du denn so viel über mich? All das kannst du doch nicht verstehen, wenn du nicht insgeheim damit einverstanden bist, oder? Warum bist du sonst hier? Bist du nicht ein williges Opfer?«

Sie lachte. »Genau das war ich. Wir beide haben ein Bedürfnis im anderen befriedigt. Aber ich kann es nicht mehr, Dante. Ich habe genügend Leid ertragen müssen. Und jetzt versuche ich herauszufinden, ob ich immer noch damit fertig werden kann. Ich kann es, das weiß ich nun. Ich kann es immer. Deshalb bist du nicht mehr wichtig, nur noch eine sinnlose Übung. Du kannst mir bloß Schmerz bieten. Und ich glaube, davon habe ich genug.«

Er zeichnete mit einem Finger ihr Gesicht nach. Seine Worte klangen ernst. »Aber jetzt bin ich hier.« Er rutschte näher an sie heran.

Sie lächelte im Dunkeln. »Halt mich einfach nur fest, Dante. Mehr will ich nicht.«

Er schlang die Arme um sie und drückte sie an seine Brust. Tränen rannen über seine Haut. Er streichelte ihr Haar und beruhigte sie, bis sie einschlief. Er selbst lag den größten Teil der Nacht wach, friedlich und ruhig, und hielt sie in den Armen.

Sarah wachte am nächsten Morgen mit heftigen Kopfschmerzen auf. Sie schleppte sich aus dem Bett und ging ins Badezimmer, um etwas Wasser zu trinken. Im Spiegel wirkten ihre Augen leblos und geschwollen, die Haut fahl.

Als sie wieder ins Schlafzimmer kam, piepste der Wecker. Scarpirato wachte auf, streckte einen langen, sehnigen Arm aus und schaltete ihn ab. Er beobachtete sie, als sie wieder ins Bett stieg.

»Gut geschlafen?«

»Weiß nicht. Ich denke ja. Aber ich fühle mich elend.« Sie wimmerte. »Ich glaube, ich kriege einen Migräneanfall. Kann mich kaum bewegen.«

»Ich muß jetzt aufstehen. Bleib du im Bett, bis du dich besser fühlst. Dann fahr nach Hause und ruh dich aus. In meiner Eigenschaft als dein Chef gebe ich dir frei.«

»Danke, das Angebot nehme ich an.«

Er griff in die Schublade des Nachttischs und zog eine Schachtel mit Schmerztabletten heraus. »Hier, nimm zwei davon.« Er brachte ihr ein Glas Wasser, und sie schluckte die Pillen hinunter. Dann sank sie aufs Kissen zurück und versuchte zu schlafen, während er duschte und sich anzog. Zwanzig Minuten später verabschiedete er sich mit einem Kuß von ihr.

»Was soll ich mit der Alarmanlage machen?« fragte sie ihn, als er aus dem Zimmer gehen wollte. »Ich habe keine Lust, daß sie angeht, wenn ich das Haus verlasse.«

»Keine Angst. Ich schalte sie nicht ein. Die Putzfrau kommt um elf und macht sie an, wenn sie weggeht«.

Sarah schlief noch eine Stunde. Als sie wieder wach wurde, setzte sie sich vorsichtig auf. Die Pillen hatten gewirkt. Die Migräne war fast verschwunden. Als sie aufstand, um sich anzuziehen, merkte sie, wie schwach sie war.

Sie wunderte sich über Dante. Letzte Nacht und am Morgen war er so zärtlich und fürsorglich gewesen. Diese andere Seite an ihm kannte sie nicht, und sie fragte sich, ob er tatsächlich der vierte Mann in Carlas Verbrecherring sein konnte.

Was sie bisher gesehen hatte, ließ ihn wirklich als perfekten Verbrecher erscheinen. Er war unmoralisch, ehrgeizig, unberechenbar, intelligent und gerissen. Aber war er auch kriminell? Sie hatte mit ihm über die Arbeit und Arnott gesprochen und einmal sogar Carla Vitale erwähnt, aber er hatte ganz normal reagiert, und Sarah glaubte, daß er ihr jetzt nichts mehr vormachen konnte. Zum erstenmal kam ihr der Gedanke, daß er unschuldig sein könnte. Aber wer waren dann die anderen beiden, von denen Carla und Arnott gesprochen hatten? In Sarahs Kopf begann es erneut zu pochen. Ohne sich bewußt dafür entschieden zu haben, fing sie an, sein Haus zu durchsuchen, zunächst nur versuchsweise, dann zunehmend systematisch.

Sie begann im Umkleidezimmer, einem schmalen Raum mit blauem Teppichboden und breiten Mahagonischränken. Sie öffnete eine Tür und entdeckte reihenweise bunte Kleider und jede Menge elegante hochhackige Schuhe. Genau, wie sie es halbwegs erwartet hatte. Trotzdem zuckte sie zusammen. Entschlossen schlug sie die Tür wieder zu und setzte ihre Suche fort. In einer Schublade seines Schreibtischs im Arbeitszimmer fand sie ein paar Fotos in Silberrahmen. Sie zeigten eine hübsche blonde Frau Arm im Arm mit Scarpirato. Sie lächelte ihn an, er blickte in die Kamera. Sarah studierte den Ausdruck selbstgefälligen Triumphes, den sie so oft an ihm gesehen hatte. Hier war er, eingefangen. Sie betrachtete es lange, dann legte sie das Bild wieder in die Schublade.

In einem der oberen Schlafzimmer fand sie einen Safe, versteckt hinter einem Gemälde von einem Affen, der ganz offensichtlich verrückt war. Sehr passend, dachte Sarah. Im Vertrauen darauf, daß die Alarmanlage, wie Scarpirato gesagt hatte, ausgeschaltet war, begann sie, den Safe zu knakken.

Es war ein einfaches Zahlenschloß, etwa zwanzig Jahre alt und Gott sei Dank viel unkomplizierter als die neuen Modelle. Es glich dem, das ihr in Jacobs Haus als Lernobjekt gedient hatte. Sie konzentrierte sich auf das Gewinde und bewegte es vorsichtig. Die Jahre in der Devisenabteilung hatten ihr Gehör geschärft. Manchmal war das Brüllen der Broker, das Klingeln der Telefone, die Lautsprecheranlage und das Rattern der Maschinen so laut, daß man die Stimme am anderen Ende der Leitung kaum mehr hören konnte. Jetzt machte es sich bezahlt, daß sie gelernt hatte, alle Außengeräusche regelrecht abzublocken und sich auf das Flüstern am anderen Ende zu konzentrieren.

Nach mehreren Fehlversuchen sprang die Tür endlich auf. Das Innere des Tresors war etwa vierzig Quadratzentimeter groß und barg ein paar braune unverschlossene DIN-A4-Umschläge. Sie öffnete sie und inspizierte den Inhalt. Aktien und Bankauszüge von mehreren Konten bei der Swiss Bank. Der letzte Bankauszug vom Juni wies ein Guthaben von mehr als einer halben Million Dollar auf. Für einen erfolgreichen Banker Mitte Dreißig war das nichts Außergewöhnliches. Den Wert der Aktien schätzte Sarah auf noch mal zwei Millionen Dollar. Scarpirato war reich, daran gab es keinen Zweifel, aber nicht über die Maßen, so daß es Verdacht erregt hätte. Wenn er also nicht noch weitere Geheimkonten besaß, sah es nicht so aus, als gehörte er zu der Erpressergruppe um Carla und Arnott.

Seine vertraulichen Gespräche mit Arnott wirkten zwar verdächtig, aber vielleicht waren sie wirklich nichts weiter als die üblichen konspirativen Abmachungen von Brokern. Scarpirato ließ sich von Arnott beraten, aber daran war nichts Verdächtiges. Und die ungewöhnlich hohen Gewinne der Devisenabteilung konnte er nur mit Leichtigkeit als Folge seines Genies erklären.

Sarah war sich bewußt, daß die dünne Luft in einer Devisenhandelsabteilung die Wahrnehmung stark beeinflussen konnte und man dort nur allzuleicht den Bezug zur Realität verlor. Möglich, daß Scarpiratos Ego und seine Eitelkeit seinen Durchblick trübten. Wahrscheinlich diente er Arnott als Komplize, ohne es zu wissen.

Sarah legte die Umschläge in den Safe zurück und verschloß ihn wieder. Dann drehte sie das Zahlenschloß ein paarmal hin und her, um ihre Spuren zu verwischen. Sie ging noch einmal durch das Haus und sah sich um, als sei es das letzte Mal, dann ging sie. Zehn Minuten später kam die Putzfrau.

Matthew Arnott saß an seinem Schreibtisch und rauchte eine Zigarette nach der anderen. Gelegentlich warf er einen Blick auf den leeren Tisch neben ihm. Die Schlampe Mosami mußte ihre Freundin gewarnt haben. Vielleicht war Sarah untergetaucht, nachdem sie erfahren hatte, was er mit Mosami angestellt hatte.

Eigentlich hatte er nicht vorgehabt, Gewalt anzuwenden, aber ihm war nichts anderes übriggeblieben, und als er erst einmal angefangen hatte, sie zu schlagen, konnte er nicht mehr aufhören. Er hatte ein heftiges Knacken gehört, als er ihr die Faust in die Rippen hieb, und trotzdem weitergemacht. Jetzt war die erste Wut verflogen, und er spürte einen Anflug von schlechtem Gewissen, den er schleunigst unterdrückte. Ein paar gebrochene Rippen und ein blaues Auge würden schon wieder heilen.

Was ihn beunruhigte, war Sarahs Abwesenheit. Er wollte sie zur Rede stellen und eine Erklärung aus ihrem Mund hören. Und er wollte dafür sorgen, daß sie dichthielt. Für einen kurzen Augenblick stellte er sich die Frage, ob sie vielleicht doch etwas mit der Polizei zu tun hatte, verwarf die Idee aber wieder. Nein, sie war nur eine ehrgeizige dumme Ziege. Eine kleine Erpresserin.

Auf seinem Armaturenbrett leuchtete ein Lämpchen dreimal auf, dann klingelte das Telefon. Wilson war als erster dran.

»Auf Leitung eins, Matthew. Carla.«

Arnott übernahm das Gespräch. Er sagte nur ein paar Worte, legte auf, zog sein Jackett an und verließ die Abteilung. Er ging direkt in die Herrentoilette, vergewisserte sich diskret, daß niemand da war, und schloß sich dann in eine Kabine ein. Dort nahm er sein Handy aus der Jackentasche und wartete, bis das Lämpchen aufleuchtete. Sekunden später führte er den Hörer zum Ohr.

»Hab' gerade einen Anruf bekommen. Er sagt, daß wir Lire kaufen sollen, in großen Mengen.« Carlas Stimme war erregt und verwirrt.

»Scheiße noch mal«, murmelte Arnott. »Ausgerechnet jetzt.« Er überlegte kurz. Sie mußten mitziehen, es blieb ihnen nichts anderes übrig. Wenn sie nichts unternahmen, machten sie sich verdächtig.

»Okay. Ich kümmere mich drum«, sagte er leise. »Alles wird gut. Mach dir keine Sorgen.«

»Na hoffentlich!«

Arnott klappte das Telefon zusammen und kehrte wieder

an seinen Platz zurück. Wird schon schiefgehen, dachte er. Er mußte nur zusehen, daß er diese verdammte Sarah Jensen zu fassen bekam und unter Kontrolle brachte.

Er blickte sich in der Abteilung um. Wilson war nirgendwo zu sehen, Scarpirato saß in seinem Büro. Es war niemand da, der ihn hören konnte. Arnott griff zum Hörer und kaufte bei acht verschiedenen Dealern Lire für jeweils fünfzig Millionen Dollar von seinem persönlichen Konto und dann noch mal für hundert Millionen Dollar, diesmal vom Konto der Bank. Er füllte die Händlerscheine aus und warf sie in die Ablage. Dann wandte er sich seinen Bildschirmen zu.

Fieri legte in seinem von der Klimaanlage gekühlten Büro in Rom den Hörer auf und lächelte zufrieden. Er hatte soeben mit Catania gesprochen. Ihre Telefonate waren stets kurz, fast kryptisch, doch die Botschaft war immer klar. Diesmal lautete sie: Kauft Lire.

Er wählte die Nummer seines Brokers Calvadoro. »Kauf für dreihundert Millionen Lire«, sagte er, »in mehrere Portionen aufgeteilt, wie üblich.« Calvadoro notierte sich die Anweisungen. Fieri legte auf und starrte ins Leere.

Seine Befürchtungen hinsichtlich Catania hatten sich zerstreut. Er hatte den Mann Tag und Nacht beschatten lassen und über einen Mittelsmann seine Fühler bis ins Kabinett ausgestreckt, um herauszufinden, wie es um Catania stand. Bisher verdächtigte ihn niemand. Der Tag würde irgendwann kommen, das war Fieri klar, doch solange Catania goldene Eier legte, wollte er davon profitieren. Deshalb war sein Ton ihm gegenüber herzlich gewesen. Fieri war mit seinem Mann zufrieden.

Catania, der in seinem Büro der Banca d'Italia auf der Via Nazionale saß, hatte Fieris Wohlwollen registriert und war erleichtert. Er hatte befürchtet, daß er ihm nicht mehr traute. Er war in letzter Zeit so distanziert gewesen. Jetzt wußte er, daß er sich getäuscht hatte. Seine Geheimnisse waren in Sicherheit. Niemand wußte von seinen Geschäften mit Fieri und Carla Vitale. Die Verdächtigungen des Herrn Müller waren reine Spekulationen, seine Sorgen verflogen. Catania lehnte sich zurück, zündete sich eine Zigarre an und entspannte sich.

Neunhundert Meilen entfernt ging Sarah Jensen zu Fuß von Dantes Haus zu ihrer eigenen Wohnung zurück und versuchte, einen klaren Gedanken zu fassen. Zu Hause lief sie zuerst zum Anrufbeantworter, um die Nachrichten abzuhören. Während das Gerät zurückspulte, fing sie an, sich umzuziehen. Plötzlich lief ihr ein kalter Schauer über den Rükken. Sie hörte Mosamis stockende, gequälte Stimme, es klang, als bekäme sie kaum Luft.

»Sarah, ich bin's, Mosami. Hör dir meine Nachricht nur an, wenn du alleine bist.« Es folgte eine lange Pause, dann fuhr sie fort. »Paß auf, das ist eine Warnung. Arnott hat die Geräte entdeckt. Eines in der Bank und das andere in Carlas Wohnung. Er war letzte Nacht hier. Ich habe ihm gesagt, daß ich von nichts wüßte, aber er hat mich zusammengeschlagen.« Ihre Stimme war flach, völlig emotionslos. »Ich hab' es nicht geschafft, mich gegen ihn zu wehren. Tut mir leid. Ich habe ihm gesagt, daß du Angst hattest, daß er dich feuern wollte, und belastendes Material gegen ihn gesucht hast, um dich zu schützen.« Sie lachte, aber es klang nicht nach Lachen. »Stimmt doch, oder?«

Sarah nahm an, daß sie das gesagt hatte, falls jemand mithörte. Dann brach die Verbindung ab.

Verzweifelt wählte sie Mosamis Nummer. Niemand ging ans Telefon. Sie war vor Angst, Wut und Schuldgefühlen wie gelähmt. Sie preßte die Fingernägel der rechten Hand gegen die Fingerkuppen der linken, bis sie tiefe rote Spuren hinterließen. Dann griff sie nach der Packung Zigaretten auf dem Tisch und steckte sich eine an. Sie zog den Rauch tief ein und versuchte, gleichmäßig zu atmen. Jetzt war es wichtig, einen kühlen Kopf zu behalten. Sie mußte mit Arnott fertig werden und ihren Auftrag retten. Nur wie?

Eine halbe Stunde später schritt Sarah gelassen durch die Devisenabteilung. Zumindest hatte sie Zeit gehabt, sich wieder zu fassen und sich eine plausible Geschichte auszudenken, die, wie sie hoffte, überzeugend war. Wenn sie ganz cool blieb, bestand die geringe Chance, direkt bis zum Herzen der miesen kleinen Verschwörung vorzudringen, die Arnott angezettelt hatte. Vielleicht könnte sie sogar herausfinden, wer der dritte und vierte Mann der Gruppe waren. Wenn sie das herausfand, hatte Barrington mehr als genug Beweise. Scarpirato, dessen war sie nun sicher, gehörte nicht dazu. Ihre Rachegefühle gegenüber Arnott mußten vorerst aus dem Spiel bleiben. Jetzt war es wichtig, eine ganz andere Rolle zu spielen. Sie holte tief Luft und setzte sich neben ihn.

Er drehte sich überrascht um, dann breitete sich der Ärger auf seinem Gesicht aus. Doch ehe er etwas sagen konnte, schenkte sie ihm ein wissendes Lächeln.

»Ich glaube, wir sollten uns unterhalten, nicht wahr? Wollen wir kurz rausgehen?« Sarah stand auf und schlenderte zum Ausgang. Arnott griff nach seinem Jackett und folgte ihr. Verwirrt sah Scarpirato ihnen nach.

Sie lehnten sich gegen das grüne Eisengeländer der gepflasterten Promenade an der Themse. Hinter ihnen ragte das ICB-Gebäude auf. Wenige Meter vor ihnen floß der Fluß dahin. Ein Schlepper tuckerte vorbei, den Rumpf tief im wirbelnden braunen Wasser verborgen. Er zog einen mit Ziegelsteinen beladenen Kahn hinter sich her. Die Möwen folgten im Kielwasser, stürzten herab, tauchten und kreischten zum Himmel auf.

Die Promenade war voller Pärchen, die sich verliebt in die Augen sahen, lachten und miteinander flüsterten. Gestohlene Arbeitszeit. Manche warfen dem eleganten Banker und seiner schönen Gefährtin einen kurzen Blick zu. Er wirkte steif, sie entspannt, fast spöttisch. Ein ungleiches Paar, dachten sie, hier hatte die Frau ganz offensichtlich die Hosen an. Arnott musterte Sarah mißtrauisch; seine Augen waren hart, als wollte er sie einschüchtern. Sarah steckte sich in aller Ruhe eine Zigarette an, machte zwei kräftige Züge und schnippte die Asche in das schmutzige Wasser. Wütend über ihr Schweigen, platzte Arnott heraus. »Was zum Teufel denken Sie sich eigentlich?«

Sarah starrte auf den Fluß, zog noch mal an der Zigarette und wandte sich ihm zu. Sie lächelte, doch ihr Gesicht war angespannt und ihr Blick eiskalt.

»Ich will ein Stück vom Kuchen.«

Arnott sah zum Himmel auf, trat einen Schritt auf sie zu und packte sie am Arm.

»Sie blödes Ding! Sie haben doch keine Ahnung, auf was Sie sich eingelassen haben!«

Sarah stellte einen spitzen Absatz auf seinen Schuh und verlagerte ihr ganzes Gewicht darauf. Arnott hob einen Arm, wie um sie zu schlagen, doch etwas in ihrem Blick hielt ihn zurück. Er ließ sie los, und sie trat einen Schritt zurück.

»Das weiß ich sehr wohl. Auf einen lukrativen Erpresserring. Und ich will beteiligt werden.« Sie lehnte mit dem Rücken gegen die Brüstung und stellte einen Fuß auf die unterste Stange. »Zugegeben, anfangs hatte ich nicht die blasseste Ahnung, was mich erwartete. Ich hatte gehofft, daß ich von Carla irgend etwas Belastendes über Sie herausfinden könnte. Damit Sie mir keinen Strick drehen.« Sarah hielt inne, als seine Augen vor Wut aufblitzten. »Aber das haben Sie ja schon gestern von meiner Freundin erfahren. Und dann bin ich über Ihre schmutzige kleine Erpressung gestolpert.« Arnott begann, wild drauflloszureden. Sarah hob die Hand und unterbrach ihn. »Keine Angst, ich werde es niemandem sagen. Wem auch? Soll ich mich etwa selbst belasten?« Ihre Lippen kräuselten sich zu einem halben Lächeln.

Sie sah, wie sich Arnotts Gesichtsmuskeln entspannten. Dann fuhr sie ruhig und sachlich fort: »Ich will nur an dem Insiderwissen beteiligt werden, nichts weiter. Sie halten mich auf dem laufenden, und ich bewahre die fraglichen Tonbänder in einem Bankfach auf. Dort bleiben sie vorerst. Niemand bekommt sie zu hören. Das heißt, solange mir nichts geschieht. In diesem Fall wandern sie direkt zu Chief Inspector Maynard vom Dezernat für Wirtschaftskriminalität.« Maynards Namen hatte sie am Tag zuvor im *Standard* gelesen.

Arnott sah sie lange an. Dann sagte er mit heller, schneidender Stimme: »Sie wollen ein Stück vom Kuchen? Okay, sollen

Sie haben. Catania hat gerade angerufen und durchgegeben, daß wir Lire kaufen sollen. In großen Mengen und sofort.«

Sarah zog an ihrer Zigarette und schnippte dann den Stummel in den Fluß. Sie starrte über das schmutzige Wasser auf die Tower Bridge, die sich im Hintergrund gegen den blauen Himmel erhob. Schließlich drehte sie sich um und sagte: »Na, dann nichts wie los!«

Sie gingen quer durch die Devisenabteilung, Arnott zwei Schritte hinter Sarah, als paßte er auf, daß sie nicht davonlief. Sarah nahm ihren Platz ein, griff nach dem Hörer und drückte auf den Knopf der BdP. Arnott schaltete sich in dieselbe Leitung ein und hörte mit. Sekunden später war Johnny McDermott an der Leitung.

»Sarah Jensen, meine Süße. Wie geht's?«

»Prima, Johnny.« Sie faßte sich geschäftlich kurz. »Wo steht dein Dollar zur Lira, Johnny?«

Johnny suchte auf seinem Bildschirm nach dem Kurs. Dollar/Lire. Sonst nicht ihre Sache. Was war los? »Siebenundachtzig sechzig, neunundachtzig zehn«, erklärte er knapp.

»An dich fünfzig Millionen Dollar zu siebenundachtzig sechzig.«

Ein unbehagliches Schweigen folgte. Das war ein großer Deal in einer zweitrangigen Währung. Die Art von Position, die Brokern gewöhnlich Kopfzerbrechen bereitete. Doch die Streitlust in McDermotts Stimme war nicht zu hören, als er antwortete: »Okay, abgemacht. Von dir fünfzig Millionen Dollar zu siebenundachtzig sechzig.« Er tippte die Details des Deals in seinen Computer ein.

»Das geht auf meine Kappe, Johnny. Cordillon et Cie.«

Plötzlich explodierte Johnny.

»Was zum Teufel ist in dich gefahren?«

Sarah schnitt ihm das Wort ab. »Mach einfach, was ich sage, Johnny.«

Nach einer Weile preßte Johnny ein gequältes »Okay« heraus. Schließlich murmelte er, daß er später noch mit ihr reden wolle, und legte auf.

Ungläubig fuhr er sich mit der Hand durchs Haar. Er schaute sich um, ob jemand mitgehört hatte. Seine Kollegen waren jedoch viel zu sehr damit beschäftigt, in ihre Telefone zu schreien. Er starrte auf die Bildschirme. Hoffentlich ging die verdammte Lira hoch, sonst würden sie alle in Teufels Küche kommen.

»Was soll das Ganze?« wollte Arnott wissen. »Wieso war er so sauer?«

Sarah lächelte. »Meinen Sie nicht auch, daß fünfzig Millionen Dollar ein ziemlich großer Batzen für ein persönliches Konto ist? Zehnmal so hoch wie mein Geschäftslimit. Mein Kapital beträgt bloß zweihunderttausend Pfund.«

Arnott wurde blaß. »Was zum Teufel tun Sie da? Das Ganze muß noch von der Compliance gebilligt werden. Die gehen an die Decke, wenn sie das hören.«

Sie strahlte ihn an. »Nur wenn sie es merken. Und wenn sie meinen Händlerschein gar nicht zu sehen kriegen?«

»Sie wollen es für sich behalten?«

Sarah nickte.

»Und was ist mit McDermott? Was wird er machen?«

»Sich sowenig wie möglich drum kümmern, schätze ich. Johnny wird heute mehr als vierzig Deals machen. Es gibt keinen Grund, warum meiner auffallen sollte.«

»Und was ist, wenn die Compliance trotzdem Wind davon kriegt?«

Sarah lächelte sanft. »Tja, dann wird wohl jemand genügend Kapital auf mein Konto überweisen müssen, um es auszugleichen.«

»Sie glauben doch wohl nicht, daß ich derjenige sein würde, oder? Sie müssen vollkommen übergeschnappt sein.«

Sarah lachte. »Es wird Ihnen nichts anderes übrigbleiben. Sie würden doch nicht wollen, daß die Compliance-Leute mir peinliche Fragen stellen, oder? Außerdem besteht wohl keine Gefahr, daß wir Geld verlieren, es sei denn, Catania läge falsch. Und das wird kaum der Fall sein, nehme ich an.«

Innerlich vor Nervosität bebend, wandte sie sich wieder ihren Monitoren zu und wartete.

Auch Johnny McDermott starrte auf die Monitore und verfluchte Sarah Jensen insgeheim. Sie hatte ihn übers Ohr gehauen. Zunächst war er davon ausgegangen, daß der Deal für die Bank und somit von den riesigen ICB-Reserven gedeckt war. Erst als er die Einzelheiten in den Computer getippt hatte, stellte sich raus, daß der Deal über ihr persönliches Konto lief. Er hätte ablehnen können, er hätte es eigentlich tun müssen. Doch aus irgendeinem Grund hatte er es nicht getan. Vielleicht aus Freundschaft und wegen des seltsamen Untertons in ihrer Stimme. Nun war es zu spät, um noch etwas zu ändern. Er hoffte nur, daß seine Compliance-Abteilung nichts davon erfuhr und daß die italienische Lira wirklich stieg. Dann konnte Sarah ihre Position glattstellen, einen saftigen Gewinn einstreichen und ihren Verpflichtungen nachkommen. Wenn aber die Lira fiel, würden ihre zweihunderttausend Pfund in Null Komma nichts aufgebraucht sein, und sie würde nicht zahlen können. Dann wäre die Hölle los. Man würde sie beide feuern und weiß der Teufel was noch. Voller Grauen dachte er an Bankrottverfahren und Gerichtsprozesse.

Fünfzehn Minuten später flimmerte am unteren Rand seines Bloomberg-Monitors eine Nachricht auf: Italien hebt Leitzinsen um ein Prozent. Sarah und Arnott lasen die Zeile mit einem breiten Grinsen, McDermott mit Schrecken und Erleichterung zugleich. Das stank nach schmutzigen Geschäften. Aber wenigstens würde Sarah jetzt zahlen können, und mit etwas Glück wären sie alle aus dem Schneider.

Eine Minute nach Erscheinen der Meldung auf den Bildschirmen hatte sich der Dollar-Lira-Kurs auf 1620.20, 1621.70 bewegt, ein Wertanstieg von fast vier Prozent. Zehn Minuten später war er bei 1603.80, 1604.50. Arnotts Privatgewinn betrug unvorstellbare einundzwanzig Millionen Dollar. Er griff nach dem Hörer und stellte seine eigene Position und auch die der Bank glatt.

Sarahs illegaler Gewinn betrug etwas über zweieinhalb Millionen Dollar. Noch zögerte sie, ihre Position glattzustellen. Ihr ganzer Körper zitterte. Schweiß lief ihr den Rücken herunter. Ihr war schwindelig. Entrückt starrte sie auf die flimmernden Bildschirme. Die Gewissensbisse, die sie noch vor einer Woche bei ihrem ersten illegalen Deal gequält hatten, waren wie weggeblasen.

Zehn weitere Minuten verstrichen. Mit jeder Sekunde, die sie ihre Position behielt, wurde das Risiko größer. Die Lira konnte ebenso schnell, wie sie vorher gestiegen war, in den Keller abrutschen. Ein neuer politischer Skandal, ein Mord – alles war möglich. Dann wäre ihr Eigenkapital weg und ihr betrügerischer Deal flöge auf. Sie mußte verkaufen, doch irgend etwas hinderte sie. Wie in Trance starrte sie auf die Monitore und pokerte Sekunde um Sekunde höher.

Die Spannung war lähmend, fast sexuell. Fünfzehn Minuten saß Sarah reglos auf ihrem Platz und starrte auf ihre Position. Dann hielt sie es nicht länger aus. Sie drückte auf den Knopf der BdP. McDermott war sofort dran.

»Dollar/Lira, Johnny.«

»1585.40, 1586.90.«

»An mich fünfzig Millionen Dollar.« Sarah verkaufte und nahm über drei Millionen Dollar Gewinn mit.

»Okay.« Wut und Erleichterung mischten sich in seiner Stimme.

McDermott wickelte das Geschäft mit routinierter Schnelligkeit ab und legte dann auf. Er würde sie heute abend zu Hause anrufen, ohne daß irgend jemand mithören konnte. Er wollte sie zur Rede stellen und herausfinden, was hier gespielt wurde. Sobald wie möglich verließ er seinen Arbeitsplatz, stürmte aus der Bank und machte sich auf den Weg zum *Pig and Poke.*

Sarah lehnte sich zurück und atmete tief aus. Dann zündete sie sich eine Zigarette an und nahm ein paar hastige Züge. Arnott beobachtete sie. Sie war wahnsinnig. In all den Jahren, die er im Devisenhandel tätig war, hatte er noch nie erlebt, daß jemand ein derartiges Risiko eingegangen wäre. Zwar stammte der Tip von Catania, doch hundertprozentig war er nicht. Etwas konnte immer schiefgehen. Sie war ein enormes Risiko eingegangen und schien es obendrein genossen zu haben. Wäre irgend etwas passiert und die Lira gesunken, wäre sie nicht in der Lage gewesen, ihren Zahlungsverpflichtungen nachzukommen. Man hätte eine interne Untersuchung eingeleitet, ihr Ring wäre entdeckt worden. Sie hätte sie alle mit in die Tiefe gerissen.

Plötzlich wurde Arnott schlecht. Mit zitternder Hand steckte er sich eine Zigarette an und inhalierte tief. Das Nikotin schoß in sein Blut. Er atmete schwer und fühlte sich ruhiger. Dann warf er Sarah einen Blick zu. Sie saß ruhig und nachdenklich da und beobachtete ihre Bildschirme. Sie war zwar wahnsinnig, aber auf seiner Seite. Dieser Gedanke konnte ihn zwar nicht trösten, trotzdem war es die beste aller schlechten Alternativen. Er drehte sich um und warf ihr ein unsicheres Lächeln zu.

»Sie sind völlig verrückt, ist Ihnen das klar?«

Sie lächelte verschwörerisch, doch ihre Augen blieben kalt. »Wieviel haben Sie denn verdient, Arnott?«

Seine Augen glänzten, als er diskret antwortete.

»Zwanzig Millionen.«

Sarah pfiff leise durch die Zähne. Arnott grinste und erwiderte: »Soros hat am Schwarzen Mittwoch eine Billion gemacht.«

»Ja, aber legal.«

»Nun ja … Überlegen Sie mal, wieviel ich illegal hätte machen können.«

»Wieviel haben Sie damals verdient?«

Plötzlich gab er sich zugeknöpft. »Das würden Sie wohl gern wissen, was?«

Arnott sah auf die Uhr. Es war eins. Er wollte raus aus der Devisenabteilung, Carla anrufen und mit ihr feiern. Es war ihm plötzlich zu eng hier. Er sprang auf.

»Ich gehe zum Lunch.«

»Trinken Sie ein Glas Champagner auf mein Wohl.«

Mit verzerrtem Gesicht verließ er den Raum. Möglich, daß sie jetzt zur Mannschaft gehörte, aber das änderte nichts. Sie war und blieb eine blöde Zicke.

Scarpirato kam aus seinem Büro. Wilson unterhielt sich ein paar Meter entfernt mit einer Sekretärin aus der Abwicklung. Niemand konnte sie hören.

»Wie geht's deinen Kopfschmerzen?«

Sarah sah gedankenverloren zu ihm auf.

»Oh, sie sind weg. Danke.« Er lächelte. Sie sah zu ihm auf und wandte dann den Blick ab. Sie konnte ihm nicht in die Augen sehen. Seine Sachen zu durchstöbern war Verrat gewesen. Mosamis gebrochene Stimme geisterte durch ihren Kopf. Ihre betrügerischen Aktivitäten am Markt hatten sie schwindelig gemacht. Sie war erledigt. Im Moment hatte sie keinen Platz für ihn. Sie starrte auf ihre Monitore, ohne etwas zu sehen. Scarpirato beobachtete sie eine Weile, dann drehte er sich um und ging zurück in sein Büro.

Sarah sah ihn aus den Augenwinkeln verschwinden und rief Wilson am anderen Ende des Raumes zu: »Hey, Simon, könnten Sie heute ausnahmsweise übernehmen? Bitte.«

Er grinste über die Schreibtische hinweg. »Na schön, aber dafür sind morgen Sie dran.«

»Abgemacht.« Sie griff nach ihrer Handtasche und verschwand. Auf der Lower Thames Street hielt sie ein Taxi an und fuhr nach Mayfair.

Ihre Sorge um Mosami brach durch das Gefühl der Unwirklichkeit, das sie gefangenhielt. Den ganzen Vormittag über hatte sie bei ihr angerufen, aber immer nur den Anrufbeantworter erwischt. Sarah war sicher, daß sie zu Hause war und bloß nicht drangehen wollte. Zwanzig Minuten später stand sie in Hay's Mews und klingelte. Nach einer Weile ertönte Mosamis Stimme durch die Sprechanlage; sie klang wie die eines Geistes. Sarah meldete sich, und die Tür ging auf.

Sie ging durch den Flur und lief die Treppen zu Mosamis Schlafzimmer hinauf. Sie lag auf dem Bett, von einem leichten Kissen im Rücken gestützt und mit einer blauen Kaschmirdecke bedeckt. Sie lächelte. Sarah drehte sich der Magen um. Mosami war nicht wiederzuerkennen. Ihre feinen Züge, die blasse zarte Haut waren verschwunden. Statt dessen sah Sarah gräßliche Schwellungen und zahlreiche dunkelblaue Flecken. Eine Naht mit mehreren Stichen zog sich von Mosamis linkem Auge bis hinab zur Wange. Das Weiße in ihren Augen war kaum zu sehen und von gitterartig geplatzten

Äderchen überdeckt. Die fein gezeichneten Lippen waren geschwollen, zwei Zähne ausgeschlagen.

Mosami streckte den schlanken Arm aus und zeigte auf einen Sessel neben dem Bett. Steif ging Sarah darauf zu und setzte sich schließlich. Sie starrte ihre Freundin an und wußte nicht, was sie sagen sollte. Ihr Puls schlug heftig vor Wut und Trauer, und sie fühlte, wie ihr der Schweiß den Rücken hinunterlief. Tränen rollten über ihre Wangen, dann gab sie ihnen nach und schluchzte laut auf.

»Mein Gott, Mosami. Es tut mir so leid. Ich wußte nicht, daß es so weit kommen könnte. Ich hätte dich nie gebeten ...«

Mosami fiel ihr ins Wort. »Jetzt ist es passiert. Du konntest es nicht wissen.« Sie atmete schwer und machte nach jedem Satz eine Pause. »Ich jedenfalls will nichts mehr damit zu tun haben. Der Arzt war gestern abend und heute morgen hier. Er wird mich schon wieder zusammenflicken. In sechs Wochen ist all das hier nicht mehr zu sehen«, sie deutete auf ihr Gesicht, »und meine Rippen sind bis dahin auch wieder heil. Ich werde nicht zur Polizei gehen. Irgendwie habe ich das Gefühl, daß es so besser ist.« Sie lächelte. Mosami wußte also, daß mehr dahintersteckte als reine Geschäftspolitik, und wollte klugerweise nicht mehr darüber erfahren. Außerdem schien sie zu spüren, daß Sarah die Polizei heraushalten wollte.

Sarah erwiderte ihr Lächeln und fuhr mit der Hand über das leuchtend schwarze Haar. Mosami stöhnte und faßte sich an die Brust, als wollte sie ihre Rippen zusammenhalten.

»Mach dir keine Sorgen, Sarah. Matthew Arnott und sein Flittchen werden früher oder später ihre Quittung bekommen.«

Sarah drückte zärtlich Mosamis Hand.

»Worauf du dich verlassen kannst.«

20

Den ganzen Nachmittag über versuchte Sarah, Arnott aus dem Weg zu gehen. Jedesmal, wenn sie ihn sah, verspürte sie unbändige Lust, ihm das Gesicht zu zerkratzen. Deshalb verbrachte sie eine Stunde in der Bibliothek, versteckt hinter Stapeln von Zeitungen, und tat, als läse sie den *Economist.*

Als sie in die Devisenabteilung zurückkam, schlenderte sie von Tisch zu Tisch, hielt überall ein Schwätzchen, rauchte eine Zigarette nach der anderen und trank Unmengen von Kaffee. Um vier hielt sie es nicht länger aus. Sie mußte raus, bevor sie ihre mühsam gewahrte Selbstbeherrschung verlor. Sie kehrte zu ihrem Schreibtisch zurück, schaltete die Monitore aus und verabschiedete sich so freundlich sie konnte. In ihrer Eile wäre sie um ein Haar mit Karl Heinz Kessler zusammengestoßen, der einen seiner seltenen Ausflüge in die Devisenabteilung machte. Sie murmelte knapp »Entschuldigung«, wich ihm aus und verschwand. Er schaute ihr nach und sah dann auf seine Uhr.

»Ich wußte gar nicht, daß in der Devisenabteilung schon um vier Feierabend ist«, sagte er, an Arnott gewandt.

»Tja, sie steht eben über den Dingen. Sie meint, die Regeln gelten nicht für sie.«

Kessler zögerte und musterte Arnott. »Warum haßt du sie eigentlich so? Man könnte meinen, daß du Angst vor ihr hast.«

»Sei nicht albern. Sie geht mir auf den Wecker, nichts weiter. Sitz du mal acht Stunden am Tag, fünf Tage die Woche neben ihr … Dann hättest du auch die Nase voll.« Arnott atmete tief aus und zuckte die Achseln in einer, wie er hoffte, gleichgültigen Geste.

»Wie auch immer, ich bin nicht hier, um mit dir über sie zu sprechen«, raunte Kessler mit gesenkter Stimme. »Ich fand die Kursentwicklung von heute sehr interessant. Darüber möchte ich mit dir reden. Wie wär's mit morgen abend? Sagen wir halb acht im *Mark's Club?*«

Arnott nickte.

Um halb fünf war Sarah zu Hause und rief Jacob an. Eine Stunde später war er bei ihr. Er sah ihr graues zerquältes Gesicht und setzte sich an den Küchentisch.

»Du bist aufgeflogen, was?«

»Woher weißt du das?«

»Ganz einfach. Gestern abend hat mich mein Kumpel angerufen und mir erzählt, daß eine der Wanzen verschwunden ist. Es gab mehrere Möglichkeiten, zum Beispiel eine Putzfrau hatte sie aus Versehen rausgezogen. Ich hatte gehofft, daß es das wäre, bis ich dein Gesicht sah. Was ist passiert?«

Sarah sah über den Tisch hinweg in Jacobs ruhige, freundliche Augen. Fast wünschte sie sich, Anzeichen von Angst in ihnen zu entdecken. Doch er geriet nur bei Kleinigkeiten in Panik, nicht wenn es um wichtige Dinge ging. In Krisensituationen war er die Ruhe selbst.

»Arnott hat die Wanzen in seinem Schreibtisch und in Carlas Wohnung gefunden. Er hat Mosami fürchterlich zusammengeschlagen. Ihr Gesicht sieht schrecklich aus, und außerdem hat er ihr mehrere Rippen gebrochen.«

Jacob zuckte zusammen. Sarah fuhr fort: »Ich habe Arnott davon überzeugen können, daß ich nur daran interessiert bin, ein Stück von seinem Kuchen abzukriegen. Ich glaube, er hat's mir abgekauft.« Sie lachte hämisch. »Heute hat Italien die Leitzinsen erhöht. Arnott wurde darüber in Kenntnis gesetzt. Von Catania. Und weißt du was? Anscheinend glaubt er, ich wüßte mehr, als ich tatsächlich weiß. Er plapperte den Namen aus. ›Catania hat gesagt, wir sollen Lire kaufen.‹ Daraufhin hab' ich fünfzig für mich gekauft und drei Millionen Dollar verdient.« Sie zuckte die Achseln. »Mein Stück vom Kuchen. Ich glaube, daß Arnott angebissen hat. Jetzt ist die Frage, ob er es den anderen beiden sagt und, wenn ja, ob die mir auch trauen. Ich hatte geglaubt, daß Scarpirato der dritte Mann ist, aber mittlerweile bin ich sicher, daß er nichts damit zu tun hat. Ich muß nur lange genug am Ball bleiben, um es rauszukriegen.«

Ein Anflug von Schrecken brach durch Jacobs freundliches, ruhiges Gesicht. »Das ist gefährlich, Sarah, ich glaube nicht, daß du weitermachen solltest.« Seine Stimme war leise und stockend, eine Mischung aus Wut und Angst um sie und Mosami lag darin.

Doch Sarah war nicht davon abzubringen. »Ich habe auch Angst. Am meisten um Mosami. Aber mach dir keine Sorgen. Arnott hat's geschluckt. Er denkt, daß ich auf seiner Seite bin, und außerdem habe ich ihm gesagt, daß die Tonkassetten beim Staatsanwalt landen, wenn mir etwas zustößt. Er ist ganz schön blaß geworden. Er wird sich hüten, mich umzulegen.«

»Mach keine blöden Witze«, explodierte Jacob wütend.

Sarah lächelte in sich hinein. Es war kein Witz.

Jacob war nicht wohl zumute. Er war ein alter Mann und hatte sich zur Ruhe gesetzt. Vor langer Zeit hatte er geglaubt, all das hinter sich lassen zu können. Er seufzte tief.

»Sarah, ich hoffe, dein Barrington weiß, was hier gespielt wird, denn ich weiß es nicht. Was meinst du, wird er zu alldem sagen?«

Sarah starrte aus dem Fenster und dachte nach.

»Lassen wir uns überraschen.« Sie blätterte in ihrem Adreßbuch, griff zum Hörer und wählte Barringtons Nummer. Dann lauschte sie dem Klingeln am anderen Ende und wartete, daß er abnahm.

»Governor, Sarah Jensen am Apparat.«

Höflich antwortete er mit wohlklingender Stimme: »Guten Tag, Sarah, wie geht es Ihnen?«

»Danke, Governor. Ich rufe an, um Sie auf dem laufenden zu halten. Es hat interessante Entwicklungen gegeben, gute und schlechte. Ich hatte Wanzen in Arnotts Schreibtisch und Carlas Wohnung angebracht. Arnott hat sie entdeckt und zu mir zurückverfolgt. Er hat mich zur Rede gestellt, und ich habe ihm erklärt, daß ich etwas Belastendes über ihn suchte, weil ich glaubte, er wollte mich feuern lassen. Ich habe ihm erklärt, ich wüßte alles über die Verschwörung und wollte ein Stück vom Kuchen abhaben. Er hat's geschluckt und sich obendrein verplappert. Die undichte Stelle ist Catania.«

Sie machte eine Pause. Auch am anderen Ende der Leitung folgte langes Schweigen. Schließlich sagte Barrington: »Das ist ausgezeichnet, Sarah.« Seine Stimme klang jetzt nachdenklich und kühl. Dann nahm sie einen geschäftlichen, fast schroffen Ton an. »Hören Sie, man wartet auf mich, ich bin mitten in einer Besprechung. Ich rufe Sie später an.«

Sarah starrte zu Boden. »Gut, dann bis später. Wiederhören.« Sie legte auf, steckte sich eine Zigarette an und warf Jacob einen Blick zu.

»Vielleicht hast du recht. Er sagte, er sei in einer Besprechung, er ruft später an. Mir kam es vor, als wollte er Zeit gewinnen. Er schien ratlos. Aber wenn er nicht mehr weiter weiß, wer dann?«

Jacob schüttelte den Kopf. »Du hast vergessen, ihm von deinem Deal zu erzählen.«

»Ja, stimmt. Schien nicht gerade der richtige Augenblick dafür.«

Anthony Barrington starrte auf die Großvateruhr in der Ecke seines Arbeitszimmers. Seine heimlichen Befürchtungen in bezug auf Sarah Jensen schienen sich zu bewahrheiten. Sie war auf gefährliche Weise unabhängig, und jetzt ging sie in ihrer Rolle durch wie eine wilde Stute. Und von ihm wurde erwartet, daß er im Sattel blieb. Er hatte sie rekrutiert, aber – beruhigte er sich schließlich – Bartrop hatte die Verantwortung. Das Ganze war seine Idee gewesen. Sollte er sich darum kümmern. Über die Sprechanlage rief er Ethel an.

»Verbinden Sie mich mit Bartrop, bitte.«

Barrington kam direkt auf den Punkt. »Es gibt Neuigkeiten, Bartrop. Die gute Nachricht: Sarah hat Catania als die undichte Stelle identifiziert. Die schlechte ist, daß sie aufgeflogen ist. Matthew Arnott hat die Wanzen gefunden und sie zur Rede gestellt. Irgendwie hat sie ihn davon überzeugen können, daß sie auch nur ›ein Stück vom Kuchen‹ will, wie sie es ausgedrückt hat. Sie behauptet, er wäre darauf reingefallen. Aber ich weiß nicht. Mir ist das Ganze höchst unangenehm. Ich bin mir nicht sicher, ob wir das aufrechterhalten können. Die Sache gerät uns aus der Hand. Das ist nicht der coole, klinische Coup, den wir uns erhofft hatten. Vielleicht sollten wir uns zurückziehen, die Special Branch oder den MI5 kontaktieren. Schließlich sind die für so etwas zuständig, nicht wahr?«

Bartrop hörte sich alles an, ohne ihn zu unterbrechen. Dann antwortete er bedächtig: »Wissen Sie was, Governor, ich finde, das Ganze entwickelt sich viel besser, als ich es mir erhofft hatte. Ich sehe da überhaupt kein Problem, im Gegenteil, es ist eine große Chance für uns. Wir hätten es nicht besser planen können. Sarah Jensen befindet sich nun mittendrin. Mit etwas Glück hat sie die Möglichkeit, den ganzen Verschwörerring zu sprengen, angefangen bei der City bis hin zur Mafia. Sie hat unter Beweis gestellt, daß sie verdammt intelligent ist. Wenn sie der Meinung ist, daß sie Arnott überzeugt hat, dann wird es auch so sein. Mit der Zeit werden wir es wissen. Das einzige Problem ist, daß die Verschwörung sich nicht von alleine auflösen wird, Governor. Die Verantwortung liegt bei Ihnen und mir, mehr als je zuvor. Die Frage ist, wer wird am besten damit fertig? Wir waren von Anfang an der Meinung, daß wir es sind. Und daran hat sich meines Erachtens nichts geändert. Wenn wir jetzt andere einbeziehen wie den MI5 oder die Special Branch, würde alles nur noch komplizierter. Deren Aktivitäten würden sich mit unseren Zuständigkeiten überschneiden, und wir hätten ein ziemliches Chaos am Hals. Man würde unsere Kontrolle und unsere Befugnisse einschränken, unsere Verantwortung aber bliebe dieselbe. Außerdem müssen wir an Sarah Jensen denken. Jetzt übernehme ich die volle Verantwortung für sie, aber ich muß im Hintergrund bleiben. Ich kann unmöglich plötzlich aus dem Nichts auftauchen. Ich glaube kaum, daß sie das verstehen würde. Es ist besser, wenn wir unseren alten Plan weiterverfolgen, sonst könnte es sein, daß sie sich hintergangen fühlt und einen Riesenwirbel macht.«

Barrington seufzte tief. »Ich weiß schon, was Sie meinen, Bartrop. Trotzdem kann ich nicht gerade sagen, daß ich darüber glücklich bin.«

»Ja, Governor, das verstehe ich. Es gibt aber keinen hundertprozentig sicheren Weg für diesen Fall; jede Lösung fordert Opfer. Ich finde, daß wir bisher das Beste daraus gemacht haben. Sehen Sie sich nur die Resultate an und wie weit wir bereits gekommen sind. Seien Sie ehrlich. Hätten Sie gedacht, daß wir innnerhalb so kurzer Zeit soviel herausbringen würden?«

»Nein, das muß ich zugeben.« Barrington sah aus dem Fenster auf das Grün des Innenhofs und schwieg eine Weile. »Na gut, Bartrop«, anwortete er schließlich. »Machen wir also weiter wie bisher. Ich werde in Kontakt mit Sarah Jensen bleiben, aber Sie übernehmen die volle Verantwortung, was ihre Sicherheit angeht.«

»Mit dem größten Vergnügen, Governor.«

»Dann halten Sie das in Ihren Akten fest?« Es klang mehr wie eine Aufforderung als wie eine Frage.

»Sie meinen so eine Art Absichtserklärung, wie in Bankkreisen üblich?«

»Ja, wenn es Ihnen nichts ausmacht.«

»Sie geht Ihnen in den nächsten Tagen zu.«

Bartrop legte erleichtert auf. Er streckte die Beine aus und stand auf, um zum Fenster zu gehen. Er grinste sein Spiegelbild in der Scheibe an. Es war faszinierend. Sein Respekt für Barrington schwand mit jedem Tag, dafür empfand er eine vorsichtige, fast widerwillige Bewunderung für Sarah. Sie entpuppte sich als echtes As, ein bißchen aufsässig und unberechenbar, aber höchst effektiv, wenn man sie zu führen verstand.

Barrington allein war der Sache nicht gewachsen, das war klar. Er mußte ihm unter die Arme greifen, aber das tat er nur allzu gern. Alles, was ihn zu Antonio Fieri brachte, lohnte die Mühe.

Es war ein hervorragender, allerdings riskanter Plan. Barrington würde Sarah »führen«, und sie würde ihn, Bartrop, Antonio Fieri einen Schritt näherbringen. Die belastenden Informationen, die sie heranschaffte, würden, wenn die Zeit dazu reif war, vom MI6 an die italienischen Behörden weitergeleitet werden. Er würde Sarahs Identität für sich behalten, denn sie war eine wertvolle »freie« Agentin, die geschützt und versteckt werden mußte, für den Fall, daß man versuchen würde, sie nach seinen Methoden auszufragen.

Fieri und seine Männer würden verhaftet und vor Gericht gestellt. Und er hätte sein Hauptziel erreicht. Mit Fieris Verhaftung würde die Drogenmafia einen empfindlichen Rückschlag erleiden. Tausende anderer illegaler Aktivitäten würden aufgedeckt. Die Freunde könnten sich damit brüsten, an Fieris Untergang einen nicht unerheblichen Anteil zu haben. Man würde nicht mit Lob sparen. Und alles wäre sein Verdienst. Ein Triumph, den er dringend brauchte und der viel zu selten war, um ihn mit jemandem zu teilen.

So sah sein Plan aus. Er wußte, daß er sehr vorsichtig hantieren mußte. Alles hing von Barringtons Bereitschaft ab, mit ihm zusammenzuarbeiten, und von seiner Fähigkeit, Sarah unter Kontrolle zu behalten. Außerdem war es unabdingbar, daß die Operation geheim bleib.

Die Stärken dieser Operation waren gleichzeitig ihre Schwächen. Sarah Jensen war unschlagbar – sie hatte die Catania-Connection in kürzester Zeit entlarvt –, aber auch unberechenbar und gefährlich intelligent. Von seinem sozialen Status her war Barrington der ideale Führungsoffizier und Frontkämpfer, doch er verlor den Kopf, wenn es brenzlig wurde. Für ihn stand viel zuviel auf dem Spiel, falls die Sache schiefging.

Ihm würde also nichts anderes übrigbleiben, als Barrington an die kurze Leine zu nehmen und über ihn auch Sarah Jensen. Aber das war kein Problem. Barrington war bereits zu weit gegangen, um einen Rückzieher zu machen. Er hatte zuviel zu verlieren. Er würde wohl oder übel mitmachen, schon um seines eigenen Vorteils wegen. Und Sarah Jensen … nun, mit schwierigen Frauen kannte er sich aus. Er würde sie schon im Griff behalten, so oder so.

Anthony Barrington war nicht sehr glücklich, aber erleichtert. Ohnehin war es jetzt zu spät, um auszusteigen. Er mußte Sarah weiterhin unter Kontrolle behalten, auch wenn diese Rolle ihm immer weniger behagte. Wenigstens hatte Bartrop die volle Verantwortung für Miss Jensen übernommen. Und er, Barrington, war jetzt nur noch der Mittelsmann, der Bartrops Anweisungen an Sarah weiterleitete und ihre Erkenntnisse wiederum Bartrop übermittelte. Wenn etwas schiefging, war es nicht länger sein Problem. Etwas beruhigter rief er Sarah an.

Er schien es eilig zu haben, jedenfalls sprach er ohne Punkt und Komma. »Tut mir leid, Sarah. Ein Termin jagt den nächsten. Wie auch immer. Sie haben prima gearbeitet. Sie haben die kleine Panne bewundernswert gemeistert. Jetzt sind Sie in einer aussichtsreichen Position, dank Ihres schnellen Auffassungsvermögens. Bleiben Sie am Ball. Kriegen Sie raus, soviel Sie können.«

Die alte Festigkeit war in seine Stimme zurückgekehrt. Wie seltsam, daß er sich so schnell wieder gefaßt hatte. Sarah hatte das Gefühl, als stünde sie zwischen zwei Rätseln. Wer waren der dritte und der vierte Mann in der Catania-Connection, und wer zog die Fäden hinter Barrington? In dieser Nacht erschien er ihr im Traum als eine Marionette, die von einer unsichtbaren Hand geführt wurde.

Am nächsten Morgen um Viertel nach sieben parkte Matthew Arnott seinen Mercedes in der Garage unter dem ICB-Gebäude und knallte die Tür zu. Mit seinen eisenbeschlagenen Schuhen lief er die Treppe zur Straße hinauf, über die Lower Thames zur Fish Street und bog schließlich in die Cannon Street ein. Dort kaufte er sich bei *Birley's* sein übliches Frühstück und hastete anschließend zum Kiosk auf der Eastcheap, um Zigaretten zu holen. Gegen seine sonstige Gewohnheit kaufte er zwei Packungen Marlboro. Er versuchte, nicht mehr als zwanzig Zigaretten am Tag zu rauchen, doch der heutige Tag versprach lang zu werden, und er würde mehr Nikotin als sonst brauchen, um sich zu beruhigen.

Als er die Devisenabteilung betrat, saß Sarah bereits an ihrem Platz und starrte auf die Monitore. Sie nickte kurz und wandte sich wieder ihrer Arbeit zu. Den ganzen Tag lang, versuchte er sie zu ignorieren. Gott sei Dank ließ sie ihn in Ruhe. Sie wirkte angespannt.

Er saß an seinem Schreibtisch und überlegte, was er am Abend Karl Heinz Kessler sagen sollte. Er konnte ihm die Wahrheit sagen, dann würde es einen riesigen Knall geben;

daran war nicht zu rütteln. Er konnte auch die Sache vertuschen, aber Kessler würde früher oder später dahinterkommen, das war ebenso klar.

Gegen fünf Uhr nachmittags verspürte er ein dumpfes Hämmern im Kopf. Zuviel Nikotin im Blut; seine Finger zitterten leicht. Zweieinhalb Stunden noch, die er totschlagen mußte. Er ging in die Bibliothek und blätterte in Zeitschriften, bis es halb sieben war. Dann kehrte er in die Devisenabteilung zurück. Er begab sich nicht direkt an seinen Schreibtisch, sondern setzte sich an einen Tisch der Abwicklungsabteilung, der direkt an die der Devisenhändler grenzte. Die Computerbildschirme und Stapel von Papieren bildeten eine Mauer zwischen den beiden Abteilungen, so daß sich die Angestellten auf den beiden Seiten nicht sehen konnten.

Die Attraktion der Abwicklung bestand in den Computerspielen des jungen Bankangestellten Andreas Rudding. Wie fast alle Devisenhändler war auch Arnott süchtig nach den schnellen Nintendospielen. Trotzdem fand er, daß Computerspiele seinem Image schadeten; schließlich stand er über solchen Kindereien. Deshalb versuchte er, diskret zu sein. Er schaute sich um. Der Schreibtisch war unbesetzt, die Devisenabteilung fast verlassen. Arnott setzte sich an Ruddings Computer und begann zu spielen.

Plötzlich hörte er von der anderen Seite des Tisches Stimmen. Er spähte zwischen zwei Stapeln Papieren hindurch und sah, wie Scarpirato und Sarah Jensen aus dem Büro kamen. Arnott drückte schnell eine Taste, um die Lautstärke abzustellen, und lauschte still und unsichtbar dem Gespräch zwischen Scarpirato und Sarah.

»Sieh mal, du kannst nicht von mir erwarten, daß ich die Augen verschließe und so tue, als wär nichts geschehen. Ich muß wissen, was los ist, um eine Entscheidung zu treffen.«

»Ach, Dante, warum so viele Fragen?«

»Dann beantworte wenigstens ein paar. Meine Güte, Sarah. Ich habe ein Recht zu erfahren, was los ist. Also los, raus damit. Jetzt.«

»Psst, nicht so laut, um Gottes willen.«

»Es hört uns doch keiner. Also …«

»Na gut. Ich sag's dir, aber nicht hier. Gehen wir raus und trinken was.«

Arnott lief es kalt über den Rücken. Er starrte auf den manisch blinkenden Bildschirm. Sarah wußte Bescheid, Mosami wußte Bescheid und jetzt auch noch Scarpirato. Die Sache geriet aus den Fugen. Er würde es Kessler erzählen und die Folgen ertragen müssen. Mit verkrampften Magen wartete er, bis Scarpirato und Sarah verschwunden waren und griff dann zum Hörer. Er wählte Kesslers Nummer. Nach dreimaligem Läuten hob er ab.

»Karl Heinz? Hier spricht Matthew. Ich muß dich unbedingt sehen, jetzt gleich.«

»Warum die Eile? Hier ist im Moment ziemlich viel los. Kann es nicht noch die halbe Stunde warten?«

»Nein.«

Kesslers Stimme klang scharf, wie angesteckt von Arnotts Angst. »Okay, ich komme runter.«

Eine Minute später erschien er in der Devisenabteilung. Er nickte Arnott zu, der ihm in Scarpiratos Büro folgte.

»Nun?«

Arnott erzählte ihm alles von Anfang bis zum Ende. Kessler starrte ihn schweigend an. Schließlich sagte er: »Also wissen drei Leute davon: Sarah, Mosami und Scarpirato.«

Arnott schluckte. »Ja. Aber Sarah hat sich selbst belastet. Sie ist mit …«

Kessler herrschte ihn an. »Was für ein Blödsinn. Selbst belastet! Sie hat lediglich ihre Kompetenzen überschritten und gegen hausinterne Vereinbarungen verstoßen, mehr nicht. Sie könnte einfach behaupten, daß sie dich beobachtet hat, als du Lire kauftest, und es dir nachgemacht hat, weil sie es für eine gute Idee hielt. Es gibt kein Gesetz, das ihr das verbietet. Du Dummkopf. Sie hat nichts zu verlieren … Geht das nicht in deinen Kopf?«

Arnott senkte den Blick. Kessler starrte vor sich hin, dann stand er auf, um zu gehen.

»Nun, was passiert ist, ist passiert. Jetzt kannst du nur noch den Mund halten und mich sofort benachrichtigen, wenn sich irgendwas Neues tut. In der Zwischenzeit werde ich Catania informieren müssen.«

»Was meinst du, wie er reagieren wird?« fragte Arnott unsicher.

»Wie zum Teufel soll ich das wissen?« gab Kessler gereizt zurück. »Er hat von uns allen am meisten zu verlieren. Immerhin hat er ganz schön profitiert. Wieviel hat er jetzt auf seinem Konto?«

»Nun, ich habe ihm gerade acht Millionen Dollar überwiesen«, antwortete Arnott. »Sein Guthaben müßte jetzt etwa dreißig Millionen Dollar betragen. Genug, um ihn für ein vollwertiges und freiwilliges Mitglied des Teams zu halten.«

»Gott sei Dank hatte ich so viel Weitblick.« Kessler musterte Arnott mit unverhohlener Wut und Verachtung.

Arnott stand zögernd auf. Er nahm seine Aktentasche und machte Anstalten, sich zu verabschieden. Plötzlich sah Kessler ihn entsetzt an.

»Du hast doch dieses Büro gecheckt, oder?«

»Was meinst du, gecheckt?«

Eine Ader schwoll auf Kesslers Stirn. Es sah aus, als würde sie jeden Augenblick platzen. »Nach Wanzen!«

Arnott fühlte, wie ihm die Knie weich wurden. »Nein, hab' ich nicht. Ich glaubte, daß sie hinter mir her wäre. Warum sollte sie Scarpiratos Büro abhören wollen?«

»Hast du das Gerät bei dir?« Kesslers Stimme klang ruhig und gefaßt, mit einem gefährlichen Unterton. Arnott kramte in seiner Aktentasche. Kessler riß ihm den Detektor aus der Hand, steckte sich die Kopfhörer ins Ohr und schaltete das Gerät an. Er drehte an dem Knopf. Innerhalb von Sekunden leuchteten die Dioden auf.

»Wir werden abgehört«, sagte er und hörte seine eigene Stimme durch die Kopfhörer.

Dreihundert Meter weiter saßen Dante und Sarah im *Pig and Poke* an einem abgelegenen Tisch und unterhielten sich.

»Ich versteh' einfach nicht, warum du mich nicht mehr sehen willst.« Dante beugte sich vor. Sein gelassener Gesichtsausdruck war echter Verwirrung gewichen.

Sarah wirkte gequält. »Nun gut, ich werde es dir sagen. Du hast eine Freundin, und ich habe einen Freund. Es hat keinen Zweck, es zu leugnen. Ich habe dich mit ihr gesehen.« Sarah pokerte. Irgendwo mußte er sich in den letzten Wochen doch mit ihr gezeigt haben. Sie beobachtete sein Gesicht. Er sagte nichts. »Sieh mal, Dante. Du kannst es ruhig zugeben. Zwischen uns ist es aus. Mein Freund war verreist, morgen kommt er wieder.« Gott, wie wünschte sie sich, daß es so wäre.

»Also gibt es keine Hoffnung?«

Sarah strich ihm über die Wange. »Nein, mein Herz. Gar keine.«

Er lächelte sie traurig an, dann nahm er ihre Hand.

»Freunde?«

Sie drückte seine Hand. »Freunde.«

Mittlerweile saß Karl Heinz Kessler wortlos auf dem Rücksitz seines Mercedes und grübelte, während der Fahrer im Schrittempo die Lower Thames Street entlangfuhr. Es war Rush-hour.

Zwei Stunden später war Kessler in Berkshire, auf dem Weg nach Lambourn, dem Inbegriff für Pferderennen in England. Der Mercedes fuhr über schmale Feldwege, vorbei an Wiesen, auf denen alte Rennpferde und Ponys grasten. Vor einem großen schmiedeeisernen Tor, das ein wenig versetzt von der Straße stand, verlangsamte er seine Fahrt. Das Tor öffnete sich auf eine lange Einfahrt, die zu beiden Seiten von Kastanienbäumen gesäumt wurde. Sie war genau eine Meile lang. Am Ende stand ein großes, weißes Haus inmitten einer sanft gewellten Landschaft.

Der Wagen blieb vor dem Haus stehen. Kessler sprang hinaus, bevor der Fahrer ihm den Schlag öffnen konnte, und verabschiedete sich knapp.

Seine Haushälterin Janet öffnete ihm die Tür. Er grüßte sie barsch und schritt durch den hallenden Flur auf die Bibliothek zu. Dort nahm er in einem Sessel neben dem leeren Kamin Platz und ließ die Ereignisse Revue passieren. Sarah Jensen, Mosami Matsumoto und Scarpirato waren im Bilde. Catania hatte von allen am meisten zu verlieren, wenn die

Sache aufflog. Seine Frau würde erfahren, daß er ein Verhältnis gehabt hatte und ihn verlassen. Er konnte nicht mal behaupten, daß man ihm eine Falle gestellt hatte. Teil der von Kessler so genial ausgedachten Erpressung diente dazu, Catania als vollwertiges Mitglied des Ringes auszuweisen, der mit Insiderwissen hantierte. Schließlich erhielt Catania ein Viertel aller Gewinne aus den illegalen Geschäften. Arnott überwies ihm dieses Geld regelmäßig. Eine Untersuchung würde sein Geheimkonto, das in einer Schweizer Bank eröffnet worden war, ohne Schwierigkeiten ausfindig machen können. Das Bankgeheimnis dort war schon lange nicht mehr das, was es einmal gewesen war. Wenn die Fahnder Catanias millionenschweres Konto entdeckten, mußten sie zu der Annahme kommen, daß er Mitglied der Bande war. Seine politische Karriere wäre mit einem Schlag zerstört. Er würde seine Frau verlieren, seine Kinder, sein Vermögen und wahrscheinlich auch seine Freiheit.

Kessler stellte das Telefon vom Tisch auf seinen Schoß und kramte in seiner Jackentasche nach einem schmalen dunkelblauen Adreßbuch. Er blätterte bis C und wählte dann eine Nummer. Es war Catanias Problem, sollte er sehen, wie er damit fertig wurde.

Giancarlo Catania war mitten beim Abendessen, als Kessler anrief. Ella, das Mädchen, klopfte leise an die Tür des Eßzimmers und trat ein. Signor Kessler sei am Apparat, erklärte sie. Es sei dringend.

Catania warf Ella einen finsteren Blick zu, entschuldigte sich bei seiner Frau und ging durch den Flur in sein Arbeitszimmer. Ella hatte das Gespräch durchgestellt. Catania nahm ab und fragte wütend: »Was ist so wichtig, daß es nicht warten kann, bis ich fertig gegessen habe?« Er sprach mit einem falschen italienisch-amerikanischen Akzent. Sein Englisch hatte er aus amerikanischen Filmen gelernt. Kessler hatte Englisch in den besten deutschen Schulen gelernt. Es war tadellos, obgleich er eine sehr harte Aussprache hatte. Catanias Amerikanismen regten ihn jedesmal auf.

»Wir haben ein Problem. Ein ziemlich ernstes Problem.

Unser kleines Spielchen ist nicht länger geheim. Drei Leute wissen davon: Sarah Jensen, Mosami Matsumoto und Dante Scarpirato. Sie kennen die ganze Geschichte. Sämtliche Einzelheiten.«

Catania fluchte auf italienisch.

»Wie konnte das passieren?«

»Ganz einfach. Wanzen.«

»Und Sie hatten keine Vorkehrungen getroffen?«

»Nein, leider nicht.«

»Wer war es?«

»Sarah Jensen, eine Kollegin von Arnott. War neidisch auf seine Position und wollte ihm was anhängen.«

»Und das glauben Sie?«

»Ja. Jedenfalls arbeitet sie nicht für die Bullen, wenn Sie das meinen. Hat selbst kräftig mitverdient. Sie ist nur scharf auf das Geld.«

»Wie Sie«, sagte Catania.

»Wie ich«, gab Kessler zu.

Catania umklammerte den Hörer; seine Handflächen wurden feucht. Drei Menschen wußten es jetzt schon. Wie lange würde es dauern, bis die Behörden, die Mafia und Antonio Fieri Wind davon bekamen?

Beide Männer dachten über die Konsequenzen nach. Für Kessler bedeutete es Schimpf und Schande, Gefängnis und Beschlagnahme seines illegal erworbenen Vermögens. Dieses war zwar auf unzähligen Konten um den ganzen Globus verteilt, wenn aber die Behörden entschlossen genug vorgingen, würden sie alle finden.

Für Catania gab es nur eines, wenn das Ganze aufflog – den Tod. Die Mafia würde ihn aus dem Weg schaffen, ehe er sie belasten konnte. Er kannte zu viele ihrer Geheimnisse und könnte versuchen, sich so seine Immunität zu erkaufen. Sie würden nie das Risiko eingehen, ihn am Leben zu lassen, damit er auspackte. Fieri hatte bereits Verdacht geschöpft, genau wie der Präsident der Deutschen Bundesbank. Die ersten Gerüchte machten die Runde. Catania starrte an die Decke. Er hatte nichts mehr zu verlieren. »Ich werde mich darum kümmern«, erklärte er.

21

Die wasserstoffblond gefärbte Frau lag in den Armen einer anderen Frau im Bett und sah sich gerade ein Video an, als das Telefon klingelte. Sie schwang ihre straffen, muskulösen Beine unter dem Laken hervor, schlüpfte in einen seidenen Morgenmantel und lief die Treppe hinunter zur Bibliotek. Es war nicht der Apparat neben ihrem Bett gewesen, der für Privatgespräche reserviert war. Das Telefon in der Bibliotek war der Geschäftsanschluß. Sie setzte sich in einen dunkelroten Ledersessel und nahm ab.

»*Pronto!*«

Ein Mann antwortete. Ein Italiener mit schroffer Stimme. Er wollte sie treffen, um ein Geschäft zu besprechen.

»Wer sind Sie? Wie heißen Sie?«

»Das tut nichts zur Sache. Ein Freund von Fieri. Genügt das?«

»Für den Anfang.« Fieri gehörte zu den wenigen, die ihre Geschäftsnummer kannten. Jeder, der sie wählte, genoß sein Vertrauen. »Sie brauchen Ihren Namen nicht zu nennen. Sicher dachten Sie an einen neutralen und diskreten Ort für unser Treffen. Was halten Sie vom *Hassler?*«

Das *Hassler* war ein schönes altes Hotel mitten in Rom mit Blick auf die Spanische Treppe.

»Ja, das ist gut. Ginge es morgen nachmittag um zwei?«

»Ich versuche, ein Zimmer zu reservieren. Ich rufe Sie gleich wieder an, um Ihnen die Zimmernummer mitzuteilen, dann können Sie direkt durchgehen, ohne sich an der Rezeption anzumelden.«

Er schwieg.

»Wie ist Ihre Nummer?«

Er gab ihr seine Nummer und legte auf. Sie trug die Verabredung in ihr Notizbuch ein. Fünf Minuten später rief sie zurück. »Zimmernummer 151. Ich bin morgen um zwei Uhr dort.« Sie legte den Hörer auf, schaltete das Licht aus und dachte im Dunkeln nach. Wer konnte das sein? Die Stimme war ihr irgendwie bekannt vorgekommen. Und was wollte er? Sie lächelte ihrem Spiegelbild im Fenster zu.

Sie wartete bereits, als er um Viertel nach zwei das Hotelzimmer betrat. Eine kühle Blondine, nicht besonders groß, aber kräftig. Er warf einen Blick auf ihre schlanken Beine, die straffen Muskeln über den schmalen Fesseln. Sie stand am Fenster, kerzengerade, lebhaft und selbstbewußt. Er hatte sie noch nie gesehen, wußte aber alles über sie.

Sie war berüchtigt. Selbst Antonio Fieri sprach von ihr nur mit Respekt. Einmal hatte er Catania bedauernd erzählt, daß sie sich zur Ruhe gesetzt hätte. Nur gelegentlich erlag sie noch Fieris Überzeugungskunst und erledigte kleinere Aufträge für ihn. Doch das war ein strenggehütetes Geheimnis, von dem Catania keine Ahnung hatte.

Sie war Amerikanerin, hieß Christine Villiers und arbeitete als Stuntgirl. Nicht ihr richtiger Name, auch nicht ihr richtiger Beruf, aber eine nützliche Tarnung. Vor Jahren hatte Catania einmal ihre Telefonnummer entdeckt und sie sich in weiser Voraussicht notiert.

Jetzt stand sie vor ihm und wartete, die Ruhe selbst. Er betrachtete sie anerkennend. Sie lächelte. Sie hatte ihn sofort wiedererkannt.

»Was kann ich für Sie tun, Governatore?«

»Ich werde Sie gut bezahlen. Das Doppelte von dem, was Sie sonst verlangen.«

Sie nickte. »Natürlich.«

»Ich möchte, daß sie drei Menschen umbringen.«

Um halb vier kehrte Christine in ihre Wohnung an der Passeggiata di Ripetta zurück, einer eleganten, von Bäumen gesäumten Straße. Sie schloß die Tür hinter sich ab, stöpselte ihr Privattelefon aus und begann, einen Plan zu entwickeln.

Ein paar Stunden später saß Jacob in Sarahs Wohnzimmer und wartete, daß sie von der Arbeit zurückkam. Um zehn nach sieben schloß sie die Tür auf. Jacob lächelte besorgt.

»Wo bist du gewesen?«

Sarah war überrascht. »Im Fitneßstudio. Hab' eine Stunde lang trainiert. Ich hatte es verdammt nötig. Der Tag war furchtbar. Arnott hat mich die ganze Zeit mit einem seltsamen Ausdruck beobachtet. Nicht arrogant oder feindselig wie sonst. Er sah eher verängstigt aus.« Sie studierte Jacobs besorgtes Gesicht. »He, was ist los?«

Jacob ging auf sie zu und legte ihr die Hand auf die Schulter. »Hör zu, Sarah. Das Ganze ist völlig aus der Kontrolle geraten.«

»Was meinst du?«

»Ich habe eine weitere Kassette. Gestern abend haben sich Arnott und Karl Heinz Kessler in Scarpiratos Büro unterhalten. Scarpirato ist unschuldig. Kessler ist der dritte Mann und Catania der vierte. Kessler und Arnott haben Catania ein Privatkonto in der Schweiz eingerichtet. Sie überweisen ihm ein Viertel aller Gewinne, damit es so aussieht, als gehörte Catania zu ihrem Verbrecherring. Eine weitere Maßnahme, um ihn bei der Stange zu halten.«

Sarah umklammerte den Griff der Sporttasche, die sie über der Schulter trug. »Mein Gott! Das wird ja immer unglaublicher. Ich wußte, daß Arnott und Kessler enger befreundet waren, aber ich dachte immer, Arnott sei so was wie ein Prügelknabe. Kessler schien über allem zu stehen, verstehst du. Der angesehene Leiter einer großen Handelsbank. Ich hab' an ihn gedacht, den Gedanken aber schnell wieder verworfen. Ich konnte es mir nicht vorstellen.« Sie schwieg.

»Es kommt noch schlimmer, Sarah«, fuhr Jacob fort.

»Arnott hat Kessler alles über dich und Mosami erzählt. Er hat ihm gebeichtet, daß ihr beide von der Verschwörung wißt. Und er glaubt, daß auch Scarpirato davon weiß. Außerdem haben sie die andere Wanze entdeckt. Das Spiel ist aus. Beide Parteien wissen voneinander, keiner kann sich mehr verstecken. Kessler hat Arnott erklärt, daß er Catania davon erzählen würde. Daß er was unternehmen müsse.«

Sarah ließ die Tasche zu Boden fallen und setzte sich aufs Sofa. Sie kramte nach einer Zigarette, die sie sich mit zitternder Hand ansteckte.

»Ich glaube, das schaffe ich nicht mehr.«

Sie wählte die Nummer des Governors. Weder im Büro noch zu Hause meldete er sich.

Am selben Abend landete die Maschine des Alitalia-Flugs AZ 286 aus Rom mit quietschenden Reifen auf dem Londoner Flughafen Heathrow. Es war die letzte Verbindung des Tages, und die Maschine war voll. Für die beiden Passagiere, die ihren Flug in letzter Minute gebucht hatten, war nur noch Business class in Frage gekommen. Jetzt standen sie in der Schlange vor der Paßkontrolle. Beide reisten mit falschen Papieren. Wenn sie nervös waren, so sah man es ihnen nicht an, denn sie hatten die besten falschen Papiere, die für Geld zu haben waren.

Sie lächelten der Beamtin am Schalter zu, die durch ihre Pässe blätterte. Sie winkte sie durch. Dann gingen sie zur Gepäckausgabe, um ihre Koffer abzuholen. Jeder, der sie beobachtete, hätte sie für Fremde gehalten. Sie hatten nichts miteinander gemein, abgesehen von ihrer Fähigkeit, Menschen umzubringen.

Sie gingen durch den Zoll nach draußen zum Taxistand, wo sie getrennte Wagen nahmen. Der Mann, Gianni Carudo, fuhr zu einem Hotel im Zentrum Londons, dem *Dorchester* in der Park Lane. Die Frau, Christine Villiers, besaß ein eigenes Haus an St. Leonard's Terrace in Chelsea.

Der Dritte im Bund, ein gewisser Daniel Corda, hielt sich bereits in London auf. Er lebte hier seit dreißig Jahren und war Christines britischer Kontaktmann. Trotz des Hauses in London operierte Christine hauptsächlich von Rom aus. Deshalb brauchte sie in London jemanden, der sich optimal mit den örtlichen Gegebenheiten und Gepflogenheiten auskannte. Sie rief Corda an, um ihm ihre Ankunft mitzuteilen und das Startsignal zu geben. Sie bat ihn, um Mitternacht zu ihr zu kommen, damit sie ihn über die weiteren Einzelheiten informieren konnte.

In der Stille der jeweiligen Zimmer dachten alle drei über ihren Auftrag nach. Christine Villiers würde Dante Scarpirato töten. Sie brachte keine Frauen um. Dafür heuerte sie

Männer an. Gianni Carudo würde sich um Sarah Jensen kümmern und Daniel um Mosami Matsumoto. Christine mußte sich auch deshalb auf die Unterstützung der beiden Männer verlassen, weil ihr Auftrag so dringend war.

Catania hatte ihr erklärt, daß die Opfer so schnell wie möglich erledigt werden sollten. Sie hoffte, es in drei Tagen schaffen zu können, übers Wochenende. Zwei Tage würden sie brauchen, um die Betreffenden zu beobachten, ihre Wohnungen auszuspähen und einen Plan zu entwerfen. Eigentlich hätten sie eine Woche dazu gebraucht, aber sie hatten ihre Anweisungen und kannten sich überdies mit schnellen Jobs aus. Es war nicht das erste Mal, daß sie unter Zeitdruck arbeiteten.

Ein paar Stunden später traten die drei Killer in die dunkle schwüle Nacht Londons, um etwas Luft zu schnappen und den ersten Blick auf ihre Opfer zu werfen.

Als Jacob gegangen war, blieb Sarah noch lange auf und las bis spät in die Nacht. Sie saß mit dem Buch und einem Glas Whisky auf dem Sofa. Gelegentlich legte sie das Buch nervös zur Seite und sah sich im Raum um. Die Vorhänge waren auf. Im hellen Schein der Lampe war sie deutlich sichtbar. Sarah hatte keine Ahnung, daß ein Paar dunkler Augen jede ihrer Bewegungen verfolgte.

Im Gebüsch am Ende des Parks versteckt wartete Gianni Carudo. Sie war schön. Es würde ein reines Vergnügen sein. Er würde morgen nacht mit seinem Messer wiederkommen und sie im Schlaf überraschen. Er beobachtete Sarah, bis sie aufstand, das Licht ausknipste und verschwand. Das Schlafzimmer mußte im hinteren Bereich der Wohnung liegen. Lautlos stahl er sich davon.

Am folgenden Morgen wachte Sarah wie gerädert auf. Sie schleppte sich zur Arbeit. Bei der allmorgendlichen Besprechung saß sie Scarpirato gegenüber. Sie wechselten ein verständnisvolles Lächeln. Sie hatte ihn verkannt; er war unschuldig. Jetzt, nach ihrem Gespräch am Mittwoch abend hatte sie das Gefühl, sich in seiner Gegenwart endlich entspannen zu können.

Er bewahrte sein Lächeln, als sie vor ihm saß, die Beine unter dem Konferenztisch ausstreckt, schön, aber unnahbar. Erinnerungen wurden wach, doch er vertrieb sie. Es war besser so. Scarpirato sah sich um. Arnott und Wilson betraten den Raum. Arnott sah ihn seltsam an. Er zuckte die Achseln und eröffnete die Besprechung.

Arnott saß auf seinem Platz, ein mulmiges Gefühl in der Magengegend, und wartete. Scarpirato kam ihm beunruhigend normal vor. Beinahe glücklich sogar. Wahrscheinlich wartete er auf den richtigen Augenblick. Vielleicht wollte auch er wie Sarah ein Stück vom Kuchen. Deshalb erweckten die beiden diesen einmütigen Eindruck. Wahrscheinlich hatten sie am Mittwoch abend alles so ausgemacht. Arnott fragte sich, was Kessler und Catania dazu sagen würden.

Nach der Besprechung blieb Sarah im Konferenzraum sitzen. Sie schloß die Tür und rief den Governor in seiner Privatwohnung an. Wieder nahm niemand ab. Sie rief in seinem Büro an. Auch dort ging niemand ans Telefon. Endlich, um acht, nahm seine Sekretärin den Hörer ab.

»Könnte ich bitte mit dem Governor sprechen? Sarah Jensen am Apparat.«

Die Stimme antwortete kalt und förmlich. »Tut mir leid. Der Governor befindet sich auf einer Auslandsreise.«

Sarah versuchte, sich zusammenzureißen. »Es ist dringend. Ich muß ihn unbedingt sprechen.«

»Sie können sich darauf verlassen, daß ich ihm Ihre Nachricht übermitteln werde, wenn er anruft, Miss Jensen.«

»Könnten Sie nicht ihn anrufen? Was ist, wenn er sich nicht meldet?«

Die Stimme lachte. Ein Hauch von Entrüstung lag darin. »Wie bereits gesagt, ich werde ihm Ihre Nachricht übermitteln, wenn er anruft.«

Sarah wurde von Panik erfaßt. »Ich fürchte, Sie verstehen nicht ganz. Ich muß sofort mit dem Governor sprechen.«

Die Stimme klang resigniert. »Hören Sie, Miss Jensen, der Governor befindet sich in New York, dort ist es mitten in der Nacht. Sie werden sich wohl oder übel gedulden müssen.«

Sarah legte auf. Sie rieb sich mit den Händen über die nackten Arme. Plötzlich fühlte sie sich sehr allein.

Der Vormittag verging ruhig. An den Börsen war nichts los. Sarah las die Zeitungen und versuchte, nicht an den Governor zu denken. Arnott saß links von ihr und warf ihr seltsame Blicke zu. Doch sie war zu müde, um sich mit ihm anzulegen.

Die Zentrale von Cordillon et Cie. war in einem früheren Privathaus auf einer kopfsteingepflasterten Straße im Herzen der Genfer Altstadt untergebracht. Das einzige, was auf ihre Tätigkeit hinwies, war ein bronzenes Schild mit dem Initial C. an der Tür. Nur Eingeweihte wußten, daß sich hinter dieser unscheinbaren Fassade eine der wichtigsten Privatbanken der Schweiz verbarg.

Der größte Teil des Gebäudes, vor allem jene Räume, die der gewöhnliche Kunde zu sehen bekam, waren wie Privaträume eingerichtet, mit kostbaren Gemälden, eleganten Sitzgruppen und gemütlichen Büros. Die moderne Seite des Bankwesens wurde gut versteckt. Computer, Faxgeräte und Monitore befanden sich in den oberen Etagen. Dort saßen die jungen Bankangestellten vor ihren Bildschirmen, kritzelten Anweisungen ins Hauptbuch und verwalteten Milliarden auf unzähligen Geheimkonten. Als weitere Konzession an die modernen Zeiten hingen vier Uhren mit der Zeit von Genf, London, New York und Tokio an der Wand.

Peter Jaeggli, ein junger, ehrgeiziger Bankangestellter, warf einen Blick auf die Genfer Uhr. Zwölf. Zeit für den nächsten Kaffee. Er ging quer durch den Raum in die kleine Küche und brühte sich einen extra starken kolumbianischen Kaffee auf. Vorsichtig die Tasse balancierend, kehrte er an seinen Platz zurück. Er setzte sich und wandte seine Aufmerksamkeit wieder den Akten auf seinem Schreibtisch zu. Es waren die zur Archivierung bestimmten Ausdrucke einer Reihe von elektronischen Geldtransfers.

Jaeggli runzelte die Stirn und schüttelte leicht den Kopf, als wollte er nicht glauben, was er da schwarz auf weiß vor sich hatte. Die Worte, Ziffern und Anweisungen flimmerten vor seinen Augen. Er rechnete im Kopf nach. Der Reingewinn dieser Transfers betrug drei Millionen Dollar und war auf das Konto LS236190X überwiesen worden. Das war am Tag zuvor passiert, am Donnerstag, zwei Tage nachdem die Transaktionen abgewickelt worden waren. Möglicherweise wegen der Höhe der Summe und weil so etwas so gut wie nie vorkam, hatte ein jüngerer Bankangestellter die Ausdrucke an Jaeggli weitergeleitet.

Jaeggli nippte an seinem Kaffee und starrte in die Luft. Es mußte eine plausible Erklärung geben. Vielleicht war das Ganze ein Irrtum. Er durfte keine voreiligen Schlüsse ziehen. Zunächst mußte er Fragen stellen, später urteilen und handeln. Ja, das war das Beste, was er tun konnte. Er wartete, bis seine Kollegen an den benachbarten Tischen außer Hörweite waren oder selbst telefonierten. Dann wählte er rasch eine Nummer.

Simon Wilson rief quer durch die Devisenabteilung nach Sarah.

»Ein Deutscher auf Leitung zwei.«

Sarah kam zu ihrem Schreibtisch und nahm den Hörer ab.

»Sarah? Peter Jaeggli. Ich muß mit dir reden.« Seine Stimme klang ernst.

Sarah wußte sofort, warum er anrief. Ihr illegaler Deal – riesige Ein- und Ausgänge und am Schluß ein Gewinn von drei Millionen Dollar, sehr viel mehr, als sie ursprünglich auf ihrem Konto gehabt hatte. Cordillon hätte sich um die Geldtransfers gekümmert, so daß sie ihr Konto nicht überzogen hätte; trotzdem war ihr Verhalten gegenüber der Bank zumindest unhöflich, wenn nicht gar ausgesprochen verdächtig. Kein Wunder, daß Jaeggli so feierlich tat. Aber konnte man nicht erwarten, daß Schweizer Banker mindestens auf einem, wenn nicht beiden Augen blind waren, wenn es um zwielichtige Transfers ging? Vielleicht ist mein Fall einfach zu ungewöhnlich und auffällig, um ignoriert zu werden, dachte Sarah.

»Ja, Peter, das mußt du wohl.«

»Ich schlage vor, daß du nach Genf kommst. So schnell wie möglich. Es gibt eine Maschine um …«

Sarah fiel ihm ins Wort. »Was? Ich soll nach Genf kommen? Ist das nicht ein bißchen übertrieben?«

Seine Stimme war angespannt. »Nicht unter diesen Umständen. Ich würde dich sonst nicht darum bitten.«

Sarah nahm den Hörer vom Ohr und starrte nachdenklich auf ihren Tisch. Seit acht Jahren kannte sie Jaeggli. Sie hatten zusammen in Cambridge studiert. Alex und sie hatten ihn in Genf besucht, waren zusammen in den Alpen geklettert und Ski gefahren. Aber so ernst hatte sie ihn noch nie erlebt. Sie war besorgt und amüsiert zugleich.

»Sieh mal, Peter. Normalerweise wäre ich gekommen, aber im Moment geht es schlecht. Ich kann hier wirklich nicht weg.«

Er war unnachgiebig. »Tut mir leid, Sarah. Ich muß darauf bestehen. Du wirst sehen, warum, wenn du erst mal hier bist.«

Sarah sah nachdenklich zur Decke auf. Schließlich sagte sie: »Na schön. Ich komme.«

»Um fünf nach drei geht eine Maschine der Swissair von Heathrow aus. Ich hole dich am Flughafen ab.«

Um halb zwei traf Gianni Carudo auf dem Carlyle Square ein. Er trug Jeans, eine Jeansjacke, ein weißes T-Shirt und eine Baseballmütze; seine gewöhnliche Uniform, mit der man auf der King's Road nicht im mindesten auffiel.

Er ging auf Sarahs Haus zu, weder zu schnell noch zu langsam, um keine Aufmerksamkeit auf sich zu ziehen. Er warf einen Blick auf die leeren Fenster. Es würde noch Stunden dauern, bis sie nach Hause kam. Man hatte ihm gesagt, daß sie zwischen vier und sieben Feierabend machte. In der Zwischenzeit würde er ein paar Runden drehen, ihr Haus von allen Seiten studieren und sich mit der Umgebung vertraut machen. Später würde er aus einiger Entfernung beobachten, wie sie nach Hause kam und ob sie Besuch hatte.

Er fragte sich, wie der Abend verlaufen würde. Vielleicht kam sie, zog sich um und ging wieder aus? Und wenn schon. Früher oder später würde sie nach Hause kommen, und er würde dort auf sie warten. Er könnte sie jetzt, in diesem Moment, umbringen, wenn es sein mußte. Unter seiner

Jeans, an die Wade geheftet, trug er ein Messer mit einer fünfzehn Zentimeter langen Klinge. Doch bei Nacht war es perfekt. Im Dunkeln fühlte es sich einfach besser an. In seiner Tasche klimperten ein paar Schlüssel. Es war eine Auswahl der besten Dietriche, die auf dem Markt zu haben waren. Mit ihnen würde er in Sekundenschnelle in ihrer Wohnung sein.

Er überquerte den Platz und bog in die Old Church Street ein. Er wollte sich auf der King's Road unter die Menschenmenge mischen und später erneut eine Runde drehen. Jetzt war es Zeit für eine andere Art von Aufklärung. Sie war nicht unbedingt notwendig, aber er sah sich gern in der Umgebung seiner Opfer um und hinterließ seine Markierung. Er trat in eine Telefonzelle auf der King's Road. Als er an ihr Gesicht dachte, schlug sein Puls schneller.

Sarah erklärte Scarpirato, daß sie wegen einer dringenden Privatangelegenheit den Nachmittag frei nehmen müsse.

»Kein Problem«, sagte er lächelnd. »Außerdem ist am Freitag nachmittag sowieso nicht viel los.«

Erleichtert kehrte sie an ihren Schreibtisch zurück, packte ihre Sachen und wollte gerade gehen, als Wilson nach ihr rief.

»Warten Sie, Sarah. Ein Anruf auf Leitung eins. Klingt italienisch.«

Sarah griff gereizt nach ihrem Handy. Sie wartete, doch niemand meldete sich. »Hallo? Hallo?«

In seiner Telefonzelle versteckt lächelte Gianni Carudo in sich hinein. Sarah Jensen war im Büro, wie nicht anders erwartet. Also war es für sie ein Tag wie jeder andere. Sie konnte nicht wissen, daß es ihr letzter war. Bei dem Gedanken wurde es Carudo warm ums Herz.

Sarah knallte wütend das Telefon auf den Tisch. Irgendein Idiot mußte auch immer anrufen, wenn sie es eilig hatte. Sie griff nach ihrer Handtasche und flitzte los, bevor der andere es noch mal versuchte.

Auf der Lower Thames Street stieg sie in ein Taxi und bat den Fahrer, sie zum Carlyle Square zu bringen und dort fünf

Minuten zu warten, um sie anschließend zum Heathrow Airport zu fahren. Er nickte eifrig; das war ein gutes Geschäft. Mindestens vierzig Pfund, schätzte er.

Eine halbe Stunde später bog er in den Carlyle Square ein und fand einen Parkplatz um die Ecke von Sarahs Haus. Sie sprang aus dem Wagen, um ihren Paß zu holen, ein paar Sachen einzupacken und Jacob anzurufen, damit er Bescheid wußte.

Der Taxifahrer parkte und machte den Motor aus. Er saß im Wagen und starrte auf den Park und die vielen bunten Blumen. In diesem Augenblick sah er einen jungen Mann mit einer Baseballmütze, der sich dem Taxi näherte. Er hatte etwas Unangenehmes an sich, etwas Gieriges. Erleichtert sah er, daß der Mann in die King's Road einbog und verschwand. Kurz darauf klopfte es an seinem Fenster. Es war die junge Frau mit einem kleinen Koffer. Sie stieg ein.

»Zum Terminal zwei, bitte.«

Er fuhr los, die King's Road entlang. Sarah saß hinten und vertiefte sich in den *Evening Standard*, den jemand auf dem Rücksitz liegengelassen hatte.

Der Taxifahrer überholte den Mann mit der Baseballmütze, der geradeaus blickte und die schöne Frau nicht sah, die nur wenige Meter von ihm entfernt vorbeifuhr.

Um 17.35 Uhr landete die Maschine 833 der Swissair auf dem Genfer Flughafen. Peter Jaeggli wartete wie versprochen in der Ankunftshalle. Er begrüßte Sarah förmlich und führte sie zu seinem Wagen, einem metallicblauen Alfa Romeo Spider. Es war ein schöner Nachmittag, und er fuhr mit offenem Verdeck.

Schweigend brausten sie dahin. Der Wind peitschte Sarah das Haar ins Gesicht, bis sie in die Stadt kamen und sich in den stockenden Feierabendverkehr einfädelten. Eine halbe Stunde später bogen sie in eine gepflasterte Straße in der Altstadt ein, keine halbe Meile von Peters Arbeitsplatz entfernt. Geschickt fuhr er rückwärts in eine kleine Parklücke ein. Er lächelte in sich hinein. Immer noch wortlos führte er Sarah dann in seine Wohnung im ersten Stock. Er schloß die Tür auf und ließ ihr den Vortritt. Seine Bewegungen waren ungeschickt, ein wenig verkrampft. Seine Verantwortung als Gastgeber und Freund ließ sich schlecht mit den Verpflichtungen seines Berufes vereinbaren. Er brachte ihr einen Whisky, schenkte sich selbst einen ein und setzte sich neben sie aufs Sofa.

Er spielte mit seinem Glas. Die Atmosphäre war gespannt. Sarah hatte keine Lust, um den Brei herumzureden. Er sollte sagen, was er zu sagen hatte, damit sie es hinter sich brachten. Danach konnten sie vielleicht wieder normal miteinander reden, wie alte Freunde.

Er räusperte sich.

»Mir ist das alles ziemlich unangenehm, Sarah ...« Er sah sie an. Sein Blick war schuldbewußt, aber auch entschlossen. Sie lächelte und zuckte leicht die Achseln; sie hatte ihm schon im voraus verziehen.

»Es geht um die drei Millionen, die du gerade am Devisenmarkt verdient hast ... Ich muß den Vorgang an meine Vorgesetzen melden. Aber vorher muß ich wissen, wie der Deal zustande kam.«

Sarah seufzte leise, lehnte sich zurück und musterte Jaeggli abschätzend, als suchte sie in seinen Augen nach einer Erklärung.

Das war die Höhe. Sie hatte das Recht, auf ihrem Konto Geldtransfers nach Belieben abzuwickeln, ohne der Bank Rechenschaft ablegen zu müssen. Ihr Kontoführer hatte lediglich dafür zu sorgen, daß Ein- und Ausgänge fristgerecht abgewickelt wurden, daß man ihr die fälligen Zinsen zahlte und ihr die sonst üblichen Dienstleistungen der Bank zuteil wurden. Und jetzt spielte er sich auf, als sei er der Hüter über die Integrität ihrer Finanzen. Plötzlich überkam sie die Wut. Sie nahm einen großen Schluck Whisky und spürte, wie die Empfindung wieder nachließ. Sie versuchte kühl und rational zu denken, doch eine Sorge nagte immer stärker an ihr, fast, als wollte sie sich als Anhaltspunkt anbieten.

Soweit sie informiert war, hatten die Schweizer Behörden nur dann das Recht, Fragen zu stellen oder Konten zu überprüfen, wenn der dringende Verdacht bestand, daß es sich um Drogengelder oder um anderweitig kriminelle Bereicherung handelte. Jaeggli spielte die Rolle eines Polizisten und nicht die ihres Kontoführers. Irgend jemand mußte also den Verdacht geäußert haben, daß die Gewinne mit kriminellen Mitteln erwirtschaftet worden waren. Nicht mit den sonst üblichen illegalen Mitteln, bei denen die Schweiz aus alter Tradition gewöhnlich ein Auge zudrückte, sondern durch ein echtes Schwerverbrechen. Sie überlegte schnell.

»Ich glaube, du solltest mir endlich sagen, was hier gespielt wird.«

Jetzt war Jaeggli an der Reihe, überrascht zu sein. Sarahs Gesichtsausdruck war hart und unversöhnlich.

»Ich darf niemandem etwas sagen. Eigentlich hätte ich dich nicht mal herbitten dürfen.«

»Davon bin ich überzeugt. Aber du hast es getan. Und du wirst nichts aus mir rausbekommen, wenn du mir nicht zuerst sagst, was hier gespielt wird. Also fang an.«

Jaeggli schwieg einen Augenblick, dann begann er zu sprechen.

»Es fing vor etwa zwei Monaten an. Unser Filialleiter, Herr Hoffman, bat mich in sein Büro und erklärte, die britischen und deutschen Behörden hätten Cordillon ersucht, in ihrem Auftrag ein paar Erkundigungen einzuholen. Er forderte mich auf, die Konten unserer Kunden nach großen Bargeldbewegungen zu bestimmten Daten zu überprüfen. Die Bedeutung dieser Daten erklärte er mir nicht, und er sagte auch nichts über den Zweck der Untersuchung. Aber nach ein paar Wochen wußte ich, daß die Behörden größere Geldbewegungen nach bedeutenden wirtschaftlichen Ereignissen, wie Änderungen der Leitzinsen oder größeren Interventionen der G7 an den internationalen Devisenmärkten, im Auge hatten.« Jaeggli hielt inne und holte Luft.

»Und plötzlich tauchen deine drei Millionen auf – zwei Tage nachdem die italienische Zentralbank den Leitzins um einen Punkt erhöht hat.«

Jaeggli seufzte tief, als wäre eine Riesenlast von ihm abgefallen. Er stand auf und nahm eine schwarze Schachtel Davidoffs von einem kleinen Tisch, die er Sarah anbot. Beide rauchten schweigend.

Sarahs Gedanken rasten auf Hochtouren. Die Bedeutung dessen, was ihr Jaeggli gerade erzählt hatte, war höchst beunruhigend. Die britischen Behörden hatten also von Anfang an den Verdacht gehabt, daß es eine undichte Stelle in der G7 gab und irgendwer mit Insiderwissen an den Devisenmärkten operierte. Die Bank of England mußte ebenfalls davon gewußt haben. Und damit auch Anthony Barrington. Trotzdem hatte er ihr nichts erzählt, hatte ihr nicht mal einen Wink gegeben, was für ihre Arbeit von entscheidender Bedeutung gewesen wäre. Warum hatte er nichts erzählt? Sarah versuchte, sich einen Reim darauf zu machen.

Wenn er davon gewußt und es ihr nicht gesagt hatte, ergab es keinen Sinn. Aber selbst wenn er keine Ahnung von der ICB, Arnott und Vitale gehabt hatte, mußte er gewußt haben, daß irgend jemand mit Insiderwissen aus der G7-Gruppe handelte. Plötzlich schoß Sarah die Erkenntnis wie ein Blitz durch den Kopf. Es mußte mehr als einen Ring geben, der mit dem Insiderwissen der G7 handelte. Barrington nahm an, daß die ICB nur Teil eines Ringes war, von dessen Existenz er bereits wußte. Aber warum hatte er ihr das nicht gesagt? Traute er ihr nicht, oder gab es einen anderen Grund, sie im dunkeln tappen zu lassen? Sie sah Jaeggli an.

»Suchten die Behörden nach jemanden bestimmtem? Solltet ihr bestimmte Konten im Auge behalten?«

Jaeggli starrte auf seine Schuhe, sah kurz auf und antwortete dann widerwillig und langsam. Er war dabei, gegen alle Regeln des Bankwesens zu verstoßen, wenn er mit ihr darüber sprach.

»Na ja. Ich habe natürlich nur mit Hoffman gesprochen, und er gab sich sehr zugeknöpft. Er hat mich auf bestimmte Konten aufmerksam gemacht. Ich glaube nicht, daß ihm bewußt war, daß ich die Identität der Konteninhaber kannte. Sie ist normalerweise geheim, es waren nur Nummernkonten. Doch wenige Monate bevor das Ganze begann, hatte ich ein paar Akten mit Nummernkonten auf seinem Schreibtisch gesehen. Ich sah, wie er sie einpackte und zu einer Kundenbesprechung mitnahm. Ich hatte auch den Kunden gesehen. Ich kannte sein Gesicht aus der Zeitung. Er heißt Antonio

Fieri. Sein Konto gehörte zu denen, die ich später überprüfen mußte.«

Sarah sah verwirrt auf. Doch die Bedeutung des Namens entging ihr.

»Angeblich ist er ein Mafiaboß«, erklärte Jaeggli.

Er beobachtete Sarahs Gesicht. Sie wurde bleich, und ihre Gesichtszüge spannten sich wie zu einer Maske, als sie sich darunter zurückzog. In ihr kämpften Panik, Verwirrung und Angst miteinander. Dann kam Zorn auf, zuerst nur zaghaft, dann immer stärker, bis sie vor Wut kochte.

»Willst du mir jetzt erzählen, was los ist?« Jaegglis Stimme kam von ganz weit her.

Sarah zuckte zusammen. Sie musterte ihn mit einem seltsam distanzierten Ausdruck, bevor schließlich ihre alte Zuneigung wieder durch ihren Blick schimmerte.

»Das kann ich nicht. Ich kann dir nur sagen, daß auch ich für die Behörden arbeite.«

Er sah sie an. Irgendwas in ihrer Stimme verriet ihm, daß sie die Wahrheit sagte.

»Das Geld, das ich verdient habe, gehört dazu. Es ist besser, wenn du es nicht an die große Glocke hängst. Ich weiß, das ist viel verlangt, aber …« In der Stille, die folgte, beobachtete sie ihn. Sie wartete und traute sich kaum, Luft zu holen. Irgendwie hatte sie das Gefühl, es sei lebenswichtig, daß er niemandem von den drei Millionen erzählte. Derselbe Instinkt, der sie gehindert hatte, Barrington davon zu erzählen, schrie auch jetzt wieder: »Sag es niemandem.«

Jaeggli spreizte die Hand und musterte seine Finger. »In Ordnung. Ich werde es für mich behalten. Wenn ich keinen Alarm schlage, wird auch keiner was merken. Aber Sarah …«

»Hm?«

»Ich würde es nicht noch mal machen.«

Sarah jedoch schien ganz woanders zu sein. Er schenkte ihr nach. Sie nippte schweigend an ihrem Glas. Er rückte etwas näher an sie heran und fuhr ihr durchs Haar. »Jetzt, wo du hier bist, wollen wir versuchen, die ganze Sache zu vergessen. Warum bleibst du nicht übers Wochenende? Wir könnten eine Bergwanderung machen.«

Sarah drehte sich zu ihm um und lächelte. Er spürte, daß sie zu ihm zurückkehrte. »Klingt großartig.«

Der Swissair Flug 838 von Genf nach London Heathrow startete am Sonntag abend pünktlich um fünf nach acht. Sarah saß angeschnallt auf ihrem Platz und starrte aus dem Fenster, während das Flugzeug an Höhe gewann. In der Ferne erkannte man die Silhouette der Alpen.

Das Wochenende mit Peter war schön gewesen. Sie waren gewandert, hatten zusammen gegessen und getrunken, so wie in alten Zeiten mit Alex. Eine Weile hatte sie all die Gedanken verjagen können, die sie plagten.

Sie sah aus dem Fenster auf die hohen Gipfel und dachte an ihren Bruder und ihren Freund Eddie, die Tausende von Meilen entfernt waren, unerreichbar in der hohen Wildnis des Himalaja. Sie fragte sich, wie es ihnen ging und ob sie sie vermißten. Wieder überkam sie das Gefühl von Einsamkeit und Angst.

Um Viertel vor neun Londoner Zeit landete die Maschine in Heathrow. Sie ging durch den Zoll und trat in eine leere Telefonzelle. Sie warf fünfzig Pence ein und wählte Dantes Nummer. Nach dem dritten Klingeln nahm er ab.

»Dante? Ich bin's, Sarah.«

»Du bist also wieder da. Wie war deine Privatangelegenheit?«

»Hör mal, Dante, könnte ich noch auf einen Sprung vorbeikommen? Ich muß mit jemandem reden. Du bist doch alleine, oder?«

Er lachte. »Ja. Ich bin allein. Komm vorbei.«

22

Gianni Carudo fluchte leise. Sarah Jensen war nicht zu Hause, offenbar übers Wochenende verreist. Soviel stand fest. Es gab keinerlei Anzeichen, daß sie zu Hause war. Die Lampen waren aus, der Anrufbeantworter an. Er hörte sich ihre Ansage an. Sie hatte eine schöne Stimme. Stark und herausfordernd. Das mochte er. Jede halbe Stunde rief er an. Doch sie war nicht da. Nach einer Weile begann er die Stimme zu hassen.

Trotzdem. Irgendwann mußte sie ja wiederkommen, wahrscheinlich heute nacht. Und er würde auf sie warten. Seine Ungeduld und seine Wut steigerten sich langsam, aber sicher.

Christine Villiers spürte, wie die ersten Anzeichen von Erregung über ihr Rückgrat krochen. Sie hatte das ganze Wochenende das Haus beobachtet. Schließlich war die Freundin gegangen. Jetzt war Scarpirato allein; sie war sicher. Sie sah sich um. Die Straße lag menschenleer da. Sie war bereit. Lächelnd ging sie auf seine Tür zu.

Im Innern des Hauses hatte sich Scarpirato soeben einen Drink eingeschenkt und eine Zigarre angezündet. Er saß auf dem Sofa und wartete auf Sarah. Daher war er nicht überrascht, als es an der Tür klingelte. Er hatte gewußt, daß sie früher oder später zu ihm zurückkommen würde.

An der Tür hörte er ein unsicheres Klopfen. Er ging in die Halle und öffnete. Auf der Türschwelle stand eine vollkommen fremde Person. Er sah sie überrascht an.

»Ja, bitte?«

Sie war mittelgroß, blond und schön. Ihr langes Haar war zu einem Pferdeschwanz gebunden, der unter einer Baseballmütze hervorlugte. Sie hatte ein ebenmäßiges Gesicht, hohe Wangenknochen, eine gerade Nase und ein kantiges Kinn. Ein ausdrucksstarkes Gesicht, entschlossen, selbst wenn sie lächelte. Die Augen waren kalt und unbewegt von diesem Lächeln. Sie trug enge Jeans und ein T-Shirt, was sie viel jünger aussehen ließ, als ihr Blick andeutete. Sie sagte, ihr Name sei Gabrielle, sie sei eine Freundin von Sarah und müsse mit ihm reden.

Er hatte eine Schwäche für Blondinen und ließ sie herein. Die Tür fiel hinter ihnen ins Schloß. Er führte sie den langen Flur entlang. Er konnte sich zumindest anhören, was sie zu sagen hatte.

Der Ort war ideal. Lang und dunkel. Keine Fenster, dicke Wände. Christine nahm eine .22er Ruger Mark 11 aus der Handtasche. Es war eine automatische Pistole mit Schalldämpfer. Sie stemmte die Beine in den Boden, nahm die Waffe in beide Hände, spannte den Hahn und zielte auf den Kopf drei Schritte vor ihr. Dante drehte sich gerade um, als sie abdrückte. Die Worte erstarben auf seinen Lippen. Die Zigarre fiel ihm aus der Hand, als er am Fuß der Treppe zusammenbrach. Der Stummel landete auf dem Teppich und glühte in der Dunkelheit weiter. Das Gewebe begann zu schwelen. Bald würde Feuer ausbrechen.

Christine warf einen Blick auf die Waffe und steckte sie wieder in ihre kleine Handtasche. Leider mußte sie sie jetzt loswerden. Aber sie würde sich viele neue kaufen können dank Mr. Dante Scarpirato.

Sie untersuchte ihre Kleidung. Keine Blutflecken. Sie hatte genügend Abstand gehalten. Das Blut war an die Wand hinter ihm gespritzt, hatte sie aber nicht getroffen. Leichtfüßig schlüpfte sie aus dem Haus und zog die Tür hinter sich zu.

Sie bog in die King's Road ein und mischte sich unter die Spaziergänger. Nach einigen Umwegen kam sie zwanzig Minuten später zu Hause an. Dort erledigte sie zwei kurze Telefonanrufe: einen geschäftlichen und einen privaten. Sie lächelte freudig. Nicole würde kommen.

Das Taxi raste die A4 entlang auf die Londoner Innenstadt zu. Der Motor gab einen hohen Heulton von sich, der Sarah in den Ohren summte. Das Geräusch wurde leiser, als der Wagen schließlich die Cromwell Road verließ, in die

Earls Court Road einbog und sein Tempo wegen des dichten Verkehrs und der vielen Passanten drosseln mußte.

Sarah schaute aus dem Fenster auf das geschäftige Treiben. In fünf Minuten würde sie zu Hause sein. Sie wollte sich duschen, umziehen und dann zu Scarpirato fahren.

Sie lehnte sich zurück und dachte an das, was Jaeggli ihr erzählt hatte. Das Wort »Mafia« ging ihr nicht aus dem Kopf und machte sie ganz schwindelig.

Catania und Carla Vitale waren Italiener. Hatten sie etwas mit der Mafia zu tun? Angesichts der Riesenskandale in Italien, in die Mafia, Regierung und Wirtschaft verstrickt waren, wäre es geradezu verwunderlich, wenn die Mafia hier nicht die Hand im Spiel hätte.

Es war unglaublich. Es erschien ihr absolut unwirklich. Sarah wollte die Augen schließen und versuchen, einen klaren Kopf zu bekommen. Sie beschloß, direkt zu Dante zu fahren.

Sie erklärte dem Taxifahrer, daß sie es sich anders überlegt habe – er solle sie lieber nach Chelsea zum Wellington Square fahren. Sie lehnte sich wieder zurück und schloß die Augen.

Minuten später bot sich ihren Blicken ein absolutes Chaos. Der Taxifahrer hielt an der Kreuzung King's Road und Wellington Square, doch der Platz war abgeriegelt. Überall standen Streifenwagen und Feuerwehrautos. Dann entdeckte Sarah ein Haus in Flammen. Dichte Rauchwolken wälzten sich durch die Bäume am Wellington Square. Das Feuer war am anderen Ende des Platzes. Sie konnte nicht erkennen, welches Haus es war. Ihr drehte sich der Magen um. Sie brauchte nicht hinzusehen.

Ein Polizist hatte sich dem Wagen genähert und sprach sie durch das Fenster an.

»Wohnen Sie hier, Madam?«

Sie antwortete mit fester Stimme: »Nein, ich wollte nur jemanden besuchen. Macht nichts, es hat Zeit.«

Der Beamte nickte und drehte sich um, als ein anderer Wagen auf den Wellington Square zusteuerte. Sarah spürte, daß sie die Beherrschung verlor. Sie beugte sich vor, um dem

Taxifahrer Jacobs Adresse zu geben, und fiel wieder auf den Rücksitz.

Sie wußte, daß es Dantes Haus war, und hatte das sichere Gefühl, daß er tot war.

Jacob hörte das Taxi, als es vor seiner Haustür bremste. Er sah Sarah zusammengekauert auf dem Rücksitz. Er eilte hinaus, bezahlte den Fahrer und brachte sie ins Haus. Dort setzte er sie aufs Sofa, schenkte ihr einen Whisky ein und fragte sanft, aber entschieden: »Was ist passiert?«

Sarah sprach mechanisch, abgehackt.

»Ich habe Peter Jaeggli besucht und das Wochenende in Genf verbracht. Er wollte alles über den Drei-Millionen-Deal wissen. Hat mir erzählt, daß man ihn beauftragt hatte, nach Interventionen der Zentralbanken oder Veränderungen der Leitzinsen bestimmte Konten nach verdächtigen Bewegungen zu überprüfen. Offensichtlich steckten britische und deutsche Behörden dahinter. Eines der Konten, die Jaeggli überwachen sollte, gehört einem gewissen Antonio Fieri, er ist …«, sie hielt inne. Jacob hatte etwas gemurmelt. Er sah sie an.

»Fieri gehört der Mafia an.«

»Ich weiß.« Sie versuchte ruhig zu atmen. Nach einer Weile fuhr sie fort.

»Dante ist tot. Ich bin gerade bei ihm vorbeigefahren. Überall standen Feuerwehrwagen. Ein Haus brannte lichterloh. Sein Haus, Jacob.« Sie brach in Tränen aus und zitterte am ganzen Leib.

»Vielleicht ist ihm gar nichts passiert. Du weißt es nicht mit Sicherheit.«

Sarah schüttelte den Kopf.

Jacob starrte ins Leere. Dann stand er mühsam auf und schenkte ihnen Whisky nach.

»Wir müssen aussteigen, Sarah. Das Ganze ist eine Nummer zu groß für dich. Man hat dich weiß Gott warum in dieses Schlangennest geworfen und dann einfach allein gelassen. So vieles hättest du wissen müssen, was du nur durch Zufall erfährst, als hätte man es dir absichtlich verschwiegen. Irgend etwas ist faul an der Sache, und ich spreche jetzt nicht von Kessler, Catania und der Mafia. Das ist schon schlimm genug, und auch, was mit Scarpirato los ist, obwohl ihm wahrscheinlich nichts passiert ist. Meinst du nicht auch, es wird allmählich Zeit, dir diesen Barrington vorzuknöpfen und ihn mit den Tatsachen zu konfrontieren?«

Seine Stimme war sanft, aber entschieden. In seinem Blick lag beherrschte Wut, die sich unterschiedslos gegen jeden richtete, der mit der Sache etwas zu tun hatte.

Sarah nippte an ihrem Whisky.

»Ich weiß, angeblich bin ich mittendrin, und trotzdem habe ich keine Ahnung, was los ist. Eine Weile hatte ich ein mulmiges Gefühl, aber jetzt habe ich nur noch Panik.« Sie hielt inne und starrte in ihr Glas. »Ich rufe ihn an. Er war in New York. Vielleicht ist er es immer noch …« Ihre Stimme versagte. Jacob reichte ihr das Telefon, und sie wählte Barringtons Privatnummer. Niemand ging ran. Sie hob die Hände in einer hilflosen Geste.

»Ich versuche es morgen wieder.«

Jacob setzte sich neben sie und nahm ihre Hand.

»Am besten gehst du jetzt ins Bett, Kleines. Dein Zimmer ist schon vorbereitet. Ein Schlafanzug liegt auf dem Bett, für alle Fälle.« Er gab ihr einen Gutenachtkuß und schaute ihr nach, wie sie ihren Whisky nahm und erschöpft die Treppe zum Schlafzimmer hinaufging.

In dem stillen Zimmer leerte sie das Glas und fiel dann in einen unruhigen Schlaf.

Jacob saß bis spät in die Nacht da und streichelte Ruby, die auf seinem Schoß lag. Er machte sich seine eigenen Gedanken und war alles andere als zuversichtlich.

Acht Meilen entfernt hielt noch jemand Nachtwache. Christine Villiers saß allein zu Hause und wartete auf eine Nachricht. Nicole war dagewesen, hatte ihr ein paar Stunden lang eine vergnügliche Abwechslung geboten, und dann war sie kurz nach Mitternacht gegangen. Die Nacht war immer schwärzer und stiller geworden, bis die Autos von den Straßen verschwunden waren und alles schlief. Sie trank schwarzen Kaffee und sah immer wieder auf die Uhr an der Wand. Ihre Einsamkeit hüllte sie ein wie ein Schleier.

Daniel hatte schon am frühen Morgen angerufen und gesagt, alles sei »in Ordnung«. Matsumoto war also tot. Und auch Scarpirato. Fehlte bloß noch Miss Jensen.

Sie empfand einen Anflug von Bedauern, vermischt mit Besorgnis. Sarah Jensen war eine faszinierende Frau. Und schön. Sie hatte ein Foto gesehen, das Kessler Catania gefaxt und dieser an sie weitergegeben hatte. Ein Porträt aus einem Zeitschriftenartikel, den Sarah geschrieben hatte. Christine hatte Gianni Carudo eine Kopie gegeben und eine für sich selbst behalten. Sie nahm sie aus der Schublade und betrachtete sie. Jammerschade. Sie hätte Sarah Jensen gerne kennengelernt. Aber für eine Million Pfund sah sie sie lieber tot.

Christine schaute auf ihre Armbanduhr und runzelte gereizt die Stirn. Carudo hätte längst anrufen müssen. Sarah mußte bereits seit Stunden zu Hause sein. Carudo hätte sie erledigen und verschwinden sollen. Vielleicht war irgendwas schiefgegangen. Sie machte sich Sorgen.

Um sieben Uhr früh rief Carudo schließlich an. Seine Stimme klang angespannt. Ihr »Gast« sei nicht gekommen, erklärte er gereizt. Was er jetzt tun solle? Die Warterei abbrechen, antwortete sie. In sein Hotel zurückkehren und es am Abend erneut probieren. Vermutlich hatte ihr Gast die Nacht bei irgendeinem Freund verbracht.

Sarah wachte wie üblich um sechs Uhr auf. Sie lag in Jacobs schmalem Gästebett und starrte an die Decke. Augenblicklich übermannte sie das Gefühl von Angst und Verzweiflung. Sie zwang sich aufzustehen, schaltete das Radio an und ging unter die Dusche.

Als sie noch halb naß und tropfend aus dem Badezimmer kam, liefen gerade die Nachrichten. Sie hüllte sich in ein Handtuch und legte sich wieder ins Bett. Die Worte des Sprechers schwebten ungehört an ihr vorüber. Ihr Bewußtsein nahm kaum etwas wahr. Doch plötzlich hörte sie ein paar Wortfetzen, die sich wie Feuer in ihr Hirn brannten. Ein mysteriöser Brand ... letzte Nacht ... Chelsea ... ein achtunddreißigjähriger Italiener ... Dante Scarpirato. Die Mordkommission ermittelt ...

Sarah stürzte aus dem Zimmer und prallte gegen Jacob, der gerade die Treppe hochkam. Sarah trat einen Schritt zurück und schlang die Arme um ihren Oberkörper. Stöhnend stand sie da und wiegte sich leicht vor und zurück. Ihre scharfen Fingernägel krallten sich in die Oberarme, bis kleine Rinnsale von Blut über ihre Ellbogen liefen und auf den Boden tropften, ungesehen, unbemerkt. Ihr Gesicht war verzerrt von Schmerz.

Jacob zog sie an sich. Ihr heftiges Zittern schüttelte ihn, und sein Hemd wurde fleckig von dem Blut, das an ihren Armen heruntertropfte. Sarah rang nach Atem und erzählte ihm stockend, was sie in den Nachrichten gehört hatte. Dante war tot. Er wußte es. Auch er hatte die Meldung gehört.

Plötzlich fing sie an zu schluchzen, in großen keuchenden Stößen. Alles tat ihr weh. Jacob hielt sie fest und ließ sie weinen, bis die Wirkung des ersten Schocks nachgelassen hatte und sie sich langsam wieder faßte.

Eine Stunde verging. Mittlerweile saß sie angezogen am Küchentisch gegenüber von Jacob, eine Tasse heißen Kaffee vor sich. Zwischen ihnen lag eine Zeitung. Er hatte sie auf eine sechszeilige Meldung aufmerksam gemacht. Sie lautete: »Gestern abend wurde im exklusiven Hay's Mews in Mayfair die Leiche einer Frau gefunden. Offenbar handelt es sich um Mord. Die Polizei wird die Identität des Opfers erst preisgeben, wenn die Angehörigen verständigt worden sind.«

Sarah umklammerte die Tasse, bis die Hitze ihre Handflächen verbrannte. Sie warf Jacob einen Blick zu. Traurige Gewißheit stand ihm auf der Stirn geschrieben. Beide wußten, daß die Tote Mosami war.

Sarah sah sich in dem friedlichen Raum um: Tassen und Teller aus feinem Porzellan in einem alten Küchenschrank, daneben Regale mit kostbaren Gläsern, die Holzdielen aus polierter Eiche. In der Ecke rollte sich Ruby zusammen, die gerade vom Rosengarten an der Straße hereingekommen war und Sarahs verzweifeltes Schluchzen nicht hatte mitanhören müssen.

Wie lange würde Dantes und Mosamis Mörder brauchen, um auch sie und Jacob zu finden?

Mühsam zog sie sich am Tisch hoch.

»Sie müssen uns verstecken, Barrington oder wer immer jetzt die Verantwortung trägt. Uns verstecken und die anderen verhaften. Ich rufe ihn an ...«

Jacob nickte wortlos und sah ihr nach, als sie in sein Arbeitszimmer ging. Er trat in sein Schlafzimmer an einen anderen Apparat und wählte eine dreizehnstellige Nummer. Er sprach kurz, legte dann auf und wählte eine neue Nummer; diesmal war es ein Ortsgespräch. Innerhalb von fünf Minuten war alles arrangiert.

Sarah rief in der Privatwohnung des Governors an. Nach viermaligem Läuten meldete sich eine Frauenstimme.

Sarah umklammerte den Hörer. Sie sprach langsam und überlegt.

»Ich hätte gerne mit dem Governor gesprochen, bitte.«

Es folgte eine kurze Pause. »Tut mir leid, ich fürchte, der Governor ist in einer Besprechung.«

Sarah gab sich Mühe, ihre Stimme zu beherrschen. »Ich muß ihn dringend sprechen. Sofort.«

Wieder eine Pause. »Ich will sehen, was ich tun kann. Bleiben Sie bitte am Apparat ...«

Mrs. Barrington ließ sich erweichen und störte ihren Mann beim Frühstück. Sekunden später kam der Governor ans Telefon. Sarah hörte seine laute, selbstbewußte Stimme und sprach mechanisch. Alle Gefühle gingen in einem Meer der Verzweiflung unter.

»Dante Scarpirato und Mosami Matsumoto sind tot. Mosami war meine beste Freundin. Sie hat mir geholfen. Ich habe versucht, Sie am Freitag zu erreichen, um Ihnen zu sagen, daß Karl Heinz Kessler der Dritte im Bund ist. Catania ist der Vierte. Er ist zu einem Viertel an den Gewinnen beteiligt. Die Mafia ist in die Geschichte verwickelt. Ich glaube, daß sie mich töten wollen. Sie müssen etwas unternehmen. Sie müssen mich und einen Freund beschützen. Und Sie müssen Arnott, Carla Vitale und Kessler auf der Stelle verhaften lassen. Die Beweise reichen aus. Es geht jetzt nicht mehr um ein Wirtschaftsverbrechen, sondern um Mord. Sie müssen die Italiener verständigen, damit man Catania verhaftet. Und da ist noch jemand namens Fieri. Auch er steckt mit den anderen unter einer Decke.«

Barrington umklammerte entsetzt den Hörer. »Mein Gott, Sarah. Das ist ja schrecklich.« Er zögerte einen Augenblick, und als er fortfuhr, erschien Sarah die Festigkeit in seiner Stimme falsch. »Natürlich werden wir Sie beschützen. Ich kümmere mich sofort darum. Bleiben Sie, wo Sie sind. Wie ist Ihre Nummer?«

Sarah nannte ihm Jacobs Nummer.

»Ich rufe Sie gleich zurück.«

Sarah legte auf und ging in die Küche, um zu sehen, ob Jacob wieder da war.

Ihr war jetzt schmerzhaft klar, daß es nicht der Präsident der Bank of England war, für den sie arbeitete, sondern jemand anderen, der hinter ihm stand. Jemand, von dem er selbst Rat und Anweisungen bekam. Sie stellte sich vor, wie sie jetzt darüber berieten, was sie mit ihr tun sollten. Dann würde Barrington zurückrufen und das Spiel fortsetzen. Er würde ihr sagen, was sie machen sollte, als kämen die Entscheidungen und Anweisungen von ihm.

Sie stellte sich vor, wie eine unsichtbare Hand sie manipulierte. Sie hatte Angst, und obendrein fühlte sie sich verraten und verkauft. Die alte Wut stieg in ihr auf.

Sie nahm sich zusammen. Der Governor würde zurückrufen. Sie würde warten. Ihm noch eine Chance geben. Für all das mußte es einen guten Grund geben, eine plausible Erklärung. Sie klammerte sich daran und an die Hoffnung, daß Jacob und sie auf wunderbare Weise gerettet würden. Dann würde sich alles aufklären. Kessler und seine Verschwörer würden verhaftet und ihre eigene Rolle beendet sein, sie und Jacob wären wieder sicher.

Doch irgendwie wußte sie, daß es anders kommen würde.

James Bartrop nahm die Neuigkeiten gelassen auf. Er wußte bereits von den Morden an Scarpirato und Mosami. Er dachte gerade über einen Notfallplan nach, als Barrington anrief. Seine Anweisungen waren einfach. »Rufen Sie sie an. Sie soll sich nicht vom Fleck rühren. Und sagen Sie ihr, daß sie abgeholt wird. Ich veranlasse alles.«

Barrington hatte nicht die geringste Lust, zu widersprechen und weiter über diesen Alptraum zu diskutieren. Sarah Jensen mußte beschützt werden, das war das wichtigste. Bartrop würde sich darum kümmern. Die Vorwürfe hatten Zeit, bis sie in Sicherheit war. Was für ein Desaster, das reine Chaos, zwei Tote, und wozu das Ganze? Er hätte sich nie darauf einlassen dürfen. Er dachte an die Staatsanwaltschaft und ihre Fragen. Wie wollte Bartrop die Kontrolle behalten?

Wahrscheinlich würde jetzt doch alles rauskommen. Man würde Untersuchungen einleiten, ein Aufschrei der Medien war gewiß. Andererseits war noch nie ein Zentralbankpräsident aus dem Amt gejagt worden, und Bartrop schien überraschenderweise ganz und gar nicht verzweifelt. Er hatte vollkommen ruhig und gefaßt gewirkt. Die einzige Emotion in seiner Stimme war Erregung gewesen.

Er rief Sarah an. Das Telefon klingelte nur einmal, dann nahm sie ab.

»Alles ist in die Wege geleitet, Sarah. Wo sind Sie? Ich schicke Ihnen ein paar Beamte, die Sie in Sicherheit bringen werden.«

»Wann? Wer? Wie soll ich sie erkennen? Wann kommen sie? Ich brauche sie sofort.« Ihre Fassade bröckelte langsam ab. Die Worte brachen in einem Schwall von Angst und Mißtrauen aus ihr heraus.

»Sie werden so schnell wie möglich bei Ihnen sein. Sarah, sagen Sie mir, wo Sie sind, und ich schicke sie los.«

Erschöpft und vor Angst zitternd, stammelte sie Jacobs Adresse in den Hörer und legte auf.

Im gleichen Augenblick kam Jacob ins Zimmer. »Was hast du getan? Wem hast du gerade meine Adresse gegeben?«

Sarah setzte sich hin, schockiert über den Ton in Jacobs Stimme. »Dem Governor. Er schickt ein paar Leute, um uns in Sicherheit zu bringen.«

Jacob setzte sich ihr gegenüber, seine sanften Augen blickten streng. Er konnte es nicht fassen.

»Hat man dir nicht gesagt, daß man dich nicht beschützen könnte, wenn irgendwas schiefgeht? Daß dir niemand helfen wird, wenn du Ärger bekommst? Und dann stellst du fest, einfach so, rein zufällig, daß du es nicht mit einem gewöhnlichen italienischen Gauner zu tun hast, sondern mit dem Präsidenten der italienischen Zentralbank und der Mafia. Ein Kollege und deine beste Freundin werden ermordet, und du wartest hier in meinem Haus, um von irgendwelchen Leuten abgeholt zu werden, die du nicht einmal kennst. Dieselben Leute, die dir von Anfang an gesagt haben, daß sie dir nicht helfen können.« Er sah, wie ihr die Tränen über das Gesicht strömten, wie sie sich wütend auf die Lippen biß, sich mit der Hand die Tränen wegwischte.

»Was soll ich denn tun? Ich weiß nicht, was ich tun soll, wem ich noch trauen soll!« schrie sie ihn wütend an. Jacob stand auf und setzte sich wieder hin. Seine Stimme war ruhiger, aber genauso eindringlich.

»Paß auf, ich habe ein paar Freunde, die sich um uns kümmern werden, bis wir wissen, was gespielt wird. Daß du nicht für den Governor der Bank of England arbeitest, ist wohl mehr als klar. Das fällt gar nicht in seine Kompetenzen. Wahrscheinlich dient er bloß als Mittelsmann. Jede Wette, daß der MI5 dahintersteckt. Sie halten dich im unklaren und benutzen dich als eine Art Pfand.« Er hob die Hand, um sie zum Schweigen zu bringen, als sie protestieren wollte. »Meine Freunde können in zehn Minuten hier sein. Sie bringen uns zum Flughafen. Du hast deinen Paß dabei. In vier Stunden können wir in Sicherheit sein, irgendwo, wo uns keiner kennt.« Er sah das Zögern in ihrem Blick. »Nun komm schon, Sarah. Kannst du ihnen wirklich trauen?«

Sie starrte in die Augen, die sie so gut kannte. Sie schienen ihr so fremd in ihrer Strenge. Aber er hatte recht. Barrington hatte sie vom ersten Tag an hinters Licht geführt, und die Folge war, daß Dante und Mosami hatten sterben müssen.

»In Ordnung. Ich komme mit.«

Im Century House notierte Bartrop die Anschrift, die ihm Barrington gerade gegeben hatte, und verabschiedete sich hastig. Über die Sprechanlage bat er seine Sekretärin Moira, ihn mit dem Chief des MI6 oder C, wie der Inhaber des Postens üblicherweise genannt wurde, zu verbinden und Miles Forshaw in sein Büro zu bitten. C meldete sich. Bartrop faßte sich kurz. »Wir haben ein Problem mit unserer Börsenlady. Ihre beste Freundin und ein Arbeitskollege sind ermordet worden. Sie hat eine Menge mehr herausgefunden. Darunter einiges über Fieri. Ich lasse sie in Sicherheit bringen, zusammen mit einem unbekannten Freund.«

»Ziemlich zweifelhaftes Vergnügen, diese Operation«, antwortete C. »Gute Aufklärungsarbeit, aber ein hoher Preis. Schade um ihre Agentin, aber jetzt ist es zu spät. Ich muß den Berater des Außenministers davon unterrichten. Er wird dem Staatssekretär mitteilen müssen, daß Ärger ins Haus steht. Sie haben doch die Special Branch eingeschaltet, oder?«

»Sie unterhalten sich gerade mit der Spurensicherung.«

»Gut. Retten Sie, was noch zu retten ist, Bartrop.«

Bartrop legte auf. Sekunden später trat Forshaw ein.

»Schicken sie ein Einsatzteam zu dieser Adresse in Golders Green.« Er gab ihm den Zettel. »Bringen Sie die Lady und, wer immer bei ihr ist, in Sicherheit. Aber unauffällig. Niemand soll etwas merken. Und lassen sie das Haus rund um die Uhr überwachen. Schalten Sie die Special Branch ein. Sie sollen jeden festnehmen, der ihnen verdächtig vorkommt. Wer weiß, vielleicht schnappen wir auf diese Weise einen von Fieris Killern.«

»Glauben Sie, daß er dahintersteckt?«

»Wer sonst?«

Eine Viertelstunde später waren ein Einsatzteam des MI6 und zwei Offiziere der Special Branch auf dem Weg nach Golders Green.

Während Bartrop Miles Forshaw seine Anweisungen gab, telefonierte Christine Villiers mit Giancarlo Catania in Rom. Sie las ihm die Zeitungsberichte über Scarpirato und Matsumoto vor. Er fluchte laut und befahl ihr, Sarah Jensen sofort zu erledigen. Er verdoppelte sogar das Kopfgeld. Zwei Millionen Pfund, wenn sie bis zum Abend tot war. Was zum Teufel weiß Sarah bloß, das sie so gefährlich macht und ihr Schweigen so wertvoll, fragte sich Christine zum hundertstenmal. Zu der Erregung, die ihre Arbeit ihr bereitete, gesellte sich nun Neugier. Christine beschloß, die Sache selbst in die Hand zu nehmen. Es blieb keine Zeit, Gianni Carudo zu informieren – sie würde Sarah Jensen ausfindig machen und beseitigen.

Sie fragte bei der ICB nach. Die männliche Stimme in der Devisenabteilung klang mitgenommen. Nein, Sarah sei nicht zur Arbeit erschienen, teilte man ihr mit. Sie legte auf. Nachdenklich strich sie sich mit dem Finger über den Mund. Ein Schlupfloch, dachte sie. Sarah mußte irgendwo untergetaucht sein.

Sie holte einen Schlüsselbund aus dem Safe und ging die Treppe hinauf zu ihrem Schlafzimmer. Dort schloß sie einen Schrank auf und nahm mehrere Perücken und einen metallenen Schminkkasten heraus. Die blonde Perücke, die sie gestern bei Scarpirato getragen hatte, lag ganz oben. Sie wühlte in dem Haufen und kramte eine lockige braune Perücke hervor, die sie über ihr kurzes blondes Haar zog. Sie zerrte sie kräftig über den Kopf, damit sie nicht verrutschen konnte. Dann öffnete sie den Schminkkasten, nahm vier kleine Wattebäusche, wie Zahnärzte sie benutzen, um nach besonders schwierigen Bohrungen oder nachdem sie einen Zahn gezogen haben, das Blut aufzusaugen. Je zwei davon schob sie unterhalb der Wangen in den Mund und betrachtete ihr verändertes Ebenbild im Spiegel. Die hagere Blondine war zu einer süßen Brünetten mit den lustigen vollen Wangen eines Eichhörnchens geworden.

Sie griff nach ihrer Handtasche und nahm die Waffe heraus. Später würde sie die Pistole Daniel geben, der sie verschwinden lassen mußte. Bis dahin versteckte sie sie im Safe und entschied sich für eine automatische Browning, die bei der SAS sehr beliebt war. Niemand sollte eine Verbindung zwischen den Morden herstellen können. Sie schloß den Safe ab und verließ das Haus.

Zehn Minuten später klingelte sie mit besorgtem Gesicht an Sarahs Tür und zuckte zusammen, als sie hinter sich eine Stimme hörte. Am Fuß der Treppe stand Mrs. Jardine mit zwei Kindern an der Hand.

»Wenn Sie zu Sarah Jensen wollen, die ist jetzt nicht da. Sie wird im Büro sein.«

Christine sah sie verzweifelt an. »Das ist es ja. Sie ist nicht bei der Arbeit, und sie ist auch nicht zu Hause.« Sie breitete hilflos die Hände aus, als sei sie den Tränen nah. »Ich muß sie finden. Es geht um ihren Bruder Alex. Er hatte einen Unfall in den Bergen. Er ist schwer verletzt. Ich muß sie unbedingt sprechen ... sie wird sicherlich hinfliegen wollen.«

Christine wirkte so durcheinander, als sei sie einem hysterischen Anfall nah. Im Innern jedoch war sie völlig kühl. Die Informationen, die Catania ihr besorgt hatte, waren erstklassig. Und diese Frau schien jedes Wort zu schlucken.

Mrs. Jardine führte erschrocken die Hand zum Mund. »O Gott, die arme Kleine! Natürlich wird sie hinfliegen wollen, aber ...«

Christine unterbrach sie.

»Ich muß sie unbedingt finden. Haben Sie eine Ahnung, wo sie sein könnte?«

Mrs. Jardine dachte angestrengt nach. »Nun, ich weiß nicht. Schwer zu sagen.« Doch plötzlich hellte ihr Gesicht sich auf. »Ach ja, Jacob Goldsmith. Er ist ein guter Freund. So eine Art Onkel. Er kümmert sich um sie, wenn sie krank ist. Ich glaube, er wohnt in Golders Green. Ich habe seine Adresse nicht, aber wahrscheinlich steht er im Telefonbuch.« Ratlos hob sie die Hände. »Zumindest ist es einen Versuch wert, meinen Sie nicht?«

Christine verbarg ein triumphierendes Lächeln. »O ja, ganz bestimmt.« Sie warf der Frau einen dankbaren Blick zu und eilte hastig zur Telefonzelle auf der King's Road. Mrs. Jardine sah ihr hinterher. Was für eine aufmerksame junge Frau.

Christine wählte 142. Die Auskunft gab ihr die Telefonnummer, aber nicht die Anschrift von J. Goldsmith in Golders Green. Man schlug ihr vor, in einem Telefonbuch nachzusehen. Christine lief zum Kiosk um die Ecke. Ja, der Verkäufer hatte eines da. Wenn sie kurz warten könnte, würde er es holen lassen.

Fünf Minuten später kehrte der Gehilfe zurück. Christine stürzte sich auf das Buch. Sie fand zwei Goldsmiths in Golders Green und schrieb beide Adressen auf. Sie rief ein Dankeschön über die Schulter und lief zur King's Road, wo sie ein Taxi anhielt und dem Fahrer die erste der beiden Adressen nannte: Rotherwick Road.

Kurz vor der Rotherwick Road ließ Christine ihn halten und bezahlte. Sie stieg aus und ging das letzte Stück zu Fuß. Doch im selben Augenblick, als sie in die ruhige, von Bäumen gesäumte Straße einbog, spürte sie, daß etwas faul war. Gegenüber Nummer 24 parkte ein Kombi der Gaswerke, doch nirgendwo waren Kabel oder Arbeiter zu sehen. Ein alter Mann, der um die siebzig sein mußte, kam ihr entgegen und brabbelte irgend etwas vor sich hin. Er sah ganz gewöhnlich aus, doch all ihre Instinkte schlugen Alarm. Eine Katze lief ihr über den Weg. In einem Geistesblitz hatte sie plötzlich ihren Fluchtweg vor Augen. Sie hob die Katze blitzschnell auf und sagte laut: »O Tasha, da bist du ja! Dummes Ding.« Sie lächelte dem Mann zu, der sich ihr näherte, und sagte: »Jedesmal, wenn es zum Tierarzt gehen soll, reißt sie aus. Als wüßte sie es ganz genau ...« Christine drehte sich rasch um, während die Katze versuchte, sich aus ihrer Umklammerung zu befreien und ihr durch das dünne Baumwollhemd die Krallen in die Brust bohrte. Sie unterdrückte einen Schmerzenslaut und ging die Straße schnell wieder zurück. Nach mehreren hundert Metern, als sie sicher war, nicht mehr beobachtet zu werden, ließ sie das Tier los, hielt ein Taxi an und fuhr wieder nach Chelsea zurück.

Der alte Mann hatte ihr eine Weile nachgesehen und vor sich gemurmelt. Das Mikrophon im Innern seiner Jacke übermittelte seine Botschaft an die Beamten in dem Kombi.

»Nichts Besonderes. Nur eine jüdische Prinzessin aus New York, die ihre Katze verloren hat.«

Derweil versank Christine im Rücksitz des Taxis. Sie war sicher, daß ihre Ahnung sie nicht getäuscht hatte. Das war kein harmloser alter Mann gewesen, sondern ein verkleideter Zivilfahnder. Der Kombi von den Gaswerken war mit Sicherheit voller Beamter. Die Polizei war schneller gewesen als sie.

Schade. Sie hatte ihr Bestes gegeben. Jetzt war es höchste Zeit zu verschwinden. Sie mußte sofort nach Italien zurück. Für die Morde an Dante Scarpirato und Mosami Matsumoto würde sie zwei Millionen Pfund erhalten. Je vierhunderttausend waren für Daniel und Gianni bestimmt, der Rest für sie. Sarah Jensen dagegen war jetzt Catanias Problem.

Die Beschatter warteten. Sie hatten das Haus von vorne und hinten im Visier. Niemand kam ungesehen rein oder raus. Doch bisher hatten sie nichts bemerkt. Im Haus rührte sich nichts. Nach einer halben Stunde wurden sie nervös. Einer der beiden Agenten im Kombi rief Forshaw an und der wiederum Bartrop. Sie beschlossen, daß sie hineingehen und nachsehen sollten, wenn sich in einer halben Stunde immer noch nichts getan hatte. So lange würden sie noch warten.

Vierzig Minuten später erstatten sie Bartrop Bericht. Das Haus war leer. Sarah und ihr unbekannter Freund waren verschwunden.

Fünf Minuten später waren alle Flughäfen und Häfen benachrichtigt. Sämtliche Pässe von Frauen, die Ähnlichkeit mit der Beschreibung von Sarah Jensen hatten, wurden näher überprüft, doch von Sarah gab es keine Spur.

23

Die Cessna befand sich in dreitausend Metern Höhe über dem Ärmelkanal, als die Nachricht vom MI6-Hauptquartier an die Special Branch in Heathrow gefaxt wurde. Sarah Jensen saß in ihrem weichgepolsterten Sitz, der Gurt baumelte unbeachtet an der Seite herab. Sie lehnte sich zurück, rauchte eine Zigarette nach der anderen und hielt ein Glas Whisky in der linken Hand. Ihre Augen waren geschlossen, außer wenn sie den Stummel ausdrückte und sich eine neue Zigarette ansteckte oder sich nachschenken ließ.

Jacob öffnete seinen Gurt, schwankte durch den schmalen Gang und legte ihr sanft die Hand auf die Schulter. Er fragte, wie es ihr ging. Sie schien ihn nicht zu hören. Ihre Augen blieben geschlossen. Seine Worte prallten an ihrem stummen Gesicht ab. Er starrte nachdenklich auf sie herab, dann kehrte er zu seinem Platz zurück, um weiter Wache zu halten. Er wirkte sehr besorgt.

Er brachte sie an einen Ort, wo sie sicher war, aber es war nur ein provisorischer Unterschlupf. Wie lange konnte er sie beschützen? Wie konnten sie sich einen Weg aus dem Schlamassel bahnen, wenn sie nicht einmal wußten, woran sie waren?

Für den Augenblick war Sarah in Sicherheit, aber ihre ganze Zukunft war ungewiß. Sie hatte keine Kraft, um noch mal ganz neu anzufangen. Vielleicht konnte sie ihren Mördern entkommen, aber wie sollte sie weiterleben? Sie würde in unerträglicher Hilflosigkeit gefangen bleiben.

Er wußte, daß sie früher oder später einen Plan aushecken und den Ereignissen ihren Stempel aufdrücken mußte, sonst käme sie aus diesem Sumpf nie mehr heraus.

Die Maschine rüttelte ein wenig, als sie beim Landeanflug in eine Turbulenz geriet. Sarah schlug die Augen auf, nahm einen kräftigen Schluck Whisky und starrte aus dem Fenster. Unter sich erkannte sie, von der Sonne geblendet, die Umrisse einer von Bergen umgebenen Ebene und die Rollbahn des Flughafens. Die Maschine setzte mit quietschenden Reifen auf dem im Licht schimmernden Asphalt auf.

Nach wenigen Minuten kam sie vor dem kleinen Terminal zum Stehen. Ein uniformierter Pilot trat aus dem Cockpit. Lächelnd fragte er Sarah, ob sie einen angenehmen Flug gehabt habe. Sie hörte ihre Stimme aus weiter Ferne, als gehörte sie einer anderen Person. »Ja, danke«, sagte sie höflich und fiel in ihre Sprachlosigkeit zurück. Der Mann bat sie nach vorne. Sie stand unsicher auf. Die Muskeln in ihren Beinen fühlten sich wie Pudding an, gehorchten ihren Bewegungen nicht mehr. Sie war unendlich erschöpft. Sie zog eine Grimasse, stemmte sich hoch und folgte dem Mann in der Uniform. Jacob kam hinterher und beobachtete, wie sie wie ein verletztes Kind auf den Ausgang zustolperte, der sich gerade hinter dem Cockpit geöffnet hatte.

Der Flugkapitän sprang mit einem Satz auf die Piste und begrüßte einen anderen Mann, der draußen wartete. Schwarzhaarig, dunkelhäutig, marineblaue Uniform. Als er die beiden Passagiere sah, lächelte er und sagte: »Willkommen in Marokko.« Marokko. Sarah sah neugierig auf und kletterte vorsichtig drei Stufen in die brütende Hitze hinab.

Der dunkelhäutige Mann griff nach den Koffern, die ihm der Pilot herabgereicht hatte, und führte Sarah und Jacob zum Terminal. Das Klappern ihrer Absätze auf den grauen und weißen Kacheln kam ihr unerträglich vor. Sie sah sich um. Überall unverständliche arabische Zeichen. Früher hatte sie die arabische Schrift amüsiert, jetzt empfand sie sie als bedrohlich. Überall Menschen. Dunkelhäutige Männer mit Riesenschnurrbärten, die sie anlächelten, Frauen mit Werkzeugkästen. Nein, es waren Kosmetikkoffer, wie sie jetzt erkannte. Manche schleppten vier, fünf oder sechs auf einmal mit sich herum. Ihr Gesicht spiegelte sich in einer Glaswand, und sie mußte den Blick abwenden.

Der Pilot brachte sie zur Paßkontrolle. Er gab ihnen die Hand und verabschiedete sich. Sie zeigten ihre Pässe und wurden durchgewunken. Durch die Ankunftshalle gelangten sie zum vorderen Eingang.

Sarah blinzelte, von der Sonne geblendet. Was zum Teufel tat sie hier? Sie drehte sich zu Jacob um. Er nahm sie am Arm und rief einem Mann, der sich ihnen näherte, etwas zu.

Die beiden umarmten sich. Jacob stellte Sarah Jack Kohl vor. Kohl sah sie lächelnd und neugierig an. Sarah schüttelte ihm die Hand und erwiderte seinen neugierigen Blick. Er war klein und hatte eine vollkommen runde Glatze. Sein Gesicht strahlte eine ungewöhnliche Vitalität aus. Sarah sah ihm in die braunen Augen und mußte unwillkürlich lächeln. Kohl grinste zurück.

»Willkommen in Marrakesch.« Er nahm ihnen die Koffer ab und brachte sie zu einem weißen Mercedes.

Sarah blickte sich um und hatte das Gefühl, im Urlaub zu sein. Die Freundlichkeit, die Sonne, die brütende Hitze. Wieder fragte sie sich, was sie hier tat. Sie dachte an die Arbeit. An die ICB. Bei dem Gedanken lief es ihr kalt über den Rücken. Mit letzter Kraft nahm sie sich zusammen und stieg ein.

Die Sitze waren aus Leder, und im Innern herrschte eine angenehme Kühle, die sie wie ein Glas kaltes Wasser durchströmte. Auf ihren nackten Armen bildete sich eine Gänsehaut. Sie sah aus dem Fenster, und wieder liefen ihr Tränen über die Wangen.

Jacob saß neben ihr auf dem Rücksitz und beobachtete sie aus den Augenwinkeln. Er nahm ihre Tränen mit Erleichterung wahr. Es war nicht das quälende Schluchzen von vor ein paar Stunden, sondern deutete darauf hin, daß sie anfing, sich mit der Situation abzufinden.

Jack setzte sich ans Steuer, schnallte sich an und fuhr los. Nach einigen Meilen bog er in eine schlecht asphaltierte Landstraße und überholte Fahrradfahrer und Eselskarren. Sarah schloß die Augen und versuchte zu schlafen.

Etwas später wachte sie durch das Holpern des Wagens auf, der sich eine schmale Bergstraße emporkämpfte. Kiefern und Kakteen wuchsen auf dem ockerfarbenen Boden des Berghanges zur Rechten, während sich links ein Blick über tiefe, kaum zu erahnende Täler bot. Jack war ein geschickter Fahrer. Gelegentlich mußte er den Wagen dicht an die Bergwand heranlenken, um einem entgegenkommenden, mit Holz beladenen Laster auszuweichen.

Nach einer Fahrt von über einer Stunde nahm er den Fuß vom Gaspedal, bog scharf nach rechts ab und blieb vor einem hohen, weißlackierten Gittertor stehen. Mit Hilfe einer kleinen Fernbedienung öffnete er das Tor. Dann gab er wieder Gas und fuhr eine von bunten Blumen gesäumte Auffahrt entlang, die sich etwa eine halbe Meile hinzog. Sarah sah auf das Meer von roten, orangefarbenen, rosa, grünen und gelben Blüten und warf gerade noch rechtzeitig einen Blick zurück, um zu sehen, wie das Tor sich hinter ihnen wieder schloß. Sie fragte sich, wo das Wasser für all das Grün wohl herkam, kurbelte ihre Scheibe herunter und sog die heiße, würzige Luft ein.

Wieder verlangsamte der Wagen die Fahrt und kam schließlich am Ende der geschwungenen Auffahrt vor einem Haus zum Stehen. Es besaß mehrere Stockwerke und war in ortsüblicher Weise aus ockerfarbenem Lehm und Steinen erbaut. Vor den Fenstern befanden sich feine holzgeschnitzte Gitter. Blumen und Pflanzen wucherten in einer Rabatte an der Fassade. Mehrere Terrassen auf verschiedenen Ebenen reihten sich aneinander.

Jack stieg aus und öffnete Sarahs Tür. An den Stufen, die zum Haus führten, blieb sie stehen. Auf der Treppe erschienen jetzt eine Frau und ein Mann, die sich beeilten, ihnen die Koffer abzunehmen.

»Angelo und Mariella«, erklärte Jack und nickte dem Paar zu. »Sie arbeiten seit zwanzig Jahren für mich. Zuerst in Spanien, doch als ich hierher zog, sind sie mitgekommen.«

Das Paar begrüßte Sarah und Jacob lächelnd und verschwand mit dem Gepäck nach oben.

Sarah stieg langsam die Treppen hinauf, blieb oben stehen und drehte sich um. Die Terrassen breiteten sich über die Auffahrt hinweg aus, und jede war mit Blumen und Büschen bepflanzt, die über den Rand der kleinen Steinpfade wucherten. Unterhalb der Terrassen lag ein halbverwilderter Garten mit riesigen Palmen, die in der sengenden Mittagssonne nur wenig Schatten spendeten. Und überall Unmengen von Blumen. In der Ferne sah man eine von blühenden Schlingpflanzen und darunter verborgenem Stacheldraht bedeckte Mauer, die den Garten umgab. Im Hintergrund erhoben sich mit grünen niedrigen Bäumen bewachsene Berge. Sarah fragte Jack: »Wo sind wir hier?«

»In Ouirjane, am Fuß des Atlas.«

»Es ist sehr schön.«

Er erwiderte ihr Lächeln. »Wenn du dich erholt hast, mußt du dich ein wenig umsehen.« Sie nickte leicht. Er nahm sie am Arm und führte sie ins Haus. Sie war völlig erschöpft und überließ sich gern seiner Fürsorge. Jacob folgte ihnen.

Sie traten in eine zehn Meter hohe, kühle Vorhalle, von der zu beiden Seiten Treppen in die oberen Stockwerke abgingen. Am Ende der Halle lag ein Innenhof mit Blumen und Springbrunnen.

Jack führte Sarah die rechte Treppe hinauf. Sie gingen einen langen Gang mit zahlreichen Fenstern entlang. Die weiche Luft drang durch das filigrane dunkle Schnitzwerk der Fenstergitter, die geschlossen waren, um die Sonnenstrahlen abzuhalten. Vor einer hohen Rosenholztür blieb er stehen und ließ Sarah den Vortritt. »Wenn du etwas brauchst, ruf nach Mariella. Sie ist auf Leitung fünf. Mich erreichst du auf Leitung eins und Jacob auf vier.« Er lächelte und machte kehrt. Jacob drückte ihre Hand. »Bis gleich, Kleines.« Sie erwiderte seinen Händedruck und sah ihm nach, als er verschwand. Die Tür schnappte ins Schloß; es herrschte Stille.

Sarah sah sich im Raum um. Es war ein großes kühles Wohnzimmer mit persischen Teppichen auf dem Holzboden, Regalen voller Bücher und Bildern und Fotos an den Wänden. Sarah trat näher, um sie anzuschauen. Berge, Blumen, das Meer, Porträts von unbekannten Menschen. Sarah fragte sich, wer sie waren. Sie kniff die Augen zusammen im sepiafarbenen Zwielicht, das von den wenigen Sonnenstrahlen, die durch die Fenstergitter drangen, noch vertieft wurde.

Dann ging sie weiter ins Schlafzimmer. Die offenen Terrassentüren führten auf einen mit blühenden Pflanzen geschmückten Balkon. Musselinvorhänge flatterten in der Brise. Das Bett war unbedeckt und mit weißen Leinenlaken bezogen, als hätte jemand um ihre Erschöpfung gewußt. Es war zu verlockend. Sie warf die Kleider auf einen Stuhl und schlüpfte unter die frischen Laken. Wie üblich kam der Schlaf glücklicherweise rasch.

Jacob saß in der Bibliothek und trank einen Whisky mit Jack.

»Es war sehr nett von dir, alles so schnell in die Wege zu leiten.«

»Ach was, ist nicht der Rede wert. In all den Jahren, die wir uns kennen, hast du mich nie um einen Gefallen gebeten. Und du hast noch jede Menge gut bei mir …«

Jacob lachte. Wenn man es so sah, hatte er recht. Sein Freund war zehn Jahre jünger als er und hatte bei ihm das Handwerk gelernt. Doch offenbar nicht gut genug, zumindest am Anfang, denn er war ein paarmal geschnappt worden und hatte Jacob bitten müssen, ihm ein Alibi zu besorgen oder ein paar Dinge loszuwerden, die er nicht an den Mann bringen konnte. Jacob mußte lachen, als er daran dachte. Er sah sich um.

»Du hast es ganz schön weit gebracht. Das freut mich. Hast deinen alten Meister schließlich doch noch überrundet.«

Jack zuckte die Achseln und protestierte. »Ich habe nur mehr gewagt. Du hättest dir auch etwas Ähnliches aufbauen können, wenn du dein geliebtes Golders Green aufgegeben hättest.«

Jacob warf ihm einen empörten Blick zu. »Warum sollte ich? Dort habe ich alles, was ich brauche. Und wenn wir schon dabei sind – bisher habe ich auch noch nie Unterschlupf in einem freundlichen Land gebraucht, das kein Auslieferungsabkommen mit England hat.«

Jetzt war es an Jack, gespielte Entrüstung zu zeigen. »Ich auch nicht! Ich hatte das Haus als eine Art Kapitalanlage gedacht, für alle Fälle. Aber dann merkte ich, daß es mir hier besser gefällt als in Golders Green, was nicht verwunderlich ist.« Plötzlich wurde sein Gesicht ernst. »Außerdem kann so ein Unterschlupf manchmal ganz gelegen kommen, oder nicht?« Er zögerte, ein wenig unsicher. »Du mußt mir nichts sagen, wenn du nicht willst … Und was du mir auch sagst oder nicht sagst, du kannst so lange hierbleiben, wie du willst. Doch wenn ich mehr wüßte, könnte ich dir vielleicht helfen.«

Jacob verzog das Gesicht und starrte eine Weile auf seine Hände, bevor er schließlich aufsah und seinem Freund in die Augen blickte.

»Es ist eine lange Geschichte, von der ich selbst nicht einmal die Hälfte kenne. Und was ich weiß, ist ziemlich wirr. Die Kleine steckt in der Klemme. Zwei ihrer Freunde sind umgebracht worden. Sie ist sicher, daß man auch hinter ihr her ist. Und sie hat recht, davon bin ich überzeugt. Angeblich sind ein paar ›Gute‹ auf ihrer Seite, aber da habe ich meine Zweifel. Ich glaube eher, daß man sie benutzt. Warum und wie, kann ich dir nicht sagen. Das Ganze ist sehr komisch, und ich habe mir gedacht, daß wir untertauchen sollten, solange wir nicht wissen, was gespielt wird. Ehrlich gesagt, ich habe keine Ahnung, was wir tun sollen, aber zumindest sind wir hier in Sicherheit.« Er biß sich auf die Zunge. Um ein Haar hätte er das Wort »vorerst« hinzugefügt. Er betrachtete Jacks fragendes Gesicht. Es blieb ihm nichts anderes übrig – er mußte ihm die ganze Geschichte erzählen.

James Bartrop saß allein in seinem Büro und spielte mit einem Bleistift. Seine Augen flackerten ebenso wie die Gedanken, die ihm durch den Kopf schossen. Auf seinen Zügen lag ein Ausdruck von amüsierter Wißbegier.

Sarah Jensen war verschwunden, zwei ihrer engsten Freunde ermordet: schrecklich und vielversprechend zugleich. Der Preis für die Operation würde ein politischer Fallout sein. Bartrop, oder vielmehr C für ihn, würde sich den bohrenden Fragen des Außenministers, des Bundesstaatsanwaltes und möglicherweise des Premiers stellen müssen. Bei zwei Toten mit fremder Staatsangehörigkeit war seine augenblickliche Lage nicht gerade berauschend. Doch wenn die Morde tatsächlich zu Fieri führten und er es beweisen konnte, war noch nicht alles verloren. Von daher waren sie auf ihre grausige Art ermutigend, ja vielversprechend. Coole Profiarbeit, was auf die Mafia und Fieri deuten ließ. Sarah hatte, laut Barrington, Fieri beim Namen genannt. Bartrop war mehr denn je davon überzeugt, daß er tatsächlich dahintersteckte.

Alles, was ihn Fieri näherbrachte, war ein Bonus; daher lösten die Morde eine seltsame Mischung aus Bestürzung und Erregung in ihm aus. Er versuchte, die Bestürzung zu unterdrücken. Die Toten waren tot. Er konnte nichts mehr für sie tun. Er dachte an Sarah, die zu Tode erschrocken und verzweifelt sein mußte. Sie tat ihm leid. Doch völlig unschuldig an der ganzen Situation war sie nicht. Sie war weit übers Ziel hinausgeschossen und hatte eine gefährliche Eigeninitiative entwickelt. Sie hatte das Schicksal herausgefordert, sich in gefährliche Nähe von Mördern begeben. Aber das hatte sie nicht wissen können. Bartrop war bewußt, daß er eine gehörige Portion Mitschuld an der ganzen Angelegenheit trug. Sie war neu in dem Geschäft, und er hatte sie mißbraucht. Dann war etwas schiefgelaufen, sie war entdeckt worden, und jetzt rannte sie um ihr Leben. Das Ganze war furchtbar, aber – vielversprechend, wie gesagt.

Sarah Jensen mußte eine Mafia-Connection entdeckt haben, die möglicherweise zu Catania führte, und war dann selbst entdeckt worden. Jetzt brachte die Mafia alle um, die sie für Sarahs Mitwisser hielt. Er mußte sie unbedingt vor den anderen finden, damit sie ihm sagen konnte, was sie rausgekriegt hatte. All seine Agenten im Ausland hielten Ausschau nach ihr. Interpol, das FBI und Zollbehörden auf der ganzen Welt überwachten Flughäfen und Häfen.

Früher oder später würde er sie finden. Und dann würde die eigentliche Arbeit erst beginnen. Er würde ihr keine neue Identität verschaffen, sondern sie unter scharfe Beobachtung stellen, und mit etwas Glück und viel Erfahrung würden die Killer, die hinter ihr her waren, in die Falle tappen. Zwar setzte er damit ihr Leben aufs Spiel, aber das war ein kalkulierbares Risiko, das durch die möglichen Ergebnisse gerechtfertigt wurde. Wenn die Killer zu Fieri führten, wäre es das Risiko allemal wert.

Moira unterbrach seine Gedanken. »C möchte Sie sprechen.« Bartrop stand auf und ging ins Büro des Chief einen Stock höher. Die Sekretärin winkte ihn durch. Er nahm neben dem schweren Eichenholzschreibtisch Platz.

»Gibt es was Neues?«

»Sarah Jensen ist verschwunden, fürchte ich.«

»Und jetzt? Welche Lockvögel bleiben Ihnen?«

»Arnott und Vitale hier, Catania in Italien. Ich lasse sie überwachen. Habe schon mit dem italienischen Büro gesprochen. Sarahs Haus wird ebenfalls überwacht.« Er hielt inne, als würde er neue Überlegungen anstellen. »Ich glaube nicht, daß wir etwas davon hätten, wenn wir die Special Branch bitten, sie festzunehmen. Es gibt noch vieles, was wir nicht wissen. Die Chance, etwas über Fieri zu erfahren – wenn er tatsächlich in die Sache verwickelt ist –, scheint mir am größten, wenn wir uns weiterhin zurückhalten, oder was meinen Sie?«

C rieb sich nachdenklich das Kinn. »Könnte sein, ja. Wie steht es mit den Italienern? Oder haben Sie nur mit unseren Leuten dort gesprochen?«

»Vorerst ja. Es ist besser so. Das Risiko, daß die italienischen Behörden von der Mafia infiltriert sind, ist zu groß. Es könnte die ganze Operation vereiteln. Wir werden sie früher oder später unterrichten müssen, das ist klar. Aber lieber später als früher, wenn Sie nichts dagegen haben.«

»Ich bin ganz Ihrer Meinung. Vorerst sollen sie nichts erfahren. Und was haben Sie Interpol gesagt?«

»Um Interpol kümmern sich die Jungs von der Special Branch. Was Sarah Jensen anbelangt, sie wird wegen eines ganz gewöhnlichen Verbrechens gesucht.«

C lächelte leicht. »Nun gut, James. Sie werden nicht drumrum kommen, mir einen vollständigen Bericht zu schreiben. Ich muß das Komitee unterrichten.«

Er meinte die PSIS – Permanent Secretaries' Committee on the Security Services. Sie beschäftigte sich mit allgemeinen Fragen der Sicherheit, Budgetfragen, potentiellen internationalen Krisen und Politskandalen. Die Catania-Verschwörung betraf die beiden letztgenannten Bereiche. Der Kabinettsminister und die Staatssekretäre des Inneren und des Auswärtigen Amtes, die im Komitee saßen, würden sich anhören, was C ihnen zu sagen hatte, und dann entscheiden, ob sie den Außenminister und den Premierminister informieren sollten.

»Halten Sie mich auf dem laufenden, James. Das Ganze ist ziemlich heikel. Wenn wir nicht aufpassen, werden wir bestenfalls Schadensbegrenzung betreiben können. Das brauche ich Ihnen nicht zu sagen, oder? Je schneller Sie diese Sarah Jensen finden, um so besser.«

24

Sarah erwachte aus tiefem Schlaf. Sie schlug die Augen auf und sah empor zu der unvertrauten Decke. Dann kamen die Erinnerungen: Dante, Mosami, Jacob, Marokko, Jack. Sie tastete nach ihrer Uhr, die auf einer Kommode neben dem Bett lag. Es war sieben Uhr früh. Gott, sie hatte seit gestern nachmittag geschlafen. Die Verzweiflung packte sie erneut. Schlafen. Tage, Wochen und Monate. Sie kannte die Prozedur. Ihr Körper würde sich verschließen und ihr Bewußtsein vergessen wollen.

Plötzlich fuhr sie hoch, und ihre Augen flogen hastig durch den Raum, während sie versuchte, den Erinnerungen auszuweichen. Nicht schon wieder, bitte, nicht schon wieder. Noch einmal würde sie es nicht aushalten können. Sie erstarrte in Panik, als eine andere längst vergessene Erinnerung sie zu überwältigen drohte. Damals hatte sie eine Lösung gefunden. Es hatte Jahre gedauert, aber es hatte funktioniert. Warum jetzt nicht auch? Nur durfte es diesmal nicht Jahre dauern. Das war ausgeschlossen, sonst wäre auch sie bald tot. Sie schwang die Beine aus dem Bett und setzte die Füße unsicher auf den Boden.

Sie ging über den Teppich ins Bad. Es war ein riesiger, mit kühlem Marmor ausgelegter Raum, ganz in Weiß, wie ein Mausoleum. An einer Wand befanden sich drei vom Boden bis zur Decke reichende Schiebetüren mit holzgeschnitzten Gittern. In der Mitte des Raumes war ein großer Whirlpool in den Marmorboden eingelassen, und auf der anderen Seite waren Dusche, Sauna und Dampfbad.

Sarah trat unter die Dusche, drehte die Temperatur auf Null und den Hahn voll auf. Sie zuckte zusammen, als Kaskaden von eiskaltem Wasser über sie fielen, ihr Haar durchnäßten und ihr in die Augen spritzten.

Sie kam schnell wieder heraus, trocknete sich ab und zog widerwillig dieselben Kleider an wie gestern. Dann kämmte sie sich und trat durch eine große Schiebetür am Ende des Zimmers in die kühle Morgenluft.

Der menschenleere Garten war wie eine Oase, die nur ihr gehörte. Hin und wieder flatterten ein paar Vögel auf, als sie den Pfad entlangging. Überall waren kleine Wasserkanäle angelegt. Sie gelangte zu einem großen Teich mit Karpfen, die von zwei steinernen Katzen bewacht wurden. Sarah beobachtete die fetten, silbernen Körper der Fische, die unter dem Wasser dahinschwebten. Sie fragte sich, ob die Katzen die Reiher tatsächlich abhielten oder ob diese sich trotzdem herwagten und den Teich plünderten. Sie ging weiter, um das Haus herum, und genoß das Gefühl, alleine zu sein.

Plötzlich hörte sie das leise Klappen von Geschirr, und als sie genauer hinsah, entdeckte sie Jack, der auf einer der unteren Terrassen frühstückte. Er sah auf und lächelte, als er sie kommen sah.

»Was machst du denn hier in aller Herrgottsfrühe? Ich dachte, ich wäre der einzige, der so verrückt ist.«

»Der Tag ist viel zu schön, um im Bett zu liegen.«

Jack machte eine einladende Geste. »Frühstückst du mit mir?«

Sarah sah auf einen Korb mit Croissants, eine Schüssel mit frischen Mango- und Papayastreifen und eine große Karaffe Orangensaft. Der Duft von frisch gemahlenem Kaffee hing in der Luft. Sie setzte sich neben Jack. »Mit Vergnügen.«

Jack betätigte ein kleines Funkgerät. Kurz darauf war Angelo zur Stelle. Hinter ihm humpelte Jacob, noch etwas steif vom Schlafen, ins Blickfeld.

»Noch zweimal Frühstück, bitte, Angelo. Ach ja, und wie steht es mit den Kleidern?«

»Alles bestens, Mr. Jack. Mariella ist ungefähr in einer Stunde fertig.«

»Prima. Das ist sehr nett. Bringt sie einfach ins Zimmer der jungen Dame.«

Sarah fiel auf, daß er sie nicht beim Namen nannte. Jacob muß ihm alles erzählt haben, dachte sie. Und jetzt will er nicht, daß meine Identität bekannt wird.

»Was für Kleider?« fragte sie neugierig.

»Na ja, du wirst doch nicht die ganze Zeit in denselben Sachen rumlaufen wollen, oder? Mariella hat dir ein paar Kleider aus ihrem eigenen Stoff genäht. Sie sind schlicht, aber ich bin sicher, daß sie dir sehr gut stehen werden. Besser, als wenn du in Marrakesch selbst welche kaufen müßtest.«

Sarah zwinkerte ihm über den Tisch hinweg zu. Er dachte wirklich an alles. Sie mußte sich also hier versteckt halten und durfte keine Spuren in der anderen Welt hinterlassen, so als gäbe es sie gar nicht. Bei diesem Gedanken fühlte sie einen Anflug von Wut, die sich im nächsten Augenblick in Angst verwandelte. Sie stellte sich namenlose Gesichter vor, die durch die Menschenmenge wanderten, Fragen stellten, nach ihr suchten.

Sie musterte Jack und fragte sich, wieviel er wußte. Plötzlich erschrak sie und versuchte, die Angst aus ihrem Kopf zu vertreiben. Jacob hätte sie niemals hergebracht, wenn er Jack nicht voll vertraute. Also würde sie ihm ebenfalls trauen müssen.

Da tauchte Jacob am Tisch auf. Er trug einen Panamahut, den er jetzt abnahm und elegant durch die Luft schwenkte.

»Morgen, Kleines. Hast du gut geschlafen?«

Sarah lächelte angesichts der Sorgen, die er so ritterlich zu überspielen suchte.

»Ja, danke. Ich muß fünfzehn Stunden geschlafen haben.«

»Großartig. Das ist gut.« Er wandte sich zu Jack und lächelte. »Hab' mir deinen Hut ausgeliehen. Ich dachte, ich mache einen kleinen Spaziergang, aber ich will nicht, daß die Sonne das bißchen Hirn, das mir noch bleibt, wegschmort.«

»Ja, ja, man kann nie vorsichtig genug sein.«

»Paß bloß auf, was du sagst«, erwiderte Jacob lachend und wandte sich an Sarah. »Stell dir vor, überall, wo ich hinging, wurde ich von Augen verfolgt, kleinen roten Lämpchen, die vor sich hin blinkten. Ich hab' den Fehler gemacht, da unten an der Mauer entlang zu gehen, weil es so schön schattig war. Bin mir vorgekommen wie in einem Gefängnis; die Mauer ist gut fünf Meter hoch und von oben bis unten mit Kameras und Stacheldraht bestückt. Ich konnte nicht mal irgendwo pinkeln, aus lauter Angst, die Alarmanlage auszulösen …«

Sarah und Jack lachten laut. »Das muß ja wohl auch nicht sein. In diesem Garten gibt es nichts, worüber ich nicht Bescheid wüßte. Ich habe die besten Kameras installiert, für Tageslicht und Infrarot, Alarmanlagen, Sensoren, alles. Und außerdem gibt es auch noch Yap.« Wie auf Kommando erschien in diesem Augenblick ein wilder Yorkshire-Terrier hinter Mariella, die das Tablett mit dem Frühstück für Jacob und Sarah brachte.

Sie stellte es auf den Tisch, schimpfte mit Yap, der in morgendlichem Überschwang aufgeregt umhersprang, und ging wieder ins Haus. Yap sah ihr nach, dann lief er zu Sarah und schnupperte. Sie bückte sich und kraulte ihm den Nacken. Völlig entwaffnet wälzte er sich auf den Rücken und zeigte seinen hellen Bauch, um sich streicheln zu lassen.

»Du hast es ihm angetan. Normalerweise mag er Fremde gar nicht. Manchmal muß ich ihn regelrecht zurückhalten, denn er ist so rabiat, daß er tatsächlich zuschnappt.«

»Braver Hund, Yap.« Sarah richtete sich auf und lachte die beiden Männer an. Wie süß, wie typisch für Jacob, sie ohne viele Worte über die Gefahr, in der sie sich befand, auf ihre Sicherheit aufmerksam zu machen. Und Jack ebenfalls, der es ihm schnell nachgemacht und sie auf seine sanfte Art beruhigt hatte.

Ihr Herz war immer noch bleischwer, doch wenigstens würde die unterschwellige Angst sich in Grenzen halten lassen. Und das Lachen hatte sie auch nicht verlernt. Zumindest war es ein Anfang. Plötzlich schreckte sie aus ihrer Träumerei auf. Jack hatte sie angesprochen.

»Mariella geht später einkaufen. Wenn du irgend etwas brauchst, sag es ihr oder mir, dann gebe ich es ihr weiter.«

Sarah fiel nichts ein, was sie brauchte, und schüttelte den Kopf. Doch plötzlich kam sie auf eine Idee.

»Oh, doch. Ja, ein paar Zeitungen. Ich würde gerne wissen, ob sich irgendwas getan hat.«

»Ja, natürlich«, sagte Jack. »Angelo holt die Zeitungen meistens um eins. Sie kommen gegen drei, aber vorher trifft er sich mit seinen Freunden in einem Café. Er hat keine Ahnung, daß ich davon weiß, aber in diesem Kaff passiert nichts, ohne daß ich es erfahre.«

Um vier kehrte Angelo mit einem Stapel englischer und italienischer Zeitungen zurück.

»Alles in Ordnung? Wie geht's deinen Freunden, Angelo?« fragte Jack grinsend.

»Danke der Nachfrage, Mr. Jack«, antwortete Angelo. Der Witz war beinahe so alt wie sie selbst. Er trug die Zeitungen zu einem Tisch und fächerte sie wie ein Kartenspiel auf. Jack bedankte sich und bat ihn, der jungen Frau mitzuteilen, daß die Zeitungen da seien.

Kurz darauf tauchten Sarah und Jacob auf. Sarah hatte eines der Kleider angezogen, die Mariella ihr genäht hatte. Es bestand aus einem langen weißen Leinenrock und einem Hemd, das lose darüberfiel. Jack war verblüfft, als er sie vom weiten sah. Mit dem zurückgebundenen Haar und dem bleichen ungeschminkten Gesicht sah sie wie ein junges Mädchen aus, das zur Konfirmation ging. Doch als sie näherkam, verschwand die Illusion. Anstelle der unschuldigen Leichtigkeit trat die ganze Last ihrer Erfahrung, ihrer Tragödie. Ihr Gesicht war verzerrt und angespannt. Die Arme hingen schlaff herunter, und ihre Schritte waren schwer. Eigenartigerweise wirkte sie dennoch nicht wie eine Verliererin. Sie ging erhobenen Hauptes, und in ihren Augen sah man einen herausfordernden Funken.

Jacob und sie setzten sich gemeinsam an Jacks Tisch, und alle drei begannen zu lesen. Sarah las den *Corriere della Sera, La Stampa* und die *Times,* Jack die *Daily Mail* und den *Guardian,* Jacob den *Independent* und den *Daily Telegraph.* In keiner Zeitung stand etwas über den Fall. Alle drei suchten aufmerksam nach der gleichen Meldung, doch vergeblich.

Keine Schlagzeile, keine Meldung, nirgendwo auch nur der geringste Hinweis darauf, daß Karl Heinz Kessler, Matthew Arnott oder Carla Vitale verhaftet worden waren. Sekunden nach dem Aufschlagen der Zeitung wußten sie, daß auch Catania nicht verhaftet worden war, denn diese Nachricht hätte zumindest in den italienischen Zeitungen Schlagzeilen gemacht. Trotzdem studierten sie sorgfältig alle Zeitungsberichte Zeile um Zeile.

Nach einer halben Stunde lagen unzählige Zeitungsblätter auf dem Boden.

»Jetzt sind vierundzwanzig Stunden vergangen. Nein, mehr. Warum haben sie nichts unternommen?« Sarah suchte in den besorgten Augen, die sie musterten, nach einer Antwort auf ihre Frage. Beide Männer schwiegen, dann sagte Jacob: »Möglich, daß sie doch verhaftet worden sind. Ich weiß nicht genau, wann Redaktionsschluß ist bei den Zeitungen. Vielleicht war es bereits zu spät, als sie verhaftet wurden, um es in der Morgenausgabe zu bringen.«

»Das wird's wohl sein«, sagte Sarah und klammerte sich an diesen Strohhalm. »Wenn sie sie gestern nacht verhaftet haben, kann es erst morgen in der Zeitung stehen. Wir sollten lieber die Nachrichten im Fernsehen verfolgen.«

Sie sahen Sky News auf einem riesigen Bildschirm in einem abgedunkelten Zimmer. Nichts. Sarah schaltete den Fernseher aus und fing an, im Zimmer auf und ab zu gehen.

»Ich halte das nicht länger aus. Was wird da gespielt? Warum haben sie sie noch nicht verhaftet?« fragte sie. Jacob und Jack beobachteten sie und wechselten einen raschen Blick.

»Vielleicht ist es nicht so einfach. Die Polizei und zahllose andere Behörden werden in die Sache verwickelt sein. Alle werden nach ihren eigenen Interessen handeln. Es kann aber auch sein, daß sie gute Gründe haben, abzuwarten«, erklärte Jack.

»Gute Gründe?« schrie Sarah. »Zwei Menschen haben ihr Leben verloren. Ist das kein Grund?«

»Möglich, daß sie sie noch eine Weile beobachten möchten, um mehr über ihre Hintermänner zu erfahren«, sagte Jacob. »Immerhin gibt es eine Menge, was sie noch nicht wissen. Wäre doch gar nicht so abwegig.«

»Ja, natürlich. Wenn man davon absieht, daß derjenige, der Dante und Mosami auf dem Gewissen hat, immer noch frei herumläuft und jetzt nach mir sucht«, sagte Sarah und schwieg. Plötzlich sprang sie auf. »Da fällt mir was ein …«

»Was?« riefen Jacob und Jack wie aus der Pistole geschossen.

»Barrington hat die Kassetten noch nicht, auf denen klar wird, daß Kessler und Catania die Nummer drei und vier sind. Ich habe ihm am Telefon davon berichtet, aber das ist kein Beweismittel. Die Kassetten werden ihm diesen Beweis geben. Du hast sie doch mitgebracht, Jacob? Ich glaube, du hast sie in den Koffer gepackt.«

Jacob nickte.

»Dann werden wir Kopien von den Bändern machen. Wir könnten sie Barrington mit Federal Express schicken und abwarten, was geschieht. Wenn er sie verhaftet, werde ich ihm trauen, wenn nicht, dann nicht.«

Jack und Jacob richteten sich mit einem unbehaglichen Gefühl auf. Es sprach einiges für Sarahs Argumentation, trotzdem konnten sie ihr nicht restlos zustimmen. Es sah aus, als stellte Sarah ihn auf die Prüfung oder legte ihm eine Falle, fast in der Hoffnung, daß er reintapsen würde. Irgendwie schien sie einen geheimen Plan zu verfolgen, für dessen Umsetzung sie ihre Hilfe brauchte.

»Und was willst du dann tun?« fragte Jacob.

Doch Sarah lächelte nur.

Am nächsten Tag lag das Päckchen auf dem Schreibtisch des Governors. Angelo war am frühen Morgen nach London geflogen und hatte es bei Federal Express aufgegeben. Er hatte bar bezahlt, damit der Absender unerkannt blieb, und gebeten, mit der Auslieferung zwei Stunden zu warten. Dann war er in das nächste Flugzeug nach Marrakesch gestiegen. Als das Päckchen bei Barrington ankam, befand sich Angelo schon wieder über Spanien.

Auf dem Umschlag stand handschriftlich mit blauer Tinte geschrieben: »Vertraulich. Nur vom Adressaten zu öffnen.« Barrington riß es auf. Eine cremefarbene Seite flatterte heraus.

Verehrter Governor,

die beiliegende Kassette wird meine Behauptungen beweisen. Jetzt, da Sie die nötigen Informationen haben,

gehe ich davon aus, daß Sie sie an die betreffenden Behörden weiterleiten und diese die Schuldigen verhaften. Sie werden verstehen, daß mein Leben in höchster Gefahr ist, solange diese Leute frei herumlaufen. Daher vertraue ich darauf, daß Sie schnell handeln. Bis dahin werde ich bleiben, wo ich bin, weil ich mich hier bis zu einem gewissen Grad sicher fühle.
Hochachtungsvoll,
Sarah Jensen.

Barrington bat Ethel, bis auf weiteres keine Gespräche mehr durchzustellen. Dann nahm er den DAT-Recorder aus der Schublade und steckte die Kassette hinein.

Nach einer halben Stunde schaltete er das Gerät wieder aus und grübelte still vor sich hin. Sarah Jensen war am Leben, Gott sei Dank, doch ihre Rückmeldung kam alles andere als gelegen. Er hatte schon gehofft, daß er sich langsam aus dem Schlamassel zurückziehen könnte, aber ihre letzten Entdeckungen zogen ihn noch mehr hinein. Daß Catania bis zum Hals drinsteckte, war nicht sein Problem, aber Karl Heinz Kessler war Leiter einer renommierten Bank in der City, die seiner Verantwortung unterlag. Wenn das an die Öffentlichkeit kam, würde es der Reputation der City und seiner eigenen als Verantwortlicher großen Schaden zufügen. Entmutigt hoffte er, daß es Bartrop irgendwie gelingen würde, das Ganze aus den Zeitungen zu halten. Das beste wäre, wenn es nicht zu einem Prozeß kam, sondern man sich hinter den Kulissen einig wurde. Doch war ihm auch klar, daß das nach den Morden ziemlich unwahrscheinlich war. Er mußte schon verdammt gut manövrieren, wenn er ohne größeren Schaden aus der Sache herauskommen wollte. Eine Viertelstunde saß er in Gedanken versunken da. Dann rief er Bartrop an. »Am besten kommen Sie her. Ich habe gerade eine Nachricht von Sarah Jensen bekommen.«

Bartrop, der den Brief gelesen und sich die Kassette angehört hatte, lehnte sich mit besorgtem Gesichtsausdruck in seinem Sessel zurück.

»Was halten Sie davon?« fragte Barrington.

Bartrop seufzte laut. »Nun, in einer Hinsicht ist es gut. Sie lebt und hat uns belastendes Beweismaterial gegen Kessler und Catania geliefert. Die Konten, von denen Kessler sprach, können wir leicht ausfindig machen, und das liefert uns Catania an den Galgen. Aber es führt uns nicht zu Fieri. Wir sind ein bißchen in der Zwickmühle.«

»Was meinen Sie? Sollten wir sie irgendwie dazu bewegen, wieder aufzutauchen?«

»Nein, nicht unbedingt. Wir werden sie schon finden. Sie scheint irgendeinen Kuhhandel im Sinn zu haben. Wir sollen die Verschwörer festnehmen, oder sie bleibt untergetaucht. Offensichtlich weiß sie etwas über Fieri und die Mafia und will es uns nur sagen, wenn wir die anderen verhaften. Wenn wir aber jetzt alle verhaften, verzichten wir auf wichtige Erkenntnisse, die wir aus der Beobachtung gewinnen können, im Tausch gegen Informationen, von denen wir nicht wissen, wie wichtig sie sind und die uns vielleicht letztendlich nichts bringen. Wenn das zutrifft, hätten wir die beste Chance vertan, Fieri festzunageln. Da liegt das Problem.« Bartrop blickte nachdenklich auf den Innenhof.

»Was schlagen Sie dann vor?«

Bartrop schreckte aus seiner Träumerei auf. »Keine Ahnung. Ich muß erst mal drüber schlafen.«

»Und was soll ich tun, wenn sie anruft?«

»Ich glaube kaum, daß sie das tut. Sie ist zu klug und weiß, daß wir sie möglicherweise ausfindig machen könnten. Was mir Kummer macht, ist, daß sie auf die ›betreffenden Behörden‹ hinweist. Das heißt, sie hat den Verdacht, daß mehr dahintersteckt, als Sie ihr gesagt haben. Wahrscheinlich kocht sie vor Wut und spinnt sich irgendeine Verschwörertheorie zusammen.«

»Womit sie gar nicht unrecht hätte, was?«

Bartrop warf ihm einen finsteren Blick zu und stand auf, um sich zu verabschieden. Ehe er den Raum verließ, blieb er an der Tür stehen und sagte beiläufig: »Wenn sie anruft, halten Sie sie hin und versuchen Sie, soviel wie möglich aus ihr rauszukriegen. Sagen Sie ihr, daß sie zurückkommen muß und wir ihr dann alles erklären werden.«

Die Tür schnappte ins Schloß. Barrington starrte auf sie, als seien die Umrisse des Mannes noch zu erkennen. Er wünschte sich, daß Sarah in ihrem Versteck blieb, nur um Bartrop zu ärgern.

Trübsinnig schaute er aus dem Fenster auf den Innenhof, fand jedoch keinen Trost in dem kühlen Grün. Seine einzige Genugtuung war, daß Bartrop noch tiefer im Schlamassel steckte als er.

Am Morgen hatte er mit dem Chancellor gesprochen und ihm die ganze Angelegenheit erzählt. Der Chancellor hatte den Premierminister verständigt, dieser den Außen- und Innenminister, die sich ihrerseits mit den Staatssekretären und dem Kabinettsminister austauschten. Hektisches Treiben begann, eine Flut von Anrufen und Gesprächen unter vier Augen, die in einer für heute abend geplanten Besprechung ihren Höhepunkt erreichen sollte. Alle oben genannten Persönlichkeiten, mit Ausnahme des Premiers, würden sich um sechs mit dem Generaldirektor, C, Bartrop und dem Generalbundesanwalt im Kabinettsraum treffen. Vorwürfe, Rechtfertigungen und Erklärungen würden hin und her geschoben werden. Seine eigene Anwesenheit schien nicht erforderlich zu sein, und außerdem war es wichtig, sich von alledem zu distanzieren. Es würde nicht gerade sanft zugehen. Sollten Bartrop und C die Prügel einstecken.

Bartrop saß auf dem Rücksitz des Rovers, sah aus dem Fenster und zerrte heftig an seiner Krawatte. Munro brachte ihn nach Hause. Ihm war heiß, er bekam keine Luft. Die Krawatte fühlte sich an wie ein Strick.

Er haßte das Gefühl, die Dinge nicht im Griff zu haben. Der Fall Catania, der so vielversprechend begonnen hatte, glitt ihm aus den Fängen. Zuerst die Morde, dann das Verschwinden Sarah Jensens und jetzt die verdammte Besprechung, aus der er soeben entwischt war.

Das Treffen haue eine Stunde gedauert. Er hatte die klammheimliche Genugtuung in den Gesichtern gesehen, die ihn hämisch anstarrten. Er saß in der Patsche. Zwei Morde an Ausländern, ein internationaler Betrugsskandal von äußerster politischer Brisanz und die ständige Angst, daß die Medien Wind davon bekommen könnten. Als er Sarah Jensens letzte Erkenntnisse vorgetragen hatte, waren alle sichtlich schockiert und hatten versucht, den Ernst der Sache zu vertuschen, indem sie sich über ihre Art der Kommunikation entrüsteten.

»Dieses Versteckspiel. Per Federal Express verschickte Kassetten. Drohungen. Für wen hält sich die Dame eigentlich?« hatte der Innenminister getönt. Das war das einzige an der ganzen entsetzlichen Besprechung, das Bartrop hatte genießen können – wenigstens war es lustig.

Noch aber war nicht alles verloren. Er durfte seine Ermittlungen weiterführen, mußte sich aber strikt an die Gesetze halten und war aufgefordert worden, keine unnötigen Risiken einzugehen und dafür zu sorgen, daß nichts an die Presse durchsickerte. Außerdem hatte man ihn gedrängt, Sarah so schnell wie möglich ausfindig zu machen.

Mittlerweile wurde die Special Branch damit beauftragt, verstärkt nach den Mördern zu suchen, von denen immer noch jede Spur fehlte. Bisher wußte man nur, daß die Morde von zwei verschiedenen Personen, beides professionelle Killer, ausgeführt worden waren.

Keine der Tatwaffen war gefunden worden. Es gab keine Fingerabdrücke und keine Spur von den Mördern, nur zwei Leichen, die eine mit durchtrennter Halsschlagader, die andere mit einem Loch in der rechten Schläfe. Die Kugel war entfernt worden, und die ballistischen Untersuchungen hatten ergeben, daß sie aus einer bisher nicht registrierten Ruger Mark 11 abgefeuert worden war. Jede Waffe hinterläßt winzige Spuren an der Kugel. Die Daten werden weltweit gesammelt und sind genauso aussagekräftig wie ein Fingerabdruck. Diese Waffe aber hatte keine Vergangenheit.

Zeugen gab es auch nicht. Niemand hatte etwas Ungewöhnliches oder gar Verdächtiges gesehen. Die Morde waren äußerst professionell ausgeführt worden.

Bartrop spürte einen Ruck, als Munro schließlich bremste,

aus dem Wagen sprang und ihm den Schlag öffnete. Er stieg aus, verabschiedete sich von Munro und betrat sein Haus. Er ging die Treppe zum Arbeitszimmer hinauf und schenkte sich Whisky und Wasser aus einer Karaffe ein, die seine Haushälterin Mabel jeden Tag füllte. Er öffnete einen Schrank mit vier Regalen voller durcheinandergewürfelter CDs und nahm eine von Lester Young heraus. Dann setzte er sich an den Schreibtisch und hörte sich an, wie der rauchige Jazz das Zimmer erfüllte.

Die Zwiesprache zwischen Stimme und Saxophon berauschte seine Sinne und verbannte alles Denken aus seinem Bewußtsein. Er trank sein Glas aus und schenkte sich einen weiteren Whisky ein, während er der Musik lauschte und aus dem Fenster starrte.

Dann setzten die Gedanken ganz langsam wieder ein. Die Gedanken, die Sorgen, die Befürchtungen und auch die Zwangsvorstellungen. Er erkannte sie alle, doch über allem lag ein ungewohntes Gefühl: Mystifizierung. Daß die Profikiller spurlos verschwunden waren, konnte er verstehen, was ihn aber faszinierte, war, daß auch Sarah Jensen untergetaucht war. Sie war eine Anfängerin, verhielt sich aber nicht wie eine. Sie war von vornherein wie ein Profi aufgetreten. Und jetzt war sie verschwunden, entweder aus panischer Angst oder aus teuflischer Verschlagenheit.

Er fragte sich, wer der Freund gewesen war, von dem sie Barrington erzählt hatte. Das und vieles mehr würde er bald erfahren. Gleich nach ihrem Verschwinden hatte er angeordnet, daß ihre Vergangenheit genauestens unter die Lupe genommen wurde. Natürlich war sie bereits durchleuchtet worden, bevor Barrington sie angeheuert hatte, aber nicht so gründlich und detailliert, wie Bartrop es nun veranlaßt hatte. Es mußte eine Verbindung geben, die zu Sarah Jensen führte, dessen war er sicher. Er würde sie finden. Und Sarah ebenfalls.

Ein leises Klopfen weckte ihn aus seinen Gedanken. Es war Mabel.

»Das Abendessen ist fertig, Sir. Soll ich servieren?«

»Ja, danke, Mabel.« Er folgte seiner Haushälterin nach unten. Im Wohnzimmer war ein Tisch vor dem Fernseher gedeckt. Bartrop setzte sich. Mabel kam mit Fischsuppe, *Shepherd's Pie* und einem Käsesoufflé wieder. Ein tröstliches Mahl. Wie aufmerksam von ihr.

Nach dem Essen kehrte er in die Bibliothek zurück. Kurz darauf rief Nigel Southport an, der Leiter des italienischen Büros. Er bestätigte Bartrop, daß die Häuser von Antonio Fieri und Catania aus sicherer Entfernung überwacht wurden. Bartrop hatte um Unterstützung beim Geheimdienst der Carabinieri angefragt und diese auch bekommen. Es war die einzige italienische Behörde, der Bartrop über den Weg traute. Da er erkannt hatte, daß die Freunde nicht über die notwendigen Mittel verfügten, um ein derartig schwieriges Unternehmen alleine durchzuführen, hatte er Southport erlaubt, die Carabinieri um Hilfe zu ersuchen, die, ohne viele Fragen zu stellen, zugesagt hatten. Eine Hand wäscht die andere.

25

Die Sonne stand hoch über dem Fuß des Atlasgebirges, als Sarah, Jacob und Jack erneut zusammenkamen, um die Zeitungen zu durchforsten. Sie versammelten sich an dem runden Holztisch, nickten einander aufmunternd zu und begannen zu lesen. So vollzog sich das tägliche Ritual: Hoffnung beim Frühstück, Nervosität beim Mittagessen, um vier Uhr die Zeitungen, Enttäuschung, Ablenkung am Nachmittag und am Abend, bis dann der Morgen wieder Anlaß zu Hoffnung brachte, die sich im Verlauf des Tages erneut verflüchtigte.

Sarah versuchte, sich während der folgenden Tage auf andere Dinge zu konzentrieren. Jack besaß ausgezeichnete Vollblutaraber und Berber, und Sarah unternahm in Begleitung von Angelo jeden Tag mehrstündige Ausritte in die umliegenden Berge. Ansonsten ging sie im Garten spazieren und hielt ausgiebig Siesta. Die Mahlzeiten und die Zeitungslektüre markierten die Höhepunkte ihres Tagesablaufs.

Doch am Sonntag abend, als Jack schlafen gegangen war, brach sie ihr selbstauferlegtes Schweigen. Jacob und sie blieben auf, tranken alten Armagnac und spekulierten bis in die frühen Morgenstunden.

Jacob wiederholte seinen Verdacht, daß der MI5 in den Fall verwickelt war.

»Denk doch mal nach. Welche Rolle hast du gespielt? Die einer Undercover-Agentin, oder nicht? Und wer ist für Geheimaufträge verantwortlich? Der MI5.«

Jacob war ganz ruhig. »Sie haben dir eine Menge Dinge vorenthalten. Zum Beispiel, daß die Mafia in die Sache verwickelt ist und sie von Anfang an wußten, daß es um Insiderwissen ging. Und haben sie dir gesagt, daß es für dich gefährlich werden könnte, oder dich auch nur gewarnt? Nein. Sie haben dir eine wilde Story aufgetischt, und du hast sie geglaubt. Du hast ihnen abgekauft, daß du als Agentin für den Governor der Bank of England arbeitest.« Jacob verdrehte die Augen, und seine Stimme brach vor Erregung. »Wer hat je so einen Quatsch gehört?« Er betrachtete Sarah ganz ruhig. »Aus welchem Grund auch immer – sie haben dich übers Ohr gehauen und mißbraucht. Und ich wette mit dir, daß die Geheimdienste dahinterstecken und nicht der Governor der Bank of England.«

Sarah schwieg eine Weile, dann sagte sie: »Ich habe wenig Ahnung von alldem. Aber wenn ich morgen den Governor anrufe und ihn zur Rede stelle, wird er mir bestimmt nicht die Wahrheit sagen, oder?«

Es war nicht das erste Mal in der jüngsten Vergangenheit, daß Sarah sich fragte, warum der Governor ausgerechnet sie ausgesucht hatte. Warum hatte er nicht auf die Interne Ermittlungskommission zurückgegriffen oder sich anderer Behörden bedient? Er hatte ihr einen Freibrief ausgestellt und sie nie über ihre Methoden befragt. Solange sie Erkenntnisse lieferte, war er zufrieden gewesen.

Selbstkontrolle war eine feine Sache, aber sie hatte mehrere Male gegen Gesetze verstoßen, während sie für Barrington arbeitete. Was würde er sagen, wenn er von ihren drei Millionen erfuhr?

Barringtons Amt und der Mann selbst hatten ihre Zweifel bislang zerstreut, doch jetzt kamen sie wieder und wurden wie Risse in der Wand immer größer. Sarah fing an, den Mann losgelöst von seinem Amt zu sehen.

Anfangs hatte sie das Gefühl gehabt, daß Barrington sie beschützte und ihre Handlungen von seinem Amt gedeckt waren. Aber es gab keinen Beleg für diese Zusammenarbeit – weder etwas Schriftliches noch einen Zeugen.

Sie spürte ihre wachsende Isolierung. Ohne den Segen des Governors war sie eine Kriminelle. Ohne seinen Schutz war sie geliefert, fast tödlich verletzlich. Sie konnte sich nicht ihr ganzes Leben hier bei Jack verstecken. Die Gegend war wunderschön, aber dennoch auf ihre Art ein Gefängnis. Schon hatte sie das Gefühl, ihren klaustrophobischen Ängsten hilflos ausgeliefert zu sein. Sie war hin und her gerissen zwischen dem Wunsch, alles zu vergessen und zu Alex und Eddie in den Himalaja zu flüchten, wo sie niemand finden würde, oder nach London zurückzukehren, um sich Barrington zu stellen und herauszufinden, was wirklich gespielt wurde.

Sie hatte ihren Teil des Abkommens erfüllt. Sie hatte ein Verbrechen aufgeklärt und dem Governor stichhaltige Beweise geliefert, obwohl das Verbrechen und die Verbrecher viel gefährlicher waren, als er jemals angedeutet hatte. Dabei mußte er es gewußt haben. Mittlerweile waren zwei Morde geschehen, und er tat immer noch nichts. Warum nicht? Die Frage jagte durch ihren Kopf wie eine Rakete.

Sie erinnerte sich noch, wie aufgeregt sie gewesen war, als der Governor um ihre Mitarbeit gebeten hatte. Sie hatte sich von seinem Amt und dem erregenden Gefühl eines Geheimauftrags blenden lassen. Und was war das Ergebnis? Tod und die Zerschlagung ihres so sorgfältig aufgebauten Lebens.

Plötzlich fühlte sie sich verraten und verkauft, und dieses bislang unterdrückte Gefühl breitete sich wie Gift in ihr aus.

Sie wünschte Jacob gute Nacht und ging in ihr Zimmer. Die ganze Nacht lag sie wach im Bett. Am nächsten Morgen war ihr Glaube und ihr Vertrauen Barrington gegenüber zerstört; sie hatte ihre Geduld endgültig verloren. Statt dessen keimte in ihr das Gefühl von Rache.

Sie frühstückte, schlenderte durch den Garten und schwamm ein wenig im Pool, doch ihre Wut wurde immer größer. Dann beschloß sie, mit Jacob und Jack zu reden. Sie hatte eine Entscheidung getroffen und würde sich nicht mehr davon abbringen lassen.

Die beiden überredeten sie, noch ein paar Tage zu warten. Widerwillig stimmte sie zu.

Die nächsten zwei Tage versuchte sie abzuschalten, die schöne Umgebung und das Haus zu genießen.

Doch wie erwartet erschien immer noch nichts in den Zeitungen.

Am dritten Tag, einem Mittwoch, schoß das Adrenalin ungehemmt durch Sarahs Körper. Sie war fast krank vom Warten. Sie ließ das Frühstück ausfallen, nahm das Mittagessen in ihrem Zimmer ein, traf ihre Vorbereitungen und wartete ein letztes Mal auf die Zeitungen.

Das Schlagen der Wagentür um vier markierte Angelos Rückkehr. Sarah, Jacob und Jack kamen aus ihren Zimmern und versammelten sich unten im Garten hinter dem Haus. Angelo stapelte die Zeitungen auf dem mit einem weißen Tischtuch bedeckten Tisch. *Financial Times, The Times, The Guardian, The Independent, Daily Telegraph, Corriere della Sera* und *La Stampa*.

Sarah sah Jacob und Jack an. Sie warfen ihr einen aufmunternden Blick zu und machten sich über die Zeitungen her. Sie studierten Seite um Seite und ließen die ausgelesenen achtlos zu Boden fallen; ihre Gesichter wurden immer länger. Schließlich war der Tisch leer.

Sarah wischte sich mit einer Serviette die Druckerschwärze von den Händen. Ihre Stimme klang gelassen, fast ruhig in dem Durcheinander von zusammengeknüllten Zeitungen.

»Noch eine letzte Chance?« Sie nickten grimmig.

Jack rief Angelo und bat ihn, das schnurlose Telefon aus dem Haus zu holen. Angelo hatte das Gerät vor einigen Monaten in Südfrankreich gekauft. Es lief auf den Namen eines kleinen Unternehmens in Villefranche, das einem Freund von Jack gehörte. Es war sehr nützlich für Anrufe, die Jack nicht zu sich nach Marokko zurückverfolgen lassen wollte. Ein kleines Aufnahmegerät war an das Telefon angeschlossen, das Gespräche aufzeichnen und zu einem Kassettenrecorder im Haus übertragen konnte. Jack nahm Angelo das Telefon ab und bat ihn, den Recorder einzuschalten. Angelo nickte und ging wieder ins Haus.

Jack reichte Sarah das Telefon, die auf ihre Armbanduhr schaute. In London war es jetzt 15.30 Uhr. Hoffentlich ist er da, dachte sie. Bringen wir es hinter uns, je schneller, um so besser.

Sie wählte die Privatnummer des Governor. Nach dreimaligem Klingeln nahm er den Hörer ab. So gerne hätte sie ihm vertraut. Es hätte alles soviel leichter gemacht. Sie gab sich einen Ruck.

»Sarah Jensen, Governor. Ich glaube, daß Sie mir eine Erklärung schuldig sind. Wieso haben Sie noch niemanden verhaften lassen?« Sie sprach energisch, ihre Stimme klang kalt und geschäftlich.

»Sarah, sagen Sie mir, wo Sie sind! Wir holen Sie ab und bringen Sie in Sicherheit. Ich kann alles erklären.«

Sarah schnaubte verächtlich: »Und das soll ich glauben? Sie haben mich von Anfang an belogen. Wie soll ich Ihnen jetzt vertrauen?«

Sein Ton wurde deutlich härter. »Hören Sie, Sarah ... Das alles geht ein bißchen zu weit, und ...«

Sie fiel ihm einfach ins Wort. »Und ob es zu weit geht! Mosami und Dante haben dran glauben müssen, und wenn ich nicht aufpasse, bin ich die nächste. Beantworten Sie meine Frage. Warum ist noch niemand verhaftet worden?«

Seine Stimme wurde langsam und pedantisch. »Das ist nicht so einfach. Noch können wir nichts gegen sie unternehmen ... es gibt Probleme mit den Beweismitteln.«

Sarahs Geduld war am Ende. »Sie haben mir damals gesagt, es bedürfe keiner stichhaltigen Beweise. Also, wo liegt jetzt das Problem?«

Er lachte. »Nun, wie Sie sich vorstellen können, sind Sie ein Teil des Problems. Sie stecken bis zum Hals im Schlamassel, nicht wahr, Sarah? Wir wissen von ihrem Drei-Millionen-Deal. Außerdem haben wir noch ein oder zwei weitere Dinge über Sie herausgefunden. Deshalb haben Sie uns nur die Hälfte gesagt. Ich kann nichts unternehmen, solange ich nicht alle Daten habe, und Sie wollen sie mir nicht geben ... Sie können nicht erwarten, daß wir die einen hängen und die anderen laufenlassen. Wenn ich etwas gegen Catania unternehme, muß ich gegen alle vorgehen, die in die Sache verwickelt sind. So wie die Dinge stehen, würde das auch Sie betreffen. Es gibt natürlich einen Ausweg aus dem Ganzen, aber dazu müßten wir miteinander reden. Verstehen Sie, daß ich in einer mißlichen Lage bin. Meine Hände sind gebunden, bis Sie mir alles erzählen, was Sie wissen, und dazu müssen Sie mir sagen, wo Sie stecken. Wenn Sie nicht selbst Gegenstand der Ermittlungen werden wollen, sollten Sie mit uns zusammenarbeiten. Sie sind keine ideale, unbelastete Zeugin mehr.«

Sarah glaubte ihren Ohren nicht zu trauen. Sie war wie gelähmt vor Wut, vermischt mit Schrecken. Plötzlich wurde Barringtons Ton wieder sanfter, als hätte er gemerkt, daß er zu weit gegangen war. »Sehen Sie Sarah, das Beste, was wir tun können, ist, uns zu treffen und alles in Ruhe zu besprechen. Meinen Sie nicht?«

»Dazu ist es zu spät, Governor.«

Sie legte auf und lehnte sich stumm zurück. Sein Verrat war unglaublich. Trotzdem zwang sie sich, einen klaren Kopf zu behalten, während sie in seinen Worten nach irgendeinem Halt suchte. Aber wie immer Sarah sie auch deutete, seine Untätigkeit ergab keinen Sinn. Sie konnte seine wahren Motive nicht entschlüsseln und auch nicht den Grund, warum er sie ihr so hartnäckig vorenthielt. Offensichtlich hatte er nun entschieden, ein schmutziges Spiel zu spielen. Er war ihr Feind geworden.

Sie wußte genau, womit er ihr drohte. Soll er es versuchen, dachte sie. Er kann mir nichts beweisen. Sie lächelte in sich hinein. Der Schock war vorüber. Was für ein Dummkopf. Mittlerweile müßte er sie doch gut genug kennen, um zu wissen, daß er sie mit Drohungen nicht einschüchtern konnte. Sie besaß ihre eigenen Beweise und würde sie einsetzen.

Ihr Gesicht verhärtete sich, als sie leise vor sich hinmurmelte: »Leben Sie wohl, Governor, und viel Glück«.

Jacob und Jack beobachteten die Palette von Gefühlen, die sich in ihrem Gesicht spiegelte. Sarah erzählte ihnen, was der Governor gesagt hatte. »Ich glaube, daß er seine letzte Chance verspielt hat, was meint ihr?«

Das wortlose Nicken bestärkte sie. In ihrem Mund spürte sie den bittersüßen Geschmack von Rache. Sarah griff in eine kleine Aktentasche neben sich, zog einen Umschlag heraus und legte ihn auf den Tisch. Die Anschrift auf dem Umschlag war mit dickem, schwarzem Filzstift geschrieben:

Hilton Scudd Esq.
THE TIMES
No I Virginia Street
London E I 9BD

Alles war vorbereitet. Der Umschlag enthielt einen Brief, den Sarah am Abend vorher geschrieben hatte. Sie hatte die Catania-Connection und ihre eigene Rolle darin beschrieben und Beweise hinzugefügt. Jacob hatte alle Kassetten mitgebracht, die die Verschwörer belasteten, und so hatte Sarah alle relevanten Informationen auf eine Kassette zusammengeschnitten und sie kopiert. Nach ihrem Gespräch mit Barrington fügte sie ihrem Brief noch eine Anmerkung bei. Dann nahm sie ihr Notizbuch, schlug es bei S auf und wählte eine dreizehnstellige Nummer. Die Leitung rauschte, dann klingelte es. Sarah lehnte sich zurück. Nach zwölfmaligem Läuten meldete sich endlich Hilton Scudd am anderen Ende.

Sarah und Hilton kannten sich seit mehr als sieben Jahren. Sie hatten zusammen in Cambridge studiert, wo Hilton die Studentenzeitung herausgegeben haue, während er eigentlich Biochemie studieren sollte. Er war ein hagerer netter junger Mann, der obendrein gut aussah. Muskeln, sagte er immer, seien was für Lastwagenfahrer. Sein volles schwarzes Haar war an den Seiten kurz geschnitten, fiel ihm jedoch in einer extravaganten Locke in die Stirn.

Sarah meldete sich und mußte als erstes eine Tirade von Vorwürfen wegen diverser nicht eingehaltener Versprechen und Versäumnisse über sich ergehen lassen. Sie war froh, daß sie das Telefon nicht auf Freisprecher geschaltet hatte. Schließlich kam die Gelegenheit, selbst etwas zu sagen.

»Hilton, jetzt gib mal einen Augenblick Ruhe. Deine Vorwürfe kannst du dir für ein anderes Mal aufheben. Ich habe etwas Geschäftliches mit dir zu bereden. Mit Federal Express schicke ich dir heute ein Päckchen. Morgen um elf Uhr müßte es auf deinem Schreibtisch landen. Das Päckchen enthält Tonbandkassetten und einen Brief von mir. Wahrscheinlich werde ich dir in den nächsten Tagen noch mehr Material schicken können. Aber sieh zu, daß es nicht in falsche Hände gerät.«

Ihre Stimme klang ernst. »Sagt dir der Name Mosami Matsumoto etwas? Letzte Woche habt ihr eine Meldung über sie gebracht. Sie war meine beste Freundin … Und Dante Scarpirato? Er war ein Kollege von mir und mein Liebhaber.

Auch er ist tot. Die Leute, die die beiden auf dem Gewissen haben, sind auch hinter mir her. Sie töten, um ihre Geheimnisse zu wahren. Ja, große Geheimnisse. Warte auf die Kassetten.« Sarah wurde ungeduldig.

»Frag' nicht, warum ich nicht zu den Behörden gegangen bin. Ich war da. Sie wissen ganz genau, wer hinter all dem steckt. Sie haben auch Beweise, aber sie tun nichts. Jetzt kann mir nur noch die Presse helfen. Wenn du die Geheimnisse dieser Leute in alle Welt ausposaunst, werden sie keinen Grund mehr haben, mich zu töten, es sei denn aus Rache. Mehr kann ich dir nicht sagen, Hilton. Das Päckchen wird dir alles erklären.« Sie spürte, wie er den Atem anhielt. »Du wirst mich nicht anrufen können, aber ich werde mich regelmäßig bei dir melden. Mach' dir meinetwegen keine Sorgen. Sieh nur zu, daß ihr die Story bringt. Und versuch, mich soweit wie möglich rauszuhalten.« Ihre Stimme hatte einen seltsamen Tonfall.

»Sorg' dafür, daß die Story bald gebracht wird.«

Hilton Scudd legte den Hörer auf, ein leichtes Kribbeln auf der Haut. Er erhob sich von seinem stählernen Schreibtisch und ging über den offenen Flur zum Büro seines Chefs Clement Stamp. Stamp war ein drahtiger Anglo-Waliser, der über die besten Eigenschaften beider Nationalitäten verfügte. Er hatte einen Riecher für Klatsch und Tratsch, aber er konnte auch schweigen wie ein Grab. Das beste an ihm war sein graues Haar, das nach allen Seiten abstand. Er sah aus wie eine Comicfigur, die beide Zeigefinger in eine Steckdose steckt. Nur das rußige Gesicht fehlte. Sarah hatte ihn zweimal getroffen und bemerkt, daß es an den exotischen Geschichten lag; sein Haar war so was wie ein Schockbarometer. Ansonsten war er ein sehr attraktiver Mann. Klug und ehrlich, aber mit einem Hauch von sympathischer Gerissenheit.

Stamp kaute gerade auf seinem Kugelschreiber herum, als Scudd sein Büro betrat. Er legte ihn auf den Tisch und musterte Scudd erstaunt, der sich einfach einen Stuhl schnappte und hinsetzte.

»Erinnerst du dich an eine Freundin von mir aus Cambridge, die jetzt in der City arbeitet? Sarah Jensen?«

Stamp nickte. »Und ob.«

»Sie glaubt, daß jemand sie umbringen will.« Stamp runzelte ungläubig die Stirn.

»Erinnerst du dich an die Fälle Dante Scarpirato und Mosami Matsumoto von letzter Woche?«

Stamp beugte sich neugierig vor.

»Nun, Matsumoto war ihre beste Freundin. Und Dante Scarpirato ein Arbeitskollege und ihr Liebhaber.«

Stamp stand auf. »Was soll das Ganze, Hilton?«

»Sarah hat uns ein Päckchen geschickt. Es müßte morgen ankommen. Sie behauptet, es enthielte Beweise für die Existenz einer Riesenverschwörung. Wir sollen sie an die große Glocke hängen.«

Sarah stand auf, stellte sich zwischen Jacob und Jack und stützte sich auf ihre Schultern.

»Hilton ist ein netter Junge. Mal sehen, was er tun kann.« Sarah wirkte niedergeschlagen. »Die Wahrheit ist, daß ich wirklich weitere Beweise brauche. Das Telefongespräch mit dem Governor ist gut, aber es reicht nicht aus.«

Jacob sah sie erschrocken an. »Du willst doch nicht im Ernst diese Aufzeichnung verwenden, mit all den Anschuldigungen gegen dich ...«

Sarah zuckte die Achseln. »Erpressung. Nichts weiter. Nur leere Drohungen. Er hat überhaupt nichts in der Hand gegen mich. Drei Millionen? Na und, er kann mich nicht anklagen, ohne alle anderen auch anzuklagen, und wie es scheint, denkt er nicht mal daran.«

»Aber wenn dein Freund bei der *Times* das Ganze an die Öffentlichkeit bringt, wird es zwangsläufig zu Ermittlungen kommen. Und dann könntest du mit hineingezogen werden.«

»Ich glaube nicht, daß es so weit kommen wird. Außerdem entlasten mich die Aufzeichnungen meines Gesprächs mit Barrington. Ich glaube nicht, daß er mich gerne im Zeugenstand sehen würde.«

»Du kannst doch nicht im Ernst glauben, daß du mit einem blauen Auge davonkommst, wenn diese Story wirklich Schlagzeilen macht.«

»Nein. Ich weiß, was mir blüht. Aber es bleibt mir keine andere Wahl. Barrington kann ich nicht vertrauen. Ich wollte es so gern versuchen, aber ...« Sie zuckte die Achseln. »Nach dem letzten Gespräch ist das ausgeschlossen. Und hier kann ich auch nicht ewig bleiben. Ich habe nur noch eine Chance: daß alles publik wird und man Catania und seine Mafiamörder dingfest macht, so daß sie mich nicht mehr umbringen können.«

Die anderen nickten bedrückt. Sarah sah sie an und wurde genau wie sie von einer Welle der Ohnmacht überwältigt. Und wenn die *Times* ihre Story nicht brachte? Was dann? Allmählich war sie mit ihrem Latein am Ende. Was, wenn wirklich die Geheimdienste in die Sache verwickelt waren? Konnten sie die Veröffentlichung verhindern? Konnten sie eine Nachrichtensperre erzwingen? Andererseits gab es heutzutage so viele undichte Stellen. Wer weiß, welche Geschichten nie bekannt, welche Geheimnisse von Staats wegen gehütet oder aus den Zeitungen rausgehalten wurden. Gegen wen, so fragte sie sich jetzt zum hundertstenmal, zog sie eigentlich zu Felde?

Sie sah die beiden Männer an. »Wißt ihr, was ich wirklich brauche?«

»Was?« fragten sie wie aus einem Mund.

»Stichhaltige Beweise. Was ich habe, reicht noch nicht aus. Die *Times* wird mehr wollen.«

Jack fragte. »Welche Art von Beweisen?«

»Die Videos.«

»Was für Videos?«

»Die, mit denen Catania erpreßt wird. Ich glaube, die sind ziemlich eindeutig. Jacob, du weißt doch, die mit Catania und Carla.«

»Weißt du, wo sie sind?« fragte Jack.

Sarah schien nachdenklich, als sie den Blick in seinen Augen sah. »In Carlas Wohnung, nicht wahr, Jacob? Arnott hat doch auf der Kassette von ihnen gesprochen, oder nicht?«

»So ist es«, nickte er. Alle drei sahen sich verschwörerisch an.

»Wo wohnt sie?« wollte Jack wissen.

Jacob rasselte die Adresse herunter. Er war ein paarmal dagewesen, um sich umzusehen, bevor er bei seinem Kumpel die Wanzen bestellt hatte.

»Und wie sieht sie aus? Am besten sagst du mir alles, was du über sie weißt.«

Sie besprachen sich ein paar Minuten, dann stand Jack auf. »Ich muß mal kurz telefonieren, wenn ihr nichts dagegen habt.«

Sarah und Jacob grinsten sich an. »Ich hab's ihm sowieso nie abgekauft, daß er sich zur Ruhe gesetzt hat«, sagte Jacob.

»Gott sei Dank.«

»Keine Angst. Er ist für eine Rechtfertigung stets dankbar. Die Mittel heiligen den Zweck. Um so besser.« Jacob grinste boshaft.

Angelo kam auf sie zu. In der Hand hielt er eine Kassette mit der Aufnahme von Sarahs Gespräch mit dem Governor. Sie steckte sie in den Umschlag und gab ihn Angelo zurück. Beide schauten ihm nach, wie er sich mit dem dicken Umschlag auf den Weg zur Post nach Marrakesch machte. Es waren zwar keine Topbeweise, und wenn es nach ihr ging, würden sie auch nie einen Gerichtssaal von innen sehen, aber für eine Verurteilung reichten sie allemal.

Die Beschatter, die sich um den Onslow Square verteilt hatten, beobachteten, wie Carla Vitale mit einer Sporttasche unter dem Arm um halb sechs das Haus verließ. Also würde sie einige Stunden außer Haus sein. Zwei Beamte hefteten sich an ihre Fersen, die anderen blieben *in situ*.

Minuten nachdem Carla um die Ecke gebogen war, kehrte der alte Mann, der neben ihr wohnte, von einem feucht-fröhlichen Ausflug in seinem Club zurück. Hinter ihm kam eine Frau Ende Sechzig mit grauem Haar und Schürze. Sie trug einen großen Staubsauger und einen Müllsack aus Plastik. Der alte Mann hielt ihr galant die Tür auf und trat nach ihr ein.

Die Putzfrau, Carol Abrahams, stieg langsam die Treppen hinauf, blieb immer wieder stehen, wie um sich auszuruhen, und wartete, bis der alte Mann sicher in seiner Wohnung verschwunden war. Sie klopfte an einer Tür im vierten Stock und klingelte, um ganz sicher zu sein. Keine Antwort. Niemand zu Hause. Dann nahm sie eine Auswahl von Dietrichen aus ihrer Tasche und machte sich an den beiden Schlössern zu schaffen. In weniger als zwei Minuten hatte sie sich Zutritt zu Carlas Wohnung verschafft.

Erstaunlich beweglich eilte sie mit dem schweren Staubsauger auf dem Arm, damit sich keine Teppichfasern daran heften konnten, durch die Wohnung. Schließlich breitete sie den Müllsack auf dem Boden aus und stellte den Staubsauger darauf. All das dauerte höchstens fünf Sekunden. Sie wartete einen Augenblick mit schwitzenden Handflächen und betete, daß keine Alarmanlage ansprang. Die Sekunden vergingen. Alles blieb still. Nichts.

Sie atmete ein paarmal tief durch, bis ihr Herz sich beruhigt hatte, und machte sich an die Arbeit. Sie hatte genaue Anweisungen, was unter diesen Umständen geradezu eine Schande war. Sie mußte sämtliche Videokassetten aus der Wohnung mitgehen und alles andere stehen lassen. Gott sei Dank gab es nur wenige Videos. Vier unter dem Recorder und weitere drei in einem Safe, den sie in weniger als fünf Minuten geknackt hatte. Im Safe befand sich obendrein eine Schmucksammlung, wie sie Carol lange nicht gesehen hatte. Mit den gelben Gummihandschuhen, die sie am gleichen Morgen für 1,99 bei *Safeway* gekauft hatte, berührte sie vorsichtig einige der Stücke.

Die Versuchung war groß, aber ihre Anweisungen um so klarer. Sie wußte, daß sie sich besser daran hielt. Also legte sie den Schmuck wieder in den Safe, nahm die Videokassetten heraus und steckte sie mit den anderen in den Kasten des Staubsaugers. Dann verließ sie eilig die Wohnung.

Draußen mimte sie wieder die alte Putzfrau, trottete die Treppen herunter und trat auf die Straße. Ein paar Arbeiter standen um einen Wagen der britischen Telecom, der vor dem Gebäude parkte. Die Männer beobachteten sie. Sie grinste sie durch ihre Zahnlücke freundlich an und humpelte an ihnen vorbei die Straße hinab.

Die Alte bog um die Ecke, schloß ihr Auto auf und stieg

ein. Sie stellte den Staubsauger auf den Beifahrersitz und vergewisserte sich, daß niemand sie beobachtete. Dann nahm sie die Videos aus dem Staubsaugerkasten und verstaute sie in einem kleinen Koffer, der auf dem Boden lag. Anschließend startete sie den Wagen und fuhr in Richtung Heathrow. Zwei Stunden später saß sie in einer Boeing 737 nach Marrakesch.

Jack erwartete sie am Flughafen. Er führte sie zu seinem Wagen, und beide stiegen hinten ein. Lächelnd öffnete Carol den Koffer und überreichte ihm die Beute.

»Es gab eine Menge Schmuck«, sagte sie augenzwinkernd. Jack runzelte die Stirn, doch als er ihr Gesicht sah, grinste er. Carol arbeitete seit zwanzig Jahren für ihn, und davor war sie auch schon zwanzig Jahre im Geschäft gewesen. Sie konnte es sich einfach nicht verkneifen, ihn auf den Arm zu nehmen.

»Keine Angst«, kicherte sie. »Ich hab' ihn liegenlassen.«

»Das hast du prima gemacht«, lachte Jack. »Angelo wird in ein paar Tagen rüberkommen und alles mit dir regeln, einverstanden?«

»Na klar. Wenn er nicht kommt, muß ich mir doch noch die Klunker unter den Nagel reißen.«

Sie lachten und stiegen in den vorderen Teil des Wagens um. Jack fuhr in die Avenue Bab Jdid mitten im Herzen Marrakeschs und setzte Carol im Hotel Mamounia ab, dem besten in der Stadt.

»Vielleicht habe ich morgen noch was, das du für mich mit nach London nehmen könntest. Keine Angst, es ist keine heiße Ware.«

»Das will ich auch hoffen. Es ist schon schlimm genug, daß ich nur einen Tag bleiben kann. Kaum angekommen, geht es schon wieder zurück. Man könnte mich glatt für einen Drogenkurier halten.«

Jack lachte über ihre halb aufrichtige, halb gespielte Empörung. Carol hatte eigentlich gehofft, sich ein paar Tage im Souk umsehen zu können, bevor sie nach Hause zurückkehrte.

»Ich ruf' dich morgen an, wenn ich Näheres weiß.«

»Mit anderen Worten, ich soll im Hotel hocken und auf deinen Anruf warten?« Carol stand da und stemmte herausfordernd die Arme in die Hüften, eine Geste, die durch ihr Grinsen entschärft wurde.

»Wenn ich anrufe, liegst du garantiert noch im Bett. Sorg bloß dafür, daß du morgen fit bist, um reisen zu können. Also blick nicht zu tief ins Glas, hörst du?« Jack zwinkerte ihr zu und schloß die Wagentür.

Angriffe auf ihr Berufsethos, auch wenn sie nur als Witz gemeint waren, brachten Carol auf die Palme. Trotz ihres schlampigen Äußeren war sie einer der pingeligsten Profieinbrecher im Geschäft. In den mehr als vierzig Jahren, die sie ihren Beruf ausübte, war sie noch nie mit der Polizei in Berührung gekommen.

Wie Jack hatte sie sich offiziell zur Ruhe gesetzt, ließ sich aber gelegentlich überreden, den ein oder anderen Job zu übernehmen, wenn Geld und Auftraggeber stimmten. Für Jack hätte sie buchstäblich alles getan, und eine Viertelmillion Pfund war nicht gerade ein Pappenstiel.

Nachts gegen eins war Jack wieder in Ouirjane. Jacob und Sarah warteten in der Bibliothek auf ihn. Übers ganze Gesicht strahlend, kam er rein und nahm die Videokassetten aus seiner Reisetasche.

»Wir sollten nachsehen, ob sie jugendfrei sind. Was meint ihr?« kicherte Jack, als hätte Carol ihn angesteckt.

Sarah und Jacob platzten laut heraus.

»Also, worauf warten wir?« Als hätte einer des anderen Gedanken erraten, flitzten beide los, um den besten Platz vor dem Fernseher zu ergattern. Sarah war schneller. Jacob seufzte resigniert.

»Diese junge Generation hat keinen Respekt mehr vor dem Alter, das ist das Problem …« Sie lachten und alberten noch, als die ersten Bilder über dem Bildschirm flackerten. Das Gelächter nahm kein Ende. Jede Menge Aufnahmen von Carla und Catania in kompromittierenden Stellungen. Eindeutigeres Erpressungsmaterial hätten sie sich nicht wünschen können.

Jack zog Kopien. Sarah schrieb einen kurzen Brief an Hilton und steckte ihn zusammen mit der Videokassette in einen großen wattierten Umschlag. Diesen gab sie Angelo, der ihn am nächsten Morgen Carol Abrahams bringen würde. Carol sollte damit nach London fliegen, ihn einem Kurier übergeben und dieser ihn in der *Times*-Redaktion abliefern.

Sarah dachte an die Videoaufzeichnungen. Carlas schöner Körper hatte den Bildschirm gefüllt; sie war kalt, berechnend und hinterhältig. Doch Sarah empfand nur leichte Verachtung für sie. Es war der andere, dem ihr Haß galt: Giancarlo Catania. Sie hatte das Funkeln in seinen schwarzen Augen gesehen und wußte, daß er zu unvorstellbarer Grausamkeit fähig war. Nicht daß er sich selbst die Hände schmutzig gemacht hätte – dafür gab es Profis. Aber daß er ein Killer war, der andere für sich arbeiten ließ, das konnte Sarah sich nur allzuleicht vorstellen.

Sie wünschte Jack und Jacob gute Nacht und zog sich zurück. In ihrem Zimmer trat sie auf die Terrasse und atmete die warme Nachtluft ein. Der Duft des Jasmin berauschte ihre Sinne wie eine Droge. Sie sah zu den großen leuchtenden Sternen am Himmel auf. Ihr Gesicht war hager – seit Tagen hatte sie nichts Richtiges mehr gegessen –, aber entschlossen. Jetzt, da sie ein Ziel vor Augen hatte, ließ der Schmerz allmählich nach.

26

Das Federal-Express-Päckchen landete mit einem dumpfen Aufprall auf dem Tisch der *Times*-Redaktion. Leroy Grey, einer der Verteiler, griff mit lässiger Bewegung zum Hörer.

»Hey, Hilton, dein Fed Ex ist da … Ja klar, ich bring's gleich hoch.«

Hilton nahm das Päckchen entgegen und ging sofort in Stamps Büro. Dieser öffnete den Umschlag, hielt ihn über den Schreibtisch und schüttete den ganzen Inhalt heraus. Zwei Neunzig-Minuten-Kassetten und ein getippter Brief fielen auf die Schreibtischplatte.

Der Brief war zwischen den Kassetten ganz zerknittert. Stamp strich ihn wieder glatt und reichte ihn Hilton, der laut vorlas:

> Lieber Hilton,
>
> Versuch Dein Bestes. Natürlich kannst Du das Material auch Clement zeigen; er ist ein ausgezeichneter und vertrauenswürdiger Redakteur. Aber geh nicht zu irgendwelchen Anwälten, sonst bist Du die Story los. Wir wissen beide, wie schnell sie sich in die Hose machen vor Angst. Zeig es weder der Polizei oder anderen staatlichen Behörden. Vielleicht verstehst Du, warum ich ihnen nicht traue. Und selbst wenn Du jemanden finden könntest, der gewillt wäre, etwas zu unternehmen, wären seine Hände gebunden. Ich muß mich versteckt halten, weil ich um mein Leben bange, wie ich Dir erzählt habe. Diejenigen, die Mosami und Dante umgebracht haben, sind auch hinter mir her.
>
> Ich glaubte, als Agentin für den Governor der Bank of England zu arbeiten. Jetzt stellt sich heraus, daß er selbst mit jemandem unter einer Decke steckt, keine Ahnung, mit wem. Wahrscheinlich dem Geheimdienst. Wie auch immer, ich habe meine Arbeit getan und ih-

nen Beweise geliefert, aber aus irgendeinem rätselhaften Grund haben sie nichts unternommen; es gibt keine Verhaftungen, nichts. Verschwörer und Killer sind nach wie vor auf freiem Fuß. Meine einzige Hoffnung ist, daß Du das Ganze an die Öffentlichkeit bringst und sie enttarnst. Dann werden sie keinen Grund mehr sehen, mich umzubringen, es sei denn aus Rache.

Auf der Rückseite hatte Sarah die betrügerischen Machenschaften der darin verwickelten Parteien beschrieben und die Namen der einzelnen aufgeführt. Ein Postskriptum deutete an, daß höchstwahrscheinlich auch die Mafia ihre Finger im Spiel hatte.

Stamp und Scudd starrten sich mit leuchtenden Augen an. Stamp nahm einen Kassettenrecorder aus der Schreibtischschublade, und sie hörten sich schweigend die Bänder an. Dann steckte Stamp die Kassetten und den Brief wieder in den Umschlag und schloß diesen in einen Tresor in der hinteren Wand seines Büros.

Auf seiner Stirn trat eine Ader hervor. »Was für eine Story: Sex, Korruption und Mord auf höchster Ebene der italienischen Regierung, dazu die City, Threadneedle Street und wahrscheinlich die Geheimdienste, die Verschwörer reich wie Krösusse und Sarah Jensen auf der Flucht.«

Hilton rieb sich die Augen und sagte ins Leere: »Was sollen wir tun?«

Clement stand auf, kam um den Schreibtisch herum und packte Hilton heftig am Arm.

»Wir bringen die Story, jedenfalls solange wir können. Schreib' du schon mal deinen Aufmacher. Mal sehen, welche Reaktionen kommen. Aber nenn' in diesem Stadium noch keine Namen.«

Hilton grinste zu ihm auf.

»Und du, was machst du?«

»Ich«, antwortete Clement lächelnd, »werde mir unterdessen die Echtheit der Bänder bescheinigen lassen.« Hilton warf ihm einen entrüsteten Blick zu.

»Man muß sich schließlich absichern«, sagte Stamp.

Die Echtheit der Aufnahmen wurde gerade untersucht, und Hilton hatte die Hälfte seines Artikels fertig geschrieben, als das zweite Päckchen eintraf.

Ein von Kopf bis Fuß schwarz gekleideter Motorradkurier hatte es abgegeben. Carol Abrahams Neffe. Nicht zu identifizieren, sagte Leroy Grey, der das Päckchen entgegengenommen und mit seiner unleserlichen Unterschrift quittiert hatte.

Es lag noch fast eine Stunde im Postraum, bevor Leroy es in Hiltons Büro raufbrachte. Hilton sah auf die Handschrift und wäre fast explodiert. Er griff nach dem Päckchen und eilte in Stamps Büro, wo gerade eine Besprechung stattfand. Stamps Blick schweifte zwischen Hiltons Gesicht und dem Päckchen hin und her, dann löste er die Besprechung auf. Die vier Kollegen, die um seinen Schreibtisch saßen, verließen finsteren Blickes das Büro.

Hilton setzte sich, riß den wattierten Umschlag auf und stülpte ihn um. Eine Reihe von Videos und Kassetten fiel auf den Tisch, darunter auch Sarahs Brief. Sie schrieb nicht viel. Nur, daß sie sich das Material ansehen und alles benutzen sollten.

Stamp ließ die Jalousien an den Glaswänden und seiner Glastür herunter, nahm eine der Videokassetten und steckte sie in den Recorder, der unter dem Fernsehen in einer Ecke des Raumes stand.

Eine melodische weibliche Stimme nannte Zeit, Datum und Ort in italienischer Sprache. Zwei Uhr fünfundvierzig, 26. Oktober 1992, Rom.

Dann flimmerte der Bildschirm auf, und ein Zimmer kam ins Bild. Es war ein Schlafzimmer. Darin befanden sich zwei Personen. Die eine war der Präsident der italienischen Zentralbank, Giancarlo Catania. Bei der anderen, die weder Stamp noch Hilton bekannt war, handelte es sich um eine dunkelhaarige Frau Ende Zwanzig, bildhübsch aus jedem Blickwinkel.

Sie hatten Sex miteinander, sadistischen Sex. Es gab vier weitere Videokassetten, die in London, New York, Genf und Riad aufgenommen worden waren, außerdem ein Tape mit einer Reihe von Gesprächen zwischen der Besitzerin der melodischen Stimme und Catania. Aus dem ersten Gespräch wurde die Art der Erpressung deutlich. Scudd, der einigermaßen italienisch konnte, übersetzte. Wenn Catania nicht mitmachte, würden die Videoaufzeichnungen seiner Frau zugespielt. Als Gegenleistung für ihr Schweigen sollte Catania Informationen über die Währungspolitik der G7 oder der EU, beispielsweise Veränderungen der Leitzinsen oder Interventionen der Zentralbanken an den internationalen Devisenmärkten preisgeben.

Die Gespräche, die folgten, waren alle sehr kurz und abgehackt. Catania riet der Unbekannten, mal Pfund Sterling, mal Dollar, Lire oder sonst eine Währung zu kaufen.

Stamp schaltete das Videogerät und den flackernden Fernseher wieder aus. Er fuhr sich mit der Hand durch das krause Haar und seufzte tief, als wäre er von dem, was er gerade gesehen hatte, überfordert. Schließlich stand er auf und fing an, im Büro auf und ab zu gehen.

»Eine großartige Story, verdammt noch mal. Aber können wir es uns leisten, sie zu veröffentlichen? Die politischen Folgen sind unabsehbar. Gut, in Italien ist man so etwas gewohnt; es wäre nur einer von vielen Skandalen. Aber in England ist das anders, und egal wie man die Sache sieht, sie stinkt. Der Präsident einer renommierten Handelsbank entpuppt sich als Verbrecher, der Governor der Bank of England verstrickt sich in eine heikle Liasion mit dem Geheimdienst. Sie bauen eine Agentin auf und lassen sie dann im Stich. Versuchen wahrscheinlich auch noch, alles zu vertuschen. Die Beweise sind erdrückend, aber es hat keine Verhaftungen gegeben. Sieht ganz danach aus, als sei der Sumpf zu groß. Wahrscheinlich haben die Behörden kein Interesse daran, daß es zum Prozeß kommt. So was erledigt man lieber hinter den Kulissen, aber nicht mal das scheint der Fall zu sein. Es hat keine Rücktritte aus gesundheitlichen Gründen gegeben, es kursieren nicht mal Gerüchte um irgendwelche Nachfolger. Das Ganze ist mir ein Rätsel. Was meinst du?«

Scudd schüttelte den Kopf, und Stamp fuhr fort.

»Dann Sarah Jensen. Barrington behauptet, sie steckt selbst mit drin. Und ihr Drei-Millionen-Dollar-Deal, der ein zweifelhaftes Licht auf sie als Zeugin wirft. Außerdem sagt er, man habe noch mehr über sie rausgefunden. Was hat sie wohl angestellt?«

»Wie soll ich das wissen?«

»Na ja. Jedenfalls muß sie mehrfach gegen Gesetze verstoßen haben. Sie hat Telefonate und Privatgespräche abgehört, und legal ist sie an die Videokassetten bestimmt auch nicht rangekommen. Ich wette, sie hat sie geklaut.«

Stamp setzte sich wieder an den Schreibtisch. »Trotzdem, egal, was sie getan haben mag, zwei ihrer Freunde sind tot, und der Mann, der sie eigentlich beschützen müßte, hat sie bedroht.«

»Und sie hat uns um Hilfe gebeten. Darauf läuft doch das Ganze hinaus, oder?« sagte Scudd.

Stamp lehnte sich zurück und starrte an die Decke.

»Was sollen wir also machen?« fragte Scudd.

»Gott, ich weiß es nicht. Ich muß darüber nachdenken. Schreib' du nur weiter an dem Artikel. Schließ dich in einem der Konferenzräume ein und sichere deine Datei mit einem Paßwort. Niemand darf davon erfahren. Ich sollte mit dem Governor reden, aber ich weiß nicht so recht, ob wir ihn vorwarnen sollten. Sobald du den Artikel fertig hast, will ich ihn lesen. Vielleicht fällt mir dann was ein.«

Stamp seufzte tief. »Die Wahrheit ist, daß ich nicht weiß, ob wir das veröffentlichen können. Man wird uns wahrscheinlich sofort einen Maulkorb umhängen, wenn Whitehall oder die Zentralbank davon erfahren. Deshalb will ich noch nichts sagen. Vielleicht können wir so viel Dampf erzeugen, daß jeglicher Versuch, uns zum Schweigen zu bringen, beiseite gefegt wird. Ich weiß es einfach nicht.«

»Jedenfalls müssen wir was unternehmen. Ich glaube Sarah, wenn sie sagt, daß sie die nächste sein wird.«

»Meinst du etwa, ich nicht? Die Mafia, Catania, sie haben allen Grund, sie umzulegen.«

»Und niemand tut was, um ihr zu helfen.«

Hilton Scudd stand auf, stürmte aus dem Zimmer und

schloß sich in einen Konferenzraum am Ende des Ganges ein. Er schaltete den Computer auf dem Tisch inmitten des Raumes an, gab ein Paßwort ein und hämmerte in die Tasten. Das Haar fiel ihm über die Augen. Nach jedem Satz strich er sich die Locke aus der Stirn, wo sie kurz darauf wieder landete.

Giancarlo Catania lehnte sich zufrieden zurück. Die Kellner räumten die Reste eines vortrefflichen Abendessens weg. Bresaola mit Senf, Parmiggiano Reggiano gefolgt von *Picatta di vitello* und Tiramisu als Nachspeise. Dazu eine Flasche Tignorello. Einige Besitzer der besten Restaurants in Rom wären vor Neid erblaßt ... doch sie ahnten nichts davon. Zwei erstklassige Köche und zwei Kellner bedienten in dem sonnenüberfluteten Raum, aber das hier war kein Restaurant. Es war in keinem Stadtführer erwähnt, und es gab auch kein Schild an der eleganten Fassade. Kein neugieriger Passant würde hier Einlaß finden. Alle Gäste waren dem Gastgeber bekannt. Die Politiker und Staatsdiener, mit denen Catania sonst verkehrte, kamen nie hierher oder gaben es jedenfalls nicht zu.

Das Haus an der Via Appia Antica, etwa sieben Kilometer vom Zentrum Roms entfernt, war eine rosenfarbene Villa aus den dreißiger Jahren, niedrig und weitläufig. Hinter dem Haus befand sich ein Swimmingpool und vorne ein Park, der das Gebäude vor fremden Blicken schützte. Es gehörte Antonio Fieri. Einmal im Monat aßen Catania und er in dem großen Eßzimmer, das auf den Garten hinter dem Haus sah, zusammen zu Mittag.

Jedesmal wurde Catania von einem der Fahrer Fieris aus der Banca d'Italia abgeholt. Sie fuhren in einem Wagen, der auf die Firma Cayman Island zugelassen war, für den Fall, daß jemand versuchte, ihn anhand des Kennzeichens zu identifizieren. Catania konnte seinen Dienstwagen nicht benutzen; jeder, der ihn kannte, hätte auch die Nummer wiedererkannt. Fieris Wagen besaß getönte und schußsichere Scheiben, wie seine ganze übrige Flotte. Der Fahrer fuhr in eine unterirdische Garage neben Fieris Haus, so daß Catania über eine Treppe direkt und ungesehen in das Gebäude gelangen konnte. Es war ein Ritual, das ihm heute allerdings keinen Trost hatte spenden können.

Catania hatte dieses Treffen gefürchtet. Er wußte, daß er sich völlig normal geben und zugleich versuchen mußte, herauszufinden, ob Fieri über Carla, Scarpirato, Mosami, Sarah und wie sie alle hießen Bescheid wußte. Zu viele Geheimnisse, wie sollte man die bloß alle wahren?

Fieri besaß ein dichtes Netz von Informanten und war obendrein sehr aufmerksam. Catania wußte, daß das kleinste nervöse Zucken ihn verdächtig machte. Und Fieri genoß es, andere nervös zu machen, nur um zu sehen, was passierte und wie der andere auf Druck reagierte.

Fieri war jedoch verhältnismäßig gutgelaunt gewesen. Alles was darüber hinaus ging, hätte Verdacht erwecken müssen. Er war mit der letzten G7-Operation, die der *Unione* einen Gewinn von sechzehn Millionen Dollar verschafft hatte, äußerst zufrieden. Nicht gerade viel, wenn man den Gesamtumsatz des Unternehmens betrachtete, aber für einen harmlosen Extradeal nicht schlecht.

Catania entspannte sich, während er den Capo musterte. Fieri war mit den Geschäften zufrieden, er gab sich jovial, sorgenfrei. Nichts deutete darauf hin, daß er von Scarpirato oder Matsumoto wußte, die nun aus dem Weg geräumt worden waren. Nur Sarah Jensen blieb. Sie war untergetaucht, offensichtlich aufgeschreckt von den Morden an ihren Freunden. Hätte sie die Behörden eingeschaltet, dann hätten sie schon längst bei ihm angeklopft. So weit, so gut, trotzdem wollte er jedes Risiko ausschließen. Den Auftrag für Sarah hatte er verlängert. Christine Villiers war angewiesen worden, in London zu bleiben und auf Sarah Jensen zu warten. Früher oder später würde sie sie kriegen.

Je länger sich das Treffen hinzog, um so unbeschwerter wurde Catania. Fieri war mit den Geschäften derart zufrieden, daß er sich zu einer seiner seltenen noblen Gesten aufraffte. Er erklärte Catania, daß er ihm eine zusätzliche Million auf sein Schweizer Konto überwiesen habe, als Bonus sozusagen. Normalerweise erhielt Catania zehn Prozent aller

Gewinne, hätte also 1,6 Millionen bekommen müssen. Catania grinste. 2,6 Millionen Dollar erleichterten ihm, Christine Villiers zu bezahlen. Er bedankte sich überschwenglich. Fieri nahm seinen Dank mit einem Achselzucken entgegen, das wohl »noblesse oblige« ausdrücken sollte, stand auf, umarmte ihn und eilte zu seinem nächsten Treffen.

Catania ließ sich in den Sessel zurückfallen. Es ging definitiv wieder bergauf. Das Mittagessen war ein voller Erfolg gewesen, und er schien sein kleines Problem langsam in den Griff zu bekommen. Er lachte laut, sprang auf und rief nach dem Fahrer. Es war Zeit aufzubrechen.

Während Catania sein wiedergefundenes Wohlgefühl auskostete, rauchte Giovanna Cheri, seine zweite persönliche Assistentin, eine Zigarette nach der anderen und versuchte, mit zwei klingelnden Telefonapparaten gleichzeitig fertig zu werden. Rita, ihre Chefin, hätte längst zurücksein sollen, statt sie hier im Stich zu lassen. Sie war mit ihrem Freund Glauco zum Essen gegangen, und anschließend wollten sie in der Via Condotti einkaufen, was – wenn überhaupt – nicht unter drei Stunden zu schaffen war. *Cattiva.* Sie nutzte es immer aus, wenn Catania in seinem Terminkalender »Mittagessen mit Sg. C« eintrug.

Von diesen Verabredungen kehrte Catania selten vor fünf Uhr zurück. Wer war Signor C, fragte sich Giovanna. Wahrscheinlich handelte es sich um eine Frau. Sie zuckte die Achseln. Jeder hatte eine Geliebte. Warum nicht auch Catania? Für einen Mann seines Alters sah er noch sehr gut aus. Giovanna gab ihre Spekulationen auf und griff nach der *Vogue.* Sie hatte kaum angefangen, darin zu blättern, als das rote Telefon läutete, das ausschließlich von wichtigen Persönlichkeiten angewählt wurde.

Es war der Herausgeber der *Times* in London, Mr. Stamp. Sie hatte schon einmal mit ihm gesprochen, daran erinnerte sie sich. Ein sehr netter, sehr höflicher Mann. An ihm sollte sich ihr Chef ruhig mal ein Beispiel nehmen. Was sie für ihn tun könne? Er wollte mit dem Governatore eine äußerst wichtige Angelegenheit besprechen. Ob sie ihm per Fax mitteilen könnte, wo ihr Chef später am Abend zu erreichen sei?

Ma certo. Es sei ihr ein Vergnügen. Sie schrieb Stamps Telefaxnummer auf und überprüfte sie. Zehn Minuten später flatterte ihr Fax auf seinen Schreibtisch. Im Konferenzraum tippte Hilton Scudd fieberhaft in den Computer. Er hatte seiner Datei das Paßwort »Cambridge« gegeben. Jetzt konnten nur diejenigen die Datei lesen, die es kannten, und das waren Scudd, Stamp und Christopher Fisch, der hausinterne Anwalt. In der Regel wurden alle Artikel in einem großen Rechner gespeichert und konnten von jedem Mitarbeiter jederzeit abgerufen werden. Nicht aber diese Story. Die Gefahr, daß sich jemand verplapperte, war zu groß. Um der Story und um Sarahs wegen wollte Stamp kein Risiko eingehen.

Normalerweise erfüllte ihn eine solche Bombenstory mit Erregung, diesmal aber hatte er ein ungutes Gefühl. Es lag nicht nur an der Story, sondern an der Rolle, die er als verantwortlicher Redakteur übernehmen würde, wenn er sie überhaupt veröffentlichte. Er würde vom Redakteur einer Zeitung zum Katalysator, zu einem Kämpfer für Gerechtigkeit werden. Es wäre nicht das erste Mal, daß die Zeitung diese Rolle spielte, aber diesmal war der Fall höchst undurchsichtig. Zu viele Lügen und Gesetzesübertritte vermischten sich hier mit der Wahrheit, zu viele Motive verbargen sich hinter alldem. Das typische Zerrbild mehrerer Spiegel einer von allen Seiten entstellten Perspektive. Kein Mensch schien durchzublicken. Trotz allen Durcheinanders aber stand eines fest: Sarah Jensen befand sich in großer Gefahr, es gab tatsächlich eine Verschwörung größeren Ausmaßes in der Finanzwelt, und – damit nicht genug – eine weitere tückische Verschwörung bei der Sarah Jensen geopfert wurde und der Governor der Bank of England und andere unbekannte Parteien die Hand im Spiel hatten.

Ihm blieb nichts anderes übrig, als mit dem Offensichtlichen zu beginnen und sich langsam zum Kern voranzutasten. Mal sehen, was sich unterwegs alles ergab. Mit schweren Schritten verließ er sein Büro und ging rüber zu Christopher Fisch.

Fisch war gar nicht glücklich. Mund und Augen waren von professionellem Pessimismus gezeichnet. Stamp beugte sich über seine Schulter und überflog Hiltons Artikel auf dem Bildschirm. Er sah aus wie ein Schlachtfeld. Ganze Sätze waren rot unterstrichen. Sie bedurften einer Rücksprache und mußten eventuell geändert werden. Darunter standen fettgedruckt Fischs Vorschläge. Stamp wußte, daß Scudd die Fassung auf seinem eigenen Bildschirm lesen, hier reinstürmen, jeden Punkt durchgehen, die meisten nach erbitterter Diskussion verlieren und dann wieder rausstürzen würde.

Stamp kehrte in sein Büro zurück. Fisch und Scudd führten ihre wütende Korrespondenz fort. Anweisungen wurden nach oben an die Kantine geschickt, das Essen verschlungen, Unmengen von schwarzem Kaffee getrunken und die Stimmung immer gereizter.

Gegen acht Uhr abends war ein Kompromiß erreicht. Alle drei saßen um Stamps Schreibtisch und lasen die letzte Fassung auf seinem Monitor. Stamp tippte die Schlagzeile ein.

»G7 ANGEBLICH UM MILLIARDEN ERPRESST
Gerüchten zufolge wird ein ranghoher Beamter in der Gruppe der sieben wichtigsten Industrienationen von seiner Geliebten erpreßt, damit er Details über geheime Interventionen der G7 an den Währungsmärkten preisgibt. Offenbar wird dieses Insiderwissen von Gruppen, die mit der Frau zusammenarbeiten, dazu benutzt, um an internationalen Devisenmärkten zu spekulieren. Das ist Handel mit Insiderwissen auf höchster Ebene. Eine Garantie auf Profit ist zwar nie gewährleistet, doch wird das Risiko auf ein Mindestmaß beschränkt. Mit den entsprechenden Kenntnissen und einem Kapital von nur zweihundertfünfzigtausend Dollar lassen sich durchaus innerhalb eines Jahres illegale Gewinne von über zehn Millionen Dollar erzielen.
Unseren Quellen zufolge wurden weitaus höhere Summen eingesetzt und illegale Gewinne in Höhe von über hundert Millionen erwirtschaftet …«

Anschließend ging der Artikel auf illegale Praktiken an den internationalen Devisen- und anderen Finanzmärkten ein. Er umfaßte tausend Wörter und war für die erste Seite links unten vorgesehen. Er enthielt gerade so viele Informationen, wie es rechtlich zulässig und taktisch klug war. Damit war die Sache ins Rollen gebracht.

Stamp dachte an die Flut von Anrufen aus aller Welt, die folgen würde. Scotland Yard, das Dezernat für Wirtschaftskriminalität, das Wirtschaftsministerium, die amerikanischen Zentralbanken ... und die Bank of England, die die ganze Zeit über Beweise verfügt, aber aus unerfindlichen Gründen nichts unternommen hatte, jedenfalls nichts Konkretes. Viele würden den Hut nehmen müssen, und Sarah würde einen hohen Preis zahlen. Wenn er den Artikel brachte, würde sie auf keinen Fall ungeschoren davonkommen. Stamp starrte lange Zeit auf den Ausdruck. Es wäre in vielerlei Hinsicht besser, wenn er nicht erschiene, dachte er.

Er strahlte die erschöpften Gesichter der anderen beiden an und suchte in seiner Schreibtischschublade nach dem Fax mit der Nummer, unter der Catania am Abend zu erreichen war. In Italien war es jetzt neun Uhr. Stamp wählte.

Catania war bei Dottor Niccolò Calabria, seinem Stellvertreter, zum Abendessen eingeladen. Calabria haßte seinen Chef. Er hielt sich selbst für einen ungleich qualifizierteren Governatore der Banca d'Italia. Calabria hatte drei Jahre in aller Stille sämtliche Demütigungen hingenommen, doch jetzt ging seine Geduld allmählich zu Ende.

Er verabscheute den Kontakt zu seinem Vorgesetzten. Da es aber nützlich war, lud er ihn alle drei Monate zum Essen ein. Catanias Frau war der einzige Trost. Er wandte seine Aufmerksamkeit wieder ihr zu. In dem abgelegenen Eßzimmer war das entfernte Klingeln des Telefons nicht zu hören.

Dottor Calabrias zwölfjährige Tochter Nicoletta nahm den Hörer in ihrem Schlafzimmer ab. Nichts liebte sie mehr als ihre Eltern bei Empfängen zu stören. Jetzt rannte sie aus ihrem Zimmer durch die Halle ins Eßzimmer. Zwölf Augenpaare starrten sie an.

»Papa, es ist für den Governatore. Der Herausgeber der *Times* in London.«

Alle wandten sich belustigt Catania zu.

»*Allora*, was hast du jetzt wieder angestellt, Giancarlo?«

Catania lächelte und entschuldigte sich. Sein Magen krampfte sich zusammen, doch er ließ sich nichts anmerken, als er noch immer lächelnd Nicoletta in den Flur folgte. Das Mädchen zeigte ihm den Apparat auf einer Kommode. Catania ignorierte die Geste und schüttelte den Kopf.

»Wollen Sie lieber ins Arbeitszimmer?«

Dort konnte ihn bestimmt niemand hören. Nicoletta zeigte auf eine Tür am Ende des Ganges und schaute ihm nach, wie er dahinter verschwand.

Auf dem Schreibtisch mitten im Zimmer befand sich ein glänzendes, schwarzes Telefon mit mehreren Leitungen. Catania starrte es wie einen Feind an. Er nahm sich zusammen und hob ab.

»*Pronto!*«

Schweigend hörte er zu, wie erstarrt den Hörer umklammernd. Er gab weder etwas zu noch leugnete er, sondern hörte einfach nur zu. Er wußte genau, um welche Beweise es ging. Er hatte die Videos selbst gesehen. Warum hatte er nicht schon damals Vorkehrungen getroffen? Er hatte sich verkalkuliert. Jetzt benebelten Reue, Wut und Rachegelüste seinen Geist, bis er nicht mehr klar denken konnte.

Es mußte Sarah Jensen gewesen sein. Aber warum? Warum die Zeitung und nicht die Polizei? Er brauchte Zeit zum Nachdenken, vorher konnte er nichts dazu sagen. Er bat um ein paar Stunden. Man gab ihm eine. Catania kehrte ins Eßzimmer zurück. »Eine dringende Angelegenheit in der Bank. Ich bitte um Verständnis.«

Alle sahen ihn verständnisvoll an. »Aber natürlich.«

Calabria stand auf und fragte, ob er ihm irgendwie helfen könne. Catania warf ihm ein starres Lächeln zu, brachte gerade noch ein »Danke nein« hervor und verließ das Haus.

Er gab Gas und bog in den Grand Prix der Via Salaria ein. Seinem Fahrer hatte er freigegeben. Er liebte schnelle Wagen, und da ihm das Protokoll nur selten Gelegenheit ließ, nützte er jeden Vorwand, selbst zu fahren. Sogar heute nacht spürte er das Kribbeln der Erregung.

Eine Viertelstunde später hielt er vor der Banca d'Italia. Er nickte den wachhabenden Beamten zu und eilte durch die Vorhalle zu den Aufzügen. Der Lift trug ihn in den dritten Stock. Fünfzehn Jahre Vertrautheit. Sollte es wirklich so enden? Was für eine verdammte Verschwendung. Er schloß die Tür zu seinem Büro auf, setzte sich an den Schreibtisch und stützte den Kopf in die Hände.

Es machte alles keinen Sinn. Carla hatte nichts zu gewinnen und alles zu verlieren, wenn sie ihn verriet. Es mußte Sarah Jensen gewesen sein. Aber wie war sie an die Videokassetten gekommen, und warum hatte sie sich an die Zeitung gewandt? Was hatte sie davon? Für ihr Schweigen hätte er ihr alles bezahlt, was sie wollte, und sogar Christine zurückgepfiffen. Hätte sie doch nur mit ihm gesprochen.

Er saß in der Stille der Dunkelheit und starrte aus dem Fenster. Er sah es jetzt genau vor sich, wie sein Leben auseinanderfallen würde. Eines Tages würden ein paar stumme Männer kommen und ihn in seinem eigenen Blut liegend zurücklassen. Und Donatella und die Kinder? Würden wenigstens sie überleben?

Plötzlich hatte er eine Eingebung, vielleicht war es ein Ausweg. Eine kleine, aber reelle Chance. Er mußte es versuchen, schließlich hatte er nichts mehr zu verlieren. Mit funkelnden Augen richtete er sich auf, nahm das zusammengeknüllte Stück Papier aus der Brusttasche und wählte die darauf notierte Telefonnummmer. Er hatte Stamp direkt am Apparat.

»Mr. Stamp, Sie vergeuden Ihre Zeit. Den Artikel werden Sie nicht drucken. Alles Unfug. Und das wissen Sie auch.« Er hielt inne. »Bei genauerer Betrachtung wäre es für Ihre Informantin ohnehin das beste, wenn er nicht veröffentlicht wird. Verstehen Sie mich?«

Clement Stamp lachte ungläubig.

»Versuchen Sie, mir zu drohen?«

Es folgte ein Klick, und die Leitung war unterbrochen. Stamp starrte verärgert auf den Hörer in seiner Hand. Zuerst empfand er Abscheu, doch allmählich folgten erste Anzeichen von Erleichterung. Catania war schuldig, er hatte betrogen und morden lassen. Er griff nach einem Foto von Dante Scarpiratos verbranntem Haus und sah es sich genau an. Scudd und Fisch beobachteten ihn. Es dauerte eine Weile, bis er etwas sagte: »Er ist schuldig. Ohne jeden Zweifel. Nicht, daß er etwas zugegeben hätte. Er hat nur gesagt, es sei alles Unfug. Und daß es besser für unsere Informantin sei, wenn wir den Artikel nicht bringen.«

»Du meinst, daß er sie töten lassen wird, wenn wir in Druck gehen?« fragte Scudd.

»Ja, und sie verschonen wird, wenn wir alles abblasen. Jedenfalls habe ich ihn so verstanden.«

Sarah hatte alles mögliche angestellt, um die Zeit totzuschlagen. Gegen zehn Uhr abends wählte sie Hiltons Privatnummer. Der Anrufbeantworter sprang an. Dann wählte sie die Büronummer und wartete. Nach einer Ewigkeit ging er an den Apparat.

»Und?« Hiltons Erklärungen versetzten sie zunehmend in Panik. »Was heißt das, ihr bringt den Artikel nicht?« schrie sie schließlich.

Hilton nahm den Hörer von seinem Ohr und wartete eine Weile, bis sie sich etwas beruhigt hatte. »Hör zu, Sarah, Clement will mit dir sprechen.«

Stamp schaltete sich in die Leitung ein. »Sarah, das Ganze ist ein abgekartetes und schmutziges Spiel. Catania hat durchblicken lassen, daß er dich umlegen läßt, wenn wir die Story bringen.«

»Heißt das, mein Leben gegen euer Schweigen?«

»Ja, so könnte man es nennen.«

Sarah schwieg eine Weile. »Wegen Catania würde ich mir keine Sorgen machen, Clement. Er wird damit nicht durchkommen.«

»Ich wünschte, du hättest recht.«

»Du wirst schon sehen.«

»Was soll das heißen?«

»Ausgleichende Gerechtigkeit oder so was ähnliches.«

Sie legte auf, bevor er weitere Fragen stellen konnte.

Sarah wandte sich Jack und Jacob zu und lächelte schwach.

»Wahrscheinlich habt ihr es schon erraten. Ich bin aus dem Schneider. Clement hat mit Catania gesprochen. Der Artikel gegen mein Leben. Ich bin außer Lebensgefahr.« Sie lächelte Jacob an. »Noch wichtiger, du auch.« Sie sah Jack an. »Und du. Ihr beide seid ein großes Risiko eingegangen, um mir zu helfen …« Sie lächelte erneut. Die Männer standen auf und umarmten sie. Sie drückte sie an sich, Tränen strömten über ihr Gesicht.

Zum ersten Mal an diesem Tag lächelte Christopher Fisch. Sie waren haarscharf um eine einstweilige Verfügung herumgekommen. Stamp nahm die Catania-Tapes aus dem alten Umschlag, warf diesen in den Papierkorb und steckte sie in einen neuen Umschlag. Er bat Hilton um Sarahs Brief und um die Diskette, auf der er seinen Artikel kopiert hatte. Das alles steckte er in den Umschlag und schloß ihn in seiner Aktentasche ein. Morgen würde er das ganze Material in einem sicheren Schließfach deponieren, das nach Nummern, nicht nach Namen geführt wurde. Er wies Scudd und Fisch an, die Datei auf der Festplatte zu löschen.

Die Story würde der Obhut eines Safes übergeben werden. Dennoch war ihm klar, daß man die Büchse der Pandora nicht mehr schließen konnte, wenn sie einmal geöffnet worden war.

Er sah auf die Uhr. Es war halb zehn. Höchste Zeit, daß sie in Druck gingen. Er rief seinen Stellvertreter Brian Smart an. Sollte er die leeren Spalten auf der Vorderseite füllen. Er hatte keine Lust mehr, sich darum zu kümmern. Er verabschiedete sich von Scudd und Fisch und machte sich auf den Weg ins *Garrick*.

Giancarlo Catania saß im Büro und kostete seinen Sieg aus. Wie ein Phönix aus der Asche … Fieri wäre stolz auf ihn gewesen, wenn er es ihm nur hätte sagen können. Er sah auf die Uhr. Halb elf. Er könnte es noch rechtzeitig zum Kaffee zurück zu Calabria schaffen. Aber zuerst mußte er Christine erreichen.

Der Auftrag wurde storniert. Dreihunderttausend Pfund Ausgleichshonorar für vertane Zeit. Was ist passiert, dachte Christine und verbarg ihr Staunen. Sie dankte Catania und legte auf. Irgendwie war sie erleichtert. Sie hatte den Auftrag nur widerwillig angenommen, sie brachte sonst keine Frauen um. Sie öffnete den Safe, nahm Sarahs Foto heraus und starrte es an. Es war ein verstörendes Gesicht, schön, aber auf der Hut. Die in die Kamera blickenden Augen waren intelligent und wissend, doch hinter der oberflächlichen Selbstsicherheit schien sich Verzweiflung zu verbergen.

Christine wunderte sich, warum der Auftrag abgeblasen worden war. Was war die Gegenleistung? Ich sollte mich mit Sarah Jensen treffen, dachte sie.

27

Am nächsten Morgen wachte Sarah voller Tatendrang auf. Sie schaute aus dem Fenster auf die schöne Aussicht mit den Bergen in der Ferne und fühlte nur Unrast. Der wunderbare Trost, den sie letzte Woche in Ouirjane gefunden hatte, war verschwunden. Sie wollte wieder nach London zurück, sich Barrington stellen und das Puzzle zu Ende spielen.

Jetzt konnte ihr nichts mehr passieren. Sie würde Jack und Jacob ihren Entschluß beim Frühstück mitteilen und sobald wie möglich abreisen.

Wie erwartet protestierten sie. Doch sie ließ nicht locker. Sie zählte ihnen alle ihre Gründe auf, jedenfalls die meisten. Aus Angst, sie zu kränken, verschwieg sie ihnen die Tatsache, daß sie sich wie in einem Gefängnis vorkam, daß dieses Eingesperrtsein es unmöglich machte, mit ihrem Schmerz fertig zu werden.

Sie fragte Jacob, ob er bleiben wollte. Sie erklärte ihm, daß sie froh wäre, wenn er bliebe, bis sich alles geklärt hatte. Er haßte den Gedanken, sie alleine gehen zu lassen, andererseits respektierte er ihren Wunsch nach Selbständigkeit. Er wußte auch, daß sie sich Sorgen um die Folgen seiner Verwicklung in die Angelegenheit machte. Barrington wußte, daß sie kurz vor der Flucht bei ihm gewesen war. Es lag auf der Hand, daß er ihr geholfen hatte und ihre Motive genau kannte. Davor hatte Jacob keine Angst, er befürchtete nur, daß Barrington versuchen könnte, mit der Drohung gegen ihn, Jacob, vorzugehen, Sarah auf irgendeine Art zu beeinflussen. Er war ihre Achillesferse.

Weder Sarah noch Jacob sprachen darüber, um Kränkungen zu vermeiden, doch jeder wußte um die Angst des anderen. Wenn es Sarah lieber war, daß er bei Jack blieb, sollte es an ihm nicht liegen. Ohnehin gab es nicht viel, was er in London für sie tun konnte. Also würde er in Marokko bleiben.

Bevor sie zum Flughafen aufbrachen, nahm Sarah Jack beiseite.

»Ich habe mir von allem Kopien gemacht. Einen kompletten Satz nehme ich mit, den Rest lasse ich bei dir und Jacob. Ich weiß, daß ich viel verlange, aber sollte mir etwas passieren, dann … könnt ihr dafür sorgen, daß alles an die Öffentlichkeit kommt. Entweder geht ihr zu Hilton oder zu sonst jemandem eurer Wahl.« Sie lächelte. »Ich will kein Melodrama draus machen, es wird bestimmt nichts passieren. Das ist nur meine kleine Lebensversicherungspolice. Sie hat mir schon einmal das Leben gerettet, vielleicht klappt es auch ein zweites Mal.«

Jack lächelte und antwortete hastig, bevor Jacob Verdacht schöpfen konnte. Sie wollten ihn beide nicht mehr beunruhigen als unbedingt nötig.

»Du kannst dich auf mich verlassen. Wir beide wissen, daß du es nicht brauchen wirst, aber es wird dir ein sicheres Gefühl geben.«

In dem Moment kam Jacob dazu und wollte wissen, was sie tuschelten. Sarah lachte: »Du und deine Paranoia. Ich habe Jack nur für seine Hilfe gedankt. Das werde ich doch wohl noch dürfen, oder?«

Jacob drückte ihre Hand. »Ja, natürlich. Er ist ein gerissener Kerl, aber er hat das Herz auf dem richtigen Fleck.«

Jack klopfte ihm leicht auf den Rücken und trieb sie dann beide zur Eile an. »Also los. Worauf warten wir? Sie wird noch ihre Maschine verpassen.«

Die beiden brachten Sarah zum Flughafen. Sie stiegen mit ihr aus. Der Abschied war steif und unbeholfen. Sarah umarmte sie mit Tränen in den Augen. Sie sahen ihr nach, bis sie im Terminal verschwand, dann drehten sie sich um und fuhren nach Hause.

Sarah saß starr und entschlossen auf ihrem Platz, als das Flugzeug abhob und Kurs auf London nahm. Ein paar Stunden lang hatte sie das Gefühl, am ganzen Körper taub zu sein. Erst als sie über den Ärmelkanal flogen, kam sie wieder zu sich. Die Gedanken, die sie in der Fremde auf Distanz hatte halten können, strömten jetzt in ihr Bewußtsein zurück wie ein Wasserfall.

Sie hatte das Gefühl, in Schmerz, Liebe, unmöglichen Sehnsüchten und Verzweiflung zu ertrinken. Sie dachte an Dantes Gesicht, wenn er sie ansah. Immer hatte in seinen Augen der Tod gelauert. Trotzdem konnte sie sich nicht vorstellen, daß sie sich jetzt für immer geschlossen hatten. Und Mosami, für die sie in vielerlei Hinsicht tiefere Gefühle hegte. Ihr stilles, lächelndes Gesicht, die Weisheit, die kompromißlose Rebellion, all das für immer zerstört. Sie rang nach Luft.

Das Flugzeug landete mit einem heftigen Ruck. Sarah verließ die Maschine und trat in die Ankunftshalle. Mit einer Hand umklammerte sie eine große Reisetasche, in der sich Lippenstifte, Haarbürste, Parfum und das übliche Repertoire weiblicher Schönheit befanden, aber auch ein paar Video- und Musikkassetten, Kopien des Belastungsmaterials gegen Catania und Co. und gegen den Governor.

Sie ging durch die Paßkontrolle, holte ihr Gepäck ab, einen Koffer, den sie sich von Jack geliehen hatte, und tauchte nach dem Zoll in die wartende Menschenmenge. Sie bahnte sich einen Weg durch die Massen zur U-Bahn-Station. Auf dem Bahnsteig beobachtete sie die braungebrannten, resignierten und niedergedrückten Gesichter am Ende eines Urlaubs. Sie stellte sich vor, wie sie alle wieder zur Arbeit gehen würden, Ärzte, Sekretärinnen, Rechtsanwälte, Verkäuferinnen und Bankangestellte. Sie würde nie wieder zur ICB oder zu einem normalen Job zurückkehren.

Noch war es zu früh, um die eigenen Gefühle zu analysieren und die Veränderungen einzuschätzen, die in ihr stattgefunden hatten, dennoch hoben sich einige Gewißheiten ab wie Steine im Treibsand. Beispielsweise die, daß sie sich in der Vergangenheit in die Rolle der Ausführenden gefügt hatte. Jetzt war diese Rolle ausgespielt, und sie würde nie wieder zu ihr zurückkehren, nicht mal, wenn sie die Möglichkeit dazu gehabt hätte. Die Verlockungen eines normalen Lebens hatten keine Anziehungskraft mehr auf sie.

Der Beamte an der Paßkontrolle war schnell. Seit Tagen hatte er ihre Beschreibung im Kopf – groß, schön, brünett. Als er sah, wie sie sich traurig und verloren in die Schlange vor ihm einreihte, war er sicher, daß sie es war. Er hatte mit klopfendem Herzen gewartet, daß sie näherkam. Er wußte nicht, was sie verbrochen hatte, aber es mußte sich um eine wichtige Sache handeln. Für sie galt die Alarmstufe I, die sonst nur Terroristen und Schwerstverbrechern vorbehalten war.

Er wäre fast in die Luft gesprungen, als sie schließlich vor ihm stand und mit einem schüchternen Lächeln ihren Paß vorlegte. Als er ihn aufschlug, überschwemmte ihn eine Welle von Erregung. Sie war es tatsächlich. Sarah Jensen. Sie sah nicht gerade aus wie eine Terroristin oder eine Verbrecherin, aber das taten die wenigsten. Er hatte ihr Lächeln erwidert, ihr den Paß zurückgegeben und einen Knopf unter seinem Schalter gedrückt. Wenige Sekunden später war er abgelöst worden. Im Büro der Security informierte er seinen Kontaktoffizier bei der Special Branch. Dieser setzte sofort den Apparat in Bewegung, der auf Sarah Jensen ausgerichtet war.

Bartrop nahm die Neuigkeit mit Erstaunen auf. Sarah Jensen war also wieder da und obendrein wie eine harmlose Touristin durch die Paßkontrolle geschlendert. Sie hatte müde und traurig gewirkt, aber weder nervös noch verängstigt.

Ihr Verhalten und das plötzliche Auftauchen waren eigenartig, vor allem aber ließen sie vermuten, daß sie nicht länger um ihr Leben bangte. Mit etwas Glück müßte es der Special Branch am Flughafen gelingen, sich an ihre Fersen zu heften. Und die übrigen Beamten standen Gewehr bei Fuß. Bartrop hatte Vorkehrungen getroffen. Bald würde er die gewünschten Antworten bekommen. Neugierig wartete er auf die ersten Berichte seiner Informanten.

Am Ende des Tunnels tauchte jetzt die U-Bahn auf und brachte Sarah wieder auf den Boden der Tatsachen zurück. Sie stieg ein und quetschte sich zwischen die anderen Fahrgäste, die Schulter an Schulter, Hüfte an Hüfte gedrängt im Wagen standen.

Die schwitzenden, klebrigen Körper und die stickige Luft zwangen sie, ihre Gedanken abzuschalten. Bald rann auch ihr der Schweiß den Rücken herunter, und ihr Haar wurde feucht. Es war komisch, aber irgendwie genoß sie die Strapaze.

In South Kensington stieg sie aus und bahnte sich einen Weg durch die Trauben von Menschen, die gerade Mittagspause hatten. Sie verließ die U-Bahn-Station und trat in die Hitze, die durch die Glasbauten und den Asphalt bis zur Unerträglichkeit gesteigert wurde.

Es war einer der seltenen Julitage, da London vor Hitze kocht wie eine Stadt am Mittelmeer. Die Straßen wölbten sich unter der sengenden Sonne, und im Asphalt zeigten sich Risse.

Mit feuchter Hand trug sie den Koffer durch die Straßen. Gelegentlich blieb sie stehen, um die Seite zu wechseln. Viele persönliche Orientierungspunkte säumten ihren Weg. Onslow Square, ein alter Freund, wo sie sich nach einer durchgemachten Nacht im Morgengrauen nach Hause geschlichen hatte; Sydney Street, Catherine Walker's Chelsea Design Studio für alle Arten von formellen Kleidern und Kostümen; Chelsea Farmer's Market, stundenlange verplauderte Lunch-Verabredungen mit Freundinnen, die angeblich krank waren, in Wirklichkeit aber blau machten, und schließlich die King's Road, schäbig im morbiden Glanz alter Zeiten, und immer noch unwiderstehlich. Mit jedem Schritt kehrte ihre alte Kraft zurück.

Carlyle Square war eine grünbelaubte Oase. Sarah war bei ihrem Anblick richtig erleichtert. Wohlhabende Damen gingen ungeachtet der Sonne in hochhackigen Schuhen und Strumpfhosen zum Lunch. Kleine Köter schnappten nach Fliegen, und der Platz flimmerte in der Hitze. Es war kaum zu glauben, daß sich hinter den eleganten Fassaden dieser Häuser derartige Szenen des Grauens abspielen konnten. Wäre sie an jenem Wochenende in London geblieben, statt nach Genf zu fliegen, und nach ihrer Rückkehr nicht direkt zu Dante gefahren, was wäre dann passiert? Wäre sie hier umgebracht worden, in ihrem eigenen Haus am Carlyle Square?

Sie nestelte mit dem Schlüssel am Schloß und erinnerte

sich an die Angst, die sie, zusammen mit ihrem Kummer, fast gelähmt hatte und die noch stärker geworden war, als sie vom Tod ihrer Freunde erfahren hatte.

Der Schlüssel drehte sich im Schloß. Atemlos öffnete sie die Tür und trat ein. Hastig flog ihr Blick durch den Eingangsbereich.

Der Flur war leer, das ganze Haus schien in der Hitze zu dösen. Die Stille war vollkommen.

Auf dem Boden lag ein Haufen Post, der von der aufgestoßenen Tür an die Wand geschoben worden war. Seltsam. Sie hatte keinen Widerstand gespürt, als sie die Tür öffnete. Ein vages Gefühl von Furcht breitete sich in ihr aus. Sie ließ den Koffer im Flur stehen und stieg die Treppe zum Wohnzimmer hinauf.

Es lag verlassen da. Das ganze Haus wirkte verlassen. Sie ging Zimmer für Zimmer ab. Sonnenlicht durchflutete alle Räume. Und Stille. Sie kehrte ins Wohnzimmer zurück, setzte sich in einen Sessel, zog die Knie an die Brust und weinte. Reglos saß sie da, bis plötzlich das Telefon läutete. Langsam stand sie auf und nahm den Hörer ab. Ein paar Sekunden lang war Stille, dann hörte sie, wie jemand die Leitung unterbrach. Sie legte den Hörer auf und kehrte zum Sessel zurück. Dort saß sie eine weitere halbe Stunde, dann stand sie auf, steckte ihren Schlüssel ein und verließ das Haus auf der Suche nach Lärm, Menschengewühl und Leben.

Sie ging die King's Road entlang und schaute sich die Schaufenster an. Ihr Kopf begann zu schmerzen. Schließlich trat sie in eine Apotheke und kaufte ein Schmerzmittel. Eine Frau tauchte plötzlich neben ihr an der Theke auf. Sie drehte sich zu Sarah um und sagte mit leicht amerikanischem Akzent und leiser Stimme: »Mein Name ist Christine Villiers. Ich muß Sie unbedingt sprechen.«

Sarah fuhr herum und starrte in das Gesicht der fremden Frau neben ihr. Sie war mittelgroß, kräftig gebaut und gutaussehend. Sie hatte ein breites Gesicht, ein ausgeprägtes Kinn, eine leicht gebogene Nase, hohe Wangenknochen und große blaue Augen. Ihre vollen Lippen waren rot geschminkt. Das auffallende Äußere wurde durch die strenge

Frisur aufgefangen. Das lange blonde Haar war zu einem hohen Pferdeschwanz gebunden. Eine ungewöhnliche Kombination: die Farben nordisch, die Züge italienisch. Sie war um die Dreißig und trug ein kurzes, ärmelloses Kleid und hochhackige Schuhe. Ihr Lächeln war breit und ansteckend. Ohne es zu wollen, lächelte Sarah zurück.

»Bitte, tun Sie so, als würden Sie mich kennen. Lassen Sie uns einfach die Straße runtergehen und ein Café suchen. Da können wir ungestört reden.«

Sarah bezahlte ihr Medikament und fragte: »Worüber sollten wir reden?«

»Über Dante Scarpirato und Mosami Matsumoto.«

Sarahs Körper krampfte sich zusammen. Doch seltsamerweise hatte sie keine Angst. Instinktiv fühlte sie, daß diese Frau, die zweifellos gefährlich war, ihr nichts anhaben konnte. Alles was sie fühlte, war Neugier, Erwartung.

»Na schön. Gehen wir.«

Die beiden Frauen traten aus der Apotheke auf die Straße.

Christine sprach über das Wetter und die Auslagen in den Schaufenstern, an denen sie vorbeigingen. Sie tat alles, um den Anschein zu erwecken, daß sie alte Freundinnen waren.

Sie gingen ins *Café Rouge* im World's End. In der Mitte des überfüllten, lärmenden Cafés fanden sie einen leeren Tisch. Christine sah sich mehrmals unauffällig um. Beide bestellten sie einen Cappuccino. Sarah nippte an ihrem und wartete, daß Christine das Wort ergriff.

Plötzlich blickte Christine sie über den Tisch hinweg an. Ihre Augen waren bar jeden Gefühls.

»Ich habe Dante Scarpirato getötet.«

»Das habe ich mir gedacht.«

»Er hätte sich früher oder später ohnehin umgebracht.«

»Wahrscheinlich.«

»Tut mir leid.«

»Ja. Aber Sie waren nur die Kugel. Jemand anders hat abgedrückt.«

»Ich hatte den Auftrag, Sie ebenfalls umzubringen, aber er wurde gestern nacht storniert.«

»Was tun Sie dann noch hier?«

»Ich habe mir gedacht, daß Sie jetzt nach Hause kommen würden. Ich wollte mit Ihnen reden. Ich war neugierig. Ein solcher Auftrag wird nicht ohne Grund rückgängig gemacht.« Ihre Augen verengten sich zu schmalen Schlitzen, das Lächeln erstarb. »Ich möchte wissen, warum der Auftrag annulliert wurde.«

Sarah nippte an ihrem Cappuccino und dachte nach.

»Nehmen wir an, ich wüßte es, warum sollte ich es Ihnen verraten?«

»Vielleicht könnte ich Ihnen helfen. Seien wir ehrlich. Sie können ein paar Verbündete gebrauchen.«

»Warum? Habe ich noch mehr unsichtbare Feinde?«

Christine beugte sich vor. »Ihr Haus wird überwacht, rund um die Uhr. Ein junges Paar, aufgemacht wie Touristen, das auf dem Bürgersteig sitzt und Sandwiches ißt; ein Installateur in einem Wagen der British Telecom; ein Mann mit Panamahut, der im Park gegenüber Zeitung liest. Ich habe in der letzten Woche mindestens zehn verschiedene Beamte gesehen. Alles Profis. Aber wenn man Bescheid weiß, erkennt man sie leicht.« Sie hielt inne und wartete die Wirkung ihrer Worte ab. »Nicht zu vergessen die Wanzen in Ihrem Haus.«

Sarah starrte sie entsetzt an.

»Ich kann's zwar nicht mit Gewißheit sagen, aber ich habe beobachtet, wie jemand ins Haus eingedrungen ist. Ihre Schlösser waren im Null Komma nichts auf. Keiner hätte es für einen Einbruch gehalten.« Sie zuckte die Achseln. »Sie können also davon ausgehen, daß sie Wanzen legen wollten. Sonst hätten sie sich bestimmt nicht diese Mühe gemacht.«

Sarah fiel der Haufen von Briefen ein, der gegen die Wand gedrückt gewesen war. Angst und Zorn machten sich in ihr breit.

»Wer könnte das sein?« wollte Christine wissen.

Sarah zuckte die Achseln. Sie dachte nicht daran, Christine von ihrer Verbindung zu Barrington zu erzählen oder von ihrer Vermutung, daß der MI5 seine Hände im Spiel hatte.

»Die Polizei, nehme ich an. Meine beste Freundin und ein

Kollege von mir werden umgebracht und ich verschwinde. Kein Wunder, daß sie mich suchen. Meinen Sie nicht?«

Christine nickte. »Ja, doch. Aber was steckt dahinter?«

Sarah musterte ihr Gegenüber. Plötzlich hatte sie eine Idee.

»Warum sollte ich Ihnen trauen?«

»Ich könnte eine Menge für Sie tun.«

»Meinen Sie nicht, daß ich mir selbst helfen kann?«

Christine lehnte sich zurück und starrte Sarah an. Nach einigen Sekunden fragte sie leise und sanft: »Glauben Sie das?«

Sarah antwortete nicht, sie lächelte nur.

Nach einer Weile beugte sich Christine wieder vor und sagte: »Vielleicht, aber das ändert nichts an meinem Angebot.«

»Und das wäre?«

»Zusammen könnten wir eine Menge mehr erreichen.«

»Mag schon sein.«

Zehn Minuten später waren sich die beiden Frauen einig. Sie verabschiedeten sich mit einem Kuß auf die Wange. Sarah schaute ihr nach, als Christine sich durch die vollbesetzten Tische schlängelte und sich in der Menge verlor.

Auf dem Weg nach Hause widerstand Sarah der Versuchung, nach ihren Beschattern Ausschau zu halten. Sie fragte sich, ob sie auch hören konnten, wenn sie in der Wohnung herumlief. Sie trat ins Badezimmer, ließ ihre Kleider zu Boden fallen und ging unter die Dusche. Sie stand unter dem pulsierenden Wasser und bewegte sich hin und her, um ihren ganzen angespannten Körper dem Strahl darzubieten. Sie drehte von heiß auf kalt und wieder auf heiß, bis ihre Haut angenehm prickelte.

Sie dachte über Christine nach und empfand Neugier und Abscheu zugleich. Sie fragte sich, warum sie ausgerechnet Killer geworden war. Sie hatte vergessen, sie danach zu fragen. Statt dessen versuchte sie, sich an Christines Stelle zu versetzen. Sie erinnerte sich an die Augen hinter dem Lächeln. Sie waren kompromißlos und bar jeglicher Gefühle oder moralischer Skrupel.

In ihrem kalten blauen Blick war kein Platz für Zweifel oder Gewissensbisse. Sie schämte sich nicht für ihren blutigen Beruf. Sie schien Mitleid zu empfinden mit den Vertrauten der Opfer, nicht aber mit den Opfern selbst. Für sie schien Christine nur Verachtung zu empfinden, als verdienten sie den Tod. War sie verrückt, oder folgte sie einer verborgenen Neigung oder irgendeinem anderen Gefühl?

Ihr Beruf war zwar verwerflich, doch sie hatte etwas, das Sarah faszinierte. Vielleicht war es ihre starke Persönlichkeit, die sie in ihren Bann zog. Und jetzt lag sie hier wartend auf dem Sofa, nackt, das Wasser aus der Dusche vermischte sich mit ihrem Schweiß, und sie dachte an Dante und Mosami.

Eine halbe Stunde nachdem Sarah bei sich zu Hause aufgetaucht war, erhielt Bartrop den ersten Bericht. Von da an wurde er über jeden ihrer Schritte auf dem laufenden gehalten. Ein Beamter der Special Branch hatte sich am Flughafen an ihre Fersen geheftet. Sie sei in die U-Bahn gestiegen, berichtete er, sie habe müde ausgesehen, aber nicht ängstlich. Er hatte sie bis nach Hause beschattet, dann hatten die anderen übernommen.

Ihre Beschatter berichteten, daß sie eine Stunde nach ihrer Ankunft das Haus wieder verlassen und zuerst eine Apotheke aufgesucht hatte. Dort hatte sie jemanden getroffen, die sie zu kennen schien. Eine attraktive Blondine. Eine vollständige Beschreibung der Frau folgte. Anschließend waren beide Frauen in ein Café gegangen und hatten sich nach einer halben Stunde wieder verabschiedet. Sarah Jensen war nach Hause zurückgekehrt. Die Blondine war ihnen entwischt. Sie hatten nicht genug Leute gehabt, um Miss Jensen und die andere gleichzeitig zu beschatten. Ein Beamter hatte es versucht, sie aber schnell aus den Augen verloren. Bartrop fluchte. Ein solches Treffen, nur eine Stunde nach ihrer Ankunft, ein Zufall? Unwahrscheinlich. Die Beschreibung der Blondine wurde in den Computer gegeben, aber es kam nichts dabei heraus. Sie blieb unerkannt.

Seit Miss Jensen nach Hause gekommen war, hatte sie zu

niemandem sonst Kontakt aufgenommen. Im Haus waren zwei Wanzen versteckt, eine im Wohnzimmer, die andere im Telefon. Seit ihrer Ankunft waren beide stumm geblieben.

Christine ging von Geschäft zu Geschäft, tauchte in Haupt- und Nebeneingänge und eilte durch viele kleine Gassen, um ihren Beschatter abzuschütteln. Als sie sicher war, daß er sie verloren hatte, ging sie nach Hause. Viel Zeit blieb ihr nicht. Ein Glück, daß Sarah in der Nähe wohnte. Sie rannte die Treppe zu ihrem Arbeitszimmer hinauf.

Sarahs Enthüllungen hallten in ihrem Kopf wider wie eine tickende Zeitbombe kurz vor der Explosion. Christine setzte sich, um ruhig zu werden und versuchte, Logik in das Wirrwarr von Gedanken und Gefühlen zu bringen. Erregung, Angst, Neugier und die leise, verführerische Lust auf neue Action schossen ihr wie eine Droge durch den Körper. Sie kostete die Gefühle aus, überschlug im Geist, plante, wog ab, machte Voraussagen, warf Leben und Tod in die Waagschale. Wen sollte sie betrügen? Wen sollte sie unterstützen? Welches Risiko konnte sie selbst eingehen? Wo lagen ihre eigenen Interessen? Sie war kein unbeteiligter Außenstehender mehr; die Folgen voreiliger Überlegungen und die Entscheidung, die sie in den nächsten Minuten treffen mußte, konnten für sie und auch für Sarah zum Verhängnis werden. Doch waren sie so lange nicht vorhersehbar, bis sie sich unwiderruflich einer Sache verschrieben hatte und nichts mehr rückgängig gemacht werden konnte. Deshalb würde sie wie immer mit jener Kombination aus Logik und Instinkt entscheiden, die sie zum gefährlichsten und klügsten Profikiller gemacht hatte.

Als sie die Entscheidung traf, lächelte sie, griff nach dem Telefonhörer und rief Antonio Fieri an in der Hoffnung, daß er erreichbar wäre und sie ihren Plan nicht ohne sein Einverständnis ausführen mußte.

Nach fünfmaligen Läuten ging er ans Telefon.

Christine entschuldigte sich respektvoll für die Störung und erklärte ihm, die Sache sei dringend. Sie erzählte ihm von Catania und der Erpresserbande in London und von Catanias Aufträgen, die sie ausgeführt hatte. Fieri explodierte. Warum hatte sie ihn nicht früher davon unterrichtet?

Ihre Antwort war kühl und entschieden. »Zum damaligen Zeitpunkt gab es keinen Grund, Sie zu informieren. Soweit ich sehen konnte, hatte es nichts mit Ihnen zu tun. Jetzt sieht die Sache anders aus. Ich habe weitere Informationen erhalten und fürchte, daß Catania Sie kompromittieren könnte.«

Fieri blieb eine Zeitlang stumm, dann fragte er sie nach ihren Vorschlägen.

»Das hängt davon ab, was Sie wollen. Zufällig hätte ich heute abend eine Gelegenheit ... Ich könnte alles sehr leicht klären.«

Wieder folgte langes Schweigen. Christine wartete geduldig. Schließlich sprach Fieri.

»Ich hatte zwar Gerüchte gehört, aber ... Sie sagen, Sie hätten Beweise?«

»Eindeutige Beweise.«

»Woher?«

Christine hatte mit dieser Frage gerechnet und hielt eine Antwort parat. »Von einer Quelle vor Ort, die allen Grund hat, uns die Wahrheit zu sagen.«

»Zuverlässig?«

»Absolut. Sie haben mein Wort.«

»Sie meinen also, daß Catania mir gefährlich werden könnte?«

»Das ist er jetzt schon.«

»Na gut. Dann kümmern Sie sich um die Sache. Das übliche Honorar. Und rufen Sie mich an, sobald Sie den Auftrag erledigt haben.«

28

Um sieben Uhr zog sich Sarah an. Jeans, T-Shirt und ihre geliebten, ausgetretenen Timberland-Stiefel. Die sonst so engen Jeans waren ihr jetzt zu weit. Sie schlang einen Gürtel durch die Schlaufen und zog ihn stramm.

Draußen schimmerte noch die Hitze des Tages auf den Straßen. Sie spannte auf der Haut. Sarah ging in die Küche, ihre Stiefel quietschten auf den Marmorfliesen. Sie füllte ein großes Glas fast zur Hälfte mit Eiswürfeln und goß es mit Whisky voll. In drei Schlucken hatte sie es geleert. Dann schenkte sie sich ein zweites Glas ein, das sie langsam austrank, während sie zusah, wie das Eis schmolz.

Um Viertel nach sieben klingelte das Telefon dreimal. Sarahs Hand zuckte zurück. Der Anrufbeantworter schaltete sich ein. Eine weiche Stimme mit harten Kanten und einem leichten amerikanischen Akzent. Christine. Ein mechanisches Klicken zeigte an, daß sie aus einer Telefonzelle anrief. »War nett, unser Wiedersehen heute. Ich hoffe, daß wir es bald wiederholen können, auf einen Drink vielleicht.« Der abgemachte Code. Sie legte auf.

Sarah spulte das Band zurück und löschte die Nachricht. Doch ein paar Sekunden lang lief das Band weiter, und plötzlich erklang eine alte Nachricht.

Sarah zuckte zusammen, und ihr Gesicht verzerrte sich vor Schmerz, als sie die vertraute Stimme hörte. Es war Dante, der sie bat, zurückzurufen. Er sagte, daß er sie vermißte und sie gern wiedersehen wollte. Beim Klang seiner Stimme drehte sich ihr der Magen um. Sie schlug mit der geballten Faust auf Stop; um ein Haar hätte sie das Gerät zertrümmert. Dann drückte sie mit zitterndem Finger auf Rücklauf. Zum letzten Mal wollte sie seine Stimme hören. Der Schmerz und die Schuldgefühle waren wie Stacheln. Sie löschte seine Nachricht und damit auch ihre letzten Zweifel.

Sie schnappte sich ihre Jacke und die Baseballmütze vom

Ständer und wollte gerade das Radio ausschalten, als sie die ersten Klänge eines bekannten Songs hörte. INXS spielten »Suicide Blonde«. Sie mußte so laut lachen, daß es im ganzen Haus widerhallte. Dann schaltete sie das Gerät aus und verließ das Haus.

Ein paar hundert Meter entfernt trat Christine aus der Telefonzelle und eilte die Straße entlang. Unauffällig bahnte sie sich einen Weg durch die dichte Menschenmenge auf der King's Road. Die Leute nahmen sie kaum wahr. Sie registrierten allenfalls eine blonde Frau mit einer guten Figur und wahrscheinlich auch einem hübschen Gesicht. Man konnte es nicht genau erkennen, da sie eine tief in die Stirn gezogene Baseballmütze trug, die das Gesicht verbarg. Sie tat alles, um unauffällig zu bleiben, ging zielbewußt, doch ohne es zu zeigen. Ihr Blick war geradeaus gerichtet, um ja keine bewundernden Blicke auf sich zu lenken. Unauffällig, unscheinbar und ungehindert bog sie um die Ecke und ging auf einen weißen Kombi zu.

Dieser parkte in einer Nebenstraße der Chelsea Green, etwa zehn Minuten von ihrem Haus entfernt. Es war ein Ford Transit, wie sie von Klempnern und anderen Handwerkern benutzt werden. Er schrie förmlich danach, daß ein Finger die Worte »Wasch mich« auf seine staubige Karosserie malte. Die Fensterscheiben waren getönt, ansonsten unterschied er sich nicht im geringsten von unzähligen anderen anonymen Ford Transits, die jeden Tag auf Londons Straßen fuhren.

Daniel Corda hatte ihn vor sechs Monaten auf Bestellung gestohlen. Er hatte ihn umgespritzt, die Nummernschilder ausgewechselt, ihn den Wagenpapieren eines rechtmäßig angemeldeten anderen Lieferwagens angepaßt und dann an Christine verkauft. Als Rettungswagen, wie er sagte.

Christine hatte ihn in all der Zeit nicht angerührt, sondern sich lediglich ab und zu davon überzeugt, daß er noch da war, als wartete sie genau auf diese Gelegenheit. Jetzt schloß sie die Tür auf und sprang hinein. Den kleinen Rucksack, den sie bei sich trug, steckte sie ins Handschuhfach. Die Tasche mit den Jeans, einem schwarzen T-Shirt und Turnschuhen, identisch mit dem, was sie anhatte, warf sie auf den Beifahrersitz. Dann schnallte sie sich an und zündete den Motor. Der Wagen sprang sofort an. Sie warf einen Blick in den Rückspiegel – das letzte, was sie jetzt gebrauchen konnte, war ein Unfall – und fuhr vorsichtig los.

Sie fuhr durch Chelsea nach Earl's Court, bog in die Cromwell Road und später in die M4. Sie kam an Heathrow mit seinen Legionen von startenden und landenden Jumbos vorbei, und dann, nach weiteren zwanzig Minuten, wichen schließlich qualmende Schlote und Großmärkte dem offenen Land, von Sträuchern eingefaßten Feldern und Bauernhöfen. Sie konzentrierte sich auf die Straße.

An der Abfahrt 14 verließ sie die Schnellstraße und kroch über schmale Landstraßen weiter. Vor ihr erhoben sich die Hügel von Upper Lambourn. Abgedankte Vollblüter grasten auf den Wiesen, und auf den kurvenreichen Wegen ritten kleine Kinder auf Ponies. Über den Feldern hing der Duft von gemähtem Heu. Es war die zweite Ernte in diesem ertragreichen Jahr.

Sie bog in einen unbeschilderten Feldweg ein. Der Wagen holperte über die unebene Oberfläche, die Reifen schleuderten kleine Steine hoch. Nach etwa fünf Minuten gelangte sie an einen menschenleeren, staubigen Forstweg.

An einer holprigen, von Tannen umgebenen Stelle hielt sie an. Der Wagen scheuchte ein paar schläfrige Tauben auf, die sich schwerfällig in den Himmel erhoben.

Sie zog den kleinen Rucksack aus dem Handschuhfach, öffnete die Tür und trat auf den mit Nadeln übersäten federnden Waldboden. Ein paar Sekunden sah sie sich nur um und lauschte. Sie war allein, abgesehen von den Vögeln, die langsam wieder an ihre Schlafplätze zurückkehrten. Ihr Gezeter verwandelte sich allmählich in einschläferndes Zwitschern. Zufrieden schloß sie den Wagen ab und machte sich auf den Weg durch die dichten Bäume.

Mit langen, sicheren Schritten marschierte sie über den unebenen Boden. Die Tauben sahen ihr nach. Eine Joggerin nach Feierabend.

Die untergehende Sonne drang durch das Gewirr der

Tannen und tauchte die Landschaft in orangefarbene Glut. Sie flackerte über Christines Gesicht, als sie durch Licht und Schatten kam. Der Wald wurde zunehmend dichter, bis sie darin verschwand. Eine halbe Stunde später fühlte sie sich unsichtbar.

Christine schaute auf die Uhr. In weniger als einer Stunde würde es dunkel sein. Ihre Schritte wurden schneller. Viel Zeit blieb ihr nicht. Als das Tageslicht immer schwächer wurde, kam sie zum Waldrand.

In der Mitte eines Tals, etwa eine Meile entfernt, erhob sich ein großes Steinhaus. Die einzigen Lebenszeichen waren zwei Mercedes, eine schwarze Limousine und ein roter Cabrio, die vor dem Haus an der geschwungenen Auffahrt parkten.

Christine lächelte und pirschte sich im Schutz des Hanges an das Haus heran.

Karl Heinz Kessler saß im Arbeitszimmer seines Landhauses und zählte Geld. Bündel von in Plastik eingeschweißten Scheinen lagen vor ihm aufgestapelt. Jedes Bündel enthielt zehntausend Pfund. Er zählte fünfzig Bündel ab und warf sie auf den Tisch. Sein Gesicht war wie eine Maske von kontrolliertem Ärger, als sei ihm die Sache lästig, aber unumgänglich. Und es war wirklich lästig, hier herumsitzen und wie ein gewöhnlicher Bankangestellter das Geld zählen zu müssen, das Catanias Laufbote abholen sollte.

Catanias Anweisungen waren eindeutig gewesen. Niemand außer Kessler persönlich durfte den Kurier sehen. Seine Frau besuchte über ein verlängertes Wochenende ihre Eltern in Frankfurt, sie stellte also kein Problem dar, aber um das Personal loszuwerden, mußte er den Leuten freigeben und ihnen ein Abendessen in Lambourn spendieren. Es war nicht gerade angenehm, aber unter den gegebenen Umständen nicht zu ändern. Ein Freund hatte ihnen das Problem Sarah »vom Hals geschafft«, wie Catania es ausdrückte, und brauchte eine kleine Zuwendung, eine Million Pfund für den Anfang. Kessler würde sich doch sicher der Sache annehmen, oder? Um die restliche Summe würde sich Catania in

Rom selbst kümmern. Es sei doch nur fair, wenn er, Kessler, einen Teil der Verantwortung übernahm, oder nicht?

Kessler hatte sich einverstanden erklärt, doch erst nachdem er beschlossen hatte, daß auch Matthew Arnott seinen Beitrag dazu leisten würde. Dieser stand nervös neben ihm und sah zu, wie er das Geld zählte.

»So, jetzt du.«

Arnott griff nach der Aktentasche, die zu seinen Füßen lag und stellte sie auf den Tisch vor Kessler. Kessler öffnete sie und lächelte. Sie war voller eingeschweißter Zehntausenderbündel. Kessler begann zu zählen. Er legte fünfzig Bündel beiseite, schloß die Aktentasche und gab sie Arnott zurück.

»Mach nicht so ein Gesicht. Alles in allem bist du noch ziemlich glimpflich davongekommen.«

»Was für ein Gesicht soll ich denn machen? Du tust, als sei alles in bester Ordnung. Dem ist aber leider nicht so. Das Ganze ist ein verdammter Alptraum. Wieso meinst du, daß wir aus dem Schneider sind? Die Polizei hat mich fünfmal verhört und immer wieder dieselben Fragen gestellt.«

Kessler warf Arnott einen strengen Blick zu. Dieser hob die Hand.

»Schon gut, keine Sorge. Ich habe mich an das gehalten, was wir ausgemacht hatten und meine Rolle überzeugend gespielt. Aber das Ganze nimmt mich ziemlich mit. Ich kann nicht mehr schlafen. Ich kann kaum was essen ... Ich denke sogar drüber nach, nach Amerika zurückzugehen.«

»Stell dich nicht so blöd an«, sagte Kessler scharf. »Das hätte noch gefehlt.« Er sah ihn drohend an. »Du wirst bei der ICB bleiben und weiter den entsetzten Kollegen mimen. Du wirst Carla bei der Stange halten und dein Geld vorsichtig ausgeben. Wenn in zwei Jahren Gras über die Sache gewachsen ist und du immer noch zurück willst, bitte sehr. Aber für den Augenblick wirst du deine Stellung halten und endlich aufhören, mir die Ohren vollzujammern.«

Kessler stand auf und setzte sich auf den Rand seines Schreibtisches gegenüber Arnott. Etwas leiser und kontrollierter fuhr er fort: »Was zum Teufel hast du dir dabei gedacht? Das Ganze war unvermeidlich seit dem Tag, als Sarah über uns Bescheid wußte. Sie ist schuld daran. Catania hat das sofort erkannt. Und ich gebe ihm recht. Jetzt ist es zu spät für Zimperlichkeiten. Wieviel hast du verdient? Dreißig Millionen Dollar? Wer nicht wagt, der nicht gewinnt. Alte Bankerregel. Und sieh mich nicht so an, als wäre ich ein Ungeheuer. Ich bin fünfundfünfzig und Filialleiter einer renommierten Bank in der City. Ich habe alles, was ich mir wünschen könnte. Meinst du etwa, ich hätte zugelassen, daß mir Sarah Jensen, Dante Scarpirato oder Mosami Matsumoto dazwischenfunken?« Er beugte sich vor. »Wir hatten keine andere Wahl. Sie mußten weg. Catania hat die Verantwortung übernommen. Das lag in unserem Interesse. Hätte er es nicht getan, hätte ich mich selbst darum gekümmert.«

Arnott starrte ihn entsetzt an. Eine Zeitlang sagte er nichts. Er wandte sich ab und setzte sich in einen Sessel neben Kesslers Schreibtisch.

»Aber Sarah Jensen ist nicht tot, oder? Sie könnte uns verpfeifen, und dann wären wir wegen Mordes dran.«

Kessler schnaubte verächtlich. »Sie wird den Mund halten. Ich will dir die Details ersparen, aber sie hat sich mit Catania geeinigt.«

Arnott starrte ihn verblüfft an. Kessler lachte. »Glaub' mir, Sarah Jensen ist kein Problem mehr. Wahrscheinlich landet sie irgendwann in einer Nervenklinik, und wir hören nie wieder von ihr.«

Kessler schaute auf die Uhr. »Du solltest jetzt besser gehen. Der Kurier kann jeden Augenblick hier sein.«

Arnott erhob sich.

»Noch eins, Matthew. Nimm dich bitte zusammen. Wir haben jetzt alles in der Hand. Wenn wir die Nerven behalten, wird es auch keine Probleme geben.«

Arnott nickte und verließ das Haus. Er stieg in seinen roten Mercedes und fuhr davon. Die Frau, die sich hundert Meter entfernt hinter einem großen Rhododendronbusch im Garten versteckte, nahm er gar nicht wahr.

Kessler warf die Geldbündel in eine Plastiktüte. Er schloß die Tür zur Bibliothek und ging über den knarrenden Holzboden den Flur entlang. An einem Wandspiegel blieb er stehen, um sich zu betrachten. Plötzlich hörte er ein Geräusch hinter sich. Das Lächeln gefror ihm auf den Lippen.

Er wirbelte herum. Am Ende des Flurs stand eine blonde, muskulöse Frau in einem engen schwarzen T-Shirt. Sie trug eine Baseballmütze, die ihr Gesicht halb verdeckte. Sie wäre schön gewesen, hätte sie nicht diesen Ausdruck gehabt. Der Mund war spöttisch verzogen, der Blick unter dem Schirm kalt und entschlossen. Sie nahm nur ihn wahr, sonst nichts. Sie starrte ihn an, als hätte sie eine Waffe auf ihn gerichtet. Am verwirrendsten jedoch war das Lächeln auf ihren Lippen. Er konnte es nicht deuten. Es war bitter und mitleidig zugleich. Er war kein ängstlicher Typ, aber jetzt lief ihm ein Schauer über den Rücken. Wie immer sah er im Angriff die beste Verteidigung.

»Wer zum Teufel sind Sie, und wie kommen Sie hier rein?« sagte er, und seine Stimme hallte durch den Flur. Christine lächelte immer noch.

»Oh, durch die Vordertür. Sie stand offen. Sehr aufmerksam von Ihnen.« Ihre Stimme war leise und verächtlich. Sie strotzte vor Feindseligkeit.

Kessler schwieg. Die Angst wuchs. Seine Arroganz verließ ihn, und er begann zu schwitzen. Dunkle Flecken breiteten sich unter den Ärmeln seines rosafarbenen Hemdes aus. Was hatte die Frau vor? Er sah auf die Uhr. Catanias Kurier mußte jeden Augenblick kommen. Niemand durfte sie beide zusammen sehen. Er geriet in Panik, verstand sich selbst nicht mehr und kam sich zugleich völlig lächerlich vor. Dann stieg Wut in ihm auf. Warum sollte er vor einer Frau Angst haben? Er trat einen Schritt auf sie zu.

»Bleiben Sie, wo Sie sind. Ich bin noch nicht fertig«, fauchte Christine. Der Tonfall ihrer Stimme veranlaßte ihn, stehenzubleiben.

»Catanias kleiner Auftrag ist noch nicht ganz zu Ende gebracht, nicht wahr?« Kessler schüttelte leicht den Kopf, und seine Augen weiteten sich. »Sie sind der Kurier?«

Christine lachte laut. »Kurier?« Einer von Catanias Scherzen, dachte sie. »Kurier, Bote, wie Sie wollen.«

Kessler seufzte erleichtert. »Warum haben Sie das nicht gleich gesagt? Ich habe das Geld hier.« Er hielt die Plastiktüte in die Luft. »Nehmen Sie.« Langsam gewann er die Fassung wieder und auch seine arrogante Schärfe.

»Gleich, aber zuerst muß ich eine Nachricht überbringen.«

Kessler sah sie verdutzt an.

»Wie gesagt, der Auftrag ist noch nicht ganz zu Ende gebracht. Sarah Jensen lebt noch.«

Kessler verlor allmählich die Geduld. »Ja, das weiß ich bereits. Aber wie ich verstanden habe, stellt sie kein Problem mehr dar.«

Christine lächelte ihn spöttisch an. »Nein, im Gegenteil. Sie war äußerst hilfreich.« Das Lächeln schwand, und die Stimme wurde leise und bedrohlich. »Der Auftrag wurde geändert.« Sie trat einen Schritt vor. »Nicht Sarah, sondern Sie sind jetzt dran.« Sie sah, wie der Schweiß sein von Angst verzerrtes Gesicht herunterfloß.

»Wir müssen darüber reden. Das ist ein Irrtum.«

Sie lachte bitter. »Nein, Karl Heinz, Sie haben sich geirrt. Sie haben geglaubt, Sie wären besonders schlau, nicht wahr? Und Sie und Catania hätten alles im Griff ... Tut mir leid, aber Sarah Jensen hat Sie beide reingelegt. Oder haben Sie wirklich geglaubt, daß Sarah Sie und Ihren feinen Freund davonkommen lassen würde, nachdem ihre beste Freundin und ein Kollege sterben mußten und Sie versucht haben, auch sie umzubringen?«

»Ich habe sie nicht getötet.«

»Nein, in der Tat. Ich war es. Aber es kommt aufs Selbe heraus. Sie und Catania haben den Auftrag erteilt. Wäre ich es nicht gewesen, hätte es ein anderer getan. Für Sarah haben Sie und Catania abgedrückt.«

Christine zog die Waffe hinter dem Rücken hervor und zielte auf Kesslers Stirn. Er hob die Hände, sein Mund öffnete sich zu einem stummen Protest. Sie umfaßte die Waffe mit beiden Händen und drückte ab. Die Kugel durchschlug Kesslers Stirn. Der Spiegel hinter ihm färbte sich rot. Kessler stürzte zu Boden. Innerhalb von einer Sekunde war ein Leben beendet.

Christine trat näher und starrte auf ihn herab. Überall war Blut. Immer das gleiche. Und der Geruch, immer dieser prähistorische, elektrisierende Geruch. Ihre Haare sträubten sich.

Neben den Füßen des Opfers lag die Plastiktüte mit den Geldbündeln. Eine Blutlache floß darauf zu. Mit behandschuhten Händen hob Christine die Tüte auf. Sie nahm den Rucksack ab, warf die Waffe hinein und die Geldbündel obendrauf. Mit hämmernden Lungen lief sie den Flur entlang durch die schwarze Tür aus dem Haus.

Sie unterdrückte das Verlangen zu laufen, ging langsam über den Kieselweg zu einem Holzzaun, kletterte darüber und schlug einen schmalen Feldweg ein zurück zum Wald.

Er erhob sich vor ihr wie eine Mauer. Aus einer Entfernung von zweihundert Metern wirkte er undurchdringlich und massiv. Es war bereits dunkel. Sie würde Schwierigkeiten haben, zum Wagen zurückzufinden. Jetzt beschleunigte sie ihren Schritt. Zweige peitschten gegen ihr Gesicht. Zweimal stolperte sie und fiel. Doch sie empfand keinen Schmerz, als sie mit den Knien auf Wurzeln und Steinen aufschlug und sich die Haut aufschürfte.

Als sie schließlich zur Lichtung kam, wo sie den Wagen geparkt hatte, schwitzte sie am ganzen Körper. Am Waldrand blieb sie stehen und versuchte, ruhiger zu atmen. Sie beobachtete die Lichtung, die Luft schien rein. Schließlich lief sie zum Wagen und nahm den Schlüssel aus dem Rucksack. Sie schloß die Hecktür auf, leerte den Rucksack aus und zählte das Geld. Vierhunderttausend Pfund. Die Geldbündel packte sie in eine anderen Tasche und versteckte sie zusammen mit dem Rucksack unter einem Stapel Zeitungen. Dann schloß sie die Hecktür, stieg vorne ein und fuhr los.

Unterwegs bemerkte sie den Riß in ihrer Jeans und die blutigen Knie und fluchte laut. Sie mußte die Hose verbrennen. Was die Blutspuren auf dem steinigen Boden und die Stoffetzen anging, dafür war es nun zu spät. Vielleicht fiel Regen und wusch die Blutspuren weg. Christine schaute zum wolkenlosen Nachthimmel auf und verzog das Gesicht.

Von Lambourn aus fuhr sie weiter nach West Sussex, wo

Daniel Corda einen Bauernhof besaß. Sie parkte den Wagen vor der Haustür. Daniel, der sie hatte bremsen hören, kam aus dem Haus, um sie zu begrüßen. Er hob fragend die Augenbrauen. Christine nickte.

»Alles klar, so weit.« Sie kramte den Rucksack hervor, nahm ihre Browning Automatic und die Ruger heraus, mit der sie Dante ermordet hatte, steckte beide in eine Plastiktüte und gab sie Daniel.

»Laß sie verschwinden, sei so lieb.«

Er nahm die Plastiktüte und nickte. Dann gab sie ihm die vierhunderttausend Pfund.

»Dein Anteil.«

Er bedankte sich und brachte die Waffen und das Geld ins Haus, um sie im Safe einzuschließen. Anschließend fuhr er den Ford in die Garage.

Im Haus zog Christine die Sachen an, die sie mitgebracht hatte. Die blutbefleckte Hose und das T-Shirt knüllte sie zusammen und gab sie Daniel, als dieser zurückkam.

»Kannst du das bitte verbrennen?« Er nickte. Er brachte die Sachen zu einem Schuppen neben dem Haus, in dem sich ein Ofen befand. Umsichtig, wie er war, hatte er ihn bereits vor Stunden in Gang gesetzt. Christine folgte ihm und fühlte die Hitzewelle, als er die Ofentür öffnete und in die rote Glut blickte. Sie beobachtete, wie er die Hose, das T-Shirt und die Turnschuhe nacheinander hineinwarf. Dann schloß er die Ofentür und führte sie zu einem anderen Schuppen, wo ein roter Ford Mondeo stand. Er reichte Christine die Schlüssel und sah ihr nach, als sie sich im Dunkel der Nacht verlor.

Morgen würde er den Ford Transit zu einem Schrottplatz bringen, der einem Bekannten gehörte. Von dem Wagen würde nur ein viereckiger Klumpen Metall übrigbleiben. Niemand würde ihn mit dem Mord in Verbindung bringen können.

Kurz vor zehn machte sich Sarah auf den Heimweg. Sie bummelte durch den Carlyle Square und genoß die Abendluft. Sie liebte die langen, heißen Sommernächte, das zögernd verschwindende Tageslicht, den Geruch nach saftigem Laub, Staub und metallischen Abgasen, der fast berauschend war. Sie blieb vor ihrem Haus stehen, als der Kater ihrer Nachbarin aus dem Garten kam und um ihre Aufmerksamkeit bettelte. Er wälzte sich auf dem Rücken hin und her und wirbelte dabei eine kleine Staubwolke auf. Sarah mußte lachen und beugte sich hinab, um ihn zu streicheln. Er sprang auf, streckte sich und rieb sich an ihren Beinen. Nach einer Weile verabschiedete sie sich von ihm und lief die Stufen zu ihrem Haus empor. Aus den Augenwinkeln sah sie das Profil eines Mannes, der in einem parkenden Wagen saß.

Heute abend hatte sie ihren Bewachern keine Arbeit gemacht. Sie hatte sich im Battersea Park unter die abendlichen Jogger, Cricketspieler, Fußballer, Spaziergänger und Boulespieler gemischt. Dann war sie in die King's Road zurückgeschlendert, hatte am Europa-Kiosk Ecke Old Church Road einen Stapel Zeitschriften gekauft und war ins *Café Rouge* gegangen, um dort mit *Vogue, Vanity Fair* und *The Economist* zu Abend zu essen. Ihre Beschatter blieben ihr auf den Fersen: zwei junge Frauen in ihrem Alter, die miteinander lachten und schwatzten, aber nicht gerade sorglos wirkten. Sie warteten in der Schlange auf einen Platz. Sarah las in ihren Zeitschriften, als die beiden nach einem diskreten, aber vorhersehbaren Streit mit dem Kellner drei Tische weiter Platz nahmen.

Der Kellner kam und brachte die Speisekarte. Sarah nahm sich Zeit, änderte ihre Meinung zweimal und freute sich dann auf eine exzellente Bouillabaisse, gefolgt von gegrilltem Entrecôte mit Pommes frites, ein Glas Champagner und einen halben Liter Rotwein. Während sie aß, trank und so tat, als läse sie, konnte sie nicht verhindern, daß sich ihre Gedanken auf chaotische Art selbständig machten. Eine Weile grübelte sie über Eddie und Alex nach. Wie sollte sie ihnen beibringen, was passiert war? Was sollte sie sagen? Nichts. Sie wollte sie aus all dem raushalten, sie gehörten einem anderen Leben an. Außerdem war es noch zu früh, um sich darüber den Kopf zu zerbrechen.

Ihre Gedanken wanderten zu Christine. War es richtig gewesen, sich mit ihr einzulassen? Konnte sie ihr trauen? Logik und gesunder Menschenverstand sagten nein, ihr Instinkt dagegen ja.

Christine hatte recht. Sie brauchte Verbündete, ganz egal, woher sie kamen. Sie konnte ihr nutzen. Sarah fragte sich, was die andere Frau im Augenblick wohl machte und was sie mit der Information, die sie ihr gegeben hatte, anstellen würde. Es war eine wertvolle Information, aber ob sie sich auszahlen würde? Und für wen?

Sie war lediglich der Katalysator gewesen. Jetzt konnte sie nichts mehr tun, außer warten. Und was Christine anging, so hatte sie immer noch ihre Lebensversicherung. Das Päckchen, das sie bei Jack und Jacob zurückgelassen hatte. Wenn Kessler und Catania umgebracht würden, konnte es tatsächlich sein, daß sie am Leben blieb.

Doch auf diesen blutigen Beweis mußte sie noch etwas warten. Sie seufzte tief. Es war schrecklich, aber es war die einzige Möglichkeit. Diesmal würde jemand anders Recht sprechen, wenn sie nicht ganz falsch lag. Aber war das besser? Sie wußte es nicht. Nur eins stand fest: Sie hätte es nicht selbst tun können.

Sie schüttelte die Gedanken ab und bat um die Rechnung, so laut, daß ihre Beschatter sie hören mußten. Sie zahlte langsam, damit auch ihnen genügend Zeit blieb, gab ein saftiges Trinkgeld und verabschiedete sich freundlich von den versammelten Kellnern. Niemand, der heute abend Sarah Jensens Weg kreuzte, würde sie vergessen, im Gegensatz zu Christine, dafür hatte sie gesorgt. Sollte sie ein Alibi brauchen, würde sie Unmengen davon haben.

Die alte Uhr im Flur schlug gerade zehn, als sie die Wohnung betrat. Sie ging direkt ins Schlafzimmer, warf sich aufs Bett und schaltete den Fernseher an. Die Zehn-Uhr-Nachrichten. Der Sprecher begrüßte die Zuschauer, und sie machte es sich in den Kissen gemütlich. Plötzlich hielt sie inne und starrte ungläubig auf den Bildschirm.

»Auf Giancarlo Catania, den Präsidenten der italienischen Zentralbank, ist heute abend ein Anschlag verübt worden. Nach letzten Erkenntnissen verließ Catania gerade ein Restaurant in Rom, wo er mit seiner Frau und zwei Bekannten gegessen hatte, als von einem vorbeifahrenden Motorrad aus auf ihn geschossen wurde. Catania wurde von mehreren Kugeln getroffen und war offenbar auf der Stelle tot. Seine Leibwächter erwiderten das Feuer, trafen den Schützen tödlich und verwundeten den Fahrer des Motorrades schwer. Er wurde ins Krankenhaus gebracht und unter Polizeischutz gestellt. Spekulationen deuten auf die Mafia hin, aber bislang gibt es keine Hinweise auf das Motiv für den Mord an Catania …«

Den Rest der Meldung bekam sie nicht mehr mit. Reglos saß sie vor dem Fernseher, ihr war schwindelig vor Angst und Panik. Erst nach einigen Stunden flaute der Schock allmählich ab, und sie kam wieder zu sich. Hatte sie das Ganze mit ein paar wohlgewählten Worten selbst ausgelöst? Oder war es nur ein Zufall? Sie würde es nie genau erfahren. Aber wenn sie richtig tippte, war Catania nicht der einzige, der jetzt eines unnatürlichen Todes sterben mußte.

Es war fast zwölf, als Christine völlig erschöpft, aber triumphierend zu Hause ankam. Sie rief sofort Fieri an. Doch kaum hatte er den Hörer abgenommen, wußte sie, daß nicht alles in Ordnung war. Er faßte sich kurz und sprach nur verschlüsselt. Er sagte, sie solle die Zeitungen lesen und für eine Weile in Urlaub fahren. Sie antwortete, bei ihr sei alles bestens, und fragte sich, was zum Teufel schiefgegangen sein könnte. Er sagte »Gut!«, doch es schien ihn nicht weiter zu interessieren. Er müsse jetzt auflegen, er sei mitten in einer Besprechung, sagte er, und dann, als sei es ihm gerade erst eingefallen »gutgemacht!«. Schließlich murmelte er noch etwas von der »üblichen Prozedur« und legte auf.

Christine ging alle Kanäle im Fernsehen durch. Um zwölf sah sie die Nachrichten bei CNN. Catania war ermordet worden. Der Mörder war tot, sein Komplize festgenommen. Christine erschrak. Würde er auspacken? Würde er ein *pentito* werden? Das Risiko war zu groß. Sie begann methodisch ihre Koffer zu packen.

In weiser Voraussicht hatte sie vor vier Jahren eine Wohnung in Rio gekauft, um untertauchen zu können, falls es je brenzlig werden sollte. Sie packte ihre Koffer zu Ende und nahm eine Dusche. Dann zog sie sich an und schenkte sich einen Whisky ein, um in ihrem dunklen Arbeitszimmer in aller Ruhe einen Plan auszuhecken. Sie würde das nächste Flugzeug nach Rio nehmen. Das war morgen abend. Sie blieb die ganze Nacht wach und verfolgte die Nachrichten im Fernsehen.

Daß man den Fahrer geschnappt hatte, war eine Katastrophe. Sein Name war mit Cesare Romagna angegeben worden. Er war einer von Fieris Auftragskillern und auf heikle Fälle spezialisiert gewesen. Sie hatte einmal mit ihm zusammengearbeitet. Sollte er auspacken, was gar nicht so abwegig schien, waren Fieri und sie geliefert. Sie konnte nur noch hoffen, daß er dichthielt, bis Fieri an ihn rankam. Es war unumgänglich, denn zu verlieren hatte er nichts mehr. Wahrscheinlich besprach er das gerade in seinem Treffen zu so später Stunde.

Christine fragte sich, ob Sarah Jensen die Nachrichten gesehen und wie sie reagiert hatte. Es blieb dabei: Jeder Kontakt war jetzt ausgeschlossen. Dennoch war Sarah Jensen ein Risikofaktor. Sie hatte gezeigt, daß sie vor keiner Gefahr zurückschreckte. Bislang hatte Christine von ihr profitiert. Sie hatten ein Abkommen getroffen, das ihr entgegenkam. Sarah Jensen hatte ihr Information gegeben, aber zu welchem Preis? Für das vage Versprechen, daß Christine ihr helfen würde, wenn sie sie brauchte. Die Information, die zu den folgenden Ereignissen geführt hatte, war einige Stunden lang Millionen von Pfund wert gewesen, doch jetzt würde Fieri vielleicht nie bezahlen und sie vielleicht nicht mehr frei sein, um das Geld zu genießen. Hoher Preis, hohes Risiko, das kannte und akzeptierte sie. Aber jetzt kam es ihr so vor, als hätte sie den kürzeren gezogen, und Sarah würde doch als letzte lachen.

Sarah Jensen hatte sich auf grausame Art an zwei Männern gerächt, ohne selbst das geringste Risiko einzugehen. Natürlich konnte sie nicht ahnen, daß ihre Informationen zwangsweise zu so drastischen Konsequenzen führen würden, noch konnte sie sicher sein, daß Christine sie nicht umbrachte, nachdem sie ihr alles erzählt hatte. Sie war ein kalkulierbares Risiko eingegangen, und es hatte geklappt. Aber jetzt sah die Sache ganz anders aus. Wo lagen Sarahs Interessen?

Christine fragte sich, ob sie sie hätte töten sollen, als sie die Möglichkeit dazu gehabt hatte …

Jetzt war es zu spät, aber sie glaubte ohnehin nicht, daß Sarah ihr wirklich gefährlich werden könnte. Sie teilten noch immer dieselben Interessen. Sie würde schweigen und wenn es nötig war, auch lügen. Sarah Jensen besaß einen starken Selbsterhaltungstrieb. Das war die beste Garantie für Loyalität.

Christine hörte ein leises Geräusch draußen vor ihrem Fenster. Sie stellte ihr Glas ab und horchte. Sie lächelte, als das Geräusch stärker wurde. Es hatte angefangen zu regnen; das Blut, die Stofffetzen würden weggewaschen werden.

29

Es war zwei Uhr früh. Bartrop hatte gerade vom Mord an Catania erfahren und versuchte das Ganze zu verdauen, als das Telefon klingelte. Es war ein Beamter der Special Branch. Karl Heinz Kessler war tot. Bartrop saß reglos da und hörte sich die Einzelheiten an. Er wollte benachrichtigt werden, sobald neuere Erkenntnisse vorlagen.

Er ging durch das stille Haus in die Küche und kochte sich einen Tee. Nachdenklich saß er dann im Arbeitszimmer und nippte an dem heißen Getränk. Catania und Kessler waren tot. Sarah Jensen dagegen spazierte quicklebendig durch London. Er wußte jetzt, daß er sie unterschätzt hatte. Er fragte sich, wozu sie sonst noch fähig war. Wenn er mit seinen Vermutungen richtig lag, hatte sie ihm einen Gefallen getan. Die Morde deuteten auf Fieri. Wenn der Motorradfahrer sang, hatten sie eine gute Chance, an Fieri ranzukommen. Aber welche Rolle spielte Sarah wirklich? Sie wußte etwas und hatte mit irgend jemandem einen Kuhhandel gemacht, aber mit wem? Das Gleichgewicht in ihrer unsichtbaren Beziehung hatte sich verlagert. Offensichtlich wußte sie jetzt mehr als er und war ihm einen Schritt voraus – eine unerträgliche Situation.

Samstag morgen. Sarah wachte um sechs Uhr auf. Sie lag noch eine Weile mit geschlossenen Augen im Bett und lauschte den Vögeln und dem fernen Brausen des frühmorgendlichen Verkehrs. Sie gab sich den Eindrücken hin. Geräusche, Gerüche und das Gefühl, in ihrem eigenen Bett zu liegen. Sie schlug die Augen auf und drehte sich um. Sie betrachtete die weiße Wand, die weißen Vorhänge, die in der frühen Brise vor der Schiebetür flatterten. Auf der Terrasse blühten ihre Pflanzen. Die Luft war frisch und feucht, der Tag versprach heiß zu werden. Letzte Nacht hatte es geregnet und für etwas Abkühlung nach der stickigen Hitze gesorgt.

Sie setzte sich im Bett auf und zog die Beine an. Zum ersten Mal seit Wochen spürte sie, daß sie allmählich ruhig wurde. Auch ihre Energie kam zurück, und plötzlich hatte sie einen Bärenhunger. Sie sprang aus dem Bett, zog die Sachen vom Tag davor an, griff nach ihren Schlüsseln, schob das Fahrrad nach draußen und machte sich auf den Weg.

Einer der wenigen Läden in der Gegend, die rund um die Uhr geöffnet hatten, war das *Seven-Eleven* auf der Gloucester Road. Sarah fuhr durch die Straßen, die am frühen Morgen nur einer Handvoll unentwegter Jogger gehörten. Ein paar Penner stöberten in den Mülltonnen.

Der Laden war leer. Sarah drehte eine Runde mit ihrem Einkaufswagen. Eier, Milch, Butter, Brot, frischer Orangensaft und Zeitungen; alles, was sie für ihr Lieblingsfrühstück brauchte. Dann verstaute sie alles in der Fahrradtasche und fuhr auf Umwegen nach Hause, die Morgensonne, die Ruhe und das Gefühl der mühelosen Anstrengung in vollen Zügen genießend.

In der Küche machte sie sich sofort an die Arbeit und unterbrach die Zubereitung des Pfannkuchenteigs nur, um Musik von K. D. Lang aufzulegen – sie war immer so beruhigend und tröstlich. Sie drehte sie leise, denn sie wollte die Nachbarn, die bei offenem Fenster schliefen, nicht aufwecken. Dann kehrte sie in die Küche zurück. Mit eibekleckerten Händen begann sie, das Mehl einzurühren und gab etwas Salz hinzu, bevor sie den Teig in den Mixer kippte. Fünf Minuten später zog frischer Kaffeeduft durch die Küche, und auf dem Herd brutzelten die Pfannkuchen. Sie suchte im Schrank nach der rotgoldschwarz lackierten Blechdose mit Sirup. Das Etikett zeigte einen von Bienen umschwärmten toten Löwen. Sie drehte die Dose in der Hand und las die Aufschrift »stark und süß«. Plötzlich überfielen sie lauter Erinnerungen.

Ihre Mutter hatte ihr zu besonderen Anlässen immer Pfannkuchen mit schwarzem Sirup gemacht, manchmal auch ein Quentchen Rum hinzugefügt; Sarah kannte den Geschmack, seit sie vier war. Und jedesmal hatte ihre Mutter ihr die Sirupdose gezeigt und die Aufschrift vorgelesen.

Stark und süß. So lange her. Und jetzt? Wie lange würde sie brauchen, um sich wieder zu fangen? Sie schüttelte sich, stapelte die Pfannkuchen auf einen Teller und trug sie mit dem Kaffee und dem Orangensaft auf einem Tablett ins Wohnzimmer. Dort streckte sie sich auf dem Sofa aus und blätterte in der Zeitung. Der Sirup tropfte durch den Pfannkuchen auf ihre Hände. Sie leckte ihn ab.

Eine Weile später, gerade als sie aus der Dusche kam, läutete das Telefon. Sie setzte sich naß auf ihr Bett und nahm neugierig den Hörer ab. Etwas früher als sie erwartet hatte – Barrington. Diesmal sparte er sich die Formalitäten und redete nicht lange um den Brei herum.

»Ich glaube, wir sollten uns mal unterhalten, meinen Sie nicht?«

Sarah drehte den Spieß um. Er war ihr eine Erklärung schuldig, nicht umgekehrt. »Ja, Governor, das denke ich auch.«

»In einer halben Stunde wird Sie jemand besuchen kommen. In Ordnung?«

»Nein, überhaupt nicht. Ich werde niemandem die Tür aufmachen. Ich werde nur mit Ihnen sprechen. Und wenn wir schon dabei sind, am besten bringen Sie auch gleich Ihren Boß mit oder wer immer im Hintergrund die Fäden zieht. Vielleicht bekomme ich dann endlich ein paar ehrliche Antworten. Oder ist das zuviel verlangt?«

Es folgte eine lange Pause. Sarah malte sich aus, wie Barrington schwer atmete, wie er fast eine bissige Bemerkung machte, sich aber doch zusammenriß, um nicht die Fassung zu verlieren. Schließlich antwortete er geduldig und langsam, als wäre sie ein ungezogenes Kind. Sarah hätte beinahe losgelacht.

»Wie gesagt, es wird jemand zu Ihnen kommen. Ich habe zu tun, Sie haben zu tun, alle haben zu tun.«

»Ja, ich kann mir vorstellen, wie lästig das Ganze für Sie sein muß. Sie hatten sich auf ein ruhiges Wochenende gefreut, und jetzt müssen Sie auch noch Zeit schinden, nicht wahr, Governor? Natürlich können Sie mir nichts sagen, bevor sie mit ihm – oder ist es vielleicht eine sie – gesprochen haben. Also, rufen Sie mich später an und sagen Sie mir, was Sie erreicht haben.«

»Hören Sie, Sarah. Ich kann verstehen, daß Sie wütend sind.«

Sarah fiel ihm ins Wort. »Verstehen? Nein, Governor. Ich glaube, daß Sie dazu gar nicht fähig sind.« Ihre Hand zitterte vor Wut, und sie legte einfach den Hörer auf.

Barrington rief Bartrop an.

»Sie ist wütend. Sie will Sie sehen.«

Bartrops Augenbrauen hoben sich vor Staunen. »Was soll das heißen, sie will mich sehen? Tut mir leid Governor, hätte ich mir denken können. Sie ist also wütend, was?«

»Ja, und ihre Wut scheint auch nicht so schnell zu verfliegen. Ich an Ihrer Stelle würde nicht so lachen. Allerdings war sie auch sehr offen, so als wäre das ganze Spiel jetzt vorbei.«

Bartrop lachte leise: »Denkt sie das wirklich?«

»Hören Sie, Bartrop. Ich bin kein Hellseher. Sie haben mich gebeten, bei ihr anzurufen, und das habe ich getan. Dabei sollten wir es belassen, wenn Sie nichts dagegen haben.«

»Nein, hab' ich nicht, Governor. Ich glaube, daß Sie recht haben. Wir müssen ja nicht alle beide um sie herumtanzen.«

»Sie werden sie also aufsuchen?«

»Ich glaube, daß es an der Zeit ist, meinen Sie nicht?« Barrington lächelte in sich hinein. »Na, dann viel Glück.«

»Werden Sie sie noch mal anrufen und ihr sagen, daß jemand vorbeikommt?«

»Rufen Sie sie selbst an. Ich bin doch nicht Ihr Laufbursche.«

Fünf Minuten später saß Bartrop im Wagen und ließ sich von Munro zum Carlyle Square fahren.

Kurz vor zehn waren sie da. Er bat Munro, im Wagen zu warten, stieg aus und ging auf Sarahs Haus zu. Er warf einen Blick auf die Fassade. Er wußte, daß sie zu Hause war, die Beschatter meldeten ihm jede ihrer Bewegungen. Bevor er klingelte, zögerte er noch einen Augenblick. Er war neugierig und bereitete sich auf die ersten Eindrücke vor. Wie sie aussah, wußte er von den Fotos und den Videoaufnahmen seiner Spione, aber er hatte ihr noch nie gegenübergestanden, nie gesehen, wie sie reagierte oder sich bewegte.

Für ihn war sie immer noch ein Rätsel. Stundenlang hatte er versucht, von dem, was er über sie wußte, auf ihren Charakter zu schließen. Sie war eine seltsame Kombination aus Eigenschaften, die, jede für sich genommen, derart intensiv waren, daß sie bereits eine eigenständige Persönlichkeit hätten prägen können. In ihr verschmolzen sie zu einer schwindelerregenden Mischung. Sie war dermaßen extrem, daß es an ein Wunder grenzte, daß sie nicht völlig gespalten war. Die Extreme jedoch schienen ein labiles Gleichgewicht zu halten. Kein Wunder, daß sie bei Jacob Goldsmith, ihrem Bruder, ihrem Freund nach Sicherheit und Stabilität suchte. Sie schien sich vollkommen bewußt zu sein, daß, wenn eine Seite ihres Ichs an Gewicht gewann, die andere Seite Mühe haben würde, das Gleichgewicht wieder herzustellen. Falls seine Theorie stimmte, und dafür gab es gute Gründe, erzeugten einschneidende Ereignisse in ihrem Leben extreme Reaktionen. Genau das machte sie so gefährlich, aber auch so wertvoll. Es gab auch andere Konfliktebenen. Sie vereinte einen Hang zur Selbstzerstörung mit dem Selbsterhaltungstrieb. Vor allem aber war sie unberechenbar.

Bartrop klingelte.

Sarah hörte das Läuten und sah aus dem Fenster. Vor ihrem Haus parkte ein schwarzer Rover mit einem Mann am Steuer, ein anderer Mann stand auf der Treppe vor ihrer Tür. Ein Staatsbeamter, dachte sie. Special Branch oder Geheimdienst hätte Jacob gesagt. Sie sah sich den Mann vor ihrer Tür genau an. Groß und schlank, aufrechte Haltung, selbstsicher, braunes nach hinten gekämmtes Haar. Das Gesicht konnte sie nicht erkennen, er stand zu nah an der Tür. Sie sah nur den oberen Teil des Kopfes. Wie der Mann, den sie musterte, empfand auch sie Neugier. Hoffentlich ist er nicht schwach, ausweichend und hilflos wie Barrington, dachte sie. Sie lief die Treppe hinab und öffnete die Tür.

Der Mann reichte ihr die Hand. »James Bartrop. Ein Freund von Anthony Barrington.«

Sarah drückte die Hand. »Kommen Sie rein.« Sie trat einen Schritt zurück.

Er zögerte einen Augenblick und fragte dann: »Ich würde mich lieber im Wagen mit Ihnen unterhalten, wenn es Ihnen nichts ausmacht.« Es war eine Aufforderung, die nicht mal als Bitte kaschiert war. Sarah zögerte, warf einen Blick auf den Wagen und dann auf ihn. »Na schön, ich brauche nur eine Minute.« Sie lief die Treppe wieder hinauf und holte ihre Handtasche und den kleinen Minirecorder, den Jacob ihr gegeben hatte. Sie schaltete ihn an und steckte ihn in die Handtasche. Dann ging sie wieder herunter, griff nach den Schlüsseln und zog die Tür hinter sich zu. Bartrop ging zum Wagen vor. Sie wollte gerade einsteigen, als Mrs. Jardine vorbeikam.

»Sarah! Gott sei Dank, sind Sie wieder da.«

»In der Tat. Ach übrigens, Mrs. Jardine. Dieser Herr hier heißt Bartrop, James Bartrop. Er ist Makler und wird mir ein Haus zeigen. Sollte ich nicht wiederkommen, werden Sie sich bestimmt an sein Gesicht und seinen Namen erinnern, nicht wahr?« Sie sagte es beiläufig und lächelnd. Die Frau gluckste in sich hinein. »Noch ein Haus ...? Na, wenigstens geht es nicht allen Leuten in England mies.« Sie nickte Bartrop zu und ging ihres Weges.

Bartrop hielt Sarah die Tür auf. Sie nahm auf dem Rücksitz Platz, er neben ihr. Eine Glasscheibe trennte sie vom Fahrer.

»Kutschieren Sie uns einfach ein bißchen herum, Munro«, sagte Bartrop und schloß die Glasscheibe.

»Ich hatte nicht vor, Sie zu entführen«, sagte er dann, an Sarah gewandt.

»Na ja. Nur für den Fall, daß Sie Ihre Meinung ändern.«

Er lächelte. Seine Leute hatten sich in Mrs. Jardines Haus eingenistet. Die Frau und ihr Mann, ein früherer Armeeoffizier, wurden für die Unannehmlichkeiten mehr als großzügig entschädigt. Es gab keinen Zweifel daran, wem sie loyal waren. Trotzdem, Sarah Jensen hatte schnell geschaltet. Sie war verdammt mißtrauisch. Aber das war mehr als verständlich.

»Es ist höchste Zeit, daß wir uns unterhalten, meinen Sie nicht?«

Sie warf ihm einen Blick zu. »Das kann man wohl sagen. Aber zuerst verraten Sie mir vielleicht, für wen Sie arbeiten und welche Rolle Sie spielen?«

Sarah sah aus dem Fenster auf die Passanten und die Farben in den Schaufenstern der Boutiquen auf der King's Road; die Bilder flogen an ihr vorbei. Sie konzentrierte sich auf den Mann neben ihr, versuchte ihn zu durchschauen, so wie er umgekehrt sie. Sie spürte die Kraft seines Widerstandes, seine Entschlossenheit. Es würde nicht leicht sein.

»Darauf werden wir zu gegebener Zeit noch zurückkommen. Zuerst möchte ich ein paar Dinge klarstellen.«

Sarah wandte sich halb um und sah ihm in die Augen. Sie wartete, daß er anfing zu sprechen. Eine Weile herrschte angespanntes Schweigen.

»Das erste, was ich gerne wüßte, ist, warum Sie verschwinden und dann so plötzlich wieder auftauchen? Die Zeiten scheinen nicht gerade sicher zu sein. Immerhin sind Giancarlo Catania und Karl Heinz Kessler ermordet worden.«

»Was?« rief Sarah überrascht. Von Catanias Tod wußte sie, aber Kessler … Jetzt hatte sie keine Zweifel mehr. Ihre Äußerungen Christine gegenüber mußten der Auslöser gewesen sein. Sie verbarg ihren Schock nicht.

Bartrop studierte ihr erschrockenes Gesicht. Entweder war sie eine verdammt gute Schauspielerin, oder sie hatte wirklich keine Ahnung gehabt.

»Warum haben Sie Ihr Versteck verlassen, Sarah? Haben Sie sich geeinigt? Haben Sie ein Abkommen mit der Mafia getroffen?«

Sarah starrte einen Augenblick vor sich hin und sah ihn dann an. »Wie können Sie es wagen?« Ihre Stimme war leise, doch die Wut darin war nicht zu überhören. »Selbstherrlich und großkotzig sitzen Sie da und klagen mich an? Zwei Unschuldige mußten dran glauben, weil Sie mir einen unmöglichen Auftrag erteilt haben. Ich gehe davon aus, daß Sie es waren, oder gibt es noch jemanden im Hintergrund?«

Bartrops Gesicht war gespannt. »Nein.«

»Dann tragen Sie die ganze Verantwortung.« Sie machte eine kleine Pause, um sich zu fassen. »Schon wieder zwei Tote, so viele Menschenleben zerstört. Und wofür? Auf wen hatten Sie es die ganze Zeit abgesehen? Ich habe Ihnen und diesem Trottel von Barrington alle möglichen Beweise geliefert, und Sie haben nichts getan. Es gab keine einzige Verhaftung, nicht mal eine kleine Untersuchung. Gar nichts.« Plötzlich kam ihr eine Idee. »Es sei denn, Sie wollen mir jetzt weismachen, daß Sie Catania und Kessler auf dem Gewissen haben.«

Bartrop lachte. »Das wäre doch wohl eher Ihre Domäne, nicht wahr? Rache nämlich.«

Sie biß sich auf die Lippen und sah ihn schweigend an.

»Sie haben doch den Lastwagenfahrer getötet, oder nicht? Der gegen den Wagen Ihrer Eltern geprallt war?«

Sie starrten sich an. Sie zuckte nicht mit der Wimper. Ihre Augen waren tot und leer. Es war, als hätte sie sich völlig in sich selbst zurückgezogen.

»Kaltblütige Rache, kein Mitleid.«

Diesmal war er nicht auf ihre Reaktion vorbereitet. Sie spuckte die Worte aus, als sei es Blut.

»Mitleid! Was wissen Sie schon! Ich bin zerrissen von Mitleid.« Gerade noch rechtzeitig hielt sie inne. Sie hätte es ihm so gerne gesagt. Verstehen Sie nicht? Darum geht es. Rache und Mitleid, die einzigen Dinge, die mich zusammenhalten. Ich habe es einmal für meine Eltern getan und dann wieder für Dante und Mosami. Und auch für mich, ich gebe es zu. Es ist der einzige Weg, um damit fertig zu werden. Wissen Sie, wie es ist? Die toten Körper zu sehen? Ständig daran denken zu müssen, wie es passiert ist? Wenn ich daran denke … Eine Weile kämpfte sie gegen ihre Tränen an, dann setzte sie ihr stummes Selbstgespräch fort. Die Rache verleiht mir die Kraft, weiterzumachen. Sie ist radikal, unvollkommen, sie macht mir keinen Spaß, weiß Gott, was sie in mir bewirkt, aber sie ist eine Lösung, eine Form von Gerechtigkeit jedenfalls. Verstehen Sie das nicht? Sie sah Bartrop an. Sein Gesicht war ausdruckslos.

Er beobachtete sie, ohne ein Wort zu sagen, stellte sich die Konflikte vor, die sie innerlich zerrissen. Vollkommen angespannt saß sie neben ihm, als wollte sie einen körperlichen Angriff abwehren. Er beschloß, das Thema zu wechseln.

»Sie werden verstehen, daß wir gewichtige Gründe hatten, um die Ermittlungen so durchzuführen.«

»Das müssen Sie wissen.« Ihre Stimme war kalt und beherrscht. »Was würden Sie sagen, wenn ich Ihnen erklärte, daß wir einen Mafiaboß im Visier hatten, der für den Schmuggel von Heroin und Kokain nach England verantwortlich ist?«

»Daß Sie mich hätten informieren oder jemanden hätten einsetzen müssen, der die Risiken kannte, statt wie ich unschuldige Menschen in Gefahr zu bringen, ohne es zu wissen.«

»Ich gebe zu, wir haben Sie unterschätzt.«

»Sparen Sie sich Ihre Komplimente. Sagen Sie mir lieber, was Sie nun von mir wollen.«

»Na schön. Ich möchte, daß Sie mir helfen, diesen Mann zu fassen, das ist alles. Was sonst passiert ist und Sie angeht, ist für mich nicht relevant.«

»Es ist mir egal, was für Sie relevant ist oder nicht. Warum haben Sie mich nicht ganz offen um Hilfe gebeten? Statt dessen kommen Sie mir mit Drohungen. Vermutungen. Mehr haben Sie nicht. Und nach allem, was passiert ist, meinen Sie wirklich, daß Sie mich noch mal so leicht rumkriegen können?« Ihre Stimme überschlug sich fast vor Verachtung. »Halten Sie den Wagen an.«

Bartrop öffnete die Glasscheibe und bat Munro anzuhalten. Der Wagen bremste. Sarah öffnete die Tür, um auszusteigen. Sie wandte sich noch einmal Bartrop zu.

»Sie brauchen meine Hilfe nicht. Haben Sie jemals von der Dominotheorie gehört?«

Er nickte, neugierig.

»Dann warten Sie ab, wie sie fallen. Es passiert ganz von selbst.«

Damit stieg sie aus und knallte die Tür hinter sich zu. Munro sah seinen Chef fragend an.

»Wir fahren zurück«, sagte Bartrop.

Bartrop saß zu Hause am Schreibtisch und sah aus dem Fenster, als Miles Forshaw anrief.

»War es erfolgreich?«

»Ich denke schon.«

»In welcher Hinsicht?«

»Ich habe gelernt, Geduld zu üben.«

Forshaw runzelte skeptisch die Stirn. »Und nun?«

Bartrop lächelte. »Vorerst unternehmen wir nichts. Wir warten ab.«

»Und was passiert mit Sarah Jensen?«

»Nun, sie scheint der Meinung zu sein, daß sie ihre Rolle zu Ende gespielt hat.«

»Und hat sie recht?«

»Natürlich nicht.«

30

Am nächsten Nachmittag saßen Jacob und Jack schlecht gelaunt und nervös in Jacks marokkanischem Haus. Sie wußten, daß Sarah sie nicht anrufen konnte. Sie hatte ihnen gesagt, daß sie sie weder anrufen noch ihnen schreiben würde. Wenn ihre Abmachung mit Catania nicht aufging, sollte keiner ihre Spur zu ihnen zurückverfolgen können. Außerdem hatte sie sich Sorgen wegen Barrington und seiner Hintermänner gemacht. Auf keinen Fall sollten Jacob und Jack mit hineingezogen werden. Das wußten sie, hatten es widerwillig akzeptiert, doch nach drei Tagen hielten sie es nicht länger aus.

Um sich abzulenken, gingen sie in Jacks Arbeitszimmer und sahen sich die Mittagsnachrichten auf CNN an. Eine ganze Stunde würden sie sich nicht miteinander zu unterhalten brauchen. Jack schaltete mit der Fernbedienung den Fernseher an. Sie saßen nebeneinander auf dem Sofa und hörten dem Nachrichtensprecher zu. Er las die Schlagzeilen vor und kam dann auf die Nachricht zurück, die letzte Nacht ganz Italien erschüttert hatte. Seine Stimme war ruhig und neutral. Jacob und Jack saßen da wie versteinert. Giancarlo Catania in Rom ermordet. Noch bevor sie sich von dem Schock erholt hatten, berichtete der Sprecher, daß in London ein weiterer bekannter Banker ermordet worden sei. Karl Heinz Kessler. Die beiden Männer sahen sich entsetzt an.

»Ich fliege nach London zurück«, sagte Jacob.

»Ich komme mit«, antwortete Jack.

Sie buchten die nächste Maschine nach London, die am folgenden Morgen von Marrakesch flog.

Christine ging durch die Halle des Terminal drei in Heathrow auf den Varig-Schalter zu. Sie lächelte der Stewardeß in der blauen Uniform zu. Dann sagte sie in einwandfreiem Portugiesisch: »Ich habe für den heutigen Flug nach Rio einen Platz reservieren lassen. Julia Rodriguez.«

Die Frau lächelte. »Einen Augenblick bitte, ich muß im Computer nachsehen.« Sie tippte ein paar Befehle ein.

»Ja. Erste Klasse, mit Visa bezahlt. Dürfte ich Ihre Karte und den Paß haben?«

Christine zog eine goldene Visakarte und einen Paß aus der Handtasche, der auf den Namen Julia Rodriguez ausgestellt war. Die Stewardeß, auf deren Namensschild »Mrs. Hernandez« stand, sah in den Paß, streifte Christine mit einem diskreten Blick und widmete sich dann offensichtlich befriedigt ihrer Kreditkarte. Sie schob sie durch die Maschine, die eine Quittung ausspuckte. Christine unterschrieb und nahm Karte und Paß wieder an sich. Die Stewardeß gab ihr den Flugschein.

»Gate neunundvierzig. Guten Flug.«

Christine erwiderte ihr Lächeln. »Danke schön.« Sie drehte sich um und ging schnellen Schrittes die Treppen zur Abflughalle hinauf. Eine attraktive Frau, eine typische Brasilianerin: mittelgroß, gut gebaut, kaffeebraun, schwarzes Haar, braune Augen. Christine sah ihr Spiegelbild in den Glaswänden des Ganges, der zu ihrem Gate führte, und lächelte. Sie hatte zwei Stunden damit verbracht, sich in Julia Rodriguez zu verwandeln. Haarfarbe, Schere, Selbstbräunungscreme, braune Kontaktlinsen, ein falscher Paß und das Schwierigste, eine andere Gangart: rasch und geschäftig. Sie ging schnell, spannte die Bauchmuskeln an und trug zu enge Schuhe. Nichts deutete auf Christine Villiers hin.

Eine Stunde später hob die Maschine ab. Sie stieg auf, zog eine langsame Kurve und gewann an Höhe. Christine öffnete mit einem Glas Champagner in der Hand ihren Gurt. Sie starrte hinab auf die Dunkelheit, die die englische Landschaft verhüllte. Sie wußte nicht, wann sie England wiedersehen würde, aber es war ihr egal. In diesem Augenblick war sie glücklich. Wie eine Eidechse, die ihren Schwanz abgestoßen hat, feierte sie ihre gestohlene Freiheit.

Als die 747 der Varig gerade den Atlantik überquerte, packte der Motorradfahrer aus. Langsam und methodisch nannte er sämtliche Namen, die er kannte. Er hatte keine andere Wahl.

Sein Anwalt war von der Polizei gezwungen worden, ihm zu sagen, daß der Don ihm nicht traute und den Auftrag erteilt habe, ihn umzulegen. Seine einzige Chance, am Leben zu bleiben, bestand darin, Kronzeuge zu werden. Er war zweiundvierzig und hatte keine Familie. Mit Hilfe des Staates und einer neuen Identität konnte er untertauchen, ein neues Leben beginnen, vielleicht in Amerika. Er konnte aber auch auf das Messer warten, das unweigerlich seine Rippen durchbohren würde, oder auf die Kugel im Kopf, die ihn zum Schweigen bringen würde.

Die Richter in Rom begannen, das Puzzle zu enträtseln. Um Mitternacht wurden die ersten Haftbefehle ausgestellt. Unter ihnen war auch einer gegen Antonio Fieri.

Bartrop saß allein in seinem Haus am Chelsea Square. Die Dominosteine fielen. Wo würden sie haltmachen? Wie hatte sie das angestellt? Was genau hatte sie getan? Sie wollte es ihm nicht sagen, das war klar. Sarah Jensen verachtete ihn. Seine Operation war nicht wegen ihrer Kooperation erfolgreich gewesen, sondern weil sie sich mit ihren eigenen Interessen überschnitten hatte. Sie glaubte, daß seine Drohungen ihr nichts anhaben könnten, weil sie sie allein durch ihre Haltung neutralisiert hatte. Doch da irrte sie, sie war nicht unverwundbar. Auch sie hatte ihre Achillessehne: Jacob Goldsmith. Er hatte Beihilfe geleistet. Das war kein Verbrechen, aber er war ein alter Mann, der sich nach einem ruhigen Lebensabend sehnte. Damit war es nun vorbei, auch wenn er sich stets im Hintergrund hielt und nie in Erscheinung trat. Wenn er aber den Spieß umdrehte und seine Aufmerksamkeit Jacob widmete, würde Sarah Jensen nachgeben und auspacken.

Nun gut. Er hatte, was er wollte. Fieri saß, die Chancen für eine Verurteilung standen nicht schlecht. Doch ein einziger *pentito* war nicht genug. Ein einzelnes Leben, dem leicht ein vorzeitiges Ende zu bereiten war. Bartrop und die Italiener brauchten mehr Zeugen für eine Verurteilung. Bartrop brauchte Sarah Jensen, er mußte herausfinden, was sie wußte. Er ging schlafen und träumte von ihr.

Bereits am folgenden Morgen erhielt er Auftrieb für seine Pläne. Die Special-Branch-Abteilung im Flughafen von Heathrow erreichte ihn gegen elf. Jacob Goldsmith war gerade angekommen. Bartrop triumphierte innerlich. Langsam fügte sich alles zusammen.

Jacob und Jack nahmen ein Taxi zum Carlyle Square. Sie bezahlten den Fahrer und klingelten nervös an Sarahs Tür. Schließlich hörten sie ein Geräusch, und als sie aufblickten, entdeckten sie Sarahs Kopf am Fenster.

»Jacob, Jack!« rief sie erfreut. »Wartet, ich komme runter.«

Die beiden Männer grinsten sich an. »Ich wußte, daß ihr nichts passiert ist«, sagte Jacob erleichtert.

Sarah riß die Tür auf und küßte und umarmte sie beide, wobei sie diskret eine Träne von Jacobs Wange wischte. Sie stellten ihre Koffer im Flur ab. Sarah lächelte und führte dann den Zeigefinger zu den Lippen.

»Machen wir einen Spaziergang«, sagte sie mit strengem Blick. Die Männer nickten ein wenig verdutzt, und kurze Zeit später schlenderten sie auf den sonnenüberfluteten Carlyle Square zu. Sarah öffnete das Tor zum Park und ließ sie vorgehen. An einer Bank blieben sie stehen und setzten sich. Ein paar Kinder spielten in der Nähe, eine Frau paßte auf, aber alle waren außer Hörweite.

Sarah saß zwischen Jack und Jacob.

»Ich freue mich so, euch zu sehen, das könnt ihr euch gar nicht vorstellen.« Eine Weile redeten und lachten sie alle durcheinander. Dann hörte das Lachen auf, und die Fragen begannen.

»Mein Haus wird überwacht«, erklärte Sarah. Jacob, der wie üblich schrecklich neugierig und schrecklich besorgt um sie war, stellte eine Frage nach der anderen. Er wollte alles wissen, was passiert war, auch wenn es längst vorbei war.

Früher hatten seine Fragen sie auf die Palme gebracht. Heute fühlte sie sich erleichtert, ihn zu sehen, wieder zu Hause zu sein, seine Fragen zu beantworten, über alles zu sprechen. Es gab niemanden, mit dem sie sprechen konnte, außer ihn. Und Jack. Sie war froh, daß es ihn gab. Er war ein

Freund, und außerdem wurde so nicht Jacob alleine damit belastet.

»Was hast du unternommen? Was ist passiert? Hattest du etwas mit den Morden an Catania und Kessler zu tun?« fragte Jacob.

Jack war schockiert. Er beobachtete abwechselnd Jacob und Sarah und erwartete Empörung in ihrem und Ironie in Jacobs Gesicht. Doch vergeblich. Sie antwortete ernst, müde und sachlich. Am meisten jedoch überraschten ihn die wissenden und verschwörerischen Blicke, die sie austauschten.

»Ich habe nicht viel unternommen. Ich bin ziemlich passiv gewesen. Einer Person habe ich was gesagt und einer anderen gar nichts. Wahrscheinlich hätte ich der ersten gar nichts und der anderen alles erzählen sollen. Aber ich hab's nicht getan und bin froh darüber. Und um deine letzte Frage zu beantworten. Ich habe keine Ahnung. Möglich.«

Jacob war wütend, Jack amüsiert. »Kannst du uns das Ganze vielleicht noch mal erzählen, aber diesmal ohne Rätsel?« sagte Jacob.

In den nächsten zehn Minuten erzählte sie ihnen, was passiert war. Beide Männer schwiegen anschließend, als müßten sie das Gehörte erst einmal verdauen.

»Und wo ist diese Christine Villiers jetzt?« fragte Jacob.

»Ich nehme an, daß sie untergetaucht ist. Sie hat sich nicht mehr bei mir gemeldet. Wenn sie meine Informationen an Fieri weitergegeben und Kessler umgebracht hat, wird sie wohl kaum in der Gegend bleiben, oder?«

»Glaubst du denn, daß sie es war?«

Sarah seufzte. »Mein Gott, Jacob. Ich weiß es nicht. Aber ausgeschlossen ist es nicht, oder?«

»Und was ist mit Bartrop?«

Sarah runzelte die Stirn. »Er hat mich gefragt, ob ich mich mit der Mafia geeinigt hätte. Könnt ihr euch das vorstellen?«

»Das hast du doch, oder etwa nicht?«

Sarah sah in böse an. »Nein, hab' ich nicht. Ich habe Christine lediglich von Catania erzählt. O ja, ich habe gehofft, daß sie die Information benutzt, um ihn zu diskreditieren, auch um ihn zu töten. Ich hatte den Verdacht, daß er mit der

Mafia in Verbindung stand. Das lag zumindest nahe. Wenn es so war, hätten sie es gar nicht gerne gesehen, daß er von einer Gruppe von Außenstehenden erpreßt wurde und eine Menge Mitwisser hatte beseitigen lassen. Wie sie reagieren würden, wenn sie selbst betroffen waren, lag ganz bei ihnen. Und bei Christine Villiers. Wie sollte ich wissen, daß sie für die Mafia arbeitete? Sie ist ein Profikiller, lebt in Italien. Aber wie es sich gezeigt hat, lag ich auch mit ihr richtig. Als ich mir alles durch den Kopf gehen ließ, kam ich zu dem Schluß, daß sie mir nützlich sein könnte. Also habe ich sie eingeweiht, und jetzt sind Catania und Kessler tot. Ob sie etwas damit zu tun hat? Wie soll ich das wissen? Aber sie sind tot, die Drogenhändler im Knast und die Verschwörung zerschlagen. Dante und Mosami macht es nicht mehr lebendig, aber das war das Beste, was ich tun konnte. Wenigstens ein bißchen Gerechtigkeit. Matthew und Carla Vitale laufen immer noch frei herum, aber sie waren auch nur kleine Fische. Sie zählen nicht. Was Barrington und Bartrop angeht, ja, ich hasse sie. Ich fühle nur Verachtung für sie. Sie sind für Mosamis und Dantes Tod verantwortlich. Nicht so sehr Barrington, er ist schwach. Bartrop ist der wirklich Schuldige. Er meint, daß er alles rechtfertigen kann, was passiert ist, und findet es bedauerlich, daß er mich unterschätzt hat und daß das sein einziger Fehler war. Jetzt droht er mir, versucht mich zu erpressen.« Sarah starrte vor sich hin. »Ich werde ihm nichts sagen.«

»Er wird nicht lockerlassen, Sarah, wenn er glaubt, daß du ihm etwas verschweigst«, sagte Jacob sanft.

Sie lächelte. »Nein, er wird nicht lockerlassen, aber wenn er nächstes Mal kommt, bin ich nicht mehr da.«

Beide Männer richteten sich auf und fragten wie aus einem Mund: »Wo willst du hin?«

Sarah lächelte. »Ich gehe nach Katmandu zu Alex und Eddie. Ich habe mir ihre Route angeschaut. Sie sind gerade in Katmandu und kaufen Proviant. Das Timing ist perfekt. Ich habe ihnen ein Telegramm geschickt und sie gebeten, mich am Flughafen abzuholen. Das Ticket hab' ich schon. Ich fliege heute abend mit Royal Nepal Airlines, von Gatwick aus.«

Jacob und Jack saßen reglos da, starrten sich an und dann in die Ferne, als versuchten sie, Katmandu zu entdecken. Schließlich brach Jacob das Schweigen.

»Scheint eine gute Idee zu sein. Ich werde dich vermissen. Ich würde mit dir kommen, aber dazu bin ich schon zu alt.« Er lachte und sah Jack an. »Außerdem vermisse ich mein gutes, altes Golders Green. Höchste Zeit, daß ich nach Ruby und dem Garten schaue. Die Blumen sind wahrscheinlich alle schon vertrocknet.« Er warf Sarah einen traurigen Blick zu, und sie nahm seinen Arm.

»Ich komme wieder. Aber es wird eine Weile dauern. Abgesehen von dir und Jack gibt es nichts, was mich zurückhält. Ich habe das Gefühl, je länger ich wegbleibe, um so besser. Die nächsten Etappen auf Eddies und Alex' Route sind ganz schön weit weg vom Schuß: Bhutan und Ladakh. Da findet man mich nicht so leicht. Außerdem ist es wunderschön dort. Ich wollte schon immer dort hin.«

»Am besten bringen wir dich zum Flughafen«, sagte Jack.

»Das wäre toll«, antwortete Sarah. »Allerdings werden wir einen kleinen Umweg machen müssen. Ich habe keine Lust, Bartrop auf den Plan zu rufen.«

Jack war begeistert. »Keine Bange. Ich hab's zwar seit Jahren nicht mehr gemacht, aber so was verlernt man nie. Es ist wie Fahrradfahren.«

Jacob warf ihm einen skeptischen Blick zu. »Na, da bin ich mal gespannt.«

Am späten Nachmittag fuhren sie los. Jack hatte wirklich nichts verlernt. Er kannte sich in den kleinen Straßen Südlondons aus wie in seiner Westentasche. Als Sarah in Gatwick ankam, konnte sie sicher sein, daß ihnen niemand gefolgt war. Sie drückte sie an sich. Diesmal weinten alle drei. Schließlich löste sie sich aus ihrer Umarmung. Vom Flughafengebäude aus winkte sie noch einmal. Sie hatte Glück gehabt, niemand hatte es geschafft, ihnen zu folgen. Ihre Bewacher hatten es versucht und hockten jetzt in ihrem Wagen vor Jacob Goldsmith' Haus, in der Annahme, alle drei hätten sich dorthin verzogen.

Außerdem war es Glück, daß Bartrop nicht damit gerechnet hatte, daß sie das Land derart schnell wieder verlassen würde. An den Paßkontrollen hielt niemand mehr Ausschau nach ihr. Sarah passierte sie unbehelligt. Eine Stunde später hob die Maschine ab, und sie spürte, wie eine Last von ihren Schultern fiel. Sie saß allein in ihrer Sitzreihe, Tränen der Erleichterung strömten über ihre Wangen. In ein paar Stunden würde sie bei ihrem Bruder und ihrem Freund sein, und alles andere wäre nur noch Erinnerung.

Fünfzehn Stunden später war es Morgen in Katmandu. Die Maschine setzte zu einer gefährlich steilen Landung an. Sarah blickte aus dem Fenster, so hohe und überwältigende Gipfel hatte sie noch nie gesehen. Nur widerwillig schienen sie den Weg in die Ebene freizugeben, als hätten sie bei einer wilden Schlacht an Terrain verloren. Die Schönheit und Macht der Landschaft erregten sie, ihr Herz schlug schneller, als hätte sie bereits angefangen, die Berge zu erklimmen. Das Flugzeug setzte auf der kurzen Rollbahn auf und bremste ab. Die Maschine zitterte.

Sarah löste ihren Gurt und stand auf, um auszusteigen. Sie rannte die Treppe hinunter und in die Ankunftshalle. Als sie in der Schlange wartete, klopfte ihr Herz heftig: Paßkontrolle, Gepäckausgabe, Zoll. Schließlich hatte sie alles hinter sich. Sie trat durch die Drehtür und hielt Ausschau.

Sie standen etwas abseits von der Menschenmenge. Alex und Eddie. Braungebrannt und lächelnd. Mit offenen Gesichtern. Sarah lächelte zurück. Sie ließ alles hinter sich und ging auf sie zu.

Epilog

Ich hab' Ihnen bereits gesagt, daß ich nicht weiß, wo sie ist. Sie können mir drohen, es macht mir nichts aus. Es würde mir nur dann etwas ausmachen, wenn Sarah es wüßte, aber sie wird es nicht erfahren. Sie ist verschwunden. Hat mir nicht gesagt, wohin, und zwar genau aus diesem Grund. Mit mir kommen Sie nicht weit. Und vergessen Sie nicht, daß ich alles über Ihre schmutzigen Spielchen weiß. Das gäbe eine verdammt gute Story ...«

Bartrop beugte sich drohend vor. »Denken Sie daran, daß Sie jeden Tag die Straße überqueren müssen.«

Jacob lachte ihm ins Gesicht. »Ich bin dreiundsiebzig Jahre alt. Sie glauben doch nicht im Ernst, daß ich Angst habe, überfahren zu werden?«

»Sie wird früher oder später auftauchen, oder wir finden sie schon vorher.«

»Seien Sie nicht so sicher. Sie wird so lange wegbleiben, wie sie es für richtig hält. Wenn sie zurückkommt, ist der Fall abgeschlossen, und kein Hahn kräht mehr danach. Vielleicht sind Sie dann gar nicht mehr am Leben. Vergessen Sie sie, Bartrop. Sie haben genug Unheil angerichtet. Sie haben gekriegt, was sie wollten. Jetzt lassen Sie sie endlich in Ruhe.«

»Und was ist, wenn ich Ihren freundlichen Rat nicht befolge?«

Jacob lachte. »Ich habe genug Material, um Ihnen das Leben schwerzumachen. Glauben Sie ja nicht, daß Sie das Ganze aussitzen oder den Leuten Maulkörbe verpassen können. Irgend etwas sickert immer durch. Vielleicht wird es nie publik, aber irgend jemand wird sich schon dafür interessieren. Ein Mann wie Sie hat viele Feinde, in der Regierung und auch draußen. Sie würden doch nicht wollen, daß ich ihnen Munition liefere, oder?« Jacob lächelte. Bartrop erwiderte sein Lächeln. »Warten wir ab. Wenn sie weg ist, dann ist sie weg. Das Ganze hat sich zu sehr zugespitzt. Vielleicht sollten wir einfach alles so lassen, wie es ist.«

»Dann lassen Sie sie in Ruhe?«

Bartrop stand auf und nickte. »Ja«, antwortete er. Und dachte bei sich: »Vorerst jedenfalls.«

Danksagung

Ich hatte das große Glück, beim Schreiben wie bei der Veröffentlichung dieses Buches auf die Unterstützung von wunderbaren Menschen rechnen zu können, nicht nur beruflich, sondern auch privat.

Die Hilfe, Ermutigung und Zuneigung meiner Familie und Freunde hat eine wichtige Rolle gespielt; ihnen allen gilt mein größter Dank. Von meinem Agenten Toby Eady erhielt ich wertvolle Inspirationen; ihm danke ich ebenso wie Miles Morland, der mich mit ihm bekannt machte. Die Unterstützung meines Verlages Orion war mir ein großer Ansporn.

Rosie Cheetham ist eine ausgezeichnete Lektorin, Katie Pope besitzt Quellen, mit denen sie Pinkerton Konkurrenz machen könnte, Anthony Cheetham, Nick McDowell und Susan Lamb waren grenzenlos hilfsbereit und ermutigend.

Die Zusammenarbeit mit Lesly Baxter und Peter Lucas war nicht nur äußerst lehrreich, sondern hat obendrein Spaß gemacht; Peter danke ich vor allem für die Beratung in allen technischen Fragen.

Auch die praktischen Vorschläge und Kommentare von Yvonne Thomas und John Curtis haben mir sehr geholfen. Chris Fagg schenkte mir sein Vertrauen und setzte vieles in Gang, ebenso Rosie Collins, Kate Carr und Andrew Neil. Eric Kohns Brokerkenntnisse sind unbezahlbar.

In der finsteren Welt der Geheimdienste waren Rupert Allason und Andrew Hyslop meine Leitsterne.

Andy Fisch versorgte mich mit unschätzbaren Informationen über Pancake Futures. Die Nachrichtendienste klärten mich über Abhörmethoden auf; auch ihnen bin ich zu Dank verpflichtet. Diesbezügliche oder anderweitige Fehler sind einzig und allein auf meine beschränkten Kenntnisse und nicht auf die mir zuteil gewordenen Informationen zurückzuführen.

DIE DRACHENHÖHLE

Meinem Mann Rupert für so viel

Danksagung

Ich bin vielen Menschen zu Dank verpflichtet, die ich zum Teil nicht öffentlich erwähnen kann; hier also mein Dank an jene, die anonym bleiben müssen.

Von meinem Mann Rupert lernte ich viele nützliche Dinge, die ihren Weg in dieses Buch fanden. Meine Eltern Glyn und Grethe unterstützten mich enthusiastisch wie immer. Andrew Lamont und Andrew Bone von De Beers vermittelten mir wertvolle Erkenntnisse über Diamanten, ebenso Thomas Helsby und Ed Epstein. Richard Garnet und Professor Peter Nixon steuerten technische Daten über die Suche nach Diamanten und deren Gewinnung bei. Amber Rudd und Andrew Hyslop lehrten mich, wie Geschäfte mit Diamanten finanziert werden, und gaben zahlreiche Hinweise über die Börse von Vancouver.

Rupert Allason und Andrew Hyslop in anderen Rollen waren wie immer eine große Hilfe an der nachrichtendienstlichen Front. Mark Broadley gewährte mir freundlicherweise Gastfreundschaft, als ich in Hongkong recherchierte, und erlaubte mir, seine Wohnung als Stützpunkt zu benutzen, von dem aus ich Vietnam erforschen konnte.

Meine wunderbaren Agenten Toby Eady und David Black waren liebenswürdig und aufmerksam wie immer. Und ein letztes Dankeschön an die Unantastbaren.

Prolog

April 1991

Sie hatte nie ernsthaft darüber nachgedacht, wie einfach er war, dieser eine falsche Schritt – zur falschen Zeit, am falschen Ort, die Hand auf der Schulter, der Tod. Eine simple, unausweichliche Folge. Es war ein sonniger Nachmittag. Heiß wie üblich.

Sie wußte, daß dies in Wirklichkeit nicht ihr erster falscher Schritt war, sondern der letzte einer langen Reise, die vier Jahre zuvor begonnen hatte. Trotzdem hatte sie das Gefühl, daß alles anders gekommen wäre, wenn es nur zehn Minuten früher oder später passiert wäre. Daß sie gerade an diesem Nachmittag erwischt wurde, erschien ihr keineswegs als Konsequenz der vier Jahre zuvor, sondern mehr als Zufall, als sei sie Opfer eines schrecklichen Unfalls geworden.

Sie waren sich des Risikos bewußt gewesen. Es war nicht einmal so, daß sie den Zufall herausgefordert hätten, in der Annahme, daß die Chancen durchzukommen zehn zu eins standen. Sie waren davon ausgegangen, daß sie niemals auffallen würden, daß die Gesetze der Wahrscheinlichkeit nicht ihnen galten, daß sie irgendwie immun waren. Und das war fast das Schlimmste, die Erkenntnis, daß man nicht gefeit war, daß Gott, Schicksal oder Glück, die einen immer geschützt hatten, einen plötzlich im Stich ließen, daß man sein ganzes Leben auf einem Irrtum aufgebaut hatte und jetzt dafür bezahlen mußte. Und zwar mit dem Leben.

Sie waren zu zweit, eine Engländerin und eine Thai, die mit ihrer Ladung Heroin am Changi-Flughafen in Singapur landeten. Sie wurden gefaßt. Es war ein abgekartetes Spiel. Der Mann hinter der Operation hieß Robie Frazer. Er hatte erfahren, daß einer seiner weiblichen Drogenkuriere für den Geheimdienst arbeitete, und wollte sich Gewißheit verschaffen. Wenn sie ins Netz ging und freikam, hieß es, daß sie für den Geheimdienst arbeitete. Wurde sie gefaßt und hingerichtet, war sie keine Agentin. So einfach war das. Doch seine Taktik ging nicht auf. Frazer wußte nicht, daß die Verdächtige, Sun Yi Sim, ihre beste Freundin Eva Cunningham gebeten hatte, sie bei diesem Kurierdienst zu begleiten. Beide wurden vom Zoll aufgegriffen.

Als sie vor dem Laufband der Gepäckausgabe auf ihre Koffer warteten, las Eva das Schild, das von der Decke hing: *Auf Drogenschmuggel steht die Todesstrafe.*

Sie wandte den Blick ab, nahm ihren Koffer vom Band und ging mit dem Gepäckwagen langsam neben Sun Yi auf den Ausgang zu. Sie unterhielt sich ruhig mit ihr und verbarg die Angst hinter einem Lächeln.

Das Flughafengebäude war kühl. Die Klimaanlage ließ sie frösteln, und als sie zu der langen Schlange von Zollbeamten gelangte, die mit Argusaugen nach verdächtigen Hinweisen Ausschau hielten, hatte sie bereits eine Gänsehaut. Diesmal lief alles anders. Eva spürte von Anfang an, daß etwas faul war.

Wie üblich traten Sun Yi und sie selbstbewußt auf, gewappnet mit einem Flair falscher Unschuld, doch heute half es nicht. Sobald sie in Sichtweite kamen, näherten sich zwei Männer und zwei Frauen – dann spürte sie eine Hand auf der Schulter, sah die ernsten Augen, die fensterlose Zelle, ließ die Leibesvisitation über sich ergehen. Der Schock war so groß, daß sie sofort wie gelähmt war. Eine seltsame Teilnahmslosigkeit packte sie, als passiere das alles jemand anders.

Eva sah, wie man Sun Yi fortbrachte. Sie sah die kleine schlanke Frau verschwinden, sah ihren Rücken zum letzten Mal, das wußte sie, als sie selbst abgeführt wurde. Obwohl sie während der Durchsuchung versuchte, ihr Bewußtsein vom Körper zu trennen, ging ihr das Bild einer Frau, die zum Schafott geführt wurde, nicht aus dem Kopf.

Man erlaubte ihr ein Telefongespräch. Sie wählte die Nummer für Notfälle, die sie auswendig kannte. »Ich bin's, Eva. Ich spreche vom Changi-Flughafen. Bin aufgeflogen.«

Vier Stunden allein in einer winzigen Zelle. Niemand durfte zu ihr, und sie durfte niemanden sehen. Ein gutes Zeichen, dachte sie, man schützte sie, war schon auf dem Weg zu ihr. Aber was, wenn niemand kam? Lebenslänglich, fünfundzwanzig Jahre? In Singapur wurden Westler selten hingerichtet, aber gelegentlich kam es doch vor. Möglich war alles. Sun Yi würde gehängt. Sie war verloren, keine gerechte Sache, die hinter ihr stand. Die gerechte Sache würde Eva retten und sie irgendwo in Sicherheit bringen.

Sie fragte sich, ob sie sich dasselbe Schicksal wünschen sollte wie Sun Yi. Doch alles in ihr sträubte sich dagegen. Nicht eine Sekunde verspürte sie den Wunsch zu sterben. Die Schuld, überlebt zu haben, würde sie nie mehr loswerden; sie hatte bereits eingesetzt, als sie die Angst vor dem unausweichlichen Tod in den Augen ihrer Freundin gesehen hatte. Und doch verspürte sie etwas, das stärker war als alles, was sie je empfunden hatte, als sie jetzt in der fensterlosen Zelle saß und merkte, wie sich der Schweiß mit den Tränen vermischte, die auf den ersten angenehm betäubenden Schock folgten. Es war ein überwältigender Drang zu leben.

Sich auf einen vermeidbaren Tod zuzubewegen ist das Schlimmste, was es gibt. Es ist, als würge man sein eigenes Herz aus. Sie wollte nicht sterben. Der Secret Intelligence Service MI6 hatte ihr nie ein Sicherheitsnetz versprochen, aber daß es keins gab, konnte sie auch nicht glauben. Natürlich war sie nur eine freie Mitarbeiterin, die man leicht verleugnen konnte. Es gab keinen Vertrag, sie waren nicht verpflichtet, ihr zu helfen. Trotzdem spürte sie mit einer aus Verzweiflung geborenen Gewißheit, daß sie sie rausboxen würden. Und im Geiste wußte sie auch schon, daß sie einen hohen Preis dafür zahlen müßte.

Andrew Stormont, ihr Leitoffizier, kam am Abend mit einer Hercules C130 aus Hongkong. Er wurde an der Gangway von Vertretern der Zollbehörde empfangen und direkt zu Eva gebracht.

Stormont betrat die Zelle und hörte, wie die Tür hinter ihm ins Schloß fiel. Er blieb stehen und sah auf Eva herab. Wären die Augen nicht gewesen, die Kraft und das Leben, die noch darin schimmerten, er hätte sie nicht wiedererkannt. Die Kleider hingen ihr in Fetzen vom ausgemergelten Körper. Er sah ein hageres und angespanntes Gesicht. Die Haut war blaß und gelblich, das lange blonde Haar spröde und glanzlos. Sie trug den unverwechselbaren Stempel einer Heroinabhängigen.

Er ging auf sie zu. Sie stand vom Boden auf. Keiner von beiden sagte ein Wort. Er nahm sie am Arm und klopfte an die Tür. Die Beamten führten sie durch einen Seitenausgang und eine Reihe von Fluren auf die Rollbahn, wo die Hercules startbereit auf sie wartete. Die Beamten wandten sich ab, und Eva und Stormont stiegen in die Maschine, die wenig später abhob.

Eva beobachtete, wie Stormont ihre Sachen einem Beamten in Zivil übergab, der ruhig im hinteren Teil der Maschine saß. Er würde alles vernichten, und damit auch ihre Existenz der letzten vier Jahre.

»Wohin fliegen wir?«

»Zurück nach England. In eine Klinik.« Er strich mit der Hand über ihren knochigen Unterarm.

Seit vier Jahren war sie als verdeckte Rauschgiftermittlerin in Südostasien für den SIS im Einsatz. Stormont hatte regelmäßig telefonischen Kontakt zu ihr gehalten, doch niemand vom SIS bekam sie je zu Gesicht. Sie spielte ihre Rolle so gut, daß kein Mensch auf die Idee kam, daß sie selbst süchtig geworden war.

»Warum hast du uns nichts gesagt?«

»Was hätte es gebracht? Ich hatte keine andere Wahl. Irgendwann kam der Punkt, an dem ich es nehmen mußte. Ich wußte genau, daß es keinen Weg zurück gibt, wenn man erst einmal drinsteckt. Aber sonst wäre ich aufgeflogen. Sie hatten mich von Anfang an in Verdacht. Es war der einzige Weg, sie zu überzeugen.«

»Sie müssen dich weiterhin verdächtigt haben.«

»Das Ganze war ein abgekartetes Spiel, daran besteht kein Zweifel, aber ich war nicht die Zielscheibe. Niemand wußte von mir, es war reiner Zufall. Ich mußte sowieso eine Fahrt machen, und als ich erfuhr, daß Sun Yi heute unterwegs war, habe ich mich in letzter Minute entschlossen, mitzufliegen. Die Beamten sind direkt auf sie zugegangen, mich nahmen sie nur fest, weil ich bei ihr war. Wäre ich allein gewesen, hätte mich kein Mensch verdächtigt. Es heißt, daß Frazer seit Wochen einen seiner Topkuriere in Verdacht hat, ein Informant zu sein. So ganz falsch lag er nicht. Nur bin ich jetzt hier, und Sun Yi ist tot.«

Stormont wollte etwas sagen, aber sie unterbrach ihn.

»Sie ist so gut wie tot. Ich würde lieber heute sterben als noch sechs Monate warten.«

Sie saß neben ihm mit ihrem ausgemergelten Gesicht, dessen Haut sich über den Backenknochen spannte. Ihre ganze Schönheit war verschwunden, nur die leere Hülle geblieben.

»Seit wann bist du drauf?«

»Fast von Anfang an.«

»Eva!«

Ein Hauch von Junkie-Stolz blitzte auf, als sie sagte: »Ich bin stark.«

Steif und in sich gekehrt saß sie da. Er fragte sich, wann sie ihren letzten Schuß gehabt hatte und wann das Zittern und die Krämpfe einsetzen würden. Sie hatte bereits angefangen zu schwitzen. Er sah sie an und überlegte, ob die Sache es wert war. Rational wußte er, daß es einen Sinn hatte, aber als sie jetzt neben ihm saß, ein Opfer seines Kampfes, wogen seine Emotionen stärker als die Vernunft. Er fragte sich, wie sie das alles vor sich selbst rechtfertigen mochte.

Als hätte sie seine Gedanken gelesen, sagte sie: »Es fällt mir schwer, mich zu orientieren. Jetzt fliege ich nach Hause und mache den Entzug, aber was dann?«

»Was hast du dir gedacht?«

»Ich kann nicht weiter denken als bis zum nächsten Schuß.«

»Dann wird es höchste Zeit, daß du es lernst, denn es wird keinen nächsten Schuß mehr geben.« Seine Worte waren bar jeden Gefühls, scharf und hart. »Wenn dir nichts Besseres einfällt, hätte ich dich genausogut mit deiner Freundin sterben lassen können.«

»Schon gut.« Ihre Worte klangen wie heiserer Husten. »Du willst irgendein Statement, ein Versprechen. Ich geb's dir. Versprechen gegen Versprechen. Der Grund, warum ich hier bin, heißt Robie Frazer. Robie Frazer und seine Drogen.«

Stormont hob die Hand, um sie zu unterbrechen. »Vergiß Frazer. Er hat dich um ein Haar umgebracht. Deine Tarnung ist so gut wie hin. Du kannst irgendwo anders neu anfangen.«

»Nein. Frazer hat mich nicht zerstört. Meine Tarnung war die Sucht. Nun, ich werde nicht mehr abhängig sein. Und ich werde warten. Egal wie lange – drei, vier, zehn Jahre. Und dann werde ich mir Frazer vornehmen. Das ist es, was ich will.«

Sie beugte sich zu ihm, bis der Sicherheitsgurt spannte.

»Gib mir ein Ziel. Ich brauche irgendwas. Frazer wird nicht weglaufen. Du wirst ihn nicht kriegen, aber du wirst ihn auch nicht aufgeben.« Sie hielt inne, und in ihren Augen blitzte ein Funke von Ironie auf.

»Du kennst doch diese Entziehungskliniken. Es heißt, sie geben einem ein spezielles Wort, wie ein Mantra, das man sich ständig wiederholen muß, um durchzuhalten. Meines könnte Frazer heißen.«

Stormont schwieg eine ganze Weile. In diesem Zustand mit ihr über die Probleme zu diskutieren, die Versprechen mit sich brachten, war zwecklos.

»Na schön, Eva. Mach dir keine Gedanken mehr. Werd wieder gesund, und dann kriegst du deinen Frazer.« Sie lehnte sich zurück und schloß die Augen. Sechzehn Stunden später landete die Hercules auf dem RAF-Flughafen von Brize Norton. Mittlerweile saß sie zitternd und zusammengesunken auf ihrem leinenbezogenen Sitz, während der Schweiß an ihrem Körper herunterfloß und sie hemmungslos schluchzte. Ein Krankenwagen erwartete die Maschine. Stormont sah, wie man sie auf eine Tragbahre legte und wegbrachte. Er fragte sich, ob er sie je wiedersehen würde.

Sechs Monate später las sie in einer Entziehungsklinik im Westen Schottlands von Sun Yi Sims Hinrichtung.

1

7. März 1995

Vier Jahre lang hatte Andrew Stormont versucht, Eva Cunningham und sein Versprechen zu vergessen. Mittlerweile hatte er innerhalb der SIS oder der »Firma«, wie sie von Insidern genannt wurde, seinen Posten gewechselt. Er hatte die Rauschgiftabteilung verlassen und war nun Leiter einer Sonderabteilung der Counter Proliferation, die weltweit die Verbreitung von militärischer Technologie und Nuklearwaffen überwachte.

Viele Staaten, auch jene, die den Vertrag über die Nichtverbreitung von Atomwaffen unterzeichnet hatten, handelten auf dem internationalen Schwarzmarkt mit nuklearen Komponenten und entsprechendem Know-how. Der unkontrollierte Handel mit Plutonium war nach dem Zusammenbruch der ehemaligen Sowjetunion sprunghaft angestiegen und hatte einer ganzen Reihe neuer Staaten den Zugang zur Atomkraft verschafft. Dazu kam die Bedrohung durch die zunehmende Verbreitung von chemischen und biologischen Waffen.

Neue Einsatzgebiete, neue Ziele, neues Personal. Doch Eva ging Stormont nicht aus dem Kopf. Hin und wieder tauchte sie plötzlich in seiner Erinnerung auf, so wie sie gewesen war, als er sie rekrutierte. Eine zweiundzwanzigjährige Oxford-Absolventin, die vor Schönheit, Energie und Neugier platzte. Doch schon damals hatte sie einen Hauch jenes Makels, der bei anderen erst nach Jahren in der Firma kam – eine ausgeprägte Vorsicht und das Wissen, daß sich von einer Sekunde auf die andere alles verändern kann.

Doch nun erschien sie allmählich auch in seinen Träumen, und das war beunruhigend. Ungebeten und losgelöst von jeder Logik, tauchte sie einfach auf, als wolle sie ihn an sein Versprechen erinnern. Nachdem das mehrmals passiert war, kam er auf die Idee, daß vielleicht doch eine verborgene Logik dahintersteckte, denn er merkte, daß er auch wieder an Robie Frazer dachte.

Eva hatte recht, als sie fast wie in einem Fluch prophezeit hatte, daß er ihn nie aufgeben würde.

Es war Frazer gewesen, ein verschwommenes, bewegliches Ziel, das ihn jetzt nach Hongkong gelockt hatte. Er hatte den Verdacht, daß Robie Frazer auch im Waffengeschäft mitmischte, aber beweisen konnte er es nicht. Er hatte die Bruchstücke nachrichtendienstlicher Informationen zusammengefügt wie ein Puzzle und sie durch Intuition ergänzt. Der Waffenhandel mit seinen riesigen Profiten, so seine Kalkulation, war wie geschaffen, um Frazers Habsucht zu wekken, und die Aura des *haut criminal* entsprach ganz seiner schmutzigen Moral. Aber selbst wenn er falsch lag und Frazer nicht direkt mit Waffen handelte, war er von denen, die es taten, nicht sehr weit entfernt.

Nach jahrelangen komplizierten Geschäften mit der chinesischen Führung pflegte Frazer außerordentlich gute Beziehungen zu den chinesischen Militärs. China war stark ins Waffengeschäft verwickelt und verkaufte seit Jahren Nukleartechnologie an Länder der dritten Welt. Hinter einem Großteil dieser unerlaubten Geschäfte steckte ein hoher chinesischer Politiker namens Ha Chin. Die Vermutung, daß Robie Frazer diesen Mann kannte, war keineswegs abwegig. Nun versuchte Stormont, eine Verbindung zwischen beiden herzustellen. Er wollte Frazer zu einer wertvollen Informationsquelle für den Geheimdienst umpolen.

Stormont war etwa drei Viertel der Magazine Gap Road zum Peak hinaufgestiegen und blieb jetzt in der sanften Märzhitze stehen. Der Peak war die feinste Wohngegend Hongkongs, wo der alte Geldadel residierte und sich in letzter Zeit auch die Neureichen niederließen. Die meisten Taipans der alten Kaufmannsfamilien von Hongkong wohnten hier. Auch Robie Frazer, ein neuer Taipan, hatte sich auf dem Peak ein Haus gebaut.

Stormonts Blick wanderte von der Straße zu der unübersichtlichen Hügelspitze und erkannte in einer Entfernung von etwa einer Viertelmeile Frazers Besitz. Es war ein großes weißes Haus, das sich strahlend von dem grünen Hintergrund abhob. Es schien wie durch ein Wunder der Architektur an dem dichtbewachsenen Berghang zu kleben. Man munkelte, das Haus sei sechsundzwanzig Millionen Pfund wert, und offensichtlich war es sich dessen bewußt. Selbstzufrieden lag es in der Nachmittagssonne, leuchtend wie die verschwenderische Pracht der rosafarbenen, roten und gelben Blumen entlang der Pfade, die sich über den Hügel zogen. Für den Betrachter war das Haus ein Symbol; es zeugte von Geld, Macht und Status seines Besitzers.

Robie Frazer war vierzig Jahre alt, schlank, hatte dunkles Haar und blaue Augen, ein Glückskind, das allmählich in die Jahre kam. Leben und Erfahrung, die er wie alles andere leichtnahm, hatten ihre Spuren hinterlassen. Männer und Frauen liebten und bewunderten ihn gleichermaßen, und daß er zwangsläufig auch die Eifersucht beider Seiten erweckte, bereitete ihm heimliches Vergnügen.

Was er tat, wie er sein Geld verdiente, wußte niemand so genau. Doch allein der Umfang seines Reichtums und seine untadelige englische Abstammung machten ihn über jeden Zweifel erhaben und verliehen ihm eine Aura der Ehrbarkeit. Gut möglich, daß er ein integrer Mann war. Die Öffentlichkeit hatte jedenfalls nicht den geringsten Grund, daran zu zweifeln.

Stormont starrte auf das Haus, als suche er in dem schimmernden Gebäude nach irgendwelchen Hinweisen. Er wußte, daß Frazer korrupt war, nicht bloß bestechlich oder vom Reichtum verdorben, sondern durch und durch gesinnungslos. Die Fäulnis wucherte in ihm so üppig wie die Pilze im Dschungel, genauso ungehemmt und genauso unsichtbar für jene, die in den feineren Gegenden wohnten. Stormont jedoch konnte sie sehen, er witterte sie wie Eva Cunningham vor vielen Jahren. Er mußte sie nur ans Tageslicht bringen.

Unbeeindruckt von der Hitze beobachtete Stormont eine ganze Weile das Haus, bevor er kehrtmachte und wieder zurückging.

Eine Viertelstunde später hatte er das Zentrum der Stadt erreicht, wo er sich mit einem alten Freund von der Uni auf einen Drink verabredet hatte. Douglas Bairns war eine ausgezeichnete Informationsquelle, obwohl er nur gelegentlich für den MI6 arbeitete. Er war im Diamantengeschäft tätig und für alle asiatischen Abwicklungen seiner Gesellschaft, des größten Diamantenkonsortiums der Welt, verantwortlich. Bairns wartete im Foreign Correspondent's Club in der Lower Albert Road.

Stormont trat von der Hitze der Straße in das klimatisierte Foyer. Er fand Bairns an der Bar. Die alten Freunde begrüßten sich mit Handschlag, suchten sich einen Platz und bestellten etwas zu trinken. Eine Weile plauderten sie angeregt über Stormonts Flug, die Gesundheit und das Wetter. Wie das Ambiente war auch ihre Unterhaltung auf lässige Art diskret. Genausogut hätten sie über Cricket oder Frauen reden können. Nach einer Weile kam Bairns zur Sache.

»Ich habe ein kleines Problem in Vietnam.« Er lächelte, weil ihm klar war, wie ermüdend das alles sein mußte. »Offensichtlich gibt es einen größeren Diamantenfund, der von Bedeutung sein könnte. Es handelt sich um größtenteils noch nicht abgestecktes Gebiet.« Er hob die Hände. »Wer weiß? Wenn wir Glück haben, spuckt er Zehntausende von Karat pro Jahr aus.«

»Klingt vielversprechend. Und wo liegt das Problem?«

»Bei einem gewissen Granger McAdam, der sich die Gegend unter den Nagel gerissen hat. Seiner Gesellschaft gehört nun die Mine. Sie ist in der Börse von Vancouver eingetragen. McAdam ist Vorsitzender der Gesellschaft und besitzt fünfundzwanzig Prozent der Aktien; praktisch kontrolliert er das Unternehmen. Er ist Amerikaner und ein unkooperativer Mistkerl. Das paßt uns natürlich gar nicht, ein neuer Diamantenfund in der Hand eines widerspenstigen Außenseiters.«

»Verstehe.« Stormont kannte die nächste Frage. Bairns wußte das, und Stormont wußte, daß er es wußte, trotzdem machte er es ihm nicht leichter. Er wollte, daß Bairns offen fragte, damit die Bitte auf den Tisch kam, die er dann erfüllen und bei zukünftigen Verhandlungen mit Bairns ins Spiel bringen konnte.

»Ich brauche dir nicht zu sagen, daß es uns sehr gelegen käme, wenn McAdam durch jemanden ersetzt würde, der uns freundlicher gesinnt ist«, erklärte Bairns schließlich. »Das Problem ist, daß er sich mit Händen und Füßen dagegen wehren würde, wenn wir versuchten oder irgendwer versuchte, auf normalem Wege seine Gesellschaft zu übernehmen. Sie ist sein ein und alles. Er würde niemals freiwillig seine Anteile verkaufen. Egal wie viele Anteile wir zusammenkriegen, wir müßten uns letztendlich mit ihm auseinandersetzen. Und er kann uns das Leben in vielerlei Hinsicht schwermachen.«

»Ja, das sehe ich ein. Ich lasse mir die Sache durch den Kopf gehen. Möglich, daß es eine Lösung gibt. So auf die Schnelle fällt mir jetzt nichts ein«, log Stormont, »aber ich werde drüber nachdenken. Und da wir sowieso dabei sind, kannst du mir ja auch gleich ein bißchen mehr über diesen McAdam erzählen.«

Bairns hörte eine Viertelstunde nicht mehr auf zu reden. Schließlich streckte sich Stormont im Sessel aus, als langweile er sich. Dann sah er auf die Uhr.

»Ich muß gehen, Douglas. Mach's gut. Du hörst von mir.« Stormont trat hinaus, winkte einem Taxi und fuhr in die geheime Wohnung, die er in den Mid Levels gemietet hatte, auf halbem Weg zum Gipfel des Peak.

Er ging ins Wohnzimmer, schenkte sich einen Whisky ein und setzte sich auf das Sofa, die Ellbogen auf die Knie gestützt, während er aus dem großen Fenster auf die von Wolkenkratzern gebrochene Skyline schaute, hinter der das friedliche Blau des Südchinesischen Meers schimmerte.

Schnell und instinktiv traf er eine Entscheidung. Anschließend unterzog er sie, den Dienstvorschriften entsprechend, mechanisch einer rationalen Analyse, die ebenso sehr auf Beobachtung wie auf Fakten basierte und ihn zum gleichen Ergebnis führte. Doch kalter Rationalismus war reine Zeitverschwendung. Besser war es, sich seine Befangenheit einzugestehen und die daraus resultierenden Schwachpunkte vorwegzunehmen.

Stormont griff zum Hörer und rief seinen Stellvertreter Giles Aden in London an.

»Nehmen Sie Kontakt zu Eva auf. Sie soll herkommen. Ich warte auf sie.«

Es folgte ein langes Schweigen, bis Adens Stimme durch die Leitung jagte.

»Meinen Sie denn, daß sie kommen wird?«

»Ja.«

»Sind Sie sicher, daß das klug ist?«

»Das wird sich rausstellen.«

2

Fünfzehn Stunden brauchten sie, um Eva ausfindig zu machen. Nach sechs Monaten hatte sie die Entziehungsklinik in Schottland verlassen und war von der Bildfläche verschwunden. Laut Auskunft der Firma befand sie sich zur Zeit nicht in Aktion. Sie war nach Vietnam gegangen und genoß dort ihre Freiheit. Sie reiste im Land herum, machte in kleinen Dörfern halt und brachte den Kindern Englisch bei. Für ihre Arbeit nahm sie kein Geld. Das Leben war billig, außerdem hatte sie noch Ersparnisse. Sie arbeitete aus Freude und um sich zu erholen. Doch diese Erholung blieb in ihren Augen unvollkommen, bis der Anruf kam und Stormont sein Versprechen einlöste. Sie wartete, seit vier Jahren.

Um zehn Uhr morgens vietnamesischer Zeit hatte Aden sie an der Strippe. Sie war gerade vom Schwimmen im ostvietnamesischen Halong Bay zurückgekommen. Aden begrüßte sie nicht und gab ihr auch keinerlei Erklärung. Er sagte nur: »Stormont will, daß Sie nach Hongkong kommen, sofort.«

Eva verspürte eine Welle von Schwindel, Schmerz, Aufregung, die über sie hinwegspülte und sie wachrüttelte. So lange hatte sie auf diesen Augenblick gewartet. Sie sah sich um, versuchte, sich zu orientieren und die Erinnerung an diesen Augenblick zu verlängern.

»Wo soll ich ihn treffen?« Aden gab ihr eine Anschrift durch.

»Bin schon unterwegs.« Alles, was sie brauchte, packte sie in eine kleine Tasche aus Segeltuch und verließ dann ihr schönes, halb verfallenes, knarrendes Holzhaus mit Blick auf das Meer und riesige Felsen, an denen sich die Wellen brachen; ihre geliebte Landschaft. Die Tür schloß sie nicht ab, den Schlüssel legte sie auf den Tisch im Wohnzimmer, für den nächsten Bewohner.

Mit dem Bus fuhr sie nach Hanoi und flog von dort aus

weiter nach Hongkong. Meile um Meile fand sie ihre abgeschnittene Vergangenheit wieder. Je mehr Kräfte sie sammelte, um so mehr schmolz ihre Sanftmut dahin. Sie schloß einen Teil in sich ab, um einen anderen zu öffnen.

Die Maschine glitt über die dichte Wand aus Wolkenkratzern und landete in Kowloon. Sie stieg aus und ging rasch durch den Flughafen, eine wilde Schönheit mit anmutigem Gang und wachsamen Augen. Männer und Frauen sahen sich nach ihr um. Sie hatte ein ausdrucksvolles Gesicht mit tiefblauen Augen und einem sinnlichen Mund, die Haut war weich und gebräunt. Das schulterlange, von der Sonne goldgefärbte Haar hatte sie zu einem Pferdeschwanz gebunden. Sie war groß und besaß den schlanken, sehnigen Körper einer Athletin, die Energie und Selbstvertrauen ausstrahlt, doch ruhig und mühelos, so als hätte sie noch viel zu vergeben. Ihre zerfetzten Jeans, das verblichene Baumwollhemd und die alte Segeltuchtasche verrieten die ewige Reisende, doch in ihren Augen lag keine Spur von träger Neugier. Blick und Gang waren so zielbewußt, als kehrte sie nach Hause zurück.

Sie ging zum Taxihalteplatz. Die Sonne versank, der Himmel leuchtete tiefgrau unter dichten Wolken. Eva stieg in ein Taxi und fuhr in die geheime Wohnung, die Stormont gemietet hatte. Als das Taxi aus dem Tunnel kam, der Kowloon und das Festland mit Hongkong Island verbindet, explodierten die Wolken. Blitze jagten über den flüssigen Himmel. Eva lehnte sich an die Fensterscheibe und beobachtete fasziniert das Gewitter.

Es donnerte noch immer, als sie eine halbe Stunde später das Haus am Peak erreichte. Sie klopfte zweimal an die Tür. Andrew Stormont machte auf. Sie trat ein, und dann standen sich beide gegenüber und musterten sich wortlos. Schließlich nahm er ihre Hände.

»Du siehst wundervoll aus.«

Sie schaute ihn an und verglich ihn mit der Erinnerung, die sie an ihn hatte. Er war großgewachsen, schlank, aber kräftig. Das Haar war metallgrau, die Augen dunkelblau, wachsam, verschleiert und fast immer kalt. Sie verrieten wenig von den Emotionen, die sich dahinter verbargen. Er war ein leidenschaftlicher Mann, der sich notgedrungen zusammennahm, doch gelegentlich flackerte die Leidenschaft auf, in seinen Augen, in der Art und Weise, wie er sich bewegte oder Dinge berührte, und in seiner Liebe für alles Schöne.

Sie kannte sein Haus, seine Autos, seine Gemälde und sah in ihnen das, was in ihm verborgen blieb – eine starke Sinnlichkeit. Sie wußte auch, daß er gerne Bergwanderungen unternahm, im Freien schlief oder im Zelt im Schnee, und daß er sich mit Luxus und bescheidenen Verhältnissen gleichermaßen arrangieren konnte. Als sie ihn jetzt ansah, war sie wie üblich von seinem Gesicht überrascht. Sie hatte ein gutes Gedächtnis, doch an sein Gesicht konnte sie sich niemals ganz genau erinnern. Sie schwor sich, daß es daran lag, daß es sich ständig veränderte, sogar die Konturen, zwar nur geringfügig, aber doch genug, um ihm jedesmal ein völlig anderes Aussehen zu verleihen. Manchmal wirkten seine Züge fein und ebenmäßig, dann wieder hart und grob.

Heute spiegelte alles an ihm Gefühl, sein Ausdruck, sein Lächeln, seine Augen, die sie aufmerksam und abschätzend beobachteten. Sie entdeckte eine Bewunderung darin, die nie in Frage gestellt worden war, auch nicht am Changi Airport. Damals hatte sie Schmerz und Mitleid in seinem Blick gelesen, nicht aber die Verachtung, die sie befürchtet hatte.

Sie ließ ihre Tasche auf den Boden fallen.

»Als erstes muß ich unbedingt duschen. Kannst du mir eine Jeans und ein T-Shirt leihen?«

Auf dem Weg durchs Zimmer knöpfte sie sich das Hemd auf. Vor dem Bad blieb sie stehen, zog sich völlig aus und warf ihre Kleider auf einen Haufen. Stormont betrachtete ihre weiche braune Haut, die Muskeln und Kurven, ihre starke weibliche Sexualität. Keine Spur mehr von einem Junkie. Eva hatte es geschafft und war immer noch clean. Sie hatte auf umwerfende Art bewiesen, wozu sie fähig war.

Stormont öffnete seinen Koffer und nahm eine Jeans und ein Hemd heraus. Er legte sie vor dem Bad auf den Boden, dann ging er in die Küche, nahm eine Flasche erstklassigen

Veuve Clicquot aus dem Kühlschrank und schenkte zwei Gläser ein. Er trat ans Fenster und schaute hinaus.

Minuten später tauchte Eva auf und rubbelte sich das Haar mit einem Handtuch trocken. Stormont wandte sich um und beobachtete sie. Seine Jeans saßen ihr auf der Hüfte, gaben ihren Nabel und einen Teil ihres straffen muskulösen Bauches frei. Sie hatte das Hemd über der Brust geknotet und nur ein paar Knöpfe geschlossen. Auf dem sonnengebräunten Hals schimmerten noch ein paar Tropfen. Sie kam auf ihn zu. Er umklammerte sein Glas und nahm einen Schluck, während er den Blick über den Rand hob und sie ansah. Unter seinen Sachen trug sie nichts weiter. Ihre Augen waren wachsam, doch arglos. Bei jeder anderen Frau hätte er ein sexuelles Motiv vermutet, nicht aber bei Eva. Sex mit ihr kam ohnehin nicht in Frage, auch wenn er es gewollt hätte. Er war ihr Leitoffizier. Es gab ungeschriebene Gesetze, die ihr Verhältnis regelten. Keiner von ihnen neigte dazu, Gesetze zu befolgen, doch in diesem Fall hielten sich beide – aus jeweils eigenen Gründen – daran. Vielleicht weil die latente Anziehungskraft, die sie spürten, zu stark und bedrohlich war.

Eva griff nach dem Glas, das er ihr anbot, und setzte sich auf das Sofa. Er nahm in einem Sessel ihr gegenüber Platz.

»Was macht Vietnam? Ich habe gehört, daß du in entlegenen Dörfern Englisch unterrichtest.«

»Es ist wunderbar, hektisch, ruhig, aufregend, alles. Ich war viel unterwegs, aber jetzt habe ich ein kleines Häuschen in Halong Bay. Ich unterrichte an der dortigen Dorfschule.«

»Du hast dir ein schönes Leben aufgebaut.«

»Es ist ein einfaches, glückliches Leben. Ein schöner Zeitvertreib.«

»Du weißt, warum ich dich gerufen habe?«

»Wegen deines Versprechens.«

»Du bist zu nichts verpflichtet. Es ist deine Entscheidung. Du kannst nach Vietnam zurück und vergessen, daß wir uns je getroffen haben, du kannst alles vergessen.«

Sie nippte an ihrem Champagner und stellte das Glas vorsichtig auf den Marmortisch zurück.

»Alles vergessen? Unmöglich. Egal was du vorhast, ich bin dabei. Seit vier Jahren ist die Antwort klar. Und sie wird es immer bleiben.«

Er sah sie wortlos an, bis die letzte Spur von Sanftheit aus seinen Augen gewichen und die Maske komplett war.

»Ich habe mein Arbeitsgebiet verändert. Jetzt arbeite ich für die Counter Proliferation. Die Chinesen sind meine Hauptsorge. Wir nehmen an, daß sie Plutonium, Waffensysteme und technologisches Know-how an alle möglichen unerwünschten Personen verkaufen. Hochrangige Politiker und ein paar auserwählte Geschäftsleute sind die Drahtzieher. In China blüht die freie Marktwirtschaft. Nach außen sind diese Figuren ehrbare Geschäftsleute, aber sie sollen nur kaschieren, was hinter den Kulissen abläuft: Drogen- und Waffenhandel, auch mit Nuklearwaffen. Ich will herausfinden, was da verkauft wird und an wen. Die Saudis haben große Mengen an Waffen gekauft. Ich will hinter ihre Kanäle kommen. Wir haben zwar schon ein paar Agenten vor Ort, aber ich will mehr. Ich brauche jemand, der bis in die höchste Spitze vordringt und eine perfekte Tarnung hat. Ein Geschäftsmann zum Beispiel. Jemand, der mit hohen Tieren und Politikern zu tun hat.«

»Robie Frazer.« Evas Stimme klang gleichgültig. Stormont nickte.

»Niemand hat bessere Kontakte zu den Chinesen als Frazer. Sie mögen ihn und vertrauen ihm. Sie verstehen sich. Er ist fast ein Ehrenchinese.«

»Weil sie noch nie einem *guelin* begegnet sind, der Geld genauso liebt wie sie. Neben Frazer wirken sie beinahe wie Asketen.« Sie nahm einen weiteren Schluck. »Ich sehe die Logik darin. Frazer wäre der perfekte Mann. Aber warum sollte er mit uns zusammenarbeiten? Er hätte eine Menge zu verlieren und nichts zu gewinnen. Wenn er auffliegt, ist er den lukrativsten Teil seiner Geschäfte los. Er wäre hier in Asien erledigt. Und er lebt vom Vertrauen und der gesellschaftlichen Anerkennung, die er genießt.« Daß sie ihn für seinen Verrat wahrscheinlich umbringen würden, behielt sie für sich.

»Wie gehen wir in einem solchen Fall normalerweise vor?« fragte Stormont. »Wir setzen auf Geld, Loyalität oder Erpressung. Geld würde Frazer ansprechen, aber er ist bereits vielfacher Millionär. Was wir ihm anbieten könnten, käme einer Beleidigung gleich. Queen und Vaterland haben keinerlei Bedeutung für ihn. Bleibt also nur noch Erpressung. Du hast selbst gesagt, wie wichtig ihm sein sozialer Status ist. Er genießt es, den reichen, aristokratischen Engländer zu spielen, er liebt den leicht verkommenen Ruf, den sein Geld und seine Asiengeschäfte ihm verschaffen. Doch die ganze Zeit umgibt er sich mit dem Nimbus des ehrbaren Mannes und macht sich einen Spaß daraus. Er haut die Leute gleich doppelt übers Ohr. Einmal macht er sein Geld mit schmutzigen Geschäften, und dann redet er ihnen ein, welches Vorbild er ist.«

»Nicht allen.«

»Nein, aber du hast auch mehr gesehen als andere.«

»Man muß gar nicht soviel sehen wie ich, um ihn für korrupt zu halten. Niemand kann soviel Geld in so kurzer Zeit auf ehrlichem Weg verdienen. Das müßte doch jedem einleuchten, oder?«

»Aber es interessiert keinen. Er ist ein Held, der Schutzheilige aller Ehrgeizigen.«

»Und wie willst du ihn dann erpressen?« fragte Eva.

»Wir werden ihn weichkochen. Es ist eine lange Geschichte, schön umständlich, die perfekte Falle.«

»Dann erzähl sie mir und erklär mir, welche Rolle ich darin spiele.«

Stormont lächelte. Diese Phase, wenn er seine Pläne erläuterte und sein Gegenüber zustimmte, kam ihm immer vor wie der Beginn einer Verführung, einer Kette von Verführungen, alle gerechtfertigt durch den Zweck, den er damit verfolgte.

»Du wirst sofort wieder nach Hanoi zurückfliegen und dich an einen Kerl namens Granger McAdam ranmachen. Ihm gehören fünfundzwanzig Prozent einer Diamantenmine in Nordvietnam. Es käme uns sehr gelegen, wenn wir ihn um einige Anteile erleichtern könnten.«

»Was genau wollen wir mit McAdam und seinen Diamanten?« fragte Eva und hob elegant eine Augenbraue. »Erspar mir den üblichen Schmu. Wenn du mir nicht die ganze Story erzählen willst, erklär mir wenigstens, was ich zu tun habe.«

Er sah sie seltsam zärtlich an. Am liebsten hätte er »o Eva« gesagt und ihr übers Gesicht gestrichen. Statt dessen gab er ihr die formelle Antwort, die sie hören wollte.

»Wir haben nichts gegen McAdam persönlich. Er ist nur der falsche Mann am falschen Ort. Offensichtlich kontrolliert er einen bedeutenden neuen Diamantenfund. Das macht ihn in zweierlei Hinsicht suspekt. Erstens ist er nach allem, was man hört, ein unkooperativer Mistkerl und zweitens Amerikaner.« Als sie ihn unterbrechen wollte, hob er die Stimme.

»Hör zu. Es geht vorwiegend um das Diamantenkartell und die Kontrolle des Diamantenhandels. Das Kartell kontrolliert nach öffentlichen Schätzungen etwa achtzig Prozent der Diamantenherstellung. Die achtzig Prozent werden durch den zentralen Vertrieb des Kartells gehandelt. In Wirklichkeit sind es keine achtzig Prozent, sondern bedeutend weniger. Trotzdem übt das Kartell die Kontrolle über die Preise aus. Es hat keinerlei Interesse an neuen Quellen, die von unabhängigen Gesellschaften oder Individuen kontrolliert werden, vor allem wenn diese nicht bereit sind, sich den Bedingungen des Kartells zu unterwerfen.« Er hielt inne, beugte sich vor und musterte sie aufmerksam. »Die Amerikaner sind für das Kartell ein ernstes Problem, weil der Sherman Act monopolistische Kartelle in Amerika für illegal erklärt. Das ist nicht weiter gravierend, denn das Kartell hat verschiedene Möglichkeiten, den Sherman Act zu umgehen, aber es engt gelegentlich seinen Aktionsradius ein. Es geht um eine Menge Geld. Wer unabhängig vom Kartell Diamanten auf den Markt bringt, drückt die Preise. Und es gibt viele, die sich keine niedrigen Preise wünschen.«

»Praktisch alle, die einen Diamantring oder anderen Diamantschmuck besitzen«, sagte Eva.

»Genau. Diamonds are forever. Abgesehen von ihrem romantischen Wert sollen sie eine Investition fürs Leben sein. Ihr Wert kann steigen, aber niemals fallen. Die Banken, die die Diamantenminen finanzieren, wollen sichergehen, daß sich ihre Investitionen lohnen. Händler mit großen Beständen wollen sichergehen, daß der Wert ihrer Ware erhalten bleibt. Alle, die einen Diamanten besitzen, würden darunter leiden, und es gibt viele Diamantenbesitzer, vom Kartell angefangen bis hin zu all jenen, die eine geheime, bewegliche und sichere Anlage suchen. Der Vorrat an unbekannten Diamanten ist beträchtlich, Milliarden wert. Ein Verfall des Wertes würde einer Katastrophe gleichkommen.«

»Und dieser McAdam stellt eine Gefahr dar, weil er Amerikaner ist, nicht mit dem Kartell zusammenarbeitet und obendrein möglicherweise eine wichtige neue Fundstelle kontrolliert.«

»So ist es. Niemand weiß, wie groß die Bedrohung tatsächlich ist, weil es noch zu früh ist, um Schätzungen vorzunehmen. Möglich, daß man nicht mal Diamanten findet. Aber wie du weißt, ist es einfacher, eine kleine Bedrohung zu neutralisieren als später eine große. Das Kartell könnte ihn einfach ignorieren. Es könnte versuchen, neue Quellen außerhalb seines Einflußbereiches zu neutralisieren, indem es die Preise in dem von ihm kontrollierten Teil der Welt anhebt, aber das wäre nur eine Maßnahme für den äußersten Notfall. Sie ist teuer und höchstens die zweitbeste Lösung. Es könnte auch versuchen, McAdams Gesellschaft zu übernehmen. Die Aktien werden an der Börse von Vancouver gehandelt. Aber wahrscheinlich würde er sich mit Händen und Füßen wehren. Wenn aber das Kartell sich in McAdams Gesellschaft einkauft und er seinen Aktienanteil behält, wären dem Kartell in vieler Hinsicht die Hände gebunden, und obendrein hätte es einen feindlichen Aktienbesitzer in seinen Reihen.«

»Also ist es die beste Lösung, diese neue Diamantenquelle so schnell wie möglich ganz in den Besitz des Kartells zu schleusen«, folgerte Eva. »Indem man McAdam beseitigt und ihn durch einen dem Kartell freundlich gesinnten

Nachfolger ersetzt. Soweit habe ich verstanden. Aber was hat das Ganze mit Robie Frazer zu tun? Und was kümmern uns die Probleme des Kartells?«

Stormont nahm einen Schluck und sah Eva dabei über den Rand seines Glases hinweg an.

»Es handelt sich um einen Gefallen, bei dem auch für uns etwas herausspringt. Eine perfekte Falle.«

Er stand auf, um sich Champagner nachzuschenken, und hielt ihr die Flasche hin, doch sie schüttelte den Kopf. Er setzte sich wieder und stellte das Glas auf den Tisch.

»Mit der Diamantenmine werden wir Frazer anlocken. Er soll McAdam ersetzen. Diamanten müßten ihm zusagen, vor allem, wenn die Mine in Vietnam liegt. Damit könnte er einen Fuß in das Land kriegen. Ich bin sicher, daß er Kapital daraus zu schlagen weiß.«

»Und wie willst du das Ganze einfädeln?« fragte Eva rasch.

»Alles steckt noch im Anfangsstadium. Es sind einige vorläufige Bohrungen durchgeführt worden, und die Tests waren vielversprechend. Jetzt braucht McAdam Kapital, um Probebohrungen durchzuführen. Du wirst ihm dabei behilflich sein.«

»Warum sollte er meine Hilfe brauchen? Ich habe doch keine Ahnung, wie Diamantringe finanziert werden.«

»Wir werden dir alles beibringen, was du brauchst, und noch viel mehr. McAdam wird deine Hilfe benötigen. Mach dich an ihn ran. Das ist der erste Schritt. Dann wirst du Kontakt zu Frazer suchen müssen und ihm einen Deal vorschlagen. Das wäre der zweite Schritt. Die Einzelheiten werde ich noch ausarbeiten. Ziel ist es, ihn als Hauptinvestoren oder Vorsitzenden des Diamantenprojekts in die Gesellschaft zu bugsieren. Er wird nur Augen für die Diamanten haben und was er damit anstellen kann.« Stormont zögerte und sagte dann vorsichtig: »Wenn du schlau bist, wird er nie merken, was du vorhast. Das ist die Chance, in seine Nähe zu kommen. Alles über ihn rauszufinden, Eva. Dinge, die wir gebrauchen können, um ihn zu erpressen, damit er uns verrät, was seine chinesischen Kontakte im Schilde führen.« Er sah sie ernst an. »Allerdings wirst du verdammt nah an ihn ranmüssen.«

Seine Worte waren bewußt hart und kompromißlos, bar jeder Regung.

Eva rührte sich nicht. Der einzige Hinweis auf ihre innere Zerrissenheit, die Stormont ahnte, war ein leichtes Zucken der Muskeln um die Wangenknochen. Nach einer Weile zeigte ihr Gesicht nur noch ruhige Bereitschaft.

»Du mußt sicher sein, daß du es schaffst«, beharrte Stormont. »Du kennst das Risiko, wenn deine Tarnung auffliegt und wir dir nicht rechtzeitig helfen können. Frazer hat Sun Yi auf eine bloße Vermutung hin in den Tod geschickt, dasselbe könnte dir auch passieren.«

»Ich habe Sun Yi nicht vergessen. Ich bin sicher, daß ich es schaffe. Ich kann meine Rolle genauso gut spielen wie jeder andere, obendrein bin ich höchst motiviert.«

»Vielleicht zu sehr.«

»Warum hast du mich dann gerufen?«

»Weil ich es dir versprochen habe und du im Grunde genommen die geeignetste Kandidatin für den Job bist. Trotzdem gibt es ein paar Probleme. Du kennst dich in Asien gut aus, du hast schon mal da gearbeitet. Und das ist gleichzeitig ein Nachteil, weil du kein unbeschriebenes Blatt mehr bist. Du hast für Frazers Organisation gearbeitet, du weißt einiges über ihn und seine Methoden, aber es gibt auch Leute in der Organisation, die dich von früher kennen. Deine Stärken sind auch Schwächen. Du bist eine doppelschneidige Klinge im Jargon der Firma.«

»Wer weiß in der Firma davon?« fragte Eva scharf.

»Der Chief, mein Stellvertreter Giles Aden und ich.«

»Aden habe ich einmal getroffen. Ich hatte nicht das Gefühl, daß er mich allzusehr mochte.« Ihre Worte klangen bewußt beiläufig.

»Das ist es nicht. Er ist ein geborener Zyniker, ein Pessimist mit einem Anflug von Menschenhaß. Er mag niemanden.«

»Aber du vertraust ihm?«

»Ja.«

Eva dachte darüber nach, speicherte es und ging zum nächsten Punkt über. »Tja, und was meint die Firma zu meinen Stärken und Schwächen ...?«

»Sie ist bereit, das Risiko einzugehen. Dein Vorteil besteht darin, daß du gut ausgebildet bist und über die notwendige Erfahrung verfügst. Du kennst Vietnam, fühlst dich dort wohl und hast dir als Englischlehrerin eine neue Tarnung zugelegt. Kritisch wird es, wenn dich jemand aus Frazers Organisation von früher her wiedererkennt. Damals hast du ziemlich anders ausgesehen, und du hattest einen anderen Namen. Ferner hast du uns damals beim Debriefing erzählt, daß dich Frazer niemals zu Gesicht bekommen hat. Das kommt dir jetzt zugute. Aber bist du auch sicher, daß dich keins der hohen Tiere in Frazers Organisation gesehen hat? Das sind die Leute, zu denen du jetzt Kontakt haben wirst; sie machen uns Kopfzerbrechen.«

»Du kennst doch ihre Methoden. Die hohen Tiere kriegen die Kuriere nie zu sehen. Es gibt keine Verbindung nach oben für kleine Fische wie mich. Ich habe nie einen der ganz Großen getroffen. Und keiner, der mich kannte, hatte direkten Kontakt zu Frazer.« Noch während sie diese Lüge aussprach, mußte sie an die eine Vertrauensperson denken, die sie kannte: Le Mai, der Frazers dunkle Geschäfte leitete. Doch sie war ihm nur einmal kurz begegnet, vollgepumpt mit Heroin. Er würde sie nie wiedererkennen.

»Na schön. Dann bist du ja clean.«

Sie zupfte ein Haar von ihrem Hemdsärmel und sah ihn forschend an.

»Bin ich das wirklich? Da gibt es noch was, das mir Sorgen macht, und zwar der Tag, an dem Sun Yi und ich in Changi aufgeflogen sind. Frazer hielt sie für die Informantin und stellte ihr die Falle. Daß man sie hingerichtet hat, ist der Beweis, daß sie nichts damit zu tun hatte. Sonst hätte man sie irgendwie verschwinden lassen. Ich war diejenige, die freikam. Was, wenn Frazer davon erfahren hat?«

»Wir haben uns damals was ausgedacht, um dich zu schützen, und das wird dir auch weiterhin nützen. Wir haben die Story verbreitet, daß Sun Yi mit einer Freundin reiste, die aber nichts bei sich hatte. Sie wurde freigelassen. Ende der Geschichte. Du hattest es uns leichtgemacht und alle deine Spuren verwischt. Wir checkten die Passagierlisten. Du hattest ganze Arbeit geleistet. Du hattest deinen Flug nicht unter dem Tarnnamen gebucht, unter dem dich die Frazer-Leute kannten. Du hattest einen anderen Namen und einen anderen Paß benutzt. Frazer hätte dich niemals mit diesem Flug oder mit Sun Yis Verhaftung in Verbindung bringen können. Nur zwei Beamte wußten, was mit dir geschehen war in dieser Nacht, daß du Heroin bei dir hattest und daß du abgeholt wurdest. Aber sie wissen nicht, wer du warst. Und sie haben auch keinen Anlaß, über die Frau zu sprechen, die sie in jener Nacht sahen. Zuckerbrot und Peitsche. Sie werden schweigen wie ein Grab.«

»Und wenn sie doch reden?«

»Das Risiko ist immer da. Aber wer wird die Frau, die damals aufflog, mit dir in Verbindung bringen? Würde jemand, der dich damals als Junkie sah, dich heute wiedererkennen?«

Er stellte immer die richtige Frage. Ob er es diesmal wußte?

»Was glaubst du?«

»Wahrscheinlich nicht.«

»Und was ist mit meinem plötzlichen Verschwinden aus Frazers Kurierdiensten? Was habt ihr euch dazu einfallen lassen?«

»Auch da hast du es uns ziemlich leicht gemacht, ohne es zu wissen. Jeder, der dich damals kannte, wußte, daß du Junkie warst. Wir haben einfach in die Welt gesetzt, daß du eine Überdosis erwischt hast. Wir hatten sogar eine Leiche, in Thailand. Du bist also da gestorben. Die Nachricht erschien in einigen Lokalzeitungen. Frazers Leute müssen sie gelesen haben. Sie glauben, daß die Frau, die sie damals kannten, tot ist.«

»Und wer bin ich jetzt, wenn ich mich an Frazer ranmache?«

»Diesmal wirst du deine eigene Identität benutzen. Das ist die beste Tarnung. Es funktioniert. Du bist die verwöhnte Tochter reicher Eltern, die nach Vietnam kam, um Gutes zu tun, und armen Dorfkindern Englisch beibringt. Über diese

Diamantenmine bist du nur zufällig gestolpert. Wenn das klappt, wirst du mit Frazer durch die halbe Welt reisen müssen, wahrscheinlich auch nach London, wo man dich kennt. Dort mußt du unter deiner wahren Identität auftreten.«

Was, zum Teufel, das auch heißen mag, dachte Eva.

»Und deshalb, meine liebe Eva, darfst du dir keine Fehler leisten oder zu weit gehen. Diesmal wirst du nicht weglaufen und deine Tarnung abstreifen können. Mit allem, was passiert, wirst du später leben müssen.«

Eva wandte den Blick ab. »Na schön, ich kenne jetzt das Risiko.«

»Und du kennst auch die Regeln. Es geht darum, Frazer zu unserem Informanten umzupolen. Deine Rolle besteht darin, dich an ihn ranzumachen, mit Hilfe der Geschichte, die wir gerade besprochen haben. Dann mußt du etwas suchen, irgendwas Unwiderlegbares, womit wir ihn in der Hand haben. Und dann überläßt du ihn uns. Deine Rolle in dem Ganzen ist beendet. Du wirst nichts gegen Frazer unternehmen, hast du das verstanden?« Es gab kaum eine Möglichkeit für Mißverständnisse, egal ob bewußt oder aus Naivität. Stormont beobachtete ihre Reaktion, suchte nach Hinweisen für Unaufrichtigkeit in ihrer Stimme, ihrer Haltung, in diesem Gesicht, das er so gut kannte.

Sie sah ihn wortlos an. In ihrem Blick spiegelten sich alle möglichen Gefühle.

»Ich wollte eine Zeitlang Frazer töten. In der Klinik, als ich den Entzug durchmachte. Als es mir besser ging und ich über Sun Yis Hinrichtung las, habe ich ihm den Galgen gewünscht. Aber dann folgten die vier Jahre in Vietnam. Vier Jahre Freiheit, in denen ich so lebte, wie ich wollte. Ich mußte Frazer vergessen. Er hätte mich sonst vergiftet. Man kann nicht ewig mit dem Gefühl der Rache leben.«

»Warum willst du dann jetzt den Job?«

»Auch ich habe ein Versprechen gegeben. Auf dem Entzug, als es mir so dreckig ging, daß ich halb wahnsinnig war, hat mich nur der Gedanke an Rache am Leben gehalten. Ich weiß, daß es schizophren klingt. Aber es mußte so sein, ich hatte keine andere Wahl. Ich mußte den Wunsch verspüren, Frazer zu töten, und dann loslassen. Beides hat mich geheilt.«

»Und was empfindest du jetzt?«

Eva antwortete langsam und wählte ihre Worte sorgfältig. Sie war sich bewußt, wieviel von ihrer Aussage abhing.

»Ich werde mich an Frazer ranmachen. Ich werde mein Versprechen halten, aber aus anderen Gründen. Aus deinen Gründen. Ich werde das tun, was du von mir verlangst. Ich werde dir Frazer liefern. Aber ich will keine Gewalt mehr. Wenn jemand mir an den Kragen will, werde ich mich wehren. Aber nur dann.«

Stormont beobachtete sie wortlos.

»Das mußte ich hören«, sagte er schließlich und stand auf. Sie hatte die notwendige Zurückhaltung gezeigt, genau die richtigen Fragen gestellt, sämtliche Risiken gesehen. Sie war nicht blind in ihrem Wunsch, Frazer eins auszuwischen, wie manche, darunter Aden, befürchtet hatten. Sie war maßvoll und ausgeglichen. Er konnte ihr vertrauen, und er konnte sie benutzen. »Gut, Eva. Du weißt, was du zu tun hast. Der erste Schritt ist McAdam, der zweite Frazer. Konzentriere dich zunächst auf McAdam, mach dich an ihn ran, finde alles über ihn raus, was du kannst. Und sei bereit, ihm zu helfen, wenn er Ärger kriegt.«

Eva stand auf, stopfte ihre Kleider in die Tasche und ging auf die Tür zu. Plötzlich drehte sie sich noch einmal um.

»Was für Ärger?«

»Mach dir deshalb keine Sorgen«, antwortete Stormont.

»Du kümmerst dich um McAdam und ich um den Ärger.«

Sie warf ihm einen langen letzten Blick zu. »Davon bin ich überzeugt.«

Dann fiel die Tür hinter ihr zu, und es klang wie ein Peitschenknall.

3

Eva kehrte nach Hanoi zurück und machte sich daran, Granger McAdam zu suchen. Es war nicht schwer. Jeden Abend ließ er sich in einer seiner drei Lieblingsbars vollaufen. Sie brauchte sich nur allein an einen leeren Tisch zu setzen und zu lächeln. Und er kam wie der Pawlowsche Hund.

In den folgenden Wochen trafen sie sich fast jeden Tag. Beide tranken gern und unterhielten sich gern. Er war ein angenehmer Kumpel, aber das machte die Sache um so schwerer.

Eva mochte ihn. Er war ein tolpatschiger, schwieriger, aber netter Kerl, der Diamanten und Alkohol über alles liebte. Und sie würde ihm übel mitspielen müssen bei dem wahrscheinlich zwecklosen Versuch, mit einem kleineren Übel ein größeres zu bannen. Sie konnte sich wenigstens damit trösten, daß sie einen guten Zweck verfolgte, aber was blieb McAdam? Niemand würde ihm einreden können, daß er aus einem noblen Grund untergehen mußte, daß sein Opfer einen Wert hatte. Warum sollte er den Preis zahlen? Eva behandelte ihn so sanft sie konnte, ohne ihre Arbeit zu gefährden.

Vierundzwanzig Stunden zuvor hatte sie ihr wöchentliches Telefongespräch mit Stormont geführt. Diesmal hatte er ihr zum erstenmal genaue Anweisungen erteilt. Jetzt saß sie nachts in ihrem Wagen und lauschte dem Verkehrslärm von Hanoi, dem Konzert unzähliger Wagen, Fahrräder und Motorräder, die einen komplizierten Tanz aufführten und dann wie Vögel in alle Himmelsrichtungen ausschwärmten. Ideal für einen Hinterhalt. Ihr war schlecht.

Im Schutz einer Palme versank sie tiefer im Fahrersitz. Auf der anderen Straßenseite konnte sie den kleinen Vietnamesen sehen, der im Schatten zwischen zwei parkenden Autos hockte. Sie sah hinüber zum Metropole Hotel und wartete auf McAdam. Eine Dreiviertelstunde später tauchte er auf. Sie sah, wie er aus dem Hoteleingang kam, zu seinem Wagen torkelte und mit dem Schlüssel am Schloß herumfummelte. Er stieg ein, ließ den Motor an und fuhr in Schlangenlinien los. Als der Wagen in Fahrt kam, sah Eva, wie sich der kleine Vietnamese aus dem Schatten löste und in McAdams Wagen lief. Er fing den Schlag mit den Hüften ab, prallte gegen die Haube und fiel zu Boden, wo er sich vor Schmerzen schreiend krümmte. Dann aber wurde er plötzlich ganz still, erschreckend still.

McAdam stürzte aus dem Wagen, rannte zu dem Mann und rief der Menge zu, die sich im Nu um sie versammelte, daß es nicht seine Schuld, daß der Mann in seinen Wagen gelaufen sei, daß er keine Möglichkeit gehabt habe, ihm auszuweichen. Eva beobachtete, wie zwei Polizisten und zwei Soldaten aus einer dunklen Gasse kamen. Alle vier waren bewaffnet. Die Soldaten packten McAdam, während die zwei Polizisten sich den reglos am Boden liegenden Vietnamesen ansahen.

Ein Krankenwagen kam. Das Opfer wurde auf eine Bahre gelegt und abtransportiert. McAdam wurde in einen grünen Militärjeep gezerrt. Selbst aus der Entfernung erkannte Eva die Angst an seiner verkrampften Haltung und seinem stolpernden, unbeholfenen Gang. Sie erinnerte sich an das schreckliche Gefühl, als sie selbst festgenommen worden war, und spürte beinahe die Hand, die sich auf ihre Schulter legte.

Der Jeep fuhr davon. Als er nicht mehr in Sichtweite war, fuhr sie zur Piano Bar in der Hang Vai Street, wo sie sich mit McAdam verabredet hatte.

Der Jeep rauschte durch die schwüle Nacht. McAdam kauerte auf dem Rücksitz, halb erstickt vor Angst. Schweiß lief ihm über das Gesicht. Er hatte keine Ahnung, wohin ihn die schweigsamen Soldaten brachten. Der eine saß am Steuer, der andere hockte neben ihm, mit vorgehaltener Waffe.

Nach einer halben Stunde bog der Wagen in ein Gefangenenlager ein, das von hohen Mauern mit Stacheldraht umsäumt war. Die beiden Soldaten stießen McAdam unsanft in eine Zelle und machten sich an die Arbeit. Er war groß und stark, aber so betrunken und eingeschüchtert, daß er keinen Widerstand leistete. Nach einer weiteren halben Stunde ließen sie ihn in Ruhe.

Er lag blutend auf dem stinkenden Boden und fragte sich durch den Schleier von Schmerz, was als nächstes geschehen würde.

Nach einer Weile, die ihm wie eine Ewigkeit vorkam, aber nur zwei Stunden dauerte, stand plötzlich Eva vor der vergitterten Tür.

»Eva! Gott sei Dank, daß Sie da sind. Sie müssen mich hier rausholen. Es war nicht meine Schuld. Ich kann nichts dafür, es gab nichts, was ich hätte tun ...« Seine Stimme erstarb. Hinter Eva tauchten die Beamten auf. Sie schlossen auf und ließen sie hinein. Sie stand ruhig vor ihm und betrachtete ihn. Er begann zu weinen. Kein Trost, keine aufmunternden Worte. Sie stand einfach nur da, ohne jede Regung.

»Ich habe in der Piano Bar auf Sie gewartet. Als Sie nicht kamen, bin ich zum Metropole gefahren, und dort hat man mir dann erzählt, was passiert ist. Der Mann ist tot. Er hinterläßt eine Frau und sechs Kinder. Sie sind Ausländer, Amerikaner. Und Sie waren betrunken. Sie sagen, Sie hätten zwei Möglichkeiten. Entweder Sie zahlen seiner Familie eine Entschädigung von fünfzigtausend Dollar, die natürlich unter den Angehörigen und verschiedenen Beamten aufgeteilt werden, oder Sie wandern für zwanzig Jahre hinter Gitter.«

Sie beobachtete, wie er weinte und von Sekunde zu Sekunde mutloser wurde. Erst dann berührte sie sanft sein blutiges Gesicht. Er hielt ihre Hand fest.

»Sie müssen mir helfen. Sie müssen mich hier rausholen.«

»Wieviel Geld haben Sie?«

»Nichts«, seine Stimme brach. »Ich bin völlig pleite, das wissen Sie doch. Die Mine, die Bodenanalysen haben alles aufgezehrt.« Sie sah ihn ruhig und geduldig an. Logisches Denken schien im Augenblick schwierig, aber er würde schon noch drauf kommen. Sie wartete.

Schließlich sagte er: »Ich kann meinen Anteil an der Mine nicht verkaufen.«

»Was wollen Sie dann machen?«

Er antwortete nicht.

»Ich könnte die britische Botschaft um Hilfe bitten«, schlug Eva vor. »Vielleicht erreichen die etwas.«

Er preßte eine Hand auf seine gebrochenen Rippen und holte tief Luft. »Das halte ich für zwecklos. Ich bin dort nicht gerade beliebt. Und jetzt überfahre ich auch noch einen Mann, betrunken, und bin nicht mal Brite … Nein, die würden keinen Finger für mich rühren. Sie werden sagen, daß ich selbst schuld bin.« Plötzlich hielt er inne und warf ihr einen verschlagenen Blick zu.

»Was ist mit Ihnen? Sie müssen doch Geld haben, Ihre Familie ist bestimmt wohlhabend. Mit Ihrer Ausbildung und allem. Wie könnten Sie sonst hier leben und den Einheimischen Englischunterricht geben, wenn Sie kein Geld hätten?«

»Ja, meine Familie hat Geld, aber sie hält mich auch sehr knapp. Sie glauben doch nicht im Ernst, daß sie fünfzigtausend Dollar locker machen würde, weil ein betrunkener Amerikaner einen Einheimischen überfahren hat?«

»Sie müßten ihnen nicht unbedingt die Wahrheit erzählen. Sie könnten sagen, es sei ein Notfall.«

»Wie steht es denn mit Ihnen, Granger? Haben Sie selbst keine Familie?«

Sie sah, wie er den Kopf senkte. Sie kannte die Antwort auf ihre Frage, kannte auch die Reaktion, die sie hervorbringen würde. McAdam hatte keine Familie. Seine Eltern waren tot, sein Bruder hatte sich von ihm abgewandt. Eigentlich hatte sie ihn das nicht fragen wollen. Nach einer Weile sagte sie:

»Ich könnte es ja bei meiner Familie versuchen. Vielleicht geben sie mir die fünfzig Riesen, wenn sie sich was davon versprechen. Aber sie sind nicht gerade wohltätige Menschen, fürchte ich.«

»Versprechen? Was denn? Was könnte sie überzeugen?« Die Antwort konnte er an ihrem Gesicht ablesen.

»Meine Mine?«

»Einen Anteil an der Mine, ja. Ich würde sie ihnen keinesfalls ganz verkaufen. Aber wenn ich ihnen ein gutes Geschäft vorschlagen könnte – zehn Prozent für die fünfzigtausend Dollar –, möglich, daß sie darauf eingehen.«

»Zehn Prozent an der Mine? Haben Sie eine Ahnung, wieviel das wert sein könnte?«

»Nun, bislang noch gar nichts, oder? Noch haben Sie keinen einzigen Diamanten gefunden.«

»Aber wir werden welche finden, das wissen Sie.« Seine Stimme klang fest.

»Granger, ich versuche nur, Ihnen zu helfen. Aber das hängt nicht von mir ab, sondern von meiner Familie.« Sie zuckte die Achseln und wandte ihr Gesicht ab, bis sie sicher war, daß ihre Maske wieder hielt.

Schließlich fragte er: »Wie lange würde das dauern?«

Sie studierte ihre Fingernägel. »Wenn ich sie heute abend noch erreiche, könnten sie das Geld sofort losschicken, die Banken in London haben noch auf. Wahrscheinlich hätten wir morgen die Bestätigung der hiesigen Bank. Dann könnte ich Sie rausholen.«

Er dachte eine ganze Weile nach, wobei sein Blick durch die Zelle und zu den beiden Wärtern wanderte, die an einem Tisch saßen und Karten spielten.

»Versuchen Sie es.«

Eva legte ihm die Hand sanft auf die Schulter.

»Machen Sie sich keine Sorgen, Granger. Ich hole Sie raus.« Dann wandte sie sich ab und gab den Wärtern ein Zeichen, damit sie ihr die Tür aufschlossen. Granger McAdam sah ihr nach und starrte noch lange vor sich hin, nachdem sie verschwunden war.

Eva fuhr zum Metropole und telefonierte mit ihrer Kreditkarte vom Foyer aus. Sie wählte Stormonts Nummer und sprach nur zwei Worte.

»Es klappt.«

Stormont lächelte und legte auf.

Eva ging zu der kleinen Wohnung, die sie in einem Hinterhof von Hanoi gemietet hatte. Sie schenkte sich einen Wodka ein und trank dann fast die halbe Flasche, bevor sie das Licht ausmachen und sich auf die Nacht einlassen konnte.

Zwei Wochen später trafen sich Eva und Stormont in der geheimen Wohnung in Hongkong. Eva setzte sich und nahm das Glas Wein, das er ihr anbot.

»Alles läuft wie geschmiert«, erklärte sie. »Dein Ärger war brutal, aber effektiv.« Sie gab sich völlig gleichgültig, denn sie wußte, daß er nach einem Zeichen von Schwäche suchte.

»Es hat McAdam kalt erwischt. Und jetzt gehören mir zehn Prozent des Unternehmens. Alles schön verbrieft.«

»Prima.«

Sie zuckte die Achseln. »Und jetzt?«

»Frazer.« Stormont stand auf, um ihr nachzuschenken. Er nahm sich Zeit, um sie genau zu beobachten. »Wie würdest du am liebsten vorgehen?«

Eva zündete sich eine Zigarette an und machte ein paar Züge.

»Ich würde es am liebsten in London einfädeln. Dort kann ich besser an ihn ran, ohne den ganzen Taipan-Quatsch. Außerdem kenne ich jemand in der City, der uns von Nutzen sein könnte. Als Lockvogel.«

»Ich dachte, du bist der Lockvogel. Du und die Diamanten.«

»Gewiß, aber je größer die Beute …«

»Ich denke, daß es keine größere Beute gibt als dich.«

»Bleiben wir beim Thema, Stormont, wenn es dir nichts ausmacht.«

Er nickte.

»Dann erzähl mir von deinem Lockvogel.«

»Cassandra Stewart, jeder nennt sie Cassie. Sie arbeitet als Banker bei Case Reed. Ziemlich weit oben. Sie ist attraktiv, intelligent und vertrauenswürdig. War früher meine beste Freundin in Oxford.«

Stormont lächelte. »Dann helfe ihr Gott.«

4

Das Telefon klingelte in dem Moment, als Cassie aus der Dusche kam. »Kannst du bitte abnehmen, David«, rief sie ihrem Mitbewohner zu, der irgendwo in der Nähe des Apparates saß.

»Nimm selber ab«, erwiderte er gutmütig, ohne sich von der Stelle zu bewegen.

Tropfnaß griff Cassie in ihrem Schlafzimmer nach dem Hörer.

»Hallo.«

»Cassie?«

»Ja.«

»Ich bin's, Eva.«

»Eva!« Cassies Stimme hob sich um eine Oktave. »Mein Gott, was für eine Überraschung. Wo steckst du? Ich habe gehört, daß du dich irgendwo in Asien rumtreibst und von der Bildfläche verschwunden bist.«

Evas Lachen flog durch die Leitung, sie schien entzückt.

»Stimmt. Ich war die letzten acht Jahre in Asien, gleich nach Oxford bin ich los, auf den Spuren der Hippies. Die gute Nachricht ist, daß ich wieder da bin.«

»Großartig. Wo bist du?«

»Langton Street.«

»Das sind nur zehn Minuten von hier. Was machst du gerade?«

Eva wirkte überrumpelt. »Nichts, außer mich mit dir unterhalten.«

»Dann nimm ein Taxi und komm her. Ich muß in einer Stunde weg, aber ich will dich unbedingt sehen. Wir haben uns jede Menge zu erzählen.«

»Das stimmt. Wo wohnst du?«

»Markham Street.« Sie gab ihr die Hausnummer und hielt dann inne. »Und die schlechte Nachricht?«

Eva stockte einen Augenblick. »Ach so. Nun ja, das Alter,

die Verantwortung. Ich bin zurückgekommen, um mir einen Job zu suchen.«

»Na ja. Davon geht die Welt nicht unter. Es gibt Schlimmeres.«

Da wäre ich mir nicht so sicher, dachte Eva, als sie sich von ihr verabschiedete.

Cassie trat verwirrt und aufgeregt ins Wohnzimmer. »Wer war das?« fragte David.

»Eva Cunningham. Wir kennen uns aus Oxford. Ich hatte sie seitdem nicht mehr gesehen. Wir waren sehr eng befreundet, aber dann verschwand sie in Asien. Spurlos.«

»Riecht nach Drogen.«

»Hmm?« murmelte Cassie, in Erinnerungen versunken. »Drogen? Nicht sie. Das ist ja das Komische. Ich hätte nie gedacht, daß ausgerechnet sie ein Hippieleben führen würde.«

»Warum nicht?«

»Das mußt du schon selbst rauskriegen. Sie ist in fünf Minuten hier. Natürlich könnte sie sich verändert haben, aber das bezweifle ich.«

»Wieso? Menschen verändern sich.«

Nicht sie, dachte Cassie. Sie ist zu stark.

Eva ging langsam die Straße entlang und schaute sich um. Es gab ein paar neue Gebäude, das Erbe des Baubooms der achtziger Jahre. Die Menschen sahen genauso strahlend oder schäbig aus wie immer. London hatte sich kaum verändert, doch ihr kam es so fremd vor wie die Straßen einer unbekannten Stadt. Es war nicht länger ihr Zuhause. Sie konnte sich nicht mehr mit dem Alltag hier identifizieren, mit dem Rhythmus, den Leuten, die zur Arbeit gingen und wieder nach Hause oder zum Pub, wie sie es immer getan hatten und immer weiter tun würden. Sie hatte sich verändert, sie konnte das Leben nicht mehr mit der Leichtigkeit einer Zweiundzwanzigjährigen betrachten.

Ihre Arbeit in Asien als verdeckte Ermittlerin hatte Spuren hinterlassen, die sie ein Leben lang mit sich rumschleppen würde: Mißtrauen, Lügen, Wachsamkeit, die Nähe zum Tod, Angst und Mut. Hier war sie eine Fremde, die vertraute Markierungen als Hintergrund für ihr Tun benutzte. Sie würde die Rolle der Londonerin spielen, die sie einmal gewesen war.

Sie ging die Straße entlang, wurde eins mit ihr, Teil der Nachbarschaft, eine Frau, die ein festes Ziel vor Augen hat. Sie hatte gelernt, die Desorientierung, die sie im Moment empfand, zu überspielen, obwohl sie an ihr nagte. Sie wünschte, sie wäre wieder in Vietnam, frei vom MI6, frei von Stormont. Doch dann verdrängte sie diese Gedanken und konzentrierte sich auf ihr Wiedersehen mit Cassie Stewart nach acht Jahren.

Zehn Minuten später stand sie vor Cassies Haus. Es war schmal, vier Stockwerke hoch und lag in einer Nebenstraße der King's Road in Chelsea. Es war ein hübsches Haus in einer hübschen Straße, wo alle Häuser in blassen Pastellfarben gestrichen waren: rosa, blau, hellgrün, blaugrau. Es hätte gräßlich sein können, aber das war es nicht. Es sah anders aus, interessant, zart und hübsch, wie seine Besitzerin. Hübsch, dachte Eva. Hübsch ist eine Beleidigung.

Cassie machte ihr auf. Evas Blick blieb an ihrem Gesicht hängen. Sie ist schrecklich schön, dachte sie, wie eine Orchidee: bleich und zart mit durchsichtiger feingeäderter Haut und grünen, leicht schräggestellten Augen, die asiatisch wirkten, wenn sie lächelte. Und dünn war sie, so dünn, dünner als je zuvor.

»Cassie!«

»Eva!« Einen Augenblick sahen sie sich neugierig an, dann fielen sie sich in die Arme.

»Komm rein«, sagte Cassie. »Mein Gott, du siehst fantastisch aus.«

Eva folgte ihr durch einen Flur ins Wohnzimmer. Ein schwarzer Cockerspaniel sprang um Cassies Beine und lief aufgeregt zwischen seiner Besitzerin und dem Gast hin und her. Auf dem Sofa saß ein Mann. Er stand auf und streckte Eva die Hand entgegen. Er war groß, schlaksig und hatte ein angenehmes Lächeln. Eva spürte ein leichtes Unbehagen, sie war überrascht. Ein Lebensgefährte? Damit hatte sie nicht gerechnet. Zudem schien er kein besonders geeigneter

Kandidat. Seine behäbige Art paßte nicht recht zu Cassies Forschheit.

»David Wilson, mein Mitbewohner«, stellte Cassie ihn vor. Eva erwiderte den festen Händedruck.

»Komm mit ins Schlafzimmer«, sagte Cassie. »Ich muß mir die Haare fönen und mich schminken. Leider habe ich ein langweiliges Geschäftsessen vor mir.«

Eva folgte ihr in ein Zimmer mit hellem Parkettboden, schweren weißen Vorhängen, feinen Schränken aus hellem Naturholz, einem schwarzen vorspringenden Kamin, einem großen Fenster, das auf den Garten herausging, und einem einzigen Bild. Es war eine Zeichnung, Kohle auf Papier, ein paar Striche, eine Tänzerin mit nach hinten geneigtem Kopf und erhobener Handfläche, wie um das Übel abzuwenden.

»Interessant«, sagte Eva und zeigte auf das Bild. »Hat es einen Titel?«

»*Dunkelheit und Licht.* Sie ist das Licht, das gegen die Dunkelheit kämpft. Mein Lieblingsbild.« Cassie griff nach dem Fön, der auf der Kommode lag, und begann, sich vor einem venezianischen Spiegel das lange, kupferfarbene Haar zu trocknen. Eva beobachtete, wie sie es bürstete und wie es im Schein der untergehenden Sonne noch rötlicher aufleuchtete. Nach fünf Minuten legte Cassie den Fön beiseite und fing an, sich zu schminken, wobei sie ihre Freundin aufmerksam im Spiegel beobachtete.

Eva saß hinter ihr auf dem Bett. Ihre Haltung wirkte entspannt, dabei war sie, wie früher auch schon, in Wirklichkeit ein Bündel geballter Energie. Sie schien größer als auf dem College, kräftiger. In Wirklichkeit war es nicht so, es sah nur so aus. Eva war ein wenig kleiner als Cassie, aber ihre Freundin war schlank und zart gebaut, während Eva geschmeidige Muskeln und den durchtrainierten Körper einer Sportlerin besaß. Die fernöstliche Sonne hatte ihr braunes, auf Schulterlänge geschnittenes Haar vergoldet. Es betonte ihre Gesichtszüge, den vollen Mund, den sanften Schwung der Wangenknochen, den kräftigen Kiefer und die riesigen tiefblauen Augen.

Das Licht in ihren Augen war stärker als je zuvor, das

wunderbare Selbstvertrauen, das sie auf Männer wie Frauen gleichermaßen anziehend wirken ließ, ungeschmälert. Hatte sie denn in all diesen Jahren keine Enttäuschungen erlebt, nichts, das sie herausforderte oder ihre Unverwundbarkeit erschütterte? Hatte sie Glück gehabt, oder war sie wie eine Dampfwalze durchs Leben gefahren? Nein, das ist unfair, Eva ist alles andere als eine Dampfwalze, dachte Cassie. Sie läßt nur nichts an sich heran. Alles prallt an ihr ab. Sie hatte immer noch diesen maßvollen Ausdruck im Blick, diese leichte Zurückhaltung. Es war mehr Selbstbeherrschung als Schüchternheit. Sogar in ihren wildesten Tagen in Oxford war Eva nie völlig ungehemmt oder blind gewesen. Sie war bewußt, aufmerksam. Immer noch.

Eva beobachtete, wie Cassie ihr Haar bürstete. Offenbar hatten sich ihre Wärme, ihre Leichtigkeit und ihr natürlicher Charme mit den Jahren noch gesteigert. Ihre ungewöhnliche Schönheit auch. Das Gesicht verriet einen ungebändigten Geist, kantig und unnachgiebig. Es war eine bedrohliche Schönheit, die sie mit Charme und Freundlichkeit zu entschärfen suchte. Ein notwendiges Gegengewicht. Aber in ihrer Schönheit, in ihrer übertriebenen Hagerkeit lag auch etwas Neues. Cassie sah aus wie ein Fotomodell. In ihrer äußeren Erscheinung zeigten sich eine gewisse Künstlichkeit und ein Selbstbewußtsein, die sie in der Zeit in Oxford nicht besessen hatte. Eva kam es beinahe so vor, als erlaube das Make-up Cassie, ihr eigenes Gesicht zu studieren.

Als sich ihre bewundernden Blicke im Spiegel trafen, lächelten beide.

»Und was machst du jetzt so? Immer noch in der City?« fragte Eva.

»Ja, aber ich habe den Job gewechselt. Die Zeit der Übernahmen ist vorbei. Jetzt habe ich mit Risikokapital zu tun und arbeite für Case Reed.« Cassie sprach schnell, wie immer, mit leichter Stimme, beim Singen wäre sie ein Sopran gewesen. Evas Stimme dagegen war mit der Zeit langsamer und tiefer geworden. Rhythmisch und weich, fast ein karibischer Ton.

»Risikokapital, hm. Und was genau?«

»Ach, alles mögliche. Kapitalanlagen in Osteuropa, Gentechnologie, alles, was riskant ist.«

»Und das macht dir Spaß?«

»O ja! Es ist eine intelligente Art des Glücksspiels. Man muß sehr geduldig und sehr cool sein. Es kann ganz schön Nerven kosten. Die Chancen stehen eher schlecht. Mehr Deals gehen daneben, als daß sie was einbringen.«

»Und wie verdient ihr dann Geld?«

»Wenn ein Deal klappt, dann richtig. Es kommt vor, daß wir unser Kapital vervierfachen.«

»Es geht dir also gut.«

»Ich kann mich nicht beklagen.«

»Komisch«, sagte Eva. »Ich hätte dir so einen Job nie zugetraut.«

»Warum nicht?«

»Nun, du sagst selber, daß man Geduld und einen kühlen Kopf braucht. Beides waren nicht gerade deine Stärken.«

Cassie lachte. »Stimmt, du hast recht. Deshalb macht mir die Arbeit soviel Spaß. Sie ist eine richtige Herausforderung. Ich lerne dazu.« Dann wechselte sie geschickt das Thema. »Und was ist mit dir? Du bist acht Jahre in Asien gewesen. Was, zum Teufel, hast du die ganze Zeit gemacht?«

»O je, wo soll ich anfangen? Eigentlich nicht viel. Ich war unterwegs, bin durch Thailand, Hongkong, Vietnam, Kambodscha und Laos gereist und habe den Kindern in den Dörfern Englisch beigebracht. Ich habe einfach nur gelebt. Das allein ist in diesen Gegenden eine Herausforderung: mit sich zu leben und glücklich zu sein. Man ist ganz auf sich gestellt, keine Freunde, jedenfalls nicht am Anfang, niemand, an den man sich wenden könnte. Man erfindet sich sein eigenes Leben.« Sie zuckte die Achseln. »Es war schön, aber es reicht nicht für einen Lebenslauf.«

»Und jetzt?«

»Keine Ahnung. Ich schau' mich um, mal sehen, was sich ergibt.«

Cassie warf ihrer Freundin, die ihr einen Augenblick lang seltsam zurückhaltend erschien, einen forschenden Blick zu. Der Augenblick verging.

Eva sah auf die Uhr. »Mußt du nicht los? Du kommst sonst zu spät.«

»Mein Gott, ja. Verflixt.« Cassie sprang auf.

»Ist der Kunde nett?« fragte Eva beiläufig.

»Keine Ahnung. Ich kenne ihn nicht. Mein Chef hat das Essen arrangiert. Einer von seinen Kumpels hat ihn letzte Woche zu uns geschickt. Er hat eine Menge mit Risikokapital in Asien zu tun, und wir denken daran zu expandieren.«

»Wie heißt er?«

»Robie Frazer.«

Eva lächelte. »Dann viel Spaß.«

»Wieso? Kennst du ihn?«

»Nein, nicht persönlich, aber ich weiß alles über ihn. In Hongkong kannst du keine Zeitung aufschlagen, ohne auf sein Foto zu stoßen oder über seinen letzten Coup zu lesen.«

»Und?«

»Er ist ein notorischer Weiberheld. Sieht gut aus, hat Charme, ist ein fantastischer Liebhaber. Aber ein richtiger Hundesohn.«

»Tatsächlich? Erzähl. Wieso weißt du soviel über ihn? Hast du ihn wirklich nie gesehen?«

Eva lachte. »Nein. Aber Hongkong ist ein Kaff. Die Leute leben vom Klatsch, und Frazer ist bekannt wie ein bunter Hund. Man muß einen Menschen nicht persönlich kennen, um etwas über ihn zu wissen.«

»Was kannst du mir sonst noch über ihn erzählen?«

»Das ist alles, was ich weiß. Daß er ein Weiberheld und ein äußerst erfolgreicher Geschäftsmann sein soll, angeblich mehrere hundert Millionen Pfund schwer, möglicherweise sogar eine Milliarde. Alles weitere mußt du selbst rausfinden.«

»Das habe ich auch vor.«

Cassie begleitete Eva bis zur Tür und fuhr dann zu dem Abendessen mit Robie Frazer. Es war nur ein normales Geschäftsessen wie alle anderen auch. Der Kunde war ungewöhnlich reich, aber was Cassie anging, so war das auch das einzige, was ihn von anderen unterschied. Wenn sie ein wenig auf der Hut war, dann nur wegen Evas Warnung.

Robie Frazer und Cassies Chef, John Richardson, erwarteten sie bei Blakes in South Kensington. Sie kam die Treppe ins Restaurant herunter, scheinbar ohne auf das angenehm leise Stimmengewirr, das plötzliche Aufblicken der männlichen Gäste und die abwechselnd feindseligen und bewundernden Blicke der Frauen zu achten.

Frazer und Richardson erhoben sich. Sie lächelte Richardson zu und gab Frazer die Hand. Er war um die Vierzig und sah außergewöhnlich gut aus, was ihn als Mann wahrscheinlich verdorben hatte. Dichtes, dunkles, sehr kurz geschnittenes Haar. Eine glatte Stirn, aber erste Fältchen um die leicht schrägen Augen, die hinter schweren Lidern halb geschlossen wirkten. Ein belustigter, leicht herablassender Mund – alles in allem zeitlos, unergründlich und in seiner Sinnlichkeit beinahe feminin.

Er sah sie mit unverhohlenem Interesse an, nicht mit der zurückhaltenden Neugier, die sie bei den meisten Männern provozierte, sondern mit dem prüfenden Blick eines Käufers bei einer Versteigerung. Daß er sie haben könnte, stand für ihn außer Frage. Die einzige veränderliche Größe war seine Neigung. Er gab sich keine Mühe, den Hunger oder die Gewißheit aus seinem Blick zu verscheuchen, im Gegenteil, er schien sie zu genießen. Trotz seiner eleganten Erscheinung, dem maßgeschneiderten Anzug und der vollen, beherrschten Stimme machte er auf Cassie den Eindruck eines Mannes, der sich nicht im geringsten um Konventionen scherte. In seinem Verhalten gab es nichts, was ausdrücklich darauf hinwies oder was man ihm hätte vorwerfen können, und trotzdem war die Geringschätzung, die er ausstrahlte, geradezu greifbar.

Cassie ließ sich nichts anmerken und nahm Platz. Frazer beobachtete sie. Als er sie begrüßte, war ihm aufgefallen, wie sehr ihr entblößtes Handgelenk einem Schwanenhals glich: schmal, weiß, genauso verletzlich. Aber war da nicht was mit Schwänen? Hieß es nicht, daß Schwäne einem mit einem einzigen Flügelschlag den Arm brechen können?

Richardson schenkte Cassie Champagner ein, dann studierten sie die Speisekarte und bestellten. Die ersten Gänge wurden serviert.

»Ich frage mich, was Sie hier machen«, sagte Cassie. »Warum sind Sie nicht in der Oper, auf einem Segeltörn im Südpazifik oder in einem Kloster in Ladakh?«

»Sie meinen, warum ich noch im Geschäft bin?«

Sie hatte den Mund voll Sushi und nickte nur.

»Es ist eine Art unblutiger Krieg, finden Sie nicht? Geld ist die Leiche des Feindes.«

John Richardson legte schweigend seine Gabel auf den Tisch und versteckte seinen Anflug von Ekel hinter einem Lachen. Cassie begnügte sich damit, Frazer zu beobachten.

»Na, dann ist es ja gut, daß wir auf derselben Seite stehen«, sagte sie und fragte sich, was es bedeuten mochte, diesen Mann zum Feind zu haben.

Als sie vier Stunden später nach Hause kam, wartete David auf sie.

»Wie war das Essen?« fragte er.

»Hmmm. Sehr aufregend.«

»Ich dachte, es wäre ein langweiliger Kunde.«

»Nicht alle Kunden sind langweilig.«

»Und wie war dieser?«

»Interessant.«

»So wie deine Freundin?«

»Welche Freundin?«

»Eva.«

»Ja, seltsamerweise. Irgendwas haben beide gemeinsam, obwohl ich noch nicht weiß, was.«

»Ich kann es dir sagen.«

»Schieß los.«

»Etwas Unangenehmes, Gefährliches.«

»Ach, sei doch nicht so melodramatisch. Außerdem hast du Frazer nie getroffen.«

»Das brauche ich auch nicht. Ich habe Eva gesehen, und du sagst, daß er ihr ähnlich ist. Als du mit ihr telefoniertest, hattest du denselben Ausdruck im Gesicht wie eben, als du reingekommen bist.«

»Was für einen Ausdruck?«

»Fasziniert, neugierig, einladend, aber auch leicht besorgt, fast aggressiv. Als hättest du einen neuen Sparringpartner gefunden.«

»Wahrscheinlich stimmt das.«

»Jedenfalls mag ich sie nicht.«

»Sei nicht albern. Du kennst sie nicht mal. Ihr wart höchstens dreißig Sekunden im selben Raum.«

»Das reicht.«

»Ich weiß nicht, was in dich gefahren ist. Eva und ich haben in Oxford zusammen gewohnt. Sie ist eine meiner ältesten und besten Freundinnen. Jeder mag sie, außer ein paar eifersüchtigen Typen, und zu denen hatte ich dich bisher nicht gezählt.«

»Tut mir leid, aber ich mag sie nicht, und damit basta.«

»Warum bist du so sicher, daß du sie nicht magst?«

»Ich weiß es nicht. Intuition. Darauf habt ihr Frauen nicht unbedingt ein Monopol.«

»Weißt du was, ich gehe jetzt schlafen. Vielleicht bist du ja morgen besser gelaunt.«

»Und diesen Frazer mag ich auch nicht«, rief er ihr nach.

5

Vier Meilen entfernt in einer geheimen Wohnung südlich der Themse saßen sich Stormont und Eva in einem abgedunkelten, verstaubten Raum gegenüber.

»Wie war's?« fragte Stormont. Er lehnte sich in dem alten Ledersessel zurück und streckte träge die Beine aus, doch sein Blick war aufmerksam.

Eva wirkte nachdenklich. »Cassie hat sich gemacht, seit ich sie vor acht Jahren zum letztenmal gesehen habe, aber das ist ja nicht verwunderlich. Sie ist ein bißchen cooler und rationaler geworden. Und mißtrauisch, seltsamerweise. Früher gehörte sie zu den Menschen, die erst mal jedem eine Chance geben. Du weißt schon, eine von denen, die nichts Böses sagen, sehen oder hören. Sie muß irgendwas erlebt haben, jedenfalls scheint sie dieses Arglose verloren zu haben. Ich habe gemerkt, daß sie mich hin und wieder ansah, und fühlte mich ziemlich schutzlos. Aber mach dir keine Sorgen, sie hat nichts gemerkt. Das ist es nicht. Nur blitzte gelegentlich ein Funken Ironie in ihren Augen auf, so als könne sie durch einen hindurchsehen.«

»Sie ist Banker, mein Gott! Was hast du denn erwartet? Es ist doch klar, daß man in so einem Beruf zum Zyniker wird.«

»Zynisch ist sie nicht. Sie wirkt keineswegs von der Welt enttäuscht oder abgebrüht. Sie ist einfach sehr sensibel.«

»Dann solltest du aufpassen.«

Eva lachte. »Sie sollte aufpassen.«

Cassie träumte. Immer wieder tauchten Eva und Robie Frazer auf, manchmal gemeinsam, manchmal getrennt. Als sie am nächsten Morgen aufwachte, versuchte sie, sich an die Träume zu erinnern, aber vergeblich.

Sie ging unter die Dusche und zog sich hastig an, ein sandfarbenes Baumwolljackett, einen schmalen Rock, weiße

Baumwollbluse, braune Schuhe, und trug Gesichtscreme, Lippenstift und Parfum auf. Vor dem Spiegel bürstete sie sich das lange Haar und verließ dann auf Zehenspitzen das Haus, um David nicht aufzuwecken, der normalerweise bis gegen elf schlief.

Sein Verhalten gestern abend war wirklich komisch gewesen. Erstaunlich heftig. Es war nicht, daß er getrunken hätte, er machte jedenfalls nicht den Eindruck. Seltsam. Sie verdrängte die Gedanken an ihn, bog in die King's Road ein und winkte einem Taxi.

Vor der Espressobar in der Clifford Street in West End stieg sie aus. Dort kaufte sie einen großen Cappuccino und ein Schinkenbrötchen und ging weiter zu ihrem Büro an der Kreuzung Saville Road und Burlington Street.

Seit vier Jahren arbeitete Cassie bei Case Reed. Davor hatte sie genauso lange für eine große Bank in der City gearbeitet mit über tausend Beschäftigten in der Londoner Zentrale. Ihre Arbeit, die Finanzierung von kapitalträchtigen Transaktionen, Übernahmen und Management-Abfindungen, hatte ihr gefallen, nicht aber die Atmosphäre. Sie war ihr zu aggressiv, zu unpersönlich und zu wenig anspruchsvoll. Obwohl sie eine Bilderbuchkarriere hinter sich hatte und im Alter von fünfundzwanzig bereits zur stellvertretenden Leiterin ihrer Abteilung aufgestiegen war, hatte sie gekündigt und beträchtliche finanzielle Einbußen in Kauf genommen, als sie zu dem kleineren, angesehenen Unternehmen Case Reed wechselte. Hier hatte sie sich auf die Organisierung von Kapital für neue Risikoanlagen spezialisiert und half brillanten Wissenschaftlern oder Unternehmern, die aufregende Ideen hatten, aber nicht das Kapital, sie in die Tat umzusetzen. Case Reed bearbeitete Dutzende von Anträgen pro Woche, finanzierte aber nur etwa vier Projekte im Jahr. Seine Mitarbeiter hatten einen Riecher und verfügten über Marktkenntnis, Urteilsvermögen und Geduld. Manchmal vergingen Jahre, bis sich etwas amortisierte, aber wenn es klappte, waren riesige Gewinne zu erwarten.

Gelegentlich konnten sie ihre Investitionen in fünf Jahren verzehnfachen. Ein Drittel der Nettoverdienste wurde zwischen den zwanzig Geschäftsführern aufgeteilt. Die verbleibenden zwei Drittel flossen wieder in das Firmenkapital zurück und wurden neu investiert. Seit Gründung des Unternehmens Anfang der achtziger Jahre durch John Richardson hatte es den vier Partnern und mehreren Angestellten gleich unter ihnen Millionen von Pfund eingebracht. Man arbeitete hart, wurde dafür aber auch sehr fair behandelt.

Richardson duldete Rivalität unter Mitarbeitern, innere Konflikte oder Geldgier nicht, die in den meisten Geldinstituten die Arbeitsatmosphäre vergifteten. Er war gerissen, aber freundlich. Zwar verdiente er mit seinem Unternehmen viel Geld, doch das bereitete ihm keinerlei Sorgen. Richardson war ausschlaggebend dafür gewesen, daß Cassie den Job bei Case Reed angenommen hatte. Er gab ihr Verantwortung und ließ ihr freie Hand.

Cassie kam jeden Morgen gegen halb neun ins Büro, kurz bevor es richtig losging. Dann saßen alle noch ruhig an ihren Schreibtischen, aßen Croissants, tranken Kaffee und blätterten in den Zeitungen, während sie sich auf den bevorstehenden Arbeitstag vorbereiteten. Unterhaltungen wurden auf das Notwendigste beschränkt. Ein Nicken, ein »guten Morgen« genügten bis neun, wenn das tägliche Geschäft Zurückgezogenheit und Ruhe zu verdrängen begann. Nicht daß die Mitarbeiter ab neun besonders unhöflich miteinander umgingen, doch die Anforderungen der Arbeit brachten es mit sich, daß man sich gelegentlich anschnauzte, ungebeten in fremden Büros aus und ein ging und zur allgemeinen Hektik und Ungeduld beitrug.

Cassie saß ruhig an ihrem Schreibtisch, während die Betriebsamkeit um sie herum immer mehr zunahm. Ihre Sekretärin Emma kam an, Telefone begannen zu klingeln und Faxgeräte zu piepsen. Cassie las unbeirrt die Zeitung, wobei sie in Gedanken noch halb bei Eva Cunningham, Robie Frazer und David Wilson war, der zwischen beiden hin und her huschte. Robie und Eva hatten einen bleibenden Eindruck hinterlassen, vor allem, weil sie so dicht aufeinander gefolgt waren. Sie fragte sich, wie beide aufeinander reagieren würden, ob sie sich tatsachlich noch nie begegnet waren. Eva hatte diese Frage letzte Nacht nicht ganz zufriedenstellend beantwortet. Sie würde sie gern einmal zusammenbringen, um ihre Reaktion aufeinander zu beobachten. Die Vorstellung war amüsant, und so fuhr sie zusammen, als Richardsons dröhnende Stimme sie aus ihren Gedanken riß.

»Morgen, Cassie.« Er stand an der Tür, und als sie aufsah, trat er ins Büro und setzte sich ihr gegenüber.

»Was halten Sie von Frazer?«

»Ein angenehmer Zeitgenosse: charmant, amüsant und intelligent.« Sie gab sich Mühe, keine voreiligen Urteile zu fällen. »Wie fanden Sie ihn?«

Er wedelte mit der Hand, als müsse er sich Luft machen. »O ja, angenehm, abgesehen von dem Spruch mit den Leichen. Den fand ich sehr unpassend. Ich wollte ihm schon sagen, daß wir Risikoanlagen betreuen und keine Kriegsgewinnler sind. Er klang wie ein verdammter Waffenhändler.«

»Er ist nur ein erwachsener kleiner Junge, der seine niedrigen Instinkte benutzt, um Geld zu verdienen.«

»Seine niedrigen Instinkte haben ihm immerhin mehrere Millionen Pfund eingebracht.«

»Stellen Sie sich mal vor, wozu er fähig wäre, wenn er dieses Ventil nicht hätte.«

»Mir kam es vor, als stachelten Sie ihn auch noch an. Erst die Frage, warum er noch im Geschäft ist, und dann der Spruch, daß wir auf derselben Seite stehen.«

»Jedenfalls besser als andersrum, oder?«

»Ja«, sagte Richardson nachdenklich. »Es würde mir bei Gott keinen Spaß machen, auf der falschen Seite zu stehen.«

»Wissen Sie was? Ich hatte das Gefühl, daß er die ganze Zeit versucht hat, diesen Ausrutscher wiedergutzumachen. Als hätte er gespürt, daß er übers Ziel hinaus geschossen war.«

»Möglicherweise. Was meinen Sie, können wir mit ihm ins Geschäft kommen?«

»Jeder Banker in der Stadt würde sich alle zehn Finger danach lecken.«

»Das beantwortet nicht meine Frage.«

»Nein.« Cassie studierte die bronzene Büste eines Pferdes auf ihrem Schreibtisch. Sie sprach langsam und stockend, als denke sie laut nach. »Ich habe ein komisches Gefühl.«

»Ich auch. Vielleicht liegt es an seiner Undurchschaubarkeit. Man kann nicht so lange in Hongkong leben wie er, ohne daß etwas abfärbt. Trotzdem bin ich daran interessiert, mit ihm ins Geschäft zu kommen. Sie nicht?«

»Ja, seltsamerweise ich auch.«

Punkt ein Uhr stieg Robie Frazer die Treppen zum Brooks hinauf, seinem Club in St. James, und betrat die Bar. Vor der Menge dunkler Anzüge hob er sich deutlich ab. Er war etwa eins achtzig groß und trotz seiner neunzig Kilo schlank und sportlich. Kein unansehnlicher Bauch, der sich über dem Hosenbund wölbte, und auch keine Hängebacken. Sein Gesicht war entspannt und zeigte nichts von jener schlichten Selbstzufriedenheit, die so viele seiner Zeitgenossen charakterisierte. Es schien immer irgendwie auf der Hut, als rechne er jeden Augenblick mit der Möglichkeit einer Überraschung.

Obwohl er beiläufig und freundlich, wie es seine Art war, ein paar Bekannte begrüßte, merkte man, daß er nicht richtig dazugehörte. Wären die Clubmitglieder dazu fähig gewesen, hätten sie vielleicht gesagt, daß es an seiner Aura lag. Hätte man sie aber gedrängt und gefragt, warum sie ihm gegenüber eine instinktive Zurückhaltung an den Tag legten, hätten sie geantwortet, daß es das Geld war. Er hatte zuviel, zu leicht und zu offensichtlich verdient; das wurmte, besonders angesichts der Verluste von Lloyds. Dabei konnte man ihn unmöglich als Emporkömmling bezeichnen. Auch wenn er einen Großteil seines Vermögens selbst verdient hatte, stammte er aus einer alten Familie, und diese Kombination störte viele Vertreter seiner Klasse. Doch falls ihm das bewußt war, ließ er es sich nicht anmerken und begegnete ihnen stets gleich liebenswürdig.

Auf der anderen Seite der Bar erspähte er Angus Fawley, mit dem er zum Essen verabredet war. Die beiden kannten sich seit fast vierzig Jahren.

»Schön, dich zu sehen, Frazer.«

»Finde ich auch. Wie geht's? Du siehst blendend aus.«

»Leider nicht halb so gut wie du. Man wird nicht jünger. Na ja. Sollen wir erst noch was trinken oder gleich essen? Ich habe einen Bärenhunger.«

Frazer trat einen Schritt zurück. »Nach dir.« Wie man auf diesen Fraß Hunger haben konnte, war ihm schleierhaft.

Sie nahmen an einem Ende des langen Tisches Platz und bestellten Sheperd's Pie.

»Wirst du länger in London bleiben?« fragte Fawley.

»Vielleicht. Von Hongkong habe ich die Nase voll. Man kriegt dort allmählich Platzangst. Ich brauche Tapetenwechsel. Auf jeden Fall werde ich einige Monate bleiben.«

»Du willst sagen, es gibt keine Frauen mehr in Hongkong. Du hast sie schon alle durch, und deshalb fällt dir die Decke auf den Kopf.«

Frazer lachte. »Du Mistkerl! Wahrscheinlich hast du recht, aber es geht auch ums Geschäft. Ich versuche zu expandieren. Bislang habe ich mich zu sehr auf Hongkong und China konzentriert. Wenn ich dort bin, engagiere ich mich immer mehr für irgendwelche neuen Projekte. Die einzige Möglichkeit, mich in eine andere Richtung zu orientieren, ist, eine Weile auf Distanz zu gehen.«

»Du könntest auch einfach ›nein‹ sagen. Ach übrigens«, fragte Fawley beiläufig, »hast du meinen Rat befolgt und bei Case Reed angerufen? Als du mir sagtest, daß du nach London kommst, habe ich an sie gedacht. Sie arbeiten etwas langsamer als die meisten etablierten Häuser. Aber wenn du daran denkst, deine Geschäfte auszuweiten, dann sind sie die richtigen für dich.«

»Stell dir vor, ich habe sofort angerufen und einen Termin gemacht. Gestern abend waren wir zusammen essen.«

Fawley sah neugierig von seinem Teller auf. »Das ging aber schnell.«

»Ich vergeude meine Zeit nicht gern.«

»Und wie ist es gelaufen?«

»Nicht schlecht. Der Knabe, der das Unternehmen leitet, dieser John Richardson, versteht was von seinem Job, ist einigermaßen intelligent und spielt seine Rolle nicht übel. Er ist nicht sonderlich aufregend, aber sein Unternehmen weist gute Bilanzen auf. Offenbar war er ziemlich erfolgreich in den letzten Jahren, also will ich ihm eine Chance geben.«

Fawley beobachtete Frazer eingehend. In seinen lebhaften Augen funkelte ein Interesse, das seine gemäßigten Worte Lügen strafte. »Und?«

»Du kennst mich viel zu gut.«

»Laß mich raten. Eine Frau.«

»Und was für eine!«

»Erzähl.«

»Sie heißt Cassie Stewart. Seltsamer Name.« Frazer sprach mit der beherrschten Lust eines Mannes, der jede Menge Zeit hat und eine ausgemachte Sache auskosten kann, wann er will.

»Ist sie attraktiv?« fragte Fawley.

»O ja, allerdings auf aparte Art. Sie ist bestimmt nicht nach jedermanns Geschmack. Kühl, bleich und schlank, ein knochiges Gesicht, sie wirkt zerbrechlich und stark zugleich, wenn du weißt, was ich meine.«

»Ich glaube schon. Ich selbst steh' nicht auf diesen Typ von Frauen, und sie hatten auch nie Interesse an mir. Sie wollten immer was Interessanteres, Komplizierteres als mich. Sie klingt wie für dich geschaffen.«

Frazer nippte an seinem Weinglas. »Nein, besser nicht. Immerhin könnten wir ins Geschäft kommen.«

»Was sollen diese plötzlichen Skrupel?«

»Irgendwas geht von ihr aus. Ich habe das Gefühl, daß ich mich lieber von ihr fernhalten sollte.«

»Nun ja, ich würde mir keine Gedanken machen. Sie ist nicht die einzige, die dir über den Weg laufen wird, oder?«

Um halb vier verabschiedeten sich die beiden. Fawley kehrte wieder zu seiner Arbeit in der City zurück. Bevor er sein Büro betrat, rief er von einer öffentlichen Telefonzelle in der Old Broad Street aus Stormont an.

»Habe gerade mit Ihrem Mann zu Mittag gegessen. Er scheint sehr angetan von Case Reed, vor allem aber von Cassie Stewart. Ich glaube, er hat angebissen.«

»Gut. Danke, Angus. Auch daß Sie den Kontakt hergestellt haben. Gute Arbeit.«

»War mir ein Vergnügen. Ich helfe Ihnen gern.« Er legte den Hörer auf und ging in sein Büro am Broadgate Circle zurück, wo er als Angestellter einer Handelsbank getarnt arbeitete.

Um vier Uhr kehrte Frazer vom Mittagessen nach Hause zurück. Das miserable Essen hatte ihm die Laune verdorben. Sein fünfstöckiges Haus lag in Wilton Place auf der Grenze zwischen Knightsbridge und Belgravia; es war das letzte in einer Reihe von Backsteingebäuden. Einige der nicht so sorgfältig gepflegten Häuser hatten dunkle Fassaden. Frazers Haus jedoch war kürzlich gereinigt worden und glänzte in einem goldenen Sandton. Alle Häuser besaßen Balkone mit schmiedeeisernen Geländern im ersten Stock, die mit Blumentöpfen geschmückt waren. Manche Pflanzen rankten sich über das Geländer und hingen bis zum Fenster darunter herab. Die Häuser hatten Gärten nach hinten heraus; manche waren gepflastert, andere liebevoll bepflanzt. Frazers Garten war der schönste. Ein schmaler Streifen sorgfältig geschnittener Rasen war von Azaleen- und Fliederbüschen umgeben. Kletterrosen und Glyzinien wucherten über den Backsteinmauern, ihr Duft erfüllte den Garten und drang bis auf die Straße. In Höhe des vierten Stocks waren sowohl am Vorder- als auch am Hinterhaus jeweils zwei Videokameras angebracht, die die unmittelbare Umgebung des Hauses überwachten.

Die Ausstattung im Inneren war verschwenderisch: dunkles Holz, feine Stoffe und düstere Ölgemälde. Doppelglasfenster dämpften die Geräusche von außen. Schwere, halb geschlossene Vorhänge sorgten für friedliches Halbdunkel. Doch es war keine Ruhe, eher eine bedrückende Stille, die nur gelegentlich vom Schlagen einer Großvateruhr unterbrochen wurde. Ihr Klang hätte von den schweren Möbeln verschluckt werden müssen, hallte jedoch statt dessen durch das ganze Haus, als sei es leer.

Frazer ging über den Steinpfad im Vorgarten ins Haus

und betrat sein Arbeitszimmer, dessen Fenster auf den Garten hinausging. Kletterrosen in voller Blüte rankten sich um das Fenster, doch er nahm sie kaum wahr, registrierte nur unbewußt, daß alles so war, wie es sein sollte, und der Gärtner seine Arbeit getan hatte. Er setzte sich an seinen Schreibtisch, stützte die Ellbogen auf die polierte Platte und lächelte, als hätte er einen Bittsteller vor sich. Dann griff er zum Telefon.

Eine halbe Meile entfernt klingelte es bei Xu Nan. Der junge Mann war intelligent und sah gut aus. Außerdem hatte er eine vielversprechende Karriere vor sich. Er stammte aus einer bettelarmen chinesischen Familie in Hongkong und war seit seinem neunten Lebensjahr von Robie Frazer unterstützt worden, der auch seine gesamte Ausbildung finanzierte. Mit dreizehn hatte er ihn auf ein Internat in England geschickt. Anschließend wechselte Nan auf die Loughborough University und studierte Informatik. Später arbeitete er bei einem britischen Militärunternehmen, wo er an der Entwicklung computergesteuerter Lenkwaffensysteme beteiligt war. Bald galt er innerhalb der Branche als hochqualifizierter und kreativer Mann. Mit siebenundzwanzig war er bereits viermal befördert worden und übte beträchtliche Verantwortung aus. Sein Gehalt war dementsprechend. Dazu kamen weitere Zuwendungen von Frazer, als Anerkennung für seinen Abschluß und den professionellen Erfolg. Nan wollte das Geld nicht annehmen, da er Frazer bereits soviel verdankte, aber sein Mentor hatte darauf bestanden. Nur weil Nan nicht undankbar erscheinen wollte, hatte er schließlich nachgegeben.

Seine Familie war maßlos stolz auf ihn. Er hatte es zu etwas gebracht. Er hatte soviel Glück gehabt. Doch jetzt war der Zahltag gekommen. Nicht daß das Glück ihn verlassen hätte. Was in den letzten sechs Monaten geschehen war, hatte nichts mit Glück oder Zufall zu tun.

Es begann mit einem von Frazers seltenen Besuchen. Im Lauf der Jahre hatte sich Nan an diese Begegnungen gewöhnt. Frazer kam, wickelte ihn mit seinem Charme und seinen interessierten Fragen ein und ging wieder. Nan hatte das Interesse, das der Taipan an ihm zeigte, nie wirklich verstanden. Für Nan gab es nur eine Erklärung, Nächstenliebe, das Bedürfnis eines Mannes, der alles hatte, ein wenig davon weiterzugeben. Doch vor sechs Monaten hatte Frazer sein wahres Gesicht gezeigt. Frazers eine Forderung war die Erklärung für sechzehn Jahre Nächstenliebe.

Nan sollte Frazer alles über seine Arbeit erzählen und möglichst viele waffentechnologische Details preisgeben. Natürlich hatte Frazer es wie eine freundliche Bitte hingestellt, völlig normal. Beiläufig erzählte er, ein Freund von ihm bräuchte diese Informationen. Es sei nur ein Gefallen, um den er Nan bitte, nichts weiter. Nan hatte die aalglatte Stimme gehört und Frazers unnachgiebigen Blick gesehen, der keinen Widerstand duldete. Er schien alle potentiellen Einwände vorauszuahnen und vom Tisch zu fegen. Da wußte Nan, daß er keine Wahl hatte. Frazer hatte unbemerkt sämtliche Notausgänge mit Geld verschlossen und Nan in seine Hand gebracht.

Jetzt forderten sechzehn Jahre ihren Tribut. Nan sah keinen Ausweg und gab Frazers Bitte nach. Er erzählte ihm, was er wußte, und fotokopierte, wann immer er dazu Gelegenheit hatte, wichtige Unterlagen.

Bislang hatte er bei zwei Gelegenheiten Dokumente entwendet. Er hoffte, daß es dabei bliebe, doch bald war ihm klar, daß Frazer auf diesen Informationsfluß nicht freiwillig verzichten würde. Solange Nan in der Lage war, an wichtige Unterlagen ranzukommen, würde Frazer ihn bedrängen. Und schon jetzt war der ständige Druck unerträglich.

Als das Telefon läutete, zuckte Nan zusammen. Es störte ihn bei seiner Lieblingsbeschäftigung, die Pflanzen zu gießen. Er hatte genau einhundert Blumentöpfe, sie waren abgezählt und standen auf den vielen Fensterbänken und Balkonen seines Hauses an der Sloane Avenue in Chelsea. Die unerwartete Unterbrechung brachte ihn aus der Ruhe. Er stellte die Gießkanne ab und griff nach dem Hörer. Als er Frazers Stimme hörte, krampfte sich alles in ihm zusammen.

»Ah, Xu. Ich dachte mir schon, daß ich dich zu Hause antreffe. Bist du wieder krank?«

»Ja, aber ich wollte gerade zur Arbeit fahren. Ich war schon halb zur Tür raus.«

Frazer lachte. »Soll ich dich lieber im Büro anrufen?«

»Nein, nein, das ist nicht nötig. Ich rufe dich an, sobald ich eine Minute Zeit habe.«

»Zeit, hm«, sagte Frazer nachdenklich. »Apropos Zeit. Es ist lange her, daß du dich gemeldet hast. Was macht deine neue Wohnung?«

»Oh, sie ist sehr schön. Vielen Dank. Wirklich wunderbar. Ich habe schon eine Menge Pflanzen.«

»Schön. Freut mich, daß sie dir gefällt. Aber vergiß bitte nicht, wem du sie zu verdanken hast.«

»Das tue ich nicht.« Er sprach mit einem Groll, der Angst, Haß und vergeblichem Aufbegehren entsprang.

»Stimmt. Du hast uns noch nie hängenlassen.« Frazers Stimme war langsam, als dächte er über eine Veränderung des Status quo nach.

Plötzlich verlor Nan die Nerven. »Hast du eigentlich nie daran gedacht, daß ich die Nase voll haben könnte und aussteigen will?«

»Nein. Und ich bin erstaunt, daß du daran denkst. Das ist doch keine echte Alternative, Xu, oder? Du bist mittendrin, es gibt kein Zurück. Es ist wie ein Pfeil, der im Fleisch steckt. Man kann ihn nicht rausziehen, er hat Widerhaken.«

Frazer lauschte der Stille. »Laß uns nicht warten, Xu.« Dann legte er auf und starrte auf die Pracht der Rosen vor seinem Fenster.

Xu Nan griff nach seinem Schlüsselbund und verließ das Haus, ohne die Pflanzen zu Ende zu gießen. Er stieg in seinen Wagen und fuhr mit zitternden Händen los.

Robie Frazer wählte eine weitere Nummer, diesmal in China. Dort war es nach Mitternacht, doch der Mann, den er erreichen wollte, pflegte nicht vor zwei Uhr früh ins Bett zu gehen. Nach dreimaligem Klingeln nahm er den Hörer ab. Frazer meldete sich.

»Sind Sie es, Ha Chin? Es wird noch etwas dauern, aber nicht lange.«

Es folgte eine kurze Pause, dann antwortete eine gleichgültige, beherrschte Stimme: »Das haben Sie schon vor zwei Wochen behauptet. Wir warten seit sechs Monaten. Wo liegt das Problem?«

»Es gibt kein Problem«, entgegnete Frazer. »Sie müssen nur noch etwas Geduld haben.«

»Glauben Sie, daß er ausgedient hat?«

»O nein! Es ist noch eine Menge Saft in ihm. Er hat immer noch Hunger, und er ist beeinflußbar. Er ist nur etwas fickrig in letzter Zeit, aber das gibt sich wieder.«

»Fickrig?«

»Nervös.«

»Sollte man ihm auf die Sprünge helfen?«

»Oh, das mache ich schon, keine Sorge.«

»Nein, ich mache mir keine Sorgen, Frazer. Ich habe volles Vertrauen zu Ihnen. Schließlich haben Sie uns noch nie hängenlassen.«

Diese Worte kannte er doch. Verdammter chinesischer Hund, dachte er und lachte, um die unausgesprochene Drohung abzuschwächen.

»Gute Nacht, Ha Chin. Schlafen Sie gut.«

6

Gegen vier verließ Cassie das Büro. Normalerweise arbeitete sie an Wochentagen bis sieben oder acht, aber freitags ging sie immer etwas früher. Überstunden machten ihr nichts aus, denn sie liebte ihre Arbeit. Sie war aufregend, herausfordernd und beflügelte ihren Geist. Sie wurde gut bezahlt und hatte etwas, das ihrem Leben Orientierung und Sinn gab.

Cassie verließ das Bürogebäude und bog in die Savile Row ein. Es war Ende April, seit letzter Woche sandte die Sonne die ersten vielversprechenden warmen Strahlen aus, die nun auf ihr Gesicht fielen und ihr ein Lächeln entlockten. Auf dem Weg zur Park Lane und zum Hyde Park kam sie durch die Clifford Street, die Bond Street und schließlich durch die Bruton Street. Sie ging langsam, als mache sie einen Spaziergang durch den Garten. Ein schlanker, braungebrannter Mann Anfang Vierzig fiel ihr auf, und sie lächelte ihm zu. Gegenseitige Anziehung, gegenseitiges Wissen. Das war alles. Die Männer in diesem Land waren so passiv. In Amerika, Skandinavien, Frankreich oder Italien wären sie stehengeblieben und hätten sie angesprochen, vielleicht um nur einen Augenblick zu flirten, manchmal auch, um ein Rendezvous rauszuschinden. Hier sahen sie einen nur an, lächelten und gingen irgendwie verlegen weiter; charmant, aber passiv.

Mittlerweile hatte sie sich daran gewöhnt. Männer und Frauen gleichermaßen sahen ihr fast immer nach, wenn sie an ihnen vorbeiging, aber das war nicht immer so gewesen. In der Schule hatte sie als Freak gegolten mit ihrem aufgeschossenen Körper und dem kleinen Kopf. Ihre intellektuellen Fähigkeiten machten sie noch mehr zum Außenseiter, und so wuchs sie in dem Gefühl auf, anders zu sein als andere, und das sollte sie niemals wieder loswerden. Sie konnte ihre Schönheit noch immer nicht fassen, obwohl sie langsam begann, sie zu genießen. Ihre Leichtigkeit verzauberte die Menschen und brachte ihre besten Seiten zum Vorschein. Sie hatte nie hinter die Fassade des Lebens blicken müssen und seine grundsätzliche Schönheit niemals in Frage gestellt.

Trotzdem bemerkte sie seit ein paar Monaten eine leichte Veränderung an sich, eine zunehmende Objektivität. Ob sie es wollte oder nicht, sie hatte begonnen, die Dinge zu hinterfragen, ehe sie leichtfertig Urteile traf. Sie saß in den Konferenzen bei Case Reed und analysierte ihre Kollegen. Sie stellte sich vor, wie die biederen Geschäftsleute, die vor ihr saßen, ein zweites, geheimes Leben führten. Vielleicht war es Langeweile, die sie dazu trieb, die tägliche Routine der Arbeit.

Sie war überrascht, wie leicht ihr solche Analysen fielen, und wenn sie nachforschte, um ihre Hypothesen zu überprüfen, stellte sie jedesmal fest, daß sie beunruhigend richtig gelegen hatte.

Sie fand dieses neuentdeckte Talent verwirrend und wußte noch nicht, ob es ihr gefiel oder nicht. An den Zustand der Unschuld hatte sie sich gewöhnt, auch wenn dieser sich zum Teil auf den bewußten Wunsch gründete, nicht allzu tief unter die Oberfläche zu blicken. Wissen zog Verantwortung nach sich, erforderte eine spezifische Reaktion und schränkte ihre Freiheit ein.

Sie ging weiter. Die Kraft der Sonne nahm ab; schon hatte sie eine Gänsehaut. Sie rieb sich die nackten Arme und lief eilig zwischen den Autos auf der Park Lane hindurch zum Hyde Park.

Sie ging unter den blühenden Kirschbäumen hindurch. Der leichte Wind wirbelte die Blüten durch die Luft und ließ sie auf Cassie niederregnen. Ein paar fing sie auf und fand dabei ihr Lächeln wieder.

Eine halbe Stunde später stand sie vor ihrem Haus. Es ging nach Westen hinaus, so daß die untergehende Sonne es mit Licht überflutete. Lange schmale Blumenkästen mit Geranien und Veilchen zierten die Fensterbänke. An den Wänden kletterten Glyzinien hoch, deren dicke knorrige Ausläfer schon bis zum ersten Stock reichten. Sie hatten gerade zu blühen begonnen, ihr Duft hing in der Luft. Cassie blieb stehen und atmete tief ein, dann schloß sie auf.

Als sie ins Wohnzimmer kam, sprang David Wilson auf. »Wie geht's, Kleines? Du siehst fröhlich aus. Hattest du einen erfolgreichen Tag?«

Sie ließ sich aufs Sofa fallen und streifte die Schuhe ab.

»Hmm, es lief nicht übel. Ich habe gerade einen wunderbaren Spaziergang durch den Park gemacht. Alle Bäume blühen, und ich habe einen ziemlich interessanten Mann gesehen.«

David lachte. »Interessant? So bezeichnen wir häßliche Frauen, wenn man uns drängt, einen Kommentar über sie abzugeben. Interessant. Oder nett.«

»Von political correctness hast du wohl noch nie was gehört, wie? Gott sei Dank arbeitest du nicht in einem Büro. Man würde dir wahrscheinlich schon am ersten Tag ein Verfahren wegen sexueller Belästigung am Arbeitsplatz anhängen.«

»Wär' das nicht lustig?« David griff nach einer Whiskyflasche, die auf dem Fußboden stand. »Und was steht heute abend auf dem Programm?«

Cassie sah ihn an und wandte dann den Blick ab. »Ich habe Eva zum Abendessen eingeladen.«

Er nahm einen Schluck aus der Flasche und stand auf.

»Na, dann sehe ich dich später. Ich bin im Pub.« Er griff nach seiner zerknitterten Jacke, die über der Rückenlehne eines Stuhls lag, griff nach dem Schlüssel auf einem Tisch in der Diele und ging hinaus. Cassie schüttelte den Kopf und streckte sich auf dem Sofa aus. Sie schloß die Augen und dachte an Eva.

Sie hatten sich vor elf Jahren in Oxford kennengelernt, bei Magdalen. Cassie saß, auf die Ellbogen gestützt, den Kopf nach hinten gelehnt, auf dem Rasen vor dem Fellows-Gebäude und genoß die letzten Strahlen der Nachmittagssonne. Geblendet sah sie eine Frau auf sich zukommen, geheimnisvoll wie eine Fotografie von Man Ray. Sie blieb stehen, unterhielt sich mit einem vorbeikommenden Paar und ging dann weiter. Jetzt konnte Cassie sie besser erkennen. Sie war braungebrannt, hatte langes dunkles Haar und eine mittelgroße Figur. Ihre Bewegungen waren anmutig und geschmeidig wie die einer Katze. Sie ging rasch, zuversichtlich, mit lang ausgreifenden Schritten. Sie strahlte eine wunderbare Unabhängigkeit aus und wirkte ihrer Umgebung gegenüber völlig immun. Sie hätte sonst irgendwo sein können. Als sie Cassie erblickte, leuchteten ihre Augen plötzlich auf. Sie kam auf sie zu und blieb vor ihr stehen.

»Du bist neu hier, was?«

Cassie nickte. Eva setzte sich neben sie auf den Rasen. »Ich bin Eva.«

Cassie schüttelte ihre ausgestreckte Hand. »Cassie.«

»Ah, Kassandra. Tochter des Königs von Troja, die Apollo zurückgewiesen hat. Die große Seherin, der man nie glaubt.« Sie lächelte.

»Welche mythologische Gestalt würdest du denn am liebsten sein, wenn du es dir aussuchen könntest?«

»Eine Sirene, was sonst?« Sie hielt inne, neigte den Kopf und musterte Cassie. »Allerdings glaube ich, daß du dich besser dafür eignen würdest. Du bist die schrecklich schönste Frau, die ich je gesehen habe.«

Cassie lachte entzückt. In Evas Ton lag nichts als Bewunderung, sie war wirklich entwaffnend.

»Das bezweifle ich. Trotzdem danke. Jedenfalls könnte ich dasselbe von dir sagen.«

Eva zuckte die Achseln.

»Ich weiß nicht, wen ich in die Felsen locken könnte«, fuhr Cassie fort. »Ich wette, daß du weit mehr Verehrer hast als ich.«

»Schon möglich. Wahrscheinlich schlägt sie deine Erscheinung in die Flucht. Ich sehe irdischer aus. Sie halten mich für nett.«

»Und bist du es?«

Eva lächelte nur.

Innerhalb von einer Woche hatten sie sich angefreundet. Evas Energie und Kraft zogen Cassie unwiderstehlich an. Sie war nicht kleinzukriegen. Cassie hatte das Gefühl, daß nichts, was sie je sagen oder tun würde, Eva schockieren könnte. Endlich konnte sie ganz sie selbst sein und das Gefühl genießen, verstanden zu werden, ohne sich verstellen zu müssen. Zugleich wußte sie, daß man Eva nicht hintergehen konnte. Tat man es doch, dann ließ sie einen einfach fallen. Doch es war nicht Kälte oder Gefühllosigkeit, von der sie sich leiten ließ. Cassie empfand sie immer als enorm warm und mitfühlend. Doch sie war schwer zu durchschauen und zu verstehen. Was Cassie an Eva am meisten auffiel, war ihr Selbsterhaltungstrieb, der stärker ausgeprägt war als bei allen anderen Menschen, die sie kannte.

Eva dagegen wurde von Cassies Unbekümmertheit angezogen. Sie war lustig und so außergewöhnlich intelligent und schön, daß sie sich von Eva, die nach Ansicht vieler Menschen mit Talenten überreichlich beschenkt worden war, nie bedroht fühlte.

Cassie wurde von Bekannten hinter vorgehaltener Hand regelmäßig gewarnt, Eva gegenüber vorsichtig zu sein. Angeblich hatte alles in Evas Leben einen Zweck, sogar Freundschaften. Cassie lachte. Sie besaß die Offenheit, Geschmeidigkeit und Sicherheit einer fallenden Katze. Beim Aufprall war sie entspannt, während andere sich vor Angst verkrampften und zerschmettert wurden. Ob sie tatsächlich wie eine Katze stets unverletzt davongekommen war, wußte sie nicht. Sie glaubte nicht, daß sie verletzt worden war, jedenfalls nicht von Eva. Daß Eva fähig war, Menschen zu verletzen, stand außer Frage. Sie hatte in der gemeinsamen Zeit in Oxford eine ganze Menge Liebhaber betrogen. Cassie wußte, daß Eva das nicht als Verbrechen empfand, sondern als unausweichliche Begleiterscheinung, eine Lücke im Gesetz von Angebot und Nachfrage. Es gab nun einmal kaum Frauen, die so waren wie sie.

Die Warnungen von damals kamen Cassie wieder in den Sinn und auch das, was David Wilson gesagt hatte. Damals wie heute gleich falsch, dachte sie.

Zwei Stunden später stand Eva vor der Tür. Cassie machte ihr auf und führte sie ins Wohnzimmer.

Eva folgte ihr langsam und achtete auf alles, was sie

wahrnahm. Die Atmosphäre der Wärme im Haus fiel ihr auf. Sie war lebendig, glomm still vor sich hin. Die Wände hingen voller Bilder: Landschaften, Porträts, düstere Gesichter, Pferdestudien, oberflächlich und anatomisch, fliegende Vögel, Akte, Skulpturen. Es waren viele, aber dennoch war eine gewisse Ordnung in ihrer Vielfalt, eine sichere Hand zu erkennen. Die Einrichtung spielte eine untergeordnete Rolle. Sie war warm, bequem, auf schlichte Art elegant und reichte von Ambertönen über Gelb bis Blau, je nach Raum. Keine Modeartikel oder der übliche Firlefanz, der heutzutage in so vielen Häuser Einzug gehalten hat. In allen Zimmern lagen herrliche Teppiche, alte Perser aus Seide und Wolle in vollen, kräftigen Farben.

Alles schien in Bewegung zu sein, die Augen wanderten von Bild zu Bild, der Cockerspaniel lief aufgeregt seinem Frauchen hinterher, zwei Katzen, die auf der Armlehne des Sofas ein sonniges Plätzchen gefunden hatten, schlugen träge mit dem Schwanz. Es fühlte sich an wie ein Zuhause: nicht wie ein unantastbares Heiligtum, sondern wie ein Hort der Kraft.

Eva beobachtete, wie Cassie herumwuselte, Drinks servierte, den Salat wusch, innehielt, sich lächelnd an den Tisch setzte, und verspürte zu ihrem Erstaunen und Unmut eine schmerzliche Sehnsucht nach etwas, das sie nicht beschreiben konnte. Sie griff nach ihrem Glas mit eisgekühltem Weißwein und trank es aus.

Die beiden Frauen saßen sich am Tisch gegenüber. »Wo ist dein Mitbewohner?« fragte Eva.

»Im Pub. Wie immer.«

»Und was macht er sonst? Außer in den Pub gehen?«

»Er schreibt Drehbücher.« Cassie streckte die Beine aus und lehnte sich zurück.

»Hat er irgendwas produziert?«

»Er hat einen ganzen Haufen Drehbücher geschrieben. Du meinst sicher, ob schon mal was von ihm verfilmt worden ist. Bisher noch nicht. Das ist schwierig und braucht seine Zeit. Aber er ist enorm begabt.«

»Und wovon lebt er?«

»Er ist ein Freund. Ich bin froh, ihn hier zu haben.«

»Du warst noch nie gerne allein, stimmt's?«

»Im Gegensatz zu dir, meinst du. In Asien. Nein, aber warum sollte ich auch gern allein leben? Ich bin lieber in Gesellschaft, also sorge ich dafür, daß ich sie habe.«

»Ist er dein Liebhaber?«

»Wer? David?«

»Hmm.«

»Nein, wieso kommst du darauf?«

»Ach nichts, ich hatte nur das Gefühl, daß ihr vielleicht mal ein Paar wart. Er schien ein bißchen eifersüchtig.«

»Auf dich?«

»Na ja; ich hatte das Gefühl.«

»Das hast du dir eingebildet.«

»Du willst nur höflich sein. Er mochte mich von Anfang an nicht.«

»Jeder mag dich, Eva, das weißt du. Und David mag jeden. Er ist viel zu faul, um jemanden wirklich abzulehnen.«

»Er scheint mir ein ziemlicher Leichtfuß zu sein.«

»Das glauben viele Leute, aber es stimmt nicht.«

Cassie stand auf und begann das Hauptgericht vorzubereiten, Pasta mit Hummer. Eva folgte ihr in die Küche, setzte sich auf einen Hocker und sah ihr zu.

»Ach übrigens, wie war dein Essen mit Robie Frazer?«

Cassie legte den Löffel weg, mit dem sie die Mayonnaise gerührt hatte, und schenkte Eva ein bedeutungsvolles Lächeln.

»Ein interessanter Typ, wie du gesagt hast, und sehr charmant. Intelligent und sexy. Auf jeden Fall jemand, mit dem man einen Nachmittag im Bett verbringen könnte.«

Eva schrie auf: »Was? Das hast du doch wohl nicht getan, oder?«

»Nein«, sagte Cassie und lachte. »Nein, hab' ich nicht. Es ist nur ein Ausdruck, den ich irgendwo aufgeschnappt habe. Männer kann man in zwei Kategorien aufteilen, diejenigen, mit denen man könnte, und die, mit denen man nicht könnte – einen Nachmittag im Bett verbringen, meine ich. Es ist ganz lustig, sie so zu klassifizieren. Es löst alle Grenzen auf. Leider qualifizieren sich die wenigsten Männer in unserer Umgebung. O ja, die eine oder andere Qualität haben sie alle. Aber wie viele sind wirklich sexy? Möglich, daß wir sie mit der Zeit attraktiv finden, wenn wir uns in sie verlieben und sie anfangen, uns etwas zu bedeuten, aber wie viele sind schon durch und durch sexy? Das ist das Problem mit britischen Männern einer bestimmten Klasse. Sie sehen schrecklich aus, sie sind viel zu fett, sie ziehen sich an wie ihre eigenen Großväter, und was das Schlimmste ist, sie haben nicht die geringste Ahnung von Sex. Es fehlt ihnen einfach das gewisse Etwas, es gibt keinerlei Hinweis darauf, daß sie tatsächlich Spaß dran haben könnten.« Cassie leckte den Mayonnaiselöffel ab.

»Hmm. Köstlich. Probier mal«, sagte sie und steckte der überraschten Eva den Löffel in den Mund. Eva schluckte, und ihre Augen weiteten sich vor Vergnügen. Sie nickte.

»Hmm. Sehr gut. Aber hör mal. Was, zum Teufel, ist in dich gefahren? In Oxford warst du so tolerant, so großzügig, du fandest britische Männer süß.« Eva grinste. »Wer hat dich eines Besseren belehrt?«

»Ich selbst. Findest du nicht, daß ich recht habe?«

»Mein Gott, ja. Die Männer in unserer Umgebung, wie du sagst, sind alles andere als sexy. Ich hatte ganz vergessen, wie langweilig und einschläfernd britische Männer sind, bis ich zurückkam. Natürlich gibt es die eine oder andere überraschende Ausnahme, aber sie bestätigen nur die Regel.«

»Hm. Und Robie Frazer ist eine dieser Ausnahmen.«

»Hast du schon irgendwelche Pläne?«

»Nein, er ist ein Kunde.« Cassie hielt inne und nahm noch einen Löffel Mayonnaise. »Aber für dich wäre er genau das richtige.«

»Nach allem, was ich über ihn gehört habe, ist er mir ein bißchen zu glatt.«

»Du solltest ihn kennenlernen. Unter der Oberfläche ist er alles andere als glatt. Er gibt sich zwar alle Mühe, aber seine Stachel gucken trotzdem hervor. Daran kann man sich leicht pieksen.«

Eva lächelte abwesend und naschte mit dem Finger von

der Mayonnaise, während Cassie die Pasta auf den Tellern verteilte. »So, wir können anfangen.« Sie gingen mit den Tellern ins Eßzimmer und setzten sich an den großen Eßtisch. Eva erzählte Cassie von den Abenteuern, die sie auf ihren Reisen durch Asien erlebt hatte, von den Orten, die sie gesehen, und Menschen, die sie kennengelernt hatte. Wenn Eva anfing zu erzählen, konnte sich niemand ihrem Zauber entziehen. Augen und Tonfall sprachen für sich. Als sie zu Ende gegessen hatten, legte Eva die Gabel auf den Teller.

»Meine Hochachtung, Cassie. Das Essen war vorzüglich. Du hast ein wunderbares Haus, schöne Möbel, einen herrlichen Garten, Teppiche. Alles.«

Cassie zuckte die Achseln. »Das habe ich acht Jahren City und der Hilfe meines Mitbewohners zu verdanken.«

»Nach acht Jahren wieder hier zu sein ist ein kleiner Schock. London hat sich ganz schön verändert, und auch die Menschen, die ich kannte.«

Für Cassie war es unvorstellbar, daß Eva irgend etwas schockieren könnte.

»So sehr haben wir uns nun auch wieder nicht verändert. Wir haben uns einfach von der Strömung treiben lassen. Das ist ganz leicht. Wir waren träge, im Gegensatz zu dir.«

Eva zögerte. »Was ich gemacht habe, war wunderbar, aber weitergebracht hat es mich nicht.«

»Und was hast du jetzt vor?« fragte Cassie leichthin.

»Tja …« Eva zögerte. »Eine verrückte Sache, die ich schon seit Wochen mit mir rumschleppe. Ich wollte eigentlich nichts davon erzählen, aber wenn du nicht diejenige bist, mit der ich reden kann, dann weiß ich auch nicht.«

»Das klingt ja sehr geheimnisvoll.«

»Was würdest du sagen, wenn ich dir erzähle, daß ich eine Diamantenmine in Vietnam aufgetan habe?«

7

Am Montag morgen erschien Cassie ziemlich aufgeregt zur Arbeit. Sie ließ die halbe Stunde mit der Zeitung sausen und marschierte geradewegs in Richardsons Büro. Er sah überrascht auf.

»Was verschafft mir dieses frühe Vergnügen?«

»Möglich, daß ich etwas habe, das für Frazer und uns interessant sein könnte.«

»Erzählen Sie.«

»Ein Diamantenfund in Vietnam.«

Richardson lachte. »Raus mit der Sprache.«

»Nun, es scheint ganz vernünftig. Vietnam ist dabei, sich zu öffnen. Die Amerikaner investieren, das Land verfügt über große Reserven an Bodenschätzen, die Wirtschaft wächst rapide, die ganze Region boomt. Frazer will expandieren. Ich glaube, daß Diamanten ihm zusagen würden. Sie würden seine Leidenschaft wecken, meinen Sie nicht? Oder glauben Sie, daß er sich für eine Textilfabrik begeistern könnte?«

»Ich kann mir nicht vorstellen, daß er sich überhaupt für irgendwas begeistern könnte, aber ich stimme Ihnen zu. Und woher wissen Sie von diesem Diamantenfund?«

»Von einer Freundin. Und ehe Sie irgendwas sagen, möchte ich genau aus diesem Grund, daß Sie sich um die Sache kümmern. Ich will selbst nicht direkt damit zu tun haben. Dazu bin ich viel zu befangen.«

»Was soll ich Ihrer Meinung nach tun?«

»Treffen Sie sich mit ihr. Sie heißt Eva Cunningham. Und danach verabreden Sie sich mit Frazer. Wenn es Ihnen zusagt, was sie sagt, können Sie immer noch entscheiden, ob sie dabeibleiben soll oder ob wir uns einfach mit Frazer allein treffen und das Gespräch von neulich vertiefen.«

»Freut mich, daß Sie nicht sentimental sind. Wenn sie gut ist, bleibt sie. Ansonsten setzen wir sie vor die Tür.«

»Sie entscheiden.«

»Nein. *Sie* entscheiden. Es ist *Ihr* Deal, egal ob Freundin oder nicht. Wir machen alle Deals mit Freunden. Das ist schließlich nichts Neues in der City. Und Sie haben ein viel besseres Gespür als ich, wie Sie in letzter Zeit bewiesen haben. Ach, da fällt mir was ein. Was war denn letzte Woche mit dem Tugwell-Deal? Ich habe gehört, daß Sie sich ihn angesehen und das Ganze dann abgeblasen haben. Alle hielten sein Projekt für vielversprechend.«

»Das Projekt war vielversprechend, er aber nicht. Ein Windei, nichts weiter, fürchte ich. Ich will gar nicht wissen, was rauskommen würde, wenn man einen Detektiv auf ihn ansetzt.«

»Sie meinen, Sie würden es gern darauf ankommen lassen, weil Sie sich ziemlich sicher sind? Ich weiß Bescheid über Ihren neuen Sport. Diesem McDonald, den wir vor drei Wochen hier hatten, haben Sie unterstellt, daß er an der Grenze zum Alkoholiker ist. Außerdem vermuteten Sie eine kriminelle Vergangenheit und daß er sich von seiner Geliebten den letzten Heller aus der Tasche ziehen läßt. Sie hatten von A bis Z recht. Sie haben drei unserer Privatdetektive völlig verwirrt. Der, den wir auf McDonald angesetzt hatten, kam zu mir und behauptete, Sie machten ihm Konkurrenz, um ihn einzuschüchtern und zu beweisen, daß Sie besser seien als er. Er wollte mir nicht abnehmen, daß es eine Art Spiel ist, daß Sie bei Konferenzen gern Ihrer Fantasie freien Lauf lassen und Erstaunliches dabei rauskommt. Wir zahlen ihm ein verdammtes Vermögen, und Sie machen es einfach so aus Intuition.« Richardson streckte das Kinn vor, um seinen Worten Nachdruck zu verleihen. »Vielleicht warten Sie nächstes Mal, nur aus Höflichkeit, bis er seinen Bericht vorgetragen hat, statt ihm schon vorab zu sagen, was er rausgefunden hat und wo er sich irrt. Und der andere, dieser Owen Quaid, ich weiß, Sie beide halten zusammen wie Pech und Schwefel, aber sein Ego ist so groß wie der Nat West Tower. Er kann es vertragen, für ihn ist das alles ein Riesenspaß. Wahrscheinlich versucht er, Sie abzuwerben …«

Cassie unterdrückte ein Lachen. Richardson sah sie verwirrt an. Sie hatte sich in den letzten sechs Monaten deutlich verändert, sie war bedeutend boshafter. Das zeigte sich an ihrem Zwinkern, hin und wieder einem unpassenden Wort, dem extravaganteren Stil ihrer Garderobe, dem gelegentlichen Fernbleiben von der Arbeit, vor allem aber und am beunruhigendsten an ihrer intuitiven Wahrnehmung. Er war froh darüber. Mit der Boshaftigkeit wuchs auch ihre Robustheit. Er hatte immer befürchtet, daß Cassie seelisch genauso verletzlich war, wie sie es körperlich zu sein schien. Doch jetzt gab es Anzeichen dafür, daß irgend etwas darum kämpfte, ans Licht zu kommen, eine lange verdrängte Keckheit vielleicht, in der sie beinahe schwelgte.

»Sie wissen ja, daß wir einen Detektiv auf Ihre Freundin ansetzen müssen, wenn wir uns entschließen, mit ihr weiterzumachen. Wahrscheinlich wird es Quaid sein.«

Cassie nickte wortlos.

»Was haben Sie bei ihr für ein Gefühl?«

Cassie lehnte sich im Stuhl zurück und starrte an die weißgetünchte Decke, ehe sie antwortete.

»Ich bin mir nicht sicher. Ich habe das Gefühl, vor einer sorgfältig konstruierten Fassade zu stehen. Es ist nicht einfach, wenn man sie kennt. Man verliert die kritische Distanz. Macken sind einem vertraut, Warnzeichen werden zu harmlosen Eigenheiten. Am besten tue ich morgen so, als sähe ich sie zum ersten Mal. Der Sitzungssaal ist wie geschaffen, nett und ruhig, nichts, was einen ablenken kann. Vielleicht fällt mir etwas auf. Schließlich will ich Owen nicht enttäuschen.«

Richardson warf ihr einen verzweifelten Blick zu, als sie aufstand und Anstalten machte, sein Büro zu verlassen. Nett und ruhig, nichts, was einen ablenken kann ... Nein. Nichts weiter als ein paar millionenschwere Investitionen.

»Rufen Sie Ihre Freundin an und bestellen Sie sie für zehn Uhr ins Büro. Ich mache einen Termin mit Frazer für halb zwölf.«

Cassie hob zustimmend die Hand, ohne sich umzudrehen, ging in ihr Büro und griff zum Hörer. Nach dem dritten Klingeln meldete sich Eva.

»Eva, ich bin's, Cassie. Hast du morgen früh gegen zehn Zeit? Prima. Im Büro. Und bring etwas Zeit mit.« Sie gab ihr die Adresse von Case Reeds und legte auf, ehe Eva ihr irgendwelche Fragen stellen konnte. Sie würde sie keinesfalls auf das Treffen vorbereiten. Wenn jemand auf sich selbst aufpassen konnte, dann Eva.

Eva legte auf und runzelte die Stirn in dem unbehaglichen Gefühl, daß Cassie sie abgewimmelt hatte. Sie zuckte die Achseln. Sie würde sie später zu Hause anrufen und sie über das Treffen befragen. Jetzt wählte sie Stormonts Nummer.

»Cassie hat mich gerade angerufen. Sie hat ein Treffen für mich vereinbart, morgen früh. Ich brauche neue Kleider. Ich sollte nach etwas aussehen.«

»Klar. Ich kümmere mich drum. Du bekommst es später. Ich würde gern noch ein paar Fragen mit dir durchgehen. Du kannst ja vorher einkaufen gehen, aber übertreib nicht, sonst kriege ich einen Anschiß.«

»Hmm. Dann macht es noch mehr Spaß.«

»Komm gegen neun in die geheime Wohnung.«

Eigentlich brauchte er sie gar nicht zu treffen. Er hätte ihr das Geld auch per Kurier schicken können. Aber er wollte sie sehen. Um sie zu überwachen, ihr auf den Zahn zu fühlen, redete er sich ein.

Abends gegen halb neun rief Eva bei Cassie an.

»Eva, Süße, wie geht's?«

»Gut. Ich wollte nur ...«

»O Eva, hier hat es gerade geklingelt. Tut mir leid, ich kann jetzt nicht. Wir sehen uns ja morgen früh. Bis dann.«

»Mist!« Eva knallte den Hörer auf, halb verärgert, halb belustigt. Hätte sie Cassie nicht gekannt, hätte sie sich vor den Kopf gestoßen gefühlt, aber die Vorstellung einer kopflosen Cassie, die vom Telefon hastig zur Tür lief, zerstreute alle Zweifel.

Eva dachte über das bevorstehende Treffen mit Stormont nach. Sie zündete sich eine Zigarette an und rauchte sie bis zum Filter. Dann stand sie auf, kämmte sich, legte Lippenstift auf und tupfte Parfum auf ihre Handgelenke. Gerade als sie das Haus verlassen wollte, klingelte das Telefon, es war Stormont. »Eva, es gibt ein kleines Problem. Ich schaffe es nicht bis neun in die geheime Wohnung.«

Eva zögerte und unterdrückte einen Anflug von Enttäuschung, bevor sie allzu deutlich wurde.

»Ich könnte ja zu dir kommen.«

Stormont zögerte. »Hierher? Zu mir nach Hause?«

»Na ja, es wäre nur ein Mal. Ich weiß, daß es gegen die Regeln verstößt, wenn sich Agenten und Leitoffiziere zu Hause treffen, aber ich werde aufpassen, daß mir niemand folgt.«

»Ach, was soll's. Komm rüber.« Sein Verlangen, sie zu sehen, war so groß, daß er ohne nachzudenken die Regeln mißachtete.

8

Cassie saß geistesabwesend vor dem Fernseher. Plötzlich sprang sie auf. »Wo willst du hin?« fragte David.

»Zu Eva. Ich war nicht besonders nett zu ihr am Telefon. Sie wollte ein paar Tips für das Treffen haben, und ich habe sie abblitzen lassen.« Sie zuckte die Achseln. »Übertriebenes Pflichtbewußtsein, du weißt schon, ich darf ihr nicht helfen, ihr keinen unfairen Vorteil verschaffen. Das übliche Blabla.« Sie griff nach ihrer Jacke.

»Bestimmt kommt sie auch allein ganz gut zurecht. Ich würde mir an deiner Stelle keine allzu großen Sorgen um sie machen.«

Cassie ignorierte ihn und ging zur Tür, gefolgt von Nesta. Sie lächelte beim Anblick des Hundes und streichelte sein schwarzes Fell.

»Gassi? Willst du Gassi gehen?« Nesta sprang an ihr hoch und bellte, als hätte das magische Wort sie verzaubert. Ungeduldig tanzte sie um Cassie herum, während diese sich die Schuhe anzog und etwas Geld einsteckte. Dann nahm sie ihre Schlüssel vom Tisch in der Diele und verließ mit Nesta das Haus.

Es war Viertel vor neun, das Tageslicht war verblaßt. Die Vögel piepsten leise und huschten zwischen den Bäumen umher, auf der Suche nach einem ruhigen Schlafplatz. Leute kamen und gingen zum Pub oder nach Hause, einige führten ihre Hunde aus, andere rauchten eine Zigarette in der warmen Abendbrise. Alles wirkte sehr entspannt. Cassie ging rasch. Einmal lächelte sie einer Gruppe zu, die ihr auffiel, als sie die King's Road überquerte. Sie war eine Viertelmeile gegangen, als sie plötzlich Eva entdeckte, oder jemand, der Eva sehr ähnlich sah und auf der Höhe der Old Church Street in die King's Road einbog.

Da sie nicht sicher war, ob es wirklich Eva war, denn Entfernung und Passanten versperrten ihr den Blick, beschleunigte sie ihren Gang, um sie einzuholen. Als sie zur Old Church Street kam, sah sie, wie die Frau vor einem weißen Haus stehenblieb. Es war Eva, jetzt konnte sie sie deutlich erkennen. Sie ging weiter und rief ihren Namen, gerade als die Tür aufging und Eva eintreten wollte. Eva zögerte, runzelte die Stirn und drehte sich um. In der Tür erschien das Gesicht eines Mannes. Eva flüsterte ihm etwas zu, ehe sie sich lächelnd zu Cassie umwandte.

»Cassie! Was um Himmels willen suchst du denn hier? Ich dachte, du hättest Besuch?«

Cassie ging auf das Haus zu.

»Nein, nein, es war nur einer von Davids Freunden. Ich war gerade auf dem Weg zu dir, um dir noch was zu dem Treffen morgen früh zu erzählen.« Sie drehte sich zu dem Mann um, der sie schweigend beobachtete.

Stormont beugte sich herab und reichte ihr die Hand. »Ich bin Andrew Stormont.«

»Cassie Stewart.«

Eva stand träge an den Türrahmen gelehnt, als ob sie sich langweile.

Stormont ließ Cassies Hand los, ohne die Augen von ihr zu nehmen. Sie erwiderte seinen Blick, sah Eva an und wartete, daß sie etwas sagte. Eva beobachtete Stormont gleichgültig. Der blickte auf Nesta herunter, die brav neben Cassie saß.

»Ein schöner Hund.« Er bückte sich und kraulte Nestas Fell, die mit dem Schwanz zu wedeln begann.

»Eine schnelle Eroberung«, sagte Cassie. Stormont sah auf, und sie entdeckte Bewunderung in seinem Blick.

»Eva kam gerade auf einen Drink vorbei. Hätten Sie Lust, uns Gesellschaft zu leisten? Dann könnten Sie loswerden, was Sie ihr erzählen wollten.«

»O nein. Ich will nicht stören.«

»Sie stören nicht im geringsten«, fiel ihr Stormont ins Wort und bat sie mit einer Geste, einzutreten. Eva folgte ihr und schloß die Tür.

»Muß doch schrecklich wichtig sein, wenn Sie sich diese Mühe gemacht haben«, erklärte Stormont.

»O ja. Schrecklich wichtig.« Cassie hob das Kinn und musterte ihn unverhohlen forschend. Er hielt ihrem Blick stand, sagte jedoch nichts. Dann drehte er sich um und ging ins Wohnzimmer vor. Er bat die beiden, Platz zu nehmen, und ließ sich selbst in einen alten Ledersessel fallen. Eva machte es sich auf dem Sofa gemütlich, und Cassie setzte sich kerzengerade auf einen gepolsterten Stuhl. Nesta kuschelte sich zu ihren Füßen.

»Was wollen Sie trinken?« fragte Stormont.

»Whisky ohne Eis, Wasser nehme ich mir selbst.«

»Und du, Eva?«

»Ich nehme das gleiche. Mit der üblichen Menge Wasser.«

Cassie verkniff sich ein Lächeln. Die offenkundige Vertrautheit, die ›übliche Menge‹ – beides ließ auf eine lange gemeinsame Geschichte schließen. Und sie mußte zugeben, daß Stormont zu der Sorte von Mann gehörte, mit dem man durchaus einen Nachmittag im Bett verbringen könnte. Mühelos. Er sah gut aus und war sich seiner Anziehungskraft bewußt. Zudem verfügte er über ein unausgesprochenes sexuelles Selbstvertrauen, das um so machtvoller schien, weil es so hintergründig war. Sein Blick war wissend, spöttisch, leicht herausfordernd, als wünsche er sich, daß man ihn überraschte. Er rechnete nicht damit, daß es einem gelingen könnte, aber einen Versuch war es immerhin wert. Paßt zu ihm, dachte Cassie, er hat zu viele Frauen ausprobiert. Eine vage Aura von Sättigung und Ekel vor sich selbst ging von ihm aus, die alles, was sie erreichte, mit einem Hauch von Geringschätzung streifte. Nur Nesta schien davon ausgenommen. Jedesmal, wenn er sie ansah und lächelte, leuchtete echte Wärme in seinen Augen. O ja. Er wäre wunderbar im Bett, bloß emotional unerreichbar.

Sie warf Eva einen Blick zu, die sie mit einem seltsamen Ausdruck beobachtete. Das perfekte Paar, dachte Cassie, beide gutaussehend, hart, offensichtlich träge, was in Evas Fall eine sehr unenglische Leidenschaft verbergen sollte. Aber was war mit Stormont? Verbarg er auch etwas, oder war er wirklich der wohlhabende, verwöhnte und abgestumpfte Mann, für den er sich ausgab? Sie trank den Whisky aus.

»Du wolltest mir noch etwas zu dem Treffen morgen sagen«, erinnerte sie Eva.

»Ach, nicht so wichtig.« Sie stand auf. Nesta sprang um ihre Beine. »Bestimmt habt ihr euch eine Menge zu erzählen nach so langer Zeit.« Sie ging auf die Tür zu. Eva stand auf und folgte ihr. »Du hast den ganzen Weg doch nicht umsonst gemacht ...«

»Ich wohne doch gleich um die Ecke. Außerdem mußte ich noch mal mit Nesta raus. Ich wollte dir eigentlich bloß sagen, daß du dir das Mittagessen freihalten sollst.« Sie drehte sich zu Stormont um.

»Danke für den Whisky.« Er nickte und erhob sich. Cassie und Eva verabschiedeten sich mit einem Kuß. »Bis morgen dann«, sagte Cassie. Eva nickte und setzte sich wieder, während Stormont Cassie zur Tür begleitete. Seine Hand streifte ihren Unterarm, es war eng im Eingang. Sie sah ihn an und ging an ihm vorbei. Dann reichten sie sich zum Abschied die Hand. Cassie drehte sich nicht mehr um, als sie die Straße entlangging, spürte aber noch eine ganze Weile seinen warmen Händedruck.

»Verdammt noch mal. Wie konnte das passieren?«

Eva war aufgestanden und schenkte sich gerade einen neuen Whisky ein, als Stormont zurückkam.

»Hast du denn nicht aufgepaßt, ob dir jemand folgt?«

»Natürlich.«

»Fragt sich nur wie. Wenn ich mich recht erinnere, stand in deinem Bericht, daß Cassie Stewarts Haus etwa eine Viertelmeile die King's Road runter entfernt liegt. Wenn sie von sich zu dir will, muß sie also die King's Road entlanggehen, und dann kann sie dich leicht sehen, wenn du gerade auf dem Weg hierher bist. Das muß dir doch klar gewesen sein.«

»Ich bin einen Umweg gegangen, keiner ist mir gefolgt. Sie muß mich gesehen haben, als ich zum zweitenmal in die Old Church Street einbog. Da habe ich mich nicht mehr umgesehen.« Ihre Stimme war kalt und pragmatisch. »Was machen wir jetzt?«

Stormont schwieg eine Weile.

»Du hast deine Tarnung. Ich habe meine. Unsere Familien kennen sich. Es ist also nichts Ungewöhnliches dabei, wenn wir uns kennen und hin und wieder sehen.« Stormont schwieg, als ihm ein Gedanke kam. Doch er ließ sich nichts anmerken. »Wir dürfen uns nur noch in der geheimen Wohnung treffen. Und du mußt besser aufpassen. Vielleicht bist du ein bißchen eingerostet.«

»Ich war unvorsichtig. Du hast recht. Es wird nicht wieder vorkommen.«

Er nippte an seinem Glas und schwieg.

»Aber wieso ist sie hinter mir her?« fragte Eva und brach die Stille. »Schon seltsam, sie läuft mir den ganzen Weg nach, bloß um mir zu sagen, daß ich mir das Mittagessen freihalten soll.«

»Wenn sie dir etwas hätte mitteilen wollen, das nur annähernd wichtig ist, hätte sie es bestimmt nicht vor mir getan. Immerhin gilt sie als Profi. Und die Atmosphäre hier glich einer Schlangengrube. Kein Wunder, daß sie bei der erstbesten Gelegenheit das Weite gesucht hat.«

»Nun mach aber mal halblang, Stormont. Ich war total nervös. Sie hatte mich zweimal am Telefon abblitzen lassen, und dann taucht sie plötzlich hier auf. Was hast du erwartet?«

»Jedenfalls keine Eifersüchteleien.«

»Sei nicht albern. Ich habe dich schon hundert Frauen so anschauen sehen. Allmählich habe ich die Nase voll davon, Zuschauer bei deinen Verführungsversuchen zu sein.«

»Ich glaube kaum, daß sich deine Freundin mit einem Blick verführen läßt.«

»Halt sie bloß nicht für eine Heilige. Sie mag Sex genauso wie wir alle.«

Stormont stand auf, schenkte sich einen weiteren Whisky ein und setzte sich wieder.

»Wie ist sie mit Frazer zurechtgekommen?«

»Sie meinte, er wäre der Typ von Mann, mit dem sie einen Nachmittag im Bett verbringen könnte.«

Stormont lachte. »Und hat sie's getan?«

»Sie sagt nein. Und hat es wohl auch nicht vor, weil er ein Kunde ist. Kunden sind tabu.«

Um ein Haar hätte Stormont »um so besser« gesagt, besann sich aber eines Besseren, als er Eva zusammengekuschelt auf dem Sofa sitzen sah. Es hatte keinen Zweck, eine vielleicht bereits vorhandene Rivalität noch mehr anzuheizen.

»Es läuft also alles nach Plan?«

»Wir sind dem Plan etwas voraus, was Cassies Treffen mit Frazer anbelangt. Das hast du sehr geschickt eingefädelt.«

»Die richtigen Worte ins richtige Ohr. Hätte gar nicht einfacher sein können.«

»Und das Netzwerk alter Freundschaften tut seinen Dienst.«

»Es hat seine guten Seiten.«

»Hab' nie das Gegenteil behauptet.«

»Aber du hältst nicht viel davon, nicht wahr?«

»Ich finde es amüsant.«

»Deine Familie ist auch nicht gerade ein Wohltätigkeitsverein.«

»Das ist ihr Problem.«

»Du scheinst ja ziemlich darüber zu stehen.«

»Nun, wie du vielleicht gesehen hast, haben Frauen darin nichts zu suchen.«

»Und was ist mit dir und Cassie? Was, wenn sie deinen Deal finanziert?«

»Das entscheidet sich auf rein geschäftlicher Basis.«

»Möglich. Aber da spielt doch noch was anderes eine Rolle, wenn sich zwei Frauen in einer solchen Position gegenseitig helfen, meinst du nicht? Eine Hand wäscht die andere.«

»Darauf würde ich an deiner Stelle nicht wetten.«

»Was verbindet dich dann mit Cassie? Ihr seid angeblich Freundinnen, aber da ist noch was zwischen euch. Irgendeine Spannung.«

»Wach auf, Stormont. Wir sind enge Freundinnen, das ist immer so, wenn zwei Menschen sich sehr nah sind. Wenn wir nur flüchtige Bekannte wären, wäre alles viel einfacher.«

»Hauptsache, es wird nicht zu einem Problem.«

»Keine Sorge.«

Stormont griff in seine Jackentasche und reichte Eva einen Umschlag.

»Die Spesen für deine Garderobe. Zweitausend Pfund.« Sie stand auf, und er küßte sie auf die Wange.

»Wickel sie ein, Eva.«

»Ja, ich wickel' sie ein. Wie immer.«

Stormont zögerte, überrascht von ihrem Tonfall.

»Hast du was?«

»Es wäre leichter gewesen, Schauspielerin zu werden, meinst du nicht? Und genauso befriedigend.«

»Vergiß nicht, worum es geht.«

»Wie könnte ich das?« Sie zuckte die Achseln, um die Spannung zu brechen. »Ich habe nur meine Probleme mit dieser nach hinten verschobenen Genugtuung.«

»Niemand, der acht Jahre auf sich allein gestellt im Busch verbracht hat, kann damit Probleme haben.«

»Nein, aber es ist schon was anderes, wenn man hier ist.«

»Du willst zurück.«

»Und wie.«

Stormont blickte in Evas Gesicht. Noch vor fünf Minuten war es so stark, so trotzig gewesen, nun spiegelte es unverhohlene Sehnsucht wider. Er strich ihr über die Wange, doch sie bog den Kopf zur Seite.

»Hör damit auf, Andrew. So gern du es auch anders darstellen willst, ich habe es nicht vergessen. Du bist mein Leitoffizier, nicht mein Tröster.« Einen Augenblick stand sie mit erhobenem Kopf und angespanntem Körper da, dann ging sie.

Stormont blieb mitten im Raum stehen, wo sie ihn verlassen hatte, und starrte vor sich hin. Er sah noch immer ihr Gesicht.

9

Um halb acht riß der Wecker Eva aus dem Schlaf. Sie schaltete ihn aus und blieb noch ein paar Minuten liegen. Ihr Blick glitt über die kahlen weißen Wände zum Fenster. Die Sonne schien. Das Fenster war von dicken Efeuranken umrahmt, die in stürmischen Nächten gegen das Glas schlugen, als wollten sie um Einlaß bitten. Jetzt schwankten sie nur leicht in der Morgenbrise.

Sie betrachtete sie und ließ ihren Gedanken freien Lauf. Während dieses allmählichen Wachwerdens konnten sie noch unbekümmert wandern. Sie führten sie zu einem sonnendurchfluteten, verfallenen Haus in Saigon, wo der nackte Kachelfußboden schon morgens um acht unter den Füßen brannte. Der Geruch nach glühendheißem Staub kam durchs offene Fenster und vermischte sich mit dem kräftigen Duft nach frischem französischem Kaffee. Eine Viertelmeile entfernt erreichte das quietschende und dröhnende Konzert von Fahrrädern, Autos und Motorrädern im Gewirr der breiten Boulevards, die von Bäumen gesäumt waren, seinen Höhepunkt. Wie ein Echo drang der durch Staub und Entfernung gefilterte Lärm zu ihr. Hier in London dagegen war es still, kühl, fast antiseptisch. Kein Geräusch von der Straße forderte ihre Aufmerksamkeit. Sich wieder an London zu gewöhnen war ihr schwerer gefallen, als sie gedacht hatte. In ihrem Haus fühlte sie sich wie in einem hübschen Kokon, der eine unwirkliche und trügerische Sicherheit versprach. Manchmal hatte sie das Gefühl, daß es ganz einfach wäre, sich umzudrehen und unter der Decke zu vergraben, wenn der Wecker klingelte.

Sie zwang sich aus dem Bett und dachte an den bevorstehenden Tag, an London, an die Arbeit.

Über den nackten Körper streifte sie ein langes T-Shirt und stieg die Treppe zum Wohnzimmer hinunter. Sie schaltete den CD-Player ein und entschied sich für eine Aufnahme von Maria Callas in der Rolle der Tosca. Sie spürte, wie die Stimme sie durchströmte und ihr die Kehle einschnürte. Welche Kraft, welche ekstatische Klage in dieser Stimme lagen! Ergriffen hörte sie ein paar Minuten still zu, dann trat sie in die Küche, füllte die Espressokanne und stellte sie auf die Herdplatte. Um das Warten zu verkürzen, zündete sie sich eine Zigarette an, legte sie jedoch nach wenigen Zügen auf den Rand des Aschenbechers. Langsam rieb sie sich die Arme, fuhr mit den Handflächen über die braune Haut, fühlte die Knochen und wie sich die Muskeln darunter spannten. Dann fuhr sie mit der Hand über Brust und Bauch bis zu den Schenkeln. Ihr Blick fiel auf die Unterarme, auf die kleinen Kerben und verblassenden Narben, Spuren ihres früheren Daseins.

Ihr Körper war so oft mißhandelt worden, aber er war immer noch voller Spannkraft, nicht perfekt, aber kräftig. Sie drückte die Zigarette aus, stellte die Herdplatte auf die kleinste Stufe und ging ins Wohnzimmer. Sie konzentrierte sich auf die Musik und absolvierte ihre tägliche halbe Stunde rigoroser Gymnastik, bevor sie schweißgebadet in die Küche zurückkehrte, um ein Glas Leitungswasser und eine Tasse schwarzen Espresso zu trinken. Anschließend ging sie ins Bad.

Nach der Dusche entschied sie sich für eins der neuen Kostüme, die sie am Tag zuvor gekauft hatte. Einen schwarzen Faltenrock, der knapp bis zu den Knien reichte, dazu eine blaue Bluse und eine passende schwarze Jacke. Dünne Seidenstrümpfe und schwarze Lederschuhe mit Riemchen und einem dezenten Absatz. Schließlich nahm sie die Diamantohrringe ihrer Mutter aus dem Versteck im Bücherschrank. Einen Moment lagen sie glitzernd auf ihrer Handfläche, bevor sie sie ansteckte. Auf dem Weg nach draußen blieb sie vor dem Spiegel stehen und betrachtete die Diamanten. Sie sah das Gesicht ihrer Mutter, die mit den Ohrringen geschmückt war, und wandte sich ab.

Als sie in die King's Road einbog, spürte sie die Wärme der Sonne auf ihrem Gesicht. Sie nahm die 22 bis Piccadilly und ging dann die Regent Street entlang. Unterwegs betrachtete sie die Schaufenster und die angespannten und sorgenvollen Gesichter der Passanten auf ihrem eiligen Weg zur Arbeit.

Zu dieser frühen Morgenstunde nahm eigentlich niemand etwas richtig wahr oder bemühte sich auch nur darum. Die Gesichter der Menschen waren verschlossen; abgesehen von oberflächlichsten Eindrücken war alles nach innen gekehrt. Bei Eva verhielt es sich genau umgekehrt. Sie leerte ihr Bewußtsein, konzentrierte sich nach außen, nahm alles auf, was sie umgab. Sie wollte völlig unbelastet zu dem Treffen mit Richardson gehen. Instinkt und Intuition würden ihr helfen rauszukriegen, was sie wollten, und einen Dreh zu finden, wie sie an sie herankam. Es war besser, daß sie nicht vorher mit Cassie darüber gesprochen hatte. Informationen waren nützlich, enthielten aber allzuoft die vorgefaßten Meinungen anderer.

Fünf vor zehn kam sie bei Case Reed an. Sie drückte auf die Taste der Sprechanlage und meldete sich an. Eine blecherne Stimme bat sie herein. Die Tür sprang auf, und Eva betrat eine kleine Empfangshalle mit Bildern an den Wänden und ein paar verstreuten kleinen Skulpturen. Sie ging auf die Empfangsdame zu.

»Eva Cunningham, ich habe eine Verabredung mit Cassie Stewart.«

»Bitte nehmen Sie Platz.«

Sie deutete auf ein niedriges weiches Sofa, eins von denen, die einen nicht mehr freigeben, wenn man einmal darin versunken ist. Eva setzte sich vorsichtig auf die Kante, griff nach der *Financial Times,* die auf dem Tisch lag, und blätterte darin.

Derweil saß Cassie mit John Richardson oben in ihrem Büro. »Frazer kommt also um halb zwölf?«

Richardson nickte. »Ja, und er murmelte auch was von Mittagessen. Für einen vielbeschäftigten Businessman scheint er eine Menge Zeit für Sie zu haben.«

»Sie meinen für Case Reed. Außerdem ist er nicht allzu beschäftigt. Mag sein, daß er eine Menge Dinge am Laufen hat, aber er ist der Typ, der nur die Fäden spinnt. Er sitzt mit einem Whisky in einem seiner zweifellos prächtigen Häuser und schmiedet geniale Pläne. Für die Drecksarbeit hat er seine Vasallen. Jedenfalls gehört er nicht zur Gattung der Schreibtischhengste.«

Richardson fing an zu lachen und schüttelte halbwegs anerkennend den Kopf. »Sehr treffend beschrieben. Natürlich haben Sie vollkommen recht.«

Cassies Sekretärin Emma erschien an der Tür. »Eva Cunningham wartet unten.«

»Ich komme gleich«, antwortete Cassie.

An Richardson gewandt, sagte sie: »Übrigens hab' ich sie vor ein paar Tagen getroffen und zum Essen eingeladen.«

»War das ein Vertrauensvorschuß?«

»Ja und nein. Mir blieb keine andere Wahl, aber ich bin sicher, daß sie uns nicht enttäuschen wird. Sie ist sehr überzeugend.«

»Viele Leute sind überzeugend.«

Cassie zögerte. »Sie hat sich beruflich nie beweisen müssen. Sie war immer enorm intelligent. In Oxford hat sie sich nie richtig anstrengen müssen, zumindest schien es so. Hatte immer die besten Noten. Aber seitdem hat sie nichts Handfestes geleistet, ich meine beruflich. Zugegeben, um sich acht Jahre in Vietnam, Kambodscha und Laos durchzuschlagen, muß man schon was drauf haben, aber soweit ich weiß, ist es jetzt das erste Mal, daß sie etwas Professionelles anpackt. Deshalb bin ich mindestens so gespannt wie Sie. Es gibt eine Seite an ihr, die ich nicht kenne. Ich weiß nur, daß sie eine ungeheure Willenskraft hat. In Oxford hat sie sie immer versteckt und sich als Partygirl ausgegeben, aber unter der Oberfläche verbarg sich eine ruhige Entschlossenheit, fast so was wie Wut.«

»Ist das Ihre professionelle Analyse? Ist Owen Quaid überflüssig?«

»O nein, keineswegs. Ich weiß nicht mal, wo ich bei Eva beginnen soll. Und es würde mich wundern, wenn Owen auch nur einen einzigen Blick hinter ihre Fassade werfen kann. Ich bezweifle, daß sie sich von irgendwem auf der Welt in die Karten gucken läßt.« Sie sah auf die Uhr. »Ich geh' sie holen.« Sie verließ ihr Büro, ging den Gang entlang und die Treppe hinunter.

Als sie Eva sah, stockte sie: maßgeschneidertes Kostüm, Make-up, Schmuck, dieselbe Art von Outfit, die auch Cassie trug. Sie wirkte tadellos gestylt. Niemals hätte Cassie gedacht, daß sie so leicht von einem T-Shirt zu der eleganten Kleidung wechseln könnte, die sie selbst trug. Sie dachte an gestern abend. Eva hatte einfache Jeans getragen. Sie erinnerte sich an die Intimität, die sie zwischen Eva und Stormont gespürt hatte. Und als sie sich vorstellte, wie Eva in seinen Armen lag, spürte sie einen leichten Anflug von Eifersucht. Sie ging auf sie zu und küßte sie auf die Wangen.

»Hallo, Eva. Hast du uns gleich gefunden?« Sie ging nicht auf Evas Verwandlung ein, so als sei sie selbstverständlich.

Eva lächelte leicht. »Das war nicht schwer.«

Cassie ging zu einer Treppe am Ende der Halle vor und sprach über die Schulter.

»John Richardson, einer der Gründer von Case Reed, wartet auf dich. Vielleicht gesellt sich der eine oder andere Partner später noch dazu.«

Eva zuckte die Achseln. »Ist mir recht.« Cassie war freundlich, aber etwas reserviert, sie gab sich professionell. Prima. Das machte die Sache einfacher.

Sie folgte Cassie den schmalen Gang im zweiten Stock entlang zu einem großen hellen Konferenzraum mit Blick auf die Savile Row. Cassie setzte sich an den langen glänzenden Tisch, und Eva nahm ihr gegenüber Platz. Emma erschien in der Tür.

»Hätten Sie gerne Kaffee, Tee oder Mineralwasser?«

»Einen Kaffee, bitte«, sagte Eva, und Emma verschwand. Dann betrat ein großer schlanker Mann Anfang Fünfzig den Raum, und Cassie erhob sich.

»John Richardson, Eva Cunningham.«

Sie reichten sich die Hand. Cassie nahm wieder Platz. Richardson setzte sich neben Cassie, Eva gegenüber.

»Sie waren also mit Cassie in Oxford?«

»Ja, ich war einen Jahrgang über ihr. Aber da ich wie sie

Greats-Seminare besuchte, haben wir drei Jahre zusammen studiert.«

»Keine schlechte Wahl, Greats«, betonte Richardson nachdrücklich. »Besser als Russisch. Das ist zu exotisch und außerdem ideologisch verdächtig.« Er lächelte Cassie zu; offenbar hatte er Erfahrung im Umgang mit abgedroschenen Sprüchen. Eva sagte wenig, beobachtete ihn und ließ ihn die Rolle des liebenswürdigen Komikers spielen, in der er zu überzeugen versuchte. Kein allzugroßes Ego für einen Banker. Viele erfolgreiche Geschäftsleute stellten sich dumm, um ihre Gegenspieler in trügerischer Sicherheit zu wiegen. Die meisten waren nicht besonders gut darin, da sie der Versuchung erlagen, hin und wieder einen Geistesblitz zu produzieren, und sich nicht vorstellen konnten, daß der andere sie vielleicht tatsächlich für den Dummkopf hielt, für den sie sich ausgaben. Nur die besten konnten ihr Ego unterdrükken oder gar völlig ignorieren, aber das waren meistens Männer um die Sechzig oder Siebzig, deren Leistungen ihr künstliches Image Lügen straften. Es war also eine List, die nur selten gelang, und so auch jetzt nicht.

Eva langweilte das Theater, doch in seiner Vorausberechenbarkeit war es ganz nützlich. Richardson spielte bloß die übliche Rolle als Geschäftsmann, und genau das wollte sie. Sie hätte lieber auf das Geplänkel verzichtet und wäre sofort zur Sache gekommen. In Amerika wäre das völlig normal gewesen, aber britische Banker betrachteten ein solches Vorgehen als Taktlosigkeit und Zeichen von übertriebenem Ehrgeiz. Sie hätten geglaubt, daß sie die Spielregeln nicht beherrschte, also lächelte sie und plauderte mit ihnen.

Richardson würde mißtrauisch werden, wenn sie sich allzu informiert gab. Seine gelegentlichen Blicke in Cassies Richtung, die Art, wie er zuhörte, wenn sie sprach, und seine allgemeine Haltung verrieten, wie sehr er ihre Intelligenz schätzte.

»Cassie hat mir gesagt, daß Sie ein äußerst interessantes Angebot haben. Erzählen Sie mir mehr. Ich weiß nicht, wie weit Cassie informiert ist, ich jedenfalls würde gerne alles wissen. Über das Geschäft, das Land, alles.«

»Na ja, Sie wissen natürlich viel mehr über Vietnam und Diamanten, als Sie zugeben, aber ich will trotzdem von ganz vorne anfangen, wenn es Ihnen nichts ausmacht.«

Er hörte Evas flüssigem und selbstbewußtem Bericht aufmerksam zu.

»Wie Sie vielleicht schon wissen, habe ich acht Jahre im Fernen Osten verbracht, ohne irgendwas Besonderes zu tun, ich bin gereist und habe Englischunterricht gegeben ... aber ich habe viele interessante Menschen kennengelernt. Seit zwei Jahren lebe ich in Halong Bay und fahre gelegentlich nach Saigon oder Hanoi, wenn mir die Decke auf den Kopf fällt und ich etwas Unterhaltung und Abwechslung brauche.

Manchmal trinke ich ein, zwei Gläser im Hotel Metropole in Hanoi. Dort kommt man sich vor wie in einer Oase, alles ist sauber und geschniegelt, es gibt sogar eine Klimaanlage. Eine Art Zuflucht, wenn man Ruhe und Bequemlichkeit sucht und einen gut gemixten Cocktail. Seit die Amerikaner das Handelsembargo aufgehoben haben, ist Vietnam zu einem neuen Eldorado geworden. Man trifft dort Europäer, Australier und Amerikaner, und fast alle wollen Geschäfte machen. Wie auch immer, eines Abends habe ich im Metropole einen amerikanischen Geologen kennengelernt. Er hatte fünfzehn Jahre als Diamantenexperte für de Beers gearbeitet und ist in der ganzen Welt herumgekommen. Er hat ein Alkoholproblem, und als er es übertrieb, hat man ihn gefeuert. Obwohl er eine Weile ziemlich am Boden war, hielt er an seiner Überzeugung fest, daß es in Vietnam Diamanten gibt, und machte sich auf die Suche.

Zu Ihrer Information, es gibt zwei Arten von Diamanten, die fluviatilen Ablagerungen alluvialen Alters und diejenigen, die in einem Füllgestein namens Kimberlit vorkommen. Beide Arten entstanden durch Explosionen, die das diamanthaltige Kimberlit durch die Erde nach oben jagten, auf etwa hundertfünfzig bis zweihundert Meter unter der Erdoberfläche. Das passierte vor ungefähr zweihundert Millionen Jahren. Mittlerweile hat sich natürlich einiges getan. Zum Teil wurden Erdschichten durch Erosion abgetragen, und die Diamanten gelangten an die Oberfläche. Sie wurden vom Regen und von Flüssen weggespült, manchmal Hunderte von Meilen von ihrem ursprünglichen Herkunftsort entfernt, und tauchten dann häufig an Meeresküsten auf. Das war zum Beispiel in Namibia der Fall. Ich habe Filme gesehen, in denen Diamantensucher mit Harken bewaffnet den Sand nach Steinen absuchen. Sie brauchen sie praktisch nur aufzusammeln. Das sind die sogenannten fluviatilen Ablagerungen. Und dann gibt es die im Kimberlit enthaltenen Arten. Diese kommen in tieferen Schichten vor. In zweihundert Meter Tiefe erodiert Kimberlit natürlich nicht, vielleicht war es zur Zeit der Explosion von einem Meer geschützt. Zwar können sich auch hier die obersten Erdschichten mit der Zeit abtragen, aber man wird dennoch bohren müssen, um an das Füllgestein heranzukommen. Kimberlit kommt in großen trichterähnlichen Formen vor, die man Pipes nennt. Diese Röhren können Hunderte von Metern tief und bis zu einer halben Meile breit werden. Es gibt große und kleine. Die ergiebigsten kommen auf eine Diamantenproduktion im Wert von mehreren hundert Millionen Pfund im Jahr.« Eva lächelte. »Etwa achtzig Kilometer nördlich von Hanoi, in der Nähe eines Ortes namens Bac Giang, hat ein gewisser McAdam möglicherweise eine solche Pipe gefunden.«

»Wie hat er sie gefunden?« fragte Richardson und beugte sich vor.

»Nun, er wußte, wonach er suchte. Granger hat zunächst auf der Oberfläche nach Mineralien gesucht, die auf Diamanten unter der Erde hinweisen können. An einer bestimmten Stelle in Nordvietnam fand er diese Indikatoren: rote Kimberlitgranate und grüne Kristalle von Chromdiopsid. Er ging also zur vietnamesischen Regierung, verhandelte mit ihr und steckte sein Gebiet ab. Dann verbrauchte er sein gesamtes Kapital für Bodenuntersuchungen, die er von einem unabhängigen Labor in Australien durchführen ließ. Die Ergebnisse waren vielversprechend – das Gestein wies eine hohe Konzentration an Mineralien auf, die auf mögliche Diamantenvorkommen hindeuteten. Jetzt brauchte er eine ziemliche Menge Geld für Probebohrungen, die in einem Winkel von fünfundvierzig Grad bis zu mehreren hundert Metern Tiefe durchgeführt werden. Also gründete er eine Gesellschaft und brachte sie an die Börse von Vancouver. Auf diese Weise kratzte er ein paar Millionen kanadischer Dollar zusammen, baute eine einfache Bohrstation auf und führte erste Probebohrungen durch. Auch die fielen positiv aus. Und an der Stelle sind wir jetzt. Das nächste Stadium wären größere Bohrungen, um herauszukriegen, ob sich genügend Diamanten von hoher Qualität dort befinden und ob sich der Abbau ökonomisch lohnt. Wir brauchen genug Geld, um etwa fünf-, vielleicht sogar zehntausend Tonnen Erde umzugraben und rauszufinden, wie groß das Vorkommen tatsächlich ist.«

Eva hielt inne, und ihr Blick war abwesend, so sehr hatte sie sich in ihrer eigenen Geschichte verloren. Trotzdem nahm sie jede Nuance in Richardsons und Cassies Ausdruck wahr. Zuerst hatten sie bloß höfliches Bankerinteresse gezeigt, das vielleicht etwas tiefer ging, weil sie eine Frau war, schön, und eine Verbindung zu ihrer eigenen Welt hatte. Doch jetzt waren sie ganz offen fasziniert. Sie fuhr fort.

»Das war vor einem Monat. Granger war drauf und dran, nach Vancouver zu fahren, um die Gelder aufzutreiben, die für die Probebohrungen notwendig waren. Ich wollte ihm dabei helfen.« Eva zuckte die Achseln. »Irgend etwas hat mich an ihm und seiner Geschichte gefesselt ... seine Ehrlichkeit, sein fester Glaube. Vielleicht sind alle Diamantensucher so. Ich weiß es nicht. Ich jedenfalls habe ihm geglaubt und fand seine Geschichte faszinierend. Diamanten strahlen einen romantischen Zauber aus, sie haben große Anziehungskraft auf Menschen. Ich selbst hatte sie nie gespürt. Funkelnde Diamantringe haben mich nie besonders angesprochen, im Gegenteil, ich fand sie eher vulgär. Aber ein Rohdiamant in der Hand ist unglaublich schön, selbst wenn er unbehandelt ist. Und seine Geschichte, dieser Mythos, seine Bedeutung als Talisman, der Gutes und Böses mit sich bringen kann, die Tatsache, daß er das Ergebnis einer Explosion und die härteste uns bekannte Substanz der Welt ist, Hunderte von Millionen Jahren alt – all das hat mich gefesselt. Also habe ich mich eines Abend mit Granger verabredet, um die Reise nach Vancouver mit ihm zu besprechen. Aber er tauchte nicht auf.« Eva machte eine Pause. Cassie und Richardson spürten ihre plötzliche Unruhe. »Ich suchte ihn im Metropole. Dort erfuhr ich, daß man ihn verhaftet hatte. Er steckte im Gefängnis. Ich fuhr hin. Man hatte ihn furchtbar zugerichtet und in eine dunkle Zelle gesperrt. Er hatte im angetrunkenen Zustand einen Unfall verursacht. Ein Vietnamese war dabei umgekommen. Granger war ein Häufchen Elend.

Die Vietnamesen verhängen deftige Strafen, vor allem wenn es sich um Westler handelt, es sei denn, sie finden eine andere Möglichkeit, sich freizukaufen, mit Cash natürlich. Granger brauchte fünfzigtausend Dollar. Und er hatte keinen Cent, nichts außer seinen fünfundzwanzig Prozent an der Mine. Ich habe ihm das Geld für einen zehnprozentigen Anteil an seinem Projekt gegeben.«

»Das war ein Schnäppchen«, unterbrach Richardson.

»Ein Schnäppchen? Das weiß man noch nicht. Die Tests sehen nicht schlecht aus, aber genau wissen werden wir es erst, wenn wir richtig mit der Arbeit anfangen und erfahren, ob es überhaupt Diamanten gibt und ob sich das Vorkommen wirtschaftlich lohnt. Das könnte Jahre dauern. Es könnte ein Schnäppchen werden, aber deshalb habe ich mich nicht darauf eingelassen. Fünfzigtausend Dollar waren alles, was ich hatte. Ich habe mich auf mein Gefühl verlassen und bin das Risiko eingegangen.

Ich weiß nicht, ob Sie jemals ein Gefängnis von innen gesehen haben, irgendein Gefängnis, ganz zu schweigen von einem vietnamesischen.« Eva zögerte einen Augenblick. Erinnerungen kamen hoch, die mit Granger McAdam nichts zu tun, sich jedoch tief in ihr Bewußtsein eingebrannt hatten. »Vietnamesische Gefängnisse sind kein Zuckerschlekken, vor allem, wenn man Ausländer ist. Granger machte einen entsetzlichen Eindruck auf mich. Ich fürchtete schon, er würde sich umbringen. Dabei war er nicht etwa melodramatisch oder so was, nur zu Tode erschrocken. Alles Leben, jeder Funken Hoffnung schienen ihn verlassen zu haben. Also zahlte ich fünfzigtausend Dollar an die Hinterbliebenen und die Polizei, und Granger kam frei.« Evas Stimme nahm wieder einen geschäftlichen Ton an. »Jetzt brauchen wir das Geld für die Probebohrungen. Entweder sehen wir uns an der Börse von Vancouver nach neuen Investoren um, oder aber wir finden jemand, der die ganze Gesellschaft kauft und dann Kapital reinsteckt.«

Richardson sprach als erster.

»Ich habe im Leben schon viele Angebote gehört, aber so was ist mir noch nie vorgekommen.«

Eva lächelte. »Ich weiß, daß es seltsam klingt. Ich habe selbst Probleme damit. Es scheint so verrückt … Außerdem weiß ich, daß man Gefühle und Geschäfte trennen sollte, und hier ist alles miteinander verflochten. Ich gebe zu, daß ich das Ganze nicht gerade kalt und geschäftsmäßig sehe. Ich würde nichts lieber tun, als nach Vietnam zurückgehen, dieses Projekt durchziehen und zusehen, wie die Diamanten praktisch aus dem Boden wachsen.« Wieder ließ sie ihren Gedanken freien Lauf. »Es ist so schön dort, das können Sie sich nicht vorstellen. Keine Menschenmengen, nur grüner Dschungel, Berge, rote Erde und das Meer. Vögel und Schlangen und Flüsse und Fischer in kleinen versprengten Dörfern. Ochsenkarren und Motorräder. Keine Zeitungen, keine Außenwelt. Man fühlt sich lebendig. Man lebt in den Tag hinein, genießt das Leben und besinnt sich auf sich selbst, denn abgesehen von der Natur und einigen wenigen Menschen gibt es nichts, was einen ablenken könnte, kein Kino, keine Läden, keine Bücher. Zumindest nicht auf dem Land. Saigon und Hanoi sind natürlich anders, aber sie scheinen Lichtjahre entfernt, wenn man auf dem Land lebt. Man kann sich kaum vorstellen, daß es so was wie Städte überhaupt gibt. Sie sehen, ich habe ein großes persönliches Interesse daran, daß der Deal zustande kommt und Granger und ich Geld zum Weitermachen bekommen. Es ist Grangers Lebenstraum, und es ist wahnsinnig aufregend. Ich glaube, daß es klappen kann, und außerdem wird es Zeit, daß ich endlich was Vernünftiges mache.« Sie hielt inne. »Ich weiß, daß es nicht besonders professionell ist, seine wahren Beweggründe preiszugeben. Es tut mir leid, aber ich wollte Ihnen nichts vormachen.«

»Ich verstehe Sie vollkommen. Eine faszinierende Geschichte«, erklärte Richardson. »Aber ich muß Ihnen ein paar langweilige Fragen stellen. Die Gesellschaft wird an der Börse von Vancouver gehandelt, ist das richtig?«

»Ja«, antwortete Eva mit einem scharfen, anerkennenden Blick. »Ich weiß, daß eine Menge dubioser Gesellschaften an der Börse von Vancouver gehandelt werden. Es wimmelt nur so von Cowboys und Hochstaplern, aber Granger gehört nicht zu dieser Sorte von Leuten. Er sieht vielleicht so aus wie ein Cowboy, aber er ist keiner.«

»Granger hat Ihnen zehn Prozent seines Anteils an der Gesellschaft abgetreten, damit Sie ihn aus dem Gefängnis holen?«

»Richtig.«

»Wie wurde dieser Handel abgeschlossen? War es eine Eigentumsübertragung oder so was?«

»Nicht ganz. Wir konnten die Börse nicht fristgemäß informieren. Solche materiellen Veränderungen müssen den Gesellschaftern im voraus mitgeteilt werden. Wir konnten es nicht, aber als wir ihnen die Umstände erklärt haben, haben sie es im nachhinein gebilligt.«

»Wie ist der Name der Gesellschaft?« fragte Cassie.

»Genius«, sagte Eva mit einem Anflug von Verlegenheit.

Cassie lachte. »Wenn McAdam so ein Genie ist, wozu braucht ihr uns dann? Warum versucht ihr nicht, das Geld an der Börse von Vancouver aufzutreiben?«

»Ich sollte vielleicht eines klarstellen. McAdam ist ein Genie. Er hat eine Diamantenmine in einem so gut wie unerforschten Land aufgetan, wo niemals zuvor Diamanten gefunden worden sind. Er hat als Diamantenexperte bei de Beers gute Arbeit geleistet. Ich stehe zu ihm. Schließlich habe ich ihm all mein Geld anvertraut. Grangers Problem«, und damit warf sie den anderen einen Blick zu, als wolle sie sagen, wir haben alle welche, »ist der Alkohol. Der Unfall in

Vietnam, der Tod des Fußgängers und die Mißhandlung im Gefängnis haben ihm sehr zugesetzt. Natürlich ist die Börse von Vancouver leicht beunruhigt, man überlegt, ob er seinen Posten als Vorsitzender weiter ausüben sollte, und ich weiß nicht mal, ob er dazu in der Lage wäre. Er steckt in einer echten Krise und bräuchte unbedingt jemanden, der das Ruder übernimmt. Ich fungiere als Direktorin, dann haben wir noch eine Sekretärin und einen Buchhalter, aber das genügt nicht. Deshalb bin ich zu Ihnen gekommen. Das Beste für Genius, für Granger und für mich wäre, daß jemand anders die Gesellschaft übernimmt und die Bohrungen finanziert. Bei entsprechenden Ergebnissen können wir entweder verkaufen oder einen Joint-Venture-Partner suchen, um die Mine auszubeuten. Das wäre mein Vorschlag. Natürlich ist es keine todsichere Sache, im Gegenteil, sie ist mit einem großen Risiko verbunden. Aber die Profite im Diamantenhandel sind auch enorm. Wenn es klappt, könnten wir alle ein Vermögen machen.«

Schweigend betrachteten John Richardson und Cassie Eva über den Tisch hinweg.

»Wie wird die Aktie gehandelt?« fragte Cassie. »Wie sieht der Trend aus?«

»Da hat sich nicht viel getan. Die Aktie wurde zuerst mit einem Dollar gehandelt, stieg dann auf fünf, fiel auf drei, stieg wieder auf vier. Aber wenn wir bei den Bohrungen tatsächlich Diamanten finden, dann könnte sie auf zehn, zwanzig, dreißig Dollar steigen, wer weiß.«

»Das glaubt Granger, nicht wahr?« fragte Richardson.

»Er und ich und ein paar Broker in Vancouver.«

Richardson wirkte belustigt.

»Ich würde mich nicht allzusehr auf die Broker in Vancouver verlassen. Ihre Methoden sind nicht gerade koscher. Die sehen das Ganze als eine Art olympische Disziplin.«

»Das habe ich auch gehört«, sagte Eva unbeeindruckt und zuckte die Achseln. »Wie gesagt, es ist ein großes Risiko dabei.«

Richardson und Cassie warfen sich einen Blick zu und beschlossen, ihr vorerst eine Verschnaufpause zu gönnen.

»Ein interessantes Projekt«, schloß Richardson. »Könnte vielversprechend sein.« Er sah Cassie an, die kaum merklich nickte.

»Eva, wir erwarten in Kürze jemanden, den Sie unbedingt treffen sollten. Er könnte sich für Ihr Projekt interessieren. Sein Name ist Robie Frazer.«

Eva gab sich Mühe, ihre Aufregung zu verbergen.

»Robie Frazer«, sagte sie und warf Cassie einen Blick zu. »Der große Taipan.«

»Richtig«, antwortete Richardson. »Ihr Angebot wäre genau das, was er sucht. Würde es Ihnen etwas ausmachen, Ihre Ausführungen vor ihm zu wiederholen?«

»Selbstverständlich nicht. Ich könnte endlos darüber reden.«

Richardson stand auf. »Bitte entschuldigen Sie mich für ein paar Minuten.«

Cassie stand ebenfalls auf und setzte sich neben Eva.

»Das war eine der unglaublichsten Geschichten, die ich je gehört habe. Das aufregendste Angebot meiner bisherigen Karriere.«

»Meiner auch.«

Cassie verfiel wieder in Schweigen und erinnerte sich an manche Nächte in Oxford, als Eva und sie mit einer Flasche Whisky zusammen saßen und Eva ihre Geschichten zusammensponn. Niemand wußte, ob sie Dichtung oder Wahrheit waren, aber das spielte damals auch keine Rolle. Ihre leidenschaftlich vorgetragenen Schilderungen menschlicher Schwächen und menschlichen Mitgefühls waren ungeheuer bewegend. Und das war wieder so eine Geschichte. Doch auch die geologischen Berichte, die kalten, harten Fakten würden für sich sprechen. Im übrigen leben und sterben Geschäfte mit Leidenschaft, Überzeugung und Engagement. Diese Qualitäten waren mindestens ebenso entscheidend wie geologische Analysen. Um eine Diamantenmine in der sozialistischen Republik Vietnam zu finanzieren, mußten tausend und eine Hürde genommen werden, und dazu wäre eine unbändige Willenskraft nötig. Engagement und Überzeugung würden eine wichtige Rolle spielen. Aber die wenigen Menschen, die ihre Vision und ihr Engagement anderen vermitteln und obendrein mit harten Fakten untermauern können, sind unbezahlbar. Ob Eva es wußte oder nicht, sie war selbst eine Goldmine. Mit der praktischen Unterstützung von Case Reed und der unternehmerischen Risikobereitschaft Robie Frazers wäre sie unschlagbar.

10

Robie Frazer ging zu Fuß von seinem Haus in Knightsbrigde zu dem Treffen bei Case Reed. Es war ein sonniger, aber kühler Tag, angenehm und zivilisiert. In der sengenden Sommerhitze Hongkongs ging man nirgendwohin zu Fuß. Frazer liebte die erbarmungslose Wucht der bleiernen Hitze. Sie verkörperte Hongkong, so wie das milde Klima London. Hier war alles einfach, die Elemente gebändigt. Er erwartete keine allzugroßen Überraschungen und erst recht keinen Hinterhalt. Als er durch die belaubte Stille des Green Parks ging, spiegelte sein entspanntes Gesicht träge Selbstzufriedenheit.

Seine Gedanken waren bei Case Reed und Cassie Stewart. Eine interessante Frau. Trotzdem glaubte er nicht, daß sie ihm etwas wirklich Aufregendes vorzuschlagen hätte. Die britischen Banken und Spekulationsfirmen waren viel zu zahm und behäbig. Viele Jahre lang hatte er seinen Appetit an den lukrativeren Angeboten des chinesischen Festlands gestillt. Doch dann fiel ihm zu seiner Überraschung plötzlich ein Gespräch mit einem alteingesessenen Banker aus der City ein, der ihm gesagt hatte: »Wenn es auf der Rennbahn von Brighton genauso zuginge wie hier in der City, hätte man sie schon längst geschlossen.« Frazer bog in die Savile Row ein und läutete bei Case Reed.

John Richardson persönlich holte ihn ab und brachte ihn zum Konferenzraum. Ein freundlicher, weltgewandter Mann. Unterwegs unterhielten sie sich über das Wetter, den Green Park und ihr gegenseitiges Wohlbefinden, es war das übliche, gut einstudierte Ritual. Wie oft hatte man Frazer schon so durch die marmorne Halle einer Bank geführt, ihn, den Geldmagnaten, Unternehmer und Draufgänger. Genau das brauchten sie, einen modernen Midas. Sie breiteten Optionen vor ihm aus, und er traf seine Entscheidung, hier eine Übernahme, dort ein Joint Venture und so weiter, und sorgte dafür, daß alle dabei reich wurden. Das war die Realität. Sie brauchten ihn, er hatte das Sagen, aber jetzt, als beide in ihren Nadelstreifenanzügen nebeneinanderher gingen, wirkten sie wie ebenbürtige Gegner, und Frazer spielte das Spiel mit. Nur die Regeln waren hier etwas anders. Unverstelltes Talent, Ehrgeiz und Überlegenheit, alles, was in China Punkte einbrachte, wurde hier als anstößig empfunden. Das höfliche Getue langweilte ihn, aber in Gesellschaft wohlgenährter und kaum ausgelasteter britischer Banker wäre alles andere tollkühn gewesen, also lächelte er höflich und schaltete auf Autopilot. Dann betrat er den Konferenzsaal.

Der erste Blickfang war eine Frau, die mit dem Rücken zu ihm stand. Sie sah reglos aus dem Fenster. Konzentriert wie eine Sprinterin kurz vor dem Start, aber trotzdem völlig entspannt und beherrscht. Sie drehte sich langsam um, völlig unbefangen und dennoch in dem Bewußtsein, daß man sie genau beobachtete, so wie sie es gewollt hatte. Eine Sekunde lang sah sie ihn ausdruckslos an, und er hatte das Gefühl, fachmännisch unter die Lupe genommen zu werden. Dann lächelte sie, fast befriedigt, als hätten sich ihre Erwartungen bestätigt.

Frazer machte sich selten die Mühe, sich mit Leuten in seiner Umgebung näher zu beschäftigen, so sehr war ihm die große Masse der Menschen vertraut und überdrüssig. Um so mehr überraschten ihn jetzt die Gedanken, die ihm durch den Kopf schossen. Genaue Prüfung war normalerweise sein Monopol, und doch stand sie jetzt vor ihm, diese Frau, kühl und direkt, und musterte ihn mit einem leicht belustigten und verächtlichen Blick. Als sie auf ihn zuging, um sich vorstellen zu lassen, war nichts von dem zu spüren, was die meisten Frauen ihm entgegenbrachten, weder Wärme noch professioneller Respekt oder unbewußte Unterwerfung als Zeichen der Anerkennung für seinen überlegenen Status. Als sie Platz nahm und mit ihren Ausführungen begann, war sie so gleichgültig und professionell, ihre Stimme und Sprache so bewußt und gewählt, daß er um ein Haar vergessen hätte, wie unglaublich attraktiv sie war. Es war, als hätte sie ihm einen kurzen Blick in ihr Inneres gewährt, nur um ihren Charme dann bewußt in einem Wust von Fakten, Zahlen und Prognosen zu ersticken. Was sie sagte, war schlicht unwiderstehlich.

Sie saß ihm gegenüber und sprach so nüchtern und logisch wie ein Banker.

Auch Cassie beobachtete sie. Sie hatte vergessen, wie schön Eva war. In Oxford war ihr ihre wilde, natürliche Schönheit zum erstenmal aufgefallen. Acht Jahre später war sie ein wenig verblaßt, trotzdem paßte Evas Ungezähmtheit immer noch nicht so recht in Cassies Welt aus Aerobic, maßgeschneiderten Kleidern und Make-up. Evas Natürlichkeit schien völlig fehl am Platz inmitten all dieser künstlichen Schönheit. Doch in der jetzigen Aufmachung begegnete sie ihnen als ebenbürtige Partnerin. Cassie war nicht entgangen, wie Eva Frazer gemustert und einen Augenblick ihre Schönheit hatte aufleuchten lassen, wie sie sie benutzt hatte, nur um sie dann abrupt wieder zurückzunehmen. Jetzt aber wirkte sie völlig konzentriert; alles, was zählte, waren ihre Worte.

Cassie sah diskret von Eva zu Frazer. Zwischen den beiden herrschte eine fast greifbare Spannung. Während sie sprach, beugte er sich vor, ohne den Blick von ihr zu nehmen. Sie dagegen lehnte sich mit angezogenem Kinn zurück. Der ganze Körper schien angespannt, als müßte er ihm unbewußt Widerstand bieten.

Richardson und Cassie saßen schweigend daneben, fast unsichtbar, als Eva ihre Geschichte wiederholte.

»Ich besitze zehn Prozent einer Gesellschaft, die an der Börse von Vancouver gehandelt wird; ein amerikanischer Geologe namens Granger McAdam besitzt fünfzehn Prozent, und die übrigen Anteile sind auf viele Anleger verstreut. Diese Gesellschaft, sie heißt übrigens Genius, ist Eigentümer eines abgesteckten Gebiets in Nordvietnam. Analysen zufolge könnte es sich um eine diamantenhaltige Kimberlit-Pipe handeln. Weltweit existieren etwa zweitausendfünfhundert solcher Minen, die sehr schwer zu finden sind. Nur eine von zehn enthält Diamanten, und nur eine von hundert enthält sie in solchen Mengen, daß sich ihr Abbau lohnt. Weltweit sind bisher etwa dreißig solcher Pipes ausgebeutet worden, acht davon sind noch in Betrieb. Um den Abbau überhaupt möglich zu machen, benötigt man eine Investition von rund dreihundert Millionen Pfund, aber von da an wird die Sache lukrativ. Eine einfache Diamantenmine mit einer durchschnittlichen Produktion von etwa fünfzig Karat, das heißt acht Gramm Diamanten auf hundert Tonnen abgetragener Erde und Gestein, wird im Laufe von fünfzehn bis zwanzig Jahren einen Wert von etwa zwei Milliarden Pfund erreichen. Und Pipes treten nie allein, sondern immer gehäuft auf. Hat man eine gefunden, ist die Wahrscheinlichkeit groß, daß man auch auf andere stößt. Wir glauben, eine gefunden zu haben. Jetzt brauchen wir Kapital, um Probebohrungen zu finanzieren, und wenn diese positive Ergebnisse zeigen, wollen wir anfangen, die Mine auszubeuten. Die Probebohrungen kosten etwa fünfzehn bis zwanzig Millionen; wenn das klappt, brauchen wir noch einmal zweihundertfünfzig Millionen, um eine voll ausgerüstete Diamantenmine aufzubauen.« Eva hielt inne und lehnte sich zurück, ohne Frazer aus den Augen zu lassen. Niemand sagte etwas. Frazer musterte Eva. Die meisten Menschen hätten sich unter seinem prüfenden Blick unwohl gefühlt, doch Eva nicht; im Gegenteil, ihr Gesicht wirkte völlig entspannt.

»Und weshalb sind Sie davon überzeugt, daß es dort Diamanten gibt?«

»Die Tests sind vielversprechend.«

»Tests sind eine Frage der Interpretation.«

»Und das hier?« entgegnete Eva und zog etwas aus der Jackentasche. Dann streckte sie Frazer über den Tisch die Hand entgegen und öffnete sie. Er verfolgte gebannt jede ihrer Bewegungen. Ein roher, ungeschliffener Diamant von etwa vier Karat lag auf ihrer Handfläche. Ein Objekt von unbeschreiblicher, geheimnisvoller Schönheit. Der Nimbus, der Diamanten umgab, verlieh ihm einen Teil seines Glanzes, aber darüber hinaus schien der Stein eine ganz eigene Art von Kraft und Schönheit zu besitzen. Frazer nahm ihn vorsichtig in die Hand, drehte ihn hin und her und fuhr mit dem Finger darüber.

Cassie und Richardson richteten sich auf und bestaunten den Stein.

»Haben Sie den auf Ihrem Gelände gefunden?«

»Ja«, antwortete Eva gleichmütig. »Und alles deutet darauf hin, daß es dort noch mehr davon gibt.«

»Wer weiß alles davon?« fragte Richardson schnell.

»Kaum jemand.«

»Weiß es die Börse von Vancouver?« wollte Frazer wissen.

»Nein«, antwortete Eva, obwohl ihr klar war, was dieses Eingeständnis bedeutete.

»Und wenn es bekannt würde, würde der Kurs in die Höhe schnellen?«

»Sie sagen es.«

»Aber sind Sie denn nicht verpflichtet, die Börse über derartige Funde in Kenntnis zu setzen?« fragte Richardson.

»Innerhalb einer angemessenen Frist, so heißt die Regel«, erwiderte Eva. »Ich werde es bald nachholen.«

»Und in der Zwischenzeit hocken wir hier auf einer ziemlich wertvollen Insiderinformation«, setzte Cassie leise hinzu.

Keiner sagte etwas, jeder war mit seinen eigenen Gedanken beschäftigt. Cassie sah sich um. Frazer saß reglos da, voll konzentriert. Richardson fummelte an seiner Krawatte. Eva war ruhig, scheinbar teilnahmslos, während sie in Wirklichkeit wie Cassie verstohlen die Gesichter der anderen musterte und nach Hinweisen suchte.

Frazer hielt den Diamanten immer noch in der Hand. Zögernd gab er ihn Eva zurück.

»Wunderschön«, sagte er.

Eva steckte den Stein wieder in die Tasche. Dann sah sie auf und sagte langsam: »Ich bin sicher, daß es noch viel mehr davon gibt.«

»Und daß die Aktien an der Börse völlig unter Wert gehandelt werden«, fügte Richardson hinzu.

»Ja, das auch«, gestand Eva.

»Wir haben hier ein Problem«, fuhr Richardson fort. »Jetzt sind wir alle Insider. Aber weder Case Reed noch Robie haben irgendwelche Vertraulichkeitsvereinbarungen getroffen. Wir müssen das auf der Stelle nachholen. Ich werde meine Sekretärin bitten, die entsprechenden Formulare aufzusetzen.«

Robie Frazer unterdrückte ein müdes Gähnen und dachte an China und Hongkong, wo alle Beteiligten sofort ausgeschwärmt wären, um ihren Brokern per Telefon Anweisungen zu erteilen. Er hatte es nicht eilig. Sein Interesse galt nicht dem schnellen Geld. Dieser Deal mußte sorgfältig eingefädelt werden. Er lächelte ausdruckslos.

»Sicher, John, ich unterschreibe, was Sie wollen.« Der scharfe Blick des anderen verriet ihm, daß sein Ton vielleicht ein wenig zu beiläufig gewesen war. »Es liegt auf der Hand, je eher, desto besser«, setzte er ernst hinzu. Richardson nahm den Hörer ab und erteilte seiner Sekretärin Anweisungen. Dann dachte er einen Augenblick nach. Es war ein vielversprechender Start in einem vielversprechenden Geschäft. Warum spürte er dann eine gewisse Zurückhaltung, eine innere Vorsicht, so als mache er sich unbewußt auf eine böse Überraschung gefaßt? Er hätte sich freuen müssen. Statt dessen hatte er ein ungutes Gefühl, die Anspannung eines Glücksspielers, nur stärker. Und sein Bankerinstinkt verriet ihm, daß irgendwas faul war an dem Spiel.

Er beruhigte sich mit höflichem Geplauder. Nach einiger Zeit kam seine Sekretärin mit den Vertraulichkeitsvereinbarungen. Richardson las sie durch und unterschrieb seine Kopie, die anderen gab er Cassie, Frazer und Eva. Alle unterzeichneten, behielten jeweils eine Kopie und gaben Richardson eine zurück. Eva stand auf. Nach der Anspannung des Treffens wäre das Mittagessen eine Antiklimax gewesen. Instinktiv beschloß sie zu gehen und nahm sich das Recht, die Versammlung für beendet zu erklären.

»Vielen Dank, daß Sie mich angehört haben. Ich will Ihre kostbare Zeit nicht länger in Anspruch nehmen.« Sie verabschiedete sich per Handschlag, und als sie gehen wollte, stand Frazer ebenfalls auf.

»Auch ich bedanke mich für diesen denkwürdigen Vormittag. Es war faszinierend. Ich bin sicher, daß wir etwas daraus machen können«, verkündete er, während er sich von Cassie und Richardson verabschiedete.

Wie in Trance drehten sich beide um und gingen gemeinsam hinaus. Eine Zeitlang wechselten sie kein Wort. Jeder war mit seinen eigenen Gedanken beschäftigt. Schließlich brach Frazer das Schweigen.

»Das war ein überzeugender Auftritt.«

»Danke«, sagte Eva und warf ihm einen raschen Blick zu. Sie gingen die Savile Row entlang. An der Ecke winkte Frazer einem Taxi und sah Eva an. Sie hielt seinem Blick stand im Bewußtsein der Frage, die sich darin verbarg. Sie blieb stehen, als dächte sie nach, und neigte dann leicht zustimmend den Kopf, ohne den Blick abzuwenden. Sie spürte, wie sich ihre Brust verkrampfte und ihr Atem stockte. Frazer hielt die Taxitür auf. Sie stieg ein. Sie saßen auf dem Rücksitz, so weit auseinander wie nur möglich. Frazer gab dem Fahrer seine Anschrift. Dann wandte er sich Eva zu:

»Sagen Sie mal, interessieren Sie sich eigentlich wirklich für Diamanten? Ihr Auftritt war sehr überzeugend, sehr professionell, aber irgendwie kann ich mir nicht vorstellen, wie Sie im Dreck wühlen. Im Grunde weiß ich gar nichts über Sie, woher Sie kommen, wer Sie sind. Plötzlich tauchen Sie aus dem Nichts auf und machen einem dieses verlockende Angebot. Und ich frage mich, was in Wirklichkeit dahintersteckt.«

Eva blickte eine Weile schweigend aus dem Fenster, dann auf den Boden. Schließlich hob sie den Blick.

»Ist das wichtig? Urteilen Sie über das Angebot, nicht über mich.«

Frazer lachte. »Na ja, in diesem Fall ist das Angebot eng mit dem Anbieter verbunden. Wie soll ich es trennen?«

»Das ist Ihr Problem, nicht meins. Wägen Sie ab zwischen Gewinn und Risiko und entscheiden Sie.«

»Und Sie sind ein Teil des Risikos?«

»Natürlich«, sagte Eva gelassen. »Der Anbieter eines Deals ist immer ein Risiko.«

»Und wie soll ich Sie einschätzen?«

»Ich glaube, das können Sie gar nicht.«

»Warum nicht? Meinen Sie, ich kenne mich mit Frauen nicht aus?«

Eva lachte. Er glaubte tatsächlich, das sei alles – der Unterschied zwischen Männern und Frauen. »Oh, ich bin davon überzeugt, daß Sie sich mit Frauen auskennen.«

»Also, wo liegt dann das Risiko?«

Sie wandte das Gesicht ab. »Wer weiß?«

Sie verfielen wieder in Schweigen und beobachteten sich aus den Augenwinkeln. Die Körper, die Gesichter, in der Enge des Taxis. Sie begehrten einander. Daß beide im Taxi saßen, war ein stillschweigendes Eingeständnis dieser Tatsache, und keiner von ihnen machte einen Hehl daraus. Doch die Begierde war gepaart mit Kälte. Jeder saß an seine Tür gelehnt, und in ihren Blicken lag keine Wärme, sondern Mißtrauen. Sie waren wie zwei Boxer, die vor dem Kampf versuchen, ihren Feind einzuschätzen.

Er sah eine schöne kühle Frau vor sich, die begehrenswert war, nicht, weil man mit ihr verschmelzen würde, sondern weil man sie erobern mußte. Sie hatte nichts Sanftes, Nachgiebiges oder Großzügiges. Ihr selbstsüchtiges Verlangen wurde durch keinerlei Rücksicht auf ihn gemäßigt. Er wußte es, er erkannte es in ihr ebenso klar wie umgekehrt sie in ihm, aber das war unwichtig. Seine Begierde war genauso egoistisch. Evas Lust wäre reiner Zufall, ein Produkt ihrer eigenen Fantasie und der Forderungen seines Egos. Er enttäuschte Frauen nicht gern, schon aus eigenem Interesse. Er schaltete seine Gedanken ab, ließ seinen Blick auf ihr ruhen und versuchte, die Lust vorwegzunehmen.

Ihre bloßen Arme waren schlank, muskulös, braungebrannt und von einem feinen blonden Haarflaum bedeckt. Volle Lippen, kühl wartende, forschende Augen. Doch es war der Mangel an Wärme, der ihn am meisten erregte. Er erlaubte ihm, alle Formalitäten außer acht zu lassen und auf Nettigkeiten zu verzichten. Dies verschaffte ihm die seltene Gelegenheit, sich genau so zu geben, wie er war.

Ihre Offenheit verriet ihm alles, was er wissen wollte.

Warum sie so war, wußte er nicht, und es interessierte ihn auch nicht. Er wirkte aus vielen Gründen attraktiv auf Frauen: Geld, Status, gutes Aussehen. Manche ließen sich von seinem Ruf als rücksichtsloser, ja grausamer Frauenheld verleiten. Andere wollten ihre Macht testen bei dem vergeblichen Versuch, ihn zu ändern, wieder andere waren schlichtweg selbstzerstörerisch.

Aber es gab auch welche wie die Frau vor ihm, die sich hinter einem Panzer aus Eis versteckten und so taten, als seien sie wie er selbst auf der Suche nach schnellem Sex und einem geistigen Kick. Doch nur wenigen gelang es, diese Fassade aufrechtzuerhalten. Er machte sich einen Spaß daraus, solche Beziehungen auszureizen, bis sie schließlich aufgaben und sich ihm unterwarfen. Die geistige Eroberung war in vieler Hinsicht aufregender als die rein physische Lust, die er verspürte, wenn er sie mit gebrochenem Herzen verließ.

Er fragte sich, wie lange es dauern würde, bis Evas selbstbewußte Gleichgültigkeit zu bröckeln begann und sich in Verlangen und dann in Abhängigkeit verwandelte. Wahrscheinlich würde sie länger durchhalten als die anderen, aber auch sie würde sich schließlich ergeben.

Eva sah, wie er sie anlächelte. Sie nahm alles wahr: seine selbstbewußte Haltung, die entspannte Pose, die halb geschlossenen Augenlider, den gleichgültigen Blick, der sie beobachtete. Er meint, mich schon verführt zu haben, dachte sie. Zu Recht. Sie wollte, daß ihr Gesicht nur Begierde zeigte, und versuchte alle anderen Gefühle zu unterdrükken, die immer wieder an die Oberfläche zu kommen drohten.

Ihre Bereitschaft würde ihn bestimmt nicht überraschen. Viele Frauen schliefen mit ihm aus den unterschiedlichsten Gründen. Keine aus den ihren. Seine Eitelkeit und Selbstgefälligkeit würden ihn diesmal blind machen. Fast hätte sie gelacht. Sie mußte nur schauspielern. Und das fiel ihr nicht sonderlich schwer. Er war durchaus begehrenswert, und dafür war sie dankbar. Doch es gab noch etwas, das sogar sie mit ihrem scharfen Verstand übersah. Eine Anziehung, die über die physische hinausging und mehr mit ihrer eigenen geistigen Verfassung zu tun hatte als mit ihm. Doch das erkannte sie nicht und hätte es auch nicht beim Namen nennen können, wenn sie es bemerkt hätte. Es gibt Dinge, die man besser übersieht, und es gab vieles, das sie aus Not vergessen hatte, wie jemand, der nach einem Schock das Gedächtnis verliert. Und so überließ sie sich ihm in einer Art selbstauferlegter Blindheit, die alles leicht und angenehm machte.

Das Taxi näherte sich dem Ende seiner kurzen Reise. Es verlangsamte die Fahrt und bog in eine kleine Straße namens Wilton Place ein. Eva und Frazer stiegen aus, er zahlte das Taxi und geleitete Eva zu seinem Haus. Sie folgte ihm ins Wohnzimmer. Er setzte sich. Sie zog die Jacke aus und blieb mit dem Rücken zu ihm stehen, während sie durchs Fenster in den Garten schaute. Sie hatte dieselbe Haltung, in der er sie vor ein paar Stunden gesehen hatte: ein Schwebezustand zwischen Ruhe und Flucht. Er sah die eng am Körper anliegende Bluse, die braungebrannten Beine, die schlanken Schenkel, die wohlgeformten Muskeln. Er stand auf und trat zu ihr. Zuerst faßte er sie sanft an den Schultern, dann fuhr er mit den Händen ihre Arme hinab und wieder zurück bis zum Hals. Er spürte, wie sie sich an ihn lehnte, die Brust nach vorn schob und sich mit den Hüften an ihn schmiegte. Seine Hände wanderten hinunter zu ihren Beinen. Er griff nach ihrer Bluse und schob sie hoch. Daraufhin drehte sie sich um, ohne sich von ihm zu lösen. Für den Bruchteil einer Sekunde trafen sich ihre Blicke, dann schloß sie die Augen und bot ihm ihren Mund zum Kuß. Und für diesen Bruchteil einer Sekunde erstarrte er vor Überraschung und Verwirrung.

Einen solchen Blick hatte er noch nie gesehen und konnte ihn auch nicht deuten. Doch als sie sich an ihn preßte, überlagerte das Verlangen alles andere. Als er sie küßte, war er berauscht von Erregung.

Sie lächelte, als sie an seinem Körper entlang zu Boden glitt. Der dünne Seidenteppich preßte sich gegen ihre Hüften, die Schulterblätter und den Kopf. Sie spürte die Sonne im Gesicht, atmete den starken Duft der Blumen, und sie spürte auch ihn, die Konturen seines Körpers, sie roch und schmeckte seine Haut. Eine warme Brise streifte ihre nackte Haut, während er sie auszog, und dann spürte sie ihn, Haut an Haut, Auge an Auge.

Doch hinter den geschlossenen Lidern flackerten ihre Augen vor Ekel, Haß und Begierde. Als sie sich gehenließ, spürte sie selige Flucht, Erleichterung und einen unwiderstehlichen Zwang, süß und schrecklich zugleich. Daß er ihr diese Empfindung geben und sie solche Gefühle von ihm annehmen konnte, obwohl sie spielte, machte das Ganze nur noch aufregender. Auch wenn eine verborgene Seite in ihr genau wußte, daß es nicht gespielt war. Es war eine natürliche und gleichzeitig notwendige Reaktion.

11

Andrew Stormont kehrte in seinem Dienstwagen von einer Sitzung in Whitehall zurück. Als sich der Rover der Vauxhall Bridge näherte, kam das neue SIS-Gebäude in Sicht, das südlich der Themse lag. Im Frühjahr 1994 war es fertiggestellt und vor einem Jahr bezogen worden. Stormont hatte die Entstehung des Gebäudes verfolgt und es einfach nur lächerlich gefunden. Jetzt erinnerte ihn die übertriebene Protzigkeit an eine reichverzierte Torte und entlockte ihm ein Lächeln.

Das Personal des von dem postmodernen Architekten Terry Farrell entworfenen Vauxhall Cross hatte ihm bald den Spitznamen Grüne Göttin verpaßt. Es war ein vielschichtiger Zuckerbäckerturm mit cremefarbener Fassade und pistaziengrünen Fenstern. Mehrere Lichthöfe sorgten für Helligkeit und Weite. Nichts von dem ruhigen Neoklassizismus des Thames House, der neuen Zentrale des MI5. Vauxhall Cross war monolithisch, fast wie eine alte osteuropäische Geheimdienstfestung, nur ein wenig im Zaum gehalten von einem verschämten Demokratieverständnis. Dagegen waren die Sicherheitsmaßnahmen wirklich beeindruckend: stahlverstärkte Fenster und mit Blei abgeschirmte Räume, Wassergräben, das ganze Gebäude angeblich abhör- und bombensicher; also höchst funktionell trotz seiner äußerlichen Verspieltheit.

Stormont sah eine gewisse Ironie darin, daß der Geheimdienst in einem derart exhibitionistischen Gebäude residierte. Eine der dekorativen Neuerungen bestand aus einer Reihe von Eiben im fünften Stock, die eigens aus Italien importiert und, wie man Stormont erzählte, in Schottland akklimatisiert worden waren. Mit dem Gebäude wollte das SIS seinen grandiosen Einzug ins einundzwanzigste Jahrhundert untermauern. Eine beflissene Demonstration von Macht, Unabhängigkeit und einem gewissen Trotz.

Es gab Leute, die dem Geheimdienstimperium zu Leibe rücken wollten, weil sie es für eine untergehende Kraft hielten, die nach dem Kalten Krieg ihre Berechtigung verloren hatte. Stormont hielt diese bewußte Naivität für rührend. Auf Geheimdienste würde man niemals verzichten können. Die menschliche Natur würde sich niemals ändern, sie würde immer zerstören, vernichten und rücksichtslos Profit machen wollen.

Stormont überflog die letzten Berichte, die auf seinem Schreibtisch lagen, stand dann auf, streckte sich und ging im Büro auf und ab. Es roch nach Espresso und türkischen Davidoff-Zigaretten. Sein Zimmer war spartanisch funktionell, grauer Teppichboden und weiße Wände. Eine kantige Metallfigur, etwa drei Fuß hoch und vage dem menschlichen Körper nachempfunden, war das einzige Schmuckstück im Raum, schön, aber düster. Sollte Stormont jemals das Bedürfnis nach Bequemlichkeit und Gemütlichkeit haben, so ließ in seinem Büro jedenfalls nichts darauf schließen.

In Wirklichkeit wollte er die Grenzen zwischen seinem Privatleben und seiner öffentlichen Existenz nicht noch mehr verwischen, als dies ohnehin schon der Fall war. In seiner Rolle als Geheimdienstler nahm er mehrere Masken an, die sich gelegentlich mit seinem sogenannten wirklichen, äußerlichen Leben überlappten. Manchmal machte er sich in diesem wirklichen Leben, insbesondere in seinem Umgang mit Frauen, seine beträchtliche Gabe zu Geheimhaltung und Täuschung zunutze, einmal um seines Berufes willen, aber auch aus selbstsüchtigen, rein persönlichen Gründen. Doch hatte er diese Überblendungen im allgemeinen ziemlich unter Kontrolle. Deshalb reagierte er ein wenig gereizt auf die Tatsache, daß Eva und Cassie einen seiner Meinung nach überproportionalen Anteil seiner Gedanken beschäftigten.

Er wünschte sich, die beiden Frauen noch einmal zusammen sehen zu können; alte Freundinnen und möglicherweise Geschäftspartnerinnen, vereint durch praktische Interessen und eine seltsame Rivalität.

Stormont dachte darüber nach. Sie waren gleich alt,

gleich schön und gleich ehrgeizig. Berufliche und sexuelle Eifersucht ... das konnte eine explosive Mischung sein.

Plötzlich betrat Giles Aden, der stellvertretende Leiter der Counter Proliferation, den Raum. Er war ein schlanker, eleganter Mann, trug stets tadellose Anzüge, auffallende Krawatten und hielt sich so gerade wie eine Schneiderpuppe. Mit neununddreißig hatte er die Figur eines Schuljungen, die er durch heimliche Besuche im Fitneßcenter pflegte. Sie einzugestehen hätte seine übertriebene Eitelkeit verraten. Die bereits durch Kleidung und Haltung angedeutete Affektiertheit genügte vollauf, um auf sein Selbstwertgefühl schließen zu lassen. Daß dieses immer irgendwie gezwungen wirkte, merkte er selbst jedoch nicht.

Er war ungewöhnlich intelligent, dabei ein Zyniker und Zweckpessimist. Das machte ihn zum perfekten Stellvertreter, ideal, um alle nicht ganz so brauchbaren Ideen seines Vorgesetzten zu kippen. Er hatte eine bremsende, keine kreative Funktion. Die Stelle seines Chefs hätte er nie ausfüllen können.

Jetzt stand er in Stormonts Büro und sah zu ihm auf. Stormont setzte sich und bot Aden einen Platz an.

»Und?« fragte er, als er in Adens Blick eine schüchterne Verschlagenheit entdeckte.

»Gibt es schon was Neues von Eva?«

Stormont lehnte sich zurück, streckte die Beine aus und faltete die Hände hinter dem Kopf. Er sah aus wie eine Schlange, die sich entrollt.

»Nein, nichts, aber ich würde mir keine Sorgen machen, Giles. Sie wird uns eine Weile knapp halten, sie kann's nun mal nicht lassen, aber früher oder später taucht sie wieder auf.«

»Was hat sie bloß vor?«

»Wer weiß? Alles ist möglich. Lassen wir ihr eine lange Leine. Das ist das Beste.«

»Und was meinen Sie zu dem Projekt? Wird Frazer anbeißen?«

»Das glaube ich fest.«

»Was macht Sie so sicher?«

»Die Beute.«

»Und die wäre?«

»Eva Cunningham und Cassie Stewart.«

»Und ein paar lumpige Diamanten, soweit ich informiert bin.«

»Gewiß, als Extrabonus für Eva und die Firma, wenn es tatsächlich welche gibt.«

»Und wenn das Projekt tatsächlich Geld abwerfen sollte … Werden Sie erlauben, daß Eva es behält?«

»Das hängt ganz davon ab.«

»Wovon? Sie wissen doch, daß sie das erwartet.«

»O ja, ich weiß, aber das ist nur eine von vielen Variablen, oder?«

»Ich an Ihrer Stelle würde mir Sorgen um sie machen.«

Stormont richtete sich auf, zog die Beine an und warf Aden einen Blick zu. »Sie braucht Kontrolle, nicht jemand, der sich um sie sorgt. Und die haben wir, meinen Sie nicht?«

Aden stand auf und ging auf die Tür zu. Auf halbem Weg blieb er stehen. So leicht gab er sich nicht geschlagen.

»Übrigens. Cassie Stewart … Ihre Bemerkung von eben. Sie haben doch nichts Besonderes mit ihr vor, oder?«

Stormont zündete sich eine Zigarette an. »Ich weiß nicht. Ich glaube, ich spiele ein wenig mit ihr, mal sehen, wie sie sich macht.«

12

Eva lag in Frazers Bett und nahm die schwachen Geräusche von draußen kaum wahr – von der Hitze gedämpfter Motorenlärm, Vögel, die in den Bäumen nach einem Schlafplatz suchten, leise Musik aus einem Nachbarhaus. Frazer war kurz zuvor leise aufgestanden und hatte auf Zehenspitzen das Zimmer verlassen. Erschöpft von ihrer Lust und der Hitze, hatten sie sich einige Stunden zuvor nach oben ins Schlafzimmer verzogen. Frazer war sofort eingeschlafen, offensichtlich an wechselnde Partner in seinem Bett gewöhnt.

Eine Zeitlang hatte Eva so getan, als schliefe sie auch, obwohl ihre rastlosen Gedanken in alle Richtungen strebten, doch schließlich schaltete sie bewußt ab und überließ sich der Ruhe.

Jetzt hatte sie das Gefühl, lange geschlafen zu haben, und warf einen Blick auf die Uhr auf dem Nachttisch. Neun. Eine Weile blieb sie liegen und starrte an die weiße Decke. Ein seltsames Gefühl überkam sie. Sie empfand eine gewisse Befriedigung, einmal körperlich, dann aber auch, weil sie in seinem Bett lag. Sie hatte sich ziemlich schnell in sein Leben geschlichen. Für ihn selbst empfand sie nur Verachtung, gepaart mit einem derart starken Haß, daß er beinahe auf der Haut brannte. Sie wußte, wie rücksichtslos er sein konnte. Sie wußte auch, daß sie ihm als Mittel zum Zweck und zu seinem eigenen Vergnügen diente. Trotzdem war sie weder verängstigt noch verunsichert. Seit damals, als ihr nichts als Zeit und der Wunsch nach Rache geblieben waren, hatte sie auf diesen Augenblick gewartet und von nichts anderem geträumt.

Sie wußte, was Stormont von ihr hielt. Er hatte sie wie eine Rakete auf Frazer gerichtet, vor Jahren schon. Jetzt hatte er die Lunte gezündet. Es war eine lange Lunte, die langsam brannte, aber unauslöschlich war. Was immer Stormont vorhatte, wie seine versteckten Motivationen auch aussehen mochten – und Eva wußte genau, daß er heimliche Ziele verfolgte –, sie hatte ebenfalls ihre eigenen Pläne. Stormont benutzte sie, und sie benutzte ihn. Im Moment waren beide aufeinander angewiesen. Ihre augenblickliche Rolle war reizvoll, weil sie ihr die Gelegenheit verschaffte, Frazer zu vernichten, wenn sie wollte, und Stormont abzuschütteln. Noch wußte sie nicht genau, wie sich ihr Plan entwikkeln würde, doch diese Ungewißheit beflügelte sie. Sie lächelte versonnen und schlüpfte leise aus dem Bett.

Splitternackt durchquerte sie das dämmrige Zimmer und blieb kurz in der Tür stehen, um dann geräuschlos die Treppe hinunterzugehen, bis sie Frazers Stimme hinter einer geschlossenen Eichenholztür vernahm. Sie spitzte die Ohren. Frazer mußte in unmittelbarer Nähe sein, trotzdem konnte man kein Wort verstehen. Er sprach sehr leise. Absichtlich, hatte Eva das Gefühl. Obwohl man die Worte nicht unterscheiden konnte, klang sein Tonfall kalt, unerbittlich und fordernd. Fast schien es, als drohe er jemandem. Dann erstarb die Stimme, und sie hörte das Rücken eines Stuhls. Schnell huschte Eva in die Küche und fand den Kühlschrank. Sie öffnete die Tür, nahm eine Flasche Mineralwasser und trank gierig. Hinter sich hörte sie Schritte. Sie behielt ihre entspannte Haltung und fuhr erst zusammen, als Frazer sie ansprach. Das Wasser floß ihr über die Brust.

»Du bist also wach?« Es klang leichthin gesagt, doch sein Blick war mißtrauisch. Sie blickte auf das Wasser, das ihren Körper hinuntertropfte, und lächelte halb verunsichert, halb beschämt. »Du hast mich zu Tode erschreckt!«

Er ging auf sie zu und fuhr mit der Hand über ihren nassen Bauch.

»Selbst schuld, wenn du hier rumschleichst.«

»Ich bin nicht rumgeschlichen, ich bin halb verhungert und völlig ausgetrocknet. Falls es dir entgangen ist, ich habe den ganzen Tag nichts gegessen.«

Sein Gesichtsausdruck entspannte sich nach und nach, bis er seine selbstgefällige Leichtigkeit wiedergefunden hatte.

»Nein, natürlich nicht. Möchtest du jetzt was essen? Wir können irgendwohin gehen, oder soll uns die Haushälterin schnell was machen?«

Eva lächelte und küßte ihn flüchtig. »Sehr nett von dir, aber vielleicht ein andermal.«

Ein schwacher, kaum merklicher Ausdruck von Erstaunen überflog sein Gesicht.

»Natürlich. Am besten gibst du mir deine Telefonnummer.« Er ging in sein Büro und kehrte mit einem schmalen blauen Notiz- und Adreßbuch zurück. Arschloch, dachte Eva, mich so offensichtlich der Liste seiner Eroberungen hinzuzufügen.

Er schlug das Büchlein auf. Gleichgültig und ohne Gefühlsregung rasselte sie ihre Nummer runter, drehte sich um und ging ins Wohnzimmer, um ihre verstreuten Kleider einzusammeln. Sie zog sich hastig an, während er sie von der Tür aus beobachtete. Dann hielt sie ihm die Wange zum Kuß hin und verließ das Haus.

Draußen auf der Straße blieb sie einen Augenblick lang stehen, atmete tief durch, zündete sich eine Zigarette an und ging zu Fuß nach Hause.

Die Straßen waren ruhig, in der trägen Stille zwischen Rush-hour und der Zeit, wenn Restaurants, Theater und Pubs schließen und die Leute nach Hause strömen. Vereinzelt führte jemand seinen Hund aus oder genoß die Wärme einer ungewöhnlich milden Aprilnacht. Kein Lüftchen regte sich. Es war eine der seltenen südlichen Nächte von London. Ein Duft von Pfeifentabak hing in der Luft. Vor ihr ging ein alter Mann, gebeugt und leicht unsicher, aber mit erhobenem Kopf, die Pfeife in der Hand. Sie überholte ihn und entdeckte einen Ausdruck schlichter Zufriedenheit in seinem Gesicht. Sie atmete tief ein, voller Zärtlichkeit für diesen Duft und diese Wärme. Sie dachte an Pinienwälder in Südfrankreich vor langer Zeit und hatte das Gefühl, daß sie überall hätte sein können.

Sosehr sie auch Engländerin war, sie fühlte sich weder in London noch irgendwo anders zu Hause. Außerdem war sie im Auftrag unterwegs. Die stets aufgehobene Realität schuf eine eigene künstliche Welt, die nur ihr gehörte. Als sie die ruhigen Straßen von Belgravia verließ und in die King's Road einbog, hatte sie das Gefühl, in einem Theaterstück zu spielen. Blicke folgten ihrem geschmeidigen Gang und der stolzen Haltung, trotzdem fühlte sie sich unsichtbar und fragte sich, für welches Publikum sie eigentlich spielte.

Schließlich gelangte sie zu ihrem dunklen Haus. Alle anderen Häuser in der Straße waren hell erleuchtet. Aus geöffneten Fenstern, die auf die Straße hinausgingen, drang Gelächter, und in den Gärten hörte man Musik. Ihr Haus war still. Als sie die Schlüssel aus der Tasche zog und die Tür aufschloß, lächelte sie über dieses Ritual – es war ihr Haus, sie konnte kommen und gehen, wann sie wollte. Sie ging ins Badezimmer und streifte unterwegs die Kleider ab. Sie duschte so lange, bis alle Spuren von Robie Frazer von ihrem Körper gewaschen waren. Dann fiel sie erschöpft ins Bett und träumte unruhig.

In der Sloane Avenue, nur eine Luftmeile entfernt, saß Xu Nan auf dem Bettrand und starrte an die Wand. Sein letztes Gespräch mit Robie Frazer hatte drei Minuten gedauert; nur ein paar hundert Sekunden hatten ein ganzes Leben ausgelöscht, die Vergangenheit neu geschrieben und die Zukunft umrissen. Sanfte Worte, bloß eine Andeutung von Gewalt im Tonfall, schrecklich subtil. Seine Zeit war abgelaufen. Frazer wartete auf die Lieferung. Und wenn er ablehnte? Undenkbar.

Er wünschte, er könnte einfach erstarren, sich in einen Stein verwandeln, und müßte sich nie wieder rühren. Oder er könnte zu der friedlichen Routine zurückkehren, seine schöne Wohnung genießen, seine Arbeit tun, Kaffee trinken und am Telefon plaudern, ohne sich um andere Sachen kümmern zu müssen. Wie sehnte er sich nach dem Trost des immer gleichen täglichen Kleinkrams – ein bißchen Seelenfrieden, um die Nerven zu beruhigen.

Er konnte nicht stillsitzen. Ruckartig sprang er auf, verließ das Haus und fuhr nach Holborn ins Büro.

Die eintönige Fahrt, die vertrauten Markierungen, das Gefühl der Normalität beruhigten ihn ein wenig. Es war eine ungewöhnliche Zeit, um im Büro zu erscheinen, doch er konnte sich rausreden. Er erzählte den drei Wachmännern, daß er seine Hausschlüssel vergessen hatte, übersah jedoch, daß er den üblichen Anzug, den er bei der Arbeit trug, bereits gegen Freizeitkleidung eingetauscht hatte. Die Männer mochten ihn und ließen ihn ein, ohne Fragen zu stellen. Doch als er im Lift verschwunden war, wechselten sie einen mißtrauischen Blick.

»Betrunken?«

»Vielleicht, schien aber nicht so. Komisch.«

»Geben wir ihm fünf Minuten, wenn er dann nicht wieder da ist …«

»Dann geh' ich nachsehen«, sagte Jack, der Dienstälteste.

Nach fünf Minuten machte er sich tatsächlich auf den Weg. Langsam und bedächtig ging er zum Lift und fuhr bis in den dritten Stock, wo er um den Lichthof herum zu Nans Büro schlenderte. Nan saß im Halbdunkel am Schreibtisch. Das Licht der Lampe blendete ihn, doch er schien es nicht zu bemerken, als wären all seine Sinne nach innen gekehrt. Nach einer Weile sah er zögernd zu Jack auf und wandte dann den Blick wieder ab.

»Haben Sie Ihre Schlüssel gefunden?«

»Hatte sie gar nicht verloren.«

»Hab' ich mir gedacht.« Jack setzte sich auf die Tischkante. »Aber arbeiten tun Sie auch nicht gerade.«

»Nein.«

»Was ist es dann?«

Nan drehte sich um und sah ihm in die Augen. Schließlich zuckte er die Achseln, ohnmächtig und hilflos. »Keine Ahnung. Ich weiß selbst nicht, was ich hier verloren habe.« Er stand auf. »Ich gehe jetzt besser.« Er schlug heftig gegen seine Jacke. »Und ich nehme nichts mit, keine Papiere, nichts. Oder wollen Sie sich selbst überzeugen?«

Jack warf ihm einen abschätzenden Blick zu. »Schon gut, Mr. Nan.« Es war nichts Ungewöhnliches, daß sich Mitarbeiter durchsuchen lassen mußten, vor allem in den

Hochsicherheitszonen. Angestellte, die sich verdächtig benahmen, wurden sofort durchsucht, aber irgendwas an Nans Verhalten veranlaßte Jack, ihm zu glauben. Nan hatte den Blick eines Mannes, der etwas verloren, nicht gestohlen hatte.

Draußen stieg er wieder in den Wagen, ließ den Motor an und gab Gas. Er raste rücksichtslos wie ein Roboter und achtete kaum auf den übrigen Verkehr. Er hörte weder das wilde Hupen, noch sah er die verzweifelten Ausweichmanöver der anderen. Daß er unversehrt nach Hause kam, verdankte er nur seinem Glück.

Als erstes ging er in die Küche. Dort füllte er eine Gießkanne und begann seine Pflanzen zu wässern. Sie warteten auf den Fensterbänken wie durstige Kinder. Hin und wieder strich er beim Gießen mit dem Finger über ein Blatt. Anschließend brachte er die Kanne wieder in die Küche und wischte die Tischplatte trocken, bis alles sauber war. Doch dann breitete sich der Lärm, den er mit der mechanischen Aufgabe unterdrückt hatte, erneut in seinem Kopf aus und verdrängte die Vernunft. In diesem Augenblick spürte er, daß es keinen Ausweg gab. Seine Eigenständigkeit war ihm genommen worden, man hatte ihn seiner Freiheit beraubt, und jetzt hatte er nichts mehr zu verlieren. Er griff zum Telefon und rief Frazer an.

Frazer saß mit einem Glas Armagnac in seinem Büro. Er war gut gelaunt, er hatte Glück, alles sah ziemlich rosig aus. Eva und die Diamanten, beides funkelnde Geheimnisse, würden ihm gehören. Doch das Läuten des Telefons brach den Zauber.

Er nahm ab. Die Stimme legte los, bevor er auch nur ein Wort sagen konnte.

»Es ist vorbei, ich mache nicht mehr mit. Du hast mich angelogen, hast mich in eine Falle gelockt, und jetzt drohst du …«

»Nun sei mal nicht überempfindlich, Xu. Ich …«

»Überempfindlich! Du kannst mich mal. Ich steige aus. Morgen früh reiche ich die Kündigung ein.« Nans Stimme zitterte vor Aufregung und erstarb plötzlich. Doch er brachte es nicht fertig, einfach aufzulegen. Er erwartete immer noch etwas von Frazer, eine Sanktion, einen Wutanfall, irgendein Zeichen dafür, daß er ihn getroffen hatte. Es folgte eine Weile Schweigen.

Als Frazer das Wort ergriff, war sein Tonfall überraschend versöhnlich.

»Ich habe dich zu sehr unter Druck gesetzt, Xu. Das wird mir jetzt klar. Tut mir leid, ich konnte das nicht ahnen. Ich sehe es ein. Du brauchst nicht länger mitzumachen.« Er hielt inne, hörte, wie der andere aufatmete. Seine Worte zeigten Wirkung.

»Du liebst doch deine Arbeit, also vergiß die Kündigung. Du bist von nun an völlig frei.«

Nan zögerte mit der Antwort. Seine Stimme klang verunsichert, und sein Zorn wirkte ziellos nach Frazers erstaunlichem Einlenken. »Ich weiß nicht. Ich kann keinen klaren Gedanken fassen. Ich habe das Gefühl, ich sollte alles liegenlassen, einen echten Schlußstrich ziehen und noch morgen abreisen.«

»Ja, das kann ich verstehen.« Wieder machte Frazer eine Pause. »Aber nach ein paar Tagen sieht alles ganz anders aus. Besser, du triffst keine voreiligen Entscheidungen. Nimm dir ein paar Tage Urlaub, um wieder zu dir zu finden.«

Schlafen. Das war alles, was Nan wollte. Tagelang schlafen. Frazer spürte förmlich, wie er seine Worte abwog. Er wartete gelassen.

»Ja, ich glaube, das mache ich. Ich lasse mich ein paar Tage beurlauben und bleibe zu Hause.«

»Ruh dich aus, das wird dir guttun. Ich lasse dich jetzt in Frieden, aber vergiß nicht, daß ich immer da bin, falls du reden willst.«

Es folgte grollendes Schweigen, aber das war immer noch besser als die offene Wut von vorher. Frazer legte behutsam den Hörer auf, um den zerbrechlichen Frieden nicht zu gefährden, den er mühsam zustande gebracht hatte. Er starrte aus dem Fenster, auf dessen dunklem Glas sich sein Gesicht spiegelte. Es war steif und unbewegt.

Ein paar Minuten saß er reglos da, als müsse er sich erholen, dann griff er nach dem Hörer und rief Le Mai in Hongkong an.

»Komm mit dem ersten Flugzeug.«

»Bin schon unterwegs.«

13

Eva Cunningham trat gegen das Laken und wälzte sich im Schlaf hin und her. Träume und Alpträume plagten sie. Schließlich konnte sie sich aus dem verknäulten Laken befreien und wachte auf; der Schweiß lief an ihrer nackten Haut herunter. Sie schnappte nach Luft und konzentrierte sich darauf, langsamer zu atmen, bis sie sich beruhigt hatte.

Das Licht fiel gedämpft durch die Vorhänge. Sie warf einen Blick auf den Wecker: acht Uhr. Eine Zeitlang blieb sie reglos im Bett liegen, spürte, wie die Ruhe wiederkehrte, und genoß das Gefühl des Lakens auf der Haut. Sie konnte ihre Glieder bewegen, ohne auf Fleisch oder Knochen zu stoßen. Da war nur die Erinnerung an den Alptraum. Frazer ging ihr nicht aus dem Kopf. Sie versuchte, logisch zu denken und die Angst zu verscheuchen.

Mechanisch ließ sie die Ereignisse des gestrigen Tages Revue passieren. Das Treffen mit Frazer bei Case Reed. Frazers Haus. Sex mit ihm. Hier geriet der ruhige Gedankenfluß ins Stocken. Emotional gesehen war der Sex erträglich. Sie war überrascht, wie leicht ihr Körper sie verraten hatte, als er gestern einfach neben ihm eingeschlafen war. Als sie aufwachte, hatte sie sich gefragt, ob sie sich im Schlaf enttarnt haben könnte. Tag für Tag, Stunde für Stunde filterte sie ihre Worte, aber was war, wenn sie schlief: Funktionierte der Filter dann auch? Redete sie vielleicht im Schlaf?

Seine Augen hatten Mißtrauen widergespiegelt, als er sie in der Küche fand, aber das hatte mehr mit seinem schlechten Gewissen zu tun als mit etwas, das sie im Schlaf gesagt haben könnte, da war sie sicher. Sein leises Telefongespräch im Büro war nicht für ihre Ohren bestimmt gewesen. Hatte er sie im Verdacht, ihn belauscht zu haben? Und wenn schon. Seine Intelligenz und sein Scharfblick würden vor seiner Eitelkeit verschwimmen. Mit verborgenen Zielen kannte er sich aus. Sie war nur gut für Sex. Er würde nicht darüber hinausdenken oder nachforschen. Solange sie vorsichtig war, würde sie unsichtbar bleiben, und sie war aus Erfahrung und von ihrem ganzen Wesen her extrem vorsichtig.

Sie stand auf und ging nach unten, um ihr morgendliches Ritual zu vollziehen: Musik, Gymnastik und Dusche. Vierzig Minuten später kam sie tropfnaß aus dem Bad, streifte ein buntes Strandkleid über die nasse Haut und kehrte ins Wohnzimmer zurück. Es ging nach Osten. Die Morgensonne strömte durch die Fenster und bildete einen großen Lichtfleck auf dem Boden.

Sie setzte sich mit verschränkten Beinen mitten hinein und wählte Stormonts Nummer. Es war Viertel vor neun; er saß zu Hause in der Old Church Street beim Frühstück. Er warf einen Blick auf das Telefon, es war die Dienstleitung. Nach einem Augenblick, als wollte er erraten, wer dran war, nahm er ab. Seine Stimme klang rauh, doch schwang in der übertriebenen Gereiztheit auch ein Hauch von Humor.

»Hallo?«

»Ich will dir berichten, Stormont.«

»Ah, Eva.« Seine Stimme wurde plötzlich sanft.

Mit Kaffee und Zigaretten in Reichweite begann Eva ihren sachlichen Bericht.

»Also, ich bin mit ihm nach Hause gegangen. Es war alles, wie du es dir vorgestellt hast. Ein großes ruhiges Haus, er eitel und egozentrisch. Keine Überraschungen, keine Schlitzaugen. Nur ein leises Telefongespräch, das er in seinem Büro führte, als er meinte, ich schliefe. Ich konnte nichts verstehen, aber es klang, als würde er jemandem drohen. Nach dem Gespräch schien er ein wenig gereizt, nicht meinetwegen, sondern allgemein, als wäre er seinen Frust an dem armen Menschen am anderen Ende der Leitung nicht völlig losgeworden.«

»Armen Menschen? Das klingt ja, als hättest du Mitleid.«

»Das sollte man auch, oder?«

»Ich vermute eher, daß er mit einem Komplizen als mit einem Opfer gesprochen hat.«

»Besorg dir eine Abhörgenehmigung.«

»Alles mit der Ruhe. Was meinst du, wird Frazer anbeißen?«

»Das hängt ganz von mir ab, oder? Ich halte dich auf dem laufenden.«

Um zwanzig vor neun kam Cassie zur Arbeit. Auf dem Weg in ihr Büro ging sie an John Richardsons Tür vorbei und nickte ihm leicht zu, als er sie mit wilden Gesten zum Stehenbleiben aufforderte. Sie trat ein und setzte sich. John hatte den Telefonhörer in der Hand und sagte: »Robie? Cassie ist gerade hereingekommen. Ich schalte auf Lautsprecher um, okay?«

»Nur zu«, Frazers Stimme klang kühl und moduliert.

»Guten Morgen, Cassie.«

»Guten Morgen, Robie.«

»Ich habe John gerade erzählt, daß ich Ihren Deal höchst interessant finde. Ich würde gern mehr darüber erfahren. Natürlich kann ich Ihnen noch keine feste Zusage machen, aber wenn er hält, was er verspricht, dann können Sie auf mich zählen.«

»Großartig«, antwortete Richardson und lächelte Cassie zu. »Wir werden sofort alles Notwendige veranlassen.«

»Übrigens, was genau wäre Ihre Rolle bei dem Ganzen, und wen würden Sie vertreten?«

Richardson wandte sich Cassie zu, die sich über den Tisch beugte und ins Mikrofon sprach.

»Wir wären Ko-Investoren, zusammen mit Eva und Ihnen. Wir würden festlegen, wie es am besten weitergehen soll, ob per Aktienausgabe oder Verkauf. Wir würden den Deal nach allen Seiten abklopfen, die Verträge aufsetzen, die notwendigen Formalitäten ebnen, Überseeberater anheuern, solche Dinge, obwohl Sie sicher selbst einiges davon in die Hand nehmen könnten.«

»Oh, diesen ganzen Kram würde ich Ihnen überlassen«, log Frazer. »Wie ich sehe, sind Sie gute, altmodische Handelsbanker und risikobereite Unternehmer in einem. Keine Spur von der übertrieben gesetzestreuen Aufteilung von Interessen, die die großen Banken so lieben.«

»Wir machen alles, nicht wahr, Cass?«

»Wenn es vielversprechend aussieht.«

»Rufen Sie mich bald an«, sagte Frazer. »Ich will die Sache so schnell wie möglich anpacken.«

»So weit, so gut«, sagte Richardson, als er auflegte.

»Hmm.« Cassie wirkte leicht besorgt.

»Was haben Sie?«

»Ach, nichts. Ich habe nur überlegt, ob es Zeit ist, Owen Quaid hinzuzuziehen.«

»Sie haben völlig recht. Wir können nicht weitermachen, ohne Eva gründlich auf den Zahn gefühlt zu haben, stimmt's?«

Cassie spreizte die Hände auf dem Tisch und sah auf ihre Finger. »Nein, können wir nicht.«

»Wie gut kennen Sie sie?« Richardson hatte ihr die Frage schon mehrmals gestellt. Er wollte keine Wiederholung hören. Cassie kannte seine Methode, mit derselben zufälligen Frage unterschiedliche Informationen einzuholen.

»Wie gut kann man jemanden kennen? Ich glaube, daß ich sie kenne. Sie ist tüchtig, intelligent, sie scheint sich auszukennen und ist begeisterungsfähig. Sie kann kühl berechnend und gleichzeitig leidenschaftlich sein. Gestern hat sie uns beide Seiten gezeigt. Die Verwandlung, der abrupte Wechsel – das war schon beeindruckend.«

»Zu Frazer war sie sehr kühl, nicht?«

»Kühl? Haben Sie nicht gemerkt, was ganz zu Anfang des Treffens passierte? Sie schien förmlich für ihn zu strahlen. Jedenfalls hat sie ihre ganze Schönheit in die Waagschale geworfen.«

»Sie ist nun mal eine Schönheit.«

»Aber so habe ich sie noch nie gesehen – mit Make-up, Schmuck und teuren Klamotten.«

»Für ein solches Treffen blieb ihr gar nichts anderes übrig, als sich rauszuputzen.«

»Das war mehr als bloß rausputzen. Und dann das Spielchen mit dem Diamanten.«

»Ja, das stimmt. Da fällt mir noch was ein. Ich hoffe, daß sie wirklich bald die Börse von Vancouver über den Diamantenfund informiert.«

»Keine Sorge, das wird sie schon machen.«
»Es gibt Regeln, Cass.«
»Natürlich. Sie weiß, was sie tut.«
»Wird sie sie befolgen?«
»Nun, es wäre eine von mehreren Möglichkeiten, nicht?« Und als sie sah, wie Richardson mißbilligend die Stirn runzelte, setzte sie schnell hinzu: »Nur die Ruhe. Den perfekten Kunden gibt es nicht. Irgendeinen Makel hat jeder, das wissen Sie doch.«
»Da haben Sie recht«, nickte Richardson nachdenklich und dachte an sich selbst und an Cassie.
»Sie ist schon ein Risikofaktor«, fuhr Cassie fort. »Aber Frazer auch. Die beiden werden ein gutes Gespann sein, solange wir sie unter Kontrolle haben.«
»Und Sie meinen, das schaffen wir?«
»Das werden wir sehen.«
Cassie ging in ihr Büro, schloß die Tür und wählte Owen Quaids Nummer. Dann lehnte sie sich zurück und wartete gespannt auf Owens Stimme.
»Quaid.« Im Hintergrund hörte man das Rauschen des Verkehrs. Er war gerade am Berkeley Square.
»Owen. Case Reed braucht mal wieder deine Dienste. Kannst du vorbeikommen?«
»Wo? In deinem Büro?« fragte er und lächelte der Sonne zu.
»Ein Ort so gut wie jeder andere.«
»Ich könnte mir einen besseren vorstellen.«
»Das glaube ich. Deine muffige Schnüfflerbude. Aber wir treffen uns lieber hier. Heute nachmittag um zwei.«
»Du hast es immer eilig, Cass. Es hat nie Zeit bis morgen oder nächste Woche. Ich bin überrascht, daß es nicht gleich sein muß.«
»Na schön. Dann komm gleich.«
»Ich bin um zwei da. So leicht mache ich es dir nicht.« Er legte auf, ehe sie das letzte Wort haben konnte.

In seinem Arbeitszimmer in Wilton Place tätigte Robie Frazer einen kurzen Telefonanruf. Er machte sich nicht die

Mühe, seinen Namen zu nennen, sondern sagte nur: »Finden Sie alles über eine junge Engländerin namens Eva Cunningham raus, was Sie können. Sie lebt in London. Und über eine Bank namens Case Reed. Konzentrieren Sie sich auf zwei Personen – John Richardson und Cassie Stewart. Ich will täglich informiert werden, bis Ihnen die Munition ausgeht.«

Owen lauschte Frazers Worten mit innerem Grauen. Einen Moment schwieg er, um sich zu sammeln. Alles andere hätte Verdacht geweckt. Jedes Zögern war schlecht, aber er brauchte diesen Bruchteil einer Sekunde, um über seine Loyalität nachzudenken und eine Entscheidung zu fällen. Keine Zeit. Sein Instinkt antwortete für ihn.

»Ich mache mich sofort daran.« Dann verzog er das Gesicht und klappte mit einem unterdrückten Fluch sein Handy zusammen.

Frazer legte auf und wählte sofort eine neue Nummer. »Guten Morgen, Eva. Wie geht es dir?«

Seine Stimme klang leicht, aufreizend und widerlich selbstbewußt. »Oh, gut, sehr gut«, antwortete sie beiläufig und vertuschte ihren Ekel vor seiner Arroganz und übertriebenen Vertraulichkeit. Er hatte nicht einmal seinen Namen genannt, hatte wohl angenommen, daß sie seine Stimme wiedererkennen, vielleicht sogar auf seinen Anruf warten würde.

»Hast du vielleicht Lust, heute abend mit mir essen zu gehen?«

»Heute abend?« Eva konnte einem Anflug von Hochnäsigkeit nicht widerstehen. Dann lächelte sie und schwieg.

»Ich glaube nicht, daß du zu denen gehörst, die ihre Termine mit Cocktailpartys und Benefizveranstaltungen schon Monate im voraus verplant haben. Du scheinst mir spontaner zu sein.« Das letzte sagte er mit einem Lächeln in der Stimme, und Eva gab sich geschlagen.

»Touché. Dann gehören wir also beide zu den spontanen Typen.«

»Oh, so einer bin ich also?«

»Nicht mehr als ich auch«, antwortete Eva gleichmütig.

»Ah, eine Rüge. Nun, was meinst du, soll ich dich gegen neun abholen?«

»Nein, danke. Ich komme zu dir.« Sie wollte nicht, daß er auch nur in die Nähe ihres Hauses kam.

»Wie du willst. Dann bis neun.« Beim Auflegen murmelte er: »Zickiges Frauenzimmer.«

Eva runzelte die Stirn und zündete sich eine Zigarette an. Sie sog den Rauch tief ein und spürte, wie die Bitterkeit an ihr nagte. Als eine Person würde sie das nicht schaffen. Sie mußte sich spalten, jemand anders werden, eine verborgene Seite von sich zum Vorschein bringen. Sie stand auf und trat zu dem Spiegel in der Diele. Sie strich das Haar aus dem Gesicht, wandte langsam den Kopf von einer Seite auf die andere und musterte sich gleichgültig, wie eine Fremde.

14

Andrew Stormont kam um neun im Vauxhall Cross an. Auf dem Weg in sein Büro begrüßte er seine Sekretärin. »Morgen, Elsa. Könnten Sie bitte Aden ausrichten, daß ich ihn in meinem Büro erwarte?«

»Morgen, Andrew. Ich sage ihm gleich Bescheid.«

Eine Minute später erschien Aden in Stormonts Büro.

»Neuigkeiten?« fragte er, während er seinem Vorgesetzten gegenüber Platz nahm. Automatisch versuchte er immer, Stormonts knappen Stil zu imitieren, wenn er mit ihm zusammen war. Damit versuchte er, sich gegen dessen etwas rauhe Umgangsformen zur Wehr zu setzen. Stormont konnte redegewandt und charmant sein, er hatte es oft erlebt, doch nie ihm gegenüber.

Stormont nippte an dem Kaffee, den Elsa gerade gebracht hatte, einem bitteren Espresso in einer hauchdünnen Porzellantasse.

»Auch einen?« fragte er und deutete auf seine Tasse.

»Nein danke. Schlechter Magen.«

Stormont verkniff sich ein Lächeln, als er seine Tasse zum Mund führte. Adens Versuche, kurz angebunden zu sein, schienen immer ein wenig gezwungen und zerhackt. Trotzdem, alles war besser als das unaufhörliche diplomatische Geschwafel, das der Mann zu Beginn seiner Arbeit für ihn losgelassen hatte. Stormont mochte Aden nicht besonders, aber er schätzte seine Fähigkeiten. Er war durch und durch pedantisch, eine gute Ergänzung zu seiner eher lässigen Arbeitsweise, die, wie er selbst zugab, manchmal Lücken aufwies.

»Es gibt Neuigkeiten. Eva hat mich heute morgen zu Hause angerufen. Sie ist gestern nach dem Treffen mit zu ihm gegangen und hat mit ihm geschlafen.«

»Tatsächlich. Das ging ja wie geschmiert.«

Stormont sagte leise, fast drohend: »Passen Sie auf, was

Sie sagen. Sie wissen genau, daß es sie einiges gekostet haben muß.«

»Ich glaube nicht, daß sie höhere Gründe geltend gemacht hat.«

»Nein, das würde sie nicht tun. Aber das heißt noch lange nicht, daß sie nicht verdammt gut ist.«

»Oder verdammt schlecht.«

Stormont starrte ihn an, ohne etwas zu sagen. Aden hob schnell die Hand.

»War nur ein Scherz.«

Stormont sprach unbewegt weiter.

»Sie hat es also geschafft, den Kontakt herzustellen und in sein Haus zu kommen, und sie hat gehört, wie er jemandem am Telefon drohte.«

»Kennen wir den Inhalt des Gespräches?«

»Nein, tun wir nicht.«

»Ziemlich spärlich, oder?«

»Ja«, sagte Stormont jetzt distanziert und musterte Aden wie eine Fliege in seinem Whisky. »Mit dem bißchen kriegen wir Carew nie so weit, uns eine Abhörgenehmigung zu erteilen.« Carew war der Außenminister. Er mußte dem Ersuchen des SIS für eine Fangschaltung zustimmen. Stormont fuhr fort. »Ich will auf keinen Fall mit leeren Händen zu ihm. Das Außenministerium wird nicht gerade erfreut sein, einen Mann in Frazers Stellung abzuhören, diesen Pfeiler der Gesellschaft, Milliardär und großzügigen Förderer der Thatcher Foundation. Dazu brauche ich handfeste Beweise.«

Mit angemessener Zurückhaltung schlug Aden vor: »Wir könnten immer noch den anderen Weg einschlagen. Heuern wir doch einen Privatdetektiv an, der die schmutzige Arbeit erledigt. Auf diese Weise können wir alles abstreiten und geraten nicht ins Zwielicht.«

»Lieber nicht. Wenigstens vorerst nicht. Wir exponieren uns schon genug, wenn wir gegen Frazer antreten. Besser, wir halten uns an die Regeln, falls was schiefgeht.«

»Halten Sie das denn für möglich?«

»Wer weiß? Diese Sache ist derart kompliziert, daß sie in

vielerlei Hinsicht nach hinten losgehen könnte. Was wir brauchen, ist Material, aber das wird uns Eva besorgen.«

»Sie haben großes Vertrauen in sie.«

Stormont starrte ein paar Sekunden an ihm vorbei, und Aden wußte, daß er ihn verloren hatte. Vor Stormonts innerem Auge stieg eine Erinnerung auf. Dann wandte er sich wieder Aden zu und sagte in scharfem Ton: »Ja, ich habe großes Vertrauen in sie, und sie wird uns die notwendigen Beweise liefern.«

»Wenn sie nicht vorher durchdreht.«

»Meinen Sie nicht, daß sie das schon längst hätte tun können?«

Aden wandte den Blick ab.

15

Cassie Stewart bückte sich und ließ den Blick über ein Bücherregal voller Akten in Case Reeds umfangreicher Geschäftsbibliothek wandern. Nach fünf Minuten zog sie eine Akte aus dem untersten Regal: Vancouver Stock Exchange, Aufnahmeverfahren und Publizitätsanforderungen.

Volltreffer, dachte sie und schleppte die Akte in ihr Büro wie eine Kriegstrophäe.

Eine Stunde lang vertiefte sie sich aufmerksam in die Unterlagen, dann schlug sie die Akte verschmitzt lächelnd zu und ging in Richardsons Büro.

»John, ich habe einen Plan für Genius ausgearbeitet. Wenn Sie damit einverstanden sind, möchte ich gerne einen Broker in Vancouver suchen und das Ganze ins Rollen bringen.«

»Sie verschwenden ja wirklich keine Zeit. Also raus damit.«

In schweigender Bewunderung lauschte er Cassies Ausführungen.

»Hört sich gut an, aber Sie haben recht. Wir müssen einen Kenner der dortigen Börse zu Rate ziehen. Und ich weiß sogar schon, wen. Der Kerl schuldet mir noch einen Gefallen. Sein Name ist Sam Brimton. Er ist ein richtiger Insider, kennt alle an der Börse und hat dort ein Vermögen gemacht. Ein Schlitzohr. Aber seien Sie ein bißchen vorsichtig.«

»Keine Bange.«

Richardson warf ihr einen kurzen, warnenden Blick zu.

»Ich werde Brimton gleich nach dem Mittagessen anrufen und ihm Ihren Anruf ankündigen.« Er kritzelte eine Nummer auf einen Notizblock und reichte ihr den Zettel. Cassie steckte ihn ein.

»Danke, John.« Dann verzog sie sich, bevor er weitere Warnungen aussprechen konnte.

Von ihrem Büro aus rief sie Eva an.

»Eva? Ich bin's, Cassie. Wie geht's?«

»Hallo, Cass. Mir geht's gut, ich sitze in meinem sonnigen Wohnzimmer und genieße ein riesiges Frühstück. Was könnte schöner sein?«

»Klingt gut. Ich beneide dich. Robie Frazer hat heute morgen angerufen und Dampf gemacht. Er will einsteigen, vorausgesetzt, wir entwickeln eine geeignete Strategie und lassen die erforderliche Sorgfalt walten, du weißt schon, Bodenanalysen, Projektbewertungen, all das. Du mußt einen ganz schönen Eindruck auf ihn gemacht haben.«

Eva lachte und sagte aufrichtig begeistert: »Das ist ja großartig. Und was machen wir jetzt?«

»Wir werden uns eine Strategie ausdenken, einen Plan, du und ich, und dann werde ich mich in eine Expertin für Diamanten verwandeln.«

»Nicht übel.«

»Was machst du gerade?«

»Außer frühstücken nicht viel. Warum?«

»Könntest du heute vormittag in mein Büro kommen? Dann können wir gleich anfangen.«

»Ja, sicher.« Eva warf einen Blick auf ihre Uhr. Viertel nach zehn. »Ich bin in einer Dreiviertelstunde da.«

»Bis dann.«

Komisch, wie es manchmal so geht, dachte Cassie. Eva als Unternehmerin. Fast unglaublich, aber sie war wirklich überzeugend gewesen.

Eva ließ das Frühstück stehen und ging ins Schlafzimmer. Dort zog sie das Strandkleid aus und schlüpfte in ein langes maßgeschneidertes schwarzes Leinenkleid und dazu passende Sandalen. Sie bürstete ihr Haar zu einem Zopf und sammelte alle Bodenanalysen und die übrigen Dokumente ein, die ihr McAdam gegeben hatte, um sie mit zu Case Reed zu nehmen.

Eine halbe Stunde später betrat sie Cassies Büro. Cassie arbeitete konzentriert und sah sie nicht kommen. Eva näherte sich langsam und studierte dabei ihre Freundin. Sie war ernst, konzentriert, und trotzdem wirkte sie irgendwie gelöst und entspannt. Cassie saß über ein paar Blätter auf ihrem Schreibtisch gebeugt, sie war völlig versunken, doch keineswegs angestrengt. Statt dessen spielte ein leichtes Lächeln um ihren Mund und strahlte in den Augen wider. Die Leichtigkeit eines offenen Lebens. Eine Sekunde lang beneidete Eva sie um ihre Reinheit, ihre Freiheit. Doch der Augenblick verflog, und sie trat lächelnd durch die offene Tür.

Als Cassie sie bemerkte, sprang sie auf.

»Hi, Eva!« Sie küßten sich auf die Wange.

»Toll, daß Frazer angebissen hat, was?« sagte Cassie. »Das hast du prima gemacht.«

»Hmm, noch haben wir ihn nicht im Netz.«

»Das kommt schon noch«, sagte Cassie und hielt inne. »Du mußt ihn ganz schön beeindruckt haben.«

Eva entging der forschende Blick nicht; hinter der äußerlichen Unschuld lauerte noch etwas anderes. Sie zuckte die Achseln und ging nicht weiter auf die Bemerkung ein.

»Übrigens«, fuhr Cassie fort. »Tut mir leid, daß ich vor dem Treffen nicht mehr mit dir reden konnte, aber ich hatte das Gefühl, daß ich dich und deinen Freund Stormont störte.«

»Wieso denn?«

»Keine Ahnung. Er ist doch nicht dein Lover, oder?«

»Wenn du schon so direkt fragst, nein. Warum? Sollte er?«

»Er sieht gut aus.«

»Viele Männer sehen gut aus.«

»Nicht wie er.«

»Er hat dir gefallen, was?«

»Na ja, den Schlaf wird er mir nicht rauben.«

Wer könnte dir wohl den Schlaf rauben, dachte Eva und wechselte abrupt das Thema.

»Was machen wir nun mit Frazer? Was ist der nächste Schritt?«

»Wir schnüren ein derart verlockendes Paket, daß er nicht widerstehen kann. Und dann machen wir den Sack zu.« Cassies Stimme klang jetzt energischer, ein bißchen geschäftsmäßig.

»Dann sag mir, was wir brauchen.«

Cassie zog ihren Stuhl um den Tisch und setzte sich neben Eva.

»Wir brauchen einen schönen kurzen Geschäftsplan. Die Geschichte des Projektes, wie es zustande kam, Kopien der Verträge und Genehmigungen der vietnamesischen Regierung, Kopien der Bodenanalysen, Details über die bisherige Finanzierung, was wofür ausgegeben wurde. Wieviel Kapital noch da ist, was ihr damit tun wollt, wieviel die Probebohrungen kosten werden, das Ausbeuten der Mine und sämtliche weiteren Kosten, die anfallen, wenn das Ganze ins Rollen kommen soll. Dann arbeiten wir eine Strategie aus. Wie wir die Gesellschaft übernehmen wollen und wieviel uns das kosten wird. Anschließend schlagen wir verschiedene Möglichkeiten vor. Wenn die Probebohrungen vielversprechend sind, könnten wir schon in diesem Stadium an eine der großen Diamantengesellschaften verkaufen. Entweder das ganze Unternehmen oder nur Anteile daran. Es gibt mehrere Optionen. Und wir müssen Informationen über die Diamantenindustrie und das Kartell beifügen, Vertriebswege für Diamanten und so weiter.«

Eva wußte genau, was sie alles brauchten, denn in der kurzen Einführung in die Finanzwelt, die Stormont für sie arrangiert hatte, war sie genauestens informiert worden. Trotzdem lehnte sie sich zurück und hörte sich Cassies Ausführungen an, beeindruckt von ihrer Selbstsicherheit.

»Keine Prognosen? Keine Gewinnaussichten? Wieviel Geld wir alle dabei verdienen könnten?«

»Ach was, das machen alle großen Banken, sie produzieren Berge von Papieren mit wertlosen Berechnungen und Schätzungen. Frazer würde sich totlachen. Niemand kann sagen, wie dieses Projekt ausgehen wird. Es könnte uns ein Vermögen einbringen, aber auch ein Vermögen kosten. Wir wissen es nicht. Das liegt in der Natur der Sache. Das Ganze ist ein Glücksspiel, da sollten wir uns nichts vormachen.«

Weder Cassie noch Frazer kennen die wahre Natur dieses Glücksspiels, dachte Eva, aber vielleicht kannte sie selbst sie auch nicht.

»*Caveat emptor*, Käufer, sei wachsam. Also, was kommt als nächstes? Angenommen, Frazer ist mit unserem Plan einverstanden, was dann?«

»Dann übernehmen wir die Gesellschaft.«

»Und wie wollen wir das genau machen?«

»Wir schicken eine Benachrichtigung mit einem Übernahmeangebot an die Börsenzulassungsstelle in Vancouver. Daraufhin wird die Börse eine Untersuchung einleiten, um sicherzugehen, daß alles mit rechten Dingen zugegangen ist.«

»Was könnte denn passiert sein?«

»Nun, Handel mit Insiderwissen zum Beispiel.«

»Also kommt das nicht in Frage.«

»Das ist nicht gesagt. Wenn man krumme Geschäfte machen will, sollte man fertig sein, bevor die Börse benachrichtigt wird.«

»Verstehe«, sagte Eva.

»Das war nur ein Witz«, verkündete Cassie und fuhr dann ernster fort: »Wenn die Börse den Antrag annimmt, hat das Gebot offiziell begonnen.«

»Und wieviel werden wir für die Anteile bieten? Was sind sie deiner Meinung nach wert?«

»Darauf kommt es gar nicht an. Wir werden genug bieten, um die Raffgier der Leute zu befriedigen, aber nicht zuviel, um sie nicht mißtrauisch zu machen. Wenn die Aktie vor dem Gang an die Börse vier wert war, werden wir sechs bieten. Das müßte reichen.«

»Was ist mit anderen Anbietern, die möglicherweise auf den fahrenden Zug springen wollen?«

»Erstens bist du die Direktorin des Unternehmens. Du wirst den anderen Aktieninhabern raten, unser Angebot anzunehmen. Das allein hat schon Gewicht. Und zweitens besitzen McAdam und du zusammen fünfundzwanzig Prozent an dem Unternehmen, das verschafft uns einen beruhigenden Vorsprung.«

»Halt, das stimmt nicht. Ich würde mich nicht darauf verlassen, daß McAdam mitmacht.«

»Warum nicht?«

»Er ist nach Vietnam und nach dem Gefängnis ein bißchen komisch geworden. Wir haben uns zerstritten.«

»Ist das in der Öffentlichkeit bekannt? Wissen die Leute davon?«

Eva nickte.

»Und weiß McAdam von deinen Plänen? Weiß er, daß du zu uns gekommen bist, um über eine Übernahme zu verhandeln?«

»Nein, er hat keine Ahnung.«

»Perfekt«, sagte Cassie zu Evas Überraschung. »Das können wir zu unserem Vorteil ausspielen. Das heißt, daß er kein Partner ist, also jemand, der notwendigerweise mit dir im Einvernehmen handelt. Es macht einen großen Unterschied, denn wenn wir seine Aktien mit deinen in einen Topf werfen, könnten weder du noch wir weitere Aktien erwerben, ohne ein Übernahmeangebot auszulösen. Wenn ein Aktieninhaber oder eine gemeinsam auftretende Gruppe über zwanzig Prozent der Aktien besitzt, werden laut den Regeln die Übernahmeangebots-Richtlinien fällig. Da du aber nur zehn Prozent der Aktien besitzt, heißt das, daß Robie Frazer und wir weitere zehn Prozent erstehen können, ehe das Ganze zu einem Übernahmeangebot führt.«

»Warum müssen wir vor dem Übernahmeangebot überhaupt noch mehr Aktien erwerben?«

»Aus zwei Gründen. Wie bereits gesagt, erstens verschafft uns das einen Vorsprung vor den übrigen Käufern, und zweitens zahlen wir weitaus weniger für die Aktie, wenn wir sie vorher erstehen. Sobald ein Übernahmeangebot im Raum steht, steigt natürlich der Kurs der Aktie.«

»Und wer soll vor dem Übernahmeangebot die Aktien kaufen?«

»Case Reed kauft fünf Prozent und Robie Frazer die restlichen fünf. Dann machen wir mit unseren zwanzig Prozent ein Angebot für die restlichen achtzig Prozent.«

»Wie geht das vor sich?«

»Case Reed und Robie Frazer gründen ein Privatunternehmen, um ein Angebot zu machen. Das Unternehmen wird fünfzig zu fünfzig geteilt. Wenn wir das Angebot gemacht haben, wechselst du deine alten Genius-Aktien in neue um. So werden Case Reed und Frazer jeweils vierzig Prozent besitzen und du zehn. Die Prozente können variieren, je nachdem, wieviel wir von Genius kriegen, aber das wären ungefähr die Verhältnisse.«

»Klingt alles sehr einfach.«

»Ja, aber nur in der Theorie. Es wird wahrscheinlich kompliziert werden und schmutzig obendrein. Das ist immer so. Aber darum kümmern wir uns, wenn es soweit ist. Als erstes müssen wir den Plan schriftlich fixieren und Frazer schicken. Danach sollten wir uns mit ihm treffen, und wenn er zustimmt, können wir anfangen zu kaufen.«

»Übrigens«, fragte Eva. »Wirst du noch jemand mit reinbringen?«

»Lieber nicht. Zu viele Köche verderben den Brei.« Cassie lächelte. »Vielleicht stecke ich etwas von meinem Privatkapital rein, wenn es dir nichts ausmacht, mich als Ko-Investorin zu haben.«

»Solange du mit dem Risiko leben kannst.«

»Wenn Case Reed es kann, dann kann ich es auch.«

»Aber es ist nicht Case Reeds Geld.«

Cassie sah sie an. »Versuchst du gerade, mich davon abzubringen, Geld zu investieren?«

»Natürlich nicht, aber steck nicht mehr rein, als du notfalls verschmerzen könntest.«

»Hör mal, Eva, das klingt aber gar nicht mehr so optimistisch wie gestern.«

»Du bist eine alte Freundin, Cass. Ich glaube dran, aber ich weiß auch, daß es ein enormes Risiko gibt.«

»Ich werde mein Glück versuchen, wenn du mich nicht ausdrücklich davor warnst.«

»Nein, Cass, das tue ich nicht. Nur zu. Steck dein Geld rein.«

»Mach ich.«

Eva lächelte, und Cassie kam es beinah traurig vor.

Cassie sprang auf die Beine. »Ich muß mal. Bin gleich zurück.«

Eva sah sie verschwinden und versuchte, ein neutrales

Gesicht zu behalten, um ihre Gedanken nicht zu verraten. Sie sah sich diskret im Zimmer um, da sie wußte, daß Cassies Sekretärin keine drei Meter entfernt im Vorzimmer saß. Nichts, das sie interessierte. Das Telefon klingelte und klingelte. Die Sekretärin nahm das Gespräch schließlich auf ihrem Apparat an, gerade als Cassie zurückkam.

»Ein gewisser Andrew Stormont für Sie.«

Eva erstarrte. Die Sekretärin hatte leise gesprochen, doch Evas Gehör war ohnehin sehr gut und durch Übung noch feiner geworden. Sie merkte, daß Cassie ihr einen verstohlenen Blick zuwarf, als wolle sie sehen, ob sie es mitbekommen hatte, dann nahm sie das Gespräch vom Apparat ihrer Sekretärin aus an. Cassie sprach leise, und trotzdem konnte man ihre Worte verstehen. Sie klang angenehm überrascht. »Oh, hallo.« Sie hörte eine Weile zu, dann sagte sie: »Ich habe leider nicht viel Zeit. Okay, Viertel vor eins in meinem Büro, bis dann.« Sie legte auf und kehrte in ihr Büro zurück.

Eva beobachtete Cassies schönes, sonst so argloses Gesicht, das jetzt wachsam schien. So beginnt es, ein Spiel, dem man noch nicht entwachsen ist.

16

Eva und Cassie verbrachten eineinviertel Stunden damit, das Dokument aufzusetzen. Emma tippte die Vorlagen und fotokopierte Genehmigungen und Bodenanalysen. Eva blieb so lange wie möglich bei Cassie, um ihr Gelegenheit zu geben zu erzählen, daß sie mit Stormont zu Mittag essen würde. Doch um halb eins warf Cassie einen Blick auf die Uhr und sagte:

»Ich muß noch ein paar Anrufe erledigen. Wir sind so gut wie fertig. Wenn ich noch Fragen habe, melde ich mich bei dir.«

»Sicher«, antwortete Eva und runzelte leicht enttäuscht die Stirn.

Cassie begann, ihre Papiere einzusammeln. Sichtlich zögernd stand Eva auf.

»Okay«, sagte sie und brach die kurze Stille. »Du hast zu tun. Ich lasse dich jetzt allein. Ich glaube, ich gehe ein bißchen spazieren, kaufe mir ein paar neue Klamotten und esse irgendwo eine Kleinigkeit. Wie eine richtige Müßiggängerin.«

»Genieß es«, antwortete Cassie, ohne die Stichelei zu beachten. »Bald ist es mit der Muße vorbei. Und wie findest du meinen Plan?«

»Prima. Bin sehr zufrieden.«

Eva spazierte langsam durch die Savile Row. An einem Kiosk kaufte sie den *Standard* und betrat dann das Café auf der Clifford Street, wo sie sich so hinsetzte, daß sie den Eingang zu Case Reed im Visier hatte.

Sie schlug die Zeitung auf und beobachtete über den Rand hinweg die Straße. Um Viertel vor eins kam Stormont mit einer großen Fortnum&Mason-Tüte. Noch nie hatte sie ihn aus der Ferne gesehen, wie einen Fremden.

Die Pförtnerin bei Case Reed informierte Cassie über Stormonts Eintreffen. Cassie nahm ein silbernes Etui mit einem Spiegel aus der Tasche. Sie bürstete sich das lange Haar und zog die Lippen nach. Dann betrachtete sie sich einen Augenblick in dem Spiegel, bevor sie ein paar Tropfen Parfum auf die Schläfen tupfte und die Treppe hinunterging.

Stormont stand mit dem Rücken zu ihr und sah sich ein Bild an der Wand an. Cassie fiel der kräftige Körper und die selbstbewußte Haltung auf. Sie ging leise auf ihn zu und wollte ihm gerade auf die Schulter tippen, als er sie bemerkte und sich in dem Augenblick umdrehte, als sie ihn berührte. Sie trat einen Schritt zurück, sie lächelten. Dann kam er näher und küßte sie auf beide Wangen. Ihr Haar streifte leicht sein Gesicht.

»Schön, Sie zu sehen, Cassie. Freut mich sehr, daß Sie Zeit für mich hatten.«

Sie lächelte, und er deutete auf seine Tüte. »Ich habe ein paar Sachen von Fortnum's mitgebracht. Ich dachte, bei so einem schönen Tag könnten wir ein Picknick machen. Das ist schneller und besser, als ins Restaurant zu gehen. Und Sie haben ohnehin wenig Zeit.«

»Eine wunderbare Idee.«

Sie traten aus dem Haus in die Sonne, die vom Asphalt hell reflektiert wurde. Von der gegenüberliegenden Seite der Straße aus beobachtete Eva, wie sie eilig davongingen und wie ihre Körper sich dabei leicht einander zuneigten. Sie sah sie verschwinden, legte die Zeitung wieder auf den Tisch und verließ das Café rasch in die entgegengesetzte Richtung.

Cassie und Stormont gingen zum Hyde Park und fanden einen großen Baum. Cassie setzte sich und lehnte sich an den Stamm. Stormont lag mit aufgestützten Ellbogen vor ihr. Er hatte das Jackett ausgezogen und die Krawatte gelöst. Sie legte ihre marineblaue Leinenjacke ab. Darunter trug sie ein ärmelloses blaues Kleid, das normalerweise bis zu den Knien reichte, im Sitzen aber bis zu den Schenkeln hochrutschte. Er ließ sie nicht aus den Augen, während sie es sich gemütlich machte.

Cassie schien es nicht zu bemerken, bis sie aufsah und sein Lächeln mit einem erwiderte, das seinen Blick und die darin liegende Anziehung nicht nur akzeptierte, sondern zu sagen schien, nur zu, ich habe nichts dagegen. Eine rasche Erregung durchflog ihn, geistig wie körperlich. Er öffnete die Champagnerflasche, einen ausgezeichneten Taittinger, und füllte zwei große Gläser.

»Sie verwöhnen mich«, sagte Cassie und nippte an ihrem Glas.

»Mal sehen, was wir sonst noch haben«, sagte er und nahm eine Dose *foie gras*, Brioches, geräucherten Lachs und Salat aus der Tüte.

Eine Weile aßen sie zufrieden, kosteten den Augenblick aus und fragten sich, was er bedeuten mochte.

»Interessante Idee«, sagte Cassie plötzlich und hob eine Augenbraue.

»Was denn?«

»Hier draußen zu essen statt in einem dunklen Restaurant.«

Wieder war er angenehm überrascht, daß sie sich nicht verstellte, sondern seinen latenten Verführungsversuch offen anerkannte.

»Wie wär's dann mit Abendessen in einem dunklen Restaurant?« Er beugte sich vor, als er dies sagte, und sah ihr in die Augen.

Sie wandte den Blick ab. »Mal sehen.« Nach einem Moment wandte sie sich wieder zu ihm und fragte: »Seit wann kennen Sie Eva eigentlich?«

»Unsere Familien kennen sich. Ich glaube, ich habe sie zum erstenmal gesehen, als sie drei war.« Er hielt inne. »Das ist eine Ewigkeit her.«

Cassie schwieg, als sie diese falsche Note bemerkte – Angst vor dem Alter, was für ein banales Klischee. Sie musterte den starken geschmeidigen Körper, die Kraft in seinen Augen, im Moment verborgen, aber dennoch durchscheinend. Die Angst vor der Vergänglichkeit, dem Verlust von Kraft wirkte prosaisch bei einem vierzigjährigen Mann, dessen Alter in Cassies Augen seine Attraktivität nur vergrößerte. Sie war unglaubwürdig und banal, ein bequemer, doch nicht überzeugender Trick. Sie sah auf die Uhr und stand geschmeidig auf.

»Ich muß los. Mein Termin …«

Stormont sprang auf. »Ja, natürlich.« Er sammelte rasch die Reste des Picknicks ein. »Ich bringe Sie zurück.«

Beim Gehen hatte er das Gefühl, daß ihr seine Gesellschaft irgendwie lästig war. Sie ging gedankenverloren und schnell und sah ihn kaum an. Ihr Ausdruck, ihre Gedanken schienen nach innen gerichtet, aber sie galten auch noch jemand anders. Vielleicht dachte sie an ihren Termin. Wer immer es war, sie freute sich auf ihn. Die Vorfreude war beinahe greifbar, und er war erneut angenehm überrascht, als er einen Anflug von irrationaler Eifersucht verspürte. Beide gingen und taten so, als sei ihr Schweigen das alter Freunde, bis sie den Eingang von Case Reed erreichten.

»So, hier verabschiede ich mich.« Er sah in ihre klaren blauen Augen, so durchsichtig und rein, trotz ihrer Heimlichkeiten, und verspürte eine Begierde, die stärker war als alles, woran er sich erinnern konnte. Aber so war es immer, dieses Verlangen nach einer neuen Eroberung.

Cassie erwiderte seinen Blick, und in ihren Augen flakkerten eigene Gedanken. Sie wandte sich ihm zu, als er sie küssen wollte. Er hielt sie an den Schultern fest und flüsterte ihr ins Ohr:

»Und? Hätten Sie Lust auf ein Abendessen?«

Sie lächelte und schien zum erstenmal, seit sie zurückgingen, die Gedanken abzuschütteln.

»Ja, das hätte ich.«

Er ließ sie los, und sie drehte sich um und ging hinein.

Stormont wartete, bis die Tür hinter ihr ins Schloß schnappte. Er sah mit einem Gefühl größerer Klarheit als zuvor die Straße rauf und runter, überquerte dann die Savile Row und betrat das Café auf der Clifford Street. Er setzte sich an einen Fenstertisch und griff nach dem *Standard,* den jemand dort liegen gelassen hatte. Halb dahinter verborgen, spähte er über den Rand.

Die Kellnerin fragte ihn lächelnd: »Was darf es sein?«

Er hob schon die Hand, um sie wegzuschicken, besann sich aber gerade noch rechtzeitig und sah zu ihr auf: »Einen doppelten Espresso.«

Die Kellnerin wollte ihm erklären, daß er auch etwas zu essen bestellen mußte, doch irgend etwas an ihm schreckte sie ab. Sie brachte ihm seinen Kaffee und ließ ihn in Ruhe.

Es war fünf vor zwei. Fünf Minuten vor Cassies Termin. Die Angestellten kamen vom Mittagessen zurück, kleine Grüppchen eilten an dem Gebäude von Case Reed vorbei. Ein paar Sekretärinnen und Angestellte drückten den Sicherheitscode am Eingang und betraten das Gebäude. Stormont beobachtete alles mit gelangweiltem, desinteressiertem Blick.

Um fünf nach zwei entdeckte er einen Mann, der in Jeans und mit offener Jacke die Straße entlangkam. Seine Bewegungen hatten etwas von der Leichtigkeit und dem Selbstbewußtsein einer Katze, keine Spur von der anmaßenden Überheblichkeit anderer Männer um die Dreißig, die in Jeans rumliefen, nur selbstbewußte Eleganz. Als er näher kam, entdeckte Stormont, daß er lächelte. Es war dasselbe halb versteckte Lächeln der Vorfreude, das Cassie zehn Minuten zuvor etwas dezenter zur Schau getragen hatte. Der Mann blieb vor dem Gebäude von Case Reed stehen und drückte auf die Klingel. Er wartete einen Augenblick, sprach in die Fernsprechanlage und drückte dann die Tür auf, ehe er im Innern des Gebäudes verschwand. Stormont stand auf, warf drei Einpfundmünzen auf den Tisch und verließ das Café. Er überquerte die Straße und bog in die Savile Row ein, wo Munro, sein Fahrer, im Wagen auf ihn wartete.

17

Cassie saß im Büro und wartete auf Owen Quaid. Fünf Minuten nach zwei führte Emma ihn herein. Er kam auf sie zu und lächelte über das ganze Gesicht, wie immer. Cassie sah sein Jackett, das weiße Hemd, die Bluejeans, die den muskulösen und doch so vertrauten Körper verdeckten. Sie sah sein Gesicht, die blauen, grüngefleckten Augen, das dichte braune Haar, nicht kurzgeschoren wie das der Banker, aber auch nicht lang. Irgendwo dazwischen, wie ein rausgewachsener Haarschnitt. Ihr Blick blieb an seinen Lippen hängen.

Sie stand auf, als er das Büro betrat. Emma wandte den Blick ab und runzelte mißbilligend die Stirn, als er sie an sich zog und auf den Mund küßte. Cassie machte sich lachend von ihm los; aber ihr Herz ging schneller.

»Setz dich.« Sie deutete übertrieben formell auf den Stuhl. Er setzte sich mit gespreizten Beinen und beugte sich über den Tisch zu Cassie herüber.

»Du siehst großartig aus.« Seine Stimme verriet die amerikanische Mutter und seine Jugend in New Orleans. Obwohl er seit zehn Jahren in England lebte und einen britischen Vater hatte, hielt er an seinem amerikanischen Akzent fest, was seinen Worten einen zärtlich schleppenden Ausdruck verlieh.

Cassie dachte kurz an Stormont und seine höfliche Zurückhaltung, die zu ihrer Überraschung im Vergleich dazu gar nicht schlecht abschnitt. Aber Quaid war erfrischend offen in allem, was er sagte oder tat. Eine Erlösung nach der lästigen Unbeholfenheit von Männern wie Stormont, egal ob geistig oder körperlich. Dennoch hatte Stormont mit seinen zusammengekniffenen Augen und seiner ruhigen Förmlichkeit es ihr irgendwie angetan.

»Wie wär's mit einem Spaziergang?« fragte Quaid leise.

»Geht leider nicht.«

Er studierte sie und spielte eine Weile mit ihrem Anblick, so ungewohnt formell in ihrem eleganten Kleid. Schließlich seufzte er.

»Okay, Business. Ich stehe dir zur Verfügung. Was verlangst du von mir?«

»Wir haben da ein neues Geschäft mit einem neuen Kandidaten.«

Er warf ihr einen prüfenden Blick zu. In ihrer Stimme schwang eine unüberhörbare Erregung mit, das war normal bei einem neuen Deal. Aber heute hörte er noch etwas anderes, ein kaum merkliches Zögern, ein ungewohntes Unbehagen.

»Erzähl«, sagte er sanft.

Cassie war von dieser Zärtlichkeit überrascht, die er sonst nur im Bett zeigte.

»Eine Frau, die ich kenne. Wir waren in Oxford. Danach habe ich sie eine Weile aus den Augen verloren. Aber wir sind immer noch befreundet. Sie hat uns einen erstaunlichen Deal vorgeschlagen.«

»Wie heißt sie?«

»Eva Cunningham.«

Quaid nahm eine Packung Zigaretten und sein Feuerzeug aus der Tasche. Sein Gesicht war einen Augenblick verborgen, als er sich vorbeugte, um die Zigarette an der Flamme anzuzünden. Cassie stand auf, um ihm einen Aschenbecher zu holen.

»Was brauchst du?« fragte er.

»Das übliche. Was sie tut. Wen sie trifft. Mit wem sie sich unterhält. Ob sie gefährliche Angewohnheiten hat. Wofür sie ihr Geld ausgibt. Wenn möglich, wieviel Geld sie besitzt. Du weißt schon. Das übliche eben«, sagte sie. Ihre Stimme klang gereizt.

»Es ist dir unangenehm, stimmt's?«

»Klar. Sie ist eine Freundin. Ich hasse es. Aber der Deal ist schon riskant genug, wir müssen uns so weit wie möglich absichern. Ich kenne Eva, aber Case Reed nicht. Und außerdem, wie gut kennt man seine Freunde wirklich? Vor allem, wenn man sie seit acht Jahren nicht mehr gesehen hat. Ich würde mich am liebsten davor drücken, aber es geht nicht.«

Er ließ sie reden und verbarg seine Unruhe hinter der ihren. Nach einer Weile hielt sie inne und fragte: »Was ist los?«

»Nun, das Ganze gefällt mir nicht, und dir auch nicht.« Sie beugte sich über den Tisch und drückte seine Hand. »Ich weiß, aber irgendwie müssen wir uns da durchschummeln.«

Er schwieg eine Zeitlang. »Du könntest jemand anders damit beauftragen. Vielleicht ist es besser, wenn jemand völlig Neutrales sich darum kümmert, jemand, der mehr Distanz hat.« Wenn man es recht besah, war dieser Vorschlag ziemlich vernünftig. Er schöpfte leichte Hoffnung, doch sie schüttelte den Kopf.

»Nein. Wenn überhaupt, dann sollst du es machen.«

Er seufzte tief, ohne es zu wollen.

Cassie sah beunruhigt auf. Keiner von ihnen gab sich Mühe, seine Sorge zu verbergen.

»Was ist los mit dir, Owen? Da ist auch was von deiner Seite, nicht nur von meiner. Was ist es?«

»Gar nichts. Nichts außer dem, was du mir gesagt hast. Das reicht doch wohl, oder?«

Sie schüttelte den Kopf. Was immer es war, wenn überhaupt etwas war, sie würde es nie aus ihm herausbekommen. Sie kannte diese plötzliche Verschlossenheit an ihm. Rasch fuhr er fort: »Am besten erzählst du mir mehr über diesen Deal. Du hast gesagt, er sei riskant. Aber alle deine Deals sind riskant, das wissen wir. Das ist eben so bei deiner Arbeit. Diesmal hast du es besonders unterstrichen, wenn auch nur in einem Nebensatz. Wo liegt das Problem?«

»Du hast recht. In diesem Fall mußt du informiert sein. Wir planen mit einem Geschäftsmann aus Hongkong eine größere Investition, du hast vielleicht schon von ihm gehört. Er heißt Robie Frazer. Es ist ein Projekt im Fernen Osten, eine Diamantenmine in Vietnam.« Sie hielt inne, um seine Reaktion zu beobachten. Sein Blick ruhte auf ihr, forschend, abwartend. Sie erzählte ihm von dem Deal, von Eva und von Granger McAdam, die ganze Geschichte. Anschließend war er erst mal sprachlos.

»Verdammte Scheiße. Was ist das für ein Deal?« fragte er schließlich.

»Ein vielversprechender. Wahrscheinlich äußerst rentabel. Er könnte alles, was wir in der Vergangenheit gemacht haben, in den Schatten stellen«, antwortete sie unbeirrt.

»Und du willst einer alten Freundin aushelfen. Wie, zum Teufel, ist sie an die Mine in Vietnam gekommen? Was hat sie da eigentlich gemacht?«

»Das geht dich nichts an, oder?«

»Und ob mich das was angeht, das weißt du ganz genau. Wie soll ich dir einen vernünftigen Bericht liefern, ohne was über ihre Vergangenheit zu wissen? Was willst du eigentlich? Eva Cunningham ist aufgestanden, hat gefrühstückt, ein paar Anrufe gemacht, ein Paar Schuhe gekauft und ist zum Friseur gegangen?«

Sie starrten sich über den Schreibtisch hinweg an, selbst verwundert über die plötzliche Spannung zwischen ihnen. Doch dann gewannen andere Gefühle die Oberhand, und beide mußten lachen.

»Mein Gott, was für ein Durcheinander«, sagte Cassie.

»Kann man wohl sagen.«

Wieder entdeckte Cassie einen Anflug von versteckter Sorge, die rasch über sein Gesicht flackerte. Er schwieg eine Weile.

»Das Ganze ist dir sehr wichtig, was?«

»Ja.«

»Dann werden wir folgendes tun. Ich werde Eva Cunningham unter die Lupe nehmen. Ich werde dir einen schriftlichen und einen mündlichen Bericht geben. Und ich werde dir irrelevante persönliche Details ersparen, also alles, was peinlich wäre, aber für deine Zwecke unbrauchbar. Einverstanden?«

Sie nickte und wartete auf etwas, das noch zwischen ihnen schwebte.

»Sei vorsichtig. Wir beide müssen vorsichtig sein.«

»Wieso? Was meinst du?«

»Du willst doch nicht, daß sie rauskriegt, daß du sie beschnüffeln läßt, oder?«

»Natürlich nicht.«

»Wir können also nicht das Risiko eingehen, daß sie mich erwischt, wenn ich sie beschatte, und sie uns später irgendwann zusammen sieht.«

Cassie spürte einen Anflug von Verzweiflung. Sie hatte nie daran gedacht, daß Quaid sich von ihr zurückziehen könnte.

»Schon gut«, sagte er und beobachtete sie. »Wir können uns weiterhin treffen, wir müssen nur sehr diskret sein.«

Draußen auf der Straße verfluchte er sich selbst. Ihretwegen und seinetwegen hätte er verschwinden und sie nie wiedersehen sollen. Er hätte ihr einen gefälschten Bericht geben, Evas Image zerstören und den Deal platzen lassen sollen. Doch er konnte Cassie nicht verlassen – die alptraumhafte Mischung von Liebe, Sorge und dem Bedürfnis, sie vor Dingen in Schutz zu nehmen, von denen sie nichts verstand, war zu stark. Plötzlich schoß ihm ein tröstlicher Gedanke durch den Kopf. Vielleicht mußte er gar nichts erfinden, um Evas Bild zu zerstören. Wenn er Glück hatte, war sie sowieso nichts wert. Aber das schien eher unwahrscheinlich. Eva war Cassies Freundin, sie konnte nicht korrupt sein.

Cassie verdrängte ihr Unbehagen und versuchte abzuschalten. Sie konzentrierte sich auf die Arbeit und überließ sich willig der berauschenden Erregung des Deals – ein General mit lackierten Fingernägeln, der in einem Café saß und einen Finanzkrieg ausheckte. Für sie hatte es mehr von einem Spiel.

Meistens siegte derjenige, der die Regeln am erfolgreichsten beugte, ohne nach außen die vom Gesetz aufgestellten Grenzen zu brechen. Es gab eine Menge Spielraum für Fantasie, Kreativität und Tricks. Es ging nicht nur um Zahlen auf dem Papier. Vieles hing davon ab, daß man die Reaktionen der anderen voraussah. Das menschliche Element machte das Ganze unvorhersehbar, erhöhte das Risiko und die Möglichkeiten der Manipulation. Das Spiel bestand zur

Hälfte aus dem Kick und zur anderen aus Geld in seinen unterschiedlichen Verkleidungen; doch hinter dem Funkeln der Diamanten verbarg sich das Moment der Bestechlichkeit. Obwohl sie noch im Boden ruhten, glitzerten und blendeten sie. Cassie rief Sam Brimton an. Die Sekretärin stellte das Gespräch durch. Brimtons Stimme klang träge und ein wenig ironisch.

»Sie sind also John Richardsons Schützling, was?«

»Hmm.«

»Und Sie wollen an der Börse von Vancouver handeln?«

»So ist es.«

»Wie kann ich Ihnen behilflich sein?«

»Ich brauche einen Broker, der sich dort auskennt. Möglich, daß Case Reed in ein paar Tagen einen kleinen Anteil an einer Gesellschaft übernimmt. Außerdem brauchen wir wahrscheinlich einen Handelsbanker als Berater. Es könnte sein, daß wir ein Übernahmeangebot für diese Gesellschaft machen, wenn es soweit ist.«

»Schön und gut, aber bislang haben Sie mir so gut wie nichts gesagt. Sie haben mir nicht die geringste Insiderinformation gegeben.«

»Genauso ist es. Im übrigen würde ich gern wissen, ob Sie unser Mann sein wollen?«

»Es wäre mir eine Ehre.«

»Na schön, dann wäre das schon mal geregelt. Und jetzt können Sie mir in Ihrer offiziellen Eigenschaft als Broker sagen, ob meine Vorgehensweise koscher ist.«

Cassie legte die Strategie dar, die sie mit Richardson und Eva ausgearbeitet hatte, ohne jedoch den Namen der Gesellschaft zu verraten.

»Scheint mir alles in Ordnung zu sein.«

»In ein paar Tagen werden wir eine Besprechung haben, und wenn alles gutgeht, rufe ich Sie an und gebe Ihnen den Namen der Gesellschaft und Kaufanweisung. Bis dahin sollten wir ein Konto bei Ihnen einrichten. Vielleicht veranlassen Sie, daß Ihre Sekretärin meine anruft, um die Einzelheiten zu besprechen.«

»Yeah, mach' ich.« Er zögerte eine Sekunde. »Hören Sie,

Cassie, wenn dann alles in Gang kommt, würde ich sehr vorsichtig sein. Die hiesige Börse ist nicht wie die in London. Hier geht es ganz schön wild zu, und es gibt eine Menge skrupelloser Broker, die gerne manipulieren. Sie wollen sich sicher nicht die Finger verbrennen. Nicht, daß irgendwer anders mehr als Sie weiß und Gerüchte streut, um die Preise zu manipulieren. Dazu braucht man hier keine harten Fakten. Es reicht ein geflüstertes Wort, ohne jede Grundlage, und ehe man es merkt, ist es zu spät. Besser, Sie kriegen alles über Ihr Unternehmen raus, was Sie können, einschließlich der Farbe des Klopapiers.« Er machte eine Pause und sagte dann leichthin: »Natürlich wäre es nicht übel, wenn Sie ein paar schlechte Nachrichten auf Lager hätten, ehe Sie Ihr Übernahmeangebot loslassen.«

»Sie schlagen doch nicht etwa ein Baissemanöver vor, Mr. Brimton?« Bei einem Baissemanöver streuten Spekulanten bewußt Falschmeldungen über eine Gesellschaft, um ihre Anteile billig zu erstehen, nachdem sie sie vorher zu höheren Preisen verkauft hatten. Diese Praxis brach zwar alle internationalen Börsenregeln, doch die Gewinne, die man dabei machen konnte, waren stärker als juristische Skrupel.

Obwohl Brimton lachte, war seine Warnung nicht zu überhören.

»Das habe ich nicht gesagt, ich kläre Sie lediglich über die Risiken auf, nicht mehr. Damit Sie ein Gefühl für die hiesige Börse bekommen. Es gibt einfach zu viele Cowboys hier. Wenn man die Nase vorn haben will, muß man mit harten Bandagen kämpfen.«

»Danke für den Hinweis.«

»Sie werden Freunde brauchen, Cassie, wenn Sie es ernst meinen. Sie müssen sich gut vorbereiten.«

»Vielen Dank für das Angebot, Sam. Genau das haben wir von Ihnen erwartet.«

»Ich werde mein Bestes tun, aber Sie können trotzdem auf die Schnauze fallen.«

Sie legte auf. Ein Übereinkommen war getroffen, im Moment ruhte es, aber sie konnte jederzeit darauf zurückkommen, wenn sie wollte. Sie war nicht sicher, wie es aussehen würde und welche Kosten damit verbunden waren, aber es würde Vorteile haben, das wußte sie, und auch, daß Sams Warnungen ehrlich gemeint waren. Sie würde einen Freund in Vancouver brauchen. Er hatte recht, an einer Börse, wo alle Dreck am Stecken hatten, konnte man nicht sauber spielen, ohne sich selbst zu schaden. Und wenn sich schon einer die Finger schmutzig machen mußte, dann sollte es Sam Brimton sein und nicht Case Reed, selbst wenn sie jetzt liiert waren.

Sie staunte selbst, wenn sie darüber nachdachte, wie sie sich in acht Jahren von einer naiven Universitätsabsolventin zu einer gerissenen Finanzexpertin gemausert hatte. Sie wußte nicht genau, wie es dazu gekommen war, aber sie spürte eine gewisse Verschiebung, ein Wegfallen von Skrupeln. Vor acht Jahren hätte sie nie ein solches Gespräch führen können. Aber in ihrem Beruf durfte man nicht zimperlich sein. Wenn man Erfolg haben wollte, mußte man sich an die Spielregeln halten, und das hieß häufig genug, sie zu brechen oder durch Dritte brechen zu lassen, während man selbst verschämt den Blick abwandte. Bloß diesmal wollte sie nicht woanders hinschauen. Sie wollte alles sehen, und zwar aus dem Zentrum heraus. Dasselbe Verlangen erkannte sie auch bei Eva, eine unberechenbare Veranlagung, Energie und Erregung mit einem Schuß Angst.

18

Für ihre Verabredung mit Frazer wählte Eva ein blaßblaues Leinenkleid und ein paar dunkelbraune Sandalen, legte Lippenstift auf und griff nach dem Parfüm. Make-up brauchte sie nicht. Sie lächelte ihrem Spiegelbild zu. Ein guter Köder, eine gute Rivalin.

Zehn Minuten nach neun kam sie in Wilton Place an. Frazer begrüßte sie mit einem Kuß und einem Glas Champagner und führte sie in den Garten hinter dem Haus. Sie saßen auf verwitterten Holzstühlen an einem dazugehörigen Tisch. Er nahm ihren Arm und strich mit den Fingern über die Haut. Eva versuchte, sich ihr Unbehagen nicht anmerken zu lassen. Plötzlich hielt er inne und musterte ihren Unterarm bis zum Handgelenk. »Was ist das? Was hast du dir da angetan?« Seine Fingerspitzen fuhren über die Stellen leicht verfärbter Haut auf beiden Unterarmen.

Eva zuckte nicht mit der Wimper. »Du hast gute Augen.«

»Nun?«

Plötzlich spürte Eva einen Anflug von Ärger, am liebsten hätte sie den Arm zurückgezogen und ihn angeschrien. *Schönheitschirurgie. Hauttransplantation, um die Narben eines Unfalls zu verdecken. Es hat nicht viel gebracht, und obendrein hatte ich ein Jahr später einen Sonnenbrand. Deshalb wird die Haut an den Stellen nicht so braun. Zufrieden?* Doch dann unterdrückte sie ihren Ärger und antwortete beherrscht: »Ein Skiunfall in Val d'Isère. Ich bin auf einer schwierigen Abfahrt gestürzt, der vereiste Schnee hat mir die Kleider zerfetzt und die Haut bis aufs Fleisch abgeschürft.« Sie machte eine Pause.

»Ich hatte Glück, daß ich nicht verblutet bin. Soviel ich weiß, war das eine Woche vor mir jemandem passiert, am gleichen Hang. Das Eis hatte ihm die Pulsader zerfetzt.« Sie zuckte gleichgültig die Achseln, als hätte sie die Geschichte schon tausendmal erzählt.

Er grinste. »Daher die Narben also?«

»Ja«, antwortete sie unbewegt. »Daher die Narben. Das Ganze ist vor zwei Jahren passiert. Die Narben sind geblieben, aber ich hatte Glück.« Plötzlich sah er Schatten in ihren Augen. Es war, als hätte sie sich in einen düsteren Schleier gehüllt.

Er berührte ihr Gesicht. »Jeder fürchtet den Tod.«

Sie sah woanders hin und schwieg. Plötzlich beugte er sich über sie, küßte ihren Arm und fuhr mit der Zunge über die Narben. Es war ein schockierender Ausdruck von Zärtlichkeit. Das Gewirr einander widersprechender Gefühle drehte ihr den Magen um. Nach einer Weile hielt Frazer inne, ohne den Arm loszulassen, und lächelte zu ihr auf. Eva berührte seine Hand und bückte sich dann nach ihrer Handtasche, die auf dem Boden lag. Sie nahm eine Packung Zigaretten heraus und zündete sich eine an.

Sie blies den Rauch an ihm vorbei und wich seinem Blick aus. Was da gerade zwischen ihnen geschehen war, hatte mit Sex und den einfachen, wohlbekannten Regeln, die ihn begleiteten, nichts zu tun, so intim war es.

»Du magst Häßlichkeit, wie?« fragte sie.

»Sie kann sehr aufregend sein, findest du nicht? Perfekte Schönheit dagegen eher fade.«

»Was hältst du dann von Cassie Stewart? Ist sie eine perfekte Schönheit?«

»Sie ist sehr schön«, antwortete Frazer und sah sie an.

»Aber ich hatte keine Gelegenheit, sie zu studieren und zu sehen, ob sie versteckte Narben hat. Fade finde ich sie nicht.«

»Nein. Ihre Schönheit ist mit Klugheit gepaart, fast Unberechenbarkeit. Das ist neu, und seltsam. In Oxford war sie nicht so.«

»Was hat sie so verändert?«

»Wie soll ich das wissen? Acht Jahre sind vergangen. Da kann uns allen vieles geschehen.« Eva wurde bewußt, daß sie sich auf ein gefährliches Glatteis begab, und hellte ihre Stimme auf.

»Wahrscheinlich liegt es an mir. Ich habe mich verändert

und sehe die Dinge anders.« Sie beugte sich vor und küßte ihn langsam und zärtlich auf den Mund. Als sie sich von ihm löste, entdeckte sie Hunger und Begierde in seinen Augen. Sie lächelte, als sie sah, daß sie ihn unter Kontrolle hatte.

»Wann essen wir? Ich bin halb verhungert.«

»Wann du willst. Wir bleiben hier, meine Haushälterin hat gekocht.« Er sah auf die Uhr. »Sie müßte uns jeden Augenblick rufen.«

Der Abend verging in einem angenehmen Rausch von Wein und Essen. Keiner von beiden erwähnte den Deal. Eva hatte den Eindruck, daß er sie und das Geschäft trennen wollte.

Sie konnte Geliebte und Geschäftspartnerin sein, aber nicht zur gleichen Zeit. Mit der Frau ging er ins Bett, und mit der Partnerin machte er Geschäfte. Sie war froh darüber.

Frazer war ein guter Gastgeber, er hatte die Leichtigkeit und den Charme eines Liebhabers, der sich in seiner Rolle wohl fühlt und von keinerlei Gefühlen behindern läßt. Die Intimität von vorhin wurde stillschweigend vergessen. Eva kämpfte nicht mehr gegen sich selbst und genoß die Wärme des Abends, den Garten, das gute Essen, den Wein und die amüsanten Geschichten.

Frazer verriet ihr nichts von Bedeutung, sondern erzählte nur harmlose Anekdoten über Hongkong und London. Es war die zynische, gleichgültige Unterhaltung eines Geschäftsmannes. Amüsant, doch bewußt fade, genau die Eigenschaft, die er verabscheute. Er war auf der Hut, wenn auch nicht unbedingt vor ihr. Eva hielt es für die angeborene Wachsamkeit eines Mannes mit Geheimnissen und dem Bedürfnis, der Vertrautheit, die sich aus jeder Art von Selbstenthüllung ergibt, aus dem Weg zu gehen. Gute Taktik für ein Abendessen; sie hätte viele aus Frazers Kreis befriedigt, die nichts anderes wollten, als daß er den Frazer spielte, den sie kannten und bewunderten. Eva jedoch war frustriert, nervös, sie wollte an der Oberfläche kratzen und traute sich nicht. Noch war sie nicht selbstsicher genug und hatte Angst, daß ihre Fragen sie verraten könnten. Einen Augenblick wünschte sie sich, sie hätte Cassies Leichtigkeit. Aber Cassie war anders, sie mußte sich weder verstellen, noch hatte sie was zu verbergen.

Eva spürte, wie sich ihr Körper anspannte, daher verscheuchte sie Cassie aus ihren Gedanken und konzentrierte sich auf Frazer. Er besaß diese Leichtigkeit, war aber so durch und durch falsch, daß jede Faser seines Körpers davon durchdrungen war. Eva studierte ihn. Vielleicht fühlte er sich selbst gar nicht falsch. Möglich, daß er einfach unmoralisch war und pathologisch gewissenlos. Oder ein guter Schauspieler. Eva starrte ins Leere. Sie wußte nicht, was schlimmer war.

Sie fragte sich auch, wie er sie wohl sehen mochte. Glücklich und unbeschwert, als eine Frau, die keine Geheimnisse hatte? Oder vermutete er, daß es noch eine andere Seite gab und daß auch sie schauspielerte, gut oder schlecht? Sie würde ihm etwas hinwerfen müssen, ein Stück Selbstoffenbarung, denn danach suchte er, wenn auch nur aus akademischem Interesse. Er würde ihr nichts von sich selbst anvertrauen, aber er wollte etwas von ihr, irgendeine Art von emotionaler Abhängigkeit. Menschen wie er lebten von der Fähigkeit, sich bei anderen zu holen, was sie sich selbst nicht geben konnten, ein Spiel, ein aussichtsloses Spiel. Sie nahmen, was andere aufgaben. Der Gedanke ernüchterte sie, und sie griff über den Tisch hinweg nach seiner Hand.

»Gehen wir ins Bett.« Da war das Schauspielern leicht und zunehmend überflüssig. Ihr Körper übernahm mit erschreckender Leichtigkeit die Kontrolle.

Sie erwachte am nächsten Morgen um sieben. Leise schlüpfte sie aus dem Bett und nahm eine Dusche. Als sie wieder ins Schlafzimmer zurückkam, entdeckte sie voller Abscheu das am Boden liegende zerknitterte Leinenkleid. Ihr Blick wanderte zu Frazer, der noch schlief. Auf Zehenspitzen schlich sie in sein Ankleidezimmer. Eingebaute Wandschränke und zwei Kommoden mit Schubladen. Sie öffnete zuerst die Wandschränke. Reihenweise Anzüge, Jacketts und Hosen. In den Regalen lagen Jeans, gefaltete Hemden und Pullover. Nackt wie sie war, stieg sie in eine Jeans und zog den Gürtel so straff es ging. Dann überflog sie noch einmal die Regale auf der Suche nach einem T-Shirt. Als sie Frazer hinter sich hörte, fuhr sie zusammen, setzte jedoch ihre beiläufige Suche fort, ein Bein angewinkelt, den Kopf auf die Seite gelegt, als überlegte sie, was sie anziehen sollte.

»Was machst du da?« fragte er ungewöhnlich scharf. Sie drehte sich um und sah ihn an.

»Ich suche ein verdammtes T-Shirt. Ich habe keine Lust, die Klamotten von gestern abend zu tragen.« Ohne auf seine Gereiztheit zu achten, trat sie halbnackt auf ihn zu und küßte ihn auf den Mund. Er lächelte, aber sein Ton blieb scharf.

»Nächstes Mal fragst du mich. Dann suche ich dir was raus.«

»Ich wollte dich nicht wecken, weil ich Angst hatte, du könntest böse sein. Und ich hatte gar nicht unrecht, wie?« neckte sie ihn. »Du hast schlechte Laune. Was beunruhigt dich denn so? Hast du Angst, daß ich irgendwelche Frauenkleider finden könnte?«

Als sie die Belustigung in seinen Augen las, entspannte sie sich. »Mach dir keine Sorgen. So borniert bin ich nicht. Ich weiß genau, daß ich kein Monopol auf dich habe.«

Er lachte, und sie spürte, wie sein Ärger verflog.

»Und? Wo sind die T-Shirts? So kann ich unmöglich nach Hause.«

Er griff in eine Schublade und nahm ein weißes T-Shirt heraus.

Sie streifte es über. »Danke.«

Er beobachtete, wie sie es in die Jeans stopfte. Die Kleider schlotterten um sie herum, doch die Konturen ihres Körpers, die straffen Muskeln waren deutlich erkennbar. Er stellte sich die weiche nackte Haut darunter vor. In seinen viel zu weiten Sachen sah sie umwerfender aus als je zuvor. Er fuhr mit den Händen über ihren Körper, streifte die Jeans herunter und zog sie zu sich auf den Boden.

Eine Stunde später sah er zu, wie sie sich wieder anzog. »Hast du Hunger? Margaret macht uns Frühstück.«

»Rühreier?« fragte sie hoffnungsvoll.

»Die esse ich jeden Morgen. Eine Cholesterinbombe.«

Zehn Minuten später saßen sie am Frühstückstisch. Die Spannung zwischen ihnen war verflogen. Eva stürzte sich auf Speck, Rühreier, Tomaten, Würstchen und Pilze. Margaret hatte den Kaffee gebracht, ohne mit der Wimper zu zucken, offensichtlich war sie an unangemeldete Frauen zum Frühstück gewohnt. Wahrscheinlich geben sie sich die Klinke in die Hand, dachte Eva. Das war ihre beste Tarnung.

Frauen sind neugierig. Wenn sie nicht gerade sehr gewissenhaft oder aber völlig desinteressiert sind, wühlen sie gern in fremden Schränken oder Badezimmern nach irgendwelchen Spuren von anderen Frauen – Gesichtscremes, Parfüms, Schuhe, Kleider. Frazer würde sie deswegen nicht verdächtigen. Außerdem hatte sie mit ihrem Wunsch nach frischen Klamotten eine gute Ausrede gehabt. Zwar hatte sie nichts entdeckt, unter dem Deckmantel weiblicher Neugier jedoch einen akzeptablen Präzedenzfall geschaffen.

Sie warf Frazer, der hinter der *Times* verborgen war, einen Blick zu, konnte aber nur seine Augen sehen. Er wirkte völlig entspannt und schien sein Frühstück zu genießen.

In dem Moment tauchte Margaret auf und blieb in der Tür stehen, bis Frazer sich ihr zuwandte.

»Telefon.«

Er stand auf und verließ den Raum. Als er die Tür des Arbeitszimmers hinter sich geschlossen hatte, nahm er den Hörer ab.

»Ja?«

»Le Mai. Ich bin eben in Heathrow gelandet.«

»Komm sofort her.«

Als Frazer zum Frühstückstisch zurückkam, war die Trägheit des frühen Morgens verflogen. Eva spürte seine Unruhe. Er beendete sein Frühstück mit klapperndem Besteck, schob den Teller von sich und warf Eva, die noch nicht fertig war, einen ungeduldigen Blick zu. Dann stand er nervös auf, trat ans Fenster und sah in den Garten. Eva ließ sich Zeit und blätterte mit gelangweilter Miene im *Daily*

Telegraph. Schließlich stand sie auf und küßte ihn auf die Wange. »Wiedersehen.« Dann drehte sie sich um und ging.

Zu ihrer Belustigung wirkte Frazer überrascht, als habe er mit einem derartig raschen Abgang nicht gerechnet.

Owen Quaid saß in einem unauffälligen Mietwagen Marke Mondeo und beobachtete, wie Eva Frazers Haus verließ. Sie wird ein Taxi nehmen, dachte er. Schließlich wohnte sie eine halbe Stunde zu Fuß entfernt und mußte nach der langen Nacht müde sein. Sie ließ Wilton Place hinter sich und ging durch die Wilton Crescent zum Belgrave Square. Er sah, wie sie an der Ecke wartete, fuhr einmal um den Platz und kam rechtzeitig, um zu sehen, wie sie in ein Taxi stieg. Obwohl er instinktiv wußte, daß sie nach Hause fuhr, wollte er sich selbst davon überzeugen. Er ließ drei Wagen vor und heftete sich an ihre Fersen.

Das Taxi hielt vor einem Zeitungskiosk an der King's Road. Quaid parkte im gebührenden Abstand und beobachtete, wie sie den Laden mit einer Plastiktüte voller Zeitungen und ein paar unförmigen Artikeln verließ, die nach einer Milchtüte und einem Brot aussahen. Genau wie erwartet.

Er folgte ihr, bis das Taxi in die Langton Street einbog, dann drehte er ab und fuhr nach Notting Hill in sein Büro. Von dort rief er bei einem kleinen Unternehmen an, das mit den üblichen Informationen handelte: Krankenberichte, Aufschlüsselung von Telefonanrufen, Kreditkartenabrechnungen, Bankkonten usw.

»Wann?« fragte der Mann am anderen Ende der Leitung.

»Sofort«, erwiderte Quaid.

»Geht klar«, sagte der andere und legte auf.

Zu Hause absolvierte Eva als erstes ihre morgendliche Gymnastikroutine. Eine halbe Stunde später rief sie schwitzend, aber mit klarem Kopf bei Stormont an. Seine Sekretärin nahm ab. »Er ist gerade in einer Sitzung. Aber Giles Aden ist hier. Er will Sie sprechen.«

Bevor Eva etwas sagen konnte, war Aden schon dran.

»Eva. Ich wollte mit Ihnen sprechen. Was gibt es Neues?«

»Könnten Sie mir bitte Stormont an den Apparat holen, Giles.«

»Würde ich gerne machen, aber er ist ...«

»Interessiert mich nicht, Giles.«

Aden verkniff sich eine Antwort und verschwand, um seinen Chef zu holen.

Eine Minute später war Stormont am Apparat.

»Eva, was ist los?«

»Wir müssen sein Telefon abhören, Stormont. Ich habe das Gefühl, daß er was im Schilde führt. Was ich bislang tue, bringt uns nicht viel weiter. Ein paar Wanzen wären auch nicht schlecht. Wir verschwenden sonst viel zuviel Zeit.«

»Na gut. Bisher habe ich noch gezögert. Es ist nicht so leicht, eine Abhörgenehmigung für einen Mann seines Kalibers zu bekommen. Aber du hast recht. Wir verschwenden Zeit. Noch heute werde ich Carew um eine Genehmigung bitten.«

»Großartig, dann können wir wenigstens eine Sache rauskriegen.«

»Und die wäre?«

»Na, daß Frazer was zu verbergen hat. Ich bezweifle allerdings, daß wir an echte Beweise rankommen, da er sehr vorsichtig ist. Er gibt sich völlig ungezwungen, aber er läßt nichts raus. Wahrscheinlich rechnet er sowieso damit, daß sein Telefon abgehört wird. Vermutlich kriegen wir nur völlig belanglose Dinge raus, aber vielleicht bekommen wir den einen oder anderen Hinweis dadurch, man kann nie wissen. Wie lange braucht denn so was?«

»Mit Glück könnten wir noch heute die Genehmigung erhalten. Dann müssen wir den geeigneten Zeitpunkt abwarten, um alles zu installieren.«

»Sollte ich das nicht machen? Ich komme problemlos ins Haus.«

Stormont überlegte. »Es ist ein bißchen gefährlich. Wenn man dich erwischt, wäre deine Tarnung hin. Andererseits hast du am leichtesten Zugang ...«

»Besorg mir die Wanzen. Ich mach's.«

»Na gut«, sagte Stormont schließlich. »Ich veranlasse alles. Du kümmerst dich um Frazer. Bring die Diamanten ins Gespräch und paß auf dich auf.«

»Mach dir keine Sorgen.«

»Du mußt wirklich vorsichtig sein, Eva.«

»Mein Gott, Stormont, als wenn ich das nicht wüßte.«

»Ich weiß, ich weiß, du paßt auf dich auf. Es ist nur, daß wir beide wissen, wozu er imstande ist.«

19

Owen Quaid saß in seinem Büro und rauchte eine halbe Packung Zigaretten, ehe er die letzte ausdrückte, aufsprang und ins Büro seines Kompagnons Paul Black marschierte. Black war ein intelligenter, cooler Mittdreißiger mit lockigem schwarzem Haar, einer langen, schmalen Nase mit einer Delle in der Mitte, wachsamen blauen Augen und einem vorzeitig gealterten Gesicht. Unmengen von Whisky, Zigaretten und seine lebenslange Arbeit im Untergrund hatten Spuren hinterlassen.

Die beiden Männer hatten sich vor vier Jahren zusammengetan. Es war teilweise ein Experiment gewesen. Beide waren unabhängige Privatdetektive, denen die Arbeit über den Kopf wuchs. Keiner hatte viel über den anderen gewußt oder hätte dies zugegeben. In ihrer Welt legte man nicht viel Wert auf Lebensläufe und Referenzen. Beide hatten sich auf ihren Instinkt verlassen und das wenige, was sie über den anderen wußten.

Quaid wußte beispielsweise, daß Black mehr als zehn Jahre im Fernen Osten gearbeitet hatte. Was genau er dort gemacht hatte, wußte er nicht, und es interessierte ihn auch nicht. Keiner von beiden hatte das Bedürfnis, dem anderen irgendwelche Geständnisse zu machen. Es war gefährlich, Anekdoten auszutauschen, denn die Konkurrenz untereinander ist stärker als Besonnenheit und Zurückhaltung. Diskretion hat oberste Priorität in ihrem Beruf, und keiner von beiden wollte das mißachten. Es gab aber auch einen weiteren und nach zehnjähriger Berufserfahrung fast natürlichen Grund – Diskretion ging übergangslos in gewohnheitsmäßige Verschwiegenheit über. Damit standen sie nicht allein. Überall wurden Geliebte, Bankkonten oder Lügen verheimlicht. In ihrem Fall war Verschwiegenheit von Berufs wegen notwendig und obendrein eine gute Tarnung, wobei die Grenzen verschwammen. Innerhalb dieser

Vorgaben vertrauten sie einander und waren ein gutes Team.

Sie hatten ein profitables Geschäft und arbeiteten für einen ausgewählten Kundenkreis. Meistens wurden sie von einem Geschäftspartner engagiert, um dessen Gegenspieler auszuspionieren. Sie überprüften finanzielle, aber auch persönliche Daten. Die individuelle Psychologie war mindestens so wichtig wie das Bankkonto, und beides fiel gleich stark ins Gewicht. Bei schwierigen Aufgaben, zum Beispiel, wenn mehrere Leute nötig waren, um jemanden zu beschatten, engagierten sie freie Mitarbeiter. Natürlich verfügten sie nicht über die Möglichkeiten einer weltweit operierenden Organisation wie Kroll, dafür boten sie eine Anonymität, die Kroll trotz aller Diskretion nicht gewährleisten konnte. Kroll war fast eine Institution oder, besser gesagt, eine Gegeninstitution. Quaid und Black wurden von Leuten angeheuert, die es vorzogen, einem riesigen Unternehmen wie Kroll nicht zu zeigen, daß sie derartige Dienste in Anspruch nahmen.

Black und Quaid waren klein genug, um beinahe unsichtbar zu bleiben. Ihre Firma hieß *Black Property Services.* Die Rechnungen sahen völlig harmlos aus, abgesehen von ihrer Höhe. Das Büro in einem Wohnviertel von Notting Hill war luftig und gemütlich eingerichtet, ein ausgezeichneter Hintergrund für den Erfolg seiner Betreiber. Quaid war trotz seiner lässigen Eleganz der geborene Detektiv, der mit Charme und Talent selbst hinter die wohlgehütetsten Informationen kam. Er war ein Eingeweihter im Netzwerk der käuflichen Geheimnisse, wußte, welche Bank- oder Verwaltungsangestellten käuflich waren, und kannte genug ehrgeizige Hacker, die nur darauf warteten, ihre Fähigkeiten unter Beweis zu stellen. Quaid wußte auch, wie man Schwachstellen im Leben anderer Leute ausfindig macht oder wann man hinter eine unauffällige Fassade blicken muß. Er hatte einen Instinkt dafür.

Black sah auf, als Quaid sein Büro betrat, und griff nach der Packung Zigaretten, die auf dem Tisch lag. Jede seiner Bewegungen war entspannt und gelöst. Er lehnte sich lächelnd zurück und wartete auf die schlechte Nachricht, die sich unweigerlich hinter Owens Nervosität verbarg. Was es auch sein mochte, Blacks Verhalten schien zu sagen, daß es kein Problem war, jedenfalls nichts, worüber er sich Sorgen machen mußte.

Quaid setzte sich auf den Schreibtischrand und sagte offen: »Wir stecken in der Scheiße. Und ich hab' mich bereits so weit reingeritten, daß ich jetzt weitermachen muß, wenn ich nicht vom Pferd fallen will.«

Black zog die Augenbrauen hoch, sein Lächeln erstarb, aber er sagte nichts.

»Ein Interessenkonflikt. Zwei Parteien, die sich gegenseitig beschnüffeln wollen. Und ich habe beide Aufträge angenommen.«

»Wer ist es?«

»Robie Frazer und Cassie Stewart.«

»Nicht schlecht, Owen. Bist du von allen guten Geistern verlassen oder einfach nur lebensmüde?«

Quaid mußte zum erstenmal an diesem Morgen lächeln.

»Worum geht es überhaupt?« fragte Black.

»Um einen Diamantenfund in Vietnam. Cassie hat eine Freundin aus alten Oxford-Zeiten, Eva Cunningham. Sie hat die letzten acht Jahre im Fernen Osten verbracht, offensichtlich auf den Spuren der Hippies.«

In Blacks Augen tauchte eine Frage auf, aber er sagte nichts. Quaid fuhr fort. »Diese Cunningham hat sich also mit einem Amerikaner zusammengetan, der behauptet, eine Mine nördlich von Hanoi entdeckt zu haben. Sie hat ihn aus dem Gefängnis geboxt – er saß wegen eines Unfalls – und sich damit zehn Prozent an dem Unternehmen unter den Nagel gerissen. Jetzt kommt sie mit dem Deal zu Case Reed. Sie braucht mehr Geld für Probebohrungen. Und Case Reed bringt Frazer als Ko-Investor ins Spiel. Cassie hat mich, übrigens sehr gegen ihren Willen, gebeten, ihre Freundin zu durchleuchten. Offensichtlich glauben sie, Frazer wäre über alle Zweifel erhaben.« Black unterbrach ihn mit einem häßlichen Lachen.

»Ja, verrückt, was?« sagte Quaid. »Könnte aber auch sein,

daß Cassie davon ausgegangen ist, daß ein Mann wie Frazer sich keineswegs eine Blöße geben würde, wenn er etwas zu verbergen hätte. Vielleicht hat sie gedacht, die Mühe lohnt sich nicht.«

»Na, und wenn schon. Es gibt tausend Unternehmen, die sich alle zehn Finger danach lecken würden, mit Frazer ins Geschäft zu kommen. Sie interessiert nur sein Prestige und sein Gespür für Geld. Alle wollen ein Stück vom goldenen Kuchen. Und wenn man Frazers Level erreicht hat, dann fragt man nicht, wie er in der Vergangenheit sein Geld verdient hat. Geld stinkt nicht, das ist das Privileg der Reichen. Weiter will sowieso keiner sehen. Alle erliegen ihrer Gier und werden schwindelig vor Respekt.«

»Du hast völlig recht. Cassie ist nicht so, trotzdem würde es ihr nicht in den Sinn kommen, an Frazer zu zweifeln. Sie hat sich auf unbekanntes Terrain begeben, und Case Reed auch. Cassie hat noch nie mit jemandem wie Frazer zu tun gehabt. Sie hat keinerlei Erfahrung mit solchen Typen. Sie meint, sie sei vorsichtig, indem sie Eva durchleuchten läßt. Wie auch immer, ich hab' also zugesagt, Eva zu beschatten. Aber ein paar Stunden zuvor hatte mich Frazer angerufen und gebeten, Case Reed, John Richardson – Cassies Chef –, Cassie und Eva Cunningham unter die Lupe zu nehmen. Und ich habe natürlich automatisch zugesagt.«

»Bei Frazer blieb dir auch nichts anderes übrig.«

»Du sagst es. Sonst hätten wir gleich einpacken können. Es würde dem Geschäft ziemlich schlecht bekommen, sich mit ihm anzulegen.« Er schwieg eine Weile, während Black ihn kritisch beobachtete. »Außerdem muß ich zugeben, daß ich neugierig war. Ich wollte wissen, was da los ist. Vielleicht kann ich Cassie irgendwie beschützen. Und als mir Cassie von der Diamantenmine in Vietnam, Eva und Frazer erzählte, konnte ich unmöglich ablehnen. Wie hätte ich es erklären sollen? Daß ich in einen Interessenkonflikt gerate, weil ich bereits dabei war, sie für Frazer auszuspionieren?«

Black drückte seine Zigarette aus und zündete sich eine neue an.

»Du hättest es ihr ruhig sagen können. Es ist doch nichts Ungewöhnliches, daß ein Investor seine Partner bespitzeln läßt.«

»Stimmt, aber es hätte viel über Frazers Mentalität verraten. Und wenn sie schon mit ihm Geschäfte macht, wäre es mir lieber, sie hat keine Ahnung, wie er vorgeht. Sonst fängt sie noch an, komische Fragen zu stellen. Du weißt doch, wie neugierig und intuitiv sie ist. Zu ihrer eigenen Sicherheit wäre es viel besser, wenn sie Frazer für einen stinknormalen, höchstens eben besonders reichen und talentierten Kunden hält.«

»Na gut. Eigentlich verstößt du gegen alle unsere Geschäftsgrundlagen und gegen unsere Berufsethik, indem du persönliche Kriterien einbringst. Aber das ist uns allen schon passiert. Du kannst dir ja denken, was ich davon halte, trotzdem werde ich deine Entscheidung respektieren. Wir sind schließlich keine Maschinen. Wir machen alle mal was Unvernünftiges aus persönlichen Gründen. Deshalb haben du und ich diese Firma aufgebaut – weil Leute wie wir davon profitieren. Trotzdem wird es verdammt schwer sein, alles unter Kontrolle zu behalten. Du willst Cassie schützen, aber wenn Frazer was spitzkriegt, wird es für uns alle brenzlig. Und wenn er dann noch erfährt, daß du ein Verhältnis mit Cassie hast …«

»Das ist mir völlig klar«, entgegnete Quaid auf die unausgesprochene Warnung. »Ich hab' ihr gesagt, daß wir höllisch aufpassen müssen. Eva könnte uns in Verbindung bringen und dann entdecken, daß ihre alte Oxfordkollegin sie bespitzeln läßt.«

»Und hat sie es geschluckt?«

»Offensichtlich.«

»Du weißt ja, daß du Cassie am besten schützt, wenn du Case Reed dazu bringst, den Deal aufzugeben.«

»Daran habe ich gedacht, aber Cassie ist schon voll dafür, und Frazer kann ich nicht anschwärzen, sonst wird sie mich fragen, was ich von ihm weiß.«

»Was willst du Frazer über Cassie sagen?«

»Oh, er bekommt einen schönen sterilen harmlosen Bericht, das übliche Blabla. Cassie hat sowieso nichts zu verbergen.«

»Jeder hat was zu verbergen. Ihre Affäre mit dir zum Beispiel. Hast du an ihre Telefonrechnungen gedacht? Deine Nummer wird dutzendfach darin auftauchen.«

»Wenn Frazer sie überhaupt sehen will, nachdem er meinen Bericht gelesen hat, und das bezweifle ich ernsthaft, werde ich ihm sagen, daß Case Reed hin und wieder zu unseren Kunden gehört. Es ist ein Risiko, aber ich glaube nicht, daß Frazer daraus schließen würde, daß wir gegen ihn arbeiten.«

»Nein«, stimmte Black zu. »Für so bescheuert würde er uns nicht halten.« Er zögerte und starrte vor sich hin. »Eva Cunningham macht mir Sorgen. Mal sehen, was du über sie herausfindest. Acht Jahre auf den Spuren der Hippies in Asien, das wirft einige Fragen auf. Und die Sache mit dem Amerikaner, den sie aus dem Knast geboxt hat. Was hat das gekostet? Woher hatte sie das Geld? Was macht sie wirklich? Es ist eine ziemliche Verwandlung vom Hippie zur Unternehmerin. Und sie führt ja nicht gerade einen Tante-Emma-Laden. Sie hat es sofort bis ganz oben gebracht. Na ja, jedenfalls stehe ich hinter dir, Owen, auch wenn mir die ganze Sache nicht gefällt.«

20

Le Mai nahm von Heathrow aus ein Taxi zum Belgrave Square und ging die paar Schritte bis Wilton Place zu Fuß. Er hatte nur eine kleine Reisetasche bei sich, die alles enthielt, was er für den hoffentlich kurzen Aufenthalt brauchte. Was immer er für Frazer erledigen mußte, es würde schnell gehen. Zwar war der Taipan scheinbar genauso desinteressiert wie immer gewesen, doch hatten seine knappen Instruktionen verraten, daß die Sache dringend sein mußte.

Margaret kam zur Tür. Sie nickte, trat einen Schritt zurück und ließ ihn herein.

»Im Arbeitszimmer?« fragte er.

»Ja.«

Le Mai klopfte, wartete auf Frazers Antwort und betrat das Zimmer.

Frazer stand wie gewöhnlich am Fenster und schaute gedankenverloren in die Ferne, ohne wirklich etwas zu sehen, auf der Suche nach weiteren Horizonten. Er drehte sich zu Le Mai um und musterte ihn mit einer Mischung aus Bewunderung und der Gleichgültigkeit des Besitzers.

»Unser Freund Nan macht Ärger.«

»Unzuverlässig?«

»Ja.«

Frazer nahm einen Schlüssel aus der Hosentasche. »Ein Schließfach. Du weißt wo. Pläne, Schlüssel. Nimm dir jemand von Chinatown, wenn du Hilfe brauchst. Und komm her, wenn es erledigt ist. Vorerst steigst du im Hotel ab.«

»Sofort?«

»Sofort.«

Um Viertel vor eins verließ Giles Aden das Büro, um sich in einem der Straßencafés im Niemandsland um das Vauxhall Cross ein anständiges Sandwich zu holen. Er wollte nicht in der Kantine essen, sondern zog die Privatsphäre seines Büros vor nach all der Aufregung. Doch dann machte er aus einem Impuls heraus einen Umweg über Andrew Stormonts Büro.

Stormont telefonierte gerade. Als er Aden an der Türschwelle bemerkte, winkte er ihn herein und beendete sein Gespräch. »Was ist los?«

Aden setzte sich und wartete einen Augenblick, um seine Gedanken zu sammeln.

»Es ist Eva. Ich bin mir nicht sicher, ob sie die Wanzen anbringen sollte. Das Ganze könnte auffliegen.«

Stormont musterte ihn eine Weile, ehe er antwortete. Aden hatte das verschlagene Gesicht eines Pferdediebes, der unter dem Deckmantel aufrichtiger Besorgnis irgendwas im Schilde führt.

»Das Ganze kann nur auffliegen, wenn sie entdeckt wird. Und ich will mehr als nur das Telefon anzapfen. Ich will Wanzen im Haus haben. Irgendwer muß es tun. Sie hat es viel einfacher als wir, weil sie ungehindert ins Haus kommt. Das Risiko, daß unsere Leute entdeckt würden, ist viel größer. Natürlich gehen wir auch mit Eva ein Risiko ein, aber das ist kalkulierbar. Also, was stört Sie wirklich?«

»Als wenn Sie das nicht wüßten. Eva natürlich. Ich weiß, daß Sie sie für sehr gut halten, aber Sie vertrauen viel zu sehr darauf, daß sie sich korrekt verhält, es sei denn, Sie haben noch ein As in der Hand, das Sie mir verschweigen.«

Stormont lachte. Endlich ließ Aden die Katze aus dem Sack.

»Ja, das stimmt, es gibt etwas, das ich Ihnen nicht gesagt habe«, erklärte er und lächelte. Aden verzog das Gesicht über die offensichtliche Demütigung.

»Wahrscheinlich wird Sie das auch nicht beruhigen, wie ich Sie kenne.«

Aden sah überrascht auf und wartete auf eine Erklärung.

»Cassie und Eva sind Freundinnen, und sie werden sich bei der ganzen Sache noch näher kommen. Kluge Frau übrigens, diese Cassie.«

Aden fragte sich, wie Stormont da so sicher sein konnte.

»Aber da ist noch was anderes zwischen den beiden Frauen. Irgendeine Spannung.«

»Was für eine Spannung? Eifersucht?«

»Das wäre die einfachste Erklärung. Aber gegenseitige Eifersucht? Normalerweise geht sie immer nur in eine Richtung.«

»Wenn eine auf die andere eifersüchtig ist, wird diese es merken und irgendwie reagieren.«

»Sehr oft merkt das Objekt der Eifersucht gar nichts davon. Aber zwischen den beiden ist was, kein Zweifel. Sie sind alte Freundinnen und in vielerlei Hinsicht völlig verschiedene Charaktere, die nach der Zeit in Oxford ganz unterschiedlich gelebt haben. Und jetzt führen die Umstände sie wieder in dieselbe Arena. Sie umkreisen einander. Sie beobachten sich gegenseitig sehr aufmerksam und äußern sich nur vorsichtig über die jeweils andere. Ihr Verhältnis ist nicht so leicht und spontan, wie es aussieht. Eva ist in Cassies Revier eingedrungen, und jetzt sind sie Rivalinnen, ob sie es wollen oder nicht.«

»Moment mal! Sie wollen doch nicht sagen, daß Sie die beiden zusammen getroffen haben?«

Die Antwort blitzte in Stormonts lächelnden Augen, einem Blick voll ruhiger Belustigung auf.

»Sie müssen den Verstand verloren haben. Was, wenn Cassie Stewart vor Frazer erwähnt, daß sie Sie kennt und er Sie beschatten läßt und merkt, daß Sie in dieses Gebäude fahren? Ganz London weiß doch, daß es das Hauptquartier der Firma ist. Damit wäre Evas Tarnung in tausend Stücke zerplatzt.«

»Weder Frazer noch irgendwer sonst kann mich bis zu diesem Gebäude verfolgen. Munro fährt Umwege, und wir passen höllisch auf. Würde uns jemand verfolgen, würden wir niemals auch nur in die Nähe von Vauxhall Cross kommen. Und außerdem werde ich für die Dauer dieser Operation eine andere Basis benutzen. Ab morgen bin ich in der Tooley Street.«

»Wie auch immer, Sie sollten Eva nicht treffen, es sei

denn, in einer geheimen Wohnung. Und Cassie Stewart sollten Sie auf gar keinen Fall sehen.«

»Ich kenne die Regeln, Aden. Aber wenn ich sie nicht immer befolge, dann bestimmt nicht aus Vergeßlichkeit.«

»Warum sonst?«

»Weil ich Eva sehen muß, um zu wissen, daß alles in Ordnung ist.«

»Und das können nur Sie tun?«

»Nur Sie, der Chief und ich wissen von ihrer Rolle in dieser Operation. Mit Ihnen will sie nichts zu tun haben, wie Sie wissen, und daß der Chief eine Agentin führt, wäre sehr unüblich. Bleibe also nur ich. Ich kenne sie und ihre Vergangenheit. Sie würde übrigens auch niemand anders akzeptieren. Sie würde niemandem trauen, und andere würden nicht wissen, wie man mit ihr umgeht oder worauf man achten muß.«

»Sie meinen, falls sie wieder anfängt zu fixen?«

»Ich halte das für äußerst unwahrscheinlich, aber ich muß mich selber davon überzeugen, und ich muß sichergehen, daß sie keine unnötigen Risiken eingeht.«

»Warum sollte sie?«

»Weil sie dazu neigt, sie liebt das Risiko, das wissen wir. Ich muß sie zügeln, und das kann ich nicht aus der Ferne.«

»Was mich wieder auf meine alte Frage bringt. Warum gerade sie, wenn sie doch so ein großes Sicherheitsrisiko ist?«

»Weil ich Frazer haben will und Eva ihn kriegt.«

»Na gut. Ich sehe, Sie werden nie aufgeben. Aber warum Cassie? Wie rechtfertigen Sie ihren Einsatz?«

»Mit ihrer Hilfe habe ich eine bessere Kontrolle über die Operation und über Eva. Cassie ist Eva gegenüber loyal, Eva Cassie gegenüber nicht unbedingt, aber wie könnte sie auch, ohne sich zu spalten? Ich glaube, daß Cassie Eva bald ganz anders sehen wird, sie wird ihr näherkommen und sich gleichzeitig von ihr abwenden. Dann wird sie freier über ihre Freundin reden können. Cassie wird, ohne es zu wissen, für uns arbeiten.«

»Haben Sie mit dem Chief darüber gesprochen?«

»Er weiß, was er wissen muß. Wenn ich gegen die Regeln verstoße, übernehme ich die volle Verantwortung.«

»Dafür, daß Sie Ihre geliebte Eva und Cassie in Gefahr bringen?«

Die Bitterkeit in Adens Stimme überraschte Stormont. Berufliche Bedenken konnte er verstehen, aber das war ein ganz anderer, fast persönlicher Ton. Er löste ein Warnsignal aus, das Stormont registrierte und speicherte. Er sah auch, wie Aden sofort wieder die Maske eines aufmerksamen und respektvollen Zuhörers aufsetzte, als wisse er, daß er zu weit gegangen war.

»Eva und Cassie sind schon genug gefährdet. Meine Intervention dient dazu, das Gesamtrisiko in Grenzen zu halten, auch wenn es neue, kleinere Risiken mit sich bringt. Wir spielen mit dem Zufall, Aden. Man kann weder Operationen noch Menschen nach Handbüchern leiten. So bin ich immer vorgegangen, das wissen Sie doch.«

»Ich weiß.« Und er wußte auch, was Stormont damit hatte sagen wollen – daß er bislang stets ungeheuer erfolgreich damit gewesen war. Aber dieses Mal war es anders. Es gab Risiken, von denen nicht einmal Stormont wußte. Diese Vorstellung verschaffte Aden eine perverse Genugtuung, und er ertappte sich dabei, wie er lächelte. Arrogantes Arschloch, dachte er und stand auf. Fast wünschte er sich, daß der Klugscheißer Stormont, der seine Figuren so selbstsicher und unbekümmert hin und her schob, eines Tages auf die Nase fiel. Dann müßte er endlich zugeben, daß er sich vielleicht getäuscht hatte und sein Blick durch sein persönliches Verlangen getrübt gewesen war.

Stormont beobachtete, wie Aden das Büro verließ. Er würde nie eine Operation leiten können. Er war zu durchsichtig und ließ sich allzu leicht provozieren. Stormont wußte, wie leicht es war, seinen Stellvertreter zu piesacken, aber er konnte einfach nicht widerstehen. Er verdrängte Aden aus seinen Gedanken und rief Cassie an.

»Cassie, Andrew Stormont.«

»Andrew. Wie nett!« Sie schien angenehm überrascht,

obwohl er einen Hauch von Spott in ihrer Stimme entdeckte. Sie spielten das alte Spiel. Wer ruft wen an, und wer wartet länger. Stormont war klar, daß es nicht unbedingt cool war, so früh anzurufen, und Cassies gespielte Überraschung bestätigte, daß auch sie es wußte. »Wir wollten doch zusammen zu Abend essen. Wie wär's mit heute abend?«

»Liebend gerne, aber ich kann nicht.«

»Und morgen?« Stormont wunderte sich selbst, daß er mit seiner unverstellten Beharrlichkeit eine weitere Regel sexueller Verführungskunst brach.

»Ja, morgen wäre wunderbar.«

Hätte auch Cassie die Regeln strikt befolgt, hätte sie behauptet, sie sei auf Wochen ausgebucht, und nie zugegeben, daß sie an einem Freitag abend frei war. Bestenfalls hätte sie irgendwas von einer Verabredung gemurmelt, die sich möglicherweise verschieben ließ, so daß sie es vielleicht doch einrichten könne, ihn zu sehen. Wahrscheinlich hatte sie sogar bereits etwas vor, was sie jetzt absagen würde. Die Tatsache, daß sie seine Einladung ohne viel Aufhebens angenommen hatte, verschaffte ihm eine kurze heftige Befriedigung. »Wann wäre es Ihnen recht?«

»Um neun?«

»Abgemacht. Soll ich Sie abholen?«

»Ja, danke.«

»Wo wohnen Sie?« fragte er, obwohl er es längst wußte. Sie nannte ihm ihre Adresse und legte auf.

Cassie fühlte ein Kribbeln. Es wurde kompliziert. Männer anderer Frauen. Es war, als spiele man mit dem Geld anderer Leute. Man hatte mehr Distanz, und wenn die Rechnung kam, bezahlte jemand anders. Aber Stormont gehörte nicht Eva. Beide hatten die Unschuld ihrer Freundschaft beteuert, vielleicht zu sehr. Cassie erinnerte sich. Sie hatte auch früher mit Evas Männern gespielt, aber es hatte niemals Konsequenzen gegeben. Eva war so verdammt unabhängig. Sie ließ einfach nichts an sich heran.

21

Cassie fand den ganzen Nachmittag keine Ruhe. Sie versuchte, einen vorläufigen Bericht zu Evas Projekt auszuarbeiten, doch ständig schweiften ihre Gedanken ab. Alle halbe Stunde sprang sie auf, um mit Emma zu plaudern oder zum Kaffeeautomaten zu laufen.

Gegen fünf machte sie Feierabend und ging in der warmem Nachmittagssonne zu Fuß bis Knightsbridge. Der Frühling hatte die ersten kurzen Röcke auf die Straße gelockt. Sie sah auf ihr elegantes Kostüm herab, dessen Rock zehn Zentimeter über den Knöcheln endete. Es war zwar modisch, aber irgendwie langweilig. Verstohlen strich sie mit der Hand über ihre straffe Taille und die Hüften, neugierig, als berühre sie einen fremden Körper.

Sie ging an Harvey Nichols vorbei, wo sie sonst einen Großteil ihrer Garderobe kaufte, und weiter, bis sie zu Miss Selfridge kam, das mit dröhnender Musik und Stangen voller Minikleider warb. Cassie suchte sich ein paar aus. In der Gemeinschaftsumkleidekabine zog sie sich bis auf die Unterwäsche aus und beobachtete im Spiegel die diskreten Blicke der anderen Frauen. Lächelnd probierte sie die Sachen an und entschied sich schließlich für drei Kleider, zwei mit kurzen Ärmeln und eins mit schmalen Trägern, alle drei nur schenkellang. Anschließend stieg sie mit ihren Einkäufen in ein Taxi und fuhr nach Hause.

David Wilson war in der Küche mit dem Abendessen beschäftigt. Sie rief »Hallo«, holte sich ein Glas Weißwein und ließ sich im Wohnzimmer aufs Sofa fallen.

David Wilson kam mit einem Weinglas in der Hand hinterher. Er setzte sich neben sie. »Ich bin fix und fertig. Ich glaube, mit dem Menü hab' ich mich übernommen. Aber jetzt ist alles im Ofen, und es läßt sich nichts mehr dran ändern.« Er warf ihr einen zweifelnden Blick zu. »Im Notfall müssen wir eine Pizza bestellen.«

»Ach was, es ist bestimmt sehr gut.«

David sagte nichts und nippte gemächlich an seinem Wein. Er beobachtete, wie Cassie aufstand, die Pflanzen goß, sich wieder hinsetzte, das Fernsehen ein- und dann wieder ausschaltete.

»Um Himmels willen, Cass, komm endlich zur Ruhe. Du benimmst dich wie eine Katze auf Speed.«

»Ich weiß, tut mir leid. Aber ich bin schon den ganzen Tag so unruhig.«

David warf ihr einen forschenden Blick zu, und Cassie wich ihm aus. »Raus mit der Sprache. Was gibt's? Ist es die Arbeit oder ein Mann?«

»Manchmal bist du unmöglich.«

»Das stimmt, vor allem, wenn ich recht habe. Also?«

»Na schön, ich sag's dir, sonst hörst du den ganzen Abend nicht mehr auf zu bohren.«

Er verschränkte die Arme und lehnte sich mit einem Ausdruck der Genugtuung zurück.

Cassie holte sich ein neues Glas Wein, und David wußte, daß ihr versonnenes Lächeln nichts mit ihm zu tun hatte.

»Es hängt alles irgendwie mit Eva zusammen.« Da Cassie nachdenklich vor sich hin starrte, konnte sie Davids besorgten Ausdruck nicht sehen.

»Ihr Angebot ist wahnsinnig aufregend. Ich habe ein wirklich gutes Gefühl.«

»Und weiter?«

»Vor ein paar Tagen habe ich einen ihrer Freunde kennengelernt. Gestern haben wir zusammen zu Mittag gegessen. Und morgen abend gehen wir aus.«

»Ich dachte, du wärst schon mit diesem Idioten James Wie-hieß-er-noch-Gleich verabredet?«

»Ja, stimmt, aber ich habe ihm abgesagt.«

»Das sieht dir aber gar nicht ähnlich. Sonst sagst du nie jemand ab, es sei denn, es ist wichtig.«

»Ja, da hast du recht.«

»Also, wer ist er?«

»Er heißt Andrew Stormont.«

»Und was macht er?« Seine Stimme klang jetzt schärfer.

Cassie achtete nicht darauf; sie war seine bohrenden Fragen nach anderen Männern gewohnt.

»Weißt du was, ich habe keine Ahnung, was er macht. Wir haben nicht darüber gesprochen.«

»Und natürlich ist er nett und anständig. Gefällt er dir?«

»Ich weiß nicht, ob er nett oder anständig ist. Er ist attraktiv, intelligent und auf seine etwas rauhe Art integer. Ein interessanter Typ, aber irgendwie schüchtert er mich ein.«

»Wieso?«

»Weil ich glaube, daß eine ganze Menge unter der Oberfläche verborgen liegt. So als sei er nicht nur integer, als verstecke sich dahinter auch eine Portion Rücksichtslosigkeit. Ich würde ihn nicht gern zum Feind haben.«

»Und du willst dich mit ihm einlassen?«

»Ich glaube nicht, daß er diese andere Seite auch Frauen gegenüber zeigt. Er ist nicht der Typ, der Frauen als Gegner, als Feinde sieht, auch wenn sie sich von ihm angezogen fühlen. Jedenfalls macht er mir nicht den Eindruck eines Playboys.«

»Paß auf dich auf, Cass. Er scheint mit allen Wassern gewaschen zu sein.«

»Könnte sein.«

»Was ist mit deinem Instinkt? Warst du nicht immer im Zweifelsfall gegen den Angeklagten?«

»Ich habe dieses ewige Sicherheitsdenken satt. Außerdem funktioniert es nicht immer. Man läßt sich lange Zeit, um jemanden kennenzulernen, und wiegt sich in Sicherheit, weil man meint, ihn zu kennen. Aber das stimmt nicht. Man lernt einen Menschen erst kennen, wenn eine Katastrophe die Fassade zerplatzen läßt und man feststellt, daß er ganz anders ist, als man dachte.«

Sie lächelte sanft, erfüllt von ruhiger Weisheit.

»Es gibt einfach keine Garantien, man spielt und geht das Risiko ein.«

Gerade als David antworten wollte, klingelte das Telefon. Er ging ran.

»Es ist für dich. Owen.«

»Hi, Owen, wie geht's?«

Seine Stimme klang ernst.

»Ich muß dich sprechen. Aber nicht am Telefon. Kann ich vorbeikommen?«

Sie hielt eine Sekunde inne, irritiert durch seinen Ton.

»Ja, klar, komm, wann du willst.«

Cassie legte auf und schenkte sich Wein nach, während David sie stirnrunzelnd beobachtete.

»Was geht hier eigentlich vor?«

»Keine Ahnung. Jedenfalls scheint es nicht sehr lustig zu sein.«

»Du hast ihn gebeten, Eva unter die Lupe zu nehmen, stimmt's?«

David wußte, daß Case Reed seine Kunden gelegentlich von Privatdetektiven durchleuchten ließ. Cassie brauchte jemand, dem sie sich anvertrauen konnte, und hatte David schon immer so gut wie alles erzählt. Er wußte von ihrer Freundschaft zu Owen Quaid, hatte ihn mehrmals getroffen und mochte ihn. Hätte er von ihrer Affäre gewußt, hätte er wahrscheinlich andere Gefühle gehabt, deshalb hatte Cassie sie ihm verschwiegen.

Jetzt nickte sie. »Ich hatte keine andere Wahl. Es stinkt mir. Ich gehöre nicht zu den Leuten, die alles über ihre Freunde wissen wollen. Wenn sie etwas zu verbergen haben, dann ist es mir lieber, ich weiß von nichts. Im Zweifelsfall halte ich lieber zu ihnen. Jeder von uns hat eine dunkle Seite. Wenn wir die der anderen alle kennen würden, sähen die Beziehungen unter den Menschen völlig anders aus. Aber hier kam ich nicht drumherum, es gehört einfach dazu, wenn man Geschäfte machen will, und ich kann keine Ausnahme machen, nur weil Eva meine Freundin ist.«

David nickte. Er sah, wie nah ihr die Sache ging, und hörte einfach zu. Es war und blieb abscheulich, und er hätte nichts sagen können, was sie vom Gegenteil überzeugt hätte.

Als Quaid eintraf, war die Weinflasche leer. Er kam langsam herein, seine übliche Lebhaftigkeit und Zuversicht waren wie weggeblasen. Cassie führte ihn in den Garten.

Er setzte sich neben sie auf den Rasen.

»Was gibt es denn so Dringendes?«

»Ich habe ein paar Sachen über Eva rausgefunden, Cass. Es tut mir leid, das zu sagen, aber offensichtlich war sie heroinabhängig.«

»Eva? Hör auf zu spinnen, das ist doch lächerlich!«

»Es ist eine medizinische Tatsache. Sie hat vor vier Jahren in einer Spezialklinik in Schottland entzogen und ist heute geheilt, soweit solche Leute jemals geheilt sein können.«

»Wie hast du das erfahren?«

»Ich habe ihre medizinischen Unterlagen und Krankenblätter gelesen.«

»Und wie, zum Teufel, bist du da rangekommen?«

»Über die üblichen Wege, Cassie. Reine Routine. Das weißt du doch.«

»Scheißroutine! Wie ich das hasse! Und du bist hundertprozentig sicher, Owen? Ein Irrtum ist ausgeschlossen?«

»Völlig.«

»Ich will das nicht wissen. Am liebsten hätte ich nie mit dir darüber gesprochen.«

»Du kannst den Kopf nicht in den Sand stecken, Cass. Und ich konnte es dir nicht verschweigen. Auch wenn sie jetzt clean sein sollte, und es sieht ganz so aus, mußt du es wissen.«

»Aber warum ist sie abhängig geworden? Sie hatte doch immer alles, was sie wollte.«

»Soll das ein Witz sein oder was?«

»Überhaupt nicht. Sie ist wohlhabend, intelligent, schön und selbstbewußt. Sie oder besser gesagt ihre Familie besitzt ein prächtiges Haus auf dem Land, und dann hat sie noch einen wirklich umwerfenden Bruder – ich bin mal mit ihm ausgegangen. Wir waren in Oxford im gleichen Seminar. Die beiden standen sich übrigens sehr nah. Eine wunderschöne Mutter, ich habe Fotos von ihr gesehen. Ein absolut perfekter Hintergrund. Möglich, daß es daran lag. Vielleicht war alles zu perfekt. Also mußte sie es zerstören.«

»Ich glaube nicht, daß es ganz so war.«

Cassie sah ihn verwirrt an. Sein Ton war ungewohnt

sanft, sein Blick geduldig – er wirkte wie ein nachsichtiger Vater, der seinem Kind etwas erklärt.

»Wie denn?«

»Teilweise hattest du recht. Ihr Leben verlief sehr idyllisch, bis sie zwölf wurde. Dann verließ ihre Mutter die Familie und zog zu einem anderen Mann nach Südafrika. Neun Monate später beging Evas ältester Bruder, der damals zweiundzwanzig war, Selbstmord. Daraufhin zog sich der Vater völlig zurück, sorgte aber dafür, daß Eva und ihr anderer Bruder Johnnie gut versorgt waren, Johnnie übrigens viel besser als Eva. Von ihr wurde eine gute Partie erwartet.«

Cassie starrte zu Boden. »Da hab' ich mich ja ganz schön geirrt, wie? Ich hatte keine Ahnung. Weder sie noch ihr Bruder haben jemals darüber gesprochen. Und wenn du sie gekannt hättest, wärst du nie auf die Idee gekommen. Alles schien so perfekt, sie war so selbstsicher, so unverletzlich, als sei ihr nie etwas zugestoßen.« Sie sah auf, und in ihren Augen spiegelten sich Wut und Trauer. »Wie, zum Teufel, hast du all das rausgekriegt?«

»Ich bin zu dem Dorf gefahren, wo das Familienanwesen liegt. Habe im Pub zu Mittag gegessen und mich mit der Wirtin unterhalten. Sie liebte Eva, sie hat mir erzählt, daß sie ein wunderbares Kind war, immer fröhlich und zu jedermann freundlich. Aber nachdem das alles passiert war, sah man sie kaum noch. Johnnie und Eva kamen nicht mehr ins Dorf wie früher. Sie verbrachten die meiste Zeit zurückgezogen zu Hause.«

»Ich kann es immer noch nicht glauben. Als ich sie kennenlernte, war sie so wild, so lebendig und fröhlich. Sie machte die verrücktesten Sachen.« Cassies Blick verlor sich in der Weite. Sie sprach mechanisch, mehr mit sich selbst als mit ihm, so schien es. Quaid saß ruhig da und hörte ihr zu.

»Einmal waren wir zusammen Ski fahren. Keine Abfahrt war ihr schwierig genug. Wir waren eine Gruppe von zehn Leuten und konnten alle ziemlich gut Ski fahren. Aber nach einer Weile traute sich keiner von uns mehr, mit ihr zu fahren. Selbst ich konnte nur bis zu einem bestimmten Punkt mithalten. Sie suchte sich die gefährlichsten Routen aus, das waren keine Abfahrten mehr, sondern echte Abgründe. Sie war ganz wild drauf.«

»Scheint mir nicht gerade auf einen Menschen zu passen, der glücklich ist, eher auf jemand, der verzweifelt vergessen will. Meinst du, es war Show?«

»Nein. Jedenfalls nicht alles. Auf diese Art hat sie es geschafft, über sich selbst hinauszuwachsen.«

»Immer noch besser, als sich gehenzulassen.«

»Aber warum das Heroin? Sie wirkte so stabil, als hätte sie den Schock überwunden.«

»Kann man so was je überwinden? Ich glaube, man kann froh sein, wenn man daran nicht zerbricht.«

»Also war das Heroin eine Flucht und eine Art von Rebellion? Sie hatte diese Veranlagung schon immer. Sie liebte das Risiko, die Spannung, das Gefühl, gegen den Strom zu schwimmen. Es ist sehr aufregend, diesen Seiltanz zu vollführen, Grenzen zu überschreiten, zu sehen, was man aushalten kann. Vielleicht ist sogar ein Hang zu Selbstzerstörung dabei. Das Gefühl hatte ich immer bei ihr. Es gab nie etwas, das es wirklich bewiesen hätte, aber ich wußte es. Ich brauchte sie nur einmal anzuschauen und wußte, daß sie bereit war, jedes Risiko auf sich zu nehmen. Das macht sie ja gerade so anziehend, diese schillernde Vitalität und ihre unbekümmerte Art Gefahren gegenüber.«

Sie hatte einfach vor sich hingesprochen, doch jetzt drehte sie sich zu ihm um.

»Wann fing es an?«

»Soweit ich weiß, vor acht Jahren. Ungefähr sechs Monate, nachdem sie Oxford verlassen hatte.«

»Und seit vier Jahren ist sie clean?«

»Sieht so aus.«

»Dann ging es vermutlich in Asien los. Dort kommt man leicht an das Zeug ran. In manchen Gegenden ist es ein Teil der Kultur«, sinnierte Cassie.

»Was willst du nun machen? Wirst du es Richardson sagen?«

Cassie sog nachdenklich ihre Wangen ein.

»Sie war heroinabhängig, und jetzt ist sie clean. Offenbar versucht sie, ein neues Leben anzufangen. Wie soll ich Richardson davon erzählen? Das kann ich ihr doch nicht antun.«

»Dann willst du Richardson belügen?«

Sie nickte. Damit stand seine Entscheidung fest: Auch er würde Frazer belügen müssen.

22

Eva verbrachte den Donnerstag abend allein. Sie blieb zu Hause und hörte sich *Don Giovanni* an. Um acht bestellte sie bei einem benachbarten indischen Restaurant Chicken Tikka Magsala, trank zwei Dosen Heineken dazu und kehrte anschließend zu schwarzem Kaffee und Zigaretten zurück.

Obwohl das Haus von Musik, dem Duft der Gewürze und Tabakrauch erfüllt war, kam es ihr leer vor. Sie saß reglos da und dachte nach. Sie rief kaum jemanden an, und auch bei ihr klingelte das Telefon nur selten. Sie hatte nur wenigen Freunden erzählt, daß sie wieder in London war. Sie wollte keine Ablenkung, hatte keine Lust auf die obligatorischen Drinks und Begrüßungspartys, die unweigerlich folgen würden. So würde sie ihre Kräfte nur darauf verschwenden, ihre Tarnung vor einem Schwarm neugieriger Freunde und neuer Bekannter aufrechterhalten zu müssen. Die ewige Fragerei. »Wo hast du gesteckt? Was hast du so lange in Asien gemacht? Was machst du jetzt? An der Börse? Wie aufregend, erzähl mal.« Wie alle Undercoveragenten wußte auch sie nie genau, wo die Tarnung endete und das echte Leben begann. Alles war ein einziges Kuddelmuddel. Ihr jetziges Leben war eine Tarnung, und ihre Heroinabhängigkeit war eine vergangene Tarnung gewesen, eine, die sie überwältigt und nicht mehr losgelassen hatte. Bei einer guten Tarnung passierte das häufig.

Man wurde sie nicht mehr los, selbst wenn man sie nicht mehr brauchte. Es war unmöglich, ein Leben voller Verstellung zu führen, ohne daß es abfärbte. Die Tarnung aufrechtzuerhalten, wenn man vorgab, langweilig statt intelligent zu sein, traurig statt fröhlich oder schwach statt stark, erforderte eine derartige Anstrengung, daß es leichter war, die Welt der Masken gar nicht mehr zu verlassen. Und irgendwann kam das Problem, sie nicht mehr verlassen zu *können.* Eva zündete sich eine Zigarette an und spürte, daß sie schwitzte.

Plötzlich kam ihr der englische Frühsommer geradezu beklemmend vor.

Sie erinnerte sich an die vier Jahre Abhängigkeit, die Ekstase und die Verzweiflung. Sekunden, nachdem die Droge zum erstenmal durch ihren Kreislauf gejagt war, wußte sie, daß sie süchtig danach werden würde. Sie hatte es oft genug gesehen, um zu wissen, was auf sie zukam.

Von nun an hatte sie in jedem Moment ihres Daseins, abgesehen von den seligen Stunden, wenn sich das Heroin in ihr ausbreitete und alle Sorgen erstickte, die nahende Katastrophe gespürt, den Kampf geahnt, der ihr bevorstand, und sich mehr oder weniger darauf vorbereitet. Sie hatte weder gewußt, was sie eines Tages dazu bringen würde, wieder clean zu werden, noch geahnt, was es hieß, zwei Katastrophen auf einmal bewältigen zu müssen.

Sie lächelte grimmig. Mit dem Heroin war sie fertig geworden. Die Schockwellen der anderen Katastrophe breiteten sich noch immer aus. Jetzt kämpfte sie sich wieder zum Epizentrum, zum Ausgangspunkt des Alptraums vor. Nur diesmal war das Gleichgewicht der Kräfte andersherum verteilt. Robie Frazer wußte nichts von ihr, hatte keine Ahnung von der Gefahr, die in seinem Bett schlummerte. Er kannte nur die Maske, die sie für ihn aufgesetzt hatte.

Als das Telefon läutete, fuhr sie zusammen. Sie beugte sich über die Sofalehne und nahm ab.

»Robie.«

»Hallo, Robie!« Sie klang angenehm überrascht.

»Hast du morgen abend schon was vor? Samstag vormittag muß ich aufs Land, aber ich dachte, wir könnten am Freitag zusammen zu Abend essen, über die Diamanten reden und das Wochenende einläuten, wenn du magst.«

»Klingt gut. Ist es dir recht, wenn ich gegen neun bei dir bin?«

»Prima. Bis dann.«

Frazer legte auf, erleichtert über die Aussicht auf Ablenkung. Seit dem Treffen am Morgen hatte er noch nichts von Le Mai gehört. Das Warten fiel ihm schwer. Le Mai hatte ihn noch nie enttäuscht, trotzdem …

Der Trost reiner Logik war kalt und gefühllos. Er dachte an Eva, an ihren Körper und die Wärme des Vergessens, die von ihm ausging. Der Gedanke an Sex blockierte alle Vernunft, alle irrationalen Sorgen. Allein ihre Anwesenheit verzauberte ihn, und wenn sie nicht da war oder er der Erinnerung an ihre körperliche Lust nachhängen konnte, ertappte er sich dabei, über sie nachzugrübeln. Ihre stille Selbstgenügsamkeit war frustrierend. Von der üblichen Verletzbarkeit anderer Frauen schien sie vollkommen frei zu sein. Sie fragte nie, wann sie sich wiedersehen würden, sie rief ihn weder an noch versuchte sie zu erfahren, was sie ihm bedeutete. Die meisten Frauen wollten solche Sachen wissen, selbst in einem so frühen Stadium der Beziehung wie diesem. Sie nicht. Vordergründig schien sie damit zufrieden, daß er die Bedingungen festsetzte, unter denen sie sich trafen, doch diese Passivität machte ihn nachdenklich bei einer Frau, die soviel Kraft ausstrahlte wie sie.

Er fragte sich, was sie von ihm wollte. Wahrscheinlich Geld für ihre Diamantenmine. Es war die einfachste Erklärung und die plausibelste. Trotzdem konnte er sich damit nicht ganz zufriedengeben. Er würde sie morgen in die Mangel nehmen, mal sehen, was dabei rauskam. Bis dann müßte er auch einen ersten Bericht von Owen haben.

Nach dem kurzen Gespräch mit Frazer machte Eva einen Spaziergang. Es war neun Uhr. Der Himmel verdunkelte sich, aber die Straßen waren hell erleuchtet vom Licht der Schaufenster und Straßenlaternen. Chelsea war warm und angenehm. Eva fühlte sich jetzt wieder mehr als Teil der Menge. Die Distanz und Fremdheit, die sie so lange empfunden hatte, schienen allmählich zu verebben. Und auch der Druck ihrer Tarnung ließ nach. Jetzt kamen Teile von ihr an die Oberfläche, die wie geschaffen waren für ihre Aufgabe, und sie waren echt. Es ging nicht nur um Frazer. Für Stormont ja, klar, aber für sie war es eine viel persönlichere Sache, und Stormont wußte es. Frazer würde ihre Katharsis sein. Sie würde ihn in die Falle locken und Stormont übergeben, und damit wäre die Sache für sie erledigt. Frazers Ende bedeutete auch für sie ein Ende. Er würde ihre Zukunft nicht länger vergiften, so wie ihre Vergangenheit.

Plötzlich fühlte sie sich rastlos. Sie wünschte, alles würde schneller gehen und sie könnte es selbst in die Hand nehmen. Der Kitzel des Risikos, die Aussicht darauf, was sie gewinnen konnte, rechtfertigte nicht im mindesten, was auf dem Spiel stand, falls etwas schieflief. Trotzdem war sie froh, ihre Wahl getroffen zu haben. Jetzt blieb ihr nichts anderes übrig, als damit zu leben und notfalls auch zu sterben.

23

Am Freitag morgen rief Stormont als erstes Eva an. Beide sprachen von einem Handy aus und benutzten Vodaphone, ein System, das Worte in Zahlen verwandelt, die dann zusätzlich kodiert werden. Wenn jemand versucht, das Gespräch abzuhören, hört er nur Piepstöne. Weder Stormont noch Eva wären das Risiko eingegangen, auf Vodaphone frei zu sprechen, doch zumindest hatten sie damit die Möglichkeit, sich notdürftig zu verständigen.

Eva hatte soeben ihre Morgengymnastik beendet und war ein bißchen außer Puste, als sie den Hörer abnahm.

»Störe ich?« fragte Stormont.

»Nein«, antwortete Eva und atmete tief durch. »Ich mach' nur gerade meine Fitneßübungen.«

Stormont dachte eine Sekunde lang an Eva allein in ihrer Wohnung, an geschmeidige Muskeln und weiche Haut. Doch er verscheuchte die Vorstellung, ehe sie sich verselbständigen konnte.

»Wie läuft es?«

»Nicht schlecht. Meine Freundin hat alles ausgetüftelt. Jetzt warte ich auf das nächste offizielle Treffen. Ich werde sie bearbeiten, damit alles etwas schneller geht.«

»Gut. Mittlerweile kann ich dir mitteilen, daß unser Freund die Abhörgenehmigung erteilt hat, obwohl er nicht gerade erfreut war. Er hat persönlich bei mir angerufen und sich erkundigt, ob wir wirklich stichhaltige Gründe hätten.«

»Aber du hast ihn überzeugt.«

»Ja. Ab heute nachmittag müßte das Telefon abgehört werden. Und wir haben auch die Empfangsgeräte bereit, die auf deine Wanzen reagieren sollen. Wir werden die Tapes zweimal am Tag abhören.«

»Gut. Ich habe die Dinger gestern erhalten. Hübsche Auswahl übrigens. Wenn alles klappt, werde ich sie heute abend installieren.«

Stormont schwieg ein paar Sekunden, bevor er überraschend sanft antwortete:

»Paß auf dich auf, Eva.«

Kurz vor dem Mittagessen rief Owen Quaid bei Frazer an, um ihm einen ersten Bericht durchzugeben. Er saß in seinem Büro, zusammen mit Paul Black, der das Gespräch von einem Nebenanschluß aus aufmerksam verfolgte.

»Bislang scheint alles in Ordnung zu sein«, fing Owen an. »Nichts Außergewöhnliches. Nichts Anomales. Keine Finanzprobleme. Nikotin, Alkohol, Liebhaber, aber keine Ausschweifungen, alles hält sich im Rahmen.«

»Bitte verzeihen Sie meine Neugier. Aber wer sind die drei eigentlich? Was wissen Sie über ihre Vergangenheit?«

»Cassie Stewart stammt aus einem kleinen Dorf im Westen Schottlands. Bescheidene Familienverhältnisse. Hat nicht schlecht verdient in der City, aber auch nicht überragend. Sie besitzt ein schönes Haus in Chelsea. Ein nettes Mädchen. Die Leute scheinen sie zu mögen, und ich konnte keine Leichen im Keller finden.« Hastig sprach er weiter. »Richardson ist genau das, was man von ihm erwarten würde. Eine Farm auf dem Land, ein Haus am Trevor Square. Eton, Guards Regiment, dann die City. Auch er scheint keine Feinde zu haben, obwohl er offensichtlich sehr viel gerissener ist, als man vermuten würde. Das kam mehrmals zum Ausdruck.«

Frazer lachte. »Er ist ein Klumpen Schweineschmalz, an dem ein Stück Gehirn klebt. Das einzig Gerissene an ihm sind seine Schnürsenkel. Hören Sie mir auf, Quaid!«

»Ich gebe nur die Einschätzung seiner Kollegen wieder.«

»Die haben doch keine Ahnung. Erzählen Sie mir was über Eva. Daß Cassie und Richardson nichts hergeben würden, war mir klar, aber Eva ist anders. Ich bin sicher, daß da was zu holen ist.«

Quaid und Black wechselten einen vielsagenden Blick.

»Nun, das Wichtigste scheint die Tatsache zu sein, daß sie sich vor acht Jahren nach Asien verzogen hat, nach einem ausgezeichneten Examen in Oxford übrigens. Sie hat in den

Dörfern von Vietnam, Laos und Thailand Kindern Englisch beigebracht und dabei von der Unterstützung durch ihre Familie gelebt. Sie ist wohlhabend. Ihr Vater tut nicht viel außer auf die Jagd gehen, lesen und fischen. Eva und er vertragen sich nicht besonders. Sie haben sich nicht direkt überworfen, aber sie halten Distanz. Die Mutter lebt in Südafrika, nachdem sie vor langer Zeit die Familie verlassen hat. Evas einziger Bruder wird den größten Teil des Vermögens erben. Eva besitzt ein Haus in Chelsea, das auf den Namen ihrer Mutter eingetragen ist. Aber abgesehen davon und von einem kleinen monatlichen Wechsel ihres Vaters muß sie für sich selbst sorgen. Sie trinkt und raucht, aber beides ist kein Problem. Anscheinend lebt sie sehr zurückgezogen.«

»Das ist aber verdammt dürftig.«

»Ich könnte was dazudichten, aber Sie bezahlen mich nicht dafür, daß ich Ihnen Märchen erzähle.«

Frazer schwieg eine Weile. »Ich überlege, ob man sie nicht eine Woche rund um die Uhr beschatten sollte.«

»Wenn Sie es wünschen.«

Frazer lächelte. »Ja, ich wünsche es.« Er legte auf.

»Scheiße«, sagte Quaid. »Jetzt müssen wir uns womöglich noch irgendwas Heißes einfallen lassen.« Er hatte Black nichts von dem Heroin erzählt. Dieser hatte keine Ahnung davon, daß Quaid Frazer soeben von vorn bis hinten belogen hatte.

»Der läßt nicht locker, wie?« sagte Black. »Er will es genau wissen. Das geht weit über das übliche Ausspionieren eines Geschäftspartners hinaus.«

»Die beiden haben eine Affäre.«

»Da hängt mir viel zuviel persönliche Scheiße dran«, sagte Black und sah Quaid scharf an. »Und viel zu viele Lügen. Das Ganze wird immer schlimmer statt besser.«

Black verließ das Büro. Er brauchte frische Luft. Quaid griff zum Hörer und fing an, seine freien Mitarbeiter zusammenzutrommeln. Er stellte ein Team von zwölf Mann auf, die Eva eine Woche lang rund um die Uhr beschatten sollten. Sie würden jeweils zu sechst in zwei Schichten arbeiten und am Montag beginnen.

Frazer saß seltsam enttäuscht in seinem Arbeitszimmer. Eva paßte nicht in ihre konventionelle Vergangenheit. Irgend etwas anderes mußte sie geprägt haben. Das Telefon klingelte und unterbrach seine Gedanken. Le Mai war am Apparat, er gab sich kurz angebunden, aber in seiner Stimme schwang ein Anflug von Sorge.

»Unser Freund ist aufs Land gefahren. Wir haben keine Ahnung, wohin. Montag oder Dienstag soll er angeblich wieder da sein.«

»Versuch ihn zu finden. Und behalte einen Mann hier, falls er doch früher zurückkommt.«

Dann ging Frazer zum Lunch. Doch er trank nichts, weil er seiner Laune nicht traute.

Unterdessen saß Cassie im Büro und überlegte, ob sie Hunger hatte und sich zwingen sollte, ein Sandwich von draußen zu holen. Sie mußte innerlich lachen, als sie daran dachte, wie sie gestern mit einem Haufen neuer Kleider nach Hause gekommen war, fröhlich und unbeschwert. Ihre Aufregung hatte mehr mit den Herausforderungen und Risiken zu tun gehabt, die ihr bei dem Deal und mit Stormont bevorstanden, aber sie waren ihr kontrollierbar erschienen. Sie hatte geglaubt, die Parameter zu kennen und Ereignisse vorausberechnen zu können. Evas Heroinvergangenheit hatte alles verändert. Sie enthüllte eine Heftigkeit in Eva, die weit über alles hinausging, was sie sich hatte vorstellen können. Jedenfalls lag es außerhalb ihrer eigenen Erfahrung. Und diese Situation forderte jetzt eine innere Spaltung von ihr. Sie würde Richardson belügen müssen und wußte ganz genau, daß dies wie alle Lügen Folgen haben würde.

Bisher hatte sie ihr Leben geführt, ohne jemals etwas verbergen zu müssen. Ihre Freiheit und Stärke wurzelten in dieser Offenheit. Doch jetzt hatte sie das Gefühl, beides zu verlieren und in etwas hineingezogen zu werden, dem sie bislang instinktiv aus dem Weg gegangen war.

Die klare Einschätzung, die sie von Eva und dem Deal gehabt hatte, war nun getrübt. Sie konnte den Deal hinauszögern, aber das sah ihr nicht ähnlich, und Richardson würde Verdacht schöpfen. Normalerweise ließ sie Deals entweder platzen oder engagierte sich mit Leib und Seele. Es blieb ihr nichts anderes übrig, als ihre Lügen zu kaschieren. Eigentlich war es nur etwas, das sie verschwieg, aber eine Lüge war es trotzdem.

Möglich, daß ihre Absichten gut waren, von den Konsequenzen konnte man das nicht unbedingt behaupten. Sie war sich nicht mal mehr sicher, daß sie diese voraussehen oder mit ihnen fertig werden könnte. Doch sosehr sie das alles bedrückte, so sehr erregte es sie auch.

Obendrein fing sie an, Schuldgefühle Eva gegenüber zu entwickeln. Sie hatte sie falsch eingeschätzt, ihr und ihrem Bruder nicht genügend Aufmerksamkeit und Zuneigung entgegengebracht. Da sie nichts von ihrem Drama ahnte, war sie auch nie auf die Idee gekommen, sie zu trösten. Stattdessen hatte sie sich in ihrem aufregenden Glanz gesonnt, ohne sich große Gedanken zu machen.

Cassie betrat Richardsons Büro und setzte sich ihm gegenüber.

»Wir müssen anfangen, den Diamantendeal ins Rollen zu bringen.«

»Was brauchen Sie?«

»Mehr Hintergrundinformationen. Ich muß mich besser über den Diamantenhandel im allgemeinen informieren.«

Richardson dachte eine Weile nach. »Ich kenne jemanden, der Ihnen vielleicht helfen kann. Am besten rufe ich ihn an. Mal sehen, ob er sich dazu bereit erklärt.«

Cassie kehrte in ihr Büro zurück, und Richardson rief seinen Freund Aubrey Goldstein an. Nach den üblichen Floskeln kam er zur Sache.

»Aubrey, ich muß dich um einen Gefallen bitten. Wir prüfen gerade einen Diamantendeal. Meine Kollegin Cassandra Stewart kümmert sich darum. Sie will mehr über Diamanten wissen. Ich dachte, ob du vielleicht …« Er ließ die Frage elegant in der Schwebe.

»Du weißt doch, daß ich grundsätzlich nicht über das Geschäft rede. Diskretion geht mir über alles.«

»Ich weiß. Und ich würde dich nicht darum bitten, wenn

ich nicht vollstes Vertrauen zu Cassie hätte. Sie ist äußerst verschwiegen.«

»Na schön. Aber nur weil du es bist und ich dir vertraue. Ich kann dir allerdings nicht versprechen, daß ich ihr wirklich helfen kann.«

Warten wir's ab, dachte Richardson.

»Danke vielmals. Du tust mir einen großen Gefallen.«

»Wie ist sie?« fragte Goldstein schnell. »Werde ich sie mögen?«

»Sie ist intelligent und warmherzig. Man muß sie einfach mögen.«

»Hmm«, entgegnete Goldstein unbeeindruckt.

»Außerdem ist sie sehr hübsch.«

»Tatsächlich?« sagte Goldstein und lächelte in sich hinein. »Na, dann gib ihr meine Nummer. Sag, daß ich ihren Anruf erwarte.«

Richardson ging in Cassies Büro.

»Er hat sich bereit erklärt, mit Ihnen zu sprechen, allerdings nur unter dem Siegel der Verschwiegenheit.«

»Mein Gott, das klingt aber geheimnisvoll.«

»Das ist so üblich in dem Geschäft.«

»Wer ist er? Was macht er?«

»Er heißt Aubrey Goldstein und hat mehrere Bücher über den Diamantenhandel geschrieben. Er weiß alles, was Sie brauchen. Mehr kann ich Ihnen nicht sagen.«

»Können Sie nicht, oder wollen Sie nicht?«

Richardson tat, als hätte er nichts gehört. Er schlug sein Adreßbuch auf, kritzelte eine Nummer auf einen Zettel und reichte ihn ihr.

»Er erwartet Ihren Anruf.«

Cassie musterte Richardson aufmerksam. Er wirkte gewollt gelassen. Sie steckte den Zettel ein und beschloß, keine weiteren Fragen zu stellen.

»Ich denke an ein Treffen für Montag. Sie, ich, Eva und Frazer. Mit Brimton habe ich bereits gesprochen. Er scheint keine Probleme in meinem Plan zu sehen. Ich habe ihn zu unserem offiziellen Broker ernannt. Er wartet auf meine Kaufanweisungen.«

»Wieviel Geld brauchen wir?« fragte Richardson.

»Für die erste Phase, um also fünf Prozent der Anteile oder einhunderttausend Anteile zu sechs Dollar pro Stück zu erwerben, brauchen wir sechshunderttausend kanadische Dollar. Das Brokerkonto ist bereits eröffnet. Jetzt brauche ich nur noch das Geld.« Cassie lächelte ihn über den Tisch hinweg an.

»Wir müssen also eine Entscheidung treffen.«

»So ist es.«

»Okay. Sagen Sie mir, was Sie für ein Gefühl haben. Erklären Sie mir, warum wir weitermachen sollten, wenn Sie dieser Meinung sind.«

Cassie überlegte einen Augenblick. »Ich bin dafür, den Deal weiter zu verfolgen. Aber wir müssen uns auch völlig im klaren sein, worauf wir uns da einlassen.« Wieder zögerte sie und fragte sich, ob man ihr die Lüge ansehen konnte. Sie sah, daß Richardson sie ohne Regung beobachtete.

»Diamantenminen sind äußerst riskant. Investitionen in Vietnam sind ebenfalls äußerst riskant. Wir haben es also mit zwei unkalkulierbaren Risiken zu tun. Andererseits, wenn es klappt, sind Diamantengeschäfte enorm gewinnträchtig. Dieser Deal könnte alles in den Schatten stellen, was wir bisher gemacht haben. Es ist nicht ausgeschlossen, daß Vietnam zu einem begehrten Investitionsmarkt wird. Eine Menge Geld strömt bereits ins Land und wartet nur darauf, investiert zu werden. Wenn unser Deal klappt und Vietnam stabil bleibt, werden sich viele Investoren alle zehn Finger danach lecken. Zudem haben wir Robie Frazer auf unserer Seite, den Mann mit dem Midasbonus. Wenn bekannt wird, daß er mitmacht, wird das der Sache einen Riesenauftrieb geben. Wir könnten auf seine Kenntnisse und Kontakte bauen. Er wird jede Menge Geldanleger kennen, die nur darauf warten, ihm zu folgen. Und wir haben Eva, die sich leidenschaftlich einsetzt und alles reinzustecken scheint, was sie hat. Diese Leidenschaft ist unbezahlbar. Das Ganze wird äußerst kompliziert werden. Wir stehen vor unzähligen Problemen, da brauchen wir jemanden wie Eva, die bereit ist, alle Hindernisse aus dem Weg zu räumen. Unter dem Strich überwiegen die positiven Aspekte, aber wir müssen uns trotzdem darüber im klaren sein, daß es ein Roulettespiel ist. Wenn wir damit leben können, sollten wir weitermachen.«

»Ich kann damit leben. Die Bodenuntersuchungen sehen vielversprechend aus. Ich bin, was Eva und Frazer angeht, Ihrer Meinung. Die Probleme sind mir bewußt. Machen Sie weiter. Ich sorge dafür, daß das Geld da ist.«

Cassie grinste. »Wunderbar. Einfach fabelhaft.«

Richardson ließ sich von ihrem Enthusiasmus anstecken. »Ich gehe natürlich davon aus, daß Eva und Frazer Ihrem Plan zustimmen.«

»Das werden sie.«

»Ich würde bei den beiden trotzdem etwas vorsichtig sein, Cass. Verlassen Sie sich nicht blind auf sie.« Richardson stand auf. »Ich gehe jetzt zum Lunch. Vereinbaren Sie ein Treffen für Montag morgen. Ich bin dabei.« Beim Hinausgehen blieb er stehen und sah sie an.

»Es ist doch alles in Ordnung, oder? Eine Sekunde hatte ich den Eindruck, Sie machten ein komisches Gesicht.«

»Ich mache oft ein komisches Gesicht, John. Es ist alles in Ordnung.«

Als er gegangen war, blieb Cassie sitzen und kostete den Augenblick aus. Sie hatte das Gefühl, soeben in einem Rennen gestartet zu sein. Innerlich jubilierend und voller Energie rief sie Frazer an, versprach, ihm noch am gleichen Nachmittag per Kurier ihren Plan zu schicken, und vereinbarte ein Treffen für Montag um zehn. Anschließend informierte sie Eva.

Beide hatten angebissen. Trotz ihrer gespielten Gelassenheit konnten sie ihren Hunger nicht verbergen. Schließlich wählte sie Aubrey Goldsteins Nummer.

»Guten Tag, könnte ich bitte mit Aubrey Goldstein sprechen?«

»Wer ist am Apparat?«

»Cassie Stewart von Case Reed.«

»Ah, Miß Stewart. Ich bin's. Sie wollten mit mir über Diamanten reden?« Seine Stimme klang alt, weise und ein bißchen verzerrt.

»Ja, sehr gern.«

Es folgte eine Pause. Cassie hörte das Rascheln von Papier im Hintergrund. »Ich muß am Montag verreisen. Sollte es vorher sein?«

»Das wäre mir sehr recht, wenn irgend möglich …«

»Nun, ich wollte gerade zu Mittag essen. Ich bin sicher, daß meine Haushälterin es so hindeichselt, daß es für zwei reicht. Hätten Sie Lust, mir Gesellschaft zu leisten?«

»Ja, vielen Dank. Das ist sehr nett von Ihnen.«

»Keine Ursache.« Er gab ihr seine Adresse und sagte, er freue sich auf ihren Besuch.

Er freute sich tatsächlich. Wie die meisten schönen Frauen würde sie auf Gefälligkeiten nicht mißtrauisch reagieren, sondern sie ganz einfach als Tribut an ihre Schönheit erwarten.

24

Um Viertel nach eins kam Cassie in Holland Park an. Aubrey Goldstein wohnte in einem großen Haus mit Stuckfassade in einer stillen, von Bäumen gesäumten Straße. Seine Bücher müssen sich gut verkaufen, dachte Cassie. Als sie auf die Taste der Sprechanlage drückte, entdeckte sie zwei Videokameras im dritten Stock, die auf die Haustür gerichtet waren. Sie hatte das Gefühl, gemustert zu werden, dann hörte sie eine Stimme durch die Sprechanlage.

»Ja?«

»Cassie Stewart.«

Sekunden später sprang die Tür auf, und sie stand vor einem älteren Mann mit grauem Haar und leuchtenden blauen Augen.

»Miß Stewart? Mein Name ist Goldstein.«

Cassie gab ihm die Hand, und er drückte sie fest.

»Kommen Sie herein. Möchten Sie was trinken? Ich habe Weißwein im Kühlschrank.«

»Ja, sehr gern«, erklärte Cassie.

Goldstein führte sie in die Küche und schenkte ihr ein Glas ein. Er hatte die bezaubernde Unbeholfenheit eines Mannes, der an Butler und Personal gewohnt ist. Dann traten sie auf die gekachelte Terrasse, die zu einem sorgfältig gepflegten Garten führte, und setzten sich an einen Tisch, der für zwei Personen gedeckt war. Die Haushälterin servierte ihnen gegrillten Fisch und Salat.

»Ich hoffe, es reicht«, sagte Goldstein mit einem entschuldigenden Lächeln.

»Oh, es ist genau richtig«, bedankte sich Cassie.

Während sie sprach, studierte er ihr Gesicht. Plötzlich war sie hellwach. Sie nippte an ihrem Wein.

»Sie wollen also etwas über Diamanten erfahren?«

»Ja.«

»Faszinierende Steine.« Er schob seinen Teller beiseite und lehnte sich zurück.

Die Härte, die Cassie in seinen Augen gesehen hatte, verschwand, und plötzlich wirkte er auf onkelhafte Art liebenswürdig.

»Das Wort Diamant stammt aus dem Griechischen – adamas – und bedeutet: Ich zähme oder ich unterwerfe. Seit Menschengedenken haben Diamanten mit Kampf zu tun, mit Siegern und Besiegten. Die Steine wurden schon 800 vor Christus in Indien als Talisman benutzt. Angeblich schenkten sie Mut und Kraft in der Schlacht und Beständigkeit und Reinheit in der Liebe. Manche Legenden wollen wissen, daß ein Diamant seine magische Kraft verliert, wenn der Besitzer sündigt, dann trägt der Stein die Sünde als Fluch in sich.« Er lächelte. »Die Geschichten berühmter Steine lesen sich wie Abenteuerromane oder Märchen – Mord und Fluch, skrupellose Männer und schöne Frauen. Und daran hat sich bis heute nicht viel geändert, außer daß die Frauen heutzutage nicht nur schön, sondern auch skrupellos sein können.« Cassie war seltsam verwirrt durch diese Äußerung, die sich fast wie eine Drohung anhörte.

»In diesem Geschäft geht man ein hohes Risiko ein.«

»Das ist unser Job.«

»Das glaube ich nicht. Ich will Sie nicht kränken, aber nichts von dem, was Sie bisher gemacht haben, ist damit vergleichbar. Ihre bisherigen Erfahrungen werden Ihnen nicht im geringsten helfen.«

Cassie sah ihn fragend an.

»Sehen Sie, ich weiß nicht, welche spezifischen Fragen ich Ihnen beantworten soll. Das einzige, was ich tun kann, ist, Sie so gut wie möglich vorzubereiten und damit das Schicksal minimal zu Ihren Gunsten zu beeinflussen.«

»Das wäre schon eine große Hilfe.«

»Sie haben kein besonders großes Ego, nicht wahr? Ich meine das nicht negativ. Die meisten aus Ihrer Zunft hätten sofort damit geprahlt, wie gut sie sich auskennen, und mich dann mit den unzähligen Deals gelangweilt, die sie schon abgewickelt haben.«

»Mein Ego ist so groß wie jedes andere auch. Ich weiß nur, wann ich mich zurückhalten muß.«

Goldstein lehnte sich zurück und trank seinen Wein aus.

»Na schön. Hören Sie zu. Diamanten gelten als *a girl's best friend,* als sichere Investition, als das Älteste, was der Mensch je gefunden hat.« Er machte eine Pause und sagte dann, fast schüchtern: »Wußten Sie, daß manche Diamanten Millionen Jahre alt sind? Deshalb gelten sie als Symbol für die ewige Liebe. Sie sind so alt wie die Ewigkeit. Wie auch immer.« Etwas sachlicher fuhr er fort: »Daneben gibt es natürlich noch die finanzielle Seite der Medaille. Riesige Gewinne, wenn das Wagnis gelingt. Mit etwas Glück kann man sein Kapital vervielfachen. Der Hintergrund für diese Gewinne erklärt sich aus der Existenz der Central Selling Organization, unhöflich auch Kartell genannt. Etwa achtzig Prozent der jährlichen Produktion werden über diesen sogenannten *›single channel‹* gehandelt. Die Diamanten werden sortiert, geschätzt und in der Charterhouse Street 19 in der City von London verkauft, dort befindet sich De Beers' wichtigste Zentrale außerhalb von Südafrika. Ein sechsstökkiges modernes Glasgebäude, das aussieht wie eine Festung. An jedem fünften Montag des Jahres versammelt sich im zweiten Stock eine auserwählte, speziell eingeladene Gruppe von Händlern, die sogenannten *›sight holders‹*. Jeder von ihnen erhält ein mit einem Band verschnürtes Säckchen. Darin befindet sich eine Pappschachtel. In der Schachtel wiederum steckt so was Ähnliches wie ein Umschlag, den man *›paper‹* nennt. Die Rohsteine in einem *paper* sind stets von der gleichen Art und gehören zu einer der mehreren hundert Qualitätsklassen, in die die CSO ihre Steine unterteilt. Jede Schachtel enthält Steine im Wert zwischen zwei und fünf Millionen Dollar. Der Käufer kauft zu dem auf der Schachtel angegebenen Preis. Hier wird nicht gehandelt, und es empfiehlt sich auch nicht, eine Schachtel abzulehnen. Es ist ein äußerst diszipliniertes und effizientes System, und das muß es auch sein. Es gibt ein großes Überangebot an Diamanten auf dem Weltmarkt. Es gibt riesige Reserven.

Wenn die CSO das Angebot nicht künstlich knapp hielte, würden die Preise in den Keller sacken.«

Er sah, wie sich ihre Augen weiteten.

»Es ist eine brillante Organisation. Im Lauf der letzten sechzig Jahre hat die CSO etwas erreicht, das die erdölproduzierenden Länder in der OPEC und sogar die Kokainbarone des Medellin-Kartells nie geschafft haben. Sie hatte die Macht und die Nerven, dem Markt ihre eigenen Gesetze aufzuzwingen, wobei ihr Syndikat nicht auf Wochen oder Monate angelegt war, sondern auf Jahrzehnte. Natürlich hat es Rückschläge gegeben wie damals, als ein Londoner Händler beschloß, seine Ware am Kartell vorbei direkt in Angola zu kaufen, Zaire einen Alleingang wagte oder Moskau versuchte, sein Abenteuer in Afghanistan zu finanzieren, indem es den Markt mit Diamanten überschüttete. Aber in diesem Club waren Erschütterungen im allgemeinen nur von kurzer Dauer. Bis jetzt. Die Russen wollen sich scheinbar erneut mit dem Kartell anlegen. Feinste russische Diamanten im Wert von mehreren Millionen Pfund fließen am *single channel* vorbei auf den Markt.«

»Warum sollten die Russen ein Interesse daran haben, daß die Weltmarktpreise fallen?«

»Erpressung. Sie schielen nach einem Sitz im Vorstand von De Beers in Südafrika und wollen Einfluß auf die Entscheidungen in der Londoner Zentrale nehmen.«

»Und wird es ihnen gelingen?«

»Wir werden sehen. Aber es wirkt sich destabilisierend aus. Ein weiteres Risiko, das Sie bedenken müssen.«

Er schenkte ihnen nach.

»Und was ist mit den übrigen Risiken?«

Goldstein hielt inne. Das leichte Lächeln ließ ihn beinahe gütig wirken, doch seine Augen, von denen sie sich durchbohrt fühlte, signalisierten das Gegenteil. Da sie selbst die Gabe besaß, Menschen zu durchschauen, spürte sie sie jetzt um so deutlicher bei ihm und wurde unsicher. Doch als er nach seinem Glas griff, löste sich seine Anspannung. Er schien eine Entscheidung getroffen zu haben.

»Es gibt noch vieles, was Sie wissen müßten, falls es Ihnen über den Weg läuft, und das wird sicherlich der Fall sein.« Die Selbstverständlichkeit, mit der er über bevorstehende Probleme redete, verstärkte Cassies Unbehagen. Sie mußte sich ins Gedächtnis rufen, daß er Schriftsteller und ein Freund von John war, der ihr helfen sollte.

»Der Diamantenhandel dient in vielerlei Hinsicht als Mittel zum Zweck. Man manipuliert die Preise an der Börse, wenn die Gesellschaft dort eingetragen ist. Monate-, manchmal jahrelang, solange die Probebohrungen laufen, basiert der Preis nur auf Hoffnung, und die ist biegsam. Dann gibt es jene, die angeblich auf der Seite der Engel stehen und den Diamantenhandel für ihre eigenen Zwecke benutzen.« Goldstein erkannte ihren fragenden Blick.

»Ich meine die Nachrichtendienste. Sie halten engen Kontakt mit De Beers. Sie tun sich gegenseitig Gefallen.«

»Wie?«

»Ganz einfach. Diamantenexperten haben einen Grund, in alle möglichen Länder zu reisen, Rußland, Angola, Südafrika, überallhin. Während sie auf die Ergebnisse von Bodenanalysen oder Probebohrungen warten, haben sie viel Zeit, die sie für alles mögliche nutzen können. Eine perfekte Tarnung.«

»Und was für Gefallen werden umgekehrt erwartet?«

»Die Nachrichtendienste sorgen dafür, daß bestimmte Ladungen, die sonst an der CSO vorbeigehandelt wären, wieder unter deren Kontrolle kommen.«

»Zum Beispiel? Wer würde sich gegen das Kartell stellen, wenn doch alle daran interessiert sind, daß es weiterbesteht?«

»Die Amerikaner beispielsweise«, lautete die einfache Antwort. »Dort ist die CSO illegal, denn sie verstößt gegen den Sherman Act, der monopolistische Kartelle für gesetzeswidrig erklärt. Von den Russen habe ich Ihnen bereits erzählt. Sie wollen höhere Verkaufsquoten durchsetzen und mehr Einfluß auf die Entscheidungen der CSO nehmen. Und dann gibt es noch die Schmuggler, die die offiziellen Kanäle ohnehin nicht benutzen können.«

»Und wie gehen die Nachrichtendienste bei diesen Operationen vor?«

Goldstein lachte.

»Das müssen Sie schon selbst rauskriegen. Benutzen Sie Ihre Fantasie. Suchen Sie nach der Logik und wenden Sie diese auf einen anderen Fall an. Finden Sie den Schwarzen Peter, den Widerspruch. Er wird fast unweigerlich auftauchen. Suchen Sie nach dem Unvorhersehbaren, dem Unlogischen, fast Selbstzerstörerischen – das ist die beste Tarnung überhaupt. Und, meine Liebe, passen Sie gut auf sich auf. Das ist der beste Rat, den ich Ihnen geben kann.« Einen Augenblick lang schienen seine Augen fast sanft.

Das Mittagessen war beendet. Goldstein stand auf und reichte ihr eine Visitenkarte.

»Hier ist die Nummer meiner Sekretärin. Sie wird Ihnen sagen können, wo ich bin.« Dann brachte er Cassie zur Tür.

»Rufen Sie mich ruhig an, wenn Sie Hilfe brauchen.« Als er ihr die Tür öffnete, sagte er noch: »Ach, übrigens, wo liegt Ihre Mine eigentlich? In einer interessanten Gegend?«

»O ja, Vietnam«, antwortete Cassie, noch etwas verwirrt über die Zwischentöne, die in seinem Angebot mitschwangen.

Plötzlich fragte sie sich, ob es klug gewesen war, ihm zu sagen, wo sich die Mine befand. Sie hatte das Gefühl, einen Fehler begangen zu haben. Sie verabschiedeten sich per Handschlag, und Cassie bog in die Holland Park Road ein. All die Warnungen von Richardson, Brimton und nun Goldstein gingen ihr nicht aus dem Sinn. Sie sammelten sich an wie tote Fliegen im Sommer.

Goldstein beobachtete sie, bis sie außer Sichtweite war.

Dann schloß er die Tür und griff zum Telefon. Er wählte eine Nummer im Ausland und sprach, ohne seinen Namen zu nennen.

»Neuigkeiten zum vietnamesischen Deal. Jetzt ist er in London bei einer Risikokapitalbank namens Case Reed angelangt.« Es folgte eine Pause, dann antwortete eine feste Stimme.

»Bleiben Sie am Ball. Wir warten. Die Zeit wird kommen. Sie haben völlig freie Hand. Es gilt die übliche Abmachung.«

25

Um sieben zog Eva sich um und joggte eine Stunde durch den Battersea Park. Die Kirschbäume am Fluß warfen ihre Blüten ab, und sie hatte das Gefühl, über einen duftenden Teppich zu laufen.

Der Tag war warm gewesen. Jetzt wimmelte es im Park von Leuten, die joggten, Tennis oder Boule spielten, ihre Hunde ausführten oder einfach auf dem Rasen lagerten. Eine Szene, die so normal war, daß sie seltsam beruhigend wirkte.

Schweißgebadet und mit dem angenehmen Gefühl, ihren Körper unter Kontrolle zu haben, kam sie zu Hause an. Sie schloß noch vierzig Liegestütze und hundert Sit-ups an und wartete eine Weile. Dann maß sie ihren Puls. Das machte sie immer so. Es erinnerte sie an die Zeit, kurz nachdem sie der SIS beigetreten war und ihre spezielle Schußwaffenausbildung absolvierte. Damals hatte sie sich in Form bringen müssen. Es ist viel leichter, eine Handwaffe zu halten, wenn der Puls regelmäßig ist.

Fünfundfünfzig Schläge pro Minute waren ideal. Eva hatte es auf vierundfünfzig gebracht, mittlerweile sogar auf einundfünfzig.

Sie duschte und zog sich sorgfältig für den Abend mit Frazer an. Ein kurzes schwingendes schwarzes Kleid und schwarze Schuhe.

Es war komisch, all die eleganten damenhaften Kleider zu tragen, nachdem sie jahrelang nur in Jeans oder Shorts herumgelaufen war. Sie sah sich im Spiegel an und war fast überrascht von ihrem Anblick. Sie fragte sich, was Frazer sah, wenn er sie betrachtete.

Schließlich überprüfte sie das Päckchen, das gestern nachmittag von einem SIS-Kurier gebracht worden war. Es enthielt eine Steckdose mit einem eingebauten Sender. Sie war nicht von einer gewöhnlichen zu unterscheiden, enthielt jedoch winzige elektronische Teile. Der Sender würde auf einer Frequenz von UHF 365 bis 455 MHz arbeiten und, einmal installiert, alles aufnehmen, was sich in dem entsprechenden Raum abspielte. Eva wickelte ihn in ein Taschentuch, steckte ihn in die Handtasche und verließ das Haus. Als die Tür ins Schloß fiel, schüttelte sie alle lästigen Gedanken oder Ängste ab, damit Frazer weder Erregung noch Unruhe in ihrem Auftreten erkennen konnte.

Um zehn nach neun kam sie bei ihm an. Er begrüßte sie mit einem Kuß.

»Du siehst blendend aus.«

»Danke schön. Ich bin gerade eine Stunde lang gelaufen, das hat mir offensichtlich gutgetan.«

»Eine ganze Stunde? Meine Güte, erinnere mich nur daran, daß ich nie mit dir laufe.« Er führte sie in den Garten. Auf dem Tisch stand eine Flasche Champagner in einem Eiskübel. Er reichte ihr ein Glas und beobachtete sie, während sie trank und die blühenden Rosensträucher bewunderte. »Du bist ganz schön fit, wie? Das ist mir schon beim erstenmal aufgefallen, als du mit dem Rücken zu mir standest. Ich weiß noch, daß ich dachte, ich hätte eine Sportlerin vor mir, die jeden Moment losspurten wird. Du bist das, was man einsatzbereit nennt.«

Eva setzte sich auf den Holzstuhl.

»Einsatzbereit? Ja, könnte stimmen. Ich habe jede Menge zu tun.«

»Was heißt das?«

Sie sah ihn überrascht an. »Na, mit dem Deal. Die Diamanten. Das könnte eine verdammt große Sache werden. Größer als alles, was ich bisher gemacht habe, aber mit deiner und Case Reeds Hilfe könnte es zu schaffen sein. Meinst du nicht?«

»Ich helfe dir, schon aus Eigennutz. Ich glaube auch, daß es eine große Sache sein könnte. Aber ich würde gern wissen, warum du es machst.«

Er setzte sich ihr gegenüber, stützte die Ellbogen auf den Tisch und beugte sich vor.

»Ich will wissen, was du vorhast, Eva. Was versprichst du dir von diesem Deal, und was willst du von mir?«

Sie lachte. »Das klingt sehr einfallslos. Ich habe eine Affäre mit dir. Ich glaubte, das wäre klar.«

»Ja, das ist mir klar, aber das ist auch alles. Du gibst mir ein paar Rätsel auf. Die meisten Frauen wollen mehr als nur eine Affäre. Natürlich gibt es auch die, die nur eine Nacht bleiben, aber zu denen gehörst du nicht. Dann gibt es die Beziehungen. Und alle Frauen, wie sehr sie sich auch zurückhalten mögen, forschen nach Zeichen meinerseits und stellen mir Fragen, die ich gerade dir gestellt habe. Du nicht. Du stürzt dich unbekümmert in eine Affäre mit mir, obwohl sie diesen Deal, der dir so viel bedeutet, ungeheuer komplizieren könnte. Wieso?«

Eva seufzte. »Sieh mal, du weißt so gut wie nichts von mir. Also ist es dein gutes Recht, Fragen zu stellen, schließlich werden wir ja vielleicht sogar Geschäftspartner. Ich will versuchen, sie zu beantworten.« Sie suchte in ihrer Tasche nach Zigaretten. Neben der Packung lag das Taschentuch mit der Wanze. Vorsichtig nahm sie die Zigaretten heraus, zündete sich eine an und blies den Rauch in die Abendluft.

»Ich denke nicht viel darüber nach, was ich tue. Ich führe keine Selbstanalyse. Die meisten Dinge mache ich aus dem Bauch heraus, instinktiv. Ich vertraue auf mein Urteilsvermögen, und wenn ich etwas tun will, dann tue ich es. Über die Konsequenzen mache ich mir keine Gedanken. Dafür ist Zeit genug, wenn es soweit ist. Die Leute machen sich viel zu viele Sorgen. Sie wollen immer alles voraussehen und vorprogrammieren, aber meistens liegen sie völlig schief. Sie konzentrieren sich so sehr auf das, was sie erwarten, daß sie dastehen wie ein Ochs vor dem Berg, wenn es anders kommt, und das ist fast immer der Fall.« Sie hielt inne und musterte sein Gesicht. »Verstehst du, was ich meine?«

Er füllte ihre Gläser und sah sie mit einem neuen Ausdruck an, einer Mischung von Freude, Neugier und Aufmerksamkeit.

»Ich glaube ja. Du lebst für den Augenblick. Du vertraust nur auf dich selbst und kümmerst dich nicht darum, was die anderen sagen. Aber unser Deal paßt nicht in dieses Schema, oder? Hier muß man planen, Prognosen erstellen und Probleme schon im Vorfeld erkennen können.«

»Genau. Und das ist einer der Gründe, warum ich mich darauf eingelassen habe. Ich mache das zum ersten Mal. Ich will sehen, wie es wird. Daneben gibt es eine Reihe von anderen Gründen.«

»Und die wären?«

»Jetzt kommen wir doch zur Selbstanalyse.« Sie nahm einen langen Schluck Champagner. »Es ist höchste Zeit für mich, ich muß endlich irgendwas zustande bringen. Ich habe jahrelang nichts Richtiges getan, jedenfalls im konventionellen Sinne. Gut, ich habe im Fernen Osten Englischunterricht gegeben, mich in abgeschiedenen Dörfern um die Kinder gekümmert. Das war großartig, eine wunderbare Art, sein Leben zu verbringen, aber so kann es nicht ewig weitergehen. Ich bin jetzt dreißig, und ich habe das Gefühl, daß ich was anderes machen muß. Und außerdem brauche ich Geld, um ehrlich zu sein.« Sie zuckte die Achseln. »Es ist die alte Geschichte. Es ging uns nicht schlecht, aber mein Vater hat nicht gerade vernünftig gewirtschaftet. Das Haus und den größten Teil des verbleibenden Vermögens wird mein Bruder erben. Zwar hat mein Vater auch für mich vorgesorgt, aber das wird vorne und hinten nicht reichen. Ich bin eine Frau, von mir wird erwartet, daß ich eine gute Partie mache und mich von meinem Mann ernähren lasse. Allerdings ist das nicht meine Welt. Egal. Trotzdem hätte ich von den Zinsen aus meinem Kapital einigermaßen leben können, wäre mein Vater nicht ein Opfer von Lloyds geworden. Er war mit einem der ganz schlimmen Syndikate liiert und hat praktisch alles verloren, was einmal meinem Bruder und mir zugedacht gewesen war. Von meinem Anteil ist so gut wie nichts mehr übrig. Du siehst, das Ganze ist nicht schwer zu verstehen. Früher habe ich mir um Geld keine Sorgen machen müssen. Das hat sich geändert, also will ich diese vielversprechende Möglichkeit nicht so ohne weiteres verlieren. Es ist eine einmalige Chance für mich. In einem Büro zu arbeiten ist nicht mein Ding, das könnte ich einfach nicht. Und wenn du dich wunderst, warum ich nicht wie andere Frauen um dich herumtanze, dann nur, weil ich mich hauptsächlich auf mein Projekt konzentriere. Das ist alles, was ich wirklich will, verstehst du?«

Seine Augen leuchteten warm und überraschend mitfühlend auf.

»Das verstehe ich viel besser, als du dir vorstellen kannst. Ich war der zweitälteste Sohn. Nach dem Tod meines Vaters erbte mein Bruder alles. Plötzlich war mein privilegiertes Leben mit einem Schlag vorbei. Ich stand nur noch im Schatten meines Bruders, praktisch mittellos. Du und ich, wir wollen dasselbe Geld, um uns schadlos zu halten. Ich habe den Dreh raus, aber irgendwie ist es nie genug. Mein Appetit ist grenzenlos. Du stehst erst am Anfang. Warte nur ab. Es wird zu einer richtigen Sucht.«

Sie lächelten einander an. Evas Blick täuschte stillschweigendes Einverständnis und Komplizenschaft vor, so als seien sie plötzlich zu Verbündeten geworden. Sie stand auf.

»Entschuldige. Ich muß mal zur Toilette.«

Sie griff nach ihrer Handtasche und trat ins Haus. Sie ging geradewegs in Frazers Arbeitszimmer und vergewisserte sich, daß ihr niemand gefolgt war. Dann nahm sie die Steckdose und einen Schraubenzieher aus der Tasche, entfernte Frazers Steckdose und brachte die Wanze an. Mit dem Taschentuch wischte sie ihre Fingerabdrücke ab, wikkelte Frazers Steckdose darin ein und steckte sie wieder in die Handtasche. Anschließend ging sie die Treppe zum Schlafzimmer hoch, zog sich aus und schlüpfte ins Bett.

Fünf Minuten später kam er auf der Suche nach ihr ins Zimmer. Als er sie fand, lächelte er.

»Was geht hier vor?«

Sie zog das Laken beiseite. »Ich habe eigentlich gar keinen Hunger, du?«

Er zog sich aus, ohne die Augen von ihr zu nehmen. Die Leidenschaft kam wie von selbst und so heftig, daß beide überrascht waren.

Gegen Mitternacht klingelte das Telefon und riß sie aus dem Schlaf. Frazer stöhnte und griff nach dem Hörer.

»Hallo.«

»Ja. Bleib dran. Ich bin gleich wieder da.« Er legte den Hörer neben den Apparat, gab Eva einen flüchtigen Kuß und sagte: »Hongkong. Das wird eine Weile dauern und ziemlich langweilig sein. Schlaf weiter. Ich gehe ins Arbeitszimmer.« Schläfrig antwortete sie: »Bleib nicht zu lange fort.« Als er wiederkam, tat sie so, als schliefe sie. Sie lag still da und beobachtete, wie er sich unruhig hin und her wälzte. Im Dunkeln stahl sich ein Lächeln auf ihr Gesicht. Wenn sein Telefon wirklich abgehört wurde, wie Stormont versprochen hatte, würde sie in wenigen Stunden wissen, worum es in seinem langen und langweiligen Gespräch gegangen war.

26

Zur gleichen Zeit, als Eva Frazers Haus betrat, fuhr Stormont vor Cassies Haus vor. Er warf einen Blick auf die hübsche Fassade. Es schien wie für sie geschaffen. Er stieg aus und klingelte an der Tür. Ein Hund bellte, und dann hörte er Cassies strenge Stimme, die mit ihm schimpfte.

»Sei still, Nesta. Jetzt gib endlich Ruhe!« Dann öffnete sie lachend die Tür.

»Tut mir leid. Sie glaubt immer, sie müßte mich beschützen.«

»Sehr klug von ihr.« Er beugte sich vor, um Cassie zu küssen. Das Parfüm, das sie heute benutzte, war stärker als das vor ein paar Tagen.

»Kommen Sie rein.« Nesta sprang zwischen seinen Beinen herum, während er ihr ausgiebig den Hals kraulte.

»Wie wär's mit einem Glas Champagner?«

»Ja, sehr gern.« Normalerweise wäre er an einem Freitag wie diesem in sein Landhaus gefahren. Es war ein seltsames Gefühl, den Abend statt dessen in Begleitung einer jungen attraktiven Frau zu verbringen, die mehr als begehrenswert war.

»Das ist David Wilson, mein Mitbewohner«, sagte sie und wies auf einen hochgewachsenen Mann, der sich träge aus dem Sofa schälte, die Hand ausstreckte und ihn teils höflich, teils forschend musterte.

»David, das ist Andrew Stormont.«

Die Männer drückten sich die Hand.

Cassie entkorkte die Flasche und schenkte drei Gläser ein.

Stormont sah anerkennend auf die Flasche. Er nahm das Glas, das sie ihm reichte, setzte sich in einen tiefen Sessel und streckte die Beine auf dem Perserteppich aus. Langsam nahm er die Umgebung in sich auf. Selbst im kleinsten Detail spürte er Cassies Gegenwart, angefangen bei der stilvollen Einrichtung bis hin zu dem Flair von Zufriedenheit und Normalität, das alles durchdrang. Keine Spur von sterilen, innenarchitektonischen Ambitionen. Es war ein Haus, das lebte und in dem man das Leben genoß. Bestimmt hatte Cassie alles selbst ausgesucht. Plötzlich verspürte er eine unbändige Sehnsucht nach ihrer fröhlichen Offenheit, dieser unbeschwerten Leichtigkeit. Aber auch Trauer. Was immer während dieser Operation geschehen mochte, Cassie würde davon nicht verschont bleiben. Er konnte die Zukunft nicht vorhersagen, im Gegenteil, er würde selbst improvisieren müssen. Er konnte sie nicht einmal beschützen. Er war kein Wachhund, der ihre Feinde durch Bellen verscheuchte.

Offenbar war das die Rolle, in der sich David Wilson sah.

Aber er taugt nicht als Ritter, dachte Stormont, während er ihn unauffällig studierte. Er war willig, aber unfähig. Cassie würde ihre Schlachten selbst ausfechten müssen, und er fragte sich, wie sie sich im Vergleich zu Eva wohl schlagen würde. Eva war großartig, eine Kämpfernatur. Sie war gut ausgebildet und wußte, worum es ging. Cassie hätte keine Ahnung, wenn etwas schiefging, und obendrein war sie völlig unerfahren.

Auf Cassies Vorschlag hin gingen sie zum Abendessen zu Blakes, einem dunklen Kellerrestaurant, das sie immer an das Boudoir einer Nutte erinnerte – ein wirklich hübsches Boudoir mit ausgezeichnetem Essen, aber trotzdem etwas anrüchig, ein Ort, wo sich heimliche Liebespaare trafen. Sie lachte in sich hinein und fragte sich, was Stormont von ihr wollte, abgesehen von Sex natürlich. Irgendwas führte er im Schilde, das spürte sie.

Er saß vor ihr im dunklen Anzug mit blaßblauem Hemd. Seine Kleider waren ebenso perfekt wie der Körper, den sie verbargen. Alles an ihm war stark und fest – der Körper, die Stimme, das Gesicht und sein Verstand. Sogar sein Wille. Er schlummerte unter der Oberfläche, untätig, wartend, er operierte hinter einem Panzer von Charme, tadellosen Manieren und dem Interesse, das er für sie an den Tag legte. Sein Wille machte sich nie unter dem Deckmantel von Ego oder Arroganz bemerkbar, den Eigenschaften, die sie an Männern am meisten verabscheute. Aber er war da: in seinem Lächeln, dem unausgesprochenen Vertrauen, seiner Neugier.

Sie studierten die Speisekarte und bestellten. Und dann sprudelten die Fragen nur so aus ihm heraus, alle unter dem Vorwand, sie kennenlernen zu wollen. Sie waren vollkommen unverfänglich, und doch spürte Cassie, daß eine gewisse Ernsthaftigkeit dahintersteckte, eine versteckte Absicht. Sie mochte prinzipiell keine Fragen, für sie waren es Abkürzungen auf dem Weg, jemanden kennenzulernen. Viele Männer stellten Fragen in dem Glauben, sie zeigten damit Interesse, und erlaubten den Frauen, über sich selbst zu reden, weil sie das für ihren Lieblingszeitvertreib hielten. Sie dagegen zog indirektere Methoden vor. Hätte Stormont sie mit seinem Charme und seiner Verführungskunst nicht so eingewickelt, wäre sie den Fragen mit einem Gähnen ausgewichen und hätte das Thema gewechselt. Statt dessen beobachtete sie, wie er sie betrachtete, als sei er dabei, ein Rätsel zu lösen.

»Sie haben sich aber einen grimmigen Mitbewohner ausgesucht. Er paßt auf Sie auf wie ein Drache.«

»Warum interessiert ihr euch eigentlich alle so für ihn?«

»Wer ist alle?«

»Eva hat auch schon so neugierig gefragt. Sie wollte wissen, ob er mein Liebhaber ist.«

»Und, ist er es?«

»Nein, nur ein Freund. Ist das so seltsam?«

»Ich halte Sie für unabhängig und erfolgreich. Ich hätte nicht gedacht, daß Sie einen Hausfreund brauchen.«

Cassie zuckte die Achseln. »Ich war noch nie gut darin, allein zu leben.«

»Warum nicht?«

Sie wandte den Blick ab, als überlege sie. Dann sah sie ihn an und sagte mit leiser Stimme: »Ich hasse es, im Bett zu liegen und mich über irgendwelche Geräusche zu wundern. Ich mag nicht, wie es in einem leeren Haus widerhallt, wenn ich es betrete. Ich fühle mich sicherer, wenn noch jemand in meiner Nähe ist. Ich genieße es. Und David ist ein angenehmer Gefährte. Können Sie das verstehen?«

»Ja«, antwortete er überraschend sanft. »Das kann ich.«

Am liebsten hätte er gefragt, warum sie diese Ängste hatte, woher sie kamen, aber dann sah er, wie sie den Blick abwandte, als wolle sie weitere Fragen abwehren.

»Es paßt nur nicht zu dem Image, das Sie ausstrahlen. Die erfolgreiche Karrierefrau in der City.« Seine Stimme zog sie wieder zu ihm zurück.

»Sie haben es selbst gesagt. Es ist ein Image.«

»Wieso arbeiten Sie eigentlich in der City? Ist das nicht das reinste Schlangennest?«

»Dazu kann sie werden, wenn man nicht aufpaßt. Die großen Banken sind die schlimmsten. Aber ich bin nur vier Jahre in der eigentlichen City geblieben, gerade lange genug, um das Handwerk zu lernen. Danach habe ich zu Case Reed gewechselt. Da geht es zivilisierter zu, und es gibt keine offizielle Firmenpolitik. Ich habe völlig freie Hand und kann mehr oder weniger tun, was ich will.«

»Aber eigentlich ist es doch auch die City, selbst wenn Sie jetzt außerhalb der eigentlichen Bannmeile arbeiten. Was ist so spannend daran?«

»Das Risiko.«

»Sie mögen es?«

»Warum nicht?«

»Ihr Leben scheint so einfach und wohlgeordnet. Das Risiko paßt irgendwie nicht dazu.«

»Gerade deshalb kann ich es mir leisten. Ich mag es.«

»Warum?«

»Weil ich mich daran messen, mich beweisen, damit spielen kann. Ich stürze mich ja nicht willkürlich in jede Gefahr, alles bleibt kalkulierbar. Risiko gegen Gewinn – die Maxime des Bankers.«

»Sie würden also nie nur aus Spaß Risiken eingehen?«

»Warum? Was wäre der Sinn?«

»Das klingt aber sehr vernünftig und klar.«

»Na ja, es gibt Leute, die lieben den Nervenkitzel, sie reiten sich in Probleme rein, nur um zu sehen, ob sie wieder rauskommen.«

»Und Sie brauchen das nicht. Sie wissen immer, wie Sie wieder rauskommen, also macht es keinen Sinn.«

»So ungefähr. Oder vielleicht will ich einen wirklich guten Grund haben, wenn ich es tue.«

Der Kellner brachte den nächsten Gang. Cassie nutzte die kleine Pause, um sich im Restaurant umzusehen und ihre Unterhaltung versiegen zu lassen. Sie hatte genug von Analysen.

»Was macht Ihr Deal mit Eva Cunningham?« fragte Stormont leichthin.

Cassie warf ihm einen prüfenden Blick zu, ehe sie antwortete.

»Bislang hat sich nicht viel getan. Wir wollen uns am Montag treffen. Danach müßte die Sache allmählich in Gang kommen.«

»Werden Sie ihr Projekt finanzieren?«

»Sie meinen die Mine? Wir werden uns was einfallen lassen.«

»Und was?«

»Hören Sie, Andrew! Das sind vertrauliche Informationen. Sie erwarten doch nicht im Ernst eine Antwort, oder?«

Er schüttelte den Kopf. Er hatte keine Details erwartet, sondern nur prüfen wollen, wie diskret sie war.

Und während er sprach oder ihr zuhörte, war ein Teil seines Bewußtseins mit Eva beschäftigt und fragte sich, wie sie mit Frazer zurechtkam. Er hoffte für sie und hatte zugleich Angst um sie.

»So«, sagte Cassie, als sie mit ihrem Lamm fertig war. »Sie haben mich ganz schön ausgefragt, und ich weiß gar nichts über Sie. Das ist unfair.«

»Was würden Sie denn gern wissen?«

»Fangen wir mit dem an, was Sie machen.«

»Was glauben Sie?«

Sie studierte ihn, ohne etwas zu sagen. Für jemand, der gewohnt war, mit anderen genau dasselbe zu machen, war Stormont über sein eigenes Unbehagen erstaunt. Jetzt verstand er, was Eva meinte. Cassie schien durch ihn hindurchzusehen.

Schließlich sagte sie: »Sie könnten vieles sein. Sie könnten in der City arbeiten oder ein Geschäftsmann sein, Psychiater oder intellektueller Journalist. Sie könnten aber auch alle diese Berufe kombinieren. Sie geben sich den Anschein eines Dilettanten, nur sind Sie zu sehr bei der Sache. Sie machen etwas, das Ihnen sehr wichtig ist, und dazu paßt eigentlich nur meine Psychiater-Theorie. Aber ich weiß, daß Sie keiner sind. Dazu sind Sie zu boshaft.«

»Was bin ich dann?« fragte er lachend.

Plötzlich erinnerte sie sich an das Gespräch mit Aubrey Goldstein.

»Wollen Sie wirklich, daß ich Ihnen das beantworte?«

»Warum nicht?«

»Weil ich Sie für einen Spion halte.«

Stormont lachte erneut, leicht und entspannt. Cassie fand, es war entweder das Lachen eines Mannes, der nichts zu verbergen hatte, oder der sich in seiner Lüge sicher fühlte, selbst wenn man ihn mit der Wahrheit konfrontierte.

»Ich fühle mich sehr geehrt, daß Sie mir so viel versteckten Zauber zuweisen. Leider ist die Wahrheit etwas prosaischer. Ich habe mit Grundstücken zu tun.«

»Sie enttäuschen mich.«

»Tut mir leid, ich werde versuchen, es wiedergutzumachen.« Sein Blick wanderte von ihrem Gesicht über den Hals zu ihrem Ausschnitt. Er sah auf und bemerkte, daß sie ihn beobachtete. In ihren Augen spielte eine leicht verächtliche Genugtuung über seine Durchschaubarkeit.

»Übrigens, wie, zum Teufel, kommen Sie darauf, daß ich ein Spion sein könnte? Kennen Sie einen? Sehe ich etwa aus wie einer?«

»Um ehrlich zu sein, ja.«

»Das müssen Sie mir näher erklären.«

»Da ist etwas in Ihren Augen. Sie scheinen offen, aber Sie sind höllisch auf der Hut, und sie beobachten einen unentwegt. Sie beobachten, aber sie offenbaren nur das, was Sie wollen. Ich kenne diese Art von Maske. Wenn man lügt, zieht man sie an, aber sie läßt sich mit der Lüge ein- und ausschalten. Bei Ihnen ist sie ständig eingeschaltet, so als müßten Sie Ihr wirkliches Ich hinter einer Maske verstecken.«

»Genial, aber daneben.«

»Na schön. Also liege ich genial daneben. Vergessen wir das Ganze. Sie spekulieren weiter mit Ihren Grundstücken und versuchen, es wiedergutzumachen. Und ich gebe mir Mühe, nicht genial zu sein.«

Sie sahen sich an im Bewußtsein einer neuen Ambivalenz ihrer Gefühle füreinander. Die Anziehung war genauso stark wie die Abneigung.

Um Mitternacht brachte Stormont sie nach Hause. Er hielt mit laufendem Motor vor dem Haus und küßte sie einmal flüchtig auf den Mund.

»Bis bald.«

Sie stieg aus. Er empfand eine ungewohnte Frustration. Sie war distanziert und nah zugleich, ausweichend, aber auf verwirrende Art intuitiv.

Er fuhr nach Hause, setzte sich mit einem Whisky in sein Arbeitszimmer und dachte über sie nach. War sie wirklich so scharfsichtig, oder war das mit dem Spion nur ein Scherz gewesen? Wußte sie etwas? Er nippte an seinem Whisky. Die ganze Operation war hochexplosiv. Stormont hatte das seltsame Gefühl, daß Cassie ihm viel gefährlicher werden könnte, als er sich vorgestellt hatte. Doch wie scharfsinnig sie auch war, es gab vieles, das sie niemals rauskriegen würde. Mit der Bedrohung, die von ihr ausging, würde er spielend fertig.

27

Am Samstag erlaubte sich Cassie den Luxus, erst um zehn aufzustehen. Sie zog ein Paar Jeans und ein T-Shirt über und ging zu dem neuen Feinkostladen, der vor kurzem unweit von World's End in der King's Road eröffnet hatte. Sie kaufte zwei normale und zwei Mandelcroissants, Orangensaft und Milch. Als sie wieder nach Hause kam, stand David in Pyjamahosen in der Küche.

Sie legte die Croissants für eine Minute in den Grill und trug sie dann auf einem Teller ins Wohnzimmer.

David folgte ihr mit dem Kaffee.

»War es ein netter Abend?« fragte er. Cassie nickte mit vollem Mund.

»Sehr nett. Wie fandest du ihn?« Sie wußte, daß die Frage nicht besonders klug war. David ließ nie ein gutes Haar an ihren Liebhabern oder Verehrern, aber sie war neugierig, und er lag mit seiner Einschätzung meistens richtig. Er biß genüßlich in sein Croissant und ließ sich Zeit mit der Antwort.

»Er ist ein Wolf im Schafspelz. Als er gestern abend hier war, hat er sich verstellt, aber er hat es auf dich abgesehen. Ich möchte lieber nicht mitkriegen, wie er dich ansieht, wenn er im Dunkeln mit dir allein ist. Wahrscheinlich würde ich ihn umbringen.«

Cassie lachte. »Ein Wolf also. Was meinst du, womit er seine Brötchen verdient?«

»Wahrscheinlich ist er einer von diesen City-Typen. Er hat etwas von deren kultivierter Rücksichtslosigkeit an sich. Warum fragst du? Normalerweise tust du das nicht. Und wieso starrst du mich so an? Du hast so einen komischen Ausdruck im Gesicht, Cassie.«

»Wirklich?« Sie wirkte plötzlich abgelenkt. Es war keine unangenehme Ablenkung, denn sie lächelte, auch wenn David das Lächeln nicht besonders angenehm fand.

»Cassie, du siehst aus, als wärst du gerade dabei, eine Hinrichtung zu beschließen.«

Gegen elf rief Stormont bei Eva an. Sie war gerade von Robie Frazer nach Hause gekommen und meldete sich mit gewohnter Schroffheit.

»Hallo!« Es klang mehr wie eine Herausforderung als eine Begrüßung.

»Wie ist es gelaufen?«

»Problemlos. Um halb zehn war alles erledigt. Um Mitternacht hat er einen Anruf im Arbeitszimmer angenommen. Könnte vielversprechend sein.«

»Gut. Ich sorge dafür, daß du so schnell wie möglich eine Kassette und eine Abschrift bekommst. Aden und ein Team von Spezialisten gehen gerade die Bänder durch und filtern das raus, was für uns interessant sein könnte.«

»Und bei dir? Gibt's irgendwas Neues?«

Stormont zögerte. Er mußte ihr von Cassie erzählen. Sie würde ohnehin dahinterkommen. Cassie hatte keinen Grund, es ihr zu verschweigen. Besser, sie erfuhr es von ihm.

»Ja, und zwar was Komisches. Gestern abend habe ich mich mit Cassie getroffen.« Er zögerte, um ihr Zeit für eine Reaktion zu geben. Sie sagte nichts. Leicht verunsichert fuhr er fort.

»Wir haben zu Abend gegessen und uns unterhalten. Dann hat sie mich gefragt, was ich mache. Ich sagte, sie solle raten, und das hat sie getan.«

»Was soll das heißen, das hat sie getan?«

»Sie sagte sehr langsam und klar, daß sie mich für einen Spion hält.«

»Was?«

»Keine Sorge, ich hab' mir nichts anmerken lassen. Aber wie kommt sie darauf?«

»Ich habe nichts damit zu tun, falls du das meinst.«

»Ach was, das habe ich keine Sekunde gedacht. Aber ich frage mich, wie sie auf so eine Idee kommt.«

»Was denkst du?«

»Keine Ahnung. Ich glaube, sie ist verdammt helle, läßt es sich aber normalerweise nicht anmerken. Und dann strahlt sie plötzlich auf und trifft genau ins Schwarze. Ich hatte das Gefühl, mitten im Rampenlicht zu stehen.«

»Ich habe dich vor ihrer Intuition gewarnt.«

»Sie sagte, ich erinnerte sie an einen anderen Spion.«

»Wen?«

»Das hat sie nicht gesagt.«

»Sie kann doch nicht mich gemeint haben, oder? Wir sind uns nicht gerade ähnlich, finde ich.«

»Doch, vielleicht meinte sie tatsächlich dich. Sie sagte, meine Augen seien ständig auf der Hut, als trüge ich eine Maske, hinter der sich meine wirkliche Existenz verbirgt.«

»Mist! Das war ein Volltreffer.«

»Du hast denselben Blick, Eva. Wir haben ihn alle, wenn jemand weiß, wonach er Ausschau halten muß.«

»Und wie um Himmels willen soll sie wissen, wonach sie Ausschau halten muß?«

»Keine Ahnung. Ich glaube, daß wir sie unterschätzt haben.«

»Was machen wir jetzt?«

»Wir machen einfach so weiter. Es bleibt uns gar nichts anderes übrig. Aber wir müssen höllisch aufpassen. Weißt du, ich glaube, sie hat das sehr bewußt gesagt, es klang beinahe wie eine Warnung.«

»Was für eine Warnung?«

»Weiß ich nicht. Aufzupassen. Vielleicht wollte sie sagen, daß ich keine Spielchen mit ihr treiben soll, daß sie mich durchschaut und beim ersten Anzeichen von schlechtem Benehmen vor die Tür setzt.«

»Und was war noch?« hakte Eva nach. Stormont hatte die Frage nur halb beantwortet.

»Ich habe sie nach eurem Deal gefragt. Sie erklärte mir freundlich, aber bestimmt, daß mich das nichts anginge, daß es vertraulich sei und ich das auch genau wüßte. Ich glaube, die Warnung galt eher dem Deal, dir und mir. Du bist die Verbindung zu mir. Sie weiß, daß wir uns kennen.«

»Andrew, willst du mir verraten, wie dein Treffen mit

Cassie mit dieser Operation zusammenpaßt? Du wirst sie doch nicht benutzen, um mich auszuspionieren, oder?«

»Warum sollte ich das tun? Ich vertraue dir. Ich brauche dir nicht hinterherzuspionieren.« Sie antwortete nicht.

»Sei vorsichtig mit ihr, Eva. Ich bin nicht sicher, welche Art von Spiel sie spielt, aber es könnte gefährlicher sein, als wir dachten.«

»Wir stehen auf derselben Seite, vergiß das nicht. Wir wollen alle Geld mit diesem Deal verdienen. Im übrigen bist du derjenige, der vorsichtig sein sollte. Dich hält sie für einen Spion. Wenn du eine Affäre mit ihr haben willst – bitte schön. Aber mich laß lieber aus dem Spiel, und vermassel um Himmels willen nicht diese Operation.«

Ihre Stimme war bissiger denn je. Dann hängte sie ein, ohne ihm Zeit für eine Antwort zu lassen.

Um zwölf bekamen Stormont und Eva jeweils eine Kassette und eine Abschrift der abgehörten Telefongespräche. Stormont erhielt außerdem einen Bericht von Giles Aden, der diese Seite der Operation leitete.

Die Qualität der Aufzeichnungen war ausgezeichnet. Stormont und Eva hörten sich die Tonaufnahmen aufmerksam an und achteten auf jedes Wort und jede Nuance.

Frazer sprach als erster. »Wo haben Sie gesteckt, Ha Chin? Seit Tagen versuche ich, Sie zu erreichen.«

»Geschäfte. Gibt es Probleme?«

»Nan hat ausgedient. Sie werden noch etwas auf die Informationen warten müssen.«

»Was ist los mit Nan?«

»Er will nicht mehr mitmachen.«

»Was haben Sie vor?«

»Wir kümmern uns darum.«

»Sie meinen, es ist noch nichts geschehen?«

»Es ist eine Frage der Zeit.«

Es folgte eine lange Pause. Schließlich sagte Ha Chin kalt und berechnend:

»Dann sorgen Sie dafür, Frazer. Sie haben den falschen Mann ausgesucht. Das geht auf Ihre Kappe.«

»So was passiert. Ein Risiko ist immer dabei.«

»Nicht für mich. Wir sollten nicht einmal darüber reden.«

»Keine Sorge, wir werden nicht abgehört.«

»Wie wollen Sie das wissen? Vor allem jetzt. Sie werden ein bißchen schlampig, Frazer.«

»Nein. Sie werden paranoid. Sie verlieren den Kopf, Ha Chin. Einmal pro Woche lasse ich das Haus nach Wanzen durchsuchen. Zufällig ist es gerade heute wieder soweit.«

Stormont rief auf der Stelle bei Eva an. Er sprach schnell, fast drängend.

»Du mußt die Wanze sofort entfernen. Das wäre das Ende. Klingt, als hättest du höchstens noch ein paar Stunden.«

»Angeblich ist er übers Wochenende aufs Land gefahren. Ich könnte anrufen und mich vergewissern, daß er fort ist, und dann der Haushälterin erzählen, ich hätte was vergessen.« Eva war vollkommen ruhig, offenbar schärfte die bevorstehende Gefahr ihren Verstand. Was passieren würde, falls Frazer die Wanze fand, war ihr völlig klar.

»Beeil dich«, sagte Stormont.

Eva rief bei Frazer an. Margaret nahm ab und sagte, Frazer habe soeben das Haus verlassen.

»Gott sei Dank, daß Sie da sind. Ich habe heute morgen etwas vergessen, tut mir schrecklich leid. Würde es Ihnen etwas ausmachen, wenn ich gleich vorbeikäme, um es zu holen?«

»Ich bin hier«, antwortete Margaret knapp.

Eva griff nach ihrer Handtasche und nahm ein Taxi nach Wilton Place.

Margaret öffnete ihr und ließ sie mit einem kühlen Lächeln eintreten. Sie muß mich hassen, dachte Eva. Sie denkt, ich sei eins von diesen Flittchen, die hinter seinem Geld her sind.

»Ich glaube, es ist im Badezimmer oben.«

Margaret sah sie von oben bis unten an. »Was ist es denn?«

»Meine Antibabypillen. Sie sind in einer länglichen Pakkung, grau und …«

»Ich weiß, wie sie aussehen. Schauen Sie nach.« Margaret drehte sich um und verschwand im Innern des Hauses. Eva wartete, bis sie verschwunden war, und huschte dann leise durch die Halle zum Arbeitszimmer. Sie betete, daß die Tür nicht abgeschlossen war. War sie nicht. Sie machte sie leise hinter sich zu und trat an Frazers Schreibtisch. Dort bückte sie sich, schraubte die präparierte Steckdose ab und ersetzte sie durch die alte. Dann lief sie die Treppe zum Schlafzimmer hinauf und kam langsam wieder runter. Gerade als sie unten ankam, tauchte Margaret wieder auf.

»Ich kann sie nicht finden. Vielleicht habe ich sie irgendwo auf der Straße verloren.«

Margaret lächelte kurz und scharf, als wolle sie sagen, genau da gehören sie auch hin.

Eva ging zur Tür, gefolgt von Margaret, die sie ihr aufhielt und dann laut hinter ihr zuwarf.

Kaum war Eva zu Hause, rief sie Stormont an.

»Ich habe sie. Die Haushälterin war da und hat mich widerwillig reingelassen.«

»Gut, aber trotzdem ist das nichts weiter als Schadensbegrenzung. Sie wird Frazer sagen, daß du da warst und was gesucht hast. Unwahrscheinlich, daß er deinen Besuch mit seinem Wanzencheck heute in Verbindung bringt, aber möglich ist alles.«

Plötzlich mußte Eva lachen.

»Was ist daran so komisch?«

»Stell dir vor, ich hab' ihr erzählt, ich hätte meine Antibabypillen vergessen. Sie wird denken, daß ich was im Schilde führe, um Frazer reinzulegen.«

»Genau das tust du ja auch. Ich würde es nicht so auf die leichte Schulter nehmen.«

»Mach' ich auch nicht. Ich habe nur eine falsche Fährte gelegt.«

»Du bist wirklich mit allen Wassern gewaschen, nicht, mein Kleines?«

»Ich dachte, das gefällt dir.«

Es folgte eine seltsame Stille. Eva hatte das ungewohnte

Gefühl, daß sie Stormont aus der Fassung gebracht hatte. Als er wieder sprach, klang seine Stimme formell.

»Heute morgen gegen halb zwölf hat Frazer im Arbeitszimmer übrigens noch ein Gespräch geführt. Aden hat mir sofort eine Kopie schicken lassen. Du müßtest deine jeden Augenblick bekommen. Hör sie dir an und melde dich dann noch mal.«

Fünf Minuten später hatte sie die Kassette. Eva setzte sich hin und lauschte. Eine Tür fiel ins Schloß, dann war Frazers Stimme zu hören.

»Noch immer nichts?«

Die zweite Stimme hatte einen starken Hongkong-Akzent.

»Nein, aber wir gehen allem nach.«

Schweigen, dann fuhr Frazer fort. »Was macht dir Sorgen?«

»Könnte es sein, daß er was Schriftliches bei seinem Anwalt hinterlegt hat, irgendwas, das dich im Falle seines vorzeitigen Ablebens kompromittieren würde? Eine Art später Rache?«

Frazer lachte, als wäre es ein Scherz. »So was Hinterhältiges würde ihm nie einfallen. Er hält mich für einen Freund. Außerdem ist sein Anwalt auch mein Anwalt.« Er hielt inne. »Aber wenn du besorgt bist und es nicht zu gefährlich ist, könntest du heute nacht seiner Wohnung einen kurzen Besuch abstatten und nachsehen, ob sich irgendwelche Hinweise auf andere Anwälte ergeben, irgendwas Verdächtiges.«

»Ja, das mache ich.«

»Aber laß dich nicht bei mir blicken. Ich bin sowieso nicht da. Ich fahre aufs Land. Wenn es sein muß, kannst du mich dort erreichen, aber sei vorsichtig.«

Man hörte das Scharren von Stühlen, dann war wieder alles still. Eva rief Stormont an.

»Nicht schlecht.«

»Ja, stimmt. Erkennst du vielleicht die Stimme wieder? Es muß einer von Frazers Spezis sein.«

»Nein«, antwortete Eva. »Ich habe sie noch nie gehört.« Sie sagte die Wahrheit, soweit sie ihr bekannt war.

»Und was hältst du von dem Gespräch?« wollte Stormont wissen.

»Der Chinese ist offensichtlich ein Killer mit einem Auftrag. Die Frage ist nur, wen er umbringen soll.«

»Du kannst es jedenfalls nicht sein. Es scheint sich um jemanden zu handeln, der abtrünnig geworden ist.« Es folgte eine lange Pause, ehe Stormont weitersprach. »Das Ganze hat eine gute und eine schlechte Seite. Jetzt haben wir etwas in der Hand, das wir benutzen können. Aber zugleich ist es ein Schuß vor den Bug. Frazer ist und bleibt gefährlich. Dein Spielchen mit Margaret wird ihn zwar ablenken, aber er wird trotzdem mißtrauisch sein. Du darfst ihm keinesfalls einen Anlaß geben, dich weiter zu verdächtigen.«

»Ja, ich weiß.«

»Das Schlimmste ist, daß du jetzt völlig exponiert bist, ohne Schutz und ohne Hilfsmittel. Du wirst deine Informationen direkt an der Quelle suchen müssen. Je mehr Schutz du brauchst, desto weniger können wir dir geben. Wir dürfen einfach nicht das Risiko eingehen, daß Frazer was Verdächtiges entdeckt.« Wieder folgte lange Stille.

»Das Risiko wird immer größer, Eva. Ich will dich nicht beunruhigen, aber du weißt, daß du jederzeit aussteigen kannst, wenn du dir nicht mehr sicher bist.«

Eva war überrascht. Sie hätte nie gedacht, daß Stormont sie an diesem Punkt aussteigen lassen würde. Sie wurde sofort mißtrauisch.

»Was wird hier gespielt, Andrew? Ich habe nicht die Absicht, die Flinte ins Korn zu werfen, das weißt du. Und es macht mir nichts aus, exponiert zu sein, wie du es nennst. Das habe ich schon oft genug erlebt. Ich bin vorsichtig.«

»Das mußt du auch«, erklärte Stormont grimmig. »Du und Frazer. Du beschwerst dich immer, daß ich dir nie einen Überblick oder Hintergrundinformationen gebe. Nun, dann hör zu. Weißt du, wer dieser Ha Chin ist?«

»Sag's mir.«

»Nach außen ist er ein ranghoher Politiker und ein äußerst erfolgreicher Geschäftsmann – Hotelketten, Bürogebäude, Computer-Software.«

»Und in Wirklichkeit?«

»Alles, was man sich vorstellen kann. Industriespionage, Drogen und Waffen. Er kennt keine Skrupel. Wenn es ihm in den Kram paßt, bringt er jeden um, der ihn behindert. Jetzt ist Frazer in seine Schußlinie geraten, und wenn Frazer glaubt, daß du von Ha Chin weißt, dann bist auch du dran.«

»Prima. Dann sind sie beide dran. Wenn ich mit Frazer fertig werden kann, dann auch mit Ha Chin. Beide haben Dreck am Stecken. Es wäre keine Tragödie, wenn sie sich gegenseitig erledigten, oder?«

»Das ist nicht vorgesehen, Eva. Wir wollen Frazer lebend. Jetzt wissen wir, daß er mit Ha Chin Geschäfte macht. Allein das ist ein riesiger Fortschritt. Wenn wir beweisen können, daß Frazer Industriespionage betreibt oder mit Ha Chin Drogen- und Waffengeschäfte macht, könnten wir ihn vielleicht dazu zwingen, mit uns zusammenzuarbeiten. Vergiß nicht, nur darum geht es. Und wenn wir Frazer erst mal soweit haben, weiß Gott, was die Chinesen dann mit ihm anstellen. Aber bis dahin brauchen wir ihn lebend.«

Bis dahin, dachte Eva. Als würden Stormont und die Firma jemals freiwillig jemand aus den Klauen lassen.

28

Am Montag erwachte Cassie um sechs. Sie nahm eine Dusche und zog sich rasch an. Unten in der Küche schaltete sie die Espressomaschine ein und fütterte die Katzen. Nesta folgte ihr auf Schritt und Tritt, als spüre sie die Erregung ihres Frauchens. Cassie nahm ihren dreifachen Espresso und setzte sich im Schein der frühen Morgensonne an den Holztisch draußen im Garten.

Es war schön, hier zu sitzen, friedlich, ungestört und wach, während die meisten Menschen noch schliefen, nichts ahnend von der Schönheit des stillen Morgens. Es gab ihr das Gefühl, als hätte sie einen Punkt in einem unsichtbaren Spiel gewonnen. Eine Stunde blieb sie so in der Sonne sitzen und schenkte sich gelegentlich heißen Espresso aus der Maschine nach. Als sie um halb acht zur Arbeit aufbrach, arbeitete ihr Verstand bereits auf Hochtouren.

Sie nahm ein Taxi und kam um Viertel vor acht bei Case Reed an. Zwei Stunden lang überprüfte sie erneut sämtliche Einzelheiten ihres Plans und vergewisserte sich, daß sie alle juristischen, taktischen und finanziellen Hindernisse ausgeräumt hatte.

Um Viertel vor zehn ging sie in Richardsons Büro. Er lächelte ihr zu und verschlang sie förmlich mit den Augen. Sie trug einen weiten blaugemusterten Seidenrock, der ein paar Zentimeter über dem Knie endete, eine gestärkte weiße Leinenbluse, einen breiten blauen Gürtel und hochhackige blaue Schuhe. Dazu ganz besonders edlen Schmuck: ein saphirbesetztes, goldenes Armband und passende Ohrringe. Das Haar war nach hinten zu einem langen Pferdeschwanz gekämmt, der die feinen Konturen ihres Gesichts noch stärker hervortreten ließ.

»Sie sehen gut aus«, sagte Richardson und gab sich Mühe, seine Bewunderung in Grenzen zu halten. »Alles bereit für die Sitzung?«

Sie schenkte ihm ein strahlendes Lächeln. »Ich ja. Ich will Eva und Frazer vor vollendete Tatsachen stellen. Besser so, als über die Tausende von Möglichkeiten zu debattieren. Entweder wir machen es auf meine Art oder gar nicht. Wenn wir den Überblick behalten wollen, müssen wir unsere Bedingungen durchsetzen.«

»Sie trauen ihnen nicht über den Weg?«

»Das ist es nicht. Ich bin nur vorsichtig. Beide sind starke Persönlichkeiten, und dieser Deal ist schwierig genug, auch ohne daß sie ihren Dickkopf durchsetzen müssen.«

»Wir sollten ihnen vertrauen, Cass.«

»Natürlich. Aber es schadet auch nichts, wenn wir ihnen immer einen Schritt voraus sind, um uns so weit wie möglich abzusichern.«

»Sie sprechen beinahe so, als wären die beiden unsere Gegner.«

»Nein, sind sie nicht, wir stehen auf derselben Seite. Wir wollen alle Geld verdienen. Ich möchte nur dafür sorgen, daß wir den effektivsten Weg gehen.«

Plötzlich summte die Sprechanlage. »Robie Frazer ist da.«

»Führen Sie ihn in den Konferenzsaal, bitte.« Richardson wandte sich Cassie zu.

»Das Geld steht bereit. Es ist für alles gesorgt. Viel Glück.«

»Danke«, antwortete Cassie. Er hatte ihr freie Hand gegeben. Sie lächelten sich zu und standen auf, um zu dem Treffen zu gehen.

Robie Frazer erwartete sie. Er stand mit dem Rücken zu ihnen, als sie eintraten. Cassie sah sich den schlanken, kräftigen Körper genau an, der lässig und selbstsicher vor ihnen stand. Als er sich umdrehte, begrüßte er zuerst sie und bemerkte ihren forschenden Blick, dann wandte er sich Richardson zu und nickte knapp.

In diesem Moment ging die Tür auf, und Eva Cunningham kam herein. Sie küßte Cassie und gab Richardson die Hand, während sie spürte, wie Frazer sie aus den Augenwinkeln beobachtete, in dem Glauben, sie merke es nicht.

Dann ging sie auf ihn zu. Er drückte ihr die Hand und strich ihr verstohlen über die Finger, als sie die Hand zurückzog. In seinen blauen Augen lag Begierde, Bewunderung und die übliche Härte, aber keine Spur von Mißtrauen. Eva nahm Platz und zündete sich eine Zigarette an. Frazer setzte sich neben sie.

Cassie beobachtete beide. Sie saßen mehr als einen halben Meter auseinander, doch ihre Körper waren einander zugewandt. Beide schwiegen.

Cassie setzte sich ihnen gegenüber neben Richardson. Schlachtreihen, dachte sie. Manchmal setzte sie sich bei solchen Meetings absichtlich auf die Seite der anderen, aber das führte nur zu Irritationen und vergrößerte die Spannung. Die Bedeutung der Sitzordnung in einem Konferenzsaal erstaunte sie immer wieder neu. Die Gesellschaft oder das Geschäft, um das es ging, konnten noch so vornehm sein, die Verhaltensmuster hatten sich seit der Steinzeit nicht geändert. Heute trug man eine zivilisierte Maske, das war alles.

Während die Sekretärin Kaffee und Mineralwasser brachte, setzte Cassie Evas und Frazers Beobachtung fort.

Sie wirkten gelöst, aber auch gut vorbereitet. Es schien eine Komplizenschaft zwischen ihnen zu geben, ein stilles Abkommen. Noch immer waren ihre Körper einander zugewandt, doch schien Evas Blick in die andere Richtung zu streben, als sei sie von Frazer angezogen und abgestoßen zugleich. Die Bewegungen der beiden waren minimal, fast unsichtbar, doch für Cassie mit ihrer stillen Beobachtungsgabe waren sie wie Stützpunkte, winzige Bruchstücke des unsichtbaren Bildes, das sie zu erkennen versuchte.

Wie sie Richardson erklärt hatte, war es nicht schwer gewesen, sie auf das gemeinsame Ziel, Geld zu verdienen, einzuschwören. Ihrer aller Gier nach Geld, einschließlich Cassies eigener, war förmlich greifbar. Trotzdem lag kein Hauch von Einigkeit in der Luft. Im Gegenteil, zwischen ihren unterschiedlichen Motivationen schien eine immense Spannung zu bestehen. Aber vielleicht lag es auch einfach an ihr, weil sie nach etwas suchte, das es in Wirklichkeit gar nicht gab. Vielleicht hatten Aubrey Goldstein und Sam Brimton sie mit ihren beiläufigen Verdächtigungen angesteckt. Sie blickte nochmals in die beiden Gesichter ihr gegenüber; sie waren hart und zielbewußt trotz des freundlichen Lächelns, das ihr in diesem Augenblick alles andere als überzeugend erschien.

Emma schenkte Kaffee ein, man trank und taute ein wenig auf. Dann begann Cassie mit ihren Ausführungen.

»Ich habe ein Angebot ausgearbeitet. Wenn Sie zustimmen, können wir noch heute mit dem Deal beginnen.« Die darin enthaltene Drohung blieb unausgesprochen – stimmt meinem Angebot zu, oder wir vergessen die Sache. Kühl und selbstsicher fuhr sie fort.

»Ich schlage vor, daß wir ein neues Unternehmen gründen, das Genius ein Kaufangebot macht. Eva steckt ihre zehn Prozent in das neue Unternehmen und erhält dafür einen fünfprozentigen Anteil an der neuen Gesellschaft. Evas Anteil reduziert sich, weil wir, das heißt Case Reed und Robie Frazer, jeweils zehn Millionen Pfund in die neue Gesellschaft einbringen. Das müßte für die Probebohrungen reichen. Sollten wir weitere Gelder brauchen, werden wir sie im Lauf der Zeit organisieren. Danach kaufen sich Case Reed und Robie Frazer mit jeweils fünf Prozent, oder, um ganz genau zu sein, vier Komma neun Prozent, bei Genius ein. Die Aktie wird im Augenblick mit vier Dollar gehandelt. Ich schlage vor, daß wir sechs anbieten. Bei diesem Preis würde uns das Aktienpaket jeweils knapp unter sechshunderttausend kanadische Dollar kosten.

Jetzt werfen wir alle unsere Anteile in einen Topf. Wir vier bleiben bei knapp unter zwanzig Prozent, denn ab einem Anteil von zwanzig oder mehr Prozent treten automatisch die Übernahmeangebots-Richtlinien in Kraft. Sobald wir unsere Beteiligungen zusammen haben, machen wir ein Angebot. Wir unterrichten die Zulassungsstelle der Börse von Vancouver von unserem Vorhaben. Sobald sie unseren Antrag genehmigen, hat das Gebot begonnen. Bei diesem Verfahren müssen wir bar zahlen, also müssen wir beweisen können, daß wir über die notwendigen finanziellen Mittel verfügen. Ein Schreiben unserer zuständigen Banken dürfte reichen.

Angenommen, die Übernahme geht reibungslos über die Bühne und wir haben die Gesellschaft privatisiert, dann beginnen wir mit den Probebohrungen. Sollten diese positiv ausfallen, sehen wir uns nach einem Partner für ein Jointventure um, der zusammen mit uns die Mine ausbeutet. Oder aber wir entscheiden uns, zu diesem Zeitpunkt zu verkaufen. Alternativ könnten wir so bieten, daß noch genügend Genius-Aktien am Markt bleiben, um die Börsennotierung aufrechtzuerhalten. Das könnte nützlich sein, sollten wir am Kapitalmarkt mehr Geld für dieses Vorhaben aufnehmen müssen oder wenn wir unsere eigenen Bestände reduzieren wollen, falls genügend Profit dabei herausspringt. Dieser Weg ermöglicht uns jederzeit den Teil- oder Gesamtausstieg, falls der Börsenkurs das zuläßt. Ich habe alle schriftlichen Unterlagen beisammen, um eine neue Holdinggesellschaft zu gründen. Vorsitzende wären wir vier.«

Cassie beobachtete während ihres Vortrages die Reaktionen. Frazer und Eva wirkten beide leicht überrumpelt, als sie ihnen die Dokumente zur Unterschrift zuschob.

»Sie können Ihre Anwälte zu Rate ziehen, wenn Sie es für nötig halten, aber es ist eigentlich alles sehr einfach. Die Vereinbarungen sind klar, das Risiko dagegen nicht. Diamanten in Vietnam. Aber ich glaube, daß wir alle Zeit genug hatten, über die Risiken nachzudenken. Es ist ein Glücksspiel. Entweder spielen wir mit, oder wir lassen es sein. Wir können die Risiken nur in begrenztem Rahmen voraussehen. Aber damit kann man sich befassen, wenn es soweit ist.« Sie hielt inne und sah einen nach dem anderen an. »Case Reed kann mit dem Risiko leben. Wir sind bereit, weiterzumachen.«

Die Frage hing im Raum. Cassie würde keinerlei Druck ausüben. Entweder oder.

Eva beugte sich vor. »Wir unterschreiben also die Verträge und gründen eure neue Gesellschaft, *unsere* neue Gesellschaft, und was dann?«

»Wir werden ein paar Tage brauchen, um die notwendigen Schritte einzuleiten. Wir müssen uns auf eine kanadische Handelsbank in Vancouver einigen, die die Übernahme für uns abwickelt. Wir selbst können das von hier aus nicht machen. Wir brauchen jemanden, der sich mit dem Prozedere an der Börse von Vancouver genauestens auskennt. Außerdem brauchen wir einen Broker, falls wir noch vor oder im Zusammenhang mit dem Angebot irgendwelche Käufe tätigen wollen.«

Niemand sagte ein Wort, bis Robie Frazer schließlich das Schweigen brach.

»Die Börse in Vancouver ist ein gefährliches Terrain.« Er lehnte sich zurück und sah Cassie an.

Sie lächelte. »Damit werden wir schon fertig. Vertrauen Sie mir.«

Sie spürte drei Augenpaare auf sich ruhen, sah die faszinierten Blicke, während sie sich fragten, was sie wohl für Geheimpläne ausgeheckt haben mochte. Doch keiner traute sich zu fragen. Jedenfalls nicht in einer solchen Öffentlichkeit, wo jedes Wort gespeichert werden würde. Aber es lag auch eine gewisse Ironie in ihrem Versprechen, mit der Situation fertig werden zu können. Dieses »Vertrauen Sie mir« war in der City reichlich korrumpiert worden. Es hieß soviel wie: »Vertrau mir, wenn du es wagst; Käufer hab acht«, im schlimmsten Fall aber: »Leck mich am Arsch!« Sie sahen ihr in die klaren blauen Augen, die ihnen unschuldig zulächelten. Cassie Stewart war von einer Aura der Reinheit umgeben. Niemand würde an ihr zweifeln. Und doch hatte in ihren Worten eine seltsame Verheißung gelegen, eine Versicherung und noch etwas anderes, kaum Merkliches – eine Drohung.

Frazer sagte, an Cassie gerichtet:

»Mir wäre es lieber, wenn wir die Gesellschaft privatisieren würden. Keine ausstehenden Anteile. Es kompliziert die Sache bloß, wenn wir uns mit Kleinaktionären rumschlagen müssen.« Dann wandte er sich Eva zu.

»Ich wollte Sie schon die ganze Zeit danach fragen. Wer kümmert sich eigentlich um die technische Seite der Mine?«

»Eine australische Vertragsfirma namens ConCo. Die sorgen für die ganze technische Ausrüstung. Granger McAdam und ich überwachen die Arbeit.«

»Trifft Granger wichtige Entscheidungen?«

»Nicht mehr, dafür hängt er zu sehr an der Flasche.«

»Bestehen Sie auf Ihrer Vertragsgesellschaft?«

Eva spürte den Angriff und versuchte herauszufinden, was dahintersteckte.

»Nicht unbedingt. Warum?«

»Ach, ich meinte, daß wir vielleicht auch eine Vertragsgesellschaft nehmen könnten, die ich kenne. Sie operiert in ganz Asien und besitzt einen erstklassigen Ruf. Ich könnte bessere Bedingungen aushandeln als die, die Sie bekommen haben.«

Eva sah ihn eine Weile schweigend an. »Sprechen Sie mit Michael Rice. Er ist der Genius-Buchhalter in Vancouver. Er weiß über alle Kosten Bescheid.« Eva blätterte in ihrem Adreßbuch und kritzelte eine Nummer auf einen Zettel, den sie Frazer reichte.

Cassie beobachtete überrascht, wie leicht Eva nachgab. Sie hätte erwartet, daß sie um ihre Position kämpfen würde.

Frazer wandte sich wieder Cassie zu. »Haben Sie sich schon für einen Broker in Vancouver entschieden?«

»Ja, haben wir. Sam Brimton von Brimton Dixon. Haben Sie einen Ansprechpartner?« Cassie lächelte. »Oder soll ich Sie bei ihm einführen?«

Eva grinste über Cassies Unverschämtheit.

»Danke, sehr nett von Ihnen, aber ich habe meinen eigenen Broker dort«, entgegnete Frazer.

»Natürlich«, sagte Cassie.

»Sie sind sehr zuversichtlich, daß dieser Deal zustande kommt, nicht wahr?« fragte Frazer plötzlich.

»Sollte ich das nicht sein?« gab Cassie die Frage zurück.

Frazer antwortete nicht. Er sah sie einen Augenblick an, zog dann einen Füller aus der Tasche und unterschrieb die Verträge, die er ihr anschließend zuschob.

Eva sah erst Frazer, dann Cassie an. Danach unterschrieb auch sie die von Case Reed ausgearbeiteten Verträge und schob sie Cassie über den Tisch, die sie wie Trophäen einsammelte.

Das erste Manöver war beendet, eine Absichtserklärung, ein Gründungsakt, der sie auf ein gemeinsames Ziel einschwor. Das war der Startschuß. Sollten ihre Ziele auseinanderdriften, dann erst ab jetzt.

29

Eva und Robie Frazer verließen gemeinsam die Sitzung. »Hast du Lust, mit mir zu Mittag zu essen?« fragte Frazer, als sie draußen waren. »Ich habe noch ein paar Dinge zu erledigen. Wir könnten uns, sagen wir, um eins im Savoy Grill treffen.«

Seine Augen waren unergründlich wie immer. Falls er neue Verdachtsmomente hatte, so merkte man es ihm nicht an. Aber das gab ihr noch lange nicht das Gefühl, daß er sie nicht hatte.

»Hmm. Wunderbar. Also bis dann.« Sie küßten sich auf die Wangen und gingen in entgegengesetzten Richtungen davon.

Nach etwa dreißig Sekunden sah Eva sich um. Ihr Blick folgte Frazer, sie erkannte seine hochgewachsene Gestalt und den selbstsicheren Gang unter den vielen Menschen. In einer Straße voller Nadelstreifenanzüge fiel er auf wie ein bunter Hund; selbst aus dieser Entfernung hob er sich deutlich ab. Er strahlte Arroganz und Sorglosigkeit aus. Mehr als durch sein Äußeres unterschied er sich durch sein selbstbewußtes Auftreten und die Verachtung, die er für seine Umgebung an den Tag legte.

Rein physisch nahm er mehr Platz in Anspruch als andere. Er zog weder die Schultern ein, noch schlängelte er sich durch die menschenüberfüllten Straßen. Er marschierte einfach geradeaus und zwang alle anderen, ihm auszuweichen oder um ihn herum zu gehen.

Eva blickte an ihrem auffälligen, gut geschnittenen grünen Kleid herab. Auch sie hob sich aus der Menge hervor. Doch ebensoleicht konnte sie sich völlig unauffällig machen, so daß niemand sie wahrnahm. Sie konnte mit ihrer Umgebung verschmelzen, unsichtbar werden. Frazer hatte sich anders entschieden, er präsentierte sich der Welt als Zielscheibe, in dem irrigen Glauben, unverwundbar zu sein. Vielleicht tat er dies unbewußt, fast so, als suche er die Herausforderung. Eva wußte es nicht. Sie sah ihm nach, bis er in einer Seitenstraße verschwand, dann drehte sie sich um und ging weiter Richtung Bond Street.

Zwei Stunden, die totgeschlagen werden wollten. Sie haßte es zu warten, egal worauf. Sie wußte, daß irgendeine Gefahr lauerte, daß etwas passieren würde, das nicht in Stormonts Plan vorgesehen war. Operationen entwickelten immer ihre eigene Dynamik. Dann ging es darum, das, was passierte, zu seinem eigenen Vorteil auszuschlachten.

Sie bog von der Bond Street in die Brook Street ab und gelangte zum Hanover Square. Dort überquerte sie die Straße und ging in den Park in der Mitte des Platzes, wo sie sich im Schatten eines Baumes auf eine Bank setzte. Um elf hielt sich hier kaum jemand auf, abgesehen von einer Gruppe älterer Säufer, die sich friedlich auf den Bänken lümmelten und an ihren Bierdosen festhielten. Hin und wieder eilte ein Büroangestellter oder Passant auf der Suche nach ein bißchen Grün durch den Park.

Eine Stunde lang saß Eva reglos auf der Bank, eine schöne, in sich versunkene Frau, deren Gedanken nicht zu erkennen waren. Eine Weile beobachteten die Säufer sie wie einen Fremdkörper in ihrer Mitte, dann gewöhnten sie sich an ihren Anblick und vergaßen, daß sie da war.

Um zwölf stand Eva auf und verließ den Park. Von der plötzlichen Bewegung aufgeschreckt, sahen die Alkoholiker wieder auf und erwiderten ihr Lächeln, als sie an ihnen vorbeiging. Dann drehten sie sich überrascht um, als ein Mann, den sie zuvor nicht einmal bemerkt hatten, von einer Bank aufstand und ihr in einigem Abstand mit lässigem Schritt folgte.

Sie runzelten die Stirn, als er an ihnen vorbeikam.

»Pfui«, murmelte einer. Sie hatte ihnen gefallen, sie hatten die Wärme gespürt, die von ihr ausging, und das Gefühl gehabt, daß sie auf ihrer Seite war. Diesen Mann mochten sie nicht, und sie spürten obendrein, daß er nicht auf ihrer Seite war.

»Arschloch«, rief ein anderer.

Eva hörte den fernen Ruf und empfand auch die Feindseligkeit darin. Sie drehte sich nicht um, sondern ging weiter, an Fenwicks und einer Reihe von hell erleuchteten Schaufenstern vorbei. Sie warf einen Blick hinein und sah die Schaufensterpuppen neben ihrem eigenen Spiegelbild in der Scheibe.

Sie beobachtete die Rücken der Angestellten, die zu einem frühen Lunch eilten. Auf der anderen Seite kam ihr ein Strom von Gesichtern entgegen. Von der Brook Street bog sie wieder in die Bond Street ein und ging durch den Haupteingang von Fenwicks in die Kosmetikabteilung. Sie blieb eine Weile am Chanel-Stand stehen und probierte verschiedene Lippenstifte aus, die sie mit einem kleinen Taschenspiegel überprüfte. Sie kaufte zwei, bezahlte mit Kreditkarte und sah sich gelangweilt um, während die Verkäuferin sie bediente. Beiläufig ließ sie den Blick über die Gesichter in ihrem Umkreis wandern. Schließlich drehte sie sich um, steckte die Lippenstifte in die Tasche und verließ das Geschäft.

Ein paar hundert Meter weiter die Straße hinunter wiederholte sie die Prozedur bei Fogal, wo sie Strümpfe, bei Smythsons, wo sie Schreibpapier erstand, und bei Yves St. Laurent, wo sie einen kurzen Blick auf die Kleider warf und den Laden sofort wieder verließ. Mittlerweile war sie sicher. Sie wurde beschattet. Schließlich schlenderte sie von Mayfair bis zum Piccadilly und weiter zur Strand.

Punkt eins betrat sie den Savoy Grill und wurde von einem herbeieilenden Oberkellner begrüßt. Als sie sagte, daß sie mit Robie Frazer verabredet sei, übertraf sein anerkennendes Schweigen alle anderen Gesten. Amüsiert vertraute sie sich seinem zeremoniellen Geleit zu einem Tisch in der Mitte des Restaurants an, wo Frazer bereits Platz genommen hatte. Im Gehen bemerkte sie, wie man sich diskret nach ihr umsah und alle Geräusche fast unmerklich gedämpft wirkten. Die stille Aufmerksamkeit, die ihr zuteil wurde, galt jedoch nicht bloß ihrem Aussehen oder ihrem Geschlecht, sondern der schlichten Tatsache, daß sie mit Frazer speisen würde. Sie war die einzige Frau im Raum. Sie erwähnte es ihm gegenüber, als er aufstand und sie auf die Wange küßte.

»Ich fühle mich wie ein Ausstellungsstück.«

»Das bist du doch auch, oder? Ich finde, daß du dich langsam daran gewöhnt haben müßtest.«

»An die Aufmerksamkeit, die mir gilt, ja, aber nicht an die, die ich erwecke, weil ich mit dir zu Mittag esse.«

»Da bin ich aber ganz anderer Meinung. Die Leute sehen dich an, weil du schön bist. Ich habe damit nichts zu tun.«

»Bloß keine falsche Bescheidenheit. Sieh dich doch um, alle beobachten dich. Du stehst im Mittelpunkt der Aufmerksamkeit, und du weißt es.«

Er schüttelte lächelnd den Kopf.

»Weißt du was, bisher war mir gar nicht klar, welche Anziehungskraft du hast. Du bist der Star, der große Milliardär, derjenige, der alle Blicke auf sich lenkt. Wieso verschwendest du eigentlich deine Zeit mit einer armseligen Diamantenmine in Vietnam?«

Er lehnte sich zurück und sah sie immer noch lächelnd an. »Du scheinst ja mächtig geladen!«

»Wirst du mir antworten oder nicht?«

»Wieso fragst du mich das jetzt, nachdem alle Verträge unterschrieben sind?«

»Wahrscheinlich, weil es mir nicht vorher eingefallen ist. Ich habe diese Reaktion auf dich ja noch nie gesehen.«

Er hielt inne und nahm einen Schluck Wein.

»Mir geht es weder um eine armselige Diamantenanlage in Vietnam noch um das Geld. Jetzt ist Geld höchstens ein Nebenprodukt.«

»Um was geht es dann?«

Er seufzte. Er haßte Selbstanalysen, doch sowohl sein Ego als auch ein latentes Verlangen nach Verständnis drängten ihn dazu. Trotzdem klang seine Antwort so, als machte er ihr ein Geschenk.

»Es ist das Risiko, das Unbekannte, das Bedürfnis, etwas zu tun. Ich muß kein Geld mehr verdienen, aber es amüsiert mich. Es ist ein Test, wie wenn man in der Schule hundert Meter läuft. Man kann nicht immer gewinnen, aber man muß jedesmal das Schicksal herausfordern, um denselben Kick zu bekommen. Leichtverdientes Geld langweilt mich. Ich brauche das Risiko und als Ausgleich die Aussicht auf einen ordentlichen Gewinn. Noch bin ich nicht so degeneriert, daß ich mein Geld einfach aus dem Fenster werfe. Ich bin auch nicht so eitel, mir einzubilden, daß alles, was ich berühre, zu Gold wird. Viele erfolgreiche Geschäftsleute sind diesem Irrtum erlegen, weil sie sich für unverwundbar hielten und beinahe darum beteten, daß man ihnen das Gegenteil beweist. Glücksspiel muß sich für mich lohnen. Ich suche ein hohes Risiko und hohe Gewinne. Und dein Diamantenprojekt erfüllt diese Voraussetzungen. Du weißt so gut wie ich, daß wir mehrere hundert Millionen Dollar im Jahr verdienen könnten, wenn es klappt.« Er hielt inne. »Aber da ist noch etwas, was mich an diesem Deal interessiert.«

»Was?«

»Diamanten, Vietnam, du, Cassie Stewart. Diese Kombination fasziniert mich. Zum Beispiel das heutige Treffen. Cassie Stewart hat uns einfach vor vollendete Tatsachen gestellt, aber sie hat es als eine Herausforderung verkleidet, fast als wolle sie sagen: Investieren Sie, wenn Sie sich trauen, vertrauen Sie mir, wenn Sie es wagen. Sie spielt ein Spiel. Und du wahrscheinlich auch.«

»Und wie ist es mit dir?«

»Ich sehe mir an, was Cassie und du zustande bringt.«

»Sie spielt ein Spiel, nicht? Was meinst du, was sie vorhat?«

»Ich weiß es noch nicht, aber ich werde es rauskriegen. Du kannst sie ja vorwarnen.«

»Das kannst du selbst machen. Ich bin doch nicht ihr Schutzengel.«

»Nein, das glaube ich kaum. Ach übrigens, Margaret hat mir erzählt, daß du am Samstag noch mal zurückgekommen bist, weil du etwas vergessen hattest.«

Seine Stimme und sein Gesichtsausdruck spiegelten beiläufige Besorgnis wider. Doch diese Maske reichte nicht bis zu seinen Augen, die sie hart und unnachgiebig musterten.

Sein Ego wird ihn brechen, dachte Eva. Er kann es einfach nicht lassen; er muß unbedingt beweisen, daß er kein Dummkopf ist. Prüf mich, beobachte meine Reaktion. Alles in Ordnung. Aber gib dich dabei bloß nicht zu erkennen.

»Ja, ich hatte etwas verloren.«

»Deine Antibabypillen, wie es scheint.«

»Ja.«

»Und hast du sie gefunden?«

»Nein.« Eva wandte den Blick nicht von ihm und suchte nach Anzeichen von Panik. Sie fand keine.

»Was hast du dann gemacht?«

»Ich habe meine Ärztin angerufen. Sie hat meinem Apotheker telefonisch ein Rezept übermittelt.«

»Dann ist das wohl geregelt, wie?«

Eva nickte.

»Und was, wenn nicht?« fragte er mit einem Hauch von Neugier. »Würdest du ein Kind haben wollen, Eva?«

Sie wandte den Blick ab.

»Nun?«

Sie sah ihn wieder an. »Eine hypothetische Frage, Frazer. Völlig unwichtig.«

»Entschuldige.« Seine Augen glitten über ihren Körper. »Es würde dir sicher gut stehen.«

Eva zwang sich, die Augen nicht von seinem Gesicht zu nehmen. Sie betrachtete die sinnlichen Züge, die Augen, die sie so leidenschaftlich gesehen hatten.

»Spiel keine Spielchen, Frazer. Das ist langweilig. Eines Tages wirst du einer Frau begegnen, die du nicht kaufen kannst, und dann wird es dir nicht mehr vorkommen wie eine amüsante akademische Übung. Sei froh, daß du dir die Kosten für eine weitere Abtreibung gespart hast.«

»Du meinst, das hätte ich gewollt?«

Sie beugte sich über den Tisch. »Mich interessiert nicht, was du willst. Und je eher du das verstehst, um so besser.«

»Oh, Eva. Wie du dich wehrst. Ich glaube dir einfach nicht, daß du wirklich so hart bist, wie du dich gibst.«

30

Um drei kehrte Cassie vom Mittagessen mit John Richardson zurück. Sie saß im Büro und trank ihren sechsten Espresso an diesem Tag, einen leeren Notizblock und einen ungeöffneten Füller vor sich. Im Geist ging sie die Einzelheiten des Deals noch einmal durch. Es gibt Dinge, die man besser nicht schriftlich fixiert. Fakten ja. Vermutungen, Kalkulationen, Voraussagen menschlichen Verhaltens und taktische Finessen verwandeln sich früher oder später von selbst in Gewinne, wenn man richtig liegt, ansonsten in Verluste. Jedenfalls sind es immer Ziffern, nie Worte.

Bis vier erledigte sie Bürokram und rief dann per Computer die Börsenkurse von Vancouver ab, eine neue Dienstleistung, die sie erst seit letzter Woche in Anspruch nahm. Heute war der erste Tag, an dem sie alles online auf dem Bildschirm hatte. Ihr Blick überflog die Liste, bis sie Genius fand. Die Aktie stand bei vier Dollar. Sie überprüfte noch einmal den Beleg über das Bargeld, den Richardson ihr durch die Hauspost geschickt hatte. Sie verfügte über sechshunderttausend kanadische Dollar. Jetzt konnte sie loslegen. Cassie spürte die prickelnde Erregung, die sie immer kurz vor dem Kaufen oder Verkaufen hatte. Schließlich rief sie Sam Brimton in Vancouver an. »Sam? Ich bin's, Cassie Stewart.«

»Hallo, Cass, wie geht es Ihnen? Ist es soweit?«

»Mal sehen, Sam. Wie liegt Genius, sagen wir zehntausend Anteile?«

»Genius, hm? Sie machen keine halben Sachen, wie?«

»Ich geb' mir jedenfalls Mühe«, antwortete Cassie und lachte.

»Ich gehe davon aus, daß Sie kaufen wollen?«

»Das werden wir sehen, Sam.«

»Verdammt, Cassie. Die Gesellschaft ist nicht gerade flüssig. Zehntausend Anteile werden Bewegung in den Markt bringen. Ist Ihnen das klar?«

»Tut mir leid.«

Gewöhnlich fragen Händler an der Börse nach den Preisen, ohne offenzulegen, welche Seite sie haben. Damit soll verhindert werden, daß die Broker am anderen Ende die Preise zu ihren Gunsten manipulieren, wenn sie wissen, was der andere will. Cassie wußte, daß sie einen besseren Preis rausschlagen konnte, wenn sie Brimton bat, den Preis blind zu notieren.

Doch Brimton konnte sich seinen Teil denken. »Ich glaube, Sie wollen kaufen. Zwischen drei sechzig und vier sechzig.«

»Ziemlich große Marge. Und auf dem Bildschirm steht sie bei vier, Sam.«

»Aber nicht, wenn Sie sich mit einem halben Prozent in die Gesellschaft einkaufen. Und wenn ich mich recht erinnere, wollen Sie insgesamt fünf Prozent. Bei einem solchen Paket werden Sie eine Menge mehr als vier Dollar zahlen müssen.«

»Na ja, wir werden sehen. Im Moment stecke ich nur den großen Zeh ins Wasser. Ob ich dann tatsächlich weitermache, wird sich noch zeigen.«

»Vier sechzig, Cass.«

»Kein Interesse, Sam. Vier fünfundvierzig, und wir sind uns einig.«

Es folgte eine lange Pause. Brimton kannte ihr Spiel, er wußte, daß sie schon aus Prinzip versuchen würde, ihn runterzuhandeln. Er hatte seinen Preis um zehn Cents die Aktie erhöht, um dagegen gewappnet zu sein. Doch Cassie hatte auch das durchschaut und wollte ihm weitere fünf Cents abhandeln. Er lachte. An Genius-Aktien würde er immer noch preiswert genug rankommen, das wußte er. Die Gesellschaft trudelte vor sich hin, und der Markt war flau.

»Na schön, abgemacht. Sie kaufen zehntausend Genius für vier fünfundvierzig, normale Abwicklung.«

»Abgemacht.«

»Willkommen an der Börse von Vancouver, Cass.«

Sie legte auf und gab ihrer Sekretärin die Details mit der Anweisung, den Geldtransfer durchzuführen. Danach lehnte sie sich zurück, starrte auf den Bildschirm und wartete. Sie fragte sich, wie lange es dauern würde, bis sich die Neuigkeit verbreitete, erst von Brimton an eine Reihe von Leuten, denen er einen Gefallen schuldete, dann weiter und weiter, bis der ganze Markt geschmiert war und es keine Gefallen mehr zu vergeben gab. Innerhalb von Minuten stieg der Kurs der Aktie auf viereinhalb Dollar, dann auf fünf. Sie lachte in sich hinein, als sie sah, wie sich ihre Voraussagen bestätigten und die Insider in Vancouver anbissen.

Sie führte ein paar Telefongespräche und präzisierte ihre Pläne. Der Nachmittag verging, ehe sie sich versah. Kurz vor Feierabend warf sie einen letzten Blick auf den Bildschirm.

Die Genius-Aktie, die den ganzen Nachmittag grün dargestellt worden war, um einen Aufwärts-Trend zu signalisieren, leuchtete jetzt plötzlich rot. In den nächsten zehn Minuten mußte Cassie ohnmächtig vor Wut mitansehen, wie die Aktie auf zwei Dollar fiel.

Sie rief Brimton an.

»Was, zum Teufel, geht da vor?«

»Ich hab' nicht die leiseste Ahnung, aber es hat nichts mit mir zu tun.«

»Nein, das ist mir klar. Gab es irgendwelche Erklärungen dazu?«

»Nein, nichts.«

»Ist das etwa ein Baissemanöver?«

»Sieht mir ganz danach aus.«

»Ich will wissen, wer dahintersteckt und warum. Ich weiß, daß Sie ausgezeichnete Kontakte an der Börse haben, Sam. Warum, meinen Sie, hätte ich Sie beauftragt? Wenn überhaupt einer was rauskriegen kann, dann Sie.«

»Ich werde mein Bestes versuchen. Es steht viel Geld auf dem Spiel.«

Wenn Cassies Kalkulationen stimmten, hatte Brimton die Aktie für etwa vier Dollar erstanden in dem Glauben, daß Case Reed früher oder später eine Übernahme inszenieren und der Kurs der Aktie nach oben schnellen würde. Jetzt hatte er innerhalb von Minuten die Hälfte seiner Investition verloren. Schon aus eigenem Interesse würde er genau wie sie wissen wollen, was dahintersteckte.

»Sie haben Glück, daß Sie nicht sofort die fünf Prozent gekauft haben«, erklärte Brimton.

»Das können Sie laut sagen.«

»Das war gar nicht dumm, würde ich sagen.«

»Wollen Sie etwa andeuten, daß ich hinter der Sache stekke, Sam? Haben Sie nicht selbst gesagt, daß ich ein Outsider bin und den Markt von Vancouver nicht kenne? Nur ein Insider könnte auf Baisse spekulieren. Wenn es das ist.«

»Stimmt, aber trotzdem kommt es Ihnen zugute, oder etwa nicht?«

»Ich habe soeben bei meinem ersten Deal auf Ihrem Territorium fünfundzwanzigtausend Dollar verloren. Das ist für meine Glaubwürdigkeit nicht gerade gut.«

»Kommt ganz drauf an, wie man es sieht.«

»Und wie verkorkst die Sicht manchmal sein kann. Wir könnten die ganze Nacht so weitermachen, Sam. Rufen Sie mich zu Hause an, wenn Sie was Neues erfahren.« Cassie gab ihm ihre Privatnummer und legte auf.

Sie schloß ihren Schreibtisch ab, ging einer zufälligen Begegnung mit Richardson aus dem Weg und verließ das Büro.

Gegen neun Uhr abends Londoner Zeit rief Brimton an.

»Es ist ein Baissemanöver, und ein ziemlich mieses obendrein.« Brimtons Stimme war hart. »Sie haben eine Freundin namens Eva Cunningham, richtig?«

»Schon möglich.«

»Aha, nun, die Story lautet, daß sie Case Reed mit getürkten Fakten zu einer Übernahme verleiten will. Angeblich ist es bloß ein Trick, um den Kurs der Aktien zu pushen. Auf diese Weise kann sie ihre Anteile verkaufen und ihre Schulden abbezahlen. Offensichtlich hat das Projekt all ihr Geld verschlungen, ist aber eine echte Niete und sie bankrott.«

Cassie schwieg.

»Nicht ganz abwegig, wie?« hakte Brimton nach.

»Hören Sie auf, Brimton. Die Story ist hervorragend, und

sie klingt sogar plausibel. Wer immer dahintersteckt, hat's faustdick hinter den Ohren, aber ich sage Ihnen, daß Eva Cunningham nichts damit zu tun hat. Meinen Sie denn im Ernst, daß sich Case Reed von ihr dermaßen über den Tisch ziehen lassen würde?«

»Wenn Sie mir für jedes Mal, daß ich so was erlebt habe, einen Cent geben würden, wäre ich ein reicher Mann, Cass.«

»Das sind Sie bereits.«

»Eben.«

Cassie legte auf und rief Eva an. »Cassie hier. Wir haben ein Problem. Ich würde dich gern sprechen, sofort, wenn es geht.«

»Natürlich, schieß los.«

»Unter vier Augen. Ich bin in fünf Minuten bei dir.«

»Was ist denn los?«

»Kursmanipulation. Irgendwer funkt uns bei der Genius-Aktie dazwischen. Das ist los.«

Cassie nahm ein Taxi. Als sie bei Eva reinkam, sah sie sich überrascht um. Die Zimmer waren nur notdürftig eingerichtet. Die einzigen Hinweise auf Leben oder Leidenschaft waren die vielen in der Wohnung verstreuten Perserteppiche und eine umfangreiche Musiksammlung. Im Wohnzimmer stand eine ziemlich teure Anlage, und daneben stapelten sich Dutzende von CDs, ansonsten war das Haus praktisch leer. Es gab nicht einmal Fotos.

»Wo sind denn deine Bücher?« fragte Cassie verdutzt, als sie sich an Evas Bibliothek in Oxford erinnerte. Regale voller Wälzer zu den unterschiedlichsten Themen, die alle nichts mit ihrem Studium zu tun hatten.

»Ach, die habe ich noch nicht ausgepackt.« Eva hatte keine Lust, mit ihr darüber zu sprechen. Bücher bedeuteten ein Zuhause, und London war nicht ihr Zuhause, jedenfalls nicht unter diesen Umständen.

Eva schenkte ihnen zwei doppelte Whiskys ein. »Also, erzähl schon.« Sie sah Cassie aufmerksam an. Diese strahlte eine Kälte aus, die sie noch nie bemerkt hatte.

»Ganz einfach«, sagte Cassie und nahm einen großen Schluck Whisky. »Jemand hat ein Gerücht in die Welt gesetzt, um den Kurs der Genius-Aktie zum Fallen zu bringen. Jetzt ist sie von fünf Dollar auf zwei gefallen. Ich vermute, daß derjenige, der dahintersteckt, seine Anteile für fünf verkauft und sie zu zwei Dollar zurückgekauft hat. So was nennt man auf Baisse spekulieren. Eine künstliche Manipulation des Aktienkurses. Das ist illegal.«

»Moment mal. Als ich vor einigen Tagen nachgesehen habe, lag der Kurs bei vier Dollar. Dann ist er plötzlich auf fünf und dann wieder auf zwei gefallen? Vielleicht ist das naiv, aber ich habe immer geglaubt, daß es so etwas wie einen objektiven Wert gibt, eine Art festen Kurs, der nicht manipuliert werden kann.«

Cassie verzog das Gesicht zu einer Grimasse. »Ja, ja. So müßte es theoretisch sein, aber in der Praxis funktioniert das nicht. Kurse hängen von allem möglichen ab. Menschen sind nicht immer logisch und rational. Und Börsen sind nur eine Sammelstelle für lauter individuelle Persönlichkeiten und daher für Selbsttäuschung, Panik und Hysterie genauso anfällig wie jede andere Gruppierung von Menschen. Sieh dir doch den Fall Polly Peck an. An einem Tag milliardenschwer, am nächsten praktisch nichts mehr wert. Dasselbe gilt für Maxwell. Dieses Herumbasteln an Kursen ist gar nicht schwer. Jeder will so erfolgreich wie möglich sein. Und wenn sich nur annähernd die Chance eines Erfolgs bietet, springen alle auf den fahrenden Zug. Jeder weiß genau, worauf er sich einläßt, aber das ist egal, solange man im richtigen Augenblick abspringt und sich jemand findet, der noch später auf den Trichter kommt und einem Anteile zu erhöhten Preisen abkauft.«

»Dieser Schwindel muß doch irgendwann auffallen, oder lassen sich die Leute wirklich für so dumm verkaufen?«

»Gier macht blind. Unterschätz das nicht. Ich habe es so oft erlebt, wie du dir gar nicht vorstellen kannst. Versprich jemand die Aussicht auf zehn Millionen, und er verliert den Verstand. Es ist, als sei der Traum wichtiger als die Realität. Nichts darf diesen Traum zerstören. So denkt man in diesem Land. Und die Leute in der City fallen genauso darauf rein wie jeder andere.«

»Aber wie kann man sich davor schützen?«

»Man wird automatisch zum professionellen Zyniker, man traut niemandem. Im Zweifelsfall gegen den Angeklagten. Aber ich schweife ab. Die Erfolgsstory, der fahrende Zug, die manipulierten Aktienkurse ... Schließlich kommt jemand dahinter und schlägt Alarm. Und dann wollen plötzlich alle verkaufen, der Herdentrieb nimmt überhand, und der Kurs der Aktie sackt in den Keller. Das passiert manchmal innerhalb von Minuten.« Sie zuckte die Achseln. »Angebot und Nachfrage bestimmen den wahren Kurs der Aktie. Sie ist nur so viel wert, wie jemand bereit ist, dafür zu zahlen. Das basiert nicht immer auf rationalen Entscheidungen, aber es ist mehr oder weniger vorhersehbar, wenn man was von Marktpsychologie versteht. In diesem Fall kann man den Markt manipulieren. Eine Zeitlang jedenfalls.«

»Das ist ja unfaßbar. Wir halten die Finanzmärkte immer für so wissenschaftlich und voller High Tech, mit all den Computern und Handelsbildschirmen und weiß der Kukkuck, was noch alles.«

»Nein, das ist nur das technologische Brimborium, die Infrastruktur. Nicht Ratio und Technologie bestimmen den Markt, sondern Instinkt und Emotion.«

»Und wie funktioniert das in bezug auf Genius? Was wird denn jetzt gemunkelt?«

»Es heißt, du hättest Case Reed über den Tisch gezogen, weil die Mine in Wirklichkeit völlig wertlos ist. Die ganze Sache mit der Übernahme sei inszeniert, um den Kurs der Aktie in die Höhe zu treiben, damit du anschließend deine Anteile teuer verkaufen kannst. Angeblich bist du bankrott und brauchst verzweifelt Geld.«

Eva streckte die Hände aus und studierte ihre Fingernägel. Cassie sah, wie eine Ader an ihrer Schläfe pulsierte.

»Irgend jemand, den ich nicht kenne, erfindet eine Story und zieht meinen Namen in den Dreck.«

»Deinen und meinen.«

»Glaubst du denn auch, daß an der Geschichte was dran ist? Daß ich was damit zu tun habe?«

»Ich weiß nicht so recht, was ich glauben soll. Manchmal frage ich mich, wie gut ich dich kenne. Was hast du denn wirklich in Vietnam gemacht, Eva? Wenn ich es mir recht überlege, scheint mir deine Geschichte mit Asien und den Hippies ein bißchen unglaubwürdig.«

»Als du hofftest, mit meiner Hilfe Geld verdienen zu können, hast du sie geglaubt. Läßt du dich so schnell aus der Ruhe bringen? Bei Gott, Cass, ich hätte dich nie für so paranoid gehalten.«

»Hör mit dem Quatsch auf, Eva. Ich bin nicht im geringsten paranoid. Aber vielleicht hat mich dieses kleine Problem auf etwas aufmerksam gemacht. Vielleicht kann ich jetzt einiges klarer sehen.«

»Wenn du jetzt schon Probleme hast, dann solltest du dir noch mal gut überlegen, ob du dich überhaupt an dem Deal beteiligen willst. Ich glaubte, du kennst dich bei Risikoanlagen aus. Wenn du aber bei jedem kleinen Problem hysterisch wirst und mir die Bude einrennst, dann sollten wir keine Geschäfte zusammen machen. Ich bin nicht deine Gouvernante.«

»Ich brauche keine Gouvernante, Eva, ich brauche die Wahrheit.«

»Lieber Himmel, das wäre das letzte, was du gebrauchen könntest. Du hast die harte Wahrheit noch nie vertragen können, stimmt's? Für dich ist immer alles leicht und locker flockig. Du kannst die Wahrheit gar nicht sehen durch deine rosarote Brille.«

»Und du bist ja so hart und stark. Eva, die alles sieht und alles schafft und vor nichts Angst hat.« Plötzlich fielen ihr Quaids Worte ein. Sie hatte vergessen, was sie über Evas Vergangenheit wußte. Cassie war schockiert, wie schnell beide in Rage geraten waren.

»Wenn es dir hilft, so zu denken, dann bitte.« Eva saß seelenruhig da. Die peinliche Stille schien ihr nichts auszumachen.

Cassie dagegen fand sie unerträglich.

»Tut mir leid, Eva. Wahrscheinlich ist mir das Ganze zu nahe gegangen. Ich wollte es nicht so weit kommen lassen.«

Eva lächelte. »Doch, das wolltest du. Ich hätte dir dieselben Fragen über Vietnam gestellt. Ich habe ein unkonventionelles Leben geführt, acht Jahre lang. Es hat mich sowieso überrascht, daß du mich nicht schon viel eher danach gefragt hast.«

»Ich war deine Freundin, ich dachte nicht, daß ich es müßte.«

»Du bist aber auch Banker.«

Angesichts von Evas Verständnis brach Cassies Widerstand zusammen.

»Na gut, lassen wir das Persönliche beiseite.« Cassie fand langsam ihre Fassung wieder.

»Fangen wir noch mal von vorn an. Ich habe dir von der Spekulation erzählt. Hast du irgendeine Vorstellung, wer dahinterstecken könnte? Möglich, daß es dein Kumpel Granger McAdam ist.«

Eva antwortete, als sei nichts gewesen.

»Warum er? Er ist doch auch dran interessiert, daß der Kurs der Aktie steigt.«

»Vielleicht. Aber wie, zum Teufel, soll ich wissen, wer dahintersteckt? Es macht überhaupt keinen Sinn. Mein Broker in Vancouver wußte in dem Moment, als ich ihn mit dem Kauf beauftragte, daß Case Reed Genius übernehmen will. Völlig klar, daß sich das an der Börse in Windeseile verbreiten würde. Der Kurs der Aktie mußte also steigen. Genauso kam es, exakt, wie ich es vorausgesehen hatte, und dann von einem Moment auf den anderen diese Bauchlandung.«

»Warte mal. Wie ist das mit Insiderinformationen? Es scheint dir nicht viel auszumachen, daß Insiderinformationen weitergegeben und bestimmte Deals auf dieser Grundlage abgewickelt werden. Es sieht ja fast so aus, als hättest du das Ganze eingefädelt.«

»Die Börse in Vancouver lebt von vertraulichen Informationen. Es war mir klar, daß jeder Broker, den wir uns dort nehmen, diese Informationen seinen besten Freunden weitergeben würde. Eine Hand wäscht die andere. Ich habe Brimton einen Gefallen getan, und er wird sich revanchieren. Sieh mich nicht so entsetzt an. Wir werden noch viele derartige Gefallen brauchen, wenn das Ganze klappen soll. Brimton hat mich vor der Börse in Vancouver gewarnt. Man muß mit harten Bandagen kämpfen.«

»Cassie, worauf willst du eigentlich hinaus? Was soll das – eine Hand wäscht die andere? Ist das nicht alles illegal? Brichst du nicht das Gesetz?«

»Was habe ich denn getan? Ich habe mich eines Brokers bedient, nichts weiter. Ich bin doch nicht verantwortlich für das, was er mit der Information macht. Und du kannst sicher sein, daß ich die Gefallen, die er mir tun wird, genauso sorgfältig behandeln werde. Stell dich nicht so zimperlich an. Das alles nützt auch dir. Was hast du dir denn vorgestellt – eine saubere kleine Operation?«

Eva überraschte Cassie mit einem fast bewundernden Blick.

»Nein, weder sauber noch klein. Das Ganze ist ein ziemlicher Dschungel, und du bist offensichtlich mit allen Wassern gewaschen. Aber wie clever du auch sein magst, meine Liebe, da draußen ist jemand, der dir einen Schritt voraus ist und etwas tut, was wir nicht verstehen, während es für ihn eine Menge Sinn machen muß. Es hat System. Und was deine sogenannten Gefallen angeht, im Moment sieht es nicht so aus, als hätten sie uns sehr weit gebracht.«

»Du hast nicht ganz recht«, sagte Cassie plötzlich nachdenklich. »Von einer anderen Perspektive aus könnte es uns ungeheuer nützen. Es könnte nämlich dazu führen, daß wir die Gesellschaft viel billiger übernehmen können als geplant.«

»Willst du vielleicht durch die Blume andeuten, daß Frazer dahinterstecken könnte, wenn wir beide schon nichts damit zu tun haben?«

»Das habe ich nicht gesagt. Ich glaube nicht, daß es sein Stil ist. Es wäre zu offensichtlich und tölpelhaft.«

»Also stehen wir wieder am Anfang. Irgend jemand tut

etwas ohne erkennbaren Grund, das eigentlich keinen Sinn ergibt.«

»So ungefähr«, erklärte Cassie und stand auf. »Aber wir werden schon noch rauskriegen, wer dahintersteckt. Er kann nicht ewig unsichtbar bleiben.«

31

Le Mai wartete in einem unauffälligen grauen Wagen, der gegenüber von Xu Nans Haus parkte. Auf dem Beifahrersitz saß ein Hongkong-Chinese aus Soho, der die andere Straßenseite beobachtete. Beide Männer trugen Baseballmützen, deren Schirme die Gesichter verbargen. Keiner sagte ein Wort. Nur die Augen bewegten sich.

Le Mai erkannte Xu Nans roten BMW auf eine Entfernung von dreißig Metern. Er kam auf der Sloane Avenue auf sie zu. Er las das Kennzeichen und stieß seinen Kumpel mit dem Ellbogen an. Schweigend beobachteten sie, wie der Wagen in die Tiefgarage des Hauses einbog. Nan steckte seine Karte in den Automaten, die Schranke öffnete sich, und der Wagen verschwand in der Garage.

Nach zehn Minuten stiegen sie aus und gingen die Rampe in die Tiefgarage hinunter. Sie senkten die Köpfe, damit die Videokameras sie nicht erkennen konnten. So würde man auf den Aufzeichnungen nur zwei Männer sehen, deren Gesichter im Dunkel lagen.

Sie nahmen den Aufzug bis zum siebenten Stock und gingen leise den Gang entlang. Es war elf Uhr abends, niemand zu sehen. Vor Nans Tür blieben sie stehen und horchten. Aus der Wohnung drang Musik, laut genug, um Frazers Zweitschlüssel benutzen zu können, ohne daß Nan es bemerkte. Für Notfälle wie diesen hatte Frazer sich in weiser Voraussicht einen Nachschlüssel machen lassen, bevor er Xu Nan die Wohnung schenkte.

Die Wohnungstür sprang auf. Nan stand wie angewurzelt mitten im Wohnzimmer. Bleich vor Entsetzen versuchte er zu schreien, doch Le Mai war bereits bei ihm und hielt ihm mit einer nach Schweiß stinkenden Hand den Mund zu. Nan wehrte sich nur kurz, dann lähmte ihn die Angst. Der andere Mann fesselte ihm die Hände mit einem Seidenschal. Er war überraschend sanft. Offensichtlich wollte er keinerlei

Spuren für die Polizei hinterlassen, nicht einmal Gewebefasern.

Die Bewegungen beider Männer waren überaus sparsam. Le Mai nahm die Hand von Nans Mund und schob ihm rasch ein seidenes Tuch hinein, bis Nan keine Luft mehr bekam und auch keinen Ton herausbrachte. Er beobachtete sie verständnislos und mit schreckgeweiteten Augen. Beide trugen Handschuhe. Sie waren knallgelb und schienen in dem halbdunklen Raum fast zu leuchten. Nan starrte voller Grauen darauf.

Jetzt zog Le Mai eine Pistole aus der Jackentasche und richtete sie auf Nan. Nan spürte etwas Warmes an seinen Beinen herabsickern. Er hatte vor Angst in die Hose gemacht.

»Wir brauchen noch einen kleinen Brief von dir«, sagte Le Mai und sah sich im Raum um. Auf dem Tisch neben dem Telefon lagen Papier und ein Stift. Er holte sie.

»So, das müßte reichen. Soll ich dir diktieren, Nan?«

Nan schüttelte heftig den Kopf.

»Mach bloß keine Mätzchen«, sagte er und gab dem Mann neben ihm ein Zeichen. Dieser nahm eine Zange aus der Tasche. Le Mai folgte Nans entsetztem Blick.

»Es wäre viel besser für dich, wenn du mit uns zusammenarbeiten würdest. Sterben wirst du sowieso. Du hast die Wahl, ob mit oder ohne Schmerzen. Mir ist es egal.«

Nan sah von einem zum anderen und erkannte die Entschlossenheit in ihrem Blick, es gab kein Entrinnen. Doch ihre offensichtliche Gleichgültigkeit löste in ihm eine ungekannte Wut aus. Er warf sich auf Le Mai, der einen Schritt nach hinten taumelte. Nan wirbelte herum, kam aus dem Gleichgewicht und stieß einen Blumentopf vom Regal an der Wand. Er fiel krachend auf den Holzboden. Le Mai fluchte und griff in die Tasche, während der andere Mann Nan an den Armen packte und festhielt.

»Schreibst du jetzt?« fragte Le Mai und hielt ihm eine Spritze vor das linke Auge.

»Nur zu deiner Information. Die Spritze enthält Schwefelsäure. Die Nadel wird dir wie eine Liebkosung erscheinen im Vergleich dazu.«

Nan begann zu wimmern, doch das Geräusch wurde von dem Knebel gedämpft. Schließlich nahm er das Papier und den Stift, den Le Mai ihm reichte.

»Wo hast du deine Brieftasche?« wollte Le Mai wissen.

Nan deutete mit dem Kopf auf einen Tisch. Le Mai holte die Brieftasche und zog eine Kreditkarte heraus.

»Sorg dafür, daß deine Unterschrift der auf der Karte gleicht.«

Le Mai begann zu diktieren. Nan konnte den Stift kaum halten, so stark zitterte seine Hand.

»Es tut mir leid«, schrieb er. »Ich konnte nicht anders.«

Kaum war er fertig, schnappte sich Le Mai den Zettel, las ihn und nickte. Der zweite Mann sammelte die Scherben des zerbrochenen Blumentopfs ein und steckte sie zusammen mit der Pflanze in eine Plastiktüte. Dann nahm er ein Taschentuch und entfernte die letzten Spuren von Blumenerde auf dem Teppich. Schließlich packten beide Männer Nan und führten ihn auf den Balkon. In letzter Sekunde lösten sie die Fesseln und nahmen ihm den Knebel aus dem Mund. Dann stießen sie ihn kopfüber in den Abgrund.

Der Körper landete mit einem dumpfen Aufprall auf dem Pflaster. Beide Männer gingen durch die Wohnung, vergewisserten sich, daß niemand auf dem Gang war, und nahmen den Lift zur Tiefgarage. Vier Minuten nach dem Mord an Nan fuhren sie in ihrem Wagen die Sloane Avenue hinunter. Auf der anderen Straßenseite versammelte sich eine Menschenmenge um die Leiche auf dem Bürgersteig. Aus ihrem Mundwinkel sickerte eine ekelhaft rote Blutspur auf das gesprungene Pflaster.

32

Nachdem Cassie gegangen war, setzte sich Eva ruhig in einen Sessel, trank ihren Whisky in kleinen Schlucken und dachte noch einmal über die verschiedenen Punkte ihrer Unterhaltung nach. Dann rief sie Stormont an.

»Können wir uns treffen?«

»Natürlich. Aber diesmal müssen wir sehr vorsichtig sein.«

»Du hast recht. Im Club?«

»Ja. Bis dann.«

Der Club war Stormonts persönliche geheime Wohnung, die nicht überwacht wurde und zu der außer ihm höchstens zwei oder drei andere Personen Zugang hatten, allerdings nur mit seiner ausdrücklichen Genehmigung.

Stormont verließ sein Haus in der Old Church Street und nahm ein Taxi. Er wechselte zweimal den Wagen und ging eine Zeitlang zu Fuß, um sicherzugehen, daß er nicht verfolgt wurde, bis er schließlich zu einer dunklen Straße in Soho gelangte. Er stieg ein paar Treppen zu einem Jazz Club hinunter und ging durch die Haupträume zu den Toiletten am Ende des Gebäudes. Von dort führte eine Tür in eine dunkle Gasse. Er folgte ihr bis zum Ende. Dann nahm er einen Schlüssel aus der Tasche und betrat ein unauffälliges Haus.

Er schaltete das Licht an. Es war eine kleine Wohnung mit Wohnzimmer, einer kleinen Küche, Bad und Diele. Stormont setzte sich auf ein staubiges Sofa an der Wand und wartete.

Unterdessen stand Eva im Schlafzimmer und zog sich um: kurzer Rock aus schwarzem Wildleder, weiße Seidenbluse, schwarze Strümpfe und schwarze hochhackige Schuhe. Vor dem Spiegel legte sie roten Lippenstift auf und betonte die Augen mit schwarzem Eyeliner. Was würde Stormont sagen? Schließlich griff sie nach Zigaretten und Handtasche und verließ das Haus.

Langsam ging sie die King's Road hinunter und hielt Ausschau nach einem Taxi. Unterwegs blieb sie vor einem Schaufenster stehen und sah sich die Auslage an, beiläufig, gelassen, genau wie die vielen Abendspaziergänger und wie ihre Beschatter. Sie waren zu zweit, Mann und Frau, die sich als Pärchen ausgaben. Es gab noch mehr, das war ihr klar, weiter voraus, und wieder andere, die in einem Wagen auf Anweisungen warteten. Sie mußte sie abschütteln, ohne daß sie ihre Absicht durchschauten. Nur Profis waren imstande, Beschatter auszumachen, und sie konnte es sich nicht leisten, sich als solcher zu verraten.

Sie überlegte schnell, winkte dann einem vorbeifahrenden Taxi und nannte die Adresse eines Privatclubs in Mayfair. Zehn Minuten später setzte das Taxi sie vor dem fünfstöckigen Haus ab. Sie klingelte. Ein Mann öffnete die Tür.

»Hi«, sagte sie und schenkte ihm ihr strahlendstes Lächeln. »Es ist mir sehr peinlich, aber ich bin hier mit einem Ihrer Mitglieder auf einen Drink verabredet. Ich würde ihn wiedererkennen, kann mich aber nicht mehr an seinen Namen erinnern. Es war schon sehr spät gestern abend, als ich ihn kennenlernte.« Sie warf dem Mann einen verlegenen Blick zu. »Sie wissen ja, wie das so ist.«

Er lachte und musterte sie von oben bis unten.

»Ja, das weiß ich«, sagte er und hielt ihr die Tür auf.

»Danke«, sagte Eva, als sie hinter ihr ins Schloß fiel. Ihre Beschatter waren garantiert keine Mitglieder des Clubs. Man würde sie nicht reinlassen. Sie marschierte geradewegs zur Damentoilette im Untergeschoß, schloß sich in eine der Kabinen ein, zog den kurzen Rock hoch und kletterte aus dem Fenster. Über die Kellertreppe landete sie in einer kleinen Seitenstraße und ging so schnell sie konnte weiter, ohne aufzufallen. Sie nahm das erste Taxi, das vorbeifuhr, zum Regent's Park. Immer wieder hielt sie Ausschau nach ihren Verfolgern. Nichts. Sie stieg aus und ging noch eine Weile zu Fuß, um ganz sicher zu sein. Erst als sie völlig überzeugt war, alle Beschatter abgeschüttelt zu haben, nahm sie ein anderes Taxi zur Old Compton Road, wo sich Stormonts geheime Wohnung befand.

Wie Stormont nahm sie den Weg über den Jazz Club und den Keller zum Ende der dunklen Gasse.

Sie klopfte leise. Stormont öffnete die Tür und ließ sie hinein. Als er sie wieder geschlossen hatte, lehnte er sich dagegen und musterte sie.

»Du scheinst ja richtig aufzugehen in deiner Rolle.«

Sie stützte die Hände in die Hüften und drehte sich vor ihm im Kreis.

»Gefällt es dir?«

Am liebsten hätte er über ihren offensichtlichen Jux gelacht, aber er hatte einen Kloß im Hals. Er sah sie mit unverhüllter Bewunderung an. Ihre Kleidung versprach, was die Haltung verbot. Nur ihre Schönheit und katzenhafte Anmut kamen zum Ausdruck.

»Sehr.«

Sie setzte sich.

»Wir haben Probleme«, sagte sie.

Stormont zog einen Stuhl heran und setzte sich ihr gegenüber.

»Heute abend tauchte eine ziemlich aufgeregte Cassie bei mir auf. Offensichtlich führt jemand ein Baissemanöver gegen Genius. Heute stieg der Aktienkurs erst auf fünf Dollar an und fiel dann plötzlich auf zwei.« Sie erzählte Stormont alles über die Gerüchte, die Insidergeschäfte und Cassies offensichtliche Gelassenheit. Die Verstimmung zwischen ihnen ließ sie weg.

»Also würden wir alle gern wissen, wer nun dahintersteckt.« Stormont zog eine Packung Zigaretten aus der Tasche und bot Eva eine an. Dann nahm er eine Flasche Glenlivet und zwei Gläser aus dem Regal. Er staubte die Gläser mit seinem Taschentuch ab und reichte ihr eins.

»Das Dumme an diesen Geheimwohnungen ist, daß nicht mal Putzfrauen wissen, wo sie sind.« Er schenkte ihnen ein, gab ihr mit einem hell auflodernden Feuerzeug Feuer und zündete sich selbst eine Zigarette an.

»Wer könnte deiner Meinung nach dahinterstecken?«

Eva zuckte die Achseln. »Ich habe keine Ahnung. Cassie, Case Reed und Frazer sind alle an einem niedrigen

Aktienwert interessiert. Ich jedenfalls war es nicht. Es könnte Cassie sein. So unwahrscheinlich es auch klingt, aber ich würde es nicht ausschließen. Sie sitzt da wie ein kleiner Buddha und spielt die Unschuld vom Land, aber je mehr ich sie beobachte, um so gerissener erscheint sie mir …«

Stormont lachte, und Eva fuhr fort: »So ganz unschuldig, wie sie sich gibt, ist sie nicht, trotzdem glaube ich nicht, daß sie dahintersteckt oder Frazer. Aber das kann ich besser beurteilen, wenn ich mit ihm gesprochen habe und sehe, wie er reagiert. Es ist nicht sein Stil, aber wer um alles in der Welt kann sonst dahinterstecken? Ich sehe keinen richtigen Grund dafür.«

»Wir müssen die Augen offenhalten und die Sache aus allen möglichen Blickwinkeln beobachten. Irgendwer treibt ein übles Spiel. Außerdem können wir nicht außer acht lassen, daß es gegen dich gerichtet ist.«

»Genau das geht mir gegen den Strich. Ich kann ganz gut mit dem leben, was ich getan habe, aber was ich nicht getan habe …«

Sie zögerte. »So, das war das erste Problem.«

»Was gibt's denn noch?«

Eva nahm einen Schluck Whisky und sagte gleichmütig: »Ich werde beschattet. Ich habe es heute nach meinem Treffen bei Case Reed entdeckt. Ich glaube, daß es erst seit heute ist, aber sicher bin ich mir nicht. Sechs verschiedene Personen, ein komplettes Team. Profis, aber keineswegs unsichtbar. Sie waren vorsichtig, trotzdem scheinen sie nicht gemerkt zu haben, daß auch ich aus der Branche bin. Sie haben nur die üblichen Vorsichtsmaßnahmen angewendet, so daß es mir nicht schwerfiel, sie ziemlich schnell auszumachen. Keine Angst, sie haben keine Ahnung, daß ich sie entdeckt habe. Heute abend klebten sie wieder an mir.« Sie hob beschwichtigend die Hand. »Keine Angst, ich hab' sie abgeschüttelt. Sie vermuten mich in einem Privatclub in Mayfair. Später fahre ich wieder dorthin zurück, schleiche mich durch den Hintereingang rein und gehe durch den Haupteingang raus. Sie werden nichts mitbekommen.« Sie sah, daß er sich teilweise beruhigte, obwohl ihm die Anspannung am Gesicht abzulesen war, und fuhr fort: »Also. Wer, zum Teufel, sind sie? Und wonach suchen sie?«

Mit Eva in dem schäbigen Zimmer zu sitzen gab Stormont ein eigenartiges Gefühl von Intimität. Sie zog ihn an, und er hatte das Gefühl, auch in ihren Augen einen Funken von Verlangen zu erkennen, das sie mit Kälte und Flirten zu kaschieren versuchte. Außerdem waren beide nervös, weil das Spiel endlich begonnen hatte. Um abzustimmen, wie sie reagieren würden, hatten sie notfalls die ganze Nacht, allein in einem kleinen Zimmer, dessen Wände im Rhythmus der Jazz-Musik vibrierten.

Stormont sah sie im Halbdunkel an. In ihren Augen glänzte dieselbe Erregung wie in seinen, der Kick eines unsichtbaren Kampfes.

»Diesmal ging es schnell«, erklärte er und nahm einen Schluck Whisky.

Eva nickte schweigend.

»Was meinst du?« fragte er.

»Ich meine, daß diesmal das Naheliegendste zutrifft.«

»Frazer.«

»Ja.«

»Und warum?«

»Er hat etwas zu verbergen. Er weiß, daß er ein Risiko eingeht, wenn er sich auf mich einläßt, wenn er mit mir ins Bett geht oder Geschäfte macht, also läßt er mich überprüfen. Entweder hat er etwas gefunden, das ihn stutzig macht, und beschlossen, mich näher unter die Lupe zu nehmen, oder er hat tatsächlich nichts gefunden und läßt mich trotzdem rund um die Uhr beschatten, weil ihm das nicht geheuer vorkommt.«

»Welche der beiden Möglichkeiten erscheint dir plausibler?«

»Ich gehe davon aus, daß meine Tarnung noch steht, sonst säße ich nicht hier. Ich glaube, daß Frazer seinem Instinkt mehr traut als den nichtssagenden Berichten, die er über mich bekommt. Was meinst du?«

»Ich glaube, daß er dich aus Überheblichkeit, Neugier und einem angeborenen Mißtrauen beschatten läßt. Wie willst du damit umgehen?«

»So wie vorher auch, als sei nichts geschehen. Ich werde die Augen offenhalten und alles andere mit Sex übertünchen.«

»Macht dir das Spaß? Sex mit Frazer?« Die Worte kamen hart und gefühllos heraus.

Sie beugte sich vor. »Mir macht Sex Spaß, Andrew. Wahrscheinlich würde er mir sogar mit dir Spaß machen.«

Stormont mußte lachen. Er leerte sein Glas Whisky, ohne die Augen von ihr zu nehmen. Er stand auf, holte die Flasche und schenkte ihnen nach. Dann beugte er sich herab, und seine Lippen berührten beinahe ihr Ohr.

»Vielleicht solltest du es versuchen.«

Sie wandte den Kopf, so daß ihre Lippen fast die seinen berührten.

»Vielleicht mach' ich es, irgendwann.« Sie führte das Glas zum Mund. Er trat einen Schritt zurück und nahm wieder Platz.

»Wir könnten deine Beschatter überwachen lassen«, sagte er ruhig, als wäre nichts zwischen ihnen geschehen. »Aber wir würden ein hohes Risiko eingehen, entdeckt zu werden. Wer auch immer dahintersteckt, früher oder später wird er sich verraten. Wahrscheinlich ist es Frazer. Wir müssen bloß abwarten.«

»Frazer führt jedenfalls irgendwas im Schilde. Sieht so aus, als würde er in Stellung gehen. Heute morgen bei unserem Meeting hat er mich gefragt, ob ich mit der Vertragsfirma, die im Augenblick die Mine aufbaut, zufrieden bin. Ich ließ es offen, um zu sehen, worauf er hinauswollte. Daraufhin fragte er, ob ich was dagegen hätte, wenn wir eine Firma seines Vertrauens einschalten. Er sagte, er könne bessere Konditionen aushandeln als ich.«

»Und was hast du geantwortet?«

»Daß er mit dem Buchhalter der Firma sprechen soll. Es würde mich nicht wundern, wenn er mit einem höchst verlockenden Angebot aufkreuzt.«

»Und dann?«

»Dann werde ich den Vertrag mit der jetzigen Firma kündigen und ihm den Vortritt lassen müssen.«

»Wahrscheinlich handelt es sich um eine Scheinfirma.«

»Das glaube ich auch. In keinem öffentlichen Aktionärsverzeichnis wird eine Verbindung zwischen ihm und der Firma nachzuweisen sein. Er wird alles über hübsche kleine Geheimkonten irgendwo in der Pampa laufen lassen. Jedenfalls kommt jetzt Bewegung in die Sache. Frazer rührt sich.«

»Sieht so aus.«

»Wahrscheinlich wird er bald nach Vietnam wollen.«

Stormont setzte sich auf. »Das werden wir besprechen, wenn es soweit ist. In Vietnam bist du auf gräßliche Art gefährdet. Ich weiß nicht, ob es klug wäre, mitzufliegen.«

»Wenn er was vorhat, wird er es dort einfädeln wollen. Da kann ich unmöglich zu Hause bleiben.«

»Warten wir ab. Aber halt mich auf dem laufenden. Das letzte, was ich will, ist, daß du urplötzlich mit Frazer verschwindest.«

Eva lächelte ihn sonderbar gleichgültig an, als sei es in Ordnung, als sei sie auf alles gefaßt, was jetzt passieren könnte. Es war kein blindes Vertrauen, es kam von einer anderen Seite, die Stormont nicht ausmachen konnte. Er sah sie eine Weile an, ehe er antwortete.

»Du solltest etwas tun, um Frazer zu beruhigen. Irgendwas Unlogisches oder Unerwartetes.«

Eva sah ihn fragend an.

»Bist du sehr cool und zurückhaltend ihm gegenüber?«

»Ja, schon. Er sagt, ich sei nicht so wie andere Frauen.«

»Dann sei wie sie. Gib ihm diese Sicherheit. Ruf ihn um ein Uhr nachts an. Oder jetzt, und sag ihm, daß du ihn sehen möchtest.«

»Das kann ich nicht. Das habe ich noch nie im Leben gekonnt.«

Stormont lachte. »Du wärst überrascht, wie viele Frauen so auf die Jagd gehen. Du willst ihn einwickeln, Eva. Also benimm dich wie andere Frauen, damit er glaubt, er hätte

Macht über dich. Dann wird er denken, daß du genau wie die anderen bist. Ansonsten stellst du eine Bedrohung für ihn dar.«

»Wenn ich mich so verhalte, wird er mich schnell satt haben. Dann sucht er sich ein neues Abenteuer.«

»Es ist eine Gratwanderung. Im Moment stellst du eine zu große Gefahr und Bedrohung für ihn dar.« Stormont sah auf die Uhr.

»Hat eine von euch beiden mit ihm über das Baissemanöver gesprochen?«

»Ich nicht. Aber ich glaube kaum, daß Cassie den Mund gehalten hat, sie war viel zu erregt.«

»Dann ruf ihn gleich an. Sag, daß du ihn sprechen willst. Erzähl ihm von dem Coup und sei gleichzeitig charmant zu ihm. Damit triffst du ihn von zwei Seiten. Mal sehen, ob das was bringt.«

Eva wählte eine Nummer. Es war halb eins, nach dreimaligem Klingeln hob Frazer ab.

»Robie, ich bin's, Eva. Ich bin hier in einem Club und langweile mich zu Tode …«

Stormont konnte hören, wie er lachte. Er beobachtete Eva, ihre halb geschlossenen Augen, den stark geschminkten Mund, ihr raffiniertes Lächeln. Er hörte nicht, was Frazer als nächstes sagte, nur Evas Antwort darauf. »Okay, ich komme.«

Sie legte auf, ging auf Stormont zu und stützte sich auf seine Schenkel. Dann küßte sie ihn auf den Mund.

»Ich muß jetzt los.«

Er stand nicht auf.

»Eva, wir dürfen uns nur noch in ganz dringenden Fällen treffen. Du weißt das.«

Sie blickte auf ihn herab und sagte nichts. Für den Bruchteil einer Sekunde waren ihre Augen vollkommen durchsichtig.

»Ich weiß.« Sie drehte sich um, und Stormont sah zu, wie sie die Tür öffnete und verschwand.

Drei Stunden lang wartete er in dem schäbigen Zimmer, für den Fall, daß man Eva gefolgt war. Er studierte alle, die kurz nach ihr das Lokal verließen. Um halb vier morgens verließ auch er die Wohnung und nahm Evas Geruch mit, den Duft ihrer Haut und des Parfums, das sie trug, und auch den schwachen Geschmack ihres Lippenstiftes auf seinem Mund.

33

Robie Frazer saß im Wohnzimmer, die hohen Glastüren zum Garten standen weit offen. Neben ihm stand eine Whiskyflasche. Er trank langsam und kostete das sanfte Brennen aus. Er dachte an Eva, die jetzt von sich aus zu ihm kam, offen, ohne den Vorwand einer Einladung zum Essen oder einem Drink. Der erste Riß in ihrer kühlen Fassade. Bei anderen Frauen hätte es ihn gelangweilt, weil sie alle so waren. Bei ihr aber kam es derart unvorhergesehen, daß es nur noch mehr zu seiner Erregung und seinem Verlangen beitrug.

Ihm gegenüber saß Le Mai und beobachtete ihn. Er hatte Frazer noch nie so lebendig gesehen. Sein Gesicht wirkte seltsam befriedigt und hungrig zugleich. Obwohl er lässig und mit ausgestreckten Beinen in seinem Sessel saß, schienen seine Muskeln angespannt, als sei er bereit, jeden Augenblick aufzuspringen.

Frazer wandte sich ihm zu.

»Besser, du gehst auf Tauchstation. Ich kriege Besuch von einer Frau. Schlaf im blauen Zimmer und laß dich nicht blicken.«

Le Mai stand auf. »Eine besondere Frau?«

Frazer musterte Le Mai und schien nachzudenken. »Ja, auf ihre eigene seltsame Art.«

»Eine schöne Frau?«

»Ja, aber darauf kommt es bei ihr nicht an.«

Frazer richtete sich langsam auf. Le Mai verstand die Geste und verabschiedete sich. Er stieg die Treppe hoch und trat in dem dunklen Zimmer ans Fenster, um auf Frazers so besonderen Besuch zu warten.

Er sah, wie ein Taxi vorfuhr und eine Frau ausstieg. Sie bezahlte den Fahrer und kam dann auf das Haus zu. Le Mai beobachtete sie. Nachdem die Tür aufgesprungen war und Frazer sie hereingebeten hatte, blieb Le Mai stehen, starrte weiter an die Stelle, wo sie ausgestiegen war, und sah ihr Gesicht vor sich.

Frazer schloß die Tür hinter Eva ab. Sie stand vor ihm wie ein Versprechen. Er zog sie an sich, drückte sie mit den Händen gegen die Wand, küßte sie und hielt sie dort fest, gegen die Wand gepreßt. Er sah ihr in die Augen. Er spürte die Präsenz eines anderen Mannes, die von ihr ausging. Sie schimmerte in ihren Augen wie ein Hohn. Er mußte diese Präsenz auslöschen. Als er in sie eindrang, starrte er in ihre Augen, bis sie sich schlossen und ihr Gesicht sich verzerrte. Dann trug er sie nach oben, legte sie aufs Bett und deckte sie zu.

Sie schliefen sofort ein. Ihre Gesichter lagen im Schein des hellen Mondes, der durch die offenen Fenster fiel.

Zwei Stockwerke über ihnen saß Le Mai auf der Fensterbank und dachte nach. Er hatte sie gehört, er hatte jedes Geräusch in sich aufgesogen. Er stellte sich die Frau vor, auf deren nackter Haut nur der kühle Wind spielte. Er stellte sich ihre Augen vor und fragte sich, wie sie Frazer ansehen würden. Leidenschaftlich oder haßerfüllt?

Um sieben Uhr morgens wachte Frazer auf. Eva lag schlafend und leicht abgewandt neben ihm. Er beobachtete sie, studierte die harten Konturen ihres Gesichts. Selbst im Schlaf wirkte es angespannt. Es gab nichts Sanftes an ihr. Physische Befriedigung zauberte ein triumphierendes Lächeln auf dieses Gesicht, eine katzenhafte Genugtuung. Aber sie beruhigte es nicht oder machte es weich und nachgiebig. Immer ging dieser Widerstand von ihr aus, diese Verweigerung, selbst im Schlaf. Wie sehr sie ihn auch brauchte, welche Lust sie auch von ihm annahm, er hatte stets das Gefühl, daß sie ihn ebenso gut küssen wie anspucken könnte, daß sie von einer Sekunde auf die andere gehen und ihn besiegt zurücklassen könnte. Er spürte in ihr das Verlangen, andere zu verletzen. Viele Frauen hatten das, vor allem jene, die aufgrund ihrer Schönheit zu oft mißbraucht worden waren. Sie wollten das Gleichgewicht wiederherstellen. Aber das paßte nicht zu ihr. Er konnte sich nicht vorstellen, daß sie sich von irgendwem hatte mißbrauchen lassen. Er glaubte nicht, daß sie sich für etwas rächen mußte. Und doch ging etwas Gewalttätiges von ihr aus. Nicht daß es ihn beunruhigte, es schärfte bloß seine Sinne.

Plötzlich wachte sie auf und entdeckte, daß er sie beobachtete. Ihre Augen weiteten sich und schlossen sich dann wieder, als sie sein Gesicht an ihre Brust zog und es dort festhielt. Er spürte die weiche Haut unter seinem Mund, die schwindelnde Erregung, die ihn packte, Verlangen und Befriedigung, eine Mischung aus sexueller und mütterlicher Wärme.

Sie blieben noch eine halbe Stunde liegen, bis der Wecker die Stille und ihr Schweigen beendete und sie aus dem Bett sprang.

»Ich brauche schon wieder Jeans und T-Shirt. In dieser Aufmachung kann ich unmöglich nach Hause«, erklärte sie und deutete auf die spärlichen Kleider neben dem Bett.

Frazer lachte und verschwand im Ankleidezimmer. Sie sah ihm nach, und plötzlich fiel ihr auf, wie sehr er Stormont glich.

Nicht nur körperlich, da war noch mehr – Scharfsinn, Talent, Wachsamkeit. Der Unterschied lag nur darin, wie sie ihre Fähigkeiten einsetzten. Frazer kehrte mit ein paar Sachen zurück und warf sie ihr vor die Füße. Plötzlich umarmte sie ihn und zog ihn zu Boden, ohne sich im geringsten gegen das physische Verlangen zu wehren, das alles andere überdeckte.

Bis sie zu Margarets schweigender Mißbilligung geduscht und gefrühstückt hatten, war es elf. Sie saßen noch am Tisch und lasen die Zeitung, als Margaret eintrat und erklärte, eine gewisse Cassie Stewart sei am Telefon. Frazer verschwand für ein paar Minuten. Als er wiederkam, musterte Eva ihn aufmerksam und lächelte freundlich, als sie erkannte, daß auch er sie studierte.

»Hast du von diesem Baissemanöver gehört?«

»Ja, Cassie hat es mir gestern nacht erzählt.«

»Und wieso hast du mir nichts gesagt?«

»Oh, ich hätte dir davon erzählen können. Gestern abend, als ich ankam, oder heute morgen nach dem Wachwerden. Ich wäre wahrscheinlich ein bißchen aus der Puste gewesen und hätte mich nur stockend ausdrücken können, aber sonst gab es eigentlich keinen Grund, warum ich es dir hätte verschweigen sollen. Tut mir leid. Passiert nicht wieder.«

Er überraschte sie mit einem verlegenen Grinsen. »Lassen wir die Geschäfte für den Konferenzraum.«

»Aber da du es nun einmal aufgebracht hast«, wandte Eva ein, »können wir ja für ein paar Minuten so tun, als sei das hier ein Konferenzraum.«

»Okay.«

»Würde es dir was ausmachen, mir zu erklären, was, zum Teufel, eigentlich los ist? Du bist ein alter Hase im Geschäft, und auch Cassie kennt sich bestens aus, aber für mich macht das Ganze keinen Sinn. Ich unterschreibe morgens einen Vertrag, und schon am Nachmittag macht sich irgendein Idiot daran, Gerüchte über mich in Umlauf zu setzen, die meiner Gesellschaft schaden.«

»Ich tappe genauso im dunkeln wie du. Natürlich sind mir solche Praktiken bekannt, aber ich habe ehrlich keine Ahnung, was gespielt wird und wer dahintersteckt. Das Komische ist, daß es so aussieht, als würde uns jemand fast einen Gefallen tun. Je tiefer der Kurs der Aktie fällt, um so besser ist es für unsere Übernahme, jedenfalls solange die Aktie aus spekulativen und nicht aus triftigen Gründen fällt.«

»Ich habe immer gesagt, daß der Deal vielversprechend, wenn auch riskant ist. Aber dieses Gerücht ist eine Schweinerei. Du kannst meine Anteile überprüfen und Erkundigungen bei meiner Bank einholen. Ich habe meine Genius-Aktien weder verpfändet noch sonstwas.«

»Schon gut. Ich glaube dir. Meistens merke ich, wenn jemand lügt.«

»Dann ist es gut, denn ich glaube auch nicht, daß du lügst. Trotzdem bringt uns das nicht weiter. Wenn weder du noch ich noch Case Reed dahinterstecken, wer dann? Und warum?«

»Wieso bist du dir so sicher, daß Case Reed nicht dahintersteckt?«

»Glaubst du, es ist ihr Stil? Kannst du dir vorstellen, daß dieser Richardson sich je die Hände schmutzig machen würde?«

»Nein, aber ich halte auch deine Freundin Cassie nicht für den Unschuldsengel, den sie uns vorspielt.«

»Du überschätzt sie.« Sie hoffte, daß Cassie ihm nicht über ihre krummen Geschäfte und stillschweigenden Abmachungen mit dem Broker in Vancouver erzählt hatte. Cassie tat gut daran, ihre Klugheit vor Frazer zu verstecken.

»Möglich. Aber ich bin eher deiner Meinung. Case Reed steckt nicht dahinter.«

»Es muß doch einen Weg geben, so was rauszukriegen, oder?«

Frazer musterte sie einen Augenblick. »Ja, den gibt es. Ich werde ein paar Erkundigungen einholen. Es ist dein Deal, ich verstehe, daß du dir Sorgen machst. Und ich mag es auch nicht, wenn man mit mir herumspielt.«

34

Am Dienstag morgen ging Cassie als erstes zu Richardson. »Wir haben ein Problem mit Genius. Offensichtlich hat jemand ein Baissemanöver in Gang gesetzt.« Richardson hob leicht die Augenbraue, blieb aber ansonsten gelassen und hörte sich ihre Ausführungen an. Als sie fertig war, schwieg er eine Zeitlang.

Seine Selbstbeherrschung beruhigte Cassie. Richardson tat immer so, als lasse sich jedes Problem mit ruhigem Nachdenken aus der Welt schaffen. Er reagierte nie ärgerlich, heftig oder mit Groll, wenn man einen Fehler begangen hatte, sondern konzentrierte sich ganz auf die Suche nach einer Lösung.

»Kaum sind Eva und Frazer an Bord, schon gehen die Spekulationen los. Ich glaube kaum, daß Frazer so ungeschickt vorgehen würde, es könnte ihn Kopf und Kragen kosten. Nein, ich glaube nicht, daß er es ist. Und was Ihre Freundin Eva angeht, so widerspräche es allem, was wir über sie wissen. Trotzdem würde ich ihr nicht über den Weg trauen. Ich gebe zu, wir sind alle daran interessiert, daß der Kurs der Aktie fällt. Und Frazer oder Eva hätten allen Grund, es zu versuchen, wenn sie tatsächlich glauben, sie kämen damit durch.«

»Vielleicht hält sich Frazer für unverletzlich, weil niemand auf die Idee kommen könnte, daß er so leichtfertig seinen Ruf aufs Spiel setzt. Also müssen wir ihn alle für unschuldig halten.«

»Das ist durchaus möglich.« Er machte eine Pause. »Haben Sie eigentlich mit Aubrey Goldstein gesprochen?«

»Ja, ich habe mit ihm zu Mittag gegessen. Es war sehr hilfreich.«

»Das dachte ich mir.« Richardson sah sie an, als wartete er auf etwas.

Cassie dachte rasch nach. »Als wir uns verabschiedeten, fragte er mich, wo sich die Mine befindet.«

»Und Sie haben es ihm gesagt.«

»Ich sagte, in Vietnam, aber Genius ist nicht die einzige Mine dort. Ich dachte mir nichts dabei. Mist! John, es tut mir leid, wenn ich es vermasselt habe. Ich dachte, man könne ihm trauen. Ansonsten war ich vorsichtig, bis auf diesen einen Ausrutscher.«

»Den er Ihnen aus der Nase gezogen hat.«

»Sie glauben doch nicht, daß er dahintersteckt, oder?«

Richardson überraschte sie mit einem Lächeln. »Er ist nur ein weiterer Kandidat auf der Liste unserer Verdächtigen. Wir können niemanden ausschließen, nicht?«

»Und was ist mit Case Reed?« Cassie lachte ihm fröhlich ins Gesicht.

»Was haben Sie vor?« fragte sie schnell. »Werden Sie mit Goldstein und Frazer reden?«

Goldstein konnte schweigen wie ein Grab, und Frazer war aalglatt. Eine Konfrontation würde gar nichts bringen.

»Lassen Sie mich drüber nachdenken.«

Eine halbe Stunde später griff Richardson zum Telefon.

»Peter? John am Apparat. Entschuldige den Überfall, aber könnte ich auf ein paar Minuten vorbeikommen? Am besten jetzt gleich. Gut. Danke.« Er legte auf und verließ das Büro. Nur ein paar hundert Meter trennten ihn von einem großen Gebäude in der Savile Row, Sitz einer der größten Detekteien der Welt. Er nannte der Empfangsdame seinen Namen und nahm dann den Aufzug zum fünften Stock, wo der leitende Direktor der Detektei, sein Freund Peter Bawden, ihn erwartete.

Bawden begrüßte ihn mit Handschlag. »Kaffee?«

»Ja, gern.«

Richardson wartete, bis man den Kaffee brachte. Er nahm einen Schluck und stellte die Tasse vorsichtig wieder auf den Tisch.

»Ich bin wegen eines Auftrags hier. Ich brauche einen Bericht, und zwar eilig. Leider kann ich mir den Luxus des Wartens nicht leisten. Wegen der Vollständigkeit der Daten brauchst du dir keine Sorgen zu machen. Die würden sowieso nicht viel hergeben, auch wenn du die Zeit für längere

Recherchen hättest. Wenn die fragliche Person etwas zu verbergen hat, wird man eh nicht so leicht drankommen.«

»Was genau brauchst du also?«

»Deine Meinung. Gespür oder Hypothesen. Sämtliche Fakten oder Gerüchte, die du findest.«

»Ist das denn genug?«

»Es muß reichen.«

»Klingt ganz danach, als ob du dir schon eine Meinung gebildet hättest.«

»Nein, habe ich nicht. Es ist etwas passiert, das mich sehr beunruhigt. Es hat das Image beschädigt, das dieser Mann für mich hatte. Ich habe so ein Gefühl, eine bestimmte Ahnung.« Er winkte ab. »Ach, wahrscheinlich höre ich mich an wie Cassie Stewart mit ihrer Intuition.«

»Meistens liegt sie richtig, oder? Was hat sie für ein Gefühl?«

»Ich habe sie nicht gefragt, aber in letzter Zeit benimmt sie sich sonderbar. Ich habe das Gefühl, daß sie mir was verschweigt.«

»Um wen handelt es sich, John?«

Richardson seufzte.

»Robie Frazer.«

Bawden schwieg. Er nahm einen Schluck Kaffee und beobachtete Richardson. Die beiden Männer waren alte Freunde. Sie waren zusammen auf der Universität gewesen, und Bawdens Firma arbeitete oft für Case Reed.

»Am besten sagst du mir, wo das Problem liegt. Wenn es um Robie Frazer geht, muß ich schon Näheres wissen.«

»Nimmst du den Auftrag an?«

Bawden überlegte kurz. »Ja.«

Wenige Minuten später kehrte Richardson zu Case Reed zurück. Er wirkte seltsam ruhig. Mit gesenktem Kopf und gedankenverloren betrat er sein Büro. Cassie wäre ihm am liebsten gefolgt, um mit ihm zu sprechen, aber ihre angeborene Zurückhaltung hielt sie davon ab.

Statt dessen ging sie in das benachbarte Café und holte sich ihren dritten Espresso an diesem Tag. Sie trank ihn in einem Schluck aus und rief dann Owen Quaid an.

»Owen, geh mit mir zum Lunch oder lad mich zum Abendessen ein. Mach irgend etwas mit mir, ich bitte dich, sonst drehe ich hier durch.«

»Armes Kleines. Was hat denn dein Wachhund heute vor?«

Cassies Gesicht hellte sich auf. »Er murmelte was von Recherchen in der Bibliothek von Kensington. Ich glaube, daß er den Studentinnen nachstellt. Anscheinend wimmelt es dort davon.«

»Was du nicht sagst. Dann hast du ja sturmfreie Bude?«

»Ich glaube, ich sag' meiner Sekretärin, daß ich heute etwas länger zum Essen bleibe.«

»Bis gleich, Liebling.«

Cassie nahm sich ein Taxi und kam fünf Minuten vor Quaid zu Hause an. Sie machte ihm auf, zog ihn in die Diele und küßte ihn. Er zog sie an sich, bis sie den Saum seiner Jeans durch ihren dünnen Seidenrock spürte und die Konturen seines Körpers so deutlich wie Braille-Schrift. Er küßte sie leidenschaftlich, und sie erwiderte seinen Kuß. Sie reagierte immer, fing aber nie von sich aus an. Sie wollte nie etwas, nur das, was er ihr freiwillig gab.

Er umklammerte ihre Arme und sah sie an, während er sie küßte. Ihre Augen flackerten auf und zu. Sie sah aus wie eine Katze und war wahrscheinlich genauso launenhaft, aber jetzt war er da. Er führte sie nach oben in ihr Bett. Als er sie hinlegte, spürte er, daß sie ihn beobachtete. Offene Augen, warme Augen, die nur auf ihn gerichtet waren. Was dachte sie? Versteckte sie wie er ihre Bedürfnisse und ihre Liebe hinter Lachen? Wenn sie zusammenwaren, erschien ihm alles leicht und fröhlich, als hätten sie ein stillschweigendes Abkommen. Er fragte sich, ob dieses Gefühl natürlich war oder nur Schutz vor Schmerz widerspiegelte. Einfach lachen und nichts suchen als Lust und Freude. Er zog sie aus, wie immer verzaubert von ihrem blassen Körper, und alle Gedanken verwandelten sich in Verlangen.

Eine Stunde später saßen sie mit einer gekühlten Flasche Chablis im Garten. Ihre Kehle war wie ausgetrocknet. Nesta und die Katzen saßen friedlich zu ihren Füßen und genossen die warme Mittagssonne.

»Hör mal, Liebling, du hast dich heute morgen am Telefon nicht besonders gut angehört, und so gern ich es hätte, weiß ich doch, daß es nicht war, weil du mich vermißt.«

»Ich habe dich vermißt. Ich fühle mich nicht wohl, wenn ich dich nicht sehe.« Ihre Augen schienen stets ein wenig spöttisch, wenn sie über Gefühle sprach. »Aber du hast recht. Es gibt noch etwas anderes.« Sie erzählte ihm von dem Baissemanöver. »Ich mag es nicht, wenn die Dinge außer Kontrolle geraten.«

»Hast du schon mit Eva und Frazer gesprochen?«

»Ja. Aber ich glaube nicht, daß sie was damit zu tun haben.«

»Hmm.« Quaid runzelte die Stirn. Cassie sah ihn fragend an.

»Owen, du weißt etwas, über diesen Deal, Eva oder Frazer, das du mir verschweigst. Wahrscheinlich hast du einen guten Grund dafür und ich nicht das geringste Recht zu fragen, aber ich kann nicht ruhig neben dir sitzen und wissen, daß du mir etwas Wichtiges verschweigst. Also, erzählst du es mir? Egal was es ist.«

Quaid nahm eine Zigarette aus der Packung und zündete sie an. Nachdenklich blies er den Rauch an Cassies Kopf vorbei.

»Ach, Cass, du wirst langsam unausstehlich. Neugier und Intuition sind eine feine Sache, aber machmal ist es besser, schlafende Hunde nicht zu wecken. Man muß nicht immer alles wissen.«

»Tut mir leid. Wenn man einmal angefangen hat, dann läßt es einen nicht mehr los.«

»Ich weiß. Professionelles Mißtrauen. Ich muß dich wohl angesteckt haben.«

»Schon möglich. Also, wirst du es mir jetzt verraten?«

»Das darf ich nicht, Cass. Ich verstoße ohnehin schon gegen sämtliche Regeln. Das ist kein nettes kleines Gesellschaftsspiel. Die Folgen werden schwerwiegender sein, als du dir vorstellen kannst. Du mischst dich hier in etwas ein, von dem du wirklich die Finger lassen solltest.« Seine Stimme war ärgerlich geworden, doch jetzt, als hätte er resigniert, klang sie wieder sanfter. »Aber wenn du drauf bestehst, werde ich es dir sagen. Ich habe es dir nur verschwiegen, weil ich dich schützen wollte.« Daß er jetzt auch Paul Black und sich selbst gefährdete, sagte er ihr nicht.

»Mein Gott, Owen. Das klingt alles so melodramatisch. Entweder wirst du mich zum Lachen bringen oder zu Tode erschrecken.« Sie beugte sich vor und strich ihm über die Wange.

»Ich weiß, daß ich schwierig und anstrengend sein kann. Aber du kannst dich auf mich verlassen, wenn du mir etwas anvertraust. Dieser Deal macht mir Sorgen, vor allem nach den Spekulationen an der Börse. Irgendwas stinkt zum Himmel, nicht nur die Sache mit den Spekulationen. Ich weiß noch nicht, was es ist. Vielleicht geht meine Vorstellungskraft diesmal wirklich mit mir durch. Aber ich werde das Gefühl nicht los, daß sich hinter dem Diamantendeal noch was anderes verbirgt. Ich sehe einzelne Umrisse, aber ich kann mir noch kein Bild daraus machen.«

Sie sprach immer schneller, noch während sich ihre Gedanken formten und sie undeutliche Ahnungen in Worte zu fassen versuchte.

Quaid drückte ihre Hand. »He, ganz ruhig. Erzähl mir alles, aber langsam, eins nach dem anderen. Egal wie komisch es klingen mag.«

»Da gibt es nicht mehr, als ich dir bereits gesagt habe. Das ist es doch. Nur eine Ansammlung von Hirngespinsten, die mir im Kopf herumschwirren. Und ein unangenehmes Gefühl, als tappe man im dunkeln. Ich hasse das.«

»Okay. Ich werde dir sagen, was ich weiß. Ich kann dir nicht auf alle Fragen eine Antwort geben, aber ich werde einiges klären. Der Grund, warum ich so gezögert habe, war, daß kurz bevor du mich angerufen hast, Robie Frazer mir den Auftrag erteilt hatte, Eva, John Richardson und dich zu durchleuchten.«

»Mich? Warum, zum Teufel, mich? Oder Richardson?«

»Warum nicht? Es ist doch völlig normal, daß man seine

Geschäftspartner unter die Lupe nimmt. Daß man für ein angesehenes Unternehmen arbeitet, heißt noch lange nicht, daß man deshalb auch über alle Zweifel erhaben ist. Manchmal dient es nur als eine gute Tarnung, um das, was faul ist, zu verstecken.«

Cassie kochte vor Wut.

Quaid fuhr fort. »Als mich Frazer bat, dich unter die Lupe zu nehmen, blieb mir keine andere Wahl. Ich hätte ablehnen können, aber er ist einer unserer wichtigsten Kunden und hat es nicht gern, wenn man ihn abweist. Außerdem wollte ich das Ganze unter Kontrolle behalten. Hätte ich abgelehnt, hätte er einen anderen damit beauftragt, dich zu durchleuchten. Ich weiß, daß es eine Vergewaltigung ist. Ich wußte, wie wütend du darüber sein würdest. Aber wenn dich schon jemand durchleuchten sollte, dann wollte ich es sein.«

»Ich weiß nicht, ob mir nicht ein Fremder lieber gewesen wäre. Daß dein Liebhaber auch all deine Geheimnisse kennt, ist wirklich ein Alptraum.«

»Nicht, wenn man nichts zu verbergen hat.«

»Mein Gott, Owen! Jeder hat Geheimnisse.« Cassie machte eine Pause und fragte dann gleichmütig: »Und? Was hast du über mich herausgefunden? Was hast du Frazer erzählt?«

»Nicht viel. Daß es nichts Verdächtiges gab, nichts, was dich kompromittieren könnte, keine schlüpfrigen Geheimnisse.«

»Das ist alles?«

»Ja.«

Sie lachte, wie ihm schien, fast erleichtert auf. »Mein Gott, ich muß ja furchtbar langweilig sein.«

»Leichen im Keller sind faszinierend nur für Leute, die keine haben. Sie besagen nur, daß man ein Risiko eingegangen und damit auf die Nase gefallen ist. Du bist welche eingegangen und hattest Glück. Das ist der kleine Unterschied.«

»Danke, Owen. So kann man es auch sehen. Ich habe mir zum Glück immer die richtigen Risiken rausgepickt. Ich habe einfach Glück gehabt, das Risiko war nie besonders hoch. So ist es. Es gibt nichts daran zu beschönigen.«

»Dann sieh es so, Cass. Jedenfalls war Frazer mit dem positiven Bericht über dich und Richardson zufrieden, nicht aber mit dem über Eva. Er wollte einfach nicht glauben, daß sie nichts zu verbergen hatte. Und da du Richardson nichts über ihre Heroinabhängigkeit erzählt hast, konnte ich Frazer auch nichts sagen. Ohne diesen Makel steht Eva ziemlich clean da. Ein unkonventionelles Leben, aber nichts wirklich Verdächtiges. Frazer hat es mir nicht abgenommen. Er hat eine Affäre mit ihr, vielleicht hat ihn das besonders mißtrauisch gemacht.«

»Wie bitte? Die beiden haben eine Affäre?«

»Überrascht dich das?«

»Nein«, sagte sie langsam. »Ich kann es verstehen.«

»Ja, das glaube ich, aber überlaß Frazer ihr.«

»Wieso sagst du das?«

»Warum wohl? Aus Eifersucht.« Hastig fuhr Quaid fort: »Frazer war also davon überzeugt, daß bei Eva mehr zu holen ist. Er beauftragte mich, sie rund um die Uhr beschatten zu lassen, um zu sehen, was dabei rauskommt.«

»Und was kommt dabei raus?«

»Ein höchst interessanter Fall.«

»Warum? Was hat sie gemacht?«

»Na ja, es geht weniger drum, was sie macht, obwohl das allein schon interessant ist, sondern wie sie es macht.«

»Könntest du dich ein bißchen genauer ausdrücken?«

»Okay, ganz genau. Um sechs Uhr dreißig gestern morgen stand sie auf und joggte etwa eine Stunde im Battersea Park. Danach war sie bis acht Uhr dreißig zu Hause. Dann taucht sie in eleganter Aufmachung wieder auf, geht zu einer Patisserie in der King's Road, setzt sich an einen Tisch draußen, bestellt zwei Stücke Kuchen, Orangensaft und zwei Cappuccinos. Dann eine Stunde bei Case Reed. Anschließend verbringt sie eine Stunde in einem Park am Hanover Square, geht in der Bond Street einkaufen und ißt mit Frazer im Savoy Grill zu Mittag. Nach ein paar Stunden zu Hause fährt sie zu einem Judo-Club in der Fulham

Road. Dort trainiert sie anderthalb Stunden, und zwar hart.«

»Wie hart?«

»Na, sagen wir's so: Sie könnte mich jederzeit aufs Kreuz legen.«

»O Gott! Und dann?«

»Dann geht sie wieder für ein paar Stunden nach Haus. Als nächstes kommst du an, man sieht dir an, daß du ziemlich daneben bist. Du gehst, und etwa eine halbe Stunde später fährt Eva ziemlich aufgedonnert zu einem Privatclub in Mayfair. Wir konnten nicht feststellen, wen sie dort traf, weil wir nicht reinkamen. Aber nach ein paar Stunden verläßt sie das Lokal und fährt zu Frazer, wo sie die ganze Nacht verbringt.«

Quaid wartete, daß Cassie etwas sagte.

»Es ist unglaublich, was sie alles macht. Eine Stunde völlig für sich und die nächste voller Leute. Jedesmal taucht sie in einer anderen Verkleidung auf, und immer ist es eine Überraschung. Teilweise ist ihr Leben geradezu spartanisch – Joggen, Judo, im Park sitzen. Andererseits frühstückt sie ausgiebig, diniert im Savoy, geht teuer einkaufen, besucht Privatclubs und schläft mit Frazer. So viele verschiedene Seiten.«

»Ich weiß. Es ist schon erstaunlich. Und alles, was sie tut, ist elegant und ruhig. Als spielte sie eine Rolle.«

»Vielleicht ist es ja eine. Vielleicht war ihr bewußt, daß sie beschattet wurde.«

»Glaube ich nicht. Sie hat sich nichts anmerken lassen.«

»Das würde sie auch nicht, wenn sie gut wäre.«

»Was willst du damit sagen?« fragte Quaid scharf.

»Keine Ahnung. Nichts Bestimmtes.«

»Natürlich ist es was Bestimmtes. Also raus damit. Von mir verlangst du, daß ich dir alles sage, und du machst dicht, wenn es dir paßt.«

»Ich habe nur einen Verdacht, ich weiß gar nichts.«

Er wartete hartnäckig.

»Na gut, aber lach nicht, wenn es sich anhört wie Spinnerei.«

Sie versuchte, unbeschwert zu klingen, aber ihr war nicht nach Scherzen zumute.

»Vor ein paar Tagen habe ich mich mit einem Diamantenexperten unterhalten. Einem Freund von Richardson. Wie auch immer, erst hat er mir ein paar Tips gegeben, das offizielle Bild, wie er sagte, und dann so was wie eine verdeckte Warnung.«

»Was meinst du?«

»Das weiß ich selbst nicht so genau. Er fing an, über die dunklen Seiten des Diamantengeschäfts zu reden. Er sagte, manche Leute benutzten Diamanten nur als Tarnung.«

»Wer denn zum Beispiel?«

»Die Nachrichtendienste.«

Beide schwiegen eine Zeitlang. Schließlich fragte Quaid: »Und wo siehst du eine Verbindung?«

»Das weiß ich nicht. Ich frage mich die ganze Zeit, ob Eva was mit dem Geheimdienst zu tun hat.«

»Warum sollte sie?«

Cassie antwortete nicht sofort. Sie hätte ihm von Andrew Stormont und ihrem Verdacht erzählen sollen, beschloß jedoch, darüber lieber den Mund zu halten. Statt dessen konzentrierte sie sich auf Eva.

»Eva sagt uns nicht die ganze Wahrheit. So ein Gefühl habe ich. Irgendwie paßt das alles nicht so recht zusammen. Sie geht acht Jahre nach Asien, führt ein Hippieleben, wird heroinabhängig, findet dann diese Diamantenmine und krempelt ihr ganzes Leben um.«

»So außergewöhnlich ist es nicht. Es paßt nur nicht in deine konventionelle Welt. Ich finde es nicht so abwegig.«

»Ich weiß. Ich will sie ja auch gar nicht verurteilen. Und was das Unkonventionelle angeht, das ist mir völlig egal.« Sie schwieg eine Weile. »Da ist noch Frazer. Ob er was mit dem Geheimdienst zu tun hat?«

Quaid lachte. »Der bestimmt nicht.«

»Warum nicht? Kannst du mir das vielleicht sagen?«

»Frazer interessiert sich nur für Geld und Nervenkitzel, am besten beides zusammen. Er ist absolut unmoralisch und würde sich niemals für irgendwas engagieren. Manchmal nutzen die Geheimdienste so was aus, aber nicht in Frazers Fall. Man kann ihm einfach nicht trauen.«

Cassie stellte ihr Glas auf den Tisch und starrte Quaid an. »Moment mal. Reden wir eigentlich über denselben Robie Frazer? Er soll …«

»Wach auf, Cass. Vergiß das! Wie kann man deiner Meinung nach in so kurzer Zeit und so unsichtbar wie er eine Milliarde Dollar machen?«

»Was hat er gemacht? Wie hat er sein Geld verdient?«

»Was glaubst du, warum er mich beauftragt hat, Richardson, Eva und dich zu durchleuchten?«

»Sag's mir.«

»Ganz einfach. Weil er was zu verbergen hat und sicher sein will, daß seine potentiellen Geschäftspartner wirklich nur das sind und nichts anderes«, sagte er und wechselte schnell den Ton: »Was versprichst du dir von diesem Deal mit Eva und ihm?«

Sein kalter Pragmatismus überraschte sie. »Nun, wahrscheinlich Geld verdienen. Ich interessiere mich für das Projekt, die Diamanten in Vietnam und natürlich vor allem für das Geld, ich gebe es zu.«

»Dann konzentriere dich darauf. Denk nicht an Frazer oder Eva. Denk nicht daran, was sie vielleicht getan haben oder noch tun werden. Wenn du weitermachen willst mit dem Deal, und ich sehe nicht, wie man dich zu diesem Zeitpunkt noch davon abbringen könnte, dann konzentriere dich einzig und allein auf das Geld. Frazer wäre nicht dabei, wenn er nicht längst Geld gewittert hätte. Du hast also die besten Voraussetzungen, um welches zu machen. Sieh zu, daß du dein Schäfchen ins trockene bringst, und dann spring sofort wieder ab. Hast du verstanden?«

»Was könnte Frazer noch für Gründe haben, mitzumachen?«

»Wer weiß, was in Frazers Kopf vorgeht. Bei ihm ist nichts vorhersehbar.« Quaid verfiel in Schweigen. Cassie sah an ihm vorbei, während ihr alle möglichen Gedanken durch den Kopf schossen.

»Ich frage mich, was für ein Interesse der Geheimdienst

an einem solchen Deal haben könnte?« meinte sie plötzlich.

»Wer weiß? Gar keinen. Vielleicht sind das alles deine Hirngespinste. Aber wenn der Geheimdienst, aus welchem Grund auch immer, mitmischt, darfst du dir keine Illusionen machen. Die werden ihr Ding durchziehen, ohne Rücksicht auf Verluste. Wenn du irgendwas siehst, was dir komisch vorkommt, nimm die Beine in die Hand und lauf los. Aber bis dahin laß dir deinen Verdacht um Gottes willen nicht anmerken, tu so, als hättest du keine Ahnung. Und wenn du das Geld hast, das dir vorschwebt, steig so schnell wie möglich aus dem Ganzen aus. Versprichst du mir das?«

Sie hielt seinem Blick stand. Er konnte sehen, wie es in ihr arbeitete, doch sie sagte nichts.

Cassie verabschiedete sich von Quaid und fuhr zurück ins Büro. Ihre Bewegungen waren bewußt, die Gedanken dagegen nahmen eigene Wege. Sie hatte das Gefühl, im Nebel gefangen zu sein, als müsse sie sich einen Weg ertasten, ohne ihn zu sehen. Sie schaltete ihren Bildschirm ein. Der Kurs der Genius-Aktie lag immer noch bei zwei Dollar. Sie rief Brimton an.

»Gibt es irgendwas Neues?«

»Nein. Nur immer wieder neue Versionen desselben Gerüchts, aber das bewirkt auch nichts mehr. Die Aktie liegt wie Blei bei zwei Dollar.«

»Gut, dann kaufe ich jetzt den Rest meines Postens. Wie ist der Preis für neunundachtzigtausend Anteile? Tut mir leid, daß es so eine ungerade Zahl ist, aber ich darf nicht mehr als fünf Prozent erstehen.«

»Was, zum Teufel, machen Sie, Cass? Als Ihr Broker wickle ich nicht nur Ihre Geschäfte ab, sondern muß Sie auch warnen.«

»Klar müssen Sie das. Und mein Entschluß steht fest. Machen Sie mir einen Preis, Sam.«

»Ich hoffe, Sie wissen, was Sie tun. Nicht, daß Sie es später bereuen.«

»Lassen Sie das meine Sorge sein.«

»Sie können mit Ihrem Geld machen, was Sie wollen. Zweieinhalb.«

»Abgemacht. Ich kaufe neunundachtzigtausend zu zweieinhalb.«

Sie wußte, daß sie einen weit höheren Preis zahlen mußte als den auf dem Bildschirm notierten, um einen derart großen Posten zu kaufen, aber zweieinhalb war immer noch sehr niedrig im Vergleich zu den sechs Dollar, die sie ursprünglich veranschlagt hatte. Nach dem Baissemanöver hatte sich die Situation schlagartig verändert. Dennoch wurde sie das Gefühl nicht los, daß das nur eine Tarnung war, die von etwas anderem ablenken sollte. Lächelnd legte sie den Hörer auf. Die Gewinnaussichten waren größer als vorher – aber das Risiko auch.

35

Eva und Frazer hatten gerade zu Ende gegessen und lasen im Wohnzimmer die Zeitung, als Margaret hereinkam. »Jemand möchte Sie sprechen.«

Frazer, der halb auf dem Sofa lag, stand auf und folgte ihr schweigend. Eva sah ihm nach, als er das Zimmer verließ und die Tür hinter sich schloß. Sie hörte leise murmelnde Stimmen. Eine weitere Tür fiel ins Schloß, dann war Ruhe.

Le Mai wartete in Frazers Arbeitszimmer. Er beobachtete, wie der Taipan hereinkam und sich setzte.

»Was gibt es denn?« fragte Frazer.

»Ich bin mir nicht sicher. Es ist lange her, und Menschen verändern sich. Aber wenn ich recht habe, dann stehen wir vor einem Problem. Besser gesagt, du stehst vor einem Problem.«

»Was für ein Problem? Wo? Sprich nicht in Rätseln, Le Mai.«

»Hier in London.«

Frazer hörte schweigend zu, während ihm Le Mai von seinem Verdacht berichtete. Der Ärger zeigte sich nur in seinen Augen und daran, wie er sofort alle Gefühle einstellte, bis nur eisige Kälte übrigblieb. Schließlich stand er auf und kehrte ins Wohnzimmer zurück.

Eva blickte auf, als er eintrat. Sie sah, wie er sie anstarrte und anschließend den Blick abwandte. Er setzte sich wieder aufs Sofa, schlug die Zeitung auf und las. Sie sah, wie seine Augen über die Zeilen flogen, und wußte, daß er nichts aufnahm. Seine einstudierte Gleichgültigkeit konnte nicht im entferntesten die Wut verbergen, die mit ihm in den Raum gekommen war. Eva spürte sie wie die Hitze eines Feuers. Sie tat es ihm nach und blätterte in der Zeitung. Gleichzeitig betete sie, daß ihre Angst im Gegensatz zu seinem Ärger nicht zu erkennen war. Die Anstrengung, mit einem zufriedenen Lächeln auf dem Sofa zu liegen, brachte sie fast ins Schwitzen. Sie zwang ihre Haut, sich abzukühlen, und atmete langsam, tief und geräuschlos. Aus den Augenwinkeln sah sie, wie er plötzlich aufstand und auf sie zukam. Er griff nach ihrem nackten Arm und zerrte sie hoch. Die Berührung brannte wie Feuer.

»Wie wär's mit einem kleinen Ausflug?«

Sie legte die Zeitung weg.

»Kommt darauf an, wohin es gehen soll und mit wem.«

»Hongkong, heute nachmittag, mit mir.«

»Warum denn das?«

»Weil ich dort Geschäfte habe und zu lange weg war. Ich dachte, wir könnten einen Abstecher nach Vietnam machen und uns deine Mine anschauen.«

Wieder ein Wendepunkt, wieder ein falscher Schritt, den sie machen würde, und sie wußte es.

»Na gut. Ich komme mit. Gib mir eine Stunde zum Pakken. Ich treffe dich hier.«

»Keine Zeit. Wenn wir sofort losfahren, erreichen wir noch den Nachmittagsflieger. Wir können alles, was du brauchst, in Hongkong kaufen. Wir fahren auf dem Weg nach Heathrow bei dir vorbei, damit du deinen Paß holen kannst.«

Sie würde also niemandem sagen können, daß sie nach Hongkong flog. Sie dachte an Stormonts Warnung. Schneller, als sie glaubten, hatte sie sich bewahrheitet. Eva versuchte, ihre Stimme zu beherrschen, trotz der Gefahr, die sie deutlich sah. »Ich brauche eine Menge Sachen, Frazer. Ich hoffe, deine Kreditkarte kann mithalten.«

»Oh, das laß nur meine Sorge sein.« Er rief nach Margaret.

»Wir fliegen nach Hongkong.«

»Ich glaube, ich rufe lieber Cassie an«, sagte Eva. »Sie ist schon durchgedreht genug wegen des Baissemanövers. Wenn wir jetzt auch noch verschwinden, kriegt sie einen Anfall. Du solltest auch mit ihr reden.« Sie hielt inne. »Übrigens, was wollen wir ihr sagen? Ich meine, wenn wir beide plötzlich zusammen verreisen. Sie wird es komisch finden.«

Frazer trat ans Fenster und blickte in den Garten. »Was kümmert es uns, was sie findet?«

Eva ging auf ihn zu, so daß sie ihn fast berührte.

»Mich kümmert es. Ich versuche, Geld von ihr zu bekommen. Ich kann es mir nicht leisten, sie vor den Kopf zu stoßen.«

»Du versuchst auch, von mir Geld zu bekommen. Wozu brauchst du sie noch?«

»Ich finde, das liegt auf der Hand. Sie hat mich mit dir zusammengeführt. Ich bin ihr gegenüber zu einer gewissen Loyalität verpflichtet, denn ich hätte nicht gewußt, wie man einen solchen Deal einfädelt. Also brauchte ich die Hilfe einer erfahrenen Handelsbank.«

»Aber jetzt brauchst du sie nicht mehr, oder? Was, wenn ich dir zusage, daß ich dein ganzes Projekt finanziere, und dafür sorge, daß sich meine Banker darum kümmern?«

»Nennt man das nicht einen Interessenkonflikt, Robie? Findest du nicht, daß ich mich auch vor dir ein wenig absichern sollte?«

Einen Augenblick lang sahen sie sich schweigend in die Augen. Frazer wandte sich ab.

»Dann ruf deine Schutzengel an, wenn du meinst, daß es die Mühe wert ist.«

Eva wählte Cassies Nummer. Frazer trat einen Schritt vor und schaltete den Lautsprecher an. Eva wartete ungeduldig.

»Cass, ich bin's, Eva. Hör zu, Frazer und ich fliegen nach Vietnam, um die Mine zu besichtigen. Ich glaube, er will sich vergewissern, daß sie existiert.«

Es folgte eine kurze Pause, dann antwortete Cassie scharf: »Und wann wollt ihr fliegen?«

»Ähm, heute nachmittag, nach Hongkong.«

»Und wann nach Vietnam?«

»Vietnam?« Eva warf Frazer einen Blick zu. »Morgen wahrscheinlich.«

»Das klingt aber nicht besonders überzeugend.«

»Ich hab' keine Ahnung, wann es Flüge gibt. Ich ruf' dich an, wenn wir da sind.«

»Was, zum Teufel, hast du vor, Eva? Wir versuchen, einen Deal durchzuziehen. Es gibt Dinge, über die wir reden müssen, unter anderem dieses Baissemanöver. Muß es unbedingt jetzt sein?«

»Frazer will sich die Mine ansehen. Das ist sein gutes Recht, oder?« Evas Stimme wurde weicher. »Ich mache dir nicht absichtlich Probleme, Cass.«

Cassie antwortete erst nach einigem Zögern, und dann klang ihre Stimme leicht verwirrt.

»Ich dir auch nicht. Ich verstehe, daß Frazer die Mine sehen will. Aber das kommt alles ein bißchen plötzlich. Wir sind doch jetzt Partner, wir alle. Dann rennt man nicht einfach davon, ohne mit den anderen gesprochen zu haben.«

Jetzt mischte sich Frazer ein.

»Hier ist Robie Frazer, Cassie. Hören Sie, ich mache auf der ganzen Welt Geschäfte. Sie erwarten doch nicht von mir, daß ich Sie jedesmal um Erlaubnis bitte, wenn ich verreisen will, oder?«

»Ihre anderen Geschäfte interessieren mich nicht, Robie, nur dieses eine, das wir gemeinsam führen wollen. Wir haben ein ernstes Problem mit diesem Baissemanöver. Ich will keine weiteren bösen Überraschungen mehr erleben, sonst lasse ich den Deal platzen.«

»Dann kann es eigentlich nur gut sein, daß ich mir diese Mine ansehen will. Es dient auch Ihrer Beruhigung. Übrigens, gibt es was Neues über das Baissemanöver?«

»Nein, nichts. Die Story macht immer noch die Runde. Wir können die Dinge vorerst so weiterlaufen lassen, solange wir davon profitieren. Aber irgendwann muß der Trend wieder nach oben zeigen. Vergessen Sie nicht, daß wir momentan in den roten Zahlen stecken. Ich habe Anteile erstanden, ehe der Kurs fiel. Ich gehe davon aus, daß Ihnen dasselbe passiert ist. Es geht nicht um die Höhe der Verluste, sondern ums Prinzip. Ich habe keine Lust, mich verschaukeln zu lassen. Ich mag es nicht, und ich nehme an, Sie auch nicht.«

»Ich kann mir was Lustigeres vorstellen.«

Cassie ignorierte ihn. »Hör mal, Eva, wenn es nicht anders geht, dann halte mich wenigstens auf dem laufenden. Ruf mich bitte an, egal wo du bist.«

Ohne es zu wissen, hatte Cassie ihr einen rettenden Strohhalm zugeworfen. »Ich ruf' dich an, Ehrenwort. Bist du jetzt zufrieden?«

»Nicht ganz.«

Eva und Frazer saßen auf dem Rücksitz des Bentleys.

»Wohin?« fragte Frazer.

»Langton Street.« Eva atmete tief und leise durch und verfluchte jeden Meter, den Frazers Wagen sich ihrem Haus näherte.

»Ich komme mit«, erklärte er, als der Wagen vor der Tür bremste. Sie erstarrte und wollte sich schon umdrehen und ihm einen wütenden Blick zuwerfen, doch dann nahm sie mechanisch die Schlüssel aus der Tasche und ging die Treppe hinauf. Sie spürte, wie Frazer hinter ihr stand. Am liebsten hätte sie ihm mit der Hacke gegen das Schienbein getreten. Sie schloß auf.

»Ich hole nur meinen Paß.«

Sie traten ins Wohnzimmer. Frazer sah, wie sie eine Schublade öffnete und den Paß herausnahm. Er blickte sich im Raum um. Von der Kraft ihrer Persönlichkeit in Fleisch und Blut war hier nichts zu spüren. Nur Leere, wie ihre Lebensgeschichte, wie Quaids Berichte.

»Sollen wir?« fragte sie.

Sie verließen das Haus, und Eva schloß die Tür ab. Sie hatte keine Möglichkeit gehabt, Stormont zu benachrichtigen. Sie konnte nur hoffen, daß Cassie es ihm sagen würde, daß sie es irgendwie im Gespräch erwähnte.

Sie saßen vorne in der ersten Klasse. Jetzt, da Frazer sie an Bord hatte, wirkte er völlig uninteressiert. Er las, aß, trank, schlief und sprach gelegentlich mit ihr, gleichgültig, als sei sie sein unfreiwilliges Publikum. Eva merkte, wie sich die Wut in ihr ausbreitete, nicht um ihrer selbst willen, sondern wegen des Mädchens, das hier neben Frazer hätte sitzen können, voller Hoffnung und vollkommen ahnungslos.

36

Als sie in Hongkong landeten, war es dort Mittwoch abend. Frazer schritt durch die Gänge des Flughafens, als hätte ihm der lange Flug nichts ausgemacht. Asiatisches Gemurmel umgab sie, nicht das Wehklagen der Armut, sondern die selbstsicheren Stimmen des Wohlstands und der Ambitionen. Diamanten, Smaragde und Gepäckbänder voller schimmernder Koffer rechts und links.

Eva ging neben Frazer, ein kleines Stück hinter ihm, und beobachtete seinen Gang und die Blicke, die er auf sich zog. Er selbst schien die Aufmerksamkeit gar nicht zu bemerken. Sie spürte auch die Blicke, die ihr galten. Neugier, Feindseligkeit und Neid spiegelten sich darin. Sie war die Konkubine des Taipan, was an seiner Gleichgültigkeit ihr gegenüber deutlich wurde. Und er war der Taipan, er hatte diese Persona angenommen, sobald sie an Bord gingen. In London hatte Frazer noch eine gewisse Zurückhaltung und Humor an den Tag gelegt, hier in Hongkong dagegen fiel die Maske endgültig und offenbarte nur Härte, *noblesse* ohne *oblige*. Eva verachtete ihn und mußte ihren Körper geradezu zwingen, ihm zu folgen.

Sein Fahrer wartete in einem alten, schiefergrauen Rolls-Royce. Sie schlängelten sich durch den Verkehr, überholten andere Rolls-Royce, Mercedes, Porsche und BMW, schimmernde Pferdestärken in einer Konzentration wie sonst nirgendwo auf der Welt.

Eva blickte zu den Hochhäusern auf, die die Straße zu beiden Seiten säumten. Für sie war Hongkong ein fernöstliches Manhattan, nur viel extremer – Armut, Reichtum, das Dröhnen von Stahl auf Stahl, der dumpfe Aufprall der Abrißbirne, wenn Gebäude abgerissen wurden, damit neue aus dem Boden gestampft werden konnten. Die Dunkelheit war wie ein Vorhang, eine inszenierte Kulisse für die flakkernden Neonlichter und statischen Blitzgewitter, die die

Spitzen der Wolkenkratzer erleuchteten. Hongkong stand New York in nichts nach. Hier konzentrierte man sich nur auf eins: Geld. Es war so unverwechselbar wie der Gestank nach Verwesung, der vom Hafen kam, oder die Hitze, die sie überwältigte, als sie den klimatisierten Flughafen verlassen mußten, um in den klimatisierten Wagen zu steigen.

Eva warf Frazer, der von ihr abgewandt dasaß und aus dem Fenster schaute, einen Blick zu.

»Wieso nicht im Helikopter?«

»Ich ziehe den Landweg vor. Ich mag die Fahrt vom Flughafen nach Hause. Für mich ist es eine Art von Akklimatisierung.«

Sie folgte seinem Blick über Mietshäuser, deren Fenster in einem gespenstischen Neonblau leuchteten, über vierzigstöckige Luxushochhäuser mit Swimmingpool auf dem Dach, und, als sie den Peak hinauffuhren, über die prächtigen Villen, die wie Geburtstagstorten erleuchtet waren. Die ganze Zeit spiegelte sich in den Augen und dem fest zusammengepreßten Kiefer seine Erregung – ein Ausdruck von Hunger und von Bereitschaft.

Sie kamen zu seinem Haus, dem großen weißen Haus, das am Hang klebte, dem Haus, das Stormont aus der Ferne beobachtet hatte. Und sie betrat es jetzt. Eine Haushälterin und ein Butler, beides Hongkong-Chinesen, begrüßten Frazer in der Einfahrt. Er führte Eva hinein.

»Kim wird dir dein Zimmer zeigen.«

Die Frau ging vor und stieg schweigend die gewundene Treppe empor.

Eva sah sich um. Marmor, Licht, Kerzenständer, Mahagoni, Teppiche, Gemälde, eine Anhäufung von Reichtum und verschwenderischer asiatischer Pracht. Überall Licht und Blumen. Aber keine Fröhlichkeit.

Am Ende eines Ganges blieb Kim stehen und sagte: »Ihre Räume.«

Durch die offene Tür trat Eva in ein Wohnzimmer mit dunkel glänzendem Holzfußboden, einem Deckenventilator, chinesischen Teppichen, die stellenweise abgetreten waren, Ölgemälden von Blumen, Akten und Gärten. Es war das Zimmer einer Frau, das Boudoir einer Mätresse. Und noch mehr das Schlafzimmer mit seinen kräftigen Farben, ockerfarbenen statt weißen Wänden, einem großen holzgeschnitzten Bett und leeren Schränken.

Eva wirbelte herum, als sie ein Geräusch aus dem Wohnzimmer hörte. In der Tür zum Schlafzimmer tauchte Frazer auf. Beim Anblick seiner Augen wurde ihr schlecht. Diesen Blick hatte sie erwartet. Frazer kam auf sie zu. Er packte sie an den Schultern und warf sie aufs Bett. Mit einer Hand schob er ihr Kleid hoch, mit der anderen faßte er nach ihrer Brust. Sie starrte in seine Augen, die nur Zentimeter von den ihren entfernt waren, und sah Kälte, einen besitzergreifenden Blick, das krankhafte Vergnügen eines kleinen Jungen, einer gefangenen Fliege die Flügel auszureißen.

Eva versuchte, sich von ihm zu befreien. Dann stieß sie ihm mit einer entschlossenen Bewegung das Knie zwischen die Beine. Er fiel zurück und sackte zusammen. Sie stand auf, strich ihr Kleid glatt und wartete, daß er sich erholte. Als er wieder zu Atem gekommen war und einen Schritt auf sie zumachen wollte, holte sie aus und schlug ihm ins Gesicht, nur ein einziges Mal. Der Schlag erschütterte die Stille im Raum.

»Wag es nicht, mich je wieder so anzufassen. Wahrscheinlich ist es eine alte Gewohnheit für dich, eine Art Einführung in das Leben von Hongkong. Mag sein, daß es anderen Frauen gefällt, mir nicht. Hast du verstanden?« Ihre Stimme war ruhig und beherrscht, und ihre Worte enthielten eine Kraft, die sein Verlangen erstickte. Eine Weile blickte er sie nur an, als sehe er sie zum ersten Mal, dann verließ er den Raum.

Eva stand mit dem Rücken zu ihm und wartete auf den Knall der Tür und darauf, daß sich ihr Atem wieder normalisierte. Aber es war nichts zu hören bis auf das widerhallende Geräusch sich entfernender Schritte. Sie ging durch das Wohnzimmer zur offenen Tür und schlug sie mit einer derartigen Wucht zu, daß der Rahmen erzitterte und sich ein haarfeiner Riß in der Wand bildete.

In dieser Nacht blieb sie sich selbst überlassen. Der Butler brachte ihr ein Tablett mit dem Abendessen. Sie ließ es unangetastet im Wohnzimmer kalt werden.

Eva stand am Schlafzimmerfenster und schaute Richtung Stadt, auf die Fassade der Wolkenkratzer und das Südchinesische Meer dahinter. Sie fragte sich, wieviel diese eine Berührung durch Frazer, in der sich Haß und Erniedrigung paarten, zerstört haben mochte.

Am nächsten Morgen wurde sie durch Klopfen an der Tür geweckt. Sie setzte sich hastig auf und sagte: »Herein.«

Kim trat mit einem Frühstückstablett ein und stellte es auf einen kleinen Tisch neben dem Bett.

»Ned, der Fahrer, erwartet Sie in einer Stunde. Mr. Frazer hat ihm Anweisung gegeben, Sie zum Einkaufen zu fahren. Er sagte, Sie bräuchten dringend neue Sachen.« Ihr Blick glitt über Eva, die von der Taille aufwärts unübersehbar nackt war. Frazer als Pygmalion, eine Rolle, die Kim offensichtlich vertraut war.

Eva verschlang ihr Frühstück, Frazers übliche Cholesterinbombe, gefolgt von Mango und Papaya, und dazu wie immer ausgezeichneter Kaffee. Anschließend duschte sie und schlüpfte mit einer Grimasse des Ekels in die Kleider von gestern. Eine Minute vor zehn schritt sie wie geheißen die Treppe hinab in die Halle und trat vor das Haus.

Ein Eurasier lehnte an einem grünen Aston Martin in der Einfahrt.

»Ned?«

Er nickte.

»Zeit fürs Shopping.«

Sie fuhren den Peak in das Gewimmel des Stadtzentrums hinab. Ned parkte den Wagen in einer Tiefgarage. Dann nahmen sie gemeinsam den Aufzug ins Erdgeschoß.

Draußen in der sengenden Hitze fragte Eva:

»Sie begleiten mich und zahlen für alles, richtig?« Und außerdem sorgst du dafür, daß ich nicht abhaue oder irgendwen anrufe. Sie studierte seine Figur, seinen sehnigen Körper. Gegen ihn hatte sie keine Chance.

»Richtig.«

»Na, dann sollten wir uns aber wenigstens amüsieren.«

Die erste Station war Chanel. Sie kleidete sich völlig neu ein, von den Schuhen bis zur Handtasche, und zog alles sofort an. Die schmutzige Unterwäsche ließ sie in der Umkleidekabine liegen. Als nächstes kaufte sie Badeanzüge, noch ein Kleid, drei Abendkleider bei Valentino, Koffer bei Vuitton, Kosmetika, Jeans, T-Shirts und Laufschuhe von The Gap. Die ganze Zeit wachte Ned über sie und musterte ihre Einkäufe mit mißtrauischen Blicken. Um die Mittagszeit warf Eva einen Blick auf die Uhr.

»Ich habe Hunger. Dürfen Sie mich auch zum Essen ausführen?«

Ned sah verwirrt aus. »Alles, was sie will, hat er gesagt, Mr. Frazer. Er sagte, alles. Und Essen gehört dazu, nicht?«

»Essen gehört auf jeden Fall dazu.« Eva steuerte auf das chinesische Restaurant am Peninsular zu. Das elegante Chanel-Kostüm sorgte dafür, daß sie sofort einen Platz bekam. Ned folgte ihr; sein Appetit war stärker als sein Unbehagen über die ungewohnte Umgebung.

Um halb drei war Eva mit dem Essen fertig.

»Gut. Das war vorzüglich«, sagte sie. »Und jetzt noch eine Runde Shopping.« Ned nickte resigniert. Als Eva vor dem Juwelier Bulgari stehenblieb und dann plötzlich eintrat, kehrte seine Nervosität zurück. Er folgte ihr. Sie bückte sich und flüsterte ihm ins Ohr:

»Wollen wir mal ausprobieren, was die Kreditkarte hergibt?«

Er wirkte allmählich bekümmert. Mit großen Augen beobachtete er, wie sie eine Uhr mit Gold- und Platinarmband und eine dazu passende Halskette, einen Ring und Ohrringe aussuchte. Endlich drehte sie sich zu ihm um.

»Das müßte reichen.«

Der Preis betrug zweihundertneunzigtausend Hongkong-Dollar, etwa neunundzwanzigtausend britische Pfund. Ned trat mit der Kreditkarte vor und reichte sie der Verkäuferin. Eva stützte sich auf die Theke und beobachtete sie gespannt. Die Verkäuferin nahm die Karte lächelnd entgegen und begann mit der üblichen Prozedur. Zu Evas Belustigung ging alles glatt, und sie fragte sich, bis in welche Höhe diese Karte wohl gedeckt war.

Schließlich reichte die Verkäuferin Ned den Zahlungsbeleg, den er mit einem Anflug von Unbehagen unterschrieb. Eva verließ den Laden mit ihren Einkäufen. Sie stellten eine Sicherheit dar, einen kleinen Kapitalfonds, den sie zu Bargeld machen konnte, wenn auch erheblich weniger, als sie gerade bezahlt hatten. Unterwegs hatte sie ein Pfandhaus gesehen und sich gemerkt, wo es lag.

»Und jetzt nach Hause«, sagte sie zu Ned.

Von Frazer gab es keine Spur, als sie nach Hause kamen. Eva sah zu, wie Kim ihre Einkäufe auspackte und aufhängte. Danach zog sie einen der vier neuen Badeanzüge an, warf ein Handtuch über die Schulter und ging durch das Haus auf die Terrasse, wo sich der Swimmingpool befand.

Sie ließ das Handtuch auf die heißen Kacheln fallen und tauchte ins kühle blaue Wasser. Eine Stunde lang schwamm sie ihre Bahnen, bis sich ihr Körper ebenso glatt und seidenweich anfühlte wie das Wasser. Dann streckte sie sich auf dem Handtuch aus. Nach einer halben Stunde drehte sie sich auf den Bauch, um gleichmäßig braun zu werden. Sie genoß den heißen, harten Kachelboden unter sich und die Sonne, die ihre Haut verbrannte.

Um sechs ging sie ins Zimmer und schlief eine Stunde. Danach duschte sie, schlüpfte in ein langes Abendkleid aus mehreren Schichten silberner Seide und legte den neuen Schmuck an.

Um acht saß sie auf dem Bett und wartete.

Minuten später hörte sie das Quietschen der Wohnzimmertür und das Knarren des Holzfußbodens. Frazer.

Eva stand langsam auf und ging auf ihn zu. Sie blieb vor ihm stehen und ließ sich von ihm ansehen. Ihre Augen lächelten, als sein Blick über ihren Körper und ihr Gesicht glitt. Sie konnte sehen, wie beeindruckt er von ihrer Schönheit war. Sie küßte ihn auf die Wange.

»Danke für alles.«

»Sind wir jetzt quitt?« Je mehr er ausgab, um so weniger

würde sie ihm vergeben müssen. Sie hatte die Gleichung erkannt.

»Ja, wir sind quitt.«

Er nahm ihren Arm, seine Finger lagen leicht auf ihrer bloßen Haut.

»Komm, wir nehmen unten einen Drink.«

Sie tranken im Wohnzimmer Champagner und unterhielten sich über irgendwelche Belanglosigkeiten. Dennoch spürte Eva die Spannung. Kim kündigte das Abendessen an. Frazer stand auf und ging vor durch die Halle. Auf dem Weg ins Eßzimmer kam ein Mann aus einem Nebenzimmer. Sein Blick fiel direkt auf Eva und blieb an ihr hängen. Frazer wandte sich Eva zu. Ihr Gesicht war starr wie eine Maske.

»Ich glaube nicht, daß du Le Mai schon kennengelernt hast. Le Mai, das ist Eva Cunningham.«

Le Mai trat einen Schritt vor und reichte ihr die Hand. In ihren hochhackigen Schuhen war sie einen Kopf größer als er. Sie zog die Hand zurück und sah auf ihn herab, als sei jede Bewegung in seine Richtung Energieverschwendung. Dann warf sie Frazer einen gelangweilten Blick zu; sie hatte keine Lust, weiter hier rumzustehen und zu warten. Die hohen Absätze fühlten sich an wie Stelzen, die sie zu Fall zu bringen drohten.

Frazer sagte: »Gute Nacht, Le Mai.«

Zögernd wandte Le Mai den Blick von ihr ab, wünschte Frazer eine gute Nacht und ging die Treppe hinauf.

Das ganze Abendessen lang hielt sie ihre Rolle durch. Sie redete, lächelte und aß, als sei nichts gewesen. Sie kämpfte mit allen Mitteln darum, die Angst aus ihren Augen fernzuhalten. Sie sah auf ihre Kleider hinab. Sie strich über die Seide, erinnerte sich an Lumpen, an einen zerschundenen Körper. Sie erkannte sich wieder, aber sie erlebte die Verwandlung auch Tag für Tag an sich selbst. Die Süchtige und die große Dame. Vorher und nachher. Würde Le Mai diese Verbindung auch ziehen?

Um halb elf stand Frazer auf.

»Ein Drink in der Bibliothek?«

»Ja, gerne.«

Frazer ließ sie vorgehen.

»Mein Lippenstift«, sagte Eva und lächelte ihm über die Schulter hinweg zu, während sie die Treppe hinauflief. Er nickte und ging weiter zur Bibliothek.

Eva stand vor dem Spiegel im Badezimmer und starrte auf ihr Gesicht. Sie konzentrierte sich darauf, die Lippen nachzuziehen, doch ihre Hand zitterte so sehr, daß sie abrutschte und die Farbe verschmierte. Sie tupfte sie weg. Sie würde immer gleich aussehen. Sie hätte wissen müssen, daß sich ihre Augen nicht maskieren ließen. Le Mai hatte sie wiedererkannt. In seinen Augen hatte sie Haß und Genugtuung gesehen. Sie kehrte in ihr Schlafzimmer zurück und sah aus dem Fenster. Zehn Meter.

Zögernd öffnete sie den Riegel, doch dann vernahm sie ein Geräusch und drehte sich um. In der Tür stand Frazer.

Sie hörte ihre eigene Stimme und versuchte leise zu sprechen. »Mein Gott, ist es heiß hier drin! Ich brauche frische Luft.«

Er kam auf sie zu und nahm ihren Arm.

»Wir nehmen den Drink auf der Terrasse, dort hast du genug frische Luft.« Er führte sie nach unten.

»Morgen fliegen wir nach Vietnam. Ist es dir recht?«

37

Bei einer Zeitverschiebung von acht Stunden nahm man in London gerade den Tee, als Eva in Hongkong zu Bett ging.

»Ich mache mir Sorgen um Eva.« Ungeschickt stellte Andrew Stormont seine Tasse auf die Untertasse und kippte dabei schwarzen Mokka über einen Bericht.

»Mist«, murmelte er und wischte ihn mit seinem Taschentuch sauber.

»Kein Lebenszeichen seit fast drei Tagen.«

Giles Aden hob eine Augenbraue, ein Zeichen für Unbehagen und das Gefühl, daß manche Dinge auf der Welt einfach unausweichlich sind. Irgendwas ging immer schief.

»Hören Sie auf, mich so verdammt selbstgefällig anzustarren. Rufen Sie lieber Angus Fawley an und bringen Sie ihn dazu rauszukriegen, wo Frazer ist. Das könnte uns schon weiterhelfen.«

»Was haben Sie vor?« fragte Aden, der nach Stormonts unkontrolliertem Wutausbruch noch selbstgefälliger aussah als vorher.

»Ich werde mich mit Cassie Stewart verabreden; vielleicht weiß sie, wo Eva steckt.«

Cassie griff hastig nach dem Hörer, als es klingelte. »Ja?«

»Cassie?«

»Wer ist am Apparat?«

»Andrew Stormont.«

»Oh, Andrew. Wie geht's?«

»Ah, Sie sind es wirklich. Ihre Stimme klang so fremd.«

»Ich habe heute keinen guten Tag. Aber die ganze Woche war schon nicht berauschend.«

»Warum essen wir nicht irgendwo zu Abend, und ich muntere Sie ein bißchen auf?«

Cassie warf einen schlechtgelaunten Blick in ihren Terminkalender. Die Seiten starrten ziemlich unkooperativ zurück.

»Sieht so aus, als sei ich ausgebucht.«

»Tja, in dem Fall machen wir es am besten gleich heute abend. Wenn alle anderen Termine gleich schlecht passen …«

Cassie runzelte die Stirn und warf noch einen Blick in ihren vollgepackten Terminkalender. Er versprach keinen Trost, keine Ablenkung. Sie verspürte ein merkwürdiges Verlangen, Stormont zu sehen.

»Abgemacht. Holen Sie mich um neun ab.«

Stormont legte erleichtert auf. Aden betrat das Zimmer. »Fawley hat eben angerufen. Er hat mit Frazer gesprochen, er ist in Hongkong.« Dann machte er eine Pause für die Pointe. »Morgen fliegt er weiter nach Vietnam. Geschäftlich.«

»Ich wette, daß Eva bei ihm ist«, sagte Stormont. »Offenbar hat er sie in eine Lage gebracht, in der sie uns nicht anrufen kann.«

»Vielleicht ist sie nur übervorsichtig.«

»Dazu hat sie auch allen Grund.«

»Was hat Frazer vor?«

»Wollen Sie das ganze Spektrum hören?«

Aden nickte, lehnte sich zurück und verschränkte die Hände im Schoß.

»Er könnte mit ihr spielen, so wie Männer und Frauen das eben tun. Er bringt sie woanders hin, isoliert sie, macht sie noch mehr von sich abhängig. Das ist gar nicht so abwegig. Sie ist die Frau, die Männer dazu reizt. Ihre Unabhängigkeit stellt eine Herausforderung dar. Bei einem Mann, der so arrogant ist wie Frazer, muß sie wie ein Fehdehandschuh wirken. Das wäre die bestmögliche Alternative.«

»Und die schlimmste?«

»Was meinen Sie wohl? Rufen Sie die Büros in Hongkong, Saigon und Hanoi an. Sagen Sie ihnen, daß sie nach Eva und Frazer Ausschau halten sollen. Keine Überwachung, nur diskrete Beobachtung. Aber warnen Sie sie. Nur im äußersten Notfall dürfen sie das Risiko eingehen, daß

Frazer etwas davon mitbekommt. Er darf unseren Plan nicht durchschauen.« Dann setzte er, fast als Nachbemerkung, hinzu: »Wenn er ihn nicht längst durchschaut hat.«

»Glauben Sie das?«

»Ich glaube, daß er was ahnt, andererseits ist er von Natur aus mißtrauisch und hat natürlich auch eine Menge zu befürchten. Ich glaube nicht, daß er was weiß. Ich glaube nicht mal, daß er einen konkreten Verdacht hat. Wenn ich das glauben würde, müßte ich Eva sofort zurückpfeifen.« Es folgte eine lange Pause. »Wir gehen davon aus, daß er nichts weiß.«

»Mittlerweile setzen Sie Eva einer großen Gefahr aus. Sie können gar nicht wissen, ob er was rausgefunden hat oder nicht. Die Indizien deuten jedenfalls darauf hin.«

»Die Indizien deuten darauf hin, daß Eva das vermutet, aber selbst nicht sicher ist. Höchstwahrscheinlich ist sie aus freien Stücken mit ihm in Hongkong. Sie ist nicht ausgestiegen. Das beruhigt mich.«

»Vielleicht kann sie nicht aussteigen.«

Stormont schüttelte den Kopf. »Wir müssen ihr vertrauen. Sie kann seinen Verdacht durch ihr Verhalten in die eine oder andere Richtung lenken. Ich habe von Anfang an Vertrauen zu ihr gehabt und habe es immer noch. Aber wir müssen bereit sein, sie jederzeit rauszuholen. Warnen Sie die Büros. Ohne ins Detail zu gehen. Sie sollen nur einsatzbereit sein.«

»Glauben Sie, daß sie zum Einsatz kommen könnten?«

Stormont antwortete nicht.

38

Sam Brimton rief Cassie an, gerade als sie auf ihrem Bildschirm nach dem Kurs der Genius-Aktie suchte. Aufgrund ihrer Käufe war der Kurs zwar auf zwei Dollar fünfundfünfzig gestiegen, hatte sich dann aber nicht weiter verändert. »Gibt's was Neues?« fragte sie ihn.

»Gar nichts, Baby. Jedenfalls ist es nicht einer von unseren eigenen Jungs. Es ist ein Outsider. Und das macht das Ganze so verrückt.«

»Wieso?«

»Na ja. Insider halten zusammen. Meistens machen sie sich einen Spaß daraus, den Übeltäter zu denunzieren. Irgendwann geben sie zu, wer das Gerücht in die Welt gesetzt hat, und lassen uns wissen, was da gespielt wird. Aber hier nicht. Nichts dergleichen.«

»Und?« fragte Cassie, deren Unbehagen immer stärker wurde.

»Das heißt nichts Gutes. Wer auch immer dahintersteckt, ist so mächtig, daß man ihn nicht denunzieren kann. Können Sie mir folgen?«

»Ich glaube schon.«

»Wir sitzen ganz schön in der Tinte.«

»Sie hatten anscheinend recht mit Ihren Warnungen.«

»Ja, ich hatte Sie gewarnt. Hier geht es knallhart zu.«

»Das tröstet mich im Moment allerdings wenig. Was soll ich jetzt machen?«

»Sie können gar nichts machen. Warten Sie, bis er sich zu erkennen gibt.«

»Soll ich etwa nur rumsitzen und Däumchen drehen?«

»Genau.«

»Ich hasse Warten.«

»Es bleibt Ihnen nichts anderes übrig.«

»Da wäre ich mir nicht so sicher. Dieser Mr. Superhirn hat kein Monopol auf Überraschungen.«

»Was soll das heißen?« fragte Brimton. Doch seine Worte gingen ins Leere. Erst knackte es in der Leitung, und dann war Cassie weg.

Sie ging rüber zu ihrer Sekretärin.

»Emma, könnten Sie mir eine Nummer aus Vancouver besorgen? Der Teilnehmer heißt Granger McAdam.«

Nach ein paar Minuten hatte Emma die Nummer. Cassie griff zum Hörer und wählte.

Nach zehnmaligem Klingeln antwortete eine abweisende Männerstimme. »Yeah?«

»Granger McAdam?«

»Wer ist da?«

»Mein Name ist Cassie Stewart. Ich bin eine Freundin von Eva Cunningham.«

»Verfluchtes Miststück. Das war ein schlechter Anfang, Mädchen.«

Cassie lehnte sich abrupt zurück, als wolle sie der Feindseligkeit in seiner Stimme ausweichen. Aber zumindest war es McAdam.

»Ich dachte, Sie wären mit ihr befreundet?«

»Befreundet?« fauchte er. »Schöne Freundin. Eine schwarze Witwe.«

Daß Cassie so schockiert war, daß sie kein Wort mehr rausbekam, schien ihn noch mehr anzustacheln.

»Wollen Sie meinen Rat hören?« Seine Stimme wurde lauter und klang jetzt beinahe hysterisch. Außerdem schien er einen im Tee zu haben. »Halten Sie sich von ihr fern.«

»Dazu ist es zu spät. Wir sind Geschäftspartner.«

»Und schon haben Sie Probleme, stimmt's?«

»Das kann man wohl sagen«, antwortete Cassie, der es von Minute zu Minute mulmiger wurde.

»Und was wollen Sie von mir?«

»Informationen.«

»Warum sollte ich Ihnen helfen?«

»Haben Sie die Notierung der Genius-Aktie in letzter Zeit verfolgt?«

»Was meinen Sie, was ich den ganzen Tag tue? Abgesackt auf zwei Dollar und noch was.«

»Was halten Sie davon, wenn ich Ihnen Ihre gesamten Anteile zu vier Dollar pro Aktie abkaufe?«

Seine Antwort kam wie aus der Pistole geschossen. »Fünf Dollar, und Sie können sie haben.«

Sie hatte nicht damit gerechnet, hatte nicht geglaubt, daß er so leicht aufgeben würde. Zudem war sie über sich selbst überrascht. Sie bot ihm an, seine Anteile zu kaufen, für sich, von ihrem eigenen Geld. Geld, das sie gar nicht besaß. Sie machte weiter. Erstens konnte sie jetzt nicht mehr zurück, und zweitens hatte sie keine Lust, darüber nachzudenken, was sie gerade anstellte.

»Zuerst die Information. Dann können wir uns auf viereinhalb einigen.«

Es folgte eine lange Pause. Granger sah sich in seinem schmuddeligen Zimmer um, musterte seine zerlumpte Kleidung und fuhr sich über den unrasierten Bart. Er spürte, wie ihn die Verzweiflung über eine verlorene Hoffnung überwältigte. Die Mine hatte ihm nur Pech gebracht trotz seiner Träume.

Schließlich sagte er ausdruckslos: »Okay.« Er nahm einen Schluck kalten Kaffee von gestern abend. Es war Zeit, einen klaren Kopf zu kriegen. »Schießen Sie los.«

»Ich weiß, daß Sie mir nicht die Wahrheit sagen werden, und denke mir meinen Teil, aber ich will Ihnen die Frage trotzdem stellen. Gibt es wirklich Diamanten in dieser Mine?«

Er schnaubte verächtlich. »Ja und nochmals ja. Es gibt Diamanten. Ich weiß es. Noch nie zuvor habe ich dermaßen sichere Indikatoren gesehen. Aber das ist Ihr kleinstes Problem.«

»Was meinen Sie?«

»Ich meine Vietnam und Eva Cunningham. Ich meine Baissemanöver und Lügen.«

»Sie sprechen in Rätseln.«

»Ich kann es ja selbst nicht erklären.« Seine Stimme klang erbärmlich. »Die Dinge passieren in Rätseln. Als ich die Mine fand, war es wie ein Traum. Dann fing alles an schiefzugehen. Kaum taucht Eva Cunningham auf, passieren lauter komische Zufälle. Sie gibt sich als Schutzengel aus, aber man hat ein komisches Gefühl dabei. Irgendwas stimmt nicht mit ihr. Sie rettet mich aus dem Gefängnis, das ein einziger Alptraum war, und macht sich mit einem hübschen Batzen meines Unternehmens aus dem Staub. Als nächstes wird mein restliches Vermögen praktisch halbiert, und sieh an, wer steckt dahinter, Eva Cunningham. Es heißt, sie wär' bankrott und hätte deshalb diese Geschichte angeleiert. Wie Sie sehen, sind die Diamanten selbst gar nicht so wichtig. Da ist irgendeine andere Kacke am Dampfen, und die ist stärker als die Steine, verstehen Sie? Die Diamanten hätten mir eine Menge Kohle einbringen können, statt dessen haben sie mich nur Geld gekostet.« Er lachte bitter. »Jedenfalls, bis Sie aufgetaucht sind.«

»Erzählen Sie mir von Eva.«

»Eva?« Es klang fast wie ein Stöhnen. »Weiß der Kukkuck. Sie ist alles auf einmal. Gut und böse. Ich habe keine Ahnung, was sie macht, aber ich weiß, daß sie hinter irgendwas her ist.«

»Geld?«

»Möglich. Aber ich glaube, daß noch was anderes dahintersteckt.«

»Was könnte das sein?«

»Keine Ahnung.« Er klang ratlos. »Hören Sie, ich habe Besseres zu tun, als mich mit Ihnen über Eva zu unterhalten. Wollen Sie meine Anteile nun kaufen oder nicht?«

»Ja, ich kaufe sie. Dreihunderttausend Aktien zu vier fünfzig. Eine Million dreihundertfünfzigtausend Dollar. Meine Bank wird sich um alles weitere kümmern. Zahlung in dreißig Tagen, am Ende der Abrechnungsperiode, abgemacht?«

»Können Sie das Geld nicht sofort überweisen?«

»Soviel Geld habe ich nicht einfach auf meinem Girokonto rumfliegen, Granger.« Soviel Geld hatte sie auch sonst nirgends.

»Aber Sie können es besorgen, oder?«

»Natürlich. Wenn nicht, bleiben Sie einfach auf Ihren Aktien sitzen. So haben Sie nichts zu verlieren. Aber machen

Sie sich keine Sorgen. In einem Monat haben Sie alles, bis auf den letzten Cent. Wohin soll ich das Geld überweisen?«

Er hielt den Atem an. Irgendwie konnte er nicht glauben, daß sie es tatsächlich ernst meinte, und gleichzeitig wehrte er sich plötzlich gegen die Vorstellung, seinen Traum endgültig zu begraben, egal wie getrübt er war.

Cassie wartete schweigend und hörte schließlich einen langen Seufzer, als hätte er jetzt alle Hoffnung aufgegeben. »Bank of Nova Scotia«, sagte er erschöpft und nannte ihr seine Kontonummer. »Sie haben auch die Aktien. Sprechen Sie mit Mr. Robert Thomson.«

»Mach' ich.«

Seine Stimme war bitter und weich zugleich. »Ich kann Ihnen nur jede Menge Glück wünschen, Mädchen. Das werden Sie brauchen, um dieses Ding zu drehen.«

»Ich komm' schon klar.«

»Ja, aber sagen Sie nicht, ich hätte Sie nicht gewarnt, wenn es schiefläuft.«

Cassie legte auf. Grangers Warnung hallte noch in ihren Ohren nach. Eine mündliche Abmachung war so gut wie verbindlich. Von diesem Moment an gehörten die Anteile ihr. Sie hatte noch nie auf eigene Kosten gekauft und mit ihrem eigenen Geld bezahlt statt im Auftrag von Case Reed. Sie hatte noch nie ein so großes oder riskantes Geschäft gemacht. Möglich, daß sie alles verlor. Und wenn man sämtliche Fakten berücksichtigte, schien die Wahrscheinlichkeit hierfür ziemlich hoch. Andererseits konnte der Aktienkurs in den kommenden Monaten auch dramatisch steigen, und dann würde sie sie mit einem satten Gewinn wieder abstoßen können. Die Chancen dafür waren minimal. Trotzdem hatte Cassie ein untrüglich gutes Gefühl. Sie spürte den typischen Nervenkitzel des notorischen Spielers, bei dem der Drang, alles auf eine Karte zu setzen, ebenso stark ist wie die Aussicht auf Gewinn. Immerhin war es nicht die Welt, es ging nicht um Leben oder Tod, ihr konnte nicht viel passieren. Geld kam und ging. Es würde auch wiederkommen.

Sie sprang auf, lief in Richardsons Büro und setzte sich auf die Armlehne eines Sessels. Richardson telefonierte gerade. Er wirkte überrascht von ihrem plötzlichen Auftauchen. Ihr Körper schien vor Spannung zu vibrieren.

Rasch beendete er das Gespräch.

»Ich habe gerade dreihunderttausend Genius-Aktien gekauft.« Richardson hatte noch nicht einmal den Hörer aufgelegt.

»Wie bitte? Von wem und zu welchem Kurs?«

»Ich habe Granger McAdams Anteile gekauft. Zu vier fünfzig pro Aktie.«

Nur Cassies Verdienste um Case Reed und sein Respekt für sie hielten ihn davon ab, zu explodieren.

Er saß mit verschränkten Händen am Schreibtisch und betrachtete sie schweigend.

»Ich sehe keine Logik darin. Ich weiß, daß es eine geben muß, aber ich fürchte, ich finde sie nicht.«

»Da sind Sie nicht allein. Ich sehe sie auch nicht.« Sie warf ihm ein schwaches Lächeln zu. »Ich weiß aber, daß es eine gibt.«

Richardsons Zurückhaltung bekam erste Risse. »Ich glaube, Sie sollten mir erklären, was, zum Teufel, Sie da treiben, Cass.« Sie beugte sich vor und sah ihn mit leuchtenden Augen an. »Ich weiß, daß Ihnen das alles ziemlich verrückt vorkommen muß.« Verrückt, dachte er und hob eine Augenbraue, ohne den Blick von ihr zu nehmen. Er wartete. Sie fuhr fort: »Zu meiner Verteidigung kann ich nur meinen Instinkt anführen.« Sie hob eine Hand, damit er sie nicht unterbrach. »Ich weiß selbst, daß ich immer logisch argumentiert habe, ich habe den Ziffern vertraut, und ja, es hat sich stets ausgezahlt. Wir haben eine Menge Geld verdient auf diese Weise.«

Auf ihre Verdienste braucht sie wirklich nicht aufmerksam zu machen, dachte er, wir alle wissen, was sie wert ist.

»Ich bettele nicht um Gnade, ich versuche Ihnen nur zu erklären, was in meinem Kopf vor sich geht. Ich bin zu der Einsicht gelangt, daß wir nicht weiterkommen, wenn wir mit Logik und Vernunft an diese Sache rangehen. Mir kam das plötzlich so ausgelutscht, steril und langweilig vor. Ich war überzeugt, daß wir das Geld, das wir bereits investiert hatten, verlieren, wenn wir uns auf eine konventionelle Vorgehensweise verlassen und nichts Ungewöhnliches wagen, um das Schicksal vielleicht doch noch zu unseren Gunsten zu wenden.«

»Aber wie soll das funktionieren?«

»Keine Ahnung. Zum Teil mit dem Fehdehandschuh, zum Teil mit Fantasie. Irgendwer manipuliert den Aktienkurs, um die Ereignisse zu kontrollieren. Wie? Indem er Gerüchte in die Welt setzt, die einleuchtend klingen, und diese über einen längeren Zeitraum aufrechterhält. Warum? Um Geld damit zu machen, nehme ich an. Wenn wir tatenlos zusehen, spielen wir sein Spiel mit.« Sie machte eine kleine Pause. »Sein Spiel oder ihr Spiel. Also habe ich beschlossen mitzumischen, so zu tun, als hätten auch wir einen Plan. Das wird unser Superhirn verwirren. Denn es macht überhaupt keinen Sinn. Er wird denken, daß wir etwas wissen, was er nicht weiß.« Sie lächelte. »Wir drehen den Spieß einfach um. Und wenn publik wird, daß sich Robie Frazer an dem Projekt beteiligt und tatsächlich Diamanten gefunden worden sind, wird der Kurs der Aktie ziemlich sicher nach oben schnellen.«

Richardson nahm eine Zigarre aus dem Humidor auf seinem Schreibtisch. Er rollte sie prüfend zwischen zwei Fingern, schnitt die Spitze ab und zündete sie dann unter viel Aufhebens an. Nach ein paar genüßlichen Zügen legte er sie auf dem Rand des Aschenbechers ab, wo sie vor sich hin schwelte.

»Sie sollten doch nicht wild drauflos spekulieren, Cass. Was ist in Sie gefahren?«

»Spekulieren. Ja, genau das ist es. Und genau das sollte ich nicht tun. Damit hat niemand gerechnet, und jetzt waren sie alle auf dem Holzweg.«

»Wie geht es jetzt weiter?«

»Wir warten ab.«

Er schwieg einen Augenblick.

»Übrigens, wen meinen sie mit alle?«

»Ich wünschte, ich wüßte es.« Sie hielt inne. »Wissen Sie

es? Haben Sie was über das Baissemanöver rausgefunden?«

»Lassen Sie mir Zeit.« Er war ein unbeschreiblich geduldiger Mensch. Er spielte besser als jeder andere auf Zeit und brachte damit alle Kontrahenten auf die Palme.

»Was werden Sie Eva und Frazer erzählen?« wollte er wissen. »Das ist ein Problem. Wir allein halten jetzt knapp unter zwanzig Prozent der Aktien. Zusammen mit Evas und Frazers Anteil kämen wir auf knapp unter fünfunddreißig Prozent. Bei zwanzig oder mehr Prozent treten automatisch die Übernahmeangebot-Richtlinien in Kraft. Jetzt sind wir gezwungen zu bieten.«

»Nicht notwendigerweise. Man kann nicht jemandes Partner sein, wenn dieser incommunicado ist. Frazer und Eva sind in Hongkong, womöglich sogar in Vietnam. Am Dienstag hat sie mich angerufen und mir erklärt, daß sie nach Vietnam fliegt, mit Frazer. Sie hat versprochen, sich bei mir zu melden ...«

»Moment mal. Die beiden sind in Asien und faktisch unerreichbar?«

»Ich habe ihr gesagt, es sei keine gute Idee, gerade jetzt zu verschwinden.«

»Die beiden haben eine Affäre, stimmt's?«

»Ja.«

»Was, zum Teufel, fällt ihnen ein, sich ausgerechnet jetzt aus dem Staub zu machen?« Er sah sich nervös im Büro um, als sei er plötzlich abgelenkt. »Ich werde den anderen Partnern mitteilen müssen, daß wir weitere dreihunderttausend Anteile gekauft haben, zum doppelten Marktkurs.«

»Nein, müssen Sie nicht.«

»Hören Sie, Cass, ich habe gewisse Verpflichtungen ...«

»Nicht Case Reed schuldet das Geld, sondern ich.«

»Wie, zum Teufel, wollen Sie sie bezahlen? Soviel Geld haben Sie doch gar nicht.«

»Nein, aber ich hoffe, sie mit Gewinn wieder abstoßen zu können, ehe der Wechsel in einem Monat fällig wird.«

»Und was macht Sie so sicher, daß Sie innerhalb von dreißig Tagen Gewinn machen werden?«

»Wie gesagt, die Aktie wird steigen, wenn Robie Frazers Engagement und die Entdeckung der Mine bekannt werden. Außerdem habe ich so ein Gefühl.«

»Mein Gott, Cass. Ich weiß nicht, was mit Ihnen los ist. Sie stecken eine Menge Vertrauen in Ihre weibliche Intuition. Warum haben Sie die Anteile privat gekauft? Warum sind Sie nicht zu mir gekommen und haben versucht, mich zu überzeugen, damit Case Reed die Anteile übernimmt? Ich hoffe, es wird nicht allzu persönlich.«

»Was wollen Sie damit sagen?« entgegnete Cassie hart.

Er suchte eine Weile nach einer diplomatischen Antwort. »Sie und Eva Cunningham. Irgendein Spiel zwischen Ihnen beiden.«

»Sehr lustig, dieses Spiel.«

»Finde ich auch.«

»Es gibt kein Spiel. Nur ein Geschäft. Ich habe die Anteile erstanden, weil ich kein Recht hatte, Sie oder Case Reed da mit reinzuziehen. Ich sprach mit McAdam am Telefon, und es hat sich zufällig so ergeben. Es war genau der richtige Augenblick, aber ich hatte keine Zeit, Sie zu konsultieren. Ich wußte, daß er annehmen würde, wenn ich in dem Moment ein Angebot machte, und so war es auch.« Sie hielt inne. »Außerdem fand ich, daß Case Reed sich genug bei Genius engagiert hat. Wir haben bereits Geld verloren. Es ist mein Deal. Ich bin dafür verantwortlich. Ich wollte nicht noch mehr Geld aufs Spiel setzen.«

»Also haben Sie beschlossen, das Risiko selbst zu tragen.«

»Alles auf eine Karte.«

»Nur stehen die Chancen sehr schlecht, und wenn etwas schiefgeht, werden Sie das Geld nicht zahlen können.«

»Ich habe immer noch mein Haus.«

»Mein Gott, Cassie!«

»Machen Sie sich keine Sorgen, es wird nicht soweit kommen.«

Er sah sie bekümmert an und schwieg. Sie war noch nie in eine Falle getappt; sie wußte einfach nicht, was es heißt, den kürzeren zu ziehen, und das bei einer Sache, die ohnehin riskant genug ist. Für sie war alles ein Kick, für den sie, so ihre Überzeugung, nie bezahlen müßte. Trotz ihrer Intuition besaß sie immer noch den kindischen Glauben, unverwundbar zu sein.

»Was kommt als nächstes, Cass? Jetzt besitzen wir all diese Anteile und bilden mit Einschränkungen, wie Sie sagen, eine Interessengemeinschaft mit Eva und Frazer, und wir stehen kurz vor einem Übernahmeangebot. Sie aber scheinen etwas anderes im Kopf zu haben. Worauf warten Sie?«

»Ich weiß es nicht. Irgend etwas tut sich im Hintergrund. Ich will es ans Tageslicht holen.«

»Vielleicht ist es aber besser, wenn es im dunkeln bleibt.«

»Auch das weiß ich nicht. Lassen Sie mir etwas Zeit. Wenn Sie oder Case Reed Anteile wollen, trete ich Sie Ihnen zum Einkaufspreis ab. Ich verkaufe auch an Robie, aber zu einem angemessenen Preis, versteht sich.«

Richardson stand auf und setzte sich neben Cassie auf die Sessellehne. »Sie scheinen mir ziemlich sorglos zu sein, Cass. Legen Sie sich nicht mit Robie Frazer an, und nehmen Sie sich vor Ihrer Freundin Eva in acht.«

»Was meinen Sie?«

Er hob eine Augenbraue. »Ich glaube, Sie wissen genau, was ich meine. Man braucht sie nur anzusehen. Ich glaube, sie würde nicht zögern, uns alle aufs Kreuz zu legen, Robie Frazer eingeschlossen.«

Er sah sie einen Augenblick wortlos an. Er wünschte, er könnte ihre Zuversicht teilen. »Ich lasse Ihnen Zeit, Cass. Ein paar Tage. Nur seien Sie vorsichtig.«

39

Um Punkt neun fuhr Stormont vor Cassies Haus vor. Nesta begrüßte ihn mit dem üblichen Gebell und sprang jaulend um seine Beine, doch seine Reaktion erschien Cassie heute seltsam zurückhaltend. Sein Gesicht war kühl und glatt, der Blick abwesend. Rein körperlich war er umwerfend. So deutlich war es ihr bisher nie aufgefallen. Heute abend schien er einen Teil seiner üblichen Maske abgelegt zu haben. Er wirkte fast verletzlich, als hätte man ihm etwas weggenommen. Sie spürte einen Anflug von Begierde und beschloß, nicht allzu schwierig zu sein.

Als er sie auf die Wangen küßte, lächelte sie. »Kommen Sie auf einen Drink rein?«

»Der Tisch ist für neun reserviert, wir sollten lieber gleich los.«

»Ich hole nur meine Handtasche.« Tisch reserviert, na und, dachte Cassie, als sie ihre Schlüssel und die Handtasche aus dem Wohnzimmer holte. Was soll die Eile?

Sie aßen in einem neuen Restaurant in der Fulham Road, das Stormont ausprobieren wollte. Cassie beobachtete ihn, während sie bestellten. Er schien seltsam abgelenkt. Seine Augen waren auf etwas gerichtet, aber nicht auf sie.

»Also, erzählen Sie! Wieso die schlechte Laune am Nachmittag? Probleme bei der Arbeit?«

»Ja, leider. Einer meiner Posten spielt verrückt. Manipulationen, fürchte ich.«

»Und was können Sie dagegen tun?«

»Legal?«

Er lachte. »Wenn Sie so wollen?«

»Nun, legal nicht viel. Es läßt sich schwer beweisen.«

»Und was tut man in so einem Fall?«

»Warum sollte ich überhaupt etwas tun? Es ist ein *fait accompli.*«

Zum erstenmal an dem Abend strahlten seine Augen Wärme aus.

»Sie sehen nicht so aus, als seien Sie gerade Opfer eines *fait accompli* geworden.«

»Ich habe etwas völlig Unlogisches getan.«

»Warum?«

»Weil es ein Experiment ist. Und weil ich es in dem Moment für richtig hielt.«

»Hat es mit Evas Deal zu tun?«

»Ooooh, Sie sind aber neugierig.«

Schweigen. Sie fühlte sich merkwürdig angespannt.

»Nein, hat es nicht«, log sie schließlich.

»Und was macht Evas Deal?«

»Ich kann es Ihnen nicht sagen. Sie hat mich am Dienstag angerufen und gesagt, sie flöge jetzt mit unserem Ko-Investor nach Hongkong und dann weiter nach Vietnam, um sich die Mine anzusehen.«

»Und war der Ko-Investor zufrieden?«

»Keine Ahnung. Eva hat versprochen, mich auf dem laufenden zu halten, sich dann aber nicht mehr gemeldet, weder sie noch der Ko-Investor. Das ist jetzt zwei Tage her. Also weiß ich nicht, was los ist. Das Ganze kommt uns ehrlich gesagt sehr ungelegen.«

»Warum rufen Sie sie nicht an?«

»Hab' ich versucht, aber vergeblich. Ich habe bei der Haushälterin des Ko-Investors in London nachgefragt, wie ich die beiden erreichen könnte. Sie sagte, er sei wahrscheinlich gerade auf dem Weg nach Vietnam. Also rief ich in Hongkong an und sprach mit der Haushälterin dort. Sie erklärte, Eva könne gerade nicht ans Telefon kommen, man werde ihr aber sagen, daß ich angerufen hätte. Seitdem habe ich nichts mehr von ihr gehört.«

Stormont fühlte sich wie angekettet. Er wartete, daß die einzelnen Gänge serviert und wieder abgeräumt wurden, doch seine Gedanken waren woanders. Er sah überall nur Eva.

Cassie beobachtete ihn.

»Was ist los?«

»Wieso?«

»Ach, kommen Sie schon.«

»Ich weiß wirklich nicht, was Sie meinen.«

Eine Weile starrten sie sich an. Keiner von beiden gab nach. Dann brach Cassie die Stille.

»Es ist spät, ich glaube, ich muß nach Hause.«

»Ich bringe Sie.«

Er bat um die Rechnung und fuhr sie zurück in die Markham Street. Vor der Tür gab er ihr einen Abschiedskuß. So standen sie da, Auge in Auge. Beide waren unbeugsam, und beide hielten Fragen und Ängste zurück. Als er zum Wagen zurückging, hatte er das Gefühl, Nitroglyzerin in der Tasche zu tragen – bei der kleinsten Bewegung würde er in die Luft gehen.

Kaum war er zu Hause, rief Stormont Giles Aden an.

»Eva ist in Hongkong bei Frazer. Offensichtlich ist er dabei, nach Vietnam zu fliegen, wahrscheinlich mit Eva. Vor dem Aufbruch hier in London hat Eva Cassie angerufen, sich aber seit zwei Tagen nicht mehr bei ihr gemeldet. Cassie macht sich Sorgen. Sie hat in Hongkong eine Nachricht hinterlassen, und Eva hat nicht zurückgerufen.«

»Ich habe die Büros benachrichtigt. Sie sehen sich diskret um, aber bislang gibt es noch keine Spur von Eva.«

»Sie sind einsatzbereit?«

»Ja. Sollen sie eingreifen?«

»Nein, noch nicht. Das Spiel ist noch in Gang.«

40

Eva schlief unruhig. Plötzlich schreckte sie hoch. Am Fußende des Bettes stand Frazer und beobachtete sie. Sie richtete sich schnell auf.

»Wir fliegen in einer Stunde nach Vietnam. In meinem Privatjet.«

Sein Jet, keine anderen Passagiere, keine Hilfe. In der Tür drehte sich Frazer noch einmal um. »Ich hoffe, daß du darauf vorbereitet bist.«

»Vorbereitet?«

»Da draußen wirst du in Chanel-Klamotten nicht sehr weit kommen.«

Wellen von Übelkeit überschwemmten Eva.

»Vergiß nicht, daß ich mich ›da draußen‹ bestens auskenne, Frazer.«

Er sah sie eine Weile spöttisch an und verließ das Zimmer.

Eva sprang aus dem Bett und blieb dann nackt mitten im Zimmer stehen, als müsse sie sich orientieren. Nach einer Weile trat sie mit großen Schritten zum Fenster und sah hinaus. Auf der Terrasse unter ihr stand Ned. Ein zweiter Mann ging langsam vorbei, es sah aus, als sei er auf Patrouille. Eine Weile stand sie reglos da und überlegte, was sie tun sollte. Wenn sie flüchtete, würde sie ihre Schuld eingestehen und obendrein wahrscheinlich scheitern. Die Alternative war, Frazer zu begleiten, auf eine bessere Fluchtmöglichkeit zu warten und unterdessen so viel rauszukriegen wie möglich. Jedenfalls gewann sie dadurch Zeit. Sie traf ihre Entscheidung und verschwand im Badezimmer, wo sie kalt duschte und in eine ihrer Neuerwerbungen schlüpfte, ein cremefarbenes Leinenkostüm mit langem geschlitztem Rock.

Dazu hohe Wildlederstiefeletten. Schließlich legte sie ihren Schmuck an und ging zur Tür, blieb jedoch stehen, als sei ihr noch etwas eingefallen, und zog die Schuhe wieder aus.

Barfuß lief sie die Marmorstufen der Treppe hinunter in die Küche. Als sie die Tür aufstieß, blickten Ned und Kim, die gerade Tee tranken, scharf auf.

»Ich hätte gern Kaffee, bitte. Und dazu das übliche Frühstück mit allem Drum und Dran.« Sie sah Kims verärgertes Gesicht. Trotzdem war es das Klügste zu essen, solange es noch möglich war.

Kim stand langsam auf.

»Kaffee steht auf dem Herd. Wenn Sie wollen, können Sie jetzt welchen haben. Ich bringe Ihnen gleich das Frühstück.«

»Danke.«

Kim schenkte Kaffee in eine Kanne und Milch in ein Kännchen, stellte beides zusammen mit Tasse und Untertasse auf ein Tablett und reichte es Eva.

»Bringen Sie den Rest so schnell wie möglich, bitte. Wir wollen den Taipan ja nicht warten lassen.« Dann verschwand Eva durch die mit grünem Boi bespannte Tür.

Sie wollte gerade die Treppe hinaufgehen, als sie aus einem Nebenraum Stimmen hörte. Sie blieb stehen und lauschte.

»Etwa zwei Meilen von der Mine entfernt haben wir ein altes Militärlager gefunden, das leersteht. Dort können wir unser Quartier aufschlagen. Wir haben die Verantwortlichen geschmiert und es für ein Jahr gemietet. Es ist perfekt für unsere Zwecke.«

»Gut. Nimm nicht zu viele Leute mit, ich will kein Aufsehen.«

Frazer und Le Mai. Eva kehrte rasch in ihr Zimmer zurück. Sie stellte das Tablett auf das Bett. Einen Augenblick lang starrte sie auf das Telefon neben dem Bett und betete, daß es nicht abgestellt war. Die Gespräche wurden bestimmt abgehört, aber das Risiko mußte sie eingehen. Sie wußte, wie gefährlich ihre Lage war, und brauchte dringend eine Rettungsleine, wie schwach sie auch sein mochte.

Sie nahm den Hörer und wählte. Es war kurz nach Mitternacht in London. Sie betete, daß Cassie dranging. Das Telefon klingelte und klingelte, und gerade, als sie auflegen wollte, nahm Cassie endlich ab. Eva ließ sich die Erleichterung in ihrer Stimme nicht anmerken.

»Cass, hallo. Tut mir leid, daß ich so spät anrufe.«

»Macht nichts. Ich bin gerade vom Abendessen zurückgekommen und war im Bad.« Auch Cassie war erleichtert. Hastig fragte sie: »Wo bist du, Eva?«

»In Hongkong. Wir fliegen gleich nach Vietnam, Frazer und ich. Es ist so aufregend, wieder in die Mine zu fahren. Und Frazer hat sich mächtig was einfallen lassen. Einer seiner Mitarbeiter, ein gewisser Le Mai, hat einen alten Stützpunkt gemietet, etwa zwei Meilen von der Mine entfernt. Kannst du dir das vorstellen? Fehlt bloß der Kampfanzug und ein Jeep, und schon wäre ich ein weiblicher Rambo.« Sie lachte. »Dabei habe ich nur ein paar Chanel-Sachen, die ich mir gestern bei einer Einkaufsorgie zugelegt habe.«

»Designer-Rambo«, sagte Cassie. Ein paar Wassertropfen fielen auf das Telefon. Ihre Erleichterung verwandelte sich in Verwirrung. Diese munteren Wortkaskaden paßten nicht zu Eva. Ehe sie etwas sagen konnte, hörte sie, wie Eva kurz nach Luft schnappte, und dann Frazers Stimme.

»Mit wem redest du da?«

Sein kalter, verächtlicher Ton schnitt ihr ins Herz. Sie spürte einen Anflug von Angst, um sich und um Eva.

»Was geht da vor, Eva?«

Evas Stimme hallte durch die Leitung, gepreßt vor Angst. »Nichts, ich muß jetzt los.«

Es knackte in der Leitung, und dann war sie weg.

41

John Richardson war allein im Büro, als Peter Bawden anrief. Es war acht Uhr morgens. Er sah neugierig auf das Telefon. Jeder wußte, daß er vor neun nicht gestört werden wollte. Er nahm ab und hörte kurz zu. Dann stand er auf, zog sich im Rausgehen das Jackett an und verließ den Raum.

Fünf Minuten später saß er in Bawdens Büro. Sein Freund wirkte ungewöhnlich nervös.

»Was ich dir sagen werde, muß unter uns bleiben. Wenn du aufgrund dessen, was ich dir jetzt anvertraue, irgendwelche Schritte unternehmen willst, mußt du dir eine gute Ausrede einfallen lassen. Du kannst alles sagen, nur nicht die Wahrheit, die dich, mich, meine gesamte Organisation und ein paar äußerst wertvolle Quellen kompromittieren würde.«

»Du kannst dich drauf verlassen.«

Bawden machte eine Pause und begann dann mit leiser Stimme zu berichten.

»Wir führen gerade eine Untersuchung für ein britisches Militärunternehmen durch. Es bestand der Verdacht, daß einer der Mitarbeiter Pläne eines computergesteuerten Lenkwaffensystems weitergab. Wir erhielten Anweisung, den Käufer wie den Verkäufer ausfindig zu machen. Die undichte Stelle im Betrieb war ein Hongkong-Chinese namens Xu Nan. Er schien schon seit einiger Zeit über seine Verhältnisse zu leben. Seine Bankkonten in der Schweiz wiesen unregelmäßig hohe Eingänge auf. Wer auch immer dahintersteckte, wußte, wie man Spuren verwischt; jedenfalls ist es uns nicht gelungen, ihn zu identifizieren. Es schien ganz so, als kämen wir nicht weiter, bis Xu Nan vor vier Tagen tot auf der Straße gefunden wurde. Offenbar war er aus seiner Wohnung im siebenten Stock gesprungen.«

Bawden hielt inne und atmete tief. »Jetzt ermittelt die Polizei. Sie weiß von unseren eigenen Recherchen nichts und wird auch nie was erfahren, trotzdem wittert sie, daß irgend etwas an der Sache faul ist. Die Spurensicherung ist offensichtlich noch immer nicht abgeschlossen, denn es wimmelt nur so von Beamten im Haus. Wir wissen nicht, was sie herausgefunden haben, aber der Aufwand, den sie betreiben, läßt das Schlimmste befürchten. Und letzte Nacht ist einem meiner Mitarbeiter dieser Brief zugespielt worden.« Bawden reichte Richardson die Kopie eines handgeschriebenen Briefes. Er lautete folgendermaßen:

»Ich weiß nicht, wer dies außer meinem Anwalt lesen und ob es etwas nutzen wird. Mir jedenfalls nicht, denn ich werde bereits tot sein, wenn man dieses Schreiben öffnet.

Von Kindheit an erhielt ich finanzielle Zuwendungen von Robie Frazer. Zunächst bezahlte er für meine Schule. Ich war begabt, und er ermöglichte mir die beste Ausbildung, die ich mir wünschen konnte. Ich hielt dies für einen Ausdruck reiner Nächstenliebe, bis er mich vor sechs Monaten zum erstenmal aufforderte, ihm Details über die Lenkwaffensysteme bei General Engineering zu besorgen. Ich weigerte mich, aber Frazer machte unmißverständlich klar, daß ich keine Wahl hatte. Seit sechs Monaten habe ich Details unseres Waffensystems an Frazer weitergegeben und Geld dafür bekommen. Vor kurzem versuchte ich erneut, aus dem Ganzen auszusteigen, und jetzt befürchte ich, daß mir etwas passieren wird, wenn ich Frazers Anordnungen nicht befolge. Also habe ich mir einen neuen Anwalt genommen und ihm dieses Schreiben anvertraut. Seit einiger Zeit habe ich Frazer in Verdacht, mich umbringen zu wollen oder umbringen lassen zu wollen. Und jetzt bin ich tot.«

Das Schreiben war von Xu Nan unterschrieben und vor drei Wochen datiert worden. Richardson gab Bawden die Kopie zurück. Beide schwiegen.

Schließlich stand Richardson auf. »Danke, Peter. Ich weiß, daß du mir zuliebe alle Regeln gebrochen hast.«

»Und was wirst du mit deinem Frazer-Deal machen?«

»Ich werde ihn zu Fall bringen, unsichtbar, ohne daß er Verdacht schöpft. Aussteigen.«

»Hast du viel verloren?«

»Nicht soviel wie Xu Nan.«

Cassie saß im Büro, als Richardson zu Case Reed zurückkam. Er trat ein, griff ohne Gruß nach einem Stuhl und zog ihn um den Schreibtisch herum direkt neben sie. So saßen sie fast Knie an Knie.

»Jetzt werde ich Ihnen etwas verraten, das Sie niemals und unter keinen Umständen jemandem weitersagen dürfen. Sie werden sich nicht anmerken lassen, daß Sie es wissen, auch nicht, wenn es je an die Öffentlichkeit kommen sollte.«

Cassie sah ihn mit wachsender Beunruhigung an. Niemals hatte er in diesem Ton mit ihr gesprochen und hatte sie ihn in dieser Verfassung gesehen.

»Sie machen mir angst, John. Ich werde schweigen wie ein Grab. Schießen Sie los.«

Er brauchte fünf Minuten, um sie einzuweihen. Jedes Wort führte sie ein Stück weiter weg von sich und allem, was sie wußte, bis sie absurderweise das Gefühl hatte, daß alles ein Traum war und die Fantasie mit ihr durchging. Nur ihre Angst schien real und der Blick in Richardsons Augen.

»Und wie geht es weiter? Werden sie jetzt Frazer drankriegen? Diese Leute mit dem Brief, wer immer sie sein mögen?«

»Nein, sie haben kein Interesse, die Polizei auf den Plan zu rufen. Es wäre das letzte, was ihr Auftraggeber will. Es soll auf keinen Fall bekannt werden, wie verwundbar ihr Betrieb gegen Spionage ist. Immerhin geht es um militärische Geheimnisse. Außerdem würde niemand ohne Beweise einen Mann wie Frazer verurteilen. Im übrigen kann man ihm Xu Nans Ermordung natürlich nicht anhängen. Dafür hat er seine Leute, die für ihn ins Gefängnis wandern würden, wenn es drauf ankäme.«

»Und wie sollen wir uns verhalten?«

»Das will ich mir sehr gut überlegen. Jedenfalls müssen wir uns so schnell wie möglich von ihm trennen, ohne daß er irgendeinen Verdacht schöpft.« Richardson stand auf. »Wir sprechen später darüber.«

Cassie sah, wie er den Raum verließ. Sie saß reglos da, alle Sinne in Alarmbereitschaft. Sie dachte an Eva, die ganz allein mit diesem Mann in Vietnam war und keine Ahnung hatte, wie gefährlich er ihr werden konnte. Sie erinnerte sich an die Angst in Evas Stimme, als sie letzte Nacht telefoniert hatten. Eva hatte ihr gesagt, daß sie mit Frazer zu irgendeinem Lager in der Nähe der Mine fahren würde. Aus einem plötzlichen Impuls heraus, ohne nachzudenken, öffnete Cassie die Schublade ihres Schreibtisches und holte die Genius-Akte heraus. Fünf Minuten lang studierte sie die Landkarte und prägte sich Entfernungen, Bezeichnungen und die Namen unbekannter kleiner Dörfer ein. Es war, als folge sie einer unsichtbaren Stimme, die so laut war, daß sie alle Vernunft übertönte. Sie mußte nach Vietnam, um Eva zu warnen und sie von Frazer wegzuholen, falls es nicht schon zu spät war.

Sie rief bei ihrem Reisebüro an und gab rasche Anweisungen. Man reservierte ihr einen Platz im nächsten Flugzeug nach Hanoi und ein Zimmer im Hotel Metropole.

Sie wartete, bis Emma ihren Schreibtisch verließ, griff nach ihrer Handtasche und eilte aus dem Büro. Sie nahm die Hintertreppe, um nicht an Richardsons Büro vorbei zu müssen. Auf der Straße winkte sie einem Taxi und fuhr nach Hause, wo sie den Fahrer bat, zu warten. Dann lief sie nach oben und packte ihren Koffer. Als sie wieder runterkam, tauchte gerade ein noch ziemlich verschlafener David Wilson in seiner Zimmertür auf.

»Wohin so eilig? Wieso bist du nicht im Büro?«

»Ich fliege nach Hanoi.«

»Wozu denn das, verdammt?«

Cassie ließ den Koffer fallen, der, von seinem eigenen Gewicht getragen, bis zum Fuß der Treppe polterte, und setzte sich auf die Stufen. David zwängte sich neben sie.

»Ich will Eva und ihre Mine besuchen.«

»Ist sie denn in Vietnam?«

Cassie nickte.

»Und wo wirst du wohnen?«

»Weiß ich noch nicht«, erklärte Cassie ausweichend.

»Moment mal. Du fliegst schließlich nicht einfach nach Brighton. Du kannst nicht auf gut Glück dort auftauchen.

Und warum so eilig? Gestern noch hast du Pläne für das Wochenende gemacht, und jetzt fliegst du plötzlich ans andere Ende der Welt.«

Er packte sie an den Schultern und drehte sie zu sich um. »Was geht da vor, Cass?«

Sie sah ihn finster an, machte aber keine Anstalten, sich von seinem Griff zu befreien.

»Ich weiß es nicht. Genau das will ich ja rausfinden.«

»Das ist keine Antwort. Mein Gott, Cass! Du kannst doch nicht einfach so nach Vietnam verschwinden.«

Sie stand auf. »Doch, kann ich wohl.« Ihr Gesichtsausdruck verhärtete sich, als wolle sie seine Worte abwehren. Er spürte ihre Entschlossenheit.

»Laß mich wenigstens mitkommen.«

Sie blieb stehen, gerührt von seiner Fürsorge, und bückte sich, um ihn auf die Wange zu küssen.

»Mach dir keine Sorgen, David. Ich komme schon klar.« Sie hob den Koffer am Fuß der Treppe auf.

David seufzte, als er sah, wie sie Richtung Tür ging. Ihre Bewegungen wirkten seltsam steif.

»Okay, dann bleibe ich und halte die Stellung. Ist es das, was du willst?«

»Ja.«

Sie küßte ihn nochmals. Er drückte sie an sich und ließ sie dann los.

Gerade als sie das Haus verlassen wollte, klingelte das Telefon. Ärgerlich griff sie nach dem Hörer.

»Hallo!« Es klang mehr nach einem Fluch als nach einer Begrüßung.

»Cassie. Hallo. Ich bin's, Aubrey Goldstein.«

»Oh, Aubrey, wie geht es Ihnen?«

»Sind Sie beschäftigt? Störe ich Sie?«

»Ich bin auf dem Weg zum Flughafen.«

»Ah, wohin geht es denn?«

»Nach Vietnam.«

Schweigen. Cassie wartete ungeduldig, dann sagte Goldstein sanft, fast verführerisch:

»Zur Genius-Mine?«

»Das war ja wohl nicht schwer zu erraten.«

»Nein. Vietnam, Sie, Diamanten, Genius. Ich glaube nicht an Zufälle.«

»Ich auch nicht.« Sie dachte an das Baissemanöver, an Case Reed in den roten Zahlen, und ihre Stimme wurde härter. »Was kann ich für Sie tun?«

»Ich kenne da jemand, der eventuell an Genius-Aktien interessiert wäre.«

Cassie zögerte und zwang sich, in den Geschäfts-Modus umzuschalten.

»Will er Kontrolle?«

»Möglicherweise. Über die Mittel verfügt er.«

»Dann sagen Sie ihm, daß er mich im Hotel Metropole von Hanoi treffen soll. Alles weitere können wir dort besprechen, wenn er Interesse hat.«

»Ich werde es ihm mitteilen.«

Die Leitung knackte, und sie war weg. Goldstein wählte eine andere Nummer.

»Ich glaube, daß wir mit Genius ins Geschäft kommen können. Stewart will, daß jemand sie im Hotel Metropole von Hanoi kontaktiert.«

»Ist sie endlich soweit?« Die Stimme klang sarkastisch, abgestumpft und kalt. Offensichtlich war der Sprecher es gewohnt, immer recht zu behalten und alles im voraus zu wissen. »Dann fliegen Sie hin. Drüben ist sie vielleicht etwas zugänglicher. Sie wird weit weg sein von zu Hause, und die Umgebung ist nicht gerade zuträglich für eine Frau, die allein reist. Versuchen Sie Ihr Bestes. Kaufen Sie ihre Anteile auf. Jetzt ist es günstig bei einem derart niedrigen Kurs. Case Reed und sie haben wahrscheinlich eine Menge Geld verloren.«

»Bestimmt.«

»Die Einzelheiten überlasse ich Ihnen. Tun Sie, was Sie für richtig halten.«

42

Das Fax vom Flughafen Heathrow lag in Stormonts provisorischem Büro in der Tooley Street auf dem Schreibtisch, als er um fünf Uhr nachmittags dort eintraf. »Cassie Stewart hat um 11 Uhr vormittags mit dem Flug TG915 nach Bangkok das Land verlassen. Von dort ist ein Anschlußflug nach Hanoi gebucht. Ankunft in Hanoi 12 Uhr 20 Ortszeit. Sie reist allein. Zwei Gepäckstücke.«

Stormont hatte die Special Branch in Heathrow und Gatwick benachrichtigt, für den Fall, daß Cassie das Land verlassen sollte. Es hatte sich bezahlt gemacht. Doch die Genugtuung, die ihm seine Vorahnung hätte verschaffen können, wurde von neuen Ängsten über diesen plötzlichen Trip nach Hanoi überschattet. Er zerknüllte das Fax und warf es in den Papierkorb. Dann rief er bei Case Reed an.

Emma meldete sich. »Cassie Stewarts Büro.«

»Könnte ich bitte mit Cassie sprechen?«

»Oh, sie ist außer Haus.«

»Wissen Sie, wo ich sie erreichen kann?«

»Ist es geschäftlich oder privat?«

»Privat.«

»Möglich, daß sie zu Hause ist.«

»Möglich?«

»Hm, genau kann ich es Ihnen nicht sagen, ich weiß es nicht.«

»Es ist wichtig.«

»Wahrscheinlich kommt sie gleich wieder, sie …«

»War sie heute schon im Büro?«

»Ja. Heute früh.«

»Danke schön.« Stormont legte auf und rief nach Aden, der nach Stormonts vorübergehendem Tapetenwechsel ein winziges Büro gleich nebenan bezogen hatte.

Aden erschien aufgeregt an der Tür.

»Was ist los?«

»Cassie Stewart ist auf eigene Faust nach Vietnam geflogen. Anscheinend ist sie heute morgen zur Arbeit gefahren und dann einfach verschwunden, ohne etwas zu sagen. Bei Case Reed weiß niemand, wo sie steckt.«

Aden setzte sich. »Warum sollte sie das tun?«

»Ich vermute, daß sie wieder mit Eva oder vielleicht sogar mit Frazer gesprochen hat. Irgendwas muß ihr komisch vorgekommen sein. Nicht so, daß sie völlig verschreckt war, dann wäre sie wohl nicht geflogen. Aber immerhin muß es sie so stutzig gemacht haben, daß sie einfach verschwunden ist, ohne Case Reed zu informieren, und die sind schließlich verantwortlich für diesen Deal.«

Aden schüttelte den Kopf. »Das paßt irgendwie nicht zusammen. Ich glaube, daß wir was übersehen.«

Stormont dachte eine Weile nach. »Wahrscheinlich haben Sie recht. Wir sollten aber die Möglichkeit nicht außer acht lassen, daß Eva Cassie womöglich gewarnt hat, weil etwas nicht stimmt. Sie hat sie nicht in Panik versetzt, aber doch beunruhigt. Bloß warum? Wollte Eva vielleicht, daß Cassie nach Vietnam kommt? Das bezweifle ich. Vermutlich wollte sie, daß Cassie mir gegenüber etwas erwähnt, oder sie hat sich gedacht, ich würde Cassie anrufen, um auf Umwegen zu erfahren, was mit ihr los ist, nachdem sie uns nicht kontaktieren konnte. Eva versucht, Cassie als Vermittlerin zu benutzen, doch Cassie hat ihre eigenen Ziele und ist jetzt mehr in die Sache verwickelt, als einer von uns hatte voraussehen können. Das ist das, was wir übersehen haben. Wieso ist Cassie übers Ziel hinausgeschossen?«

»Vielleicht hat sie bei Case Reed etwas erfahren?«

»Möglich. Aber was? Cassie engagiert sich nicht so schnell. Sie beobachtet, wägt ab und hat ein außerordentliches Gespür, aber sie hält sich stets bedeckt.«

»Moment mal. Immerhin ist sie Banker. Sie hat mit Risikoanlagen zu tun, investiert in äußerst riskante Transaktionen. Da kann man sich nicht bedeckt halten.«

Stormont warf ihm einen verächtlichen Blick zu. »Das ist ihr Job. Beamte und Politiker, die Notfallstationen schließen, sind verantwortlich für den Tod von Menschen. Aber sie legen nicht selbst die Hand um den Hals eines Opfers und drücken zu. Wenn Cassie mit dem Risiko spielt, sitzt sie in einem voll klimatisierten Raum mit Doppelglasfenster, und anschließend kehrt sie in ihr hübsches Häuschen in Chelsea zurück. Sie selbst geht keinerlei Risiko ein. Sie muß es nicht am eigenen Leib erfahren.«

»Okay, okay.«

»In einem haben Sie trotzdem recht«, setzte Stormont hinzu und überraschte Aden damit so sehr, daß dieser sich aufrichtete. »Sie ist nach Vietnam geflogen. Das paßt nicht zu ihrem Charakter. Etwas, das uns entgangen ist, eine Art Katalysator, muß sie dazu gebracht haben.«

»Aber was?«

»Da können wir lange spekulieren.« Stormont drückte auf eine Taste seiner Sprechanlage. »Elsa, ich muß so schnell wie möglich nach Hanoi.«

Minuten später rief Elsa zurück. »Sie müssen einen Linienflug nehmen, fürchte ich. Die Jungs von der Air Force stellen sich quer. Angeblich ist vor morgen früh nichts frei.«

»Vergessen wir's. Ich nehme einen Linienflug.«

»Am schnellsten geht es über Hongkong. Ich habe Sie bereits auf einen Virgin-Flug gebucht. Abflug von Heathrow um 20 Uhr 30, Ankunft in Hongkong 17 Uhr morgen nachmittag. Um 19 Uhr haben Sie einen Anschlußflug nach Hanoi mit Cathay Pacific.«

»Gut. Danke, Elsa.«

»Was haben Sie vor?« fragte Aden.

»Ich weiß es noch nicht. Ich werde mich ins Getümmel stürzen und selber Katalysator spielen.«

»Wahrscheinlich ist längst alles explodiert, bis Sie ankommen.«

»Das glaube ich nicht. Noch ist nichts entschieden, im Moment versuchen alle noch rauszukriegen, auf welcher Seite die anderen stehen. Ich komme noch rechtzeitig.«

»Wozu?«

»Zur Explosion, wie Sie selbst sagten.«

43

Als Cassies Flugzeug sich Hanoi näherte, flog Stormont gerade über Saudi-Arabien hinweg, und Aubrey Goldstein wartete in der Abflughalle von Heathrow.

Die Maschine setzte zum Landeanflug an, und Cassie sah aus dem Fenster. Rote Erde, so weit das Auge reichte, dunkel wie getrocknetes Blut. Gelegentlich bildete sie kleine spitze Hügel. Je mehr das Flugzeug an Höhe verlor, desto flacher wurde das Land, und Cassie konnte Reisfelder ausmachen, endloses grünes Sumpfland, das sich bis zum Horizont erstreckte. Sie sah Menschen wie kleine Punkte, Ochsen und große staubig-grüne Bäume mit breiten Wipfeln, die wie ein Baldachin die Hitze abhielten.

Die Maschine setzte sanft auf und rollte auf das niedrige Terminalgebäude zu, das funktional und häßlich war. Cassie nahm ihre Tasche aus dem Gepäckfach über dem Sitz und steckte ihr Buch hinein, Graham Greenes *The Quiet American.* Ob es noch sein Vietnam war? Ein Land, das mit seiner Schönheit ebenso bestach wie mit seiner Gewalttätigkeit?

Jemand trat gegen die Tür, und sie schreckte auf. Die Passagiere bildeten eine Schlange zum Aussteigen. Sie ging langsam und ungeduldig. Mit erhobenem Kopf und neugierigem Blick verließ sie die Maschine. Feuchte, glühende Luft schlug ihr entgegen. Sie ging die Treppen hinunter, überquerte das brennendheiße Rollfeld und betrat den Terminal, der zu ihrer Überraschung klimatisiert war.

Willkommen in der Sozialistischen Republik Vietnam stand auf einem Schild. Sie hatte das Gefühl, Zeuge der Geschichte zu sein. Dies war einer der letzten selbsternannten sozialistischen Staaten auf der Welt. Wie lange würde es dauern, bis Vietnam sich dem Kapitalismus beugte, der seine Wirtschaft, wenn nicht auch seine Politik bereits fest im Griff hatte? Die Amerikaner hatten vor kurzem das Embargo aufgehoben, und die Geschäfte florierten. Trotzdem hing das Schild da, stolz und unübersehbar.

Sozialistische Republik. Cassie fragte sich, wie es wohl da draußen war, außerhalb der Enklave des Flughafens. Wie Ost-Berlin vor dem Fall der Mauer? Sie war siebenundachtzig dort gewesen und hatte das zersetzende Mißtrauen erlebt, das in der Luft lag, die graue, kalte Feindseligkeit der Behörden, das Gefühl, immer auf der Hut sein zu müssen, eine verschworene, düstere Spannung. Hier aber waren Kultur und Denken der Menschen anders, fremd. Nur wenig erinnerte an Europa, und es gab weder das kaukasische Mitgefühl noch Abneigung gegen Fremde.

Sie wußte so gut wie nichts über Vietnam. Plötzlich fühlte sie sich hilflos wie ein Kind. Ihr einziger Bezugspunkt war Eva, und vermutlich auch Frazer. Sie fragte sich, was wohl geschehen war, seit sie zuletzt Kontakt zu Eva gehabt hatte.

An der Gepäckausgabe wartete sie auf ihren Koffer. Neben ihr stand ein braungebrannter Mann mit langem, zu einem Zopf gebundenen Haar.

»Wo wollen Sie hin?« fragte er beiläufig. Er hatte freundliche Augen.

»Ins Zentrum von Hanoi, glaube ich.«

Sein Blick streifte ihre Kleidung. »Lassen Sie sich aber nicht von den Taxifahrern übers Ohr hauen. Zahlen Sie keinesfalls mehr als fünfzehn Dollar.«

»Danke, gut zu wissen. Und wo fahren Sie hin?«

»Ins Landesinnere. Ich bin Fotograf, immer auf der Suche nach einer Story.«

»Wie aufregend!«

»Jedenfalls aufregender als die U-Bahn.«

Das flüchtige Gespräch munterte Cassie unsinnigerweise auf. Sie sah auf das Band, griff nach ihrem Koffer und nickte dem Mann mit dem Zopf zum Abschied zu. Dann ging sie weiter zum Zoll und den Einwanderungsbehörden.

Ein ernster Vietnamese studierte ihren Paß und verglich mehrmals das Foto mit ihrem Gesicht.

Schließlich war sie durch. Sie schleppte ihren Koffer in die Ankunftshalle.

Das Gebäude platzte aus allen Nähten. Überall warteten Leute, manche geduldig, andere kreischten, wenn sie Familienangehörige oder Freunde entdeckten, wieder andere machten sich gutmütig bemerkbar, um sich einen Weg durch die Menschenmassen zu bahnen. Cassie konnte nichts unterscheiden, sie hörte nur ein einziges Stimmengewirr. Es war nicht bedrohlich, sondern generell freundlich, aber so laut, daß sie sich von Lärm und Hitze überwältigt fühlte.

Zwei Einheimische standen etwas abseits und beobachteten die neu angekommenen Passagiere. Als sie Cassie ausmachten, nickten sie und kämpften sich durch die Menge zu ihr.

»Taxi, Madam?« sagte der eine und nahm ihren Koffer.

»Wieviel bis zum Zentrum?«

»Zwanzig Dollar.« Sein breites Lächeln offenbarte zwei schwarze und zwei fehlende Zähne.

»Zuviel. Fünfzehn.«

»Fünfzehn? Ich bin Geschäftsmann. Ich habe ein Unternehmen. Fünfzehn nicht genug.«

»Dann eben nicht, vielen Dank«, erklärte Cassie und wollte weitergehen.

»Okay, fünfzehn. Fünfzehn Dollar«, sagte der Mann hastig. Cassie überließ ihm den Koffer. Angenehm überrascht von ihrem ungeahnten Handelsgeschick, übersah sie die wahren Absichten der beiden.

Sie brachten sie zu einem verrosteten schwarzen Lada. Einer öffnete ihr die Tür und knallte sie dann heftig hinter ihr zu.

»Tür geht nicht richtig zu«, grinste er in ihr erschrockenes Gesicht. Er stieg ein und öffnete seinem Kumpel die Beifahrertür. Beide drehten sich grinsend zu Cassie um, die nur ein flüchtiges, unbehagliches Lächeln zustande brachte.

Die Männer unterhielten sich auf Vietnamesisch. Gelegentlich drehten sie sich um und lächelten ihr zu, doch ihre Gesichter waren nicht gerade beruhigend.

Sie fuhren durch eine Landschaft, die sich mit nichts vergleichen ließ, was sie je gesehen hatte. Überall Chaos – Autos, Lastwagen, Motorräder, Fahrräder und Ochsenkarren fuhren wild durcheinander und verstopften die staubigen Wege, begleitet von einem ständigen Hupkonzert. Cassie traute sich nicht, nach vorne zu sehen, aus Angst vor einem möglichen Zusammenstoß. Nur durch riskante Manöver, die sie zuweilen bis an den Rand des tiefen Straßengrabens schleuderten, konnte der Fahrer Unfälle vermeiden, und schon nach wenigen Minuten war Cassie mit den Nerven am Ende.

Zu beiden Seiten war die Straße von Reisfeldern gesäumt. Die Frauen arbeiteten gebückt, den Kopf von kegelförmigen Hüten geschützt. Cassie hatte immer gedacht, die gäbe es nur im Film. Ochsen grasten auf Flecken von Grün. Eine seltsame Ruhe ging von ihnen aus, als interessierten sie sich für nichts als das Gras, das nie aufhören würde zu wachsen, und die Sonne, die ewig scheinen würde.

Meilenweit fuhren sie durch diese Landschaft. Cassie fragte sich, ob sie dabei waren, im Landesinneren zu verschwinden, oder ob sich früher oder später inmitten dieser ländlichen Armut Anzeichen einer Metropole zeigen würden. Schließlich tauchten sie tatsächlich auf. Die Straßengräben wichen schmutzigen Kanälen und die Reisfelder vereinzelten Häusern, die sich immer dichter aneinanderdrängten, je näher sie der Stadt kamen.

Die Kanäle führten eine braune Brühe, die sich gelegentlich vor irgendwelchen Abfällen staute. Überall hockten Leute und unterhielten sich oder beobachteten schweigend den Zirkus um sich herum. Kinder und Hunde spielten. Häuser säumten die Straße. Groß und schmal, die meisten aus Stein. Gelbe und orangene Farbe blätterte von den abbröckelnden Fassaden. Überall stapelten sich Ziegelsteine, wurden neue Häuser gebaut. In den Buden am Straßenrand standen hübsch arrangierte Reihen von Flaschen zum Verkauf aus. Straßenverkäufer saßen neben Bergen von Äpfeln, Orangen, Bananen und Melonen.

Cassie steckte den Kopf aus dem Fenster und spürte den Wind im Gesicht. Lastwagen dröhnten an ihnen vorbei und hinterließen den metallischen Geruch von Diesel in ihrem

Mund. Ihre Haut war feucht vor Hitze, und die zerknitterten Kleider klebten an ihrem Körper.

Sie war überwältigt, vollkommen allein in dieser fremden Kultur, die mit der westlichen Zivilisation nichts gemein hatte. Sie fühlte sich aller eigenen Ressourcen beraubt. Diese Ohnmacht erschreckte sie, und obendrein hatte sie zu ihrer Überraschung und ihrem heimlichen Grauen das Gefühl, daß sich langsam, aber sicher Panik in ihr ausbreitete. Sie zwang sich, gleichmäßig und tief durchzuatmen, doch es gelang ihr nicht. Sie hatte das Gefühl, einfach keine Luft zu bekommen.

Aber sie mußte doch noch irgendwelche Kräfte haben, die sie mobilisieren konnte. Sie wünschte, sie könnte danach suchen, war aber zu eingeschüchtert, um es auch nur zu versuchen.

Der Wagen rollte über die Straße, die jetzt wieder holpriger wurde. Der Verkehr ließ nach. Wieder fuhren sie durch offenes Land. Reisfelder, Kühe, Enten und Flüsse. Sie passierten mehrere mit Holzgittern verzierte Brücken. Sie versuchte, eine innere Ruhe zu finden und alle Gefühle auszuschalten, doch vergeblich. Die Panik hielt an.

Sie warf einen Blick auf die Uhr. Seit über einer Stunde waren sie unterwegs. Sie hatte keine Ahnung, wohin sie fuhren, saß mit geschlossenen Augen da und wartete.

Durch die ausgeleierte Federung spürte sie jedes Holpern. Irgendwann hörte sie, daß der Verkehrslärm wieder zunahm. Dann blieb der Wagen stehen. Sie schlug die Augen auf.

»Hotel Metropole«, sagte der Fahrer mit einem breiten Grinsen, als mache er sich über ihre Angst lustig. Aus seiner naiven Sicht ist es sicher auch lustig, dachte sie und gab ihm die fünfzehn Dollar. Am liebsten hätte sie selbst losgelacht. Sie war in Sicherheit, nur ihre Fantasie war eine Zeitlang mit ihr durchgegangen. Zu Recht?

Sie dachte an Eva. Was sie wohl machte? Cassie versuchte, ihre Anwesenheit zu fühlen, doch da war nichts.

Der Fahrer übergab dem Portier Cassies Koffer, dann stiegen er und sein Begleiter wieder in den Wagen und fuhren davon. In einer Nebenstraße, eine Meile vom Hotel Metropole entfernt, parkten sie und betraten ein Haus. Der Fahrer wählte eine Nummer und sagte in einwandfreiem Englisch:

»Wir haben sie abgeholt und zum Hotel Metropole gefahren. Macht einen ziemlich nervösen Eindruck.«

»Behaltet sie im Auge. Und findet raus, wer sie beschattet. Wir sind bestimmt nicht die einzigen. Aber greift nicht ein, noch nicht.«

44

Das Metropole war ein großes weißes Gebäude im Kolonialstil an einer schmutzigen, von Bäumen gesäumten Straße. Im Foyer hingen mehrere sechseckige Uhren mit den Zeiten von Paris, Moskau, London, New York und Sydney. Abgesehen von dem leicht exotischen Touch, den die Moskauer Uhr darstellte, war es eingerichtet wie jedes Fünfsternehotel auf der Welt. Überall Marmor und Kronleuchter. Nur die grabesähnliche Stille anderer großer Hotels suchte man hier vergebens. Cassie spürte eine fast zwanghafte Aufregung und Erwartung. Alle Gäste hatten etwas Zielstrebiges an sich.

Eine schöne Vietnamesin kam auf sie zu. Sie trug eine lange, an den Seiten geschlitzte Tunika über einer blaßgelben Seidenhose. Lächelnd führte sie Cassie auf ihr Zimmer. Cassie schloß die Tür hinter sich und sah sich um. Es war beinahe dunkel, die Sonne wurde von Fensterläden aus dunklem Holz ausgesperrt. Der Fußboden und die untere Hälfte der Wände bestanden aus demselben dunklen Holz. Der Rest der Wände und die Decke waren weiß gestrichen. An einer Wand stand ein Bett mit glänzenden weißen Laken. Gegenüber hing ein großer Spiegel mit Goldrahmen.

Cassie öffnete das Fenster und schlug die Läden zurück. Lärm und Hitze strömten ins Zimmer. Sie lehnte sich aus dem Fenster und lächelte entzückt beim Anblick des Getümmels dort unten. Ein endloser Strom von Taxis und Rikschas, die unentwegt Gäste brachten oder abholten. Die Rikschafahrer buhlten schreiend um die Gunst der Fußgänger, »Spazierfahrt, Mister? Okay?«, manche aufdringlich, manche resigniert. Es war interessant zu sehen, wie die Passanten reagierten. Sie würde die zurückhaltenderen bevorzugen. Kinder und Hunde liefen herum, unberührt von der sengenden Hitze. Alte Frauen hockten auf den behelfsmäßigen Bürgersteigen im Schatten der großen Bäume, während die ganze

Zeit ein Wettrennen von Fahrrädern, Motorrädern, wild hupenden Autos und schreienden Passanten stattfand. Cassie wandte sich ab, zog sich aus und nahm eine lange Dusche.

In einem geblümten Rock und weißem T-Shirt ging sie hinunter zur Rezeption.

»Ich möchte einen Wagen mit Fahrer für morgen früh mieten.«

»Kein Problem. Wohin wollen Sie?«

»Ich weiß nicht genau, wo es ist«, sagte sie. Der Pförtner schenkte ihr einen nachsichtigen Blick. »Es liegt in der Nähe eines Dorfes namens Bac Giang, etwa achtzig Meilen nördlich von hier.« Cassie wußte, daß sich die Mine in der Nähe des Dorfes befand, und Eva hatte ihr gesagt, daß das Militärlager unweit von der Diamantenmine lag. Bac Giang war also zumindest ein Anhaltspunkt, der einzige, den sie hatte.

»Ich möchte zu einem alten Militärlager in der Nähe. Ich weiß nicht, wie es heißt, aber davon dürfte es nicht sehr viele geben.«

»Wir haben eine große Auswahl verschiedener Fahrer für besondere Gelegenheiten oder Ausflüge. Ich werde sie fragen, vielleicht weiß einer von ihnen, wo Ihr Militärlager ist.« Er konnte es sich nicht verkneifen, die letzten Worte besonders zu betonen und sie dabei scharf anzusehen.

»Das wäre sehr nett. Ich würde gerne gegen neun aufbrechen. Könnten Sie mir so schnell wie möglich bestätigen, daß es in Ordnung geht?«

»Selbstverständlich, Madam. Ich werde mein Bestes tun.«

Cassie holte sich an der Rezeption einen Stadtplan von Hanoi und trat auf die Straße hinaus. Jetzt, da sie sicher angekommen war, verschwand die Angst vor dem Fremden so schnell, wie sie gekommen war, und wich neugierigem Interesse.

Die Hitze und der Lärm in den Straßen trugen sie fort. Sie lief über die Ngo Quyen Street, vorbei an Reihen von sand- und orangefarbenen Häusern, die von Pflanzen überwuchert waren. Hinter der abblätternden Farbe sah man das erstaunlich lockere Mauerwerk. Überall entdeckte Cassie Anzeichen einer verfallenden morbiden Schönheit in den ehemals prachtvollen Gebäuden, die als nostalgische Mahnmale der Vergangenheit fungierten.

An einer Kreuzung blieb sie stehen und versuchte, durch den dichten Verkehr auf die andere Straßenseite zu gelangen. Er schien undurchdringlich. Schließlich nahm ein alter Mann mit braungebranntem runzeligem Gesicht sie am Arm und führte sie über die Straße, während der Verkehr um sie herumrauschte. Als sie sicher auf der anderen Seite angekommen waren, bedankte sich Cassie bei dem Mann und bedauerte, kein Wort Vietnamesisch zu sprechen. Er nickte kurz und ging seines Weges. Cassie sah ihm nach, bis er in der Menge verschwunden war.

Sie schlenderte durch die Boulevards, ohne darauf zu achten, wohin sie ging. Später würde sie eine Rikscha zurück zum Hotel nehmen, also brauchte sie keine Angst zu haben, sich zu verlaufen. Sie spazierte um einen großen See mit einer Insel, die mit dem Festland durch eine gewölbte rote Holzbrücke verbunden war. Sie schaute in ihren Stadtplan und erfuhr, daß es die Jadehügel-Pagode war, die dem Gott der Literatur, Van Xuong, gewidmet ist.

Im Stil der Einheimischen überquerte sie den breiten Boulevard und ließ den Verkehr an sich vorbeibranden. Ein Gewirr aus kleinen Gassen mit hohen schmalen Häusern empfing sie. Die Häuser waren in den unterschiedlichsten Gelb- und Bernsteintönen gestrichen, und hin und wieder blitzte irgendwo ein schockierender Fetzen Türkis auf, so strahlend wie der Himmel über ihnen. Im Erdgeschoß der meisten Häuser waren kleine Läden untergebracht. Viele Straßen oder Teile von Straßen schienen einzelnen Berufsständen vorbehalten zu sein, in einer gab es ausschließlich Kinderkleidung, in einer anderen Schuhe, Unterwäsche, Souvenirs für Touristen, Kuchen, Kassettenrecorder oder Nähmaschinen, viele davon in Betrieb und wild ratternd.

Die Luft war erfüllt von allen möglichen Düften, eine Mischung aus Abwässern, Essen, Gewürzen, Hunden, Jasmin, Räucherstäbchen, Abgasen, Dreck und Gaskochern. Überall fanden scheinbar spontane Picknicks in den Straßen statt, die Leute kochten auf ihren Gaskochern und schwängerten die Luft mit dem Aroma von Koriander, Ingwer und Chili. Frauen tranken Tee oder priesen Melonen und Maiskolben an, die sich auf Tischen vor ihnen stapelten.

Cassie beobachtete die Gesichter der Menschen. Sie ging weiter, wahrscheinlich in einem großen Kreis, sie wußte es nicht, und kam zur Straße der Friseure. Man hörte nur das Klappern unzähliger Scheren. Es mußten vierzig bis fünfzig Friseure sein, die hier arbeiteten, alle in einer Reihe, unter blauen Markisen. Ihre Kunden, durchweg Männer, sahen sehr geschniegelt aus. Einige trugen Anzüge, andere Baskenmützen.

Cassie warf einen Blick auf die Uhr. Seit zwei Stunden war sie unterwegs. Sie hatte keine Ahnung, wo sie sich befand oder in welcher Richtung das Hotel lag. Sie sah sich nach einer Rikscha um, ohne die beiden Gruppen von jeweils vier Männern zu bemerken, die sich in der Menge versteckt hielten und sie beobachteten. Selbst wenn sie ihr aufgefallen wären, hätte sie sich nichts dabei gedacht. Sie war Aufsehen gewohnt. Sie suchte sich einen Fahrer aus und winkte ihm zu. Der Mann brachte sein Fahrrad zum Stehen.

»Zum Metropole.«

Der Fahrer nickte, wartete, daß sie vorn auf den Holzsitz kletterte und trat dann heftig in die Pedale. Hastig wurden weitere Rikschas herbeigewunken und nahmen die Verfolgung auf, unbemerkt im Schutze des Getümmels.

Cassie drehte sich um und warf einen Blick auf ihren Fahrer. Er war höchstens halb so groß wie sie, dünn, aber drahtig, wahrscheinlich sehr kräftig für seine Statur. Kein Gramm überflüssiges Fett. Sie fragte sich, was er wohl jeden Tag zu essen hatte. Irgendwie fühlte sie sich schuldig, daß sie in dem winzigen Karren saß, während er sich in der prallen Mittagssonne abstrampeln mußte. Doch er schien beinahe phlegmatisch, alles andere als verbittert. Eher strahlte er würdevolle Resignation aus. Cassie stieg am Metropole aus, gab dem Fahrer ein großzügiges Trinkgeld und ging auf ihr Zimmer, um sich zu duschen und fürs Abendessen umzuziehen.

Der Pförtner sah sie vorbeigehen und zerbrach sich den Kopf, wie er es ihr beibringen sollte. Er hatte all seine Fahrer kontaktiert, doch keiner wußte, wo sich das Militärlager befand. Kurz ehe er sie anrief, um ihr mitzuteilen, daß sie leider auf ihren ausgefallenen Ausflug verzichten müsse, klingelte das Telefon. Ein Unbekannter meldete sich.

»Ngo Lung hat gemeint, ich solle Sie anrufen. Er sagt, Sie suchen jemanden, der einen Gast zu einem Militärlager in der Nähe von Bac Giang bringen soll? Ich kenne das Camp. Ich kann Ihren Gast fahren. Ich habe ein gutes Auto, japanisches Modell. Fünf Jahre alt, gute Federung, Klimaanlage …«

»Sind Sie ein Freund von Ngo?«

»Sie können ihn anrufen, wenn Sie wollen, und sich nach mir erkundigen.«

Der Pförtner schwieg eine Weile und überlegte, ob es klug war, seinen Gast einem völlig Fremden anzuvertrauen. Aber war das nicht ein Glücksfall? Er wollte der schönen englischen Dame keine Absage erteilen müssen, obendrein war der Mann ein Freund von Ngo. Das ließ sich sehr einfach feststellen.

»Na gut. Kommen Sie morgen um neun ins Hotel. Der Name des Gastes lautet Stewart, Cassandra Stewart.«

»Ich werde dasein.«

Der Pförtner rief Cassie an. Jetzt, da sie wußte, daß sie zum Camp fahren würde, kehrte die Angst zurück, die sie schon bezwungen zu haben meinte. Das Zimmer erschien ihr unerträglich klein. Sie ging hinunter in die Bar. An der Wandseite standen ein paar Tische im Halbdunkel, daneben gab es einen offenen Garten mit Swimmingpool. Auf der anderen Seite standen hell beleuchtete Tische und tiefe Sofas. Cassie entschied sich für ein Sofa und bestellte einen Whisky sour. Sie trank schnell, sah sich unauffällig um und versuchte, Fetzen der verschiedenen Gespräche in ihrer unmittelbaren Umgebung aufzuschnappen.

Nach dem zweiten Whisky sour ging sie in den Speisesaal. Sie überflog die Speisekarte und bestellte. Das Essen war unglaublich gut. Der erste Gang bestand aus einer süßsauren Fischsuppe in einer derart großen Schale, daß sie für vier Personen gereicht hätte. In der Suppe schwammen große Stücke verschiedener Fische, alle unbekannt, aber köstlich. Ein wenig beschämt, weil sie mit der großen Menge nicht fertig wurde, ließ sie die erst zu einem Drittel geleerte Schale stehen, um noch Appetit für den nächsten Gang zu haben: Hühnchen mit Ingwer und Koriander auf gedämpftem Reis.

Sie trank weiter Whisky sour, irgendwie brauchte sie das scharfe Brennen in der Kehle. Der anfängliche Heißhunger legte sich, sie aß langsamer und nahm sich die Zeit, ihre Umgebung zu beobachten.

Es gab mehrere Frauen, die allein am Tisch saßen, und auch Männer. Ein paar Grüppchen, ein paar Pärchen, darunter ein besonders auffallendes, weil sowohl die Frau als auch der Mann ausnehmend gut aussahen. Alle, auch dieses Pärchen, schienen sich immens für ihre Umgebung zu interessieren; jedenfalls beobachtete Cassie viele verstohlene Blicke, die zwischen den Nachbartischen hin und her flogen.

Sie selbst fühlte sich nicht im mindesten unsicher, allein am Tisch zu sitzen. Trotz ihrer Angst empfand sie ein wunderbares Gefühl von Anonymität, eines der verführerischsten Gefühle, die sie überhaupt kannte. Es brachte einen Hauch von Freiheit mit sich, als könne nichts auf der Welt ihr was anhaben. Jetzt plötzlich spürte sie die Kraft, die sie auf dem Weg durch den Dschungel aus lauter Angst nicht hatte finden können.

45

Andrew Stormonts Maschine landete erst um acht Uhr abends in Hongkong, nachdem sie wegen technischer Probleme drei Stunden auf dem Rollfeld in Heathrow hatte warten müssen. Den letzten Anschlußflug nach Hanoi hatte er verpaßt. Es blieb ihm nichts anderes übrig, als bis zum nächsten Morgen zu warten. Schon in London hatte er in seiner stillen Wut telefonisch Vorkehrungen getroffen. Ein Wagen hatte ihn am Flughafen abgeholt und zu der geheimen Wohnung in Wanchai gebracht. Colin McKenzie, der Leiter des Hongkonger Büros, war persönlich gekommen, um ihn über die neuesten Entwicklungen zu informieren. Er begrüßte Stormont mit einem Händedruck und einem Gin Tonic.

Stormont saß aufrecht in einem Sessel, mit entschlossenem Gesicht, ein wenig grau und erschöpft vom Schlafmangel.

»Es gab eine Menge Aktivitäten in Frazers Haus und bei seinen Angestellten. Acht von ihnen sind nach Vietnam geflogen. Frazer wurde von einer Frau begleitet, auf die Ihre Beschreibung paßt, blond, jung, sehr hübsch. Eva Cunningham. Irgendwas tut sich in Vietnam. Wir haben einen Bericht von dem Büro in Hanoi. Frazer und seine Männer haben sich in einem Militärlager etwa achtzig Meilen von Hanoi entfernt verschanzt. Ein paar seiner Leute und er selbst haben eine ganze Weile auf dem Gelände der Mine verbracht, es liegt ganz in der Nähe. Die Frau war dabei, ist aber seit gestern morgen nicht mehr gesichtet worden.«

»Ist wohl auch nicht der richtige Ort für so ein junges Ding, ein Militärlager im Dschungel. Wahrscheinlich hat Frazer sie zurückgeschickt.«

»Nein, das wäre unseren Leuten nicht entgangen«, widersprach McKenzie entschieden.

Stormont sah an ihm vorbei und sagte nichts. McKenzie

beobachtete ihn und bemerkte sein Schweigen, sein Ankämpfen gegen Emotionen.

Stormont sah den anderen kaum, er dachte nur an Eva, an ihr Gesicht, ihre Haltung, stark und lebendig. Er schloß die Augen, um das Bild aus seinem Bewußtsein zu vertreiben.

Am nächsten Morgen wachte Cassie um sieben Uhr auf. Sie duschte und zog eine weite Baumwollhose, ein T-Shirt und Sportschuhe an. Dann packte sie ein paar Sachen zusammen, falls sie die Nacht in Evas Militärlager verbringen müßte, und ging frühstücken. Im Speisesaal setzte sie sich an einen Tisch am Fenster und bemerkte eine Reisegruppe, deren Mitglieder alle T-Shirts mit der Aufschrift: »Canadian Travel Agent's Educational Tour Vietnam 1995« trugen. Soviel zur Exotik.

Sie bestellte Croissants, Kaffee und Kokosnußmilch. Sie spielte mit den Croissants. Der gesunde Appetit von gestern abend war von der Aufregung erstickt worden. Um fünf vor neun ging sie zur Rezeption und fragte nach ihrem Fahrer. Ein drahtiger Vietnamese trat einen Schritt vor und stellte sich vor. Sein forschender Blick ruhte nur kurz auf ihr.

Sie folgte ihm zum Wagen, wo er ihr die Tür aufhielt. Sie stieg ein. Er schlug die Tür heftig zu und stieg auf der anderen Seite ein. Dann ließ er den Motor an und fädelte sich in den wimmelnden Verkehr ein.

Er sagte die ganze Zeit kein Wort. Nach einer halben Stunde wurde Cassie nervös und fragte:

»Wir fahren doch zum Militärlager, oder? Sie wissen, wo es sich befindet?«

Er schaute über die Schulter und sagte in tadellosem Englisch: »O ja, das weiß ich.«

Danach verfiel er wieder in Schweigen. Cassie fand seine Worte nicht so beruhigend, wie sie es sich gewünscht hätte, im Gegenteil, die zermürbende Angst in ihr wuchs. Sie sah aus dem Fenster auf die Reisfelder, die gebückten Frauen, die Ochsen und baufälligen kleinen Holzbrücken, die schwankten, wenn ein Mensch darüberlief. Doch selbst die

Rinder benutzten sie. Schweigend fuhren sie weiter. Langsam kamen sie in höhere Gefilde und ließen die flachen Reisfelder hinter sich. Schließlich erreichten sie eine Gegend mit roter Erde und grünen Bäumen. Cassie kurbelte das Fenster herunter und ließ einen Schwall glühendheißer Luft herein. Sie legte sich um ihren Körper wie eine klebrige Hand. Schnell kurbelte sie das Fenster wieder hoch, um sich von der Außenwelt mit ihren fremdartigen Gerüchen und Geräuschen zu schützen. Sie saß eng an den schmuddeligen Rücksitz aus Plastik gepreßt da und sah zu, wie der Dschungel um sie herum wuchs.

Jetzt bog der Wagen in einen kleinen Pfad ein. Cassie fühlte, wie die Hitze durch das Dach schlug und die Klimaanlage ausschaltete. Sie fing an zu schwitzen. Unerbittlich brannte die Sonne auf sie herab. Dann bemerkte sie, wie der Fahrer nervös wurde. Er fuhr langsamer und warf ihr einen Blick über die Schulter zu.

»Wir sind bald da. Wie lange bleiben Sie?«

»Keine Ahnung. Das kommt ganz drauf an.«

»Worauf?«

Sie wußte es selbst nicht. Irgendein Instinkt hatte sie hergetrieben, und jetzt hoffte sie, daß sie unrecht hatte und alles in Ordnung war. Dabei war ihr klar, daß das nicht sein konnte. Sie runzelte die Stirn. Für einen Fahrer war er ziemlich neugierig. »Auf meine Laune«, antwortete sie scharf.

»Wenn Sie wollen, warte ich auf Sie. Wie wollen Sie sonst zurückkommen?«

»Ja, warten Sie eine Weile. Ich sage Ihnen Bescheid, ob ich bleibe oder nicht, wenn ich mit meiner Freundin gesprochen habe.«

»Ihre Freundin ist im Lager?«

»Ja. Sie erwartet mich«, fügte sie hinzu, für alle Fälle.

Eva stand äußerlich lässig da und rauchte eine Zigarette, obwohl ihre Sinne bis zum Zerreißen gespannt waren. Gleichgültig blies sie den Rauch in den Himmel und sah zu, wie er sich mit der stickigen Luft des Dschungels vermischte und auflöste. Sie wartete, bis der letzte Bodenposten in Frazers improvisiertem Büro verschwunden war, drückte den Stummel aus und bückte sich, um die Schnürsenkel ihrer Sportschuhe zuzubinden. Ein letztes Mal sah sie sich um. Auf dem Wachtturm stand noch ein Posten. Sie war hinter einem Stapel übereinandergetürmter Säcke verborgen, aber sobald sie sich bewegte, würde er sie sehen. Sie wartete, bis er sich umdrehte, um die andere Seite des Lagers zu beobachten. Dann lief sie zehn Meter über den offenen Hof in den dichten Dschungel hinein. Hinter einem Baum suchte sie Deckung und sah sich nach vermeintlichen Verfolgern um. Nichts. Es sah beinahe so aus, als wollten sie ihr die Flucht ermöglichen.

Den ganzen Tag schon schienen die Wachen abgelenkt, nervös und angespannt, als warteten sie auf etwas. Ihre Blikke waren in die Ferne gerichtet, nicht auf sie. Seit ein paar Tagen führten sie sich ihr gegenüber mit der Arroganz von Gefangenenwärtern auf. Tagsüber durfte sie sich innerhalb des Geländes frei bewegen, doch die Ausgänge waren streng bewacht und unpassierbar. Nachts wurde sie in ihrem Zimmer mit den vergitterten Fenstern eingeschlossen. Sie hatte alles beobachtet und auf eine Chance zu fliehen gewartet. Doch heute schienen die Posten zu ihrer Überraschung durch sie hindurchzusehen, als existiere sie gar nicht. Frazer betrachtete sie mit derselben Kälte, obwohl sich in seinen Augen immer noch das Bedürfnis verbarg, andere zu verletzen. Die Rollen standen fest. Sie war seine Gefangene. Jetzt sah sie sich nach allen Seiten um. Keine Spur von Gefahr, und doch spürte sie sie überall.

Sie lief schnell, kam aber kaum vorwärts. Im Dschungel lauerten tausend Fallgruben. Der Schweiß strömte an ihrem Körper herab. Ihre Wut würde sie bei vierzig Grad Hitze die drei Meilen zur Mine und darüber hinaus tragen. Und die Wachen würden bald entdecken, daß sie weg war, das wußte sie. Möglich, daß sie sie noch vor der Mine abfingen, aber sie mußte es versuchen. Sie mußte herausfinden, was da vor sich ging, und dann das Weite suchen. Jetzt verstand sie das rätselhafte Verhalten der Posten. Sie hatten sie angesehen, als sei sie bereits tot. Die Zeit lief ihr davon. Sie rannte noch schneller, als wolle sie sie einholen.

Auf Frazers Anweisung hin hatte sie der alten Vertragsfirma gekündigt und seine Leute auf das Gelände gelassen. Die neue Mannschaft hatte sofort mit den Probebohrungen begonnen und eine derart hektische Betriebsamkeit an den Tag gelegt, daß es ihr vorkam, als verberge sich dahinter etwas ganz anderes. Sie zwang ihren Körper, schneller durch den dichten Dschungel zu laufen. Die einzigen Geräusche weit und breit waren das Kreischen aufgeschreckter Vögel und ihr eigenes Keuchen. Es wurde heller. Eva wußte, daß sie in die Nähe der Lichtung kam, wo sich die Mine befand. Sie ging jetzt langsamer, und das letzte Stück kroch sie auf allen vieren. Hinter einem Baum, ein paar Schritte von der Lichtung entfernt, suchte sie Deckung. Von hier hatte sie eine gute Sicht. Die Holzhütten stöhnten unter schweren Vorhängeschlössern. An den vier Ecken des Geländes waren Wachen postiert. Und die neuen Maschinen waren auch schon da.

Wie jeden Tag herrschte auch heute emsige Geschäftigkeit auf der Mine. Die großen gelben Monster wühlten die Erde auf. Schlangen von Lastwagen fuhren dröhnend über das Gelände und luden die ausgegrabene Erde in zwei Haufen ab, beide nur einen Steinwurf von ihr entfernt.

Wieder näherte sich ein mit kleineren weißen Steinen beladener Lastwagen dem ersten Haufen. Er kam aus einer anderen Richtung. Komisch, dachte Eva. Es gab überhaupt keine Erde zwischen den Steinen, sie waren ganz sauber. Schließlich hob sich die Ladefläche des Lasters und kippte die Steine auf den einen Erdhaufen. Staunend beobachtete Eva, daß sie praktisch geräuschlos zu Boden fielen, ohne das übliche Rumpeln und Poltern. Dann wendete der Laster und fuhr davon.

Eva sah sich um. Der Erdhaufen bildete eine gute Deckung vor den Arbeitern und dem Wachtposten, der gelegentlich vorbeikam. Sie kroch auf allen vieren vorwärts und versteckte sich dahinter.

Einer der weißen Steine lag in ihrer Reichweite. Sie griff danach. Als sie die Oberfläche berührte, gefror ihre Haut zu Eis – der Stein war aus Gummi. Und mit irgend etwas gefüllt. Sie wühlte in der Erde nach einem echten Stein. Schmutz setzte sich unter ihren Fingernägeln ab, der Schweiß lief ihr über das Gesicht. Schließlich stieß sie auf einen scharfkantigen Felsbrocken und verletzte sich am Finger. Blut. Sie nahm den Stein und begann, das Gummi aufzuschneiden. Rasch war eine kleine Kerbe entstanden, die sie weiter bearbeitete, bis sie durch war. Als sie den falschen Stein hochhob, rieselte ein dünner Strahl weißen Pulvers heraus. Sie erkannte es auf den ersten Blick und spürte, wie sich ihr Magen umdrehte. Sie mußte keinen Finger anfeuchten, keine Probe nehmen, nichts probieren. Sie wußte genau, was es war – Heroin. Frazer hatte ihre eigene Falle gegen sie gerichtet. Jetzt durchschaute sie seinen Plan. Vermutlich wollte er unter dem Vorwand der Probebohrung die heroingefüllten Steine zusammen mit den Bodenproben nach Australien schicken. Ein genialer Plan.

Da ihre Sinne von Wut betäubt waren, hörte sie die Schritte nicht, die sich näherten, spürte die unmittelbare Gefahr nicht, bis es zu spät war, eine Hand ihre Schulter umklammerte und der Lauf einer Pistole ihre Schläfe berührte.

Sie bewegte nur die Augen und erkannte den harten kalten Blick des Wachtpostens, der auf sie herabstarrte, ein Posten mit Funkgerät und Pistole. Zweifellos entsichert. Das Funkgerät krächzte. Sie hörte den Posten auf vietnamesisch sagen: »Frazers Frau ist hier. Sie hat den Stoff gefunden.«

Alles schien überirdisch still, alle Geräusche von außen unendlich weit entfernt. Sie hörte nur das Rauschen in ihrem eigenen Kopf. Sie spürte nur die Angst, die sich vor ihr ausbreitete, und den raschen, Übelkeit erregenden Verlust der Entdeckung, des Endes eines Spiels, das sie nie aufgegeben hätte, obwohl sie wußte, daß ihr jetzt nichts anderes übrigblieb. Genau wie sie wußte, was jetzt auf sie zukam, wenn auch nicht wie und wann. Das waren bloß die beinahe irrelevanten Begleitumstände ihres Todes, der feststand. Die letzten vier Jahre waren ein Geschenk gewesen, das sie Frazer gestohlen hatte. Jetzt würde er sie sich zurückholen. Lange starrte Eva ins Leere, dann sah sie den Wachtposten an. Jetzt war jede Sekunde ein Bonus.

Neben ihnen kam ein Jeep zum Stehen. Drei weitere Wachen sprangen heraus. Einer fesselte ihr mit einem Strick die Arme auf dem Rücken. Dann bedeuteten sie ihr, einzusteigen. Sie kletterte auf den Rücksitz, zu beiden Seiten von Wachtposten flankiert. Die zwei anderen saßen vorn. Schließlich holperten sie über die Piste durch den Dschungel zurück zum Lager und zu Frazer.

Eva betrachtete die Bäume, nahm jedes Blatt bis ins letzte Detail wahr. Sie sah zum Himmel auf, der sich blau und riesig über ihr ausbreitete, endlos weit, bis nach England, bis zu dem Haus, in dem sie als Kind gespielt hatte, bis zu der leeren Hülle, die sie jetzt Zuhause nannte, und zu Stormont. Sie sah sein Gesicht, so klar, als stünde er vor ihr, hörte seine Stimme, spürte seine Gegenwart und wußte zugleich, welche Tricks ein verrücktes Gehirn einem spielen kann. Es war klar, daß sie vollkommen allein war.

Frazer stand in seinem Holzhaus und wartete. Er war bereit für sie. Ein Ventilator drehte sich über seinem Kopf und bewegte die stickige Luft, die sich auf sie legte wie Miasma, als sie hereingeführt wurde. Frazer musterte sie stumm. Eva stand unbewegt vor ihm. Zwischen ihnen hing die gleiche Spannung, die auch ihren Sex begleitet hatte. Doch jetzt verhieß der Blick in seinen Augen Tod. Es gab keine Täuschung, keine süßverzuckerte Ablenkung. Eva stand starr da, bereit, um sich zu schlagen. Frazer stand lässig, als habe er alle Zeit der Welt.

Schließlich lächelte er, und sie spürte, wie ihr übel wurde. Er hatte die Arme auf dem Rücken verschränkt und schien irgendwas in der Hand zu haben. Als er sprach, war seine Stimme eisig und unbewegt.

»Du hast also mein Heroin gefunden, Eva. Du weißt davon, nicht wahr, du hast es selbst benutzt, glaube ich, als du für mich gearbeitet hast. Acht Jahre ist das jetzt her. Le Mai glaubte schon in London, dich wiedererkannt zu haben. Ich wollte ihm damals nicht glauben, daß du ein Junkie warst, dich von der Sucht befreit hast und nach so vielen Jahren hinter mir her sein solltest. Ich hatte einen Privatdetektiv auf dich angesetzt, als wir uns kennenlernten. Er erklärte dich für völlig gesund. Du wirktest genauso wie das, was du angeblich warst, eine Englischlehrerin in Vietnam, die das große Los gezogen und eine Diamantenmine entdeckt hatte. Ist zwar selten, aber nicht ausgeschlossen. Doch nach Le Mais Verdacht ließ ich durch eine andere Quelle weitere Nachforschungen anstellen und bekam Wind von deiner Heroinsucht. Seit diesem Augenblick, meine liebe Eva, bist du tot. Du und der Privatdetektiv, der mich belogen hat, Owen Quaid.« Er zuckte die Achseln. »Quaid hat eine Affäre mit deiner Freundin Cassie. Wahrscheinlich haben sie unter einer Decke gesteckt, um dich zu beschützen. Aber das hat dir nicht viel gebracht, wie?«

Sie beobachtete ihn. Ihre Angst paarte sich mit Verwirrung. Wie konnte er von ihrer Abhängigkeit erfahren haben? Ihre Krankenberichte waren gelöscht und durch neue ersetzt worden.

Er trat einen Schritt auf sie zu. Irgendwas hielt er hinter dem Rücken versteckt.

»Ach, Eva, was für eine Verschwendung. Du bist so schön, du hattest so viele gute Eigenschaften … eine ungeheure Willenskraft – nicht viele Junkies schaffen es, clean zu werden. Aber alles für einen guten Zweck, wie?« Sein Mund verzog sich zu einem sarkastischen Grinsen. »Also bist du zurückgekommen und hast versucht, mich für den MI6 in die Falle zu locken, stimmt's? Ich wußte die ganze Zeit, daß sich irgendwo in meiner Organisation eine Agentin versteckt hielt. Einmal glaubte ich schon, ich hätte sie erwischt. Sie wurde geschnappt und aufgehängt, also konnte sie es nicht gewesen sein, ihre Leute hätten sie sonst rausgeboxt. Ich nehme an, du hast davon gehört. Sie war eine Freundin von dir, wenn ich mich nicht irre.« Sein spöttischer Blick brachte sie zur Raserei. »Doch das war nur ein kleiner Verlust, und letzten Endes habe ich dich doch gekriegt, meine kleine Spionin.« Er strich mit einem Finger über ihre Wange und fuhr zurück. Ihre Haut war wie Eis. Er sah an ihr vorbei und lachte dann plötzlich. In seinen Augen funkelte stille Wut. »Der MI6 führt einen Privatkrieg gegen mich. Sie brauchen eine Rechtfertigung für ihre Existenz, deshalb pfuschen sie im Drogenhandel herum und im Waffenhandel, versuchen, die Kontrolle zu behalten, und streuen gelegentlich etwas Sand ins Getriebe, wenn es gar nicht mehr anders geht und sie dem Publikum was bieten müssen. Und dann lassen sie dich gegen mich antreten. Was hattest du mit mir vor, Eva? Solltest du mich ausspionieren und Berichte nach Hause schicken? Eine Beruhigung gegen das schlechte Gewissen? Wir wissen, wer was macht. Wir werden niemanden daran hindern. Wir sind damit zufrieden, daß wir es wissen. Das ist die Vakuum-Theorie, nicht wahr? Wir können ihn nicht aus dem Verkehr ziehen, sonst füllt einfach ein anderer das Vakuum des Bösen. Möglicherweise jemand, der noch schlimmer ist. Und das nennt sich dann Counter Proliferation. Eine Übung in moralischem Relativismus.« Er trat einen Schritt auf sie zu. Seine starren Augen ließen ihren Blick nicht los. »Und dafür mußt du sterben, Eva. Das ist dein hohler Grund, deiner und der des MI6. Wie fühlt man sich, wenn man weiß, daß man seine Zeit vergeudet, sein Leben verspielt hat?« Beim Anblick des Hasses in ihren Augen, des Stolzes, des absoluten Widerstands, wandte er sich abrupt ab. Dieser Blick verbrannte ihn bis ins Mark.

»Hast du wirklich geglaubt, du könntest mich besiegen, könntest herkommen und mich reinlegen? Mich ruinieren? Keine Sorge, ich erwarte keine Antwort.« Er kam noch näher. »Wir wollten eigentlich warten, bis Ha Chin heute abend kommt, du hättest ihn amüsieren können, aber es ist besser, wir bringen die Sache gleich hinter uns.«

Zwei Wachen hielten sie von rechts und links. Ein dritter fesselte ihr die Beine. Dann nahm er einen Ledergürtel und schnürte ihn fest um den nackten Oberarm. Eine Vene trat hervor. Frazer streckte die Hand mit der Spritze aus.

»Eine hübsche kleine Überdosis für dich, Eva. Einmal Junkie, immer Junkie. Die meisten Fixer finden irgendwann zurück.« Er lächelte. »Ein plausibler Tod, findest du nicht?«

46

Am Eingang des Militärlagers setzte der Fahrer Cassie ab. Sie stieg aus, sah sich um und horchte. Ein Stromgenerator summte, Rauch und Essensgerüche stiegen aus einem Schornstein, doch es war niemand zu sehen. Sie ging auf ein größeres Gebäude im Zentrum des Lagers zu, dessen Tür offenstand. Als sie näher kam, vernahm sie eine Stimme. Die Worte waren nicht zu unterscheiden, sie hörte nur den Klang, den widerlichen Tonfall, und zwang sich, geräuschlos weiterzugehen. Schließlich erreichte sie den Eingang und schlich auf Zehenspitzen einen Flur entlang, auf die Stimme zu. Vor einer halb offenen Tür blieb sie stehen und rang nach Luft. Jetzt hörte sie Frazers Worte klar und deutlich. Sie lauschte, bis er Evas Todesurteil aussprach, und spähte zitternd vor Angst um die Ecke.

Frazer hielt Eva fest und stieß ihr gerade eine Nadel in den Arm. Ihre Augen waren geschlossen, der Körper sackte weg. Cassie stieß einen Schrei aus, sprang mit einem Satz durch die Tür und stürzte sich auf Frazer. Die Nadel stak noch einen Augenblick in Evas Arm und fiel dann zu Boden. Ein Wachtposten packte Cassie und riß sie zurück.

Frazer richtete sich auf. Eva warf einen Blick auf die Spritze am Boden. Nur ein Bruchteil des Heroins war in die Vene gelangt. Gut möglich, daß sie Glück gehabt hatte. Dennoch spürte sie, wie Wärme und Gleichgültigkeit sie durchströmten. Sie versuchte, dagegen anzukämpfen, merkte jedoch, wie ihr Körper nachgab. Ein trockenes Schluchzen schüttelte sie, als sich das Gift in der Blutbahn ausbreitete.

Frazer starrte auf Cassie, die jetzt von zwei Wachen festgehalten wurde.

»Cassie Stewart. Bißchen weit weg von zu Hause, finden Sie nicht? Sind Sie gekommen, um Ihre Freundin zu retten? Ein bißchen spät. Und obendrein ein bißchen ungelegen.«

Er warf einen Blick auf die Spritze am Boden. »Vollstrekkungsaufschub, denke ich. Wie sind Sie hergekommen?«

Cassie war überrascht, als sie hörte, wie laut und stark ihre Stimme klang. »Ein Fahrer hat mich abgesetzt.«

»Ist er weg?«

»Ja.« Sie deutete auf die Reisetasche zu ihren Füßen. »Ich dachte, ich könnte ein paar Tage bleiben. Ich würde ihn wohl kaum bitten zu warten, oder?«

Frazer studierte einen Augenblick ihr Gesicht, als wolle er rauskriegen, ob sie log. Cassie hoffte, daß er ihr glaubte, hoffte, daß ihr langes Wegbleiben den Fahrer beunruhigen würde und er etwas unternahm, irgendwas, um sie zu retten. Frazer wandte sich an die Wachen.

»Seht euch um. Schaut, ob sich der Fahrer noch irgendwo rumtreibt. Wenn ihr ihn findet, bringt ihn her. Und diese beiden schließt am besten ein. Ha Chin kommt in fünf Stunden. Bis dahin sind wir fertig.«

Cassie und Eva saßen sich, an Armen und Beinen gefesselt, auf dem schmutzigen Fußboden eines stinkenden, fensterlosen Zimmers gegenüber.

»O Cass, warum um alles in der Welt mußtest du herkommen?«

Cassies Stimme war tonlos.

»Ich habe was über Frazer erfahren. Gerüchten zufolge hat er einen Wissenschaftler getötet, der ihm militärische Geheimnisse verkauft hatte. Ich bin gekommen, um dich zu warnen. Irgendwas, das du gesagt hast oder wie du es gesagt hast, als du aus Hongkong anriefst … ich hatte das Gefühl, daß du Angst vor Frazer hattest.«

»Hatte ich auch.«

»Als du sagtest, du würdest in diesem Lager bleiben, dachte ich, du hättest mir damit was sagen wollen.«

»Stimmt. Aber ich wollte nicht, daß du herkommst.«

»Wer dann? Andrew Stormont?«

»Hast du ihm von dem Lager erzählt?«

»Nein. Ich habe niemand was erzählt. Mein Mitbewohner weiß, daß ich hier bin, und mein Reisebüro, sonst keiner.« Cassie hielt inne. »Er wird uns umbringen, nicht wahr?«

»Ja.«

»Und ist es wahr, was Frazer sagt? Daß du eine Agentin des MI6 bist?«

»Hat wohl nicht viel Zweck, es jetzt noch zu leugnen.« Sie wandte den Blick ab. »Jedenfalls tut es gut, nicht mehr lügen zu müssen.«

»Wir haben alle was zu verbergen, Eva, du hast kein Monopol auf Geheimnisse, nur weil du damit deine Brötchen verdienst. Warum spielst du deine Rolle nicht einfach etwas überzeugender, wenn es die Sache wert ist, und machst dir nichts draus, wenn die Welt dich unterschätzt?« Cassies Hoffnung war in Verbitterung umgeschlagen.

»Früher oder später sehnen wir uns alle nach Verständnis.«

»Ich weiß, daß du heroinabhängig warst, wenn du das meinst. Soviel wußte ich immerhin.«

Eva starrte an die Wand hinter Cassie.

»Das ist es ja gerade, was mich so konfus macht. Frazer sprach von einem Privatdetektiv, der das mit meiner Sucht rausgekriegt hatte, ihm aber nichts davon sagte. Er meinte, du und der Detektiv, Quaid, ihr hättet was miteinander, und Quaid hätte die Sache mit dem Stoff für sich behalten, um mich zu schützen. Frazer hat mir eine lange Predigt gehalten, mit sämtlichen Einzelheiten. Wahrscheinlich wollte er mir beweisen, wie clever er ist, wieviel er wußte. Er mußte mir unbedingt imponieren, sogar in dem Moment, als er mich umbringen wollte.«

»Ich fand das nicht so wichtig, die Sache mit der Abhängigkeit.«

»Nett von dir, aber das ist nicht der Punkt. Dein Detektiv hatte die Information aus meinen medizinischen Unterlagen, stimmt's?«

»Ich glaube ja.«

»Sie hätte da nicht drin sein dürfen. Die Firma mußte dafür sorgen, daß sie verschwindet. Sie basteln ihren Agenten eine sogenannte ›Legende‹. Sie sorgen dafür, daß ihre Tarnung so wasserdicht wie möglich ist. Meine Tarnung war: nicht süchtig. Ich hätte clean sein müssen. Wenn meine Abhängigkeit nicht aus den medizinischen Unterlagen gelöscht war, dann hat jemand bewußt dafür gesorgt, daß sie drinbleibt, weil ihm klar war, daß meine Tarnung auffliegen würde, wenn Frazer dahinterkam. Man wollte mich sprengen.«

»Sprengen?«

»Hochgehen lassen. Irgendwer in der Firma wollte, daß ich sterbe.«

Cassie starrte sie verzweifelt an. »Wer? Und warum?«

»Es kann nur einer von drei Leuten gewesen sein. Vermutlich werde ich im Moment nicht rauskriegen, wer. Und warum? Wer weiß? Die Gründe für das, was man tut, sind immer vielfältig. Ich wußte, daß ich mich vor Frazer hüten mußte. Ich wußte nicht, daß ich auch zu Hause Feinde hatte. Das Schlimmste ist, Frazer hat recht mit seinem Gerede, daß Moral relativ ist. Die Firma hätte ihn nicht angerührt, sie war nur hinter Informationen her. Ich sollte das Rädchen im Getriebe sein und die Sache einfädeln. Frazer war ein Glied in einer größeren Kette. Männer wie er haben bloß eins verdient – daß man ihnen das Handwerk legt, aber sie sind so mächtig, so korrupt, so im System verwurzelt, daß sie eine neue Kaste von Unberührbaren darstellen.« Sie sah Cassie an. »Ich hätte es getan. Aber jetzt ist es zu spät.«

»Was hat das alles zu bedeuten? Du sprichst von Rädchen im Getriebe, von Informationen … worum geht es denn eigentlich?«

»Um zweierlei. Was die SIS will und was ich will. Stormonts Leute wollen Frazer. Sie halten ihn für korrupt. Aber sie wollen ihn nicht aus dem Verkehr ziehen. Sie wollen ihm was anhängen und ihn dann erpressen, damit er die Chinesen ausspioniert. Er hat große Geschäfte mit China gemacht, kennt alle hohen Tiere. Alles im Namen der Counter Proliferation. Die Firma erhofft sich von ihm Informationen über Chinas Waffenprogramm, wem es Waffen und Ausrüstung verkauft, insbesondere Atom- und Chemiewaffen.« Sie zögerte. »Der Diamantenplan war eine Falle für Frazer.«

»Wieso glaubtest du, daß er drauf reinfallen würde?«

»Jeder Mensch hat eine Schwäche. Es ging nur darum, seine rauszukriegen.«

»Und?«

»Neugier und Gewinnsucht. Er hat ein Vermögen gemacht, aber das spielt keine Rolle. Er kann den Hals nicht vollkriegen. Es ist zwanghaft, und bei Diamanten besteht immerhin die Chance, riesige Gewinne zu machen. Aber bei der Diamantenmine war noch was anderes im Spiel. Sie diente auch einem anderen Zweck, irgendwem sollte ein Gefallen getan werden, aber wie das zusammenhängt, weiß ich nicht.«

»Und Case Reed und ich? Wie passen wir da rein?«

»Ihr kamt ganz einfach gerade recht, fürchte ich. Wir konnten an Frazer nicht direkt ran, also mußten wir einen gemeinsamen Freund einschalten, der ihm das Geschäft mit ein paar kleinen britischen Risikoanlegern empfahl. Wir suchten uns zwei schreckliche aus und Case Reed, damit garantiert war, daß ihr gut wegkamt. Dann erzählte ich dir von der Diamantenmine und überließ den Rest dem Zufall. Natürlich war es kein Zufall, sondern reine Berechnung.«

»Und woher wußtest du, wie ich reagieren würde? Was war meine Schwäche?«

»Du hast den Deal für mich eingefädelt. Deine Schwächen waren Habgier und Rivalität.«

»Rivalität?«

»Sie war immer da, unter der Oberfläche. Ich wußte, daß du darauf anspringen würdest und es immer noch tust.«

»Wovon, zum Teufel, redest du eigentlich?«

»Das spielt jetzt keine Rolle, Cassie.« Eva wandte den Blick ab, erschöpft, es hatte keinen Zweck, darüber zu diskutieren.

»Du haßt mich, und deshalb hast du mich bei deinem Plan benutzt. So ist das also, und jetzt kriege ich die Quittung, was?«

»Ich hasse dich nicht, Cassie. Ich wollte niemals, daß dir was passiert. Ich habe sofort versucht, dich vor dem Deal zu warnen.«

Eva lächelte sanft durch den Drogenschleier, durch das Gefühl der Isolation, das sie abschirmte. »Du warst einfach die optimale Figur am richtigen Platz. So unpersönlich war das alles.«

»Du willst mich immer noch für dumm verkaufen, genau wie Frazer.«

»Willkommen auf der Welt, Darling. Allerdings hat sie nichts mit eurer Risikokapitalwelt zu tun, wo die Wagnisse nur auf Papier stehen und ihr gemütlich am runden Tisch sitzt und über Risiken schwafelt. Das Schlimmste, was euch passieren kann, ist, daß ihr Geld verliert, und in den seltensten Fällen ist es euer Geld. Das Geld gehört immer jemand anders, nicht wahr, jemand, der das Risiko eingeht, während ihr danebensitzt und zuseht oder in sicherem Abstand folgt. Immer auf Nummer Sicher, immer abgeschirmt, in Watte verpackt. Bloß kann man sich nicht gegen alles im Leben absichern, verstehst du? Und du wolltest es auch gar nicht. Irgendwas in dir drin witterte das Risiko, und du bist ihm gefolgt. Du bist genauso schnell hinterhergelaufen, wie ich dich gedrängt habe. Du wolltest es, du sehntest dich nach dem Abenteuer, mußtest unbedingt etwas Unvorhersehbares, Unberechenbares in dein Leben bringen.«

Sie hielt einen Augenblick inne und studierte Cassies Gesicht. Feindseligkeit, Wut und ein merkwürdiges Mitgefühl flackerte zwischen ihnen hin und her. Es war, als seien sie sich der kurzen verbleibenden Zeit so bewußt, daß die Reaktionen innerhalb von Sekunden abliefen.

»Jetzt hast du deinen Nervenkitzel«, fuhr Eva fort. »Was ist das für ein Gefühl?«

»Das mußt du mich gerade fragen. Du hast mich schließlich hergebracht.«

Eva schien vor ihren Augen in sich zusammenzusacken. »Ich weiß. Und du wirst nie wissen, wie ich es bereue, dir das angetan zu haben.«

Cassies Stimme war stark, leise und voller Wut.

»Du hast es auch dir selbst angetan. Bereust du das etwa nicht? Du liebst die Konfrontation. Es gibt nichts, vor dem du zurückschreckst. Du bist zwanghaft, genau wie wir alle, hin und her gerissen zwischen Angst und gespielter Tapferkeit. Du kannst nicht mal unterscheiden, wann du dich auf was einlassen und wann du lieber die Finger davon lassen solltest. Du stürmst einfach blind vorwärts und nennst es Mut. Weil es gut aussieht, nicht? Furchtlose, tollkühne Eva, die alles packt. Aber bloß, weil du so schnell rennst, daß du gar nicht mehr anhalten kannst. Wovor läufst du weg? Du hältst ja nicht mal inne, um deine eigenen Dämonen zu betrachten, geschweige denn dich von ihnen unterhalten zu lassen. Du bist genauso auf der Flucht wie ich, du tarnst es nur ein bißchen besser.«

»Ach Cassie, mir bleibt doch gar nichts anderes übrig! Du lebst dein Leben, abgesichert auf der anderen Seite. Nichts wirklich Schreckliches ist dir bisher passiert, oder? Kein Laster, der im Nebel auf dich zurast und dich überfährt. Keiner, der hinter einem Baum lauert, um dich zu vergewaltigen. Du warst ein unschuldiges Opfer. Wie einfach es ist, deine vertrauensvolle Sicht von der Welt zu haben oder die Überzeugung, daß persönliche Verantwortung der Schlüssel zu sämtlichen Fragen auf der Welt ist. Nur jemand mit soviel Glück wie du kann so denken.

Du tust so, als sei das, was dir passiert ist, einfach bloß Pech. Aber in Wirklichkeit liegt eine gewisse Unausweichlichkeit darin. Du warst schon immer selbstzerstörerisch. Wir besiegeln unser Schicksal Tag für Tag, Jahr für Jahr. Wir schmieden es uns selbst.

Glaubst du nicht, daß ich nicht auch lieber anders gelebt und die Welt fröhlicher gesehen hätte, statt mich von schwarzen Löchern auffressen zu lassen? Du weißt nicht, wie grausam sie sein kann. Als meine Familie auseinanderbrach, sah ich es nur allzu deutlich. Es war, als hätte ich auf einem Auge grauen Star. Alles, was ich sah, lag im Schatten. Selbst wenn ich auf Skiern den schönsten weißen Berg runtersauste, sah ich dunkle Flecken im Schnee. Ich fuhr, so schnell ich konnte, um ihnen zu entkommen, aber sie waren immer da. Der Stoff war ein Ausweg. Er war eine gute Tarnung, aber auch ein wunderbarer Balsam für die Seele, ein rosarotes Gift.«

Cassie starrte an die Decke. »Ich habe mich auch versteckt, zum Beispiel in der täglichen Routine, aber ich hab's nicht durchgehalten, du hast recht. Ich suchte nach was anderem. Ich hatte dieses unglaubliche Gefühl von Unzufriedenheit, und daß irgendwas nicht stimmte. Das Banale und die Oberflächlichkeit hatten mich schon halb erstickt. Das ist einer der Gründe, warum ich mich von dir sofort angezogen fühlte. Es sah so aus, als kämpftest du ununterbrochen. Du wirktest auf mich immer getrieben und ruhelos.«

»Tja, wir hatten beide unrecht, nicht wahr? Wir sind am gleichen Ort gelandet. Und hier geht es zu Ende.« Eine Zeitlang sahen sie einander schweigend an, staunend über die eigene Verzweiflung, die sich in den Augen der anderen spiegelte. Cassie sprach als erste.

»Vielleicht haben wir aber auch beide recht. Was würdest du machen, wenn wir davonkämen, wenn wir irgendwie abhauen könnten?«

»Können wir nicht. Verschwende nicht deine Zeit.«

»Nein, ich weiß. Bloß um sich was vorzustellen, was zu haben, woran man sich festhalten kann.«

Eva versuchte, ihre Stellung auf dem schmutzigen Boden zu verändern. Die Fesseln schnitten in ihre Handgelenke und Knöchel.

»Die alten Griechen glaubten, daß ein Racheschwur ein Vertrag zwischen Mensch und Gott ist. Er zählt mehr als alles andere. Unwiderruflich.«

»Das war dein Plan, wie? Du sagtest, das MI6 hatte seine eigenen Ziele, und du hattest deine.«

Eva nickte. »Ich würde wieder herkommen und das tun, was ich die ganze Zeit vorhatte. Ich würde zurückkommen, um Frazer zu töten.«

47

Andrew Stormont traf am späten Vormittag in Hanoi ein. Er wurde direkt zur Botschaft in der Pho Ly Thuong Kiet Street Nr. 216 gebracht, wo er sich in einem klimatisierten Zimmer vom Leiter der Abteilung, Charles Courtney, über die neueste Entwicklung informieren ließ.

»Zwei von unseren Leuten haben Cassie Stewart gestern am Flughafen in Empfang genommen und sie ins Metropole gebracht. Sie meldete sich an, machte einen Spaziergang und nahm keinerlei relevanten Kontakt zu irgend jemand auf, soweit uns bekannt ist. Sie bat nur den Portier, ihr einen Wagen zu besorgen, der sie zu Frazers Militärlager in Bac Giang bringen sollte. Als wir das erfuhren, schleusten wir einen unserer eigenen Männer ein, Truong. Er hat sie heute morgen dorthin gefahren. Vor einer halben Stunde hat er per Funk bestätigt, sie vor dem Militärlager abgesetzt zu haben. Normalerweise wimmelt das Lager von Wachen, aber heute müssen sich alle im Inneren der Gebäude aufgehalten haben. Keine Spur von Eva Cunningham oder Frazer. Truong hatte Angst, daß die Wachen rauskommen und ihn sehen könnten, deshalb hat er sich mit seinem Jeep ein Stück weit in den Dschungel verzogen. Ich habe ein sehr mulmiges Gefühl bei der Sache. Er hat vorher schon ein paar Tage lang das Lager diskret beobachtet und sagt, die Wachen sind nervös wie sonstwas. Ich bin nicht sicher, was sie mit ihm machen würden, falls sie ihn finden.« Er hielt inne und zupfte an seinen Manschetten. »Ich hoffe, er ist außer Sichtweite, aber das macht die direkte Überwachung schwieriger, deshalb haben wir im Moment keine richtige Vorstellung davon, was sich im Lager tut.«

»Wie viele Wachen gibt es?«

»Etwa zehn. Früher waren es weniger. Heute scheinen sie Verstärkung bekommen zu haben, vielleicht von der Diamantenmine, denn auch sie wird schwer bewacht.«

»Was könnte Ihrer Meinung nach los sein?«

»Irgendwas ist da faul. Alle Wachen sind bis an die Zähne bewaffnet, und es gibt jede Menge Bewegung. Ich weiß, daß Sicherheitsvorkehrungen berechtigt sind, wenn Diamanten im Spiel sind, aber das hier schlägt alles, was ich bisher gesehen habe.«

»Und wenn wir da jemanden rausholen müßten?«

»Wenn Sie nicht als Freund reinmarschieren und als Freund wieder rauskommen können, gibt es unweigerlich ein Blutbad.«

»Vielleicht gibt es ja eine Möglichkeit. Wenn es nicht schon zu spät ist.«

»Glauben Sie?«

»Wie Sie sagen, irgendwas tut sich, sie bereiten sich auf etwas vor.«

»Was schlagen Sie vor?«

»Die Faust im Samthandschuh. Ich fahre raus und rede mit Frazer.«

»Ich weiß nicht, ob ...«

Stormont fiel ihm ins Wort. »Ich bin der Samthandschuh. Sie bleiben draußen mit so vielen Männern, wie wir aufbieten können. Ich stelle Frazer vor die Wahl. Entweder läßt er Eva frei, oder er kriegt sein Blutbad.«

»Und Sie sind das erste Opfer.«

»Ich glaube nicht, daß es soweit kommen wird.«

»Russisches Roulette.«

»Nein. Die Chancen stehen schlechter, und die Motivation ist anders.«

»Sie wissen, daß wir gegen sein Aufgebot nicht ankommen. Jedenfalls nicht in dem Zeitrahmen, den Sie im Auge zu haben scheinen. Und ich glaube nicht, daß die Männer, die wir zusammentrommeln können, ihre Chancen genauso locker einschätzen wie Sie.«

»Müssen sie gar nicht. Die Drohung von unserer Seite ist ein Bluff. Ich brauche nur genügend Leute, um den Eindruck von Stärke zu vermitteln. Wenn der Bluff nicht zieht, machen Sie, daß Sie so schnell wie möglich wegkommen.«

Courtney schüttelte den Kopf, erstaunt, nicht ablehnend.

Er hatte in ähnlichen Fällen bereits mit Stormont zusammengearbeitet und kannte diese Seite an ihm.

»Ich besorge so viele Männer, wie ich kann. Wieviel Zeit haben wir?«

»Zwei Stunden.«

Frazer sah Le Mai über den Tisch hinweg an.

»Wie oft muß ich es noch sagen? Es soll aussehen wie ein Unfall. Eine Überdosis bei einer Fixerin ist akzeptabel. Aber jetzt haben wir auch Cassie Stewart am Hals.«

»Wie wär's mit einem Verkehrsunfall?«

»Was? Soll ich sie etwa erst losfahren und dann von einem unserer Bulldozer überrollen lassen? Mach dich nicht lächerlich. Sie könnte viel zu leicht entkommen. Wahrscheinlich würde sie vorher noch unseren Fahrer aus dem Weg räumen.«

Plötzlich lächelte Le Mai. »Fast hätte ich es vergessen. Ich kenne da einen alten Trick aus dem Krieg. Eine Granate im Benzintank. Sie würde sie in der Luft zerfetzen. Es wäre ungefähr so, als wenn sie über eine Mine fährt. Und jeder weiß, daß diese Gegend von Minen übersät ist.«

»Wie funktioniert es?«

»Ganz einfach. Man sorgt dafür, daß die Öffnung des Benzintanks groß genug ist, entfernt den Bolzen von der Granate, klebt ein Stück Gummi über die Feder und schiebt die Granate in den Benzintank. Dann füllt man Benzin auf und wartet. Das Benzin zerfrißt das Gummi, und peng!« Die beiden Männer lachten.

»Perfekt. Sieh zu, daß es ein bißchen außerhalb passiert, vielleicht ein paar Meilen entfernt.«

»Es ist schwierig, es ganz genau einzustellen. Das Ding könnte zu früh losgehen und uns alle in die Luft jagen. Ein Stück Gummi, zehn Meilen und zwei Liter Benzin dürften genügen.«

»Wie lange brauchst du?«

»Fünf Minuten. Aber wie willst du sie überreden, die Kiste zu fahren?«

»Ich laß mir was einfallen.«

48

Eva und Cassie saßen schweigend in dem finsteren Raum, als sie Schritte hörten. Sie klangen schwer und langsam, anders als das rasche Trippeln der Vietnamesen. Frazer. Eva wußte es, noch bevor sie ihn sah. Sie hörten, wie sich der Riegel in der rostigen Scharte bewegte, und dann flog die Tür auf. Frazer stand mit dem Rücken zum Licht vor ihnen, so daß sein Gesicht im Schatten lag.

»Ich dachte, es würde euch interessieren. Deine Organisation scheint großen Wert auf dich zu legen, Eva. Sie hat sich gemeldet. Wir haben eine Lösung gefunden, mit der alle zufrieden sein können, glaube ich.« Zwei Wachen kamen herein, packten die Frauen und schleppten sie raus in die blendende Sonne. Le Mai schlenderte herbei. Die Wachen zerschnitten die Stricke, mit denen Cassie und Eva gefesselt waren.

»Ihr seid frei, alle beide.« Frazer deutete auf einen Jeep, der ein paar Meter entfernt stand. »Fahrt nach Hanoi. Nehmt das erste Flugzeug nach England, das ihr kriegen könnt.«

Eva sah von ihren geschwollenen Handgelenken auf Frazers Gesicht, als glaube sie weder an ihre Freiheit noch an die Aufrichtigkeit seiner Worte. Er warf ihr die Wagenschlüssel zu. Sie wollte sie auffangen, doch ihre Arme waren taub, so straff waren sie eingeschnürt gewesen. Die Schlüssel fielen vor ihren Füßen zu Boden. Sie bückte sich und wurde von einer Welle der Übelkeit überrollt, ungläubig, doch berauscht von der Aussicht auf Freiheit. Eine innere Stimme warnte, daß sie in eine Falle stolpern könnte, wenn sie das Angebot annahm, doch zu bleiben wäre glatter Selbstmord. Sie umklammerte die Schlüssel und richtete sich auf. Dann drehte sie sich um zu Cassie, in deren Gesicht Angst und Unsicherheit geschrieben standen.

»Na los, haut ab. Ihr seid frei. Geht.«

Eva zwang sich, einen Fuß vor den anderen zu setzen, packte Cassie am Arm und schob sie vorwärts. Stumm gingen sie zu dem Jeep und stiegen ein. Immer noch hatte die Unwirklichkeit sie im Griff, die Droge lähmte sie einfach. Undeutlich hörte sie eine der Wachen seinem Kumpel auf vietnamesisch etwas zuflüstern, dann lachten beide laut auf. Irgendwas über Minen. Ihr Bewußtsein registrierte es nicht. Sie steckte den Schlüssel ins Schloß, legte den Gang ein und fuhr so heftig an, daß der rote Staub aufwirbelte. Sie preschte durch das Lagertor, erreichte die Straße und gab Gas.

Frazer beobachtete sie mit einem seltsamen Gefühl der Leere. Er hatte erwartet, daß sie ihn angreifen, ihre Wut an ihm auslassen, Gift und Galle spucken würde. Ihr Schweigen beunruhigte ihn. Es war fast so, als erwarte sie, ihn wiederzusehen, und wolle sich ihre Reaktion für später aufheben.

Cassie starrte vor sich hin. Das Haar flatterte in ihr Gesicht, als Eva über die holprige Piste vom Lager weg Richtung Hanoi raste. Eva fragte sich, warum sie keine Erleichterung verspürte, sondern das hartnäckige Gefühl hatte, in eine Falle zu stolpern. Trotz ihres benebelten Zustands wurde sie von Minute zu Minute unruhiger.

Sie versuchte zu denken. Sie glaubte Frazer nicht. Es war unwahrscheinlich, aber nicht völlig ausgeschlossen, daß die Firma ihre Freilassung erwirkt hatte. Das hätte sie noch glauben können. Weniger glaubhaft war der Ausdruck in Frazers Gesicht gewesen. Sie hatte seine Blutgier gesehen und gespürt, wie er sich danach sehnte, sie umzubringen. In seinen Augen hatte eine geradezu krankhafte Lust gelegen, als er ihr die Nadel in den Arm stieß. Aber jetzt, als sie eingestiegen und weggefahren waren, hatte sie keinerlei Enttäuschung in seinem Gesicht entdeckt. Es war, als erwarte er immer noch, daß sie sterben würde. Plötzlich ging ihr auf, was der vietnamesische Posten gesagt hatte: »Weißt du noch, die Minen?« Sie bremste scharf. Cassie schrie auf.

»Was machst du? Warum halten wir an?«

Schleudernd brachte Eva den Jeep zum Stehen und sprang heraus.

»Frazer würde uns nicht einfach gehen lassen. Er führt was im Schilde. Ich hab's ihm angesehen. Er hat uns eine Falle gestellt, wahrscheinlich mit dem Jeep.« Sie zog Cassie am Arm. »Komm. Wir müssen hier weg, und zwar zu Fuß.«

Einen Augenblick war Cassie gelähmt von der Panik, die sie in Evas Augen entdeckte, doch dann folgte sie ihr blind, einfach nur weg von der Piste und zwischen die Bäume, die den Straßenrand säumten. Fünf Minuten lang gingen sie stumm parallel zur Straße weiter, während der Schweiß über ihre Körper strömte. Dann wurde die heiße Stille des Dschungels plötzlich vom Dröhnen einer Explosion erschüttert. Vögel kreischten und flatterten aus den Baumwipfeln. Cassie und Eva drehten sich um und sahen den Jeep jetzt eine Viertelmeile von ihnen entfernt in Flammen aufgehen. Der Gestank des brennenden Benzins erfüllte die Luft. Eva drehte sich um zu Cassie, die voller Grauen auf das brennende Wrack starrte, und packte sie am Arm.

»Komm weiter. Sie werden jeden Moment hier sein, um ihr Werk zu inspizieren. Vermutlich gehen sie davon aus, daß wir tot sind, und suchen nicht sehr gründlich nach uns. Aber je weiter wir weg sind, um so besser.«

Cassie stand wie angewurzelt mit leerem Blick da. Einen Augenblick lang packte Eva die Angst, daß Cassie nicht mehr konnte. Sie umklammerte ihren Arm, bis sich die Fingernägel ins Fleisch bohrten.

»Los, komm schon. Lauf!« Sie zerrte Cassie vorwärts, die sich stolpernd in Bewegung setzte.

Sie rannten mehr als eine Meile, bis ihre Lunge zu platzen drohte. Als sie endlich stehenblieben, um Luft zu holen, hörten sie in der Ferne ein dumpfes Rumpeln. Sie duckten sich in den Dschungel und beobachteten die Straße. Es war ein mit Kokosnüssen beladener Lastwagen. Ein dunkelhäutiger, verhutzelter Bauer saß im offenen Führerhaus und sang aus vollem Hals. Als der Laster näher kam, lief Eva auf die Straße. Er brachte die Karre stockend zum Stehen.

Cassie versteckte sich im Gebüsch neben der Straße und beobachtete, wie sie miteinander sprachen. Plötzlich drehte Eva sich um und winkte. Sie lief los, und beide kletterten hinten auf die mit Kokosnüssen beladene Ladefläche. Der Bauer legte den Gang ein, fuhr weiter und sang genauso laut und unbekümmert wie vorher weiter.

»Er fährt nach Hanoi und nimmt uns mit.«

Hanoi bedeutete Häuser, Orte, an denen man sich verstecken und untertauchen konnte, doch ihre Freude über die Flucht war gedämpft, weil sie wußte, daß sie noch lange nicht in Sicherheit waren. Sie fuhren schweigend. Nach ein paar Stunden tauchten die ersten Vororte in der weiten leeren Ebene auf. Dann sagte Eva: »Nur dein Mitbewohner weiß, daß du hier bist. Sonst niemand?«

»Nur David.« Das Gespräch mit Aubrey Goldstein und sein Versprechen, jemanden nach Hanoi zu schicken, hatte Cassie ganz vergessen.

»Er könnte es weitererzählt haben«, meinte Eva.

»Was passiert jetzt?«

Je mehr die Wirkung des Heroins nachließ, um so stärker fühlte sie sich. »Eine Million Dinge auf einmal. Manche sind kontrollierbar, andere nicht. Aber wir haben gute Chancen, hier rauszukommen, wenn wir unsere Karten richtig spielen.« Sie erwähnte nicht, daß ihre eigenen Chancen unendlich viel schlechter waren als Cassies. Cassies waren spielbar, ihre nicht.

Als sie die Stadt erreicht hatten, beugte sich Eva ins Führerhaus und sagte etwas auf vietnamesisch zu dem Bauern. Er bog so scharf nach rechts ab, daß der Verkehr ins Stocken geriet. Doch statt auf der breiten Straße, die direkt zum Metropole führte, fuhren sie jetzt durch eine stille Nebenstraße. Eva drehte sich zu Cassie um.

»Im Metropole wimmelt es von Leuten, die auf dich, mich oder uns beide warten. Ich will nicht, daß sie mich jetzt schon finden. Aber es macht nichts, wenn sie dich entdekken, solange du alles genauso machst, wie ich es dir sage.«

Cassie starrte Eva eine Weile an, als denke sie über die in ihren Worten enthaltene Bitte nach.

»Ich weiß, was du vorhast, Eva. Ich habe zwar keine Ahnung, wie, aber ich helfe dir, so gut ich kann.«

Eva nickte. Einen Augenblick schwieg sie.

»Du könntest auch einfach deinen Paß abholen, zum Flughafen fahren und verschwinden.«

Cassie sagte nichts, sondern schüttelte nur den Kopf.

»Na schön. Ich springe in einer Straße hinter dem Hotel raus, gehe rein und warte in der Küche. Der Mann fährt dich zurück zum Vordereingang des Hotels.« Dann erklärte sie Cassie ihre Rolle.

»Es wird vier bis fünf Stunden dauern, vielleicht auch die ganze Nacht. Warte nicht auf mich. Nimm einfach das erste Flugzeug. Fahr nicht nach Hause, sondern zu Case Reed. Wenn mein Plan aufgeht, hinterlasse ich dir dort eine Nachricht. Dann bist du mehr oder weniger in Sicherheit. Wenn keine Nachricht von mir da ist, ruf das Außenministerium an und frag nach Stormont. Erzähl ihm alles. Ich weiß nicht genau, was er tun wird, aber besser wäre es, er würde nichts tun.«

»Aber wird er das können? Irgend jemand in der Firma wollte, daß du draufgehst.«

»Ich, nicht du. Und du kommst gegen Frazer nicht allein an. Stormont ist die beste Unterstützung, die du dir wünschen kannst.«

»Glaubst du, daß er es war, der dich aus dem Weg haben wollte?«

»Ich hoffe nicht, Cassie.«

Der Laster hielt an. Eva sah sich um, sprang von der Ladefläche und ging rasch davon. Cassie schaute ihr nach. Sie zögerte kein einziges Mal und drehte sich auch nicht um oder winkte.

Der Laster wendete und fuhr zurück zur Hauptstraße, die zum Vordereingang des Metropole führte. Cassie suchte nach ihrem Geld und gab dem Farmer fünfzig Dollar. Er musterte sie belustigt, machte eine kleine Verbeugung und fuhr davon.

Cassie eilte die Eingangsstufen hinauf und betrat das Foyer. Am Empfangsschalter drängte sie sich an einer Gruppe von Geschäftsleuten vorbei, die geduldig darauf warteten, bedient zu werden.

»Ich habe ein Problem mit der Sicherheit in Ihrem Hotel.«

Die Empfangsdame sah scharf von ihrem Computer auf.

»Wie bitte?«

»Haben Sie mich nicht verstanden? Ich sagte, ich habe ein Sicherheitsproblem. Der Fahrer, den Sie mir geschickt haben, hat mich mitten in der Pampa rausgeworfen und ausgeraubt.«

Die Empfangsdame sah sich nervös um.

»Kommen Sie bitte mit, Madam, ich hole den Manager.«

Sie klingelte nach einer Vertretung und führte Cassie dann von der offenen Arena vor dem Schalter ins Büro des Managers.

»Miß Stewart sagt, sie sei von einem unserer Fahrer beraubt worden.«

Der Manager warf einen raschen Blick auf Cassies schmutzstarrende Kleider und das zerzauste Haar.

»Das tut mir sehr leid«, sagte er und sprang auf. »Was können wir tun, um Ihnen zu helfen?«

»Er hat mein Geld und meinen Zimmerschlüssel gestohlen. Ich befürchte, daß ein Komplize inzwischen mein Zimmer ausgeraubt hat. Ich möchte, daß Ihre Sicherheitsleute das überprüfen, und wenn sie mir sagen, daß alles in Ordnung ist, sollen sie mich in mein Zimmer begleiten. Ich möchte keine Polizei. Noch nicht jedenfalls. Ich würde das Problem gern diskret regeln.«

Der Manager nickte.

»Selbstverständlich, Madam. Ich werde es sofort veranlassen.« Er griff nach dem Telefon und rief das hoteleigene Sicherheitspersonal an. Kurz darauf tauchten ein untersetzter Portier und zwei Vietnamesen in Zivil auf. »Wie ist Ihre Zimmernummer?«

»Dreihundertdreizehn.«

Der Manager sprach Vietnamesisch mit seinen Leuten. Sie wechselten einen raschen Blick, nahmen den Nachschlüssel, den der Manager ihnen gab, und verschwanden.

Fünf Minuten später waren sie wieder da.

»Wir haben überall nachgesehen. Es war niemand da. Ihr Zimmer sah völlig normal aus. Es scheint nicht so, als sei irgendwer eingedrungen.«

»Ich gehe jetzt in mein Zimmer«, sagte Cassie. »Aber würden Sie mir einen Gefallen tun? Könnten Sie einen der Männer vor meiner Tür postieren? Ich habe Angst, daß er wiederkommt, der Dieb.« Sie zögerte. »Natürlich könnte ich auch zur Botschaft gehen und dort übernachten.«

»Nein, nein. Das wird nicht notwendig sein.« Der Manager stand auf und gab Cassie den Nachschlüssel. »Ich lasse Ihr Zimmer bewachen.«

»Danke.« Auch Cassie stand auf. Sie ging zur Tür und blieb dann stehen. »Oh, beinahe hätte ich es vergessen. Der Mann, der mich ausgeraubt hat, war bewaffnet. Er hatte eine automatische Pistole.«

Dann ging sie, gefolgt von einem der Sicherheitsmänner, die Treppe hinauf und den Flur entlang zu ihrem Zimmer. Ohne innezuhalten, steckte sie den Schlüssel ins Schloß, drehte ihn um und stieß die Tür auf. Ihr Zimmer sah genauso aus, wie sie es am Morgen verlassen hatte. Sie sah auf die Uhr, es war sieben Stunden her. Wenn sie den Arm ausstrekken und sich sieben Stunden zurückversetzen könnte, stünde sie einer Fremden gegenüber. Sie schloß die Tür und ließ den Wachmann draußen stehen.

Ganz unten im Koffer versteckt fand sie den kleinen weißen Umschlag mit ihrer Notfallreserve. Sie zählte dreitausend Dollar ab, steckte sie in einen der Hotelumschläge und ließ sie in ihrer Handtasche verschwinden. Dann nahm sie den Schlüssel und verließ das Zimmer. Als sie die Küche gefunden hatte, wartete Eva wie vereinbart an der Tür zu einem schäbigen Hinterhof. Sie reichte ihr den Umschlag und drückte dabei ihre Hand.

»Viel Glück.«

»Danke, Cassie.« Bevor sie noch irgend etwas sagen konnte, war Eva verschwunden.

49

Cassie kehrte in ihr Zimmer zurück, nahm eine Dusche und zog sich an. Sie kämmte ihr Haar, aus dem ein warmes Rinnsal in den Nacken rann und einen dunklen Fleck auf dem weißen Leinenhemd bildete. Dann stellte sie sich vor den Spiegel und befestigte ihre Ohrringe, wobei sie den Kopf hin und her drehte. Wenn sie das Haar so streng aus dem Gesicht kämmte, traten die Konturen von Fleisch und Knochen wie ein Relief hervor.

Sie griff nach dem Schlüssel, ging die Treppe hinab durchs Foyer und nahm auf einem der Sofas Platz. Nachdem sie sich umgesehen hatte, bestellte sie einen Drink und lehnte sich zurück, um zu warten.

Nur wenige Minuten später erfolgte der erste Annäherungsversuch. Ein Vietnamese, der an der Bar gesessen hatte, war still von seinem Barhocker geglitten, als er Cassie Platz nehmen sah. Er sprach rasch und leise über das hotelinterne Telefon.

»Sie ist hier in der Bar, allein.«

»Behalten Sie sie im Auge«, antwortete Stormont. »Ich bin schon unterwegs. Lassen Sie sie keinesfalls entwischen.«

»Ist das klug, wenn Sie selbst herkommen?«

»Sie hat ohnehin Verdacht geschöpft, und ich will alles persönlich von ihr erfahren. Außerdem ist sie kontrollierbar.«

Zehn Minuten später sprang Stormont vor dem Metropole aus einem Wagen. Er trat ein, entdeckte Cassie und setzte sich neben sie.

Cassie konnte sich unmöglich umdrehen, Überraschung und Freude heucheln und ihn mit aufgerissenen Augen fragen: »Was in aller Welt machen Sie denn hier?« Also wartete sie, daß er als erster sprach, wohl wissend, was sie durch ihr Schweigen verriet.

Auch er schwieg eine Weile. Er beobachtete, wie sie das

Whiskyglas umklammerte, und sah es funkeln, als ihre Hand zitterte.

»Wo ist Eva?«

Sie drehte sich überrascht zu ihm um. Die Stimme, die Augen, alles an ihm war hart und scharf. Sie wandte den Blick ab. Seine Hand legte sich um ihren Arm.

»Wir haben keine Zeit für Spielchen, Cassie. Wo ist sie?«

Sie dachte an Eva und ihre Anweisung, einfach zu lügen. Ihre Worte kamen langsam, zögernd.

»Ich weiß nur, daß sie jemand treffen wollte, hier in Hanoi.«

»Wen und wo?«

»Keine Ahnung. Sie hat gesagt, daß sie jemanden treffen will, daß es ein paar Stunden dauern wird und daß wir zusammen zu Abend essen sollen.«

»Was ist mit Frazer passiert?«

»Was meinen Sie, was soll mit ihm passiert sein? Ich bin heute morgen zum Lager gefahren, um die beiden zu sehen und über die Investition zu sprechen. Ich habe die Diamantenmine gesehen, es schien alles in Ordnung, also fuhr ich nach Hanoi zurück. Eva sagte, sie hätte genug von Vietnam und wollte nach Hause, deshalb ist sie mit mir nach Hanoi gekommen. Der Fahrer, der mich hingebracht hatte, war verschwunden. Einer von Frazers Männern hat uns gefahren.«

»Ich glaube, es wäre einfacher für Sie, wenn Sie mir die Wahrheit sagten.«

»Wie oft soll ich Ihnen noch dasselbe sagen?«

Stormont beobachtete sie eine Weile schweigend und fragte sich, was sie zum Sprechen bringen würde.

»Na schön. Dann beantworten Sie mir nur eine Frage. Ist sie in Sicherheit?«

Einen Augenblick lang hatte sie Angst, er könne ihr ihr schlechtes Gewissen ansehen. Sie hatte beinahe Tränen in den Augen. Eva war alles andere als in Sicherheit. Sie nahm einen Schluck Whisky und wandte den Blick ab.

»Sie ist freiwillig gegangen, keiner hat sie gezwungen. Sie hat keine große Sache draus gemacht, nur gesagt, bis später. Sie wird schon kommen, Sie brauchen bloß zu warten.«

»Wann genau wollte sie kommen?«

Plötzlich sah Cassie auf und musterte einen Mann, der durchs Foyer ging.

»Aubrey!«

Stormont sah, wie der Mann stehenblieb. Dann kam er auf sie zu.

»Cassie Stewart. Ich habe mich schon gefragt, wann ich Ihnen über den Weg laufen würde.«

»Kommen Sie, setzen Sie sich zu uns und nehmen Sie einen Drink.«

Stormont stand auf, den Blick auf Cassie gerichtet. »Wann kommt sie zurück?«

»Zum Essen. Sie sagte, wir sollten uns in der Bar treffen, zwischen acht und halb neun.«

Stormont nickte Goldstein knapp zu, suchte den Blick des vietnamesischen Postens, der immer noch an der Bar saß, und ging.

»Ziemlich schroff, Ihr Freund«, sagte Goldstein und beobachtete, wie Stormont eilig das Hotel verließ.

»Ein vielbeschäftigter Mann«, antwortete Cassie. Sie winkte dem Kellner, bestellte noch einen Whisky sour für sich und fragte, was Goldstein trinken wolle.

Er bestellte Wodka und Tonic und beobachtete sie aufmerksam. Als die Drinks kamen, sagte er:

»Übrigens, wegen der Diamanten …«

»Wollen Sie sie haben?« Plötzlich fühlte sie sich diesem Mann haushoch überlegen. Zum erstenmal verstand sie, wo Evas Stärke herkam – wenn man etwas so Grauenhaftes erlebt und nicht daran zugrunde geht, scheint alles andere ein Kinderspiel. Goldstein nickte.

»Ich frage mich, wie weit Sie gehen würden, um sie zu kriegen«, dachte sie laut nach. »Es ist ein legitimes Geschäft, aber das schließt illegitime Praktiken nicht aus, oder? Es steht eine Menge auf dem Spiel, stimmt's?« Ihre Stimme wurde schärfer, direkter. »Ich wette, Sie waren derjenige, der hinter dem Baissemanöver bei Genius steckte. Was wollten Sie damit bezwecken?«

»Wie Sie sagten, es steht eine Menge auf dem Spiel. Ich

will Kontrolle über dieses Projekt, und um das zu erreichen, brauchte ich McAdams Anteile. Sagen wir, nur so viele, daß er sie mir direkt nicht verkauft hätte. Aber ich dachte, vielleicht würde er sie an eine dritte Partei verkaufen, die sie dann an mich hätte weitergeben können. Es ging also darum, diese freundliche Partei zu finden und dann eine Situation zu schaffen, die McAdam ermuntern würde, zu verkaufen. Als Sie mir von Diamanten in Vietnam erzählten, ahnte ich, daß es um Genius ging. Ich dachte, vielleicht könnten Sie die freundliche Partei sein, nach der ich suchte.«

»Das ist mir alles klar«, unterbrach ihn Cassie. »Aber warum das Baissemanöver? Case Reed hat damit Geld verloren, und die Chancen, daß McAdam bei fallenden Kursen verkaufen würde, mußten schwinden.«

»Daß Case Reed Geld verloren hat, war einfach schlechtes Timing. Sie haben zu früh gekauft, oder die Gerüchte und das Baissemanöver griffen zu spät. Eigentlich sollten sie es Ihnen und mir erleichtern, weiter zu kaufen und McAdam kleinzukriegen. Fallende Kurse machen die Leute nervös. So, wie ich McAdam einschätzte, würde er Panik kriegen und seine Anteile abstoßen.«

»Genauso war's.«

»Und Case Reed hat sie gekauft?«

»Nein. Das war ich. Ich kontrolliere jetzt fünfzehn Prozent direkt und noch mal fünfzehn Prozent indirekt.« Sie hielt inne, nippte an ihrem Whisky und lehnte sich fast gelangweilt zurück.

»Ich verkaufe Ihnen die ersten fünfzehn Prozent heute nachmittag, wenn Sie wollen.«

»Wieviel?«

»Vier Millionen Pfund.«

»Sie machen wohl Witze!«

»Man hat Diamanten in der Mine gefunden. Ich habe einen vierkarätigen gesehen. Sie wissen, was das für den Wert von Genius bedeutet. Sie können mein Angebot annehmen oder es bleiben lassen.«

Sie hob den Blick von ihrem Glas und sah ihn an. Ohne

ihn aus den Augen zu lassen, hob sie den Arm und winkte dem Kellner.

»Die Rechnung, bitte.«

Sie stand auf und trat an den Tresen, um zu zahlen.

Goldstein beobachtete sie. Das war kein Bluff. Ihr Aufbruch war echt. Es lag etwas Endgültiges darin. Entweder, er ging auf ihre Bedingungen ein, oder es würde kein Geschäft zwischen ihnen geben. Er stand auf.

Sie stand an der Bar und unterschrieb die Rechnung. Er beugte sich zu ihr.

»Na schön. Vier Millionen.«

Sie sah zu ihm auf. »Und weitere vier für die restlichen fünfzehn Prozent, wenn ich sie liefere.«

»Woher weiß ich, daß Sie sie liefern werden? Der Wert der ersten fünfzehn Prozent ist zu einem gewissen Grad daran gebunden, daß ich auch die restlichen fünfzehn Prozent bekomme.«

»Sie werden mir vertrauen müssen.«

»Und Sie mir.«

Zehn Minuten später war Stormont wieder in der Botschaft und suchte Courtneys Büro auf.

»Gibt's was Neues von Truong?«

»Er beobachtet immer noch das Lager. Kein Hinweis auf Eva.«

»Ich habe mit Cassie Stewart gesprochen. Sie verheimlicht uns was. Sie scheint zu glauben, daß Eva in Sicherheit ist und hier in Hanoi bloß jemanden treffen wollte. Möglich, daß sie die Wahrheit sagt, aber ich bin ziemlich sicher, daß sie lügt. Die Frage ist nur, warum? Es sieht fast so aus, als deckte sie Eva.«

»Vielleicht stecken sie mittlerweile irgendwie mit Frazer unter einer Decke.«

»Nicht Eva.«

»Und Cassie?«

»Nein. Sie ist zwar beeinflußbar und pflegt ihre eigene Art von Korruption, aber nicht mit Frazer und niemals gegen Eva.«

Stormont hörte seine eigenen Worte ›nicht‹ und ›niemals‹ – absolutistische Maßstäbe, die er immer wieder von der Realität überrannt gesehen hatte, und dennoch zweifelte er jetzt keine Sekunde. Die Alternative war einfach undenkbar – wie immer.

»Also, was sollen wir tun? Wollen Sie immer noch zu Frazers Lager?«

»Frazer hat sie gehen lassen, zumindest Cassie, und ich vermute, Eva auch. Ich kann mir nicht vorstellen, daß er Eva als Gefangene hält und Cassie uns nichts davon erzählt. Irgendwas ist ihr passiert. Sie hat was gesehen. Ich glaube nicht, daß sie sich über Frazer noch irgendwelche Illusionen macht. Sie würde Eva nicht in seiner Gewalt zurücklassen, ohne mir davon zu erzählen. Nein. Eva ist nicht bei Frazer. Sie verfolgt ihre eigenen Ziele.«

»Was für Ziele?«

Stormont antwortete nicht. Er schloß einen Moment die Augen und schüttelte den Kopf.

»Cassie sagt, sie soll – wann – in drei Stunden wieder da sein?« fuhr Courtney fort.

»Zwischen acht und halb neun. Wir warten.«

»Und wenn sie nicht auftaucht?«

»Dann bringen wir Miß Stewart an einen ruhigen Ort und veranlassen sie zu einer Erklärung. Wenn es so läuft, wie ich mir denke, wird das nicht länger als dreißig Sekunden dauern. Dann statten wir Robie Frazer einen Besuch ab. Hoffen wir bloß, daß es bis dahin nicht zu spät ist.«

Eine halbe Stunde später klingelte das Telefon. Courtney sprach ein paar Worte und reichte den Hörer dann an Stormont weiter. Es war Truong.

»Ich habe mich bis zur Vorderseite, zum Haupteingang des Lagers vorgewagt. Sie glauben nicht, wer gerade dort eingetroffen ist.«

Stormont wartete.

»Ha Chin.«

»Haben Sie Fotos von den beiden machen können?«

»Eine halbe Filmrolle.«

»Dann machen Sie, daß Sie da rauskommen, und zwar

schnell. Wenn man Sie findet, sind Sie ein toter Mann. Kommen Sie direkt hierher.«

Stormont drehte sich zu Courtney um.

»Ich wüßte keine legitime Erklärung, warum um alles in der Welt Frazer sich mit Ha Chin trifft oder zuläßt, daß er auf irgendeine Art mit ihm in Verbindung gebracht wird. Jetzt haben wir ihn.«

»Was ist dann das Problem?«

»Das Problem ist, daß wir nicht wissen, was Frazer mit jemand machen würde, der die beiden zusammen sieht, abgesehen von seinen eigenen Leuten natürlich.«

»Sie denken an Truong?«

»Oder Eva.«

50

Als Eva Cassie verlassen hatte, lief sie rasch durch die Straßen. Sie achtete darauf, sich immer inmitten von größeren Gruppen zu bewegen. So wäre sie zwar nicht unsichtbar, würde aber auch nicht allzusehr auffallen.

Schließlich bog sie von der Ngo Quyen Street in die Phan Chu Trinh Street ab. Etwa auf halber Höhe der Straße stieß sie eine Tür auf, die in eine hohe Wand aus rostigem Wellblech eingelassen war. Die Tür fiel scheppernd hinter ihr ins Schloß. Sie stand da und überblickte einen großen, teilweise asphaltierten Hof. In der Mitte stand ein strahlend weißer Helikopter. Sie lächelte flüchtig und lief dann zu einem schäbigen Büro auf der anderen Hofseite.

Der Mann, der am Schreibtisch saß, hatte die Tür scheppern gehört und beobachtete, wie sie auf ihn zukam. Als er sie erkannte, wich der Ausdruck der Verwirrung aufrichtiger Freude. Eva und er waren alte Freunde. Sie hatten sich in Hanoi kennengelernt, als sie vor vier Jahren nach Fernost zurückgekehrt war, öfter zusammen was getrunken und dabei über die Hitze und die Moskitos geklagt. Sie war viel unterwegs gewesen, um zu unterrichten, trotzdem hatten sie sich hin und wieder an denselben Orten getroffen.

»Eva.« Er sprang auf. »Ich habe dich seit Monaten nicht gesehen. Ich dachte schon, du wärst für immer weg. Du warst wie vom Erdboden verschluckt. Was ha…«

Mit einem Kuß auf den Mund brachte sie ihn zum Schweigen.

»Lange Geschichte, wenig Zeit. Ich brauche deine Hilfe. Du mußt mich nach Halong Bay fliegen.«

Er musterte ihre schlammbespritzten Kleider und das wirre Haar.

»Gott, Eva, ich wünschte, ich könnte. Aber ich habe einen Termin mit einer Touristengruppe um sechs. Die Kiste ist ausgebucht.«

Eva zog ihre Bulgari-Uhr vom Arm.

»Hier, die kannst du verscherbeln. Letzte Woche hat sie zwanzigtausend Dollar gekostet.« Einen Moment lang flogen ihre Gedanken zurück nach Hongkong, zur Freiheit, als noch alles im Lot gewesen war. Aber es war eine illusorische Freiheit gewesen. Sie riß sich zusammen. Hierauf hatte sie gewartet, so schrecklich und unwirklich es auch schien. Acht Jahre hatten hierher geführt. Plötzlich packte sie dasselbe Gefühl wie damals in Changi, als Sun Yi und sie verhaftet worden waren. Dieser eine unumkehrbare, falsche Schritt. Damals war sie davongekommen. Jetzt kam der nächste Schritt, und diesmal war Frazer das Ziel. Aber diesmal standen die Chancen weit schlechter.

Die Uhr fiel auf den Tisch. Tom starrte darauf.

»Ich will sie nicht. Es ist nicht das Geld, Eva …«

Sie beugte sich vor und griff nach dem Verschluß seiner Armbanduhr, ein altes Swatch-Modell.

»Ich brauche die hier. Du hast doch nichts dagegen, wie?«

Er lachte über die Leichtigkeit, mit der er nachgab, während er den Arm ausstreckte und um den Tisch herumkam. Er schüttelte den Kopf, noch immer lächelnd, aber ernüchtert, denn er sah in ihren Augen mehr, als er wissen wollte.

»Also schön, ich bring' dich hin.« Über die Schulter rief er seiner Sekretärin im Hinterzimmer zu, daß sie der Reisegruppe ihr Geld wiedergeben und technische Probleme vorschieben solle.

Sie gingen zu dem Helikopter. Tom hielt Eva die Tür auf. Sie stieg ein, schnallte sich an und setzte den Kopfhörer auf. Die Rotorblätter begannen sich leise zu drehen, bis ihr anfängliches Summen zu einem lauten Dröhnen angeschwollen war. Nach drei Minuten fiel Hanoi unter ihnen zurück, abgeschnitten von der Luft und dem Rattern der Flügel, die sie davontrugen.

Dann hörte sie Toms Stimme im Kopfhörer.

»Willst du mir nicht erzählen, worum es geht?«

»Nein, Tom, will ich nicht. Und du hast mich nie geflogen, hörst du? Du hast mich nicht gesehen. Um deinetwillen, nicht wegen mir.«

»Warum? Wieso um meinetwillen?«

Eva schwieg. Während des einstündigen Fluges sagte sie kein Wort mehr. Tom steuerte den Helikopter über die Landebahn in Halong Bay. Die Rotorblätter über ihren Köpfen wurden langsamer und kamen schließlich zum Stillstand. Tom stellte alle Motoren ab und warf einen Blick auf Eva. Sie saß reglos und so in sich versunken da, daß alle Fragen oder Neugier sich von selbst verbaten. Ihre Schultern waren leicht hochgezogen, als müsse sie sich vor einem Schmerz schützen. Er betrachtete sie einen Augenblick. Sie sah kurz zu ihm auf, schwang dann die Tür auf und kletterte hinaus.

Tom sprang ebenfalls heraus und ging zur ihr herum. Bevor er etwas sagen konnte, küßte sie ihn erneut, mit geschlossenen Augen, damit er ihren Blick nicht sah.

»Danke, Tom. Du fliegst jetzt zurück.« Es klang wie eine Anweisung, ein Lebewohl. Doch seine Stimme folgte ihr hartnäckig.

»Ach, ich glaube nicht. Ich bleibe jetzt lieber hier und trinke was an der Bar.« Dann packte er sie am Arm.

»Ich habe keine Ahnung, was du im Schilde führst, Eva, aber um Himmels willen, paß auf dich auf, hörst du?«

»Mach' ich.«

Sie sah ihm nach, als er auf die Strandbar zusteuerte, in der sie zusammen schon so oft gesessen und bei einem Drink den Sonnenuntergang beobachtet hatten. Sie verscheuchte die Erinnerung daran, drehte sich um und ging in die andere Richtung davon, ohne zu merken, daß er ihr verstohlen folgte.

Sie eilte durch die abendlichen Straßen, in denen es geschäftig zuging, und sah überall vertraute Gesichter, alte Freunde, die sie mit einem herzlichen Lächeln, einem quer über die Straße gerufenen Gruß oder einem Winken willkommen hießen. Sie blieb nicht stehen, und niemand versuchte sie aufzuhalten wie sonst. Aufmerksam, wie sie waren, sahen die Menschen den entschlossenen Ausdruck in ihrem Gesicht und ließen sie weitergehen.

Ihr Haus war wie erwartet von einer einheimischen Familie, die sie kannte, in Beschlag genommen worden. Sie ging zur Tür und begrüßte sie. Besonders viel Zeit nahm sie sich mit dem weiblichen Familienoberhaupt, der alten Großmutter, die zwischen Verlegenheit und Dankbarkeit für das Haus und Evas diskrete Reaktion auf die Okkupation schwankte. Als Eva die ganze Familie begrüßt hatte, wie es sich gehört, brachte sie ihr Anliegen vor.

»Ich habe ein paar persönliche Dokumente in einem Versteck hinterlassen. Darf ich ein paar Minuten ungestört ins Haus, damit ich sie holen kann?«

Die Großmutter wies die anderen an, das Haus zu verlassen, und folgte ihnen, ohne sich auch nur einmal umzusehen. Eva dankte ihr, betrat das stille Haus und kniete sich in der Mitte des größeren Raumes auf den Boden. Hoffentlich hatte die Familie das Haus nicht allzu sorgfältig durchsucht.

Sie fand die scharfkantige Holzdiele und versuchte, sie vorsichtig mit den Fingernägeln zu lösen. Ein paar Splitter gruben sich in ihre Haut. Die Holzdiele gab nach. Sie legte sie beiseite und entdeckte zu ihrer großen Erleichterung die Blechdose. Sie öffnete sie, nur um sicher zu sein, und lächelte. Die Browning lag zwischen fünf vollen Magazinen. Sie schloß die Dose und ging zurück zu der Großmutter.

»Dein Sohn hat einen Jeep, glaube ich.« Die Frau nickte.

»Meinst du, er wäre bereit, ihn zu verkaufen?«

Die Großmutter gackerte und warf ihr einen schlauen Blick zu.

»Tausend Dollar?«

Es folgte eine halbherzige Tirade. Eva sah auf das Haus, ihr Haus, und dann wieder zurück. Die Großmutter folgte ihrem Blick. Als sie sah, daß Feilschen nicht in Frage kam, gab sie nach.

»Okay. Tausend Dollar.«

»Vollgetankt, bitte. Und mit einem Werkzeugkasten. Einer starken Zange. Und einer Tasche, irgendwas Leichtes, etwa so groß.« Sie deutete die Umrisse mit den Händen an. Die Großmutter hob fragend eine Augenbraue, nickte aber rasch. Dann rief sie ihrem ältesten Sohn, der mit seiner Frau und den Kindern neben dem Haus hockte, etwas zu. Er sprang auf und war fünf Minuten später mit dem Jeep wieder da.

»Tank voll«, sagte er in gebrochenem Englisch. »Tasche«, er hob einen kleinen bräunlichen Rucksack aus Segeltuch, »und Werkzeug.« Er deutete mit dem Kopf auf einen Werkzeugkasten auf dem Rücksitz. Eva öffnete ihn, probierte die Zange aus und legte sie wieder zurück. Dann zog sie ein Bündel Geldscheine aus ihrer Jeanstasche und reichte es ihm. Der Mann gab ihr die Wagenschlüssel und warf auch den Rucksack auf den Rücksitz. Als seine Mutter ihm scharf einen Ellbogen in die Rippen stieß, händigte er ihr das Geld aus. Beide sahen zu, wie Eva in den Wagen stieg und davonfuhr, dann kehrten sie zum Haus zurück, lösten die Holzdiele und versteckten das Geld. Als sie entdeckte, daß die Metalldose verschwunden war, lächelte die Großmutter.

»Hat sie die Pistole mitgenommen?« fragte ihr Sohn.

»Du hast sie doch gesehen. Wozu hätte sie sonst kommen sollen?«

Als Tom beobachtete, wie Evas Jeep aus seinem Blickfeld entschwand, drehte sich ihm der Magen um vor Angst. Schließlich kehrte er zur Bar zurück, um vergeblich Trost im Bier und im Klang des Gelächters zu suchen. Er wußte ums Verrecken nicht, was sie vorhatte, doch der Ausdruck in ihrem Gesicht hatte ihm gezeigt, daß nichts und niemand auf der Welt sie daran hindern würde.

Eva ließ das lebhafte, abendliche Treiben von Halong hinter sich und fuhr Richtung Nordwesten. Im Rückspiegel sah sie die Zeichen der Zivilisation immer mehr abnehmen, je weiter sie kam. Nach zwei Stunden brach die Nacht herein. Das Grün des Dschungels am Straßenrand verwandelte sich in Schwarz. Ihre Scheinwerfer bildeten einen Tunnel von Licht in der Dunkelheit, der alles ausblendete, was außerhalb seiner Reichweite lag. Sie sah den dunklen Dschungel nicht. Was sich außerhalb des strahlenden Pfades vor ihr befand, hatte keinerlei Bedeutung für sie.

Hin und wieder meldete sich eine kleine Stimme der Vernunft, die ihr riet umzukehren. Sie fragte sich, wo sie herkam, diese fremde Stimme. Ob es Stormont war, mit seiner Logik? Wenn er dagewesen wäre, hätte er sie am Arm gepackt und versucht, das Steuer zu übernehmen? Als Agent sicher. Aber als Mann hätte er sie vielleicht ihren Trieben folgen lassen.

Die Straßen waren verlassen, die ganze Wildnis scheinbar leer, und doch brodelte der nächtliche Dschungel vor Leben. Wie viele Augenpaare sahen sie vorbeifahren? Die Raubtiere gingen auf Jagd, in den Dörfern hockten die Einheimischen um ein rundes Feuer und kochten ihr Essen. Doch auf der Straße gab es kein menschliches Auge, das sie beobachtete.

Sie fuhr weiter. Die Straße war so holprig, daß sie sämtliche Knochen im Leib spürte. Sie behielt den Meilenzähler und die Uhr im Auge. Etwa zwanzig Meilen vor Frazers Lager schaltete sie die Scheinwerfer aus. Wenn man aufpaßte, würde man den Jeep hören können, doch im Dunkeln gab er kein besonders gutes Ziel ab.

Langsam gewöhnten sich ihre Augen an die Nacht. Sie erkannte die schlimmsten Schlaglöcher und die Stämme der nächsten Bäume. Nach weiteren siebzehn Meilen sah sie eine kleine Bresche im Dschungel und bog ab. Sie lenkte den Jeep durch die Bäume und parkte ihn etwa zehn Meter von der Straße entfernt. Selbst bei Tageslicht war er grün und getarnt, bei Nacht wäre er von der Straße aus nicht zu erkennen.

Sie nahm die Pistole, eine automatische Browning M1935 mit Schalldämpfer und einem vierzehnschüssigen Magazin. Sie lud sie und ging zur Straße zurück. Der rote Staub schimmerte leicht im Schein der Sterne und des zunehmenden Mondes. Sie suchte sich eine knorrige Stelle an einem Baum auf der anderen Straßenseite aus, holte tief Luft, hob die Pistole mit beiden Händen und drückte ab.

Ein dumpfer Knall ertönte, als die Kugel tief in den Baumstamm eindrang. Sie feuerte den Rest des Magazins ab, dreizehn Schüsse, und lief dann über die Straße zu dem

Baum. Sie hatte gut gezielt, und die Pistole funktionierte. Die Einschußlöcher gruppierten sich, manche überlappend, um das, was von der kleinen knorrigen Stelle im Baumstamm übriggeblieben war.

Sie lud ein neues Magazin und warf die Pistole zusammen mit den Reservemagazinen, der Zange und ein paar Schraubenziehern in den Rucksack. Nachdem sie ihn umgehängt und zurechtgerückt hatte, tauchte sie in die Dunkelheit des Dschungels ein.

Eine Weile stand sie nur still da und gewöhnte ihre Augen an alles, was in ihrem Umkreis lag. Langsam nahm sie jede Einzelheit wahr, während sich ihre Pupillen erweiterten in dem Versuch, den kleinsten Funken Licht zu erhaschen.

51

Andrew Stormont kam um fünf vor acht im Metropole an. Cassie saß aufrecht und gleichmütig in der Bar. Er setzte sich neben sie, ohne zu grüßen. Der Kellner nahm seine Bestellung für einen Wodka Tonic entgegen. Er warf einen Blick auf ihren Whisky sour.

»Wie viele hatten Sie schon?«

»Das ist mein dritter.«

Er beobachtete sie, als sie langsam trank. Beide schwiegen und starrten vor sich hin. Jeder, der zufällig vorbeikam, hätte sie für ein verzweifeltes Ehepaar halten können, dem der Gesprächsstoff ausgegangen war, doch ihr Gesichtsausdruck war alles andere als leer. In Cassies Augen flackerte die Anstrengung, etwas zu verbergen, und in Stormonts Blick spiegelten sich Hoffnung und Wut. Um Viertel vor neun trank er sein Glas aus.

»Sie kommt nicht, wie? Sollte auch nie kommen.«

Cassie schüttelte den Kopf. Stormont nahm sie am Arm. »Gehen wir.«

Er zog dreißig Dollar aus der Tasche und warf sie achtlos auf den Tisch. Dann führte er Cassie, die sich nicht wehrte, aus dem Hotel.

Courtney wartete im Wagen. Er warf Stormont einen Blick zu und wußte Bescheid.

Sie fuhren zur Botschaft. Stormont brachte Cassie in einen hell erleuchteten Raum. Er war ungemütlich wie ein Wartezimmer. Ärzte, Zahnärzte und Krankenhäuser fielen ihr ein, Kälte und der Geruch nach Desinfektionsmitteln.

Stormont deutete auf einen Stuhl mit gerader Lehne an einem quadratischen Holztisch. Cassie setzte sich. Er wandte ihr den Rücken zu und trat an ein verdunkeltes Fenster.

»Wenn Sie jetzt immer noch lügen, mache ich Sie für alle Konsequenzen verantwortlich. Ich denke, Sie wissen, wovon ich spreche. Vielleicht habe ich mich getäuscht. Ich an

Ihrer Stelle würde zu Gott beten, daß ich mich getäuscht habe.«

Cassie stand auf und versuchte, das Gefühl von Bedrängnis abzuschütteln, das Stormont in ihr auslöste. Sie trat ebenfalls ans Fenster.

»Was wollen Sie tun? Mir Elektroschocks geben oder eine Droge verpassen, damit ich die Wahrheit sage?«

Er drehte sich langsam um und kam einen Schritt auf sie zu.

»Oh, wir können viel fantasievoller sein. Die Möglichkeiten, einem das Leben zur Hölle zu machen, sind endlos. Sie wären überrascht, wie einfach es ist, wie ansteckend Angst sein kann, bis sie jeden Aspekt Ihres Lebens durchdringt. Und es gibt keinen Ausweg daraus.«

»Sie mutmaßen zuviel.«

»Tun Sie nicht so, als seien Sie plötzlich immun gegen die Angst. Niemand ist es, solange er lebt. Und glauben Sie bloß nicht, daß ich zögern würde.«

»Oh, sicher nicht.« Sie sah ihn mit unverhohlener Wut an. »Aber ich werde Ihnen den Spaß ersparen. Eva ist nach Halong Bay gefahren, um sich dort mit jemandem zu treffen. Das ist alles, was sie mir gesagt hat. Das ist die absolute Wahrheit. Als Frazers Fahrer uns abgesetzt hatte, sagte sie, sie müsse einen Freund in Hanoi treffen, sich einen Wagen besorgen und nach Halong Bay fahren.«

»Was will sie dort?«

»Keine Ahnung. Das hat sie mir nicht gesagt.« Sie starrte ihn an. Zum erstenmal spiegelte sich Furcht in ihrem Blick. Stormont erkannte sie und ahnte auch, was sich dahinter verbarg.

»Vielleicht können wir sie aufhalten, wenn wir einen Helikopter nehmen.« Er hielt inne. »Sagen Sie mir eins: Wieso hat Frazer Sie gehen lassen?«

Jetzt, da er ihr einmal geglaubt hatte, war das Lügen leichter. »Ich habe überall erzählt, daß ich zum Lager fahren würde, um Eva und ihn zu treffen. Das habe ich ihm bei meiner Ankunft auch gesagt. Außerdem, warum sollte er uns nicht gehen lassen?«

Stormont sah sie nur an, bis sie die Achseln zuckte. »Na schön. Ich weiß, daß er irgendwas vorhat, sonst wäre das alles nicht passiert, aber ich weiß nicht, was es ist, und schlimmer noch, er weiß, daß ich es nicht weiß, also war es das einzig Vernünftige, uns gehen zu lassen.«

Stormont ging zur Tür.

»Sie bleiben hier in der Botschaft. Es ist sicherer.«

Cassie mußte daran denken, wie Eva davon gesprochen hatte, daß ihre Tarnung bewußt aufgedeckt worden war, weil irgendwer in der Firma ihr den Tod wünschte. Sie starrte auf die Tür, die Stormont hinter sich geschlossen hatte. Die Leidenschaft für Eva in seinem Gesicht war unübersehbar gewesen. Er war es jedenfalls nicht, der sie hatte umbringen wollen.

Schließlich setzte sie sich in einer Ecke des Zimmers auf den Teppichboden und wartete.

Stormont beriet sich kurz mit Courtney.

»Wir brauchen einen Helikopter und die Erlaubnis für einen Nachtflug. Ist mir egal, wie Sie das hinkriegen.«

Zwanzig Minuten später kam Courtney aus seinem Büro.

»Die australische Botschaft stellt uns einen Helikopter und den Piloten. Ich mußte einigen Wirbel machen, aber sie schuldeten uns noch einen Gefallen.«

Stormont, Courtney und drei seiner Männer fuhren zum botschaftseigenen Hubschrauberlandeplatz. Der Helikopter wartete. Sie stiegen ein und begrüßten den australischen Piloten, der schweigend die Maschine startete und sie durch die ruhige Nacht nach Halong Bay flog. Um elf setzte der Helikopter auf. Gemäß ihren Anweisungen schwärmten sie aus und begannen die Suche nach Eva.

52

Je näher sie ihrem Ziel kam, um so langsamer bewegte sich Eva. Nach einer Stunde Fußmarsch schätzte sie, daß sie wahrscheinlich noch rund eine Meile vom Lager entfernt war. Als sie eine glitzernde Pfütze auf dem dunklen Boden entdeckte, blieb sie stehen und spürte, wie ihre Schuhe bis knapp über die Schnürsenkel im Schlamm versanken. Sie kniete sich hin, nahm eine Handvoll und verteilte sie wie Shampoo in dem blonden Haar, das sich jetzt rötlichbraun färbte. Anschließend rieb sie die feuchte Erde in die Jeans, bis der Stoff völlig damit getränkt war, bedeckte Handflächen, Arme und das Gesicht und ließ nur Augen und Mund frei. Jetzt war ihre Tarnung komplett.

Schließlich ging sie weiter. Aus der Ferne hörte sie in der Stille des Dschungels ein schwaches elektronisches Summen – der Stromgenerator. Als nächstes entdeckte sie einen Lichtschimmer, der vom Lager in die umliegende Dunkelheit fiel. Geräuschlos ging sie weiter, bis sie ungefähr vierhundert Meter entfernt die Umrisse des hohen Drahtzauns sehen konnte, der sich um das Lager zog. Die Lampen des Wachtturms spiegelten sich auf dem Geflecht wie funkelnde Augen.

Sie spürte die Adrenalinstöße im Blut und warf einen Blick auf die Uhr. Gerade elf. Sie würde noch eine Stunde warten, in der Hoffnung, daß Frazer und Ha Chin, der mittlerweile angekommen sein mußte, zu Bett gegangen waren. Frazer hatte sich in den letzten paar Tagen meistens nach dem Essen in sein Zimmer zurückgezogen. Sie hatte den Lichtstreifen unter seiner Tür noch bis nach elf gesehen. Wahrscheinlich las er. Vielleicht würde er heute länger aufbleiben und sich mit Ha Chin betrinken. Das beste wäre, bis in die frühen Morgenstunden zu warten, drei oder vier, wenn der Schlaf am tiefsten ist, doch sie bezweifelte, daß sie ihre flatternden Nerven und gespannten Muskeln bis dahin beherrschen konnte. Außerdem bestand noch eine Gefahr: Je länger sie wartete, um so größer wurde die Chance, daß sie entweder von Stormonts oder von Frazers Männern verfolgt würde. Früher oder später würden Frazers Leute Wind von Cassies Anwesenheit in Hanoi bekommen und sie jagen. Stormonts Leute und vielleicht sogar Stormont selbst, falls er ihr nach Hanoi gefolgt war, würde Cassie höchstens ein paar Stunden hinhalten können. Falls Stormont wirklich da war, würde er ihren Plan wahrscheinlich erahnen und sie daran hindern wollen. Sie versuchte, sich von den wilden Spekulationen abzulenken, indem sie sich fragte, welche Motive er haben könnte, falls er, was undenkbar schien, tatsächlich derjenige war, der sie verraten hatte. Warum würde jemand so etwas tun? Aus blindem Haß, aus dem Wunsch heraus, sie tot zu wissen? Vielleicht war es auch gar nicht so persönlich gemeint gewesen, vielleicht hatte man Frazer lediglich vor ihrer Rolle warnen wollen. Dann wäre ihr Tod nur eine Folge, aber nicht das eigentliche Ziel. Dennoch, es war und blieb Verrat. So würde das Blutvergießen nie aufhören.

Als ihre Uhr Mitternacht zeigte, rappelte Eva sich auf. Sie mußte sich die Beine massieren, damit das Blut wieder zirkulierte und die Muskeln warm wurden. Zwischendurch strich sie sich das Haar aus dem Gesicht. Der satte Geruch des Schlamms erinnerte sie an Leber oder getrocknetes Blut. Sie überprüfte die Pistole und steckte sie in den Bund ihrer Jeans. Noch ein letztes Mal sah sie sich um und warf einen Blick in die Richtung, aus der sie gekommen war, dann wandte sie sich zum Lager und schlich vorsichtig näher.

In einer Distanz von etwa hundert Metern bewegte sie sich im Schutz der Bäume um das Lager herum. Die Lampen waren hell, doch es gab auch Schatten und dunkle Stellen, die das Licht nicht erreichte. Sie hielt Ausschau nach den Wachen, die während ihres Aufenthalts Tag und Nacht patrouilliert hatten. Offenbar waren sie heute zu dritt. Zwei saßen in der Wachstube und spielten Mahjong, und ein weiterer machte mit einer Taschenlampe in der Hand unregelmäßige Rundgänge. An seiner Hüfte erkannte sie die Ausbuchtung eines Pistolengriffs. Das Lager lag ruhig und nichtsahnend vor ihr. Wen auch immer man fürchtete, sie war es nicht. Sie war tot. Die Ruhe im Lager war der Beweis.

Sie beobachtete den Wachtposten. Seine mehr oder weniger symmetrischen Runden um das Gelände dauerten etwa zehn Minuten. Eva schlich durch den Dschungel, bis sie den Teil des Lagers erreicht hatte, den Frazer für sich in Beschlag genommen hatte. Es war ein einzeln stehendes, flaches Holzhaus, das in Kriegszeiten wahrscheinlich dem Lagerleiter als Quartier gedient hatte. Frazers Männer wohnten in einem langgestreckten Gebäude rechts davon.

Zwei Lichter brannten in Frazers Haus, mit einem dunklen Fenster dazwischen. Eva sah sich um. Der Posten mußte jetzt am anderen Ende des Lagers sein, verdeckt von Frazers Haus. Sie kroch rasch auf den Zaun zu und suchte im Rucksack nach der Zange.

Der Zaun stand nicht unter Strom, das hatte sie getestet, als Frazer sie gefangengehalten hatte, dennoch verspürte sie eine Welle von Angst, als sich die Zange um die Maschen schloß. Nichts – weder ein Lichtblitz noch ein Stromstoß. Sie atmete tief aus und arbeitete rasch, bis sie eine kleine Öffnung in das Drahtgeflecht geschnitten hatte. Wieder sah sie sich um. Alles war ruhig. Sie zwängte sich durch die Öffnung und rannte geduckt über die freie Fläche zwischen dem Zaun und Frazers Quartier. Dort preßte sie sich gegen die Holzwand, etwa fünf Meter von dem erleuchteten Fenster entfernt. Sie schaute sich um. Alles klar. Sie richtete sich auf und spähte durch das kleine dunkle Fenster. Etwas Weißes schimmerte wie Emaille – Toilette und Badewanne. Das Fenster stand offen. Sie stieß es vorsichtig weiter auf. Dann schwang sie ein Bein über das Sims, hielt sich an dem leichten Fensterrahmen fest und zog das andere Bein nach. Geräuschlos ließ sie sich in den dunklen Raum hinab. Ihre Füße berührten einen staubigen Kachelboden. Sie schloß das Fenster halb und hielt dann inne, um zu horchen, hörte jedoch nur ihr eigenes Atmen. In der Hoffnung, hinter der Wand Geräusche auszumachen, hielt sie die Luft an. Nichts.

Die Pistole schußbereit in einer Hand, drückte sie mit der

anderen den Metallgriff der Tür herunter und stieß sie vorsichtig einen Spaltbreit auf.

Ein leerer Gang lag vor ihr. Sie bewegte sich lautlos vorwärts und blieb vor Frazers Tür stehen. Langsam streckte sie die Hand aus, wie eine Schlange, die jeden Moment vorwärtsschnellen wird, drückte dann mit einer raschen Bewegung die Klinke herab und stieß die Tür auf.

Frazer und Ha Chin saßen an einem kleinen Tisch und spielten Schach. Ha Chin sprang mit offenem Mund auf und stieß den Tisch um, als er sich bückte, um nach einem Revolver auf dem Fußboden zu greifen.

Im gleichen Augenblick hatte Eva gezielt und zweimal abgedrückt. Beide Kugeln trafen ihn in die Brust. Sie sah, wie sich seine Augen vor Schreck weiteten, als er rückwärts auf Frazers Bett fiel. Blut spritzte aus seiner Brust und fiel als feiner Sprühregen über sie. Dann drehte sie sich zu Frazer um, der den fallenden Tisch aufgefangen hatte und ihn mit beiden Händen festhielt. Langsam stellte er ihn wieder hin. Das waren die einzigen Geräusche – der dumpfe Einschlag der Kugeln, Ha Chins Sturz und das leise Klicken der Tischbeine auf dem Holzboden.

Von draußen war nichts zu hören, kein Zeichen von Aufruhr. Eva stand vor Frazer, alle Sinne gespannt in der Stille des Todes, im widerlichen Gestank nach Blut. Sie spürte etwas Warmes, das über ihr Gesicht und die Unterarme rann, und schmeckte den metallischen Korditgeruch im Mund.

Frazer saß einen halben Meter vor ihr und starrte sie an. Sein Blick jagte von Ha Chin auf Evas Hände, die die Pistole auf ihn richteten, und schließlich zu ihren Augen, die scharf wie eine Waffe aufblitzten.

»Du dachtest, du hättest alles im Griff, was, Robie, du Milliardär, du Sprößling der Gesellschaft. Der einzige Unterschied zwischen dir und dem Pusher an der Straßenecke ist deine Isolation. Er ist ein Outlaw, du dagegen ein Insider und gut beschützt. Aber es braucht nicht viel, um ein Leben zu zerstören. Du hast es indirekt so oft getan, mit deinen miesen kleinen Deals, aber auch direkt, bei Sun Yi und fast bei Cassie und mir. Es ist so einfach, nicht, aber du hast immer geglaubt, du wärst immun, geschützt von deiner Klugheit und deiner Schlechtigkeit.«

»Und was bist du dann, Eva? Noch klüger? Noch schlechter?«

Sie staunte über seine Gelassenheit und die Klarheit, die ihn selbst jetzt nicht verließen.

»Nein, ich habe nur keine emotionalen Skrupel. Ich spüre zuviel, ich kann die Dinge nicht einfach geschehen lassen. Ich war nicht nur SIS, Frazer. Das hier mache ich für mich, vielleicht bringe ich dadurch wieder ein bißchen mehr Gleichgewicht in die Welt.«

Als er aufsprang, um sich auf sie zu stürzen, hob sie die Pistole und bemerkte mit flüchtigem Respekt, daß er stumm blieb und nicht, wie Ha Chin es versucht hatte, nach seinen Wachen rief. Die ganze Zeit, die endlosen Sekunden, die es dauerte, hielt er den Blick auf sie gerichtet. Einen Blick voller Grauen und Wut.

Eva drückte dreimal ab und sah, wie etwas Dunkelrotes aus seiner Brust quoll, wie er nach hinten kippte, den Blick auf sie gerichtet, sie noch im Tod verfluchend. Ein Stuhl splitterte, als er zu Boden fiel, und dann hörte sie in der Ferne jemanden rufen. Eva stand eine Sekunde wie erstarrt, machte dann auf dem Absatz kehrt und rannte aus dem Zimmer in den Gang. Sie sah den Wachtposten nicht. Sie sah nur einen Arm, der sich um ihren Hals legte und sie zurückriß. Er verstärkte den Druck, bis sie keine Luft mehr bekam. Sie trat ihm mit geballter Kraft gegen das Knie und fuhr dann mit dem Absatz kräftig sein Schienbein hinab. Der Druck um ihren Hals ließ nach. Sie warf den Kopf zurück und traf die Nase des Mannes. Er ließ los. Sie wirbelte herum, holte mit der rechten Hand aus und schlug ihm die Pistole gegen die Luftröhre. Das reichte, um ihn bewegungsunfähig zu machen. Er sackte zu Boden. Sie sah sich um. Niemand in Sicht. Sie rannte ins Badezimmer, riß das Fenster auf und kletterte aus dem Fenster. Während sie geradewegs auf die Öffnung im Zaun zulief, spiegelte sich das Licht aus Frazers Fenster auf ihrer blutverschmierten Haut. Sie hörte weitere Rufe und rasche Schritte. Vor dem Loch im Zaun warf sie sich zu Boden und zwängte sich hindurch. Die Rufe kamen näher, sie klangen beunruhigt. Sie sprang auf und lief weiter. Dann hörte sie das widerliche Rattern eines Maschinengewehrs und spürte, wie die Kugeln neben ihr im Boden einschlugen. Sie rannte in den Dschungel, ins Dunkel. Sie rannte und rannte, ihre Augen durchbohrten die Nacht, machten Formen und Konturen aus. Alles, bloß nicht gegen einen Baum prallen, stürzen, sich den Knöchel brechen. Sie rannte, bis die Geräusche vorübergehend nachließen. Es würde nicht lange dauern. Frazers Männer würden sich sammeln und ihr mit ihren Jeeps und ihren Waffen folgen. Sie hatte nur wenige Sekunden Vorsprung. Sie lief in gerader Linie auf den Dschungel zu, weg von der Straße, weg von der Richtung, in der sie sie vermuteten. Es hörte sich nicht so an, als hätten sie die Verfolgung bereits aufgenommen, aber sie erwartete sie auch nicht hier. Sie würden drüben auf der Straße nach ihr suchen. Nach zwanzig Minuten änderte sie die Richtung, um zum Jeep zurückzukommen. Sie ging jetzt langsamer, um sich zu beruhigen und wieder Luft zu holen. Sie sah auf die Uhr. Nach fünfzig Minuten mußte sie wieder in der Nähe der Straße sein. Ihr Bewußtsein konzentrierte sich ganz auf die Suche nach dem Jeep, während sie vorsichtig durch den Dschungel schlich, immer auf der Lauer nach Geräuschen und Schatten, die sich bewegten.

Einmal hörte sie Rufe in der Ferne, etwas weiter voraus. Sie blieb stehen und horchte. Die Stimmen entfernten sich und verschwanden in der Nacht. Zehn Minuten später entdeckte sie den Jeep, und ihr Herz machte einen Sprung. Sie sah sich um. Kein Laut, keine Spur von Menschen. Sie lud ein neues Magazin in die Pistole, kletterte in den Jeep und ließ ihn an. Das Geräusch des aufheulenden Motors klang ohrenbetäubend. Sie lauschte, voller Angst, die Stimmen könnten zurückkehren. Doch sie hörte nichts bis auf das träge Tuckern des Motors.

Schließlich gab sie Gas und jagte den Jeep durch das Unterholz auf die Straße. Mit ausgeschalteten Scheinwerfern fuhr sie, so schnell sie konnte, ohne zu riskieren, sich zu überschlagen, falls sie gegen einen Felsbrocken prallen sollte. Die vibrierende Tachometernadel zeigte sechzig Meilen pro Stunde.

Nach einer Viertelstunde näherte sie sich einer Kurve und hatte das Gefühl, das Geräusch eines anderen Wagens zu hören. Sie trat auf die Bremse, bis die Nadel nur noch zwanzig Meilen anzeigte, und bog dann scharf von der Straße ab, die steile Böschung hinab und in den Dschungel hinein. Der Jeep krachte durchs Unterholz. Sie spürte, wie er schwankte und schlingerte, als er einen kleinen Baum streifte, ihn halb mitriß und dann überrollte. In letzter Sekunde riß sie das Lenkrad herum, um einem mächtigen Stamm auszuweichen, der sicher nicht nachgegeben hätte. Zweige peitschten über ihr Gesicht, und sie spürte, daß sie blutete. Etwa zehn Meter weiter brachte sie den Wagen zum Stehen und schaltete den Motor aus. Das heisere Dröhnen eines näher kommenden Jeeps hallte in ihren Ohren wider. Sie hörte, wie der Fahrer den Gang wechselte, als er die Kurve erreichte, und dann wieder Gas gab. Sie spürte beinahe die Augen der Männer, stellte sich vor, wie sie die Gegend absuchten, die Bresche im Dschungel entdeckten und anhielten, um sie zu untersuchen. Sie war eine leichte Beute. Der Jeep kam näher, sie konnte seine Scheinwerfer sehen und war beinahe sicher, daß sie sie entdeckt hatten.

Ungläubig sah sie zu, wie er vorbeifuhr. Sie wartete, bis er außer Hörweite war, ließ dann ihren Motor wieder an und fuhr aus dem Dschungel heraus. Auf der lockeren Erde der Böschung drehten die Reifen eine Sekunde lang durch, doch dann griffen sie und beförderten den Jeep auf die Straße zurück.

Sie fuhr weiter und stellte sich vor, wie Frazers Leute die Straßen patrouillierten und gelegentlich Vorstöße in den Dschungel machten. Außer dem Jeep, dem sie gerade entwischt war, mußten noch weitere hinter ihr her sein.

Nach zwanzig Minuten erreichte sie eine Kreuzung, wo sich die Straße gabelte. Eine führte weiter durch den Dschungel, die andere hinunter in die Ebene und nach Halong Bay. Sie bog ab. Ein kleiner Triumph: Jetzt hatten sie zwei Straßen, die sie absuchen konnten.

Mit jeder zurückgelegten Meile wuchs das Gefühl der Freiheit, bis es schließlich in wilde Euphorie übersprang, die sie nicht mehr verlassen wollte. Jetzt war sie bereits mehr als eineinviertel Stunden unterwegs. Zu beiden Seiten der Straße lichtete sich der Wald. In der Ebene war es heller, und sie konnte weiter sehen. Die Straße dehnte sich leer vor ihr aus und zog sie unaufhaltsam vorwärts.

Gerade als sie sich erleichtert zurücklehnen wollte, entdeckte sie in weiter Ferne einen Lichtpunkt wie einen bösen Blick. Ihr Magen verkrampfte sich, als er immer größer und heller wurde. Jetzt hörte sie auch den Motor. Undeutlich erkannte sie einen Wagen, der auf sie zukam. Seine Insassen hatten sie noch nicht entdeckt, denn sie fuhr ohne Licht. Die Scheinwerfer des anderen Wagens wanden sich wie ein leuchtendes Band durch die Nacht und hüpften auf und ab, wenn er ein Schlagloch passierte. Es blieb höchstens noch eine Minute, bevor sie sie sehen würden.

Eine Minute zum Nachdenken. Es war halb drei morgens. Ein Jeep, der zu dieser Zeit durch die Landschaft dröhnte, konnte eigentlich nur einer von Frazers Wagen sein. Eva merkte, daß der Name in ihrem Geist nachhallte, als sei er noch immer lebendig. Seine Macht zu töten war nicht mit ihm gestorben. In jedem Fall mußte sie so handeln, als seien es seine Männer. Sie hatte keine Zeit, es genauer rauszukriegen, keine zweite Chance. Sie wollte niemanden umbringen, das war ihr einziger Trost, aber es blieb ihr keine andere Wahl. Sie konnte sich nirgends verstecken. Die Reisfelder zu beiden Seiten würden den Jeep verschlucken.

Sie ließ den Wagen mit laufendem Motor auf der Straße stehen, sprang heraus und rannte, so schnell sie konnte, auf den näher kommenden Jeep zu. Noch dreißig Sekunden, bevor sie sie entdecken würden. Knapp bevor das Licht der Scheinwerfer sie erreichte, etwa dreihundert Meter entfernt, zog sie die Pistole aus dem Bund und sprang die Böschung hinunter ins Reisfeld. Sofort versank sie im Wasser und kämpfte um festen Boden unter den Füßen. Das Wasser reichte ihr bis zur Hüfte, so daß sie in ihrer Bewegungsfreiheit behindert war.

Sie wartete und zwang sich stillzuhalten, bis der Jeep nur noch zwanzig Meter entfernt war. In diesem Moment sprang sie die Böschung hinauf und lief auf die Straße, mitten hinein in den Strahl der Scheinwerfer. Jetzt war er nur noch zehn Meter entfernt und schoß genau auf sie zu. Sie hob die Pistole, zielte und feuerte vier Schüsse in den rechten Vorderreifen. Man hörte einen Schrei, als der Wagen heftig zur Seite geschleudert wurde. Eva warf sich nach links. Auf dem Fahrersitz erkannte sie die Silhouette von Le Mai, der verzweifelt mit dem Lenkrad kämpfte. Eva sah ihn für den Bruchteil einer Sekunde, dann schoß der Wagen die Böschung hinab, überschlug sich zweimal und versank kopfüber im Reisfeld. Sie hörte das häßliche Gurgeln des Wassers, das in den Wagen eindrang. Sie wandte sich ab. Das konnte keiner überlebt haben. Sie rannte zu ihrem Jeep zurück und stieg ein. Zwei Minuten lang beobachtete sie das Reisfeld noch, nur um sicherzugehen. Nichts bewegte sich. Dann löste sie mit zitternder Hand die Handbremse und fuhr an.

53

Andrew Stormont parkte in einer stillen Straße von Halong Bay und wartete. Es war halb vier morgens. Nichts war zu hören oder zu sehen, bloß hin und wieder eine Katze, die um den Wagen strich. Vereinzelte nächtliche Fußgänger waren längst nach Hause gegangen, um zu schlafen, und bis die Fischer mit ihren Booten rausfuhren, würde es noch ein paar Stunden dauern.

Stormont hatte sich in dem Wagen, den seine Männer ihm besorgt hatten, auf der Hauptstraße postiert, die zur Bucht führte. Bei ihrer Suche war ihnen Toms Helikopter aufgefallen, der laut normalem Flugplan eigentlich in Hanoi hätte stehen müssen. Sie fanden Tom betrunken in der Bar. Er wirkte gereizt und schuldbewußt. Mit Hilfe ihrer subtilen Befragungstechnik hatten sie herausbekommen, daß er Eva von Hanoi hergebracht hatte und sie vor Stunden mit einem Wagen weggefahren war.

Stormont konnte sich denken, was sie vorhatte. Er hatte sie verpaßt, wahrscheinlich für immer. Jetzt sah er, wie unausweichlich ihre Entscheidung gewesen war, und war entsetzt über seine eigene Dummheit. Er hatte sich für stark genug gehalten, um sie aufzuhalten. Wenn er daran dachte, wie arrogant er gewesen und wie sehr er versagt hatte, drehte sich ihm der Magen um. Aus reiner Blindheit hatte er ihr genau das ermöglicht, was sie sich so brennend gewünscht hatte.

Mit seiner Verantwortung mußte er jetzt allein fertig werden. Wider alle Logik wartete er. Er hatte gewußt, daß es keinen Zweck hätte, die Verfolgung aufzunehmen. Zu Frazers Lager zu fahren kam nicht in Frage. Er hatte einfach nicht genug Männer für die unausweichliche Konfrontation und schon gar nicht die Genehmigung für ein solches Vorgehen. Jede direkt gegen Frazer gerichtete Aktion lag außerhalb seiner Befugnisse. Eva hatte ihre Wahl getroffen. Und es war zu spät, um sie jetzt noch zu hindern. Es blieb ihm nichts anderes übrig, als zu hoffen. Er würde warten, bis es hell würde, und dann nach Hanoi zurückkehren.

Plötzlich hörte er das Geräusch eines näher kommenden Motors und richtete sich auf. Er stieg aus und überprüfte die Pistole im Schulterhalfter, die Courtney ihm dagelassen hatte. Dann stellte er sich neben den Wagen und wartete. Das Dröhnen des Motors wurde lauter.

Mit ausgeschalteten Scheinwerfern kam er näher, ein finsterer Schatten. Nach einer Weile konnte er die Umrisse eines Jeeps erkennen, der mit hoher Geschwindigkeit auf ihn zuraste, scheinbar ohne ihn zu bemerken.

Etwa zehn Meter vor ihm bremste er endlich ab, und der Fahrer stieg aus. Ungläubig sah Stormont, wie Eva auf ihn zukam: Sie sah aus, als hätte sie in Blut gebadet, schrecklich. Er wand sich innerlich. Dann sah er, wie sie nach der Pistole griff und auf ihn zielte. Ihr Blick war hart, erfüllt von glitzernder kalter Logik.

»Was soll die Pistole, Eva?«

Sie kam weiter langsam auf ihn zu. Sie sah ihn an und spürte, wie unausweichlich seine Anwesenheit war. Sie hatte das Gefühl zu ersticken und antwortete mit unterdrückter Wut: »Irgendwer hat meine Tarnung auffliegen lassen und verraten, daß ich heroinsüchtig war. Alle Einzelheiten waren in meinen medizinischen Unterlagen enthalten, damit war ich so gut wie geliefert. Nur drei Männer hatten diese Information – der Chief, du und Giles Aden.«

Stormont antwortete ruhig: »Ich war es nicht.«

»Du kannst mir viel erzählen. Ich hoffe, du hast recht, sonst müßte ich dich auch noch umlegen.«

Also hatte sie Frazer umgebracht. Stormonts Blick wanderte langsam, erschüttert über ihren Körper und blieb dann an ihrem Gesicht hängen. Alles, was sie hinter sich gelassen hatte, schien er zu sehen und zu verstehen.

Sinnlose Fragen schossen ihm durch den Kopf. »Glaubst du tatsachlich, daß ich ein Verräter sein könnte?« Und sie würde nicken. Sie wußte natürlich genauso gut wie er, daß er in der labyrinthischen Logik der Firma wahrscheinlich sogar irgendeinen sogenannten guten Grund dafür hätte finden können. Es gab keine Worte, hier kam er nur mit klarem Kopf weiter. Seine Arme hingen schlaff am Körper herab.

»Hat es nicht schon genug Tote gegeben, Eva? Bist du noch nicht fertig?«

In seinen Worten lag eine Sanftheit, die sie beinahe überwältigt hätte. Sie sah ihn an und versuchte, die Wahrheit aus einem Blick zu lesen, der in Unehrlichkeit geübt war. Sie wollte ihm so sehr glauben, aber genau dieses Bedürfnis machte sie zugleich mißtrauisch, diese Sehnsucht nach einem Funken Unschuld, nach dem nicht begangenen Verrat. Mehr als alles andere wünschte sie sich diese Geste des Vertrauens, damit nicht auch noch Stormont in ihrem Bewußtsein und in ihrem Leben zerstört werden mußte. Doch ihre Instinkte waren von Verrat und Tod verbogen; sie fragte sich sogar, ob sie sich selbst trauen konnte. Jedenfalls würde sie lieber durch die Hand eines offenen Feindes sterben, lieber Frazers als Stormonts Leuten zum Opfer fallen.

Sie sah ihm in die Augen – Augen, die auf sie zu warten schienen. Eine Sekunde dachte sie daran abzudrücken und zuzusehen, wie er umkippte. Aber das war unmöglich, und darin lag ihre Antwort. Langsam senkte sie die Pistole und ging auf ihn zu, bis sie nur noch eine Armeslänge voneinander entfernt waren.

Stormont hielt den Blick auf sie gerichtet und widerstand der Versuchung, sie zu berühren oder irgend etwas zu tun, was den zerbrechlichen Waffenstillstand hätte brechen können. Er öffnete die Wagentür.

»Wir fahren nach Hanoi zurück, und dann verlassen wir das Land.«

Sie setzte sich auf den Beifahrersitz. Stormont fuhr zum Helikopter und wies seine Leute über Funk an, sich dort mit ihm zu treffen. Rasch kletterten sie im Dunkeln hintereinander in den Helikopter. Der Pilot startete den Motor, der in der Stille der Nacht widerhallte, und flog sie über die nächtliche Landschaft zurück nach Hanoi.

Stormont versuchte, nicht mit Eva zu sprechen. Er wußte in groben Umrissen, was passiert war. Die Fragen konnten warten.

Eva betrachtete die Landschaft. Die endlosen Reisfelder und fernen Dschungel wirkten unwirklich, harmlos wie die Seiten eines Atlanten. Das plötzliche Ende der Gefahr störte ihre Orientierung. Sie lauschte dem Rattern der Rotorblätter, die sich über ihnen drehten. Sie waren genauso empfindlich wie ein Spinnennetz. Ein Vogel konnte den Helikopter zum Absturz bringen.

Kurz vor dem Morgengrauen landeten sie in Hanoi. Courtney brachte Stormont und Eva in die Botschaft.

Stormont nahm sie am Arm, als sie auf der Treppe stolperte; Erschöpfung, Austrocknung und Hunger zeitigten ihre Folgen. Er führte sie durch die schweigend daliegenden Gänge zu einer Tür, in die ein kleines Fenster eingelassen war. Durch die Scheibe fiel Licht. Stormont steckte den Schlüssel ins Schloß. Cassie saß auf einem schmalen Bett und starrte vor sich hin.

Als er die Tür öffnete, stand Cassie auf. Sie sah Eva an, die müde, aber aufrecht dastand. Haut und Kleider starrten vor Lehm und Blut. Eine Weile sahen sie sich nur an, dann kam Cassie auf Eva zu, umarmte sie und spürte zugleich, wie sich Evas Arme um sie schlossen.

Als sie sich voneinander lösten, sagte Stormont verlegen: »Ich besorge dir eine Dusche, Eva, und ein paar Kleider. Außerdem müssen wir euch neue Pässe ausstellen. Es ist sicherer, inkognito zu reisen.« Er wandte sich an Cassie. »Wir können später, wenn wir weg sind, jemanden zum Hotel schicken und Ihre Sachen abholen lassen.«

Während Eva duschte, kehrte Stormont zu Cassie zurück.

»Wir fliegen so bald wie möglich. Zuerst nach Hongkong, und von dort werde ich ein Militärflugzeug organisieren. Morgen früh gegen sechs landen wir auf dem RAF Brize Norton. Wir werden uns im Flugzeug ziemlich ausführlich unterhalten müssen, und auch noch ein paar Tage danach, fürchte ich. Aber Sie möchten vielleicht jemand sehen, wenn Sie ankommen. Gibt es jemanden, den ich anrufen kann?«

Er sprach mit überraschender Zärtlichkeit. Es war fast so,

als könne er sich jetzt, da Eva wieder da war, erlauben, freundlich zu sein.

Sie lächelte schwach und versuchte, sich vierundzwanzig Stunden später vorzustellen und was sie dann fühlen würde. Nach einer Weile sagte sie: »Ja, es gibt jemanden. Owen Quaid. Ich gebe Ihnen seine Nummer.«

Stormont schrieb sie auf und zog sich mit einem Notizblock und einem Telefon zurück. Zuerst rief er McKenzie in Hongkong an und bat ihn, ein Militärflugzeug zu besorgen. Dann Giles Aden.

Es war elf Uhr abends in London. Aden war zu Hause. Nach zweimaligem Klingeln hob er ab und meldete sich mit gewohnt selbstzufriedener Stimme.

»Giles, hier ist Andrew. Alles in Ordnung. Ich fliege heute abend zurück und komme morgen früh, Dienstag, gegen sechs Uhr in Brize Norton an. Könnten wir uns dort treffen?«

Um halb acht startete ihr Flugzeug nach Hongkong. Stormont und Eva saßen nebeneinander, Cassie eine Reihe davor. Solange sie in Vietnam waren, schien Stormont noch immer die Möglichkeit einer Gefahr zu fürchten.

Der Flug dauerte anderthalb Stunden. Am Flughafen von Kowloon erwartete sie eine Militärmaschine. Als der Morgen den Himmel vor ihnen aufbrach, starteten sie Richtung Westen.

Die Maschinen dröhnten rings um sie herum. Cassie saß wieder allein in der Reihe vor Stormont und Eva. Jetzt, da die unmittelbare Gefahr vorbei war, hatten sie Zeit zum Reden. Stormont warf Eva einen Blick zu.

»Du hast Frazer also getötet?«

»Und Ha Chin auch. Sie waren zusammen, im gleichen Zimmer. Ich hatte keine Wahl. Vorher hatte Frazer zweimal versucht, mich umzubringen. Einmal war er dabei, mir eine Überdosis Heroin zu verpassen, als plötzlich Cassie auftauchte und sich auf ihn stürzte. Die Spritze fiel zu Boden. Ich habe nur eine winzige Dosis abbekommen. Frazer sagte, es würde ihm schon was anderes einfallen, um uns loszuwerden. Es sollte aussehen wie ein Unfall. Heroin wäre eine gute Möglichkeit für mich allein gewesen. ›Einmal Junkie, immer Junkie‹, hat er zu mir gesagt.«

Stormont beobachtete sie beim Sprechen. Sie kämpfte um innere Ruhe und versuchte verzweifelt, ihre Stimme zu beherrschen.

»Also kam er auf die Idee, Cassie und mich zusammen zu erledigen. Er sagte, er habe einen Deal mit euch gemacht und würde uns gehen lassen. Er gab uns einen Jeep. Beim Wegfahren hörte ich eine der Wachen einen Witz über Minen machen. Zuerst habe ich ihn nicht verstanden, aber nach ungefähr zehn Meilen kam ich drauf, daß er den Jeep präpariert haben mußte. Wir sind gerade noch rechtzeitig rausgesprungen. Ich ließ den Motor laufen. Fünf Minuten später flog die Kiste in die Luft. Wir haben einen vorbeikommenden Bauern gebeten, uns bis nach Hanoi mitzunehmen. Ich habe Cassie im Hotel abgesetzt, das weißt du schon. Wir hatten verabredet, daß sie deine Männer belügen sollte – oder dich, falls du da sein solltest.« Sie hielt inne und sah ihm in die Augen. »Ich hatte das Gefühl, daß du dasein könntest.«

»Sie hat ihre Rolle gut gespielt und mich hingehalten, bis es zu spät war. Erst da ging mir auf, was du vielleicht vorhattest.«

»Es wundert mich wirklich, daß du so lange gebraucht hast. Hättest du mich gehindert?«

»Ich war überzeugt, daß du dabei umkommen würdest. Glaubst du etwa, ich hätte es soweit kommen lassen, selbst wenn du es unbedingt wolltest?«

»Ich wollte nicht sterben. Aber denk an diesen Trip vor vier Jahren, in dem Transportflugzeug, als ich noch süchtig war. Was hätte mich davon abbringen können? Es war alles, wofür ich vier Jahre gelebt, wofür ich überlebt hatte. Ich konnte es doch nicht einfach im Sand verlaufen lassen und mitansehen, daß mein zukünftiges Leben eine Lüge blieb. Als Frazer mir die Nadel in den Arm stieß, war der Schmerz auf einen Schlag wieder da. Ich wäre daran zerbrochen. Also bin ich zurückgefahren und heil davongekommen, und jetzt bin ich hier.« Eine Weile sahen sie einander an.

»Ich tue alles, was ich kann, um dich da rauszuboxen, Eva.« Sie wandte sich ab, erschöpft.

Stormont betrachtete ihren zusammengekuschelten Körper neben sich. Sie hatte geduscht und trug die Kleider, die Courtney ihr in der Botschaft besorgt hatte, doch im Geist sah er immer noch die Frau, die blutüberströmt durch die Dunkelheit auf seinen Jeep zugekommen war.

Leise stand er auf und setzte sich neben Cassie. Sie war wach und starrte vor sich hin. Er nahm ihre Hand, überrascht, wie einfach es war, sie zu berühren. Er hatte Eva so gern berühren wollen und es doch nicht gekonnt.

Cassie warf ihm einen Blick zu.

»Was werden Sie tun, wenn das hier vorbei ist?« fragte er.

»Keine Ahnung. Wie kann man nach so einer Erfahrung zu einem normalen Leben zurückkehren? Wie soll ich je wieder bei Case Reed arbeiten, mir den Kopf um Abschlüsse zerbrechen, mich engagieren, als hätte das alles eine Bedeutung?«

»Was hat denn Bedeutung?«

»Sagen Sie es mir. Sie leben damit.«

Unwillkürlich wandte er sich ab.

»Sie sehen, es geht nicht. Sie weichen nur aus. Was hat denn für Sie Bedeutung?«

Er sah sie wieder an. »Mein Job, meine Arbeit.«

»Ah ja, Ihre Arbeit. Ich hörte Frazer darüber reden, als er dabei war, Eva mit Heroin vollzupumpen. Er sagte, daß Sie Leute wie ihn eigentlich gar nicht aus dem Weg räumen wollen. Sie möchten nur wissen, was sie tun und mit wem. Sie lassen sie ruhig weitermachen, denn wenn Sie ihn aus dem Verkehr zögen, würde das Vakuum des Bösen schnell von jemand anderem gefüllt. So hat er es genannt.« Ihre Stimme war jetzt hart und voller Wut. »Was werden Sie mit Eva machen?«

Er sah ihr in die Augen und wandte den Blick ab.

»Wir werden das Lager räumen lassen. Frazers Männer werden verschwinden und nach Hongkong zurückgehen. Ich glaube nicht, daß je einer von ihnen zurückkommt. Das ist es ihnen nicht wert. Und Eva – was sie getan hat, geht nur ganz wenige Menschen etwas an. Bei der Rolle, die sie gespielt hat, war die Möglichkeit, daß es Opfer geben könnte, nicht auszuschließen. Sie wird nicht dafür bezahlen, wenn es das ist, was Sie meinen.«

»Das wäre ja wohl auch der Gipfel des Verrats, nicht? Aber nein, das meinte ich nicht. Ich habe nie geglaubt, daß man sie zur Rechenschaft ziehen würde, aber zu sagen, daß sie nicht bezahlen wird … Wie soll sie denn weiterleben? Das meinte ich. Was werden Sie mit ihr machen?«

Er starrte vor sich hin, ohne zu antworten.

54

Das Flugzeug landete pünktlich in RAF Brize Norton und wurde von einem diensttuenden Officer in Empfang genommen. Dann glitt die Kabinentür zur Seite, und eine Treppe wurde herangerollt. Stormont verließ die Kabine als erster, dann kam Cassie und schließlich Eva. Zusammen gingen sie auf das Flughafengebäude zu.

Der Officer nahm Stormont beiseite und stellte sich vor.

»Mr. Aden wartet allein in Raum 2, Sir, wie vereinbart. Mr. Quaid ist in Raum 4. Und Raum 1 steht Ihnen zur Verfügung.«

»Danke. Wir treffen uns zuerst mit Quaid, aber nur kurz. Dann Aden. Übrigens hätte ich Sie gern in der Nähe.«

Der Mann warf ihm einen wissenden Blick zu, als ahne er, daß es Probleme geben könnte.

»Jawohl, Sir. Bitte hier entlang.«

Als sie Raum 1 erreicht hatten, fragte Stormont, an Cassie gewandt: »Fühlen Sie sich stark genug, um Quaid zu sehen?«

»Ich denke schon.«

Er sah, daß sie sich dermaßen zusammenriß, daß sie beinahe gar nichts mehr empfand.

Sie ging zur Tür voraus. »Bis dann, Eva.«

»Okay, bis bald, Cass.« Noch ein Abschied, der so beiläufig klang, als fehlten ihnen die richtigen Worte. Stormont öffnete ihr die Tür. Nach einem Schritt zögerte Cassie, machte dann noch einmal kehrt und ging zu Eva zurück.

»Ich habe vergessen, dir noch was zu erzählen. Ich habe meine Genius-Anteile verkauft, an einen Typen namens Aubrey Goldstein, und mit ihm vereinbart, daß er auch deine bekommt, falls du verkaufen willst. Der Preis, den ich ausgehandelt habe, würde dir ungefähr zwei Millionen siebenhunderttausend Pfund für deine zehn Prozent einbringen.« Sie drehte sich zu Stormont um.

»Goldstein ist der Mann, der in Hanoi in die Bar kam. Er war so scharf drauf, bei Genius einzusteigen, daß ich dachte, dann soll er auch bezahlen.« Sie zögerte einen Augenblick. »Ruf mich an, Eva, okay? Ich leite dann alles in die Wege.«

»Das hast du verhandelt, als ich ... weg war?«

»Es hat geholfen.«

Eva wirkte plötzlich unsicher.

»Die Diamantenanteile gehören dir, Eva, mach mit ihnen, was du willst, je eher, um so besser«, sagte Stormont.

»Ich ruf' dich an«, sagte Eva zu Cassie. »Und danke, Cass.« Sie wechselten einen letzten Blick, dann wandte Cassie sich ab und folgte Stormont den Gang hinab.

»In ein paar Stunden hole ich Sie ab«, erklärte Stormont ihr. »Wir müssen die ganze Sache noch mal durchgehen. Es kann ein paar Tage dauern. Wir fahren irgendwohin, wo es ruhiger ist. Quaid kann uns nicht begleiten, aber Sie werden ihn bald wiedersehen. Um eins möchte ich Sie bitten, Cassie, und zwar, daß Sie niemandem außer uns erzählen, was Ihnen und Eva passiert ist. Und mich dürfen Sie keinesfalls erwähnen. Sie wissen, warum ich Sie darum bitte und was auf dem Spiel steht.«

»Ich weiß es und werde mich dran halten.«

»Es ist schwer, Geheimnisse zu wahren, Cassie. Wenn Sie jemals darüber reden wollen, kommen Sie zu mir.«

»Danke. Vielleicht mach' ich das.«

Stormont öffnete eine Tür und ließ sie vorausgehen. Von draußen sah er, wie Quaid sie umarmte, ohne ihn zu bemerken. Dann ging er den Gang zurück zu Eva.

Er setzte sich wieder und betrachtete sie eine Zeitlang schweigend.

Das Gespräch dauerte zwei Stunden. Eva erzählte ihm sämtliche Einzelheiten der Operation. Stormont wirkte jetzt entspannter, aber Eva entging seine Traurigkeit nicht.

»Und was jetzt?« fragte er schließlich. »Wo willst du hin, wenn das hier vorbei ist?«

»Wo soll ich schon hin, ich kann nur weg. Ich habe erledigt, was ich mir vorgenommen hatte.«

»Jetzt kannst du ohne Angst vor Frazer leben.«

»Ich bin nicht sehr gut darin, einfach nur zu leben, ein normales Leben zu führen. Ich kann einfach nicht mit Leuten zusammensein. Ich gerate in Panik, wenn ich den ganzen Tag mit jemand verbringen muß, ohne die Möglichkeit, zu meinem Ich zu fliehen, mit mir allein zu sein. Deshalb traue ich mir selbst nicht. Vielleicht weil ich das Gefühl habe, daß die Düsterkeit wieder hochkommen könnte. Ich kann nichts ungeschehen machen, und ich kann auch nicht vergessen.«

Ihre Worte flogen hin und her, doch es waren nie die richtigen, nie die, die sie wirklich sagen wollte. Sie fragte sich, ob auch er sich zurückhielt. Wie lang würde das sinnlose Schweigen andauern? Noch einmal dreißig Jahre? Bis zum Tod? Und doch war er da, saß vor ihr. Sie brauchte nur den Arm auszustrecken und seine Hand zu berühren, ihn einfach nur zu berühren. Diese eine klare Geste würde alles offenbaren, nur eine Berührung, ein Blick. Aber sie brachte es nicht fertig.

Sie wußte, wenn sie auf einer einsamen Insel stranden würde, gäbe es niemand außer ihn, für den sie sich entscheiden würde – er bedeutete mehr als zehn andere. Wie einfach die Entscheidung war, wie offensichtlich. Und immer noch konnte sie die Hand nicht ausstrecken voller Angst vor diesem Geständnis und dem möglichen Verlust, wenn sie es tat.

Endlich brach er das Schweigen. »Du brauchst nicht mit Fremden zu leben, und du mußt auch kein normales Leben führen.«

Sie wartete und sah, wie er den Atem anhielt.

»Du könntest mit mir leben.« Er streckte die Hand aus und berührte ganz leicht ihren Arm. Dann ließ er die Hand dort liegen. Ihr Blick wanderte von seiner Hand zu seinem Gesicht. Sie wartete noch immer.

»Doch zuerst solltest du jemanden sehen und dir eine Frage beantworten, die dich vielleicht noch beschäftigt.«

»Wen?«

»Giles Aden.«

»Denkst du, ich wäre mit dir hierher zurückgekehrt, wenn ich glaubte, daß du mich verraten hast?«

»Du hattest keinen Grund, mir zu glauben. Rein rechnerisch stand die Möglichkeit, daß ich es war, eins zu drei. Wahrscheinlich will ich es dir beweisen. Und außerdem soll Aden sich dir stellen.«

»Ja, du hast recht. Er soll mir in die Augen sehen.«

Was er auch sagte, sie brauchte keinen Beweis. Sie hatte beschlossen, ihm zu glauben, weil sie ihren Instinkten folgte, und denen traute sie mehr als einem rein äußerlichen Beweis, der sich so leicht hätte fälschen lassen können. Sie wußte, was er noch nicht wußte. Wenn sie in ihrem Labyrinth von Spiegeln nach einem fremden Beweis suchen müßte, würde sie nie aufhören, zwischen einzelnen Bruchstücken von Bildern hin und her zu jagen. Sie konnte sich nur auf ihren Glauben verlassen. Deshalb widersprach sie nicht, sondern lächelte ihm nur zu.

Er verließ den Raum. Als er mit Aden wiederkam, beobachtete er Eva sorgfältig. Wut flackerte in ihrem Gesicht auf, aber sie hatte sich überraschend gut im Griff. Er wandte sich an Aden.

»Ich hätte gern, daß Sie Eva erklären, was Sie mit ihren medizinischen Unterlagen und mit ihrer Legende gemacht haben.«

Eine Weile sagte Aden gar nichts. Er hielt Stormonts Blick stand, solange er konnte, und begriff, wie sinnlos es wäre, zu leugnen. Das war sein erster Impuls gewesen. Als er sah, daß es keine andere Möglichkeit gab als die Wahrheit, verzerrte sich sein Gesicht vor Ungeduld.

»Sie wissen offenbar dasselbe wie ich, also warum fragen Sie?«

»Eva hat eine Erklärung verdient, meinen Sie nicht?«

»Sie hatte es verdient zu sterben. Sie war nicht mehr in der Lage, ihre Arbeit zu tun, sie hätte die ganze Operation gegen Frazer und Ha Chin auffliegen lassen können.«

»Also haben Sie das für sie geregelt. Logisch.«

»Logik. Das ist alles, was Sie sehen, nicht wahr?« Er spuckte die Worte aus, erstickte fast an seiner Bitterkeit.

»Was gibt es denn sonst noch?«

Aden begegnete Stormonts Blick und sah schnell weg. Er schien vor ihren Augen in sich zusammenzusacken.

»Siehst du es denn nicht?« Beim Klang von Evas Stimme fuhren beide zusammen. »Er bewundert dich, und er verachtet mich. Wahrscheinlich hat er sein Leben lang davon geträumt, in den Außendienst zu gehen. Du warst das Mittel, und ich war das Hindernis. Du hast ihn fallenlassen, und ich war ihm im Weg.«

Stormont warf ihr einen Blick zu.

»Die emotionale Logik ist dir entgangen, nicht wahr?« Ihre Stimme wurde leiser, und dann sagte sie sanft: »Das ist immer so bei dir, bis es zu spät ist. Vielleicht lernst du jetzt.«

Während Stormont sie immer noch überwältigt vor Staunen ansah, begriff er, daß sie ihn immer wieder überraschen würde, und wie sehr er sie gerade dafür liebte. Er ging zu der offenen Tür und sprach mit dem Officer, der draußen wartete.

»Eskortieren Sie bitte diesen Mann zu einem sicheren Raum. Einen mit einem Schloß an der Tür.«

»Was haben Sie mit mir vor?« fragte Aden tonlos.

»Nicht viel. Sie ›werden gegangen‹.« Stormonts Stimme klang verächtlich. »Sie verlieren Ihre Pension. Alles in allem kommen Sie sehr günstig davon, wenn man bedenkt …«

»Wenn man was bedenkt?«

»Was Eva tun könnte, wenn sie wollte.«

Aden drehte sich zu Eva um. In ihrem Gesicht spiegelten sich weder Haß noch Wut, sondern, und das war viel schlimmer, Mitleid.

»Gehen Sie, Aden. Ich werde Sie nicht anrühren. Sie werden mit sich und aus eigener Kraft leben müssen. Das reicht.«

Aden senkte den Kopf, er konnte sie nicht ansehen. Der diensthabende Officer nahm ihn am Arm und führte ihn fort.

Schließlich waren Stormont und Eva wieder allein. Eine Weile schwiegen beide. Dann fragte Stormont: »Also, kommst du nun mit mir?«

Eva lächelte, stand auf und trat zu ihm.

»Und was ist mit den Regeln, Agenten und ihre Leitoffiziere? Wir würden sie alle brechen. Ich möchte mich nicht mehr verstellen oder was verheimlichen oder hier abwarten, bis eine angemessene Zeit vergangen und alles wieder in Ordnung ist, falls das überhaupt sein kann.«

»Wird es für dich je in Ordnung sein? Würdest du es irgendwann wollen?«

»Vielleicht.«

»Und was machst du in der Zwischenzeit?«

Sie lächelte, und er sah einen Anflug von Glück in ihren Augen.

»Ich will irgendwohin, wo es heiß ist und blau, wo es Wasser und Sonne gibt und ich den ganzen Tag nichts anderes tun muß als Kokosmilch trinken. Irgendwohin, wo es ruhig und friedlich ist und wo mich niemand kennt.«

QUELLENNACHWEIS

DAS SCHLANGENNEST / *Nest of Vipers*
Die Originalausgabe erschien bei Orion Books Ltd., London

Ein Unternehmen der Econ Verlagsgruppe
Aus dem Englischen von Pociao und Roberto de Hollanda
(Der Titel erschien bereits in der Allgemeinen Reihe
mit der Band-Nr. 01/10095.)

DIE DRACHENHÖHLE / *Wilderness of Mirrors*
Die Originalausgabe erschien bei Orion Books Ltd., London

Aus dem Englischen von Pociao und Jean Paul Ziller
(Der Titel erschien bereits in der Allgemeinen Reihe
mit der Band-Nr. 01/10636.)